国家科学技术学术著作出版基金资助出版

中國古代動物名稱考

◎主　编　黄复生

◎副主编　王祖望　冯祚建

科学出版社

北　京

内 容 简 介

本书为相关动物分类学家历经8年，在编写《中华大典·生物典·动物分典》中，收集古代文献的动物名称，并一一进行考证，落实其分类地位，随后集体汇编的一部动物分类学古名称、古文献的典籍。从数万篇古代文献中收集到了11 000多个动物名称，经查考，这些动物的古名称内含动物界16个门50纲206目622科1500多属和种。这些名词渗透着我国古人对于动物的认识，且在不同时期所给予的科学名称，反映了我国古代动物分类学发展的趋势、成就和奉献。

本书可供大专院校动物学授课用，并可作为科研机构开展动物学研究必备的古籍参考书。

图书在版编目（CIP）数据

中国古代动物名称考/黄复生主编. —北京：科学出版社, 2017.1
ISBN 978-7-03-049903-5

Ⅰ.①中… Ⅱ.①黄… Ⅲ.①古动物–名字–考证–中国 Ⅳ.①Q915

中国版本图书馆CIP数据核字(2016)第218221号

责任编辑：马 俊 白 雪 / 责任校对：张怡君 李 影
责任印制：赵 博 / 封面设计：北京美光设计制版有限公司

科学出版社出版
北京东黄城根北街16号
邮政编码：100717
http://www.sciencep.com
北京富资园科技发展有限公司印刷
科学出版社发行 各地新华书店经销
*
2017年1月第 一 版 开本：889×1194
2018年5月第三次印刷 印张：51 1/2
字数：1 660 000
定价：298.00元
(如有印装质量问题，我社负责调换)

《中國古代動物名稱考》学术编委

主　　编

黄复生

副 主 编

王祖望　冯祚建

学术顾问

郭　郛

编　　校

沈　慧

编　　委

（按姓氏笔画排序）

马逸清　王祖望　文榕生　卢汰春　冯祚建
全国强　朱明生　刘友樵　刘月英　刘举鹏
许维枢　贠　莲　牟重行　李思忠　李景荣
杨思谅　吴燕如　宋大祥　沈　慧　张世义
胡东升　胡振宇　郭　郛　黄永昭　黄复生
商秀清　童墉昌

序

中华民族是世界上最早认识、命名并记载动物的民族之一。据文献报道，殷商是中国第一个有直接文字记载的朝代，这个朝代处于青铜时代及奴隶制鼎盛时期，关于商朝的信息多来自于其后的周朝，汉朝司马迁的《史记》，以及商周朝金文和安阳甲骨文的记载。其中，甲骨文和金文的记载可称之为已经发现的中国最早的成系统的文字符号。据统计，殷商甲骨文和周朝金文中已有人们能识别的动物名称四五十种，如马、牛、羊、鸡、犬、豕等家畜、家禽，以及狩猎的猎物，如鹿、兔、雉、毚等，其中还有动物牝牡的区分。中国最古老的典籍《易经》记载了35种动物的名称和生活习性。《诗经》记载中原大地常见动物108种，并歌咏它们的鸣叫、迁飞、婚飞、损害农作物等状况。《山海经》记录中国先民崇拜的图腾动物30余种，中国大陆和附近海域常见动物291种。汉代许慎《说文解字》收录9353个单词字，其中有动物名称的超过320个字，当时分布于中华大地的爬虫类中，有鼍、鳄、蜥，即分别为今之中华鳄、马来鳄、湾鳄的古称。

中国最古老的科学典籍《尔雅》，记载动物约300种，分属于“释虫”“释鱼”“释鸟”“释兽”“释畜”五大类。《管子·幼官》《周礼·地官》将动物分为蠃、羽、毛、介、鳞五大类。《周官·考工记》则将动物分为小虫、大兽及裸者三大类。在小虫中以动物的内骨、外骨及行走的姿势和鸣叫的声音，分为“以骨”“以行”“以鸣”等。在大兽中又分鳞者、羽者、脂者（牛羊类）、膏者（豕类）四类。明末《本草纲目》则将动物分为虫、介、鳞、禽、兽、人六大类，涉及药用植物365种，虫部106种。其中动物药类444种，涉及动物名称由单字名进入双字名。清末方旭《虫荟》共记载动物名称1202种（羽虫267种、毛虫383种、昆虫223种、鳞虫236种、介虫93种），其中有些动物是同物异名或异物同名，除一些重复外，动物名称当在1000个左右。至晚清民初，由于西方现代动物分类学的传入，动物的命名才逐步纳入林奈的双名法系统，与西方的自然科学体系逐步相融合。

中国古代动物名称之源流大体如上所言，自殷商、周（公元前16世纪至公元前11世纪）有系统文字符号以来，至1911年辛亥革命，推翻帝制，建立共和，绵延3000余年，随着对繁多的动植物种类认识的不断扩大、深化，古人对动物的认识与命名有过三次突破：一是在秦汉前，约春秋战国时期，出现了高度概括专用名称——“动物”和“植物”。例如，《周礼》中提到：“天产者动物，谓六牲之属。地产者植物，谓九谷之属。”这反映了古人对动物、植物认识上的一次飞跃，具有里程碑式的意义。二是编著《尔雅》，将繁多的动物种类，按照当时人们的认识水平，将其归为：“释虫”“释鱼”“释鸟”“释兽”“释畜”五大类，初步实现了孔子“名不正则言不顺”的训示。此后至明朝万历年间约近2000年，中国古代的动物名称基本上未有超越《尔雅》者，但明李时珍《本草纲目》的问世，反映中国动物分类有了一次新的突破，其将动物分为虫、介、鳞、禽、兽、人六大类，以及卵生、湿生、化生（变态发育）、水、原、林、山等发育形式和生态类型混合分类成19类型的两级系统，其中卵生、胎生、水禽、原禽、林禽、山禽等名词，已接近现代科技名词术语。代表了16世纪中国动物分类系统的最高成就。明末至清朝，动物分类学原地踏步，处于停滞状态。

在中华民族3000余年的灿烂文化中，各种动物，大至飞禽走兽，小至蝼蚁蜉蝣，均为文人墨客关注描绘之对象，因此在浩如烟海的古籍中，蕴藏着大量涉及动物名称、习性、益害、人文等记载。但这些宝贵的文献，被今人利用者甚少，究其原因，除文字的艰涩外，庞杂的名称往往让问津者望而生畏。现试举一例，中国国宝级动物——大熊猫，古籍中多有记载，但其名称就有六七种之多，如猛豹、貘豹、貘、猽、貊、白豹等，让读者一头雾水，其名称的是非曲直争论至今，莫衷一是。为了让古籍中记载的大量动物学文献，能为当代动物学者及众多史学者和动物爱好者所利用，我们在编纂《中华大典·生物学典·动物分典》的过程中，编委会的全体同仁怀着对古代深厚的动物学知识无比珍惜之情怀，条分缕析，考证再三，编成《中国古代动物名称考》，其拳拳之心，天地可鉴。有感于此，写了以上这些话，是为序。

王祖望

时年八十，于中关村中科院动物研究所旧址

2015年7月31日

前　言

动物是自然界中种类最为丰富的一类生物，与人类关系极为密切，在人们的衣、食、住、行中无所不在。为此，自古以来各种动物就深受人们的关注。远古时期，甲骨文和金文就已经有众多动物名称的记载和动物灾异的卜辞等。自从有了正式文字，动物的记载与描述就更是数不胜数。最早如《诗经•国风•周南•关雎》的开篇诗句："关关雎鸠，在河之洲。"雎鸠即鹗鸟，俗名为鱼鹰，自此引出诸多动物名称及其生物学特性。先秦时期的《尔雅》系统而集中地描述了大量动物种和类的名称，把动物归为五类，即释虫、释鱼、释鸟、释兽和释畜等，各类又含有各自类下不同的动物名称。为此，《尔雅》一书不仅第一次专门而集中地记载了众多动物名称，而且把自然界丰富多彩的动物种类分门别类系统排列，《尔雅》开启了动物分类学的先河。秦汉以后，散落在各种古籍之中的动物名称就更加复杂多样了。不同文人墨客，从不同视角，以不同笔墨，对于各地珍禽异兽婀娜多姿的体态，或凶猛、或温顺的习性，以及生物学种种特性进行了详细描述，最后从不同的角度和理解，给以不同的名称。

我们在编写《中华大典•生物学典•动物分典》的过程中，查阅了数万篇古籍，查阅对象包括了动物各个类群的名称，已收集古名 11 000 多个。经各类群相关专家考证，内含动物界 16 门 50 纲 206 目 622 科 1500 多属和种。这些古名散落在诸多的古籍当中，十分隐秘，难以知晓。古人以字形、字音或字义命名物种，这些名称虽有一定缘由，但不同作者、不同时间、不同情趣，给以不同名称，使得古名十分奇巧、奥妙。再者，古人对于同一物类，常给以不同名称，不同物类却又给出相同名称。例如，等翅目的白蚁与膜翅目的蚂蚁早期统称为蚁、螘、蟁等，若不记生境及为害状况，确实无法判明，直到宋朝以后，才有明确的"白蚁"的名称。再者古人采用文字十分奇异、怪癖，不易理解，常与现代思维有一段距离，难以涉足、难以研读、难以引用。但古籍中确实隐藏着好思想、好名称、好理论、好结果。许多重要名称早已由我国古人提及，并且给以详细解释。如"昆虫"与"六足虫"，还有"鱼""鸟""兽""动物"等都是在秦汉之前就已经出现了。这些科学名称于 1800 多年前就已见于我国诸多古籍之中。无论是"六足"与"昆虫"、"有鳞者"与"鱼"，还是"二足而羽"与"鸟"、"四足而毛"与"兽"等，这些概念式的名称都是出自秦汉时期，这些名称不仅分别囊括了诸多同类动物，而且出现同类动物具有共同的特征，表明了它们的历史渊源，为此涵盖了近代动物系统学的某些观念。凡昆虫只有六足，为此后人称之为"六足类""六足动物"；鱼多有鳞，这似乎人人共知；鸟只有二足和羽翼，兽则有四足而被毛。鸟与兽、二与四、羽与毛，虽仅是一字之差，但是这里却存在着两大动物类群形态学和系统学的差别。这些概念式的名词表明了各类动物的历史渊源，也表明了我国古人对于动物学研究的可贵成就。这些观念与成就在 2000 多年前就已经出现了，时至今日不但没有失去它的科学价值，而且更显示出我国古人对于动物学研究的深刻理念和卓越成就。凡此种种，在古籍中时时可见，但因诸多名称时代久远，又过于生僻、难懂，过于分散、繁杂、难以查询，难为现代学者理解和应用。

为此，我们编写发表《中国古代动物名称考》一书，以动物古名为主，一一予以考证归类，然后通过有关索引，查找它们的归属、分类地位和彼此间的关系，每个名称注明作者、朝代及文章的出处。通过不同时期、不同文人对于不同动物的命名，可以得知我国古代动物分类学发展的基本情况，仔细研读名称的结构、形状、读音及意义，有时可以直接了解动物的形态特征和生活习性。后人可以从中了解到我国动物命名、分类、历史背景和演变过程，了解到不同历史时期、不同文人对于各个分类阶元的不同称谓及其科学意义。所以虽是名称与称谓，但很有学术意义和应用价值。希望对于开展现代动物学研究有所帮助。

在此还需特别说明的是，本书采用繁体字主要出于以下三点考虑：一是本书引用大量年代久远的古代文献，其中有不少繁体字，目前尚无对应的简体字，需要文字专家重新造字，费时费工；二是部分繁体字在繁转简的过程中极易出错，加之本书引用古籍文献量很大，如一一核对，也难以避免疏漏；三是部分繁体字目前尚无规范化的简体字。为了尊重原文献，体现古名称的特征，同时避免给读者带来不必要的麻烦，经慎重考虑，在本书中的引用文献及古名保留了原文献的繁体字。

《中国古代动物名称考》一书的编写，是带有抢救性质的工作，自始至终得到郭郛先生的关怀、帮助和指导。各个类群分别由各个类群的动物分类学家经过八年时间的努力合作编写。负莲负责原生动物门、扁形动物门、纽形动物门、线虫动物门、线形动物门、棘头动物门、轮虫动物门、环节动物门和螠虫动物门；杨思谅负责星虫动物门、节肢动物门的甲壳纲及腕足动物门；刘月英负责刺胞动物门、软体动物门和棘皮动物门；朱明生和胡东升负责节肢动物门的唇足纲、倍足纲和蛛形纲；黄复生、刘举鹏和吴燕如负责节肢动物门的昆虫纲；张世义负责脊索动物门的海鞘纲、头索纲、软骨鱼纲和硬骨鱼纲；黄永昭负责脊索动物门的两栖纲和爬行纲；卢汰春和童墉昌负责脊索动物门的鸟纲；冯祚建、全国强、王祖望、马逸清、文榕生负责脊索动物门的兽纲；沈慧负责全书的电脑输入、生僻字的造字、古籍文献标目的统一、校对和编排等。在前期资料的积累和名称的搜集、整理等工作中，商秀清、牟重行、李景荣、刘友樵、李思忠、宋大祥、许惟枢等也做了许多工作。各人发挥各自的专长，分门别类查找我国历代相关文献的动物名称，并分别一一列出，给以明确的分类地位。我们虽各尽所能，努力推敲，尽力考证，但因对于古代文献理解肤浅，肯定有许多遗漏的名称，或者由于知识所限，错置其分类地位，凡此种种，望请读者批评指正。

这项工作得到中国科学院动物研究所前任所长张知彬研究员和现任所长康乐院士的支持和帮助，得到动物进化与系统学院重点实验室的审定和帮助，还得到福建教育出版社张丽艳先生、北京林业大学自然保护区学院的张东先生及 2012 级研究生的帮助，在此一并深表感谢和崇高的敬意！

编　者

2015 年 9 月 3 日

目　　录

动物界 Animalia

天產者

漢・鄭玄注唐・賈公彥疏、陸德明音義《周禮注疏》卷四

動物

漢・鄭玄注唐・賈公彥疏、陸德明音義《周禮注疏》卷一〇

三國魏・王弼晉・韓康伯注唐・陸德明音義、孔穎達疏《周易注疏》卷一

宋・劉牧撰《易數鉤隱圖》卷上

宋・胡瑗撰《周易口義》卷一

元・解蒙撰《易精蘊大義》卷一

元・趙訪撰《周易文詮》卷一

明・胡廣等撰《周易傳義大全》卷一

清・錢澄之撰《田間易學》卷一

清・惠士奇撰《惠氏易說》卷一

動物界

清・柯璜譯編《博物學講義》

清・（日）西師意譯，竇樂安、許家惺審定《動物學教科書》

六畜六獸六禽

漢・鄭玄注唐・賈公彥疏、陸德明音義《周禮注疏》卷四

六畜六牲

漢・鄭玄注唐・賈公彥疏、陸德明音義《周禮注疏》卷四

死生鱻薨之物

漢・鄭玄注唐・賈公彥疏、陸德明音義《周禮注疏》卷四

牲

漢・鄭玄注唐・賈公彥疏、陸德明音義《周禮注疏》卷四

六牲

漢・鄭玄注唐・賈公彥疏、陸德明音義《周禮注疏》卷四

原生动物门 Protozoa

鞭毛纲 Mastigophora

鞭毛蟲類

清·前編書局編譯《博物學·動物篇》

原生蟲

清·黄湄西原編者《蠶體病理論》(通論)

原生動物

清·黄湄西原編者《蠶體病理論》(通論)

清·柯璜譯編,(日)箕作佳吉著《博物學講義·動物篇》

原始動物

清·(日)西師意譯,(英)竇樂安、許家惺審定《動物學教科書》

原生物

清·王本祥撰《科學世界》(理論)

單細胞動物

清·黄湄西原編者《蠶體病理論》(通論)

团鞭虫目 Volvocida

红球虫科 Haematococcidae

雨生红球虫 *Haematococcus pluvialis*

赤雪

清·劉大紳編輯,伍銓萃校改《生物界·動物篇》

眼虫目 Euglinoidina(Eugleneida)

眼虫科 Euglenidae

眼虫 *Euglena* sp.

眼蟲

清·前編書局編譯《博物學·動物篇》

伊格利那

清·前編書局編譯《博物學·動物篇》

腰鞭虫目 Dinoflagellida(腰鞭目)

夜光虫科 Noctilucidae

夜光虫 *Noctiluca miliaris*

夜光蟲

清·(日)西師意譯,(英)竇樂安、許家惺審定《動物學教科書》(原始動物)

清·前編書局編譯《博物學·動物篇》(本論·原生動物類·鞭毛蟲類)

清·柯璜譯編,(日)箕作佳吉著《博物學講義·動物篇》(動物各論·原生動物)

光魚

清·劉大紳編輯,伍銓萃校改《生物界·動物篇》

光蟲

清·劉大紳編輯,伍銓萃校改《生物界·動物篇》

光菌

清·劉大紳編輯,伍全萃校改《生物界·動物篇》

肉足纲 Sarcodina

軟蟲類

清·前編書局編譯《博物學·動物篇》(本論·原生動物類)

根足類

清·(日)西師意譯,(英)竇樂安、許家惺審定《動物學教科書》(原始動物)

阿迷罷蟲

清·黄湄西原編者《蠶體病理論》(通論·原生蟲)

阿米巴

清·柯璜譯編,(日)箕作佳吉著《博物學講義·動物篇》(動物各論·原生動物)

根足蟲

清·(日)西師意譯,(英)竇樂安、許家惺審定《動物學教科書》(原始動物)

放散蟲

清·(日)西師意譯,(英)竇樂安、許家惺審定《動物學教科書》(原始動物)

有孔蟲

清·(日)西師意譯,(英)竇樂安、許家惺審定《動物學教科書》(原始動物)

变形目 Amoebina

变形科 Amoebidae

大变形虫 *Amoeba proteus*

阿羃吧

清·(日)西師意譯,(英)竇樂安、許家惺審定《動物學教科書》(原始動物)

阿米罷

清·黄湄西原編者《蠶體病理論》(上編通論·原生蟲)

变形虫 *Amoeba* sp.

亞美伊巴

清·前編書局編譯《博物學·動物篇》(本論·原生動物類)

谋臬拉 *Monera* sp.

谋臬拉

清・前編書局編譯《博物學・動物篇》(本論・原生動物類)

有孔目 Foraminifera

玫瑰虫科 Rosalinidae

饰纹玫瑰虫 *Rosalina ornata*

有孔類

清・前編書局編譯《博物學・動物篇》(本論・原生動物類)

羅刹利那

清・前編書局編譯《博物學・動物篇》(本論・原生動物類)

放射目 Radiolaria

放射蟲類

清・前編書局編譯《博物學・動物篇》(本論・原生動物類)

等棘虫科 Acanthometridae

等棘虫 *Acanthometra* sp.

阿肯素美勒

清・前編書局編譯《博物學・動物篇》(本論・原生動物類)

孢子纲 Sporozoa

孢子蟲類

清・(日)西師意譯,(英)竇樂安、許家惺審定《動物學教科書》(原始動物)

清・前編書局編譯《博物學・動物篇》(本論・原生動物類)

清・黄涓西原編者《蠶體病理論》上編(通論・第二章・病原)

孢子蟲

清・柯璜譯編,(日)箕作佳吉著《博物學講義・動物篇》(動物各論・原生動物)

清・黄涓西原編者《蠶體病理論》(通論・原生蟲,又:病徵)

清・(日)西師意譯,(英)竇樂安、許家惺審定《動物學教科書》(原始動物)

簇虫目 Gregarinida

单房簇虫科 Monocystidae

活泼单房簇虫 *Monocystis agilis*

墨那西梯斯

清・前編書局編譯《博物學・動物篇》(本論・原生動物類)

血孢子虫目 Haemosporidia

疟原虫科 Plasmodidae

疟原虫 *Plasmodium* spp.

瘧疾蟲

清・卞寶第、李瀚章等修,曾國荃、郭嵩燾等纂《湖南通志・沅州府》卷六一

麻拉利亞

清・黄涓西原編者《蠶體病理論》(通論・原生動物・原生蟲)

微孢子虫目 Microsporida

微粒子虫科 Nosematidae

蚕微粒子 *Nosema bombycis*

微粒子

清・黄涓西原編者《蠶體病理論》(下编・各論・第一章微粒子之形狀)

清・姚志強、賴昌編輯《蠶病預防法》(第三章 微粒子病預防法,微粒子之形狀)

纤毛纲 Ciliata

纖毛類

清・(日)西師意譯,(英)竇樂安、許家惺審定《動物學教科書》(原始動物)

清・柯璜譯編,(日)箕作佳吉著《博物學講義・動物篇》上編(動物各論・原生動物)

氈毛蟲類

清・前編書局編譯《博物學・動物篇》

滴蟲類

清・黄涓西原編者《蠶體病理論・通論》

全毛目 Holotricha

草履科 Parameciidae

大草履虫 *Paramecium caudatus*

草履蟲

清・前編書局編譯《博物學・動物篇》(本論・原生動物類)

清・柯璜譯編,(日)箕作佳吉著《博物學講義・動物篇》(動物各論・原生動物)

遊履子

清・(日)西師意譯,(英)竇樂安、許家惺審定《動物學教科書》(原始動物)

鞋蟲類

清・柯璜譯編,(日)箕作佳吉著《博物學講義・動物篇》上編(動物各論・原生動物)

旋唇目 Spirotricha

喇叭虫科 Stentoridae

喇叭虫 *Stentor* sp.

喇叭蟲

清・前編書局編譯《博物學・動物篇》(本論・原生動物類)

茶筅虫 *Tintinnus inquilinus*

茶筅蟲

清・前編書局編譯《博物學・動物篇》(本論・原生動物類)

缘毛目 Peritrichida

钟形科 Vorticellidae

钟虫 *Vorticella* sp.

鐘蟲

清・柯璜譯編,(日)箕作佳吉著《博物學講義・動物篇》(動物各論・原生動物)

浮鐘子

清・(日)西師意譯,(英)竇樂安、許家惺審定《動物學教科書》(原始動物)

鈞鐘蟲

清・前編書局編譯《博物學・動物篇》(本論・原生動物類)

刺胞动物门 Cnidaria

水螅纲 Leptolida

水螅

清・柯璜譯編，（日）箕作佳吉著《博物學講義・動物篇》（動物各論・腔腸動物）

螅形目 Hydrida

螅形科 Hydridae

水螅 *Hydra* sp.

水螅

清・（日）西師意譯，（英）竇樂安、許家惺審定《動物學教科書》第十四章

多孔螅目 Milleporina

多孔螅科 Milleporidae

扁叶多孔螅 *Millepora platyphylla*

鷺管石

清・聶璜撰《清宮海錯圖》第三冊

头螅水母目 Capitata

银币水母科 Porpitidae

银币水母 *Porpita porpita*

金盞銀台

清・聶璜撰《清宮海錯圖》第二冊

蛇魚

清・聶璜撰《清宮海錯圖》第二冊

淡水水母目 Limnomedusae

笠水母科 Olindiadidae

宜昌桃花水母 *Craspedacusta kawaii*

桃花魚

清・聶光鑾修，王柏心、雷春沼纂《湖北府縣志輯・同治宜昌府志》卷一

清・陳夢雷編《古今圖書集成・方輿彙編・職方典》卷一一九五（荊州府部彙考）

秭归桃花水母 *Craspedacusta ziguiensis*

桃花魚

清・沈雲駿修，劉玉森纂《（光緒）歸州志》卷一（土產）

钵水母纲 Scyphozoa

水母

清・艾約瑟撰《動物學啟蒙》（動植雜分物）

清・（日）西師意譯，（英）竇樂安、許家惺審定《動物學教科書》第十四章

清・柯璜譯編，（日）箕作佳吉著《博物學講義・動物篇》（動物各論・腔腸動物）

水母族

清・（英）傅蘭雅輯《格致彙編・格致略論・論動物學》續九卷

根口水母目 Rhizostomeae

根口水母科 Rhizostomatidae

海蜇 *Rhopilema esculentum*

海蜇

金・李杲編輯，明・李時珍參訂，姚可成補輯《食物本草》

明・楊慎撰《異魚圖贊》卷四

明・屠本畯撰《閩中海錯疏》卷中（鱗部・下）

明・馮時可撰《雨航雜錄》卷下

明・宋詡撰《竹嶼山房雜部》卷四（水母）

明・陸客撰《菽園雜記》卷一二

清・郭柏蒼撰《海錯百一録》卷二

清・李元撰《蠕範》卷三

清・陳璚修，王棻纂《浙江府縣志輯・民國杭州府志》卷八〇（物產・介屬）

清・聶璜撰《清宮海錯圖》第二冊

清・魯鼎梅修，王必昌纂《臺灣府縣志輯・乾隆重修臺灣縣志》

清・李調元、雨村輯《南越筆記》卷一一（水母）

清・張玉書，汪霦等編《佩文齋詠物詩選》卷四六九（元・謝宗可・海蜇）

清・喻長霖，柯驊威等纂修《浙江府縣志輯・台州府志》卷六二（物產略）

清・田明曜修，陳澧纂《廣東府縣志輯・香山縣志》卷五《輿地下物產》

清・陳伯陶等纂修《廣東府縣志輯・東莞縣志》卷一五（輿地略・物產）

蟦

宋・司馬光撰《類篇》卷三八

明・楊慎撰《異魚圖贊》卷四

明・馮時可撰《雨航雜錄》卷下

清・李元撰《蠕範》卷三

清·張玉書，陳廷敬等纂《康熙字典》卷二六
清·何秋濤撰《王會篇箋釋》卷下

蜡

宋·司馬光撰《類篇》卷三八
宋·唐慎微撰，寇宗奭衍義《證類本草》卷二二
宋·唐慎微撰《重修政和經史證類備用本草》卷二二（蟲魚部下品·蜡）
明·陳禹謨纂《駢志》卷一八

蛇

南朝梁·蕭統編，唐·李善註《文選註》卷一二《晉·郭璞<江賦>》
唐·劉恂撰《嶺表録異》卷上
宋·司馬光撰《類篇》卷二八
宋·陳耆卿撰《赤城志》卷三六
宋·梁克家撰《淳熙三山志》卷四二
宋·羅願撰，元·洪焱祖音釋《爾雅翼》卷三〇
宋·施宿等撰《會稽志》卷一七
宋·曾慥編《類說》卷四五（水母）
金·李杲編輯，明·李時珍參訂，姚可成補輯《食物本草》
元·戴侗撰《六書故》卷二〇
明·李時珍撰《本草綱目》卷四一四（鱗部·海蛇）
明·張自烈撰，清·廖文英續《正字通》申集中（虫部）
明·陶宗儀撰《說郛》卷六七（水母）
明·宋詡撰《竹嶼山房雜部》卷四（水母）
明·周祈撰《名義考》卷一〇（瑣珪水母）
明·徐應秋撰《玉芝堂談薈》卷三五
清·張玉書、陳廷敬等纂《康熙字典》卷二六
清·李元撰《蠕範》卷三
清·劉業勤修，淩魚纂《廣東府縣志輯·乾隆揭陽縣志》卷七（物產）
清·聶璜撰《清宮海錯圖》第二冊
清·李亨特修，平恕、徐嵩纂《浙江府縣志輯·乾隆紹興府志》卷一八
清·喻長霖，柯驊威等纂修《浙江府縣志輯·台州府志》卷六二（物產略）
清·李書吉等纂修《廣東府縣志輯·嘉慶澄海縣志》卷二四（物產）
清·陳伯陶等纂修《廣東府縣志輯·東莞縣志》卷一五（輿地略·物產）
清·周鍾瑄修，陳夢林、李欽文纂《臺灣府縣志輯·康熙諸羅縣志》卷一二（物產志）
清·李廷璧修，周璽纂《臺灣府縣志輯·道光彰化縣志》卷一〇
清·郝玉麟等監修，魯曾煜等編纂《廣東通志》卷五二（物產）

鮀

宋·陳叔方撰《潁川語小》卷下
宋·李昉等編《太平廣記》卷四一四（水族·水母）
元·戴侗撰《六書故》卷二〇
明·屠本畯撰《閩中海錯疏》卷中（鱗部·下）
明·徐應秋撰《玉芝堂談薈》卷三五
清·郭柏蒼撰《海錯百一録》卷二
清·唐景崧修，蔣師轍、薛紹元纂《臺灣府縣志輯·光緒臺灣通志》

鮀魚

宋·陳叔方撰《潁川語小》卷下

視肉

晉·郭璞注《山海經》卷六

水母

三國蜀·彭晓撰《周易参同契分章通真义》卷上《金为水母》
南朝梁·蕭統編，唐·李善注《文選註》卷一二（晉·郭璞撰《江賦》）
唐·段公路撰，龜圖注《北戶錄》卷一（水母）
唐·劉恂撰《嶺表録異》卷上
宋·梁克家撰《淳熙三山志》卷四二
宋·施宿等撰《會稽志》卷一七
宋·唐慎微撰，寇宗奭衍義《證類本草》卷二二
宋·唐慎微撰《重修政和經史證類備用本草》卷二二（蟲魚部下品·蜡上）
宋·司馬光撰《類篇》卷三八
宋·陳耆卿撰《赤城志》卷三六
宋·李石撰《續博物志》卷二
宋·羅願撰，元·洪焱祖音釋《爾雅翼》卷三〇
宋·朱勝非撰《紺珠集》卷四
宋·曾慥編《類說》卷四五（水母）
宋·李昉等撰《太平廣記》卷四一四（水族）
金·李杲編輯，明·李時珍參訂，姚可成補輯《食物本草》
元·戴侗撰《六書故》卷二〇
明·屠本畯撰《閩中海錯疏》卷中（鱗部下）
明·李時珍撰《本草綱目》卷四一四（鱗部·海蛇）
明·楊慎撰《異魚圖贊》卷四
明·馮時可撰《雨航雜錄》卷下
明·張自烈撰，清·廖文英續《正字通》申集中（虫部）
明·陸楫編《古今說海》卷一三（水母）
明·陳禹謨纂《駢志》卷一八
明·陶宗儀撰《說郛》卷六七（水母）
明·宋詡撰《竹嶼山房雜部》卷四（水母）
明·陸容撰《菽園雜記》卷一二
明·李賢等撰《明一統志》卷三九
明·朱謀㙔撰《駢雅》卷七
明·蔡清撰《易經蒙引》卷一三
明·徐應秋撰《玉芝堂談薈》卷三五
清·李調元、雨村輯《南越筆記》卷一一（水母）
清·張玉書、陳廷敬等纂《康熙字典》卷二六
清·郭柏蒼撰《海錯百一録》卷一
清·李元撰《蠕範》卷三

清·阿桂、劉瑾之等撰《欽定盛京通志》卷二七
清·劉業勤修，淩魚纂《廣東府縣志輯·乾隆揭陽縣志》卷七
清·屈大均撰《廣東新語》卷二四（水母）
清·陳璚修，王棻纂《浙江府縣志輯·民國杭州府志》卷八〇（物產·介屬）
清·李亨特修，平恕、徐嵩纂《浙江府縣志輯·乾隆紹興府志·物產》卷一八
清·田明曜修，陳灃纂《廣東府縣志輯·香山縣志》卷五
清·張珆美纂修《廣東府縣志輯·雍正惠來縣志》卷四
清·陳伯陶等纂修《廣東府縣志輯·東莞縣志》卷一五
清·周鍾瑄修，陳夢林、李欽文纂《臺灣府縣志輯·康熙諸羅縣志》卷一二
清·李廷璧修，周璽纂《臺灣府縣志輯·道光彰化縣志》卷一〇
清·郝玉麟等監修，魯曾煜等編纂《廣東通志》卷五二
清·嵇曾筠等監修，沈翼機等編纂《浙江通志》卷一〇三
清·何秋濤撰《王會篇箋釋》卷下
清·陸隴其撰《四書講義困勉錄》卷三三

海鮀

清·阿桂、劉瑾之等撰《欽定盛京通志》卷一〇七
清·和珅等撰《大清一統志》卷四二
清·毛昌善修，陳蘭彬纂《廣東府縣志輯·光緒吳川縣志》卷二

海蛇

明·陸容撰《菽園雜記》卷一二
清·李調元、雨村輯《南越筆記》卷一二（水母）
清·吳儀洛著《本草從新》（蟲魚鱗介部·海蛇）
清·屈大均撰《廣東新語》卷二四（水母）

石鏡

唐·段公路撰，龜圖注《北戶錄》卷一（水母）
明·李時珍撰《本草綱目》卷四一四（鱗部·海蛇）
明·陶宗儀撰《說郛》卷六三上（水母）
明·陸楫編《古今說海》卷一三（水母）
明·屠本畯撰《閩中海錯疏》卷中（鱗部·下）
清·阿桂、劉瑾之等撰《欽定盛京通志》卷二七
清·劉業勤修，淩魚纂《廣東府縣志輯·乾隆揭陽縣志》卷七（物產）
清·舒懋宮修，王崇熙纂《廣東府縣志輯·嘉慶新安縣志》卷三
清·李元撰《蠕範》卷三
清·唐景崧修，蔣師轍、薛紹元纂《臺灣府縣志輯·光緒臺灣通志》
清·周鍾瑄修，陳夢林、李欽文纂《臺灣府縣志輯·康熙諸羅縣志》卷一二
清·李廷璧修，周璽纂《臺灣府縣志輯·道光彰化縣志》卷一〇

清·郝玉麟等監修，魯曾煜等編纂《廣東通志》卷五二

蝦蛇

宋·羅願撰，元·洪焱祖音釋《爾雅翼》卷三〇
宋·施宿等撰《會稽志》卷一七
明·楊慎撰《異魚圖贊》卷四
明·徐應秋撰《玉芝堂談薈》卷三五
清·聶璜撰《清宮海錯圖》第二冊
清·李亨特修，平恕、徐嵩纂《浙江府縣志輯·乾隆紹興府志·物產》卷一八

鰕蛇

明·張自烈撰，清·廖文英續《正字通》申集中（虫部）

鰕鮀

宋·陳淑方撰《潁川小語》卷下

鰿

清·張玉書、陳廷敬等纂《康熙字典》卷二六
清·劉業勤修，淩魚纂《廣東府縣志輯·乾隆揭陽縣志》卷七（物產）

藏魚

清·喻長霖、柯驊威等纂修《浙江府縣志輯·台州府志》卷六二

鮓魚

晉·張華撰《博物志》卷三
宋·羅願撰，元·洪焱祖音釋《爾雅翼》卷三〇
明·楊慎撰《異魚圖贊》卷四
明·陸客撰《菽園雜記》卷一二
清·聶璜撰《清宮海錯圖》第二冊
清·何秋濤撰《王會篇箋釋》卷下

蚱

唐·段公路撰，龜圖注《北戶錄》卷一（水母）
宋·朱勝非撰《紺珠集》卷四
明·陶宗儀撰《說郛》卷六三上（水母）
明·屠本畯撰《閩中海錯疏》卷中（鱗部下）
明·陸楫編《古今說海》卷一三（水母）
清·郭柏蒼撰《海錯百一録》卷二
清·唐景崧修，蔣師轍、薛紹元纂《臺灣府縣志輯·光緒臺灣通志》
清·周鍾瑄修，陳夢林、李欽文纂《臺灣府縣志輯·康熙諸羅縣志》卷一二
清·李廷璧修，周璽纂《臺灣府縣誌輯·道光彰化縣志》卷一〇
清·郝玉麟等監修，魯曾煜等編纂《廣東通志·物產》卷五二

乍魚

宋·梁克家撰《淳熙三山志》卷四二

海艓

宋·陳淑方撰《潁川小語》卷下

鮓

明·屠本畯撰《閩中海錯疏》卷中（鱗部下）

清・郭柏蒼撰《海錯百一録》卷二
清・毛昌善修，陳蘭彬纂《廣東府縣志輯・光緒吳川縣志》卷二
清・李元撰《蠕範》卷三

蜡蚱

明・李時珍撰《本草綱目》卷四一四（鱗部・海蛇）

鰕鮓

明・屠本畯撰《閩中海錯疏》卷中（鱗部・下）
清・李元撰《蠕範》卷三

蛇魚

清・聶璜撰《清宮海錯圖》第二冊
明・馮時可撰《雨航雜錄》卷下
清・嵇曾筠等監修，沈翼機等編纂《浙江通志》卷一〇三

樗蒲魚

宋・羅願撰，元・洪焱祖音釋《爾雅翼》卷三〇
宋・梁克家撰《淳熙三山志》卷四二
宋・唐慎微撰，寇宗奭衍義《證類本草》卷二二
宋・唐慎微撰《重修政和經史證類備用本草》卷二二
明・屠本畯撰《閩中海錯疏》卷中（鱗部下）
明・李時珍撰《本草綱目》卷四一四（鱗部・海蛇）
明・陳禹謨纂《駢志》卷一八
清・李元撰《蠕範》卷三
明・張自烈撰，清・廖文英續《正字通》申集中（虫部）
明・徐應秋撰《玉芝堂談薈》卷三五
清・聶璜撰《清宮海錯圖》第二冊

海靼

明・楊慎撰《異魚圖贊》卷四
清・李元撰《蠕範》卷三
明・周祈撰《名義考》卷一〇（瑣蛣水母）
明・徐應秋撰《玉芝堂談薈》卷三五

海靻

宋・羅願撰，元・洪焱祖音釋《爾雅翼》卷三〇

樗蒲

明・楊慎撰《異魚圖贊》卷四
明・馮時可撰《雨航雜錄》卷下

海蛆

明・張自烈撰，清・廖文英續《正字通》申集中（虫部）

海折

明・李時珍撰《本草綱目》卷四一四（鱗部・海蛇）

海舌

清・李元撰《蠕範》卷三
清・郝玉麟等監修，魯曾煜等編纂《廣東通志》卷五二
清・陸隆其撰《四書講義困勉錄》卷三三

海蟄

清・張玉書、汪霦等撰《御定佩文齋詠物詩》卷四六九（元・謝宗可<海蟄>）

江蜇

清・李元撰《蠕範》卷三

蟄皮

清・李元撰《蠕範》卷三

鰔鮓

宋・周紫藝撰《太倉稊集》卷一四（鰔鮓）

白皮纸

明・彭大翼撰，張幼學增訂《山堂肆考》卷二二八

海折皮

明・彭大翼撰，張幼學增訂《山堂肆考》卷二二八

水母線

宋・陳叔方撰《潁川語小》卷下
明・屠本畯撰《閩中海錯疏》卷中（鱗部・下）
清・毛昌善修，陳蘭彬纂《廣東府縣志輯・光緒吳川縣志》卷二
清・嵇曾筠等監修，沈翼機等編纂《浙江通志》卷一〇七

葡鮀

清・郭柏蒼撰《海錯百一録》卷二

珊瑚虫纲 Anthozoa

珊瑚

漢・許慎撰，宋・徐鉉增釋《說文解字》卷一上
漢・司馬遷撰，南朝宋・裴駰集解《史記》卷一一七（張守節正義）
南唐・徐鍇撰，朱翱反切《說文系傳》卷一
宋・楊侃輯《兩漢博聞》卷五（珊瑚）
宋・蘇頌撰，胡乃長、王致譜輯注《圖經本草》
宋・唐慎微撰《重修政和經史證類備用本草》卷四
金・李杲編輯，明・李時珍參訂，姚可成補輯《食物本草》
元・戴侗撰《六書故》卷七
明・李時珍撰《本草綱目》卷八（金石部・珊瑚）
清・李調元、雨村輯《南越筆記》卷五（珊瑚）

石花

唐・蘇敬等撰《新修本草》卷四（玉石等部中品）
宋・寇宗奭撰《本草衍義》卷五

動植雜分物

清・（英）艾約瑟撰《動物學啟蒙》

海葵目 Actiniaria

海葵科 Actinidae

海葵 *Actinia* sp.

菟葵蒂

清・柯璜譯編，（日）箕作佳吉著《博物學講義・動物篇》（動物各論・腔腸動物）

海葵

清・柯璜譯編，（日）箕作佳吉著《博物學講義・動物篇》（動物各論・腔腸動物）

石珊瑚目 Scleractinia

鹿角珊瑚科 Acroporidae

鹿角珊瑚 *Acropora* spp.

琅玕

漢・許慎撰，宋・徐鉉增釋《說文解字》卷一上

漢・司馬遷撰，南朝宋・裴駰集解《史記》卷二（夏本紀）

漢・孔安國傳，唐・孔穎達疏，陸德明音義《尚書注疏》卷五

晉・郭璞注，唐・陸德明音義，宋・邢昺疏《爾雅注疏》卷六

晉・郭璞注《山海經》卷二

宋・林之奇撰《尚書全解》卷九

元・戴侗撰《六書故》卷七

元・陳櫟撰《書集傳纂疏》卷二

元・黃鎮成撰《尚書通考》卷七

明・胡廣等撰《書經大全》卷三

清・胡渭撰《禹貢錐指》卷一〇

珠樹

晉・郭璞注《山海經》卷一一

青琅玕

唐・蘇敬等撰《新修本草》卷四（玉石部）

宋・蘇頌撰，胡乃長、王致譜輯注《圖經本草》卷三（玉石下品・青琅玕）

宋・唐慎微撰《重修政和經史證類備用本草》卷五（玉石下品・青琅玕）

宋・寇宗奭撰《本草衍義》卷六

宋・吳澄撰《書纂言》卷二

宋・趙汝适撰《諸蕃志》卷上

金・李杲編輯，明・李時珍參訂，姚可成補輯《食物本草》

明・李時珍撰《本草綱目》卷八（金石部・青琅玕）

石珠

明・李時珍撰《本草綱目》卷八（金石部・青琅玕）

石珊瑚

清・聶璜撰《清宮海錯圖》第三冊

青珠

明・李時珍撰《本草綱目》卷八（金石部・青琅玕）

石闌干

明・李時珍撰《本草綱目》卷八（金石部・青琅玕）

蜂巢珊瑚科 Faviidae

菊花珊瑚 *Goniastrea* sp.

羊肚石

清・聶璜撰《清宮海錯圖》第三冊

软珊瑚目 Alcyoncea

红珊瑚科 Coralliidae

红珊瑚 *Corallium* spp.

珊瑚

晉・郭璞撰，清・茆泮林輯《玄中記・補遺》（珊瑚）

唐・段成式撰《酉陽雜俎》卷一一

珊瑚樹

宋・趙汝适撰《諸蕃志》卷下（珊瑚樹）

扁形动物门 Platyhelminthes

蠕形動物

清・柯璜譯編，(日)箕作佳吉著《博物學講義・動物篇》(第一編・動物名論・第一二章・蠕形動物)

扁蟲類

清・(日) 西師意譯，(英) 竇樂安、許家惺審定《動物學教科書》(第一二章・蠕形動物・扁蟲類)

九蟲

隋・巢元方撰《巢氏諸病源候總論》卷一七

唐・孫思邈撰《備急千金要方》卷五八（九蟲第七）

宋・陳言撰《三因極一病證方論》卷一二（九蟲敘論）

宋・徽宗敕編，清・程林刪定《聖濟總錄纂要》卷一五（九蟲統論）

宋・張杲撰《醫說》卷五（九蟲之狀）

明・李時珍撰《本草綱目》卷四二

明・張介賓撰《景岳全書》卷三五（九蟲）

明・朱橚撰《普濟方》卷二三九（九蟲附論）

清・徐大椿撰《蘭台軌範》卷六（病源）

清・嵇璜、曹仁虎等撰《續通志》卷一七八

五臟蟲

宋・徽宗敕編，清・程林刪定《聖濟總錄纂要》卷一五（五臟蟲）

宋・姚寬撰《西溪叢語》卷上

明・朱橚撰《普濟方》卷二三九

罿蟲

隋・巢元方等撰《巢氏諸病源候總論》卷一七（總論・久赤白痢疾）

唐・孫思邈撰《備急千金要方》卷一八

明・朱橚撰《普濟方》卷二三九

涡虫纲 Turbellaria

渦蟲類

清・前編書局編譯《博物學・動物篇》(第八門・扁形動物類・渦蟲類)

清・柯璜譯編，(日)箕作佳吉著《博物學講義・動物篇》(第一編・動物名論・第一二章・蠕形動物)

单肠目 Rhabdocoelida

中口涡虫 *Mesostoma* sp.

蘇司篤末

清・前編書局編譯《博物學・動物篇》(第八門・扁形動物類・渦蟲類)

三肠目 Tricladida

岐腸蛭

清・(日) 西師意譯，(英) 竇樂安、許家惺審定《動物學教科書》(第一二章・蠕形動物・扁蟲類・岐腸蛭)

笄蛭科 Bipariidae

笄蛭蜗虫 *Bipalium* sp.

笄蛭

清・(日) 西師意譯，(英) 竇樂安、許家惺審定《動物學教科書》(第一二章・蠕形動物・扁蟲類・笄蛭)

清・柯璜譯編，(日)箕作佳吉著《博物學講義・動物篇》(第一編・動物各論・第一二章・蠕形動物)

度古

唐・段成式撰《酉陽雜俎續集》卷一七（支諾皋中）

明・謝肇淛著《五雜俎》卷之九

清・前編書局編譯《博物學・動物篇》(第八門・扁形動物類・渦蟲類)

土蟲

唐・段成式撰《酉陽雜俎續集》卷一七（支諾臬中）

扁涡虫科 Planariidae

细涡虫 *Phagocata* sp.

盤渦蟲

清・柯璜譯編，(日)箕作佳吉著《博物學講義・動物篇》(第一編・動物各論・第一二章・蠕形動物)

多肠目 Polycladida

网平角涡虫 *Planocera reticulata*

海葉蟲

清・柯璜譯編，(日)箕作佳吉著《博物學講義・動物篇》(第一編・動物各論・第一二章・蠕形動物)

吸虫纲 Trematoda

蠕形动物

清・(日) 西師意譯，(英) 竇樂安、許家惺審定《動物學教科書》(第一二章・蠕形动物・扁蟲類)

清・柯璜譯編，(日)箕作佳吉著《博物學講義・動物篇》(第一編・動物各論・蠕形動物)

扁蟲類

清・(日) 西師意譯，(英) 竇樂安、許家惺審定《動物

學教科書》（第一二章・蠕形动物・扁蟲類）

吸蟲類

清・前編書局編譯《博物學・動物篇》（第一編・動物各論・第一二章・蠕形動物）

寄生蛭

清・（日）西師意譯，（英）竇樂安、許家惺審定《動物學教科書》（第一二章・蠕形動物・扁蟲類・寄生蛭）

肝蛭

清・（日）西師意譯，（英）竇樂安、許家惺審定《動物學教科書》（第一二章・蠕形動物・扁蟲類・寄生蛭）

肺蛭

清・（日）西師意譯，（英）竇樂安、許家惺審定《動物學教科書》（第一二章・蠕形動物・扁蟲類・寄生蛭）

肺蟲

唐・王燾撰《外臺秘要方》卷二六

宋・姚寬撰《西溪叢語》卷上

宋・徽宗趙佶敕編，清・程林删定《聖濟總錄纂要》卷一五

明・朱橚撰《普濟方》卷二三九（諸蟲附論）

膈蟲

唐・孫思邈撰《備急千金要方》卷五八

金・張從正撰《儒門事親》卷三

明・朱橚撰《普濟方》卷二三九、二六四、三九九

明・王肯堂《證治準繩》卷一八

明・高濂撰《遵生八箋》卷九

明・張介賓撰《景岳全書》卷三五

明・張自烈撰，清・廖文英續《正字通》申集中（虫部）

清・李元撰《蠕範》卷四

清・嵇璜、曹仁虎等撰《續通志》卷一七八

弱蟲

唐・孫思邈撰《備急千金要方》卷五八

宋・徽宗趙佶敕編，清・程林删定《聖濟總錄纂要》卷一五（九蟲）

宋・陳言撰《三因極一病證方論》卷一二（九蟲例）

宋・楊士瀛撰，明・朱崇正附遺《仁斎直指》卷二五

明・王肯堂《證治準繩》卷一八

清・李元撰《蠕範》卷四

肉蟲

唐・王燾撰《外臺秘要方》卷二六

宋・徽宗敕編，清・程林剛定《聖濟總錄纂要》卷一五

明・王肯堂《證治準繩》卷一八

明・朱橚撰《普濟方》卷二三九

消面蟲

明・江瓘編《名醫類案》卷七

蟲

漢・許慎撰，宋・徐鉉增釋《說文解字》

隋・巢元方等撰《巢氏諸病源候總論》卷一七（蟲注痢疾）

宋・徽宗敕編，清・程林删定《聖濟總錄纂要》卷六（蟲痢）

明・王肯堂《證治準繩》（一）（中蟲・雜病）

清・徐大椿撰《蘭臺軌範》卷四（病原・蟲蛀痢）

复殖目 Digenea

后睾科 Opisthorchiidae

华枝睾吸虫 *Clonorchis sinensis*

肝臟木葉蛭

清・柯璜譯編，（日）箕作佳吉著《博物學講義・動物篇》（第一編・動物各論・第一二章・蠕形動物）

片形科 Fasciolidae

布氏姜片虫 *Fasciolopsis buskl*

赤蟲

唐・王燾撰《外臺秘要方》卷二六

清・查繼佐著《罪惟錄》

肝片吸虫 *Fasciola hepatica*

肝蛭

清・（日）西師意譯，（英）竇樂安、許家惺審定《動物學教科書》（第一二章・蠕形動物）

清・前編書局編譯《博物學・動物篇》（第八門・扁形動物類・吸蟲類）

齊司篤末

清・前編書局編譯《博物學・動物篇》第八門（扁形動物類・吸蟲類）

羊肝蛭

清・柯璜譯編，（日）箕作佳吉著《博物學講義・動物篇》（第一編・動物各論・第一二章・蠕形動物）

隐孔科 Troglotrematidae

卫氏并殖吸虫 *Paragonimus westermani*

肺臟木葉蛭

清・柯璜譯編，（日）箕作佳吉著《博物學講義・動物篇》（第一編・動物各論・第一二章・蠕形動物・肺臟木葉蛭）

裂体科 Schistosomatidae

日本血吸虫 *Schistosoma japonicum*

射工毒蟲

晉・葛洪撰《肘後備急方》卷七（治卒中射工水弩毒方第六二）

隋・巢元方撰《巢氏諸病源候總論》卷二五（射工候）

唐・孫思邈撰《備急千金要方》卷三五（論谿毒證第一六）、卷七六（治三種射工毒蟲方）

唐・王燾撰《外臺秘要方》卷四〇（射工毒方一九首）

宋・楊士瀛撰，明・朱崇正附遺《仁齋直指》卷二五（挑生方論）

水毒虫

宋・楊士瀛撰，明・朱崇正附遺《仁齋直指》卷二五（挑生方論）

明・朱橚撰《普濟方》卷二五二（蠱毒）

沙蝨

隨・巢元方撰《巢氏諸病源候總論》卷二五（射工候）

绦虫纲 Cestoidea

條蟲

清・（日）西師意譯，（英）竇樂安、許家惺審定《動物學教科書・第一二章・蠕形動物・扁蟲類・條蟲》

清・柯璜譯編，（日）箕作佳吉著《博物學講義・動物篇》（第一編・動物各論・第一二章・蠕形動物）

清・前編書局編譯《博物學・動物篇》第八門（扁形動物類）

寸白蟲

宋・許叔微撰《類證普濟本事方》卷七（治寸白蟲方）

宋・陳師文等撰《太平惠民和劑局方》卷八（治雜病）

明・張介賓撰《景岳全書》卷三五（論證）

明・王肯堂輯《證治準繩》卷一八

清・吳謙、劉裕鐸等纂《禦製醫宗金鑑》卷二四

白蟲

隋・巢元方撰《巢氏諸病源候總論》卷一八（九蟲候）

唐・孫思邈撰《備急千金要方》卷一八（九蟲）

唐・王燾撰《外臺秘要方》卷二六

宋・楊士瀛撰，明・朱崇正附遺《仁齋直指・挑生方論》卷二五

宋・張杲撰《醫說》卷五（九蟲之狀）

宋・蘇軾、沈括撰《蘇沈良方》卷六

明・王肯堂輯《證治準繩》卷一八

清・徐大椿撰《蘭台軌範》卷六（病源）

圆叶目 Cyclophyllidea

带科 Taeniidae

猪带绦虫 *Taenia solium*

寸白蟲

漢・張機撰，清・徐彬註《金匱要略論註》卷二四

宋・蘇軾、沈括撰《蘇沈良方》卷六

宋・徽宗趙佶敕編，清・程林刪定《聖濟總錄纂要》卷一五

宋・唐慎微撰，寇宗奭衍義《證類本草》卷一八

元・王好古撰《醫壘元戎》卷六

明・朱橚撰《普濟方》卷三九九

明・薛己撰《薛氏醫案》卷三五（食忌論第五）

明・江瓘編，清・魏之琇等考證《名醫類案》卷七

明・孫一奎撰《赤水元珠》卷四（蟲痛）

明・李時珍撰《本草綱目》卷八

明・張介賓撰《景岳全書》卷三五

明・魏之琇撰《續名醫類案》卷二九

清・吳士玉、沈宗敬等撰《禦定駢字類編》卷一三七

白蟲

南朝梁・陶弘景撰《名醫別錄下品》卷三

宋・蘇軾、沈括撰《蘇沈良方》卷六

有鉤條蟲

清・前編書局編譯《博物學・動物篇》（第八門・扁形動物類・絛蟲類）

豬囊尾蚴

宋・彭乘撰《墨客揮犀》卷五

明・江瓘編，清・魏之琇等考證《名醫類案》卷七

清・魏之琇撰《續名醫類案》卷二二、卷二九

牛带吻绦虫 *Taeniarhynchus saginatus*

寸白蟲

隋・巢元方撰《巢氏諸病源候總論》卷一八（寸白蟲候）

唐・孫思邈撰《備急千金要方》卷八〇

唐・王燾撰《外臺秘要方》卷二六

宋・張杲撰《醫說》卷五（苦寸白蟲）

宋・窦材辑《扁鹊心书》（三虫）

明・朱橚撰《普濟方》卷二三九（寸白蟲）

明・江瓘編，清・魏之琇等考證《名醫類案》卷七

明・孫一奎撰《赤水元珠》卷四

明・張介賓撰《景岳全書》卷三五（諸蟲・論治寸白蟲）

清・魏之琇撰《續名醫類案》卷四七

白蟲

漢・張機撰，清・徐彬註《金匱要略論註》卷二四

南朝梁・陶弘景撰《名醫別錄》卷三

唐・王燾撰《外臺秘要方》卷二六

無鉤條蟲

清・（日）西師意譯，（英）竇樂安、許家惺審定《動物學教科書》（第一二章・蠕形動物・扁蟲類）

清・前編書局編譯《博物學・動物篇》（第八門・扁形動物類・條蟲類・無鉤條蟲）

细粒棘球绦虫 *Echinococcus granulosus*

狗條蟲

清・前編書局編譯《博物學・動物篇》（第八門・扁形動物類・條蟲類・狗條蟲）

包蟲

清・前編書局編譯《博物學・動物篇》（第八門・扁形動物類・條蟲類・狗條蟲）

假叶目 **Pseudophyllidea**

双槽头绦虫科 Dibothriocephalidae

闊节双槽头绦虫 *Dibothriocephalus latus*

裂頭條蟲

清·（日）西師意譯，（英）竇樂安、許家惺審定《動物學教科書》（第一二章·蠕形動物·扁蟲類）

清·前編書局編譯《博物學·動物篇》（第八門·扁形動物類·條蟲類）

纽形动物门 Nemertea

无针纲 Anopla

异纽目 Heteronemertea

纵沟纽虫科 Lineidae

纽虫 *Lineus* spp.

泥條蟲

清·（日）西師意譯，（英）竇樂安、許家惺審定《動物學教科書》（第一二章·蠕形動物·扁蟲類）

紐蟲

清·柯璜譯編，（日）箕作佳吉著《博物學講義·動物篇》（第一編·動物各論·第一二章·蠕形動物）

唏摸磨希扁蟲

清·柯璜譯編，（日）箕作佳吉著《博物學講義·動物篇》（第一編·動物各論·第一二章·蠕形動物）

线虫动物门 Nematoda

蟲

漢・王充撰《論衡》卷一六（商蟲篇）

圓蟲類

清・（日）西師意譯，（英）竇樂安、許家惺審定《動物學教科書》（第一二章・蠕形動物）

清・柯璜譯編，（日）箕作佳吉著《博物學講義・動物篇》（第一編・動物各論・第一二章・蠕形動物）

圓蟲

清・柯璜譯編，（日）箕作佳吉著《博物學講義・動物篇》（第一編・動物各論・第一二章・蠕形動物）

針金蟲

清・柯璜譯編，（日）箕作佳吉著《博物學講義・動物篇》

鐵絲蟲

清・柯璜譯編，（日）箕作佳吉著《博物學講義・動物篇》

夫意拉利牙

清・柯璜譯編，（日）箕作佳吉著《博物學講義・動物篇》（第一編・動物各論・第一二章・蠕形動物）

伏蟲

宋・陳言撰《三因極一病證方論》卷一二（九蟲例）

金・張從正撰《儒門事親》卷三

明・張介賓撰《景岳全書》卷三五（九蟲）

明・朱橚撰《普濟方》卷三九九

清・李元撰《蠕範》卷四

清・嵇璜、曹仁虎等撰《續通志》卷一七八

屍蟲

宋・楊士瀛撰，明・朱崇正附遺《仁齋直指》卷二五

明・李蘇著《見物》卷五

明・江瓘編，清・魏之琇等考證《名醫類案》卷七

明・朱橚撰《普濟方》卷二三五

清・李元撰《蠕範》卷四

胃蟲

明・朱橚撰《普濟方》卷二三五

清・李元撰《蠕範》卷四

尾感器纲 Phasmida=胞管肾纲 Secernentea

線蟲類

清・前編書局編譯《博物學・動物篇》（第七門・圓柱形動物類・線蟲類）

三蟲

隋・巢元方撰《巢氏諸病源候總論》卷一八（三蟲候）

唐・孫思邈撰《備急千金要方》卷一八

唐・王燾撰《外臺秘要方》卷二六（病源）

宋・徽宗趙佶敕編，清・程林刪定《聖濟總錄纂要》卷一五（三蟲）

宋・何大任校訂《小兒衛生總微論方》卷一三（諸蟲論）

宋・竇材輯《扁鵲心書》（三蟲）

宋・楊士瀛撰《仁齋直指》（朱崇正附遺）卷六（蚘厥・狐惑）

元・陶宗儀編《說郛》卷六六上（西北荒經）

明・孫一奎撰《赤水玄（元）珠》卷四

明・王肯堂撰《證治準繩》卷二二

明・朱橚撰《普濟方》卷二三九

蛔目 Ascarididea

蛔科 Ascaridae

人蛔虫 *Ascaris lumbricoides*

蛔

南朝梁・顧野王撰，宋・陳彭年等重修《重修玉篇》卷二五（蟲部）

唐・王燾撰《外臺秘要方》卷二六（蛔蟲方九首）

宋・司馬光撰《類篇》卷三八

宋・丁度、司馬光等纂《集韻》卷二

遼・釋行均撰《龍龕手鑒》卷二

金・韓道昭撰《五音集韻》卷二

明・李時珍撰《本草綱目》卷四二（蟲部）

明・李蘇撰《見物》卷五

明・焦竑撰《俗書判誤》卷一一

明・張自烈撰，清・廖文英續《正字通》申集中（虫部）

清・張玉書、陳廷敬等纂《康熙字典》卷二六

清・周靖撰《篆隸考異》卷三

蛔虫

唐・王燾撰《外臺秘要方》卷二六（蛔蟲方九首）

宋・竇材輯《扁鵲心書》（三蟲）

元・王好古撰《醫壘元戎》卷六

明・高濂撰《遵生八箋》卷九

明・朱橚撰《普濟方》卷二三九、卷二五七、卷二九三

明・徐謙撰，陳葵刪定《仁端錄》卷一三（吐瀉蛔蟲）

明・王肯堂撰《證治準繩》卷一八

清・前編書局編譯《博物學・動物篇》（第七門・圓柱形動物類・線蟲類）

清・（日）西師意譯，（英）竇樂安、許家惺審定《動物學教科書》（第一二章・蠕形動物・圓蟲類）

清・柯璜譯編，（日）箕作佳吉著《博物學講義動物篇》

（第二編・動物通論・第六章・動物之寄生共生）

蚘

周・韓非撰，元・何犿注《韓非子》卷八
漢・張機撰，清・徐彬註《金匱要略論註》卷一九
漢・張機撰，晉・王叔和編《傷寒論注釋》卷三（釋音）
漢・東方朔撰，晉・張華注《神異經》
南朝梁・顧野王撰，宋・陳彭年等重修《重修玉篇》卷二五（蟲部）
隋・巢元方撰《巢氏諸病源候總論》卷一八（蚘蟲候）
唐・孫思邈撰《備急千金要方》卷四一（心腹痛第六）
唐・王燾撰《外臺秘要方》卷二六（蛔蟲方九首）
宋・唐慎微撰《經史證類大觀本草》卷二一（蚘蟲）
宋・張杲撰《醫說》卷五（蚘蟲）
宋・司馬光撰《類篇》卷三八
・不著撰人《原本廣韻》卷一
宋・丁度、司馬光等纂《集韻》卷二
宋・陳彭年、丘雍等撰《重修廣韻》卷一
宋・徽宗趙佶敕編，清・程林刪定《聖濟總錄纂要》卷一五（蚘蟲）
遼・釋行均撰《龍龕手鑒》卷二
金・韓道昭撰《五音集韻》卷二
元・張鉉撰《至大金陵新志》卷一三下之下
元・危亦林撰《世醫得效方》卷一〇（諸蟲）
明・朱橚撰《普濟方》卷七三、卷二三九（蚘蟲附論）
明・李時珍撰《本草綱目》卷四二（蟲部）
明・焦竑撰《俗書刊誤》卷一一
明・張介賓撰《景岳全書》卷八（吐蚘）
明・王肯堂輯《證治準繩》卷六、卷二二、卷四三（嘔）
明・張自烈撰，清・廖文英續《正字通》申集中
明・徐謙撰，陳葵刪定《仁端錄》卷八（吐蚘下蚘）
明・江瓘編，清・魏之琇等考證《名醫類案》卷九
清・張玉書、陳廷敬等纂《康熙字典》卷二六
清・吳謙、劉裕鐸等纂《醫宗金鑒》卷四、卷二五
清・魏之琇撰《續名醫類案》卷四七（小兒吐蚘）
清・喻昌撰《尚論篇》卷四下（厥陰經全篇）
清・梁國治等編輯《欽定音韻述微》卷四
清・李光地等撰《音韻闡微》卷二
清・毛奇齡撰《古今通韻》卷三
清・嵇璜、曹仁虎撰《續通志》卷一七八
清・翁藻編《醫鈔類編》卷九（蟲證門）
清・梁國志等撰《音韻述微》卷四
清・李光地等撰《音韻闡微》卷二
清・毛奇齡撰《古今通韻》卷三
清・嵇璜、曹仁虎撰《續通志》卷一七八

蚘蟲

漢・張機撰，清・徐彬註《金匱要略論註》卷一九
漢・東方朔撰，晉・張華注《神異經》
隋・巢元方撰《巢氏諸病源候總論》卷一八（蚘蟲候）
唐・王燾撰《外臺秘要方》卷七
宋・唐慎微撰《經史證類大觀本草》卷二一（蚘蟲）
宋・張杲撰《醫說》卷五（蚘蟲）
宋・徽宗趙佶敕編，清・程林刪定《聖濟總錄纂要》卷一五（蚘蟲）
元・張鉉撰《至大金陵新志》卷一三下之下
明・朱橚撰《普濟方》卷七三、卷二三九（蚘蟲附論）
明・李時珍撰《本草綱目》卷四二（蟲部）
明・焦竑撰《俗書刊誤》卷一一
明・張介賓撰《景岳全書》卷八（吐蚘）
明・薛己撰《薛氏醫案》卷六（蚘蟲）
明・江瓘編，清・魏之琇等考證《名醫類案》卷九
清・吳謙、劉裕鐸等纂《醫宗金鑒》卷四、卷二五
清・魏之琇撰《續名醫類案》卷四七（小兒吐蚘）
清・嵇璜、曹仁虎撰《續通志》卷一七八
清・徐大椿撰《蘭台軌範》卷六（金匱）
清・翁藻撰《醫鈔類編》卷九（蟲證門・蚘蟲）

蛕

漢・許慎撰，宋・徐鉉增釋《說文解字》卷一〇
南朝梁・顧野王撰《玉篇》卷二五（蟲部）
南唐・徐鍇撰，朱翺反切《說文繫傳》卷二五
唐・王冰注，宋・史崧校正、音釋《靈樞經》卷一
宋・司馬光撰《類篇》卷三八
・不著撰人《原本廣韻》卷一
宋・丁度、司馬光等纂《集韻》卷二
宋・陳彭年、丘雍等撰《重修廣韻》卷一
金・韓道昭撰《五音集韻》卷二
元・戴侗撰《六書故》卷二〇
明・李時珍撰《本草綱目》卷四二（蟲部）
明・焦竑撰《俗書判誤》卷一一
明・張自烈撰，清・廖文英續《正字通》申集中
清・張玉書、陳廷敬等纂《康熙字典》卷二六
清・李光地等撰《音韻闡微》卷二
清・毛奇齡撰《古今通韻》卷三
清・嵇璜、曹仁虎撰《續通志》卷一七八
清・周靖撰《篆隸考異》卷三

蜖

遼・釋行均撰《龍龕手鑒》卷二
明・張自烈撰，清・廖文英續《正字通》申集中
清・張玉書、陳廷敬等纂《康熙字典》卷二六

痐

宋・丁度、司馬光等纂《集韻》卷二
金・韓道昭撰《五音集韻》卷二
清・張玉書、陳廷敬等纂《康熙字典》卷二〇

食蟲

清・吴謙、劉裕鐸等纂《醫宗金鑒》卷二二

清・喻昌撰《尚論篇》卷四後篇

人龍

明・李時珍撰《本草綱目》卷四二

清・嵇璜、曹仁虎撰《續通志》卷一七八

清・李元撰《蠕範》卷四

長蟲

隋・巢元方撰《巢氏諸病源候總論》卷一八（三蟲候）

唐・王氷次注，宋・林億等校正《黃帝内經素問》卷五

唐・王燾撰《外臺秘要方》卷二六

宋・徽宗趙佶敕編，清・程林刪定《聖濟總錄纂要》卷一五

明・孫一奎撰《赤水元珠》卷四

马副蛔虫 *Parascaris equorum*

驢龍

明・方以智撰《物理小識》卷一一

風驢肚內蟲

明・李時珍撰《本草綱目》卷四二

尖尾目 Oxyuridea

尖尾科 Oxyuridae

蛲虫 *Enterbius vermicularis*

蟯蟲

周・尹喜撰《關尹子》

漢・司馬遷撰，南朝宋・裴駰集解《史記》卷一〇五（扁鵲倉公列傳第四五）

南朝梁・顧野王撰《玉篇》卷二五（蟲部）

隋・巢元方撰《巢氏諸病源候總論》卷一七（穀道蟲候、穀道癢候）、卷一八（蟯蟲候）、卷二七（白禿候）、卷三五（癬候）、卷五〇（疥候）

唐・孫思邈撰《備急千金要方》卷七九、卷八〇

唐・王燾撰《外臺秘要方》卷二六（蟯蟲）、卷三〇（癬瘡方一一一首）

南唐・徐鍇撰，朱翱反切《說文繫傳》卷二五

・不著撰人《原本廣韻》卷二

宋・竇材輯《扁鵲心書》（三蟲）

宋・陳彭年、丘雍等撰《重修廣韻》卷二

宋・丁度、司馬光等纂《集韻》卷三、卷八

宋・徽宗敕編，清・程林刪定《聖濟總錄纂要》卷一五（蟯蟲）、卷一七（白禿）、卷二一（諸疥、痔瘻）

宋・何大任校訂《小兒衛生總微論方》卷一八（禿瘡）、卷一九（疥癬論）

宋・劉攽撰《彭城集》卷七（市朝）

宋・陳言撰《三因極一病證方論》卷一二（九蟲例）

遼・釋行均撰《龍龕手鑒》卷二

金・韓道昭撰《五音集韻》卷四

金・張從正撰《儒門事親》卷三

元・戴侗撰《六書故》卷二〇

元・楊桓撰《六書統》卷一八

明・朱橚撰《普濟方》卷四〇（肛門有蟲怕癢論）、卷二三九（蟯蟲）、卷二五七（食治門）、卷三九九（蟯蟲）、卷四〇七（疥）、卷四〇八（白禿瘡）

明・王肯堂輯《證治準繩》卷一八

明・程敏政編《明文衡》卷五〇（宋濂<燕書>）

明・張自烈撰，清・廖文英續《正字通》申集中

清・梁詩正、蔣溥等撰《欽定葉韻彙輯》卷九

清・張玉書、陳廷敬等纂《康熙字典》卷二六

清・段玉裁撰《說文解字注》上冊

清・周靖撰《篆隸考異》卷三

清・毛奇齡撰《古今通韻》卷五

清・李光地等撰《音韻闡微》卷四

清・嵇璜、曹仁虎等撰《續通志》卷一七八

清・魏之琇撰《續名醫類案》卷二九

清・前編書局編譯《博物學・動物篇》（第七門・圓柱形動物類・線蟲類）

短蟲

唐・王冰次注，宋・林億等校正《黃帝内經素問》卷五

南唐・徐鍇撰，朱翱反切《說文繫傳》卷二五

元・戴侗撰《六書故》卷二〇

元・楊桓撰《六書統》卷一八

明・張自烈撰，清・廖文英續《正字通》申集中

清・段玉裁撰《說文解字注》上冊

清・嵇璜、曹仁虎等撰《續通志》卷一七八

蚧蟲

清・嵇璜、曹仁虎等撰《續通志》卷一七八

圆形目 Strongylidea

钩口科 Ancylostomatidae

十二指肠钩口线虫 *Ancylostoma duodenale*

十二指腸蟲

清・前編書局編譯《博物學・動物篇》（第七門・圓柱形動物類・線蟲類）

支腸蟲

清・（日）西師意譯，（英）竇樂安、許家惺審定《動物學教科書》（第一二章・蠕形動物・圓蟲類）

网尾科 Dictyocaulidae

丝状网尾线虫 *Dictyocaulus filaria*

蟲

清・吴謙、劉裕鐸等纂《醫宗金鑒》卷二四

旋尾目 Spriruridea

吸吮科 Thelaziidae

结膜吸吮线虫 *Thelazia callipaeda*

小蟲

清・魏之琇撰《續名醫類案》卷二二

丝虫目 Filariidea

丝虫科 Filariidae

班氏吴策线虫 *Wuchereria bancrofti*

红虫

明・陳桷撰《石山醫案》卷上（莖中蟲出）

明・江瓘編，清・魏之琇等考證《名醫類案》卷七

清・魏之琇撰《續名醫類案》卷二五

丝状科 Setariidae

丝状线虫 *Setaria* spp.

渾睛蟲

唐・李石等著《司牧安驥集》卷二（看馬五臟變動形相七十二大病）

清・郭懷西注釋《新刻注釋馬牛駝經大全集》（渾睛蟲論）

无尾感器纲 Aphasmida=腺肾纲 Adenophorea

鞭虫目 Trichuridea

毛形科 Thrichinellidae

旋毛形线虫 *Trichinella spiralis*

旋毛蟲

清・柯璜譯編，（日）箕作佳吉著《博物學講義・動物篇》（第一編・動物各論・第一二章・蠕形動物）

清・前編書局編譯《博物學・動物篇》（第七門・圓柱形動物類・線蟲類）

线形动物门 Nematomorpha

铁线虫纲 Gordiacea

铁线虫目 Gordioidea

粗皮科 Chordodidae

铁线虫 *Gordius aquaticus*

鐵線蟲

清・英啟修，鄧琛纂《湖北府縣志輯・黄州府志》

清・金鉷等監修，錢元昌等編纂《廣西通志》（慶遠府）

清・李元撰《蠕範》卷三

清・前編書局編譯《博物學・動物篇》（第七門・圓柱形動物類・線蟲類）

清・朱從延纂輯，林德垓、莊樂耕重訂《虹孫鑒》（鐵線蟲）

天線

清・盧廷俊修，顔希聖、何深纂《廣東府縣志輯・雍正連平州志・連平州志》

絲蟲

清・（日）西師意譯，（英）竇樂安、許家惺審定《動物學教科書》（第一二章・蠕形動物類・圓蟲類）

棘头动物门 Acanthocephales

棘头虫纲 Acanthocephala

鈎頭蟲類

清・前編書局編譯《博物學・動物篇》(第七門・圓柱形動物類・線蟲類)

鈎頭蟲

清・(日)西師意譯,(英)竇樂安、許家惺審定《動物學教科書》(第一二章・蠕形動物類・圓蟲類)

轮虫动物门 Rotifera

单巢纲 Monogononta

輪盤蟲

清・（日）西師意譯，（英）竇樂安、許家惺審定《動物學教科書》（第一二章・蠕形動物類・扁蟲類）

单巢目 Monogonta

臂尾轮虫 *Brachinus* sp.

輪蟲

清・柯璜譯編，（日）箕作佳吉著《博物學講義・動物篇》（第一編・動物各論・第一二章・蠕形動物・輪蟲）

环节动物门 Annelida

圜節動物

清・（英）艾約瑟撰《動物學啟蒙》卷一（環節動物分品）
清・柯璜譯編，（日）箕作佳吉著《博物學講義・動物篇》（動物各論・環節動物）

環蟲類

清・（日）西師意譯，（英）竇樂安、許家惺審定《動物學教科書》（第一二章・蠕形動物・環蟲類）
清・前編書局編譯《博物學・動物篇》第五門（環蟲類）

多毛纲 Polychaeta

沙蚕目 Neremorpha

沙蚕科 Nereididae

沙蠶

明・屠本畯撰《閩中海錯疏》卷下
明・朱橚撰《普濟方》卷一一五
清・李元撰《蠕範》卷三
清・周鐘瑄修，陳夢林、李欽文纂《臺灣府縣志輯・康熙諸羅縣誌》卷一〇
清・齊翀纂修《廣東府縣志輯・乾隆南澳志》卷之一〇
清・王英曾纂修《臺灣府縣誌輯・乾隆重修鳳山縣志》
清・李廷璧、周璽纂《臺灣府縣誌輯・道光彰化縣志》卷一〇
清・陳培桂等纂修《臺灣府縣志輯・同治淡水廳志》卷一二
清・高拱乾等修《臺灣府志》上冊卷之七
清・懷蔭布修，黃任、郭賡武纂《福建府縣志輯・乾隆泉州府志》（物産・鱗之屬）
清・陳夢雷編《古今圖書集成・博物彙编・禽蟲典》卷一六四
清・徐景熹修，魯曾煜、施廷樞等纂《福建府縣志輯・乾隆福州府志》卷二六
清・（日）西師意譯，（英）竇樂安、許家惺審定《動物學教科書》（第一二章・蠕形動物・環蟲類）

沙蟲

清・楊霽修，陳蘭彬等纂《廣東府縣誌輯・光緒高州府志》卷七

龍腸

清・懷蔭布修，黃任、郭賡武纂《福建府縣志輯・乾隆泉州府志》
清・李廷璧、周璽纂《臺灣府縣誌輯・道光彰化縣志》卷一〇
清・王英曾纂修《臺灣府縣誌輯・乾隆重修鳳山縣誌》

龍蟲

清・陳培桂等纂修《臺灣府縣志輯・同治淡水廳志》卷一二

海蠶

明・李時珍撰《本草綱目》卷三九
清・王士禛撰《居易錄》卷二四

沙蠶 *Nereis* sp.

沙蠶

清・魯鼎梅修，王必昌纂《臺灣府縣誌輯・乾隆重修臺灣縣誌》卷一二
清・蔣毓英修《臺灣府志》上冊卷之四
清・唐景崧修，蔣師轍、薛紹元纂《臺灣府縣誌輯・光緒臺灣通志》
清・李維鈺原本，沈定均續修，吳聯熏增纂《福建府縣志輯・光緒漳州府志》
清・柯璜譯編，（日）箕作佳吉著《博物學講義・動物篇》（第一一章・環節動物）
清・前編書局編譯《博物學・動物篇》（第五門・環蟲類・毛足類）
清・楊齊修，陳蘭彬等纂《廣東府縣志輯・高州府志》

沙蟲

清・唐景崧修，蔣師轍、薛紹元纂《臺灣府縣誌輯・光緒臺灣通志》
清・蔡麟祥、陳步梯修，林豪纂《臺灣府縣志輯・新修臺灣澎湖志》卷一〇
清・楊齊修，陳蘭彬等纂《廣東府縣志輯・高州府志》卷七

龍腸

清・魯鼎梅修，王必昌纂《臺灣府縣誌輯・乾隆重修臺灣縣誌》卷一二
清・唐景崧修，蔣師轍、薛紹元纂《臺灣府縣誌輯・光緒臺灣通志》

龍蟲

清・唐景崧修，蔣師轍、薛紹元纂《臺灣府縣誌輯・光緒臺灣通志》
清・蔡麟祥、陳步梯修，林豪纂《臺灣府縣志輯・新修臺灣澎湖志》卷一〇

海蜈蚣

清・李維鈺原本，沈定均續修，吳聯熏增纂《福建府縣志輯・光緒漳州府志》（物產・魚之屬）
清・聶璜撰《清宮海錯圖》第二冊

流蝽

清・聶璜撰《清宮海錯圖》第二冊

河蟲

清・李維鈺原本，沈定均續修，吳聯熏增纂《福建府縣

志輯·光緒漳州府志》

清·龍朝翊修，陳所能纂《海南府縣志輯·光緒澄邁縣志》

鳳腸

清·楊齊修，陳蘭彬等纂《廣東府縣志輯·高州府志》

南海刺沙蚕 *Neanthes nanhaiensis*

海蠶

宋·唐慎微撰《經史證類大觀本草》卷二一（海蠶）

清·嵇璜、曹仁虎等撰《續通志》卷一七八

疣吻沙蚕 *Tylorrhynchus heterochaetus*

禾蟲

明·葉春及撰《石洞集》卷一〇（漁課論）

明·黄佐復纂《廣東通志》

清·李調元、雨村輯《南越筆記》卷一二（禾蟲）

清·趙學敏輯《本草綱目拾遺》卷一〇（蟲部·禾蟲）

清·吳綺撰，宋俊增補《嶺南風物記》

清·郝玉麟等監修，魯曾煜等編纂《廣東通志》卷五二

清·周碩勳纂修《廣東府縣誌輯·乾隆潮州府志》卷三九

清·雷學海修，陳昌齊等纂《廣東府縣志輯·雷州府志》卷之二

清·楊霽修，陳蘭彬等纂《廣東府縣志輯·高州府志》卷七

清·戴肇辰等修，史澄等纂《廣東府縣志輯·光緒廣州府志》

双齿围沙蚕 *Perinereis aibuhitensis*

沙蠶

清·胡世安撰《異魚圖贊補·閏集》

清·舒懋官修，王崇熙纂《廣東府縣志輯·嘉慶新安縣志》卷之三

鳳腸

清·胡世安撰《異魚圖贊補·閏集》

龍腸

清·舒懋官修，王崇熙纂《廣東府縣志輯·嘉慶新安縣志》卷之三

龙介虫目 Serpulimorpha

龙介虫科 Serpulidae

龍介蟲 *Serpula vermicularis*

龍介蟲

清·柯璜譯編，（日）箕作佳吉著《博物學講義·動物篇》（第一編·動物各論·第一一章·環節動物）

螺旋虫科 Spirorbidae

螺旋虫 *Spirorbis borealis*

螺旋蟲

清·（日）西師意譯，（英）竇樂安、許家惺審定《動物學教科書》（第一二章·蠕形動物·環蟲類）

毛槊

清·（日）西師意譯，（英）竇樂安、許家惺審定《動物學教科書》（第一二章·蠕形動物·環蟲類·毛槊）

寡毛纲 Oligochaeta

蚯蚓

周·荀況撰，唐·楊倞注《荀子》卷一（勸學篇第一）

秦·呂不韋撰，漢·高誘注《呂氏春秋》卷四（孟夏紀事第四·四月紀）、卷一一（仲冬紀第十一·十一月紀）

漢·鄭康成撰《易緯通封驗》卷下

漢·鄭玄注，唐·孔穎達疏，陸德明音義《禮記注疏》卷一五

漢·戴德撰，北周·盧辯註《大戴禮記》卷一三

三國魏·張揖撰《廣雅》卷一〇（釋蟲）

三國魏·吳普等述，清·孫星衍、孫馮翼同輯《神農本草經》

三國吳·陸璣撰，明·毛晉廣要《陸氏詩疏廣要》卷下之下（趯趯阜螽）

晉·崔豹撰《古今注》卷中

晉·郭璞注，唐·陸德明音譯，宋·邢昺疏《爾雅注疏》卷下

晉·孔晁注《逸周書》卷六（時訓解第五二）

南朝梁·顧野王撰，宋·陳彭年等重修《重修玉篇》卷二五

唐·陸德明撰《經典釋文》卷三〇（釋蟲第一五）

唐·王冰次注，宋·林億等校正《黃帝内經素問》卷一

唐·魏徵等奉敕撰《隋書》卷一八

唐·蕭嵩等撰《大唐開元禮》卷一〇〇、卷一〇二

唐·瞿曇悉達撰《唐開元占經》卷九三（四月）

唐·虞世南撰，明·陳禹謨補註《北堂書鈔》卷一五四（歲時部二·夏八）

五代·馬縞撰《中華古今注》卷下（蚯蚓）

五代·劉昫等撰《舊唐書》卷三三、卷三四

宋·鄭樵撰《爾雅註》卷下

宋·司馬光撰《類篇》卷三八

宋·羅願撰，元·共焱祖音釋《爾雅翼》卷二四

宋·丁度、司馬光等纂《集韻》卷四

宋·陳彭年、丘雍等撰《重修廣韻》卷三

宋·丁度等撰《附釋文互註禮部韻略》卷三

宋·毛晃增注，毛居正重增《增修互注禮部韻略》卷一

宋·鄭樵撰《通志》卷七六

宋·李石撰《續博物志》卷一〇

宋·梁克家撰《淳熙三山志》卷四二

宋·吳曾撰《能改齋漫錄》卷五《經子之錯》

宋·孫奕撰《示兒編》卷一五、卷二二

宋·俞琰撰《席上腐談》卷上

宋·張慮撰《月令解》卷四

宋·衛湜撰《禮記集說》卷四一

宋·陸佃撰《埤雅》卷八、卷一一
宋·歐陽修撰《新五代史》卷五八（氣候圖）
宋·唐慎微撰《經史證類大觀本草》卷二一（蟲魚部）
宋·岳珂撰《九经三傳沿革例》
宋·陳元靚撰《歲時廣記》卷二（孟夏月）
宋·黃震撰《黃氏日抄》卷一六
宋·鮑雲龍撰，明·鮑寧辨正《天原發微》卷三下
宋·杜道堅撰《文子纘義》卷六
宋·胡仔撰《漁隱叢話》卷八（杜子美四）
宋·張杲撰《醫說》卷七（治蚯蚓咬）
元·陳澔撰《陳氏禮記集說》卷三
元·吳澄撰《禮記纂言》卷六上、下
元·脫因修，俞希魯纂《至順鎮江志》卷四
元·陶宗儀編《說郛》卷二九下
明·朱謀㙔撰《駢雅》卷七
明·李時珍撰《本草綱目》卷四二（蟲部）
明·方以智撰《通雅》卷四七
明·張自烈撰，清·廖文英續《正字通》申集中
明·夏良勝纂修《正德建昌府志（江西省）》
明·唐胄編集《正德瓊台志（廣東省）》
明·馮曾修，李汛纂《九江府志》
明·陳洪謨、彭憲勘纂《嘉靖常德府志（湖南省）》
明·馮復京撰《六家詩名物疏》卷五（草蟲）
明·胡廣等撰《禮記大全》卷六
明·黃道周撰《月令明義》卷二、卷四
明·宋濂、王禕等撰，清·王祖庚等考證《元史》卷五四（四月）
明·曹學佺撰《蜀中廣記》卷六中
明·張介賓撰《景岳全書》卷四九（蚯蚓）、卷六〇（中蚯蚓毒）
明·邢雲路撰《古今律曆考》卷一（律曆配六十四卦）
明·朱載堉撰《聖壽萬年曆》卷一
明·葉子奇撰《草木子》卷一
明·王逵撰《蠡海集》
明·高濂撰《遵生八牋》卷四
明·陳耀文撰《天中記》卷五七（蚯蚓）
明·章潢撰《圖書編》卷二二（氣候總論）
明·李蘇著《見物》卷五
明·柯維騏撰《宋史新編》卷二〇
清·李元撰《蠕範》卷七
清·沈庭芳撰《十三經注疏正字》卷八一
清·張玉書、陳廷敬等纂《康熙字典》卷二六
清·阿桂、劉瑾之等撰《欽定盛京通志》卷一〇七
清·《欽定四庫全書考證》卷三三
清·方旭撰《蟲薈》卷三
清·（日）西師意譯，（英）竇樂安、許家惺審定《動物學教科書》（第一二章·蠕形動物）
清·蔣毓英修《臺灣府志》上冊卷之四
清·吳應廉修，王映斗纂《海南府縣志輯·光緒安定縣志》
清·金蓉鏡纂輯《湖南省靖州鄉土志》
清·雷應元纂修《揚州府志》卷二〇
清·陳啟源撰《毛詩稽古編》卷二八
清·陳大章撰《詩傳名物集覽》卷五（喓喓草蟲）
清·李調元、雨村輯《南越筆記》卷一二（恩平蚯蚓）
清·惠棟撰《易漢學》卷二
清·黃中松撰《詩疑辨證》卷一（草蟲阜螽）
清·張廷玉、鄂爾泰等編《日講禮記解義》卷一八（月令）
清·魏源撰《元史新編》卷六八（求二十四氣卦候）
清·乾隆十三年敕撰《禮記義疏》卷二二
清·李光坡撰《周禮述註》卷六
清·江永撰《禮書綱目》卷五五
清·秦蕙田撰《五禮通考》卷二〇〇
清·馬驌撰《繹史》卷一五三（月令）
清·李光地等撰《月令輯要》卷九（四月令·物候）
清·劉於義等監修，沈青崖等編纂《陝西通志》卷四四
清·朱彝尊撰《經義考》卷一四九
清·鄂爾泰、張廷玉等撰《授時通考》卷一、卷二、卷四、卷六
清·吳謙、劉裕鐸等纂《禦纂醫宗金鑑》卷七五（蚯蚓傷）
清·王子接撰《絳雪園得宜本草》卷一七
清·魏之琇撰《續名醫類案》卷六〇（蟲獸傷）
清·允祿、梅瑴成、何國宗等撰《欽定協紀辨方書》卷一二
清·吳景旭撰《歷代詩話》卷三七（己集中之上·反舌）
清·周春撰《爾雅補注》卷四
清·任基振撰《爾雅注疏箋補》卷下
清·邵晉涵撰《爾雅正義》卷一六
清·朱右曾撰《周书集训校释》卷六
清·焦循撰《毛詩草木鳥獸蟲魚釋》卷二
清·郝懿行撰《爾雅義疏》卷下三
清·朱肇基修，陸綸纂《安徽府縣志輯·乾隆太平府志》卷一二
清·周鍾瑄修，陳夢林、李欽文纂《臺灣府縣志輯·康熙諸羅縣志》卷一〇
清·黃桂修，宋驤纂《安徽省太平府志》
清·曾日瑛等修，李紱等纂《福建府縣志輯·乾隆汀州府志》卷八
清·吳鞏修，王來遴纂《邛州直隸州志》卷三三
清·黃永綸修，楊錫齡等纂《湖北府縣志輯·道光寧都直隸州志》卷一二
清·李文恒修，鄭文彩纂《廣東省瓊山縣志·輿地志》卷三
清·邵子彝修，魯琪光纂《江西府縣志輯·建昌府志》卷一
清·刘大绅编辑，伍全萃校改《生物界·动物篇》第二章第二节（著名之动物·蚯蚓）

白頸蚯蚓

宋·蘇頌撰《圖經本草》
宋·唐慎微撰《重修政和經史證類備用本草》卷二二（蟲魚部下品）
明·李時珍撰《本草綱目》卷四二（蟲部）
明·繆希雍撰《神農本草經疏》卷二二
明·朱橚撰《普濟方》卷四二六（魚蟲部）
清·吳儀洛著《本草從新》（蟲魚鱗介部）
清·翁藻撰《醫鈔類編》卷二四（本草蟲部·白頸蚯蚓）

蝰蟥

宋·毛晃增注，毛居正重增《增修互注禮部韻略》卷一
宋·司馬光撰《類篇》卷三八
宋·丁度、司馬光等纂《集韻》卷四
明·李時珍撰《本草綱目》卷四二（蟲部）
清·方旭撰《蟲薈》卷三
清·何東銘纂《四川府縣志輯·邛嶲野録》（方輿類·物產）
明·李蘇著《見物》卷五
清·劉玉麐撰《爾雅校義》卷下（釋蟲）
清·邵子彝修，魯琪光纂《江西府縣志輯·建昌府志》卷一（物產）
清·金蓉鏡纂輯《湖南省靖州鄉土志》（物產志）
清·孫星衍、孫馮翼同輯《神農本草經》卷三

蝰蚓

三國魏·吳普等述，清·孫星衍、孫馮翼同輯《神農本草經》
晉·郭璞注《爾雅》卷下
唐·張參撰《五經文字》卷中
唐·陸德明撰《經典釋文》卷三〇
宋·陸佃撰《爾雅新義》卷一五
宋·鄭樵撰《通志》卷七六
清·李元撰《蠕範》卷七
清·張玉書、陳廷敬等纂《康熙字典》卷二六
清·郝懿行撰《爾雅義疏》卷下三
清·戴鍌撰《爾雅郭注補證》卷八
清·任基振撰《爾雅注疏箋補》卷下
清·沈庭芳撰《十三經注疏正字》卷八一
清·吳士玉、沈宗敬等撰《駢定駢字類編》卷二七
清·金蓉鏡纂輯《湖南省靖州鄉土志》（物產志）

堅蠶

三國魏·吳普等述，清·孫星衍、孫馮翼同輯《神農本草經》
晉·郭璞注《爾雅》卷下
晉·郭璞注，唐·陸德明音義，宋·邢昺疏《爾雅注疏》卷下
唐·陸德明撰《經典釋文》卷三〇
宋·鄭樵撰《爾雅註》卷下
·不著撰人《原本廣韻》卷三
宋·鄭樵撰《通志》卷七六
宋·陳彭年、丘雍等撰《重修廣韻》卷三
宋·陸佃撰《爾雅新義》卷一五
明·李時珍撰《本草綱目》卷四二（蟲部）
明·方以智撰《通雅》卷四七
明·張自烈撰，清·廖文英續《正字通》申集中
清·李元撰《蠕範》卷七
清·郝懿行撰《爾雅義疏》卷下三
清·邵晉涵撰《爾雅正義》卷一六
清·任基振撰《爾雅注疏箋補》卷下
清·沈庭芳撰《十三經注疏正字》卷八一
清·段玉裁撰《說文解字注》
清·戴鍌撰《爾雅郭注補證》卷八
清·方旭撰《蟲薈》卷三
清·何東銘纂《四川府縣志輯·邛嶲野録》（方輿類·物產）
清·吳士玉、沈宗敬等撰《駢定駢字類編》卷二七
清·金蓉鏡纂輯《湖南省靖州鄉土志》（物產志）

蛩蟺

三國魏·吳普等述，清·孫星衍、孫馮翼同輯《神農本草經》
晉·郭璞注，唐·陸德明音譯，宋·邢昺疏《爾雅注疏》卷下
唐·陸德明撰《經典釋文》卷三〇（釋蟲第一五）
宋·鄭樵撰《爾雅註》卷下
宋·司馬光撰《類篇》卷三八
宋·陳彭年、丘雍等撰《重修廣韻》卷三
宋·毛晃增注，毛居正重增《增修互注禮部韻略》卷一
宋·鄭樵撰《通志》卷七六
·不著撰人《原本廣韻》卷三
明·李時珍撰《本草綱目》卷四二（蟲部）
明·方以智撰《通雅》卷四七
明·張自烈撰，清·廖文英續《正字通》申集中
清·李元撰《蠕範》卷七
清·郝懿行撰《爾雅義疏》卷下三
清·戴鍌撰《爾雅郭注補證》卷八（釋蟲）
清·邵晉涵撰《爾雅正義》卷一六
清·沈庭芳撰《十三經注疏正字》卷八一
清·方旭撰《蟲薈》卷三
清·金蓉鏡纂輯《湖南省靖州鄉土志》
清·孫星衍、孫馮翼同輯《神農本草經》卷三

蜿蟺

三國魏·張揖撰《廣雅》卷一〇
三國魏·吳普等述，清·孫星衍、孫馮翼同輯《神農本草經》
晉·崔豹撰《古今注》卷中
宋·陳彭年、丘雍等撰《重修廣韻》卷三
宋·陸佃撰《埤雅》卷一一

明·陶宗儀編《說郛》卷一二上
清·蔣毓英修《臺灣府志》上冊卷之四
清·何東銘纂《四川府縣志輯·邛嶲野録》(方輿類·物產)
清·郝懿行撰《爾雅義疏》卷下三
清·任基振撰《爾雅注疏箋補》卷下
清·李廷璧修,周璽纂《臺灣府縣誌輯·道光彰化縣志》卷一〇
清·李維鈺原本,沈定均續修,吳聯熏增纂《福建府縣志輯·光緒漳州府志》卷三九
清·孫星衍、孫馮翼同輯《神農本草經》卷三

歌女

晉·崔豹撰《古今注》卷中
三國吳·陸璣撰,明·毛晉廣要《陸氏詩疏廣要》卷下之下(趯趯阜螽)
五代·馬縞撰《中華古今注》卷下(蚯蚓)
宋·孫奕撰《示兒編》卷一五
宋·羅願撰,元·洪焱祖音釋《爾雅翼》卷二四(蚓)
宋·朱勝非撰《紺珠集》卷一
宋·李石撰《續博物志》卷一〇
宋·張虙撰《月令解》卷四
宋·陸佃撰《埤雅》卷一一
明·李時珍撰《本草綱目》卷四二(蟲部)
明·張自烈撰,清·廖文英續《正字通》申集中
明·陳耀文撰《天中記》卷五七(蚯蚓)
明·李蘇著《見物》卷五
明·陶宗儀編《說郛》卷一二上
明·方以智撰《通雅》卷四七
清·李元撰《蠕範》卷七
清·張玉書、陳廷敬等纂《康熙字典》卷二六
清·劉燦撰《續廣雅》卷下
清·方旭撰《蟲薈》卷三
清·何東銘纂《四川府縣志輯·邛嶲野録》
清·任基振撰《爾雅注疏箋補》卷下
清·黃桂修,宋驤纂《安徽省太平府志》(物產)
清·郝懿行撰《爾雅義疏》卷下

嗚砌

晉·崔豹撰《古今注》卷中
三國吳·陸璣撰,明·毛晉《陸氏詩疏廣要》卷下之下(趯趯阜螽)
五代·馬縞撰《中華古今注》卷下(蚯蚓)
宋·羅願撰《爾雅翼》卷二四
宋·孫奕撰《示兒編》卷一五
宋·陸佃撰《埤雅》卷一一
明·陶宗儀編《說郛》卷一二上
明·張自烈撰,清·廖文英續《正字通》申集中
明·陳耀文撰《天中記》卷五七(蚯蚓)
清·李元撰《蠕範》卷七
清·方旭撰《蟲薈》卷三
清·任基振撰《爾雅注疏箋補》卷下
清·黃中松撰《詩疑辨證》卷一

朐䏰

宋·陳彭年、丘雍等撰《重修廣韻》卷三
宋·孫奕撰《示兒編》卷一五、卷二二
宋·吳曾撰《能改齋漫錄》卷九(辨朐䏰)
元·戴侗撰《六書故》卷二〇
元·陶宗儀編《說郛》卷二九下
明·李時珍撰《本草綱目》卷四二(蟲部)
明·曹學佺撰《蜀中廣記》卷六中
明·方以智撰《通雅》卷四七
明·陳耀文撰《天中記》卷五七(蚯蚓)
清·李元撰《蠕範》卷七
清·張玉書、陳廷敬等纂《康熙字典》卷二六
清·段玉裁撰《說文解字注》
清·劉燦撰《續廣雅》卷下
清·黃生撰《義府》卷下
清·方旭撰《蟲薈》卷三
清·何東銘纂《四川府縣志輯·邛嶲野録》(方輿類·物產)

曲蟮

宋·陳耆卿撰《赤城志》卷三六
宋·羅願撰,元·洪焱祖音釋《爾雅翼》卷二四
元·戴侗撰《六書故》卷二〇
明·唐胄編集《正德瓊台志(廣東省)》(土產)
清·段玉裁撰《說文解字注》
清·鄂爾泰、張廷玉等撰《授時通考》卷二
清·金蓉鏡纂輯《湖南省靖州鄉土志》(物產志)
清·李元撰《蠕範》卷七
清·岳濬等監修,杜詔等編纂《山東通志》卷二四(物產志)
清·許紹錦等纂《莒州志》
清·何東銘纂《四川府縣志輯·邛嶲野録》(方輿類·物產)
清·郝懿行撰《爾雅義疏》卷下三
清·周碩勳纂修《廣東省潮州府志》

蛐蟮

明·李蘇著《見物》卷五

曲蟺

晉·崔豹撰《古今注》卷中
五代·馬縞撰《中華古今注》卷下(蚯蚓)
宋·羅願撰,元·洪焱祖音釋《爾雅翼》卷二四
宋·陸佃撰《埤雅》卷一一
明·李時珍撰《本草綱目》卷四二(蟲部)
明·陶宗儀編《說郛》卷一二上
明·方以智撰《通雅》卷四七
明·張自烈撰,清·廖文英續《正字通》申集中
明·馮曾修,李汛纂《九江府志》

明·陳耀文撰《天中記》卷五七
清·李元撰《蠕範》卷七
清·郝懿行撰《爾雅義疏》卷下三
清·張玉書、陳廷敬等纂《康熙字典》卷二六
清·阿桂、劉瑾之等撰《欽定盛京通志》卷一〇七
清·方旭撰《蟲薈》卷三
清·任基振撰《爾雅注疏箋補》卷下

蜜蟺

五代·馬縞撰《中華古今注》卷下（蚯蚓）
明·陳耀文撰《天中記》卷五七（蚯蚓）
清·李元撰《蠕範》卷七

寒蟺

南朝梁·顧野王撰《玉篇》卷二五
宋·丁度、司馬光等纂《集韻》卷五
宋·丁度等撰《附釋文互註禮部韻略》卷三
明·李時珍撰《本草綱目》卷四二（蟲部）
清·李元撰《蠕範》卷七
清·張玉書、陳廷敬等纂《康熙字典》卷二六
清·劉燦撰《續廣雅》卷下
清·方旭撰《蟲薈》卷三
清·郝懿行撰《爾雅義疏》卷下

[虫寒]蟺

明·朱謀㙔撰《駢雅》卷七
明·方以智撰《通雅》卷四七
明·張自烈撰，清·廖文英續《正字通》申集中
清·何東銘纂《四川府縣志輯·邛嶲野録》（方輿類·物產）
清·任基振撰《爾雅注疏箋補》卷下

[寒䖵]蟺

宋·司馬光撰《類篇》卷三八

寒蚓

三國魏·吳普等述，清·孫星衍、孫馮翼同輯《神農本草經》
晉·郭璞注，唐·陸德明音譯，宋·邢昺疏《爾雅注疏》卷下
晉·郭璞著《爾雅音圖》
宋·鄭樵撰《爾雅註》卷下
宋·鄭樵撰《通志》卷七六
·不著撰人《原本廣韻》卷三
明·李時珍撰《本草綱目》卷四二（蟲部）
清·李元撰《蠕範》卷七
清·沈庭芳撰《十三經注疏正字》卷八一
清·張玉書、陳廷敬等纂《康熙字典》卷二六
清·姜兆錫撰《爾雅注疏參議》
清·方旭撰《蟲薈》卷三
清·何東銘纂《四川府縣志輯·邛嶲野録》（方輿類·物產）
清·吳士玉、沈宗敬等撰《御定駢字類編》卷二七
清·郝懿行撰《爾雅義疏》卷下三
清·孫星衍、孫馮翼同輯《神農本草經》卷三

土蟺

宋·羅願撰，元·洪焱祖音釋《爾雅翼》卷二四
明·李時珍撰《本草綱目》卷四二（蟲部）
清·李元撰《蠕範》卷七
清·何東銘纂《四川府縣志輯·邛嶲野録》（方輿類·物產）
清·方旭撰《蟲薈》卷三

巨擘

宋·吳曾撰《能改齋漫錄》卷五
宋·王楙撰《野客叢書》（附錄）
宋·晁說之撰《晁氏客語》
明·方以智撰《通雅》卷四七
清·李元撰《蠕範》卷七

巨白

明·朱謀㙔撰《駢雅》卷七

土龍

三國魏·吳普等述，清·孫星衍、孫馮翼同輯《神農本草經》卷三
宋·陸佃撰《埤雅》卷一一
明·李時珍撰《本草綱目》卷四二（蟲部）
明·朱橚撰《普濟方》卷四二六（魚蟲部）
明·馮曾修，李汎纂《九江府志》
明·張自烈撰，清·廖文英續《正字通》申集中
明·陳耀文撰《天中記》卷五七（蚯蚓）
清·李元撰《蠕範》卷七
清·張玉書、陳廷敬等纂《康熙字典》卷二六
清·方旭撰《蟲薈》卷三
清·蔣毓英修《臺灣府志》上冊卷之四
清·席紹葆等修，謝鳴謙、謝鳴盛纂《湖南府縣志輯·辰州府志》
清·何東銘纂《四川府縣志輯·邛嶲野録》
清·何玉棻修，魏式曾纂《湖南府縣志輯·同治直隸澧州志》

地龍子

明·李時珍撰《本草綱目》卷四二（蟲部）
明·朱橚撰《普濟方》卷四二六（魚蟲部）
明·陳耀文撰《天中記》卷五七（蚯蚓）
清·方旭撰《蟲薈》卷三
清·何東銘纂《四川府縣志輯·邛嶲野録》（方輿類·物產）

地龍

宋·蘇頌撰，胡乃長、王致譜輯注《圖經本草》
明·方以智撰《通雅》卷四七
明·陳洪謨、彭憲勘纂《嘉靖常德府志（湖南省）》
清·李元撰《蠕範》卷七
清·岳濬等監修，杜詔等編纂《山東通志》卷二四
清·陳伯陶等纂修《廣東府縣志輯·東莞縣志》卷一五
清·吳應廉修，王映斗纂《海南府縣志輯·光緒安定縣志》
清·黃桂修，宋驤纂《安徽省太平府志》

清・陳文緯修，屠繼善纂《臺灣府縣志輯・光緒恒春縣志》

附蚓

明・李時珍撰《本草綱目》卷四二（蟲部）

清・方旭撰《蟲薈》卷三

清・李元撰《蠕範》卷七

清・孫星衍、孫馮翼輯《神農本草經》卷三

清・何東銘纂《四川府縣志輯・邛嶲野録》（方輿類・物產）

附引

三國魏・吳普等述，清・孫星衍、孫馮翼同輯《神農本草經》卷三

明・方以智撰《通雅》卷四七

明・張自烈撰，清・廖文英續《正字通》申集中

土精

宋・陸佃撰《埤雅》卷一一

明・陳洪謨、彭憲勘纂《嘉靖常德府志（湖南省）》（物產）

清・張玉書、陳廷敬等纂《康熙字典》卷二六

清・劉燦撰《續廣雅》卷下

清・方旭撰《蟲薈》卷三

清・姜兆錫撰《爾雅注疏參議》

清・曾日瑛等修，李紱等纂《福建府縣志輯・乾隆汀州府志》卷八

清・焦循撰《毛詩草木鳥獸蟲魚釋》卷二

蟺螾

明・方以智撰《通雅》卷四七

蝗螾

明・方以智撰《通雅》卷四七

明・張自烈撰，清・廖文英續《正字通》申集中

清・李元撰《蠕範》卷七

清・方旭撰《蟲薈》卷三

清・陳文緯修，屠繼善纂《臺灣府縣志輯・光緒恒春縣志》

地螾

清・劉燦撰《續廣雅》卷下

清・方旭撰《蟲薈》卷三

蜷端

三國魏・吳普等述，清・孫星衍、孫馮翼同輯《神農本草經》卷三

清・李元撰《蠕範》卷七

清・郝懿行撰《爾雅義疏》卷下三

清・劉燦撰《續廣雅》卷下

清・方旭撰《蟲薈》卷三

蹇蚓

五代・馬縞撰《中華古今注》卷下（蚯蚓）

元・陶宗儀編《說郛》卷一二上

明・陳耀文撰《天中記》卷五七（蚯蚓）

千人踏

明・朱橚撰《普濟方》卷四二六（魚蟲部）

明・張自烈撰，清・廖文英續《正字通》申集中

清・方旭撰《蟲薈》卷三

蚯

三國魏・張揖撰《廣雅》卷一〇（釋蟲）

三國魏・吳普等述，清・孫星衍、孫馮翼同輯《神農本草經》

南朝梁・顧野王撰《玉篇》卷二五

宋・司馬光撰《類篇》卷三八

宋・丁度、司馬光等纂《集韻》卷四

明・張自烈撰，清・廖文英續《正字通》申集中

清・張玉書、陳廷敬等纂《康熙字典》卷二六

清・孫星衍、孫馮翼同輯《神農本草經》卷三

蚓

三國魏・張揖撰《廣雅》卷一〇（釋蟲）

漢・許慎撰，宋・徐鉉增釋《說文解字》卷一三

晉・郭璞著《爾雅音圖》

唐・張參撰《五經文字》卷中

南唐・徐鍇撰，朱翶反切《說文繫傳》卷二五

宋・毛晃增注，毛居正重增《增修互注禮部韻略》卷三

宋・羅願撰，元・洪焱祖音釋《爾雅翼》卷二四（蚓）

宋・司馬光撰《類篇》卷三八

宋・丁度、司馬光等纂《集韻》卷五

宋・陳彭年、丘雍等撰《重修廣韻》卷三

元・楊桓撰《六書統》卷一八

明・張自烈撰，清・廖文英續《正字通》申集中

明・馮曾修，李汛纂《九江府志》

清・張玉書、陳廷敬等纂《康熙字典》卷二六

清・段玉裁撰《說文解字注》

清・阿桂、劉瑾之等撰《欽定盛京通志》卷一〇七

清・高宗敕撰《禮記義疏》卷二二

清・江永撰《禮書綱目》卷五五

清・張楷纂修《安徽府縣志輯・康熙安慶府志》卷四

清・吳儀洛著《本草從新》（蟲魚鱗介部）

哦犬

清・陳伯陶等纂修《廣東府縣志輯・東莞縣志》卷一五

蜿蟮

宋・司馬光撰《類篇》卷三八

宋・丁度等纂《集韻》卷五

山蚓

明・張自烈撰，清・廖文英續《正字通》申集中

清・張玉書、陳廷敬等纂《康熙字典》卷二六

寒欣

明・方以智撰《通雅》卷四七

明・張自烈撰，清・廖文英續《正字通》申集中

清・李元撰《蠕範》卷七

引無

三國魏・張揖撰《廣雅》卷一〇

明・張自烈撰，清・廖文英續《正字通》申集中

清·李元撰《蠕範》卷七
清·孫星衍、孫馮翼輯《神農本草經》卷三
土笱（笋）
清·方旭撰《蟲薈》卷三
清·周碩勳纂修《廣東省潮州府志》（物產）
寒蟬
宋·毛晃增注，毛居正重增《增修互注禮部韻略》卷一
螼
南朝梁·顧野王撰《玉篇》卷二五
漢·許慎撰，宋·徐鉉增釋《說文解字》卷一〇
三國魏·吳普等述，清·孫星衍、孫馮翼同輯《神農本草經》
晉·郭璞著《爾雅音圖》
唐·張參撰《五經文字》卷中
南唐·徐鍇撰，朱翱反切《說文系傳》卷二五
宋·司馬光撰《類篇》卷三八
宋·丁度、司馬光等纂《集韻》卷五
宋·陳彭年、丘雍等撰《重修廣韻》卷三
元·戴侗撰《六書故》卷二〇
明·張自烈撰，清·廖文英續《正字通》申集中
清·段玉裁撰《說文解字注》
清·張玉書、陳廷敬等纂《康熙字典》卷二六
清·郝懿行撰《爾雅義疏》卷下三
螾
周·荀況撰，唐·楊倞注《荀子》卷一（勸學篇第一）
漢·許慎撰，宋·徐鉉增釋《說文解字》卷一三
三國魏·吳普等述，清·孫星衍、孫馮翼同輯《神農本草經》
南朝宋·裴駰撰《史記集解》卷六一
唐·瞿曇悉達撰《唐開元占經》卷一二〇
南唐·徐鍇撰，朱翱反切《說文繫傳》卷二五
宋·司馬光撰《類篇》卷三八
宋·毛晃增注，毛居正重增《增修互注禮部韻略》卷一
宋·丁度、司馬光等纂《集韻》卷五、卷七
元·戴侗撰《六書故》卷二〇
元·楊恒撰《六書統》卷一八
明·方以智撰《通雅》卷四七
明·張自烈撰，清·廖文英續《正字通》申集中
清·李元撰《蠕範》卷七
清·張玉書、陳廷敬等纂《康熙字典》卷二六
清·段玉裁撰《說文解字注》
清·江永撰《禮書綱目》卷五五
清·郝懿行撰《爾雅義疏》卷下三
清·張楷纂修《安徽府縣志輯·康熙安慶府志》卷四
清·金蓉鏡纂輯《湖南省靖州鄉土志》（物產志）
蟺
南朝梁·顧野王撰《玉篇》卷二五
宋·丁度等撰《附釋文互註禮部韻略》卷三
宋·陳彭年、丘雍等撰《重修廣韻》卷三
宋·毛晃增注，毛居正重增《增修互註禮部韻略》卷三
宋·司馬光撰《類篇》卷三八
明·李蘇撰《見物》卷五
明·張自烈撰，清·廖文英續《正字通》申集中
清·郝懿行撰《爾雅義疏》卷下三
清·吳宗焯、李慶榮修，溫仲和纂《廣東府縣志輯·光緒嘉應州志》卷六（物產）
蟺
宋·陳彭年、丘雍等撰《重修廣韻》卷三
宋·毛晃增注，毛居正重增《增修互注禮部韻略》卷三
·不著撰人《原本廣韻》卷二
元·楊恒撰《六書統》卷一八
明·張自烈撰，清·廖文英續《正字通》申集中
清·張玉書、陳廷敬等纂《康熙字典》卷二六
白頸螳螾
三國魏·吳普等述，清·孫星衍、孫馮翼同輯《神農本草經》卷三
明·方以智撰《通雅》卷四七
白蚓
宋·李昉等编《太平广记》卷四（白蚓）
蛩
清·李元撰《蠕範》卷七
螾衍
清·郝懿行撰《爾雅義疏》卷下三
衍蚓
清·郝懿行撰《爾雅義疏》卷下三
蚰蜸
清·李元撰《蠕範》卷七
曲蟬
清·張楷纂修《安徽府縣志輯·康熙安慶府志》卷四（物產）
清·宗源瀚、郭式昌修，周學濬、陸心源纂《浙江府縣志輯·湖州府志》卷三三（物產）

近孔目 Plesiopora

颤蚓科 Tubificidae

虹形盘丝蚓 *Bothrioneurum iris*

水蟲
清·李調元輯《南越筆記》卷一二（恩平蚯蚓）

后孔目 Opisthopora

钜蚓科 Megascolecidae

参环毛蚓 *Pheretima aspergillum*

蚓
唐·段成式撰《酉陽雜俎續集》卷二（支諾臯中）

朐腮

唐・韋絢撰《劉賓客嘉話錄》

夜虎

清・方旭撰《蟲薈》卷三

直隶环毛蚓 *Pheretima tschiliensis*

曲善

宋・王楙撰《野客叢書》(附錄)

朐腮

宋・邵博撰《聞見後錄》卷二六

湖北环毛蚓 *Pheretima hupeiensis*

山蚓

元・陶宗儀編《說郛》卷四三下

四川环毛蚓 *Pheretima szechuanensis*

枳蛇

宋・朱彧撰《萍洲可談》卷二

秉氏环毛蚓 *Pheretima carnosa*

白癭蚯蚓

明・曹學佺撰《蜀中廣記》卷八〇(神仙記第十・附錄鬼怪)

白颈环毛蚓 *Pheretima california*

白頸蚯蚓

宋・唐慎微撰《重修政和經史證類備用本草》卷二二(蜀州白頸蚯蚓)

土龍

宋・唐慎微撰《重修政和經史證類備用本草》卷二二

地龍子

宋・唐慎微撰《重修政和經史證類備用本草》卷二二(蜀州白頸蚯蚓)

千人踏

宋・唐慎微撰《重修政和經史證類備用本草》卷二二(蜀州白頸蚯蚓)

地龍

宋・唐慎微撰《重修政和經史證類備用本草》卷二二(蜀州白頸蚯蚓)

环毛蚓 *Pheretima* spp.

蚯蚓

明・董斯張撰《廣博物志》卷五〇

蛭纲 Hirudinea

蛭

漢・司馬遷撰,南朝宋・裴駰集解《史記》(屈原賈生列傳)
漢・王充撰《論衡》卷六(福虛篇)
晉・郭璞注,唐・陸德明音義,宋・邢昺疏《爾雅注疏》卷九
晉・郭璞註,唐・陸德明音義《郭氏爾雅訂經》卷二一
晉・郭璞著《爾雅音圖》第一五(釋蟲)
晉・常璩撰《華陽國志》卷四
南朝宋・裴駰撰《史記集解》卷八四
唐・李延壽撰《南史》卷四一(列傳第三)
唐・陸德明撰《經典釋文》卷三〇(釋魚第一六)
南唐・徐鍇撰,朱翱反切《說文繫傳》卷二五
宋・羅願撰,元・洪焱祖音釋《爾雅翼》卷三〇
宋・司馬光撰《類篇》卷三八
宋・陳彭年、丘雍等撰《重修廣韻》卷二、卷五
宋・丁度、司馬光等纂《集韻》卷七、卷九
宋・歐陽德隆撰,郭守正增修《增修校正押韻釋疑》卷五
宋・毛晃增注,毛居正重增《增修互注禮部韻略》卷五
・不著撰人《原本廣韻》卷五
元・戴侗撰《六書故》卷二〇
元・楊恒撰《六書統》卷一八
明・張自烈撰,清・廖文英續《正字通》申集中
清・楊廷望纂修《浙江府縣志輯・康熙衢州府志》卷一三(物產)
清・戴鎣撰《爾雅郭注補正》卷八
清・姜兆錫撰《爾雅注疏參議》卷六
清・段玉裁撰《說文解字注》上冊
清・金蓉鏡纂輯《湖南省靖州鄉土志》
清・黃桂修,宋驤纂《安徽省太平府志》卷一三
清・朱肇基修,陸綸纂《安徽府縣志輯・乾隆太平府志》卷一二
清・丁符九修,談松林纂《天津府縣志輯・光緒寧河縣志》卷之一五
清・楊修田纂修《河南省光州志》
清・陳文緯、屠繼善纂《臺灣府縣志輯・光緒恒春縣志》
清・林大華纂修《海南府縣志輯・樂會縣志》(物產)
清・柯璜譯編,(日)箕作佳吉著《博物學講義・動物篇》(第一編・動物各論・第一一章・環節動物)
清・魏之琇撰《續名醫類案》卷二九
清・劉玉麐撰《爾雅校議》卷下
清・方旭撰《蟲薈》卷三

水蛭類

清・前編書局編譯《博物學・動物篇》

水蛭

漢・張機撰,晉・王叔和編《傷寒論注釋》卷三
三國魏・吳普等述,清・孫星衍、孫馮翼同輯《神農本草經》卷三
晉・張華撰《博物志》(逸文)
南朝陳・徐陵撰,清・吳兆宜註《徐孝穆集箋注》卷五(河東簡王墓誌)
隋・巢元方撰《巢氏諸病源候總論》卷二六
唐・陳藏器撰,尚志鈞輯釋《本草拾遺》卷九
唐・陸德明撰《經典釋文》卷二〇
宋・陳彭年、丘雍等撰《重修廣韻》卷二

宋・丁度、司馬光等纂《集韻》卷一、卷七、卷九
宋・鄭樵撰《通志》卷七六
宋・唐慎微撰《經史證類大觀本草》卷二二（水蛭）
宋・蘇頌編撰，胡乃長、王致譜輯注《圖經本草》(輯復本)
宋・王兖編《博濟方》卷五
宋・李石撰《續博物志》卷二
宋・張杲撰《醫說》卷五（誤吞水蛭）
宋・羅願撰，元・洪焱祖音釋《爾雅翼》卷三〇
宋・陸佃撰《埤雅》卷七
宋・司馬光撰《類篇》卷三八
・不著撰人《原本廣韻》卷五
金・劉完素撰《宣明方論》卷一一
元・王好古撰《醫壘元戎》卷四
元・王好古撰《湯液本草》卷下
元・危亦林撰《世醫得效方》卷一〇
明・方有執撰《傷寒論條辨》卷九
明・朱謀㙔撰《駢雅》卷七
明・薛己撰《薛氏醫案》卷一〇《誤吞水蛭》
明・李時珍撰《本草綱目》卷四〇
明・王肯堂撰《證治準繩》卷五三
明・繆希雍撰《先醒齋廣筆記》卷四
明・繆希雍撰《神農本草經疏》卷二二
明・張介賓撰《景岳全書》卷四九
明・方有執撰《傷寒論條辨》卷九
明・朱橚撰《普濟方》卷四二六
明・唐胄編集《正德瓊台志（廣東省）》
清・李調元、雨村輯《南越筆記》卷一二
清・劉於義等監修，沈青崖等編纂《陝西通志》卷四四
清・任基振撰《爾雅注疏箋補》卷下
清・徐大椿撰《神農本草經百種錄》
清・王子接撰《絳雪園得宜本草》卷一七
清・吳儀洛著《本草從新》(水蛭)
清・周碩勳纂修《廣東省潮州府志》卷一二
清・李拔等纂修《福建府縣志輯・乾隆福寧府志》卷一二
清・席紹葆等修，謝鳴謙、謝鳴盛纂《湖南府縣志輯・辰州府志》
清・劉於義等監修，沈青崖等編纂《陝西通志》(物產)
清・李文恒修，鄭文彩纂《廣東省瓊山縣志》卷三（輿地志・物產）
清・陳伯陶等纂修《廣東府縣志輯・東莞縣志》卷一五
民国・劉贊廷編《西藏府縣誌輯・民國武城縣志》
清・蔣毓英修《臺灣府志》上冊卷之四
清・周春撰《爾雅補注》卷四
清・段玉裁撰《說文解字注》上冊
清・何東銘纂《四川府縣志輯・邛嶲野録》卷之一五
清・吳應廉修，王映斗纂《海南府縣志輯・光緒安定縣志》卷一
清・沈家本、榮銓修，徐宗亮、蔡啟盛纂《天津府縣志輯・光緒重修天津府志》卷二六（物產）
清・翁藻编《医钞类编》卷二四《本草虫部・水蛭》
清・方旭撰《蟲薈》卷三
清・（英）艾約瑟撰《動物學啟蒙》卷一
清・（日）西師意譯，(英）竇樂安、許家惺審定《動物學教科書》(第一二章・蠕形動物)
清・前编书局编译《博物学・动物篇》第五門（环虫类・水蛭）

蝚

三國魏・吳普等述，清・孫星衍、孫馮翼同輯《神農本草經》卷三
南朝梁・顧野王撰《玉篇》卷二五
南唐・徐鍇撰，朱翱反切《說文系傳》卷二五
宋・陳彭年、丘雍等撰《重修廣韻》卷二
宋・陸佃撰《爾雅新義》卷一五
元・楊恒撰《六書統》卷一八
明・張自烈撰，清・廖文英續《正字通》申集中
清・張玉書、陳廷敬等纂《康熙字典》卷二六
清・段玉裁撰《說文解字注》上冊
清・周春撰《爾雅補注》卷四

蛭蝚

三國魏・吳普等述，清・孫星衍、孫馮翼同輯《神農本草經》卷三
晉・郭璞注《爾雅》卷下（釋蟲第一五）
晉・郭璞著《爾雅音圖》(釋蟲草第一五）
晉・郭璞注，唐・陸德明音義，宋・邢昺疏《爾雅注疏》卷九
南唐・徐鍇撰，朱翱反切《說文系傳》卷二五
宋・鄭樵撰《爾雅註》卷下
・不著撰人《原本廣韻》卷五
宋・陸佃撰《爾雅新義》卷一五
宋・司馬光撰《類编》卷三八
元・楊恒撰《六書統》卷一八
清・沈庭芳撰《十三經注疏正字》卷八一
清・邵晉涵撰《爾雅正義》卷一六
清・姜兆錫撰《爾雅注疏參議》卷六
清・任基振撰《爾雅注疏箋補》卷下
清・戴鎣撰《爾雅郭注補正》卷八
清・郝懿行撰《爾雅郭注義疏》卷下三
清・翟灝撰《爾雅補郭》卷下
清・段玉裁撰《說文解字注》上冊

蟣

三國魏・吳普等述，清・孫星衍、孫馮翼同輯《神農本草經》卷三
晉・郭璞注《爾雅》卷下（釋蟲第一六）
晉・郭璞注，唐・陸德明音義，宋・邢昺疏《爾雅注疏》卷一〇

晉·郭璞註，唐·陸德明音義《郭氏爾雅訂經》卷二一
南唐·徐鍇撰，朱翱反切《說文繫傳》卷二五
唐·陸德明撰《經典釋文》卷三〇（釋魚第一六）
宋·羅願撰，元·洪焱祖音釋《爾雅翼》卷三〇
宋·司馬光撰《類篇》卷三八
元·楊恒撰《六書統》卷一八
明·张自烈撰，清·廖文英續《正字通》申集中（虫部）
清·段玉裁撰《說文解字注》上冊
清·劉玉麐撰《爾雅校議》卷下
清·任基振撰《爾雅注疏箋補》卷下
清·段玉裁撰《說文解字注》上冊
清·戴鎣撰《爾雅郭注補正》卷八
清·方旭撰《蟲薈》卷三
清·李元撰《蠕範》卷七

蟣蚑

宋·丁度、司馬光等纂《集韻》卷一

蚑

三國魏·吳普等述，清·孫星衍、孫馮翼同輯《神農本草經》卷三
晉·郭璞注，唐·陸德明音義《郭氏爾雅訂經》卷二一
宋·唐慎微撰《經史證類大觀本草》卷二二（水蛭）
宋·鄭樵撰《通志》卷七六
明·朱橚撰《普濟方》卷四二六
明·李時珍撰《本草綱目》卷四〇
明·彭大翼撰，張幼學增訂《山堂肆考》卷二二八《蚂蟥》
清·任基振撰《爾雅注疏箋補》卷下
清·郝懿行撰《爾雅（郭注）義疏》卷下三
清·翟灝撰《爾雅補郭》卷下
清·沈庭芳撰《十三經注疏正字》卷八一
清·方旭撰《蟲薈》卷三
清·李元撰《蠕範》卷七
清·李拔等纂修《福建府縣志輯·乾隆福寧府志》卷一二
清·張官五等纂修，吳嗣中續修《湖南府縣志輯·同治沅州府志》
清·何東銘纂《四川府縣志輯·邛巂野録》卷之一五

蛭蟣

三國魏·吳普等述，清·孫星衍、孫馮翼同輯《神農本草經》卷三
晉·郭璞注《爾雅》卷下（釋蟲第一六）
晉·郭璞注，唐·陸德明音義，宋·邢昺疏《爾雅注疏》卷一〇
元·楊恒撰《六書統》卷一八
元·戴侗撰《六書故》卷二〇
明·顧起元撰《說略》卷二九（蟲注上）
清·戴鎣撰《爾雅郭注補正》卷八
清·任基振撰《爾雅注疏箋補》卷下
清·段玉裁撰《說文解字注》上冊

至掌

三國魏·吳普等述，清·孫星衍、孫馮翼同輯《神農本草經》卷三
晉·郭璞注，唐·陸德明音義，宋·邢昺疏《爾雅注疏》卷九
晉·郭璞注《爾雅》卷下（釋蟲第一五）
晉·郭璞著《爾雅音圖》（釋蟲第一五）
晉·郭璞注，唐·陸德明音義《郭氏爾雅訂經》卷二一
南唐·徐鍇撰，朱翱反切《說文系傳》卷二五
宋·唐慎微撰《重修政和經史證類備用本草》卷二二（水蛭）
宋·陸佃撰《爾雅新義》卷一五
宋·司馬光撰《類篇》卷三八
宋·陸佃撰《埤雅》卷七
宋·鄭樵撰《爾雅註》卷下
宋·鄭樵撰《通志》卷七六
元·楊恒撰《六書統》卷一八
明·朱謀㙔撰《駢雅》卷七
明·李時珍撰《本草綱目》卷四〇
明·彭大翼撰，張幼學增訂《山堂肆考》卷二二八
明·朱橚撰《普濟方》卷四二六
清·姜兆錫撰《爾雅注疏參議》卷六
清·郝懿行撰《爾雅郭注義疏》卷下三
清·戴鎣撰《爾雅郭注補正》卷八
清·邵晉涵撰《爾雅正義》卷一六
清·周春撰《爾雅補注》卷四
清·翟灝撰《爾雅補郭》卷下
清·沈庭芳撰《十三經注疏正字》卷八一
清·李元撰《蠕範》卷七
清·方旭撰《蟲薈》卷三
清·周碩勳纂修《廣東省潮州府志》
清·任基振撰《爾雅注疏箋補》卷下
清·段玉裁撰《說文解字注》上冊

草蛭

宋·唐慎微撰《經史證類大觀本草》卷二二（水蛭）
宋·羅願撰，元·洪焱祖音釋《爾雅翼》卷三〇
宋·蘇頌編撰，胡乃長、王致譜輯注《圖經本草》（輯復本）
明·朱橚撰《普濟方》卷四二六
明·李時珍撰《本草綱目》卷四〇
明·張自烈撰，清·廖文英續《正字通》申集中
明·彭大翼撰，張幼學增訂《山堂肆考》卷二二八
清·嵇璜、曹仁虎等撰《續通志》卷一七八
清·任基振撰《爾雅注疏箋補》卷下
清·李元撰《蠕範》卷七
清·李拔等纂修《福建府縣志輯·乾隆福寧府志》卷一二
清·楊修田纂修《河南省光州志》
清·楊齊修，陳蘭彬等纂《廣東府縣志輯·高州府志》卷七
清·陳文緯、屠繼善纂《臺灣府縣志輯·光緒恒春縣志》

清・金蓉鏡纂輯《湖南省靖州鄉土志》

石蛭

隋・巢元方撰《巢氏諸病源候總論》卷三六（石蛭螫人候）

宋・蘇頌編撰，胡乃長、王致譜輯注《圖經本草》（輯復本）

宋・羅願撰，元・洪焱祖音釋《爾雅翼》卷三〇

宋・唐慎微撰《重修政和經史證類備用本草》卷二二（水蛭）

明・朱橚撰《普濟方》卷四二六

明・李時珍撰《本草綱目》卷四〇

明・張自烈撰，清・廖文英續《正字通》申集中

清・李拔等纂修《福建府縣志輯・乾隆福寧府志》卷一二

清・楊修田纂修《河南省光州志》

清・陳文緯、屠繼善纂《臺灣府縣志輯・光緒恒春縣志》

清・李文恒修，鄭文彩纂《廣東省瓊山縣志》卷三

清・任基振撰《爾雅注疏箋補》卷下

清・李元撰《蠕範》卷七

清・金蓉鏡纂輯《湖南省靖州鄉土志》

清・嵇璜、曹仁虎等撰《續通志》卷一七八

泥蛭

宋・唐慎微撰《經史證類大觀本草》卷二二

宋・羅願撰，元・洪焱祖音釋《爾雅翼》卷三〇

宋・蘇頌編撰，胡乃長、王致譜輯注《圖經本草》（輯復本）

明・朱橚撰《普濟方》卷四二六

明・李時珍撰《本草綱目》卷四〇

明・彭大翼撰，張幼學增訂《山堂肆考》卷二二八《蚂蟥》

明・張自烈撰，清・廖文英續《正字通》申集中

清・楊修田纂修《河南省光州志》（土產）

清・任基振撰《爾雅注疏箋補》卷下

清・李元撰《蠕範》卷七

清・李拔等纂修《福建府縣志輯・乾隆福寧府志》卷一二

清・陳文緯、屠繼善纂《臺灣府縣志輯・光緒恒春縣志》

清・李文恒修，鄭文彩纂《廣東省瓊山縣志》卷三

清・金蓉鏡纂輯《湖南省靖州鄉土志》（物產）

清・嵇璜、曹仁虎等撰《續通志》卷一七八

螞蛭

清・劉於義等監修，沈青崖等編纂《陝西通志》卷四四

馬蛭

宋・唐慎微撰《經史證類大觀本草》卷二二（水蛭）

宋・羅願撰，元・洪焱祖音釋《爾雅翼》卷三〇

明・張自烈撰，清・廖文英續《正字通》申集中

明・李時珍撰《本草綱目》卷四〇

清・李元撰《蠕範》卷七

清・何東銘纂《四川府縣志輯・邛嶲野録》卷之一五

清・陳伯陶等纂修《廣東府縣志輯・東莞縣志》卷一五

清・前編書局編譯《博物學・動物篇》

馬蟥

宋・唐慎微撰《重修政和經史證類备用本草》卷二二（水蛭）

宋・蘇頌編撰，胡乃長、王致譜輯注《圖經本草》（輯復本）

宋・羅原撰，元・洪焱祖音釋《爾雅翼》卷三〇（蛭）

明・朱橚撰《普濟方》卷四二六

明・李時珍撰《本草綱目》卷四〇

明・繆希雍撰《神農本草經疏》卷二二

明・彭大翼撰，張幼學增訂《山堂肆考》卷二二八

明・張自烈撰，清・廖文英續《正字通》申集中

明・方以智撰《物理小識》卷一一

清・方旭撰《蟲薈》卷三

清・李元撰《蠕範》卷七

清・任基振撰《爾雅注疏箋補》卷下

清・楊廷望纂修《浙江府縣志輯・康熙衢州府志》卷一三

清・何玉棻修，魏式曾纂《湖南府縣志輯・同治直隸澧州志》

清・金蓉鏡纂輯《湖南省靖州鄉土志》

清・李文恒修，鄭文彩纂《廣東省瓊山縣志》卷三

民國・劉贊廷編《西藏府縣誌輯・民國武城縣志》

清・懷蔭布修，黄任、郭賡武纂《福建府縣志輯・乾隆泉州府志》卷一九

清・宗源瀚、郭式昌修，周學濬、陸心源纂《浙江府縣志輯・湖州府志》卷三三

清・鄭一崧修，顔璹纂《福建省永春州志》卷之七

清・何東銘纂《四川府縣志輯・邛嶲野録》卷之一五

清・薩廉修，陳淑均纂《臺灣噶瑪蘭廳志》卷六

清・周鐘瑄修，陳夢林、李欽文纂《諸羅縣誌》卷一〇

清・翁藻编《医钞类编》卷二四（本草虫部）

清・周碩勳纂修《湖州府志》卷三九

清・翟灝撰《尔雅补郭》卷下

清・劉贊廷編《波密縣志》

清・陳文緯、周璽纂《彰化縣誌》卷一〇

清・陳培桂等纂修《淡水廳志》卷一二

清・唐景崧修，蔣師轍、薛紹元纂《臺灣通志》

螞蟥

清・劉於義等監修，沈青崖等編纂《陝西通志》卷四四

清・盧廷俊修，顔希聖、何深纂《廣東府縣志輯・雍正連平州志》卷之八

清・范咸等修《重修臺灣府志》下冊卷一八

清・黄樂之、平翰撰，鄭珍纂《遵義府志》

馬黄

清・丁符九修，談松林纂《天津府縣志輯・光緒寧河縣志》卷之一五

清・郝懿行撰《爾雅（郭注）義疏》卷下四（釋魚）

清・嚴偉、劉芷芳修，秦錫田纂《南匯縣續志》卷二〇

飛馬蟥

清・方旭撰《蟲薈》卷三（飛馬蟥）

水馬蟥

清・金蓉鏡纂輯《湖南省靖州鄉土志》

旱馬蟥

民國・劉贊廷編《西藏府縣誌輯・民國武城縣志》

山馬蟥

清・金蓉鏡纂輯《湖南省靖州鄉土志》

牛馬蟥

明・彭大翼撰，張幼學增訂《山堂肆考》卷二二八

馬蝗

宋・張杲撰《醫說》卷五

元・王好古撰《湯液本草》卷下

明・唐胄編集《正德瓊台志（廣東省）》

清・李福泰修，史澄、何若瑤纂《廣東府縣志輯・番禺縣志》卷七

清・李玉宣等修，衷興鑒等纂《四川府縣志輯・重修成都縣志》卷三

清・高得貴修，張九征等纂，朱霖等增纂《乾隆鎮江府志》《江蘇府縣誌輯》卷四二

清・黄桂修，宋驤纂《安徽省太平府志》卷一三

清・朱肇基修，陸綸纂《安徽府縣志輯・乾隆太平府志》

清・戴焕南修，张粲奎纂《广西新宁州志》卷二

螞蝗

清・李調元撰《南越筆記》卷一二

清・吳應廉修，王映斗纂《海南府縣志輯・光緒安定縣志》卷一

清・何東銘纂《四川府縣志輯・邛嶲野録》卷之一五

清・李書吉等纂修《廣東府縣志輯・嘉慶澄海縣志》卷之二四下

清・龍朝翊修，陳所能纂《海南府縣志輯・光緒澄邁縣志》卷之一

清・張楷纂修《安慶府志》卷四

馬耆

晉・郭璞撰，唐・陸德明音譯，宋・邢昺疏《爾雅注疏》卷九

唐・陸德明撰《經典釋文》卷三〇《釋魚第一六》

清・郝懿行撰《爾雅義疏》卷下四

清・戴鎣撰《爾雅郭注補正》卷八《釋蟲》

馬鼈

宋・唐慎微撰《重修政和經史證類備用本草》卷二二

明・李時珍撰《本草綱目》卷四〇

明・張自烈撰，清・廖文英續《正字通》申集中（虫部）

清・李元撰《蠕範》卷七

清・郝懿行撰《爾雅義疏》卷下四

清・方旭撰《蟲薈》卷三

清・金蓉鏡纂輯《湖南省靖州鄉土志》

清・何東銘纂《四川府縣志輯・邛嶲野録》卷之一五

清・陳文緯修，屠繼善纂《恒春縣誌》

馬雕

清・郝懿行撰《爾雅義疏》卷下四

馬蚑

清・李元撰《蠕範》卷七

馬剔

清・郝懿行撰《爾雅義疏》卷下四

馬蟦

元・戴侗撰《六書故》卷二〇

清・李元撰《蠕範》卷七

明・張自烈撰，清・廖文英續《正字通》申集中

馬蚑

元・戴侗撰《六書故》卷二〇

明・張自烈撰，清・廖文英續《正字通》申集中（虫部）

清・何東銘纂《四川府縣志輯・邛嶲野録》卷之一五

馬蜞

晉・郭璞撰，唐・陸德明音義，宋・邢昺疏《爾雅注疏》卷九

隋・巢元方撰《巢氏諸病源候總論》卷三六（蜞蜍著人候）

宋・唐慎微撰《經史證類大觀本草》卷二二（水蛭）

宋・羅願撰，元・洪焱祖音釋《爾雅翼》卷三〇

明・朱橚撰《普濟方》卷四二六

明・李時珍撰《本草綱目》卷四〇

明・張自烈撰，清・廖文英續《正字通》申集中

明・賀複征編《文章辨體彙選》卷五七四

清・李元撰《蠕範》卷七

清・方旭撰《蟲薈》卷三

清・許應鑅、朱澄瀾修，謝煌等纂《江西府縣志輯・光緒撫州府志》卷一三

清・李拔等纂修《福建府縣志輯・乾隆福寧府志》卷一二（物產）

清・吳宗焯、李慶榮修，溫仲和纂《嘉應州志》（物産・蟲之屬）

清・李文恒修，鄭文彩纂《廣東省瓊山縣志》卷三

清・薩廉修，陳淑均纂《臺灣噶瑪蘭廳志》卷六

清・何東銘纂《四川府縣志輯・邛嶲野録》卷之一五

清・戴鎣撰《爾雅郭注補正》卷八《釋蟲》

清・張官五等纂修，吳嗣中續修《湖南府縣志輯・同治沅州府志》

清・李維鈺原本，沈定均續修，吳聯熏增纂《福建府縣志輯・光緒漳州府志》

清・陳伯陶等纂修《廣東府縣志輯・東莞縣志》卷一五

清・（英）艾约瑟撰《动物学启蒙》卷一

山蜞

隋・巢元方撰《巢氏諸病源候總論》卷三六（蜞蜍著人候）

清・瞿雲魁纂修《海南府縣誌輯・乾隆陵水縣志》卷

之一

清・吳宗焯、李慶榮修，溫仲和纂《廣東府縣志輯・光緒嘉應州志》

清・王映斗纂《定安縣志》卷一

清・鍾元棣修，張雋、邢定綸纂《海南府縣志輯・民國崖州志》卷四

山蛭

清・郝玉麟等監修，魯曾煜等編纂《廣東通志》卷五二

清・金蓉鏡纂輯《湖南省靖州鄉土志》

清・胡端書修，楊士錦、吳鳴清纂《萬州志》

清・瞿雲魁纂修《海南府縣誌輯・乾隆陵水縣志》卷之一

清・前編書局編譯《博物學・動物篇》第五門（環蟲類）

山蚑

宋・唐慎微撰《經史證類大觀本草》卷二二（水蛭）

清・郝懿行撰《爾雅（郭注）義疏》卷下三（释虫）

雷蜞

唐・段成式撰《酉陽雜俎續集》卷一七

明・董斯張撰《廣博物志》卷五〇

清・李元撰《蠕範》卷七

清・陳文緯、屠繼善纂《臺灣府縣志輯・光緒恒春縣志》（物產）

飛蜞

清・李調元、雨村輯《南越筆記》卷一二（害人蟲）

清・李福泰修，史澄、何若瑤纂《廣東府縣志輯・番禺縣志》卷七

清・盧廷俊修，顏希聖、何深纂《廣東府縣志輯・雍正連平州志》卷之八

清・額哲克等修，單興詩纂《廣東府縣志輯・同治韶州府志》卷一一

蜈蜞

清・周鐘瑄修，陳夢林、李欽文纂《臺灣府縣志輯・康熙諸羅縣志》卷一〇

清・陳培桂等纂修《臺灣府縣志輯・同治淡水廳志》卷一二

清・李維鈺原本，沈定均續修，吳聯熏增纂《福建府縣志輯・光緒漳州府志》

清・沈茂陰纂修《臺灣府縣志輯・光緒苗栗縣志》卷五

青蜞

清・盧廷俊修，顏希聖、何深纂《廣東府縣志輯・雍正連平州志》卷之八

黃蜞

清・盧廷俊修，顏希聖、何深纂《廣東府縣志輯・雍正連平州志》卷之八

清・邵子彝修，魯琪光纂《江西府縣志輯・建昌府志》卷一

牛蜞

清・鍾元棣修，張雋、邢定綸纂《海南府縣志輯・民國崖州志》卷四

清・陳伯陶等纂修《廣東府縣志輯・東莞縣志》卷一五

清・楊齊修，陳蘭彬等纂《廣東府縣志輯・高州府志》卷七

水蜞

清・黃培燦、劉濟寬修，陸殿邦纂《廣東府縣志輯・道光英德縣志》卷一六

清・額哲克等修，單興詩纂《廣東府縣志輯・同治韶州府志》卷一一

清・吳應廉修，王映斗纂《海南府縣志輯・光緒安定縣志》卷一

旱蜞

清・額哲克等修，單興詩纂《廣東府縣志輯・同治韶州府志》卷一一

清・黃培燦、劉濟寬修，陸殿邦纂《廣東府縣志輯・道光英德縣志》卷一六

湖蜞

清・吳宗焯、李慶榮修，溫仲和纂《廣東府縣志輯・光緒嘉應州志》

清・陳文緯、屠繼善纂《臺灣府縣志輯・光緒恒春縣志》

胡蜞

清・沈茂陰纂修《臺灣府縣志輯・光緒苗栗縣志》卷五

蜞

隋・巢元方撰《巢氏諸病源候總論》卷三六（蜞蜍著人候）

宋・蘇頌編撰，胡乃長、王致譜輯注《圖經本草》（輯復本）

宋・丁度、司馬光等纂《集韻》卷一

明・朱橚撰《普濟方》卷四二六

清・李調元、雨村輯《南越筆記》卷一二（害人蟲）

清・李福泰修，史澄、何若瑤纂《廣東府縣志輯・番禺縣志》卷七

清・黃培燦、劉濟寬修，陸殿邦纂《廣東府縣志輯・道光英德縣志》卷一六

清・額哲克等修，單興詩纂《廣東府縣志輯・同治韶州府志》卷一一

水癡

明・李時珍撰《本草綱目》卷四〇

明・張自烈撰，清・廖文英續《正字通》申集中

清・方旭撰《蟲薈》卷三

清・李元撰《蠕範》卷七

木癡

清・李元撰《蠕範》卷七

水馬

清・陳培桂等纂修《臺灣府縣志輯・同治淡水廳志》卷一二

清・唐景崧修，蔣師轍、薛紹元纂《臺灣府縣志輯・光緒臺灣通志》

蜚蛭

晉・郭璞注《山海經》卷一七（大荒北經）

明·張自烈撰，清·廖文英續《正字通》申集中
清·吳任臣注《山海經廣注》卷一七

挖皮

清·沈家本、榮銓修，徐宗亮，蔡啟盛纂《天津府縣志輯·光緒重修天津府志》卷二六

蜍

隋·巢元方撰《巢氏諸病源候總論》卷三六（蜞蜍著人候）

草癡

明·李時珍撰《本草綱目》卷四〇

鐵線蟥

明·方以智撰《物理小識》卷一一

吻蛭目 Rhynchobdellida

舌蛭科 Glossiphoniidae

淡色舌蛭 *Glossiphonia weberi*

蜍

隋·巢元方撰《巢氏諸病源候總論》卷三六（蜞蜍著人候）

无吻蛭目 Arhynchobdellida

医蛭科 Hirudinidae

日本医蛭 *Hirudo nipponia*

水蛭

晉·葛洪撰《肘後備急方》卷七
清·徐大椿撰《神農本草經百種録》

馬蜞

明·朱橚撰《普濟方》卷二八四

水蜞

清·陸殿邦纂《英德縣誌》卷一六

醫用水蛭

清·前編書局編譯《博物學·動物篇》第五門（環蟲類）

菲牛蛭 *Poecilobdella manillensis*

水蛭

宋·彭乘撰《墨客揮犀》卷五

馬蟥

明·彭大翼撰，張幼學增訂《山堂肆考》卷二二八

蛭

明·彭大翼撰，張幼學增訂《山堂肆考》卷二二八
清·鍾元棣修，張雋、邢定綸纂《海南府縣志輯·民國崖州志》卷四

蚑

明·彭大翼撰，張幼學增訂《山堂肆考》卷二二八

至掌

明·彭大翼撰，張幼學增訂《山堂肆考》卷二二八

牛馬蟥

明·彭大翼撰，張幼學增訂《山堂肆考》卷二二八

牛蜞

清·鍾元棣修，張雋、邢定綸纂《海南府縣志輯·民國崖州志》卷四

螞蝗

清·鍾元棣修，張雋、邢定綸纂《海南府縣志輯·民國崖州志》卷四

鼻蛭 *Dinobdella ferox*

狗鼻揹

清·李調元、雨村輯《南越筆記》卷一二
清·陳伯陶等纂修《廣東府縣志輯·東莞縣志》卷一五

黄蛭科 Haemopidae

宽体金线蛭 *Whitmania pigra*

水蛭

清·周鍾瑄修，陳夢林、李欽文纂《臺灣府縣志輯·康熙諸羅縣志》卷一〇（物產志）
清·高得貴修，張九徵等纂《江蘇府縣志輯·乾隆鎮江府志》卷四二
清·李廷壁修，周璽纂《臺灣府縣誌輯·道光彰化縣志》卷一〇
清·李文恒修，鄭文彩纂《廣東省瓊山縣志》卷一〇
清·陳培桂等纂修《臺灣府縣志輯·同治淡水廳志》卷一二
清·唐景崧修，蔣師轍、薛紹元纂《臺灣府縣志輯·光緒臺灣通志》
清·嚴偉、劉芷芬修，秦錫田纂《上海府縣志輯·南匯縣續志》卷二〇

水蟲

清·周鍾瑄修，陳夢林、李欽文纂《臺灣府縣志輯·康熙諸羅縣志》卷一〇（物產）
清·李廷壁修，周璽纂《臺灣府縣誌輯·道光彰化縣志》卷一〇
清·陳培桂等纂修《臺灣府縣志輯·同治淡水廳志》卷一二
清·唐景崧修，蔣師轍、薛紹元纂《臺灣府縣志輯·光緒臺灣通志》
清·戴煥南修，張粲奎纂《廣西省新寧州志》卷二

馬蟥

清·周鍾瑄修，陳夢林、李欽文纂《臺灣府縣志輯·康熙諸羅縣志》卷一〇
清·李文恒修，鄭文彩纂《廣東省瓊山縣志》卷一〇
清·陳培桂等纂修《臺灣府縣志輯·同治淡水廳志》卷一二
清·唐景崧修，蔣師轍、薛紹元纂《臺灣府縣志輯·光緒臺灣通志》

馬黃

清・嚴偉、劉芷芬修，秦錫田纂《上海府縣志輯・南匯縣續志》卷二〇

馬蝗

清・高得貴修，張九徵等纂《江蘇府縣志輯・乾隆鎮江府志》卷四二

清・戴煥南修，張粲奎纂《廣西省新寧州志》卷二

蜈蜞

清・周鍾瑄修，陳夢林、李欽文纂《臺灣府縣志輯・康熙諸羅縣志》卷一〇（物產）

清・李廷璧修，周璽纂《臺灣府縣誌輯・道光彰化縣志》卷一〇

清・陳培桂等纂修《臺灣府縣志輯・同治淡水廳志》卷一二

清・唐景崧修，蔣師轍、薛紹元纂《臺灣府縣志輯・光緒臺灣通志》

石蛭

清・李文恒修，鄭文彩纂《廣東省瓊山縣志》卷一〇

草蛭

清・李文恒修，鄭文彩纂《廣東省瓊山縣志》卷一〇

泥蛭

清・李文恒修，鄭文彩纂《廣東省瓊山縣志》卷一〇

水馬

清・陳培桂等纂修《臺灣府縣志輯・同治淡水廳志》卷一二

馬蜞

清・李文恒修，鄭文彩纂《廣東省瓊山縣志》卷一〇

清・陳培桂等纂修《臺灣府縣志輯・同治淡水廳志》卷一二

清・周鍾瑄修，陳夢林、李欽文纂《臺灣府縣志輯・康熙諸羅縣志》卷一〇

清・蔣師轍、薛紹元纂《光緒臺灣通志》

山蛭科 Haemadipsidae

日本山蛭 *Haemadipsa japonica*

石蛭

隋・巢元方撰《巢氏諸病源候總論》卷三六（石蛭螫人候）

蛭

宋・唐慎微撰，寇宗奭衍義《證類本草》卷二二

草蛭

宋・唐慎微撰，寇宗奭衍義《證類本草》卷二二

山蛭

清・郝玉麟等監修，魯曾煜等編纂《廣東通志》卷五二

清・前編書局編譯《博物學・動物篇》第五門

天目山蛭 *Haemadipsa tianmushana*

馬蜞

明・賀復徵編《文章辨體彙選》卷五七四（李孝光・秋遊鴈蕩記）

山蛭

清・黃培燦、劉濟寬修，陸殿邦纂《廣東府縣志輯・道光英德縣志》卷一六

清・胡端書修，楊士錦、吳鳴清纂《海南府縣志輯・道光萬州志》

蜞

清・黃培燦、劉濟寬修，陸殿邦纂《廣東府縣志輯・道光英德縣志》卷一六

清・吳宗焯、李慶榮修，溫仲和纂《廣東府縣志輯・光緒嘉應州志》卷六

清・陳伯陶等纂修《廣東府縣志輯・東莞縣志》卷一五

飛蜞

清・黃培燦、劉濟寬修，陸殿邦纂《廣東府縣志輯・道光英德縣志》卷一六

清・吳宗焯、李慶榮修，溫仲和纂《廣東府縣志輯・光緒嘉應州志》卷六

清・陳伯陶等纂修《廣東府縣志輯・東莞縣志》卷一五

旱蜞

清・黃培燦、劉濟寬修，陸殿邦纂《廣東府縣志輯・道光英德縣志》卷一六（物產）

飛馬蟥

清・方旭撰《蟲薈》卷三（飛馬蟥）

蛭

清・陳伯陶等纂修《廣東府縣志輯・東莞縣志》卷一五

水蛭

清・陳伯陶等纂修《廣東府縣志輯・東莞縣志》卷一五

海南山蛭 *Haemadipsa hainana*

山蛭

明・唐胄編集《正德瓊台志（廣東省）》（物產）

清・瞿雲魁纂修《海南府縣誌輯・乾隆陵水縣志》卷之一

清・龍朝翊修，陳所能纂《海南府縣志輯・光緒澄邁縣志》卷之一

山蜞

明・唐胄編集《正德瓊台志（廣東省）》（物產）

清・瞿雲魁纂修《海南府縣誌輯・乾隆陵水縣志》卷之一

清・龍朝翊修，陳所能纂《海南府縣志輯・光緒澄邁縣志》卷之一

清・鍾元棣修，張雋、邢定綸纂《海南府縣志輯・民國崖州志》卷四

螞蝗

清・龍朝翊修，陳所能纂《海南府縣志輯・光緒澄邁縣志》卷之一

水蛭

清・龍朝翊修，陳所能纂《海南府縣志輯・光緒澄邁縣志》卷之一

蛭

清・鍾元棣修，張雋、邢定綸纂《海南府縣志輯・民國崖州志》卷四

石蛭科 Erpobdellidae

湘江蛭 *Dina xiangjiangensis*

水蛭

宋・唐慎微撰，寇宗奭衍義《證類本草》卷二二

石蛭

宋・唐慎微撰，寇宗奭衍義《證類本草》卷二二

蛭

清・方旭撰《蟲薈》卷三

沙蛭科 Salifidae

勃氏齿蛭 *Odontobdella blanchardi*

雷蜞

明・董斯張撰《廣博物志》卷五〇

馬蛭

清・前編書局編譯《博物學・動物篇》第五門第三綱（水蛭類・馬蛭）

星虫动物门 Sipuncula

革囊星虫纲 Phascolosomatidea

革囊星虫目 Phascolosomatiformes

革囊星虫科 Phascolosomatidae

安岛反体星虫 *Antillesoma antillarum*

泥筍

明・屠本畯撰《閩中海錯疏》卷下（介部・泥筍）

清・郝玉麟等監修，謝道承等編纂《福建通志》卷一〇

土笋

明・屠本畯撰《閩中海錯疏》卷下（介部・泥筍）

清・郝玉麟等監修，謝道承等編纂《福建通志》卷一〇

土筍

明・屠本畯撰《閩中海錯疏》卷下（介部・泥筍）

清・郝玉麟等監修，謝道承等編纂《福建通志》卷一〇

土穿

清・胡世安撰《異魚圖贊補》卷下（閏集）

清・楊霽修，陳蘭彬等纂《廣東府縣志輯・高州府志》

土鑽

清・徐景熹修，魯曾煜、施廷樞等纂《福建府縣志輯・乾隆福州府志》卷二六

泥丁

清・楊霽修，陳蘭彬等纂《廣東府縣志輯・高州府志》

沙噀

清・郝玉麟等監修，謝道承等編纂《福建通志》卷一〇

方格星虫纲 Sipunculidea

方格星虫目 Sipunculiformes

管体星虫科 Sipunculidae

裸体方格星虫 *Sipunculus nudus*

沙蠶

明・屠本畯撰《閩中海錯疏》卷下（介部）

清・胡世安撰《異魚圖贊補》卷下（閏集）

鳳腸

清・胡世安撰《異魚圖贊補》卷下（閏集）

油筋

清・徐景熹修，魯曾煜、施廷樞等纂《福建府縣志輯・乾隆福州府志》卷二六（物產）

清・李維鈺原本，沈定均續修，吳聯薰增纂《福建府縣志輯・光緒漳州府志》

土蟲

清・鍾元棣修，張雋、邢定綸纂《海南府縣志輯・民國崖州志》

螠虫动物门 Echiura

螠纲 Echiuroidea

螠

南朝梁·顧野王撰《玉篇》卷二五

清·柯璜譯編，(日)箕作佳吉著《博物學講義·動物篇》第一編（動物各論·第一一章·環節動物）

星蠕類

清·柯璜譯編，(日)箕作佳吉著《博物學講義·動物篇》第一編（動物各論·第一一章·環節動物）

螠目 Echiuroinea

螠科 Echiuridae

短吻铲荚螠 *Listriolobus brevirostris*

泥笋

明·屠本畯撰《閩中海錯疏》卷下（介部·泥筍）

清·郝玉麟等監修，謝道承等編纂《福建通志》卷一〇

青岛池体螠 *Ikedosoma qingdaoense*

海蛔

清·張同聲修，李圖等纂《山東省膠州志》

绛体管口螠 *Ochetostoma erythrogrammon*

沙噀

宋·羅濬撰《寶慶四明志》卷四

明·馮時可撰《雨航雜錄》卷下

明·徐應秋撰《玉芝堂談薈》卷三五

清·李元撰《蠕範》卷三

清·陳元龍撰《格致鏡源》卷九五（諸水族）

清·曹秉仁等修，萬經等纂《浙江府縣志輯·雍正寧波府志》卷一三

清·陳培桂等纂修《臺灣府縣志輯·同治淡水廳志》卷一二

清·唐景崧修，蔣師轍、薛紹元纂《臺灣府縣志輯·光緒臺灣通志》

清·胡世安撰《異魚圖贊補》卷下《沙噀》

沙蒜

明·馮時可撰《雨航雜錄》卷下

清·李琬修，齊召南、汪沆纂《浙江府縣志輯·乾隆溫州府志》卷一五

清·陳培桂等纂修《臺灣府縣志輯·同治淡水廳志》卷一二

清·沈茂陰纂修《臺灣府縣志輯·光緒苗栗縣志》卷五

清·唐景崧修，蔣師轍、薛紹元纂《臺灣府縣志輯·光緒臺灣通志》

清·喻長霖、柯驊威等纂修《浙江府縣志輯·台州府志》卷六二

清·胡世安撰《異魚圖贊補》卷下

塗筍

清·李琬修，齊召南、汪沆纂《浙江府縣志輯·乾隆溫州府志》卷一五

清·喻長霖、柯驊威等纂修《浙江府縣志輯·台州府志》卷六二

土筍

明·屠本畯撰《閩中海錯疏》卷下

清·李元撰《蠕範》卷三

清·陳培桂等纂修《臺灣府縣志輯·同治淡水廳志》卷一二

清·沈茂陰纂修《臺灣府縣志輯·光緒苗栗縣志》卷五

清·唐景崧修，蔣師轍、薛紹元纂《臺灣府縣志輯·光緒臺灣通志》

土笋

清·李元撰《蠕範》卷三

清·陳培桂等纂修《臺灣府縣志輯·同治淡水廳志》卷一二

清·沈茂陰纂修《臺灣府縣志輯·光緒苗栗縣志》卷五

清·唐景崧修，蔣師轍、薛紹元纂《臺灣府縣志輯·光緒臺灣通志》

沙箸

清·唐景崧修，蔣師轍、薛紹元纂《臺灣府縣志輯·光緒臺灣通志》

泥筍

明·屠本畯撰《閩中海錯疏》卷下

清·郝玉麟等監修，謝道承等編纂《福建通志》卷一〇

海蛔

清·張同聲修，李圖等纂《山東省膠州志》

石筍

清·李元撰《蠕範》卷三

无管螠目 Xenopneusta

棘螠科 Urechidae

单环棘螠 *Urechis* sp.

土蚌

明·史起欽修，林子燮等纂《福寧府志》

清·徐景熹修，魯曾煜、施廷樞等纂《福建府縣志輯·乾隆福州府志》

清·李拔等纂修《福建府縣志輯·乾隆福寧府志》

清·郭柏蒼撰《海錯百一錄》卷四

蜮蜮

清·郭柏蒼撰《海錯百一錄》卷四

海蚌

清·郭柏蒼撰《海錯百一錄》卷四

泥釘

清·郭柏蒼撰《海錯百一錄》卷四

软体动物门 Mollusca

貝

漢・朱仲撰《相貝經》

漢・許慎撰，宋・徐鉉增釋《說文解字》卷六下

晉・郭璞注《爾雅》卷一六下（釋魚）

晉・郭璞注，唐・陸德明音義，宋・邢昺疏《爾雅注疏》卷一〇

南朝梁・顧野王撰《玉篇》卷二五

宋・陸佃撰《埤雅・貝》卷二

明・張自烈撰，清・廖文英續《正字通》酉集中（貝部）

介蟲

漢・許慎撰，宋・徐鉉增釋《說文解字》卷六下

三國吳・陸璣撰，明・毛晉廣要《陸氏詩疏廣要》卷下之六（成是貝錦）

南唐・徐鍇撰，朱翱反切《說文繫傳》卷一二

宋・司馬光撰《類篇》卷一八

宋・歐陽德隆撰，郭守正增修《增修校正押韻釋疑》卷四

元・戴侗撰《六書故》卷二〇

元・李文仲撰《字鑑》卷四

元・楊桓撰《六書統》卷一

元・周伯琦撰《說文字原》

明・趙撝謙撰《六書本義》卷六

明・唐順之編《荊州稗編》卷八〇

明・馮復京撰《六家詩名物疏》卷三九（巷伯篇）

明・張自烈撰，清・廖文英續《正字通》酉集中（貝部）

清・張玉書、陳廷敬等纂《康熙字典》卷二九

清・倪濤撰《六藝之一錄》卷一七六

清・陳大章撰《詩傳名物集覽》卷六（成是貝錦）

清・朱鶴齡撰《尚書稗傳》卷一四

清・顧棟高撰《毛詩類釋》卷一八（釋蟲・貝）

清・陳元龍撰《格致鏡原》卷三三（貝・珍寶類）

清・段玉裁撰《說文解字注》卷六下

多板纲 Polyplacophora

新有甲目 Neoloricata

棘侧石鳖科 Acanthopleuridae

日本花棘石鳖 *Liolophura japonica*

石鱉魚

宋・宋祁撰《益都方物略記》

明・曹學佺撰《蜀中廣記》卷六〇

石鼈魚

明・陶宗儀撰《說郛》卷六七下（石鱉魚）

清・胡世安撰《異魚圖贊补》（闰集）

清・李光地等撰《月令輯要》卷四

石鳖科 Chitonidae

石鳖 *Chiton* sp.

七鱗龜

清・聶璜撰《清宮海錯圖》第三冊

毛肤（隐板）石鳖科 Acanthochitonidae (Cryptoplacidae)

红条毛肤石鳖 *Acanthochiton rubrolineatus*

石鼈

明・李時珍撰《本草綱目》卷一〇《石部》

土鼈

明・李時珍撰《本草綱目》卷一〇《石部》

锉石鳖科 Ischnochitonidae

小笠原锉石鳖 *Ischnochiton boninensis*

石鼈

清・柯璜譯編，（日）箕作佳吉著《博物學講義・動物學篇》第十三章《軟體動物》

腹足纲 Gastropoda

貝

漢・許慎撰，宋・徐鉉增釋《說文解字》卷六下

漢・朱仲撰《相貝經》

晉・郭璞注，唐・陸德明音義，宋・邢昺疏《爾雅注疏》卷一〇

三國吳・陸璣撰，明・毛晉廣要《陸氏詩疏廣要》卷下之下（成是貝錦）

南朝梁・顧野王撰《玉篇》卷二五

宋・陸佃撰《爾雅新義》卷一六

宋・陸佃撰《埤雅》卷二（貝）

元・楊桓撰《六書統》卷一

元・周伯琦撰《說文字原》

元・朱祖義撰《尚書句解》卷一一

元・李文仲撰《字鑑》卷四

明・趙撝謙撰《六書本義》卷六

明・唐順之編《荊州稗編》卷八〇

明・章潢撰《圖書編》卷一二一七

明・馮復京撰《六家詩名物疏》卷三九（巷伯篇・貝）

明・楊慎原本，清・胡世安箋《異魚圖贊箋》卷四（螺）

明・李蘇著《見物》卷四

清·張玉書、陳廷敬等纂《康熙字典》卷二九
清·余蕭客撰《古經解鉤沉》卷三〇
清·陳大章撰《詩傳名物集覽》卷六（成是貝錦）
清·黃中松撰《詩疑辨證》卷四（貝）
清·郝懿行撰《爾雅義疏》下（釋魚）
清·陳元龍撰《格致鏡原》卷三三（貝）
清·孫之騄輯《晴川後蟹錄》卷一（貝類）
清·屈大均撰《廣東新語》卷一五（貝）

文貝

晉·郭璞注《山海經》卷二（西山經）、卷三（北山經）、卷四（東山經）、卷一五（大荒南經）

黃貝

晉·郭璞注《山海經》卷二（西山經）、卷五（中山經）

猋

漢·許慎撰，宋·徐鉉增釋《說文解字》卷六下

蠃

漢·許慎撰，宋·徐鉉增釋《說文解字》卷六下
晉·郭璞注《爾雅》（釋魚第一六）
晉·郭璞注，唐·陸德明音義，宋·邢昺疏《爾雅注疏》卷一〇
南朝梁·顧野王撰《玉篇》卷二五
宋·張栻撰《南軒易說》卷三
宋·陸佃撰《爾雅新義》卷一六
宋·羅願撰，元·洪焱祖音釋《爾雅翼》卷三（蠃）
元·戴侗撰《六書故》卷二〇
明·張自烈撰，清·廖文英續《正字通》申集中（虫部）
清·李調元、雨村輯《南越筆記》卷二（蠃）
清·張玉書、陳廷敬等纂《康熙字典》卷二六
清·周靖撰《篆隸考異》卷二
清·唐執玉、李衛等監修，田易等纂《畿輔通志》卷五七（螺）
清·任基振撰《爾雅注疏箋補》卷下

蠃

明·張自烈撰，清·廖文英續《正字通》申集中（魚部）

茈蠃

晉·郭璞注《山海經》卷一（南山經）、卷四（東山經）

蠃母

晉·郭璞注《山海經》卷二（西山經）

虎蝓

漢·許慎撰，宋·徐鉉增釋《說文解字》卷六下

珠貝

漢·鄭玄注，唐·賈公彥疏，陸德明音義《周禮注疏》卷二

龜貝

漢·鄭玄注，唐·賈公彥疏，陸德明音義《周禮注疏》卷二

蝨

明·張自烈撰，清·廖文英續《正字通》申集中（虫部）

海蠃

金·李杲編輯，明·李時珍參訂，姚可成補遺《食物草本》
明·李時珍撰《本草綱目》卷四六（介之二）

海螺

明·穆希文撰《蟫史集》卷九（海螺）
明·李蘇著《見物》卷四（海螺）

螺

漢·許慎撰，宋·徐鉉增釋《說文解字》卷六下
晉·郭璞注，唐·陸德明音義，宋·邢昺疏《爾雅注疏》卷一〇
南朝梁·顧野王撰《玉篇》卷二五
宋·梁克家撰《淳熙三山志》卷四二
宋·陳耆卿撰《赤城志》卷三六
宋·羅濬撰《寶慶四明志》卷四
遼·釋行均撰《龍龕手鑒》卷二
元·戴侗撰《六書故》卷二〇
明·楊慎原本，清·胡世安箋《異魚圖贊箋》卷四（螺）
明·張自烈撰，清·廖文英續《正字通》申集中（虫部）
明·李蘇著《見物》卷四
清·張玉書、陳廷敬等纂《康熙字典》卷二六
清·唐執玉、李衛等監修，田易等纂《畿輔通志》卷五七（螺）
清·李元撰《蠕範》卷三、卷七

蛹

漢·許慎撰，宋·徐鉉增釋《說文解字》卷六下
晉·郭璞注《爾雅》（釋魚第一六）
晉·郭璞注，唐·陸德明音義，宋·邢昺疏《爾雅注疏》卷一〇
南朝梁·顧野王撰《玉篇》卷二五、卷三八
宋·陸佃撰《爾雅新義》卷一六
明·張自烈撰，清·廖文英續《正字通》申集中（虫部）
明·李蘇著《見物》卷四
清·張玉書、陳廷敬等纂《康熙字典》卷二六
清·任基振撰《爾雅注疏箋補》卷下
清·郝懿行撰《爾雅義疏》下（釋魚）
清·姜兆錫撰《爾雅注疏參議》

賺

晉·郭璞注《爾雅》（釋魚第一六）
晉·郭璞注，唐·陸德明音義，宋·邢昺疏《爾雅注疏》卷一〇
宋·陸佃撰《爾雅新義》卷一六

蚆

晉·郭璞注《爾雅》第一六（釋魚）
南朝梁·顧野王撰《玉篇》卷二五
清·張玉書、陳廷敬等纂《康熙字典》卷二六

蛃

南朝梁·顧野王撰《玉篇》卷三八
元·戴侗撰《六書故》卷二〇

明・張自烈撰，清・廖文英續《正字通》申集中（虫部）
清・張玉書、陳廷敬等纂《康熙字典》卷二六
清・周靖撰《篆隸考異》卷二

�

南朝梁・顧野王撰《玉篇》卷三八
明・張自烈撰，清・廖文英續《正字通》申集中（虫部）

蠃螺

南朝梁・顧野王撰《玉篇》卷三八

螺蠃

南朝梁・顧野王撰《玉篇》卷二五

蜎

南朝梁・顧野王撰《玉篇》卷三八

蜆

清・張玉書、陳廷敬等纂《康熙字典》卷二六

蜁蝸

宋・羅濬撰《寶慶四明志》卷四

旋螺

清・陳元龍編《歷代賦匯》卷二七（宋・崔公度・珠湖賦）

拳螺

宋・常棠撰《海鹽澉水志》
元・馮復京等撰《昌國州圖志》卷四

香螺

宋・常棠撰《海鹽澉水志》（土產・海味）
宋・陳耆卿撰《赤城志》卷三六
宋・羅濬撰《寶慶四明志》卷四
元・馮復京等撰《昌國州圖志》卷四

土鐵

宋・常棠撰《海鹽澉水志》

辣螺

宋・陳耆卿撰《赤城志》卷三六
宋・羅濬撰《寶慶四明志》卷四
元・馮復京等撰《昌國州圖志》卷四

丁螺

宋・陳耆卿撰《赤城志》卷三六
宋・羅濬撰《寶慶四明志》卷四
元・馮復京等撰《昌國州圖志》卷四

原始腹足目 Archaeogastropoda

鲍科 Haliotidae

鮑

漢・史游撰，唐・顏師古注《急就篇》卷三
遼・釋行均撰《龍龕手鑒》卷二
元・戴侗撰《六書故》卷二〇
元・陰勁弦、陰復春編《韻府群玉》卷六
元・吳澄撰《禮記纂言》卷六下
明・張自烈撰，清・廖文英續《正字通》亥集中（魚部）
清・張玉書、陳廷敬纂《康熙字典》卷三五
清・李書吉等纂修《廣東府縣志輯・嘉慶澄海縣志》卷二四（物產）

鰒

南唐・徐鍇撰，朱翱反切《說文系傳》卷二二
宋・高似孫撰《緯略》卷九
元・戴侗撰《六書故》卷二〇
明・楊愼原本，清・胡世安箋《異魚圖贊箋》卷四
明・周祈撰《名義考》卷一〇（決明）
明・張自烈撰，清・廖文英續《正字通》亥集中（魚部）
清・李元撰《蠕範》卷七

鰒魚甲

宋・唐慎微撰，寇宗奭衍義《證類本草》卷二〇
宋・唐慎微撰《重修政和經史證類備用本草》卷二〇（蟲魚部上品・雷州石決明）
宋・蘇頌編撰，胡乃長、王致譜輯注《圖經本草》（石決明）
明・李時珍撰《本草綱目》卷四六（介之二・石決明）

膴鮑

元・戴侗撰《六書故》卷二〇
元・陰勁弦、陰復春編《韻府群玉》卷六
元・吳澄撰《禮記纂言》卷六下
清・李書吉等纂修《廣東府縣志輯・嘉慶澄海縣志》卷二四（物產）
清・張玉書、陳廷敬纂《康熙字典》卷三五

瘞魚

元・戴侗撰《六書故》卷二〇

漬魚

元・戴侗撰《六書故》卷二〇
清・張玉書、陳廷敬纂《康熙字典》卷三五

蘭鮑

元・戴侗撰《六書故》卷二〇
元・陰勁弦、陰復春編《韻府群玉》卷六

饐魚

元・戴侗撰《六書故》卷二〇
元・陰勁弦、陰複春編《韻府群玉》卷六
清・張玉書、陳廷敬纂《康熙字典》卷三五

浥魚

元・戴侗撰《六書故》卷二〇
明・張自烈撰，清・廖文英續《正字通》亥集中（魚部）

載鮑

元・陰勁弦、陰復春編《韻府群玉》卷六

膞魚

清・張玉書、陳廷敬纂《康熙字典》卷三五

裛魚

清・張玉書、陳廷敬纂《康熙字典》卷三五

石鮭

清・李元撰《蠕範》卷七

石華

清・李元撰《蠕範》卷七

千里光

清・李元撰《蠕範》卷七

佛羊蚶

清・李元撰《蠕範》卷七

將軍帽

清・李元撰《蠕範》卷七

石決明

南唐・徐鍇撰，朱翱反切《說文繫傳》卷二二

宋・梁克家撰《淳熙三山志》卷四二

宋・唐慎微撰，寇宗奭衍義《證類本草》卷二〇

宋・唐慎微撰《重修政和經史證類備用本草》卷二〇（蟲魚部上品・雷州石決明）

宋・蘇頌編撰，胡乃長、王致譜輯注《圖經本草》（石決明）

金・李杲編輯，明・李時珍參訂，姚可成補輯《食物本草》

元・戴侗撰《六書故》卷二〇

明・楊慎原本，清・胡世安箋《異魚圖贊箋》卷四

明・周祈撰《名義考》卷一〇（決明）

明・謝肇淛著《五雜俎》卷九（物部）

明・李時珍撰《本草綱目》第四冊附圖

清・郭柏蒼撰《海錯百一錄》卷三

清・阿桂、劉瑾之等撰《欽定盛京通志》卷一〇七（物產）

清・嵇曾筠等監修，沈翼機等編纂《浙江通志》卷一〇七

清・李書吉等纂修《廣東府縣志輯・嘉慶澄海縣志》卷二四（物產）

清・毛昌善修，陳蘭彬纂《廣東府縣志輯・光緒吳川縣志》卷二（物產）

清・吳儀洛著《本草從新》（蟲魚鱗介部）

清・李元撰《蠕範》卷七

九孔螺

宋・唐慎微撰，寇宗奭衍義《證類本草》卷二〇

明・楊慎原本，清・胡世安箋《異魚圖贊箋》卷四

清・李書吉等纂修《廣東府縣志輯・嘉慶澄海縣志》卷二四（物產）

清・李元撰《蠕範》卷七

朱子房

宋・毛勝撰《水族加恩簿》

鰒魚

宋・梁克家撰《淳熙三山志》卷四二

宋・楊侃輯《兩漢博聞》（鰒魚）

宋・高似孫撰《緯略》卷九（鰒魚）

宋・唐慎微撰，寇宗奭衍義《證類本草》卷二〇

宋・唐慎微撰《重修政和經史證類備用本草》卷二〇（蟲魚部上品・雷州石決明）

宋・蘇頌編撰，胡乃長、王致譜輯注《圖經本草》（石決明）

宋・楊彥齡撰《楊公筆錄》卷二七

元・戴侗撰《六書故》卷二〇

明・楊慎原本，清・胡世安箋《異魚圖贊箋》卷四

明・周嬰撰《巵林》卷三（鰒魚）

明・謝肇淛著《五雜俎》卷九（物部）

清・和珅等撰《大清一統志》卷四二

清・毛昌善修，陳蘭彬纂《廣東府縣志輯・光緒吳川縣志》卷二（物產）

清・張玉書、陳廷敬等撰《佩文韻府》卷六之一

蝮魚

清・阿桂、劉瑾之等撰《欽定盛京通志》卷一〇七

鮑魚

漢・劉向撰《說苑》卷一七

宋・吳淑撰並註《事類賦》卷二九（鱗介部）

遼・釋行均撰《龍龕手鑒》卷二

元・陰勁弦、陰復春編《韻府群玉》卷六

清・張玉書、陳廷敬纂《康熙字典》卷三五

清・和珅等撰《大清一統志》卷四二

清・李元撰《蠕範》卷七

皱纹盘鲍 *Haliotis discus hannai*

石決明

明・屠本畯撰《閩中海錯疏》卷下

明・李時珍撰《本草綱目》卷四六

將軍帽

明・屠本畯撰《閩中海錯疏》卷下

鰒魚

明・屠本畯撰《閩中海錯疏》卷下

明・李時珍撰《本草綱目》卷四六

杂色鲍 *Haliotis dirersicolor*

石決明

明・葉子奇撰《草木子》卷一

明・穆希文撰《蟫史集》卷九

鰒魚

明・王世懋撰《閩部疏》

帽贝科 Patellidae

龟甲蝛 *Cellana testudinaeria*

蝛

明・屠本畯撰《閩中海錯疏》卷下（介部）

清・郭柏蒼撰《海錯百一錄》卷三

嫁蝛 *Cellana toreuma*

老蜂牙

明・屠本畯撰《閩中海錯疏》卷下（介部）

清・郭柏蒼撰《海錯百一錄》卷三

牛蹄

明・屠本畯撰《閩中海錯疏》卷下（介部）

清・郭柏蒼撰《海錯百一錄》卷三

笠贝科 Acmaeidae

史氏背尖贝 *Notoacmea schrenckii*

石磷

明·屠本畯撰《閩中海錯疏》卷下（介部）

清·郭柏蒼撰《海錯百一錄》卷三

海總筐

明·穆希文纂《蟫史集》卷九

矮拟帽贝 *Patelloida pygmaea*

龍目

清·郭柏蒼撰《海錯百一錄》卷三

马蹄螺科 Trochidae

大马蹄螺 *Trochus niloticus*

鈿螺

明·屠本畯撰《閩中海錯疏》卷下（介部）

明·穆希文纂《蟫史集》卷九

清·郭柏蒼撰《海錯百一錄》卷三

蝾螺科 Turbinidae

夜光蝾螺 *Turbo marmoratus*

珠螺

唐·陳藏器撰，尚志鈞輯釋《本草拾遺》

清·郭柏蒼撰《海錯百一錄》卷三

青螺

宋·范成大撰《桂海虞衡志》

清·稽曾筠等監修，沈翼機等編纂《浙江通志》卷一〇七

清·郭柏蒼撰《海錯百一錄》卷三

郎君子

宋·唐慎微撰《重修政和經史證類備用本草》卷二一（蟲魚部中品）

明·李時珍撰《本草綱目》卷四六（郎君子）

清·稽璜、曹仁虎等撰《續通志》卷一七八

相思子

明·顧岕撰《海槎餘錄》

醋蠶（蝾螺厣）

清·郭柏蒼撰《海錯百一錄》卷三

中腹足目 Mesogastropoda

田螺科 Viviparidae

中国圆田螺 *Cipangopaludina chinensis*

田中螺

宋·唐慎微撰《重修政和經史證類備用本草》卷二二（蟲魚部下品·田螺）

田螺

宋·唐慎微撰《重修政和經史證類備用本草》卷二二（蟲魚部下品·田螺）

金·李杲編輯，明·李時珍參訂，姚可成補輯《食物本草》

明·屠本畯撰《閩中海錯疏》卷下

明·朱橚撰《普濟方》卷三六

明·李時珍撰《本草綱目》卷四六（田蠃）

明·穆希文纂《蟫史集》卷九

清·吳儀洛著《本草從新》（蟲魚鱗介部·田螺）

清·李書吉等纂修《廣東府縣志輯·嘉慶澄海縣志》卷二四（物產）

田蠃

金·李杲編輯，明·李時珍參訂，姚可成補遺《食物本草》

明·李時珍撰《本草綱目》卷四六

蠡

明·穆希文纂《蟫史集》卷九

田青

宋·毛勝撰《水族加恩簿》

宋·陶穀撰《清異錄》卷下

方形环棱螺 *Bellamya quadrata*

蝸蠃

金·李杲編輯，明·李時珍參訂，姚可成補輯《食物本草》

明·李時珍撰《本草綱目》卷四六

溪螺

明·屠本畯撰《閩中海錯疏》卷下

螺螄

金·李杲編輯，明·李時珍參訂，姚可成補輯《食物本草》

明·李時珍撰《本草綱目》卷四六（田蠃）

清·吳儀洛著《本草從新》（蟲魚鱗介部·螺螄）

鬼眼睛

明·李時珍撰《本草綱目》卷四六（田蠃）

螄螺

明·穆希文纂《蟫史集》卷九

蝸籬

明·穆希文纂《蟫史集》卷九

蝸螺

明·李時珍撰《本草綱目》卷四六（田蠃）

清·吳士玉、沈宗敬等撰《御定駢字類編》卷二二〇

田螺

清·趙學敏輯《本草綱目拾遺》卷一〇（介部）

螺蛳 *Margarya melanioides*

螺螄

清·謝啟昆監修《廣西通志》卷九〇

巨螺

清·王文韶撰《續雲南通志稿》卷五七（食貨志·土宜）

錐螺科 Turritellidae

棒锥螺 *Turritella bacillum*

鑽螺

明・穆希文纂《蟫史集》卷九
清・方旭撰《蟲薈》卷五（介蟲・鑽螺）

蛇螺科 Vermetidae

覆瓦小蛇螺 *Serpulorbis imbricata*

石蛇

宋・蘇頌撰，胡乃長、王致譜輯注《圖經本草》（石蛇）
宋・唐慎微撰《重修政和經史證類備用本草》卷四（玉石器中品・南恩州石蛇）
明・李時珍撰《本草綱目》卷一〇（石蛇）

大管蛇螺 *Dendropoma maximum*

銅鍋

清・聶璜撰《清宫海錯圖》第三冊

肋蜷科 Pleuroseridae

放逸短沟蜷 *Semisulcospira libertina*

無尾螺

清・方旭撰《蟲薈》卷五（介部）
清・嵇曾筠等監修，沈翼機等編纂《浙江通志》卷一〇一

汇螺科 Potamididae

中华拟蟹守螺 *Cerithidea sinensis*

海螄

金・李杲編輯，明・李時珍參訂，姚可成補輯《食物本草》
明・穆希文纂《蟫史集》卷九
清・趙學敏輯《本草綱目拾遺（下）》卷一〇（介部・海螄）
清・吳儀洛著《本草從新》（蟲魚鱗介部・螺螄）

香螄

明・穆希文纂《蟫史集》卷九

丁螺

清・趙學敏輯《本草綱目拾遺（下）》卷一〇（介部・海螄）

釘頭螺

清・趙學敏輯《本草綱目拾遺（下）》卷一〇（介部・海螄）

鬪蛆

赵・趙學敏輯《本草綱目拾遺（下）》卷一〇（介部・海螄）

蟹守螺科 Cerithiidae

蟹守螺 *Cerithium nadulosum*

竹螺

清・郭柏蒼撰《海錯百一錄》卷三

玉螺科 Naticidae

斑玉螺 *Natica tigrina*

玉螺

唐・劉恂撰《嶺表録異》卷上

斑螺

明・穆希文纂《蟫史集》卷九

宝贝科 Cypraeidae

貝

殷商甲骨文
殷周金文
漢・司馬遷撰，南朝宋・裴駰集解《史記》卷三〇
漢・班固撰，唐・顏師古注，清・齊召南等考證《前漢書》卷二四（食貨志）
漢・朱仲撰《相貝經》
三國吳・陸璣撰《毛詩草木鳥獸蟲魚疏》卷下
晉・郭璞注，唐・陸德明音義，宋・邢昺疏《爾雅注疏》卷一六下（釋魚）
南唐・徐鍇撰，朱翱反切《說文繫傳》卷一二
唐・杜佑撰《通典》卷四
宋・鄭樵撰《爾雅註》卷下
宋・李如圭撰《禮儀集釋》卷二〇
宋・賈昌朝撰《群經音辨》卷三
宋・陳友仁增修《周禮集說》卷三
宋・郭忠恕撰《汗簡》卷中之一
宋・歐陽德隆撰，郭守正增修《增修校正押韻釋疑》卷四
宋・羅願撰，元・洪焱祖音釋《爾雅翼》卷三一
宋・高似孫撰《緯略》卷一（貝經）
・不著撰人《原本廣韻》卷四
元・戴侗撰《六書故》卷二〇
元・梁益撰《詩傳旁通》卷七（菁菁者莪）
明・楊慎撰《異魚圖贊》卷四（貝）
清・焦循撰《陸氏草木鳥獸蟲魚疏疏》卷下（成是貝錦）

蜧

宋・司马光撰《类篇》卷一八
明・張自烈撰，清・廖文英續《正字通》申集中（虫部）
清・張玉書、陳廷敬等撰《康熙字典》卷二六

蚆

明・張自烈撰，清・廖文英續《正字通》申集中（虫部）

餘蚳

三國吳・陸璣撰《毛詩草木鳥獸蟲魚疏》卷下
宋・魏了翁撰《尚書要義》卷一八
清・焦循撰《陸氏草木鳥獸蟲魚疏疏》卷下（成是貝錦）
清・王樹枏訂《郭氏爾雅訂經》卷二一

餘貾

晉・郭璞注《爾雅》卷一六下（釋魚）
晉・郭璞注，唐・陸德明音義，宋・邢昺疏《爾雅注疏》卷一〇
宋・鄭樵撰《爾雅註》卷下
清・郝懿行撰《爾雅義疏》

紫貝

漢・朱仲撰《相貝經》

三國吳·陸璣撰《毛詩草木鳥獸蟲魚疏》卷下
晉·郭璞注《爾雅》卷一六下（釋魚）
晉·郭璞注《山海經》卷一五（大荒南經）
宋·蘇頌撰，胡乃長、王致譜輯注《圖經本草》（紫貝）
宋·林之奇撰《尚書全解》卷八
宋·楊侃輯《兩漢博聞》卷五（紫貝）
宋·范成大撰《桂海虞衡志》
宋·朱勝非撰《紺珠集》卷四（紫貝）
明·屠本畯撰《閩中海錯疏》卷下（介部）

砑螺

宋·范成大撰《桂海虞衡志》
宋·朱勝非撰《紺珠集》卷四（紫貝）
明·屠本畯撰《閩中海錯疏》卷下（介部）
明·穆希文纂《蟫史集》卷九
明·楊慎撰《異魚圖贊》卷四（貝）
清·郭柏蒼撰《海錯百一錄》卷三

海螺

明·穆希文纂《蟫史集》卷九

餘蚳

三國吳·陸璣撰《毛詩草木鳥獸蟲魚疏》卷下
晉·郭璞注《山海經》卷二（西山經）
晉·郭璞注《爾雅》卷一六下（釋魚）
晉·郭璞注，唐·陸德明音義，宋·邢昺疏《爾雅注疏》卷一〇
宋·魏了翁撰《尚書要義》卷一八
宋·鄭樵撰《爾雅註》卷下
清·郝懿行撰《爾雅義疏》下（释鱼）
清·焦循撰《陸氏草木鳥獸蟲魚疏疏》卷下（成是貝錦）
清·王樹枬訂《郭氏爾雅訂經》卷二一

貝子

宋·范成大撰《桂海虞衡志》
宋·黃震撰《黃氏日抄》卷六七
宋·唐慎微撰，寇宗奭衍義《證類本草》卷二二
金·李杲編輯，明·李時珍參訂，姚可成補輯《食物本草》
明·李時珍撰《本草綱目》卷四六（贝子）

海肥

明·李時珍撰《本草綱目》卷四六（贝子）
清·王文韶修《續雲南通志稿》卷五七（食貨志）

貝齒

明·李時珍撰《本草綱目》卷四六（贝子）

白貝

明·李時珍撰《本草綱目》卷四六（贝子）

玭蠃

晉·郭璞注《山海經》卷一（南山經）

文貝

晉·郭璞注《山海經》卷二（西山經）、卷一五（大荒南經）
宋·魏了翁撰《尚書要義》卷一八

猋

宋·司馬光撰《類篇》卷一八
·不著撰人《原本廣韻》卷四
清·郝懿行撰《爾雅義疏》

蝈

宋·司馬光撰《類篇》卷一八
·不著撰人《原本廣韻》卷四
清·郝懿行撰《爾雅義疏》

虎斑宝贝 *Cypraea tigris*

紫貝

漢·朱仲撰《相貝經》
宋·楊侃輯《兩漢博聞》卷五
宋·唐慎微撰，寇宗奭衍義《證類本草》卷二二
宋·曾慥編《類說》卷四五
金·李杲編輯，明·李時珍參訂，姚可成補輯《食物本草》
明·李時珍撰《本草綱目》卷四六
清·允祿等編《子史精華》卷一三八

砑螺

宋·曾慥編《類說》卷四五
明·李時珍撰《本草綱目》卷四六

文貝

明·李時珍撰《本草綱目》卷四六（紫貝）

阿文绶贝 *Mauritia arabica*

綬貝

漢·朱仲撰《相貝經》

环纹货贝 *Monetaria annulus*

餘泉

清·余蕭客撰《古經解鉤沉》卷三〇

货贝 *Monetaria moneta*

餘蚳

清·余蕭客撰《古經解鉤沉》卷三〇

冠螺科 Cassididae

唐冠螺 *Cassis cornuta*

珂

金·李杲編輯，明·李時珍參訂，姚可成補輯《食物本草》
元·戴侗撰《六書故》卷七
明·李時珍撰《本草綱目》卷四六（珂）
明·張自烈撰，清·廖文英續《正字通》午集中（玉部）
明·穆希文纂《蟫史集》卷九

馬軻螺

明・李時珍撰《本草綱目》卷四六（珂）
清・郭柏蒼撰《海錯百一錄》卷三

馬珂螺

明・張自烈撰，清・廖文英續《正字通》午集中（玉部）

珬

明・李時珍撰《本草綱目》卷四六（珂）
明・張自烈撰，清・廖文英續《正字通》午集中（玉部）
清・郭柏蒼撰《海錯百一錄》卷三

嵌线螺科 Cymatiidae

法螺 *Charonia tritonis*

梭尾螺

唐・陳藏器撰，尚志鈞輯釋《本草拾遺》
明・穆希文纂《蟫史集》卷九

梭螺

明・穆希文纂《蟫史集》卷九

异族目 Heterogastropoda

海蜗牛科 Janthinidae

海蜗牛 *Janthina janthina*

酥螺

清・郭柏蒼撰《海錯百一錄》卷三

新腹足目 Neogastropoda

骨螺科 Muricidae

红螺 *Rapana bezora*

紅螺

唐・劉恂撰《嶺表錄異》卷上
明・屠本畯撰《閩中海錯疏》卷下
清・郭柏蒼撰《海錯百一錄》卷三

疣荔枝螺 *Thais clavigera*

蓼螺

唐・陳藏器撰，尚志鈞輯釋《本草拾遺》
金・李杲編輯，明・李時珍參訂，姚可成補輯《食物本草》
明・穆希文纂《蟫史集》卷九

蓼螺

宋・唐慎微撰，寇宗奭衍義《證類本草》卷二二
宋・唐慎微撰《重修政和經史證類備用本草》卷二二（蟲魚部下品）

蓼蠃

明・李時珍撰《本草綱目》卷四六（蓼蠃）

辣螺

明・穆希文纂《蟫史集》卷九

清・郭柏蒼撰《海錯百一錄》卷三
清・孫之騄輯《晴川蟹錄》卷一（螺化）

蛾螺科 Buccinidae

方斑东风螺 *Badylonia areolate*

花螺

清・郭柏蒼撰《海錯百一錄》卷三

泥东风螺 *Badylonia lutosa*

黃螺

明・屠本畯撰《閩中海錯疏》卷下
清・郭柏蒼撰《海錯百一錄》卷三
清・查慎行撰《敬業堂詩集》卷二五（黃螺）
清・朱彝尊撰《曝書亭集》卷一八（黃螺）

香螺 *Neptunea cumingii*

海螺

唐・陳藏器撰，尚志鈞輯釋《本草拾遺》

香螺

北周・庾信撰，清・倪璠纂註《庾子山集》卷二
明・屠本畯撰《閩中海錯疏》卷下
明・楊慎撰《異魚圖贊》卷四
清・郭柏蒼撰《海錯百一錄》卷三
清・朱彝尊撰《曝書亭集・香螺》卷一八
清・查慎行撰《敬業堂詩集》卷二五（香螺）
清・李書吉等纂修《廣東府縣志輯・嘉慶澄海縣志》卷二四

海蠃

明・李時珍撰《本草綱目》卷四六（介部・海蠃）

流螺

宋・唐慎微撰，寇宗奭衍義《證類本草》卷二二
明・李時珍撰《本草綱目》卷四六（介部・海蠃）
清・郭柏蒼撰《海錯百一錄》卷三

假豬螺

明・李時珍撰《本草綱目》卷四六（介部・海蠃）
清・郭柏蒼撰《海錯百一錄》卷三

甲香（香螺厴）

宋・唐慎微撰，寇宗奭衍義《證類本草》卷二二
宋・唐慎微撰《重修政和經史證類備用本草》卷二二
明・李時珍撰《本草綱目》卷四六（介部・海蠃）
清・郭柏蒼撰《海錯百一錄》卷三
清・王文韶修《續雲南通志稿》卷五七

盔螺科 Galeodidae=Melongenidae

管角螺 *Hemifusus tuba*

海螺

清・郭柏蒼撰《海錯百一錄》卷三

头楯目 Cephalaspidea

阿地螺科 Atyidae

泥螺 *Bullacta exarata*

土鐵

明・屠本畯撰《閩中海錯疏》卷下
明・穆希文纂《蟫史集》卷九
明・屠本畯撰《海味索隱》(土鐵歌)
清・胡世安撰《異魚圖贊補》卷下(土鐵)
清・嵇曾筠等監修,沈翼機等編纂《浙江通志》卷一〇三

吐鐵

金・李杲編輯,明・李時珍參訂,姚可成補輯《食物本草》
明・屠本畯撰《閩中海錯疏》卷下
清・郭柏蒼撰《海錯百一錄》卷三
清・吳儀洛著《本草從新》(蟲魚鱗介部)
清・趙學敏輯《本草綱目拾遺》卷一〇(介部・吐鐵)
清・和珅等撰《大清一統志》卷二二五
清・嵇曾筠等監修,沈翼機等編纂《浙江通志》卷一〇四

泥螺

金・李杲編輯,明・李時珍參訂,姚可成補輯《食物本草》
明・屠本畯撰《閩中海錯疏》卷下
明・屠本畯撰《海味索隱》(土鐵歌)
明・李時珍撰《本草綱目》卷四六(介部)
明・穆希文纂《蟫史集》卷九
清・郭柏蒼撰《海錯百一錄》卷三

麥螺

明・屠本畯撰《閩中海錯疏》卷下
清・趙學敏輯《本草綱目拾遺》卷一〇(介部・吐鐵)

梅螺

明・屠本畯撰《閩中海錯疏》卷下
清・趙學敏輯《本草綱目拾遺》卷一〇(介部・吐鐵)

土螺

清・郭柏蒼撰《海錯百一錄》卷三

米螺

明・屠本畯撰《閩中海錯疏》卷下

无楯目 Anaspidea

海兔科 Aplysiidae

蓝斑背肛海兔 *Notarchus leachiicirrosus*

土肉

三國吳・沈瑩撰,張崇根輯校《臨海水土異物志》
南朝梁・蕭統編,唐・李善註《文選註》卷一二(晉・郭璞撰《江賦》)
清・胡世安撰《異魚圖贊補》卷下(土肉)
清・聶璜撰《清宮海錯圖》第二冊

海珠(海兔卵袋)

清・李調元、雨村輯《南越筆記》卷一二(海珠)
清・屈大均撰《廣東新語》卷二四(海珠)

土坯

清・方旭撰《蟲薈》卷五(介蟲・土壞)

海粉(海兔卵袋)

清・李調元、雨村輯《南越筆記》卷一二(海珠)
清・郭柏蒼撰《海錯百一錄》卷四
清・屈大均撰《廣東新語》卷二四(海珠)

海兔 *Natarchus* sp.

海粉蟲

清・聶璜撰《清宮海錯圖》第二冊

裸鳃目 Nudibranchia

枝背海牛科 Dendrodontidae

枝背海牛 *Dendrodoris* spp.

海牛

清・趙學敏輯《本草綱目拾遺(下)》卷一〇(介部・海牛)

蓑海牛科 Aeolidiidae

蓑海牛 *Aeolidia* sp.

蓑螺

清・郭柏蒼撰《海錯百一錄》卷三

翼足目 Pteropoda

海若螺科 Clionidae

海若螺 *Clione* sp.

夏利

清・(英)艾約瑟撰《動物學啟蒙》卷一(柔體動物)

柄眼目 Stylommatophora

烟管螺科 Clausiliidae

真管螺 *Euphaedusa* spp.

石上螺螄

清・趙學敏輯《本草綱目拾遺(下)》卷一〇(介部・石上螺螄)

鬼螺螄

清・趙學敏輯《本草綱目拾遺(下)》卷一〇(介部・石上螺螄)

蛞蝓科 Limacidae

蝓

南朝梁・顧野王撰《玉篇》卷二五
南唐・徐鍇撰，朱翱反切《說文繫傳》卷二五
宋・唐慎微撰，寇宗奭衍義《證類本草》卷二一
宋・唐慎微撰《重修政和經史證類備用本草》卷二一（蟲魚部中品・蛞蝓）
元・戴侗撰《六書故》卷二〇
明・張自烈撰，清・廖文英續《正字通》申集中（虫部）
清・張玉書、陳廷敬等纂《康熙字典》卷二六（蟲部）
清・周靖撰《篆隸考異》

虒

南朝梁・顧野王撰《玉篇》卷二五
宋・司馬光撰《類篇》卷二八
清・張玉書、陳廷敬等纂《康熙字典》卷二六（蟲部）

螔

宋・司馬光撰《類篇》卷二八

蝓蝛

宋・司馬光撰《類篇》卷二八

蜾

宋・司馬光撰《類篇》卷二八
清・張玉書、陳廷敬等纂《康熙字典》卷二六

虒蝓

漢・許慎撰，徐鉉增釋《說文解字》卷一二上
宋・司馬光撰《類篇》卷二八
元・戴侗撰《六書故》卷二〇
清・周靖撰《篆隸考異》

螔蝓

南朝梁・顧野王撰《玉篇》卷二五
清・張玉書、陳廷敬等纂《康熙字典》卷二六

蛞

宋・唐慎微撰《重修政和經史證類備用本草》卷二一（蟲魚部中品・蛞蝓）
元・戴侗撰《六書故》卷二〇
明・張自烈撰，清・廖文英續《正字通》申集中（虫部）
清・張玉書、陳廷敬等纂《康熙字典》卷二六

蛞蝓

宋・蘇頌撰，胡乃長、王致譜輯注《圖經本草》（蛞蝓）
宋・唐慎微撰，寇宗奭衍義《證類本草》卷二一
宋・唐慎微撰《重修政和經史證類備用本草》卷二一（蟲魚部中品・蛞蝓）
元・戴侗撰《六書故》卷二〇

野蛞蝓 *Agriolimax agrestis*

陵蠡

宋・唐慎微撰，寇宗奭衍義《證類本草》卷二一
明・李時珍撰《本草綱目》卷四二（蟲部・蛞蝓）
明・張自烈撰，清・廖文英續《正字通》申集中（虫部）

附蝸

宋・蘇頌撰，胡乃長、王致譜輯注《圖經本草》（蛞蝓）
明・李時珍撰《本草綱目》卷四二（蟲部・蛞蝓）

土蝸

明・李時珍撰《本草綱目》卷四二（蟲部・蛞蝓）

蜒蚰螺

明・李時珍撰《本草綱目》卷四二（蟲部・蛞蝓）

托胎虫

明・李時珍撰《本草綱目》卷四二（蟲部・蛞蝓）

鼻涕虫

明・李時珍撰《本草綱目》卷四二（蟲部・蛞蝓）

蜗牛科 Fruticicolidae

蝸

漢・許慎撰，徐鉉增釋《說文解字》卷一三上
南朝梁・顧野王撰《玉篇》卷二五
南唐・徐鍇撰，朱翱反切《說文繫傳》卷二五
宋・司馬光撰《類篇》卷二八
遼・釋行均撰《龍龕手鑒》卷二
元・戴侗撰《六書故》卷二〇
元・楊恒撰《六書統》卷一八
明・張自烈撰，清・廖文英續《正字通》申集中（虫部）
清・張玉書、陳廷敬等纂《康熙字典》卷二六（蟲部）
清・程瑤田撰《釋蟲小記》（蛞蝓・蝸牛正譌記）

蝸蠃

宋・司馬光撰《類篇》卷二八
元・戴侗撰《六書故》卷二〇
元・楊桓撰《六書統》卷一八
明・李時珍撰《本草綱目》卷四（蟲部・蝸牛）

蝸蠃

漢・許慎撰，徐鉉增釋《說文解字》卷一二上
南唐・徐鍇撰，朱翱反切《說文繫傳》卷二五
清・郝懿行撰《爾雅義疏》卷下
清・張玉書、陳廷敬等纂《康熙字典》卷二六（蟲部）

蠃

宋・司馬光撰《類篇》卷二八
元・戴侗撰《六書故》卷二〇
元・楊恒撰《六書統》卷一八

螔蝓

南朝梁・顧野王撰《玉篇》卷二五
晉・郭璞注，唐・陸德明音義，宋・邢昺疏《 爾雅注疏》卷一〇
晉・崔豹撰《古今注》卷中
宋・鄭樵撰《爾雅註》卷下
宋・羅願撰，洪焱祖音釋《爾雅翼》卷三〇（蝸牛）
宋・陸佃撰《埤雅》卷二（蝸）

明・張自烈撰，清・廖文英續《正字通》申集中（虫部）
明・陶宗儀編《說郛》卷一二上
明・吳楚材輯《彊識畧》卷三二
清・張玉書、陳廷敬等纂《康熙字典》卷二六（蟲部）
清・郝懿行撰《爾雅義疏》卷下
清・王樹枏訂《郭氏爾雅訂經》卷二一（釋魚）

虒蝓

元・戴侗撰《六書故》卷二〇

附蠃

晉・郭璞注《爾雅》卷一六（釋魚）
宋・鄭樵撰《爾雅註》卷下
元・戴侗撰《六書故》卷二〇
明・張自烈撰，清・廖文英續《正字通》申集中（虫部）

蝸醢

宋・陸佃撰《埤雅》卷二（蝸）

蠃

晉・郭璞注，唐・陸德明音義，宋・邢昺疏《爾雅注疏》卷一〇
清・張玉書、陳廷敬等纂《康熙字典》卷二六（蟲部）

蝸牛

晉・郭璞注《爾雅》卷一六（釋魚）
晉・郭璞注《山海經》卷五（中山經）
晉・郭璞注，唐・陸德明音義，宋・邢昺疏《爾雅注疏》卷一〇
晉・崔豹撰《古今注》卷中
南朝梁・顧野王撰《玉篇》卷二五
宋・鄭樵撰《爾雅註》卷下
宋・司馬光撰《類篇》卷二八
宋・羅願撰《爾雅翼》卷三〇（蝸牛）
宋・陸佃撰《埤雅》卷二（蝸）
宋・蘇軾撰《東坡全集》卷一四（蝸牛）
宋・李昉等編《文苑英華》卷一四二（唐・馬吉甫《蝸牛賦並序》）
遼・釋行均撰《龍龕手鑒》卷二
元・戴侗撰《六書故》卷二〇
明・張自烈撰，清・廖文英續《正字通》申集中（虫部）
明・吳楚材輯《彊識畧》卷三二
清・張玉書、陳廷敬等纂《康熙字典》卷二六（蟲部）
清・郝懿行撰《爾雅義疏》卷下
清・程瑤田撰《釋蟲小記》（蛞蝓・蝸牛正譌記）
清・阿桂、劉瑾之等撰《欽定盛京通志》卷一〇〇
清・王樹枏訂《郭氏爾雅訂經》卷二一（釋魚）

蚹

宋・司馬光撰《類篇》卷二八
明・張自烈撰，清・廖文英續《正字通》申集中（虫部）
清・張玉書、陳廷敬等纂《康熙字典》卷二六（蟲部）

土蝸

宋・羅願撰，元・洪焱祖音釋《爾雅翼》卷三〇（蝸牛）
元・戴侗撰《六書故》卷二〇

土蠃

元・戴侗撰《六書故》卷二〇

陵螺

晉・崔豹撰《古今注》卷中
明・陶宗儀編《說郛》卷一二上

陵蠃

元・戴侗撰《六書故》卷二〇

陵蠡

宋・羅願撰，元・洪焱祖音釋《爾雅翼》卷三〇（蝸牛）

蠡牛

元・戴侗撰《六書故》卷二〇
明・李時珍撰《本草綱目》卷四二（蟲部・蝸牛）

僕累

晉・郭璞注《山海經》卷五（中山經）

小牛螺

宋・羅願撰，元・洪焱祖音釋《爾雅翼》卷三〇（蝸牛）
清・郝懿行撰《爾雅義疏》卷下

蝸蟲

宋・羅願撰，元・洪焱祖音釋《爾雅翼》卷三〇（蝸牛）

钜定螺

宋・羅願撰，元・洪焱祖音釋《爾雅翼》卷三〇（蝸牛）
清・郝懿行撰《爾雅義疏》卷下

钜定蠃

清・何秋濤撰《王會篇箋釋》卷下（钜定蠃）

緣桑螺

宋・唐慎微撰《重修政和經史證類備用本草》卷二一（蟲魚部中品・蝸牛）
明・李時珍撰《本草綱目》卷四二（蟲部・緣桑螺）
明・吳楚材輯《彊識畧》卷三二

桑牛

明・李時珍撰《本草綱目》卷四二（蟲部・緣桑螺）

天螺

明・李時珍撰《本草綱目》卷四二（蟲部・緣桑螺）

蚹蠃

晉・郭璞注，唐・陸德明音義，宋・邢昺疏《爾雅注疏》卷一〇
晉・郭璞注《爾雅》（釋魚）
宋・鄭樵撰《爾雅註》卷下
宋・司馬光撰《類篇》卷二八
宋・陸佃撰《埤雅》卷二（蝸）
元・戴侗撰《六書故》卷二〇
明・李時珍撰《本草綱目》卷四二（蟲部・蝸牛）
清・郝懿行撰《爾雅義疏》卷下
清・余蕭客撰《古經解鉤沉》卷三〇
清・張玉書、陳廷敬等纂《康熙字典》卷二六（蟲部）
清・王樹枏訂《郭氏爾雅訂經》卷二一（釋魚）

蓋蝸

宋・陸佃撰《埤雅》卷二（蝸）

躲步

明・董斯張撰《廣博物志》卷五〇

蝶螺

清・郝懿行撰《爾雅義疏》卷下

薄蠃

清・郝懿行撰《爾雅義疏》卷下

旱蠃

清・郝懿行撰《爾雅郭注義疏》卷下

水蠃

清・郝懿行撰《爾雅義疏》卷下

附蝸

宋・羅願撰，元・洪焱祖音釋《爾雅翼》卷三〇（蝸牛）

元・戴侗撰《六書故》卷二〇

清・王樹枏訂《郭氏爾雅訂經》卷二一（釋魚）

清・程瑤田撰《釋蟲小記》（蛞蝓・蝸牛正譌記）

托胎蟲

明・李時珍撰《本草綱目》卷四二（蟲部・蛞蝓）

鼻涕蟲

明・李時珍撰《本草綱目》卷四二（蟲部・蛞蝓）

清・長順修《吉林通志》卷三四

清・阿桂、劉瑾之等撰《欽定盛京通志》卷一〇〇

蜒蚰螺

明・李時珍撰《本草綱目》卷四二（蟲部・蛞蝓）

巴蜗牛 *Breadybaena* spp.

蠡牛

明・李時珍撰《本草綱目》卷四二（蟲部・蝸牛）

蚹蠃

明・李時珍撰《本草綱目》卷四二（蟲部・蝸牛）

山蝸

明・李時珍撰《本草綱目》卷四二（蟲部・蝸牛）

蜒蚰蠃

明・李時珍撰《本草綱目》卷四二（蟲部・蝸牛）

土牛兒

明・李時珍撰《本草綱目》卷四二（蟲部・蝸牛）

蜒蚰

明・李時珍撰《本草綱目》卷四二（蟲部・蝸牛）

蝸牛

清・（日）西師意譯，（英）竇樂安、許家惺審定《動物學教科書》第一三章（軟體動物）

华蜗牛 *Cathaica* spp.

蝸牛

明・李時珍撰《本草綱目》卷四二（蟲部・蝸牛）

清・毛昌善修，陳蘭彬纂《廣東府縣志輯・光緒吳川縣志》卷二

陵螺

清・毛昌善修，陳蘭彬纂《廣東府縣志輯・光緒吳川縣志》卷二

霧水螺

清・毛昌善修，陳蘭彬纂《廣東府縣志輯・光緒吳川縣志》卷二

掘足纲 Scaphopoda

角贝目 Dentaliida

角贝科 Dentalliidae

角贝 *Dentalium* sp.

鰿

晉・郭璞注《爾雅》（釋魚）

晉・郭璞注，唐・陸德明音義，宋・邢昺疏《爾雅注疏》卷一〇

三國吳・陸璣撰，明・毛晉廣要《陸氏詩疏廣要》卷下之下（成是貝錦）

宋・毛晃增註，毛居正重增《增修互註禮部韻略》卷五

宋・沈廷芳撰《十三經注疏正字》卷八（爾雅釋宮）

遼・釋行均撰《龍龕手鑒》卷一

明・張自烈撰，清・廖文英續《正字通》亥集中（魚部）

清・郝懿行撰《爾雅義疏》卷下四

清・邵晉涵《爾雅正義》卷一七

清・王樹枏訂《郭氏爾雅訂經》卷二一（釋魚）

蟦

晉・郭璞注《爾雅》卷一六釋魚

晉・郭璞注，唐・陸德明音義，宋・邢昺疏《爾雅注疏》卷一〇

晉・郭璞著《爾雅音圖》

宋・司馬光撰《類篇》卷二八

明・張自烈撰，清・廖文英續《正字通》亥集中（魚部）

清・戴鎣撰《爾雅郭注補正》卷下二

清・黃中松撰《詩疑辯證》卷四（貝）

清・郝懿行撰《爾雅義疏》卷下四

清・邵晉涵《爾雅正義》卷一七

清・王樹枏訂《郭氏爾雅訂經》卷二一（釋魚）

鮒

宋・毛晃增註，毛居正重增《增修互註禮部韻略》卷五

双壳纲 Bivalvia

蜃

晉・郭璞注，唐・陸德明音義，宋・邢昺疏《爾雅注疏》卷一〇

南唐・徐鍇撰，朱翱反切《說文繫傳》卷二五

宋・司馬光撰《類篇》卷三八
宋・鄭樵撰《爾雅註》卷下
宋・羅願撰，元・洪焱祖音釋《爾雅翼》卷三一（蜃）
遼・釋行均撰《龍龕手鑒》卷二
元・戴侗撰《六書故》卷二〇
明・方以智撰《通雅》卷四七
明・楊慎原本，清・胡世安箋《異魚圖贊箋》目錄、卷四
明・周祈撰《名義考》卷一〇（蛤四蜃二）
明・張自烈撰，清・廖文英續《正字通》申集中（虫部）
明・穆希文撰《蟫史集》卷九（蛤）

蜄

南朝梁・顧野王撰《玉篇》卷二五
明・張自烈撰，清・廖文英續《正字通》申集中（虫部）

蚌

晉・郭璞注，唐・陸德明音義，宋・邢昺疏《爾雅注疏》卷一〇
南朝梁・顧野王撰《玉篇》卷二五
南唐・徐鍇撰，朱翺反切《說文繫傳》卷二五
宋・司馬光撰《類篇》卷三八
宋・鄭樵撰《爾雅註》卷下
元・戴侗撰《六書故》卷二〇
明・方以智撰《通雅》卷四七
明・屠本畯撰《海味索隱》（蛤有多種）
清・邵晉涵撰《爾雅正義》卷一七

蜯

南朝梁・顧野王撰《玉篇》卷二五
宋・司馬光撰《類篇》卷三八
明・李蘇著《見物》卷四
明・周祈撰《名義考》卷一〇（蛤四蜃二）
清・周靖撰《篆隸考異》卷二

蝛

南朝梁・顧野王撰《玉篇》卷二五
宋・司馬光撰《類篇》卷三八

蛤

南朝梁・顧野王撰《玉篇》卷二五
南唐・徐鍇撰，朱翺反切《說文繫傳》卷二五
宋・司馬光撰《類篇》卷三八
宋・毛晃增注，毛居正重增《增修互注禮部韻略》卷五
元・戴侗撰《六書故》卷二〇
明・方以智撰《通雅》卷四七
明・屠本畯撰《海味索隱》（蛤有多種）
明・李蘇著《見物》卷四
明・穆希文撰《蟫史集》卷九（蛤）
明・周祈撰《名義考》卷一〇（蛤四蜃二）
清・張玉書、陳廷敬等纂《康熙字典》卷二六

龠

清・張玉書、陳廷敬等纂《康熙字典》卷二六
清・沈廷芳撰《十三經注疏正字》卷八一（正字）

蜌廛

晉・郭璞注，唐・陸德明音義，宋・邢昺疏《爾雅注疏》卷一〇
宋・鄭樵撰《爾雅註》卷下
明・張自烈撰，清・廖文英續《正字通》申集中（虫部）
清・沈廷芳撰《十三經注疏正字》卷八一（正字）

螨

清・沈廷芳撰《十三經注疏正字》卷八一（正字）

魧

晉・郭璞注，唐・陸德明音義，宋・邢昺疏《爾雅注疏》卷一〇
清・沈廷芳撰《十三經注疏正字》卷八一（正字）
清・郝懿行撰《爾雅義疏》卷下（釋魚）

蜬

晉・郭璞注，唐・陸德明編《爾雅》卷一六下（釋魚）
晉・郭璞注，唐・陸德明音義，宋・邢昺疏《爾雅注疏》卷一〇
南朝梁・顧野王撰《玉篇》卷二五
宋・司馬光撰《類篇》卷三八
清・沈廷芳撰《十三經注疏正字》卷八一（正字）
清・郝懿行撰《爾雅義疏》卷下（釋魚）
清・姜兆錫撰《爾雅注疏參議》
清・王樹枏訂《郭氏爾雅訂經》卷二一（釋魚）

蜊

宋・司馬光撰《類篇》卷三八

蛹

宋・司馬光撰《類篇》卷三八

蛙

宋・司馬光撰《類篇》卷三八

虮

宋・司馬光撰《類篇》卷三八

鮮魚

晉・郭璞注《山海經》卷二（西山經）

覆銚

晉・郭璞注《山海經》卷二（西山經）

玉珧

晉・郭璞注《山海經》卷四（東山經）

蜃珧

晉・郭璞注《山海經》卷四（東山經）

蜃蚌

晉・郭璞注《山海經》卷四（東山經）

瓊蚌

南朝梁・蕭統編，唐・李善注《文選注》卷一二（晉・郭璞撰《江賦》）

廛

宋・鄭樵撰《爾雅註》卷下

珠母

宋・鄭樵撰《爾雅註》卷下

蟜

晉・郭璞注，唐・陸德明音義，宋・邢昺疏《爾雅注疏》卷一〇

蚶目 Arcoida

蚶科 Arcidae

魁陸

晉・郭璞注《爾雅》卷一六（釋魚）
晉・郭璞注，唐・陸德明音義，宋・邢昺疏《爾雅注疏》卷一〇
宋・鄭樵撰《爾雅註》卷下
宋・司馬光撰《類篇》卷三八
宋・陳耆卿撰《赤城志》卷三六
宋・陸佃撰《爾雅新義》卷一六
宋・唐慎微撰，寇宗奭衍義《證類本草》卷二〇
元・戴侗撰《六書故》卷二〇
明・董斯張撰《廣博物志》卷五〇
明・李時珍撰《本草綱目》卷四六（魁蛤）

魁蛤

晉・郭璞注，唐・陸德明音義，宋・邢昺疏《爾雅注疏》卷一〇
宋・鄭樵撰《爾雅註》卷下
宋・唐慎微撰，寇宗奭衍義《證類本草》卷二〇
金・李杲編輯，明・李時珍參訂，姚可成補輯《食物本草》
明・李時珍撰《本草綱目》卷四六（魁蛤）
明・張自烈撰，清・廖文英續《正字通》申集中（虫部）
明・楊慎原本，清・胡世安箋《異魚圖贊箋》目錄

蚶

晉・郭璞注《爾雅》卷一六（釋魚）
晉・郭璞注，唐・陸德明音義，宋・邢昺疏《爾雅注疏》卷一〇
南朝梁・顧野王撰《玉篇》卷二五（貝部）
唐・陳藏器撰，尚志鈞輯釋《本草拾遺》
宋・鄭樵撰《爾雅註》卷下
宋・司馬光撰《類篇》卷三八
宋・陳耆卿撰《赤城志》卷三六
金・李杲編輯，明・李時珍參訂，姚可成補輯《食物本草》
元・戴侗撰《六書故》卷二〇
明・董斯張撰《廣博物志》卷五〇
明・張自烈撰，清・廖文英續《正字通》申集中（虫部）
清・張玉書、陳廷敬等纂《康熙字典》卷二六
清・和珅等撰《大清一統志》卷二二五
清・郭柏蒼撰《海錯百一録》卷三
清・阿桂、劉瑾之等撰《欽定盛京通志》卷二七（物產）、卷一〇七

蛙

宋・司馬光撰《類篇》卷三八
明・張自烈撰，清・廖文英續《正字通》申集中（虫部）

瓦隴

晉・郭璞注，唐・陸德明音義，宋・邢昺疏《爾雅注疏》卷一〇
宋・鄭樵撰《爾雅註》卷下
宋・梁克家撰《淳熙三山志》卷四二

瓦壟子

金・李杲編輯，明・李時珍參訂，姚可成補輯《食物本草》
明・李時珍撰《本草綱目》卷四六
清・郭柏蒼撰《海錯百一録》卷三

瓦屋

元・戴侗撰《六書故》卷二〇
明・楊慎原本，清・胡世安箋《異魚圖贊箋》目錄

瓦屋子

唐・劉恂撰《嶺表録異》卷上
宋・梁克家撰《淳熙三山志》卷四二
金・李杲編輯，明・李時珍參訂，姚可成補輯《食物本草》
明・李時珍撰《本草綱目》卷四六（魁蛤）
清・李調元、雨村輯《南越筆記》卷一一（瓦屋子）
清・汪森編《粵西文載・粵西叢載》卷二三（瓦屋子）
清・毛昌善修，陳蘭彬纂《廣東府縣志輯・光緒吳川縣志》卷二

瓦麗子

宋・曾慥編《類說》卷四五（天臠炙）

天臠炙

唐・劉恂撰《嶺表録異》卷上
宋・曾慥編《類說》卷四五（天臠炙）
清・汪森編《粵西文載・粵西叢載》卷二三（瓦屋子）

蚶子

宋・曾慥編《類說》卷四五（天臠炙）
宋・羅濬撰《寶慶四明志》卷四
明・楊慎原本，清・胡世安箋《異魚圖贊箋》目錄

鮒

明・張自烈撰，清・廖文英續《正字通》申集中（虫部）
明・楊慎原本，清・胡世安箋《異魚圖贊箋》目錄
清・郭柏蒼撰《海錯百一録》卷三

伏老

明・張自烈撰，清・廖文英續《正字通》申集中（虫部）
明・楊慎原本，清・胡世安箋《異魚圖贊箋》目錄
明・李時珍撰《本草綱目》卷四六

活東

晉・郭璞注，唐・陸德明音義，宋・邢昺疏《爾雅注疏》卷一〇
宋・唐慎微撰，寇宗奭衍義《證類本草》卷二〇
明・楊慎原本，清・胡世安箋《異魚圖贊箋》目錄

復絫

晉・郭璞注，唐・陸德明音義，宋・邢昺疏《爾雅注疏》卷一〇
宋・鄭樵撰《爾雅註》卷下

魁蜃

宋・鄭樵撰《爾雅註》卷下

云蚶

宋・鄭樵撰《爾雅註》卷下

魁盒

宋・鄭樵撰《爾雅註》卷下

空慈子

清・李調元、雨村輯《南越筆記》卷一一（瓦屋子）

清・汪森編《粤西文載・粤西叢載》卷二三（瓦屋子）

清・郭柏蒼撰《海錯百一録》卷三

明・李時珍撰《本草綱目》卷四六（魁蛤）

蜜丁

明・李時珍撰《本草綱目》卷四六（魁蛤）

明・楊愼原本，清・胡世安箋《異魚圖贊箋》目錄

瓦楞子

晉・郭璞注，唐・陸德明音義，宋・邢昺疏《爾雅注疏》卷一〇

清・吳儀洛著《本草從新》（蟲魚鱗介部・瓦楞子）

洪蚶

南朝梁・蕭統編，唐・李善註《文選註》卷一二（晉・郭璞撰《江賦》）

布氏蚶 *Arca boucardi*

石龍箱

清・聶璜撰《清宮海錯圖》第三冊

褶白蚶 *Acar plicata*

白蚶

明・穆希文撰《蟫史集》卷九

石蚶

清・郭柏蒼撰《海錯百一録》卷三

青蚶 *Barbatia obliquata*

江綠

清・聶璜撰《清宮海錯圖》第三冊

橄榄蚶 *Estellarca olivacea*

珠蚶

明・屠本畯撰《閩中海錯疏》卷下（珠蚶）

清・郭柏蒼撰《海錯百一録》卷三

魁蚶 *Scapharca broughtonii*

蚶

明・屠本畯撰《閩中海錯疏》卷下

毛蚶 *Scapharca kagoshimensis*

野蚶

明・屠本畯撰《閩中海錯疏》卷下

朱蚶

清・聶璜撰《清宮海錯圖》第三冊

泥蚶 *Tegillarca granosa*

蚶

明・屠本畯撰《閩中海錯疏》卷下

布蚶

清・聶璜撰《清宮海錯圖》第三冊

瓦屋子

清・聶璜撰《清宮海錯圖》第三冊

瓦楞子

清・聶璜撰《清宮海錯圖》第三冊

结蚶 *Tegillarca nodifera*

絲蚶

明・屠本畯撰《閩中海錯疏》卷下

清・聶璜撰《清宮海錯圖》第三冊

清・郭柏蒼撰《海錯百一録》卷三

贻贝目 Mytiloida

贻贝科 Mytilidae

玄貝

晉・郭璞注《爾雅》卷一六（釋魚）

晉・郭璞注，唐・陸德明音義，宋・邢昺疏《爾雅注疏》卷一〇

南朝梁・顧野王撰《玉篇》卷二五

宋・陸佃撰《爾雅新義》卷一六

清・郝懿行撰《爾雅義疏》卷下（釋魚）

貽貝

晉・郭璞注《爾雅》卷一六（釋魚）

晉・郭璞注，唐・陸德明音義，宋・邢昺疏《爾雅注疏》卷一〇

宋・陸佃撰《爾雅新義》卷一六

清・郝懿行撰《爾雅義疏》卷下（釋魚）

貽

南朝梁・顧野王撰《玉篇》卷二五

宋・陸佃撰《爾雅新義》卷一六

清・張玉書、陳廷敬等纂《康熙字典》卷二九

蛤

宋・司馬光撰《類篇》卷三八

明・張自烈撰，清・廖文英續《正字通》申集中（虫部）

清・張玉書、陳廷敬等纂《康熙字典》卷二九

淡菜

唐・陳藏器撰，尚志鈞輯釋《本草拾遺》

宋・唐愼微撰《重修政和經史證類備用本草》卷二二

宋・梁克家撰《淳熙三山志》卷四二

宋・陳耆卿撰《赤城志》卷三六

宋・羅濬撰《寶慶四明志》卷四

元・陶宗儀編《說郛》卷三二上

明・楊愼原本，清・胡世安箋《異魚圖贊箋》卷四

明・穆希文撰《蟫史集》卷九（淡菜）
明・屠本畯撰《海味索隱》（淡菜銘）
清・郭柏蒼撰《海錯百一録》卷三
清・和珅等撰《大清一統志》卷二二五
清・嵇曾筠等監修，沈翼機等編纂《浙江通志》卷一〇三
清・吳儀洛著《本草從新》

東海夫人

唐・陳藏器撰，尚志鈞輯釋《本草拾遺》
宋・羅濬撰《寶慶四明志》卷四
元・陶宗儀編《說郛》卷三二上
明・楊慎原本，清・胡世安箋《異魚圖贊箋》目錄、卷四
明・穆希文撰《蟫史集》卷九（淡菜）
明・屠本畯撰《海味索隱》（淡菜銘）
清・郭柏蒼撰《海錯百一録》卷三
清・姚之駰撰《元明事類鈔》卷三九

殼菜

唐・陳藏器撰，尚志鈞輯釋《本草拾遺》
宋・梁克家撰《淳熙三山志》卷四二
宋・羅濬撰《寶慶四明志》卷四
明・穆希文撰《蟫史集》卷九（淡菜）
明・屠本畯撰《海味索隱》（淡菜銘）
清・郭柏蒼撰《海錯百一録》卷三

海蜌

明・楊慎原本，清・胡世安箋《異魚圖贊箋》卷四
清・張玉書、陳廷敬等纂《康熙字典》卷二九
清・郭柏蒼撰《海錯百一録》卷三

陛

清・張玉書、陳廷敬等纂《康熙字典》卷二九

沙婆蠣

清・郭柏蒼撰《海錯百一録》卷三

夾殼

宋・陳耆卿撰《赤城志》卷三六

沙箭

明・屠本畯撰《閩中海錯疏》卷下

海紅

清・阿桂、劉瑾之等撰《欽定盛京通志》卷一七三

蜡

明・張自烈撰，清・廖文英續《正字通》申集中（虫部）

蝛

元・戴侗撰《六書故》卷二〇
明・張自烈撰，清・廖文英續《正字通》申集中（虫部）

蜼

元・戴侗撰《六書故》卷二〇
清・張玉書、陳廷敬等纂《康熙字典》卷二九

生蜼

明・張自烈撰，清・廖文英續《正字通》申集中（虫部）

细尖石蛏 *Lithophaga mucronata*

石蝗

唐・陳藏器撰，尚志鈞輯釋《本草拾遺》
清・郭柏蒼撰《海錯百一録》卷三

馬蹄蝗

清・郭柏蒼撰《海錯百一録》卷三

短石蛏 *Lithophaga curta*

海蝗

清・聶璜撰《清宮海錯圖》第三冊

带偏顶蛤 *Moaliolus comptus*

烏投

明・屠本畯撰《閩中海錯疏》卷下
清・郭柏蒼撰《海錯百一録》卷三

蝙條

清・郭柏蒼撰《海錯百一録》卷三

麦氏偏顶蛤 *Modiolus metcalfei*

黃黏

清・郭柏蒼撰《海錯百一録》卷三

烏蜍

清・聶璜撰《清宮海錯圖》第三冊

厚壳贻贝 *Mytilus coruscus*

殼菜

明・屠本畯撰《閩中海錯疏》卷下

紫贻贝 *Mytilus galloprovincialis*

淡菜

明・屠本畯撰《閩中海錯疏》卷下

殼菜

明・屠本畯撰《閩中海錯疏》卷下

海夫人

明・屠本畯撰《閩中海錯疏》卷下

海紅

清・郭柏蒼撰《海錯百一録》卷三

紫蛤

清・郭柏蒼撰《海錯百一録》卷三

翡翠股贻贝 *Perna viridis*

淡菜

宋・唐慎微撰，寇宗奭衍義《證類本草》卷二二
金・李杲編輯，明・李時珍參訂，姚可成補輯《食物本草》
明・李時珍撰《本草綱目》卷四六
明・屠本畯撰《閩中海錯疏》卷下
清・聶璜撰《清宮海錯圖》第三冊
清・郭柏蒼撰《海錯百一録》卷三

殼菜

明・李時珍撰《本草綱目》卷四六

海蜌

金・李杲編輯，明・李時珍參訂，姚可成補輯《食物本草》

明・李時珍撰《本草綱目》卷四六

東海夫人

明・李時珍撰《本草綱目》卷四六

海夫人

清・聶璜撰《清宮海錯圖》第三冊

隔貽贝 *Septifer biloculris*

土坯

清・聶璜撰《清宮海錯圖》第三冊

毛貽贝 *Trichomya hirsutas*

海荔枝

清・聶璜撰《清宮海錯圖》第三冊

荔枝蚌

清・聶璜撰《清宮海錯圖》第三冊

毛肌蛤 *Trichomusculus barbatus*

蜮蝇

唐・陳藏器撰，尚志鈞輯釋《本草拾遺》

宋・唐慎微撰，寇宗奭衍義《證類本草》卷二二

宋・唐慎微撰《重修政和經史證類備用本草》卷二二（蟲魚部下品・蜮蝇）

宋・羅濬撰《寶慶四明志》卷四

金・李杲編輯，明・李時珍參訂，姚可成補輯《食物本草》

明・李時珍撰《本草綱目》卷四六（介之二部・蜮蝇）

明・馮時可撰《雨航雜錄》卷下

明・楊慎原本，清・胡世安箋《異魚圖贊箋》卷四（蜮蝇）

清・張玉書、陳廷敬等纂《康熙字典》卷二六

清・嵇曾筠等監修，沈翼機等編纂《浙江通志》卷一〇三

蝇

宋・陳耆卿撰《赤城志》卷三六

宋・羅濬撰《寶慶四明志》卷四

清・嵇曾筠等監修，沈翼機等編纂《浙江通志》卷一〇三

生蝇

宋・羅濬撰《寶慶四明志》卷四

宋・唐慎微撰，寇宗奭衍義《證類本草》卷二二

明・李時珍撰《本草綱目》卷四六（介之二部・蜮蝇）

清・嵇曾筠等監修，沈翼機等編纂《浙江通志》卷一〇三

蜮蛤

明・李時珍撰《本草綱目》卷四六

毛蛤

宋・羅濬撰《寶慶四明志》卷四

清・嵇曾筠等監修，沈翼機等編纂《浙江通志》卷一〇三

黑荞麦蛤 *Xenostrobus atrata*

烏黏

宋・梁克家撰《淳熙三山志》卷四二

清・郭柏蒼撰《海錯百一録》卷三

烏蜍

明・屠本畯撰《閩中海錯疏》卷下

清・郭柏蒼撰《海錯百一録》卷三

蜍

清・郭柏蒼撰《海錯百一録》卷三

清・聶璜撰《清宮海錯圖》第三冊

江珧科 Pinnidae

珕

漢・許慎撰，宋・徐鉉增釋《說文解字》卷一上

南朝梁・顧野王撰，宋・陳彭年等重修《重修玉篇》卷一

明・張自烈撰，清・廖文英續《正字通》午集上（玉部）

珧

漢・許慎撰，宋・徐鉉增釋《說文解字》卷一上

晉・郭璞注《爾雅》卷一六（釋魚）

晉・郭璞注，唐・陸德明音義，宋・邢昺疏《爾雅注疏》卷一〇

南朝梁・顧野王撰，宋・陳彭年等重修《重修玉篇》卷一

宋・陸佃撰《爾雅新義》卷一六

宋・鄭樵撰《爾雅註》卷下

宋・高似孫撰《緯略》卷七

明・張自烈撰，清・廖文英續《正字通》午集上（玉部）

清・任基振撰《爾雅注疏箋補》卷下

清・郝懿行撰《爾雅義疏》（釋魚）

銚

清・張玉書、陳廷敬等纂《康熙字典》卷二六

玉珧

晉・郭璞注，唐・陸德明音義，宋・邢昺疏《爾雅注疏》卷一〇

南朝梁・蕭統編，唐・李善注《文選注》卷一二（晉・郭璞撰《江賦》）

唐・段成式撰《酉陽雜俎》卷一七八

宋・鄭樵撰《爾雅註》卷下

金・李杲編輯，明・李時珍參訂，姚可成補輯《食物本草》

明・李時珍撰《本草綱目》卷四六

明・楊慎撰《異魚圖贊》卷四

明・楊慎原本，清・胡世安箋《異魚圖贊箋》卷四

明・馮時可撰《雨航雜錄》卷下

清・李調元、雨村輯《南越筆記》卷一一（江珧柱）

清・郭柏蒼撰《海錯百一録》卷三

清・郝懿行撰《爾雅義疏》（釋魚）

蜛

元・戴侗撰《六書故》卷二〇

明・張自烈撰，清・廖文英續《正字通》午集上（玉部）

清・張玉書、陳廷敬等纂《康熙字典》卷二六

馬甲柱

明・李賢等撰《明一統志》卷八〇

明・楊慎撰《異魚圖贊》卷四

明・楊慎原本，清・胡世安箋《異魚圖贊箋》卷四

清・李調元、雨村輯《南越筆記》卷一一（江珧柱）

清・郭柏蒼撰《海錯百一録》卷三

蜃珧

晉・郭璞注《山海經》卷四（東山經）

明・楊慎原本，清・胡世安箋《異魚圖贊箋》卷四

明・馮時可撰《雨航雜錄》卷下

江瑤柱

明・李賢等撰《明一統志》卷八〇

明・楊慎撰《異魚圖贊》卷四

明・楊慎原本，清・胡世安箋《異魚圖贊箋》目錄、卷四

明・馮時可撰《雨航雜錄》卷下

清・和珅等撰《大清一統志》卷二二五

清・嵇曾筠等監修，沈翼機等編纂《浙江通志》卷一〇三

清・李書吉等纂修《廣東府縣志輯・嘉慶澄海縣志》卷二四（物產）

江珧柱

清・李調元、雨村輯《南越筆記》卷一一（江珧柱）

清・吳儀洛著《本草從新》（蟲魚鱗介部・江珧柱）

江珧

宋・陳耆卿撰《赤城志》卷三六

宋・羅濬撰《寶慶四明志》卷四

明・李時珍撰《本草綱目》卷四六

清・郭柏蒼撰《海錯百一録》卷三

江瑤

清・李調元、雨村輯《南越筆記》卷一一（江珧柱）

清・郭柏蒼撰《海錯百一録》卷三

清・和珅等撰《大清一統志》卷二二五

土銚

清・郭柏蒼撰《海錯百一録》卷三

沙珧

宋・羅濬撰《寶慶四明志》卷四

清・郭柏蒼撰《海錯百一録》卷三

沙瑤

清・和珅等撰《大清一統志》卷二二五

厥甲美

明・楊慎撰《異魚圖贊》卷四

明・楊慎原本，清・胡世安箋《異魚圖贊箋》卷四

馬甲

明・李時珍撰《本草綱目》卷四六

馬頰

明・李時珍撰《本草綱目》卷四六

明・楊慎原本，清・胡世安箋《異魚圖贊箋》卷四

栉江珧 *Atrima pectinata*

江珧柱

明・屠本畯撰《閩中海錯疏》卷下

清・李調元、雨村輯《南越筆記》卷一一（江瑤柱）

清・吳儀洛著《本草從新》（蟲魚鱗介部・江珧柱）

清・聶璜撰《清宮海錯圖》第三冊

馬甲柱

明・屠本畯撰《閩中海錯疏》卷下

馬頰柱

清・聶璜撰《清宮海錯圖》第三冊

旗江珧 *Atrina vexillum*

牛角蟶

清・聶璜撰《清宮海錯圖》第三冊

珍珠贝目 Pterioida

珍珠贝科 Pteriidae

珍珠

明・方以智撰《物理小識》卷七（珍珠）

明・李時珍撰《本草綱目》卷四六（真珠）

蚌珠

宋・楊侃輯《兩漢博聞》卷一（珠璣）

明・李時珍撰《本草綱目》卷四六（真珠）

珠

明・李賢等撰《明一統志》卷九〇

明・張自烈撰，清・廖文英續《正字通》午集上（玉部）

璣

南朝宋・範煜撰，唐・李賢注《後漢書》卷六一

宋・楊侃輯《兩漢博聞》卷一

・不著撰人《原本廣韻》卷一

珠母

宋・趙汝適撰《諸蕃志》卷下（珠子）

明・李時珍撰《本草綱目》卷四六（真珠）

清・屈大均撰《廣東新語》下卷一五（珠）

清・聶璜撰《清宮海錯圖》第三冊

蚌

宋・周去非撰《嶺外代答》卷七（珠池）

宋・黃震撰《黃氏日抄》卷六七

宋・蘇頌撰，胡乃長、王致譜輯注《圖經本草》（真珠）

明・李賢等撰《明一統志》卷八二

明・西洋艾儒畧撰《職方外紀》卷五（海產）

明・宋應星著《天工開物》卷一八（珠玉）

蚌蛤

宋・范成大撰《桂海虞衡志》（志蟲魚）

明・李時珍撰《本草綱目》卷四六（真珠）

珠牡

宋・蘇頌撰，胡乃長、王致譜輯注《圖經本草》（真珠）

宋・唐慎微撰，寇宗奭衍義《證類本草》卷二〇

明・李時珍撰《本草綱目》卷四六（真珠）

清・屈大均撰《廣東新語》下卷一五（珠）

海珠蚌

宋·蘇頌撰，胡乃長、王致譜輯注《圖經本草》

真珠牡

唐·王燾撰《外臺秘要方》卷三六

宋·唐慎微撰，寇宗奭衍義《證類本草》卷二〇

明·朱橚撰《普濟方》卷三八八

明·李時珍撰《本草綱目》第四冊附圖

海蚌

明·西洋艾儒略撰《職方外紀》卷五（海產）

明·方以智撰《物理小識》卷七（養珠法）

马氏珍珠贝 *Pinctada facata martensii*

蚌蛤

宋·范成大撰《桂海虞衡志》（志蟲魚）

珠蚌

宋·樂史撰《太平寰宇記》卷一六九（土產·珠蚌）

清·聶璜撰《清宮海錯圖》第三冊

珠母贝 *Pinctada margaritifera*

珠母

清·杜臻撰《粵閩巡視紀略》卷一

扇贝科 Pectinidae

海扇

明·陸楫編《古今說海》卷一一四

清·郭柏蒼撰《海錯百一録》卷三

清·嵇曾筠等監修，沈翼機等編纂《浙江通志》卷一〇三

栉孔扇贝 *Chlamys farreri*

扇蚶

清·聶璜撰《清宮海錯圖》第三冊

海蒲扇

清·郭柏蒼撰《海錯百一録》卷三

海月科 Placunidae

鮚

漢·許慎撰，宋·徐鉉增釋《說文解字》卷一一下

南唐·徐鍇撰，朱翱反切《說文系傳》卷二二

遼·釋行均撰《龍龕手鑒》卷一

元·戴侗撰《六書故》卷二〇

明·張自烈撰，清·廖文英續《正字通》申集中（虫部）

清·張玉書、陳廷敬等纂《康熙字典》卷二六

清·和珅等撰《大清一統志》卷二二五

清·嵇曾筠等監修，沈翼機等編纂《浙江通志》卷一〇三

蛣

梁·蕭統編，唐·李善注《文選注》卷一二（郭璞撰《江賦》）

宋·司馬光撰《類篇》卷三八

宋·羅願撰，元·洪焱祖音釋《爾雅翼》卷三（蛣）

明·張自烈撰，清·廖文英續《正字通》申集中（虫部）

明·屠本畯撰《閩中海錯疏》卷下

清·張玉書、陳廷敬等纂《康熙字典》卷二六

蛪

明·張自烈撰，清·廖文英續《正字通》申集中（虫部）

蛣蜣

元·戴侗撰《六書故》卷二〇

清·張玉書、陳廷敬等纂《康熙字典》卷二六

瑣蛣

明·張自烈撰，清·廖文英續《正字通》申集中（虫部）

瑣珪

金·李杲編輯，明·李時珍參訂，姚可成補輯《食物本草》

筋蚌

南朝梁·任昉撰《述異記》卷上

璅蛣

南朝梁·蕭統編，唐·李善注《文選注》卷一二（郭璞撰《江賦》）

宋·羅願撰，元·洪焱祖音釋《爾雅翼》卷三（蛣）

明·屠本畯撰《閩中海錯疏》卷下

清·張玉書、陳廷敬等纂《康熙字典》卷二六

璅珪

南朝梁·任昉撰《述異記》卷下

元·陶宗儀編《說郛》卷一〇七

清·李調元、雨村輯《南越筆記》卷一一（海鏡）

清·屈大均撰《廣東新語》卷二三（璅珪）

清·孫之騄輯《晴川蟹錄》卷一

海月

南朝梁·蕭統編，唐·李善注《文選注》卷一二（郭璞撰《江賦》）

唐·陳藏器撰，尚志鈞輯釋《本草拾遺》

宋·梁克家撰《淳熙三山志》卷四二

宋·陳耆卿撰《赤城志》卷三六

宋·羅濬撰《寶慶四明志》卷四

宋·唐慎微撰《重修政和經史證類備用本草》卷二二（蟲魚部下品·海月）

金·李杲編輯，明·李時珍參訂，姚可成補輯《食物本草》

明·屠本畯撰《閩中海錯疏》卷下

明·楊慎原本，清·胡世安箋《異魚圖贊箋》卷四

明·馮時可撰《雨航雜錄》卷下

清·嵇曾筠等監修，沈翼機等編纂《浙江通志》卷一〇三、一〇七

清·李書吉等纂修《廣東府縣志輯·嘉慶澄海縣志》卷四二（物產）

海鏡

唐·劉恂撰《嶺表録異》卷中

宋·羅濬撰《寶慶四明志》卷四

宋·朱勝非撰《紺珠集》卷四（海鏡蟹為腹）

宋・曾慥編《類說》卷四五（海鏡）
明・徐應秋撰《玉芝堂談薈》卷三五（海鏡）
明・屠本畯撰《閩中海錯疏》卷下
明・楊慎原本，清・胡世安箋《異魚圖贊箋》卷四
清・李調元、雨村輯《南越筆記》卷一一（海鏡）

明蠔

清・李書吉等纂修《廣東府縣志輯・嘉慶澄海縣志》卷四二
清・胡世安箋《異魚圖贊箋》卷四
清・嵇曾筠等監修，沈翼機等編纂《浙江通志》卷一〇三
清・舒懋官修，王崇熙纂《廣東府縣志輯・嘉慶新安縣志》卷三（物產）
清・孫之騄輯《晴川蟹錄》卷二、卷三

膏葉盤

唐・劉恂撰《嶺表録異》卷中
宋・朱勝非撰《紺珠集》卷四（海鏡蟹為腹）
宋・曾慥編《類說》卷四五（海鏡）
明・徐應秋撰《玉芝堂談薈》卷三五（海鏡）

豪菜盤

清・李調元、雨村輯《南越筆記》卷一一（海鏡）

鏡魚

金・李杲編輯，明・李時珍參訂，姚可成補輯《食物本草》
明・楊慎原本，清・胡世安箋《異魚圖贊箋》卷四

蠣鏡

宋・梁克家撰《淳熙三山志》卷四二
宋・陳耆卿撰《赤城志》卷三六
明・屠本畯撰《閩中海錯疏》卷下

明瓦

明・屠本畯撰《閩中海錯疏》卷下

蜯蛣

明・屠本畯撰《閩中海錯疏》卷下

利殼片

清・吳儀洛著《本草從新》（蟲魚鱗部・利殼片）

日月蠔

清・李書吉等纂修《廣東府縣志輯・嘉慶澄海縣志》卷四二（物產）

蠔菜

清・舒懋官修，王崇熙纂《廣東府縣志輯・嘉慶新安縣志》卷三（物產）

海月 *Placuna placenta*

海鏡

明・李時珍撰《本草綱目》卷四六
清・郭柏蒼撰《海錯百一録》卷三
清・聶璜撰《清宮海錯圖》第三冊

海月

清・郭柏蒼撰《海錯百一録》卷三
清・聶璜撰《清宮海錯圖》第三冊

蠣盤

清・聶璜撰《清宮海錯圖》第三冊
清・郭柏蒼撰《海錯百一録》卷三

蠣鏡

清・郭柏蒼撰《海錯百一録》卷三

鴨卵片

清・郭柏蒼撰《海錯百一録》卷三

膏藥盤

明・李時珍撰《本草綱目》卷四六
清・郭柏蒼撰《海錯百一録》卷三

利殼爿

清・吳儀洛著《本草從新》（蟲魚鱗介部・利殼片）

鏡魚

明・李時珍撰《本草綱目》卷四六

瑣珐

明・李時珍撰《本草綱目》卷四六

牡蛎科 Ostreidae

蠇

漢・許慎撰，宋・徐鉉增釋《說文解字》卷一三上
南朝梁・顧野王撰《玉篇》卷二五
南唐・徐鍇撰，朱翺反切《說文系傳》卷二五
宋・歐陽德隆撰，郭守正增修《增修校正押韻釋疑》卷四
元・戴侗撰《六書故》卷二〇
元・楊恒撰《六書統》卷一八

𧕴

漢・許慎撰，宋・徐鉉增釋《說文解字》卷一三上
宋・司馬光撰《類篇》卷三八

𧖃

漢・許慎撰，宋・徐鉉增釋《說文解字》卷一三上
南唐・徐鍇撰，朱翺反切《說文系傳》卷二五

蟦

宋・司馬光撰《類篇》卷三八

蠇蠣

宋・司馬光撰《類篇》卷三八

蠣

宋・歐陽德隆撰，郭守正增修《增修校正押韻釋疑》卷四
宋・蘇頌撰，胡乃長、王致譜輯注《圖經本草》卷一四（牡蠣）
遼・釋行均撰《龍龕手鑒》卷二
元・戴侗撰《六書故》卷二〇
明・李時珍撰《本草綱目》卷四六（牡蠣）
明・李蘇著《見物》卷四
明・張自烈撰，清・廖文英續《正字通》申集中（虫部）
清・張玉書、陳廷敬等纂《康熙字典》卷二六
清・嵇曾筠等監修，沈翼機等編纂《浙江通志》卷一〇七

蠔

唐・劉恂撰《嶺表録異》卷中

金·李杲編輯，明·李時珍参訂，姚可成補輯《食物本草》
元·戴侗撰《六書故》卷二〇
明·李賢等撰《明一統志》卷八〇
明·李時珍撰《本草綱目》卷四六（牡蠣）
明·張自烈撰，清·廖文英續《正字通》申集中（虫部）
清·李調元、雨村輯《南越筆記》卷一一
清·張玉書、陳廷敬等纂《康熙字典》卷二六
清·周靖撰《篆隸考異》卷二

牡蠣

唐·劉恂撰《嶺表録異》卷中
唐·段成式撰《酉陽雜俎》卷一七
宋·梁克家撰《淳熙三山志》卷四二
宋·陳耆卿撰《赤城志》卷三六
宋·羅浚撰《寶慶四明志》卷四
宋·唐慎微撰，寇宗奭衍義《證類本草》卷二〇
宋·蘇頌撰，胡乃長、王致譜輯注《圖經本草》卷一四（牡蠣）
金·李杲編輯，明·李時珍参訂，姚可成補輯《食物本草》
明·李時珍撰《本草綱目·牡蠣》卷四六
明·馮時可撰《雨航雜錄》卷下
明·陳懋仁撰《泉南雜志》卷上
明·盧之頤撰《本草乘雅半偈》卷二
明·李蘇著《見物》卷四
明·葉子奇撰《草木子》卷四
清·李調元撰《南越筆記》卷一一
清·和珅等撰《大清一統志》卷二三五
清·嵇曾筠等監修，沈翼機等編纂《浙江通志》卷一〇二
清·郭柏蒼撰《海錯百一録》卷三

蠙

明·楊慎原本，清·胡世安箋《異魚圖贊箋》卷四

吉蠙

明·李時珍撰《本草綱目》卷四六（牡蠣）
清·郭柏蒼撰《海錯百一録》卷三

西施乳

清·郭柏蒼撰《海錯百一録》卷三

蠣蛤

宋·唐慎微撰，寇宗奭衍義《證類本草》卷二〇
明·李時珍撰《本草綱目》卷四六（牡蠣）
明·楊慎原本，清·胡世安箋《異魚圖贊箋》卷四
清·郭柏蒼撰《海錯百一録》卷三

牡蛤

宋·唐慎微撰，寇宗奭衍義《證類本草》卷二〇
明·李時珍撰《本草綱目》卷四六（牡蠣）
明·楊慎原本，清·胡世安箋《異魚圖贊箋》卷四
清·郭柏蒼撰《海錯百一録》卷三

蠣鱼

清·和珅等撰《大清一統志》卷四

蠇

清·張玉書、陳廷敬等纂《康熙字典》卷二六

蠣

清·張玉書、陳廷敬等纂《康熙字典》卷二六

蠆

明·張自烈撰，清·廖文英續《正字通》申集中（虫部）

玄蠣

南朝梁·蕭統編，唐·李善注《文選注》卷一二（郭璞撰《江賦》）

蠣房

宋·梁克家撰《淳熙三山志》卷四二
宋·陳耆卿撰《赤城志》卷三六
宋·羅濬撰《寶慶四明志》卷四
宋·蘇頌撰，胡乃長、王致譜輯注《圖經本草》卷一四（牡蠣）
明·楊慎撰《異魚圖贊》卷四
明·楊慎原本，清·胡世安箋《異魚圖贊箋》卷四
明·王世懋撰《閩部疏》
明·李賢等撰《明一統志》卷七五、卷七七
明·李蘇著《見物》卷四
清·李調元撰《南越筆記》卷一一
清·張玉書、陳廷敬等纂《康熙字典》卷二六
清·和珅等撰《大清一統志》卷二三五
清·嵇曾筠等監修，沈翼機等編纂《浙江通志》卷一〇三
清·郭柏蒼撰《海錯百一録》卷三

蠔山

宋·蘇頌撰，胡乃長、王致譜輯注《圖經本草》卷一四（牡蠣）
金·李杲編輯，明·李時珍参訂，姚可成補輯《食物本草》
明·楊慎撰《異魚圖贊》卷四
明·楊慎原本，清·胡世安箋《異魚圖贊箋》卷四
明·馮時可撰《雨航雜錄》卷下
明·李蘇著《見物》卷四
清·李調元、雨村輯《南越筆記》卷一一

近江牡蛎 *Crassostrea ariakensis*

蠣房

明·屠本畯撰《閩中海錯疏》卷下

牡蠣

明·屠本畯撰《閩中海錯疏》卷下

竹蠣

清·聶璜撰《清宫海錯圖》第三册

长牡蛎 *Crassostrea gigas*

草鞋蠣

明·屠本畯撰《閩中海錯疏》卷下
清·郭柏蒼撰《海錯百一録》卷三
清·聶璜撰《清宫海錯圖》第三册

香港巨牡蛎 *Crassostrea hongkongensis*

黃蠣

明・屠本畯撰《閩中海錯疏》卷下
清・郭柏蒼撰《海錯百一録》卷三

石蠣

清・郭柏蒼撰《海錯百一録》卷三
清・聶璜撰《清宮海錯圖》第三冊

蠔蠣

清・郭柏蒼撰《海錯百一録》卷三

蚌目 Unionoida

珍珠蚌科 Margaritiferidae

珠母珍珠蚌 *Margaritifer dahurica*

珠蚌

清・阿桂、于敏中等撰《滿洲源流考》卷一九
清・薩英額撰《吉林外記》卷三五（寶芒）

蚌蛤

清・乾隆十二年奉敕撰《大清會典則例》卷一二九
清・賈楨纂輯《重修一統志》（奉天府）
清・穆彰阿等纂《嘉慶重修一統志》（黑龍江）

蛤蚌

清・薩英額撰《吉林外記》卷一〇（物產）、卷三五（寶芒）

蚌

清・薩英額撰《吉林外記》卷三二（食貨記）

蚌科 Unionidae

魶

漢・許慎撰，宋・徐鉉增釋《說文解字》卷一一下
南唐・徐鍇撰，朱翱反切《說文系傳》卷二二
明・張自烈撰，清・廖文英續《正字通》申集中（魚部）

蠙

漢・許慎撰，宋・徐鉉增釋《說文解字》卷一上
宋・司馬光撰《類篇》卷三八
宋・蘇軾撰《書轉》卷五
宋・林之奇撰《尚書全解》卷八
元・楊恒撰《六書統》卷一八
明・張自烈撰，清・廖文英續《正字通》申集中（虫部）
清・胡渭撰《禹貢錐指》卷五
清・張玉書、陳廷敬等纂《康熙字典》卷二六

蜃

晉・郭璞注，唐・陸德明音義，宋・邢昺疏《爾雅注疏》卷一〇
南朝梁・顧野王撰《玉篇》卷二五
清・張玉書、陳廷敬等纂《康熙字典》卷二六

蜌

晉・郭璞注《爾雅》卷一六（釋魚）
晉・郭璞注，唐・陸德明音義，宋・邢昺疏《爾雅注疏》卷一〇
南朝梁・顧野王撰《玉篇》卷二五
宋・鄭樵撰《爾雅註》卷下
宋・司馬光撰《類篇》卷三八
清・張玉書、陳廷敬等纂《康熙字典》卷二六

蠯

晉・郭璞注《爾雅》卷一六（釋魚）
晉・郭璞注，唐・陸德明音義，宋・邢昺疏《爾雅注疏》卷一〇
南朝梁・顧野王撰《玉篇》卷二五
宋・鄭樵撰《爾雅註》卷下
宋・司馬光撰《類篇》卷三八
清・張玉書、陳廷敬等纂《康熙字典》卷二六

蜌蠯

宋・鄭樵撰《爾雅註》卷下

鮭

南朝梁・顧野王撰《玉篇》卷二五

蠊

南朝梁・顧野王撰《玉篇》卷二五

蜯

元・戴侗撰《六書故》卷二
清・張玉書、陳廷敬等纂《康熙字典》卷二六
清・郭柏蒼撰《海錯百一録》卷三

蚌

晉・郭璞注《爾雅》卷一六（釋魚）
晉・郭璞注，唐・陸德明音義，宋・邢昺疏《爾雅注疏》卷一〇
唐・陳藏器撰，尚志鈞輯釋《本草拾遺》
宋・鄭樵撰《爾雅註》卷下
宋・陸佃撰《爾雅新義》卷一六
宋・裴駰撰《史記集解》卷二
宋・梁克家撰《淳熙三山志》卷四二
宋・陳耆卿撰《赤城志》卷三六
宋・羅濬撰《寶慶四明志》卷四
元・戴侗撰《六書故》卷二〇
元・楊恒撰《六書統》卷一八
明・張自烈撰，清・廖文英續《正字通》申集中（虫部）
明・楊慎原本，清・胡世安箋《異魚圖贊箋》卷四
明・穆希文撰《蟫史集》卷九（蚌）
明・李時珍撰《本草綱目》第四冊附圖
清・張玉書、陳廷敬等纂《康熙字典》卷二六
清・郭柏蒼撰《海錯百一録》卷三

蛘

清・張玉書、陳廷敬等纂《康熙字典》卷二六

蚪

清・張玉書、陳廷敬等纂《康熙字典》卷二六

蜃

晉・郭璞注，唐・陸德明音義，宋・邢昺疏《爾雅注疏》卷一〇
宋・鄭樵撰《爾雅註》卷下
清・張玉書、陳廷敬等纂《康熙字典》卷二六

瓊蚌

南朝梁・蕭統編，唐・李善注《文選注》卷一二（郭璞撰《江賦》）

馬刀

宋・唐慎微撰，寇宗奭衍義《證類本草》卷二二（馬刀）

宋・唐慎微撰《重修政和經史證類備用本草》卷二二（蟲魚部下品・馬刀）

明・李時珍撰《本草綱目》第四冊附圖

清・郭柏蒼撰《海錯百一録》卷三

清・任基振撰《爾雅注疏箋補》卷下

馬蛤

宋・唐慎微撰，寇宗奭衍義《證類本草》卷二二（馬刀）

宋・唐慎微撰《重修政和經史證類備用本草》卷二二（蟲魚部下品・馬刀）

蚌蛤

宋・唐慎微撰，寇宗奭衍義《證類本草》卷二二（馬刀）

宋・唐慎微撰《重修政和經史證類備用本草》卷二二（蟲魚部下品・馬刀）

宋・龐元英撰《文昌雜錄》卷一

宋・鄭樵撰《爾雅註》卷下

蠙蚌

元・黄镇成撰《尚书通考》卷五

背角无齿蚌 *Anodonta woodiana*

田蚌

清・李廷壁修，周璽纂《臺灣府縣志輯・道光彰化縣志》卷一〇

蜯

清・蘇淵纂《上海府縣志輯・康熙嘉定縣志》

蚌

清・蘇淵纂《上海府縣志輯・康熙嘉定縣志》

清・額哲克等修，單興詩纂《廣東府縣志輯・同治韶州府志》

清・範鐘湘、陳傳德修，金念祖 黃世祚纂《上海府縣志輯・嘉定縣續志》

水菜

清・蘇淵纂《上海府縣志輯・康熙嘉定縣志》

清・範鐘湘、陳傳德修，金念祖 黃世祚纂《上海府縣志輯・嘉定縣續志》

塘蚌

清・金蓉鏡纂《湖南省靖州鄉土志》（動物・介之屬）

褶纹冠蚌 *Cristaria plicata*

蠙珠

宋・金履祥撰《資治通鑒前編》卷一

蠙

宋・魏了翁撰《尚書要義》卷六

三角帆蚌 *Hyriopsis cumingii*

蚌

宋・範致明撰《嶽陽風土記》

佛耳丽蚌 *Lamprotula mansuyi*

江蚌

清・金蓉鏡纂《湖南省靖州鄉土志》（動物・介之屬）

丽蚌 *Lamprotula* spp.

蚌

金・李杲編輯，明・李時珍參訂，姚可成補輯《食物本草》

明・李時珍撰《本草綱目》卷四六

短褶矛蚌 *Lanceolaria grayana*

長蚌

清・金蓉鏡纂《湖南省靖州鄉土志》（動物・介之屬）

馬刀

清・金蓉鏡纂《湖南省靖州鄉土志》（動物・介之屬）

廛

清・金蓉鏡纂《湖南省靖州鄉土志》（動物・介之屬）

矛蚌 *Lanceolaria* spp.

馬刀

金・李杲編輯，明・李時珍參訂，姚可成補輯《食物本草》

明・李時珍撰《本草綱目》卷四六

馬蛤

明・李時珍撰《本草綱目》卷四六

齊蛤

明・李時珍撰《本草綱目》卷四六

蜌

明・李時珍撰《本草綱目》卷四六

廛

明・李時珍撰《本草綱目》卷四六

蝏螆

明・李時珍撰《本草綱目》卷四六

單母

明・李時珍撰《本草綱目》卷四六

煝岸

明・李時珍撰《本草綱目》卷四六

橄榄蛏蚌 *Solenaia oleivora*

大蟶

清・宗源翰、郭式昌修，周學濬、陸心源纂《浙江府縣志輯・湖州府志》

廉蛤目 **Veneroida**

砗磲科 Tridacncidae

魧

漢・許慎撰，宋・徐鉉增釋《說文解字》卷一一下

晉・郭璞注《爾雅》卷一六・釋魚

晉・郭璞注，唐・陸德明音義，宋・邢昺疏《爾雅注疏》

卷一〇
南唐・徐鍇撰，朱翱反切《說文繫傳》卷二二
明・張自烈撰，清・廖文英續《正字通》申集中（魚部）
清・張玉書、陳廷敬等纂《康熙字典》卷三五

蜱
明・張自烈撰，清・廖文英續《正字通》申集中（魚部）
清・周靖撰《篆隸考異》卷二

紫蚢
南朝梁・蕭統編，唐・李善注《文選注》卷一二（晉・郭璞撰《江賦》）
宋・司馬光撰《類篇》卷三八

車渠
晉・郭璞撰，清・茆泮林輯《玄中記》補遺（車渠）
宋・趙汝適撰《諸蕃志》卷下（車渠）
宋・沈括撰《夢溪筆談》卷二二
金・李杲編輯，明・李時珍參訂，姚可成補輯《食物本草》
元・陶宗儀編《說郛》卷六二上
清・胡世安撰《異魚圖贊補》卷下（海扇）

硨磲
晉・崔豹撰《古今注》卷下
晉・范成大撰《桂海虞衡志》
宋・黃震撰《黃氏日抄》卷六七
明・黃衷撰，黃學準增注《海語》卷三（畏途・萬裡石塘》）

海扇
清・胡世安撰《異魚圖贊補》卷下（海扇）

大蛤
清・李準撰《巡海記》

大砗磲 *Tridacna gigas*

硨磲
宋・周去非撰《嶺外代答》卷七（硨磲）

車渠
明・李時珍撰《本草綱目》卷四六（車渠）

海扇
明・李時珍撰《本草綱目》卷四六（車渠）

巨蚶
清・聶璜撰《清宮海錯圖》第三冊

蛤蜊科 Mactridae

蜊
遼・釋行均撰《龍龕手鑒》卷二
明・張自烈撰，清・廖文英續《正字通》午集上（玉部）
清・張玉書、陳廷敬等纂《康熙字典》卷二六
清・周靖撰《篆隸考異》卷二

玪
明・張自烈撰，清・廖文英續《正字通》午集上（玉部）

蛤
晉・張華撰《博物志》佚文
宋・陳耆卿撰《赤城志》卷三六
宋・羅濬撰《寶慶四明志》卷四
明・張自烈撰，清・廖文英續《正字通》午集上（玉部）
明・方以智撰《通雅》卷四七

蜊
清・張玉書、陳廷敬等纂《康熙字典》卷二六

龕梨
清・周靖撰《篆隸考異》卷二

蛤蜊
清・周靖撰《篆隸考異》卷二

蛤蠔
明・方以智撰《通雅》卷四七

潮蛤
清・嵇曾筠等監修，沈翼機等編纂《浙江通志》卷一〇五

蛤蜊
唐・陳藏器撰，尚志鈞輯釋《本草拾遺》
宋・梁克家撰《淳熙三山志》卷四二
宋・陳耆卿撰《赤城志》卷三六
宋・羅濬撰《寶慶四明志》卷四
宋・唐慎微撰，寇宗奭衍義《證類本草》卷二二
宋・唐慎微撰《重修政和經史證類備用本草》卷二二（蟲魚部下品・蛤蜊）
宋・員興宗撰《九華集》卷一（詠蛤蜊）
遼・釋行均撰《龍龕手鑒》卷二
金・李杲編輯，明・李時珍參訂，姚可成補輯《食物本草》
明・方以智撰《通雅》卷四七
明・楊慎原本，清・胡世安箋《異魚圖贊箋》卷四
明・李時珍撰《本草綱目》第四冊附圖

海蛤
宋・樂史撰《太平寰宇記》卷九三

西施舌 *Coelomactra antiquate*

西施舌
明・陳懋仁撰《泉南雜志》卷上
明・馮時可撰《雨航雜錄》卷下
明・王世懋撰《閩部疏》
清・胡世安撰《異魚圖贊補》卷下（西施舌）
清・和珅等撰《大清一統志》卷二三五、卷三二七
清・嵇曾筠等監修，沈翼機等編纂《浙江通志》卷一〇七（水族類）
清・李書吉等纂修《廣東府縣志輯・嘉慶澄海縣志》卷二四（物產）
清・吳儀洛著《本草從新》（蟲魚鱗介部・西施舌）
清・趙學敏輯《本草綱目拾遺》卷下（介部・西施舌）
清・郭柏蒼撰《海錯百一録》卷三
清・聶璜撰《清宮海錯圖》第三冊

沙蛤
明・馮時可撰《雨航雜錄》卷下

清・嵇曾筠等監修，沈翼機等編纂《浙江通志》卷一〇七（水族類）
清・趙學敏輯《本草綱目拾遺》卷下（介部・西施舌）

車蛤

明・王世懋撰《閩部疏》
清・郭柏蒼撰《海錯百一録》卷三
清・趙學敏輯《本草綱目拾遺》卷下（介部・西施舌）

西施乳

清・郭柏蒼撰《海錯百一録》卷三

土匙

清・趙學敏輯《本草綱目拾遺》卷下（介部・西施舌）

平蛤蜊 *Mactra mera*

沙蛤

宋・梁克家撰《淳熙三山志》卷四二
明・屠本畯撰《閩中海錯疏》卷下
清・郭柏蒼撰《海錯百一録》卷三

四角蛤蜊 *Mactra veneriformis*

蛤蜊

明・屠本畯撰《閩中海錯疏》卷下
明・李時珍撰《本草綱目》卷四六（蛤蜊）
清・郭柏蒼撰《海錯百一録》卷三
清・趙學敏輯《本草綱目拾遺》卷下（介部・蛤蜊）
清・嵇曾筠等監修，沈翼機等編纂《浙江通志》卷一〇三

樱蛤科 Tellinidae

斯氏小樱蛤 *Tellinella spengleri*

齊蛤

唐・陳藏器撰，尚志鈞輯釋《本草拾遺》
宋・唐慎微撰，寇宗奭衍義《證類本草》卷二一
宋・唐慎微撰《重修政和經史證類備用本草》卷二一（蟲魚部中品・齊蛤）
明・李時珍撰《本草綱目》卷四六（介部）

彩虹明樱蛤 *Morerlla iridescens*

桃花片

清・郭柏蒼撰《海錯百一録》卷三

海瓜子

清・郭柏蒼撰《海錯百一録》卷三

亮樱蛤 *Nitidotellina dunkeri*

紅栗

清・郭柏蒼撰《海錯百一録》卷三

赤蜆

清・郭柏蒼撰《海錯百一録》卷三

叶樱蛤 *Phylloda foliacea*

蛤蟶

清・聶璜撰《清宫海錯圖》第三冊

紫云蛤科 Psammobiidae

绿紫蛤 *Sanguinolaria virescens*

綠蛤

清・聶璜撰《清宫海錯圖》第三冊

紅綠

清・郭柏蒼撰《海錯百一録》卷三

截蛏科 Solecurtidae

中国淡水蛏 *Novaculina chinensis*

小娘蟶

清・蘇淵纂《上海府縣志輯・康熙嘉定縣志》
清・宗源瀚、郭式昌修，周學濬、陸心源纂《浙江府縣志輯・湖州府志》

小孃蟶

清・梁蒲貴、吴康壽修，朱延射、潘履祥纂《上海府縣志輯・寶山縣誌》
清・蘇淵纂《上海府縣志輯・康熙嘉定縣志》

孩兒蟶

清・宗源瀚、郭式昌修，周學濬、陸心源纂《浙江府縣志輯・湖州府志》卷三三

蟶

清・宗源瀚、郭式昌修，周學濬、陸心源纂《浙江府縣志輯・湖州府志》卷三三

缢蛏 *Sinonovacula constricta*

蟶

明・屠本畯撰《閩中海錯疏》卷下
清・郭柏蒼撰《海錯百一録》卷三
清・聶璜撰《清宫海錯圖》第三冊

浙蟶

清・聶璜撰《清宫海錯圖》第三冊

閩中泥蟶

清・聶璜撰《清宫海錯圖》第三冊

总角截蛏 *Solecurtus divaricatus*

獨角蟶

清・郭柏蒼撰《海錯百一録》卷三

竹蛏科 Solenidae

蟶

唐・陳藏器撰，尚志鈞輯釋《本草拾遺》
宋・司馬光撰《類篇》卷三八
宋・梁克家撰《淳熙三山志》卷四二
宋・陳耆卿撰《赤城志》卷三六
宋・唐慎微撰，寇宗奭衍義《證類本草》卷二二
宋・唐慎微撰《重修政和經史證類備用本草》卷二二（蟲魚部下品・蟶）

金・李杲編輯，明・李時珍參訂，姚可成補輯《食物本草》
元・戴侗撰《六書故》卷二〇
元・陶宗儀編《說郛》卷九五上（蟶鮓）
明・張自烈撰，清・廖文英續《正字通》申集中（虫部）
明・李時珍撰《本草綱目》卷四六（蟶）
明・穆希文撰《蟫史集》卷九
清・李元撰《蠕範》卷四
清・吳儀洛著《本草從新》（蟲魚鱗介部・蟶）
清・嵇曾筠等監修，沈翼機等編纂《浙江通志》卷一〇一、一〇二、一〇三、一〇四
清・胡世安撰《異魚圖贊補》卷下（蟶）
清・張玉書、陳廷敬等纂《康熙字典》卷二六
清・阿桂、劉瑾之等撰《欽定盛京通志》卷一〇七
清・李書吉等纂修《廣東府縣志輯・嘉慶澄海縣志》卷二四（物產）

蟶子

宋・羅濬撰《寶慶四明志》卷四

蝈

明・張自烈撰，清・廖文英續《正字通》申集中（虫部）

蝮

明・張自烈撰，清・廖文英續《正字通》申集中（虫部）

弯竹蛏 *Solen arcuatus*

牛角蟶

清・郭柏蒼撰《海錯百一録》卷三

短竹蛏 *Solen dunkerina*

釖蟶

清・聶璜撰《清宮海錯圖》第三冊

大竹蛏 *Solen grandis*

竹蟶

明・屠本畯撰《閩中海錯疏》卷下
清・郭柏蒼撰《海錯百一録》卷三

竹筒蟶

清・聶璜撰《清宮海錯圖》第三冊

直线竹蛏 *Solen linearis*

尺蟶

清・聶璜撰《清宮海錯圖》第三冊

长竹蛏 *Solen strictus*

玉筋蟶

明・屠本畯撰《閩中海錯疏》卷下

玉筋

清・郭柏蒼撰《海錯百一録》卷三

麥藁蟶

清・郭柏蒼撰《海錯百一録》卷三
清・聶璜撰《清宮海錯圖》第三冊

麥稿蟶

明・屠本畯撰《閩中海錯疏》卷下

刀蛏科 Cultellidae

花刀蛏 *Ensciculus cultellus*

指甲螺

清・毛昌善修，陳蘭彬纂《廣東府縣志輯・光緒吳川縣志》卷二（物產）

黃略螺

清・毛昌善修，陳蘭彬纂《廣東府縣志輯・光緒吳川縣志》卷二（物產）

指甲蟶

清・郭柏蒼撰《海錯百一録》卷三

蚬科 Corbiculidae

蜆

唐・陳藏器撰，尚志鈞輯釋《本草拾遺》
宋・司馬光撰《類篇》卷三八
宋・梁克家撰《淳熙三山志》卷四二
宋・羅濬撰《寶慶四明志》卷四
宋・唐慎微撰，寇宗奭衍義《證類本草》卷二二
宋・唐慎微撰《重修政和經史證類備用本草》卷二二（蟲魚部中品・蜆）
金・李杲編輯，明・李時珍參訂，姚可成補輯《食物本草》
元・戴侗撰《六書故》卷二〇
明・李時珍撰《本草綱目》卷四六（蜆）
清・胡世安撰《異魚圖贊補》卷下（蜆）
清・阿桂、劉瑾之等撰《欽定盛京通志》卷一〇七
清・趙學敏輯《本草綱目拾遺》卷下（蜆）

蜆

宋・司馬光撰《類篇》卷三八

⿱顯虫

宋・司馬光撰《類篇》卷三八
清・張玉書、陳廷敬等纂《康熙字典》卷二六
清・周靖撰《篆隸考異》卷二

⿰虫㬎

元・戴侗撰《六書故》卷二〇
明・張自烈撰，清・廖文英續《正字通》申集中（虫部）
清・張玉書、陳廷敬等纂《康熙字典》卷二六

扁螺

明・李時珍撰《本草綱目》卷四六（蜆）
清・張玉書、陳廷敬等纂《康熙字典》卷二六

匾螺

清・胡世安撰《異魚圖贊補》卷下（蜆）

扁蠃

清・李調元、雨村輯《南越筆記》卷一一（白蜆）
清・屈大均撰《廣東新語》下卷二三（白蜆）

蠕

清・李調元、雨村輯《南越筆記》卷一一（白蜆）

蟟

宋・梁克家撰《淳熙三山志》卷四二

歪歪

清・王文韶修《續雲南通志稿》卷五七（食貨志・土宜）

河蚬 *Corbicula fluminea*

黄蟟

明・屠本畯撰《閩中海錯疏》卷下

土蟟

明・屠本畯撰《閩中海錯疏》卷下

蟟

清・郭柏蒼撰《海錯百一録》卷三

蟟埕

清・郭柏蒼撰《海錯百一録》卷三

蚬 *Corbicula* sp.

落蜆

清・聶璜撰《清宫海錯圖》第三冊

蠕

清・聶璜撰《清宫海錯圖》第三冊

廉蛤科 Veneridae

𧊧

宋・司馬光撰《類篇》卷三八

清・張玉書、陳廷敬等纂《康熙字典》卷二六

螯

明・張自烈撰，清・廖文英續《正字通》申集中（虫部）

清・張玉書、陳廷敬等纂《康熙字典》卷二六

車螯

唐・陳藏器撰，尚志鈞輯釋《本草拾遺》

宋・司馬光撰《類篇》卷三八

宋・唐慎微撰，寇宗奭衍義《證類本草》卷二二

宋・唐慎微撰《重修政和經史證類備用本草》卷二二（蟲魚部下品・車螯）

宋・梁克家撰《淳熙三山志》卷四二

宋・陳耆卿撰《赤城志》卷三六

宋・羅濬撰《寶慶四明志》卷四

宋・黄震撰《黄氏日抄》卷六一

金・李杲編輯，明・李時珍參訂，姚可成補輯《食物本草》

明・屠本畯撰《閩中海錯疏》卷下

明・楊慎撰《異魚圖贊》卷四（車螯）

明・張自烈撰，清・廖文英續《正字通》申集中（虫部）

明・李時珍撰《本草綱目》卷四六（車螯）

明・楊慎原本，清・胡世安箋《異魚圖贊箋》卷四（車螯）

明・吳楚材輯《彊識畧》卷三二

清・阿桂、劉瑾之等撰《欽定盛京通志》卷二七（物產）

清・張玉書、陳廷敬等纂《康熙字典》卷二六

清・嵇曾筠等監修，沈翼機等編纂《浙江通志》卷一〇五

清・李書吉等纂修《廣東府縣志輯・嘉慶澄海縣志》卷二四（物產）

清・郭柏蒼撰《海錯百一録》卷三

𧊧螯

宋・司馬光撰《類篇》卷三八

清・張玉書、陳廷敬等纂《康熙字典》卷二六

清・郭柏蒼撰《海錯百一録》卷三

車蛾

宋・黄震撰《黄氏日抄》卷六一

蜧

宋・唐慎微撰，寇宗奭衍義《證類本草》卷二二

蜃

金・李杲編輯，明・李時珍參訂，姚可成補輯《食物本草》

青蛤 *Cyclina sinensis*

蛤青

明・屠本畯撰《閩中海錯疏》卷下

日本镜蛤 *Dosinia japonica*

沙蝨

清・郭柏蒼撰《海錯百一録》卷三

車鳌

清・聶璜撰《清宫海錯圖》第三冊

紫文蛤 *Meretrix casta*

紫貝

金・李杲編輯，明・李時珍參訂，姚可成補輯《食物本草》

丽文蛤 *Meretrix lusoria*

姑勞

明・董斯張撰《廣博物志》卷五〇

文蛤 *Meretrix meretrix*

文蛤

宋・梁克家撰《淳熙三山志》卷四二

宋・唐慎微撰，寇宗奭衍義《證類本草》卷二〇（文蛤）

宋・唐慎微撰《重修政和經史證類備用本草》卷二二（蟲魚部上品・文蛤）

金・李杲編輯，明・李時珍參訂，姚可成補輯《食物本草》

明・屠本畯撰《閩中海錯疏》卷下

明・李時珍撰《本草綱目》第四冊附圖

海蛤

宋・梁克家撰《淳熙三山志》卷四二

宋・唐慎微撰，寇宗奭衍義《證類本草・文蛤》卷二〇

花蛤

金・李杲編輯，明・李時珍參訂，姚可成補輯《食物本草》

明・李時珍撰《本草綱目》卷四六（文蛤）

清・朱彝尊撰《曝書亭集》卷一八（花蛤）
清・查慎行撰《敬業堂詩集》卷二五（花蛤）

三角凸卵蛤 *Pelecyora trigona*

白蛤

清・聶璜撰《清宮海錯圖》第三冊

菲律宾蛤仔 *Ruditapes philippinarum*

蛤

清・郭柏蒼撰《海錯百一録》卷三

花蛤

清・郭柏蒼撰《海錯百一録》卷三
清・聶璜撰《清宮海錯圖》第三冊

沙蛤

清・聶璜撰《清宮海錯圖》第三冊

紫石房蛤 *Saxidomus purpurata*

綠蚌

清・聶璜撰《清宮海錯圖》第三冊

绿螂科 Glauconmitidae

皱纹绿螂 *Glauconme corrugate*

馬蹄蟶

清・聶璜撰《清宮海錯圖》第三冊

海螂目 Myoida

篮蛤科 Corbulidae

红肉河篮蛤 *Potamocorbula rubomuscula*

黃蛤

明・穆希文撰《蟫史集》卷九
明・屠本畯撰《海味索隱》

筒蛎科 Clavagellidae

筒蛎 *Brechites* sp.

荔枝蟶

清・聶璜撰《清宮海錯圖》第三冊

头足纲 Cephalopoda

頭足類

清・柯璜譯編，（日）箕作佳吉著《博物學講義・動物篇》第一三章（動物各論・軟體動物）
清・（日）丘淺治郎著，（英）西師意譯述《動物學教科書》第一一章（軟體動物）

頭行族

清・（英）傅蘭雅輯《格致彙編》一卷十期（格致略論・論動物學）

鹦鹉螺目 Nautiloidea

鹦鹉螺科 Nautiloidae

鸚螺

南朝梁・蕭統編，唐・李善注《文選注》卷一二（晉・郭璞撰《江賦》）

鸚鵡螺

南朝宋・劉敬叔撰《異苑》卷三
唐・劉恂撰《嶺表録異》卷下
唐・陳藏器撰，尚志鈞輯釋《本草拾遺》
宋・羅願撰，元・洪焱祖音釋《爾雅翼》卷三一
宋・梁克家撰《淳熙三山志》卷四二
宋・陳耆卿撰《赤城志》卷三六
宋・羅濬撰《寶慶四明志》卷四
宋・范成大撰《桂海虞衡志》
宋・黃震撰《黃氏日抄》卷六七
金・李杲編輯，明・李時珍參訂，姚可成補輯《食物本草》
明・陶宗儀編《說郛》卷六二上
明・陸楫編《古今說海》卷一一
明・屠本畯撰《閩中海錯疏》卷下
清・郭柏蒼撰《海錯百一録》卷三
清・李元撰《蠕範》卷七

鹦鹉螺 *Nautilus pompilius*

鸚鵡螺

明・李時珍撰《本草綱目》卷四六（介之二）
清・吳綺撰，宋俊增補《嶺南風物記》

枪形目 Teuthoidea

枪乌贼科 Loliginidae

鰇

宋・司馬光撰《類篇》卷三八
明・張自烈撰，清・廖文英續《正字通》申集中（虫部）
清・張玉書、陳廷敬等纂《康熙字典》卷二六（魚部）

鰇魚

清・李書吉等纂修《廣東府縣志輯・嘉慶澄海縣志》卷二四（物產）

柔魚

宋・蘇頌撰，胡乃長、王致譜輯注《圖經本草》（烏賊魚）
宋・唐慎微撰，寇宗奭衍義《證類本草》卷二一
宋・梁克家撰《淳熙三山志》卷四二
金・李杲編輯，明・李時珍參訂，姚可成補輯《食物本草》
明・李時珍撰《本草綱目》卷四四（鱗部）
明・楊慎撰《異魚圖贊》卷三

清・嵇璜、曹仁虎等撰《續通志》卷一七九
清・郭柏蒼撰《海錯百一録》卷二
清・郝玉麟等監修，魯曾煜等編纂《廣東通志》卷一〇、卷五二

鰌魚

清・吴儀洛著《本草從新》（蟲魚鱗介部・鰌魚）
清・陳伯陶等纂修《廣東府縣志輯・東莞縣志》卷一五（輿地略・物產）

脆筒

清・舒懋官修，王崇熙纂《廣東府縣志輯・嘉慶新安縣志》卷三（物產）

鎖管

宋・梁克家撰《淳熙三山志》卷四二

瑣管

明・楊慎原本，清・胡世安箋《異魚圖贊箋》卷三（烏賊）

鮹魚

清・郝玉麟等監修，魯曾煜等編纂《廣東通志》卷五二

猴染

明・屠本畯撰《閩中海錯疏》卷中
清・郝玉麟等監修，魯曾煜等編纂《廣東通志》卷一〇

墨斗

明・屠本畯撰《閩中海錯疏》卷中
清・郝玉麟等監修，魯曾煜等編纂《廣東通志》卷一〇

中国枪乌贼 *Loligo chinensis*

鎖管

宋・羅濬撰《寶慶四明志》卷四
明・屠本畯撰《閩中海錯疏》卷中

瑣

明・楊慎原本，清・胡世安箋《異魚圖贊箋》卷三・烏賊

瑣管

清・郭柏蒼撰《海錯百一録》卷二

鏁管

明・馮時可撰《雨航雜錄》卷下

章巨

宋・羅濬撰《寶慶四明志》卷四

鮹

清・嵇璜、曹仁虎等撰《續通志》卷一七九

鮹管鱼

清・嵇璜、曹仁虎等撰《續通志》卷一七九

淨瓶魚

清・嵇璜、曹仁虎等撰《續通志》卷一七九

柔魚

清・聶璜撰《清宮海錯圖》第三冊

杜氏枪乌贼 *Loligo duvaucelii*

鎖管

清・聶璜撰《清宮海錯圖》第三冊

柔鱼科 Ommatostrephidae

太平洋褶柔鱼 *Todarodes pacificus*

柔魚

清・郭柏蒼撰《海錯百一録》卷二

鰇魚

清・郭柏蒼撰《海錯百一録》卷二

乌贼目 Sepioidea

乌贼科 Sepiidae

鰂

漢・許慎撰，宋・徐鉉增釋《說文解字》卷一一下
南唐・徐鍇撰，朱翱反切《說文繫傳》卷二五
遼・釋行均撰《龍龕手鑑》卷二
元・戴侗撰《六書故》卷二〇
清・張玉書、陳廷敬等纂《康熙字典》卷二六

鰞鰂

漢・許慎撰，宋・徐鉉增釋《說文解字》卷一一下
清・張玉書、陳廷敬等纂《康熙字典》卷二六
清・常棠撰《海鹽澉水志》（土產・海味）

烏賊

唐・段成式撰《酉陽雜俎》卷一七（鱗介篇）
宋・魏仲舉編《五百家注柳先生集》附錄卷二（烏賊魚說）
宋・梁克家撰《淳熙三山志》卷四二
宋・羅濬撰《寶慶四明志》卷四
宋・任廣撰《書敘指南》卷一四
宋・陶穀撰《清異錄》卷上
宋・周密撰《癸辛雜識・續集》卷下（烏賊得名）
明・陸容撰《菽園雜記》卷下（烏賊得名）
明・朱謀㙔撰《駢雅》卷七
明・楊慎撰《異魚圖贊》卷三
清・張玉書、陳廷敬等纂《康熙字典》卷二六
清・屈大均撰《廣東新語》卷二二（烏賊）
清・李調元、雨村輯《南越筆記》卷一〇
清・郝玉麟等監修，謝道承等編纂《福建通志》卷一〇（物產）
清・李福泰修，史澄、何若瑤纂《廣東府縣志輯・番禺縣志》卷七（物產）
清・陳伯陶等纂修《廣東府縣志輯・東莞縣志》卷一五（輿地略・物產）
清・舒懋官修，王崇熙纂《廣東府縣志輯・嘉慶新安縣志》卷三（物產）
清・莊履豊、莊鼎鉉同撰《古音駢字續編》卷五
清・何秋濤撰《王會篇箋釋》卷下

鰂

宋・毛晃增注，毛居正重增《增修互注禮部韻略》卷五

烏鰂

宋・毛晃增注，毛居正重增《增修互注禮部韻略》卷五

烏賊魚

晉·崔豹撰《古今注》卷中

宋·李昉等撰《太平廣記》卷四六四（水族·烏賊魚）

宋·李孝美撰《墨譜法式》卷下

宋·羅願撰，元·洪焱祖音釋《爾雅翼》卷二五

宋·唐慎微撰《重修政和經史證類備用本草》卷二一（蟲魚部中品·雷州烏賊魚）

宋·蘇易簡撰《文房四譜》卷五

宋·朱勝非撰《紺珠集》卷六（河伯從事）

明·葉子奇撰《草木子》卷四

明·繆希雍撰《神農本草經疏》卷二一

清·李調元、雨村輯《南越筆記》卷一〇

清·張玉書、陳廷敬等纂《康熙字典》卷二六

清·戴肇辰等修，史澄等纂《廣東府縣志輯·光緒廣州府志》卷一六

鯎

清·張玉書、陳廷敬等纂《康熙字典》卷二六

烏鰂

南唐·徐鍇撰，朱翱反切《說文繫傳》卷二五

宋·陸佃撰《埤雅》卷二（烏鰂）

宋·羅願撰，元·洪焱祖音釋《爾雅翼》卷二五

元·戴侗撰《六書故》卷二〇

明·楊慎撰《異魚圖贊》卷三

清·阿桂、劉瑾之等撰《欽定盛京通志》卷一〇七

清·何秋濤撰《王會篇箋釋》卷下

清·李書吉等纂修《廣東府縣志輯·嘉慶澄海縣志》卷二四

烏鰂

宋·陳耆卿撰《赤城志》卷三六

烏則

明·楊慎撰《異魚圖贊》卷三

清·莊履豐、莊鼎鉉同撰《古音駢字續編》卷五

河伯度事小吏

晉·崔豹撰《古今注》卷中

唐·段成式撰《酉陽雜俎》卷一七（鱗介篇）

唐·蘇鶚撰《蘇氏演義》卷下

明·陶宗儀撰《說郛》卷一三上（烏賊）

虫事小史

晉·崔豹撰《古今注》卷中

宋·羅願撰，元·洪焱祖音釋《爾雅翼》卷二九

海若白事小史

宋·任廣撰《書敘指南》卷一四

海若白事小吏

宋·羅濬撰《寶慶四明志》卷四

河伯白事小吏

宋·羅願撰，元·洪焱祖音釋《爾雅翼》卷三一

河伯從事

宋·朱勝非撰《紺珠集》卷六（河伯從事）

宋·羅願撰，元·洪焱祖音釋《爾雅翼》卷三一

宋·李昉等撰《太平廣記》卷四六四（水族·烏賊魚）

纜魚

元·戴侗撰《六書故》卷二〇

黑魚

元·戴侗撰《六書故》卷二〇

清·張玉書、陳廷敬等纂《康熙字典》卷二六

清·阿桂、劉瑾之等撰《欽定盛京通志》卷一〇七

甘盤

宋·陶穀撰《清異錄》卷上

八帶

清·唐執玉、李衛等監修，田易等纂《畿輔通志》卷五七

海君白事小吏

宋·任廣撰《書敘指南》卷一四

河伯

遼·釋行均撰《龍龕手鑒》卷二

明·朱謀㙔撰《駢雅》卷七

海術

唐·段成式撰《酉陽雜俎續集》卷八

黑衣督郵

宋·羅願撰，元·洪焱祖音釋《爾雅翼》卷三一

墨斗

宋·羅濬撰《寶慶四明志》卷四

清·李書吉等纂修《廣東府縣志輯·嘉慶澄海縣志》卷二四（物產）

墨魚

宋·周密撰《癸辛雜識·續集》卷下（烏賊得名）

明·繆希雍撰《神農本草經疏》卷二

明·陸容撰《菽園雜記》卷下（烏賊得名）

清·張玉書、陳廷敬等纂《康熙字典》卷二六

清·舒懋官修，王崇熙纂《廣東府縣志輯·嘉慶新安縣志》卷三（物產）

清·陳伯陶等纂修《廣東府縣志輯·東莞縣志》卷一五（輿地略·物產）

清·嵇曾筠等監修，沈翼機等編纂《浙江通志》卷一〇七

清·郝玉麟等監修，謝道承等編纂《福建通志》卷一〇（物產）

清·李福泰修，史澄、何若瑤纂《廣東府縣志輯·番禺縣志》卷七（物產）

蛸

清·張玉書、陳廷敬纂《康熙字典》卷二六

海螵蛸

宋·羅願撰，元·洪焱祖音釋《爾雅翼》卷二五

明·繆希雍撰《神農本草經疏》卷二

清·和珅等撰《大清一統志》卷六五

清·吳儀洛著《本草從新》（蟲魚鱗介部·海螵蛸）

清·李福泰修，史澄、何若瑤纂《廣東府縣志輯·番禺縣志》卷七

清·陳伯陶等纂修《廣東府縣志輯·東莞縣志》卷一五

针乌贼 *Sepia andreana*

墨斗

明·屠本畯撰《閩中海錯疏》卷下

墨東

清·郭柏蒼撰《海錯百一錄》卷三

金乌贼 *Sepia esculenta*

烏賊魚

宋·蘇頌編撰，胡乃長、王致譜輯注《圖經本草》

宋·唐慎微撰，寇宗奭衍義《證類本草》卷二一

金·李杲編輯，明·李時珍參訂，姚可成補輯《食物本草》

明·李時珍撰《本草綱目》卷四四（鱗部·烏賊）

清·稽璜、曹仁虎等撰《續通志》卷一七九（魚類）

清·郝玉麟等監修，魯曾煜等編纂《廣東通志》卷五二

海若白事小吏

宋·蘇頌編撰，胡乃長、王致譜輯注《圖經本草》（烏賊魚）

明·屠本畯撰《閩中海錯疏》卷下

海若小史

明·楊慎原本，清·胡世安箋《異魚圖贊箋》卷三

海君白事小吏

清·李元撰《蠕範》卷七

河伯从事

明·屠本畯撰《閩中海錯疏》卷下

烏鰂

宋·蘇頌編撰，胡乃長、王致譜輯注《圖經本草》（烏賊魚）

宋·施宿等撰《會稽志》卷一七

明·屠本畯撰《閩中海錯疏》卷下

明·李時珍撰《本草綱目》卷四四（鱗部·烏賊）

明·楊慎撰《異魚圖贊》卷三（烏鰂魚）

清·稽璜、曹仁虎等撰《續通志》卷一七九（魚類）

墨魚

明·屠本畯撰《閩中海錯疏》卷下

明·李時珍撰《本草綱目》卷四四（鱗部·烏賊）

明·張自烈撰，清·廖文英續《正字通》亥集中（魚部）

明·楊慎原本，清·胡世安箋《異魚圖贊箋》目錄

清·李元撰《蠕範》卷七

清·稽璜、曹仁虎等撰《續通志》卷一七九（魚類）

花枝

明·屠本畯撰《閩中海錯疏》卷下

清·李元撰《蠕範》卷七

河伯從事

明·屠本畯撰《閩中海錯疏》卷下

清·李元撰《蠕範》卷七

纜魚

宋·蘇頌編撰，胡乃長、王致譜輯注《圖經本草》（烏賊魚）

明·李時珍撰《本草綱目》卷四四（鱗部·烏賊）

明·楊慎原本，清·胡世安箋《異魚圖贊箋》目錄

明·張自烈撰，清·廖文英續《正字通》亥集中（魚部）

清·李元撰《蠕範》卷七

鮝（墨鱼干）

明·李時珍撰《本草綱目》卷四四（鱗部·烏賊）

明府（墨鱼干）

明·屠本畯撰《閩中海錯疏》卷下

算袋

清·李元撰《蠕範》卷七

海螵蛸

金·李杲編輯，明·李時珍參訂，姚可成補輯《食物本草》

明·李時珍撰《本草綱目》卷四四（鱗部·烏賊）

白斑乌贼 *Sepia latimanus*

烏賊魚

唐·劉恂撰《嶺表錄異》卷上

宋·範成大撰《桂海虞衡志》

日本乌针乌贼 *Sepiella japonica*

墨魚

清·聶璜撰《清宮海錯圖》第二冊

曼氏无针乌贼 *Sepiella maindroni*

猴染

明·屠本畯撰《閩中海錯疏》卷下

清·郭柏蒼撰《海錯百一錄》卷二

耳乌贼科 Sepiolidae

双喙耳乌贼 *Sepiola birostrata*

胡泥

明·楊慎原本，清·胡世安箋《異魚圖贊箋》卷三（烏鰂）

八腕目 **Octopoda**

章鱼科 Octopodidae

諸

元·戴侗撰《六書故》卷一一

章巨

宋·陳耆卿撰《赤城志》卷三六

宋·羅濬撰《寶慶四明志》卷四

元·馮復京等撰《昌國州圖志》卷四

明·楊慎原本，清·胡世安箋《異魚圖贊箋》卷三

清·和珅等撰《大清一統志》卷四二

蜛蝫

南朝梁·蕭統編，唐·李善注《文選註》卷一二（晉·郭璞·《江賦》）

宋·陳耆卿撰《赤城志》卷三六

石拒

宋・羅濬撰《寶慶四明志》卷四
宋・蘇頌編撰，胡乃長王致譜輯注《圖經本草》(烏賊魚)
宋・唐慎微撰，寇宗奭衍義《證類本草》卷二一
金・李杲編輯，明・李時珍參訂，姚可成補輯《食物本草》
明・楊慎撰《異魚圖贊》卷三（烏鰂魚）
明・楊慎原本，清・胡世安箋《異魚圖贊箋》卷三
明・李時珍撰《本草綱目》卷四四・鱗部
明・宋詡撰《竹嶼與山房雜部》卷四（望潮）
清・稽璜、曹仁虎等撰《續通志》卷一七九
清・郝玉麟等監修，謝道承等編纂《福建通志》卷一〇

章舉

宋・陳耆卿撰《赤城志》卷三六
宋・羅濬撰《寶慶四明志》卷四
宋・蘇頌編撰，胡乃長、王致譜輯注《圖經本草》(烏賊魚)
宋・唐慎微撰，寇宗奭衍義《證類本草》卷一二
金・李杲編輯，明・李時珍參訂，姚可成補輯《食物本草》
明・李賢等撰《明一統志》卷八〇
明・宋詡撰《竹嶼山房雜部》卷四（望潮）
明・李時珍撰《本草綱目》卷四四・鱗部
明・朱謀㙔撰《駢雅》卷七
明・楊慎撰《異魚圖贊》卷三（烏鰂魚）
明・楊慎原本，清・胡世安箋《異魚圖贊箋》卷三
清・稽璜、曹仁虎等撰《續通志》卷一七九
清・郝玉麟等監修，謝道承等編纂《福建通志》卷一〇（物產）

章魚

宋・陳耆卿撰《赤城志》卷三六
宋・羅濬撰《寶慶四明志》卷四
金・李杲編輯，明・李時珍參訂，姚可成補輯《食物本草》
明・李時珍撰《本草綱目》卷四四・鱗部
明・李賢等撰《明一統志》卷八〇
清・稽璜、曹仁虎等撰《續通志》卷一七九
明・張玉書、陳廷敬等纂《康熙字典》卷二六
明・楊慎原本，清・胡世安箋《異魚圖贊箋》卷三
清・郝玉麟等監修，謝道承等編纂《福建通志》卷一〇（物產）

望潮

宋・陳耆卿撰《赤城志》卷三六
宋・羅濬撰《寶慶四明志》卷四
元・馮復京等撰《昌國州圖志》卷四
明・宋詡撰《竹嶼山房雜部》卷四（望潮）
明・楊慎原本，清・胡世安箋《異魚圖贊箋》卷三

魁首

宋・陳耆卿撰《赤城志》卷三六

駢足

宋・陳耆卿撰《赤城志》卷三六

䲞

明・張玉書、陳廷敬等纂《康熙字典》卷二六

八稍魚

明・楊慎原本，清・胡世安箋《異魚圖贊箋》卷三
清・和珅等撰《大清一統志》卷四二

烏則

明・楊慎原本，清・胡世安箋《異魚圖贊箋》卷三

鰞

明・楊慎原本，清・胡世安箋《異魚圖贊箋》卷三

鰞魚

明・李時珍撰《本草綱目》卷四四・鱗部

石巨

明・楊慎原本，清・胡世安箋《異魚圖贊箋》卷三

癩魚

明・楊慎原本，清・胡世安箋《異魚圖贊箋》卷三

長腳姨

明・楊慎原本，清・胡世安箋《異魚圖贊箋》卷三

候水俱

明・楊慎原本，清・胡世安箋《異魚圖贊箋》卷三

八帶魚

明・楊慎撰《異魚圖贊》卷三（烏鰂魚）
明・楊慎原本，清・胡世安箋《異魚圖贊箋》卷三

塗蟢

明・楊慎原本，清・胡世安箋《異魚圖贊箋》卷三

塗婆

清・郝玉麟等監修，謝道承等編纂《福建通志》卷一〇

紅舉

清・郝玉麟等監修，謝道承等編纂《福建通志》卷一〇

东蛸 *Octopus bernice*

章舉

唐・段成式撰《酉陽雜俎續集》卷八
明・屠本畯撰《閩中海錯疏》卷中
清・郭柏蒼撰《海錯百一錄》卷三

紅舉

明・屠本畯撰《閩中海錯疏》卷中
清・郭柏蒼撰《海錯百一錄》卷三

短蛸 *Octopus ocellatus*

章舉

宋・梁克家撰《淳熙三山志》卷四二
清・郭柏蒼撰《海錯百一錄》卷三

章巨

清・稽曾筠等監修，沈翼機等編纂《浙江通志》卷一〇三

塗婆

明・屠本畯撰《閩中海錯疏》卷中

塗蟢

明・馮時可撰《雨航雜錄》卷下

清・稽曾筠等監修，沈翼機等編纂《浙江通志》卷一〇三

望潮

明・馮時可撰《雨航雜錄》卷下

明・王世懋撰《閩部疏》

清・稽曾筠等監修，沈翼機等編纂《浙江通志》卷一〇三

䱙魚

明・王世懋撰《閩部疏》

长蛸 *Octopus variabils*

石矩

唐・劉恂撰《嶺表錄異》卷中

石拒

宋・梁克家撰《淳熙三山志》卷四二

明・馮時可撰《雨航雜錄》卷下

明・屠本畯撰《閩中海錯疏》卷中

清・郭柏蒼撰《海錯百一錄》卷三

清・聶璜撰《清宮海錯圖》第二冊

清・稽曾筠等監修，沈翼機等編纂《浙江通志》卷一〇三

八帶

清・郭柏蒼撰《海錯百一錄》卷三

八帶剌

宋・梁克家撰《淳熙三山志》卷四二

赤母

清・郭柏蒼撰《海錯百一錄》卷三

章巨

清・聶璜撰《清宮海錯圖》第二冊

清・稽曾筠等監修，沈翼機等編纂《浙江通志》卷一〇三

章拒

明・馮時可撰《雨航雜錄》卷下

章舉

唐・劉恂撰《嶺表錄異》卷中

壽星章魚

清・聶璜撰《清宮海錯圖》第二冊

射踏子

唐・劉恂撰《嶺表錄異》卷中

泥婆

清・聶璜撰《清宮海錯圖》第二冊

真蛸 *Octopus vulgaris*

章魚

宋・梁克家撰《淳熙三山志》卷四二

清・郭柏蒼撰《海錯百一錄》卷三

清・吳綺撰《嶺南風物記》

清・聶璜撰《清宮海錯圖》第二冊

䱙

明・屠本畯撰《閩中海錯疏》卷中

䱙魚

清・郭柏蒼撰《海錯百一錄》卷三

望潮魚

清・郭柏蒼撰《海錯百一錄》卷三

章拒

明・馮時可撰《雨航雜錄》卷下

章花

清・聶璜撰《清宮海錯圖》第二冊

望潮

清・聶璜撰《清宮海錯圖》第二冊

蛸 *Octopus* sp.

鬼頭魚

清・聶璜撰《清宮海錯圖》卷二

节肢动物门 Arthropoda

甲壳纲 Crustacea

甲殼類

清・（日）西師意譯，（英）竇樂安、許家惺審定《動物學教科書》第一〇章（甲殼類）

清・柯璜譯編，（日）箕作佳吉著《博物學講義》一〇章（動物篇・動物各論・甲殼類）

鳃足亚纲 Branchiopuda

贝甲目 Conchostraca

蚌虫科 Cyzicidae

芙蓉蟲

清・吳世熊、朱忻等修，劉庠、方駿謨等纂《江蘇省縣志輯・同治徐州府志》（輿地考・禽魚介屬）

枝角目 Cladocera

溞科 Daphniidae

紅蟲

宋・嶽珂撰《桯史》卷一二（金鯽魚）

宋・戴植撰《鼠璞》卷下（臨安金魚）

明・宋詡撰《竹嶼山房雜部》卷一二

明・方以智撰《物理小識》卷一一

清・句曲山農撰《金魚圖譜》

蔓足亚纲 Cirripedia

根头目 Rhizocephala

蟹奴科 Sacculinidae

蟹奴

唐・段公路撰《北戶錄》卷一（紅蟹殼）

明・李時珍撰《本草綱目》卷四五

清・方旭撰《蟲薈》卷五

風蟲

宋・傅肱撰《蟹譜》卷下

茗荷目 Lepadiformes

石蚜

三國吳・沈瑩撰，張崇根輯校《臨海水土異物志》

元・陶宗儀撰《說郛》卷六二下

明・朱謀㙔撰《駢雅》卷七（釋魚蟲）

清・曹仁虎、嵇璜撰《續通志（三）》卷一七九

指茗荷科 Pollicipedidae

龟足 *Capitulum mitella*

紫蜐

元・戴侗《六書故》卷二〇

明・張自烈撰，清・廖文英續《正字通》申集中（虫部）

明・方以智撰《通雅》卷四七（動物・蟲）

明・楊慎撰《異魚圖贊》卷四（紫紶）

清・屈大均撰《廣東新語》卷二三（介語・石蜐）

清・方旭撰《蟲薈》卷五（介蟲）

清・李調元、雨村輯《南越筆記》卷一 一（蠃）

紫紶

周・荀況撰，唐・楊倞注《荀子》卷五

明・楊慎原本，清・胡世安箋《異魚圖贊箋》卷四（紫紶）

清・郭柏蒼撰《海錯百一錄》卷三

紫蛣

明・李時珍撰《本草綱目》卷四六

清・阿桂、劉瑾之等撰《欽定盛京通志》卷一〇七

清・周亮工撰《閩小記》下卷（龜腳）

石砝

周・荀況撰，唐・楊倞注《荀子》卷五

南朝梁・蕭統編，唐・李善注《文選注》卷一二

明・楊慎撰《異魚圖贊》卷四（紫紶）

明・楊慎原本，清・胡世安箋《異魚圖贊箋》卷四（紫紶）

明・楊慎撰《丹鉛餘錄》卷四

明・張自烈撰，清・廖文英續《正字通》申集中（虫部）

明・王圻、王思義輯《三才圖會》卷之鳥獸六

清・屈大均撰《廣東新語》卷二三（介語・石蜐）

清・李調元、雨村輯《南越筆記》卷一 一（蠃）

清・周亮工撰《閩小記》下卷（龜腳）

石蜐

三國吳・沈瑩撰《臨海水土異物志》（石蜐）

南朝梁・顧野王《玉篇》卷二五

遼・釋行均撰《龍龕手鑒》卷二

明・屠本畯撰《閩中海錯疏》卷下（介部）

明・李時珍撰《本草綱目》卷四六

清・張玉書、陳廷敬等纂《康熙字典》卷二六（蟲部）

清・李光地等撰《月令輯要》卷四

清・阿桂、劉瑾之等撰《欽定盛京通志》卷一〇七

清・嵇曾筠等監修，沈翼機等編纂《浙江通志》卷一〇五
清・郝玉麟等監修，謝道承等編纂《福建通志》卷一〇
清・趙學敏輯《本草綱目拾遺》卷一〇
清・郭柏蒼撰《海錯百一錄》卷三
清・方旭撰《蟲薈》卷五（介蟲）
清・李調元撰《然犀志》卷下

紫結

明・楊慎撰《丹鉛餘錄》卷四

蛣

明・張自烈撰，清・廖文英續《正字通》申集中（虫部）
清・張玉書、陳廷敬等纂《康熙字典》卷二六（蟲部）

蜐

元・戴侗撰《六書故》卷二〇
清・張玉書、陳廷敬等纂《康熙字典》卷二六

石鮭

三國吳・沈瑩撰，張崇根輯校《臨海水土異物志》（石蜐）
明・楊慎原本，清・胡世安箋《異魚圖贊箋》卷四（紫蜐）
清・方旭撰《蟲薈》卷五（介蟲）

龜腳

三國吳・沈瑩撰撰，張崇根輯校《臨海水土異物志》（石蜐）
南朝梁・顧野王《玉篇》卷二五
南朝梁・蕭統編，唐・李善注《文選注》卷一二
宋・梁克家撰《淳熙三山志》卷四二（物產・水族）
宋・羅濬撰《寶慶四明志》卷四
元・戴侗《六書故》卷二〇
明・張自烈撰，清・廖文英續《正字通》申集中（虫部）
明・弘治十六年《弘治溫州府志》
明・李時珍撰《本草綱目》卷四六
明・屠本畯撰《閩中海錯疏》卷下（介部）
明・楊慎撰《異魚圖贊》卷四（紫蜐）
明・王圻、王思義輯《三才圖會》卷之鳥獸六
清・李光地等撰《月令輯要》卷四
清・郝玉麟等監修，謝道承等編纂《福建通志》卷一〇
清・郭柏蒼撰《海錯百一錄》卷三
清・周亮工撰《閩小記》下卷（龜腳）

龜腳蟶

清・趙學敏輯《本草綱目拾遺》卷一〇
清・方旭撰《蟲薈》卷五（介蟲）

仙人掌

明・張自烈撰，清・廖文英續《正字通》申集中（虫部）
明・屠本畯撰《閩中海錯疏》卷下（介部）
明・楊慎原本，清・胡世安箋《異魚圖贊箋》卷四（紫蜐）
明・方以智撰《通雅》卷四七（動物・蟲）
明・王圻、王思義輯《三才圖會》卷之鳥獸六
清・郭柏蒼撰《海錯百一錄》卷三
清・方旭撰《蟲薈》卷五（介蟲）

佛手蚶

明・楊慎原本，清・胡世安箋《異魚圖贊箋》卷四（紫蜐）
明・屠本畯撰《閩中海錯疏》卷下（介部）
明・王圻、王思義輯《三才圖會》卷之鳥獸六
清・李光地等撰《月令輯要》卷四
清・方旭撰《蟲薈》卷五（介蟲）

長裙

明・弘治十六年《弘治溫州府志》

紫蘢

明・方以智撰《通雅》卷四七（動物・蟲）
明・楊慎撰《丹鉛餘錄》卷四
清・周亮工撰《閩小記》下卷（龜腳）
清・張玉書、陳廷敬等纂《康熙字典》卷二六（蟲部）
清・郭柏蒼撰《海錯百一錄》卷三

紫薾

明・張自烈撰，清・廖文英續《正字通》申集中（虫部）
明・李時珍撰《本草綱目》卷四六
明・楊慎撰《丹鉛餘錄》卷四
清・李光地等撰《月令輯要》卷四
清・方旭撰《蟲薈》卷五（介蟲）

佛瓜

清・郭柏蒼撰《海錯百一錄》卷三

指甲蠃

清・李調元、雨村輯《南越筆記》卷一 一（蠃）
清・屈大均撰《廣東新語》卷二三（介語・石蜐）

无柄目 Sessilia

蟭

宋・陳耆卿撰《赤城志》卷三六
宋・羅浚撰《寶慶四明志》卷四
明・劉芳譽、林繼衡等修，王光蘊等纂《溫州府志》明萬曆三三年刻本

老婆牙

宋・陳耆卿撰《赤城志》卷三六
宋・羅浚撰《寶慶四明志》卷四
宋・羅大經撰《鶴林玉露》卷一一
元・任士林撰《松鄉集》卷六（老婆牙賦並序）
清・嵇曾筠等監修，沈翼機等編纂《浙江通志》卷一〇三

蟭頭

明・弘治十六年《弘治溫州府志》

蜼

明・張自烈撰，清・廖文英續《正字通》申集中（虫部）

蟜

明・劉芳譽、林繼衡等修，王光蘊等纂《溫州府志》明萬曆三三年刻本

桡足亚纲 Copepoda

剑水蚤目 Cyclopoida

剑水蚤科 Cyclopidae

劍水蚤

清·柯璜譯編,(日)箕作佳吉著《博物學講義·動物篇》(動物各論第一〇章·節足動物·甲殼類)

锚头鳋科 Lernaeidae

劍水蚤

清·柯璜譯編,(日)箕作佳吉著《博物學講義·動物篇》(動物通論第六章·動物之寄生共生)

鳃尾亚纲 Branchiura

鲺目 Arguloida

鲺科 Argulidae

鲺 *Argulus* spp.

魚虱

明·徐光啟撰《農政全書》卷四十一(牧養)

清· 寶奎撰《金魚飼養法》

魚蝨

清·黄樂之、平翰等修,鄭珍纂《貴州省遵義府志》

清·句曲山農撰《金魚圖譜》(療疾)

清·(日)西師意譯,(英)竇樂安、許家惺審定《動物學教科書》第一〇章(甲殼類)

清·柯璜譯編,(日)箕作佳吉著《博物學講義·動物篇》(動物各論第一〇章·甲殼類)

软甲亚纲 Malacostraca

糠虾目 Mysidacea

海糠

清·柯璜譯編,(日)箕作佳吉著《博物學講義·動物篇》(動物各論第一〇章·節足動物·甲殼類)

口足目 Stomatopoda

蝦蛄

宋·梁克家撰《淳熙三山志》卷四二

清·李調元著《然犀志》卷上

清·郭柏蒼撰《海錯百一錄》卷四

管蝦

唐·段成式撰,元·洪焱祖音釋《酉陽雜俎續集》卷八

宋·羅願撰,元·洪焱祖音釋《爾雅翼》卷三〇

明·葉子奇撰《草木子》卷四

清·郭柏蒼撰《海錯百一錄》卷四

蝦姑

唐·段成式撰《酉陽雜俎續集》卷八

宋·曾慥編《類說》卷四二

宋·朱勝非撰《紺珠集》卷六

明·朱謀㙔撰《駢雅》卷七

明·屠本畯撰《閩中海錯疏》卷中

清·李調元著《然犀志》卷上

琴蝦

清·郭柏蒼撰《海錯百一錄》卷四

端足目 Amphipoda

蛾亚目 Hyperiidea

蛾

宋·司馬光撰《類篇》卷三八

明·張自烈撰,清·廖文英續《正字通》申集中(虫部)

海蛘

明·張自烈撰,清·廖文英續《正字通》申集中(虫部)

钩虾类亚目 Cammaridea

淮東子

清·趙學敏輯《本草綱目拾遺(下)》卷一〇(蟲部)

跳蝦蟲

清·趙學敏輯《本草綱目拾遺(下)》卷一〇(蟲部)

蝦蝨

清·(日)西師意譯,(英)竇樂安、許家惺審定《動物學教科書》第一〇章(甲殼類)

水虱

清·柯璜譯編,(日)箕作佳吉著《博物學講義·動物篇》第一〇章(節足動物·甲殼類)

麦秆虫亚目 Caprellidea

藻蟲

清·柯璜譯編,(日)箕作佳吉著《博物學講義·動物篇》第一〇章(節足動物·甲殼類)

等足目 Isopoda

团水虱科 Sphaeromidae

蛀木水虱 *Limnoria lignorum*

抱槍水蟲

唐·段成式撰《酉陽雜俎》卷一七(蟲篇)

海蟑螂科 Ligidae

海蟑螂 *Ligia exotica*

舟蝛

清·（日）西師意譯，（英）竇樂安、許家惺審定《動物學教科書》第一〇章（甲殼類）

鼠妇科 Porcellionidae

蟠

漢·許慎撰，宋·徐鉉增釋《說文解字》卷一〇上
晉·郭璞著《爾雅音圖》卷下前（釋蟲）
晉·郭璞注，唐·陸德明音義，宋·邢昺疏《爾雅注疏》卷九
南朝梁·顧野王撰《玉篇》卷二五
南唐·徐鍇撰，朱翱反切《說文繫傳》卷二五
宋·鄭樵撰《通志》卷七六
宋·司馬光撰《類篇》卷三八
·不著撰人《原本廣韻》卷一
宋·陳彭年、丘雍等撰《重修廣韻》卷一
宋·丁度、司馬光等纂《集韻》卷二
宋·毛晃增註，毛居正重增《增修互註禮部韻略》卷一
金·韓道昭撰《五音集韻》卷三
元·戴侗撰《六書故》卷二〇
元·楊桓撰《六書統》卷一八
明·張自烈撰，清·廖文英續《正字通》申集中（虫部）
清·周春撰《爾雅補注》卷四
清·張玉書、陳廷敬等纂《康熙字典》卷二六

鼶

漢·許慎撰，宋·徐鉉增釋《說文解字》卷一〇上，又卷一三上
晉·郭璞注，唐·陸德明音義，宋·邢昺疏《爾雅注疏》卷九
南朝梁·顧野王撰《玉篇》卷二五
南唐·徐鍇撰，朱翱反切《說文繫傳》卷一九
清·周春撰《爾雅補注》卷四

鼠負

晉·郭璞著《爾雅音圖》卷下前（釋蟲）
晉·郭璞注，唐·陸德明音義，宋·邢昺疏《爾雅注疏》卷九
宋·鄭樵撰《通志》卷七六
宋·司馬光撰《類篇》卷三八
元·戴侗撰《六書故》卷二〇
明·李時珍撰《本草綱目》卷四一

鼠婦

漢·許慎撰，宋·徐鉉增釋《說文解字》卷一〇上
三國吳·陸璣撰，明·毛晉廣要《陸氏詩疏廣要》卷下之下
三國吳·陸璣撰《毛詩草木鳥獸蟲魚疏》卷下（伊威在室）
唐·陸德明撰《經典釋文》卷六
南唐·徐鍇撰，朱翱反切《說文繫傳》卷一九
宋·司馬光撰《類篇》卷三八
宋·毛晃增註，毛居正重增《增修互註禮部韻略》卷一
宋·唐慎微撰，寇宗奭衍義《證類本草》卷二二
元·戴侗撰《六書故》卷二〇
元·朱公遷撰《詩經疏義會通》卷八
元·楊桓撰《六書統》卷一八
明·李時珍撰《本草綱目》卷四一

鼠蟠

南朝梁·顧野王撰《玉篇》卷二五

黍負

宋·司馬光撰《類篇》卷三八
宋·丁度等撰《附釋文互註禮部韻略》卷三

蛜

明·張自烈撰，清·廖文英續《正字通》申集中（虫部）

伊威

《詩經》
三國吳·陸璣撰，明·毛晉廣要《陸氏詩疏廣要》卷下之下
三國吳·陸璣撰《毛詩草木鳥獸蟲魚疏》卷下（伊威在室）
晉·郭璞注，唐·陸德明音義，宋·邢昺疏《爾雅注疏》卷九
唐·陸德明撰《經典釋文》卷六
元·戴侗撰《六書故》卷二〇
元·朱公遷撰《詩經疏義會通》卷八
明·馮復京撰《六家詩名物疏》卷三
清·周春撰《爾雅補注》卷四
明·李時珍撰《本草綱目》卷四一

蛜威

漢·許慎撰，宋·徐鉉增釋《說文解字》卷一三上
晉·郭璞注，唐·陸德明音義，宋·邢昺疏《爾雅注疏》卷九
南唐·徐鍇撰，朱翱反切《說文繫傳》卷一九
宋·鄭樵撰《通志》卷七六

蛜蝛

宋·丁度等撰《附釋文互註禮部韻略》卷三
宋·陸佃撰《埤雅》卷二
元·楊桓撰《六書統》卷一八
明·張自烈撰，清·廖文英續《正字通》申集中（虫部）
明·李時珍撰《本草綱目》卷四一
清·周春撰《爾雅補注》卷四
清·張玉書、陳廷敬等纂《康熙字典》卷二六

蛜

元·楊桓撰《六書統》卷一八
明·張自烈撰，清·廖文英續《正字通》申集中（虫部）

蝛

宋·司馬光撰《類篇》卷三八
宋·丁度等撰《附釋文互註禮部韻略》卷三
元·楊桓撰《六書統》卷一八
明·張自烈撰，清·廖文英續《正字通》申集中（虫部）
清·張玉書、陳廷敬等纂《康熙字典》卷二六

清・周靖撰《篆隸考異》卷三

委黍

漢・許慎撰，宋・徐鉉增釋《說文解字》卷一三上

三國吳・陸璣撰，明・毛晉廣要《陸氏詩疏廣要》卷下之下

三國吳・陸璣撰《毛詩草木鳥獸蟲魚疏》卷下（伊威在室）

晉・郭璞注，唐・陸德明音義，宋・邢昺疏《爾雅注疏》卷九

唐・陸德明撰《經典釋文》卷六

南唐・徐鍇撰，朱翱反切《說文繫傳》卷一九

宋・鄭樵撰《通志》卷七六

元・戴侗撰《六書故》卷二〇

負蟠

晉・郭璞注，唐・陸德明音義，宋・邢昺疏《爾雅注疏》卷九

蠓

清・張玉書、陳廷敬等纂《康熙字典》卷二六

清・周靖撰《篆隸考異》卷三

濕生蟲

宋・陸佃撰《埤雅》卷二

元・朱公遷撰《詩經疏義會通》卷八

明・何楷撰《詩經世本古義》卷十之上

明・毛晉廣要《陸氏詩疏廣要》卷下之下（伊威在室）

明・李時珍撰《本草綱目》卷四一

地雞

明・李時珍撰《本草綱目》卷四一

地虱

明・李時珍撰《本草綱目》卷四一

鼠粘

宋・陸佃撰《埤雅》卷二

明・李時珍撰《本草綱目》卷四一

明・毛晉廣要《陸氏詩疏廣要》卷下之下（伊威在室）

鼠姑

宋・陸佃撰《埤雅》卷二

明・李時珍撰《本草綱目》卷四一

明・毛晉廣要《陸氏詩疏廣要》卷下之下（伊威在室）

十足目 Decapoda

蝦

漢・史遊撰，唐・顏師古注《急就篇》卷三

漢・賈誼撰《新書》卷一〇（賈誼傳）

漢・王充撰《論衡》卷一三（別通篇）

漢・許慎撰，宋・徐鉉增釋《說文解字》卷一三上

南朝梁・顧野王撰《玉篇》卷二五

唐・劉恂撰《嶺表錄異》卷中

唐・陸德明撰《經典釋文》卷三〇

南唐・徐鍇撰，朱翱反切《說文繫傳》卷二五

宋・羅願撰，元・洪焱祖音釋《爾雅翼》卷三〇

宋・司馬光撰《類篇》卷三八

宋・施宿等撰《會稽志》卷一七

宋・陳耆卿撰《赤城志》卷三六

宋・丁度、司馬光等纂《集韻》卷三

元・ 黃公紹原編，熊忠舉要《古今韻會舉要》卷七

元・戴侗撰《六書故》卷二〇

明・張自烈撰，清・廖文英續《正字通》申集中（虫部）

明・李時珍撰《本草綱目》卷四四（蝦）

清・李調元、雨村輯《南越筆記》卷一一（蝦）

清・顧炎武撰《韻補正》

清・張玉書、陳廷敬等纂《康熙字典》卷二六

清・屈大均撰《廣東新語》卷二四（蟲語・蝦）

清・吳玉搢撰《別雅》卷三

清・阿桂、劉瑾之等撰《欽定盛京通志》卷一〇七（物產）

清・趙學敏輯《本草綱目拾遺》卷一〇

清・方旭撰《蟲薈》卷五（介蟲・鰕）

鰕

漢・史遊撰，唐・顏師古注《急就篇》卷三

漢・許慎撰，宋・徐鉉增釋《說文解字》卷一一下

南朝梁・顧野王撰《玉篇》卷二四

唐・劉恂撰《嶺表錄異》卷上

唐・陸德明撰《經典釋文》卷三〇

南唐・徐鍇撰，朱翱反切《說文繫傳》卷二二

宋・司馬光撰《類篇》卷三三

宋・施宿等撰《會稽志》卷一七

元・戴侗撰《六書故》卷二〇

元・黃公紹原編，熊忠舉要《古今韻會舉要》卷七

清・顧炎武撰《唐韻正》卷四

清・張玉書、陳廷敬等纂《康熙字典》卷三五

清・阿桂、劉瑾之等撰《欽定盛京通志》卷一一五

沙虹

宋・葉廷珪撰《海録碎事》卷二二上

明・陳耀文撰《天中記》卷四六

明・彭大翼撰，張幼學增訂《山堂肆考》卷二二五

長鬚蟲

宋・施宿等撰《會稽志》卷一七

清・陳元龍撰《格致鏡原》卷九五

清・方旭撰《蟲薈》卷五（介蟲・鰕）

虎頭公

清・陳元龍撰《格致鏡原》卷九五

清・方旭撰《蟲薈》卷五（介蟲・鰕）

曲身小子

清・陳元龍撰《格致鏡原》卷九五

游泳亚目 Natantia

对虾科 Penaeidae

對蝦

明・屠本畯撰《閩中海錯疏》卷中

明·李時珍撰《本草綱目》卷四四
明·宋詡撰《竹嶼山房雜部》卷四
清·嵇曾筠等監修，沈翼機等編纂《浙江通志》卷一〇一（物產）、卷一〇五
清·劉瑾之、阿桂等撰《盛京通志》卷一〇七
清·郝玉麟等監修，謝道承等編纂《福建通志》卷一〇
清·趙學敏輯《本草綱目拾遺》卷一〇（對蝦）
清·郭柏蒼撰《海錯百一錄》卷四

蟳蝦

清·趙學敏輯《本草綱目拾遺》卷一〇
清·李調元、雨村輯《南越筆記》卷一一（蝦）
清·屈大均撰《廣東新語》卷二四（蟲語·蝦）

中国明对虾 *Fenneropenaeus chinensis*

青鰕

清·趙弘恩等監修，黃之雋等編纂《江南通志》卷八六
清·博潤修，姚光發等纂《上海府縣志輯·松江府續志》卷五

對鰕

清·趙弘恩等監修，黃之雋等編纂《江南通志》卷八六

對蝦

清·博潤修，姚光發等纂《上海府縣志輯·松江府續志》卷五

淮海產對蝦

清·趙學敏輯《本草綱目拾遺》卷一〇

周氏新对虾 *Metapenaeus joyneri*

黃蝦

元·徐碩撰《至元嘉禾志》卷六（物產）
清·胡世安撰《異魚圖贊補》卷下
清·嵇曾筠等監修，沈翼機等編纂《浙江通志》卷一〇二
清·郭柏蒼撰《海錯百一錄》卷四

沙栖新对虾 *Metapenaeus moyebi*

沙蝦

明·楊慎原本，清·胡世安箋《異魚圖贊箋》卷下

新对虾 *Metapenaeus* spp.

蘆蝦

宋·羅願撰，元·洪焱祖音釋《爾雅翼》卷三〇
宋·梁克家撰《淳熙三山志》卷四二
明·屠本畯撰《閩中海錯疏》卷中
清·郝玉麟等監修，謝道承等編纂《福建通志》卷一〇

亨氏仿对虾 *Parapenaeopsis hungerfordi* 及日本囊对虾 *Marsupenaeus*

節蝦

清·郭柏蒼撰《海錯百一錄》卷四

斑节对虾 *Penaeus monodon*

五色蝦

宋·羅願撰，元·洪焱祖音釋《爾雅翼》卷三〇
明·李時珍撰《本草綱目》卷四四
清·郭柏蒼撰《海錯百一錄》卷四
清·方旭撰《蟲薈》卷五（介蟲）

斑節蝦

清·胡世安撰《異魚圖贊補》卷下（蝦）

樱虾科 Sergestidae

毛虾 *Acetes* spp.

梅蝦

宋·羅願撰，元·洪焱祖音釋《爾雅翼》卷三〇
宋·梁克家撰《淳熙三山志》
宋·陳耆卿撰《赤城志》卷三六
宋·羅濬撰《寶慶四明志》卷四
明·屠本畯撰《閩中海錯疏》卷中
清·胡世安撰《異魚圖贊補》卷下
清·謝道承等編纂，郝玉麟等監修《福建通志》卷一〇

塗苗

明·屠本畯撰《閩中海錯疏》卷中
清·謝道承等編纂，郝玉麟等監修《福建通志》卷一〇
清·郭柏蒼撰《海錯百一錄》卷四

醬蝦

明·屠本畯撰《閩中海錯疏》卷中
清·謝道承等編纂，郝玉麟等監修《福建通志》卷一〇
清·郭柏蒼撰《海錯百一錄》卷四

紅毛子

清·阿桂、劉瑾之等撰《欽定盛京通志》卷一〇七

蝦皮

清·阿桂、劉瑾之等撰《欽定盛京通志》卷一〇七

香山蝦

清·趙學敏輯《本草綱目拾遺》卷一〇

蝦米

清·郭柏蒼撰《海錯百一錄》卷四

藻虾科 Hippolytidae

水母深额虾 *Latreutes anoplonyx*

水母目蝦

南朝梁·蕭統編，唐·李善注《文選注》卷一二
唐·劉恂撰《嶺表錄異》卷上
宋·羅願撰，元·洪焱祖音釋《爾雅翼》卷三〇（釋魚）
宋·唐慎微撰，寇宗奭衍義《證類本草》卷二二（蟲部下品）
明·蔡清撰《易經蒙引》卷一三
明·徐應秋撰《玉芝堂談薈》卷三二
清·陸隴其撰《四書講義》卷三三（困勉錄）

清・郝玉麟等監修，魯曾煜等編纂《廣東通志》卷五二

水母目鰕

宋・羅濬撰《寶慶四明志》卷四

长臂虾科 Palaemonidae

白虾 *Exopalaemon* spp.

白蝦

宋・梁克家撰《淳熙三山志》卷四二

明・屠本畯撰《閩中海錯疏》卷中

清・謝道承等編纂，郝玉麟等監修《福建通志》卷一〇

清・宋如林修，孫星衍 莫晉撰《上海府縣志輯・松江府志》卷六

清・郭柏蒼撰《海錯百一錄》卷四

沼虾 *Macrobrachium* spp.

湖蝦

宋・陳耆卿撰《赤城志》卷三六

湖鰕

宋・羅濬撰《寶慶四明志》卷四

鰕公

宋・羅濬撰《寶慶四明志》卷四

日本沼虾 *Macrobrachium nipponense*

草蝦

明・屠本畯撰《閩中海錯疏》卷中

清・謝道承等編纂，郝玉麟等監修《福建通志》卷一〇

爬行亚目 Reptantia

长尾下目 Macrura

蝼蛄虾科 Upogebiidae

蝼蛄虾 *Upogebia* spp.

苗蝦

宋・趙令時撰《侯鯖録》卷三

蝦公

宋・趙令時撰《侯鯖録》卷三

海蜈蚣

明・屠本畯撰《閩中海錯疏》卷中

龙虾科 Palinuridae

紅蝦

唐・段公路撰，龜圖注《北戶錄》卷二

紅鰕

清・李調元撰《然犀志》卷上

海蝦

唐・劉恂撰《嶺表錄異》卷中

海鰕

清・方旭撰《蟲薈》卷五

蝦魁

宋・梁克家撰《淳熙三山志》卷四二

明・屠本畯撰《閩中海錯疏》卷中

清・胡世安撰《異魚圖贊補》卷下（蝦）

清・郭柏蒼撰《海錯百一錄》卷四

蝦王

宋・陳耆卿撰《赤城志》卷三六

龍蝦

明・王世懋撰《閩部疏》

明・屠本畯撰《閩中海錯疏》卷中

明・謝肇淛著《五雜俎》卷九

清・胡世安撰《異魚圖贊補》卷下（蝦）

清・郭柏蒼撰《海錯百一錄》卷四

清・黃叔璥撰《臺海使槎錄》卷三

清・方旭撰《蟲薈》卷五（介蟲）

清・李調元撰《然犀志》卷上

清・屈大均撰《廣東新語》卷二二（鱗語・龍蝦）

龍鰕

清・李調元撰《然犀志》卷上

龍頭蝦

清・吳綺撰《嶺南風物記》

蝲蛄科 Astacidae

蝲蛄 *Cambaroides* spp.

蝲蛄

清・阿桂、劉瑾之等撰《欽定盛京通志》卷一〇七

清・長順修《吉林通志》卷三二

刺姑

清・方・旭撰《蟲薈》卷五（介蟲）

哈食馬

清・吳振臣著《甯古塔記略》

哈食馬拉姑

清・長順修《吉林通志》卷三二

歪尾下目 Anomura

寄居蟹类

蛣蟶

晉・郭璞注，唐・陸德明音義，宋邢昺疏《爾雅注疏》卷一〇

宋・鄭樵注《爾雅註》卷下（釋魚）

宋・司馬光《類篇》卷三八

宋・傅肱撰《蟹譜》上篇

元・陶宗儀編《說郛》卷一〇七

清・郝懿行撰《爾雅義疏》下之四

寄居

唐・段成式撰《酉陽雜俎》卷一七

唐・段成式撰《酉陽雜俎續集》卷八
明・周嬰撰《卮林》卷五
明・葉子奇撰《草木子》卷四
明・李時珍撰《本草綱目》卷四六（介之二）
清・郝懿行著《記海錯》（寄居）

寄居蟲

宋・唐慎微撰《證類本草》卷二一（蟲部）
明・李時珍撰《本草綱目》卷四六（介之二）
明・王圻、王思義輯《三才圖會》卷之鳥獸六
清・郝玉麟等監修，魯曾煜等編纂《廣東通志》卷五二（物產）
清・郝懿行著《記海錯》（寄居）

辟

宋・唐慎微撰《證類本草》卷二一（蟲部）

寄生

明・屠本畯撰《閩中海錯疏》卷下（介部）
明・周嬰撰《卮林》卷五
明・王世懋撰《閩部疏》
清・吳綺撰《嶺南風物記》
清・郭柏蒼撰《海錯百一錄》卷三
清・黃叔璥撰《臺海使槎錄》卷三

蟹螺

清・陳文緯修，屠繼善纂《臺灣府縣志輯・光緒恒春縣志》卷九

寄生蠃

清・屈大均撰《廣東新語》卷二三（介語・蠃）
清・李調元、雨村輯《南越筆記》卷一一（蠃）

竊蟳

清・李調元、雨村輯《南越筆記》卷一一（蠃）

陆寄居蟹科 Coenobitidae

椰子蟹 *Birgus latro*

山寄生螺

清・陳文緯修，屠繼善纂《臺灣府縣志輯・光緒恒春縣志》卷九

短尾下目 Brachyura

蟹类

蟹

周・荀況撰，唐・楊倞注《荀子》 卷一
漢・鄭氏注，唐・陸德明音義，賈公彥疏《周禮注疏》卷四一
漢・戴德撰，北周・盧辯註《大戴禮記》卷七
漢・史游撰，唐・顏師古注《急就篇》卷三
漢・揚雄撰，晉・范望注《太玄經》卷二
三國魏・張揖撰《廣雅》卷一（釋魚）
南朝梁・顧野王撰《玉篇》卷二五
・不著撰人《原本廣韻》卷三
宋・陳彭年、丘雍等撰《重修廣韻》卷三
宋・丁度 司馬光等纂《集韻》卷五
宋・丁度等撰《附釋文互註禮部韻略》卷二、卷三
宋・羅願撰，元・洪焱祖音釋《爾雅翼》卷三一
宋・梁克家撰《淳熙三山志》卷四二
宋・傅肱撰《蟹譜》卷上
金・韓道昭撰《五音集韻》卷七
元・黃公紹原編，熊忠舉要《古今韻會舉要》卷一三
元・陶宗儀編《說郛》卷七四上、卷七四下、卷九五
明・張自烈撰，清・廖文英續《正字通》申集中
明・李時珍撰《本草綱目》卷四五
明・徐光啟撰《農政全書》卷一〇、卷一一、卷四二
明・方以智撰《通雅》卷四七
明・王圻、王思義輯《三才圖會》卷之鳥獸六
明・李蘇著《見物》卷四
清・胡世安撰《異魚圖贊補》卷下
清・屈大均撰《廣東新語》卷二三
清・郝懿行著《記海錯》卷一〇

蠏

漢・許慎撰，宋・徐鉉增釋《說文解字》 卷一三 上
南唐・徐鍇撰，朱翱反切《說文繫傳》卷二五
宋・陸佃撰《埤雅》卷二
宋・司馬光撰《類篇》卷三八
元・戴侗《六書故》卷二〇
元・楊桓撰《六書統》卷一八
元・陶宗儀編《說郛》卷一九下
明・屠本畯撰《閩中海錯疏》卷下（介部）
清・李調元、雨村輯《南越筆記》卷一〇（蠏）

鱖

漢・許慎撰，宋・徐鉉增釋《說文解字》 卷一三 上
南唐・徐鍇撰，朱翱反切《說文繫傳》卷二五
明・張自烈撰，清・廖文英續《正字通》申集中

蛫

漢・許慎撰，宋・徐鉉增釋《說文解字》 卷一三 上
南朝梁・顧野王撰《玉篇》卷二五
南唐・徐鍇撰，朱翱反切《說文繫傳》卷二五
宋・司馬光撰《類篇》卷三八
元・戴侗撰《六書故》卷二〇
元・楊桓撰《六書統》卷一八

蜋螘

宋・羅願撰，元・洪焱祖音釋《爾雅翼》卷三一
明・朱謀㙔撰《駢雅》卷七

蜋鱧

三國魏・張揖撰《廣雅》卷一（釋魚）

蜞螘

明·李時珍撰《本草綱目》卷四五

博帶

三國魏·張揖撰《廣雅》卷一（釋魚）

宋·羅願撰，元·洪焱祖音釋《爾雅翼》卷三一

明·李時珍撰《本草綱目》卷四五

明·朱謀㙔撰《駢雅》卷七

無腸公子

晉·葛洪撰《抱朴子内篇》卷四

明·李時珍撰《本草綱目》卷四五

清·方旭撰《蟲薈》卷五（介蟲）

横行介士

宋·傅肱撰《蟹譜》卷下

明·李時珍撰《本草綱目》卷四五

清·方旭撰《蟲薈》卷五（介蟲）

螃蟹

宋·傅肱撰《蟹譜》卷上（總論）

清·張玉書、陳廷敬等纂《康熙字典》卷二六

清·方旭撰《蟲薈》卷五（介蟲）

旁蟹

宋·梁克家撰《淳熙三山志》卷四二

螃䲒

明·李時珍撰《本草綱目》卷四五

郭索

宋·傅肱撰《蟹譜》卷下

明·李時珍撰《本草綱目》卷四五

清·方旭撰《蟲薈》卷五（介蟲）

绵蟹科 Dromiidae

蛫

宋·司馬光撰《類篇》卷三八

宋·丁度、司馬光等修定《集韻》卷五

宋·唐慎微撰，寇宗奭衍義《證類本草》卷二一（蟹）

明·李時珍撰《本草綱目》卷四五·蟹

清·張玉書、陳廷敬等纂《康熙字典》卷二六申集中（虫部）

干练平壳蟹 *Conchoecetes artificiosus*

婆蟹

清·博潤修，姚光發等纂《上海府縣志輯·松江府續志》卷五

圆关公蟹科 Cyclodorippidae

鬼蟹 *Tymolus* spp.

鬼面蟹

清·博潤修，姚光發等纂《上海府縣志輯·松江府續志》卷五

关公蟹科 Dorippidae

蚩

宋·傅肱撰《蟹譜》卷上

明·張自烈撰，清·廖文英續《正字通》申集中

清·張玉書、陳廷敬等纂《康熙字典》卷二六申集中（虫部）

比

明·李時珍撰《本草綱目》卷四五（蟹）

關王蟹

清·博潤修，姚光發等纂《上海府縣志輯·松江府續志》卷五（物產）

鬼蟹

清·王瑛曾纂修《臺灣府縣志輯·重修鳳山縣志》卷一一（雜志）

清·薩廉修，陳淑均纂《臺灣府縣志輯·鹹豐臺灣府噶瑪蘭廳志》卷六

鬼面蟹

清·（日）西師意譯，（英）竇樂安、許家惺審定《動物學教科書》第一〇章（節足動物）

清·柯璜譯編，（日）箕作佳吉著《博物學講義·動物篇》第一編（動物各論·第一〇章·節足動物）

馒头蟹科 Calappidae

馒头蟹 *Calappa* spp.

花蠏

清·李調元撰《犀然志》卷上

虎头蟹科 Orithyidae

中华虎头蟹 *Orithyia sinica*

虎蟹

唐·段公路撰，龜圖注《北戶錄》卷一（紅螺殼）

唐·劉恂撰《嶺表錄異》卷中

虎蟳

宋·羅願撰，元·洪焱祖音釋《爾雅翼》卷三一

宋·曾慥編《類說》卷六（海物異名記）

明·屠本畯撰《閩中海錯疏》卷下（介部）

明·王世懋撰《閩部疏》

明·謝肇淛著《五雜俎》卷九

清·胡世安撰《異魚圖贊補》卷下

清·李光地等撰《月令輯要》卷二

清·黃叔璥撰《臺海使槎錄》卷三

清·周亮工撰《閩小記》

清·方旭撰《蟲薈》卷五

清·郭柏蒼撰《海錯百一錄》卷三

虎獅

清·郭柏蒼撰《海錯百一錄》卷三

關公蟹

清・周亮工撰《閩小記》

清・方旭撰《蟲薈》卷五

清・郭柏蒼撰《海錯百一錄》卷三

玉蟹科 Leucosiidae

玉蟹 *Leucosia* spp. 及拳蟹 *Philyra* spp.

千人捏

唐・段成式撰《酉陽雜俎》卷一七

明・楊慎撰，張士佩編《升庵集》卷八一

明・楊慎原本，清・胡世安箋《異魚圖贊箋》卷四

清・方旭撰《蟲薈》卷五（介蟲）

清・郭柏蒼撰《海錯百一錄》卷三

栗壳蟹 *Arcania* spp.

沙鑽蟹

清・黃叔璥撰《台海使槎録》卷三

清・唐景崧修，蔣師轍、薛紹元纂《臺灣府縣志輯・光緒臺灣通志》（物產）

蜘蛛蟹科 Majidae

巨螯蟹 *Macrocheira kaempferi*

蟙蟳

清・（日）西師意譯，（英）竇樂安、許家惺審定《動物學教科書》一〇章

島蟹

清・柯璜譯編，（日）箕作佳吉著《博物學講義・動物篇》第一編（動物各論・第一〇章・節足動物）

菱蟹科 Parthenopidae

菱蟹 *Parthenope* spp.

千人擘

宋・陳耆卿撰《赤城志》卷三六

宋・梁克家撰《淳熙三山志》卷四二

明・屠本畯撰《閩中海錯疏》卷下（介部）

清・嵇曾筠等監修，沈翼機等編纂《浙江通志》卷一〇五

清・郝玉麟等監修，謝道承等編纂《福建通志》卷一〇

粗糙壳蚀菱蟹 *Daldorfia horrida*

石蟹

清・李調元撰《然犀志》卷上

梭子蟹科 Portunidae

蟳 *Charybdis* spp.

蝤蛑

唐・劉恂撰《嶺表錄異》卷中

宋・梁克家撰《淳熙三山志》卷四二

宋・陳耆卿撰《赤城志》卷三六

宋・羅濬撰《寶慶四明志》卷四

宋・唐慎微撰，寇宗奭衍義《證類本草》卷二一

宋・高似孫撰《蟹畧》卷三

宋・洪邁撰《容齋隨筆》卷六（四筆臨海・蟹圖）

明・屠本畯撰《閩中海錯疏》卷下（介部）

明・王世懋撰《閩部疏》

明・馮時可撰《雨航雜錄》卷下

清・胡世安箋《異魚圖贊補》卷下

清・嵇曾筠等監修，沈翼機等編纂《浙江通志》卷一〇三

蝤蝶

宋・鄭樵撰《通志》卷七六

蟳

宋・鄭樵撰《通志》卷七六

宋・梁克家撰《淳熙三山志》卷四二

宋・唐慎微撰，寇宗奭衍義《證類本草》卷二一

明・謝肇淛著《五雜俎》卷九

明・馮時可撰《雨航雜錄》卷下

清・胡世安箋《異魚圖贊補》卷下

清・郝玉麟等監修，謝道承等編纂《福建通志》卷一〇

撥棹

明・馮時可撰《雨航雜錄》卷下

撥棹子

宋・梁克家撰《淳熙三山志》卷四二

宋・洪邁撰《容齋隨筆》卷六（四筆臨海・蟹圖）

宋・唐慎微撰，寇宗奭衍義《證類本草》 卷二一

清・胡世安箋《異魚圖贊補》卷下

清・嵇曾筠等監修，沈翼機等編纂《浙江通志》卷一〇三

清・方旭撰《蟲薈》卷五（介蟲）

黃甲

宋・高似孫撰《蟹畧》卷三

明・屠本畯撰《閩中海錯疏》卷下

明・王世懋撰《閩部疏》

清・嵇曾筠等監修，沈翼機等編纂《浙江通志》卷一〇三

清・李調元、雨村輯《南越筆記》卷一一

青蟹 *Scylla* spp.

蝤蝥

元・戴侗撰《六書故》卷二〇

青蟳

宋・陳耆卿撰《赤城志》卷三六

宋・羅濬撰《寶慶四明志》卷四

宋・高似孫撰《蟹畧》卷三

元・戴侗撰《六書故》卷二〇

明・張自烈撰，清・廖文英續《正字通》申集中（虫部）

清・張玉書、陳廷敬等纂《康熙字典》卷二六（蟲部）

海蟳

明・屠本畯撰《閩中海錯疏》卷下

蟳

明・張自烈撰，清・廖文英續《正字通》申集中（虫部）

清・張玉書、陳廷敬等纂《康熙字典》卷二六

清・郭柏蒼撰《海錯百一錄》卷三

蝤蛑

清・張玉書、陳廷敬等纂《康熙字典》卷二六

清・郭柏蒼撰《海錯百一錄》卷三

菜蟳

清・郭柏蒼撰《海錯百一錄》卷三

梭子蟹 *Portunus* spp.

蠞

宋・傅肱撰《蟹譜》卷上（總論、上篇）

明・張自烈撰，清・廖文英續《正字通》申集中（虫部）

蝍

元・戴侗撰《六書故》卷二〇

明・張自烈撰，清・廖文英續《正字通》申集中（虫部）

蠘

宋・鄭樵撰《通志》卷七六

宋・梁克家撰《淳熙三山志》卷四二

宋・陳耆卿撰《赤城志》卷三六

明・張自烈撰，清・廖文英續《正字通》申集中（虫部）

明・屠本畯撰《閩中海錯疏》卷下

明・謝肇淛撰《五雜俎》卷九

清・胡世安撰《異魚圖贊補》卷下

清・張玉書、陳廷敬等纂《康熙字典》卷二六（蟲部）

白蟹

宋・傅肱撰《蟹譜》卷上（下篇）

明・宋詡撰《竹嶼山房雜部》卷四

清・柯璜譯編，(日)箕作佳吉著《博物學講義・動物篇》第一編（動物各論・第一〇章・節足動物）

黃甲

明・謝肇淛撰《五雜俎》卷九

清・胡世安撰《異魚圖贊補》卷下

橫江

清・郭柏蒼撰《海錯百一錄》卷三

三疣梭子蟹 *Portunus trituberculatus*

青腳蠘

清・胡世安撰《異魚圖贊補》卷下

红星梭子蟹 *Portunus sanguinolentus*

三目蠘

清・胡世安撰《異魚圖贊補》卷下

远海梭子蟹 *Portunus pelagicus*

花蠘

清・胡世安撰《異魚圖贊補》卷下

拥剑梭子蟹 *Portunus gladiator*

黃蠘

清・胡世安撰《異魚圖贊補》卷下

短桨蟹 *Thalamita* spp.

石蝤蛑

宋・羅濬撰《寶慶四明志》卷四

清・嵇曾筠等監修，沈翼機等編纂《浙江通志》卷一〇三

石蟳

清・郝玉麟等監修，謝道承等編纂《福建通志》卷一〇

清・郭柏蒼撰《海錯百一錄》卷三

扇蟹科 Xanthidae

红斑瓢蟹 *Carpilius maculates*

紅蟹

唐・段公路撰，龜圖注《北戶錄》卷一

唐・劉恂撰《嶺表録異》卷中

明・方以智撰《物理小識》卷八

紅蠏

清・李調元撰《然犀志》卷下

细纹爱洁蟹 *Atergatis reticulatus*

石蜠

三國吳・沈瑩撰，張崇根輯校《臨海水土異物志》

宋・傅肱撰《蟹譜》卷上

宋・洪邁撰《容齋隨筆》卷六（四筆・臨海蟹圖）

明・楊慎撰《異魚圖贊》卷四

明・楊慎原本，清・胡世安箋《異魚圖贊箋》卷四

清・方旭撰《蟲薈》卷五

清・嵇曾筠等監修，沈翼機等編纂《浙江通志》卷一〇五

溪蟹科 Potamidae

石蟹

宋・傅肱撰《蟹譜》（總論）

明・李時珍撰《本草綱目》卷四五

石蠏

清・嵇曾筠等監修，沈翼機等編纂《浙江通志》卷一〇四

束腰蟹科 Parathelphusidae

花蟹

清・戴肇辰等修，史澄等纂《廣東府縣志輯・光緒廣州府志》卷一六

仙蟹

清・屈大均撰《廣東新語》卷二三

仙蠏

清・李調元、雨村輯《南越筆記》卷一〇（羅浮仙蟹）

豆蟹科 Pinnotheridae

豆蟹 *Pinnotheres* spp.

蟹奴

南朝梁・任昉撰《述異記》卷下
宋・傅肱撰《蟹譜》上篇
清・李調元撰《然犀志》卷上

蠣奴

宋・孫奕撰《示兒編》卷一五
宋・羅願撰，元・洪焱祖音釋《爾雅翼》卷三一
宋・曾慥編《類說》卷六
明・李時珍撰《本草綱目》卷四五
清・方旭撰《蟲薈》卷五（介蟲）

蚌奴

清・李調元撰《然犀志》卷上

沙蟹科 Ocypodide

沙蟹 *Ocypode* spp.

沙狗

三國吳・沈瑩撰，張崇根輯校《臨海水土異物志》
唐・段公路撰，龜圖註《北戶錄》卷一
宋・羅願撰，元・洪焱祖音釋《爾雅翼》卷三一
宋・洪邁撰《容齋隨筆》卷六（臨海蟹圖）
明・李時珍撰《本草綱目》卷四五
明・楊慎撰《異魚圖贊》卷四
明・馮時可撰《雨航雜録》卷下
明・楊慎原本，清・胡世安箋《異魚圖贊箋》卷四
清・嵇曾筠等監修，沈翼機等編纂《浙江通志》卷一〇二
清・金福曾 顧思賢修，張文虎等纂《上海府縣志輯・南匯縣志》卷二〇
清・方旭撰《蟲薈》卷五

沙裹狗

明・王世貞撰《弇州四部稿》卷一五六
清・蘇淵纂《上海府縣志輯・康熙嘉定縣志》卷四

沙裹勾

明・王世貞撰《弇州四部稿》卷一五六

沙裹鉤

清・宋如林修，孫星衍 莫晉撰《上海府縣志輯・松江府志》卷六

沙裹鉤

清・蘇淵纂《上海府縣志輯・康熙嘉定縣志》卷四
清・程其玨 楊震福等纂《上海府縣志輯・光緒嘉定縣志》卷八

沙裡鉤

清・金福曾 顧思賢修，張文虎等纂《上海府縣志輯・南匯縣志》卷二〇

沙鉤

明・馮時可撰《雨航雜録》卷下
清・和珅等撰《大清一統志》卷五九

沙鉤

清・孫星衍 莫晉纂，宋如林修《嘉慶松江府志》卷六

沙虎

清・嵇曾筠等監修，沈翼機等編纂《浙江通志》卷一〇二

沙馬蟹

清・黃叔璥撰《臺海使槎錄》卷三

沙蟹

清・柯瑛譯編，(日)箕作佳吉著《博物學講義・動物篇》第一〇章（動物各論・甲殼類）

清白招潮 *Uca lactea*

招潮

三國吳・沈瑩撰，張崇根輯校《臨海水土異物志》
唐・段公路撰，龜圖注《北戶錄》卷一
宋・羅願撰，元・洪焱祖音釋《爾雅翼》卷三一
明・楊慎撰《異魚圖贊》卷四
明・馮時可撰《雨航雜録》卷下
明・楊慎原本，清・胡世安箋《異魚圖贊箋》卷四

招潮子

三國吳・沈瑩撰，張崇根輯校《臨海水土異物志》
唐・劉恂撰《嶺表錄異》卷中
宋・曾慥編《類說》卷六
清・方旭撰《蟲薈》卷五（介蟲）

望潮

宋・洪邁撰《容齋隨筆》卷六（臨海蟹圖）
明・李時珍撰《本草綱目》卷四五
明・楊慎原本，清・胡世安箋《異魚圖贊箋》卷四
清・方旭撰《蟲薈》卷五（介蟲）

弧边招潮 *Uca arcuata*

竭朴

唐・段公路撰，龜圖注《北戶錄》卷一
唐・劉恂撰《嶺表錄異》卷中
宋・羅願撰，元・洪焱祖音釋《爾雅翼》卷三一
宋・洪邁撰《容齋隨筆》卷六（臨海蟹圖）
明・徐應秋撰《玉芝堂談薈》卷三五
明・楊慎原本，清・胡世安箋《異魚圖贊箋》卷四
清・方旭撰《蟲薈》卷五（介蟲）

竭樸

三國吳・沈瑩撰，張崇根輯校《臨海水土異物志》
明・馮時可撰《雨航雜錄》
清・嵇曾筠等監修，沈翼機等編纂《浙江通志》卷一〇五

擁劍

晉・崔豹撰《古今注》卷中
北齐・顏之推撰《顏氏家訓》卷上

唐・段公路撰，龜圖注《北戶錄》卷一
唐・段成式撰《酉陽雜俎》卷一七
五代・馬縞撰《中華古今注》卷下
宋・陸佃撰《埤雅》卷二
宋・羅願撰，元・洪焱祖音釋《爾雅翼》卷三〇、卷三一
宋・鄭樵撰《通志》卷七六
宋・朱長文撰《吳郡圖經續記》卷下
宋・梁克家撰《淳熙三山志》卷四二
宋・唐慎微撰，寇宗奭衍義《證類本草》卷二一
宋・高似孫撰《蟹畧》卷三
宋・洪邁撰《容齋隨筆》卷六（臨海蟹圖）
元・陶宗儀編《說郛》卷一二上
明・屠本畯撰《閩中海錯疏》卷下
明・楊慎撰《異魚圖贊》卷四
明・葉子奇撰《草木子》卷四
明・馮時可撰《雨航雜錄》
明・徐應秋撰《玉芝堂談薈》卷三五
明・楊慎原本，清・胡世安箋《異魚圖贊箋》卷四
清・郝玉麟等監修，謝道承等編纂《福建通志》卷一〇（物產）
清・高士奇撰《續編珠》卷二
清・方旭撰《蟲薈》卷五（介蟲）
清・郭柏蒼撰《海錯百一錄》卷三

執火

晉・崔豹撰《古今注》卷中
唐・段公路撰，龜圖注《北戶錄》卷一
五代・馬縞撰《中華古今注》卷下
宋・鄭樵撰《通志》卷七六
宋・唐慎微撰，寇宗奭衍義《證類本草》卷二一
宋・高似孫撰《蟹畧》卷三
元・陶宗儀編《說郛》卷一二上
明・屠本畯撰《閩中海錯疏》卷下
清・郝玉麟等監修，謝道承等編纂《福建通志》卷一〇
清・方旭撰《蟲薈》卷五（介蟲）
清・郭柏蒼撰《海錯百一錄》卷三

越王劍

唐・段公路撰，龜圖注《北戶錄》卷一

桀步

宋・陸佃撰《埤雅》卷二
宋・鄭樵撰《通志》卷七六
宋・梁克家撰《淳熙三山志》卷四二
宋・唐慎微撰，寇宗奭衍義《證類本草》卷二一
宋・高似孫撰《蟹畧》卷三
明・屠本畯撰《閩中海錯疏》卷下
明・馮時可撰《雨航雜錄》
清・郝玉麟等監修，謝道承等編纂《福建通志》卷一〇
清・方旭撰《蟲薈》卷五（介蟲）
清・郭柏蒼撰《海錯百一錄》卷三

揭哺子

宋・梁克家撰《淳熙三山志》卷四二
明・屠本畯撰《閩中海錯疏》卷下
清・郝玉麟等監修，謝道承等編纂《福建通志》卷一〇

遮羞蟚

清・博潤修，姚光發等纂《上海府縣志輯・松江府續志》卷五

赤腳

清・郭柏蒼撰《海錯百一錄》卷三

大眼蟹 *Macrophthalmus* spp.

倚望

三國吳・沈瑩撰，張崇根輯校《臨海水土異物志》
唐・段公路撰，龜圖注《北戶錄》卷一
宋・羅願撰，元・洪焱祖音釋《爾雅翼》卷三一
宋・洪邁撰《容齋隨筆》卷六（臨海蟹圖）
明・楊慎撰《異魚圖贊》卷四
明・楊慎原本，清・胡世安箋《異魚圖贊箋》卷四
明・徐應秋撰《玉芝堂談薈》卷三五
清・嵇曾筠等監修，沈翼機等編纂《浙江通志》卷一〇五（物產）
清・方旭撰《蟲薈》卷五（介蟲）

朱蠏

清・郭柏蒼撰《海錯百一錄》卷三

倚

清・郭柏蒼撰《海錯百一錄》卷四

步倚

清・郭柏蒼撰《海錯百一錄》卷四

泥蟹 *Ilyoplax* spp.

望潮郎

清・博潤修，姚光發等纂《上海府縣志輯・松江府續志》卷五

股窗蟹 *Scopiera* spp.，韦氏毛带蟹 *Dotilla wichmanni*

數丸

唐・段公路撰，龜圖注《北戶錄》卷一
唐・段成式撰《酉陽雜俎》卷一七
宋・羅願撰，元・洪焱祖音釋《爾雅翼》卷三一
宋・朱勝非撰《紺珠集》卷六
明・葉子奇撰《草木子》卷四
明・馮時可撰《雨航雜錄》卷下
清・胡世安撰《異魚圖贊補》卷下
清・方旭撰《蟲薈》卷五（介蟲）

沙丸

唐・段成式撰《酉陽雜俎》卷一七
精・胡世安撰《異魚圖贊補》卷下

清·方旭撰《蟲薈》卷五（介蟲）

和尚蟹科 Mictyridae

短指和尚蟹 *Mictyris brevidactylus*

和尚蟹

清·博潤修，姚光發等纂《上海府縣志輯·松江府續志》卷五（物產）

方蟹科 Grapsidae

相手蟹 *Sesarma* spp.

彭蜞

宋·陸佃撰《埤雅》卷二
宋·鄭樵撰《通志》卷七六
宋·梁克家撰《淳熙三山志》卷四二
清·胡世安撰《異魚圖贊補》卷下
明·馮時可撰《雨航雜錄》卷下

彭碁

宋·丁度、司馬光等纂《集韻》卷一
元·黃公紹原編，熊忠舉要《古今韻會舉要》卷二
明·樂韶鳳、宋濂撰《洪武正韻》卷一
清·毛奇齡撰《古今通韻》卷二

蟛蜞

宋·高似孫撰《蟹略》卷三
清·王士禛撰《池北偶談》卷一九（蟛蜞集）
清·方旭撰《蟲薈》卷五（介蟲）

蟛碁

宋·陳彭年、丘雍等撰《重修廣韻》卷一
遼·釋行均撰《龍龕手鑒》卷二
明·張自烈撰，清·廖文英續《正字通》申集中

蟚碁

南朝梁·顧野王撰《玉篇》卷二五
宋·傅肱撰《蟹譜》卷上
金·韓道昭撰《五音集韻》卷一

蟚蜞

晉·崔豹撰《古今注》卷中
唐·段公路撰，龜圖注《北戶錄》卷一
清·張玉書、陳廷敬等纂《康熙字典》卷二六

螃蜞

宋·司馬光撰《類篇》卷三八
明·屠本畯撰《閩中海錯疏》（介部）

長卿

晉·崔豹撰《古今注》卷中
明·曹學佺撰《蜀中廣記》卷六〇
清·胡世安撰《異魚圖贊補》卷下
清·張玉書、陳廷敬等纂《康熙字典》卷二六
清·李光地等撰《月令輯要》卷二三

蟚

南朝梁·顧野王撰《玉篇》卷二五
明·張自烈撰，清·廖文英續《正字通》申集中
清·張玉書、陳廷敬等纂《康熙字典》卷二六

碁

南朝梁·顧野王撰《玉篇》卷二五
宋·司馬光撰《類篇》卷三八
宋·陳彭年、丘雍等撰《重修廣韻》卷一
宋·丁度、司馬光等纂《集韻》卷一
宋·丁度等撰《附釋文互註禮部韻略》卷三
元·黃公紹原編，熊忠舉要《古今韻會舉要》卷二
明·樂韶鳳、宋濂撰《洪武正韻》卷一
明·張自烈撰，清·廖文英續《正字通》申集中
清·張玉書、陳廷敬等纂《康熙字典》卷二六
清·梁國治等編輯《欽定音韻述微》卷二
清·毛奇齡撰《古今通韻》卷二
清·周靖撰《篆隸考異》卷三

红螯相手蟹 *Sesarma haematocheir*

蘆虎

三國吳·沈瑩撰，張崇根輯校《臨海水土異物志》
唐·段公路撰，崔龜圖注《北戶錄》卷一
宋·羅願撰，元·洪焱祖音釋《爾雅翼》卷三一
宋·洪邁撰《容齋隨筆》卷六
元·陶宗儀編《說郛》卷六二下
明·馮時可撰《雨航雜錄》卷下
清·方旭撰《蟲薈》卷五（介蟲）

近方蟹 *Hemigrapsus* spp.

螠

元·戴侗撰《六書故》卷二〇
明·張自烈撰，清·廖文英續《正字通》申集中（虫部）
明·馮時可撰《雨航雜錄》卷下
明·方以智撰《通雅》卷四七
清·胡世安撰《異魚圖贊補》卷下
清·方旭撰《蟲薈》卷五（介蟲）

厚蟹 *Helice* spp.

蟛螁

明·屠本畯撰《閩中海錯疏》卷下（介部）

彭越

唐·段公路撰，崔龜圖注《北戶錄》卷一
唐·劉恂撰《嶺表錄異》卷中
宋·范成大撰《吳郡志》卷三〇
宋·梁克家撰《淳熙三山志》卷四二
宋·陳耆卿撰《赤城志》卷三六
元·陶宗儀編《說郛》卷六七下
明·王鏊撰《姑蘇志》卷一四

清・李維鈺原本，沈定均續修，吳聯熏增纂《福建府縣志輯・光緒漳州府志》卷三九
明・楊慎原本，清・胡世安箋《異魚圖贊箋》卷四

彭蚏

宋・丁度等撰《附釋文互註禮部韻略》
清・張玉書、陳廷敬等纂《康熙字典》卷二六

青蚶

清・李維鈺原本，沈定均續修，吳聯熏增纂《福建府縣志輯・光緒漳州府志》卷三九
清・黄叔璥撰《臺海使槎錄》卷三

彭蟣

清・莊履豊、莊鼎鉉同撰《古音駢字續編》卷五

彭蜎

唐・劉恂撰《嶺表錄異》卷中
宋・鄭樵撰《通志》卷七六
宋・范成大撰《吳郡志》卷三〇
宋・梁克家撰《淳熙三山志》卷四二
宋・陳耆卿撰《赤城志》卷三六
宋・洪邁撰《容齋隨筆》卷六
元・戴侗撰《六書故》卷二〇
明・楊慎原本，清・胡世安箋《異魚圖贊箋》卷四

蜎蟣

宋・司馬光《類篇》卷三八

彭蛆

宋・司馬光《類篇》卷三八

蟚蛆

清・莊履豊、莊鼎鉉同撰《古音駢字續編》卷五

蟛蚏

宋・傅肱撰《蟹譜》卷上

蟚蜎

宋・傅肱撰《蟹譜》卷上
明・張自烈撰，清・廖文英續《正字通》申集中（虫部）

蟛蜎

宋・高似孫撰《蟹略》卷三
元・陶宗儀編《說郛》卷六七下
明・王鏊撰《姑蘇志》卷一四
清・方旭撰《蟲薈》卷五（介蟲）

蟛蟚

遼・釋行均撰《龍龕手鑒》卷二

彭越子

唐・蘇鶚撰《蘇氏演義》卷下

蟚蜎子

唐・蘇鶚撰《蘇氏演義》卷下

彭蚑子

唐・蘇鶚撰《蘇氏演義》卷下

林禽

宋・鄭樵撰《通志》卷七六

蟣

宋・丁度等撰《附釋文互註禮部韻略》
清・張玉書、陳廷敬等纂《康熙字典》卷二六

青蚶

清・李維鈺原本，沈定均續修，吳聯熏增纂《福建府縣志輯・光緒漳州府志》卷三九
清・黄叔璥撰《臺海使槎錄》卷三

隆背张口蟹 *Chasmagnathus convexus*

蘆禽

明・屠本畯撰《閩中海錯疏》卷下
清・徐景熹修，魯曾煜、施廷樞等纂《福建府縣志輯・乾隆福州府志》卷二六
清・郭柏蒼撰《海錯百一錄》卷三

蘆蟹

清・郭柏蒼撰《海錯百一錄》卷三

蘆根蟹

清・郭柏蒼撰《海錯百一錄》卷三

中华绒螯蟹 *Eriochier sinensis*

蟹

北齐・顏之推撰《顏氏家訓》卷下
唐・段成式撰《酉陽雜俎》卷一七
宋・羅願撰，元・洪焱祖音釋《爾雅翼》卷三一
宋・施宿等撰《會稽志》卷一七
宋・范成大撰《吳郡志》卷二九
宋・傅肱撰《蟹譜》 卷下
宋・唐慎微撰，寇宗奭衍義《證類本草》 卷二一
明・王鏊撰《姑蘇志》卷一四
明・李時珍撰《本草綱目》卷四五
清・李光地等编《月令輯要》卷一

蠏

宋・陸佃撰《埤雅》卷二

螃蟹

宋・鄭樵撰《通志》卷七六
宋・陳耆卿撰《赤城志》卷三六
宋・羅濬撰《寶慶四明志》卷四
明・顧清修纂《正德松江府志（上海）》

毛蟹

宋・羅濬撰《寶慶四明志》卷四
明・屠本畯撰《閩中海錯疏》卷下
清・李調元撰《然犀志》卷下

田蟹

宋・羅濬撰《寶慶四明志》卷四
清・郝玉麟等監修，謝道承等編纂《福建通志》卷一〇

湖蟹

宋・潛說友撰《咸淳臨安志》卷五九

江蟹

宋・範致明撰《岳陽風土記》

江蠏

明・葉子奇撰《草木子》

紫蟹

清・嵇曾筠等監修，沈翼機等編纂《浙江通志》卷一〇二（嘉興府）

䖳蟹

清・金福曾、顧思賢修，張文虎等纂《上海府縣志輯・

南匯縣志》卷二〇
清・蘇淵纂《上海府縣志輯・康熙嘉定縣志》卷四
清・應寶時修，俞樾纂《上海縣志》(物産・介之屬)
清・陳方瀛修，俞樾纂《川沙廳志》(物産・介之屬)

長方蟹 *Metaplax* spp.

灘塗
宋・羅願撰，元・洪焱祖音釋《爾雅翼》卷三一
長跤蟹
清・郭柏蒼撰《海錯百一錄》卷三

弓蟹 *Varuna* spp.

金錢蟹
明・屠本畯撰《閩中海錯疏》卷下
清・郭柏蒼撰《海錯百一錄》卷三
金錢蟹
清・黃叔璥撰《臺海使槎錄》卷三
清・李維鈺原本，沈定均續修，吳聯熏增纂《福建府縣志輯・光緒漳州府志》

狭颚新绒螯蟹 *Neoeriocheir leptognathus*

滷海
清・郭柏蒼撰《海錯百一錄》卷三

地蟹科 Gecarcinidae

山蟹
清・陳文緯修，屠繼善纂《臺灣府縣志輯・光緒恒春縣志》卷九
蟹郎
清・唐景崧修，蔣師轍、薛紹元纂《臺灣府縣志輯・光緒臺灣通志》

肢口纲 Merostomata

剑尾目 Xiphosurida

鲎科 Tachypleidae

鱟
南朝梁・蕭統編，唐・李善註《文選註》卷一二(海賦)
唐・韓愈撰，宋・廖瑩中集註《東雅堂昌黎集註》卷六
宋・毛晃增註，毛居正重增《增修互註禮部韻略》卷四
宋・吳曾撰《能改齋漫錄》卷一五(辨鱟)
元・ 戴侗撰《六書故》卷二〇
明・王世懋撰《閩部疏》
清・胡煦撰《周易函書約存・周易函書別集》卷一(篝燈約旨)
清・毛奇齡撰《古今通韻》卷一〇
鱟魚
明・李賢等撰《明一統志》卷八〇
明・徐應秋撰《玉芝堂談薈》卷三四
鱟甲
清・(日)西師意譯，(英)竇樂安、許家惺審定《動物學教科書》第一〇章(甲殼類)

中国鲎 *Tachypleus tridentatus*

鱟
南朝梁・ 顧野王撰《玉篇》卷二四
唐・ 段公路撰，崔龜圖注《北戶錄》卷一
唐・段成式撰《酉陽雜俎》卷一七
宋・ 司馬光《類篇》卷三三
宋・陸佃撰《埤雅》卷二(鱟)
宋・羅願撰，元・洪焱祖音釋《爾雅翼》卷三一(鱟)
・不著撰人《原本廣韻》卷四
宋・梁克家撰《淳熙三山志》卷四二
宋・陳耆卿撰《赤城志》卷三六
宋・羅濬撰《寶慶四明志》卷四、卷二〇
宋・傅肱撰《蟹譜》卷上(鱟類)
宋・李昉等撰《太平廣記》卷四六五(水族・鱟)
元・黃公紹原編，熊忠舉要《古今韻會舉要》卷二四
明・ 張自烈撰，清・廖文英續《正字通》亥集中(魚部)
明・屠本畯撰《閩中海錯疏》卷下(介部・鱟)
明・楊慎撰《異魚圖贊》卷一
明・楊慎原本，清・胡世安箋《異魚圖贊箋》卷一
明・馮時可撰《雨航雜錄》卷下
清・張玉書、陳廷敬等纂《康熙字典》卷三五(亥集中・魚部)
清・梁國治等編輯《欽定音韻述微》卷二四
清・郝玉麟等監修，謝道承等編纂《福建通志》卷一〇
清・郝玉麟等監修，魯曾煜等編纂《廣東通志》卷五二
清・杜臻撰《粵閩巡視紀略》卷一
清・方旭撰《蟲薈》卷五(介蟲)
清・屈大均撰《廣東新語》卷二三(介語)
清・郭柏蒼撰《海錯百一錄》卷三
清・李調元、雨村輯《南越筆記》卷一〇
清・李調元撰《然犀志》卷上
鱟魚
唐・ 劉恂撰《嶺表錄異》卷上
宋・樂史撰《太平寰宇記》卷一七〇
明・ 李時珍撰《本草綱目》卷四五
清・嵇曾筠等監修，沈翼機等編纂《浙江通志》卷一〇三
清・郝玉麟等監修，魯曾煜等編纂《廣東通志》卷五二
清・杜臻撰《粵閩巡視紀略》卷一
清・朱彝尊撰《曝書亭集》卷一八(閩中海物雜詠)
清・查慎行撰《敬業堂詩集》卷二五(鱟魚)
嘯魚
清・季念詒等纂，梁悅聲等修《江蘇府縣志輯・通州直隸州志》卷四

圆尾蝎鲎 *Carcinoscorpius rotundicauda*

鬼鱟

明·張自烈撰，清·廖文英續《正字通》亥集中（魚部）
明· 李時珍撰《本草綱目》卷四五
明· 宋詡撰《竹嶼山房雜部》卷四
清· 郭柏蒼撰《海錯百一錄》卷三
清·方旭撰《蟲薈》卷五（介蟲·鱟）
清·屈大均撰《廣東新語》卷二三（介語）
清·李調元著《然犀志》卷上

黃鱟

明·楊慎原本，清·胡世安箋《異魚圖贊箋》卷一

唇足纲 Chilopoda

蜈蚣目 Scolopendromorpha

蜈蚣科 Scolopendridae

蚣

漢·許慎撰，宋·徐鉉增釋《說文解字》卷一三上
南朝梁·顧野王撰《玉篇》卷二五
南唐·徐鍇撰，朱翱反切《說文繫傳》卷二五
宋·司馬光撰《類篇》卷三八
·不著撰人《原本廣韻》卷一
宋·丁度、司馬光等修定《集韻》卷一
明·張自烈撰，清·廖文英續《正字通》申集中（虫部）
清·張玉書、陳廷敬等撰《康熙字典》卷二六（蟲部）
清·周靖撰《篆隸考異》卷三（蟲部）

蜈

南朝梁·顧野王撰《玉篇》卷二五
·不著撰人《原本廣韻》卷一
明·張自烈撰，清·廖文英續《正字通》申集中（虫部）
清·張玉書、陳廷敬等撰《康熙字典》卷二六（蟲部）
清·周靖撰《篆隸考異》卷三（蟲部）

蜈蚣

晉·葛洪撰《抱朴子內篇》卷四（登涉第十七）
·不著撰人《原本廣韻》卷一
宋·丁度、司馬光等修定《集韻》卷一
宋·鄭樵撰《爾雅註》卷下（釋蟲第一五）
宋·鄭樵撰《通志》卷七六（蟲魚類）
宋·蘇軾撰《東坡全集》卷一四（詩七十九首）
宋·蔡卞撰《毛詩名物解》卷一一
宋·陳耆卿撰《赤城志》卷三六（蟲之屬）
宋·羅大經撰《鶴林玉露》卷八
宋·蔡絛撰《鐵圍山叢談》卷六
遼·釋行均撰《龍龕手鑒》卷二
元·戴侗撰《六書故》卷二〇
元·陶宗儀編《說郛》卷三二下（宋·皇甫牧撰《玉匣記》）
明·張自烈撰，清·廖文英續《正字通》申集中（虫部）
明·李時珍撰《本草綱目》卷四二（蟲之四）
明·鄺露撰《赤雅》卷三
明·李日華撰《六研齋筆記》卷二
清·張玉書、陳廷敬等撰《康熙字典》卷二六（蟲部）
清·周靖撰《篆隸考異》卷三（蟲部）
清·柯璜譯編，（日）箕作佳吉著《博物學講義·動物篇》第一編（動物各論·第八章·節足動物）
清·（日）西師意譯，（英）竇樂安、許家惺審定《動物學教科書》第九章（昆蟲類）
清·嚴偉、劉芷芬修，秦錫田纂《上海府縣志輯·南匯縣續志》卷二〇（風俗志三·物產下）
清·範鐘湘、陳傳德修，金念祖、黃世祚纂《上海府縣志輯·嘉定縣續志》卷五
清·劉於義等監修，沈青崖等編纂《陝西通志》卷一〇
清·任基振撰《爾雅注疏箋補》卷下（蒺蔾蝍蛆）
清·何焯、陳鵬年撰《禦定分類字錦》卷五九（雜蟲第十二）
清·何玉棻修，魏式曾纂《湖南府縣志輯·同治直隸澧州志》（物產）
清·吳鞏修，王來遴纂《四川府縣志輯·嘉慶邛州直隸州志》卷二三
清·周鍾瑄修，陳夢林、李欽文纂《臺灣府縣志輯·康熙諸羅縣志》卷一〇
清·李廷璧修，周璽纂《臺灣府縣誌輯·道光彰化縣志》卷一〇
清·李福泰修，史澄、何若瑤纂《廣東府縣志輯·番禺縣志》卷琪
清·陳伯陶等纂修《廣東府縣志輯·東莞縣志》卷一五
清·陳志喆、劉德恒修，吳大猷纂《廣東府縣志輯·光緒四會縣志》編一
清·何天瑞修，桂坫纂《廣東府縣志輯·西寧縣志》卷一四
清·吳應廉修，王映斗纂《海南府縣志輯·光緒安定縣志》卷一
清·鍾元棣修，張雋、邢定綸纂《海南府縣志輯·民國崖州志》卷四
清·薩廉修，陳淑均纂《臺灣府縣志輯·鹹豐臺灣府噶瑪蘭廳志》卷六
清·黃桂修，宋驤纂《安徽省太平府志》卷一三
清·金蓉鏡纂輯《湖南省靖州鄉土志》卷三
清·胡煦撰《周易函書約存·周易函書別集》卷一五（觀物）
清·方旭撰《蟲薈》卷三
清·李元撰《蠕範》卷六（物知第十二）

蝍蛆

周·尹喜撰《關尹子》（三極篇）
漢·司馬遷撰，南朝宋·裴駰集解《史記》卷一二八（龜

策列傳第六十八）
晉・郭璞著《爾雅音圖》爾雅卷下前（釋蟲第十五）
晉・郭璞注，唐・陸德明音義，宋・邢昺疏《爾雅注疏》卷九（釋蟲第一五音義）
南朝梁・顧野王撰《玉篇》卷二五
宋・司馬光撰《類篇》卷三八
・不著撰人《原本廣韻》卷五
宋・丁度、司馬光等修定《集韻》卷一
宋・鄭樵撰《爾雅註》卷下（釋蟲第一五）
宋・鄭樵撰《通志》卷七六（蟲魚類）
宋・蔡卞撰《毛詩名物解》卷一一
宋・羅願撰，元・洪焱祖音釋《爾雅翼》卷二六
宋・陸佃撰《埤雅》卷一〇（釋蟲）
宋・陸佃撰《爾雅新義》卷一五
遼・釋行均撰《龍龕手鑒》卷二
元・陶宗儀編《說郛》卷三二下（宋・皇甫牧撰《玉匣記》）
明・張自烈撰，清・廖文英續《正字通》申集中（虫部）
明・周祈撰《名義考》卷一〇
明・王圻、王思義輯《三才圖會》卷之鳥獸六
清・張玉書、陳廷敬等撰《康熙字典》卷二六（蟲部）
清・周靖撰《篆隸考異》卷三（蟲部）
明・李時珍撰《本草綱目》卷四二（蟲之四）
明・鄺露撰《赤雅》卷三
清・沈廷芳撰《十三經注疏正字》卷八一（釋蟲第十五）
清・任基振撰《爾雅注疏箋補》卷下（蒺藜蝍蛆）
清・何焯、陳鵬年撰《禦定分類字錦》卷五九（雜蟲第十二）
清・吳鞏修，王來遴纂《四川府縣志輯・嘉慶邛州直隸州志》卷二三
清・陳伯陶等纂修《廣東府縣志輯・東莞縣志》卷一五
清・康善述纂修《廣東府縣志輯・康熙陽春縣志》卷一四
清・鍾元棣修，張巂、邢定綸纂《海南府縣志輯・民國崖州志》卷四
清・郝懿行撰《爾雅郭注義疏》下之三（釋蟲第十五）
清・李元撰《蠕範》卷六（物知第十二）

蝛蟔

南朝梁・顧野王撰《玉篇》卷二五（蟲部第四百一）
・不著撰人《原本廣韻》卷一
明・張自烈撰，清・廖文英續《正字通》申集中（虫部）
明・李時珍撰《本草綱目》卷四二（蟲之四）
清・任基振撰《爾雅注疏箋補》卷下（蒺藜蝍蛆）

蝛蝵

宋・司馬光撰《類篇》卷三八
宋・丁度、司馬遷等修定《集韻》卷二
明・張自烈撰，清・廖文英續《正字通》申集中（虫部）
清・張玉書、陳廷敬等撰《康熙字典・蟲部》卷二六

百腳

清・嚴偉、劉芷芬修，秦錫田纂《上海府縣志輯・南匯縣續志》卷二〇
清・範鐘湘、陳傅德修，金念祖、黃世祚纂《上海府縣志輯・嘉定縣續志》卷五

吳公

漢・司馬遷撰，南朝宋・裴駰集解《史記》卷一二八
三國魏・張揖撰《廣雅》卷一〇（釋蟲）
唐・段成式撰《酉陽雜俎》卷一七
明・王圻、王思義輯《三才圖會》卷之鳥獸六
清・任基振撰《爾雅注疏箋補》卷下（蒺藜蝍蛆）

蒺藜

晉・郭璞著《爾雅音圖》爾雅卷下前（釋蟲第十五）
晉・郭璞注，唐・陸德明音義，宋・邢昺疏《爾雅注疏》卷九（釋蟲第一五音義）
宋・鄭樵撰《爾雅註》卷下（釋蟲第一五）
宋・鄭樵撰《通志》卷七六（蟲魚類）
宋・蔡卞撰《毛詩名物解》卷一一
宋・陸佃撰《埤雅》卷一〇（釋蟲）
宋・陸佃撰《爾雅新義》卷一五
明・張自烈撰，清・廖文英續《正字通》申集中（虫部）
明・周祈撰《名義考》卷一〇
清・張玉書、陳廷敬等撰《康熙字典・蟲部》卷二六
清・沈廷芳撰《十三經注疏正字》卷八一（釋蟲第十五）
清・任基振撰《爾雅注疏箋補》卷下（蒺藜蝍蛆）
清・郝懿行撰《爾雅郭注義疏》下之三（釋蟲第十五）
清・李元撰《蠕範》卷六

天龍

明・李時珍撰《本草綱目》卷四二
清・李元撰《蠕範》卷六

百尺

清・任基振撰《爾雅注疏箋補》卷下（蒺藜蝍蛆）

百足

明・周祈撰《名義考》卷一〇
清・何焯、陳鵬年撰《禦定分類字錦》卷五九（雜蟲第十二）
清・陳伯陶等纂修《廣東府縣志輯・東莞縣志》卷一五
清・康善述纂修《廣東府縣志輯・康熙陽春縣志》卷一四
清・何天瑞修，桂坫纂《廣東府縣志輯・西寧縣志》卷一四

百足蟲

隋・巢元方等撰《巢氏諸病源候總論》卷三六（蜈蚣螫候）
清・嚴偉、劉芷芬修，秦錫田纂《上海府縣志輯・南匯縣續志》卷二〇
清・何焯、陳鵬年撰《禦定分類字錦》卷五九

少棘蜈蚣 *Scolopendra mutilans*

吳蚣

三國魏・吳普等述，清・孫星衍、孫馮翼同輯《神農本草經》卷三

蜈蚣

明・李時珍撰《本草綱目》卷四二（蟲之四）

清・萬青黎、周家楣修，張之洞、繆荃孫纂《北京府縣志輯・光緒順天府志》卷五〇

多棘蜈蚣 *Scolopendra multidens*

百節蟲

清・李文恒修，鄭文彩纂《廣東省瓊山縣志》

蜈蚣

明・李時珍撰《本草綱目》卷四二（蟲之四）

清・李文恒修，鄭文彩纂《廣東省瓊山縣志》

黑头蜈蚣 *Scolopendra negrocapitis*

蜈蚣

明・李時珍撰《本草綱目》卷四二（蟲之四）

蜈蚣 *Scolopendra* sp.

蜈蚣

清・（日）西師意譯，（英）竇樂安、許家惺審定《動物學教科書》第九章（昆蟲類）

地蜈蚣目 Geophilomorpha

蠙衙

晉・郭璞注，唐・陸德明音義，宋・邢昺疏《 爾雅注疏》卷九（釋蟲第十五）

宋・羅願撰，元・洪焱祖音釋《爾雅翼》卷二四

宋・陸佃撰《爾雅新義》卷一五

清・郝玉鱗監修，謝道承編纂《福建通志》卷一一

蠙衍

漢・鄭玄注，唐・賈公彥疏，陸德明音義《周禮注疏》卷四一

蠙蛍

漢・揚雄撰，晉・郭璞注《輶軒使者絕代語釋別國方言》卷十一

宋・鄭樵撰《通志》卷七六（昆蟲草木略第二・蟲魚類）

吐古

晉・郭璞注，唐・陸德明音義，宋・邢昺疏《爾雅注疏》卷九（釋蟲第一五音義）

蚰蛍

晉・郭璞注，唐・陸德明音義，宋・邢昺疏《爾雅注疏》卷九（釋蟲第一五音義）

宋・鄭樵撰《通志》卷七六（昆蟲草木略第二・蟲魚類）

蚰蜒

晉・郭璞注，唐・陸德明音義，宋・邢昺疏《爾雅注疏》卷九（釋蟲第一五音義）

宋・唐慎微撰，寇宗奭衍義《證類本草》卷二一

遼・釋行均撰《龍龕手鑒》卷二

明・陸容撰《菽園雜記》卷一五

清・郝玉鱗監修，謝道承編纂《福建通志》卷一一

飛揚蟲

清・郝玉鱗監修，謝道承編纂《福建通志》卷一一

蚰蜒目 Scutigeromorpha

蚰蜒科 Scutigeridae

入耳

南朝梁・顧野王撰《玉篇》卷二五（蟲部第四百一）

明・李時珍撰《本草綱目》卷四二（蟲之四）

清・劉於義等監修，沈青崖等編纂《陝西通志》卷四四（物產二）

清・李元撰《蠕範》卷五（物制第十）

蚰蚭

宋・司馬光撰《類篇》卷三八

宋・丁度、司馬遷等修定《集韻》卷一

明・張自烈撰，清・廖文英續《正字通》申集中（虫部）

明・李時珍撰《本草綱目》卷四二（蟲之四）

清・張玉書、陳廷敬等撰《康熙字典》卷二六（蟲部）

清・劉於義等監修，沈青崖等編纂《陝西通志》卷四四

清・李元撰《蠕範》卷五（物制第十）

蝭蠷

宋・司馬光撰《類篇》卷三八

宋・丁度、司馬遷等修定《集韻》卷一

明・張自烈撰，清・廖文英續《正字通》申集中（虫部）

清・張玉書、陳廷敬等撰《康熙字典》卷二六（蟲部）

清・李元撰《蠕範》卷五

草鞋蟲

明・李時珍撰《本草綱目》卷四二（蟲之四）

清・方旭撰《蟲薈》卷三（昆蟲）

清・李元撰《蠕範》卷五

蚰蜒 *Scutigera* sp.

蚰蜒

清・（日）西師意譯，（英）竇樂安、許家惺審定《動物學教科書》第九章（昆蟲類）

倍足纲 Diplopoda

馬蚿

漢・揚雄撰，晉・郭璞注《輶軒使者絕代語釋別國方言》卷十一

晉・張華撰《博物志》卷四（物性）

晉・郭象注《莊子注》卷六（秋水第十七）

南朝梁・顧野王撰《玉篇》卷二五（蟲部第四百一）

宋・司馬光撰《類篇》卷三八

・不著撰人《原本廣韻》卷一

宋・丁度、司馬遷等修定《集韻》卷九

宋・吳淑撰並註《事類賦》卷三〇（蟲部）

宋・薛據輯《孔子集語》卷上（依賢第八）

明・張自烈撰，清・廖文英續《正字通》申集中（虫部）

明・李時珍撰《本草綱目》卷四二（蟲之四）

明・方以智撰《通雅》卷四七（動物・蟲）
明・顧起元撰《說略》卷二九（蟲注上）
清・張玉書、陳廷敬等撰《康熙字典》卷二六（蟲部）
清・杭世駿撰《續方言》卷下
清・方旭撰《蟲薈》卷三（昆蟲）
清・李元撰《蠕範》卷八（物壽第十六）
清・萬青黎、周家楣修，張之洞、繆荃孫纂《北京府縣志輯・光緒順天府志》卷五〇
清・何玉棻修，魏式曾纂《湖南府縣志輯・同治直隸澧州志》
清・範鐘湘、陳傳德修，金念祖、黃世祚纂《上海府縣志輯・嘉定縣續志》卷五

百腳蟲

清・阿桂、劉瑾之等撰《欽定盛京通志》卷一〇七

蚚

清・杭世駿撰《續方言》卷下

馬蠸

明・李時珍撰《本草綱目》卷四二（蟲之四）
清・方旭撰《蟲薈》卷三（昆蟲）
清・李元撰《蠕範》卷八

馬軸

三國魏・吳普等述，清・孫星衍、孫馮翼同輯《神農本草經》卷三
明・李時珍撰《本草綱目》卷四二（蟲之四）
明・彭大翼撰，張幼學增訂《山堂肆考》卷二二八（昆蟲）
清・方旭撰《蟲薈》卷三（昆蟲）

馬蚰

漢・揚雄撰，晉・郭璞注《輶軒使者絕代語釋別國方言》卷十一
宋・丁度、司馬遷等修定《集韻》卷九
宋・鄭樵撰《通志》卷七六（昆蟲草木略第二・蟲魚類）
明・彭大翼撰，張幼學增訂《山堂肆考》卷二二八（昆蟲）
清・方旭撰《蟲薈》卷三（昆蟲）
清・李元撰《蠕範》卷八

馬蠲

漢・許慎撰，宋・徐鉉增釋《說文解字》卷一三上
晉・郭璞著《爾雅音圖》爾雅卷下前（釋蟲第十五）
晉・郭璞注，唐・陸德明音義，宋・邢昺疏《爾雅注疏》卷九（釋蟲第一五音義）
南唐・徐鍇撰，朱翺反切《說文系傳》卷二五
宋・司馬光撰《類篇》卷三八
宋・鄭樵撰《通志》卷七六（昆蟲草木略第二・蟲魚類）
明・張自烈撰，清・廖文英續《正字通》申集中（虫部）
明・李時珍撰《本草綱目》卷四二（蟲之四）
清・張玉書、陳廷敬等撰《康熙字典》卷二六（蟲部）
清・郝懿行撰《爾雅郭注義疏》卷下三（釋蟲第十五）
清・劉玉麐撰《爾雅校義》卷下（釋蟲第十五）
清・方旭撰《蟲薈》卷三（昆蟲）
清・李元撰《蠕範》卷八

蜫

晉・郭璞著《爾雅音圖》爾雅卷下前（釋蟲第十五）
晉・郭璞注，唐・陸德明音義，宋・邢昺疏《爾雅注疏》卷九（釋蟲第一五音義）
南朝梁・顧野王撰《玉篇》卷二五（蟲部第四百一）
宋・司馬光撰《類篇》卷三八
・不著撰人《原本廣韻》卷一
宋・丁度、司馬遷等修定《集韻》卷九
宋・陸佃撰《爾雅新義》卷一五（蜫馬蝬）
宋・鄭樵撰《通志》卷七六（昆蟲草木略第二・蟲魚類）
明・張自烈撰，清・廖文英續《正字通》申集中（虫部）
明・彭大翼撰，張幼學增訂《山堂肆考》卷二二八（昆蟲）
清・張玉書、陳廷敬等撰《康熙字典》卷二六（蟲部）
清・劉玉麐撰《爾雅校義》卷下（釋蟲第十五）
清・郝懿行撰《爾雅郭注義疏》卷下三（釋蟲第十五）
清・方旭撰《蟲薈》卷三（昆蟲）
清・李元撰《蠕範》卷八

馬蝬

晉・郭璞注，唐・陸德明音義，宋・邢昺疏《爾雅注疏》卷九（釋蟲第一五音義）
南朝梁・顧野王撰《玉篇》卷二五（蟲部第四百一）
・不著撰人《原本廣韻》卷一
宋・丁度、司馬遷等修定《集韻》卷九
宋・鄭樵撰《通志》卷七六（昆蟲草木略第二・蟲魚類）
明・張自烈撰，清・廖文英續《正字通》申集中（虫部）
明・李時珍撰《本草綱目》卷四二（蟲之四）
明・彭大翼撰，張幼學增訂《山堂肆考》卷二二八
清・張玉書、陳廷敬等撰《康熙字典》卷二六（蟲部）
清・劉玉麐撰《爾雅校義》卷下（釋蟲第十五）
清・郝懿行撰《爾雅郭注義疏》卷下三（釋蟲第十五）
清・方旭撰《蟲薈》卷三（昆蟲）
清・李元撰《蠕範》卷八

馬蜒

漢・揚雄撰，晉・郭璞注《輶軒使者絕代語釋別國方言》卷十一
晉・郭璞著《爾雅音圖》爾雅卷下前（釋蟲第十五）
晉・郭璞注，唐・陸德明音義，宋・邢昺疏《爾雅注疏》卷九（釋蟲第一五音義）
南朝梁・顧野王撰《玉篇》卷二五（蟲部第四百一）
宋・司馬光撰《類篇》卷三八
宋・鄭樵撰《通志》卷七六（昆蟲草木略第二・蟲魚類）
・不著撰人《原本廣韻》卷一
宋・丁度、司馬遷等修定《集韻》卷九
明・張自烈撰，清・廖文英續《正字通》申集中（虫部）

清・張玉書、陳廷敬等撰《康熙字典》卷二六（蟲部）
清・劉玉麐撰《爾雅校義》卷下（釋蟲第十五）
清・郝懿行撰《爾雅郭注義疏》卷下三（釋蟲第十五）
清・方旭撰《蟲薈》卷三（昆蟲）
清・李元撰《蠕範》卷八

蚼

晉・郭璞注，唐・陸德明音義，宋・邢昺疏《爾雅注疏》卷九（釋蟲第一五音義）
宋・司馬光撰《類篇》卷三八
宋・鄭樵撰《通志》卷七六（昆蟲草木略第二・蟲魚類）
明・張自烈撰，清・廖文英續《正字通》申集中（虫部）
清・張玉書、陳廷敬等撰《康熙字典》卷二六（蟲部）
清・劉玉麐撰《爾雅校義》卷下（釋蟲第十五）
清・郝懿行撰《爾雅郭注義疏》卷下三（釋蟲第十五）
清・李元撰《蠕範》卷八（物壽第十六）

商蚷

宋・司馬光撰《類篇》卷三八
明・方以智撰《通雅》卷四七（動物・蟲）
明・彭大翼撰，張幼學增訂《山堂肆考》卷二二八（昆蟲）
清・方旭撰《蟲薈》卷三（昆蟲）
清・李元撰《蠕範》卷八

带马陆目 Polydesmida

百足蟲

元・戴侗撰《六書故》卷二〇（動物四）

百錢蟲

元・戴侗撰《六書故》卷二〇（動物四）

刀環蟲

元・戴侗撰《六書故》卷二〇（動物四）

香蚿蟲

清・吳馨等修，姚文枬等纂《江蘇省上海縣續志》卷八
清・嚴偉、劉芷芬修，秦錫田纂《上海府縣志輯・南匯縣續志》卷二〇

姬马陆目 Julida

百足蟲

清・劉於義等監修，沈青崖等編纂《陕西通志》卷四四

千足

清・劉於義等監修，沈青崖等編纂《陕西通志》卷四四

箭竿蟲

清・金蓉鏡纂修《湖南省靖州鄉土志》卷三

姬马陆科 Julidae

马陆 *Julus* sp.

馬陸

清・（日）西師意譯，（英）竇樂安、許家惺審定《動物學教科書》第九章（昆蟲類）

山蛩目 Spirobolida

山蛩科 Spirobolidae

山蛩蟲

唐・陳臧器撰《本草拾遺》卷六（蟲魚部）
宋・唐慎微撰，寇宗奭衍義《證類本草》卷二二
清・嵇璜、曹仁虎等撰《續通志》卷一七八

山蛩

元・劉將孫撰《養吾齊集》卷四（客中歲宴）
明・李時珍撰《本草綱目》卷四二（蟲之四）

飛蚿

清・方旭撰《蟲薈》卷三（昆蟲）

蛛形纲 Arachnida

蜘蛛類

清・（日）西師意譯，（英）竇樂安、許家惺審定《動物學教科書》第九章（昆蟲類）
清・柯璜譯編，（日）箕作佳吉著《博物學講義・動物篇》第一編（動物各論・第八章・節足動物）

蜘蛛

清・（日）西師意譯，（英）竇樂安、許家惺審定《動物學教科書》第九章（昆蟲類）
清・柯璜譯編，（日）箕作佳吉著《博物學講義・動物篇》第一編（動物各論・第八章・節足動物）

蜘蛛目 Araneae

蜘蛛

漢・焦贛撰《焦氏易林》卷四
漢・王充撰《論衡》卷一三（別通篇）
漢・劉歆撰，晉・葛洪輯《西京雜記》卷三
晉・葛洪撰《抱樸子内外篇》内篇卷一（對俗第三）、卷四（登涉第十七）
梁・孝元皇帝撰《金樓子》卷六
南朝梁・顧野王撰《玉篇》卷二五（蟲部第四百一）
唐・孟郊撰，宋・宋敏求編《孟東野詩集》卷九（蜘蛛諷）
唐・元慎撰《元氏長慶集》卷四（蟲豸詩七篇・蜘蛛三首並序）
唐・羅隱撰《羅昭諫集》卷一（秋蟲賦並序）
唐・張讀撰《宣室志》卷一
唐・段成式撰《酉陽雜俎》卷一四（諾皐記上）、卷一七
唐・王仁裕撰《开元天宝遗事》卷二（蛛絲蔔巧）
宋・陸佃撰《埤雅》卷一一（釋蟲）
宋・張耒撰《柯山集》卷二（蜘蛛賦）
宋・司馬光撰《類篇》卷三八
・不著撰人《原本廣韻》卷一

宋・丁度、司馬光等纂《集韻》卷一
宋・羅願撰，元・洪焱祖音釋《爾雅翼》卷二五（釋蟲一）
宋・梅堯臣撰《宛陵集》卷七（詠蜘蛛）
宋・王安石撰《臨川文集》卷三一（省中二首）
宋・楊萬裡撰，楊長孺編《誠齊集》卷二二
宋・吳曾撰《能改斎漫錄》卷七（事實・蜘蛛蝴蝶占喜）
宋・王之望撰《漢濱集》卷一
宋・胡仔撰《漁隱叢話》後集卷三六（本朝雜記下）
宋・洪邁撰《容齋隨筆》卷八（蜘蛛結網）
元・戴侗撰《六書故》卷二〇
明・李時珍撰《本草綱目》卷四〇（蟲之二）
明・彭大翼撰，張幼學增訂《山堂肆考》卷二二七（昆蟲）
明・張自烈撰，清・廖文英續《正字通》申集中（虫部）
明・彭孫貽撰《茗斎集》卷一七（诗・五言绝句・蜘蛛）
明・黃衷撰，黃學準增注《海語》卷中（蜘蛛）
清・張玉書、陳廷敬等撰《康熙字典》卷二六（蟲部）
清・方以智撰《物理小識》卷五（醫藥類・蝃蝥黃）
清・陳大章撰《詩傳名物集覽》卷五
清・範鐘湘、陳傅德修，金念祖、黃世祚纂《上海府縣志輯・嘉定縣續志》卷五
清・吳馨等修，姚文枬等纂《江蘇省上海縣續志》捐八
清・周春撰《爾雅補注》卷四
清・郝懿行撰《爾雅郭注義疏》卷下之三（釋蟲）
清・劉於義等監修，沈青崖等編纂《陝西通志》卷四四
清・李元撰《蠕範》卷七（物候第十四）
清・陳元龍編《歷代賦匯》卷一三九（賈餗唐・蜘蛛賦）
清・康熙四十二年御定《全唐詩》卷七一八（蘇拯・蜘蛛諭）
清・嚴偉、劉芷芬修，秦錫田纂《上海府縣志輯・南匯縣續志》卷三
清・李玉宣等修，衷興鑒等纂《四川府縣志輯・重修成都縣志》卷三
清・何天瑞修，桂坫纂《廣東府縣志輯・西寧縣志》卷一四
清・吳應廉修，王映斗纂《海南府縣志輯・光緒安定縣志》卷一
清・鍾元棣修，張雋、邢定綸纂《海南府縣志輯・民國崖州志》卷四
清・周鍾瑄修，陳夢林、李欽文纂《臺灣府縣志輯・康熙諸羅縣志》卷一〇
清・唐景崧修，蔣師轍、薛紹元纂《臺灣府縣志輯・光緒臺灣通志》
清・陳文緯修，屠繼善纂《臺灣府縣志輯・光緒恒春縣志》卷九
清・孔繁撲修，高維嶽纂《陝西省綏德州志》卷三

鼅鼄

漢・許慎撰，宋・徐鉉增釋《說文解字》卷一三下
漢・揚雄撰，晉・郭璞注《輶軒使者絕代語釋別國方言》卷十一
晉・郭璞注，唐・陸德明音義，宋・邢昺疏《爾雅注疏》卷九（釋蟲第一五音義）
南唐・徐鍇撰，朱翱反切《說文系傳》卷二五
宋・司馬光撰《類篇》卷三八
・不著撰人《原本廣韻》卷一
宋・鄭樵撰《爾雅鄭注》卷下（釋蟲一五）
宋・鄭樵撰《通志》卷七六（蟲魚類）
宋・丁度、司馬光等纂《集韻》卷一
元・楊桓撰《六書統》卷一八（形聲八・蟲魚之聲・黽之屬・本聲）
清・張玉書、陳廷敬等撰《康熙字典》卷二六（蟲部）
清・周靖撰《篆隸考異》卷三（蟲部）
清・郝懿行撰《爾雅郭注義疏》卷下之三（釋蟲）
清・劉於義等監修，沈青崖等編纂《陝西通志》卷四四
清・段玉裁注《說文解字注》卷一三下

鼅鼄

漢・揚雄撰，晉・郭璞注《輶軒使者絕代語釋別國方言》卷十一
晉・郭璞著《爾雅音圖》爾雅卷下前（釋蟲第十五）
晉・郭璞注，唐・陸德明音義，宋・邢昺疏《爾雅注疏》卷九（釋蟲第一五音義）
南朝梁・顧野王撰《玉篇》卷二五（黽部第四百六）
明・朱謀㙔撰《駢雅》卷七（蟲魚）
明・彭大翼撰，張幼學增訂《山堂肆考》卷二二七（昆蟲）
清・張玉書、陳廷敬等撰《康熙字典》卷二六（蟲部）
清・沈廷芳撰《十三經注疏正字》卷八一（釋蟲第十五）
清・方旭撰《蟲薈》卷三（昆蟲）

鼄蝥

漢・許慎撰，宋・徐鉉增釋《說文解字》卷一三下
南朝梁・顧野王撰《玉篇》卷二五（蚰部第四百二）
南唐・徐鍇撰，朱翱反切《說文系傳》卷二五
宋・司馬光撰《類篇》卷三八
・不著撰人《原本廣韻》卷五
元・戴侗撰《六書故》卷二〇
元・楊桓撰《六書統》卷一八（形聲八・蟲魚之聲・黽之屬・本聲）
明・張自烈撰，清・廖文英續《正字通》申集中（虫部）
清・張玉書、陳廷敬等撰《康熙字典》卷二六（蟲部）
清・周靖撰《篆隸考異》卷三
清・李元撰《蠕範》卷七（物候第十四）

鼄蟊

宋・丁度、司馬光等纂《集韻》卷一

蝳蜍

南朝梁・顧野王撰《玉篇》卷二五（蟲部第四百一）
宋・司馬光撰《類篇》卷三八
・不著撰人《原本廣韻》卷一
宋・丁度、司馬光等纂《集韻》卷一
明・張自烈撰，清・廖文英續《正字通》申集中（虫部）

明・朱謀㙔撰《駢雅》卷七（蟲魚）
清・張玉書、陳廷敬等撰《康熙字典》卷二六（蟲部）
漢・揚雄撰，晉・郭璞注《輶軒使者絕代語釋別國方言》卷十一
清・李元撰《蠕範》卷七
清・方旭撰《蟲薈》卷三（昆蟲）

次蟗

晉・郭璞著《爾雅音圖》爾雅卷下前（釋蟲第十五）
晉・郭璞注，唐・陸德明音義，宋・邢昺疏《爾雅注疏》卷九（釋蟲第一五音義）
南朝梁・顧野王撰《玉篇》卷二五（蟲部第四百一）
宋・司馬光撰《類篇》卷三八
宋・丁度、司馬光等纂《集韻》卷一
宋・鄭樵撰《爾雅鄭注》卷下（釋蟲一五）
明・張自烈撰，清・廖文英續《正字通》申集中（虫部）
明・李時珍撰《本草綱目》卷四〇（蟲之二）
清・張玉書、陳廷敬等撰《康熙字典》卷二六（蟲部）
清・郝懿行撰《爾雅郭注義疏》卷下之三（釋蟲）
清・沈廷芳撰《十三經注疏正字》卷八一（釋蟲第十五）

蝙蝓

・不著撰人《原本廣韻》卷五
明・張自烈撰，清・廖文英續《正字通》申集中（虫部）
明・朱謀㙔撰《駢雅》卷七（蟲魚）
清・張玉書、陳廷敬等撰《康熙字典》卷二六（蟲部）
漢・揚雄撰，晉・郭璞注《輶軒使者絕代語釋別國方言》卷十一
明・李時珍撰《本草綱目》卷四〇（蟲之二）
清・李元撰《蠕範》卷七（物候第十四）
清・方旭撰《蟲薈》卷三・昆蟲

鼅鼄

漢・揚雄撰，晉・郭璞注《輶軒使者絕代語釋別國方言》卷十一
晉・郭璞著《爾雅音圖》爾雅卷下前（釋蟲第十五）
晉・郭璞注，唐・陸德明音義，宋・邢昺疏《爾雅注疏・釋蟲第一五音義》卷九
宋・鄭樵撰《爾雅鄭注》卷下（釋蟲一五）
明・彭大翼撰，張幼學增訂《山堂肆考》卷二二七（昆蟲）
清・郝懿行撰《爾雅郭注義疏》卷下之三（釋蟲）
清・劉於義等監修，沈青崖等編纂《陝西通志》卷四四

鼅鼃

清・段玉裁注《說文解字注》卷一三下

秋蟲

唐・羅隱撰《羅昭諫集》卷一（秋蟲賦）

網工

清・方旭撰《蟲薈》卷三（昆蟲）

社公

清・方旭撰《蟲薈》卷三（昆蟲）

漏斗蛛科 Agelenidae

蜘蛛

唐・陳臧器撰《本草拾遺》卷六（蟲魚部）
宋・丁度、司馬光等修定《集韻》卷四
明・李時珍撰《本草綱目》卷四〇（蟲之二）
明・朱橚撰《普濟方》卷四二六（本草藥性異名・魚蟲部）
清・張玉書、陳廷敬等撰《康熙字典》卷二六（蟲部）

蟱蝂

宋・丁度、司馬光等修定《集韻》卷四

蚍蟱

宋・丁度、司馬光等修定《集韻》卷四
明・張自烈撰，清・廖文英續《正字通》申集中（虫部）
清・張玉書、陳廷敬等撰《康熙字典》卷二六（蟲部）
唐・陳臧器撰《本草拾遺》卷六（蟲魚部）
宋・唐慎微撰，寇宗奭衍義《證類本草》卷二一（蟲部中品總五十六種・二十一種陳藏器餘）
明・朱橚撰《普濟方》卷四二六（本草藥性異名・魚蟲部）
明・彭大翼撰《山堂肆考》卷二二八（昆蟲）
清・方旭撰《蟲薈》卷三（昆蟲）

草鼅鼄

晉・郭璞著《爾雅音圖》爾雅卷下前（釋蟲第十五）
清・金蓉鏡纂輯《湖南省靖州鄉土志》卷三

草蜘蛛

明・李時珍撰《本草綱目》卷四〇（蟲之二）
清・方旭撰《蟲薈》卷三（昆蟲）

土鼅鼄

晉・郭璞著《爾雅音圖》爾雅卷下前（釋蟲第十五）
明・朱橚撰《普濟方》卷四二六（本草藥性異名・魚蟲部）

圓蛛科 Araneidae

蜘蛛

宋・陳起編《江湖後集》卷五〇（觀化）
清・金蓉鏡纂輯《湖南省靖州鄉土志》卷三
明・李時珍撰《本草綱目》圖卷下之上
明・王文潔撰《太乙仙制本草藥性大全》
明・王圻、王思義輯《三才圖會》

波絲

清・金蓉鏡纂輯《湖南省靖州鄉土志》卷三

園蛛 *Araneus* sp.

園蛛科

清・（美）克拉克 索爾比著，史紅帥譯《穿越陝甘・1908-1909年克拉克考察隊華北行紀》

園蛛群

清・（美）克拉克 索爾比著，史紅帥譯《穿越陝甘・1908-1909年克拉克考察隊華北行紀》

園蛛屬

清・(美)克拉克 索爾比著，史紅帥譯《穿越陝甘・1908-1909年克拉克考察隊華北行紀》

颠当科 Ctenizidae

蛈蝪

南朝梁・顧野王撰《玉篇》卷二五（蟲部第四百一）
唐・陳藏器撰，尚志鈞輯釋《本草拾遺》卷六（蟲魚部）
・不著撰人《原本廣韻》卷二
宋・丁度、司馬光等修定《集韻》卷七
明・張自烈撰，清・廖文英續《正字通》申集中（虫部）
明・方以智撰《通雅》卷四七（動物・蟲）
清・沈廷芳撰《十三經注疏正字》卷八一（釋蟲第十五）
清・杭世駿撰《續方言》卷下
清・郝懿行撰《爾雅郭注義疏》卷下三（釋蟲第十五）
清・李元撰《蠕範》卷六（物知第十二）
清・任基振撰《爾雅注疏箋補》卷下

蛭蝪

宋・鄭樵撰《爾雅鄭注》卷下（釋蟲一五）

螲蟷

周・鬼穀子撰《鬼穀子》卷上
南朝梁・顧野王撰《玉篇》卷二五（蟲部第四百一）
晉・郭璞著《爾雅音圖》爾雅卷下前（釋蟲第十五）
晉・郭璞注，唐・陸德明音義，宋・邢昺疏《爾雅注疏》卷九（釋蟲第一五音義）
唐・陳藏器撰，尚志鈞輯釋《本草拾遺》卷六（蟲魚部）
唐・陸德明撰《經典釋文》卷三〇（爾雅音義下・釋蟲第十五）
宋・司馬光撰《類篇》卷三八
宋・丁度、司馬光等修定《集韻》卷九
宋・鄭樵撰《爾雅鄭注》卷下（釋蟲一五）
宋・唐慎微撰，寇宗奭衍義《證類本草》卷二二（蟲部下品總八十一種・三十六種陳藏器餘）
明・張自烈撰，清・廖文英續《正字通》申集中（虫部）
明・方以智撰《通雅》卷四七（動物・蟲）
明・張萱撰《疑耀》卷二（易字義）
清・張玉書、陳廷敬等撰《康熙字典》卷二六（蟲部）
清・郝懿行撰《爾雅郭注義疏》卷下三（釋蟲第十五）
清・李元撰《蠕範》卷六（物知第十二）
清・杭世駿撰《續方言》卷下
清・張玉書、陳廷敬等撰《康熙字典》卷二六（蟲部）

王蛈蝪

晉・郭璞著《爾雅音圖》爾雅卷下前（釋蟲第十五）
晉・郭璞注，唐・陸德明音義，宋・邢昺疏《爾雅注疏》卷九（釋蟲第一五音義）
唐・陸德明撰《經典釋文》卷三〇
宋・丁度、司馬光等修定《集韻》卷七
宋・鄭樵撰《爾雅鄭注》卷下（釋蟲一五）
宋・陸佃撰《爾雅新義》卷一五
明・楊慎撰《丹鉛餘錄》卷六（續錄）
明・張自烈撰，清・廖文英續《正字通》申集中（虫部）
明・方以智撰《通雅》卷四七（動物・蟲）
明・張萱撰《疑耀》卷二（易字義）
清・張玉書、陳廷敬等撰《康熙字典》卷二六（蟲部）
清・沈廷芳撰《十三經注疏正字》卷八一（釋蟲第十五）
清・郝懿行撰《爾雅郭注義疏》卷下三（釋蟲第十五）

蛈母

周・鬼穀子撰《鬼穀子》卷上
明・方以智撰《通雅》卷四七（動物・蟲）
清・任基振撰《爾雅注疏箋補》卷下
清・張玉書、陳廷敬等撰《康熙字典》卷二六（蟲部）
清・李元撰《蠕範》卷六（物知第十二）

蛈蟷

宋・唐慎微撰，寇宗奭衍義《證類本草》卷二二（蟲部下品總八十一種・三十六種陳藏器餘）

顛當

明・方以智撰《通雅》卷四七（動物・蟲）
明・楊慎撰《詩化補遺》卷一
清・任基振撰《爾雅注疏箋補》卷下
清・李元撰《蠕範》卷六（物知第十二）
清・萬青黎、周家楣修，張之洞、繆荃孫纂《北京府縣志輯・光緒順天府志》卷五〇

顛當蟲

唐・陳藏器撰，尚志鈞輯釋《本草拾遺》卷六（蟲魚部）
宋・唐慎微撰，寇宗奭衍義《證類本草》卷二二（蟲部下品總八十一種・三十六種陳藏器餘）

鈎橐駝

清・任基振撰《爾雅注疏箋補》卷下
明・方以智撰《通雅・動物・蟲》卷四七

拉土蛛 *Latouchi* spp.

顛當

唐・段成式撰《酉陽雜俎》卷一七（蟲篇）

顛當蟲

明・李時珍撰《本草綱目》卷四〇（蟲之二）

土蜘蛛

明・李時珍撰《本草綱目》卷四〇（蟲之二）
清・金蓉鏡纂輯《湖南省靖州鄉土志》卷三

跳蛛科 Salticidae

蜣

南朝梁・顧野王撰《玉篇》卷二五（蟲部第四百一）
宋・司馬光撰《類篇》卷三八

・不著撰人《原本廣韻》卷三
宋・丁度、司馬光等修定《集韻》卷五
明・張自烈撰，清・廖文英續《正字通》申集中（虫部）
清・張玉書、陳廷敬等撰《康熙字典》卷二六（蟲部）

虩

宋・丁度、司馬光等修定《集韻》卷一〇
宋・胡瑗撰，倪天穩述《周易口義》卷九（下經・震）
清・方旭撰《蟲薈》卷三（昆蟲）

蠅虎

・不著撰人《原本廣韻》卷三
宋・丁度、司馬光等修定《集韻》卷一〇
明・張自烈撰，清・廖文英續《正字通》申集中（虫部）
清・張玉書、陳廷敬等撰《康熙字典》卷二六（蟲部）
晉・崔豹撰《古今注》卷中（魚蟲第五）
唐・蘇鶚撰《蘇氏演義》卷下
宋・陳耆卿撰《赤城志》卷三六（土產・蟲之屬）
宋・胡瑗撰，倪天穩述《周易口義》卷九（下經・震）
元・陶宗儀編《說郛》卷六九上（四民月令）
明・彭大翼撰，張幼學增訂《山堂肆考》卷二二八（昆蟲）
清・王士禛撰《池北偶談》卷四二（舞蠅虎）
清・嵇璜、曹仁虎等撰《續通志》卷一七八（昆蟲草木畧五・蟲類）
清・阿桂、劉瑾之等撰《欽定盛京通志》卷一〇七（物產）
清・劉於義等監修，沈青崖等編纂《陝西通志》卷四四
清・趙學敏輯《本草綱目拾遺》卷一〇（蟲部）
清・方旭撰《蟲薈》卷三（昆蟲）
清・萬青黎、周家楣修，張之洞、繆荃孫纂《北京府縣志輯・光緒順天府志》卷五〇
清・嚴偉、劉芷芬修，秦錫田纂《上海府縣志輯・南匯縣續志》卷二〇
清・吳應廉修，王映斗纂《海南府縣志輯・光緒安定縣志》卷一
清・鍾元棣修，張雋、邢定綸纂《海南府縣志輯・民國崖州志》卷四
清・金蓉鏡纂輯《湖南省靖州鄉土志》卷三
清・吳馨等修，姚文枏等纂《江蘇省上海縣續志》卷八

蠅虎子

五代・馬縞撰《中華古今注》卷下

蠅豹

晉・崔豹撰《古今注》卷中（魚蟲第五）
明・彭大翼撰，張幼學增訂《山堂肆考》卷二二八（昆蟲）
清・嵇璜、曹仁虎等撰《續通志》卷一七八（昆蟲草木畧五・蟲類）
清・劉於義等監修，沈青崖等編纂《陝西通志》卷四四
清・方旭撰《蟲薈》卷三（昆蟲）

蠅狐

晉・崔豹撰《古今注》卷中（魚蟲第五）
五代・馬縞撰《中華古今注》卷下
唐・蘇鶚撰《蘇氏演義》卷下
清・嵇璜、曹仁虎等撰《續通志》卷一七八（昆蟲草木畧五・蟲類）
清・劉於義等監修，沈青崖等編纂《陝西通志》卷四四
清・方旭撰《蟲薈》卷三（昆蟲）

蠅蝗

晉・崔豹撰《古今注・魚蟲第五》卷中
唐・蘇鶚撰《蘇氏演義》卷下
五代・馬縞撰《中華古今注》卷下
明・彭大翼撰，張幼學增訂《山堂肆考》卷二二八（昆蟲）
清・嵇璜、曹仁虎等撰《續通志》卷一七八（昆蟲草木畧五・蟲類）
清・方旭撰《蟲薈》卷三（昆蟲）

巨蟹蛛科 Sparassidae

室中蜘蛛

清・（英）艾約瑟撰《動物學啟蒙》卷一（圓節動物分品）

狒蛛科 Theraphosidae

海南单柄蛛 *Haplopelma hainanum*

蛇蠱

明・唐胄編集《正德瓊台志（廣東省）》卷九
清・李文恒修，鄭文彩纂《廣東省瓊山縣志》
清・鍾元棣修，張雋、邢定綸纂《海南府縣志輯・民國崖州志》卷四

蛇蟲

清・聶緝慶 張延修，桂文熾、汪瑔纂《海南府縣志輯・光緒臨高縣志》
清・胡端書修，楊士錦、吳鳴清纂《海南府縣志輯・道光萬州志》卷三
清・吳應廉修，王映斗纂《海南府縣志輯・光緒安定縣志》卷一

蟏蛸科 Tetragnathidae

蠨蛸

漢・許慎撰，宋・徐鉉增釋《說文解字》卷一三上
南唐・徐鍇撰，朱翱反切《說文系傳》卷二五
宋・司馬光撰《類篇》卷三八
・不著撰人《原本廣韻》卷一
宋・丁度、司馬光等修定《集韻》卷一
宋・邢昺撰《爾雅疏》卷九
元・楊桓撰《六書統》卷一八
明・張自烈撰，清・廖文英續《正字通》申集中（虫部）

蟰蛸

漢・毛亨傳、鄭玄箋，唐・孔穎達疏，陸德明音義《毛

詩注疏》卷一五（國風）
三國吳・陸璣撰《毛詩草木鳥獸蟲魚疏》卷下（蠨蛸在戶）
晉・郭璞注，唐・陸德明音義，宋・邢昺疏《爾雅注疏》卷九（釋蟲第一五音義）
晉・崔豹撰《古今注》卷中（魚蟲第五）
南朝梁・顧野王撰《玉篇》卷二五（蟲部第四百一）
唐・蘇鶚撰《蘇氏演義》卷下
唐・王維撰，清・趙殿成箋注《王右丞集箋注》卷二
唐・張說撰《張燕公集》卷八（律詩・再使蜀道）
唐・李白撰《李太白文集》卷七（歌詩四十一首）
唐・柳宗元撰，宋・韓醇詁訓《柳河東集》卷四三（古今詩七十五首）
唐・元慎撰《元氏長慶集》卷五（古體詩・秋堂夕、江邊四時韻、秋香望）
唐・白居易撰《白氏長慶集》卷一四（律詩・和夢遊春詩一百韻）、卷三七（禽蟲十二章）
五代・馬縞撰《中華古今注》卷下
宋・司馬光撰《類篇》卷三八
・不著撰人《原本廣韻》卷一
宋・丁度、司馬光等修定《集韻》卷三
宋・鄭樵撰《爾雅註》卷下
宋・蘇軾撰《東坡志林》卷九（詩六十七首）
宋・羅願撰，元・洪焱祖音釋《爾雅翼》卷二五（釋蟲二）
宋・陸佃撰《埤雅》卷一〇（釋蟲）
元・戴侗撰《六書故》卷二〇（動物四）
明・張自烈撰，清・廖文英續《正字通》申集中（虫部）
清・張玉書、陳廷敬等撰《康熙字典》卷二六（蟲部）
清・顧棟高撰《毛詩類釋》卷一八
清・沈廷芳撰《十三經注疏正字》卷八一（釋蟲第十五）
清・焦循撰《毛詩草木鳥獸蟲魚釋》卷七
清・周靖撰《篆隸考異》卷三（蟲部）
清・段玉裁撰《詩經小學》卷一（蠨蛸在戶）
清・趙佑撰《草木疏校正》卷下（蠨蛸在戶）
清・郝懿行撰《爾雅郭注義疏》卷下之三
清・方旭撰《蟲薈》卷三（昆蟲）

蟢子

南朝梁・顧野王撰《玉篇》卷二五（蟲部第四百一）
唐・李德裕撰《會昌一品集・李衛公別集》卷四（喜徵論）
五代・馬縞撰《中華古今注》卷下
宋・司馬光撰《類篇》卷三八
・不著撰人《原本廣韻》卷三
宋・丁度、司馬光等修定《集韻》卷五
清・張玉書、陳廷敬等撰《康熙字典》卷二六（蟲部）

長踦

晉・郭璞著《爾雅音圖》卷下前（釋蟲第一五）
晉・郭璞注，唐・陸德明音義，宋・邢昺疏《爾雅注疏》卷九（釋蟲第一五音義）
三國吳・陸璣撰《毛詩草木鳥獸蟲魚疏》卷下（蠨蛸在戶）
宋・邢昺撰《爾雅疏》卷九
宋・鄭樵撰《爾雅註》卷下
宋・陸佃撰《埤雅》卷一〇（釋蟲）
元・戴侗撰《六書故》卷二〇（動物四）
清・顧棟高撰《毛詩類釋》卷一八
清・沈廷芳撰《十三經注疏正字》卷八一（釋蟲第十五）
清・焦循撰《毛詩草木鳥獸蟲魚釋》卷七
清・張玉書、陳廷敬等撰《康熙字典》卷二六（蟲部）
清・趙佑撰《草木疏校正》卷下（蠨蛸在戶）
清・郝懿行撰《爾雅郭注義疏》卷下之三
清・方旭撰《蟲薈》卷三（昆蟲）

喜子

晉・郭璞著《爾雅音圖》卷下前（釋蟲第一五）
晉・郭璞注，唐・陸德明音義，宋・邢昺疏《爾雅注疏》卷九（釋蟲第一五音義）
南朝梁・顧野王撰《玉篇》卷二五（蟲部第四百一）
宋・邢昺撰《爾雅疏》卷九
宋・鄭樵撰《爾雅註》卷下
宋・羅願撰，元・洪焱祖音釋《爾雅翼》卷二五（釋蟲二）
宋・梁克家撰《淳熙三山志》卷四二
元・戴侗撰《六書故》卷二〇（動物四）
明・張自烈撰，清・廖文英續《正字通》申集中（虫部）
清・張玉書、陳廷敬等撰《康熙字典》卷二六（蟲部）
清・周靖撰《篆隸考異》卷三（蟲部）
清・郝懿行撰《爾雅郭注義疏》卷下之三
清・余蕭客撰《古經解鉤沉》卷七（毛詩下）

長腳

三國吳・陸璣撰《毛詩草木鳥獸蟲魚疏》卷下（蠨蛸在戶）
五代・馬縞撰《中華古今注》卷下
元・戴侗撰《六書故》卷二〇（動物四）
清・張玉書、陳廷敬等撰《康熙字典》卷二六（蟲部）
清・趙佑撰《草木疏校正》卷下（蠨蛸在戶）

喜母

三國吳・陸璣撰《毛詩草木鳥獸蟲魚疏》卷下（蠨蛸在戶）
元・戴侗撰《六書故》卷二〇（動物四）
明・張自烈撰，清・廖文英續《正字通》申集中（虫部）
清・張玉書、陳廷敬等撰《康熙字典》卷二六（蟲部）
清・趙佑撰《草木疏校正》卷下（蠨蛸在戶）

親客

三國吳・陸璣撰《毛詩草木鳥獸蟲魚疏》卷下（蠨蛸在戶）
元・戴侗撰《六書故》卷二〇（動物四）
清・趙佑撰《草木疏校正》卷下（蠨蛸在戶）

長蚑

晉・崔豹撰《古今注》卷中（魚蟲第五）
・不著撰人《原本廣韻》卷一
明・張自烈撰，清・廖文英續《正字通》申集中（虫部）

明・周祈撰《名義考》卷一〇
清・張玉書、陳廷敬等撰《康熙字典》卷二六（蟲部）

蟢

・不著撰人《原本廣韻》卷一
宋・丁度、司馬光等修定《集韻》卷一
元・楊桓撰《六書統》卷一八
明・張自烈撰，清・廖文英續《正字通》申集中（虫部）
明・周祈撰《名義考》卷一〇
清・周靖撰《篆隸考異》卷三（蟲部）

長蟢

清・張玉書、陳廷敬等撰《康熙字典》卷二六（蟲部）
晉・郭璞著《爾雅音圖》卷下前（釋蟲第一五）

蝂蚑

唐・蘇鶚撰《蘇氏演義》卷下

長跂

五代・馬縞撰《中華古今注》卷下

喜蛛

清・吳馨等修，姚文枬等纂《江蘇省上海縣續志》卷八
清・周靖撰《篆隸考異》卷三（蟲部）

蟰蛸 *Tetragnatha* spp.

蠨蛸

元・朱公遷撰《詩經疏義會通》卷八
清・牟應震撰《毛詩物名考》卷四

壁钱蛛科 Urocteidae

壁錢

唐・陳藏器撰，尚志鈞輯釋《本草拾遺》卷六（蟲魚部）
宋・唐慎微撰，寇宗奭衍義《證類本草》卷二二（蟲部下品總八十一種・三十六種陳藏器餘）
明・李時珍撰《本草綱目》卷四〇（蟲之二）
明・彭大翼撰，張幼學增訂《山堂肆考》卷二二八（昆蟲）
清・方旭撰《蟲薈》卷三（昆蟲）
清・嚴偉、劉芷芬修，秦錫田纂《上海府縣志輯・南匯縣續志》卷二〇
清・範鐘湘、陳傅德修，金念祖、黃世祚纂《上海府縣志輯・嘉定縣續志》卷五
清・邵子彝修，魯琪光纂《江西府縣志輯・建昌府志》卷一
清・吳馨等修，姚文枬等纂《江蘇省上海縣續志》卷八（物產）
清・金蓉鏡纂輯《湖南省靖州鄉土志》卷三

壁鏡

明・李時珍撰《本草綱目》卷四〇（蟲之二）
明・彭大翼撰，張幼學增訂《山堂肆考》卷二二八（昆蟲）
清・方旭撰《蟲薈》卷三（昆蟲）
清・李福泰修，史澄、何若瑤纂《廣東府縣志輯・番禺縣志》卷七
清・邵子彝修，魯琪光纂《江西府縣志輯・建昌府志》卷一

清・張鳳喈等修，桂坫等纂《廣東省縣志輯・宣統南海縣誌》卷四

壁蟗

明・彭大翼撰，張幼學增訂《山堂肆考》卷二二八（昆蟲）

壁蟢

清・嚴偉、劉芷芬修，秦錫田纂《上海府縣志輯・南匯縣續志》卷二〇
清・範鐘湘、陳傅德修，金念祖、黃世祚纂《上海府縣志輯・嘉定縣續志》卷五
清・吳馨等修，姚文枬等纂《江蘇省上海縣續志》卷八

扁蟢

明・彭大翼撰，張幼學增訂《山堂肆考》卷二二八（昆蟲）
清・方旭撰《蟲薈》卷三（昆蟲）

喜蟢

清・方旭撰《蟲薈》卷三（昆蟲）

近喜

清・方旭撰《蟲薈》卷三（昆蟲）

蟾蟧

清・李福泰修，史澄、何若瑤纂《廣東府縣志輯・番禺縣志》卷七
清・陳伯陶等纂修《廣東府縣志輯・東莞縣志》卷一五

八脚

清・邵子彝修，魯琪光纂《建昌府志一・物產・蟲之屬》卷一

喜子

清・張鳳喈等修，桂坫等纂《廣東省縣志輯・宣統南海縣誌》卷四
清・方旭撰《蟲薈》卷三（昆蟲）
清・邵子彝修，魯琪光纂《江西府縣志輯・建昌府志》卷一

喜母

清・方旭撰《蟲薈》卷三（昆蟲）

解憂

清・方旭撰《蟲薈》卷三（昆蟲）

親客

清・方旭撰《蟲薈》卷三（昆蟲）

青鳥

清・方旭撰《蟲薈》卷三（昆蟲）

北国壁钱 *Uroctea lesserti*

壁錢

清・萬青黎、周家楣修，張之洞、繆荃孫纂《北京府縣志輯・光緒順天府志》卷五〇
清・劉於義等監修，沈青崖等編纂《陝西通志》卷四四

壁鏡

清・萬青黎、周家楣修，張之洞、繆荃孫纂《北京府縣志輯・光緒順天府志》卷五〇

壁繭

清・萬青黎、周家楣修，張之洞、繆荃孫纂《北京府縣志輯・光緒順天府志》卷五〇

清・劉於義等監修，沈青崖等編纂《陝西通志》卷四四

地蛛科 Atypidae

地蛛 *Atypus* sp.

筆口袋

清・李玉宣等修，衷興鑒等纂《四川府縣志輯・重修成都縣志》卷三

平腹蛛科 Gnaphosidae

石掠蛛 *Drassodes lapsus*

掠蛛科

清・(美)克拉克 索爾比著，史紅帥譯《穿越陝甘・1908-1909年克拉克考察隊華北行紀》

蟹蛛科 Thomisidae

蟹蛛科

清・(美)克拉克 索爾比著，史紅帥譯《穿越陝甘・1908-1909年克拉克考察隊華北行紀》

花蛛亞科

清・(美)克拉克 索爾比著，史紅帥譯《穿越陝甘・1908-1909年克拉克考察隊華北行紀》

陷狩蛛 *Diaea subdola*

狩蛛屬

清・(美)克拉克 索爾比著，史紅帥譯《穿越陝甘・1908-1909年克拉克考察隊華北行紀》

狼蛛科 Lycosidae

狼蛛科

清・(美)克拉克 索爾比著，史紅帥譯《穿越陝甘・1908-1909年克拉克考察隊華北行紀》

道氏艾狼蛛 *Evippa douglasi*

狼蛛

清・(美)克拉克 索爾比著，史紅帥譯《穿越陝甘・1908-1909年克拉克考察隊華北行紀》

克拉克鬣蛛 *Hyaenosa clarki*

狼蛛群

清・(美)克拉克 索爾比著，史紅帥譯《穿越陝甘・1908-1909年克拉克考察隊華北行紀》

狼蛛屬

清・(美)克拉克 索爾比著，史紅帥譯《穿越陝甘・1908-1909年克拉克考察隊華北行紀》

陝西狼蛛 *Lycosa shansia*

豹蛛群

清・(美)克拉克 索爾比著，史紅帥譯《穿越陝甘・1908-1909年克拉克考察隊華北行紀》

豹蛛屬

清・(美)克拉克 索爾比著，史紅帥譯《穿越陝甘・1908-1909年克拉克考察隊華北行紀》

奧陶鼬蛛 *Mustelicosa ordosa*

奧陶狼蛛

清・(美)克拉克 索爾比著，史紅帥譯《穿越陝甘・1908-1909年克拉克考察隊華北行紀》

索威豹蛛 *Pardosa sowerbyi*

索威豹蛛

清・(美)克拉克 索爾比著，史紅帥譯《穿越陝甘・1908-1909年克拉克考察隊華北行紀》

蝎目 Scorpiones

蠍

宋・蘇頌編撰，胡乃長、王致譜輯注《圖經本草》

钳蝎科 Buthidae

蠆

漢・許慎撰，宋・徐鉉增釋《說文解字》卷一三上

漢・毛亨傳、鄭玄箋，唐・孔穎達疏，陸德明音義《毛詩注疏》卷二二（小雅）

漢・戴德撰，北周・盧辯註《大戴禮記》卷九（誥志）

三國魏・張揖撰《廣雅》卷一〇（釋蟲）

三國吳・陸璣撰《毛詩草木鳥獸蟲魚疏》卷下（卷髮如蠆）

三國吳・陸璣撰，明・毛晉廣要《陸氏詩疏廣要》卷下之下（卷髮如蠆）

南朝梁・顧野王撰《玉篇》卷二五（蟲部第四百一）

隋・巢元方等撰《巢氏諸病源候總論》卷三六（蠆螫候）

南唐・徐鍇撰，朱翱反切《說文系傳》卷二五

宋・司馬光撰《類篇》卷三八

・不著撰人《原本廣韻》卷四

宋・丁度、司馬光等修定《集韻》卷五

宋・羅願撰，元・洪焱祖音釋《爾雅翼》卷二六（釋蟲三）

宋・王黼撰《重修宣和博古圖》卷一（蠆鼎銘一字）

明・張自烈撰，清・廖文英續《正字通》申集中（虫部）

明・馮復京撰《六家詩名物疏》卷四五（小雅魚藻之什・都人士篇）

明・方以智撰《通雅》卷四七（動物・蟲）

明・王圻、王思義輯《三才圖會》卷之鳥獸六

清・張玉書、陳廷敬等撰《康熙字典》卷二六（蟲部）

清・嵇璜、曹仁虎等撰《續通志》卷一七八（昆蟲草木略五・蟲類）

清・唐執玉、李衛等監修，田易等纂《畿輔通志》卷五七（土產）

宋·蘇軾撰，清·查慎行補註《蘇詩補註》卷二四
清·焦循撰《毛詩草木鳥獸蟲魚釋》卷九
清·方旭撰《蟲薈》卷三（昆蟲）
清·萬青黎、周家楣修，張之洞、繆荃孫纂《北京府縣志輯·光緒順天府志》卷五〇（物產）
清·陳大章撰《詩傳名物集覽》卷五（蟲豸·卷髮如蠆）

蠍

三國魏·張揖撰《廣雅》卷一〇（釋蟲）
三國吳·陸璣撰《毛詩草木鳥獸蟲魚疏》卷下（卷髮如蠆）
三國吳·陸璣撰，明·毛晉廣要《陸氏詩疏廣要》卷下之下（卷髮如蠆）
南朝梁·顧野王撰《玉篇》卷二五（蟲部第四百一）
隋·巢元方等撰《巢氏諸病源候總論》卷三六（蠍螫候）
宋·司馬光撰《類篇》卷三八
·不著撰人《原本廣韻》卷五
宋·丁度、司馬光等修定《集韻》卷九
明·張自烈撰，清·廖文英續《正字通》申集中（虫部）
清·張玉書、陳廷敬等撰《康熙字典》卷二六（蟲部）
清·周靖撰《篆隸考異》卷三（蟲部）
清·嵇璜、曹仁虎等撰《續通志》卷一七八（昆蟲草木畧五·蟲類）
清·岳濬等監修，杜詔等編纂《山東通志》卷二四（物產志）
清·唐執玉、李衛等監修，田易等纂《畿輔通志》卷五七
清·李元撰《蠕範》卷四（物食第七）
清·萬青黎、周家楣修，張之洞、繆荃孫纂《北京府縣志輯·光緒順天府志》卷五〇

蝎

漢·揚雄撰，晉·郭璞注《輶軒使者絕代語釋別國方言》卷七
唐·段成式撰《酉陽雜俎》卷一七（蟲篇）
宋·蘇軾撰，清·查慎行補註《蘇詩補註》卷二四
明·曹學佺編《石倉歷代詩選》卷四五四（明詩次集八十八·蠍傷右足詩以寫懷）
清·方旭撰《蟲薈》卷三（昆蟲）
清·萬青黎、周家楣修，張之洞、繆荃孫纂《北京府縣志輯·光緒順天府志》卷五〇
清·孔繁撲修，高維嶽纂《陝西省綏德州志》卷三

蛗

南朝梁·顧野王撰《玉篇》卷二五（蟲部第四百一）
宋·司馬光撰《類篇》卷三八
宋·丁度、司馬光等修定《集韻》卷二
清·張玉書、陳廷敬等撰《康熙字典》卷二六（蟲部）

蠫

宋·司馬光撰《類篇》卷三八

蠚

宋·丁度等修定《集韻》卷七

杜伯

三國魏·張揖撰《廣雅》卷一〇（釋蟲）
三國吳·陸璣撰《毛詩草木鳥獸蟲魚疏》卷下（卷髮如蠆）
三國吳·陸璣撰，明·毛晉廣要《陸氏詩疏廣要》卷下之下（卷髮如蠆）
清·嵇璜、曹仁虎等撰《續通志》卷一七八（昆蟲草木畧五·蟲類）
清·方旭撰《蟲薈》卷三（昆蟲）
清·李元撰《蠕範》卷四（物食第七）

主簿蟲

宋·朱勝非撰《紺珠集》卷三（諸集拾遺）
明·李時珍撰《本草綱目》卷四〇（蟲之二）
清·嵇璜、曹仁虎等撰《續通志》卷一七八（昆蟲草木畧五·蟲類）
清·李元撰《蠕範》卷四

蚭蛴

明·李時珍撰《本草綱目》卷四〇（蟲之二）
清·嵇璜、曹仁虎等撰《續通志》卷一七八（昆蟲草木畧五·蟲類）
清·李元撰《蠕範》卷四（物食第七）

杜白

明·李時珍撰《本草綱目》卷四〇（蟲之二）

護背蟲

清·孔繁撲修，高維嶽纂《陝西省綏德州志》卷三

蠆尾蟲

宋·蘇軾撰，清·查慎行補註《蘇詩補註》卷二四
明·李時珍撰《本草綱目》卷四〇（蟲之二）
清·岳濬等監修，杜詔等編纂《山東通志》卷二四

马氏正钳蝎 *Mesobuthus martensii martensii*

蠍

清·張鳳台纂修《安東省長白彙徵錄》卷五
清·和珅等撰《大清一統志》卷一四三（泰安府二）

蠆尾蟲

清·張鳳台纂修《安東省長白彙徵錄》卷五

细尖狼蝎 *Lychas mucronaus*

蠍

清·郝玉麟等監修，魯曾煜等編纂《廣東通志》卷五二
清·胡端書修，楊士錦、吳鳴清纂《海南府縣志輯·道光萬州志》卷三
清·鍾元棣修，張雋、邢定綸纂《海南府縣志輯·民國崖州志》卷四

蝎

清·聶緝慶、張延修，桂文熾、汪瑔纂《海南府縣志輯·光緒臨高縣志》
清·瞿雲魁纂修《海南府縣誌輯·乾隆陵水縣志》卷一

曲尾

清・鍾元棣修，張雋、邢定綸纂《海南府縣志輯・民國崖州志》卷四

伪蝎目 Pseudoscorpiones

⿰⿱丰示蚤

漢・許慎撰，宋・徐鉉增釋《説文解字》卷一三上

南唐・徐鍇撰，朱翱反切《説文繫傳》卷二五

・不著撰人《原本廣韻》卷四

明・張自烈撰，清・廖文英續《正字通》申集中（虫部）

清・張玉書、陳廷敬等撰《康熙字典》卷二六（蟲部）

⿰祟蚤

南朝梁・顧野王撰，宋・陳彭年等重修《重修玉篇》卷二五

宋・司馬光撰《類篇》卷三八

・不著撰人《原本廣韻》卷四

宋・丁度、司馬光等修定《集韻》卷七

元・楊桓撰《六書統》卷一八（形聲八・蟲魚之聲・蟲之屬・諧近聲）

明・張自烈撰，清・廖文英續《正字通》申集中（虫部）

清・方旭撰《蟲薈》卷三（昆蟲）

清・嵇璜、曹仁虎等撰《續通志》卷一七八（昆蟲草木略五）

惡颯

明・方以智撰《通雅》卷四七（動物・蟲）

清・方旭撰《蟲薈》卷三（昆蟲）

盲蛛目 Opiliones

大蜘蛛

元・陶宗儀編《説郛》卷四三下

蜱螨目 Acarina

螕

漢・許慎撰，宋・徐鉉增釋《説文解字》卷一三上

南朝梁・顧野王撰《玉篇》卷二五（蟲部第四百一）

南唐・徐鍇撰，朱翱反切《説文系傳》卷二五

宋・司馬光撰《類篇》卷三八

・不著撰人《原本廣韻》卷一

宋・丁度、司馬光等修定《集韻》卷二

元・戴侗撰《六書故》卷二〇

元・楊桓撰《六書統》卷一八（形聲八・蟲魚之聲・蟲之屬・諧近聲）

明・張自烈撰，清・廖文英續《正字通》申集中（虫部）

清・張玉書、陳廷敬等撰《康熙字典》卷二六（蟲部）

清・金蓉鏡纂輯《湖南省靖州鄉土志》卷三

齧牛蟲

漢・許慎撰，宋・徐鉉增釋《説文解字》卷一三上

南唐・徐鍇撰，朱翱反切《説文系傳》卷二五

宋・司馬光撰《類篇》卷三八

宋・丁度、司馬光等修定《集韻》卷二

元・楊桓撰《六書統》卷一八（形聲八・蟲魚之聲・蟲之屬・諧近聲）

明・李時珍撰《本草綱目》卷四〇（蟲之二）

牛蝨

南朝梁・顧野王撰《玉篇》卷二五（蟲部第四百一）

・不著撰人《原本廣韻》卷一

明・李時珍撰《本草綱目》卷四〇（蟲之二）

清・方旭撰《蟲薈》卷三（昆蟲）

清・金蓉鏡纂輯《湖南省靖州鄉土志》卷三（志物産・動物）

牛螕

明・李時珍撰《本草綱目》卷四〇（蟲之二）

硬蜱科 Ixodidae

硬蜱 *Ixodes* sp.

牛蝨類

清・（日）西師意譯，（英）竇樂安、許家惺審定《動物學教科書》第九章（昆蟲類）

血蜱 *Haemaphysalis* sp.

血蜱屬

清・（美）克拉克 索爾比著，史紅帥譯《穿越陝甘・1908-1909年克拉克考察隊華北行紀》

软蜱科 Argasidae

翘缘锐缘蜱 *Argas reflexus*

翹緣鋭緣蜱

清・（美）克拉克 索爾比著，史紅帥譯《穿越陝甘・1908-1909年克拉克考察隊華北行紀》

疥螨科 Sarcoptidae

疥螨 *Sarcopte* sp.

疥癬蝨

清・（日）西師意譯，（英）竇樂安、許家惺審定《動物學教科書》第九章（昆蟲類）

厉螨科 Laelapidae

敏捷血厉螨 *Laelops agilis*

厲蟎

清・（美）克拉克 索爾比著，史紅帥譯《穿越陝甘・1908-1909年克拉克考察隊華北行紀》

避日目 Solifugae

八蚑蟲

清・和寧撰《回疆通志》卷一二

八臘

清・不著撰人《新疆省回疆志》卷三

八叉蟲

清・松筠撰《西陲總統事略》(西陲竹枝詞)

清・長白椿園氏著《新疆省新疆輿圖風土考》卷四

虮蚁蟲

清・七十一著《西域總志》卷一

昆虫纲 Insecta

六足蟲

清・王本祥撰《科學世界》

六足四翼蟲

漢・揚雄撰，晉・郭璞注《輶軒使者絕代語釋別國方言》卷一一

六足類

清・柯璜譯編，(日)箕作佳吉著《博物學講義・動物篇》

釋蟲

《爾雅》

三國魏・張揖撰，隋・曹憲音解《博雅》卷一〇

晉・郭璞注，唐・陸德明音義，宋・邢昺疏《爾雅注疏》(釋蟲第十五)

宋・羅願撰，元・洪焱祖音釋《爾雅翼》卷二七

蟲

《詩經》

《爾雅》

漢・許慎撰，宋・徐鉉增釋《說文解字》卷一三下

漢・班固撰，唐・顏師古注，清・齊召南等考證《前漢書》卷一〇

晉・郭璞注，唐・陸德明音義，宋・邢昺疏《爾雅注疏》(釋蟲第十五)

宋・邢昺撰《爾雅疏》(釋蟲第十五)

元・周伯琦撰《說文字原》

元・戴侗撰《六書故》卷二〇

明・李時珍撰《本草綱目》(蟲部目錄)

明・葉子奇撰《草木子》卷一

明・方以智撰《通雅》卷四七(動物・蟲)

清・永瑢、紀昀等撰《四庫全書總目》卷四一

清・陳元龍撰《格致鏡原》卷九六(昆蟲類一總)

清・郝玉麟等監修，魯曾煜等編纂《廣東通志》(物產)

清・郝懿行撰《爾雅郭注義疏》下之三(釋蟲第十五)

清・張玉書、陳延敬等撰《佩文韻府》卷一之二

清・方旭撰《蟲薈》(自序)

清・高賡恩等纂修《綏遠全志》

蟲類

五代・馬縞撰《中華古今注》卷中

豸

《爾雅》

豸屬

清・舒其紳等修《陝西省西安府志》

蟲豸類

清・高賡恩等纂修《綏遠全志》

蜫

清・周靖撰《篆隸考異》卷三

崑

梁・沈約撰《宋書》卷九三考證

昆

漢・班固撰，唐・顏師古注，清・齊召南等考證《前漢書》

南朝梁・沈約撰《宋書》卷九三考

宋・範處義撰《詩補傳》卷二三

宋・衛湜撰《禮記集說》卷五八

宋・葉庭珪撰《海錄碎事》卷二三下

清・陳元龍撰《格致鏡原》卷九六(昆蟲類一總)

昆小蟲

漢・戴德撰，北周・盧辯註《大戴禮記》卷二

清・汪照撰《大戴禮注補》卷二

清・洪震煊撰《夏小正疏義》卷一

昆蟲

《禮記・郊特牲・蜡辭》

周・荀況撰，唐・楊倞注《荀子》卷六

漢・班固撰，唐・顏師古注，清・齊召南等考證《前漢書》

漢・鄭玄注，唐・孔穎達疏，陸德明音義《禮記注疏》卷二二

漢・董仲舒撰《春秋繁露》卷一

三國魏・王肅注《孔子家語》卷六

南朝梁・沈約撰《宋書》卷九三考證

唐・陸德明撰《經典釋文》卷七

唐・白居易原本，宋・孔傳 續撰《白孔六帖》卷八〇

宋・羅願撰，元・洪焱祖音釋《爾雅翼》卷二四

宋・胡瑗撰，倪天穩述《周易口義》卷三

宋・任广撰《书叙指南》卷一一

宋・楊侃輯《兩漢博聞》卷二(昆蟲)

宋・衛湜撰《禮記集說》卷二九、卷五八

宋・葉庭珪撰《海錄碎事》卷二三下

宋・王與之撰《周禮訂義》卷九

宋・葉時撰《禮經會元》卷四下

宋・江少虞編《事實類苑》卷四

宋・洪諮夔撰《洪氏春秋說》卷三

宋・魏了翁撰《春秋左傳要義》卷七

宋・趙順孫撰《四書纂疏・中庸纂疏》卷三

宋・李燾撰《續資治通鑒長編》卷三六六

宋・李心傳撰《建炎以來繫年要錄》卷一一七

宋・王益之撰《西漢年紀》卷二四

宋・王溥撰《唐會要》卷五〇

宋・胡宏撰《皇王大紀》卷二七

宋・王欽若 楊億等撰《冊府元龜》卷六一二

宋・祝穆撰《古今事文類聚》後集卷三四
宋・黃震撰《黃氏日抄》卷七
元・戴侗撰《六書故》卷二、卷一六
元・程端學撰《春秋本義》
元・劉瑾撰《詩傳通釋》卷八
元・陶宗儀編《說郛》卷一〇三上（天下養愛第三）
元・不著撰人《宋史全文》卷一三上
明・方以智撰《通雅》卷四七
明・王志長撰《周禮注疏刪翼》卷三
明・蔡清撰《易經蒙引》卷一五
明・呂柟撰《張子抄釋》卷四
明・楊慎撰《丹鉛餘錄》卷一二
明・夏良勝撰《中庸衍義》卷四
明・唐順之編《荊州稗編》卷九九
明・李蘇著《見物》卷五（蟲物論）
清・陳元龍撰《格致鏡原》卷九六（昆蟲類一總）
清・何琇撰《樵香小記》卷下（昆蟲）
清・鄂爾泰、張廷玉等撰《授時通考》卷四六
清・余宗農編輯《桑樹蟲害論》第一章（總論）
清・黃毅編譯《桑樹害蟲論》第一章（總論）
清・江永撰《鄉黨圖考》卷一O
清・覺羅石麟等監修，儲大文等編纂《山西通志》卷一六四（物產）
清・陳淏子輯《秘傳花鏡》（養昆蟲法）

昆蟲類

清・陳元龍撰《格致鏡原》卷九六
清・柯璜譯編《博物學講義》第一編（動物各論）
清・（日）西師意譯，竇樂安、許家惺審定《動物學教科書》第八章（節足動物）

蟲部

南朝梁・顧野王撰，宋・陳彭年等重修《重修玉篇》卷三九
明・李時珍撰《本草綱目》卷三九
明・張自烈撰，清・廖文英續《正字通》申集中

虫部

遼・釋行均撰《龍龕手鑒》卷二

蟲物論

明・李蘇著《見物》卷五

明蟲

漢・班固撰，唐・顏師古注，清・齊召南等考證《前漢書》
宋・範處義撰《詩補傳》卷二三

蚰

漢・班固撰，唐・顏師古注，清・齊召南等考證《前漢書》
漢・許慎撰，宋・徐鉉增釋《說文解字》卷一三下
元・周伯琦撰《說文字原》
明・趙撝謙撰《六書本義》卷八（蟲部第二百六十一凡一百六十七）
清・方以智撰《通雅》卷二

蚰蟲

明・方以智撰《通雅》卷二
清・孫詒謀為方旭撰《蟲薈》作序
清・周靖撰《篆隸考異》卷三

虫蚰

明・方以智撰《通雅》卷二

說蟲

清・（英）傅兰雅辑《格致彙编》（论动物学）

蝮

漢・許慎撰，宋・徐鉉增釋《說文解字》卷一三上
南朝梁・顧野王撰，宋・陳彭年等重修《重修玉篇》卷二五
宋・司馬光撰《類篇》卷三八
明・張自烈撰，清・廖文英續《正字通》申集中（虫部）
清・張玉書、陳廷敬纂《康熙字典》卷二六
清・段玉裁撰《說文解字注》
清・方以智撰《通雅》卷三

蝮

清・張玉書、陳廷敬纂《康熙字典》卷二六

和爾亥

清・高恩等纂修《綏遠全志》

䖵蠶

漢・許慎撰，宋・徐鉉增釋《說文解字》卷一三下

蟁

漢・許慎撰，宋・徐鉉增釋《說文解字》卷一三上

蠹

漢・許慎撰，宋・徐鉉增釋《說文解字》卷一三下

六足动物 Hexapoda

六足四翼蟲

漢・揚雄撰，晉・郭璞注《輶軒使者絕代語釋別國方言》卷一一
晉・郭璞注，唐・陸德明音義，宋・邢昺疏《 爾雅注疏》（釋蟲）

蟲

宋・陸佃撰《爾雅新義》卷一五

蚃

清・張玉書、陳廷敬等纂《康熙字典》卷二六

六足蟲

清・王本祥撰《科學世界》（說蚤）

圜節動物

清・（英）艾約瑟撰《動物學啟蒙》卷八

圜節蟲類

清・（英）艾約瑟撰《動物學啟蒙》卷八

无翅亚纲 Apterygota

昆蟲

宋・胡瑗撰，倪天穩述《周易口義》卷三

清・（日）西師意譯，（英）竇樂安、許家惺審定《動物學教科書》

走者

宋・胡瑗撰，倪天穩述《周易口義》卷三

無翅小蟲

清・柯璜譯編，（日）箕作佳吉著《博物學講義・動物篇》

弹尾目 Collembola

彈尾類

清・柯璜譯編，（日）箕作佳吉著《博物學講義・動物篇》
清・（日）西師意譯，（英）竇樂安、許家惺審定《動物學教科書》

蛂

宋・司馬光撰《類篇》卷三八
明・張自烈撰，清・廖文英續《正字通》申集中（虫部）
清・張玉書、陳廷敬等纂《康熙字典》卷二六

跳蟲

清・周春撰《爾雅補注》卷四

鳞蛂科 Tomoceridae

濕蟲

清・（英）艾約瑟撰《動物學啟蒙》（動物分類綱領）

尾足濕蟲

清・（英）艾約瑟《動物學啟蒙》（動物分類綱領・環節動物）

衣鱼目 Zygentoma

白魚

《爾雅》
漢・許慎撰，宋・徐鉉增釋《說文解字》卷一〇上
三國魏・張揖撰，隋・曹憲音解《博雅》卷一〇（釋蟲）
晉・郭璞注《爾雅註》卷下前
晉・郭璞注，唐・陸德明音義，宋・刑昺疏《爾雅注疏》
南朝梁・顧野王撰，宋・陳彭年等重修《重修玉篇》卷二五
唐・段成式撰《酉陽雜俎》卷一七
宋・鄭樵撰《爾雅註》
宋・邢昺撰《爾雅疏》
宋・鄭樵撰《通志》卷七六（蟲魚類）
宋・陸佃撰《爾雅新義》卷一五
宋・唐慎微撰，寇宗奭衍義《證類本草》卷二二
宋・羅願撰，元・洪焱祖音釋《爾雅翼》卷二四（釋蟲一）
元・戴侗撰《六書故》卷二〇
明・穆希文撰《蟫史集》卷一〇
明・方以智撰《通雅》卷四七（動物・昆蟲）
明・吳楚材輯《彊識畧》卷三二
明・張自烈撰，清・廖文英續《正字通》申集中（虫部）
明・夏良勝纂修《正德建昌府志（江西省）》
明・李蘇著《見物》卷五（蟲物論）
明・彭大翼撰，張幼學增訂《山堂肆考》卷二二八
清・戴鎣撰《爾雅郭注補正》卷八
清・張玉書、陳廷敬等纂《康熙字典》卷二六
清・何東銘纂《四川府縣志輯・邛嶲野録》
清・周鍾瑄修，陳夢林、李欽文纂《臺灣府縣志輯・康熙諸羅縣志》
清・段玉裁撰《說文解字注》
清・姜兆錫撰《爾雅注疏參議》卷六《釋蟲第十五》
清・萬青黎、周家楣修，張之洞、繆荃孫纂《北京府縣志輯・光緒順天府志》
清・李元撰《蠕範》
清・方旭撰《蟲薈》卷三
清・邵晉涵撰《爾雅正義》卷一六
清・任基振撰《爾雅注疏箋補》卷三
清・郝懿行撰《爾雅（郭注）義疏》下之三
清・姚培謙、張卿雲輯《類腋・物部》卷一〇（蟫）
清・朱肇基修，陸綸纂《安徽府縣志輯・乾隆太平府志》
清・席紹葆等修，謝鳴謙、謝鳴盛纂《湖南府縣志輯・辰州府志》
清・吳鞏修，王來遴纂《四川府縣志輯・嘉慶邛州直隸州志》
清・宗源瀚、郭式昌修，周學濬、陸心源纂《浙江府縣志輯・湖州府志》卷三三
清・何焯、陳鵬年撰《禦定分類字錦》卷五九（雜蟲第十二）
清・李廷璧修，周璽纂《臺灣府縣志輯・道光彰化縣志》

白魚蟲

南朝梁・顧野王撰，宋・陳彭年等重修《重修玉篇》卷二五

衣書中白蟲

清・段玉裁撰《說文解字注》

衣書中白魚

宋・司馬光撰《類篇》卷三八
明・方以智撰《通雅》卷四七（動物・昆蟲）

衣書中蟲

晉・郭璞注《爾雅註》卷下前
宋・邢昺撰《爾雅疏》
宋・羅願撰，元・洪焱祖音釋《爾雅翼》卷二四（釋蟲一）
明・張自烈撰，清・廖文英續《正字通》申集中（虫部）
清・戴鎣撰《爾雅郭注補正》卷八
清・姜兆錫撰《爾雅注疏參議》卷六《釋蟲第十五》
清・張玉書、陳廷敬等纂《康熙字典》卷二六
清・方旭撰《蟲薈》卷三
清・邵晉涵撰《爾雅正義》卷一六
清・郝懿行撰《爾雅郭注義疏》下之三
清・姚培謙、張卿雲輯《類腋・物部》卷一〇（蟫）

衣書中蠹

元・戴侗撰《六書故》卷二〇

衣書中蠹蟲

明·吳楚材輯《彊識畧》卷三二

明·穆希文撰《蟫史集》卷一〇

明·彭大翼撰，張幼學增訂《山堂肆考》卷二二八

清·張玉書、陳延敬等撰《佩文韻府》卷一之二

清·陳元龍撰《格致鏡原》卷九七（昆蟲類二）

書中蠹蛀

明·謝肇淛著《五雜俎》卷九（物部）

衣書蠹

明·彭大翼撰，張幼學增訂《山堂肆考》卷二二八

蠹蝨

明·吳楚材輯《彊識畧》卷三二

蠹

明·吳楚材輯《彊識畧》卷三二

清·周鍾瑄修，陳夢林、李欽文纂《臺灣府縣志輯·康熙諸羅縣志》

清·柯璜譯編《博物學講義·動物篇》

清·許應鑅、朱澄瀾修，謝煌等纂《江西府縣志輯·光緒撫州府志》

清·吳鞏修，王來遴纂《四川府縣志輯·嘉慶邛州直隸州志》

蠹書魚

宋·不著編人《宋文選》卷一五（錄蠹書魚辭）

蠹書蟲

清·周鍾瑄修，陳夢林、李欽文纂《臺灣府縣志輯·康熙諸羅縣志》

清·張玉書、陳延敬等撰《佩文韻府》卷一之二

蠹魚

宋·鄭樵撰《爾雅註》

宋·鄭樵撰《通志》卷七六（蟲魚類）

明·方以智撰《通雅》卷四七（動物·昆蟲）

明·穆希文撰《蟫史集》卷一〇

明·劉仲逵輯《劉氏鴻書》卷九三（昆蟲部·蠹魚）

明·張自烈撰，清·廖文英續《正字通》申集中（虫部）

清·阿桂、劉瑾之等撰《欽定盛京通志》

清·周鍾瑄修，陳夢林、李欽文纂《臺灣府縣志輯·康熙諸羅縣志》

清·劉於義等監修，沈青崖等編纂《陝西通志》

清·吳都梁修，潘問奇等纂《北京府縣志輯·昌平州志》

清·孔繁撲修，高維嶽纂《陝西省綏德州志》

清·何東銘纂《四川府縣志輯·邛嶲野録》

清·萬青黎、周家楣修，張之洞、繆荃孫纂《北京府縣志輯·光緒順天府志》

清·李元撰《蠕範》

清·方旭撰《蟲薈》卷三

清·任基振撰《爾雅注疏箋補》卷三

清·朱肇基修，陸綸纂《安徽府縣志輯·乾隆太平府志》

清·席紹葆等修，謝鳴謙、謝鳴盛纂《湖南府縣志輯·辰州府志》

清·吳鞏修，王來遴纂《四川府縣志輯·嘉慶邛州直隸州志》

清·金蓉鏡纂輯《湖南省靖州鄉土志》（物產）

清·宗源瀚、郭式昌修，周學濬、陸心源纂《浙江府縣志輯·湖州府志》卷三三

清·張玉書、汪霦等編《佩文齋詠物詩選》卷四八四（蠹魚類·唐·李遠撰《詠壁魚》）

清·張楷纂修《安徽府縣志輯·康熙安慶府志》

清·李廷璧修，周璽纂《臺灣府縣誌輯·道光彰化縣志》

蠹魚蟲

清·周碩勳纂修《廣東省潮州府志》

羽陵蠹

清·何焯、陳鵬年撰《御定分類字錦》卷五九（雜蟲第十二）

衣魚

晉·郭璞注，唐·陸德明音義，宋·刑昺疏《爾雅注疏》

宋·鄭樵撰《爾雅註》

宋·鄭樵撰《通志》卷七六（蟲魚類）

宋·邢昺撰《爾雅疏》

宋·唐慎微撰，寇宗奭衍義《證類本草》卷二二

元·戴侗撰《六書故》卷二〇

明·穆希文撰《蟫史集》卷一〇

明·方以智撰《通雅》卷四七（動物·昆蟲）

明·李蘇著《見物》卷五（蟲物論）

清·何焯、陳鵬年撰《禦定分類字錦》卷五九（雜蟲第十二）

清·何東銘纂《四川府縣志輯·邛嶲野録》（方輿類·物產）

清·周鍾瑄修，陳夢林、李欽文纂《臺灣府縣志輯·康熙諸羅縣志》

清·柯璜譯編，（日）箕作佳吉著《博物學講義·動物篇》

清·劉於義等監修，沈青崖等編纂《陝西通志》

清·段玉裁撰《說文解字注》

清·孔繁撲修，高維嶽纂《陝西省綏德州志》（物產）

清·李元撰《蠕範》

清·方旭撰《蟲薈》卷三

清·席紹葆等修，謝鳴謙、謝鳴盛纂《湖南府縣志輯·辰州府志》

清·吳鞏修，王來遴纂《四川府縣志輯·嘉慶邛州直隸州志》

清·宗源瀚、郭式昌修，周學濬、陸心源纂《浙江府縣志輯·湖州府志》卷三三

清·李廷璧修，周璽纂《臺灣府縣誌輯·道光彰化縣志》

清·薩廉修，陳淑均纂《臺灣府縣志輯·鹹豐臺灣府噶瑪蘭廳志》

狗蠍子

清·劉於義等監修，沈青崖等編纂《陝西通志》

脈望

明·劉仲逵輯《劉氏鴻書》卷九三（昆蟲部·蠹魚）

明·方以智撰《通雅》卷四七（動物·昆蟲）

清·何焯、陳鵬年撰《御定分類字錦》卷五九（雜蟲

第十二）
清・吳都梁修，潘問奇等纂《北京府縣志輯・昌平州志》
清・方旭撰《蟲薈》卷三
清・張楷纂修《安徽府縣志輯・康熙安慶府志》

書中蟲

清・阿桂、劉瑾之等撰《欽定盛京通志》

蛃

三國魏・張揖撰，隋・曹憲音解《博雅》卷一〇（釋蟲）
南朝梁・顧野王撰，宋・陳彭年等重修《重修玉篇》卷二五
宋・司馬光撰《類篇》卷三八
明・張自烈撰，清・廖文英續《正字通》申集中（虫部）
清・張玉書、陳廷敬等纂《康熙字典》卷二六
清・李元撰《蠕範》
清・宗源瀚、郭式昌修，周學濬、陸心源纂《浙江府縣志輯・湖州府志》卷三三

蛃魚

晉・郭璞撰《爾雅註》卷下前
宋・鄭樵撰《爾雅註》
宋・邢昺撰《爾雅疏》
宋・鄭樵撰《通志》卷七六（蟲魚類）
元・戴侗撰《六書故》卷二〇
明・彭大翼撰，張幼學增訂《山堂肆考》卷二二八
明・穆希文撰《蟫史集》卷一〇
明・方以智撰《通雅》卷四七（動物・昆蟲）
明・張自烈撰，清・廖文英續《正字通》申集中（虫部）
明・夏良勝纂修《正德建昌府志（江西省）》
清・戴鎏撰《爾雅郭注補正》卷八
清・何東銘纂《四川府縣志輯・邛嶲野録》
清・姜兆錫撰《爾雅注疏參議》卷六《釋蟲第十五》
清・張玉書、陳廷敬等纂《康熙字典》卷二六
清・段玉裁撰《說文解字注》
清・萬青黎、周家楣修，張之洞、繆荃孫纂《北京府縣志輯・光緒順天府志》
清・方旭撰《蟲薈》卷三
清・邵晉涵撰《爾雅正義》卷一六
清・郝懿行撰《爾雅郭注義疏》下之三
清・姚培謙、張卿雲輯《類腋・物部》卷一〇（蟫）
清・席紹葆等修，謝鳴謙、謝鳴盛纂《湖南府縣志輯・辰州府志》

壁魚

唐・段成式撰《酉陽雜俎》卷一七
元・戴侗撰《六書故》卷二〇
明・方以智撰《通雅》卷四七（動物・昆蟲）
明・彭大翼撰，張幼學增訂《山堂肆考》卷二二八
明・穆希文撰《蟫史集》卷一〇
清・劉於義等監修，沈青崖等編纂《陝西通志》
清・孔繁樸修，高維嶽纂《陝西省綏德州志》
清・何焯、陳鵬年撰《御定分類字錦》卷五九（雜蟲第十二）
清・何東銘纂《四川府縣志輯・邛嶲野録》（方輿類・物產）
清・許應鑅、朱澄瀾修，謝煌等纂《江西府縣志輯・光緒撫州府志》
清・李元撰《蠕範》
清・方旭撰《蟲薈》卷三
清・席紹葆等修，謝鳴謙、謝鳴盛纂《湖南府縣志輯・辰州府志》
清・吳鞏修，王來遴纂《四川府縣志輯・嘉慶邛州直隸州志》
清・張玉書、汪霦等編《佩文齋詠物詩選》卷四八四（蠹魚類・唐・李遠撰《詠壁魚》）
清・何焯、陳鵬年撰《御定分類字錦》卷五九（雜蟲第十二）
清・李廷壁修，周璽纂《臺灣府縣誌輯・道光彰化縣志》

蟫

《爾雅》
漢・許慎撰，宋・徐鉉增釋《說文解字》卷一三上
晉・郭璞撰《爾雅註》卷下前
晉・郭璞注，唐・陸德明音義，宋・刑昺疏《爾雅注疏》
南朝梁・顧野王撰，宋・陳彭年等重修《重修玉篇》卷二五
宋・司馬光撰《類篇》卷三八
宋・鄭樵撰《爾雅註》
宋・邢昺撰《爾雅疏》
宋・鄭樵撰《通志》卷七六（蟲魚類）
宋・陸佃撰《爾雅新義》卷一五
宋・唐慎微撰，寇宗奭衍義《證類本草》卷二二
宋・羅願撰，元・洪焱祖音釋《爾雅翼》卷二四（釋蟲一）
遼・釋行均《龍龕於鑒》（蟲部第二）
元・戴侗撰《六書故》卷二〇
明・吳楚材輯《彊識畧》卷三二
明・張自烈撰，清・廖文英續《正字通》申集中（虫部）
明・穆希文撰《蟫史集》卷一〇
明・方以智撰《通雅》卷四七（動物・昆蟲）
明・夏良勝纂修《正德建昌府志（江西省）》
清・戴鎏撰《爾雅郭注補正》卷八
清・張玉書、陳廷敬等纂《康熙字典》卷二六
清・吳都梁修，潘問奇等纂《北京府縣志輯・昌平州志》
清・段玉裁撰《說文解字注》
清・姜兆錫撰《爾雅注疏參議》卷六《釋蟲第十五》
清・許應鑅、朱澄瀾修，謝煌等纂《江西府縣志輯・光緒撫州府志》
清・萬青黎、周家楣修，張之洞、繆荃孫纂《北京府縣志輯・光緒順天府志》
清・李元撰《蠕範》
清・方旭撰《蟲薈》卷三
清・邵晉涵撰《爾雅正義》卷一六
清・任基振撰《爾雅注疏箋補》卷三
清・郝懿行撰《爾雅郭注義疏》下之三
清・姚培謙、張卿雲輯《類腋・物部》卷一〇（蟫）

清・陳元龍撰《格致鏡原》卷九七（昆蟲類二）
清・張楷纂修《安徽府縣志輯・康熙安慶府志》
清・陳文緯修，屠繼善纂《臺灣府縣志輯・光緒恒春縣志》

紅蟫
明・夏良勝纂修《正德建昌府志（江西省）》

負蟫
清・阿桂、劉瑾之等撰《欽定盛京通志》

蟫魚
清・何東銘纂《四川府縣志輯・邛嶲野録》
清・朱肇基修，陸綸纂《安徽府縣志輯・乾隆太平府志》
清・吳鞏修，王來遴纂《四川府縣志輯・嘉慶邛州直隸州志》

尾岐
清・何焯、陳鵬年撰《御定分類字錦》卷五九（雜蟲第十二）

無鱗鬣
清・何焯、陳鵬年撰《御定分類字錦》卷五九（雜蟲第十二）

潛穴河圖
清・何焯、陳鵬年撰《御定分類字錦》卷五九（雜蟲第十二）

嚼字齩文
清・何焯、陳鵬年撰《御定分類字錦》卷五九（雜蟲第十二）

鱗細
清・何焯、陳鵬年撰《御定分類字錦》卷五九（雜蟲第十二）

衣鱼科 Lepismatidae

多毛栉衣鱼 *Ctenolepisma villosa*

白魚
明・李時珍撰《本草綱目》
清・曾日瑛等修，李紱等纂《福建府縣志輯・乾隆汀州府志》

衣魚
明・李時珍撰《本草綱目》

蛃魚
明・李時珍撰《本草綱目》

壁魚
明・李時珍撰《本草綱目》

蟫魚
明・李時珍撰《本草綱目》

蠹魚
明・李時珍撰《本草綱目》

糖衣鱼 *Lepisma saccharinum*

蠹魚
清・（日）西師意譯，（英）竇樂安、許家惺審定《動物學教科書》

有翅亚纲 Pterygota

飛蟲
清・（英）傅蘭雅輯《格致彙編》（格致略論・論動物學・說蟲）

飛者
宋・胡瑗撰，倪天穩述《周易口義》卷三

蜉蝣目 Ephemeroptera

大署
宋・陸佃撰《爾雅新義》卷一五

天社
漢・許慎撰，宋・徐鉉增釋《說文解字》卷一三上
元・戴侗撰《六書故》卷二〇

天社蟲
明・張自烈撰，清・廖文英續《正字通》申集中（虫部）

不飲不食
漢・揚雄撰，晉・郭璞注《輶軒使者絕代語釋別國方言》卷一一
唐・段成式撰《酉陽雜俎》卷一六

巨署
宋・陸佃撰《爾雅新義》卷一五

水蟲
清・郝懿行撰《爾雅郭注義疏》卷下之三

白露蟲
宋・羅願撰《爾雅翼》（釋蟲）
明・張自烈撰，清・廖文英續《正字通》申集中（虫部）
清・方旭撰《蟲薈》卷三
清・李元撰《蠕範》

魚糧
明・張自烈撰，清・廖文英續《正字通》申集中（虫部）
清・方旭撰《蟲薈》卷三

蚑
宋・鄭樵撰《通志》卷七六

蚍
元・戴侗撰《六書故》卷二〇

蚍蠹
清・張玉書、陳廷敬等纂《康熙字典》卷二六

浮生
明・吳楚材撰《彊識略》卷三二
清・郝懿行撰《詩問》卷上

浮游
漢・揚雄撰，晉・郭璞注《輶軒使者絕代語釋別國方言》卷一一
明・董斯張撰《廣博物志》卷五〇
清・段玉裁撰《說文解字注》
清・汪中撰《大戴禮記正誤》卷八〇二
清・洪震煊撰《夏小正疏義》卷一
清・宋書升撰《夏小正釋義》卷四五
清・汪照撰《大戴禮注補》卷二

蝩略

清・周春撰《爾雅補注》卷四

黃蛢

晉・郭璞注，唐・陸德明音義，宋・邢昺疏《爾雅注疏》卷九

清・杭世駿撰《續方言》卷下

蚑

宋・鄭樵撰《爾雅註》卷下

渠螻

明・毛晉撰《陸氏詩疏廣要》卷下之上

渠略

《爾雅》

漢・揚雄撰，晉・郭璞注《輶軒使者絕代語釋別國方言》卷一一

晉・郭璞注《爾雅》卷下

晉・郭璞注，唐・陸德明音義，宋・邢昺疏《爾雅注疏》

三國吳・陸璣撰，明・毛晉廣要《陸氏詩疏廣要》卷下之上

宋・任廣撰《書敘指南》卷一四（昆蟲）

宋・司馬光撰《類篇》卷三八

宋・蔡卞撰《毛詩名物解》卷一二（釋蟲）

宋・鄭樵撰《通志》卷七六

元・戴侗撰《六書故》卷二〇

明・張自烈撰，清・廖文英續《正字通》申集中（虫部）

清・段玉裁撰《說文解字注》

清・張玉書、陳廷敬等纂《康熙字典》卷二六

清・汪中撰《大戴禮記正誤》卷八〇二

清・焦循撰《毛詩草木鳥獸蟲魚釋》卷一二

清・余蕭客撰《古經解鉤沉》卷二八

清・洪震煊撰《夏小正疏義》卷一

清・姜兆錫撰《爾雅注疏參議》卷六

清・劉玉麐撰《爾雅校議》卷下

清・宋書升撰《夏小正釋義》卷四五

清・戴鎣撰《爾雅郭注補正》卷八

清・邵晉涵撰《爾雅正義》卷一六

清・趙佑撰《草木疏校正》卷下

清・任基振撰《爾雅注疏箋補》卷三

渠畧

宋・鄭樵撰《通志》卷七六

宋・鄭樵撰《爾雅註》

宋・陸佃撰《爾雅新義》卷一五

明・朱謀㙔撰《駢雅》卷七（釋蟲）

明・吳楚材輯《彊識畧》卷三二

清・顧棟高撰《毛詩類釋》卷一八

清・穆應震著《毛詩物名考》卷四

清・汪照撰《大戴禮注補》卷二

渠蜋

漢・許慎撰，宋・徐鉉增釋《說文解字》卷一三上

明・張自烈撰，清・廖文英續《正字通》申集中（虫部）

清・李元撰《蠕範》

渠蜋

南朝梁・顧野王撰，宋・陳彭年等重修《重修玉篇》卷二五

清・穆應震著《毛詩物名考》卷四

蓋羽蟲

元・戴侗撰《六書故》卷二〇

蝶蠕

清・周春撰《爾雅補注》卷四

清・郝懿行撰《爾雅郭注義疏》卷下之三

朝生暮死蟲

南朝梁・顧野王撰，宋・陳彭年等重修《重修玉篇》卷二五

明・張自烈撰，清・廖文英續《正字通》申集中（虫部）

清・張玉書、陳廷敬等纂《康熙字典》卷二六

朝出暮死蟲

遼・釋行均撰《龍龕手鑒》蟲部第二

朝生夕死蟲

宋・任廣撰《書敘指南》卷一四（昆蟲）

朝菌

清・方旭撰《蟲薈》卷三

清・王夫之撰《詩經稗疏》卷一

清・郝懿行撰《爾雅郭注義疏》卷下之三

清・李元撰《蠕範》

朝蟜

三國魏・張揖撰，隋・曹憲音解《博雅》卷一〇（釋蟲）

宋・司馬光撰《類篇》卷三八

明・張自烈撰，清・廖文英續《正字通》申集中（虫部）

清・方旭撰《蟲薈》卷三

清・郝懿行撰《爾雅郭注義疏》卷下之三

清・李元撰《蠕範》

孳母

三國魏・張揖撰，隋・曹憲音解《博雅》卷一〇（釋蟲）

宋・司馬光撰《類篇》卷三八

宋・羅願撰《爾雅翼》（釋蟲）

明・張自烈撰，清・廖文英續《正字通》申集中（虫部）

清・方旭撰《蟲薈》卷三

清・王夫之撰《詩經稗疏》卷一

清・李元撰《蠕範》

孽母

南朝梁・顧野王撰，宋・陳彭年等重修《重修玉篇》卷二五

蛾

明・張自烈撰，清・廖文英續《正字通》申集中（虫部）

蟜

南朝梁・顧野王撰，宋・陳彭年等重修《重修玉篇》卷

二五
宋・司馬光撰《類篇》卷三八
明・張自烈撰，清・廖文英續《正字通》申集中（虫部）
清・張玉書、陳廷敬等纂《康熙字典》卷二六
清・李元撰《蠕範》

蜉

漢・許慎撰，宋・徐鉉增釋《說文解字》卷一三下
宋・陸佃撰《埤雅》卷一一（釋蟲）
元・楊恒撰《六書統》卷一八
明・張自烈撰，清・廖文英續《正字通》申集中（虫部）
清・段玉裁撰《說文解字注》
清・張玉書、陳廷敬等纂《康熙字典》卷二六

蜉蚰

清・戴鎣撰《爾雅郭注補正》卷八

蜉蛢

宋・鄭樵撰《爾雅註》

蜉蚢

漢・揚雄撰，晉・郭璞注《輶軒使者絕代語釋別國方言》卷一一
南朝梁・顧野王撰，宋・陳彭年等重修《重修玉篇》卷二五
宋・司馬光撰《類篇》卷三八
清・張玉書、陳廷敬等纂《康熙字典》卷二六

蜉蝣

清・張玉書、陳廷敬等纂《康熙字典》卷二六
清・王夫之撰《詩經稗疏》卷一

蜉蝣

《爾雅》
《詩經》
漢・許慎撰，宋・徐鉉增釋《說文解字》卷一三上
晉・郭璞《爾雅注》卷下
晉・郭璞注，唐・陸德明音義，宋・邢昺疏《爾雅注疏》
三國吳・陸璣撰，明・毛晉廣要《陸氏詩疏廣要》 卷下之上
唐・陸德明撰《爾雅音釋》卷下
唐・段成式撰《酉陽雜俎》卷一六
宋・鄭樵撰《通志》卷七六
宋・任廣撰《書敘指南》卷一四（昆蟲）
宋・司馬光撰《類篇》卷三八
宋・鄭樵撰《爾雅註》
宋・陸佃撰《爾雅新義》卷一五
宋・羅願撰《爾雅翼》(釋蟲)
宋・蔡卞撰《毛詩名物解》卷一二（釋蟲）
宋・施宿等撰《會稽志》卷一七（蟲部）
宋・陸佃撰《埤雅》卷一一（釋蟲）
遼・釋行均《龍龕手鑒》(蟲部第二)
元・楊恒撰《六書統》卷一八
元・戴侗撰《六書故》卷二〇
明・朱謀㙔撰《駢雅》卷七（釋蟲）
明・張自烈撰，清・廖文英續《正字通》申集中（虫部）
明・彭大翼撰，張幼學增訂《山堂肆考》卷二二八（朝生暮殞）
明・吳楚材輯《彊識畧》卷三二
明・劉胤昌撰《劉氏類山》卷四
明・董斯張撰《廣博物志》卷五〇
明・穆希文撰《蟫史集》卷一一
明・徐炬輯《新鐫古今事物原始全書》卷二九
清・段玉裁撰《說文解字注》
清・張玉書、陳廷敬等纂《康熙字典》卷二清・劉玉麐撰《爾雅校議》卷下六
清・顧棟高撰《毛詩類釋》卷一八
清・焦循撰《毛詩草木鳥獸蟲魚釋》卷一二
清・沈廷芳撰《十三經注疏正字》卷八一
清・（日）鳥羽源藏著・林森滌庵甫譯《科學世界・昆蟲標本製作法》
清・余蕭客撰《古經解鉤沉》卷二八
清・杭世駿撰《續方言》卷下
清・穆應震著《毛詩物名考》卷四
清・姜兆錫撰《爾雅注疏參議》卷六
清・戴鎣撰《爾雅郭注補正》卷八
清・陳啟源撰《毛詩稽古編》卷七
清・邵晉涵撰《爾雅正義》卷一六
清・趙佑撰《草木疏校正》卷下
清・任基振撰《爾雅注疏箋補》卷三
清・黃永綸修，楊錫齡等纂《湖北府縣志輯・道光寧都直隸州志》
清・何玉棻修，魏式曾纂《湖南府縣志輯・同治直隸澧州志》
清・懷蔭布修，黃任、郭賡武纂《福建府縣志輯・乾隆泉州府志》
清・宗源瀚、郭式昌修，周學濬、陸心源纂《浙江府縣志輯・湖州府志》
清・呂恩湛修，宗績辰纂《湖南府縣志輯・道光永州府志》

蜉蝤

清・張玉書、陳廷敬等纂《康熙字典》卷二六
清・徐文靖撰《管城碩記》卷二〇

微孑之蟲

清・王夫之撰《詩經稗疏》卷一

蚢

漢・揚雄撰，晉・郭璞注《輶軒使者絕代語釋別國方言》卷一一
晉・郭璞注，唐・陸德明音義，宋・邢昺疏《爾雅注疏》
宋・司馬光撰《類篇》卷三八
遼・釋行均《龍龕手鑒》(蟲部第二)
明・張自烈撰，清・廖文英續《正字通》申集中（虫部）

清・張玉書、陳廷敬等纂《康熙字典》卷二六

蝣

遼・釋行均《龍龕手鑒》（蟲部第二）

明・張自烈撰，清・廖文英續《正字通》申集中（虫部）

蝣

漢・揚雄撰，晉・郭璞注《輶軒使者絕代語釋別國方言》卷一一

南朝梁・顧野王撰，宋・陳彭年等重修《重修玉篇》卷二五

宋・司馬光撰《類篇》卷三八

遼・釋行均《龍龕手鑒・蟲部第二》

明・張自烈撰，清・廖文英續《正字通》申集中（虫部）

清・張玉書、陳廷敬等纂《康熙字典》卷二六

蝤

清・張玉書、陳廷敬等纂《康熙字典》卷二六

清・徐文靖撰《管城碩記》卷二〇

蝍

漢・許慎撰，宋・徐鉉增釋《說文解字》卷一〇上

明・張自烈撰，清・廖文英續《正字通》申集中（虫部）

蜣

漢・許慎撰，宋・徐鉉增釋《說文解字》卷一三上

南朝梁・顧野王撰，宋・陳彭年等重修《重修玉篇》卷二五

清・張玉書、陳廷敬等纂《康熙字典》卷二六

漢・許慎撰，宋・徐鉉增釋《說文解字》卷一三下

蜣蜋

漢・許慎撰，宋・徐鉉增釋《說文解字》卷一三下

漢・揚雄撰，晉・郭璞注《輶軒使者絕代語釋別國方言》卷一一

晉・郭璞注，唐・陸德明音義，宋・邢昺疏《爾雅注疏》

南朝梁・顧野王撰，宋・陳彭年等重修《重修玉篇》卷二五

宋・司馬光撰《類篇》卷三八

元・戴侗撰《六書故》卷二〇

明・張自烈撰，清・廖文英續《正字通》申集中（虫部）

清・段玉裁撰《說文解字注》

清・張玉書、陳廷敬等纂《康熙字典》卷二六

清・李元撰《蠕範》

蜣蟝

宋・司馬光撰《類篇》卷三八

蜋

漢・許慎撰，宋・徐鉉增釋《說文解字》卷一三上

南朝梁・顧野王撰，宋・陳彭年等重修《重修玉篇》卷二五

宋・司馬光撰《類篇》卷三八

明・張自烈撰，清・廖文英續《正字通》申集中（虫部）

清・段玉裁撰《說文解字注》

清・張玉書、陳廷敬等纂《康熙字典》卷二六

蜋蠴

宋・司馬光撰《類篇》卷三八

蟉

宋・陸佃撰《埤雅》卷一一（釋蟲）

清・張玉書、陳廷敬等纂《康熙字典》卷二六

蛒

清・張玉書、陳廷敬等纂《康熙字典》卷二六

蟥蛢

宋・鄭樵撰《爾雅註》

宋・鄭樵撰《通志》卷七六

蜾

宋・司馬光撰《類篇》卷三八

明・張自烈撰，清・廖文英續《正字通》申集中（虫部）

蜾𧒂

漢・揚雄撰，晉・郭璞注《輶軒使者絕代語釋別國方言》卷一一

明・張自烈撰，清・廖文英續《正字通》申集中（虫部）

蠴

明・張自烈撰，清・廖文英續《正字通》申集中（虫部）

清・張玉書、陳廷敬等纂《康熙字典》卷二六

蠴蜋

宋・司馬光撰《類篇》卷三八

明・張自烈撰，清・廖文英續《正字通》申集中（虫部）

蠑蟲

漢・揚雄撰，晉・郭璞注《輶軒使者絕代語釋別國方言》卷一一

明・吳楚材輯《彊識畧》卷三二

蟲邪

宋・羅願撰，元・洪焱祖音釋《爾雅翼・釋蟲》

清・王夫之撰《詩經稗疏》卷一

清・李元撰《蠕範》

蟝

明・張自烈撰，清・廖文英續《正字通》申集中（虫部）

清・張玉書、陳廷敬等纂《康熙字典》卷二六

蟝蜣

宋・司馬光撰《類篇》卷三八

蟝蜋

明・張自烈撰，清・廖文英續《正字通》申集中（虫部）

𧒂

宋・司馬光撰《類篇》卷三八

明・張自烈撰，清・廖文英續《正字通》申集中（虫部）

蠴

漢・揚雄撰，晉・郭璞注《輶軒使者絕代語釋別國方言》卷一一

晉・郭璞注，唐・陸德明音義，宋・邢昺疏《爾雅注疏》卷九

蠹

漢·許慎撰，宋·徐鉉增釋《說文解字》卷一三下

明·張自烈撰，清·廖文英續《正字通》申集中（虫部）

清·段玉裁撰《說文解字注》

清·張玉書、陳廷敬等纂《康熙字典》卷二六

蠹虾

元·戴侗撰《六書故》卷二〇

蜉蝣科 Ephemeridae

蜉蝣 *Ephemera* spp.

蜉蝣

《詩經》

清·劉於義等監修，沈青崖等編纂《陝西通志》

清·阿桂、劉瑾之等撰《欽定盛京通志》

清·舒其紳等修，嚴長明等纂《陝西省西安府志》

蝶

清·劉於義等監修，沈青崖等編纂《陝西通志》

蠕

清·劉於義等監修，沈青崖等編纂《陝西通志》

蜻蜓目 Odonata

丁蛵

漢·許慎撰，宋·徐鉉增釋《說文解字》卷一〇上

清·段玉裁撰《說文解字注》

清·郝懿行撰《爾雅郭注義疏》卷下之三

久竹

明·朱謀㙔撰《駢雅》卷七

㐅

宋·司馬光撰《類篇》卷三八

火壺盧

清·郝懿行撰《爾雅郭注義疏》卷下之三

毛蛵

明·張自烈撰，清·廖文英續《正字通》申集中（虫部）

水蜻蜓

明·唐胄編集《正德瓊台志》（廣東省）

天雞

晉·崔豹撰《古今注》卷中

五代·馬縞撰《中華古今注》卷下

明·朱謀㙔撰《駢雅》卷七

明·陸釴修，張寅纂《山東通志》

明·張自烈撰，清·廖文英續《正字通》申集中（虫部）

明·李時珍撰《本草綱目》

清·李元撰《蠕範》

天鷄

唐·蘇鶚撰《蘇氏演義》卷上

明·陳耀文撰《天中記》卷五七（蜻蜓）

明·劉胤昌撰《劉氏類山》卷四

清·何東銘纂《四川府縣志輯·邛嶲野録》

蜻

宋·任廣撰《書敘指南》卷一四（昆蟲）

宋·陸佃撰《埤雅》卷一一（釋蟲）

元·戴侗撰《六書故》卷二〇

明·李時珍撰《本草綱目》

清·方旭撰《蟲薈》卷三

清·李元撰《蠕範》

清·何東銘纂《四川府縣志輯·邛嶲野録》

青蜻

清·周碩勳纂修《廣東省潮州府志》

水蠆

宋·司馬光撰《類篇》卷三八

宋·陸佃撰《埤雅》卷一一（釋蟲）

元·戴侗撰《六書故》卷二〇

明·陳耀文撰《天中記》卷五七（蜻蜓）

明·張自烈撰，清·廖文英續《正字通》申集中（虫部）

明·李時珍撰《本草綱目》

明·方以智撰《通雅》卷四七（動物昆蟲）

明·彭大翼撰，張幼學增訂《山堂肆考》卷二二（附物散卵）

明·劉胤昌撰《劉氏類山》卷四

明·謝肇淛著《五雜俎》卷九（物部）

清·範鐘湘、陳傳德修，金念祖、黃世祚纂《上海府縣志輯·嘉定縣續志》

清·段玉裁撰《說文解字注》

清·張玉書、陳廷敬等纂《康熙字典》卷二六

清·宗源瀚、郭式昌修，周學濬、陸心源纂《浙江府縣志輯·湖州府志》

清·郝懿行撰《爾雅郭注義疏》卷下之三

清·李元撰《蠕範》

清·陳元龍撰《格致鏡原》卷一〇〇（昆蟲類五）

清·薩廉修，陳淑均纂《臺灣府縣志輯·鹹豐臺灣府噶瑪蘭廳志》（物產）

清·方旭撰《蟲薈》卷三

清·何東銘纂《四川府縣志輯·邛嶲野録》

水蝨

清·方旭撰《蟲薈》卷三

疋

明·方以智撰《通雅》卷四七（動物昆蟲）

白宿

明·方以智撰《通雅》卷四七（動物昆蟲）

明·張自烈撰，清·廖文英續《正字通》申集中（虫部）

明·朱謀㙔撰《駢雅》卷七

明·陳耀文撰《天中記》卷五七（蜻蜓）

明·劉胤昌撰《劉氏類山》卷四

清·方旭撰《蟲薈》卷三

清·郝懿行撰《爾雅郭注義疏》卷下之三

清・李元撰《蠕範》
清・席紹葆等修，謝鳴謙、謝鳴盛纂《湖南府縣志輯・辰州府志》
清・何東銘纂《四川府縣志輯・邛嶲野録》

竹蛵
明・張自烈撰，清・廖文英續《正字通》申集中（虫部）

老瓢
明・唐胄編集《正德瓊台志（廣東省）（土產）

江雞
明・張自烈撰，清・廖文英續《正字通》申集中（虫部）
明・朱謀㙔撰《駢雅》卷七
明・陸釴修，張寅纂《山東通志》
明・李時珍撰《本草綱目》
清・方旭撰《蟲薈》卷三
清・李元撰《蠕範》
清・何東銘纂《四川府縣志輯・邛嶲野録》

江鷄
明・方以智撰《通雅》卷四七（動物昆蟲）
明・陳耀文撰《天中記》卷五七（蜻蜓）

盯蛵
宋・鄭樵撰《通志》卷七六（蟲魚類）
明・朱謀㙔撰《駢雅》卷七

虰
唐・陸德明撰《爾雅音釋》卷下
明・張自烈撰，清・廖文英續《正字通》申集中（虫部）
明・李時珍撰《本草綱目》
清・張玉書、陳廷敬等纂《康熙字典》卷二六
清・翟穎撰《爾雅補郭》卷下

青令
五代・馬縞撰《中華古今注》卷下

青庇
明・唐胄編集《正德瓊台志》（廣東省）

青虰
明・陸釴修，張寅纂《山東通志》

青卒
明・方以智撰《通雅》卷四七（動物昆蟲）

青亭
晉・崔豹撰《古今注》卷中
五代・馬縞撰《中華古今注》卷下
唐・蘇鶚撰《蘇氏演義》卷下
宋・羅願撰《爾雅翼》（釋蟲）
宋・陸佃撰《埤雅》卷一一（釋蟲）
明・陳耀文撰《天中記》卷五七（蜻蜓）
明・王圻、王思義輯《三才圖會》卷六
清・郝懿行撰《爾雅郭注義疏》卷下之三
清・張玉書、陳廷敬等纂《康熙字典》卷二六
清・李元撰《蠕範》
清・薩廉修，陳淑均纂《臺灣府縣志輯・鹹豐臺灣府噶瑪蘭廳志》
清・席紹葆等修，謝鳴謙、謝鳴盛纂《湖南府縣志輯・辰州府志》
清・何東銘纂《四川府縣志輯・邛嶲野録》

青蛉
宋・羅願撰《爾雅翼》（釋蟲）
宋・鄭樵撰《爾雅註》
宋・陸佃撰《埤雅》卷一一（釋蟲）
明・朱謀㙔撰《駢雅》卷七
明・方以智撰《通雅》卷四七（動物昆蟲）
明・陳耀文撰《天中記》卷五七（蜻蜓）
明・王圻、王思義輯《三才圖會》卷六
清・張玉書、陳廷敬等纂《康熙字典》卷二六
清・戴鎣撰《爾雅郭注補正》卷八
清・郝懿行撰《爾雅郭注義疏》卷下之三
清・楊修田纂修《河南省光州志》

狐犁
清・李元撰《蠕範》

狐梨
清・戴鎣撰《爾雅郭注補正》卷八

胡梨
晉・崔豹撰《古今注》卷中
五代・馬縞撰《中華古今注》卷下
唐・蘇鶚撰《蘇氏演義》卷上
清・方旭撰《蟲薈》卷三

青蜓
宋・任廣撰《書敘指南》卷一四（昆蟲）
明・方以智撰《通雅》卷四七（動物昆蟲）

狐黎
漢・揚雄撰，晉・郭璞注《輶軒使者絕代語釋別國方言》卷一一
晉・郭璞注《爾雅》卷下
晉・郭璞注，唐・陸德明音義，宋・邢昺疏《爾雅注疏》
宋・邢昺撰《爾雅疏》
清・段玉裁撰《說文解字注》

虰蛵
《爾雅》
漢・揚雄撰，晉・郭璞注《輶軒使者絕代語釋別國方言》卷一一
晉・郭璞注《爾雅》卷下
晉・郭璞注，唐・陸德明音義，宋・邢昺疏《爾雅注疏》
宋・司馬光撰《類篇》卷三八
宋・鄭樵撰《爾雅註》
宋・邢昺撰《爾雅疏》
明・陳耀文撰《天中記》卷五七（蜻蜓）
明・劉胤昌撰《劉氏類山》卷四
明・方以智撰《通雅》卷四七（動物昆蟲）
明・張自烈撰，清・廖文英續《正字通》申集中（虫部）

明・李時珍撰《本草綱目》
明・李蘇著《見物》卷五（蟲物論）
清・張玉書、陳廷敬等纂《康熙字典》卷二六
清・牟應震撰《毛詩物名考》卷四
清・戴鎣撰《爾雅郭注補正》卷八
清・翟顥撰《爾雅補郭》卷下
清・劉玉麐撰《爾雅校議》卷下
清・姜兆錫撰《爾雅注疏參議》卷六（釋蟲第一五）
清・張宗泰撰《爾雅注疏本正誤》卷一
清・邵晉涵撰《爾雅正義》卷一六
清・方旭撰《蟲薈》卷三
清・郝懿行撰《爾雅郭注義疏》卷下之三
清・李元撰《蠕範》
清・薩廉修，陳淑均纂《臺灣府縣志輯・鹹豐臺灣府噶瑪蘭廳志》
清・任基振撰《爾雅注疏箋補》卷三
清・姚培謙、張卿雲輯《類腋》卷一〇
清・席紹葆等修，謝鳴謙、謝鳴盛纂《湖南府縣志輯・辰州府志》
清・何東銘纂《四川府縣志輯・邛嶲野録》

青寧

明・朱謀㙔撰《駢雅》卷七

狐黎

明・方以智撰《通雅》卷四七（動物昆蟲）
明・彭大翼撰，張幼學增訂《山堂肆考》卷二三七（蜻蜓）
清・牟應震撰《毛詩物名考》卷四
清・郝懿行撰《爾雅郭注義疏》卷下之三

虹螅

清・周碩勳纂修《廣東省潮州府志》

胡黎

宋・唐慎微撰，寇宗奭衍義《證類本草》卷二二
明・張自烈撰，清・廖文英續《正字通》申集中（虫部）
清・郝懿行撰《爾雅郭注義疏》卷下之三
清・薩廉修，陳淑均纂《臺灣府縣志輯・鹹豐臺灣府噶瑪蘭廳志》

星蜓

元・戴侗撰《六書故》卷二〇

負勞

《爾雅》
漢・揚雄撰，晉・郭璞注《輶軒使者絕代語釋別國方言》卷一一
漢・許慎撰，宋・徐鉉增釋《說文解字》卷一〇上
晉・郭璞注《爾雅》卷下
晉・郭璞注，唐・陸德明音義，宋・邢昺疏《爾雅注疏》
南朝梁・顧野王撰，宋・陳彭年等重修《重修玉篇》卷二五
宋・鄭樵撰《通志》卷七六（蟲魚類）
宋・鄭樵撰《爾雅註》卷下
宋・司馬光撰《類篇》卷三八
宋・邢昺撰《爾雅疏》
宋・許慎撰，徐鉉增釋《說文解字》卷一三上
明・朱謀㙔撰《駢雅》卷七
明・陳耀文撰《天中記》卷五七（蜻蜓）
明・劉胤昌撰《劉氏類山》卷四
明・張自烈撰，清・廖文英續《正字通》申集中（虫部）
明・李時珍撰《本草綱目》
明・方以智撰《通雅》卷四七（動物昆蟲）
明・李蘇著《見物》卷五（蟲物論）
清・段玉裁撰《說文解字注》
清・張玉書、陳廷敬等纂《康熙字典》卷二六
清・牟應震撰《毛詩物名考》卷四
清・周碩勳纂修《廣東省潮州府志》
清・戴鎣撰《爾雅郭注補正》卷八
清・翟顥撰《爾雅補郭》卷下
清・劉玉麐撰《爾雅校議》卷下
清・姜兆錫撰《爾雅注疏參議》卷六（釋蟲第一五）
清・張宗泰撰《爾雅注疏本正誤》卷一
清・邵晉涵撰《爾雅正義》卷一六
清・方旭撰《蟲薈》卷三
清・郝懿行撰《爾雅（郭注）義疏》卷下之三
清・李元撰《蠕範》
清・任基振撰《爾雅注疏箋補》卷三
清・席紹葆等修，謝鳴謙、謝鳴盛纂《湖南府縣志輯・辰州府志》
清・何東銘纂《四川府縣志輯・邛嶲野録》（方輿類・物產）

胡蝨

宋・唐慎微撰《重修政和經史證類備用本草》卷二（蟲魚部下品）

胡黎

明・朱謀㙔撰《駢雅》卷七
明・張自烈撰，清・廖文英續《正字通》申集中（虫部）
明・陸釴修，張寅纂《山東通志》
明・李時珍撰《本草綱目》
明・陳耀文撰《天中記》卷五七（蜻蜓）
明・方以智撰《通雅》卷四七（動物昆蟲）
明・王圻、王思義輯《三才圖會》卷六
清・何東銘纂《四川府縣志輯・邛嶲野録》
清・張玉書、陳廷敬等纂《康熙字典》卷二六
清・楊修田纂修《河南省光州志》

胡離

晉・崔豹撰《古今注》卷中
唐・蘇鶚撰《蘇氏演義》卷上
明・陳耀文撰《天中記》卷五七（蜻蜓）
清・張玉書、陳廷敬等纂《康熙字典》卷二六
清・郝懿行撰《爾雅（郭注）義疏》卷下之三
清・李元撰《蠕範》
清・薩廉修，陳淑均纂《臺灣府縣志輯・鹹豐臺灣府噶瑪蘭

瑪蘭廳志》
清・李廷璧修，周璽纂《臺灣府縣誌輯・道光彰化縣志》
清・何東銘纂《四川府縣志輯・邛嶲野録》
清・楊修田纂修《河南省光州志》

胡籬

五代・馬縞撰《中華古今注》卷下

康伊

明・陳耀文撰《天中記》卷五七（蜻蜓）
明・劉胤昌撰《劉氏類山》卷四

蜻

漢・許慎撰，宋・徐鉉增釋《說文解字》卷一三上

蝘蜓

宋・司馬光撰《類篇》卷三八
明・張自烈撰，清・廖文英續《正字通》申集中（虫部）
清・張玉書、陳廷敬等纂《康熙字典》卷二六

蛵

漢・許慎撰，宋・徐鉉增釋《說文解字》卷一〇上
南朝梁・顧野王撰，宋・陳彭年等重修《重修玉篇》卷二五
唐・陸德明撰《爾雅音釋》卷下
宋・司馬光撰《類篇》卷三八
明・張自烈撰，清・廖文英續《正字通》申集中（虫部）
明・李時珍撰《本草綱目》
清・段玉裁撰《說文解字注》
清・張玉書、陳廷敬等纂《康熙字典》卷二六

蜚蝨

明・董斯張《廣博物志》卷五〇

蜻虰

明・張自烈撰，清・廖文英續《正字通》申集中（虫部）
明・李時珍撰《本草綱目》
清・李元撰《蠕範》

蜻蛉

漢・許慎撰，宋・徐鉉增釋《說文解字》卷一〇上
漢・揚雄撰，晉・郭璞注《輶軒使者絕代語釋別國方言》卷一一
漢・高誘注，宋・姚宏續注《戰國策》卷五
三國魏・張揖撰，隋・曹憲音解《博雅》卷一〇
晉・郭璞注《爾雅》卷下
晉・郭璞注，唐・陸德明音義，宋・邢昺疏《爾雅注疏》
晉・崔豹撰《古今注》卷中
南朝梁・顧野王撰，宋・陳彭年等重修《重修玉篇》卷二五
五代・馬縞撰《中華古今注》卷下
唐・蘇鶚撰《蘇氏演義》卷上
宋・鄭樵撰《通志》卷七六（蟲魚類）
宋・邢昺撰《爾雅疏》
宋・陸佃撰《埤雅》卷一一（釋蟲）
宋・司馬光撰《類篇》卷三八
宋・唐慎微撰《重修政和經史證類備用本草》卷二（蟲魚部下品）
宋・唐慎微撰，寇宗奭衍義《證類本草》卷二二
遼・釋行均《龍龕手鑒》（蟲部第二）
明・方以智撰《通雅》卷四七（動物昆蟲）
明・張自烈撰，清・廖文英續《正字通》申集中（虫部）
明・李時珍撰《本草綱目》
明・陳耀文撰《天中記》卷五七（蜻蜓）
明・劉胤昌撰《劉氏類山》卷四
明・謝肇淛著《五雜俎》卷九
清・段玉裁撰《說文解字注》
清・戴鎣撰《爾雅郭注補正》卷八
清・翟灝撰《爾雅補郭》卷下
清・張玉書、陳廷敬等纂《康熙字典》卷二六
清・周靖撰《篆隸考異》卷三
清・牟應震撰《毛詩物名考》卷四
明・彭大翼撰，張幼學增訂《山堂肆考》卷二二（附物散卵）
清・郝懿行撰《爾雅郭注義疏》卷下之三
清・李元撰《蠕範》
清・鍾元棣修，張雋、邢定綸纂《海南府縣志輯・民國崖州志》
清・黃桂修，宋驤纂《安徽省太平府志》
清・何玉棻修，魏式曾纂《湖南府縣志輯・同治直隸澧州志》
清・戴煥南修，張粲奎纂《廣西省新寧州志》
清・席紹葆等修，謝鳴謙、謝鳴盛纂《湖南府縣志輯・辰州府志》
清・何東銘纂《四川府縣志輯・邛嶲野録》
清・李文恒修，鄭文彩纂《廣東省瓊山縣志》

蜻蜓

宋・陸佃撰《埤雅》卷一一（釋蟲）
明・張自烈撰，清・廖文英續《正字通》申集中（虫部）
明・彭大翼撰，張幼學增訂《山堂肆考》卷二二（飲露）
明・李時珍撰《本草綱目》
清・段玉裁撰《說文解字注》
清・周碩勳纂修《廣東省潮州府志》
清・嵇璜、曹仁虎等撰《續通志》卷一七八
清・何東銘纂《四川府縣志輯・邛嶲野録》

蜫

明・張自烈撰，清・廖文英續《正字通》申集中（虫部）
清・張玉書、陳廷敬等纂《康熙字典》卷二六

蛉

清・張玉書、陳廷敬等纂《康熙字典》卷二六

蠕

清・張玉書、陳廷敬等纂《康熙字典》卷二六

蜓

宋・陸佃撰《埤雅》卷一一（釋蟲）
宋・司馬光撰《類篇》卷三八

明・張自烈撰，清・廖文英續《正字通》申集中（虫部）
明・彭大翼撰，張幼學增訂《山堂肆考》卷二二（飲露）
清・張玉書、陳廷敬等纂《康熙字典》卷二六

諸乘

宋・唐慎微撰，寇宗奭衍義《證類本草》卷二二
宋・唐慎微撰《重修政和經史證類備用本草》卷二（蟲魚部下品）
明・方以智撰《通雅》卷四七《動物昆蟲》
明・張自烈撰，清・廖文英續《正字通》申集中（虫部）
明・李時珍撰《本草綱目》
明・彭大翼撰，張幼學增訂《山堂肆考》卷二三七（蜻蜓）
清・方旭撰《蟲薈》卷三
清・周靖撰《篆隸考異》卷三
清・李元撰《蠕範》
清・何東銘纂《四川府縣志輯・邛嶲野録》

蜓蜓

明・張自烈撰，清・廖文英續《正字通》申集中（虫部）
清・張玉書、陳廷敬等纂《康熙字典》卷二六
清・李元撰《蠕範》

蝴蝶

五代・馬縞撰《中華古今注》卷下

蛺蝶

晉・崔豹撰《古今注》卷中
唐・蘇鶚撰《蘇氏演義》卷上

螞蜋

清・西清纂，肖穆等重輯《黑龍江外記》卷八

馬郎

清・吳都梁修，潘問奇等纂《北京府縣志輯・昌平州志》
清・郝懿行撰《爾雅郭注義疏》卷下之三

蟌

明・張自烈撰，清・廖文英續《正字通》申集中（虫部）
清・張玉書、陳廷敬等纂《康熙字典》卷二六

蜨

南朝梁・顧野王撰，宋・陳彭年等重修《重修玉篇》卷二五
宋・司馬光撰《類篇》卷三八
明・張自烈撰，清・廖文英續《正字通》申集中（虫部）
清・張玉書、陳廷敬等纂《康熙字典》卷二六

蛺伊

清・李元撰《蠕範》

蛺蒕

宋・羅願撰《爾雅翼》（釋蟲）
明・朱謀㙔撰《駢雅》卷七
明・方以智撰《通雅》卷四七（動物昆蟲）
清・張玉書、陳廷敬等纂《康熙字典》卷二六
清・方旭撰《蟲薈》卷三

糠蚲

明・陸釴修，張寅纂《山東通志》

蛺蚲

宋・司馬光撰《類篇》卷三八
宋・羅願撰《爾雅翼》（釋蟲）
宋・陸佃撰《埤雅》卷一一（釋蟲）
明・朱謀㙔撰《駢雅》卷七
明・方以智撰《通雅》卷四七（動物昆蟲）
明・張自烈撰，清・廖文英續《正字通》申集中（虫部）
明・夏良勝纂修《正德建昌府志（江西省）》
明・李時珍撰《本草綱目》
明・張士鎬、江汝璧纂修《廣信府志》（物產）
明・彭大翼撰，張幼學增訂《山堂肆考》卷二三七（蜻蜓）
清・牟應震撰《毛詩物名考》卷四
清・方旭撰《蟲薈》卷三
清・席紹葆等修，謝鳴謙、謝鳴盛纂《湖南府縣志輯・辰州府志》
清・何東銘纂《四川府縣志輯・邛嶲野録》

蛺蚲

漢・揚雄撰，晉・郭璞注《輶軒使者絕代語釋別國方言》卷一一
晉・郭璞注，唐・陸德明音義，宋・邢昺疏《爾雅注疏》
宋・邢昺撰《爾雅疏》
清・段玉裁撰《說文解字注》
清・張玉書、陳廷敬等纂《康熙字典》卷二六
清・郝懿行撰《爾雅郭注義疏》卷下之三

蛺蛦

清・李元撰《蠕範》

蟌蛇

明・陳耀文撰《天中記》卷五七（蜻蜓）
明・劉胤昌撰《劉氏類山》卷四

蟌蒁

清・薩廉修，陳淑均纂《臺灣府縣志輯・鹹豐臺灣府噶瑪蘭廳志》

蟦

宋・司馬光撰《類篇》卷三八
清・張玉書、陳廷敬等纂《康熙字典》卷二六

蠕

明・張自烈撰，清・廖文英續《正字通》申集中（虫部）
清・張玉書、陳廷敬等纂《康熙字典》卷二六

蠦

明・張自烈撰，清・廖文英續《正字通》申集中（虫部）

小黃

明・方以智撰《通雅》卷四七（動物昆蟲）

火蜻蜓

明・唐胄編集《正德瓊台志（廣東省）

紅兒

明・劉侗撰《促織志》
清・唐執玉、李衛等監修，田易等纂《畿輔通志》
清・吳都梁修，潘問奇等纂《北京府縣志輯・昌平州志》
清・萬青黎、周家楣修，張之洞、繆荃孫纂《北京府縣

志輯·光緒順天府志》卷五〇

老青

明·劉侗撰《促織志》

清·唐執玉、李衛等監修，田易等纂《畿輔通志》

清·吳都梁修，潘問奇等纂《北京府縣志輯·昌平州志》

清·萬青黎、周家楣修，張之洞、繆荃孫纂《北京府縣志輯·光緒順天府志》卷五〇

紅胡梨

清·郝懿行撰《爾雅郭注義疏》卷下之三

老琉璃

清·郝懿行撰《爾雅郭注義疏》卷下之三

清·萬青黎、周家楣修，張之洞、繆荃孫纂《北京府縣志輯·光緒順天府志》卷五〇

赤弁

明·張自烈撰，清·廖文英續《正字通》申集中（虫部）

清·席紹葆等修，謝鳴謙、謝鳴盛纂《湖南府縣志輯·辰州府志》

赤弁丈人

晉·崔豹撰《古今注》卷中

五代·馬縞撰《中華古今注》卷下

唐·蘇鶚撰《蘇氏演義》卷上

明·陳耀文撰《天中記》卷五七（蜻蜓）

明·方以智撰《通雅》卷四七（動物昆蟲）

明·張自烈撰，清·廖文英續《正字通》申集中（虫部）

明·李時珍撰《本草綱目》

明·彭大翼撰，張幼學增訂《山堂肆考》卷二三七（蜻蜓）

明·王圻、王思義輯《三才圖會》卷六

清·張玉書、陳廷敬等纂《康熙字典》卷二六

清·方旭撰《蟲薈》卷三

清·郝懿行撰《爾雅郭注義疏》卷下之三

清·李元撰《蠕範》

清·何東銘纂《四川府縣志輯·邛嶲野録》

清·楊修田纂修《河南省光州志》

赤衣使者

晉·崔豹撰《古今注》卷中

五代·馬縞撰《中華古今注》卷下

唐·蘇鶚撰《蘇氏演義》卷上

明·張自烈撰，清·廖文英續《正字通》申集中（虫部）

明·陳耀文撰《天中記》卷五七（蜻蜓）

明·李時珍撰《本草綱目》

明·王圻、王思義輯《三才圖會》卷六

清·張玉書、陳廷敬等纂《康熙字典》卷二六

清·方旭撰《蟲薈》卷三

清·郝懿行撰《爾雅郭注義疏》卷下之三

清·李元撰《蠕範》

清·李維鈺原本，沈定均續修，吳聯薰增纂《福建府縣志輯·光緒漳州府志》

清·何東銘纂《四川府縣志輯·邛嶲野録》

清·楊修田纂修《河南省光州志》

青衣使者

明·方以智撰《通雅》卷四七（動物昆蟲）

赤弁使者

明·陳耀文撰《天中記》卷五七（蜻蜓）

赤卒

晉·崔豹撰《古今注》卷中

五代·馬縞撰《中華古今注》卷下

唐·蘇鶚撰《蘇氏演義》卷上

明·朱謀㙔撰《駢雅》卷七

明·陳耀文撰《天中記》卷五七（蜻蜓）

明·李時珍撰《本草綱目》

明·張自烈撰，清·廖文英續《正字通》申集中（虫部）

明·彭大翼撰，張幼學增訂《山堂肆考》卷二三七（蜻蜓）

明·王圻、王思義輯《三才圖會》卷六

清·張玉書、陳廷敬等纂《康熙字典》卷二六

清·方旭撰《蟲薈》卷三

清·郝懿行撰《爾雅郭注義疏》卷下之三

清·薩廉修，陳淑均纂《臺灣府縣志輯·鹹豐臺灣府噶瑪蘭廳志》

清·李廷璧修，周璽纂《臺灣府縣誌輯·道光彰化縣志》

清·何東銘纂《四川府縣志輯·邛嶲野録》

清·楊修田纂修《河南省光州志》（物產）

赤足

清·李元撰《蠕範》

油瓠瓤

明·唐胄編集《正德瓊台志（廣東省）（土產）

絳綢

明·方以智撰《通雅》卷四七（動物昆蟲）

明·彭大翼撰，張幼學增訂《山堂肆考》卷二三七（蜻蜓）

清·何東銘纂《四川府縣志輯·邛嶲野録》

絳騶

晉·崔豹撰《古今注》卷中

五代·馬縞撰《中華古今注》卷下

唐·蘇鶚撰《蘇氏演義》卷上

明·朱謀㙔撰《駢雅》卷七

明·陳耀文撰《天中記》卷五七（蜻蜓）

明·張自烈撰，清·廖文英續《正字通》申集中（虫部）

明·王圻、王思義輯《三才圖會》卷六

清·方旭撰《蟲薈》卷三

清·郝懿行撰《爾雅郭注義疏》卷下之三

清·薩廉修，陳淑均纂《臺灣府縣志輯·鹹豐臺灣府噶瑪蘭廳志》

清·張玉書、陳廷敬等纂《康熙字典》卷二六

清・李元撰《蠕範》
清・楊修田纂修《河南省光州志》
蚥
宋・司馬光撰《類篇》卷三八
紗羊
明・方以智撰《通雅》卷四七（動物昆蟲）
明・張自烈撰，清・廖文英續《正字通》申集中（虫部）
明・李時珍撰《本草綱目》
清・方旭撰《蟲薈》卷三
清・李元撰《蠕範》
清・周碩勳纂修《廣東省潮州府志》
清・何東銘纂《四川府縣志輯・邛巂野録》
桑根
漢・許慎撰，宋・徐鉉增釋《説文解字》卷一〇上
晉・郭璞注，唐・陸德明音義，宋・邢昺疏《爾雅注疏》
宋・司馬光撰《類篇》卷三八
宋・邢昺撰《爾雅疏》
宋・羅願撰《爾雅翼》（釋蟲）
明・朱謀㙔撰《駢雅》卷七
明・陳耀文撰《天中記》卷五七（蜻蜓）
明・張自烈撰，清・廖文英續《正字通》申集中（虫部）
明・劉胤昌撰《劉氏類山》卷四
明・王圻、王思義輯《三才圖會》卷六
清・郝懿行撰《爾雅郭注義疏》卷下之三
清・李元撰《蠕範》
清・段玉裁撰《説文解字注》
清・牟應震撰《毛詩物名考》卷四
清・周碩勳纂修《廣東省潮州府志》
清・方旭撰《蟲薈》卷三
桑捲
清・李元撰《蠕範》
葉根
漢・高誘注，宋・姚宏續注《戰國策》卷五
蒼螘
清・李元撰《蠕範》
倉螘
漢・揚雄撰，晉・郭璞注《輶軒使者絕代語釋別國方言》卷一一
三國魏・張揖撰，隋・曹憲音解《博雅》卷一〇
清・郝懿行撰《爾雅（郭注）義疏》卷下之三
蛉
漢・許慎撰，宋・徐鉉增釋《説文解字》卷一三上
南朝梁・顧野王撰，宋・陳彭年等重修《重修玉篇》卷二五
宋・司馬光撰《類篇》卷三八
宋・羅願撰《爾雅翼》（釋蟲）
宋・陸佃撰《埤雅》卷一一（釋蟲）
明・張自烈撰，清・廖文英續《正字通》申集中（虫部）
明・李時珍撰《本草綱目》
清・張玉書、陳廷敬等纂《康熙字典》卷二六
清・郝懿行撰《爾雅郭注義疏》卷下之三
清・周靖撰《篆隸考異》卷三
黃兒
明・劉侗撰《促織志》
清・唐執玉、李衛等監修，田易等纂《畿輔通志》
清・吳都梁修，潘問奇等纂《北京府縣志輯・昌平州志》
清・萬青黎、周家楣修，張之洞、繆荃孫纂《北京府縣志輯・光緒順天府志》卷五〇
蛉蛄
清・翟灝撰《爾雅補郭》卷下
麻婆
明・唐胄編集《正德瓊台志》（廣東省）
蛉蜻
清・郝懿行撰《爾雅郭注義疏》卷下之三
紺蜨
清・李元撰《蠕範》
紺蝶
晉・崔豹撰《古今注》卷中
五代・馬縞撰《中華古今注》卷下
明・陳耀文撰《天中記》卷五七（蜻蜓）
唐・蘇鶚撰《蘇氏演義》卷上
紺幡
晉・崔豹撰《古今注》卷中
五代・馬縞撰《中華古今注》卷下
唐・蘇鶚撰《蘇氏演義》卷上
明・陳耀文撰《天中記》卷五七（蜻蜓）
明・董斯張撰《廣博物志》卷五〇
清・李元撰《蠕範》
烏齋
明・唐胄編集《正德瓊台志》（廣東省）
紺蠜
明・方以智撰《通雅》卷四七（動物昆蟲）
明・張自烈撰，清・廖文英續《正字通》申集中（虫部）
明・陸釴修，張寅纂《山東通志》
明・李時珍撰《本草綱目》
清・李元撰《蠕範》
清・何東銘纂《四川府縣志輯・邛巂野録》
黃蠟
明・唐胄編集《正德瓊台志》（廣東省）
蛩
明・張自烈撰，清・廖文英續《正字通》申集中（虫部）
䖵
清・張玉書、陳廷敬等纂《康熙字典》卷二六
蜓
南朝梁・顧野王撰，宋・陳彭年等重修《重修玉篇》卷

二五
宋・司馬光撰《類篇》卷三八
宋・陸佃撰《埤雅》卷一一（釋蟲）
明・張自烈撰，清・廖文英續《正字通》申集中（虫部）
明・彭大翼撰，張幼學增訂《山堂肆考》卷二二（飲露）
清・張玉書、陳廷敬等纂《康熙字典》卷二六
清・周靖撰《篆隸考異》卷三

蜓蛛

宋・司馬光撰《類篇》卷三八
清・翟灝撰《爾雅補郭》卷下
清・張玉書、陳廷敬等纂《康熙字典》卷二六

童幡

晉・崔豹撰《古今注》卷中
明・陳耀文撰《天中記》卷五七（蜻蜓）
清・李元撰《蠕範》

蝍伶

明・朱謀㙔撰《駢雅》卷七

䗶蛉

三國魏・張揖撰，隋・曹憲音解《博雅》卷一〇《釋蟲》
清・郝懿行撰《爾雅郭注義疏》卷下之三

蜺

清・張玉書、陳廷敬等纂《康熙字典》卷二六

蜻

漢・許慎撰，宋・徐鉉增釋《說文解字》卷一三上
南朝梁・顧野王撰，宋・陳彭年等重修《重修玉篇》卷二五
遼・釋行均《龍龕手鑒》（蟲部第二）
明・陳耀文撰《天中記》卷五七
明・方以智撰《通雅》卷四七《動物昆蟲》
明・張自烈撰，清・廖文英續《正字通》申集中（虫部）
明・李時珍撰《本草綱目》
清・段玉裁撰《說文解字注》
清・張玉書、陳廷敬等纂《康熙字典》卷二六

蝍蛉

漢・揚雄撰，晉・郭璞注《輶軒使者絕代語釋別國方言》卷一一
三國魏・張揖撰，隋・曹憲音解《博雅》卷一〇《釋蟲》
晉・郭璞注，唐・陸德明音義，宋・邢昺疏《爾雅注疏》
宋・邢昺撰《爾雅疏》
宋・陸佃撰《埤雅》卷一一（釋蟲）
宋・司馬光撰《類篇》卷三八
明・張自烈撰，清・廖文英續《正字通》申集中（虫部）
清・郝懿行撰《爾雅郭注義疏》卷下之三
清・李元撰《蠕範》
清・段玉裁撰《說文解字注》
清・張玉書、陳廷敬等纂《康熙字典》卷二六
清・方旭撰《蟲薈》卷三

蝍蛉

明・方以智撰《通雅》卷四七（動物昆蟲）
明・彭大翼撰，張幼學增訂《山堂肆考》卷二三七（蜻蜓）

蜻蛚

漢・許慎撰，宋・徐鉉增釋《說文解字》卷一三上
宋・司馬光撰《類篇》卷三八
清・段玉裁撰《說文解字注》
清・張玉書、陳廷敬等纂《康熙字典》卷二六

蜻蜓

晉・郭璞注，唐・陸德明音義，宋・邢昺疏《爾雅注疏》
宋・鄭樵撰《通志》卷七六（蟲魚類）
宋・鄭樵撰《爾雅註》
宋・陸佃撰《埤雅》卷一一
宋・唐慎微撰，寇宗奭衍義《證類本草》卷二二
宋・司馬光撰《類篇》卷三八
宋・唐慎微撰《重修政和經史證類備用本草》卷二（蟲魚部下品）
宋・邢昺撰《爾雅疏》
遼・釋行均《龍龕手鑒》（蟲部第二）
元・戴侗撰《六書故》卷二〇
元・脫因修，俞希魯纂《至順鎮江志》卷四
明・夏良勝纂修《正德建昌府志（江西省）》
明・朱謀㙔撰《駢雅》卷七
明・陸釴修，張寅纂《山東通志》
明・唐胄編集《正德瓊台志（廣東省）
明・陳洪謨、彭憲勘纂《嘉靖常德府志（湖南省）》
明・張自烈撰，清・廖文英續《正字通》申集中（虫部）
明・李時珍撰《本草綱目》
明・方以智撰《通雅》卷四七（動物昆蟲）
明・陳耀文撰《天中記》卷五七（蜻蜓）
明・張士鎬、江汝璧纂修《廣信府志》
明・馮曾修，李汛纂《九江府志》
明・彭大翼撰，張幼學增訂《山堂肆考》卷二二（附物散卵）、卷二三七（蜻蜓）
明・李蘇著《見物》卷五（蟲物論）
明・劉侗撰《促織志》
明・謝肇淛著《五雜俎》卷九
清・張玉書、陳廷敬等纂《康熙字典》卷二六
清・方旭撰《蟲薈》卷三
清・李元撰《蠕範》
清・唐執玉、李衛等監修，田易等纂《畿輔通志》
清・範鐘湘、陳傅德修，金念祖、黃世祚纂《上海府縣志輯・嘉定縣續志》
清・牟應震撰《毛詩物名考》卷四
清・余宗農編輯《桑樹蟲害論》
清・陳文達修《鳳山縣志》
清・周碩勳纂修《廣東省潮州府志》

清・宗源瀚、郭式昌修，周學濬、陸心源纂《浙江府縣志輯・湖州府志》卷三三
清・吴都梁修，潘問奇等纂《北京府縣志輯・昌平州志》
清・西清纂，肖穆等重輯《黑龍江外記》卷八
清・鄂爾泰、張廷玉等撰《授時通考》卷二
清・鍾元棣修，張雋、邢定綸纂《海南府縣志輯・民國崖州志》卷四
清・黄桂修，宋驤纂《安徽省太平府志》
清・何玉棻修，魏式曾纂《湖南府縣志輯・同治直隸澧州志》
清・劉於義等監修，沈青崖等編纂《陝西通志》
清・阿桂、劉瑾之等撰《欽定盛京通志》
清・傅爾泰修，陶元藻纂《福建府縣志輯・乾隆延平府志》
清・舒其紳等修，嚴長明等纂《陝西省西安府志》
清・吳鞏修，王來遴纂《四川府縣志輯・嘉慶邛州直隸州志》
清・黄永綸修，楊錫齡等纂《湖北府縣志輯・道光寧都直隸州志》
清・薩廉修，陳淑均纂《臺灣府縣志輯・鹹豐臺灣府噶瑪蘭廳志》
清・李維鈺原本，沈定均續修，吳聯熏增纂《福建府縣志輯・光緒漳州府志》
清・唐景崧修，蔣師轍、薛紹元纂《臺灣府縣志輯・光緒臺灣通志》
清・張玉書、汪霦等編《佩文齋詠物詩選》(宋・范成大《夏日田園雜興》)、(宋・楊萬裡《曉坐荷橋》)、(元・顧瑛《舟中與陳敬初聯句》)、(明・僧通凡《邨居》)
清・姚培謙、張卿雲輯《類腋》卷一〇
清・陳元龍撰《格致鏡原》卷九六(昆蟲類)
清・周鍾瑄修，陳夢林、李欽文纂《臺灣府縣志輯・康熙諸羅縣志》
清・曾日瑛等修，李紱等纂《福建府縣志輯・乾隆汀州府志》
清・席紹葆等修，謝鳴謙、謝鳴盛纂《湖南府縣志輯・辰州府志》
清・李廷璧修，周璽纂《臺灣府縣誌輯・道光彰化縣志》
清・何東銘纂《四川府縣志輯・邛巂野録》
清・李文恒修，鄭文彩纂《廣東省瓊山縣志》
清・孔繁撲修，高維嶽纂《陝西省綏德州志》
清・金蓉鏡纂輯《湖南省靖州鄉土志》
清・楊修田纂修《河南省光州志》
清・何焯、陳鵬年撰《禦定分類字錦》卷五九(雜蟲第十二)

水棒槌

清・孔繁撲修，高維嶽纂《陝西省綏德州志》

精蜻

宋・司馬光撰《類篇》卷三八

蜓蜻

清・張玉書、陳廷敬等纂《康熙字典》卷二六

蜻蜓

宋・司馬光撰《類篇》卷三八

明・張自烈撰，清・廖文英續《正字通》申集中(虫部)

蟦蜓

明・張自烈撰，清・廖文英續《正字通》申集中(虫部)

蝴蜨

清・李元撰《蠕範》

蜫蜴

清・翟灝撰《爾雅補郭》卷下

蜗

明・張自烈撰，清・廖文英續《正字通》申集中(虫部)

龍甲

清・方旭撰《蟲薈》卷三

龍孫

清・方旭撰《蟲薈》卷三

螇蚝

清・張玉書、陳廷敬等纂《康熙字典》卷二六

蜴

清・方旭撰《蟲薈》卷三
清・周靖撰《篆隸考異》卷三
清・翟穎撰《爾雅補郭》卷下

螗蛣

宋・司馬光撰《類篇》卷三八
遼・釋行均《龍龕手鑒》(蟲部第二)
清・翟穎撰《爾雅補郭》卷下

蜴蜊

清・鍾元棣修，張雋、邢定綸纂《海南府縣志輯・民國崖州志》卷四

差翅亚目 Anisoptera

蜻蜓

明・朱謀瑋撰《駢雅》卷七

蜓

宋・司馬光撰《類篇》卷三八

蜓科 Aeschnidae

碧伟蜓 *Anax parthenope julius*

馬大頭

明・穆希文撰《蟫史集》

蜻蛉

明・穆希文撰《蟫史集》
明・徐炬輯《新鐫古今事物原始全書》卷二九

水蠆

明・穆希文撰《蟫史集》

蝦鱉蟲

明・穆希文撰《蟫史集》

大馬頭

明・徐炬輯《新鐫古今事物原始全書》卷二九

春蜓科 Gomphidae

箭蜓 *Gonphus* sp.

蜻蛉

漢・揚雄撰，晉・郭璞注《輶軒使者絕代語釋別國方言》卷一一

蜻蜓

清・段玉裁撰《說文解字注》

豆花蜻蜓

宋・佚名《豆花蜻蜓圖》

黄新叶箭蜓 *Sinictinogomphus clavatus*

蜻蛉

宋・唐慎微撰，寇宗奭衍義《證類本草》卷二二

大蜓科 Cordulegasteridae

圆臂大蜓 *Anotogaster kuchenbeiseri*

青弁使者

宋・孫奕撰《示兒編》

青亭

清・張玉書、陳廷敬等纂《康熙字典》卷二六

蜻蜓

清・張玉書、陳廷敬等纂《康熙字典》卷二六

明・劉胤昌撰《劉氏類山》卷四

宋・孫奕撰《示兒編》

蜻科 Libellulidae

红蜻 *Crocothemis* sp.

蜻蜓

清・張熊繪《花卉圖》

蜻 *Libellula* sp.

蜻蜓

清・（日）西師意譯，（英）竇樂安、許家惺審定《動物學教科書》

黄蜻 *Pantala flavescens*

青蛉

宋・羅願撰《爾雅翼》卷二五（釋蟲）

胡黎

宋・羅願撰《爾雅翼》卷二五（釋蟲）

清・張玉書、陳廷敬等纂《康熙字典》卷二六

胡棃

宋・陳耆卿撰《赤城志》卷三六

胡離

宋・羅願撰《爾雅翼》卷二五（釋蟲）

明・劉胤昌撰《劉氏類山》卷四

清・張玉書、陳廷敬等纂《康熙字典》卷二六

蜻蜓

宋・陳耆卿撰《赤城志》卷三六

黑丽翅蜻 *Rhycthemis fuliginosa*

蜻蜓

元・錢選繪《草蟲圖》

赤蜻 *Sympetrum* spp.

赤弁丈人

宋・羅願撰《爾雅翼》卷二五（釋蟲）

宋・梁克家撰《淳熙三山志》卷四二

清・張玉書、陳廷敬等纂《康熙字典》卷二六

赤衣使者

宋・羅願撰《爾雅翼》卷二五（釋蟲）

宋・梁克家撰《淳熙三山志》卷四二

明・劉胤昌撰《劉氏類山》卷四

清・張玉書、陳廷敬等纂《康熙字典》卷二六

赤卒

宋・羅願撰《爾雅翼》卷二五（釋蟲）

清・張玉書、陳廷敬等纂《康熙字典》卷二六

青蛉

宋・羅願撰《爾雅翼》卷二五（釋蟲）

青鴉娘

宋・梁克家撰《淳熙三山志》卷四二

絳騶

宋・羅願撰《爾雅翼》卷二五（釋蟲）

宋・梁克家撰《淳熙三山志》卷四二

明・劉胤昌撰《劉氏類山》卷四

清・張玉書、陳廷敬等纂《康熙字典》卷二六

蜻蜓

宋・梁克家撰《淳熙三山志》卷四二

清・張玉書、陳廷敬等纂《康熙字典》卷二六

均翅亚目 Zygoptera

豆娘

清・嵇璜・曹仁虎等撰《續通志》卷一七八

螅

元・戴侗撰《六書故》卷二〇

清・張玉書、陳廷敬等纂《康熙字典》卷二六

清・方旭撰《蟲薈》卷三

清・郝懿行撰《爾雅郭注義疏》卷下之三

清・李元撰《蠕範》

蜚蠊目 Blattodea

天蜚

明・穆希文撰《蟫史集》

天蜱蟲

明・穆希文撰《蟫史集》

木蝨

清・陳文緯修，屠繼善纂《臺灣府縣志輯・光緒恒春縣志》

氣盤

宋・陸佃撰《爾雅新義》卷一五

清・李元撰《蠕範》

氭蠜

清・李元撰《蠕範》

氣蠜

清・張玉書、陳廷敬等纂《康熙字典》卷二六

清・嵇璜、曹仁虎等撰《續通志》卷一七八

清・何東銘纂《卭嶲野録》

氣蠜蟲

明・張自烈撰，清・廖文英續《正字通》申集中（虫部）

石薑

宋・唐慎微撰，寇宗奭衍義《證類本草》卷二二

元・戴侗撰《六書故》卷二〇

清・張玉書、陳廷敬等纂《康熙字典》卷二六

清・方旭撰《蟲薈》卷三

清・李元撰《蠕範》

清・俞樾著《春在堂隨筆》卷八

清・何東銘纂《四川府縣志輯・卭嶲野録》

清・劉於義等監修，沈青崖等編纂《陝西通志》

行夜

明・方以智撰《通雅》卷四七（動物昆蟲）

明・張自烈撰，清・廖文英續《正字通》申集中（虫部）

明・姚昺纂修《永州府志》

明・方以智撰《通雅》卷四七（動物昆蟲）

清・張玉書、陳廷敬等纂《康熙字典》卷二六

清・李元撰《蠕範》

清・嵇璜、曹仁虎等撰《續通志》卷一七八

清・何東銘纂《四川府縣志輯・卭嶲野録》

清・陳文緯修，屠繼善纂《臺灣府縣志輯・光緒恒春縣志》

清・宗源瀚、郭式昌修，周學濬、陸心源纂《浙江府縣志輯・湖州府志》

過街

明・穆希文撰《蟫史集

明・方以智撰《通雅》卷四七（動物昆蟲）

明・張自烈撰，清・廖文英續《正字通》申集中（虫部）

明・朱謀㙔撰《駢雅》卷七

清・何東銘纂《四川府縣志輯・卭嶲野録》

清・嵇璜、曹仁虎等撰《續通志》卷一七八

過街蟲

清・李元撰《蠕範》

清・方旭撰《蟲薈》卷三

地蜱

清・李元撰《蠕範》

地蜱蟲

明・張自烈撰，清・廖文英續《正字通》申集中（虫部）

清・方旭撰《蟲薈》卷三

清・嵇璜、曹仁虎等撰《續通志》卷一七八

清・何東銘纂《四川府縣志輯・卭嶲野録》

地鼀

清・劉於義等監修，沈青崖等編纂《陝西通志》

清・舒其紳等修，嚴長明等纂《陝西省西安府志》

地鼈

清・嵇璜、曹仁虎等撰《續通志》卷一七八

清・宗源瀚、郭式昌修，周學浚、陸心源纂《浙江府縣志輯・湖州府志》卷三三

地鱉

明・穆希文撰《蟫史集》

地鼈

宋・唐慎微撰《重修政和經史證類備用本草》卷二

元・戴侗撰《六書故》卷二〇

明・繆希雍撰《先醒齋筆記》卷四

清・方旭撰《蟲薈》卷三

清・李元撰《蠕範》

清・何東銘纂《四川府縣志輯・卭嶲野録》

清・範鐘湘、陳傅德修，金念祖、黃世祚纂《上海府縣志輯・嘉定縣續志》

土鱉

明・穆希文撰《蟫史集》

清・阿克達春、文秀等纂修《綏遠省清水河廳志》

清・陳元龍撰《格致鏡原》卷一〇〇

土鼈

宋・唐慎微撰《重修政和經史證類備用本草》卷二

元・戴侗撰《六書故》卷二〇

明・方以智撰《通雅》卷四七（動物昆蟲）

明・李蘇著《見物》卷五（蟲物論）

清・王鱗飛等修，馮世瀛、冉崇文纂《四川府縣志輯・同治增修酉陽直隸州總志》

清・劉於義等監修，沈青崖等編纂《陝西通志》

清・舒其紳等修，嚴長明等纂《陝西省西安府志》

清・方旭撰《蟲薈》卷三

清・李元撰《蠕範》

清・黃樂之、平翰等修，鄭珍纂《貴州省遵義府志》

土鼈蟲

清・金蓉鏡纂輯《湖南省靖州鄉土志》

灰鱉

清・宗源瀚、郭式昌修，周學浚、陸心源纂《浙江府縣志輯・湖州府志》卷三三

夜行

宋・唐慎微撰，寇宗奭衍義《證類本草》卷二二

夜行蟲

明・穆希文撰《蟫史集》卷一一（蜚蠊）

委黍

明・朱謀㙔撰《駢雅》卷七

香娘子

清・張玉書、陳廷敬等纂《康熙字典》卷二六

清・方旭撰《蟲薈》卷三

清・李元撰《蠕範》

清・何東銘纂《四川府縣志輯・邛嶲野録》

飛廉

宋・唐慎微撰，寇宗奭衍義《證類本草》卷二二

明・朱謀㙔撰《駢雅》卷七

清・李元撰《蠕範》

負盤

晉・郭璞注《爾雅》卷下

晉・郭璞注，唐・陸德明音義，宋・邢昺疏《爾雅注疏》卷九

南朝梁・顧野王撰，宋・陳彭年等重修《重修玉篇》卷二五

唐・孔穎達等撰《春秋左傳正義》卷二

宋・唐慎微撰，寇宗奭衍義《證類本草》卷二二

宋・鄭樵撰《爾雅註》

宋・邢昺撰《爾雅疏》

元・戴侗撰《六書故》卷二〇

明・張自烈撰，清・廖文英續《正字通》申集中（虫部）

明・朱謀㙔撰《駢雅》卷七

明・姚昺纂修《永州府志》

明・方以智撰《通雅》卷四七（動物昆蟲）

明・穆希文撰《蟫史集》卷一一（蜚蠊）

清・俞樾著《春在堂隨筆》卷八

清・張玉書、陳廷敬等纂《康熙字典》卷二六

清・方旭撰《蟲薈》卷三

清・李元撰《蠕範》

清・嵇璜、曹仁虎等撰《續通志》卷一七八

清・何東銘纂《四川府縣志輯・邛嶲野録》

清・劉於義等監修，沈青崖等編纂《陝西通志》

明・李蘇著《見物》

清・姜兆錫撰《爾雅注疏參議》

清・牟應震撰《毛詩物名考》

負盤蟲

明・方以智撰《通雅》卷四七（動物昆蟲）

飛蟅

三國魏・張揖撰，隋・曹憲音解《博雅》卷一〇（釋蟲）

飛蛮

清・李元撰《蠕範》

草蟲

晉・郭璞注，唐・陸德明音義，宋・邢昺疏《爾雅注疏》卷九

宋・鄭樵撰《爾雅註》

明・方以智撰《通雅》卷四七（動物昆蟲）

明・穆希文撰《蟫史集》卷一一（蜚蠊）

草螽

明・張自烈撰，清・廖文英續《正字通》申集中（虫部）

飛蠊

三國魏・張揖撰，隋・曹憲音解《博雅》卷一〇（釋蟲）

南朝梁・顧野王撰，宋・陳彭年等重修《重修玉篇》卷二五

清・張玉書、陳廷敬等纂《康熙字典》卷二六

蝱蠊

宋・唐慎微撰，寇宗奭衍義《證類本草》卷二二

負蠜

漢・許慎撰，宋・徐鉉增釋《說文解字》卷一三下

三國魏・張揖撰，隋・曹憲音解《博雅》卷一〇（釋蟲）

晉・郭璞注，唐・陸德明音義，宋・邢昺疏《爾雅注疏》卷九

唐・孔穎達等撰《春秋左傳正義》卷二

宋・司馬光撰《類篇》卷三八

宋・鄭樵撰《爾雅註》

元・戴侗撰《六書故》卷二〇

明・穆希文撰《蟫史集》卷一一（蜚蠊）

明・方以智撰《通雅》卷四七（動物昆蟲）

清・張玉書、陳廷敬等纂《康熙字典》卷二六

清・何東銘纂《四川府縣志輯・邛嶲野録》

蚌虎

明・穆希文撰《蟫史集》

清・方旭撰《蟲薈》卷三

清・李元撰《蠕範》

清・嵇璜、曹仁虎等撰《續通志》卷一七八

清・薩廉修，陳淑均纂《臺灣府縣志輯・鹹豐臺灣府噶瑪蘭廳志》

清・陳元龍撰《格致鏡原》卷一〇〇

氣盤蟲

明・張自烈撰，清・廖文英續《正字通》申集中（虫部）

明・姚昺纂修《永州府志》

臭蟲

漢・許慎撰，宋・徐鉉增釋《說文解字》卷一三下

晉・郭璞注《爾雅》卷下

晉・郭璞注，唐・陸德明音義，宋・邢昺疏《爾雅注疏》卷九

南朝梁・顧野王撰，宋・陳彭年等重修《重修玉篇》卷二五

唐・孔穎達等撰《春秋左傳正義》卷二

宋・唐慎微撰，寇宗奭衍義《證類本草》卷二二

宋・司馬光撰《類篇》卷三八

宋・鄭樵撰《爾雅註》

宋·邢昺撰《爾雅疏》
元·戴侗撰《六書故》卷二〇
明·張自烈撰，清·廖文英續《正字通》申集中（虫部）
明·方以智撰《通雅》卷四七（動物昆蟲）
清·張玉書、陳廷敬等纂《康熙字典》卷二六
清·方旭撰《蟲薈》卷三
清·陳文緯修，屠繼善纂《臺灣府縣志輯·光緒恒春縣志》
清·宗源瀚、郭式昌修，周學浚、陸心源纂《浙江府縣志輯·湖州府志》卷三三
明·李蘇著《見物》

蚚

元·戴侗撰《六書故》卷二〇
明·張自烈撰，清·廖文英續《正字通》申集中（虫部）
清·張玉書、陳廷敬等纂《康熙字典》卷二六

常羊

明·朱謀㙔撰《駢雅》卷七

章郎

清·俞樾著《春在堂隨筆》卷八

樟郎

清·範鐘湘、陳傅德修，金念祖、黃世祚纂《上海府縣志輯·嘉定縣續志》（物產）

蚵蚾

清·李元撰《蠕範》
清·何東銘纂《四川府縣志輯·邛嶲野録》（方輿類·物產）

蚵蚾蟲

明·張自烈撰，清·廖文英續《正字通》申集中（虫部）
清·方旭撰《蟲薈》卷三
清·嵇璜、曹仁虎等撰《續通志》卷一七八

滑生

明·方以智撰《通雅》卷四七（動物昆蟲）
明·張自烈撰，清·廖文英續《正字通》申集中（虫部）
清·李元撰《蠕範》

腆顆蟲

宋·唐慎微撰，寇宗奭衍義《證類本草》卷二二

滑蟲

宋·唐慎微撰，寇宗奭衍義《證類本草》卷二二
明·穆希文撰《蟫史集》卷一一（蜚蠊）
清·方旭撰《蟲薈》卷三
清·何東銘纂《四川府縣志輯·邛嶲野録》

蛸蛺蟲

清·宗源瀚、郭式昌修，周學浚、陸心源纂《浙江府縣志輯·湖州府志》卷三三
清·陳文緯修，屠繼善纂《臺灣府縣志輯·光緒恒春縣志》

鼠盤

清·嵇璜、曹仁虎等撰《續通志》卷一七八

鼠盤蟲

明·穆希文撰《蟫史集》卷一一（蜚蠊）
明·姚昺纂修《永州府志》
明·方以智撰《通雅》卷四七（動物昆蟲）
清·何東銘纂《四川府縣志輯·邛嶲野録》（方輿類·物產）

蟹

漢·許慎撰，宋·徐鉉增釋《說文解字》卷一〇上
三國魏·張揖撰，隋·曹憲音解《博雅》卷一〇（釋蟲）
晉·郭璞注《爾雅》卷下
晉·郭璞注，唐·陸德明音義，宋·邢昺疏《爾雅注疏》卷九
南朝梁·顧野王撰，宋·陳彭年等重修《重修玉篇》卷二五
唐·陸德明撰《爾雅音釋》卷下
宋·司馬光撰《類篇》卷三八
宋·鄭樵撰《爾雅註》
宋·邢昺撰《爾雅疏》
元·戴侗撰《六書故》卷二〇
明·張自烈撰，清·廖文英續《正字通》申集中（虫部）
清·段玉裁撰《說文解字注》
清·張玉書、陳廷敬等纂《康熙字典》卷二六
清·俞樾著《春在堂隨筆》卷八
清·陳文緯修，屠繼善纂《臺灣府縣志輯·光緒恒春縣志》
清·宗源瀚、郭式昌修，周學濬、陸心源纂《浙江府縣志輯·湖州府志》

蜚

《爾雅》
晉·郭璞注《爾雅》卷下
晉·郭璞注，唐·陸德明音義，宋·邢昺疏《爾雅注疏》
南朝梁·顧野王撰，宋·陳彭年等重修《重修玉篇》卷二五
唐·陸德明撰《爾雅音釋》卷下
唐·孔穎達等撰《春秋左傳正義》卷二
宋·陸佃撰《爾雅新義》卷一五
宋·司馬光撰《類篇》卷三八
宋·鄭樵撰《爾雅註》
宋·梁克家撰《淳熙三山志》卷四二
宋·羅願撰，元·洪焱祖音釋《爾雅翼》卷二六（釋蟲三）
遼·釋行均撰《龍龕手鑒》（蟲部第二）
元·戴侗撰《六書故》卷二〇
明·李蘇著《見物》
明·方以智撰《通雅》卷四七（動物昆蟲）
明·張自烈撰，清·廖文英續《正字通》申集中（虫部）
清·段玉裁撰《說文解字注》
清·張玉書、陳廷敬等纂《康熙字典》卷二六
清·方旭撰《蟲薈》卷三
清·俞樾著《春在堂隨筆》卷八
清·姜兆錫撰《爾雅注疏參議》
清·牟應震撰《毛詩物名考》
清·劉玉麐撰《爾雅校議》
清·沈廷芳撰《十三經注疏正字》

獐目蟲

明・唐胄編集《正德瓊台志（廣東省）》（土產）

清・龍朝翊修，陳所能纂《海南府縣志輯・光緒澄邁縣志》

樟木蟲

清・黃桂修，宋驤纂《安徽省太平府志》

蜚負

唐・孔穎達等撰《春秋左傳正義》卷二

滅蜋

清・宗源瀚、郭式昌修，周學浚、陸心源纂《浙江府縣志輯・湖州府志》卷三三

蜚廉

清・李元撰《蠕範》

清・陳文緯修，屠繼善纂《臺灣府縣志輯・光緒恒春縣志》

滅螂

清・陳文緯修，屠繼善纂《臺灣府縣志輯・光緒恒春縣志》

蜚厲蟲

清・張玉書、陳廷敬等纂《康熙字典》卷二六

蜚蠊

清・俞樾著《春在堂隨筆》卷八

蜚蟗

明・李蘇《見物》卷五（蟲物論）

蜚蠊

宋・司馬光撰《類篇》卷三八

明・穆希文撰《蟫史集》卷一一（蜚蠊）

明・方以智撰《通雅》卷四七（動物昆蟲）

明・張自烈撰，清・廖文英續《正字通》申集中（虫部）

明・姚昺纂修《永州府志》

清・段玉裁撰《說文解字注》

清・範鐘湘、陳傅德修，金念祖、黃世祚纂《上海府縣志輯・嘉定縣續志》

清・方旭撰《蟲薈》卷三

清・李元撰《蠕範》

清・俞樾著《春在堂隨筆》卷八

清・嵇璜、曹仁虎等撰《續通志》卷一七八

清・趙學敏輯《本草綱目拾遺（下）》卷一〇

清・何東銘纂《四川府縣志輯・邛嶲野録》

清・宗源瀚、郭式昌修，周學濬、陸心源纂《浙江府縣志輯・湖州府志》

清・黃桂修，宋驤纂《安徽省太平府志》

清・劉於義等監修，沈青崖等編纂《陝西通志》

蜚蠜

南朝梁・顧野王撰，宋・陳彭年等重修《重修玉篇》卷二五

蜚蠦

唐・孔穎達等撰《春秋左傳正義》卷二

宋・司馬光撰《類篇》卷三八

宋・邢昺撰《爾雅疏》

清・段玉裁撰《說文解字注》

清・俞樾著《春在堂隨筆》卷八

糊塗蟲

清・宗源瀚、郭式昌修，周學濬、陸心源纂《浙江府縣志輯・湖州府志》

賠糟蟲

清・宗源瀚、郭式昌修，周學濬、陸心源纂《浙江府縣志輯・湖州府志》

竄盤蟲

宋・唐慎微撰，寇宗奭衍義《證類本草》卷二二

撲燈蛾

清・阿克達春、文秀等纂修《綏遠省清水河廳志》

蛪蜆

宋・司馬光撰《類篇》卷三八

清・張玉書、陳廷敬等纂《康熙字典》卷二六

清・李元撰《蠕範》

蛸蟲

清・陳文達修《臺灣縣誌》

清・曾日瑛等修，李紱等纂《福建府縣志輯・乾隆汀州府志》

清・李廷璧修，周璽纂《臺灣府縣誌輯・道光彰化縣志》

蟒蚻

清・李元撰《蠕範》

蝓蜋

清・何東銘纂《四川府縣志輯・邛嶲野録》

蝓螂

清・陳文達修《臺灣縣誌》

清・李廷璧修，周璽纂《臺灣府縣誌輯・道光彰化縣志》

盧蜰

漢・許慎撰，宋・徐鉉增釋《說文解字》卷一〇上

宋・司馬光撰《類篇》卷三八

宋・唐慎微撰，寇宗奭衍義《證類本草》卷二二

宋・梁克家撰《淳熙三山志》卷四二

清・段玉裁撰《說文解字注》

清・俞樾著《春在堂隨筆》卷八

清・劉於義等監修，沈青崖等編纂《陝西通志》

厲蟲

唐・孔穎達等撰《春秋左傳正義》卷二

蠦

漢・許慎撰，宋・徐鉉增釋《說文解字》卷一〇上

三國魏・張揖撰，隋・曹憲音解《博雅》卷一〇《釋蟲》

宋・司馬光撰《類篇》卷三八

元・戴侗撰《六書故》卷二〇

明・方以智撰《通雅》卷四七（動物昆蟲）

明・張自烈撰，清・廖文英續《正字通》申集中（虫部）

清・張玉書、陳廷敬等纂《康熙字典》卷二六

蟥

三國魏・張揖撰，隋・曹憲音解《博雅》卷一〇（釋蟲）

蜆

宋·司馬光撰《類篇》卷三八

清·張玉書、陳廷敬等纂《康熙字典》卷二六

蟗

明·張自烈撰，清·廖文英續《正字通》申集中（虫部）

䗪

宋·唐慎微撰《重修政和經史證類備用本草》卷二

宋·陸佃撰《埤雅》卷一〇（釋蟲）

明·朱謀㙔撰《駢雅》卷七

明·李蘇著《見物》

明·穆希文撰《蟫史集》

明·張自烈撰，清·廖文英續《正字通》申集中（虫部）

清·張玉書、陳廷敬等纂《康熙字典》卷二六

清·李元撰《蠕範》

清·範鐘湘、陳傳德修，金念祖、黃世祚纂《上海府縣志輯·嘉定縣續志》

䗪蟲

宋·唐慎微撰《重修政和經史證類備用本草》卷二

宋·唐慎微撰，寇宗奭衍義《證類本草》卷二二

明·繆希雍撰《先醒齋筆記》卷四

明·張自烈撰，清·廖文英續《正字通》申集中（虫部）

明·穆希文撰《蟫史集》卷一一

清·嵇璜、曹仁虎等撰《續通志》卷一七八

清·王子接撰《絳雪園得宜本草》卷一七

清·張玉書、陳廷敬等纂《康熙字典》卷二六

清·方旭撰《蟲薈》卷三

清·吳儀洛著《本草從新》（蟲魚鱗介部）

蟅蟲

清·何東銘纂《四川府縣志輯·邛嶲野録》（方輿類·物產）

蟑螂

清·俞樾著《春在堂隨筆》卷八

清·趙學敏輯《本草綱目拾遺（下）》卷一〇

清·陳文緯修，屠繼善纂《臺灣府縣志輯·光緒恒春縣志》

蟑螂蟲

清·趙學敏輯《本草綱目拾遺（下）》卷一〇

章郎蟲

清·俞樾著《春在堂隨筆》卷八

蠡䗪

清·李元撰《蠕範》

蟦

明·張自烈撰，清·廖文英續《正字通》申集中（虫部）

簸箕蟲

明·方以智撰《通雅》卷四七（動物昆蟲）

石蜚

宋·梁克家撰《淳熙三山志》卷四二

蠊

南朝梁·顧野王撰，宋·陳彭年等重修《重修玉篇》卷二五

宋·司馬光撰《類篇》卷三八

明·張自烈撰，清·廖文英續《正字通》申集中（虫部）

遼·釋行均撰《龍龕手鑒》（蟲部第二）

清·張玉書、陳廷敬等纂《康熙字典》卷二六

簸箕蟲

宋·唐慎微撰《重修政和經史證類備用本草》卷二

明·張自烈撰，清·廖文英續《正字通》申集中（虫部）

清·方旭撰《蟲薈》卷三

清·李元撰《蠕範》

清·嵇璜、曹仁虎等撰《續通志》卷一七八

清·陳元龍撰《格致鏡原》卷一〇〇

蜚

明·張自烈撰，清·廖文英續《正字通》申集中（虫部）

清·張玉書、陳廷敬等纂《康熙字典》卷二六

竈馬

清·俞樾著《春在堂隨筆》卷八

清·趙學敏輯《本草綱目拾遺（下）》卷一〇

蠜

明·張自烈撰，清·廖文英續《正字通》申集中（虫部）

清·張玉書、陳廷敬等纂《康熙字典》卷二六

髒蜋

清·宗源瀚、郭式昌修，周學浚、陸心源纂《浙江府縣志輯·湖州府志》卷三三

清·陳文緯修，屠繼善纂《臺灣府縣志輯·光緒恒春縣志》

蠦

南朝梁·顧野王撰，宋·陳彭年等重修《重修玉篇》卷二五

唐·陸德明撰《爾雅音釋》卷下

宋·司馬光撰《類篇》卷三八

宋·陸佃撰《埤雅》卷一一

明·張自烈撰，清·廖文英續《正字通》申集中（虫部）

清·張玉書、陳廷敬等纂《康熙字典》卷二六

蠦蜰

《爾雅》

晉·郭璞注《爾雅》卷下

晉·郭璞注，唐·陸德明音義，宋·邢昺疏《爾雅注疏》卷九

南朝梁·顧野王撰，宋·陳彭年等重修《重修玉篇》卷二五

唐·孔穎達等撰《春秋左傳正義》卷二

宋·陸佃撰《爾雅新義》卷一五

宋·鄭樵撰《爾雅註》

宋·唐慎微撰，寇宗奭衍義《證類本草》卷二二

元·戴侗撰《六書故》卷二〇

明·方以智撰《通雅》卷四七（動物昆蟲）

明·張自烈撰，清·廖文英續《正字通》申集中（虫部）

明·李蘇著《見物》

清·段玉裁撰《說文解字注》

清・張玉書、陳廷敬等纂《康熙字典》卷二六
清・方旭撰《蟲薈》卷三
清・李元撰《蠕範》
清・姜兆錫撰《爾雅注疏參議》
清・劉玉麐撰《爾雅校議》
清・沈廷芳撰《十三經注疏正字》

𧑒蠠

宋・鄭樵撰《爾雅註》

蠦蟲

明・張自烈撰，清・廖文英續《正字通》申集中（虫部）

蠦蝘

宋・司馬光撰《類篇》卷三八

䗲

清・宗源瀚、郭式昌修，周學濬、陸心源纂《浙江府縣志輯・湖州府志》

䗪郎

清・趙學敏輯《本草綱目拾遺（下）》卷一〇
清・陳文緯修，屠繼善纂《臺灣府縣志輯・光緒恒春縣志》

贜郎

清・俞樾著《春在堂隨筆》卷八

贜螂

清・俞樾著《春在堂隨筆》卷八

蠹

漢・許慎撰，宋・徐鉉增釋《說文解字》卷一三下
宋・司馬光撰《類篇》卷三八
明・張自烈撰，清・廖文英續《正字通》申集中（虫部）
清・張玉書、陳廷敬等纂《康熙字典》卷二六

蠹贅

明・張自烈撰，清・廖文英續《正字通》申集中（虫部）

家蜨

清・陳文緯修，屠繼善纂《臺灣府縣志輯・光緒恒春縣志》

茶婆蟲

明・張自烈撰，清・廖文英續《正字通》申集中（虫部）
明・姚昺纂修《永州府志》
明・方以智撰《通雅》卷四七（動物昆蟲）
清・方旭撰《蟲薈》卷三
清・張玉書、陳廷敬等纂《康熙字典》卷二六
清・李元撰《蠕範》
清・何東銘纂《四川府縣志輯・邛嶲野録》

偷油婆

明・姚昺纂修《永州府志》
清・何東銘纂《四川府縣志輯・邛嶲野録》
清・王麟祥修，邱晉成等纂《四川府縣志輯・光緒敘州府志》

偷吃婆

清・何玉棻修，魏式曾纂《湖南府縣志輯・同治直隸澧州志》

油鹽蟲

清・何玉棻修，魏式曾纂《湖南府縣志輯・同治直隸澧州志》

伊蝛

明・朱謀㙔撰《駢雅》卷七

𪓟兒

明・朱謀㙔撰《駢雅》卷七

蜚蠊科 Blattidae

东方蜚蠊 *Blatta orientalis*

負盤

晉・郭璞注，唐・陸德明音義，宋・邢昺疏《爾雅注疏》
宋・鄭樵撰《通志》
清・戴鎣撰《爾雅郭注補正》
清・陳元龍撰《格致鏡原》卷一〇〇（昆蟲類五）
清・張宗泰撰《爾雅注疏本正誤》卷一
清・邵晉涵撰《爾雅正義》卷一六
清・郝懿行撰《爾雅郭注義疏》下之三

負礬

清・周春撰《爾雅補注》卷四

臭蟲

晉・郭璞注，唐・陸德明音義，宋・邢昺疏《爾雅注疏》
宋・鄭樵撰《通志》
清・戴鎣撰《爾雅郭注補正》
清・張宗泰撰《爾雅注疏本正誤》卷一
清・邵晉涵撰《爾雅正義》卷一六
清・郝懿行撰《爾雅郭注義疏》下之三
清・陳文緯修，屠繼善纂《臺灣府縣志輯・光緒恒春縣志》卷九（物產）

草蟲

清・周春撰《爾雅補注》卷四

蜚

晉・郭璞注，唐・陸德明音義，宋・邢昺疏《爾雅注疏》
宋・鄭樵撰《通志》
清・戴鎣撰《爾雅郭注補正》
清・陳元龍撰《格致鏡原》卷一〇〇（昆蟲類五）
清・周春撰《爾雅補注》卷四
清・張宗泰撰《爾雅注疏本正誤》卷一
清・邵晉涵撰《爾雅正義》卷一六
清・郝懿行撰《爾雅郭注義疏》下之三

蜚蠦

晉・郭璞注，唐・陸德明音義，宋・邢昺疏《爾雅注疏》
清・陳元龍撰《格致鏡原》卷一〇〇（昆蟲類五）

蠠

晉・郭璞注，唐・陸德明音義，宋・邢昺疏《爾雅注疏》
清・戴鎣撰《爾雅郭注補正》

清・陳元龍撰《格致鏡原》卷一〇〇（昆蟲類五）

清・張宗泰撰《爾雅注疏本正誤》卷一

清・陳文緯修，屠繼善纂《臺灣府縣志輯・光緒恒春縣志》卷九

蟠

晉・郭璞注，唐・陸德明音義，宋・邢昺疏《爾雅注疏》

鳳蟲

晉・郭璞注，唐・陸德明音義，宋・邢昺疏《爾雅注疏》

蜰

晉・郭璞注，唐・陸德明音義，宋・邢昺疏《爾雅注疏》

蠦蜰

晉・郭璞注，唐・陸德明音義，宋・邢昺疏《爾雅注疏》

清・戴鎣撰《爾雅郭注補正》

清・陳元龍撰《格致鏡原》卷一〇〇（昆蟲類五）

清・張宗泰撰《爾雅注疏本正誤》卷一

清・邵晉涵撰《爾雅正義》卷一六

清・郝懿行撰《爾雅郭注義疏》下之三

蠦蜰

清・周春撰《爾雅補注》卷四

蜚蝱

宋・鄭樵撰《通志》

蜚蠊

宋・鄭樵撰《通志》

蜚廉

清・陳文緯修，屠繼善纂《臺灣府縣志輯・光緒恒春縣志》卷九

臧蜋

清・宗源瀚、郭式昌修，周學濬、陸心源纂《浙江府縣志輯・湖州府志》卷三三

髒蜋

清・宗源瀚、郭式昌修，周學濬、陸心源纂《浙江府縣志輯・湖州府志》卷三三

蛸蛺蟲

清・宗源瀚、郭式昌修，周學濬、陸心源纂《浙江府縣志輯・湖州府志》卷三三

樟蜋

清・範鐘湘、陳傳德修，金念祖、黄世祚纂《上海府縣志輯・嘉定縣續志》卷五

木蝨

清・陳文緯修，屠繼善纂《臺灣府縣志輯・光緒恒春縣志》卷九

澳洲大蠊 *Periplaneta australasiae*

臭蟲

清・萬青黎、周家楣修，張之洞、繆荃孫纂《北京府縣志輯・光緒順天府志》

臧蜋

清・萬青黎、周家楣修，張之洞、繆荃孫纂《北京府縣志輯・光緒順天府志》

姬蠊科 Blattellidae

德国姬蠊 *Blattella germanica*

石薑

明・李時珍撰《本草綱目》卷四一

蜚蠊

明・李時珍撰《本草綱目》卷四一

盧蜰

明・李時珍撰《本草綱目》卷四一

茶婆蟲

明・李時珍撰《本草綱目》卷四一

香娘子

明・李時珍撰《本草綱目》卷四一

負盤

明・李時珍撰《本草綱目》卷四一

滑蟲

明・李時珍撰《本草綱目》卷四一

地鳖蠊科 Polyphagidae

中华真地鳖 *Eupolyphaga sinensis*

土鼈

宋・唐慎微撰，寇宗奭衍義《證類本草》卷二二

明・李時珍撰《本草綱目》卷四〇

地鱉

宋・唐慎微撰，寇宗奭衍義《證類本草》卷二二

明・李時珍撰《本草綱目》卷四〇

䗪蟲

宋・唐慎微撰，寇宗奭衍義《證類本草》卷二二

明・李時珍撰《本草綱目》卷四〇

簸箕蟲

宋・唐慎微撰，寇宗奭衍義《證類本草》卷二二

明・李時珍撰《本草綱目》卷四〇

地蜱蟲

明・李時珍撰《本草綱目》卷四〇

蚵蚾蟲

明・李時珍撰《本草綱目》卷四〇

硕蠊科 Blaberidae

龙虱甲蠊 *Diploptera dytiscoides*

黄蕈

清・曾日瑛等修，李紱等纂《福建府縣志輯・乾隆汀州府志》

蝤蟲

清・薩廉修，陳淑均纂《臺灣府縣志輯・鹹豐臺灣府噶瑪蘭廳志》

清・周鍾瑄修，陳夢林、李欽文纂《臺灣府縣志輯・康

熙諸羅縣志》

清・李維鈺原本，沈定均續修，吳聯熏增纂《福建府縣志輯・光緒漳州府志》

蝓蜋

清・曾日瑛等修，李紱等纂《福建府縣志輯・乾隆汀州府志》

蝓蝍

清・周鍾瑄修，陳夢林、李欽文纂《臺灣府縣志輯・康熙諸羅縣志》

清・薩廉修，陳淑均纂《臺灣府縣志輯・鹹豐臺灣府噶瑪蘭廳志》

清・唐景崧修，蔣師轍、薛紹元纂《臺灣府縣志輯・光緒臺灣通志》

印度蔗蠊 *Pycnoscellus indicus*

天蜱蟲

明・穆希文撰《蟫史集》卷一一

天蜚

明・穆希文撰《蟫史集》卷一一

負盤

明・穆希文撰《蟫史集》卷一一

負蠜

明・穆希文撰《蟫史集》卷一一

蜚蠊

明・穆希文撰《蟫史集》卷一一

等翅目 Isoptera

土蟻

元・戴侗撰《六書故》卷二〇

明・方以智撰《通雅・動物昆蟲》卷四七

大蟻

晉・郭璞注，唐・陸德明音義，宋・邢昺疏《爾雅注疏》卷九

宋・司馬光撰《類篇》卷三八

明・穆希文撰《蟫史集》卷一〇

大螘

《爾雅》

漢・許慎撰，宋・徐鉉增釋《說文解字》卷一三下

晉・郭璞注，唐・陸德明音義，宋・邢昺疏《爾雅注疏》

晉・郭璞注《爾雅》卷下

南朝梁・顧野王撰，宋・陳彭年等重修《重修玉篇》卷二五

宋・王觀國撰《學林》卷一〇

宋・邢昺撰《爾雅疏》

宋・鄭樵撰《爾雅註》

宋・陸佃撰《爾雅新義》卷一五

明・方以智撰《通雅》卷四七（動物昆蟲）

明・吳楚材輯《彊識畧》卷三一

清・戴鎣撰《爾雅郭注補正》卷八

清・余蕭客撰《古經解鉤沉》卷一八

清・郝懿行撰《爾雅郭注義疏》下之三

清・任基振撰《爾雅注疏箋補》卷三

清・姜兆錫撰《爾雅注疏參議》卷六（釋蟲第十五）

小螘

《爾雅》

白蟻

宋・蘇軾撰《東坡全集》卷五

宋・梁克家撰《淳熙三山志》卷四二

元・戴侗撰《六書故》卷二〇

明・李時珍撰《本草綱目》卷四〇

明・吳楚材輯《彊識畧》卷三一

明・姚昺纂修《永州府志》

明・方以智撰《通雅》卷四七（動物昆蟲）

明・李蘇著《見物》

清・任基振撰《爾雅注疏箋補》卷三

清・（日）鳥羽源藏著，林森滌、庵甫譯《科學世界》（昆蟲標本製作法）

清・方旭撰《蟲薈》卷三

清・懷蔭布修，黃任、郭賡武纂《福建府縣志輯・乾隆泉州府志》

清・明誼修，張嶽崧纂《海南府縣志輯・瓊州府志》

清・馮德材等修，文德馨等纂《廣西省鬱林州志》

清・林大華纂修《海南府縣志輯・樂會縣志》

清・屈大均撰《廣東新語》卷二四

白螘

清・張玉書、陳廷敬等纂《康熙字典》卷二六

清・薩廉修，陳淑均纂《臺灣府縣志輯・鹹豐臺灣府噶瑪蘭廳志》

元蚼

清・洪震煊撰《夏小正疏義》卷一

清・方旭撰《蟲薈》卷三

元駒

清・洪震煊撰《夏小正疏義》卷一

清・李維鈺原本，沈定均續修，吳聯熏增纂《福建府縣志輯・光緒漳州府志》

元駒賁

清・邵晉涵撰《爾雅正義》卷一六

木蟻

清・洪震煊撰《夏小正疏義》卷一

清・明誼修，張嶽崧纂《海南府縣志輯・瓊州府志》

白瑪蟻

清・薩廉修，陳淑均纂《臺灣府縣志輯・鹹豐臺灣府噶瑪蘭廳志》

玄蚼

漢・揚雄撰，晉・郭璞注《輶軒使者絕代語釋別國方言》

卷一一
晉・郭璞注，唐・陸德明音義，宋・邢昺疏《爾雅注疏》
宋・陸佃撰《埤雅》卷一〇
宋・邢昺撰《爾雅疏》
明・李時珍撰《本草綱目》卷四〇
清・郝懿行撰《爾雅（郭注）義疏》卷下之三
清・張玉書、陳廷敬等纂《康熙字典》卷二六

玄駒

三國魏・張揖撰，隋・曹憲音解《博雅》卷一〇（釋蟲）
宋・任廣撰《書敘指南》卷一四（昆蟲）
宋・羅願撰，元・洪焱祖音釋《爾雅翼》卷二七（釋蟲）
宋・羅願撰《爾雅翼》（釋蟲）
明・李時珍撰《本草綱目》卷四〇
明・穆希文撰《蟫史集》卷一〇
明・吳楚材輯《彊識畧》卷三一
明・嘉靖十七年《嘉靖常德府志》

玄駒賁

宋・羅願撰，元・洪焱祖音釋《爾雅翼》卷二七（釋蟲）
宋・陸佃撰《埤雅》卷一〇
清・洪震煊撰《夏小正疏義》卷一
清・郝懿行撰《爾雅（郭注）義疏》卷下之三

玄蟻

明・方以智撰《通雅》卷四七（動物昆蟲）

玄蚼

明・方以智撰《通雅》卷四七（動物昆蟲）

地虎

清・方旭撰《蟲薈》卷三

朾

唐・陸德明撰《爾雅音釋》卷下
清・任基振撰《爾雅注疏箋補》卷三

朾蟻

《爾雅》
明・張自烈撰，清・廖文英續《正字通》申集中（虫部）
清・方旭撰《蟲薈》卷三

朾螘

晉・郭璞《爾雅注》卷下
晉・郭璞注，唐・陸德明音義，宋・邢昺疏《爾雅注疏》
宋・邢昺撰《爾雅疏》
宋・鄭樵撰《爾雅註》
宋・陸佃撰《爾雅新義》卷一五
明・穆希文撰《蟫史集》卷一〇
清・張玉書、陳廷敬等纂《康熙字典》卷二六
清・郝懿行撰《爾雅（郭注）義疏》卷下之三
清・任基振撰《爾雅注疏箋補》卷三
明・方以智撰《通雅》卷四七（動物昆蟲》）
清・戴鎣撰《爾雅郭注補正》卷八
清・姜兆錫撰《爾雅注疏參議》卷六（釋蟲第十五）

赤駁

清・戴鎣撰《爾雅郭注補正》卷八
清・邵晉涵撰《爾雅正義》卷一六

赤駮

晉・郭璞注，唐・陸德明音義，宋・邢昺疏《爾雅注疏》
宋・邢昺撰《爾雅疏》
清・郝懿行撰《爾雅郭注義疏》卷下之三

虰

南朝梁・顧野王撰，宋・陳彭年等重修《重修玉篇》卷二五
宋・司馬光撰《類篇》卷三八
遼・釋行均《龍龕手鑒》（蟲部第二）
清・張玉書、陳廷敬等纂《康熙字典》卷二六

虰螘

宋・司馬光撰《類篇》卷三八

虰蠪

清・任基振撰《爾雅注疏箋補》卷三

飛蛾

宋・梁克家撰《淳熙三山志》卷四二

飛蝝

明・穆希文撰《蟫史集》卷一一

飛蟻

《爾雅》
宋・任廣撰《書敘指南》卷一四（昆蟲）
宋・范成大撰《桂海虞衡志》
明・徐光啟撰《農政全書》
清・郝懿行撰《爾雅（郭注）義疏》卷下之三
清・方旭撰《蟲薈》卷三
清・張玉書、陳廷敬等纂《康熙字典》卷二六
清・明誼修，張嶽崧纂《海南府縣志輯・瓊州府志》

飛螘

晉・郭璞注《爾雅》卷下
晉・郭璞注，唐・陸德明音義，宋・邢昺疏《爾雅注疏》
南朝梁・顧野王撰，宋・陳彭年等重修《重修玉篇》卷二五
宋・邢昺撰《爾雅疏》
宋・鄭樵撰《爾雅註》
宋・陸佃撰《爾雅新義》卷一五
明・李時珍撰《本草綱目》卷四〇
明・方以智撰《通雅》卷四七（動物昆蟲）
明・穆希文撰《蟫史集》卷一〇
清・戴鎣撰《爾雅郭注補正》卷八
清・張玉書、陳廷敬等纂《康熙字典》卷二六
清・段玉裁撰《說文解字注》
清・任基振撰《爾雅注疏箋補》卷三
清・周靖撰《篆隸考異》卷三
清・姜兆錫撰《爾雅注疏參議》卷六（釋蟲第十五）

馬蚍蜉

晉・郭璞注《爾雅》卷下

晉・郭璞注，唐・陸德明音義，宋・邢昺疏《爾雅注疏》
宋・羅願撰，元・洪焱祖音釋《爾雅翼》卷二七（釋蟲）
宋・邢昺撰《爾雅疏》
宋・鄭樵撰《爾雅註》
明・穆希文撰《蟫史集》卷一〇
清・戴鎣撰《爾雅郭注補正》卷八
清・張玉書、陳廷敬等纂《康熙字典》卷二六
清・郝懿行撰《爾雅（郭注）義疏》卷下之三

馬蟻蚌

清・邵晉涵撰《爾雅正義》卷一六

馬螘蚌

清・郝懿行撰《爾雅（郭注）義疏》卷下之三

馬蟻

宋・鄭樵撰《爾雅註》
明・姚昺纂修《永州府志》
清・方旭撰《蟲薈》卷三
清・祝鐘賢修，李大翥纂《湖南府縣志輯・康熙靖州志》

蚌蠹

明・穆希文撰《蟫史集》卷一〇
清・薩廉修，陳淑均纂《臺灣府縣志輯・鹹豐臺灣府噶瑪蘭廳志》
清・方旭撰《蟲薈》卷三

蚍

漢・鄭玄注，唐・孔穎達疏，陸德明音義《禮記注疏》卷三六
漢・許慎撰，宋・徐鉉增釋《說文解字》卷一三下
南朝梁・顧野王撰，宋・陳彭年等重修《重修玉篇》卷二五
遼・釋行均《龍龕手鑒》（蟲部第二）
元・戴侗撰《六書故》卷二〇
明・張自烈撰，清・廖文英續《正字通》申集中（虫部）
清・張玉書、陳廷敬等纂《康熙字典》卷二六
清・陳元龍撰《格致鏡原》卷九七（昆蟲類二）

蚍蜉

《爾雅》
漢・許慎撰，宋・徐鉉增釋《說文解字》卷一〇上
漢・揚雄撰，晉・郭璞注《輶軒使者絕代語釋別國方言》卷一一
漢・鄭玄注，唐・孔穎達疏，陸德明音義《禮記注疏》卷三六
晉・郭璞注《爾雅》卷下
晉・郭璞注，唐・陸德明音義，宋・邢昺疏《爾雅注疏》
南朝梁・顧野王撰，宋・陳彭年等重修《重修玉篇》卷二五
宋・梁克家撰《淳熙三山志》卷四二
宋・王觀國撰《學林》卷一〇
宋・陸佃撰《爾雅新義》卷一五
宋・邢昺撰《爾雅疏》
宋・司馬光撰《類篇》卷三八
宋・羅願撰，元・洪焱祖音釋《爾雅翼》卷二七（釋蟲）
宋・鄭樵撰《爾雅註》
遼・釋行均《龍龕手鑒》（蟲部第二）
元・戴侗撰《六書故》卷二〇
明・張自烈撰，清・廖文英續《正字通》申集中（虫部）
明・吳楚材輯《彊識略》卷三一
明・方以智撰《通雅》卷四七（動物昆蟲）
明・朱謀㙔撰《駢雅》卷七
明・穆希文撰《蟫史集》卷一〇
明・李時珍撰《本草綱目》卷四〇
清・張玉書、陳廷敬等纂《康熙字典》卷二六
清・段玉裁撰《說文解字注》
清・戴鎣撰《爾雅郭注補正》卷八
清・牟應震撰《毛詩物名考》卷四
清・郝懿行撰《爾雅（郭注）義疏》卷下之三
清・周靖撰《篆隸考異》卷三
清・洪震煊撰《夏小正疏義》卷一
清・邵晉涵撰《爾雅正義》卷一六
清・任基振撰《爾雅注疏箋補》卷三
清・方旭撰《蟲薈》卷三
清・余蕭客撰《古經解鉤沉》卷一八
清・李維鈺原本，沈定均續修，吳聯熏增纂《福建府縣志輯・光緒漳州府志》
清・姜兆錫撰《爾雅注疏參議》卷六（釋蟲第十五）

蚍蜉子

清・余蕭客撰《古經解鉤沉》卷一八

𧑒虰

遼・釋行均《龍龕手鑒》（蟲部第二）

蚍螕

宋・司馬光撰《類篇》卷三八

蚍蠹

清・張玉書、陳廷敬等纂《康熙字典》卷二六

塚

漢・揚雄撰，晉・郭璞注《輶軒使者絕代語釋別國方言》卷一一

蚼

遼・釋行均《龍龕手鑒》（蟲部第二）

蚷

遼・釋行均《龍龕手鑒（蟲部第二）

蚔

《爾雅》
漢・許慎撰，宋・徐鉉增釋《說文解字》卷一三上
漢・揚雄撰，晉・郭璞注《輶軒使者絕代語釋別國方言》卷一一
南朝梁・顧野王撰，宋・陳彭年等重修《重修玉篇》卷二五
晉・郭璞注，唐・陸德明音義，宋・邢昺疏《爾雅注疏》

晉・郭璞注《爾雅》卷下
唐・陸德明撰《爾雅音釋》卷下
宋・司馬光撰《類篇》卷三八
宋・鄭樵撰《爾雅註》
宋・陸佃撰《爾雅新義》卷一五
宋・任廣撰《書敘指南》卷一四（昆蟲）
元・戴侗撰《六書故》卷二〇
明・張自烈撰，清・廖文英續《正字通》申集中（虫部）
明・方以智撰《通雅》卷四七（動物昆蟲）
明・吳楚材輯《強識略》卷三一
清・段玉裁撰《說文解字注》
清・張玉書、陳廷敬等纂《康熙字典》卷二六
清・任基振撰《爾雅注疏箋補》卷三
清・戴鎣撰《爾雅郭注補正》卷八
清・段玉裁撰《說文解字注》
清・姜兆錫撰《爾雅注疏參議》卷六（釋蟲第十五）
清・郝懿行撰《爾雅郭注義疏》卷下之三

蚳

遼・釋行均《龍龕手鑒》（蟲部第二）
元・戴侗撰《六書故》卷二〇
明・張自烈撰，清・廖文英續《正字通》申集中（虫部）
清・方旭撰《蟲薈》卷三
清・張玉書、陳廷敬等纂《康熙字典》卷二六

坻

漢・揚雄撰，晉・郭璞注《輶軒使者絕代語釋別國方言》卷一一
清・郝懿行撰《爾雅（郭注）義疏》卷下之三
清・邵晉涵撰《爾雅正義》卷一六

[illegible]

南朝梁・顧野王撰，宋・陳彭年等重修《重修玉篇》卷二五

[illegible]

清・郝懿行撰《爾雅郭注義疏》卷下之三

蚳蟓

清・段玉裁撰《說文解字注》

蚼蟓

漢・揚雄撰，晉・郭璞注《輶軒使者絕代語釋別國方言》卷一一
宋・司馬光撰《類篇》卷三八
宋・陸佃撰《爾雅新義》卷一五
明・朱謀㙔撰《駢雅》卷七
明・方以智撰《通雅》卷四七（動物昆蟲）
明・穆希文撰《蟫史集》卷一〇
清・張玉書、陳廷敬等纂《康熙字典》卷二六
清・郝懿行撰《爾雅郭注義疏》卷下之三
清・洪震煊撰《夏小正疏義》卷一
清・方旭撰《蟲薈》卷三

蚼

宋・司馬光撰《類篇》卷三八
明・張自烈撰，清・廖文英續《正字通》申集中（虫部）
明・李時珍撰《本草綱目》卷四〇
清・張玉書、陳廷敬等纂《康熙字典》卷二六

蚼蟻

明・李時珍撰《本草綱目》卷四〇

蚼蛘

清・張玉書、陳廷敬等纂《康熙字典》卷二六

蚼蠓

清・張玉書、陳廷敬等纂《康熙字典》卷二六

蚢

漢・揚雄撰，晉・郭璞注《輶軒使者絕代語釋別國方言》卷一一

蛭

漢・揚雄撰，晉・郭璞注《輶軒使者絕代語釋別國方言》卷一一

蛘

漢・揚雄撰，晉・郭璞注《輶軒使者絕代語釋別國方言》卷一一
晉・郭璞注，唐・陸德明音義，宋・邢昺疏《爾雅注疏》
三國魏・張揖撰，隋・曹憲音解《博雅》卷一〇（釋蟲）
宋・司馬光撰《類篇》卷三八
明・張自烈撰，清・廖文英續《正字通》申集中（虫部）
清・戴鎣撰《爾雅郭注補正》卷八
清・張玉書、陳廷敬等纂《康熙字典》卷二六
清・郝懿行撰《爾雅（郭注）義疏》卷下之三

蝦

宋・司馬光撰《類篇》卷三八

蛋

宋・司馬光撰《類篇》卷三八
明・張自烈撰，清・廖文英續《正字通》申集中（虫部）
清・張玉書、陳廷敬等纂《康熙字典》卷二六

蚩

漢・許慎撰，宋・徐鉉增釋《說文解字》卷一三上
清・段玉裁撰《說文解字注》
清・張玉書、陳廷敬等纂《康熙字典》卷二六

痓

清・張玉書、陳廷敬等纂《康熙字典》卷二六

痓痓

南朝梁・顧野王撰，宋・陳彭年等重修《重修玉篇》卷二五

蚌

清・張玉書、陳廷敬等纂《康熙字典》卷二六

蜉

三國魏・張揖撰，隋・曹憲音解《博雅》卷一〇（釋蟲）
宋・司馬光撰《類篇》卷三八
明・張自烈撰，清・廖文英續《正字通》申集中（虫部）

清・張玉書、陳廷敬等纂《康熙字典》卷二六

蛾

漢・鄭玄注，唐・孔穎達疏，陸德明音義《禮記注疏》卷三六
晉・郭璞注，唐・陸德明音義，宋・邢昺疏《爾雅注疏》
三國魏・張揖撰，隋・曹憲音解《博雅》卷一〇（釋蟲）
漢・揚雄撰，晉・郭璞注《輶軒使者絕代語釋別國方言》卷一一
宋・王觀國撰《學林》卷一〇
明・方以智撰《通雅》卷四七（動物昆蟲）
明・李時珍撰《本草綱目》卷四〇
明・張自烈撰，清・廖文英續《正字通》申集中（虫部）
清・段玉裁撰《說文解字注》
清・張玉書、陳廷敬等纂《康熙字典》卷二六
清・周靖撰《篆隸考異》卷三
清・任基振撰《爾雅注疏箋補》卷三

蛾子

清・牟應震著《毛詩物名考》卷四

蛾蛘

明・朱謀㙔撰《駢雅》卷七

蛾蛘

漢・揚雄撰，晉・郭璞注《輶軒使者絕代語釋別國方言》卷一一
晉・郭璞注，唐・陸德明音義，宋・邢昺疏《爾雅注疏》
明・方以智撰《通雅・動物昆蟲》卷四七
明・穆希文撰《蟫史集》卷一〇
清・張玉書、陳廷敬等纂《康熙字典》卷二六
清・郝懿行撰《爾雅郭注義疏》卷下之三

駒象

宋・陸佃撰《爾雅新義》卷一五

蜌

清・張玉書、陳廷敬等纂《康熙字典》卷二六

蜌

明・張自烈撰，清・廖文英續《正字通》申集中（虫部）
清・張玉書、陳廷敬等纂《康熙字典》卷二六

蜚

南朝梁・顧野王撰，宋・陳彭年等重修《重修玉篇》卷二五

蜚

明・張自烈撰，清・廖文英續《正字通》申集中（虫部）
清・張玉書、陳廷敬等纂《康熙字典》卷二六

蝝

漢・許慎撰，宋・徐鉉增釋《說文解字》卷一〇上
南朝梁・顧野王撰，宋・陳彭年等重修《重修玉篇》卷二五
宋・司馬光撰《類篇》卷三八
宋・羅願撰，元・洪焱祖音釋《爾雅翼》卷二六（釋蟲）
宋・羅願撰，元・洪焱祖音釋《爾雅翼》卷二七（釋蟲）
元・戴侗撰《六書故》卷二〇
明・李時珍撰《本草綱目》卷四〇
明・穆希文撰《蟫史集》卷一一
清・段玉裁撰《說文解字注》
清・張玉書、陳廷敬等纂《康熙字典》卷二六

蟻

漢・揚雄撰，晉・郭璞注《輶軒使者絕代語釋別國方言》卷一一
南朝梁・顧野王撰，宋・陳彭年等重修《重修玉篇》卷二五
宋・王觀國撰《學林》卷一〇
宋・邢昺撰《爾雅疏》
宋・李昉等撰《太平廣記》卷四七六（冉端）
宋・羅願撰，元・洪焱祖音釋《爾雅翼》卷二七（釋蟲）
宋・陸佃撰《埤雅》
宋・任廣撰《書敘指南》卷一四（昆蟲）
遼・釋行均《龍龕手鑒》（蟲部第二）
元・戴侗撰《六書故》卷二〇
明・張自烈撰，清・廖文英續《正字通》申集中（虫部）
明・吳楚材輯《彊識畧》卷三一
明・方以智撰《通雅》卷四七（動物昆蟲》）
明・李時珍撰《本草綱目》卷四〇
明・穆希文撰《蟫史集》卷一〇
明・謝肇淛著《五雜俎》卷九
明・張士鎬、江汝璧纂修《廣信府志》
明・李時珍撰《本草綱目》卷四〇
明・嘉靖十七年《嘉靖常德府志》（食貨志・物產）
清・張玉書、陳廷敬等纂《康熙字典》卷二六
清・洪震煊撰《夏小正疏義》卷一
清・任基振撰《爾雅注疏箋補》卷三
清・方旭撰《蟲薈》卷三
清・周靖撰《篆隸考異》卷三
清・李維鈺原本，沈定均續修，吳聯熏增纂《福建府縣志輯・光緒漳州府志》
清・牟應震著《毛詩物名考》卷四
清・薩廉修，陳淑均纂《臺灣府縣志輯・鹹豐臺灣府噶瑪蘭廳志》
清・劉於義等監修，沈青崖等編纂《陝西通志》
清・唐景崧修，蔣師轍、薛紹元纂《臺灣府縣志輯・光緒臺灣通志》
清・陳文緯修，屠繼善纂《臺灣府縣志輯・光緒恒春縣志》
清・鍾元棣修，張雋、邢定綸纂《海南府縣志輯・民國崖州志》
清・郝懿行著《蜂衙小記》
清・懷蔭布修，黃任、郭賡武纂《福建府縣志輯・乾隆泉州府志》
清・明誼修，張嶽崧纂《海南府縣志輯・瓊州府志》

清・祝鐘賢修，李大翥纂《湖南府縣志輯・康熙靖州志》

螘

晉・郭璞注，唐・陸德明音義，宋・邢昺疏《爾雅注疏》
唐・陸德明撰《爾雅音釋》卷下
宋・王觀國撰《學林》卷一〇
宋・鄭樵撰《通志》卷七六（蟲魚類）
宋・邢昺撰《爾雅疏》
宋・鄭樵撰《爾雅註》
宋・陸佃撰《爾雅新義》卷一五
宋・陸佃撰《埤雅》卷一〇（釋蟲）
宋・羅願撰，元・洪焱祖音釋《爾雅翼》卷二七（釋蟲）
遼・釋行均《龍龕手鑒》（蟲部第二）
明・吳楚材輯《彊識畧》卷三一
明・穆希文撰《蟫史集》卷一〇
清・戴鎏撰《爾雅郭注補正》卷八
清・張玉書、陳廷敬等纂《康熙字典》卷二六
清・段玉裁撰《說文解字注》
清・周靖撰《篆隸考異》卷三
清・宗源瀚、郭式昌修，周學濬、陸心源纂《浙江府縣志輯・湖州府志》
清・陳文緯修，屠繼善纂《臺灣府縣志輯・光緒恒春縣志》
清・姜兆錫撰《爾雅注疏參議》卷六（釋蟲第十五）

螘子

漢・許慎撰，宋・徐鉉增釋《說文解字》卷一〇上

蟻子

遼・釋行均《龍龕手鑒》（蟲部第二）

蟻蛘

晉・郭璞注，唐・陸德明音義，宋・邢昺疏《爾雅注疏》
宋・邢昺撰《爾雅疏》
明・吳楚材輯《彊識畧》卷三一
明・李時珍撰《本草綱目》卷四〇
清・方旭撰《蟲薈》卷三

螘蛘

明・穆希文撰《蟫史集》卷一〇
清・張玉書、陳廷敬等纂《康熙字典》卷二六

蟻蟻

宋・司馬光撰《類篇》卷三八

蝨

漢・許慎撰，宋・徐鉉增釋《說文解字》卷一〇上
明・張自烈撰，清・廖文英續《正字通》申集中（虫部）
明・方以智撰《通雅》卷四七（動物昆蟲）
清・段玉裁撰《說文解字注》
清・張玉書、陳廷敬等纂《康熙字典》卷二六

螅

明・張自烈撰，清・廖文英續《正字通》申集中（虫部）
清・張玉書、陳廷敬等纂《康熙字典》卷二六

螅蠹

清・段玉裁撰《說文解字注》
清・張玉書、陳廷敬等纂《康熙字典》卷二六

螻

元・戴侗撰《六書故》卷二〇
明・方以智撰《通雅》卷四七（動物昆蟲）

螻蟻

周・韓非撰，元・何犿註《韓非子》卷七《喻老篇二一》
宋・陸佃撰《埤雅》卷一〇（釋蟲）

螻螘

漢・劉安撰，高誘註《淮南鴻烈解》卷一八（人間訓）
清・周靖撰《篆隸考異》卷三

蟓

宋・司馬光撰《類篇》卷三八

蟞蜉

漢・揚雄撰，晉・郭璞注《輶軒使者絕代語釋別國方言》卷一一
清・張玉書、陳廷敬等纂《康熙字典》卷二六
清・郝懿行撰《爾雅郭注義疏》卷下之三

蝪

宋・司馬光撰《類篇》卷三八

螂

南朝梁・顧野王撰，宋・陳彭年等重修《重修玉篇》卷二五
明・張自烈撰，清・廖文英續《正字通》申集中（虫部）
清・張玉書、陳廷敬等纂《康熙字典》卷二六

螘蟻

遼・釋行均《龍龕手鑒（蟲部第二）

蠆

《爾雅》
南朝梁・顧野王撰，宋・陳彭年等重修《重修玉篇》卷二五
宋・鄭樵撰《爾雅註》
宋・羅願撰，元・洪焱祖音釋《爾雅翼》卷二七（釋蟲）
宋・任廣撰《書敘指南》卷一四（昆蟲）
宋・陸佃撰《埤雅》
明・李蘇著《見物》卷五（蟲物論）
明・李時珍撰《本草綱目》卷四〇
明・張自烈撰，清・廖文英續《正字通》申集中（虫部）
明・穆希文撰《蟫史集》卷一一
清・戴鎏撰《爾雅郭注補正》卷八
清・牟應震撰《毛詩物名考》卷四
清・郝懿行撰《爾雅（郭注）義疏》卷下之三
清・薩廉修，陳淑均纂，董正官續修《臺灣府縣志輯・

鹹豐臺灣府噶瑪蘭廳志》
清・段玉裁撰《說文解字注》
清・張玉書、陳廷敬等纂《康熙字典》卷二六
清・任基振撰《爾雅注疏箋補》卷三
清・楊修田纂修《河南省光州志》

蝨
清・段玉裁撰《說文解字注》
清・張玉書、陳廷敬等纂《康熙字典》卷二六

蟋
遼・釋行均《龍龕手鑒》（蟲部第二）

蟜
明・張自烈撰，清・廖文英續《正字通》申集中（虫部）
清・張玉書、陳廷敬等纂《康熙字典》卷二六

蟜螘
明・張自烈撰，清・廖文英續《正字通》申集中（虫部）

蝗
南朝梁・顧野王撰，宋・陳彭年等重修《重修玉篇》卷二五

蜫
遼・釋行均《龍龕手鑒》（蟲部第二）

羅
清・段玉裁撰《說文解字注》

蠪
《爾雅》
漢・許慎撰，宋・徐鉉增釋《說文解字》卷一三上
晉・郭璞注，唐・陸德明音義，宋・邢昺疏《爾雅注疏》
晉・郭璞注《爾雅》卷下
唐・陸德明撰《爾雅音釋》卷下
南朝梁・顧野王撰，宋・陳彭年等重修《重修玉篇》卷二五
宋・司馬光撰《類篇》卷三八
宋・陸佃撰《爾雅新義》卷一五
宋・邢昺撰《爾雅疏》
宋・鄭樵撰《爾雅註》
明・穆希文撰《蟫史集》
明・李時珍撰《本草綱目》卷四〇
明・方以智撰《通雅》卷四七（動物昆蟲》）
明・張自烈撰，清・廖文英續《正字通》申集中（虫部）
清・段玉裁撰《說文解字注》
清・張玉書、陳廷敬等纂《康熙字典》卷二六
清・戴鎣撰《爾雅郭注補正》卷八
清・郝懿行撰《爾雅郭注義疏》卷下之三
清・任基振撰《爾雅注疏箋補》卷三
清・姜兆錫撰《爾雅注疏參議》卷六（釋蟲第十五）

蠪蟜
清・方旭撰《蟲薈》卷三

蠪丁
清・段玉裁撰《說文解字注》

蝊
宋・司馬光撰《類篇》卷三八

蠹
明・張自烈撰，清・廖文英續《正字通》申集中（虫部）
清・張玉書、陳廷敬等纂《康熙字典》卷二六

蝺蟼
三國魏・張揖撰，隋・曹憲音解《博雅》卷一〇《釋蟲》

蝷
清・張玉書、陳廷敬等纂《康熙字典》卷二六

蟻
明・張自烈撰，清・廖文英續《正字通》申集中（虫部）

螘
清・張玉書、陳廷敬等纂《康熙字典》卷二六

蚰
南朝梁・顧野王撰，宋・陳彭年等重修《重修玉篇》卷二五
清・張玉書、陳廷敬等纂《康熙字典》卷二六

蠤
清・張玉書、陳廷敬等纂《康熙字典》卷二六

蠿蠹
清・段玉裁撰《說文解字注》

蠿
南朝梁・顧野王撰，宋・陳彭年等重修《重修玉篇》卷二五
晉・郭璞注，唐・陸德明音義，宋・邢昺疏《爾雅注疏》
晉・郭璞注《爾雅》卷下，
唐・陸德明撰《爾雅音釋》卷下
宋・邢昺撰《爾雅疏》
宋・陸佃撰《爾雅新義》卷一五
明・方以智撰《通雅》卷四七（動物昆蟲）
明・張自烈撰，清・廖文英續《正字通》申集中（虫部）
清・周靖撰《篆隸考異》卷三
清・張玉書、陳廷敬等纂《康熙字典》卷二六
清・姜兆錫撰《爾雅注疏參議》卷六（釋蟲第十五）

蟙
明・張自烈撰，清・廖文英續《正字通》申集中（虫部）
清・張玉書、陳廷敬等纂《康熙字典》卷二六

蠢
清・張玉書、陳廷敬等纂《康熙字典》卷二六

蠿
明・張自烈撰，清・廖文英續《正字通》申集中（虫部）
清・張玉書、陳廷敬等纂《康熙字典》卷二六

蠿蟳
宋・司馬光撰《類篇》卷三八

蠿
漢・許慎撰，徐鉉增釋《說文解字》卷一三下
南朝梁・顧野王撰，宋・陳彭年等重修《重修玉篇》卷二五

蠿蟳
南朝梁・顧野王撰，宋・陳彭年等重修《重修玉篇》卷二五

蠿蠹

清・段玉裁撰《說文解字注》

蠿蟱

漢・許慎撰，宋・徐鉉增釋《說文解字》卷一三下

元・戴侗撰《六書故》卷二〇

蠹

宋・陸佃撰《埤雅》

元・戴侗撰《六書故》卷二〇

清・張玉書、陳廷敬等纂《康熙字典》卷二六

䖵

明・張自烈撰，清・廖文英續《正字通》申集中（虫部）

木白蚁科 Kalotermitidae

陕西树白蚁 *Glyptotermes shaanxiensis*

巴蟻

唐・元慎撰《元氏長慶集》卷四

鼻白蚁科 Rhinoterimitidae

白蟻

明・馮時可著《雨航雜録》卷下

蟗

明・馮時可著《雨航雜録》卷下

台湾乳白蚁 *Coptotermes formosanus*

白蟻

明・馮時可著《雨航雜録》卷下

清・王贄修，關必登纂《康熙瓊山縣志》

清・宗源瀚、郭式昌修，周學濬、陸心源纂《浙江府縣志輯・湖州府志》

黑胸散白蚁 *Reticulitermes chinensis*

飛蟻

清・鄂爾泰、張廷玉撰，董浩補《授時通考》卷二

白蟻

清・萬青黎、周家楣、張之洞、繆荃孫纂《北京府縣志輯・光緒順天府志》

螞蟻

清・萬青黎、周家楣、張之洞、繆荃孫纂《北京府縣志輯・光緒順天府志》

蟻

清・萬青黎、周家楣、張之洞、繆荃孫纂《北京府縣志輯・光緒順天府志》

白蚁科 Termitidae

黄翅大白蚁 *Macrotermes barneyi*

蟻

明・夏良勝纂修《建昌府志（江西省）》

明・馮增修，李汛纂《九江府志》

黑翅土白蚁 *Odontotermes formosanus*

螻蟻

周・韓非著《韓非子》卷七（喻老篇二一）

蟻

晉・葛洪著《抱朴子外篇》卷二八

螳螂目 Mantodea

螳螂科 Mantidae

刀娘

明・張自烈撰，清・廖文英續《正字通》申集中（虫部）

刀蜋

明・李時珍撰《本草綱目》

清・劉於義等監修，沈青崖等編纂《陝西通志》卷四四

工父

清・李元撰《蠕範》

王蚥

宋・陸佃撰《爾雅新義》卷一五

天馬

漢・揚雄撰，晉・郭璞注《輶軒使者絕代語釋別國方言》卷一一

宋・羅願撰，元・洪焱祖音釋《爾雅翼・釋蟲》

明・李時珍撰《本草綱目》

清・陳元龍撰《格物鏡原》

清・李元撰《蠕範》

不過

漢・揚雄撰，晉・郭璞注《輶軒使者絕代語釋別國方言》卷一一

三國魏・吳普等述，清・孫星衍、孫馮翼輯《神農本草經》卷一

晉・郭璞注，唐・陸德明音義，宋・邢昺疏《爾雅注疏》

宋・鄭樵撰《通志》

宋・羅願撰，元・洪焱祖音釋《爾雅翼・釋蟲》

宋・陸佃撰《爾雅新義》卷一五

宋・司馬光撰《類篇》卷三八

宋・鄭樵撰《爾雅註》

元・戴侗撰《六書故》卷二〇

元・楊恒撰《六書統》卷一八

明・張自烈撰，清・廖文英續《正字通》申集中（虫部）

明・朱謀㙔撰《駢雅》卷七

明・李時珍撰《本草綱目》

清・穆應震著《毛詩物名考》卷四

清・李元撰《蠕範》

不蝈

宋・陸佃撰《爾雅新義》卷一五

不蝎

宋・司馬光撰《類篇》卷三八

巨斧

漢・揚雄撰，晉・郭璞注《輶軒使者絕代語釋別國方言》卷一一

宋・羅願撰，元・洪焱祖音釋《爾雅翼》（釋蟲）

明・朱謀㙔撰《駢雅》卷七

石娘

清・李元撰《蠕範》

石蜋

漢・揚雄撰，晉・郭璞注《輶軒使者絕代語釋別國方言》卷一一

晉・郭璞著《爾雅音圖》

晉・郭璞注，唐・陸德明音義，宋・邢昺疏《爾雅注疏》

南朝梁・顧野王撰，唐・孫強增補，宋・陳彭年等重修《重修玉篇》卷二十五

宋・羅願撰，元・洪焱祖音釋《爾雅翼・釋蟲》

明・張自烈撰，清・廖文英續《正字通》申集中（虫部）

清・張玉書、陳廷敬等纂《康熙字典》卷二六

清・穆應震著《毛詩物名考》卷四

石螂

清・李元撰《蠕範》

芊芊

漢・揚雄撰，晉・郭璞注《輶軒使者絕代語釋別國方言》卷一一

晉・郭璞注，唐・陸德明音義，宋・邢昺疏《爾雅注疏》

清・穆應震著《毛詩物名考》卷四

清・李元撰《蠕範》

夷冒

明・李時珍撰《本草綱目》

羊七

明・李時珍撰《本草綱目》

清・李元撰《蠕範》

拒斧

宋・陸佃撰《埤雅》

明・張自烈撰，清・廖文英續《正字通》申集中（虫部）

明・李時珍撰《本草綱目》

冒焦

三國魏・吳普等述，清・孫星衍、孫馮翼輯《神農本草經》卷一

明・朱謀㙔撰《駢雅》卷七

清・李元撰《蠕範》

虰

漢・揚雄撰，晉・郭璞注《輶軒使者絕代語釋別國方言》卷一一

晉・郭璞注，唐・陸德明音義，宋・邢昺疏《爾雅注疏》

清・穆應震著《毛詩物名考》卷四

清・李元撰《蠕範》

虰蛑

清・張玉書、陳廷敬等纂《康熙字典》卷二六

斧蟲

漢・揚雄撰，晉・郭璞注《輶軒使者絕代語釋別國方言》卷一一

晉・郭璞著《爾雅音圖》

晉・郭璞注，唐・陸德明音義，宋・邢昺疏《爾雅注疏》

南朝梁・顧野王撰，宋・陳彭年等重修《重修玉篇》卷二十五

宋・羅願撰，元・洪焱祖音釋《爾雅翼・釋蟲》

宋・陸佃撰《埤雅》

明・張自烈撰，清・廖文英續《正字通》申集中（虫部）

清・陳元龍撰《格物鏡原》

草蟲

清・陳元龍撰《格物鏡原》

斫父

明・朱謀㙔撰《駢雅》卷七

清・李元撰《蠕範》

食厖

漢・揚雄撰，晉・郭璞注《輶軒使者絕代語釋別國方言》卷一一

晉・郭璞注，唐・陸德明音義，宋・邢昺疏《爾雅注疏》

宋・鄭樵撰《通志》

清・李元撰《蠕範》

食龍

元・戴侗撰《六書故》卷二〇

食朧

漢・揚雄撰，晉・郭璞注《輶軒使者絕代語釋別國方言》卷一一

齸朧

漢・揚雄撰，晉・郭璞注《輶軒使者絕代語釋別國方言》卷一一

負勞

晉・郭璞注，唐・陸德明音義，宋・邢昺疏《爾雅注疏》

馬穀

漢・揚雄撰，晉・郭璞注《輶軒使者絕代語釋別國方言》卷一一

晉・郭璞注，唐・陸德明音義，宋・邢昺疏《爾雅注疏》

元・戴侗撰《六書故》卷二〇

明・張自烈撰，清・廖文英續《正字通》申集中（虫部）

馬敫

漢・揚雄撰，晉・郭璞注《輶軒使者絕代語釋別國方言》卷一一

清・李元撰《蠕範》

馬敷

明・朱謀㙔撰《駢雅》卷七

莫貈

漢・揚雄撰，晉・郭璞注《輶軒使者絕代語釋別國方言》卷一一

晉・郭璞著《爾雅音圖》

晉・郭璞注，唐・陸德明音義，宋・邢昺疏《爾雅注疏》

宋・鄭樵撰《通志》

宋・鄭樵撰《爾雅註》

宋・羅願撰，元・洪焱祖音釋《爾雅翼・釋蟲》

明・朱謀㙔撰《駢雅》卷七

明・張自烈撰，清・廖文英續《正字通》申集中（虫部）

清・李元撰《蠕範》

莫貉

漢・揚雄撰，晉・郭璞注《輶軒使者絕代語釋別國方言》卷一一

元・戴侗撰《六書故》卷二〇

致

三國魏・吳普等述，清・孫星衍、孫馮翼輯《神農本草經》卷一

致神

明・李時珍撰《本草綱目》

清・李元撰《蠕範》

蚈父

漢・揚雄撰，晉・郭璞注《輶軒使者絕代語釋別國方言》卷一一

宋・司馬光撰《類篇》卷三八

元・楊恒撰《六書統》卷一八

明・張自烈撰，清・廖文英續《正字通》申集中（虫部）

清・張玉書、陳廷敬等纂《康熙字典》卷二六

殺蟲

清・陳元龍撰《格物鏡原》

桑蛸條

三國魏・吳普等述，清・孫星衍、孫馮翼輯《神農本草經》卷一

桑蜱蛸

三國魏・吳普等述，清・孫星衍、孫馮翼輯《神農本草經》卷一

堂蜋

漢・揚雄撰，晉・郭璞注《輶軒使者絕代語釋別國方言》卷一一

宋・司馬光撰《類篇》卷三八

元・楊恒撰《六書統》卷一八

野狐鼻涕

唐・段成式撰《酉陽雜俎》

明・張自烈撰，清・廖文英續《正字通》申集中（虫部）

明・李時珍撰《本草綱目》

烏洟

三國魏・吳普等述，清・孫星衍、孫馮翼輯《神農本草經》卷一

明・朱謀㙔撰《駢雅》卷七

強

宋・陸佃撰《爾雅新義》卷一五

清・穆應震著《毛詩物名考》卷四

髡

清・李元撰《蠕範》

髡

明・李時珍撰《本草綱目》

�娘

明・張自烈撰，清・廖文英續《正字通》申集中（虫部）

�蜋

明・張自烈撰，清・廖文英續《正字通》申集中（虫部）

清・張玉書、陳廷敬等纂《康熙字典》卷二六

蛑

漢・揚雄撰，晉・郭璞注《輶軒使者絕代語釋別國方言》卷一一

晉・郭璞著《爾雅音圖》

晉・郭璞注，唐・陸德明音義，宋・邢昺疏《爾雅注疏》

宋・鄭樵撰《通志》

宋・司馬光撰《類篇》卷三八

宋・羅願撰，元・洪焱祖音釋《爾雅翼・釋蟲》

元・戴侗撰《六書故》卷二〇

明・張自烈撰，清・廖文英續《正字通》申集中（虫部）

清・李元撰《蠕範》

蛑虰

漢・揚雄撰，晉・郭璞注《輶軒使者絕代語釋別國方言》卷一一

宋・陸佃撰《爾雅新義》卷一五

蛑斧

宋・鄭樵撰《爾雅註》

猴子

清・劉於義等監修，沈青崖等編纂《陝西通志》卷四四

蛘

宋・司馬光撰《類篇》卷三八

當蜋

宋・司馬光撰《類篇》卷三八

當蠰

晉・郭璞注，唐・陸德明音義，宋・邢昺疏《爾雅注疏》

蛘蛘

清・張玉書、陳廷敬等纂《康熙字典》卷二六

漢・揚雄撰，晉・郭璞注《輶軒使者絕代語釋別國方言》卷一一

蛸

漢・揚雄撰，晉・郭璞注《輶軒使者絕代語釋別國方言》卷一一

蜣蜋

遼・釋行均《龍龕手鑒・蟲部第二》

明・張自烈撰，清・廖文英續《正字通》申集中（虫部）

蜋

漢・揚雄撰，晉・郭璞注《輶軒使者絕代語釋別國方言》卷一一

貀

晉・郭璞注，唐・陸德明音義，宋・邢昺疏《爾雅注疏》

貉

晉・郭璞注，唐・陸德明音義，宋・邢昺疏《爾雅注疏》

髦

漢・揚雄撰，晉・郭璞注《輶軒使者絕代語釋別國方言》卷一一

晉・郭璞注，唐・陸德明音義，宋・邢昺疏《爾雅注疏》

清・牟應震著《毛詩物名考》卷四

清・李元撰《蠕範》

蜱蛸

漢・揚雄撰，晉・郭璞注《輶軒使者絕代語釋別國方言》卷一一

三國魏・吳普等述，清・孫星衍、孫馮翼輯《神農本草經》卷一

晉・郭璞注，唐・陸德明音義，宋・邢昺疏《爾雅注疏》

宋・鄭樵撰《通志》

宋・陸佃撰《爾雅新義》卷一五

宋・司馬光撰《類篇》卷三八

元・戴侗撰《六書故》卷二〇

明・張自烈撰，清・廖文英續《正字通》申集中（虫部）

蜱蛸

唐・段成式撰《酉陽雜俎》

宋・鄭樵撰《通志》

宋・鄭樵撰《爾雅註》

明・朱謀㙔撰《駢雅》卷七

明・李時珍撰《本草綱目》

清・張玉書、陳廷敬等纂《康熙字典》卷二六

蜩

遼・釋行均《龍龕手鑒》（蟲部第二）

蝍

漢・揚雄撰，晉・郭璞注《輶軒使者絕代語釋別國方言》卷一一

蝭蚁

清・李元撰《蠕範》

蝕肬

三國魏・吳普等述，清・孫星衍、孫馮翼輯《神農本草經》卷一

明・張自烈撰，清・廖文英續《正字通》申集中（虫部）

明・李時珍撰《本草綱目》

清・李元撰《蠕範》

蛒

明・張自烈撰，清・廖文英續《正字通》申集中（虫部）

敷常

明・李時珍撰《本草綱目》

清・李元撰《蠕範》

踞蚁

遼・釋行均《龍龕手鑒・蟲部第二》

明・張自烈撰，清・廖文英續《正字通》申集中（虫部）

清・張玉書、陳廷敬等纂《康熙字典》卷二六

蝗蜋

晉・郭璞注，唐・陸德明音義，宋・邢昺疏《爾雅注疏》

蝶

明・張自烈撰，清・廖文英續《正字通》申集中（虫部）

醜捋

宋・陸佃撰《爾雅新義》卷一五

螗

遼・釋行均《龍龕手鑒・蟲部第二》

螗蜋

晉・郭璞著《爾雅音圖》

晉・郭璞注，唐・陸德明音義，宋・邢昺疏《爾雅注疏》

宋・鄭樵撰《通志》

宋・司馬光撰《類篇》卷三八

宋・鄭樵撰《爾雅註》

宋・羅願撰，元・洪焱祖音釋《爾雅翼》（釋蟲）

遼・釋行均撰《龍龕手鑒》（蟲部第二）

明・朱謀㙔撰《駢雅》卷七

醜捋

清・穆應震著《毛詩物名考》卷四

螵焦

三國魏・吳普等述，清・孫星衍、孫馮翼輯《神農本草經》卷一

螵蛸

三國魏・吳普等述，清・孫星衍、孫馮翼輯《神農本草經》卷一

晉・郭璞注，唐・陸德明音義，宋・邢昺疏《爾雅注疏》

晉・郭璞著《爾雅音圖》

宋・鄭樵撰《通志》

宋・司馬光撰《類篇》卷三八

遼・釋行均《龍龕手鑒》（蟲部第二）

元・戴侗撰《六書故》卷二〇

明・朱謀㙔撰《駢雅》卷七

明・張自烈撰，清・廖文英續《正字通》申集中（虫部）

明・李時珍撰《本草綱目》

清・張玉書、陳廷敬等纂《康熙字典》卷二六

螵蛸蟲

南朝梁・顧野王撰，宋・陳彭年等重修《重修玉篇》卷二十五

璫蠰

晉・郭璞注，唐・陸德明音義，宋・邢昺疏《爾雅注疏》

螵蛸

漢·揚雄撰，晉·郭璞注《輶軒使者絕代語釋別國方言》卷一一

三國魏·吳普等述，清·孫星衍、孫馮翼輯《神農本草經》卷一

南朝梁·顧野王撰，宋·陳彭年等重修《重修玉篇》卷二十五

宋·司馬光撰《類篇》卷三八

遼·釋行均《龍龕手鑒·蟲部第二》

元·戴侗撰《六書故》卷二〇

明·張自烈撰，清·廖文英續《正字通》申集中（虫部）

明·李時珍撰《本草綱目》

螵消

明·朱謀㙔撰《駢雅》卷七

螳

遼·釋行均《龍龕手鑒·蟲部第二》

螳蜋

漢·揚雄撰，晉·郭璞注《輶軒使者絕代語釋別國方言》卷一一

晉·郭璞著《爾雅音圖》

南朝梁·顧野王撰，宋·陳彭年等重修《重修玉篇》卷二十五

宋·鄭樵撰《通志》

宋·陸佃撰《爾雅新義》卷一五

宋·羅願撰《爾雅翼·釋蟲》

宋·鄭樵撰《爾雅註》

遼·釋行均《龍龕手鑒·蟲部第二》

元·戴侗撰《六書故》卷二〇

明·張自烈撰，清·廖文英續《正字通》申集中（虫部）

明·李時珍撰《本草綱目》

清·穆應震著《毛詩物名考》卷四

清·陳元龍撰《格物鏡原》

清·張玉書、陳廷敬等纂《康熙字典》卷二六

螳蜋子

三國魏·吳普等述，清·孫星衍、孫馮翼輯《神農本草經》卷一

螳螂

漢·揚雄撰，晉·郭璞注《輶軒使者絕代語釋別國方言》卷一一

晉·郭璞注，唐·陸德明音義，宋·邢昺疏《爾雅注疏》

元·楊恒撰《六書統》卷一八

明·張自烈撰，清·廖文英續《正字通》申集中（虫部）

清·張玉書、陳廷敬等纂《康熙字典》卷二六

清·劉於義等監修，沈青崖等編纂《陝西通志》卷四四

清·李元撰《蠕範》

螳蠰

漢·揚雄撰，晉·郭璞注《輶軒使者絕代語釋別國方言》卷一一

螲蟷

清·張玉書、陳廷敬等纂《康熙字典》卷二六

蝸

南朝梁·顧野王撰，宋·陳彭年等重修《重修玉篇》卷二十五

螵蛗

宋·司馬光撰《類篇》卷三八

虴蛥

明·朱謀㙔撰《駢雅》卷七

清·張玉書、陳廷敬等纂《康熙字典》卷二六

虴蛨

明·張自烈撰，清·廖文英續《正字通》申集中（虫部）

織絹娘

元·戴侗撰《六書故》卷二〇

明·張自烈撰，清·廖文英續《正字通》申集中（虫部）

蟷

漢·揚雄撰，晉·郭璞注《輶軒使者絕代語釋別國方言》卷一一

南朝梁·顧野王撰，宋·陳彭年等重修《重修玉篇》卷二十五

蟷蜋

遼·釋行均《龍龕手鑒·蟲部第二》

清·張玉書、陳廷敬等纂《康熙字典》卷二六

蟷蠰

三國魏·吳普等述，清·孫星衍、孫馮翼輯《神農本草經》卷一

晉·郭璞著《爾雅音圖》

晉·郭璞注，唐·陸德明音義，宋·邢昺疏《爾雅注疏》

南朝梁·顧野王撰，宋·陳彭年等重修《重修玉篇》卷二十五

宋·陸佃撰《爾雅新義》卷一五

宋·司馬光撰《類篇》卷三八

宋·鄭樵撰《爾雅註》

宋·羅願撰，元·洪焱祖音釋《爾雅翼·釋蟲》

元·戴侗撰《六書故》卷二〇

明·張自烈撰，清·廖文英續《正字通》申集中（虫部）

明·朱謀㙔撰《駢雅》卷七

清·張玉書、陳廷敬等纂《康熙字典》卷二六

清·李元撰《蠕範》

蟲蛸

漢·揚雄撰，晉·郭璞注《輶軒使者絕代語釋別國方言》卷一一

三國魏·吳普等述，清·孫星衍、孫馮翼輯《神農本草經》卷一

宋·司馬光撰《類篇》卷三八

元·戴侗撰《六書故》卷二〇

清·段玉裁撰《說文解字注》

蚃

南朝梁·顧野王撰，宋·陳彭年等重修《重修玉篇》卷二十五

元·楊恒撰《六書統》卷一八

蚃蠰

漢·揚雄撰，晉·郭璞注《輶軒使者絕代語釋別國方言》卷一一

宋·司馬光撰《類篇》卷三八

元·楊恒撰《六書統》卷一八

蚃

三國魏·吳普等述，清·孫星衍、孫馮翼輯《神農本草經》卷一

蠨蛸

元·戴侗撰《六書故》卷二〇

蟲蛸

元·楊恒撰《六書統》卷一八

蜼

遼·釋行均《龍龕手鑒·蟲部第二》

蠰

漢·揚雄撰，晉·郭璞注《輶軒使者絕代語釋別國方言》卷一一

宋·鄭樵撰《通志》卷三八

宋·司馬光撰《類篇》卷三八

蠪

晉·郭璞注，唐·陸德明音義，宋·邢昺疏《爾雅注疏》

蠪蛁

清·張玉書、陳廷敬等纂《康熙字典》卷二六

蠽肬

晉·郭璞注，唐·陸德明音義，宋·邢昺疏《爾雅注疏》

蠽朧

漢·揚雄撰，晉·郭璞注《輶軒使者絕代語釋別國方言》卷一一

大刀螳 *Tenodera* sp.

刀郎

清·劉侗撰《促織志》

刀蜋

明·張自烈撰，清·廖文英續《正字通》申集中（虫部）

明·李時珍撰《本草綱目》

不過

明·李時珍撰《本草綱目》

拒斧

明·李時珍撰《本草綱目》

蚚娘

明·張自烈撰，清·廖文英續《正字通》申集中（虫部）

蝕肬

明·李時珍撰《本草綱目》

螳蜋

明·李時珍撰《本草綱目》

螳螂

清·劉侗撰《促織志》

革翅目 Dermaptera

山蛷螋

明·穆希文撰《蟫史集》

甲蟲

明·李蘇著《見物》

肌求

清·郝懿行撰《爾雅（郭注）義疏》卷下之三

清·萬青黎等纂《順天府志》

肌蛷

宋·司馬光撰《類篇》卷三八

多足蟲

南朝梁·顧野王撰，宋·陳彭年等重修《重修玉篇》卷二十五

宋·司馬光撰《類篇》卷三八

元·戴侗撰《六書故》卷二〇

蛾

南朝梁·顧野王撰，宋·陳彭年等重修《重修玉篇》卷二十五

英雞

清·李元撰《蠕範》

直翅類

清·（日）鳥羽源藏著，林森滌、庵甫譯《科學世界·昆蟲標本製作法》

草鞋底

清·郝懿行撰《爾雅（郭注）義疏》卷下之三

穿錢繩

清·郝懿行撰《爾雅（郭注）義疏》卷下之三

清·萬青黎、周家楣修，張之洞、繆荃孫纂《北京府縣志輯·光緒順天府志》

蚑蛷

清·段玉裁撰《說文解字注》

清·郝懿行撰《爾雅（郭注）義疏》卷下之三

務求

清·郝懿行撰《爾雅（郭注）義疏》卷下之三

蚑蛷

清·郝懿行撰《爾雅（郭注）義疏》卷下之三

貍蟲

清·段玉裁撰《說文解字注》

剪尾蟲

清·（英）艾約瑟《動物學啟蒙·動物分類綱領》

密肌
《爾雅》
晉・郭璞《爾雅注》卷下
宋・鄭樵撰《爾雅註》
明・張自烈撰，清・廖文英續《正字通》申集中（虫部）
清・郝懿行撰《爾雅（郭注）義疏》卷下之三
清・李元撰《蠕範》
密蟣
宋・司馬光撰《類篇》卷三八
明・張自烈撰，清・廖文英續《正字通》申集中（虫部）
清・郝懿行撰《爾雅（郭注）義疏》卷下之三
密鐖
清・張玉書、陳廷敬等纂《康熙字典》卷二六
搜夾子
明・張自烈撰，清・廖文英續《正字通》申集中（虫部）
清・方旭撰《蟲薈》卷三
清・李元撰《蠕範》
清・嵇璜、劉墉等撰《續通志》卷一七八
蓑衣蟲
清・段玉裁撰《說文解字注》
清・郝懿行撰《爾雅（郭注）義疏》卷下之三
蚃
漢・許慎撰，宋・徐鉉增釋《說文解字》卷一〇
南朝梁・顧野王撰，宋・陳彭年等重修《重修玉篇》卷二十五
宋・司馬光撰《類篇》卷三八
明・張自烈撰，清・廖文英續《正字通》申集中（虫部）
清・張玉書、陳廷敬等纂《康熙字典》卷二六
清・段玉裁撰《說文解字注》
清・李元撰《蠕範》
蛷
三國魏・張揖撰，隋・曹憲音解《博雅》卷一〇《釋蟲》
南朝梁・顧野王撰，宋・陳彭年等重修《重修玉篇》卷二十五
明・張自烈撰，清・廖文英續《正字通》申集中（虫部）
清・段玉裁撰《說文解字注》
清・張玉書、陳廷敬等纂《康熙字典》卷二六
清・郝懿行撰《爾雅郭注義疏》卷下之三
蚃螋
南朝梁・顧野王撰，宋・陳彭年等重修《重修玉篇》卷二十五
蛷螋
明・穆希文撰《蟫史集》
明・李時珍撰《本草綱目》
清・段玉裁撰《說文解字注》
清・張玉書、陳廷敬等纂《康熙字典》卷二六
清・李元撰《蠕範》
清・嵇璜、劉墉等撰《續通志》卷一七八
蛷蛟
遼・釋行均《龍龕手鑒・蟲部第二》
宋・司馬光撰《類篇》卷三八
清・嵇璜、劉墉等撰《續通志》卷一七八
清・張玉書、陳廷敬等纂《康熙字典》卷二六
清・郝懿行撰《爾雅（郭注）義疏》卷下之三
清・方旭撰《蟲薈》卷三
蛷蛥
清・李元撰《蠕範》
蛟
三國魏・張揖撰，隋・曹憲音解《博雅》卷一〇《釋蟲》
南朝梁・顧野王撰，宋・陳彭年等重修《重修玉篇》卷二十五
遼・釋行均《龍龕手鑒・蟲部第二》
清・張玉書、陳廷敬等纂《康熙字典》卷二六
螋
南朝梁・顧野王撰，宋・陳彭年等重修《重修玉篇》卷二十五
遼・釋行均《龍龕手鑒・蟲部第二》
明・張自烈撰，清・廖文英續《正字通》申集中（虫部）
蝣
三國魏・張揖撰，隋・曹憲音解《博雅》卷一〇《釋蟲》
宋・司馬光撰《類篇》卷三八
清・張玉書、陳廷敬等纂《康熙字典》卷二六蝣蛷
清・張玉書、陳廷敬等纂《康熙字典》卷二六
清・段玉裁撰《說文解字注》
清・郝懿行撰《爾雅（郭注）義疏》卷下之三
清・嵇璜、劉墉等撰《續通志》卷一七八
清・李元撰《蠕範》
錢
清・郝懿行撰《爾雅（郭注）義疏》卷下之三
錢龍
清・萬青黎等纂《順天府志》
龍
清・郝懿行撰《爾雅（郭注）義疏》卷下之三
擬鞘翅類
清・（日）鳥羽源藏著，林森滌、庵甫譯《科學世界・昆蟲標本製作法》
蝨
三國魏・張揖撰，隋・曹憲音解《博雅》卷一〇《釋蟲》
南朝梁・顧野王撰，宋・陳彭年等重修《重修玉篇》卷二十五
明・張自烈撰，清・廖文英續《正字通》申集中（虫部）
明・方以智撰《通雅》卷四七《動物昆蟲》
清・張玉書、陳廷敬等纂《康熙字典》卷二六
清・段玉裁撰《說文解字注》
清・郝懿行撰《爾雅（郭注）義疏》卷下之三

清・萬青黎、周家楣修，張之洞、缪荃孫纂《北京府縣志輯・光緒順天府志》

系英

明・張自烈撰，清・廖文英續《正字通》申集中（虫部）
清・郝懿行撰《爾雅（郭注）義疏》卷下之三
清・李元撰《蠕範》

蠷

明・張自烈撰，清・廖文英續《正字通》申集中（虫部）

繼英

《爾雅》
晉・郭璞《爾雅注》卷下
宋・鄭樵撰《爾雅註》
宋・司馬光撰《類篇》卷三八
明・張自烈撰，清・廖文英續《正字通》申集中（虫部）
清・張玉書、陳廷敬等纂《康熙字典》卷二六
清・郝懿行撰《爾雅（郭注）義疏》卷下之三

蠿蝧

南朝梁・顧野王撰，宋・陳彭年等重修《重修玉篇》卷二十五
明・張自烈撰，清・廖文英續《正字通》申集中（虫部）
清・張玉書、陳廷敬等纂《康熙字典》卷二六
清・郝懿行撰《爾雅（郭注）義疏》卷下之三

蠷螋蟲

清・張玉書、陳廷敬等纂《康熙字典》卷二六

蠼

宋・司馬光撰《類篇》卷三八

蠼螋

晉・張華撰《博物志》卷三
宋・司馬光撰《類篇》卷三八
明・穆希文撰《蟫史集》
明・方以智撰《通雅》卷四七《動物昆蟲》
明・朱謀㙔撰《駢雅》卷七
明・李時珍撰《本草綱目》
清・李元撰《蠕範》
清・嵇璜、曹仁虎等撰《續通志》卷一七八

蠼蛥

南朝梁・顧野王撰，宋・陳彭年等重修《重修玉篇》卷二十五
元・戴侗撰《六書故》卷二〇
明・張自烈撰，清・廖文英續《正字通》申集中（虫部）
清・張玉書、陳廷敬等纂《康熙字典》卷二六
清・郝懿行撰《爾雅（郭注）義疏》卷下之三
清・方旭撰《蟲薈》卷三

肥螋科 Anisolabididae

密肌

《爾雅》

繼英

《爾雅》

海滨肥螋 *Anisolabis maritima*

密肌

《爾雅》
晉・郭璞注，唐・陸德明音義，宋・邢昺疏《爾雅注疏》
清・邵晉涵撰《爾雅正義》卷一六

繼英

《爾雅》
晉・郭璞注，唐・陸德明音義，宋・邢昺疏《爾雅注疏》
清・邵晉涵撰《爾雅正義》卷一六

球螋科 Forficulidae

蛬

漢・許慎撰，宋・徐鉉增釋《說文解字》卷一三下

蝨

漢・許慎撰，宋・徐鉉增釋《說文解字》卷一三下

中华球螋 *Forficula sinica*

蛷螋

清・徐景熹修，魯曾煜、施廷樞等纂《福州府縣志輯・乾隆福州府志》

蛷蝬

清・陳文緯修，屠繼善纂《台湾府縣志輯・光绪恒春縣誌》

蠼螋

清・陳文緯修，屠繼善纂《台湾府縣志輯・光绪恒春縣誌》

直翅目 Orthoptera

蝗科 Acrididae

土螽

晉・郭璞注《爾雅》卷下
晉・郭璞注，唐・陸德明音義，宋・邢昺疏《爾雅注疏》卷九
元・戴侗撰《六書故》卷二〇

土蝶

晉・郭璞《爾雅注》卷下
晉・郭璞注，唐・陸德明音義，宋・邢昺疏《爾雅注疏》卷九
宋・司馬光撰《類篇》卷三八
清・張玉書、陳廷敬等纂《康熙字典》卷二六（蟲部）

蟦

宋・司馬光撰《類篇》卷三八
清・張玉書、陳廷敬等纂《康熙字典》卷二六（蟲部）

吒陌

漢・揚雄撰，晉・郭璞注《輶軒使者絕代語釋別國方言》卷一一

阜螽

三國吳・陸璣撰，明・毛晉廣要《陸氏詩疏廣要》卷下之下

宋・陸佃撰《埤雅》卷一〇

元・戴侗撰《六書故》卷二〇

清・趙佑撰《草木疏校正》卷下（趯趯阜螽）

清・顧楝高撰《毛詩類釋》卷一八（釋蟲）

清・焦循撰《毛詩草木鳥獸蟲魚釋》卷二

皀蠜

宋・司馬光撰《類篇》卷三八

草螽

晉・郭璞《爾雅注》卷下

晉・郭璞注，唐・陸德明音義，宋・邢昺疏《爾雅注疏》卷九

宋・陸佃撰《爾雅新義》卷一五（釋蟲第十五）

元・戴侗撰《六書故》卷二〇

草蟲

《詩經》（召南・草蟲）

晉・郭璞注，唐・陸德明音義，宋・邢昺疏《爾雅注疏》卷九

宋・陸佃撰《埤雅》卷一〇

元・戴侗撰《六書故》卷二〇

蚻

漢・許慎撰，宋・徐鉉增釋《說文解字》卷一三上

漢・揚雄撰，晉・郭璞注《輶軒使者絕代語釋別國方言》卷一一

宋・司馬光撰《類篇》卷三八

遼・釋行均撰《龍龕手鑒》卷二

元・戴侗撰《六書故》卷二〇

明・張自烈撰，清・廖文英續《正字通》申集中（虫部）

清・張玉書、陳廷敬等纂《康熙字典》卷二六（蟲部）

清・周靖撰《篆隸考異》卷三

虴

漢・許慎撰，宋・徐鉉增釋《說文解字》卷一三上

南朝梁・顧野王撰，宋・陳彭年等重修《重修玉篇》卷二五

元・戴侗撰《六書故》卷二〇

元・楊桓撰《六書統》卷一八

明・張自烈撰，清・廖文英續《正字通》申集中（虫部）

清・張玉書、陳廷敬等纂《康熙字典》卷二六（蟲部）

虴虴

宋・司馬光撰《類篇》卷三八

虴蛨

宋・司馬光撰《類篇》卷三八

遼・釋行均撰《龍龕手鑒》卷二

明・張自烈撰，清・廖文英續《正字通》申集中（虫部）

清・張玉書、陳廷敬等纂《康熙字典》卷二六（蟲部）

虴蝑

元・戴侗撰《六書故》卷二〇

虴蜢

漢・許慎撰，宋・徐鉉增釋《說文解字》卷一三上

宋・司馬光撰《類篇》卷三八

元・戴侗撰《六書故》卷二〇

元・楊桓撰《六書統》卷一八

明・張自烈撰，清・廖文英續《正字通》申集中（虫部）

清・張玉書、陳廷敬等纂《康熙字典》卷二六（蟲部）

清・周靖撰《篆隸考異》卷三

負蠜

晉・郭璞注《爾雅》卷下

晉・郭璞注，唐・陸德明音義，宋・邢昺疏《爾雅注疏》卷九

三國吳・陸璣撰，明・毛晉廣要《陸氏詩疏廣要》卷下之下

宋・陸佃撰《埤雅》卷一〇

元・戴侗撰《六書故》卷二〇

明・李時珍撰《本草綱目》卷四一

舂黍

漢・揚雄撰，晉・郭璞注《輶軒使者絕代語釋別國方言》卷一一

元・戴侗撰《六書故》卷二〇

舂箕

元・戴侗撰《六書故》卷二〇

常羊

晉・郭璞注，唐・陸德明音義，宋・邢昺疏《爾雅注疏》卷九

元・戴侗撰《六書故》卷二〇

蚱

遼・釋行均撰《龍龕手鑒》卷二

元・戴侗撰《六書故》卷二〇

蚱蜢

遼・釋行均撰《龍龕手鑒》卷二

明・李時珍撰《本草綱目》卷四一

清・張玉書、陳廷敬等纂《康熙字典》卷二六（蟲部）

清・余蕭客撰《古經解鉤沉》卷一二

清・趙學敏輯《本草綱目拾遺》卷一〇（下・蟲部）

清・杭世駿撰《續方言》卷下

蚻

漢・揚雄撰，晉・郭璞注《輶軒使者絕代語釋別國方言》卷一一

宋・司馬光撰《類篇》卷三八

遼・釋行均撰《龍龕手鑒》卷二

清・張玉書、陳廷敬等纂《康熙字典》卷二六（蟲部）

斯螽

《詩經》（豳風・七月）

元・戴侗撰《六書故》卷二〇

蚳

南朝梁・顧野王撰，宋・陳彭年等重修《重修玉篇》卷二五

明・張自烈撰，清・廖文英續《正字通》申集中（虫部）

清・張玉書、陳廷敬等纂《康熙字典》卷二六（蟲部）

蜱

明・張自烈撰，清・廖文英續《正字通》申集中（虫部）

清・張玉書、陳廷敬等纂《康熙字典》卷二六（蟲部）

蜫

宋・司馬光撰《類篇》卷三八

清・張玉書、陳廷敬等纂《康熙字典》卷二六（蟲部）

蟲螽

晉・郭璞注《爾雅》卷下

晉・郭璞注，唐・陸德明音義，宋・邢昺疏《爾雅注疏》卷九

宋・陸佃撰《埤雅》卷一一

復陶

漢・許慎撰，宋・徐鉉增釋《說文解字》卷一三上

宋・司馬光撰《類篇》卷三八

元・楊桓撰《六書統》卷一八

復匋

清・周靖撰《篆隸考異》卷三

蜇螽

漢・揚雄撰，晉・郭璞注《輶軒使者絕代語釋別國方言》卷一一

元・戴侗撰《六書故》卷二〇

蜇螽

晉・郭璞注《爾雅》卷下

晉・郭璞注，唐・陸德明音義，宋・邢昺疏《爾雅注疏》卷九

宋・司馬光撰《類篇》卷三八

蜙

漢・許慎撰，宋・徐鉉增釋《說文解字》卷一三上

蜙蝑

漢・許慎撰，宋・徐鉉增釋《說文解字》卷一三上

晉・郭璞注，唐・陸德明音義，宋・邢昺疏《爾雅注疏》卷九

元・戴侗撰《六書故》卷二〇

清・張玉書、陳廷敬等纂《康熙字典》卷二六（蟲部）

蚣蝑

宋・司馬光撰《類篇》卷三八

蚣蝑

南朝梁・顧野王撰，宋・陳彭年等重修《重修玉篇》卷二五

蜙蝑

漢・揚雄撰，晉・郭璞注《輶軒使者絕代語釋別國方言》卷一一

宋・司馬光撰《類篇》卷三八

蚣蜙

漢・揚雄撰，晉・郭璞注《輶軒使者絕代語釋別國方言》卷一一

蜙蠑

晉・郭璞注《爾雅》卷下

晉・郭璞注，唐・陸德明音義，宋・邢昺疏《爾雅注疏》卷九

蜢

漢・許慎撰，宋・徐鉉增釋《說文解字》卷一三上

漢・揚雄撰，晉・郭璞注《輶軒使者絕代語釋別國方言》卷一一

明・張自烈撰，清・廖文英續《正字通》申集中（虫部）

清・張玉書、陳廷敬等纂《康熙字典》卷二六（蟲部）

蜻蛉

晉・郭璞注《爾雅》卷下

蜻蝼

宋・司馬光撰《類篇》卷三八

晉・郭璞注，唐・陸德明音義，宋・邢昺疏《爾雅注疏》卷九

蝮蜪

《爾雅》

晉・郭璞注《爾雅》卷下（釋蟲第十五）

晉・郭璞注，唐・陸德明音義，宋・邢昺疏《爾雅注疏》卷九（釋蟲）

宋・司馬光撰《類篇》卷三八

宋・鄭樵撰《爾雅註》卷下（釋蟲第十五）

元・戴侗撰《六書故》卷二〇

明・張自烈撰，清・廖文英續《正字通》申集中（虫部）

清・劉玉麐撰《爾雅校議》卷下（釋蟲第十五）

清・戴鎣撰《爾雅郭注補正》卷八（釋蟲第十五）

清・任基振撰《爾雅注疏箋補》卷下（釋蟲第十五）

清・郝懿行撰《爾雅義疏》卷下三（釋蟲第十五）

清・張宗泰撰《爾雅注疏本正誤》卷二（釋蟲）

清・余蕭客撰《古經解鉤沉》卷三〇（釋蟲）

清・張玉書、陳廷敬等纂《康熙字典》卷二六（蟲部）

清・邵晉涵撰《爾雅正義》卷一六（釋蟲第十五）

清・嵇璜、曹仁虎等撰《續通志》卷一七八

蝗

漢・許慎撰，宋・徐鉉增釋《說文解字》卷一三上

漢・焦贛撰《焦氏易林》卷一

漢・王充撰《論衡》卷一六《順鼓篇》

漢・揚雄撰，晉・郭璞注《輶軒使者絕代語釋別國方言》卷一一

晉・郭璞注，唐・陸德明音義，宋・邢昺疏《爾雅注

疏》卷九
晉・干寶撰《搜神記》卷一一
南朝梁・顧野王撰，宋・陳彭年等重修《重修玉篇》卷二五
唐・段成式撰《酉陽雜俎》卷一七（蟲篇）
宋・司馬光撰《類篇》卷三八
宋・鄭獬撰《鄖溪集》卷二六（捕蝗）
宋・王令撰《廣陵集》卷三（原蝗、夢蝗）
宋・何薳撰《春渚紀聞》卷二（雍丘驅蝗詩）
宋・周紫芝撰《太倉梯米集》卷一七（秋蝗歎）
宋・章甫撰《自鳴集》卷三（王夢得捕蝗二首、分蝗食）
宋・陸佃撰《埤雅》卷二（釋蟲）
宋・陶嶽撰《五代史補》卷四（裴長官捕蝗對）
元・戴侗撰《六書故》卷二〇
元・楊桓撰《六書統》卷一八
明・朱謀㙔撰《駢雅》卷七
明・張自烈撰，清・廖文英續《正字通》申集中（虫部）
明・謝肇淛著《五雜俎》卷之九（物部）
明・徐光啟撰《徐光啟集》卷五（屯田疏稿・除蝗第三）
清・張玉書、陳廷敬等纂《康熙字典》卷二六
清・趙佑撰《草木疏校正》卷下（趯趯阜螽）
清・張玉書、陳廷敬等纂《康熙字典》卷二六（蟲部）
清・李元撰《蠕範》卷三（物體第五）
清・顧彥輯《治蝗全法》卷三（蝻蝗字考）
清・余蕭客撰《古經解鉤沉》卷一二
清・鄂爾泰、張廷玉等撰《授時通考》卷二
清・姚之駰撰《元明事類鈔》卷四〇（蟲豸門・蝗）
清・董誥等編《禦制詩集・四集》卷四四（捕蝗・刺史吏也）
清・張豫章等編《禦選宋金元明四朝詩》卷一（明詩・明・朱瞻基《捕蝗詩示尚書郭敦》）
清・陳焯編《宋元詩會》（宋・歐陽修撰《答朱寀捕蝗詩》）
清・陳廷敬撰《午亭文編》卷五（問蝗行）
清・紀曉嵐著，孫樹聲編校，孫樹馥重刊《烏魯木齊雜詩》卷一四（紀文達公遺集）

蝗子

漢・許慎撰，宋・徐鉉增釋《說文解字》卷一三上
晉・郭璞注《爾雅》卷下（釋蟲第十五）
晉・郭璞注，唐・陸德明音義，宋・邢昺疏《爾雅注疏》卷九（釋蟲）
三國吳・陸璣撰，明・毛晉廣要《陸氏詩疏廣要》卷下之下
宋・鄭樵撰《爾雅註》卷下（釋蟲第十五）
宋・鄭獬撰《鄖溪集》卷二六（捕蝗）
明・徐光啟撰《農政全書》卷四四（荒政・備荒考中）
清・趙佑撰《草木疏校正》卷下（趯趯阜螽）
清・周春撰《爾雅補注》卷四
清・郝懿行撰《爾雅義疏》卷下三（釋蟲第十五）
清・張玉書、陳廷敬等纂《康熙字典》卷二六（蟲部）
清・李煒撰《捕除蝗蝻要法三種》（搜挖蝗子章程）

蝻

明・徐光啟撰《農政全書》

蝩螑

宋・司馬光撰《類篇》卷三八

蝑

漢・許慎撰，宋・徐鉉增釋《說文解字》卷一三上

蝝

周・《春秋》（魯宣公十五年、周定王十一年）
《爾雅》
漢・許慎撰，宋・徐鉉增釋《說文解字》卷一三上
漢・王充撰《論衡》卷一六《商蟲篇》
晉・郭璞注《爾雅》卷下（釋蟲第十五）
晉・郭璞注，唐・陸德明音義，宋・邢昺疏《爾雅注疏》卷九（釋蟲）
晉・杜氏注，唐・孔穎達疏，陸德明音義《春秋左傳注疏》卷二四
宋・鄭樵撰《爾雅註》卷下（釋蟲第十五）
宋・司馬光撰《類篇》卷三八
宋・葉夢得撰《春秋三傳讞》卷四（冬蝝生）
遼・釋行均撰《龍龕手鑒》卷二
元・戴侗撰《六書故》卷二〇
元・楊桓撰《六書統》卷一八
明・張自烈撰，清・廖文英續《正字通》申集中（虫部）
清・周春撰《爾雅補注》卷四
清・劉玉麐撰《爾雅校議》卷下（釋蟲第十五）
清・戴鎣撰《爾雅郭注補正》卷八（釋蟲第十五）
清・任基振撰《爾雅注疏箋補》卷下（釋蟲第十五）
清・郝懿行撰《爾雅義疏》卷下三（釋蟲第十五）
清・張宗泰撰《爾雅注疏本正誤》卷二（釋蟲）
清・余蕭客撰《古經解鉤沉》卷三〇（釋蟲）
清・張玉書、陳廷敬等纂《康熙字典》卷二六（蟲部）
清・周靖撰《篆隸考異》卷三
清・段玉裁撰《說文解字注》
清・李元撰《蠕範》卷三（物體第五）
清・顧彥輯《治蝗全法》卷三（蝻蝗字考）
清・邵晉涵撰《爾雅正義》卷一六（釋蟲第十五）
清・嵇璜、曹仁虎等撰《續通志》卷一七八

蛢

漢・揚雄撰，晉・郭璞注《輶軒使者絕代語釋別國方言》卷一一
清・張玉書、陳廷敬等纂《康熙字典》卷二六（蟲部）

螇蚸

晉・郭璞注《爾雅》卷下

晋・郭璞注，唐・陸德明音義，宋・邢昺疏《爾雅注疏》卷九
南朝梁・顧野王撰，宋・陳彭年等重修《重修玉篇》卷二五
宋・司馬光撰《類篇》卷三八
元・戴侗撰《六書故》卷二〇
明・張自烈撰，清・廖文英續《正字通》申集中（虫部）
清・張玉書、陳廷敬等纂《康熙字典》卷二六（䖵部）

螇螃

《爾雅》
清・張玉書、陳廷敬等纂《康熙字典》卷二六（䖵部）

螣

《詩經》（小雅・大田）
漢・揚雄撰，晋・郭璞注《輶軒使者絕代語釋別國方言》卷一一
晋・郭璞注，唐・陸德明音義，宋・邢昺疏《爾雅注疏》卷一〇
三國吳・陸璣撰，明・毛晉廣要《陸氏詩疏廣要》卷下之下
宋・羅願撰，元・洪焱祖音釋《爾雅翼》卷二七（釋蟲）
元・戴侗撰《六書故》卷二〇
明・張自烈撰，清・廖文英續《正字通》申集中（虫部）
明・馮復京撰《六家詩名物疏》卷四三（大田篇）
清・段玉裁撰《詩經小學》卷二（去其螟螣）
清・顧棟高撰《毛詩類釋》卷一八（釋蟲）
清・張玉書、陳廷敬等纂《康熙字典》卷二六（䖵部）
清・周靖撰《篆隸考異》卷三
清・段玉裁撰《說文解字注》

蟠

宋・司馬光撰《類篇》卷三八
清・張玉書、陳廷敬等纂《康熙字典》卷二六（䖵部）

膰

漢・揚雄撰，晋・郭璞注《輶軒使者絕代語釋別國方言》卷一一
清・張玉書、陳廷敬等纂《康熙字典》卷二六（䖵部）

擊螽

南朝梁・顧野王撰，宋・陳彭年等重修《重修玉篇》卷二五

蟅蟒

漢・揚雄撰，晋・郭璞注《輶軒使者絕代語釋別國方言》卷一一
三國魏・張揖撰《廣雅》卷一〇
南朝梁・顧野王撰，宋・陳彭年等重修《重修玉篇》卷二五
宋・司馬光撰《類篇》卷三八
明・朱謀㙔撰《駢雅》卷七
清・張玉書、陳廷敬等纂《康熙字典》卷二六（䖵部）

螽

漢・許慎撰，宋・徐鉉增釋《說文解字》卷一三上
晋・郭璞注，唐・陸德明音義，宋・邢昺疏《爾雅注疏》卷九（釋蟲）
晋・杜氏注，唐・孔穎達疏，陸德明音義《春秋左傳注疏》卷二四
唐・陸淳撰《春秋集傳纂例》卷八（冬蝝生）
宋・司馬光撰《類篇》卷三八
宋・葉夢得撰《春秋三傳讞》卷四（冬蝝生）
遼・釋行均撰《龍龕手鑒》卷二
元・戴侗撰《六書故》卷二〇
元・楊桓撰《六書統》卷一八
明・張自烈撰，清・廖文英續《正字通》申集中（虫部）
明・李時珍撰《本草綱目》卷四一
清・張玉書、陳廷敬等纂《康熙字典》卷二六（䖵部）
清・李元撰《蠕範》卷三（物體第五）
清・（日）西師意譯，（英）竇樂安、許家惺審定《動物學教科書》

螽斯

清・張玉書、陳廷敬等纂《康熙字典》卷二六（䖵部）

螹

晋・郭璞注，唐・陸德明音義，宋・邢昺疏《爾雅注疏》卷九
宋・司馬光撰《類篇》卷三八
清・杭世駿撰《續方言》卷下
清・張玉書、陳廷敬等纂《康熙字典》卷二六（䖵部）

蠂虴

宋・司馬光撰《類篇》卷三八

蟆

宋・司馬光撰《類篇》卷三八

蠈

宋・司馬光撰《類篇》卷三八

蟦

漢・揚雄撰，晋・郭璞注《輶軒使者絕代語釋別國方言》卷一一
宋・司馬光撰《類篇》卷三八
宋・陸佃撰《埤雅》卷二（釋蟲）
元・戴侗撰《六書故》卷二〇
明・張自烈撰，清・廖文英續《正字通》申集中（虫部）
清・張玉書、陳廷敬等纂《康熙字典》卷二六（䖵部）
清・段玉裁撰《說文解字注》

蟘

漢・許慎撰，宋・徐鉉增釋《說文解字》卷一三上
南朝梁・顧野王撰，宋・陳彭年等重修《重修玉篇》卷二五
宋・羅願撰，元・洪焱祖音釋《爾雅翼》卷二七（釋蟲）
宋・司馬光撰《類篇》卷三八
遼・釋行均撰《龍龕手鑒》卷二

元・戴侗撰《六書故》卷二〇
明・張自烈撰，清・廖文英續《正字通》申集中（虫部）
明・馮復京撰《六家詩名物疏》卷四三（大田篇）
清・張玉書、陳廷敬等纂《康熙字典》卷二六（蟲部）
清・周靖撰《篆隸考異》卷三

蟓

漢・許慎撰，宋・徐鉉增釋《說文解字》卷一三下
南朝梁・顧野王撰，宋・陳彭年等重修《重修玉篇》卷二五
遼・釋行均撰《龍龕手鑒》卷二
明・張自烈撰，清・廖文英續《正字通》申集中（虫部）
明・李時珍撰《本草綱目》卷四一
清・牟應震撰《毛詩物名考》卷四（昆蟲部）
清・張玉書、陳廷敬等纂《康熙字典》卷二六（蟲部）

蠡

晉・郭璞注，唐・陸德明音義，宋・邢昺疏《爾雅注疏》

蟍蝍

宋・司馬光撰《類篇》卷三八

蟍蝹

宋・司馬光撰《類篇》卷三八

⿱阜䖵

清・張玉書、陳廷敬等纂《康熙字典》卷二六

⿱𠂤䖵

遼・釋行均撰《龍龕手鑒》卷二

⿱𠂤䖵螽

宋・司馬光撰《類篇》卷三八
宋・陸佃撰《爾雅新義》卷一五（釋蟲第十五）
元・戴侗撰《六書故》卷二〇

⿱阜䖵螽

遼・釋行均撰《龍龕手鑒》卷二
明・李時珍撰《本草綱目》卷四一

⿱阜虫

漢・許慎撰，宋・徐鉉增釋《說文解字》卷一三下
元・戴侗撰《六書故》卷二〇
清・張玉書、陳廷敬等纂《康熙字典》卷二六（蟲部）

蟜

宋・司馬光撰《類篇》卷三八

蠵

南朝梁・顧野王撰，宋・陳彭年等重修《重修玉篇》卷二五
明・張自烈撰，清・廖文英續《正字通》申集中（虫部）
清・張玉書、陳廷敬等纂《康熙字典》卷二六（蟲部）

⿱般虫

南朝梁・顧野王撰，宋・陳彭年等重修《重修玉篇》卷二五

⿱般虫螽

《爾雅》
晉・郭璞《爾雅注》卷下
晉・郭璞注，唐・陸德明音義，宋・邢昺疏《爾雅注疏》卷九
宋・司馬光撰《類篇》卷三八
元・戴侗撰《六書故》卷二〇
明・張自烈撰，清・廖文英續《正字通》申集中（虫部）

⿱殹虫

宋・司馬光撰《類篇》卷三八

蠜

宋・陸佃撰《埤雅》卷一〇
晉・郭璞《爾雅注》卷下
晉・郭璞注，唐・陸德明音義，宋・邢昺疏《爾雅注疏》卷九
清・趙佑撰《草木疏校正》卷下（趯趯阜螽）
清・張玉書、陳廷敬等纂《康熙字典》卷二六（蟲部）
清・段玉裁撰《說文解字注》

⿰虫覆

宋・司馬光撰《類篇》卷三八

蠰谿

晉・郭璞《爾雅注》卷下
晉・郭璞注，唐・陸德明音義，宋・邢昺疏《爾雅注疏》卷九
元・戴侗撰《六書故》卷二〇

簸蟑

清・張玉書、陳廷敬等纂《康熙字典》卷二六

蠡

南朝梁・顧野王撰，唐・孫強增補，宋・陳彭年等重修《重修玉篇》卷二十五
宋・司馬光撰《類篇》卷三

中华剑角蝗 *Acrida cinerea*

土螽

晉・郭璞注《爾雅》卷下（釋蟲第十五）
宋・陸佃撰《爾雅新義》卷一五
宋・鄭樵撰《爾雅註》卷下（釋蟲第十五）
明・穆希文撰《蟫史集》卷一一
清・戴鎣撰《爾雅郭注補正》卷八（釋蟲第十五）
清・方旭撰《蟲薈》卷三

土蝶

晉・郭璞注《爾雅》卷下（釋蟲第十五）
宋・陸佃撰《爾雅新義》卷一五
明・張自烈撰，清・廖文英續《正字通》申集中（虫部）
明・穆希文撰《蟫史集》卷一一
清・戴鎣撰《爾雅郭注補正》卷八（釋蟲第十五）
清・方旭撰《蟲薈》卷三

土蠑

宋・鄭樵撰《爾雅註》卷下（釋蟲第十五）

虴⿰虫羽

清・方旭撰《蟲薈》卷三

虰蝠

宋·陸佃撰《爾雅新義》卷一五

明·張自烈撰，清·廖文英續《正字通》申集中（虫部）

清·方旭撰《蟲薈》卷三

蝗

宋·陸佃撰《爾雅新義》卷一五

螧蜙

宋·陸佃撰《爾雅新義》卷一五

匾蟠

清·劉侗撰《促織志》(別)

螞蚱

清·劉侗撰《促織志》(別)

織絹娘

明·穆希文撰《蟫史集》卷一一

蠰谿

晉·郭璞注《爾雅》卷下（釋蟲第十五）

宋·鄭樵撰《爾雅註》卷下（釋蟲第十五）

明·張自烈撰，清·廖文英續《正字通》申集中（虫部）

清·戴鎣撰《爾雅郭注補正》卷八（釋蟲第十五）

清·方旭撰《蟲薈》卷三

红翅皱膝蝗 *Angaracris rhodopa*

天雞

三國吳·陸璣撰《毛詩草木鳥獸蟲魚疏》卷下（莎雞振羽）

晉·郭璞注，唐·陸德明音義，宋·邢昺疏《爾雅注疏》卷九（釋蟲第十五）

莎雞

《詩經》(豳風·七月)

三國吳·陸璣撰《毛詩草木鳥獸蟲魚疏》卷下（莎雞振羽）

晉·郭璞注，唐·陸德明音義，宋·邢昺疏《爾雅注疏》卷九（釋蟲第十五）

莎鷄

清·牟應震著《毛詩物名考》卷四

蒲錯

三國吳·陸璣撰《毛詩草木鳥獸蟲魚疏》卷下（莎雞振羽）

晉·郭璞注，唐·陸德明音義，宋·邢昺疏《爾雅注疏》卷九（釋蟲第十五）

樗雞

晉·郭璞注，唐·陸德明音義，宋·邢昺疏《爾雅注疏》卷九（釋蟲第十五）

翰

晉·郭璞注，唐·陸德明音義，宋·邢昺疏《爾雅注疏》卷九（釋蟲第十五）

絡緯

清·牟應震著《毛詩物名考》卷四

短额负蝗 *Atractomorpha sinensis*

石斛

唐·陳藏器撰《本草拾遺》卷六（蟲魚部）

石蟹

宋·唐慎微撰，寇宗奭衍義《證類本草》卷二二

蚱蜢

唐·陳藏器撰《本草拾遺》卷六（蟲魚部）

宋·唐慎微撰，寇宗奭衍義《證類本草》卷二二

蟲螽

唐·陳藏器撰《本草拾遺》卷六（蟲魚部）

宋·唐慎微撰，寇宗奭衍義《證類本草》卷二二

短星翅蝗 *Calliptamus abbreviatus*

跳八丈

清·郝懿行撰《爾雅郭注義疏》卷下之三（釋蟲第十五）

跳八尺

清·錢炘和撰《捕蝗要訣》(除蝻八要·要說二十則·分蝗之形)

土螞蚱

清·錢炘和撰《捕蝗要訣》(除蝻八要·要說二十則·分蝗之形)

二色戛蝗 *Gonista bicolor*

蚣蜙

晉·郭璞注《爾雅》卷下（釋蟲第十五）

宋·鄭樵撰《爾雅註》卷下（釋蟲第十五）

清·戴鎣撰《爾雅郭注補正》卷八（釋蟲第十五）

蟅

清·周春撰《爾雅補注》卷四

螇蚸

晉·郭璞注《爾雅》卷下（釋蟲第十五）

晉·郭璞著《爾雅音圖》(釋蟲)

宋·鄭樵撰《爾雅註》卷下（釋蟲第十五）

清·牟應震著《毛詩物名考》卷四

清·戴鎣撰《爾雅郭注補正》卷八（釋蟲第十五）

清·周春撰《爾雅補注》卷四

清·張宗泰撰《爾雅注疏本正誤》卷吳（釋蟲）

蜇螽

宋·陸佃撰《爾雅新義》卷一五

蟿螽

晉·郭璞注《爾雅》卷下（釋蟲第十五）

晉·郭璞著《爾雅音圖》(釋蟲)

宋·鄭樵撰《爾雅註》卷下（釋蟲第十五）

宋·陸佃撰《爾雅新義》卷一五

清·牟應震著《毛詩物名考》卷四

清·戴鎣撰《爾雅郭注補正》卷八（釋蟲第十五）

清·張宗泰撰《爾雅注疏本正誤》卷吳（釋蟲）

清·宗源瀚、郭式昌修，周學濬、陸心源纂《浙江府縣

志輯·湖州府志》卷三三（輿地略·物產下）

剪刀蠰

清·宗源瀚、郭式昌修，周學濬、陸心源纂《浙江府縣志輯·湖州府志》卷三三（輿地略·物產下）

笨蝗 *Haplotropis brunneriana*

土螽

清·牟應震著《毛詩物名考》卷四

阜螽

《詩經》（召南·草蟲）

宋·蔡卞集解《毛詩名物解》卷一二

清·牟應震著《毛詩名物考》卷四

蝗螽

晉·郭璞注《爾雅》卷下（釋蟲第十五）

蠜

晉·郭璞注《爾雅》卷下（釋蟲第十五）

宋·蔡卞集解《毛詩名物解》卷一二

蠰谿

清·牟應震著《毛詩物名考》卷四

亚洲飞蝗 *Locusta migratoria migratoria*

蝗

漢·王充撰《論衡》卷一六《商蟲篇》

唐·張守節撰《史記正義》卷二八

宋·彭乘撰《墨客揮犀》卷五

宋·朱熹撰《資治通鑒綱目》卷八上（蝗飛蔽天）

元·戴侗撰《六書故》卷二〇

元·馬端臨著《文獻通考》卷三一四（蝗蟲）

清·徐鼎撰《毛詩名物圖說》卷三

清·牟應震著《毛詩物名考》卷四

飛蝗

晉·張華撰《博物志》卷八《史補》

唐·瞿曇悉達撰《唐開元占經》卷一二〇《蝗生》

宋·蘇軾撰《東坡全集》卷七三

金·元好問撰《遺山集》卷四〇《祭飛蝗文》

元·馬端臨撰《文獻通考》卷三一四《蝗蟲》

清·周燾撰《皇清奏議》卷四七《請除蝻種疏》

蝗蟲

漢·司馬遷撰，南朝宋·裴駰集解《史記》卷六（秦始皇本紀第六）

虴蜢

元·戴侗撰《六書故》卷二〇

蟓

清·牟應震著《毛詩物名考》卷四

螽

清·牟應震著《毛詩物名考》卷四

蝻

清·穆應震著《毛詩物名考》卷四

螢

清·徐鼎撰《毛詩名物圖說》卷三

西藏飞蝗 *Locusta migratoria tebetensis*

蝗蟲

西藏歷史檔案館《災異志·雹霜蟲災篇》

黄胫小车蝗 *Oedaleus infernalis infernalis*

螞蚱

清·《清高宗實録》卷六一七

清·高賡恩等纂修《綏遠全志》

飛蝗

清·《清高宗實録》卷六一七

察爾奇該

清·高賡恩等纂修《綏遠全志》

中华稻蝗 *Oxya chinensis*

蝗

漢·焦贛撰《焦氏易林》卷一

蚱蜢

清·趙學敏輯《本草綱目拾遺（下）》卷一〇

梟螽

清·趙學敏輯《本草綱目拾遺（下）》卷一〇

黄脊雷篦蝗 *Rammeacris kiangsu*

蝗

清·朱庆萼等纂修《江西府县志辑·同治新昌縣誌》卷四《紀異》

螽斯科 Tettigoniidae

投機

宋·陸佃撰《埤雅》卷一〇

沙螽

元·戴侗撰《六書故》卷二〇

明·張自烈撰，清·廖文英續《正字通》申集中（虫部）

清·李元撰《蠕範》卷一《物匹第二》

草螽

三國吳·陸璣撰，明·毛晉廣要《陸氏詩疏廣要》卷下之下（釋蟲）

晉·郭璞注《爾雅》卷下（釋蟲第十五）

宋·陸佃撰《爾雅新義》卷一五（釋蟲第十五）

清·沈廷芳撰《十三經注疏正字》卷八一

草蟲

《詩經》（召南·草蟲）

三國吳·陸璣撰《毛詩草木鳥獸魚蟲疏》卷下

三國吳·陸璣撰，清·丁晏校正《毛詩草木鳥獸蟲魚疏校正》卷下

三國吳·陸璣撰，明·毛晉廣要《陸氏詩疏廣要》卷下之下（釋蟲）

晉・郭璞注《爾雅》卷下（釋蟲第十五）
元・戴侗撰《六書故》卷二〇
清・趙佑撰《草木疏校正》卷下
清・焦循撰《毛詩補疏》卷一
清・焦循撰《毛詩草木鳥獸蟲魚釋》卷二
清・顧棟高撰《毛詩類釋》卷一八（釋蟲）
清・戴鎣撰《爾雅郭注補正》卷八（釋蟲第十五）

蚷蝑

漢・揚雄撰，晉・郭璞注《輶軒使者絕代語釋別國方言》卷一一

蚱蜢

三國吳・陸璣撰，明・毛晉廣要《陸氏詩疏廣要》卷下之下（釋蟲）
元・戴侗撰《六書故》卷二〇
明・王圻、王思義輯《三才圖會》卷六

促織

晉・崔豹撰《古今注》卷中（魚蟲第五）
唐・蘇鶚撰《蘇氏演義》卷下
宋・陸佃撰《埤雅》卷一〇
清・查慎行撰《敬業堂詩集》卷二八（偷存集）

蠜

《爾雅》
元・戴侗撰《六書故》卷二〇

負螽

三國吳・陸璣撰，明・毛晉廣要《陸氏詩疏廣要》卷下之下（釋蟲）

負蠜

晉・郭璞注《爾雅》卷下（釋蟲第十五）
晉・郭璞注，唐・陸德明音義，宋・邢昺疏《爾雅注疏》卷九
宋・陸佃撰《爾雅新義》卷一五（釋蟲第十五）
清・趙佑撰《草木疏校正》卷下
清・焦循撰《毛詩補疏》卷一
清・焦循撰《毛詩草木鳥獸蟲魚釋》卷一
清・戴鎣撰《爾雅郭注補正》卷八（釋蟲第十五）
清・沈廷芳撰《十三經注疏正字》卷八一

莎雞

《詩經》（豳風・七月）
晉・崔豹撰《古今注》卷中（魚蟲第五）
三國吳・陸璣撰，明・毛晉廣要《陸氏詩疏廣要》卷下之下（釋蟲）
唐・蘇鶚撰《蘇氏演義》卷下
宋・陸佃撰《埤雅》卷一〇
明・張自烈撰，清・廖文英續《正字通》申集中（虫部）
清・焦循撰《毛詩草木鳥獸蟲魚釋》卷七
清・顧棟高撰《毛詩類釋》卷一八（釋蟲）

莎鷄

清・張玉書、陳廷敬等纂《康熙字典》卷二六（蟲部）

蚣蝑

漢・揚雄撰，晉・郭璞注《輶軒使者絕代語釋別國方言》卷一一

春黍

漢・揚雄撰，晉・郭璞注《輶軒使者絕代語釋別國方言》卷一一
三國吳・陸璣撰《毛詩草木鳥獸魚蟲疏》卷下
三國吳・陸璣撰，清・丁晏校正《毛詩草木鳥獸蟲魚疏校正》卷下
三國吳・陸璣撰，明・毛晉廣要《陸氏詩疏廣要》卷下之下（釋蟲）
元・戴侗撰《六書故》卷二〇
清・余蕭客撰《古經解鉤沉》卷六
清・段玉裁撰《說文解字注》

春箕

三國吳・陸璣撰《毛詩草木鳥獸魚蟲疏》卷下
三國吳・陸璣撰，清・丁晏校正《毛詩草木鳥獸蟲魚疏校正》卷下
三國吳・陸璣撰，明・毛晉廣要《陸氏詩疏廣要》卷下之下（釋蟲）
元・戴侗撰《六書故》卷二〇

常芉

元・戴侗撰《六書故》卷二〇

常羊

晉・郭璞注《爾雅》卷下（釋蟲第十五）
三國吳・陸璣撰《毛詩草木鳥獸魚蟲疏》卷
三國吳・陸璣撰，明・毛晉廣要《陸氏詩疏廣要》卷下之下（釋蟲）
三國吳・陸璣撰，清・丁晏校正《毛詩草木鳥獸蟲魚疏校正》卷下
元・戴侗撰《六書故》卷二〇
清・趙佑撰《草木疏校正》卷下
清・焦循撰《毛詩補疏》卷一

斯螽

《詩經》（豳風・七月）
漢・揚雄撰，晉・郭璞注《輶軒使者絕代語釋別國方言》卷一一
南朝梁・顧野王撰，宋・陳彭年等重修《重修玉篇》卷二五
宋・陸佃撰《爾雅新義》卷一五（釋蟲第十五）
元・戴侗撰《六書故》卷二〇
明・王圻、王思義輯《三才圖會》卷六
清・焦循撰《毛詩草木鳥獸蟲魚釋》卷七
清・顧棟高撰《毛詩類釋》卷一八（釋蟲）

蛒蟑

明・張自烈撰，清・廖文英續《正字通》申集中（虫部）
宋・司馬光撰《類篇》卷三八

蛍雞

明・張自烈撰，清・廖文英續《正字通》申集中（虫部）

絡緯

晉・崔豹撰《古今注》卷中（魚蟲第五）
唐・蘇鶚撰《蘇氏演義》卷下
宋・陸佃撰《埤雅》卷一〇
明・張自烈撰，清・廖文英續《正字通》申集中（虫部）
明・沈弘正撰《沈氏蟲天志》卷一〇（《枕中草詠絡葦》、宋祁《秋夜詩》、張弼《皇明風雅・絡葦詞》、朱家聲《春草篇詠絡葦》、朱長芬《燕社詩詠絡葦》、《非磊落氏贊曰》）
清・于敏中等編《禦制詩集》（三集）卷七七（豆花絡葦）
清・查慎行撰《敬業堂詩集》卷二八（偷存集）
清・厲鶚撰《樊榭山房集》卷一
清・張玉書、汪霦等編《佩文齋詠物詩選》卷四八三（宋・真山民《山間秋夜》、元・楊維禎《吳子夜四時歌》、明・貝翔《絡葦吟》、明・僧文真《秋夜》、明・邾經《絡葦》、明・朱之蕃《絡葦》和《紡織婆》、明・王醇《舟夜聞絡葦》）
清・張豫章等編《禦選宋金元明四朝詩》卷一〇（元・陳基《織錦篇》）、卷一一（元・舒頔《絡葦吟》）、卷六六（明・朱隗《絡葦》）、卷九九（明・程家燧《王翹草蟲冊四首・絡葦》）

蒲錯

三國吳・陸璣撰，明・毛晉廣要《陸氏詩疏廣要》卷下之下（釋蟲）
宋・陸佃撰《埤雅》卷一〇

蜇螽

《爾雅》
漢・揚雄撰，晉・郭璞注《輶軒使者絕代語釋別國方言》卷一一
三國吳・陸璣撰，明・毛晉廣要《陸氏詩疏廣要》卷下之下（釋蟲）
晉・郭璞注《爾雅》卷下（釋蟲第十五）
晉・郭璞注，唐・陸德明音義，宋・邢昺疏《爾雅注疏》
宋・陸佃撰《爾雅新義》卷一五（釋蟲第十五）
宋・司馬光撰《類篇》卷三八
元・戴侗撰《六書故》卷二〇
明・張自烈撰，清・廖文英續《正字通》申集中（虫部）
清・劉玉麐撰《爾雅校議》卷下（釋蟲第十五）
清・戴鎣撰《爾雅郭注補正》卷八（釋蟲第十五）
清・張宗泰撰《爾雅注疏本正誤》卷二（釋蟲）
清・沈廷芳撰《十三經注疏正字》卷八一
清・張玉書、陳廷敬等纂《康熙字典》卷二六（蟲部）

蜙蝑

漢・揚雄撰，晉・郭璞注《輶軒使者絕代語釋別國方言》卷一一
晉・郭璞注《爾雅》卷下（釋蟲第十五）
三國吳・陸璣撰，明・毛晉廣要《陸氏詩疏廣要》卷下之下（釋蟲）
清・戴鎣撰《爾雅郭注補正》卷八（釋蟲第十五）
清・張宗泰撰《爾雅注疏本正誤》卷二（釋蟲）
清・沈廷芳撰《十三經注疏正字》卷八一
清・張玉書、陳廷敬等纂《康熙字典》卷二六（蟲部）

蜙蝑

《爾雅》
漢・許慎撰，宋・徐鉉增釋《說文解字》卷三下
三國吳・陸璣撰《毛詩草木鳥獸魚蟲疏》卷下
三國吳・陸璣撰，清・丁晏校正《毛詩草木鳥獸蟲魚疏校正》卷下
三國吳・陸璣撰，明・毛晉廣要《陸氏詩疏廣要》卷下之下（釋蟲）
晉・郭璞注《爾雅》卷下（釋蟲第十五）
晉・郭璞注，唐・陸德明音義，宋・邢昺疏《爾雅注疏》卷九考證（釋蟲）
南朝梁・顧野王撰，宋・陳彭年等重修《重修玉篇》卷二五
南唐・徐鍇撰，朱翱反切《說文繫傳》卷二五
宋・陸佃撰《爾雅新義》卷一五（釋蟲第十五）
宋・司馬光撰《類篇》卷三八
遼・釋行均《龍龕手鑒》（蟲部第二）
元・楊恒撰《六書統》卷一八
明・張自烈撰，清・廖文英續《正字通》申集中（虫部）
清・焦循撰《毛詩草木鳥獸蟲魚釋》卷一
清・劉玉麐撰《爾雅校議》卷下（釋蟲第十五）
清・戴鎣撰《爾雅郭注補正》卷八（釋蟲第十五）
清・張宗泰撰《爾雅注疏本正誤》卷二（釋蟲）
清・沈廷芳撰《十三經注疏正字》卷九
清・余蕭客撰《古經解鉤沉》卷六
清・張玉書、陳廷敬等纂《康熙字典》卷二六（蟲部）
清・段玉裁撰《說文解字注》

樗雞

宋・陸佃撰《埤雅》卷一〇

蜻蛉

晉・郭璞注《爾雅》卷下（釋蟲第十五）

蜻蛚

晉・郭璞注，唐・陸德明音義，宋・邢昺疏《爾雅注疏》卷九考證（釋蟲）
三國吳・陸璣撰，明・毛晉廣要《陸氏詩疏廣要》卷下之下（釋蟲）
宋・司馬光撰《類篇》卷三八
明・張自烈撰，清・廖文英續《正字通》申集中（虫部）
清・戴鎣撰《爾雅郭注補正》卷八（釋蟲第十五）
清・沈廷芳撰《十三經注疏正字》卷八一

清・張玉書、陳廷敬等纂《康熙字典》卷二六（蟲部）

蜡黍

南朝梁・顧野王撰，宋・陳彭年等重修《重修玉篇》卷二五

蝑

漢・許慎撰，宋・徐鉉增釋《說文解字》卷三下
遼・釋行均《龍龕手鑒》（蟲部第二）
元・楊恒撰《六書統》卷一八
清・張玉書、陳廷敬等纂《康熙字典》卷二六（蟲部）

蚩蝑

漢・揚雄撰，晉・郭璞注《輶軒使者絕代語釋別國方言》卷一一

蝬

宋・陸佃撰《埤雅》卷一〇

螇蚸

元・戴侗撰《六書故》卷二〇

蝝

漢・許慎撰，宋・徐鉉增釋《說文解字》卷三下
南朝梁・顧野王撰，宋・陳彭年等重修《重修玉篇》卷二五
遼・釋行均《龍龕手鑒》（蟲部第二）
元・戴侗撰《六書故》卷二〇
明・張自烈撰，清・廖文英續《正字通》申集中（虫部）

螣

三國吳・陸璣撰《毛詩草木鳥獸魚蟲疏》卷下
三國吳・陸璣撰，明・毛晉廣要《陸氏詩疏廣要》卷下之下（釋蟲）

螽

漢・許慎撰，宋・徐鉉增釋《說文解字》卷三下
元・戴侗撰《六書故》卷二〇

鳭蝃

清・李元撰《蠕範》

蜤䗥

元・楊恒撰《六書統》卷一八

螽

漢・許慎撰，宋・徐鉉增釋《說文解字》卷三下
三國吳・陸璣撰《毛詩草木鳥獸魚蟲疏》卷下
三國吳・陸璣撰，清・丁晏校正《毛詩草木鳥獸蟲魚疏校正》卷下
三國吳・陸璣撰，明・毛晉廣要《陸氏詩疏廣要》卷下之下（釋蟲）
南朝梁・顧野王撰，宋・陳彭年等重修《重修玉篇》卷二五
宋・司馬光撰《類篇》卷三八
遼・釋行均《龍龕手鑒》（蟲部第二）
元・戴侗撰《六書故》卷二〇
明・張自烈撰，清・廖文英續《正字通》申集中（虫部）
清・牟應震撰《毛詩物名考》卷一
清・周春撰《爾雅補注》卷四
清・張玉書、陳廷敬等纂《康熙字典》卷二六（蟲部）

螽斯

《詩經》
三國吳・陸璣撰《毛詩草木鳥獸魚蟲疏》卷下
三國吳・陸璣撰，清・丁晏校正《毛詩草木鳥獸蟲魚疏校正》卷下
漢・揚雄撰，晉・郭璞注《輶軒使者絕代語釋別國方言》卷一一
漢・毛亨傳、鄭玄箋，唐・孔穎達疏，陸德明音義《毛詩注疏》卷一（螽斯三章章四句）
宋・陸佃撰《爾雅新義》卷一五（釋蟲第十五）
宋・蔡卞撰《毛詩名物解》卷一一（釋蟲）
宋・陸佃撰《埤雅》卷一〇
清・趙佑撰《草木疏校正》卷下
清・焦循撰《毛詩補疏》卷一
清・焦循撰《毛詩草木鳥獸蟲魚釋》卷一
清・顧棟高撰《毛詩類釋》卷一八（釋蟲）
清・沈廷芳撰《十三經注疏正字》卷九
清・余蕭客撰《古經解鉤沉》卷六
清・段玉裁撰《毛詩故訓傳定本》卷一（螽斯三章章四句）
清・段玉裁撰《詩經小學》卷一
清・陳元龍編《歷代賦匯》卷一七（明・程大約《螽斯羽賦》）
清・陳邦彥等編《歷代題畫詩類》卷一一二（元・劉因《屏上草蟲四首》）
清・郝懿行撰《詩問》卷一
清・牟應震撰《詩問》卷一
清・錢澄之撰《田間詩學》卷一
清・傅恒等撰《詩義折中》卷一
清・朱鶴齡撰《詩經通義》卷一（螽斯三章章四句）

螽醜

宋・陸佃撰《埤雅》卷一〇
元・楊恒撰《六書統》卷一八

螽蜇

遼・釋行均《龍龕手鑒》（蟲部第二）

蟲螽

宋・陸佃撰《爾雅新義》卷一五（釋蟲第十五）
元・戴侗撰《六書故》卷二〇

蟲螽

《爾雅》

織織

清・李元撰《蠕範》

灶馬

清・嵇璜、劉墉等撰《續通志》卷一七八

清・李元撰《蠕範》

灶雞

清・嵇璜、劉墉等撰《續通志》卷一七八

清・李元撰《蠕範》

蟗

南朝梁・顧野王撰，宋・陳彭年等重修《重修玉篇》卷二五

宋・司馬光撰《類篇》卷三八

明・張自烈撰，清・廖文英續《正字通》申集中（虫部）

蟋蟀

晉・崔豹撰《古今注》卷中（魚蟲第五）

唐・蘇鶚撰《蘇氏演義》卷下

草螽 *Conocephalus* sp.

長羊

清・（日）岡元鳳纂輯《毛詩品物圖考》卷六（蟲部）

草蟲

清・（日）岡元鳳纂輯《毛詩品物圖考》卷六（蟲部）

大硕螽 *Deracantha onos*

山草驢

清・牟應震著《毛詩物名考》卷四

草螽

晉・郭璞著《爾雅音圖》（釋蟲）

草蟲

《詩經・召南・草蟲》

晉・郭璞著《爾雅音圖》（釋蟲）

清・牟應震著《毛詩物名考》卷四

清・牟應震撰《詩問》卷一

負蠜

晉・郭璞著《爾雅音圖》（釋蟲）

清・牟應震著《毛詩物名考》卷四

常羊

晉・郭璞著《爾雅音圖》（釋蟲）

阜螽

清・牟應震撰《詩問》卷一

鸣螽 *Gampsocleis* spp.

莎雞

清・嚴偉、劉芷芬修，秦錫田纂《上海府縣志輯・南匯縣續志》卷二〇（風俗志）

蚪螞蚱

明・劉侗撰《促織志》

紡線娘

明・袁宏道撰《促織志》

紡績娘

清・陳淏子輯《秘傳花鏡》卷六

紡織孃

清・嚴偉、劉芷芬修，秦錫田纂《上海府縣志輯・南匯縣續志》卷二〇（風俗志）

蚱蜢

明・袁宏道撰《促織志》

聒聒

明・袁宏道撰《促織志》

清・郝懿行撰《爾雅郭注義疏》卷下三（釋蟲第十五）

聒聒兒

清・劉侗撰《促織志》

清・唐執玉、李衛等監修，田易等纂《畿輔通志》卷五七

清・陳淏子輯《秘傳花鏡》卷六

絡緯

清・劉侗撰《促織志》

清・唐執玉、李衛等監修，田易等纂《畿輔通志》卷五七

清・嚴偉、劉芷芬修，秦錫田纂《上海府縣志輯・南匯縣續志》卷二〇（風俗志）

搖紗筒子

清・嚴偉、劉芷芬修，秦錫田纂《上海府縣志輯・南匯縣續志》卷二〇（風俗志）

經布娘

清・嚴偉、劉芷芬修，秦錫田纂《上海府縣志輯・南匯縣續志》卷二〇（風俗志）

榛蟈

清・和珅、梁國治等撰《熱河志》卷九六

蟈蟈

清・牟應震著《毛詩物名考》卷四

蟈蟈爾

清・高賡恩等纂修《綏遠全志》

高料

清・高賡恩等纂修《綏遠全志》

織布孃

清・嚴偉、劉芷芬修，秦錫田纂《上海府縣志輯・南匯縣續志》卷二〇（風俗志）

蠜

清・牟應震著《毛詩物名考》卷四

清・張熊撰《花卉圖（之一）》

纺织娘 *Mecopoda elongata*

促機

宋・羅願撰，元・洪焱祖音釋《爾雅翼》卷二五（釋蟲）

促織

宋・羅願撰，元・洪焱祖音釋《爾雅翼》卷二五（釋蟲）

清・（日）岡元鳳纂輯《毛詩品物圖考》卷六（蟲部）

莎雞

《詩經》（豳風・七月）

宋·羅願撰，元·洪焱祖音釋《爾雅翼》卷二五（釋蟲）
清·任基振撰《爾雅注疏箋補》卷下（釋蟲第十五）
清·（日）岡元鳳纂輯《毛詩品物圖考》卷六（蟲部）

莎鷄

明·王圻、王思義輯《三才圖會》卷六

紡緯

宋·羅願撰，元·洪焱祖音釋《爾雅翼》卷二五（釋蟲）

梭雞

宋·羅願撰，元·洪焱祖音釋《爾雅翼》卷二五（釋蟲）
明·王圻、王思義輯《三才圖會》卷六

絡絲娘

宋·羅願撰，元·洪焱祖音釋《爾雅翼》卷二五（釋蟲）

絡緯

宋·羅願撰，元·洪焱祖音釋《爾雅翼》卷二五（釋蟲）
明·王圻、王思義輯《三才圖會》卷六
清·任基振撰《爾雅注疏箋補》卷下（釋蟲第十五）
清·（日）岡元鳳纂輯《毛詩品物圖考》卷六（蟲部）

蟋蟀

宋·羅願撰，元·洪焱祖音釋《爾雅翼》卷二五（釋蟲）
清·（日）岡元鳳纂輯《毛詩品物圖考》卷六（蟲部）

日本纺织娘 *Mecopoda niponensis*

草蟲

元·錢選《草蟲圖》

鸣螽斯 *Tettigonia cantans*

斯螽

清·（日）岡元鳳纂輯《毛詩品物圖考》卷六

蜇螽

清·（日）岡元鳳纂輯《毛詩品物圖考》卷六

蚣蝑

清·（日）岡元鳳纂輯《毛詩品物圖考》卷六

蚣蜙

清·（日）岡元鳳纂輯《毛詩品物圖考》卷六

蜻蛚

清·（日）岡元鳳纂輯《毛詩品物圖考》卷六

螽斯

清·（日）岡元鳳纂輯《毛詩品物圖考》卷六

蟋螽科 Gryllacridae

庭疾灶螽 *Diestrammena asynamora*

佗負蟲

明·彭大翼撰，張幼學增訂《山堂肆考》卷二二八

短翅灶蟋 *Gryllodes sigillatus*

竈馬

唐·段成式撰《酉陽雜俎》卷一七
明·李時珍撰《本草綱目》卷下之中、卷四一蟲之三
明·彭大翼撰，張幼學增訂《山堂肆考》卷二二八
清·嵇璜、曹仁虎等撰《續通志》卷一七八
清·阿桂、劉瑾之等撰《欽定盛京通志》卷一〇七（蟲豸類）
清·李元撰《蠕範》卷八（物名第十五）
清·萬青黎、周家楣修，張之洞、繆荃孫纂《北京府縣志輯·光緒順天府志》（食貨志二·物產）

竈雞

明·李時珍撰《本草綱目》卷四一蟲之三
明·彭大翼撰，張幼學增訂《山堂肆考》卷二二八
清·嵇璜、曹仁虎等撰《續通志》卷一七八
清·阿桂、劉瑾之等撰《欽定盛京通志》卷一〇七（蟲豸類）
清·李元撰《蠕範》卷八（物名第十五）

鴝掇

清·李元撰《蠕範》卷八（物名第十五）

蟋蟀科 Gryllidae

大牙油青

清·秦子惠撰《功蟲録》卷下

大黑黃

清·秦子惠撰《功蟲録》卷上

大腰青

清·秦子惠撰《功蟲録》卷上

大項重青

清·秦子惠撰《功蟲録》卷上

小天藍青

清·秦子惠撰《功蟲録》卷上

小白牙青

清·秦子惠撰《功蟲録》卷上、卷下

小淡青大頭

清·秦子惠撰《功蟲録》卷下

小稻葉青

清·秦子惠撰《功蟲録》卷下

王孫

三國吳·陸璣撰《毛詩草木鳥獸魚蟲疏》卷下（蟋蟀在堂）
三國吳·陸璣撰，清·丁晏校正《毛詩草木鳥獸蟲魚疏校正》卷下（蟋蟀在堂）
三國吳·陸璣撰，明·毛晉廣要《陸氏詩疏廣要》卷下之下（釋蟲）
晉·郭璞注，唐·陸德明音義，宋·邢昺疏《爾雅注疏》卷九（釋蟲）
宋·鄭樵撰《爾雅註》卷下（釋蟲第十五）
元·戴侗撰《六書故》卷二〇
明·方以智撰《通雅》卷四七（動物·蟲）
清·徐鼎撰《毛詩名物圖說》卷三
清·趙佑撰《草木疏校正》卷下（蟋蟀在堂）

清·焦循撰《陸氏草木鳥獸蟲魚疏疏》卷下（蟋蟀在堂）
清·余蕭客撰《古經解鉤沉》卷六（釋蟲）
清·（日）岡元鳳纂輯《毛詩品物圖考》卷六（蟲部）

天藍青

清·秦子惠撰《功蟲録》卷上

天雞

晉·郭璞著《爾雅音圖》（釋蟲第十五）
晉·郭璞注，唐·陸德明音義，宋·邢昺疏《爾雅注疏》卷九（釋蟲）
南朝梁·顧野王撰，宋·陳彭年等重修《重修玉篇》卷二五
宋·陸佃撰《爾雅新義》卷一五（釋蟲第十五）
宋·鄭樵撰《爾雅註》卷下（釋蟲第十五）
宋·鄭樵撰《通志》卷七六（蟲魚類）
宋·司馬光撰《類篇》卷三八
清·周春撰《爾雅補注》卷四
清·戴鎣撰《爾雅郭注補正》卷八（釋蟲第十五）
清·邵晉涵撰《爾雅正義》卷一六（釋蟲第十五）
清·郝懿行撰《爾雅郭注義疏》卷下三（釋蟲第十五）
清·張宗泰撰《爾雅注疏本正誤》卷二（釋蟲）
清·沈廷芳撰《十三經注疏正字》卷八一（釋蟲第十五）
清·余蕭客撰《古經解鉤沉》卷三〇

天鶏

清·劉侗撰《促織志》
清·陳啟源撰《毛詩稽古編》卷八

反背蟲

清·拙園老人撰《蟲魚雅集》（秋蟲源流）

方青大頭

清·秦子惠撰《功蟲録》卷上、卷下

方黃

清·秦子惠撰《功蟲録》卷上

左搭白牙青

清·秦子惠撰《功蟲録》卷上

白牙方青

清·秦子惠撰《功蟲録》卷下

白牙青

清·秦子惠撰《功蟲録》卷上、卷下

白牙重青

清·秦子惠撰《功蟲録》卷上、卷下

白牙真黑

清·秦子惠撰《功蟲録》卷下

白牙乾大頭

清·秦子惠撰《功蟲録》卷下

白牙淡青

清·秦子惠撰《功蟲録》卷下

白牙深青

清·秦子惠撰《功蟲録》卷下

白牙紫青

清·秦子惠撰《功蟲録》卷下

白牙黑藍青

清·秦子惠撰《功蟲録》卷下

白牙蟹青

清·秦子惠撰《功蟲録》卷下

白尖翅

清·秦子惠撰《功蟲録》卷上

白肉方青

清·秦子惠撰《功蟲録》卷上

白肉青麻

清·秦子惠撰《功蟲録》卷上

白肉油青

清·秦子惠撰《功蟲録》卷下

白肉淡紫

清·秦子惠撰《功蟲録》卷上

白青大頭

清·秦子惠撰《功蟲録》卷上、卷下

白青尖翅

清·秦子惠撰《功蟲録》卷上、卷下

白青麻

清·秦子惠撰《功蟲録》卷下

白額頭

清·秦子惠撰《功蟲録》卷上

老白青

清·秦子惠撰《功蟲録》卷下

老來嘴

清·唐執玉、李衛等監修，田易等纂《畿輔通志》卷五七

老殼沙青

清·秦子惠撰《功蟲録》卷下

老紫黃

清·秦子惠撰《功蟲録》卷上、卷下

老黑紫黃

清·秦子惠撰《功蟲録》卷下

百日蟲

清·拙園老人撰《蟲魚雅集》（秋蟲源流）

尖翅老殼青

清·秦子惠撰《功蟲録》卷上

全背白

清·秦偶僧撰《功蟲録》卷二

好勝蟲

清·拙園老人撰《蟲魚雅集》（秋蟲源流）

沙黃

清·秦子惠撰《功蟲録》卷上

青大頭

清·秦子惠撰《功蟲録》卷上

青沙

清·陳淏子輯《秘傳花鏡》卷六

青麻頭

清・秦子惠撰《功蟲録》卷上

青項白肉淡青

清・秦子惠撰《功蟲録》卷下

青項金青

清・秦子惠撰《功蟲録》卷下

青項黄麻

清・秦子惠撰《功蟲録》卷下

青項緑肉紫

清・秦子惠撰《功蟲録》卷上

苗葉青尖翅

清・秦子惠撰《功蟲録》卷下

金青麻頭

清・秦子惠撰《功蟲録》卷下

金背白青

清・秦子惠撰《功蟲録》卷上、卷下

金背長襯衣

清・秦子惠撰《功蟲録》卷上

金黄

清・秦子惠撰《功蟲録》卷上

金琵琶

清・陳淏子輯《秘傳花鏡》卷六

金絲黄大頭

清・秦子惠撰《功蟲録》卷上

油利椾

清・陳淏子輯《秘傳花鏡》卷六

油黄

清・秦子惠撰《功蟲録》卷下

油葫蘆

清・唐執玉、李衛等監修，田易等纂《畿輔通志》卷五七

秋蟲

宋・賈似道編輯，明・周履靖續增《促織經》卷之上

清・拙園老人撰《蟲魚雅集》（秋蟲源流）

清・麟光撰《蟋蟀秘要》（前人蟋蟀全解）

投機

清・吴景旭撰《歷代詩話》卷四九

吟蛩

宋・賈似道編輯，明・周履靖續增《促織經》卷之上

宋・蔡卞撰《毛詩名物解》卷一二（釋蟲）

清・徐鼎撰《毛詩名物圖說》卷三

清・陳大章撰《詩傳名物集覽》卷五（蟲豸・蟋蟀在堂）

清・和珅、梁國治等撰《熱河志》卷九六（物產五・蟲之屬）

清・吴景旭撰《歷代詩話》卷四九（潛蛩）

吟蛩

晉・崔豹撰《古今注》卷中（魚蟲第五）

晉・郭璞著《爾雅音圖》

唐・蘇鶚撰《蘇氏演義》卷下

青蛩

晉・郭璞注《爾雅》卷下

晉・郭璞注，唐・陸德明音義，宋・邢昺疏《爾雅注疏》卷九（釋蟲）

晉・郭璞著《爾雅音圖》（釋蟲第十五）

五代・馬縞撰《中華古今注》卷下

宋・鄭樵撰《爾雅註》卷下（釋蟲第十五）

清・徐鼎撰《毛詩名物圖說》卷三

清・戴鎣撰《爾雅郭注補正》卷八（釋蟲第十五）

清・沈廷芳撰《十三經注疏正字》卷八一（釋蟲第十五）

秋吟

五代・馬縞撰《中華古今注》卷下

重青大頭

清・秦子惠撰《功蟲録》卷上

促機

唐・蘇鶚撰《蘇氏演義》卷下

三國吴・陸璣撰，清・丁晏校正《毛詩草木鳥獸蟲魚疏校正》卷下（蟋蟀在堂）

促織

《爾雅》

漢・揚雄撰，晉・郭璞注《輶軒使者絕代語釋別國方言》卷一一

三國吴・吴・陸璣撰，明・毛晉廣要《陸氏詩疏廣要》卷下之下

晉・郭璞注，唐・陸德明音義，宋・邢昺疏《爾雅注疏》卷九（釋蟲）

晉・郭璞《爾雅注》卷下

晉・郭璞著《爾雅音圖》（釋蟲第十五）下

五代・馬縞撰《中華古今注》卷下

唐・蘇鶚撰《蘇氏演義》卷下

宋・陸佃撰《爾雅新義》卷一五（釋蟲第十五）

宋・陸佃撰《埤雅》卷一〇（釋蟲）

宋・鄭樵撰《爾雅註》卷下（釋蟲第十五）

宋・司馬光撰《類篇》卷三八

宋・賈似道編輯，明・周履靖續增《促織經》卷之上（蟋蟀論）

宋・賈似道編輯《重刊訂正秋蟲譜》卷上（破俗說）

宋・賈秋壑輯，明・王諆竹校《鼎新圖像蟲經》上卷

宋・蔡卞撰《毛詩名物解》卷一二（釋蟲）

宋・羅願撰，元・洪焱祖音釋《爾雅翼》卷二五（釋蟲）

遼・釋行均《龍龕手鑒》（蟲部第二）

明・張自烈撰，清・廖文英續《正字通》申集中（虫部）

明・王圻、王思義輯《三才圖會》卷六

明・謝肇淛著《五雜俎》卷之九（物部）

明・李時珍撰《本草綱目》卷四一

清・劉侗撰《促織志》
清・徐鼎撰《毛詩名物圖說》卷三
清・陳大章撰《詩傳名物集覽》卷五（蟲豸・蟋蟀在堂）
清・顧棟高撰《毛詩類釋》卷一八（釋蟲蟋蟀）
清・畢沅撰《夏小正考注》
清・戴鎣撰《爾雅郭注補正》卷八（釋蟲第十五）
清・郝懿行撰《爾雅郭注義疏》卷下三（釋蟲第十五）
清・余蕭客撰《古經解鉤沉》卷六（釋蟲）
清・張玉書、陳廷敬等纂《康熙字典》卷二六（蟲部）
清・和珅、梁國治等撰《熱河志》卷九六（物產五・蟲之屬）
清・（日）岡元鳳纂輯《毛詩品物圖考》卷六（蟲部）
清・金文錦撰《刪定促織經》
清・朱從延輯《蚟孫鑑》前（贈怡館增訂）
清・趙學敏輯《本草綱目拾遺》卷一〇（蟲部）
清・阿桂、劉瑾之等撰《欽定盛京通志》卷一〇七（蟲豸類）

月白淡青

清・秦子惠撰《功蟲録》卷上

酸雞

晉・郭璞注，唐・陸德明音義，宋・邢昺疏《爾雅注疏》卷九（釋蟲）
宋・陸佃撰《爾雅新義》卷一五（釋蟲第十五）
宋・鄭樵撰《通志》卷七六（蟲魚類）
清・戴鎣撰《爾雅郭注補正》卷八（釋蟲第十五）
清・余蕭客撰《古經解鉤沉》卷三〇

酸鶏

清・劉侗撰《促織志》

紅牙方青

清・秦子惠撰《功蟲録》卷下

紅牙白

清・秦子惠撰《功蟲録》卷上、卷下

紅牙白黃

清・秦子惠撰《功蟲録》卷上

紅牙青尖翅

清・秦子惠撰《功蟲録》卷下

紅牙青

清・秦子惠撰《功蟲録》卷上

紅牙重青

清・秦子惠撰《功蟲録》卷上

紅牙乾青

清・秦子惠撰《功蟲録》卷下

紅牙淡白

清・秦子惠撰《功蟲録》卷下

紅牙淡青

清・秦子惠撰《功蟲録》卷上

紅牙紫白

清・秦子惠撰《功蟲録》卷下

紅沙

清・陳淏子輯《秘傳花鏡》卷六

紅砂白肉紫

清・秦子惠撰《功蟲録》卷下

莎草蟲

清・麟光撰《蟋蟀秘要》（前人蟋蟀全解）

莎雞

晉・郭璞注，唐・陸德明音義，宋・邢昺疏《爾雅注疏》卷九（釋蟲）
晉・郭璞著《爾雅音圖》（釋蟲第十五）
南朝梁・顧野王撰，宋・陳彭年等重修《重修玉篇》卷二五
宋・鄭樵撰《爾雅註》卷下（釋蟲第十五）
宋・賈秋壑輯，明・王諆竹校《鼎新圖像蟲經》上卷
宋・陸佃撰《爾雅新義》卷一五（釋蟲第十五）
宋・司馬光撰《類篇》卷三八
明・方以智撰《通雅》卷四七（動物・蟲）
明・王圻、王思義輯《三才圖會》卷六
清・顧棟高撰《毛詩類釋》卷一八（釋蟲蟋蟀）
清・周春撰《爾雅補注》卷四
清・戴鎣撰《爾雅郭注補正》卷八（釋蟲第十五）
清・邵晉涵撰《爾雅正義》卷一六（釋蟲第十五）
清・郝懿行撰《爾雅郭注義疏》卷下三（釋蟲第十五）
清・沈廷芳撰《十三經注疏正字》卷八一（釋蟲第十五）
清・余蕭客撰《古經解鉤沉》卷六（釋蟲）
清・張玉書、陳廷敬等纂《康熙字典》卷二六（蟲部）
清・陳淏子輯《秘傳花鏡》卷六
清・麟光撰《蟋蟀秘要》（前人蟋蟀全解）

莎鶏

清・劉侗撰《促織志》
清・陳啟源撰《毛詩稽古編》卷八

真黃尖翅

清・秦子惠撰《功蟲録》卷上

真黑色白牙

清・秦子惠撰《功蟲録》卷上

真黑青

清・秦偶僧撰《功蟲録》卷二

梆子頭

清・唐執玉、李衛等監修，田易等纂《畿輔通志》卷五七

蚟

南朝梁・顧野王撰，宋・陳彭年等重修《重修玉篇》卷二五
宋・司馬光撰《類篇》卷三八
遼・釋行均《龍龕手鑒》（蟲部第二）

元・戴侗撰《六書故》卷二〇
明・張自烈撰，清・廖文英續《正字通》申集中（虫部）
清・張玉書、陳廷敬等纂《康熙字典》卷二六（蟲部）

虹孫

漢・揚雄撰，晉・郭璞注《輶軒使者絕代語釋別國方言》卷一一
漢・許慎撰，宋・徐鉉增釋《說文解字》卷一三
宋・陸佃撰《爾雅新義》卷一五
遼・釋行均《龍龕手鑒》（蟲部第二）
明・張自烈撰，清・廖文英續《正字通》申集中（虫部）
明・方以智撰《通雅》卷四七（動物・蟲）
清・朱從延輯《虹孫鑑》前（虹孫歌）
清・吳景旭撰《歷代詩話》卷四九

值年五色

清・秦子惠撰《功蟲録》卷上

脆項重青

清・秦子惠撰《功蟲録》卷下

海棠白大頭

清・秦子惠撰《功蟲録》卷上

孫旺

宋・賈似道編輯，明・周履靖續增《促織經》卷之上（蟋蟀論）
明・方以智撰《通雅》卷四七（動物・蟲）

紡緯

清・吳景旭撰《歷代詩話》卷四九

乾青

清・秦子惠撰《功蟲録》卷下

乾青大頭

清・秦子惠撰《功蟲録》卷上

硃項白

清・秦子惠撰《功蟲録》卷上

鳥青

清・秦子惠撰《功蟲録》卷下

鳥青大頭

清・秦子惠撰《功蟲録》卷下

鳥背白青

清・秦子惠撰《功蟲録》卷上

鳥背青

清・秦子惠撰《功蟲録》卷下

鳥背紅牙青

清・秦子惠撰《功蟲録》卷下

麻頭老白青

清・秦子惠撰《功蟲録》卷下

淡白青麻

清・秦子惠撰《功蟲録》卷下

淡青大頭

清・秦子惠撰《功蟲録》卷下

淡青尖翅

清・秦子惠撰《功蟲録》卷上

淡紅麻頭

清・秦子惠撰《功蟲録》卷下

淡紫黃

清・秦子惠撰《功蟲録》卷上

蚟蟋

宋・司馬光撰《類篇》卷三八
明・朱謀㙔撰《駢雅》卷七
清・劉侗撰《促織志》
清・麟光撰《蟋蟀秘要》（前人蟋蟀全解）
清・張玉書、陳廷敬等纂《康熙字典》卷二六（蟲部）

蛩秋

晉・崔豹撰《古今注》卷中（魚蟲第五）

蛩

明・方以智撰《通雅》卷四七（動物昆蟲）
清・牟應震著《毛詩物名考》卷四
清・陳大章撰《詩傳名物集覽》卷五（蟲豸・蟋蟀在堂）
清・周春撰《爾雅補注》卷四
清・張玉書、陳廷敬等纂《康熙字典》卷二六（蟲部）
清・周靖撰《篆隸考異》卷三（蟲部）
清・和珅、梁國治等撰《熱河志》卷九六（物產五・蟲之屬）
清・陳淏子輯《秘傳花鏡》卷六

蛩秋

清・吳景旭撰《歷代詩話》卷四九

悉蟹

漢・許慎撰，宋・徐鉉增釋《說文解字》卷一三上
南唐・徐鍇撰，朱翱反切《說文繫傳》卷二五
宋・陸佃撰《埤雅》卷一〇（釋蟲）
元・楊恒撰《六書統》卷一八
清・徐鼎撰《毛詩名物圖說》卷三
清・段玉裁撰《說文解字注》（蟲部）

悉蛐

明・朱謀㙔撰《駢雅》卷七

蜓蠘

清・麟光撰《蟋蟀秘要》（前人蟋蟀全解）

蛚蝛

宋・司馬光撰《類篇》卷三八

黃大頭

清・秦子惠撰《功蟲録》卷上

黃殼方青

清・秦子惠撰《功蟲録》卷上

蛬

《爾雅》
漢・揚雄撰，晉・郭璞注《輶軒使者絕代語釋別國方言》卷一一

三國吳・陸璣撰《毛詩草木鳥獸魚蟲疏》卷下（蟋蟀在堂）
三國吳・陸璣撰，清・丁晏校正《毛詩草木鳥獸蟲魚疏校正》卷下（蟋蟀在堂）
三國吳・陸璣撰，明・毛晉廣要《陸氏詩疏廣要》卷下之下（釋蟲）
晉・郭璞注，唐・陸德明音義，宋・邢昺疏《爾雅注疏》卷九（釋蟲）
晉・郭璞注《爾雅》
晉・郭璞著《爾雅音圖》（釋蟲第十五）
南朝梁・顧野王撰，宋・陳彭年等重修《重修玉篇》卷二五
五代・馬縞撰《中華古今注》卷下
宋・陸佃撰《爾雅新義》卷一五
宋・陸佃撰《埤雅》卷一〇（釋蟲）
宋・鄭樵撰《爾雅註》卷下（釋蟲第十五）
宋・賈秋壑輯，明・王諆竹校《鼎新圖像蟲經》上卷
宋・蔡卞撰《毛詩名物解》卷一二（釋蟲）
宋・司馬光撰《類篇》卷三八
宋・羅願撰，元・洪焱祖音釋《爾雅翼》卷二五（釋蟲）
遼・釋行均《龍龕手鑒》（蟲部第二）
明・張自烈撰，清・廖文英續《正字通》申集中（虫部）
明・方以智撰《通雅》卷四七（動物・蟲）
明・王圻、王思義輯《三才圖會》卷六
明・李時珍撰《本草綱目》卷四一
清・徐鼎撰《毛詩名物圖說》卷三
清・趙佑撰《草木疏校正》卷下（蟋蟀在堂）
清・焦循撰《陸氏草木鳥獸蟲魚疏疏》卷下（蟋蟀在堂）
清・焦循撰《毛詩草木鳥獸蟲魚釋》卷五（唐風・蟋蟀第十）
清・陳大章撰《詩傳名物集覽》卷五（蟲豸・蟋蟀在堂）
清・顧棟高撰《毛詩類釋》卷一八（釋蟲蟋蟀）
清・周春撰《爾雅補注》卷四
清・戴鎣撰《爾雅郭注補正》卷八（釋蟲第十五）
清・任基振撰《爾雅注疏箋補》卷下（釋蟲第十五）
清・邵晉涵撰《爾雅正義》卷一六（釋蟲第十五）
清・郝懿行撰《爾雅郭注義疏》卷下三（釋蟲第十五）
清・沈廷芳撰《十三經注疏正字》卷八一（釋蟲第十五）
清・余蕭客撰《古經解鉤沉》卷六（釋蟲）
清・張玉書、陳廷敬等纂《康熙字典》卷二六（蟲部）
清・段玉裁撰《說文解字注》（蟲部）
清・郝懿行撰《詩問》卷二
清・阿桂、劉瑾之等撰《欽定盛京通志》卷一〇七
清・吳景旭撰《歷代詩話》卷四九
清・陳淏子輯《秘傳花鏡》卷六

蛬

晉・郭璞注，唐・陸德明音義，宋・邢昺疏《爾雅注疏》
南朝梁・顧野王撰，唐・孫強增補，宋・陳彭年等重修《重修玉篇》卷二十五
宋・鄭樵撰《爾雅註》
元・戴侗撰《六書故》卷二〇

紫白尖翅

清・秦偶僧撰《功蟲録》卷上

紫金背

清・秦子惠撰《功蟲録》卷下

老殼重青

清・秦子惠撰《功蟲録》卷下

晴蛚

漢・揚雄撰，晉・郭璞注《輶軒使者絕代語釋別國方言》卷一一

蛐蛐

清・拙園老人撰《蟲魚雅集》（秋蟲源流）

黑大頭

清・秦子惠撰《功蟲録》卷下

黑沙白青

清・秦子惠撰《功蟲録》卷下

黑沙尖翅

清・秦子惠撰《功蟲録》卷上

黑沙青

清・秦子惠撰《功蟲録》卷上、卷下

黑面白青

清・秦子惠撰《功蟲録》卷下

黑殼白青

清・秦子惠撰《功蟲録》卷上

黑殼淡青

清・秦子惠撰《功蟲録》卷下

黑殼紫青

清・秦子惠撰《功蟲録》卷下

黑虎

清・麟光撰《蟋蟀秘要》（前人蟋蟀全解）

黑黃尖翅

清・秦子惠撰《功蟲録》卷上

黑藍尖翅

清・秦子惠撰《功蟲録》卷下

寒蟲

宋・賈似道輯，明・王諆竹校《鼎新圖像蟲經》卷上

富貴蟲

清・拙園老人撰《蟲魚雅集》（秋蟲源流）

絡緯

宋・賈秋壑輯，明・王諆竹校《鼎新圖像蟲經》上卷
清・吳景旭撰《歷代詩話》卷四九（潛蛬）

蒲錯

晉・郭璞注，唐・陸德明音義，宋・邢昺疏《爾雅注疏》卷九（釋蟲）
明・朱謀㙔撰《駢雅》卷七

清·戴鎣撰《爾雅郭注補正》卷八（釋蟲第十五）

起織

漢·揚雄撰，晉·郭璞注《輶軒使者絕代語釋別國方言》卷一一

三國魏·張揖撰，隋·曹憲音解《博雅》卷一〇《釋蟲》

宋·司馬光撰《類篇》卷三八

蜻蛚

漢·許慎撰，宋·徐鉉增釋《說文解字》卷一三上

晉·郭璞注，唐·陸德明音義，宋·邢昺疏《爾雅注疏》

南朝梁·顧野王撰，宋·陳彭年等重修《重修玉篇》卷二五

南唐·徐鍇撰，朱翺反切《說文繫傳》卷二五

宋·司馬光撰《類篇》卷三八

宋·賈似道編輯，明·周履靖續增《促織經》卷之上

宋·羅願撰，元·洪焱祖音釋《爾雅翼》卷二五（釋蟲）

遼·釋行均《龍龕手鑒·蟲部第二》

元·戴侗撰《六書故》卷二〇

元·楊恒撰《六書統》卷一八

明·張自烈撰，清·廖文英續《正字通》申集中（虫部）

明·方以智撰《通雅》卷四七（動物·蟲）

明·王圻、王思義輯《三才圖會》卷六

明·李時珍撰《本草綱目》卷四一

清·劉侗撰《促織志》

清·徐鼎撰《毛詩名物圖說》卷三

清·趙佑撰《草木疏校正》卷下（蟋蟀在堂）

清·焦循撰《毛詩草木鳥獸蟲魚釋》卷五（唐風·蟋蟀第十）

清·陳大章撰《詩傳名物集覽》卷五（蟲豸·蟋蟀在堂）

清·沈廷芳撰《十三經注疏正字》卷八一（釋蟲第十五）

清·余蕭客撰《古經解鉤沉》卷六（釋蟲）

清·張玉書、陳廷敬等纂《康熙字典》卷二六（蟲部）

清·周靖撰《篆隸考異》卷三（蟲部）

清·段玉裁撰《說文解字注》（蟲部）

清·吳景旭撰《歷代詩話》卷四九（潛蛬）

蛚

宋·司馬光撰《類篇》卷三八

清·張玉書、陳廷敬等纂《康熙字典》卷二六（蟲部）

清·段玉裁撰《說文解字注》（蟲部）

侯字青大頭

清·秦子惠撰《功蟲録》卷上

銛字青大頭

清·秦子惠撰《功蟲録》卷上、卷下

銀牙白腳紫

清·秦子惠撰《功蟲録》卷上

蛩

三國魏·張揖撰，隋·曹憲音解《博雅》卷一〇《釋蟲》

元·戴侗撰《六書故》卷二〇

明·方以智撰《通雅》卷四七（動物·蟲）

清·吳景旭撰《歷代詩話》卷四九

清·張玉書、陳廷敬等纂《康熙字典》卷二六（蟲部）

蛬

南朝梁·顧野王撰，宋·陳彭年等重修《重修玉篇》卷二五

宋·司馬光撰《類篇》卷三八

清·張玉書、陳廷敬等纂《康熙字典》卷二六（蟲部）

精列

宋·陸佃撰《爾雅新義》卷一五

蜻蛪

三國魏·張揖撰，隋·曹憲音解《博雅》卷一〇《釋蟲》

三國吳·陸璣撰《毛詩草木鳥獸魚蟲疏》卷下

三國吳·陸璣撰，清·丁晏校正《毛詩草木鳥獸蟲魚疏校正》卷下（蟋蟀在堂）

三國吳·陸璣撰，明·毛晉廣要《陸氏詩疏廣要》卷下之下（釋蟲）

晉·郭璞注，唐·陸德明音義，宋·邢昺疏《爾雅注疏》

明·朱謀㙔撰《駢雅》卷七

清·焦循撰《陸氏草木鳥獸蟲魚疏疏》卷下（蟋蟀在堂）

清·郝懿行撰《爾雅郭注義疏》卷下三（釋蟲第十五）

清·余蕭客撰《古經解鉤沉》卷三〇

清·段玉裁撰《說文解字注》（蟲部）

清·麟光撰《蟋蟀秘要》（前人蟋蟀全解）

䖡

元·戴侗撰《六書故》卷二〇

明·方以智撰《通雅》卷四七（動物·蟲）

蛪

遼·釋行均《龍龕手鑒》（蟲部第二）

蛪

漢·許慎撰，宋·徐鉉增釋《說文解字》卷一三上

晉·郭璞注，唐·陸德明音義，宋·邢昺疏《爾雅注疏》卷九（釋蟲）

南朝梁·顧野王撰，宋·陳彭年等重修《重修玉篇》卷二五

元·戴侗撰《六書故》卷二〇

明·張自烈撰，清·廖文英續《正字通》申集中（虫部）

清·焦循撰《毛詩草木鳥獸蟲魚釋》卷五（唐風·蟋蟀第十）

清·張玉書、陳廷敬等纂《康熙字典》卷二六（蟲部）

清·周靖撰《篆隸考異》卷三（蟲部）

清·段玉裁撰《說文解字注》（蟲部）

趨織

三國吳·陸璣撰《毛詩草木鳥獸魚蟲疏》卷下（蟋蟀在堂）

三國吳·陸璣撰，清·丁晏校正《毛詩草木鳥獸蟲魚疏校正》卷下（蟋蟀在堂）

三國吳·陸璣撰，明·毛晉廣要《陸氏詩疏廣要》卷下之下（釋蟲）

晉・郭璞注，唐・陸德明音義，宋・邢昺疏《爾雅注疏》卷九（釋蟲）
宋・賈似道編輯，明・周履靖續增《促織經》卷之上
元・戴侗撰《六書故》卷二〇
明・朱謀㙔撰《駢雅》卷七
清・徐鼎撰《毛詩名物圖說》卷三
清・趙佑撰《草木疏校正》卷下（蟋蟀在堂）
清・沈廷芳撰《十三經注疏正字》卷八一（釋蟲第十五）
清・吳景旭撰《歷代詩話》卷四九（潛蕃）
清・陳淏子輯《秘傳花鏡》卷六

趪織

宋・賈似道編輯，明・周履靖續增《促織經》卷之上（蟋蟀論）
明・方以智撰《通雅》卷四七（動物昆蟲）

樗雞

晉・郭璞著《爾雅音圖》（釋蟲第十五）
晉・郭璞注，唐・陸德明音義，宋・邢昺疏《爾雅注疏》卷九（釋蟲）
宋・鄭樵撰《爾雅註》卷下（釋蟲第十五）
宋・鄭樵撰《通志》卷七六（蟲魚類）
清・戴鎣撰《爾雅郭注補正》卷八（釋蟲第十五）
清・邵晉涵撰《爾雅正義》卷一六（釋蟲第十五）
清・郝懿行撰《爾雅郭注義疏》卷下三（釋蟲第十五）
清・張玉書、陳廷敬等纂《康熙字典》卷二六（蟲部）

樗鷄

清・劉侗撰《促織志》
清・陳啟源撰《毛詩稽古編》卷八

烏牙淡黃

清・秦子惠撰《功蟲録》卷上

稻葉白青

清・秦子惠撰《功蟲録》卷上

螒

晉・郭璞著《爾雅音圖》（釋蟲第十五）
晉・郭璞注，唐・陸德明音義，宋・邢昺疏《爾雅注疏》卷九（釋蟲）
南朝梁・顧野王撰，宋・陳彭年等重修《重修玉篇》卷二五
宋・陸佃撰《爾雅新義》卷一五（釋蟲第十五）
宋・鄭樵撰《爾雅註》卷下（釋蟲第十五）
宋・鄭樵撰《通志》卷七六（蟲魚類）
宋・司馬光撰《類篇》卷三八
清・劉侗撰《促織志》
清・陳啟源撰《毛詩稽古編》卷八
清・戴鎣撰《爾雅郭注補正》卷八（釋蟲第十五）
清・郝懿行撰《爾雅郭注義疏》卷下三（釋蟲第十五）
清・張宗泰撰《爾雅注疏本正誤》卷二（釋蟲）
清・沈廷芳撰《十三經注疏正字》卷八一（釋蟲第十五）
清・余蕭客撰《古經解鉤沉》卷三〇

清・張玉書、陳廷敬等纂《康熙字典》卷二六（蟲部）

螅

清・張玉書、陳廷敬等纂《康熙字典》卷二六（蟲部）

錬鉗稻葉青

清・秦子惠撰《功蟲録》卷上

趨趨

清・阿桂、劉瑾之等撰《欽定盛京通志》卷一〇七

趨織

漢・揚雄撰，晉・郭璞注《輶軒使者絕代語釋別國方言》卷一一
三國吳・陸璣撰《毛詩草木鳥獸魚蟲疏》卷下（蟋蟀在堂）
三國吳・陸璣撰，清・丁晏校正《毛詩草木鳥獸蟲魚疏校正》卷下（蟋蟀在堂）
三國吳・陸璣撰，明・毛晉廣要《陸氏詩疏廣要》卷下之下（釋蟲）
清・徐鼎撰《毛詩名物圖說》卷三
清・趙佑撰《草木疏校正》卷下（蟋蟀在堂）
清・焦循撰《陸氏草木鳥獸蟲魚疏疏》卷下（蟋蟀在堂）
清・焦循撰《毛詩草木鳥獸蟲魚釋》卷五（唐風・蟋蟀第十）
清・陳大章撰《詩傳名物集覽》卷五（蟲豸・蟋蟀在堂）
清・（日）岡元鳳纂輯《毛詩品物圖考》卷六（蟲部）

藍青大頭

清・秦子惠撰《功蟲録》卷上

藍項白青

清・秦子惠撰《功蟲録》卷下

蟋蟹

漢・許慎撰，宋・徐鉉增釋《說文解字》卷一三上
南朝梁・顧野王撰，宋・陳彭年等重修《重修玉篇》卷二五
宋・司馬光撰《類篇》卷三八
宋・陸佃撰《埤雅》卷一〇（釋蟲）
遼・釋行均《龍龕手鑒》（蟲部第二）
元・楊恒撰《六書統》卷一八
明・方以智撰《通雅》卷四七（動物・蟲）
明・張自烈撰，清・廖文英續《正字通》申集中（虫部）
清・張玉書、陳廷敬等纂《康熙字典》卷二六（蟲部）
清・周靖撰《篆隸考異》卷三（蟲部）

蟋蟀

《爾雅》
《詩經・豳風・七月》
漢・揚雄撰，晉・郭璞注《輶軒使者絕代語釋別國方言》卷一一
三國吳・陸璣撰《毛詩草木鳥獸魚蟲疏》卷下
三國吳・陸璣撰，明・毛晉廣要《陸氏詩疏廣要》卷下之下（釋蟲）
三國吳・陸璣撰，清・丁晏校正《毛詩草木鳥獸蟲魚疏

校正》卷下（蟋蟀在堂）
晉·郭璞注，唐·陸德明音義，宋·邢昺疏《爾雅注疏》卷九（釋蟲第十五）
晉·崔豹撰《古今注》卷中（魚蟲第五）
晉·郭璞著《爾雅音圖》（釋蟲第十五）
南朝梁·顧野王撰，宋·陳彭年等重修《重修玉篇》卷二五
唐·蘇鶚撰《蘇氏演義》卷下
宋·陸佃撰《爾雅新義》卷一五（釋蟲第十五）
宋·陸佃撰《埤雅》卷一〇（釋蟲）
宋·鄭樵撰《爾雅註》卷下（釋蟲第十五）
宋·蔡卞撰《毛詩名物解》卷一二（釋蟲）
宋·司馬光撰《類篇》卷三八
宋·賈似道輯《鼎新圖像蟲經》卷上
宋·賈似道編輯，明·周履靖續增《促織經》卷之上（蟋蟀論）
宋·賈似道編輯，明·周履靖續增《促織經》卷之上
宋·羅願撰，元·洪焱祖音釋《爾雅翼》卷二五（釋蟲）
遼·釋行均《龍龕手鑒》（蟲部第二）
元·戴侗撰《六書故》卷二〇
明·張自烈撰，清·廖文英續《正字通》申集中（虫部）
明·方以智撰《通雅》卷四七（動物·蟲）
明·王圻、王思義輯《三才圖會》卷六
明·李時珍撰《本草綱目》卷四一
清·劉侗撰《促織志》
清·徐鼎撰《毛詩名物圖說》卷三
清·趙佑撰《草木疏校正》卷下（蟋蟀在堂）
清·牟應震著《毛詩物名考》卷四
清·焦循撰《陸氏草木鳥獸蟲魚疏疏》卷下（蟋蟀在堂）
清·焦循撰《毛詩草木鳥獸蟲魚釋》卷五（唐風·蟋蟀第十）
清·陳大章撰《詩傳名物集覽》卷五（蟲豸·蟋蟀在堂）
清·顧棟高撰《毛詩類釋》卷一八（釋蟲蟋蟀）
清·周春撰《爾雅補注》卷四
清·戴鎣撰《爾雅郭注補正》卷八（釋蟲第十五）
清·任基振撰《爾雅注疏箋補》卷下（釋蟲第十五）
清·邵晉涵撰《爾雅正義》卷一六（釋蟲第十五）
清·郝懿行撰《爾雅郭注義疏》卷下三（釋蟲第十五）
清·沈廷芳撰《十三經注疏正字》卷八一（釋蟲第十五）
清·余蕭客撰《古經解鉤沉》卷六（釋蟲）
清·張玉書、陳廷敬等纂《康熙字典》卷二六（蟲部）
清·和珅、梁國治等撰《熱河志》卷九六（物產五·蟲之屬）
清·阿桂、劉瑾之等撰《欽定盛京通志》卷一〇七（蟲豸類）
清·唐執玉、李衛等監修，田易等纂《畿輔通志》卷五七
清·段玉裁撰《說文解字注》（蟲部）
清·段玉裁撰《毛詩故訓傳定本》卷一〇（蟋蟀三章章八句）
清·（日）岡元鳳纂輯《毛詩品物圖考》卷六（蟲部）
清·郝懿行撰《詩問》卷二
清·牟應震撰《詩問》卷三
清·傅恒等撰《詩義折中》卷七（蟋蟀三章章八句）
清·錢澄之撰《田間詩學》卷四
清·毛奇齡撰《毛詩寫官記》卷二
清·姚之駰撰《元明事類鈔》卷四〇（蟲豸門）
清·吳景旭撰《歷代詩話》卷二
清·夢桂撰《蟋蟀譜》（總論、千金訣、論盆）
清·朱從延輯《虹孫鑑》前（蟋蟀箴）
清·榮廷撰《蟲魚雅集》（秋蟲源流）
清·鄂爾泰、張廷玉等撰《授時通考》卷一
清·吳景旭撰《歷代詩話》卷四九（潛蛬）
清·趙學敏輯《本草綱目拾遺》卷一〇（蟲部）
清·陳淏子輯《秘傳花鏡》卷六
清·麟光撰《蟋蟀秘要》（前人蟋蟀全解）

蟀

南唐·徐鍇撰，朱翺反切《說文繫傳》卷二五
宋·司馬光撰《類篇》卷三八
明·張自烈撰，清·廖文英續《正字通》申集中（虫部）
清·張玉書、陳廷敬等纂《康熙字典》卷二六（蟲部）
清·焦循撰《毛詩草木鳥獸蟲魚釋》卷五（唐風·蟋蟀第十）
清·周靖撰《篆隸考異》卷三（蟲部）

蠁

宋·司馬光撰《類篇》卷三八
明·張自烈撰，清·廖文英續《正字通》申集中（虫部）
清·張玉書、陳廷敬等纂《康熙字典》卷二六（蟲部）
清·周靖撰《篆隸考異》卷三（蟲部）

蟋

晉·郭璞注，唐·陸德明音義，宋·邢昺疏《爾雅注疏》卷九（釋蟲）
南朝梁·顧野王撰，宋·陳彭年等重修《重修玉篇》卷二五
宋·司馬光撰《類篇》卷三八
元·戴侗撰《六書故》卷二〇
明·方以智撰《通雅》卷四七（動物·蟲）
明·張自烈撰，清·廖文英續《正字通》申集中（虫部）
清·張玉書、陳廷敬等纂《康熙字典》卷二六（蟲部）

蟋蟖

明·方以智撰《通雅》卷四七（動物·蟲）

蘆花淡紫

清·秦子惠撰《功蟲録》卷下

蟹殼青

清·陳淏子輯《秘傳花鏡》卷六

懶婦

晉·崔豹撰《古今注》卷中
五代·馬縞撰《中華古今注》卷下
清·徐鼎撰《毛詩名物圖說》卷三

嬾婦

唐·蘇鶚撰《蘇氏演義》卷上
清·趙佑撰《草木疏校正》卷下（蟋蟀在堂）

犨雞

明·朱謀㙔撰《駢雅》卷七

蠟腿黃大頭

清·秦偶僧撰《功蟲録》卷上

鐵皮項黃大頭

清·秦子惠撰《功蟲録》卷上

鐵色紅牙青

清·秦子惠撰《功蟲録》卷上

日本钟蟋 *Homoeogryllus japonicus*

鐘蠜

清·牟應震著《毛詩物名考》卷四

山子

清·穆應震著《毛詩物名考》卷四

金鐘兒

明·袁宏道撰《促織志》
清·姚之駰撰《元明事類鈔》卷四〇（蟲豸類）
清·陳淏子輯《秘傳花鏡》卷六
清·陳淏子輯，伊欽恒校注《花鏡》（養昆蟲法）
清·李元撰《蠕範》卷三（物聲第六）
清·劉侗撰《促織志》（別）

金鐘爾

清·高賡恩等纂修《綏遠全志》

固魯力吉各納

清·高賡恩等纂修《綏遠全志》

秋蟲

清·劉侗撰《促織志》（別）

棺头蟋 *Loxoblemmus* spp.

梆子頭

清·劉侗撰《促織志》（別）

双带唧铃蟋 *Svistella bifasciata*

金鈴子

清·嚴偉、劉芷芬修，秦錫田纂《上海府縣志輯·南匯縣續志》卷二〇

唧鈴子

清·嚴偉、劉芷芬修，秦錫田纂《上海府縣志輯·南匯縣續志》卷二〇

蒼蠅子

清·嚴偉、劉芷芬修，秦錫田纂《上海府縣志輯·南匯縣續志》卷二〇

油葫芦 *Teleogryllus* spp.

油葫蘆

清·嵇璜、曹仁虎等撰《續通志》卷一七八
清·範鐘湘、陳傳德修，金念祖、黃世祚纂《上海府縣志輯·嘉定縣續志》卷五

梨片蟋 *Truljia hibinonis*

樹鈴子

清·嚴偉、劉芷芬修，秦錫田纂《上海府縣志輯·南匯縣續志》卷二〇

云斑金蟋 *Xenogryllus marmoratus*

金橘鈴

清·嚴偉、劉芷芬修，秦錫田纂《上海府縣志輯·南匯縣續志》卷二〇

长颚斗蟋 *Velarifictorus aspersus*

老米嘴

清·劉侗撰《促織志》（別）

迷卡斗蟋 *Velarifictorus micado*

王孫

元·戴侗撰《六書故》卷二〇

虰

元·戴侗撰《六書故》卷二〇

蛬

元·戴侗撰《六書故》卷二〇

蛩

元·戴侗撰《六書故》卷二〇

蛩

元·戴侗撰《六書故》卷二〇

蜻蛚

元·戴侗撰《六書故》卷二〇

趣織

元·戴侗撰《六書故》卷二〇

蟋蟀

元·戴侗撰《六書故》卷二〇

蝼蛄科 Gryllotalpidae

土狗

宋·項安世述《周易玩辭》卷七（鼫鼠）
宋·羅願撰，元·洪焱祖音釋《爾雅翼》卷二六（釋蟲）
元·戴侗撰《六書故》卷二〇
明·李時珍撰《本草綱目》卷四一
明·張自烈撰，清·廖文英續《正字通》申集中（虫部）
明·方以智撰《通雅》卷四七（動物·蟲）
明·王圻、王思義輯《三才圖會》卷六（鳥獸）
清·汪照撰《大戴禮注補》卷二

清·洪震煊撰《夏小正疏義》卷一
清·阿桂、劉瑾之等撰《欽定盛京通志》卷一〇七（蟲豸類）
清·段玉裁撰《說文解字注》卷一三下
清·（日）西師意譯，竇樂安、許家惺審定《動物學教科書》
清·李元撰《蠕範》卷五（物製第十）
清·方旭撰《蟲薈》卷三
清·嚴偉、劉芷芬修，秦錫田纂《上海府縣志輯·南匯縣續志》卷二〇（風俗志）

土蟻

元·戴侗撰《六書故》卷二〇

天螻

《爾雅》
漢·戴德撰，北周·盧辯註《大戴禮記》第四七（夏小正）
漢·揚雄撰，晉·郭璞注《輶軒使者絕代語釋別國方言》卷一一
漢·許慎撰，宋·徐鉉增釋《說文解字》卷一三上
三國魏·吳普等述，清·孫星衍、孫馮翼同輯《神農本草經》卷一
晉·郭璞著《爾雅音圖》（釋蟲）
晉·崔豹撰《古今注》卷中（蟲魚第五）
晉·郭璞注，唐·陸德明音義，宋·邢昺疏《爾雅注疏》卷九（釋蟲）
南朝梁·顧野王撰，宋·陳彭年等重修《重修玉篇》卷二五
五代·馬縞撰《中華古今注》卷下
宋·鄭樵撰《爾雅註》卷下（釋蟲）
宋·陸佃撰《爾雅新義》卷一五（釋蟲第十五）
宋·司馬光撰《類篇》卷三八
宋·鄭樵撰《通志》卷七六（蟲魚類）
宋·陸佃撰《埤雅》卷一一（釋蟲）
宋·唐慎微撰，寇宗奭衍義《證類本草》卷二二
宋·蘇頌編撰，胡乃長、王致譜輯注《圖經本草》下卷（蟲魚部第十五）
元·戴侗撰《六書故》卷二〇
元·楊恒撰《六書統》卷一八
明·朱謀㙔撰《駢雅》卷七
明·方以智撰《通雅》卷四七（動物·蟲）
明·李時珍撰《本草綱目》卷四一
明·張自烈撰，清·廖文英續《正字通》申集中（虫部）
清·汪照撰《大戴禮注補》卷二
清·畢沅撰《夏小正考注》
清·任兆麟撰《夏小正補注》卷一
清·洪震煊撰《夏小正疏義》卷一
清·宋書升撰《夏小正釋義》
清·秦蕙田撰《五禮通考》卷一九九
清·任基振撰《爾雅注疏箋補》卷下（釋蟲第十五）
清·戴鎣撰《爾雅郭注補正》卷八（釋蟲第十五）
清·邵晉涵撰《爾雅正義》卷一六（釋蟲第十五）
清·張宗泰撰《爾雅注疏本正誤》卷三（釋蟲）
清·張玉書、陳廷敬等纂《康熙字典》卷二六（蟲部）
清·沈廷芳撰《十三經注疏正字》卷八一（釋蟲第十五）
清·段玉裁撰《說文解字注》卷一三下
清·李元撰《蠕範》卷五（物製第十）
清·郝懿行撰《爾雅郭注義疏》卷下三（釋蟲第十五）
清·方旭撰《蟲薈》卷三
清·嚴偉、劉芷芬修，秦錫田纂《上海府縣志輯·南匯縣續志》卷二〇（風俗志）

水蛭

清·阿桂、劉瑾之等撰《欽定盛京通志》卷一〇七（蟲豸類）

石最

遼·釋行均《龍龕手鑒》（蟲部第二）

石鼠

三國魏·吳普等述，清·孫星衍、孫馮翼同輯《神農本草經》卷一
五代·馬縞撰《中華古今注》卷下
明·李時珍撰《本草綱目》卷四一
清·李元撰《蠕範》卷五（物製第十）

仙姑

明·李時珍撰《本草綱目》卷四一
清·方旭撰《蟲薈》卷三

仙蛄

遼·釋行均《龍龕手鑒》（蟲部第二）
清·張玉書、陳廷敬等纂《康熙字典》卷二六（蟲部）

地狗

清·方旭撰《蟲薈》卷三

杜狗

漢·揚雄撰，晉·郭璞注《輶軒使者絕代語釋別國方言》卷一一
三國魏·吳普等述，清·孫星衍、孫馮翼同輯《神農本草經》卷一
晉·郭璞注，唐·陸德明音義，宋·邢昺疏《爾雅注疏》卷九（釋蟲）
宋·鄭樵撰《爾雅註》卷下（釋蟲）
宋·鄭樵撰《通志》卷七六（蟲魚類）
明·方以智撰《通雅》卷四七（動物·蟲）
明·朱謀㙔撰《駢雅》卷七
明·張自烈撰，清·廖文英續《正字通》申集中（虫部）
清·洪震煊撰《夏小正疏義》卷一
清·宋書升撰《夏小正釋義》
清·邵晉涵撰《爾雅正義》卷一六（釋蟲第十五）
清·李元撰《蠕範》卷五（物製第十）
清·方旭撰《蟲薈》卷三

杜格

三國魏・吳普等述，清・孫星衍、孫馮翼同輯《神農本草經》卷一

杜蛒

漢・揚雄撰，晉・郭璞注《輶軒使者絕代語釋別國方言》卷一一

晉・郭璞注，唐・陸德明音義，宋・邢昺疏《爾雅注疏》卷九（釋蟲）

元・戴侗撰《六書故》卷二〇

明・方以智撰《通雅》卷四七（動物・蟲）

清・邵晉涵撰《爾雅正義》卷一六（釋蟲第十五）

清・張宗泰撰《爾雅注疏本正誤》卷三（釋蟲）

清・沈廷芳撰《十三經注疏正字》卷八一（釋蟲第十五）

清・李元撰《蠕範》卷五（物製第十）

清・方旭撰《蟲薈》卷三

直翅類

清・（日）西師意譯，竇樂安、許家惺審定《動物學教科書》

松公

南朝梁・顧野王撰，宋・陳彭年等重修《重修玉篇》卷二五

炙鼠

三國魏・張楫撰《廣雅》卷六

三國魏・張揖撰，隋・曹憲音解《博雅》卷一〇《釋蟲》

三國魏・吳普等述，清・孫星衍、孫馮翼同輯《神農本草經》卷一

明・朱謀㙔撰《駢雅》卷七

清・邵晉涵撰《爾雅正義》卷一六（釋蟲第十五）

清・方旭撰《蟲薈》卷三

清・李元撰《蠕範》卷五（物製第十）

姑

漢・揚雄撰，晉・郭璞注《輶軒使者絕代語釋別國方言》卷一一

津姑

三國魏・張楫撰《廣雅》卷六

三國魏・張揖撰，隋・曹憲音解《博雅》卷一〇《釋蟲》

三國魏・吳普等述，清・孫星衍、孫馮翼同輯《神農本草經》卷一

明・朱謀㙔撰《駢雅》卷七

清・邵晉涵撰《爾雅正義》卷一六（釋蟲第十五）

清・方旭撰《蟲薈》卷三

清・李元撰《蠕範》卷五（物製第十）

梧鼠

宋・唐慎微撰，寇宗奭衍義《證類本草》卷二二

宋・蘇頌編撰，胡乃長、王致譜輯注《圖經本草》下卷（蟲魚部第十五）

明・李時珍撰《本草綱目》卷四一

清・李元撰《蠕範》卷五（物製第十）

清・方旭撰《蟲薈》卷三

清・牟應震撰《毛詩物名考》卷四

蛄

漢・揚雄撰，晉・郭璞注《輶軒使者絕代語釋別國方言》卷一一

漢・許慎撰，宋・徐鉉增釋《說文解字》卷一三上

宋・唐慎微撰，寇宗奭衍義《證類本草》卷二二

蚰蜓

清・阿桂、劉瑾之等撰《欽定盛京通志》卷一〇七（蟲豸類）

偷火蟲

清・李元撰《蠕範》卷五（物製第十）

清・方旭撰《蟲薈》卷三

斑蝥

清・阿桂、劉瑾之等撰《欽定盛京通志》卷一〇七（蟲豸類）

蛭

清・李元撰《蠕範》卷五（物製第十）

蛭蝚

清・張玉書、陳廷敬等纂《康熙字典》卷二六（蟲部）

僊蛄

清・李元撰《蠕範》卷五（物製第十）

蛞螻

三國魏・張楫撰《廣雅》卷六

三國魏・張揖撰，隋・曹憲音解《博雅》卷一〇《釋蟲》

三國魏・吳普等述，清・孫星衍、孫馮翼同輯《神農本草經》卷一

晉・郭璞注，唐・陸德明音義，宋・邢昺疏《爾雅注疏》卷九（釋蟲）

明・朱謀㙔撰《駢雅》卷七

清・邵晉涵撰《爾雅正義》卷一六（釋蟲第十五）

清・張玉書、陳廷敬等纂《康熙字典》卷二六（蟲部）

清・李元撰《蠕範》卷五（物製第十）

清・方旭撰《蟲薈》卷三

蛥蚗

清・張玉書、陳廷敬等纂《康熙字典》卷二六

蛘

元・戴侗撰《六書故》卷二〇

蜈蚣

清・阿桂、劉瑾之等撰《欽定盛京通志》卷一〇七（蟲豸類）

蛒螻

漢・揚雄撰，晉・郭璞注《輶軒使者絕代語釋別國方言》卷一一

三國魏・吳普等述，清・孫星衍、孫馮翼同輯《神農本草經》卷一

清・畢沅撰《夏小正考注》

清·洪震煊撰《夏小正疏義》卷一
清·宋書升撰《夏小正釋義》
清·邵晉涵撰《爾雅正義》卷一六（釋蟲第十五）

蜉蝣

清·阿桂、劉瑾之等撰《欽定盛京通志》卷一〇七（蟲豸類）

碩鼠

晉·崔豹撰《古今注》卷中（蟲魚第五）
晉·郭璞注，唐·陸德明音義，宋·邢昺疏《爾雅注疏》卷九（釋蟲）
宋·羅願撰，元·洪焱祖音釋《爾雅翼》卷二六（釋蟲）
宋·唐慎微撰，寇宗奭衍義《證類本草》卷二二
宋·蘇頌編撰，胡乃長、王致譜輯注《圖經本草》下卷（蟲魚部第十五）
明·張自烈撰，清·廖文英續《正字通》申集中（虫部）
明·方以智撰《通雅》卷四七（動物·蟲）
清·汪照撰《大戴禮注補》卷二
清·任兆麟撰《夏小正補注》卷一
清·邵晉涵撰《爾雅正義》卷一六（釋蟲第十五）
清·李元撰《蠕範》卷五（物製第十）
清·方旭撰《蟲薈》卷三
清·牟應震撰《毛詩物名考》卷四

喧蟹

清·李元撰《蠕範》卷五（物製第十）

螨蜍

南朝梁·顧野王撰，宋·陳彭年等重修《重修玉篇》卷二五

蚝

宋·司馬光撰《類篇》卷三八
遼·釋行均《龍龕手鑒》（蟲部第二）
清·戴鎣撰《爾雅郭注補正》卷八（釋蟲第十五）
清·張玉書、陳廷敬等纂《康熙字典》卷二六（蟲部）

蚝螻

漢·揚雄撰，晉·郭璞注《輶軒使者絕代語釋別國方言》卷一一
晉·郭璞著《爾雅音圖》（釋蟲）
晉·郭璞注，唐·陸德明音義，宋·邢昺疏《爾雅注疏》卷九（釋蟲）
南朝梁·顧野王撰，宋·陳彭年等重修《重修玉篇》卷二五
宋·陸佃撰《爾雅新義》卷一五（釋蟲第十五）
宋·鄭樵撰《爾雅註》卷下（釋蟲）
宋·司馬光撰《類篇》卷三八
宋·鄭樵撰《通志》卷七六（蟲魚類）
元·戴侗撰《六書故》卷二〇
明·張自烈撰，清·廖文英續《正字通》申集中（虫部）
清·戴鎣撰《爾雅郭注補正》卷八（釋蟲第十五）
清·邵晉涵撰《爾雅正義》卷一六（釋蟲第十五）
清·張宗泰撰《爾雅注疏本正誤》卷三（釋蟲）
清·方旭撰《蟲薈》卷三
清·沈廷芳撰《十三經注疏正字》卷八一（釋蟲第十五）
清·張玉書、陳廷敬等纂《康熙字典》卷二六（蟲部）

蝎

清·李元撰《蠕範》卷五（物製第十）

螜

晉·崔豹撰《古今注》卷中（蟲魚第五）
五代·馬縞撰《中華古今注》卷下
宋·羅願撰，元·洪焱祖音釋《爾雅翼》卷二六（釋蟲）
宋·唐慎微撰，寇宗奭衍義《證類本草》卷二二
明·李時珍撰《本草綱目》卷四一
明·方以智撰《通雅》卷四七（動物·蟲）
明·王圻、王思義輯《三才圖會》卷六（鳥獸）
清·段玉裁撰《說文解字注》卷一三下

螜

漢·揚雄撰，晉·郭璞注《輶軒使者絕代語釋別國方言》卷一一
三國魏·吳普等述，清·孫星衍、孫馮翼同輯《神農本草經》卷一
南朝梁·顧野王撰，宋·陳彭年等重修《重修玉篇》卷二五
宋·蘇頌編撰，胡乃長、王致譜輯注《圖經本草》下卷（蟲魚部第十五）
元·戴侗撰《六書故》卷二〇
清·汪照撰《大戴禮注補》卷二
清·諸錦撰《夏小正詁》
清·畢沅撰《夏小正考注》
清·宋書升撰《夏小正釋義》
清·秦蕙田撰《五禮通考》卷一九九
清·張宗泰撰《爾雅注疏本正誤》卷三（釋蟲）

蟈蛄

清·沈廷芳撰《十三經注疏正字》卷八一（釋蟲第十五）
清·段玉裁撰《說文解字注》卷一三下
宋·陸佃撰《埤雅》卷一一（釋蟲）
清·李元撰《蠕範》卷五（物製第十）

蜡

清·李元撰《蠕範》卷五（物製第十）

蝗蟹

宋·司馬光撰《類篇》卷三八

蝚

《爾雅》
漢·揚雄撰，晉·郭璞注《輶軒使者絕代語釋別國方言》卷一一
晉·郭璞著《爾雅音圖》（釋蟲）
晉·郭璞注，唐·陸德明音義，宋·邢昺疏《爾雅注疏》卷九（釋蟲）

宋・司馬光撰《類篇》卷三八
宋・陸佃撰《爾雅新義》卷一五（釋蟲第十五）
宋・鄭樵撰《爾雅註》卷下（釋蟲）
宋・鄭樵撰《通志》卷七六（蟲魚類）
元・戴侗撰《六書故》卷二〇
明・張自烈撰，清・廖文英續《正字通》申集中（虫部）
明・方以智撰《通雅》卷四七（動物・蟲）
清・戴鎣撰《爾雅郭注補正》卷八（釋蟲第十五）
清・邵晉涵撰《爾雅正義》卷一六（釋蟲第十五）
清・張宗泰撰《爾雅注疏本正誤》卷三（釋蟲）
清・沈廷芳撰《十三經注疏正字》卷八一（釋蟲第十五）
清・方旭撰《蟲薈》卷三
清・張玉書、陳廷敬等纂《康熙字典》卷二六（蟲部）

�

宋・鄭樵撰《爾雅註》卷下（釋蟲）
元・戴侗撰《六書故》卷二〇
清・李元撰《蠕範》卷五（物製第十）

蝵

《爾雅》
元・戴侗撰《六書故》卷二〇

螌

《爾雅》
漢・許慎撰，宋・徐鉉增釋《說文解字》卷一三下
晉・郭璞著《爾雅音圖》（釋蟲）
晉・郭璞注，唐・陸德明音義，宋・邢昺疏《爾雅注疏》卷九（釋蟲）
宋・陸佃撰《爾雅新義》卷一五（釋蟲第十五）
宋・鄭樵撰《爾雅註》卷下（釋蟲）
宋・司馬光撰《類篇》卷三八
明・張自烈撰，清・廖文英續《正字通》申集中（虫部）
清・畢沅撰《夏小正考注》
清・任兆麟撰《夏小正補注》卷一
清・洪震煊撰《夏小正疏義》卷一
清・任基振撰《爾雅注疏箋補》卷下（釋蟲第十五）
清・戴鎣撰《爾雅郭注補正》卷八（釋蟲第十五）
清・邵晉涵撰《爾雅正義》卷一六（釋蟲第十五）
清・沈廷芳撰《十三經注疏正字》卷八一（釋蟲第十五）
清・郝懿行撰《爾雅郭注義疏》卷下三（釋蟲第十五）
清・方旭撰《蟲薈》卷三

螌

宋・陸佃撰《埤雅》卷一一（釋蟲）
宋・鄭樵撰《通志》卷七六（蟲魚類）
清・李元撰《蠕範》卷五（物製第十）
清・周春撰《爾雅補注》卷四

盧鉤

清・李元撰《蠕範》卷五（物製第十）

臭蟲

宋・陸佃撰《埤雅》卷一一（釋蟲）

蟈黽

明・張自烈撰，清・廖文英續《正字通》申集中（虫部）

蝸蛉

三國魏・張揖撰，隋・曹憲音解《博雅》卷一〇《釋蟲》

螻

漢・揚雄撰，晉・郭璞注《輶軒使者絕代語釋別國方言》卷一一
漢・許慎撰，宋・徐鉉增釋《說文解字》卷一三上
宋・唐慎微撰，寇宗奭衍義《證類本草》卷二二
宋・司馬光撰《類篇》卷三八
宋・羅願撰，元・洪焱祖音釋《爾雅翼》卷二六（釋蟲）
明・張自烈撰，清・廖文英續《正字通》申集中（虫部）
明・方以智撰《通雅》卷四七（動物・蟲）
清・宋書升撰《夏小正釋義》
清・邵晉涵撰《爾雅正義》卷一六（釋蟲第十五）
清・張玉書、陳廷敬等纂《康熙字典》卷二六（蟲部）
清・段玉裁撰《說文解字注》卷一三下
清・陳元龍撰《格致鏡原》卷九八

螻姑

三國魏・張楫撰《廣雅》卷六
清・沈廷芳撰《十三經注疏正字》卷八一（釋蟲第十五）

螻蛄

漢・許慎撰，宋・徐鉉增釋《說文解字》卷一三上
漢・揚雄撰，晉・郭璞注《輶軒使者絕代語釋別國方言》卷一一
漢・王逸撰《楚辭章句》卷一七（九思・逢尤）
三國魏・張揖撰，隋・曹憲音解《博雅》卷一〇《釋蟲》
晉・郭璞注，唐・陸德明音義，宋・邢昺疏《爾雅注疏》卷九（釋蟲）
晉・崔豹撰《古今注》卷中（蟲魚第五）
晉・郭璞著《爾雅音圖》（釋蟲）
晉・郭璞注，唐・陸德明音義，宋・邢昺疏《爾雅注疏》卷九（釋蟲）
晉・幹寶撰《搜神記》卷二〇
南朝梁・顧野王撰，宋・陳彭年等重修《重修玉篇》卷二五
五代・馬縞撰《中華古今注》卷下
唐・瞿曇悉達撰《唐開元占經》卷一二〇
宋・唐慎微撰，寇宗奭衍義《證類本草》卷二二
宋・司馬光撰《類篇》卷三八
宋・鄭樵撰《爾雅註》卷下（釋蟲）
宋・鄭樵撰《通志》卷七六（蟲魚類）
宋・陸佃撰《埤雅》卷一一（釋蟲）
宋・項安世述《周易玩辭》卷七（鼫鼠）
宋・羅願撰，元・洪焱祖音釋《爾雅翼》卷二六（釋蟲）

宋·蘇頌編撰，胡乃長、王致譜輯注《圖經本草》下卷（蟲魚部第十五）
宋·李昉等撰《太平廣記》卷四七三（昆蟲一）
遼·釋行均《龍龕手鑒》（蟲部第二）
元·戴侗撰《六書故》卷二〇
元·楊恒撰《六書統》卷一八
明·李時珍撰《本草綱目》卷四一
明·馮復京撰《六家詩名物疏》卷四三（大田）
明·朱謀㙔撰《駢雅》卷七
明·張自烈撰，清·廖文英續《正字通》申集中（虫部）
明·方以智撰《通雅》卷四七（動物·蟲）
明·王圻、王思義輯《三才圖會》卷六（鳥獸）
清·汪照撰《大戴禮注補》卷二
清·諸錦撰《夏小正詁》
清·畢沅撰《夏小正考注》
清·任兆麟撰《夏小正補注》卷一
清·洪震煊撰《夏小正疏義》卷一
清·宋書升撰《夏小正釋義》
清·秦蕙田撰《五禮通考》卷一九九
清·張玉書、陳廷敬等纂《康熙字典》卷二六（蟲部）
清·沈廷芳撰《十三經注疏正字》卷七八
清·阿桂、劉瑾之等撰《欽定盛京通志》卷一〇七（蟲豸類）
清·王士禛撰《池北偶談》卷一九（相鼠鼫鼠）
清·（日）西師意譯，竇樂安、許家惺審定《動物學教科書》
清·段玉裁撰《說文解字注》卷一三下
清·李元撰《蠕範》卷五（物製第十）
清·郝懿行撰《爾雅（郭注）義疏》卷下三（釋蟲第十五）
清·陳元龍撰《格致鏡原》卷九八
清·方旭撰《蟲薈》卷三
清·趙佑撰《草木疏校正》下卷（去其螟螣機器蟊賊）
清·牟應震撰《毛詩物名考》卷四
清·顧棟高撰《毛詩類釋》卷一八（釋蟲）
清·（英）艾約瑟撰《動物學啟蒙》卷八（環節動物）
清·吳儀洛著《本草從新》（蟲魚鱗介部）
清·嚴偉、劉芷芬修，秦錫田纂《上海府縣志輯·南匯縣續志》卷二〇（風俗志）

螻蛉

明·朱謀㙔撰《駢雅》卷七

螻蜮

三國魏·張楫撰《廣雅》卷六
三國魏·吳普等述，清·孫星衍、孫馮翼同輯《神農本草經》卷一
三國魏·張揖撰，隋·曹憲音解《博雅》卷一〇《釋蟲》
清·邵晉涵撰《爾雅正義》卷一六（釋蟲第十五）
清·方旭撰《蟲薈》卷三

螻蟈

三國魏·吳普等述，清·孫星衍、孫馮翼同輯《神農本草經》卷一
宋·羅願撰，元·洪焱祖音釋《爾雅翼》卷二六（釋蟲）
明·李時珍撰《本草綱目》卷四一
明·張自烈撰，清·廖文英續《正字通》申集中（虫部）
明·方以智撰《通雅》卷四七（動物·蟲）
明·王圻、王思義輯《三才圖會》卷六（鳥獸）
清·汪照撰《大戴禮注補》卷二
清·宋書升撰《夏小正釋義》
清·秦蕙田撰《五禮通考》卷一九九
清·任基振撰《爾雅注疏箋補》卷下（釋蟲第十五）
清·邵晉涵撰《爾雅正義》卷一六（釋蟲第十五）
清·阿桂、劉瑾之等撰《欽定盛京通志》卷一〇七（蟲豸類）
清·李元撰《蠕範》卷五（物製第十）
清·陳元龍撰《格致鏡原》卷九八
清·趙佑撰《草木疏校正》下卷（去其螟螣機器蟊賊）

螻蠙

宋·羅願撰，元·洪焱祖音釋《爾雅翼》卷二六（釋蟲）
清·李元撰《蠕範》卷五（物製第十）

螻蝗

漢·揚雄撰，晉·郭璞注《輶軒使者絕代語釋別國方言》卷一一
三國魏·吳普等述，清·孫星衍、孫馮翼同輯《神農本草經》卷一
晉·郭璞注，唐·陸德明音義，宋·邢昺疏《爾雅注疏》卷九（釋蟲）
宋·陸佃撰《埤雅》卷一一（釋蟲）
宋·司馬光撰《類篇》卷三八
元·戴侗撰《六書故》卷二〇
明·張自烈撰，清·廖文英續《正字通》申集中（虫部）
明·朱謀㙔撰《駢雅》卷七
明·方以智撰《通雅》卷四七（動物·蟲）
清·宋書升撰《夏小正釋義》
清·邵晉涵撰《爾雅正義》卷一六（釋蟲第十五）
清·張玉書、陳廷敬等纂《康熙字典》卷二六（蟲部）
清·沈廷芳撰《十三經注疏正字》卷八一（釋蟲第十五）
清·李元撰《蠕範》卷五（物製第十）
清·方旭撰《蟲薈》卷三

蟓蛉

漢·揚雄撰，晉·郭璞注《輶軒使者絕代語釋別國方言》卷一一
三國魏·張楫撰《廣雅》卷六
三國魏·吳普等述，清·孫星衍、孫馮翼同輯《神農本草經》卷一

晋•郭璞注，唐•陸德明音義，宋•邢昺疏《爾雅注疏》卷九（釋蟲）
宋•司馬光撰《類篇》卷三八
元•戴侗撰《六書故》卷二〇
明•張自烈撰，清•廖文英續《正字通》申集中（虫部）
明•朱謀㙔撰《駢雅》卷七
明•張自烈撰，清•廖文英續《正字通》申集中（虫部）
明•方以智撰《通雅》卷四七（動物•蟲）
清•洪震煊撰《夏小正疏義》卷一
清•宋書升撰《夏小正釋義》
清•邵晉涵撰《爾雅正義》卷一六（釋蟲第十五）
清•李元撰《蠕範》卷五（物製第十）
清•方旭撰《蟲薈》卷三

螰蛉

宋•司馬光撰《類篇》卷三八
明•張自烈撰，清•廖文英續《正字通》申集中（虫部）

蝨

元•戴侗撰《六書故》卷二〇

螲

南朝梁•顧野王撰，宋•陳彭年等重修《重修玉篇》卷二五
遼•釋行均《龍龕手鑒》（蟲部第二）
清•張宗泰撰《爾雅注疏本正誤》卷三（釋蟲）
清•沈廷芳撰《十三經注疏正字》卷八一（釋蟲第十五）
清•張玉書、陳廷敬等纂《康熙字典》卷二六（蟲部）

蟊

《詩經》
元•戴侗撰《六書故》卷二〇
明•馮復京撰《六家詩名物疏》卷四三（大田）
明•張自烈撰，清•廖文英續《正字通》申集中（虫部）
清•徐鼎撰《毛詩名物圖說》卷三
清•余蕭客撰《古經解鉤沉》卷三〇
清•張玉書、陳廷敬等纂《康熙字典》卷二六（蟲部）
清•段玉裁撰《說文解字注》卷一三下
清•陳大章撰《詩傳名物集覽》卷五（蟲豸）
清•趙佑撰《草木疏校正》下卷（去其螟螣蟊賊）
清•顧棟高撰《毛詩類釋》卷一八（釋蟲）

螅蛄

三國魏•吳普等述，清•孫星衍、孫馮翼同輯《神農本草經》卷一
宋•鄭樵撰《通志》卷七六（蟲魚類）
宋•羅願撰，元•洪焱祖音釋《爾雅翼》卷二六（釋蟲）
宋•唐慎微撰，寇宗奭衍義《證類本草》卷二二
遼•釋行均《龍龕手鑒》（蟲部第二）
明•李時珍撰《本草綱目》卷四一
明•方以智撰《通雅》卷四七（動物•蟲）
清•任基振撰《爾雅注疏箋補》卷下（釋蟲第十五）
清•邵晉涵撰《爾雅正義》卷一六（釋蟲第十五）
清•張玉書、陳廷敬等纂《康熙字典》卷二六（蟲部）
清•李元撰《蠕範》卷五（物製第十）
清•方旭撰《蟲薈》卷三
清•嚴偉、劉芷芬修，秦錫田纂《上海府縣志輯•南匯縣續志》卷二〇（風俗志）

鼫鼠

宋•項安世述《周易玩辭》卷七（鼫鼠）
清•汪照撰《大戴禮注補》卷二
清•張玉書、陳廷敬等纂《康熙字典》卷二六（蟲部）
清•王士禛撰《池北偶談》卷一九（相鼠鼫鼠）
清•牟應震撰《毛詩物名考》卷四

蟦

宋•司馬光撰《類篇》卷三八

鼯鼠

清•阿桂、劉瑾之等撰《欽定盛京通志》卷一〇七（蟲豸類）
明•方以智撰《通雅》卷四七（動物•蟲）

蠪螻

明•方以智撰《通雅》卷四七（動物•蟲）
清•張玉書、陳廷敬等纂《康熙字典》卷二六（蟲部）
清•李元撰《蠕範》卷五（物製第十）

蠠

清•張玉書、陳廷敬等纂《康熙字典》卷二六（蟲部）

蠹

三國魏•吳普等述，清•孫星衍、孫馮翼同輯《神農本草經》卷一
清•張玉書、陳廷敬等纂《康熙字典》卷二六（蟲部）

蠿

清•段玉裁撰《說文解字注》卷一三下

蠿蟊

南朝梁•顧野王撰，宋•陳彭年等重修《重修玉篇》卷二五

蝨

清•段玉裁撰《說文解字注》卷一三下

蠽

漢•許慎撰，宋•徐鉉增釋《說文解字》卷一三下
晋•郭璞注，唐•陸德明音義，宋•邢昺疏《爾雅注疏》卷九（釋蟲）
南朝梁•顧野王撰，宋•陳彭年等重修《重修玉篇》卷二五
元•楊恒撰《六書統》卷一八
明•張自烈撰，清•廖文英續《正字通》申集中（虫部）
清•畢沅撰《夏小正考注》
清•段玉裁撰《說文解字注》卷一三下

蠪螻

《爾雅》

小蝼蛄 *Gryllotalpa formosana*

蛇螻

晉・郭璞著《爾雅音圖》(釋蟲)

蝚

晉・郭璞著《爾雅音圖》(釋蟲)

螻蛄

晉・郭璞著《爾雅音圖》(釋蟲)

东方蝼蛄 *Gryllotalpa orientalis*

天螻

晉・郭璞著《爾雅音圖》(釋蟲)

螜

晉・郭璞著《爾雅音圖》(釋蟲)

蝨

《詩經》

螻蛄

晉・郭璞著《爾雅音圖》

大蝼蛄 *Gryllotalpa unispina*

天螻

晉・郭璞著《爾雅音圖》(釋蟲)

螜

晉・郭璞著《爾雅音圖》(釋蟲)

蝨

《詩經》

螻蛄

晉・郭璞著《爾雅音圖》(釋蟲)

蛸目 Phasmatodea

竹節蟲

清・(日)鳥羽源藏著，林森滌庵甫譯《科學世界》(昆蟲標本製作法)

直翅類

清・(日)鳥羽源藏著，林森滌庵甫譯《科學世界》(昆蟲標本製作法)

蛸

南朝梁・顧野王撰，宋・陳彭年等重修《重修玉篇》卷二五

明・張自烈撰，清・廖文英續《正字通》申集中（虫部）

清・張玉書、陳廷敬等纂《康熙字典》卷二六

杆蛸科 Bacillidae

竹節蟲

清・柯璜譯編，(日)箕作佳吉著《博物學講義・動物篇》第九章（節足動物・昆蟲類）

清・鐘元棣修，張雋、邢定綸纂《海南府縣志輯・民國崖州志》卷四（物産）

斷腸草

清・朱占科修，周宗洛等纂《雲南省順寧府志》(物産)

叶蛸科 Phylliidae

叶蛸 *Phyllium* spp.

龐蜂

唐・劉恂撰《嶺表録異》卷中

龐降

明・李時珍撰《本草綱目》卷四〇

清・嵇璜、曹仁虎等撰《續通志》卷一七八

蠬蜂

清・嵇璜、曹仁虎等撰《續通志》卷一七八

清・趙學敏輯《本草綱目拾遺（下)》卷一〇

蠬蠭

清・李調元輯《南越筆記》卷一二

蠬蠭

清・李調元輯《南越筆記》卷一二

纺足目 Embioptera

蟻

清・周鐘瑄修，陳夢林等纂《諸羅縣誌》

清・懷蔭布修，黃任郭賡武纂《泉州府志》

等尾丝蚁科 Oligotomidae

安顺丝蚁 *Aposthonia varians*

筆袋

清・黃樂之、平翰撰，鄭珍纂《貴州省遵義府志》

格林丝蚁 *Oligotoma greeniana*

蚍蜉

清・周鍾瑄修，陳夢林、李欽文纂《臺灣府縣志輯・康熙諸羅縣志》

黃絲蟻

清・周鍾瑄修，陳夢林、李欽文纂《臺灣府縣志輯・康熙諸羅縣志》

清・懷蔭布修，黃任、郭賡武纂《福建府縣志輯・乾隆泉州府志》

黃絲螘

清・薩廉修，陳淑均纂《臺灣府縣志輯・鹹豐臺灣府噶瑪蘭廳志》(物産)

蟻

清・周鍾瑄修，陳夢林、李欽文纂《臺灣府縣志輯・康熙諸羅縣志》

清・懷蔭布修，黃任、郭賡武纂《福建府縣志輯・乾隆泉州府志》

清・薩廉修，陳淑均纂《臺灣府縣志輯・鹹豐臺灣府噶瑪蘭廳志》

蠹目 Psocoptera

窃蠹科 Trogiidae

窃虫 *Trogium pulsatorium*

鬼魅

清・陳元龍撰《格物鏡原》卷一〇〇（昆蟲類五）

竊蟲

唐・封演撰，趙貞信校注《封氏聞見記》卷八

宋・李石撰《續博物志》卷九

清・嵇璜、曹仁虎等撰《續通志》卷一七八

清・方旭撰《蟲薈》卷三

清・李元撰《蠕範》

清・陳元龍撰《格物鏡原》卷一〇〇（昆蟲類五）

清・張玉書、陳延敬等撰《佩文韻府》卷一之二

食毛目 Mallophaga

食毛虱

清・（日）鳥羽源藏著，林森滌庵甫譯《科學世界》（昆蟲標本製作法）

擬脈翅類

清・（日）鳥羽源藏著，林森滌庵甫譯《科學世界》（昆蟲標本製作法）

雞羽蟲

清・（日）鳥羽源藏著，林森滌庵甫譯《科學世界》（昆蟲標本製作法）

蝨

明・陳耀文撰《正楊》卷四（王起）

食毛目

清・（美）克拉克 索爾比著，史紅帥譯《穿越陝甘・1908-1909年克拉克考察隊華北行紀》

短角鸟虱科 Menoponidae

家鸡禽鸟虱 *Menopon gallinoe*

雞蝨

明・穆希文撰《蟫史集》卷一〇

清・李元撰《蠕範》

清・金蓉鏡纂《湖南省靖州鄉土志》（物產）

雞翕虱

明・穆希文撰《蟫史集》卷一〇

雞遊子

清・李元撰《蠕範》

水鸟虱科 Laemobothriidae

水鸟虱 *Laemobothrion* sp.

鳥虱

清・（美）克拉克 索爾比著，史紅帥譯《穿越陝甘・1908-1909年克拉克考察隊華北行紀》

长角鸟虱科 Philopteridae

家鸭长鸟虱 *Anaticola crassicornis*

鶩蝨

明・穆希文撰《蟫史集》卷一〇

兽鸟虱科 Trichodectidae

猫鸟虱 *Felicola subrostratus*

貓蝨

明・穆希文撰《蟫史集》卷一〇

虱目 Anoplura

丹鴻

清・方旭撰《蟲薈》卷三

清・李元撰《蠕範》

清・姚培謙、張卿雲輯《類腋》卷一〇（物部）

有吻類

清・（日）鳥羽源藏著，林森滌庵甫譯《科學世界》（昆蟲標本製作法）

清・和欽撰《科學世界》（蝨之學說）

琵琶蟲

明・穆希文撰《蟫史集》卷一〇

清・嵇璜、曹仁虎等撰《續通志》卷一七八

無翅類

清・和欽撰《科學世界》（蝨之學說）

幾瑟

明・張自烈撰，清・廖文英續《正字通》申集中（虫部）

清・段玉裁撰《說文解字注》

清・李元撰《蠕範》

虱

宋・唐慎微撰，寇宗奭衍義《證類本草》卷二二

遼・釋行均《龍龕手鑒》（蟲部第二）

明・張自烈撰，清・廖文英續《正字通》申集中（虫部）

明・吳楚材輯《彊識畧》卷三二

明・李時珍撰《本草綱目》卷四〇

明・陳耀文撰《天中記》卷五七

明・劉胤昌撰《劉氏類山》卷四

明・劉仲達輯《劉氏鴻書》卷九三（昆蟲部）

清・張玉書、陳廷敬等纂《康熙字典》卷二六

清・陳元龍撰《格物鏡原》卷九七（昆蟲類二）

清・周靖撰《篆隸考異》卷三

清・席紹葆等修，謝鳴謙、謝鳴盛纂《湖南府縣志輯・辰州府志》

蝨

南朝梁・顧野王撰，宋・陳彭年等重修《重修玉篇》卷二五

唐・段成式撰《酉陽雜俎》卷一七

宋·司馬光撰《類篇》卷三八
宋·羅願撰，元·洪焱祖音釋《爾雅翼》卷二六（釋蟲三）
宋·趙汝鐩撰《野穀詩稿》卷三
宋·周密著《齊東野語》卷一七（嚼蝨）
遼·釋行均《龍龕手鑒》（蟲部第二）
明·張自烈撰，清·廖文英續《正字通》申集中（虫部）
明·徐炬輯《新鐫古今事物原始全書》卷二九
明·吳楚材輯《彊識畧》卷三二
明·穆希文撰《蟫史集》卷一〇
明·李時珍撰《本草綱目》卷四〇
明·彭大翼撰，張幼學增訂《山堂肆考》卷二二八
明·謝肇淛著《五雜俎》卷九（物部）
明·劉胤昌撰《劉氏類山》卷四
清·段玉裁撰《說文解字注》
清·張玉書、陳廷敬等纂《康熙字典》卷二六
清·周靖撰《篆隸考異》卷三
清·席紹葆等修，謝鳴謙、謝鳴盛纂《湖南府縣志輯·辰州府志》
清·和欽撰《科學世界》（蝨之學說）
清·（日）鳥羽源藏著·林森滌庵甫譯《科學世界》（昆蟲標本製作法）
清·嵇璜、曹仁虎等撰《續通志》卷一七八
清·陳元龍撰《格物鏡原》卷九七（昆蟲類二）
清·陳元龍編《歷代賦匯》卷一四〇（李商隱撰《蝨賦》）、（陳龜蒙撰（後蝨賦·有序）
清·方旭撰《蟲薈》卷三
清·王士禛撰《香祖筆記》卷三
清·宗源瀚、郭式昌修，周學濬、陸心源纂《浙江府縣志輯·湖州府志》卷三三
清·李元撰《蠕範》
清·何焯、陳鵬年撰《欽定分類字錦》卷五九（蚤蝨第十一）
清·姚培謙、張卿雲輯《類腋》卷一〇

蝨子

遼·釋行均《龍龕手鑒》（蟲部第二）
漢·許慎撰，宋·徐鉉增釋《說文解字》卷一〇上
明·吳楚材輯《彊識畧》卷三二
明·彭大翼撰，張幼學增訂《山堂肆考》卷二二八
清·段玉裁撰《說文解字注》
清·陳元龍撰《格物鏡原》卷九七（昆蟲類二）

蟣

漢·許慎撰，宋·徐鉉增釋《說文解字》卷一三下
南朝梁·顧野王撰，宋·陳彭年等重修《重修玉篇》卷二五
宋·司馬光撰《類篇》卷三八
遼·釋行均《龍龕手鑒》（蟲部第二）
明·張自烈撰，清·廖文英續《正字通》申集中（虫部）
明·吳楚材輯《彊識畧》卷三二
明·穆希文撰《蟫史集》卷一〇
清·和欽撰《科學世界》（蝨之學說）
清·段玉裁撰《說文解字注》
清·嵇璜、曹仁虎等撰《續通志》卷一七八
清·席紹葆等修，謝鳴謙、謝鳴盛纂《湖南府縣志輯·辰州府志》
清·陳元龍撰《格物鏡原》卷九七（昆蟲類二）
明·彭大翼撰，張幼學增訂《山堂肆考》卷二二八
明·張自烈撰，清·廖文英續《正字通》申集中（虫部）

虱蟣

南朝梁·顧野王撰，宋·陳彭年等重修《重修玉篇》卷二五

蟣虱

清·周靖撰《篆隸考異》卷三

蟣蝨

南朝梁·顧野王撰，宋·陳彭年等重修《重修玉篇》卷二五
宋·羅願撰，元·洪焱祖音釋《爾雅翼》卷二六（釋蟲三）
明·張自烈撰，清·廖文英續《正字通》申集中（虫部）
明·劉胤昌撰《劉氏類山》卷四
清·段玉裁撰《說文解字注》
清·張玉書、陳廷敬等纂《康熙字典》卷二六
清·周靖撰《篆隸考異》卷三
清·姚培謙、張卿雲輯《類腋》卷一〇（物部）

蟦

清·陳元龍撰《格物鏡原》卷九七（昆蟲類二）
清·嵇璜、曹仁虎等撰《續通志》卷一七八

齧人蟲

漢·許慎撰，宋·徐鉉增釋《說文解字》卷一三下
宋·司馬光撰《類篇》卷三八
宋·羅願撰，元·洪焱祖音釋《爾雅翼》卷二六（釋蟲三）
明·吳楚材輯《彊識畧》卷三二
明·穆希文撰《蟫史集》卷一〇
明·彭大翼撰，張幼學增訂《山堂肆考》卷二二八
清·張玉書、陳廷敬等纂《康熙字典》卷二六
清·陳元龍撰《格物鏡原》卷九七（昆蟲類二）
清·段玉裁撰《說文解字注》
清·席紹葆等修，謝鳴謙、謝鳴盛纂《湖南府縣志輯·辰州府志》
清·宗源瀚、郭式昌修，周學濬、陸心源纂《浙江府縣志輯·湖州府志》卷三三

虱颯

宋·司馬光撰《類篇》卷三八

蟣

宋·司馬光撰《類篇》卷三八

明・張自烈撰，清・廖文英續《正字通》申集中（虫部）
清・張玉書、陳廷敬等纂《康熙字典》卷二六

蝨

遼・釋行均《龍龕手鑒》（蟲部第二）
明・張自烈撰，清・廖文英續《正字通》申集中（虫部）
清・張玉書、陳廷敬等纂《康熙字典》卷二六

蝨

遼・釋行均《龍龕手鑒》（蟲部第二）
清・張玉書、陳廷敬等纂《康熙字典》卷二六

蝨

遼・釋行均《龍龕手鑒》（蟲部第二）

蝨

遼・釋行均《龍龕手鑒》（蟲部第二）

蝨

遼・釋行均《龍龕手鑒》（蟲部第二）
清・張玉書、陳廷敬等纂《康熙字典》卷二六

螠蝨

清・張玉書、陳廷敬等纂《康熙字典》卷二六

虱

清・陳元龍撰《格物鏡原》

血虱科 Haematopinidae

驴血虱 *Haematopinus asini*

馬虱

明・穆希文撰《蟫史集》卷一〇

蟣虱

明・穆希文撰《蟫史集》卷一〇
清・何東銘纂《四川府縣志輯・邛嶲野録》

牛虱 *Haematopinus eurysternus*

牛虱

明・張自烈撰，清・廖文英續《正字通》申集中（虫部）
清・方旭撰《蟲薈》卷三
清・何東銘纂《四川府縣志輯・邛嶲野録》
清・金蓉鏡纂輯《湖南省靖州鄉土志》

牛蝨

清・張玉書、陳廷敬等纂《康熙字典》卷二六

牛螕

清・方旭撰《蟲薈》卷三
清・何東銘纂《四川府縣志輯・邛嶲野録》

牛蜱

清・何東銘纂《四川府縣志輯・邛嶲野録》

猪血虱 *Haematopinus suis*

豕虱

明・穆希文撰《蟫史集》卷一〇
清・李元撰《蠕範》
清・嵇璜、曹仁虎等撰《續通志》卷一七八

豬虱

清・金蓉鏡纂輯《湖南省靖州鄉土志》

明・張自烈撰，清・廖文英續《正字通》申集中（虫部）

濡需

清・李元撰《蠕範》
清・嵇璜、曹仁虎等撰《續通志》卷一七八

水中血虱 *Haematopinus tubercutatus*

牛虱

明・穆希文撰《蟫史集》卷一〇

颚虱科 Linognathidae

狗颚虱 *Linognathus setosus*

狗蝨

明・穆希文撰《蟫史集》卷一〇
清・張玉書、陳廷敬等纂《康熙字典》卷二六
清・嵇璜、曹仁虎等撰《續通志》卷一七八

虱科 Pediculidae

蝨

明・王圻、王思義輯《三才圖會》卷六
清・宗源瀚、郭式昌修，周學濬、陸心源纂《浙江府縣志輯・湖州府志》
清・吳應廉修，王映斗纂《海南府縣志輯・光緒安定縣志》

虱

漢・許慎撰，宋・徐鉉增釋《説文解字》卷一三下
明・王圻、王思義輯《三才圖會》卷六
明・李時珍撰《本草綱目》卷四〇

齧人蟲

漢・許慎撰，宋・徐鉉增釋《説文解字》卷一三下
元・郝經撰，苟宗道注《郝氏續後漢書》卷六九
明・王圻、王思義輯《三才圖會》卷六
清・宗源瀚、郭式昌修，周學濬、陸心源纂《浙江府縣志輯・湖州府志》

人蝨

明・李時珍撰《本草綱目》卷四〇
清・李元撰《蠕範》

丹鴻

清・李元撰《蠕範》

衣虱

清・李元撰《蠕範》

琵琶蟲

清・李元撰《蠕範》

蟣

漢・許慎撰，宋・徐鉉增釋《説文解字》卷一三上
明・王圻、王思義輯《三才圖會》卷六
清・李元撰《蠕範》

蟣虱

明・李時珍撰《本草綱目》卷一七上、卷三六

头虱 *Pediculus capitis*

蝨

明·李時珍撰《本草綱目》卷四〇

清·萬青黎、周家楣修，張之洞、繆荃孫纂《北京府縣志輯·光緒順天府志》

齧人蟲

清·萬青黎、周家楣修，張之洞、繆荃孫纂《北京府縣志輯·光緒順天府志》

蝨子

漢·許慎撰，宋·徐鉉增釋《說文解字》卷一三上

清·萬青黎、周家楣修，張之洞、繆荃孫纂《北京府縣志輯·光緒順天府志》

虱

明·李時珍撰《本草綱目》卷四〇

蟣

漢·許慎撰，宋·徐鉉增釋《說文解字》卷一三上

明·李時珍撰《本草綱目》卷四〇

頭蝨

宋·羅願撰《爾雅翼》卷二六

明·吳楚材輯《強識略》卷三一

明·李時珍撰《本草綱目》卷四〇

明·張自烈撰，清·廖文英續《正字通》申集中（虫部）

清·和欽撰《科學世界》

清·嵇璜、劉墉等撰《續通志》卷一七八

清·陳元龍撰《格物鏡原》卷九七

清·方旭撰《蟲薈》卷三

清·宗源瀚、郭式昌修，周學濬、陸心源纂《浙江府縣志輯·湖州府志》

清·金蓉鏡纂輯《湖南省靖州鄉土志》（物產）

体虱 *Pediculus corporis*

人虱

明·張自烈撰，清·廖文英續《正字通》申集中（虫部）

清·金蓉鏡纂輯《湖南省靖州鄉土志》

身虱

元·郝經撰，荀宗道注《郝氏續後漢書》卷六九

明·李時珍撰《本草綱目》卷四〇

清·金蓉鏡纂輯《湖南省靖州鄉土志》

清·陳元龍撰《格物鏡原》卷九七

清·方旭撰《蟲薈》卷三

身蝨

明·張自烈撰，清·廖文英續《正字通》申集中（虫部）

清·嵇璜、劉墉等撰《續通志》卷一七八

虱

明·李時珍撰《本草綱目》卷四〇

蝨

元·戴侗撰《六書故》卷二〇

明·李時珍撰《本草綱目》卷四〇

明·張自烈撰，清·廖文英續《正字通》申集中（虫部）

清·金蓉鏡纂輯《湖南省靖州鄉土志》

蟣

漢·許慎撰，宋·徐鉉增釋《說文解字》卷一三上

元·戴侗撰《六書故》卷二〇

明·李時珍撰《本草綱目》卷四〇

齧人蟲

元·戴侗撰《六書故》卷二〇

明·張自烈撰，清·廖文英續《正字通》申集中（虫部）

清·金蓉鏡纂輯《湖南省靖州鄉土志》

白虱

元·戴侗撰《六書故》卷二〇

蛭

漢·許慎撰，宋·徐鉉增釋《說文解字》卷一〇上

齊

漢·許慎撰，宋·徐鉉增釋《說文解字》卷一三上

蝨子

漢·許慎撰，宋·徐鉉增釋《說文解字》卷一三上

阴虱科 Phthiridae

阴虱 *Phthirus pubis*

陰虱

明·李時珍撰《本草綱目》卷四〇

清·李元撰《蠕範》

缨翅目 Thysanoptera★

蜚

周·《春秋》

宋·鄭樵撰《通志》卷七六

宋·羅願撰，元·洪焱祖音釋《爾雅翼》卷二七（釋蟲）

明·張溥輯《漢魏六朝百三家集》卷五七（晉·郭璞《蜚》）

明·穆希文撰《蟫史集》卷一一

明·王圻、王思義輯《三才圖會》卷六

清·任基振撰《爾雅注疏箋補》卷三

草蟲

宋·鄭樵撰《通志》卷七六

香娘子

宋·羅願撰，元·洪焱祖音釋《爾雅翼》卷二七（釋蟲）

明·王圻、王思義輯《三才圖會》卷六

★我国历史上蜚字名称早有记载。《春秋》："庄公二十九年秋有蜚。"即公元前665年秋季蜚害稼成灾。邹树文1988年在《诗经》《春秋》书中所记的害虫中说："蜚字在《春秋》及《左传》共两见，究竟是什么虫，古注的说法不一，我们假定为蟑螂，因为郭璞说它是臭虫的缘故。"但是根据相关蜚的记载，多数生秋天干燥季节，体细小，有集群习性，清晨集结于谷穗上危害，使之干枯不实等，经考证我们认为是缨翅目昆虫的蓟马。（黄复生2016年）

負盤

宋•鄭樵撰《通志》卷七六

宋•羅願撰，元•洪焱祖音釋《爾雅翼》卷二七（釋蟲）

明•王圻、王思義輯《三才圖會》卷六

明•穆希文撰《蟫史集》卷一一

清•任基振撰《爾雅注疏箋補》卷三

負盤蟲

明•彭大翼撰，張幼學增訂《山堂肆考》卷二二八（好吸稻花）

明•穆希文撰《蟫史集》卷一一

負蠜

宋•羅願撰，元•洪焱祖音釋《爾雅翼》卷二七（釋蟲）

清•任基振撰《爾雅注疏箋補》卷三

清•陳元龍撰《格物鏡原》卷一〇〇（昆蟲類五）

蚤

明•王圻、王思義輯《三才圖會》卷六

臭蟲

宋•鄭樵撰《通志》卷七六

宋•羅願撰，元•洪焱祖音釋《爾雅翼》卷二七（釋蟲）

明•王圻、王思義輯《三才圖會》卷六

蜚盤蟲

宋•羅願撰，元•洪焱祖音釋《爾雅翼》卷二七（釋蟲）

明•王圻、王思義輯《三才圖會》卷六

蜚蠊

宋•鄭樵撰《通志》卷七六

明•彭大翼撰，張幼學增訂《山堂肆考》卷二二八（好吸稻花）

明•王圻、王思義輯《三才圖會》卷六

蜚廉

明•穆希文撰《蟫史集》卷一一

蜰

宋•鄭樵撰《通志》卷七六

宋•羅願撰，元•洪焱祖音釋《爾雅翼》卷二七（釋蟲）

明•彭大翼撰，張幼學增訂《山堂肆考》卷二二八（好吸稻花）

明•王圻、王思義輯《三才圖會》卷六

明•穆希文撰《蟫史集》卷一一

清•陳元龍撰《格物鏡原》卷一〇〇（昆蟲類五）

蝱

宋•羅願撰，元•洪焱祖音釋《爾雅翼》卷二七（釋蟲）

明•王圻、王思義輯《三才圖會》卷六

蝱蟲

宋•羅願撰《爾雅翼》卷二七（釋蟲）

蠦蜰

宋•鄭樵撰《通志》卷七六

明•穆希文撰《蟫史集》卷一一

清•任基振撰《爾雅注疏箋補》卷三

過街

明•王圻、王思義輯《三才圖會》卷六

蓟马科 Thripidae

稻蓟马 *Stenchaetothrips biformis*

小飛蟲

清•方旭撰《蟲薈》卷三

負蠜

清•方旭撰《蟲薈》卷三

蜚

明•方以智撰《通雅》卷四七《動物•蟲》

明•張自烈撰，清•廖文英續《正字通》申集中（虫部）

清•方旭撰《蟲薈》卷三

清•範鐘湘、陳傅德修，金念祖、黃世祚纂《上海府縣志輯•嘉定縣續志》

同翅目 Homoptera

介殼蟲

清•（日）烏羽源藏著，林森滌庵甫譯《科學世界》（昆蟲標本製作法）

清•柯璜譯編，（日）箕作佳吉著《博物學講義•動物篇》（動物各論）第九章

有吻類

清•（日）烏羽源藏著，林森滌庵甫譯《科學世界》（昆蟲標本製作法）

清•柯璜譯編，（日）箕作佳吉著《博物學講義•動物篇》（動物各論）第九章

蚜蟲

清•柯璜譯編，（日）箕作佳吉著《博物學講義•動物篇》（動物各論）第九章

清•（日）烏羽源藏著，林森滌庵甫譯《科學世界》（昆蟲標本製作法）

浮塵子

清•柯璜譯編，（日）箕作佳吉著《博物學講義•動物篇》（動物各論）第九章

清•（日）烏羽源藏著，林森滌庵甫譯《科學世界》（昆蟲標本製作法）

蜉塵子

清•（日）西師意譯，竇樂安、許家惺審定《動物學教科書》

蟬

漢•許慎撰，宋•徐鉉增釋《說文解字》卷一三上

漢•揚雄撰，晉•郭璞注《輶軒使者絕代語釋別國方言》卷一一

清•（日）烏羽源藏著，林森滌庵甫譯《科學世界》（昆蟲標本製作法）

清•柯璜譯編，（日）箕作佳吉著《博物學講義•動物篇》

（動物各論）第九章
清•高賡恩等纂修《綏遠全志》

蟬類

清•（日）西師意譯，竇樂安、許家惺審定《動物學教科書》

蝉科 Cicadidae

不蜩

《爾雅》
宋•陸佃撰《爾雅新義》卷一五
清•劉玉麐撰《爾雅校議》卷下（釋蟲第十五）
清•翟灝撰《爾雅補郭》卷下
清•郝懿行撰《爾雅義疏》卷下三（釋蟲第十五）

小蟬

清•畢沅撰《夏小正考注》

王蚥

《爾雅》
宋•陸佃撰《爾雅新義》卷一五
清•劉玉麐撰《爾雅校議》卷下（釋蟲第十五）
清•翟灝撰《爾雅補郭》卷下
清•郝懿行撰《爾雅義疏》卷下三（釋蟲第十五）

山蟬

漢•揚雄撰，晉•郭璞注《輶軒使者絕代語釋別國方言》卷一一
晉•郭象注《莊子注》卷一（內篇逍遙遊第一）
宋•吳曾撰《能改齋漫錄》卷八（山蟬帶響穿疏戶）
元•戴侗撰《六書故》卷二〇
清•邵晉涵撰《爾雅正義》卷一六（釋蟲第十五）

玉女

清•黃中松撰《詩疑辨證》卷三（蜩）
清•李元撰《蠕範》卷三（物聲第六）

仙蟲

清•李元撰《蠕範》卷三（物聲第六）

巨蛣

漢•揚雄撰，晉•郭璞注《輶軒使者絕代語釋別國方言》卷一一
明•張自烈撰，清•廖文英續《正字通》申集中（虫部）
清•郝懿行撰《爾雅義疏》卷下三（釋蟲第十五）

良蜩

漢•戴德撰，北周•盧辯註《大戴禮記》第四七（夏小正）
漢•揚雄撰，晉•郭璞注《輶軒使者絕代語釋別國方言》卷一一
清•牟應震著《毛詩物名考》卷四
清•汪照撰《大戴禮注補》卷二
清•諸錦撰《夏小正詁》
清•邵晉涵撰《爾雅正義》卷一六（釋蟲第十五）
清•焦循撰《毛詩草木鳥獸蟲魚釋》卷七
清•王夫之撰《詩經稗疏》卷三

社樂

清•李元撰《蠕範》卷三（物聲第六）

青林樂

清•李元撰《蠕範》卷三（物聲第六）

范

清•李元撰《蠕範》

茅截

晉•郭璞注，唐•陸德明音義，宋•邢昺疏《爾雅注疏》卷九（釋蟲）
晉•郭璞著《爾雅音圖》（釋蟲第十五）
清•焦循撰《毛詩草木鳥獸蟲魚釋》卷三
清•黃中松撰《詩疑辨證》卷三（蜩）
清•戴鎣撰《爾雅郭注補正》卷八（釋蟲第十五）
清•邵晉涵撰《爾雅正義》卷一六（釋蟲第十五）
清•郝懿行撰《爾雅義疏》卷下三（釋蟲第十五）
清•嵇璜、曹仁虎等撰《續通志》卷一七八

茅蜩

漢•揚雄撰，晉•郭璞注《輶軒使者絕代語釋別國方言》卷一一
晉•郭璞注，唐•陸德明音義，宋•邢昺疏《爾雅注疏》卷九（釋蟲）
晉•郭璞著《爾雅音圖》（釋蟲第十五）
宋•陸佃撰《爾雅新義》卷一五
宋•鄭樵撰《爾雅註》卷下（釋蟲）
元•戴侗撰《六書故》卷二〇
明•張自烈撰，清•廖文英續《正字通》申集中（虫部）
明•方以智撰《通雅》（動物•蟲）
明•李時珍撰《本草綱目》卷四一
清•焦循撰《毛詩草木鳥獸蟲魚釋》卷三
清•陳大章撰《詩傳名物集覽》卷五（蟲豸•螓首蛾眉）
清•黃中松撰《詩疑辨證》卷三（蜩）
清•姜兆錫撰《爾雅注疏參議》卷六（釋蟲第十五）
清•劉玉麐撰《爾雅校議》卷下（釋蟲第十五）
清•任基振撰《爾雅注疏箋補》卷下（釋蟲第十五）
清•段玉裁撰《說文解字注》
清•戴鎣撰《爾雅郭注補正》卷八（釋蟲第十五）
清•邵晉涵撰《爾雅正義》卷一六（釋蟲第十五）
清•郝懿行撰《爾雅義疏》卷下三（釋蟲第十五）
清•嵇璜、曹仁虎等撰《續通志》卷一七八
清•沈廷芳撰《十三經注疏正字》卷八一（釋蟲第十五）

盂蜩

明•吳楚材撰《強識略》卷三二

盂蜩

漢•揚雄撰，晉•郭璞注《輶軒使者絕代語釋別國方言》卷一一

清・劉玉麐撰《爾雅校議》卷下（釋蟲第十五）
清・任基振撰《爾雅注疏箋補》卷下（釋蟲第十五）
清・邵晉涵撰《爾雅正義》卷一六（釋蟲第十五）

茅蠿

南朝梁・顧野王撰，宋・陳彭年等重修《重修玉篇》卷二五
明・李時珍撰《本草綱目》卷四一
明・張自烈撰，清・廖文英續《正字通》申集中（虫部）
清・段玉裁撰《說文解字注》
清・張玉書、陳廷敬等纂《康熙字典》卷二六（蟲部）

蝨蠿

元・楊恒撰《六書統》卷一八
明・方以智撰《通雅》（動物・蟲）

茅蠽

清・李元撰《蠕範》卷三（物聲第六）

蓋蠽

漢・揚雄撰，晉・郭璞注《輶軒使者絕代語釋別國方言》卷一一
清・邵晉涵撰《爾雅正義》卷一六（釋蟲第十五）

虎縣

宋・蘇頌編撰，胡乃長、王致譜輯注《圖經本草》上卷（蟲魚部第十四）
明・李時珍撰《本草綱目》
清・汪照撰《大戴禮注補》卷二
清・畢沅撰《夏小正考注》

虎懸

清・洪震煊撰《夏小正疏義》卷二
清・戴鍌撰《爾雅郭注補正》卷八（釋蟲第十五）
清・邵晉涵撰《爾雅正義》卷一六（釋蟲第十五）
清・李元撰《蠕範》卷三（物聲第六）
清・嵇璜、曹仁虎等撰《續通志》卷一七八

虭

南朝梁・顧野王撰，宋・陳彭年等重修《重修玉篇》卷二五
明・張自烈撰，清・廖文英續《正字通》申集中（虫部）
清・張玉書、陳廷敬等纂《康熙字典》卷二六（蟲部）

虭蛥

清・張玉書、陳廷敬等纂《康熙字典》卷二六（蟲部）

虭蟟

三國吳・陸璣撰《毛詩草木鳥獸魚蟲疏》卷下
三國吳・陸璣撰，清・丁晏校正《毛詩草木鳥獸蟲魚疏校正》卷下
明・張自烈撰，清・廖文英續《正字通》申集中（虫部）
清・焦循撰《陸氏草木鳥獸蟲魚疏疏》卷下
清・焦循撰《毛詩草木鳥獸蟲魚釋》卷一〇
清・汪照撰《大戴禮注補》卷二
清・李元撰《蠕範》卷三（物聲第六）
清・沈廷芳撰《十三經注疏正字》卷八一（釋蟲第十五）
清・趙佑撰《草木疏校正》卷下（如蜩如螗）

虭蟧

漢・揚雄撰，晉・郭璞注《輶軒使者絕代語釋別國方言》卷一一
宋・宋祁撰《景文集》卷二（感虭蟧賦並序）
明・張自烈撰，清・廖文英續《正字通》申集中（虫部）
清・陳大章撰《詩傳名物集覽》卷五（蟲豸・螓首蛾眉）
清・邵晉涵撰《爾雅正義》卷一六（釋蟲第十五）
清・張玉書、陳廷敬等纂《康熙字典》卷二六（蟲部）
清・李元撰《蠕範》卷三（物聲第六）
清・嵇璜、曹仁虎等撰《續通志》卷一七八

虭勞

晉・郭象注《莊子注》卷一（內篇逍遙遊第一）

金牛

清・李元撰《蠕範》卷三（物聲第六）

金牛兒

明・李時珍撰《本草綱目》卷四一

春蟬

清・牟應震著《毛詩物名考》卷四

都蟟

清・牟應震著《毛詩物名考》卷四

草蟬

清・牟應震著《毛詩物名考》卷四

胡笳

清・和珅、梁國治等撰《熱河志》卷九六

綽爾齊

清・和珅、梁國治等撰《熱河志》卷九六

胡螓

宋・羅願撰，元・洪焱祖音釋《爾雅翼》卷二七（釋蟲）
明・王圻、王思義輯《三才圖會》鳥獸卷六

胡蟬

漢・揚雄撰，晉・郭璞注《輶軒使者絕代語釋別國方言》卷一一
晉・郭璞注，唐・陸德明音義，宋・邢昺疏《爾雅注疏》卷九（釋蟲）
晉・郭璞著《爾雅音圖》（釋蟲第十五）
宋・陸佃撰《埤雅》卷一一（釋蟲）
元・戴侗撰《六書故》卷二〇
明・張自烈撰，清・廖文英續《正字通》申集中（虫部）
明・王圻、王思義輯《三才圖會》鳥獸卷六
明・李時珍撰《本草綱目》卷四一
明・季本撰《詩說解頤》卷四（字義）
清・焦循撰《毛詩草木鳥獸蟲魚釋》卷一〇
清・陳大章撰《詩傳名物集覽》卷五（蟲豸・螓首蛾眉）
清・黃中松撰《詩疑辨證》卷三（蜩）
清・汪照撰《大戴禮注補》卷二
清・戴鍌撰《爾雅郭注補正》卷八（釋蟲第十五）

清・邵晉涵撰《爾雅正義》卷一六（釋蟲第十五）
清・郝懿行撰《爾雅義疏》卷下三（釋蟲第十五）
清・李元撰《蠕範》卷三（物聲第六）
清・沈廷芳撰《十三經注疏正字》卷八一（釋蟲第十五）
清・王夫之撰《詩經稗疏》卷三

蝴蟬

明・方以智撰《通雅》（動物・蟲）

枯蟬

宋・羅願撰，元・洪焱祖音釋《爾雅翼》卷二七（釋蟲）
宋・蘇頌編撰，胡乃長、王致譜輯注《圖經本草》上卷（蟲魚部第十四）
宋・鄭樵撰《通志》卷七六（蟲魚類）
明・李時珍撰《本草綱目》卷四一
清・李元撰《蠕範》卷三（物聲第六）

梏蟬

清・洪震煊撰《夏小正疏義》卷二

匽蟟

清・諸錦撰《夏小正詁》

秋蟬

宋・陸佃撰《埤雅》卷一一（釋蟲）
明・張自烈撰，清・廖文英續《正字通》申集中（虫部）
清・任基振撰《爾雅注疏箋補》卷下（釋蟲第十五）
清・邵晉涵撰《爾雅正義》卷一六（釋蟲第十五）

音樂

清・李元撰《蠕範》卷三（物聲第六）

冠蟬

明・李時珍撰《本草綱目》卷四一
明・張自烈撰，清・廖文英續《正字通》申集中（虫部）
清・陳大章撰《詩傳名物集覽》卷五（蟲豸・螓首蛾眉）
清・李元撰《蠕範》卷三（物聲第六）

馬蚻

明・張自烈撰，清・廖文英續《正字通》申集中（虫部）

馬蜇

清・李元撰《蠕範》卷三（物聲第六）

馬蜩

三國魏・張揖撰，隋・曹憲音解《博雅》卷一〇《釋蟲》
漢・揚雄撰，晉・郭璞注《輶軒使者絕代語釋別國方言》卷一一
漢・許慎撰，宋・徐鉉增釋《說文解字》卷一三上
晉・郭璞注，唐・陸德明音義，宋・邢昺疏《爾雅注疏》卷九（釋蟲）
晉・郭璞著《爾雅音圖》（釋蟲第十五）
南朝梁・顧野王撰，宋・陳彭年等重修《重修玉篇》卷二五
南唐・徐鍇撰，朱翱反切《說文繫傳》卷二五
宋・羅願撰，元・洪焱祖音釋《爾雅翼》卷二七（釋蟲）
宋・陸佃撰《爾雅新義》卷一五
宋・鄭樵撰《爾雅註》卷下（釋蟲）
宋・司馬光撰《類篇》卷三八
元・戴侗撰《六書故》卷二〇
明・張自烈撰，清・廖文英續《正字通》申集中（虫部）
明・方以智撰《通雅》（動物・蟲）
明・李時珍撰《本草綱目》卷四一
明・吳楚材撰《強識略》卷三二
清・陳大章撰《詩傳名物集覽》卷五（蟲豸・螓首蛾眉）
清・黃中松撰《詩疑辨證》卷三（蜩）
清・姜兆錫撰《爾雅注疏參議》卷六（釋蟲第十五）
清・任基振撰《爾雅注疏箋補》卷下（釋蟲第十五）
清・張玉書、陳廷敬等纂《康熙字典》卷二六（蟲部）
清・戴鎣撰《爾雅郭注補正》卷八（釋蟲第十五）
清・邵晉涵撰《爾雅正義》卷一六（釋蟲第十五）
清・郝懿行撰《爾雅義疏》卷下三（釋蟲第十五）
清・段玉裁撰《說文解字注》
清・李元撰《蠕範》卷三（物聲第六）
清・王夫之撰《詩經稗疏》卷三

馬蜘蟉

明・劉侗撰《促織志》

馬蛹

清・牟應震著《毛詩物名考》卷四

馬蟬

晉・郭璞注，唐・陸德明音義，宋・邢昺疏《爾雅注疏》卷九（釋蟲）
晉・郭璞著《爾雅音圖》（釋蟲第十五）
明・張自烈撰，清・廖文英續《正字通》申集中（虫部）
明・李時珍撰《本草綱目》
清・陳大章撰《詩傳名物集覽》卷五（蟲豸・螓首蛾眉）
清・戴鎣撰《爾雅郭注補正》卷八（釋蟲第十五）
清・邵晉涵撰《爾雅正義》卷一六（釋蟲第十五）
清・郝懿行撰《爾雅義疏》卷下三（釋蟲第十五）
清・李元撰《蠕範》卷三（物聲第六）

夏蟬

宋・陸佃撰《埤雅》卷一一（釋蟲）
明・張自烈撰，清・廖文英續《正字通》申集中（虫部）
明・王圻、王思義輯《三才圖會》鳥獸卷六
清・任兆麟撰《夏小正補注》卷二
清・任基振撰《爾雅注疏箋補》卷下（釋蟲第十五）

蛛

南朝梁・顧野王撰，宋・陳彭年等重修《重修玉篇》卷二五
清・張玉書、陳廷敬等纂《康熙字典》卷二六（蟲部）

蚗蜇

清・張玉書、陳廷敬等纂《康熙字典》卷二六

蚍蚗

漢・許慎撰，宋・徐鉉增釋《說文解字》卷一三上

宋・司馬光撰《類篇》卷三八
元・戴侗撰《六書故》卷二〇
清・邵晉涵撰《爾雅正義》卷一六（釋蟲第十五）
清・張玉書、陳廷敬等纂《康熙字典》卷二六（蟲部）
清・段玉裁撰《說文解字注》

蚲蚑

明・張自烈撰，清・廖文英續《正字通》申集中（虫部）

虲

漢・揚雄撰，晉・郭璞注《輶軒使者絕代語釋別國方言》卷一一
宋・司馬光撰《類篇》卷三八

蚜

宋・司馬光撰《類篇》卷三八
元・戴侗撰《六書故》卷二〇
元・楊恒撰《六書統》卷一八
明・張自烈撰，清・廖文英續《正字通》申集中（虫部）
清・邵晉涵撰《爾雅正義》卷一六（釋蟲第十五）
清・張玉書、陳廷敬等纂《康熙字典》卷二六（蟲部）

蚜蚗

清・張玉書、陳廷敬等纂《康熙字典》卷二六（蟲部）
清・李元撰《蠕範》卷三（物聲第六）

蛃

漢・許慎撰，宋・徐鉉增釋《說文解字》卷一三上
明・張自烈撰，清・廖文英續《正字通》申集中（虫部）
明・方以智撰《通雅》（動物・蟲）
清・張玉書、陳廷敬等纂《康熙字典》卷二六（蟲部）
清・段玉裁撰《說文解字注》

特蝬

清・穆應震著《毛詩物名考》卷四

唐匽

清・沈廷芳撰《十三經注疏正字》卷三（釋蟲）

唐蜩

漢・戴德撰，北周・盧辯註《大戴禮記》第四七（夏小正）
漢・揚雄撰，晉・郭璞注《輶軒使者絕代語釋別國方言》卷一一
明・方以智撰《通雅》（動物・蟲）
清・汪照撰《大戴禮注補》卷二
清・諸錦撰《夏小正詁》
清・畢沅撰《夏小正考注》
清・任兆麟撰《夏小正補注》卷二
清・宋書升撰《夏小正釋義》
清・王夫之撰《詩經稗疏》卷三

螗

《詩經》
南朝梁・顧野王撰，宋・陳彭年等重修《重修玉篇》卷二五
宋・蔡卞撰《毛詩名物解》卷一二（釋蟲）
宋・陸佃撰《埤雅》卷一一（釋蟲）
元・戴侗撰《六書故》卷二〇
明・方以智撰《通雅》（動物・蟲）
明・季本撰《詩說解頤》卷四（字義）
清・徐鼎撰《毛詩名物圖說》卷三
清・牟應震著《毛詩物名考》卷四
清・焦循撰《陸氏草木鳥獸蟲魚疏疏》卷下
清・焦循撰《毛詩草木鳥獸蟲魚釋》卷一〇
清・黃中松撰《詩疑辨證》卷三（蜩）
清・陳淏子輯《秘傳花鏡》卷六
清・陳淏子輯，伊欽恒校注《花鏡》修訂本（養昆蟲法）
清・焦循撰《毛詩草木鳥獸蟲魚釋》卷七

螗蛦

漢・揚雄撰，晉・郭璞注《輶軒使者絕代語釋別國方言》卷一一
晉・郭璞著《爾雅音圖》（釋蟲第十五）
晉・郭璞注，唐・陸德明音義，宋・邢昺疏《爾雅注疏》卷九（釋蟲）
清・陳大章撰《詩傳名物集覽》卷五（蟲豸・螓首蛾眉）
清・黃中松撰《詩疑辨證》卷三（蜩）
清・劉玉麐撰《爾雅校議》卷下（釋蟲第十五）
清・張玉書、陳廷敬等纂《康熙字典》卷二六（蟲部）
清・戴鎣撰《爾雅郭注補正》卷八（釋蟲第十五）
清・邵晉涵撰《爾雅正義》卷一六（釋蟲第十五）
清・李元撰《蠕範》卷三（物聲第六）
清・嵇璜、曹仁虎等撰《續通志》卷一七八

螗蜋

宋・鄭樵撰《爾雅註》卷下（釋蟲）

螗蜩

漢・揚雄撰，晉・郭璞注《輶軒使者絕代語釋別國方言》卷一一
晉・郭璞注，唐・陸德明音義，宋・邢昺疏《爾雅注疏》卷九（釋蟲）
晉・郭璞著《爾雅音圖》（釋蟲第十五）
宋・陸佃撰《爾雅新義》卷一五
宋・陸佃撰《埤雅》卷一一（釋蟲）
宋・鄭樵撰《爾雅註》卷下（釋蟲）
宋・鄭樵撰《通志》卷七六（蟲魚類）
宋・羅願撰，元・洪焱祖音釋《爾雅翼》卷二七（釋蟲）
宋・蔡卞撰《毛詩名物解》卷一二（釋蟲）
元・戴侗撰《六書故》卷二〇
明・張自烈撰，清・廖文英續《正字通》申集中（虫部）
明・王圻、王思義輯《三才圖會》鳥獸卷六
明・李時珍撰《本草綱目》卷四一
明・張自烈撰，清・廖文英續《正字通》申集中（虫部）

明・季本撰《詩說解頤》卷四（字義）
清・徐鼎撰《毛詩名物圖說》卷三
清・陳大章撰《詩傳名物集覽》卷五（蟲豸・螓首蛾眉）
清・黄中松撰《詩疑辨證》卷三（蜩）
清・姜兆錫撰《爾雅注疏參議》卷六（釋蟲第十五）
清・劉玉麐撰《爾雅校議》卷下（釋蟲第十五）
清・任基振撰《爾雅注疏箋補》卷下（釋蟲第十五）
清・戴鎣撰《爾雅郭注補正》卷八（釋蟲第十五）
清・邵晉涵撰《爾雅正義》卷一六（釋蟲第十五）
清・郝懿行撰《爾雅義疏》卷下三（釋蟲第十五）
清・余蕭客撰《古經解鉤沉》卷三〇
清・李元撰《蠕範》卷三（物聲第六）
清・嵇璜、曹仁虎等撰《續通志》卷一七八
清・沈廷芳撰《十三經注疏正字》卷八一（釋蟲第十五）
清・段玉裁撰《說文解字注》
清・焦循撰《毛詩草木鳥獸蟲魚釋》卷七
清・王夫之撰《詩經稗疏》卷三

蚻蝘

宋・羅願撰，元・洪焱祖音釋《爾雅翼》卷二七（釋蟲）
清・焦循撰《毛詩草木鳥獸蟲魚釋》卷一〇
清・邵晉涵撰《爾雅正義》卷一六（釋蟲第十五）
清・沈廷芳撰《十三經注疏正字》卷八一（釋蟲第十五）
清・張玉書、陳廷敬等纂《康熙字典》卷二六（蟲部）
清・嵇璜、曹仁虎等撰《續通志》卷一七八
清・段玉裁撰《說文解字注》
清・王夫之撰《詩經稗疏》卷三

蚻蟬

三國吳・陸璣撰《毛詩草木鳥獸魚蟲疏》卷下
三國吳・陸璣撰，清・丁晏校正《毛詩草木鳥獸蟲魚疏校正》卷下
清・焦循撰《陸氏草木鳥獸蟲魚疏疏》卷下

蚻蜺

宋・陸佃撰《埤雅》卷一一（釋蟲）
遼・釋行均撰《龍龕手鑒》卷二
元・戴侗撰《六書故》卷二〇
明・張自烈撰，清・廖文英續《正字通》申集中（虫部）
明・王圻、王思義輯《三才圖會》鳥獸卷六
清・郝懿行撰《爾雅義疏》卷下三（釋蟲第十五）
清・沈廷芳撰《十三經注疏正字》卷八一（釋蟲第十五）
清・張玉書、陳廷敬等纂《康熙字典》卷二六（蟲部）
清・沈廷芳撰《十三經注疏正字》卷八一（釋蟲第十五）

唐蜺

清・焦循撰《毛詩草木鳥獸蟲魚釋》卷一〇

麥札

清・嵇璜、劉墉等撰《續通志》卷一七八
清・諸錦撰《夏小正詁》

麥蚻

漢・揚雄撰，晉・郭璞注《輶軒使者絕代語釋別國方言》卷一一
晉・郭璞注，唐・陸德明音義，宋・邢昺疏《爾雅注疏》卷九（釋蟲）
明・張自烈撰，清・廖文英續《正字通》申集中（虫部）
明・方以智撰《通雅》（動物・蟲）
明・李時珍撰《本草綱目》卷四一
清・焦循撰《毛詩草木鳥獸蟲魚釋》卷三
清・陳大章撰《詩傳名物集覽》卷五（蟲豸・螓首蛾眉）
清・汪照撰《大戴禮注補》卷二
清・諸錦撰《夏小正詁》
清・秦蕙田撰《五禮通考》卷一九九
清・劉玉麐撰《爾雅校議》卷下（釋蟲第十五）
清・任基振撰《爾雅注疏箋補》卷下（釋蟲第十五）
清・邵晉涵撰《爾雅正義》卷一六（釋蟲第十五）
清・段玉裁撰《說文解字注》
清・張玉書、陳廷敬等纂《康熙字典》卷二六（蟲部）

麥蠽

漢・揚雄撰，晉・郭璞注《輶軒使者絕代語釋別國方言》卷一一
清・焦循撰《毛詩草木鳥獸蟲魚釋》卷三
清・邵晉涵撰《爾雅正義》卷一六（釋蟲第十五）
清・段玉裁撰《說文解字注》

蚻

漢・揚雄撰，晉・郭璞注《輶軒使者絕代語釋別國方言》卷一一
晉・郭璞注，唐・陸德明音義，宋・邢昺疏《爾雅注疏》卷九（釋蟲）
晉・郭璞著《爾雅音圖》（釋蟲第十五）
宋・陸佃撰《爾雅新義》卷一五
宋・鄭樵撰《爾雅註》卷下（釋蟲）
宋・司馬光撰《類篇》卷三八
宋・羅願撰，元・洪焱祖音釋《爾雅翼》卷二七（釋蟲）
宋・蘇頌編撰，胡乃長、王致譜輯注《圖經本草》上卷（蟲魚部第十四）
元・戴侗撰《六書故》卷二〇
明・張自烈撰，清・廖文英續《正字通》申集中（虫部）
明・方以智撰《通雅》（動物・蟲）
清・徐鼎撰《毛詩名物圖說》卷三
清・張玉書、陳廷敬等纂《康熙字典》卷二六（蟲部）
清・牟應震著《毛詩物名考》卷四
清・焦循撰《毛詩草木鳥獸蟲魚釋》卷三
清・陳大章撰《詩傳名物集覽》卷五（蟲豸・螓首蛾眉）
清・黄中松撰《詩疑辨證》卷三（蜩）
清・顧棟高撰《毛詩類釋》卷一八（釋蟲）
清・汪照撰《大戴禮注補》卷二
清・畢沅撰《夏小正考注》
清・任兆麟撰《夏小正補注》卷二
清・洪震煊撰《夏小正疏義》卷二

清·秦蕙田撰《五禮通考》卷一九九
清·姜兆錫撰《爾雅注疏參議》卷六（釋蟲第十五）
清·劉玉麐撰《爾雅校議》卷下（釋蟲第十五）
清·任基振撰《爾雅注疏箋補》卷下（釋蟲第十五）
清·戴鎣撰《爾雅郭注補正》卷八（釋蟲第十五）
清·邵晉涵撰《爾雅正義》卷一六（釋蟲第十五）
清·郝懿行撰《爾雅義疏》卷下三（釋蟲第十五）
清·余蕭客撰《古經解鉤沉》卷三〇
清·嵇璜、曹仁虎等撰《續通志》卷一七八
清·沈廷芳撰《十三經注疏正字》卷八一（釋蟲第十五）

蛪懸

清·沈廷芳撰《十三經注疏正字》卷八一（釋蟲第十五）

蛪

元·楊恒撰《六書統》卷一八

啞蟬

宋·陸佃撰《埤雅》卷一一（釋蟲）
宋·蘇頌編撰，胡乃長、王致譜輯注《圖經本草》上卷（蟲魚部第十四）
明·李時珍撰《本草綱目》卷四一
明·張自烈撰，清·廖文英續《正字通》申集中（虫部）
清·陳大章撰《詩傳名物集覽》卷五（蟲豸·螓首蛾眉）
清·李元撰《蠕範》卷三（物聲第六）

瘂蟬

宋·鄭樵撰《通志》卷七六（蟲魚類）

蛄蟬

清·張玉書、陳廷敬等纂《康熙字典》卷二六（蟲部）

蚨蚗

宋·司馬光撰《類篇》卷三八

蚱

宋·唐慎微撰，寇宗奭衍義《證類本草》卷二一
清·李元撰《蠕範》卷三（物聲第六）

蚱蟬

南朝梁·顧野王撰，宋·陳彭年等重修《重修玉篇》卷二五
宋·羅願撰，元·洪焱祖音釋《爾雅翼》卷二七（釋蟲）
宋·蘇頌編撰，胡乃長、王致譜輯注《圖經本草》上卷（蟲魚部第十四）
宋·鄭樵撰《通志》卷七六（蟲魚類）
明·盧之頤撰《本草乘雅半偈》卷四
明·李時珍撰《本草綱目》卷四一
明·方以智撰《通雅》（動物·蟲）
明·張自烈撰，清·廖文英續《正字通》申集中（虫部）
清·陳大章撰《詩傳名物集覽》卷五（蟲豸·螓首蛾眉）
清·洪震煊撰《夏小正疏義》卷二
清·邵晉涵撰《爾雅正義》卷一六（釋蟲第十五）
清·徐大椿撰《神農本草經百種録》
清·王夫之撰《詩經稗疏》卷三

蛉蛄

漢·揚雄撰，晉·郭璞注《輶軒使者絕代語釋別國方言》卷一一
三國魏·張揖撰，隋·曹憲音解《博雅》卷一〇（釋蟲）
清·黄中松撰《詩疑辨證》卷三（蜩）
清·邵晉涵撰《爾雅正義》卷一六（釋蟲第十五）
清·李元撰《蠕範》卷三（物聲第六）
清·段玉裁撰《說文解字注》

蛁

漢·許慎撰，宋·徐鉉增釋《說文解字》卷一三上
南唐·徐鍇撰，朱翱反切《說文繫傳》卷二五
宋·唐慎微撰，寇宗奭衍義《證類本草》卷二一
清·張玉書、陳廷敬等纂《康熙字典》卷二六（蟲部）
清·段玉裁撰《說文解字注》

蛁蚓

宋·司馬光撰《類篇》卷三八

蛁蟟

漢·揚雄撰，晉·郭璞注《輶軒使者絕代語釋別國方言》卷一一
漢·許慎撰，宋·徐鉉增釋《說文解字》卷一〇
三國魏·張揖撰，隋·曹憲音解《博雅》卷一〇（釋蟲）
南唐·徐鍇撰，朱翱反切《說文繫傳》卷二五
宋·司馬光撰《類篇》卷三八
宋·羅願撰，元·洪焱祖音釋《爾雅翼》卷二七（釋蟲）
宋·梁克家撰《淳熙三山志》卷四二
宋·鄭樵撰《通志》卷七六（蟲魚類）
遼·釋行均撰《龍龕手鑒》卷二
元·戴侗撰《六書故》卷二〇
元·楊恒撰《六書統》卷一八
明·李時珍撰《本草綱目》卷四一
明·張自烈撰，清·廖文英續《正字通》申集中（虫部）
明·方以智撰《通雅》（動物·蟲）
明·王圻、王思義輯《三才圖會》鳥獸卷六
清·徐鼎撰《毛詩名物圖說》卷三
清·陳大章撰《詩傳名物集覽》卷五（蟲豸·螓首蛾眉）
清·任兆麟撰《夏小正補注》卷二
清·邵晉涵撰《爾雅正義》卷一六（釋蟲第十五）
清·張玉書、陳廷敬等纂《康熙字典》卷二六（蟲部）
清·畢沅撰《夏小正考注》
清·段玉裁撰《說文解字注》

蛁蟧

漢·揚雄撰，晉·郭璞注《輶軒使者絕代語釋別國方言》卷一一
南朝梁·顧野王撰，宋·陳彭年等重修《重修玉篇》卷二五
宋·司馬光撰《類篇》卷三八
明·張自烈撰，清·廖文英續《正字通》申集中（虫部）

明·方以智撰《通雅》（動物·蟲）
清·張玉書、陳廷敬等纂《康熙字典》卷二六（蟲部）
清·段玉裁撰《說文解字注》

蛁蟧

清·李元撰《蠕範》卷三（物聲第六）

蜺

漢·揚雄撰，晉·郭璞注《輶軒使者絕代語釋別國方言》卷一一
漢·許慎撰，宋·徐鉉增釋《說文解字》卷一三上
三國魏·張揖撰，隋·曹憲音解《博雅》卷一〇（釋蟲）
晉·郭璞注，唐·陸德明音義，宋·邢昺疏《爾雅注疏》卷九（釋蟲）
晉·郭璞著《爾雅音圖》（釋蟲第十五）
南朝梁·顧野王撰，宋·陳彭年等重修《重修玉篇》卷二五
南唐·徐鍇撰，朱翱反切《說文繫傳》卷二五
宋·羅願撰，元·洪焱祖音釋《爾雅翼》卷二七（釋蟲）
宋·陸佃撰《埤雅》卷一一（釋蟲）
宋·陸佃撰《爾雅新義》卷一五
宋·鄭樵撰《爾雅註》卷下（釋蟲）
宋·司馬光撰《類篇》卷三八
宋·蔡卞撰《毛詩名物解》卷一二（釋蟲）
遼·釋行均撰《龍龕手鑒》卷二
元·戴侗撰《六書故》卷二〇
元·楊恒撰《六書統》卷一八
明·方以智撰《通雅》（動物·蟲）
明·王圻、王思義輯《三才圖會》鳥獸卷六
明·張自烈撰，清·廖文英續《正字通》申集中（虫部）
明·李時珍撰《本草綱目》卷四一
清·陳大章撰《詩傳名物集覽》卷五（蟲豸·螓首蛾眉）
清·黃中松撰《詩疑辨證》卷三（蜩）
清·任兆麟撰《夏小正補注》卷三
清·姜兆錫撰《爾雅注疏參議》卷六（釋蟲第十五）
清·任基振撰《爾雅注疏箋補》卷下（釋蟲第十五）
清·張玉書、陳廷敬等纂《康熙字典》卷二六（蟲部）
清·戴鎣撰《爾雅郭注補正》卷八（釋蟲第十五）
清·邵晉涵撰《爾雅正義》卷一六（釋蟲第十五）
清·郝懿行撰《爾雅義疏》卷下三（釋蟲第十五）
清·李元撰《蠕範》卷三（物聲第六）
清·嵇璜、曹仁虎等撰《續通志》卷一七八
清·沈廷芳撰《十三經注疏正字》卷八一（釋蟲第十五）
清·畢沅撰《夏小正考注》
清·段玉裁撰《說文解字注》
清·焦循撰《毛詩草木鳥獸蟲魚釋》卷七

蛦

明·張自烈撰，清·廖文英續《正字通》申集中（虫部）
清·劉玉麐撰《爾雅校議》卷下（釋蟲第十五）

蜓蚞

漢·揚雄撰，晉·郭璞注《輶軒使者絕代語釋別國方言》卷一一
三國吳·陸璣撰《毛詩草木鳥獸魚蟲疏》卷下
三國吳·陸璣撰，清·丁晏校正《毛詩草木鳥獸蟲魚疏校正》卷下
晉·郭璞注，唐·陸德明音義，宋·邢昺疏《爾雅注疏》卷九（釋蟲）
宋·陸佃撰《埤雅》卷一一（釋蟲）
宋·陸佃撰《爾雅新義》卷一五
宋·司馬光撰《類篇》卷三八
宋·鄭樵撰《爾雅註》卷下（釋蟲）
元·戴侗撰《六書故》卷二〇
明·張自烈撰，清·廖文英續《正字通》申集中（虫部）
明·方以智撰《通雅》（動物·蟲）
明·李時珍撰《本草綱目》卷四一
清·焦循撰《陸氏草木鳥獸蟲魚疏疏》卷下
清·焦循撰《毛詩草木鳥獸蟲魚釋》卷一〇
清·陳大章撰《詩傳名物集覽》卷五（蟲豸·螓首蛾眉）
清·姜兆錫撰《爾雅注疏參議》卷六（釋蟲第十五）
清·任基振撰《爾雅注疏箋補》卷下（釋蟲第十五）
清·邵晉涵撰《爾雅正義》卷一六（釋蟲第十五）
清·張玉書、陳廷敬等纂《康熙字典》卷二六（蟲部）
清·戴鎣撰《爾雅郭注補正》卷八（釋蟲第十五）
清·郝懿行撰《爾雅義疏》卷下三（釋蟲第十五）
清·張宗泰撰《爾雅注疏本正誤》卷三（釋蟲）
清·周靖撰《篆隸考異》卷三
清·嵇璜、曹仁虎等撰《續通志》卷一七八
清·段玉裁撰《說文解字注》
清·趙佑撰《草木疏校正》卷下（如蜩如螗）

蛞

明·張自烈撰，清·廖文英續《正字通》申集中（虫部）

蝅蚼

清·李元撰《蠕範》卷三（物聲第六）

蚈蚑

元·楊恒撰《六書統》卷一八

蚺蚗

南唐·徐鍇撰，朱翱反切《說文繫傳》卷二五
元·楊恒撰《六書統》卷一八
清·李元撰《蠕範》卷三（物聲第六）

蛥蚗

漢·揚雄撰，晉·郭璞注《輶軒使者絕代語釋別國方言》卷一一
三國吳·陸璣撰《毛詩草木鳥獸魚蟲疏》卷下
三國吳·陸璣撰，清·丁晏校正《毛詩草木鳥獸蟲魚疏校正》卷下
晉·郭璞注，唐·陸德明音義，宋·邢昺疏《爾雅注疏》卷九（釋蟲）

宋・司馬光撰《類篇》卷三八
遼・釋行均撰《龍龕手鑒》卷二
明・方以智撰《通雅》(動物・蟲)
明・李時珍撰《本草綱目》卷四一
清・焦循撰《陸氏草木鳥獸蟲魚疏疏》卷下
清・焦循撰《毛詩草木鳥獸蟲魚釋》卷一〇
清・陳大章撰《詩傳名物集覽》卷五(蟲豸・螓首蛾眉)
清・汪照撰《大戴禮注補》卷二
清・任兆麟撰《夏小正補注》卷二
清・任基振撰《爾雅注疏箋補》卷下(釋蟲第十五)
清・邵晉涵撰《爾雅正義》卷一六(釋蟲第十五)
清・張宗泰撰《爾雅注疏本正誤》卷三(釋蟲)
清・張玉書、陳廷敬等纂《康熙字典》卷二六(蟲部)
清・李元撰《蠕範》卷三(物聲第六)
清・嵇璜、曹仁虎等撰《續通志》卷一七八
清・段玉裁撰《說文解字注》
清・趙佑撰《草木疏校正》卷下(如蜩如螗)

蛥蛈

明・張自烈撰,清・廖文英續《正字通》申集中(虫部)

復育

漢・王充撰《論衡》卷二(無形篇)、卷二〇(論死篇)
宋・陸佃撰《埤雅》卷一一(釋蟲)
宋・陸佃撰《埤雅》卷一一(釋蟲)
宋・羅願撰,元・洪焱祖音釋《爾雅翼》卷二七(釋蟲)
清・任兆麟撰《夏小正補注》卷三
清・張玉書、陳廷敬等纂《康熙字典》卷二六(蟲部)
清・邵晉涵撰《爾雅正義》卷一六(釋蟲第十五)
清・李元撰《蠕範》卷三(物聲第六)

寒蜩

漢・揚雄撰,晉・郭璞注《輶軒使者絕代語釋別國方言》卷一一
漢・許慎撰,宋・徐鉉增釋《說文解字》卷一三上
晉・郭璞注,唐・陸德明音義,宋・邢昺疏《爾雅注疏》卷九(釋蟲)
晉・郭璞著《爾雅音圖》(釋蟲第十五)
南唐・徐鍇撰,朱翱反切《說文繫傳》卷二五
宋・陸佃撰《埤雅》卷一一(釋蟲)
宋・陸佃撰《爾雅新義》卷一五
宋・司馬光撰《類篇》卷三八
宋・鄭樵撰《爾雅註》卷下(釋蟲)
宋・羅願撰,元・洪焱祖音釋《爾雅翼》卷二七(釋蟲)
宋・宋祁撰《景文集》卷二(感虭蟧賦並序)
元・戴侗撰《六書故》卷二〇
元・楊桓撰《六書統》卷一八
明・張自烈撰,清・廖文英續《正字通》申集中(虫部)
明・王圻、王思義輯《三才圖會》鳥獸卷六
明・李時珍撰《本草綱目》卷四一
清・陳大章撰《詩傳名物集覽》卷五(蟲豸・螓首蛾眉)
清・黃中松撰《詩疑辨證》卷三(蜩)
清・姜兆錫撰《爾雅注疏參議》卷六(釋蟲第十五)
清・任基振撰《爾雅注疏箋補》卷下(釋蟲第十五)
清・李元撰《蠕範》卷三(物聲第六)
清・戴鎣撰《爾雅郭注補正》卷八(釋蟲第十五)
清・邵晉涵撰《爾雅正義》卷一六(釋蟲第十五)
清・郝懿行撰《爾雅義疏》卷下三(釋蟲第十五)
清・周靖撰《篆隸考異》卷三
清・嵇璜、曹仁虎等撰《續通志》卷一七八
清・沈廷芳撰《十三經注疏正字》卷八一(釋蟲第十五)
清・段玉裁撰《說文解字注》
清・徐文靖撰《管城碩記》卷三〇

寒蜇

晉・郭璞注,唐・陸德明音義,宋・邢昺疏《爾雅注疏》卷九(釋蟲)
晉・郭璞著《爾雅音圖》(釋蟲第十五)
晉・郭象注《莊子注》卷一(內篇逍遙遊第一)
宋・陸佃撰《爾雅新義》卷一五
宋・鄭樵撰《爾雅註》卷下(釋蟲)
宋・鄭樵撰《通志》卷七六(蟲魚類)
宋・司馬光撰《類篇》卷三八
宋・羅願撰,元・洪焱祖音釋《爾雅翼》卷二七(釋蟲)
宋・陸佃撰《埤雅》卷一一(釋蟲)
宋・梁克家撰《淳熙三山志》卷四二
宋・唐慎微撰,寇宗奭衍義《證類本草》卷二一
元・戴侗撰《六書故》卷二〇
明・張自烈撰,清・廖文英續《正字通》申集中(虫部)
明・方以智撰《通雅》(動物・蟲)
明・王圻、王思義輯《三才圖會》鳥獸卷六
明・李時珍撰《本草綱目》卷四一
明・楊慎撰,張士佩編《升菴集》卷八一
清・徐鼎撰《毛詩名物圖說》卷三
清・陳大章撰《詩傳名物集覽》卷五(蟲豸・螓首蛾眉)
清・黃中松撰《詩疑辨證》卷三(蜩)
清・任兆麟撰《夏小正補注》卷二
清・李元撰《蠕範》卷三(物聲第六)
清・戴鎣撰《爾雅郭注補正》卷八(釋蟲第十五)
清・邵晉涵撰《爾雅正義》卷一六(釋蟲第十五)
清・郝懿行撰《爾雅義疏》卷下三(釋蟲第十五)
清・張玉書、陳廷敬等纂《康熙字典》卷二六(蟲部)
清・周靖撰《篆隸考異》卷三
清・嵇璜、曹仁虎等撰《續通志》卷一七八
清・徐文靖撰《管城碩記》卷三〇
清・陳淏子輯《秘傳花鏡》卷六
清・陳淏子輯,伊欽恒校注《花鏡》修訂本(養昆蟲法)
清・焦循撰《毛詩草木鳥獸蟲魚釋》卷七

寒蟬

秦・呂不韋撰,漢・高誘註《呂氏春秋》卷七(孟秋紀

第七·七月紀）
漢·戴德撰，北周·盧辯註《大戴禮記》第四七（夏小正）
漢·揚雄撰，晉·郭璞注《輶軒使者絕代語釋別國方言》卷一一
三國吳·陸璣撰，清·丁晏校正《毛詩草木鳥獸蟲魚疏校正》卷下
晉·郭璞注，唐·陸德明音義，宋·邢昺疏《爾雅注疏》卷九（釋蟲）
晉·郭象注《莊子注》卷一（內篇逍遙遊第一）
南朝梁·顧野王撰，宋·陳彭年等重修《重修玉篇》卷二五
宋·羅願撰，元·洪焱祖音釋《爾雅翼》卷二七（釋蟲）
宋·陸佃撰《埤雅》卷一一（釋蟲）
宋·傅崧卿撰《夏小正戴氏傳》卷三
宋·宋祁撰《景文集》卷二（感蚏蟧賦並序）
宋·吳淑撰並註《事類賦》卷之三〇（蟲部）
宋·鄭樵撰《通志》卷七六（蟲魚類）
遼·釋行均撰《龍龕手鑒》卷二
明·李時珍撰《本草綱目》卷四一
明·張自烈撰，清·廖文英續《正字通》申集中（虫部）
明·方以智撰《通雅》（動物·蟲）
明·王圻、王思義輯《三才圖會》鳥獸卷六
清·徐鼎撰《毛詩名物圖說》卷三
清·陳大章撰《詩傳名物集覽》卷五（蟲豸·螓首蛾眉）
清·黃中松撰《詩疑辨證》卷三（蜩）
清·畢沅撰《夏小正考注》
清·任兆麟撰《夏小正補注》卷三
清·宋書升撰《夏小正釋義》
清·秦蕙田撰《五禮通考》卷一九九
清·任基振撰《爾雅注疏箋補》卷下（釋蟲第十五）
清·邵晉涵撰《爾雅正義》卷一六（釋蟲第十五）
清·郝懿行撰《爾雅義疏》卷下三（釋蟲第十五）
清·李元撰《蠕範》卷三（物聲第六）
清·嵇璜、曹仁虎等撰《續通志》卷一七八
清·徐文靖撰《管城碩記》卷三〇
清·焦循撰《毛詩草木鳥獸蟲魚釋》卷七

蜋蜩

漢·揚雄撰，晉·郭璞注《輶軒使者絕代語釋別國方言》卷一一
晉·郭璞注，唐·陸德明音義，宋·邢昺疏《爾雅注疏》卷九（釋蟲）
晉·郭璞著《爾雅音圖》（釋蟲第十五）
宋·羅願撰，元·洪焱祖音釋《爾雅翼》卷二七（釋蟲）
宋·陸佃撰《爾雅新義》卷一五
宋·陸佃撰《埤雅》卷一一（釋蟲）
宋·鄭樵撰《爾雅註》卷下（釋蟲）
宋·鄭樵撰《通志》卷七六（蟲魚類）
元·戴侗撰《六書故》卷二〇
明·張自烈撰，清·廖文英續《正字通》申集中（虫部）
明·方以智撰《通雅》（動物·蟲）
明·王圻、王思義輯《三才圖會》鳥獸卷六
明·李時珍撰《本草綱目》卷四一
明·季本撰《詩說解頤》卷四（字義）
明·吳楚材撰《強識略》卷三二
清·徐鼎撰《毛詩名物圖說》卷三
清·焦循撰《毛詩草木鳥獸蟲魚釋》卷一〇
清·陳大章撰《詩傳名物集覽》卷五（蟲豸·螓首蛾眉）
清·黃中松撰《詩疑辨證》卷三（蜩）
清·汪照撰《大戴禮注補》卷二
清·畢沅撰《夏小正考注》
清·任兆麟撰《夏小正補注》卷二
清·姜兆錫撰《爾雅注疏參議》卷六（釋蟲第十五）
清·任基振撰《爾雅注疏箋補》卷下（釋蟲第十五）
清·戴鎣撰《爾雅郭注補正》卷八（釋蟲第十五）
清·邵晉涵撰《爾雅正義》卷一六（釋蟲第十五）
清·郝懿行撰《爾雅義疏》卷下三（釋蟲第十五）
清·余蕭客撰《古經解鉤沉》卷三〇
清·李元撰《蠕範》卷三（物聲第六）
清·嵇璜、曹仁虎等撰《續通志》卷一七八
清·宋書升撰《夏小正釋義》
清·陳淏子輯《秘傳花鏡》卷六
清·陳淏子輯，伊欽恒校注《花鏡》修訂本（養昆蟲法）
清·焦循撰《毛詩草木鳥獸蟲魚釋》卷七
清·王夫之撰《詩經稗疏》卷三

鳴蚻

晉·郭璞注，唐·陸德明音義，宋·邢昺疏《爾雅注疏》卷九（釋蟲）
晉·郭璞著《爾雅音圖》（釋蟲第十五）
宋·鄭樵撰《爾雅註》卷下（釋蟲）
明·李時珍撰《本草綱目》
清·汪照撰《大戴禮注補》卷二
清·任兆麟撰《夏小正補注》卷二
清·洪震煊撰《夏小正疏義》卷二
清·沈廷芳撰《十三經注疏正字》

鳴蜩

三國吳·陸璣撰《毛詩草木鳥獸魚蟲疏》卷下
三國吳·陸璣撰，清·丁晏校正《毛詩草木鳥獸蟲魚疏校正》卷下
南唐·徐鍇撰，朱翱反切《說文繫傳》卷二五
宋·梁克家撰《淳熙三山志》卷四二
宋·蘇頌編撰，胡乃長、王致譜輯注《圖經本草》上卷（蟲魚部第十四）
元·戴侗撰《六書故》卷二〇
明·陶宗儀編《說郛》卷四上（如蜩如螗）

清・焦循撰《陸氏草木鳥獸蟲魚疏疏》卷下
清・陳大章撰《詩傳名物集覽》卷五（蟲豸・螓首蛾眉）
清・邵晉涵撰《爾雅正義》卷一六（釋蟲第十五）
清・趙佑撰《草木疏校正》卷下（如蜩如螗）
清・宋書升撰《夏小正釋義》

鳴蟬

宋・蘇頌編撰，胡乃長、王致譜輯注《圖經本草》上卷（蟲魚部第十四）
宋・鄭樵撰《通志》卷七六（蟲魚類）
元・陳基撰《夷白齋稾》卷一（蟬賦）
明・李時珍撰《本草綱目》卷四一
清・陳淏子輯《秘傳花鏡》卷六
清・陳淏子輯，伊欽恒校注《花鏡》修訂本（養昆蟲法）

腹蛸

明・李時珍撰《本草綱目》卷四一
明・盧之頤撰《本草乘雅半偈》卷四
清・陳淏子輯《秘傳花鏡》卷六

腹育

清・陳淏子輯《秘傳花鏡》卷六
清・陳淏子輯，伊欽恒校注《花鏡》修訂本（養昆蟲法）

塞蟬

清・和珅、梁國治等撰《熱河志》卷九六

蛥蚗

清・李元撰《蠕範》卷三（物聲第六）

蛥木

清・黄中松撰《詩疑辨證》卷三（蜩）

蠽

晉・郭璞著《爾雅音圖》（釋蟲第十五）
宋・陸佃撰《爾雅新義》卷一五（釋蟲第十五）
宋・陸佃撰《埤雅》卷一一（釋蟲）

蠽醜

宋・陸佃撰《埤雅》卷一一（釋蟲）

蜻蜻

漢・揚雄撰，晉・郭璞注《輶軒使者絕代語釋別國方言》卷一一
晉・郭璞注，唐・陸德明音義，宋・邢昺疏《爾雅注疏》卷九（釋蟲）
晉・郭璞著《爾雅音圖》（釋蟲第十五）
宋・陸佃撰《爾雅新義》卷一五
宋・鄭樵撰《爾雅註》卷下（釋蟲）
宋・羅願撰，元・洪焱祖音釋《爾雅翼》卷二七（釋蟲）
宋・司馬光撰《類篇》卷三八
元・戴侗撰《六書故》卷二〇
明・李時珍撰《本草綱目》卷四一
明・張自烈撰，清・廖文英續《正字通》申集中（虫部）
明・陳耀文撰《天中記》卷五七（蟬）
明・吳楚材撰《強識略》卷三二
清・徐鼎撰《毛詩名物圖說》卷三
清・焦循撰《毛詩草木鳥獸蟲魚釋》卷三
清・黄中松撰《詩疑辨證》卷三（蜩）
清・顧棟高撰《毛詩類釋》卷一八（釋蟲）
清・汪照撰《大戴禮注補》卷二
清・畢沅撰《夏小正考注》
清・任兆麟撰《夏小正補注》卷二
清・洪震煊撰《夏小正疏義》卷二
清・秦蕙田撰《五禮通考》卷一九九
清・姜兆錫撰《爾雅注疏參議》卷六（釋蟲第十五）
清・任基振撰《爾雅注疏箋補》卷下（釋蟲第十五）
清・張玉書、陳廷敬等纂《康熙字典》卷二六（蟲部）
清・戴鎣撰《爾雅郭注補正》卷八（釋蟲第十五）
清・邵晉涵撰《爾雅正義》卷一六（釋蟲第十五）
清・郝懿行撰《爾雅義疏》卷下三（釋蟲第十五）
清・余蕭客撰《古經解鉤沉》卷三〇
清・李元撰《蠕範》卷三（物聲第六）
清・嵇璜、曹仁虎等撰《續通志》卷一七八
清・沈廷芳撰《十三經注疏正字》卷八一（釋蟲第十五）

蜻

南朝梁・顧野王撰，宋・陳彭年等重修《重修玉篇》卷二五
南唐・徐鍇撰，朱翱反切《說文繫傳》卷二五

蜘蟟

清・諸錦撰《夏小正詁》
清・李元撰《蠕範》卷三（物聲第六）

蜩

《詩經》
漢・揚雄撰，晉・郭璞注《輶軒使者絕代語釋別國方言》卷一一
漢・許慎撰，宋・徐鉉增釋《說文解字》卷一三上
三國吳・陸璣撰《毛詩草木鳥獸魚蟲疏》卷下
三國吳・陸璣撰，清・丁晏校正《毛詩草木鳥獸蟲魚疏校正》卷下
晉・郭璞注，唐・陸德明音義，宋・邢昺疏《爾雅注疏》卷九（釋蟲）
晉・郭璞著《爾雅音圖》（釋蟲第十五）
晉・郭象注《莊子注》卷一（內篇逍遙遊第一）
南唐・徐鍇撰，朱翱反切《說文繫傳》卷二五
宋・陸佃撰《爾雅新義》卷一五
宋・鄭樵撰《爾雅註》卷下（釋蟲）
宋・鄭樵撰《通志》卷七六（蟲魚類）
宋・梁克家撰《淳熙三山志》卷四二
宋・羅願撰，元・洪焱祖音釋《爾雅翼》卷二七（釋蟲）
宋・唐慎微撰，寇宗奭衍義《證類本草》卷二一
宋・蘇頌編撰，胡乃長、王致譜輯注《圖經本草》上卷（蟲魚部第十四）
宋・吳淑撰並註《事類賦》卷之三〇（蟲部）

宋・蔡卞撰《毛詩名物解》卷一二（釋蟲）
遼・釋行均撰《龍龕手鑒》卷二
元・戴侗撰《六書故》卷二〇
元・楊恒撰《六書統》卷一八
明・方以智撰《通雅》（動物・蟲）
明・陶宗儀編《說郛》卷四上（如蜩如螗）
明・王圻、王思義輯《三才圖會》鳥獸卷六
明・李時珍撰《本草綱目》卷四一
明・季本撰《詩說解頤》卷四（字義）
清・劉侗撰《促織志》
清・牟應震著《毛詩物名考》卷四
清・焦循撰《陸氏草木鳥獸蟲魚疏疏》卷下
清・焦循撰《毛詩草木鳥獸蟲魚釋》卷一〇
清・陳大章撰《詩傳名物集覽》卷五（蟲豸・螓首蛾眉）
清・黃中松撰《詩疑辨證》卷三（蜩）
清・汪照撰《大戴禮注補》卷二
清・任兆麟撰《夏小正補注》卷二
清・姜兆錫撰《爾雅注疏參議》卷六（釋蟲第十五）
清・任基振撰《爾雅注疏箋補》卷下（釋蟲第十五）
清・戴鎣撰《爾雅郭注補正》卷八（釋蟲第十五）
清・邵晉涵撰《爾雅正義》卷一六（釋蟲第十五）
清・郝懿行撰《爾雅義疏》卷下三（釋蟲第十五）
清・劉侗撰《促織志》
清・沈廷芳撰《十三經注疏正字》卷八一（釋蟲第十五）
清・余蕭客撰《古經解鉤沉》卷三〇
清・嵇璜、曹仁虎等撰《續通志》卷一七八
清・段玉裁撰《說文解字注》
清・宋書升撰《夏小正釋義》
清・徐文靖撰《管城碩記》卷三〇
清・陳淏子輯《秘傳花鏡》卷六
清・陳淏子輯，伊欽恒校注《花鏡》修訂本（養昆蟲法）
清・焦循撰《毛詩草木鳥獸蟲魚釋》卷七
清・陳啟源撰《毛詩稽古編》卷二八（禽蟲類）

蜩蜺

漢・揚雄撰，晉・郭璞注《輶軒使者絕代語釋別國方言》卷一一

蜩螗

漢・揚雄撰，晉・郭璞注《輶軒使者絕代語釋別國方言》卷一一
宋・司馬光撰《類篇》卷三八
明・張自烈撰，清・廖文英續《正字通》申集中（虫部）
明・方以智撰《通雅》（動物・蟲）
清・陳大章撰《詩傳名物集覽》卷五（蟲豸・螓首蛾眉）
清・黃中松撰《詩疑辨證》卷三（蜩）
清・汪照撰《大戴禮注補》卷二
清・任基振撰《爾雅注疏箋補》卷下（釋蟲第十五）
清・邵晉涵撰《爾雅正義》卷一六（釋蟲第十五）
清・郝懿行撰《爾雅義疏》卷下三（釋蟲第十五）
清・余蕭客撰《古經解鉤沉》卷三〇
清・焦循撰《毛詩草木鳥獸蟲魚釋》卷七
清・王夫之撰《詩經稗疏》卷三

蜩蟧

元・楊恒撰《六書統》卷一八
明・張自烈撰，清・廖文英續《正字通》申集中（虫部）
清・劉玉麐撰《爾雅校議》卷下（釋蟲第十五）
清・邵晉涵撰《爾雅正義》卷一六（釋蟲第十五）
清・嵇璜、曹仁虎等撰《續通志》卷一七八

蜩蚼

宋・司馬光撰《類篇》卷三八

蛇

清・張玉書、陳廷敬等纂《康熙字典》卷二六（蟲部）

蜻

漢・揚雄撰，晉・郭璞注《輶軒使者絕代語釋別國方言》卷一一
晉・郭璞注，唐・陸德明音義，宋・邢昺疏《爾雅注疏》卷九（釋蟲）
南朝梁・顧野王撰，宋・陳彭年等重修《重修玉篇》卷二五
宋・司馬光撰《類篇》卷三八
明・張自烈撰，清・廖文英續《正字通》申集中（虫部）
清・陳大章撰《詩傳名物集覽》卷五（蟲豸・螓首蛾眉）
清・邵晉涵撰《爾雅正義》卷一六（釋蟲第十五）
清・郝懿行撰《爾雅義疏》卷下三（釋蟲第十五）
清・張玉書、陳廷敬等纂《康熙字典》卷二六（蟲部）

蜻蛣

清・李元撰《蠕範》卷三（物聲第六）

蛔

宋・陸佃撰《爾雅新義》卷一五

蟧蟧

漢・揚雄撰，晉・郭璞注《輶軒使者絕代語釋別國方言》卷一一
宋・司馬光撰《類篇》卷三八
清・李元撰《蠕範》卷三（物聲第六）

蟜蛣

三國魏・張揖撰，隋・曹憲音解《博雅》卷一〇《釋蟲》

蛶

清・嵇璜、曹仁虎等撰《續通志》卷一七八

蜻蛇

南朝梁・顧野王撰，宋・陳彭年等重修《重修玉篇》卷二五

疋

清・陳淏子輯《秘傳花鏡》卷六
清・陳淏子輯，伊欽恒校注《花鏡》修訂本（養昆蟲法）

蛥

漢・揚雄撰，晉・郭璞注《輶軒使者絕代語釋別國方言》卷一一

宋・司馬光撰《類篇》卷三八

明・張自烈撰，清・廖文英續《正字通》申集中（虫部）

明・方以智撰《通雅》（動物・蟲）

清・張玉書、陳廷敬等纂《康熙字典》卷二六（蟲部）

清・邵晉涵撰《爾雅正義》卷一六（釋蟲第十五）

蝭蟧

漢・戴德撰，北周・盧辯註《大戴禮記》第四七（夏小正）

漢・揚雄撰，晉・郭璞注《輶軒使者絕代語釋別國方言》卷一一

宋・陸佃撰《爾雅新義》卷一五

宋・吳淑撰並註《事類賦》卷三〇

清・陳大章撰《詩傳名物集覽》卷五（蟲豸・螓首蛾眉）

清・畢沅撰《夏小正考注》

清・任兆麟撰《夏小正補注》卷二

清・宋書升撰《夏小正釋義》

清・邵晉涵撰《爾雅正義》卷一六（釋蟲第十五）

蝍蟉

清・劉侗撰《促織志》

醜螸

晉・郭璞著《爾雅音圖》（釋蟲第十五）

宋・陸佃撰《爾雅新義》卷一五（釋蟲第十五）

宋・陸佃撰《埤雅》卷一一（釋蟲）

清・周春撰《爾雅補注》卷四

清・戴鎣撰《爾雅郭注補正》卷八（釋蟲第十五）

螅螃

漢・揚雄撰，晉・郭璞注《輶軒使者絕代語釋別國方言》卷一一

三國魏・張揖撰，隋・曹憲音解《博雅》卷一〇（釋蟲）

清・邵晉涵撰《爾雅正義》卷一六（釋蟲第十五）

瘖蜩

漢・揚雄撰，晉・郭璞注《輶軒使者絕代語釋別國方言》卷一一

宋・陸佃撰《埤雅》卷一一（釋蟲）

明・張自烈撰，清・廖文英續《正字通》申集中（虫部）

清・陳大章撰《詩傳名物集覽》卷五（蟲豸・螓首蛾眉）

清・黃中松撰《詩疑辨證》卷三（蜩）

清・任基振撰《爾雅注疏箋補》卷下（釋蟲第十五）

清・邵晉涵撰《爾雅正義》卷一六（釋蟲第十五）

瘖蟬

宋・陸佃撰《埤雅》卷一一（釋蟲）

明・李時珍撰《本草綱目》卷四一

明・方以智撰《通雅》（動物・蟲）

明・張自烈撰，清・廖文英續《正字通》申集中（虫部）

清・徐文靖撰《管城碩記》卷三〇

齊女

宋・羅願撰，元・洪焱祖音釋《爾雅翼》卷二七（釋蟲）

宋・吳淑撰並註《事類賦》卷之三〇（蟲部）

明・李時珍撰《本草綱目》卷四一

清・李元撰《蠕範》卷三（物聲第六）

清・畢沅撰《夏小正考注》

寧母

宋・羅願撰，元・洪焱祖音釋《爾雅翼》卷二七（釋蟲）

明・王圻、王思義輯《三才圖會》鳥獸卷六

清・李元撰《蠕範》卷三（物聲第六）

寧縣

清・汪照撰《大戴禮注補》卷二

清・汪中撰《大戴禮記正誤》

清・洪震煊撰《夏小正疏義》卷二

清・宋書升撰《夏小正釋義》

清・秦蕙田撰《五禮通考》卷一九九

清・邵晉涵撰《爾雅正義》卷一六（釋蟲第十五）

清・沈廷芳撰《十三經注疏正字》卷八一（釋蟲第十五）

寧懸

清・戴鎣撰《爾雅郭注補正》卷八（釋蟲第十五）

蝪螃

清・張玉書、陳廷敬等纂《康熙字典》卷二六（蟲部）

蝘

漢・揚雄撰，晉・郭璞注《輶軒使者絕代語釋別國方言》卷一一

三國吳・陸璣撰，清・丁晏校正《毛詩草木鳥獸蟲魚疏校正》卷下

晉・郭璞注，唐・陸德明音義，宋・邢昺疏《爾雅注疏》卷九（釋蟲）

晉・郭璞著《爾雅音圖》（釋蟲第十五）

宋・陸佃撰《爾雅新義》卷一五

宋・陸佃撰《埤雅》卷一一（釋蟲）

宋・司馬光撰《類篇》卷三八

宋・吳淑撰並註《事類賦》卷之三〇（蟲部）

元・戴侗撰《六書故》卷二〇

明・李時珍撰《本草綱目》卷四一

明・張自烈撰，清・廖文英續《正字通》申集中（虫部）

明・方以智撰《通雅》（動物・蟲）

明・王圻、王思義輯《三才圖會》鳥獸卷六

明・季本撰《詩說解頤》卷四（字義）

清・焦循撰《毛詩草木鳥獸蟲魚釋》卷一〇

清・陳大章撰《詩傳名物集覽》卷五（蟲豸・螓首蛾眉）

清・黃中松撰《詩疑辨證》卷三（蜩）

清・汪照撰《大戴禮注補》卷二

清・畢沅撰《夏小正考注》

清・任兆麟撰《夏小正補注》卷二

清・戴鍌撰《爾雅郭注補正》卷八（釋蟲第十五）
清・邵晉涵撰《爾雅正義》卷一六（釋蟲第十五）
清・郝懿行撰《爾雅義疏》卷下三（釋蟲第十五）
清・余蕭客撰《古經解鉤沉》卷三〇
清・李元撰《蠕範》卷三（物聲第六）
清・嵇璜、曹仁虎等撰《續通志》卷一七八
清・沈廷芳撰《十三經注疏正字》卷八一（釋蟲第十五）
清・焦循撰《毛詩草木鳥獸蟲魚釋》卷七
清・王夫之撰《詩經稗疏》卷三

蝘虭

三國吳・陸璣撰《毛詩草木鳥獸魚蟲疏》卷下
三國吳・陸璣撰，清・丁晏校正《毛詩草木鳥獸蟲魚疏校正》卷下
宋・羅願撰，元・洪焱祖音釋《爾雅翼》卷二七（釋蟲）
元・戴侗撰《六書故》卷二〇
清・焦循撰《陸氏草木鳥獸蟲魚疏疏》卷下
清・焦循撰《毛詩草木鳥獸蟲魚釋》卷一〇
清・趙佑撰《草木疏校正》卷下（如蜩如螗）

蝘蜓

南朝梁・顧野王撰，宋・陳彭年等重修《重修玉篇》卷二五
清・張玉書、陳廷敬等纂《康熙字典》卷二六

蝘蜩

清・畢沅撰《夏小正考注》

蝒

漢・揚雄撰，晉・郭璞注《輶軒使者絕代語釋別國方言》卷一一
漢・許慎撰，宋・徐鉉增釋《說文解字》卷一三上
晉・郭璞注，唐・陸德明音義，宋・邢昺疏《爾雅注疏》卷九（釋蟲）
晉・郭璞著《爾雅音圖》（釋蟲第十五）
南朝梁・顧野王撰，宋・陳彭年等重修《重修玉篇》卷二五
南唐・徐鍇撰，朱翱反切《說文繫傳》卷二五
宋・陸佃撰《爾雅新義》卷一五
宋・鄭樵撰《爾雅註》卷下（釋蟲）
宋・司馬光撰《類篇》卷三八
元・戴侗撰《六書故》卷二〇
明・李時珍撰《本草綱目》卷四一
明・張自烈撰，清・廖文英續《正字通》申集中（虫部）
明・方以智撰《通雅》（動物・蟲）
清・陳大章撰《詩傳名物集覽》卷五（蟲豸・螓首蛾眉）
清・黃中松撰《詩疑辨證》卷三（蜩）
清・姜兆錫撰《爾雅注疏參議》卷六（釋蟲第十五）
清・任基振撰《爾雅注疏箋補》卷下（釋蟲第十五）
清・張玉書、陳廷敬等纂《康熙字典》卷二六（蟲部）
清・戴鍌撰《爾雅郭注補正》卷八（釋蟲第十五）
清・邵晉涵撰《爾雅正義》卷一六（釋蟲第十五）
清・郝懿行撰《爾雅義疏》卷下三（釋蟲第十五）
清・段玉裁撰《說文解字注》
清・李元撰《蠕範》卷三（物聲第六）
清・王夫之撰《詩經稗疏》卷三

蝒馬

漢・揚雄撰，晉・郭璞注《輶軒使者絕代語釋別國方言》卷一一
宋・蘇頌編撰，胡乃長、王致譜輯注《圖經本草》上卷（蟲魚部第十四）
宋・鄭樵撰《通志》卷七六（蟲魚類）
明・張自烈撰，清・廖文英續《正字通》申集中（虫部）
清・任基振撰《爾雅注疏箋補》卷下（釋蟲第十五）
清・張玉書、陳廷敬等纂《康熙字典》卷二六（蟲部）
清・戴鍌撰《爾雅郭注補正》卷八（釋蟲第十五）
清・邵晉涵撰《爾雅正義》卷一六（釋蟲第十五）
清・段玉裁撰《說文解字注》

蝭蟟

清・牟應震著《毛詩物名考》卷四

蝭蟧

漢・揚雄撰，晉・郭璞注《輶軒使者絕代語釋別國方言》卷一一
晉・郭璞注，唐・陸德明音義，宋・邢昺疏《爾雅注疏》卷九（釋蟲）
晉・郭璞著《爾雅音圖》（釋蟲第十五）
晉・郭象注《莊子注》卷一（內篇逍遙遊第一）
宋・陸佃撰《爾雅新義》卷一五
宋・司馬光撰《類篇》卷三八
宋・鄭樵撰《爾雅註》卷下（釋蟲）
明・張自烈撰，清・廖文英續《正字通》申集中（虫部）
明・方以智撰《通雅》（動物・蟲）
清・張玉書、陳廷敬等纂《康熙字典》卷二六（蟲部）
清・牟應震著《毛詩物名考》卷四
清・陳大章撰《詩傳名物集覽》卷五（蟲豸・螓首蛾眉）
清・黃中松撰《詩疑辨證》卷三（蜩）
清・任兆麟撰《夏小正補注》卷二
清・戴鍌撰《爾雅郭注補正》卷八（釋蟲第十五）
清・邵晉涵撰《爾雅正義》卷一六（釋蟲第十五）
清・郝懿行撰《爾雅義疏》卷下三（釋蟲第十五）
清・張玉書、陳廷敬等纂《康熙字典》卷二六（蟲部）
清・李元撰《蠕範》卷三（物聲第六）
清・嵇璜、曹仁虎等撰《續通志》卷一七八
清・畢沅撰《夏小正考注》
清・段玉裁撰《說文解字注》

蝱

清・張玉書、陳廷敬等纂《康熙字典》卷二六

螮蛛

清・李元撰《蠕範》卷三（物聲第六）

蟀

《詩經》

漢・揚雄撰，晉・郭璞注《輶軒使者絕代語釋別國方言》卷一一

晉・郭璞注，唐・陸德明音義，宋・邢昺疏《爾雅注疏》卷九（釋蟲）

晉・郭璞著《爾雅音圖》（釋蟲第十五）

南朝梁・顧野王撰，宋・陳彭年等重修《重修玉篇》卷二五

宋・司馬光撰《類篇》卷三八

宋・鄭樵撰《爾雅註》卷下（釋蟲）

宋・羅願撰，元・洪焱祖音釋《爾雅翼》卷二七（釋蟲）

宋・陸佃撰《埤雅》卷一一（釋蟲）

遼・釋行均撰《龍龕手鑒》卷二

元・戴侗撰《六書故》卷二〇

明・李時珍撰《本草綱目》卷四一

明・方以智撰《通雅》（動物・蟲）

明・張自烈撰，清・廖文英續《正字通》申集中（虫部）

明・王圻、王思義輯《三才圖會》鳥獸卷六

明・李時珍撰《本草綱目》卷四一

清・徐鼎撰《毛詩名物圖說》卷三

清・李元撰《蠕範》卷三（物聲第六）

清・牟應震著《毛詩物名考》卷四

清・焦循撰《毛詩草木鳥獸蟲魚釋》卷三

清・陳大章撰《詩傳名物集覽》卷五（蟲豸・蟀首蛾眉）

清・黄中松撰《詩疑辨證》卷三（蜩）

清・顧棟高撰《毛詩類釋》卷一八（釋蟲）

清・任基振撰《爾雅注疏箋補》卷下（釋蟲第十五）

清・戴鎣撰《爾雅郭注補正》卷八（釋蟲第十五）

清・邵晉涵撰《爾雅正義》卷一六（釋蟲第十五）

清・郝懿行撰《爾雅義疏》卷下三（釋蟲第十五）

清・余蕭客撰《古經解鉤沉》卷三〇

清・張玉書、陳廷敬等纂《康熙字典》卷二六（蟲部）

清・嵇璜、曹仁虎等撰《續通志》卷一七八

清・沈廷芳撰《十三經注疏正字》卷八一（釋蟲第十五）

螇鹿

漢・許慎撰，宋・徐鉉增釋《說文解字》卷 三上

南唐・徐鍇撰，朱翺反切《說文繫傳》卷二五

宋・司馬光撰《類篇》卷三八

元・戴侗撰《六書故》卷二〇

元・楊恒撰《六書統》卷一八

清・畢沅撰《夏小正考注》

清・邵晉涵撰《爾雅正義》卷一六（釋蟲第十五）

清・周靖撰《篆隸考異》卷三

清・段玉裁撰《說文解字注》

螇螰

漢・揚雄撰，晉・郭璞注《輶軒使者絕代語釋別國方言》卷一一

三國吳・陸璣撰《毛詩草木鳥獸魚蟲疏》卷下

三國吳・陸璣撰，清・丁晏校正《毛詩草木鳥獸蟲魚疏校正》卷下

晉・郭璞注，唐・陸德明音義，宋・邢昺疏《爾雅注疏》卷九（釋蟲）

晉・郭璞著《爾雅音圖》（釋蟲第十五）

宋・陸佃撰《爾雅新義》卷一五

宋・司馬光撰《類篇》卷三八

宋・鄭樵撰《爾雅註》卷下（釋蟲）

宋・羅願撰，元・洪焱祖音釋《爾雅翼》卷二七（釋蟲）

宋・陸佃撰《埤雅》卷一一（釋蟲）

遼・釋行均撰《龍龕手鑒》卷二

元・戴侗撰《六書故》卷二〇

明・張自烈撰，清・廖文英續《正字通》申集中（虫部）

明・方以智撰《通雅》（動物・蟲）

明・王圻、王思義輯《三才圖會》鳥獸卷六

明・李時珍撰《本草綱目》卷四一

清・李元撰《蠕範》卷三（物聲第六）

清・牟應震著《毛詩物名考》卷四

清・焦循撰《陸氏草木鳥獸蟲魚疏疏》卷下

清・焦循撰《毛詩草木鳥獸蟲魚釋》卷一〇

清・陳大章撰《詩傳名物集覽》卷五（蟲豸・蟀首蛾眉）

清・黄中松撰《詩疑辨證》卷三（蜩）

清・汪照撰《大戴禮注補》卷二

清・姜兆錫撰《爾雅注疏參議》卷六（釋蟲第十五）

清・任基振撰《爾雅注疏箋補》卷下（釋蟲第十五）

清・戴鎣撰《爾雅郭注補正》卷八（釋蟲第十五）

清・邵晉涵撰《爾雅正義》卷一六（釋蟲第十五）

清・郝懿行撰《爾雅義疏》卷下三（釋蟲第十五）

清・張宗泰撰《爾雅注疏本正誤》卷三（釋蟲）

清・張玉書、陳廷敬等纂《康熙字典》卷二六（蟲部）

清・周靖撰《篆隸考異》卷三

清・嵇璜、曹仁虎等撰《續通志》卷一七八

清・趙佑撰《草木疏校正》卷下（如蜩如螗）

清・沈廷芳撰《十三經注疏正字》卷三（釋蟲）

螃蟧

清・李元撰《蠕範》卷三（物聲第六）

螆

明・張自烈撰，清・廖文英續《正字通》申集中（虫部）

螆女

宋・梁克家撰《淳熙三山志》卷四二

螆母

宋・鄭樵撰《通志》卷七六（蟲魚類）

明・李時珍撰《本草綱目》卷四一

清・陳大章撰《詩傳名物集覽》卷五（蟲豸・蟀首蛾眉）

螆毋

清・徐鼎撰《毛詩名物圖說》卷三

闇蜩

三國魏·張揖撰，隋·曹憲音解《博雅》卷一〇（釋蟲）
清·李元撰《蠕範》卷三（物聲第六）

螾

宋·司馬光撰《類篇》卷三八

蝮蜻

三國魏·張揖撰，隋·曹憲音解《博雅》卷一〇（釋蟲）

⿰虫寒

清·張玉書、陳廷敬等纂《康熙字典》卷二六（蟲部）

⿱蝤虫

南朝梁·顧野王撰，宋·陳彭年等重修《重修玉篇》卷二五
宋·司馬光撰《類篇》卷三八
元·戴侗撰《六書故》卷二〇
元·楊恒撰《六書統》卷一八
明·方以智撰《通雅》（動物·蟲）
清·汪照撰《大戴禮注補》卷二
清·任兆麟撰《夏小正補注》卷二
清·張玉書、陳廷敬等纂《康熙字典》卷二六（蟲部）
清·周靖撰《篆隸考異》卷三
清·李元撰《蠕範》卷三（物聲第六）

蟊蠿

元·楊恒撰《六書統》卷一八

⿰虫甯

明·張自烈撰，清·廖文英續《正字通》申集中（虫部）

⿰虫甯母

明·方以智撰《通雅》（動物·蟲）
明·李時珍撰《本草綱目》卷四一
清·李元撰《蠕範》卷三（物聲第六）

蠽

周·韓非撰，元·何犿注《韓非子》
漢·許慎撰，宋·徐鉉增釋《說文解字》卷一三下
晉·郭璞注，唐·陸德明音義，宋·邢昺疏《爾雅注疏》卷九（釋蟲）
晉·郭璞著《爾雅音圖》（釋蟲第十五）
南唐·徐鍇撰，朱翱反切《說文繫傳》卷二五
宋·陸佃撰《爾雅新義》卷一五
宋·鄭樵撰《爾雅註》卷下（釋蟲）
遼·釋行均撰《龍龕手鑒》卷二
元·楊恒撰《六書統》卷一八
明·張自烈撰，清·廖文英續《正字通》申集中（虫部）
清·焦循撰《毛詩草木鳥獸蟲魚釋》卷三
清·黃中松撰《詩疑辨證》卷三（蜩）
清·姜兆錫撰《爾雅注疏參議》卷六（釋蟲第十五）
清·劉玉麐撰《爾雅校議》卷下（釋蟲第十五）
清·邵晉涵撰《爾雅正義》卷一六（釋蟲第十五）
清·郝懿行撰《爾雅義疏》卷下三（釋蟲第十五）
清·段玉裁撰《說文解字注》
清·張玉書、陳廷敬等纂《康熙字典》卷二六（蟲部）
清·李元撰《蠕範》卷三（物聲第六）
清·沈廷芳撰《十三經注疏正字》卷八一（釋蟲第十五）
清·嵇璜、曹仁虎等撰《續通志》卷一七八

蠽

南朝梁·顧野王撰，宋·陳彭年等重修《重修玉篇》卷二五
宋·司馬光撰《類篇》卷三八
遼·釋行均撰《龍龕手鑒》卷二
元·戴侗撰《六書故》卷二〇
明·張自烈撰，清·廖文英續《正字通》申集中（虫部）
明·方以智撰《通雅》（動物·蟲）
清·汪照撰《大戴禮注補》卷二
清·戴鎣撰《爾雅郭注補正》卷八（釋蟲第十五）
清·任基振撰《爾雅注疏箋補》卷下（釋蟲第十五）

⿱縣虫

明·張自烈撰，清·廖文英續《正字通》申集中（虫部）

⿱鐩虫

南朝梁·顧野王撰，宋·陳彭年等重修《重修玉篇》卷二五
宋·司馬光撰《類篇》卷三八
明·張自烈撰，清·廖文英續《正字通》申集中（虫部）
清·張玉書、陳廷敬等纂《康熙字典》卷二六（蟲部）
清·李元撰《蠕範》卷三（物聲第六）

蟪蛄

漢·揚雄撰，晉·郭璞注《輶軒使者絕代語釋別國方言》卷一一
漢·許慎撰，宋·徐鉉增釋《說文解字》卷一三上
三國魏·張揖撰，隋·曹憲音解《博雅》卷一〇《釋蟲》
三國吳·陸璣撰《毛詩草木鳥獸魚蟲疏》卷下
三國吳·陸璣撰，清·丁晏校正《毛詩草木鳥獸蟲魚疏校正》卷下
晉·郭璞注，唐·陸德明音義，宋·邢昺疏《爾雅注疏》卷九（釋蟲）
晉·郭璞著《爾雅音圖》（釋蟲第十五）
晉·郭象注《莊子注》卷一（內篇逍遙遊第一）
南朝梁·顧野王撰，宋·陳彭年等重修《重修玉篇》卷二五
宋·羅願撰，元·洪焱祖音釋《爾雅翼》卷二七（釋蟲）
宋·陸佃撰《埤雅》卷一一（釋蟲）
宋·陸佃撰《爾雅新義》卷一五
宋·司馬光撰《類篇》卷三八
宋·鄭樵撰《爾雅註》卷下（釋蟲）
宋·鄭樵撰《通志》卷七六（蟲魚類）
宋·唐慎微撰，寇宗奭衍義《證類本草》卷二一
宋·蔡卞撰《毛詩名物解》卷一二（釋蟲）
遼·釋行均撰《龍龕手鑒》卷二
元·楊恒撰《六書統》卷一八

明·李時珍撰《本草綱目》卷四一
明·張自烈撰，清·廖文英續《正字通》申集中（虫部）
明·方以智撰《通雅》（動物·蟲）
明·王圻、王思義輯《三才圖會》鳥獸卷六
明·楊愼撰，張士佩編《升菴集》卷八一
清·徐鼎撰《毛詩名物圖說》卷三
清·焦循撰《陸氏草木鳥獸蟲魚疏疏》卷下
清·張玉書、陳廷敬等纂《康熙字典》卷二六（蟲部）
清·牟應震著《毛詩物名考》卷四
清·焦循撰《毛詩草木鳥獸蟲魚釋》卷一〇
清·黃中松撰《詩疑辨證》卷三（蜩）
清·汪照撰《大戴禮注補》卷二
清·諸錦撰《夏小正詁》
清·任基振撰《爾雅注疏箋補》卷下（釋蟲第十五）
清·戴鎣撰《爾雅郭注補正》卷八（釋蟲第十五）
清·邵晉涵撰《爾雅正義》卷一六（釋蟲第十五）
清·郝懿行撰《爾雅義疏》卷下三（釋蟲第十五）
清·余蕭客撰《古經解鉤沉》卷三〇
清·周靖撰《篆隸考異》卷三
清·李元撰《蠕範》卷三（物聲第六）
清·嵇璜、曹仁虎等撰《續通志》卷一七八
清·段玉裁撰《說文解字注》
清·趙佑撰《草木疏校正》卷下（如蜩如螗）
清·陳淏子輯《秘傳花鏡》卷六
清·陳淏子輯，伊欽恒校注《花鏡》修訂本（養昆蟲法）

蟟蟧

清·牟應震著《毛詩物名考》卷四

蠹

宋·司馬光撰《類篇》卷三八

蟬

秦·呂不韋撰，漢·高誘註《呂氏春秋》卷五（仲夏紀第五·五月紀）
漢·揚雄撰，晉·郭璞注《輶軒使者絕代語釋別國方言》卷一一
漢·許愼撰，宋·徐鉉增釋《說文解字》卷一三上
漢·王充撰《論衡》卷二（無形篇）、卷二〇（論死篇）
三國魏·張揖撰，隋·曹憲音解《博雅》卷一〇《釋蟲》
三國吳·陸璣撰《毛詩草木鳥獸魚蟲疏》卷下
三國吳·陸璣撰，清·丁晏校正《毛詩草木鳥獸蟲魚疏校正》卷下
南唐·徐鍇撰，朱翱反切《說文繫傳》卷二五
宋·陸佃撰《爾雅新義》卷一五
宋·鄭樵撰《爾雅註》卷下（釋蟲）
宋·鄭樵撰《通志》卷七六（蟲魚類）
宋·司馬光撰《類篇》卷三八
宋·梁克家撰《淳熙三山志》卷四二
宋·陸佃撰《埤雅》卷一一（釋蟲）
宋·羅願撰，元·洪焱祖音釋《爾雅翼》卷二七（釋蟲）
宋·唐愼微撰，寇宗奭衍義《證類本草》卷二一
宋·蘇頌編撰，胡乃長、王致譜輯注《圖經本草》上卷（蟲魚部第十四）
宋·吳淑撰並註《事類賦》卷之三〇（蟲部）
宋·蔡卞撰《毛詩名物解》卷一二（釋蟲）
宋·梅堯臣撰《宛陵集》卷四八（蟬）
宋·程俱撰《北山集》卷七（和蔡侍製放蟬一首）
宋·嶽珂撰《玉楮集》卷三（蟬）
宋·蒲壽宬撰《心泉學詩稿》卷六（聞蟬）
宋·姚鉉編《唐文粹》卷一一（宋華《蟬鳴一篇五章並序》）
遼·釋行均撰《龍龕手鑒》卷二
元·戴侗撰《六書故》卷二〇
元·楊恒撰《六書統》卷一八
元·馬臻撰《霞外詩集》卷五（聞蟬）
明·方以智撰《通雅》（動物·蟲）
明·張自烈撰，清·廖文英續《正字通》申集中（虫部）
明·陶宗儀編《說郛》卷四上（如蜩如螗）
明·王圻、王思義輯《三才圖會》鳥獸卷六
明·李時珍撰《本草綱目》卷四一
明·季本撰《詩說解頤》卷四（字義）
明·高啟撰《大全集》卷一二（新蟬）
明·徐熥撰《幔亭集》卷一（落葉哀蟬曲）
明·馮惟訥撰《古詩紀》卷一一（漢·劉徹《落葉哀曲》）
明·曹學佺編《石倉歷代詩選》卷二九六（徐賁《蟬》）
明·張溥輯《漢魏六朝百三家集》卷一八（蔡邕《蟬賦》）、卷四一（孫楚《蟬賦》）、卷五七（郭璞《蟬贊》、卷八一（蕭統《蟬贊》）
清·劉侗撰《促織志》
清·徐鼎撰《毛詩名物圖說》卷三
清·焦循撰《陸氏草木鳥獸蟲魚疏疏》卷下
清·焦循撰《毛詩草木鳥獸蟲魚釋》卷一〇
清·陳大章撰《詩傳名物集覽》卷五（蟲豸·螓首蛾眉）
清·黃中松撰《詩疑辨證》卷三（蜩）
清·汪照撰《大戴禮注補》卷二
清·諸錦撰《夏小正詁》
清·洪震煊撰《夏小正疏義》卷二
清·任兆麟撰《夏小正補注》卷三
清·宋書升撰《夏小正釋義》
清·秦蕙田撰《五禮通考》卷一九九
清·姜兆錫撰《爾雅注疏參議》卷六（釋蟲第十五）
清·任基振撰《爾雅注疏箋補》卷下（釋蟲第十五）
清·邵晉涵撰《爾雅正義》卷一六（釋蟲第十五）
清·郝懿行撰《爾雅義疏》卷下三（釋蟲第十五）
清·李元撰《蠕範》卷三（物聲第六）
清·劉侗撰《促織志》
清·畢沅撰《夏小正考注》

清・牟應震著《毛詩物名考》卷四
清・余蕭客撰《古經解鉤沉》卷三〇
清・嵇璜、曹仁虎等撰《續通志》卷一七八
清・和珅、梁國治等撰《熱河志》卷九六（物產志）
清・段玉裁撰《說文解字注》
清・趙佑撰《草木疏校正》卷下（如蜩如螗）
清・宋書升撰《夏小正釋義》
清・徐文靖撰《管城碩記》卷三〇
清・陳元龍撰《格致鏡原》卷九六
清・（英）傅蘭雅輯《格致彙編》（格致略論・論動物學）
清・焦循撰《毛詩草木鳥獸蟲魚釋》卷七
清・陳啟源撰《毛詩稽古編》卷二八（禽蟲類）
清・姚之駰撰《元明事類鈔》卷四〇（蟲豸門）
清・于敏中等編《禦制詩集》（三集）卷八二（聞蟬）、卷八九（柳蟬）
清・吳綺撰《林蕙堂全集》卷二三（詠蟬）
清・毛奇齡撰《西河集》卷一四九（聞蟬）
清・宋犖撰《西陂類稿》卷三（古竹圃續稿）、卷四（雙江唱和集）
清・陳元龍編《歷代賦匯》逸句卷二（漢・曹大家《蟬賦》、司馬昭《蟬賦》、溫嶠《蟬賦》）

蟬屬

宋・司馬光撰《類篇》卷三八
元・戴侗撰《六書故》卷二〇
清・戴鎣撰《爾雅郭注補正》卷八（釋蟲第十五）

蟭蟟

宋・羅願撰，元・洪焱祖音釋《爾雅翼》卷二七（釋蟲）

蟧

漢・揚雄撰，晉・郭璞注《輶軒使者絕代語釋別國方言》卷一一
清・戴鎣撰《爾雅郭注補正》卷八（釋蟲第十五）
清・邵晉涵撰《爾雅正義》卷一六（釋蟲第十五）
清・張玉書、陳廷敬等纂《康熙字典》卷二六（蟲部）

蟧蛁

宋・陸佃撰《埤雅》卷一一（釋蟲）
明・王圻、王思義輯《三才圖會》鳥獸卷六

蟧蟈

清・李元撰《蠕範》卷三（物聲第六）

蟧蜩

三國魏・張揖撰，隋・曹憲音解《博雅》卷一〇《釋蟲》

蟧蝒

清・張玉書、陳廷敬等纂《康熙字典》卷二六（蟲部）

螰

漢・揚雄撰，晉・郭璞注《輶軒使者絕代語釋別國方言》卷一一
三國魏・張揖撰，隋・曹憲音解《博雅》卷一〇《釋蟲》
宋・陸佃撰《埤雅》卷一一（釋蟲）

宋・司馬光撰《類篇》卷三八
明・張自烈撰，清・廖文英續《正字通》申集中（虫部）
明・王圻、王思義輯《三才圖會》鳥獸卷六
清・黃中松撰《詩疑辨證》卷三（蜩）
清・任兆麟撰《夏小正補注》卷三
清・任基振撰《爾雅注疏箋補》卷下（釋蟲第十五）
清・邵晉涵撰《爾雅正義》卷一六（釋蟲第十五）
清・張玉書、陳廷敬等纂《康熙字典》卷二六（蟲部）
清・段玉裁撰《說文解字注》
清・李元撰《蠕範》卷三（物聲第六）

耀蟬

宋・吳淑撰並註《事類賦》卷之三〇（蟲部）
明・張自烈撰，清・廖文英續《正字通》申集中（虫部）
明・盧之頤撰《本草乘雅半偈》卷四

蠶柳

清・牟應震著《毛詩物名考》卷四

蠠

明・張自烈撰，清・廖文英續《正字通》申集中（虫部）

蠠縣

清・畢沅撰《夏小正考注》

蠿蝨

元・楊恒撰《六書統》卷一八

蚱蟬 *Cryptotympana atrata*

唐蜩

漢・戴德撰，北周・盧辯註《大戴禮記》卷二
清・汪中撰《大戴禮記正誤》
清・秦蕙田撰《五禮通考》卷一九九

匽

漢・戴德撰，北周・盧辯註《大戴禮記》卷二
清・汪中撰《大戴禮記正誤》
清・秦蕙田撰《五禮通考》卷一九九

螗蜩

晉・郭璞著《爾雅音圖》（釋蟲第十五）
清・戴鎣撰《爾雅郭注補正》卷八（釋蟲第十五）
清・張宗泰撰《爾雅注疏本正誤》卷二（釋蟲）
清・沈廷芳撰《十三經注疏正字》卷八（釋蟲第十五）

蝘

晉・郭璞著《爾雅音圖》（釋蟲第十五）
清・汪中撰《大戴禮記正誤》
清・戴鎣撰《爾雅郭注補正》卷八（釋蟲第十五）
清・沈廷芳撰《十三經注疏正字》卷八（釋蟲第十五）

胡蟬

晉・郭璞著《爾雅音圖》（釋蟲第十五）
清・戴鎣撰《爾雅郭注補正》卷八（釋蟲第十五）

螗蛦

晉・郭璞著《爾雅音圖》（釋蟲第十五）

清·戴鎣撰《爾雅郭注補正》卷八（釋蟲第十五）

蛹

晉·郭璞著《爾雅音圖》（釋蟲第十五）

清·戴鎣撰《爾雅郭注補正》卷八（釋蟲第十五）

馬蜩

晉·郭璞著《爾雅音圖》（釋蟲第十五）

清·戴鎣撰《爾雅郭注補正》卷八（釋蟲第十五）

馬蟬

晉·郭璞著《爾雅音圖》（釋蟲第十五）

清·戴鎣撰《爾雅郭注補正》卷八（釋蟲第十五）

螗

清·牟應震撰《毛詩物名考》卷四

馬蛹

清·牟應震撰《毛詩物名考》卷四

蛹馬

清·戴鎣撰《爾雅郭注補正》卷八（釋蟲第十五）

啞蟬

清·牟應震撰《毛詩物名考》卷四

良蜩

清·秦蕙田撰《五禮通考》卷一九九

螃

清·戴鎣撰《爾雅郭注補正》卷八（釋蟲第十五）

螗蛦

清·張宗泰撰《爾雅注疏本正誤》卷二（釋蟲）

清·沈廷芳撰《十三經注疏正字》卷八（釋蟲第十五）

螗蝘

清·沈廷芳撰《十三經注疏正字》卷八（釋蟲第十五）

红蝉 *Huechys sanguinea*

紅娘

清·張玉書、江霦等編《佩主齋詠物詩選》卷四八六（宋·韓琦《涼樹池上》）

松寒蝉 *Meimuna opalifera*

蛁蟟

清·畢沅撰《夏小正考注》

寒螿

清·秦蕙田撰《五禮通考》卷一九九

寒蟬

漢·戴德撰，北朝周·盧辯注《大戴禮記》卷二

清·汪照撰《大戴注補》卷二

清·諸錦撰《夏小正詁》

清·秦蕙田撰《五禮通考》卷一九九

清·畢沅撰《夏小正考注》

寒蜩

清·秦蕙田撰《五禮通考》卷一九九

蜺

清·秦蕙田撰《五禮通考》卷一九九

清·畢沅撰《夏小正考注》

清·諸錦撰《夏小正詁》

蝭蠑

漢·戴德撰，北朝周·盧辯注《大戴禮記》卷二

清·汪照撰《大戴注補》卷二

清·秦蕙田撰《五禮通考》卷一九九

清·畢沅撰《夏小正考注》

螇鹿

清·畢沅撰《夏小正考注》

蟬

漢·戴德撰，北朝周·盧辯注《大戴禮記》卷二

清·汪照撰《大戴注補》卷二

清·汪照撰《大戴注補》卷二

蟪蛄 *Platypleura kaempferi*

良蜩

漢·戴德撰，北朝周·盧辯注《大戴禮記》卷二

清·汪中撰《大戴禮記正誤》

清·秦蕙田撰《五禮通考》卷一九九

蜩

晉·郭璞著《爾雅音圖》（釋蟲第十五）

清·戴鎣撰《爾雅郭注補正》卷八（釋蟲第十五）

清·沈廷芳撰《十三經注疏正字》卷八一（釋蟲第十五）

蜋蜩

晉·郭璞著《爾雅音圖》（釋蟲第十五）

清·秦蕙田撰《五禮通考》卷一九九

清·戴鎣撰《爾雅郭注補正》卷八（釋蟲第十五）

清·沈廷芳撰《十三經注疏正字》卷八一（釋蟲第十五）

蟪蛄

明·梅鼎祚編《古樂苑》卷首（蟪蛄歌）

叶蝉科 Cicadellidae

绿叶蝉 *Chlorita flavescens*

葉蟲

清·余宗農編輯《桑樹蟲害論》第七章（桑之葉蟲）

葉虱

清·余宗農編輯《桑樹蟲害論》第七章（桑之葉蟲）

黑尾大叶蝉 *Cicadella ferruginea*

浮塵子

清·余宗農編輯《桑樹蟲害論》第七章（桑之葉蟲）

大叶蝉 *Cicadella viridis*

浮塵子

清·余宗農編輯《桑樹蟲害論》第七章（桑之葉蟲）

大青叶蝉 *Tettigoniella viridis*

鵑唾蟲

清·（美）克拉克 索爾比著，史紅帥譯《穿越陝甘·1908-

1909 年克拉克考察隊華北行紀》

樗鸡科 Fulgoridae

龙眼鸡 *Fulgora candelaria*

龍眼雞

清·陳志喆、劉德恒修，吳大猷纂《廣東府縣志輯·光緒四會縣志》編一

清·王崧修，李星輝纂《廣東府縣志輯·光緒揭陽縣續志》卷四

樗鸡 *Lycorma delicatula*

紅娘子

宋·唐慎微撰，寇宗奭衍義《證類本草》卷二一

宋·蘇頌撰《圖經本草》上卷（蟲魚部第十四）

明·李時珍撰《本草綱目》卷下之上、卷四〇

明·方以智撰《通雅》卷四七《動物·蟲》

清·李元撰《蠕範》卷一（物匹第二）

灰花蛩

明·李時珍撰《本草綱目》卷下之上、卷四〇

灰花鵝

清·李元撰《蠕範》卷一（物匹第二）

莎鷄

宋·唐慎微撰，寇宗奭衍義《證類本草》卷二一

明·方以智撰《通雅》卷四七《動物·蟲》

莎雞

宋·蘇頌撰《圖經本草》上卷（蟲魚部第十四）

酸雞

宋·蘇頌撰《圖經本草》上卷（蟲魚部第十四）

酸鷄

宋·唐慎微撰，寇宗奭衍義《證類本草》卷二一

樗鳩

宋·蘇頌撰《圖經本草》上卷（蟲魚部第十四）

宋·唐慎微撰，寇宗奭衍義《證類本草》卷二一

明·李時珍撰《本草綱目》卷下之上、卷四〇

清·李元撰《蠕範》卷一（物匹第二）

樗雞

宋·蘇頌撰《圖經本草》上卷（蟲魚部第十四）

明·李時珍撰《本草綱目》卷下之上、卷四〇

清·牟應震著《毛詩物名考》卷四

清·李元撰《蠕範》卷一（物匹第二）

樗鷄

宋·唐慎微撰，寇宗奭衍義《證類本草》卷二一

明·方以智撰《通雅》卷四七《動物·蟲》

倍蚜科 Eriosomatidae

五信子

明·李時珍《本草綱目》卷下之上

蠓

清·阿桂、劉瑾之等撰《欽定盛京通志》

蠛

清·阿桂、劉瑾之等撰《欽定盛京通志》

蟻

清·牟應震著《毛詩物名考》卷四

綿蚜

清·余宗農編輯《桑樹蟲害論》第六章

綿蟲

清·余宗農編輯《桑樹蟲害論》第六章

角瘿绵蚜 *Baizongia* sp.

小細蟲

清·黃樂之、平翰等修，鄭珍纂《貴州省遵義府志》

五倍子

清·黃樂之、平翰等修，鄭珍纂《貴州省遵義府志》

文蛤

清·黃樂之、平翰等修，鄭珍纂《貴州省遵義府志》

螟子

清·黃樂之、平翰等修，鄭珍纂《貴州省遵義府志》

红倍花蚜 *Nurudea rosea*

文蛤

清·李元撰《蠕範》卷八（物居第八）

五倍子

清·李元撰《蠕範》卷八（物居第八）

螟子

清·李元撰《蠕範》卷八（物居第八）

倍花蚜 *Nurudea shiraii*

五倍子

明·李時珍撰《本草綱目》卷三九

文蛤

明·李時珍撰《本草綱目》卷三九

百蟲倉

明·李時珍撰《本草綱目》卷三九

百藥煎

明·李時珍撰《本草綱目》卷三九

圆角倍蚜 *Nurudea sinica*

螟子

宋·李昉等編《太平廣記》卷四七九

清·嵇璜、曹仁虎等撰《續通志》卷一七八

烏蚊

清·嵇璜、曹仁虎等撰《續通志》卷一七八

角倍蚜 *Schlechtendalia chinensis*

五倍子

清·吳儀洛著《本草從新》（蟲魚鱗介部）

清・宗源瀚、郭式昌修，周學浚、陸心源纂《浙江府縣志輯・湖州府志》

文蛤

清・宗源瀚、郭式昌修，周學浚、陸心源纂《浙江府縣志輯・湖州府志》

倍蛋蚜 *Schlechtendalia paitan*

五倍子

清・黃樂之、平翰等修，鄭珍纂《貴州省遵義府志》

文蛤

清・黃樂之、平翰等修，鄭珍纂《貴州省遵義府志》

螟子

清・黃樂之、平翰等修，鄭珍纂《貴州省遵義府志》

蚜科 Aphididae

木蝨

清・範鐘湘、陳傅德修，金念祖、黃世祚纂《上海府縣志輯・嘉定縣續志》卷五

有吻類

清・範鐘湘、陳傅德修，金念祖、黃世祚纂《上海府縣志輯・嘉定縣續志》卷五

竹蝨

清・範鐘湘、陳傅德修，金念祖、黃世祚纂《上海府縣志輯・嘉定縣續志》卷五

伏蟲

清・吳馨等修，姚文枬等纂《江蘇省上海縣續志》卷八

蚜

明・張自烈撰，清・廖文英續《正字通》申集中（虫部）

蚜蟲

清・吳馨等修，姚文枬等纂《江蘇省上海縣續志》卷八

清・範鐘湘、陳傅德修，金念祖、黃世祚纂《上海府縣志輯・嘉定縣續志》卷五

蚜蟲科

清・範鐘湘、陳傅德修，金念祖、黃世祚纂《上海府縣志輯・嘉定縣續志》卷五

桔蚜 *Toxoptera citricidus*

研蟲

宋・周密撰《癸辛雜識別集》卷上

绵蚧科 Margarodidae

桑虱 *Drosicha contrahens*

介殼蟲

清・余宗農編輯《桑樹蟲害論》第六章

白虱

清・沈秉成撰《蠶桑輯要》（蠶桑雜記）

桑虱

清・沈秉成撰《蠶桑輯要》（蠶桑雜記）

臘蟲

清・余宗農編輯《桑樹蟲害論》第六章

紫胶虫科 Lacciferidae

紫鉚

明・李時珍撰《本草綱目圖》卷下之上

紫胶虫 *Laccifer lacca*

赤膠

明・李時珍撰《本草綱目》卷三九

清・李元撰《蠕範》卷四（物居第八）

赤絮蟻

清・嵇璜、曹仁虎等撰《續通志》卷一七八

紫鉷

唐・段成式撰《酉陽雜俎》卷一八

紫鉚

明・李時珍撰《本草綱目》卷三九

清・嵇璜、曹仁虎等撰《續通志》卷一七八

清・李元撰《蠕範》卷四（物居第八）

紫梗

明・李時珍撰《本草綱目》卷三九

清・嵇璜、曹仁虎等撰《續通志》卷一七八

紫鉚蟲漆

清・嵇璜、曹仁虎等撰《續通志》卷一七八

蟻漆

清・李元撰《蠕範》卷四（物居第八）

清・嵇璜、曹仁虎等撰《續通志》卷一七八

透体蚧科 Asterolecaniidae

竹透体蚧 *Asterolecanium bambusae*

天厭子

明・李時珍撰《本草綱目》卷四一

清・嵇璜、曹仁虎等撰《續通志》卷一七八

竹蝨

宋，蘇軾撰《仇池筆記》卷上（戒殺）

明・李時珍撰《本草綱目》卷四一

清・嵇璜、曹仁虎等撰《續通志》卷一七八

清・趙學敏輯《本草綱目拾遺》卷一〇（蟲部）

竹佛子

明・李時珍撰《本草綱目》卷四一

清・嵇璜、曹仁虎等撰《續通志》卷一七八

桃絲

清・趙學敏輯《本草綱目拾遺》卷一〇（蟲部）

腊虫科 Coccidae

蟲白臘

明・李時珍撰《本草綱目圖》卷下之上

白腊虫 *Ericerus pe-la*

白臘蟲子

宋・周密撰《癸辛雜識別集》卷下

白臘蟲

明・穆希文撰《蟫史集》卷一〇

清・李調元、雨村輯《南越筆記》卷一二

清・黄樂之、平翰等修，鄭珍纂《貴州省遵義府志》

清・嵇璜、曹仁虎等撰《續通志》卷一七八

清・郝玉麟等監修，魯曾煜等編纂《廣東通志》卷五二

清・劉於義等監修，沈青崖等編纂《陜西通志》卷四四

清・長順修《吉林通志》卷三四

白臘子

清・李調元、雨村輯《南越筆記》卷一二

臘子

清・嵇璜、曹仁虎等撰《續通志》卷一七八

清・王文韶修《續雲南通志稿》卷五八

蟲白臘

明・李時珍撰《本草綱目》卷三九

明・張自烈撰，清・廖文英續《正字通》申集中（虫部）

清・張玉書、陳廷敬等纂《康熙字典》卷二六

清・陳元龍撰《格物鏡原》

白臘

清・吳儀洛著《本草從新》（蟲魚鱗介部）

清・陳元龍撰《格致鏡原》卷五〇

清・黄樂之、平翰等修，鄭珍纂《貴州省遵義府志》

清・王文韶修《續雲南通志稿》卷五八

臘蟲

清・阿桂、劉瑾之等撰《欽定盛京通志》卷一〇七（蟲豸類）

清・陳元龍撰《格致鏡原》卷五〇

臘寄蟲

清・李元撰《蠕範》卷四（物居第八）

龟腊蚧 *Ceroplastes floridensis*

褐色白臘蟲

清・余宗農編輯《桑樹蟲害論》第七章

褐软蚧 *Lecanium hesperidum*

黄色白蠟蟲

清・余宗農編輯《桑樹蟲害論》第七章

桑绵纲蜡虫 *Takahashia japonica*

龜殼蟲

清・余宗農編輯《桑樹蟲害論》第七章

盾蚧科 Diaspididae

蚧殼蟲

清・吳馨等修，姚文枬等纂《江蘇省上海縣續志》卷八

桑蚧 *Pseudanlacaspis pentagona*

介殼蟲

清・余宗農編輯《桑樹蟲害論》第六章

半翅目 Hemiptera

椿象

清・（日）鳥羽源藏著，林森滌庵甫譯《科學世界》（昆蟲標本製作法）

清・余宗農編輯《桑樹蟲害論》第一章

清・柯璜譯編，（日）箕作佳吉著《博物學講義》

半翅目

清・余宗農編輯《桑樹蟲害論》第一章

半翅類

清・（日）西師意譯，竇樂安、許家惺審定《動物學教科書》

有吻類

清・（日）鳥羽源藏著，林森滌、庵甫譯《科學世界・昆蟲標本製作法》

清・柯璜譯編，（日）箕作佳吉著《博物學講義》

臭虫科 Cimicidae

臭虫 *Cimex lectularius*

土蟲

明・徐應秋撰《玉芝堂談薈》卷三五

木虱

明・謝肇淛著《五雜俎》卷之九（物部一）

木蝨

清・嵇璜、曹仁虎等撰《續通志》卷一七八

清・趙學敏輯《本草綱目拾遺（下）》卷一〇（蟲部）

交蚤

明・穆希文撰《蟫史集》卷之一〇

清・陳元龍撰《格物鏡原》卷九七

扁蝨

明・穆希文撰《蟫史集》卷之一〇

清・嵇璜、曹仁虎等撰《續通志》卷一七八

清・趙學敏輯《本草綱目拾遺（下）》卷一〇（蟲部）

清・陳元龍撰《格物鏡原》卷九七

茭蚤

清・嵇璜、曹仁虎等撰《續通志》卷一七八

清・趙學敏輯《本草綱目拾遺（下）》卷一〇（蟲部）

茭蝨

清・嵇璜、曹仁虎等撰《續通志》卷一七八

清・趙學敏輯《本草綱目拾遺（下）》卷一〇（蟲部）

夏叮肉

清・嵇璜、曹仁虎等撰《續通志》卷一七八

臭蟲

明・李時珍撰《本草綱目》卷四〇

清・嵇璜、曹仁虎等撰《續通志》卷一七八
清・宗源瀚、郭式昌修，周學浚、陸心源纂《浙江府縣志輯・湖州府志》捐三三
清・趙學敏輯《本草綱目拾遺（下）》卷一〇（蟲部）

寒叮木

清・嵇璜、曹仁虎等撰《續通志》卷一七八

壁虱

明・徐應秋撰《玉芝堂談薈》卷三五
明・謝肇淛著《五雜俎》卷之九（物部一）

壁蝨

元・楊維楨撰《麗則遺音》卷四（罵蝨）
明・李時珍撰《本草綱目》卷四〇
清・嵇璜、曹仁虎等撰《續通志》卷一七八
清・宗源瀚、郭式昌修，周學浚、陸心源纂《浙江府縣志輯・湖州府志》捐三三（物產）
清・趙學敏輯《本草綱目拾遺（下）》卷一〇（蟲部）

壁駝

清・嵇璜、曹仁虎等撰《續通志》卷一七八
清・趙學敏輯《本草綱目拾遺（下）》卷一〇（蟲部）

壁佗虱

明・穆希文撰《蟫史集》卷之一〇

壁駞

清・陳元龍撰《格物鏡原》卷九七

薦蜫

清・嵇璜、曹仁虎等撰《續通志》卷一七八
清・趙學敏輯《本草綱目拾遺（下）》卷一〇（蟲部）

水黾科 Cerridae

水秀才

清・王崧修，李星煇纂《廣東府縣志輯・光緒揭陽縣續志》卷四

水爬蟲

清・李元撰《蠕範》卷一（物匹第二）

水馬

唐・陳藏器撰《本草拾遺》卷六（蟲魚類）
明・謝肇淛著《五雜俎》卷之九
明・張溥輯《漢魏六朝百三家集》卷五七（晉・郭璞《水馬》）
清・劉於義等監修，沈青崖等編纂《陝西通志》卷四四
清・王崧修，李星煇纂《廣東府縣志輯・光緒揭陽縣續志》卷四
清・李元撰《蠕範》卷一
清・趙學敏輯《本草綱目拾遺（下）》卷一〇（蟲部）
清・陳元龍撰《格物鏡原》卷一〇〇
清・張玉書、汪霦等編《佩文齋詠物詩選》卷四八六（宋・蘇軾《二蟲》）

水蛆

清・李元撰《蠕範》卷一

水黽

唐・陳藏器撰《本草拾遺》卷六（蟲魚類）
明・李時珍撰《本草綱目》卷四二
清・劉於義等監修，沈青崖等編纂《陝西通志》卷四四
清・趙學敏輯《本草綱目拾遺（下）》卷一〇（蟲部）

海馬

清・李元撰《蠕範》卷一（物匹第二）

馬寔龍精

明・張溥輯《漢魏六朝百三家集》卷五七（晉・郭璞《水馬》）

蠠

明・張自烈撰，清・廖文英續《正字通》申集中（虫部）

鰕扒蟲

清・李元撰《蠕範》卷一（物匹第二）

鰢

清・李元撰《蠕範》卷一

水鼈

清・李元撰《蠕範》卷一

长蝽科 Lygaeidae

横带红长蝽 *Lygaeus equestris*

橫帶紅長蝽

清・（美）克拉克 索爾比著，史紅帥譯《穿越陝甘・1908-1909年克拉克考察隊華北行紀》

缘蝽科 Coreidae

粟缘蝽 *Liorhyssus hyalinus*

粟緣蝽

清・（美）克拉克 索爾比著，史紅帥譯《穿越陝甘・1908-1909年克拉克考察隊華北行紀》

龟蝽科 Plataspidae

筛孔狭头圆蝽 *Coptosama cribraria*

篩孔狹頭圓蝽

西元前 1310 年《河北藁城台西村商代中期文化遺址》

蝽科 Pentatomidae

九香虫 *Coridius chinensis*

九香蟲

明・李時珍撰《本草綱目》卷三九
清・嵇璜、曹仁虎等撰《續通志》卷一七八

黑兜蟲

明・李時珍撰《本草綱目》卷三九
清・嵇璜、曹仁虎等撰《續通志》卷一七八

大臭蝽 *Metonymia glandulosa*

椿象

清・劉侗撰《促織志》

荔枝蝽 *Tessaratoma papillosa*

石背

清·李調元、雨村輯《南越筆記》卷一二
清·李元撰《蠕範》卷七（物候第十四）
清·王崧修，李星煇纂《廣東府縣志輯·光緒揭陽縣續志》卷之四

石背蟲

清·李調元、雨村輯《南越筆記》卷一二
清·楊齊修，陳蘭彬等纂《廣東府縣志輯·高州府志》

青虹

清·楊齊修，陳蘭彬等纂《廣東府縣志輯·高州府志》

痾屁蟲

清·楊齊修，陳蘭彬等纂《廣東府縣志輯·高州府志》

荔蟲

清·李元撰《蠕範》卷七（物候第十四）

金雞蟲

清·戴肇辰等修，史澄等纂《廣東府縣志輯·光緒廣州府志》
清·楊齊修，陳蘭彬等纂《廣東府縣志輯·高州府志》

蝎蝽科 Nepidae

有吻類

清·（日）鳥羽源藏著，林森滌庵甫譯《科學世界》（昆蟲標本製作法）

蝎蝽 *Nepa chinensis*

紅娘華

清·（日）鳥羽源藏著，林森滌庵甫譯《科學世界》（昆蟲標本製作法）

螳蝽 *Ranatra chinensis*

水螳螂

宋·楊萬裡撰《誠齋集》卷三五

巨螳蟲

宋·楊萬裡撰《誠齋集》卷三五

田鱉科 Belostomatidae

水孤

明·張自烈撰，清·廖文英續《正字通》申集中（虫部）

水弩

三國吳·陸璣撰，明·毛晉廣要《陸氏詩疏廣要》卷下之下（為鬼為蜮）
宋·陸佃撰《埤雅》卷一一（釋蟲）
元·戴侗撰《六書故》卷二〇
明·李時珍撰《本草綱目》卷四二
明·張自烈撰，清·廖文英續《正字通》申集中（虫部）
明·方以智撰《通雅》卷四七（動物·蟲）
清·焦循撰《毛詩草木鳥獸蟲魚釋》卷九
清·李元撰《蠕範》卷四（物食第七）
清·張玉書、陳廷敬等纂《康熙字典》卷二六
清·段玉裁撰《說文解字注》
清·陳大章撰《詩傳名物集覽》卷五（蟲豸）
清·徐鼎撰《毛詩名物圖說》卷三

水狐

明·李時珍撰《本草綱目》卷四二
清·李元撰《蠕範》卷四（物食第七）
清·陳大章撰《詩傳名物集覽》卷五（蟲豸）

水虎

明·張自烈撰，清·廖文英續《正字通》申集中（虫部）
清·李元撰《蠕範》卷四（物食第七）

水蜸蟲

明·張自烈撰，清·廖文英續《正字通》申集中（虫部）

含沙

明·李時珍撰《本草綱目》卷四二
明·張自烈撰，清·廖文英續《正字通》申集中（虫部）
清·張玉書、陳廷敬等纂《康熙字典》卷二六

含沙射人

三國吳·陸璣撰，明·毛晉廣要《陸氏詩疏廣要》卷下之下（為鬼為蜮）
南朝梁·顧野王撰，宋·陳彭年等重修《重修玉篇》卷二五
宋·吳曾撰《能改齋漫錄》卷五一（辯蜮）
宋·陸佃撰《埤雅》卷一一（釋蟲）
清·陳大章撰《詩傳名物集覽》卷五（蟲豸）
清·顧棟高撰《毛詩類釋》卷一八（釋蟲）
清·郝懿行撰《詩問》卷四

沙虱

明·張自烈撰，清·廖文英續《正字通》申集中（虫部）
清·陳大章撰《詩傳名物集覽》卷五（蟲豸）

沙蝨

清·（日）岡元鳳纂輯《毛詩品物圖考》卷六（蟲部）
清·張英、王士禎等撰《淵鑒類函》卷四五〇（蟲豸部六）

抱槍

明·李時珍撰《本草綱目》卷四二
明·張自烈撰，清·廖文英續《正字通》申集中（虫部）
清·李元撰《蠕範》卷四（物食第七）
清·徐鼎撰《毛詩名物圖說》卷三

蜸

明·張自烈撰，清·廖文英續《正字通》申集中（虫部）
清·張玉書、陳廷敬等纂《康熙字典》卷二六

毒蟲

明·張自烈撰，清·廖文英續《正字通》申集中（虫部）

鬼彈

明·張自烈撰，清·廖文英續《正字通》申集中（虫部）
清·李元撰《蠕範》卷四

射工

宋·陸佃撰《埤雅》卷一一（釋蟲）

宋·唐慎微撰，寇宗奭衍義《證類本草》卷二二
元·戴侗撰《六書故》卷二〇
明·李時珍撰《本草綱目》卷四二
明·張自烈撰，清·廖文英續《正字通》申集中（虫部）
明·方以智撰《通雅》卷四七（動物·蟲）
明·鄺露撰《赤雅》卷三（鳥獸蟲魚）
清·焦循撰《毛詩草木鳥獸蟲魚釋》卷九
清·張玉書、陳廷敬等纂《康熙字典》卷二六
清·（日）岡元鳳纂輯《毛詩品物圖考》卷六（蟲部）
清·段玉裁撰《說文解字注》
清·李元撰《蠕範》卷四
清·陳大章撰《詩傳名物集覽》卷五（蟲豸）
清·徐鼎撰《毛詩名物圖說》卷三
清·張英、王士禎等撰《淵鑒類函》卷四五〇（蟲豸部六）

射景

唐·瞿曇悉達撰《唐開元占經》卷一二〇
元·戴侗撰《六書故》卷二〇

射影

三國吳·陸璣撰，明·毛晉廣要《陸氏詩疏廣要》卷下之下（為鬼為蜮）
三國吳·陸璣撰，清·丁晏校正《毛詩草木鳥獸魚蟲疏校正》卷下
三國吳·陸璣撰《毛詩草木鳥獸蟲魚疏》卷下（為鬼為蜮）
宋·吳曾撰《能改齋漫錄》卷五一（辯蜮）
明·李時珍撰《本草綱目》卷四二
明·張自烈撰，清·廖文英續《正字通》申集中（虫部）
明·方以智撰《通雅》卷四七（動物·蟲）
清·焦循撰《毛詩草木鳥獸蟲魚釋》卷九
清·張玉書、陳廷敬等纂《康熙字典》卷二六
清·李元撰《蠕範》卷四
清·陳大章撰《詩傳名物集覽》卷五（蟲豸）
清·徐鼎撰《毛詩名物圖說》卷三
清·趙佑撰《草木疏校正》卷下（為鬼為蜮）

短狐

漢·許慎撰，宋·徐鉉增釋《說文解字》卷一三上
三國吳·陸璣撰，明·毛晉廣要《陸氏詩疏廣要》卷下之下（為鬼為蜮）
三國吳·陸璣撰，清·丁晏校正《毛詩草木鳥獸魚蟲疏校正》卷下
三國吳·陸璣撰《毛詩草木鳥獸蟲魚疏》卷下（為鬼為蜮）
唐·瞿曇悉達撰《唐開元占經》卷一二〇
宋·陸佃撰《埤雅》卷一一（釋蟲）
宋·司馬光撰《類篇》卷三八
宋·唐慎微撰，寇宗奭衍義《證類本草》卷二二
遼·釋行均《龍龕手鑒》（蟲部第二）
元·戴侗撰《六書故》卷二〇
元·楊恒撰《六書統》卷一八

明·李時珍撰《本草綱目》卷四二
明·張自烈撰，清·廖文英續《正字通》申集中（虫部）
明·方以智撰《通雅》卷四七（動物·蟲）
明·鄺露撰《赤雅》卷三（鳥獸蟲魚）
清·焦循撰《毛詩草木鳥獸蟲魚釋》卷九
清·段玉裁撰《說文解字注》
清·張玉書、陳廷敬等纂《康熙字典》卷二六
清·（日）岡元鳳纂輯《毛詩品物圖考》卷六（蟲部）
清·李元撰《蠕範》卷四
清·陳大章撰《詩傳名物集覽》卷五（蟲豸）
清·徐鼎撰《毛詩名物圖說》卷三
清·趙佑撰《草木疏校正》卷下（為鬼為蜮）
清·顧棟高撰《毛詩類釋》卷一八（釋蟲）
清·段玉裁撰《毛詩故訓傳定本》卷一九（何人斯八章章六句）
清·郝懿行撰《詩問》卷四

蛩

明·張自烈撰，清·廖文英續《正字通》申集中（虫部）
清·張玉書、陳廷敬等纂《康熙字典》卷二六

溪毒

三國吳·陸璣撰，明·毛晉廣要《陸氏詩疏廣要》卷下之下（為鬼為蜮）
宋·陸佃撰《埤雅》卷一一（釋蟲）
元·戴侗撰《六書故》卷二〇
明·張自烈撰，清·廖文英續《正字通》申集中（虫部）
明·方以智撰《通雅》卷四七（動物·蟲）
清·李元撰《蠕範》卷四
清·陳大章撰《詩傳名物集覽》卷五（蟲豸）

溪鬼

清·李元撰《蠕範》卷四

溪鬼蟲

唐·陳藏器撰《本草拾遺》卷六（蟲魚部）
宋·唐慎微撰，寇宗奭衍義《證類本草》卷二二
明·李時珍撰《本草綱目》卷四二
明·張自烈撰，清·廖文英續《正字通》申集中（虫部）

蜮

漢·許慎撰，宋·徐鉉增釋《說文解字》卷一三上
三國吳·陸璣撰，清·丁晏校正《毛詩草木鳥獸魚蟲疏校正》卷下
三國吳·陸璣撰，明·毛晉廣要《陸氏詩疏廣要》卷下之下（為鬼為蜮）
三國吳·陸璣撰《毛詩草木鳥獸蟲魚疏》卷下（為鬼為蜮）
南朝梁·顧野王撰，宋·陳彭年等重修《重修玉篇》卷二五
唐·瞿曇悉達撰《唐開元占經》卷一二〇
宋·司馬光撰《類篇》卷三八
宋·陸佃撰《埤雅》卷一一（釋蟲）
宋·吳曾撰《能改齋漫錄》卷五一（辯蜮）

遼・釋行均《龍龕手鑒》(蟲部第二)
元・戴侗撰《六書故》卷二〇
元・楊恒撰《六書統》卷一八
明・張自烈撰,清・廖文英續《正字通》申集中(虫部)
明・李時珍撰《本草綱目》卷四二
明・方以智撰《通雅》卷四七(動物・蟲)
明・鄺露撰《赤雅》卷三(鳥獸蟲魚)
清・焦循撰《毛詩草木鳥獸蟲魚釋》卷九
清・惠棟撰《九經古義》卷六
清・段玉裁撰《說文解字注》
清・張玉書、陳廷敬等纂《康熙字典》卷二六
清・(日)岡元鳳纂輯《毛詩品物圖考》卷六(蟲部)
清・李元撰《蠕範》卷四(物食第七)
清・陳大章撰《詩傳名物集覽》卷五(蟲豸)
清・徐鼎撰《毛詩名物圖說》卷三
清・趙佑撰《草木疏校正》卷下(為鬼為蜮)
清・顧棟高撰《毛詩類釋》卷一八(釋蟲)
清・段玉裁撰《毛詩故訓傳定本》卷一九(何人斯八章章六句)
清・郝懿行撰《詩問》卷四
清・牟應震撰《詩問》卷四

蜮

明・張自烈撰,清・廖文英續《正字通》申集中(虫部)

蟈

宋・司馬光撰《類篇》卷三八

負子 *Sphaerodema rustica*

水蟲

唐・段成式撰《酉陽雜俎》卷一七(蟲篇)

負子

唐・段成式撰《酉陽雜俎》卷一七(蟲篇)

松藻虫科 Notonectidae

有吻類

清・(日)鳥羽源藏著,林森滌庵甫譯《科學世界》(昆蟲標本製作法)

松藻蟲

清・(日)鳥羽源藏著,林森滌庵甫譯《科學世界》(昆蟲標本製作法)

蛇蛉目 Raphidioptera

蛇蛉科 Raphidiidae

駱駄蟲

清・(日)鳥羽源藏著・林森滌庵甫譯《科學世界》(昆蟲標本製作法)

脉翅目 Neuroptera

脈翅目

清・余宗農編輯《桑樹蟲害論》

脈翅類

清・柯璜譯編,(日)箕作佳吉著《博物學講義》動物篇
清・(日)西師意譯,竇樂安、許家惺審定《動物學教科書》第六章

脉翅目

清・(美)克拉克 索爾比著,史紅帥譯《穿越陝甘・1908-1909年克拉克考察隊華北行紀》

草蛉科 Chrysopidae

蝜蝂

晉・郭璞注,唐・陸德明音義,宋・邢昺疏《爾雅注疏》
宋・鄭樵撰《爾雅註》
宋・陸佃撰《爾雅新義》卷一五
明・張自烈撰,清・廖文英續《正字通》申集中(虫部)
明・方以智撰《通雅》卷四七《動物・蟲》
清・劉玉麐撰《爾雅校議》卷下
清・周春撰《爾雅補注》卷四
清・姜兆錫撰《爾雅注疏參議》卷六(釋蟲第十五)
清・張玉書、陳廷敬等纂《康熙字典》卷二六
清・周靖撰《篆隸考異》卷三
清・邵晉涵撰《爾雅正義》卷一六
清・郝懿行撰《爾雅(郭注)義疏》卷下三
清・任基振撰《爾雅注疏箋補》卷三
清・翟灝撰《爾雅補郭》卷四
清・戴鎣撰《爾雅郭注補正》卷八
清・嵇璜、曹仁虎等撰《續通志》卷一七八

傅

《爾雅》
晉・郭璞《爾雅注》卷下
晉・郭璞注,唐・陸德明音義,宋・邢昺疏《爾雅注疏》
宋・陸佃撰《爾雅新義》卷一五
宋・鄭樵撰《爾雅註》
明・張自烈撰,清・廖文英續《正字通》申集中(虫部)
明・方以智撰《通雅》卷四七《動物・蟲》
清・劉玉麐撰《爾雅校議》卷下
清・周春撰《爾雅補注》卷四
清・姜兆錫撰《爾雅注疏參議》卷六(釋蟲第十五)
清・張玉書、陳廷敬等纂《康熙字典》卷二六
清・周靖撰《篆隸考異》卷三
清・邵晉涵撰《爾雅正義》卷一六
清・郝懿行撰《爾雅(郭注)義疏》卷下三
清・任基振撰《爾雅注疏箋補》卷三
清・翟灝撰《爾雅補郭》卷四
清・戴鎣撰《爾雅郭注補正》卷八
清・嵇璜、曹仁虎等撰《續通志》卷一七八

傅負

清・邵晉涵撰《爾雅正義》卷一六

傳蝜

南朝梁・顧野王撰，宋・陳彭年等重修《重修玉篇》卷二五

清・劉玉麐撰《爾雅校議》卷下

蝂

南朝梁・顧野王撰，宋・陳彭年等重修《重修玉篇》卷二五

宋・司馬光撰《類篇》卷三八

明・張自烈撰，清・廖文英續《正字通》申集中（虫部）

清・劉玉麐撰《爾雅校議》卷下

清・張玉書、陳廷敬等纂《康熙字典》卷二六

清・周靖撰《篆隸考異》卷三

清・邵晉涵撰《爾雅正義》卷一六

清・郝懿行撰《爾雅（郭注）義疏》卷下三

清・翟灝撰《爾雅補郭》卷四

清・戴鎣撰《爾雅郭注補正》卷八

蝜

南朝梁・顧野王撰，宋・陳彭年等重修《重修玉篇》卷二五

清・張玉書、陳廷敬等纂《康熙字典》卷二六

清・周靖撰《篆隸考異》卷三

清・戴鎣撰《爾雅郭注補正》卷八

蝜蝂蟲

清・張玉書、陳廷敬等纂《康熙字典》卷二六

清・郝懿行撰《爾雅郭注義疏》卷下三

清・翟灝撰《爾雅補郭》卷四

蝜蝂

南朝梁・顧野王撰，宋・陳彭年等重修《重修玉篇》卷二五

宋・陸佃撰《爾雅新義》卷一五

明・張自烈撰，清・廖文英續《正字通》申集中（虫部）

清・劉玉麐撰《爾雅校議》卷下

清・張玉書、陳廷敬等纂《康熙字典》卷二六

蝂

南朝梁・顧野王撰，宋・陳彭年等重修《重修玉篇》卷二五

明・張自烈撰，清・廖文英續《正字通》申集中（虫部）

清・張玉書、陳廷敬等纂《康熙字典》卷二六

清・翟灝撰《爾雅補郭》卷四

蝂

宋・司馬光撰《類篇》卷三八

蝜蝂

晉・郭璞注，唐・陸德明音義，宋・邢昺疏《爾雅注疏》

唐・柳宗元撰《柳河東集注》卷一七

宋・陸佃撰《爾雅新義》卷一五

明・張自烈撰，清・廖文英續《正字通》申集中（虫部）

明・方以智撰《通雅》卷四七《動物・蟲》

清・周春撰《爾雅補注》卷四

清・張玉書、陳廷敬等纂《康熙字典》卷二六

清・邵晉涵撰《爾雅正義》卷一六

清・郝懿行撰《爾雅郭注義疏》卷下三

清・任基振撰《爾雅注疏箋補》卷三

清・翟灝撰《爾雅補郭》卷四

清・戴鎣撰《爾雅郭注補正》卷八

清・嵇璜、曹仁虎等撰《續通志》卷一七八

清・陳元龍撰《格致鏡原》卷一〇〇（昆蟲類五）

螷

南朝梁・顧野王撰，宋・陳彭年等重修《重修玉篇》卷二五

清・翟灝撰《爾雅補郭》卷四

螷蝜

清・邵晉涵撰《爾雅正義》卷一六

清・翟灝撰《爾雅補郭》卷四

清・郝懿行撰《爾雅郭注義疏》卷下三

草蛉 *Chrysopa* spp.

負版

《爾雅》

晉・郭璞《爾雅注》卷下

宋・吳曾撰《能改齋漫錄》卷一五

明・方以智撰《通雅》卷四七《動物・蟲》

清・翟灝撰《爾雅補郭》卷四

清・李元撰《蠕範》

毒蜆

清・方旭撰《蟲薈》卷三

蝜蝂

宋・吳曾撰《能改齋漫錄》卷一五

明・方以智撰《通雅》卷四七《動物・蟲》

清・翟灝撰《爾雅補郭》卷四

清・方旭撰《蟲薈》卷三

蝜蝂

清・翟灝撰《爾雅補郭》卷四

清・方旭撰《蟲薈》卷三

螷蝜

清・翟灝撰《爾雅補郭》卷四

清・方旭撰《蟲薈》卷三

傅

晉・郭璞《爾雅注》卷下

宋・吳曾撰《能改齋漫錄》卷一五

明・方以智撰《通雅》卷四七《動物・蟲》

清・翟灝撰《爾雅補郭》卷四

清・李元撰《蠕範》

蚁蛉科 Myrmeleontidae

地牯牛

清・工鳞飛等修，馮世瀛、冉崇文纂《四川府縣志輯・

同治增修酉陽直隸州總志》（物產）

沙俘

清・王鱗飛等修，馮世瀛、冉崇文纂《四川府縣志輯・同治增修酉陽直隸州總志》（物產）

沙挼

清・柯璜譯編，（日）箕作佳吉著《博物學講義・動物篇》第九章（節足動物・昆蟲類）

蟻獅

清・柯璜譯編，（日）箕作佳吉著《博物學講義・動物篇》第九章（節足動物・昆蟲類）

砂挼

清・李元撰《蠕範》

砂俘

清・李元撰《蠕範》
清・方旭撰《蟲薈》卷三
清・嵇璜、曹仁虎等撰《續通志》卷一七八
清・陳元龍撰《格物鏡原》卷一〇〇（昆蟲類五）

砂挼子

明・李時珍撰《本草綱目》卷四二
清・陳元龍撰《格物鏡原》卷一〇〇（昆蟲類五）
清・方旭撰《蟲薈》卷三
清・嵇璜、曹仁虎等撰《續通志》卷一七八

沙蝨

三國魏・張揖撰，隋・曹憲音解《博雅》卷一〇《釋蟲》
宋・司馬光撰《類篇》卷三八
元・戴侗撰《六書故》卷二〇
清・張玉書、陳廷敬等纂《康熙字典》卷二六

沙雞母

清・趙學敏輯《本草綱目拾遺（下）》卷一〇（蟲部）

和尚蟲

清・嵇璜、曹仁虎等撰《續通志》卷一七八

草蛵

清・（日）西師意譯，竇樂安、許家惺審定《動物學教科書》

俘鬱

清・王鱗飛等修，馮世瀛、冉崇文纂《四川府縣志輯・同治增修酉陽直隸州總志》（物產）
清・陳元龍撰《格物鏡原》卷一〇〇（昆蟲類五）
清・李元撰《蠕範》
清・嵇璜、曹仁虎等撰《續通志》卷一七八

退股牛

清・祝鐘賢修，李大翥纂《湖南府縣志輯・康熙靖州志》（物產）

倒行狗子

明・李時珍撰《本草綱目》卷四二
清・陳元龍撰《格物鏡原》卷一〇〇（昆蟲類五）
清・李元撰《蠕範》
清・嵇璜、曹仁虎等撰《續通志》卷一七八

清・方旭撰《蟲薈》卷三

倒退蟲

清・潘守廉纂《南陽府南陽縣戶口地土物產畜牧表圖說》

紋翅蛵

清・（日）西師意譯，竇樂安、許家惺審定《動物學教科書》

陷穽蟲

清・邵子彝修，魯琪光纂《江西府縣志輯・建昌府志》（物產）

睡蟲

宋・唐慎微撰，寇宗奭衍義《證類本草》卷二一
明・李時珍撰《本草綱目》卷四二
清・陳元龍撰《格物鏡原》卷一〇〇（昆蟲類五）
清・嵇璜、曹仁虎等撰《續通志》卷一七八
清・李元撰《蠕範》
清・方旭撰《蟲薈》卷三

齒蜉蝣

清・柯璜譯編，（日）箕作佳吉著《博物學講義・動物篇》第九章（節足動物・昆蟲類）

蛟蜻蜓

清・柯璜譯編，（日）箕作佳吉著《博物學講義・動物篇》第九章（節足動物・昆蟲類）

蛋

清・張玉書、陳廷敬等纂《康熙字典》卷二六

蝢

三國魏・張揖撰，隋・曹憲音解《博雅》卷一〇《釋蟲》
宋・司馬光撰《類篇》卷三八
元・戴侗撰《六書故》卷二〇
清・張玉書、陳廷敬等纂《康熙字典》卷二六

蝢旋

元・戴侗撰《六書故》卷二〇
清・張玉書、陳廷敬等纂《康熙字典》卷二六

蝢蜁

宋・司馬光撰《類篇》卷三八

櫜

元・戴侗撰《六書故》卷二〇

蜁

三國魏・張揖撰，隋・曹憲音解《博雅》卷一〇《釋蟲》

優曇華

清・（日）西師意譯，竇樂安、許家惺審定《動物學教科書》

蟻鬼

清・（日）西師意譯，竇樂安、許家惺審定《動物學教科書》

穴蚁蛉 *Grocus* spp.

地脾

明・朱謀㙔撰《駢雅》卷七

沙蝨

明・朱謀㙔撰《駢雅》卷七

砂挼子

宋・唐慎微撰，寇宗奭衍義《證類本草》卷二二

明・彭大翼撰《山堂肆考》卷二二八（性好睡）

清・金蓉鏡纂《湖南省靖州鄉土志》

退股牛

清・金蓉鏡纂《湖南省靖州鄉土志》（物產志）

倒行狗子

宋・唐慎微撰，寇宗奭衍義《證類本草》卷二二

明・彭大翼撰《山堂肆考》卷二二八（性好睡）

蓬活

明・朱謀㙔撰《駢雅》卷七

清・金蓉鏡纂《湖南省靖州鄉土志》

睡蟲

宋・唐慎微撰，寇宗奭衍義《證類本草》卷二二

明・彭大翼撰《山堂肆考》卷二二八（性好睡）

蛝蜁

明・朱謀㙔撰《駢雅》卷七

鞘翅目 Coleoptera

甲虫

明・穆希文撰《蟫史集》卷之一一

黑甲虽

明・吳楚材輯《強識略》卷三一

黑甲蟲

明・王圻、王思義輯《三才圖會》卷六

甲蟲

漢・揚雄撰，晉・郭璞注《輶軒使者絕代語釋別國方言》卷一一

晉・郭璞注，唐・陸德明音義，宋・邢昺疏《爾雅注疏》卷九

宋・唐慎微撰，寇宗奭衍義《證類本草》卷二一

元・戴侗撰《六書故》卷二〇

明・彭大翼撰《山堂肆考》卷二二八

明・方以智撰《通雅》卷四七（動物・蟲）

清・方旭撰《蟲薈》卷三

清・（日）鳥羽源藏著・林森滌庵甫譯《科學世界》（昆蟲標本製作法）

清・（日）西師意譯，竇樂安、許家惺審定《動物學教科書》

黑甲蟲

晉・郭璞注，唐・陸德明音義，宋・邢昺疏《爾雅注疏》卷九

唐・段成式撰《酉陽雜俎》卷一七

宋・羅願撰，元・洪焱祖音釋《爾雅翼》卷二五（釋蟲）

明・朱謀㙔撰《駢雅》卷七

明・穆希文撰《蟫史集》

清・何東銘纂《卬嶲野録》

清・柯璜譯編《博物學講義》

清・舒其紳等修，嚴長明等纂《西安府志》

清・(美)克拉克 索爾比著，史紅帥譯《穿越陝甘・1908-1909年克拉克考察隊華北行紀》

甲蟲類

清・柯璜譯編，（日）箕作佳吉著《博物學講義》（動物篇）

䗅蟲

明・李時珍撰《本草綱目》卷三九

土鼓蟲

明・穆希文撰《蟫史集》卷一〇

天螻

漢・揚雄撰，晉・郭璞注《輶軒使者絕代語釋別國方言》卷一一

三國吳・陸璣撰，明・毛晉廣要《陸氏詩疏廣要》卷下

清・張玉書、陳廷敬等纂《康熙字典》卷二六

清・邵晉涵撰《爾雅正義》卷一六

介類

清・蔡麟祥、陳步梯修，林豪纂《臺灣府縣志輯·新修臺灣澎湖志》

當齊

明・穆希文撰《蟫史集》卷一〇

肚癥蟲

明・穆希文撰《蟫史集》卷一〇

披甲蟲

清・（英）艾約瑟《動物學啟蒙》（動物分類綱領）

物疏

三國吳・陸璣撰，明・毛晉廣要《陸氏詩疏廣要》卷下之下

圭

清・張玉書、陳廷敬等纂《康熙字典》卷二六

蚉

清・張玉書、陳廷敬等纂《康熙字典》卷二六

敦齊

宋・唐慎微撰，寇宗奭衍義《證類本草》卷二一

明・李時珍撰《本草綱目》卷三九

蛭

三國吳・陸璣撰，明・毛晉廣要《陸氏詩疏廣要》卷下

蛭蛒

漢・揚雄撰，晉・郭璞注《輶軒使者絕代語釋別國方言》卷一一

明・張自烈撰，清・廖文英續《正字通》申集中（虫部）

清・邵晉涵撰《爾雅正義》卷一六

清・任基振撰《爾雅注疏箋補》卷三

蚉蝠

漢・揚雄撰，晉・郭璞注《輶軒使者絕代語釋別國方言》

卷一一
明・穆希文撰《蟫史集》卷一〇
明・張自烈撰，清・廖文英續《正字通》申集中（虫部）
蛒
漢・揚雄撰，晉・郭璞注《輶軒使者絕代語釋別國方言》卷一一
明・穆希文撰《蟫史集》卷一〇
清・邵晉涵撰《爾雅正義》卷一六
蛞蠡
清・張玉書、陳廷敬等纂《康熙字典》卷二六
喧蛒蟲
明・張自烈撰，清・廖文英續《正字通》申集中（虫部）
緑金蟬
清・李元撰《蠕範》
蝗蝝
漢・揚雄撰，晉・郭璞注《輶軒使者絕代語釋別國方言》卷一一
明・穆希文撰《蟫史集》卷一〇
清・邵晉涵撰《爾雅正義》卷一六
喧蝝
三國吳・陸璣撰，明・毛晉廣要《陸氏詩疏廣要》卷下
蝗螿
清・張玉書、陳廷敬等纂《康熙字典》卷二六
螿
清・張玉書、陳廷敬等纂《康熙字典》卷二六
鞘翅目
清・（日）烏羽源藏著，林森滌庵甫譯《科學世界》（昆蟲標本製作法）
清・余宗農編輯《桑樹蟲害論》
清・（美）克拉克 索爾比著，史紅帥譯《穿越陝甘・1908-1909年克拉克考察隊華北行紀》
鞘翅類
清・（日）西師意譯，竇樂安、許家惺審定《動物學教科書》
清・柯璜譯編，（日）箕作佳吉著《博物學講義》（動物篇）
清・（日）烏羽源藏著・林森滌庵甫譯《科學世界》（昆蟲標本製作法）
清・（英）艾約瑟《動物學啟蒙・動物分類綱領》
清・黃涓西原編《蠶體病理論》第七章（蛆害）
螻
清・張玉書、陳廷敬等纂《康熙字典》卷二六
應條
明・張自烈撰，清・廖文英續《正字通》申集中（虫部）
明・李時珍撰《本草綱目》卷三九
清・張玉書、陳延敬等撰《佩文韻府》卷八之一
蟜
清・李元撰《蠕範》
蠹
漢・許慎撰，宋・徐鉉增釋《說文解字》卷一〇
明・張自烈撰，清・廖文英續《正字通》申集中（虫部）
清・段玉裁撰《說文解字注》
蟦
清・張玉書、陳廷敬等纂《康熙字典》卷二六

虎甲科 Cicindelidae

甲蟲
晉・郭璞注，唐・陸德明音義，宋・邢昺疏《爾雅注疏》
南朝梁・顧野王撰，宋・陳彭年等重修《重修玉篇》卷二五
明・彭大翼撰，張幼學增訂《山堂肆考》卷二二八
明・穆希文撰《蟫史集》
清・段玉裁撰《說文解字注》
清・郝懿行撰《爾雅（郭注）義疏》卷下之三
清・戴鎣撰《爾雅郭注補正》卷八
清・邵晉涵撰《爾雅正義》卷一六
清・姜兆錫撰《爾雅注疏參議》卷六
清・何東銘纂《四川府縣志輯・邛嶲野録》（方輿類・物產）
清・陳元龍撰《格物鏡原》卷一〇〇（昆蟲類五）
沙蜣
清・（日）西師意譯，竇樂安、許家惺審定《動物學教科書》
抱搶
明・穆希文撰《蟫史集》
明・彭大翼撰，張幼學增訂《山堂肆考》卷二二八
金蛾蟲
清・宗源瀚、郭式昌修，周學浚、陸心源纂《浙江府縣志輯・湖州府志》卷三三
黃瓦
清・邵晉涵撰《爾雅正義》卷一六
黃蛢
晉・郭璞《爾雅注》卷下前
晉・郭璞注，唐・陸德明音義，宋・邢昺疏《爾雅注疏》
明・穆希文撰《蟫史集》
清・郝懿行撰《爾雅（郭注）義疏》卷下之三
清・戴鎣撰《爾雅郭注補正》卷八
清・何東銘纂《四川府縣志輯・邛嶲野録》（方輿類・物產）
清・邵晉涵撰《爾雅正義》卷一六
蛂
《爾雅》
晉・郭璞注，唐・陸德明音義，宋・邢昺疏《爾雅注疏》
南朝梁・顧野王撰，宋・陳彭年等重修《重修玉篇》卷二五
宋・陸佃撰《爾雅新義》卷一五
宋・司馬光撰《類篇》卷三八
遼・釋行均《龍龕手鑒》（蟲部第二）

明·張自烈撰，清·廖文英續《正字通》申集中（虫部）
明·彭大翼撰，張幼學增訂《山堂肆考》卷二二八
清·段玉裁撰《說文解字注》
清·張玉書、陳廷敬等纂《康熙字典》卷二六
清·周春撰《爾雅補注》卷四
清·郝懿行撰《爾雅（郭注）義疏》卷下之三
清·戴鎣撰《爾雅郭注補正》卷八
清·何東銘纂《四川府縣志輯·邛嶲野録》（方輿類·物産）
清·邵晉涵撰《爾雅正義》卷一六
清·劉玉麐撰《爾雅校義》卷下
清·姜兆錫撰《爾雅注疏參議》卷六
清·任基振撰《爾雅注疏箋補》卷三
清·陳元龍撰《格物鏡原》卷一〇〇（昆蟲類五）

蚑蟥

清·郝懿行撰《爾雅郭注義疏》卷下之三
清·邵晉涵撰《爾雅正義》卷一六
清·劉玉麐撰《爾雅校義》卷下

蛢

漢·許填撰，宋·徐鉉增釋《說文解字》卷一〇上
晉·郭璞《爾雅注》卷下前
南朝梁·顧野王撰，宋·陳彭年等重修《重修玉篇》卷二五
遼·釋行均《龍龕手鑒》（蟲部第二）
明·張自烈撰，清·廖文英續《正字通》申集中（虫部）
清·段玉裁撰《說文解字注》
清·張玉書、陳廷敬等纂《康熙字典》卷二六
清·戴鎣撰《爾雅郭注補正》卷八
清·宗源瀚、郭式昌修，周學浚、陸心源纂《浙江府縣志輯·湖州府志》卷三三（物產）
清·邵晉涵撰《爾雅正義》卷一六

發皇

宋·陸佃撰《爾雅新義》卷一五
清·任基振撰《爾雅注疏箋補》卷三

發皇屬

清·劉玉麐撰《爾雅校義》卷下
清·任基振撰《爾雅注疏箋補》卷三

發黃

清·邵晉涵撰《爾雅正義》卷一六

發蟥

清·邵晉涵撰《爾雅正義》卷一六

蜉蝣

清·周春撰《爾雅補注》卷四

綠甲蟲

明·朱謀㙔撰《駢雅》卷七
清·郝懿行撰《爾雅郭注義疏》卷下之三

蟥

漢·許填撰，宋·徐鉉增釋《說文解字》卷一〇上
晉·郭璞《爾雅注》卷下前
南朝梁·顧野王撰，宋·陳彭年等重修《重修玉篇》卷二五
宋·司馬光撰《類篇》卷三八
遼·釋行均《龍龕手鑒》（蟲部第二）
明·張自烈撰，清·廖文英續《正字通》申集中（虫部）
清·段玉裁撰《說文解字注》
清·張玉書、陳廷敬等纂《康熙字典》卷二六
清·戴鎣撰《爾雅郭注補正》卷八

蟥蚑

清·劉玉麐撰《爾雅校義》卷下

蟥蛢

《爾雅》
晉·郭璞注，唐·陸德明音義，宋·邢昺疏《爾雅注疏》
南朝梁·顧野王撰，宋·陳彭年等重修《重修玉篇》卷二五
宋·陸佃撰《爾雅新義》卷一五
宋·司馬光撰《類篇》卷三八
遼·釋行均《龍龕手鑒》（蟲部第二）
明·穆希文撰《蟫史集》
明·張自烈撰，清·廖文英續《正字通》申集中（虫部）
明·朱謀㙔撰《駢雅》卷七
明·彭大翼撰，張幼學增訂《山堂肆考》卷二二八
清·段玉裁撰《說文解字注》
清·張玉書、陳廷敬等纂《康熙字典》卷二六
清·周春撰《爾雅補注》卷四
清·郝懿行撰《爾雅郭注義疏》卷下之三
清·戴鎣撰《爾雅郭注補正》卷八
清·何東銘纂《四川府縣志輯·邛嶲野録》
清·邵晉涵撰《爾雅正義》卷一六
清·陳元龍撰《格物鏡原》卷一〇〇（昆蟲類五）
清·劉玉麐撰《爾雅校義》卷下
清·姜兆錫撰《爾雅注疏參議》卷六
清·任基振撰《爾雅注疏箋補》卷三

蟠蟥

漢·許填撰，宋·徐鉉增釋《說文解字》卷一〇上
南朝梁·顧野王撰，宋·陳彭年等重修《重修玉篇》卷二五
宋·司馬光撰《類篇》卷三八
明·張自烈撰，清·廖文英續《正字通》申集中（虫部）
清·段玉裁撰《說文解字注》
清·張玉書、陳廷敬等纂《康熙字典》卷二六
清·郝懿行撰《爾雅郭注義疏》卷下之三
清·戴鎣撰《爾雅郭注補正》卷八
清·劉玉麐撰《爾雅校義》卷下
清·邵晉涵撰《爾雅正義》卷一六

虎甲 *Cicindela* sp.

甲蟲

晉・郭璞注，唐・陸德明音義，宋・邢昺疏《爾雅注疏》卷九
晉・郭璞《爾雅注》卷下
宋・邢昺撰《爾雅疏》
明・穆希文撰《蟫史集》卷一一

抱搶

明・穆希文撰《蟫史集》卷一一

黃蛢

晉・郭璞《爾雅注》卷下
明・穆希文撰《蟫史集》卷一一

蛂

晉・郭璞《爾雅注》卷下
晉・郭璞注，唐・陸德明音義，宋・邢昺疏《爾雅注疏》卷九
唐・陸德明撰《爾雅音釋》卷下
宋・邢昺撰《爾雅疏》
明・穆希文撰《蟫史集》卷一一

蟦蛢

晉・郭璞《爾雅注》卷下
晉・郭璞注，唐・陸德明音義，宋・邢昺疏《爾雅注疏》卷九
唐・陸德明撰《爾雅音釋》卷下
宋・邢昺撰《爾雅疏》
明・穆希文撰《蟫史集》卷一一
明・朱謀㙔撰《駢雅》卷七

步甲科 Carabidae

地鱉虎 *Calosoma chinensis*

小甲蟲

宋・蘇軾撰《東坡志林》卷五
明・方以智撰《通雅》卷四七（動物・蟲）
清・陳元龍撰《格物鏡原》卷一〇〇

旁不肯

宋・蘇軾撰《東坡志林》卷五
明・方以智撰《通雅》卷四七（動物・蟲）
清・陳元龍撰《格物鏡原》卷一〇〇

傍不肯

宋・沈括撰《夢溪筆談》卷二四
宋・江少虞編《事實類苑》卷六〇

異蟲

唐・段成武《酉陽雜俎續集》卷八

蟞

明・方以智撰《通雅》卷四七（動物昆蟲）

子方蟲

宋・沈括撰《夢溪筆談》卷二四
宋・蘇軾撰《東坡志林》卷五
宋・江少虞編《事實類苑》卷六〇
明・方以智撰《通雅》卷四七（動物・蟲）

行夜 *Pheropsophus jessoensis*

行夜

清・方旭撰《蟲薈》卷三

氣蠜

清・方旭撰《蟲薈》卷三

氣盤蟲

清・方旭撰《蟲薈》卷三

腆顆蟲

明・李時珍撰《本草綱目》
清・嵇璜、曹仁虎等撰《續通志》卷一七八

撒屁蟲

清・方旭撰《蟲薈》卷三

棒角甲科 Paussidae

圜節動物

清・（英）艾約瑟撰《動物學啟蒙》（動物分類綱領）

雙鎚

清・（英）艾約瑟撰《動物學啟蒙》（動物分類綱領）

沼梭甲科 Haliplidae

圜節動物

清・（英）艾約瑟《動物學啟蒙》（動物分類綱領）

豉甲科 Gyrinidae

豉

清・李元撰《蠕範》

豉母

清・李元撰《蠕範》

豉母蟲

清・方旭撰《蟲薈》卷三
清・陳元龍撰《格物鏡原》卷一〇〇（昆蟲類五）

豉蟲

清・方旭撰《蟲薈》卷三
清・陳元龍撰《格物鏡原》卷一〇〇（昆蟲類五）
清・金蓉鏡纂輯《湖南省靖州鄉土志》

算盤子蟲

清・金蓉鏡纂輯《湖南省靖州鄉土志》（物產）

寫字蟲

清・陳元龍撰《格物鏡原》卷一〇〇（昆蟲類五）

大豉甲 *Dineulus orientalis*

水蟲

明・李時珍撰《本草綱目》

畫字蟲

清・何東銘纂《四川府縣志輯・邛嶲野録》（方輿類・物產）

豉母蟲

明•李時珍撰《本草綱目》

清•何東銘纂《四川府縣志輯•邛嶲野録》(方輿類•物產)

豉蟲

宋•唐慎微撰，寇宗奭衍義《證類本草》卷二二

明•李時珍撰《本草綱目》

寫字蟲

清•何東銘纂《四川府縣志輯•邛嶲野録》

射工蟲

明•李時珍撰《本草綱目》

日本豉甲 *Gyrinus japonicas*

豉蟲

清•（日）西師意譯，竇樂安、許家惺審定《動物學教科書》

龙虱科 Dytiscidae

甲蟲

清•趙學敏輯《本草綱目拾遺（下)》卷一〇（蟲部）

黑殼蟲

清•何東銘纂《四川府縣志輯•邛嶲野録》(方輿類•物產)

龍虱

明•謝肇淛著《五雜俎》卷九

明•王圻、王思義輯《三才圖會》卷六

清•陳元龍撰《格物鏡原》卷一〇〇（昆蟲類五）

清•李拔等纂修《福建府縣志輯•乾隆福寧府志》

清•盧廷俊修，顏希聖、何深纂《廣東府縣志輯•雍正連平州志》

龍蜣

清•（日）西師意譯，竇樂安、許家惺審定《動物學教科書》

泥豬子

清•（日）西師意譯，竇樂安、許家惺審定《動物學教科書》

龍蝨

清•李元撰《蠕範》

清•嵇璜、曹仁虎撰《續通志》卷一七八

清•趙學敏輯《本草綱目拾遺（下)》卷一〇（蟲部）

清•陳元龍撰《格物鏡原》卷一〇〇（昆蟲類五）

清•何東銘纂《四川府縣志輯•邛嶲野録》

清•郝玉麟等監修，魯曾煜等編纂《廣東通志》

黄边大龙虱 *Cybister japonicus*

龍蝨

清•（日）鳥羽源藏著，林森滌庵甫譯《科學世界》(昆蟲標本製作法)

清•聶璜撰《清宮海錯圖》第二冊

黄边厚龙虱 *Cybister limbatus*

龍虱

清•方旭撰《蟲薈》卷三

清•徐景熹修，魯曾煜、施廷樞等纂《福建府縣志輯•乾隆福州府志》

埋葬甲科 Silphidae

埋葬虫 *Nicrophorus* spp.

人蚜

清•趙學敏輯《本草綱目拾遺（下)》卷一〇（蟲部）

屍上蟲

宋•徐照撰《芳蘭軒集》(蝗飛高)

蚜

清•趙學敏輯《本草綱目拾遺（下)》卷一〇（蟲部）

隐翅虫科 Staphylinidae

青腰

清•郝玉麟等監修，魯曾煜等編纂《廣東通志》

青腰蟲

宋•唐慎微撰，寇宗奭衍義《證類本草》卷二二

明•彭大翼撰，張幼學增訂《山堂肆考》卷二二八

清•嵇璜、曹仁虎等撰《續通志》卷一七八

清•方旭撰《蟲薈》卷三

青腰隐翅虫 *Paederus fuscipes*

青腰

明•穆希文撰《蟫史集》

青腰蟲

明•李時珍撰《本草綱目》

明•穆希文撰《蟫史集》

清•陳元龍撰《格物鏡原》卷一〇〇（昆蟲類五）

隐翅虫 *Staphylinus* sp.

褰裳子

清•（日）西師意譯，竇樂安、許家惺審定《動物學教科書》

水龟甲科 Hydrophilidae

水馬

清•薩廉修，陳淑均纂《臺灣府縣志輯•鹹豐臺灣府噶瑪蘭廳志》(物產)

水龜

清•周鐘瑄修，陳夢林、李欽文纂《臺灣府縣志輯•康熙諸羅縣志》

清•薩廉修，陳淑均纂《臺灣府縣志輯•鹹豐臺灣府噶瑪蘭廳志》

清•薛志亮修，謝金鑾、鄭兼才纂《臺灣府縣志輯•續修臺灣縣志》

清・唐景崧修，蔣師轍、薛紹元纂《臺灣府縣志輯・光緒臺灣通志》

清・王瑛曾纂修《臺灣府縣志輯・重修鳳山縣志》（物產）

清・蔡麟祥、陳步梯修，林豪纂《臺灣府縣志輯・新修臺灣澎湖志》

清・李維玨原本，沈定均續修，吳聯熏增纂《福建府縣志輯・光緒漳州府志》

清・懷蔭布修，黄任、郭賡武纂《福建府縣志輯・乾隆泉州府志》

介類

清・蔡麟祥、陳步梯修，林豪纂《臺灣府縣志輯・新修臺灣澎湖志》

龍虱

清・周鐘瑄修，陳夢林、李欽文纂《臺灣府縣志輯・康熙諸羅縣志》

清・薩廉修，陳淑均纂《臺灣府縣志輯・鹹豐臺灣府噶瑪蘭廳志》

清・薛志亮修，謝金鑾、鄭兼才纂《臺灣府縣志輯・續修臺灣縣志》

清・唐景崧修，蔣師轍、薛紹元纂《臺灣府縣志輯・光緒臺灣通志》

清・王瑛曾纂修《臺灣府縣志輯・重修鳳山縣志》

龍蝨

清・蔡麟祥、陳步梯修，林豪纂《臺灣府縣志輯・新修臺灣澎湖志》

清・懷蔭布修，黄任、郭賡武纂《福建府縣志輯・乾隆泉州府志》

锹甲科 Lucanidae

天螋

宋・羅願撰，元・洪焱祖音釋《爾雅翼》卷二四（釋蟲）

木中蠹

漢・許慎撰，宋・徐鉉增釋《說文解字》卷一三下

漢・揚雄撰，晉・郭璞注《輶軒使者絕代語釋別國方言》卷一一

晉・郭璞注，唐・陸德明音義，宋・邢昺疏《爾雅注疏》

清・段玉裁撰《說文解字注》

木中蠹蟲

宋・鄭樵撰《爾雅註》

宋・鄭樵撰《通志》卷七五

宋・陸佃撰《埤雅》卷一一

清・沈廷芳撰《十三經注疏正字》卷八一

木蟲

明・徐炬輯《新鐫古今事物原始全書》卷二九

木蠍

宋・司馬光撰《類篇》卷三八

木蠹

清・劉於義等監修，沈青崖等編纂《陝西通志》（物產）

清・舒其紳等修，嚴長明等纂《陝西省西安府志》

木蠹蟲

清・薩廉修，陳淑均纂《臺灣府縣志輯・鹹豐臺灣府噶瑪蘭廳志》

蠹蟲

清・唐景崧修，蔣師轍、薛紹元纂《臺灣府縣志輯・光緒臺灣通志》

老木蟲

清・王鱗飛修，馮世瀛纂《四川府縣志輯・同治增修酉陽直隸州總志》

朽蠹

清・段玉裁撰《說文解字注》

食木蟲

清・劉於義等監修，沈青崖等編纂《陝西通志》

清・舒其紳等修，嚴長明等纂《陝西省西安府志》

蚌蠹

清・薩廉修，陳淑均纂《臺灣府縣志輯・鹹豐臺灣府噶瑪蘭廳志》

蛀蟲

清・邵子彝修，魯琪光纂《江西府縣志輯・建昌府志》

清・何東銘纂《四川府縣志輯・邛嶲野録》（方輿類・物產）

蛀蠹

清・薩廉修，陳淑均纂《臺灣府縣志輯・鹹豐臺灣府噶瑪蘭廳志》

清・唐景崧修，蔣師轍、薛紹元纂《臺灣府縣志輯・光緒臺灣通志》

蚰

漢・許慎撰，宋・徐鉉增釋《說文解字》卷一三上

蛭蛒

清・張宗泰撰《爾雅注疏本正誤》卷一

蛣蚰

漢・許慎撰，宋・徐鉉增釋《說文解字》卷一三上

蛣蝠

《爾雅》

漢・揚雄撰，晉・郭璞注《輶軒使者絕代語釋別國方言》卷一一

晉・郭璞注，唐・陸德明音義，宋・邢昺疏《爾雅注疏》

宋・陸佃撰《埤雅》卷一一（釋蟲）

明・徐炬輯《新鐫古今事物原始全書》卷二九

清・何東銘纂《四川府縣志輯・邛嶲野録》（方輿類・物產）

清・劉於義等監修，沈青崖等編纂《陝西通志》

清・舒其紳等修，嚴長明等纂《陝西省西安府志》

清・唐景崧修，蔣師轍、薛紹元纂《臺灣府縣志輯・光緒臺灣通志》

清・邵子彝修，魯琪光纂《江西府縣志輯・建昌府志》

蛭

宋・羅願撰，元・洪焱祖音釋《爾雅翼》卷二四（釋蟲）

喧蔎

宋・羅願撰，元・洪焱祖音釋《爾雅翼》卷二四（釋蟲）

蛒

清・張宗泰撰《爾雅注疏本正誤》卷一

蛞

宋・司馬光撰《類篇》卷三八

蚕蝁

清・張宗泰撰《爾雅注疏本正誤》卷一

蝎

《爾雅》

漢・許慎撰，宋・徐鉉增釋《說文解字》卷一三上

漢・揚雄撰，晉・郭璞注《輶軒使者絕代語釋別國方言》卷一一

三國吳・陸璣撰《毛詩草木鳥獸蟲魚疏》卷下

唐・陸德明撰《爾雅音釋》卷下

清・沈廷芳撰《十三經注疏正字》卷八一

蠍

晉・郭璞《爾雅注》卷下

晉・郭璞注，唐・陸德明音義，宋・邢昺疏《爾雅注疏》

宋・司馬光撰《類篇》卷三八

宋・鄭樵撰《爾雅註》

宋・鄭樵撰《通志》卷七五

宋・陸佃撰《爾雅新義》卷一五

宋・陸佃撰《埤雅》卷一一（釋蟲）

宋・羅願撰，元・洪焱祖音釋《爾雅翼》卷二四（釋蟲）

明・李時珍撰《本草綱目》

清・沈廷芳撰《十三經注疏正字》卷八一

清・張宗泰撰《爾雅注疏本正誤》卷一

清・邵子彝修，魯琪光纂《江西府縣志輯・建昌府志》（物產）

清・何東銘纂《四川府縣志輯・邛嶲野録》(方輿類・物產）

蠍蟲

宋・任廣撰《書敘指南》卷一四（昆蟲）

蝖蔎

清・張宗泰撰《爾雅注疏本正誤》卷一

蝤

漢・許慎撰，宋・徐鉉增釋《說文解字》卷一三上

晉・郭璞《爾雅注》卷下

唐・陸德明撰《爾雅音釋》卷下

宋・司馬光撰《類篇》卷三八

蝤蛑

宋・司馬光撰《類篇》卷三八

蝤蠐

漢・許填撰，宋・徐鉉增釋《說文解字》卷一三上

宋・司馬光撰《類篇》卷三八

蝤蟦

清・張宗泰綴述《爾雅注疏本正誤》卷一

蝤蠐

《詩經》

《爾雅》

三國吳・陸璣撰《毛詩草木鳥獸魚蟲疏》卷下

晉・郭璞《爾雅注》卷下

晉・郭璞注，唐・陸德明音義，宋・邢昺疏《爾雅注疏》

宋・鄭樵撰《通志》卷七五

宋・陸佃撰《爾雅新義》卷一五

宋・任廣撰《書敘指南》卷一四（昆蟲）

宋・鄭樵撰《爾雅註》

宋・羅願撰，元・洪焱祖音釋《爾雅翼》卷二四（釋蟲）

宋・陸佃撰《埤雅》卷一一（釋蟲）

明・李時珍撰《本草綱目》

明・徐炬輯《新鐫古今事物原始全書》卷二九

清・何東銘纂《四川府縣志輯・邛嶲野録》

清・劉於義等監修，沈青崖等編纂《陝西通志》

清・舒其紳等修，嚴長明等纂《陝西省西安府志》

清・薩廉修，陳淑均纂《臺灣府縣志輯・鹹豐臺灣府噶瑪蘭廳志》

清・沈廷芳撰《十三經注疏正字》卷八一

清・唐景崧修，蔣師轍、薛紹元纂《臺灣府縣志輯・光緒臺灣通志》

清・王鱗飛修，馮世瀛纂《四川府縣志輯・同治增修酉陽直隸州總志》

清・張宗泰撰《爾雅注疏本正誤》卷一

清・邵子彝修，魯琪光纂《江西府縣志輯・建昌府志》

蝨

漢・許慎撰，宋・徐鉉增釋《說文解字》卷一三下

清・何東銘纂《四川府縣志輯・邛嶲野録》

蝫蝀

宋・司馬光撰《類篇》卷三八

鍬形蟲

清・（日）鳥羽源藏著，林森滌庵甫譯《科學世界》（昆蟲標本製作法）

蟦

漢・揚雄撰，晉・郭璞注《輶軒使者絕代語釋別國方言》卷一一

晉・郭璞注，唐・陸德明音義，宋・邢昺疏《爾雅注疏》

宋・羅願撰，元・洪焱祖音釋《爾雅翼》卷二四（釋蟲）

清・沈廷芳撰《十三經注疏正字》卷八一

蟦螬

三國吳・陸璣撰《毛詩草木鳥獸蟲魚疏》卷下

蠐螬

晉・郭璞注，唐・陸德明音義，宋・邢昺疏《爾雅注疏》

三國吳・陸璣撰《毛詩草木鳥獸蟲魚疏》卷下

宋・羅願撰，元・洪焱祖音釋《爾雅翼》卷二四（釋蟲）

明・李時珍撰《本草綱目》
明・徐炬輯《新鐫古今事物原始全書》卷二九
清・王鱗飛修，馮世瀛纂《四川府縣志輯・同治增修酉陽直隸州總志》

蠹

漢・許慎撰，宋・徐鉉增釋《說文解字》卷一三下
清・段玉裁撰《說文解字注》
明・李時珍撰《本草綱目》

福运锹甲 *Lucanus fortunei*

鹿角蟲

清・（英）艾約瑟撰《動物學啟蒙》（動物分類綱領）

飛鹿蟲

清・（英）艾約瑟撰《動物學啟蒙》（動物分類綱領）

扁锹甲 *Serrognathus* sp.

鍬甲

清・《欽定鳥譜》卷一（白喜鵲與鍬甲）

金龟子科 Scarabaeidae

丸

五代・馬縞撰《中華古今注》卷下

天社

三國魏・張揖撰，隋・曹憲音解《博雅》卷一〇《釋蟲》
宋・司馬光撰《類篇》卷三八
明・陳耀文撰《天中記》卷五七
清・段玉裁撰《說文解字注》
清・郝懿行撰《爾雅郭注義疏》卷下之三
清・方旭撰《蟲薈》卷三
清・李元撰《蠕範》
清・邵晉涵撰《爾雅正義》卷一六
清・金蓉鏡纂輯《湖南省靖州鄉土志》

天社蟲

明・李時珍撰《本草綱目》

天螻

漢・揚雄撰，晉・郭璞注《輶軒使者絕代語釋別國方言》卷一一

天桂

明・陳耀文撰《天中記》卷五七

五節類

清・黃世祚、金念祖纂，陳傳德、範鐘湘修《上海府縣志輯・嘉定縣續志》

牛屎烏

清・李文恒修，鄭文彩纂《廣東省瓊山縣志》

滾丸蟲

清・李文恒修，鄭文彩纂《廣東省瓊山縣志》（輿地志・物產）

牛屎龜

清・薩廉修，陳淑均纂《臺灣府縣志輯・鹹豐臺灣府噶瑪蘭廳志》
清・李廷璧修，周璽纂《臺灣府縣誌輯・道光彰化縣志》

屎龜

清・懷蔭布修，黃任、郭賡武纂《福建府縣志輯・乾隆泉州府志》

矢甲

宋・司馬光撰《類篇》卷三八
元・戴侗撰《六書故》卷二〇
明・張自烈撰，清・廖文英續《正字通》申集中（虫部）
清・李元撰《蠕範》
清・薩廉修，陳淑均纂《臺灣府縣志輯・鹹豐臺灣府噶瑪蘭廳志》（物產志）

矢丸

清・邵晉涵撰《爾雅正義》卷一六

矢殼蜋

清・西清纂，蕭穆等重輯《黑龍江外記》卷八

地牛兒

明・李時珍撰《本草綱目》

地蠶

漢・揚雄撰，晉・郭璞注《輶軒使者絕代語釋別國方言》卷一一
三國魏・張揖撰，隋・曹憲音解《博雅》卷一〇《釋蟲》

弄丸

晉・崔豹撰《古今注》卷中
五代・馬縞撰《中華古今注》卷下
宋・羅願撰，元・洪焱祖音釋《爾雅翼》（釋蟲）
宋・陸佃撰《埤雅》卷一〇（釋蟲）
明・李時珍撰《本草綱目》
明・陳耀文撰《天中記》卷五七
明・朱謀㙔撰《駢雅》卷七（釋蟲）
明・王圻、王思義輯《三才圖會》卷六
清・張玉書、陳廷敬等纂《康熙字典》卷二六
清・方旭撰《蟲薈》卷三
清・任基振撰《爾雅注疏箋補》卷三
清・李元撰《蠕範》
清・薩廉修，陳淑均纂《臺灣府縣志輯・鹹豐臺灣府噶瑪蘭廳志》
清・邵晉涵撰《爾雅正義》卷一六
清・陳元龍撰《格致鏡原》卷一〇〇（昆蟲類五）
清・席紹葆等修，謝鳴謙、謝鳴盛纂《湖南府縣志輯・辰州府志》

轉丸

晉・崔豹撰《古今注》卷中
宋・羅願撰，元・洪焱祖音釋《爾雅翼》（釋蟲）
明・李時珍撰《本草綱目》
明・陳耀文撰《天中記》卷五七
明・彭大翼撰，張幼學增訂《山堂肆考》卷二二八

明・張自烈撰，清・廖文英續《正字通》申集中（虫部）
明・穆希文撰《蟫史集》卷一一
清・段玉裁撰《說文解字注》
清・張玉書、陳廷敬等纂《康熙字典》卷二六
清・任基振撰《爾雅注疏箋補》卷三
清・周鐘瑄修，陳夢林李欽文纂《臺灣府縣志輯・康熙諸羅縣志》
清・薩廉修，陳淑均纂《臺灣府縣志輯・鹹豐臺灣府噶瑪蘭廳志》
清・方旭撰《蟲薈》卷三
清・吳都梁修，潘問奇等纂《北京府縣志輯・昌平州志》
清・李元撰《蠕範》
清・萬青黎、周家楣修，張之洞、繆荃孫纂《北京府縣志輯・光緒順天府志》
清・邵晉涵撰《爾雅正義》卷一六
清・何東銘纂《四川府縣志輯・邛嶲野録》
清・陳元龍撰《格致鏡原》卷一〇〇（昆蟲類五）
清・席紹葆等修，謝鳴謙、謝鳴盛纂《湖南府縣志輯・辰州府志》

丟丸

明・穆希文撰《蟫史集》卷一一

金龜子

清・範鐘湘、陳傅德修，金念祖、黃世祚纂《上海府縣志輯・嘉定縣續志》

金蟲

清・範鐘湘、陳傅德修，金念祖、黃世祚纂《上海府縣志輯・嘉定縣續志》

肥蛬

漢・揚雄撰，晉・郭璞注《輶軒使者絕代語釋別國方言》卷一一

夜遊將軍

明・李時珍撰《本草綱目》
清・薩廉修，陳淑均纂《臺灣府縣志輯・鹹豐臺灣府噶瑪蘭廳志》
清・劉於義等監修，沈青崖編輯《陝西通志》
清・方旭撰《蟲薈》卷三
清・舒其紳等修，嚴長明等纂《陝西省西安府志》
清・何東銘纂《四川府縣志輯・邛嶲野録》（方輿類・物產）

胡蜣

清・李元撰《蠕範》

胡蜣蜋

宋・羅願撰，元・洪焱祖音釋《爾雅翼》（釋蟲）
宋・唐慎微撰，寇宗奭衍義《證類本草》卷二二
明・徐炬輯《新鐫古今事物原始全書》卷二九
明・彭大翼撰，張幼學增訂《山堂肆考》卷二二八
明・李時珍撰《本草綱目》
明・穆希文撰《蟫史集》卷一一
明・王圻、王思義輯《三才圖會》卷六
清・方旭撰《蟲薈》卷三
清・陳元龍撰《格致鏡原》卷一〇〇（昆蟲類五）

胡蛣蜣

明・李蘇著《見物》卷五（蟲物論）

食根

《爾雅》

蠶

三國魏・張揖撰，隋・曹憲音解《博雅》卷一〇（釋蟲）

蚚父

宋・司馬光撰《類篇》卷三八

推丸

宋・羅願撰，元・洪焱祖音釋《爾雅翼》（釋蟲）
宋・唐慎微撰，寇宗奭衍義《證類本草》卷二二
明・李時珍撰《本草綱目》
明・陳耀文撰《天中記》卷五七
明・王圻、王思義輯《三才圖會》卷六
清・李元撰《蠕範》
清・段玉裁撰《說文解字注》
清・方旭撰《蟲薈》卷三
清・岳濬等監修，杜詔等編纂《山東通志》（物產志）
清・何東銘纂《四川府縣志輯・邛嶲野録》

推車客

明・張自烈撰，清・廖文英續《正字通》申集中（虫部）
明・李時珍撰《本草綱目》
清・李元撰《蠕範》
清・劉於義等監修，沈青崖編輯《陝西通志》
清・方旭撰《蟲薈》卷三
清・薩廉修，陳淑均纂《臺灣府縣志輯・鹹豐臺灣府噶瑪蘭廳志》
清・舒其紳等修，嚴長明等纂《陝西省西安府志》
清・何東銘纂《四川府縣志輯・邛嶲野録》（方輿類・物產）
清・孔繁撲修，高維嶽纂《陝西省綏德州志》（物產）
清・陳元龍撰《格致鏡原》卷一〇〇（昆蟲類五）
清・阿桂、劉瑾之等撰《欽定盛京通志》

推屎蟲

明・李時珍撰《本草綱目》

堂蜋

宋・司馬光撰《類篇》卷三八

螳蜋

遼・釋行均《龍龕手鑒》（蟲部第二）

蛄

遼・釋行均《龍龕手鑒》（蟲部第二）

啖糞蟲

南朝梁・顧野王撰，宋・陳彭年等重修《重修玉篇》卷二五
清・張玉書、陳廷敬等纂《康熙字典》卷二六

麻母

清·李元撰《蠕範》

渠蝌

清·段玉裁撰《說文解字注》
清·郝懿行撰《爾雅郭注義疏》卷下之三
清·邵晉涵撰《爾雅正義》卷一六
清·金蓉鏡纂輯《湖南省靖州鄉土志》（物產）

渠蝌蜋

宋·司馬光撰《類篇》卷三八
清·郝懿行撰《爾雅郭注義疏》卷下之三

蛣蜣

《爾雅》
三國魏·張揖撰，隋·曹憲音解《博雅》卷一〇（釋蟲）
晉·郭璞注《爾雅》卷下
晉·郭璞注，唐·陸德明音義，宋·邢昺疏《爾雅注疏》
晉·崔豹撰《古今注》卷中
唐·陸德明撰《爾雅音釋》卷下
唐·段成式撰《酉陽雜俎》卷一七
五代·馬縞撰《中華古今注》卷下
宋·司馬光撰《類篇》卷三八
宋·鄭樵撰《爾雅註》
宋·羅願撰，元·洪焱祖音釋《爾雅翼》（釋蟲）
宋·唐慎微撰，寇宗奭衍義《證類本草》卷二二
宋·蔡卞集解《毛詩名物解》卷一二（釋蟲）
宋·陸佃撰《埤雅》卷一〇（釋蟲）
宋·陸佃撰《爾雅新義》卷一五
遼·釋行均《龍龕手鑒》（蟲部第二）
元·戴侗撰《六書故》卷二〇
元·脫因修，俞希魯纂《至順鎮江志》（土產）
明·陳耀文撰《天中記》卷五七
明·李蘇著《見物》卷五（蟲物論）
明·吳楚材輯《彊識畧》卷三一
明·穆希文撰《蟫史集》卷一一
明·李時珍撰《本草綱目》
明·徐炬輯《新鐫古今事物原始全書》卷二九
明·彭大翼撰，張幼學增訂《山堂肆考》卷二二八
明·張自烈撰，清·廖文英續《正字通》申集中（虫部）
明·唐胄編集《正德瓊台志（廣東省）》（土產）
明·王圻、王思義輯《三才圖會》卷六
清·段玉裁撰《說文解字注》
清·張玉書、陳廷敬等纂《康熙字典》卷二六
清·任基振撰《爾雅注疏箋補》卷三
清·戴鎣撰《爾雅郭注補正》卷八
清·郝懿行撰《爾雅（郭注）義疏》卷下之三
清·方旭撰《蟲薈》卷三
清·李元撰《蠕範》
清·劉於義等監修，沈青崖等編纂《陝西通志》
清·徐景熹修，魯曾煜、施廷樞等纂《福建府縣志輯·乾隆福州府志》
清·周鐘瑄修，陳夢林李欽文纂《臺灣府縣志輯·康熙諸羅縣志》
清·李廷璧修，周壐纂《臺灣府縣誌輯·道光彰化縣志》
清·邵晉涵撰《爾雅正義》卷一六
清·張宗泰撰《爾雅注疏本正誤》卷一六
清·姜兆錫撰《爾雅注疏參議》卷六（釋蟲第十五）
清·魯鼎梅修，王必昌纂《臺灣府縣志輯·乾隆重修臺灣縣志》
清·舒其紳等修，嚴長明等纂《陝西省西安府志》
清·孔繁揆修，高維嶽纂《陝西省綏德州志》
清·陳元龍撰《格致鏡原》卷一〇〇（昆蟲類五）
清·阿桂、劉瑾之等撰《欽定盛京通志》
清·懷蔭布修，黃任、郭賡武纂《福建府縣志輯·乾隆泉州府志》
清·席紹葆等修，謝鳴謙、謝鳴盛纂《湖南府縣志輯·辰州府志》
清·何玉棻修，魏式曾纂《湖南府縣志輯·同治直隸澧州志》

蛣蝹

清·張玉書、陳廷敬等纂《康熙字典》卷二六

蛭蛒

漢·揚雄撰，晉·郭璞注《輶軒使者絕代語釋別國方言》卷一一

黑牛兒

明·張自烈撰，清·廖文英續《正字通》申集中（虫部）
明·李時珍撰《本草綱目》
清·李元撰《蠕範》
清·方旭撰《蟲薈》卷三
清·何清·陳元龍撰《格致鏡原》卷一〇〇（昆蟲類五）

黑甲蟲

晉·郭璞注《爾雅》卷下
晉·郭璞注，唐·陸德明音義，宋·邢昺疏《爾雅注疏》
宋·羅願撰，元·洪焱祖音釋《爾雅翼》（釋蟲）
明·彭大翼撰，張幼學增訂《山堂肆考》卷二二八
明·吳楚材輯《彊識畧》卷三一
明·朱謀㙔撰《駢雅》卷七（釋蟲）
明·王圻、王思義輯《三才圖會》卷六
清·邵晉涵撰《爾雅正義》卷一六
清·戴鎣撰《爾雅郭注補正》卷八
清·姜兆錫撰《爾雅注疏參議》卷六（釋蟲第十五）
清·陳元龍撰《格致鏡原》卷一〇〇（昆蟲類五）
清·阿桂、劉瑾之等撰《欽定盛京通志》
清·何玉棻修，魏式曾纂《湖南府縣志輯·同治直隸澧州志》
清·金蓉鏡纂輯《湖南省靖州鄉土志》

甲蟲

元·戴侗撰《六書故》卷二〇

猶

清・段玉裁撰《說文解字注》

蛬蠅

漢・揚雄撰，晉・郭璞注《輶軒使者絕代語釋別國方言》卷一一

當齊

漢・揚雄撰，晉・郭璞注《輶軒使者絕代語釋別國方言》卷一一

蜣蜋

《爾雅》

三國魏・張揖撰，隋・曹憲音解《博雅》卷一〇《釋蟲》

晉・郭璞注《爾雅》卷下

晉・郭璞注，唐・陸德明音義，宋・邢昺疏《爾雅注疏》

晉・崔豹撰《古今注》卷中

南朝梁・顧野王撰，宋・陳彭年等重修《重修玉篇》卷二五

五代・馬縞撰《中華古今注》卷下

宋・司馬光撰《類篇》卷三八

宋・鄭樵撰《爾雅註》

宋・羅願撰，元・洪焱祖音釋《爾雅翼》（釋蟲）

宋・唐慎微撰，寇宗奭衍義《證類本草》卷二二

宋・蔡卞集解《毛詩名物解》卷一二（釋蟲）

宋・陸佃撰《埤雅》卷一〇（釋蟲）

宋・陸佃撰《爾雅新義》卷一五

宋・彭乘撰《墨客揮犀》卷五

遼・釋行均《龍龕手鑒》（蟲部第二）

元・戴侗撰《六書故》卷二〇

元・脫因修，俞希魯纂《至順鎮江志》（土產）

明・陳耀文撰《天中記》卷五七

明・吳楚材輯《彊識畧》卷三一

明・穆希文撰《蟫史集》卷一一

明・李時珍撰《本草綱目》

明・徐炬輯《新鐫古今事物原始全書》卷二九

明・彭大翼撰，張幼學增訂《山堂肆考》卷二二八

明・張自烈撰，清・廖文英續《正字通》申集中（虫部）

明・唐胄編集《正德瓊台志（廣東省）》

明・朱謀㙔撰《駢雅》卷七（釋蟲）

明・劉胤昌撰《劉氏類山》卷四

明・王圻、王思義輯《三才圖會》卷六

清・段玉裁撰《說文解字注》

清・張玉書、陳廷敬等纂《康熙字典》卷二六

清・周靖撰《篆隸考異》卷三

清・任基振撰《爾雅注疏箋補》卷三

清・戴鎣撰《爾雅郭注補正》卷八

清・郝懿行撰《爾雅（郭注）義疏》卷下之三

清・西清纂，蕭穆等重輯《黑龍江外記》卷八

清・方旭撰《蟲薈》卷三

清・曾日瑛等修，李紱等纂《福建府縣志輯・乾隆汀州府志》（物產）

清・薩廉修，陳淑均纂《臺灣府縣志輯・鹹豐臺灣府噶瑪蘭廳志》

清・萬青黎、周家楣修，張之洞、繆荃孫纂《北京府縣志輯・光緒順天府志》

清・邵晉涵撰《爾雅正義》卷一六

清・張宗泰撰《爾雅注疏本正誤》卷一六

清・姜兆錫撰《爾雅注疏參議》卷六（釋蟲第十五）

清・宗源瀚、郭式昌修，周學濬、陸心源纂《浙江府縣志輯・湖州府志》

清・何東銘纂《四川府縣志輯・邛巂野録》

清・長順修《吉林通志》

清・孔繁撲修，高維嶽纂《陝西省綏德州志》

清・陳元龍撰《格致鏡原》卷一〇〇（昆蟲類五）

清・阿桂、劉瑾之等撰《欽定盛京通志》

清・何玉棻修，魏式曾纂《湖南府縣志輯・同治直隸澧州志》

清・宗源瀚、郭式昌修，周學濬、陸心源纂《浙江府縣志輯・湖州府志》

清・李維鈺原本，沈定均續修，吳聯熏增纂《福建府縣志輯・光緒漳州府志》

清・範鐘湘、陳傅德修，金念祖、黃世祚纂《上海府縣志輯・嘉定縣續志》

蜣蜋將軍

明・李時珍撰《本草綱目》

蜣蜋

唐・陳藏器撰《本草拾遺》卷六

明・繆希雍撰《先醒齋廣筆記》卷四

明・李蘇著《見物》卷五（蟲物論）

清・李元撰《蠕範》

清・吳都梁修，潘問奇等纂《北京府縣志輯・昌平州志》（物產志）

清・查郎阿等監修，沈青崖編輯《陝西通志》

清・朱肇基修，陸綸纂《安徽府縣志輯・乾隆太平府志》

清・徐景熹修，魯曾煜、施廷樞等纂《福建府縣志輯・乾隆福州府志》

清・周鐘瑄修，陳夢林李欽文纂《臺灣府縣志輯・康熙諸羅縣志》

清・李文恒修，鄭文彩纂《廣東省瓊山縣志》

清・李廷璧修，周璽纂《臺灣府縣誌輯・道光彰化縣志》

清・岳濬等監修，杜詔等編纂《山東通志》

清・魯鼎梅修，王必昌纂《臺灣府縣志輯・乾隆重修臺灣縣志》

清・懷蔭布修，黃任、郭賡武纂《福建府縣志輯・乾隆泉州府志》

清・舒其紳等修，嚴長明等纂《陝西省西安府志》

清・王子接撰《絳雪園得宜本草》卷一七

蜣蜋蟲

清・張玉書、陳廷敬等纂《康熙字典》卷二六

蟷蜋
清・張玉書、陳廷敬等纂《康熙字典》卷二六
推屎扒
清・王鱗飛等修，馮世瀛、冉崇文纂《四川府縣志輯・同治增修酉陽直隸州總志》（物產）
清・何東銘纂《四川府縣志輯・邛巂野録》
蜣蝍
宋・司馬光撰《類篇》卷三八
清・段玉裁撰《說文解字注》
蜣蜖
清・王鱗飛等修，馮世瀛、冉崇文纂《四川府縣志輯・同治增修酉陽直隸州總志》
瑮蛣
清・張玉書、陳廷敬等纂《康熙字典》卷二六
蝪
漢・揚雄撰，晉・郭璞注《輶軒使者絕代語釋別國方言》
清・張玉書、陳廷敬等纂《康熙字典》卷二六
蝍
南朝梁・顧野王撰，宋・陳彭年等重修《重修玉篇》卷二五
蝍蜋
清・郝懿行撰《爾雅郭注義疏》卷下之三
蛻蛣
清・張玉書、陳廷敬等纂《康熙字典》卷二六
蛣蟦
漢・揚雄撰，晉・郭璞注《輶軒使者絕代語釋別國方言》卷一一
蝗螜
漢・揚雄撰，晉・郭璞注《輶軒使者絕代語釋別國方言》卷一一
蝵
《爾雅》
螬
三國魏・張揖撰，隋・曹憲音解《博雅》卷一〇《釋蟲》
蠀螬
三國吳・陸璣撰《毛詩草木鳥獸魚蟲疏》卷下
蟦
《爾雅》
漢・揚雄撰，晉・郭璞注《輶軒使者絕代語釋別國方言》卷一一
三國魏・張揖撰，隋・曹憲音解《博雅》卷一〇《釋蟲》
晉・郭璞注，唐・陸德明音義，宋・邢昺疏《爾雅注疏》卷九
蟦蝗
漢・揚雄撰，晉・郭璞注《輶軒使者絕代語釋別國方言》卷一一
蠤
漢・許慎撰，宋・徐鉉增釋《說文解字》卷一三上
蠤蟲
漢・許慎撰，宋・徐鉉增釋《說文解字》卷一三上
蠀
三國魏・張揖撰，隋・曹憲音解《博雅》卷一〇《釋蟲》
蠀螬
《爾雅》
漢・揚雄撰，晉・郭璞注《輶軒使者絕代語釋別國方言》卷一一
三國魏・張揖撰，隋・曹憲音解《博雅》卷一〇（釋蟲）
蠐螬
漢・揚雄撰，晉・郭璞注《輶軒使者絕代語釋別國方言》卷一一
晉・郭璞注，唐・陸德明音義，宋・邢昺疏《爾雅注疏》卷九
三國吳・陸璣撰《毛詩草木鳥獸魚蟲疏》卷下
清・範鐘湘、陳傳德修，金念祖、黃世祚纂《上海府縣志輯・嘉定縣續志》
清・宗源瀚、郭式昌修，周學濬、陸心源纂《浙江府縣志輯・湖州府志》
蜚
三國魏・張揖撰，隋・曹憲音解《博雅》卷一〇（釋蟲）
黑甲將軍
清・吳都梁修，潘問奇等纂《北京府縣志輯・昌平州志》
鐵甲將軍
明・張自烈撰，清・廖文英續《正字通》申集中（虫部）
明・李時珍撰《本草綱目》
清・郝懿行撰《爾雅（郭注）義疏》卷下之三
清・方旭撰《蟲薈》卷三
清・李元撰《蠕範》
清・薩廉修，陳淑均纂《臺灣府縣志輯・鹹豐臺灣府噶瑪蘭廳志》
清・岳濬等監修，杜詔等編纂《山東通志》
清・何東銘纂《四川府縣志輯・邛巂野録》
清・陳元龍撰《格致鏡原》卷一〇〇（昆蟲類五）
蠹
漢・揚雄撰，晉・郭璞注《輶軒使者絕代語釋別國方言》卷一一
三國魏・張揖撰，隋・曹憲音解《博雅》卷一〇《釋蟲》
蠹蟦
漢・揚雄撰，晉・郭璞注《輶軒使者絕代語釋別國方言》卷一一
拱矢蟲
明・唐冑編集《正德瓊台志（廣東省）》
牛屎蟲
清・何東銘纂《四川府縣志輯・邛巂野録》
清・金蓉鏡纂輯《湖南省靖州鄉土志》
大牛屎蟲
清・金蓉鏡纂輯《湖南省靖州鄉土志》（物產）

矢殼郎
清・長順修《吉林通志》
糞爬牛
清・孔繁撲修，高維嶽纂《陝西省綏德州志》
蛣蜋
明・朱謀㙔撰《駢雅》卷七（釋蟲）
天柱
明・朱謀㙔撰《駢雅》卷七（釋蟲）
使客蜋
清・阿桂、劉瑾之等撰《欽定盛京通志》
背屎蟲
清・金蓉鏡纂輯《湖南省靖州鄉土志》

神农洁蜣螂 *Catharsius molossus*

天社
清・李元撰《蠕範》
失甲
清・李元撰《蠕範》
弄丸
清・李元撰《蠕範》
清・朱肇基修，陸綸纂《安徽府縣志輯・乾隆太平府志》
胡蜣
清・李元撰《蠕範》
胡蜣蜋
宋・唐慎微撰，寇宗奭衍義《證類本草》卷二二
推丸
清・李元撰《蠕範》
清・朱肇基修，陸綸纂《安徽府縣志輯・乾隆太平府志》（物產）
推矢郭蜋
清・朱肇基修，陸綸纂《安徽府縣志輯・乾隆太平府志》
推車客
清・李元撰《蠕範》
麻母
清・李元撰《蠕範》
蛣蜣
清・李元撰《蠕範》
清・朱肇基修，陸綸纂《安徽府縣志輯・乾隆太平府志》
清・姜承基修，常在等纂《湖南府縣志輯・永州府志》
黑牛兒
清・李元撰《蠕範》
蜣蜋
宋・唐慎微撰，寇宗奭衍義《證類本草》卷二二
清・朱肇基修，陸綸纂《安徽府縣志輯・乾隆太平府志》
清・姜承基修，常在等纂《湖南府縣志輯・永州府志》
蜣螂
清・李元撰《蠕範》
轉丸
清・李元撰《蠕範》
鐵甲將軍
清・李元撰《蠕範》

粪蜣 *Geotrupes laevistriatus*

蛣蜣
晉・郭璞注，唐・陸德明音義，宋・邢昺疏《爾雅注疏》
蜣蜋
晉・郭璞注，唐・陸德明音義，宋・邢昺疏《爾雅注疏》

嗡蜣螂 *Onthophagus* sp.

蜣蜋
明・徐炬輯《新鐫古今事物原始全書》卷二九
清・方旭撰《蟲薈》卷三

台风蜣螂 *Scarabaeus typhon*

弄丸
唐・蘇鶚撰《蘇氏演義》卷上
轉丸
唐・蘇鶚撰《蘇氏演義》卷上
胡蜣蜋
清・方旭撰《蟲薈》卷三
明・徐炬輯《新鐫古今事物原始全書》卷二九
蛣蟯
唐・蘇鶚撰《蘇氏演義》卷上
蟯蜋
唐・蘇鶚撰《蘇氏演義》卷上
清・方旭撰《蟲薈》卷三
蟯娘
明・徐炬輯《新鐫古今事物原始全書》卷二九
撲火蟲
明・徐炬輯《新鐫古今事物原始全書》卷二九

犀金龟科 Dynastidae

射工蟲
宋・唐慎微撰，寇宗奭衍義《證類本草》卷二二
短狐射工
宋・唐慎微撰，寇宗奭衍義《證類本草》卷二二
溪鬼蟲
宋・唐慎微撰，寇宗奭衍義《證類本草》卷二二
清・陳元龍撰《格物鏡原》卷一〇〇（昆蟲類五）
獨角仙
明・李時珍撰《本草綱目》卷四一
清・方旭撰《蟲薈》卷三
清・（日）鳥羽源藏著，林森滌庵甫譯《科學世界》（昆蟲標本製作法）
飛生蟲
明・李時珍撰《本草綱目》卷四一

双叉犀金龟 *Allomyrina dichotoma dichotoma*

射工蟲
明・穆希文撰《蟫史集》卷一一

溪鬼虿

明・穆希文撰《蟫史集》卷一一

溪毒

明・穆希文撰《蟫史集》卷一一

蒙瘤犀金龟 *Trichogomphus mongol*

皁牛

清・範鐘湘、陳傅德修，金念祖、黄世祚纂《上海府縣志輯・嘉定縣續志》

丽金龟科 Rutelidae

金牛兒

清・劉侗撰《促織志》

鳃角金龟科 Melolonthidae

大白蟲

宋・鄭樵撰《通志》卷七六

地蠶

明・朱謀㙔撰《駢雅》卷七

清・沈茂陰纂修《臺灣府縣志輯・光緒苗栗縣志》

當齊

明・朱謀㙔撰《駢雅》卷七

金龜子

清・余宗農編輯《桑樹蟲害論》

金龜子科

清・余宗農編輯《桑樹蟲害論》

勃齊

宋・鄭樵撰《通志》卷七六

食葉甲蟲

清・余宗農編輯《桑樹蟲害論》

敎螬

明・朱謀㙔撰《駢雅》卷七

蛣蝹

明・朱謀㙔撰《駢雅》卷七

蛭蛒

明・朱謀㙔撰《駢雅》卷七

蛒

南朝梁・顧野王撰，宋・陳彭年等重修《重修玉篇》卷二五

蜫

宋・司馬光撰《類篇》卷三八

蚉蝙

明・朱謀㙔撰《駢雅》卷七

蜸齊

明・朱謀㙔撰《駢雅》卷七

蜸螬

宋・鄭樵撰《通志》卷七六

墳螬

宋・鄭樵撰《通志》卷七六

蠍

遼・釋行均《龍龕手鑒》(蟲部第二)

清・余蕭客撰《古經解鉤沉》卷二八

蜡蟦

明・朱謀㙔撰《駢雅》卷七

蜡螬

清・余蕭客撰《古經解鉤沉》卷二八

蝖

南朝梁・顧野王撰，宋・陳彭年等重修《重修玉篇》卷二五

遼・釋行均《龍龕手鑒》(蟲部第二)

蝖蝚

明・朱謀㙔撰《駢雅》卷七

蟦

晉・郭璞注《爾雅》卷下

晉・郭璞著《爾雅音圖》卷下

南朝梁・顧野王撰，宋・陳彭年等重修《重修玉篇》卷二五

唐・陸德明撰《爾雅音釋》卷下

宋・鄭樵撰《通志》卷七六

宋・陸佃撰《爾雅新義》卷一五

宋・司馬光撰《類篇》卷三八

宋・鄭樵撰《爾雅註》

宋・羅願撰，元・洪焱祖音釋《爾雅翼》卷二四(釋蟲)

清・戴鎣撰《爾雅郭注補正》卷八

清・姜兆錫撰《爾雅注疏參議》卷六(釋蟲第十五)

清・余蕭客撰《古經解鉤沉》卷二八

蟦蝖

明・朱謀㙔撰《駢雅》卷七

蟦螬

宋・鄭樵撰《通志》卷七六

清・余蕭客撰《古經解鉤沉》卷二八

蟦蠀

宋・司馬光撰《類篇》卷三八

蠀螬

南朝梁・顧野王撰，宋・陳彭年等重修《重修玉篇》卷二五

蠀蟲

漢・許慎撰，宋・徐鉉增釋《說文解字》卷一三

宋・司馬光撰《類篇》卷三八

蟦

宋・司馬光撰《類篇》卷三八

蟦螬

南朝梁・顧野王撰，宋・陳彭年等重修《重修玉篇》卷二五

宋・司馬光撰《類篇》卷三八

遼・釋行均《龍龕手鑒》(蟲部第二)

明・朱謀㙔撰《駢雅》卷七

蠐螬

晉・郭璞注《爾雅》卷下
晉・郭璞著《爾雅音圖》
宋・陸佃撰《爾雅新義》卷一五
宋・鄭樵撰《爾雅註》
宋・鄭樵撰《通志》卷七六
宋・司馬光撰《類篇》卷三八
宋・施宿等撰《會稽志》卷一七（蟲部）
遼・釋行均《龍龕手鑒》（蟲部第二）
明・張萱撰《疑耀》卷五（螬可療目）
明・李時珍撰《本草綱目圖》卷下之中
清・戴鎣撰《爾雅郭注補正》卷八
清・姜兆錫撰《爾雅注疏參議》卷六（釋蟲第十五）
清・余蕭客撰《古經解鉤沉》卷二八
清・宗源瀚、郭式昌修，周學濬、陸心源纂《浙江府縣志輯・湖州府志》

蠐蟦

宋・司馬光撰《類篇》卷三八

蠐螠

宋・司馬光撰《類篇》卷三八

蠤

南朝梁・顧野王撰，宋・陳彭年等重修《重修玉篇》卷二五
宋・司馬光撰《類篇》卷三八

齏

宋・司馬光撰《類篇》卷三八

黑绒金龟 *Maladera orientalis*

金龜子

清・余宗農編輯《桑樹蟲害論》

食葉甲蟲

清・余宗農編輯《桑樹蟲害論》

花金龟科 Cetoniidae

大白蟲

清・周春撰《爾雅補注》卷四
清・陳元龍撰《格物鏡原》卷一〇〇（昆蟲類五）

天螻

清・郝懿行撰《爾雅（郭注）義疏》卷下之三

白衣美丈夫

清・陳元龍撰《格物鏡原》卷一〇〇（昆蟲類五）

地蠶

清・方旭撰《蟲薈》卷三
清・李元撰《蠕範》
清・陳元龍撰《格物鏡原》卷一〇〇（昆蟲類五）

乳齊

清・方旭撰《蟲薈》卷三
清・李元撰《蠕範》
清・陳元龍撰《格物鏡原》卷一〇〇（昆蟲類五）

肥螬

清・李元撰《蠕範》

卷蝁

清・郝懿行撰《爾雅郭注義疏》卷下之三

敎齊

清・郝懿行撰《爾雅郭注義疏》卷下之三
清・陳元龍撰《格物鏡原》卷一〇〇（昆蟲類五）

烏足之根

清・周春撰《爾雅補注》卷四
清・方旭撰《蟲薈》卷三
清・郝懿行撰《爾雅（郭注）義疏》卷下之三

烏足根

清・陳元龍撰《格物鏡原》卷一〇〇（昆蟲類五）

蛒

清・郝懿行撰《爾雅（郭注）義疏》卷下之三
清・李元撰《蠕範》

蛭蛒

清・郝懿行撰《爾雅（郭注）義疏》卷下之三
清・李元撰《蠕範》

蜷蝁

清・方旭撰《蟲薈》卷三
清・李元撰《蠕範》
清・陳元龍撰《格物鏡原》卷一〇〇（昆蟲類五）

喧蝵

清・李元撰《蠕範》

蛸螬

清・阿桂等撰《盛京通志》卷一〇七

蜑齊

清・郝懿行撰《爾雅郭注義疏》卷下之三
清・陳元龍撰《格物鏡原》卷一〇〇（昆蟲類五）

蠍

宋・陸佃撰《埤雅》卷一〇（釋蟲）
宋・蔡卞集解《毛詩名物解》卷一二（釋蟲）
清・牟應震著《毛詩物名考》卷四
清・郝懿行撰《爾雅郭注義疏》卷下之三

蝤

清・郝懿行撰《爾雅（郭注）義疏》卷下之三

蝤蠀

清・郝懿行撰《爾雅（郭注）義疏》卷下之三

蝤蟦

清・郝懿行撰《爾雅（郭注）義疏》卷下之三

蝤蠐

宋・陸佃撰《埤雅》卷一〇（釋蟲）
宋・蔡卞集解《毛詩名物解》卷一二（釋蟲）
清・牟應震著《毛詩物名考》卷四
清・郝懿行撰《爾雅（郭注）義疏》卷下之三
清・吳都梁修，潘問奇等纂《北京府縣志輯・昌平州志》

蝖蝥

清・郝懿行撰《爾雅（郭注）義疏》卷下之三

螬

宋・陸佃撰《埤雅》卷一〇（釋蟲）

清・周春撰《爾雅補注》卷四

清・阿桂、劉瑾之等撰《欽定盛京通志》卷一〇七

清・郝懿行撰《爾雅（郭注）義疏》卷下之三

應條

清・方旭撰《蟲薈》卷三

清・李元撰《蠕範》

清・陳元龍撰《格物鏡原》卷一〇〇（昆蟲類五）

蠀

宋・陸佃撰《埤雅》卷一〇（釋蟲）

宋・蔡卞集解《毛詩名物解》卷一二（釋蟲）

清・周春撰《爾雅補注》卷四

清・郝懿行撰《爾雅（郭注）義疏》卷下之三

清・李元撰《蠕範》

清・陳元龍撰《格物鏡原》卷一〇〇（昆蟲類五）

清・沈廷芳撰《十三經注疏正字》卷八一

蠀螬

宋・陸佃撰《埤雅》卷一〇（釋蟲）

宋・蔡卞集解《毛詩名物解》卷一二

清・郝懿行撰《爾雅（郭注）義疏》卷下之三

清・周春撰《爾雅補注》卷四

清・陳元龍撰《格物鏡原》卷一〇〇（昆蟲類五）

清・方旭撰《蟲薈》卷三

齏蠹

清・郝懿行撰《爾雅（郭注）義疏》卷下之三

清・沈廷芳撰《十三經注疏正字》卷八一

蠐螬

清・郝懿行撰《爾雅（郭注）義疏》卷下之三

清・李元撰《蠕範》

清・陳元龍撰《格物鏡原》卷一〇〇（昆蟲類五）

清・阿桂、劉瑾之等撰《欽定盛京通志》卷一〇七

蠐螬

宋・陸佃撰《埤雅》卷一〇（釋蟲）

宋・蔡卞集解《毛詩名物解》卷一二（釋蟲）

明・劉胤昌撰《劉氏類山》卷四

明・徐炬輯《新鐫古今事物原始全書》卷二九

清・方旭撰《蟲薈》卷三

清・牟應震著《毛詩物名考》卷四

清・周春撰《爾雅補注》卷四

清・郝懿行撰《爾雅（郭注）義疏》卷下之三

清・李元撰《蠕範》

清・吳都梁修，潘問奇等纂《北京府縣志輯・昌平州志》

清・萬青黎、周家楣修，張之洞、繆荃孫纂《北京府縣志輯・光緒順天府志》

清・陳元龍撰《格物鏡原》卷一〇〇（昆蟲類五）

清・沈廷芳撰《十三經注疏正字》卷八一

蠹

清・郝懿行撰《爾雅（郭注）義疏》卷下之三

短跗星花金龟 *Potosia brevitarsis*

蠀蠐

明・彭大翼撰，張幼學增訂《山堂肆考》卷二二八

螬

明・彭大翼撰，張幼學增訂《山堂肆考》卷二二八

蠐螬

明・李時珍撰《本草綱目》卷四一

明・彭大翼撰，張幼學增訂《山堂肆考》卷二二八

蠀螬

明・彭大翼撰，張幼學增訂《山堂肆考》卷二二八

吉丁虫科 Buprestidae

木中蟲

晉・郭璞注，唐・陸德明音義，宋・邢昺疏《爾雅注疏》

清・余蕭客撰《古經解鉤沉》卷二八

木中蠹

明・張自烈撰，清・廖文英續《正字通》申集中（虫部）

木中蠹蟲

晉・郭璞注，唐・陸德明音義，宋・邢昺疏《爾雅注疏》

南朝梁・顧野王撰，宋・陳彭年等重修《重修玉篇》卷二五

宋・鄭樵撰《爾雅註》

明・張自烈撰，清・廖文英續《正字通》申集中（虫部）

明・劉胤昌撰《劉氏類山》卷四

清・段玉裁撰《說文解字注》

清・周春撰《爾雅補注》卷四

清・郝懿行撰《爾雅（郭注）義疏》卷下之三

清・張宗泰撰《爾雅注疏本正誤》卷一

清・姜兆錫撰《爾雅注疏參議》卷六（釋蟲第十五）

木蟲

清・郝懿行撰《爾雅（郭注）義疏》卷下之三

清・余蕭客撰《古經解鉤沉》卷二八

甲蟲

宋・唐慎微撰，寇宗奭衍義《證類本草》卷二二

明・方以智撰《通雅》卷四七（動物・蟲）

甲虫

明・穆希文撰《蟫史集》卷一一

吉丁虫

明・穆希文撰《蟫史集》卷一一

腆顆虫

明・穆希文撰《蟫史集》卷一一

吉丁蟲

宋・唐慎微撰，寇宗奭衍義《證類本草》卷二二

明·方以智撰《通雅》卷四七（動物·蟲）
明·張自烈撰，清·廖文英續《正字通》申集中（虫部）
清·嵇璜、曹仁虎等撰《續通志》卷一七八
清·（日）西師意譯，竇樂安、許家惺審定《動物學教科書》

金背蟲

清·金鉷等監修錢元昌等編纂《廣西通志》（物產）

食木蟲

明·吳楚材輯《彊識畧》卷三二

桑蠹

晉·郭璞著《爾雅音圖》
宋·鄭樵撰《爾雅註》
清·郝懿行撰《爾雅（郭注）義疏》卷下之三
清·余蕭客撰《古經解鉤沉》卷二八

蛣蚍

漢·許慎撰，宋·徐鉉增釋《說文解字》卷一三上
明·張自烈撰，清·廖文英續《正字通》申集中（虫部）
清·段玉裁撰《說文解字注》

蛣蝠

《爾雅》
晉·郭璞注《爾雅》卷下
晉·郭璞注，唐·陸德明音義，宋·邢昺疏《爾雅注疏》
晉·郭璞著《爾雅音圖》
南朝梁·顧野王撰，宋·陳彭年等重修《重修玉篇》卷二五
宋·陸佃撰《爾雅新義》卷一五
宋·鄭樵撰《爾雅註》
明·張自烈撰，清·廖文英續《正字通》申集中（虫部）
明·吳楚材輯《彊識畧》卷三二
明·劉胤昌撰《劉氏類山》卷四
清·段玉裁撰《說文解字注》
清·周春撰《爾雅補注》卷四
清·郝懿行撰《爾雅（郭注）義疏》卷下之三
清·任基振撰《爾雅注疏箋補》卷三
清·張宗泰撰《爾雅注疏本正誤》卷一
清·姜兆錫撰《爾雅注疏參議》卷六（釋蟲第十五）
清·余蕭客撰《古經解鉤沉》卷二八

綠金蟬

明·方以智撰《通雅》卷四七（動物·蟲）
明·張自烈撰，清·廖文英續《正字通》申集中（虫部）
清·金鉷等監修，錢元昌等編纂《廣西通志》（物產）

蠍

漢·許慎撰，宋·徐鉉增釋《說文解字》卷一三上
晉·郭璞注《爾雅》卷下
唐·陸德明撰《爾雅音釋》卷下
宋·陸佃撰《爾雅新義》卷一五
遼·釋行均《龍龕手鑒》（蟲部第二）
明·張自烈撰，清·廖文英續《正字通》申集中（虫部）
明·吳楚材輯《彊識畧》卷三二
清·段玉裁撰《說文解字注》
清·周春撰《爾雅補注》卷四
清·姜兆錫撰《爾雅注疏參議》卷六（釋蟲第十五）

蝎

《爾雅》
晉·郭璞注，唐·陸德明音義，宋·邢昺疏《爾雅注疏》
南朝梁·顧野王撰，宋·陳彭年等重修《重修玉篇》卷二五
宋·鄭樵撰《爾雅註》
清·余蕭客撰《古經解鉤沉》卷二八
清·郝懿行撰《爾雅（郭注）義疏》卷下之三
清·張宗泰撰《爾雅注疏本正誤》卷一
清·任基振撰《爾雅注疏箋補》卷三

蠍蟲

清·郝懿行撰《爾雅郭注義疏》卷下之三

蝤蠐

清·段玉裁撰《說文解字注》
清·郝懿行撰《爾雅（郭注）義疏》卷下之三

蟦蛢

明·方以智撰《通雅》卷四七（動物·蟲）
明·張自烈撰，清·廖文英續《正字通》申集中（虫部）

蠹

明·吳楚材輯《彊識畧》卷三二

金吉丁 *Buprestis aurulenta*

蠍

晉·郭璞注《爾雅》卷下

蛣蝠

晉·郭璞注《爾雅》卷下

木中蠹蟲

晉·郭璞注《爾雅》卷下

红绿吉丁 *Chrysochroa chinensis*

甲蟲

明·李時珍撰《本草綱目》卷四一
清·何東銘纂《四川府縣志輯·邛巂野録》

吉丁

清·何東銘纂《四川府縣志輯·邛巂野録》

吉丁蟲

明·李時珍撰《本草綱目》卷四一
清·陳元龍撰《格物鏡原》卷一〇〇（昆蟲類五）

金蟲

清·陳元龍撰《格物鏡原》卷一〇〇（昆蟲類五）

叩甲科 Elateridae

五節類

清·範鐘湘、陳傳德修，金念祖、黃世祚纂《上海府縣

志輯·嘉定縣續志》

打卦老

清·李元撰《蠕範》

蛔

清·李元撰《蠕範》

叩頭蟲

宋·劉敬叔撰《異苑》卷三

明·劉胤昌撰《劉氏類山》卷四

明·李蘇著《見物》卷五（蟲物論）

明·沈弘正撰《沈氏蟲天志·蟲天志》卷一〇

清·方旭撰《蟲薈》卷三

清·李元撰《蠕範》

清·嵇璜、曹仁虎等撰《續通志》卷一七八

清·宗源瀚、郭式昌修，周學浚、陸心源纂《浙江府縣志輯·湖州府志》（物產）

清·趙學敏輯《本草綱目拾遺（下）》卷一〇（蟲部）

清·陳元龍撰《格物鏡原》卷一〇〇（昆蟲類五）

清·陳元龍編《歷代賦匯》卷一四〇（傅鹹撰《叩頭蟲賦有序》、張之象撰《叩頭蟲賦有序》）

清·劉侗撰《促織志》

清·柯璜譯編，（日）箕作佳吉著《博物學講義》（動物篇）

清·金蓉鏡纂《湖南省靖州鄉土志》

清·範鐘湘、陳傳德修，金念祖、黃世祚纂《上海府縣志輯·嘉定縣續志》

清·喻長霖、柯驊威登纂修《浙江府縣志輯·台州府志》

清·姚培謙、張卿雲輯《類腋》卷一〇

清·季念詒等纂，梁悅聲等修《江蘇府縣志輯·通州直隸州志》（物產）

清·祝鐘賢修，李大翥纂《湖南府縣志輯·康熙靖州志》

清·嚴偉、劉芷芬修，秦錫田纂《上海府縣志輯·南匯縣續志》

金鹹蟲

清·範鐘湘、陳傳德修，金念祖、黃世祚纂《上海府縣志輯·嘉定縣續志》

烏板蟲

清·宗源瀚、郭式昌修，周學浚、陸心源纂《浙江府縣志輯·湖州府志》

黑甲小蟲

清·方旭撰《蟲薈》卷三

搗米鬮

清·喻長霖、柯驊威登纂修《浙江府縣志輯·台州府志》（物產略）

搗碓蟲

清·劉侗撰《促織志》

可憐蟲

清·喻長霖、柯驊威登纂修《浙江府縣志輯·台州府志》

跳米蟲

清·方旭撰《蟲薈》卷三

跳百丈

清·趙學敏輯《本草綱目拾遺（下）》卷一〇（蟲部）

跳腷蟲

清·範鐘湘、陳傳德修，金念祖、黃世祚纂《上海府縣志輯·嘉定縣續志》

膞膞挑

清·嚴偉、劉芷芬修，秦錫田纂《上海府縣志輯·南匯縣續志》

斑叩甲 *Cryptalaus* sp.

丹鳥

清·朱肇基修，陸綸纂《安徽府縣志輯·乾隆太平府志》蟲品

夜行蟲

清·朱肇基修，陸綸纂《安徽府縣志輯·乾隆太平府志》蟲品

挾火

清·朱肇基修，陸綸纂《安徽府縣志輯·乾隆太平府志》蟲品

宵行

清·方旭撰《蟲薈》卷三

清·朱肇基修，陸綸纂《安徽府縣志輯·乾隆太平府志》蟲品

據火

清·朱肇基修，陸綸纂《安徽府縣志輯·乾隆太平府志》蟲品

螢

清·朱肇基修，陸綸纂《安徽府縣志輯·乾隆太平府志》蟲品

螢蛆

清·方旭撰《蟲薈》卷三

蠲

清·方旭撰《蟲薈》卷三

梳爪叩甲 *Melanotus* sp.

叩頭蟲

清·（日）西師意譯，竇樂安、許家惺審定《動物學教科書》

沟叩甲 *Pleonomus canaliculatus*

叩頭蟲

明·李時珍撰《本草綱目》卷四一

清·吳都梁修，潘問奇等纂《北京府縣志輯·昌平州志》

清·萬青黎、周家楣修，張之洞、繆荃孫纂《北京府縣志輯·光緒順天府志》

清·邵子彝修，魯琪光纂《江西府縣志輯·建昌府志》

鳥板蟲

清・萬青黎、周家楣修，張之洞、繆荃孫纂《北京府縣志輯・光緒順天府志》

硬殼蟲

清・邵子彝修，魯琪光纂《江西府縣志輯・建昌府志》

萤科 Lampyridae

大金姑

清・李維玨原本，沈定均續修，吳聯熏增纂《福建府縣志輯・光緒漳州府志》

小火

宋・蔡卞集解《毛詩名物解》卷一二（釋蟲）

宋・陸佃撰《埤雅》卷一〇（釋蟲）

明・李時珍撰《本草綱目》卷四一

五節類

清・範鐘湘、陳傅德修，金念祖、黃世祚纂《上海府縣志輯・嘉定縣續志》

丹良

晉・崔豹撰《古今注》卷中

五代・馬縞撰《中華古今注》卷下

明・穆希文撰《蟫史集》卷一〇

明・方以智撰《通雅》卷四七（動物・蟲）

明・朱謀㙔撰《駢雅》卷七

明・陳耀文撰《天中記》卷五七

明・徐炬輯《新鐫古今事物原始全書》卷二九

明・劉胤昌撰《劉氏類山》卷四

明・吳楚材輯《彊識畧》卷三二

明・董斯張撰《廣博物志》卷五〇

明・彭大翼撰，張幼學增訂《山堂肆考》卷二二

清・張玉書、陳廷敬等纂《康熙字典》卷二六

清・郝懿行撰《爾雅（郭注）義疏》卷下之三

清・李元撰《蠕範》

清・何東銘纂《四川府縣志輯・邛嶲野録》（方輿類・物產）

清・邵晉涵撰《爾雅正義》卷一六

清・姚培謙、張卿雲輯《類腋》卷一〇（物部）

清・焦循撰《毛詩草木鳥獸蟲魚釋》卷七

清・任基振撰《爾雅注疏箋補》卷三

清・何焯、陳鵬年撰《欽定分類字錦》卷五九（螢火第六）

清・陳大章撰《詩傳名物集覽》卷五

丹鳥

晉・崔豹撰《古今注》卷中

五代・馬縞撰《中華古今注》卷下

宋・羅願撰元・洪焱祖音釋《爾雅翼》（釋蟲）

宋・孫奕撰《示兒編》卷一五

宋・任廣撰《書敘指南》卷一四（昆蟲）

宋・陸佃撰《爾雅新義》卷一五

明・穆希文撰《蟫史集》卷一〇

明・方以智撰《通雅》卷四七（動物・蟲）

明・朱謀㙔撰《駢雅》卷七

明・李時珍撰《本草綱目》卷四一

明・陳耀文撰《天中記》卷五七

明・徐炬輯《新鐫古今事物原始全書》卷二九

明・劉胤昌撰《劉氏類山》卷四

明・吳楚材輯《彊識畧》卷三二

明・董斯張撰《廣博物志》卷五〇

明・彭大翼撰，張幼學增訂《山堂肆考》卷二二

明・王圻、王思義輯《三才圖會》卷六

清・張玉書、陳廷敬等纂《康熙字典》卷二六

清・何東銘纂《四川府縣志輯・邛嶲野録》（方輿類・物產）

清・邵晉涵撰《爾雅正義》卷一六

清・李文恒修，鄭文彩纂《廣東省瓊山縣志》

清・姚培謙、張卿雲輯《類腋》卷一〇

清・嚴偉、劉芷芬修，秦錫田纂《上海府縣志輯・南匯縣續志》（物產）

清・郝懿行撰《爾雅（郭注）義疏》卷下之三

清・李元撰《蠕範》

清・焦循撰《毛詩草木鳥獸蟲魚釋》卷七

清・陳元龍撰《格致鏡原》卷九六（昆蟲類）

清・任基振撰《爾雅注疏箋補》卷三

清・吳鞏修，王來遴纂《四川府縣志輯・嘉慶邛州直隸州志》

清・李廷璧修，周璽纂《臺灣府縣誌輯・道光彰化縣志》

清・何焯、陳鵬年撰《欽定分類字錦》卷五九（螢火第六）

清・朱肇基修，陸綸纂《安徽府縣志輯・乾隆太平府志》

清・陳大章撰《詩傳名物集覽》卷五

丹螢

宋・羅願撰元・洪焱祖音釋《爾雅翼》（釋蟲）

清・姚培謙、張卿雲輯《類腋》卷一〇

火眼星

清・吳應廉修，王映斗纂《海南府縣志輯・光緒安定縣志》

火蟲

宋・司馬光撰《類篇》卷三八

清・西清纂，蕭穆等重輯《黑龍江外記》卷八

有火蟲

清・範鐘湘、陳傅德修，金念祖、黃世祚纂《上海府縣志輯・嘉定縣續志》

清・郝懿行撰《爾雅（郭注）義疏》卷下之三

清・邵晉涵撰《爾雅正義》卷一六

清・余蕭客撰《古經解鉤沉》卷二八
清・嚴偉、劉芷芬修，秦錫田纂《上海府縣志輯・南匯縣續志》
清・陳大章撰《詩傳名物集覽》卷五

即炤

《爾雅》
晉・郭璞注，唐・陸德明音義，宋・邢昺疏《爾雅注疏》
宋・鄭樵撰《通志》卷七六（蟲魚類）
宋・陸佃撰《爾雅新義》卷一五
宋・陸佃撰《埤雅》卷一〇（釋蟲）
宋・唐慎微撰，寇宗奭衍義《證類本草》卷二二
宋・邢昺撰《爾雅疏》
明・張自烈撰，清・廖文英續《正字通》申集中（虫部）
明・李時珍撰《本草綱目》卷四一
明・陳耀文撰《天中記》卷五七
明・穆希文撰《蟫史集》卷一〇
明・劉胤昌撰《劉氏類山》卷四
明・吳楚材輯《彊識畧》卷三二
明・董斯張撰《廣博物志》卷五〇
明・彭大翼撰，張幼學增訂《山堂肆考》卷二二
清・張玉書、陳廷敬等纂《康熙字典》卷二六
清・戴鎣撰《爾雅郭注補正》卷八
清・陳啟源撰《毛詩稽古編》卷一八
清・郝懿行撰《爾雅（郭注）義疏》卷下之三
清・李元撰《蠕範》
清・何東銘纂《四川府縣志輯・邛嶲野録》（方輿類・物產）
清・邵晉涵撰《爾雅正義》卷一六
清・沈廷芳撰《十三經注疏正字》卷八一
清・金蓉鏡纂輯《湖南省靖州鄉土志》（物產）
清・席紹葆等修，謝鳴謙、謝鳴盛纂《湖南府縣志輯・辰州府志》（物產考）
清・洪蕙纂修《陝西省延安府志》
清・焦循撰《毛詩草木鳥獸蟲魚釋》卷七
清・牟應震撰《毛詩物名考》卷四
清・陳元龍撰《格致鏡原》卷九六（昆蟲類）
清・任基振撰《爾雅注疏箋補》卷三
清・李廷璧修，周璽纂《臺灣府縣誌輯・道光彰化縣志》
清・何玉棻修，魏式曾纂《湖南府縣志輯・同治直隸澧州志》
清・曾日瑛等修，李紱等纂《福建府縣志輯・乾隆汀州府志》
清・陳大章撰《詩傳名物集覽》卷五

即照

明・方以智撰《通雅》卷四七（動物・蟲）
明・徐炬輯《新鐫古今事物原始全書》卷二九
明・李蘇著《見物》卷五
清・周靖撰《篆隸考異》卷三
清・姜兆錫撰《爾雅注疏參議》卷六（釋蟲第十五）
清・余蕭客撰《古經解鉤沉》卷二八

螢類

清・王士禎撰《池此偶談》卷一九

金螢

清・姚培謙、張卿雲輯《類腋》卷一〇

夜火

清・李元撰《蠕範》

夜光

晉・郭璞注，唐・陸德明音義，宋・邢昺疏《爾雅注疏》
晉・崔豹撰《古今注》卷中
五代・馬縞撰《中華古今注》卷下
宋・鄭樵撰《通志》卷七六（蟲魚類）
宋・羅願撰元・洪焱祖音釋《爾雅翼》（釋蟲）
宋・陸佃撰《埤雅》卷一〇（釋蟲）
宋・唐慎微撰，寇宗奭衍義《證類本草》卷二二
宋・孫奕撰《示兒編》卷一五
宋・蔡卞集解《毛詩名物解》卷一二（釋蟲）
宋・邢昺撰《爾雅疏》
明・穆希文撰《蟫史集》卷一〇
明・張自烈撰，清・廖文英續《正字通》申集中（虫部）
明・李時珍撰《本草綱目》卷四一
明・陳耀文撰《天中記》卷五七
明・徐炬輯《新鐫古今事物原始全書》卷二九
明・劉胤昌撰《劉氏類山》卷四
明・吳楚材輯《彊識畧》卷三二
明・董斯張撰《廣博物志》卷五〇
明・彭大翼撰，張幼學增訂《山堂肆考》卷二二
清・周靖撰《篆隸考異》卷三
清・郝懿行撰《爾雅（郭注）義疏》卷下之三
清・李元撰《蠕範》
清・張玉書、陳廷敬等纂《康熙字典》卷二六
清・陳啟源撰《毛詩稽古編》卷一八
清・何東銘纂《四川府縣志輯・邛嶲野録》
清・邵晉涵撰《爾雅正義》卷一六
清・席紹葆等修，謝鳴謙、謝鳴盛纂《湖南府縣志輯・辰州府志》（物產考）
清・姚培謙、張卿雲輯《類腋》卷一〇
清・洪蕙纂修《陝西省延安府志》
清・焦循撰《毛詩草木鳥獸蟲魚釋》卷七
清・姜兆錫撰《爾雅注疏參議》卷六（釋蟲第十五）
清・陳元龍撰《格致鏡原》卷九六（昆蟲類）
清・任基振撰《爾雅注疏箋補》卷三
清・陳淏子輯《秘傳花鏡》卷五
清・張楷纂修《安徽府縣志輯・康熙安慶府志》
清・吳鞏修，王來遴纂《四川府縣志輯・嘉慶邛州直隸

州志》
清・何玉棻修，魏式曾纂《湖南府縣志輯・同治直隸澧州志》
清・何焯、陳鵬年撰《欽定分類字錦》卷五九（螢火第六）
清・陳大章撰《詩傳名物集覽》卷五

夜遊女子

清・李元撰《蠕範》
清・陳元龍撰《格致鏡原》卷九六（昆蟲類）
清・吳鞏修，王來遴纂《四川府縣志輯・嘉慶邛州直隸州志》

夜照

明・陳耀文撰《天中記》卷五七
明・劉胤昌撰《劉氏類山》卷四
清・郝懿行撰《爾雅（郭注）義疏》卷下之三
清・陳元龍撰《格致鏡原》卷九六（昆蟲類）
清・吳鞏修，王來遴纂《四川府縣志輯・嘉慶邛州直隸州志》

夜炤

明・李時珍撰《本草綱目》卷四一
清・何東銘纂《四川府縣志輯・邛嶲野録》

放光

宋・鄭樵撰《通志》卷七六（蟲魚類）
宋・唐慎微撰，寇宗奭衍義《證類本草》卷二二
明・陳耀文撰《天中記》卷五七
明・徐炬輯《新鐫古今事物原始全書》卷二九
清・李元撰《蠕範》
清・陳大章撰《詩傳名物集覽》卷五

放光蟲

清・諸錦撰《夏小正詁》
清・額哲克等修，單興詩纂《廣東府縣志輯・同治韶州府志》

草螢

清・姚培謙、張卿雲輯《類腋》卷一〇

鬼火

宋・羅願撰元・洪焱祖音釋《爾雅翼》（釋蟲）
明・方以智撰《通雅》卷四七（動物・蟲）
清・郝懿行撰《爾雅（郭注）義疏》卷下之三
清・焦循撰《毛詩草木鳥獸蟲魚釋》卷七
清・任基振撰《爾雅注疏箋補》卷三
清・陳大章撰《詩傳名物集覽》卷五

秋螢

清・柯璜譯編，（日）箕作佳吉著《博物學講義》（動物篇）
清・李元撰《蠕範》
清・康熙四十二年欽定《全唐詩》卷三五六（劉禹錫撰《秋螢引》）

亮火蟲

清・姜承基修，常在等纂《湖南府縣志輯・永州府志》

照

南朝梁・顧野王撰，唐・孫強增補，宋・陳彭年等重修《重修玉篇》卷二十一
唐・陸德明撰《爾雅音釋》卷下
元・戴侗撰《六書故》卷二〇

神奇

宋・陸佃撰《爾雅新義》卷一五

飛螢

清・李元撰《蠕範》
清・張玉書、汪霦等編《佩文齋詠物詩選》卷四八二（朱之蕃撰《螢火》）

秦渠

明・朱謀㙔撰《駢雅》卷七
明・方以智撰《通雅》卷四七（動物・蟲）

馬笄

南朝梁・顧野王撰，宋・陳彭年等重修《重修玉篇》卷二五

馬蚿

明・方以智撰《通雅》卷四七（動物・蟲）

挾火

宋・陸佃撰《埤雅》卷一〇（釋蟲）
宋・蔡卞集解《毛詩名物解》卷一二（釋蟲）
宋・施宿等撰《會稽志》卷一七（蟲部）
明・穆希文撰《蟫史集》卷一〇
明・李時珍撰《本草綱目》卷四一
明・徐炬輯《新鐫古今事物原始全書》卷二九
清・何東銘纂《四川府縣志輯・邛嶲野録》（方輿類・物產）
清・郝懿行撰《爾雅（郭注）義疏》卷下之三
清・李元撰《蠕範》
清・陳元龍撰《格致鏡原》卷九六（昆蟲類）
清・任基振撰《爾雅注疏箋補》卷三
清・吳鞏修，王來遴纂《四川府縣志輯・嘉慶邛州直隸州志》
清・何焯、陳鵬年撰《欽定分類字錦》卷五九（螢火第六）

蚈

宋・司馬光撰《類篇》卷三八
宋・羅願撰元・洪焱祖音釋《爾雅翼》（釋蟲）
明・方以智撰《通雅》卷四七（動物・蟲）
明・張自烈撰，清・廖文英續《正字通》申集中（虫部）
清・李元撰《蠕範》
清・張玉書、陳廷敬等纂《康熙字典》卷二六
清・何東銘纂《四川府縣志輯・邛嶲野録》

妍

清・王士禛撰《池北偶談》卷一九（蜀恙泥妍媸）

蚜螢

元·戴侗撰《六書故》卷二〇

涼螢

清·姚培謙、張卿雲輯《類腋》卷一〇（物部）

流螢

清·李元撰《蠕範》

清·金志節原本，黃可潤增修《察哈爾省口北三廳志》

清·張玉書、汪霦等編《佩文齋詠物詩選》卷四八二（韋應物撰《夜對流螢作》）

宵行

晉·郭璞注，唐·陸德明音義，宋·邢昺疏《爾雅注疏》

宋·鄭樵撰《通志》卷七六（蟲魚類）

宋·陸佃撰《埤雅》卷一〇（釋蟲）

宋·蔡卞集解《毛詩名物解》卷一二（釋蟲）

宋·羅願撰元·洪焱祖音釋《爾雅翼》（釋蟲）

宋·邢昺撰《爾雅疏》

明·李蘇著《見物》卷五（物部）

明·穆希文撰《蟫史集》卷一〇

明·李時珍撰《本草綱目》卷四一

明·方以智撰《通雅》卷四七（動物·蟲）

明·張自烈撰，清·廖文英續《正字通》申集中（虫部）

明·王圻、王思義輯《三才圖會》卷六

清·郝懿行撰《爾雅（郭注）義疏》卷下之三

清·李元撰《蠕範》

清·陳啟源撰《毛詩稽古編》卷一八

清·牟應震撰《毛詩物名考》卷四

清·萬青黎、周家楣修，張之洞、繆荃孫纂《北京府縣志輯·光緒順天府志》

清·何東銘纂《四川府縣志輯·邛嶲野録》

清·邵晉涵撰《爾雅正義》卷一六

清·姚培謙、張卿雲輯《類腋》卷一〇（物部）

清·洪蕙纂修《陝西省延安府志》

清·嚴偉、劉芷芬修，秦錫田纂《上海府縣志輯·南匯縣續志》

清·陳元龍撰《格致鏡原》卷九六（昆蟲類）

清·任基振撰《爾雅注疏箋補》卷三

清·額哲克等修，單興詩纂《廣東府縣志輯·同治韶州府志》

清·徐鼎撰《毛詩名物圖說》卷三

清·劉於義等監修，沈青崖等編纂《陝西通志》

清·陳大章撰《詩傳名物集覽》卷五

宵蝙

明·朱謀㙔撰《駢雅》卷七

宵燭

晉·崔豹撰《古今注》卷中

五代·馬縞撰《中華古今注》卷下

宋·陸佃撰《埤雅》卷一〇（釋蟲）

宋·孫奕撰《示兒編》卷一五

宋·蔡卞集解《毛詩名物解》卷一二（釋蟲）

宋·羅願撰元·洪焱祖音釋《爾雅翼》（釋蟲）

明·李時珍撰《本草綱目》卷四一

明·劉胤昌撰《劉氏類山》卷四

明·陳耀文撰《天中記》卷五七

明·彭大翼撰，張幼學增訂《山堂肆考》卷二二

明·董斯張撰《廣博物志》卷五〇

明·穆希文撰《蟫史集》卷一〇

明·張自烈撰，清·廖文英續《正字通》申集中（虫部）

清·任基振撰《爾雅注疏箋補》卷三

清·席紹葆等修，謝鳴謙、謝鳴盛纂《湖南府縣志輯·辰州府志》

清·姚培謙、張卿雲輯《類腋》卷一〇（物部）

清·陳淏子輯《秘傳花鏡》卷五

清·張楷纂修《安徽府縣志輯·康熙安慶府志》

清·吳鞏修，王來遴纂《四川府縣志輯·嘉慶邛州直隸州志》

清·李廷璧修，周璽纂《臺灣府縣誌輯·道光彰化縣志》

清·何東銘纂《四川府縣志輯·邛嶲野録》

清·何玉棻修，魏式曾纂《湖南府縣志輯·同治直隸澧州志》

清·何焯、陳鵬年撰《禦定分類字錦》卷五九（螢火第六）

清·陳大章撰《詩傳名物集覽》卷五

清·洪蕙纂修《陝西省延安府志》

清·張玉書、陳廷敬等纂《康熙字典》卷二六

清·李元撰《蠕範》

救火

明·李時珍撰《本草綱目》卷四一

清·李元撰《蠕範》

清·陳元龍撰《格致鏡原》卷九六（昆蟲類）

清·何東銘纂《四川府縣志輯·邛嶲野録》（方輿類·物產）

景天

三國魏·張揖撰，隋·曹憲音解《博雅》卷一〇《釋蟲》

晉·崔豹撰《古今注》卷中

五代·馬縞撰《中華古今注》卷下

宋·羅願撰元·洪焱祖音釋《爾雅翼》（釋蟲）

明·朱謀㙔撰《駢雅》卷七

明·李時珍撰《本草綱目》卷四一

明·劉胤昌撰《劉氏類山》卷四

明·吳楚材輯《彊識畧》卷三二

明·陳耀文撰《天中記》卷五七

明·董斯張撰《廣博物志》卷五〇

明·彭大翼撰，張幼學增訂《山堂肆考》卷二二

清·何東銘纂《四川府縣志輯·邛嶲野録》

清·邵晉涵撰《爾雅正義》卷一六

清·陳淏子輯《秘傳花鏡》卷五

清・陳淏子輯，伊欽恒校注《花鏡》
清・席紹葆等修，謝鳴謙、謝鳴盛纂《湖南府縣志輯・辰州府志》
清・姚培謙、張卿雲輯《類腋》卷一〇（物部）
清・張玉書、陳廷敬等纂《康熙字典》卷二六
清・郝懿行撰《爾雅（郭注）義疏》卷下之三
清・李元撰《蠕範》
清・陳元龍撰《格致鏡原》卷九六（昆蟲類）
清・任基振撰《爾雅注疏箋補》卷三
清・吳鞏修，王來遴纂《四川府縣志輯・嘉慶邛州直隸州志》
清・何焯、陳鵬年撰《欽定分類字錦》卷五九（螢火第六）
清・陳大章撰《詩傳名物集覽》卷五

晾蟲

清・嚴偉、劉芷芬修，秦錫田纂《上海府縣志輯・南匯縣續志》

焜燿

五代・馬縞撰《中華古今注》卷下
清・席紹葆等修，謝鳴謙、謝鳴盛纂《湖南府縣志輯・辰州府志》
清・李元撰《蠕範》

暉夜

宋・羅願撰元・洪焱祖音釋《爾雅翼》（釋蟲）
明・穆希文撰《蟫史集》卷一〇
明・朱謀㙔撰《駢雅》卷七
明・吳楚材輯《彊識畧》卷三二
明・彭大翼撰，張幼學增訂《山堂肆考》卷二二
清・吳鞏修，王來遴纂《四川府縣志輯・嘉慶邛州直隸州志》
清・何東銘纂《四川府縣志輯・邛巂野録》

暉暉

明・劉胤昌撰《劉氏類山》卷四

照夜

明・彭大翼撰，張幼學增訂《山堂肆考》卷二二

照夜青

明・穆希文撰《蟫史集》卷一〇
清・李元撰《蠕範》

蛾

南朝梁・顧野王撰，宋・陳彭年等重修《重修玉篇》卷二五
宋・司馬光撰《類篇》卷三八

煇夜

明・徐炬輯《新鐫古今事物原始全書》卷二九

腐蠸

明・張自烈撰，清・廖文英續《正字通》申集中（虫部）

綵螢

清・姚培謙、張卿雲輯《類腋》卷一〇（物部）

蜫

宋・司馬光撰《類篇》卷三八
明・張自烈撰，清・廖文英續《正字通》申集中（虫部）
清・張玉書、陳廷敬等纂《康熙字典》卷二六

輝夜

清・李元撰《蠕範》
清・陳元龍撰《格致鏡原》卷九六（昆蟲類）

熠熠

《詩經》
明・穆希文撰《蟫史集》卷一〇
清・張玉書、汪霦等編《佩文齋詠物詩選》卷四八二（周繇撰《螢》）

熠熠蟲兒

宋・司馬光撰《類篇》卷三八

熠燿

晉・郭璞注，唐・陸德明音義，宋・邢昺疏《爾雅注疏》
晉・崔豹撰《古今注》卷中
宋・鄭樵撰《通志》卷七六（蟲魚類）
宋・陸佃撰《埤雅》卷一〇（釋蟲）
宋・羅願撰元・洪焱祖音釋《爾雅翼》（釋蟲）
宋・邢昺撰《爾雅疏》
宋・施宿等撰《會稽志》卷一七（蟲部）
宋・唐慎微撰，寇宗奭衍義《證類本草》卷二二
宋・蔡卞集解《毛詩名物解》卷一二（釋蟲）
明・朱謀㙔撰《駢雅》卷七
明・方以智撰《通雅》卷四七（動物・蟲）
明・張自烈撰，清・廖文英續《正字通》申集中（虫部）
明・李時珍撰《本草綱目》卷四一
明・徐炬輯《新鐫古今事物原始全書》卷二九
明・吳楚材輯《彊識畧》卷三二
明・李蘇著《見物》卷五（物部）
明・董斯張撰《廣博物志》卷五〇
明・彭大翼撰，張幼學增訂《山堂肆考》卷二二
清・陳淏子輯《秘傳花鏡》卷五
清・陳淏子輯，伊欽恒校注《花鏡》
清・李文恒修，鄭文彩纂《廣東省瓊山縣志》
清・姚培謙、張卿雲輯《類腋》卷一〇（物部）
清・洪蕙纂修《陝西省延安府志》
清・陳啟源撰《毛詩稽古編》卷一八
清・何東銘纂《四川府縣志輯・邛巂野録》
清・曾日瑛等修，李紱等纂《福建府縣志輯・乾隆汀州府志》
清・舒其紳等修，嚴長明等纂《陝西省西安府志》
清・邵晉涵撰《爾雅正義》卷一六
清・周靖撰《篆隸考異》卷三
清・戴鎣撰《爾雅郭注補正》卷八
清・郝懿行撰《爾雅（郭注）義疏》卷下之三

清·李元撰《蠕範》
清·張玉書、陳廷敬等纂《康熙字典》卷二六
清·許應鑅、朱澄瀾修，謝煌等纂《江西府縣志輯·光緒撫州府志》
清·焦循撰《毛詩草木鳥獸蟲魚釋》卷七
清·牟應震撰《毛詩物名考》卷四
清·姜兆錫撰《爾雅注疏參議》卷六（釋蟲第十五）
清·陳元龍撰《格致鏡原》卷九六（昆蟲類）
清·任基振撰《爾雅注疏箋補》卷三
清·徐鼎撰《毛詩名物圖說》卷三
清·劉於義等監修，沈青崖等編纂《陝西通志》
清·阿桂、劉瑾之等撰《欽定盛京通志》
清·姚炳撰《詩識名解》卷二
清·陳大章撰《詩傳名物集覽》卷五

熠爚

清·李元撰《蠕範》

據火

宋·陸佃撰《埤雅》卷一〇（釋蟲）
宋·蔡卞集解《毛詩名物解》卷一二（釋蟲）
宋·施宿等撰《會稽志》卷一七（蟲部）
明·李時珍撰《本草綱目》卷四一
明·穆希文撰《蟫史集》卷一〇
清·李元撰《蠕範》
清·陳元龍撰《格致鏡原》卷九六（昆蟲類）
清·任基振撰《爾雅注疏箋補》卷三
清·何東銘纂《四川府縣志輯·邛嶲野録》
清·何焯、陳鵬年撰《槀定分類字錦》卷五九（螢火第六）

燐麟

清·舒其紳等修，嚴長明等纂《陝西省西安府志》
清·劉於義等監修，沈青崖等編纂《陝西通志》（物產）

燐

晉·崔豹撰《古今注》卷中
五代·馬縞撰《中華古今注》卷下
宋·羅願撰元·洪焱祖音釋《爾雅翼》（釋蟲）
宋·陸佃撰《埤雅》卷一〇（釋蟲）
宋·蔡卞集解《毛詩名物解》卷一二（釋蟲）
明·穆希文撰《蟫史集》卷一〇
明·吳楚材輯《彊識畧》卷三二
明·方以智撰《通雅》卷四七（動物·蟲）
明·董斯張撰《廣博物志》卷五〇
明·彭大翼撰，張幼學增訂《山堂肆考》卷二二
清·李文恒修，鄭文彩纂《廣東省瓊山縣志》
清·姚培謙、張卿雲輯《類腋》卷一〇（物部）
清·周靖撰《篆隸考異》卷三
清·邵晉涵撰《爾雅正義》卷一六
清·郝懿行撰《爾雅（郭注）義疏》卷下之三

清·李元撰《蠕範》
清·焦循撰《毛詩草木鳥獸蟲魚釋》卷七
清·陳元龍撰《格致鏡原》卷九六（昆蟲類）
清·任基振撰《爾雅注疏箋補》卷三
清·徐鼎撰《毛詩名物圖說》卷三
清·何焯、陳鵬年撰《槀定分類字錦》卷五九（螢火第六）
清·姚炳撰《詩識名解》卷二
清·陳大章撰《詩傳名物集覽》卷五

炤麟

清·張楷纂修《安徽府縣志輯·康熙安慶府志》
清·何東銘纂《四川府縣志輯·邛嶲野録》

蟒

三國魏·張揖撰，隋·曹憲音解《博雅》卷一〇《釋蟲》
南朝梁·顧野王撰，宋·陳彭年等重修《重修玉篇》卷二五
宋·司馬光撰《類篇》卷三八
明·張自烈撰，清·廖文英續《正字通》申集中（虫部）
清·張玉書、陳廷敬等纂《康熙字典》卷二六
清·周靖撰《篆隸考異》卷三

蛢

南朝梁·顧野王撰，宋·陳彭年等重修《重修玉篇》卷二五
宋·司馬光撰《類篇》卷三八
明·張自烈撰，清·廖文英續《正字通》申集中（虫部）
明·李蘇著《見物》卷五（物部）
清·張玉書、陳廷敬等纂《康熙字典》卷二六

蠕蝓

宋·司馬光撰《類篇》卷三八
明·張自烈撰，清·廖文英續《正字通》申集中（虫部）
清·張玉書、陳廷敬等纂《康熙字典》卷二六

熒螢

宋·司馬光撰《類篇》卷三八

螢

晉·郭璞注，唐·陸德明音義，宋·邢昺疏《爾雅注疏》
宋·鄭樵撰《通志》卷七六
宋·任廣撰《書敘指南》卷一四（昆蟲）
宋·司馬光撰《類篇》卷三八
宋·羅願撰元·洪焱祖音釋《爾雅翼》（釋蟲）
宋·陸佃撰《埤雅》卷一〇（釋蟲）
宋·蔡卞集解《毛詩名物解》卷一二（釋蟲）
宋·施宿等撰《會稽志》卷一七（蟲部）
宋·陳耆卿撰《赤城志》卷三六（蟲之屬）
元·戴侗撰《六書故》卷二〇
明·張自烈撰，清·廖文英續《正字通》申集中（虫部）
明·朱謀㙔撰《駢雅》卷七
明·徐炬輯《新鐫古今事物原始全書》卷二九
明·陳洪謨、彭憲勘纂《嘉靖常德府志（湖南省）》

（物產）
明・穆希文撰《蟫史集》卷一〇
明・李時珍撰《本草綱目》卷四一
明・吳楚材輯《彊識畧》卷三二
明・陳耀文撰《天中記》卷五七
明・張士鎬、江汝璧纂修《廣信府志》
明・方以智撰《通雅》卷四七（動物・蟲）
明・馮曾修，李汛纂《九江府志》
明・彭大翼撰，張幼學增訂《山堂肆考》卷二二
明・王圻、王思義輯《三才圖會》卷六
清・周靖撰《篆隸考異》卷三
清・西清纂，蕭穆等重輯《黑龍江外記》》卷八
清・鐘元棣修，張雋、邢定綸纂《海南府縣志輯・民國崖州志》卷四
清・萬青黎、周家楣修，張之洞、繆荃孫纂《北京府縣志輯・光緒順天府志》
清・張玉書、陳廷敬等纂《康熙字典》卷二六
清・李元撰《蠕範》
清・何東銘纂《四川府縣志輯・邛嶲野録》
清・舒其紳等修，嚴長明等纂《陝西省西安府志》
清・邵晉涵撰《爾雅正義》卷一六
清・陳淏子輯《秘傳花鏡》卷五
清・沈廷芳撰《十三經注疏正字》卷八一
清・金蓉鏡纂輯《湖南省靖州鄉土志》
清・範鐘湘、陳傳德修，金念祖、黃世祚纂《上海府縣志輯・嘉定縣續志》
清・李文恒修，鄭文彩纂《廣東省瓊山縣志》
清・孔繁撲修，高維嶽纂《陝西省綏德州志》
清・席紹葆等修，謝鳴謙、謝鳴盛纂《湖南府縣志輯・辰州府志》
清・姚培謙、張卿雲輯《類腋》卷一〇（物部）
清・嚴偉、劉芷芬修，秦錫田纂《上海府縣志輯・南匯縣續志》
清・洪蕙纂修《陝西省延安府志》
清・姜承基修，常在等纂《湖南府縣志輯・永州府志》
清・李維玨原本，沈定均續修，吳聯熏增纂《福建府縣志輯・光緒漳州府志》
清・吳應廉修，王映斗纂《海南府縣志輯・光緒安定縣志》
清・額哲克等修，單興詩纂《廣東府縣志輯・同治韶州府志》
清・金志節原本，黃可潤增修《察哈爾省口北三廳志》
清・許應鑅、朱澄瀾修，謝煌等纂《江西府縣志輯・光緒撫州府志》
清・牟應震撰《毛詩物名考》卷四
清・陳元龍撰《格致鏡原》卷九六（昆蟲類）
清・陳元龍編《歷代賦匯》卷一一三（陳樵撰《放螢賦》）
清・徐鼎撰《毛詩名物圖說》卷三
清・張楷纂修《安徽府縣志輯・康熙安慶府志》
清・劉於義等監修，沈青崖等編纂《陝西通志》
清・阿桂、劉瑾之等撰《欽定盛京通志》
清・吳鞏修，王來遴纂《四川府縣志輯・嘉慶邛州直隸州志》
清・李廷璧修，周璽纂《臺灣府縣誌輯・道光彰化縣志》（物產志）
清・何玉棻修，魏式曾纂《湖南府縣志輯・同治直隸澧州志》
清・康熙四十二年禦定《全唐詩》卷六二二（陸龜蒙撰《螢詩》）
清・張玉書、汪霦等編《佩文齋詠物詩選》卷四八二（螢賦）
清・陳淏子輯，伊欽恒校注《花鏡》
清・曾日瑛等修，李紱等纂《福建府縣志輯・乾隆汀州府志》
清・黃永綸修，楊錫齡等纂《湖北府縣志輯・道光寧都直隸州志》
清・楊修田纂修《河南省光州志》

熒

宋・陸佃撰《埤雅》卷一〇（釋蟲）
元・戴侗撰《六書故》卷二〇
清・周靖撰《篆隸考異》卷三
清・焦循撰《毛詩草木鳥獸蟲魚釋》卷七
清・李元撰《蠕範》
清・姜兆錫撰《爾雅注疏參議》卷六（釋蟲第十五）

螢火

《爾雅》
三國魏・張揖撰，隋・曹憲音解《博雅》卷一〇《釋蟲》
南朝梁・顧野王撰，宋・陳彭年等重修《重修玉篇》卷二五
晉・郭璞注，唐・陸德明音義，宋・邢昺疏《爾雅注疏》
晉・崔豹撰《古今注》卷中
唐・房玄齡等撰《晉書》卷八三（車胤）
五代・馬縞撰《中華古今注》卷下
宋・鄭樵撰《通志》卷七六（蟲魚類）
宋・司馬光撰《類篇》卷三八
宋・蔡卞集解《毛詩名物解》卷一二（釋蟲）
宋・邢昺撰《爾雅疏》
宋・孫奕撰《示兒編》卷一五
宋・羅願撰元・洪焱祖音釋《爾雅翼》（釋蟲）
宋・陸佃撰《埤雅》卷一〇（釋蟲）
宋・唐慎微撰，寇宗奭衍義《證類本草》卷二二
宋・陸佃撰《爾雅新義》卷一五
宋・陳耆卿撰《赤城志》卷三六（蟲之屬）
元・戴侗撰《六書故》卷二〇
明・方以智撰《通雅》卷四七（動物・蟲）
明・張自烈撰，清・廖文英續《正字通》申集中（虫部）

明・李時珍撰《本草綱目》卷四一
明・陳耀文撰《天中記》卷五七
明・徐炬輯《新鐫古今事物原始全書》卷二九
明・李蘇著《見物》卷五（物部）
明・穆希文撰《蟫史集》卷一〇
明・吳楚材輯《彊識畧》卷三二
明・董斯張撰《廣博物志》卷五〇
清・張玉書、陳廷敬等纂《康熙字典》卷二六
清・戴鎣撰《爾雅郭注補正》卷八
清・陳啟源撰《毛詩稽古編》卷一八
清・郝懿行撰《爾雅（郭注）義疏》卷下之三
清・舒其紳等修，嚴長明等纂《陝西省西安府志》
清・邵晉涵撰《爾雅正義》卷一六
清・沈廷芳撰《十三經注疏正字》卷八一
清・金蓉鏡纂輯《湖南省靖州鄉土志》
清・姚培謙、張卿雲輯《類腋》卷一〇（物部）
清・焦循撰《毛詩草木鳥獸蟲魚釋》卷七
清・陳元龍撰《格致鏡原》卷九六（昆蟲類）
清・陳元龍編《歷代賦匯》卷一三八（駱賓王撰《螢火賦》）
清・任基振撰《爾雅注疏箋補》卷三
清・徐鼎撰《毛詩名物圖說》卷三
清・王子接撰《絳雪園得宜本草》卷一七
清・劉於義等監修，沈青崖等編纂《陝西通志》
清・張玉書、汪霦等編《佩文齋詠物詩選》卷四八二（杜甫撰《螢火》《見螢火》）
清・何焯、陳鵬年撰《欽定分類字錦》卷五九（螢火第六）
清・曾日瑛等修，李紱等纂《福建府縣志輯・乾隆汀州府志》
清・朱肇基修，陸綸纂《安徽府縣志輯・乾隆太平府志》
清・姚炳撰《詩識名解》卷二

熒火

明・劉胤昌撰《劉氏類山》卷四
清・姜兆錫撰《爾雅注疏參議》卷六（釋蟲第十五）
清・余蕭客撰《古經解鉤沉》卷二八

螢火蟲

明・張自烈撰，清・廖文英續《正字通》申集中（虫部）
清・阿桂、劉瑾之等撰《欽定盛京通志》

熒火蟲

清・周靖撰《篆隸考異》卷三

螢蚈

明・方以智撰《通雅》卷四七《動物昆蟲》

螢蟧

宋・司馬光撰《類篇》卷三八

螢烛

清・高賡恩等纂修《綏遠全志》

噶力圖和爾亥

清・高賡恩等纂修《綏遠全志》

姘蛾

清・張玉書、陳廷敬等纂《康熙字典》卷二六

雞姘

清・張玉書、陳廷敬等纂《康熙字典》卷二六

蠋

《詩經》

耀天

清・李元撰《蠕範》
清・吳鞏修，王來遴纂《四川府縣志輯・嘉慶邛州直隸州志》

耀夜

晉・崔豹撰《古今注》卷中
五代・馬縞撰《中華古今注》卷下
宋・孫奕撰《示兒編》卷一五
清・張玉書、陳廷敬等纂《康熙字典》卷二六
清・李元撰《蠕範》
清・陳元龍撰《格致鏡原》卷九六（昆蟲類）
清・任基振撰《爾雅注疏箋補》卷三
清・何焯、陳鵬年撰《欽定分類字錦》卷五九（螢火第六）
清・陳大章撰《詩傳名物集覽》卷五

蟧

南朝梁・顧野王撰，宋・陳彭年等重修《重修玉篇》卷二五
明・張自烈撰，清・廖文英續《正字通》申集中（虫部）
清・張玉書、陳廷敬等纂《康熙字典》卷二六

蟧蟒蟲

明・李蘇著《見物》卷五（物部）

蠲

明・李時珍撰《本草綱目》卷四一
清・萬青黎、周家楣修，張之洞、繆荃孫纂《北京府縣志輯・光緒順天府志》
清・席紹葆等修，謝鳴謙、謝鳴盛纂《湖南府縣志輯・辰州府志》
清・黃永綸修，楊錫齡等纂《湖北府縣志輯・道光寧都直隸州志》

蠦

清・張玉書、陳廷敬等纂《康熙字典》卷二六
清・李元撰《蠕範》

炤

唐・陸德明撰《爾雅音釋》卷下

流火

明・穆希文撰《蟫史集》卷一〇

明耀

明・劉胤昌撰《劉氏類山》卷四

水螢

清・陳淏子輯《秘傳花鏡》卷五

清・陳淏子輯，伊欽恒校注《花鏡》

清・黄永綸修，楊錫齡等纂《湖北府縣志輯・道光寧都直隸州志》

耀光

明・董斯張撰《廣博物志》卷五〇

中华黄萤 *Luciola chinensis*

即炤

晉・郭璞注《爾雅》卷下

晉・郭璞注，唐・陸德明音義，宋・邢昺疏《爾雅注疏》

宋・鄭樵撰《爾雅註》

夜光

晉・郭璞注，唐・陸德明音義，宋・邢昺疏《爾雅注疏》

宵行

晉・郭璞注，唐・陸德明音義，宋・邢昺疏《爾雅注疏》

熠耀

晉・郭璞注，唐・陸德明音義，宋・邢昺疏《爾雅注疏》

螢

宋・鄭樵撰《爾雅註》

熒火

晉・郭璞注《爾雅》卷下

晉・郭璞注，唐・陸德明音義，宋・邢昺疏《爾雅注疏》

螢火

宋・鄭樵撰《爾雅註》

黄萤 *Luciola terminata*

丹良

元・脫因修俞希魯纂《至順鎮江志》卷四

丹鳥

元・脫因修俞希魯纂《至順鎮江志》卷四

火百腳

清・宗源瀚、郭式昌修，周學浚、陸心源纂《浙江府縣志輯・湖州府志》

挾火

清・李亨特修，平恕、徐嵩纂《浙江府縣志輯・乾隆紹興府志》

宵行

元・脫因修俞希魯纂《至順鎮江志》卷四

宵燭

元・脫因修俞希魯纂《至順鎮江志》卷四

細螢

清・宗源瀚、郭式昌修，周學浚、陸心源纂《浙江府縣志輯・湖州府志》

熠耀

元・脫因修俞希魯纂《至順鎮江志》卷四

清・李亨特修，平恕、徐嵩纂《浙江府縣志輯・乾隆紹興府志》

據火

清・李亨特修，平恕、徐嵩纂《浙江府縣志輯・乾隆紹興府志》

磷

元・脫因修俞希魯纂《至順鎮江志》卷四

螢

元・脫因修俞希魯纂《至順鎮江志》卷四

清・宗源瀚、郭式昌修，周學浚、陸心源纂《浙江府縣志輯・湖州府志》

清・李亨特修，平恕、徐嵩纂《浙江府縣志輯・乾隆紹興府志》

丹螢

宋・羅願撰元・洪焱祖音釋《爾雅翼》卷二七

螢火

元・脫因修俞希魯纂《至順鎮江志》卷四

卽炤

元・脫因修俞希魯纂《至順鎮江志》卷四

螢蛆

清・宗源瀚、郭式昌修，周學浚、陸心源纂《浙江府縣志輯・湖州府志》

𧒂

清・宗源瀚、郭式昌修，周學浚、陸心源纂《浙江府縣志輯・湖州府志》

高山锯角萤 *Pyrocoelia pretexta*

丹良

清・陳文緯修，屠繼善纂《臺灣府縣志輯・光緒恒春縣志》

丹鳥

清・陳文緯修，屠繼善纂《臺灣府縣志輯・光緒恒春縣志》

清・唐景崧修，蔣師轍、薛紹元纂《臺灣府縣志輯・光緒臺灣通志》

火百腳

清・陳文緯修，屠繼善纂《臺灣府縣志輯・光緒恒春縣志》

火金姑

清・陳文緯修，屠繼善纂《臺灣府縣志輯・光緒恒春縣志》

卻馬

清・周鍾瑄修，陳夢林、李欽文纂《臺灣府縣志輯・康熙諸羅縣志》

清・唐景崧修，蔣師轍、薛紹元纂《臺灣府縣志輯・光緒臺灣通志》

卽炤

清・周鍾瑄修，陳夢林、李欽文纂《臺灣府縣志輯・康

熙諸羅縣志》
清・唐景崧修，蔣師轍、薛紹元纂《臺灣府縣志輯・光緒臺灣通志》

夜光
清・陳文緯修，屠繼善纂《臺灣府縣志輯・光緒恒春縣志》

宵燭
清・陳文緯修，屠繼善纂《臺灣府縣志輯・光緒恒春縣志》
清・唐景崧修，蔣師轍、薛紹元纂《臺灣府縣志輯・光緒臺灣通志》

細螢
清・陳文緯修，屠繼善纂《臺灣府縣志輯・光緒恒春縣志》

景天
清・陳文緯修，屠繼善纂《臺灣府縣志輯・光緒恒春縣志》

燐
清・陳文緯修，屠繼善纂《臺灣府縣志輯・光緒恒春縣志》

螢
清・陳文緯修，屠繼善纂《臺灣府縣志輯・光緒恒春縣志》
清・周鍾瑄修，陳夢林、李欽文纂《臺灣府縣志輯・康熙諸羅縣志》
清・唐景崧修，蔣師轍、薛紹元纂《臺灣府縣志輯・光緒臺灣通志》

流螢
清・李元撰《蠕範》

螢火
清・陳文緯修，屠繼善纂《臺灣府縣志輯・光緒恒春縣志》
清・周鍾瑄修，陳夢林、李欽文纂《臺灣府縣志輯・康熙諸羅縣志》
清・唐景崧修，蔣師轍、薛紹元纂《臺灣府縣志輯・光緒臺灣通志》

螢膽
清・陳文緯修，屠繼善纂《臺灣府縣志輯・光緒恒春縣志》

蠲
清・陳文緯修，屠繼善纂《臺灣府縣志輯・光緒恒春縣志》

雌光萤科 Rhagophthalmidae

火光螢
清・（英）艾約瑟《動物學啟蒙》（動物分類綱領）

流螢
清・（英）艾約瑟《動物學啟蒙》（動物分類綱領）

多磅之螢
清・（英）艾約瑟《動物學啟蒙》（動物分類綱領）

螢火光
清・（英）艾約瑟《動物學啟蒙》（動物分類綱領）

螢火蟲
清・（英）艾約瑟《動物學啟蒙》（動物分類綱領）

花萤科 Cantharidae

螢
清・（日）西師意譯，實樂安、許家惺審定《動物學教科書》

粉蠹科 Lyctidae

粉蠹 *Lyctus* sp.

木中蟲
清・段玉裁撰《說文解字注》

蛕
漢・許慎撰，宋・徐鉉增釋《說文解字》卷一〇
清・段玉裁撰《說文解字注》

毛蠹
漢・許慎撰，宋・徐鉉增釋《說文解字》卷一〇
清・段玉裁撰《說文解字注》

皮蠹科 Dermestidae

钩纹皮蠹 *Dermestes ater*

毛蠹
《爾雅》
漢・許慎撰，宋・徐鉉增釋《說文解字》卷一三上

蛕
《爾雅》
漢・許慎撰，宋・徐鉉增釋《說文解字》卷一三上

白腹皮蠹 *Dermestes vulpinus*

毛蠹
清・方旭撰《蟲薈》卷三

蛕
清・方旭撰《蟲薈》卷三

蛓
清・方旭撰《蟲薈》卷三

黑甲小蟲
清・方旭撰《蟲薈》卷三

蛁
漢・許填撰，宋・徐鉉增釋《說文解字》卷一〇上
清・方旭撰《蟲薈》卷三

花斑皮蠹 *Trogoderma variabile*

蛕
漢・許填撰，宋・徐鉉增釋《說文解字》卷一〇上

长蠹科 Bostrichidae

竹蠹

清・嵇璜、曹仁虎等撰《續通志》卷一七八

清・王鱗飛等修，馮世瀛、冉崇文纂《四川府縣志輯・同治增修酉陽直隸州總志》

堆沙蛀

清・宗源瀚、郭式昌修，周學浚、陸心源纂《浙江府縣志輯・湖州府志》

旋頭蟲

清・宗源瀚、郭式昌修，周學浚、陸心源纂《浙江府縣志輯・湖州府志》

蟲蠹

清・祝鐘賢修，李大翥纂《湖南府縣志輯・康熙靖州志》

清・陳元龍撰《格致鏡原》卷九七（昆蟲類二）

牽牛郎

清・王鱗飛等修，馮世瀛、冉崇文纂《四川府縣志輯・同治增修酉陽直隸州總志》

谷蠹 *Rhizopertha dominica*

小黑蟲

清・唐景崧修，蔣師轍、薛紹元纂《臺灣府縣志輯・光緒臺灣通志》

米穀中蠹

清・唐景崧修，蔣師轍、薛紹元纂《臺灣府縣志輯・光緒臺灣通志》

米穀蟲

清・唐景崧修，蔣師轍、薛紹元纂《臺灣府縣志輯・光緒臺灣通志》

強蛘

清・唐景崧修，蔣師轍、薛紹元纂《臺灣府縣志輯・光緒臺灣通志》

蛄蜅

清・唐景崧修，蔣師轍、薛紹元纂《臺灣府縣志輯・光緒臺灣通志》

蛘子

清・唐景崧修，蔣師轍、薛紹元纂《臺灣府縣志輯・光緒臺灣通志》

蠹

宋・李石撰《續博物志》卷二

唼蜡虫科 Rhizophagidae

唼臘

清・李元撰《蠕範》

唼蠟蟲

清・方旭撰《蟲薈》卷三

蒼梧蟲

清・李元撰《蠕範》

蝫

明・張自烈撰，清・廖文英續《正字通》申集中（虫部）

清・張玉書、陳廷敬等纂《康熙字典》卷二六

日本唼蜡虫 *Rhizophagus japonicus*

唼蠟蟲

明・李時珍撰《本草綱目》卷四一

瓢虫科 Coccinellidae

圓甲蟲

明・李蘇著《見物》

蛔

明・李蘇著《見物》

瓢兒

清・劉侗撰《促織志》

红点唇瓢虫 *Chilocorus kuwanae*

五月蟲

清・鐘元棣修，張雋、邢定綸纂《海南府縣志輯・民國崖州志》卷四

瓢虫 *Coccinella* sp.

公子蜣

清・（日）西師意譯，竇樂安、許家惺審定《動物學教科書》

拟步甲科 Tenebrionidae

尖角鳖甲 *Anatolica augustata*

黑甲蟲

清・（美）克拉克 索爾比著，史紅帥譯《穿越陝甘・1908-1909 年克拉克考察隊華北行紀》

皱纹琵琶甲 *Blaps rugosa*

黑甲蟲

清・（美）克拉克 索爾比著，史紅帥譯《穿越陝甘・1908-1909 年克拉克考察隊華北行紀》

齿砚甲 *Eoegphogenia rugipennis*

黑甲蟲

清・（美）克拉克 索爾比著，史紅帥譯《穿越陝甘・1908-1909 年克拉克考察隊華北行紀》

洋虫 *Martianus dermestoides*

九龍蟲

清・趙學敏輯《本草綱目拾遺（下）》卷一〇

洋蟲

清・宗源瀚、郭式昌修，周學浚、陸心源纂《浙江府縣

志輯·湖州府志》
清·趙學敏輯《本草綱目拾遺（下）》卷一〇
清·範鐘湘、陳傅德修，金念祖、黃世祚纂《上海府縣志輯·嘉定縣續志》

芫菁科 Meloidae

王不留行
清·陳元龍撰《格物鏡原》卷一〇〇（昆蟲類五）

王不留行蟲
清·嵇璜、曹仁虎等撰《續通志》卷一七八

王不留行虫
明·穆希文撰《蟫史集》卷一〇

元青
明·方以智撰《通雅》卷四七（動物·蟲）

地要
明·方以智撰《通雅》卷四七（動物·蟲）
清·李元撰《蠕範》

地蟄
清·嵇璜、曹仁虎等撰《續通志》卷一七八
明·穆希文撰《蟫史集》卷一〇

地膽
三國魏·張揖撰，隋·曹憲音解《博雅》卷一〇（釋蟲）
宋·唐慎微撰《重修政和經史證類備用本草》卷二
明·張自烈撰，清·廖文英續《正字通》申集中（虫部）
明·朱謀㙔撰《駢雅》卷七
明·穆希文撰《蟫史集》卷一〇
明·方以智撰《通雅》卷四七（動物·蟲）
明·繆希雍撰《先醒齋筆記》卷四
清·吳儀洛著《本草從新》（蟲魚鱗介部）
清·張玉書、陳廷敬等纂《康熙字典》卷二六
清·嵇璜、曹仁虎等撰《續通志》卷一七八
清·李元撰《蠕範》
清·陳元龍撰《格物鏡原》卷一〇〇（昆蟲類五）
清·萬青黎、周家楣修，張之洞、繆荃孫纂《北京府縣志輯·光緒順天府志》
清·劉於義等監修，沈青崖編輯《陝西通志》
清·舒其紳等修，嚴長明等纂《陝西省西安府志》
清·宗源瀚、郭式昌修，周學浚、陸心源纂《浙江府縣志輯·湖州府志》

赤頭
宋·唐慎微撰《重修政和經史證類備用本草》卷二

芫青
宋·唐慎微撰《重修政和經史證類備用本草》卷二
明·張自烈撰，清·廖文英續《正字通》申集中（虫部）
明·穆希文撰《蟫史集》卷一〇
明·繆希雍撰《先醒齋筆記》卷四
明·張介賓撰《景岳全書》卷六〇
清·張玉書、陳廷敬等纂《康熙字典》卷二六
清·嵇璜、曹仁虎等撰《續通志》卷一七八
清·李元撰《蠕範》
清·陳元龍撰《格物鏡原》卷一〇〇（昆蟲類五）
清·劉於義等監修，沈青崖編輯《陝西通志》
清·舒其紳等修，嚴長明等纂《陝西省西安府志》
清·宗源瀚、郭式昌修，周學浚、陸心源纂《浙江府縣志輯·湖州府志》
清·朱占科修，周宗洛等纂《雲南省順寧府志》

芫菁
明·朱謀㙔撰《駢雅》卷七

芫蜻
清·陳元龍撰《格物鏡原》卷一〇〇（昆蟲類五）

杜龍
清·嵇璜、曹仁虎等撰《續通志》卷一七八
清·李元撰《蠕範》

豆蟲
清·鍾元棣修，張雋、邢定綸纂《海南府縣志輯·民國崖州志》卷四

旻青
三國魏·張揖撰，隋·曹憲音解《博雅》卷一〇（釋蟲）

青虹
清·嵇璜、曹仁虎等撰《續通志》卷一七八

青娘子
明·方以智撰《通雅》卷四七（動物·蟲）
清·嵇璜、曹仁虎等撰《續通志》卷一七八
清·李元撰《蠕範》

青蝨
清·嵇璜、曹仁虎等撰《續通志》卷一七八

青蠚
清·李元撰《蠕範》

青蠵
三國魏·張揖撰，隋·曹憲音解《博雅》卷一〇（釋蟲）
明·朱謀㙔撰《駢雅》卷七
明·方以智撰《通雅》卷四七（動物·蟲）
清·嵇璜、曹仁虎等撰《續通志》卷一七八
清·李元撰《蠕範》

放屁蟲
明·張自烈撰，清·廖文英續《正字通》申集中（虫部）
清·金蓉鏡纂輯《湖南省靖州鄉土志》

卷髪
明·張自烈撰，清·廖文英續《正字通》申集中（虫部）
清·李元撰《蠕範》

春虹
清·李元撰《蠕範》

毒蟲
漢·許慎撰，宋·徐鉉增釋《說文解字》卷一〇上
南朝梁·顧野王撰，宋·陳彭年等重修《重修玉篇》卷二五

宋・司馬光撰《類篇》卷三八
清・段玉裁撰《說文解字注》
清・張玉書、陳廷敬等纂《康熙字典》卷二六

虵要

三國魏・張揖撰，隋・曹憲音解《博雅》卷一〇（釋蟲）
明・朱謀㙔撰《駢雅》卷七
清・嵇璜、曹仁虎等撰《續通志》卷一七八

負盤

宋・司馬光撰《類篇》卷三八
清・張玉書、陳廷敬等纂《康熙字典》卷二六

亭長

宋・唐慎微撰《重修政和經史證類備用本草》卷二
明・穆希文撰《蟫史集》卷一〇
明・方以智撰《通雅》卷四七（動物・蟲）
明・繆希雍撰《先醒齋筆記》卷四
清・陳元龍撰《格物鏡原》卷一〇〇（昆蟲類五）
清・劉於義等監修，沈青崖編輯《陝西通志》
清・舒其紳等修，嚴長明等纂《陝西省西安府志》
清・張玉書、陳廷敬等纂《康熙字典》卷二六
清・吳儀洛著《本草從新》（蟲魚鱗介部）

敊

清・段玉裁撰《說文解字注》

班毛

周・韓非著《韓非子》卷七（喻老篇二一）
清・王子接撰《絳雪園得宜本草》卷一七

斑苗

清・何東銘纂《四川府縣志輯・邛嶲野録》

班蝥

明・穆希文撰《蟫史集》卷一〇

斑蝥

清・李元撰《蠕範》
清・方旭撰《蟲薈》卷三
清・陳元龍撰《格物鏡原》卷一〇〇（昆蟲類五）
清・金鉷等監修，錢元昌等編纂《廣西通志》
清・何東銘纂《四川府縣志輯・邛嶲野録》
清・嵇璜、曹仁虎等撰《續通志》卷一七八

班菌

明・穆希文撰《蟫史集》卷一〇

班貓

明・穆希文撰《蟫史集》卷一〇
明・唐胄編集《正德瓊台志（廣東省）》

班蝥

清・吳儀洛著《本草從新》（蟲魚鱗介部）

班龍茵

清・陳元龍撰《格物鏡原》卷一〇〇（昆蟲類五）

班蝨

漢・許慎撰，宋・徐鉉增釋《說文解字》卷一三

清・鍾元棣修，張雋、邢定綸纂《海南府縣志輯・民國崖州志》

晏青

明・張自烈撰，清・廖文英續《正字通》申集中（虫部）
明・朱謀㙔撰《駢雅》卷七
明・穆希文撰《蟫史集》卷一〇
清・張玉書、陳廷敬等纂《康熙字典》卷二六
清・李元撰《蠕範》
清・方旭撰《蟲薈》卷三
清・陳元龍撰《格物鏡原》卷一〇〇（昆蟲類五）
清・何東銘纂《四川府縣志輯・邛嶲野録》

蚖青

明・方以智撰《通雅》卷四七（動物・蟲）
清・吳儀洛著《本草從新》（蟲魚鱗介部）

臭蟲

宋・司馬光撰《類篇》卷三八
清・張玉書、陳廷敬等纂《康熙字典》卷二六

蝅

明・張自烈撰，清・廖文英續《正字通》申集中（虫部）
清・張玉書、陳廷敬等纂《康熙字典》卷二六

斑菌

明・張自烈撰，清・廖文英續《正字通》申集中（虫部）
清・李元撰《蠕範》
清・方旭撰《蟲薈》卷三

斑貓

宋・唐慎微撰《重修政和經史證類備用本草》卷二
明・張自烈撰，清・廖文英續《正字通》申集中（虫部）
清・張玉書、陳廷敬等纂《康熙字典》卷二六
清・李元撰《蠕範》
清・方旭撰《蟲薈》卷三
清・陳元龍撰《格物鏡原》卷一〇〇（昆蟲類五）
清・萬青黎、周家楣修，張之洞、繆荃孫纂《北京府縣志輯・光緒順天府志》
清・何東銘纂《四川府縣志輯・邛嶲野録》
清・範鐘湘、陳傅德修，金念祖、黃世祚纂《上海府縣志輯・嘉定縣續志》
清・吳儀洛著《本草從新》（蟲魚鱗介部）
清・曾日瑛等修，李紱等纂《福建府縣志輯・乾隆汀州府志》
清・李文恒修，鄭文彩纂《廣東省瓊山縣志》

斑猫

明・繆希雍撰《先醒齋筆記》卷四
清・嵇璜、曹仁虎等撰《續通志》卷一七八
清・劉於義等監修，沈青崖等編纂《陝西通志》
清・舒其紳等修，嚴長明等纂《陝西省西安府志》
清・李維鈺原本，沈定均續修，吳聯熏增纂《福建府縣志輯・光緒漳州府志》
清・懷蔭布修，黃任、郭賡武纂《福建府縣志輯・乾隆

泉州府志》
清・段玉裁撰《說文解字注》

斑蝥

明・張自烈撰，清・廖文英續《正字通》申集中（虫部）
明・朱謀㙔撰《駢雅》卷七
明・繆希雍撰《先醒齋筆記》卷四
明・張介賓撰《景岳全書》卷六〇
清・張玉書、陳廷敬等纂《康熙字典》卷二六
清・嵇璜、曹仁虎等撰《續通志》卷一七八
清・李元撰《蠕範》
清・方旭撰《蟲薈》卷三
清・吴都梁修，潘問奇等纂《北京府縣志輯・昌平州志》（藥品）
清・萬青黎、周家楣修，張之洞、繆荃孫纂《北京府縣志輯・光緒順天府志》
清・劉於義等監修，沈青崖等編纂《陝西通志》
清・阿桂、劉瑾之等撰《欽定盛京通志》
清・舒其紳等修，嚴長明等纂《陝西省西安府志》
清・何東銘纂《四川府縣志輯・邛嶲野録》
清・宗源瀚、郭式昌修，周學浚、陸心源纂《浙江府縣志輯・湖州府志》
清・朱占科修，周宗洛等纂《雲南省順寧府志》
清・金蓉鏡纂輯《湖南省靖州鄉土志》
清・範鐘湘、陳傳德修，金念祖、黃世祚纂《上海府縣志輯・嘉定縣續志》
清・（日）西師意譯，（英）竇樂安、許家惺審定《動物學教科書》

腣髮

明・穆希文撰《蟫史集》卷一〇

葛上亭

明・張自烈撰，清・廖文英續《正字通》申集中（虫部）

葛上亭長

宋・唐慎微撰《重修政和經史證類備用本草》卷二
明・穆希文撰《蟫史集》卷一〇
明・方以智撰《通雅》卷四七（動物・蟲）
清・嵇璜、曹仁虎等撰《續通志》卷一七八
清・李元撰《蠕範》
清・陳元龍撰《格物鏡原》卷一〇〇（昆蟲類五）
清・宗源瀚、郭式昌修，周學浚、陸心源纂《浙江府縣志輯・湖州府志》
清・吴儀洛著《本草從新》（蟲魚鱗介部）

蚌

漢・許慎撰，宋・徐鉉增釋《說文解字》卷一〇上
南朝梁・顧野王撰，宋・陳彭年等重修《重修玉篇》卷二五
元・戴侗撰《六書故》卷二〇
清・段玉裁撰《說文解字注》

膀髮

清・陳元龍撰《格物鏡原》卷一〇〇（昆蟲類五）
清・何東銘纂《四川府縣志輯・邛嶲野録》

腃發

清・方旭撰《蟲薈》卷三

盤蝥蟲

漢・許慎撰，宋・徐鉉增釋《說文解字》卷一三下
宋・唐慎微撰《重修政和經史證類備用本草》卷二
遼・釋行均《龍龕手鑒》（蟲部第二）
明・穆希文撰《蟫史集》卷一〇

江察和爾亥

清・高賡恩等纂修《綏遠全志》

蝥

南朝梁・顧野王撰，宋・陳彭年等重修《重修玉篇》卷二五
遼・釋行均《龍龕手鑒》（蟲部第二）
元・戴侗撰《六書故》卷二〇
明・張自烈撰，清・廖文英續《正字通》申集中（虫部）
清・李元撰《蠕範》

蝥蠿

元・戴侗撰《六書故》卷二〇

盤蝨

明・朱謀㙔撰《駢雅》卷七

盤蝥

漢・許慎撰，宋・徐鉉增釋《說文解字》卷一〇上
南朝梁・顧野王撰，宋・陳彭年等重修《重修玉篇》卷二五
宋・司馬光撰《類篇》卷三八
元・戴侗撰《六書故》卷二〇
明・張自烈撰，清・廖文英續《正字通》申集中（虫部）
清・段玉裁撰《說文解字注》
清・張玉書、陳廷敬等纂《康熙字典》卷二六
清・嵇璜、曹仁虎等撰《續通志》卷一七八
清・陳元龍撰《格物鏡原》卷一〇〇（昆蟲類五）
清・金鉷等監修，錢元昌等編纂《廣西通志》
清・何東銘纂《四川府縣志輯・邛嶲野録》
清・高賡恩等纂修《綏遠全志》
清・李元撰《蠕範》

龍尾

明・穆希文撰《蟫史集》卷一〇
清・陳元龍撰《格物鏡原》卷一〇〇（昆蟲類五）
清・段玉裁撰《說文解字注》

龍苗

明・穆希文撰《蟫史集》卷一〇

龍蠔

明・穆希文撰《蟫史集》卷一〇
清・張玉書、陳廷敬等纂《康熙字典》卷二六
清・嵇璜、曹仁虎等撰《續通志》卷一七八
清・李元撰《蠕範》
清・方旭撰《蟲薈》卷三

清・陳元龍撰《格物鏡原》卷一〇〇（昆蟲類五）
清・何東銘纂《四川府縣志輯・邛嶲野録》

蝥

明・張自烈撰，清・廖文英續《正字通》申集中（虫部）
清・張玉書、陳廷敬等纂《康熙字典》卷二六

蟊

漢・許慎撰，宋・徐鉉增釋《說文解字》卷一三下
南朝梁・顧野王撰，宋・陳彭年等重修《重修玉篇》卷二五
宋・陸佃撰《蜱雅》卷一一
遼・釋行均《龍龕手鑒》（蟲部第二）
元・戴侗撰《六書故》卷二〇
明・張自烈撰，清・廖文英續《正字通》申集中（虫部）

蝥蟊

宋・司馬光撰《類篇》卷三八

蝥

清・張玉書、陳廷敬等纂《康熙字典》卷二六

蟊螟屬

明・張自烈撰，清・廖文英續《正字通》申集中（虫部）

蟊

宋・司馬光撰《類篇》卷三八
清・張玉書、陳廷敬等纂《康熙字典》卷二六

蟊

清・段玉裁撰《說文解字注》
清・張玉書、陳廷敬等纂《康熙字典》卷二六

蠿蝥

清・張玉書、陳廷敬等纂《康熙字典》卷二六

蠿蟊

南朝梁・顧野王撰，宋・陳彭年等重修《重修玉篇》卷二五

蠿蟊

宋・司馬光撰《類篇》卷三八
清・張玉書、陳廷敬等纂《康熙字典》卷二六

蠿

漢・許慎撰，宋・徐鉉增釋《說文解字》卷一〇上

蟊

南朝梁・顧野王撰，宋・陳彭年等重修《重修玉篇》卷二五
清・張玉書、陳廷敬等纂《康熙字典》卷二六

锯角豆芫菁 *Epicauta gorhami*

亭長

南北朝・雷斆著《雷公炮炙論》下卷

毛角豆芫菁 *Epicauta hirticornis*

王不留行

明・彭大翼撰，張幼學增訂《山堂肆考》卷二二八

王不留行蟲

宋・唐慎微撰，寇宗奭衍義《證類本草》卷二二

地膽

宋・唐慎微撰，寇宗奭衍義《證類本草》卷二二

地膽

宋・唐慎微撰，寇宗奭衍義《證類本草》卷二二
明・李時珍撰《本草綱目》卷四〇
明・彭大翼撰，張幼學增訂《山堂肆考》卷二二八

芫青

宋・唐慎微撰，寇宗奭衍義《證類本草》卷二二
明・李時珍撰《本草綱目》卷四一
明・彭大翼撰，張幼學增訂《山堂肆考》卷二二八

毒蟲

清・張玉書、陳廷敬等纂《康熙字典》卷二六

亭長

宋・唐慎微撰，寇宗奭衍義《證類本草》卷二二
明・李時珍撰《本草綱目》卷四一
明・彭大翼撰，張幼學增訂《山堂肆考》卷二二八
明・穆希文撰《蟫史集》卷一〇
清・方旭撰《蟲薈》卷三
清・張玉書、陳廷敬等纂《康熙字典》卷二六
清・劉於義等監修，沈青崖等編纂《陝西通志》

班貓

宋・唐慎微撰，寇宗奭衍義《證類本草》卷二二

晏青

清・張玉書、陳廷敬等纂《康熙字典》卷二六

斑貓

明・彭大翼撰，張幼學增訂《山堂肆考》卷二二八
清・方旭撰《蟲薈》卷三
清・張玉書、陳廷敬等纂《康熙字典》卷二六

斑蝥

明・李時珍撰《本草綱目》卷四一

葛上亭長

宋・唐慎微撰，寇宗奭衍義《證類本草》卷二二
明・李時珍撰《本草綱目》卷四一
明・彭大翼撰，張幼學增訂《山堂肆考》卷二二八
明・穆希文撰《蟫史集》卷一〇
清・方旭撰《蟲薈》卷三
清・劉於義等監修，沈青崖等編纂《陝西通志》

盤蝥

清・張玉書、陳廷敬等纂《康熙字典》卷二六

红头芫菁 *Epicauta tibialis*

赤頭

南北朝・雷斆著《雷公炮炙論》下卷
清・劉侗撰《促織志》

宽纹豆芫菁 *Epicauta waterhousei*

斑蝥

清・唐景崧修，蔣師轍、薛紹元纂《臺灣府縣志輯・光緒臺灣通志》（物産）

绿芫菁 *Lytta caragane*

地膽

宋·唐慎微撰，寇宗奭衍義《證類本草》卷二二

清·方旭撰《蟲薈》卷三

赤頭

明·徐炬輯《新鐫古今事物原始全書》卷二九

芫青

宋·唐慎微撰，寇宗奭衍義《證類本草》卷二二

明·李時珍撰《本草綱目》卷四一

明·穆希文撰《蟫史集》卷一〇

清·張玉書、陳廷敬等纂《康熙字典》卷二六

清·方旭撰《蟲薈》卷三

清·（日）鳥羽源藏著，林森滌、庵甫譯《科學世界》（昆蟲標本製作法）

芫蜻

明·徐炬輯《新鐫古今事物原始全書》卷二九

青娘子

明·李時珍撰《本草綱目》卷四一

清·方旭撰《蟲薈》卷三

毒蟲

清·張玉書、陳廷敬等纂《康熙字典》卷二六

亭長

宋·唐慎微撰，寇宗奭衍義《證類本草》卷二二

明·穆希文撰《蟫史集》卷一〇

明·徐炬輯《新鐫古今事物原始全書》卷二九

晏青

清·張玉書、陳廷敬等纂《康熙字典》卷二六

斑猫

宋·唐慎微撰，寇宗奭衍義《證類本草》卷二二

斑貓

清·張玉書、陳廷敬等纂《康熙字典》卷二六

清·方旭撰《蟲薈》卷三

班貓

明·穆希文撰《蟫史集》卷一〇

斑蝥

明·李時珍撰《本草綱目》卷四一

葛上亭長

宋·唐慎微撰，寇宗奭衍義《證類本草》卷二二

清·方旭撰《蟲薈》卷三

盤蝥

清·張玉書、陳廷敬等纂《康熙字典》卷二六

明·徐炬輯《新鐫古今事物原始全書》卷二九

斑毛

明·徐炬輯《新鐫古今事物原始全書》卷二九

纹缘芫菁 *Lytta suturella*

芫菁

南北朝·雷敩著《雷公炮炙論》下卷

斑猫

南北朝·雷敩著《雷公炮炙論》下卷

亭長

南北朝·雷敩著《雷公炮炙論》下卷

赤頭

南北朝·雷敩著《雷公炮炙論》下卷

圆胸地胆 *Meloe corvinus*

地膽

宋·唐慎微撰，寇宗奭衍義《證類本草》卷二二

明·李時珍撰《本草綱目》

明·穆希文撰《蟫史集》卷一〇

清·方旭撰《蟲薈》卷三

清·張玉書、陳廷敬等纂《康熙字典》卷二六

清·王子接《絳雪園得宜本草》卷一七

清·劉於義等監修，沈青崖編輯《陝西通志》

杜龍

明·李時珍撰《本草綱目》

清·方旭撰《蟲薈》卷三

青虹

明·李時珍撰《本草綱目》

清·方旭撰《蟲薈》卷三

青蛀

宋·唐慎微撰，寇宗奭衍義《證類本草》卷二二

青蛙

明·穆希文撰《蟫史集》卷一〇

青蝥

清·方旭撰《蟲薈》卷三

青蠵

明·李時珍撰《本草綱目》

清·方旭撰《蟲薈》卷三

亭長

明·李時珍撰《本草綱目》

蚖青

宋·唐慎微撰，寇宗奭衍義《證類本草》卷二二

明·李時珍撰《本草綱目》

清·方旭撰《蟲薈》卷三

清·劉於義等監修，沈青崖編輯《陝西通志》

蛇要

清·方旭撰《蟲薈》卷三

斑猫

宋·唐慎微撰，寇宗奭衍義《證類本草》卷二二

斑貓

清·方旭撰《蟲薈》卷三

清·張玉書、陳廷敬等纂《康熙字典》卷二六

斑蝥

明·李時珍撰《本草綱目》

清·張玉書、陳廷敬等纂《康熙字典》卷二六

芫青

宋・唐慎微撰，寇宗奭衍義《證類本草》卷二二

明・李時珍撰《本草綱目》

短翅芫青 *Meloe* sp.

短翅芫青

清・(美)克拉克 索爾比著，史紅帥譯《穿越陝甘・1908-1909 年克拉克考察隊華北行紀》

眼斑芫菁 *Mylabris cichorii*

王不留行蟲

明・李時珍撰《本草綱目》卷四一

地膽

明・李時珍撰《本草綱目》卷四一

地膽

明・李時珍撰《本草綱目》卷四一

芫青

宋・唐慎微撰，寇宗奭衍義《證類本草》卷二二

明・李時珍撰《本草綱目》卷四一

班菌

宋・唐慎微撰，寇宗奭衍義《證類本草》卷二二

晏青

宋・唐慎微撰，寇宗奭衍義《證類本草》卷二二

明・李時珍撰《本草綱目》卷四一

斑蝥

宋・唐慎微撰，寇宗奭衍義《證類本草》卷二二

明・李時珍撰《本草綱目》卷四一

斑菌

明・李時珍撰《本草綱目》卷四一

斑猫

南北朝・雷敩著《雷公炮灸論》下卷

宋・唐慎微撰，寇宗奭衍義《證類本草》卷二二

斑貓

明・李時珍撰《本草綱目》卷四一

斑蝥

明・李時珍撰《本草綱目》卷四一

斑蠡

宋・唐慎微撰，寇宗奭衍義《證類本草》卷二二

葛上亭長

明・李時珍撰《本草綱目》卷四一

腱發

宋・唐慎微撰，寇宗奭衍義《證類本草》卷二二

明・李時珍撰《本草綱目》卷四一

盤蝥

宋・唐慎微撰，寇宗奭衍義《證類本草》卷二二

盤蝥

明・李時珍撰《本草綱目》卷四一

盤蝥蟲

明・李時珍撰《本草綱目》卷四一

龍苗

宋・唐慎微撰，寇宗奭衍義《證類本草》卷二二

龍蠓

宋・唐慎微撰，寇宗奭衍義《證類本草》卷二二

明・李時珍撰《本草綱目》卷四一

龍尾

宋・唐慎微撰，寇宗奭衍義《證類本草》卷二二

大斑芫菁 *Mylabris phalerata*

大斑蝥

明・張介賓撰《景岳全書》卷六〇

晏青

明・朱謀㙔撰《駢雅》卷七

斑蝥

明・張介賓撰《景岳全書》卷六〇

明・朱謀㙔撰《駢雅》卷七

盤蝥

明・朱謀㙔撰《駢雅》卷七

天牛科 Cerambycidae

八角兒

清・何東銘纂《四川府縣志輯・邛嶲野録》(方輿類・物產)

清・李元撰《蠕範》

山羊

宋・鄭樵撰《通志》卷七六（蟲魚類）

宋・鄭樵撰《爾雅註》

清・周春撰《爾雅補注》卷四

清・李元撰《蠕範》

天水牛

清・何東銘纂《四川府縣志輯・邛嶲野録》(方輿類・物產)

清・宗源瀚、郭式昌修，周學浚、陸心源纂《浙江府縣志輯・湖州府志》(物產)

清・張玉書、汪霦等編《佩文齋詠物詩選》卷四八六（雜蟲類・蘇軾撰《天水牛》)

天牛

晉・郭璞注，唐・陸德明音義，宋・邢昺疏《爾雅注疏》

明・張自烈撰，清・廖文英續《正字通》申集中（虫部）

明・李蘇著《見物》卷五（蟲物論）

明・朱謀㙔撰《駢雅》卷七

明・劉胤昌撰《劉氏類山》卷四

明・彭大翼撰，張幼學增訂《山堂肆考》卷二二八

明・穆希文撰《蟫史集》卷一一

清・何東銘纂《四川府縣志輯・邛嶲野録》

清・季念詒等纂，梁悅馨等修《江蘇府縣志輯・通州直隸州志》

清・方旭撰《蟲薈》卷三
清・李元撰《蠕範》
清・（日）西師意譯，竇樂安、許家惺審定《動物學教科書》
清・範鐘湘、陳傅德修，金念祖、黃世祚纂《上海府縣志輯・嘉定縣續志》
清・郝懿行撰《爾雅（郭注）義疏》卷下之三
清・柯璜譯編，（日）箕作佳吉著《博物學講義》（動物篇）
清・吳儀洛著《本草從新》（蟲魚鱗介部）
清・牟應震著《毛詩物名考》卷四
清・嵇璜、曹仁虎等撰《續通志》卷一七八
清・陳啟源撰《毛詩稽古編》卷四（碩人）

楊牛

清・範鐘湘、陳傅德修，金念祖、黃世祚纂《上海府縣志輯・嘉定縣續志》

天牛科

清・余宗農編輯《桑樹蟲害論》

天牛蟲

唐・段成式撰《酉陽雜俎》卷一七
明・繆希雍撰《先醒齋筆記》卷四
清・張玉書、陳廷敬等撰《佩文韻府》卷一之二
清・劉於義等監修，沈青崖等編纂《陝西通志》

天螺

清・李元撰《蠕範》

木中蠍

清・牟穆應震著《毛詩物名考》卷四

木中蟲

清・張玉書、陳廷敬等纂《康熙字典》卷二六

木中蠹

明・穆希文撰《蟫史集》卷一〇
清・姜兆錫撰《爾雅注疏參議》卷六
清・方旭撰《蟲薈》卷三

木中蠹蟲

宋・鄭樵撰《通志》卷七六（蟲魚類）
明・穆希文撰《蟫史集》卷一〇
明・王圻、王思義輯《三才圖會》卷六
清・邵晉涵撰《爾雅正義》卷一六
清・段玉裁撰《說文解字注》
清・張玉書、陳廷敬等纂《康熙字典》卷二六

木牛

清・阿桂、劉瑾之等撰《欽定盛京通志》卷一〇七

木蟲

清・邵晉涵撰《爾雅正義》卷一六
清・周春撰《爾雅補注》卷四

木蠹

明・穆希文撰《蟫史集》卷一一

清・季念詒等纂，梁悅馨等修《江蘇府縣志輯・通州直隸州志》
清・方旭撰《蟲薈》卷三
清・李元撰《蠕範》

水牛蟲

清・沈秉成撰《蠶桑輯要》
清・宗源瀚、郭式昌修，周學浚、陸心源纂《浙江府縣志輯・湖州府志》

羊甲

清・周春撰《爾雅補注》卷四

春牛兒

清・劉侗撰《促織志》

牽牛郎

明・穆希文撰《蟫史集》卷一一

穿心蛀

清・宗源瀚、郭式昌修，周學浚、陸心源纂《浙江府縣志輯・湖州府志》

飛生

清・李元撰《蠕範》
清・嵇璜、曹仁虎等撰《續通志》卷一七八

飛生蟲

清・嵇璜、曹仁虎等撰《續通志》卷一七八

桑中蟲

宋・任廣撰《書敘指南》卷一四（昆蟲）
清・段玉裁撰《說文解字注》

桑蟲

宋・蔡卞撰《毛詩名物解》卷一二（釋蟲）
清・吳儀洛著《本草從新》（蟲魚鱗介部）

桑中蠹蟲

宋・鄭樵撰《爾雅註》
清・周春撰《爾雅補注》卷四

桑牛

清・李元撰《蠕範》
清・範鐘湘、陳傅德修，金念祖、黃世祚纂《上海府縣志輯・嘉定縣續志》
清・宗源瀚、郭式昌修，周學浚、陸心源纂《浙江府縣志輯・湖州府志》

桑蠍

宋・鄭樵撰《爾雅註》
明・李時珍撰《本草綱目》卷四一

桑蠹

《爾雅》
晉・郭璞注《爾雅》卷下
晉・郭璞注，唐・陸德明音義，宋・邢昺疏《爾雅注疏》
宋・陸佃撰《爾雅新義》卷一五
明・穆希文撰《蟫史集》卷一〇
明・彭大翼撰，張幼學增訂《山堂肆考》卷二二八

清・姜兆錫撰《爾雅注疏參議》卷六
清・邵晉涵撰《爾雅正義》卷一六
清・段玉裁撰《說文解字注》
清・張玉書、陳廷敬等纂《康熙字典》卷二六
清・任基振撰《爾雅注疏箋補》卷三
清・李元撰《蠕範》
清・陳啟源撰《毛詩稽古編》卷四（碩人）

桑蠹蟲

清・郝懿行撰《爾雅（郭注）義疏》卷下之三
明・李時珍撰《本草綱目》卷四一

蛀

清・周春撰《爾雅補注》卷四
清・李元撰《蠕範》

蛀蟲

晉・郭璞注，唐・陸德明音義，宋・邢昺疏《爾雅注疏》

旋頭蟲

清・宗源瀚、郭式昌修，周學浚、陸心源纂《浙江府縣志輯・湖州府志》

蛣蚍

清・段玉裁撰《說文解字注》
清・張玉書、陳廷敬等纂《康熙字典》卷二六

蛒

明・穆希文撰《蟫史集》卷一〇

蛣蝠

晉・郭璞注《爾雅》卷下
晉・郭璞注，唐・陸德明音義，宋・邢昺疏《爾雅注疏》
宋・鄭樵撰《通志》卷七六（蟲魚類）
宋・陸佃撰《爾雅新義》卷一五
明・李蘇著《見物》卷五（蟲物論）
明・穆希文撰《蟫史集》卷一〇
清・邵晉涵撰《爾雅正義》卷一六
清・段玉裁撰《說文解字注》
清・姜兆錫撰《爾雅注疏參議》卷六
清・方旭撰《蟲薈》卷三
清・李元撰《蠕範》
清・陳啟源撰《毛詩稽古編》卷四（碩人）

黑甲蟲

唐・段成式撰《酉陽雜俎》卷一七
明・穆希文撰《蟫史集》卷一一
清・張玉書、陳廷敬等撰《佩文韻府》卷一之二
清・劉於義等監修，沈青崖等編纂《陝西通志》

黑殼蟲

清・宗源瀚、郭式昌修，周學浚、陸心源纂《浙江府縣志輯・湖州府志》

蝎

宋・鄭樵撰《通志》卷七六（蟲魚類）

詰屈

宋・司馬光撰《類篇》卷三八

蛞

清・張玉書、陳廷敬等纂《康熙字典》卷二六

蠹

清・周春撰《爾雅補注》卷四

蜷

宋・司馬光撰《類篇》卷三八

蠹醜

晉・郭璞注，唐・陸德明音義，宋・邢昺疏《爾雅注疏》
清・任基振撰《爾雅注疏箋補》卷三

蝪

明・張自烈撰，清・廖文英續《正字通》申集中（虫部）

蠍虿

宋・任廣撰《書敘指南》卷一四（昆蟲）

蝤蠐

明・穆希文撰《蟫史集》卷一〇

蝤蠐

漢・許慎撰，宋・徐鉉增釋《說文解字》卷一〇上
宋・任廣撰《書敘指南》卷一四（昆蟲）
宋・蔡卞撰《毛詩名物解》卷一二（釋蟲）
明・穆希文撰《蟫史集》卷一〇
明・彭大翼撰，張幼學增訂《山堂肆考》卷二二八
清・邵晉涵撰《爾雅正義》卷一六
清・周春撰《爾雅補注》卷四
清・段玉裁撰《說文解字注》
清・張玉書、陳廷敬等纂《康熙字典》卷二六
清・姜兆錫撰《爾雅注疏參議》卷六
清・方旭撰《蟲薈》卷三
清・李元撰《蠕範》
清・範鐘湘、陳傅德修，金念祖、黃世祚纂《上海府縣志輯・嘉定縣續志》
清・牟應震著《毛詩物名考》卷四
清・陳啟源撰《毛詩稽古編》卷四（碩人）

蝤齏

漢・許慎撰，宋・徐鉉增釋《說文解字》卷一〇上
南朝梁・顧野王撰，宋・陳彭年等重修《重修玉篇》卷二五

蝤蠀

清・段玉裁撰《說文解字注》

緣桑螺

清・李元撰《蠕範》

噬逮

清・李元撰《蠕範》

蟓

南朝梁・顧野王撰，宋・陳彭年等重修《重修玉篇》卷二五
清・張玉書、陳廷敬等纂《康熙字典》卷二六

⿰虫虖
晉・郭璞注，唐・陸德明音義，宋・邢昺疏《爾雅注疏》
清・任基振撰《爾雅注疏箋補》卷三
清・周春撰《爾雅補注》卷四
蟦
清・姜兆錫撰《爾雅注疏參議》卷六
蟠
清・李元撰《蠕範》
蠆
清・張玉書、陳廷敬等纂《康熙字典》卷二六
齋蟲
漢・許慎撰，宋・徐鉉增釋《說文解字》卷一〇上
椿蠹
明・李蘇著《見物》卷五
蠍
漢・許慎撰，宋・徐鉉增釋《說文解字》卷一〇上
晉・郭璞注，唐・陸德明音義，宋・邢昺疏《爾雅注疏》
晉・郭璞注《爾雅》卷下
南朝梁・顧野王撰，宋・陳彭年等重修《重修玉篇》卷二五
宋・陸佃撰《爾雅新義》卷一五
明・李蘇著《見物》卷五（蟲物論）
明・穆希文撰《蟫史集》卷一〇
清・邵晉涵撰《爾雅正義》卷一六
清・周春撰《爾雅補注》卷四
清・段玉裁撰《說文解字注》
清・張玉書、陳廷敬等纂《康熙字典》卷二六
清・任基振撰《爾雅注疏箋補》卷三
清・姜兆錫撰《爾雅注疏參議》卷六
清・方旭撰《蟲薈》卷三
清・李元撰《蠕範》
清・吳儀洛著《本草從新》（蟲魚鱗介部）
清・牟應震著《毛詩物名考》卷四
清・陳啟源撰《毛詩稽古編》卷四（碩人）
清・郝懿行撰《爾雅（郭注）義疏》卷下之三
蠍蟲
宋・任廣撰《書敘指南》卷一四（昆蟲）
清・段玉裁撰《說文解字注》
蠋
宋・任廣撰《書敘指南》卷一四（昆蟲）
清・牟應震著《毛詩物名考》卷四
蠐螬
明・穆希文撰《蟫史集》卷一〇
清・郝懿行撰《爾雅（郭注）義疏》卷下之三
清・姜兆錫撰《爾雅注疏參議》卷六
清・陳啟源撰《毛詩稽古編》卷四（碩人）
清・（美）克拉克 索爾比著，史紅帥譯《穿越陝甘・1908-1909年克拉克考察隊華北行紀》

⿰火鼎⿱夆虫
宋・司馬光撰《類篇》卷三八
齧木蟲
清・段玉裁撰《說文解字注》
齧桑
《爾雅》
晉・郭璞注，唐・陸德明音義，宋・邢昺疏《爾雅注疏》
晉・郭璞著《爾雅音圖》
宋・鄭樵撰《通志》卷七六（蟲魚類）
宋・鄭樵撰《爾雅註》
宋・陸佃撰《爾雅新義》卷一五
明・劉胤昌撰《劉氏類山》卷四
明・朱謀㙔撰《駢雅》卷七
明・彭大翼撰，張幼學增訂《山堂肆考》卷二三八
明・張自烈撰，清・廖文英續《正字通》申集中（虫部）
明・李蘇著《見物》卷五（蟲物論）
清・李元撰《蠕範》
清・郝懿行撰《爾雅（郭注）義疏》卷下之三
清・任基振撰《爾雅注疏箋補》卷三
清・周春撰《爾雅補注》卷四
清・劉玉麐撰《爾雅校議》卷下
齧桑蠍蟲
遼・釋行均《龍龕手鑒》（蟲部第二）
齧桑蟲
南朝梁・顧野王撰，宋・陳彭年等重修《重修玉篇》卷二五
清・郝懿行撰《爾雅（郭注）義疏》卷下之三
齧桑類
晉・郭璞注，唐・陸德明音義，宋・邢昺疏《爾雅注疏》
清・任基振撰《爾雅注疏箋補》卷三
清・周春撰《爾雅補注》卷四
齧髮
晉・郭璞注，唐・陸德明音義，宋・邢昺疏《爾雅注疏》
明・張自烈撰，清・廖文英續《正字通》申集中（虫部）
明・朱謀㙔撰《駢雅》卷七
清・郝懿行撰《爾雅（郭注）義疏》卷下之三
清・李元撰《蠕範》
囓髮
清・嵇璜、曹仁虎等撰《續通志》卷一七八
蠡
漢・許慎撰，宋・徐鉉增釋《說文解字》卷一三下
宋・司馬光撰《類篇》卷三八
清・段玉裁撰《說文解字注》
⿱彖䖵
宋・司馬光撰《類篇》卷三八
蠹
明・穆希文撰《蟫史集》卷一〇

蠰

《爾雅》

南朝梁・顧野王撰，宋・陳彭年等重修《重修玉篇》卷二五

遼・釋行均《龍龕手鑒》（蟲部第二）

晉・郭璞著《爾雅音圖》

晉・郭璞注，唐・陸德明音義，宋・邢昺疏《爾雅注疏》

唐・陸德明撰《爾雅音釋》卷下

宋・鄭樵撰《通志》卷七六（蟲魚類）

宋・司馬光撰《類篇》卷三八

宋・鄭樵撰《爾雅註》

宋・陸佃撰《爾雅新義》卷一五

明・朱謀㙔撰《駢雅》卷七

明・李蘇著《見物》卷五（蟲物論）

明・張自烈撰，清・廖文英續《正字通》申集中（虫部）

清・周春撰《爾雅補注》卷四

清・李元撰《蠕範》

清・張玉書、陳廷敬等纂《康熙字典》卷二六

清・任基振撰《爾雅注疏箋補》卷三

清・郝懿行撰《爾雅（郭注）義疏》卷下之三

清・劉玉麐撰《爾雅校議》卷下

红缘亚天牛 *Anoplistes halodendri*

棗蠹蟲

明・李時珍撰《本草綱目》

蝤蠐

明・李時珍撰《本草綱目》

星天牛 *Anoplophora chinensis*

天牛

晉・郭璞注《爾雅》卷下

宋・邢昺疏《爾雅疏》

明嘉靖三十九年《廣東通志》

明・郜相修，樊深纂《河間府志》

清・郝懿行撰《爾雅（郭注）義疏》卷下之三

清・邵晉涵撰《爾雅正義》卷一六

清・姜兆錫撰《爾雅注疏參議》卷六（釋蟲第十五）

清・戴鎣撰《爾雅郭注補正》卷八

清・方旭撰《蟲薈》卷三

天牛蟲

清・舒其紳等修，嚴長明等纂《陝西省西安府志》

木中蠹蟲

宋・邢昺疏《爾雅疏》

水牛

明嘉靖三十九年《廣東通志》

明・郜相修，樊深纂《河間府志》

清・唐執玉、李衛等監修，田易等纂《畿輔通志》（土產）

清・吳都梁修，潘問奇等纂《北京府縣志輯・昌平州志》

金牛兒

清・吳都梁修，潘問奇等纂《北京府縣志輯・昌平州志》

春牛兒

清・唐執玉、李衛等監修，田易等纂《畿輔通志》（土產）

清・吳都梁修，潘問奇等纂《北京府縣志輯・昌平州志》

星天牛

清・余宗農編輯《桑樹蟲害論》

桑牛

清・宗源瀚、郭式昌修，周學浚、陸心源纂《浙江府縣志輯・湖州府志》

桑羊盧

清・邵晉涵撰《爾雅正義》卷一六

桑蠹

清・邵晉涵撰《爾雅正義》卷一六

黑甲蟲

清・舒其紳等修，嚴長明等纂《陝西省西安府志》

蛣蝹

宋・邢昺疏《爾雅疏》

蝎

宋・邢昺疏《爾雅疏》

清・郝懿行撰《爾雅（郭注）義疏》卷下之三

蠐螬

清・郝懿行撰《爾雅（郭注）義疏》卷下之三

齧桑

晉・郭璞注《爾雅》卷下

宋・邢昺疏《爾雅疏》

明・嘉靖三十九年《廣東通志》

明・郜相修，樊深纂《河間府志》

清・郝懿行撰《爾雅（郭注）義疏》卷下之三

清・邵晉涵撰《爾雅正義》卷一六

清・姜兆錫撰《爾雅注疏參議》卷六（釋蟲第十五）

清・宗源瀚、郭式昌修，周學浚、陸心源纂《浙江府縣志輯・湖州府志》

清・方旭撰《蟲薈》卷三

清・戴鎣撰《爾雅郭注補正》卷八

嚙桑

清・余宗農撰《桑樹蟲害論》

齧桑蟲

清・郝懿行撰《爾雅（郭注）義疏》卷下之三

清・邵晉涵撰《爾雅正義》卷一六

齧髮

晉・郭璞注《爾雅》卷下

宋・邢昺疏《爾雅疏》

明・嘉靖三十九年《廣東通志》

清・郝懿行撰《爾雅（郭注）義疏》卷下之三

清・姜兆錫撰《爾雅注疏參議》卷六（釋蟲第十五）

清・宗源瀚、郭式昌修，周學浚、陸心源纂《浙江府縣志輯・湖州府志》

清・方旭撰《蟲薈》卷三
清・戴鎣撰《爾雅郭注補正》卷八

蠰

晉・郭璞注《爾雅》卷下
宋・邢昺疏《爾雅疏》
明・嘉靖三十九年《廣東通志》
明・郜相修，樊深纂《河間府志》
清・郝懿行撰《爾雅（郭注）義疏》卷下之三
清・邵晉涵撰《爾雅正義》卷一六
清・姜兆錫撰《爾雅注疏參議》卷六（釋蟲第十五）
清・方旭撰《蟲薈》卷三
清・戴鎣撰《爾雅郭注補正》卷八

光肩星天牛 *Anoplohora glabripennis*

天牛

清・宗源瀚、郭式昌修，周學浚、陸心源纂《浙江府縣志輯・湖州府志》

水牛

清・吳都梁修，潘問奇等纂《北京府縣志輯・昌平州志》

飛生蟲

清・宗源瀚、郭式昌修，周學浚、陸心源纂《浙江府縣志輯・湖州府志》

楊牛

清・宗源瀚、郭式昌修，周學浚、陸心源纂《浙江府縣志輯・湖州府志》

楊甲

清・宗源瀚、郭式昌修，周學浚、陸心源纂《浙江府縣志輯・湖州府志》

栋星天牛 *Anoplohora horafiedi*

小牛屎蟲

清・金蓉鏡纂輯《湖南省靖州鄉土志》

天牛

清・金蓉鏡纂輯《湖南省靖州鄉土志》

水牛

清・萬青黎、周家楣修，張之洞、繆荃孫纂《北京府縣志輯・光緒順天府志》

青牛兒

清・萬青黎、周家楣修，張之洞、繆荃孫纂《北京府縣志輯・光緒順天府志》

金牛兒

清・萬青黎、周家楣修，張之洞、繆荃孫纂《北京府縣志輯・光緒順天府志》

蝤蠐

清・金蓉鏡纂輯《湖南省靖州鄉土志》

黑星天牛 *Anoplohora leechi*

八角兒

清・方旭撰《蟲薈》卷三

天水牛

清・方旭撰《蟲薈》卷三

天牛

清・方旭撰《蟲薈》卷三

桑羊

清・方旭撰《蟲薈》卷三

粒肩天牛 *Apriona germari*

天牛

清・余宗農編輯《桑樹蟲害論》

木蠹蟲

清・余宗農編輯《桑樹蟲害論》

桑天牛

清・余宗農編輯《桑樹蟲害論》

蝤蠐

清・余宗農編輯《桑樹蟲害論》

鐵砲蟲

清・余宗農編輯《桑樹蟲害論》

橙斑白条天牛 *Batocera davidis*

天牛

明・穆希文撰《蟫史集》卷一一

木蠹

明・穆希文撰《蟫史集》卷一一
清・趙學敏輯《本草綱目拾遺（下）》卷一〇（蟲部）

牽牛郎

明・穆希文撰《蟫史集》卷一一

桐牛

明・穆希文撰《蟫史集》卷一一

桐蛀

清・趙學敏輯《本草綱目拾遺（下）》卷一〇（蟲部）

蔗根土天牛 *Dorysthenes granulosus*

蔗蛄

清・趙學敏輯《本草綱目拾遺（下）》卷一〇

桑象天牛 *Mesosa perplexa*

天牛

元・戴侗撰《六書故》卷二〇
清・宗源瀚、郭式昌修，周學浚、陸心源纂《浙江府縣志輯・湖州府志》

木中蠹蟲

宋・邢昺撰《爾雅疏》

木中蠹

清・宗源瀚、郭式昌修，周學浚、陸心源纂《浙江府縣志輯・湖州府志》

木中蟲

清・郝懿行撰《爾雅（郭注）義疏》卷下之三

桑牛

元・戴侗撰《六書故》卷二〇

清・宗源瀚、郭式昌修，周學浚、陸心源纂《浙江府縣志輯・湖州府志》

桑蠹

晉・郭璞注《爾雅》卷下

宋・邢昺撰《爾雅疏》

宋・羅願撰元・洪焱祖音釋《爾雅翼》（釋蟲）

元・戴侗撰《六書故》卷二〇

清・邵晉涵撰《爾雅正義》卷一六

清・郝懿行撰《爾雅（郭注）義疏》卷下之三

蛣蝁

晉・郭璞注《爾雅》卷下

宋・羅願撰元・洪焱祖音釋《爾雅翼》（釋蟲）

宋・邢昺撰《爾雅疏》

元・戴侗撰《六書故》卷二〇

清・邵晉涵撰《爾雅正義》卷一六

清・郝懿行撰《爾雅郭注義疏》卷下之三

蝎

晉・郭璞注《爾雅》卷下

宋・羅願撰元・洪焱祖音釋《爾雅翼》（釋蟲）

宋・邢昺撰《爾雅疏》

元・戴侗撰《六書故》卷二〇

清・宗源瀚、郭式昌修，周學浚、陸心源纂《浙江府縣志輯・湖州府志》

清・郝懿行撰《爾雅（郭注）義疏》卷下之三

清・邵晉涵撰《爾雅正義》卷一六

蝤蠐

宋・羅願撰元・洪焱祖音釋《爾雅翼》（釋蟲）

元・戴侗撰《六書故》卷二〇

清・宗源瀚、郭式昌修，周學浚、陸心源纂《浙江府縣志輯・湖州府志》

清・郝懿行撰《爾雅（郭注）義疏》卷下之三

蠐螬

宋・羅願撰元・洪焱祖音釋《爾雅翼》（釋蟲）

元・戴侗撰《六書故》卷二〇

齧桑

元・戴侗撰《六書故》卷二〇

清・宗源瀚、郭式昌修，周學浚、陸心源纂《浙江府縣志輯・湖州府志》

蟦

元・戴侗撰《六書故》卷二〇

蟦蠐

宋・羅願撰元・洪焱祖音釋《爾雅翼》（釋蟲）

元・戴侗撰《六書故》卷二〇

楊甲

清・宗源瀚、郭式昌修，周學浚、陸心源纂《浙江府縣志輯・湖州府志》

楊牛

清・宗源瀚、郭式昌修，周學浚、陸心源纂《浙江府縣志輯・湖州府志》

飛生蟲

清・宗源瀚、郭式昌修，周學浚、陸心源纂《浙江府縣志輯・湖州府志》

桔褐天牛 *Nadezhdiella cantori*

天牛

明・穆希文撰《蟫史集》卷一一

木蠹

明・穆希文撰《蟫史集》卷一一

牽牛郎

明・穆希文撰《蟫史集》卷一一

甲虫

明・穆希文撰《蟫史集》卷一一

橘牛

明・穆希文撰《蟫史集》卷一一

橘蠹

明・穆希文撰《蟫史集》卷一一

膜花天牛 *Necydalis* sp.

甲蟲

清・柯璜譯編，（日）箕作佳吉著《博物學講義》（動物篇）

菊小筒天牛 *Phytoecia rufiventris*

菊牛

清・範鐘湘、陳傅德修，金念祖、黃世祚纂《上海府縣志輯・嘉定縣續志》

菊虎

清・範鐘湘、陳傅德修，金念祖、黃世祚纂《上海府縣志輯・嘉定縣續志》

青杨楔天牛 *Saperda populnea*

楊牛

清・範鐘湘、陳傅德修，金念祖、黃世祚纂《上海府縣志輯・嘉定縣續志》

清・萬青黎、周家楣修，張之洞、繆荃孫纂《北京府縣志輯・光緒順天府志》

清・宗源瀚、郭式昌修，周學浚、陸心源纂《浙江府縣志輯・湖州府志》

蠍

清・萬青黎、周家楣修，張之洞、繆荃孫纂《北京府縣志輯・光緒順天府志》

天牛

清・萬青黎、周家楣修，張之洞、繆荃孫纂《北京府縣志輯・光緒順天府志》

清・宗源瀚、郭式昌修，周學浚、陸心源纂《浙江府縣志輯・湖州府志》

楊甲

清・宗源瀚、郭式昌修，周學浚、陸心源纂《浙江府縣志輯・湖州府志》

飛生蟲

清・宗源瀚、郭式昌修，周學浚、陸心源纂《浙江府縣志輯・湖州府志》

木中蠹

清・萬青黎、周家楣修，張之洞、繆荃孫纂《北京府縣志輯・光緒順天府志》

麻竖毛天牛 *Thyestilla gebleri*

飛蟲

清・趙學敏輯《本草綱目拾遺（下）》卷一〇（蟲部）

麻蟲

清・趙學敏輯《本草綱目拾遺（下）》卷一〇（蟲部）

黃麻梗中蟲

清・趙學敏輯《本草綱目拾遺（下）》卷一〇（蟲部）

刺角天牛 *Trirachys orientalis*

天牛

明・李時珍撰《本草綱目》卷四一

柳木蛀蟲

明・李時珍撰《本草綱目》卷四一

柳蠹蟲

明・李時珍撰《本草綱目》卷四一

柳蠹

明・李時珍撰《本草綱目》卷四一

桑小枝天牛 *Xenolea asiatica*

柘蠹蟲

明・李時珍撰《本草綱目》卷四一

明・穆希文撰《蟫史集》卷四一

柘蠹

明・李時珍撰《本草綱目》卷四一

明・穆希文撰《蟫史集》卷一〇

柘蟲

明・李時珍撰《本草綱目》卷四一

桑脊虎天牛 *Xylotrechus chinensis*

桑虎

清・余宗農編輯《桑樹蟲害論》

负泥虫科 Crioceridae

水叶甲 *Donacia* sp.

水蟲

明・李時珍撰《本草綱目》

青蚨

三國魏・張揖撰，隋・曹憲音解《博雅》卷一〇（釋蟲）

宋・唐慎微撰《重修政和經史證類備用本草》卷二

明・李時珍撰《本草綱目》卷三九

蚨蟬

明・李時珍撰《本草綱目》卷三九

魚父

明・李時珍撰《本草綱目》卷三九

魚伯

三國魏・張揖撰，隋・曹憲音解《博雅》卷一〇（釋蟲）

宋・唐慎微撰《重修政和經史證類備用本草》卷二

明・李時珍撰《本草綱目》卷三九

蒲蝱

明・李時珍撰《本草綱目》卷三九

蠊蝸

宋・唐慎微撰《重修政和經史證類備用本草》卷二

明・李時珍撰《本草綱目》卷三九

蠊蝺

三國魏・張揖撰，隋・曹憲音解《博雅》卷一〇（釋蟲）

螟蠋

宋・唐慎微撰《重修政和經史證類備用本草》卷二

蠍蝺

明・李時珍撰《本草綱目》卷三九

水稻负泥虫 *Oulema oryae*

包身蟲

宋・楊簡撰《慈湖詩傳》卷一四（小雅四）

铁甲科 Hispidae

甲蟲

明・李時珍撰《本草綱目》卷四一

清・唐景崧修，蔣師轍、薛紹元纂《臺灣府縣志輯・光緒臺灣通志》

清・陳元龍撰《格物鏡原》卷一〇〇（昆蟲類五）

清・金鉷等監修，錢元昌等編纂《廣西通志》（物產）

清・薩廉修，陳淑均纂《臺灣府縣志輯・鹹豐臺灣府噶瑪蘭廳志》

吉丁

明・李時珍撰《本草綱目》卷四一

媚藥

明・李時珍撰《本草綱目》卷四一

青蟲子

清・陳元龍撰《格物鏡原》卷一〇〇（昆蟲類五）

金花蟲

明・李時珍撰《本草綱目》卷四一

清・陳元龍撰《格物鏡原》卷一〇〇（昆蟲類五）

金花蟲

清・郝玉麟等監修，魯曾煜等編纂《廣東通志》（物產）

明・張自烈撰，清・廖文英續《正字通》申集中（虫部）

金龜

明・李時珍撰《本草綱目》卷四一

清・唐景崧修，蔣師轍、薛紹元纂《臺灣府縣志輯・光緒臺灣通志》

清・陳元龍撰《格物鏡原》卷一〇〇（昆蟲類五）

清・金鉷等監修，錢元昌等編纂《廣西通志》

清・薩廉修，陳淑均纂《臺灣府縣志輯・鹹豐臺灣府噶瑪蘭廳志》

金龜子

唐・段成式撰《酉陽雜俎》

明・李時珍撰《本草綱目》卷四一

清・陳元龍撰《格物鏡原》卷一〇〇（昆蟲類五）

清・薩廉修，陳淑均纂《臺灣府縣志輯・鹹豐臺灣府噶瑪蘭廳志》

清・嵇璜、曹仁虎等撰《續通志》卷一七八

清・郝玉麟等監修，魯曾煜等編纂《廣東通志》

金蟲

明・張自烈撰，清・廖文英續《正字通》申集中（虫部）

明・李時珍撰《本草綱目》卷四一

紅娘

清・唐景崧修，蔣師轍、薛紹元纂《臺灣府縣志輯・光緒臺灣通志》

清・陳元龍撰《格物鏡原》卷一〇〇（昆蟲類五）

清・薩廉修，陳淑均纂《臺灣府縣志輯・鹹豐臺灣府噶瑪蘭廳志》

清・嵇璜、曹仁虎等撰《續通志》卷一七八

甘薯梳龟甲 *Aspidomorpha furcata*

蟫

明・張自烈撰，清・廖文英續《正字通》申集中（虫部）

星斑梳龟甲 *Aspidomorpha miliaris*

金花蟲

明・張自烈撰，清・廖文英續《正字通》申集中（虫部）

金蟲

明・穆希文撰《蟫史集》卷一一

金梳龟甲 *Aspidomorpha sanctaecrucis*

金龜子

唐・段公路撰，龜圖註《北戶錄》卷二

金光蟲

唐・段公路撰，龜圖註《北戶錄》卷二

真帖金龜子

唐・段公路撰，龜圖註《北戶錄》卷二

甲蟲

唐・段公路撰，龜圖註《北戶錄》卷二

叶甲科 Chrysomelidae

大螯

漢・許慎撰，宋・徐鉉增釋《說文解字》卷一〇上

宋・司馬光撰《類篇》卷三八

明・張自烈撰，清・廖文英續《正字通》申集中（虫部）

清・張玉書、陳廷敬等纂《康熙字典》卷二六

清・段玉裁撰《說文解字注》

大鼇

清・張玉書、陳廷敬等纂《康熙字典》卷二六

忩鼠

清・邵晉涵撰《爾雅正義》卷一六

清・方旭撰《蟲薈》卷三

叶甲 *Chrysomela* sp.

王蚥

《爾雅》

食草甲蟲

清・（美）克拉克 索爾比著，史紅帥譯《穿越陝甘・1908-1909年克拉克考察隊華北行紀》

印度黄守瓜 *Aulacophora indica*

權

周・韓非撰，元・何犿注《韓非子》

宋・鄭樵撰《爾雅註》卷下（釋蟲第一五）

不蜩王父

宋・陸佃撰《爾雅新義》卷一五

父

漢・劉安撰，高誘注《淮南鴻烈解》卷九

漢・許慎撰，宋・徐鉉增釋《說文解字》卷一三

唐・陸德明撰《爾雅音釋》卷下

晉・郭璞注，唐・陸德明音義，宋・邢昺疏《爾雅注疏》

宋・陸佃撰《爾雅新義》卷一五

明・張自烈撰，清・廖文英續《正字通》申集中（虫部）

清・周春撰《爾雅補注》卷四

瓜蠅

明・張自烈撰，清・廖文英續《正字通》申集中（蟲部）

清・邵晉涵撰《爾雅正義》卷一六

清·方旭撰《蟲薈》卷三

守瓜

晉·郭璞注《爾雅》卷下
晉·郭璞注，唐·陸德明音義，宋·邢昺疏《爾雅注疏》
宋·司馬光撰《類篇》卷三八
宋·陸佃撰《爾雅新義》卷一五
宋·鄭樵撰《通志》卷七六（蟲魚類）
宋·鄭樵撰《爾雅註》
元·戴侗撰《六書故》卷二〇
明·穆希文撰《蟫史集》卷一一
明·朱謀㙔撰《駢雅》卷七
明·張自烈撰，清·廖文英續《正字通》申集中（虫部）
明·李蘇著《見物》卷五（蟲物論）
清·段玉裁撰《說文解字注》
清·張玉書、陳廷敬等纂《康熙字典》卷二六
清·郝懿行撰《爾雅郭注義疏》卷下之三
清·周春撰《爾雅補注》卷四
清·任基振撰《爾雅注疏箋補》卷三
清·邵晉涵撰《爾雅正義》卷一六
清·戴鎣撰《爾雅郭注補正》卷八
清·姜兆錫撰《爾雅注疏參議》卷六（釋蟲第十五）
清·陳元龍撰《格致鏡原》卷一〇（昆蟲類五）
清·何焯、陳鵬年撰《槩定分類字錦》卷五九（雜蟲第十二）
清·方旭撰《蟲薈》卷三

看瓜老子

清·郝懿行撰《爾雅郭注義疏》卷下之三

螸

晉·郭璞注，唐·陸德明音義，宋·邢昺疏《爾雅注疏》
宋·司馬光撰《類篇》卷三八
明·張自烈撰，清·廖文英續《正字通》申集中（虫部）
清·張玉書、陳廷敬等纂《康熙字典》卷二六
清·周春撰《爾雅補注》卷四
清·戴鎣撰《爾雅郭注補正》卷八

食瓜蟲

南朝梁·顧野王撰，宋·陳彭年等重修《重修玉篇》卷二五
清·郝懿行撰《爾雅（郭注）義疏》卷下之三
清·邵晉涵撰《爾雅正義》卷一六

蚮

宋·司馬光撰《類篇》卷三八
明·張自烈撰，清·廖文英續《正字通》申集中（虫部）
清·張玉書、陳廷敬等纂《康熙字典》卷二六

黃甲小蟲

晉·郭璞注《爾雅》卷下
晉·郭璞注，唐·陸德明音義，宋·邢昺疏《爾雅注疏》
宋·鄭樵撰《通志》卷七六（蟲魚類）
宋·鄭樵撰《爾雅註》
元·戴侗撰《六書故》卷二〇
明·朱謀㙔撰《駢雅》卷七
明·張自烈撰，清·廖文英續《正字通》申集中（虫部）
明·穆希文撰《蟫史集》卷一一
清·張玉書、陳廷敬等纂《康熙字典》卷二六
清·郝懿行撰《爾雅（郭注）義疏》卷下之三
清·周春撰《爾雅補注》卷四
清·邵晉涵撰《爾雅正義》卷一六
清·戴鎣撰《爾雅郭注補正》卷八
清·姜兆錫撰《爾雅注疏參議》卷六（釋蟲第十五）
清·陳元龍撰《格致鏡原》卷一〇（昆蟲類五）
清·何焯、陳鵬年撰《槩定分類字錦》卷五九（雜蟲第十二）
清·方旭撰《蟲薈》卷三

黃甲蟲

清·邵晉涵撰《爾雅正義》卷一六
清·郝懿行撰《爾雅郭注義疏》卷下之三

黃螢

明·李蘇著《見物》卷五（蟲物論）

輿父

晉·郭璞注《爾雅》卷下
晉·郭璞注，唐·陸德明音義，宋·邢昺疏《爾雅注疏》
宋·陸佃撰《爾雅新義》卷一五
宋·鄭樵撰《通志》卷七六（蟲魚類）
宋·鄭樵撰《爾雅註》
元·戴侗撰《六書故》卷二〇
明·朱謀㙔撰《駢雅》卷七
明·李蘇著《見物》卷五（蟲物論）
明·張自烈撰，清·廖文英續《正字通》申集中（虫部）
明·穆希文撰《蟫史集》卷一一
清·段玉裁撰《說文解字注》
清·張玉書、陳廷敬等纂《康熙字典》卷二六
清·郝懿行撰《爾雅（郭注）義疏》卷下之三
清·邵晉涵撰《爾雅正義》卷一六
清·方旭撰《蟲薈》卷三
清·周春撰《爾雅補注》卷四
清·任基振撰《爾雅注疏箋補》卷三
清·戴鎣撰《爾雅郭注補正》卷八
清·姜兆錫撰《爾雅注疏參議》卷六（釋蟲第十五）
清·陳元龍撰《格致鏡原》卷一〇（昆蟲類五）
清·何焯、陳鵬年撰《槩定分類字錦》卷五九（雜蟲第十二）

蠸

漢·許慎撰，宋·徐鉉增釋《說文解字》卷一〇上
唐·陸德明撰《爾雅音釋》卷下
晉·郭璞注，唐·陸德明音義，宋·邢昺疏《爾雅注疏》
晉·郭璞注《爾雅》卷下

南朝梁・顧野王撰，宋・陳彭年等重修《重修玉篇》卷二五
宋・司馬光撰《類篇》卷三八
宋・陸佃撰《爾雅新義》卷一五
宋・鄭樵撰《通志》卷七六（蟲魚類）
元・戴侗撰《六書故》卷二〇
明・李蘇著《見物》卷五（蟲物論）
明・張自烈撰，清・廖文英續《正字通》申集中（虫部）
明・穆希文撰《蟫史集》卷一一
清・段玉裁撰《說文解字注》
清・張玉書、陳廷敬等纂《康熙字典》卷二六
清・郝懿行撰《爾雅（郭注）義疏》卷下之三
清・任基振撰《爾雅注疏箋補》卷三
清・邵晉涵撰《爾雅正義》卷一六
清・戴鎣撰《爾雅郭注補正》卷八
清・姜兆錫撰《爾雅注疏參議》卷六（釋蟲第十五）
清・陳元龍撰《格致鏡原》卷一〇（昆蟲類五）
清・何焯、陳鵬年撰《欽定分類字錦》卷五九（雜蟲第十二）
清・方旭撰《蟲薈》卷三

蠸輿

宋・陸佃撰《爾雅新義》卷一五

蠸蟆

明・張自烈撰，清・廖文英續《正字通》申集中（虫部）

王蚥

清・任基振撰《爾雅注疏箋補》卷三

蓝翅瓢萤叶甲 *Oides bowringii*

吉丁蟲

清・雷學海修，陳昌齊等纂《廣東府縣志輯・雷州府志》

金花蟲

清・雷學海修，陳昌齊等纂《廣東府縣志輯・雷州府志》

金花子

清・雷學海修，陳昌齊等纂《廣東府縣志輯・雷州府志》

綠金蟬

清・雷學海修，陳昌齊等纂《廣東府縣志輯・雷州府志》

棕翅粗角跳甲 *Phygasia fulvipennis*

地蚤

清・余宗農編輯《桑樹蟲害論》

金花蟲

清・余宗農編輯《桑樹蟲害論》

肖叶甲科 Eumolpidae

茶肖叶甲 *Demotina* sp.

食葉甲蟲

清・余宗農編輯《桑樹蟲害論》

褐甲蟲

清・余宗農編輯《桑樹蟲害論》

萝摩肖叶甲 *Chrysochus* sp.

黑甲蟲

清・余宗農編輯《桑樹蟲害論》

豆象科 Lariidae

绿豆象 *Callosobruchus chinensis*

豆蠹

明・李蘇著《見物》卷五（蟲物論）

螬

明・李蘇著《見物》卷五（蟲物論）

象虫科 Curculionidae

有吻類

清・範鐘湘、陳傅德修，金念祖、黃世祚纂《上海府縣志輯・嘉定縣續志》

小黑蟲

晉・郭璞注《爾雅》卷下
晉・郭璞注，唐・陸德明音義，宋・邢昺疏《爾雅注疏》
宋・司馬光撰《類篇》卷三八
宋・鄭樵撰《爾雅註》
宋・鄭樵撰《通志》卷七六（蟲魚類）
元・戴侗撰《六書故》卷二〇
明・彭大翼撰，張幼學增訂《山堂肆考》卷二二八
明・穆希文撰《蟫史集》卷一〇
明・方以智撰《通雅》卷四七（動物昆蟲）
明・張自烈撰，清・廖文英續《正字通》申集中（虫部）
清・段玉裁撰《說文解字注》
清・邵晉涵撰《爾雅正義》卷一六
清・郝懿行撰《爾雅（郭注）義疏》卷下之三
清・姜兆錫撰《爾雅注疏參議》卷六（釋蟲第十五）
清・戴鎣撰《爾雅郭注補正》卷八
清・陳元龍撰《格致鏡原》卷一〇（昆蟲類五）

珍珠蟲

清・黃樂之、平翰等修，鄭珍纂《貴州省遵義府志》（物產）

蚚

明・張自烈撰，清・廖文英續《正字通》申集中（虫部）
清・張玉書、陳廷敬等纂《康熙字典》卷二六
清・段玉裁撰《說文解字注》
清・邵晉涵撰《爾雅正義》卷一六

奚相

《爾雅》
宋・鄭樵撰《爾雅註》卷下
清・任基振撰《爾雅注疏箋補》卷三
清・郝懿行撰《爾雅（郭注）義疏》卷下之三
清・翟穎撰《爾雅補郭》卷下

清・戴鎣撰《爾雅郭注補正》卷八

蚲

三國魏・張揖撰，隋・曹憲音解《博雅》卷一〇（釋蟲）

清・郝懿行撰《爾雅郭注義疏》卷下之三

象鼻蟲

清・柯璜譯編，（日）箕作佳吉著《博物學講義》

清・範鐘湘、陳傳德修，金念祖、黄世祚纂《上海府縣志輯・嘉定縣續志》

清・余宗農編輯《桑樹蟲害論》

象鼻蟲科

清・余宗農編輯《桑樹蟲害論》

象蟲

漢・許慎撰，宋・徐鉉增釋《說文解字》卷一三

五代・徐鍇撰，朱翱反切《說文繫傳》卷二五

清・段玉裁撰《說文解字注》

蛄𧒂

漢・許慎撰，宋・徐鉉增釋《說文解字》卷一〇上

晉・郭璞注，唐・陸德明音義，宋・邢昺疏《爾雅注疏》

晉・郭璞注《爾雅》卷下

宋・邢昺撰《爾雅疏》

宋・司馬光撰《類篇》卷三八

宋・鄭樵撰《爾雅註》

宋・陸佃撰《爾雅新義》卷一五

宋・鄭樵撰《通志》卷七六（蟲魚類）

元・戴侗撰《六書故》卷二〇

明・朱謀㙔撰《駢雅》卷七

明・彭大翼撰，張幼學增訂《山堂肆考》卷二二八

明・方以智撰《通雅》卷四七（動物昆蟲）

明・張自烈撰，清・廖文英續《正字通》申集中（虫部）

明・穆希文撰《蟫史集》卷一〇

清・戴鎣撰《爾雅（郭注）補正》卷八

清・郝懿行撰《爾雅郭注義疏》卷下之三

清・邵晉涵撰《爾雅正義》卷一六

清・任基振撰《爾雅注疏箋補》卷三

清・張玉書、陳廷敬等纂《康熙字典》卷二六

清・段玉裁撰《說文解字注》

清・姜兆錫撰《爾雅注疏參議》卷六（釋蟲第十五）

蛣𧒂

清・李元撰《蠕範》

諸慮

《爾雅》

宋・鄭樵撰《爾雅註》

清・任基振撰《爾雅注疏箋補》卷三

清・郝懿行撰《爾雅（郭注）義疏》卷下之三

清・翟灝撰《爾雅補郭》卷下

清・戴鎣撰《爾雅郭注補正》卷八

蝷蛪

清・張玉書、陳廷敬等纂《康熙字典》卷二六

蛪

三國魏・張揖撰，隋・曹憲音解《博雅》卷一〇（釋蟲）

蝷蛪

清・郝懿行撰《爾雅（郭注）義疏》卷下之三

三國魏・張揖撰，隋・曹憲音解《博雅》卷一〇（釋蟲）

螠蛪

三國魏・張揖撰，隋・曹憲音解《博雅》卷一〇（釋蟲）

𧓍

清・張玉書、陳廷敬等纂《康熙字典》卷二六

𧓝

清・郝懿行撰《爾雅（郭注）義疏》卷下之三

三國魏・張揖撰，隋・曹憲音解《博雅》卷一〇（釋蟲）

鐵牯牛

清・李元撰《蠕範》

蠹

漢・許慎撰，宋・徐鉉增釋《說文解字》卷一〇上

宋・司馬光撰《類篇》卷三八

元・戴侗撰《六書故》卷二〇

明・張自烈撰，清・廖文英續《正字通》申集中（虫部）

明・方以智撰《通雅》卷四七（動物昆蟲）

清・張玉書、陳廷敬等纂《康熙字典》卷二六

清・段玉裁撰《說文解字注》

清・任基振撰《爾雅注疏箋補》卷三

䗪

清・張玉書、陳廷敬等纂《康熙字典》卷二六

桑铅象 *Baris deplanata*

象鼻蟲

清・余宗農編輯《桑樹蟲害論》

钻石象 *Chrysolopus* sp.

穀牛

清・（日）西師意譯，竇樂安、許家惺審定《動物學教科書》

麻栎象 *Curculio robustus*

奚相

《爾雅》

晉・郭璞注《爾雅》卷下

宋・陸佃撰《爾雅新義》卷一五

清・邵晉涵撰《爾雅正義》卷一六

諸慮

《爾雅》

晉・郭璞注《爾雅》卷下

宋・陸佃撰《爾雅新義》卷一五

清・邵晉涵撰《爾雅正義》卷一六

长足弯颈竹象 *Cyrtotrachelus longimanus*

竹䖃蟲

明・李時珍撰《本草綱目》卷四一

竹蠹

明・李時珍撰《本草綱目》卷四一

竹蟲

明・李時珍撰《本草綱目》卷四一

蛓

明・李時珍撰《本草綱目》卷四一

一字竹象 *Cyrtotrachelus thompsoni*

笋子蟲

清・王麟祥修，邱晉成等纂《四川府縣志輯・光緒敘州府志》

大豆高隆象 *Ergnia doriae*

豆象

清・範鐘湘、陳傅德修，金念祖、黃世祚纂《上海府縣志輯・嘉定縣續志》

象鼻蟲

清・範鐘湘、陳傅德修，金念祖、黃世祚纂《上海府縣志輯・嘉定縣續志》

大球胸象 *Piazomias validus*

飛蟲

明・李時珍撰《本草綱目》卷四一

清・方旭撰《蟲薈》卷三

清・嵇璜、曹仁虎等撰《續通志》卷一七八

棗貓

明・李時珍撰《本草綱目》卷四一

清・方旭撰《蟲薈》卷三

清・李元撰《蠕範》

清・嵇璜、曹仁虎等撰《續通志》卷一七八

圓窝斜脊象 *Platymycteropsis walkeri*

象鼻蟲

清・範鐘湘、陳傅德修，金念祖、黃世祚纂《上海府縣志輯・嘉定縣續志》

桃象

清・範鐘湘、陳傅德修，金念祖、黃世祚纂《上海府縣志輯・嘉定縣續志》

棕榈象 *Rhynchophorus* sp.

飛魚蟲

明・唐胄編集《正德瓊台志（廣東省）》

椰子蟲

明・唐胄編集《正德瓊台志（廣東省）》

谷象 *Sitophilus granarius*

小黑甲蟲

漢・揚雄撰，晉・郭璞注《輶軒使者絕代語釋別國方言》卷一一

小黑蟲

漢・揚雄撰，晉・郭璞注《輶軒使者絕代語釋別國方言》卷一一

清・薩廉修，陳淑均纂《臺灣府縣志輯・咸豐臺灣府噶瑪蘭廳志》

米穀中蠹

清・薩廉修，陳淑均纂《臺灣府縣志輯・咸豐臺灣府噶瑪蘭廳志》

米穀蟲

清・薩廉修，陳淑均纂《臺灣府縣志輯・咸豐臺灣府噶瑪蘭廳志》

強蛘

清・薩廉修，陳淑均纂《臺灣府縣志輯・咸豐臺灣府噶瑪蘭廳志》

穀狗

清・薩廉修，陳淑均纂《臺灣府縣志輯・咸豐臺灣府噶瑪蘭廳志》

穀蟲

清・薩廉修，陳淑均纂《臺灣府縣志輯・咸豐臺灣府噶瑪蘭廳志》

蚜蚄

清・薩廉修，陳淑均纂《臺灣府縣志輯・咸豐臺灣府噶瑪蘭廳志》

蛘子

清・範鐘湘、陳傅德修，金念祖、黃世祚纂《上海府縣志輯・嘉定縣續志》

蛘子

漢・揚雄撰，晉・郭璞注《輶軒使者絕代語釋別國方言》卷一一

清・薩廉修，陳淑均纂《臺灣府縣志輯・咸豐臺灣府噶瑪蘭廳志》

蛄𧒂

《爾雅》

清・薩廉修，陳淑均纂《臺灣府縣志輯・咸豐臺灣府噶瑪蘭廳志》

姑𧒂

漢・許慎撰，宋・徐鉉增釋《說文解字》卷一三上

漢・揚雄撰，晉・郭璞注《輶軒使者絕代語釋別國方言》卷一一

蚚蛪

《爾雅》

漢・許慎撰，宋・徐鉉增釋《說文解字》卷一三上

蛪

漢・揚雄撰，晉・郭璞注《輶軒使者絕代語釋別國方言》卷一一

強

《爾雅》

漢·許慎撰，宋·徐鉉增釋《説文解字》卷一三上

強蛑

《爾雅》

漢·揚雄撰，晉·郭璞注《輶軒使者絕代語釋別國方言》卷一一

漢·許慎撰，宋·徐鉉增釋《説文解字》卷一三上

蚰

漢·許慎撰，宋·徐鉉增釋《説文解字》卷一三下

穀中蠹

漢·揚雄撰，晉·郭璞注《輶軒使者絕代語釋別國方言》卷一一

蛍

漢·許慎撰，宋·徐鉉增釋《説文解字》卷一三上

蠠

漢·許慎撰，宋·徐鉉增釋《説文解字》卷一三

米象 *Sitophilus oryzae*

小黑蟲

漢·揚雄撰，晉·郭璞注《輶軒使者絕代語釋別國方言》卷一一

米穀中小黑甲蟲

清·何東銘纂《四川府縣志輯·邛嶲野録》

米中小黑甲蟲

漢·揚雄撰，晉·郭璞注《輶軒使者絕代語釋別國方言》卷一一

米穀中小黑蠹蟲

清·沈廷芳撰《十三經注疏正字》卷八一

米穀中甲

漢·揚雄撰，晉·郭璞注《輶軒使者絕代語釋別國方言》卷一一

米穀中蠹

漢·揚雄撰，晉·郭璞注《輶軒使者絕代語釋別國方言》卷一一

米蠹

明·李蘇著《見物》卷五（蟲物論）

姑蛍

《爾雅》

漢·許慎撰，宋·徐鉉增釋《説文解字》卷一三上

漢·揚雄撰，晉·郭璞注《輶軒使者絕代語釋別國方言》卷一一

晉·郭璞著《爾雅音圖》卷下前（釋蟲）

清·何東銘纂《四川府縣志輯·邛嶲野録》

清·沈廷芳撰《十三經注疏正字》卷八一

強

《爾雅》

漢·許慎撰，宋·徐鉉增釋《説文解字》卷一三上

明·李蘇著《見物》卷五（蟲物論）

強蛑

《爾雅》

漢·許慎撰，宋·徐鉉增釋《説文解字》卷一三上

漢·揚雄撰，晉·郭璞注《輶軒使者絕代語釋別國方言》卷一一

晉·郭璞著《爾雅音圖》卷下前（釋蟲）

清·沈廷芳撰《十三經注疏正字》卷八一

清·何東銘纂《四川府縣志輯·邛嶲野録》

蛪

漢·揚雄撰，晉·郭璞注《輶軒使者絕代語釋別國方言》卷一一

明·李蘇著《見物》卷五（蟲物論）

清·沈廷芳撰《十三經注疏正字》卷八一

清·何東銘纂《四川府縣志輯·邛嶲野録》

蛑子

漢·揚雄撰，晉·郭璞注《輶軒使者絕代語釋別國方言》卷一一

蛍

漢·許慎撰，宋·徐鉉增釋《説文解字》卷一三上

明·李蘇著《見物》卷五（蟲物論）

蠹

清·何東銘纂《四川府縣志輯·邛嶲野録》

小黑甲蟲

漢·揚雄撰，晉·郭璞注《輶軒使者絕代語釋別國方言》卷一一

米中蠹

漢·揚雄撰，晉·郭璞注《輶軒使者絕代語釋別國方言》卷一一

蚚

《爾雅》

漢·許慎撰，宋·徐鉉增釋《説文解字》卷一三上

蚰

漢·許慎撰，宋·徐鉉增釋《説文解字》卷一三

小蠹科 Scolytidae

桑梢小蠹 *Cryphalus exignus*

延皮蛀

清·宗源瀚、郭式昌修，周學浚、陸心源纂《浙江府縣志輯·湖州府志》

捻翅目 Strepsiptera

撚翅目

清·余宗農編輯《桑樹蟲害論》

长翅目 Mecoptera

脈翅類

清·（日）鳥羽源藏著，林森潞、庵甫譯《科學世界·昆蟲標本製作法》

蝎蛉科 Panorpidae

蝎蛉 *Panorpa* sp.

舉尾蟲

清·（日）鳥羽源藏著，林森滌、庵甫譯《科學世界》（昆蟲標本製作法）

蜻蛉

清·（日）鳥羽源藏著，林森滌、庵甫譯《科學世界》（昆蟲標本製作法）

双翅目 Diptera

小蟲之屬

清·陳元龍撰《格物鏡原》卷九六

雙翅目

清·余宗農編輯《桑樹蟲害論》

清·（美）克拉克 索爾比著，史紅帥譯《穿越陝甘·1908-1909 年克拉克考察隊華北行紀》

白鳥

宋·孫奕撰《示兒編》卷一五

明·張自烈撰，清·廖文英續《正字通》申集中（虫部）

明·方以智撰《通雅》卷四七（動物·蟲）

清·姚培謙、張卿雲輯《類腋》（物部

清·宋書升撰《夏小正釋義》

清·周春撰《爾雅補注》卷四

清·陳文緯修，屠繼善纂《臺灣府縣志輯·光緒恒春縣志》

杜蛒

明·朱謀㙔撰《駢雅》卷七

兩翼

清·黃世祚、金念祖纂，陳傳德、範鐘湘修《嘉定縣續志》

拿不住

清·陳元龍撰《格物鏡原》卷一〇（昆蟲類五）

雙翅

清·何焯、陳鵬年撰《分類字錦》卷五九《雜蟲第十二》

雙翅蟲

清·柯璜譯編，（日）箕作佳吉著《博物學講義》（動物篇）

雙翅類

清·（日）西師意譯，竇樂安、許家惺審定《動物學教科書》

清·（日）鳥羽源藏著，林森滌、庵甫譯《科學世界》（昆蟲標本製作法）

清·範鐘湘、陳傳德修，金念祖、黃世祚纂《上海府縣志輯·嘉定縣續志》

蠅蚊之類

唐·丘光庭撰《兼明書》卷二

蠅類

宋·邢昺撰《爾雅疏》

清·戴鎣撰《爾雅郭注補正》卷八

蠳蜺

清·李元撰《蠕範》

嬰蜺

清·嵇璜、曹仁虎等撰《續通志》卷一七八

大蚊科 Tipulidae

蚊

明·張自烈撰，清·廖文英續《正字通》申集中（虫部）

大蚊

清·（日）鳥羽源藏著，林森滌、庵甫譯《科學世界》（昆蟲標本製作法）

稻切蛆 *Tipula aino*

蚊

清·金志節原本，黃可潤增修《察哈爾省口北三廳志》

蛾蠓科 Psychodidae

小蟲

遼·釋行均《龍龕手鑒》（蟲部第二）

元·戴侗撰《六書故》卷二〇

清·陳元龍撰《格物鏡原》卷九七（昆蟲類二）

清·金蓉鏡纂輯《湖南省靖州鄉土志》（物產）

清·李廷璧修，周璽纂《臺灣府縣誌輯·道光彰化縣志》（物產志）

食醯

明·朱謀㙔撰《駢雅》卷七

明·劉胤昌撰《劉氏類山》卷四

清·陳元龍撰《格物鏡原》卷九七（昆蟲類二）

細蟲

元·戴侗撰《六書故》卷二〇

細蠛

清·陳元龍撰《格物鏡原》卷九七（昆蟲類二）

蠓蚋

元·戴侗撰《六書故》卷二〇

嬰媿

清·陳元龍撰《格物鏡原》卷九七（昆蟲類二）

醯雞

宋·任廣撰《書敘指南》卷一四（昆蟲）

元·戴侗撰《六書故》卷二〇

明·朱謀㙔撰《駢雅》卷七

清·陳元龍撰《格物鏡原》卷九七（昆蟲類二）

清·金蓉鏡纂輯《湖南省靖州鄉土志》

清·李廷璧修，周璽纂《臺灣府縣誌輯·道光彰化縣志》

清·何東銘纂《四川府縣志輯·邛嶲野録》

蠓

遼·釋行均《龍龕手鑒》（蟲部第二）

元・戴侗撰《六書故》卷二〇
清・陳元龍撰《格物鏡原》卷九七（昆蟲類二）
清・金蓉鏡纂輯《湖南省靖州鄉土志》
清・李廷璧修，周璽纂《臺灣府縣誌輯・道光彰化縣志》

蠛蠓

宋・任廣撰《書敘指南》卷一四（昆蟲）
遼・釋行均《龍龕手鑒》（蟲部第二）
元・戴侗撰《六書故》卷二〇
明・劉胤昌撰《劉氏類山》卷四
清・金蓉鏡纂輯《湖南省靖州鄉土志》
清・何東銘纂《四川府縣志輯・邛嶲野録》
清・陳元龍撰《格物鏡原》卷九七（昆蟲類二）

蠛

遼・釋行均《龍龕手鑒》（蟲部第二）
元・戴侗撰《六書故》卷二〇

蚊蠓

遼・釋行均《龍龕手鑒》（蟲部第二）

蚊蝍

清・陳元龍撰《格物鏡原》卷九七（昆蟲類二）

蝍

清・陳元龍撰《格物鏡原》卷九七（昆蟲類二）

中华白蛉 *Phlebotomus chinensis*

白翎

清・阿克達春、文秀等纂修《綏遠省清水河廳志》
清・黄恩錫纂修《寧夏省中衛縣志》

百蛉

清・萬青黎等纂《北京府縣志輯・光緒順天府志》

白蛉

清・張縉彥著《甯古塔山水記》

貘子

清・阿克達春、文秀等纂修《綏遠省清水河廳志》

擺翎

清・夏日琖校，姚明渾輯《蒙古志》卷三

星毛蠓 *Psychoda alternata*

蚋

清・嵇璜、曹仁虎等撰《續通志》卷一七八
清・李元撰《蠕範》
清・戴鎣撰《爾雅郭注補正》卷八

蓬

清・李元撰《蠕範》

蜹

清・嵇璜、曹仁虎等撰《續通志》卷一七八

蜚鴻

清・李元撰《蠕範》

瞀

清・李元撰《蠕範》

瞀芮

清・嵇璜、曹仁虎等撰《續通志》卷一七八

趣

清・李元撰《蠕範》

頣輅

清・李元撰《蠕範》

蟆子

清・李元撰《蠕範》

蠓蜧

清・李元撰《蠕範》

醯雞

清・李元撰《蠕範》

蠛蠓

清・李元撰《蠕範》

蚊科 Culicidae

蚊蟲

宋・司馬光撰《類篇》卷三八

蚊䖟

明・徐炬輯《新鐫古今事物原始全書》卷二九
清・張玉書、陳廷敬等纂《康熙字典》卷二六

一粒穀

清・範鐘湘、陳傅德修，金念祖、黄世祚纂《上海府縣志輯・嘉定縣續志》

大頭蟲

清・邵子彝修，魯琪光纂《江西府縣志輯・建昌府志》

小飛蟲

清・何玉棻修，魏式曾纂《湖南府縣志輯・同治直隸澧州志》

小蟲之屬

清・陳元龍撰《格物鏡原》卷九七（昆蟲類二）

孑孑

宋・任廣撰《書敘指南》卷一四（昆蟲）
元・戴侗撰《六書故》卷二〇
清・張玉書、陳廷敬等纂《康熙字典》卷二六
清・吳鞏修，王聚遴纂《四川府縣志輯・嘉慶邛州直隸州志》
清・唐景崧修，蔣師轍、薛紹元纂《臺灣府縣志輯・光緒臺灣通志》
清・（日）西師意譯，竇樂安、許家惺審定《動物學教科書》

孑孓

宋・羅願撰，元・洪焱祖音釋《爾雅翼》卷二五（釋蟲）
明・李時珍撰《本草綱目》卷四一
明・謝肇淛著《五雜俎》卷九（物部）
清・宗源瀚、郭式昌修，周學浚、陸心源纂《浙江府縣志輯・湖州府志》
清・金福曾、顧思賢修，張文虎等纂《上海府縣志輯・

南匯縣志》
清・陳元龍撰《格物鏡原》卷九七（昆蟲類二）
清・薩廉修，陳淑均纂《臺灣府縣志輯・咸豐臺灣府噶瑪蘭廳志》
清・邵子彝修，魯琪光纂《江西府縣志輯・建昌府志》
清・範鐘湘、陳傅德修，金念祖、黃世祚纂《上海府縣志輯・嘉定縣續志》
清・喻長霖、柯驊威登纂修《浙江府縣志輯・台州府志》

孓孓
清・何玉棻修，魏式曾纂《湖南府縣志輯・同治直隸澧州志》

子孑
明・李蘇著《見物》卷五（蟲物論）

水中到跂
宋・任廣撰《書敘指南》卷一四（昆蟲）
清・張玉書、陳廷敬等纂《康熙字典》卷二六

水蛆
明・穆希文撰《蟫史集》卷一〇
清・宗源瀚、郭式昌修，周學浚、陸心源纂《浙江府縣志輯・湖州府志》
清・方旭撰《蟲薈》卷三
清・陳元龍撰《格物鏡原》卷九七（昆蟲類二）
清・薩廉修，陳淑均纂《臺灣府縣志輯・咸豐臺灣府噶瑪蘭廳志》
清・唐景崧修，蔣師轍、薛紹元纂《臺灣府縣志輯・光緒臺灣通志》

打拳蛆
清・宗源瀚、郭式昌修，周學浚、陸心源纂《浙江府縣志輯・湖州府志》

打拳蟲
清・李元撰《蠕範》
清・何玉棻修，魏式曾纂《湖南府縣志輯・同治直隸澧州志》

叮石臼
清・範鐘湘、陳傅德修，金念祖、黃世祚纂《上海府縣志輯・嘉定縣續志》

白鳥
宋・羅願撰，元・洪焱祖音釋《爾雅翼》卷二五（釋蟲）
明・李時珍撰《本草綱目》卷四一
明・方以智撰《通雅》卷四七《動物・蟲》
明・穆希文撰《蟫史集》卷一〇
明・陳耀文撰《天中記》卷五七（蚊）
明・朱謀㙔撰《駢雅》卷七
清・張玉書、陳廷敬等纂《康熙字典》卷二六
清・席紹葆等修，謝鳴謙等纂《湖南府縣志輯・辰州府志》
清・汪中撰《大戴禮記正誤》卷八〇二
清・洪震煊撰《夏小正疏義》卷一（異字記八）
清・陳元龍撰《格物鏡原》卷九七（昆蟲類二）
清・李元撰《蠕範》
清・吳鞏修，王聚遴纂《四川府縣志輯・嘉慶邛州直隸州志》
清・方旭撰《蟲薈》卷三
清・嵇璜、曹仁虎等撰《續通志》卷一七八
清・黃桂修，宋驤纂《安徽省太平府志》
清・何東銘纂《四川府縣志輯・邛巂野録》
清・何玉棻修，魏式曾纂《湖南府縣志輯・同治直隸澧州志》

吉厥
明・謝肇淛著《五雜俎》卷九（物部）

佛子
清・李元撰《蠕範》

沙蟲
清・何玉棻修，魏式曾纂《湖南府縣志輯・同治直隸澧州志》
清・戴肇辰等修，史澄等纂《廣東府縣志輯・光緒廣州府志》

長腳蚊
清・金蓉鏡纂輯《湖南省靖州鄉土志》（物產）
清・王鱗飛修，馮世瀛 冉崇文纂《四川府縣志輯・同治增修酉陽直隸州總志》

門下
清・李元撰《蠕範》

門下蟲
清・方旭撰《蟲薈》卷三
清・陳元龍撰《格物鏡原》卷九七（昆蟲類二）
清・嵇璜、曹仁虎等撰《續通志》卷一七八

昏蟲
清・李元撰《蠕範》
清・嵇璜、曹仁虎等撰《續通志》卷一七八

夜蚊
清・聶光鑾修，王柏心等纂《湖北府縣志輯・同治宜昌府志》

草蟲
清・李元撰《蠕範》

飛蟲
清・喻長霖、柯驊威登纂修《浙江府縣志輯・台州府志》

蚋
宋・羅願撰，元・洪焱祖音釋《爾雅翼》卷二五（釋蟲）
明・王圻、王思義輯《三才圖會》卷六
清・宗源瀚、郭式昌修，周學浚、陸心源纂《浙江府縣志輯・湖州府志》
清・阿桂、劉瑾之等撰《欽定盛京通志》卷一〇七

蚊
漢・許慎撰，宋・徐鉉增釋《說文解字》卷一〇
南朝梁・顧野王撰，宋・陳彭年等重修《重修玉篇》卷

二五
唐・孟郊撰，宋・宋敏求編《孟東野詩集》卷九
宋・任廣撰《書敘指南》卷一四（昆蟲）
宋・司馬光撰《類篇》卷三八
宋・李石撰《續博物志》卷二
宋・羅願撰，元・洪焱祖音釋《爾雅翼》卷二五（釋蟲）
宋・王邁撰《臞軒集》（蚊賦）
元・戴侗撰《六書故》卷二〇
明・王圻、王思義輯《三才圖會》卷六
明・朱謀㙔撰《駢雅》卷七
明・李時珍撰《本草綱目》卷四一
明・徐炬輯《新鐫古今事物原始全書》卷二九
明・夏良勝纂修《正德建昌府志（江西省）》
明・張士鎬、江汝璧纂修《廣信府志》
明・馮曾修，李汛纂《九江府志》
明・謝肇淛著《五雜俎》（物部）
明・劉胤昌撰《劉氏類山》卷四
明・劉仲達輯《劉氏鴻書》卷九三（昆蟲部）
明・李蘇著《見物》卷五（蟲物論）
明・陳耀文撰《天中記》卷五七（蚊）
明・穆希文撰《蟫史集》卷一〇
清・段玉裁撰《說文解字注》
清・張玉書、陳廷敬等纂《康熙字典》卷二六
清・周靖撰《篆隸考異》卷三
清・宗源瀚、郭式昌修，周學浚、陸心源纂《浙江府縣志輯・湖州府志》
清・汪中撰《大戴禮記正誤》卷八〇二
清・李元撰《蠕範》
清・周鐘瑄修，陳夢林、李欽文纂《臺灣府縣志輯・康熙諸羅縣志》
清・劉於義等監修，沈青崖等編纂《陝西通志》
清・阿桂、劉瑾之等撰《欽定盛京通志》卷一〇七
清・何東銘纂《四川府縣志輯・邛嶲野録》
清・何玉棻修，魏式曾纂《湖南府縣志輯・同治直隸澧州志》
清・席紹葆等修，謝鳴謙等纂《湖南府縣志輯・辰州府志》
清・西清纂，蕭穆等重輯《黑龍江外記》卷八
清・金福曾、顧思賢修，張文虎等纂《上海府縣志輯・南匯縣志》
清・範鐘湘、陳傳德修，金念祖、黃世祚纂《上海府縣志輯・嘉定縣續志》
清・方旭撰《蟲薈》卷三
清・郝懿行撰《爾雅義疏》下之三
清・陳元龍撰《格物鏡原》卷九七（昆蟲類二）
清・陳元龍編《歷代賦匯》卷一七（蚊賦）
清・嵇璜、曹仁虎等撰《續通志》卷一七八
清・黃桂修，宋驤纂《安徽省太平府志》
清・七十一著《西域總志》（異域瑣談）
清・李廷璧修，周璽纂《臺灣府縣誌輯・道光彰化縣志》
清・薩廉修，陳淑均纂《臺灣府縣志輯・咸豐臺灣府噶瑪蘭廳志》
清・邵子彝修，魯琪光纂《江西府縣志輯・建昌府志》
清・李維鈺原本，沈定均續修，吳聯熏增纂《福建府縣志輯・光緒漳州府志》
清・戴肇辰等修，史澄等纂《廣東府縣志輯・光緒廣州府志》
清・孔繁樸修，高維嶽纂《陝西省綏德州志》
清・金蓉鏡纂輯《湖南省靖州鄉土志》
清・（日）西師意譯，竇樂安、許家惺審定《動物學教科書》
清・（日）鳥羽源藏著・林森滌、庵甫譯《科學世界》（昆蟲標本製作法）
清・喻長霖、柯驊威登纂修《浙江府縣志輯・台州府志》
清・何焯、陳鵬年撰《御定分類字錦》卷五九（蚊第十）
清・和欽撰《科學世界》第七號（蚊與馬病之關係）
清・嵇曾筠等監修，沈翼機等編纂《浙江通志》
清・王鱗飛修，馮世瀛 冉崇文纂《四川府縣志輯・同治增修酉陽直隸州總志》
清・楊修田纂修《河南省光州志》

蚊子

唐・段公路撰，龜圖註《北戶錄》卷一（蚊母扇）
宋・羅願撰，元・洪焱祖音釋《爾雅翼》卷二五（釋蟲）
明・李時珍撰《本草綱目》卷四一
明・謝肇淛著《五雜俎》（物部）
清・康熙四十二年御定《全唐詩》卷六八七（吳融撰《平望蚊子二十六韻》）

蚊蚋

唐・白居易撰《白氏長慶集》卷一五（臼口阻風十日）
宋・任廣撰《書敘指南》卷一四（昆蟲）
明・方以智撰《通雅》卷四七《動物・蟲》
明・穆希文撰《蟫史集》卷一〇
清・宗源瀚、郭式昌修，周學浚、陸心源纂《浙江府縣志輯・湖州府志》
清・張玉書、陳廷敬等纂《康熙字典》卷二六
清・席紹葆等修，謝鳴謙等纂《湖南府縣志輯・辰州府志》
清・洪震煊撰《夏小正疏義》卷一（異字記八）
清・陳元龍撰《格物鏡原》卷九七（昆蟲類二）
清・宗源瀚、郭式昌修，周學浚、陸心源纂《浙江府縣志輯・湖州府志》

蚊蚋之屬

清・陳元龍撰《格物鏡原》卷九七（昆蟲類二）

蚊類

唐・元稹撰《元氏長慶集》卷四

明・穆希文撰《蟫史集》
清・何東銘纂《印嶲野録》
倒跂蟲
清・陳元龍撰《格物鏡原》卷九七（昆蟲類二）
清・（日）西師意譯，竇樂安、許家惺審定《動物學教科書》
倒蘁蟲
元・戴侗撰《六書故》卷二〇
釘倒蟲
宋・羅願撰，元・洪焱祖音釋《爾雅翼》卷二五（釋蟲）
奚相
清・嵇璜、曹仁虎等撰《續通志》卷一七八
蚃
清・張玉書、陳廷敬等纂《康熙字典》卷二六
蚩蟲
明・穆希文撰《蟫史集》卷一〇
清・陳元龍撰《格物鏡原》卷九七（昆蟲類二）
清・薩廉修，陳淑均纂《臺灣府縣志輯・咸豐臺灣府噶瑪蘭廳志》
清・唐景崧修，蔣師轍、薛紹元纂《臺灣府縣志輯・光緒臺灣通志》
蚔
南朝梁・顧野王撰，宋・陳彭年等重修《重修玉篇》卷二五
宋・司馬光撰《類篇》卷三八
清・張玉書、陳廷敬等纂《康熙字典》卷二六
暑蝨
明・李時珍撰《本草綱目》卷四一
清・何東銘纂《四川府縣志輯・邛嶲野録》
暑蟲
清・嵇璜、曹仁虎等撰《續通志》卷一七八
蛞蝛
宋・司馬光撰《類篇》卷三八
宋・羅願撰，元・洪焱祖音釋《爾雅翼》卷二五（釋蟲）
明・謝肇淛著《五雜俎》卷九（物部）
清・張玉書、陳廷敬等纂《康熙字典》卷二六
清・郝懿行撰《爾雅義疏》下之三
清・陳元龍撰《格物鏡原》卷九七（昆蟲類二）
黍民
宋・任廣撰《書敘指南》卷一四（昆蟲）
明・劉胤昌撰《劉氏類山》卷四
明・穆希文撰《蟫史集》卷一〇
清・方旭撰《蟲薈》卷三
清・陳元龍撰《格物鏡原》卷九七（昆蟲類二）
清・嵇璜、曹仁虎等撰《續通志》卷一七八
清・李元撰《蠕範》
清・黃桂修，宋驤纂《安徽省太平府志》
清・黃桂修，宋驤纂《太平府志》

清・吳鞏修，王聚遴纂《四川府縣志輯・嘉慶邛州直隸州志》
跟斗蟲
清・宗源瀚、郭式昌修，周學浚、陸心源纂《浙江府縣志輯・湖州府志》
蜎
漢・許慎撰，宋・徐鉉增釋《說文解字》卷一〇
宋・司馬光撰《類篇》卷三八
宋・羅願撰，元・洪焱祖音釋《爾雅翼》卷二四（釋蟲）
元・戴侗撰《六書故》卷二〇
清・張玉書、陳廷敬等纂《康熙字典》卷二六
清・宗源瀚、郭式昌修，周學浚、陸心源纂《浙江府縣志輯・湖州府志》
蜎蠉
宋・司馬光撰《類篇》卷三八
清・薩廉修，陳淑均纂《臺灣府縣志輯・咸豐臺灣府噶瑪蘭廳志》
清・邵子彝修，魯琪光纂《江西府縣志輯・建昌府志》物產）
清・唐景崧修，蔣師轍、薛紹元纂《臺灣府縣志輯・光緒臺灣通志》
蜎環
清・何玉棻修，魏式曾纂《湖南府縣志輯・同治直隸澧州志》
蜎蠉蟲
清・張玉書、陳廷敬等纂《康熙字典》卷二六
麼蟲
明・王圻、王思義輯《三才圖會》卷六
晵芮
清・吳鞏修，王聚遴纂《四川府縣志輯・嘉慶邛州直隸州志》
蜵
宋・羅願撰，元・洪焱祖音釋《爾雅翼》卷二四（釋蟲）
清・張玉書、陳廷敬等纂《康熙字典》卷二六
諸慮
清・嵇璜、曹仁虎等撰《續通志》卷一七八
蝨
明・謝肇淛著《五雜俎》卷九《物部》
蜡
宋・鄭樵撰《爾雅註》
蝨
南朝梁・顧野王撰，宋・陳彭年等重修《重修玉篇》卷二五
清・張玉書、陳廷敬等纂《康熙字典》卷二六
清・陳元龍編《歷代賦匯》卷一一三（唐・王棨撰《蟭螟巢蝨睫賦》）、卷一四〇（晉・傅選撰《蝨賦》，明・楊愼撰《蝨賦》《後蝨賦》，明・傅占衡撰《蝨賦》）
蝨
漢・許慎撰，宋・徐鉉增釋《說文解字》卷一〇

南朝梁・顧野王撰，宋・陳彭年等重修《重修玉篇》卷二五
宋・司馬光撰《類篇》卷三八
宋・羅願撰，元・洪焱祖音釋《爾雅翼》（釋蟲）
元・戴侗撰《六書故》卷二〇
明・徐炬輯《新鐫古今事物原始全書》卷二九
清・段玉裁撰《說文解字注》
清・張玉書、陳廷敬等纂《康熙字典》卷二六
清・周靖撰《篆隸考異》卷三
清・徐景熹修，魯曾煜施廷樞等纂《福建府縣志輯・乾隆福州府志》
清・李元撰《蠕範》
清・吳景旭撰《歷代詩話》卷四九
清・吳鞏修，王聚遴纂《四川府縣志輯・嘉慶邛州直隸州志》
清・何東銘纂《四川府縣志輯・邛嶲野録》（方輿類・物產）
清・戴肇辰等修，史澄等纂《廣東府縣志輯・光緒廣州府志》
清・陳元龍撰《格物鏡原》卷九七（昆蟲類二）
清・宗源瀚、郭式昌修，周學浚、陸心源纂《浙江府縣志輯・湖州府志》
清・嵇璜、曹仁虎等撰《續通志》卷一七八
清・周鐘瑄修，陳夢林、李欽文纂《臺灣府縣志輯・康熙諸羅縣志》
清・聶光鑾修，王柏心等纂《湖北府縣志輯・同治宜昌府志》
清・金蓉鏡纂輯《湖南省靖州鄉土志》（物產）
清・喻長霖、柯驊威登纂修《浙江府縣志輯・台州府志》
清・楊修田纂修《河南省光州志》

蠉

宋・羅願撰，元・洪焱祖音釋《爾雅翼》卷二四（釋蟲）
清・張玉書、陳廷敬等纂《康熙字典》卷二六

蝨

宋・司馬光撰《類篇》卷三八
清・段玉裁撰《說文解字注》

蟰

元・戴侗撰《六書故》卷二〇

蝱

漢・許慎撰，宋・徐鉉增釋《說文解字》卷一〇
南朝梁・顧野王撰，宋・陳彭年等重修《重修玉篇》卷二五
清・李元撰《蠕範》
清・金蓉鏡纂輯《湖南省靖州鄉土志》

齧人飛蟲

漢・許慎撰，宋・徐鉉增釋《說文解字》卷一〇
南朝梁・顧野王撰，宋・陳彭年等重修《重修玉篇》卷二五
宋・司馬光撰《類篇》卷三八
明・夏良勝纂修《正德建昌府志（江西省）》
明・張士鎬、江汝璧纂修《廣信府志》
明・馮曾修，李汛纂《九江府志》
明・穆希文撰《蟫史集》卷一〇
清・段玉裁撰《說文解字注》
清・金蓉鏡纂輯《湖南省靖州鄉土志》
清・周靖撰《篆隸考異》卷三
清・陳元龍撰《格物鏡原》卷九七（昆蟲類二）
清・阿桂、劉瑾之等撰《欽定盛京通志》卷一〇七

囓人飛蟲

清・張玉書、陳廷敬等纂《康熙字典》卷二六
清・席紹葆等修，謝鳴謙等纂《湖南府縣志輯・辰州府志》

齧人蟲

宋・司馬光撰《類篇》卷三八

齧人飛蟲

明・王圻、王思義輯《三才圖會》卷六

⿵門蟲

漢・許慎撰，宋・徐鉉增釋《說文解字》卷一〇
清・張玉書、陳廷敬等纂《康熙字典》卷二六
清・段玉裁撰《說文解字注》

井中小蟲

宋・司馬光撰《類篇》卷三八

閩蚋

清・汪中撰《大戴禮記正誤》卷八〇二
清・洪震煊撰《夏小正疏義》卷一（異字記八）

豹脚

明・李蘇著《見物》卷五（蟲物論）
明・穆希文撰《蟫史集》卷一〇
清・宗源瀚、郭式昌修，周學浚、陸心源纂《浙江府縣志輯・湖州府志》
清・何東銘纂《四川府縣志輯・邛嶲野録》

豹脚蚊

明・劉胤昌撰《劉氏類山》卷四
清・李元撰《蠕範》

豹脚蚊子

明・王圻、王思義輯《三才圖會》卷六

草蚊

清・宗源瀚、郭式昌修，周學浚、陸心源纂《浙江府縣志輯・湖州府志》

雞蚊

清・金蓉鏡纂輯《湖南省靖州鄉土志》

沙蚊

清・金蓉鏡纂輯《湖南省靖州鄉土志》

飯蚊

清・金蓉鏡纂輯《湖南省靖州鄉土志》

牛蚊

清·金蓉鏡纂輯《湖南省靖州鄉土志》

灰蚊

清·範鐘湘、陳傅德修，金念祖、黃世祚纂《上海府縣志輯·嘉定縣續志》

黑蚊

清·範鐘湘、陳傅德修，金念祖、黃世祚纂《上海府縣志輯·嘉定縣續志》

蟭螟

清·陳元龍編《歷代賦匯》卷一一三（唐·王粲撰《蟭螟巢螽睫賦》）

焦螟

明·劉胤昌撰《劉氏類山》卷四

明·王圻、王思義輯《三才圖會》卷六

鷦螟

明·穆希文撰《蟫史集》卷一〇

青草蚊

明·穆希文撰《蟫史集》卷一〇

伊蚊 *Aedes* sp.

孑孓

漢·劉安撰，高誘注《淮南鴻烈解》卷九

明·穆希文撰《蟫史集》

明·張自烈撰，清·廖文英續《正字通》申集中（虫部）

清·方旭撰《蟲薈》卷三

清·阿克當阿修，姚文田 江藩等纂《江蘇府縣志輯·嘉慶重修揚州府志》

飛蟲

明·張自烈撰，清·廖文英續《正字通》申集中（虫部）

蚊

明·張自烈撰，清·廖文英續《正字通》申集中（虫部）

豹腳蚊

明·張自烈撰，清·廖文英續《正字通》申集中（虫部）

清·方旭撰《蟲薈》卷三

蛣蟩

明·張自烈撰，清·廖文英續《正字通》申集中（虫部）

蜎蠉

清·阿克當阿修，姚文田 江藩等纂《江蘇府縣志輯·嘉慶重修揚州府志》

大劣按蚊 *Anopheles dirus*

孑孓

清·李文恒修，鄭文彩纂《廣東省瓊山縣志》

雨水蟲

清·李文恒修，鄭文彩纂《廣東省瓊山縣志》

蚊

清·李文恒修，鄭文彩纂《廣東省瓊山縣志》

清·龍朝翊修，陳所能纂《海南府縣志輯·光緒澄邁縣志》

微少按蚊 *Anopheles minimus*

孑孓

清·懷蔭布修，黃任、郭賡武纂《福建府縣志輯·乾隆泉州府志》

蚊

清·曾日瑛等修，李紱等纂《福建府縣志輯·乾隆汀州府志》

蟁

清·懷蔭布修，黃任、郭賡武纂《福建府縣志輯·乾隆泉州府志》

中华按蚊 *Anopheles sinensis*

高腳蚊

清·宗源瀚、郭式昌修，周學濬、陸心源纂《浙江府縣志輯·湖州府志》

致乏库蚊 *Culex fatigans*

致乏庫蚊

清·（美）克拉克 索爾比著，史紅帥譯《穿越陝甘·1908-1909年克拉克考察隊華北行紀》

淡色库蚊 *Culex pipiens*

孑孓

清·萬青黎、周家楣修，張之洞、繆荃孫纂《北京府縣志輯·光緒順天府志》

水蟲

清·萬青黎、周家楣修，張之洞、繆荃孫纂《北京府縣志輯·光緒順天府志》

白鳥

清·萬青黎、周家楣修，張之洞、繆荃孫纂《北京府縣志輯·光緒順天府志》

蚊

清·萬青黎、周家楣修，張之洞、繆荃孫纂《北京府縣志輯·光緒順天府志》

跟頭蚊

清·萬青黎、周家楣修，張之洞、繆荃孫纂《北京府縣志輯·光緒順天府志》

蜎

清·萬青黎、周家楣修，張之洞、繆荃孫纂《北京府縣志輯·光緒順天府志》

蟁

清·萬青黎、周家楣修，張之洞、繆荃孫纂《北京府縣志輯·光緒順天府志》

豫魇蚊 *Grabhamia* sp.

豫魘蚊

清·（美）克拉克 索爾比著，史紅帥譯《穿越陝甘·1908-1909年克拉克考察隊華北行紀》

蚋科 Simuliidae

小蚊

明・李時珍撰《本草綱目》卷四一

清・何東銘纂《四川府縣志輯・邛嶲野録・方輿類》

小蟲之屬

明・張自烈撰，清・廖文英續《正字通》申集中（虫部）

白鳥

清・張玉書、陳廷敬等纂《康熙字典》卷二六

沒子

清・王瑛曾纂修《臺灣府縣志輯・重修鳳山縣志》

金剛鑽

清・方旭撰《蟲薈》卷三

飛蟲

元・戴侗撰《六書故》卷二〇

蚋

唐・元慎撰《元氏長慶集》卷四（蟆子三首並序）

宋・司馬光撰《類篇》卷三八

遼・釋行均《龍龕手鑒》（蟲部第二）

元・戴侗撰《六書故》卷二〇

明・張自烈撰，清・廖文英續《正字通》申集中（虫部）

清・張玉書、陳廷敬等纂《康熙字典》卷二六

清・方旭撰《蟲薈》卷三

清・何東銘纂《四川府縣志輯・邛嶲野録・方輿類》

清・陳元龍撰《格物鏡原》卷九七（昆蟲類二）

清・陳元龍編《歷代賦匯》卷一四〇

蚋子

明・李時珍撰《本草綱目》卷四一

清・何東銘纂《四川府縣志輯・邛嶲野録・方輿類》

清・陳元龍編《歷代賦匯》卷一四〇

清・張玉書、汪霦等編《佩文齋詠物詩選》卷四八六（雜蟲類）

蚋蟆之類

明・李時珍撰《本草綱目》卷四一

蟆蚊類

唐・元稹撰《元氏長慶集》卷四（蟆子三首並序）

蚊

漢・許慎撰，宋・徐鉉增釋《說文解字》卷一〇

宋・司馬光撰《類篇》卷三八

元・戴侗撰《六書故》卷二〇

明・張自烈撰，清・廖文英續《正字通》申集中（虫部）

清・段玉裁撰《說文解字注》

清・張玉書、陳廷敬等纂《康熙字典》卷二六

清・王瑛曾纂修《臺灣府縣志輯・重修鳳山縣志》

清・方旭撰《蟲薈》卷三

蚊蚋

元・戴侗撰《六書故》卷二〇

明・張自烈撰，清・廖文英續《正字通》申集中（虫部）

明・朱謀㙔撰《駢雅》卷七（釋蟲魚）

蚊蜹

南朝梁・顧野王撰，宋・陳彭年等重修《重修玉篇》卷二五

遼・釋行均《龍龕手鑒》（蟲部第二）

清・張玉書、陳廷敬等纂《康熙字典》卷二六

浮塵子

明・李時珍撰《本草綱目》卷四一

清・陳元龍撰《格物鏡原》卷九七（昆蟲類二）

清・陳元龍編《歷代賦匯》卷一四〇

蜹

漢・許慎撰，宋・徐鉉增釋《說文解字》卷一〇

南朝梁・顧野王撰，宋・陳彭年等重修《重修玉篇》卷二五

宋・羅願撰，元・洪焱祖音釋《爾雅翼》（釋蟲）

宋・司馬光撰《類篇》卷三八

遼・釋行均《龍龕手鑒》（蟲部第二）

元・戴侗撰《六書故》卷二〇

明・張自烈撰，清・廖文英續《正字通》申集中（虫部）

清・段玉裁撰《說文解字注》

清・張玉書、陳廷敬等纂《康熙字典》卷二六

清・何東銘纂《四川府縣志輯・邛嶲野録・方輿類》（物產）

清・陳元龍撰《格物鏡原》卷九七（昆蟲類二）

酷蟲

明・張自烈撰，清・廖文英續《正字通》申集中（虫部）

諸趣

明・張自烈撰，清・廖文英續《正字通》申集中（虫部）

蟆子

唐・元慎撰《元氏長慶集》卷四（蟆子三首並序）

明・李時珍撰《本草綱目》卷四一

清・何東銘纂《四川府縣志輯・邛嶲野録・方輿類》（物產）

清・陳元龍撰《格物鏡原》卷九七（昆蟲類二）

清・陳元龍編《歷代賦匯》卷一四〇

清・張玉書、汪霦等編《佩文齋詠物詩選》卷四八六（雜蟲類）

蟞芮

明・朱謀㙔撰《駢雅》卷七

蜸芮

清・方旭撰《蟲薈》卷三

清・何東銘纂《四川府縣志輯・邛嶲野録・方輿類》

清・陳元龍撰《格物鏡原》卷九七（昆蟲類二）

蟁

清・段玉裁撰《說文解字注》

蠁

元・戴侗撰《六書故》卷二〇

鸡末子

清・陳元龍撰《格物鏡原》卷九七（昆蟲類二）

醯雞

明・張自烈撰，清・廖文英續《正字通》申集中（虫部）

蠛蠓

明・張自烈撰，清・廖文英續《正字通》申集中（虫部）

马蚋 *Wilhelmia equina*

小蚊

清・李廷璧修，周璽纂《臺灣府縣誌輯・道光彰化縣志》

蟆子

清・李廷璧修，周璽纂《臺灣府縣誌輯・道光彰化縣志》

蚋

清・阿桂、劉瑾之等撰《欽定盛京通志》卷一〇七

清・李廷璧修，周璽纂《臺灣府縣誌輯・道光彰化縣志》

蚊

清・阿桂、劉瑾之等撰《欽定盛京通志》卷一〇七

蠓科 Ceratopogonidae

小飛蟲

南朝梁・顧野王撰，宋・陳彭年等重修《重修玉篇》卷二五

清・張玉書、陳廷敬等纂《康熙字典》卷二六

清・戴焕南修，張粲奎纂《廣西省新寧州志》

小蚊

遼・釋行均《龍龕手鑒》（蟲部第二）

小蚊蟲

南朝梁・顧野王撰，宋・陳彭年等重修《重修玉篇》卷二五

清・張玉書、陳廷敬等纂《康熙字典》卷二六

小蟲

晉・郭璞注《爾雅》卷下

宋・邢昺撰《爾雅疏》

明・穆希文撰《蟫史集》卷一〇

明・張士鎬、江汝璧纂修《廣信府志》

清・張玉書、陳廷敬等纂《康熙字典》卷二六

清・段玉裁撰《說文解字注》

清・郝懿行撰《爾雅（郭注）義疏》卷下之三

清・劉玉麐撰《爾雅校議》卷下

清・姜承基修，常在等纂《湖南府縣志輯・永州府志》

清・戴鎣撰《爾雅郭注補正》卷八

金剛鑽

清・王鱗飛修，馮世瀛冉崇文纂《四川府縣志輯・同治增修酉陽直隸州總志》

飛蟲

清・郝懿行撰《爾雅郭注義疏》卷下之三

飛小蟲

清・郜相修，樊深纂《河間府志》

蚋

晉・郭璞注《爾雅》卷下

宋・邢昺撰《爾雅疏》

明・穆希文撰《蟫史集》卷一〇

蚊煙

明・穆希文撰《蟫史集》卷一〇

浮塵

唐・元稹撰《元氏長慶集》卷四（浮塵子三首并序）

浮塵子

唐・元稹撰《元氏長慶集》卷四（浮塵子三首并序）

清・嵇璜、曹仁虎等撰《續通志》卷一七八

清・方旭撰《蟲薈》卷三

挐不住

清・方旭撰《蟲薈》卷三

細蟲

漢・許慎撰，宋・徐鉉增釋《說文解字》卷一〇上

宋・司馬光撰《類篇》卷三八

宋・宋輔撰《溪蠻叢笑》

清・張玉書、陳廷敬等纂《康熙字典》卷二六

蛢

清・張玉書、陳廷敬等纂《康熙字典》卷二六

焦螟

宋・宋輔撰《溪蠻叢笑》

焦冥

明・朱謀㙔撰《駢雅》卷七（釋蟲）

蜚鴻

清・郝懿行撰《爾雅（郭注）義疏》卷下之三

清・任基振撰《爾雅注疏箋補》卷三

晵蜹

明・穆希文撰《蟫史集》卷一〇

蟆

清・席紹葆等修，謝鳴謙等纂《湖南府縣志輯・辰州府志》

清・何東銘纂《四川府縣志輯・邛嶲野録》

清・王鱗飛修，馮世瀛冉崇文纂《四川府縣志輯・同治增修酉陽直隸州總志》

蟆子

清・方旭撰《蟲薈》卷三

清・何東銘纂《四川府縣志輯・邛嶲野録》

蟆蟆

清・王鱗飛修，馮世瀛冉崇文纂《四川府縣志輯・同治增修酉陽直隸州總志》

蟆類

唐・元稹撰《元氏長慶集》卷四（浮塵子三首并序）

雞末子

宋・宋輔撰《溪蠻叢笑》

清・嵇璜、曹仁虎等撰《續通志》卷一七八

清・方旭撰《蟲薈》卷三

醯雞

宋・陸佃撰《爾雅新義》卷一五
宋・邢昺撰《爾雅疏》
明・穆希文撰《蟫史集》卷一〇
清・戴鎣撰《爾雅郭注補正》卷八
清・任基振撰《爾雅注疏箋補》卷三

蠓

《爾雅》
漢・許慎撰，宋・徐鉉增釋《說文解字》卷一〇上
晉・郭璞注《爾雅》卷下
南朝梁・顧野王撰，宋・陳彭年等重修《重修玉篇》卷二五
唐・陸德明撰《爾雅音釋》卷下
宋・鄭樵撰《通志》卷七六（蟲魚類）
宋・司馬光撰《類篇》卷三八
宋・鄭樵撰《爾雅註》
宋・邢昺撰《爾雅疏》
宋・陸佃撰《爾雅新義》卷一五
明・穆希文撰《蟫史集》卷一〇
明・張士鎬、江汝壁纂修《廣信府志》
清・張玉書、陳廷敬等纂《康熙字典》卷二六
清・段玉裁撰《說文解字注》
清・郝懿行撰《爾雅（郭注）義疏》卷下之三
清・任基振撰《爾雅注疏箋補》卷三
清・余蕭客撰《古經解鉤沉》卷二八
清・何玉棻修，魏式曾纂《湖南府縣志輯・同治直隸澧州志》
清・戴鎣撰《爾雅郭注補正》卷八
清・戴煥南修，張粲奎纂《廣西省新寧州志》
清・阿桂、劉瑾之等撰《欽定盛京通志》卷一〇七
清・劉玉麐撰《爾雅校議》卷下

蠓之類

宋・鄭樵撰《通志》卷七六（蟲魚類）

蠓子

清・王鱗飛修，馮世瀛冉崇文纂《四川府縣志輯・同治增修酉陽直隸州總志》
清・姜承基修，常在等纂《湖南府縣志輯・永州府志》

蠓烟

明・穆希文撰《蟫史集》卷一〇

蠛蠓蟲

清・郝懿行撰《爾雅（郭注）義疏》卷下之三

蠓蝷

清・張玉書、陳廷敬等纂《康熙字典》卷二六

蠓螉

唐・陸德明撰《爾雅音釋》卷下

蠛

漢・許慎撰，宋・徐鉉增釋《說文解字》卷一〇上
晉・郭璞注《爾雅》卷下
南朝梁・顧野王撰，宋・陳彭年等重修《重修玉篇》卷二五
唐・陸德明撰《爾雅音釋》卷下
宋・司馬光撰《類篇》卷三八
明・朱謀㙔撰《駢雅》卷七（釋蟲）
清・張玉書、陳廷敬等纂《康熙字典》卷二六
清・段玉裁撰《說文解字注》

蠛

清・阿桂、劉瑾之等撰《欽定盛京通志》卷一〇七

蠛蠓

明・穆希文撰《蟫史集》卷一〇
清・王鱗飛修，馮世瀛冉崇文纂《四川府縣志輯・同治增修酉陽直隸州總志》
清・任基振撰《爾雅注疏箋補》卷三
清・余蕭客撰《古經解鉤沉》卷二八
清・姜承基修，常在等纂《湖南府縣志輯・永州府志》
清・何玉棻修，魏式曾纂《湖南府縣志輯・同治直隸澧州志》
清・戴鎣撰《爾雅郭注補正》卷八

蠛蠓

《爾雅》
漢・許慎撰，宋・徐鉉增釋《說文解字》卷一〇上
晉・郭璞注《爾雅》卷下
南朝梁・顧野王撰，宋・陳彭年等重修《重修玉篇》卷二五
宋・鄭樵撰《通志》卷七六（蟲魚類）
宋・鄭樵撰《爾雅註》
宋・陸佃撰《爾雅新義》卷一五
宋・邢昺撰《爾雅疏》
宋・司馬光撰《類篇》卷三八
清・張玉書、陳廷敬等纂《康熙字典》卷二六
清・劉於義等監修，沈青崖等編纂《陝西通志》
清・郝懿行撰《爾雅郭注義疏》卷下之三
清・戴煥南修，張粲奎纂《廣西省新寧州志》
清・郜相修，樊深纂《河間府志》（土產）
清・段玉裁撰《說文解字注》
清・劉玉麐撰《爾雅校議》卷下

蔑蠓

清・任基振撰《爾雅注疏箋補》卷三

蔑蠓

清・段玉裁撰《說文解字注》

蟆

南朝梁・顧野王撰，宋・陳彭年等重修《重修玉篇》卷二五
清・張玉書、陳廷敬等纂《康熙字典》卷二六
清・何東銘纂《四川府縣志輯・邛嶲野録》

蟆蟆

遼・釋行均《龍龕手鑒》（蟲部第二）

陈旧库蠓 *Culicoides obsoletus*

小咬

清・張鳳台纂修《安東省長白彙徵錄》

蚊

清・張鳳台纂修《安東省長白彙徵錄》

蟁

清・張鳳台纂修《安東省長白彙徵錄》

囓人飛蟲

清・張鳳台纂修《安東省長白彙徵錄》

台湾蠛蠓 *Forcipomyia taiwana*

小蟲

清・薩廉修，陳淑均纂《臺灣府縣志輯・咸豐臺灣府噶瑪蘭廳志》

清・魯鼎梅修，王必昌纂《臺灣府縣志輯・乾隆重修臺灣縣志》

沒子

清・魯鼎梅修，王必昌纂《臺灣府縣志輯・乾隆重修臺灣縣志》

清・薩廉修，陳淑均纂《臺灣府縣志輯・咸豐臺灣府噶瑪蘭廳志》

浮塵

清・薩廉修，陳淑均纂《臺灣府縣志輯・咸豐臺灣府噶瑪蘭廳志》

烏沒子

清・薩廉修，陳淑均纂《臺灣府縣志輯・咸豐臺灣府噶瑪蘭廳志》

蜚鴻

清・薩廉修，陳淑均纂《臺灣府縣志輯・咸豐臺灣府噶瑪蘭廳志》

蜚蠓

清・薩廉修，陳淑均纂，董正官續修《噶瑪蘭廳志》

螟子

清・薩廉修，陳淑均纂《臺灣府縣志輯・咸豐臺灣府噶瑪蘭廳志》

雞末子

清・薩廉修，陳淑均纂《臺灣府縣志輯・咸豐臺灣府噶瑪蘭廳志》

蠛蠓

清・薩廉修，陳淑均纂《臺灣府縣志輯・咸豐臺灣府噶瑪蘭廳志》

蠛蠓 *Lasiohelea* sp.

小蟲

晉・郭璞注，唐・陸德明音義，宋・邢昺疏《爾雅注疏》

宋・邢昺撰《爾雅疏》

明・彭大翼撰，張幼學增訂《山堂肆考》卷二二八

蚋

晉・郭璞注，唐・陸德明音義，宋・邢昺疏《爾雅注疏》

明・彭大翼撰，張幼學增訂《山堂肆考》卷二二八

細蟲

漢・許慎撰，宋・徐鉉增釋《說文解字》卷一三

蜹

晉・郭璞注，唐・陸德明音義，宋・邢昺疏《爾雅注疏》

宋・邢昺撰《爾雅疏》

瞀蜹

宋・邢昺撰《爾雅疏》

明・彭大翼撰，張幼學增訂《山堂肆考》卷二二八

醯雞

晉・郭璞注，唐・陸德明音義，宋・邢昺疏《爾雅注疏》

宋・邢昺撰《爾雅疏》

蠓

漢・許慎撰，宋・徐鉉增釋《說文解字》卷一三上

晉・郭璞注，唐・陸德明音義，宋・邢昺疏《爾雅注疏》

宋・邢昺撰《爾雅疏》

明・彭大翼撰，張幼學增訂《山堂肆考》卷二二八

蠓烟

明・彭大翼撰，張幼學增訂《山堂肆考》卷二二八

蠛蠓

漢・許慎撰，宋・徐鉉增釋《說文解字》卷一三上

蠛

漢・許慎撰，宋・徐鉉增釋《說文解字》卷一三上

蠛蠓

晉・郭璞注，唐・陸德明音義，宋・邢昺疏《爾雅注疏》

宋・邢昺撰《爾雅疏》

明・彭大翼撰，張幼學增訂《山堂肆考》卷二二八

细蠓 *Leptoconops* sp.

蚊

清・蔡麟祥、陳步梯修，林豪纂《臺灣府縣志輯・新修臺灣澎湖志》

螟子

清・蔡麟祥、陳步梯修，林豪纂《臺灣府縣志輯・新修臺灣澎湖志》

摇蚊科 Chironomidae

孑孓

明・朱謀㙔撰《駢雅》卷七

清・張玉書、陳廷敬等纂《康熙字典》卷二六

孑孒

明・方以智撰《通雅》卷四七（動物・蟲）

明・張自烈撰，清・廖文英續《正字通》申集中（虫部）

清・段玉裁撰《說文解字注》

清・李元撰《蠕範》

清・張宗泰撰《爾雅注疏本正誤》卷一
清・何東銘纂《四川府縣志輯・邛嶲野録》
清・金蓉鏡纂輯《湖南省靖州鄉土志》

飛蟲
明・張自烈撰，清・廖文英續《正字通》申集中（虫部）

井中小赤蟲
宋・司馬光撰《類篇》卷三八
明・張自烈撰，清・廖文英續《正字通》申集中（虫部）

井中小蛣蟩
清・段玉裁撰《說文解字注》
清・金蓉鏡纂輯《湖南省靖州鄉土志》

井中小蟲
宋・司馬光撰《類篇》卷三八
宋・羅願撰元・洪焱祖音釋《爾雅翼》（釋蟲）
清・張玉書、陳廷敬等纂《康熙字典》卷二六

井中蟲
清・段玉裁撰《說文解字注》

水中赤蟲
明・方以智撰《通雅》卷四七（動物・蟲）
清・何東銘纂《四川府縣志輯・邛嶲野録》

井中赤蟲
明・朱謀㙔撰《駢雅》卷七
清・張玉書、陳廷敬等纂《康熙字典》卷二六

水蛆
清・段玉裁撰《說文解字注》
清・金蓉鏡纂輯《湖南省靖州鄉土志》

汙
明・張自烈撰，清・廖文英續《正字通》申集中（虫部）

赤蟲
清・段玉裁撰《說文解字注》
清・金蓉鏡纂輯《湖南省靖州鄉土志》

沙蟲
明・方以智撰《通雅》卷四七（動物・蟲）
明・張自烈撰，清・廖文英續《正字通》申集中（虫部）
清・李元撰《蠕範》
清・何東銘纂《四川府縣志輯・邛嶲野録》

虷
清・李元撰《蠕範》
清・張玉書、陳廷敬等纂《康熙字典》卷二六

蚊
元・脫因修，俞希魯纂《至順鎮江志》
明・張自烈撰，清・廖文英續《正字通》申集中（虫部）
明・方以智撰《通雅》卷四七（動物・蟲）
清・李元撰《蠕範》

倒蚑蟲
明・方以智撰《通雅》卷四七（動物・蟲）
清・何東銘纂《四川府縣志輯・邛嶲野録》

蛸
宋・陸佃撰《埤雅》卷一〇（釋蟲）

厥昭
明・朱謀㙔撰《駢雅》卷七

蛣蟩
宋・羅願撰元・洪焱祖音釋《爾雅翼》（釋蟲）
明・朱謀㙔撰《駢雅》卷七
明・方以智撰《通雅》卷四七（動物・蟲）
清・張玉書、陳廷敬等纂《康熙字典》卷二六
清・李元撰《蠕範》

還虷
宋・羅願撰元・洪焱祖音釋《爾雅翼》（釋蟲）
清・張玉書、陳廷敬等纂《康熙字典》卷二六

蜎
漢・許慎撰，宋・徐鉉增釋《說文解字》卷一〇上
明・張自烈撰，清・廖文英續《正字通》申集中（虫部）
清・張玉書、陳廷敬等纂《康熙字典》卷二六
清・段玉裁撰《說文解字注》
清・李元撰《蠕範》
清・金蓉鏡纂輯《湖南省靖州鄉土志》

蜎蠉
明・方以智撰《通雅》卷四七（動物・蟲）
明・朱謀㙔撰《駢雅》卷七
明・張自烈撰，清・廖文英續《正字通》申集中（虫部）
清・張玉書、陳廷敬等纂《康熙字典》卷二六
清・段玉裁撰《說文解字注》
清・李元撰《蠕範》
清・何東銘纂《四川府縣志輯・邛嶲野録》
清・金蓉鏡纂輯《湖南省靖州鄉土志》

蝨
明・方以智撰《通雅》卷四七（動物・蟲）

蝶
宋・司馬光撰《類篇》卷三八

蠉
漢・許慎撰，宋・徐鉉增釋《說文解字》卷一〇上
清・張玉書、陳廷敬等纂《康熙字典》卷二六

蝨
清・段玉裁撰《說文解字注》

白鳥
元・脫因修，俞希魯纂《至順鎮江志》

黍民
元・脫因修，俞希魯纂《至順鎮江志》

摇蚊 *Chironomus* sp.

搖蚊
清・（美）克拉克 索爾比著，史紅帥譯《穿越陝甘・1908-1909年克拉克考察隊華北行紀》

毛蚋科 Bibionidae

毛蚊 *Bibio* sp.

黑毛蚋
清・（美）克拉克 索爾比著，史紅帥譯《穿越陝甘・

1908-1909 年克拉克考察隊華北行紀》

菌蚊科 Mycetophilidae

小菌蚊 *Sciophila* sp.

小菌蚊

清·（美）克拉克　索爾比著，史紅帥譯《穿越陝甘·1908-1909 年克拉克考察隊華北行紀》

瘿蚊科 Cecidomyiidae

牛膝蛀

清·趙學敏輯《本草綱目拾遺》卷一〇（蟲部）

稻瘿蚊 *Orseolia oryzae*

桿蟲

清·萬青黎等纂《北京府縣志輯·光緒順天府志》

醯雞

清·宗源瀚、郭式昌修，周學浚、陸心源纂《浙江府縣志輯·湖州府志》

清·萬青黎等纂《北京府縣志輯·光緒順天府志》

蠓

清·萬青黎等纂《北京府縣志輯·光緒順天府志》

蠓蟲

清·宗源瀚、郭式昌修，周學浚、陸心源纂《浙江府縣志輯·湖州府志》

清·萬青黎等纂《北京府縣志輯·光緒順天府志》

蠓蠰子

清·宗源瀚、郭式昌修，周學浚、陸心源纂《浙江府縣志輯·湖州府志》

蠛蠓

清·宗源瀚、郭式昌修，周學浚、陸心源纂《浙江府縣志輯·湖州府志》

清·萬青黎等纂《北京府縣志輯·光緒順天府志》

孏蟲

清·宗源瀚、郭式昌修，周學浚、陸心源纂《浙江府縣志輯·湖州府志》

麦红吸浆虫 *Sitodiplosis mosellana*

小紅蟲

清·曹允源、李根源纂《江蘇府縣志輯·民國吳縣縣誌》

紅砂

清·曹允源、李根源纂《江蘇府縣志輯·民國吳縣縣誌》

麦黄吸浆虫 *Contarinia tritici*

黃疸蟲

清·《清高宗实录》卷一〇八三、卷一〇八八

虻科 Tabanidae

䖟

清·張玉書、陳廷敬等纂《康熙字典》卷二六

王蝱

清·嵇璜、曹仁虎等撰《續通志》卷一七八

清·陳元龍撰《格物鏡原》卷一〇（昆蟲類五）

王䖟

明·穆希文撰《蟫史集》卷一〇

明·彭大翼撰，張幼學增訂《山堂肆考》卷二二八

清·方旭撰《蟲薈》卷三

不要命

清·喻長霖、柯驊威登纂修《浙江府縣志輯·台州府志》

水秀才

清·李元撰《蠕範》

牛蝨

清·金福曾、顧思賢修，張文虎等纂《上海府縣志輯·南匯縣志》

清·黃世祚、金念祖纂，陳傳德、範鐘湘修《嘉定縣續志》

牛蜫

清·萬青黎等纂《順天府志》

牛蜂

明·穆希文撰《蟫史集》卷一〇

牛䖟

宋·鄭樵撰《爾雅註》

明·李時珍撰《本草綱目》卷四一

明·張自烈撰，清·廖文英續《正字通》申集中（虫部）

清·李元撰《蠕範》

清·方旭撰《蟲薈》卷三

清·姜承基修，常在等纂《湖南府縣志輯·永州府志》

牛蝱

清·宗源瀚、郭式昌修，周學濬、陸心源纂《浙江府縣志輯·湖州府志》

䖟蟲

明·穆希文撰《蟫史集》卷一〇

免蝨

清·李元撰《蠕範》

兔蝨

宋·羅願撰元·洪焱祖音釋《爾雅翼》（釋蟲）

清·嵇璜、曹仁虎等撰《續通志》卷一七八

清·陳元龍撰《格物鏡原》卷一〇（昆蟲類五）

甿

明·李時珍撰《本草綱目》卷四一

舍命王

明·穆希文撰《蟫史集》卷一〇

明·彭大翼撰，張幼學增訂《山堂肆考》卷二二八

清·陳元龍撰《格物鏡原》卷九七（昆蟲類二）

清·方旭撰《蟲薈》卷三

甿蟲

明·穆希文撰《蟫史集》卷一〇

盲蟲
清・金福曾、顧思賢修，張文虎等纂《上海府縣志輯・南匯縣志》
盲蠅
清・嵇璜、曹仁虎等撰《續通志》卷一七八
清・金福曾、顧思賢修，張文虎等纂《上海府縣志輯・南匯縣志》
虻
宋・司馬光撰《類篇》卷三八
明・張自烈撰，清・廖文英續《正字通》申集中（虫部）
清・張玉書、陳廷敬等纂《康熙字典》卷二六
清・西清纂，蕭穆等重輯《黑龍江外記》卷八
清・高賓銓撰《元秘史李注補正》卷二
清・阿桂、劉瑾之等撰《欽定盛京通志》卷一〇七
虻蠅
清・高賓銓撰《元秘史李注補正》卷二
扁前
清・李元撰《蠕範》
清・嵇璜、曹仁虎等撰《續通志》卷一七八
清・方旭撰《蟲薈》卷三
扁前蟲
明・穆希文撰《蟫史集》卷一〇
飛寍虫
清・何東銘纂《四川府縣志輯・邛嶲野録》
蚚
清・李元撰《蠕範》
寍
南朝梁・顧野王撰，宋・陳彭年等重修《重修玉篇》卷二五
宋・羅願撰元・洪焱祖音釋《爾雅翼》（釋蟲）
遼・釋行均《龍龕手鑒》（蟲部第二）
明・李時珍撰《本草綱目》卷四一
明・穆希文撰《蟫史集》卷一〇
明・彭大翼撰，張幼學增訂《山堂肆考》卷二二八
明・張自烈撰，清・廖文英續《正字通》申集中（虫部）
清・段玉裁撰《說文解字注》
清・張玉書、陳廷敬等纂《康熙字典》卷二六
清・李元撰《蠕範》
清・姜承基修，常在等纂《湖南府縣志輯・永州府志》
蚔
遼・釋行均《龍龕手鑒》（蟲部第二）
清・張玉書、陳廷敬等纂《康熙字典》卷二六
黃喪命
清・喻長霖、柯驊威登纂修《浙江府縣志輯・台州府志》
蚲
清・李元撰《蠕範》
蛆
清・李元撰《蠕範》
蚳
南朝梁・顧野王撰，宋・陳彭年等重修《重修玉篇》卷二五
清・李元撰《蠕範》
強
清・李元撰《蠕範》
強蚚
宋・鄭樵撰《通志》卷七六
宋・鄭樵撰《爾雅註》
蛘
清・李元撰《蠕範》
蛑蚲
清・李元撰《蠕範》
蝠
明・張自烈撰，清・廖文英續《正字通》申集中（虫部）
清・張玉書、陳廷敬等纂《康熙字典》卷二六
魂常
明・彭大翼撰，張幼學增訂《山堂肆考》卷二二八
明・李時珍撰《本草綱目》卷四一
明・穆希文撰《蟫史集》卷一〇
清・李元撰《蠕範》
清・嵇璜、曹仁虎等撰《續通志》卷一七八
清・陳元龍撰《格物鏡原》卷一〇（昆蟲類五）
清・何東銘纂《四川府縣志輯・邛嶲野録》
清・方旭撰《蟲薈》卷三
蜚蝱
宋・羅願撰元・洪焱祖音釋《爾雅翼》（釋蟲）
宋・梁克家撰《淳熙三山志》
清・黃世祚、金念祖纂，陳傳德、範鐘湘修《上海府縣志輯・嘉定縣續志》
清・嵇璜、曹仁虎等撰《續通志》卷一七八
清・陳元龍撰《格物鏡原》卷九七（昆蟲類二）
清・何東銘纂《四川府縣志輯・邛嶲野録》
蜚寍
宋・唐慎微撰，寇宗奭衍義《證類本草》卷二一
宋・唐慎微撰《重修政和經史證類備用本草》卷二
明・張自烈撰，清・廖文英續《正字通》申集中（虫部）
明・穆希文撰《蟫史集》卷一〇
明・彭大翼撰，張幼學增訂《山堂肆考》卷二二八
明・李時珍撰《本草綱目》卷四一
清・李元撰《蠕範》
清・方旭撰《蟲薈》卷三
蜚蟲
清・姜承基修，常在等纂《湖南府縣志輯・永州府志》
蝨
清・張玉書、陳廷敬等纂《康熙字典》卷二六
瞎虻
清・西清纂，蕭穆等重輯《黑龍江外記》卷八

清・高寶銓撰《元秘史李注補正》卷二
清・阿桂、劉瑾之等撰《欽定盛京通志》卷一〇七

蝱

漢・許慎撰，宋・徐鉉增釋《說文解字》卷一〇
三國魏・張揖撰，隋・曹憲音解《博雅》卷一〇（釋蟲）
南朝梁・顧野王撰，宋・陳彭年等重修《重修玉篇》卷二五
唐・元慎撰《元氏長慶集》卷四（蝱三首並序）
宋・陳耆卿撰《赤城志》卷三六
宋・羅願撰元・洪焱祖音釋《爾雅翼》（釋蟲）
宋・司馬光撰《類篇》卷三八
宋・梁克家撰《淳熙三山志》
遼・釋行均《龍龕手鑑》（蟲部第二）
元・戴侗撰《六書故》卷二〇
明・張自烈撰，清・廖文英續《正字通》申集中（虫部）
明・唐胄編集《正德瓊台志（廣東省）》
清・段玉裁撰《說文解字注》
清・張玉書、陳廷敬等纂《康熙字典》卷二六
清・嵇璜、曹仁虎等撰《續通志》卷一七八
清・陳元龍撰《格物鏡原》卷一〇（昆蟲類五）
清・喻長霖、柯驊威登纂修《浙江府縣志輯・台州府志》
清・宗源瀚、郭式昌修，周學濬、陸心源纂《浙江府縣志輯・湖州府志》
清・（日）西師意譯，（英）竇樂安、許家惺審定《動物學教科書》
清・唐執玉、李衛等監修，田易等纂《畿輔通志》

蝱科

清・黃世祚、金念祖纂，陳傳德、範鐘湘修《上海府縣志輯・嘉定縣續志》

蝱蟲

宋・唐慎微撰《重修政和經史證類備用本草》卷二
清・吳儀洛著《本草從新》（蟲魚鱗介部）

蝱蠅

清・黃世祚、金念祖纂，陳傳德、範鐘湘修《上海府縣志輯・嘉定縣續志》
清・嵇璜、曹仁虎等撰《續通志》卷一七八

蝨

遼・釋行均《龍龕手鑑》（蟲部第二）

蝓

清・龍朝翊修，陳所能纂《海南府縣志輯・光緒澄邁縣志》

螛蜡

清・李元撰《蠕範》

蠠螚

清・李元撰《蠕範》

蠠𧓍

清・嵇璜、曹仁虎等撰《續通志》卷一七八

螉蟌

清・李元撰《蠕範》

螚

宋・羅願撰，元・洪焱祖音釋《爾雅翼》（釋蟲）
遼・釋行均《龍龕手鑑》（蟲部第二）
明・張自烈撰，清・廖文英續《正字通》申集中（虫部）
清・張玉書、陳廷敬等纂《康熙字典》卷二六

蝨

南朝梁・顧野王撰，宋・陳彭年等重修《重修玉篇》卷二五
清・張玉書、陳廷敬等纂《康熙字典》卷二六

蟁

宋・羅願撰，元・洪焱祖音釋《爾雅翼》卷二五（釋蟲二）
明・穆希文撰《蟫史集》
明・李時珍撰《本草綱目》卷四一

蠅翁

清・李元撰《蠕範》

蠅蟲

清・高寶銓撰《元秘史李注補正》卷二

蠸

宋・羅願撰元・洪焱祖音釋《爾雅翼》（釋蟲）
元・戴侗撰《六書故》卷二〇
明・穆希文撰《蟫史集》卷一〇
明・張自烈撰，清・廖文英續《正字通》申集中（虫部）
清・段玉裁撰《說文解字注》
清・張玉書、陳廷敬等纂《康熙字典》卷二六
清・李元撰《蠕範》
清・嵇璜、曹仁虎等撰《續通志》卷一七八
清・陳元龍撰《格物鏡原》卷一〇（昆蟲類五）

齧人飛蟲

漢・許慎撰，宋・徐鉉增釋《說文解字》卷一〇
明・張自烈撰，清・廖文英續《正字通》申集中（虫部）
清・段玉裁撰《說文解字注》
清・張玉書、陳廷敬等纂《康熙字典》卷二六

嚙人飛蟲

宋・司馬光撰《類篇》卷三八
宋・司馬光撰《類篇》卷三八

蟁蝱

南朝梁・顧野王撰，宋・陳彭年等重修《重修玉篇》卷二五

蠠

三國魏・張揖撰，隋・曹憲音解《博雅》卷一〇（釋蟲）
清・張玉書、陳廷敬等纂《康熙字典》卷二六

𧓍

三國魏・張揖撰，隋・曹憲音解《博雅》卷一〇（釋蟲）
南朝梁・顧野王撰，宋・陳彭年等重修《重修玉篇》卷二五
宋・司馬光撰《類篇》卷三八
遼・釋行均《龍龕手鑑》（蟲部第二）

明·張自烈撰，清·廖文英續《正字通》申集中（虫部）
清·張玉書、陳廷敬等纂《康熙字典》卷二六
清·嵇璜、曹仁虎等撰《續通志》卷一七八
清·陳元龍撰《格物鏡原》卷一〇（昆蟲類五）

蝱

遼·釋行均《龍龕手鑒》（蟲部第二）

蒼蝱

宋·梁克家撰《淳熙三山志》

水蛆

明·穆希文撰《蟫史集》卷一〇
明·李時珍撰《本草綱目》卷四一
清·陳元龍撰《格物鏡原》卷一〇（昆蟲類五）

黃寅

清·鄂爾泰、張廷玉等撰《授時通考》卷二

长吻虻 *Philoliche* sp.

長鼻

清·（英）艾約瑟撰《動物學啟蒙》（動物分類綱領）

牛虻 *Tabanus* sp.

木寅

明·李時珍撰《本草綱目》卷四一

牛蝱

清·周春撰《爾雅補注》卷四
清·萬青黎周家楣修，張之洞、繆荃孫纂《北京府縣志輯·光緒順天府志》
清·宗源瀚、郭式昌修，周學浚、陸心源纂《浙江府縣志輯·湖州府志》（物產）

牛蠓

清·萬青黎周家楣修，張之洞、繆荃孫纂《北京府縣志輯·光緒順天府志》

虻

清·阿桂、劉瑾之等撰《欽定盛京通志》卷一〇七

寅蟲

明·李時珍撰《本草綱目》卷四一

鹿寅

明·李時珍撰《本草綱目》卷四一

強蚚

清·周春撰《爾雅補注》卷四

蜚寅

明·李時珍撰《本草綱目》卷四一

蝱

宋·陳耆卿撰《赤城志》卷三六
清·宗源瀚、郭式昌修，周學浚、陸心源纂《浙江府縣志輯·湖州府志》

蝱蠅

清·周春撰《爾雅補注》卷四

瞎寅

清·阿桂、劉瑾之等撰《欽定盛京通志》卷一〇七

牛蝇

清·萬青黎周家楣修，張之洞、繆荃孫纂《北京府縣志輯·光緒順天府志》

木虻科 Xylomyidae

木寅

唐·陳藏器撰《本草拾遺》卷六
明·朱謀垏撰《駢雅》卷七

魂常

明·朱謀垏撰《駢雅》卷七

水虻科 Stratiomyidae

水蛆

唐·段成式撰《酉陽雜俎》卷一七
清·李元撰《蠕範》

水䖵

明·穆希文撰《蟫史集》卷一一

水䖵蟲

明·穆希文撰《蟫史集》卷一一

水虻

清·（美）克拉克 索爾比著，史紅帥譯《穿越陝甘·1908-1909年克拉克考察隊華北行紀》

寅

唐·段成式撰《酉陽雜俎》卷一七
清·李元撰《蠕範》

寅蟲

明·穆希文撰《蟫史集》卷一一

日本水虻 *Stratiomyia japonica*

寅

明·張自烈撰，清·廖文英續《正字通》申集中（虫部）

飛蟲

明·張自烈撰，清·廖文英續《正字通》申集中（虫部）

食虫虻科 Asilidae

飛食微類

清·（日）鳥羽源藏著，林森滌、庵甫譯《科學世界》（昆蟲標本製作法）

食蟲虻科

清·（日）鳥羽源藏著，林森滌、庵甫譯《科學世界》（昆蟲標本製作法）

中华盗虻 *Cophinopoda chinensis*

食蟲蝱

清·範鐘湘、陳傅德修，金念祖、黃世祚纂《上海府縣志輯·嘉定縣續志》

弯芒食虫虻 *Cyrtopogon* sp.

彎芒蟲虻

清·（美）克拉克 索爾比著，史紅帥譯《穿越陝甘·

1908-1909年克拉克考察隊華北行紀》

食蚜蠅科 Syrphidae

飛食微類

清·（日）鳥羽源藏著，林森滌、庵甫譯《科學世界》（昆蟲標本製作法）

食蚜蠅科

清·（日）鳥羽源藏著，林森滌、庵甫譯《科學世界》（昆蟲標本製作法）

蠅

明·李蘇著《見物》卷五（蟲物論）

古北食蚜蝇 *Catabomba pyrastri*

古北區食蚜蠅

清·（美）克拉克 索爾比著，史紅帥譯《穿越陜甘·1908-1909年克拉克考察隊華北行紀》

尾蛆蝇 *Eristalis tenax*

長尾管蚜蠅

清·（美）克拉克 索爾比著，史紅帥譯《穿越陜甘·1908-1909年克拉克考察隊華北行紀》

拖尾

清·李元撰《蠕範》

蜂蠅

清·（美）克拉克 索爾比著，史紅帥譯《穿越陜甘·1908-1909年克拉克考察隊華北行紀》

糞蛆

清·李元撰《蠕範》

蠅

清·李元撰《蠕範》

食蚜蝇 *Sphaerophoria* sp.

食蚜蠅

清·（美）克拉克 索爾比著，史紅帥譯《穿越陜甘·1908-1909年克拉克考察隊華北行紀》

蜂虻科 Bomybyliidae

雄黃蟲

明·穆希文撰《蟫史集》卷一〇

粪蝇科 Scatophagidae

粪蝇 *Scatophaga* sp.

糞蠅

清·（美）克拉克 索爾比著，史紅帥譯《穿越陜甘·1908-1909年克拉克考察隊華北行紀》

蝇科 Muscidae

蠅

漢·揚雄撰，晉·郭璞注《輶軒使者絕代語釋別國方言》卷一一

漢·許慎撰，宋·徐鉉增釋《說文解字》卷一〇上

南朝梁·顧野王撰，宋·陳彭年等重修《重修玉篇》卷二五

三國魏·張揖撰，隋·曹憲音解《博雅》卷一〇《釋蟲》

唐·段成式撰《酉陽雜俎》卷一七

宋·蔡卞撰《毛詩名物解》卷一一（釋蟲）

宋·李石撰《續博物志》卷二

宋·羅願撰，元·洪焱祖音釋《爾雅翼》（釋蟲）

宋·陸佃撰《爾雅新義》卷一五

遼·釋行均《龍龕手鑒》（蟲部第二）

明·張自烈撰，清·廖文英續《正字通》申集中（虫部）

明·吳楚材輯《彊識畧》卷三二

明·謝肇淛著《五雜俎》（物部）

明·唐胄編集《正德瓊台志（廣東省）》（土產）

明·王圻、王思義輯《三才圖會》卷六

清·任基振撰《爾雅注疏箋補》卷三

清·周靖撰《篆隸考異》卷三

清·張玉書、陳廷敬等纂《康熙字典》卷二六

清·段玉裁撰《說文解字注》

清·郝懿行撰《爾雅（郭注）義疏》卷下之三

清·周春撰《爾雅補注》卷四

清·姜兆錫撰《爾雅注疏參議》卷六

清·沈茂陰纂修《臺灣府縣志輯·光緒苗栗縣志》

清·薩廉修，陳淑均纂《臺灣府縣志輯·咸豐臺灣府噶瑪蘭廳志》

清·陳文緯修，屠繼善纂《臺灣府縣志輯·光緒恒春縣志》

清·孔繁撲修，高維嶽纂《陝西省綏德州志》

清·金福曾、顧思賢修，張文虎等纂《上海府縣志輯·南匯縣志》

清·李廷壁修，周璽纂《臺灣府縣誌輯·道光彰化縣志》

清·李元撰《蠕範》

清·金蓉鏡纂輯《湖南省靖州鄉土志》

清·牟應震撰《詩問》卷下（國風）

清·陳元龍編《歷代賦匯補遺》卷一七（薛士隆撰《蛆賦》）、卷一四〇（孔武仲撰《憎蠅賦》）

清·曾日瑛等修，李紱等纂《福建府縣志輯·乾隆汀州府志》

清·萬青黎、周家楣修，張之洞、繆荃孫纂《北京府縣志輯·光緒順天府志》

清·龍朝翊修，陳所能纂《海南府縣志輯·光緒澄邁縣志》

清·明誼修，張嶽崧纂《海南府縣志輯·瓊州府志》（物產）

清·（日）西師意譯，（英）竇樂安、許家惺審定《動物學教科書》

清·聶光鑾修，王柏心等纂《宜昌府志》

清·宗源瀚、郭式昌修，周學浚、陸心源纂《湖州府志》

蠅膽

漢・許慎撰，宋・徐鉉增釋《說文解字》卷一〇上

蠅蛆

南朝梁・顧野王撰，宋・陳彭年等重修《重修玉篇》卷二五

蠅類

晉・郭璞注，唐・陸德明音義，宋・邢昺疏《爾雅注疏》

宋・鄭樵撰《通志》卷七六

宋・司馬光撰《類篇》卷三八

明・張自烈撰，清・廖文英續《正字通》申集中（虫部）

清・周春撰《爾雅補注》卷四

清・姜兆錫撰《爾雅注疏參議》卷六

蠅胆

元・戴侗撰《六書故》卷二〇

蠅類扇

《爾雅》

羊

漢・揚雄撰，晉・郭璞注《輶軒使者絕代語釋別國方言》卷一一

三國魏・張揖撰，隋・曹憲音解《博雅》卷一〇《釋蟲》

清・任基振撰《爾雅注疏箋補》卷三

清・張玉書、陳廷敬等纂《康熙字典》卷二六

清・李元撰《蠕範》

汙臀蒼蠅

清・金福曾、顧思賢修，張文虎等纂《上海府縣志輯・南匯縣志》

青蠅

《詩經》

宋・蔡卞撰《毛詩名物解》卷一一（釋蟲）

宋・羅願撰，元・洪焱祖音釋《爾雅翼》（釋蟲）

明・吳楚材輯《彊識畧》卷三二

明・王圻、王思義輯《三才圖會》卷六

青绳

清・曾日瑛等修，李紱等纂《福建府縣志輯・乾隆汀州府志》

胡臣

清・陳文緯修，屠繼善纂《臺灣府縣志輯・光緒恒春縣志》

胡蠓

清・薩廉修，陳淑均纂《臺灣府縣志輯・咸豐臺灣府噶瑪蘭廳志》

膽

南朝梁・顧野王撰，宋・陳彭年等重修《重修玉篇》卷二五

飛蠅

清・萬青黎、周家楣修，張之洞、繆荃孫纂《北京府縣志輯・光緒順天府志》

胆

清・周靖撰《篆隸考異》卷三

清・金蓉鏡纂輯《湖南省靖州鄉土志》

清・萬青黎、周家楣修，張之洞、繆荃孫纂《北京府縣志輯・光緒順天府志》

蚸

宋・司馬光撰《類篇》卷三八

明・張自烈撰，清・廖文英續《正字通》申集中（虫部）

凍蠅

《詩經》

清・穆應震著《毛詩物名考》卷四

清・周春撰《爾雅補注》卷四

蛆

南朝梁・顧野王撰，宋・陳彭年等重修《重修玉篇》卷二五

宋・李石撰《續博物志》卷二

遼・釋行均《龍龕手鑒》（蟲部第二）

明・張自烈撰，清・廖文英續《正字通》申集中（虫部）

清・周靖撰《篆隸考異》卷三

清・張玉書、陳廷敬等纂《康熙字典》卷二六

清・李廷璧修，周璽纂《臺灣府縣誌輯・道光彰化縣志》

清・金蓉鏡纂輯《湖南省靖州鄉土志》

清・（日）西師意譯，（英）竇樂安、許家惺審定《動物學教科書》

蛆蜉

遼・釋行均《龍龕手鑒》（蟲部第二）

蛆蠅

清・張玉書、陳廷敬等纂《康熙字典》卷二六

清・陳元龍撰《格致鏡原》卷一〇（昆蟲類五）

蛆蟲

遼・釋行均《龍龕手鑒》（蟲部第二）

麻蠅

宋・蔡卞撰《毛詩名物解》卷一一（釋蟲）

宋・羅願撰，元・洪焱祖音釋《爾雅翼》（釋蟲）

明・王圻、王思義輯《三才圖會》卷六

大麻蠅

唐・段成式撰《酉陽雜俎》卷一七

麻裂蠅

清・金福曾、顧思賢修，張文虎等纂《上海府縣志輯・南匯縣志》

強

晉・郭璞注，唐・陸德明音義，宋・邢昺疏《爾雅注疏》

宋・邢昺撰《爾雅疏》

宋・司馬光撰《類篇》卷三八

明・張自烈撰，清・廖文英續《正字通》申集中（虫部）

清・姜兆錫撰《爾雅注疏參議》卷六

強蚸

晉・郭璞注，唐・陸德明音義，宋・邢昺疏《爾雅注疏》

䖴

清・李元撰《蠕範》

飯蠅

清・金福曾、顧思賢修，張文虎等纂《上海府縣志輯・南匯縣志》

蝅

南朝梁・顧野王撰，宋・陳彭年等重修《重修玉篇》卷二五

蒼蠅

《詩經》

南朝宋・劉敬叔撰《異苑》卷三

宋・吳曾撰《能改齋漫錄》卷一四

宋・蔡卞撰《毛詩名物解》卷一一（釋蟲）

宋・羅願撰，元・洪焱祖音釋《爾雅翼》（釋蟲）

遼・釋行均《龍龕手鑒》（蟲部第二）

明・吳楚材輯《彊識畧》卷三二

明・劉仲達輯《劉氏鴻書》卷九三（昆蟲部）

清・張玉書、陳廷敬等纂《康熙字典》卷二六

清・李廷壁修，周璽纂《臺灣府縣誌輯・道光彰化縣志》

清・牟應震撰《詩問》卷下（國風）

清・陳元龍編《歷代賦匯補遺》卷一四〇（歐陽修撰《憎蒼蠅賦》）

清・曾日瑛等修，李紱等纂《福建府縣志輯・乾隆汀州府志》

清・（日）岡元鳳纂輯《毛詩品物圖考》卷六

清・高賡思等纂修《綏遠全志》

蝍蛆

南朝梁・顧野王撰，宋・陳彭年等重修《重修玉篇》卷二五

明・張自烈撰，清・廖文英續《正字通》申集中（虫部）

清・張玉書、陳廷敬等纂《康熙字典》卷二六

清・陳元龍編《歷代賦匯補遺》卷一七（薛士隆撰《蛆賦》）

伊拉又什牡力

清・高賡思等纂修《綏遠全志》

蠟

漢・許慎撰，宋・徐鉉增釋《說文解字》卷一〇上

元・戴侗撰《六書故》卷二〇

明・張自烈撰，清・廖文英續《正字通》申集中（虫部）

清・張玉書、陳廷敬等纂《康熙字典》卷二六

清・金蓉鏡纂輯《湖南省靖州鄉土志》

綠蚊

清・聶光鑾修，王柏心等纂《宜昌府志》

醜蝙

漢・許慎撰，宋・徐鉉增釋《說文解字》卷一〇上

南朝梁・顧野王撰，宋・陳彭年等重修《重修玉篇》卷二五

清・張玉書、陳廷敬等纂《康熙字典》卷二六

清・段玉裁撰《說文解字注》

清・郝懿行撰《爾雅郭注義疏》卷下之三

蝙

漢・許慎撰，宋・徐鉉增釋《說文解字》卷一〇上

南朝梁・顧野王撰，宋・陳彭年等重修《重修玉篇》卷二五

明・張自烈撰，清・廖文英續《正字通》申集中（虫部）

清・張玉書、陳廷敬等纂《康熙字典》卷二六

清・段玉裁撰《說文解字注》

清・段玉裁撰《說文解字注》

醜捋

晉・郭璞注，唐・陸德明音義，宋・邢昺疏《爾雅注疏》

宋・邢昺撰《爾雅疏》

明・張自烈撰，清・廖文英續《正字通》申集中（虫部）

清・姜兆錫撰《爾雅注疏參議》卷六

醜扇

宋・陸佃撰《爾雅新義》卷一五

宋・蔡卞撰《毛詩名物解》卷一一（釋蟲）

明・吳楚材輯《彊識畧》卷三二

明・張自烈撰，清・廖文英續《正字通》申集中（虫部）

清・任基振撰《爾雅注疏箋補》卷三

清・姜兆錫撰《爾雅注疏參議》卷六

清・沈茂陰纂修《臺灣府縣志輯・光緒苗栗縣志》

清・李元撰《蠕範》

蠦

明・張自烈撰，清・廖文英續《正字通》申集中（虫部）

清・張玉書、陳廷敬等纂《康熙字典》卷二六

蠹

晉・郭璞注，唐・陸德明音義，宋・邢昺疏《爾雅注疏》

家蠅 *Musca domestica*

蠅

清・《平定準葛爾勒銘伊犁之碑》

舍蠅 *Musca vicina*

蛆

明・李時珍撰《本草綱目》卷四一

清・嵇璜、曹仁虎等撰《續通志》卷一七八

景迹

清・李元撰《蠕範》

飯蒼蠅

清・周春撰《爾雅補注》卷四

清・趙學敏輯《本草綱目拾遺（下）》卷一〇

清・宗源瀚、郭式昌修，周學浚、陸心源纂《湖州府志》

飯蠅

清・趙學敏輯《本草綱目拾遺（下）》卷一〇

清・李元撰《蠕範》

蒼蠅

《詩經》

清・牟穆應震著《毛詩物名考》卷四

清・周春撰《爾雅補注》卷四

清・傅爾泰修，陶元藻纂《福建府縣志輯・乾隆延平府志》

蠅

明・李時珍撰《本草綱目》卷四一

清・嵇璜、曹仁虎等撰《續通志》卷一七八

清・蔡麟祥、陳步梯修，林豪纂《臺灣府縣志輯・新修臺灣澎湖志》

麻蠅

清・牟穆應震著《毛詩物名考》卷四

厩腐蝇 *Muscina stabulans*

大家蠅

清・（美）克拉克 索爾比著，史紅帥譯《穿越陕甘・1908-1909年克拉克考察隊華北行紀》

胃蝇科 Gasterophilidae

赤尾胃蝇 *Gasterophilus haemorrhoidalis*

牛蠅

清・（日）鳥羽源藏著，林森滌、庵甫譯《科學世界》（昆蟲標本製作法）

肠胃蝇 *Gasterophilus intestinalis*

牛蠅

清・（日）鳥羽源藏著，林森滌、庵甫譯《科學世界》（昆蟲標本製作法）

皮蝇科 Hypodermatidae

牛蝇 *Hypoderma bovis*

牛馬皮中蟲

清・張玉書、陳廷敬等纂《康熙字典》卷二六

牛虻

清・範鐘湘、陳傅德修，金念祖、黃世祚纂《上海府縣志輯・嘉定縣續志》

牛螉

清・張玉書、陳廷敬等纂《康熙字典》卷二六

牛蠅

清・（日）鳥羽源藏著，林森滌、庵甫譯《科學世界》（昆蟲標本製作法）

蜚蝱

清・範鐘湘、陳傅德修，金念祖、黃世祚纂《上海府縣志輯・嘉定縣續志》

蝱蠅

清・範鐘湘、陳傅德修，金念祖、黃世祚纂《上海府縣志輯・嘉定縣續志》

螉

漢・許慎撰，宋・徐鉉增釋《說文解字》卷一三上

明・張自烈撰，清・廖文英續《正字通》申集中（虫部）

清・張玉書、陳廷敬等纂《康熙字典》卷二六

螉蜙

漢・許慎撰，宋・徐鉉增釋《說文解字》卷一三上

明・李蘇著《見物》卷五（蟲部）

明・張自烈撰，清・廖文英續《正字通》申集中（虫部）

清・張玉書、陳廷敬等纂《康熙字典》卷二六

清・張宗泰綴述《爾雅注疏本正誤》卷一

蠅

清・金志節原本，黃可潤增修《察哈爾省口北三廳志》

蠅螉

明・張自烈撰，清・廖文英續《正字通》申集中（虫部）

皮蠅

清・（美）克拉克 索爾比著，史紅帥譯《穿越陕甘・1908-1909年克拉克考察隊華北行紀》

丽蝇科 Calliphoridae

大蠅

明・朱謀㙔撰《駢雅》卷七

五谷蟲

清・何東銘纂《四川府縣志輯・邛嶲野録》（方輿類・物產）

羊

明・穆希文撰《蟫史集》卷一〇

清・徐鼎撰《毛詩名物圖說》卷三

清・嵇璜、曹仁虎等撰《續通志》卷一七八

清・方旭撰《蟲薈》卷三

青蒼蠅

清・宗源瀚、郭式昌修，周學浚、陸心源纂《浙江府縣志輯・湖州府志》

青蠅

《詩經》

漢・許慎撰，宋・徐鉉增釋《說文解字》卷一三

唐・李德裕撰《會昌一品集・李衛公別集》卷四（到惡溪夜泊蘆島）

宋・邢昺撰《爾雅疏》

宋・司馬光撰《類篇》卷三八

宋・陸佃撰《埤雅》卷一〇（釋蟲）

宋・羅願撰元・洪焱祖音釋《爾雅翼》（釋蟲）

元・戴侗撰《六書故》卷二〇

明・陳耀文撰《天中記》卷五七

明・劉胤昌撰《劉氏類山》卷四

明・穆希文撰《蟫史集》卷一〇

明・張士鎬、江汝壁纂修《廣信府志》

明・馮曾修，李汛纂《九江府志》

明・董斯張《廣博物志》卷五〇
明・彭大翼撰，張幼學增訂《山堂肆考》卷二二七
明・夏良勝纂修《正德建昌府志（江西省）》
清・徐鼎撰《毛詩名物圖說》卷三
清・焦循撰《毛詩草木鳥獸蟲魚釋》卷五
清・嵇璜、曹仁虎等撰《續通志》卷一七八
清・（英）艾約瑟撰《動物學啟蒙》（動物分類綱領）
清・聶光鑾修，王柏心、雷春沼纂《湖北府縣志輯・同治宜昌府志》
清・楊修田纂修《河南省光州志》
清・周春撰《爾雅補注》卷四
清・陳啟源撰《毛詩稽古編》卷一八
清・牟應震著《毛詩物名考》卷四
清・牟應震撰《詩問》卷四
清・吳鞏修，王聚遴纂《四川府縣志輯・嘉慶邛州直隸州志》
清・喻長霖、柯驊威等纂修《浙江府縣志輯・台州府志》
清・陳元龍編《歷代賦匯》卷一四〇（晉・傅鹹撰《青蠅賦》）
清・何焯、陳鵬年撰《御定分類字錦》卷五九（蠅第九）
清・陳大章撰《詩傳名物集覽》卷五
清・席紹葆等修，謝鳴謙、謝鳴盛纂《湖南府縣志輯・辰州府志》
清・何東銘纂《四川府縣志輯・邛嶲野録》

青蠅之類

宋・邢昺撰《爾雅疏》
明・陳耀文撰《天中記》卷五七
清・徐鼎撰《毛詩名物圖說》卷三

青䖅

明・陳洪謨、彭憲勘纂《嘉靖常德府志（湖南省）》

緑蚊

清・聶光鑾修，王柏心、雷春沼纂《湖北府縣志輯・同治宜昌府志》

茅

清・周春撰《爾雅補注》卷四

金蒼蠅

清・宗源瀚、郭式昌修，周學浚、陸心源纂《浙江府縣志輯・湖州府志》

胆

元・戴侗撰《六書故》卷二〇
清・段玉裁撰《說文解字注》
清・宗源瀚、郭式昌修，周學浚、陸心源纂《浙江府縣志輯・湖州府志》

胡蠓

明・朱謀㙔撰《駢雅》卷七
清・方旭撰《蟲薈》卷三

背負金

明・彭大翼撰，張幼學增訂《山堂肆考》卷二二七

蚚

清・何東銘纂《四川府縣志輯・邛嶲野録》

蛆

宋・司馬光撰《類篇》卷三八
清・段玉裁撰《說文解字注》
清・何東銘纂《四川府縣志輯・邛嶲野録》
清・喻長霖、柯驊威等纂修《浙江府縣志輯・台州府志》
清・方旭撰《蟲薈》卷三
清・席紹葆等修，謝鳴謙、謝鳴盛纂《湖南府縣志輯・辰州府志》

蛆䖝

明・穆希文撰《蟫史集》卷一〇

蛆蟲

清・陳啟源撰《毛詩稽古編》卷一八

蛆蠦

元・司馬光撰《類篇》卷三八

強

清・何東銘纂《四川府縣志輯・邛嶲野録》

景跡

元・戴侗撰《六書故》卷二〇
明・陳耀文撰《天中記》卷五七
明・穆希文撰《蟫史集》卷一〇
清・嵇璜、曹仁虎等撰《續通志》卷一七八
清・方旭撰《蟲薈》卷三

景迹

元・梁克家撰《淳熙三山志》卷四二
清・吳鞏修，王聚遴纂《四川府縣志輯・嘉慶邛州直隸州志》
清・何東銘纂《四川府縣志輯・邛嶲野録》

飯蚊

清・聶光鑾修，王柏心、雷春沼纂《湖北府縣志輯・同治宜昌府志》

蠟

清・段玉裁撰《說文解字注》

影跡

宋・司馬光撰《類篇》卷三八
宋・陳耆卿撰《赤城志》卷三六
清・喻長霖、柯驊威等纂修《浙江府縣志輯・台州府志》

醜扇

晉・郭璞注《爾雅》卷下
宋・邢昺撰《爾雅疏》
宋・陸佃撰《埤雅》卷一〇（釋蟲）
明・陳耀文撰《天中記》卷五七
明・穆希文撰《蟫史集》卷一〇
明・董斯張《廣博物志》卷五〇
明・劉胤昌撰《劉氏類山》卷四
明・彭大翼撰，張幼學增訂《山堂肆考》卷二二七
清・戴鎣撰《爾雅郭注補正》卷八

清・徐鼎撰《毛詩名物圖說》卷三
清・牟應震著《毛詩物名考》卷四
清・陳啟源撰《毛詩稽古編》卷一八
清・沈廷芳撰《十三經注疏正字》卷八一

醜蝙

宋・司馬光撰《類篇》卷三八
清・段玉裁撰《說文解字注》

螔

清・段玉裁撰《說文解字注》

蟾

宋・司馬光撰《類篇》卷三八

糞蒼蠅

清・周春撰《爾雅補注》卷四

蠅胆

清・段玉裁撰《說文解字注》

麗蠅

清・（美）克拉克 索爾比著，史紅帥譯《穿越陝甘・1908-1909年克拉克考察隊華北行紀》

蠅

晉・郭璞注《爾雅》卷下
宋・司馬光撰《類篇》卷三八
宋・陳耆卿撰《赤城志》卷三六
宋・羅願撰元・洪焱祖音釋《爾雅翼》（釋蟲）
宋・邢昺撰《爾雅疏》
宋・陸佃撰《埤雅》卷一〇（釋蟲）
元・戴侗撰《六書故》卷二〇
元・脫因修，俞希魯纂《至順鎮江志》卷四
明・穆希文撰《蟫史集》卷一〇
明・劉胤昌撰《劉氏類山》卷四
明・彭大翼撰，張幼學增訂《山堂肆考》卷二二七
明・陳耀文撰《天中記》卷五七
明・張士鎬、江汝壁纂修《廣信府志》
明・馮曾修，李汛纂《九江府志》
明・董斯張《廣博物志》卷五〇
明・夏良勝纂修《正德建昌府志（江西省）》
清・戴鎣撰《爾雅郭注補正》卷八
清・徐鼎撰《毛詩名物圖說》卷三
清・牟應震著《毛詩物名考》卷四
清・焦循撰《毛詩草木鳥獸蟲魚釋》卷五
清・嵇璜、曹仁虎等撰《續通志》卷一七八
清・聶光鑾修，王柏心、雷春沼纂《湖北府縣志輯・同治宜昌府志》
清・楊修田纂修《河南省光州志》
清・李維鈺原本，沈定均續修，吳聯熏增纂《福建府縣志輯・光緒漳州府志》
清・陳啟源撰《毛詩稽古編》卷一八
清・方旭撰《蟲薈》卷三
清・沈廷芳撰《十三經注疏正字》卷八一
清・周鍾瑄修，陳夢林、李欽文纂《臺灣府縣志輯・康熙諸羅縣志》
清・周碩勳纂修《廣東省潮州府志》
清・吳鞏修，王聚遴纂《四川府縣志輯・嘉慶邛州直隸州志》
清・喻長霖、柯驊威等纂修《浙江府縣志輯・台州府志》
清・何焯、陳鵬年撰《御定分類字錦》卷五九（蠅第九）
清・阿桂、劉瑾之等撰《欽定盛京通志》
清・席紹葆等修，謝鳴謙、謝鳴盛纂《湖南府縣志輯・辰州府志》
清・李文恒修，鄭文彩纂《廣東省瓊山縣志》
清・何東銘纂《四川府縣志輯・邛嶲野録》（方輿類・物產）
清・何玉棻修，魏式曾纂《湖南府縣志輯・同治直隸澧州志》
清・宗源瀚、郭式昌修，周學浚、陸心源纂《浙江府縣志輯・湖州府志》

蠅

明・陳洪謨、彭憲勘纂《嘉靖常德府志（湖南省）》（物產）

蒼蠅

宋・羅願撰元・洪焱祖音釋《爾雅翼》（釋蟲）
宋・陸佃撰《埤雅》卷一〇（釋蟲）
宋・梁克家撰《淳熙三山志》卷四二
明・夏良勝纂修《正德建昌府志（江西省）》（物產）
明・陳洪謨、彭憲勘纂《嘉靖常德府志（湖南省）》
明・陳耀文撰《天中記》卷五七
明・張士鎬、江汝壁纂修《廣信府志》（食貨志・物產）
明・馮曾修，李汛纂《九江府志》
明・穆希文撰《蟫史集》卷一〇
明・劉胤昌撰《劉氏類山》卷四
明・彭大翼撰，張幼學增訂《山堂肆考》卷二二七
清・徐鼎撰《毛詩名物圖說》卷三
清・焦循撰《毛詩草木鳥獸蟲魚釋》卷五
清・嵇璜、曹仁虎等撰《續通志》卷一七八
清・（英）艾約瑟撰《動物學啟蒙》（動物分類綱領）
清・聶光鑾修，王柏心、雷春沼纂《湖北府縣志輯・同治宜昌府志》（物產）
清・楊修田纂修《河南省光州志》
清・周春撰《爾雅補注》卷四
清・牟應震著《毛詩物名考》卷四
清・周鍾瑄修，陳夢林、李欽文纂《臺灣府縣志輯・康熙諸羅縣志》
清・吳鞏修，王聚遴纂《四川府縣志輯・嘉慶邛州直隸州志》
清・何焯、陳鵬年撰《御定分類字錦》卷五九（蠅第九）
清・席紹葆等修，謝鳴謙、謝鳴盛纂《湖南府縣志輯・辰州府志》
清・何東銘纂《四川府縣志輯・邛嶲野録》（方輿類・物

产）
清・何玉棻修，魏式曾纂《湖南府縣志輯・同治直隸澧州志》
清・宗源瀚、郭式昌修，周學浚、陸心源纂《浙江府縣志輯・湖州府志》

麻蠅

宋・陸佃撰《埤雅》卷一〇（釋蟲）
明・陳洪謨、彭憲勘纂《嘉靖常德府志（湖南省）》
明・穆希文撰《蟫史集》卷一〇
清・徐鼎撰《毛詩名物圖說》卷三
清・（英）艾約瑟撰《動物學啟蒙》（動物分類綱領）

大麻蠅

明・陳耀文撰《天中記》卷五七
明・穆希文撰《蟫史集》卷一〇
清・嵇璜、曹仁虎等撰《續通志》卷一七八

蠢醜

清・段玉裁撰《說文解字注》

毛蠅

元・戴侗撰《六書故》卷二〇

蠅子

清・何東銘纂《四川府縣志輯・邛巂野録》

红头丽蝇 *Calliphora vicina*

青蠅

《詩經》
清・李元撰《蠕範》
清・徐鼎撰《毛詩名物圖說》卷三

綠蚊

清・李元撰《蠕範》

金蝇 *Chrysomyia remuria*

青蠅

《詩經》

绿蝇 *Lucilla* sp.

寄蠅

清・（美）克拉克 索爾比著，史紅帥譯《穿越陝甘・1908-1909年克拉克考察隊華北行紀》

麻蝇科 Sarcophagidae

麻大

清・李元撰《蠕範》

麻蠅

清・周春撰《爾雅補注》卷四
清・李元撰《蠕範》
清・朱肇基修，陸綸纂《安徽府縣志輯・乾隆太平府志》

蒼蠅

清・周春撰《爾雅補注》卷四
清・李元撰《蠕範》
清・朱肇基修，陸綸纂《安徽府縣志輯・乾隆太平府志》

蠅

明・張自烈撰，清・廖文英續《正字通》申集中（虫部）
清・朱肇基修，陸綸纂《安徽府縣志輯・乾隆太平府志》
清・阿桂、劉瑾之等撰《欽定盛京通志》

腐肉蝇 *Sarcophaga carnaria*

大蒼蠅

明・穆希文撰《蟫史集》卷一〇

麻蠅

明・穆希文撰《蟫史集》卷一〇

大麻蠅

明・穆希文撰《蟫史集》卷一〇

蛆

明・穆希文撰《蟫史集》卷一〇

寄蝇科 Tachinidae

土蛹

三國魏・張揖撰，隋・曹憲音解《博雅》卷一〇（釋蟲）
晉・郭璞注，唐・陸德明音義，宋・邢昺疏《爾雅注疏》
晉・郭璞注《爾雅》卷下
宋・鄭樵撰《通志》卷七六（蟲魚類）
宋・蔡卞集解《毛詩名物解》卷一二（释蟲）
宋・鄭樵撰《爾雅註》
宋・邢昺撰《爾雅疏》
宋・陸佃撰《埤雅》卷一〇（釋蟲）
元・戴侗撰《六書故》卷二〇
明・朱謀㙔撰《駢雅》卷七
明・張自烈撰，清・廖文英續《正字通》申集中（虫部）
清・張玉書、陳廷敬等纂《康熙字典》卷二六
清・戴鎣撰《爾雅郭注補正》卷八
清・方旭撰《蟲薈》卷三
清・邵晉涵撰《爾雅正義》卷一六
清・李元撰《蠕範》

大蠅

清・（日）西師意譯，竇樂安、許家惺審定《動物學教科書》

毛蠅

元・戴侗撰《六書故》卷二〇

打羅蟲

明・李蘇著《見物》卷五（蟲物論）

地蠶

清・李元撰《蠕範》

虫蠻

遼・釋行均《龍龕手鑒》（蟲部第二）

知聲蟲

漢・許慎撰，宋・徐鉉增釋《說文解字》卷一〇上
晉・郭璞注，唐・陸德明音義，宋・邢昺疏《爾雅注疏》

南朝梁・顧野王撰，宋・陳彭年等重修《重修玉篇》卷二五
宋・邢昺疏《爾雅注疏》
宋・司馬光撰《類篇》卷三八
元・戴侗撰《六書故》卷二〇
清・張玉書、陳廷敬等纂《康熙字典》卷二六
清・段玉裁撰《說文解字注》
清・周碩勳纂修《潮州府志》
清・戴鎣撰《爾雅郭注補正》卷八
清・方旭撰《蟲薈》卷三
清・邵晉涵撰《爾雅正義》卷一六

乳蟲

清・李元撰《蠕範》

肸過

明・張自烈撰，清・廖文英續《正字通》申集中（虫部）

肸蠁

宋・陸佃撰《爾雅新義》卷一五
明・張自烈撰，清・廖文英續《正字通》申集中（虫部）
明・穆希文撰《蟫史集》卷一〇
清・張玉書、陳廷敬等纂《康熙字典》卷二六
清・段玉裁撰《說文解字注》
清・任基振撰《爾雅注疏箋補》卷三

禹蟲

南朝梁・顧野王撰，宋・陳彭年等重修《重修玉篇》卷二五
清・張玉書、陳廷敬等纂《康熙字典》卷二六
清・方旭撰《蟲薈》卷三
清・邵晉涵撰《爾雅正義》卷一六

國貉

《爾雅》
晉・郭璞注，唐・陸德明音義，宋・邢昺疏《爾雅注疏》
晉・郭璞注《爾雅》卷下
宋・鄭樵撰《通志》卷七六（蟲魚類）
宋・蔡卞集解《毛詩名物解》卷一二（释蟲）
宋・陸佃撰《埤雅》卷一〇（釋蟲）
宋・陸佃撰《爾雅新義》卷一五
宋・鄭樵撰《爾雅註》
宋・邢昺撰《爾雅疏》
元・戴侗撰《六書故》卷二〇
明・朱謀㙔撰《駢雅》卷七
明・穆希文撰《蟫史集》卷一〇
明・張自烈撰，清・廖文英續《正字通》申集中（虫部）
清・張玉書、陳廷敬等纂《康熙字典》卷二六
清・段玉裁撰《說文解字注》
清・戴鎣撰《爾雅郭注補正》卷八
清・方旭撰《蟲薈》卷三
清・邵晉涵撰《爾雅正義》卷一六
清・任基振撰《爾雅注疏箋補》卷三

清・李元撰《蠕範》

宿蠅類

清・（日）鳥羽源藏著，林森潾、庵甫譯《科學世界》（昆蟲標本製作法）

強

宋・蔡卞集解《毛詩名物解》卷一二

蚼

漢・許慎撰，宋・徐鉉增釋《說文解字》卷一〇上
南朝梁・顧野王撰，宋・陳彭年等重修《重修玉篇》卷二五
宋・司馬光撰《類篇》卷三八
元・戴侗撰《六書故》卷二〇
明・張自烈撰，清・廖文英續《正字通》申集中（虫部）
清・張玉書、陳廷敬等纂《康熙字典》卷二六
清・段玉裁撰《說文解字注》
清・邵晉涵撰《爾雅正義》卷一六

蛹中蟲

清・張玉書、陳廷敬等纂《康熙字典》卷二六

蛹蟲

晉・郭璞注，唐・陸德明音義，宋・邢昺疏《爾雅注疏》
晉・郭璞注《爾雅》卷下
宋・鄭樵撰《通志》卷七六（蟲魚類）
宋・陸佃撰《埤雅》卷一〇（釋蟲）
宋・陸佃撰《爾雅新義》卷一五
宋・蔡卞集解《毛詩名物解》卷一二（释蟲）
宋・鄭樵撰《爾雅註》
宋・邢昺撰《爾雅疏》
明・王圻、王思義輯《三才圖會》卷六
清・張玉書、陳廷敬等纂《康熙字典》卷二六
清・戴鎣撰《爾雅郭注補正》卷八
清・邵晉涵撰《爾雅正義》卷一六

蛹虫

明・穆希文撰《蟫史集》卷一〇

醜捋

宋・蔡卞集解《毛詩名物解》卷一二（釋蟲）

蠁

漢・許慎撰，宋・徐鉉增釋《說文解字》卷一〇上
晉・郭璞注，唐・陸德明音義，宋・邢昺疏《爾雅注疏》
晉・郭璞注《爾雅》卷下
南朝梁・顧野王撰，宋・陳彭年等重修《重修玉篇》卷二五
宋・鄭樵撰《通志》卷七六（蟲魚類）
宋・蔡卞集解《毛詩名物解》卷一二（释蟲）
宋・邢昺撰《爾雅疏》
宋・鄭樵撰《爾雅註》
宋・陸佃撰《爾雅新義》卷一五
宋・陸佃撰《埤雅》卷一〇（釋蟲）
宋・司馬光撰《類篇》卷三八

遼·釋行均《龍龕手鑒》(蟲部第二)
元·戴侗撰《六書故》卷二〇
明·穆希文撰《蟫史集》卷一〇
明·王圻、王思義輯《三才圖會》卷六
宋·鄭樵撰《通志》卷七六(蟲魚類)
清·張玉書、陳廷敬等纂《康熙字典》卷二六
清·段玉裁撰《說文解字注》
清·戴鎣撰《爾雅郭注補正》卷八
清·邵晉涵撰《爾雅正義》卷一六
清·任基振撰《爾雅注疏箋補》卷三
清·李元撰《蠕範》
清·方旭撰《蟲薈》卷三

蠁子

宋·蔡卞集解《毛詩名物解》卷一二(释蟲)
宋·陸佃撰《埤雅》卷一〇(釋蟲)
明·王圻、王思義輯《三才圖會》卷六
清·周春撰《爾雅補注》卷四

蠁蟲

三國魏·張揖撰,隋·曹憲音解《博雅》卷一〇(釋蟲)
晉·郭璞注,唐·陸德明音義,宋·邢昺疏《爾雅注疏》
晉·郭璞注《爾雅》卷下
宋·蔡卞集解《毛詩名物解》卷一二(释蟲)
宋·陸佃撰《埤雅》卷一〇(釋蟲)
宋·邢昺撰《爾雅疏》
宋·鄭樵撰《爾雅註》
元·戴侗撰《六書故》卷二〇
明·張自烈撰,清·廖文英續《正字通》申集中(虫部)
清·張玉書、陳廷敬等纂《康熙字典》卷二六
清·邵晉涵撰《爾雅正義》卷一六
清·戴鎣撰《爾雅郭注補正》卷八

嚮蟲

清·方旭撰《蟲薈》卷三

蠁lim

清·張玉書、陳廷敬等纂《康熙字典》卷二六

蟲蚃

《爾雅》

蟲蠁

晉·郭璞注,唐·陸德明音義,宋·邢昺疏《爾雅注疏》
晉·郭璞注《爾雅》卷下
宋·鄭樵撰《通志》卷七六(蟲魚類)
宋·蔡卞集解《毛詩名物解》卷一二(释蟲)
宋·陸佃撰《埤雅》卷一〇(釋蟲)
宋·陸佃撰《爾雅新義》卷一五
宋·邢昺撰《爾雅疏》
宋·鄭樵撰《爾雅註》
元·戴侗撰《六書故》卷二〇
明·穆希文撰《蟫史集》卷一〇
明·張自烈撰,清·廖文英續《正字通》申集中(虫部)
清·張玉書、陳廷敬等纂《康熙字典》卷二六
清·段玉裁撰《說文解字注》
清·邵晉涵撰《爾雅正義》卷一六
清·戴鎣撰《爾雅郭注補正》卷八
清·任基振撰《爾雅注疏箋補》卷三
清·方旭撰《蟲薈》卷三

蠅

宋·陸佃撰《埤雅》卷一〇(釋蟲)
元·戴侗撰《六書故》卷二〇
清·周春撰《爾雅補注》卷四
清·李元撰《蠕範》
明·王圻、王思義輯《三才圖會》卷六

蠶蛆

清·(日)西師意譯,竇樂安、許家惺審定《動物學教科書》
清·黃湄西原編《蠶體病理論》第七章(蛆害)

蚕饰腹寄蝇 *Blepharipa zebina*

嚮蛆

清·姚志強、賴昌編輯《蠶病預防法》第七章(向蛆病預防法)

日本追寄蝇 *Exorista japonica*

宿蠅

清·(日)鳥羽源藏著,林森滌、庵甫譯《科學世界》(昆蟲標本製作法)

家蚕追寄蝇 *Exorista sorbillans*

土蛹

清·郝懿行撰《爾雅(郭注)義疏》卷下之三

地蛹

清·郝懿行撰《爾雅(郭注)義疏》卷下之三

知聲蟲

清·郝懿行撰《爾雅(郭注)義疏》卷下之三

肸蠁

清·郝懿行撰《爾雅(郭注)義疏》卷下之三

禹蟲

清·郝懿行撰《爾雅(郭注)義疏》卷下之三

國貉

《爾雅》
清·郝懿行撰《爾雅(郭注)義疏》卷下之三

蚼

清·郝懿行撰《爾雅(郭注)義疏》卷下之三

蛹蟲

清·郝懿行撰《爾雅(郭注)義疏》卷下之三

蠁蟲

清·郝懿行撰《爾雅(郭注)義疏》卷下之三

蟲蚃

《爾雅》

蟲蠁

清·郝懿行撰《爾雅（郭注）義疏》卷下之三

虱蝇科 Hippoboscidae

狗蠅

明·張自烈撰，清·廖文英續《正字通》申集中（虫部）
明·穆希文撰《蟫史集》卷一〇
清·李元撰《蠕範》
清·方旭撰《蟲薈》卷三
清·嵇璜、曹仁虎等撰《續通志》卷一七八
清·何東銘纂《四川府縣志輯·邛嶲野録》
清·金蓉鏡纂輯《湖南省靖州鄉土志》
清·範鐘湘、陳傳德修，金念祖、黃世祚纂《上海府縣志輯·嘉定縣續志》

虱蠅

清·（日）烏羽源藏著，林森滌、庵甫譯《科學世界》（昆蟲標本製作法）

蠅

明·張自烈撰，清·廖文英續《正字通》申集中（虫部）

狗虱蝇 *Hyppobosca capensis*

犬虱蠅

清·（美）克拉克 索爾比著，史紅帥譯《穿越陝甘·1908-1909年克拉克考察隊華北行紀》

狗蠅

明·李時珍撰《本草綱目》

日蝇科 Helomyzidae

日蠅

清·（美）克拉克 索爾比著，史紅帥譯《穿越陝甘·1908-1909年克拉克考察隊華北行紀》

实蝇科 Trypetidae

蟲瘿

清·（日）烏羽源藏著，林森滌、庵甫譯《科學世界》（昆蟲標本製作法）

蚤目 Siphonaptera

叉

漢·許慎撰，宋·徐鉉增釋《說文解字》卷一〇
南朝梁·顧野王撰，宋·陳彭年等重修《重修玉篇》卷二五
明·趙撝謙撰《六書本義》卷七
清·段玉裁撰《說文解字注》

爪

宋·羅願撰，元·洪焱祖音釋《爾雅翼》（釋蟲）
清·段玉裁撰《說文解字注》
清·張玉書、陳廷敬等纂《康熙字典》卷二六

蚤目

清·（美）克拉克 索爾比著，史紅帥譯《穿越陝甘·1908-1909年克拉克考察隊華北行紀》

蚤

清·張玉書、陳廷敬等纂《康熙字典》卷二六

疙蚤

明·穆希文撰《蟫史集》卷一〇

虼蚤

清·方旭撰《蟲薈》卷三

疙蚤

清·嵇璜、曹仁虎等撰《續通志》卷一七八
清·陳元龍撰《格物鏡原》卷九七
清·薩廉修，陳淑均纂《臺灣府縣志輯·咸豐臺灣府噶瑪蘭廳志》
清·唐景崧修，蔣師轍、薛紹元纂《臺灣府縣志輯·光緒臺灣通志》

蛒蚤

清·何東銘纂《四川府縣志輯·邛嶲野録》

蚤

漢·許慎撰，宋·徐鉉增釋《說文解字》卷一〇
南朝梁·顧野王撰，宋·陳彭年等重修《重修玉篇》卷二五
宋·羅願撰，元·洪焱祖音釋《爾雅翼》（釋蟲）
宋·李石撰《續博物志》卷二
元·戴侗撰《六書故》卷二〇
明·趙撝謙撰《六書本義》卷七
明·張自烈撰，清·廖文英續《正字通》申集中（虫部）
明·李蘇著《見物》卷五（蟲物論）
明·謝肇淛著《五雜俎》卷九
明·彭大翼撰，張幼學增訂《山堂肆考》卷二二七
清·張玉書、陳廷敬等纂《康熙字典》卷二六
清·嵇璜、曹仁虎等撰《續通志》卷一七八
清·席紹葆等修，謝鳴謙等纂《湖南府縣志輯·辰州府志》
清·陳元龍撰《格物鏡原》卷九七
清·何東銘纂《四川府縣志輯·邛嶲野録》
清·何焯、陳鵬年撰《御定分類字錦》卷五九
清·李元撰《蠕範》
清·宗源瀚、郭式昌修，周學浚、陸心源纂《浙江府縣志輯·湖州府志》
清·薩廉修，陳淑均纂《臺灣府縣志輯·咸豐臺灣府噶瑪蘭廳志》
清·李文恒修，鄭文彩纂《廣東省瓊山縣志》
清·萬青黎、周家楣修，張之洞、繆荃孫纂《北京府縣志輯·光緒順天府志》
清·唐景崧修，蔣師轍、薛紹元纂《臺灣府縣志輯·光緒臺灣通志》
清·陳文緯修，屠繼善纂《臺灣府縣志輯·光緒恒春縣志》

清・金蓉鏡纂輯《湖南省靖州鄉土志》
清・王本祥撰《科學世界》（說蚤）
清・（日）西師意譯，（英）竇樂安、許家惺審定《動物學教科書》

蚤

南朝梁・顧野王撰，宋・陳彭年等重修《重修玉篇》卷二五
明・穆希文撰《蟫史集》卷一〇
明・王圻、王思義輯《三才圖會》卷六
清・方旭撰《蟲薈》卷三

蚈蜡

宋・司馬光撰《類篇》卷三八
明・趙撝謙撰《六書本義》卷七
清・張玉書、陳廷敬等纂《康熙字典》卷二六

蚈

明・張自烈撰，清・廖文英續《正字通》申集中（虫部）
清・張玉書、陳廷敬等纂《康熙字典》卷二六
清・嵇璜、曹仁虎等撰《續通志》卷一七八
清・穆應震著《毛詩物名考》卷四

跳蚤

清・嵇璜、曹仁虎等撰《續通志》卷一七八
清・席紹葆等修，謝鳴謙等纂《湖南府縣志輯・辰州府志》
清・吳應廉修，王映斗纂《海南府縣志輯・光緒安定縣志》

跳蟲

清・李元撰《蠕範》
清・何焯、陳鵬年撰《御定分類字錦》卷五九

說蚤

清・王本祥撰《科学世界》

蝨

漢・許慎撰，宋・徐鉉增釋《說文解字》卷一〇
南朝梁・顧野王撰，宋・陳彭年等重修《重修玉篇》卷二五
宋・司馬光撰《類篇》卷三八
明・趙撝謙撰《六書本義》卷七
明・張自烈撰，清・廖文英續《正字通》申集中（虫部）
清・段玉裁撰《說文解字注》
清・張玉書、陳廷敬等纂《康熙字典》卷二六

蝨蝨

南朝梁・顧野王撰，宋・陳彭年等重修《重修玉篇》卷二五

蚤蝨

明・張自烈撰，清・廖文英續《正字通》申集中（虫部）
明・穆希文撰《蟫史集》卷一〇
清・宗源瀚、郭式昌修，周學浚、陸心源纂《浙江府縣志輯・湖州府志》

蚤虱

明・王圻、王思義輯《三才圖會》卷六

蜡

明・張自烈撰，清・廖文英續《正字通》申集中（虫部）
清・張玉書、陳廷敬等纂《康熙字典》卷二六
清・嵇璜、曹仁虎等撰《續通志》卷一七八
清・李元撰《蠕範》

蠋

清・李元撰《蠕範》

蝨

宋・司馬光撰《類篇》卷三八

嚙膚跳蟲

元・戴侗撰《六書故》卷二〇

齧人細蟲

明・穆希文撰《蟫史集》卷一〇

齧人跳蟲

漢・許慎撰，宋・徐鉉增釋《說文解字》卷一〇
南朝梁・顧野王撰，宋・陳彭年等重修《重修玉篇》卷二五
宋・司馬光撰《類篇》卷三八
宋・羅願撰，元・洪焱祖音釋《爾雅翼》（釋蟲）
明・趙撝謙撰《六書本義》卷七
明・張自烈撰，清・廖文英續《正字通》申集中（虫部）
清・段玉裁撰《說文解字注》
清・何焯、陳鵬年撰《御定分類字錦》卷五九
清・宗源瀚、郭式昌修，周學浚、陸心源纂《浙江府縣志輯・湖州府志》
清・金蓉鏡纂輯《湖南省靖州鄉土志》

嚙人跳蟲

清・張玉書、陳廷敬等纂《康熙字典》卷二六
清・席紹葆等修，謝鳴謙等纂《湖南府縣志輯・辰州府志》
清・李文恒修，鄭文彩纂《廣東省瓊山縣志》

齧人蟲

明・彭大翼撰，張幼學增訂《山堂肆考》卷二二七
清・陳元龍撰《格物鏡原》

齧人跳蟁

明・王圻、王思義輯《三才圖會》卷六

蝹

清・張玉書、陳廷敬等纂《康熙字典》卷二六

狗蚤

清・嵇璜、曹仁虎等撰《續通志》卷一七八

壁陀蟲

明・彭大翼撰，張幼學增訂《山堂肆考》卷二二七

扁蝨

明・彭大翼撰，張幼學增訂《山堂肆考》卷二二七

交蚤

明・彭大翼撰，張幼學增訂《山堂肆考》卷二二七

蚤科 Pulicidae

人蚤 *Pulex irritans*

蚤
清・王本祥撰《科學世界》(說蚤)
清・李元撰《蠕範》

虼
清・李元撰《蠕範》

蛣
清・李元撰《蠕範》

蠋
清・李元撰《蠕範》

跳蟲
清・李元撰《蠕範》

犬栉首蚤 *Ctenocephalides canis*

狗蚤
遼・釋行均《龍龕手鑒》(蟲部第二)

蚤
遼・釋行均《龍龕手鑒》(蟲部第二)

蚤
遼・釋行均《龍龕手鑒》(蟲部第二)

细蚤科 Leptopsyllidae

曲鬃怪蚤 *Paradoxopsyllus curvispinus*

角葉蚤
清・(美)克拉克 索爾比著，史紅帥譯《穿越陝甘・1908-1909年克拉克考察隊華北行紀》

蠕形蚤科 Vermipsyllidae

麈长喙蚤 *Dorcadia dorcadia*

長喙蚤
清・(美)克拉克 索爾比著，史紅帥譯《穿越陝甘・1908-1909年克拉克考察隊華北行紀》

栉眼蚤科 Ctenophthalmidae

无规新蚤 *Neopsylla anoma*

無規新蚤
清・(美)克拉克 索爾比著，史紅帥譯《穿越陝甘・1908-1909年克拉克考察隊華北行紀》

毛翅目 Trichoptera

小蛾
清・嵇璜、曹仁虎等撰《欽定續通志》卷一七八
清・陳元龍撰《格物鏡原》卷九七(昆蟲類二)

小蟄
明・李時珍撰《本草綱目》卷三九

水中細蟲
宋・唐慎微撰，寇宗奭衍義《證類本草》卷二二
明・李時珍撰《本草綱目》卷三九
清・張玉書、陳廷敬等纂《康熙字典》卷二六

水中蟲
宋・唐慎微撰，寇宗奭衍義《證類本草》卷二二
明・李時珍撰《本草綱目》卷三九

毛翅目
清・余宗農編輯《桑樹蟲害論》

毛翅類
清・(日)鳥羽源藏著，林森滌、庵甫譯《科學世界・昆蟲標本製作法》

石下新
明・李時珍撰《本草綱目》卷三九
清・李元撰《蠕範》

石下新婦
明・彭大翼撰，張幼學增訂《山堂肆考》卷二二八
清・嵇璜、曹仁虎等撰《欽定續通志》卷一七八
清・陳元龍撰《格物鏡原》卷九七(昆蟲類二)

石蠹
明・彭大翼撰，張幼學增訂《山堂肆考》卷二二八
清・李元撰《蠕範》

石蠹蟲
明・彭大翼撰，張幼學增訂《山堂肆考》卷二二八
明・李時珍撰《本草綱目》卷三九
清・陳元龍撰《格物鏡原》卷九七(昆蟲類二)

石蠹蠶
清・嵇璜、曹仁虎等撰《欽定續通志》卷一七八

石蠶
宋・唐慎微撰，寇宗奭衍義《證類本草》卷二二
明・李時珍撰《本草綱目》卷三九
清・張玉書、陳廷敬等纂《康熙字典》卷二六
清・李元撰《蠕範》
清・劉於義等監修，沈青崖編輯《陝西通志》
清・戴鎣撰《爾雅郭注補正》卷八
清・嵇璜、曹仁虎等撰《欽定續通志》卷一七八
清・于琨修，陳玉璂纂《江蘇府縣志輯・常州府志》
清・(日)鳥羽源藏著，林森滌、庵甫譯《科學世界》(昆蟲標本製作法)

沙蜯
明・李時珍撰《本草綱目》卷三九

沙蝨
宋・唐慎微撰，寇宗奭衍義《證類本草》卷二二
明・李時珍撰《本草綱目》卷三九
清・張玉書、陳廷敬等纂《康熙字典》卷二六
清・李元撰《蠕範》

沙虱
宋・唐慎微撰，寇宗奭衍義《證類本草》卷二二

草根
宋·唐慎微撰，寇宗奭衍義《證類本草》卷二二
明·李時珍撰《本草綱目》卷三九
絲蟲
清·張玉書、陳廷敬等纂《康熙字典》卷二六
蠶
清·張玉書、陳廷敬等纂《康熙字典》卷二六

鳞翅目 Lepidoptera

山蠶
清·李元撰《蠕範》
清·長順修《吉林通志》卷三四（物產）
清·阿桂、劉瑾之等撰《欽定盛京通志》卷一〇七
玉腰奴
清·李元撰《蠕範》
天雞
清·郝玉麟等總裁，魯曾煜總輯《廣東通志》卷五二（物產）
水蠶
清·李元撰《蠕範》
毛蛓
晉·郭璞注，唐·陸德明音義，宋·邢昺疏《爾雅注疏》
清·姜兆錫撰《爾雅注疏參議》卷六
清·戴鎣撰《爾雅郭注補正》卷八
清·邵晉涵撰《爾雅正義》卷一六（釋蟲第十五）
清·郝懿行撰《爾雅（郭注）義疏》卷下之三（釋蟲第十五）
清·張玉書、陳廷敬等纂《康熙字典》卷二六
毛蟲
漢·許慎撰，宋·徐鉉增釋《說文解字》卷一三上
晉·郭璞注，唐·陸德明音義，宋·邢昺疏《爾雅注疏》
南朝梁·顧野王撰，宋·陳彭年等重修《重修玉篇》卷二五
宋·鄭樵撰《通志》卷七六（蟲魚類）
宋·司馬光撰《類篇》卷三八
元·戴侗撰《六書故》卷二〇
元·楊桓撰《六書統》卷一八
明·張自烈撰，清·廖文英續《正字通》申集中（虫部）
清·周春撰《爾雅補注》卷四
清·姜兆錫撰《爾雅注疏參議》卷六
清·張玉書、陳廷敬等纂《康熙字典》卷二六
清·段玉裁撰《說文解字注》
蚝蟲
明·張自烈撰，清·廖文英續《正字通》申集中（虫部）
天蟲
清·牟應震著《毛詩物名考》卷四
毛蠹
漢·許慎撰，宋·徐鉉增釋《說文解字》卷一三上
晉·郭璞注《爾雅》卷下
晉·郭璞注，唐·陸德明音義，宋·邢昺疏《爾雅注疏》
晉·郭璞著《爾雅音圖》（釋蟲第十五）
南朝梁·顧野王撰，宋·陳彭年等重修《重修玉篇》卷二五
宋·鄭樵撰《通志》卷七六（蟲魚類）
宋·鄭樵撰《爾雅註》卷下（釋蟲第十五）
宋·陸佃撰《爾雅新義》卷一五（释蟲第十五）
宋·司馬光撰《類篇》卷三八
元·戴侗撰《六書故》卷二〇
元·楊桓撰《六書統》卷一八
清·姜兆錫撰《爾雅注疏參議》卷六
清·戴鎣撰《爾雅郭注補正》卷八
清·邵晉涵撰《爾雅正義》卷一六（釋蟲第十五）
清·張宗泰撰《爾雅注疏本正誤》卷一（釋蟲）
清·沈廷芳撰《十三經注疏正字》卷八一（釋蟲第十五）
清·周春撰《爾雅補注》卷四
清·郝懿行撰《爾雅（郭注）義疏》卷下之三（釋蟲第十五）
清·張玉書、陳廷敬等纂《康熙字典》卷二六
清·段玉裁撰《說文解字注》
火化
清·嵇璜、曹仁虎等撰《續通志》卷一七八
火花
晉·崔豹撰《古今注》卷中（魚蟲第五）
火蛾
清·嵇璜、曹仁虎等撰《續通志》卷一七八
火蠶
清·李元撰《蠕範》
仙蝶
清·李元撰《蠕範》
清·齊學裘撰《見聞續筆》卷四（太常仙蝶）
冰蠶
清·李元撰《蠕範》
吐絲虫
遼·釋行均《龍龕手鑒》（蟲部第二）
赤蝶
清·李元撰《蠕範》
春駒
清·李元撰《蠕範》
清·嵇璜、曹仁虎等撰《續通志》卷一七八
蝶
唐·白居易撰《白氏長慶集》卷八（秋蝶）
唐·段成式撰《酉陽雜俎》卷一七（蟲部）
宋·司馬光撰《類篇》卷三八
宋·張方平撰《樂全集》卷三（蝶）
宋·王安石撰《臨川文集》卷三三（蝶）

宋·陸游撰《劍南诗集》卷三九（蝶）、卷八七（双蝶）
元·戴侗撰《六書故》卷二〇
元·耶律鑄撰《雙溪醉隱集》卷六（嘲蝶）
元·王沂撰《伊濱集》卷六（喜蝶）
元·許恕撰，明·許節編《北郭集》卷四（蝶）
明·張自烈撰，清·廖文英續《正字通》申集中（虫部）
明·彭大翼撰，張幼學增訂《山堂肆考》卷二二七（昆蟲）
明·徐熥撰《幔亭集》卷七（蝶）
明·曹學佺編《石倉歷代詩選》卷三二二（韓守益·秋蝶）、卷三四一（陳顥·秋蝶）、卷三六〇下（朱克誠·睡蝶）、（羅泰·睡蝶）
明·李時珍撰《本草綱目》卷四一
明·陳耀文撰《天中記》卷五七
清·嵇璜、曹仁虎等撰《續通志》卷一七八
清·和珅、梁國治等撰《熱河志》卷九六
清·劉於義等監修，沈青崖等編纂《陝西通志》卷四四
清·李元撰《蠕範》卷二
清·段玉裁撰《說文解字注》
清·阿桂、劉瑾之等撰《欽定盛京通志》卷一〇七
清·（英）傅蘭雅輯《格致彙編》（說蟲）
清·（英）艾約瑟撰《動物學啟蒙》卷八（環節動物）
清·張玉書、汪霦等編《佩文齋詠物詩選》卷四八七（温子升《詠花蝶》）、（李商隐《蝶》）
清·姚之駰撰《元明事類鈔》卷四〇（蟲豸門蝶）

蝶蛾類

清·柯璜譯編《博物學講義》
清·（日）鳥羽源藏著·林森滌、庵甫譯《科學世界》（昆蟲標本製作法）

鬼車

唐·段公路撰，龜圖註《北戶錄》卷一
明·徐應秋撰《玉芝堂談薈》卷三五（鳳子蝶）
清·李元撰《蠕範》卷二
清·嵇璜、曹仁虎等撰《續通志》卷一七八

胥

宋·蔡卞撰《毛詩名物解》卷一二（釋蟲）
宋·陸佃撰《埤雅》卷一〇（釋蟲）
明·陳耀文撰《天中記》卷五七
清·李元撰《蠕範》卷二
清·嵇璜、曹仁虎等撰《續通志》卷一七八
清·方以智撰《通雅》卷四七（動物·蟲）

飛蛾

晉·崔豹撰《古今注》卷中（魚蟲第五）
宋·蔡卞撰《毛詩名物解》卷一二
明·葉子奇撰《草本子》卷一《觀物篇》
清·陳大章撰《詩傳名物集覽》卷五（蟲豸）
清·嵇璜、曹仁虎等撰《續通志》卷一七八

紅飛鼠

清·李元撰《蠕範》卷二

紅蝙蝠

清·李元撰《蠕範》卷二

蠶

晉·郭璞注《爾雅》卷下
晉·郭璞注，唐·陸德明音義，宋·邢昺疏《爾雅注疏》
南朝梁·顧野王撰，宋·陳彭年等重修《重修玉篇》卷二五
宋·蔡卞集解《毛詩名物解》卷一二
宋·陸佃撰《爾雅新義》卷一五（释蟲第十五）
宋·鄭樵撰《通志》卷七六（蟲魚類）
宋·鄭樵撰《爾雅註》卷下（釋蟲第十五）
宋·司馬光撰《類篇》卷三八
遼·釋行均《龍龕手鑒》（蟲部第二）
元·戴侗撰《六書故》卷二〇
明·張自烈撰，清·廖文英續《正字通》申集中（虫部）
清·牟應震著《毛詩物名考》卷四
清·周春撰《爾雅補注》卷四
清·姜兆錫撰《爾雅注疏參議》卷六
清·張玉書、陳廷敬等纂《康熙字典》卷二六
清·高賡恩等纂修《綏遠全志》

蠶蛾

漢·許慎撰，宋·徐鉉增釋《說文解字》卷一三上
南朝梁·顧野王撰，宋·陳彭年等重修《重修玉篇》卷二五
清·（英）傅蘭雅輯《格致彙編》續卷九（格致略論·論動物學）

蠶蝵

晉·郭璞注《爾雅》卷下
晉·郭璞注，唐·陸德明音義，宋·邢昺疏《爾雅注疏》

莫貈

宋·陸佃撰《爾雅新義》卷一五（释蟲第十五）

蚘

清·李元撰《蠕範》卷一

蚅

晉·郭璞注，唐·陸德明音義，宋·邢昺疏《爾雅注疏》
晉·郭璞注《爾雅》卷下（釋蟲第十五）
南朝梁·顧野王撰，宋·陳彭年等重修《重修玉篇》卷二五
宋·陸佃撰《爾雅新義》卷一五（释蟲第十五）
宋·鄭樵撰《爾雅註》卷下（釋蟲第十五）
宋·司馬光撰《類篇》卷三八
遼·釋行均《龍龕手鑒》（蟲部第二）
明·張自烈撰，清·廖文英續《正字通》申集中（虫部）
清·周春撰《爾雅補注》卷四
清·張玉書、陳廷敬等纂《康熙字典》卷二六

蚝

南朝梁·顧野王撰，宋·陳彭年等重修《重修玉篇》卷二五

宋・司馬光撰《類篇》卷三八
遼・釋行均《龍龕手鑒》(蟲部第二)
元・戴侗撰《六書故》卷二〇
明・張自烈撰,清・廖文英續《正字通》申集中(虫部)
清・張玉書、陳廷敬等纂《康熙字典》卷二六
清・段玉裁撰《說文解字注》

蚃

清・張玉書、陳廷敬等纂《康熙字典》卷二六

蚢

南朝梁・顧野王撰,宋・陳彭年等重修《重修玉篇》卷二五
宋・鄭樵撰《通志》卷七六(蟲魚類)
宋・陸佃撰《爾雅新義》卷一五(释蟲第十五)
宋・司馬光撰《類篇》卷三八
明・張自烈撰,清・廖文英續《正字通》申集中(虫部)
清・姜兆錫撰《爾雅注疏參議》卷六
清・邵晉涵撰《爾雅正義》卷一六(釋蟲第十五)
清・張玉書、陳廷敬等纂《康熙字典》卷二六

蚢蕭繭

晉・郭璞注《爾雅》卷下
晉・郭璞著《爾雅音圖》(釋蟲第十五)
宋・鄭樵撰《通志》卷七六(蟲魚類)
明・張自烈撰,清・廖文英續《正字通》申集中(虫部)
清・姜兆錫撰《爾雅注疏參議》卷六
清・戴鍌撰《爾雅郭注補正》卷八
清・邵晉涵撰《爾雅正義》卷一六(釋蟲第十五)
清・郝懿行撰《爾雅郭注義疏》卷下之三(釋蟲第十五)
清・沈廷芳撰《十三經注疏正字》卷八一(釋蟲第十五)
清・張玉書、陳廷敬等纂《康熙字典》卷二六
清・長順修《吉林通志》卷三四

採花子

清・嵇璜、曹仁虎等撰《續通志》卷一七八

野蛾

唐・段公路撰,龜圖註《北戶錄》卷一
明・徐應秋撰《玉芝堂談薈》卷三五(鳳子蝶)
清・和珅、梁國治等撰《熱河志》卷九六
清・李元撰《蠕範》卷二
清・郝玉麟等總裁,魯曾煜總輯《廣東通志》卷五二
清・張玉書、陳廷敬等纂《康熙字典》卷二六

蛇

清・張玉書、陳廷敬等纂《康熙字典》卷二六

蚵

南朝梁・顧野王撰,宋・陳彭年等重修《重修玉篇》卷二五
宋・司馬光撰《類篇》卷三八
元・戴侗撰《六書故》卷二〇
明・張自烈撰,清・廖文英續《正字通》申集中(虫部)

清・張玉書、陳廷敬等纂《康熙字典》卷二六

棘繭

晉・郭璞注《爾雅》卷下(釋蟲第十五)
晉・郭璞著《爾雅音圖》(釋蟲第十五)
宋・鄭樵撰《通志》卷七六(蟲魚類)
宋・陸佃撰《爾雅新義》卷一五(释蟲第十五)
宋・鄭樵撰《爾雅註》卷下(釋蟲第十五)
清・郝懿行撰《爾雅(郭注)義疏》卷下之三(釋蟲第十五)
清・戴鍌撰《爾雅郭注補正》卷八
清・邵晉涵撰《爾雅正義》卷一六(釋蟲第十五)
清・長順修《吉林通志》卷三四(物產)

棘欒繭

清・姜兆錫撰《爾雅注疏參議》卷六

棘欒

清・沈廷芳撰《十三經注疏正字》卷八一(釋蟲第十五)

棘蠶

清・李元撰《蠕範》卷一

蛢蛾

清・郝懿行撰《爾雅(郭注)義疏》卷下之三

蚃

元・戴侗撰《六書故》卷二〇

媚蝶

清・李元撰《蠕範》卷二

蝶

遼・釋行均《龍龕手鑒》(蟲部第二)
明・張自烈撰,清・廖文英續《正字通》申集中(虫部)

蛺蜨

南朝梁・顧野王撰,宋・陳彭年等重修《重修玉篇》卷二五
宋・司馬光撰《類篇》卷三八
遼・釋行均《龍龕手鑒》(蟲部第二)
清・李元撰《蠕範》卷二
清・周靖撰《篆隸考異》卷三
清・郝玉麟等總裁,魯曾煜總輯《廣東通志》卷五二(物產)
清・張玉書、陳廷敬等纂《康熙字典》卷二六
清・周靖撰《篆隸考異》卷三(蟲部)
清・段玉裁撰《說文解字注》
清・嵇璜、曹仁虎等撰《續通志》卷一七八

蛺蝶

晉・郭象注《莊子注》卷二(齊物論第二)
南朝梁・顧野王撰,宋・陳彭年等重修《重修玉篇》卷二五
唐・段公路撰,龜圖註《北戶錄》卷一
唐・段成式撰《酉陽雜俎》卷一七(蟲部)
宋・曾幾撰《茶山集》卷四(蛺蝶)

宋・姜特立撰《梅山續槁》卷二（蛺蝶二首）
宋・陸佃撰《埤雅》卷一〇（釋蟲）
元・戴侗撰《六書故》卷二〇
元・陶宗儀編《說郛》卷四六上（唐・蘇鶚・杜陽雜編）
明・陳耀文撰《天中記》卷五七
明・張自烈撰，清・廖文英續《正字通》申集中（虫部）
明・李時珍撰《本草綱目》卷四〇
明・胡應麟撰，江湛然輯《少室山房集》卷四（蛺蝶行）
明・曹學佺編《石倉歷代詩選》卷一七七（周必大《蛺蝶》）、卷二八六（刘基《蛺蝶行》）
明・梅鼎祚編《古乐苑》卷三八（南朝梁蕭綱《東飛伯勞歌》）
明・徐應秋撰《玉芝堂談薈》卷三五（鳳子蝶）
清・于敏中等編《御制詩集》（三集）卷八一（蛺蝶藍雀花）、卷八九（杏花蛺蝶）
清・周靖撰《篆隸考異》卷三
清・李元撰《蠕範》卷二
清・郝玉麟等總裁，魯曾煜總輯《廣東通志》卷五二
清・張玉書、陳廷敬等纂《康熙字典》卷二六
清・和珅、梁國治等撰《熱河志》卷九六
清・（日）西師意譯，（英）竇樂安、許家惺審定《動物學教科書》
清・陳淏子輯《秘傳花鏡》卷六
清・陳淏子輯，伊欽恒校注《花鏡》（養昆蟲法）
清・（英）艾約瑟撰《動物學啟蒙》卷八（環節動物）
清・陳元龍編《歷代賦匯》卷一三八（錢文薦《蝶賦》）
清・張玉書、汪霦等編《佩文齋詠物詩選》卷四七八（南朝梁・蕭綱《詠蛺蝶》《青陵臺》）、（陳樵《蛺蝶圖》、（潘純《題趙子固蕙花蛺蝶圖》、（顧瑛《題吳性存所藏趙仲穆竹枝雙蝶圖》）、（呂誠《題萱蝶圖》、（張鳳翼《題蛺蝶花上蛺蝶》）、（徐渭《扇中雙蝶》）
清・方以智撰《通雅》卷四七（動物・蟲）

蛺蛺

遼・釋行均《龍龕手鑒》（蟲部第二）

蛪

漢・許慎撰，宋・徐鉉增釋《說文解字》卷一三上
晉・郭璞注《爾雅》卷下（釋蟲第十五）
晉・郭璞注，唐・陸德明音義，宋・邢昺疏《爾雅注疏》
宋・陸佃撰《爾雅新義》卷一五（釋蟲第十五）
宋・鄭樵撰《爾雅註》卷下（釋蟲第十五）
明・張自烈撰，清・廖文英續《正字通》申集中（虫部）
明・李時珍撰《本草綱目》卷四〇
清・焦循撰《毛詩草木鳥獸蟲魚釋》卷三
清・郝懿行撰《爾雅（郭注）義疏》卷下之三（釋蟲第十五）

蝨

漢・許慎撰，宋・徐鉉增釋《說文解字》卷一三下
南朝梁・顧野王撰，宋・陳彭年等重修《重修玉篇》卷二五
宋・司馬光撰《類篇》卷三八
遼・釋行均《龍龕手鑒》（蟲部第二）
元・戴侗撰《六書故》卷二〇
明・張自烈撰，清・廖文英續《正字通》申集中（虫部）
清・張玉書、陳廷敬等纂《康熙字典》卷二六

蛺

宋・司馬光撰《類篇》卷三八

蛈

清・張玉書、陳廷敬等纂《康熙字典》卷二六

蛃

南朝梁・顧野王撰，宋・陳彭年等重修《重修玉篇》卷二五
明・張自烈撰，清・廖文英續《正字通》申集中（虫部）
清・張玉書、陳廷敬等纂《康熙字典》卷二六

蜆

晉・郭璞注，唐・陸德明音義，宋・邢昺疏《爾雅注疏》
晉・郭璞注《爾雅》卷下（釋蟲第十五）
南朝梁・顧野王撰，宋・陳彭年等重修《重修玉篇》卷二五
宋・陸佃撰《爾雅新義》卷一五（釋蟲第十五）
宋・鄭樵撰《爾雅註》卷下（釋蟲第十五）
宋・司馬光撰《類篇》卷三八
遼・釋行均《龍龕手鑒》（蟲部第二）
元・戴侗撰《六書故》卷二〇
明・張自烈撰，清・廖文英續《正字通》申集中（虫部）
清・張玉書、陳廷敬等纂《康熙字典》卷二六

蛾

《詩經》
《爾雅》
前秦・王嘉撰，梁・蕭綺輯編《拾遺記》卷四
漢・許慎撰，宋・徐鉉增釋《說文解字》卷一三上
三國魏・張揖撰，隋・曹憲音解《博雅》卷一〇《釋蟲》
晉・郭璞注，唐・陸德明音義，宋・邢昺疏《爾雅注疏》
南朝梁・顧野王撰，宋・陳彭年等重修《重修玉篇》卷二五
宋・蔡卞撰《毛詩名物解》卷一二
宋・司馬光撰《類篇》卷三八
元・戴侗撰《六書故》卷二〇
明・張自烈撰，清・廖文英續《正字通》申集中（虫部）
明・李時珍撰《本草綱目》卷四〇、卷四一
明・彭大翼撰，張幼學增訂《山堂肆考》卷二二七（昆蟲）
清・牟應震著《毛詩物名考》卷四
清・焦循撰《毛詩草木鳥獸蟲魚釋》卷三
清・陳大章撰《詩傳名物集覽》卷五（蟲豸）
清・周春撰《爾雅補注》卷四
清・張玉書、陳廷敬等纂《康熙字典》卷二六

清・嵇璜、曹仁虎等撰《續通志》卷一七八
清・阿桂、劉瑾之等撰《欽定盛京通志》卷一〇七
清・劉於義等監修，沈青崖等編纂《陝西通志》卷四四（物產）
清・（英）傅蘭雅輯《格致彙編》（說蟲）
清・李元撰《蠕範》

蛾類

宋・蔡卞撰《毛詩名物解》卷一二
清・黃世祚、金念祖纂，陳傳德、範鐘湘修《嘉定縣續志》

蜀

元・戴侗撰《六書故》卷二〇
明・張自烈撰，清・廖文英續《正字通》申集中（虫部）
清・張玉書、陳廷敬等纂《康熙字典》卷二六
清・段玉裁撰《說文解字注》

蝵

遼・釋行均《龍龕手鑒》（蟲部第二）

慕光

晉・崔豹撰《古今注》卷中（魚蟲第五）
宋・蔡卞撰《毛詩名物解》卷一二
清・陳大章撰《詩傳名物集覽》卷五《蟲豸》
清・嵇璜、曹仁虎等撰《續通志》卷一七八

蛒

漢・許慎撰，宋・徐鉉增釋《說文解字》卷一三上
晉・郭璞注《爾雅》卷下（釋蟲第十五）
晉・郭璞注，唐・陸德明音義，宋・邢昺疏《爾雅注疏》
晉・郭璞著《爾雅音圖》（釋蟲第十五）
南朝梁・顧野王撰，宋・陳彭年等重修《重修玉篇》卷二五
宋・鄭樵撰《通志》卷七六（蟲魚類）
宋・陸佃撰《爾雅新義》卷一五（释蟲第十五）
宋・鄭樵撰《爾雅註》卷下（釋蟲第十五）
宋・司馬光撰《類篇》卷三八
元・戴侗撰《六書故》卷二〇
元・楊恒撰《六書統》卷一八
明・張自烈撰，清・廖文英續《正字通》申集中（虫部）
清・周春撰《爾雅補注》卷四
清・邵晉涵撰《爾雅正義》卷一六（釋蟲第十五）
清・張宗泰撰《爾雅注疏本正誤》卷一（釋蟲）
清・郝懿行撰《爾雅郭注義疏》卷下之三（釋蟲第十五）
清・沈廷芳撰《十三經注疏正字》卷八一（釋蟲第十五）
清・段玉裁撰《說文解字注》
清・張玉書、陳廷敬等纂《康熙字典》卷二六

蝓蝶

唐・段公路撰，龜圖註《北戶錄》卷一
明・李時珍撰《本草綱目》卷四〇
清・李元撰《蠕範》卷二
清・嵇璜、曹仁虎等撰《續通志》卷一七八

蝶蛣

宋・司馬光撰《類篇》卷三八

蟝

遼・釋行均《龍龕手鑒》（蟲部第二）
明・張自烈撰，清・廖文英續《正字通》申集中（虫部）
清・張玉書、陳廷敬等纂《康熙字典》卷二六

撻末

唐・段公路撰，龜圖註《北戶錄》卷一
明・張自烈撰，清・廖文英續《正字通》申集中（虫部）
明・徐應秋撰《玉芝堂談薈》卷三五（鳳子蝶）
清・李元撰《蠕範》卷二
清・嵇璜、曹仁虎等撰《續通志》卷一七八
清・郝玉麟等總裁，魯曾煜總輯《廣東通志》卷五二（物產）
清・張玉書、陳廷敬等纂《康熙字典》卷二六
清・方以智撰《通雅》卷四七（動物・蟲）

撲燈蛾

清・嵇璜、曹仁虎等撰《續通志》卷一七八
清・趙學敏輯《本草綱目拾遺》卷一〇（蟲部）

欂藺

晉・郭璞注《爾雅》卷下
晉・郭璞注，唐・陸德明音義，宋・邢昺疏《爾雅注疏》
晉・郭璞著《爾雅音圖》（釋蟲第十五）
宋・鄭樵撰《通志》卷七六（蟲魚類）
宋・陸佃撰《爾雅新義》卷一五（释蟲第十五）
宋・鄭樵撰《爾雅註》卷下（釋蟲第十五）
清・郝懿行撰《爾雅（郭注）義疏》卷下之三（釋蟲第十五）
清・姜兆錫撰《爾雅注疏參議》卷六
清・邵晉涵撰《爾雅正義》卷一六（釋蟲第十五）
清・長順修《吉林通志》卷三四（物產）

額爾拜凱

清・高賡恩等纂修《綏遠全志》

蜫

南朝梁・顧野王撰，宋・陳彭年等重修《重修玉篇》卷二五
明・張自烈撰，清・廖文英續《正字通》申集中（虫部）

螝

《爾雅》
漢・許慎撰，宋・徐鉉增釋《說文解字》卷一三上
晉・郭璞注《爾雅》卷下（釋蟲第十五）
宋・蔡卞撰《毛詩名物解》卷一二
宋・陸佃撰《爾雅新義》卷一五（释蟲第十五）
宋・鄭樵撰《爾雅註》卷下（釋蟲第十五）
宋・司馬光撰《類篇》卷三八
遼・釋行均《龍龕手鑒》（蟲部第二）
清・周春撰《爾雅補注》卷四
清・張玉書、陳廷敬等纂《康熙字典》卷二六

清・焦循撰《毛詩草木鳥獸蟲魚釋》卷三

蝵

南朝梁・顧野王撰，宋・陳彭年等重修《重修玉篇》卷二五

元・戴侗撰《六書故》卷二〇

清・張玉書、陳廷敬等纂《康熙字典》卷二六

蟏

宋・司馬光撰《類篇》卷三八

明・張自烈撰，清・廖文英續《正字通》申集中（虫部）

清・張玉書、陳廷敬等纂《康熙字典》卷二六

蕭繭

晉・郭璞注，唐・陸德明音義，宋・邢昺疏《爾雅注疏》

宋・鄭樵撰《爾雅註》卷下（釋蟲第十五）

宋・陸佃撰《爾雅新義》卷一五（釋蟲第十五）

宋・鄭樵撰《爾雅註》卷下（釋蟲第十五）

螟蛉

《詩經》

《爾雅》

漢・許慎撰，宋・徐鉉增釋《說文解字》卷一三上

晉・郭璞注《爾雅》卷下

宋・蔡卞撰《毛詩名物解》卷一二（釋蟲）

宋・陸佃撰《爾雅新義》卷一五（釋蟲第十五）

宋・范處義撰《詩補傳》卷一九

遼・釋行均《龍龕手鑒》（蟲部第二）

明・馮復京撰《六家詩名物疏》卷三九

明・王圻、王思義輯《三才圖會》卷六

明・季本撰《詩說解頤》卷六

明・謝肇淛著《五雜俎》卷之九（物部）

清・徐鼎撰《毛詩名物圖說》卷三

清・趙佑撰《草木疏校正》卷下

清・焦循撰《陸氏草木鳥獸蟲魚疏疏》卷下

清・焦循撰《毛詩草木鳥獸蟲魚釋》卷九

清・柯璜譯編《博物學講義》

清・牟應震著《毛詩物名考》卷四

清・周春撰《爾雅補注》卷四

清・戴鎣撰《爾雅郭注補正》卷八

清・張宗泰撰《爾雅注疏本正誤》卷五

清・張玉書、陳廷敬等纂《康熙字典》卷二六

清・顧棟高撰《毛詩類釋》卷一八（釋蟲）

螟蠕

南朝梁・顧野王撰，宋・陳彭年等重修《重修玉篇》卷二五

宋・司馬光撰《類篇》卷三八

元・楊恒撰《六書統》卷一八

清・張玉書、陳廷敬等纂《康熙字典》卷二六

清・段玉裁撰《說文解字注》

冥蛉

晉・郭璞著《爾雅音圖》（釋蟲第十五）

戌女

清・徐鼎撰《毛詩名物圖說》卷三

蛢

三國魏・張揖撰，隋・曹憲音解《博雅》卷一〇《釋蟲》

蝑

清・姜兆錫撰《爾雅注疏參議》卷六

清・戴鎣撰《爾雅郭注補正》卷八

蝨

清・張玉書、陳廷敬等纂《康熙字典》卷二六

雔由

晉・郭璞注《爾雅》卷下

晉・郭璞著《爾雅音圖》（釋蟲第十五）

晉・郭璞注，唐・陸德明音義，宋・邢昺疏《爾雅注疏》

宋・陸佃撰《爾雅新義》卷一五（釋蟲第十五）

宋・鄭樵撰《爾雅註》卷下（釋蟲第十五）

清・牟應震著《毛詩物名考》卷四

清・姜兆錫撰《爾雅注疏參議》卷六

清・邵晉涵撰《爾雅正義》卷一六（釋蟲第十五）

清・郝懿行撰《爾雅郭注義疏》卷下之三（釋蟲第十五）

清・沈廷芳撰《十三經注疏正字》卷八一（釋蟲第十五）

讐由

宋・鄭樵撰《通志》卷七六（蟲魚類）

清・李元撰《蠕範》卷一

讎由

清・長順修《吉林通志》卷三四（物產）

霜蛾

清・嵇璜、曹仁虎等撰《續通志》卷一七八

螅

宋・司馬光撰《類篇》卷三八

清・張玉書、陳廷敬等纂《康熙字典》卷二六

蟓

晉・郭璞注《爾雅》卷下（釋蟲第十五）

晉・郭璞注，唐・陸德明音義，宋・邢昺疏《爾雅注疏》

南朝梁・顧野王撰，宋・陳彭年等重修《重修玉篇》卷二五

宋・鄭樵撰《通志》卷七六（蟲魚類）

宋・陸佃撰《爾雅新義》卷一五（釋蟲第十五）

宋・鄭樵撰《爾雅註》卷下（釋蟲第十五）

遼・釋行均《龍龕手鑒》（蟲部第二）

明・張自烈撰，清・廖文英續《正字通》申集中（虫部）

清・周春撰《爾雅補注》卷四

清・張玉書、陳廷敬等纂《康熙字典》卷二六

清・姜兆錫撰《爾雅注疏參議》卷六

清・邵晉涵撰《爾雅正義》卷一六（釋蟲第十五）

清・郝懿行撰《爾雅郭注義疏》卷下之三（釋蟲第十五）

蝹

清・張玉書、陳廷敬等纂《康熙字典》卷二六

螌蛈

宋・司馬光撰《類篇》卷三八

清・李元撰《蠕範》卷二

清・嵇璜、曹仁虎等撰《續通志》卷一七八

清・周靖撰《篆隸考異》卷三

蠂

明・張自烈撰，清・廖文英續《正字通》申集中（虫部）

螢

明・張自烈撰，清・廖文英續《正字通》申集中（虫部）

蟔

晉・郭璞注《爾雅》卷下（釋蟲第十五）

晉・郭璞注，唐・陸德明音義，宋・邢昺疏《爾雅注疏》

宋・陸佃撰《爾雅新義》卷一五（释蟲第十五）

宋・司馬光撰《類篇》卷三八

宋・鄭樵撰《爾雅註》卷下（釋蟲第十五）

元・戴侗撰《六書故》卷二〇

清・周春撰《爾雅補注》卷四

清・姜兆錫撰《爾雅注疏參議》卷六

清・張玉書、陳廷敬等纂《康熙字典》卷二六

蟜

元・戴侗撰《六書故》卷二〇

明・張自烈撰，清・廖文英續《正字通》申集中（虫部）

清・段玉裁撰《說文解字注》

蠋

《詩經》

明・張自烈撰，清・廖文英續《正字通》申集中（虫部）

清・張玉書、陳廷敬等纂《康熙字典》卷二六

羅

《爾雅》

漢・許慎撰，宋・徐鉉增釋《說文解字》卷一三上

晉・郭璞注《爾雅》卷下（釋蟲第十五）

晉・郭璞注，唐・陸德明音義，宋・邢昺疏《爾雅注疏》

宋・蔡卞撰《毛詩名物解》卷一二

宋・陸佃撰《爾雅新義》卷一五（释蟲第十五）

宋・鄭樵撰《爾雅註》卷下（釋蟲第十五）

清・焦循撰《毛詩草木鳥獸蟲魚釋》卷三

清・周春撰《爾雅補注》卷四

清・郝懿行撰《爾雅（郭注）義疏》卷下之三（釋蟲第十五）

蟦

遼・釋行均《龍龕手鑒》（蟲部第二）

明・張自烈撰，清・廖文英續《正字通》申集中（虫部）

清・張玉書、陳廷敬等纂《康熙字典》卷二六

蟹

清・張玉書、陳廷敬等纂《康熙字典》卷二六

蠹蠋

清・嵇璜、曹仁虎等撰《欽定續通志》卷一七八

蠠

清・張玉書、陳廷敬等纂《康熙字典》卷二六

蝅

清・張玉書、陳廷敬等纂《康熙字典》卷二六

蠳

明・張自烈撰，清・廖文英續《正字通》申集中（虫部）

清・張玉書、陳廷敬等纂《康熙字典》卷二六

清・李元撰《蠕範》卷二

蠜

宋・司馬光撰《類篇》卷三八

鱗翅目

清・余宗農編輯《桑樹蟲害論》

清・（美）克拉克 索爾比著，史紅帥譯《穿越陝甘・1908-1909年克拉克考察隊華北行紀》

鱗翅類

清・（日）西師意譯，（英）竇樂安、許家惺審定《動物學教科書》

清・（日）鳥羽源藏著，林森滌、庵甫譯《科學世界》（昆蟲標本製作法）

欒蔨

晉・郭璞注《爾雅》卷下（釋蟲第十五）

晉・郭璞著《爾雅音圖》（釋蟲第十五）

宋・鄭樵撰《通志》卷七六（蟲魚類）

宋・陸佃撰《爾雅新義》卷一五（釋蟲第十五）

宋・鄭樵撰《爾雅註》卷下（釋蟲第十五）

清・戴鎣撰《爾雅郭注補正》卷八

清・邵晉涵撰《爾雅正義》卷一六（釋蟲第十五）

清・郝懿行撰《爾雅（郭注）義疏》卷下之三（釋蟲第十五）

清・長順修《吉林通志》卷三四（物產）

欒蠠

清・李元撰《蠕範》卷一

蠕

漢・許慎撰，宋・徐鉉增釋《說文解字》卷一三上

南朝梁・顧野王撰，宋・陳彭年等重修《重修玉篇》卷二五

宋・司馬光撰《類篇》卷三八

元・楊恒撰《六書統》卷一八

明・張自烈撰，清・廖文英續《正字通》申集中（虫部）

清・張玉書、陳廷敬等纂《康熙字典》卷二六

蠯

宋・司馬光撰《類篇》卷三八

蠹類

宋・鄭樵撰《爾雅註》卷下（釋蟲第十五）

蠳

明・張自烈撰，清・廖文英續《正字通》申集中（虫部）

固哩和爾亥

清・高賡恩等纂修《綏遠全志》

扬瘌子

明・張自烈撰，清・廖文英續《正字通》申集中（虫部）

蝙蝠蛾科 Hepialidae

氷蛆

清・王文韶修《續雲南通志稿》卷五九

明・徐應秋撰《玉芝堂談薈》卷三五

清・嵇璜、曹仁虎等撰《續通志》卷一七八

氷蠶

晉・王嘉撰《拾遺記》卷一〇

明・徐應秋撰《玉芝堂談薈》卷三五

神蛆

民國・劉贊廷編《西藏府縣志輯・民國同普縣誌》

雪蛆

金・李杲編輯，明・李時珍參訂，姚可成補輯《食物本草》卷一一

明・曹學佺撰《蜀中廣記》卷一〇（方物記第二・蟲）

明・何宇度撰《益部談資》卷上

明・徐應秋撰《玉芝堂談薈》卷三五

清・嵇璜、曹仁虎等撰《續通志》卷一七八

清・王文韶修《續雲南通志稿》卷五九

清・七十一著《喀普噶爾列傳》

清・《新疆輿圖風土考》

民國・劉贊廷編《西藏府縣志輯・民國同普縣誌》

雪蠶

金・李杲編輯，明・李時珍參訂，姚可成補輯《食物本草》卷一一

明・李時珍撰《本草綱目》卷三下

清・嵇璜、曹仁虎等撰《續通志》卷一七八

雪蛆

明・葉子奇撰《草木子》卷一（觀物篇）

虫草蝠蛾 *Hepialus armoricanus*

冬蟲夏草

清・齊學裘撰《見聞續集》卷一

清・蒲松齡著《聊齋志異》外集

清・馬忠良原纂，孫鏘增修《西康越雟廳志》

清・吳儀洛著《本草從新》

冰蛆

宋・周密撰《癸辛雜識》卷下

雪蠶

清・嵇璜、曹仁虎等撰《續通志》卷一七八

夏草冬蟲

清・七十一著《西域總志・異域瑣談》卷一

清・長白椿園氏著《新疆省新疆輿圖風土考》

蟲草

清・馬忠良原纂，孫鏘增修《西康越雟廳志》

雪蛆

明・李時珍撰《本草綱目》卷三九

清・嵇璜、曹仁虎等撰《續通志》卷一七八

清・長白椿園氏著《新疆省新疆輿圖風土考》

东隅蝠蛾 *Hepialus dongyuensis*

蟲草

民國・劉贊廷編《西藏府縣志輯・民國察隅縣志》

丽江蝠蛾 *Hepialus lijiangensis*

雪蛆

清・王文韶修《續雲南通志稿》卷五九

四川蝠蛾 *Hepialus sichuanus*

雪蛆

明・曹學佺撰《蜀中廣記》卷一〇（方物記第二・蟲）

异色蝠蛾 *Hepialus varians*

蟲草

民國・劉贊廷編《西藏府縣志輯・民國昌都縣志》

云龙蝠蛾 *Hepialus yunlongensis*

雪蛆

清・王文韶修《續雲南通志稿》卷五九

察隅蝠蛾 *Hepialus zhayuensis*

蟲草

民國・劉贊廷編《西藏府縣志輯・民國稞麥縣志》

点蝙蛾 *Phassus sinensis*

桃蠹蟲

明・李時珍撰《本草綱目》卷四一

透翅蛾科 Aegeriidae

杨大透翅蛾 ***Aegeria apiformis***

儗為有刺有毒類

清・西師意譯，竇樂安、許家惺審定《動物學教科書》

麦蛾科 Gelechiidae

麦蛾 ***Sitotroga cerealella***

麥衣蝶

清・吳馨等修，姚文枏等纂《江蘇省上海縣續志》卷八

麥蛾

清・吳馨等修，姚文枏等纂《江蘇省上海縣續志》卷八

清・宗源瀚、郭式昌修，周學浚、陸心源纂《浙江府縣志輯・湖州府志》

麥蜨

清・宗源瀚、郭式昌修，周學浚、陸心源纂《浙江府縣

志輯·湖州府志》

麥蛇

清·宗源瀚、郭式昌修，周學浚、陸心源纂《浙江府縣志輯·湖州府志》

谷蛾科 Tinaeidae

毛顫蛾 *Trichophaga tapetzella*

雀糞蝶

清·吳馨等修，姚文枬等纂《江蘇省上海縣續志》卷八

翼羽科 Alucitidae

日本二十四羽蛾 *Alucita japonica*

千輻蝶

清·（英）艾約瑟《動物學啟蒙》卷八（環節動物）

木蠹蛾科 Cossidae

柳木蠹 *Holcocerus vicarius*

梆蠹蟲

明·李時珍撰《本草綱目》卷四

蓑蛾科 Psychidae

水螺

明·陶宗儀撰《說郛》卷三下

清·嵇璜、曹仁虎等撰《續通志》卷一七八

皮蟲

清·吳馨等修，姚文枬等纂《江蘇省上海縣續志》卷八（物產）

結草蟲

唐·蘇鶚撰《蘇氏演義》卷下

明·陶宗儀撰《說郛》卷三下

清·嵇璜、曹仁虎等撰《續通志》卷一七八

結葦

唐·蘇鶚撰《蘇氏演義》卷下

清·嵇璜、曹仁虎等撰《續通志》卷一七八

蓑衣蟲

清·嵇璜、曹仁虎等撰《續通志》卷一七八

清·陳志喆、劉德恒修，吳大猷纂《廣東府縣志輯·光緒四會縣志》編一

清·吳馨等修，姚文枬等纂《江蘇省上海縣續志》卷八（物產）

蓑衣丈人

明·陶宗儀撰《說郛》卷三下

清·嵇璜、曹仁虎等撰《續通志》卷一七八

大蓑蛾 *Cryptothelea formosicola*

避債蟲

宋·羅願撰元·洪焱祖音釋《爾雅翼》（釋蟲）

清·周春撰《爾雅補注》卷四

鬆裹蛾

清·周春撰《爾雅補注》卷四

刺蛾科 Cochlidiidae

八角盤蟲

晉·郭璞注，唐·陸德明音義，宋·邢昺疏《爾雅注疏》卷九（释蟲）

晉·郭璞著《爾雅音圖》（釋蟲第十五）

明·穆希文撰《蟫史集》卷一〇

明·張自烈撰，清·廖文英續《正字通》申集中（虫部）

清·戴鎣撰《爾雅郭注補正》卷八

清·邵晉涵撰《爾雅正義》卷一六

清·郝懿行撰《爾雅（郭注）義疏》卷下之三（釋蟲第十五）

清·張玉書、陳廷敬等纂《康熙字典》卷二六

天漿子

宋·唐慎微撰，寇宗奭衍義《證類本草》卷二二

宋·蘇頌撰《圖經本草》卷下（蟲魚部第十五）

明·張自烈撰，清·廖文英續《正字通》申集中（虫部）

明·穆希文撰《蟫史集》卷一〇

清·嵇璜、曹仁虎等撰《續通志》卷一七八

清·方旭撰《蟲薈》卷三（昆蟲）

清·李元撰《蠕範》卷八（物壽第十六）

毛蛓

清·張玉書、陳廷敬等纂《康熙字典》卷二六

毛蟲

宋·鄭樵撰《爾雅註》卷下（釋蟲第十五）

宋·唐慎微撰，寇宗奭衍義《證類本草》卷二二

宋·蘇頌撰《圖經本草》卷下（蟲魚部第十五）

元·戴侗撰《六書故》卷二〇

明·張自烈撰，清·廖文英續《正字通》申集中（虫部）

清·戴鎣撰《爾雅郭注補正》卷八

清·張玉書、陳廷敬等纂《康熙字典》卷二六

清·方旭撰《蟲薈》卷三（昆蟲）

清·吳景旭撰《歷代詩話》卷一二

清·周靖撰《篆隸考異》卷三

清·段玉裁撰《說文解字注》

清·徐文靜撰《管城碩記》卷二二

毛蠹

清·徐文靜撰《管城碩記》卷二二

清·張玉書、陳廷敬等纂《康熙字典》卷二六

林蛓

清·方旭撰《蟲薈》卷三（昆蟲）

清·吳景旭撰《歷代詩話》卷一二

刺剛子

宋·唐慎微撰，寇宗奭衍義《證類本草》卷二二

紅姑娘

清・張玉書、陳廷敬等纂《康熙字典》卷二六
清・方旭撰《蟲薈》卷三（昆蟲）
清・李元撰《蠕範》卷八（物壽第十六）

蚝

明・張自烈撰，清・廖文英續《正字通》申集中（虫部）
清・徐文靜撰《管城碩記》卷二二
清・張玉書、陳廷敬等纂《康熙字典》卷二六
清・李元撰《蠕範》卷八（物壽第十六）

蚝蟲

宋・蘇頌撰《圖經本草》卷下（蟲魚部第十五）
宋・唐慎微撰，寇宗奭衍義《證類本草》卷二二
元・戴侗撰《六書故》卷二〇
明・穆希文撰《蟫史集》卷一〇
明・張自烈撰，清・廖文英續《正字通》申集中（虫部）
清・邵晉涵撰《爾雅正義》卷一六
清・郝懿行撰《爾雅郭注義疏》卷下之三（釋蟲第十五）
清・張玉書、陳廷敬等纂《康熙字典》卷二六
清・嵇璜、曹仁虎等撰《續通志》卷一七八
清・萬青黎、周家楣修，张之洞、缪荃孙纂《北京府縣志輯・光緒順天府志》
清・方旭撰《蟲薈》卷三（昆蟲）
清・徐文靜撰《管城碩記》卷二二

蚵

明・張自烈撰，清・廖文英續《正字通》申集中（虫部）
清・張玉書、陳廷敬等纂《康熙字典》卷二六

雀兒飯瓮

宋・唐慎微撰，寇宗奭衍義《證類本草》卷二二

雀兒飯甕

宋・羅願撰，元・洪焱祖音釋《爾雅翼》卷二四（釋蟲）
宋・唐慎微撰，寇宗奭衍義《證類本草》卷二二
宋・蘇頌撰《圖經本草》卷下（蟲魚部第十五）
明・穆希文撰《蟫史集》卷一〇
明・張自烈撰，清・廖文英續《正字通》申集中（虫部）
清・嵇璜、曹仁虎等撰《續通志》卷一七八
清・方旭撰《蟲薈》卷三（昆蟲）

雀瓮

元・戴侗撰《六書故》卷二〇
清・張玉書、陳廷敬等纂《康熙字典》卷二六

雀飯甕

清・李元撰《蠕範》卷八（物壽第十六）

雀甕

三國魏・吳普等述，清・孫星衍、孫馮翼同輯《神農本草經》卷一
宋・羅願撰，元・洪焱祖音釋《爾雅翼》卷二四（釋蟲）
宋・唐慎微撰，寇宗奭衍義《證類本草》卷二二
宋・蘇頌撰《圖經本草》卷下（蟲魚部第十五）
明・穆希文撰《蟫史集》卷一〇
明・李時珍撰《本草綱目》卷三九
清・戴鎣撰《爾雅郭注補正》卷八
清・邵晉涵撰《爾雅正義》卷一六
清・郝懿行撰《爾雅（郭注）義疏》卷下之三（釋蟲第十五）
清・段玉裁撰《說文解字注》
清・任基振撰《爾雅注疏箋補》卷下（釋蟲第十五）

雀雍

清・任基振撰《爾雅注疏箋補》卷下（釋蟲第十五）

雀癰

宋・羅願撰，元・洪焱祖音釋《爾雅翼》卷二四（釋蟲）
宋・唐慎微撰，寇宗奭衍義《證類本草》卷二二
宋・蘇頌撰《圖經本草》卷下（蟲魚部第十五）
明・張自烈撰，清・廖文英續《正字通》申集中（虫部）

蛅

漢・許慎撰，宋・徐鉉增釋《說文解字》卷一三上
三國魏・吳普等述，清・孫星衍、孫馮翼同輯《神農本草經》卷一
宋・司馬光撰《類篇》卷三八
遼・釋行均撰《龍龕手鑒》卷二
元・戴侗撰《六書故》卷二〇
元・楊恒撰《六書統》卷一八
明・張自烈撰，清・廖文英續《正字通》申集中（虫部）
清・張玉書、陳廷敬等纂《康熙字典》卷二六
清・段玉裁撰《說文解字注》

蜇

宋・司馬光撰《類篇》卷三八

呫嘶

清・吳景旭撰《歷代詩話》卷一二

蛅斯

漢・許慎撰，宋・徐鉉增釋《說文解字》卷一三上
三國魏・吳普等述，清・孫星衍、孫馮翼同輯《神農本草經》卷一
宋・司馬光撰《類篇》卷三八
元・戴侗撰《六書故》卷二〇
元・楊恒撰《六書統》卷一八
清・邵晉涵撰《爾雅正義》卷一六
清・段玉裁撰《說文解字注》

蛅嘶

宋・羅願撰，元・洪焱祖音釋《爾雅翼》卷二四（釋蟲）
清・張玉書、陳廷敬等纂《康熙字典》卷二六

蛅蟴

晉・郭璞注，唐・陸德明音義，宋・邢昺疏《爾雅注疏》卷九（释蟲）
晉・郭璞著《爾雅音圖》（釋蟲第十五）
宋・陸佃撰《爾雅新義》卷一五
宋・鄭樵撰《爾雅註》卷下（釋蟲第十五）
宋・司馬光撰《類篇》卷三八

元·戴侗撰《六書故》卷二〇
明·張自烈撰，清·廖文英續《正字通》申集中（虫部）
清·戴鎣撰《爾雅郭注補正》卷八
清·邵晉涵撰《爾雅正義》卷一六
清·張宗泰撰《爾雅注疏本正誤》卷五（釋蟲第十五）
清·郝懿行撰《爾雅（郭注）義疏》卷下之三（釋蟲第十五）
清·沈廷芳撰《十三經注疏正字》卷八一（釋蟲第十五）
清·方旭撰《蟲薈》卷三（昆蟲）
清·段玉裁撰《說文解字注》
清·任基振撰《爾雅注疏箋補》卷下（釋蟲第十五）

蛅蟖

《爾雅》
三國魏·吳普等述，清·孫星衍、孫馮翼同輯《神農本草經》卷一
宋·唐慎微撰，寇宗奭衍義《證類本草》卷二二
宋·蘇頌撰《圖經本草》卷下（蟲魚部第十五）
元·戴侗撰《六書故》卷二〇
明·穆希文撰《蟫史集》卷一〇
明·王圻、王思義輯《三才圖會》鳥獸卷六
清·張玉書、陳廷敬等纂《康熙字典》卷二六
清·李元撰《蠕範》卷八（物壽第十六）
清·範鐘湘、陳傅德修，金念祖、黃世祚纂《上海府縣志輯·嘉定縣續志》卷五（物產）
清·徐文靜撰《管城碩記》卷二二

蛅蟖房

三國魏·吳普等述，清·孫星衍、孫馮翼同輯《神農本草經》卷一
宋·蘇頌撰《圖經本草》卷下（蟲魚部第十五）
宋·唐慎微撰，寇宗奭衍義《證類本草》卷二二
明·穆希文撰《蟫史集》卷一〇
明·張自烈撰，清·廖文英續《正字通》申集中（虫部）
清·張玉書、陳廷敬等纂《康熙字典》卷二六
清·李元撰《蠕範》卷八（物壽第十六）
清·嵇璜、曹仁虎等撰《續通志》卷一七八
清·任基振撰《爾雅注疏箋補》卷下（釋蟲第十五）

蛅蜇房

清·邵晉涵撰《爾雅正義》卷一六
清·郝懿行撰《爾雅（郭注）義疏》卷下之三（釋蟲第十五）

蛅蟖房

宋·羅願撰，元·洪焱祖音釋《爾雅翼》卷二四（釋蟲）

蛅篚

元·戴侗撰《六書故》卷二〇

強羊

元·戴侗撰《六書故》卷二〇

䖸

三國魏·吳普等述，清·孫星衍、孫馮翼同輯《神農本草經》卷一
晉·郭璞注，唐·陸德明音義，宋·邢昺疏《爾雅注疏》卷九（釋蟲）
晉·郭璞著《爾雅音圖》（釋蟲第十五）
宋·鄭樵撰《爾雅註》卷下（釋蟲第十五）
宋·唐慎微撰，寇宗奭衍義《證類本草》卷二二
宋·蘇頌撰《圖經本草》卷下（蟲魚部第十五）
宋·羅願撰，元·洪焱祖音釋《爾雅翼》卷二四（釋蟲）
宋·司馬光撰《類篇》卷三八
明·張自烈撰，清·廖文英續《正字通》申集中（虫部）
明·穆希文撰《蟫史集》卷一〇
清·戴鎣撰《爾雅郭注補正》卷八
清·邵晉涵撰《爾雅正義》卷一六
清·郝懿行撰《爾雅（郭注）義疏》卷下之三（釋蟲第十五）
清·張玉書、陳廷敬等纂《康熙字典》卷二六
清·吳景旭撰《歷代詩話》卷一二
清·周靖撰《篆隸考異》卷三
清·徐文靜撰《管城碩記》卷二二

䖸毛

清·周靖撰《篆隸考異》卷三

䖸蟲

清·李元撰《蠕範》

䖸屬

三國魏·吳普等述，清·孫星衍、孫馮翼同輯《神農本草經》卷一
晉·郭璞注，唐·陸德明音義，宋·邢昺疏《爾雅注疏》卷九（釋蟲）
晉·郭璞著《爾雅音圖》（釋蟲第十五）
宋·司馬光撰《類篇》卷三八
明·穆希文撰《蟫史集》卷一〇
明·張自烈撰，清·廖文英續《正字通》申集中（虫部）
清·張玉書、陳廷敬等纂《康熙字典》卷二六
清·戴鎣撰《爾雅郭注補正》卷八
清·邵晉涵撰《爾雅正義》卷一六
清·郝懿行撰《爾雅（郭注）義疏》卷下之三（釋蟲第十五）
清·段玉裁撰《說文解字注》
清·徐文靜撰《管城碩記》卷二二

䖸虿

明·穆希文撰《蟫史集》卷一〇

䖸蠶

明·王圻、王思義輯《三才圖會》卷六

棘剛子

宋·唐慎微撰，寇宗奭衍義《證類本草》卷二二
宋·蘇頌撰《圖經本草》卷下（蟲魚部第十五）
明·張自烈撰，清·廖文英續《正字通》申集中（虫部）

清・嵇璜、曹仁虎等撰《續通志》卷一七八
清・方旭撰《蟲薈》卷三（昆蟲）
清・李元撰《蠕範》卷八（物壽第十六）
黑
三國魏・吳普等述，清・孫星衍、孫馮翼同輯《神農本草經》卷一
明・張自烈撰，清・廖文英續《正字通》申集中（虫部）
黑蛅
遼・釋行均撰《龍龕手鑒》卷二
楊剌蟲
明・穆希文撰《蟫史集》卷一〇
楊瘌蟲
宋・羅願撰，元・洪焱祖音釋《爾雅翼》卷二四（釋蟲）
明・王圻、王思義輯《三才圖會》鳥獸卷六
楊瘌子
明・張自烈撰，清・廖文英續《正字通》申集中（虫部）
楊瘌蟲
清・任基振撰《爾雅注疏箋補》卷下（釋蟲第十五）
楊辣
清・周靖撰《篆隸考異》卷三
楊辣子
清・方旭撰《蟲薈》卷三（昆蟲）
楊癩子
清・李元撰《蠕範》卷八（物壽第十六）
辣毛蟲
清・方旭撰《蟲薈》卷三（昆蟲）
辣罔
明・穆希文撰《蟫史集》卷一〇
蝋
明・張自烈撰，清・廖文英續《正字通》申集中（虫部）
清・張玉書、陳廷敬等纂《康熙字典》卷二六
墨
漢・許慎撰，宋・徐鉉增釋《說文解字》卷一三上
元・楊恒撰《六書統》卷一八
清・邵晉涵撰《爾雅正義》卷一六
清・張玉書、陳廷敬等纂《康熙字典》卷二六
清・段玉裁撰《說文解字注》
螁
清・張玉書、陳廷敬等纂《康熙字典》卷二六
蟳載
清・郝懿行撰《爾雅郭注義疏》卷下之三（釋蟲第十五）
蟳螺
清・郝懿行撰《爾雅郭注義疏》卷下之三（釋蟲第十五）
螺
三國魏・吳普等述，清・孫星衍、孫馮翼同輯《神農本草經》卷一
晉・郭璞注，唐・陸德明音義，宋・邢昺疏《爾雅注疏》卷九（释蟲）

晉・郭璞著《爾雅音圖》（釋蟲第十五）
宋・陸佃撰《爾雅新義》卷一五
宋・鄭樵撰《爾雅註》卷下（釋蟲第十五）
宋・司馬光撰《類篇》卷三八
元・戴侗撰《六書故》卷二〇
明・張自烈撰，清・廖文英續《正字通》申集中（虫部）
明・穆希文撰《蟫史集》卷一〇
清・邵子彝修，魯琪光纂《建昌府志》
清・戴鎣撰《爾雅（郭注）補正》卷八
清・邵晉涵撰《爾雅正義》卷一六
清・張宗泰撰《爾雅注疏本正誤》卷五（釋蟲第十五）
清・郝懿行撰《爾雅（郭注）義疏》卷下之三（釋蟲第十五）
清・沈廷芳撰《十三經注疏正字》卷八一（釋蟲第十五）
清・張玉書、陳廷敬等纂《康熙字典》卷二六
清・方旭撰《蟲薈》卷三（昆蟲）
清・任基振撰《爾雅注疏箋補》卷下（釋蟲第十五）
清・徐文靜撰《管城碩記》卷二二
蟍舍
清・張玉書、陳廷敬等纂《康熙字典》卷二六
躁舍
三國魏・吳普等述，清・孫星衍、孫馮翼同輯《神農本草經》卷一
宋・羅願撰，元・洪焱祖音釋《爾雅翼》卷二四（釋蟲）
宋・唐慎微撰，寇宗奭衍義《證類本草》卷二二
明・穆希文撰《蟫史集》卷一〇
明・張自烈撰，清・廖文英續《正字通》申集中（虫部）
清・郝懿行撰《爾雅（郭注）義疏》卷下之三（釋蟲第十五）
清・李元撰《蠕範》卷八（物壽第十六）
清・嵇璜、曹仁虎等撰《續通志》卷一七八
清・方旭撰《蟲薈》卷三（昆蟲）
清・任基振撰《爾雅注疏箋補》卷下（釋蟲第十五）
蠌
晉・郭璞注，唐・陸德明音義，宋・邢昺疏《爾雅注疏》卷九（釋蟲）
宋・司馬光撰《類篇》卷三八
明・張自烈撰，清・廖文英續《正字通》申集中（虫部）
清・戴鎣撰《爾雅郭注補正》卷八
清・郝懿行撰《爾雅（郭注）義疏》卷下之三
清・張玉書、陳廷敬等纂《康熙字典》卷二六
清・李元撰《蠕範》卷八（物壽第十六）
清・段玉裁撰《說文解字注》
毛娘
清・方旭撰《蟲薈》卷三（昆蟲）
螫人蟲
清・吳景旭撰《歷代詩話》卷一二

載毛蟲

清・範鐘湘、陳傳德修，金念祖、黃世祚纂《上海府縣志輯・嘉定縣續志》卷五

清・徐文靜撰《管城碩記》卷二二

黄刺蛾 *Cnidocampa flavescens*

天漿

明・李時珍撰《本草綱目》卷三九

天漿子

明・李時珍撰《本草綱目》卷三九

毛蟲

明・李時珍撰《本草綱目》卷三九

紅姑娘

明・李時珍撰《本草綱目》卷三九

蚝

明・李時珍撰《本草綱目》卷三九

蚝蟲窠

明・李時珍撰《本草綱目》卷三九

雀兒飯甕

明・李時珍撰《本草綱目》卷三九

雀甕

明・李時珍撰《本草綱目》卷三九

雀癰

明・李時珍撰《本草綱目》卷三九

蛅蟖

明・李時珍撰《本草綱目》卷三九

蛅蟖房

明・李時珍撰《本草綱目》卷三九

棘剛子

明・李時珍撰《本草綱目》卷三九

楊瘌子

明・李時珍撰《本草綱目》卷三九

躁舍

明・李時珍撰《本草綱目》卷三九

桑褐刺蛾 *Setora sinensis*

刺毛蟲

清・余宗農編輯《桑樹蟲害論》

果柱蛾科 Carposinidae

桃小食心虫 *Carposina niponensis*

食桃心蟲

清・範鐘湘、陳傳德修，金念祖、黃世祚纂《上海府縣志輯・嘉定縣續志》卷五

桃蟲

清・吳馨等修，姚文枬等纂《江蘇省上海縣續志》卷八

小卷蛾科 Olethreutidae

冷杉芽小卷蛾 *Cymolomia hartigiana*

褐色葉卷蟲

清・余宗農編輯《桑樹蟲害論》第五章

葉卷蟲

清・余宗農編輯《桑樹蟲害論》第五章

桑芽小卷蛾 *Cymolomia morivora*

綠色葉卷蟲

清・余宗農編輯《桑樹蟲害論》第五章

卷蛾科 Tortricidae

棉褐带卷叶蛾 *Adoxophyes orana*

絲引葉卷蟲

清・余宗農編輯《桑樹蟲害論》第五章

螟蛾科 Pyralidae

食苗心

《爾雅》

食苗心蟲

南朝梁・顧野王撰，宋・陳彭年等重修《重修玉篇》卷二五

食苗心螟

晉・郭璞著《爾雅音圖》（釋蟲第十五）

宋・陸佃撰《埤雅》卷一一（釋蟲）

宋・羅願撰，元・洪焱祖音釋《爾雅翼》（釋蟲）

明・馮復京撰《六家詩名物疏》卷四三

清・徐鼎撰《毛詩名物圖說》卷三

清・劉玉麐撰《爾雅校議》卷下（釋蟲第十五）

螟

《詩經》

《爾雅》

周・谷梁赤撰，晉・范甯集解，唐・楊士勳疏，陸德明音義《春秋穀梁傳注疏》卷二

漢・許慎撰，宋・徐鉉增釋《說文解字》卷一三上

三國吳・陸璣撰，明・毛晉廣要《陸氏詩疏廣要》卷下之下

南朝梁・顧野王撰，宋・陳彭年等重修《重修玉篇》卷二五

五代・徐鍇撰，朱翱反切《說文繫傳》卷二五

宋・陸佃撰《埤雅》卷一一（釋蟲）

宋・羅願撰，元・洪焱祖音釋《爾雅翼》（釋蟲）

宋・司馬光撰《類篇》卷三八

元・戴侗撰《六書故》卷二〇

明・馮復京撰《六家詩名物疏》卷四三

明・王圻、王思義輯《三才圖會》鳥獸卷六

清・顧棟高撰《毛詩類釋》卷一八（釋蟲）

清・張玉書、陳廷敬等纂《康熙字典》卷二六
清・余蕭客撰《古經解鉤沉》卷二八
清・段玉裁撰《說文解字注》

螟蛉

《詩經》
漢・許慎撰，宋・徐鉉增釋《說文解字》卷一三上
清・段玉裁撰《說文解字注》

蟲螟

周・谷梁赤撰，晉・范甯集解，唐・楊士勳疏，陸德明音義《春秋穀梁傳注疏》卷二
明・馮復京撰《六家詩名物疏》卷四三

芝麻蟲

清・趙學敏輯《本草綱目拾遺》卷一〇下（蟲部）

三化螟 *Tryporyza incertulas*

螟蟲

清・吳馨等修，姚文枬等纂《江蘇省上海縣續志》卷八（物產）

二化螟 *Chilo suppressalia*

螟

清・宗源瀚、郭式昌修，周學浚、陸心源纂《浙江府縣志輯・湖州府志》卷三三（物產）

芦禾草螟 *Chilo lutellus*

蘆蠹蟲

明・李時珍撰《本草綱目》卷四一

桑绢野螟 *Diaphania pyloalis*

桑蟲

漢・許慎撰，宋・徐鉉增釋《說文解字》卷一〇

桑根

漢・許慎撰，宋・徐鉉增釋《說文解字》卷一〇

螟蠕

漢・許慎撰，宋・徐鉉增釋《說文解字》卷一〇

蠕

漢・許慎撰，宋・徐鉉增釋《說文解字》卷一〇

葉卷蟲

清・余宗農編輯《桑樹蟲害論》第五章

茄白翅野螟 *Leucinodes orbonalis*

茄稞蟲

清・趙學敏輯《本草綱目拾遺（下）》卷一〇

亚洲玉米螟 *Ostrinia furnacalis*

蒼耳蠹蟲

明・李時珍撰《本草綱目》卷四一

棉卷叶野螟 *Sylepta derogata*

卷葉蟲

清・範鐘湘、陳傅德修，金念祖、黃世祚纂《上海府縣志輯・嘉定縣續志》卷五（物產）

枯叶蛾科 Lasiocampidae

野蠶

元・王元綎輯《野蠶錄》（外記）

马尾松毛虫 *Dendrolimus punctatus*

毛蟲

清・倪文蔚、蔣銘勛修，顧嘉蘅、李廷鉽纂《荊州府志》卷七六

油松毛虫 *Dendrolimus tabulaeformis*

松蟲

清・清朝史官纂《清实录》卷四四六

棕色幕枯叶蛾 *Malacosoma dentata*

毛蠶

清・余宗農編輯《桑樹蟲害論》第四章

蛅蟖

清・余宗農編輯《桑樹蟲害論》第四章

大蚕蛾科 Saturniidae

柞蚕 *Antheraea pernyi*

吐絲蟲

漢・許慎撰，宋・徐鉉增釋《說文解字》卷一三下

蚢蕭繭

《爾雅》
清・鄭珍纂，莫友芝注《樗繭譜》（定繭）

棘繭

《爾雅》
清・鄭珍纂，莫友芝注《樗繭譜》（定繭）

蛩

漢・許慎撰，宋・徐鉉增釋《說文解字》卷一三下

蝨

漢・許慎撰，宋・徐鉉增釋《說文解字》卷一三下

欒繭

《爾雅》
清・鄭珍纂，莫友芝注《樗繭譜》（定繭）

蠶

漢・許慎撰，宋・徐鉉增釋《說文解字》卷一三下
宋・羅願撰，元・洪焱祖音釋《爾雅翼》（釋蟲）

山桑

清・徐文靖撰《禹貢會箋》卷三

山繭
　清・徐文靖撰《禹貢會箋》卷三
　清・王元綎輯《野蠶錄》(外記)
山蠶
　清・阿桂、劉瑾之等撰《欽定盛京通志》卷一〇七(蟲豸類)
　清・王元綎輯《野蠶錄》(外記)
　清・茹朝政編《山蠶易簡》(序)
柞蠶
　宋・羅願撰，元・洪焱祖音釋《爾雅翼》(釋蟲)
　清・王元綎輯《野蠶錄》(外記)
　清・董元亮撰《柞蠶彙志》(增輯・序)
野繭
　宋・羅願撰，元・洪焱祖音釋《爾雅翼》(釋蟲)
　清・鄭珍纂，莫友芝注《樗繭譜》(定繭)
　清・王元綎輯《野蠶錄》(外記)
野蠶
　宋・司馬光撰《類篇》卷三八
　明・張自烈撰，清・廖文英續《正字通》申集中(虫部)
　清・張玉書、陳廷敬等纂《康熙字典》卷二六
　清・王元綎輯《野蠶錄》(外記)
　清・沈秉成撰《蠶桑輯要》(養野蠶法)
　清・鄭珍纂，莫友芝注《樗繭譜》(定繭)
　清・彭焯修，楊德明纂《貴州省續修正安州志》
　清・姚之駰撰《元明事類鈔》卷四〇(蟲豸類)
　清・張玉書、汪霦等編《佩文齋詠物詩選》卷四七六(唐・于濆《野蠶》)
椒繭
　清・鄭珍纂，莫友芝注《樗繭譜》(定繭)
樗繭
　《爾雅》
　晉・郭璞著《爾雅音圖》(釋蟲第十五)
　宋・陸佃撰《爾雅新義》卷一五(釋蟲第十五)
　清・戴鎣撰《爾雅郭注補正》卷八
　清・邵晉涵撰《爾雅正義》卷一六
　清・沈廷芳撰《十三經注疏正字》卷八一
　清・阿桂、劉瑾之等撰《欽定盛京通志》卷一〇七(蟲豸類)
　清・鄭珍纂，莫友芝注《樗繭譜》(定繭)
槲繭
　清・鄭珍纂，莫友芝注《樗繭譜》(定繭)
雔由
　晉・郭璞著《爾雅音圖》(釋蟲第十五)
　宋・陸佃撰《爾雅新義》卷一五(釋蟲第十五)
　清・戴鎣撰《爾雅郭注補正》卷八
　清・邵晉涵撰《爾雅正義》卷一六
　清・沈廷芳撰《十三經注疏正字》卷八一
　清・阿桂等撰《盛京通志》卷一〇七
　清・鄭珍纂，莫友芝注《樗繭譜》(定繭)
讎由
　《爾雅》
檿
　清・徐文靖撰《禹貢會箋》卷三
蟓
　《爾雅》
蠨
　宋・司馬光撰《類篇》卷三八
蠯
　明・張自烈撰，清・廖文英續《正字通》申集中(虫部)
　清・張玉書、陳廷敬等纂《康熙字典》卷二六
桑蠶
　宋・羅願撰，元・洪焱祖音釋《爾雅翼》(釋蟲)

大尾大蚕蛾 *Actias maenas*

杻蠶
　清・王元綎輯《野蠶録》卷二

绿尾大蚕蛾 *Actias selene*

柳蠶
　清・王元綎輯《野蠶録》卷二

华尾大蚕蛾 *Actias sinensis*

楓蠶
　清・嵇璜、曹仁虎等撰《續通志》卷一七八
　清・王元綎輯《野蠶録》卷二
絲蟲
　清・嵇璜、曹仁虎等撰《續通志》卷一七八
楓蟲
　清・李維鈺原本，沈定均續修，吳聯熏增纂《福建府縣志輯・光緒漳州府志》卷三九
蟲絲
　清・李維鈺原本，沈定均續修，吳聯熏增纂《福建府縣志輯・光緒漳州府志》卷三九
　清・謝啟昆監修《廣西通志》

半目大蚕 *Antheraea yamamai*

天蠶
　清・李調元、雨村輯《南越筆記》卷一二(天蠶)
　清・郝玉麟等監修，魯曾煜等編纂《廣東通志》卷五二(物產志)
　清・黃毅編譯《蠶體解剖論》第一章
　清・戴煥南修，張粲奎纂《廣西省新寧州志》卷二

乌桕蚕 *Attacus atlas*

大蠶
　清・毛昌善修，陳蘭彬纂《廣東府縣志輯・光緒吳川縣

志》卷二

黃蠶子

清·毛昌善修，陳蘭彬纂《廣東府縣志輯·光緒吳川縣志》卷二

羅浮神蝶

清·吳綺撰，宋俊增補《嶺南風物記》

樟蚕 *Eriogyna pyretorum*

孔雀蝶

清·（英）艾約瑟《動物學啟蒙》（動物分類綱領）

樗蚕 *Samia cynthia*

樗蠶

清·王元綎輯《野蠶録》卷二

家蚕蛾科 Bombycidae

家蚕 *Bambyx mori*

紅蠶

宋·陸佃撰《埤雅》卷一一（蠶）
明·馮復京撰《六家詩名物疏》卷二九
清·張玉書、陳廷敬等纂《康熙字典》卷二六
清·陳大章撰《詩傳名物集覽》卷五（蟲豸）
清·王士禛撰《精華錄》卷五（蠶詞四首）

原蠶蛾

宋·唐慎微撰，寇宗奭衍義《證類本草》卷二二
宋·蘇頌撰《圖經本草》上卷（蟲魚部第十四）

原蠶

宋·羅願撰，元·洪焱祖音釋《爾雅翼》卷二四（釋蟲）
宋·王稱撰《東都事略》卷一一三（儒學傳九十六）
宋·陸佃撰《埤雅》卷一一（蠶）
明·王圻、王思義輯《三才圖會》鳥獸卷六
清·張玉書、陳廷敬等纂《康熙字典》卷二六

原蠶

後魏·賈思勰撰《齊民要術》卷五（種桑枳第四十五）
宋·施宿等撰《會稽志》卷一七（蟲部）
宋·蘇頌撰《圖經本草》上卷（蟲鱼部第十四）
明·馮復京撰《六家詩名物疏》卷二九
明·李時珍撰《本草綱目》卷三
明·方以智撰《通雅》卷四七（動物·蟲）
明·周祈撰《名義考》卷一〇
清·顧棟高撰《毛詩類釋》卷一八（釋蟲）
清·陳大章撰《詩傳名物集覽》卷五（蟲豸）
清·查慎行撰《敬業堂詩集》卷一八（白蘋集·原蠶行）

吐絲蟲

漢·許慎撰，宋·徐鉉增釋《說文解字》卷一三上
遼·釋行均《龍龕手鑑》（蟲部第二）
清·邵晉涵撰《爾雅正義》卷一六（釋蟲第十五）
清·張宗法撰《三農记》卷八（蠶）

蚢

明·張自烈撰，清·廖文英續《正字通》申集中（虫部）
清·張玉書、陳廷敬等纂《康熙字典》卷二六
清·張宗法撰《三農记》卷八（蠶）
明·方以智撰《通雅》卷四七（動物·蟲）

蚢珍蠶

宋·羅願撰，元·洪焱祖音釋《爾雅翼》卷二四（釋蟲）
明·馮復京撰《六家詩名物疏》卷二九
清·陳大章撰《詩傳名物集覽》卷五（蟲豸）

蚢蠶

宋·羅願撰，元·洪焱祖音釋《爾雅翼》卷二四（釋蟲）
宋·蘇頌撰《圖經本草》上卷（蟲鱼部第十四）
明·馮復京撰《六家詩名物疏》卷二九
清·陳大章撰《詩傳名物集覽》卷五（蟲豸）

蚖珍蠶

明·徐光啟撰《農政全書》卷三一（蠶桑）

蚖蠶

明·徐光啟撰《農政全書》卷三一（蠶桑）

蚖珍

明·徐光啟撰《農政全書》卷三一（蠶桑）
明·李時珍撰《本草綱目》
明·方以智撰《通雅》卷四七《動物昆蟲》

蚘珍蠶

明·王圻、王思義輯《三才圖會》鳥獸卷六

蚘蠶

明·王圻、王思義輯《三才圖會》鳥獸卷六

蚖珍

清·李元撰《蠕範》卷一（物理第一）

蚖珍蠶

後魏·賈思勰撰《齊民要術》卷五（種桑枳第四十五）
明·張自烈撰，清·廖文英續《正字通》申集中（虫部）
明·楊愼撰，張士佩編《升菴集》卷八一

蚖蠶

後魏·賈思勰撰《齊民要術》卷五（種桑枳第四十五）
明·張自烈撰，清·廖文英續《正字通》申集中（虫部）
明·楊愼撰，張士佩編《升菴集》卷八一
清·李元撰《蠕範》卷一（物理第一）

蚖蠶

明·徐光啟撰《農政全書》卷三一（蠶桑）
清·嵇璜、曹仁虎等撰《續通志》卷一七八

蚖珍蠶

清·嵇璜、曹仁虎等撰《續通志》卷一七八

蚐

南朝梁·顧野王撰，宋·陳彭年等重修《重修玉篇》卷二五
宋·司馬光撰《類篇》卷三八
遼·釋行均《龍龕手鑑》（蟲部第二）
明·方以智撰《通雅》卷四七（動物·蟲）
明·李時珍撰《本草綱目》卷三

明・張自烈撰，清・廖文英續《正字通》申集中（虫部）
清・張玉書、陳廷敬等纂《康熙字典》卷二六
清・張宗法撰《三農记》卷八（蠶）
清・陳大章撰《詩傳名物集覽》卷五（蟲豸）

蜆

宋・司馬光撰《類篇》卷三八
遼・釋行均《龍龕手鑒》（蟲部第二）
明・方以智撰《通雅》卷四七（動物・蟲）
明・李時珍撰《本草綱目》卷三
清・張玉書、陳廷敬等纂《康熙字典》卷二六
清・嵇璜、曹仁虎等撰《續通志》卷一七八

蜆蛹

清・任基振撰《爾雅注疏箋補》卷三卷下（釋蟲第十五）
清・戴鍌撰《爾雅郭注補正》卷八（釋蟲第十五）
清・邵晉涵撰《爾雅正義》卷一六（釋蟲第十五）
清・沈廷芳撰《十三經注疏正字》卷八一（釋蟲第十五）
清・余蕭客撰《古經解鉤沉》卷三〇

螝

漢・許慎撰，宋・徐鉉增釋《說文解字》卷一三上
晉・郭璞注，唐・陸德明音義，宋・邢昺疏《爾雅注疏》卷九（釋蟲）
晉・郭璞注《爾雅》卷下
南朝梁・顧野王撰，宋・陳彭年等重修《重修玉篇》卷二五
宋・鄭樵撰《爾雅註》卷下（釋蟲第十五）
宋・司馬光撰《類篇》卷三八
元・楊恒撰《六書統》卷一八
明・張自烈撰，清・廖文英續《正字通》申集中（虫部）
清・邵晉涵撰《爾雅正義》卷一六（釋蟲第十五）
清・余蕭客撰《古經解鉤沉》卷三〇
清・張玉書、陳廷敬等纂《康熙字典》卷二六
清・段玉裁撰《說文解字注》
清・李元撰《蠕範》卷一（物理第一）
清・陳大章撰《詩傳名物集覽》卷五（蟲豸）

螝蛾

宋・陸佃撰《埤雅》卷一〇（釋蟲）
清・徐鼎撰《毛詩名物圖說》卷三
清・李元撰《蠕範》卷一（物理第一）
清・陳大章撰《詩傳名物集覽》卷五（蟲豸）

螝蛹

明・張自烈撰，清・廖文英續《正字通》申集中（虫部）
清・郝懿行撰《爾雅郭注義疏》卷下之三（釋蟲第十五）
清・張宗泰撰《爾雅注疏本正誤》卷二（釋蟲）
清・張玉書、陳廷敬等纂《康熙字典》卷二六

蝁

遼・釋行均《龍龕手鑒》（蟲部第二）

蟛

南朝梁・顧野王撰，宋・陳彭年等重修《重修玉篇》卷二五
明・張自烈撰，清・廖文英續《正字通》申集中（虫部）

蠵

清・張玉書、陳廷敬等纂《康熙字典》卷二六

蠢

清・張玉書、陳廷敬等纂《康熙字典》卷二六

蜺

清・張玉書、陳廷敬等纂《康熙字典》卷二六

殭

明・方以智撰《通雅》卷四七.（動物・蟲）

𧒂

南朝梁・顧野王撰，宋・陳彭年等重修《重修玉篇》卷二五
宋・司馬光撰《類篇》卷三八
明・張自烈撰，清・廖文英續《正字通》申集中（虫部）
清・張玉書、陳廷敬等纂《康熙字典》卷二六
清・周靖撰《篆隸考異》卷三（蟲部）

𧒂蠶

南朝梁・顧野王撰，宋・陳彭年等重修《重修玉篇》卷二五

蟴

南朝梁・顧野王撰，宋・陳彭年等重修《重修玉篇》卷二五

蝨

清・張玉書、陳廷敬等纂《康熙字典》卷二六

䘉

南朝梁・顧野王撰，宋・陳彭年等重修《重修玉篇》卷二五
遼・釋行均《龍龕手鑒》（蟲部第二）
明・張自烈撰，清・廖文英續《正字通》申集中（虫部）
清・張玉書、陳廷敬等纂《康熙字典》卷二六

蚉

遼・釋行均《龍龕手鑒》（蟲部第二）
清・張玉書、陳廷敬等纂《康熙字典》卷二六

蚕

遼・釋行均《龍龕手鑒》（蟲部第二）

蝅

遼・釋行均《龍龕手鑒》（蟲部第二）
清・張玉書、陳廷敬等纂《康熙字典》卷二六

𧊒

清・張玉書、陳廷敬等纂《康熙字典》卷二六

蝝

宋・司馬光撰《類篇》卷三八
宋・羅願撰，元・洪焱祖音釋《爾雅翼》卷二四（釋蟲）
明・張自烈撰，清・廖文英續《正字通》申集中（虫部）
清・張玉書、陳廷敬等纂《康熙字典》卷二六

蠶

《詩經》

周·荀況撰，唐·楊倞注《荀子》（赋篇）
漢·許慎撰，宋·徐鉉增釋《說文解字》卷一三下
漢·司馬遷撰，南朝宋·裴駰集解《史記》卷二（五帝本紀）
漢·東方朔撰，晉·張華註《神異經》
晉·郭璞注，唐·陸德明音義，宋·邢昺疏《爾雅注疏》卷九（釋蟲）
南朝梁·顧野王撰，宋·陳彭年等重修《重修玉篇》卷二五
五代·馬縞撰《中華古今注》卷下（程雅問蠶）
宋·陸佃撰《埤雅》卷一〇（釋蟲）
宋·羅願撰，元·洪焱祖音釋《爾雅翼》卷二四（釋蟲）
宋·司馬光撰《類篇》卷三八
宋·陸佃撰《爾雅新義》卷一五（釋蟲第十五）
宋·陳敷撰《農書》卷下（蠶桑敘）
宋·秦觀撰《農書》（蠶書）
宋·林之奇撰《尚書全解》卷七
宋·黃倫撰《尚書精義》卷九
宋·施宿等撰《會稽志》卷一七（蟲部）
宋·秦觀撰《農書·蠶書》（戎治）
宋·梅堯臣撰《宛陵集》卷五一（和孫端叟蠶首十五首）
宋·李新撰《跨鼇集》卷八（東津淨行院）
宋·曾豐撰《緣督集》卷一《祀蠶先並序》
宋·周南撰《山房集·後稿》（蠶婦怨）
宋·樓璹撰《耕織圖詩》（織圖二十四首）
宋·曾慥編《類說》卷八（五色蛾）
宋·徐鉉撰《稽神錄》卷一（金蠶）
宋·黃休復撰《茅亭客話》卷九（蠶饅頭）
元·戴侗撰《六書故》卷二〇
元·楊恒撰《六書統》卷一八
元·王禎撰《農書》卷六（農桑通訣六·蠶繅篇第十五）
元·司農司撰《農桑輯要》卷一（蠶事起本）
明·孫穀編《古微書》卷一〇
明·馮復京撰《六家詩名物疏》卷二九
明·張自烈撰，清·廖文英續《正字通》申集中（虫部）
明·徐光啟撰《農政全書》卷三一（蠶桑·總論）
明·李時珍撰《本草綱目》卷三
明·方以智撰《通雅》卷四七（動物·蟲）
明·何景明撰《大復集》卷六
明·董斯張撰《廣博物志》卷五〇（蟲魚下）
明·高啟撰《大全集》卷二（養蠶詞）
明·周祈撰《名義考》卷一〇
明·葉子奇撰《草木子》卷三（克謹篇）
清·顧棟高撰《毛詩類釋》卷一八（釋蟲）
清·李元撰《蠕範》卷一（物理第一）
清·劉玉麐撰《爾雅校議》卷下（釋蟲第十五）
清·邵晉涵撰《爾雅正義》卷一六（釋蟲第十五）
清·張宗泰撰《爾雅注疏本正誤》卷二（釋蟲）
清·張玉書、陳廷敬等纂《康熙字典》卷二六
清·張玉書、汪霦等編《佩文齋詠物詩選》卷四七六（唐·王建《簇蠶詞》《雨過山邨》）
清·張宗法撰《三農记》卷八（蠶）
清·黃中松撰《詩疑辨證》卷一
清·鄭方坤撰《經稗》卷三（桑土既蠶）
清·鄂爾泰、張廷玉等撰《授時通考》卷七二（蠶事·彙考）
清·張行孚撰《蠶事要略》卷一（總論）
清·黃毅編譯《蠶體解剖論》第一章（總論·緒言）
清·姚志強、賴昌編輯《蠶病防治法》第一章（緒論）
清·宗源瀚、郭式昌修，周學濬、陸心源纂《浙江府縣志輯·湖州府志》卷三〇（輿地略·桑蠶上總論）
清·朱鶴齡撰《禹貢長箋》卷二
清·胡渭撰《禹貢錐指》卷三
清·陳大章撰《詩傳名物集覽》卷五（蟲豸）
清·厲鶚撰《遼史拾遺》卷一八
清·厲鶚撰《樊榭山房集》卷九（臺城路·蠶）
清·戴鍌撰《爾雅郭注補正》卷八
清·（日）丘淺治郎著，（英）西師意譯述《動物學教科書》
清·阿桂、劉瑾之等撰《欽定盛京通志》卷一〇七
清·嵇曾筠等監修，沈翼機等編纂《浙江通志》卷一〇二
清·姚之駰撰《元明事類鈔》卷四〇（蟲豸門）
清·沈秉成撰《蠶桑輯要》（諸家雜說·蠶牲總說）
清·沈練撰《廣蠶桑說輯補》（飼蠶法六十六）
清·（英）艾約瑟撰《動物學啟蒙》卷八（環節動物）
清·宗源瀚、郭式昌修，周學濬、陸心源纂《浙江府縣志輯·湖州府志》卷三〇、卷三一
清·黃湄西原編《蠶體病理論》通论第三章（病徵）、第四章（传染及预防）
清·劉於義等監修，沈青崖等編纂《陝西通志》卷四四（物產）
清·袁大化修，王樹枏等纂《新疆圖志》卷二八（實業）
清·孫鏞撰《蠶書跋》
清·于敏中等編《御制詩集》（三集）卷七八
清·陳元龍編《歷代賦匯》卷七一（周·荀卿《蠶賦》）、（唐·施肩吾《春日錢塘雜興》）、（唐·韋狀《姬人養蠶》）、（宋·蘇舜欽《田家詩》）、（宋·陳造《田家謠》）、（宋·範成大《照田蠶行》《春日田園雜興》《晚春田園雜興》《夏日田園雜興》）、（宋·陸遊《春晚即事》《夏日》）、（金·元好問《秋蠶》）、（金·劉瞻《春郊》）、（元·郝經《蠶》）、（元·許有士《即事》）、（元·胡天遊《春詞》）、（元·趙孟頫《題耕織圖》）、（明·李東陽《茶陵竹枝歌》）、（明·沈明臣《甬皋別業竹枝歌》）、（明·朱靜菴《春蠶詞》）

清·允祿、梅瑴成、何國宗等撰《欽定協紀辨方書》卷三

蠶

清·張玉書、陳廷敬等纂《康熙字典》卷二六

蠶

元·戴侗撰《六書故》卷二〇
元·楊恒撰《六書統》卷一八
明·徐光啟撰《農政全書》卷三一（蠶桑）
明·王圻、王思義輯《三才圖會》鳥獸卷六
清·任基振撰《爾雅注疏箋補》卷三卷下（釋蟲第十五）
清·郝懿行撰《爾雅（郭注）義疏》卷下之三（釋蟲第十五）
清·張玉書、陳廷敬等纂《康熙字典》卷二六
清·段玉裁撰《說文解字注》
清·段玉裁撰《毛詩故訓傳定本》卷二五

蝅

遼·釋行均《龍龕手鑒》（蟲部第二）
清·張玉書、陳廷敬等纂《康熙字典》卷二六

蠶蠕

清·任基振撰《爾雅注疏箋補》卷三卷下（釋蟲第十五）
清·張玉書、陳廷敬等纂《康熙字典》卷二六

蠶蛹

清·郝懿行撰《爾雅（郭注）義疏》卷下之三（釋蟲第十五）
清·張玉書、陳廷敬等纂《康熙字典》卷二六
清·嵇璜、曹仁虎等撰《續通志》卷一七八

蠶衣

清·段玉裁撰《說文解字注》

蠶沙

宋·唐慎微撰，寇宗奭衍義《證類本草》卷二二
宋·蘇頌撰《圖經本草》上卷（蟲魚部第十四）
明·李時珍撰《本草綱目》

蠶蟻

明·徐光啟撰《農政全書》卷三一

蠶褪

清·嵇璜、曹仁虎等撰《續通志》卷一七八

蚕蛹

清·戴鎣撰《爾雅郭注補正》卷八（釋蟲第十五）

蚕蜸

清·戴鎣撰《爾雅郭注補正》卷八（釋蟲第十五）

蠶尼

宋·司馬光撰《類篇》卷三八

蠶蜕

明·李時珍撰《本草綱目》卷三

蝨

漢·許慎撰，宋·徐鉉增釋《說文解字》卷一三下
晉·郭璞注，唐·陸德明音義，宋·邢昺疏《爾雅注疏》卷九（釋蟲）
晉·郭璞注《爾雅》卷下
宋·陸佃撰《爾雅新義》卷一五（釋蟲第十五）
宋·鄭樵撰《爾雅註》卷下（釋蟲第十五）
元·楊恒撰《六書統》卷一八
明·張自烈撰，清·廖文英續《正字通》申集中（虫部）
清·劉玉麐撰《爾雅校議》卷下（釋蟲第十五）
清·戴鎣撰《爾雅郭注補正》卷八（釋蟲第十五）
清·邵晉涵撰《爾雅正義》卷一六（釋蟲第十五）
清·郝懿行撰《爾雅（郭注）義疏》卷下之三（釋蟲第十五）
清·沈廷芳撰《十三經注疏正字》卷八一（釋蟲第十五）
清·張玉書、陳廷敬等纂《康熙字典》卷二六
清·張宗法撰《三農记》卷八（蠶）
清·段玉裁撰《說文解字注》

蛾

周·荀況撰，唐·楊倞注《荀子》（赋篇）
漢·許慎撰，宋·徐鉉增釋《說文解字》卷一三上
晉·郭璞注，唐·陸德明音義，宋·邢昺疏《爾雅注疏》卷九（釋蟲）
南朝梁·顧野王撰，宋·陳彭年等重修《重修玉篇》卷二五
宋·陸佃撰《埤雅》卷一〇（釋蟲）
宋·羅願撰，元·洪焱祖音釋《爾雅翼》卷二四（釋蟲）
元·楊恒撰《六書統》卷一八
明·徐光啟撰《農政全書》卷三一（蠶桑）
明·李時珍撰《本草綱目》卷三
明·張自烈撰，清·廖文英續《正字通》申集中（虫部）
明·方以智撰《通雅》卷四七（動物·蟲）
明·馮復京撰《六家詩名物疏》卷二九
明·王圻、王思義輯《三才圖會》鳥獸卷六
清·徐鼎撰《毛詩名物圖說》卷三
清·任基振撰《爾雅注疏箋補》卷下（釋蟲第十五）
清·張玉書、陳廷敬等纂《康熙字典》卷二六
清·段玉裁撰《說文解字注》
清·戴鎣撰《爾雅郭注補正》卷八（釋蟲第十五）
清·邵晉涵撰《爾雅正義》卷一六（釋蟲第十五）
清·沈廷芳撰《十三經注疏正字》卷八一（釋蟲第十五）
清·余蕭客撰《古經解鉤沉》卷三〇
清·陳大章撰《詩傳名物集覽》卷五（蟲豸）

八輩蠶

明·王圻、王思義輯《三才圖會》鳥獸卷六

八輩蠶

後魏·賈思勰撰《齊民要術》卷五（種桑柘第四十五）
宋·羅願撰，元·洪焱祖音釋《爾雅翼》卷二四（釋蟲）
明·馮復京撰《六家詩名物疏》卷二九
明·徐光啟撰《農政全書》卷三一（蠶桑）

明・楊愼撰，張士佩編《升菴集》卷八一
清・陳大章撰《詩傳名物集覽》卷五（蟲豸）
清・嵇璜、曹仁虎等撰《續通志》卷一七八

三臥一生蠶

明・徐光啟撰《農政全書》卷三一（蠶桑）

女兒

明・方以智撰《通雅》卷四七（動物・蟲）
清・李元撰《蠕範》卷一

幺蠶

清・張玉書、陳廷敬等纂《康熙字典》卷二六

天蟲

清・張宗法撰《三農记》卷八（蠶）

火花

清・任基振撰《爾雅注疏箋補》卷三卷下（釋蟲第十五）

火蠶

宋・羅願撰，元・洪焱祖音釋《爾雅翼》卷二四（釋蟲）
明・馮復京撰《六家詩名物疏》卷二九

孕絲蟲

明・李時珍撰《本草綱目》卷三

末蛾

元・司農司撰《農桑輯要》卷三

四出

宋・羅願撰，元・洪焱祖音釋《爾雅翼》卷二四（釋蟲）
清・李元撰《蠕範》卷一（物理第一）

四出蠶

明・張自烈撰，清・廖文英續《正字通》申集中（虫部）
明・馮復京撰《六家詩名物疏》卷二九
明・楊愼撰，張士佩編《升菴集》卷八一
清・陳大章撰《詩傳名物集覽》卷五（蟲豸）

四臥再生蠶

明・徐光啟撰《農政全書》卷三一（蠶桑）

四出蠶

明・徐光啟撰《農政全書》卷三一（蠶桑）
明・王圻、王思義輯《三才圖會》鳥獸卷六
清・嵇璜、曹仁虎等撰《續通志》卷一七八

白殭蠶

宋・唐慎微撰，寇宗奭衍義《證類本草》卷二二
明・李時珍撰《本草綱目》卷三
清・徐大椿撰《神農本草經百種録》
清・吳儀洛著《本草從新》（蟲魚鱗介部）

白僵蠶

宋・蘇頌撰《圖經本草》上卷（蟲鱼部第十四）

白頭蠶

後魏・賈思勰撰《齊民要術》卷五（種桑枳第四十五）
明・徐光啟撰《農政全書》卷三一（蠶桑）

冬蠶

明・馮復京撰《六家詩名物疏》卷三九（蠶）
清・陳大章撰《詩傳名物集覽》卷五（蟲豸）

同功繭

明・馮復京撰《六家詩名物疏》卷二九
清・嵇璜、曹仁虎等撰《續通志》卷一七八

老秋兒蠶

後魏・賈思勰撰《齊民要術》卷五（種桑枳第四十五）
明・徐光啟撰《農政全書》卷三一（蠶桑）

灰兒蠶

後魏・賈思勰撰《齊民要術》卷五（種桑枳第四十五）
明・徐光啟撰《農政全書》卷三一（蠶桑）

先蠶

明・馮復京撰《六家詩名物疏》卷二九
明・方以智撰《通雅》卷四七（動物・蟲）
明・張自烈撰，清・廖文英續《正字通》申集中（虫部）
清・張廷玉撰，嚴福、方煒考證《明史》卷一七、卷四九
清・嵇璜、曹仁虎等撰《續通志》卷一一三
清・徐鼎撰《毛詩名物圖說》卷三

先蠶

宋・王稱撰《東都事略》卷一一三

任絲蟲

清・段玉裁撰《說文解字注》

妊絲蟲

元・楊恒撰《六書統》卷一八
明・張自烈撰，清・廖文英續《正字通》申集中（虫部）
清・段玉裁撰《說文解字注》

再蠶

宋・陸佃撰《埤雅》卷一一（蠶）
宋・羅願撰，元・洪焱祖音釋《爾雅翼》卷二四（釋蟲）
宋・施宿等撰《會稽志》卷一七（蟲部）
明・馮復京撰《六家詩名物疏》卷三九（蠶）
清・張玉書、陳廷敬等纂《康熙字典》卷二六
清・顧棟高撰《毛詩類釋》卷一八（釋蟲）

二蠶

宋・羅願撰，元・洪焱祖音釋《爾雅翼》卷二四（釋蟲）
清・宗源瀚、郭式昌修，周學濬、陸心源纂《浙江府縣志輯・湖州府志》卷三〇

佛退

明・李時珍撰《本草綱目》卷三
清・嵇璜、曹仁虎等撰《續通志》卷一七八
清・李元撰《蠕範》卷一（物理第一）

苗蛾

元・司農司撰《農桑輯要》卷三

宛窳

宋・羅願撰，元・洪焱祖音釋《爾雅翼》卷二四（釋蟲）
明・方以智撰《通雅》卷四七（動物・蟲）
清・李元撰《蠕範》卷一（物理第一）

苑窳

明・馮復京撰《六家詩名物疏》卷三九（蠶）

清・陳大章撰《詩傳名物集覽》卷五（蟲豸）

始蠶

宋・羅願撰，元・洪焱祖音釋《爾雅翼》卷二四（釋蟲）

明・張自烈撰，清・廖文英續《正字通》申集中（虫部）

清・諸錦撰《夏小正詁》

清・洪震煊撰《夏小正疏義》卷一

清・宋書升撰《夏小正釋義》

頭蠶

清・宗源瀚、郭式昌修，周學濬、陸心源纂《浙江府縣志輯・湖州府志》卷三〇（輿地略・桑蠶上總論）

珍

後魏・賈思勰撰《齊民要術》卷五（種桑枳第四十五）

明・張自烈撰，清・廖文英續《正字通》申集中（虫部）

明・徐光啟撰《農政全書》卷三一（蠶桑）

明・李時珍撰《本草綱目》卷三

明・王圻、王思義輯《三才圖會》鳥獸卷六

明・楊慎撰，張士佩編《升菴集》卷八一

清・李元撰《蠕範》卷一（物理第一）

清・嵇璜、曹仁虎等撰《續通志》卷一七八

珍子

明・李時珍撰《本草綱目》卷三

清・李元撰《蠕範》卷一（物理第一）

清・嵇璜、曹仁虎等撰《續通志》卷一七八

珍蠶

明・馮復京撰《六家詩名物疏》卷二九

秋中蠶

後魏・賈思勰撰《齊民要術》卷五（種桑枳第四十五）

明・徐光啟撰《農政全書》卷三一（蠶桑）

秋母蠶

後魏・賈思勰撰《齊民要術》卷五（種桑枳第四十五）

明・徐光啟撰《農政全書》卷三一（蠶桑）

秋末老獬兒蠶

明・徐光啟撰《農政全書》卷三一（蠶桑）

秋末蠶

後魏・賈思勰撰《齊民要術》卷五（種桑枳第四十五）

獬兒蠶

後魏・賈思勰撰《齊民要術》卷五（種桑枳第四十五）

柘蠶

後魏・賈思勰撰《齊民要術》卷五（種桑枳第四十五）

宋・羅願撰，元・洪焱祖音釋《爾雅翼》卷二四（釋蟲）

明・馮復京撰《六家詩名物疏》卷二九

明・張自烈撰，清・廖文英續《正字通》申集中（虫部）

明・楊慎撰，張士佩編《升菴集》卷八一

清・李元撰《蠕範》卷一（物理第一）

清・宗源瀚、郭式昌修，周學濬、陸心源纂《浙江府縣志輯・湖州府志》卷三〇（輿地略・桑蠶上總論）

清・陳大章撰《詩傳名物集覽》卷五（蟲豸）

柘蠶

明・徐光啟撰《農政全書》卷三一（蠶桑）

明・王圻、王思義輯《三才圖會》鳥獸卷六

清・嵇璜、曹仁虎等撰《續通志》卷一七八

神蟲

明・李時珍撰《本草綱目》

飛蟲

清・邵晉涵撰《爾雅正義》卷一六（釋蟲第十五）

清・郝懿行撰《爾雅（郭注）義疏》卷下之三（釋蟲第十五）

飛蛾

明・王圻、王思義輯《三才圖會》鳥獸卷六

清・劉玉麐撰《爾雅校議》卷下（釋蟲第十五）

清・段玉裁撰《說文解字注》

清・任基振撰《爾雅注疏箋補》卷三卷下（釋蟲第十五）

飛蝨

清・段玉裁撰《說文解字注》

馬明退

明・李時珍撰《本草綱目》卷三

清・嵇璜、曹仁虎等撰《續通志》卷一七八

清・李元撰《蠕範》卷一（物理第一）

馬明菩薩

明・方以智撰《通雅》卷四七（動物・蟲）

清・李元撰《蠕範》卷一（物理第一）

清・陳大章撰《詩傳名物集覽》卷五（蟲豸）

馬頭

明・李時珍撰《本草綱目》卷三

馬頭娘

明・李時珍撰《本草綱目》卷三

明・方以智撰《通雅》卷四七（動物・蟲）

明・周祈撰《名義考》卷一〇

清・李元撰《蠕範》卷一（物理第一）

清・陳大章撰《詩傳名物集覽》卷五（蟲豸）

莫貈

宋・陸佃撰《爾雅新義》卷一五（釋蟲第十五）

夏蠶

宋・陸佃撰《埤雅》卷一一（蠶）

宋・施宿等撰《會稽志》卷一七（蟲部）

明・李時珍撰《本草綱目》卷三

蚝

宋・羅願撰，元・洪焱祖音釋《爾雅翼》卷二四（釋蟲）

明・馮復京撰《六家詩名物疏》卷二九

明・張自烈撰，清・廖文英續《正字通》申集中（虫部）

清・李元撰《蠕範》卷一（物理第一）

家蠶

清・黃毅編譯《蠶體解剖論》第一章（總論・緒言）

清・黃湄西原編《蠶體病理論》第二章（病原）

陰繭

清・嵇璜、曹仁虎等撰《續通志》卷一七八

桑繭

《爾雅》

明・李時珍撰《本草綱目》

明・馮復京撰《六家詩名物疏》卷二九

清・顧棟高撰《毛詩類釋》卷一八（釋蟲）

桑蠶

漢・司馬遷撰，南朝宋・裴駰集解《史記》卷二（五帝本紀）

晉・幹寶撰《搜神記》卷一、卷四、卷一四

元・司農司撰《農桑輯要》卷三

明・馮復京撰《六家詩名物疏》卷二九

晚蠶

宋・施宿等撰《會稽志》卷一七（蟲部）

宋・蘇頌撰《圖經本草》上卷（蟲鱼部第十四）

明・張自烈撰，清・廖文英續《正字通》申集中（虫部）

明・李時珍撰《本草綱目》卷三

清・張玉書、陳廷敬等纂《康熙字典》卷二六

蠶晚蛾

宋・唐慎微撰，寇宗奭衍義《證類本草》卷二二

蚼

宋・司馬光撰《類篇》卷三八

寒珍

後魏・賈思勰撰《齊民要術》卷五（種桑柘第四十五）

宋・羅願撰，元・洪焱祖音釋《爾雅翼》卷二四（釋蟲）

明・張自烈撰，清・廖文英續《正字通》申集中（虫部）

明・王圻、王思義輯《三才圖會》鳥獸卷六

明・馮復京撰《六家詩名物疏》卷二九

明・徐光啟撰《農政全書》卷三一（蠶桑）

明・楊愼撰，張士佩編《升菴集》卷八一

清・嵇璜、曹仁虎等撰《續通志》卷一七八

清・李元撰《蠕範》卷一（物理第一）

清・陳大章撰《詩傳名物集覽》卷五（蟲豸）

寒蠶

宋・羅願撰，元・洪焱祖音釋《爾雅翼》卷二四（釋蟲）

明・馮復京撰《六家詩名物疏》卷二九

明・張自烈撰，清・廖文英續《正字通》申集中（虫部）

明・楊愼撰，張士佩編《升菴集》卷八一

清・李元撰《蠕範》卷一（物理第一）

清・陳大章撰《詩傳名物集覽》卷五（蟲豸）

清・嵇璜、曹仁虎等撰《續通志》卷一七八

寒蠶

明・徐光啟撰《農政全書》卷三一（蠶桑）

明・王圻、王思義輯《三才圖會》鳥獸卷六

黑蠶

後魏・賈思勰撰《齊民要術》卷五（種桑柘第四十五）

明・徐光啟撰《農政全書》卷三一（蠶桑）

蛶

清・嵇璜、曹仁虎等撰《續通志》卷一七八

蛹

周・荀況撰，唐・楊倞注《荀子》（赋篇）

漢・許慎撰，宋・徐鉉增釋《說文解字》卷一三上

晉・郭璞注，唐・陸德明音義，宋・邢昺疏《爾雅注疏》卷九（釋蟲）

晉・郭璞注《爾雅》卷下

南朝梁・顧野王撰，宋・陳彭年等重修《重修玉篇》卷二五

遼・釋行均《龍龕手鑒》（蟲部第二）

宋・陸佃撰《埤雅》卷一〇（釋蟲）

宋・鄭樵撰《爾雅註》卷下（釋蟲第十五）

宋・司馬光撰《類篇》卷三八

元・戴侗撰《六書故》卷二〇

元・楊恒撰《六書統》卷一八

明・張自烈撰，清・廖文英續《正字通》申集中（虫部）

明・方以智撰《通雅》卷四七（動物・蟲）

清・邵晉涵撰《爾雅正義》卷一六（釋蟲第十五）

明・李時珍撰《本草綱目》卷三

明・馮復京撰《六家詩名物疏》卷二九

明・王圻、王思義輯《三才圖會》鳥獸卷六

清・張玉書、陳廷敬等纂《康熙字典》卷二六

清・段玉裁撰《說文解字注》

清・徐鼎撰《毛詩名物圖說》卷三

清・任基振撰《爾雅注疏箋補》卷三卷下（釋蟲第十五）

清・戴鎣撰《爾雅郭注補正》卷八（釋蟲第十五）

清・郝懿行撰《爾雅郭注義疏》卷下之三（釋蟲第十五）

清・張宗法撰《三農记》卷八（蠶）

清・李元撰《蠕範》卷一（物理第一）

清・陳大章撰《詩傳名物集覽》卷五（蟲豸）

楚蠶

後魏・賈思勰撰《齊民要術》卷五（種桑柘第四十五）

明・徐光啟撰《農政全書》卷三一（蠶桑）

愛

清・李元撰《蠕範》卷一（物理第一）

清・嵇璜、曹仁虎等撰《續通志》卷一七八

愛子

後魏・賈思勰撰《齊民要術》卷五（種桑柘第四十五）

明・徐光啟撰《農政全書》卷三一（蠶桑）

明・李時珍撰《本草綱目》卷三

愛珍

後魏・賈思勰撰《齊民要術》卷五（種桑柘第四十五）

宋・羅願撰，元・洪焱祖音釋《爾雅翼》卷二四（釋蟲）

明・張自烈撰，清・廖文英續《正字通》申集中（虫部）

明・王圻、王思義輯《三才圖會》卷六

明・馮復京撰《六家詩名物疏》卷二九

明・徐光啟撰《農政全書》卷三一（蠶桑）
明・王圻、王思義輯《三才圖會》鳥獸卷六
清・嵇璜、曹仁虎等撰《續通志》卷一七八
清・李元撰《蠕範》卷一（物理第一）
清・陳大章撰《詩傳名物集覽》卷五（蟲豸）

愛珎

明・楊慎撰，張士佩編《升菴集》卷八一

愛蠶

後魏・賈思勰撰《齊民要術》卷五（種桑枳第四十五）
宋・羅願撰，元・洪焱祖音釋《爾雅翼》卷二四（釋蟲）
明・馮復京撰《六家詩名物疏》卷二九
明・張自烈撰，清・廖文英續《正字通》申集中（虫部）
明・楊慎撰，張士佩編《升菴集》卷八一
清・李元撰《蠕範》卷一（物理第一）
清・陳大章撰《詩傳名物集覽》卷五（蟲豸）

愛蠶

明・徐光啟撰《農政全書》卷三一（蠶桑）
明・王圻、王思義輯《三才圖會》鳥獸卷六
清・嵇璜、曹仁虎等撰《續通志》卷一七八

慕光

明・王圻、王思義輯《三才圖會》鳥獸卷六
清・任基振撰《爾雅注疏箋補》卷三卷下（釋蟲第十五）

頡石蠶

後魏・賈思勰撰《齊民要術》卷五（種桑枳第四十五）
明・徐光啟撰《農政全書》卷三一（蠶桑）

熱蠶

宋・陸佃撰《埤雅》卷一一（蠶）
宋・施宿等撰《會稽志》卷一七（蟲部）
明・李時珍撰《本草綱目》卷三

蛭

清・張玉書、陳廷敬等纂《康熙字典》卷二六

蛭蚼

宋・司馬光撰《類篇》卷三八

蝩

南朝梁・顧野王撰，宋・陳彭年等重修《重修玉篇》卷二五

蝷

明・張自烈撰，清・廖文英續《正字通》申集中（虫部）
清・張玉書、陳廷敬等纂《康熙字典》卷二六

蝷蠶

宋・羅願撰，元・洪焱祖音釋《爾雅翼》卷二四（釋蟲）

錦兒蠶

後魏・賈思勰撰《齊民要術》卷五（種桑枳第四十五）
明・徐光啟撰《農政全書》卷三一（蠶桑）

獨繭

清・嵇璜、曹仁虎等撰《續通志》卷一七八
清・陳元龍撰《格致鏡原》卷九六（昆蟲類）

龍精

宋・陸佃撰《埤雅》卷一一（蠶）
宋・羅願撰，元・洪焱祖音釋《爾雅翼》卷二四（釋蟲）
宋・施宿等撰《會稽志》卷一七（蟲部）
明・徐光啟撰《農政全書》卷三一（蠶桑・總論）
明・馮復京撰《六家詩名物疏》卷二九
明・方以智撰《通雅》卷四七（動物・蟲）
明・周祈撰《名義考》卷一〇
清・李元撰《蠕範》卷一（物理第一）

龍頭

明・李時珍撰《本草綱目》卷三

螪

清・嵇璜、曹仁虎等撰《續通志》卷一七八

蟓

《爾雅》
宋・任廣撰《書敘指南》卷一四（昆蟲）
明・馮復京撰《六家詩名物疏》卷二九
清・李元撰《蠕範》卷一（物理第一）
清・邵晉涵撰《爾雅正義》卷一六（釋蟲第十五）
清・顧棟高撰《毛詩類釋》卷一八（釋蟲）

魏蠶

宋・陸佃撰《埤雅》卷一一（蠶）
宋・羅願撰，元・洪焱祖音釋《爾雅翼》卷二四（釋蟲）
宋・施宿等撰《會稽志》卷一七（蟲部）
宋・唐慎微撰，寇宗奭衍義《證類本草》卷二二
明・李時珍撰《本草綱目》卷三
明・王圻、王思義輯《三才圖會》鳥獸卷六
明・張自烈撰，清・廖文英續《正字通》申集中（虫部）
清・張玉書、陳廷敬等纂《康熙字典》卷二六

蠒

明・方以智撰《通雅》卷四七（動物・蟲）
明・李時珍撰《本草綱目》卷三
清・陳大章撰《詩傳名物集覽》卷五（蟲豸）

繭

南朝梁・顧野王撰，宋・陳彭年等重修《重修玉篇》卷二五
宋・陸佃撰《埤雅》卷一〇（釋蟲）
宋・羅願撰，元・洪焱祖音釋《爾雅翼》卷二四（釋蟲）
元・司農司撰《農桑輯要》卷三
明・馮復京撰《六家詩名物疏》卷二九
明・張自烈撰，清・廖文英續《正字通》申集中（虫部）
明・徐光啟撰《農政全書》卷三一（蠶桑）
明・李時珍撰《本草綱目》卷三
明・方以智撰《通雅》卷四七（動物・蟲）
清・段玉裁撰《說文解字注》
清・徐鼎撰《毛詩名物圖說》卷三
清・邵晉涵撰《爾雅正義》卷一六（釋蟲第十五）
清・張玉書、陳廷敬等纂《康熙字典》卷二六
清・張宗法撰《三農记》卷八（蠶）
清・李元撰《蠕範》卷一（物理第一）

清・陳大章撰《詩傳名物集覽》卷五（蟲豸）
清・陳元龍撰《格致鏡原》卷九六（昆蟲類）

蔏黃

清・嵇璜、曹仁虎等撰《續通志》卷一七八

蔏蟲

漢・許慎撰，宋・徐鉉增釋《說文解字》卷一三上
元・楊恒撰《六書統》卷一八
明・張自烈撰，清・廖文英續《正字通》申集中（虫部）
清・邵晉涵撰《爾雅正義》卷一六（釋蟲第十五）
清・張玉書、陳廷敬等纂《康熙字典》卷二六
清・郝懿行撰《爾雅（郭注）義疏》卷下之三（釋蟲第十五）
清・段玉裁撰《說文解字注》

蠨

明・徐光啟撰《農政全書》卷三一（蠶桑）

羅

漢・許慎撰，宋・徐鉉增釋《說文解字》卷一三上
晉・郭璞注，唐・陸德明音義，宋・邢昺疏《爾雅注疏》卷九（釋蟲）
晉・郭璞注《爾雅》卷下
宋・陸佃撰《埤雅》卷一〇（釋蟲）
宋・陸佃撰《爾雅新義》卷一五（釋蟲第十五）
宋・鄭樵撰《爾雅註》卷下（釋蟲第十五）
元・楊恒撰《六書統》卷一八
明・方以智撰《通雅》卷四七（動物・蟲）
明・李時珍撰《本草綱目》卷三
明・王圻、王思義輯《三才圖會》鳥獸卷六
清・徐鼎撰《毛詩名物圖說》卷三
清・劉玉麐撰《爾雅校議》卷下（釋蟲第十五）
清・任基振撰《爾雅注疏箋補》卷三卷下（釋蟲第十五）
清・戴鎣撰《爾雅郭注補正》卷八（釋蟲第十五）
清・邵晉涵撰《爾雅正義》卷一六（釋蟲第十五）
清・郝懿行撰《爾雅（郭注）義疏》卷下之三（釋蟲第十五）
清・沈廷芳撰《十三經注疏正字》卷八一（釋蟲第十五）
清・余蕭客撰《古經解鉤沉》卷三〇
清・張玉書、陳廷敬等纂《康熙字典》卷二六
清・陳大章撰《詩傳名物集覽》卷五（蟲豸）
清・段玉裁撰《說文解字注》
清・嵇璜、曹仁虎等撰《續通志》卷一七八

䗃蛾

清・劉玉麐撰《爾雅校議》卷下（釋蟲第十五）

蠶蛾

漢・許慎撰，宋・徐鉉增釋《說文解字》卷一三上
南朝梁・顧野王撰，宋・陳彭年等重修《重修玉篇》卷二五
宋・唐慎微撰，寇宗奭衍義《證類本草》卷二二
宋・蘇頌撰《圖經本草》上卷（蟲鱼部第十四）
清・嵇璜、曹仁虎等撰《續通志》卷一七八
清・徐鼎撰《毛詩名物圖說》卷三
清・劉玉麐撰《爾雅校議》卷下（釋蟲第十五）
清・邵晉涵撰《爾雅正義》卷一六
清・任基振撰《爾雅注疏箋補》卷三卷下（釋蟲第十五）
清・郝懿行撰《爾雅（郭注）義疏》卷下之三
清・張玉書、陳廷敬等纂《康熙字典》卷二六
清・陳大章撰《詩傳名物集覽》卷五（蟲豸）

蠶蛹

晉・郭璞注，唐・陸德明音義，宋・邢昺疏《爾雅注疏》卷九（釋蟲）
晉・郭璞注《爾雅》卷下
南朝梁・顧野王撰，宋・陳彭年等重修《重修玉篇》卷二五
宋・鄭樵撰《爾雅註》卷下（釋蟲第十五）
宋・司馬光撰《類篇》卷三八
遼・釋行均《龍龕手鑒》（蟲部第二）
明・張自烈撰，清・廖文英續《正字通》申集中（虫部）
清・沈廷芳撰《十三經注疏正字》卷八一（釋蟲第十五）
清・張玉書、陳廷敬等纂《康熙字典》卷二六
清・徐鼎撰《毛詩名物圖說》卷三
清・吳儀洛著《本草從新》（蟲魚鱗介部）
清・張宗泰撰《爾雅注疏本正誤》卷二（釋蟲）

蠶蔏

南朝梁・顧野王撰，宋・陳彭年等重修《重修玉篇》卷二五
明・李時珍撰《本草綱目》卷三
清・陳元龍撰《格致鏡原》卷九六（昆蟲類）

蠶蠡

南朝梁・顧野王撰，宋・陳彭年等重修《重修玉篇》卷二五

蚕蠡

遼・釋行均《龍龕手鑒》（蟲部第二）

蠶蛰

晉・郭璞注，唐・陸德明音義，宋・邢昺疏《爾雅注疏》卷九（釋蟲）
晉・郭璞注《爾雅》卷下
宋・鄭樵撰《爾雅註》卷下（釋蟲第十五）
清・劉玉麐撰《爾雅校議》卷下（釋蟲第十五）
清・邵晉涵撰《爾雅正義》卷一六（釋蟲第十五）
清・郝懿行撰《爾雅（郭注）義疏》卷下之三（釋蟲第十五）
清・張宗泰撰《爾雅注疏本正誤》卷二（釋蟲）
清・沈廷芳撰《十三經注疏正字》卷八一（釋蟲第十五）

蠯

宋・司馬光撰《類篇》卷三八

清・張玉書、陳廷敬等纂《康熙字典》卷二六

同繭蠶

後魏・賈思勰撰《齊民要術》卷五（種桑柘第四十五）

春寶

清・宗源瀚、郭式昌修，周學濬、陸心源纂《浙江府縣志輯・湖州府志》卷三〇（輿地略・桑蠶上總論）

蠶寶寶

清・宗源瀚、郭式昌修，周學濬、陸心源纂《浙江府縣志輯・湖州府志》卷三〇（輿地略・桑蠶上總論）

野蚕 *Bambyx mandarina*

蠶

清・戴鎣撰《爾雅郭注補正》卷八

桑繭

晉・郭璞著《爾雅音圖》

南朝梁・顧野王撰，唐・孫強增補，宋・陳彭年等重修《重修玉篇》卷二十五

宋・陸佃撰《爾雅新義》卷一五

宋・羅願撰《爾雅翼・釋蟲》

明・張自烈撰，清・廖文英續《正字通》申集中（虫部）

清・周春撰《爾雅補注》卷四

清・張玉書、陳廷敬等纂《康熙字典》卷二六

清・戴鎣撰《爾雅郭注補正》卷八

清・王元綎《野蠶録》

桑蠶

清・王元綎《野蠶録》

野蠶

宋・羅願撰，元・洪焱祖音釋《爾雅翼》

清・周春撰《爾雅補注》卷四

清・王元綎《野蠶録》

清・余宗農編輯《桑樹蟲害論》

蛅蟖

清・余宗農編輯《桑樹蟲害論》

蟓

晉・郭璞著《爾雅音圖》

南朝梁・顧野王撰，唐・孫強增補，宋・陳彭年等重修《重修玉篇》卷二十五

宋・陸佃撰《爾雅新義》卷一五

宋・羅願撰，元・洪焱祖音釋《爾雅翼》

明・張自烈撰，清・廖文英續《正字通》申集中（虫部）

清・戴鎣撰《爾雅郭注補正》卷八

清・張玉書、陳廷敬等纂《康熙字典》卷二六

清・周春撰《爾雅補注》卷四

清・王元綎《野蠶録》

蠶

明・張自烈撰，清・廖文英續《正字通》申集中（虫部）

清・周春撰《爾雅補注》卷四

蠶

清・張玉書、陳廷敬等纂《康熙字典》卷二六

桑蟥 *Rondotia menciana*

白蠶

清・沈秉成撰《蠶桑輯要・養野蠶法》

尺蛾科 Geometridae

小青蟲

清・郝懿行撰《爾雅（郭注）義疏》卷下之三（釋蟲第十五）

小黑蟲

晉・郭璞注，唐・陸德明音義，宋・邢昺疏《爾雅注疏》卷九（釋蟲）

晉・郭璞注《爾雅》卷下（釋蟲第十五）

南朝梁・顧野王撰，宋・陳彭年等重修《重修玉篇》卷二五

宋・鄭樵撰《爾雅註》卷下（釋蟲）

宋・司馬光撰《類篇》卷三八

元・戴侗撰《六書故》卷二〇

明・張自烈撰，清・廖文英續《正字通》申集中（虫部）

清・方旭撰《蟲薈》卷三（動物・蟲）

清・段玉裁撰《說文解字注》

清・戴鎣撰《爾雅郭注補正》卷八（釋蟲第十五）

清・郝懿行撰《爾雅（郭注）義疏》卷下之三（釋蟲第十五）

清・邵晉涵撰《爾雅正義》卷一六（釋蟲第十五）

清・余蕭客撰《古經解鉤沉》卷二八

清・張玉書、陳廷敬等纂《康熙字典》卷二六

清・姜兆錫撰《爾雅注疏參議》卷六（釋蟲第十五）

尺寸蟲

清・周春撰《爾雅補注》卷四

尺蝍

晉・郭璞注，唐・陸德明音義，宋・邢昺疏《爾雅注疏》卷九（釋蟲）

尺蠙

清・李元撰《蠕範》卷三

三國魏・張揖撰，隋・曹憲音解《博雅》卷一〇（釋蟲）

尺蠖

漢・許慎撰，宋・徐鉉增釋《說文解字》卷一三上

漢・揚雄撰，晉・郭璞注《輶軒使者絕代語釋別國方言》卷一一

晉・郭璞注，唐・陸德明音義，宋・邢昺疏《爾雅注疏》卷九（釋蟲）

南朝梁・顧野王撰，宋・陳彭年等重修《重修玉篇》卷二五

遼・釋行均《龍龕手鑒》（蟲部第二）

宋・陸佃撰《埤雅》卷一一（釋蟲）

宋・羅願撰，元・洪焱祖音釋《爾雅翼》（釋蟲）

宋・陸佃撰《爾雅新義》卷一五（釋蟲第十五）

宋・司馬光撰《類篇》卷三八

宋・程大昌撰《演繁露》卷八
宋・李昉等撰《太平廣記》卷四七四（來君綽）
元・戴侗撰《六書故》卷二〇
元・楊恒撰《六書統》卷一八
元・梁益撰《詩傳旁通》卷八
明・張自烈撰，清・廖文英續《正字通》申集中（虫部）
清・周春撰《爾雅補注》卷四
清・任基振撰《爾雅注疏箋補》卷下（釋蟲第十五）
清・戴鎣撰《爾雅郭注補正》卷八（釋蟲第十五）
清・張玉書、陳廷敬等纂《康熙字典》卷二六
清・方旭撰《蟲薈》卷三（動物・蟲）
清・嚴偉、劉芷芬修，秦錫田纂《上海府縣志輯・南匯縣續志》卷二〇
清・邵晉涵撰《爾雅正義》卷一六（釋蟲第十五）
清・沈廷芳撰《十三經注疏正字》卷八一（釋蟲第十五）
清・阿桂、劉瑾之等撰《欽定盛京通志》卷一〇七
清・段玉裁撰《說文解字注》
清・李元撰《蠕範》卷三（物體第五）
清・郝懿行撰《爾雅郭注義疏》卷下之三（釋蟲第十五）
清・陳元龍編《歷代賦匯》卷一三九（唐・東方虬《尺蠖賦》）、（宋・鮑昭《尺蠖賦》）、（宋・王禹偁《尺蠖賦》）
清・張玉書、汪霦等編《佩文齋詠物詩選》卷四八六（晉・郭璞《尺蠖》）

弔頸媳婦

清・李元撰《蠕範》卷二（物化第四）

斥蠖

清・邵晉涵撰《爾雅正義》卷一六（釋蟲第十五）

步屈

漢・揚雄撰，晉・郭璞注《輶軒使者絕代語釋別國方言》卷一一
晉・郭璞注，唐・陸德明音義，宋・邢昺疏《爾雅注疏》卷九（釋蟲）
南朝梁・顧野王撰，宋・陳彭年等重修《重修玉篇》卷二五
宋・陸佃撰《埤雅》卷一一（釋蟲）
宋・陸佃撰《爾雅新義》卷一五（釋蟲第十五）
宋・羅願撰，元・洪焱祖音釋《爾雅翼》（釋蟲）
宋・程大昌撰《演繁露》卷八
元・戴侗撰《六書故》卷二〇
元・梁益撰《詩傳旁通》卷八
明・王圻、王思義輯《三才圖會》鳥獸卷六
明・張自烈撰，清・廖文英續《正字通》申集中（虫部）
清・戴鎣撰《爾雅郭注補正》卷八（釋蟲第十五）
清・段玉裁撰《說文解字注》
清・邵晉涵撰《爾雅正義》卷一六（釋蟲第十五）
清・方旭撰《蟲薈》卷三（動物・蟲）
清・李元撰《蠕範》卷三（物體第五
清・郝懿行撰《爾雅（郭注）義疏》卷下之三（釋蟲第十五）

屈申

宋・羅願撰，元・洪焱祖音釋《爾雅翼》（釋蟲）

屈申蟲

漢・揚雄撰，晉・郭璞注《輶軒使者絕代語釋別國方言》卷一一
漢・許慎撰，宋・徐鉉增釋《說文解字》卷一三上
宋・羅願撰，元・洪焱祖音釋《爾雅翼》（釋蟲）
元・楊恒撰《六書統》卷一八
清・郝懿行撰《爾雅郭注義疏》卷下之三（釋蟲第十五）

屈伸

元・梁益撰《詩傳旁通》卷八
清・邵晉涵撰《爾雅正義》卷一六（釋蟲第十五）

屈伸蟲

晉・郭璞注，唐・陸德明音義，宋・邢昺疏《爾雅注疏》卷九（釋蟲）
南朝梁・顧野王撰，宋・陳彭年等重修《重修玉篇》卷二五
宋・陸佃撰《埤雅》卷一一（釋蟲）
宋・鄭樵撰《爾雅註》卷下（釋蟲）
宋・司馬光撰《類篇》卷三八
遼・釋行均《龍龕手鑒》（蟲部第二）
元・梁益撰《詩傳旁通》卷八
清・任基振撰《爾雅注疏箋補》卷下（釋蟲第十五）
清・戴鎣撰《爾雅郭注補正》卷八（釋蟲第十五）
清・邵晉涵撰《爾雅正義》卷一六（釋蟲第十五）
清・沈廷芳撰《十三經注疏正字》卷八一（釋蟲第十五）
清・張玉書、陳廷敬等纂《康熙字典》卷二六

屈蟲

漢・揚雄撰，晉・郭璞注《輶軒使者絕代語釋別國方言》卷一一
宋・羅願撰，元・洪焱祖音釋《爾雅翼》（釋蟲）
元・梁益撰《詩傳旁通》卷八
清・周春撰《爾雅補注》卷四
清・任基振撰《爾雅注疏箋補》卷下（釋蟲第十五）
清・邵晉涵撰《爾雅正義》卷一六（釋蟲第十五）
清・郝懿行撰《爾雅（郭注）義疏》卷下之三

屈申蟲

明・王圻、王思義輯《三才圖會》鳥獸卷六

度蟲

清・李元撰《蠕範》卷三（物體第五）

庴蠖

漢・揚雄撰，晉・郭璞注《輶軒使者絕代語釋別國方言》卷一一
清・郝懿行撰《爾雅（郭注）義疏》卷下之三（釋蟲第

十五）

蚍蠖

《爾雅》

漢・揚雄撰，晉・郭璞注《輶軒使者絕代語釋別國方言》卷一一

晉・郭璞著《爾雅音圖》（釋蟲第十五）

晉・郭璞注，唐・陸德明音義，宋・邢昺疏《爾雅注疏》卷九（釋蟲）

晉・郭璞注《爾雅》卷下（釋蟲第十五）

遼・釋行均《龍龕手鑒》（蟲部第二）

宋・陸佃撰《埤雅》卷一一（釋蟲）

宋・陸佃撰《爾雅新義》卷一五（釋蟲第十五）

宋・鄭樵撰《爾雅註》卷下（釋蟲）

宋・司馬光撰《類篇》卷三八

明・張自烈撰，清・廖文英續《正字通》申集中（虫部）

清・戴鎣撰《爾雅郭注補正》卷八（釋蟲第十五）

清・張玉書、陳廷敬等纂《康熙字典》卷二六

清・段玉裁撰《說文解字注》

清・周春撰《爾雅補注》卷四

清・任基振撰《爾雅注疏箋補》卷下（釋蟲第十五）

清・邵晉涵撰《爾雅正義》卷一六（釋蟲第十五）

清・張宗泰撰《爾雅注疏本正誤》卷三（釋蟲）

清・沈廷芳撰《十三經注疏正字》卷八一（釋蟲第十五）

清・郝懿行撰《爾雅（郭注）義疏》卷下之三（釋蟲第十五）

蚍蠖蟲

南朝梁・顧野王撰，宋・陳彭年等重修《重修玉篇》卷二五

造橋

清・嚴偉、劉芷芬修，秦錫田纂《上海府縣志輯・南匯縣續志》卷二〇

造橋蟲

清・嚴偉、劉芷芬修，秦錫田纂《上海府縣志輯・南匯縣續志》卷二〇

訕申蟲

清・段玉裁撰《說文解字注》

桑闔

清・方旭撰《蟲薈》卷三

清・郝懿行撰《爾雅（郭注）義疏》卷下之三（釋蟲第十五）

蚇蠖

明・王圻、王思義輯《三才圖會》卷六

蝍蛾

漢・揚雄撰，晉・郭璞注《輶軒使者絕代語釋別國方言》卷一一

晉・郭璞注，唐・陸德明音義，宋・邢昺疏《爾雅注疏》卷九（釋蟲）

晉・郭璞注《爾雅》卷下（釋蟲第十五）

南朝梁・顧野王撰，宋・陳彭年等重修《重修玉篇》卷二五

遼・釋行均《龍龕手鑒》（蟲部第二）

宋・陸佃撰《埤雅》卷一一（釋蟲）

宋・陸佃撰《爾雅新義》卷一五（釋蟲第十五）

宋・鄭樵撰《爾雅註》卷下（釋蟲）

宋・司馬光撰《類篇》卷三八

元・戴侗撰《六書故》卷二〇

元・梁益撰《詩傳旁通》卷八

明・張自烈撰，清・廖文英續《正字通》申集中（虫部）

清・戴鎣撰《爾雅郭注補正》卷八（釋蟲第十五）

清・邵晉涵撰《爾雅正義》卷一六（釋蟲第十五）

清・張玉書、陳廷敬等纂《康熙字典》卷二六

清・方旭撰《蟲薈》卷三（動物・蟲）

清・方旭撰《蟲薈》卷三（動物・蟲）

清・郝懿行撰《爾雅郭注義疏》卷下之三（釋蟲第十五）

蜆

《爾雅》

漢・許慎撰，宋・徐鉉增釋《說文解字》卷一三上

晉・郭璞注，唐・陸德明音義，宋・邢昺疏《爾雅注疏》卷九（釋蟲）

晉・郭璞注《爾雅》卷下（釋蟲第十五）

南朝梁・顧野王撰，宋・陳彭年等重修《重修玉篇》卷二五

遼・釋行均《龍龕手鑒》（蟲部第二）

宋・陸佃撰《爾雅新義》卷一五（釋蟲第十五）

宋・鄭樵撰《爾雅註》卷下（釋蟲）

宋・司馬光撰《類篇》卷三八

元・戴侗撰《六書故》卷二〇

元・楊恒撰《六書統》卷一八

明・張自烈撰，清・廖文英續《正字通》申集中（虫部）

明・董斯張《廣博物志》卷五〇（蟲魚下）

清・戴鎣撰《爾雅郭注補正》卷八（釋蟲第十五）

清・沈廷芳撰《十三經注疏正字》卷八一（釋蟲第十五）

清・張玉書、陳廷敬等纂《康熙字典》卷二六

清・李元撰《蠕範》卷二（物化第四）

清・郝懿行撰《爾雅（郭注）義疏》卷下之三（釋蟲第十五）

清・姜兆錫撰《爾雅注疏參議》卷六（釋蟲第十五）

清・任基振撰《爾雅注疏箋補》卷下（釋蟲第十五）

清・邵晉涵撰《爾雅正義》卷一六（釋蟲第十五）

清・張宗泰撰《爾雅注疏本正誤》卷三（釋蟲）

清・余蕭客撰《古經解鉤沉》卷二八

清・周靖撰《篆隸考異》卷三（蟲部）

清・方旭撰《蟲薈》卷三（動物・蟲）

清・段玉裁撰《說文解字注》

蝍蟘

明・王圻、王思義輯《三才圖會》卷六

蝶

晉・郭璞注，唐・陸德明音義，宋・邢昺疏《爾雅注疏》卷九（釋蟲）

宋・鄭樵撰《爾雅註》卷下（釋蟲）

宋・陸佃撰《埤雅》卷一一（釋蟲）

元・戴侗撰《六書故》卷二〇

清・周春撰《爾雅補注》卷四

清・戴鎣撰《爾雅郭注補正》卷八（釋蟲第十五）

清・郝懿行撰《爾雅（郭注）義疏》卷下之三（釋蟲第十五）

清・李元撰《蠕範》卷二（物化第四）

螟蛉

宋・羅願撰，元・洪焱祖音釋《爾雅翼》（釋蟲）

蛸蛾

清・戴鎣撰《爾雅郭注補正》卷八（釋蟲第十五）

清・沈廷芳撰《十三經注疏正字》卷八一（釋蟲第十五）

蝍蛾

清・李元撰《蠕範》卷三（物體第五）

縊女

《爾雅》

漢・許慎撰，宋・徐鉉增釋《說文解字》卷一三上

晉・郭璞注，唐・陸德明音義，宋・邢昺疏《爾雅注疏》卷九（釋蟲）

晉・郭璞注《爾雅》卷下（釋蟲第十五）

南朝梁・顧野王撰，宋・陳彭年等重修《重修玉篇》卷二五

宋・陸佃撰《爾雅新義》卷一五（釋蟲第十五）

宋・鄭樵撰《爾雅註》卷下（釋蟲）

宋・司馬光撰《類篇》卷三八

遼・釋行均《龍龕手鑒》（蟲部第二）

元・戴侗撰《六書故》卷二〇

元・楊恒撰《六書統》卷一八

明・張自烈撰，清・廖文英續《正字通》申集中（虫部）

明・董斯張《廣博物志》卷五〇（蟲魚下）

清・戴鎣撰《爾雅郭注補正》卷八（釋蟲第十五）

清・沈廷芳撰《十三經注疏正字》卷八一（釋蟲第十五）

清・張玉書、陳廷敬等纂《康熙字典》卷二六

清・段玉裁撰《說文解字注》

清・李元撰《蠕範》卷二（物化第四）

清・姜兆錫撰《爾雅注疏參議》卷六（釋蟲第十五）

清・任基振撰《爾雅注疏箋補》卷下（釋蟲第十五）

清・邵晉涵撰《爾雅正義》卷一六（釋蟲第十五）

清・張宗泰撰《爾雅注疏本正誤》卷三（釋蟲）

清・余蕭客撰《古經解鉤沉》卷二八

清・周靖撰《篆隸考異》卷三（蟲部）

清・方旭撰《蟲薈》卷三（動物・蟲）

清・郝懿行撰《爾雅（郭注）義疏》卷下之三（釋蟲第十五）

蠖

《爾雅》

漢・許慎撰，宋・徐鉉增釋《說文解字》卷一三上

晉・郭璞著《爾雅音圖》（釋蟲第十五）

南朝梁・顧野王撰，宋・陳彭年等重修《重修玉篇》卷二五

宋・陸佃撰《爾雅新義》卷一五（釋蟲第十五）

宋・鄭樵撰《爾雅註》卷下（釋蟲）

宋・司馬光撰《類篇》卷三八

元・戴侗撰《六書故》卷二〇

元・梁益撰《詩傳旁通》卷八

元・梁益撰《詩傳旁通》卷八

明・張自烈撰，清・廖文英續《正字通》申集中（虫部）

清・周春撰《爾雅補注》卷四

清・任基振撰《爾雅注疏箋補》卷下（釋蟲第十五）

清・戴鎣撰《爾雅郭注補正》卷八（釋蟲第十五）

清・邵晉涵撰《爾雅正義》卷一六（釋蟲第十五）

清・張宗泰撰《爾雅注疏本正誤》卷三（釋蟲）

清・沈廷芳撰《十三經注疏正字》卷八一（釋蟲第十五）

清・張玉書、陳廷敬等纂《康熙字典》卷二六

清・段玉裁撰《說文解字注》

清・郝懿行撰《爾雅（郭注）義疏》卷下之三（釋蟲第十五）

蠙蛾

漢・揚雄撰，晉・郭璞注《輶軒使者絕代語釋別國方言》卷一一

晉・郭璞注，唐・陸德明音義，宋・邢昺疏《爾雅注疏》卷九（釋蟲）

宋・司馬光撰《類篇》卷三八

元・梁益撰《詩傳旁通》卷八

清・張宗泰撰《爾雅注疏本正誤》卷三（釋蟲）

清・郝懿行撰《爾雅（郭注）義疏》卷下之三

清・邵晉涵撰《爾雅正義》卷一六（釋蟲第十五）

清・段玉裁撰《說文解字注》

蠙蝖

宋・司馬光撰《類篇》卷三八

明・張自烈撰，清・廖文英續《正字通》申集中（虫部）

清・張玉書、陳廷敬等纂《康熙字典》卷二六

清・李元撰《蠕範》卷三（物體第五）

蠖蛾

三國魏・張揖撰，隋・曹憲音解《博雅》卷一〇《釋蟲》

蝹

遼・釋行均《龍龕手鑒》（蟲部第二）

明・張自烈撰，清・廖文英續《正字通》申集中（虫部）

清・張玉書、陳廷敬等纂《康熙字典》卷二六

螂蠋

明·張自烈撰，清·廖文英續《正字通》申集中（虫部）

清·李元撰《蠕範》卷三（物體第五）

桑尺蠖 *Phathonandria atrilineata*

枝尺蠖

清·余宗農編輯《桑樹蟲害論》第二章（桑之尺蠖）

枣步曲 *Sucra jujube*

步屈蟲

北齊·魏收撰《魏書》卷一一二（靈徵志）

槐尺蠖 *Semiothisa cinerearia*

蜆

漢·許慎撰，宋·徐鉉增釋《說文解字》卷一三上

宋·劉敬叔撰《異苑》卷三

縊女蟲

宋·劉敬叔撰《異苑》卷三

縊女

漢·許慎撰，宋·徐鉉增釋《說文解字》卷一三上

桑褶翅尺蠖 *Zamacra excavata*

刺尺蠖

清·余宗農編輯《桑樹蟲害論》第二章（桑之尺蠖）

天蛾科 Sphingidae

桑蟲

南朝梁·顧野王撰，宋·陳彭年等重修《重修玉篇》卷二五

元·戴侗撰《六書故》卷二〇

清·焦循撰《陸氏草木鳥獸蟲魚疏疏》卷七

清·周靖撰《篆隸考異》卷三（虫部）

清·嵇璜、曹仁虎等撰《續通志》卷一七八

清·段玉裁撰《說文解字注》

清·徐鼎撰《毛詩名物圖說》卷三

清·陳大章撰《詩傳名物集覽》卷五（蟲豸）

清·顧棟高撰《毛詩類釋》卷一八（釋蟲）

清·（日）岡元鳳纂輯《毛詩品物圖考》卷六（蟲部）

大青蟲

元·戴侗撰《六書故》卷二〇

清·郝懿行撰《爾雅（郭注）義疏》卷下之三（釋蟲第十五）

清·張玉書、陳廷敬等纂《康熙字典》卷二六

戹

宋·蔡卞撰《毛詩名物解》卷一一（釋蟲）

宋·陸佃撰《埤雅》卷一〇（釋蟲）

明·馮復京撰《六家詩名物疏》卷三一

清·郝懿行撰《爾雅（郭注）義疏》卷下之三（釋蟲第十五）

清·徐鼎撰《毛詩名物圖說》卷三

火蟲

明·張自烈撰，清·廖文英續《正字通》申集中（虫部）

加蟲

明·張自烈撰，清·廖文英續《正字通》申集中（虫部）

桑中蠶蟲

明·趙撝謙撰《六書本義》卷八

桑中蟲

明·張自烈撰，清·廖文英續《正字通》申集中（虫部）

蚅

《爾雅》

晉·郭璞注，唐·陸德明音義，宋·邢昺疏《爾雅注疏》卷九（釋蟲）

晉·郭璞著《爾雅音圖》（釋蟲）

晉·郭璞注《爾雅》卷下（釋蟲第十五）

南朝梁·顧野王撰，宋·陳彭年等重修《重修玉篇》卷二五

宋·陸佃撰《爾雅新義》卷一五（釋蟲第十五）

宋·鄭樵撰《爾雅註》卷下（釋蟲）

宋·司馬光撰《類篇》卷三八

宋·羅願撰，元·洪焱祖音釋《爾雅翼》（釋蟲）

遼·釋行均《龍龕手鑒》（蟲部第二）

明·張自烈撰，清·廖文英續《正字通》申集中（虫部）

明·馮復京撰《六家詩名物疏》卷三一

清·焦循撰《陸氏草木鳥獸蟲魚疏疏》卷七

清·劉玉麐撰《爾雅校議》卷下（釋蟲第十五）

清·任基振撰《爾雅注疏箋補》卷下（釋蟲第十五）

清·郝懿行撰《爾雅（郭注）義疏》卷下之三（釋蟲第十五）

清·錢坫撰《爾雅古義》卷二（釋蟲）

清·張宗泰撰《爾雅注疏本正誤》卷三（釋蟲）

清·嵇璜、曹仁虎等撰《續通志》卷一七八

清·李元撰《蠕範》卷二（物化第四）

清·邵晉涵撰《爾雅正義》卷一六（釋蟲第十五）

清·戴鎣撰《爾雅郭注補正》卷八（釋蟲第十五）

清·沈廷芳撰《十三經注疏正字》卷八一（釋蟲第十五）

清·張玉書、陳廷敬等纂《康熙字典》卷二六

清·方旭撰《蟲薈》卷三

清·徐鼎撰《毛詩名物圖說》卷三

清·陳大章撰《詩傳名物集覽》卷五（蟲豸）

清·周春撰《爾雅補注》卷四

烏蠋

《爾雅》

晉·郭璞注，唐·陸德明音義，宋·邢昺疏《爾雅注疏》卷九（釋蟲）

晉·郭璞著《爾雅音圖》（釋蟲）

晉·郭璞注《爾雅》卷下（釋蟲第十五）

宋·鄭樵撰《爾雅註》卷下（釋蟲）

元・戴侗撰《六書故》卷二〇
明・張自烈撰，清・廖文英續《正字通》申集中（虫部）
明・馮復京撰《六家詩名物疏》卷三一
清・焦循撰《陸氏草木鳥獸蟲魚疏疏》卷七
清・劉玉麐撰《爾雅校議》卷下（釋蟲第十五）
清・任基振撰《爾雅注疏箋補》卷下（釋蟲第十五）
清・郝懿行撰《爾雅（郭注）義疏》卷下之三（釋蟲第十五）
清・錢坫撰《爾雅古義》卷二（釋蟲）
清・張宗泰撰《爾雅注疏本正誤》卷三（釋蟲）
清・張玉書、陳廷敬等纂《康熙字典》卷二六
清・李元撰《蠕範》卷二（物化第四）
清・周春撰《爾雅補注》卷四
清・沈廷芳撰《十三經注疏正字》卷八一（釋蟲第十五）
清・嵇璜、曹仁虎等撰《續通志》卷一七八
清・方旭撰《蟲薈》卷三
清・徐鼎撰《毛詩名物圖說》卷三
清・陳大章撰《詩傳名物集覽》卷五（蟲豸）
清・邵晉涵撰《爾雅正義》卷一六（釋蟲第十五）

烏蠋

宋・陸佃撰《爾雅新義》卷一五（釋蟲第十五）

蛇

明・趙撝謙撰《六書本義》卷八
清・張玉書、陳廷敬等纂《康熙字典》卷二六

蛸蛸

宋・蔡卞撰《毛詩名物解》卷一一（釋蟲）
元・陸佃撰《埤雅》卷一〇（釋蟲）
清・段玉裁撰《說文解字注》
清・邵晉涵撰《爾雅正義》卷一六（釋蟲第十五）

蛸蜎

清・邵晉涵撰《爾雅正義》卷一六（釋蟲第十五）

蜎蜎

漢・許慎撰，宋・徐鉉增釋《說文解字》卷一三上
宋・司馬光撰《類篇》卷三八
元・戴侗撰《六書故》卷二〇
明・張自烈撰，清・廖文英續《正字通》申集中（虫部）
清・段玉裁撰《說文解字注》
清・徐鼎撰《毛詩名物圖說》卷三
清・郝懿行撰《詩問》卷二

蜀

漢・許慎撰，宋・徐鉉增釋《說文解字》卷一三上
南朝梁・顧野王撰，宋・陳彭年等重修《重修玉篇》卷二五
宋・司馬光撰《類篇》卷三八
宋・羅願撰，元・洪焱祖音釋《爾雅翼》（釋蟲）
元・戴侗撰《六書故》卷二〇
明・趙撝謙撰《六書本義》卷八
明・張自烈撰，清・廖文英續《正字通》申集中（虫部）
明・曹學佺撰《蜀中廣記》卷六〇（方物記第二）
明・馮復京撰《六家詩名物疏》卷三一
清・任基振撰《爾雅注疏箋補》卷下（釋蟲第十五）
清・郝懿行撰《爾雅（郭注）義疏》卷下之三（釋蟲第十五）
清・錢坫撰《爾雅古義》卷二（釋蟲）
清・沈廷芳撰《十三經注疏正字》卷八一（釋蟲第十五）
清・張玉書、陳廷敬等纂《康熙字典》卷二六
清・周靖撰《篆隸考異》卷三（虫部）
清・段玉裁撰《說文解字注》
清・陳大章撰《詩傳名物集覽》卷五（蟲豸）
清・周春撰《爾雅補注》卷四
清・邵晉涵撰《爾雅正義》卷一六（釋蟲第十五）

葵中蠶

漢・許慎撰，宋・徐鉉增釋《說文解字》卷一三上
宋・司馬光撰《類篇》卷三八
元・戴侗撰《六書故》卷二〇
清・焦循撰《陸氏草木鳥獸蟲魚疏疏》卷七
清・郝懿行撰《爾雅（郭注）義疏》卷下之三（釋蟲第十五）
清・張玉書、陳廷敬等纂《康熙字典》卷二六
清・段玉裁撰《說文解字注》
宋・羅願撰，元・洪焱祖音釋《爾雅翼》（釋蟲）
清・周春撰《爾雅補注》卷四
清・邵晉涵撰《爾雅正義》卷一六（釋蟲第十五）

葵中蟲

明・張自烈撰，清・廖文英續《正字通》申集中（虫部）
明・馮復京撰《六家詩名物疏》卷三一

蝴蝶

清・周春撰《爾雅補注》卷四

橘牛

清・周春撰《爾雅補注》卷四

橘蠹

清・周春撰《爾雅補注》卷四

蝺

宋・司馬光撰《類篇》卷三八
明・張自烈撰，清・廖文英續《正字通》申集中（虫部）
清・戴鎣撰《爾雅郭注補正》卷八（釋蟲第十五）
清・沈廷芳撰《十三經注疏正字》卷八一（釋蟲第十五）
清・張玉書、陳廷敬等纂《康熙字典》卷二六

蝺蠋

南朝梁・顧野王撰，宋・陳彭年等重修《重修玉篇》卷二五
宋・司馬光撰《類篇》卷三八
遼・釋行均《龍龕手鑒》（蟲部第二）
明・張自烈撰，清・廖文英續《正字通》申集中（虫部）
清・戴鎣撰《爾雅郭注補正》卷八（釋蟲第十五）

清・張玉書、陳廷敬等纂《康熙字典》卷二六

嗚蠋

宋・司馬光撰《類篇》卷三八

蠋

《詩經》

周・韓非撰，元・何犿註《韓非子》卷八（說林下第二十三）

南朝梁・顧野王撰，宋・陳彭年等重修《重修玉篇》卷二五

宋・司馬光撰《類篇》卷三八

宋・蔡卞集解《毛詩名物解》卷一一（釋蟲）

宋・陸佃撰《埤雅》卷一〇（釋蟲）

宋・陸佃撰《爾雅新義》卷一五（釋蟲第十五）

宋・羅願撰，元・洪焱祖音釋《爾雅翼》（釋蟲）

遼・釋行均《龍龕手鑒》（蟲部第二）

元・戴侗撰《六書故》卷二〇

明・張自烈撰，清・廖文英續《正字通》申集中（虫部）

明・馮復京撰《六家詩名物疏》卷三一

清・焦循撰《陸氏草木鳥獸蟲魚疏疏》卷七

清・任基振撰《爾雅注疏箋補》卷下（釋蟲第十五）

清・邵晉涵撰《爾雅正義》卷一六（釋蟲第十五）

清・戴鎣撰《爾雅郭注補正》卷八（釋蟲第十五）

清・郝懿行撰《爾雅（郭注）義疏》卷下之三（釋蟲第十五）

清・錢坫撰《爾雅古義》卷二（釋蟲）

清・張玉書、陳廷敬等纂《康熙字典》卷二六

清・周靖撰《篆隸考異》卷三（虫部）

清・李元撰《蠕範》卷二

清・徐鼎撰《毛詩名物圖說》卷三

清・陳大章撰《詩傳名物集覽》卷五（蟲豸）

清・顧棟高撰《毛詩類釋》卷一八（釋蟲）

清・（日）岡元鳳纂輯《毛詩品物圖考》卷六（蟲部）

清・郝懿行撰《詩問》卷二

螂蠋

宋・司馬光撰《類篇》卷三八

遼・釋行均《龍龕手鑒》（蟲部第二）

清・張玉書、陳廷敬等纂《康熙字典》卷二六

蠲

明・張自烈撰，清・廖文英續《正字通》申集中（虫部）

蝎

南朝梁・顧野王撰，宋・陳彭年等重修《重修玉篇》卷二五

宋・司馬光撰《類篇》卷三八

清・張玉書、陳廷敬等纂《康熙字典》卷二六

枸杞蟲

清・嵇璜、曹仁虎等撰《續通志》卷一七八

清・方旭撰《蟲薈》卷三

小豆长喙天蛾 *Macroglossum stellatarum*

蜜虎

清・趙學敏輯《本草綱目拾遺（下）》卷一〇（蟲部）

芋双线天蛾 *Theretra oldenlandine*

枸杞蟲

明・李時珍撰《本草綱目圖》卷下之中

明・李時珍撰《本草綱目》卷三九

清・黃世祚、金念祖纂，陳傳德、範鐘湘修《上海府縣志輯・嘉定縣續志》卷五

蚅

明・李時珍撰《本草綱目》卷三九

烏蠋

明・李時珍撰《本草綱目》卷三九

蠋

明・李時珍撰《本草綱目》卷三九

舟蛾科 Notodontidae

蟜

漢・許慎撰，宋・徐鉉增釋《說文解字》卷一三上

南朝梁・顧野王撰，宋・陳彭年等重修《重修玉篇》卷二五

元・戴侗撰《六書故》卷二〇

元・楊恒撰《六書統》卷一八

明・張自烈撰，清・廖文英續《正字通》申集中（虫部）

清・張玉書、陳廷敬等纂《康熙字典》卷二六

灯蛾科 Arctiidae

豹灯蛾 *Arctia caja*

毛蟲

漢・許慎撰，宋・徐鉉增釋《說文解字》卷一三上

蛓

漢・許慎撰，宋・徐鉉增釋《說文解字》卷一三上

蛅蟖

清・余宗農編輯《桑樹蟲害論》第四章

大蛅蟖

清・余宗農編輯《桑樹蟲害論》第四章

奇特望灯蛾 *Lemyra imparilis*

赤蛅蟖

清・余宗農編輯《桑樹蟲害論》第四章

黄星雪灯蛾 *Spilosoma lubricipedum*

白蛅蟖

清・余宗農編輯《桑樹蟲害論》第四章

夜蛾科 Noctuidae

棉铃虫 *Helicoverpa armigera*

棉仔蟲

清・範鐘湘、陳傳德修，金念祖、黃世祚纂《上海府縣

志輯·嘉定縣續志》卷五

粘虫 *Pseudaletis separata*

子方蟲

宋·蘇軾撰《東坡志林》卷五

宋·江少虞編《事實類苑》卷六〇

宋·沈括撰《夢溪筆談》卷二四

不時蟲

明·馮復京撰《六家詩名物疏》卷四三

虸

南朝梁·顧野王撰，宋·陳彭年等重修《重修玉篇》卷二五

宋·司馬光撰《類篇》卷三八

明·張自烈撰，清·廖文英續《正字通》申集中（虫部）

清·張玉書、陳廷敬等纂《康熙字典》卷二六

虸方

清·周靖撰《篆隸考異》卷三

虸蚄

宋·司馬光撰《類篇》卷三八

明·張自烈撰，清·廖文英續《正字通》申集中（虫部）

清·穆應震著《毛詩物名考》卷四

清·張玉書、陳廷敬等纂《康熙字典》卷二六

清·張英、王士禎等撰《淵鑒類函》卷四五〇

食禾蟲

宋·沈括撰《夢溪筆談》卷二四

食苗節蟲

清·周靖撰《篆隸考異》卷三

食節

《爾雅》

食節賊

明·馮復京撰《六家詩名物疏》卷四三

明·張自烈撰，清·廖文英續《正字通》申集中（虫部）

清·周靖撰《篆隸考異》卷三

蚄

宋·司馬光撰《類篇》卷三八

明·張自烈撰，清·廖文英續《正字通》申集中（虫部）

清·張玉書、陳廷敬等纂《康熙字典》卷二六

清·周靖撰《篆隸考異》卷三

賊

《詩經》

《爾雅》

明·馮復京撰《六家詩名物疏》卷四三

清·周靖撰《篆隸考異》卷三

蠈

宋·司馬光撰《類篇》卷三八

明·張自烈撰，清·廖文英續《正字通》申集中（虫部）

清·張玉書、陳廷敬等纂《康熙字典》卷二六

螟

清·牟應震著《毛詩物名考》卷四

蟚

遼·釋行均《龍龕手鑒》（蟲部第二）

宋·司馬光撰《類篇》卷三八

明·張自烈撰，清·廖文英續《正字通》申集中（虫部）

清·張玉書、陳廷敬等纂《康熙字典》卷二六

清·周靖撰《篆隸考異》卷三

旁不肯

宋·蘇軾撰《東坡志林》卷五

明·張自烈撰，清·廖文英續《正字通》申集中（虫部）

傍不肯

宋·江少虞編《事實類苑》卷六〇

宋·沈括撰《夢溪筆談》卷二四

毒蛾科 Lymantriidae

旋古毒蛾 *Orgyia thyellina*

毒蛅蟖

清·余宗農編輯《桑樹蟲害論》第四章

盗毒蛾 *Porthesia similis*

金條蛅蟖

清·余宗農編輯《桑樹蟲害論》第四章

弄蝶科 Hesperiidae

星点弄蝶 *Muschampia tessellum*

荷花蝴蝶

清·郎世寗《荷花蝴蝶》

么纹稻弄蝶 *Parnara bada*

無足小青蟲

宋·羅願撰，元·洪焱祖音釋《爾雅翼》（釋蟲）

無足蟲

宋·羅願撰，元·洪焱祖音釋《爾雅翼》（釋蟲）

螟

宋·羅願撰，元·洪焱祖音釋《爾雅翼》（釋蟲）

蟥蟲

宋·羅願撰，元·洪焱祖音釋《爾雅翼》（釋蟲）

蠕蟲

宋·羅願撰，元·洪焱祖音釋《爾雅翼》（釋蟲）

曲纹稻弄蝶 *Parnara colaca*

無足小青蟲

清·徐鼎撰《毛詩物名圖說》卷三

螟

明·張自烈撰，清·廖文英續《正字通》申集中（虫部）

螟

清·徐鼎撰《毛詩物名圖說》卷三

綱蟲

清·徐鼎撰《毛詩物名圖說》卷三

蠕蠹
清·徐鼎撰《毛詩物名圖說》卷三
橫虫
宋·程大昌撰《演繁露》卷四
清·徐鼎撰《毛詩物名圖說》卷三
食苗心蟲
明·張自烈撰，清·廖文英續《正字通》申集中（虫部）

直纹稻弄蝶 *Parnara guttata*

螟
清·李元撰《蠕範》卷四（物食第七）
橫蟲
清·李元撰《蠕範》卷四（物食第七）
鋌心蟲
清·李元撰《蠕範》卷四（物食第七）

斑蝶科 Danaidae

金斑蝶 *Danaus chrysippus*

蝶
宋·李安忠《晴春蝶戲圖》

蓝点紫斑蝶 *Euploea midamus*

蛱蝶
宋·羅願撰，元·洪焱祖音釋《爾雅翼》（釋蟲）
蝴蝶
宋·羅願撰，元·洪焱祖音釋《爾雅翼》（釋蟲）

眼蝶科 Satyridae

大艳眼蝶 *Callerebia suroia*

蛱蝶
宋·羅願撰，元·洪焱祖音釋《爾雅翼》（釋蟲）
蝴蝶
宋·羅願撰，元·洪焱祖音釋《爾雅翼》（釋蟲）

斗毛眼蝶 *Lasiommata deidamia*

斗毛眼蝶
清·（美）克拉克　索爾比著，史紅帥譯《穿越陝甘·1908-1909年克拉克考察隊華北行紀》

波纹黛眼蝶 *Lethe rohria*

波紋黛眼蝶
清·（美）克拉克　索爾比著，史紅帥譯《穿越陝甘·1908-1909年克拉克考察隊華北行紀》

黄环链眼蝶 *Lopinga achine*

希利那蛾
清·（英）艾約瑟《動物學啟蒙》卷八（動物分類綱領）

白眼蝶 *Melanargia halimede*

白眼蝶
清·（美）克拉克　索爾比著，史紅帥譯《穿越陝甘·1908-1909年克拉克考察隊華北行紀》

稻纹眼蝶 *Mycalesis gotama*

稻眉眼蝶
清·（美）克拉克　索爾比著，史紅帥譯《穿越陝甘·1908-1909年克拉克考察隊華北行紀》

矍眼蝶 *Ypthima balda*

蝴蝶
宋·羅願撰，元·洪焱祖音釋《爾雅翼》（釋蟲）

蛱蝶科 Nymphalidae

蛱
漢·許慎撰，宋·徐鉉增釋《說文解字》卷一三上
蛱蜨
漢·許慎撰，宋·徐鉉增釋《說文解字》卷一三上
三國魏·張揖撰，隋·曹憲音解《博雅》卷一〇（釋蟲）
蜨
漢·許慎撰，宋·徐鉉增釋《說文解字》卷一三上

荨麻蛱蝶 *Aglais urticae*

蛱蝶
清·陳淏子輯，伊欽恒校注《花鏡》（養昆蟲法）

柳紫闪蛱蝶华中亚种 *Apatura ilia here*

柳紫閃蛱蝶華中亞種
清·（美）克拉克　索爾比著，史紅帥譯《穿越陝甘·1908-1909年克拉克考察隊華北行紀》

斐豹蛱蝶 *Argyreus hyperbius*

蛱蝶
宋·趙昌《寫生蛱蝶圖》

枯叶蝶 *Kallima inachus*

葉蝶
清·柯璜譯編，（日）箕作佳吉著《博物學講義·動物篇》

蓝线蛱蝶 *Limenitis dubernardi*

蛱蝶
宋·佚名《海棠蛱蝶圖》

残锷线蛱蝶 *Limenitis sulpitia*

斑紋蛱蝶
清·（美）克拉克　索爾比著，史紅帥譯《穿越陝甘·1908-1909年克拉克考察隊華北行紀》

二尾蛱蝶 *Polyura marcaea*

蝶
宋·李安忠《晴春蝶戲圖》

大黑蛱蝶 *Sasakia funebris*

元武蟬

宋・周去非撰《嶺外代答》卷一〇

黑蛺蝶

宋・周去非撰《嶺外代答》卷一〇

灰蝶科 Lycaenidae

蓝色小灰蝶 *Lycaena* sp.

蝶

宋・李安忠《晴春蝶戲圖》

橙灰蝶 *Lycaena dispar*

橙灰蝶

清・（美）克拉克 索爾比著，史紅帥譯《穿越陝甘・1908-1909年克拉克考察隊華北行紀》

白带灰蝶 *Rapala caerulea*

蛺蝶

唐・段公路纂，龜圖註《北戶録》卷一

粉蝶科 Pieridae

豆粉蝶 *Colias hyale*

豆粉蝶

清・（美）克拉克 索爾比著，史紅帥譯《穿越陝甘・1908-1909年克拉克考察隊華北行紀》

钩粉蝶 *Gonepteryx rhamni*

尖鉤粉蝶

清・（美）克拉克 索爾比著，史紅帥譯《穿越陝甘・1908-1909年克拉克考察隊華北行紀》

东方菜粉蝶 *Pieris canidia*

蝶

宋・李安忠《晴春蝶戲圖》

黑纹菜粉蝶 *Pieris melete*

蝶

宋・李安忠《晴春蝶戲圖》

菜粉蝶 *Pieris rapae*

蝶

宋・李安忠《晴春蝶戲圖》

凤蝶科 Papillionidae

蛺蝶

宋・羅願撰，元・洪焱祖音釋《爾雅翼》（釋蟲）

明・王圻、王思義輯《三才圖會》卷六

蝴蝶

唐・陸龜蒙撰《甫里集》卷一九

胡蝶

宋・羅願撰，元・洪焱祖音釋《爾雅翼》（釋蟲）

明・王圻、王思義輯《三才圖會》卷六

風蝶

宋・羅願撰，元・洪焱祖音釋《爾雅翼》（釋蟲）

明・王圻、王思義輯《三才圖會》卷六

野蛾

宋・羅願撰，元・洪焱祖音釋《爾雅翼》（釋蟲）

明・王圻、王思義輯《三才圖會》卷六

鳳子蝶

明・王圻、王思義輯《三才圖會》卷六

鳳蝶

清・（日）鳥羽源藏著，林森潞、庵甫譯《科學世界》（昆蟲標本製作法）

撞末

宋・羅願撰，元・洪焱祖音釋《爾雅翼》（釋蟲）

麝凤蝶 *Byasa alcinous*

蝴蝶

清・郎世寧《荷花蝴蝶》

多姿麝凤蝶 *Byasa polyeuctes*

蝶

宋・趙昌《寫生蛺蝶圖》

红珠凤蝶 *Pachliopta aristolochiae*

蝶

明・項聖謨《蒲蝶圖》

碧凤蝶 *Papilio bianor*

蝶

宋・李安忠《晴春蝶戲圖》

短尾金凤蝶 *Papilio machaon*

金鳳蝶

清・（美）克拉克 索爾比著，史紅帥譯《穿越陝甘・1908-1909年克拉克考察隊華北行紀》

蘹香蟲

明・李時珍撰《本草綱目》卷三九

清・嵇璜、曹仁虎等撰《續通志》卷一七八

清・（英）艾約瑟《動物學啟蒙》卷八（動物分類綱領）

美凤蝶 *Papilio memnon*

蝶

清・馬荃《花蝶圖》

巴黎凤蝶 *Papilio paris*

蝶

清・樊圻《花蝶圖》

玉带凤蝶 *Papilio polytes*

蝶

宋・李安忠《晴春蝶戲圖》

柑橘凤蝶 *Papilio xuthus*

風蝶

晉・崔豹撰《古今注》卷中（蟲魚第五）

晉・郭璞注《爾雅》卷下

野蛾

晉・崔豹撰《古今注》卷中（蟲魚第五）

蛺蝶

晉・崔豹撰《古今注》卷中（蟲魚第五）

鳳子

晉・崔豹撰《古今注》卷中（蟲魚第五）

鳳車

晉・崔豹撰《古今注》卷中（蟲魚第五）

撞末

晉・崔豹撰《古今注》卷中（蟲魚第五）

鬼車

晉・崔豹撰《古今注》卷中（蟲魚第五）

丝带凤蝶 *Sericinus montelus*

蝶

宋・李安忠《晴春蝶戲圖》

膜翅目 Hymenoptera

蜂蟻之義

清・李光地撰《性理精義》卷九

蜂蟻鴻雁之類

清・李光地撰，徐周錫、李清植輯《榕樹語錄》卷二五

蜂類

宋・司馬光撰《類篇》卷三八

元・戴侗撰《六書故》卷二〇

蜂屬

宋・司馬光撰《類篇》卷三八

清・張玉書、陳廷敬等纂《康熙字典》卷二六

蜂類螸

《爾雅》

膜翅目

清・余宗農編輯《桑樹蟲害論》

清・（日）鳥羽源藏著，林森滌、庵甫譯《科學世界》（昆蟲標本製作法）

清・吳馨等修，姚文枬等纂《江蘇省上海縣續志》

膜翅類

清・（日）西師意譯，竇樂安、許家惺審定《動物學教科書》

清・（日）鳥羽源藏著，林森滌、庵甫譯《科學世界》（昆蟲標本製作法）

清・柯璜譯編，（日）箕作佳吉著《博物學講義》（動物篇）

蟻

宋・陳耆卿撰《赤城志》卷三六

清・張玉書、陳廷敬等纂《康熙字典》卷二六

清・（日）鳥羽源藏著・林森滌、庵甫譯《科學世界》（昆蟲標本製作法）

清・吳都梁修，潘問奇等纂《北京府縣志輯・昌平州志》卷一六

清・吳鞏修，王來遴纂《四川府縣志輯・嘉慶邛州直隸州志》卷二二

清・周鍾瑄修，陳夢林、李欽文纂《臺灣府縣志輯・康熙諸羅縣志》卷一〇

清・阿桂、劉瑾之等撰《欽定盛京通志》卷一〇七

清・舒其紳等修，嚴長明等纂《陝西省西安府志》

清・楊修田纂修《河南省光州志》

清・鍾元棣修，張雋、邢定綸纂《海南府縣志輯・民國崖州志》

清・王河等修《欽定盛京通志》

清・朱肇基修，陸綸纂《安徽府縣志輯・乾隆太平府志》

清・劉炯原本，羅廷權續修，何袞等續纂《四川府縣誌輯（25）光緒資州直隸州志》

清・明誼修，張嶽崧纂《海南府縣志輯・瓊州府志》

清・吳馨等修，姚文枬等纂《江蘇省上海縣續志》

蠭類

宋・鄭樵撰《爾雅註》卷下

明・馮復京撰《六家詩名物疏》卷五三（小毖篇）

清・邵晉涵撰《爾雅正義》卷一六

清・周靖撰《篆隸考異》卷三

扁叶蜂科 Pamphilidae

柳瘿叶蜂 *Pontania* spp.

獨腳蟻

明・李時珍撰《本草綱目》卷四〇

蟻

清・戴鎣撰《爾雅郭注補正》卷八

清・牟應震撰《毛詩物名考》卷四

叶蜂科 Tenthredidae

麦叶蜂 *Dolerus tritici*

蜂

宋・羅願撰，元・洪焱祖音釋《爾雅翼》（釋蟲）

树蜂科 Siricidae

云杉树蜂 *Sirex gigas*

獨腳蜂

唐・陳藏器撰《本草拾遺》輯釋卷六

清・方旭撰《蟲薈》卷三

獨蜂

清・李元撰《蠕範》卷一

獨腳蟻

唐·陳藏器撰《本草拾遺》輯釋卷六

清·嵇璜、曹仁虎等撰《續通志》卷一七八

樹蜂

清·（日）鳥羽源藏著，林森潞、庵甫譯《科學世界》（昆蟲標本製作法）

青腰蟲

清·嵇璜、曹仁虎等撰《續通志》卷一七八

蜜蜂科 Apidae

土蜂

宋·梁克家撰《淳熙三山志》（物產）

明·李蘇著《見物》卷五

清·陳大章撰《詩傳名物集覽》卷五

清·陳淏子輯《秘傳花鏡》卷六

清·陳淏子輯，伊欽恒校注《花鏡》（修訂本）

清·呂恩湛修，宗績辰纂《湖南府縣志輯·道光永州府志》卷七上

清·唐執玉、李衛等監修，田易等纂《畿輔通志》卷五七

土䗬

宋·鄭樵撰《爾雅註》卷下

王

清·方旭撰《蟲薈》卷三

明·李蘇著《見物》卷五

木蜂

《爾雅》

明·朱謀㙔撰《駢雅》卷七

明·李蘇著《見物》卷五

清·陳淏子輯《秘傳花鏡》卷六

清·陳淏子輯，伊欽恒校注《花鏡》（修訂本）

木䗬

宋·鄭樵撰《爾雅註》卷下

宋·陸佃撰《爾雅新義》卷一五

竹蜂

明·朱謀㙔撰《駢雅》卷七

清·李元撰《蠕範》卷一

竹蜜蜂

唐·段成式撰《酉陽雜俎》卷一七

范

明·李時珍撰《本草綱目》卷三九

清·方旭撰《蟲薈》卷三

芉蜂

宋·蔡卞撰《毛詩名物解》卷一二

芉蜂

宋·陸佃撰《埤雅》卷一〇

芉蜂

《詩經》

相䗬

明·張自烈撰，清·廖文英續《正字通》申集中（虫部）

貞蟲

明·張自烈撰，清·廖文英續《正字通》申集中（虫部）

清·陳元龍編《歷代賦匯》卷一三八

留師

明·朱謀㙔撰《駢雅》卷七

野蜂

明·李時珍撰《本草綱目》卷三九

清·方旭撰《蟲薈》卷三

清·郝懿行著《蜂衙小記》卷一

清·（英）艾約瑟撰《動物學啟蒙》

清·嵇曾筠等監修，沈翼機等編纂《浙江通志》卷一〇六

宋·曾公亮、丁度等撰《武經總要前集》卷一六

清·郝玉麟等監修，魯曾煜等編纂《廣東通志》

清·趙學敏輯《本草綱目拾遺（下）》卷一〇

清·嵇曾筠等監修，沈翼機等編纂《浙江通志》

清·周碩勳纂修《廣東省潮州府志》

笛師

元·陶宗儀撰《說郛》卷一一上

清·李元撰《蠕範》卷一

將䗬

明·張自烈撰，清·廖文英續《正字通》申集中（虫部）

壺䗬

明·朱謀㙔撰《駢雅》卷七

壺䗬

清·段玉裁撰《說文解字注》

壺蜂

宋·陸佃撰《埤雅》卷一〇

明·馮復京撰《六家詩名物疏》卷五三

清·陳大章撰《詩傳名物集覽》卷五

清·張宗法撰《三農紀》卷八

萬

宋·陸佃撰《埤雅》卷一〇

清·方旭撰《蟲薈》卷三

蛒蜂

唐·元稹撰《元氏長慶集》卷四

明·方以智撰《通雅》卷四七（動物·蟲）

蜂

宋·蔡卞撰《毛詩名物解》卷一二

蜂

晉·張華撰《博物志》卷一

唐·王建撰《王司馬集》卷八

宋·王禹稱撰《小畜集》卷一四

宋·陸佃撰《埤雅》卷一〇

宋·鄭樵撰《通志》卷七六

金·李俊民撰《莊靖集》卷三（蜂）

明·馮復京撰《六家詩名物疏》卷五三
明·李時珍撰《本草綱目》卷三九
明·劉基撰《誠意伯文集》卷一七
明·李蘇著《見物》卷五
明·謝肇淛著《五雜组》卷九（物部）
明·劉仲逵輯《劉氏鴻書》卷九三
明·盧之頤撰《本草乘雅半偈》卷一
清·張玉書、汪霦等編《佩文齋詠物詩選》卷二之三、卷四七五
清·牟應震著《毛詩物名考》卷四
清·方旭撰《蟲薈》卷三
清·郝玉麟等監修，魯曾煜等編纂《廣東通志》
清·郝懿行著《蜂衙小記》卷一
清·陳元龍編《歷代賦匯》卷一三八
清·李元撰《蠕範》卷一
清·張宗法撰《三農紀》卷八
清·額哲克等修，單興詩纂《廣東府縣志輯·同治韶州府志》
清·（英）傅蘭雅輯《格致彙編》卷一期二（西國養蜂法）、续第一卷、第二期一（論養蜂法）、卷二第一（說蟲）
清·趙學敏輯《本草綱目拾遺（下）》卷一〇

蜂子

明·李蘇著《見物》卷五

蜚零

三國魏·吳普等《神農本草經》卷一
宋·鄭樵撰《通志》卷七六
明·朱謀㙔撰《駢雅》卷七

蜜𧒂

明·張自烈撰，清·廖文英續《正字通》申集中（虫部）

蜜博士

清·牟應震著《毛詩物名考》卷四

蜜蜂

晉·郭璞《蜜蜂賦》
宋·鄭樵撰《通志》卷七六
宋·宋勝非撰《紺珠集》卷一〇
宋·梁克家撰《淳熙三山志》
宋·周紫芝撰《太倉梯米集》卷四一
宋·蘇轍撰《欒城集》卷四
宋·楊萬裡撰，楊長孺編《誠齊集》卷二九
宋·魏慶之撰《詩人玉屑》卷四（江南芳信）
宋·陳起編《江湖後集》卷五（乍晴觀蜂房）
元·司農司撰《農桑輯要》卷七
明·馮復京撰《六家詩名物疏》卷五三
明·李時珍撰《本草綱目》卷三九
明·李蘇著《見物》卷五
明·徐光啟撰《農政全書》卷二、卷四二
明·朱謀㙔撰《駢雅》卷七
明·宋詡撰《竹嶼山房雜部》卷一三
清·陳大章撰《詩傳名物集覽》卷五
清·牟應震著《毛詩物名考》卷四
清·程瑤田撰《釋蟲小記》
清·陳淏子輯《秘傳花鏡》卷六
清·陳淏子輯，伊欽恒校注《花鏡》（修訂本）
清·陳元龍編《歷代賦匯》卷一三八
清·陳元龍撰《格致鏡原》卷九八
清·呂恩湛修，宗績辰纂《湖南府縣志輯·道光永州府志》卷七上
清·李元撰《蠕範》卷一
清·夏日瑑校，姚明煇輯《蒙古志》卷三
清·張宗法撰《三農紀》卷八
清·劉於義等監修，沈青崖等編纂《陝西通志》卷四四
清·張鳳台纂修《安東省長白彙徵錄》（物產）
清·鍾元棣修，張雋、邢定綸纂《海南府縣志輯·民國崖州志》卷四
清·唐執玉、李衛等監修，田易等纂《畿輔通志》卷五七
清·趙學敏輯《本草綱目拾遺（下）》卷一〇
清·長順修《吉林通志》

蜜𧖅

宋·羅願撰，元·洪焱祖音釋《爾雅翼》（釋蟲）
清·段玉裁撰《說文解字注》
清·懷蔭布修，黃任、郭賡武纂《福建府縣志輯·乾隆泉州府志》卷一九

石蜜蜂

清·方旭撰《蟲薈》卷三

螅蜂

清·高賡恩等纂修《綏遠全志》

巴力圖珠貴

清·高賡恩等纂修《綏遠全志》

蜸

明·張自烈撰，清·廖文英續《正字通》申集中（虫部）
明·李時珍撰《本草綱目》卷三九
清·李元撰《蠕範》卷一
清·張宗法撰《三農紀》卷八

螟子

漢·許慎撰，宋·徐鉉增釋《說文解字》卷一三
三國魏·吳普等《神農本草經》卷一

螫人飛蟲

明·張自烈撰，清·廖文英續《正字通》申集中（虫部）

穉蜂

清·張玉書、陳廷敬等纂《康熙字典》卷二六

穉𧒂

明·張自烈撰，清·廖文英續《正字通》申集中（虫部）

蠆

明·方以智撰《通雅》卷四七（動物·蟲）
清·方旭撰《蟲薈》卷三

蠭王

明・張自烈撰，清・廖文英續《正字通》申集中（虫部）

蠭

明・張自烈撰，清・廖文英續《正字通》申集中（虫部）

廱

明・方以智撰《通雅》卷四七（動物・蟲）

清・方旭撰《蟲薈》卷三

羅又

清・方旭撰《蟲薈》卷三

蠟蠭

宋・陸佃撰《埤雅》卷一〇

明・張自烈撰，清・廖文英續《正字通》申集中（虫部）

蠟蜂

明・李時珍撰《本草綱目》卷三九

蠭

漢・許慎撰，宋・徐鉉增釋《說文解字》卷一三

宋・羅願撰，元・洪焱祖音釋《爾雅翼》（釋蟲）

清・邵晉涵撰《爾雅正義》卷一六

清・段玉裁撰《說文解字注》

清・懷蔭布修，黃任、郭賡武纂《福建府縣志輯・乾隆泉州府志》卷一九（物產）

清・張玉書、陳廷敬等纂《康熙字典》

霝螽

三國魏・吳普等《神農本草經》卷一

霝

漢・許慎撰，宋・徐鉉增釋《說文解字》卷一三

宋・羅願撰，元・洪焱祖音釋《爾雅翼》（釋蟲）

元・戴侗撰《六書故》卷二〇

清・段玉裁撰《說文解字注》

清・張玉書、陳廷敬等纂《康熙字典》卷二六

清・周靖撰《篆隸考異》卷三

鸞蜂

宋・宋勝非撰《紺珠集》卷一〇

清・李元撰《蠕範》卷一

家蜂

明・李時珍撰《本草綱目》卷三九

清・方旭撰《蟲薈》卷三

分舌蜂 *Colletes* sp.

蜂

五代・黃荃繪《珍禽圖》

蜾蠃 *Eumenus* sp.

蜂

五代・黃荃繪《珍禽圖》

大蜜蜂 *Apis dorsata*

馬卵蜂

清・鐘元棣修，張雋、邢定綸纂《海南府縣志輯・民國崖州志》卷四

排蜂

清・鐘元棣修，張雋、邢定綸纂《海南府縣志輯・民國崖州志》卷四

野蜂

清・嵇曾筠等監修，沈翼機等編纂《浙江通志》卷一〇六

崖蜂

清・劉於義等監修，沈青崖等編纂《陝西通志》卷四四

蜂

宋・施宿等撰《會稽志》卷一七

清・嵇曾筠等監修，沈翼機等編纂《浙江通志》卷一〇五

蜜蜂

清・陳元龍撰《格物鏡原》卷九六

清・嵇曾筠等監修，沈翼機等編纂《浙江通志》卷一〇六

黑大蜜蜂 *Apis binghami*

蜂

清・李元撰《蠕範》卷一

中华蜜蜂 *Apis cerana*

貞蟲

清・李元撰《蠕範》

家蜂

清・李元撰《蠕範》

蚴蜕

清・李元撰《蠕範》

蜂

清・李元撰《蠕範》

蜂奴

清・李元撰《蠕範》

蜇

清・李元撰《蠕範》

蝧

清・李元撰《蠕範》

蜜蜂

清・李元撰《蠕範》

清・劉於義等監修，沈青崖等編纂《陝西通志》卷四四

蟗

清・李元撰《蠕範》

蠓螉

清・李元撰《蠕範》

螠

清・李元撰《蠕範》

蟨

清・李元撰《蠕範》

蜃

清・李元撰《蠕範》

意大利蜂 *Apis mellifera*

蜜蜂

清・（英）傅蘭雅輯《格致彙編》卷一期一〇（西國養蜂法）

无刺蜂 *Trigona* spp.

蜂王

清・鍾元棣修，張雋、邢定綸纂《海南府縣志輯・民國崖州志》卷四

蠅蜂

清・鍾元棣修，張雋、邢定綸纂《海南府縣志輯・民國崖州志》卷四

蜜蜂

明・謝肇淛著《五雜俎》卷九（物部）

清・鍾元棣修，張雋、邢定綸纂《海南府縣志輯・民國崖州志》卷四

熊蜂 *Bombus* spp.

鸞蜂

宋・宋勝非撰《紺珠集》卷一〇

清・李元撰《蠕範》

蜂

五代・黃荃繪《珍禽圖》

蟲

宋・錢選繪《草蟲圖》

黄胸木蜂 *Xylocopa appendiculata*

木蜂

《爾雅》

笛師

清・陳元龍撰《格物鏡原》卷九六

黑蜂

清・陳元龍撰《格物鏡原》卷九六

留師

清・陳元龍撰《格物鏡原》卷九六

鑽竹蜂

清・陳元龍撰《格物鏡原》卷九六

木蜂 *Xylocopa* sp.

木蜂

明・朱謀㙔撰《駢雅》卷七

清・陳元龍撰《格物鏡原》卷九六

竹蜂

明・朱謀㙔撰《駢雅》卷七

留師

明・朱謀㙔撰《駢雅》卷七

笛師

元・陶宗儀撰《說郛》卷一一上

蜚零

明・朱謀㙔撰《駢雅》卷七

隧蜂科 Halictidae

红腹蜂 *Sphecodes* sp.

紅腹蜂

清・（美）克拉克 索爾比著，史紅帥譯《穿越陝甘・1908-1909 年克拉克考察隊華北行紀》

切叶蜂科 Megachilidae

切叶蜂 *Megachile* spp.

異蜂

唐・段成式撰《酉陽雜俎》卷一七

清・李元撰《蠕範》

葉切蜂

清・（日）鳥羽源藏著，林森滌、庵甫譯《科學世界》（昆蟲標本製作法）

石蜂 *Chalicodoma* spp.

白蜂

唐・段成式撰《酉陽雜俎》卷一七

黄斑蜂 *Anthidium* spp.

草蜂

清・郝懿行著《蜂衙小記》

胡蜂科 Vespidae

七裡蜂

清・李元撰《蠕範》

土蜂

《爾雅》

三國魏・張楫撰《廣雅》卷一〇

三國魏・吳普等《神農本草經》卷一

三國吳・陸璣撰，明・毛晉廣要《陸氏詩疏廣要》卷下

宋・唐慎微撰《重修政和經史證類備用本草》卷二二（蟲魚部上品）

宋・羅願撰，元・洪焱祖音釋《爾雅翼》卷二六

宋・蘇頌編撰，胡乃長、王致譜輯注《圖經本草》蟲魚部上卷第十四

宋・賈似道輯《重刊訂正蟲譜》

元・楊恒撰《六書統》卷一八

元・梁益撰《詩傳旁通》卷八

明・李蘇著《見物》卷五

明・朱謀㙔撰《駢雅》卷七

明・陳耀文撰《經典稽疑》卷上（人道敏政）

明・馮復京撰《六家詩名物疏》卷三九

明・高拱撰《問辨錄》卷二
清・沈廷芳撰《十三經注疏正字》
清・方旭撰《蟲薈》卷三
清・焦循撰《陸氏草木鳥獸蟲魚疏》卷二
清・陳啟源撰《毛詩稽古編》卷一三
清・陳大章撰《詩傳名物集覽》卷五
清・郝懿行撰《爾雅（郭注）義疏》卷下二
清・程瑤田撰《釋蟲小記》

土蟲

清・郝懿行撰《爾雅（郭注）義疏》卷下之三
清・戴鎣撰《爾雅郭注補正》卷八

土蠭

漢・許慎撰，宋・徐鉉增釋《說文解字》卷一三
三國魏・吳普等《神農本草經》卷一
三國吳・陸璣撰，明・毛晉廣要《陸氏詩疏廣要》卷下
晉・郭璞注，唐・陸德明音義，宋・邢昺疏《爾雅注疏》卷九
晉・郭璞注《爾雅》卷下
晉・郭璞著《爾雅音圖》卷下
南唐・徐鍇撰《說文繫傳》卷二五
宋・司馬光撰《類篇》卷三八
宋・陸佃撰《埤雅》卷一一
明・張自烈撰，清・廖文英續《正字通》申集中（虫部）
明・馮復京撰《六家詩名物疏》卷三九
清・戴鎣撰《爾雅郭注補正》卷八
清・沈廷芳撰《十三經注疏正字》
清・段玉裁撰《說文解字注》卷一三下
清・周靖撰《篆隸考異》卷三
清・張玉書、陳廷敬等纂《康熙字典》卷二六
清・張宗泰撰《爾雅注疏本正誤》卷二
清・徐鼎撰《毛詩名物圖說》卷三
清・陳啟源撰《毛詩稽古編》卷一三
清・陳大章撰《詩傳名物集覽》卷五
清・王夫之撰《周易稗疏》卷二
清・郝懿行撰《爾雅郭注義疏》卷下二、卷下三

大黃蜂

明・李蘇著《見物》卷五
清・方旭撰《蟲薈》卷三

大黃蠭

明・張自烈撰，清・廖文英續《正字通》申集中（虫部）
清・段玉裁撰《說文解字注》卷一三下

黃蜂

唐・李賀撰《昌谷集》卷一
宋・宋樸撰《西村詩集》卷下
宋・蘇頌編撰，胡乃長、王致譜輯注《圖經本草》蟲魚部上卷第十四
明・李時珍撰《本草綱目》圖卷下之上

大蠭

三國魏・吳普等《神農本草經》卷一
晉・郭璞注《爾雅》卷下
晉・郭璞注，唐・陸德明音義，宋・邢昺疏《爾雅注疏》卷九
晉・郭璞注《山海經》卷一二（海內北經）
宋・陸佃撰《埤雅》卷一一
清・徐鼎撰《毛詩名物圖說》卷三
清・陳啟源撰《毛詩稽古編》卷一三
清・陳大章撰《詩傳名物集覽》卷五
清・郝懿行撰《爾雅郭注義疏》卷下之三
清・吳任臣注《山海經廣注全像比較》卷一二

大蜂

前秦・王嘉撰，梁・蕭綺輯編《拾遺記》卷二
唐・劉恂撰《嶺表録異》卷下
宋・蘇頌編撰，胡乃長、王致譜輯注《圖經本草》蟲魚部上卷第十四
宋・沈括撰《夢溪筆談》卷二四
宋・祝穆撰《古今事文類聚》後集
元・梁益撰《詩傳旁通》卷八
清・吳任臣注《山海經廣注全像比較》卷一二

元瓠

清・李元撰《蠕範》

木蜂

宋・蘇頌編撰，胡乃長、王致譜輯注《圖經本草》蟲魚部上卷第十四
清・李元撰《蠕範》
明・李蘇著《見物》卷五
清・方旭撰《蟲薈》卷三

木蠭

三國魏・吳普等《神農本草經》卷一
晉・郭璞注，唐・陸德明音義，宋・邢昺疏《爾雅注疏》卷九
晉・郭璞注《爾雅》卷下
晉・郭璞著《爾雅音圖》卷下
宋・陸佃撰《埤雅》
清・張宗泰撰《爾雅注疏本正誤》卷二
清・戴鎣撰《爾雅郭注補正》卷八
清・郝懿行撰《爾雅郭注義疏》卷下之三
清・段玉裁撰《說文解字注》卷一三下
清・徐鼎撰《毛詩名物圖說》卷三
清・王夫之撰《周易稗疏》卷二

牛舌蜂

清・李元撰《蠕範》

玄蜂

晉・郭璞注《山海經》卷一二（海內北經）
宋・陸佃撰《爾雅新義》卷一五
明・李蘇著《見物》

明·周祈撰《名義考》卷九（物部）

玄蠭

清·吳任臣注《山海經廣注全像比較》卷一二

玄瓠蠭

明·張自烈撰，清·廖文英續《正字通》申集中（虫部）

白蜂

清·李元撰《蠕範》

地雷

清·牟應震著《毛詩物名考》卷四

赤腰蜂

唐·段成式撰《酉陽雜俎》卷八

赤長蜂

清·（日）鳥羽源藏著·林森滌、庵甫譯《科學世界》（昆蟲標本製作法）

長腳蜂

清·牟應震著《毛詩物名考》卷四

范

三國魏·吳普等《神農本草經》卷一

細胥蜂

南朝梁·顧野王撰，宋·陳彭年等重修《重修玉篇》卷二五

南唐·徐鍇撰《說文繫傳》卷二五

清·張玉書、陳廷敬等纂《康熙字典》卷二六

虎蝓

漢·許慎撰，宋·徐鉉增釋《說文解字》卷一三

果蠃

《爾雅》

三國吳·陸璣撰，明·毛晉廣要《陸氏詩疏廣要》卷下

晉·郭璞注，唐·陸德明音義，宋·邢昺疏《爾雅注疏》卷下

宋·陸佃撰《爾雅新義》卷一五

明·朱謀㙔撰《駢雅》卷七

明·周祈撰《名義考》卷九（物部）

清·顧棟高撰《毛詩類釋》卷一八

清·戴鎣撰《爾雅郭注補正》卷八

清·沈廷芳撰《十三經注疏正字》

清·周靖撰《篆隸考異》卷三

清·王夫之撰《周易稗疏》卷二

清·邵晉涵撰《爾雅正義》卷一六

清·郝懿行撰《爾雅（郭注）義疏》卷下二

清·方旭撰《蟲薈》卷三

清·李元撰《蠕範》

果蠃

晉·郭璞注《爾雅》卷下

晉·郭璞著《爾雅音圖》卷下

宋·鄭樵撰《爾雅註》卷下

宋·陸佃撰《埤雅》卷一一

宋·羅願撰，元·洪焱祖音釋《爾雅翼》卷二六

元·梁益撰《詩傳旁通》卷八

明·季本撰《詩說解頤》卷六

明·陳耀文撰《經典稽疑》卷上（人道敏政）

草蜂

清·李元撰《蠕範》

清·方旭撰《蟲薈》卷三

大胡蜂

清·（日）鳥羽源藏著·林森滌、庵甫譯《科學世界》（昆蟲標本製作法）

胡蜂

唐·方幹撰《玄英集》卷八

明·陸容撰《菽園雜記》卷一三

清·李元撰《蠕範》

清·方旭撰《蟲薈》卷三

清·毛奇齡撰《西河集》卷一三一

胡蠭

明·張自烈撰，清·廖文英續《正字通》申集中（虫部）

馬蜂

宋·蘇頌編撰，胡乃長、王致譜輯注《圖經本草》蟲魚部上卷第十四

明·李蘇著《見物》卷五

清·牟應震著《毛詩物名考》卷四

清·方旭撰《蟲薈》卷三

馬蠭

三國魏·吳普等《神農本草經》卷一

三國吳·陸璣撰，明·毛晉廣要《陸氏詩疏廣要》卷下

晉·郭璞注《爾雅》卷下

晉·郭璞著《爾雅音圖》卷下

晉·郭璞注，唐·陸德明音義，宋·邢昺疏《爾雅注疏》卷九

明·張自烈撰，清·廖文英續《正字通》申集中（虫部）

清·徐鼎撰《毛詩名物圖說》卷三

清·郝懿行撰《爾雅（郭注）義疏》卷下之三

虒蝓

南唐·徐鍇撰《說文繫傳》卷二五

宋·司馬光撰《類篇》卷三八

元·楊恒撰《六書統》卷一八

清·吳景旭撰《歷代詩話》卷四

菌蜂

清·李元撰《蠕範》

蚴蜕

三國魏·吳普等《神農本草經》卷一

三國吳·陸璣撰，明·毛晉廣要《陸氏詩疏廣要》卷下

明·李蘇著《見物》

明·朱謀㙔撰《駢雅》卷七

明·馮復京撰《六家詩名物疏》卷三九

清·陳大章撰《詩傳名物集覽》卷五

笛師

漢・揚雄撰，晉・郭璞注《輶軒使者絕代語釋別國方言》卷一一
三國魏・吳普等《神農本草經》卷一
清・郝懿行撰《爾雅（郭注）義疏》卷下之三

細腰蜂

三國吳・陸璣撰，明・毛晉廣要《陸氏詩疏廣要》卷下
宋・丁度等撰《附釋文互註禮部韻略》卷三
宋・宋棠撰《西村詩集》卷下
明・胡廣等撰《詩傳大全》（朱子詩序辨說）
明・陳耀文撰《經典稽疑》卷上
清・張玉書、陳廷敬等纂《康熙字典》卷二六
清・徐文靖撰《管城碩記》卷二八
清・徐鼎撰《毛詩名物圖說》卷三
清・方旭撰《蟲薈》卷三

細腰蟲

三國吳・陸璣撰，明・毛晉廣要《陸氏詩疏廣要》卷下
晉・郭璞注，唐・陸德明音義，宋・邢昺疏《爾雅注疏》卷下
明・馮復京撰《六家詩名物疏》卷三九
清・徐鼎撰《毛詩名物圖說》卷三
清・陳大章撰《詩傳名物集覽》卷五
清・程瑤田撰《釋蟲小記》
清・楊齊修，陳蘭彬等纂《廣東府縣志輯・高州府志・輿地志》

細腰蠭

晉・郭璞著《爾雅音圖》卷下
明・張自烈撰，清・廖文英續《正字通》申集中（虫部）
清・顧棟高撰《毛詩類釋》卷一八
清・戴鎣撰《爾雅郭注補正》卷八
清・郝懿行撰《爾雅（郭注）義疏》卷下二
清・邵晉涵撰《爾雅正義》卷一六
清・沈廷芳撰《十三經注疏正字》
清・周靖撰《篆隸考異》卷三
清・陳啟源撰《毛詩稽古編》卷一三

細腰蜂

清・徐文靖撰《管城碩記》卷二八

細요蠭

晉・郭璞注《爾雅》卷下

細腰螽

明・張自烈撰，清・廖文英續《正字通》申集中（虫部）

壺蜂

清・李元撰《蠕範》
清・徐鼎撰《毛詩名物圖說》卷三

壺蠭

漢・揚雄撰，晉・郭璞注《輶軒使者絕代語釋別國方言》卷一一
三國魏・吳普等《神農本草經》卷一
明・張自烈撰，清・廖文英續《正字通》申集中（虫部）
清・郝懿行撰《爾雅（郭注）義疏》卷下之三

葫蘆蜂

明・李蘇著《見物》卷五
清・李元撰《蠕範》

蛒蜂

清・李元撰《蠕範》

黑蠭

漢・揚雄撰，晉・郭璞注《輶軒使者絕代語釋別國方言》卷一一
三國魏・吳普等《神農本草經》卷一
清・郝懿行撰《爾雅（郭注）義疏》卷下之三

黑蜂

清・徐鼎撰《毛詩名物圖說》卷三

蒲盧

《爾雅》
漢・許慎撰，宋・徐鉉增釋《說文解字》卷一三
三國魏・吳普等《神農本草經》卷一
三國吳・陸璣撰，明・毛晉廣要《陸氏詩疏廣要》卷下
晉・郭璞注《爾雅》卷下
晉・郭璞注，唐・陸德明音義，宋・邢昺疏《爾雅注疏》卷下
晉・郭璞著《爾雅音圖》卷下
南唐・徐鍇撰《說文繫傳》卷二五
宋・彭乘撰《墨客揮犀》卷五
宋・鄭樵撰《爾雅註》卷下
宋・司馬光撰《類篇》卷三八
宋・陸佃撰《埤雅》卷一一
宋・羅願撰，元・洪焱祖音釋《爾雅翼》卷二六
宋・陸佃撰《爾雅新義》卷一五
宋・范處義撰《詩補傳》卷一九
宋・呂祖謙撰《呂氏家塾讀詩記》卷二一
宋・丁度等撰《附釋文互註禮部韻略》卷三
宋・程顥、程頤撰，胡安國編《二程文集》卷一八
元・楊恒撰《六書統》卷一八
元・梁益撰《詩傳旁通》卷八
明・李蘇著《見物》卷五
明・朱謀㙔撰《駢雅》卷七
明・方以智撰《通雅》卷四七（動物・蟲）
明・張自烈撰，清・廖文英續《正字通》申集中（虫部）
明・陳耀文撰《經典稽疑》卷上（人道敏政）
明・馮復京撰《六家詩名物疏》卷三九
明・高拱撰《問辨錄》卷二
明・周祈撰《名義考》卷九（物部）
清・顧棟高撰《毛詩類釋》卷一八
清・戴鎣撰《爾雅郭注補正》卷八
清・沈廷芳撰《十三經注疏正字》
清・周靖撰《篆隸考異》卷三

清·郝懿行撰《爾雅（郭注）義疏》卷下二
清·張玉書、陳廷敬等纂《康熙字典》卷二六
清·徐文靖撰《管城碩記》卷二八
清·邵晉涵撰《爾雅正義》卷一六
清·陳啟源撰《毛詩稽古編》卷一三
清·陳大章撰《詩傳名物集覽》卷五
清·鄭方坤撰《經稗》卷六
清·程瑤田撰《釋蟲小記》
清·方旭撰《蟲薈》卷三
清·吳景旭撰《歷代詩話》卷四
清·陳元龍撰《格致鏡原》卷九八
清·陳元龍編《歷代賦匯》卷一三八（唐·敬括《蒲盧賦》
清·楊齊修，陳蘭彬等纂《廣東府縣志輯·高州府志》
清·李元撰《蠕範》

蒲蘆

清·徐鼎撰《毛詩名物圖說》卷三

蜂

三國魏·吳普等《神農本草經》卷一
三國魏·張揖撰《廣雅》卷一〇
晉·郭璞注，唐·陸德明音義，宋·邢昺疏《爾雅注疏》卷九
唐·段成式撰《酉陽雜俎》卷八
宋·蘇頌編撰，胡乃長、王致譜輯注《圖經本草》蟲魚部上卷第十四
宋·彭乘撰《墨客揮犀》卷五
宋·朱勝非撰《紺珠集》卷八
元·吳萊撰，明·宋濂編《淵潁集》卷三
明·張自烈撰，清·廖文英續《正字通》申集中（虫部）
明·周祈撰《名義考》卷九（物部）
清·徐文靖撰《管城碩記》卷二八
清·徐鼎撰《毛詩名物圖說》卷三
清·王夫之撰《周易稗疏》卷二
清·郝懿行撰《爾雅（郭注）義疏》卷下之三

蜾蠃

三國魏·吳普等《神農本草經》卷一
三國吳·陸璣撰，明·毛晉廣要《陸氏詩疏廣要》卷下
南朝梁·顧野王撰，宋·陳彭年等重修《重修玉篇》卷二五
南唐·徐鍇撰《說文繫傳》卷二五
宋·司馬光撰《類篇》卷三八
宋·丁度等撰《附釋文互註禮部韻略》卷三
宋·唐慎微撰《重修政和經史證類備用本草》卷二二（蟲魚部上品）
宋·范處義撰《詩補傳》卷一九
宋·呂祖謙撰《呂氏家塾讀詩記》卷二一
宋·黃震撰《黃氏日抄》卷四
宋·楊簡撰《慈湖詩傳》卷一三
宋·宋樸撰《西村詩集》卷下
明·方以智撰《通雅》卷四七（動物·蟲）
明·李蘇著《見物》卷五
明·陳耀文撰《經典稽疑》卷上（人道敏政）
明·胡廣等撰《詩傳大全》（朱子詩序辨說）
明·馮復京撰《六家詩名物疏》卷三九
明·謝肇淛著《五雜俎》上卷九（物部）
明·曹學佺編《石倉歷代詩選》
清·顧棟高撰《毛詩類釋》卷一八
清·周靖撰《篆隸考異》卷三
清·徐文靖撰《管城碩記》卷二八
清·徐鼎撰《毛詩名物圖說》卷三
清·焦循撰《陸氏草木鳥獸蟲魚疏疏》卷二
清·陳啟源撰《毛詩稽古編》卷一三
清·陳大章撰《詩傳名物集覽》卷五
清·郝懿行撰《爾雅（郭注）義疏》卷下二
清·鄭方坤撰《經稗》卷六
清·程瑤田撰《釋蟲小記》
清·吳景旭撰《歷代詩話》卷四
清·陳元龍撰《格致鏡原》卷九八
清·楊齊修，陳蘭彬等纂《廣東府縣志輯·高州府志》
清·李元撰《蠕範》

蜾贏

唐·段成式撰《酉陽雜俎》卷八

蜾贏

宋·彭乘撰《墨客揮犀》卷五
遼·釋行均撰《龍龕手鑑》卷二
元·梁益撰《詩傳旁通》卷八
明·季本撰《詩說解頤》卷六
明·高拱撰《問辨錄》卷二
清·張玉書、陳廷敬等纂《康熙字典》卷二六
清·（日）鳥羽源藏著·林森滌、庵甫譯《科學世界》（昆蟲標本製作法）

蜾蠃

漢·許慎撰，宋·徐鉉增釋《說文解字》卷一三

蜾

明·張自烈撰，清·廖文英續《正字通》申集中（虫部）
清·段玉裁撰《說文解字注》卷一三下

𧕢𧕫𧖅

明·張自烈撰，清·廖文英續《正字通》申集中（虫部）

𧕢𧕫

明·李蘇著《見物》卷五

𧕢𧕫蜂

明·李蘇著《見物》卷五
清·李元撰《蠕範》
清·郝懿行撰《爾雅（郭注）義疏》卷下之三

瓠瓠蜂

清·郝懿行撰《爾雅（郭注）義疏》卷下之三

椽桷蜂

清·李元撰《蠕範》

蝷蝓

清·張玉書、陳廷敬等纂《康熙字典》卷二六

獨蜂

清·李元撰《蠕範》

清·方旭撰《蟲薈》卷三

獨蠭

明·張自烈撰，清·廖文英續《正字通》申集中（虫部）

蝓

三國魏·張揖撰《廣雅》卷一〇

螫人飛蟲

明·張自烈撰，清·廖文英續《正字通》申集中（虫部）

螫蜂

明·方以智撰《通雅》卷四七（動物·蟲）

聲抱

明·李蘇著《見物》卷五

翳蝓

清·周靖撰《篆隸考異》卷三

蟓蜂

清·穆應震著《毛詩物名考》卷四

蜾蠃

三國魏·吳普等《神農本草經》卷一

宋·任廣撰《書敘指南》卷一四（昆蟲）

蠭

明·張自烈撰，清·廖文英續《正字通》申集中（虫部）

蠭

明·張自烈撰，清·廖文英續《正字通》申集中（虫部）

蠮螉

宋·陸佃撰《埤雅》卷一一

元·梁益撰《詩傳旁通》卷八

嚥

宋·司馬光撰《類篇》卷三八

蠮

清·周靖撰《篆隸考異》卷三

清·張玉書、陳廷敬等纂《康熙字典》卷二六

蠓蝓

三國魏·吳普等《神農本草經》卷一

三國吳·陸璣撰，明·毛晉廣要《陸氏詩疏廣要》卷下

晉·郭璞注，唐·陸德明音義，宋·邢昺疏《爾雅注疏》卷九

明·馮復京撰《六家詩名物疏》卷三九

清·張玉書、陳廷敬等纂《康熙字典》卷二六

清·陳大章撰《詩傳名物集覽》卷五

清·郝懿行撰《爾雅郭注義疏》卷下之三

蠣蠃

三國魏·吳普等《神農本草經》卷一

南朝梁·顧野王撰，宋·陳彭年等重修《重修玉篇》卷二五

南唐·徐鍇撰《說文繫傳》卷二五

宋·司馬光撰《類篇》卷三八

清·郝懿行撰《爾雅（郭注）義疏》卷下二

清·程瑤田撰《釋蟲小記》

清·吳景旭撰《歷代詩話》卷四

蠣蠃

漢·許慎撰，宋·徐鉉增釋《說文解字》卷一三

元·楊恒撰《六書統》卷一八

蠣

漢·許慎撰，宋·徐鉉增釋《說文解字》卷一三

清·張玉書、陳廷敬等纂《康熙字典》卷二六

蠣蠃

宋·羅願撰，元·洪焱祖音釋《爾雅翼》卷二六

清·徐文靖撰《管城碩記》卷二八

蠓

宋·司馬光撰《類篇》卷三八

清·周靖撰《篆隸考異》卷三

清·張玉書、陳廷敬等纂《康熙字典》卷二六

蠭

三國魏·吳普等《神農本草經》卷一

晉·郭璞注，唐·陸德明音義，宋·邢昺疏《爾雅注疏》卷九

明·張自烈撰，清·廖文英續《正字通》申集中（虫部）

蠮

三國魏·吳普等《神農本草經》卷一

三國吳·陸璣撰，明·毛晉廣要《陸氏詩疏廣要》卷下

晉·郭璞注，唐·陸德明音義，宋·邢昺疏《爾雅注疏》卷九

晉·郭璞注《爾雅》卷下

晉·郭璞著《爾雅音圖》卷下

宋·蘇頌編撰，胡乃長、王致譜輯注《圖經本草》蟲魚部上卷第十四

清·張宗泰撰《爾雅注疏本正誤》卷二

清·沈廷芳撰《十三經注疏正字》

清·李元撰《蠕範》

清·郝懿行撰《爾雅（郭注）義疏》卷下之三

蠮蠭

明·張自烈撰，清·廖文英續《正字通》申集中（虫部）

露蜂

明·李蘇著《見物》卷五

蠭

漢·揚雄撰，晉·郭璞注《輶軒使者絕代語釋別國方言》卷一一

三國魏·吳普等《神農本草經》卷一

三國吳·陸璣撰，明·毛晉廣要《陸氏詩疏廣要》卷下

明·馮復京撰《六家詩名物疏》卷三九

清・段玉裁撰《說文解字注》卷一三下
清・張玉書、陳廷敬等纂《康熙字典》卷二六
清・郝懿行撰《爾雅（郭注）義疏》卷下之三

蠭類

宋・鄭樵撰《爾雅註》卷下

蠮螉

三國魏・張揖撰《廣雅》卷一〇
三國魏・吳普等《神農本草經》卷一
三國吳・陸璣撰，明・毛晉廣要《陸氏詩疏廣要》卷下
晉・郭璞注《爾雅》卷下
晉・郭璞著《爾雅音圖》卷下
晉・郭璞注，唐・陸德明音義，宋・邢昺疏《爾雅注疏》卷九
南朝梁・顧野王撰，宋・陳彭年等重修《重修玉篇》卷二五
唐・段成式撰《酉陽雜俎》卷八、卷一七
南唐・譚峭撰《化書》卷二
宋・彭乘撰《墨客揮犀》卷五
宋・司馬光撰《類篇》卷三八
宋・陸佃撰《埤雅》卷一一
宋・鄭樵撰《爾雅註》卷下
宋・羅願撰，元・洪焱祖音釋《爾雅翼》卷二六
宋・丁度等撰《附釋文互註禮部韻略》卷三
宋・黃震撰《黃氏日抄》卷四
元・楊恒撰《六書統》卷一八
元・陶宗儀編《說郛》卷七上
明・季本撰《詩說解頤》卷六
明・李蘇著《見物》卷五
明・朱謀㙔撰《駢雅》卷七
明・張自烈撰，清・廖文英續《正字通》申集中（虫部）
明・陳耀文撰《經典稽疑》卷上（人道敏政）
明・馮復京撰《六家詩名物疏》卷三九
明・謝肇淛著《五雜俎》上卷九（物部）
明・李時珍撰《本草綱目》圖卷下之上
清・顧棟高撰《毛詩類釋》卷一八
清・戴鎣撰《爾雅郭注補正》卷八
清・張玉書、陳廷敬等纂《康熙字典》卷二六
清・徐鼎撰《毛詩名物圖說》卷三
清・邵晉涵撰《爾雅正義》卷一六
清・陳啟源撰《毛詩稽古編》卷一三
清・陳大章撰《詩傳名物集覽》卷五
清・郝懿行撰《爾雅（郭注）義疏》卷下二
清・鄭方坤撰《經稗》卷六
清・程瑤田撰《釋蟲小記》
清・陳元龍撰《格致鏡原》卷九八
清・楊齊修，陳蘭彬等纂《廣東府縣志輯・高州府志》

蠮翁

清・王夫之撰《周易稗疏》卷二

蠮蜦

宋・司馬光撰《類篇》卷三八

蠮螉

三國魏・吳普等《神農本草經》卷一
宋・唐慎微撰，寇宗奭衍義《證類本草》卷二二
明・方以智撰《通雅》卷四七（動物・蟲）
清・方旭撰《蟲薈》卷三
清・徐文靖撰《管城碩記》卷二八

金环胡蜂 *Vespa mandarinia*

大黃蜂

清・方旭撰《蟲薈》卷三

牛舌蜂

清・方旭撰《蟲薈》卷三

草蜂

清・方旭撰《蟲薈》卷三

蛒蠭

明・張自烈撰，清・廖文英續《正字通》申集中（虫部）

黄胡蜂 *Vespula* sp.

土蜂

清・方旭撰《蟲薈》卷三

土蠭

明・張自烈撰，清・廖文英續《正字通》申集中（虫部）

馬蜂

清・方旭撰《蟲薈》卷三

蜚零

明・張自烈撰，清・廖文英續《正字通》申集中（虫部）
清・方旭撰《蟲薈》卷三

蟺蜂

清・方旭撰《蟲薈》卷三

蟺蠭

明・張自烈撰，清・廖文英續《正字通》申集中（虫部）

土胡蜂 *Vespula lewisii*

大黃蜂

清・方旭撰《蟲薈》卷三

牛舌蜂

清・方旭撰《蟲薈》卷三

草蜂

清・方旭撰《蟲薈》卷三

铃腹胡蜂科 Ropalidiidae

人蜂

清・方旭撰《蟲薈》卷三

大黃蜂

明・李蘇著《見物》卷五

元蜂

清・方旭撰《蟲薈》卷三

元瓠蜂

清・方旭撰《蟲薈》卷三

木蠭

清・郝懿行撰《爾雅（郭注）義疏》卷下之三

草蜂

清・方旭撰《蟲薈》卷三

胡蜂

清・方旭撰《蟲薈》卷三

胡蘆蜂

明・李蘇著《見物》卷五

馬蜂

明・李蘇著《見物》卷五

笛師

清・郝懿行撰《爾雅郭注義疏》卷下之三

壺蜂

清・方旭撰《蟲薈》卷三

清・郝懿行撰《爾雅郭注義疏》卷下之三

閑堂

明・李蘇著《見物》卷五

黑蠭

清・郝懿行撰《爾雅（郭注）義疏》卷下之三

㼌瓟

明・李蘇著《見物》卷五

㼌瓟蜂

清・方旭撰《蟲薈》卷三

細腰蜂

清・程瑤田撰《釋蟲小記》

果蠃科 Eumenidae

細腰蜂

清・牟應震著《毛詩物名考》卷四

蒲盧

宋・彭乘撰《墨客揮犀》卷五

蒲蘆

清・牟應震著《毛詩物名考》卷四

蜾蠃

明・方以智撰《通雅》卷四七（動物・蟲）

明・張自烈撰，清・廖文英續《正字通》申集中（虫部）

清・牟應震著《毛詩物名考》卷四

蜾蠃

宋・彭乘撰《墨客揮犀》卷五

蜾蠃 *Eumenus* sp.

螺蠃

清・（日）鳥羽源藏著，林森潞、庵甫譯《科學世界》（昆蟲標本製作法）

竹筒蜾蠃 *Pareumenes quadrispinosus*

果蠃

宋・羅願撰，元・洪焱祖音釋《爾雅翼》（釋蟲）

果蠃

清・方旭撰《蟲薈》卷三

清・（日）岡元鳳纂輯《毛詩品物圖考》卷六

細腰蜂

清・方旭撰《蟲薈》卷三

稺蜂

清・方旭撰《蟲薈》卷三

蜾蠃

清・（日）岡元鳳纂輯《毛詩品物圖考》卷六

蜾蠃

清・（日）岡元鳳纂輯《毛詩品物圖考》卷六

土蜂

清・（日）岡元鳳纂輯《毛詩品物圖考》卷六

細腰蠭

清・（日）岡元鳳纂輯《毛詩品物圖考》卷六

蠮螉

清・（日）岡元鳳纂輯《毛詩品物圖考》卷六

马蜂科 Polistidae

大黃蜂

明・李蘇著《見物》卷五

赤長蜂

清・（日）鳥羽源藏著，林森潞、庵甫譯《科學世界》（昆蟲標本製作法）

長腳蜂

清・牟應震著《毛詩物名考》卷四

馬蜂

明・李蘇著《見物》卷五

清・牟應震著《毛詩物名考》卷四

清・方旭撰《蟲薈》卷三

閑堂

明・李蘇著《見物》卷五

㼌瓟

明・李蘇著《見物》卷五

土蜂

清・方旭撰《蟲薈》卷三

蜚零

清・方旭撰《蟲薈》卷三

蟺

清・方旭撰《蟲薈》卷三

木蜂

清・方旭撰《蟲薈》卷三

沙蜂

清・方旭撰《蟲薈》卷三

石蜂

清・方旭撰《蟲薈》卷三

家马蜂 *Polistes jadwigae*

九里蜂

清・方旭撰《蟲薈》卷三

大黃蜂

宋・蘇頌編撰，胡乃長、王致譜輯注《圖經本草》

大黃蠭

清・段玉裁撰《說文解字注》

家馬蜂

清・（美）克拉克　索爾比著，史紅帥譯《穿越陝甘・1908-1909年克拉克考察隊華北行紀》

黃蜂

清・程瑤田《釋蟲小記》

獨蜂

清・方旭撰《蟲薈》卷三

露蜂

明・李蘇著《見物》卷三

清・段玉裁撰《說文解字注》

亚非马蜂 *Polistes habraeus*

蜂

清・（美）克拉克　索爾比著，史紅帥譯《穿越陝甘・1908-1909年克拉克考察隊華北行紀》

日本家马蜂 *Polistes japonicus*

土蜂

清・程瑤田《釋蟲小記》

胡马蜂 *Polistes mandarinus*

沙蜂

清・方旭撰《虫荟》卷三

短翅泥蜂科 Trypoxylonidae

虳

明・李蘇著《見物》卷五

螠

明・李蘇著《見物》卷五

蠮螉

唐・段成式撰《酉陽雜俎》卷一七

泥蜂科 Sphecidae

大蜂

清・程瑤田《釋蟲小記》

泥蜂

清・（日）烏羽源藏著，林森滌、庵甫譯《科學世界》（昆蟲標本製作法）

蜾蠃

清・程瑤田《釋蟲小記》

細腰土蠭

漢・許慎撰，宋・徐鉉增釋《說文解字》卷一三

蒲盧

漢・許慎撰，宋・徐鉉增釋《說文解字》卷一三

蠣

漢・許慎撰，宋・徐鉉增釋《說文解字》卷一三

蠣蠃

漢・許慎撰，宋・徐鉉增釋《說文解字》卷一三

蠮螉

清・程瑤田《釋蟲小記》

黑蜂

清・陳夢雷編《博物彙編・禽蟲典》卷一七六（蝗部彙考）

蛛长足泥蜂 *Ammophila tydei*

蜂

清・（美）克拉克　索爾比著，史紅帥譯《穿越陝甘・1908-1909年克拉克考察隊華北行紀》

二齿锯泥蜂 *Prionyx subfuscatus*

蜂

元・托克托等撰《遼史》卷二三（道宗本紀）

泥蜂 *Sphex* spp.

蜂

清・《康熙新鄉縣續志》卷二《災異》

清・《康熙開州志》卷四《災祥》

清・《康熙博平縣誌》卷一（几祥）

清・《光緒菏澤縣誌》卷一九《災祥》

清・《光緒曹縣誌》卷一八《災祥》

黑蜂

清・《光緒菏澤縣誌》卷一九《災祥》

黑頭蜂

清・《順治衛輝府志》卷一九《災祥》

黑蟲

清・《康熙開州志》卷四《災祥》

清・《大名縣誌》卷二六《災異》

蛛蜂科 Pompilidae

赤腰蜂

唐・段成式撰《酉陽雜俎》卷八

赤翅蜂

明・李時珍撰《本草綱目》卷四〇

黄边玳瑁（蜂）*Batazonus unifasciatus*

赤翅蜂

唐・陳藏器撰，尚志鈞輯釋《本草拾遺》卷六

明・方以智撰《通雅》卷四七（動物・蟲）

清・陳元龍撰《格物鏡原》卷九六

赤條蜂

清・（日）鳥羽源藏著，林森滌、庵甫譯《科學世界》（昆蟲標本製作法）

鼈甲蜂

清・（日）鳥羽源藏著，林森滌、庵甫譯《科學世界》（昆蟲標本製作法）

蛛蜂 *Pompilis* sp.

蜂

清・（美）克拉克 索爾比著，史紅帥譯《穿越陝甘・1908-1909年克拉克考察隊華北行紀》

青蜂科 Chrysididae

六齿青峰 *Chrysis principalis*

六齿青峰

西元前一三一〇年《嵩城台西村商代中期文化遺址昆蟲》

姬蜂科 Ichneumonidae

秋蟲

明・髡殘繪《秋蟲豆莢圖》卷三

姬蜂 *Ichneumon* sp.

蜂

清・（美）克拉克 索爾比著，史紅帥譯《穿越陝甘・1908-1909年克拉克考察隊華北行紀》

长尾姬蜂 *Megarhyssa* sp.

非努蟲

清・（英）艾約瑟《動物學啟蒙》（動物分類綱領）

蜂

清・程瑤田《釋蟲小記》

瘦姬蜂 *Ophion* sp.

瘦姬蜂

清・（美）克拉克 索爾比著，史紅帥譯《穿越陝甘・1908-1909年克拉克考察隊華北行紀》

茧蜂科 Braconidae

小繭蜂

清・（日）鳥羽源藏著，林森滌、庵甫譯《科學世界》（昆蟲標本製作法）

桑尺蠖脊茧蜂 *Rogas japonicus*

寄生蜂

清・（日）鳥羽源藏著，林森滌、庵甫譯《科學世界》（昆蟲標本製作法）

清・余宗农編輯《桑树蟲害论》第二章

瘿蜂科 Cynipidae

沒食子類

清・（日）鳥羽源藏著，林森滌、庵甫譯《科學世界》（昆蟲標本製作法）

小蜂科 Chalcididae

蜂

清・（英）艾約瑟《動物學啟蒙》（動物分類綱領）

榕小蜂科 Agaonidae

无花果小蜂 *Blastophaga* spp.

飛蟻

後魏・賈思勰撰《齊民要術》卷一〇

蚊子

唐・段公路纂，龜圖註《北戶録》卷一

明・徐𤊹撰《徐氏筆精》卷五

黑卵蜂科 Scelionidae

飞蝗黑卵蜂 *Scelio uvarovi*

黑蜂

清・《光緒贛榆縣誌》卷一七（災異）

蚁科 Formicidae

蚳醢

漢・許慎撰，宋・徐鉉增釋《說文解字》卷一三

南唐・徐鍇撰，朱翱反切《說文繫傳》卷二五

宋・鄭樵撰《爾雅註》卷下

明・鄺露撰《赤雅》卷三

明・方以智撰《通雅》卷四七（動物・蟲）

明・李時珍撰《本草綱目》卷四〇

清・郝懿行撰《爾雅（郭注）義疏》卷下之三

清・姜兆錫撰《爾雅注疏參議》卷六

蛇螘

明・李蘇著《見物》卷五

丁蟻

元・戴侗撰《六書故》卷二〇

明・方以智撰《通雅》卷四七（動物・蟲）

清・劉玉麐撰《爾雅校議》卷下

丁螘

漢・許慎撰，宋・徐鉉增釋《說文解字》卷一三

清・郝懿行撰《爾雅（郭注）義疏》卷下之三

清・焦循撰《毛詩草木鳥獸蟲魚釋》卷三

大頭蟻

元・戴侗撰《六書故》卷二〇

明・方以智撰《通雅》卷四七（動物・蟲）

大蟻

《爾雅》

晉・崔豹撰《古今注》卷中
唐・韓愈撰，宋・王伯大重編《別本韓文考異》卷五
明・李時珍撰《本草綱目》卷四〇
明・沈弘正撰《沈氏蟲天志》卷三
清・周靖撰《篆隸考異》卷三
清・周春撰《爾雅補注》卷四

大螘

漢・許慎撰，宋・徐鉉增釋《說文解字》卷一三
晉・郭璞注《爾雅》卷下
晉・郭璞著《爾雅音圖》卷下
晉・郭璞注，唐・陸德明音義，宋・邢昺疏《爾雅注疏》卷九
南朝梁・顧野王撰，宋・陳彭年等重修《重修玉篇》卷二五
南唐・徐鍇撰，朱翱反切《說文繫傳》卷二五
宋・陸佃撰《爾雅新義》卷一五
宋・鄭樵撰《爾雅註》卷下
宋・鄭樵撰《通志》卷七六
宋・司馬光撰《類篇》卷三八
元・楊恒撰《六書統》卷一八
明・方以智撰《通雅》卷四七（動物・蟲）
明・馮復京撰《六家詩名物疏》卷三一
清・郝懿行撰《爾雅（郭注）義疏》卷下之三
清・張玉書、陳廷敬等纂《康熙字典》卷二六
清・段玉裁撰《說文解字注》卷一三下
清・陳大章撰《詩傳名物集覽》卷五（鸛鳴于垤）
清・宋書升撰《夏小正釋義》（玄駒賁）
清・周春撰《爾雅補注》卷四
清・姜兆錫撰《爾雅注疏參議》卷六

元蚼

清・方旭撰《蟲薈》卷三
清・李元撰《蠕範》
清・劉於義等監修，沈青崖等編纂《陝西通志》卷四四

元駒

清・洪震煊撰《夏小正疏義》卷四
清・宋書升撰《夏小正釋義》（玄駒賁）
清・李元撰《蠕範》

玄駒

漢・戴德撰，盧辯注《大戴禮記》卷二
漢・揚雄撰，晉・郭璞注《輶軒使者絕代語釋別國方言》卷一一
晉・崔豹撰《古今注》卷中
宋・羅願撰，元・洪焱祖音釋《爾雅翼》（釋蟲）
宋・蔡卞集解《毛詩名物解》卷一二
宋・蒲壽宬撰《心泉學詩稿》卷二
宋・俞琰撰《席上腐談》卷上
宋・薛季宣撰，薛旦編《浪語集》卷一一
明・李時珍撰《本草綱目》卷四〇
明・李蘇著《見物》卷五
明・沈弘正撰《沈氏蟲天志》卷三
清・洪震煊撰《夏小正疏義》卷四
清・郝懿行撰《爾雅（郭注）義疏》卷下之三
清・陳大章撰《詩傳名物集覽》卷五（鸛鳴于垤）
清・宋書升撰《夏小正釋義》（玄駒賁）

玄蚼

漢・揚雄撰，晉・郭璞注《輶軒使者絕代語釋別國方言》卷一一
晉・郭璞注，唐・陸德明音義，宋・邢昺疏《爾雅注疏》卷九
宋・陸佃撰《埤雅》卷一〇
元・戴侗撰《六書故》卷二〇
明・李時珍撰《本草綱目》卷四〇
清・郝懿行撰《爾雅郭注義疏》卷下之三
清・張玉書、陳廷敬等纂《康熙字典》卷二六
清・姜兆錫撰《爾雅注疏參議》卷六

玄蟻

元・戴侗撰《六書故》卷二〇
明・方以智撰《通雅》卷四七（動物・蟲）

玄灼

明・方以智撰《通雅》卷四七（動物・蟲）

石宮

清・方旭撰《蟲薈》卷三
清・李元撰《蠕範》

朾蟻

《爾雅》
明・方以智撰《通雅》卷四七（動物・蟲）
清・郝懿行撰《爾雅（郭注）義疏》卷下之三
清・李元撰《蠕範》
清・方旭撰《蟲薈》卷三

虰螘

清・李元撰《蠕範》

朾螘

晉・郭璞注《爾雅》卷下
晉・郭璞注，唐・陸德明音義，宋・邢昺疏《爾雅注疏》卷九
宋・陸佃撰《爾雅新義》卷一五
宋・鄭樵撰《爾雅註》卷下
宋・鄭樵撰《通志》卷七六
明・馮復京撰《六家詩名物疏》卷三一
清・劉玉麐撰《爾雅校議》卷下
清・沈廷芳撰《十三經注疏正字》卷二一
清・張玉書、陳廷敬等纂《康熙字典》卷二六
清・陳大章撰《詩傳名物集覽》卷五（鸛鳴于垤）
清・周春撰《爾雅補注》卷四

清·姜兆錫撰《爾雅注疏參議》卷六

朱蟻

清·方旭撰《蟲薈》卷三

清·李元撰《蠕範》

赤駁

清·沈廷芳撰《十三經注疏正字》卷二一

清·姜兆錫撰《爾雅注疏參議》卷六

赤駮

晉·郭璞注《爾雅》卷下

晉·郭璞著《爾雅音圖》卷下

晉·郭璞注，唐·陸德明音義，宋·邢昺疏《爾雅注疏》卷九

清·郝懿行撰《爾雅（郭注）義疏》卷下之三

赤蟻

北齊·魏收撰《魏書》卷一二上

明·鄺露撰《赤雅》卷三

明·李時珍撰《本草綱目》卷四〇

明·包大爟纂修《萬曆兗州府志》

清·陳大章撰《詩傳名物集覽》卷五（鸛鳴于垤）

清·方旭撰《蟲薈》卷三

清·李元撰《蠕範》

赤螘

明·鄺露撰《赤雅》卷三

明·李蘇著《見物》卷五

坻

漢·揚雄撰，晉·郭璞注《輶軒使者絕代語釋別國方言》卷一一

晉·郭璞注，唐·陸德明音義，宋·邢昺疏《爾雅注疏》卷九

宋·蔡卞撰《毛詩名物解》卷一二

宋·陸佃撰《埤雅》卷一〇

清·郝懿行撰《爾雅（郭注）義疏》卷下之三

清·張玉書、陳廷敬等纂《康熙字典》卷二六

清·方旭撰《蟲薈》卷三

清·李元撰《蠕範》

虎蟻

元·戴侗撰《六書故》卷二〇

明·方以智撰《通雅》卷四七（動物·蟲）

飛蟻

明·沈弘正撰《沈氏蟲天志》卷三

清·郝懿行撰《爾雅郭注義疏》卷下之三

清·段玉裁撰《說文解字注》卷一三下

清·陳大章撰《詩傳名物集覽》卷五（鸛鳴于垤）

飛螘

晉·郭璞注《爾雅》卷下

晉·郭璞著《爾雅音圖》卷下

晉·郭璞注，唐·陸德明音義，宋·邢昺疏《爾雅注疏》卷九

宋·陸佃撰《爾雅新義》卷一五

宋·鄭樵撰《爾雅註》卷下

宋·鄭樵撰《通志》卷七六

明·方以智撰《通雅》卷四七（動物·蟲）

明·馮復京撰《六家詩名物疏》卷三一

清·郝懿行撰《爾雅（郭注）義疏》卷下之三

清·張玉書、陳廷敬等纂《康熙字典》卷二六

清·段玉裁撰《說文解字注》卷一三下

清·陳大章撰《詩傳名物集覽》卷五（鸛鳴于垤）

清·宋書升撰《夏小正釋義》（玄駒賁）

清·姜兆錫撰《爾雅注疏參議》卷六

冢

漢·揚雄撰，晉·郭璞注《輶軒使者絕代語釋別國方言》卷一一

馬蚍蜉

晉·郭璞注《爾雅》卷下

晉·郭璞著《爾雅音圖》卷下

晉·郭璞注，唐·陸德明音義，宋·邢昺疏《爾雅注疏》卷九

宋·鄭樵撰《通志》卷七六

宋·羅願撰，元·洪焱祖音釋《爾雅翼》（釋蟲）

宋·鄭樵撰《爾雅註》卷下

清·郝懿行撰《爾雅（郭注）義疏》卷下之三

清·沈廷芳撰《十三經注疏正字》卷二一

清·張玉書、陳廷敬等纂《康熙字典》卷二六

清·段玉裁撰《說文解字注》卷一三下

清·姜兆錫撰《爾雅注疏參議》卷六

馬駒

明·李時珍撰《本草綱目》卷四〇

馬螘

明·李蘇著《見物》卷五

清·郝懿行撰《爾雅（郭注）義疏》卷下之三

馬螘蛘

清·郝懿行撰《爾雅（郭注）義疏》卷下之三

馬蟻

宋·鄭樵撰《通志》卷七六

宋·鄭樵撰《爾雅註》卷下

宋·俞琰撰《席上腐談》卷上

明·李時珍撰《本草綱目》卷四〇

明·沈弘正撰《沈氏蟲天志》卷三

清·周春撰《爾雅補注》卷四

清·方旭撰《蟲薈》卷三

清·李元撰《蠕範》

清·劉於義等監修，沈青崖等編纂《陝西通志》卷四四

清·（英）傅蘭雅輯《格致彙編》卷一期九（螞蟻性情）

蚷

遼·釋行均《龍龕手鑒》（蟲部第二）

蚍蜉

《爾雅》

漢・揚雄撰，晉・郭璞注《輶軒使者絕代語釋別國方言》卷一一

漢・許慎撰，宋・徐鉉增釋《說文解字》卷一三

晉・郭璞注，唐・陸德明音義，宋・邢昺疏《爾雅注疏》卷九

晉・郭璞注《爾雅》卷下

晉・郭璞著《爾雅音圖》卷下

南朝梁・顧野王撰，宋・陳彭年等重修《重修玉篇》卷二五

唐・韓愈撰，宋・王伯大重編《別本韓文考異》卷五

唐・李德裕撰《會昌一品集》卷一

南唐・徐鍇撰，朱翱反切《說文繫傳》卷二五

宋・鄭樵撰《通志》卷七六

宋・陸佃撰《爾雅新義》卷一五

宋・丁度等撰《附釋文互註禮部韻略》卷三

宋・鄭樵撰《爾雅註》卷下

宋・司馬光撰《類篇》卷三八

宋・祝穆撰《古今事文類聚》（蚍蜉賦并序）

宋・魏了翁撰《尚書要義》卷一八

元・戴侗撰《六書故》卷二〇

元・胡三省撰《通鑒譯文辯誤》

元・王天與撰《尚書纂傳》

明・張自烈撰，清・廖文英續《正字通》申集中（虫部）

明・方以智撰《通雅》卷四七（動物・蟲）

明・李時珍撰《本草綱目》卷四〇

明・馮復京撰《六家詩名物疏》卷三一

清・張玉書、陳廷敬等纂《康熙字典》卷二六

清・周靖撰《篆隸考異》卷三

清・姜兆錫撰《爾雅注疏參議》卷六

清・洪震煊撰《夏小正疏義》卷四

清・郝懿行撰《爾雅（郭注）義疏》卷下之三

清・沈廷芳撰《十三經注疏正字》卷二一

清・段玉裁撰《說文解字注》卷一三下

清・陳大章撰《詩傳名物集覽》卷五（鸛鳴于垤）

清・方旭撰《蟲薈》卷三

清・李元撰《蠕範》

清・焦循撰《毛詩草木鳥獸蟲魚釋》卷三

清・陳元龍編《歷代賦匯》卷一三九（蚍蜉賦）

蚳

漢・揚雄撰，晉・郭璞注《輶軒使者絕代語釋別國方言》卷一一

漢・許慎撰，宋・徐鉉增釋《說文解字》卷一三上

晉・郭璞注《爾雅》卷下

晉・郭璞著《爾雅音圖》卷下

晉・郭璞注，唐・陸德明音義，宋・邢昺疏《爾雅注疏》卷九

南朝梁・顧野王撰，宋・陳彭年等重修《重修玉篇》卷二五

南唐・徐鍇撰，朱翱反切《說文繫傳》卷二五

宋・鄭樵撰《通志》卷七六

宋・陸佃撰《爾雅新義》卷一五

宋・鄭樵撰《爾雅註》卷下

明・李蘇著《見物》卷五

明・馮復京撰《六家詩名物疏》卷三一

清・郝懿行撰《爾雅（郭注）義疏》卷下之三

清・陳大章撰《詩傳名物集覽》卷五（鸛鳴于垤）

清・姜兆錫撰《爾雅注疏參議》卷六

清・方旭撰《蟲薈》卷三

清・焦循撰《毛詩草木鳥獸蟲魚釋》卷三

清・劉於義等監修，沈青崖等編纂《陝西通志》卷四四

蚔

遼・釋行均《龍龕手鑒》（蟲部第二）

清・方旭撰《蟲薈》卷三

清・焦循撰《毛詩草木鳥獸蟲魚釋》卷三

蚼

南朝梁・顧野王撰，宋・陳彭年等重修《重修玉篇》卷二五

清・洪震煊撰《夏小正疏義》卷四

清・鍾元棣修，張雋、邢定綸纂《海南府縣志輯・民國崖州志》（物產）

蚼蟓

元・戴侗撰《六書故》卷二〇

明・方以智撰《通雅》卷四七（動物・蟲）

蚼蟓

漢・揚雄撰，晉・郭璞注《輶軒使者絕代語釋別國方言》卷一一

宋・陸佃撰《爾雅新義》卷一五

清・洪震煊撰《夏小正疏義》卷四

清・郝懿行撰《爾雅（郭注）義疏》卷下之三

清・張玉書、陳廷敬等纂《康熙字典》卷二六

清・方旭撰《蟲薈》卷三

蚼蠓

晉・郭璞注，唐・陸德明音義，宋・邢昺疏《爾雅注疏》卷九

清・姜兆錫撰《爾雅注疏參議》卷六

清・李元撰《蠕範》

蚼蟻

明・李時珍撰《本草綱目》卷四〇

蚢

漢・揚雄撰，晉・郭璞注《輶軒使者絕代語釋別國方言》卷一一

漢・戴德撰，盧辯注《大戴禮記》卷二

宋・陸佃撰《埤雅》卷一〇

宋・羅願撰，元・洪焱祖音釋《爾雅翼》（釋蟲）

明・沈弘正撰《沈氏蟲天志》卷三

清・洪震煊撰《夏小正疏義》卷四
清・郝懿行撰《爾雅（郭注）義疏》卷下之三

蛭

漢・揚雄撰，晉・郭璞注《輶軒使者絕代語釋別國方言》卷一一
宋・陸佃撰《埤雅》卷一〇

垤

漢・揚雄撰，晉・郭璞注《輶軒使者絕代語釋別國方言》卷一一
晉・郭璞注，唐・陸德明音義，宋・邢昺疏《爾雅注疏》卷九
宋・蔡卞撰《毛詩名物解》卷一二
明・馮復京撰《六家詩名物疏》卷三一
清・郝懿行撰《爾雅郭注義疏》卷下之三
清・張玉書、陳廷敬等纂《康熙字典》卷二六
清・陳大章撰《詩傳名物集覽》卷五（鸛鳴于垤）
清・姜兆錫撰《爾雅注疏參議》卷六
清・方旭撰《蟲薈》卷三
清・李元撰《蠕範》
清・劉於義等監修，沈青崖等編纂《陝西通志》卷四四

絲蟻

清・李元撰《蠕範》

蛞

清・李元撰《蠕範》

蛘

漢・揚雄撰，晉・郭璞注《輶軒使者絕代語釋別國方言》卷一一
晉・郭璞注，唐・陸德明音義，宋・邢昺疏《爾雅注疏》卷九
清・郝懿行撰《爾雅（郭注）義疏》卷下之三
清・姜兆錫撰《爾雅注疏參議》卷六

蛾

漢・揚雄撰，晉・郭璞注《輶軒使者絕代語釋別國方言》卷一一
晉・郭璞注，唐・陸德明音義，宋・邢昺疏《爾雅注疏》卷九
宋・羅願撰，元・洪焱祖音釋《爾雅翼》（釋蟲）
明・方以智撰《通雅》卷四七（動物・蟲）
清・郝懿行撰《爾雅郭注義疏》卷下之三
清・周靖撰《篆隸考異》卷三
清・焦循撰《毛詩草木鳥獸蟲魚釋》卷三

蛾子

明・馮復京撰《六家詩名物疏》卷三一
清・牟應震著《毛詩物名考》卷四
清・郝懿行撰《爾雅（郭注）義疏》卷下之三
清・陳大章撰《詩傳名物集覽》卷五（鸛鳴于垤）
清・焦循撰《毛詩草木鳥獸蟲魚釋》卷三

蛾蛘

漢・揚雄撰，晉・郭璞注《輶軒使者絕代語釋別國方言》卷一一
晉・郭璞注，唐・陸德明音義，宋・邢昺疏《爾雅注疏》卷九
晉・郭璞著《爾雅音圖》卷下
清・張玉書、陳廷敬等纂《康熙字典》卷二六
清・宋書升撰《夏小正釋義》（玄駒賁）
清・姜兆錫撰《爾雅注疏參議》卷六
清・李元撰《蠕範》
清・焦循撰《毛詩草木鳥獸蟲魚釋》卷三

䖸蛘

明・方以智撰《通雅》卷四七（動物・蟲）
清・郝懿行撰《爾雅（郭注）義疏》卷下之三

䖼

漢・許慎撰，宋・徐鉉增釋《說文解字》卷一三
南唐・徐鍇撰，朱翱反切《說文繫傳》卷二五

蠿

宋・司馬光撰《類篇》卷三八
宋・陸佃撰《爾雅新義》卷一五

蜉蟻

清・李元撰《蠕範》

駒象

宋・陸佃撰《爾雅新義》卷一五

螑蜹

清・李元撰《蠕範》

蝝

遼・釋行均《龍龕手鑒》（蟲部第二）

膠蟻

清・李元撰《蠕範》

螞蟻

清・（英）傅蘭雅輯《格致彙編》卷一期一〇《西國養蜂法》
清・唐執玉、李衛等監修，田易等纂《畿輔通志》卷五七
清・姚之駰撰《元明事類鈔》卷四〇

蟻

周・韓非撰，元・何犿註《韓非子》
漢・揚雄撰，晉・郭璞注《輶軒使者絕代語釋別國方言》卷一一
晉・郭璞注，唐・陸德明音義，宋・邢昺疏《爾雅注疏》卷九
晉・郭璞著《爾雅音圖》卷下
晉・崔豹撰《古今注》卷中
晉・干寶撰《搜神記》卷二〇
南朝宋・劉義慶撰，南朝梁・劉孝標注《世說新語》卷下之上

南朝梁・顧野王撰，宋・陳彭年等重修《重修玉篇》卷二五
唐・李德裕撰《會昌一品集》卷一
唐・李筌撰《太白陰經》卷五（井泉篇第五十四）
宋・鄭樵撰《通志》卷七六
宋・鄭樵撰《爾雅註》卷下
宋・陸佃撰《埤雅》卷一〇
宋・司馬光撰《類篇》卷三八
宋・蔡卞撰《毛詩名物解》卷一二
宋・夏竦撰《文莊集》
宋・祝穆撰《古今事文類聚》後集（白居易・禽蟲一章、楊廷秀・觀蟻）
宋・蒲壽峸撰《心泉學詩稿》卷二
宋・俞琰撰《席上腐談》卷上
宋・魏了翁撰《尚書要義》卷一八
宋・薛季宣撰，薛旦編《浪語集》卷一一
金・李俊民撰《莊靖集》卷五（蟻戰圖）
元・戴侗撰《六書故》卷二〇
元・胡三省撰《通鑑譯文辯誤》
元・馬端臨撰《文獻通考》卷三一四
元・王天與撰《尚書纂傳》
明・張自烈撰，清・廖文英續《正字通》申集中（虫部）
明・方以智撰《通雅》卷四七（動物・蟲）
明・李時珍撰《本草綱目》卷四〇
明・胡直撰《衡廬精舍藏稿》卷一五（蟻說）
明・李蘇著《見物》卷五
明・謝肇淛著《五雜俎》卷九（物部）
明・沈弘正撰《沈氏蟲天志》卷三
明・孫瑴編《古微書》卷一二
明・徐光啟撰《農政全書》卷四二
清・陳大章撰《詩傳名物集覽》卷五（鸛鳴于垤）
清・周靖撰《篆隸考異》卷三
清・洪震煊撰《夏小正疏義》卷四
清・郝懿行撰《爾雅（郭注）義疏》卷下之三
清・張玉書、陳廷敬等纂《康熙字典》卷二六
清・段玉裁撰《說文解字注》
清・姜兆錫撰《爾雅注疏參議》卷六
清・方旭撰《蟲薈》卷三
清・牟應震著《毛詩物名考》卷四
清・李元撰《蠕範》
清・焦循撰《毛詩草木鳥獸蟲魚釋》卷三
清・劉於義等監修，沈青崖等編纂《陝西通志》卷四四
清・鍾元棣修，張雋、邢定綸纂《海南府縣志輯・民國崖州志》（物產）
清・馬驌撰《繹史》（二）卷四四
清・姚之駰撰《元明事類鈔》卷四〇

蟻蛘

漢・揚雄撰，晉・郭璞注《輶軒使者絕代語釋別國方言》卷一一
晉・郭璞注《爾雅》卷下
晉・郭璞注，唐・陸德明音義，宋・邢昺疏《爾雅注疏》卷九
晉・郭璞注《爾雅注疏》卷九
明・李時珍撰《本草綱目》卷四〇
清・方旭撰《蟲薈》卷三

螘蛘

晉・郭璞注，唐・陸德明音義，宋・邢昺疏《爾雅注疏》卷九
明・李蘇著《見物》卷五
清・郝懿行撰《爾雅郭注義疏》卷下之三
清・沈廷芳撰《十三經注疏正字》卷二一
清・張玉書、陳廷敬等纂《康熙字典》卷二六

蟻蛾

宋・丁度等撰《附釋文互註禮部韻略》卷三

蟻子

唐・元慎撰《元氏長慶集》卷四
遼・釋行均《龍龕手鑒》（蟲部第二）
清・陳大章撰《詩傳名物集覽》卷五（鸛鳴于垤）
清・劉於義等監修，沈青崖等編纂《陝西通志》卷四四

螘

漢・戴德撰，盧辯注《大戴禮記》卷二
漢・許慎撰，宋・徐鉉增釋《說文解字》卷一三上
晉・郭璞注《爾雅》卷下
晉・郭璞著《爾雅音圖》卷下
晉・郭璞注，唐・陸德明音義，宋・邢昺疏《爾雅注疏》卷九
唐・陸德明撰《爾雅音釋》卷下
南唐・徐鍇撰，朱翱反切《說文繫傳》卷二五
宋・陸佃撰《爾雅新義》卷一五
宋・丁度等撰《附釋文互註禮部韻略》卷三
宋・鄭樵撰《爾雅註》卷下
宋・鄭樵撰《通志》卷七六
宋・司馬光撰《類篇》卷三八
宋・羅願撰，元・洪焱祖音釋《爾雅翼》（釋蟲）
元・戴侗撰《六書故》卷二〇
明・張自烈撰，清・廖文英續《正字通》申集中（虫部）
明・方以智撰《通雅》卷四七（動物・蟲）
明・李蘇著《見物》卷五
明・馮復京撰《六家詩名物疏》卷三一
清・洪震煊撰《夏小正疏義》卷四
清・郝懿行撰《爾雅（郭注）義疏》卷下之三
清・沈廷芳撰《十三經注疏正字》卷二一
清・張玉書、陳廷敬等纂《康熙字典》卷二六

清·周靖撰《篆隸考異》卷三
清·陳大章撰《詩傳名物集覽》卷五（鸛鳴于垤）
清·宋書升撰《夏小正釋義》（玄駒賁）
清·姜兆錫撰《爾雅注疏參議》卷六
清·方旭撰《蟲薈》卷三
清·李元撰《蠕範》
清·焦循撰《毛詩草木鳥獸蟲魚釋》卷三
清·唐執玉、李衛等監修，田易等纂《畿輔通志》卷五七

螘子

漢·許慎撰，宋·徐鉉增釋《說文解字》卷一三
南唐·徐鍇撰，朱翱反切《說文繫傳》卷二五
清·郝懿行撰《爾雅（郭注）義疏》卷下之三
清·焦循撰《毛詩草木鳥獸蟲魚釋》卷三

蟻

明·張自烈撰，清·廖文英續《正字通》申集中（虫部）

希哩古力濟

清·高賡恩等纂修《綏遠全志》

螻蟻

唐·李德裕撰《會昌一品集》卷一
南唐·譚峭撰《化書》卷四
宋·蔡卞撰《毛詩名物解》卷一二
宋·陸佃撰《埤雅》卷一〇
明·陶宗儀編《說郛》卷一一七下
明·沈弘正撰《沈氏蟲天志》卷三
清·陳大章撰《詩傳名物集覽》卷五（鸛鳴于垤）
清·李元撰《蠕範》
清·陳元龍編《歷代賦匯》卷一三九（蚍蜉賦）
清·高賡恩等纂修《綏遠全志》
清·周靖撰《篆隸考異》卷三
清·阿克達春、文秀等纂修《綏遠省清水河廳志》（物產）

黝駒

清·李元撰《蠕範》

螚蜉

漢·揚雄撰，晉·郭璞注《輶軒使者絕代語釋別國方言》卷一一
清·郝懿行撰《爾雅（郭注）義疏》卷下之三
清·宋書升撰《夏小正釋義》（玄駒賁）
清·焦循撰《毛詩草木鳥獸蟲魚釋》卷三

蚳

漢·許慎撰，宋·徐鉉增釋《說文解字》卷一三
宋·陸佃撰《爾雅新義》卷一五

螱

清·張玉書、陳廷敬等纂《康熙字典》卷二六

蝺螚

清·李元撰《蠕範》

蟨蟨

南朝梁·顧野王撰，宋·陳彭年等重修《重修玉篇》卷二五

明·李蘇著《見物》卷五

蟚

宋·鄭樵撰《通志》卷七六
宋·陸佃撰《爾雅新義》卷一五
宋·鄭樵撰《爾雅註》卷下
明·李時珍撰《本草綱目》卷四〇
明·李蘇著《見物》卷五
明·馮復京撰《六家詩名物疏》卷三一
清·郝懿行撰《爾雅（郭注）義疏》卷下之三
清·張玉書、陳廷敬等纂《康熙字典》卷二六
清·段玉裁撰《說文解字注》卷一三下
清·李元撰《蠕範》

羅

晉·郭璞注，唐·陸德明音義，宋·邢昺疏《爾雅注疏》卷九
清·焦循撰《毛詩草木鳥獸蟲魚釋》卷三

螕

南朝梁·顧野王撰，宋·陳彭年等重修《重修玉篇》卷二五

螱

晉·郭璞注《爾雅》卷下
晉·郭璞著《爾雅音圖》卷下
晉·郭璞注，唐·陸德明音義，宋·邢昺疏《爾雅注疏》卷九
宋·陸佃撰《爾雅新義》卷一五
明·張自烈撰，清·廖文英續《正字通》申集中（虫部）
明·方以智撰《通雅》卷四七（動物·蟲）
清·張玉書、陳廷敬等纂《康熙字典》卷二六
清·姜兆錫撰《爾雅注疏參議》卷六

蠪

《爾雅》
漢·許慎撰，宋·徐鉉增釋《說文解字》卷一三上
晉·郭璞注，唐·陸德明音義，宋·邢昺疏《爾雅注疏》卷九
晉·郭璞注《爾雅》卷下
宋·鄭樵撰《通志》卷七六
宋·陸佃撰《爾雅新義》卷一五
宋·鄭樵撰《爾雅註》卷下
明·李時珍撰《本草綱目》卷四〇
明·方以智撰《通雅》卷四七（動物·蟲）
明·馮復京撰《六家詩名物疏》卷三一
清·劉玉麐撰《爾雅校議》卷下
清·沈廷芳撰《十三經注疏正字》卷二一
清·郝懿行撰《爾雅（郭注）義疏》卷下之三
清·張玉書、陳廷敬等纂《康熙字典》卷二六
清·陳大章撰《詩傳名物集覽》卷五（鸛鳴于垤）
清·姜兆錫撰《爾雅注疏參議》卷六
清·方旭撰《蟲薈》卷三

清・李元撰《蠕範》

清・焦循撰《毛詩草木鳥獸蟲魚釋》卷三

蠪朾

晉・郭璞著《爾雅音圖》卷下

明・李蘇著《見物》卷五

蠪蟜

清・方旭撰《蟲薈》卷三

清・李元撰《蠕範》

⿱義䖵

清・張玉書、陳廷敬等纂《康熙字典》卷二六

⿱毗䖵

南朝梁・顧野王撰，宋・陳彭年等重修《重修玉篇》卷二五

⿱毗䖵蜉

南朝梁・顧野王撰，宋・陳彭年等重修《重修玉篇》卷二五

⿱比蟲蜉

漢・許慎撰，宋・徐鉉增釋《說文解字》卷一三

元・楊恒撰《六書統》卷一八

⿱比蟲⿱壺䖵

清・郝懿行撰《爾雅（郭注）義疏》卷下之三

清・周靖撰《篆隸考異》卷三

清・段玉裁撰《說文解字注》卷一三下

⿱比蟲

南唐・徐鍇撰，朱翱反切《說文繫傳》卷二五

元・楊恒撰《六書統》卷一八

清・段玉裁撰《說文解字注》卷一三下

山蟻

清・趙學敏輯《本草綱目拾遺》卷一〇（蟲部）

虎頭螞蟻

清・趙學敏輯《本草綱目拾遺》卷一〇（蟲部）

黃馬蚼

清・鍾元棣修，張雋、邢定綸纂《海南府縣志輯・民國崖州志》（物產）

双节行军蚁 *Aenictus* spp.

大頭蟻

元・戴侗撰《六書故》卷二〇

玄蟻

元・戴侗撰《六書故》卷二〇

赤蟻

明・鄺露撰《赤雅》卷三

虎蟻

元・戴侗撰《六書故》卷二〇

黃蟻

元・戴侗撰《六書故》卷二〇

季氏盘腹蚁 *Aphaenogaser geei*

蟻

公元前 1310 年《河北藁城台西村商代中期文化遺址》

广布弓背蚁 *Camponotus herculeanus*

巨黑蟻

清・沈弘正撰《沈氏蟲天志》卷三

清・劉於義等監修，沈青崖等編纂《陝西通志》卷四四

馬蟻

清・沈弘正撰《沈氏蟲天志》卷三

清・劉於義等監修，沈青崖等編纂《陝西通志》卷四四

黑蟻

清・劉於義等監修，沈青崖等編纂《陝西通志》卷四四

举腹蚁 *Crematogaster* spp.

青腰蟻

清・李元撰《蠕範》

螯蚁 *Dacetini* spp.

尖尾

明・李蘇著《見物》卷五

蛆蟻

元・戴侗撰《六書故》卷二〇

臭蚁 *Dolichleus* spp.

臭蟻

元・戴侗撰《六書故》卷二〇

赤山蚁 *Formica sanguinea*

朱蟻

清・方旭撰《蟲薈》卷三

朾蟻

清・方旭撰《蟲薈》卷三

蠪

清・方旭撰《蟲薈》卷三

小黄家蚁 *Monomorium pharnonis*

小螘

宋・鄭樵撰《通志》卷七六

清・周春撰《爾雅補注》卷四

赤腰蟻

清・李元撰《蠕範》

小黃蟻

宋・鄭樵撰《通志》卷七六

清・周春撰《爾雅補注》卷四

黄猄蚁 *Oecophylla smaragdina*

大蟻

清・屈大均撰《廣東新語》卷二四下

黃蟻

宋・樂史撰《太平寰宇記》卷一六四

餋柑螘

元・陶宗儀撰《說郛》卷二七下

餋柑蟻

清・戴肇辰等修，史澄等纂《廣東府縣志輯・光緒廣州府志》（物產）

樹蟻

清・屈大均撰《廣東新語》卷二四下

蟻

元・陶宗儀撰《說郛》卷二七下

明・朱謀㙔撰《駢雅》卷七

明・李時珍撰《本草綱目》卷四〇

织叶蚁 *Oecophylla* spp.

黃馬蚼

清・鐘元棣修，張雋、邢定綸纂《海南府縣志輯・民國崖州志》卷四（物產）

飛蟻

清・李元撰《蠕範》

絲蛾

清・李元撰《蠕範》

蛾蛘

清・李元撰《蠕範》

蝮蜩

清・李元撰《蠕範》

蠪

清・李元撰《蠕範》

长角狂蚁 *Paratrechia longicornis*

蟻

清・李元撰《蠕範》

狂蚁 *Paratrechia* sp.

蟻

清・沈弘正撰《沈氏蟲天志》卷三

巨首蚁 *Pheidologeston* sp.

紅螘

明・李蘇著《見物》卷五

多刺蚁 *Polyrhahis* sp.

蟻

清・趙學敏輯《本草綱目拾遺（下）》卷一〇

火蚁 *Solenopsis* sp.

尖馬蟻

清・方旭撰《蟲薈》卷三

腕足动物门 Brachiopoda

海豆芽纲 Lingulata

海豆芽目 Lingulida

海豆芽科 Lingulidae

海豆芽 *Lingula* spp.

土銚

明・屠本畯撰《閩中海錯疏》卷下

清・郝玉麟等監修，謝道承等編纂《福建通志》

江蟯

清・胡世安箋《異魚圖贊補》閏集

清・王瑛曾纂修《臺灣府縣志輯・重修鳳山縣志》

清・李廷璧修，周璽纂《臺灣府縣誌輯・道光彰化縣志》

清・楊齊修，陳蘭彬等纂《廣東府縣志輯・高州府志・與地志》

清・懷蔭布修，黃任、郭賡武纂《福建府縣志輯・乾隆泉州府志》

江橈

清・懷蔭布修，黃任、郭賡武纂《福建府縣志輯・乾隆泉州府志》

清・李維鈺原本，沈定均續修，吳聯熏增纂《福建府縣志輯・光緒漳州府志》卷三九

水荳芽

清・郝玉麟等監修，魯曾煜等編纂《廣東通志》卷五二

水豆芽

清・楊齊修，陳蘭彬等纂《廣東府縣志輯・高州府志・與地志》

清・李調元撰《然犀志》卷下

土匙

清・李拔等修纂《福建府縣志輯・乾隆福寧府志》

沙屑

明・屠本畯撰《閩中海錯疏》卷下

清・懷蔭布修，黃任、郭賡武纂《福建府縣志輯・乾隆泉州府志》

清・郝玉麟等監修，謝道承等編纂《福建通志》

土飯匙

清・懷蔭布修，黃任、郭賡武纂《福建府縣志輯・乾隆泉州府志》

海豆芽

清・懷蔭布修，黃任、郭賡武纂《福建府縣志輯・乾隆泉州府志》

清・李廷璧修，周璽纂《臺灣府縣誌輯・道光彰化縣志》

清・楊齊修，陳蘭彬等纂《廣東府縣志輯・高州府志・與地志》

清・王瑛曾纂修《臺灣府縣志輯・重修鳳山縣志》

霜雪

清・懷蔭布修，黃任、郭賡武纂《福建府縣志輯・乾隆泉州府志》

泥磚

清・懷蔭布修，黃任、郭賡武纂《福建府縣志輯・乾隆泉州府志》

土坯

清・懷蔭布修，黃任、郭賡武纂《福建府縣志輯・乾隆泉州府志》

指甲螺

清・懷蔭布修，黃任、郭賡武纂《福建府縣志輯・乾隆泉州府志》

塗杯

清・王瑛曾纂修《臺灣府縣志輯・重修鳳山縣志》

清・李廷璧修，周璽纂《臺灣府縣誌輯・道光彰化縣志》

家愁

清・李廷璧修，周璽纂《臺灣府縣誌輯・道光彰化縣志》

小吻贝纲 Rhynchonellata

钻孔贝目 Terebratulida

贯壳贝科 Terebrataliidae

酸浆贯壳贝 *Terebratalia coreanica*

酸醬介

清・柯璜譯編，(日)箕作佳吉著《博物學講義・動物篇》動物各論第一三章

棘皮动物门 Echinodermata

蛇尾纲 Ophiuroidea

陽遂足

三國吳·沈瑩撰，張崇根輯校《臨海水土異物志》

陽遂足类

清·柯璜譯編，(日)箕作佳吉著《博物學講義·動物篇》(动物各论·第一四章·棘皮动物)

海蛛

清·(日)丘淺治郎著，(英)西師意譯述《動物學教科書》第一三章(棘皮动物)

真蛇尾目 Ophiurida

刺蛇尾科 Ophiotrichidae

马氏刺蛇尾 *Ophiothrix marenzelleri*

陽遂足

宋·李昉撰《太平御覽》卷九四三

明·李時珍撰《本草綱目》卷四六(鱗部·海燕)

明·方以智撰《通雅》卷四七

明·徐應秋撰《玉芝堂談薈》卷三五

清·胡世安撰《異魚圖贊補》卷上

清·陳元龍撰《格致鏡原》卷九五

海百合纲 Crinoidea

等节海百合目 Isocrinida

等节海百合科 Isocrinidae

多节新海百合 *Metacrinus multisegmentaus*

海百合

清·柯璜譯編，(日)箕作佳吉著《博物學講義·動物學篇·動物各論·棘皮動物》第一四章

栉羽枝目 Comatulida

海羊齿科 Antedonidae

锯羽丽海羊齿 *Antedon serrata*

海羊齒

清·柯璜譯編，(日)箕作佳吉著《博物學講義·動物學篇·動物各論·棘皮動物》第一四章

海星纲 Asteroidea

海盤車

清·(英)艾約瑟撰《動物學啟蒙》卷一(動植物難分物)

清·(日)丘淺治郎著，(英)西師意譯述《動物學教科書》第一三章(棘皮动物)

清·柯璜譯編，(日)箕作佳吉著《博物學講義·動物學篇·動物各論·棘皮動物》第一四章

海星類

清·(日)丘淺治郎著，(英)西師意譯述《動物學教科書》第一三章(棘皮动物)

清·柯璜譯編，(日)箕作佳吉著《博物學講義·動物學篇·動物各論·棘皮動物》第一四章

钳棘目 Forcipulatia

海盘车科 Asteriidae

罗氏海盘车 *Asterias rollestonii*

海盤車

清·柯璜譯編，(日)箕作佳吉著《博物學講義·動物學篇·動物各論·棘皮動物》第一四章

海星 *Asterias* sp.

海茴香

清·聶璜撰《清宮海錯圖》第三冊

有棘目 Spinulosa

海燕科 Asterinidae

海燕 *Asterina pectinifera*

海燕

明·李時珍撰《本草綱目》卷四六(鱗部·海燕)

明·方以智撰《通雅》卷四七

清·胡世安撰《異魚圖贊補》卷上

林氏海燕 *Asterina limbookengi*

海燕

清·聶璜撰《清宮海錯圖》第三冊

海胆纲 Echinoidea

海膽

明·屠本畯撰《閩中海錯疏》卷下

明·方以智撰《物理小識》卷八

清·李調元、雨村輯《南越筆記》卷二(贏)

清·乾隆三二年撰《皇朝通志》卷一二六

清·屈大均撰《廣東新語》卷二三

清·郝玉麟等監修，謝道承等編纂《福建通志》卷一〇

清·郝玉麟等監修，魯曾煜等編纂《廣東通志》卷五二

清 • 戴肇辰等修，史澄等纂《廣東府縣志輯 • 光緒廣州府志》卷一六
清 • 毛昌善修，陳蘭彬纂《廣東府縣志輯 • 光緒吳川縣志》卷三
清 • 舒懋官修，王崇熙纂《廣東府縣志輯 • 嘉慶新安縣志》捐三
清 • 田明曜修，陳澧纂《廣東府縣志輯 • 香山縣志》卷五
清 • 劉溎年、張聯桂修，鄧掄斌、陳新銓纂《廣東府縣志輯 • 惠州府志》卷四五
清 • 于卜熊修，史本纂《廣東府縣志輯 • 海豐縣志》卷六（物產）
清 • 王之正等修，沈展才等纂《廣東府縣志輯 • 陸豐縣志》卷二
清 • 陳伯陶等纂修《廣東府縣志輯 • 東莞縣志》卷一五
清 • 范士瑾纂修《廣東府縣志輯 • 康熙陽江縣志》卷四（物產）
清 • 林子蘭修，陳宗琛纂《海南府縣志輯 • 康熙樂會縣志》卷二
清 • （日）丘淺治郎著，（英）西師意譯述《動物學教科書》第一三章（棘皮动物）

海總筐

清 • 陳元龍著《格致鏡原》卷九五（諸水族）

海績筐

明 • 屠本畯撰《閩中海錯疏》卷下

石橀

明 • 屠本畯撰《閩中海錯疏》卷下
清 • 郝玉麟等監修，謝道承等編纂《福建通志》卷一〇
清 • 喻長霖、柯驊威等纂修《浙江府縣志輯 • 台州府志》卷六二

拱齿目 Camarodonta

球海胆科 Strongylocentrotidae

马粪海胆 *Hemicentrotus pulcherrimus*

海膽

清 • 郭柏蒼撰《海錯百一録》卷三
清 • 康熙《韻府拾遺》卷五七
清 • 陳夢雷編《古今圖書集成 • 博物彙編 • 禽蟲典》卷一六四（雜海錯部）

长海胆科 Echinometridae

紫海胆 *Anthocidaris crassispina*

石橀

宋 • 梁克家撰《淳熙三山志》卷四二
宋 • 陳耆卿撰《赤城志》卷三六
清 • 陳夢雷編《古今圖書集成 • 博物彙編 • 禽蟲典》卷一六四（雜海錯部）

楯形目 Clypeasteroida

蛛网海胆科 Arachnoidae

扁平蛛网海胆 *Arachnoides placenta*

石橀

清 • 郭柏蒼撰《海錯百一録》卷三

海参纲 Holothuroidea

海參

金 • 李杲編輯，明 • 李時珍參訂，姚可成補輯《食物本草》卷二八一（蛇蟲類 • 蟲類 • 海參）
清 • 王士禎撰《香祖筆記》卷八
清 • 趙學敏輯《本草綱目拾遺（下）》卷一〇（蟲部 • 海參）
清 • 郭柏蒼撰《海錯百一録》卷四
清 • 和珅等撰《大清一統志》卷四二
清 • 薩英額纂輯《吉林外記》卷八
清 • 吳振臣著《甯古塔記略》
清 • 長順修《吉林通志》卷三四（食货志）
清 • 唐景崧修，蔣師轍、薛紹元纂《臺灣府縣志輯 • 光緒臺灣通志》
清 • 蔡麟祥、陳步梯修，林豪纂《臺灣府縣志輯 • 新修臺灣澎湖志》卷一〇（蟲魚）
清 • 陳倫炯撰《海國聞見錄》卷上（天下沿海形勢錄）
清 • 聶璜撰《清宮海錯圖》第二冊
清 • 高宗敕撰《皇朝文獻通考》卷六〇、卷二九七
清 • 乾隆五十一年奉敕撰《八旗通志》卷一五三
清 • 雍正十年敕編《世宗憲皇帝硃批諭旨》卷一〇二
清 • 吳偉業撰《梅村集》卷一〇（海參）
清 • 王錫祺輯《小方壺齋輿地叢鈔》一一帙（郭嵩燾著 • 使西紀程）

沙噀

明 • 彭大翼撰，張幼學增訂《山堂肆考》卷二八（失水則醉）
清 • 陳懋仁撰《庶物異名疏》卷三〇
清 • 柯璜譯編，（日）箕作佳吉著《博物學講義 • 動物篇》第一四章（動物各論 • 棘皮動物）

黨參

清 • 趙學敏輯《本草綱目拾遺（下）• 蟲部 • 海參》卷一〇

刺參

清 • 趙學敏輯《本草綱目拾遺（下）》卷一〇（蟲部 • 海參）
清 • 李准撰《巡海記》

光參

清・趙學敏輯《本草綱目拾遺（下）》卷一〇（蟲部・海參）

海男子

清・趙學敏輯《本草綱目拾遺（下）》卷一〇（蟲部・海參）

海瓜皮

清・趙學敏輯《本草綱目拾遺（下）》卷一〇（蟲部・海參）

遼參

清・趙學敏輯《本草綱目拾遺（下）》卷一〇（蟲部・海參）

廣參

清・趙學敏輯《本草綱目拾遺（下）》卷一〇（蟲部・海參）

肥皂參

清・趙學敏輯《本草綱目拾遺（下）》卷一〇（蟲部・海參）

瓜皮參

清・趙學敏輯《本草綱目拾遺（下）》卷一〇（蟲部・海參）

海蔓

清・王錫祺輯《小方壺齋輿地叢鈔》一一帙（郭嵩燾著・使西紀程）

海紅

清・長順修《吉林通志》卷三四

海茄

清・長順修《吉林通志》卷三四

大烏參

清・李准撰《巡海記》

白海參

清・聶璜撰《清宮海錯圖》第二冊

白參

清・郭柏蒼撰《海錯百一録》卷四

牛腎

清・郭柏蒼撰《海錯百一録》卷四

水參

清・郭柏蒼撰《海錯百一録》卷四

楯手目 Aspidochirota

海参科 Holothuridae

白底辐肛参 *Actinopyga mauritiana*

海參

清・聶璜撰《清宮海錯圖》第二冊

刺参科 Stichpodidae

仿刺参 *Apostichopus japonicus*

海參

明・謝肇淛著《五雜俎》卷九（物部）

清・胡世安撰《異魚圖贊補》卷下（海參）

清・吳儀洛著《本草從新》（蟲魚鱗介部・海參）

清・阿桂、劉瑾之等撰《盛京通志》卷二七、卷一〇七

清・薩英額纂輯《吉林外記》卷七

海男子

明・謝肇淛著《五雜俎》卷九（物部）

清・胡世安撰《異魚圖贊補》卷下（海參）

海蕧

清・張同聲修，李圖等纂《山東省膠州志》卷一四（物產）

刺參

清・吳儀洛著《本草從新》（蟲魚鱗介部・海參）

梅花参 *Thelenota ananas*

大烏參

清・李准撰《巡海記》

芋参目 Molpadiida

尻参科 Caudinidae

海地瓜 *Acaudina molpadioides*

海茄

清・薩英額纂輯《吉林外記》卷七

瓜參

清・柯璜譯編，（日）箕作佳吉著《博物學講義・動物篇》第一四章（動物各論・棘皮動物）

金海鼠

清・柯璜譯編，（日）箕作佳吉著《博物學講義・動物篇》第一四章（動物各論・棘皮動物）

芋参科 Molpadiidae

海棒槌 *Paracaudina chilensis*

海紅

清・薩英額纂輯《吉林外記》卷七

脊索动物门 Chordata

尾索动物亚门 Urochordata

海鞘纲 Ascidiacea

被囊類

清·（日）西師意譯，（英）竇樂安、許家惺審定《動物學教科書》第七章

海鞘

清·柯璜譯編，（日）箕作佳吉著《博物學講義·動物篇》第六章

头索动物亚门 Cephalochordata

头索动物纲 Appendicularia

文昌鱼目 Amphioxiformes

文昌鱼科 Branchiostomatidae

白氏文昌鱼 *Branchiostoma belcheri*

文昌魚

清·李維玉原本，沈定均續修，吳聯熏增纂《福建府縣志輯·光緒漳州府志》卷三九

蛞蝓魚

清·柯璜譯編，（日）箕作佳吉著《博物學講義·動物篇》第六章

兩尖魚

清·柯璜譯編，（日）箕作佳吉著《博物學講義·動物篇》第六章

無頭鱣

清·（日）西師意譯，（英）竇樂安、許家惺審定《動物學教科書》第七章（圓口類）

脊椎动物亚门 Vertebrata

脊椎動物

清·柯璜譯編，（日）箕作佳吉著《博物學講義·動物篇》第六章

脊骨部

清·（英）傅蘭雅輯《格致彙編》卷一

魚

漢·許慎撰，宋·徐鉉增釋《說文解字》卷一一下

晉·郭璞注，唐·陸德明音義，宋·邢昺疏《爾雅注疏》卷一〇

南唐·徐鍇撰，朱翱反切《說文繫傳》卷二二

清·（英）艾約瑟撰《動物學啟蒙》卷七《脊骨動物魚類》

魚類

唐·段公路纂《北戶錄》

清·（日）西師意譯，（英）竇樂安、許家惺審定《動物學教科書》第七章

清·柯璜譯編，（日）箕作佳吉著《博物學講義·動物篇》第六章

鱗部

明·李時珍撰《本草綱目》卷四三（鱗部）

魚族

清·（英）傅蘭雅輯《格致彙編》第一卷第一〇期

圆口纲（圆口类）Cyclostomata

圓口類

清·（日）西師意譯，（英）竇樂安、許家惺審定《動物學教科書》第七章

鰓鱣

清·（日）西師意譯，（英）竇樂安、許家惺審定《動物學教科書》第七章

七鳃鳗目 Petromyzoniformes

七鳃鳗科 Petromyzonidae

七鳃鳗 *Lampetra* spp.

八目鰻

清·柯璜譯編，（日）箕作佳吉著《博物學講義·動物篇》第六章

盲鳗目 Myxiniformes

盲目鰻

清·柯璜譯編，（日）箕作佳吉著《博物學講義·動物篇》第六章

盲鱣

清·（日）西師意譯，（英）竇樂安、許家惺審定《動物學教科書》第七章（圓口類）

软骨鱼纲 Chondrichthyes

鮫

漢·許慎撰，宋·徐鉉增釋《說文解字》卷一一下

宋·陸佃撰《埤雅》卷一

金·李杲編輯，明·李時珍參訂，姚可成輔輯《食物本

草》卷一〇（鱗部）
元·戴侗撰《六書故》卷二〇
明·方以智撰《通雅》卷四七
明·張自烈撰，清·廖文英續《正字通》亥集中（魚部）

鮫魚
金·李杲編輯，明·李時珍參訂，姚可成輔輯《食物本草》卷一〇（鱗部）
明·王圻、王思義輯《三才圖會》
清·柯璜譯編，(日)箕作佳吉著《博物學講義·動物篇》第六章

鯊
南唐·徐鍇撰，朱翱反切《說文繫傳》卷二二

鯊魚
清·柯璜譯編，(日)箕作佳吉著《博物學講義·動物篇》第六章

沙魚
金·李杲編輯，明·李時珍參訂，姚可成輔輯《食物本草》卷一〇（鱗部）

䲋
明·張自烈撰，清·廖文英續《正字通》亥集中（魚部）

鯌
明·張自烈撰，清·廖文英續《正字通》亥集中（魚部）

鱕鯌
明·張自烈撰，清·廖文英續《正字通》亥集中（魚部）

魦
明·張自烈撰，清·廖文英續《正字通》亥集中（魚部）

魦魚
明·王圻、王思義輯《三才圖會》

板鰓類
清·柯璜譯編，(日)箕作佳吉著《博物學講義·動物篇》第六章

軟骨類
清·柯璜譯編，(日)箕作佳吉著《博物學講義·動物篇》第六章

虎鲨目 Heterodontiformes

虎鲨科 Heterodontidae

虎鲨 *Heterodontus* spp.

虎䲋
三國吳·沈瑩撰，張崇根輯校《臨海水土異物志》

虎魦
明·屠本畯撰，徐𤊹補疏《閩中海錯疏》卷上

虎鯊
明·楊慎原本，胡世安箋《異魚圖贊補》

虎沙
明·李時珍撰《本草綱目》卷四四（鱗之四）

胡沙
明·李時珍撰《本草綱目》卷四四（鱗之四）

虎魚
明·李時珍撰《本草綱目》卷四四（鱗之四）
清·唐景崧修，蔣師轍、薛紹元纂《臺灣府縣志輯·光緒臺灣通志》

鲭鲨目 Isuriformes

鲭鲨科 Isuridae

噬人鲨 *Carcharodon carcharias*

鱀
清·張同聲修，李圖等纂《山東省膠州志》

海媽虎
清·張同聲修，李圖等纂《山東省膠州志》

长尾鲨科 Alopiidae

劍鯊
明·屠本畯撰《閩中海錯疏》卷上

真鲨目 Carcharhiniformes

猫鲨科 Scyliorhinidae

虎纹猫鲨 *Scyliorhinus torazame*

貓鯊
清·聶璜撰《清宮海錯圖》第二冊

梅花鲨 *Halaelurus burgeri*

梅花鯊
清·聶璜撰《清宮海錯圖》第二冊

真鲨科 Carcharhinidae

尖鳍柠檬鲨 *Negaprion acutidens*

黃魦
明·屠本畯撰《閩中海錯疏》卷上

黃鯊
明·喻政修，林材纂《福州府志》卷三七

真鲨 *Carcharhinus* spp.

白沙
明·李時珍撰《本草綱目》卷四四（鱗之四）

白眼鯊
清·曹秉仁等修，萬經等纂《浙江府縣志輯·雍正寧波府志》

鮫魚
明·李時珍撰《本草綱目》卷四四（鱗之四）

侧条真鲨 *Carcharhinus pleurotaenia*

烏頭
明·屠本畯撰《閩中海錯疏》卷上

乌翅真鲨 *Carcharhinus melanopterus*

烏髻

明·屠本畯撰《閩中海錯疏》卷上

大青鲨 *Prionace glauca*

鯌

三國吳·沈瑩撰，張崇根輯校《臨海水土異物志》

青鯊

明·屠本畯撰《閩中海錯疏》卷上

双髻鲨科 Sphyrnidae

双髻鲨 *Sphyrna* spp.

槌額魚

三國吳·沈瑩撰，張崇根輯校《臨海水土異物志》

清·方旭撰《蟲薈》卷四（鱗蟲）

鐇鯌

明·李時珍撰《本草綱目》卷四四（鱗之四）

明·張自烈撰，清·廖文英續《正字通》亥集中（魚部）

鯌

明·張自烈撰，清·廖文英續《正字通》亥集中（魚部）

帽鯊

明·屠本畯撰《閩中海錯疏》卷上

雙髻鯊

明·屠本畯撰《閩中海錯疏》卷上

雙髻魟

明·屠本畯撰《閩中海錯疏》卷上

公子帽

清·（英）韋廉臣著《格物探原》第一〇

挺額魚

明·李時珍撰《本草綱目》卷四四（鱗之四）

角鲨目 Squaliformes

铠鲨科 Dalatiidae

小抹香鲛 *Squaliolus laticaudus*

香鯊

清·嵇璜、曹仁虎等撰《續通志》卷一七九

角鲨科 Squalidae

刺鲨 *Centrophorus* spp.

刺鯊

清·曹秉仁等修，萬經等纂《浙江府縣志輯·雍正寧波府志》卷一三

白斑角鲨 *Squalus acanthias*

狗鯊

明·屠本畯撰《閩中海錯疏》卷上

狗鯊

明·彭大翼撰，張幼學增訂《山堂肆考》卷二二四

扁鲨目 Squatiniformes

扁鲨科 Squatinidae

日本扁鲨 *Squatina japonica*

琵琶魚

三國吳·沈瑩撰，張崇根輯《臨海水土異物志》

唐·段成式撰《酉陽雜俎》續集卷八

清·李調元撰《然犀志》卷上

劍魚

唐·段成式撰《酉陽雜俎》續集卷八

琵琶

明·楊慎著《異魚圖贊》卷三

樂魚

明·楊慎著《異魚圖贊》卷三

沙魚

清·李調元撰《然犀志》卷上

锯鲨目 Pristiophoriformes

锯鲨科 Pristiophoridae

日本锯鲨 *Pristiophorus japonicus*

鋸鯊

清·聶璜撰《清宮海錯圖》第二冊

鐇魚

清·林大華纂修《海南府縣志輯·樂會縣志》卷二

锯鳐目 Pristiformes

锯鳐科 Pristidae

尖齿锯鳐 *Pristis cuspidatus*

鋸鯊

宋·樂史撰《太平寰宇記》卷一六〇

清·聶璜撰《清宮海錯圖》第二冊

狼籍魚

宋·樂史撰《太平寰宇記》卷一六〇

明·楊慎原本，胡世安箋《異魚圖贊補》卷中

胡鯊

明·屠本畯撰《閩中海錯疏》卷上

鋸鯊

明·屠本畯撰《閩中海錯疏》卷上

胡沙

明·李時珍撰《本草綱目》卷四四（鱗之四）

鋸沙

明·李時珍撰《本草綱目》卷四四（鱗之四）

鋸魚

清・(英)傅蘭雅輯《格致彙編》卷一第一〇期

明・楊慎原本，胡世安箋《異魚圖贊補》卷中

沙魚

明・李時珍撰《本草綱目》卷四四（鱗之四）

鳐形目 Rajiformes

犁头鳐科 Rhinobatidae

犁头鳐 *Rhinobatos* spp.

犁頭鯊

明・彭大翼撰，張幼學增訂《山堂肆考》卷二二四

团扇鳐科 Platyrhinidae

中国团扇鳐 *Platyrhina sinensis*

鯌魚

唐・段成式撰《酉陽雜俎》卷一七

河伯健兒

唐・段成式撰《酉陽雜俎》卷一七

鮫

明・李時珍撰《本草綱目》卷四四（鱗之四）

綬魚

明・馮時可撰《雨航雜錄》卷下

華臍

明・馮時可撰《雨航雜錄》卷下

老婆牙

明・馮時可撰《雨航雜錄》卷下

鲼形目 Myliobatiformes

扁魟科 Urolophidae

扁魟 *Urolophus* spp.

燕魟魚

清・方旭撰《蟲薈》卷四（鱗蟲）

牛尾魚

清・方旭撰《蟲薈》卷四（鱗蟲）

清・懷蔭布修，黃任、郭賡武纂《福建府縣志輯・乾隆泉州府志》卷一八

魟科 Dasyatidae

鮋

漢・許慎撰，宋・徐鉉增釋《說文解字》卷一一下

南唐・徐鍇撰，朱翱反切《說文繫傳》卷二二

清・段玉才撰《說文解字注》卷一一下

魶

明・張自烈撰，清・廖文英續《正字通》亥集中（魚部）

魟

元・戴侗撰《六書故》卷二〇

明・張自烈撰，清・廖文英續《正字通》亥集中（魚部）

鯕

明・張自烈撰，清・廖文英續《正字通》亥集中（魚部）

鱋魟

清・徐景熹修，魯曾煜、施廷樞等纂《福建府縣志輯・乾隆福州府志》卷二六

麻魚

清・聶璜撰《清宮海錯圖》第一冊

黑魟 *Dasyatis atratus*

黑魟

明・屠本畯撰《閩中海錯疏》卷中

燕魟魚

明・屠本畯撰《閩中海錯疏》卷中

牛尾魚

明・屠本畯撰《閩中海錯疏》卷中

鯕魚

明・屠本畯撰《閩中海錯疏》卷中

明・王圻、王思義輯《三才圖會》

黄魟 *Dasyatis bennetti*

黃魟

唐・段成式撰《酉陽雜俎》續集卷八

明・楊慎原本，胡世安箋撰《異魚圖贊補》卷中

鍋蓋魚

明・王圻、王思義輯《三才圖會》

魟魚

明・王圻、王思義輯《三才圖會》

明・馮時可撰《雨航雜錄》卷下

小眼魟 *Dasyatis microphthalmus*

鰝

明・張自烈撰，清・廖文英續《正字通》亥集中（魚部）

清・張玉書、陳廷敬等纂《康熙字典》卷三五

赤魟 *Dasyatis akajei*

江鰩

宋・員興宗撰《九華集》卷一

荷魚

明・李時珍撰《本草綱目》卷四四（鱗之四）

鯆魮魚

明・李時珍撰《本草綱目》卷四四（鱗之四）

蕃蹹魚

明・李時珍撰《本草綱目》卷四四（鱗之四）

鮫魚

清・謝啟昆監修《廣西通志》卷八九

燕魟科 Gymnuridae

双斑燕魟 *Gymnura bimaculata*

戴星魚

三國吳・沈瑩撰，張崇根輯《臨海水土異物志》

花尾燕魟 *Gymnura poecilura*

燕魟

清・聶璜撰《清宮海錯圖》第二冊

鷰魚

清・聶璜撰《清宮海錯圖》第二冊

海燕

清・聶璜撰《清宮海錯圖》第二冊

海鱴

清・聶璜撰《清宮海錯圖》第二冊

鷂鲼科 Aetobatidae

鷂鱝 *Aetobatus* sp.

鱝魚

三國吳・沈瑩撰，張崇根輯《臨海水土異物志》

清・郝懿行著《記海錯》

鱝

南朝梁・顧野王撰，宋・陳彭年等重修《重修玉篇》卷二四

明・張自烈撰，清・廖文英續《正字通》亥集中（魚部）

鷂子魚

金・李杲編輯，明・李時珍參訂，姚可成補輯《食物本草》卷一〇（鱗部）

邵陽魚

金・李杲編輯，明・李時珍參訂，姚可成補輯《食物本草》卷一〇（鱗部）

明・李時珍撰《本草綱目》卷四四（鱗之四）

少陽魚

明・李時珍撰《本草綱目》卷四四（鱗之四）

清・郝懿行著《記海錯》

荷魚

明・李時珍撰《本草綱目》卷四四（鱗之四）

清・郝懿行著《記海錯》

鯆魮魚

明・李時珍撰《本草綱目》卷四四（鱗之四）

蕃蹹魚

明・李時珍撰《本草綱目》卷四四（鱗之四）

明・張自烈撰，清・廖文英續《正字通》亥集中（魚部）

石蠣

明・李時珍撰《本草綱目》卷四四（鱗之四）

魵

明・張自烈撰，清・廖文英續《正字通》亥集中（魚部）

鮨

明・張自烈撰，清・廖文英續《正字通》亥集中（魚部）

鱄

清・李調元撰《然犀志》卷上

蒲魚

清・李調元撰《然犀志》卷上

海鷂魚

明・李時珍撰《本草綱目》卷四四（鱗之四）

明・馮時可撰《雨航雜錄》卷四

清・李調元撰《然犀志》卷上

燕魚

清・李調元撰《然犀志》卷上

清・李元撰《蠕範》卷三

地青魚

清・曹秉仁修，萬經等纂《浙江府縣志輯・雍正寧波府志》卷一三

老般魚

清・郝懿行著《記海錯》

牛鼻鲼科 Rhinopteridae

牛鼻鱝 *Rhinoptera* sp.

牛魚

三國吳・沈瑩撰，張崇根輯《臨海水土異物志》

明・李時珍撰《本草綱目》卷四四（鱗之四）

清・屠英等修，江藩等纂《廣東府縣志輯・道光肇慶府志》卷三

引魚

金・李杲編輯，明・李時珍參訂，姚可成補輯《食物本草》卷一〇（鱗部）

蝠鲼科 Mobulidae

蝠鱝 *Mobula* spp.

鯚

南朝梁・顧野王撰，宋・陳彭年等重修《重修玉篇》卷二四

清・張玉書、陳廷敬等纂《康熙字典》卷三五

清・李調元撰《然犀志》卷上

天牛魚

明・楊愼原本，胡世安箋《異魚圖贊補》卷上

燕魚

清・李調元撰《然犀志》卷上

鯚魚

清・李調元撰《然犀志》卷上

老鴉魚

清・李調元撰《然犀志》卷上

海燕

清・方旭撰《蟲薈》卷四

清・李調元撰《然犀志》卷上

海魔

清・方旭撰《蟲薈》卷四

银鲛目 Chimaeriformes

银鲛科 Chimaeridae

銀鮫

清・柯璜譯編，（日）箕作佳吉著《博物學講義・動物篇》

第六章

鮫鱏

清・柯璜譯編，（日）箕作佳吉著《博物學講義・動物篇》第六章

硬骨鱼纲 Osteichthyes

硬骨類

清・柯璜譯編，（日）箕作佳吉著《博物學講義・動物篇》第六章

鲟形目 Acipenseriformes

鲟科 Acipenseridae

西伯利亚鲟 *Acipenser baeri*

鱘

清・袁大化修，王樹相等纂《新疆圖志》

小体鲟 *Acipenser ruthenus*

鱘

清・袁大化修，王樹相等纂《新疆圖志》

施氏鲟 *Acipenser schrenckii*

鱘鰉魚

清・長順修《吉林通志》卷三四

清・西清纂，蕭穆等重輯《黑龍江外記》卷八

秦王魚

清・長順修《吉林通志》卷三四

清・西清纂，蕭穆等重輯《黑龍江外記》卷八

秦皇魚

清・長順修《吉林通志》卷三四

鱏鰉

清・長順修《吉林通志》卷三四

清・西清纂，蕭穆等重輯《黑龍江外記》卷八

达氏鲟 *Acipenser dabryanus*

鰠魚

晉・郭璞注《山海經》卷二（南山經）

明・張自烈撰，清・廖文英續《正字通》亥集中（魚部）

鰠

南朝梁・顧野王撰，宋・陳彭年等重修《重修玉篇》卷二四

明・張自烈撰，清・廖文英續《正字通》亥集中（魚部）

鱣魚

明・李時珍撰《本草綱目》卷四四（鱗之四）

黃魚

唐・杜甫撰，宋・黃西原注，黃鶴補注《補注杜詩》卷三〇

明・李時珍撰《本草綱目》卷四四（鱗之四）

鱏鰉

明・楊慎撰《異魚圖贊》卷一

鱘鱑魚

清・吳儀洛著《本草從新》（蟲魚鱗介部）

鰉魚

清・和珅等撰《大清一統志》卷二七九

中华鲟 *Acipenser sinensis*

鱣

《詩經・小雅・四月》

漢・許慎撰，宋・徐鉉增釋《說文解字》卷一一下

晉・郭璞著《爾雅音圖》卷下

晉・郭璞注《山海經》卷四《東山經》

晉・郭璞注，唐・陸德明音義，宋邢昺疏《爾雅注疏》卷九

三國吳・陸璣撰，明・毛晉廣要《陸氏詩疏廣要》卷下

南朝梁・顧野王撰，宋・陳彭年等《重修玉篇》卷二四

南唐・徐鍇撰，朱翱反切《說文繫傳》卷二二

宋・陸佃撰《埤雅》卷一

宋・鄭樵撰《通志》卷七六

宋・羅願撰，元・洪焱祖音釋《爾雅翼》卷二八

元・戴侗撰《六書故》卷二〇

明・張自烈撰，清・廖文英續《正字通》亥集中（魚部）

清・張玉書、陳廷敬等纂《康熙字典》卷三五

清・張楷纂修《安慶府志》卷四

安徽府縣志輯・康熙

鱣魚

漢・許慎撰，宋徐鉉增釋《說文解字》卷一一下

金・李杲編輯，明・李時珍參訂，姚可成補輯《食物本草》卷一〇（鱗部）

明・李時珍撰《本草綱目》卷四四（鱗之四）

清・（日）岡元鳳纂輯《毛詩品物圖考》卷七

鯉

漢・許慎撰，宋・徐鉉增釋《說文解字》卷一一下

蠟魚

金・李杲編輯，明・李時珍參訂，姚可成補輯《食物本草》卷一〇（鱗部）

明・李時珍撰《本草綱目》卷四四（鱗之四）

玉版魚

金・李杲編輯，明・李時珍參訂，姚可成補輯《食物本草》卷一〇（鱗部）

明・李時珍撰《本草綱目》卷四四（鱗之四）

阿八兒忽魚

明・李時珍撰《本草綱目》卷四四（鱗之四）

黃魚

晉・郭璞注，唐・陸德明音義，宋・邢昺疏《爾雅注疏》卷一〇

唐・馮贄撰《雲仙雜記》卷六
宋・陸佃撰《埤雅》卷一
元・戴侗撰《六書故》卷二〇
明・李時珍撰《本草綱目》卷四四（鱗之四）
明・張自烈撰，清・廖文英續《正字通》亥集中（魚部）

黃臘魚

唐・劉恂撰《嶺表錄異》卷上

橫魚

唐・劉恂撰《嶺表錄異》卷上

鱘鰉魚

宋・周去非撰《嶺外代答》卷下
清・謝啟昆監修《廣西通志》卷八九

食寵侯

宋・毛勝著《水族加恩簿》

着甲魚

金・李杲編輯，明・李時珍參訂，姚可成補輯《食物本草》卷一〇（鱗部）

鱘龍

宋・黃省曾著《魚經》

潛龍鯊

清・李調元、雨村輯《南越筆記》卷一〇

裸腹鱘 *Acipenser nudiventris*

鱘黃

清・和寧撰《回疆通志》

鰉 *Huso dauricus*

牛魚

宋・孔平仲撰《談苑》卷一
宋・周煇撰《清波雜誌》卷六
金・李杲編輯，明・李時珍參訂，姚可成補輯《食物本草》卷一〇（鱗部）
明・李時珍撰《本草綱目》卷四四（鱗之四）
明・張自烈撰，清・廖文英續《正字通》亥集中（魚部）

觓

明・張自烈撰，清・廖文英續《正字通》亥集中（魚部）

鰉

明・張自烈撰，清・廖文英續《正字通》亥集中（魚部）
清・張玉書、陳廷敬等纂《康熙字典》卷三五

鱑

明・張自烈撰，清・廖文英續《正字通》亥集中（魚部）

鱘魚

清・長順修《吉林通志》卷三二

色裡麻魚

清・長順修《吉林通志》卷三二

鱣

清・張玉書、陳廷敬等纂《康熙字典》卷三五
清・長順修《吉林通志》卷三二

阿八兒魚

清・長順修《吉林通志》卷三二

鱘鰉

清・長順修《吉林通志》卷三二

阿金魚

清・長順修《吉林通志》卷三二

鱏鰉魚

清・董诰等編《御制詩集》（四）卷五二

匙吻鱘科 Polyodontidae

白鱘 *Psephurus gladius*

鮥

漢・許慎撰，宋・徐鉉增釋《說文解字》卷一一下
晉・郭璞注，唐・陸德明音義，宋邢昺疏《爾雅注疏》卷一〇
三國吳・陸璣撰，明・毛晉廣要《陸氏詩疏廣要》卷下
南唐・徐鍇撰，朱翱反切《說文繫傳》卷二二
宋・司馬光撰《類篇》卷三三
元・戴侗撰《六書故》卷二〇
明・張自烈撰，清・廖文英續《正字通》亥集中（魚部）
清・張玉書、陳廷敬等纂《康熙字典》卷三五
清・徐鼎撰《毛詩名物圖說》卷四

鮪

漢・許慎撰，宋・徐鉉增釋《說文解字》卷一一下
晉・郭璞注《山海經》卷四《東山經》
晉・郭璞注，唐・陸德明音義，宋邢昺疏《爾雅注疏》卷一〇
南朝梁・顧野王撰，宋・陳彭年等《重修玉篇》卷二四
宋・司馬光撰《類篇》卷三三
宋・陸佃撰《埤雅》卷一
宋・羅願撰，元・洪焱祖音釋《爾雅翼》卷二八
元・戴侗撰《六書故》卷二〇
明・張自烈撰，清・廖文英續《正字通》亥集中（魚部）
明・王圻、王思義輯《三才圖會》
清・張玉書、陳廷敬等纂《康熙字典》卷三五
清・徐鼎撰《毛詩名物圖說》卷四

鮪魚

三國吳・陸璣撰，明・毛晉廣要《陸氏詩疏廣要》卷下
宋・陸佃撰《埤雅》卷一

鱣

三國吳・陸璣撰，明・毛晉廣要《陸氏詩疏廣要》卷下

鱣鮪

三國吳・陸璣撰，明・毛晉廣要《陸氏詩疏廣要》卷下
晉・郭璞注《山海經》卷四《東山經》

王鮪

三國吳・陸璣撰，明・毛晉廣要《陸氏詩疏廣要》卷下

晉・郭璞注，唐・陸德明音義，宋邢昺疏《爾雅注疏》卷一〇
南唐・徐鍇撰，朱翱反切《說文繫傳》卷二二
宋・王與之撰《周禮訂義》卷七
元・戴侗撰《六書故》卷二〇

叔鮪
漢・許慎撰，宋・徐鉉增釋《說文解字》卷一一下
三國吳・陸璣撰，明・毛晉廣要《陸氏詩疏廣要》卷下
南唐・徐鍇撰，朱翱反切《說文繫傳》卷二二
元・戴侗撰《六書故》卷二〇

尉魚
三國吳・陸璣撰，明・毛晉廣要《陸氏詩疏廣要》卷下
宋・羅願撰，元・洪焱祖音釋《爾雅翼》卷二八
清・張玉書、陳廷敬等纂《康熙字典》卷三五

尗鮪
三國吳・陸璣撰，明・毛晉廣要《陸氏詩疏廣要》卷下

仲明魚
三國吳・陸璣撰，明・毛晉廣要《陸氏詩疏廣要》卷下

黃魚
三國吳・陸璣撰，明・毛晉廣要《陸氏詩疏廣要》卷下
唐・段成式撰《酉陽雜俎》卷一七
宋・陸佃撰《埤雅》卷一

鮇鮪
晉・郭璞注，唐・陸德明音義，宋・邢昺疏《爾雅注疏》卷一〇

鮥子
晉・郭璞注，唐・陸德明音義，宋・邢昺疏《爾雅注疏》卷一〇

碧陽
晉・郭璞注《山海經》卷四（東山經）

鮔鱛
晉・郭璞注《山海經》卷四（東山經）
南朝梁・顧野王撰，宋・陳彭年等《重修玉篇》卷二四

鱇黃魚
晉・郭璞注，唐・陸德明音義，宋・邢昺疏《爾雅注疏》卷一〇

鱑
晉・郭璞注《山海經》卷四（東山經）

鱏
南朝梁・顧野王撰，宋・陳彭年等重修《重修玉篇》卷二四
明・彭大翼撰，張幼學增訂《山堂肆考》卷二二四

鱘魚
金・李杲編輯，明・李時珍參訂，姚可成補輯《食物本草》卷一〇（鱗部）
明・李時珍撰《本草綱目》卷四四（鱗之四）

鮇
明・張自烈撰，清・廖文英續《正字通》亥集中（魚部）

魱
明・張自烈撰，清・廖文英續《正字通》亥集中（魚部）

鮍
明・張自烈撰，清・廖文英續《正字通》亥集中（魚部）

鯛
明・張自烈撰，清・廖文英續《正字通》亥集中（魚部）

鸛嘴魚
明・彭大翼撰，張幼學增訂《山堂肆考》卷二二四
清・曹秉仁等修，萬經等纂《浙江府縣志輯・雍正寧波府志》卷一三

淫魚
清・方旭撰《蟲薈》卷四

碧魚
明・李時珍撰《本草綱目》卷四四（鱗之四）
清・方旭撰《蟲薈》卷四

乞裡麻魚
清・方旭撰《蟲薈》卷四

海鰱目 Elopiformes

海鰱科 Elopidae

海鰱 *Elops saurus*

四破魚
清・郭柏蒼撰《海錯百一錄》卷一
清・唐景崧修，蔣師轍、薛紹元纂《臺灣府縣志輯・光緒臺灣通志》《物產》

火魚
清・郭柏蒼撰《海錯百一錄》卷一

夥魚
清・郭柏蒼撰《海錯百一錄》卷一

北梭鱼科 Albulidae

北梭鱼 *Albula glossodonta*

金梭
清・魯鼎梅修，王必昌纂《臺灣府縣志輯・乾隆重修臺灣縣志》

鯡形目 Clupeiformes

鯡科 Clupeidae

鯡 *Clupea pallasi*

鯡
清・張玉書、陳廷敬等纂《康熙字典》卷三五

金色小沙丁鱼 *Sardinella aurita*

鰛
明・屠本畯撰《閩中海錯疏》卷中

明・楊慎原本，胡世安箋《異魚圖贊補》閏集
清・郭柏蒼撰《海錯百一錄》卷一
臭魚
清・郭柏蒼撰《海錯百一錄》卷一
破肚鰮
清・林大華纂修《海南府縣志輯・樂會縣志》

青鳞小沙丁鱼 *Sardinella zunasi*

青鯪
清・郭柏蒼撰《海錯百一錄》卷一
柳葉魚
清・張同聲修，李圖等纂《山東省膠州志》

斑鰶 *Konosirus punctatus*

鰂魚
三國吳・沈瑩撰，張崇根輯校《臨海水土異物志》
鰶
南朝梁・顧野王撰，宋・陳彭年等重修《重修玉篇》卷二四
明・屠本畯撰《閩中海錯疏》卷上
清・張玉書、陳廷敬等纂《康熙字典》卷三五
清・許紹錦等纂修《山东省莒州志》
鰶魚
明・楊慎撰《異魚圖贊》卷三
明・馮時可撰《雨航雜錄》卷下
鰶
明・張自烈撰，清・廖文英續《正字通》亥集中（魚部）
清・張玉書、陳廷敬等纂《康熙字典》卷三五
清・李元撰《蠕範》卷一
青鯽
明・屠本畯撰《閩中海錯疏》卷上
青鰶魚
明・馮時可撰《雨航雜錄》卷四
清・曹秉仁等修，萬經等纂《浙江府縣志輯・雍正寧波府志》卷一三
青鱗
明・屠本畯撰《閩中海錯疏》卷上
青脊魚
明・楊慎原本，胡世安箋《異魚圖贊補》卷上
黃雀魚
清・李元撰《蠕範》卷一
鰊魚
清・聶璜撰《清宮海錯圖》第一冊
白魚
清・聶璜撰《清宮海錯圖》第一冊

鲥 *Tenualosa reevesii*

鰽
漢・許慎撰，宋・徐鉉增釋《說文解字》卷一一下
晉・郭璞注，唐・陸德明音義，宋・邢昺疏《爾雅注疏》卷一〇
南唐・徐鍇撰，朱翱反切《說文繫傳》卷二二
清・段玉才撰《說文解字注》卷一一下
鰲鯠
晉・郭璞注，唐・陸德明音義，宋・邢昺疏《爾雅注疏》卷一〇
魱
南朝梁・顧野王撰，宋・陳彭年等重修《重修玉篇》卷二四
元・戴侗撰《六書故》卷二〇
明・張自烈撰，清・廖文英續《正字通》亥集中（魚部）
清・張玉書、陳廷敬等纂《康熙字典》卷三五
當魱
晉・郭璞注，唐・陸德明音義，宋・邢昺疏《爾雅注疏》卷一〇
宋・鄭樵撰《通志》卷七六
明・方以智撰《通雅》卷四〇
清・王樹枏撰《郭氏爾雅訂經》卷二一
當互
南唐・徐鍇撰，朱翱反切《說文繫傳》卷二二
清・段玉才撰《說文解字注》卷一一下
鱨魱
清・李元撰《蠕範》卷七
時魚
宋・梅堯臣撰《宛陵集》卷四四
元・戴侗撰《六書故》卷二〇
鰣魚
宋・賀鑄撰《慶湖遺老詩集拾遺》
宋・葛勝仲撰《丹陽集》卷二二
金・李杲編輯，明・李時珍參訂，姚可成補輯《食物本草》卷一〇（鱗部）
明・李時珍撰《本草綱目》卷四四（鱗之四）
明・黃省曾撰《魚經》
明・於慎行撰《穀城山館詩集》卷一六
明・曹學佺編《石倉歷代詩選》卷四六四
明・王圻、王思義輯《三才圖會》卷之五
清・吳儀洛撰《本草從新》（蟲魚鱗介部）
清・曹秉仁等修，萬經等纂《浙江府縣志輯・雍正寧波府志》卷一三
清・聶璜撰《清宮海錯圖》第一冊
鰣
元・戴侗撰《六書故》卷二〇
明・屠本畯撰《閩中海錯疏》卷上
明・張自烈撰，清・廖文英續《正字通》亥集中（魚部）
清・張玉書、陳廷敬等纂《康熙字典》卷三五
清・段玉才撰《說文解字注》卷一一下
清・李元撰《蠕範》卷七
鮘
元・戴侗撰《六書故》卷二〇

清・段玉才撰《說文解字注》卷一一下

時充

宋・毛勝著《水族加恩簿》

三鰵

宋・黄省曾著《魚經》

清・聶璜撰《清宫海錯圖》

箭魚

明・馮時可撰《雨航雜録》卷下

清・李元撰《蠕範》卷七

清・曹秉仁等修，萬經等纂《浙江府縣志輯・雍正寧波府志》卷一三

鰽

清・張玉書、陳廷敬等纂《康熙字典》卷三五

瘟魚

金・李杲編輯，明・李時珍參訂，姚可成補輯《食物本草》卷一〇（鱗部）

明・李時珍撰《本草綱目》卷四四（鱗之四）

清・李元撰《蠕範》卷七

清・方旭撰《蟲薈》

锯腹鳓科 Pristigasteridae

鳓 *Ilisna elongata*

勒

金・李杲編輯，明・李時珍參訂，姚可成補輯《食物本草》卷一〇（鱗部）

勒鮝

金・李杲編輯，明・李時珍參訂，姚可成補輯《食物本草》卷一〇（鱗部）

明・李時珍撰《本草綱目》卷四四（鱗之四）

勒魚

金・李杲編輯，明・李時珍參訂，姚可成補輯《食物本草》卷一〇（鱗部）

明・李時珍撰《本草綱目》卷四四（鱗之四）

明・王圻、王思義輯《三才圖會》

明・楊慎原本，胡世安箋《異魚圖贊補》卷上

清・李元撰《蠕範》卷七

清・李調元撰《然犀志》卷上

清・吳儀洛撰《本草從新》（蟲魚鱗介部）

清・岳濬等監修，杜詔等編纂《山東通志》卷二四

清・沈家本、荣铨修，徐宗亮、蔡啟盛纂《天津府縣志輯・光緒重修天津府志》卷二六

鰳

明・屠本畯撰《閩中海錯疏》卷上

明・張自烈撰，清・廖文英續《正字通》亥集中（魚部）

清・張玉書、陳廷敬等纂《康熙字典》卷三五

清・李元撰《蠕範》卷七

鰳鮝

明・張自烈撰，清・廖文英續《正字通》亥集中（魚部）

清・張玉書、陳廷敬等纂《康熙字典》卷三五

鰳魚

宋・黄省曾著《魚經》

肋魚

明・王圻、王思義輯《三才圖會》

清・李元撰《蠕範》卷七

清・嵇曾筠等监修，沈翼機等編纂《浙江通志》卷一〇三

雪映

清・李元撰《蠕範》卷七

河羅

清・岳濬等監修，杜詔等編纂《山東通志》卷二四

青鱗

清・李調元撰《然犀志》卷上

夥來魚

清・沈家本、荣铨修，徐宗亮、蔡啟盛纂《天津府縣志輯・光緒重修天津府志》卷二六

快魚

清・沈家本、荣铨修，徐宗亮、蔡啟盛纂《天津府縣志輯・光緒重修天津府志》卷二六

雪映魚

明・王圻、王思義輯《三才圖會》卷之五

鳀科 Engraulidae

鳀 *Engraulis japonicus*

鮰

清・李元撰《蠕範》卷七

丁香魚

清・李元撰《蠕範》卷七

清・唐景崧修，蔣師轍、薛紹元纂《臺灣府縣志輯・光緒臺灣通志》（物產）

清・聶璜撰《清宫海錯圖》第一冊

白沫魚

清・李元撰《蠕範》卷七

鳀鮯

清・郭柏蒼撰《海錯百一錄》卷一

硬尾鳀

清・郭柏蒼撰《海錯百一錄》卷一

白麻鮰

清・郭柏蒼撰《海錯百一錄》卷一

淡鮰

清・郭柏蒼撰《海錯百一錄》卷一

圓鰀鮰

清・郭柏蒼撰《海錯百一錄》卷一

臺灣鮰

清・郭柏蒼撰《海錯百一錄》卷一

離水爛

清・郝懿行著《記海錯》

海焰魚
清・聶璜撰《清宮海錯圖》第一冊
小魚
清・聶璜撰《清宮海錯圖》第一冊
水沫魚
清・聶璜撰《清宮海錯圖》第一冊

小公鱼 *Stolephorus* spp.

黃鱴
清・聶璜撰《清宮海錯圖》第一冊

江口小公鱼 *Stolephorus commersonii*

江魚
明・楊慎原本，胡世安箋《異魚圖贊補・閏集》
清・聶璜撰《清宮海錯圖》第一冊

赤鼻棱鳀 *Thryssa kammalensis*

黃雀魚
三國吳・沈瑩撰，張崇根輯《臨海水土異物志》
黃雀
明・屠本畯撰《閩中海錯疏》卷上
明・楊慎原本，胡世安箋《異魚圖贊補・閏集》
黃爵
清・唐景崧修，蔣師轍、薛紹元纂《臺灣府縣志輯・光緒臺灣通志》

高体棱鳀 *Thryssa hamiltonii*

含西魚
清・唐景崧修，蔣師轍、薛紹元纂《臺灣府縣志輯・光緒臺灣通志》
含嘶
明・唐冑編集《正德瓊台志（廣東省）》

黄鲫 *Setipinna taty*

黃鯽
元・馮復京等撰《昌國州圖志》卷四
黃炙
明・屠本畯撰《閩中海錯疏》卷上

凤鲚 *Coilia mystus*

海鮆
宋・施宿等撰《會稽志》卷一七
魛魚
宋・施宿等撰《會稽志》卷一七
鮚子魚
宋・黃省曾著《魚經》

刀鲚 *Coilia ectenes*

鮆
漢・許慎撰，宋・徐鉉增釋《說文解字》卷一一下
南朝梁・顧野王撰，宋・陳彭年等重修《重修玉篇》卷二四
宋・鄭樵撰《通志》卷七六
宋・羅願撰，元・洪焱祖音釋《爾雅翼》卷二九
元・戴侗撰《六書故》卷二〇
明・王圻、王思義輯《三才圖會》
明・張自烈撰，清・廖文英續《正字通》亥集中（魚部）
清・張玉書、陳廷敬等纂《康熙字典》卷三五（魚部）
清・段玉才撰《說文解字注》卷一一下
鮆魚
晉・郭璞注，唐・陸德明音義，宋・邢昺疏《爾雅注疏》卷一〇
宋・鄭樵撰《通志》卷七六
宋・黃省曾著《魚經》
金・李杲編輯，明・李時珍參訂，姚可成補輯《食物本草》卷一〇（鱗部）
明・李時珍撰《本草綱目》卷四四（鱗之四）
清・張玉書、陳廷敬等纂《康熙字典》卷三五（魚部）
清・李調元撰《然犀志》卷上
清・王樹枏撰《郭氏爾雅訂經》卷二一
清・覺羅石麟等監修，儲大文等編纂《山西通志》卷四七
清・唐景崧修，蔣師轍、薛紹元纂《臺灣府縣志輯・光緒臺灣通志》（物產）
紫
晉・郭璞注《山海經》卷一（南山經）
南唐・徐鍇撰，朱翱反切《說文繫傳》卷二二
明・張自烈撰，清・廖文英續《正字通》亥集中（魚部）
清・張玉書、陳廷敬等纂《康熙字典》卷三五（魚部）
魛
南朝梁・顧野王撰，宋・陳彭年等重修《重修玉篇》卷二四
明・張自烈撰，清・廖文英續《正字通》亥集中（魚部）
清・張玉書、陳廷敬等纂《康熙字典》卷三五（魚部）
清・李調元撰《然犀志》卷上
刀魚
晉・郭璞注《山海經》卷一（南山經）
晉・郭璞注，唐・陸德明音義，宋・邢昺疏《爾雅注疏》卷一〇
北魏・賈思勰撰《齊民要術》卷八
南朝梁・顧野王撰，宋・陳彭年等重修《重修玉篇》卷二四
南唐・徐鍇撰，朱翱反切《說文繫傳》卷二二
宋・羅願撰，元・洪焱祖音釋《爾雅翼》卷二九
宋・黃省曾著《魚經》
元・戴侗撰《六書故》卷二〇
明・王圻、王思義輯《三才圖會》
清・段玉才撰《說文解字注》卷一一下

清・唐景崧修，蔣師轍、薛紹元纂《臺灣府縣志輯・光緒臺灣通志》（物産）

魛魚

晉・郭璞注，唐・陸德明音義，宋・邢昺疏《爾雅注疏》卷一〇

宋・鄭樵撰《通志》卷七六

金・李杲編輯，明・李時珍參訂，姚可成補輯《食物本草》卷一〇（鱗部）

明・李時珍撰《本草綱目》卷四四（鱗之四）

清・李調元撰《然犀志》卷上

清・王樹枏撰《郭氏爾雅訂經》卷二一

白圭夫子

宋・毛勝著《水族加恩簿》

望魚

明・李時珍撰《本草綱目》卷四四（鱗之四）

清・張玉書、陳廷敬等纂《康熙字典》卷三五（魚部）

螳螂子

明・陶宗儀撰《輟耕錄》卷六

鱴

清・張玉書、陳廷敬等纂《康熙字典》卷三五（魚部）

鱴刀

晉・郭璞著《爾雅音圖》卷下

鱭魚

金・李杲編輯，明・李時珍參訂，姚可成補輯《食物本草》卷一〇（鱗部）

明・李時珍撰《本草綱目》卷四四（鱗之四）

明・張自烈撰，清・廖文英續《正字通》亥集中（魚部）

明・王圻、王思義輯《三才圖會》

清・張玉書、陳廷敬等纂《康熙字典》卷三五（魚部）

清・李調元撰《然犀志》卷上

刀鱭

宋・黃省曾著《魚經》

鱛魚

金・李杲編輯，明・李時珍參訂，姚可成補輯《食物本草》卷一〇（鱗部）

明・李時珍撰《本草綱目》卷四四（鱗之四）

明・張自烈撰，清・廖文英續《正字通》亥集中（魚部）

清・張玉書、陳廷敬等纂《康熙字典》卷三五（魚部）

清・李調元撰《然犀志》卷上

獅刀

清・唐景崧修，蔣師轍、薛紹元纂《臺灣府縣志輯・光緒臺灣通志》

宝刀鱼科 Chirocentridae

宝刀鱼 *Chirocentrus* sp.

獅刀

清・郭柏蒼撰《海錯百一錄》卷二

刀魚

清・聶璜撰《清宮海錯圖》第一冊

鲑形目 Salmoniformes

鲑科 Salmonidae

大麻哈鱼 *Oncorhynchus keta*

大發哈魚

清・楊賓撰《柳邊紀略》卷三

清・王河等修《欽定盛京通志》卷二七

打法哈

清・楊賓撰《柳邊紀略》卷三

達發哈魚

清・西清撰，蕭穆等重輯《黑龍江外記》卷八

清・萬福麟、張伯英纂《黑龍江志稿》

哲罗鱼 *Hucho taimen*

哲祿魚

清・長順修《吉林通志》卷三三

遮鱸魚

清・長順修《吉林通志》卷三三

赭祿魚

清・長順修《吉林通志》卷三三

哲綠魚

清・王河等修《欽定盛京通志》卷二七

细鳞鱼 *Brachymystax lenok*

細鱗魚

清・和珅等撰《大清一統志》卷四二

清・王河等修《欽定盛京通志》卷二七

柘綠魚

清・海忠修，林從炯等纂《熱河省承德府志》卷二九

乌苏里白鲑 *Coregonus ussuriensis*

烏庫力魚

清・王河等修《欽定盛京通志》卷二七

香鱼科 Plecoglossidae

香鱼 *Plecoglossus altivelis*

鰵魚

三國吳・沈瑩撰，張崇根輯《臨海水土異物志》

香魚

明・楊慎原本，胡世安箋《異魚圖贊補》卷上

記月魚

明・楊慎原本，胡世安箋《異魚圖贊補》卷上

溪鰮

清・懷蔭布修，黃仁、郭賡武纂《福建府縣志輯・乾隆泉州府志》卷一九

海鮐

清·唐執玉、李衛等監修，田易等纂《畿輔通志》卷五七

胡瓜鱼科 Osmeridae

胡瓜鱼 *Osmerus mordax*

黃瓜魚

清·阿克當阿修，姚文田、江藩等纂《江蘇府縣志輯·嘉慶重修揚州府志》

狗鱼科 Esocidae

黑斑狗鱼 *Esox reicherti*

狗魚

清·張伯英撰，萬福麟修《黑龍江志稿》

鴨嘴魚

清·何秋濤撰《朔方備乘》卷二九

银鱼科 Salangidae

銀魚

宋·楊萬裡撰，楊長孺編《誠齊集》卷一八

金·李杲編輯，明·李時珍參訂，姚可成補輯《食物本草》卷一〇（鱗部）

明·黃省曾撰《魚經》

明·屠本畯撰，徐𤊹補疏《閩中海錯疏》卷上

明·謝肇淛撰《五雜俎》卷九

清·毛昌善修，陳蘭彬纂《廣東府縣志輯·光緒吳川縣志》卷二

清·李銘皖、譚鈞培修，馮桂芬纂《江蘇府縣志輯·蘇州府志》卷二〇

清·紀昀撰，紀樹馨編校《紀文達公遺集》卷一四

𩺰

明·屠本畯撰《閩中海錯疏》卷上

水晶魚

清·毛昌善修，陳蘭彬纂《廣東府縣志輯·光緒吳川縣志》卷二

白魚

清·毛昌善修，陳蘭彬纂《廣東府縣志輯·光緒吳川縣志》卷二

白飯魚

清·毛昌善修，陳蘭彬纂《廣東府縣志輯·光緒吳川縣志》卷二

車公魚

清·毛昌善修，陳蘭彬纂《廣東府縣志輯·光緒吳川縣志》卷二

銀刀

清·張玉書、汪霦等編《佩文齋詠物詩選（三）》卷四六九

飼子飯

清·唐景崧修，蔣師轍、薛紹元纂《臺灣府縣志輯·光緒臺灣通志》

大银鱼 *Protosalax hyalocranius*

王餘

宋·羅願撰，元·洪焱祖音釋《爾雅翼》卷二九

明·王圻、王思義輯《三才圖會》

清·李元撰《蠕範》卷二

清·李銘皖、譚鈞培修，馮桂芬纂《江蘇府縣志輯·蘇州府志》卷二〇

王餘魚

宋·羅願撰，元·洪焱祖音釋《爾雅翼》卷二九

金·李杲編輯，明·李時珍參訂，姚可成補輯《食物本草》卷一〇（鱗部）

明·李時珍撰《本草綱目》卷四四（鱗之四）

水晶魚

金·李杲編輯，明·李時珍參訂，姚可成補輯《食物本草》卷一〇（鱗部）

鱵魚

金·李杲編輯，明·李時珍參訂，姚可成補輯《食物本草》卷一〇（鱗部）

鱠殘魚

宋·黃省曾著《魚經》

宋·羅願撰，元·洪焱祖音釋《爾雅翼》卷二九

金·李杲編輯，明·李時珍參訂，姚可成補輯《食物本草》卷一〇（鱗部）

明·張自烈撰，清·廖文英續《正字通》亥集中（魚部）

明·李時珍撰《本草綱目》卷四四（鱗之四）

清·李銘皖、譚鈞培修，馮桂芬纂《江蘇府縣志輯·蘇州府志》卷二〇

清·吳儀洛撰《本草從新》（蟲魚鱗介部）

挨冰嘯

宋·黃省曾著《魚經》

清·李銘皖、譚鈞培修，馮桂芬纂《江蘇府縣志輯·蘇州府志》卷二〇

麵條

明·屠本畯撰，徐𤊹補疏《閩中海錯疏》卷中

明·顧起元撰《遊園居士》（魚品）

白飯魚

明·屠本畯撰，徐𤊹補疏《閩中海錯疏》卷中

銀魚

明·顧起元撰《遊園居士》（魚品）

明·李時珍撰《本草綱目》卷四四（鱗之四）

明·王圻、王思義輯《三才圖會》

清·張玉書、陳廷敬等纂《康熙字典》卷三五（魚部）

清·李元撰《蠕範》卷二

水精

清·李元撰《蠕範》卷二

龍頭
清・李元撰《蠕範》卷一
鱠
明・張自烈撰，清・廖文英續《正字通》亥集中（魚部）
清・張玉書、陳廷敬等纂《康熙字典》卷三五（魚部）

灯笼鱼目 Myctophiformes

狗母鱼科 Synodidae

狗㺃魚
清・唐景崧修，蔣師轍、薛紹元纂《臺灣府縣志輯・光緒臺灣通志》
穀雨魚
清・唐景崧修，蔣師轍、薛紹元纂《臺灣府縣志輯・光緒臺灣通志》
沙梭
清・唐景崧修，蔣師轍、薛紹元纂《臺灣府縣志輯・光緒臺灣通志》

龙头鱼科 Harpadontidae

龙头鱼 *Harpadon nehereus*

鰯
元・戴侗撰《六書故》卷二〇
明・馮時可撰《雨航雜錄》卷下
明・張自烈撰，清・廖文英續《正字通》亥集中（魚部）
清・張玉書、陳廷敬等纂《康熙字典》卷三五（魚部）
龍頭魚
金・李杲編輯，明・李時珍參訂，姚可成補輯《食物本草》卷一〇（鱗部）
清・毛昌善修，陳蘭彬纂《廣東府縣志輯・光緒吳川縣志》卷二
清・李琬修，齊召南等纂《浙江府縣志輯・乾隆溫州府志》卷一五
清・聶璜撰《清宮海錯圖》第一冊
鰟
明・張自烈撰，清・廖文英續《正字通》亥集中（魚部）
鰯魚
明・馮時可撰《雨航雜錄》卷下
明・楊慎原本，胡世安箋《異魚圖贊補》卷上
清・毛昌善修，陳蘭彬纂《廣東府縣志輯・光緒吳川縣志》卷二
風鰯
明・楊慎原本，胡世安箋《異魚圖贊補》卷上
龍鬆魚
清・毛昌善修，陳蘭彬纂《廣東府縣志輯・光緒吳川縣志》卷二
鰬魚
清・方旭撰《蟲薈》

鳗鲡目 Anguilliformes

鳗鲡科 Anguillidae

鳗鲡 *Anguilla japonica*

鰻
漢・許慎撰，宋・徐鉉增釋《說文解字》卷一一下
南唐・徐鍇撰，朱翱反切《說文繫傳》卷二二
宋・陸佃撰《埤雅》卷二
宋・鄭樵撰《通志》卷七六（昆蟲草木略・蟲魚類）
宋・沈括撰《夢溪筆談》卷二〇
元・戴侗撰《六書故》卷二〇
明・王圻、王思義輯《三才圖會》卷三
明・張自烈撰，清・廖文英續《正字通》亥集中（魚部）
清・張玉書、陳廷敬等纂《康熙字典》卷三五（魚部）
清・段玉裁撰《說文解字注》卷一一下）
清・郭柏蒼撰《海錯百一錄》卷二
鱺
南朝梁・顧野王撰，宋・陳彭年等重修《重修玉篇》卷二四
元・戴侗撰《六書故》卷二〇
明・張自烈撰，清・廖文英續《正字通》亥集中（魚部）
清・段玉裁撰《說文解字注》卷一一下）
鰻鱺
宋・陸佃撰《埤雅》卷二
金・李杲編輯，明・李時珍參訂，姚可成補輯《食物本草》卷一〇（鱗部）
明・李時珍撰《本草綱目》卷四四（鱗之四）
明・屠本畯撰，徐𤊹補疏《閩中海錯疏》卷上
清・張玉書、陳廷敬等纂《康熙字典》卷三五（魚部）
清・段玉裁撰《說文解字注》卷一一下）
清・李元撰《蠕範》卷一
清・（日）箕作佳吉著，柯璜譯編《博物學講義動物篇》第六章
清・吳儀洛撰《本草從新》（蟲魚鱗介類）
鰻鱺魚
金・李杲編輯，明・李時珍參訂，姚可成補輯《食物本草》卷一〇（鱗部）
明・李時珍撰《本草綱目》卷四四（鱗之四）
鰻鯠
清・張玉書、陳廷敬等纂《康熙字典》卷三五（魚部）
鰵鯠
宋・鄭樵撰《通志》卷七六（昆蟲草木略・蟲魚類）
清・李元撰《蠕範》卷一
鰻鰵
宋・徐鉉撰《稽神錄》卷三
宋・鄭樵撰《通志》卷七六（昆蟲草木略・蟲魚類）
鰻魚
宋・鄭樵撰《通志》卷七六（昆蟲草木略・蟲魚類）

江鰻鱺

金・李杲編輯，明・李時珍參訂，姚可成補輯《食物本草》卷一〇（鱗部）

白鱓

明・李時珍撰《本草綱目》卷四四（鱗之四）

明・張自烈撰，清・廖文英續《正字通》亥集中（魚部）

清・李元撰《蠕範》卷一

清・懷蔭布修，黃仁、郭賡武纂《福建府縣志輯・乾隆泉州府志》卷一九

白鱔

宋・陶穀撰《清異錄》卷上

蛇魚

明・李時珍撰《本草綱目》卷四四（鱗之四）

明・張自烈撰，清・廖文英續《正字通》亥集中（魚部）

清・李元撰《蠕範》卷一

風鰻

明・李時珍撰《本草綱目》卷四四（鱗之四）

明・張自烈撰，清・廖文英續《正字通》亥集中（魚部）

清・嵇曾筠等監修，沈翼璣等編纂《浙江通志》卷一〇四

石鰻

明・張自烈撰，清・廖文英續《正字通》亥集中（魚部）

清・張玉書、陳廷敬等纂《康熙字典》卷三五（魚部）

鰐

清・張玉書、陳廷敬等纂《康熙字典》卷三五（魚部）

鮵

明・張自烈撰，清・廖文英續《正字通》亥集中（魚部）

清・張玉書、陳廷敬等纂《康熙字典》卷三五（魚部）

烏鰻

清・懷蔭布修，黃仁、郭賡武纂《福建府縣志輯・乾隆泉州府志》卷一九

靈鰻

清・嵇曾筠等監修，沈翼璣等編纂《浙江通志》卷一〇四

鰻線

清・嵇曾筠等監修，沈翼璣等編纂《浙江通志》卷一〇四

鱒鰻

清・郭柏蒼撰《海錯百一錄》卷二

池鰻

清・郭柏蒼撰《海錯百一錄》卷二

溪鰻

清・郭柏蒼撰《海錯百一錄》卷二

金線鰻鱺

清・方旭撰《蟲薈》

慈鰻

明・屠本畯撰《閩中海錯疏》卷上

鍋狗魚

明・屠本畯撰《閩中海錯疏》卷上

花鰻鱺 *Anguilla marmorata*

蘆鰻

清・懷蔭布修，黃仁、郭賡武纂《福建府縣志輯・乾隆泉州府志》卷一九

清・郝玉麟等監修，魯曾煜等編纂《廣東通志》

清・李元撰《蠕範》卷一

鱸鰻

清・聶璜撰《清宮海錯圖》第一冊

鮎鰻

清・懷蔭布修，黃仁、郭賡武纂《福建府縣志輯・乾隆泉州府志》卷一九

糍鰻

清・懷蔭布修，黃仁、郭賡武纂《福建府縣志輯・乾隆泉州府志》卷一九

海鰻科 Muraenesocidae

海鰻 *Muraenesox cinereus*

鰻魚

宋・梁克家撰《淳熙三山志》卷四〇

慈鰻

宋・梁克家撰《淳熙三山志》卷四〇

清・李元撰《蠕範》卷一

偒狗魚

宋・梁克家撰《淳熙三山志》卷四〇

明・屠本畯撰《閩中海錯疏》卷上

海鰻鱺

金・李杲編輯，明・李時珍參訂，姚可成補輯《食物本草》卷一〇（鱗部）

明・李時珍撰《本草綱目》卷四四（鱗之四）

清・李調元撰《然犀志》

狗魚

明・ 李時珍撰《本草綱目》卷四四（鱗之四）

清・李調元撰《然犀志》

清・李元撰《蠕範》卷一

清・西洋南懷仁撰《坤輿圖說》卷下

慈鰻鱺

明・李時珍撰《本草綱目》卷四四（鱗之四）

清・李調元撰《然犀志》

狗頭鰻

清・李調元撰《然犀志》

海鱔科 Muraenidae

鯙

明・張自烈撰，清・廖文英續《正字通》亥集中（魚部）

长海鳝 *Strophidon* sp.

海鱔

清·聶璜撰《清宫海錯圖》第一冊

蚓鳗科 Moringuidae

大鳍蚓鳗 *Moringua macrochir*

血鱔

清·趙學敏輯《本草綱目拾遺》卷一〇

血鰻

清·李書吉等纂修《廣東府縣志輯·嘉慶澄海縣志》卷二四

清·聶璜撰《清宫海錯圖》第一冊

紅鰻

清·聶璜撰《清宫海錯圖》第一冊

线鳗科 Nemichthyidae

青鰻

清·聶璜撰《清宫海錯圖》第二冊

蛇鳗科 Ophichthyidae

食蟹豆齿鳗 *Pisoodonophis cancrivorus*

土龍

明·屠本畯撰《閩中海錯疏》卷上

土龍魚

清·唐景崧修，蔣師轍、薛紹元纂《臺灣府縣志輯·光緒臺灣通志》（物產）

鼠鱚目 Gonorhynchiformes

遮目鱼科 Chanidae

遮目鱼 *Chanos chanos*

麻虱目

清·郭柏蒼撰《海錯百一錄》卷一

鯠魚

清·唐景崧修，蔣師轍、薛紹元纂《臺灣府縣志輯·光緒臺灣通志》（物產）

桀魚

清·唐景崧修，蔣師轍、薛紹元纂《臺灣府縣志輯·光緒臺灣通志》（物產）

國姓魚

清·唐景崧修，蔣師轍、薛紹元纂《臺灣府縣志輯·光緒臺灣通志》（物產）

鼠鱚科 Gonorynchidae

鼠鱚 *Gonorynchus abbreviatus*

鼠魚

清·稽璜、曹仁虎等撰《續通志》卷一七九

鲤形目 Cypriniformes

胭脂鱼科 Catostomidae

胭脂鱼 *Myxocyprinus asiaticus*

火燒鯿

金·李杲編輯，明·李時珍參訂，姚可成補輯《食物本草》卷一〇（鱗部）

明·李時珍撰《本草綱目》卷四四（鱗之四）

清·李元撰《蠕範》卷八

鲤科 Cyprinidae

宽鳍鱲 *Zacco platypus*

含光魚

三國吳·沈瑩撰，張崇根輯《臨海水土異物志》

臘魚

三國吳·沈瑩撰，張崇根輯《臨海水土異物志》

鱲

南朝梁·顧野王撰，宋·陳彭年等重修《重修玉篇》卷二四

清·張玉書、陳廷敬等纂《康熙字典》卷三五（魚部）

石鮅魚

金·李杲編輯，明·李時珍參訂，姚可成補輯《食物本草》卷一〇（鱗部）

明·李時珍撰《本草綱目》卷四四（鱗之四）

马口鱼 *Opsariichthys bidens*

馬口魚

清·王河等修《欽定盛京通志》卷二七

桃花魚

清·許容等監修，李迪等編纂《甘肅通志》卷二一

清·嵇曾筠等監修，沈翼璣等編纂《浙江通志》卷一〇四

青鱼 *Mylopharyngodon piceus*

鰱

漢·許慎撰，宋·徐鉉增釋《說文解字》卷一一下

南朝梁·顧野王撰，宋·陳彭年等重修《重修玉篇》卷二四

遼·釋行均撰《龍龕手鑑》卷一

明·張自烈撰，清·廖文英續《正字通》亥集中（魚部）

清·張玉書、陳廷敬等纂《康熙字典》卷三五（魚部）

清·李元撰《蠕範》卷六

青魚

金·李杲編輯，明·李時珍參訂，姚可成補輯《食物本草》卷一〇（鱗部）

明·李時珍撰《本草綱目》卷四四（鱗之四）

明·楊慎撰《異魚圖贊》卷三

清·金蓉鏡纂輯《湖南省靖州鄉土志》卷三

清・李元撰《蠕範》卷六
清・吳儀洛撰《本草從新》(蟲魚鱗介部)

鯖

金・李杲編輯，明・李時珍參訂，姚可成補輯《食物本草》卷一〇（鱗部）
明・李時珍撰《本草綱目》卷四四（鱗之四）
明・張自烈撰，清・廖文英續《正字通》亥集中（魚部）
清・張玉書、陳廷敬等纂《康熙字典》卷三五（魚部）
清・李元撰《蠕範》卷六
清・陈璚修，王棻纂《浙江府縣志輯・民國杭州府志》

五侯鯖

金・李杲編輯，明・李時珍參訂，姚可成補輯《食物本草》卷一〇（鱗部）
明・李時珍撰《本草綱目》卷四四（鱗之四）

螺師青

宋・黄省曾著《魚經》

烏鰡

清・屠本畯撰，徐𤊹補疏《閩中海錯疏》卷上

鰊

清・李元撰《蠕範》卷六

草鱼 *Ctenopharyngodon idellus*

鯇

漢・許慎撰，宋・徐鉉增釋《說文解字》卷一一下
晉・郭璞注，唐・陸德明音義，宋・邢昺疏《爾雅注疏》卷一〇
南朝梁・顧野王撰，宋・陳彭年等重修《重修玉篇》卷二四
南唐・徐鍇撰，朱翱反切《說文繫傳》卷二二
元・戴侗撰《六書故》卷二〇
明・張自烈撰，清・廖文英續《正字通》亥集中（魚部）
明・李時珍撰《本草綱目》卷四四（鱗之四）
明・嘉靖十七年《嘉靖常德府志》卷之八（食貨志・物產）
清・張玉書、陳廷敬等纂《康熙字典》卷三五
清・李元撰《蠕範》卷五
清・王樹枬撰《郭氏爾雅訂經》卷二一

鯇魚

金・李杲編輯，明・李時珍參訂，姚可成補輯《食物本草》卷一〇（鱗部）
明・李時珍撰《本草綱目》卷四四（鱗之四）
清・吳儀洛撰《本草從新》(蟲魚鱗介部)

鯶

晉・郭璞注，唐・陸德明音義，宋・邢昺疏《爾雅注疏》卷一〇
南朝梁・顧野王撰，宋・陳彭年等重修《重修玉篇》卷二四
元・戴侗撰《六書故》卷二〇
明・張自烈撰，清・廖文英續《正字通》亥集中（魚部）
清・張玉書、陳廷敬等纂《康熙字典》卷三五
清・李元撰《蠕範》卷五

鯶魚

金・李杲編輯，明・李時珍參訂，姚可成補輯《食物本草》卷一〇（鱗部）
明・夏良勝纂修《正德建昌府志（江西省）》(物產・鱗之屬）
清・王樹枬撰《郭氏爾雅訂經》卷二一

鱧

晉・郭璞注，唐・陸德明音義，宋・邢昺疏《爾雅注疏》卷一〇

白鯇

金・李杲編輯，明・李時珍參訂，姚可成補輯《食物本草》卷一〇（鱗部）
明・李時珍撰《本草綱目》卷四四（鱗之四）
明・張自烈撰，清・廖文英續《正字通》亥集中（魚部）

青鯇

金・李杲編輯，明・李時珍參訂，姚可成補輯《食物本草》卷一〇（鱗部）
明・張自烈撰，清・廖文英續《正字通》亥集中（魚部）
明・李時珍撰《本草綱目》卷四四（鱗之四）

鰀

明・張自烈撰，清・廖文英續《正字通》亥集中（魚部）
明・李時珍撰《本草綱目》卷四四（鱗之四）
清・李元撰《蠕範》卷五

鰀魚

明・李時珍撰《本草綱目》卷四四（鱗之四）

草魚

明・李時珍撰《本草綱目》卷四四（鱗之四）
明・夏良勝纂修《正德建昌府志（江西省）》(物產・鱗之屬）
清・屠本畯撰，徐𤊹補疏《閩中海錯疏》卷上
清・李元撰《蠕範》卷五
清・王樹枬撰《郭氏爾雅訂經》卷二一

草鯇

明・嘉靖十七年《嘉靖常德府志》卷之八（食貨志・物產）

鱘

清・王養濂修，李開泰、張采纂《北京府縣志輯・康熙宛平縣志》卷三

鱥 *Phoxinus* spp.

鱥

清・張玉書、陳廷敬等纂《康熙字典》卷三五

洛氏鱥 *Phoxinus lagowskii*

柳根赤

清・海忠修，林從炯等纂《熱河省承德府志》卷二九

圆腹雅罗鱼 *Leuciscus idus*

白魚

清・七十一著《西域總志》
清・袁大化修，王樹枏等纂《新疆圖志》

东北雅罗鱼 *Leuciscus waleckii*

滑子魚

清・和珅、梁國治等撰《熱河志》

鯮 *Luciobrama macrocephalus*

鯼

明・張自烈撰，清・廖文英續《正字通》亥集中（魚部）
明・楊慎原本，胡世安箋《異魚圖贊補》卷上
清・張玉書、陳廷敬等纂《康熙字典》卷三五
清・李元撰《蠕範》卷七

鯮

明・李時珍撰《本草綱目》卷四四（鱗之四）
明・張自烈撰，清・廖文英續《正字通》亥集中（魚部）
清・李元撰《蠕範》卷七

鯼魚

金・李杲編輯，明・李時珍參訂，姚可成補輯《食物本草》卷一〇（鱗部）
明・李時珍撰《本草綱目》卷四四（鱗之四）

鯮

明・顧起元撰《遊園居士》卷九《魚品》

拟赤稍鱼 *Pseudaspilus leptocephalus*

赤稍魚

清・王河等修《欽定盛京通志》卷二七

赤眼鳟 *Squaliobarbus curriculus*

鱒

漢・許慎撰，宋・徐鉉增釋《說文解字》卷一一下
三國吳・陸璣撰，明・毛晉廣要《陸氏詩疏廣要》卷下
晉・郭璞注，唐・陸德明音義，宋・邢昺疏《爾雅注疏》卷一〇
南朝梁・顧野王撰，宋・陳彭年等重修《重修玉篇》卷二四
南唐・徐鍇撰，朱翱反切《說文繫傳》卷二二
宋・鄭樵撰《通志》卷七六
宋・陸佃撰《埤雅》卷一
元・戴侗撰《六書故》卷二〇
明・楊慎撰《異魚圖贊》卷一
明・屠本畯撰《閩中海錯疏》卷上
明・張自烈撰，清・廖文英續《正字通》亥集中（魚部）
清・張玉書、陳廷敬等纂《康熙字典》卷三五
清・段玉才撰《說文解字注》卷三五一一下
清・王樹枏撰《郭氏爾雅訂經》卷二一
清・李元撰《蠕範》卷六

鱒魚

宋・羅願撰，元・洪焱祖音釋《爾雅翼》卷二八
金・李杲編輯，明・李時珍參訂，姚可成補輯《食物本草》卷一〇（鱗部）
明・李時珍撰《本草綱目》卷四四（鱗之四）
清・王樹枏撰《郭氏爾雅訂經》卷二一

鮅

漢・許慎撰，宋・徐鉉增釋《說文解字》卷一一下
晉・郭璞注，唐・陸德明音義，宋・邢昺疏《爾雅注疏》卷一〇
南唐・徐鍇撰，朱翱反切《說文繫傳》卷二二
宋・鄭樵撰《通志》卷七六
宋・陸佃撰《埤雅》卷一
明・張自烈撰，清・廖文英續《正字通》亥集中（魚部）
清・張玉書、陳廷敬等纂《康熙字典》卷三五
清・段玉才撰《說文解字注》卷一一下
清・李元撰《蠕範》卷六

鮅魚

金・李杲編輯，明・李時珍參訂，姚可成補輯《食物本草》卷一〇（鱗部）
明・李時珍撰《本草綱目》卷四四（鱗之四）

赤眼

晉・郭璞注，唐・陸德明音義，宋・邢昺疏《爾雅注疏》卷一〇
南唐・徐鍇撰，朱翱反切《說文繫傳》卷二二

赤眼鱒

宋・羅願撰，元・洪焱祖音釋《爾雅翼》卷二八
清・王樹枏撰《郭氏爾雅訂經》卷二一

鮅鱒

南唐・徐鍇撰，朱翱反切《說文繫傳》卷二二

赤目魚

漢・許慎撰，宋・徐鉉增釋《說文解字》卷一一下
晉・郭璞注，唐・陸德明音義，宋・邢昺疏《爾雅注疏》卷一〇
南朝梁・顧野王撰，宋・陳彭年等重修《重修玉篇》卷二四
南唐・徐鍇撰，朱翱反切《說文繫傳》卷二二
元・戴侗撰《六書故》卷二〇
清・張玉書、陳廷敬等纂《康熙字典》卷三五
清・段玉才撰《說文解字注》卷三五一一下
清・王樹枏撰《郭氏爾雅訂經》卷二一

赤眼魚

金・李杲編輯，明・李時珍參訂，姚可成補輯《食物本草》卷一〇（鱗部）
明・李時珍撰《本草綱目》卷四四（鱗之四）

石鮅魚

明・張自烈撰，清・廖文英續《正字通》亥集中（魚部）
清・張玉書、陳廷敬等纂《康熙字典》卷三五

鳡 *Elopichthys bambusa*

鰥

《詩經·齊風·敝荀》

《詩經·小雅·鴻雁》

漢·許慎撰，宋·徐鉉增釋《說文解字》卷一一下

南朝梁·顧野王撰，宋·陳彭年等重修《重修玉篇》卷二四

南唐·徐鍇撰，朱翱反切《說文繫傳》卷二二

元·戴侗撰《六書故》卷二〇

明·張自烈撰，清·廖文英續《正字通》亥集中（魚部）

明·李時珍撰《本草綱目》卷四四（鱗之四）

清·張玉書、陳廷敬等纂《康熙字典》卷三五

清·段玉才撰《說文解字注》卷三五一一下

清·李元撰《蠕範》卷二

鮨

漢·許慎撰，宋·徐鉉增釋《說文解字》卷一一下

南朝梁·顧野王撰，宋·陳彭年等重修《重修玉篇》卷二四

南唐·徐鍇撰，朱翱反切《說文繫傳》卷二二

明·李時珍撰《本草綱目》卷四四（鱗之四）

明·張自烈撰，清·廖文英續《正字通》亥集中（魚部）

清·張玉書、陳廷敬等纂《康熙字典》卷三五

清·李元撰《蠕範》卷二

鮨魚

晉·郭璞注《山海經》卷三《北山經》

金·李杲編輯，明·李時珍參訂，姚可成補輯《食物本草》卷一〇（鱗部）

明·李時珍撰《本草綱目》卷四四（鱗之四）

清·吳儀洛撰《本草從新》（蟲魚鱗介部）

鰄

南朝梁·顧野王撰，宋·陳彭年等重修《重修玉篇》卷二四

明·李時珍撰《本草綱目》卷四四（鱗之四）

明·張自烈撰，清·廖文英續《正字通》亥集中（魚部）

明·陶安撰《陶學士集》卷一

清·張玉書、陳廷敬等纂《康熙字典》卷三五

清·李元撰《蠕範》卷二

鰄魚

金·李杲編輯，明·李時珍參訂，姚可成補輯《食物本草》卷一〇（鱗部）

明·李時珍撰《本草綱目》卷四四（鱗之四）

明·張自烈撰，清·廖文英續《正字通》亥集中（魚部）

清·張玉書、陳廷敬等纂《康熙字典》卷三五

清·吳儀洛撰《本草從新》（蟲魚鱗介部）

鰔

金·李杲編輯，明·李時珍參訂，姚可成補輯《食物本草》卷一〇（鱗部）

黃頰魚

明·李時珍撰《本草綱目》卷四四（鱗之四）

明·張自烈撰，清·廖文英續《正字通》亥集中（魚部）

清·李元撰《蠕範》卷二

鰔

清·李元撰《蠕範》卷二

魠

清·李元撰《蠕範》卷二

清·張玉書、陳廷敬等纂《康熙字典》卷三五

魧

清·李元撰《蠕範》卷二

虎魚

清·馬忠良原纂，孫鏘增修《西康越雋廳志》（物產）

貓子魚

清·馬忠良原纂，孫鏘增修《西康越雋廳志》（物產）

银飘鱼 *Pseudolaubuca sinensis*

藍刀魚

清·陳伯陶等纂修《廣東府縣志輯·東莞縣志》卷一五

大眼华鳊 *Sinibrama macrops*

大眼鯿

清·金蓉鏡纂輯《湖南省靖州鄉土志》卷三

大目孔

清·魯鼎梅修，王必昌纂《臺灣府縣志輯·乾隆重修臺灣縣志》卷一二

鱇鲹白鱼 *Anabarilius grahami*

鮊鮮魚

明·周季鳳纂修（正德）《雲南志》卷六

明·楊慎原本，胡世安箋《異魚圖贊補》卷上

清·鄂爾泰等監修，靖道謨等編纂《雲南通志》卷二七

清·和珅、李國治等撰《大清一統志》卷三七二

康郎魚

明·楊慎原本，胡世安箋《異魚圖贊補》卷上

清·陳夢雷等編《古今圖書集成·博物彙編·禽蟲典》卷一四八

竆窅魚

清·鄂爾泰等監修，靖道謨等編纂《雲南通志》卷二七

濂窅

明·楊慎撰，張士佩編《升菴集》卷八

明·楊慎原本，胡世安箋《異魚圖贊補》卷上

清·鄂爾泰等監修，靖道謨等編纂《雲南通志》卷二七

清·和珅、李國治等撰《大清一統志》卷三七二

鱇鯽魚

明·周季鳳纂修（正德）《雲南志》卷六

南方拟鳘 *Pseudohemiculter dispar*

白魚

清·聖祖御定《御定全唐詩》卷二二九（唐·杜甫撰《峽

隘》）

清・李亨特修，平恕、徐嵩纂《浙江府縣志輯・乾隆紹興府志》卷一八

清・嵇曾筠等監修，沈翼璣等編纂《浙江通志》卷一〇六

鰵 *Hemiculter leucisculus*

鯈

南朝梁・顧野王撰，宋・陳彭年等重修《重修玉篇》卷二四

元・戴侗撰《六書故》卷二〇

明・張自烈撰，清・廖文英續《正字通》亥集中（魚部）

清・李元撰《蠕範》卷二

鰷

南朝梁・顧野王撰，宋・陳彭年等重修《重修玉篇》卷二四

元・戴侗撰《六書故》卷二〇

鮂

晉・郭璞注，唐・陸德明音義，宋・邢芮疏《爾雅注疏》卷一〇

南朝梁・顧野王撰，宋・陳彭年等重修《重修玉篇》卷二四

宋・鄭樵撰《通志》卷七六

宋・羅願撰，元・洪焱祖音釋《爾雅翼》卷二八

明・張自烈撰，清・廖文英續《正字通》亥集中（魚部）

清・張玉書、陳廷敬等纂《康熙字典》卷三五

清・王樹枬撰《郭氏爾雅訂經》卷二一

清・李元撰《蠕範》卷二

清・金蓉鏡纂輯《湖南省靖州鄉土志》卷三

黑鰦

晉・郭璞注，唐・陸德明音義，宋・邢芮疏《爾雅注疏》卷一〇

宋・鄭樵撰《通志》卷七六

清・張玉書、陳廷敬等纂《康熙字典》卷三五

清・王樹枬撰《郭氏爾雅訂經》卷二一

清・金蓉鏡纂輯《湖南省靖州鄉土志》卷三

白條

元・戴侗撰《六書故》卷二〇

鱠魚

宋・陸佃撰《埤雅》卷一

白鰷

宋・羅願撰，元・洪焱祖音釋《爾雅翼》卷二八

元・戴侗撰《六書故》卷二〇

明・張自烈撰，清・廖文英續《正字通》亥集中（魚部）

清・段玉才撰《說文解字注》卷一一下

白鯈

南朝梁・顧野王撰，宋・陳彭年等重修《重修玉篇》卷二四

宋・羅願撰，元・洪焱祖音釋《爾雅翼》卷二八

宋・鄭樵撰《通志》卷七六

金・李杲編輯，明・李時珍參訂，姚可成補輯《食物本草》卷一〇（鱗部）

清・張玉書、陳廷敬等纂《康熙字典》卷三五

清・李元撰《蠕範》卷二

清・金蓉鏡纂輯《湖南省靖州鄉土志》卷三

白鯈魚

晉・郭璞注，唐・陸德明音義，宋・邢芮疏《爾雅注疏》卷一〇

清・張玉書、陳廷敬等纂《康熙字典》卷三五

清・王樹枬撰《郭氏爾雅訂經》卷二一

鰺條魚

金・李杲編輯，明・李時珍參訂，姚可成補輯《食物本草》卷一〇（鱗部）

鰵魚

明・李時珍撰《本草綱目》卷四四（鱗之四）

明・張自烈撰，清・廖文英續《正字通》亥集中（魚部）

清・李元撰《蠕範》卷二

鰦

明・張自烈撰，清・廖文英續《正字通》亥集中（魚部）

鰺

明・張自烈撰，清・廖文英續《正字通》亥集中（魚部）

清・王樹枬撰《郭氏爾雅訂經》卷二一

參條魚

明・張自烈撰，清・廖文英續《正字通》亥集中（魚部）

清・李元撰《蠕範》卷二

參魚

宋・羅願撰，元・洪焱祖音釋《爾雅翼》卷二八

路魚

清・金蓉鏡纂輯《湖南省靖州鄉土志》卷三

红鳍鲌 *Culter erythropterus*

寄度魚

三國吳・沈瑩撰，張崇根輯《臨海水土異物志》

鰋

晉・郭璞注，唐・陸德明音義，宋・邢昺疏《爾雅注疏》卷一〇

額白魚

晉・郭璞注，唐・陸德明音義，宋・邢昺疏《爾雅注疏》卷一〇

鱎

三國魏・張揖撰《廣雅》卷一〇（釋魚）

南朝梁・顧野王撰，宋・陳彭年等重修《重修玉篇》卷二四

明・張自烈撰，清・廖文英續《正字通》亥集中（魚部）

清・張玉書、陳廷敬等纂《康熙字典》卷三五

鱎魚

金・李杲編輯，明・李時珍參訂，姚可成補輯《食物本

草》卷一〇（鱗部）
明•李時珍撰《本草綱目》卷四四（鱗之四）
明•楊慎原本，胡世安箋《異魚圖贊補》卷上
清•金蓉鏡纂輯《湖南省靖州鄉土志》

白魚

晉•郭璞注，唐•陸德明音義，宋•邢昺疏《爾雅注疏》卷一〇
晉•崔豹撰《古今注》卷中
南朝梁•顧野王撰，宋•陳彭年等重修《重修玉篇》卷二四
南朝梁•沈約注《竹書紀年》卷下
南朝梁•沈約撰《宋書》卷二九《符瑞志》
北魏•酈道元注《水經注》卷一二《聖水出上穀》
唐•魏徵等奉敕撰《隋書》卷二三
宋•曾幾撰《茶山集》卷八《食淮白魚二首》
宋•楊萬里撰《誠齋集一》卷一四《白魚羹戲題》
宋•黃省曾著《魚經》
宋•劉敬叔撰《異苑》卷一
元•托克托等撰《宋史》卷三九九《高登傳》
金•李杲編輯，明•李時珍參訂，姚可成補輯《食物本草》卷一〇（鱗部）
明•張自烈撰，清•廖文英續《正字通》亥集中（魚部）
明•李時珍撰《本草綱目》卷四四（鱗之四）
明•屠本畯撰《閩中海錯疏》卷上
明•顧起元撰《客座贅語》卷九
明•楊慎原本，胡世安箋《異魚圖贊補》卷上
清•金蓉鏡纂輯《湖南省靖州鄉土志》

鮊

晉•崔豹撰《古今注》卷中

魧

晉•崔豹撰《古今注》卷中

白萍

晉•崔豹撰《古今注》卷中
明•楊慎原本，胡世安箋《異魚圖贊補》卷上

楚鮮

宋•毛勝著《水族加恩簿》

鮊

三國魏•張揖撰《廣雅》卷一〇（釋魚）
明•張自烈撰，清•廖文英續《正字通》亥集中（魚部）
明•李時珍撰《本草綱目》卷四四（鱗之四）
明•楊慎原本，胡世安箋《異魚圖贊補》卷上
清•張玉書、陳廷敬等纂《康熙字典》卷三五

時裏白

宋•黃省曾著《魚經》
金•李杲編輯，明•李時珍參訂，姚可成補輯《食物本草》卷一〇（鱗部）
明•楊慎原本，胡世安箋《異魚圖贊補》卷上

淮白魚

明•楊慎原本，胡世安箋《異魚圖贊補》卷上

陽鱎

明•楊慎原本，胡世安箋《異魚圖贊補》卷上

鮊鱎

明•張自烈撰，清•廖文英續《正字通》亥集中（魚部）

鮊

明•張自烈撰，清•廖文英續《正字通》亥集中（魚部）
清•張玉書、陳廷敬等纂《康熙字典》卷三五

鯿 *Parabramis pekinensis*

鯾

漢•許慎撰，宋•徐鉉增釋《說文解字》卷一一下
南朝梁•顧野王撰，宋•陳彭年等重修《重修玉篇》卷二四
南唐•徐鍇撰，朱翱反切《說文繫傳》卷二二
元•戴侗撰《六書故》卷二〇
明•張自烈撰，清•廖文英續《正字通》亥集中（魚部）
清•段玉才撰《說文解字注》卷一一下

鯿

漢•許慎撰，宋•徐鉉增釋《說文解字》卷一一下
南朝梁•顧野王撰，宋•陳彭年等重修《重修玉篇》卷二四
南唐•徐鍇撰，朱翱反切《說文繫傳》卷二二
宋•鄭樵撰《通志》卷七六
宋•毛勝著《水族加恩簿》
元•戴侗撰《六書故》卷二〇
明•楊慎撰《異魚圖贊》卷三
明•謝肇淛撰《五雜俎》卷九
明•張自烈撰，清•廖文英續《正字通》亥集中（魚部）
清•張玉書、陳廷敬等纂《康熙字典》卷三五
清•段玉才撰《說文解字注》卷一一下

鯿魚

明•張自烈撰，清•廖文英續《正字通》亥集中（魚部）

鯩

南朝梁•顧野王撰，宋•陳彭年等重修《重修玉篇》卷二四
明•張自烈撰，清•廖文英續《正字通》亥集中（魚部）

鯩魚

晉•郭璞注《山海經》卷五（中山經）

魴魾

宋•鄭樵撰《通志》卷七六

鯾

明•楊慎撰《異魚圖贊》卷三

魴魚

明•張自烈撰，清•廖文英續《正字通》亥集中（魚部）
清•張玉書、陳廷敬等纂《康熙字典》卷三五

魴 *Megalobrama terminalis*

魴

漢・許慎撰，宋・徐鉉增釋《說文解字》卷一一下
晉・郭璞注，唐・陸德明音義，宋・邢昺疏《爾雅注疏》卷一〇
南朝梁・顧野王撰，宋・陳彭年等重修《重修玉篇》卷二四
三國吳・陸璣撰，明・毛晉廣要《陸氏詩疏廣要》卷下
南唐・徐鍇撰，朱翱反切《說文繫傳》卷二二
宋・羅願撰，元・洪焱祖音釋《爾雅翼》卷二八
宋・陸佃撰《埤雅》卷一
元・戴侗撰《六書故》卷二〇
明・張自烈撰，清・廖文英續《正字通》亥集中（魚部）
明・王圻、王思義輯《三才圖會》
清・張玉書、陳廷敬等纂《康熙字典》卷三五
清・段玉才撰《說文解字注》卷一一下
清・王樹枬撰《郭氏爾雅訂經》卷二一
清・和珅等撰《大清一統志》卷四二
清・許容等監修，李迪等編纂《甘肅通志》卷二一

魴魚

《詩經・周南・汝墳》
宋・黃省曾著《魚經》
金・李杲編輯，明・李時珍參訂，姚可成補輯《食物本草》卷一〇（鱗部）
明・李時珍撰《本草綱目》卷四四（鱗之四）
清・王樹枬撰《郭氏爾雅訂經》卷二一
清・李調元撰《然犀志》卷上
清・和珅等撰《大清一統志》卷四二
清・金蓉鏡纂輯《湖南省靖州鄉土志》
清・（日）岡元鳳纂輯《毛詩品物圖考》卷七

鰟

漢・許慎撰，宋・徐鉉增釋《說文解字》卷一一下
明・張自烈撰，清・廖文英續《正字通》亥集中（魚部）
清・張玉書、陳廷敬等纂《康熙字典》卷三五

魾

晉・郭璞注，唐・陸德明音義，宋・邢昺疏《爾雅注疏》卷一〇
宋・陸佃撰《埤雅》卷一
明・張自烈撰，清・廖文英續《正字通》亥集中（魚部）
清・張玉書、陳廷敬等纂《康熙字典》卷三五
清・段玉才撰《說文解字注》卷一一下
清・王樹枬撰《郭氏爾雅訂經》卷二一
清・和珅等撰《大清一統志》卷四二

槎頭鯿

宋・羅願撰，元・洪焱祖音釋《爾雅翼》卷二八

縮項先人

宋・毛勝著《水族加恩簿》

鯹

明・張自烈撰，清・廖文英續《正字通》亥集中（魚部）

鰟

明・張自烈撰，清・廖文英續《正字通》亥集中（魚部）

武昌魚

清・朱彝尊編《明濤綜》卷十（明・楊基撰《望武昌》）
清・張玉書、汪霦等編《佩文斎詠物詩選》卷四六九

赤尾魚

漢・許慎撰，宋・徐鉉增釋《說文解字》卷一一下
晉・郭璞注，唐・陸德明音義，宋・邢昺疏《爾雅注疏》卷一〇
南唐・徐鍇撰，朱翱反切《說文繫傳》卷二二
清・張玉書、陳廷敬等纂《康熙字典》卷三五
清・段玉才撰《說文解字注》卷一一下
清・王樹枬撰《郭氏爾雅訂經》卷二一

银鲴 *Xenocypris argentea*

黃鯝魚

金・李杲編輯，明・李時珍參訂，姚可成補輯《食物本草》卷一〇（鱗部）
明・李時珍撰《本草綱目》卷四四（鱗之四）
明・楊慎原本，胡世安箋《異魚圖贊補》卷中

黃骨魚

金・李杲編輯，明・李時珍參訂，姚可成補輯《食物本草》卷一〇（鱗部）
明・李時珍撰《本草綱目》卷四四（鱗之四）
明・張自烈撰，清・廖文英續《正字通》亥集中（魚部）
明・楊慎原本，胡世安箋《異魚圖贊補》卷中
清・張玉書、陳廷敬等纂《康熙字典》卷三五

鯝

明・張自烈撰，清・廖文英續《正字通》亥集中（魚部）
清・張玉書、陳廷敬等纂《康熙字典》卷三五

黃姑

明・李時珍撰《本草綱目》卷四四（鱗之四）
明・楊慎原本，胡世安箋《異魚圖贊補》卷中
清・張玉書、陳廷敬等纂《康熙字典》卷三五

黄尾鲴 *Xenocypris davidi*

黃尾

明・屠本畯撰《閩中海錯疏》卷上

鳑鲏鱼 *Acheilognathinae*

鱊

晉・郭璞注，唐・陸德明音義，宋・邢昺疏《爾雅注疏》卷一〇
南朝梁・顧野王撰，宋・陳彭年等重修《重修玉篇》卷二四
明・張自烈撰，清・廖文英續《正字通》亥集中（魚部）
清・張玉書、陳廷敬等纂《康熙字典》卷三五

清・王樹枏訂《郭氏爾雅訂經》卷二一（釋魚）

鱎魚

金・李杲編輯，明・李時珍參訂，姚可成補輯《食物本草》卷一〇（鱗部）

明・李時珍撰《本草綱目》卷四四（鱗之四）

鯚

晉・郭璞注，唐・陸德明音義，宋・邢昺疏《爾雅注疏》卷一〇

南朝梁・顧野王撰，宋・陳彭年等重修《重修玉篇》卷二四

明・張自烈撰，清・廖文英續《正字通》亥集中（魚部）

鯑

南朝梁・顧野王撰，宋・陳彭年等重修《重修玉篇》卷二四

明・張自烈撰，清・廖文英續《正字通》亥集中（魚部）

魚婢

晉・郭璞注，唐・陸德明音義，宋・邢昺疏《爾雅注疏》卷一〇

宋・羅願撰，元・洪焱祖音釋《爾雅翼》卷二九

清・王樹枏訂《郭氏爾雅訂經》卷二一（釋魚）

婢魚

金・李杲編輯，明・李時珍參訂，姚可成補輯《食物本草》卷一〇（鱗部）

妾魚

晉・郭璞注，唐・陸德明音義，宋・邢昺疏《爾雅注疏》卷一〇

宋・羅願撰，元・洪焱祖音釋《爾雅翼》卷二九

明・張自烈撰，清・廖文英續《正字通》亥集中（魚部）

明・楊慎撰《異魚圖贊》卷三

明・王圻、王思義輯《三才圖會》

清・王樹枏訂《郭氏爾雅訂經》卷二一（釋魚）

婢

晉・崔豹撰《古今注》卷三

鰥鯑

宋・羅願撰，元・洪焱祖音釋《爾雅翼》卷二八

蛾毛鋌

金・李杲編輯，明・李時珍參訂，姚可成補輯《食物本草》卷一〇（鱗部）

明・李時珍撰《本草綱目》卷四四（鱗之四）

明府魚

金・李杲編輯，明・李時珍參訂，姚可成補輯《食物本草》卷一〇（鱗部）

奴魚

金・李杲編輯，明・李時珍參訂，姚可成補輯《食物本草》卷一〇（鱗部）

春魚

金・李杲編輯，明・李時珍參訂，姚可成補輯《食物本草》卷一〇（鱗部）

明・張自烈撰，清・廖文英續《正字通》亥集中（魚部）

明・李時珍撰《本草綱目》卷四四（鱗之四）

鯜

明・張自烈撰，清・廖文英續《正字通》亥集中（魚部）

武陽魚

明・曹學佺撰《蜀中廣記》卷六〇

麥魚

明・張自烈撰，清・廖文英續《正字通》亥集中（魚部）

清・李元撰《蠕範》卷七

文魚

清・李元撰《蠕範》卷七

跳艇魚

清・李元撰《蠕範》卷七

旁皮鯽

宋・羅願撰，元・洪焱祖音釋《爾雅翼》卷二九

明・王圻、王思義輯《三才圖會》

清・王樹枏訂《郭氏爾雅訂經》卷二一（釋魚）

婢妾魚

宋・羅願撰，元・洪焱祖音釋《爾雅翼》卷二九

油四须鲃 *Barbodes exigua*

油魚

金・李杲編輯，明・李時珍參訂，姚可成補輯《食物本草》卷一〇（鱗部）

明・楊慎原本，胡世安箋《異魚圖贊補》卷中

清・王文韶修《續雲南通志稿》

金线鲃 *Sinocyclocheilus grahami*

金線魚

明・彭大翼撰，張幼學增訂《山堂肆考》卷二二四

清・鄂爾泰等監修，靖道謨等編纂《雲南通志》卷二七

駝背魚

清・檀萃輯《滇海虞衡志》卷八

透明魚

清・和珅等撰《大清一統志》卷三八三

清・鄂爾泰等監修，靖道謨等編纂《雲南通志》卷二七

刺鲃 *Spinibarbus hollandi*

鮶

明・屠本畯撰《閩中海錯疏》卷上

明・張自烈撰，清・廖文英續《正字通》亥集中（魚部）

清・李元撰《蠕範》卷八

君魚

宋・李昉等撰《太平御覽》卷九四〇

中华倒刺鲃 *Spinibarbus sinensis*

青波魚

清・曹掄彬等修，曹掄翰等纂《四川府縣志輯・雅州府志》卷五

鲈鲤 *Percocypris pingi*

花魚

清・王文韶修《續雲南通志稿》
清・檀萃輯《滇海虞衡志》卷八

多鳞白甲鱼 *Onychostoma macrolepis*

丙穴魚

唐・段成式撰《酉陽雜俎》・續集卷八
金・李杲編輯，明・李時珍參訂，姚可成補輯《食物本草》卷一〇（鱗部）
明・李時珍撰《本草綱目》卷四四（鱗之四）
清・李元撰《蠕範》卷七
清・劉于義等監修，沈青崖等編纂《陝西通志》卷四四

嘉魚

《詩經・小雅・南有嘉魚》
宋・陸佃撰《埤雅》卷二
金・李杲編輯，明・李時珍參訂，姚可成補輯《食物本草》卷一〇（鱗部）
明・李時珍撰《本草綱目》卷四四（鱗之四）
明・張自烈撰，清・廖文英續《正字通》亥集中（魚部）
明・楊慎撰《異魚圖贊》卷一
明・王圻、王思义辑《三才图会》
清・張玉書、陳廷敬等纂《康熙字典》卷三五
清・李元撰《蠕範》卷七
清・劉于義等監修，沈青崖等編纂《陝西通志》卷四四
清・陳夢雷等編《古今圖書集成・博物彙編・禽蟲典》卷四四
清・陳元龍編《歷代賦匯》卷一三七（唐・李蒙撰《南有嘉魚賦》）

鮇魚

明・李時珍撰《本草綱目》卷四四（鱗之四）
明・張自烈撰，清・廖文英續《正字通》亥集中（魚部）
清・張玉書、陳廷敬等纂《康熙字典》卷三五

拙魚

明・李時珍撰《本草綱目》卷四四（鱗之四）
明・張自烈撰，清・廖文英續《正字通》亥集中（魚部）
清・李元撰《蠕範》卷七

寐魚

明・張自烈撰，清・廖文英續《正字通》亥集中（魚部）

鮇

明・張自烈撰，清・廖文英續《正字通》亥集中（魚部）
清・張玉書、陳廷敬等纂《康熙字典》卷三五
清・李元撰《蠕範》卷七

白甲鱼 *Onychostoma* spp.

白甲魚

清・鄂爾泰等監修，靖道謨等編纂《貴州通志》卷一五

光唇鱼 *Acrossocheilus* spp.

石斑魚

唐・段成式撰《酉陽雜俎》卷一
宋・彭乘撰《墨客揮犀》卷三
金・李杲編輯，明・李時珍參訂，姚可成補輯《食物本草》卷一〇（鱗部）
明・李時珍撰《本草綱目》卷四四（鱗之四）
清・嵇曾筠等監修，沈翼璣等編纂《浙江通志》卷一〇一、卷一〇五

石矾魚

金・李杲編輯，明・李時珍參訂，姚可成補輯《食物本草》卷一〇（鱗部）

石礬魚

明・李時珍撰《本草綱目》卷四四（鱗之四）

高魚

金・李杲編輯，明・李時珍參訂，姚可成補輯《食物本草》卷一〇（鱗部）
明・李時珍撰《本草綱目》卷四四（鱗之四）
清・嵇曾筠等監修，沈翼璣等編纂《浙江通志》卷一〇五

鲮 *Cirrhinus molitorella*

竹魚

唐・劉恂撰《嶺表錄異》卷上
宋・范成大撰《桂海虞衡志》
宋・楊萬里撰《誠齋集》卷一七
金・李杲編輯，明・李時珍參訂，姚可成補輯《食物本草》卷一〇（鱗部）
明・李時珍撰《本草綱目》卷四四（鱗之四）
明・楊慎原本，胡世安箋《異魚贊》闰集
清・屈大均撰《廣東新語》卷二二
清・李調元撰《然犀志》卷上
清・謝啟昆監修《廣西通志》卷八九
清・屠英守修，江藩等纂《廣東府縣志輯・道光肇慶府志》卷三

鯪魚

漢・楊孚撰，清・曾釗輯《異物志》
唐・劉恂撰《嶺表錄異》卷上

雪鯪

清・屈大均撰《廣東新語》卷二二

泉水唇鱼 *Semilabeo prochilus*

油魚

清・王麟祥修，邱晉或等纂《四川府縣志輯・光緒敘州府志》卷二一

墨头鱼 *Garra pingi pingi*

墨頭魚

金・李杲編輯，明・李時珍參訂，姚可成補輯《食物本

草》卷一〇（鱗部）
明・楊慎原本，胡世安箋《異魚圖贊補》卷上
清・艾良、朱慶鏞等修，陳尧采等纂《四川府縣志輯・嘉定府志》

北斗魚
金・李杲編輯，明・李時珍參訂，姚可成補輯《食物本草》卷一〇（鱗部）
明・楊慎原本，胡世安箋《異魚圖贊補》卷上

墨鱸
明・楊慎原本，胡世安箋《異魚圖贊補》卷上

卷口鱼 *Ptychidio jordani*

嘉魚
唐・劉恂撰《嶺表錄異》卷上
宋・范成大撰《桂海虞衡志》
宋・周去非撰《嶺外代答》卷一〇
清・謝啟昆監修《廣西通志》卷八九
清・郝玉麟等監修，魯曾煜等編纂《廣東通志》卷五二
清・屠英守修，江藩等纂《廣東府縣志輯・道光肇慶府志》卷三

鼠頭魚
金・李杲編輯，明・李時珍參訂，姚可成補輯《食物本草》卷一〇（鱗部）

鶏魚
金・李杲編輯，明・李時珍參訂，姚可成補輯《食物本草》卷一〇（鱗部）

老鼠魚
清・謝啟昆監修《廣西通志》卷八九

桂花鲮 *Sinilabeo decorus decorus*

青衣魚
清・屠英守修，江藩等纂《廣東府縣志輯・道光肇慶府志》

䱻 *Hemibarbus* spp.

䱻
南朝梁・顧野王撰，宋・陳彭年等重修《重修玉篇》卷二四
明・張自烈撰，清・廖文英續《正字通》亥集中（魚部）
清・張玉書、陳廷敬等纂《康熙字典》卷三五

滑魚
晉・郭璞注《山海經》卷二（北山經）
明・張自烈撰，清・廖文英續《正字通》亥集中（魚部）
清・張玉書、陳廷敬等纂《康熙字典》卷三五

唇䱻 *Hemibarbus labeo*

重唇魚
金・李杲編輯，明・李時珍參訂，姚可成補輯《食物本草》卷一〇（鱗部）

重唇
明・屠本畯撰《閩中海錯疏》卷中

麦穗鱼 *Pseudorasbora parva*

羅漢魚
清・阿克當阿修，姚文田、江藩等纂《江蘇府縣志輯・嘉慶重修揚州府志》

麥魚
清・稽璜、曹仁虎等《續通志》卷一七九

小麥魚
清・嵇曾筠等監修，沈翼璣等編纂《浙江通志》卷一〇四

鰁 *Sarcocheilichthys* spp.

鮔
漢・許慎撰，宋・徐鉉增釋《說文解字》卷一一下
南朝梁・顧野王撰，宋・陳彭年等重修《重修玉篇》卷二四
南唐・徐鍇撰，朱翱反切《說文繫傳》卷二二
宋・司馬光撰《類篇》卷三三
清・張玉書、陳廷敬等纂《康熙字典》卷三五
清・段玉裁撰《說文解字注》卷一一下

鰁
宋・司馬光撰《類篇》卷三三
清・張玉書、陳廷敬等纂《康熙字典》卷三五

石鯽
金・李杲編輯，明・李時珍參訂，姚可成補輯《食物本草》卷一〇（鱗部）
清・邁柱等監修，夏力恕等編纂《湖廣通志》卷一九

铜鱼 *Coreius heterodon*

銅魚
金・李杲編輯，明・李時珍參訂，姚可成補輯《食物本草》卷一〇（鱗部）
清・趙弘恩等監修，黃之雋等編纂《江南通志》卷八六
清・張琴纂輯《嘉慶重修一統志》（陳州府）
清・張士範纂修《安徽府縣志輯・池州府志》卷二五

銅
清・張玉書、陳廷敬等纂《康熙字典》卷三五
清・陳夢雷編《古今圖書集成・博物彙編・禽蟲典》（下）

山蛆
清・陳夢雷編《古今圖書集成・博物彙編・禽蟲典》（下）

退秋魚
清・劉光地作《同人約食退秋魚泛舟寶華寺下》

圆口铜鱼 *Coreius guichenoti*

青銅魚
清・和珅等撰《大清一統志》卷三八三
清・鄂爾泰等監修，靖道謨等編纂《雲南通志》卷二九

北方铜鱼 *Coreius septentrionalis*

沙嘴魚

清・陳士楨修，塗鴻儀編輯《甘肅省蘭州府志》

沙嘴

清・黄恩錫等修《寧夏省中衛縣志》

鴿子魚

清・王樹枏訂《郭氏爾雅訂經》卷二一（釋魚）

蛇鮈 *Saurogobio dabryi*

推車魚

明・王鏊撰《姑蘇志》卷一四

折船釘

明・王鏊撰《姑蘇志》卷一四

船矴魚

清・王河等修《欽定盛京通志》

船釘魚

清・朱肇基修，陸綸纂《安徽府縣志輯・乾隆太平府志》卷一二

鋼鑽魚

清・朱肇基修，陸綸纂《安徽府縣志輯・乾隆太平府志》卷一二

裂腹鱼 *Schizothorax* spp.

細鱗魚

明・謝肇淛撰《滇略》卷三

清・黄沛翹編《西藏圖考》卷五

大理裂腹鱼 *Schizothorax taliensis*

公魚

金・李杲編輯，明・李時珍參訂，姚可成補輯《食物本草》卷一〇（鱗部）

清・方旭撰《蟲薈》卷四

弓魚

明・楊慎撰《異魚圖贊》卷一

清・陳夢雷等編《古今圖書集成・博物彙編・禽蟲典》下（大理府）

工魚

清・和珅等撰《大清一統志》卷三七八

清・陳夢雷等編《古今圖書集成・博物彙編・禽蟲典》下（大理府）

魚魁

清・和珅等撰《大清一統志》卷三七八

扁吻鱼 *Aspiorhynchus laticeps*

大頭魚

清・袁大化修，王樹相等纂《新疆圖志》卷二八

無鱗魚

清・傅恒、劉統勳、于敏中等撰《皇輿西域圖志》卷四三

虎魚

清・王樹枏訂《郭氏爾雅訂經》卷二一（釋魚）

凱都河魚

清・紀昀撰，孫樹聲校，孫樹馥重刊《紀公達遺集》卷一四（烏魯木齊雜詩）

新疆裸重唇鱼 *Gymnodiptychus dybowskii*

無鱗魚

清・袁大化修，王樹相等纂《新疆圖志》卷二八

青海湖裸鲤 *Gymnocypris przewalskii*

無鱗魚

明・楊慎原本，胡世安箋《異魚圖贊補》卷中

湟魚

清・康敷鎔纂《青海省青海記》

原鲤 *Procypris* sp.

鬼頭魚

金・李杲編輯，明・李時珍參訂，姚可成補輯《食物本草》卷一〇（鱗部）

明・張自烈撰，清・廖文英續《正字通》亥集中（魚部）

清・額哲克等修，單興詩纂《广東府縣志輯・同治韶州府志》卷二

巖鯉

清・王夢庚修，寇宗纂《四川府縣志輯・重慶府志》

䰰

明・張自烈撰，清・廖文英續《正字通》亥集中（魚部）

大头鲤 *Cyprinus pellegrini*

鯉

晉・郭璞注，唐・陸德明音義，宋・邢昺疏《爾雅注疏》卷一〇

赤鯉魚

晉・郭璞注，唐・陸德明音義，宋・邢昺疏《爾雅注疏》卷一〇

大頭魚

明・正德五年《正德雲南志》

清・和珅等撰《大清一統志》卷三七二

碌魚

清・和珅等撰《大清一統志》卷三七二

鲤 *Cyprinus carpio*

鯉

《詩經・陳風・衡門》

漢・許慎撰，宋・徐鉉增釋《說文解字》卷一一下

三國吳・陸璣撰《毛詩草木鳥獸魚疏》卷下

南朝梁・顧野王撰，宋・陳彭年等重修《重修玉篇》卷二四

南唐・徐鍇撰，朱翱反切《說文繫傳》卷二二

唐・李白撰《李太白詩文》卷九
宋・蘇軾撰《東坡志林》卷五
宋・陸佃撰《埤雅》卷一
宋・羅願撰，元・洪焱祖音釋《爾雅翼》卷二八
金・李杲編輯，明・李時珍參訂，姚可成補輯《食物本草》卷一〇（鱗部）
元・戴侗撰《六書故》卷二〇
明・王圻、王思義輯《三才圖會》
明・張自烈撰，清・廖文英續《正字通》亥集中（魚部）
明・屠本畯撰《閩中海錯疏》卷上
清・張玉書、陳廷敬等纂《康熙字典》卷三五
清・段玉裁撰《說文解字注》卷一一下
清・王樹枏撰《郭氏爾雅訂經》卷二一

鯉魚

漢・焦贛撰《焦氏易林》卷四
晉・常璩撰《華陽國志》卷一〇
南朝梁・沈約撰《宋書》卷三四《五行志》
北魏・酈道元撰《水經注》卷二二
唐・段成式撰《酉陽雜俎》・卷七、續集卷八
唐・釋道世撰《法苑珠林》卷四二、卷六二
唐・孟浩然撰《孟浩然集》卷四
唐・章孝標撰《鯉魚》
五代・馮贄撰《雲仙雜記》卷六
宋・陶穀撰《清異錄》卷上
宋・李昉等編《太平御覽》卷九三六（鱗介部）
宋・範志明撰《岳陽風土記》
宋・溫革撰《分門瑣碎錄》
宋・沈括撰《夢溪筆談》卷二〇
宋・蘇頌撰《圖經本草》
金・李杲編輯，明・李時珍參訂，姚可成補輯《食物本草》卷一〇（鱗部）
元・張雨撰《句曲外史集》卷上
明・李時珍撰《本草綱目》卷四四（鱗之四）
清・王士禎撰《漁洋山人精華錄》卷四
清・陳夢雷編《古今圖書集成・博物彙編・禽蟲典》下

赤鯉

晉・郭璞注，唐・陸德明音義，宋・邢昺疏《爾雅注疏》卷一〇
南朝梁・任昉撰《述異記》卷下
唐・張籍撰《張司業集》卷二
明・張自烈撰，清・廖文英續《正字通》亥集中（魚部）
清・張玉書、陳廷敬等纂《康熙字典》卷三五

鮦

三國吳・陸璣撰《毛詩草木鳥獸魚疏》卷下

赤鱓

南朝梁・顧野王撰，宋・陳彭年等重修《重修玉篇》卷二四

宋・范成大撰《石湖詩集》卷一

赬鯉

宋・陸佃撰《埤雅》卷一
元・戴侗撰《六書故》卷二〇

鱣鯉

宋・陸佃撰《埤雅》卷一
元・戴侗撰《六書故》卷二〇

李本

宋・毛勝著《水族加恩簿》

魚王

明・張自烈撰，清・廖文英續《正字通》亥集中（魚部）

赤驥

明・張自烈撰，清・廖文英續《正字通》亥集中（魚部）

青鯉

明・張自烈撰，清・廖文英續《正字通》亥集中（魚部）

青馬

明・張自烈撰，清・廖文英續《正字通》亥集中（魚部）

黑鯉

宋・何薳撰《春渚紀聞》卷三
明・張自烈撰，清・廖文英續《正字通》亥集中（魚部）

黑駒

明・張自烈撰，清・廖文英續《正字通》亥集中（魚部）

白鯉

明・張自烈撰，清・廖文英續《正字通》亥集中（魚部）

白騏

明・張自烈撰，清・廖文英續《正字通》亥集中（魚部）

黃鯉

明・張自烈撰，清・廖文英續《正字通》亥集中（魚部）

黃騅

明・張自烈撰，清・廖文英續《正字通》亥集中（魚部）

金鯉

明・張自烈撰，清・廖文英續《正字通》亥集中（魚部）

金鳧魚

明・張自烈撰，清・廖文英續《正字通》亥集中（魚部）

雙鯉

唐・房玄齡等撰《晉書》卷三三
宋・許尚撰《華亭百詠》卷二
明・張自烈撰，清・廖文英續《正字通》亥集中（魚部）

鱣

明・張自烈撰，清・廖文英續《正字通》亥集中（魚部）

鐵鯉

明・正德十四年《正德瓊台志》

魚王子

明・正德十四年《正德瓊台志》

紅鯉

清・金蓉鏡纂輯《湖南省靖州鄉土志》卷三

金背鯉

清・金蓉鏡纂輯《湖南省靖州鄉土志》卷三

江鲤

清・金蓉鏡纂輯《湖南省靖州鄉土志》卷三

杞麓鲤 *Cyprinus* (*Cyprinus*) *carpio chilia*

大頭魚

清・王文韶修《續雲南通志稿》

鲫 *Carassius auratus*

鮒

漢・許慎撰，宋・徐鉉增釋《說文解字》卷一一下
宋・陸佃撰《埤雅》卷一
宋・鄭樵撰《通志》卷七六
宋・羅願撰，元・洪焱祖音釋《爾雅翼》卷二八
明・李時珍撰《本草綱目》卷四四（鱗之四）
明・蔡清撰《易經蒙引》卷七
明・屠本畯撰《閩中海錯疏》卷上
明・王圻、王思義輯《三才圖會》
清・王夫之著《周易稗疏》卷二
清・李元撰《蠕範》卷二

鮒魚

宋・陸佃撰《埤雅》卷一
宋・黄省曾著《魚經》
金・李杲編輯，明・李時珍參訂，姚可成補輯《食物本草》卷一〇（鱗部）
明・李時珍撰《本草綱目》卷四四（鱗之四）
明・王圻、王思義輯《三才圖會》

鰿

南朝梁・顧野王撰，宋・陳彭年等重修《重修玉篇》卷二四
清・李元撰《蠕範》卷二

鯽

南朝梁・顧野王撰，宋・陳彭年等重修《重修玉篇》卷二四
宋・羅願撰，元・洪焱祖音釋《爾雅翼》卷二八
明・李時珍撰《本草綱目》卷四四（鱗之四）
明・蔡清撰《易經蒙引》卷七
明・屠本畯撰《閩中海錯疏》卷上
清・王夫之著《周易稗疏》卷二

鯽鱼

宋・羅願撰，元・洪焱祖音釋《爾雅翼》卷二八
宋・黄省曾著《魚經》
宋・梅堯臣著《宛陵集》卷一一、卷二七
金・李杲編輯，明・李時珍參訂，姚可成補輯《食物本草》卷一〇（鱗部）
明・蔡清撰《易經蒙引》卷七

鯽

宋・羅願撰，元・洪焱祖音釋《爾雅翼》卷二八

鯽魚

宋・羅願撰，元・洪焱祖音釋《爾雅翼》卷二八
金・李杲編輯，明・李時珍參訂，姚可成補輯《食物本草》卷一〇（鱗部）
明・李時珍撰《本草綱目》卷四四（鱗之四）

金鯽魚

宋・嶽珂撰《桯史》卷一二
宋・蘇軾著《東坡全集》卷一八

囊鯽

宋・毛勝著《水族加恩簿》

鮹

明・張自烈撰，清・廖文英續《正字通》亥集中（魚部）

鯖

宋・羅願撰，元・洪焱祖音釋《爾雅翼》卷二八
明・張自烈撰，清・廖文英續《正字通》亥集中（魚部）
清・李元撰《蠕範》卷二

鯖魚

南朝梁・顧野王撰，宋・陳彭年等重修《重修玉篇》卷二四
唐・樊绰撰《蠻书》卷七
宋・蘇頌撰《圖經本草》
宋・陸佃撰《埤雅》卷一
宋・鄭樵撰《通志》卷七六

荷包鯽

明・張自烈撰，清・廖文英續《正字通》亥集中（魚部）

烏鯽

清・金蓉鏡纂輯《湖南省靖州鄉土志》卷三

紅鯽

清・金蓉鏡纂輯《湖南省靖州鄉土志》卷三

鯉鯽

清・（美）克拉克・索爾比著，史紅帥譯《穿越陕甘 1908-1909 年克拉克考察隊華北行紀》第十二章

鰟魮魚

金・李杲編輯，明・李時珍參訂，姚可成補輯《食物本草》卷一〇（鱗部）
清・李元撰《蠕範》卷二

鯯

清・王夫之著《周易稗疏》卷二

鰪鰿

清・李元撰《蠕範》卷二

金鱼 *Carassius auratus*

金魚

梁・任昉撰《述異記》卷下
唐・段公路撰《北戶錄》
宋・周密撰《癸辛雜識》卷上
金・李杲編輯，明・李時珍參訂，姚可成補輯《食物本草》卷一〇（鱗部）

明・李時珍撰《本草綱目》卷四四（鱗之四）
明・曹學佺編《石倉歷代詩選》卷四二五
明・沈弘正撰《蟲天志》卷一〇
明・朱之蕃撰《金魚》
明・王圻、王思義輯《三才圖會》
清・嵇曾筠等監修，沈翼璣等編纂《浙江通志》卷一〇
清・和珅等撰《大清一統志》卷二
清・李鴻章等修，黄彭年等編纂《(光緒）畿輔通志》卷七四
清・屈大均撰《廣東新語》卷二二
清・吴儀洛撰《本草從新》(蟲魚鱗介部）

金鲫魚

宋・嶽珂撰《桯史》卷一〇

玳瑁魚

宋・嶽珂撰《桯史》卷一〇
元・不著撰人《東南紀聞》卷三

金銀鲫

清・嵇曾筠等監修，沈翼璣等編纂《浙江通志》卷一〇

金銀魚

清・嵇曾筠等監修，沈翼璣等編纂《浙江通志》卷一〇五

盆魚

明・屠本畯撰《閩中海錯疏》卷上

金箍魚

明・屠本畯撰《閩中海錯疏》卷上

丹魚

明・李時珍撰《本草綱目》卷四四

朱魚

明・黄淳耀撰《陶菴全集》卷一三
清・唐景嵩修，蔣師轍，薛紹元纂《臺灣府縣志輯・光緒臺灣通志》

硃砂魚

明・張謙德撰《硃砂魚譜》

三尾魚

清・金蓉鏡纂輯《湖南省靖州鄉土志》卷三

燮魚

清・邵子彝修，魯琪光纂《江西府縣志輯・建昌府志》

鲢 *Hypophthalmichthys molitrix*

鱮

《詩經・小雅・采綠》
漢・許慎撰，宋・鉉增釋《說文解字》卷一一下
三國魏・張揖撰，隋・曾憲音解《博雅》卷一〇
南朝梁・顧野王撰，宋・陳彭年等重修《重修玉篇》卷二四
南唐・徐鍇撰，朱翱反切《說文繫傳》卷二二
宋・陸佃撰《埤雅》卷一
宋・李壁撰《王荊公詩注》卷四
元・戴侗撰《六書故》卷二〇
明・張自烈撰，清・廖文英續《正字通》亥集中（魚部）
明・李時珍撰《本草綱目》卷四四（鱗之四）
明・楊慎撰《異魚圖贊》卷一
明・王圻、王思義輯《三才圖會》
清・張玉書、陳廷敬等纂《康熙字典》卷三五
清・段玉才撰《說文解字注》卷一一下

鱮魚

宋・陸佃撰《埤雅》卷一
金・李杲編輯，明・李時珍參訂，姚可成補輯《食物本草》卷一〇（鱗部）
明・李時珍撰《本草綱目》卷四四（鱗之四）
明・楊慎撰《異魚圖贊》卷一
清・吴儀洛著《本草從新》(蟲魚鱗介部）

白鱮

宋・陸佃撰《埤雅》卷一

鰱

漢・許慎撰，宋・徐鉉增釋《說文解字》卷一一下
三國魏・張揖撰，隋・曾憲音解《博雅》卷一〇
南朝梁・顧野王撰，宋・陳彭年等重修《重修玉篇》卷二四
南唐・徐鍇撰，朱翱反切《說文繫傳》卷二二
宋・陸佃撰《埤雅》卷一
元・戴侗撰《六書故》卷二〇
明・張自烈撰，清・廖文英續《正字通》(亥集中・魚部)
明・李時珍撰《本草綱目》卷四四（鱗之四）
明・顧起元撰《客座贅語》卷九
明・王圻、王思義輯《三才圖會》
清・張玉書、陳廷敬等纂《康熙字典》卷三五
清・段玉才撰《說文解字注》卷一一下

鱅

三國吴・陸璣撰，明・毛晉廣要《陸氏詩疏廣要》卷下
宋・陸佃撰《埤雅》卷一
元・戴侗撰《六書故》卷二〇
明・楊慎撰《異魚圖贊》卷一
明・王圻、王思義輯《三才圖會》
清・張玉書、陳廷敬等纂《康熙字典》卷三五

鴞鶏

元・戴侗撰《六書故》卷二〇

鴞鷗

三國吴・陸璣撰，明・毛晉廣要《陸氏詩疏廣要》卷下
清・張玉書、陳廷敬等纂《康熙字典》卷三五

胡鱅

三國吴・陸璣撰，明・毛晉廣要《陸氏詩疏廣要》卷下
元・戴侗撰《六書故》卷二〇
清・張玉書、陳廷敬等纂《康熙字典》卷三五

松鰱

元・戴侗撰《六書故》卷二〇

黑鰱

明・張自烈撰，清・廖文英續《正字通》亥集中（魚部）

清・張玉書、陳廷敬等纂《康熙字典》卷三五

白鰱

明・楊慎原本，胡世安箋《異魚圖贊補》卷上

鰱子

清・王養濂修，李開泰、張采纂《北京府縣志輯・康熙宛平縣志》卷三

鰱魚

金・李杲編輯，明・李時珍參訂，姚可成補輯《食物本草》卷一〇（鱗部）

明・李時珍撰《本草綱目》卷四四（鱗之四）

鳙 *Aristichthys nobilis*

鱅

漢・許慎撰，宋・徐鉉增釋《說文解字》卷一一下

南朝梁・顧野王撰，宋・陳彭年等重修《重修玉篇》卷二四

南唐・徐鍇撰，朱翺反切《說文繫傳》卷二二

宋・羅願撰，元・洪焱祖音釋《爾雅翼》卷一

元・戴侗撰《六書故》卷二〇

明・張自烈撰，清・廖文英續《正字通》亥集中（魚部）

明・李時珍撰《本草綱目》卷四四（鱗之四）

清・張玉書、陳廷敬等纂《康熙字典》卷三五

清・段玉才撰《說文解字注》卷一一下

清・李元撰《蠕範》卷二

鱅魚

金・李杲編輯，明・李時珍參訂，姚可成補輯《食物本草》卷一〇（鱗部）

明・李時珍撰《本草綱目》卷四四（鱗之四）

清・段玉才撰《說文解字注》卷一一下

清・陳夢雷編《古今圖書集成・博物彙編・禽蟲典》下

鰫

南朝梁・顧野王撰，宋・陳彭年等重修《重修玉篇》卷二四

南唐・徐鍇撰，朱翺反切《說文繫傳》卷二二

元・戴侗撰《六書故》卷二〇

明・張自烈撰，清・廖文英續《正字通》亥集中（魚部）

清・張玉書、陳廷敬等纂《康熙字典》卷三五

鱃

南朝梁・顧野王撰，宋・陳彭年等重修《重修玉篇》卷二四

明・張自烈撰，清・廖文英續《正字通》亥集中（魚部）

清・張玉書、陳廷敬等纂《康熙字典》卷三五

清・李元撰《蠕範》卷二

鱃魚

金・李杲編輯，明・李時珍參訂，姚可成補輯《食物本草》卷一〇（鱗部）

明・張自烈撰，清・廖文英續《正字通》亥集中（魚部）

明・李時珍撰《本草綱目》卷四四（鱗之四）

皂鰱

金・李杲編輯，明・李時珍參訂，姚可成補輯《食物本草》卷一〇（鱗部）

皂包頭

金・李杲編輯，明・李時珍參訂，姚可成補輯《食物本草》卷一〇（鱗部）

松魚

清・李元撰《蠕範》卷二

胖頭魚

清・李元撰《蠕範》卷二

花鰱

清・宗源瀚修，周學濬　陸心源纂《浙江府縣志輯・湖州府志》

鰟頭

清・王養濂修，李開泰、張采纂《北京府縣志輯・康熙宛平縣志》卷三

鳅科 Cobitidae

美丽小条鳅 *Micronemacheilus pulcher*

竹葉魚

清・鐘元棣修，張雋，邢定綸纂《海南府縣志輯・民國崖州志》卷四

清・吳應廉修，王映斗纂《海南府縣志輯・光緒定安縣志》卷一

千年瘦

清・鐘元棣修，張雋，邢定綸纂《海南府縣志輯・民國崖州志》卷四

竹葉

清・林子蘭修，陳宗琛纂《海南府縣志輯・康熙樂會縣志》

横纹条鳅 *Noemacheilus fasciolatus*

西網

明・正德十四年《正德瓊台志》卷九

沙鑽

明・正德十四年《正德瓊台志》卷九

棺釘

明・正德十四年《正德瓊台志》卷九

沙鳅 *Botia* spp.

沙鰍

清・沈茂陰纂修《臺灣府縣志輯・光緒苗栗縣志》

沙鰌

清・尹焱祖著《弘治徽州府志(安徽省)》

中华花鳅 *Cobitis sinensis*

豆角魚

明・張才編輯，徐珪重編《(弘曆）重修保定郡志》

花鰍

清・（美）克拉克・索爾比著，史紅帥譯《穿越陝甘1908-1909年克拉克考察隊華北行紀》

泥鰍 *Misgurnus anguillicaudatus*

鰼

漢・許慎撰，宋・徐鉉增釋《說文解字》卷一一下

晉・郭璞注，唐・陸德明音義，宋・邢昺疏《爾雅注疏》卷一〇

南朝梁・顧野王撰，宋・陳彭年等重修《重修玉篇》卷二四

南唐・徐鍇撰，朱翱反切《說文繫傳》卷二二

宋・陸佃撰《埤雅》卷一

元・戴侗撰《六書故》卷二〇

明・張自烈撰，清・廖文英續《正字通》亥集中（魚部）

清・張玉書、陳廷敬等纂《康熙字典》卷三五

清・段玉才撰《說文解字注》卷一一下

清・王樹枬撰《郭氏爾雅訂經》卷二一

鰌

漢・許慎撰，宋・徐鉉增釋《說文解字》卷一一下

晉・郭璞注，唐・陸德明音義，宋・邢昺疏《爾雅注疏》卷一〇

南朝梁・顧野王撰，宋・陳彭年等重修《重修玉篇》卷二四

南唐・徐鍇撰，朱翱反切《說文繫傳》卷二二

宋・陸佃撰《埤雅》卷一

宋・羅願撰，元・洪焱祖音釋《爾雅翼》卷二九

元・戴侗撰《六書故》卷二〇

明・張自烈撰，清・廖文英續《正字通》亥集中（魚部）

明・屠本畯撰《閩中海錯疏》卷上

明・王圻、王思義輯《三才圖會》

清・張玉書、陳廷敬等纂《康熙字典》卷三五

清・段玉才撰《說文解字注》卷一一下

清・王樹枬撰《郭氏爾雅訂經》卷二一

清・李調元撰《然犀志》卷上

鰌魚

金・李杲編輯，明・李時珍參訂，姚可成補輯《食物本草》卷一〇（鱗部）

明・李時珍撰《本草綱目》卷四四（鱗之四）

清・吳儀洛著《本草從新》（蟲魚鱗介部）

泥鰍

南朝梁・顧野王撰，宋・陳彭年等重修《重修玉篇》卷二四

南唐・徐鍇撰，朱翱反切《說文繫傳》卷二二

金・李杲編輯，明・李時珍參訂，姚可成補輯《食物本草》卷一〇（鱗部）

明・李時珍撰《本草綱目》卷四四（鱗之四）

鰍

南朝梁・顧野王撰，宋・陳彭年等重修《重修玉篇》卷二四

元・戴侗撰《六書故》卷二〇

明・張自烈撰，清・廖文英續《正字通》亥集中（魚部）

清・張玉書、陳廷敬等纂《康熙字典》卷三五

鰍魚

元・戴侗撰《六書故》卷二〇

明・屠本畯撰《閩中海錯疏》卷上

鰼魚

明・李時珍撰《本草綱目》卷四四（鱗之四）

清・段玉才撰《說文解字注》卷一一下

泥鰌

晉・郭璞注，唐・陸德明音義，宋・邢昺疏《爾雅注疏》卷一〇

宋・陸佃撰《埤雅》卷一

明・張自烈撰，清・廖文英續《正字通》亥集中（魚部）

明・屠本畯撰《閩中海錯疏》卷上

清・張玉書、陳廷敬等纂《康熙字典》卷三五

清・段玉才撰《說文解字注》卷一一下

清・王樹枬撰《郭氏爾雅訂經》卷二一

清・李調元撰《然犀志》卷上

清・唐景崧修，蔣師轍、薛紹元纂《臺灣府縣志輯・光緒臺灣通志》（物産）

平鰭鰍科 Homalopteridae

抱石魚

金・李杲編輯，明・李時珍參訂，姚可成補輯《食物本草》卷一〇（鱗部）

石伏魚

清・郝玉麟等監修，謝道承等編纂《福建通志》卷一〇

鯰形目 Siluriformes

鯰科 Siluridae

鯰 *Silurus asotus*

鯰

漢・許慎撰，宋・徐鉉增釋《說文解字》卷一一下

鯹

漢・許慎撰，宋・徐鉉增釋《說文解字》卷一一下

清・段玉才撰《說文解字注》卷一一下

鰋

《詩經・小雅・魚麗》

漢・許慎撰，宋・徐鉉增釋《說文解字》卷一一下

晉・郭璞注，唐・陸德明音義，宋・邢昺疏《爾雅注疏》卷一〇

南朝梁・顧野王撰，宋・陳彭年等重修《重修玉篇》卷二四

南唐·徐鍇撰，朱翱反切《說文繫傳》卷二二
宋·蘇頌撰《圖經本草》
宋·陸佃撰《埤雅》卷一
元·戴侗撰《六書故》卷二〇
明·張自烈撰，清·廖文英續《正字通》亥集中（魚部）
清·段玉才撰《說文解字注》卷一一下
清·李調元撰《然犀志》卷上
清·李元撰《蠕範》卷二

鮧

漢·許慎撰，宋·徐鉉增釋《說文解字》卷一一下
晉·郭璞注，唐·陸德明音義，宋·邢昺疏《爾雅注疏》卷一〇
南唐·徐鍇撰，朱翱反切《說文繫傳》卷二二
宋·羅願撰，元·洪焱祖音釋《爾雅翼》卷二九
明·王圻、王思義輯《三才圖會》
明·張自烈撰，清·廖文英續《正字通》亥集中（魚部）
清·張玉書、陳廷敬等纂《康熙字典》卷三五
清·李元撰《蠕範》卷二

鮧魚

宋·蘇頌撰《圖經本草》
明·李時珍撰《本草綱目》卷四四（鱗之四）
明·楊慎著《異魚圖贊》卷一
明·王圻、王思義輯《三才圖會》
清·李調元撰《然犀志》卷上

鮑鱧

後魏·賈思勰撰《齊民要術》卷八

額白魚

晉·郭璞注，唐·陸德明音義，宋·邢昺疏《爾雅注疏》卷一〇
元·戴侗撰《六書故》卷二〇
宋·蘇頌撰《圖經本草》
宋·陸佃撰《埤雅》卷一

鯷

晉·郭璞注，唐·陸德明音義，宋·邢昺疏《爾雅注疏》卷一〇
南朝梁·顧野王撰，宋·陳彭年等重修《重修玉篇》卷二四
宋·蘇頌撰《圖經本草》
明·屠本畯撰《閩中海錯疏》卷上
明·張自烈撰，清·廖文英續《正字通》亥集中（魚部）
清·張玉書、陳廷敬等纂《康熙字典》卷三五
清·李元撰《蠕範》卷二

鯷魚

宋·蘇頌撰《圖經本草》
宋·羅願撰，元·洪焱祖音釋《爾雅翼》卷二九
金·李杲編輯，明·李時珍參訂，姚可成補輯《食物本草》卷一〇（鱗部）
明·李時珍撰《本草綱目》卷四四（鱗之四）

鰟鱧

漢·許慎撰，宋·徐鉉增釋《說文解字》卷一一下
晉·郭璞注，唐·陸德明音義，宋·邢昺疏《爾雅注疏》卷一〇
南朝梁·顧野王撰，宋·陳彭年等重修《重修玉篇》卷二四
南唐·徐鍇撰，朱翱反切《說文繫傳》卷二二
宋·蘇頌撰《圖經本草》
宋·陸佃撰《埤雅》卷一
元·戴侗撰《六書故》卷二〇
明·屠本畯撰《閩中海錯疏》卷上
明·楊慎著《異魚圖贊》卷一
明·張自烈撰，清·廖文英續《正字通》亥集中（魚部）
清·張玉書、陳廷敬等纂《康熙字典》卷三五
清·段玉才撰《說文解字注》卷一一下
清·李調元撰《然犀志》卷上
清·李元撰《蠕範》卷二

大鮎

晉·郭璞注，唐·陸德明音義，宋·邢昺疏《爾雅注疏》卷一〇
南唐·徐鍇撰，朱翱反切《說文繫傳》卷二二
元·戴侗撰《六書故》卷二〇
清·張玉書、陳廷敬等纂《康熙字典》卷三五

鮎魚

宋·歐陽修，宋祁等撰《新唐書》卷三六
宋·蘇頌撰，胡乃長、王致譜輯注《圖經本草》
宋·羅願撰，元·洪焱祖音釋《爾雅翼》卷二九
金·李杲編輯，明·李時珍參訂，姚可成補輯《食物本草》卷一〇（鱗部）
明·李時珍撰《本草綱目》卷四四（鱗之四）

鰈魚

晉·郭璞注《山海經》卷三（北山經）

蒲夷魚

晉·郭璞注《山海經》卷三（北山經）

鮷

清·張玉書、陳廷敬等纂《康熙字典》卷三五

鰻

清·李元撰《蠕範》卷二

胡鯰科 Clariidae

胡鯰 *Clarias fuscus*

塗虱

明·屠本畯撰《閩中海錯疏》卷中

彈虱

明·屠本畯撰《閩中海錯疏》卷中

田瑟

明・屠本畯撰《閩中海錯疏》卷中

鰆魚

清・林大華纂修《海南府縣志輯・樂會縣志》卷二

彈瑟

清・唐景崧修，蔣師轍、薛紹元纂《臺灣府縣志輯・光緒臺灣通志》

鲿科 Bagridae

黄颡鱼 *Pelteobagrus fulvidraco*

鱨

漢・許慎撰，宋・徐鉉增釋《說文解字》卷一一下

三國吳・陸璣撰，明・毛晉廣要《陸氏詩疏廣要》卷下

南朝梁・顧野王撰，宋・陳彭年等重修《重修玉篇》卷二四

南唐・徐鍇撰，朱翱反切《說文繫傳》卷二二

宋・陸佃撰《埤雅》卷一

明・張自烈撰，清・廖文英續《正字通》亥集中（魚部）

明・王圻、王思義輯《三才圖會》

清・張玉書、陳廷敬等纂《康熙字典》卷三五

清・段玉才撰《說文解字注》卷一一下

清・李元撰《蠕範》卷三

清・金蓉鏡纂輯《湖南省靖州鄉土志》卷三

黃頰魚

三國吳・陸璣撰，明・毛晉廣要《陸氏詩疏廣要》卷下

南唐・徐鍇撰，朱翱反切《說文繫傳》卷二二

宋・陸佃撰《埤雅》卷一

明・張自烈撰，清・廖文英續《正字通》亥集中（魚部）

明・李時珍撰《本草綱目》卷四四（鱗之四）

明・王圻、王思義輯《三才圖會》

清・張玉書、陳廷敬等纂《康熙字典》卷三五

清・段玉才撰《說文解字注》卷一一下

清・李調元撰《然犀志》卷上

清・李元撰《蠕範》卷三

黃鱨魚

三國吳・陸璣撰，明・毛晉廣要《陸氏詩疏廣要》卷下

南朝梁・顧野王撰，宋・陳彭年等重修《重修玉篇》卷二四

宋・陸佃撰《埤雅》卷一

明・張自烈撰，清・廖文英續《正字通》亥集中（魚部）

金・李杲編輯，明・李時珍參訂，姚可成補輯《食物本草》卷一〇（鱗部）

明・李時珍撰《本草綱目》卷四四（鱗之四）

清・李調元撰《然犀志》卷上

清・金蓉鏡纂輯《湖南省靖州鄉土志》卷三

魠

南朝梁・顧野王撰，宋・陳彭年等重修《重修玉篇》卷二四

魟

南朝梁・顧野王撰，宋・陳彭年等重修《重修玉篇》卷二四

明・張自烈撰，清・廖文英續《正字通》亥集中（魚部）

黃顙魚

宋・李石撰《續博物志》卷七

金・李杲編輯，明・李時珍參訂，姚可成補輯《食物本草》卷一〇（鱗部）

明・張自烈撰，清・廖文英續《正字通》亥集中（魚部）

明・李時珍撰《本草綱目》卷四四（鱗之四）

清・李元撰《蠕範》卷三

清・金蓉鏡纂輯《湖南省靖州鄉土志》卷三

鰪絲魚

金・李杲編輯，明・李時珍參訂，姚可成補輯《食物本草》卷一〇（鱗部）

鈌

明・張自烈撰，清・廖文英續《正字通》亥集中（魚部）

鈌魚

明・張自烈撰，清・廖文英續《正字通》亥集中（魚部）

揚

三國吳・陸璣撰，明・毛晉廣要《陸氏詩疏廣要》卷下

宋・陸佃撰《埤雅》卷一

明・張自烈撰，清・廖文英續《正字通》亥集中（魚部）

清・張玉書、陳廷敬等纂《康熙字典》卷三五

清・段玉才撰《說文解字注》卷一一下

清・金蓉鏡纂輯《湖南省靖州鄉土志》卷三

黃揚

宋・陸佃撰《埤雅》卷一

明・張自烈撰，清・廖文英續《正字通》亥集中（魚部）

明・王圻、王思義輯《三才圖會》

清・李元撰《蠕範》卷三

鈌魟

明・李時珍撰《本草綱目》卷四四（鱗之四）

明・屠本畯撰《閩中海錯疏》卷中

清・李元撰《蠕範》卷三

清・徐景熹修，魯曾煜、施廷樞等纂《福建府縣志輯・乾隆福州府志》卷二八

黃魟

明・李時珍撰《本草綱目》卷四四（鱗之四）

明・張自烈撰，清・廖文英續《正字通》亥集中（魚部）

清・李調元撰《然犀志》卷上

清・李元撰《蠕範》卷三

黃鼓

清・李元撰《蠕範》卷三

肥鱨魚

清・金蓉鏡纂輯《湖南省靖州鄉土志》卷三

窡嘴黃鱨

金・李杲編輯，明・李時珍參訂，姚可成補輯《食物本草》卷一〇（鱗部）

大鰭鱯 *Mystus macropterus*

鱯

漢・許慎撰，宋・徐鉉增釋《說文解字》卷一一下

晉・郭璞注，唐・陸德明音義，宋・邢昺疏《爾雅注疏》卷一〇

晉・郭璞注《山海經》卷三（北山經）

南朝梁・顧野王撰，宋・陳彭年等重修《重修玉篇》卷二四

南唐・徐鍇撰，朱翱反切《說文繫傳》卷二二

宋・鄭樵撰《通志》卷七六

明・張自烈撰，清・廖文英續《正字通》亥集中（魚部）

清・張玉書、陳廷敬等纂《康熙字典》卷三五

清・段玉才撰《說文解字注》卷一一下

清・王樹枏撰《郭氏爾雅訂經》卷二一

魾

晉・郭璞注，唐・陸德明音義，宋・邢昺疏《爾雅注疏》卷一〇

南唐・徐鍇撰，朱翱反切《說文繫傳》卷二二

宋・鄭樵撰《通志》卷七六

清・張玉書、陳廷敬等纂《康熙字典》卷三五

清・王樹枏撰《郭氏爾雅訂經》卷二一

鮡

晉・郭璞注，唐・陸德明音義，宋・邢昺疏《爾雅注疏》卷一〇

南唐・徐鍇撰，朱翱反切《說文繫傳》卷二二

宋・鄭樵撰《通志》卷七六

清・王樹枏撰《郭氏爾雅訂經》卷二一

魿

南唐・徐鍇撰，朱翱反切《說文繫傳》卷二二

牙鬚子魚

清・金蓉鏡纂輯《湖南省靖州鄉土志》卷三

石匾頭

清・馬忠良原纂，孫鏘增修《西康越巂廳志》

长吻鮠 *Leiocassis longirostris*

鮿

漢・許慎撰，宋・徐鉉增釋《說文解字》卷一一下

鮠

南朝梁・顧野王撰，宋・陳彭年等重修《重修玉篇》卷二四

元・戴侗撰《六書故》卷二〇

明・張自烈撰，清・廖文英續《正字通》亥集中（魚部）

清・張玉書、陳廷敬等纂《康熙字典》卷三五

鮠魚

金・李杲編輯，明・李時珍參訂，姚可成補輯《食物本草》卷一〇（鱗部）

明・李時珍撰《本草綱目》卷四四（鱗之四）

鮧魚

元・戴侗撰《六書故》卷二〇

獭魚

清・張玉書、陳廷敬等纂《康熙字典》卷三五

白戟魚

金・李杲編輯，明・李時珍參訂，姚可成補輯《食物本草》卷一〇（鱗部）

鮰

明・張自烈撰，清・廖文英續《正字通》亥集中（魚部）

鮰魚

明・李時珍撰《本草綱目》卷四四（鱗之四）

清・王麟祥修，邱晉成等纂《四川府縣志輯・光緒敘州府志》卷二一

鱯魚

明・李時珍撰《本草綱目》卷四四（鱗之四）

鱴魚

明・李時珍撰《本草綱目》卷四四（鱗之四）

明・張自烈撰，清・廖文英續《正字通》亥集中（魚部）

肥頭魚

清・金蓉鏡纂《湖南省靖州鄉土志》

肥佗魚

清・王麟祥修，邱晉成等纂《四川府縣志輯・光緒敘州府志》卷二一

钝头鮠科 Amblycipitidae

白缘鉠 *Liobagrus marginadus*

魚虎

清・穆彰阿等纂《嘉慶重修一統志》卷四二一《雜穀廳》

鮡科 Sisoridae

黃石爬鮡 *Euchiloglanis kishinouyei*

鮡

南朝梁・顧野王撰，宋・陳彭年等重修《重修玉篇》卷二四

南唐・徐鍇撰，朱翱反切《說文繫傳》卷二二

清・張玉書、陳廷敬等纂《康熙字典》卷三五

石巴子

清・楊迦懌等修，劉輔廷纂《四川府縣志輯・茂州志》卷三

王瓜丁

清・楊迦懌等修，劉輔廷纂《四川府縣志輯・茂州志》卷三

海鲶科 Ariidae

海鲶 *Arius* spp.

鮠魚

明・李時珍撰《本草綱目》卷四四（鱗之四）

骨鯮

明・正德十四年《正德瓊台志》

大頭僉

明・正德十四年《正德瓊台志》

赤魚

明・正德十四年《正德瓊台志》

清・李調元撰《然犀志》卷上

清・李維玉原本，沈定均續修，吳聯熏增纂《福建省縣志輯・光緒漳州府志》卷三九

清・田明曜修，陳澧纂《廣東府縣志輯・香山縣志》

麼鯮

明・正德十四年《正德瓊台志》

鱃魚

清・郭柏蒼撰《海錯百一錄》卷一

念鹹

清・郭柏蒼撰《海錯百一錄》卷一

黃鱨魚

清・李調元撰《然犀志》卷上

鯆魚

清・屈大均撰《廣東新語》卷二二

清・舒懋官修，王宗熙纂《廣東府縣志輯・嘉慶新安縣志》卷二

松魚

明・屠本畯撰《閩中海錯疏》卷中

清・郭柏蒼撰《海錯百一錄》卷一

清・聶璜撰《清宮海錯圖》

鼠鮎

清・陳元龍撰《格致鏡原》卷九一

客魚

清・李維玉原本，沈定均續修，吳聯熏增纂《福建省縣志輯・光緒漳州府志》卷三九

鳉形目 Cyprinodontiformes

青鳉科 Oryziatidae

青鳉 *Oryzia* sp.

鱋

南朝梁・顧野王撰，宋・陳彭年等重修《重修玉篇》卷二四

清・張玉書、陳廷敬等纂《康熙字典》卷三五

鱂

南朝梁・顧野王撰，宋・陳彭年等重修《重修玉篇》卷二四

宋・司馬光撰《類篇》

・不著撰人《原本廣韻》卷二

明・屠本畯撰《閩中海錯疏》卷上

清・張玉書、陳廷敬等纂《康熙字典》卷三五

鱋鱂

宋・司馬光撰《類篇》

・不著撰人《原本廣韻》卷二

清・張玉書、陳廷敬等纂《康熙字典》卷三五

鱋鱂魚

南朝梁・顧野王撰，宋・陳彭年等重修《重修玉篇》卷二四

颌针鱼目 Beloniformes

颌针鱼科 Belonidae

竹魚

清・聶璜撰《清宮海錯圖》第一冊

圆颌针鱼 *Tylosurus* spp.

雀魚

清・聶璜撰《清宮海錯圖》第一冊

鱵科 Hemiramphidae

鱵 *Hemiramphus* spp.

銅吮魚

三國吳・沈瑩撰，張崇根輯《臨海水土異物志》

箴魚

晉・郭璞注《山海經》卷四（東山經）

金・李杲編輯，明・李時珍參訂，姚可成補輯《食物本草》卷一〇（鱗部）

明・張自烈撰，清・廖文英續《正字通》亥集中（魚部）

明・李時珍撰《本草綱目》卷四四（鱗之四）

清・胡世安撰《異魚圖贊補》卷上

鱵

南朝梁・顧野王撰，宋・陳彭年等重修《重修玉篇》卷二四

金・李杲編輯，明・李時珍參訂，姚可成補輯《食物本草》卷一〇（鱗部）

明・張自烈撰，清・廖文英續《正字通》亥集中（魚部）

清・張玉書、陳廷敬等纂《康熙字典》卷三五

清・聶璜撰《清宮海錯圖》第一冊

姜公魚

金・李杲編輯，明・李時珍參訂，姚可成補輯《食物本草》卷一〇（鱗部）

明・李時珍撰《本草綱目》卷四四（鱗之四）

明・楊慎原本，胡世安箋《異魚圖贊補》卷上

針嘴魚
金·李杲編輯，明·李時珍參訂，姚可成補輯《食物本草》卷一〇（鱗部）
針觜魚
明·張自烈撰，清·廖文英續《正字通》亥集中（魚部）
清·張玉書、陳廷敬等纂《康熙字典》卷三五
鱵
明·屠本畯撰《閩中海錯疏》卷上
針口魚
宋·黄省曾著《魚經》
宋·梅堯臣撰《宛陵集》卷六（針口魚賦）
明·楊慎原本，胡世安箋《異魚圖贊補》卷上
明·王圻、王思義輯《三才圖會》
铜涚魚
金·李杲編輯，明·李時珍參訂，姚可成補輯《食物本草》卷一〇（鱗部）
明·李時珍撰《本草綱目》卷四四（鱗之四）
明·楊慎原本，胡世安箋《異魚圖贊補》卷上
針魚
清·聶璜撰《清宫海錯圖》第一冊

飞鱼科 Exocoetidae

鰩
漢·許慎撰，宋·徐鉉增釋《說文解字》卷一一下
明·張自烈撰，清·廖文英續《正字通》亥集中（魚部）
清·李元撰《蠕範》卷七
鷂魚
三國吳·沈瑩撰，張崇根輯《臨海水土異物志》
鳶魚
三國吳·沈瑩撰，張崇根輯《臨海水土異物志》
文鰩
漢·許慎撰，宋·徐鉉增釋《說文解字》卷一一下
清·李調元撰《然犀志》卷上
清·李元撰《蠕範》卷七
文鰩魚
金·李杲編輯，明·李時珍參訂，姚可成補輯《食物本草》卷一〇（鱗部）
明·張自烈撰，清·廖文英續《正字通》亥集中（魚部）
明·李時珍撰《本草綱目》卷四四（鱗之四）
清·聶璜撰《清宫海錯圖》第一冊
清·柯璜譯編，（日）箕作佳吉著《博物學講義·動物篇》第六章
飛魚
金·李杲編輯，明·李時珍參訂，姚可成補輯《食物本草》卷一〇（鱗部）
明·張自烈撰，清·廖文英續《正字通》亥集中（魚部）
明·李時珍撰《本草綱目》卷四四（鱗之四）
明·孫作撰《滄螺集》卷一
明·楊慎著《異魚圖贊》卷二
清·李調元撰《然犀志》卷上
清·李元撰《蠕範》卷七
清·聶璜撰《清宫海錯圖》第一冊
清·（英）傅蘭雅輯《格致彙編》卷一
鯿
明·張自烈撰，清·廖文英續《正字通》亥集中（魚部）
清·聶璜撰《清宫海錯圖》第一冊
海燕
清·李元撰《蠕範》卷三
飛籍魚
清·唐景崧修，蔣師轍、薛紹元纂《臺灣府縣志輯·光緒臺灣通志》（物產）
飛烏
清·唐景崧修，蔣師轍、薛紹元纂《臺灣府縣志輯·光緒臺灣通志》（物產）
鮁
清·李元撰《蠕範》卷七
鵝毛魚
清·聶璜撰《清宫海錯圖》第一冊

鳕形目 Gadiformes

鳕科 Gadidae

大头鳕 *Gadus macrocephalus*

夻魚
清·李調元撰《然犀志》卷上
大口魚
清·李調元撰《然犀志》卷上
海骨董魚
清·王河等修《欽定盛京通志》卷二七
大頭魚
清·王河等修《欽定盛京通志》卷二七
家鱒魚
清·王河等修《欽定盛京通志》卷二七

金眼鲷目 Beryciformes

鳂科 Holocentridae

鰃
宋·陳彭年、丘雍等撰《重修廣韻》卷一

海鲂目 Zeiformes

海鲂科 Zeidae

海鲂 *Zeus japonicus*

海魴魚
清·李書吉等纂修《廣東府縣志輯·嘉慶澄海縣志》卷

二四

刺鱼目 Gasterosteiformes

刺鱼科 Gasterosteidae

三刺鱼 *Gasterosteus aculeatus*

刺魚

清·（日）西師意譯，（英）竇樂安、許家惺審定《動物學教科書》第七章（魚類）

絲魚

清·柯璜譯編，（日）箕作佳吉著《博物學講義·動物篇》第六章（魚類）

烟管鱼科 Fistulariidae

烟管鱼 *Fistularia* sp.

鮹

南朝梁·顧野王撰，宋·陳彭年等重修《重修玉篇》卷二四

宋·司馬光撰《類篇》卷三三

遼·釋行均撰《龍龕手鑒》卷一

明·张自烈撰，清·廖文英续《正字通》亥集中（魚部）

清·張玉書、陳廷敬等纂《康熙字典》卷三五

鮹鱼

金·李杲编辑，明·李时珍参订，姚可成补辑《食物本草》卷一〇（鳞部）

明·李時珍撰《本草綱目》卷四四（鱗之四）

清·陳夢雷編《古今圖書集成·博物彙編·禽蟲典》

清·張玉書、陳廷敬等纂《康熙字典》卷三五

清·郭柏蒼撰《海錯百一錄》卷二

清·田明曜修，陳澧纂《廣東府縣誌輯·香山縣誌》

馬鞭魚

金·李杲編輯，明·李時珍參訂，姚可成補輯《食物本草》卷一〇（鱗部）

清·唐景崧修，蒋师辙、薛紹元纂《臺灣府縣志輯·光緒台湾通志》（物產）

清·郭柏蒼撰《海錯百一錄》卷二

清·乾隆三六年《澎湖紀略》

牛尾鮹

清·田明曜修，陳澧纂《廣東府縣志輯·香山縣志》

玻甲鱼科 Centriscidae

玻甲鱼 *Centriscus scutus*

倒掛魚

清·李調元撰《然犀志》卷上

海龙科 Syngnathidae

海龙 *Syngnathus* spp.

七裡香

清·聶璜撰《清宮海錯圖》第一冊

舒氏海龙 *Syngnathus schlegegli*

錢串

明·屠本畯撰《閩中海錯疏》卷中

清·李元撰《蠕範》卷八

青針

明·屠本畯撰《閩中海錯疏》卷中

粗吻海龙 *Trachyrhamphus serratus*

大筒魚

清·（英）韋廉臣著《格物探原》第一〇

刁海龙 *Solegnathus hardwicki*

海龍

清·趙學敏輯《本草綱目拾遺》卷一〇

清·黄叔璥撰《台海使槎錄》卷三

海马 *Hippocampus* spp.

海馬

明·李時珍撰《本草綱目》卷四四（鱗之四）

清·郝玉麟等監修，魯曾煜等編纂《廣東通志》卷五二

清·聶璜撰《清宮海錯圖》第三冊

清·吳儀洛著《本草從新》（蟲魚鱗介部）

清·胡端書修，楊士錦、吳鳴清纂《海南府縣志輯·道光萬州志》卷三

水馬

明·李時珍撰《本草綱目》卷四四（鱗之四）

刺海马 *Hippocampus histrix*

海馬

清·唐景崧修，蒋師轍、薛紹元纂《臺灣府縣志輯·光緒臺灣通志》（物產）

清·柯璜譯編，（日）箕作佳吉著《博物學講義·動物篇》第六章（魚類）

日本海马 *Hippocampus japonicus*

海蛆

清·趙學敏輯《本草綱目拾遺》卷一〇

鲻形目 Mugiliformes

鲻科 Mugilidae

鲻 *Mugil cephalus*

鯔

南朝梁·顧野王撰，宋·陳彭年等重修《重修玉篇》卷二四

明·張自烈撰，清·廖文英續《正字通》亥集中（魚部）

清·張玉書、陳廷敬等纂《康熙字典》卷三五

鮬子魚

金·李杲編輯，明·李時珍參訂，姚可成補輯《食物本

草》卷一〇（鱗部）

子魚

宋・劉子翬撰，劉玶編《屏山集》卷一一

宋・梅堯臣撰《宛陵集》卷三一

宋・莊綽撰《雞肋篇》卷中

金・李杲編輯，明・李時珍參訂，姚可成補輯《食物本草》卷一〇（鱗部）

明・李時珍撰《本草綱目》卷四四（鱗之四）

鯔魚

宋・黃省曾著《魚經》

金・李杲編輯，明・李時珍參訂，姚可成補輯《食物本草》卷一〇（鱗部）

明・李時珍撰《本草綱目》卷四四（鱗之四）

明・楊慎原本，胡世安箋《異魚圖贊補》卷上

明・馮時可撰《雨航雜錄》卷下

明・王圻、王思義輯《三才圖會》

清・張玉書、陳廷敬等纂《康熙字典》卷三五

清・聶璜撰《清宮海錯圖》第一冊

清・吳儀洛著《本草從新》（蟲魚鱗介部）

鯔魚

明・屠本畯撰《海味索隱》

頭魚

清・聶璜撰《清宮海錯圖》第一冊

烏魚

清・乾隆一二年《重修臺灣縣志》上冊

回頭烏

清・乾隆一二年《重修臺灣縣志》上冊

正頭烏

清・乾隆三六年《澎湖紀略》

梭魚

清・沈家本、榮銓修，徐宗亮、蔡啟盛纂《天津府縣志輯・光緒重修天津府志》卷二六

白眼魚

清・沈家本、榮銓修，徐宗亮、蔡啟盛纂《天津府縣志輯・光緒重修天津府志》卷二六

海烏

清・唐景崧修，蔣師轍、 薛紹元纂《臺灣府縣志輯・光緒臺灣通志》

池烏

清・唐景崧修，蔣師轍、薛紹元纂《臺灣府縣志輯・光緒臺灣通志》

溪烏

清・唐景崧修，蔣師轍、薛紹元纂《臺灣府縣志輯・光緒臺灣通志》

大肚溪烏

清・唐景崧修，蔣師轍、薛紹元纂《臺灣府縣志輯・光緒臺灣通志》

棱鮻 *Liza carinatus*

海鮎

清・郭柏蒼撰《海錯百一錄》卷一

潮鮎

清・郭柏蒼撰《海錯百一錄》卷一

江鮎

清・郭柏蒼撰《海錯百一錄》卷一

鮎

清・郭柏蒼撰《海錯百一錄》卷一

肹

清・郭柏蒼撰《海錯百一錄》卷一

子魚

清・懷蔭布修，黃仁、郭賡武纂《福建府縣志輯・乾隆泉州府志》卷一九

紫魚

清・懷蔭布修，黃仁、郭賡武纂《福建府縣志輯・乾隆泉州府志》卷一九

鮻 *Liza haematocheila*

魣

明・屠本畯撰《閩中海錯疏》卷上

清・李元撰《蠕範》卷四

鮻

明・張自烈撰，清・廖文英續《正字通》亥集中（魚部）

清・張玉書、陳廷敬等纂《康熙字典》卷三五

鮻鱼

明・張自烈撰，清・廖文英續《正字通》亥集中（魚部）

清・張玉書、陳廷敬等纂《康熙字典》卷三五

梭魚

清・朱彝尊撰《曝書亭集》卷一一

烏魚

清・郭柏蒼撰《海錯百一錄》卷一

鰦

清・李元撰《蠕範》卷四

子魚

清・李元撰《蠕範》卷四

黑鯔

清・李元撰《蠕範》卷四

鮂鮋

清・李元撰《蠕範》卷四

浪鯉

清・李元撰《蠕範》卷四

滑魚

清・李元撰《蠕範》卷四

撥尾

清・李元撰《蠕範》卷四

马鲅科 Polynemidae

四指马鲅 *Eleutheronema tetradactylum*

魚午

清·張玉書、陳廷敬等纂《康熙字典》卷三五

魚午魚

清·屈大均撰《廣東新語》卷二二

午魚

清·唐景崧修，蔣師轍、薛紹元纂《臺灣府縣志輯·光緒臺灣通志》（物產）

清·柯璜譯編，（日）箕作佳吉著《博物學講義·動物篇》第六章

合鳃目 Synbranchiformes

合鳃鱼科 Synbranchidae

黃鳝 *Monopterus albus*

鱔

元·戴侗撰《六書故》卷二〇

明·張自烈撰，清·廖文英續《正字通》亥集中（魚部）

明·彭大翼撰，張幼學增訂《山堂肆考》卷二二四

清·張玉書、陳廷敬等纂《康熙字典》卷三五

清·段玉才撰《說文解字注》卷一一下

鱔魚

晉·葛洪撰《抱朴子》卷二（釋滯篇）

宋·溫革撰《分門瑣碎錄》

金·李杲編輯，明·李時珍參訂，姚可成補輯《食物本草》卷一〇（鱗部）

明·彭大翼撰，張幼學增訂《山堂肆考》卷二二四

鮔

晉·郭璞注《山海經》卷三《北山經》

南朝梁·顧野王撰，宋·陳彭年等重修《重修玉篇》卷二四

唐·李延壽撰《南史》卷五三（梁武帝諸子）

宋·羅願撰，元·洪焱祖音釋《爾雅翼》卷二九

元·戴侗撰《六書故》卷二〇

明·張自烈撰，清·廖文英續《正字通》亥集中（魚部）

明·彭大翼撰，張幼學增訂《山堂肆考》卷二二四

清·張玉書、陳廷敬等纂《康熙字典》卷三五

清·段玉才撰《說文解字注》卷一一下

鱓

漢·許慎撰，宋·徐鉉增釋《說文解字》卷一一下

晉·郭璞注《山海經》卷三《北山經》

南朝梁·顧野王撰，宋·陳彭年等重修《重修玉篇》卷二四

南唐·徐鍇撰，朱翱反切《說文繫傳》卷二二

宋·羅願撰，元·洪焱祖音釋《爾雅翼》卷二九

元·戴侗撰《六書故》卷二〇

明·張自烈撰，清·廖文英續《正字通》亥集中（魚部）

明·李時珍撰《本草綱目》卷四四（鱗之四）

明·屠本畯撰《閩中海錯疏》卷上

明·彭大翼撰，張幼學增訂《山堂肆考》卷二二四

清·張玉書、陳廷敬等纂《康熙字典》卷三五

清·段玉才撰《說文解字注》卷一一下

清·方旭撰《虫荟》卷四

鱓鱼

宋·梁克家撰《淳熙三山志》卷四二

清·段玉才撰《說文解字注》卷一一下

清·吳儀洛著《本草從新》（蟲魚鱗介部）

清·陳夢雷編《古今圖書集成·博物彙編·禽蟲典》下

鱣

宋·羅願撰，元·洪焱祖音釋《爾雅翼》卷二九

宋·劉敬叔撰《異苑》卷三

明·屠本畯撰《閩中海錯疏》卷上

單長福

宋·毛勝著《水族加恩簿》

黃鱔

金·李杲編輯，明·李時珍參訂，姚可成補輯《食物本草》卷一〇（鱗部）

明·彭大翼撰，張幼學增訂《山堂肆考》卷二二四

清·段玉才撰《說文解字注》卷一一下

黃鮔

明·李時珍撰《本草綱目》卷四四（鱗之四）

泥猴

明·屠本畯撰《閩中海錯疏》卷上

蛇鱔

金·李杲編輯，明·李時珍參訂，姚可成補輯《食物本草》卷一〇（鱗部）

明·屠本畯撰《閩中海錯疏》卷上

蛇鱓

宋·羅願撰，元·洪焱祖音釋《爾雅翼》卷二九

蛇鱣

南朝宋·范煜撰，唐·李賢注《後漢書》卷五四（楊震列傳）

昂頭鱔

明·彭大翼撰，張幼學增訂《山堂肆考》卷二二四

鲈形目 Perciformes

鮨科 Serranidae

花鲈 *Lateolabrax japonicus*

鱸

元·戴侗撰《六書故》卷二〇

明·張自烈撰，清·廖文英續《正字通》亥集中（魚部）

鱸魚

清・聖祖禦定《禦定全唐詩》(唐・杜牧撰《送劉秀才歸江陵》)

清・王河等修《欽定盛京通志》

清・曹秉仁等修，萬經等纂《浙江府縣志輯・雍正寧波府志》

清・謝啟昆監修《廣西通志》卷八九

清・方旭撰《虫荟》卷四

清・稽曾筠等監修，沈翼璣等編纂《浙江通志》卷一〇六

豸魚

清・方旭撰《蟲薈》卷四

脆鱸

清・曹秉仁等修，萬經等纂《浙江府縣志輯・雍正寧波府志》

江鱸

清・曹秉仁等修，萬經等纂《浙江府縣志輯・雍正寧波府志》

塘鱸

清・曹秉仁等修，萬經等纂《浙江府縣志輯・雍正寧波府志》

鱖 *Siniperca chuatsi*

臟魚

三國吳・沈瑩撰，張崇根輯《臨海水土異物志》

明・李時珍撰《本草綱目》卷四四(鱗之四)

鮨魚

晉・郭璞注《山海經》卷三(北山經)

鱖

漢・許慎撰，宋・徐鉉增釋《說文解字》卷一一下

三國吳・沈瑩撰，張崇根輯《臨海水土異物志》

南朝梁・顧野王撰，宋・陳彭年等重修《重修玉篇》卷二四

南唐・徐鍇撰，朱翱反切《說文繫傳》卷二二

元・戴侗撰《六書故》卷二〇

明・張自烈撰，清・廖文英續《正字通》亥集中(魚部)

明・李時珍撰《本草綱目》卷四四(鱗之四)

明・王圻、王思義輯《三才圖會》

清・張玉書、陳廷敬等纂《康熙字典》卷三五

清・段玉才撰《說文解字注》卷一一下

清・沈家本、榮銓修，徐宗亮、蔡啟盛纂《天津府縣志輯・光緒重修天津府志》卷二六

鱖魚

唐・張志和撰《漁歌子》

宋・羅願撰，元・洪焱祖音釋《爾雅翼》卷二九

宋・黃省曾著《魚經》

宋・李綱撰《梁溪集》卷一七(新開河食鱖魚戲成)

金・李杲編輯，明・李時珍參訂，姚可成補輯《食物本草》卷一〇(鱗部)

明・李時珍撰《本草綱目》卷四四(鱗之四)

明・謝肇淛撰《五雜俎》卷九

清・張玉書、陳廷敬等纂《康熙字典》卷三五

清・段玉才撰《說文解字注》卷一一下

清・陳夢雷編《古今圖書集成・博物彙編・禽蟲典》下

清・吳儀洛著《本草從新》(蟲魚鱗介部)

錦袍氏

宋・毛勝著《水族加恩簿》

石桂魚

金・李杲編輯，明・李時珍參訂，姚可成補輯《食物本草》卷一〇(鱗部)

明・李時珍撰《本草綱目》卷四四(鱗之四)

罽魚

金・李杲編輯，明・李時珍參訂，姚可成補輯《食物本草》卷一〇(鱗部)

明・李時珍撰《本草綱目》卷四四(鱗之四)

水豚

金・李杲編輯，明・李時珍參訂，姚可成補輯《食物本草》卷一〇(鱗部)

明・李時珍撰《本草綱目》卷四四(鱗之四)

鯚

明・張自烈撰，清・廖文英續《正字通》亥集中(魚部)

清・王養濂修，李開泰、張采纂《北京府縣志輯・康熙宛平縣志》卷三

鯚魚

明・張自烈撰，清・廖文英續《正字通》亥集中(魚部)

清・沈家本等修，徐宗亮、蔡啟盛纂《天津府縣志輯・光緒重修天津府志》卷二六

蓮頭魚

清・唐景崧修，蔣師轍、薛紹元纂《臺灣府縣志輯・光緒臺灣通志》

鱠魚

清・唐景崧修，蔣師轍、薛紹元纂《臺灣府縣志輯・光緒臺灣通志》

鱖豚

明・李時珍撰《本草綱目》卷四四(鱗之四)

清・方旭撰《蟲薈》

鱖婦

清・段玉才撰《說文解字注》卷一一下

鬼婆子

清・段玉才撰《說文解字注》卷一一下

石斑鱼 *Epinephelus* spp.

石斑魚

清・鐘元棣修，張雋、邢定綸纂《海南府縣志輯・民國崖州志》

海鰐魚

清·聶璜撰《清宫海錯圖》第一册

鲈科 Percidae

河鲈 *Perca fluviatilis*

鱖

清·袁大化修，王樹枏等纂《新疆圖志》

伊犁鲈 *Perca schrenki*

鱸

清·袁大化修，王樹枏等纂《新疆圖志》

天竺鲷科 Apogonidae

鮻

宋·丁度、司馬光等纂《集韻》卷七

鱚科 Sillaginidae

多鳞鱚 *Sillago sihama*

麥魚

清·聶璜撰《清宫海錯圖》第一册

方头鱼科 Branchiostegidae

方头鱼 *Branchiostegus* sp.

方頭

明·屠本畯撰《閩中海錯疏》卷上

國公魚

清·郭柏蒼撰《海錯百一錄》卷一

竻頭魚

清·郭柏蒼撰《海錯百一錄》卷一

方頭魚

清·郭柏蒼撰《海錯百一錄》卷一

鲹科 Carangidae

竹筴鱼 *Trachurus japonicus*

竹夾魚

宋·羅濬撰《寶慶四明志》卷四

元·馮復京等編《昌國州圖志》卷四

明·馮時可撰《雨航雜錄》卷下

上鱧

宋·羅濬撰《寶慶四明志》卷四

土鱧

明·馮時可撰《雨航雜錄》卷下

大甲鲹 *Megalaspis cordyla*

鐵甲魚

清·唐景崧修，蔣師轍、薛紹元纂《臺灣府縣志輯·光緒臺灣通志》

兰圆鲹 *Decapterus maruadsi*

拜浪魚

明·張燮撰《東西洋考》卷九（水醒水忌）

巴榔

清·王贄修，關必登纂《康熙瓊山縣志》卷九

眼镜鱼科 Menidae

眼镜鱼 *Mene maculata*

鏡魚

明·屠本畯撰《閩中海錯疏》卷中

清·屈大均撰《廣東新語》卷二二

清·郝玉麟等監修，謝道承等編纂《福建通志》卷一〇

清·王河等修《欽定盛京通志》

翻車魚

明·屠本畯撰，徐𤊹補疏《閩中海錯疏》卷中

石首鱼科 Sciaenidae

鰔 *Wak* spp.

鰔

宋·司馬光撰《類篇》卷三三

明·張自烈撰，清·廖文英續《正字通》亥集中（魚部）

清·張玉書、陳廷敬等纂《康熙字典》卷三五

大黄鱼 *Pseudosciaena crocea*

石首魚

三國吳·沈瑩撰，張崇根輯《臨海水土異物志》

南朝梁·任昉撰《述異記》卷下

宋·羅願撰，元·洪焱祖音釋《爾雅翼》卷二六

宋·张侃撰《张氏拙轩集》卷五

金·李杲編輯，明·李時珍參訂，姚可成補輯《食物本草》卷一〇（鱗部）

元·戴侗撰《六書故》卷二〇

明·張自烈撰，清·廖文英續《正字通》亥集中（魚部）

明·李時珍撰《本草綱目》卷四四（鱗之四）

明·彭大翼撰，張幼學增訂《山堂肆考》卷二二四

明·謝肇淛撰《五雜俎》卷九

明·馮時可撰《雨航雜錄》卷下

明·王圻、王思義輯《三才圖會》

清·李調元撰《然犀志》卷上

清·稽曾筠等監修，沈翼璣等編纂《浙江通志》卷一〇二

清·吳儀洛著《本草從新》（蟲魚鱗介部）

踏水

三國吳·沈瑩撰，張崇根輯《臨海水土異物志》

宋·羅願撰，元·洪焱祖音釋《爾雅翼》卷二六

金·李杲編輯，明·李時珍參訂，姚可成補輯《食物本草》卷一〇（鱗部）

春來
三國吳・沈瑩撰，張崇根輯《臨海水土異物志》
宋・羅願撰，元・洪焱祖音釋《爾雅翼》卷二六
金・李杲編輯，明・李時珍參訂，姚可成補輯《食物本草》卷一〇（鱗部）

石頭
三國吳・沈瑩撰，張崇根輯《臨海水土異物志》
宋・羅願撰，元・洪焱祖音釋《爾雅翼》卷二六

石頭魚
唐・劉恂撰《嶺表録異》卷二二四
明・李時珍撰《本草綱目》卷四四（鱗之四）

鮻
宋・羅願撰，元・洪焱祖音釋《爾雅翼》卷二六
宋・黄省曾著《魚經》
元・戴侗撰《六書故》卷二〇
明・王圻、王思義輯《三才圖會》

鮻魚
明・馮時可撰《雨航雜録》卷下

鯗
宋・羅願撰，元・洪焱祖音釋《爾雅翼》卷二六
明・張自烈撰，清・廖文英續《正字通》亥集中（魚部）
明・李時珍撰《本草綱目》卷四四（鱗之四）

元鎮
宋・毛勝著《水族加恩簿》

黄魚
宋・黄省曾著《魚經》
金・李杲編輯，明・李時珍參訂，姚可成補輯《食物本草》卷一〇（鱗部）
明・彭大翼撰，張幼學增訂《山堂肆考》卷二二四
清・稽曾筠等監修，沈翼璣等編纂《浙江通志》卷一〇二

鮸魚
明・李時珍撰《本草綱目》卷四四（鱗之四）

江魚
明・李時珍撰《本草綱目》卷四四（鱗之四）
清・吳儀洛著《本草從新》（蟲魚鱗介部）

黄花魚
明・李時珍撰《本草綱目》卷四四（鱗之四）
清・吳儀洛著《本草從新》（蟲魚鱗介部）
清・李調元撰《然犀志》

鰉魚
明・屠本畯撰《海味索隱》

鱐
宋・黄省曾著《魚經》

白鯗
宋・黄省曾著《魚經》
明・李時珍撰《本草綱目》卷四四（鱗之四）
明・屠本畯撰《海味索隱》

金鱗
宋・黄省曾著《魚經》

黄瓜
宋・黄省曾著《魚經》

鮢魚
明・馮時可撰《雨航雜録》

鰌魚
明・馮時可撰《雨航雜録》

梅童
明・馮時可撰《雨航雜録》

梅首
明・馮時可撰《雨航雜録》

明鯗
明・張自烈撰，清・廖文英續《正字通》亥集中（魚部）

脯鯗
明・張自烈撰，清・廖文英續《正字通》亥集中（魚部）

報春
清・稽曾筠等監修，沈翼璣等編纂《浙江通志》

桂花
清・稽曾筠等監修，沈翼璣等編纂《浙江通志》

小黄鱼 *Pseudosciaena polyactis*

黄梅
明・屠本畯撰《閩中海錯疏》卷上

大頭魚
明・屠本畯撰《閩中海錯疏》卷上

小黄瓜魚
明・屠本畯撰《閩中海錯疏》卷上

梅童鱼 *Collichthys* sp.

鰊
明・屠本畯《閩中海錯疏》卷上

梅童魚
清・稽曾筠等監修，沈翼璣等編纂《浙江通志》卷一〇三

梅魚
清・稽曾筠等監修，沈翼璣等編纂《浙江通志》卷一〇三

鮸 *Miichthys miiuy*

鮸
漢・許慎撰，宋・徐鉉增釋《説文解字》卷一一下
南朝梁・顧野王撰，宋・陳彭年等重修《重修玉篇》卷二四
南唐・徐鍇撰，朱翱反切《説文繫傳》卷二二
元・戴侗撰《六書故》卷二〇
明・張自烈撰，清・廖文英續《正字通》亥集中（魚部）
清・段玉才撰《説文解字注》卷一一下

鮸魚
宋・羅濬撰《寶慶四明志》卷四

金・李杲編輯，明・李時珍參訂，姚可成補輯《食物本草》卷一〇（鱗部）
明・馮時可撰《雨航雜錄》卷下
明・楊慎原本，胡世安箋《異魚圖贊補》卷上
清・段玉才撰《說文解字注》卷一一下

鰵
南唐・徐鍇撰，朱翱反切《說文繫傳》卷二二
元・戴侗撰《六書故》卷二〇
明・張自烈撰，清・廖文英續《正字通》亥集中（魚部）
明・屠本畯撰《閩中海錯疏》卷上
明・楊慎原本，胡世安箋《異魚圖贊補》卷上
清・張玉書、陳廷敬等纂《康熙字典》卷三五

茅鮸
宋・羅濬撰《寶慶四明志》卷四
明・馮時可撰《雨航雜錄》卷下
明・楊慎原本，胡世安箋《異魚圖贊補》卷上

米魚
清・唐景崧修，蔣師轍、薛紹元纂《臺灣府縣志輯・光緒臺灣通志》

鮸姑
宋・羅濬撰《寶慶四明志》卷四

茅狂
明・馮時可撰《雨航雜錄》卷下
明・楊慎原本，胡世安箋《異魚圖贊補》卷上

鰏科 Leiognathidae

鰏
南朝梁・顧野王撰，宋・陳彭年等重修《重修玉篇》卷二四

鹿斑鰏 *Leiognathus ruconius*

花鮗
明・楊慎原本，胡世安箋《異魚圖贊補》閏集

笛鯛科 Lutjanidae

红鳍笛鯛 *Lutjanus erythopterus*

紅魚
清・聶璜撰《清宮海錯圖》第一冊

紅桃魚
清・聶璜撰《清宮海錯圖》第一冊

緋魚
清・聶璜撰《清宮海錯圖》第一冊

新婦魚
清・聶璜撰《清宮海錯圖》第一冊

鯛科 Sparidae

黄鯛 *Taius tumifrons*

赤鬃
明・屠本畯撰《閩中海錯疏》卷上

赤鯮
明・楊慎原本，胡世安箋《異魚圖贊補》閏集

交鬣
明・楊慎原本，胡世安箋《異魚圖贊補》閏集

紅翅
明・楊慎原本，胡世安箋《異魚圖贊補》閏集

真鯛 *Pagrosomus major*

鯛
漢・許慎撰，宋・徐鉉增釋《說文解字》卷一一下

鯕
漢・許慎撰，宋・徐鉉增釋《說文解字》卷一一下

鴃
漢・許慎撰，宋・徐鉉增釋《說文解字》卷一一下

棘鬣
明・屠本畯撰《閩中海錯疏》卷上

吉鬣
明・屠本畯撰《閩中海錯疏》卷上

髻鬣
明・屠本畯撰《閩中海錯疏》卷上

鰭鬣
明・屠本畯撰《閩中海錯疏》卷上

奇鬣
明・屠本畯撰《閩中海錯疏》卷上

過臘
明・屠本畯撰《閩中海錯疏》卷上

銅盆
明・屠本畯撰《閩中海錯疏》卷上

郭磚
明・屠本畯撰《閩中海錯疏》卷上

嘉鯕魚
清・郝懿行撰《記海錯》

鰤鯕
清・岳濬等監修，杜詔等編纂《山東通志》卷二四

家雞
清・岳濬等監修，杜詔等編纂《山東通志》卷二四

鯤
清・李元撰《蠕範》卷八

狼籍
清・李元撰《蠕範》卷八

黑鯛 *Sparus macrocephalus*

烏頰
明・楊慎原本，胡世安箋《異魚圖贊補》閏集
明・屠本畯撰《閩中海錯疏》卷上

黄鰭鯛 *Sparus latus*

黃翅魚
清・唐景崧修，蔣師轍、薛紹元纂《臺灣府縣志輯・光

緒臺灣通志》

黃穡

清・唐景崧修，蔣師轍、薛紹元纂《臺灣府縣志輯・光緒臺灣通志》

射水鱼科 Toxotidae

射水鱼 *Toxotea jaculator*

禽首魚

清・（英）韋廉臣著《格物探原》第一〇

石鲈科 Pomadasyidae

横带髭鲷 *Hapalogenys mucronatus*

銅盆魚

清・聶璜撰《清宮海錯圖》第一册

鯻科 Theraponidae

鯻

宋・丁度、司馬光等纂《集韻》卷七

鮀科 Girellidae

鮀 *Girella punctata*

鮀

南朝梁・顧野王撰，宋・陳彭年等重修《重修玉篇》卷二四

明・張自烈撰，清・廖文英續《正字通》亥集中（魚部）

清・張玉書、陳廷敬等纂《康熙字典》卷三五

羊鱼科 Mullidae

绯鲤 *Upeneus* spp.

緋魚

明・屠本畯撰《閩中海錯疏》卷上

斑带拟羊鱼 *Mulloidichthys samoensis*

海鯉

清・屠英守修，江藩等纂《廣東府縣志輯・道光肇慶府志》卷三

青絲

清・聶璜撰《清宮海錯圖》第一册

青絲魚

清・聶璜撰《清宮海錯圖》第一册

蝴蝶鱼科 Chaetodontidae

荷包鱼 *Chaetodontoplus* sp.

荷包魚

清・薩廉修，陳淑均纂《臺灣府縣志輯・鹹豐臺灣府噶瑪蘭廳志》卷六

镊口鱼 *Forcipiger longirostris*

鑷魚

三國吳・沈瑩撰，張崇根輯《臨海水土異物志》

鑷

清・張玉書、陳廷敬等纂《康熙字典》卷三五

青衣魚

清・張玉書、陳廷敬等纂《康熙字典》卷三五

禽首魚

清・（英）韋廉臣著《格物探原》（圖）

金钱鱼科 Scatophagidae

金钱鱼 *Scatophagus argus*

金錢魚

清・唐景崧修，蔣師轍、薛紹元纂《臺灣府縣志輯・光緒臺灣通志》

金鼓魚

清・田明曜修，陳澧纂《廣東府縣志輯・香山縣志》

銅鼓魚

清・田明曜修，陳澧纂《廣東府縣志輯・香山縣志》

海鲫科 Embieotocidae

海鲫 *Ditrema temmincki*

海鯽

清・郭柏蒼撰《海錯百一錄》卷一

清・（日）西師意譯，（英）竇樂安、許家惺審定《動物學教科書》第七章

海鯽魚

清・聶璜撰《清宮海錯圖》第一册

打鐵爐

清・聶璜撰《清宮海錯圖》第一册

隆头鱼科 Labridae

猪齿鱼 *Choerodon* sp.

疏齒魚

清・稽璜、曹仁虎等撰《續通志》卷一七九

锦鱼 *Thalassoma* spp.

鯇

明・屠本畯撰《閩中海錯疏》卷中

清・張玉書、陳廷敬等纂《康熙字典》卷三五

鯇魚

清・陳夢雷編《古今圖書集成・博物彙編・禽蟲典》下

綿魚

明・屠本畯撰《閩中海錯疏》卷中

清・陳夢雷編《古今圖書集成・博物彙編・禽蟲典》下

錦魚

清・張玉書、陳廷敬等纂《康熙字典》卷三五

新鯇

清・陳夢雷編《古今圖書集成・博物彙編・禽蟲典》下

火管鯇

清・陳夢雷編《古今圖書集成・博物彙編・禽蟲典》下

風鰯

清·陳夢雷編《古今圖書集成·博物彙編·禽蟲典》下

海猪魚 *Halichoeres* spp.

海豬魚

清·陳夢雷編《古今圖書集成·博物彙編·禽蟲典》下

清·郭柏蒼撰《海錯百一錄》

海豕

清·郭柏蒼撰《海錯百一錄》

海豨

清·郭柏蒼撰《海錯百一錄》

细棘海猪鱼 *Halichoeres tenuispinis*

蠔魚

清·聶璜撰《清宮海錯圖》第一册

鹦嘴鱼科 Scaridae

纤鹦嘴鱼 *Leptoscarus vaigiensis*

鶯哥

清·唐景崧修，蔣師轍、薛紹元纂《臺灣府縣志輯·光緒臺灣通志》

鸚鴟魚

明·楊慎原本，胡世安箋《異魚圖贊補》卷中

鰯科 Cirrhitidae

鰯 *Cirrhitus pinnulatus*

鰯

漢·許慎撰，宋·徐鉉增釋《說文解字》卷一一下

南唐·徐鍇撰，朱翱反切《說文繫傳》卷二二

明·張自烈撰，清·廖文英續《正字通》亥集中（魚部）

䲢科 Uranoscopidae

日本䲢 *Uranoscopus japonicus*

大頭丁魚

清·唐景崧修，蔣師轍、薛紹元纂《臺灣府縣志輯·光緒臺灣通志》

鳚科 Blenniidae

鳚

清·張玉書、陳廷敬等纂《康熙字典》卷三五

玉筋鱼科 Ammodytidae

玉筋鱼 *Ammodytes personatus*

玉筋魚

明·王圻、王思義輯《三才圖會》

清·陳夢雷登編《古今圖書集成·博物彙編·禽蟲典》

菜花玉筋

明·王圻、王思義輯《三才圖會》

䲗科 Callionymidae

䲗 *Callionymus* spp.

䲗

南朝梁·顧野王撰，宋·陳彭年等重修《重修玉篇》卷二四

箭頭魚

清·王河等修《欽定盛京通志》卷二七

清·長順修《吉林通志》卷三四

篮子鱼科 Siganidae

褐篮子鱼 *Siganus fuscescens*

娘哀

明·楊慎原本，胡世安箋《異魚圖贊補》閏集

镰鱼科 Zanclidae

镰鱼 *Zanclus cornutus*

鐮魚

清·魯鼎梅修，王必昌纂《臺灣府縣志輯·乾隆重修臺灣縣志》

刺尾鱼科 Acanthuridae

刺尾鱼 *Acanthurus* spp.

鱨

清·張玉書、陳廷敬等纂《康熙字典》卷三五

鱨魚

清·陳夢雷等編《古今圖書集成·博物彙編·禽蟲典》

鱨魟魚

清·陳夢雷等編《古今圖書集成·博物彙編·禽蟲典》

带鱼科 Trichiuridae

小带鱼 *Eupleurogrammus muticus*

帶柳

明·屠本畯撰《閩中海錯疏》卷中

清·李元撰《蠕範》卷五

带鱼 *Trichiurus haumela*

帶

明·屠本畯撰《閩中海錯疏》卷中

帶魚

明·楊慎原本，胡世安箋《異魚圖贊補》閏集

明·謝肇淛撰《五雜俎》卷九

清·李元撰《蠕範》卷五

清·吳儀洛著《本草從新》（蟲魚鱗介部）

銀刀

清·張同聲修，李圖登纂《山東省膠州志》

帶絲

明·楊慎原本，胡世安箋《異魚圖贊補》閏集

沙带鱼 *Lepturacanthus savala*

白帶

清・懷蔭布修，黃任、郭賡武纂《福建府縣志輯・乾隆泉州府志》

白帶魚

清・李廷璧修，周璽纂《臺灣府縣誌輯・道光彰化縣志》

魣科 Sphyraenidae

大魣 *Sphyraena barracuda*

機杼魚

三國吳・沈瑩撰，張崇根輯《臨海水土異物志》

堪矛予魚

晉・郭璞注《山海經》卷四（東山經）

魣魚

明・楊慎原本，胡世安箋《異魚圖贊補》卷上

織絲魚

明・楊慎原本，胡世安箋《異魚圖贊補》卷上

鲭科 Scombridae

日本鲭 *Scomber japonicus*

鮐

漢・許慎撰，宋・徐鉉增釋《說文解字》卷一一下

南朝梁・顧野王撰，宋・陳彭年等重修《重修玉篇》卷二四

唐・顏師古注《漢書》（食貨志）

南唐・徐鍇撰，朱翱反切《說文繫傳》卷二二

元・戴侗撰《六書故》卷二二

鱄魚

晉・郭璞注《山海經》卷一（南山經）

明・張自烈撰，清・廖文英續《正字通》亥集中（魚部）

鱋

南朝梁・顧野王撰，宋・陳彭年等重修《重修玉篇》卷二四

鱄

明・張自烈撰，清・廖文英續《正字通》亥集中（魚部）

鮐魚

南朝梁・顧野王撰，宋・陳彭年等重修《重修玉篇》卷二四

鲅科 Cybiidae

蓝点马鲛 *Scomberomorus niphonius*

鰆

宋・司馬光撰《類篇》卷三三

馬鮫

明・屠本畯撰《閩中海錯疏》卷中

清・聶璜撰《清宮海錯圖》第一冊

章鮌

明・屠本畯撰《閩中海錯疏》卷中

章明

明・屠本畯撰《閩中海錯疏》卷中

社交

明・馮時可撰《雨航雜錄》卷下

清・聶璜撰《清宮海錯圖》第一冊

鮁

清・張玉書、陳廷敬等纂《康熙字典》卷三五

清・李元撰《蠕範》卷七

馬鮫魚

明・馮時可撰《雨航雜錄》卷下

清・稽曾筠等監修，沈翼璣等編纂《浙江通志》卷一〇三

清・李調元撰《然犀志》卷上

馬膏鯽

清・屈大均撰《廣東新語》卷二二

馬膏魚

清・李調元撰《然犀志》卷上

知更魚

清・李元撰《蠕範》卷七

旗鱼科 Istiophoridae

平鳍旗鱼 *Istiophorus platypterus*

旗魚

清・郭柏蒼撰《海錯百一錄》卷一

清・唐景崧修，蔣師轍、薛紹元纂《臺灣府縣志輯・光緒臺灣通志》（物產）

破傘魚

清・郭柏蒼撰《海錯百一錄》卷一

剑鱼科 Xiphiidae

剑鱼 *Xiphias gladius*

大魚

三國吳・沈瑩撰，張崇根輯《臨海水土異物志》

劍魚

清・（英）韋廉臣著《格物探原》

清・西洋南懷仁撰《坤輿圖說》卷下

清・（英）傅蘭雅輯《格致彙編》卷一

針魚

清・（英）韋廉臣著《格物探原》

鲳科 Stromateidae

银鲳 *Pampus argenteus*

鯧

三國吳・沈瑩撰，張崇根輯《臨海水土異物志》

明・屠本畯撰《閩中海錯疏》卷上

鱠魚

唐・劉恂撰《嶺表録異》卷中

明・李時珍撰《本草綱目》卷四四（鱗之四）

清・李元撰《蠕範》卷七

清・李調元撰《然犀志》卷上

鏡魚

三國吳・沈瑩撰，張崇根輯《臨海水土異物志》

清・李調元撰《然犀志》卷上

鯧

南朝梁・顧野王撰，宋・陳彭年等重修《重修玉篇》卷二四

明・張自烈撰，清・廖文英續《正字通》亥集中（魚部）

清・張玉書、陳廷敬等纂《康熙字典》卷三五

清・（日）岡元鳳纂輯《毛詩品物圖考》卷七

鯧魚

金・李杲編輯，明・李時珍參訂，姚可成補輯《食物本草》卷一〇（鱗部）

明・李時珍撰《本草綱目》卷四四（鱗之四）

明・彭大翼撰，張幼學增訂《山堂肆考》卷二二四

明・王圻、王思義輯《三才圖會》

清・李調元撰《然犀志》卷上

清・吳儀洛著《本草從新》（蟲魚鱗介部）

狗瞌睡魚

唐・劉恂撰《嶺表録異》卷中

明・李時珍撰《本草綱目》卷四四（鱗之四）

清・李元撰《蠕範》卷七

斗底鯧

明・屠本畯撰，徐𤊹補疏《閩中海錯疏》卷上

鯧鯸

宋・黄省曾著《魚經》

明・李時珍撰《本草綱目》卷四四（鱗之四）

明・張自烈撰，清・廖文英續《正字通》亥集中（魚部）

明・王圻、王思義輯《三才圖會》

清・張玉書、陳廷敬等纂《康熙字典》卷三五

清・曹秉仁等修，萬經等纂《浙江府縣志輯・雍正寧波府志》

昌鼠

明・李時珍撰《本草綱目》卷四四（鱗之四）

清・李元撰《蠕範》卷七

鱂

明・張自烈撰，清・廖文英續《正字通》亥集中（魚部）

清・李元撰《蠕範》卷七

鱂魚

清・曹秉仁等修，萬經等纂《浙江府縣志輯・雍正寧波府志》

鯫

明・張自烈撰，清・廖文英續《正字通》亥集中（魚部）

昌侯魚

明・彭大翼撰，張幼學增訂《山堂肆考》卷二二四

清・李元撰《蠕範》卷七

瓶魚

清・沈家本、榮銓修，徐宗亮、蔡啟盛纂《天津府縣志輯・光緒重修天津府志》卷二六

狗眠魚

清・林大華纂修《海南府縣志輯・樂會縣志》

鯧鯿

清・方旭撰《蟲薈》卷四

清・李調元撰《然犀志》卷上

黃臘樟

清・郭柏蒼撰《海錯百一錄》卷一

棆魚

清・郭柏蒼撰《海錯百一錄》卷一

塘鱧科 Eleotridae

乌塘鱧 *Bostrichthys sinensis*

蟳虎魚

清・聶璜撰《清宮海錯圖》第一册

沙塘鱧 *Odontobutis obscurus*

土鯆魚

金・李杲編輯，明・李時珍參訂，姚可成補輯《食物本草》卷一〇（鱗部）

吐哺魚

明・馮時可撰《雨航雜錄》卷下

土附

明・馮時可撰《雨航雜錄》卷下

土鮗魚

清・稽曾筠等監修，沈翼璣等編纂《浙江通志》卷一〇二

土步魚

清・稽曾筠等監修，沈翼璣等編纂《浙江通志》卷一〇二

黄鰍 *Hypseleotris swinhonis*

伏念魚

三國吳・沈瑩撰，張崇根輯《臨海水土異物志》

明・張自烈撰，清・廖文英續《正字通》亥集中（魚部）

明・李時珍撰《本草綱目》卷四四（鱗之四）

明・楊慎原本，胡世安箋《異魚圖贊補》卷上

鰍

南唐・徐鍇撰，朱翱反切《說文繫傳》卷二二

明・張自烈撰，清・廖文英續《正字通》亥集中（魚部）

清・張玉書、陳廷敬等纂《康熙字典》卷三五

杜父魚

金・李杲編輯，明・李時珍參訂，姚可成補輯《食物本

草》卷一〇（鳞部）
明・張自烈撰，清・廖文英續《正字通》亥集中（魚部）
明・李時珍撰《本草綱目》卷四四（鱗之四）
明・彭大翼撰，張幼學增訂《山堂肆考》卷二二四
清・張玉書、陳廷敬等纂《康熙字典》卷三五
明・楊慎原本，胡世安箋《異魚圖贊補》卷上

渡父魚

金・李杲編輯，明・李時珍參訂，姚可成補輯《食物本草》卷一〇（鳞部）
明・李時珍撰《本草綱目》卷四四（鱗之四）
明・楊慎原本，胡世安箋《異魚圖贊補》卷上

船碇魚

金・李杲編輯，明・李時珍參訂，姚可成補輯《食物本草》卷一〇（鳞部）

黃鮋

明・張自烈撰，清・廖文英續《正字通》亥集中（魚部）
清・張玉書、陳廷敬等纂《康熙字典》卷三五
明・楊慎原本，胡世安箋《異魚圖贊補》卷上

黃鮋魚

明・李時珍撰《本草綱目》卷四四（鱗之四）

童子魚

明・楊慎原本，胡世安箋《異魚圖贊補》卷上

吐鮫

明・張自烈撰，清・廖文英續《正字通》亥集中（魚部）
清・張玉書、陳廷敬等纂《康熙字典》卷三五

船矴魚

明・李時珍撰《本草綱目》卷四四（鱗之四）
明・張自烈撰，清・廖文英續《正字通》亥集中（魚部）
清・張玉書、陳廷敬等纂《康熙字典》卷三五
明・楊慎原本，胡世安箋《異魚圖贊補》卷上

杜哺魚

明・彭大翼撰，張幼學增訂《山堂肆考》卷二二四

鰕虎鱼科 Gobiidae

细棘鰕虎鱼 *Acentrogobius* spp.

鰻鰓魚

清・聶璜撰《清宮海錯圖》第一冊

狀鰻

清・聶璜撰《清宮海錯圖》第一冊

子陵吻鰕虎鱼 *Rhinogobius giurinus*

鮀

漢・許慎撰，宋・徐鉉增釋《說文解字》卷一一下
晉・郭璞注，唐・陸德明音義，宋・邢昺疏《爾雅注疏》卷一〇
南唐・徐鍇撰，朱翱反切《說文繫傳》卷二二
宋・陸佃撰《埤雅》卷一
元・戴侗撰《六書故》卷二〇
明・張自烈撰，清・廖文英續《正字通》亥集中（魚部）
清・張玉書、陳廷敬等纂《康熙字典》卷三五
清・段玉才撰《說文解字注》卷一一下
清・王樹枬撰《郭氏爾雅訂經》卷二一
清・稽曾筠等監修，沈翼璣等編纂《浙江通志》卷一〇三

鮀魚

金・李杲編輯，明・李時珍參訂，姚可成補輯《食物本草》卷一〇（鳞部）
明・李時珍撰《本草綱目》卷四四（鱗之四）

魦

清・王樹枬撰《郭氏爾雅訂經》卷二一
清・稽曾筠等監修，沈翼璣等編纂《浙江通志》卷一〇三

鯋

三國吳・陸璣撰，明・毛晉廣要《陸氏詩疏廣要》卷一下
宋・陸佃撰《埤雅》卷一
明・張自烈撰，清・廖文英續《正字通》亥集中（魚部）
明・馮時可撰《雨航雜錄》卷下
清・張玉書、陳廷敬等纂《康熙字典》卷三五

鯊

晉・郭璞注，唐・陸德明音義，宋・邢昺疏《爾雅注疏》卷一〇
宋・鄭樵撰《通志》卷七六
宋・羅願撰，元・洪焱祖音釋《爾雅翼》卷二八
元・戴侗撰《六書故》卷二〇
明・張自烈撰，清・廖文英續《正字通》亥集中（魚部）
明・馮時可撰《雨航雜錄》卷下
清・張玉書、陳廷敬等纂《康熙字典》卷三五
清・段玉才撰《說文解字注》卷一一下
清・王樹枬撰《郭氏爾雅訂經》卷二一

鯊魚

金・李杲編輯，明・李時珍參訂，姚可成補輯《食物本草》卷一〇（鳞部）
明・李時珍撰《本草綱目》卷四四（鱗之四）

吹沙

晉・郭璞注，唐・陸德明音義，宋・邢昺疏《爾雅注疏》卷一〇
宋・陸佃撰《埤雅》卷一
宋・鄭樵撰《通志》卷七六
宋・羅願撰，元・洪焱祖音釋《爾雅翼》卷二八
元・戴侗撰《六書故》卷二〇
明・李時珍撰《本草綱目》卷四四（鱗之四）

吹沙魚

金・李杲編輯，明・李時珍參訂，姚可成補輯《食物本草》卷一〇（鳞部）

清・稽曾筠等監修，沈翼璣等編纂《浙江通志》卷一〇三

吹鯊

明・屠本畯撰《閩中海錯疏》卷上

沙鮀

南唐・徐鍇撰，朱翱反切《說文繫傳》卷二二

沙溝魚

金・李杲編輯，明・李時珍參訂，姚可成補輯《食物本草》卷一〇（鱗部）

明・張自烈撰，清・廖文英續《正字通》亥集中（魚部）

明・李時珍撰《本草綱目》卷四四（鱗之四）

鰕虎魚

金・李杲編輯，明・李時珍參訂，姚可成補輯《食物本草》卷一〇（鱗部）

宋・黃省曾著《魚經》

鮀

明・張自烈撰，清・廖文英續《正字通》亥集中（魚部）

鯊鮀

晉・郭璞注，唐・陸德明音義，宋・邢昺疏《爾雅注疏》卷一〇

宋・鄭樵撰《通志》卷七六

明・張自烈撰，清・廖文英續《正字通》亥集中（魚部）

清・張玉書、陳廷敬等纂《康熙字典》卷三五

沙鰮

明・李時珍撰《本草綱目》卷四四（鱗之四）

阿浪魚

明・李時珍撰《本草綱目》卷四四（鱗之四）

新婦魚

宋・黃省曾著《魚經》

子陵魚

清・吳士進原本，吳世榮續修，鄒柏森、馬斯藏續纂《光緒嚴州府志》

重唇魚

清・王河等修《欽定盛京通志》

石花魚

清・和珅等撰《大清一統志》

重唇籥魦

三國吳・陸璣撰，明・毛晉廣要《陸氏詩疏廣要》卷一下

呵浪魚

明・張自烈撰，清・廖文英續《正字通》亥集中（魚部）

黄鳍刺鰕虎鱼 *Acanthogobius flavimanus*

黨甲魚

清・聶璜撰《清宮海錯圖》第一冊

海猪蹄

清・聶璜撰《清宮海錯圖》第一冊

鳖戥盒

清・聶璜撰《清宮海錯圖》第一冊

中华钝牙鰕虎鱼 *Apocryptichthys sericus*

海狗

清・陳培桂等纂修《臺灣府縣志輯· 同治淡水廳志》

清・蔡麟祥、陳步梯修，林豪纂《臺灣府縣志輯・新修臺灣澎湖志》卷一〇

弹涂鱼科 Periophthalmidae

弹涂鱼 *Periophthalmus cantonensis*

彈塗

明・屠本畯撰《閩中海錯疏》卷中

明・王圻、王思義輯《三才圖會》

明・馮時可撰《雨航雜錄》卷下

清・聶璜撰《清宮海錯圖》第一冊

清・稽曾筠等監修，沈翼璣等編纂《浙江通志》卷一〇三

清・曹秉仁等修，萬經等纂《浙江府縣志輯・雍正寧波府志》

跳魚

明・屠本畯撰《閩中海錯疏》卷中

清・聶璜撰《清宮海錯圖》第一冊

猴泥

明・屠本畯撰《閩中海錯疏》卷中

白頰

明・屠本畯撰《閩中海錯疏》卷中

闌胡

明・馮時可撰《雨航雜錄》卷下

明・王圻、王思義輯《三才圖會》

清・稽曾筠等監修，沈翼璣等編纂《浙江通志》卷一〇三

清・曹秉仁等修，萬經等纂《浙江府縣志輯・雍正寧波府志》

大弹涂鱼 *Boleophthalmus pectinirostris*

跳魚

清・郭柏蒼撰《海錯百一錄》卷二

彈塗

清・郭柏蒼撰《海錯百一錄》卷二

花跳

清・郭柏蒼撰《海錯百一錄》卷二

江犬

清・郭柏蒼撰《海錯百一錄》卷二

跳跳魚

清・郭柏蒼撰《海錯百一錄》卷二

䱱魚

清・唐景崧修，蔣師轍、薛紹元纂《臺灣府縣志輯・光緒臺灣通志》（物產）

花䱱

清・唐景崧修，蔣師轍、薛紹元纂《臺灣府縣志輯・光

緒臺灣通志》（物產）

鰻鰕虎鱼科 Taenioididae

孔鰕虎鱼 *Trypauchen* sp.

赤鱗魚

清・聶璜撰《清宮海錯圖》第二册

小紅鰻

清・聶璜撰《清宮海錯圖》第二册

斗鱼科 Belontiidae

斗魚

明・楊慎原本，胡世安箋《異魚圖贊補》卷上

明・沈弘正撰《蟲天志》卷三

明・沈弘正撰《枕中草詠鬥魚》

師婆魚

明・楊慎原本，胡世安箋《異魚圖贊補》卷上

明・沈弘正撰《蟲天志》卷三

波師魚

明・楊慎原本，胡世安箋《異魚圖贊補》卷上

錢爿魚

明・楊慎原本，胡世安箋《異魚圖贊補》卷上

波斯魚

明・沈弘正撰《蟲天志》卷三

花魚

明・沈弘正撰《蟲天志》卷三

叉尾斗鱼 *Macropodus opercularis*

丁斑

明・屠本畯撰《閩中海錯疏》卷中

清・唐景崧修，蔣師轍、薛紹元纂《臺灣府縣志輯・光緒臺灣通志》（物產）

丁斑魚

清・陳淏子輯《秘傳花鏡》卷六

斗魚

明・屠本畯撰《閩中海錯疏》卷中

清・陳淏子輯《秘傳花鏡》卷六

清・毛昌善修，陳蘭彬纂《廣東府縣志輯・光緒吳川縣志》卷二

清・唐景崧修，蔣師轍、薛紹元纂《臺灣府縣志輯・光緒臺灣通志》（物產）

斗龍魚

清・唐景崧修，蔣師轍、薛紹元纂《臺灣府縣志輯・光緒臺灣通志》（物產）

文魚

清・陳淏子輯《秘傳花鏡》卷六

錦鱗

清・毛昌善修，陳蘭彬纂《廣東府縣志輯・光緒吳川縣志》卷二

菩薩魚

清・毛昌善修，陳蘭彬纂《廣東府縣志輯・光緒吳川縣志》卷二

波師

清・毛昌善修，陳蘭彬纂《廣東府縣志輯・光緒吳川縣志》卷二

師婆

清・毛昌善修，陳蘭彬纂《廣東府縣志輯・光緒吳川縣志》卷二

三班

清・唐景崧修，蔣師轍、薛紹元纂《臺灣府縣志輯・光緒臺灣通志》（物產）

鳢科 Channidae

乌鳢 *Ophicephalus argus*

鱧

漢・許慎撰，宋・徐鉉增釋《說文解字》卷一一下

晉・郭璞注，唐・陸德明音義，宋・邢昺疏《爾雅注疏》卷一〇

三國吳・陸璣撰，明・毛晉廣要《陸氏詩疏廣要》卷下

南唐・徐鍇撰，朱翱反切《說文繫傳》卷二二

宋・鄭樵撰《通志》卷七六

元・戴侗撰《六書故》卷二〇

明・屠本畯撰《閩中海錯疏》卷上

明・張自烈撰，清・廖文英續《正字通》亥集中（魚部）

明・王圻、王思義輯《三才圖會》

清・張玉書、陳廷敬等纂《康熙字典》卷三五

清・李元撰《蠕範》卷三

鱺

漢・許慎撰，宋・徐鉉增釋《說文解字》卷一一下

晉・郭璞注，唐・陸德明音義，宋・邢昺疏《爾雅注疏》卷一〇

三國魏・張揖撰，隋・曾憲音解《博雅》卷一〇

南唐・徐鍇撰，朱翱反切《說文繫傳》卷二二

鮦

漢・許慎撰，宋・徐鉉增釋《說文解字》卷一一下

晉・郭璞注，唐・陸德明音義，宋・邢昺疏《爾雅注疏》卷一〇

三國魏・張揖撰，隋・曾憲音解《博雅》卷一〇

三國吳・陸璣撰，明・毛晉廣要《陸氏詩疏廣要》卷下

南朝梁・顧野王撰，宋・陳彭年等重修《重修玉篇》卷二四

南唐・徐鍇撰，朱翱反切《說文繫傳》卷二二

元・戴侗撰《六書故》卷二〇

明・張自烈撰，清・廖文英續《正字通》亥集中（魚部）

清・張玉書、陳廷敬等纂《康熙字典》卷三五

清・李元撰《蠕範》卷三

鰫

漢・許慎撰，宋・徐鉉增釋《說文解字》卷一一下

南朝梁・顧野王撰，宋・陳彭年等重修《重修玉篇》卷二四

南唐・徐鍇撰，朱翺反切《說文繫傳》卷二二

元・戴侗撰《六書故》卷二〇

明・張自烈撰，清・廖文英續《正字通》亥集中（魚部）

鰑

三國魏・張揖撰，隋・曾憲音解《博雅》卷一〇

鮎

三國魏・張揖撰，隋・曾憲音解《博雅》卷一〇

鯉

三國魏・張揖撰，隋・曾憲音解《博雅》卷一〇

鯱

三國魏・張揖撰，隋・曾憲音解《博雅》卷一〇

鱸鱸魚

三國吳・陸璣撰，明・毛晉廣要《陸氏詩疏廣要》卷下

清・李元撰《蠕範》卷三

文魚

三國吳・陸璣撰，明・毛晉廣要《陸氏詩疏廣要》卷下

明・李時珍撰《本草綱目》卷四四（鱗之四）

明・屠本畯撰《閩中海錯疏》卷上

清・李元撰《蠕範》卷三

鮵

南朝梁・顧野王撰，宋・陳彭年等重修《重修玉篇》卷二四

南唐・徐鍇撰，朱翺反切《說文繫傳》卷二二

宋・鄭樵撰《通志》卷七六

鯉

南朝梁・顧野王撰，宋・陳彭年等重修《重修玉篇》卷二四

南唐・徐鍇撰，朱翺反切《說文繫傳》卷二二

宋・鄭樵撰《通志》卷七六

明・張自烈撰，清・廖文英續《正字通》亥集中（魚部）

玄鱧

宋・陸佃撰《埤雅》卷一

明・李時珍撰《本草綱目》卷四四（鱗之四）

蠡魚

宋・蘇頌撰《圖經本草》

明・李時珍撰《本草綱目》卷四四（鱗之四）

清・李元撰《蠕範》卷三

黑鱧

明・李時珍撰《本草綱目》卷四四（鱗之四）

烏鱧

明・李時珍撰《本草綱目》卷四四（鱗之四）

火柴頭魚

明・李時珍撰《本草綱目》卷四四（鱗之四）

清・李元撰《蠕範》卷三

柴魚

清・李元撰《蠕範》卷三

北斗魚

清・李元撰《蠕範》卷三

七星魚

清・李元撰《蠕範》卷三

黑魚

清・金蓉鏡纂《湖南省靖州鄉土志》

明・王圻、王思義輯《三才圖會》

鱧鮬

清・沈家本、榮銓修，徐宗亮、蔡啟盛纂《天津府縣志輯・光緒重修天津府志》

鮦魚

晉・郭璞注，唐・陸德明音義，宋・邢昺疏《爾雅注疏》卷一〇

明・李時珍撰《本草綱目》卷四四（鱗之四）

烏魚

明・張自烈撰，清・廖文英續《正字通》亥集中（魚部）

明・顧起元撰《遊園居士・魚品》

清・張玉書、陳廷敬等纂《康熙字典》卷三五

清・李元撰《蠕範》卷三

鱧魚

宋・羅願撰，元・洪焱祖音釋《爾雅翼》卷二八

明・李時珍撰《本草綱目》卷四四（鱗之四）

清・陳夢雷等編《古今圖書集成・博物彙編・禽蟲典》

烏鯉

明・屠本畯撰，徐燉補疏《閩中海錯疏》卷上

元鱧

明・屠本畯撰，徐燉補疏《閩中海錯疏》卷上

鮁

清・李元撰《蠕範》卷三

鮣科 Echeneidae

鮣 *Echeneis naucrates*

印魚

三國吳・沈瑩撰，張崇根輯《臨海水土異物志》

明・楊慎原本，胡世安箋《異魚圖贊補》卷上

清・稽璜、曹仁虎等撰《續通志》卷一七九

清・聶璜撰《清宮海錯圖》第一冊

清・柯璜譯編，（日）箕作佳吉著《博物學講義・動物篇》第六章

鮣

宋・丁度、司馬光等纂《集韻》卷七

明・張自烈撰，清・廖文英續《正字通》亥集中（魚部）

清・張玉書、陳廷敬等纂《康熙字典》卷三五

清・李元撰《蠕範》卷六

鮣魚

宋・羅願撰，元・洪焱祖音釋《爾雅翼》卷三〇

清・張玉書、陳廷敬等纂《康熙字典》卷三五

清·郝懿行著《記海錯》
清·聶璜撰《清宮海錯圖》第一册
印頰魚
明·楊慎原本，胡世安箋《異魚圖贊補》卷上
印子魚
清·李元撰《蠕範》卷六
應子魚
清·李元撰《蠕範》卷六
利莫拉
清·（英）艾約瑟撰《動物學啟蒙》卷六（脊骨動物魚類）
捕魚魚
清·（英）艾約瑟撰《動物學啟蒙》卷六（脊骨動物魚類）
吸盤魚
清·柯璜譯編，（日）箕作佳吉著《博物學講義·動物篇》第六章
首象印
宋·丁度、司馬光等纂《集韻》卷七
清·張玉書、陳廷敬等纂《康熙字典》卷三五

鲉形目 Scorpaeniformes

毒鲉科 Synanceidae

虎鲉 *Minous monodactylus*

虎魚
清·唐景崧修，蔣師轍、薛紹元纂《臺灣府縣志輯·光緒臺灣通志》（物産）
魚虎
清·聶璜撰《清宮海錯圖》第一册

魴鮄科 Triglidae

空頭魚
清·聶璜撰《清宮海錯圖》第一册

短鳍红娘鱼 *Lepidotrigla micropterus*

紅娘子魚
清·王河等修《欽定盛京通志》

鲬科 Platycephalidae

大鳞鳞鲬 *Onigocia macrolepis*

甲頭魚
清·（日）西師意譯，（英）竇樂安、許家惺審定《動物學教科書》第七章

鲬 *Platycephalus indicus*

牛尾魚
清·魯鼎梅修，王必昌纂《臺灣府縣志輯·乾隆重修臺灣縣志》
清·蔣毓英等修《臺灣府志》
清·（日）西師意譯，（英）竇樂安、許家惺審定《動物學教科書》第七章

杜父鱼科 Cottidae

松江鲈 *Trachidermus fasciatus*

鱸
南朝梁·顧野王撰，宋·陳彭年等重修《重修玉篇》卷二四
明·張自烈撰，清·廖文英續《正字通》亥集中（魚部）
清·張玉書、陳廷敬等纂《康熙字典》卷三五
紅文生
宋·毛勝著《水族加恩簿》
鱸魚
唐·李白撰《李太白文集》卷四
宋·陶弼撰《江上漁者》
宋·蘇軾撰《和文與可洋州金橙徑》
宋·楊時撰《龜山集》卷四一
宋·周紫芝撰《太倉稊米集》卷三〇
宋·黄省曾著《魚經》
金·李杲編輯，明·李時珍參訂，姚可成補輯《食物本草》卷一〇（鱗部）
元·馬祖常撰《石田文集》卷四
元·王惲撰《秋澗集》卷四
明·王圻、王思義輯《三才圖會》
明·李時珍撰《本草綱目》卷四四（鱗之四）
清·聶璜撰《清宮海錯圖》第一册
清·吳儀洛著《本草從新》（蟲魚鱗介部）
清·陳夢雷登編《古今圖書集成·博物彙編·禽蟲典》
四腮鱸
宋·范成大撰《秋日田園雜興》
金·李杲編輯，明·李時珍參訂，姚可成補輯《食物本草》卷一〇（鱗部）
清·唐景崧修，蔣師轍、薛紹元纂《臺灣府縣志輯·光緒臺灣通志》（物産）
四鰓魚
明·李時珍撰《本草綱目》卷四四（鱗之四）
清·吳儀洛著《本草從新》（蟲魚鱗介部）
脆鱸
宋·黄省曾著《魚經》
明·王圻、王思義輯《三才圖會》
金目魚
清·唐景崧修，蔣師轍、薛紹元纂《臺灣府縣志輯·光緒臺灣通志》
松江鱸魚
宋·孔平仲撰《談苑》卷一
爛鱸
宋·黄省曾著《魚經》

狮子鱼科 Liparidae

獅子魚

清・梁成久纂修，陳景棻續修《廣東府縣志輯・海康縣續志》卷一

紅老魚

清・梁成久纂修，陳景棻續修《廣東府縣志輯・海康縣續志》卷一

豹魴鮄科 Dactylopteridae

东方豹魴鮄 *Dactyloptena orientalis*

白角

清・李調元撰《然犀志》卷上

角魚

清・李調元撰《然犀志》卷上

吉氏豹魴鮄 *Dactyloptena gilberti*

紅角

清・李調元撰《然犀志》卷上

鲽形目 Pleuronectiformes

比目魚

三國吳・沈瑩撰，張崇根輯《臨海水土異物志》

宋・羅願撰，元・洪焱祖音釋《爾雅翼》卷二九

元・戴侗撰《六書故》卷二二

金・李杲編輯，明・李時珍參訂，姚可成補輯《食物本草》卷一〇（鱗部）

明・李時珍撰《本草綱目》卷四四（鱗之四）

明・喻政修，林材纂《福州府志》卷三七

明・張自烈撰，清・廖文英續《正字通》亥集中（魚部）

明・王圻、王思義輯《三才圖會》

清・張玉書、陳廷敬等纂《康熙字典》卷三五

清・李調元撰《然犀志》卷上

鰈

漢・許慎撰，宋・徐鉉增釋《說文解字》卷一一下

三國吳・沈瑩撰，張崇根輯《臨海水土異物志》

元・戴侗撰《六書故》卷二二

明・李時珍撰《本草綱目》卷四四（鱗之四）

明・張自烈撰，清・廖文英續《正字通》亥集中（魚部）

清・張玉書、陳廷敬等纂《康熙字典》卷三五

清・李調元撰《然犀志》卷上

鰜

漢・許慎撰，宋・徐鉉增釋《說文解字》卷一一下

三國吳・沈瑩撰，張崇根輯《臨海水土異物志》

元・張自烈撰，清・廖文英續《正字通》亥集中（魚部）

明・李時珍撰《本草綱目》卷四四（鱗之四）

清・李調元撰《然犀志》卷上

奴屨魚

三國吳・沈瑩撰，張崇根輯《臨海水土異物志》

明・李時珍撰《本草綱目》卷四四（鱗之四）

清・張玉書、陳廷敬等纂《康熙字典》卷三五

清・李調元撰《然犀志》卷上

婢屣魚

三國吳・沈瑩撰，張崇根輯《臨海水土異物志》

明・李時珍撰《本草綱目》卷四四（鱗之四）

清・張玉書、陳廷敬等纂《康熙字典》卷三五

清・李調元撰《然犀志》卷上

鰨

漢・許慎撰，宋・徐鉉增釋《說文解字》卷一一下

南唐・徐鍇撰，朱翱反切《說文繫傳》卷二二

清・段玉才撰《說文解字注》卷一一下

魼

漢・許慎撰，宋・徐鉉增釋《說文解字》卷一一下

南唐・徐鍇撰，朱翱反切《說文繫傳》卷二二

明・李時珍撰《本草綱目》卷四四（鱗之四）

清・李調元撰《然犀志》卷上

王餘

元・戴侗撰《六書故》卷二二

王餘魚

清・張玉書、陳廷敬等纂《康熙字典》卷三五

箬篛魚

金・李杲編輯，明・李時珍參訂，姚可成補輯《食物本草》卷一〇（鱗部）

鞋底魚

宋・羅願撰，元・洪焱祖音釋《爾雅翼》卷二九

金・李杲編輯，明・李時珍參訂，姚可成補輯《食物本草》卷一〇（鱗部）

明・李時珍撰《本草綱目》卷四四（鱗之四）

明・喻政修，林材纂《福州府志》卷三七

清・張玉書、陳廷敬等纂《康熙字典》卷三五

清・李調元撰《然犀志》卷上

版魚

明・李時珍撰《本草綱目》卷四四（鱗之四）

箬葉魚

宋・羅願撰，元・洪焱祖音釋《爾雅翼》卷二九

明・李時珍撰《本草綱目》卷四四（鱗之四）

清・張玉書、陳廷敬等纂《康熙字典》卷三五

清・李調元撰《然犀志》卷上

清・聶璜撰《清宮海錯圖》第一冊

鲐魚

明・王圻、王思義輯《三才圖會》

魪

明・張自烈撰，清・廖文英續《正字通》亥集中（魚部）

明·李時珍撰《本草綱目》卷四四（鱗之四）
清·李調元撰《然犀志》卷上

挐屩魚

明·張自烈撰，清·廖文英續《正字通》亥集中（魚部）

銅盆魚

明·張自烈撰，清·廖文英續《正字通》亥集中（魚部）

魪

清·張玉書、陳廷敬等纂《康熙字典》卷三五

側目魚

清·郭柏蒼撰《海錯百一錄》卷一

側口魚

清·郭柏蒼撰《海錯百一錄》卷一

扁魚

清·郭柏蒼撰《海錯百一錄》卷一

鰈沙

清·郭柏蒼撰《海錯百一錄》卷一

貼池

清·郭柏蒼撰《海錯百一錄》卷一

鰈鯊魚

明·喻政修，林材纂《福州府志》卷三七

板魚

宋·羅願撰，元·洪焱祖音釋《爾雅翼》卷二九
清·張玉書、陳廷敬等纂《康熙字典》卷三五

鰜科 Psettodidae

大口鰜 *Psettodes erumei*

鰜

漢·許慎撰，宋·徐鉉增釋《說文解字》卷一一下
南朝梁·顧野王撰，宋·陳彭年等重修《重修玉篇》卷二四
南唐·徐鍇撰，朱翺反切《說文繫傳》卷二二
遼·釋行均撰《龍龕手鑑》卷一
清·張玉書、陳廷敬等纂《康熙字典》卷三五

鰀

南唐·徐鍇撰，朱翺反切《說文繫傳》卷二二
清·張玉書、陳廷敬等纂《康熙字典》卷三五

王餘

明·張自烈撰，清·廖文英續《正字通》亥集中（魚部）

鰨科 Soleidae

箬鰨 *Brachirus* spp.

箬魚

明·楊慎原本，胡世安箋《異魚圖贊補》
清·稽曾筠等監修，沈翼璣等編纂《浙江通志》卷一〇二

貼沙

明·楊慎原本，胡世安箋《異魚圖贊補》

箬葉魚

清·稽曾筠等監修，沈翼璣等編纂《浙江通志》卷一〇二

鰨鰻

清·稽曾筠等監修，沈翼璣等編纂《浙江通志》卷一〇二

比目魚

清·稽曾筠等監修，沈翼璣等編纂《浙江通志》卷一〇二

板魚

清·稽曾筠等監修，沈翼璣等編纂《浙江通志》卷一〇二

鞋底魚

清·稽曾筠等監修，沈翼璣等編纂《浙江通志》卷一〇二

鲀形目 Tetraodontiformes

三刺鲀科 Triacanthidae

短吻三刺鲀 *Triacanthus biaculeatus*

鯪魚

三國吳·沈瑩撰，張崇根輯《臨海水土異物志》

連刺魚

清·郭柏蒼撰《海錯百一錄》卷一

蓮刺

清·郭柏蒼撰《海錯百一錄》卷一

革鲀科 Aluteridae

中华单角鲀 *Monacanthus chinensis*

鹿魚

三國吳·沈瑩撰，張崇根輯《臨海水土異物志》

鹿子魚

金·李杲編輯，明·李時珍參訂，姚可成補輯《食物本草》卷一〇（鱗部）

鹿角

明·屠本畯撰《閩中海錯疏》卷上

鹿角魚

清·郭柏蒼撰《海錯百一錄》卷一

鯳鯱

清·郭柏蒼撰《海錯百一錄》卷一

鹿頭魚

清·方旭撰《蟲薈》

潛鹿

清·方旭撰《蟲薈》

绒纹线鳞鲀 *Arotrolepis sulcatus*

三角魚

清·周碩勲纂修《廣東省潮州府志》卷三九

飛角魚

清·周碩勲纂修《廣東省潮州府志》卷三九

箱鲀科 Ostraciidae

箱鲀 *Ostracion* spp.

海雀

清・（日）西師意譯，（英）竇樂安、許家惺審定《動物學教科書》第七章

海牛

清・柯璜譯編，（日）箕作佳吉著《博物學講義・動物篇》第六章

夾甲魚

清・聶璜撰《清宮海錯圖》第一冊

角箱鲀 *Lactoria cornutus*

鹿頭魚

明・方以智撰《通雅》卷四七

明・楊慎原本，胡世安箋《異魚圖贊補》卷上

潛鹿魚

明・方以智撰《通雅》卷四七

鹿子魚

明・楊慎原本，胡世安箋《異魚圖贊補》卷上

鲀科 Tetraodontidae

东方鲀 *Takifugu* spp.

鯖鯖

晉・郭璞注《山海經》卷三（北山經）

鯖鯖

晉·郭璞注《山海經》卷三（北山經）

清・李元撰《蠕範》卷六

鯖

南朝梁・顧野王撰，宋・陳彭年等重修《重修玉篇》卷二四

宋・司馬光撰《類篇》卷三三

清・張玉書、陳廷敬等纂《康熙字典》卷三五

鯖

宋・司馬光撰《類篇》卷三三

清・張玉書、陳廷敬等纂《康熙字典》卷三五

鯸鮧

元・戴侗撰《六書故》卷二〇

鯢

元・戴侗撰《六書故》卷二〇

宋・羅願撰，元·洪焱祖音釋《爾雅翼》卷二九

清・張玉書、陳廷敬等纂《康熙字典》卷三五

烏狼

元・戴侗撰《六書故》卷二〇

探魚

元・戴侗撰《六書故》卷二〇

黃鯢

元・戴侗撰《六書故》卷二〇

河豚

宋・羅願撰，元·洪焱祖音釋《爾雅翼》卷二九

宋・歐陽修撰《六一詩話》卷七

宋・薛季宣撰，薛旦編《浪語集》卷一一

宋・范成大撰《石湖詩集》卷一

宋・孔平仲撰《談苑》卷一

宋・張耒撰《明道雜誌》

宋・黃省曾著《魚經》

金・李杲編輯，明・李時珍參訂，姚可成補輯《食物本草》卷一〇（鱗部）

元・戴侗撰《六書故》卷二〇

明・謝肇淛撰《五雜俎》卷九

明・陶宗儀撰《南村輟耕錄》卷九

明・李時珍撰《本草綱目》卷四四（鱗之四）

明・馮時可撰《雨航雜錄》卷下

明・王圻、王思義輯《三才圖會》

清・岳濬等監修，杜詔等編纂《山東通志》卷二四

清・李元撰《蠕範》卷六

清・柯璜譯編，（日）箕作佳吉著《博物學講義・動物篇》第六章（魚類）

清・朱彝尊撰《曝書亭集》卷六

清・吳儀洛著《本草從新》（蟲魚鱗介部）

河鲀

宋・蘇軾撰《東坡全集》卷一五

宋・周紫芝撰《太倉稊米集》卷三〇

元・謝應芳撰《龜巢稿》卷二

明・張自烈撰，清・廖文英續《正字通》亥集中（魚部）

鯸鮔

元・戴侗撰《六書故》卷二〇

清・李元撰《蠕範》卷六

嗔魚

金・李杲編輯，明・李時珍參訂，姚可成補輯《食物本草》卷一〇（鱗部）

明・李時珍撰《本草綱目》卷四四（鱗之四）

吹吐魚

金・李杲編輯，明・李時珍參訂，姚可成補輯《食物本草》卷一〇（鱗部）

吹肚魚

明・李時珍撰《本草綱目》卷四四（鱗之四）

氣包魚

金・李杲編輯，明・李時珍參訂，姚可成補輯《食物本草》卷一〇（鱗部）

明・李時珍撰《本草綱目》卷四四（鱗之四）

斑子

明・彭大翼撰，張幼學增訂《山堂肆考》卷二二四

鰗鮧

明・李時珍撰《本草綱目》卷四四（鱗之四）

鯆魚

明・李時珍撰《本草綱目》卷四四（鱗之四）

魨

明・張自烈撰，清・廖文英續《正字通》亥集中（魚部）

清・張玉書、陳廷敬等纂《康熙字典》卷三五

清・李元撰《蠕範》卷六

鯢魚

明・張自烈撰，清・廖文英續《正字通》亥集中（魚部）

明・馮時可撰《雨航雜錄》卷下

明・王圻、王思義輯《三才圖會》

豚魚

明・張自烈撰，清・廖文英續《正字通》亥集中（魚部）

鯸鮧

明・張自烈撰，清・廖文英續《正字通》亥集中（魚部）

鮔

明・張自烈撰，清・廖文英續《正字通》亥集中（魚部）

鯺

清・李元撰《蠕範》卷六

鯸鮐

漢・王充撰《論衡》卷二三（言毒篇）

清・李元撰《蠕範》卷六

鯸鮐

明・李時珍撰《本草綱目》卷四四（鱗之四）

明・馮時可撰《雨航雜錄》卷下

清・李元撰《蠕範》卷六

赤鮭

清・李元撰《蠕範》卷六

回魚

清・李元撰《蠕範》卷六

胡夷

清・李元撰《蠕範》卷六

黃規

清・李元撰《蠕範》卷六

規魚

清・李元撰《蠕範》卷六

鰾魚

清・李元撰《蠕範》卷六

挺鮁

清・岳濬等監修，杜詔等編纂《山東通志》卷二四

氣魚

清・唐景崧修，蔣師轍、薛紹元纂《臺灣府縣志輯・光緒臺灣通志》（物產）

鮐魚

清・方旭撰《蟲薈》

西施乳

清・方旭撰《蟲薈》

青郎君

清・方旭撰《蟲薈》

斑兒

清・方旭撰《蟲薈》

刺魨科 Diodontidae

六斑刺魨 *Diodon holacanthus*

土奴魚

三國吳・沈瑩撰，張崇根輯《臨海水土異物志》

魚虎

金・李杲編輯，明・李時珍參訂，姚可成補輯《食物本草》卷一〇（鱗部）

明・李時珍撰《本草綱目》卷四四（鱗之四）

清・陳夢雷等編《古今圖書集成・博物彙編・禽蟲典》

清・（日）西師意譯，（英）竇樂安、許家惺審定《動物學教科書》第七章

泡魚

金・李杲編輯，明・李時珍參訂，姚可成補輯《食物本草》卷一〇（鱗部）

刺魚

清・郭柏蒼撰《海錯百一錄》卷一

九斑刺魨 *Diodon novemmaculatus*

氣魚

清・唐景崧修，蔣師轍、薛紹元纂《臺灣府縣志輯・光緒臺灣通志》（物產）

刺龜魚

清・唐景崧修，蔣師轍、薛紹元纂《臺灣府縣志輯・光緒臺灣通志》（物產）

清・乾隆三六年《澎湖紀略》

翻车魨科 Molidae

翻车魨 *Mola mola*

翻車魚

明・顧岕著《海槎餘錄》

清・柯璜譯編，（日）箕作佳吉著《博物學講義・動物篇》第六章（魚類）

清・李調元撰《然犀志》卷上

清・鍾元棣修，張雋，邢定綸纂《海南府縣志輯・民國崖州志》卷四

翻身魚

清· 林大華纂修《海南府縣志輯・樂會縣志》卷二

鮟鱇目 Lophiiformes

鮟鱇科 Lophiidae

鮟鱇魚

清・柯璜譯編，（日）箕作佳吉著《博物學講義・動物篇》第六章（魚類）

火魚

清・柯璜譯編,（日）箕作佳吉著《博物學講義・動物篇》第六章（魚類）

清・嵇曾筠等監修，沈翼機等編纂《浙江通志》卷一〇三

琵琶魚

清・柯璜譯編,（日）箕作佳吉著《博物學講義・動物篇》第六章（魚類）

三腳蟾

清・李調元撰《然犀志》卷上

躄鱼科 Antennaridae

鯓

明・屠本畯撰《閩中海錯疏》卷上

金絲鰲

明·屠本畯撰《閩中海錯疏》卷上

两栖纲 Amphibia

有尾目 Urodela

小鲵科 Hynobiidae

山溪鲵 *Batrachuperus* spp.

蛇醫母

清・何東銘纂《四川府縣志輯・邛巂野錄》卷之一五

溪狗

清・何東銘纂《四川府縣志輯・邛巂野錄》卷之一五

隐鲵鳃科 Cryptobranchidae

大鲵 *Andrias davidianus*

鯢魚

漢・許慎撰，宋・徐鉉增釋《說文解字》卷一一 下（魚部）

漢・楊孚撰，清・曾釗輯《異物志》

漢・劉向撰《說苑》卷一七（雜言篇・烹鯢魚）

晉・郭璞注，宋・邢昺疏《爾雅注疏》卷一〇、卷一〇考證

北魏・酈道元注《水經注》卷一五（伊水）

唐・段成式撰《酉陽雜俎》卷一七（廣動）

唐・陳藏器撰，尚志鈞輯釋《本草拾遺》卷六（蟲魚部）

宋・宋祁撰《益部方物略記》

宋・鄭樵撰《通志》卷七六（昆蟲草木略・蟲魚類）

宋・唐慎微撰，寇宗奭衍義《證類本草》卷二〇

宋・洪邁撰《夷堅志》丙卷二・牙兒魚

金・李杲編輯，明・李時珍參訂，姚可成補輯《食物本草》卷一〇（鱗部・無鱗魚類）

明・李時珍撰《本草綱目》卷四四（鱗部・無鱗魚類）

明・曹學佺撰《蜀中廣記》卷六〇（方物記第二・鱗介）

明・何宇度撰《益部談資》卷上

明・張自烈撰《正字通》亥集中（魚部）

清・嵇璜、曹仁虎等撰《續通志》卷一七六（昆蟲草木略・魚類）

清・何秋濤撰《王會篇箋釋》卷上

清・李調元撰《然犀志》卷上（鯢魚）

清・覺羅石麟監修，儲大文等纂《山西通志》卷二三（山川・陽城縣）

清・劉於義等監修，沈青崖等編纂《陝西通志》卷四四

清・張玉書、陳廷敬等纂《康熙字典》卷三五

清・陳夢雷編《古今圖書集成・博物彙編・禽蟲典》卷一四四（鯢魚）

清・段玉裁撰《說文解字注》卷一一下（魚部）

清・郝懿行撰《爾雅義疏》卷下四（釋魚）

清・方旭撰《蟲薈》卷四（鱗蟲・鯢魚）

人魚

三國魏・沈瑩撰《臨海異物志》

晉・郭璞注《山海經》卷二（西山經）、卷三〈北山經〉、卷五〈中山經〉

北魏・酈道元注《水經注》卷一五（伊水）

宋・唐慎微撰，寇宗奭衍義《證類本草》卷二〇（蟲魚部）

宋・洪邁撰《夷堅志》丁卷三（人魚）

金・李杲編輯，明・李時珍參訂，姚可成補輯《食物本草》卷一〇（鱗部・無鱗魚類）

明・李時珍撰《本草綱目》卷四四（鱗部）

明・方以智撰《通雅》卷四七（動物・蟲）

清・胡世安撰《異魚圖贊補》卷中（倮蟲魚）

清・王念孫、王引之撰《廣雅疏證》卷一〇（釋魚下）

清・李元撰《蠕範》卷六

清・劉於義等監修，沈青崖等編纂《陝西通志》卷四四（物産・人魚）

清・段玉裁撰《說文解字注》卷一一（魚部）

鰟魚

晉・郭璞注《山海經》卷五（中山經）

南朝梁・顧野王撰《玉篇》卷二四（魚部）

金・李杲編撰，李時珍參訂，姚可成補輯《食物本草》卷一〇（鱗部・無鱗魚類）

明・李時珍撰《本草綱目》卷四四鱗部（無鱗魚類）（音啼）

清・嵇璜、曹仁虎等纂《續通志》卷一七九（昆蟲草木略・魚類）

清・王念孫、王引之撰《廣雅疏證》卷一〇下（釋魚）

清・李調元撰《然犀志》卷上（鰟魚）

清・王士俊監修，顧楝商等纂《湖南通志》卷二九（物產・鱗類）

清・李元撰《蠕範》卷六（鰟魚）

清・方旭撰《蟲薈》卷四（鱗蟲・鰟）

魶魚

漢・司馬遷撰，宋・裴駰集解《史記》卷一一七（司馬相如傳）

三國魏・張揖撰《廣雅》卷下（釋魚）

宋・司馬光撰《類篇》卷三三

宋・宋祁撰《益部方物略記》

宋・丁度、司馬光撰《集韻》卷一〇

宋・範鎮撰《東齋記事》卷五

宋・曾慥《類說》卷二二（魶魚緣木）

明・李時珍撰《本草綱目》卷四四（鱗部・無鱗魚類）

明・曹學佺撰《蜀中廣記》卷六〇（方物記第二・鱗介）

明・方以智撰《通雅》卷四七（動物・蟲）

明・彭大翼撰，張幼學增訂《山堂肆考》卷二二四（緣木）

清・胡世安撰《異魚圖贊》卷中（閏集）

清・黃廷桂等監修，張晉生等編纂《四川通志》卷三八之六（雅州府）

鰨魚

漢・班固撰，唐・顏師古注《前漢書》卷五七上

宋・司馬光撰《類篇》卷三三

元・戴侗撰《六書故》卷二〇（動物四）

明・李時珍撰《本草綱目》卷四四（鱗部・無鱗魚類）

明・方以智撰《通雅》卷四七（動物・蟲）

清・许应鑅等修，曾作舟等纂《江西府縣志輯・同治南昌府志》卷八

清・覺羅石麟監修，儲大文等編纂《山西通志》卷二三（山川・陽城縣）

清・劉於義等監修，沈青崖等編纂《陝西通志》卷四四

鯢魚

宋・寇宗奭撰《本草衍義》卷一七

宋・唐慎微撰《證類本草》卷二〇（蟲魚部）

孩兒魚

金・李杲編輯，明・李時珍參訂，姚可成補輯《食物本草》卷一〇（鱗部・無鱗魚類）

明・李時珍撰《本草綱目》卷四四（鱗部・無鱗魚類）

清・胡世安撰《異魚圖贊補》卷中（倮蟲魚）

清・嵇璜、曹仁虎等纂《續通志》卷一七九（昆蟲草木略・魚）

清・李調元撰《然犀志》卷上（鰟魚）

清・李元撰《蠕範》卷六

清・覺羅石麟監修，儲大文等編纂《山西通志》卷二三（陽城縣）

清・李心衡撰《金川瑣》卷五（孩兒魚）

娃娃魚

清・曹掄彬、曹掄翰纂輯《西康省雅州府志》卷五

清・聶光鑾修，王柏心等纂《湖北府縣志輯・同治宜昌府志》卷一一（鱗類）

清・劉於義等監修，沈青崖等編纂《陝西通志》卷四四

山鯢

清・（日）丘淺治郎著，西師意譯，許家惺校訂《動物學教科書》第六章（兩栖類・第二目有尾類〈注〉）

大山椒魚

清・柯璜譯編，（日）箕作佳吉著《博物學講義・動物篇》第五章（脊椎動物・兩栖類・有尾類）

四足魚

清・許應鑅等修，曾作舟等纂《江西府縣志輯・同治南昌府志》卷八

牙兒魚

宋・洪邁撰《夷堅志》丙卷一（牙兒魚）

蠑螈科 Salamandridae

蠑螈

漢・楊雄撰，晉・郭璞注《方言》卷八

三國吳・陸璣撰《毛詩草木鳥獸蟲魚疏》卷下之下（胡為虺蜴）

三國吳・陸璣撰，明・毛晉廣要《陸氏詩疏廣要》卷下之下（胡為虺蜴）

晉・郭璞注《爾雅》卷下（釋魚）

晉・呂忱撰《字林》

晉・崔豹撰《古今注》卷中

南朝梁・顧野王撰《玉篇》卷二五（虫部）

唐・段公路撰，崔龜圖注《北戶錄》卷一（蛤蚧）

宋・蘇頌撰，胡乃長、王致譜輯注，蔡景峰審定《圖經本草》上卷第一四（蟲魚部・石龍子）

宋・陸佃撰《埤雅》卷一一（蟲釋・易）

宋・羅願撰，元・洪焱祖音釋《爾雅翼》卷三二（蜥蜴、蝘蜓）

宋・邢昺等撰《爾雅疏》卷九（釋魚）

宋・鄭樵撰《爾雅註》卷下（釋魚）

宋・蔡卞集解《毛詩名物解》卷一二

宋・司馬光撰《類篇》卷三八（蚖螈）

明・季本撰《毛詩解頤》字義卷五

明・馮復京撰《六家詩名物疏》卷三八（蜴）

明・何楷撰《詩經世本古義》卷一八之上

明・李時珍撰《本草綱目子》卷四三（鱗部・石龍子）

清・陳啟源撰《毛詩稽古編》卷一三

清・張玉書、陳廷敬等纂《康熙字典》卷二六（虫部・蚖、螈、蠑）

清・段玉裁撰《說文解字注》卷九下（易）

清・趙佑撰《草木疏校正》卷下（胡為虺蜴）

清・李元撰《蠕範・物知》卷六

清・（日）丘淺治郎著，西師意譯，許家惺校訂《動物

學教科書》第六章（兩栖類・第二目有尾類）

榮原屬

漢・鄭玄注《周禮》卷一二（冬官・考工記・梓人）

漢・鄭玄注，唐・賈公彥疏《周禮注疏》卷四一（冬官・考工記・梓人）

宋・林希逸撰《考工記解》卷下

宋・王與之撰《周禮訂義》卷七七

清・邵晉涵撰《爾雅正義》卷一七

清・郝懿行撰《爾雅義疏》卷下四（釋魚）

榮蚖屬

漢・許慎撰《說文解字》卷一三上（虫部・蚖）

南唐・徐鍇撰《說文繫傳》卷二五（蚖）

清・陳啟源《毛詩稽古編》卷一三

蛇醫

漢・許慎撰，宋・徐鉉增釋《說文解字》卷一三上（虫部・蚖）

漢・楊雄撰，晉・郭璞注《方言》卷八

三國吳・陸璣撰《毛詩草木鳥獸蟲魚疏》卷下（胡為虺蜴）

三國吳・陸璣撰，明・毛晉廣要《陸氏詩疏廣要》卷下之下（胡為虺蜴）

晉・呂忱撰《字林》

晉・崔豹撰《古經注》卷中

唐・段成式撰《酉陽雜俎》卷一一（廣知）

唐・段公路撰《北戶錄》卷一（蛤蚧）

宋・蘇頌撰，胡乃長、王致譜輯注，蔡景峰審定《圖經本草》卷上第一四（蟲魚部・石龍子）

宋・陸佃撰《埤雅》卷一一（釋蟲・易）

宋・鄭樵撰《爾雅註》卷下（釋魚）

宋・蔡卞集解《毛詩名物解》卷一二

宋・邢昺撰《爾雅疏》卷九（釋魚）

明・李時珍撰《本草綱目》卷四三（鱗部・石龍子）

明・馮復京撰《六家詩名物疏》卷三八（正月・蜴）

明・胡廣撰《詩傳大全》卷一一

清・陳啟源撰《毛詩稽古編》卷一三

清・張玉書、陳廷敬等纂《康熙字典》卷二六（虫部）

清・段玉裁撰《說文解字注》卷九下（易）

蛇師

宋・羅願撰，元・洪焱祖音釋《爾雅翼》卷三三（蜥蜴）

清・陳啟源撰《毛詩稽古編》卷一三

清・李元撰《蠕範・物知》卷六

虺蜴

周《詩經・小雅・正月・六章章八句》

漢・毛亨傳、鄭玄箋，唐・孔穎達疏《毛詩注疏》卷一九

三國吳・陸璣撰《毛詩草木鳥獸蟲魚疏》卷下（胡為虺蜴）

三國吳・陸璣撰，明・毛晉廣要《陸氏詩疏廣要》卷下之下（胡為虺蜴）

明・胡廣撰《詩傳大全》卷一 一

明・何楷撰《詩經世本古義》卷一八之上

清・陳啟源撰《毛詩稽古編》卷一三

清・趙佑撰《草木疏校正》卷下（胡為虺蜴）

水蜥蜴

宋・羅願撰，元・洪焱祖音釋《爾雅翼》卷三二（釋魚・蝘蜓）

明・李時珍撰《本草綱目》卷四三（鱗部・石龍子）

清・陳啟源撰《毛詩稽古編》卷一三

清・李元撰《蠕範・物知》卷六

水蜴

三國吳・陸璣撰，明・毛晉廣要《陸氏詩疏廣要》卷下之下（胡為虺蜴）

清・趙佑撰《草木疏校正》卷下（胡為虺蜴）

清・段玉裁撰《說文解字注》卷九下（易）

易蜴

漢・楊雄撰，晉・郭璞注《方言》卷八

清・段玉裁撰《說文解字注》卷九下（易）

豬婆蛇

明・李時珍撰《本草綱目》卷四三（鱗部・石龍子）

清・陳啟源撰《毛詩稽古編》卷一三

虢蜼

三國吳・陸璣撰，明・毛晉廣要《陸氏詩疏廣要》卷下之下（胡為虺蜴）

明・馮復京撰《六家詩名物疏》卷三八（正月・蜴）

清・陳大章撰《詩傳名物集覽》卷五（蟲豸・胡為虺蜴）

中国瘰螈 *Paramesotriton chinensis*

龍音蛇

清・龔嘉儁修，李榕纂《浙江省杭州府志》卷八〇

山和尚

清・龔嘉儁修，李榕纂《浙江省杭州府志》卷八〇

瘰螈 *Paramesotriton* sp.

魶魚

明・徐應秋撰《玉芝堂談薈》卷三四（金沙龍盤魚）

清・金鉷等監修，錢元昌等纂《廣西通志》卷三一（桂林府）

清・汪森編《粵西叢載》卷二三（魶魚）

金沙龍盤魚

明・徐應秋撰《玉芝堂談薈》卷三四（金沙龍盤魚）

肥螈 *Pachytriton* spp.

乳穴魚

唐・劉恂撰《嶺表錄異》卷上

唐・段公路撰，崔龜圖注《北戶錄》卷一（乳穴魚）

明・陸楫撰《古今說海》卷一三（乳穴魚）

清・金鉷等監修，錢元昌等纂《廣西通志》卷三一（桂林府）

东方蝾螈 *Cynops orientalis*

小龍子

元·脫因修，俞希魯等纂《至順鎮江志》卷四（蟲）

蜥蜴

元·王元恭修，王厚生、徐亮纂《至正四明續志》卷五（土產·水族）

烏龍

清·丁廷楗修，趙吉士纂《安徽省徽州府志》卷六

清·馬步蟾修，夏鑾纂《安徽府縣志輯·道光徽州府志》卷五之二

四足魚

清·丁廷楗修，趙吉士纂《安徽省徽州府志》卷六

清·馬步蟾修，夏鑾纂《安徽府縣志輯·道光徽州府志》卷五之二

童魚

清·丁廷楗修，趙吉士纂《安徽省徽州府志》卷六

清·馬步蟾修，夏鑾纂《安徽府縣志輯·道光徽州府志》卷五之二

注：古籍中所记载的蝾螈科动物与爬行纲的蜥蜴类动物混同。

无尾目 Anura

蝌蚪

晉·崔豹撰《古今注》卷中

清·張玉書、陳廷敬等纂《康熙字典》卷二六（蟲部）

清·陳元龍撰《格致鏡原》卷八九（昆蟲類<三>蝦蟇·附蝌蚪）

科斗

周《爾雅》卷下（釋魚）

漢·史游撰，唐·顏師古注《急就篇》卷三

晉·郭璞注，宋·邢昺疏《爾雅注疏》卷一〇（釋魚）

晉·郭璞注《山海經》卷四（東山經）

唐·陳藏器撰《本草拾遺》卷六（蟲魚部·活師）

五代·馬縞撰《中華古今注》卷下

宋·陸佃撰《埤雅》卷二（釋魚·蟾蜍）

宋·羅願撰，元·洪焱祖音釋《爾雅翼》卷三〇（釋魚·科斗）

宋·蘇頌撰，胡乃長、王致譜輯注，蔡景峰審定《圖經本草》下卷第一五（蟲魚部·蝦蟆）

明·朱謀㙔撰《駢雅》卷七（釋蟲魚）

明·張自烈撰，清·廖文英續《正字通》申集中（虫部）

明·穆希文撰《蟫史集》卷一一（諸蟲類）

明·王圻、王思義輯《三才圖會》卷六（鳥獸）

明·周祈撰《名義考》卷三〇（物部·鼃黽）

清·周春撰《爾雅補注》卷四

清·柯璜譯編，（日）箕作佳吉著《博物學講義·動物篇》第五章（脊椎動物·兩栖類）

科斗兒

宋·王質撰《紹陶錄》卷下（科斗兒）

蝌斗

明·李時珍撰《本草綱目》卷四二（蟲部·蝌斗）

清·李元撰《蠕範》卷七·蝌斗

活東

周《爾雅》卷下（釋魚）

漢·史游撰，唐·顏師古注《急就篇》卷三

晉·郭璞注，宋·邢昺疏《爾雅注疏》卷一〇（釋魚）

宋·羅願撰，寇宗奭衍義《爾雅翼》卷三〇（釋魚·科斗）

明·朱謀㙔撰《駢雅》卷七（釋蟲魚）

明·李時珍撰《本草綱目》卷四二（蟲部·蝌斗）

明·穆希文撰《蟫史集》卷一一（諸蟲類）

明·周祈撰《名義考》卷一〇（鼃）

清·張玉書、陳廷敬等纂《康熙字典》卷二六（虫部）

清·李元撰《蠕範》卷七（蝌斗）

活師

漢·史游撰，唐·顏師古注《急就篇》卷三

晉·郭璞注《山海經》卷四（東山經）

唐·陳藏器撰，尚志鈞輯釋《本草拾遺》卷六（蟲魚部·活師）

宋·唐慎微撰《證類本草》卷二二（蟲魚部）

宋·羅願撰，寇宗奭衍義《爾雅翼》卷三〇（釋魚·科斗）

明·朱謀㙔撰《駢雅》卷七（釋蟲魚）

明·李時珍撰《本草綱目》卷四二（蟲部·蝌斗）

明·穆希文撰《蟫史集》卷一一（諸蟲類）

清·吳仁臣撰《山海經廣注》（東山經）

清·李元撰《蠕範》卷七（蝌斗）

玄針

晉·崔豹撰《古今注》卷中

五代·馬縞撰《中華古今注》卷下

懸針

宋·羅願撰，寇宗奭衍義《爾雅翼》卷三〇（釋魚·科斗）

明·李時珍撰《本草綱目》卷四二（蟲部·蝌斗）

明·朱謀㙔撰《駢雅》卷七（釋蟲魚）

明·張自烈撰，清·廖文英續《正字通》申集中（虫部）

明·王圻、王思義輯《三才圖會》卷六（科斗）

清·張玉書、陳廷敬等纂《康熙字典》卷二六（虫部）

清·李元撰《蠕範》卷七（蝌斗）

玄魚

晉·崔豹撰《古今注》卷中

五代·馬縞撰《中華古今注》卷下

宋·羅願撰《爾雅翼》卷三〇（釋魚·科斗）

明·李時珍撰《本草綱目》卷四二（蟲部·蝌斗）

明·朱謀㙔撰《駢雅》卷七（釋蟲魚）

明·張自烈撰，清·廖文英續《正字通》申集中（虫部）

明·王圻、王思義輯《三才圖會》卷六（科斗）

清・李元撰《蠕範》卷七（蝌斗）

水仙子

明・李時珍撰《本草綱目》卷四二（蟲部・蝌斗）

清・張玉書、陳廷敬等纂《康熙字典》卷二六（虫部）

清・李元撰《蠕範》卷七（蝌斗）

蝦蟆子

晉・郭璞注，宋・邢昺疏《爾雅注疏》卷一〇（釋魚）

晉・崔豹撰《古今注》卷中

五代・馬縞撰《中華古今注》卷下

宋・蘇頌撰，胡乃長、王致譜輯注，蔡景峰審定《圖經本草》下卷第一五（蟲魚部・蝦蟆）

宋・羅願撰，元・洪焱祖音釋《爾雅翼》卷三〇（釋魚・科斗）

明・張自烈撰，清・廖文英續《正字通》申集中（虫部）

明・王圻、王思義輯《三才圖會》卷六（科斗）

清・張玉書、陳廷敬等纂《康熙字典》卷二六（虫部）

清・陳元龍撰《格致鏡原》卷八九（昆蟲類<三>・蝌斗）

蝦蟆臺

宋・羅願撰，元・洪焱祖音釋《爾雅翼》卷三〇（釋魚・科斗）

明・李時珍撰《本草綱目》卷四二（蟲部・蝌斗）

明・穆希文撰《蟫史集》卷一一（諸蟲類）

清・李元撰《蠕範》卷七（蝌斗）

蝦蟆黏

宋・羅願撰，元・洪焱祖音釋《爾雅翼》卷三〇（釋魚・科斗）

蟾蜍科 Bufonidae

戚施

《詩經・邶風・新臺》

宋・羅願撰，元・洪焱祖音釋《爾雅翼》卷二〇（蟾蜍）

明・馮復京撰《六家詩名物疏》卷一三（戚施）

明・陳耀文撰《天中記》卷五七（蝦蟆）

明・朱朝瑛撰《讀詩略記》卷一

清・牟應震撰《毛詩物名考》卷三（戚施）

清・邵晉涵撰《爾雅正義》卷一七

清・李元撰《蠕范》卷八（物壽）

蟾蜍

晉・郭璞撰《玄中記》（補遺）

晉・葛洪撰《抱朴子内篇》卷三（對俗），卷一一（僊藥），卷一五（雜應）

南朝梁・陶弘景撰，尚志鈞輯校《名醫別錄》卷第三（下品・蝦蟆）

唐・陳藏器撰，尚志鈞輯釋《本草拾遺》卷九（解紛〈二〉蝦蟆、蟾蜍）

宋・陸佃撰《埤雅》卷二（釋魚・蟾蜍）

宋・李昉撰《太平御覽》卷九四九（蟲豸部六・蟾蜍）

宋・蘇頌撰，胡乃長、王致譜輯注，蔡景峰審定《圖經本草》下卷第一五（蟲魚部・蝦蟆）

宋・鄭樵撰《通志》卷七六（昆蟲草本略・蟲魚類）

宋・唐慎微撰，寇宗奭衍義《證類本草》卷二二（蟲魚部・蝦蟇）

宋・祝穆撰《古今事文類聚後集》卷三五（蟲豸部・蛙）

宋・謝維斯撰《古今合璧事類備要別集》卷九〇（蟲象門・蛙）

元・戴侗撰《六書故》卷二〇（動物四・蟾蜍）

明・李時珍撰《本草綱目》卷四二（蟲部・蟾蜍）

明・張介賓撰《景岳全書》卷四九（蟲魚部・蟾蜍）

明・張自烈撰，清・廖文英續《正字通》申集下（虫部）

明・繆希雍撰《神農本草經疏》卷二二（蟲魚部）

明・方以智撰《通雅》卷四七（動物・蟲）

明・穆希文撰《蟫史集》卷一一（諸蟲類・蟾蜍）

明・彭大翼撰，張幼學增訂《山堂肆考》卷二二七（昆蟲・蛙）

明・董斯張撰《廣博物志》卷二二七（蟲部魚下・附蟾蜍）

明・王圻、王思義輯《三才圖會》卷六（鳥獸）

清・郝懿行撰《爾雅義疏》卷下四（釋魚）

清・張玉書、陳廷敬纂《康熙字典》卷二六（虫部）

清・陳夢雷編《古今圖書集成・博物彙編・禽蟲典》卷一八五（蟾蜍部）

清・陳元龍撰《格致鏡原》卷九八（昆蟲類（三）・蟾蜍）

清・王念孫、王引之撰《廣雅疏證》卷一〇下（釋魚）

清・陳淏子撰《秘傳花鏡》卷六

清・李元撰《蠕范・物壽》卷八

清・黄桂修，宋驤纂《安徽省太平府志》卷一三

清・（日）丘淺治郎著，西師意譯，許家惺校訂《動物學教科書》第六章（兩栖類・無尾目〈注〉）

清・方旭撰《蟲薈》卷三（昆蟲・蟾蜍）

蟾諸

晉・郭璞注《爾雅》卷下（釋魚）

宋・鄭樵撰《爾雅註》卷下（釋魚）

宋・邢昺撰《爾雅疏》卷九（釋魚）

宋・陸佃撰《爾雅新義》卷一六（釋魚）

清・邵晉涵撰《爾雅正義》卷一七

清・張玉書、陳廷敬纂《康熙字典》卷二六（虫部）

詹諸

漢・許慎撰，宋・徐鉉增釋《說文解字》卷一三上（虫部）

宋・司馬光撰《類篇》卷三八

明・朱謀㙔撰《駢雅》卷七

明・方以智撰《通雅》卷四七（動物・蟲）

清・陳淏子撰《秘傳花鏡》卷六

蟾蠩

南朝梁·顧野王撰《玉篇》卷二五（虫部·蟾）
宋·羅願撰，元·洪焱祖音釋《爾雅翼》卷二〇（釋魚·蟾蠩）
明·張自烈撰，清·廖文英續《正字通》申集下
清·周春撰《爾雅補注》卷四

鼁䵶

漢·許慎撰，宋·徐鉉增釋《說文解字》卷一三下（黽部）
晉·郭璞注《爾雅》卷下（釋魚）
晉·郭璞注，唐·陸德明音義，宋·邢昺疏《爾雅注疏》卷一〇
南朝梁·顧野王撰《玉篇》卷二五（黽部）
南朝梁·陶弘景撰，尚志鈞輯校《名醫別錄》卷第三（下品·蝦蟆）
宋·司馬光撰《類篇》卷三八
宋·邢昺撰《爾雅注疏》卷九
宋·蘇頌撰，胡乃長、王致譜輯注，蔡景峰審定《圖經本草》下卷第一五（蟲魚部·蝦蟆）
宋·陸佃撰《爾雅新義》卷一六（釋魚）
宋·鄭樵撰《爾雅註》卷下（釋魚）
宋·羅願撰，元·洪焱祖音釋《爾雅翼》卷三〇（釋魚·蟾蠩）
元·戴侗撰《六書故》卷二〇（動物四·蟾蜍）
明·李時珍撰《本草綱目》卷四二（蟲部·蟾蜍）
明·朱謀㙔撰《駢雅》卷七（釋蟲魚）
明·穆希文撰《蟫史集》卷二（諸蟲類·蟾蜍）
明·方以智撰《通雅》卷四七（動物·蟲）
明·張自烈撰，清·廖文英續《正字通》亥集下（黽部）
清·郝懿行撰《爾雅義疏》卷下四（釋魚）
清·邵晉涵撰《爾雅正義》卷一七
清·劉玉麐撰《爾雅校義》卷下（釋魚）
清·張玉書、陳廷敬纂《康熙字典》卷三六（黽部）
清·方旭撰《蟲薈》卷三（昆蟲·蟾蜍）

䵶黿

漢·許慎撰，宋·徐鉉增釋《說文解字》卷一三下（黽部）
宋·羅願撰，元·洪焱祖音釋《爾雅翼》卷三〇（釋魚·蟾蠩）
明·李時珍撰《本草綱目》卷四二（蟲部·蟾蜍）
明·朱謀㙔撰《駢雅》卷七（釋蟲魚）
明·張自烈撰，清·廖文英續《正字通》亥集下（黽部）
明·馮復京撰《六家詩名物疏》卷一三（戚施）
明·方以智撰《通雅》卷四七（動物·蟲）
清·張玉書、陳廷敬纂《康熙字典》卷三六（黽部）
清·郝懿行撰《爾雅義疏》卷下四（釋魚）
清·邵晉涵撰《爾雅正義》卷一七
清·劉玉麐撰《爾雅校義》卷下（釋魚）
清·周春撰《爾雅補注》卷四
清·王念孫、王引之撰《廣雅疏證》卷一〇（釋魚）
清·李元撰《蠕范》卷八（物壽）
清·方旭撰《蟲薈》卷三（昆蟲·蟾蜍）

蝌鼁

漢·許慎撰，宋·徐鉉增釋《說文解字》卷一三上（虫部）
明·李時珍撰《本草綱目》卷四二（蟲部·蟾蜍）
明·朱謀㙔撰《駢雅》卷七（釋蟲魚）
明·張自烈撰，清·廖文英續《正字通》申集中（虫部）
清·張玉書、陳廷敬等纂《康熙字典》卷二六（虫部）
清·郝懿行撰《爾雅義疏》卷下四（釋魚）
清·王念孫、王引之撰《廣雅疏證》卷一〇（釋魚）
清·李元撰《蠕范》卷八（物壽）

去蚥

三國魏·張揖撰《廣雅》卷一〇（釋魚）
晉·郭璞注《爾雅》卷下（釋魚·蟾蜍）
明·張自烈撰，清·廖文英續《正字通》申集中（虫部）
清·郝懿行撰《爾雅義疏》卷下四（釋魚）
清·邵晉涵撰《爾雅正義》卷一七
清·王念孫、王引之撰《廣雅疏證》卷一〇下（釋魚）
清·李元撰《蠕范》卷八（物壽）
清·方旭撰《蟲薈》卷三（昆蟲·蟾蜍）

蚥

南朝梁·顧野王撰《玉篇》卷二五（虫部·蚥）
宋·司馬光撰《類篇》卷三八（蚥）

去甫

南朝梁·陶弘景撰，尚志鈞輯校《名醫別錄》卷第三（下品·蝦蟆）
宋·唐慎微撰，寇宗奭衍義《證類本草》卷二二（蟲魚部·蝦蟇）
明·方以智撰《通雅》卷四七（動物·蟲·蟾蜍）
明·朱謀㙔撰《駢雅》卷七（釋蟲魚）

苦蠪

三國魏·張揖撰《廣雅》卷一〇（釋魚）
南朝梁·陶弘景撰，尚志鈞輯校《名醫別錄》卷第三（下品·蝦蟆）
宋·唐慎微撰，寇宗奭衍義《證類本草》卷二二（蟲魚部·蝦蟇）
明·李時珍撰《本草綱目》卷四二（蟲部·蟾蜍）
明·朱謀㙔撰《駢雅》卷七（釋蟲魚）
明·方以智撰《通雅》卷四七（動物·蟲）
清·郝懿行撰《爾雅義疏》卷下四（釋魚）
清·王念孫、王引之撰《廣雅疏證》卷一〇下（釋魚）
清·李元撰《蠕范》卷八·物壽

蛤蚾

元·戴侗撰《六書故》卷二〇（動物四·蚾）
明·張自烈撰，清·廖文英續《正字通》申集中（虫部）
明·方以智撰《通雅》卷四七（動物·蟾蜍）

蚵蚾

宋·羅願撰，元·洪焱祖音釋《爾雅翼》卷三〇（釋魚·

蟾蠩）
明·李時珍撰《本草綱目》卷四二（蟲部·蟾蜍）
明·穆希文撰《蟫史集》卷一一（諸蟲類）
清·陳淏子撰《秘傳花鏡》卷六
清·李元撰《蠕范》卷八（物壽）

蝦蟆

三國魏·張揖撰《廣雅》卷一〇（釋魚）
三國魏·吳普述，清·孫星衍等輯《神農本草經》卷三
南朝宋·雷斆撰《雷公炮炙論》卷下（蟲下）
南朝梁·陶弘景撰，尚志鈞輯校《名醫別錄》卷三（下品·蝦蟆）
宋·蘇頌撰，胡乃長、王致譜輯注，蔡景峰審定《圖經本草》下卷第一五（蟲魚部·蝦蟆）
宋·鄭樵撰《通志》卷七六（昆蟲草本略·蟲魚類）
宋·彭大翼撰，張幼學增訂《山堂肆考》卷二七（昆蟲·蟾蜍）
明·繆希雍撰《神農本草經疏》卷二二（蟲魚部）
清·王念孫、王引之撰《廣雅疏證》卷一〇下（釋魚）
清·黃桂修，宋驤纂《安徽省太平府志》卷一三

蝦蟇

唐·丘光廷撰《兼明書》卷三
宋·寇宗奭撰《本草衍義》卷一七
清·張玉書、陳廷敬等纂《康熙字典》卷二六（虫部）
清·郝懿行撰《爾雅郭注義疏》卷下四（釋魚）
清·周春撰《爾雅補注》卷四

蝦蟇

漢·班固撰，唐·顏師古注《前漢書》卷六（武帝紀）
唐·丘光廷撰《兼明書》卷三
宋·唐慎微撰，寇宗奭衍義《證類本草》卷二二（蟲魚部·蝦蟇）
明·朱謀㙔撰《駢雅》卷七（釋蟲魚）
明·陳耀文撰《天中記》卷五七（蝦蟇）
清·張玉書、陳廷敬等纂《康熙字典》卷二六（虫部）
清·陳元龍撰《格致鏡原》卷九八（昆蟲類三·蟾蜍）

癩蝦蟆

明·李時珍撰《本草綱目》卷四二（蟲部·蟾蜍）
明·張介賓撰《景岳全書》卷四九（蟲魚部·蟾蜍）
明·方以智撰《通雅》卷四七（動物·蟲）
清·牟應震撰《毛詩物名考》卷三（戚施）
清·黃桂修，宋驤纂《安徽省太平府志》卷一三
清·李元撰《蠕范》卷八（物壽）
清·方旭撰《蟲薈》卷三（昆蟲·蟾蜍）
清·金蓉鏡纂輯《湖南省靖州鄉志》卷三（動物）

中华蟾蜍 *Bufo gargarizans*

戚施

《詩經·邶風·新臺》
宋·羅願撰，元·洪焱祖音釋《爾雅翼》卷二〇（蟾蜍）
明·馮復京撰《六家詩名物疏》卷一三（戚施）
明·陳耀文撰《天中記》卷五七（蝦蟆）
明·朱朝瑛撰《讀詩略記》卷一
清·牟應震撰《毛詩物名考》卷三（戚施）
清·邵晉涵撰《爾雅正義》卷一七
清·李元撰《蠕范》卷八

蟾蜍

漢·許慎撰，宋·徐鉉增釋《說文解字》卷一三上（虫部）
晉·郭璞注《爾雅》卷下（釋魚）
晉·郭璞撰《玄中記》（補遺）
晉·葛洪撰《抱朴子内篇》卷三（對俗），卷一一（僊藥），卷一五（雜應）
南朝梁·顧野王撰《玉篇》卷二五（虫部）
南朝梁·陶弘景撰，尚志鈞輯校《名醫別錄》卷第三（下品·蝦蟆）
唐·陳藏器撰，尚志鈞輯釋《本草拾遺》卷九（解紛〈二〉蝦蟆、蟾蜍）
宋·鄭樵撰《爾雅註》卷下（釋魚）
宋·司馬光撰《類篇》卷三八
宋·陸佃撰《爾雅新義》卷一六（釋魚）
宋·陸佃撰《埤雅》卷二（釋魚·蟾蜍）
宋·羅願撰，元·洪焱祖音釋《爾雅翼》卷三〇（釋魚·蟾蠩）
宋·李昉撰《太平御覽》卷九四九（蟲豸部六·蟾蜍）
宋·蘇頌撰，胡乃長、王致譜輯注，蔡景峰審定《圖經本草》下卷第一五（蟲魚部·蝦蟆）
宋·鄭樵撰《通志》卷七六（昆蟲草本略·蟲魚類）
宋·唐慎微撰，寇宗奭衍義《證類本草》卷二二（蟲魚部·蝦蟆）
宋·祝穆撰《古今事文類聚後集》卷三五（蟲豸部·蛙）
宋·謝維新撰《古今合璧事類備要別集》卷九〇（蟲象門·蛙）
元·戴侗撰《六書故》卷二〇（蟾蜍）
明·李時珍撰《本草綱目》卷四二（蟲部·蟾蜍）
明·張介賓撰《景岳全書》卷四九（蟲魚部·蟾蜍）
明·張自烈撰，清·廖文英續《正字通》申集下（虫部）
明·繆希雍撰《神農本草經疏》卷二二（蟲魚部）
明·方以智撰《通雅》卷四七（動物·蟲）
明·穆希文撰《蟫史集》卷一一（諸蟲類·蟾蜍）
明·彭大翼撰，張幼學增訂《山堂肆考》卷二二七（昆蟲·蛙）
明·董斯張撰《廣博物志》卷二二七（蟲部魚下·附蟾蜍）
明·王圻、王思義輯《三才圖會》卷六（鳥獸）
明·朱謀㙔撰《駢雅》卷七（釋蟲魚）

清・郝懿行撰《爾雅義疏》卷下四（釋魚）
清・邵晉涵撰《爾雅正義》卷一七
清・張玉書、陳廷敬纂《康熙字典》卷二六（虫部）
清・陳夢雷編《古今圖書集成・博物彙編・禽蟲典》卷一八五（蟾蜍部）
清・陳元龍撰《格致鏡原》卷九八（昆蟲類（三）・蟾蜍）
清・周春撰《爾雅補注》卷四
清・王念孫、王引之撰《廣雅疏證》卷一〇下（釋魚）
清・陳淏子撰《秘傳花鏡》卷六
清・李元撰《蠕范》卷八
清・黄桂修，宋驤纂《安徽省太平府志》卷一三
清・（日）丘淺治郎著，西師意譯，許家惺校訂《動物學教科書》第六章（兩栖類・無尾目〈注〉）
清・方旭撰《蟲薈》卷三（昆蟲・蟾蜍）

鼀䵶

漢・許慎撰，宋・徐鉉增釋《說文解字》卷一三下（黽部）
晉・郭璞注《爾雅》卷下（釋魚）
晉・郭璞注，唐・陸德明音義，宋・邢昺疏《爾雅注疏》卷一〇
南朝梁・顧野王撰《玉篇》卷二五（黽部）
南朝梁・陶弘景撰《名醫别錄》卷第三（下品・蝦蟆）
宋・司馬光撰《類篇》卷三八
宋・邢昺撰《爾雅注疏》卷九
宋・蘇頌撰，胡乃長、王致譜輯注，蔡景峰審定《圖經本草》卷下（蟲魚部・蝦蟆）
宋・陸佃撰《爾雅新義》卷一六（釋魚）
宋・鄭樵撰《爾雅註》卷下（釋魚）
宋・羅願撰，元・洪焱祖音釋《爾雅翼》卷三〇（釋魚・蟾蠩）
元・戴侗撰《六書故》卷二〇（蟾蜍）
明・李時珍撰《本草綱目》卷四二（蟲部・蟾蜍）
明・朱謀㙔撰《駢雅》卷七（釋蟲魚）
明・穆希文撰《蟫史集》卷二（諸蟲類・蟾蜍）
明・方以智撰《通雅》卷四七（動物・蟲）
明・張自烈撰，清・廖文英續《正字通》亥集下（黽部）
清・郝懿行撰《爾雅義疏》卷下四（釋魚）
清・邵晉涵撰《爾雅正義》卷一七
清・劉玉麐撰《爾雅校義》卷下（釋魚）
清・張玉書、陳廷敬纂《康熙字典》卷三六（黽部）
清・方旭撰《蟲薈》卷三（昆蟲・蟾蜍）

䵶鼁

漢・許慎撰，宋・徐鉉增釋《說文解字》卷一三下（黽部）
宋・羅願撰，元・洪焱祖音釋《爾雅翼》卷三〇（釋魚・蟾蠩）
明・李時珍撰《本草綱目》卷四二（蟲部・蟾蜍）
明・朱謀㙔撰《駢雅》卷七（釋蟲魚）
明・張自烈撰，清・廖文英續《正字通》亥集下（黽部）
明・馮復京撰《六家詩名物疏》卷一三（戚施）
明・方以智撰《通雅》卷四七（動物・蟲）
清・張玉書、陳廷敬纂《康熙字典》卷三六（黽部）
清・郝懿行撰《爾雅義疏》卷下四（釋魚）
清・邵晉涵撰《爾雅正義》卷一七
清・劉玉麐撰《爾雅校義》卷下（釋魚）
清・周春撰《爾雅補注》卷四
清・王念孫、王引之撰《廣雅疏證》卷一〇（釋魚）
清・李元撰《蠕范》卷八
清・方旭撰《蟲薈》卷三（昆蟲・蟾蜍）

蝌竃

漢・許慎撰，宋・徐鉉增釋《說文解字》卷一三上（虫部・蝌）
明・李時珍撰《本草綱目》卷四二（蟲部・蟾蜍）
明・朱謀㙔撰《駢雅》卷七（釋蟲魚）
明・張自烈撰，清・廖文英續《正字通》申集中（虫部）
清・張玉書、陳廷敬等纂《康熙字典》卷二六（虫部）
清・郝懿行撰《爾雅義疏》卷下四（釋魚）
清・王念孫、王引之撰《廣雅疏證》卷一〇（釋魚）
清・李元撰《蠕范》卷八

去蚥

三國魏・張揖撰《廣雅》卷一〇（釋魚）
晉・郭璞注《爾雅》卷下（釋魚・蟾蜍）
南朝梁・顧野王撰《玉篇》卷二五（虫部・蚥）
南朝梁・陶弘景撰，尚志鈞輯校《名醫别錄》卷第三（下品・蝦蟆）
宋・司馬光撰《類篇》卷三八（蚥）
宋・唐慎微撰，寇宗奭衍義《證類本草》卷二二（蟲魚部・蝦蟇）
明・方以智撰《通雅》卷四七（動物・蟲・蟾蜍）
明・張自烈撰，清・廖文英續《正字通》申集中（虫部）
清・郝懿行撰《爾雅義疏》卷下四（釋魚）
清・邵晉涵撰《爾雅正義》卷一七
清・王念孫、王引之撰《廣雅疏證》卷一〇下（釋魚）
清・李元撰《蠕范》卷八（物壽）
清・方旭撰《蟲薈》卷三（昆蟲・蟾蜍）

苦蠪

三國魏・張揖撰《廣雅》卷一〇（釋魚）
南朝梁・陶弘景撰，尚志鈞輯校《名醫别錄》卷第三（下品・蝦蟆）
宋・唐慎微撰，寇宗奭衍義《證類本草》卷二二（蟲部・蝦蟇）
明・李時珍撰《本草綱目》卷四二（蟲部・蟾蜍）
明・朱謀㙔撰《駢雅》卷七（釋蟲魚）
明・方以智撰《通雅》卷四七（動物・蟲）

清·郝懿行撰《爾雅義疏》卷下四（釋魚）
清·王念孫、王引之撰《廣雅疏證》卷一〇下（釋魚）
清·李元撰《蠕范》卷八

蛤蚾

元·戴侗撰《六書故》卷二〇（蚾）
明·張自烈撰，清·廖文英續《正字通》申集中（虫部）
明·方以智撰《通雅》卷四七（動物·蟾蜍）

蚵蚾

宋·羅願撰，元·洪焱祖音釋《爾雅翼》卷三〇（釋魚·蟾蠩）
明·李時珍撰《本草綱目》卷四二（蟲部·蟾蜍）
明·穆希文撰《蟫史集》卷一一（諸蟲類）
清·陳淏子撰《秘傳花鏡》卷六
清·李元撰《蠕范》卷八

蝦蟆

三國魏·張揖撰《廣雅》卷一〇（釋魚）
三國魏·吳普述，清·孫星衍等輯《神農本草經》卷三
南朝宋·雷敩撰《雷公炮炙論》卷下（蟲下）
南朝梁·陶弘景撰，尚志鈞輯校《名醫別錄》卷第三（下品·蝦蟆）
宋·蘇頌撰，胡乃長、王致譜輯注，蔡景峰審定《圖經本草》下卷第一五（蟲魚部·蝦蟆）
宋·鄭樵撰《通志》卷七六（昆蟲草本略·蟲魚類）
宋·彭大翼撰，張幼學增訂《山堂肆考》卷二七（昆蟲·蟾蜍）
明·繆希雍撰《神農本草經疏》卷二二（蟲魚部）
清·王念孫、王引之撰《廣雅疏證》卷一〇下（釋魚）
清·黃桂修，宋驤纂《安徽省太平府志》卷一三

蝦蟵

唐·丘光廷撰《兼明書》卷三
宋·寇宗奭撰《本草衍義》卷一七
清·張玉書、陳廷敬等纂《康熙字典》卷二六（虫部）
清·郝懿行撰《爾雅義疏》卷四下（釋魚）

蝦蟇

漢·班固撰，唐·顏師古注《前漢書》卷六（武帝紀）
唐·丘光廷撰《兼明書》卷三
宋·唐慎微撰，寇宗奭衍義《證類本草》卷二二（蟲魚部）
明·朱謀（㙔）撰《駢雅》卷七（釋蟲魚）
明·陳耀文撰《天中記》卷五七（蝦蟇）
清·張玉書、陳廷敬等纂《康熙字典》卷二六（虫部）

癩蝦蟆

明·李時珍撰《本草綱目》卷四二（蟲部·蟾蜍）
明·張介賓撰《景岳全書》卷四九（蟲魚部·蟾蜍）
明·方以智撰《通雅》卷四七（動物·蟲）
清·牟應震撰《毛詩物名考》卷三（戚施）
清·黃桂修，宋驤纂《安徽省太平府志》卷一三
清·李元撰《蠕范》卷八
清·方旭撰《蟲薈》卷三（昆蟲·蟾蜍）

清·金蓉鏡纂輯《湖南省靖州鄉志》卷三

花背蟾蜍 *Bufo raddei*

花背蟾蜍

清·（美）克拉克、索爾比著，史紅帥譯《穿越陝甘·1908-1909年克拉克考察隊華北行紀·蛙類》第一二章

雨蛙科 Hylidae

雨蛤

明·屠本畯撰《閩中海錯疏》卷中
清·徐景喜修，魯曾煜等纂《福建府縣志集·乾隆福州府志》卷二六
清·懷蔭布修，黃任等纂《福建府縣志集·乾隆泉州府志》卷一九
清·柯璜譯編，（日）箕作佳吉著《博物學講義》第五章（脊椎動物·兩栖類·無尾類）

寒蛤

清·李拔等纂修《福建府縣志輯·乾隆福寧府志》卷一二

雨鬼

明·屠本畯撰《閩中海錯疏》卷中
清·懷蔭布修，魯曾煜等纂《福建府縣志集·乾隆福州府志》卷二六

蛙科 Ranidae

蟈

漢·鄭氏注《周禮》卷九（秋官·蟈氏）、卷三六（秋官·司寇下）
漢·許慎撰，宋·徐鉉增釋《說文解字》卷一三上（虫部）
三國魏·張揖撰《廣雅》卷一〇（釋魚）
南朝梁·顧野王撰《玉篇》卷二五（虫部）
宋·王與之撰《周禮訂義》卷六六
元·戴侗撰《六書故》卷二〇（蟈）
清·王念孫、王引之撰《廣雅疏證》卷一〇下
清·惠棟撰《九經古義》卷八
清·江震英撰《湛園札記》卷一

螻蟈

秦·呂不韋撰，漢·高誘注《呂氏春秋》卷四（孟夏紀）
漢·鄭玄注，唐·孔穎達疏《禮記注疏》卷一五（月令）
漢·史游撰，唐·顏師古注《急就篇》卷三
晉·孔晁注《逸周書》卷六（時訓解）
南朝梁·顧野王撰《玉篇》卷二五（虫部）
唐·丘光廷撰《兼明書》卷三（禮記·螻蟈）
宋·鮑雲龍撰《天原發微》卷三下
宋·王與之撰《周禮訂義》卷六六
宋·唐慎微撰，寇宗奭衍義《證類本草》卷二二（蟲魚

部·蝦蟆）
明·李時珍撰《本草綱目》卷四二（蟲部·蝦蟆）
清·惠棟撰《九經古義》卷八
清·江震英撰《湛園札記》卷一

黽

晉·郭璞注《爾雅》卷下（釋魚·第十六）
晉·郭璞注，宋·邢昺疏《爾雅注疏》卷一〇
晉·郭璞注《山海經》卷五（中山經·黽）
南朝梁·顧野王撰《玉篇》卷二五（黽部）
宋·王與之撰《周禮訂義》卷六六
元·戴侗撰《六書故》卷二〇（黽）

鼃黽

漢·鄭氏注《周禮》卷九（秋官·蟈氏）、卷一二（冬官·考工記·梓人）
漢·鄭玄注，唐·賈公彥疏《周禮注疏》卷三四（秋官·司寇第五）、卷三六（秋官·司寇下）、卷四一（冬官·考工記·梓人）
漢·許慎撰，宋·徐鉉增釋《說文解字》卷一三下（黽部）
漢·王逸撰《楚辭章句》卷一三（七諫·謬諫）
宋·王與之撰《周禮訂義》卷六六
明·王應電撰《周禮傳》卷五
明·周祈撰《名義考》卷一〇
明·彭大翼撰，張幼學增訂《山堂肆考》卷二二七（昆蟲·蛙）

鼃

《莊子·秋水篇》卷六
周·荀況撰，唐·楊倞注《荀子》卷一二（正論篇）
漢·鄭氏注《周禮》卷九（秋官·蟈氏）
漢·鄭玄注，唐·賈公彥疏《周禮注疏》卷三六（秋官·司寇下）
漢·鄭玄注，唐·孔穎達疏《禮記注疏》卷一五、卷一六（月令）
漢·許慎撰，宋·徐鉉增釋《說文解字》卷一三下（黽部）
漢·王逸撰《楚辭章句》卷一三（七諫·謬諫）
漢·班固撰，唐·顏師古注《前漢書》卷六（武帝紀）
三國魏·張揖撰《廣雅》卷一〇（釋魚）
晉·郭璞注《爾雅》卷下（釋蟲·釋魚第十六）
晉·郭璞注，宋·邢昺疏《爾雅注疏》卷一〇（在水者黽）
南朝梁·顧野王撰《玉篇》卷二五（虫部·黽部）
南朝梁·陶弘景撰，尚志鈞輯校《名醫別錄》卷第三（下品·鼃）
唐·丘光廷撰《兼明書》卷三（禮記·螻蟈）
宋·陸佃撰《埤雅》卷二（釋魚·蟾蜍）
宋·羅願撰，元·洪焱祖音釋《爾雅翼》卷一四（釋鳥·反舌）
宋·蘇頌撰，胡乃長、王致譜輯注，蔡景峰審定《圖經本草》下卷第一五（蟲魚部·鼃）
宋·寇宗奭撰《本草衍義》卷一七
宋·唐慎微撰，寇宗奭衍義《證類本草》卷二二（蟲魚部·鼃）
宋·潘自牧撰《記纂淵海（三）》卷一〇〇（蟲豸部·鼃）
元·楊桓撰《六書統》卷一
明·李時珍撰《本草綱目》卷四二（蟲部·鼃）
明·穆希之撰《蟬史集》卷一一（諸蟲類·鼃）
明·張自烈撰，清·廖文英續《正字通》亥集下（黽部）
明·彭大翼撰，張幼學增訂《山堂肆考》卷二二七（昆蟲·蛙）
清·牟應震撰《毛詩物名考》卷三（鼃）
清·張玉書、陳廷敬等纂《康熙字典》卷三六（黽部）
清·王念孫、王引之撰《廣雅疏證》卷一〇下（釋魚）
清·和珅、梁國志撰《熱河志》卷九六

蛙

漢·鄭玄注，唐·賈公彥疏《周禮注疏》卷三四（秋官·司寇第五）
漢·班固撰，唐·顏師古注《前漢書》卷二七中之下（五行紀）
晉·郭璞注《山海經》卷五（中山經·黽）
晉·郭璞注，宋·邢昺疏《爾雅注疏》卷九（鳌蟆）
唐·丘光廷撰《兼明書》卷三（禮記·螻蟈）
宋·陸佃撰《埤雅》卷二（釋魚·蟾蜍）
宋·祝穆撰《古今事文類聚後集》卷三五（蟲豸部·蛙）
宋·謝維斯撰《古今合璧事類備要別集》卷九〇（蟲象門·蛙）
金·李杲編輯，明·李時珍參訂，姚可成補輯《食物本草蛙》卷一二（蛇蟲部·蟲類）
明·陳耀文撰《天中記》卷五七（蛙）
明·彭大翼撰，張幼學增訂《山堂肆考》卷二二七（昆蟲·蛙）
清·張玉書、陳廷敬等纂《康熙字典》卷二六（虫部·蛙）
清·張英、王士禎等撰《淵鑒類函》卷四四八（蟲豸部·蛙）
清·陳元龍撰《格致鏡原》卷九八（昆蟲類·蛙）
清·和珅、梁國志撰《熱河志》卷九六
清·陳志喆等修，吳大猷纂《廣東府縣志輯·光緒四會縣志》卷一（蟲之屬）

鳌

漢·史游撰，唐·顏師古注《急就篇》卷三
南朝梁·顧野王撰《玉篇》卷二五（虫部·鳌）

鳌蟆

晉·郭璞注《爾雅》卷下（釋蟲）

宋・邢昺撰《爾雅注疏》卷九（釋蟲）
宋・陸佃撰《爾雅新義》卷第一五（釋蟲）
宋・鄭樵撰《通志・昆蟲草木略》卷下三（昆蟲類）
明・李時珍撰《本草綱目》卷四二（蟲部・蝦蟆）
明・方以智撰《通雅》卷四七（動物・蟲）
清・邵晉涵撰《爾雅正義》卷一六（鼈蟆）
清・郝懿行撰《爾雅義疏》卷下三（鼈蟆）

蝦蟆

秦・呂不韋撰《呂氏春秋》卷四（孟夏紀）
漢・鄭氏注《周禮》卷九（秋官・蟈氏）
漢・鄭玄注，唐・賈公彥疏《周禮注疏》卷三四（秋官・司寇第五）、卷三六（冬官・考工記・梓）
漢・王逸撰《楚詞章句》卷一三（七諫・謬諫）
漢・鄭康成注《易緯》卷下（通卦驗）
漢・史游撰，唐・顏師古注《急救篇》卷三
漢・班固撰，唐・顏師古注《前漢書》卷六（武帝紀）
漢・許慎撰，宋・徐鉉增釋《說文解字》卷一三上（虫部）
漢・劉安撰，高誘注《淮南子》卷九（主術訓）、卷一七（說林訓）
三國魏・張揖撰《廣雅》卷一〇（釋魚）
南朝梁・顧野王撰《玉篇》卷二五（虫部）
北魏・酈道元注《水經注》卷一五（谷水）
唐・段成式撰《酉陽雜俎》卷一六
唐・陳藏器撰，尚志鈞輯釋《本草拾遺》卷九（解紛<二>・蝦蟆、蟾蜍）
宋・李昉撰《太平御覽》卷二二（蟲豸部六・蝦蟆）
宋・陸佃撰《埤雅》卷二（釋魚・蟾蜍）
宋・羅願撰，元・洪焱祖音釋《爾雅翼》卷一四（釋魚・反舌）
宋・唐慎微撰，寇宗奭衍義《證類本草》卷二二（蟲魚部・蝦蟆）
宋・朱勝非撰《紺珠集》卷二
宋・吳曾撰《能改齋漫錄》卷一五（蝦蟆）
金・李杲輯，明・李時珍參訂，姚可成補輯《食物本草》卷一二（蟲部・蟲類）
元・戴侗撰《六書故》卷二五（虫部）
明・李時珍撰《本草綱目》卷四二（蟲部・蝦蟆）
明・彭大翼撰，張幼學增訂《山堂肆考》卷二二七（昆蟲）
明・董斯張撰《廣博物志》卷五〇（蟲魚下）
明・王圻、王思義輯《三才圖會》卷六（鳥獸）
明・方以智撰《通雅》卷四七（動物・蟲）
清・張英、王士禎等撰《淵鑒類涵》卷四四六（蟲豸部四・蛙）
清・王念孫、王引之撰《廣雅疏證》卷一〇下（釋魚）
清・姜震英撰《湛園劄記》卷一
清・納喇性德撰《陳氏禮記集說補正》卷九
清・陳元龍撰《格致鏡原》卷九八（昆蟲類・蝦蟆）
清・陳淏子撰《秘傳花鏡》卷六
清・陳志喆等修，吳大猷纂《廣東府縣志輯・光緒四會縣志》卷一（昆蟲之屬・蝦蟆）
清・（英）艾約瑟撰《動物學啟蒙》第六章（脊椎動物・兩栖類・蝦蟆）

長股

三國魏・張揖撰《廣雅》卷一〇（釋魚）
南朝梁・陶弘景撰，尚志鈞輯校《名醫別錄》卷第三（下品・鼃）
宋・唐慎微撰，寇宗奭衍義《證類本草》卷二二（蟲魚部・鼃）
明・李時珍撰《本草綱目》卷四二（蟲部・鼃）
清・王念孫、王引之撰《廣雅疏證》卷一〇下（釋魚）
清・牟應震撰《毛詩物名考》卷三（鼃）

坐魚

金・李杲編輯，明・李時珍參訂，姚可成補輯《食物本草》卷一二（蛇蟲部・蟲類・蛙）
明・李時珍撰《本草綱目》卷四二（蟲部・鼃）

申潔

元・陶宗儀撰《說郛》卷七六（宋・毛勝<水族加恩簿>）

中国林蛙 *Rana chensinensis*

吠蛤

清・萬青黎等修，張之洞等纂《北京府縣志輯・光緒順天府志》卷五〇（食貨・物產・蟲屬）

林蛙

清・（美）克拉克、索爾比著，史紅帥譯《穿越陝甘・1908-1909年克拉克考察隊華北行紀》第一二章（蛙類）

东北林蛙 *Rana dybowskii*

䵷䶂

清・張玉書、陳廷敬等纂《康熙字典》卷三六（黽部）
清・牟應震撰《毛詩物名考》卷三

山蛤

清・王河等修《盛京通志》卷二七
清・長順修《吉林通志》卷三四
清・納蘭常安著《宦游筆記》卷一〇（盛京・山蛤）

哈什蟆

清・牟應震撰《毛詩物名考》卷三
清・王河等修《盛京通志》卷二七
清・長順修《吉林通志》卷三四
清・西清纂，肖穆等重輯《黑龍江外記》卷八

寒露林蛙 *Rana hanulica*

黃蚽

明・李時珍撰《本草綱目》卷四二（蟲部・蝦蟆）

黃蝦蟆

清 • 金蓉鏡纂輯《湖南省靖州鄉土志》卷三（動物）

镇海林蛙 *Rana zhenhaiensis*

尖嘴蛤

明 • 屠本畯撰《闽中海错疏》卷中

清 • 怀荫布修，黄任等撰《福建府县志辑 • 乾隆泉州府志》卷一九（虫之属 • 鼃）

黑斑侧褶蛙 *Pelophylax nigramaculatus*

青蛙

晉 • 郭璞注，宋 • 邢昺疏《爾雅注疏》卷一〇（釋魚）

宋 • 蘇頌撰，胡乃長、王致譜輯注，蔡景峰審定《圖經本草》下卷第一五（蟲魚部 • 鼃）

宋 • 鄭樵撰《通志》卷七六（昆蟲草木略 • 蟲魚部）

金 • 李杲編輯，明 • 李時珍參訂，姚可成補輯《食物本草》卷一二（蛇蟲部 • 蟲類）

元 • 錢選《草蟲圖》

明 • 李時珍撰《本草綱目》卷四二（蟲部 • 鼃）

明 • 周祈撰《名義考》卷一〇（物部 • 鼃黽）

清 • 張玉書、陳廷敬等纂《康熙字典》卷二六（虫部 • 蛙）

清 • 吳馨等修，姚文枬等纂《江蘇省上海縣續志》卷六（兩栖之屬 • 田雞）

清 • (美)克拉克 索爾比著，史紅帥譯《穿越陝甘 • 1908-1909年克拉克考察隊華北行紀》第一二章（蛙類）

田雞

宋 • 葉紹翁撰《四朝聞見錄》卷三（田雞）

明 • 李時珍撰《本草綱目》卷四二（蟲魚部 • 鼃）

明 • 周祈撰《名義考》卷一〇（物部 • 鼃黽）

清 • 牟應震撰《毛詩物名考》卷三（鼃）

清 • 嵇曾筠等監修，沈翼璣等纂《浙江通志》卷一〇二（田雞）

清 • 楊修田纂修《河南省光州志》卷四（蝦蟆）

清 • 席紹葆等修，謝鳴謙等纂《湖南府縣志輯 • 辰州府志》卷一六（蟲之屬）

清 • 劉於義等監修，沈青崖等纂《陝西通志》卷四四（鼃）

清 • 鄂爾泰、張廷玉等撰《授時通考》卷三（天時 • 春三月）

青雞

明 • 李時珍撰《本草綱目》卷四二（蟲魚部 • 鼃）

清 • 劉於義等監修，沈青崖等纂《陝西通志》卷四四（鼃）

青約

明 • 屠本畯撰《閩中海錯疏》卷中

青蛤

清 • 懷蔭布修，黃任等纂《福建麻縣志輯 • 乾隆泉州府志》卷一九（蟲之屬 • 鼃）

鼃魚（䵷魚）

漢 • 班固撰，唐 • 顏師古注《前漢書》卷六五（東方朔傳）

清 • 劉於義等監修，沈青崖等纂《陝西通志》卷四四（鼃）

蛤魚

明 • 李時珍撰《本草綱目》卷四二（蟲部 • 鼃）

蛙魚

金 • 李杲編輯，明 • 李時珍參訂，姚可成補輯《食物本草》卷一二（蛇蟲部 • 蟲類）

長股

宋 • 唐慎微撰，寇宗奭衍義《證類本草》卷二二（蟲魚部 • 鼃）

明 • 李時珍撰《本草綱目》卷四二（蟲部 • 鼃）

清 • 牟應震撰《毛詩物名解》卷三（鼃）

坐魚

宋 • 葉紹翁撰《四朝聞見錄》卷三（田雞）

金 • 李杲編輯，明 • 李時珍參訂，姚可成補輯《食物本草》卷一二（蛇蟲部 • 蟲類）

明 • 李時珍撰《本草綱目》卷四二（蟲部 • 鼃）

清 • 方旭撰《蟲薈》卷三（昆蟲 • 蛙）

土鴨

宋 • 邢昺疏《爾雅疏》卷九（釋魚）

明 • 李時珍撰《本草綱目》卷四二（蟲部 • 鼃）

明 • 方以智撰《通雅》卷四七（動物 • 蟲）

清 • 方旭撰《蟲薈》卷三（昆蟲 • 蛙）

福建侧褶蛙 *Pelophylax fukienensis*

大約

明 • 屠本畯撰《閩中海錯疏》卷中

清 • 李拔等纂修《福建府縣志輯 • 乾隆福寗府志》卷一二（蟲屬）

大青約

青 • 懷蔭布修，黃任等纂《福建府縣志輯 • 乾隆泉州府志》卷一九（蟲之屬）

金線蛙

清 • 郝玉麟等監修，謝道承等編纂《福建通志》卷一〇（蟲）

注：《台湾府县志辑》各县志中所记载的『青约』应为福建侧褶蛙，而不是黑斑侧褶蛙 *Pelophylax nigramaculatus*。

金线侧褶蛙 *Pelophylax plancyi*

金線蛙

宋 • 唐慎微撰，寇宗奭衍義《證類本草》卷二二（蟲魚部 • 鼃）

明 • 李時珍撰《本草綱目》卷四二（蟲部 • 鼃）

清 • 方旭撰《蟲薈》卷三（昆蟲 • 蛙）

清 • （日）丘淺治郎著，西師意譯，許家惺校訂《動物學教科書》第六章（兩栖類 • 第一目無尾類）

沼水蛙 *Hylarana guentheri*

黃鯽

明・屠本畯撰《閩中海錯疏》卷中

棘蛙 *Paa* spp.

山蛤

宋・唐慎微撰，寇宗奭衍義《證類本草》卷二二（蟲魚部・蝦蟆）

金・李杲編輯，明・李時珍參訂，姚可成補輯《食物本草》卷一二（蛇蟲部・蟲類）

明・李時珍撰《本草綱目》卷四二（蟲部・山蛤）

明・周祈撰《名義考》卷一〇

清・嵇璜、曹仁虎等纂《續通志》卷一七八（昆蟲草木略・蟲類）

清・汪森編《粤西詩載—粤西叢載》卷二三

清・何天瑞修，桂坫纂《廣東府縣志輯・西寧縣志》卷一四（介蟲）

石鱗

唐・劉恂撰《嶺表錄異》卷中

宋・蘇頌撰，胡乃長、王致譜輯注，蔡景峰審定《圖經本草》卷下第一五（蟲魚部・蝦蟆）

明・屠本畯撰《閩中海錯疏》卷中

明・陳懋仁撰《泉南雜志》卷上

清・曾日瑛等修，李紱等纂《福建府縣志輯・乾隆汀州府志》卷八（蟲之屬・黽）

清・李拔等纂修《福建府縣志輯・乾隆福寗府志》卷一二（蟲屬）

石鱗魚

宋・鄭樵撰《通志》卷七六（昆蟲草木略・蟲魚部）

金・李杲編輯，明・李時珍參訂，姚可成補輯《食物本草》卷一二（蛇蟲部・蟲類）

明・周祈撰《名義考》卷一〇

明・屠本畯撰《閩中海錯疏》卷中

清・懷蔭布修，黃仁等纂《福建府縣志輯・乾隆泉州府志》卷一九（蟲之屬）

石蛤

清・吳震方撰《嶺南雜記》卷下

清・嵇曾筠等監修，沈翼璣等纂《浙江通志》卷一〇一（田雞）

清・吳九齡修，史鳴皋等纂《廣西省梧州府志》卷三

清・何天瑞修，桂坫纂《廣東府縣志輯・西寧縣志》卷一四（介蟲）

石蝓

明・方以智撰《物理小識》卷一一

清・魏瀛修，魯琪光等纂《江西府縣志輯・同治贛州府志》卷二二

清・汪森編《粤西詩載—粤西叢載》卷二三

清・曾日瑛等修，李紱等纂《福建府縣志輯・乾隆汀州府志》卷八（蟲之屬・黽）

清・李書吉等纂修《廣東府縣志輯・嘉慶澄海府志》卷三七（蟲之屬）

清・李元撰《蠕範》卷四

石輪

清・吳宗焯等修，溫仲和纂《廣東府縣志輯・光緒嘉應州志》卷六（蟲之屬）

石崙

清・李拔等纂修《福建府縣志輯・乾隆福寧府志》卷一二（蟲屬）

清・曾日瑛等修，李紱等纂《福建府縣志輯・乾隆汀州府志》卷八（蟲之屬・黽）

蝓

宋・陳彭年等撰《重修廣韻》卷一

明・李時珍撰《本草綱目》卷四二（蟲部・田父）

清・張玉書、陳廷敬等纂《康熙字典》卷二六（虫部）

石蚌

清・席紹葆等修，謝鳴謙等纂《湖南府縣志輯・辰州府志》卷一六

清・金蓉鏡纂修《湖南省靖州鄉土志》卷三（動物）

石邦

清・張士范纂修《安徽府縣志輯・池州府志》卷二五（石雞）

石榜

唐・陳藏器撰，尚志鈞輯釋《本草拾遺》卷九（解紛<二>・蝦蟆）

明・李時珍撰《本草綱目》卷四二（蟲部・蝦蟆）

石撞

宋・張世南撰《游宦紀聞》卷二

明・方以智撰《通雅》卷四七（動物・蟲）

石雞

明・李時珍撰《本草綱目》卷四二（蟲部・蝦蟆）

清・張士范纂修《安徽府縣志輯・池州府志》卷二五（石雞）

清・呂恩湛修，宗績辰纂《湖南府縣志輯・道光永州府志》卷七上

清・方旭撰《蟲薈》卷三（昆蟲・石雞）

石鴨

明・李時珍撰《本草綱目》卷四二（蟲部・蝦蟆）

清・魯銓、鐘英修，洪亮吉、施晉纂《安徽府縣志輯・甯國府志》卷一八

清・呂恩湛修，宗績辰纂《湖南府縣志輯・道光永州府志》卷七上

清・方旭撰《蟲薈》卷三（昆蟲・石雞）

石獚

清・吳騫撰《拜經樓詩話》卷二

田父

宋・蘇頌撰，胡乃長、王致譜輯注，蔡景峰審定《圖經本草》下卷第一五（蟲魚部・蝦蟆）

宋・唐慎微撰，寇宗奭衍義《證類本草》卷二二（蟲魚部・蝦蟆）

明・李時珍撰《本草綱目》卷四二（蟲部・田父）

明・彭大翼撰，張幼學增訂《山堂肆考》卷二二七（昆蟲・食蛇）

清・金蓉鏡纂修《湖南省靖州鄉土志》卷三（動物）

清・李元撰《蠕範》卷四

錦襖子

宋・張世南撰《游宦紀聞》卷二

明・方以智《通雅》卷四七（動物・蟲）

清・周祈撰《名義考》卷一〇

清・吳震方《嶺南雜記》卷下

清・汪森編《粵西詩載—粵西叢載》卷二三

清・嵇曾筠等監修，沈翼機編纂《浙江通志》卷一〇一（石蛤）

清・曾日瑛等修，李紱等纂《福建府縣志輯・乾隆汀州府志》卷八（蟲之屬・黽）

清・何天瑞修，桂坫纂《廣東府縣志輯・西寧縣志》卷一四（介蟲）

清・方旭撰《蟲薈》卷三（昆蟲・石雞）

谷凍

明・屠本畯撰《閩中海錯疏》卷中

清・李拔等纂修《福建府縣志輯・乾隆福寧府志》卷一二（蟲屬）

谷蝀

清・曾日瑛等修，李紱等纂《福建府縣志輯・乾隆汀州府志》卷八（蟲之屬・黽）

清・李元撰《蠕範》卷四

坐魚

清・吳震方《嶺南雜記》卷下

清・何天瑞修，桂坫纂《廣東府縣志輯・西寧縣志》卷一四（介蟲）

跳魚

清・嵇曾筠等監修，沈翼機等編纂《浙江通志》卷一〇七

泽陆蛙 *Fejervarya multistriata*

蝦蟆

唐・陳藏器撰，尚志鈞輯釋《本草拾遺》卷九（解紛<二>・蝦蟆）

宋・唐慎微撰，寇宗奭衍義《證類本草》卷二二（蟲魚部・蝦蟆）

明・李時珍撰《本草綱目》卷四二（蟲部・蝦蟆）

明・屠本畯撰《閩中海錯疏》卷中

清・牟應震撰《毛詩物名考》卷三

黃蛤

清・戴煥南修，張粲奎纂《廣西省新寧州志》卷二（蟲屬）

虎纹蛙 *Hoplobatrachus chinensis*

水雞

宋・蘇頌撰，胡乃長、王致譜輯注，蔡景峰審定《圖經本草》下卷第一五（蟲魚部・蛙）

宋・唐慎微撰，寇宗奭衍義《證類本草》卷二二（蟲魚部・鼃）

宋・鄭樵撰《通志》卷七六（昆蟲草木略・蟲魚部）

宋・趙德麟撰《侯青錄》卷三

明・李時珍撰《本草綱目》卷四二（蟲部・鼃）

明・屠本畯撰《閩中海錯疏》卷中

清・郝玉麟等監修，謝道承等編纂《福建通志》卷一〇（蟲）

清・李拔等纂修《福建府縣志輯・乾隆福寧府志》卷一二（蟲屬）

清・李維鈺原本，沈定均續修，吳聯熏增纂《福建府縣志輯・光緒漳州府志》卷三（蟲之屬）三九

清・方旭撰《蟲薈》卷三（昆蟲・水雞）

蛤子

宋・唐慎微撰，寇宗奭衍義《證類本草》卷二二（蟲魚部・鼃）

清・郝玉麟等監修，謝道承等編纂《福建通志》卷一〇（蟲）

蛤

宋・鄭樵撰《通志》卷七六（昆蟲草木略・蟲魚部）

明・李時珍撰《本草綱目》卷四二（蟲部・鼃）

清・李維鈺原本，沈定均續修，吳聯熏增纂《福建府縣志輯・光緒漳州府志》卷三九（蟲之屬）

蛤蛙

唐・房千里撰《投荒雜錄》

田犬

清・李拔等纂修《福建府縣志輯・乾隆福寧府志》卷一二（蟲屬）

树蛙科 Rhacophoridae

竹蛙

宋・施宿等撰《會稽志》卷一七（魚部）

清・宗源瀚等修，周學浚等纂《浙江府縣志輯・湖州府志》卷三三（蟲之屬）

樹蛤

清・魯鼎梅修，王必昌纂《重修臺灣縣志》卷一二（蟲之屬）

清・李維鈺原本，沈定均續修，吳聯熏增纂《福建府縣志輯・光緒漳州府志》卷三九（蟲之屬）

擒樹蚜

清・何天瑞修，桂坫纂《廣東府縣志輯・西寧縣志》卷一四（蟲類）

青蛉

清•（日）丘淺治郎著，西師意譯，許家惺校訂《動物學教科書》第六章（兩栖類•第一目無尾類）

姬蛙科 Microhylidae

花狭口蛙 *Kaloula pulchra*

地牛

清•李書吉等纂修《廣東府縣志輯•澄海縣志》卷三七•蟲之屬

清•周碩勳纂修《廣東省潮州府志》卷三九

爬行纲 Reptilia

龟鳖目 Testudoformes

鳖科 Trionychidae

山瑞鳖 *Palea steindachneri*

山瑞

清•康善述纂修《廣東府縣志輯•康熙陽春縣志》卷一四（物產•介之屬）

清•額哲克等修，單興詩纂《廣東府縣志輯•同治韶州府志》卷一一（介屬）

清•楊霽修，陳蘭彬等纂《廣東府縣志輯•高州府志》卷七（介之屬）

清•何天瑞修，桂坫纂《廣東府縣志輯•西寧縣志》卷一四（介屬）

山崇

清•戴焕南修，張粲奎纂《廣西省新寧州志》卷二（介屬）

清•陳志喆等修，吳大猷纂《廣東府縣志輯•光緒四會縣志》卷一（介之屬）

山鱉

清•馮德材等修，文德馨等纂《廣西省鬱林州志》卷四（物產•山鱉）

鼋 *Pelochelys bibroni*

黿

周•左丘明撰，晉•杜預注，唐•孔穎達疏《左傳注疏》卷一二（宣公）

漢•許慎撰，宋•徐鉉增釋《說文解字》卷一三下（黽部•黿）

漢•王逸撰《楚詞章句》卷二（七諫•九歌）

漢•伏勝撰，鄭玄釋《尚書大傳》卷一（夏書•禹貢傳）

漢•鄭玄注，唐•孔穎達疏，陸明德音義《禮記注疏》卷一六

南朝梁•顧野王撰《玉篇》卷二五（黽部•黿）

五代•杜光庭撰《錄異記》卷五

宋•司馬光撰《類篇》卷三八（黿）

宋•陸佃撰《埤雅》卷二（釋魚•黿）

宋•羅願撰，元•洪焱祖音釋《爾雅翼》卷三一（黿）

宋•蘇頌撰，胡乃長、王致譜輯注，蔡景峰審定《圖經本草》下卷第一五（蟲魚部）

宋•李昉撰《太平御覽》卷九三一（鱗介部•黿）

元•戴侗撰《六書故》卷二〇（黿）

元•陳澔撰《陳氏禮記集說》卷三（月令）

明•李時珍撰《本草綱目》卷四五（介部•黿）

明•張自烈撰，清•廖文英釋《正字通》亥集下（黽部•黿）

明•陳耀文撰《天中記》卷五七（黿）

明•穆希文撰《蟫史集》卷九（甲蟲類•黿）

清•胡世安撰《異魚圖贊補》卷下（互錯部•黿）

清•張玉書、陳廷敬等纂《康熙字典》卷三六（黽部•黿）

清•嵇曾筠等監修，沈翼機等編纂《浙江通志》卷一〇二

清•黃桂修，宋驤纂《安徽省太平府志》卷一三（黿）

清•郭柏蒼撰《海錯百一錄》卷三（黿）

清•張英、王士禎等撰《淵鑒類函》卷四四一（鱗介部•黿）

清•陳夢雷撰《古今圖書集成•博物彙編•禽蟲典》卷一五五（黿部）

清•陳元龍撰《格致鏡原》卷九四（水族類五•黿）

癩頭黿

明•彭大翼撰，張幼學增訂《山堂肆考》卷二二五（甲蟲•癩頭）

明•穆希文撰《蟫史集》卷九（甲蟲類•黿）

清•李元撰《蠕範》卷三

甘鼎

元•陶宗儀撰《說郛》卷七六（宋•毛勝<水族加恩簿•醉舌公>）

鳖 *Pelodiscus sinensis*

鱉

《周易》卷九（說卦）

《周禮》卷四（天官）

《楚辭》卷九（招魂）

《莊子》卷八（則陽）

漢•許慎撰，宋•徐鉉增釋《說文解字》卷一三下（黽部•黿）

漢•毛亨傳、鄭玄箋、唐•孔穎達疏，陸德明因義《毛詩注疏》卷一七、卷二五

漢•鄭玄注，唐•賈公彥疏，陸德明音義《周禮注疏》卷一，又卷四

三國魏•吳普等述，清•孫星衍、孫馮翼輯《神農本草經》卷二（鼈甲）

晉•崔豹撰《古今注》卷中

南朝梁·顧野王撰《玉篇》卷二五（黽部·鼊）
唐·張參撰《五經文字》卷下（鼊）
宋·陸佃撰《埤雅》卷二（釋魚·鼊）
宋·羅願撰，元·洪焱祖音釋《爾雅翼》卷三一（釋魚·鼊）
宋·王與之撰《周禮訂義》卷七
宋·蘇頌撰，胡乃長、王致譜輯注，蔡景峰審定《圖經本草》上卷第一四（蟲魚部·鼊）
宋·唐慎微撰，寇宗奭衍義《證類本草》卷二一（蟲魚部·鼊甲）
宋·祝穆撰《古今事文類聚後集》卷三五（介蟲部·鼊）
宋·朱輔撰《溪蠻叢笑》（九肋鼊）
金·李杲輯，明·李時珍參訂，姚可成補輯《食物本草》卷一一（介部·龜鼊類·鼊）
明·李時珍撰《本草綱目》卷四五（介部·鼊）
明·屠本畯撰《閩中海錯疏》卷下（介部·鼊）
明·馮復京撰《六家詩名物疏》卷三四（鼊）
明·陳耀文撰《天中記》卷五七（鼊）
明·張自烈撰，清·廖文英續《正字通》亥集下（黽部·鼊）
明·彭大翼撰，寇宗奭衍義《山堂考》卷二二五（甲蟲·鼊）
明·慎懋官撰《華夷花木鳥獸珍玩考》卷七（鼊）
明·王圻、王思義輯《三才圖會》卷五（鼊）
清·胡世安撰《異魚圖贊補》卷下（互錯部·鼊）
清·張玉書、陳廷敬等纂《康熙字典》卷三六（黽部·鼊）
清·陳大章撰《詩傳名物集覽》卷六（鱗介·鼂鼊膾鯉）
清·張英、王士禎等撰《淵鑒類涵》卷四四一（鱗介部·鼊）
清·陳夢雷編《古今圖書集成·博物彙編·禽蟲典》卷一八五（鼊部）
清·陳元龍撰《格致鏡原》卷九四（水族類<五>·鼊）
清·李元撰《蠕範》卷四（鼊）
清·（日）丘淺治郎著，西師意譯，許家惺校訂《動物學教科書》第十五章（爬蟲類·第一目龜類·鼊）

河伯從事

晉·崔豹撰《古今注》卷中
五代·馬縞撰《中華古今注》卷下
宋·羅願撰《爾雅翼》卷三一（釋魚·鼊）
明·李時珍撰《本草綱目》卷四五（介部·鼊）
清·胡世安撰《異魚圖贊補》卷下（互錯部·鼊）
清·方旭撰《蟲薈》卷五（介蟲）
清·李文恒修，鄭文彩纂《廣東省瓊山志志》卷三下（魚）

神守

春秋·范蠡撰《養魚經》
後魏·賈思勰撰《齊民要術》卷六（養魚）
唐·段公路撰，崔龜圖注《北戶錄》卷一（魚種）
宋·陸佃撰《埤雅》卷二（釋魚·鼊）
宋·羅願撰《爾雅翼》卷三一（釋魚·鼊）
宋·曾慥撰《類說》卷四四（養魚經）
元·黃公紹原本，熊忠舉要《古今韻會舉要》卷二七（鼊）
金·李杲編輯，明·李時珍參訂，姚可成補輯《食物本草》卷一一（介部·龜鼊類·鼊）
明·朱謀㙔撰《駢雅》卷七（釋蟲魚）
明·李時珍撰《本草綱目》卷四五（介部·鼊）
明·屠本畯撰《閩中海錯疏》卷下（介部·鼊）
明·馮復京撰《六家詩名物疏》卷三四（鼊）
明·彭大翼撰，寇宗奭衍義《山堂肆考》卷二二五（甲蟲·守魚）
明·張自烈撰，清·廖文英續《正字通》亥集下（黽部·鼊）
明·慎懋官撰《華夷花木鳥獸珍玩考》卷七（鼊）
明·李蘇撰《見物》卷四（介物論）
清·胡世安撰《異魚圖贊補》卷下（互錯部·鼊）
清·陳大章撰《詩傳名物集覽》卷六（鱗介·鼂鼊膾鯉）
清·張英、王士禎等纂《淵鑒類涵》卷四四一（鱗介部·鼊）
清·張玉書、陳廷敬等纂《康熙字典》卷三六（黽部·鼊）

團魚

金·李杲編輯，明·李時珍參訂，姚可成補輯《食物本草》卷一一（介部·龜鼊類·鼊）
明·李時珍撰《本草綱目》卷四五（介部·鼊）
明·屠本畯撰《閩中海錯疏》卷下（介部·鼊）
清·胡世安撰《異魚圖贊補》卷下（互錯部·鼊）
清·阿桂、劉瑾之等撰《欽定盛京通志》卷一〇七（鼊）
清·李元撰《蠕範》卷四（鼊）
清·黃桂修，宋驤纂《安徽省太平府志》卷一三（鼊）
清·黃永綸修，楊錫齡等纂《湖北府縣志輯·道光寧都直隸州志》卷之一二（甲類·鼊）
清·魏瀛修，魯琪光等纂《江西府縣志輯·同治贛州府志》卷二一（介·團魚）

腳魚

明·屠本畯撰《閩中海錯疏》卷下·介部（鱉）
清·阿桂、劉瑾之等撰《盛京通志》卷一〇七（水族類·鱉）
清·黃永綸修，楊錫齡等纂《湖北府縣志輯·道光寧都直隸州志》卷之一二（甲類·鱉）
清·楊修田纂修《河南省光州志》卷四（介之屬·鱉）

甲魚

清·陳元龍撰《格致鏡原》卷九四（水族類五·鱉）
清·方旭撰《蟲薈》卷五（介蟲·鱉）
清·楊修田纂修《河南省光州志》卷四（介之屬·鱉）
清·（日）丘淺治郎著，西師意譯，許家惺校訂《動物學教科書》第五章（爬蟲類·第一目龜類·鱉）

甲拆翁

宋・陶穀撰《清異錄》卷上（撰甲尚書）

元・陶宗儀撰《說郛》卷七六（宋・毛勝<水族加恩簿・撰甲尚書>）

清・陳元龍撰《格致鏡原》卷九四（水族類五・鱉）

清・李元撰《蠕範》卷四（鱉）

中華鱉

清・（美）克拉克、索爾比著，史紅帥譯《穿越陝甘・1908-1909年克拉克考察隊華北行紀》第一二章（爬行動物）

海龟科 Cheloniidae

蠵龟 *Caretta caretta*

蠵

漢・王逸撰《楚辭章句》卷九（招魂）

漢・許慎撰，宋・徐鉉增釋《說文解字》卷一三上（蟲部・蠵）

晉・郭璞注《山海經》卷四（東山經）

南朝梁・顧野王撰《玉篇》卷一五（虫部・蠵）

蠵龜

晉・郭璞注《山海經》卷四（東山經）

晉・郭璞著，張宗祥校錄《足本山海經圖贊》（蠵龜）

金・李杲編輯，明・李時珍參訂，姚可成補輯《食物本草》卷一一（介部・蠵龜）

明・李時珍撰《本草綱目》卷四五（介部・蠵龜）

明・王圻、王思義輯《三才圖會》卷之鳥獸五（蠵龜）

明・穆希文撰《蟫史集》卷之九（甲蟲類・蠵龜）

清・吳任臣撰《山海經廣注》卷四（東山經）

清・陳夢雷編《古今圖書集成・博物彙編・禽蟲典》卷一五一（龜部）

蠵蠵

唐・陳藏器撰，尚志鈞輯釋《本草拾遺》卷九（解紛<二>・秦龜、蠵蠵）

唐・劉恂撰《嶺表錄異》卷下

宋・司馬光撰《類篇》卷三八（蠵）

宋・蘇頌撰，胡乃長、王致譜輯注，蔡景峰審定《圖經本草》上卷第一四（蟲魚部・秦龜）

宋・唐慎微撰，寇宗奭衍義《證類本草》卷二〇（蟲魚部・秦龜）

宋・鄭樵撰《通志》卷七六（昆蟲草木略・蟲魚類）

明・李時珍撰《本草綱目》卷四五（介部・蠵龜）

明・方以智撰《通雅》卷四七（動物・蟲）

明・楊慎原本，清・胡世安箋《異魚圖贊箋》卷四（山蠵）

清・張玉書、陳廷敬等纂《康熙字典》卷二六（虫部・蠵、蠵）

清・陳元龍撰《格致鏡原》卷三三（珍寶類・玳瑁<附蠵蠵>）

清・李元撰《蠕範》卷一（蠵）

觜蠵

漢・班固撰，唐，顏師古注《前漢書》卷八七上（楊雄傳）

晉・郭璞注《爾雅》卷下（釋魚・靈龜）

晉・郭璞注，宋・邢昺疏《爾雅注疏》卷一〇（釋魚・靈龜）

晉・郭璞注《山海經》卷四（東山經）

南朝梁・顧野王撰《玉篇》卷一五（虫部・蠵）

清・段玉裁注《說文解字注》卷一三下（虫部・蠵）

靈蠵

漢・班固撰，唐・顏師古注《前漢書》卷八七上（楊雄傳）

晉・郭璞注，宋・邢昺疏《爾雅注疏》卷一〇（釋魚・靈龜）

宋・司馬光撰《類篇》卷三八（蠵）

宋・唐慎微撰，寇宗奭衍義《證類本草》卷二〇（蟲魚部・秦龜）

宋・鄭樵撰《通志》卷七六（昆蟲草木略・蟲魚類）

明・李時珍撰《本草綱目》卷四五（介部・蠵龜）

明・方以智撰《通雅》卷四七（動物・蟲・靈龜）

明・楊慎原本，清・胡世安箋《異魚圖贊箋》卷四（水蠵）

清・張玉書、陳廷敬等撰《康熙字典》卷二六（虫部）

清・李元撰《蠕範》卷一（蠵）

靈龜

漢・劉向撰《說苑》卷一八（靈龜）

晉・郭璞注，宋・邢昺疏《爾雅注疏》卷一〇（釋魚・靈龜）

晉・葛洪撰《抱朴子》卷二（僊藥）

南朝梁・沈約撰《宋書》卷二六（瑞符志・靈龜）

宋・唐慎微撰，寇宗奭衍義《證類本草》卷二〇（蟲魚部・秦龜）

宋・鄭樵撰《爾雅註》卷下（釋魚）

明・李時珍撰《本草綱目》卷四五（介部・蠵龜）

明・方以智撰《通雅》卷四七（動物・蟲・靈龜）

明・楊慎原本，清・胡世安箋《異魚圖贊箋》卷四（水蠵）

清・張玉書、陳廷敬等撰《康熙字典》卷二六（虫部）

清・李元撰《蠕範》卷一（蠵）

𪓟鼊

三國吳・沈瑩撰《臨海水土異物志》（𪓟鼊）

南朝梁・顧野王撰《玉篇》卷二五（黽部）

宋・羅願撰，元・洪焱祖音釋《爾雅翼》卷三一（釋魚・龜）

宋・唐慎微撰《證類本草》卷二〇（蟲魚部・瑇瑁）

宋・周去非撰《嶺外代答》卷一〇（蟲魚門・鼊・瑇瑁）

明・李時珍撰《本草綱目》卷四五（介部・蠵龜）

明・楊慎原本，清・胡世安箋《異魚圖贊箋》卷四（𪓟鼊）

清・郝玉麟等監修，魯曾煜等撰《廣東通志》卷九九

僶鼊

清・黃叔璥撰《臺海使槎錄》卷三（僶鼊）

清・張玉書、陳廷敬等撰《康熙字典》卷三六（黽部・䵷、鼊）

係臂

唐・段成式撰《酉陽雜俎》卷一七（鱗介篇・係臂）
宋・李昉撰《太平廣記》卷四六五（水族二・魚・係臂）
明・李時珍撰《本草綱目》卷四五（介部・蠵龜）
明・方以智撰《通雅》卷四七（動物・蟲・靈龜）
明・周祈撰《名義考》卷一〇（物部・觜蠵・贔屭）
明・楊愼原本，清・胡世安箋《異魚圖贊箋》卷四（山蠵）
清・李元撰《蠕範》卷一（蠵）

贔屭

明・周祈撰《名義考》卷一〇（觜蠵・贔屭）

茲夷

唐・劉恂撰《嶺表錄異》卷下
明・李時珍撰《本草綱目》卷四五（介部・蠵龜）
明・楊愼原本，清・胡世安箋《異魚圖贊箋・山蠵》卷四
明・穆希文撰《蟫史集》卷之九（甲蟲類・蠵龜）
清・張英、王士禛等纂《淵鑒類函》卷四四〇（鱗介部・龜一）
清・陳元龍撰《格致鏡原》卷三三（珍寶類・玳瑁<附蟕蠵>）
清・張英、王士禛等纂《淵鑒類函》卷四四〇（鱗介部・龜一）
清・李元撰《蠕範》卷一（蠵）

海龟 *Chelonia mydas*

水龜

晉・郭璞注《爾雅》卷下（釋魚）
唐・陳藏器撰，尚志鈞輯釋《本草拾遺》卷六（蟲魚部・水龜）
宋・唐慎微撰，寇宗奭衍義《證類本草》卷二〇（蟲魚部・水龜）

海龜

明・黄衷撰《海語》卷中（海龜）
清・吳任臣撰《山海經廣注》卷一（南山經）
清・胡煦撰《周易函書約存・周易函書別集》卷一五
清・周鐘瑄修，陳夢林等纂《臺灣府縣誌・康熙諸羅縣志》卷一〇（介之屬・龜）
清・鐘元棣修，張雋等纂《海南府縣志輯・民國崖州志》卷四（介類・龜）
清・（日）丘淺治郎著，西師意譯，許家惺校訂《動物學教科書》第五章（爬蟲類・第一目龜類[注]・海龜）

玳瑁 *Eretmachelys imbricata*

瑇瑁

漢・司馬遷撰，唐・張守節正義《史記》卷一一七（司馬相如傳）
漢・班固撰，唐・顏師古注《前漢書》卷六五（東方朔傳）
漢・楊孚撰，清・曾釗輯《異物志》（瑇瑁）
南朝宋・範煜撰，唐章懷、李賢注《後漢書》卷九六下（西域傳）、卷一一〇下（杜篤傳）
唐・段成式撰《酉陽雜俎續集》卷八
宋・司馬光撰《類篇》卷一
宋・陳彭年重修《重修廣韻》卷四
宋・陸佃撰《埤雅》卷三一（釋魚）
宋・羅願撰，元・洪焱祖音釋《爾雅翼》卷三一（釋魚・瑇瑁）
宋・范成大撰《桂海虞衡志》（蟲魚）
宋・趙汝適撰《諸蕃志》卷下（志物・瑇瑁）
宋・蘇頌撰，胡乃長、王致譜輯注，蔡景峰審定《圖經本草》上卷第一四（蟲魚部・玳瑁）
宋・寇宗奭撰《本草衍義》卷一七（瑇瑁）
宋・唐慎微撰，寇宗奭衍義《證類本草》卷二〇（蟲魚部・瑇瑁）
宋・周去非撰《嶺外代答》卷一〇（瑇瑁）
宋・黃震撰《黃氏日抄》卷六七（瑇瑁）
金・李杲編輯，明・李時珍參訂，姚可成補輯《食物本草》卷一一（介部・龜鱉類・瑇瑁）
元・戴侗撰《六書故》卷二〇
明・李時珍撰《本草綱目》卷四五（介部・瑇瑁）
明・李蘇撰《見物》卷四（介物類・瑇瑁）
明・張自烈撰，清・廖文英續《正字通》午集上（玉部・瑇瑁）
清・張玉書、陳廷敬等纂《康熙字典》卷一九（玉部・玳、瑇、瑁）
清・李調元撰《然犀志》卷下（瑇瑁）
清・郝玉麟等監修，魯曾煜等編纂《廣東通志》卷五二（物產・瑇瑁）
清・郭柏蒼撰《海錯百一錄》卷三（瑇瑁）
清・毛昌善修，陳蘭彬纂《廣東府縣志輯・光緒吳川縣志》卷二（輿地・物產・瑇瑁）
清・柯璜譯編，（日）箕作佳吉著《博物學講義・動物篇理》第四章（脊椎動物・爬行類・龜鱉類・瑇）
清・（日）丘淺治郎著，西師意譯，許家惺校訂《動物學教科書》第五章（爬蟲類・第一目龜類[注]・瑇瑁）

玳瑁

唐・劉恂撰《嶺表錄異》卷中（玳瑁）
金・李杲編輯，明・李時珍參訂，姚可成補輯《食物本草》卷一一（介部・龜鱉類・瑇瑁）
明・顧岕撰《海槎餘錄》（玳瑁）
明・李時珍撰《本草綱目瑁》卷四五（介部・瑇瑁）
明・曹昭撰《格古要論》卷中（玳瑁）

明・王圻、王思義撰《三才圖會》卷五（玳瑁）
清・屈大均撰《廣東新語》卷二三（玳瑁）
清・陳元龍撰《格致鏡原》卷三三（珍寶類・玳瑁）
清・毛昌善修，陳蘭彬纂《廣東府縣誌輯・光緒吳川縣志》卷二（瑇瑁）
清・李文恒修，鄭文彩纂《廣東省瓊山縣志》卷三（魚類<附海族>・玳瑁）
清・鐘元棣修，張雋等纂《海南府縣志輯・民國崖州府志》卷四（介類・玳瑁）

文甲

漢・班固撰，唐・顏師古注《前漢書》卷六五（東方朔傳）
南朝宋・範煜撰，李賢注《後漢書》卷九六下

文龜

漢・班固撰，唐・顏師古注《前漢書》卷六五（東方朔傳）
南朝宋・範煜撰，李賢注《後漢書》卷九六下

十三鱗

清・李文恒修，鄭文彩纂《廣東省瓊山縣志》卷三（魚類<附海族>・玳瑁）

平胸龟科 Platysternidae

平胸龟 *Platysternon megalocephalum*

玄龜

晉・郭璞注《山海經》卷一（南山經）
南朝梁・蕭子顯撰《南齊書》卷一六（祥瑞志）
明・王圻、王思義撰《三才圖會》卷之鳥獸五（玄龜）
清・吳任臣撰《山海經廣注》卷一（南山經）

旋龜

晉・郭璞注《山海經》卷一（南山經）、卷五（中山經）
明・李時珍撰《本草綱目》卷四五（介部・鶚龜・附錄）
清・方旭撰《蟲薈》卷五（介蟲・旋龜）

瘧龜

唐・陳藏器撰，尚志鈞輯釋《本草拾遺》卷六（蟲魚部・瘧龜）
宋・唐慎微撰，寇宗奭衍義《證類本草》卷二〇（蟲魚部・瘧龜）
金・李杲編輯，明・李時珍參訂，姚可成補輯《食物本草》卷一一（介部・龜鱉類・瘧龜）
明・李時珍撰《本草綱目》卷四五（介部・瘧龜）
明・彭大翼撰，張幼學增訂《山堂肆考》卷二二五（生巖）
明・穆希文撰《蟫史集》卷之九（甲蟲類・鶚龜）
清・張英、王士禎等纂《淵鑒類函》卷四四〇（鱗介部四・龜）
清・方旭撰《蟲薈》卷五（介蟲・瘧龜）

鶚龜

唐・陳藏器撰，尚志鈞輯釋《本草拾遺》卷六（蟲魚部・瘧龜）
宋・唐慎微撰，寇宗奭衍義《證類本草》卷二〇（蟲魚部・瘧龜）
明・李時珍撰《本草綱目》卷四五（介部・鶚龜）
明・彭大翼撰，張幼學增訂《山堂肆考》卷二二五（生巖）
明・穆希文撰《蟫史集》卷之九（甲蟲類・鶚龜）
清・張英、王士禎等纂《淵鑒類函》卷四四〇（鱗介部四・龜）

注：《本草纲目・介部》对『鹗龟』的记述中，显然将《本草拾遗》的生高山石下，讹为生南海。

龟科 Emydidae

龜

《周易》卷九（說卦）
漢・鄭氏注《周禮》卷一二（冬官・考工記）
漢・戴德撰《大戴禮記》卷五
漢・許慎撰，宋・徐鉉增釋《說文解字》卷二五（龜部）
晉・郭璞注《山海經》卷二（西山經）、卷五（中山經）
晉・郭璞注《爾雅》卷下（釋魚・十龜）
南朝梁・顧野王撰《玉篇》卷二五（龜部・龜）
宋・陸佃撰《埤雅》卷二（釋魚・龜）
宋・羅願撰，元・洪焱祖音釋《爾雅翼》卷三一（釋魚・龜）
宋・鄭樵撰《通志・昆蟲草木略》卷七六（蟲魚類・龜）
元・戴侗撰《六書故》卷二〇
明・李時珍撰《本草綱目》卷四五（介部・龜）
明・屠本畯撰《閩中海錯疏》卷下（介部・龜）
清・張玉書、陳廷敬等纂《康熙字典》卷三六（龜部・龜）
清・段玉裁注《說文解字注》卷一三下（龜部・龜）

玄衣督郵

晉・崔豹撰《古今注》卷中（魚蟲第五）
五代・馬縞撰《中華古今注》卷下（龜名）
唐・徐堅撰《初學記》卷三〇（鱗介部・龜）
宋・朱勝非撰《紺珠集》卷一（穆天子傳）
宋・吳淑撰《事類賦》卷二八（鱗介部・水龜）
明・李時珍撰《本草綱目》卷四五（介部・龜）
明・陳耀文撰《天中記》卷五七（龜）
明・彭大翼撰，張幼學增訂《山堂肆考》卷二二五（甲蟲・龜）
清・胡世安撰《異魚圖贊補》卷下（互錯部・龜）
清・陳大章撰《詩傳名物集覽》卷六（鱗介・我龜既厭）
清・陳元龍撰《格致鏡原》卷九四（水族類・龜）

黑衣督郵

宋・羅願撰《爾雅翼》卷三一（釋魚・介部・龜）

元緒

南朝梁・任昉撰《述異記》卷上
北魏・酈道元撰《水經注》卷四〇（漸江水）
唐・歐陽詢撰《藝文類聚》卷九六（鱗介部・龜）
唐・徐堅撰《初學記》卷三〇（鱗介部・龜）

唐·白居易原本，宋·孔傳續撰《白孔六帖》卷九九（龜·元緒）

宋·祝穆撰《古今事文類聚後集》卷三五（龜名元緒）

宋·劉敬叔撰《異苑》卷三

明·陳耀文撰《天中記》卷五七（龜）

清·陳大章撰《詩傳名物集覽》卷六（鱗介·我龜既厭）

元介卿

元·陶宗儀撰《說郛》卷七六（宋·毛勝<水族加恩簿·通幽博士>）

乌龟 *Chinemys reevesii*

秦龜

南朝梁·陶弘景撰，尚志鈞輯校《名醫別錄》卷第一（上品·秦龜）

唐·陳藏器撰，尚志鈞輯釋《本草拾遺》卷九（解紛<二>秦龜）

宋·蘇頌撰，胡乃長、王致譜輯注，蔡景峰審定《圖經本草》上卷第一四（蟲魚部·秦龜）

宋·寇宗奭撰《本草衍義》卷一七（秦龜）

宋·唐慎微撰，寇宗奭衍義《證類本草》卷二〇（蟲魚部·秦龜）

宋·李石撰《續博物志》卷六（秦龜）

明·李時珍撰《本草綱目》卷四五（介部·秦龜）

清·陳元龍撰《格致鏡原》卷九四（水族類·龜）

山龜

漢·班固撰，唐·顏師古注《前漢書》卷八七上（楊雄傳）

晉·郭璞注《爾雅》卷下（釋魚·七曰山龜）

宋·蘇頌撰，胡乃長、王致譜輯注，蔡景峰審定《圖經本草》上卷第一四（蟲魚部·秦龜）

宋·唐慎微撰，寇宗奭衍義《證類本草》卷二〇（蟲魚部·秦龜）

明·李時珍撰《本草綱目》卷四五（介部·秦龜）

明·彭大翼撰，張幼學增訂《山堂肆考》卷二二五下（食竹）

清·張英、王士禎等纂《淵鑒類函》卷四四〇（鱗介部四·龜一）

清·方旭撰《蟲薈》卷五（介蟲·山龜）

金龜

五代·杜光庭撰《錄異記》卷五

明·徐應秋撰《玉芝堂談薈》卷三五（金龜大如錢）

明·陳耀文撰《天中記》卷五七（龜）

明·穆希文撰《蟫史集》卷之九（甲蟲類·金龜）

清·李光地等編纂《月令輯要》卷一一（金龜）

清·吳任臣撰《十國春秋》卷三六（前蜀二·高祖本紀下）

清·嵇曾筠等監修，沈翼機等編纂《浙江通志》卷一七六（藝文·明·王晫<西湖考>）

烏龜

元·陶宗儀撰《輟耕錄》卷二二

元·俞琰撰《席上腐談》卷七上

明·顧起元撰《說略》卷一九（冥契下）

玄武

元·俞琰撰《席上腐談》卷七上

明·顧起元撰《說略》卷一九（冥契下）

澤龜

晉·郭璞注《爾雅》卷下（釋魚·八曰澤龜）

清·（日）丘淺治郎著，西師意譯，許家惺校訂《動物學教科書》第五章（爬蟲類·第一目龜類[注]·海龜）

大头乌龟 *Chinemys megalocephala*

大頭龜

清·馬呈圖等纂修《宣統高要縣誌》卷一一（食貨篇·動物·大頭龜）

黄喉拟水龟 *Mauremys mutica*

綠毛龜

唐·令狐德棻纂《周書》卷五（武帝紀）

宋·薛正居等撰《舊五代史》卷一四一（五行志）

宋·王質撰《紹陶錄》卷下（綠毛龜）

宋·陸遊撰《入蜀記》卷二

宋·張世南《游宦紀聞》卷二

宋·洪邁撰《夷堅志》丙卷四（呂氏綠毛龜）

金·李杲編輯，明·李時珍參訂，姚可成補輯《食物本草》卷一一（介部·龜鱉類·綠毛龜）

元·托克托撰《宋史》卷六五（五行志）

明·李時珍撰《本草綱目》卷四五（介部·綠毛龜）

明·李賢等撰《明一統志》卷六一（黃州府·土產·綠毛龜）

明·馬端臨撰《文獻通考》卷三一四（物異考）

明·徐應秋撰《玉芝堂談薈》卷三五（金龜大如錢）

清·陳淏子輯《秘傳花鏡》卷六（綠毛龜）

清·嵇曾筠等監修，沈翼機等編纂《浙江通志》卷一〇三（寧波府·綠毛龜）

清·田文鏡等監修，孫灝等編纂《河南通志》卷二九（介類）

清·方旭撰《蟲薈》卷五（介蟲·綠毛龜）

清·謝旻等監修，陶成等編纂《江西通志》卷八

清·邁柱等監修，夏力恕等編纂《湖廣通志》卷八

青毛龜

南朝梁·蕭子顯撰《南齊書》卷一八（祥瑞志）

清·嵇曾筠等監修，沈翼機等編纂《浙江通志》卷一〇三

毛龜

南朝梁·沈約撰《宋書》卷二八（瑞符志）

南朝梁・蕭子顯撰《南齊書》卷一八（祥瑞志）
北齊・魏收撰《魏書》卷一一二下（靈徽志八下）
唐・姚思廉撰《梁書》卷一（本紀・武帝上）
唐・魏征纂《隋書》卷一（高祖上）、卷二（高祖下）
唐・歐陽詢撰《藝文類聚》卷九九（祥瑞部下・龜）
五代・劉昫撰《舊唐書》卷三七（五行志第十七）
宋・司馬光撰《資治通鑒》卷二三六（唐紀五十二）
清・張英、王士禛等纂《淵鑒類函》卷四四〇（鱗介部・龜四・毛龜）
清・吴绮撰《嶺南風物記》

綠衣使者

明・李時珍撰《本草綱目》卷四五（介部・綠毛龜）
明・張自烈撰，清・廖文英續《正字通》亥集下（龜部・龜）
清・張英、王士禛等纂《淵鑒類函》卷四四〇（鱗介部・龜三・綠衣使者）

闭壳龟 *Cuora* spp.

攝龜

晉・郭璞注《爾雅》卷下（釋魚）
晉・郭璞注，宋・邢昺疏《爾雅注疏》卷一〇（釋魚）、（卷十考證）
宋・鄭樵撰《爾雅註》卷下（釋魚第十六）
宋・鄭樵撰《通志》卷七六（昆蟲草木略・蟲魚類）
宋・羅願撰，寇宗奭衍義《爾雅翼》卷三一（釋魚・攝龜）
金・李杲編輯，明・李時珍參訂，姚可成補輯《食物本草》卷一一（介部・龜鱉類・攝龜）
明・李時珍撰《本草綱目》卷四五（介部・攝龜）
明・穆希文撰《蟫史集》卷之九（甲蟲類・攝龜）
清・陳元龍撰《格致鏡原》卷九四（水族類五・龜）
清・方旭撰《蟲薈》卷五（介蟲・攝龜）

陵龜

晉・郭璞注《爾雅》卷下（釋魚・三曰攝龜）
晉・郭璞注，宋・邢昺疏《爾雅注疏》卷九（釋魚）
宋・鄭樵撰《通志》卷七六（昆蟲草木略・蟲魚類）
宋・羅願撰，元・洪焱祖音釋《爾雅翼》卷三一（釋魚・攝龜）
宋・蘇頌撰，胡乃長、王致譜輯注，蔡景峰審定《圖經本草》上卷第一四（蟲魚部・秦龜）
宋・唐慎微撰，寇宗奭衍義《證類本草》卷二〇（蟲魚部・秦龜）
明・李時珍撰《本草綱目》卷四五（介部・攝龜）
清・陳元龍撰《格致鏡原》卷九四（水族類・龜）

蠳龜

晉・葛洪撰《抱朴子内篇》卷四（登涉）
南朝梁・蕭統撰，唐・李善注《文選》卷一四（南都賦）
宋・羅願撰，元・洪焱祖音釋《爾雅翼》卷三一（釋魚・攝龜）
宋・鄭樵撰《通志》卷七六（昆蟲草木略・蟲魚類）
明・朱橚撰《普濟方》卷三〇七（諸蟲獸傷門）
明・李時珍撰《本草綱目》卷四五（介部・攝龜）
清・張玉書、陳廷敬等纂《康熙字典》卷二六（虫部・蠳）

鴦龜

晉・郭璞注，宋・邢昺疏《爾雅注疏》卷一〇（考證）
宋・李昉撰《太平廣記》卷四六五（水族二・魚・鴦龜）
宋・蘇頌撰，胡乃長、王致譜輯注，蔡景峰審定《圖經本草》上卷第一四（蟲魚部・秦龜）
宋・唐慎微撰，寇宗奭衍義《證類本草》卷二〇（蟲魚部・秦龜）
明・李時珍撰《本草綱目》卷四五（介部・攝龜）

呷蛇龜

宋・羅願撰，元・洪焱祖音釋《爾雅翼》卷三一（釋魚・攝龜）
宋・鄭樵撰《通志》卷七六（昆蟲草木略・蟲魚類）
宋・唐慎微撰《證類本草》卷二〇（蟲魚部・秦龜）
金・李杲編輯，明・李時珍參訂，姚可成補輯《食物本草》卷一一（介部・龜鱉類・攝龜）
明・李時珍撰《本草綱目》卷四五（介部・攝龜）
清・張英、王士禛等纂《淵鑒類函》卷四四〇（鱗介部・龜三・綠衣使者）

蛇龜

晉・郭璞注，宋・邢昺疏《爾雅注疏》卷一〇（考證）

黄缘闭壳龟 *Cuora flavomarginata*

呷蛇龜

宋・羅願撰，元・洪焱祖音釋《爾雅翼》卷三一（釋魚・攝龜）
宋・鄭樵撰《通志》卷七六（昆蟲草木略・蟲魚類）
宋・唐慎微撰，寇宗奭衍義《證類本草》卷二〇（蟲魚部・秦龜）
金・李杲編輯，明・李時珍參訂，姚可成補輯《食物本草》卷一一（介部・龜鱉類）
明・李時珍撰《本草綱目》卷四五（介部・攝龜）
明・朱橚撰《普濟方》卷四二六（本草藥性異名・蟲魚部）
清・張英、王士禛等纂《淵鑒類函》卷四四〇（鱗介部・龜三）

攝龜

晉・郭璞注，宋・邢昺疏《爾雅注疏》卷一〇（釋魚・三曰攝龜）
宋・鄭樵撰《通志》卷七六（昆蟲草木略・蟲魚類）
宋・羅願撰《爾雅翼》卷三一（釋魚・攝龜）
金・李杲編輯，明・李時珍參訂，姚可成補輯《食物本草》卷一一（介部・龜鱉類・攝龜）
明・李時珍撰《本草綱目》卷四五（介部・攝龜）
清・方旭撰《蟲薈》卷五（介蟲・攝龜）

陵龜

晉・郭璞注，宋・邢昺疏《爾雅注疏》卷一〇（釋魚・

三曰攝龜）
宋・鄭樵撰《通志》卷七六（昆蟲草木略・蟲魚類）
宋・羅願撰《爾雅翼》卷三一（釋魚・攝龜）
明・李時珍撰《本草綱目》卷四五（介部・攝龜）

鴦龜

晉・郭璞注，宋・邢昺疏《爾雅注疏》卷一〇（釋魚・三曰攝龜）
宋・蘇頌撰，胡乃長、王致譜輯注，蔡景峰審定《圖經本草》上卷第一四（蟲魚部・秦龜）
明・李時珍撰《本草綱目》卷四五（介部・攝龜）

蠳龜

晉・葛洪撰《抱朴子內篇》卷四（登涉）
宋・羅願撰，元・洪焱祖音釋《爾雅翼》卷三一（釋魚・攝龜）
明・李時珍撰《本草綱目》卷四五（介部・攝龜）
清・張玉書、陳廷敬等纂《康熙字典》卷二六（虫部・蠳）

蛇龜

晉・郭璞注，宋・邢昺疏《爾雅注疏》卷一〇
宋・樂史撰《太平寰宇記》卷一四三（山南東道・房州）
清・邁柱等監修，夏力恕等編纂《湖廣通志》卷一〇（山川志・竹山縣）

眼斑水龟 *Sacalia bealei*

四眼龜

南朝梁・沈約撰《宋書》卷二八（瑞符中）
清・嵇曾筠等監修，沈翼機等編纂《浙江通志》卷一〇八

四目龜

南朝梁・蕭子顯撰《南齊書》卷一八（祥瑞志）
唐・姚思廉撰《梁書》卷二（本紀・武帝中）
宋・王欽若等編《册府元龜》卷二〇二（閏位部・祥瑞第二）
清・胡世安箋《異魚圖贊補》卷下（互錯部・多目龜）
清・張英、王士禛等纂《淵鑒類函》卷四四〇（鱗介部・龜四）
清・謝旻等監修，陶成等編纂《江西通志》卷七（山川志）

四眼斑水龟 *Sacalia quadriocellata*

六眼龜

晉・郭璞注《山海經》卷五（中山經）
南朝梁・沈約撰《宋書》卷二八（瑞符中）
五代・劉昫撰《舊唐書》卷三七（五行志第十七）
明・徐應秋撰《玉芝堂談薈》卷三五（金龜大如錢）
明・方以智撰《物理小識》卷一一（鳥獸類）
明・彭大翼撰，張幼學增訂《山堂肆考》卷二二五（六眼）
明・陳耀文撰《天中記》卷二六（排調）
明・穆希文撰《蟫史集》卷之九（甲蟲類・龜・六眼龜）

六目龜

南朝梁・蕭子顯撰《南齊書》卷一八（祥瑞志）
宋・張世南《游宦紀聞》卷二
宋・周去非撰《嶺外代答》卷一〇（蟲魚門・六目龜）
宋・陶穀撰《清異錄》卷上（魚・平福公）
元・托克托等纂《宋史》卷六五（五行志）
明・馬端臨撰《文獻通考》卷三一四（物異考・龜異）
明・方以智撰《通雅》卷四七（動物・蟲）
清・張英、王士禛等纂《淵鑒類函》卷四四〇（鱗介部・龜）
清・陳元龍撰《格致鏡原》卷九四（水族類五・龜）
清・屈大均撰《廣東新語》卷二三
清・謝旻等監修，陶成等編纂《江西通志》卷一〇七（祥異志）
清・郝玉麟等監修，魯曾煜等編纂《廣東通志》卷五二（物産志）
清・方旭撰《蟲薈》卷五（介蟲・六目龜）

六眸龜

宋・王應麟撰《玉海》卷一九九（祥瑞・動物・六眸龜）
元・托克托撰《宋史》卷五（本紀・太宗二）
・不著撰人《越史略》卷中、卷下

陆龟科 Testudinidae

四爪陆龟 *Testudo horsfieldii*

龍龜

晉・郭璞注《山海經》卷三（北山經・堤山）
清・吴任臣撰《山海經廣注》卷三（北山經・堤山）
清・傅恒、劉統勳等撰《西域圖志》卷四三（準噶爾部）
清・汪紱《山海經存》

蜥蜴目 Lacertiformes

鬣蜥科 Agamidae

变色树蜥 *Calotes versicolor*

十二時蟲

唐・段成式撰《酉陽雜俎》卷一七（廣動植物之二・蟲篇）
唐・劉恂撰《嶺表錄異》卷中
唐・段公路撰，崔龜圖注《北戶錄》卷一（蛤蚧）
宋・李昉等编《太平廣記》卷四七八（昆蟲六・南海毒蟲）
明・徐應秋撰《玉芝堂談薈》卷二五（十二時蟲）
明・李時珍撰《本草綱目》卷四三（鱗部・石龍子・附錄）
清・嵇璜、曹仁虎等撰《續通志》卷一七八（昆蟲草木略・蟲類）
清・汪森編《粵西文載—粵西叢載》卷五二（十二時蟲）
清・郝玉麟等監修，魯曾煜等撰《廣東通志》卷五二（物産志・蟲）
清・金鉷等監修，錢元昌等編纂《廣西通志》卷三一

十二時辰蟲

清・雷學海修，陳昌齊等纂《廣東府縣志輯・雷州府志》卷之二

避役

唐・段成式撰《酉陽雜俎》卷一七（廣動植物之二・蟲篇）

明・李時珍撰《本草綱目》卷四三（鱗部・石龍子・附錄）

明・徐應秋撰《玉芝堂談薈》卷二五（十二時蟲）

清・嵇璜、曹仁虎等撰《續通志》卷一七八（昆蟲草木略・蟲類）

清・方旭撰《蟲薈》卷三（昆蟲・避役）

雷公馬

明・唐胄編《正德瓊臺志（廣東省）》卷九

清・吳震方撰《嶺南雜記》卷下

清・李文恒修，鄭文彩纂《廣東省瓊山縣志》卷三（蟲類）

清・瞿雲魁纂修《海南府縣志輯・乾隆陵水縣志》卷之一（蟲屬）

清・郝玉麟等監修，魯曾煜等撰《廣東通志》卷五二（蟲）

清・趙彪詔輯《說蛇》（貓蛇）

清・吳應廉修，王映斗纂《海南府縣志輯・光緒定安縣志》卷一（蟲屬）

清・鐘元棣修，張雋、邢定綸纂《海南府縣志輯・民國崖州志》卷四（昆蟲）

紅公馬

清・鐘元棣修，張雋、邢定綸纂《海南府縣志輯・民國崖州志》卷四（昆蟲）

貓蛇

清・趙彪詔輯《說蛇》（貓蛇）

吉度蛇

清・雷學海修，陳昌齊等纂《廣東府縣志輯・雷州府志》卷之二

斑飞蜥 *Draco maculatus*

飛蛇

清・瞿雲魁纂修《海南府縣志輯・乾隆陵水縣志》卷之一（蟲屬）

清・鐘元棣修，張雋、邢定綸纂《海南府縣志輯・民國崖州志》卷四（蛇類）

飛廉蛇

清・吳應廉修，王映斗纂《海南府縣志輯・光緒定安縣志》卷一（蛇屬）

飞蜥 *Draco* spp.

飛龍

清・（英）艾約瑟撰《動物學啟蒙》卷五（脊椎動物・龍蛇類・四節壁虎）

蜡皮蜥 *Leiolepis reevesii*

沙攤

明・唐胄編《正德瓊臺志（廣東省）》卷九（蛇蟲屬）

清・瞿雲魁纂修《海南府縣志輯・乾隆陵水縣志》卷之一（蟲屬）

清・聶緝慶、張延修，桂文熾、汪瑔纂《海南府縣志輯・光緒臨高縣志》卷四（昆蟲之屬）

沙鰍

清・吳震方撰《嶺南雜記》卷下

清・雷學海修，陳昌齊等纂《廣東府縣志輯・雷州府志》卷之二

清・郝玉麟等監修，魯曾煜等撰《廣東通志》卷五二（梧州府・蟲）

坡馬

清・瞿雲魁纂修《海南府縣志輯・乾隆陵水縣志》卷之一（蟲屬）

清・楊霽修，陳蘭彬等纂《廣東府縣志輯・高州府志》卷七

清・吳應廉修，王映斗纂《海南府縣志輯・光緒安定縣志》卷一（蛇屬）

沙鯶

清・雷學海修，陳昌齊等纂《廣東府縣志輯・雷州府志》卷之二

雷公馬

明・唐胄編《正德瓊臺志（廣東省）》卷九（蛇蟲屬）

清・吳震方撰《嶺南雜記》卷下

清・雷學海修，陳昌齊等纂《廣東府縣志輯・雷州府志》卷之二

山馬

清・鐘元棣修，張雋、邢定綸纂《海南府縣志輯・民國崖州志》卷四（昆蟲類）

草原沙蜥 *Phrynocephalus frontalis*

蜥蜴

清・洪惠纂修《陝西省延安府志》卷三四（蟲屬）

清・劉於義等監修，沈青崖等編纂《陝西通志》卷四四（豸屬）

蛇鼠

清・洪惠纂修《陝西省延安府志》卷三四（蟲屬）

清・劉於義等監修，沈青崖等編纂《陝西通志》卷四四（豸屬）

沙和尚

清・洪惠纂修《陝西省延安府志》卷三四（蟲屬）

清・劉於義等監修，沈青崖等編纂《陝西通志》卷四四（豸屬）

草原沙蜥

清・（美）克拉克、索爾比著，史紅帥譯《穿越陝甘・1908-1909年考察隊華北行紀》第一二章（爬行動物）

岩蜥 *Laudakia* spp.

石龍

清·不著纂修人《新疆省回疆志》卷三（石龍）

壁虎科 Gekkonidae

大壁虎 *Gekko gekko*

蛤蚧

南朝宋·雷斆撰，尚志軍輯校《雷公炮炙論》卷下（蟲下）
唐·段公路撰，崔龜圖注《北戶錄》卷一（蛤蚧）
唐·劉恂撰《嶺表錄異》卷三
宋·蘇頌撰，胡乃長、王致譜輯注，蔡景峰審定《圖經本草》下卷第一五（蟲魚部·蛤蚧）
宋·寇宗奭撰《本草衍義》卷一七
宋·唐慎微撰，寇宗奭衍義《證類本草》卷二二（蟲魚部·蛤蚧）
宋·施宿等撰《會稽志》卷一七（魚部）
金·李杲編輯，明·李時珍參訂，姚可成補輯《食物本草》卷一〇（鱗部·蛤蚧）
元·戴侗撰《六書故》卷二〇（動物四·蛤、蚧）
明·李時珍撰《本草綱目》卷四三（鱗部·蛤蚧）
明·周祈撰《名義考》卷一〇
明·繆希雍撰《神農本草經疏》卷二二
明·方以智撰《通雅》卷四七（動物·蟲）
明·謝肇淛撰《滇略》卷三
明·陳耀文撰《天中記》卷五七（蜥蜴）
明·張自烈撰，清·廖文英續《正字通》申集中（虫部·蚧）
清·張玉書、陳廷敬等纂《康熙字典》卷二六（虫部·蛤、蚧）
清·嵇璜、曹仁虎等撰《續通志》卷一七八（昆蟲草木略·蟲類）
清·郝玉麟等監修，魯曾煜等撰《廣東通志》卷五二
清·金鉷等監修，錢元昌等編纂《廣西通志》卷三一
清·戴煥南修，張粲奎纂《廣西省新寧州志》卷二（蟲屬）
清·馮德才等修，文德馨等纂《廣西省鬱林州志》卷四
清·檀萃輯《滇海虞衡志》卷八（蟲魚）
清·張英、王士禛等纂《淵鑒類函》卷四四九（蟲豸類五·蛤蚧）
清·汪森編《粵西文載—粵西叢載》卷二三（蛤蚧）
清·陳元龍撰《格致鏡原》卷九九（昆蟲類三·蜥蜴）
清·納蘭常安著《宦官筆記》卷三四（廣西·蛤蚧）
清·屈大均撰《廣東新語》卷二四
清·李元撰《蠕範》卷一
清·方旭撰《蟲薈》卷三（昆蟲·蛤蚧）
清·吳儀洛著《本草從新》（蟲魚鱗介部·蛤蚧）
清·（日）丘淺治郎著，西師意譯，許家惺校訂《動物學教科書》第五章（爬蟲類·第三目蜥蜴類[注]）

蛤解

漢·楊雄撰，晉·郭璞注《輶軒使者絕代語釋別國方言》卷八
三國魏·張揖撰《廣雅》卷一〇（釋魚）
三國吳·陸璣撰，明·毛晉廣要《陸氏詩疏廣要》卷下之下（胡為虺蜴）
明·馮復京撰《六家詩名物疏》卷三（正月篇·蜴）
明·朱謀㙔撰《駢雅》卷七（釋蟲魚）
清·陳大章撰《詩傳名物集覽》卷五（蟲豸·胡為虺蜴）
清·王念孫、王引之撰《廣雅疏證》卷一〇（釋魚）

蛤蠏

明·李時珍撰《本草綱目》卷四三（鱗部·蛤蚧）

僊蟾

明·李時珍撰《本草綱目》卷四三（鱗部·蛤蚧）

无蹼壁虎 *Gekko swinhonis*

多疣壁虎

清·(美)克拉克、索爾比著，史紅帥譯《穿越陝甘·1908-1909年考察隊華北行紀》第一二章（爬行動物）

注：在陕甘北部仅产无蹼壁虎，故该书所谓多疣壁虎 *Gekko japonicus* 当系误订。

壁虎 *Gekko* spp.

守宫

漢·楊雄撰，晉·郭璞注《輶軒使者絕代語釋別國方言》卷八
漢·許慎撰，宋徐鉉增釋《說文解字》卷九下（易）
漢·班固撰，唐·顏師古注《前漢書》卷六五（東方朔傳）
晉·郭璞注，唐·陸德明音義，宋·邢昺疏《爾雅注疏》卷一〇（釋魚）
晉·張華撰《博物志》卷四（戲術）
晉·崔豹撰《古今注》卷中（魚蟲第五）
宋·陸佃撰《埤雅》卷一一（釋蟲·易）
宋·鄭樵撰《爾雅註》卷下（釋魚）
宋·蘇軾撰《東坡全集》卷四（蠍虎）
宋·鄭樵撰《通志》卷七六（昆蟲草木略·蟲魚類）
宋·唐慎微撰，寇宗奭衍義《證類本草》卷二一（蟲魚部·石龍子）
宋·羅願撰，元·洪焱祖音釋《爾雅翼》卷三二（釋魚·蝘蜓）
元·戴侗撰《六書故》卷二〇（虫部·動物四·蝘蜓）
元·陶宗儀撰《說郛》卷四七下（宋·龐文英<文昌雜錄>）
明·李時珍撰《本草綱目》卷四三（鱗部·守宮）
明·徐應秋撰《玉芝堂談薈》卷三五（守宮）
明·穆希文撰《蟫史集》卷之七（鱗蟲類·守宮）

明・陳耀文撰《天中記》卷五七（蜥蜴）
明・季本撰《詩說解頤》字義卷五（正月・蜴）
清・郝懿行撰《爾雅義疏》卷下四（釋魚）
清・張英、王士禛等纂《淵鑒類函》卷四四九（蟲豸類・守宮一、二）
清・陳文緯修，屠繼善纂《臺灣府縣志輯・光緒恒春縣志》卷九（蟲之屬）
清・金蓉鏡纂輯《湖南省靖州鄉土志》卷三（動物）
清・劉於義修，沈青崖等纂《陝西通志》卷四四（豸屬）
清・戴煥南修，張粲奎纂《廣西省新寧州志》卷二（蟲屬）
清・方旭撰《蟲薈》卷三（昆蟲・守宮）
清・柯璜譯編，（日）箕作佳吉著《博物學講義・動物篇》第四章（脊椎動物・爬蟲類・蜥蜴類）

壁宮

三國吳・陸璣撰，明・毛晉廣要《陸氏詩疏廣要》卷下之下（胡為虺蜴）
宋・羅願撰《爾雅翼》卷三二（釋魚・蝘蜓）
明・李時珍撰《本草綱目》卷四三（鱗部・守宮）
清・郝懿行撰《爾雅義疏》卷下四（釋魚）

辟宮

漢・班固撰，唐・顏古注《前漢書》卷六五（東方朔傳）

壁弓

元・戴侗撰《六書故》卷二〇（虫部・動物四・蝘蜓）

壁虎

三國吳・陸璣撰，明・毛晉廣要《陸氏詩疏廣要》卷下之下（為虺蜴）
宋・羅願撰《爾雅翼》卷三二（蝘蜓）
明・李時珍撰《本草綱目》卷四三（鱗部・守宮）
明・方以智撰《通雅》卷四七（動物・卷五・蟲・蜥蜴）
清・陳大章撰《詩傳名物集覽》卷五（蟲豸・胡為虺蜴）
清・李玉宣等修，衷興鑒等纂《四川府縣誌輯・重修成都縣志》卷三（介屬・壁虎）
清・吳都梁修，潘問奇等纂《北京府縣志輯・昌平州志》卷一六
清・（英）艾約瑟撰《動物學啟蒙》卷五（脊椎動物・龍蛇類・四節壁虎）

沿壁虎

明・唐冑編《正德瓊臺志（廣東省）》卷九（蛇蟲屬）

蠍虎

三國吳・陸璣撰，明・毛晉廣要《陸氏詩疏廣要》卷下之下（胡為虺蜴）
宋・陸佃撰《埤雅》卷一一（釋蟲・易）
宋・羅願撰，元・洪焱祖音釋《爾雅翼》卷二六（釋蟲・蠆）
宋・鄭樵撰《通志》卷七六（昆蟲草木略・蟲魚類）
宋・蘇軾撰《東坡全集》卷四（蠍虎）
清・郝懿行撰《爾雅義疏》卷下四（釋魚）
清・萬青黎、周家楣修，張之洞、繆荃孫纂《北京府縣志輯・光緒順天府志》卷五〇（龍蛇之屬）

蝎虎

宋・蘇軾撰《東坡全集》卷一四（蝎虎）
明・李時珍撰《本草綱目》卷四三（鱗部・守宮）
明・周祈撰《名義考》卷一〇（物部・蜥蜴、蝘蜓）
明・方以智撰《通雅》卷四七（動物・蟲）
清・陳大章撰《詩傳名物集覽》卷五（蟲豸・胡為虺蜴）

蝘蜓

《爾雅》卷下（釋魚）
漢・劉安撰，高誘注《淮南鴻烈解》卷七（說林訓）
漢・許慎撰，宋徐鉉增釋《說文解字》卷九下（易），卷一三上（蝘）
晉・郭璞注，宋・邢昺疏《爾雅注疏》卷一〇（釋魚）
晉・崔豹撰《古今注》卷中（蟲魚第五）
晉・張華撰《博物志》卷四（戲術）
宋・邢昺撰《爾雅疏》卷九（釋魚）
宋・陸佃撰《埤雅》卷一一（釋蟲・易）
宋・羅願撰，元・洪焱祖音釋《爾雅翼》卷三二（釋魚・蝘蜓）
宋・唐慎微撰，寇宗奭衍義《證類本草》卷二一（蟲魚部・石龍子）
明・李時珍撰《本草綱目》卷四三（鱗部・守宮）
明・陳耀文撰《天中記》卷五七（蜥蜴）
明・季本撰《詩說解頤》字義卷五（正月・蜴）
清・張玉書、陳廷敬等纂《康熙字典》卷二六（虫部・蝘）
清・戴煥南修，張粲奎纂《廣西省新寧州志》卷二（物產・蟲屬）

蠦螻

漢・楊雄撰，晉・郭璞注《輶軒使者絕代語釋別國方言》卷八
晉・郭璞注，宋・邢昺疏《爾雅注疏》卷一〇（釋魚）
南朝梁・顧野王撰，宋・陳彭年重修《重修玉篇》卷二五（虫部・�）
宋・陸佃撰《埤雅》卷一一（釋蟲・易）
宋・羅願撰，元・洪焱祖音釋《爾雅翼》卷三二（釋蟲・蜥蜴）
宋・唐慎微撰，寇宗奭衍義《證類本草》卷二一（蟲魚部・石龍子）
明・李時珍撰《本草綱目》卷四三（鱗部・守宮）
明・徐應秋撰《玉芝堂談薈》卷三五（守宮）
明・彭大翼撰，張幼學增訂《山堂肆考》卷二二六（昆蟲・守宮）
清・陳大章撰《詩傳名物集覽》卷五（蟲豸・胡為虺蜴）
清・張英、王士禛等纂《淵鑒類函》卷四四九（蟲豸部・守宮）

清・劉於義監修，沈青崖等纂《陝西通志》卷四四（豸屬）

盧蠦

明・楊慎撰《升菴集》卷四一（卦爻名義）

蠦蟾

宋・蔡卞撰《毛詩名物解》卷一二（蜴）

石龙子科 Scincidae

石龍子

三國魏・吳普等述，清・孫星衍等輯《神農本草經》卷二（中品・石龍子）

三國吳・陸璣撰，明・毛晉廣要《陸氏詩疏廣要》卷下之下（胡為虺蜴）

南朝梁・陶弘景集《名醫別錄》卷第二（中品・石龍子）

宋・蘇頌撰，胡乃長、王致譜輯注，蔡景峰審定《圖經本草》上卷第一四（蟲魚部・石龍子）

宋・寇宗奭撰《本草衍義》卷一七（石龍子）

宋・唐慎微撰，寇宗奭衍義《證類本草》卷二二（蟲魚部・石龍子）

宋・鄭樵撰《通志》卷七六（昆蟲草木略・蟲魚類）

明・李時珍撰《本草綱目》卷四三（鱗部・石龍子）

明・馮復京撰《六家詩名物疏》卷三八（正月篇・蜴）

清・陳大章撰《詩傳名物集覽》卷五（蟲豸・胡為虺蜴）

清・劉於義監修，沈青崖等纂《陝西通志》卷四四（豸屬）

清・何東銘纂《四川府縣志輯・邛嶲野錄》卷之一五（石龍子）

山龍子

南朝梁・陶弘景撰，尚志鈞輯校《名醫別錄》卷第二（中品・石龍子）

宋・唐慎微撰，寇宗奭衍義《證類本草》卷二一（蟲魚部・石龍子）

宋・鄭樵撰《通志》卷七六（昆蟲草木略・蟲魚類）

明・李時珍撰《本草綱目》卷四三（鱗魚・石龍子）

明・方以智撰《通雅》卷四七（動物・蟲）

明・陳耀文撰《天中記》卷五七（蜥蜴）

石蜴

三國魏・吳普等述，清・孫星衍等輯《神農本草經》卷二（中品・石龍子）

三國吳・陸璣撰，明・毛晉廣要《陸氏詩疏廣要》卷下之下（胡為虺蜴）

南朝梁・陶弘景撰，尚志鈞輯校《名醫別錄》卷第二（中品・石龍子）

宋・唐慎微撰，寇宗奭衍義《證類本草》卷二一（蟲魚部・石龍子）

宋・鄭樵撰《通志》卷七六（昆蟲草木略・蟲魚類）

明・李時珍撰《本草綱目》卷四三（鱗部・石龍子）

明・馮復京撰《六家詩名物疏》卷三八（正月篇・蜴）

清・陳大章撰《詩傳名物集覽》卷五（蟲豸・胡為虺蜴）

清・何東銘纂《四川府縣志輯・邛嶲野錄》卷之一五（方輿類・石龍子）

蜥蜴

三國魏・吳普等述，清・孫星衍等輯《神農本草經》卷二（中品・石龍子）

三國吳・陸璣撰，明・毛晉廣要《陸氏詩疏廣要》卷下之下（胡為虺蜴）

宋・蘇頌撰，胡乃長、王致譜輯注，蔡景峰審定《圖經本草》下卷第一四（蟲魚部・石龍子）

宋・寇宗奭撰《本草衍義》卷一七（石龍子）

宋・唐慎微撰，寇宗奭衍義《證類本草》卷二〇（蟲魚部・石龍子）

宋・鄭樵撰《通志》卷七六（昆蟲草木略・蟲魚類）

明・李時珍撰《本草綱目》卷四三（鱗部・石龍子）

明・馮復京撰《六家詩名物疏》卷三八（正月篇・蜴）

明・陳耀文撰《天中記》卷五七（蜥蜴）

清・陳大章撰《詩傳名物集覽》卷五（蟲豸・胡為虺蜴）

清・劉於義修，沈青崖等編纂《陝西通志》卷四四（豸屬）

蠦蠦

宋・鄭樵撰《通志》卷七六（昆蟲草木略・蟲魚類）

明・方以智撰《通雅》卷四七（動物・蟲）

蝘蜓

晉・郭璞注，宋・邢昺疏《爾雅注疏》卷一〇（考證・釋魚）

晉・崔豹撰《古今注》卷中（魚蟲第五）

宋・鄭樵撰《爾雅註》卷下（釋魚）

元・戴侗撰《六書故》卷二〇（虫部・動物四・蝘蜓）

豬婆蛇

明・李時珍撰《本草綱目》卷四三（鱗部・石龍子）

清・何東銘纂《四川府縣志輯・寧遠府志・邛嶲野錄》卷之一五（石龍子）

師蛇

清・李文恒修，鄭文彩纂《廣東省瓊山縣志》卷三下（蛇類）

清・聶緝慶等修，桂文熾等纂《海南府縣志輯・臨高縣志》卷四（蟲之屬）

四腳蛇

清・翟雲魁纂修《海南府縣志輯・陵水縣志》卷之一（蟲屬）

狗母蛇

清・翟雲魁纂修《海南府縣志輯・陵水縣志》卷之一（蟲屬）

狗母

清・聶緝慶等修，桂文熾等纂《海南府縣志輯・臨高縣志》卷四（蟲之屬）

蜥蜴科 Lacertidae

丽斑麻蜥 *Eremias argus*

麗斑麻蜥

清·(美)克拉克、索爾比著，史紅帥譯《穿越陝甘·1908-1909年考察隊華北行紀》第一二章（爬行動物）

麻蜥 *Eremias* spp.

蜥蜴

清·長順修《吉林通志》卷三四

清·萬青黎等修，張之洞等纂《北京府縣志輯·光緒順天府志》卷五〇（食貨·物產·龍蛇之屬）

清·高硯五撰《本草簡明圖說》

蛇師

清·長順修《吉林通志》卷三四

馬蛇子

清·長順修《吉林通志》卷三四

四腳蛇

清·萬青黎等修，張之洞等纂《北京府縣志輯·光緒順天府志》卷五〇（食貨·物產·龍蛇之屬）

草蜥 *Takydromus* spp.

蜥蜴

漢·許慎撰，宋·徐鉉增釋《說文解字》卷一三上（虫部·蜥、蝘）

晉·郭璞注，宋·邢昺疏《爾雅注疏》卷一〇（釋魚）

宋·鄭樵撰《爾雅註》卷下（釋魚）

宋·羅願撰《爾雅翼》卷三二（釋魚·蜥蜴）

宋·唐慎微撰《證類本草》卷二一（蟲魚部·石龍子）

明·李時珍撰《本草綱目》卷四三（鱗部·石龍子）

蛇蜥科 Anguidae

脆蛇蜥 *Ophisaurus harti*

金蛇

宋·蘇頌撰，胡乃長、王致譜輯注，蔡景峰審定《圖經本草》下卷第一五（蟲魚部·金蛇）

宋·唐慎微撰，寇宗奭衍義《證類本草》卷二二（蟲魚部·金蛇）

宋·羅願撰，元·洪焱祖音釋《爾雅翼》卷一一（釋木）

金·李杲編輯，明·李時珍參訂，姚可成補輯《食物本草》卷一一（蛇蟲類·金蛇）

明·李時珍撰《本草綱目》卷四三（鱗部·金蛇）

明·彭大翼撰，張幼學增訂《山堂肆考》卷二二三（鱗蟲·蛇·飲露）

明·穆希文撰《蟫史集》卷之七（鱗蟲類·金蛇）

清·和珅等撰《大清一統志》卷三五九（廣西總部·思恩府·土產）

清·謝啟昆纂修《廣西通志》卷九〇（金蛇）

清·趙彪詔輯《說蛇》（金蛇）

銀蛇

宋·蘇頌撰，胡乃長、王致譜輯注，蔡景峰審定《圖經本草》下卷第一五（蟲魚部·金蛇）

宋·唐慎微撰，寇宗奭衍義《證類本草》卷二二（蟲魚部·金蛇）

明·彭大翼撰，張幼學增訂《山堂肆考》卷二二三（鱗蟲·蛇·飲露）

清·和珅等撰《大清一统志》卷三五九《廣西總部·思恩府》

金虵

唐·劉恂撰《嶺表錄異》卷一〇

蜴虵

唐·劉恂撰《嶺表錄異》卷一〇

錫蛇

明·李時珍撰《本草綱目》卷四三（鱗部·金蛇）

清·張英、王士禛等纂《淵鑒類函》卷四三九（鱗介部·蛇三）

清·趙彪詔輯《說蛇》（金蛇）

清·謝啟昆纂修《廣西通志》卷九〇（金蛇）

脆蛇

明·謝肇淛撰《滇畧》卷三（金蛇）

清·和珅等撰《大清一統志》卷三九一（貴州總部·貴陽府）

清·鄂爾泰等監修，靖道謨等編纂《雲南通志》卷二七

清·鄂爾泰等監修，靖道謨等編纂《貴州通志》卷四六

清·朱占科修，周宗洛等纂《雲南省順寧府志》卷一七（鱗蟲之屬·脆蛇）

清·張英、王士禛等纂《淵鑒類函》卷四三九（鱗介部·蛇一）

清·陳元龍撰《格致鏡原》卷九九（昆蟲類·蛇）

清·李元撰《蠕範》卷八（脆蛇）

清·陳鼎撰《蛇譜》（脆蛇）

清·趙學敏輯《本草綱目拾遺》卷一〇（鱗部·脆蛇）

金星地鱔

宋·蘇頌撰，胡乃長、王致譜輯注，蔡景峰審定《圖經本草》下卷第一五（蟲魚部·金蛇）

宋·唐慎微撰，寇宗奭衍義《證類本草》卷二二（蟲魚部·金蛇）

明·李時珍撰《本草綱目》卷四三（鱗部·金蛇）

明·穆希文撰《蟫史集》卷之九（鱗蟲類·金蛇）

清·謝啟昆纂修《廣西通志》卷九〇（金蛇）

地鱔

唐·劉恂撰《嶺表錄異》卷一〇

明·李時珍撰《本草綱目》卷四三（鱗部·金蛇）

清·謝啟昆纂修《廣西通志》卷九〇（金蛇）

片蛇

明·謝肇淛撰《滇略》卷三（金蛇）

清·張英、王士禛等纂《淵鑒類函》卷四三九（鱗介部

三・蛇一）
清・李元撰《蠕範》卷八（脆蛇）
清・朱占科修，周宗洛等纂《雲南省順寧府志》卷一七（鱗蟲之屬・脆蛇）
清・方旭撰《蟲薈》卷四（鱗蟲・脆蛇）

神蛇

漢・高誘注《淮南鴻烈解》卷一六（說山訓）
北魏・酈道元撰《水經注》卷二〇（漾水）
宋・李昉等撰《太平御覽淮南》卷九三三（鱗介部五・地上）
明・徐應秋撰《玉芝堂談薈》卷三五（金色蛇）
清・李元撰《蠕範》卷八（脆蛇）
清・方旭撰《蟲薈》卷四（鱗蟲・神蛇）

碎蛇

明・曹學佺撰《蜀中廣記》卷六〇（方物記第二・蟲）

翠蛇

清・趙學敏輯《本草綱目拾遺》卷一〇（鱗部・翠蛇）

巨蜥科 Varanidae

圓鼻巨蜥 *Varanus salvator*

鱗蛇

金・李杲編輯，明・李時珍參訂，姚可成補輯《食物本草》卷一二（蛇蟲部・鱗蛇）
明・李賢等撰《明一統志》卷八六（雲南・臨安府）
明・李時珍撰《本草綱目》卷四三（鱗部・鱗蛇）
清・鄂爾泰等監修，靖道謨等編纂《雲南通志》卷二七（元江府）
清・王文韶、唐炯修纂《續雲南通志稿》卷五七（土宜・蟲屬）
清・檀萃輯《滇海虞衡志》卷八
清・陳鼎撰《蛇譜》（鱗蛇）
清・陸次雲撰《峒溪纖志》卷下

蟒蛇

明・謝肇淛撰《滇略》卷三（蟒蛇）
明・李賢等撰《明一統志》卷八七（雲南・新化州・蟒）

巨蟒

明・李賢等撰《明一統志》卷八七（雲南・新化州・蟒）

蟒蛇

明・李時珍撰《本草綱目》卷四三（鱗部・鱗蛇）
清・方旭撰《蟲薈》卷四（鱗蟲・蟒蛇）

避役科 Chamaeleonidae

變色龍

清・（英）艾約瑟撰《動物學啟蒙》卷五（脊椎動物・龍蛇類・四節壁虎）

避役

清・柯璜譯編，（日）箕作佳吉著《博物學講義・動物篇》第四章（脊椎動物・爬蟲類・蜥蜴類）

樹蝘

清・（日）丘淺治郎著，西師意譯，許家惺校訂《動物學教科書》第五章（爬蟲類・蜥蜴類）

加墨良

清・（比）南懷仁撰《坤輿圖說》卷下

蛇目 Serpentiformes

蟒科 Boidae

蟒蛇 *Python molurus*

蟒

《爾雅》卷下（釋魚）
晉・郭璞注，宋・邢昺疏《爾雅注疏》卷一〇（釋魚）
晉・郭璞注，張宗祥校錄《足本山海經圖贊》
晉・張華撰《博物志》卷一〇
南朝梁・任昉撰《述異記》卷上
南朝梁・顧野王撰《玉篇》卷二五（虫部・蟒）
宋・司馬光撰《類篇》卷三八（蟒）
宋・李昉撰《太平廣記》卷四五九（蛇）
宋・邵博撰《聞見後錄》卷二九
宋・張耒撰《醫說》卷七（辟蛇毒）
宋・方勺撰《泊宅編》卷中
遼・釋行均撰《龍龕手鑒》卷二（虫部・蟒）
元・戴侗撰《六書故》卷二〇（虫部・蟒）
明・王鏊撰《姑蘇志》卷五八
明・曹學佺撰《蜀中廣記》卷六〇（鱗介）
清・姜兆錫撰《爾雅注疏參議》卷六
清・邵晉涵撰《爾雅正義》卷一七
清・張玉書、陳廷敬等纂《康熙字典》卷二六（虫部・蟒）
清・張英、王士禎等纂《淵鑒類函》卷四三九（鱗介部・蛇）
清・陳元龍撰《格致鏡原》卷九九（昆蟲類・蛇）
清・吳任臣撰《十國春秋》卷九一

蟒蛇

宋・彭乘撰《墨客揮犀》卷五
明・穆希文撰《蟫史集》卷四（鱗蟲類・蟒蛇）
清・陳夢雷編《古今圖書集成・博物彙編・禽蟲典》卷一八三（蟒部）
清・陳鼎撰《蛇譜》（蟒蛇）
清・陳元龍撰《格致鏡原》卷九九（昆蟲類・蛇）

王蛇

《爾雅》卷下（釋魚）
晉・郭璞注，宋・邢昺疏《爾雅注疏》卷一〇（釋魚）
宋・邢昺撰《爾雅疏》卷九（釋魚）
宋・鄭樵撰《爾雅註》卷下（釋魚）
明・陳耀文撰《天中記》卷五六（蛇）
清・邵晉涵撰《爾雅正義》卷一七

清·郝懿行撰《爾雅義疏》卷下四（釋魚）
清·張玉書、陳廷敬等纂《康熙字典》卷二六（虫部·蟒）
清·陳夢雷撰《古今圖書集成·博物彙編·禽蟲典》卷一八三（蟒部）
清·陳鼎撰《蛇譜》（王蛇）
清·陳元龍撰《格致鏡原》卷九九（昆蟲類·蛇）

王虺

漢·王逸撰《楚辭章句》卷一〇（大招）
宋·朱熹《楚辭集注》卷七

靈蛇

漢·王逸撰《楚辭章句》卷三（天問）
宋·洪興祖撰《楚辭補注》卷三

蚺蛇

漢·劉安撰，高誘注《淮南鴻烈》卷七（說林訓）
北魏·酈道元撰《水經注》卷三七
唐·段成式撰《酉陽雜俎》卷一四（蟲篇·蚺蛇）
唐·劉恂撰《嶺表錄異》卷中（蚺蛇）
唐·段公路撰《北戶錄》卷一（蚺蛇）
唐·張鷟撰《朝野僉載》卷一
宋·陸佃撰《埤雅》卷一〇（釋蟲·蚺蛇）
宋·李石撰《續博物志》卷八
宋·樂史撰《太平寰宇記》卷一六三（嶺南道七·蒙州）、卷一七〇（嶺南道十四·交州）
宋·范成大撰《桂海虞衡志》（蟲魚·蚺蛇）
宋·蔡卞撰《毛詩名物解》卷一一（釋蟲·蚺蛇）
宋·蘇頌撰，胡乃長、王致譜輯注，蔡景峰審定《圖經本草》下卷第一五（蟲魚部·蚺蛇膽）
宋·唐慎微撰，寇宗奭衍義《證類本草》卷二二（蟲魚部·蚺蛇膽）
宋·周去非撰《嶺外代答》卷一〇（蟲魚門）
金·李杲編輯，明·李時珍參訂，姚可成補輯《食物本草》卷一二（蛇蟲部·蛇類·蚺蛇）
明·李時珍撰《本草綱目》卷四三（鱗部·蚺蛇）
明·鄺露撰《赤雅》卷三（鳥獸蟲魚·蚺蛇）
明·顧岕撰《海槎餘錄》（蚺蛇）
明·魏濬撰《嶠南瑣記》卷上
明·慎懋官撰《華夷花木鳥獸珍玩考》卷七
明·穆希文撰《蟫史集》卷七（鱗蟲類·蚺蛇）
明·謝肇淛撰《滇略》卷三（產略·蚺蛇）
明·張自烈撰，清·廖文英續《正字通》申集中（虫部· 蚦、蚺）
清·屈大均撰《廣東新語》卷二四（蚺蛇）
清·吳震方撰《嶺南雜記》卷下（蚺蛇）
清·陳夢雷編《古今圖書集成·博物彙編·禽蟲典》卷一八〇（蛇部·蚺蛇）
清·李文恒修，鄭文彩纂《廣東省瓊山縣志》卷三下（蛇類·蚺蛇）
清·周碩勳纂修《廣東省潮州府志》卷三九
清·張英、王士禛等纂《淵鑒類函》卷四三九（鱗介部·蛇）
清·陳鼎撰《蛇譜》（蚺蛇）
清·趙彪詔輯《說蛇》（蚺蛇）
清·方旭撰《蟲薈》卷四（鱗蟲·蚺蛇）
清·陳元龍撰《格致鏡原》卷九九（昆蟲類·蛇）

蚦

漢·許慎撰，宋·徐鉉增釋《說文解字》卷一三上（虫部·蚦）
宋·司馬光撰《類篇》卷三八（蚦）
元·戴侗撰《六書故》卷二〇（虫部·蚦）
明·張自烈撰，清·廖文英續《正字通》申集中（虫部· 蚦、蚺）
清·李元撰《蠕範·物偏》卷七（蚦）
清·張玉書、陳廷敬等纂《康熙字典》卷二六（虫部·蚦）

蚺

南朝梁·顧野王撰《玉篇》卷二五（虫部·蚺）
明·張自烈撰，清·廖文英續《正字通》申集中（虫部· 蚦、蚺）
清·張玉書、陳廷敬等纂《康熙字典》卷二六（虫部·蚺）

巴蛇

晉·郭璞注《山海經》卷一〇（海內南經），卷一八（海內經）
晉·郭璞撰，張宗祥校錄《足本山海經圖贊》
宋·羅願撰，元·洪焱祖音釋《爾雅翼》卷三二（釋魚·巴蛇）
宋·洪興祖撰《楚辭補注》卷三
宋·李昉撰《太平廣記》卷四五九（蛇）
清·吳任臣撰《山海經廣注》卷一〇（海內南經）
清·李元撰《蠕範》卷七（蚦）

玄蛇

晉·郭璞注《山海經》卷一五（大荒南經），卷一八（海內經）
唐·白居易原本，宋·孔傳續撰《白孔六帖》卷三（塵[麈]）
明·曹學佺撰《蜀中廣記》卷六〇（蟲）
明·李時珍撰《本草綱目》卷四三（鱗部·諸蛇）
清·郝懿行撰《山海經箋疏》卷一五（大荒南經）

青蛇

晉·郭璞注《山海經》卷一七（大荒北經）
唐·白居易原本，宋·孔傳續撰《白孔六帖》卷一三

黑蛇

晉·郭璞注《山海經》卷一〇（海內南經），卷一八（海內經）
唐·李延壽撰《南史》卷八
清·吳士玉、沈宗敬等撰《駢字類編》卷一三八

清・張玉書、陳延敬等撰《佩文韻府》卷二一之四
清・嵇曾筠等監修，沈翼機等編纂《浙江通志》卷一〇四
清・覺羅石麟等監修，儲大文等編纂《山西通志》卷一〇

鉤蛇（鉤蛇）

晉・郭璞注《山海經》卷五（中山經）
北魏・酈道元撰《水經注》卷三六（若水）
宋・李石撰《續博物志》卷二
明・李時珍撰《本草綱目》卷四三（鱗部・諸蛇）
清・吳任臣撰《山海經廣注》卷五（中山經）
清・黃叔璥撰《臺海使槎錄》卷三
清・張英、王士禎等纂《淵鑒類函》卷四三九（鱗介部・蛇）
清・陳鼎撰《蛇譜》（鉤蛇）
清・陳元龍撰《格致鏡原》卷九九（昆蟲類・蛇）
清・范咸等修《重修臺灣府志》卷六（蟲類・附考）

南蛇

明・李時珍撰《本草綱目》卷四三（鱗部・蚺蛇）
清・李元撰《蠕範》卷七（蛕）

埋頭蛇

明・李時珍撰《本草綱目》卷四三（鱗部・蚺蛇）
明・張自烈撰，清・廖文英續《正字通》申集中（虫部・蛕）
清・李元撰《蠕範》卷七（蛕）

游蛇科 Colubridae

草腹链蛇 *Amphiesma stolata*

草花仔

清・周鐘瑄修，陳夢林等纂《臺灣府縣志輯・康熙諸羅縣志》卷一〇（蛇）
清・魯鼎梅修，王必昌纂《臺灣府縣志輯・乾隆重修臺灣府縣志》卷一二（蟲之屬・蛇）

草花蛇

清・田明曜修，陳澧纂《廣東府縣志輯・香山縣志》卷五（魚）

钝尾两头蛇 *Calamaria septentrionalis*

枳首蛇

晉・郭璞注《爾雅》卷中（釋地）
宋・沈括撰《夢溪筆談》卷二五（雜志）
宋・羅願撰，元・洪焱祖音釋《爾雅翼》卷三二（釋魚・枳首蛇）
宋・朱彧撰《萍州可談》卷二
明・李時珍撰《本草綱目》卷四三（鱗部・兩頭蛇）
清・陳夢雷撰《古今圖書集成・博物彙編・禽蟲典》卷一八〇（蛇部）
清・方旭撰《蟲薈》卷四（鱗蟲・枳首蛇）
清・李元撰《蠕範》卷二

軹首蛇

晉・郭璞注，宋・邢昺疏《爾雅注疏》卷六（釋地）

越王蛇（越王约髪）

晉・郭璞注《爾雅》卷中（釋地）
晉・郭璞注，宋・邢昺疏《爾雅注疏》卷六（釋地）
唐・陳藏器撰，尚志鈞輯釋《本草拾遺》卷六（蟲魚部・兩頭蛇）
宋・羅願撰，元・洪焱祖音釋《爾雅翼》卷三二（釋魚・枳首蛇）
明・李時珍撰《本草綱目》卷四三（鱗部・兩頭蛇）

兩頭蛇

漢・賈誼撰《新書》卷六（春秋）
漢・劉向撰《新序》卷一（雜事）
漢・王充撰《論衡》卷六（福虛篇）
晉・郭璞注《爾雅》卷中（釋地）
晉・郭璞注，宋・邢昺疏《爾雅注疏》卷六（釋地）
唐・陳藏器撰，尚志鈞輯釋《本草拾遺》卷六（蟲魚部・兩頭蛇）
唐・劉恂撰《嶺表錄異》卷下
唐・段公路撰《北戶錄》卷一
宋・李昉等撰《太平廣記》卷四五六（蛇一・兩頭蛇）
明・陶宗儀撰《說郛》卷四三下（宋・張耒【續明道雜誌】）
明・李時珍撰《本草綱目》卷四三（鱗部・兩頭蛇）
明・彭大翼撰，張幼學增訂《山堂肆考》卷二二三（鱗蟲・兩頭）
明・徐應秋撰《玉芝堂談薈》卷三五
明・穆希文撰《蟫史集》卷之七（鱗蟲類・蛇）
清・陳鼎撰《蛇譜》（兩頭蛇）
清・陳夢雷撰《古今圖書集成・禽蟲典》卷一八〇（蛇部）
清・陳元龍撰《格致鏡原》卷九九（昆蟲類・蛇）
清・戴煥南修，張粲奎纂《廣西省新寧州志》卷二（蟲屬）

山蚓

明・陶宗儀撰《說郛》卷三四下（宋・張耒[續明道雜志]）
明・李時珍撰《本草綱目》卷四三（鱗部・兩頭蛇）
清・李元撰《蠕範》卷二

率然

漢・東方朔撰，晉・張華注《神異經》
晉・張華撰《博物志》卷三（異蟲）
宋・李昉等撰《太平廣記》卷四五六（蛇一・兩頭蛇）
清・方旭撰《蟲薈》卷四（鱗蟲・枳首蛇）

棒蛇

清・黃樂之等修，鄭珍纂《貴州省遵義府志》卷一七（鱗介類）

弩弦

晉・郭璞注《爾雅》卷中（釋地）

晋·郭璞注，宋·邢昺疏《爾雅注疏》卷六（釋地）
宋·羅願撰，元·洪焱祖音釋《爾雅翼》卷三二（釋魚·枳首蛇）
明·李時珍撰《本草綱目》卷四三（鱗部·兩頭蛇）

尖尾两头蛇 *Calamaria pavimentata*

鏵口尖

清·黃樂之等修，鄭珍纂《貴州省遵義府志》卷一七（鱗介類）

黄脊游蛇 *Coluder spinalis*

黃脊游蛇

清·（美）克拉克、索爾比著，史紅帥譯《穿越陝甘·1908-1909年克拉克考察隊華北行紀》第一二章（爬行動物）

过树蛇 *Dendrelaphis pictus*

藤蛇

清·瞿雲魁纂修《海南府縣志輯·乾隆陵水縣志》卷之一（蟲屬）
清·胡端書修，楊士錦等纂《海南府縣志輯·道光萬州志》卷三（蛇類）
附注：古人常将此种蛇误为毒蛇。

赤链蛇 *Dinodon rufozonatum*

赤楝蛇

明·李時珍撰《本草綱目》卷四三（鱗部·黃頷蛇·附赤楝蛇）

赤連

宋·唐慎微撰，寇宗奭衍義《證類本草》卷二二（蟲魚部·蝮蛇膽）

赤蛈

宋·唐慎微撰，寇宗奭衍義《證類本草》卷二二（蟲魚部·蛇蜕）
明·李時珍撰《本草綱目》卷四三（鱗部·黃頷蛇·附赤楝蛇）
明·彭大翼撰，張幼學增訂《山堂肆考》卷二二三（鱗蟲·赤蛈）
明·穆希文撰《蟫史集》卷之七（鱗蟲類·赤蛈蛇）

赤練蛇

清·吳馨等修，姚文枬等纂《江蘇省上海縣續志》卷八（介之屬）

桑根蛇

明·李時珍撰《本草綱目》卷四三（鱗部·黃頷蛇·附赤楝蛇）

火赤煉

清·陳鼎撰《蛇譜》（火赤煉）

秤桿蛇

清·金蓉鏡纂輯《湖南省靖州鄉土志》卷三（动物）

王锦蛇 *Elaphe carinata*

黃喉蛇

唐·張鷟撰《朝野僉載》卷四
宋·李昉等撰《太平廣記》卷四五六（蛇一·兩頭蛇）
明·馮復京撰《六家詩名物疏》卷三七（斯干篇·虺）
明·徐應秋撰《玉芝堂談薈》卷三五
清·金蓉鏡纂輯《湖南省靖州鄉土志》卷三（動物）

黃頷蛇

五代·杜光庭撰《錄異記》卷五（異蛇）
清·金蓉鏡纂輯《湖南省靖州鄉土志》卷三（動物）

烏蟒

清·趙學敏輯《本草綱目拾遺》卷一〇（鱗部·蟒油）

王字蛇

清·趙學敏輯《本草綱目拾遺》卷一〇（鱗部·蟒油）

白条锦蛇 *Elaphe dione*

白條錦蛇

清·（美）克拉克、索爾比著，史紅帥譯《穿越陝甘·1908-1909年克拉克考察隊華北行紀》第一二章（爬行動物）

灰腹绿锦蛇 *Elaphe frenata*

綠蛇

唐·張鷟撰《朝野僉載》卷五
清·嵇曾筠等監修，沈翼機等纂《浙江通志》卷一〇一（湖州府）

棕黑锦蛇 *Elaphe schrenckii*

蛇

清·張鳳台纂修《安東省長白彙徵錄》卷五（動物類）

黑眉锦蛇 *Elaphe taeniura*

菜花蛇

宋·洪邁撰《夷堅志》乙卷三（諸湖僧）
明·李時珍撰《本草綱目》卷四三（鱗部·黃頷蛇）
明·穆希文撰《蟫史集》卷七（鱗蟲類·菜花蛇）
清·席紹葆等修，謝鳴謙等纂《湖南府縣志輯·辰州府志》卷一六（蟲之屬）

黃頷蛇

金·李杲編輯，明·李時珍參訂，姚可成補輯《食物本草》卷一二（蛇蟲部·蛇類·黃頷蛇）
明·李時珍撰《本草綱目》卷四三（鱗部·黃頷蛇）

慈鰻蛇（慈曼蛇）

金·李杲編輯，明·李時珍參訂、姚可成補輯《食物本草》卷一二（蛇蟲部·蛇類·黃頷蛇）
清·陳鼎撰《蛇譜》（慈曼蛇）

鮜鰻蛇

明·穆希文撰《蟫史集》卷七（鱗蟲類·鮜鰻蛇）

時鱉蛇

清・宗源瀚等修，周學浚等纂《浙江府縣志輯・湖州府志》卷三三（時鱉蛇）

青蛇

清・吳馨等修，姚文枬等纂《江蘇省上海縣續志》卷八（介之屬）

中国水蛇 *Enhydris chinensis*

泥蛇

明・李時珍撰《本草綱目》卷四三（鱗部・水蛇）

清・呂恩湛修，宗績辰纂《湖南府縣志輯・道光永州府志》卷七上

清・田明曜修，陳澧纂《廣東府縣志輯・香山縣志》卷五（魚）

水蛇

清・吳應廉修，王映斗纂《海南府縣志輯・光緒定安縣志》卷一（蛇屬）

灰鼠蛇 *Ptyas korros*

灰蛇

清・王贄修，關必登纂《康熙瓊山縣志》卷之九（蛇）

清・李文恒修，鄭文彩纂《廣東省瓊山縣志》卷三下（蛇類）

清・吳應廉修，王映斗纂《海南府縣志輯・光緒定安縣志》卷一（蛇屬）

清・鐘元棣修，張巂等纂《海南府縣志輯・民國崖州志》卷四（蛇類）

過樹榕

清・楊霽修，陳蘭彬等纂《廣東府縣志輯・高州府志》卷七（蟲之屬）

過樹龍蛇

清・戴煥南修，張粲奎纂《廣西新寧州志》卷二（蟲屬）

虎斑颈槽蛇 *Rhabdophis tigrinus*

虎斑頸槽蛇

清・（美）克拉克、索爾比著，史紅帥譯《穿越陝甘・1908-1909 年克拉克考察隊華北行紀》第一二章（爬行動物）

赤链华游蛇 *Sinonatrix annularis*

水蛇

金・李杲編輯，明・李時珍參訂，姚可成補輯《食物本草》卷一二（蛇蟲部・蛇類）

明・李時珍撰《本草綱目》卷四三（鱗部・水蛇）

明・穆希文撰《蟫史集》卷之七（鱗蟲類・水蛇）

清・陳鼎撰《蛇譜》（慈曼蛇）

清・方旭撰《蟲薈》卷四（鱗蟲・水蛇）

清・何東銘纂《四川府縣志輯・邛嶲野錄》卷一五

清・田明曜修，陳澧纂《廣東府縣志輯・香山縣志》卷五（魚）

公蠣蛇

金・李杲編輯，明・李時珍參訂，姚可成補輯《食物本草》卷一二（蛇蟲部・蛇類）

明・李時珍撰《本草綱目》卷四三（鱗部・水蛇）

明・張自烈撰，清・廖文英續《正字通》申集中（虫部・蛇）

清・方旭撰《蟲薈》卷四（鱗蟲・水蛇）

清・何東銘纂《四川府縣志輯・邛嶲野錄》卷一五

清・田明曜修，陳澧纂《廣東府縣志輯・香山縣志》卷五（魚）

乌梢蛇 *Zaocys dhumnades*

烏蛇

唐・張鷟撰《朝野僉載》卷一

宋・寇宗奭撰《本草衍義》卷一七（烏蛇）

宋・蘇頌撰，胡乃長、王致譜輯注，蔡景峰審定《圖經本草》下卷第一五（蟲魚部・烏蛇）

宋・唐慎微撰，寇宗奭衍義《證類本草》卷二二（蟲魚部・烏蛇）

金・李杲編輯，明・李時珍參訂，姚可成補輯《食物本草》卷一二（蛇蟲部・蛇類・烏蛇）

明・李時珍撰《本草綱目》卷四三（鱗部・烏蛇）

明・繆希雍撰《神農本草經疏》卷二二（蟲魚部・中品・烏蛇）

明・穆希文撰《蟫史集》卷之七（鱗蟲類・烏蛇）

清・陳鼎撰《蛇譜》（烏蛇）

清・劉於義等監修，沈青崖等纂《陝西通志》卷四三（烏蛇）

烏梢蛇

金・李杲編輯，明・李時珍參訂，姚可成補輯《食物本草》卷一二（蛇蟲部・蛇類・烏蛇）

明・李時珍撰《本草綱目》卷四三（鱗部・烏蛇）

明・繆希雍撰《神農本草經疏》卷二二（蟲魚部・中品・烏蛇）

清・陳鼎撰《蛇譜》（烏蛇）

清・金蓉鏡纂輯《湖南省靖州鄉土志》卷三（動物）

黑花蛇

金・李杲編輯，明・李時珍參訂，姚可成補輯《食物本草》卷一二（蛇蟲部・蛇類・烏蛇）

明・李時珍撰《本草綱目》卷四三（鱗部・烏蛇）

清・方旭撰《蟲薈》卷四（鱗蟲・黑花蛇）

黑稍蛇

宋・唐慎微撰，寇宗奭衍義《證類本草》卷二二（蟲魚部・烏蛇）

明・李時珍撰《本草綱目》卷四三（鱗部・烏蛇）

黑梢蛇

金・李杲編輯，明・李時珍參訂，姚可成補輯《食物本草》卷一二（蛇蟲部・蛇類・烏蛇）

劍脊烏梢

宋・寇宗奭撰《本草衍義》卷一七（烏蛇）

金・李杲編輯，明・李時珍參訂，姚可成補輯《食物本草》卷一二（蛇蟲部・蛇類・烏蛇）

明・李時珍撰《本草綱目》卷四三（鱗部・烏蛇）

風梢蛇

金・李杲編輯，明・李時珍參訂，姚可成補輯《食物本草》卷一二（蛇蟲部・蛇類・烏蛇）

明・李時珍撰《本草綱目》卷四三（鱗部・烏蛇）

黑風蛇

清・陳鼎撰《蛇譜》（烏蛇）

眼镜蛇科 Elapidae

金环蛇 *Bungarus fasciatus*

金角帶蛇

清・雷學海修，陳昌齊等纂《廣東府縣志輯・雷州府志》卷之二（蛇）

清・劉邦柄修，陳昌齊纂《廣東府縣志輯・嘉慶海康縣志》卷之一（疆域）

清・田明曜修，陳灃纂《廣東府縣志輯・香山縣志》卷五（魚）

金包鐵

清・楊霽修，陳蘭彬等纂《廣東府縣志・高州府志》卷七（蟲之屬）

注：金环蛇现在广东、广西的一些地方仍俗称金角带蛇或金包铁。

银环蛇 *Bungarus multicinctus*

簸箕甲

清・范咸等修《重修臺灣府志》卷一八（蟲魚）

清・魯鼎梅修，王必昌纂《臺灣府縣志輯・乾隆重修臺灣府縣志》卷一二（蟲之屬・蛇）

清・雷學海修，陳昌齊等纂《廣東府縣志輯・雷州府志》卷之二（蛇）

清・李文恒修，鄭文彩纂《廣東省瓊山縣志》卷三下（蛇）

清・陳培桂等纂修《臺灣府縣志輯・同治淡水廳志》卷一二（蛇）

清・吳應廉修，王映斗纂《海南府縣志輯・光緒定安縣志》卷一（蛇屬）

手巾蛇

清・魯鼎梅修，王必昌纂《臺灣府縣志輯・乾隆重修臺灣府縣志》卷一二（蟲之屬・蛇）

清・陳培桂等纂修《臺灣府縣志輯・同治淡水廳志》卷一二（蛇）

清・呂恩湛修，宗績辰纂《湖南府縣志輯・道光永州府志》卷七上（蛇）

白花蛇

清・呂恩湛修，宗績辰纂《湖南府縣志輯・道光永州府志》卷七上（蛇）

清・鐘元棣修，張雋等纂《海南府縣志輯・民國崖州志》卷四（蛇類）

四十八段

清・呂恩湛修，宗績辰纂《湖南府縣志輯・道光永州府志》卷七上（蛇）

眼镜蛇 *Naja naja*

飯匙倩

清・周鐘瑄修，陳夢林等纂《臺灣府縣志輯・康熙諸羅縣志》卷一〇（蟲之屬・蛇）

清・魯鼎梅修，王必昌纂《臺灣府縣志輯・乾隆重修臺灣府縣志》卷一二（蟲之屬・蛇）

烏肉蛇

清・田明曜修，陳灃纂《廣東府縣志輯・香山縣志》卷五（魚）

清・馮德材等修，文德馨等纂《廣西省鬱林州志》卷四

量人蛇

清・李文恒修，鄭文彩纂《廣東省瓊山縣志》卷三下（蛇）

清・宗源瀚等修，周學濬等纂《浙江府縣志輯・湖州府志》卷三三（蟲之屬・蛇）

眼鏡蛇

清・方旭撰《蟲薈》卷四（鱗蟲・眼鏡蛇）

眼镜王蛇 *Ophiophagus hannah*

劍脊烏

宋・洪邁撰《夷堅志》丁卷三

清・宗源瀚等修，周學濬等纂《浙江府縣志輯・湖州府志》卷三三（蟲之屬・蛇）

山烏蠢

清・李文恒修，鄭文彩纂《廣東省瓊山縣志》卷三下（蛇類）

清・鐘元棣修，張雋等纂《海南府縣志輯・民國崖州志》卷四（蛇類）

乾蝮

清・雷學海修，陳昌齊等纂《廣東府縣志輯・雷州府志》卷之二（蝮蛇）

劈頭蝮

清・雷學海修，陳昌齊等纂《廣東府縣志輯・雷州府志》卷之二（蝮蛇）

烏虎蛇

清・陳鼎撰《蛇譜》（烏虎蛇）

海蛇 *Hydrophis* spp.

蛇婆

唐・陳藏器撰《本草拾遺》卷六（蟲魚部・蛇婆）

宋・唐慎微撰，寇宗奭衍義《證類本草》卷二二（蟲魚部・蛇婆）

明・李時珍撰《本草綱目》卷四三（鱗部・蛇婆）

清・方旭撰《蟲薈》卷四（鱗蟲・蛇婆）

海蛇

清・李文恒修，鄭文彩纂《廣東省瓊山縣志》卷三下（蛇類）

清・趙彪詔撰《說蛇》（海蛇）

清・方旭撰《蟲薈》卷四（鱗蟲・海蛇）

蝰科 Viperidae

蝮亚科 Crotalinae

尖吻蝮 *Deinagkistrodon acutus*

蝮虫

晉・郭璞注《山海經》卷五（南山經・猨翼之山）

清・郝懿行著《爾雅義疏》卷下之四（釋魚・蝮虺）

清・邵晉涵撰《爾雅正義》卷一七

蝮虺

晉・郭璞注《爾雅》卷下（釋魚・蝮虺）

晉・郭璞著《爾雅音圖》卷下後（蝮虺）

晉・郭璞注，宋・邢昺疏《爾雅注疏》卷一〇（蝮虺），（卷十考證）

宋・邢昺疏《爾雅疏》卷九（釋魚・蝮虺）

宋・鄭樵撰《爾雅註》卷下（釋魚・蝮虺）

清・郝懿行撰《爾雅義疏》卷下之四（釋魚・蝮虺）

蝮蛇

漢・王逸撰《楚辭章句》卷九（招魂）

漢・王充撰《論衡》卷二三（言毒篇）

漢・班固撰，唐・顏師古注《前漢書》卷六四上（嚴助傳）

漢・劉安撰，高誘注《淮南子》卷一七（說林訓）

唐・柳宗元撰《柳河東集》卷一八（宥蝮蛇文）

唐・張鷟撰《朝野僉載》卷五（毒蛇）

唐・歐陽詢撰《藝文類聚》卷九六（鱗介部上・蛇）

宋・陸佃撰《埤雅》卷一〇（釋蟲・虺）

宋・唐慎微撰，寇宗奭衍義《證類本草》卷二二（蟲魚部・蝮蛇膽）

明・李時珍撰《本草綱目》卷四三（鱗部・蝮蛇）

明・曹學佺撰《蜀中廣記》卷六〇（方物記第二・鱗介）

清・張英、王士禎等纂《淵鑒類函》卷四三九（鱗介部・蛇一）

清・邵晉涵撰《爾雅正義》卷一七

清・陳元龍撰《格致鏡原》卷九九（昆蟲類・蛇）

清・宗源瀚等修，周學濬等纂《浙江府縣志輯・湖州府志》卷三三（輿地略・物產・蝮蛇）

清・方旭撰《蟲薈》卷四（鱗蟲・蝮蛇）

蝮虵

漢・王逸撰《楚辭章句》卷一〇（大招）

漢・王充撰《論衡》卷二三（言毒篇）

蝮

漢・王充撰《論衡》卷二三（言毒篇）

漢・班固撰，唐・顏師古注《前漢書》卷三三（田儋傳）

宋・羅願撰，元・洪焱祖音釋《爾雅翼》卷三二（釋魚・蝮）

白花蛇

宋・蘇頌撰，胡乃長、王致譜輯注，蔡景峰審定《圖經本草》下卷第一五（蟲魚部・白花蛇）

宋・唐慎微撰，寇宗奭衍義《證類本草》卷二二（蟲魚部・白花蛇）

宋・寇宗奭撰《本草衍義》卷一七（白花蛇）

宋・莊綽撰《雞肋編》卷下

宋・孔平仲撰《談苑》卷二

金・李杲編輯，明・李時珍參訂，姚可成補輯《食物本草》卷一二（蛇蟲部・蛇類・白花蛇）

明・李時珍撰《本草綱目》卷四三（鱗部・白花蛇）

明・繆希雍撰《神農本草經疏》卷二二（蟲魚部・白花蛇）

明・張介賓撰《景岳全書》卷四九（蟲魚部・白花蛇）

明・彭大翼撰，張幼學增訂《山堂肆考》卷二二三（鱗蟲・白花蛇）

明・穆希文撰《蟫史集》卷之七（鱗蟲類・白花蛇）

明・慎懋官撰《華夷花木鳥獸珍玩考》卷七（白花蛇）

清・陳鼎撰《蛇譜》（白花蛇）

清・方旭撰《蟲薈》卷四（鱗蟲・白花蛇）

蘄蛇

金・李杲編輯，明・李時珍參訂，姚可成補輯《食物本草》卷一二（蛇蟲部・蛇類・白花蛇）

明・李時珍撰《本草綱目》卷四三（鱗部・白花蛇）

明・張介賓撰《景岳全書》卷四九（蟲魚部・白花蛇）

明・盧之頤撰《本草乘雅半偈》卷一〇（宋開寶一・白花蛇）

明・朱彝等編《明詩綜》卷五七（蘄蛇）

清・張英、王士禎等纂《淵鑒類函》卷四三九（鱗介部・蛇一）

褰鼻蛇

唐・元慎撰《元氏長慶集》卷四（蟲名詩・巴蛇、蛒蜂）

宋・唐慎微撰，寇宗奭衍義《證類本草》卷二二（蟲魚部・白花蛇）

明・李時珍撰《本草綱目》卷四三（鱗部・白花蛇）

明・繆希雍撰《神農本草經疏》卷二二（蟲魚部・白花蛇）

明・彭大翼撰，張幼學增訂《山堂肆考》卷二二三（鱗蟲・白花蛇）

明・穆希文撰《蟫史集》卷之七（鱗蟲類・白花蛇）

犁頭蛇

明・彭大翼撰，張幼學增訂《山堂肆考》卷二二三（鱗蟲・犁頭蛇）

明・穆希文撰《蟫史集》卷之七（鱗蟲類・犁頭蛇）

清・方旭撰《蟲薈》卷四（鱗蟲・犁頭蛇）

碧飛

清·宗源瀚等修，周學濬等纂《浙江府縣志輯·湖州府志》卷三三（蟲之屬·蛇）

清·趙學敏輯《本草綱目拾遺》卷一〇（鱗部·碧飛）

短尾蝮 *Gloydius brevicaudus*

蝮蛇

宋·唐慎微撰，寇宗奭衍義《證類本草》卷二二（蟲魚部·蝮蛇膽）

明·李時珍撰《本草綱目》卷四三（鱗部·蝮蛇）

清·郝玉麟等監修，謝道承等編纂《福建通志》卷一〇（蟲之屬·蝮蛇）

清·宗源瀚等修，周學濬等纂《浙江府縣志輯·湖州府志》卷三三（蟲之屬·蛇）

清·劉於義等監修，沈青崖等編纂《陝西通志》卷四四（蝮蛇）

虺

清·龔嘉儁修，李榕纂《浙江省杭州府志》卷八〇（虺）

清·趙學敏撰《本草綱目拾遺》卷一〇（鱗部·碧飛）

土灰蛇

清·宗源瀚等修，周學濬等纂《浙江府縣志輯·湖州府志》卷三三（蝮蛇）

土錦

清·趙學敏撰《本草綱目拾遺》卷一〇（鱗部·碧飛）

灰地扁

清·趙學敏撰《本草綱目拾遺》卷一〇（鱗部·碧飛）

中介蝮 *Gloydius intermedius*

蝰蛇

清·（美）克拉克、索爾比著，史紅帥譯《穿越陝甘·1908-1909年克拉克考察隊華北行紀·爬行動物》第一二章

蚖

明·李時珍撰《本草綱目》卷四三（鱗部·蚖）

虮蛇

宋·唐慎微撰，寇宗奭衍義《證類本草》卷二二（蟲魚部·蝮蛇膽）

明·李時珍撰《本草綱目》卷四三（鱗部·蝮蛇·蚖）

注：李时珍曰：『虮即虺字，蚖、虮字象相近，传写脱误尔。』据此，蚖当是虮字的误写，而虮就是虺。所以，蚖即是现今的蝮蛇。

反鼻蟲

明·李時珍撰《本草綱目》卷四三（鱗部·蝮蛇）

明·彭大翼撰，張幼學增訂《山堂肆考》卷二二三（鱗蟲·蛇·胎生）

蝮蛇 *Gloydius* spp.

蝮

漢·許慎撰，宋·徐鉉增釋《說文解字》卷一三上（虫部·蝮）

晉·郭璞注，宋·邢昺疏《爾雅注疏》卷一〇（釋魚）

宋·羅願撰《爾雅翼》卷三一（釋魚·蝮）

蝮蛇

漢·王逸撰《楚辭章句》卷九（招魂）

晉·張華撰《博物志》卷三（異蟲·蝮蛇）

唐·陳藏器撰 尚志鈞輯釋《本草拾遺》卷九（解紛〈二〉·蝮蛇）

唐·歐陽詢撰《藝文類聚》卷九六（鱗介部上·蛇）

宋·蘇頌撰，胡乃長、王致譜輯注，蔡景峰審定《圖經本草》下卷第一五（蟲魚部·蚺蛇膽）

宋·唐慎微撰，寇宗奭衍義《證類本草》卷二二（蟲魚部·蝮蛇膽）

明·李時珍撰《本草綱目》卷四三（鱗部·蝮蛇）

清·郝懿行撰《爾雅義疏》卷下之四（釋魚·蝮虺）

清·邵晉涵撰《爾雅正義》卷一七

清·李元撰《蠕範》卷二

清·（日）丘淺治郎著，西師意譯，許家惺校訂《動物學教科書》第五章（爬蟲類·蛇類）

虺

漢·班固撰，唐·顏師古注《前漢書》卷三三（田儋傳）

南朝梁·顧野王撰，宋·陳彭年重修《重修玉篇》卷二五（蟲部·虺）

北魏·張揖撰《廣雅》卷一〇（釋魚·虺）

宋·陸佃撰《埤雅》卷一〇（釋蟲·虺）

宋·范處義撰《詩補傳》卷一八（變小雅）

宋·蔡卞撰《毛詩名物解》卷一 一（釋蟲·虺）

元·戴侗撰《六書故》卷二〇（虫部·虺）

明·李時珍撰《本草綱目》卷四三（鱗部·蝮蛇）

明·馮復京撰《六家詩名物疏》卷三七（斯干篇·虺）

明·王圻、王思義輯《三才圖會》卷五（虺）

清·陳大章撰《詩傳名物集覽》卷五（蟲豸·維虺維蛇）

清·邵晉涵撰《爾雅正義》卷一七

清·王念孫、王圻撰《廣雅疏證》卷一〇下（釋魚·虺）

虺蛇

明·季本撰《詩說解頤》字義卷五（斯干·虺蛇）

土虺

漢·班固撰，唐·顏師古注《前漢書》卷三三（田儋傳）

清·張英、王士禎等纂《淵鑒類函》卷四三九（鱗介部·蛇一）

腹虺

晉·郭璞注，唐·陸德明音義，宋·邢昺疏《爾雅注疏》卷一〇

清·郝懿行撰《爾雅義疏》卷下之四（釋魚·蝮虺）

竹叶青蛇 *Trimeresurus stejnegeri*

青條蛇

晉·葛洪撰《肘後備急方》卷七

隋・巢元方撰《巢氏諸病源螫候總論》卷三六（青蛙〔蝰〕蛇螫候方）

唐・王燾撰《外台秘要方》卷四〇（青蝰蛇螫人方）

明・朱橚撰《普濟方》卷三〇七（蛇傷）

青蝰蛇

唐・段成式撰《酉陽雜俎》卷一一

唐・王燾撰《外台秘要方》卷四〇（青蝰蛇螫人方）

明・李時珍撰《本草綱目》卷四三（鱗部・黃頷蛇）

明・朱橚撰《普濟方》卷三〇七（蛇傷）

明・馮復京撰《六家詩名物疏》卷三七

明・穆希文撰《蟫史集》卷之七（鱗蟲類・青蝰蛇）

清・陳大章撰《詩傳名物集覽》卷五

清・陳元龍撰《格致鏡原》卷九九（昆蟲類・蛇）

竹根蛇

明・李時珍撰《本草綱目》卷四三（鱗部・黃頷蛇）

清・陳元龍撰《格致鏡原》卷九九（昆蟲類・蛇）

清・方旭撰《蟲薈》卷四（鱗蟲・竹根蛇）

清・張玉書、陳廷敬等纂《康熙字典》卷二六（虫部・蝰）

清・呂恩湛修，宗績辰纂《湖南府縣志輯・永州府志》卷七上（蛇）

青竹蛇

宋・洪邁撰《夷堅志》丁卷五

明・穆希文撰《蟫史集》卷之七（鱗蟲類・青蝰蛇）

清・郝玉麟等修，謝道承等纂《福建通志》卷一〇（蟲之屬）

清・呂恩湛修，宗績辰纂《湖南府縣志輯・道光永州府志》卷七上（蛇）

清・陳元龍撰《格致鏡原》卷九九（昆蟲類・蛇）

青竹標

清・瞿雲魁纂修《海南府縣志輯・陵水縣志》卷一（蟲屬）

清・薩廉修，陳淑均等纂《臺灣府縣志輯・咸豐噶瑪蘭廳志》卷六（蟲之屬・附考）

清・李文恒修，鄭文彩纂《廣東省瓊山縣志》卷三下（蛇類）

清・鐘元棣修，張雋等纂《海南府縣志輯・民國崖州志》卷四（蛇類）

青皮蛇

清・金蓉鏡纂輯《湖南省靖州鄉土志》卷三（動物）

熇尾蛇

明・李時珍撰《本草綱目》卷四三（鱗部・諸蛇）

明・穆希文撰《蟫史集》卷之七（鱗蟲類・青蝰蛇）

清・陳元龍撰《格致鏡原》卷九九（昆蟲類・蛇）

清・方旭撰《蟲薈》卷四（鱗蟲・熇尾蛇）

燋尾蛇

唐・李吉甫撰《元和郡縣志》卷一

清・劉於義等監修，沈青崖等纂《陝西通志》卷四四（青𧴩蛇）

青𧴩蛇

清・劉於義等監修，沈青崖等纂《陝西通志》卷四四（青𧴩蛇）

青栢絲

清・薩廉修，陳淑均等纂《臺灣府縣志輯・咸豐臺灣府噶瑪蘭廳志》卷六（蟲之屬・附考）

百步劊

清・薩廉修，陳淑均等纂《臺灣府縣志輯・咸豐臺灣府噶瑪蘭廳志》卷六（蟲之屬・附考）

原矛头蝮 *Protobothrops mucrosquamatus*

龜殼花

清・周鐘瑄修，陳夢林等纂《臺灣府縣志輯・康熙諸羅縣志》卷一〇（蛇）

鳄形目 Crocodiliformes

鳄科 Cyocodilidae

鼍 *Alligator sinensis*

風

漢・司馬遷撰《史記》后，唐・司馬貞補撰并注《補史記》：《三皇本紀》：“太白皋庖犧氏風姓……”注：此風是鼉的原義

鼉

《詩經・大雅・靈台》

先秦・《山海經》卷五（中山經）

先秦・《莊子》卷七（外篇・達生）

周・墨翟撰《墨子》卷一三（公輸）

漢・毛亨傳，鄭玄箋，唐・孔穎達疏，陸德明音義《毛詩注疏》卷二三

漢・鄭玄注，唐・孔穎達疏《禮記注疏》卷一六

漢・伏勝撰，鄭玄釋《尚書大傳》卷一（夏書・禹貢傳）

漢・劉安撰，高誘注《淮南子》卷五（時則訓）

漢・班固撰，唐・顏師古注《前漢書》卷五七上（司馬相如傳）

漢・許慎撰，宋・徐鉉增釋《說文解字》卷一三上（黽部）

三國吳・陸璣撰《毛詩草木鳥獸蟲魚疏》卷下

三國吳・陸璣撰，明・毛晉廣要《陸氏詩疏廣要》卷下之下（鼉鼓逢逢）

晉・郭璞注《山海經》卷五（中山經）

南朝宋・范煜撰撰，唐・李賢注《後漢書》卷八九（張衡傳）

南朝梁・顧野王撰《玉篇》卷二五（黽部）

南朝梁・沈约注《竹書紀年》卷下

宋・李昉等撰《太平御覽》卷九三二（鱗介部四・鼉）

宋・蔡卞撰《毛詩物名解》卷一三（鼉）
宋・陸佃撰《埤雅》卷二（釋魚・鼉）
宋・鄭樵撰《通志》卷七六（昆蟲草木略・鼉）
宋・羅願撰，元・洪焱祖音釋《爾雅翼》卷三一（釋魚・鼉）
宋・張虙撰《月令解》卷六
宋・蘇頌撰，胡乃長、王致譜輯注，蔡景峰審定《圖經本草》上卷第一四（蟲魚部・鱉）
宋・唐慎微撰，寇宗奭衍義《證類本草》卷二一（蟲魚部・鮀魚甲）
宋・朱翌撰《猗覺寮雜記》卷下
元・梁益撰《詩傳旁通》卷一〇（鼉）
金・李杲編輯，明・李時珍參訂，姚可成補輯《食物本草》卷一〇（鱗部・鼉）
元・戴侗撰《六書故》卷二〇（鼉）
明・李時珍撰《本草綱目》卷四三（鱗部・鼉龍）
明・慎懋官撰《華夷花木鳥獸珍玩考》卷七（鼉）
明・方以智撰《通雅》卷四七（動物・蟲）
明・陳耀文撰《天中記》卷五七（鼉）
明・李蘇撰《見物》卷三（鱗物・鼉）
明・吳景旭撰《歷代詩話》卷五（鼉鼓・鼉）
明・穆希文撰《蟫史集》卷七（鱗蟲類・鼉）
清・胡世安撰《異魚圖贊補》卷下（互錯部・鼉）
清・徐鼎撰《毛詩物名圖說》卷四（魚）
清・陳大章撰《詩傳名物集覽》卷六（鼉鼓逢逢）
清・張英、王士禎等撰《淵鑒類函》卷四四一（鱗介部五・鼉）
清・陳夢雷撰《古今圖書集成・博物彙編・禽蟲典》卷一三二（鼉部）
清・陳元龍撰《格致鏡原》卷九四（水族類・鼉）
清・李元撰《蠕範》卷三（物體第五）
清・段玉裁撰《說文解字注》卷一三下（黽部・鼉）
清・郝懿行撰《山海經箋疏》卷五（中山經）

鮀

三國魏・吳普述，清・孫馮翼輯《神農本草經》卷二（鮀魚甲）
宋・蘇頌撰，胡乃長、王致譜輯注，蔡景峰審定《圖經本草》上卷第一四（蟲魚部・鱉）
宋・鄭樵撰《通志》卷七六（昆蟲草木略・鼉）

鮀魚

南朝梁・陶弘景撰，尚志鈞輯校《名醫別錄》卷第二（鮀魚甲）
唐・陳藏器撰，尚志均輯釋《本草拾遺》卷九（解紛〈二〉・鮀魚甲）
宋・唐慎微撰，寇宗奭衍義《證類本草》卷二一（蟲魚部・鮀魚甲）
明・李時珍撰《本草綱目》卷四三（鱗部・鼉龍）
清・胡世安撰《異魚圖贊補》卷下（互錯部・鼉）
清・李元撰《蠕範》卷三（物體第五・鼉）

䵶

晉・孔晁撰《逸周書》卷七（王會解五十九）
南唐・徐鍇撰，朱翱反切《說文繫傳》卷二五（䵶）
宋・羅願撰，元・洪焱祖音釋《爾雅翼》卷三一（釋魚・鼉）
元・梁益撰《詩傳旁通》卷一〇（鼉）
清・何秋濤撰《王會篇箋釋》卷上（䵶）
清・張玉書、陳廷敬等纂《康熙字典》卷三六（黽部・鼉）
清・郝懿行撰《山海經箋疏》卷五（中山經）

鱓

秦・李斯《上秦始皇書》
秦・呂不韋撰，高誘注《呂氏春秋》卷五（仲夏紀・古樂）
漢・戴德撰，北周・盧辯注《大戴禮記》卷二（夏小正）
漢・伏勝撰，鄭玄釋《尚書大傳》卷一（夏書・禹貢傳）
漢・司馬遷撰，唐・司馬貞索隱《史記》卷一三〇（太史公自序・越王勾踐世家第十一）
漢・許慎撰，宋・徐鉉增釋《說文解字》卷一一（魚部・鱓）
三國吳・陸璣撰，明・毛晉廣要《陸氏詩疏廣要》卷下之下（鼉鼓逢逢）
宋・司馬光撰《類篇》卷三三（鱓）
宋・陸田撰《埤雅》卷二・釋魚（鼉）
元・梁益撰《詩傳旁通》卷一〇（鼉）
明・張自烈撰，清・廖文英續《正字通》亥集中（魚部・鱓）
清・牟應震撰《毛詩物名考》卷三（鼉）
清・何秋濤撰《王會篇箋釋》卷上（䵶）
清・秦蕙田撰《五禮通考》卷一九九（剝鱓）
清・陳大章撰《詩傳名物集覽》卷六（鼉鼓逢逢）
清・郝懿行撰《山海經箋疏》卷五（中山經）

鼉龍

明・李時珍撰《本草綱目》卷四三（鱗部・鼉龍）
清・柯璜譯編，(日）箕作佳吉著《博物學講義・動物篇》第五章（脊椎動物・爬行類）

土龍

三國吳・陸璣撰，明・毛晉廣要《陸氏詩疏廣要》卷下之下（鼉鼓逢逢）
宋・陸田撰《埤雅》卷二（釋魚・鼉）
元・梁益撰《詩傳旁通》卷一〇（鼉）
明・李時珍撰《本草綱目》卷四三（鱗部・鼉龍）
明・陳耀文撰《天中記》卷五七（鼉）
明・方以智撰《通雅》卷四七（動物・蟲）
清・胡世安撰《異魚圖贊補》卷三（互錯部・鼉）
清・徐鼎撰《毛詩物名圖說》卷四
清・陳大章撰《詩傳名物集覽》卷六（鼉鼓逢逢）
清・李元撰《蠕範》卷三（物體第五・鼉）
注：依据宋代以后古籍记载，『土龙』一名源于《博物志》或《续博物志》的『鼍』条文中。经查这两书中均无『鼍』条文。

豬婆龍

明·陸容撰《菽園雜記》卷三
清·蒲松齡撰《聊齋志異拾遺》卷二（豬婆龍）
清·許纘曾撰《滇行紀程》（豬婆龍）
清·姚之駰撰《元明事類鈔》卷三九（鱗介門·豬婆龍）
清·張英、王士禎等撰《淵鑒類函》卷四四一（鱗介部·鼉）
清·英啟修，鄧琛纂《湖北府縣志輯·黃州府志》卷三（介之屬·鼉）

河伯使者

晉·崔豹撰《古今注》卷中

湾鳄 *Crocodilus porosus*

鱷魚

清·黃叔璥撰《台海使槎錄》卷四
清·李准撰《巡海記》

食鱼鳄科 Gavialidae

马来切喙鳄 *Tomistoma schlegelii*

蚌

漢·許慎撰，宋·徐鉉增釋《說文解字》卷一三上（虫部）
宋·羅願撰，元·洪焱祖音釋《爾雅翼》卷三〇（釋魚·鰐）
明·張自烈撰，清·廖文英續《正字通》申集中（虫部）
清·張玉書、陳廷敬等纂《康熙字典》卷二六（虫部）
清·段玉裁撰《說文解字注》卷一三上（虫部）

鱷（鰐）

晉·劉欣期撰《交州記》
南朝梁·蕭統編，唐·李善注《文選註·左思〈吳都賦〉》卷五
唐·姚思廉撰《梁書》卷五四（海島諸國）
唐·李延壽撰《南史》卷七八（扶南國傳）
宋·沈括撰《夢溪筆談》卷二一（異事）
宋·羅願撰，元·洪焱祖音釋《爾雅翼》卷三〇（釋魚·鰐）
宋·司馬光撰《類篇》卷三三（鰐、鱷）
元·戴侗撰《六書故》卷二〇（鱷）
明·楊慎撰，清·胡世安箋《異魚圖贊箋》卷一（鱷）
明·慎懋官撰《華夷花木鳥獸珍玩考》卷三七（鱷）
明·張自烈撰，清·廖文英續《正字通》亥集中（魚部·鱷）
清·陳元龍撰《格致鏡原》卷九三（昆蟲類·鱷）
清·嵇璜、曹仁虎等撰《續通志》卷一七九（昆蟲草木略·魚類）
清·李元撰《蠕範》卷八

鰐魚（鱷魚）

漢·楊孚撰《廣州異物志》
三國吳·萬震撰《南州異物志》
晉·張華撰《博物志》卷三（異魚）
晉·虞喜撰《志林》
南朝梁·蕭統編，唐·李善注《文選註·左思〈吳都賦〉》卷五
唐·劉恂撰《嶺表錄異》卷上（鱷魚）
唐·姚思廉撰《梁書》卷五四（海島諸國）
唐·李延壽撰《南史》卷七八（扶南國傳）
唐·張讀撰《宣室志》卷四
五代·劉昫等撰《舊唐書》卷一六〇（韓愈傳）
宋·沈括撰《夢溪筆談》卷二一
宋·羅願撰，元·洪焱祖音釋《爾雅翼》卷三〇（釋魚·鰐）
宋·李昉等撰《太平廣記》卷四六四（骨雷）
宋·李昉等撰《太平御覽》卷九三八（鱗介部·鰐魚）
宋·樂史撰《太平環宇記》卷一五八（嶺南道·潮州），卷一六四（梧州），卷一六五（鬱州），卷一七〇（交州）
元·克拉克撰《宋史》卷二八四（陳堯佐傳）
元·周達觀撰《真臘風土記》
明·楊慎撰，清·胡世安箋《異魚圖贊箋》卷一（鱷）
明·張自烈撰，清·廖文英續《正字通》亥集中（魚部·鱷）
明·陳耀文撰《天中記》卷五六（鱷魚）
明·王圻、王思義輯《三才圖會》卷五（鳥獸）
明·穆希文撰《蟫史集》卷八（鱗蟲類·鱷魚）
清·陳夢雷撰《古今圖書集成·博物彙編·禽蟲典》卷一三八（鱷魚部）
清·陳元龍撰《格致鏡原》卷九三（昆蟲類·鱷）
清·屈大均撰《廣東新語》卷二四（殺鱷魚）
清·嵇璜、曹仁虎等撰《續通志》卷一七九（昆蟲草木略·魚類）
清·周碩勳撰《潮州府志》卷三九
清·吳震方撰《嶺南雜記》卷上

忽雷

宋·李昉等撰《太平廣記》卷四六四（骨雷）
明·鄺露撰《赤雅》卷三（鳥獸蟲魚·忽雷）
明·方以智撰《通雅》卷四七（動物）
明·楊慎撰，清·胡世安箋《異魚圖贊箋》卷一（鱷）
清·嵇璜、曹仁虎等撰《續通志》卷一七九（昆蟲草木略·魚類）
清·李元撰《蠕範》卷八（物名第十五）

骨雷

宋·李昉等撰《太平廣記》卷四六四（骨雷）
明·楊慎撰，清·胡世安箋《異魚圖贊箋》卷一（鱷）
明·方以智撰《通雅》卷四七（動物）
清·嵇璜、曹仁虎等撰《續通志》卷一七九（昆蟲草木略·魚類）
清·李元撰《蠕範》卷八

魚虎

明·張自烈撰，清·廖文英續《正字通》亥集中（魚部·鱷）

清・李元撰《蠕範》卷八

鱣

宋・司馬光撰《類篇》卷三三（魚部・鱣）

宋・周去非撰《嶺外代答》卷一〇

清・張玉書、陳廷敬等纂《康熙字典》卷二六（虫部・鱣）

鸟纲 Aves

禽

晉・郭璞注，唐・陸德明音義，宋・邢昺疏《爾雅注疏》卷一〇（釋鳥第十七）

鸵鸟目 Struthioniformes

鸵鸟科 Struthionidae

鸵鸟 *Struthio camelus*

爰居

漢・史游撰，唐・顔師古注《急就篇》卷二

晉・郭璞注《爾雅》卷六（釋鳥）

晉・郭璞注，唐・陸德明音義，宋・邢昺疏《爾雅注疏》卷一〇（釋鳥第十七）

宋・陸佃撰《爾雅新義》卷一七（釋鳥）

宋・鄭樵撰《通志》卷七六

宋・李石撰《續博物志》卷三

明・方以智撰《通雅》卷四五（動物）

明・陶宗儀編《說郛》卷一二上

清・周靖撰《篆隸考異》卷四

清・郝懿行撰《爾雅義疏》下

雜縣

晉・郭璞注《爾雅》卷六（釋鳥）

晉・郭璞注，唐・陸德明音義，宋・邢昺疏《爾雅注疏》卷一〇（釋鳥第十七）

宋・陸佃撰《爾雅新義》卷一七（釋鳥）

宋・鄭樵撰《通志》卷七六

清・郝懿行撰《爾雅義疏》下

清・周靖撰《篆隸考異》卷四

鶢鶋

遼・釋行均撰《龍龕手鑒》卷二

鶋鶢

遼・釋行均撰《龍龕手鑒》卷二

大馬爵

元・王惲撰《玉堂嘉話》卷二

明・陶宗儀編《說郛》卷一二上

清・張玉書、陳廷敬等纂《康熙字典》卷三五

駝蹄鷄

金・李杲編輯，明・李時珍參訂，姚可成補輯《食物本草》卷一二

明・李時珍撰《本草綱目》卷四九（禽部）

明・方以智撰《通雅》卷四五（動物）

駝蹄雞

清・嵇璜、曹仁虎等撰《續通志》卷一八〇（昆蟲草木略禽類七）

食火鷄

明・李時珍撰《本草綱目》卷四九（禽部）

食火雞

清・嵇璜、曹仁虎等撰《續通志》卷一八〇（昆蟲草木略禽類七）

骨托禽

明・李時珍撰《本草綱目》卷四九（禽部）

駝蹄

金・李杲編輯，明・李時珍參訂，姚可成補輯《食物本草》卷一二

明・李時珍撰《本草綱目》卷四九

駝鷄

明・慎懋官撰《華夷花木鳥獸珍玩考》卷一〇

駝鶡

清・英啟修，鄧琛纂《湖北府縣志輯・黄州府志》卷三

厄馬

清・印光任、張汝霖撰《廣東省澳門紀略》

駱駝鳥

清・印光任、張汝霖撰《廣東省澳門紀略》

清・西洋南懷仁撰《坤輿圖說》卷下

鴕鳥

唐・杜佑纂《通典》卷一九三（吐火羅）

金・李杲編輯，明・李時珍參訂，姚可成補輯《食物本草》卷一二

元・王惲撰《玉堂嘉話》卷二

明・陶宗儀編《說郛》卷五六

明・陸楫編《古今說海》卷一四

明・李時珍撰《本草綱目》卷四九（禽部）

明・陳耀文撰《天中記》卷五九（鳥）

清・張玉書、陳廷敬等纂《康熙字典》卷三五

清・（英）艾約瑟撰《動物學啟蒙》第四卷（脊骨動物・羽族類・動物分類總綱）

獅子大雀

明・方以智撰《通雅》卷四五

鹤鸵目 Casuariiformes

鹤鸵科 Casuariidae

鹤鸵 *Casuarius cauarius*

食火鷄

金・李杲編輯，明・李時珍參訂，姚可成補輯《食物本草》卷一二

食火鳥

清・姚之駰撰《元明事類鈔》卷三七

清·柯璜譯編，（日）箕作佳吉著《博物學講義·動物篇》第三章（脊椎動物·鳥類）

骨托禽

金·李杲編輯，明·李時珍參訂，姚可成補輯《食物本草》卷一二

清·方旭撰《蟲薈》卷一（火雞）

火雞

明·張自烈撰，清·廖文英續《正字通》亥集中（鳥部）

明·李時珍撰《本草綱目》卷下之下（火雞）

清·印光任、張汝霖撰《廣東省澳門紀略》

清·方旭撰《蟲薈》卷一（火雞）

鴕

明·張自烈撰，清·廖文英續《正字通》亥集中（鳥部）

明·徐應秋撰《玉芝堂談薈》卷三二

駝蹄

明·張自烈撰，清·廖文英續《正字通》亥集中（鳥部）

明·方以智撰《通雅》卷四五

明·徐應秋撰《玉芝堂談薈》卷三三

駞蹄

清·姚之駰撰《元明事類鈔》卷三七

駝蹄雞

明·張自烈撰，清·廖文英續《正字通》亥集中（鳥部）

清·方旭撰《蟲薈》卷一（火雞）

清·嵇璜、曹仁虎撰《續通志》卷一八〇

駞蹄鷄

明·方以智撰《通雅》卷四五

駱駝鳥

清·王士禎撰《居易錄》卷二六

額摩鳥

清·余省、張為邦摹繪《清宮鳥譜》卷一二

清·乾隆三十二年敕撰《皇朝通志》卷一二六（昆蟲草木略二）

駝雞

明·張自烈撰，清·廖文英續《正字通》亥集中（鳥部）

清·印光任、張汝霖撰《廣東省澳門紀略》

鴕鳥

明·張自烈撰，清·廖文英續《正字通》亥集中（鳥部）

清·方旭撰《蟲薈》卷一（火雞）

鸊鷉目 Podicipediformes

鸊鷉科 Podicipedidae

鷿鷉

漢·許慎撰，宋·徐鉉增釋《說文解字》卷四上

南朝梁·顧野王撰，宋·陳彭年等修《重修玉篇》卷二四

三國魏·張輯撰《廣雅》卷一〇

南唐·徐鍇撰，朱翱反切《說文繫傳》卷七

宋·吳曾撰《能改齋漫錄》卷六

元·楊桓撰《六書統》卷一八

金·李杲編輯，明·李時珍參訂，姚可成補輯《食物本草》

明·李時珍撰《本草綱目》卷四九

明·方以智撰《通雅》卷四五

清·張玉書、陳廷敬等纂《康熙字典》卷三十五

清·李元撰《蠕範》卷五

鷿鷈

漢·楊雄撰，晉·郭璞注《輶軒使者絕代語釋別國方言》卷八

晉·郭璞注，唐·陸德明音义 宋·邢昺疏《爾雅注疏》卷一〇（釋鳥）

明·董斯張撰《廣博物志》卷四五

清·段玉裁撰《說文解字注》卷四上

鸊鷉

清·段玉裁撰《說文解字注》卷四上

清·郭伯蒼撰《海錯百一錄》卷一

鸊鵜

明·張自烈撰，清·廖文英續《正字通》亥集中（鳥部）

清·姚炳撰《詩識名解》卷二（鳧）

鷿䴘

漢·楊雄撰，晉·郭璞注《輶軒使者絕代語釋別國方言》卷八

清·段玉裁撰《說文解字注》卷四上

鷿䴘

唐·歐陽詢撰《藝文類聚》卷九二（鳥部下）

鷿鵜

宋·高似孫撰《剡錄》卷一〇

鵊鸊

元·楊桓撰《六書統》卷一八

契薜

清·李元撰《蠕範》

鵊鸊

元·楊桓撰《六書統》卷一八

契鸊

清·段玉裁撰《說文解字注》卷四上

鷉

晉·郭璞注，唐·陸德明音义 宋·邢昺疏《爾雅注疏》卷一〇（釋鳥）

南朝梁·顧野王撰，宋·陳彭年等修《重修玉篇》卷二四

宋·鄭樵撰《爾雅註》卷下

宋·陸佃撰《埤雅》卷七

明·張自烈撰，清·廖文英續《正字通》亥集中（鳥部）

清·沈廷芳撰《十三經注疏正字》卷八一

清·張玉書、陳廷敬等纂《康熙字典》卷三十五

清·劉玉麐撰《爾雅校義》卷下

鷉

不著撰人《原本廣韻》卷二

鸊鷈

漢・楊雄撰，晉・郭璞注《輶軒使者絕代語釋別國方言》卷八

明・張自烈撰，清・廖文英續《正字通》亥集中（鳥部）

明・董斯張撰《廣博物志》卷四五

鸊鷉

清・張玉書、陳廷敬等纂《康熙字典》卷三十五

清・段玉裁撰《說文解字注》卷四上

鸊鷉

清・姚炳撰《詩識名解》卷二（鳧）

鸊鴺

漢・楊雄撰，晉・郭璞注《輶軒使者絕代語釋別國方言》卷八

清・段玉裁撰《說文解字注》卷四上

清・張玉書、陳廷敬等纂《康熙字典》卷三十五

水鷉

清・郭伯蒼撰《海錯百一錄》卷一

清・郝玉麟等監修，謝道承等編纂《福建通志》（一）卷一〇

須贏

晉・郭璞注，唐・陸德明音义 宋・邢昺疏《爾雅注疏》卷一〇（釋鳥）

宋・鄭樵撰《爾雅註》卷下

明・張自烈撰，清・廖文英續《正字通》亥集中（鳥部）

明・李時珍撰《本草綱目》卷四九

明・方以智撰《通雅》卷四五

清・劉玉麐撰《爾雅校義》卷下

清・沈廷芳撰《十三經注疏正字》卷八一

清・張玉書、陳廷敬等纂《康熙字典》卷三十五

清・段玉裁撰《說文解字注》卷九下

鷉

宋・鄭樵撰《爾雅註》卷下

清・周春撰《爾雅補注》卷四

清・姚炳撰《詩識名解》卷二（鳧）

𩿤

宋・羅願撰，元・洪焱祖音釋《爾雅翼》卷一七

宋・釋行均撰《龍龕手鑒》卷二

宋・鄭樵撰《爾雅註》卷下

清・劉玉麐撰《爾雅校義》卷下

清・周春撰《爾雅補注》卷四

頭鵁

宋・鄭樵撰《爾雅註》卷下

清・劉玉麐撰《爾雅校義》卷下

魚鵁

宋・鄭樵撰《爾雅註》卷下

水鴲

宋・高似孫撰《剡錄》卷一〇

刁鴨

金・李杲編輯，明・李時珍參訂，姚可成補輯《食物本草》卷一二

明・李時珍撰《本草綱目》卷四七

清・李元撰《蠕範》卷三

清・劉玉麐撰《爾雅校義》卷下

油鴨

明・李時珍撰《本草綱目》卷四七

明・方以智撰《通雅》卷四五

清・劉玉麐撰《爾雅校義》卷下

清・李元撰《蠕範》卷五

汕鴨

清・張玉書、陳廷敬等纂《康熙字典》卷三十五

水䲰

明・張自烈撰，清・廖文英續《正字通》亥集中（鳥部）

清・李元撰《蠕範》卷三

水䲰

明・李時珍撰《本草綱目》卷四七

明・方以智撰《通雅》卷四五

清・張玉書、陳廷敬等纂《康熙字典》卷三十五

清・劉玉麐撰《爾雅校義》卷下

鷚䴉

明・張自烈撰，清・廖文英續《正字通》亥集中（鳥部）

明・方以智撰《通雅》卷四五

清・李元撰《蠕範》卷三

清・張玉書、陳廷敬等纂《康熙字典》卷三十五

清・劉玉麐撰《爾雅校義》卷下

零丁

明・李時珍撰《本草綱目》卷四七

鳭鴨

清・李元撰《蠕範》卷三

䴌

清・張玉書、陳廷敬等纂《康熙字典》卷三十五

虎聲

明・彭大翼撰，張幼學增訂《山堂肆考》卷二三七

野鳧

漢・楊雄撰，晉・郭璞注《輶軒使者絕代語釋別國方言》卷八

宋・高似孫撰《剡錄》卷一〇

明・董斯張撰《廣博物志》卷四五

清・段玉裁撰《說文解字注》卷四上

清・張玉書、陳廷敬等纂《康熙字典》卷三十五

水鴰

清・姚炳撰《詩識名解》卷二（鳧）

清・劉玉麐撰《爾雅校義》卷下

清・李元撰《蠕範》卷三

沈鳧

清・姚炳撰《詩識名解》卷二（鳧）

晨鳧

清・姚炳撰《詩識名解》卷二（鳧）

小鸊鷉*Tachybaptus ruficollis*

鸊

晉・郭璞著《爾雅音圖》（釋鳥第一七）

宋・鄭樵撰《通志》卷七六

遼・釋行均撰《龍龕手鑒》卷二

清・顧棟高撰《毛詩類釋》卷一六

清・任基振撰《爾雅注疏箋補》卷下

沈鳧

晉・郭璞著《爾雅音圖》（釋鳥第一七）

宋・鄭樵撰《通志》卷七六

清・顧棟高撰《毛詩類釋》卷一六

清・任基振撰《爾雅注疏箋補》卷下

鷉

晉・郭璞著《爾雅音圖》（釋鳥第一七）

清・戴鎣撰《爾雅郭注補正》卷九

須鸁

晉・郭璞著《爾雅音圖》（釋鳥第一七）

清・戴鎣撰《爾雅郭注補正》卷九

清・余省、張為邦摹繪《清宮鳥譜》卷八

[illegible]鸊

南唐・徐鍇撰，朱翱反切《說文系傳》卷七

水[illegible]

宋・鄭樵撰《通志》卷七六

䳉

明・張自烈撰，清・廖文英續《正字通》亥集中

清・張玉書、陳廷敬等纂《康熙字典》卷三五

清・吳友如繪《吳友如畫寶》卷五集上（中外百鳥圖）

䳉

明・張自烈撰，清・廖文英續《正字通》亥集中

清・張玉書、陳廷敬等纂《康熙字典》卷三五

油葫蘆

清・余省、張為邦摹繪《清宮鳥譜》卷八

鷿鷉

清・余省、張為邦摹繪《清宮鳥譜》卷八

清・戴鎣撰《爾雅郭注補正》卷九

水[illegible]

清・余省、張為邦摹繪《清宮鳥譜》卷八

鴒頂

清・余省、張為邦摹繪《清宮鳥譜》卷八

水葫蘆

清・余省、張為邦摹繪《清宮鳥譜》卷八

鸊鷈

清・柯璜譯編，（日）箕作佳吉著《博物學講義》（第三章・脊椎動物・鳥類）

鸊鷈

清・戴鎣撰《爾雅郭注補正》卷九

鷿鵜

宋・高似孫撰《剡錄》卷一〇

凤头鸊鷉*Podiceps cristatus*

鵁

漢・司馬遷撰《史記》卷二、卷一一七

元・戴侗撰《六書故》卷一九

清・郝懿行撰《爾雅郭注義疏》下卷五

魚鵁

漢・司馬遷撰《史記》卷二、卷一一七

晉・郭璞注，唐・陸德明音義，宋・邢昺疏《爾雅注疏》卷一〇

清・郝懿行撰《爾雅郭注義疏》下卷五

清・李元撰《蠕範》卷七

魚鵁

清・張玉書、陳廷敬等纂《康熙字典》卷三五

頭鵁

晉・郭璞注，唐・陸德明音義，宋・邢昺疏《爾雅注疏》卷一〇

宋・鄭樵撰《通志》卷七六

清・劉玉麐撰《爾雅校義》卷下

清・郝懿行撰《爾雅郭注義疏》下卷五

頭鵁

清・張玉書、陳廷敬等纂《康熙字典》卷三五

鴢

晉・郭璞注，唐・陸德明音義，宋・邢昺疏《爾雅注疏》卷一〇

宋・鄭樵撰《通志》卷七六

清・劉玉麐撰《爾雅校義》卷下

清・張玉書、陳廷敬等纂《康熙字典》卷三五

清・郝懿行撰《爾雅郭注義疏》下卷五

清・李元撰《蠕範》卷七

疕鵁盧

元・戴侗撰《六書故》卷一九

清・郝懿行撰《爾雅郭注義疏》下卷五

鵁鶄

元・戴侗撰《六書故》卷一九

清・郝懿行撰《爾雅郭注義疏》下卷五

鳽

元・戴侗撰《六書故》卷一九

落河

清・余省、張為邦摹繪《清宮鳥譜》卷八

鳳頭拉土鷺鷥

清・吳友如繪《吳友如畫寶》第五集上

鹱形目 Procellariiformes

信天翁科 Diomedeidae

信天翁属 *Diomedea* spp.

海鵝

清・柯璜譯編，（日）箕作佳吉著《博物學講義》第三章

清・李文恒修，鄭文彩纂《廣東省瓊山縣志》

信天翁

明・楊慎撰《丹鉛餘錄》卷五（鳥獸類）

明・彭大翼撰，張幼學增訂《山堂肆考》卷二三七（補遺・禽）

清・張玉書、陳延敬等撰《佩文韻府》卷一之五

清・陳大章撰《詩傳名物集覽》卷一（鳥）

清・鄂爾泰等監修，靖道謨等編纂《雲南通志》卷三〇（雜記）

青翰

清・陳大章撰《詩傳名物集覽》卷一（鳥）

青莊

清・陳大章撰《詩傳名物集覽》卷一（鳥）

鹈形目 Pelecaniformes

鹈鹕科 Pelecanidae

鵜鶘

漢・班固撰，唐・顏師古注，清・齊召南等考證《前漢書》卷二七中之下

三國吳・陸璣撰，明・毛晉廣要《陸氏詩疏廣要》卷下之上

晉・郭璞注，唐・陸德明音義，宋・邢昺疏《爾雅注疏》卷一〇（釋鳥）

南朝梁・顧野王撰，宋・陳彭年等重修《重修玉篇》卷二四

南朝梁・沈約撰《宋書》卷二八

宋・梁克家撰《淳熙三山志》卷四二

宋・陳耆卿撰《赤城志》卷二六

宋・鄭樵撰《爾雅註》卷下（釋鳥第一七）

宋・陸佃撰《埤雅》卷七

宋・施宿等撰，宋・張淏撰《會稽志》卷一七

宋・羅願撰，元・洪焱祖音釋《爾雅翼》卷一七（釋鳥五）

遼・釋行均撰《龍龕手鑒》卷二

金・李杲編輯，明・李時珍參訂，姚可成補輯《食物本草》卷一二

元・楊桓撰《六書統》卷一八

元・陶宗儀編《說郛》卷一〇七

元・馬端臨撰《文獻通考》卷三一二

明・張自烈撰，清・廖文英續《正字通》亥集中（鳥部）

明・李時珍撰《本草綱目》卷四七

明・彭大翼撰，張幼學增訂《山堂肆考》卷二三七

明・慎懋官撰《華夷花木鳥獸珍玩續考》卷七

明・方以智撰《通雅》卷四五

明・陳禹謨撰《駢志》卷一八

明・董斯張撰《廣博物志》卷四五

明・王圻、王思義輯《三才圖會》四卷二

清・張玉書、陳廷敬等纂《康熙字典》卷三五

清・李元撰《蠕範》卷二

清・牟應震撰《毛詩物名考》卷一

清・姚炳撰《詩識名解》卷二（鳥部）

清・劉玉麐撰《爾雅校議》卷下

清・戴鎣撰《爾雅郭注補正》卷下三

鵜鶘

漢・許慎撰，宋・徐鉉增釋《說文解字》卷四上

宋・丁度、司馬光等纂《集韻》卷二

禿鶖

漢・班固撰，唐・顏師古注，清・齊召南等考證《前漢書》卷二七中之下

元・馬端臨撰《文獻通考》卷三一二

汙澤

漢・班固撰，唐・顏師古注，清・齊召南等考證《前漢書》卷二七中之下

漢・許慎撰，宋・徐鉉增釋《說文解字》卷四上

南朝梁・沈約撰《宋書》卷二八

宋・丁度、司馬光等纂《集韻》卷二

宋・羅願撰，元・洪焱祖音釋《爾雅翼》卷一七（釋鳥五）

元・楊桓撰《六書統》卷一八

元・馬端臨撰《文獻通考》卷三一二

清・張玉書、陳廷敬等纂《康熙字典》卷三五

洿澤

三國吳・陸璣撰，明・毛晉廣要《陸氏詩疏廣要》卷下之上

晉・郭璞注，唐・陸德明音義，宋・邢昺疏《爾雅注疏》卷一〇（釋鳥）

宋・陸佃撰《埤雅》卷七

宋・施宿等撰，宋・張淏撰《會稽志》卷一七

宋・羅願撰，元・洪焱祖音釋《爾雅翼》卷一七（釋鳥五）

元・戴侗撰《六書故》卷一九

明・張自烈撰，清・廖文英續《正字通》亥集中（鳥部）

明・彭大翼撰，張幼學增訂《山堂肆考》卷二三七

明・方以智撰《通雅》卷四五

清・張玉書、陳廷敬等纂《康熙字典》卷三五

清・李元撰《蠕範》卷二

清・姚炳撰《詩識名解》卷二（鳥部）

鴮鸅

三國吳・陸璣撰，明・毛晉廣要《陸氏詩疏廣要》卷下

之上
晉・郭璞注，唐・陸德明音義，宋・邢昺疏《爾雅注疏》卷一〇（釋鳥）
晉・郭璞注《爾雅》卷六
南朝梁・顧野王撰，宋・陳彭年等重修《重修玉篇》卷二四
宋・羅願撰，元・洪焱祖音釋《爾雅翼》卷一七（釋鳥五）
宋・丁度、司馬光等纂《集韻》卷二
宋・鄭樵撰《爾雅註》卷下（釋鳥第一七）
宋・鄭樵撰《通志》卷七六
宋・陸佃撰《埤雅》卷七
宋・施宿等撰，宋・張淏撰《會稽志》卷一七
元・戴侗撰《六書故》卷一九
明・張自烈撰，清・廖文英續《正字通》亥集中（鳥部）
明・王圻、王思義輯《三才圖會》四卷二
清・張玉書、陳廷敬等纂《康熙字典》卷三五
清・姚炳撰《詩識名解》卷二（鳥部）
清・戴鍙撰《爾雅郭注補正》卷下三
清・任基振撰《爾雅注疏箋補》卷下

淘河

三國吳・陸璣撰，明・毛晉廣要《陸氏詩疏廣要》卷下之上
晉・郭璞注，唐・陸德明音義，宋・邢昺疏《爾雅注疏》卷一〇（釋鳥）
宋・梁克家撰《淳熙三山志》卷四二
宋・陳耆卿撰《赤城志》卷二六
宋・鄭樵撰《爾雅註》卷下（釋鳥第一七）
宋・鄭樵撰《通志》卷七六
宋・陸佃撰《埤雅》卷七
宋・施宿等撰，宋・張淏撰《會稽志》卷一七
遼・釋行均撰《龍龕手鑒》卷二
元・戴侗撰《六書故》卷一九
元・陶宗儀編《說郛》卷一〇七
元・馬端臨撰《文獻通考》卷三一二
明・彭大翼撰，張幼學增訂《山堂肆考》卷二三七
明・張自烈撰，清・廖文英續《正字通》亥集中（鳥部）
明・慎懋官撰《華夷花木鳥獸珍玩續考》卷七
明・方以智撰《通雅》卷四五
明・王圻、王思義輯《三才圖會》四卷二
清・張玉書、陳廷敬等纂《康熙字典》卷三五
清・李元撰《蠕範》卷二
清・姚炳撰《詩識名解》卷二（鳥部）
清・戴鍙撰《爾雅郭注補正》卷下三

陶河鸟

南朝梁・顧野王撰，宋・陳彭年等重修《重修玉篇》卷二四

鵃

明・張自烈撰，清・廖文英續《正字通》亥集中（鳥部）

鷎

宋・丁度、司馬光等纂《集韻》卷二

鴮

晉・郭璞注《爾雅》卷六
宋・丁度、司馬光等纂《集韻》卷二
明・張自烈撰，清・廖文英續《正字通》亥集中（鳥部）
清・張玉書、陳廷敬等纂《康熙字典》卷三五
清・戴鍙撰《爾雅郭注補正》卷下三

鵜鴮

宋・丁度、司馬光等纂《集韻》卷二

鵜

周・師曠撰，張華注《禽經》
三國吳・陸璣撰，明・毛晉廣要《陸氏詩疏廣要》卷下之上
晉・郭璞注《爾雅》卷六
晉・郭璞注，唐・陸德明音義，宋・邢昺疏《爾雅注疏》卷一〇（釋鳥）
南朝梁・顧野王撰，宋・陳彭年等重修《重修玉篇》卷二四
宋・鄭樵撰《爾雅註》卷下（釋鳥第一七）
宋・鄭樵撰《通志》卷七六
宋・施宿等撰，宋・張淏撰《會稽志》卷一七
宋・羅願撰，元・洪焱祖音釋《爾雅翼》卷一七（釋鳥五）
元・戴侗撰《六書故》卷一九
明・張自烈撰，清・廖文英續《正字通》亥集中（鳥部）
明・王圻、王思義輯《三才圖會》四卷二
清・張玉書、陳廷敬等纂《康熙字典》卷三五
清・牟應震撰《毛詩物名考》卷一
清・姚炳撰《詩識名解》卷二（鳥部）
清・戴鍙撰《爾雅郭注補正》卷下三
清・任基振撰《爾雅注疏箋補》卷下

鵜

南唐・徐鍇撰，朱翱反切《說文繫傳》卷七
宋・陸佃撰《埤雅》卷七
元・楊桓撰《六書統》卷一八
明・張自烈撰，清・廖文英續《正字通》亥集中（鳥部）

䳡

宋・鄭樵撰《通志》卷七六

淘鵞

金・李杲編輯，明・李時珍參訂，姚可成補輯《食物本草》卷一二
明・李時珍撰《本草綱目》卷四七
清・李元撰《蠕範》卷二

犁鶘

明・李時珍撰《本草綱目》卷四七
清・劉玉麐撰《爾雅校議》卷下

清・任基振撰《爾雅注疏箋補》卷下

鴷鵜

明・張自烈撰，清・廖文英續《正字通》亥集中（鳥部）

清・姚炳撰《詩識名解》卷二（鳥部）

逃河

明・李時珍撰《本草綱目》卷四七

鵜鶘

明・方以智撰《通雅》卷四五

明・張自烈撰，清・廖文英續《正字通》亥集中（鳥部）

清・姚炳撰《詩識名解》卷二（鳥部）

鵜鶘

清・李元撰《蠕範》卷二

比利于

清・（英）艾約瑟等撰《動物學啟蒙》卷四

水流鵝

清・范士瑾纂修《廣東府縣志輯・康熙陽江縣志》卷四

逃河

清・范士瑾纂修《廣東府縣志輯・康熙陽江縣志》卷四

白鵜鶘 *Pelecanus onocrotalus*

鵜

晉・郭璞著《爾雅音圖》卷一七

清・余省、張為邦摹繪《清宮鳥譜》卷八

鴮鸅

晉・郭璞著《爾雅音圖》卷一七

清・余省、張為邦摹繪《清宮鳥譜》卷八

淘河

晉・郭璞著《爾雅音圖》卷一七

清・余省、張為邦摹繪《清宮鳥譜》卷八

逃河

清・余省、張為邦摹繪《清宮鳥譜》卷八

洿澤

晉・郭璞著《爾雅音圖》卷一七

清・余省、張為邦摹繪《清宮鳥譜》卷八

淘鵝

清・余省、張為邦摹繪《清宮鳥譜》卷八

水流鵝

清・余省、張為邦摹繪《清宮鳥譜》卷八

鵜鶘

清・余省、張為邦摹繪《清宮鳥譜》卷八

斑嘴鵜鶘 *Pelecanus philippensis*

淘河

清・余省、張為邦摹繪《清宮鳥譜》卷八

鵜鶘

漢・班固撰，唐・顏師古注，清・齊召南等考證《前漢書》卷二七中之下

清・余省、張為邦摹繪《清宮鳥譜》卷八

洿澤

清・余省、張為邦摹繪《清宮鳥譜》卷八

淘鵞

清・余省、張為邦摹繪《清宮鳥譜》卷八

逃河

清・余省、張為邦摹繪《清宮鳥譜》卷八

水流鵝

清・余省、張為邦摹繪《清宮鳥譜》卷八

鸕鷀科 Phalacrocoracidae

普通鸕鷀 *Phalacrocorax carbo*

鸕

漢・許慎撰，宋・徐鉉增釋《說文解字》卷四上

晉・郭璞著《爾雅音圖》（釋鳥第一七）

南朝梁・顧野王撰，宋・陳彭年等修《重修玉篇》卷二四

元・楊恒撰《六書統》卷一八

清・段玉裁撰《說文解字注》卷四上

清・郝懿行撰《爾雅義疏》下卷五

鷧

宋・陳彭年、丘雍等撰《重修廣韻》卷四

南唐・徐鍇撰，朱翺反切《說文繫傳》卷七

遼・釋行均撰《龍龕手鑒》卷二

宋・陸佃撰《埤雅》卷六

宋・蔡卞撰《毛詩名物解》卷八

宋・鄭樵撰《爾雅註》卷下

明・李時珍撰《本草綱目》卷四七

清・張玉書、陳廷敬等纂《康熙字典》卷三五

清・余省、張為邦摹繪《清宮鳥譜》卷九

清・李元撰《蠕範》卷三

鷀

漢・許慎撰，宋・徐鉉增釋《說文解字》卷四上

南唐・徐鍇撰，朱翺反切《說文繫傳》卷七

元・楊恒撰《六書統》卷一八

清・段玉裁撰《說文解字注》卷四上

鴜

唐・張參撰《五經文字》中

南唐・徐鍇撰，朱翺反切《說文繫傳》卷七

遼・釋行均撰《龍龕手鑒》卷二

元・戴侗撰《六書故》卷一九

明・張自烈撰，清・廖文英續《正字通》亥集中

清・周靖撰《篆隸考異》卷四

清・李元撰《蠕範》卷三

鶿

漢・許慎撰，宋・徐鉉增釋《說文解字》卷四上

南唐・徐鍇撰，朱翺反切《說文繫傳》卷七

元・戴侗撰《六書故》卷一九

清·李元撰《蠕範》卷三
清·段玉裁撰《説文解字注》卷四上

鳺

漢·許慎撰，宋·徐鉉增釋《説文解字》卷四上
南唐·徐鍇撰，朱翱反切《説文繫傳》卷七
元·戴侗撰《六書故》卷一九
元·楊恒撰《六書統》卷一八
清·段玉裁撰《説文解字注》卷四上
清·李元撰《蠕範》卷三

鸕

漢·許慎撰，宋·徐鉉增釋《説文解字》卷四上
南朝宋·裴駰撰《史記集解》卷一一七
南朝梁·顧野王撰，宋·陳彭年等修《重修玉篇》卷二四
宋·陸佃撰《爾雅新義》卷一七
遼·釋行均撰《龍龕手鑒》卷二
明·張自烈撰，清·廖文英續《正字通》亥集中
清·張玉書、陳廷敬等纂《康熙字典》卷三五

鱸

南唐·徐鍇撰，朱翱反切《説文繫傳》卷七
元·楊恒撰《六書統》卷一八
清·段玉裁撰《説文解字注》卷四上

鵝

明·宋詡撰《竹嶼山房雜部》卷一二
清·吳友如繪《吳友如畫寶》五集上

鷙鷀

晉·郭璞注《爾雅》卷一〇（釋鳥）
宋·鄭樵撰《爾雅註》卷下
明·李蘇著《見物》卷一

鸕鷙

晉·郭璞注《爾雅》卷一〇（釋鳥）
南朝梁·顧野王撰，宋·陳彭年等修《重修玉篇》卷二四
宋·鄭樵撰《爾雅註》卷下
遼·釋行均撰《龍龕手鑒》卷二
明·李蘇著《見物》卷一
清·段玉裁撰《説文解字注》卷四上
清·阿桂、劉瑾之等撰《欽定盛京通志》卷一七一
清·余省、張為邦摹繪《清宮鳥譜》卷九
清·檀萃輯《滇海虞衡志》卷六（志禽）

鱸鷀

漢·許慎撰，宋·徐鉉增釋《説文解字》卷四上
宋·陳彭年、丘雍等撰《重修廣韻》卷四
元·楊恒撰《六書統》卷一八
清·張玉書、陳廷敬等纂《康熙字典》卷三五
清·段玉裁撰《説文解字注》卷四上

鸕鷀

南朝宋·裴駰撰《史記集解》卷一一七
唐·魏徵等奉敕撰《隋書》卷八一（高麗東夷）
南唐·徐鍇撰，朱翱反切《説文繫傳》卷七
宋·梁克家撰《淳熙三山志》卷四二
宋·陸佃撰《埤雅》卷六
宋·蔡卞撰《毛詩名物解》卷八
宋·江少虞編《事實類苑》卷六三
宋·王質撰《紹陶録》卷下
宋·潘自牧撰《記纂淵海》卷九七
宋·王溥撰《唐會要》卷二二
元·戴侗撰《六書故》卷一九
明·李時珍撰《本草綱目》卷四七
明·張自烈撰，清·廖文英續《正字通》亥集中
明·宋詡撰《竹嶼山房雜部》卷一二
明·劉嵩撰《槎翁詩集》卷四（鸕鷀曲）
清·張玉書、陳廷敬等纂《康熙字典》卷三五
清·郝懿行撰《爾雅義疏》下卷五
清·劉於義等監修，沈青崖等編纂《陝西通志》卷四四
清·李元撰《蠕範》卷三
清·海忠修，林從炯等纂《熱河省承德府志》卷二九
清·柯璜譯編，(日)箕作佳吉著《博物學講義·動物篇》第三章（脊椎動物·鳥類）
清·(美)克拉克 索爾比著，史紅帥譯《穿越陝甘·1908-1909 年克拉克考察隊華北行紀》
清·梁詩正、蔣溥等撰《西清古鑑》卷三

鱸鷀

南唐·徐鍇撰，朱翱反切《説文繫傳》卷七
元·楊恒撰《六書統》卷一八

盧鷀

元·戴侗撰《六書故》卷一九
清·郝懿行撰《爾雅義疏》下卷五

鷀

南朝宋·裴駰撰《史記集解》卷一一七
唐·張參撰《五經文字》中
南唐·徐鍇撰，朱翱反切《説文繫傳》卷七
宋·陳彭年、丘雍等撰《重修廣韻》卷四
宋·梁克家撰《淳熙三山志》卷四二
遼·釋行均撰《龍龕手鑒》卷二
明·張自烈撰，清·廖文英續《正字通》亥集中
清·張玉書、陳廷敬等纂《康熙字典》卷三五
清·周靖撰《篆隸考異》卷四
清·李元撰《蠕範》卷三

盧鷀

宋·梁克家撰《淳熙三山志》卷四二

鷙鶿

宋·陳彭年、丘雍等撰《重修廣韻》卷四

鷙鷀

清·張玉書、陳廷敬等纂《康熙字典》卷三五

清·段玉裁撰《說文解字注》卷四上
清·郝懿行撰《爾雅義疏》下卷五
清·余省、張為邦摹繪《清宮鳥譜》卷九

烏鬼

宋·陸佃撰《埤雅》卷六
宋·江少虞編《事實類苑》卷六三
清·余省、張為邦摹繪《清宮鳥譜》卷九
清·李元撰《蠕範》卷三
清·檀萃輯《滇海虞衡志》卷六（志禽）

水老鴉

宋·王質撰《紹陶録》卷下
金·李杲編輯，明·李時珍參訂，姚可成補輯《食物本草》卷一二
明·李時珍撰《本草綱目》卷四七
清·余省、張為邦摹繪《清宮鳥譜》卷九
清·郝懿行撰《爾雅義疏》下卷五
清·李元撰《蠕範》卷三
清·海忠修，林從炯等纂《熱河省承德府志》卷二九
清·檀萃輯《滇海虞衡志》卷六（志禽）

水老鵶

明·李蘇著《見物》卷一

水鵶

明·李蘇著《見物》卷一

摸魚公

清·周春撰《爾雅補注》卷四

魚鷹

清·阿桂、劉瑾之等撰《欽定盛京通志》卷一七一

水烏

清·余省、張為邦摹繪《清宮鳥譜》卷九
清·海忠修，林從炯等纂《熱河省承德府志》卷二九

慈老

清·李元撰《蠕範》卷三

淘河

明·宋詡撰《竹嶼山房雜部》卷一二

鈎魚郎

清·阿桂、劉瑾之等撰《欽定盛京通志》卷一七一

暗绿背鸬鹚 *Phalacrocorax capillatus*

鸕鷀

明·李時珍撰《本草綱目》卷四七

鸕鶿

周·師曠撰，張華注《禽經》
明·王圻、王思義輯《三才圖會》鳥獸卷一
清·張玉書、陳廷敬等纂《康熙字典》卷三五
清·段玉裁撰《說文解字注》卷四上
清·嵇璜、曹仁虎等撰《續通志》卷一八〇

鴳鶿

唐·陳藏器撰《本草拾遺》卷四七

鴐鵝

宋·吳仁傑撰《兩漢刊誤補遺》卷七

鴚鴹

宋·吳仁傑撰《兩漢刊誤補遺》卷七

鴰鴹

宋·吳仁傑撰《兩漢刊誤補遺》卷七

鴻鸕

宋·吳仁傑撰《兩漢刊誤補遺》卷七

屬玉

宋·吳仁傑撰《兩漢刊誤補遺》卷七

鴻鸐

宋·吳仁傑撰《兩漢刊誤補遺》卷七

鸕

清·段玉裁撰《說文解字注》卷四上

鷀

清·張玉書、陳廷敬等纂《康熙字典》卷三五
清·段玉裁撰《說文解字注》卷四上

军舰鸟科 Fregatidae

军舰鸟 *Fregata* spp.

戰船鳥

清·（英）艾約著《動物學啟蒙》卷四

鹳形目 Ciconiiformes

鹭科 Ardeidae

苍鹭 *Ardea cinerea*

蒼鷺

清·(美)克拉克 索爾比著，史紅帥譯《穿越陝甘·1908-1909 年克拉克考察隊華北行紀》

䳲

晉·郭璞著《爾雅音圖》卷一七

癡鳥

晉·郭璞著《爾雅音圖》卷一七

青鷺

清·吳友如繪《吳友如畫寶》第五集下

青樁

宋·王質撰《紹陶錄》卷下
清·吳應廉修，王映斗纂《海南府縣志輯·光緒安定縣志》
清·李文恒修，鄭文彩纂《廣東省瓊山縣志》

鶬鴰

清·嵇璜、曹仁虎等撰《續通志》卷一八〇

信天翁

明·楊慎撰《丹鉛餘錄》卷五
清·周碩勳纂修《廣東省潮州府志》卷三九
清·王崧修，李星煇纂《廣東府縣志輯·光緒揭陽縣續志》（禽類）

清・方旭撰《蟲薈》卷一

鶺鴟

明・王圻、王思義編《三才圖會》卷二

青鳥

明・郜相修，樊深纂《河間府志》上

青鴟

清・劉于義等監修，沈青崖等編纂《陝西通志》卷四四

青莊

清・何玉棻修，魏式曾纂《湖南府縣志輯・同治直隸澧州志》

清・嵇璜、曹仁虎等撰《續通志》卷一八〇

清・阿桂、劉瑾之等撰《欽定盛京通志》卷一〇七

清・唐執玉、李衛等監修，田易等纂《畿輔通志》卷五七

清・陳大章撰《詩傳名物集覽》卷一

清・余省、張為邦摹繪《清宮鳥譜》卷九

清・方旭撰《蟲薈》卷一

清・李元撰《蠕範》卷二

信天緣

宋・王應麟撰《困學紀聞》卷一八

元・袁桷撰《延祐四明志》卷四

明・郜相修，樊深纂《河間府志》上

清・阿桂、劉瑾之等撰《欽定盛京通志》卷一〇七

清・方旭撰《蟲薈》卷一

清・李元撰《蠕範》卷二

清・劉於義等監修，沈青崖等編纂《陝西通志》卷四四

清・余省、張為邦摹繪《清宮鳥譜》卷九

清・何玉棻修，魏式曾纂《湖南府縣志輯・同治直隸澧州志》

清・陳大章撰《詩傳名物集覽》卷一

信天公

宋・王應麟撰《困學紀聞》卷一八

鴨

清・張玉書、陳廷敬等纂《康熙字典》卷三五

鴒鴨

清・張玉書、陳廷敬等纂《康熙字典》卷三五

青翰

清・方旭撰《蟲薈》卷一

清・嵇璜、曹仁虎等撰《續通志》卷一八〇

清・劉於義等監修，沈青崖等編纂《陝西通志》卷四四

清・余省、張為邦摹繪《清宮鳥譜》卷九

清・陳大章撰《詩傳名物集覽》卷一

鶘鷊

清・嵇璜、曹仁虎撰《續通志》卷一八〇

縮脖鳥

清・阿桂、劉瑾之等撰《欽定盛京通志》卷一〇七

青鵯

清・阿桂、劉瑾之等撰《欽定盛京通志》卷一〇七

清・宗源瀚 郭式昌修，周學濬、陸心源纂《浙江府縣志輯・湖州府志》卷三三

鵁鶄

宋・梁克家撰《淳熙三山志》卷四二

宋・范成大撰《吳郡志》卷二九

清・唐執玉、李衛等監修，田易等纂《畿輔通志》卷五七

摸魚公

清・李煌纂《嘉慶重修一統志》（湖州府）

田樁

清・吳應廉修，王映斗纂《海南府縣志輯・光緒安定縣志》

草鷺 *Ardea purpurea*

青鷺

清・余省、張為邦摹繪《清宮鳥譜》卷九

绿鷺 *Butorides striatus*

椶包頸

清・金蓉鏡纂《湖南省靖州鄉土志》

黑莊

清・余省、張為邦摹繪《清宮鳥譜》卷九

水鷹

清・余省、張為邦摹繪《清宮鳥譜》卷九

池鷺 *Ardeola bacchus*

鵝瑪

漢・司馬遷撰，南朝宋・裴駰集解《史記》卷一一七

宋・梁克家撰《淳熙三山志》卷四二

金・李杲編輯，明・李時珍參訂，姚可成補輯《食物本草》

明・李時珍撰《本草綱目》卷四七

明・張自烈撰，清・廖文英續《正字通》亥集中（鳥部）

清・嵇璜、曹仁虎撰《續通志》卷一八〇

鵁鶄

晉・郭璞注，唐・陸德明音義，宋・邢昺疏《爾雅注疏》卷一〇

宋・蔡卞撰《毛詩名物解》卷八

明・李時珍撰《本草綱目》卷四七

清・陳淏子輯《秘傳花鏡》卷六

鳽

晉・郭璞注，唐・陸德明音義，宋・邢昺疏《爾雅注疏》卷一〇

宋・蔡卞撰《毛詩名物解》卷八

明・李時珍撰《本草綱目》卷四七

燭玉

漢・司馬遷撰，南朝宋・裴駰集解《史記》卷一一七

鶩鶩

金・李杲編輯，明・李時珍參訂，姚可成補輯《食物本草》

明・李時珍撰《本草綱目》卷四七

明·張自烈撰，清·廖文英續《正字通》亥集中（鳥部）

屬玉

明·王圻、王思義編《三才圖會》卷二

清·舒其紳等修，嚴長明等纂《陝西省西安府志》

紅鴨

清·阿桂、劉瑾之等撰《欽定盛京通志》卷一〇七

交矑

明·李時珍撰《本草綱目》卷四七

鸀玉

清·劉於義等監修，沈青崖等編纂《陝西通志》卷四四

清·舒其紳等修，嚴長明等纂《陝西省西安府志》

黃莊

清·余省、張為邦摹繪《清宮鳥譜》卷九

茭雞

明·李時珍撰《本草綱目》卷四七

池鷺

唐·錢起撰《錢仲文集》

牛背鷺 *Bubulcus ibis*

蓑衣鶴

明·唐胄纂編《正德瓊台志（廣東省）》

清·李文恒修，鄭文彩主纂《廣東省瓊山縣志》

牛奴

明·唐胄纂編《正德瓊台志（廣東省）》

大白鷺 *Egretta alba*

白鶴

明·李時珍撰《本草綱目圖卷》下之五

清·金蓉鏡纂《湖南朝靖州鄉土志》

鷺鷥

清·金蓉鏡纂《湖南朝靖州鄉土志》

白鶴子

明·馮任修，張世雍等纂《四川府縣志輯·天啓新修成都府志》

清·金蓉鏡纂《湖南朝靖州鄉土志》

白鷺

明·佚名《芙蓉白鷺畫軸（下）》（故宮博物院花鳥選）

鶂鳿

清·沈李龍纂輯《食物本草會纂》

白莊

清·余省、張為邦摹繪《清宮鳥譜》卷九

白鷺 *Egretta garzetta*

鷺

周·師曠撰，張華注《禽經》

晉·郭璞注，唐·陸德明音義，宋·邢昺疏《爾雅注疏》卷一〇

南朝梁·顧野王撰，宋·陳彭年等修《重修玉篇》卷二四

宋·陳耆卿撰《赤城志》卷三六

宋·鄭樵撰《爾雅註》卷下

宋·鄭樵撰《通志》卷七六

宋·梁克家撰《淳熙三山志》卷四二

宋·施宿等撰《會稽志》卷一七

金·李杲編輯，明·李時珍參訂，姚可成補輯《食物本草》

元·楊桓撰《六書統》卷一八

元·戴侗撰《六書故》卷一九

明·樂韶鳳、宋濂撰《洪武正韻》卷一一

明·張自烈撰，清·廖文英續《正字通》亥集中（鳥部）

明·董斯張撰《廣博物志》卷四五

明·陳洪謨、彭憲勘纂《嘉靖常德府志（湖南省）》

清·周靖撰《篆隸考異》卷四

清·周碩勳纂修《廣東省潮州府志》卷三九

清·顧棟高撰《毛詩類釋》卷一六

清·張宗泰撰《爾雅注疏本正誤》卷三

白鳥

三國吳·陸璣撰，明·毛晉廣要《陸氏詩疏廣要》卷下之上

晉·郭璞注，唐·陸德明音義，宋·邢昺疏《爾雅注疏》卷一〇

明·李時珍撰《本草綱目》卷四七

清·李拔等纂修《福建府縣誌輯·乾隆福寧府志》卷一二

清·顧棟高撰《毛詩類釋》卷一六

清·余省、張為邦摹繪《清宮鳥譜》卷九

清·姚炳撰《詩識名解》卷二

舂鉏

三國吳·陸璣撰，明·毛晉廣要《陸氏詩疏廣要》卷下之上

晉·郭璞注，唐·陸德明音義，宋·邢昺疏《爾雅注疏》卷一〇

宋·梁克家撰《淳熙三山志》卷四二

宋·施宿等撰《會稽志》卷一七

宋·鄭樵撰《爾雅註》卷下

宋·鄭樵撰《通志》卷七六

宋·孫奕撰《示兒編》卷一五（雜記）

元·戴侗撰《六書故》卷一九

明·樂韶鳳、宋濂撰《洪武正韻》卷一一

明·宋詡撰《竹嶼山房雜部》卷一二

明·張自烈撰，清·廖文英續《正字通》亥集中（鳥部）

清·余省、張為邦摹繪《清宮鳥譜》卷九

清·周靖撰《篆隸考異》卷四

清·李拔等纂修《福建府縣志輯·乾隆福寧府志》卷一二

清·顧棟高撰《毛詩類釋》卷一六

清·張宗泰撰《爾雅注疏本正誤》卷三

舂鉏

明·李時珍撰《本草綱目》卷四七

明·陳洪謨、彭憲勘纂《嘉靖常德府志（湖南省）》

屬玉

三國吴·陸璣撰，明·毛晉廣要《陸氏詩疏廣要》卷下之上

明·宋詡撰《竹嶼山房雜部》卷一二

明·張自烈撰，清·廖文英續《正字通》亥集中（鳥部）

明·陳洪謨、彭憲勘纂《嘉靖常德府志（湖南省）》

鷊

南朝梁·顧野王撰，宋·陳彭年等修《重修玉篇》卷二四

鷊鴼

元·戴侗撰《六書故》卷一九

鷺鷥

唐·羅隱撰《羅昭諫集》卷四

宋·王質撰《紹陶録》卷下

宋·鄭樵撰《爾雅註》卷下

宋·鄭樵撰《通志》卷七六

金·李杲編輯，明·李時珍參訂，姚可成補輯《食物本草》

元·楊桓撰《六書統》卷一八

明·樂韶鳳、宋濂撰《洪武正韻》卷一一

明·宋詡撰《竹嶼山房雜部》卷一二

明·李時珍撰《本草綱目》卷四七

清·余省、張為邦摹繪《清宮鳥譜》卷九

清·李拔等纂修《福建府縣志輯·乾隆福寧府志》卷一二

鷺絲

宋·梁克家撰《淳熙三山志》卷四二

鷺鷥

明·陳洪謨、彭憲勘纂《嘉靖常德府志（湖南省）》

獨舂

宋·蔡卞集解《毛詩名物解》卷六

清·余省、張為邦摹繪《清宮鳥譜》卷九

鵰鳴

宋·施宿等撰《會稽志》卷一七

雪客

宋·孫奕撰《示兒編》卷一五（雜記）

明·李時珍撰《本草綱目》卷四七

明·張自烈撰，清·廖文英續《正字通》亥集中（鳥部）

清·姚炳撰《詩識名解》卷二

清·余省、張為邦摹繪《清宮鳥譜》卷九

鋿

明·張自烈撰，清·廖文英續《正字通》亥集中（鳥部）

清·周靖撰《篆隸考異》卷四

截雨

清·鄂爾泰、張廷玉等撰《授時通考》卷二

清·余省、張為邦摹繪《清宮鳥譜》卷九

絲禽

明·李時珍撰《本草綱目》卷四七

帶絲禽

明·張自烈撰，清·廖文英續《正字通》亥集中（鳥部）

清·李拔等纂修《福建府縣志輯·乾隆福寧府志》卷一二

清·余省、張為邦摹繪《清宮鳥譜》卷九

白露

明·陳洪謨、彭憲勘纂《嘉靖常德府志（湖南省）》

清·姚炳撰《詩識名解》卷二

白鷺

周·師曠撰，張華注《禽經》

晉·郭璞注，唐·陸德明音義，宋·邢昺疏《爾雅注疏》卷一〇

南朝梁·顧野王撰，宋·陳彭年等修《重修玉篇》卷二四

南朝梁·沈約撰《宋書》卷三二

宋·鄭樵撰《爾雅註》卷下

宋·鄭樵撰《通志》卷七六

宋·梁克家撰《淳熙三山志》卷四二

宋·孫奕撰《示兒編》卷一五（雜記）

元·戴侗撰《六書故》卷一九

元·楊桓撰《六書統》卷一八

明·樂韶鳳、宋濂撰《洪武正韻》卷一一

明·張自烈撰，清·廖文英續《正字通》亥集中（鳥部）

明·李時珍撰《本草綱目》卷四七

清·周靖撰《篆隸考異》卷四

清·顧棟高撰《毛詩類釋》卷一六

清·余省、張為邦摹繪《清宮鳥譜》卷九

白鷺縗

晉·郭璞注，唐·陸德明音義，宋·邢昺疏《爾雅注疏》卷一〇

明·張自烈撰，清·廖文英續《正字通》亥集中（鳥部）

雪衣兒

明·張自烈撰，清·廖文英續《正字通》亥集中（鳥部）

清·姚炳撰《詩識名解》卷二

風標公子

明·張自烈撰，清·廖文英續《正字通》亥集中（鳥部）

清·姚炳撰《詩識名解》卷二

鶺

清·周靖撰《篆隸考異》卷四

白頭絲

清·唐景崧修，蔣師轍、薛紹元纂《臺灣府縣志輯·光緒臺灣通志》

水鳥

金·李杲編輯，明·李時珍參訂，姚可成補輯《食物

本草》
明・李時珍撰《本草綱目》卷四七
清・顧棟高撰《毛詩類釋》卷一六

白鶴子

明・李時珍撰《本草綱目》卷四七

黄嘴白鹭 *Egretta eulophotes*

鷺鷥

明・唐胄編集《正德瓊台志（廣東省）》

岩鹭 *Egrett sacra*

白鹤子

清・方旭撰《蟲薈》卷一

小白莊

清・余省、張為邦摹繪《清宮鳥譜》卷九

夜鹭 *Nycticorax nycticorax*

夜哇子

清・金蓉鏡纂《湖南省靖州鄉土志》

五位鷺

清・吳友如繪《吳友如畫寶》五集上

夜鷺

清・(美)克拉克 索爾比著，史紅帥譯《穿越陝甘・1908-1909 年克拉克考察隊華北行紀》

栗（夜）鳽 *Gorsachius goisagi*

紅莊

清・余省、張為邦摹繪《清宮鳥譜》卷九

虎斑蟲

清・余省、張為邦摹繪《清宮鳥譜》卷九

水駦鳥

清・余省、張為邦摹繪《清宮鳥譜》卷九

栗苇鳽 *Ixobrychus cinnamomeus*

鵽鳿

南朝梁・顧野王撰，宋・陳彭年等重修《重修玉篇》卷二四
遼・釋行均撰《龍龕手鑒》卷二
清・余省、張為邦摹繪《清宮鳥譜》卷九

黑（葦）鳽 *Ixobrychus flavicollis*

水花冠

清・余省、張為邦摹繪《清宮鳥譜》卷九

紫蒿鳥

清・余省、張為邦摹繪《清宮鳥譜》卷九

大麻鳽 *Botaurus stellaris*

鴐

晉・郭璞注《爾雅》卷下
清・郝懿行撰《爾雅義疏》下卷五

鴾母

晉・郭璞注《爾雅》卷下
清・郝懿行撰《爾雅義疏》下卷五

五斑蟲

清・余省、張為邦摹繪《清宮鳥譜》卷九

地奔牛

清・余省、張為邦摹繪《清宮鳥譜》卷九

水駱駝

清・余省、張為邦摹繪《清宮鳥譜》卷九

麻鴨

清・(美)克拉克 索爾比著，史紅帥譯《穿越陝甘・1908-1909 年克拉克考察隊華北行紀》

鹳科 Ciconiidae

雚鳥

漢・許慎撰，宋・徐鉉增釋《說文解字》卷四上

雚

漢・許慎撰，宋・徐鉉增釋《說文解字》卷四上
南朝梁・顧野王撰，宋・陳彭年等修《重修玉篇》卷二四
清・段玉裁撰《說文解字注》卷四上
清・姚炳撰《詩識名解》卷三

鸛

周・師曠撰，張華注《禽經》
三國吳・陸璣撰，明・毛晉廣要《陸氏詩疏廣要》卷下之上
南朝梁・顧野王撰，宋・陳彭年等修《重修玉篇》卷二四
南唐・徐鍇撰，朱翱反切《說文繫傳》卷七
宋・司馬光撰《類篇》卷一一
宋・梁克家撰《淳熙三山志》卷四二
宋・陳耆卿撰《赤城志》
金・李杲編輯，明・李時珍參訂，姚可成補輯《食物本草》卷一二
元・戴侗撰《六書故》卷一九
元・馬端臨撰《文獻通考》卷三一二
明・張才編輯，徐珪重編《（弘曆）重修保定郡志》
明・王圻、王思義編《三才圖會》卷一
清・張玉書、陳廷敬等纂《康熙字典》卷三五
清・段玉裁撰《說文解字注》卷四上
清・姚炳撰《詩識名解》卷三
清・嵇璜、曹仁虎等撰《續通志》卷一八〇
清・阿桂、劉瑾之等撰《欽定盛京通志》卷一〇七
清・和珅、梁國治等撰《熱河志》卷九五
清・吳景旭撰《歷代詩話》卷二

鵲蹂

漢・許慎撰，宋・徐鉉增釋《說文解字》卷四上

晋·郭璞注，唐·陸德明音義，宋·邢昺疏《爾雅注疏》卷一〇
南唐·徐鍇撰，朱翱反切《說文繫傳》卷七

鸖專

宋·司馬光撰《類篇》卷一一

欟鸧

宋·司馬光撰《類篇》卷一一

鸛鶬

晋·郭璞注，唐·陸德明音義，宋·邢昺疏《爾雅注疏》卷一〇
清·張玉書、陳廷敬等纂《康熙字典》卷三五

墮羿

晋·郭璞注《爾雅》
晋·郭璞注，唐·陸德明音義，宋·邢昺疏《爾雅注疏》卷一〇
南唐·徐鍇撰，朱翱反切《說文繫傳》卷七
宋·鄭樵撰《通志》卷七六

鵅鶔

晋·郭璞注《爾雅》
晋·郭璞注，唐·陸德明音義，宋·邢昺疏《爾雅注疏》卷一〇
宋·鄭樵撰《通志》卷七六
清·李元撰《蠕範》卷二
清·方旭撰《蟲薈》卷一

鸛鶇

晋·郭璞注《爾雅》
晋·郭璞注，唐·陸德明音義，宋·邢昺疏《爾雅注疏》卷一〇
清·周春撰《爾雅補注》卷四
清·姚炳撰《詩識名解》卷三

老鸛

宋·陸佃撰《爾雅新義》卷一七〇
清·王夫之撰《詩經稗疏》卷一

焦明

清·王夫之撰《詩經稗疏》卷一

雚爵

清·段玉裁撰《說文解字注》卷四上

鷂

清·張玉書、陳廷敬等纂《康熙字典》卷三五

鵍

清·張玉書、陳廷敬等纂《康熙字典》卷三五

負釜

三國吳·陸璣撰《毛詩草木鳥獸蟲魚疏》卷下
清·方旭撰《蟲薈》卷一
清·張玉書、陳廷敬等纂《康熙字典》卷三五
清·姚炳撰《詩識名解》卷三
清·嵇璜、曹仁虎等撰《續通志》卷一八〇

負金

清·姚炳撰《詩識名解》卷三
清·方旭撰《蟲薈》卷一

背竈

三國吳·陸璣撰《毛詩草木鳥獸蟲魚疏》卷下
三國吳·陸璣撰，明·毛晉廣要《陸氏詩疏廣要》卷下之上
清·方旭撰《蟲薈》卷一
清·張玉書、陳廷敬等纂《康熙字典》卷三五
清·姚炳撰《詩識名解》卷三
清·嵇璜、曹仁虎等撰《續通志》卷一八〇

皂裙

三國吳·陸璣撰《毛詩草木鳥獸蟲魚疏》卷下
清·方旭撰《蟲薈》卷一
清·姚炳撰《詩識名解》卷三
清·嵇璜、曹仁虎等撰《續通志》卷一八〇

早裙

清·張玉書、陳廷敬等纂《康熙字典》卷三五

皂君

清·姚炳撰《詩識名解》卷三
清·方旭撰《蟲薈》卷一

鶴母

清·方旭撰《蟲薈》卷一

鸗鳥

清·方旭撰《蟲薈》卷一

灰鶴

清·方旭撰《蟲薈》卷一

旱羣

清·姚炳撰《詩識名解》卷三
清·方旭撰《蟲薈》卷一

鸛雀

三國吳·陸璣撰，明·毛晉廣要《陸氏詩疏廣要》卷下之上
宋·祝穆撰《古今事文類聚》後集卷四七
清·張玉書、陳廷敬等纂《康熙字典》卷三五
清·段玉裁撰《說文解字注》卷四上
清·姚炳撰《詩識名解》卷三
清·馬呈圖等纂修《廣東府縣志輯·宣統高要縣誌》

冠雀

清·方旭撰《蟲薈》卷一
清·張玉書、陳廷敬等纂《康熙字典》卷三五
清·姚炳撰《詩識名解》卷三

烏尾鸛

清·方旭撰《蟲薈》卷一

鸛鶴

三國吳·陸璣撰《毛詩草木鳥獸蟲魚疏》卷下
三國吳·陸璣撰，明·毛晉廣要《陸氏詩疏廣要》卷下之上

清・馬呈圖等纂修《廣東府縣志輯・宣統高要縣誌》

黑尻

三國吳・陸璣撰《毛詩草木鳥獸蟲魚疏》卷下

清・方旭撰《蟲薈》卷一

清・張玉書、陳廷敬等纂《康熙字典》卷三五

清・姚炳撰《詩識名解》卷三

清・嵇璜、曹仁虎等撰《續通志》卷一八〇

皂帔

三國吳・陸璣撰，明・毛晉廣要《陸氏詩疏廣要》卷下之上

清・方旭撰《蟲薈》卷一

清・姚炳撰《詩識名解》卷三

烏童鸛

清・方旭撰《蟲薈》卷一

白鸛

宋・陳耆卿撰《赤城志》

金・李杲編輯，明・李時珍參訂，姚可成補輯《食物本草》卷一二

明・張才編輯，徐珪重編《(弘曆）重修保定郡志》

清・張玉書、陳廷敬等纂《康熙字典》卷三五

清・嵇璜、曹仁虎等撰《續通志》卷一八〇

清・和珅、梁國治等撰《熱河志》卷九五

烏鸛

宋・陳耆卿撰《赤城志》

金・李杲編輯，明・李時珍參訂，姚可成補輯《食物本草》卷一二

明・張才編輯，徐珪重編《(弘曆）重修保定郡志》

清・張玉書、陳廷敬等纂《康熙字典》卷三五

清・嵇璜、曹仁虎等撰《續通志》卷一八〇

清・和珅、梁國治等撰《熱河志》卷九五

鸛耳

清・馬呈圖等纂修《廣東府縣志輯・宣統高要縣誌》

白头鹮鹳 *Mycteria leucocephalus*

鸛

清・魯鼎梅修，王必昌纂《臺灣府縣志輯・乾隆重修臺灣縣志》

食蛇鳥

清・魯鼎梅修，王必昌纂《臺灣府縣志輯・乾隆重修臺灣縣志》

清・尹士俍撰《臺灣采風圖》卷三

清・范咸等修《重修臺灣府志》

鶩鴰

清・阿桂、劉瑾之等撰《欽定盛京通志》卷一〇七

胡鶩鴰

清・阿桂、劉瑾之等撰《欽定盛京通志》卷一〇七

花鷺

清・余省、張為邦摹繪《清宮鳥譜》卷八

麥黃鷺

清・余省、張為邦摹繪《清宮鳥譜》卷八

蒼鷺

清・余省、張為邦摹繪《清宮鳥譜》卷八

赤鸛

清・尹士俍撰《臺灣采風圖》臺灣志略卷三

鵜鸛

清・尹士俍撰《臺灣采風圖》臺灣志略卷三

清・范咸等修《重修臺灣府志》

白鹳 *Ciconia ciconia*

鸛

三國吳・陸璣撰，明・毛晉廣要《陸氏詩疏廣要》

明・張自烈撰，清・廖文英續《正字通》亥集中（鳥部）

明・馮復京撰《六家詩名物疏》卷三一

清・徐鼎撰《毛詩名物圖說》卷一

清・吳友如繪《吳友如畫寶》第五集下

白鸛

明・張自烈撰，清・廖文英續《正字通》亥集中（鳥部）

明・馮復京撰《六家詩名物疏》卷三一

清・徐鼎撰《毛詩名物圖說》卷一

負釜

明・張自烈撰，清・廖文英續《正字通》亥集中（鳥部）

䳭

明・張自烈撰，清・廖文英續《正字通》亥集中（鳥部）

鸛鶇

三國吳・陸璣撰，明・毛晉廣要《陸氏詩疏廣要》

墮羿

三國吳・陸璣撰，明・毛晉廣要《陸氏詩疏廣要》卷下之上

东方白鹳 *Ciconia boyciana*

鸛

三國吳・陸璣撰，明・毛晉廣要《陸氏詩疏廣要》卷上之下、卷下之上

宋・陸佃撰《埤雅》卷六

宋・施宿等撰《會稽志》卷一七

明・包大爟纂修《萬曆兗州府志》卷三八

明・李時珍撰《本草綱目》卷四七

明・陶宗儀編《說郛》卷四上

明・張自烈撰，清・廖文英續《正字通》亥集中（鳥部）

清・趙佑撰《草木疏校正二卷》下

清・（日）岡元鳳纂輯《毛詩品物圖考》

鸛雀

三國吳・陸璣撰，明・毛晉廣要《陸氏詩疏廣要》卷下之上

明・陶宗儀編《說郛》卷四上

明・董斯張撰《廣博物志》卷四四

明・張自烈撰，清・廖文英續《正字通》亥集中（鳥部）
清・趙佑撰《草木疏校正》二卷下

負釜

三國吳・陸璣撰，明・毛晉廣要《陸氏詩疏廣要》卷下之上
明・李時珍撰《本草綱目》卷四七
明・方以智撰《通雅》卷四五
明・張自烈撰，清・廖文英續《正字通》亥集中（鳥部）
清・徐鼎撰《毛詩各物圖說》卷一
清・趙佑撰《草木疏校正》二卷下

黑尻

三國吳・陸璣撰《毛詩草木鳥獸蟲魚疏》卷下
明・李時珍撰《本草綱目》卷四七
明・張自烈撰，清・廖文英續《正字通》亥集中（鳥部）
清・徐鼎撰《毛詩各物圖說》卷一
清・趙佑撰《草木疏校正》二卷下

背竈

三國吳・陸璣撰，明・毛晉廣要《陸氏疏廣要》卷下之上
明・方以智撰《通雅》卷四五
明・董斯張撰《廣博物志》卷四四
明・張自烈撰，清・廖文英續《正字通》亥集中（鳥部）
清・徐鼎撰《毛詩各物圖說》卷一
清・趙佑撰《草木疏校正》二卷下

皂帔

三國吳・陸璣撰，明・毛晉廣要《陸氏疏廣要》卷下之上
明・張自烈撰，清・廖文英續《正字通》亥集中（鳥部）

鸛鶴

三國吳・陸璣撰，明・毛晉廣要《陸氏疏廣要》卷下之上

墮羿

三國吳・陸璣撰，明・毛晉廣要《陸氏詩疏廣要》卷下之上

皂裙

三國吳・陸璣撰，明・毛晉廣要《陸氏詩疏廣要》卷下
明・方以智撰《通雅》卷四五
明・張自烈撰，清・廖文英續《正字通》亥集中（鳥部）
清・徐鼎撰《毛詩各物圖說》卷一
清・趙佑撰《草木疏校正》二卷下

鴔

明・張自烈撰，清・廖文英續《正字通》亥集中（鳥部）
瓦亭仙
明・陶宗儀編《說郛》卷一二〇

鸛鶇

三國吳・陸璣撰，明・毛晉廣要《陸氏疏廣要》卷下之上
明・方以智撰《通雅》卷四五

鷗鵜

三國吳・陸璣撰，明・毛晉廣要《陸氏詩疏廣要》卷下之上
明・方以智撰《通雅》卷四五

皂君

明・李時珍撰《本草綱目》卷四七
明・方以智撰《通雅》卷四五
明・張自烈撰，清・廖文英續《正字通》亥集中（鳥部）
清・董斯張撰《廣博物志》卷四四

負金

明・方以智撰《通雅》卷四五
明・包大爟纂修《萬曆兗州府志》卷三八
明・張自烈撰，清・廖文英續《正字通》亥集中（鳥部）

背宮

明・包大爟纂修《萬曆兗州府志》卷三八

旱羣

明・包大爟纂修《萬曆兗州府志》卷三八
明・張自烈撰，清・廖文英續《正字通》亥集中（鳥部）

雚

清・牟應震撰《毛詩物名考》卷二
清・焦循撰《毛詩草木鳥獸蟲魚釋二》卷七
明・張自烈撰，清・廖文英續《正字通》亥集中（鳥部）

黑鸛 *Ciconia nigra*

烏鸛

明・李時珍撰《本草綱目》
清・嵇璜、曹仁虎等撰《續通志》卷一八〇

陽烏

明・李時珍撰《本草綱目》

黑鸛

清・余省、張為邦摹繪《清宮鳥譜》卷八
清・(美)克拉克 索爾比著，史紅帥譯《穿越陝甘・1908-1909 年克拉克考察隊華北行紀》

鸛

清・姚之駰撰《元明事類鈔》卷三七

秃鸛 *Leptoptilos javanicus*

扶老

周・師曠撰，張華注《禽經》
晉・崔豹撰《古今注》卷上
宋・陸佃撰《埤雅》卷八
明・李時珍撰《本草綱目》卷四七
明・李蘇著《見物》卷一
明・方以智撰《通雅》卷四五
清・李元撰《蠕範》卷七
清・張玉書、陳廷敬等纂《康熙字典》卷三五
清・段玉裁撰《說文解字注》卷四上
清・姚炳撰《詩識名解》卷三

清・嵇璜、曹仁虎等撰《續通志》卷一八〇
清・余省、張為邦摹繪《清宮鳥譜》卷八
清・郭柏蒼撰《海錯百一錄》卷五

秃鶖

周・師曠撰，張華注《禽經》
漢・毛亨傳、鄭玄箋，唐・孔穎達疏，陸德明音義《毛詩注疏》卷二二
宋・陸佃撰《埤雅》卷八
遼・釋行均撰《龍龕手鑒》卷二
金・李杲編輯，明・李時珍參訂，姚可成補輯《食物本草》卷一二
元・楊恒撰《六書統》卷一八
元・馬端臨著《文獻通考》卷三一二
元・戴侗撰《六書故》卷九
明・董斯張撰《廣博物志》卷四五
明・李時珍撰《本草綱目》卷四七
明・張自烈撰，清・廖文英續《正字通》亥集中（鳥部）
明・李蘇著《見物》卷一
清・張玉書、陳廷敬等纂《康熙字典》卷三五
清・牟應震撰《毛詩物名考》卷一
清・段玉裁撰《說文解字注》卷四上
清・周春撰《爾雅補注》卷四
清・周靖撰《篆隸考異》卷四
清・姚炳撰《詩識名解》卷三
清・嵇璜、曹仁虎等撰《續通志》卷一八〇
清・阿桂、劉瑾之等撰《欽定盛京通志》卷一〇七
清・于敏中、英廉等撰《日下舊聞考》卷一五一
清・余省、張為邦摹繪《清宮鳥譜》卷八
清・郭柏蒼撰《海錯百一錄》卷五
清・李元撰《蠕範》卷七
清・（日）岡元鳳纂輯《毛詩品物圖考》

秃鵚

明・陳耀文撰《正楊》卷一

鶖

漢・毛亨傳、鄭玄箋，唐・孔穎達疏，陸德明音義《毛詩注疏》卷二二
南朝梁・顧野王撰，宋・陳彭年等修《重修玉篇》卷二四
南唐・徐鍇撰，朱翱反切《說文繫傳》卷七
宋・陸佃撰《埤雅》卷八
遼・釋行均撰《龍龕手鑒》卷二
元・戴侗撰《六書故》卷九
元・楊恒撰《六書統》卷一八
元・馬端臨著《文獻通考》卷三一二
明・張自烈撰，清・廖文英續《正字通》亥集中（鳥部）
明・李蘇著《見物》卷一
明・楊慎撰，張士佩編《升菴集》卷八一
清・張玉書、陳廷敬等纂《康熙字典》卷三五
清・牟應震撰《毛詩物名考》卷一
清・段玉裁撰《說文解字注》卷四上
清・姚炳撰《詩識名解》卷三
清・阿桂、劉瑾之等撰《欽定盛京通志》卷一〇七
清・（日）岡元鳳纂輯《毛詩品物圖考》
清・陳夢雷編《古今圖書集成・博物彙編・禽蟲典》

秃秋

晉・崔豹撰《古今注》卷中
清・郭伯蒼撰《海錯百一錄》卷五
清・張玉書、陳廷敬等纂《康熙字典》卷三五
清・段玉裁撰《說文解字注》卷四上

鵚

南朝梁・顧野王撰，宋・陳彭年等修《重修玉篇》卷二四
明・張自烈撰，清・廖文英續《正字通》亥集中（鳥部）
清・張玉書、陳廷敬等纂《康熙字典》卷三五
清・周靖撰《篆隸考異》卷四

鵚鶖

南朝梁・顧野王撰，宋・陳彭年等修《重修玉篇》卷二四
金・李杲編輯，明・李時珍參訂，姚可成補輯《食物本草》卷一二
元・忽思慧撰《飲膳正要》
明・李時珍撰《本草綱目》卷四七
清・余省、張為邦摹繪《清宮鳥譜》卷八
清・沈李龍纂輯《食物本草會纂》

鵟鳶

金・李杲編輯，明・李時珍參訂，姚可成補輯《食物本草》卷一二
明・方以智撰《通雅》卷四五

鵟鴰

明・李時珍撰《本草綱目》卷四七
清・姚炳撰《詩識名解》卷三
清・嵇璜、曹仁虎等撰《續通志》卷一八〇
清・李元撰《蠕範》卷七

鵚鴰

明・李時珍撰《本草綱目》卷四七
清・張玉書、陳廷敬等纂《康熙字典》卷三五

鵟老

清・牟應震撰《毛詩物名考》卷一

嶋鴰

元・忽思慧撰《飲膳正要》

鶢鶋

明・陳耀文撰《正楊》卷一
明・方以智撰《通雅》卷四五

爰居

明・陳耀文撰《正楊》卷一
清・李元撰《蠕範》卷七

雜懸

明・陳燿文撰《正楊》卷一

雜縣

明・方以智撰《通雅》卷四五

清・李元撰《蠕範》卷七

鸚鴟

明・方以智撰《通雅》卷四五

禿鶬

明・方以智撰《通雅》卷四五

舍利

清・姚炳撰《詩識名解》卷三

慈老

清・李元撰《蠕範》卷七

鳺

南朝梁・顧野王撰，宋・陳彭年等修《重修玉篇》卷二四

南唐・徐鍇撰，朱翱反切《說文繫傳》卷七

元・楊恒撰《六書統》卷一八

明・張自烈撰，清・廖文英續《正字通》亥集中（鳥部）

清・張玉書、陳廷敬等纂《康熙字典》卷三五

清・段玉裁撰《說文解字注》卷四上

清・牟應震撰《毛詩物名考》卷一

禿鳺

南唐・徐鍇撰，朱翱反切《說文繫傳》卷七

元・楊恒撰《六書統》卷一八

明・李時珍撰《本草綱目》卷四七

清・段玉裁撰《說文解字注》卷四上

清・李元撰《蠕範》卷七

禿鵝

元・戴侗撰《六書故》卷九

鹮科 Threskiornithidae

黑头白鹮 *Threskiornis aethiopicus*

鉤觜鷺鷥

清・于敏中、英廉等編《日下舊聞考》卷一五一

朱鹮 *Nipponia nippon*

鵵鶅

周・師曠撰，張華注《禽經》

晉・崔豹撰《古今注》卷下

晉・郭璞著《爾雅音圖》釋鳥第一七

晉・郭璞撰，唐・陸德明音義，宋・邢昺疏《爾雅注疏》卷一〇

南朝梁・顧野王撰，宋・陳彭年等修《重修玉篇》卷二四

宋・蔡卞集解《毛詩名物解》卷八

宋・陸佃撰《埤雅》卷一七

宋・陸佃撰《爾雅新義》卷一七

宋・高似孫撰《剡録》

宋・鄭樵撰《通志》卷七六

宋・張耒撰《柯山集》卷二四

宋・王質撰《紹陶錄》卷下

遼・釋行均撰《龍龕手鑒》卷二

金・李杲編輯，明・李時珍參訂，姚可成補輯《食物本草》

元・戴侗撰《六書故》卷一九

明・張自烈撰，清・廖文英續《正字通》亥集中（鳥部）

明・李時珍撰《本草綱目》卷四七

明・王圻、王思義輯《三才圖會》卷二

清・張玉書、陳廷敬等纂《康熙字典》卷三五

清・段玉裁撰《說文解字注》卷四上

清・任基振撰《爾雅注疏箋補》卷下

清・李元撰《蠕範》卷四

鵵青

清・張玉書、陳廷敬等纂《康熙字典》卷三五

鵵

南朝梁・顧野王撰，宋・陳彭年等修《重修玉篇》卷二四

元・戴侗撰《六書故》卷一九

明・張自烈撰，清・廖文英續《正字通》亥集中（鳥部）

清・張玉書、陳廷敬等纂《康熙字典》卷三五

鶅

南朝梁・顧野王撰，宋・陳彭年等修《重修玉篇》卷二四

清・張玉書、陳廷敬等纂《康熙字典》卷三五

交驢

明・張自烈撰，清・廖文英續《正字通》亥集中（鳥部）

鮫

漢・許慎撰，宋・徐鉉增釋《說文解字》卷四上

南唐・徐鍇撰，朱翱反切《說文系傳》卷七

元・楊桓撰《六書統》卷一八

清・段玉裁撰《說文解字注》卷四上

鯖

漢・許慎，宋・徐鉉增釋《說文解字》卷四上

南唐・徐鍇撰，朱翱反切《說文繫傳》卷七

元・楊桓撰《六書統》卷一八

清・段玉裁撰《說文解字注》卷四上

鮫鯖

漢・許慎，宋・徐鉉增釋《說文解字》卷四上

漢・司馬遷撰，南朝宋・裴駰集解《史記》卷一一七

南唐・徐鍇撰，朱翱反切《說文繫傳》卷七

元・楊桓撰《六書統》卷一八

清・段玉裁撰《說文解字注》卷四上

鮫鱸

漢・許慎，宋・徐鉉增釋《說文解字》卷四上

南唐・徐鍇撰，朱翱反切《說文系傳》卷七

元・楊桓撰《六書統》卷一八
清・段玉裁撰《說文解字注》卷四上
鵁鶄
宋・陸佃撰《埤雅》卷六
宋・羅願撰，元・洪焱祖音釋《爾雅翼》卷一五
清・李元撰《蠕範》卷四
清・張玉書、陳廷敬等纂《康熙字典》卷三五
交矑
明・李時珍撰《本草綱目》卷四七
明・方以智撰《通雅》卷四五
清・李元撰《蠕範》卷四
交鶄
明・王圻、王思義輯《三才圖會》卷二
鵙
周・師曠撰，張華注《禽經》
宋・丁度、司馬光等纂《集韻》卷三
宋・陸佃撰《埤雅》卷六
宋・羅願撰，元・洪焱祖音釋《爾雅翼》卷一五
明・張自烈，清・廖文英續《正字通》亥集中（鳥部）
清・張玉書、陳廷敬等纂《康熙字典》卷三五
清・周靖撰《篆隸考異》卷四
鵦目
漢・司馬遷撰，南朝宋・裴駰集解《史記》卷一一七
唐・張守節撰《史記正義》卷一一七
清・張玉書、陳廷敬等纂《康熙字典》卷三五
鵙目
宋・丁度、司馬光等纂《集韻》卷三
還目
宋・陸佃撰《爾雅新義》卷一七
旋目
周・師曠撰，張華注《禽經》
漢・班固撰，唐・顏師古注，清・齊召南等考證《前漢書》卷五七（司馬相如傳）
漢・司馬遷撰，南朝宋・裴駰集解《史記》卷一一七
宋・蔡卞集解《毛詩名物解》卷六
宋・陸佃撰《埤雅》卷六
宋・陸佃撰《爾雅新義》卷一七
宋・羅願撰，元・洪焱祖音釋《爾雅翼》卷一五
金・李杲編輯，明・李時珍參訂，姚可成補輯《食物本草》
元・戴侗撰《六書故》卷一九
明・張自烈，清・廖文英續《正字通》亥集中（鳥部）
明・李時珍撰《本草綱目》卷四七
明・王圻、王思義輯《三才圖會》卷二
明・方以智撰《通雅》卷四五
清・劉于義等監修，沈青崖等編纂《陝西通志》卷四四
清・張玉書、陳廷敬等纂《康熙字典》卷三五（食貨志下・物產）
清・李元撰《蠕範》卷四
交青
漢・司馬遷撰，南朝宋・裴駰集解《史記》卷一一七
交精
漢・班固撰，唐・顏師古注，清・齊召南等考證《前漢書》卷五七（司馬相如傳）
宋・羅願撰，元・洪焱祖音釋《爾雅翼》卷一五
元・戴侗撰《六書故》卷一九
明・張自烈，清・廖文英續《正字通》亥集中（鳥部）
清・段玉裁撰《說文解字注》卷四上
交睛
宋・陸佃撰《埤雅》卷六
宋・陸佃撰《爾雅新義》卷一七
明・張自烈，清・廖文英續《正字通》亥集中（鳥部）
明・王圻、王思義輯《三才圖會》卷二
交目
宋・陸佃撰《爾雅新義》卷一七
宋・羅願撰，元・洪焱祖音釋《爾雅翼》卷一五
清・張玉書、陳廷敬等纂《康熙字典》卷三五
清・李元撰《蠕範》卷四
鳽
漢・許慎，宋・徐鉉增釋《說文解字》卷四上
晉・郭璞撰，唐・陸德明音義，宋・邢昺疏《爾雅注疏》卷一〇
晉・郭璞著《爾雅音圖》釋鳥第一七
南唐・徐鍇撰，朱翱反切《說文系傳》卷七
唐・張參撰《五經文字》卷中
宋・蔡卞集解《毛詩名物解》卷八
宋・陸佃撰《埤雅》卷六
宋・陸佃撰《爾雅新義》卷一七
宋・鄭樵撰《通志》卷七六
宋・羅願撰，元・洪焱祖音釋《爾雅翼》卷一五
元・楊桓撰《六書統》卷一八
元・戴侗撰《六書故》卷一九
明・張自烈，清・廖文英續《正字通》亥集中（鳥部）
明・李時珍撰《本草綱目》卷四七
明・王圻、王思義輯《三才圖會》卷二
明・方以智撰《通雅》卷四五
清・張玉書、陳廷敬等纂《康熙字典》卷三五
清・段玉裁撰《說文解字注》卷四上
清・任基振撰《爾雅注疏箋補》卷下
清・李元撰《蠕範》卷四
鵁鳥
晉・郭璞注《足本山海經圖贊》
鵁
明・張自烈，清・廖文英續《正字通》亥集中（鳥部）

丹鷺

明・宗臣撰《宗子相集》卷三

紅鶴

宋・王質撰《紹陶錄》卷下

宋・陳耆卿撰《赤城志》卷三六

明・陳洪謨纂修，陸士邦序《嘉靖常德府志》

明・尹焱祖著《弘治徽州府志（安徽省）》

清・劉於義等監修，沈青崖等編纂《陝西通志》卷四四

朱鷺

明・楊慎撰《丹鉛餘錄》卷六

清・劉於義等監修，沈青崖等編纂《陝西通志》卷四四

清・于敏中、英廉等編《日下舊聞考》卷一五一

清・(美)克拉克 索爾比著，史紅帥譯《穿越陝甘・1908-1909 年克拉克考察隊華北行紀》

清・陳廷敬等編，張廷玉等續編《皇清文穎》卷二一

茭鷄

明・方以智撰《通雅》卷四五

茭雞

明・張自烈，清・廖文英續《正字通》亥集中（鳥部）

明・李時珍撰《本草綱目》卷四七

清・李元撰《蠕範》卷四

鵁

明・方以智撰《通雅》卷四五

明・李時珍撰《本草綱目》卷四七

清・張玉書、陳廷敬等纂《康熙字典》卷三五

紅牙

清・阿桂、劉瑾之等撰《欽定盛京通志》卷一〇七

紅鴨

清・阿桂、劉瑾之等撰《欽定盛京通志》卷一〇七

魚鵁

明・張自烈，清・廖文英續《正字通》亥集中（鳥部）

清・張玉書、陳廷敬等纂《康熙字典》卷三五

頭鵁

清・張玉書、陳廷敬等纂《康熙字典》卷三五

白琵鷺 *Platalea leucorodia*

篦鷺

清・(美)克拉克 索爾比著，史紅帥譯《穿越陝甘・1908-1909 年克拉克考察隊華北行紀》

香匙嘴鷺鷥

清・于敏中、英廉等編《日下舊聞考》卷一五一

雁形目 Anseriformes

鸭科 Anatidae

雁族 Anserini

鴚

晉・郭璞注，唐・陸德明音義，宋・邢昺疏《爾雅注疏》卷一〇

南唐・徐鍇撰，朱翱反切《說文繫傳》卷七

宋・鄭樵撰《爾雅註》卷下

清・張玉書、陳廷敬等纂《康熙字典》卷三五

鴼

漢・許慎撰，宋・徐鉉增釋《說文解字》卷四上

清・段玉裁撰《說文解字注》卷四上

駉

漢・許慎撰，宋・徐鉉增釋《說文解字》卷四上

南朝梁・顧野王撰，宋・陳彭年等修《重修玉篇》卷二四

南唐・徐鍇撰，朱翱反切《說文繫傳》卷七

元・楊桓撰《六書統》卷一八

清・段玉裁撰《說文解字注》卷四上

哅

晉・郭璞注，唐・陸德明音義，宋・邢昺疏《爾雅注疏》卷一〇

三國魏・張輯撰《廣雅》卷一〇

宋・鄭樵撰《爾雅註》卷下

清・邵晉涵撰《爾雅正義》卷一八

鵝

漢・許慎撰，宋・徐鉉增釋《說文解字》卷四上

晉・郭璞注，唐・陸德明音義，宋・邢昺疏《爾雅注疏》卷一〇

三國魏・張輯撰《廣雅》卷一〇

唐・張參撰《五經文字》卷中

南唐・徐鍇撰，朱翱反切《說文繫傳》卷七

元・楊桓撰《六書統》卷一八

宋・鄭樵撰《爾雅註》卷下

明・張自烈撰，清・廖文英續《正字通》亥集中

清・邵晉涵撰《爾雅正義》卷一八

清・張玉書、陳廷敬等纂《康熙字典》卷三五

清・張宗泰撰《爾雅注疏本正誤》卷一

鵞

南朝梁・顧野王撰，宋・陳彭年等修《重修玉篇》卷二四

唐・張參撰《五經文字》卷中

南唐・徐鍇撰，朱翱反切《說文繫傳》卷七

宋・鄭樵撰《爾雅註》卷下

元・戴侗撰《六書故》卷一九

清・姚炳撰《詩識名解》卷一

駉鵝

漢・許慎撰，宋・徐鉉增釋《說文解字》卷四上

南朝梁・顧野王撰，宋・陳彭年等修《重修玉篇》卷二四

南唐・徐鍇撰，朱翱反切《說文繫傳》卷七

宋・陸佃撰《埤雅》卷六

宋・鄭樵撰《爾雅註》卷下

明・張自烈，清・廖文英續《正字通》亥集中（鳥部）
清・黃中松撰《詩疑辨證》卷四

鮣鶩

明・李時珍撰《本草綱目》卷四七

鳾鶘

元・楊桓撰《六書統》卷一八
清・舒其紳等修，嚴長明等纂《陝西省西安府志》

鳾鶩

清・姚炳撰《詩識名解》卷一

蔓鶘

漢・許慎撰，宋・徐鉉增釋《說文解字》卷四上
南唐・徐鍇撰，朱翱反切《說文繫傳》卷七

蔓鳾

清・段玉裁撰《說文解字注》卷四上

鷜鶘

晉・郭璞注《爾雅》卷六
不著撰人《原本廣韻》卷一
遼・釋行均撰《龍龕手鑒》卷二
明・李蘇撰《見物》卷一
清・張玉書、陳廷敬等纂《康熙字典》卷三五

鷜

晉・郭璞注，唐・陸德明音義，宋・邢昺疏《爾雅注疏》卷一〇
・不著撰人《原本廣韻》卷一
宋・鄭樵撰《爾雅註》卷下
清・清・段玉裁撰《說文解字注》卷四上

鷜

遼・釋行均撰《龍龕手鑒》卷二

鵱鷜

・不著撰人《原本廣韻》卷一
宋・鄭樵撰《爾雅註》卷下
遼・釋行均撰《龍龕手鑒》卷二
清・邵晉涵撰《爾雅正義》卷一八

鴈

漢・許慎撰，宋・徐鉉增釋《說文解字》卷四上
三國魏・張輯撰《廣雅》卷一〇
三國吳・陸璣撰，明・毛晉廣要《陸氏詩疏廣要》卷下之上
晉・崔豹撰《古今注》卷中
南朝梁・顧野王撰，宋・陳彭年等修《重修玉篇》卷二四
唐・張參撰《五經文字》卷中
南唐・徐鍇撰，朱翱反切《說文繫傳》卷七
・不著撰人《原本廣韻》卷一
宋・鄭樵撰《爾雅註》卷下
宋・林之奇撰《尚書全解》卷八
宋・周去非撰《嶺外代答》卷九
宋・孫奕撰《示兒編》卷一五
遼・釋行均撰《龍龕手鑒》卷二
元・戴侗撰《六書故》卷一九
元・楊桓撰《六書統》卷一八
明・張自烈撰，清・廖文英續《正字通》亥集中
明・馮復京撰《六家詩名物疏》卷一〇
明・李時珍撰《本草綱目》卷四七
明・楊愼撰，張士佩編《升菴集》卷八一
明・李蘇撰《見物》卷一
明・王圻、王思義輯《三才圖會》卷一
清・張玉書、陳廷敬等纂《康熙字典》卷三五
清・段玉裁撰《說文解字注》卷四上
清・毛奇齡撰《續詩傳鳥名卷》卷一
清・黃中松撰《詩疑辨證》卷四
清・嵇璜、曹仁虎等撰《續通志》卷一八〇
清・洪震煊撰《夏小正疏義》卷一
清・張宗泰撰《爾雅注疏本正誤》卷一
清・張鳳台纂修《安東省長白彙徵錄》
清・李文恒修，鄭文彩纂《廣東省瓊山縣志》
清・嵇璜、曹仁虎等撰《續文獻通考》卷二二七

鳫

南朝梁・顧野王撰，宋・陳彭年等修《重修玉篇》卷二四
・不著撰人《原本廣韻》卷一
清・張玉書、陳廷敬等纂《康熙字典》卷三五

鳫

清・張玉書、陳廷敬等纂《康熙字典》卷三五

雁

漢・許慎撰，宋・徐鉉增釋《說文解字》卷四上
三國吳・陸璣撰，明・毛晉廣要《陸氏詩疏廣要》卷下之上
晉・郭璞注，唐・陸德明音義，宋・邢昺疏《爾雅注疏》卷一〇
晉・崔豹撰《古今注》卷中
南朝梁・顧野王撰，宋・陳彭年等修《重修玉篇》卷二四
南唐・徐鍇撰，朱翱反切《說文繫傳》卷七
・不著撰人《原本廣韻》卷一
宋・周去非撰《嶺外代答》卷九
遼・釋行均撰《龍龕手鑒》卷二
金・李杲編輯，明・李時珍參訂，姚可成補輯《食物本草》卷之一二
元・楊桓撰《六書統》卷一八
元・戴侗撰《六書故》卷一九
明・方以智撰《通雅》卷四五
明・沈弘正撰《沈氏蟲天志・蟲天志》卷八
清・姚炳撰《詩識名解》卷一
清・周靖撰，文含校《篆隸考異》卷四
清・張玉書、陳廷敬等纂《康熙字典》卷三五
清・段玉裁撰《說文解字注》卷四上

清・徐鼎撰《毛詩名物圖說》卷一
清・余省、張為邦摹繪《清宮鳥譜》卷七
清・朱占科修，周宗洛等纂《雲南省順寧府志》
清・舒其紳等修，嚴長明等纂《陝西省西安府志》
清・戴煥南修，張粲奎纂《廣西省新寧州志》
清・檀萃輯《滇海虞衡志》卷六
清・（日）岡元鳳纂輯《毛詩品物圖考》

雁奴
宋・孫奕撰《示兒編》卷一五

鶬鳴
清・姚炳撰《詩識名解》卷一
清・毛奇齡撰《續詩傳鳥名卷》卷一

倉鳴
三國魏・張輯撰《廣雅》卷一〇
明・張自烈撰，清・廖文英續《正字通》亥集中
明・方以智撰《通雅》卷四五

鶬鶩
清・黃中松撰《詩疑辨證》卷四

舒雁
晉・郭璞注《爾雅》
清・周春撰《爾雅補注》卷四
清・姚炳撰《詩識名解》卷一

舒鴈
周・師曠撰，張華注《禽經》
晉・郭璞注，唐・陸德明音義，宋・邢昺疏《爾雅注疏》卷一〇
三國吳・陸璣撰，明・毛晉廣要《陸氏詩疏廣要》卷下之上
宋・鄭樵撰《爾雅註》卷下
宋・陸佃撰《埤雅》卷六
元・戴侗撰《六書故》卷一九
明・李蘇撰《見物》卷一
清・段玉裁撰《說文解字注》卷四上
清・黃中松撰《詩疑辨證》卷四
清・邵晉涵撰《爾雅正義》卷一八
清・張宗泰撰《爾雅注疏本正誤》卷一

鳴鴐
南朝梁・顧野王撰，宋・陳彭年等修《重修玉篇》卷二四

鴻
周・師曠撰，張華注《禽經》
三國吳・陸璣撰《毛詩草木鳥獸蟲魚疏》卷下
南朝梁・顧野王撰，宋・陳彭年等修《重修玉篇》卷二四
宋・丁度、司馬光等纂《集韻》卷一
宋・陸佃撰《埤雅》卷六
遼・釋行均撰《龍龕手鑒》卷二
金・李杲編輯，明・李時珍參訂，姚可成補輯《食物本草》卷之一二
明・張自烈撰，清・廖文英續《正字通》亥集中
明・李時珍撰《本草綱目》卷四七
明・馮復京撰《六家詩名物疏》卷一〇
明・李蘇撰《見物》卷一
清・張玉書、陳廷敬等纂《康熙字典》卷三五
清・徐鼎撰《毛詩名物圖說》卷一
清・黃中松撰《詩疑辨證》卷四
清・嵇璜、曹仁虎等撰《續通志》卷一八〇
清・張宗泰撰《爾雅注疏本正誤》卷一
清・張鳳台纂修《安東省長白彙徵錄》
清・舒其紳等修，嚴長明等纂《陝西省西安府志》
清・（日）岡元鳳纂輯《毛詩品物圖考》

鴻鵠
三國吳・陸璣撰《毛詩草木鳥獸蟲魚疏》卷下

鴻鴈
・不著撰人《原本廣韻》卷一
宋・黃倫撰《尚書精義》卷一〇
元・馬端臨撰《文獻通考》卷三一二
明・張自烈撰，清・廖文英續《正字通》亥集中
明・楊慎撰《丹鉛餘錄》卷一
明・楊慎撰，張士佩編《升菴集》卷八一
明・李蘇撰《見物》卷一
清・黃中松撰《詩疑辨證》卷四
清・洪震煊撰《夏小正疏義》卷一
清・鄂爾泰等監修，靖道謨等編纂《雲南通志》卷二八

鴻雁
三國吳・陸璣撰，明・毛晉廣要《陸氏詩疏廣要》卷下之上
明・方以智撰《通雅》卷四五
清・段玉裁撰《說文解字注》卷四上
清・徐鼎撰《毛詩名物圖說》卷一
清・朱占科修，周宗洛等纂《雲南省順寧府志》
清・舒其紳等修，嚴長明等纂《陝西省西安府志》
清・檀萃輯《滇海虞衡志》卷六
清・（日）岡元鳳纂輯《毛詩品物圖考》

鴐
清・張玉書、陳廷敬等纂《康熙字典》卷三五
清・段玉裁撰《說文解字注》卷四上

鴐鵝
宋・裴駰撰《史記集解》卷一一七
明・宋詡撰《竹嶼山房雜部》卷一二
清・張玉書、陳廷敬等纂《康熙字典》卷三五
清・舒其紳等修，嚴長明等纂《陝西省西安府志》

鴐鶩
元・戴侗撰《六書故》卷九
明・李時珍撰《本草綱目》卷四七
清・段玉裁撰《說文解字注》卷四上

清·姚炳撰《詩識名解》卷一
清·邵晉涵撰《爾雅正義》卷一八

鳿

元·戴侗撰《六書故》卷九
元·楊桓撰《六書統》卷一八
清·張玉書、陳廷敬等纂《康熙字典》卷三五

農鳥

宋·丁度、司馬光等纂《集韻》卷一

鷔

宋·丁度、司馬光等纂《集韻》卷一

鵋䳢

宋·丁度、司馬光等纂《集韻》卷一

鷌鵋

宋·丁度、司馬光等纂《集韻》卷一

氵鳥

遼·釋行均撰《龍龕手鑒》卷二

嶋

遼·釋行均撰《龍龕手鑒》卷二

鳥氏

遼·釋行均撰《龍龕手鑒》卷二

野鵝

晉·郭璞注，唐·陸德明音義，宋·邢昺疏《爾雅注疏》卷一〇
·不著撰人《原本廣韻》卷一
宋·鄭樵撰《爾雅註》卷下
金·李杲編輯，明·李時珍參訂，姚可成補輯《食物本草》卷之一二
明·宋詡撰《竹嶼山房雜部》卷一二
清·張玉書、陳廷敬等纂《康熙字典》卷三五
清·段玉裁撰《說文解字注》卷四上
清·邵晉涵撰《爾雅正義》卷一八
清·舒其紳等修，嚴長明等纂《陝西省西安府志》

野鶩

遼·釋行均撰《龍龕手鑒》卷二
明·李時珍撰《本草綱目》卷四七

禾鳥

周·師曠撰，張華注《禽經》
明·張自烈撰，清·廖文英續《正字通》亥集中
明·方以智撰《通雅》卷四五
明·李時珍撰《本草綱目》卷四七
明·李蘇撰《見物》卷一
清·周靖撰，文含校《篆隸考異》卷四
清·張玉書、陳廷敬等纂《康熙字典》卷三五
清·徐鼎撰《毛詩名物圖說》卷一
清·余省、張為邦摹繪《清宮鳥譜》卷七

鳱

明·張自烈撰，清·廖文英續《正字通》亥集中
清·張玉書、陳廷敬等纂《康熙字典》卷三五

瓦鳥

清·余省、張為邦摹繪《清宮鳥譜》卷七

尺鳥

周·師曠撰，張華注《禽經》
明·陶宗儀編《說郛》卷一二上
明·張自烈，清·廖文英續《正字通》

鳲

三國吳·陸璣撰，明·毛晉廣要《陸氏詩疏廣要》卷下之上
明·張自烈撰，清·廖文英續《正字通》亥集中
明·方以智撰《通雅》卷四五

斤鳥

明·李蘇撰《見物》卷一

陽鳥

晉·郭璞注，唐·陸德明音義，宋·邢昺疏《爾雅注疏》卷一〇
宋·魏了翁撰《尚書要義》卷六
宋·林之奇撰《尚書全解》卷八
宋·周去非撰《嶺外代答》卷九
金·李杲編輯，明·李時珍參訂，姚可成補輯《食物本草》卷之一二
元·戴侗撰《六書故》卷一九
明·張自烈撰，清·廖文英續《正字通》亥集中
明·馮復京撰《六家詩名物疏》卷一〇
明·王樵撰《尚書日記》卷五
明·李時珍撰《本草綱目》卷四七
明·方以智撰《通雅》卷四五
明·李蘇撰《見物》卷一
清·胡渭撰《禹貢錐指》卷六
清·周靖撰，文含校《篆隸考異》卷四
清·徐鼎撰《毛詩名物圖說》卷一
清·姚炳撰《詩識名解》卷一
清·毛奇齡撰《續詩傳鳥名卷》卷一
清·嵇璜、曹仁虎等撰《續通志》卷一八〇
清·余省、張為邦摹繪《清宮鳥譜》卷七

朱鳥

宋·陸佃撰《埤雅》卷六
宋·林之奇撰《尚書全解》卷八
明·王圻、王思義輯《三才圖會》卷一
明·張自烈撰，清·廖文英續《正字通》亥集中
明·馮復京撰《六家詩名物疏》卷一〇
清·姚炳撰《詩識名解》卷一
清·毛奇齡撰《續詩傳鳥名卷》卷一
清·黃中松撰《詩疑辨證》卷四
清·余省、張為邦摹繪《清宮鳥譜》卷七

翁鷄

宋·陸佃撰《埤雅》卷六

明・方以智撰《通雅》卷四五
明・張自烈撰，清・廖文英續《正字通》亥集中
清・張玉書、陳廷敬等纂《康熙字典》卷三五
清・余省、張為邦摹繪《清宮鳥譜》卷七

翁雞

清・姚炳撰《詩識名解》卷一
清・黃中松撰《詩疑辨證》卷四

鴐鵝

宋・陸佃撰《埤雅》卷六
清・張玉書、陳廷敬等纂《康熙字典》卷三五
清・黃中松撰《詩疑辨證》卷四
清・余省、張為邦摹繪《清宮鳥譜》卷七

㶉鵝

清・姚炳撰《詩識名解》卷一

沙鵝

明・張自烈撰，清・廖文英續《正字通》亥集中
明・方以智撰《通雅》卷四五

鳫

明・張自烈，清・廖文英續《正字通》亥集中（鳥部）
清・姚炳撰《詩識名解》卷一
清・張玉書、陳廷敬等纂《康熙字典》卷三五
清・黃中松撰《詩疑辨證》卷四
清・余省、張為邦摹繪《清宮鳥譜》卷七

鳫

清・張玉書、陳廷敬等纂《康熙字典》卷三五

鳫

清・張玉書、陳廷敬等纂《康熙字典》卷三五

霜信

三國吳・陸璣撰，明・毛晉廣要《陸氏詩疏廣要》卷下之上
明・張自烈撰，清・廖文英續《正字通》亥集中
明・馮復京撰《六家詩名物疏》卷一〇
明・方以智撰《通雅》卷四五

候雁

三國吳・陸璣撰，明・毛晉廣要《陸氏詩疏廣要》卷下之上

白雁

三國吳・陸璣撰，明・毛晉廣要《陸氏詩疏廣要》卷下之上
明・方以智撰《通雅》卷四五

赤鳫

清・黃中松撰《詩疑辨證》卷四

鴚鵝

明・李時珍撰《本草綱目》卷四七
肥施古乙
清・（日）岡元鳳纂輯《毛詩品物圖考》

鸿雁 *Anser cygnoides*

鴻

宋・蔡卞集解《毛詩名物解》卷六

鴻雁

宋・梁克家撰《淳熙三山志》卷四二
宋・範處義撰《詩補傳》卷一七
宋・陳元靚撰《歲時廣記》卷三
明・胡庶等撰《禮記大全》卷六
清・焦循撰《毛詩草木鳥獸蟲魚釋二》卷七
清・阿桂、劉瑾之等撰《盛京通志》卷一〇七
清・王士禎撰《居易錄》卷二五

黃杓雁

清・余省、張為邦摹繪《清宮鳥譜》卷七

黑嘴雁

清・余省、張為邦摹繪《清宮鳥譜》卷七

豆雁 *Anser fabalis*

駉鵝

清・余省、張為邦摹繪《清宮鳥譜》卷七

黑頭雁

清・余省、張為邦摹繪《清宮鳥譜》卷七

花咀雁

清・余省、張為邦摹繪《清宮鳥譜》卷七

豆雁

清・(美)克拉克 索爾比著，史紅帥譯《穿越陝甘・1908-1909 年克拉克考察隊華北行紀》

白額雁 *Anser albifrons*

歕雁

清・余省、張為邦摹繪《清宮鳥譜》卷七

小白額雁 *Anser erythropus*

賓鴻

清・余省、張為邦摹繪《清宮鳥譜》卷七

候雁

清・余省、張為邦摹繪《清宮鳥譜》卷七

賓雁

清・張豫章等編《御選宋金元明四朝詩》卷六一

灰雁 *Anser anser*

茶雁

清・余省、張為邦摹繪《清宮鳥譜》卷七

紅咀雁

清・余省、張為邦摹繪《清宮鳥譜》卷七

灰雁

清・(美)克拉克 索爾比著，史紅帥譯《穿越陝甘・1908-1909 年克拉克考察隊華北行紀》

雪雁 *Anser caerulescens*

白雁

三國吳・陸璣撰，明・毛晉廣要《陸氏詩疏廣要》卷下之上

唐・房玄齡等撰《晉書》卷一六〇
宋・孫弈撰《示兒編》卷一五
宋・沈括撰《夢溪筆談》卷二四
元・馬端臨撰《文獻通考》卷三一二
明・陸楫編《古今說海》卷九〇
清・唐執玉、李衛等監修，田易等纂《畿輔通志》
清・姚之姻撰《元明事類鈔》卷三七
清・張玉書 汪霦等編《佩文齊詠物詩選》卷四二六
清・余省、張為邦摹繪《清宮鳥譜》卷七

霜信

宋・沈括撰《夢溪筆談》卷二四
宋・孫弈撰《示兒編》卷一五
明・陸楫編《古今說海》卷九〇
清・余省、張為邦摹繪《清宮鳥譜》卷七

天鹅族 *Cygnini*

鵠

漢・許慎撰，宋・徐鉉增釋《說文解字》卷四上
南朝梁・顧野王撰，宋・陳彭年等修《重修玉篇》卷二四
南唐・徐鍇撰，朱翱反切《說文系傳》卷七
金・李杲編輯，明・李時珍參訂，明・姚可成補輯《食物本草》卷一二
元・戴侗撰《六書故》卷一九
明・張自烈撰，清・廖文英續《正字通》亥集中（鳥部）
明・李時珍撰《本草綱目》卷四七
清・阿桂、劉瑾之等撰《欽定盛京通志》
清・段玉裁撰《說文解字注》卷九下
清・張玉書、陳廷敬等纂《康熙字典》卷三五

鴻鵠

漢・許慎撰，宋・徐鉉增釋《說文解字》卷四上
三國吳・陸璣撰，清・丁晏校正《毛詩草木鳥獸蟲魚疏校正》卷下
南唐・徐鍇撰，朱翱反切《說文系傳》卷七
宋・陸佃撰《埤雅》卷六
元・楊桓撰《六書統》卷一八
明・陶宗儀編《說郛》卷四上
清・段玉裁撰《說文解字注》卷九下

鵝

明・宋詡撰《竹嶼山房雜部》卷二〇

天鵝

金・李杲編輯，明・李時珍參訂，明・姚可成補輯《食物本草》卷一二
明・李時珍撰《本草綱目》卷四七

黃鵠

南朝梁・顧野王撰，宋・陳彭年等修《重修玉篇》卷二四
南朝梁・沈約撰《宋書》卷二九

唐・歐陽詢撰《藝文類聚》卷九〇
宋・楊侃輯《兩漢博聞》卷二
清・陳厚耀撰《春秋戰國異辭》卷七
清・方旭撰《蟲薈》卷一

駕鵝

元・戴侗撰《六書故》卷一九
清・于敏中、英廉等編《日下舊聞考》卷一五一
清・周春撰《爾雅補注》卷四

鴻

元・楊桓撰《六書統》卷一八
明・張自烈撰，清・廖文英續《正字通》亥集中（鳥部）

鴚

明・張自烈撰，清・廖文英續《正字通》亥集中（鳥部）

海鵝

清・李文恒修，鄭文彩纂《廣東省瓊山縣志》

鵞鶬

清・徐景熹修，魯曾煜、施廷樞等纂《福建府縣志輯・乾隆福州府志》

鴚鵝

清・萬青黎、周家楣修，張之洞、繆荃孫纂《北京府縣志輯・光緒順天府志》

野鵝

明・宋詡撰《竹嶼山房雜部》卷一二

大天鹅 *Cygnus cygnus*

金頭天鵝

清・余省、張為邦摹繪《清宮鳥譜》卷七

大金頭鵝

元・忽思慧撰《飲膳正要》

也可失刺渾

元・忽思慧撰《飲膳正要》

野天鵝

清・（美）克拉克 索爾比著，史紅帥譯《穿越陝甘・1908-1909 年克拉克考察隊華北行紀》

小天鹅（短嘴天鹅）*Cygnus bewickii*

黑嘴天鵝

元・忽思慧撰《飲膳正要》

小金頭鵝

清・余省、張為邦摹繪《清宮鳥譜》卷七

出魯哥渾

清・余省、張為邦摹繪《清宮鳥譜》卷七

瘤（疣）鼻天鹅（赤嘴天鹅）*Cygnus olor*

紅嘴天鵝

清・余省、張為邦摹繪《清宮鳥譜》卷七

不能鳴鵝

元・忽思慧撰《飲膳正要》

速兒乞剌

元・忽思慧撰《飲膳正要》

鸭族 *Anatini*

鶩

周・師曠撰，張華注《禽經》

漢・許慎撰，宋・徐鉉增釋《說文解字》卷四上

三國魏・張輯撰《廣雅》卷一〇

三國吳・陸璣撰，明・毛晉廣要《陸氏毛詩疏廣要》卷下之上

晉・郭璞著《爾雅音圖》

晉・郭璞著《爾雅音圖》

宋・施宿等撰《會稽志》卷一七

宋・黄庭堅撰《山谷集》卷三

遼・釋行均撰《龍龕手鑒》

元・戴侗撰《六書故》卷一九

元・楊桓撰《六書統》卷一八

清・張玉書、陳廷敬等纂《康熙字典》卷三五

清・段玉裁撰《說文解字注》卷四上

清・和珅、梁國治等撰《熱河志》卷九五

舒鳧

漢・許慎撰，宋・徐鉉增釋《說文解字》卷四上

晉・郭璞著《爾雅音圖》

元・戴侗撰《六書故》卷一九

元・楊桓撰《六書統》卷一八

清・張玉書、陳廷敬等纂《康熙字典》卷三五

清・段玉裁撰《說文解字注》卷四上

鴨

漢・許慎撰，宋・徐鉉增釋《說文解字》卷四上

三國魏・張輯撰《廣雅》卷一〇

三國吳・陸璣撰，明・毛晉廣要《陸氏毛詩疏廣要》卷下之上

晉・郭璞著《爾雅音圖》

宋・施宿等撰《會稽志》卷一七

遼・釋行均撰《龍龕手鑒》

元・戴侗撰《六書故》卷一九

清・張玉書、陳廷敬等纂《康熙字典》卷三五

清・(美)克拉克 索爾比著，史紅帥譯《穿越陝甘・1908-1909 年克拉克考察隊華北行紀》

煩鶩

漢・司馬遷撰，南朝宋・裴駰集解《史記》(二)卷一一七

南朝宋・裴駰撰《史記集解》卷一一七

番䴉

漢・司馬遷撰，南朝宋・裴駰集解《史記》(二)卷一一七

南朝宋・裴駰撰《史記集解》卷一一七

鷭

漢・司馬遷撰，南朝宋・裴駰集解《史記》(二)卷一一七

鳺

三國魏・張輯撰《廣雅》卷一〇

鴘

三國魏・張輯撰《廣雅》卷一〇

鴐

三國魏・張輯撰《廣雅》卷一〇

鳧

元・戴侗撰《六書故》卷一九

清・段玉裁撰《說文解字注》卷四上

鳧

元・戴侗撰《六書故》卷一九

清・段玉裁撰《說文解字注》卷四上

鷉

三國吳・陸璣撰，明・毛晉廣要《陸氏毛詩疏廣要》卷下之上

宋・陸佃撰《埤雅》卷七

明・李時珍撰《本草綱目》卷四七

清・阿桂、劉瑾之等撰《欽定盛京通志》卷一〇七

清・劉玉麐撰《爾雅校義》卷下

清・張玉書、陳廷敬等纂《康熙字典》卷三五

清・焦循撰《毛詩草木鳥獸蟲魚釋》卷一〇

鵝鵸

宋・丁度、司馬光等纂《集韻》卷五

鳰

宋・黄庭堅撰《山谷集》卷五

遼・釋行均撰《龍龕手鑒》

鳧

漢・司馬遷撰，南朝宋・裴駰集解《史記》(二)卷一一七

三國魏・張輯撰《廣雅》卷一〇

三國吳・陸璣撰，明・毛晉廣要《陸氏毛詩疏廣要》卷下之上

晉・郭璞注，唐・陸德明音義，宋・邢昺疏《爾雅注疏》卷一〇

宋・丁度、司馬光等纂《集韻》卷五

宋・梁克家撰《淳熙三山志》卷四二

宋・施宿等撰《會稽志》卷一七

遼・釋行均撰《龍龕手鑒》

金・李杲編輯明・李時珍參訂，姚可成補輯《食物本草》卷之一二

元・楊桓撰《六書統》卷一八

元・戴侗撰《六書故》卷一九

明・李時珍撰《本草綱目》卷四七

明・包大爟纂修《萬曆兖州府志》

清・張玉書、陳廷敬等纂《康熙字典》卷三五

清・焦循撰《毛詩草木鳥獸蟲魚釋》卷一〇
清・毛奇齡撰《續詩傳鳥名卷》卷一
清・張玉書、陳廷敬等纂《康熙字典》卷三五

沉鳧

明・李時珍撰《本草綱目》卷四七
清・毛奇齡撰《續詩傳鳥名卷》卷一
清・阿桂、劉瑾之等撰《欽定盛京通志》卷一〇七
清・劉玉麐撰《爾雅校義》卷下

沈鳧

三國吳・陸璣撰，明・毛晉廣要《陸氏毛詩疏廣要》卷下之上
宋・陸佃撰《埤雅》卷七
清・張玉書、陳廷敬等纂《康熙字典》卷三五
清・焦循撰《毛詩草木鳥獸蟲魚釋》卷一〇
清・李元撰《蠕範》卷五

晨鳧

清・李元撰《蠕範》卷五

皃鸍

清・李元撰《蠕範》卷五

野鴨

周・師曠撰，張華注《禽經》
宋・施宿等撰《會稽志》卷一七
金・李杲編輯明・李時珍參訂，姚可成補輯《食物本草》卷之一二
明・李時珍撰《本草綱目》卷四七
清・阿桂、劉瑾之等撰《欽定盛京通志》卷一〇七
清・段玉裁撰《說文解字注》卷四上
清・屈大均撰《廣東新語》卷二〇
清・毛奇齡撰《續詩傳鳥名卷》卷一
清・和珅、梁國治等撰《熱河志》卷九五
清・阿桂、劉瑾之等撰《欽定盛京通志》卷一〇七
清・余省、張為邦摹繪《清宮鳥譜》卷七
清・李元撰《蠕範》卷五
清・(美)克拉克 索爾比著，史紅帥譯《穿越陝甘・1908-1909 年克拉克考察隊華北行紀》

野鶩

金・李杲編輯明・李時珍參訂，姚可成補輯《食物本草》卷之一二
明・李時珍撰《本草綱目》卷四七
清・李元撰《蠕範》卷五

水鴉

三國吳・陸璣撰，明・毛晉廣要《陸氏毛詩疏廣要》卷下之上

野鳧

三國吳・陸璣撰，明・毛晉廣要《陸氏毛詩疏廣要》卷下之上
清・焦循撰《毛詩草木鳥獸蟲魚釋》卷一〇
清・和珅、梁國治等撰《熱河志》卷九五

蜆鴨

清・屈大均撰《廣東新語》卷二〇

鳿

清・李元撰《蠕範》卷五

鳵

清・李元撰《蠕範》卷五

鵞

清・李元撰《蠕範》卷五

鴆

清・李元撰《蠕範》卷五

水鴨

清・(美)克拉克 索爾比著，史紅帥譯《穿越陝甘・1908-1909 年克拉克考察隊華北行紀》

赤麻鸭 *Tadorna ferruginea*

赤鳫

宋・王應麟撰《玉海》卷一一九
元・馬端臨著《文獻通考》卷三一二

朱鳫

宋・王應麟撰《玉海》卷一一九
元・馬端臨著《文獻通考》卷三一二

升渠鴨

清・方旭撰《蟲薈》卷一

垂露鴨

清・方旭撰《蟲薈》卷一

丹毛鳧

清・方旭撰《蟲薈》卷一

黃鴨

清・牟應震撰《毛詩物名考》卷一
清・于敏中、英廉等撰《日下舊聞考》卷一五一（物產三）
清・劉於義等監修，沈青崖等編纂《陝西通志》卷四四（物產）
清・蔣溥等編《御制詩集・初級—二集》卷三九
清・余省、張為邦摹繪《清宮鳥譜》卷八

黃鴛鴦

清・牟應震撰《毛詩物名考》卷一
清・蔣溥等編《御制詩集》卷三九（初級—二集）
清・余省、張為邦摹繪《清宮鳥譜》卷八

赤麻鴨

清・(美)克拉克 索爾比著，史紅帥譯《穿越陝甘・1908-1909 年克拉克考察隊華北行紀》

野鸳鸯

清・劉於義等監修，沈青崖等編纂《陝西通志》卷四四（物產）

翘鼻麻鸭 *Tadorna tadorna*

鸍

宋・丁度、司馬光等纂《集韻》卷九

五色鴈

宋・王應麟撰《玉海》卷一九九

冠鴨

清・余省、張為邦摹繪《清宮鳥譜》卷七

小冠鴨

清・余省、張為邦摹繪《清宮鳥譜》卷七

寶鴨

清・余省、張為邦摹繪《清宮鳥譜》卷七

鴛鴦鴨

清・余省、張為邦摹繪《清宮鳥譜》卷七

琵琶鴨

清・余省、張為邦摹繪《清宮鳥譜》卷七

针尾鸭 *Anas acuta*

鷉

晉・郭璞注《爾雅》

晉・郭璞注，唐・陸德明音義，宋・邢昺疏《爾雅注疏》卷一〇

明・張自烈，清・廖文英續《正字通》亥集中（鳥部）

宋・陸佃撰《埤雅》卷七

清・戴鎣撰《爾雅郭注補正》卷下三

清・郭伯蒼撰《海錯百一錄》卷五

清・張玉書、陳廷敬等纂《康熙字典》卷三五

鷉鳥

清・張玉書、陳廷敬等纂《康熙字典》卷三五

沉鳧

清・張玉書、陳廷敬等纂《康熙字典》卷三五

沈鳧

晉・郭璞注，唐・陸德明音義，宋・邢昺疏《爾雅注疏》卷一〇

宋・陸佃撰《埤雅》卷七

明・馮復京撰《六家詩名物疏》卷二一

明・張自烈，清・廖文英續《正字通》亥集中（鳥部）

清・郭伯蒼撰《海錯百一錄》卷一

鳧

三國吳・陸璣撰，明・毛晉廣要《陸氏詩疏廣要》卷下之上

明・馮復京撰《六家詩名物疏》卷二一

明・張自烈，清・廖文英續《正字通》亥集中（鳥部）

清・郭柏蒼撰《海錯百一錄》卷一

水鴉

清・張玉書、陳廷敬等纂《康熙字典》卷三五

尖尾羅纹鴨

清・余省、張為邦摹繪《清宮鳥譜》卷八

海鳧

清・郭伯蒼撰《海錯百一錄》卷一

針尾鴨

清・(美)克拉克 索爾比著，史紅帥譯《穿越陝甘・1908-1909 年克拉克考察隊華北行紀》

鳩鳥

清・張玉書、陳廷敬等纂《康熙字典》卷三五

绿翅鸭 *Anas crecca*

羅紋鴨

清・余省、張為邦摹繪《清宮鳥譜》卷八

文鴨

清・余省、張為邦摹繪《清宮鳥譜》卷八

水鴨

清・(美)克拉克 索爾比著，史紅帥譯《穿越陝甘・1908-1909 年克拉克考察隊華北行紀》

花脸鸭 *Anas formosa*

野鴨

清・余省、張為邦摹繪《清宮鳥譜》卷七

鳧

清・余省、張為邦摹繪《清宮鳥譜》卷七

冠鳧

清・余省、張為邦摹繪《清宮鳥譜》卷七

水鴨

清・余省、張為邦摹繪《清宮鳥譜》卷七

野鶩

清・余省、張為邦摹繪《清宮鳥譜》卷七

少卿

清・余省、張為邦摹繪《清宮鳥譜》卷七

土鴛鴦

清・余省、張為邦摹繪《清宮鳥譜》卷八

花頭鴨

清・于敏中、英廉等編《日下舊聞考》

罗纹鸭 *Anas falcata*

鳳頭羅紋鴨

清・余省、張為邦摹繪《清宮鳥譜》卷七

绿头鸭 *Anas platyrhynchos*

野鴨

宋・范成大撰《吳郡志》卷二九

清・(美)克拉克 索爾比著，史紅帥譯《穿越陝甘・1908-1909 年克拉克考察隊華北行紀》

綠頭鴨

宋・范成大撰《吳郡志》卷二九

清・余省、張為邦摹繪《清宮鳥譜》卷七

鶩

清・余省、張為邦摹繪《清宮鳥譜》卷七

冠鳧

清・余省、張為邦摹繪《清宮鳥譜》卷七

舒鳧

清・余省、張為邦摹繪《清宮鳥譜》卷七

鵁鴎

清・余省、張為邦摹繪《清宮鳥譜》卷七

家鴨

宋・范成大撰《吳郡志》卷二九

斑嘴鸭 *Anas poecilorhyncha*

麻鴨

清・余省、張為邦摹繪《清宮鳥譜》卷七

蒲鴨

清・阿桂、劉瑾之等撰《欽定盛京通志》卷一〇七

斑嘴鴨

清・(美)克拉克 索爾比著，史紅帥譯《穿越陝甘・1908-1909 年克拉克考察隊華北行紀》

琵嘴鸭 *Anas clypeata*

皮葫蘆

清・余省、張為邦摹繪《清宮鳥譜》卷八

鵾蹄

清・余省、張為邦摹繪《清宮鳥譜》卷八

琵嘴鴨

清・(美)克拉克 索爾比著，史紅帥譯《穿越陝甘・1908-1909 年克拉克考察隊華北行紀》

琵琶鴨

清・屈大均撰《廣東新語》卷二〇

寶鴨

清・屈大均撰《廣東新語》卷二〇

清・郝玉麟等監修，魯曾煜等編纂《廣東通志》卷五二（物產志）

潜鸭属 *Aythya* spp.

鶆

晉・郭璞注，唐・陸德明音義，宋・邢昺疏《爾雅注疏》卷一〇

南朝梁・顧野王撰，宋・陳彭年等修《重修玉篇》卷二四

遼・釋行均撰《龍龕手鑒》卷二

明・張自烈，清・廖文英續《正字通》亥集中（鳥部）

清・張玉書、陳廷敬等纂《康熙字典》卷三五

清・周靖撰《篆隸考異》卷四

鶆鶆

晉・郭璞注，唐・陸德明音義，宋・邢昺疏《爾雅注疏》卷六、卷一〇

晉・孔晁注《逸周書》卷七

唐・司馬貞撰《史記索隱》卷九

唐・歐陽詢撰《藝文類聚》卷九九

宋・梁克家撰《淳熙三山志》卷四二

宋・陸佃撰《爾雅新義》卷一七

明・方以智撰《通雅》卷四五

明・慎懋官撰《華夷花木鳥獸珍玩考》卷七

明・張自烈，清・廖文英續《正字通》亥集中（鳥部）

明・王圻、王思義輯《三才圖會》卷一

清・張玉書、陳廷敬等纂《康熙字典》卷三五

清・周靖撰《篆隸考異》卷四

清・屈大均撰《廣東新語》卷二〇

清・何秋濤撰《王會篇箋釋》卷中

比翼鳥

晉・郭璞注，唐・陸德明音義，宋・邢昺疏《爾雅注疏》卷六、卷一〇

晉・張華撰《博物志》三

晉・孔晁注《逸周書》卷七

南朝梁・顧野王撰，宋・陳彭年等修《重修玉篇》卷二四

唐・歐陽詢撰《藝文類聚》卷九九

宋・梁克家撰《淳熙三山志》卷四二

宋・陸佃撰《爾雅新義》卷一七

遼・釋行均撰《龍龕手鑒》卷二

明・慎懋官撰《華夷花木鳥獸珍玩續考》卷七

明・張自烈，清・廖文英續《正字通》亥集中（鳥部）

明・王圻、王思義輯《三才圖會》卷一

清・張玉書、陳廷敬等纂《康熙字典》卷三五

清・周靖撰《篆隸考異》卷四

清・屈大均撰《廣東新語》卷二〇

清・何秋濤撰《王會篇箋釋》卷中

比翼之鳥

漢・班固撰，唐・顏師古注，清・齊召南等考證《前漢書》卷二五

唐・司馬貞撰《史記索隱》卷九

蠻

漢・班固撰，唐・顏師古注，清・齊召南等考證《前漢書》卷二五

漢・司馬遷撰，南朝宋・裴駰集解《史記》（二）卷一一七

唐・歐陽詢撰《藝文類聚》卷九九

清・張玉書、陳廷敬等纂《康熙字典》卷三五

鸞

明・張自烈，清・廖文英續《正字通》亥集中（鳥部）

清・張玉書、陳廷敬等纂《康熙字典》卷三五

蠻蠻

晉・郭璞著《足本山海經圖贊》

明・方以智撰《通雅》卷四五

明・張自烈，清・廖文英續《正字通》亥集中（鳥部）

明・方以智撰《通雅》卷四五

明・董斯張撰《廣博物志》卷四八

清・張玉書、陳廷敬等纂《康熙字典》卷三五

歸飛

明・張自烈，清・廖文英續《正字通》亥集中（鳥部）

明・方以智撰《通雅》卷四五

红头潜鸭 *Aythya ferina*

沙背羅紋鴨

清・余省、張為邦摹繪《清宮鳥譜》卷八

潛鴨

清・(美)克拉克 索爾比著，史紅帥譯《穿越陝甘・1908-1909 年克拉克考察隊華北行紀》

白眼潜鸭 *Aythya nyroca*

糠頭羅紋鴨

清・余省、張為邦摹繪《清宮鳥譜》卷八

青头潜鸭 *Aythya baeri*

黑腳鴨

清・余省、張為邦摹繪《清宮鳥譜》卷八

凤头潜鸭 *Aythya fuligula*

鳳頭黑腳鴨

清・余省、張為邦摹繪《清宮鳥譜》卷八

翁凫

清・余省、張為邦摹繪《清宮鳥譜》卷八

冠凫

清・張英、王士禎等撰《淵鑒類函》卷四二六

清・方旭撰《蟲薈》卷一

鸳鸯 *Aix galericulata*

匹鳥

周・師曠撰，張華注《禽經》

南朝梁・顧野王撰，宋・陳彭年等修《重修玉篇》卷二四

宋・陸佃撰《埤雅》卷七

金・李杲編輯，明・李時珍參訂，明・姚可成補輯《食物本草》卷一二

明・李時珍撰《本草綱目》卷四七

明・張自烈撰，清・廖文英續《正字通》亥集中

清・段玉裁撰《說文解字注》卷四上

清・陳大章撰《詩傳名物集覽》卷二

清・徐鼎撰《毛詩名物圖說》卷一

清・陳淏子輯《花鏡》卷六

清・余省、張為邦摹繪《清宮鳥譜》卷八

疋鳥

晉・崔豹撰《古今注》卷中

清・徐鼎撰《毛詩名物圖說》卷一

鸂鶒

明・宋詡撰《竹嶼山房雜部》卷一二

鸂鶩

清・夏良勝纂修《正德延昌府志（江西省）》

清・吳友如繪《吳友如畫寶》第五集上

黃鴨

明・李時珍撰《本草綱目》卷四七

清・嵇璜、曹仁虎撰《續通志》卷一八〇

文禽

明・彭大翼撰，張幼學增訂《山堂肆考》卷二一三

清・陳淏子輯《花鏡》卷六

鸂鳷

明・張自烈撰，清・廖文英續《正字通》亥集中

鸂鷉

清・陳大章撰《詩傳名物集覽》卷二

清・李文恒修，鄭文彩纂《廣東省瓊山縣志》卷三

鴛鴦

周・師曠撰，張華注《禽經》

漢・許慎撰，宋・徐鉉增釋《說文解字》卷四上

漢・毛亨傳、鄭玄箋，唐・孔穎達疏，陸德明音義《毛詩注疏》卷二二

晉・崔豹撰《古今注》卷中

南朝梁・顧野王撰，宋・陳彭年等修《重修玉篇》卷二四

南唐・徐鍇撰，朱翱反切《說文系傳》卷七

宋・陳耆卿撰《赤城志》卷三六

宋・唐慎微撰《證類本草》卷一九

宋・陸佃撰《埤雅》卷七

宋・呂祖謙撰《呂氏家塾讀詩記》卷二四

金・李杲編輯，明・李時珍參訂，明・姚可成補輯《食物本草》卷一二

元・楊桓撰《六書統》卷一八

元・戴侗撰《六書故》卷一九

明・李時珍撰《本草綱目》卷四七

明・夏良勝纂修《正德建昌府志（江西省）》卷三（物産）

明・張自烈撰，清・廖文英續《正字通》亥集中

清・阿桂、劉瑾之等撰《欽定盛京通志》卷一七〇

清・余省、張為邦摹繪《清宮鳥譜》卷八

清・段玉裁撰《說文解字注》卷四上

清・陳大章撰《詩傳名物集覽》卷二

清・徐鼎撰《毛詩名物圖說》卷一

清・陳淏子輯《花鏡》卷六

清・李文恒修，鄭文彩纂《廣東省瓊山縣志》卷三

清・(美)克拉克 索爾比著，史紅帥譯《穿越陝甘・1908-1909 年克拉克考察隊華北行紀》

鴛

漢・許慎撰，宋・徐鉉增釋《說文解字》卷四上

南朝梁・顧野王撰，宋・陳彭年等修《重修玉篇》卷二四

南唐・徐鍇撰，朱翱反切《說文系傳》卷七

宋・陸佃撰《埤雅》卷七

元・戴侗撰《六書故》卷一九

元・楊桓撰《六書統》卷一八

明・李時珍撰《本草綱目》卷四七

明・張自烈撰，清・廖文英續《正字通》亥集中

清・段玉裁撰《說文解字注》卷四上

清・陳大章撰《詩傳名物集覽》卷二

清・徐鼎撰《毛詩名物圖說》卷一
清・陳淏子輯《花鏡》卷六

鵞

漢・許慎撰，宋・徐鉉增釋《說文解字》卷四上
南朝梁・顧野王撰，宋・陳彭年等修《重修玉篇》卷二四
南唐・徐鍇撰，朱翱反切《說文系傳》卷七
宋・陸佃撰《埤雅》卷七
元・戴侗撰《六書故》卷一九
元・楊桓撰《六書統》卷一八
明・李時珍撰《本草綱目》卷四七
明・張自烈撰，清・廖文英續《正字通》亥集中
清・段玉裁撰《說文解字注》卷四上
清・陳大章撰《詩傳名物集覽》卷二
清・徐鼎撰《毛詩名物圖說》卷一
清・陳淏子輯《花鏡》卷六

紫鴛鵞

明・張自烈撰，清・廖文英續《正字通》亥集中

節木鳥

清・陳大章撰《詩傳名物集覽》卷二

婆羅伽鄰提

清・余省、張為邦摹繪《清宮鳥譜》卷八

鵲鴨 *Bucephala clangula*

泥趷踏

清・余省、張為邦摹繪《清宮鳥譜》卷八

泥鴨

清・余省、張為邦摹繪《清宮鳥譜》卷八

蜆鴨

清・余省、張為邦摹繪《清宮鳥譜》卷八

鵲鴨

清・(美)克拉克　索爾比著，史紅帥譯《穿越陝甘・1908-1909 年克拉克考察隊華北行紀》

白沙秋鴨 *Mergus albellus*

魚鴨

清・余省、張為邦摹繪《清宮鳥譜》卷八

野鴨

清・和寧撰《回疆通志》

斑頭沙秋鴨

清・(美)克拉克　索爾比著，史紅帥譯《穿越陝甘・1908-1909 年克拉克考察隊華北行紀》

海鴨

明・陳耀文撰《天中記》

文鴨

明・陳耀文撰《天中記》

中华秋沙鴨 *Mergus squamatus*

鸂鶒

宋・司馬光撰，元・胡三省音註《資治通鑒》卷二一一
宋・羅願撰，元・洪焱祖音釋《爾雅翼》卷一七
宋・王質撰《紹陶録》卷下
明・朱謀㙔撰《駢雅》卷七
清・郝玉麟等監修，謝道承等編纂《福建通志》卷一〇（物產）
清・姚炳撰《詩識名解》卷三（鳥部）

鸂鷘

明・李時珍撰《本草綱目》卷四七
清・嵇璜、曹仁虎等撰《續通志》卷一八〇

鸂鵡

清・陳淏子輯《秘傳花鏡》卷六
清・李元撰《蠕範》卷四
清・李文恒修，鄭文彩纂《廣東省瓊山縣志》卷三（輿地志・物產）
清・余省、張為邦摹繪《清宮鳥譜》卷七

紫鴛鴦

宋・羅願撰，元・洪焱祖音釋《爾雅翼》卷一七
明・李時珍撰《本草綱目》卷四七
清・余省、張為邦摹繪《清宮鳥譜》卷七
清・姚炳撰《詩識名解》卷三（鳥部）
清・嵇璜、曹仁虎等撰《續通志》卷一八〇

鳳頭魚鴨

清・余省、張為邦摹繪《清宮鳥譜》卷七

鵣

清・李元撰《蠕範》卷四

谿鳿

清・姚炳撰《詩識名解》卷三（鳥部）
清・嵇璜、曹仁虎等撰《續通志》卷一八〇
清・李元撰《蠕範》卷四

鴛鴦

宋・羅願撰，元・洪焱祖音釋《爾雅翼》卷一七
明・朱謀㙔撰《駢雅》卷七

匹鳥

明・朱謀㙔撰《駢雅》卷七

溪鴨

明・李時珍撰《本草綱目》卷四七
清・嵇璜、曹仁虎等撰《續通志》卷一八〇

溪鵡

明・李時珍撰《本草綱目》卷四七

红胸秋沙鴨 *Mergus serrator*

紅胸秋沙鴨

清・(美)克拉克　索爾比著，史紅帥譯《穿越陝甘・1908-1909 年克拉克考察隊華北行紀》

普通秋沙鴨 *Mergus merganser*

鵝

元・戴侗撰《六書故》卷一九

溪鶆

元・戴侗撰《六書故》卷一九

雞鶆

元・戴侗撰《六書故》卷一九

溪鶒

宋・梁克家撰《淳熙三山志》卷四二

鸂鶒

唐・陳藏器撰，尚志鈞輯釋《本草拾遺》

宋・陳耆卿撰《赤城志》卷三六

金・李杲編輯，明・李時珍參訂，明・姚可成補輯《食物本草》卷一二

明・李蘇著《見物》卷一

清・張玉書、陳廷敬等纂《康熙字典》卷三五

鸂鷘

明・彭大翼撰，張幼學增訂《山堂肆考》卷二三七

清・劉于義等監修，沈青崖等編纂《陝西通志》卷四四

鷘

清・張玉書、陳廷敬等纂《康熙字典》卷三五

谿鳿

清・張玉書、陳廷敬等纂《康熙字典》卷三五

清・周靖撰《篆隸考異》卷四

鸂

清・張玉書、陳廷敬等纂《康熙字典》卷三五

清・周靖撰《篆隸考異》卷四

鸂鳿

宋・陸佃撰《埤雅》卷九

元・楊桓撰《六書統》卷一八

清・方旭撰《蟲薈》卷一

鸂鶆

明・李時珍撰《本草綱目》卷四七

清・張玉書、陳廷敬等纂《康熙字典》卷三五

鶒

清・周靖撰《篆隸考異》卷四

清・張玉書、陳廷敬等纂《康熙字典》卷三五

鶆

清・張玉書、陳廷敬等纂《康熙字典》卷三五

紫鴛鴦

明・李時珍撰《本草綱目》卷四七

清・劉于義等監修，沈青崖等編纂《陝西通志》卷四四

溪鷘

宋・陸佃撰《埤雅》卷九

鸂鶶

宋・高似孫撰《剡錄》卷一〇

鸂鶒

明・文震亨撰《長物志》卷四

溪鴨

明・李時珍撰《本草綱目》卷四七

烏鷃

清・余省、張為邦摹繪《清宮鳥譜》卷八

青鴘

清・余省、張為邦摹繪《清宮鳥譜》卷八

綠鴘

清・余省、張為邦摹繪《清宮鳥譜》卷八

馬鴨

清・余省、張為邦摹繪《清宮鳥譜》卷八

鶩鶩

清・段玉裁撰《說文解字注》卷四上

鸍鳿

清・段玉裁撰《說文解字注》卷四上

麝香鸭 *Carina moschata*

洋鴨

清・余省、張為邦摹繪《清宮鳥譜》卷七

番鴨

清・陳培桂等纂修《臺灣府縣志輯・同治淡水廳志》卷一二

清・李文恒修，鄭文彩纂《廣東省瓊山縣志》

清・唐景崧修，蔣師轍、薛紹元纂《臺灣府縣志輯・光緒臺灣通志》

清・薩廉修，陳淑均纂《臺灣府縣志輯・咸豐臺灣府噶瑪蘭廳志》卷六

盧鴨

清・劉于義等監修，沈青崖等編纂《陝西通志》卷四四

隼形目 Falconiformes

鹰科 Accipitridae

瞿

漢・許慎撰，宋・徐鉉增釋《說文解字》卷四上

宋・司馬光撰《類篇》卷一一

鴡

漢・史游撰，唐・顏師古注《急就篇》卷四

南朝梁・顧野王撰，宋・陳彭年等重修《重修玉篇》卷二四

宋・歐陽德隆撰，郭守正增修《增修校正押韻釋疑》卷四

宋・陳耆卿撰《赤城志》卷三六（禽之屬）

宋・蔡卞撰《毛詩名物解》卷八（釋鳥）

金・李杲編輯，明・李時珍參訂，姚可成補輯《食物本草》卷一二

元・楊恒撰《六書統》卷一八

元・戴侗撰《六書故》卷八

明・張自烈，清・廖文英續《正字通》亥集中（鳥部）

明・李時珍撰《本草綱目》卷四九（禽部）

明・方以智撰《通雅》卷四五（動物・鳥）

明・吳楚材輯《彊識畧》卷三〇
清・張玉書、陳廷敬等纂《康熙字典》卷三五
清・周靖撰《篆隸考異》卷四
清・段玉裁撰《說文解字注》卷四上
清・和珅、梁國治等撰《熱河志》卷九五
清・阿桂、劉瑾之等撰《盛京通志》卷一〇七
清・唐執玉、李衛等監修，田易等纂《畿輔通志》卷五七
清・陳淏子輯，伊欽恒校注《花鏡》附錄
清・金蓉鏡纂輯《湖南省靖州鄉土志》卷三
清・戴肇辰等修，史澄等纂《廣東府縣志輯・光緒廣州府志》
清・夏日琖校，姚明煇輯《蒙古志》
清・郝玉麟等監修，謝道承等編纂《福建通志》卷一〇（物產）
清・海忠修，林從炯等纂《熱河省承德府志》卷二九
清・萬青黎、周家楣修，張之洞、繆荃孫纂《北京府縣志輯・光緒順天府志》

題肩

漢・史游撰，唐・顏師古注《急就篇》卷四
三國吳・陸璣撰，明・毛晉廣要《陸氏詩疏廣要》卷下之上（釋鳥）
晉・郭璞注，唐・陸德明音義，宋・邢昺疏《爾雅注疏》卷一〇（釋鳥）
宋・毛晃增注，毛居正重增《增修互注禮部韻略》卷二
元・戴侗撰《六書故》卷八
明・李時珍撰《本草綱目》卷四九（禽部）
明・方以智撰《通雅》卷四五（動物・鳥）
清・杭世駿撰《續方言》卷下
清・陳淏子輯，伊欽恒校注《花鏡》附錄

鶗鴘

南朝梁・顧野王撰，宋・陳彭年等重修《重修玉篇》卷二四
元・戴侗撰《六書故》卷八
明・方以智撰《通雅》卷四五（動物・鳥）

鵗鴘

明・方以智撰《通雅》卷四五（動物・鳥）

鷉鳩

明・方以智撰《通雅》卷四五（動物・鳥）

鷂

明・李時珍撰《本草綱目》卷四九（禽部）
明・方以智撰《通雅》卷四五（動物・鳥）
清・夏日琖校，姚明煇輯《蒙古志》
清・萬青黎、周家楣修，張之洞、繆荃孫纂《北京府縣志輯・光緒順天府志》

鸇

明・李時珍撰《本草綱目》卷四九（禽部）
明・方以智撰《通雅》卷四五（動物・鳥）
清・張玉書、陳廷敬等纂《康熙字典》卷三五
清・段玉裁撰《說文解字注》卷四上
清・和珅、梁國治等撰《熱河志》卷九五
清・金蓉鏡纂輯《湖南省靖州鄉土志》卷三

擊征

漢・史游撰，唐・顏師古注《急就篇》卷四
三國吳・陸璣撰，明・毛晉廣要《陸氏詩疏廣要》卷下之上（釋鳥）
晉・郭璞注，唐・陸德明音義，宋・邢昺疏《爾雅注疏》卷一〇（釋鳥）
宋・毛晃增注，毛居正重增《增修互注禮部韻略》卷二
明・方以智撰《通雅》卷四五（動物・鳥）
清・杭世駿撰《續方言》卷下

擊正

明・李時珍撰《本草綱目》卷四九（禽部）

鶻鷹

宋・蔡卞撰《毛詩名物解》卷八（釋鳥）
清・陳淏子輯，伊欽恒校注《花鏡》附錄
清・萬青黎、周家楣修，張之洞、繆荃孫纂《北京府縣志輯・光緒順天府志》

鷹

漢・司馬遷撰《史記・殷本紀》："天乙立，是為成湯。"注："天乙、乙，鷹也。"
漢・史游撰，唐・顏師古注《急就篇》卷四
漢・戴德撰，北周・盧辯註《大戴禮記》卷二
晉・郭璞注，唐・陸德明音義，宋・邢昺疏《爾雅注疏》卷一〇（釋鳥）
晉・孫楚《鷹賦》(《古今圖書集成・博物彙編・禽蟲典》)
南朝梁・顧野王撰，宋・陳彭年等重修《重修玉篇》卷二四
隋・魏彥深《鷹賦》(《古今圖書集成・博物彙編・禽蟲典》)
唐・段成式撰《酉陽雜俎》卷二〇
宋・丁度等撰《附釋文互註禮部韻略》卷二
宋・司馬光撰《類篇》卷一一
宋・毛晃增注，毛居正重增《增修互注禮部韻略》卷二
宋・歐陽德隆撰，郭守正增修《增修校正押韻釋疑》卷四
宋・陳耆卿撰《赤城志》卷三六（禽之屬）
宋・陸佃撰《埤雅》卷六（釋鳥）
宋・蔡卞撰《毛詩名物解》卷八（釋鳥）
宋・羅願撰，元・洪焱祖音釋《爾雅翼》卷一六
金・李杲編輯，明・李時珍參訂，姚可成補輯《食物本草》卷一二
元・戴侗撰《六書故》卷八
元・吳澄撰《禮記纂言》卷六上
元・馬驌撰《繹史》卷八三

明・張自烈撰，清・廖文英續《正字通》亥集中（鳥部）
明・馮復京撰《六家詩名物疏》卷四六
明・方以智撰《通雅》卷四五（動物・鳥）
明・吳楚材輯《彊識畧》卷三〇
清・張玉書、陳廷敬等纂《康熙字典》卷三五
清・和珅、梁國治等撰《熱河志》卷九五
清・唐執玉、李衛等監修，田易等纂《畿輔通志》卷五七
清・西清纂，蕭穆等重輯《黑龍江外記》卷八
清・金蓉鏡纂輯《湖南省靖州鄉土志》卷三
清・夏日瑗校，姚明煇輯《蒙古志》
清・劉於義等監修，沈青崖等編纂《陝西通志》卷四四
清・郝玉麟等監修，謝道承等編纂《福建通志》卷一〇（物產）
清・萬青黎、周家楣修，張之洞、繆荃孫纂《北京府縣志輯・光緒順天府志》
清・姚炳撰《詩識名解》卷一
清・陳淏子輯，伊欽恒校注《花鏡》附錄

來鳩

漢・史游撰，唐・顏師古注《急就篇》卷四

鶆鳩

明・馮復京撰《六家詩名物疏》卷四六
清・金蓉鏡纂輯《湖南省靖州鄉土志》卷三

爽鳩

漢・史游撰，唐・顏師古注《急就篇》卷四
宋・毛晃增注，毛居正重增《增修互注禮部韻略》卷二
明・馮復京撰《六家詩名物疏》卷四六
明・張自烈撰，清・廖文英續《正字通》亥集中（鳥部）

鷞鳩

宋・陸佃撰《埤雅》卷六（釋鳥）
宋・蔡卞撰《毛詩名物解》卷八（釋鳥）
宋・羅願撰，元・洪焱祖音釋《爾雅翼》卷一六
明・馮復京撰《六家詩名物疏》卷四六
明・吳楚材輯《彊識畧》卷三〇
清・和珅、梁國治等撰《熱河志》卷九五
清・金蓉鏡纂輯《湖南省靖州鄉土志》卷三
清・郝玉麟等監修，謝道承等編纂《福建通志》卷一〇（物產）
清・阿桂、劉瑾之等撰《盛京通志》一〇七

野鷹

宋・蘇軾撰，清・查慎行補注《蘇詩補注》卷二

鳺

周・師曠撰，晉・張華注《禽經》
南朝梁・顧野王撰，宋・陳彭年等重修《重修玉篇》卷二四
宋・陸佃撰《埤雅》卷六（釋鳥）
明・馮復京撰《六家詩名物疏》卷四六
明・陶宗儀編《說郛》卷一〇七

鳺鷹

宋・陸佃撰《埤雅》卷六（釋鳥）
明・陶宗儀編《說郛》卷一〇七

黃鷹

宋・陸佃撰《埤雅》卷六（釋鳥）
宋・蔡卞撰《毛詩名物解》卷八（釋鳥）
明・馮復京撰《六家詩名物疏》卷四六
明・吳楚材輯《彊識畧》卷三〇

鴘鷹

宋・陸佃撰《埤雅》卷六（釋鳥）
宋・蔡卞撰《毛詩名物解》卷八（釋鳥）
征鳴
宋・毛晃增注，毛居正重增《增修互注禮部韻略》卷二

阿黎耶

明・李時珍撰《本草綱目》卷四九（禽部）

虎鷹

清・陳淏子輯，伊欽恒校注《花鏡》附錄

雉鷹

金・李杲編輯，明・李時珍參訂，姚可成補輯《食物本草》卷一二
明・馮復京撰《六家詩名物疏》卷四六
清・陳淏子輯，伊欽恒校注《花鏡》附錄

皂鵰

宋・羅願撰，元・洪焱祖音釋《爾雅翼》卷一六
明・張自烈撰，清・廖文英續《正字通》亥集中（鳥部）
明・方以智撰《通雅》卷四五（動物・鳥）
清・阿桂、劉瑾之等撰《盛京通志》卷一〇七
清・姚之駰撰《元明事類鈔》卷三七

皂雕

宋・陸佃撰《埤雅》卷六（釋鳥）
清・和珅、梁國治等撰《熱河志》卷九五
清・牟應震撰《毛詩物名考》卷一
清・夏日瑗校，姚明煇輯《蒙古志》

鶻

宋・梁克家撰《淳熙三山志》卷四二
元・戴侗撰《六書故》卷一九
明・李時珍撰《本草綱目》卷四九（禽部）
明・方以智撰《通雅》卷四五（動物・鳥）
明・吳楚材輯《彊識畧》卷三〇
清・唐執玉、李衛等監修，田易等纂《畿輔通志》卷五七
清・萬青黎、周家楣修，張之洞、繆荃孫纂《北京府縣志輯・光緒順天府志》
清・張玉書、陳廷敬等纂《康熙字典》卷三五

鷙

南唐・徐鍇撰，朱翱反切《說文系傳》卷七
宋・丁度、司馬光等纂《集韻》卷七

宋・司馬光撰《類篇》卷一一
宋・毛晃增注，毛居正重增《增修互注禮部韻略》卷二
宋・歐陽德隆撰，郭守正增修《增修校正押韻釋疑》卷四
元・戴侗撰《六書故》卷八
元・吳澄撰《禮記纂言》卷六上
明・張自烈，清・廖文英續《正字通》亥集中（鳥部）
明・吳楚材輯《彊識畧》卷三〇
清・張玉書、陳廷敬等纂《康熙字典》卷三五
清・段玉裁撰《說文解字注》卷四上
清・阿桂、劉瑾之等撰《盛京通志》卷一〇七

鷙鳥

唐・段成式撰《酉陽雜俎》卷二〇
南朝宋・范煜撰，唐・李賢注《後漢書》卷八九
宋・歐陽德隆撰，郭守正增修《增修校正押韻釋疑》卷四
宋・陳耆卿撰《赤城志》卷三六（禽之屬）
宋・陸佃撰《埤雅》卷六（釋鳥）
宋・蔡卞撰《毛詩名物解》卷八（釋鳥）
宋・羅願撰，元・洪焱祖音釋《爾雅翼》卷一六
元・戴侗撰《六書故》卷八
明・方以智撰《通雅》卷四五（動物・鳥）
清・張玉書、陳廷敬等纂《康熙字典》卷三五
清・周靖撰《篆隸考異》卷四
清・段玉裁撰《說文解字注》卷四上
清・金蓉鏡纂輯《湖南省靖州鄉土志》卷三
清・郝玉麟等監修，謝道承等編纂《福建通志》卷一〇（物產）
清・海忠修，林從炯等纂《熱河省承德府志》卷二九
清・萬青黎、周家楣修，張之洞、繆荃孫纂《北京府縣志輯・光緒順天府志》

鳶 *Milvus* spp.

鳶

周・師曠撰，晉・張華注《禽經》
漢・許慎撰，宋・徐鉉增釋《說文解字》卷四上
晉・郭璞注，唐・陸德明音義，宋・邢昺疏《爾雅注疏》卷一〇
唐・王勃撰《王子安集》卷一
唐・韋應物撰《韋蘇州集》卷九
宋・陸佃撰《埤雅》卷六（釋鳥）
宋・陸佃撰《爾雅新義》卷一八（釋鳥第十七）
宋・薛季宣撰，薛旦編《浪語集》卷二（鳶賦）
宋・姚鉉撰《唐文粹》卷一七上
元・戴侗撰《六書故》卷一六
元・劉鶚撰《惟實集》卷一
明・張自烈，清・廖文英續《正字通》亥集中（鳥部）
清・張玉書、陳廷敬等纂《康熙字典》卷三五
清・周靖撰《篆隸考異》卷四
清・阿桂、劉瑾之等撰《欽定盛京通志》卷一〇七
清・長順修《吉林通志》
清・夏日瑗校，姚明煇輯《蒙古志》
清・牟應震撰《毛詩物名考》卷一
清・秦蕙田撰《五禮通考》卷一九九
清・宋書升撰《夏小正釋義》
清・劉於義等監修，沈青崖等編纂《陝西通志》卷四四
清・舒其紳等修，嚴長明等纂《陝西省西安府志》
清・（美）克拉克 索爾比著，史紅帥譯《穿越陝甘・1908-1909 年克拉克考察隊華北行紀》

鴟

周・師曠撰，晉・張華注《禽經》
宋・陸佃撰《埤雅》卷六（釋鳥）
宋・陸佃撰《爾雅新義》卷一八（釋鳥第十七）
清・張玉書、陳廷敬等纂《康熙字典》卷三五
清・牟應震撰《毛詩物名考》卷一
清・劉於義等監修，沈青崖等編纂《陝西通志》卷四四
清・舒其紳等修，嚴長明等纂《陝西省西安府志》

摩鴟

宋・陸佃撰《爾雅新義》卷一八（釋鳥第十七）

鵍

清・牟應震撰《毛詩物名考》卷一
清・宋書升撰《夏小正釋義》

鳶

清・周靖撰《篆隸考異》卷四

鳶

清・周靖撰《篆隸考異》卷四

隨駕老鴟

清・劉於義等監修，沈青崖等編纂《陝西通志》卷四四
清・舒其紳等修，嚴長明等纂《陝西省西安府志》

隼

清・劉於義等監修，沈青崖等編纂《陝西通志》卷四四
清・舒其紳等修，嚴長明等纂《陝西省西安府志》

鷂

清・劉於義等監修，沈青崖等編纂《陝西通志》卷四四
清・舒其紳等修，嚴長明等纂《陝西省西安府志》

餓老鴟

清・劉於義等監修，沈青崖等編纂《陝西通志》卷四四

鷹奴

清・夏日瑗校，姚明煇輯《蒙古志》
清・阿桂、劉瑾之等撰《欽定盛京通志》卷一〇七

鵚鷹

清・夏日瑗校，姚明煇輯《蒙古志》

鶻

清・舒其紳等修，嚴長明等纂《陝西省西安府志》
清・劉於義等監修，沈青崖等編纂《陝西通志》卷四四

鷂鷹

清・阿桂、劉瑾之等撰《欽定盛京通志》卷一〇七

清・長順修《吉林通志》

鷙鳥

漢・許慎撰，宋・徐鉉增釋《說文解字》卷四上

元・戴侗撰《六書故》卷一六

清・張玉書、陳廷敬等纂《康熙字典》卷三五

清・周靖撰《篆隸考異》卷四

清・宋書升撰《夏小正釋義》

苍鹰 *Accipiter gentilis*

鶤

晉・郭璞注，唐・陸德明音義，宋・邢昺疏《爾雅注疏》卷一〇

清・余省、張為邦摹繪《清宮鳥譜》卷一一

負雀

晉・郭璞注，唐・陸德明音義，宋・邢昺疏《爾雅注疏》卷一〇

負鵲

清・余省、張為邦摹繪《清宮鳥譜》卷一一

鶤鷂

晉・郭璞注，唐・陸德明音義，宋・邢昺疏《爾雅注疏》卷一〇

清・余省、張為邦摹繪《清宮鳥譜》卷一一

鷂子

清・余省、張為邦摹繪《清宮鳥譜》卷一一

鷂

清・余省、張為邦摹繪《清宮鳥譜》卷一一

蒼隼

宋・梅堯臣撰《宛陵集》卷五

苍鷹

元・謝應芳撰《龜巢稿》卷二

明・程敏政編《新安文獻志》卷五〇（倪尚誼蒼鷹嘆）

凤头鹰 *Accipiter trivirgatus*

鵜鳩

宋・陸佃撰《埤雅》卷六

明・李時珍撰《本草綱目》卷四九

清・顧棟高撰《毛詩類釋》卷一六

爽鳩

清・余蕭客撰《古經解鉤沉》卷三〇

鶆鳩

清・顧棟高撰《毛詩類釋》卷一六

來鳩

清・余蕭客撰《古經解鉤沉》卷三〇

黃鷹

宋・陸佃撰《埤雅》卷六

鶬鷹

宋・陸佃撰《埤雅》卷六

鶬鷹

宋・陸佃撰《埤雅》卷六

鶬

宋・陸佃撰《埤雅》卷六

鷹鷂

宋・陸佃撰《埤雅》卷六

鷹

宋・陸佃撰《埤雅》卷六

明・李時珍撰《本草綱目》卷四九

清・顧棟高撰《毛詩類釋》卷一六

角鷹

唐・段成式撰《酉陽雜俎》卷二〇

元・舒頔撰《貞素齋集》卷七

明・李時珍撰《本草綱目》卷四九

明・偶桓編《乾坤清氣》卷五

清・余省、張為邦摹繪《清宮鳥譜》卷一一

鵰

唐・段成式撰《酉陽雜俎》卷二〇

風鷹

清・余省、張為邦摹繪《清宮鳥譜》卷一一

雀鹰 *Accipiter nisus*

食雀鷹

清・(美)克拉克 索爾比著，史紅帥譯《穿越陝甘・1908-1909 年克拉克考察隊華北行紀》

松雀鹰 *Accipiter virgatus*

鷂

清・牟應震撰《毛詩物名考》卷一

細鷂

清・牟應震撰《毛詩物名考》卷一

斑鷂

清・牟應震撰《毛詩物名考》卷一

花鷂

清・牟應震撰《毛詩物名考》卷一

雀鷹

清・牟應震撰《毛詩物名考》卷一

籠鷂兒

清・余省、張為邦摹繪《清宮鳥譜》卷一一

籠柏雄

清・余省、張為邦摹繪《清宮鳥譜》卷一一

新黃鷹

清・余省、張為邦摹繪《清宮鳥譜》卷一一

棕尾鵟 *Buteo rufinus*

花黃豹

清・余省、張為邦摹繪《清宮鳥譜》卷一一

鶚鷹

清·余省、張為邦摹繪《清宮鳥譜》卷一一

大鵟 *Buteo hemilasius*

花豹

清·余省、張為邦摹繪《清宮鳥譜》卷一一

花頭鶚鷹

清·余省、張為邦摹繪《清宮鳥譜》卷一一

禿鷹

清·(美)克拉克 索爾比著，史紅帥譯《穿越陝甘·1908-1909 年克拉克考察隊華北行紀》

普通鵟 *Buteo buteo*

黃鶚鷹

清·余省、張為邦摹繪《清宮鳥譜》卷一一

金鵰 *Aquila chrysaetos*

接白鵰

清·余省、張為邦摹繪《清宮鳥譜》卷一一

鷲

清·(美)克拉克 索爾比著，史紅帥譯《穿越陝甘·1908-1909 年克拉克考察隊華北行紀》

白肩鵰 *Aquila heliaca*

團鵰

清·余省、張為邦摹繪《清宮鳥譜》卷一一

喀爾沁

清·余省、張為邦摹繪《清宮鳥譜》卷一一

乌鵰 *Aquila clanga*

花鶚鷹

清·余省、張為邦摹繪《清宮鳥譜》卷一一

林鵰 *Ictinaetus malayensis*

虎斑鵰

清·余省、張為邦摹繪《清宮鳥譜》卷一一

接白鵰

清·余省、張為邦摹繪《清宮鳥譜》卷一一

黑鷹

宋·李昉等撰《太平御覽》卷九二七（羽族部第十四異鳥）

清·傅恒等撰《歷代通鑒輯覽》卷九八

唐·杜甫撰，宋·黃希原注，黃鶴補注《補注杜詩》

玉带海鵰 *Haliaeetus leucoryphus*

花白鵰

清·余省、張為邦摹繪《清宮鳥譜》卷一一

禿頭鷹

清·(美)克拉克 索爾比著，史紅帥譯《穿越陝甘·1908-1909 年克拉克考察隊華北行紀》

白尾海鵰 *Haliaeetus albicilla*

倒插鵰

清·余省、張為邦摹繪《清宮鳥譜》卷一一

虎头海鵰 *Haliaeetus pelagicus*

白尾鷹

清·(美)克拉克 索爾比著，史紅帥譯《穿越陝甘·1908-1909 年克拉克考察隊華北行紀》

秃鹫 *Aegypius monachus*

沸河

宋·蔡卞集解《毛詩名物解》卷八（鵰）

元·戴侗撰《六書故》卷一九

羌鷲

南唐·徐鍇撰，朱翱反切《說文繫傳》卷七

宋·羅願撰，元·洪焱祖音釋《爾雅翼》卷一六

明·張自烈，清·廖文英續《正字通》亥集中（鳥部）

羌鶁

清·段玉裁撰《說文解字注》卷四上

鷻

宋·羅願撰，元·洪焱祖音釋《爾雅翼》卷一六

宋·司馬光等撰《集韻》卷二

元·戴侗撰《六書故》卷一九

明·李時珍撰《本草綱目》卷四九

清·段玉裁撰《說文解字注》卷四上

鷲

清·余省、張為邦摹繪《清宮鳥譜》卷一一

清·段玉裁撰《說文解字注》卷四上

鵰

元·戴侗撰《六書故》卷一九

雕

清·段玉裁撰《說文解字注》卷四上

耆屠崛

明·張自烈，清·廖文英續《正字通》亥集中（鳥部）

靈鷲

明·張自烈，清·廖文英續《正字通》亥集中（鳥部）

姞栗陀

明·張自烈，清·廖文英續《正字通》亥集中（鳥部）

揭羅闍

明·張自烈，清·廖文英續《正字通》亥集中（鳥部）

鵰鷲

明·張自烈，清·廖文英續《正字通》亥集中（鳥部）

皂鵰

宋·羅願撰，元·洪焱祖音釋《爾雅翼》卷一六

宋·蔡卞集解《毛詩名物解》卷八

元·戴侗撰《六書故》卷一九

明・李時珍撰《本草綱目》卷四九
清・余省、張為邦摹繪《清宮鳥譜》卷一一
老皂雕
清・余省、張為邦摹繪《清宮鳥譜》卷一一
淘河
宋・蔡卞集解《毛詩名物解》卷八
沸波
宋・蔡卞集解《毛詩名物解》卷八
宋・羅願撰，元・洪焱祖音釋《爾雅翼》卷一六
鷲
南唐・徐鍇撰，朱翱反切《說文繫傳》卷七
宋・毛晃增註，毛居正重增《增修互註禮部韻略》卷四
宋・羅願撰，元・洪焱祖音釋《爾雅翼》卷一六
元・戴侗撰《六書故》卷一九
明・張自烈撰，清・廖文英續《正字通》亥集中（鳥部）
明・李時珍撰《本草綱目》卷四九
清・余省、張為邦摹繪《清宮鳥譜》卷一一
鷻
宋・毛晃增註，毛居正重增《增修互註禮部韻略》卷四
清・段玉裁撰《說文解字注》卷四上
禿鷲
清・（美）克拉克 索爾比著，史紅帥譯《穿越陝甘・1908-1909 年克拉克考察隊華北行紀》

胡兀鷲 *Gypaetus barbatus*

狗頭鵰
清・余省、張為邦摹繪《清宮鳥譜》卷一一
白鵰
清・余省、張為邦摹繪《清宮鳥譜》卷一一
髭兀鷹
清・（美）克拉克 索爾比著，史紅帥譯《穿越陝甘・1908-1909 年克拉克考察隊華北行紀》

白尾鷂 *Circus cyaneus*

鷢
漢・許慎撰，宋・徐鉉增釋《說文解字》卷四上
晉・郭璞注，唐・陸德明音義，宋・邢昺疏《爾雅注疏》卷一〇
元・楊恒撰《六書統》卷一八
明・張自烈，清・廖文英續《正字通》亥集中（鳥部）
清・段玉裁注《說文解字注》卷四上
白鷢
周・師曠撰，晉・張華注《禽經》
漢・許慎撰，宋・徐鉉增釋《說文解字》卷四上
晉・郭璞注，唐・陸德明音義，宋・邢昺疏《爾雅注疏》卷一〇
宋・司馬光等撰《類篇》卷一一
元・楊恒撰《六書統》卷一八
明・張自烈，清・廖文英續《正字通》亥集中（鳥部）
清・周春撰《爾雅補注》卷四
清・張玉書、陳廷敬等纂《康熙字典》卷三五
清・郝懿行撰《爾雅義疏》卷下之五（釋鳥第十七）
清・劉玉麐撰《爾雅校義》卷下
清・戴鎣撰《爾雅郭注補正》卷九
清・任基振撰《爾雅注疏箋補》卷三
清・段玉裁注《說文解字注》卷四上
清・方旭撰《蟲薈》卷一
玉鵙
漢・許慎撰，宋・徐鉉增釋《說文解字》卷四上
王鵙
元・楊恒撰《六書統》卷一八
王雎
晉・郭璞注，唐・陸德明音義，宋・邢昺疏《爾雅注疏》卷一〇
清・郝懿行撰《爾雅義疏》卷下之五（釋鳥第十七）
清・段玉裁注《說文解字注》卷四上
鸉
晉・郭璞注，唐・陸德明音義，宋・邢昺疏《爾雅注疏》卷一〇
宋・司馬光等撰《類篇》卷一一
明・張自烈，清・廖文英續《正字通》亥集中（鳥部）
清・張玉書、陳廷敬等纂《康熙字典》卷三五
清・郝懿行撰《爾雅義疏》卷下之五（釋鳥第十七）
清・劉玉麐撰《爾雅校義》卷下
清・戴鎣撰《爾雅郭注補正》卷九
清・任基振撰《爾雅注疏箋補》卷三
清・方旭撰《蟲薈》卷一
楊鳥
晉・郭璞注，唐・陸德明音義，宋・邢昺疏《爾雅注疏》卷一〇
清・劉玉麐撰《爾雅校義》卷下
清・周春撰《爾雅補注》卷四
清・張玉書、陳廷敬等纂《康熙字典》卷三五
揚鳥
明・張自烈，清・廖文英續《正字通》亥集中（鳥部）
白鷂子
清・郝懿行撰《爾雅義疏》卷下之五（釋鳥第十七）
白超
清・余省、張為邦摹繪《清宮鳥譜》卷一二
扶老
晉・崔豹撰《古今注》卷中
禿秋
晉・崔豹撰《古今注》卷中
印尾鷹
清・郝懿行撰《爾雅義疏》卷下之五（釋鳥第十七）

風鷂子

清·郝懿行撰《爾雅義疏》卷下之五（釋鳥第十七）

白尾鷂

清·（美）克拉克 索爾比著，史紅帥譯《穿越陝甘·1908-1909 年克拉克考察隊華北行紀》

草原鷂 *Circus macrourus*

黑超

清·余省、張為邦摹繪《清宮鳥譜》卷一二

鶚，鱼鹰 *Pandion haliaetus*

鴡鳩

周·左丘明撰，晉·杜預注，唐·陸德明音義，孔穎達疏《春秋左傳注疏》卷四八

漢·許慎撰，宋·徐鉉增釋《說文解字》卷四上

三國吳·陸璣撰，明·毛晉廣要《陸氏詩疏廣要》卷下之五

晉·郭璞注，唐·陸德明音義，宋·邢昺疏《爾雅注疏》卷一〇

宋·毛晃增注，毛居正重增《增修互注禮部韻略》卷一

宋·羅願撰，元·洪焱祖音釋《爾雅翼》卷一三

明·方以智撰《通雅》卷四五

明·李時珍撰《本草綱目》卷四九

清·焦循撰《陸氏草木鳥獸蟲魚疏疏》卷二下

清·張玉書、陳廷敬等纂《康熙字典》卷三五

清·任基振撰《爾雅注疏箋補》卷三

雎鳩

三國吳·陸璣撰，明·毛晉廣要《陸氏詩疏廣要》卷下之上

唐·丘光庭撰《兼明書》卷二

宋·嚴粲撰《詩緝》卷一

金·李杲編輯，明·李時珍參訂，姚可成補輯《食物本草》卷一二

明·李時珍撰《本草綱目》卷四九

明·馮復京撰《六家詩名物流》卷一

清·顧棟高撰《毛詩類釋》卷一六

清·毛奇齡撰《續詩傳鳥名卷》卷二

清·劉於義等監修，沈青崖等編纂《陝西通志》卷四四

清·劉玉麐撰《爾雅校議》卷下

清·方旭撰《蟲薈》卷一

王鴡

晉·郭璞注，唐·陸德明音義，宋·邢昺疏《爾雅注疏》卷一〇

南唐·徐鍇撰，朱翱反切《說文繫傳》卷七

元·楊桓撰《六書統》卷一

清·劉玉麐撰《爾雅校議》卷下

清·任基振撰《爾雅注疏箋補》卷三

王鳩

周·左丘明撰，晉·杜預注，唐·孔穎達疏《春秋左傳注疏》卷九

三國吳·陸璣撰，明·毛晉廣要《陸氏詩疏廣要》卷下之五

晉·郭璞注，唐·陸德明編《爾雅》

唐·丘光庭撰《兼明書》卷二

宋·毛晃增注，毛居正重增《增修互注禮部韻略》卷一

宋·王質撰《詩總聞》卷一九

宋·羅願撰，元·洪焱祖音釋《爾雅翼》卷一八

明·馮複京撰《六家詩名物流》卷四一

明·李時珍撰《本草綱目》卷四九

清·劉於義等監修，沈青崖等編纂《陝西通志》卷四四

王雎

漢·許慎撰，宋·徐鉉增釋《說文解字》卷四上

宋·毛晃增注，毛居正重增《增修互注禮部韻略》卷一

明·李時珍撰《本草綱目》卷四九

清·毛奇齡撰《續詩傳鳥名卷》卷二

清·劉於義等監修，沈青崖等編纂《陝西通志》卷四四

清·方旭撰《蟲薈》卷一

下窟鳥

明·張自烈，清·廖文英續《正字通》亥集中

明·李時珍撰《本草綱目》卷四九

清·張玉書、陳廷敬等纂《康熙字典》卷三五

清·方旭撰《蟲薈》卷一

下窋鳥

清·劉玉麐撰《爾雅校議》卷下

下窟

明·李時珍撰《本草綱目》卷四九

魚鷹

三國吳·陸璣撰，明·毛晉廣要《陸氏詩疏廣要》卷下之上

宋·陳思編，元·陳世隆補《兩宋名賢小集》卷一九七

明·李時珍撰《本草綱目》卷四九

明·張自烈，清·廖文英續《正字通》

明·方以智撰《通雅》卷四五

清·張玉書、陳廷敬等纂《康熙字典》卷三五

清·阿桂、劉瑾之等撰《欽定盛京通志》卷一〇七（禽類）

清·方旭撰《蟲薈》卷一

清·任基振撰《爾雅注疏箋補》卷三

清·余省、張為邦摹繪《清宮鳥譜》卷七

清·（美）克拉克 索爾比著，史紅帥譯《穿越陝甘·1908-1909 年克拉克考察隊華北行紀》

沸波

明·李時珍撰《本草綱目》卷四九

明·張自烈，清·廖文英續《正字通》亥集中

明·方以智撰《通雅》卷四五

清·方旭撰《蟲薈》卷一

鷼雞

明・李時珍撰《本草綱目》卷四九

清・張玉書、陳廷敬等纂《康熙字典》卷三五

清・方旭撰《蟲薈》卷一

清・余省、張為邦摹繪《清宮鳥譜》卷七

白鷢

漢・許慎撰，宋・徐鉉增釋《說文解字》卷四上

三國吳・陸璣撰，明・毛晉廣要《陸氏詩疏廣要》卷下之上

晉・郭璞注，唐・陸德明音義，宋・邢昺疏《爾雅注疏》卷一〇

唐・丘光庭撰《兼明書》卷二

明・馮復京撰《六家詩名物流》卷二

明・方以智撰《通雅》卷四五

明・陶宗儀編《說郛》卷六上

清・毛奇齡撰《續詩傳鳥名卷》卷一

清・余省、張為邦摹繪《清宮鳥譜》卷七

鷩

漢・許慎撰，宋・徐鉉增釋《說文解字》卷四上

三國吳・陸璣撰，明・毛晉廣要《陸氏詩疏廣要》卷下之上

清・焦循撰《陸氏草木鳥獸蟲魚疏疏》卷二下

清・方旭撰《蟲薈》卷一

揚鳥

唐・丘光庭撰《兼明書》卷二

陽鳥

明・陶宗儀編《說郛》卷五上

清・毛奇齡撰《續詩傳鳥名卷》卷一

食魚鷹

金・李杲編輯，明・李時珍參訂，姚可成補輯《食物本草》卷一二

鉤魚郎

清・阿桂、劉瑾之等撰《欽定盛京通志》卷一〇七（禽類）

鶚

晉・郭璞注，唐・陸德明音義，宋・邢昺疏《爾雅注疏》卷一〇

漢・許慎撰，宋・徐鉉增釋《說文解字》卷四上

宋・司馬光撰《類篇》卷一一

宋・歐陽德隆撰，郭守正增修《增修校正押韻釋疑》卷五

宋・陳耆卿撰《赤城志》卷三六（禽之屬）

元・楊桓撰《六書統》卷一

明・張自烈，清・廖文英續《正字通》亥集中

金・李杲編輯，明・李時珍參訂，姚可成補輯《食物本草》卷一二

元・戴侗撰《六書故》卷一九

明・李時珍撰《本草綱目》卷四九

清・張玉書、陳廷敬等纂《康熙字典》卷三五

清・毛奇齡撰《續詩傳鳥名卷》卷二

清・劉玉麐撰《爾雅校議》卷下

清・方旭撰《蟲薈》卷一

清・余省、張為邦摹繪《清宮鳥譜》卷七

鵃鶚

宋・陳耆卿撰《赤城志》卷三六（禽之屬）

大鶚

元・戴侗撰《六書故》卷一九

雕鶚

清・張玉書、陳廷敬等纂《康熙字典》卷三五

水鶚

清・余省、張為邦摹繪《清宮鳥譜》卷七

隼科 Falconidae

鷐風

漢・許慎撰，宋・徐鉉增釋《說文解字》卷四上

南唐・徐鍇撰，朱翱反切《說文繫傳》卷七

宋・司馬光等撰《類篇》卷一一

元・楊桓撰《六書統》卷一

清・張玉書、陳廷敬等纂《康熙字典》卷三五

晨風

周・師曠撰，晉・張華注《禽經》

三國吳・陸璣撰，明・毛晉廣要《陸氏詩疏廣要》卷下之上

南唐・徐鍇撰，朱翱反切《說文繫傳》卷七

宋・梁克家撰《淳熙三山志》卷四二（禽族）

宋・陸佃撰《埤雅》卷六

宋・蔡卞集解《毛詩名物解》卷八

元・戴侗撰《六書故》卷一九

元・陶宗儀編《說郛》卷一七〇

明・馮復京撰《六家詩名物疏》卷二六

明・張自烈撰，清・廖文英續《正字通》

清・張玉書、陳廷敬等纂《康熙字典》卷三五

清・姚炳撰《詩識名解》卷一

清・毛奇齡撰《續詩傳鳥名卷》卷二

清・顧棟高撰《毛詩類釋》卷一六

鸇

漢・許慎撰，宋・徐鉉增釋《說文解字》卷四上

三國吳・陸璣撰，明・毛晉廣要《陸氏詩疏廣要》卷下之上

南唐・徐鍇撰，朱翱反切《說文繫傳》卷七

宋・陸佃撰《埤雅》卷六

宋・司馬光等撰《類篇》卷一一

宋・梁克家撰《淳熙三山志》卷四二（禽族）

宋・蔡卞撰《毛詩名物解》卷八

元・戴侗撰《六書故》卷一九

元・楊桓撰《六書統》卷一

元・陶宗儀編《說郛》卷一七〇
明・張自烈撰，清・廖文英續《正字通》亥集中
明・馮復京撰《六家詩名物疏》卷二六
清・張玉書、陳廷敬等纂《康熙字典》卷三五

鴩

宋・司馬光等撰《類篇》卷一一
明・張自烈撰，清・廖文英續《正字通》亥集中
清・劉於義等監修，沈青崖等編纂《陝西通志》卷四四

鳱

漢・許慎撰，宋・徐鉉增釋《說文解字》卷四上
南唐・徐鍇撰，朱翱反切《說文繫傳》卷七
元・戴侗撰《六書故》卷一九
元・楊桓撰《六書統》卷一
明・張自烈撰，清・廖文英續《正字通》亥集中

擊征

三國吳・陸璣撰，明・毛晉廣要《陸氏詩疏廣要》卷下之上
明・馮復京撰《六家詩名物疏》卷二五
明・方以智撰《通雅》卷四五

題肩

三國吳・陸璣撰，明・毛晉廣要《陸氏詩疏廣要》卷下之上
明・馮復京撰《六家詩名物疏》卷三五
明・方以智撰《通雅》卷四五

雗

宋・羅願撰，元・洪焱祖音釋《爾雅翼》卷一六
元・戴侗撰《六書故》卷一九
明・馮復京撰《六家詩名物疏》卷三五
清・陳啟源撰《毛詩稽古編》卷一一

雀鷹

宋・陸佃撰《埤雅》卷八
明・馮復京撰《六家詩名物疏》卷三五
清・姚炳撰《詩識名解》卷一

隼

宋・梁克家撰《淳熙三山志》卷四二（禽族）
宋・陸佃撰《埤雅》卷八
宋・蔡卞撰《毛詩名物解》卷六
宋・羅願撰，元・洪焱祖音釋《爾雅翼》卷一六
明・馮復京撰《六家詩名物疏》卷三五
清・張玉書、陳廷敬等纂《康熙字典》卷三五

鶽

清・張玉書、陳廷敬等纂《康熙字典》卷三五

靈鶻

宋・周去非撰《嶺外代答》卷九

白腿小隼 *Microhierax melanoleucos*

獨姑鳥

三國吳・沈瑩撰，張崇根輯校《臨海水土異物志》

猎隼 *Falco cherrug*

蘆花海青

清・余省、張為邦摹繪《清宮鳥譜》卷一一

矛隼 *Falco rusticolus*

海東青

清・姚之駰撰《元明事類鈔》卷三七
清・阿桂、于敏中等撰《欽定滿洲源流考》卷一九
清・余省、張為邦摹繪《清宮鳥譜》卷一一
清・阿桂、劉瑾之等撰《欽定盛京通志》卷一〇七
清・西清纂，蕭穆等重輯《黑龍江外記》卷八
清・長順修《吉林通志》卷三四
清・唐執玉、李衛等監修，田易等纂《畿輔通志》卷五七

海青

清・阿桂、劉瑾之等撰《欽定盛京通志》卷一〇七
清・王河等修《欽定盛京通志》卷二七（物產）
清・西清纂，蕭穆等重輯《黑龍江外記》卷八

白海青

清・姚之駰撰《元明事類鈔》卷三七
清・余省、張為邦摹繪《清宮鳥譜》卷一一
清・蔣溥等編《御製詩集》（二集）卷七五

白鷹

唐・李白撰《李太白文集》卷二二
清・長順修《吉林通志》卷三四

金鴉鶻

清・姚之駰撰《元明事類鈔》卷三七

鴉鶻

清・阿桂、劉瑾之等撰《欽定盛京通志》卷一〇七

鶻

清・海忠休、林從炯等纂《熱河省承德府志》卷二九
清・唐執玉、李衛等監修，田易等纂《畿輔通志》卷五七

俊鶻

清・長順修《吉林通志》卷三四

白鶻

清・姚之駰撰《元明事類鈔》卷三七
清・吳景旭撰《歷代詩話》卷二七

兔鶻

清・阿桂、劉瑾之等撰《欽定盛京通志》卷一〇七

青鵰

清・西清纂，蕭穆等重輯《黑龍江外記》卷八

白兔鶻

清・海忠休、林從炯等纂《熱河省承德府志》卷二九
清・姚之駰撰《元明事類鈔》卷三七

游隼 *Falco peregrinus*

籠黃鷹

清・余省、張為邦摹繪《清宮鳥譜》卷一一

遊鳥

三國吳・沈瑩撰，張崇根校《臨海水工異物志》

灰背隼 *Falco columbarius*

籠鷂子

清・余省、張為邦摹繪《清宮鳥譜》卷一一

蝦蟆鷹

清・余省、張為邦摹繪《清宮鳥譜》卷一一

红脚隼 *Falco vespertinus*

紅腳獵鷹

清・(美)克拉克 索爾比著，史紅帥譯《穿越陝甘・1908-1909 年克拉克考察隊華北行紀》

青鵃

清・余省、張為邦摹繪《清宮鳥譜》卷一一

鷂子

清・余省、張為邦摹繪《清宮鳥譜》卷一一

鶽

清・余省、張為邦摹繪《清宮鳥譜》卷一一

鶽鷂

清・余省、張為邦摹繪《清宮鳥譜》卷一一

鶽負鵲

清・余省、張為邦摹繪《清宮鳥譜》卷一一

題鵃

清・余省、張為邦摹繪《清宮鳥譜》卷一一

青鵃

清・余省、張為邦摹繪《清宮鳥譜》卷一一

青鶻

清・余省、張為邦摹繪《清宮鳥譜》卷一一

鵃子

清・余省、張為邦摹繪《清宮鳥譜》卷一一

红隼 *Falco tinnunculus*

茶隼

清・(美)克拉克 索爾比著，史紅帥譯《穿越陝甘・1908-1909 年克拉克考察隊華北行紀》

鸡形目 Galliformes

松鸡科 Tetraonidae

西方松鸡 *Tetrao urogallus*

松雞

清・余省、張為邦摹繪《清宮鳥譜》卷六

鷗雞

清・余省、張為邦摹繪《清宮鳥譜》卷六

何爾其

清・余省、張為邦摹繪《清宮鳥譜》卷六

黑琴鸡 *Lyrurus tetrix*

樹雞

清・余省、張為邦摹繪《清宮鳥譜》卷六

口北樹雞

清・余省、張為邦摹繪《清宮鳥譜》卷六

柳雷鸟 *Lagopus lagopus*

松雞

清・柯璜譯編，（日）箕作佳吉著《博物學講義》第三章（脊椎動物）

花尾榛鸡 *Bonasa bonasia*

飛龍

清・西清纂，蕭穆等重輯《黑龍江外記》卷八

雉科 Phasianidae

雉

周・師曠撰，晉・張華注《禽經》

晉・杜氏注，唐・孔穎達疏，陸德明音義《春秋左傳注疏》卷四八

南唐・徐鍇撰，朱翺反切《說文繫傳》卷七

宋・司馬光撰《類篇》卷一〇

宋・吳棫撰《韻補》卷五

宋・陳耆卿撰《赤城志》卷三六

宋・羅願撰，元・洪焱祖音釋《爾雅翼》卷一三

元・戴侗撰《六書故》卷一九

元・楊桓撰《六書統》卷一八

明・陶宗儀編《說郛》卷一〇七

明・周祈撰《名義考》卷一〇

明・李蘇著《見物》卷一

明・包大爟纂修《萬曆兗州府志》卷二五

明・方以智撰《通雅》卷四五

清・段玉裁撰《說文解字注》卷四上

清・毛奇齡撰《續詩傳鳥名卷》卷一

清・姚炳撰《詩識名解》卷一

清・陳啟源撰《毛詩稽古編》卷二八

清・方旭撰《蟲薈》卷一

清・蔣毓英修《臺灣府志》卷四

清・金蓉鏡纂輯《湖南省靖州鄉土志》卷三

清・張鳳台纂修《安東省長白彙徵錄》卷六

清・海忠修，林從炯等纂《熱河省承德府志》捐二九（物產）

清・黃永綸修，楊錫齡等纂《湖北府縣志輯・道光寧都直隸州志》卷一二（土產）

清・額哲克等修，單興詩纂《廣東府縣志輯・同治韶州府志》卷二（物產）

清・萬青黎、周家楣修，張之洞、繆荃孫纂《北京府縣志輯・光緒順天府志》

原禽
清・方旭撰《蟲薈》卷一
丹鳥
清・方旭撰《蟲薈》卷一
盧諸雉
南唐・徐鍇撰，朱翱反切《說文繫傳》卷七
宋・司馬光撰《類篇》卷一〇
元・戴侗撰《六書故》卷一九
元・楊桓撰《六書統》卷一八
清・段玉裁撰《說文解字注》卷四上
清・陳啟源撰《毛詩稽古編》卷二八
清・方旭撰《蟲薈》卷一
喬雉
南唐・徐鍇撰，朱翱反切《說文繫傳》卷七
宋・司馬光撰《類篇》卷一〇
元・楊桓撰《六書統》卷一八
清・陳啟源撰《毛詩稽古編》卷二八
清・方旭撰《蟲薈》卷一
鷂雉
晉・郭璞注，唐・陸德明音義，宋・邢昺疏《爾雅注疏》卷一〇
南唐・徐鍇撰，朱翱反切《說文繫傳》卷七
元・戴侗撰《六書故》卷一九
明・周祈撰《名義考》卷一〇
明・包大爟纂修《萬曆兗州府志》卷二五
清・陳啟源撰《毛詩稽古編》卷二八
清・方旭撰《蟲薈》卷一
清・周碩勳纂修《廣東省潮州府志》卷三九（物產）
鳪雉
晉・郭璞注，唐・陸德明音義，宋・邢昺疏《爾雅注疏》卷一〇
南唐・徐鍇撰，朱翱反切《說文繫傳》卷七
宋・司馬光等撰《類篇》卷二六
元・戴侗撰《六書故》卷一九
元・楊桓撰《六書統》卷一八
明・周祈撰《名義考》卷一〇
清・陳啟源撰《毛詩稽古編》卷二八
清・方旭撰《蟲薈》卷一
鷩雉
晉・郭璞注，唐・陸德明音義，宋・邢昺疏《爾雅注疏》卷一〇
南唐・徐鍇撰，朱翱反切《說文繫傳》卷七
宋・司馬光撰《類篇》卷一〇
元・戴侗撰《六書故》卷一九
元・楊桓撰《六書統》卷一八
明・周祈撰《名義考》卷一〇
明・李蘇著《見物》卷一
明・包大爟纂修《萬曆兗州府志》卷二五
清・段玉裁撰《說文解字注》卷四上
清・陳啟源撰《毛詩稽古編》卷二八
清・方旭撰《蟲薈》卷一
清・周碩勳纂修《廣東省潮州府志》卷三九（物產）
秩秩海雉
晉・郭璞注，唐・陸德明音義，宋・邢昺疏《爾雅注疏》卷一〇
南唐・徐鍇撰，朱翱反切《說文繫傳》卷七
宋・司馬光撰《類篇》卷一〇
元・戴侗撰《六書故》卷一九
元・楊桓撰《六書統》卷一八
清・陳啟源撰《毛詩稽古編》卷二六
清・段玉裁撰《說文解字注》卷四上
清・方旭撰《蟲薈》卷一
翟山雉
晉・郭璞注，唐・陸德明音義，宋・邢昺疏《爾雅注疏》卷一〇
南唐・徐鍇撰，朱翱反切《說文繫傳》卷七
宋・司馬光撰《類篇》卷一〇
元・戴侗撰《六書故》卷一九
元・楊桓撰《六書統》卷一八
清・陳啟源撰《毛詩稽古編》卷二六
清・段玉裁撰《說文解字注》卷四上
清・方旭撰《蟲薈》卷一
鵫雉
晉・郭璞注，唐・陸德明音義，宋・邢昺疏《爾雅注疏》卷一〇
南唐・徐鍇撰，朱翱反切《說文繫傳》卷七
宋・司馬光撰《類篇》卷一〇
元・戴侗撰《六書故》卷一九
元・楊桓撰《六書統》卷一八
明・周祈撰《名義考》卷一〇
清・段玉裁撰《說文解字注》卷四上
清・陳啟源撰《毛詩稽古編》卷二八
清・方旭撰《蟲薈》卷一
白鵫
晉・郭璞注，唐・陸德明音義，宋・邢昺疏《爾雅注疏》卷一〇
清・陳啟源撰《毛詩稽古編》卷二八
白雉
晉・郭璞注，唐・陸德明音義，宋・邢昺疏《爾雅注疏》卷一〇
明・包大爟纂修《萬曆兗州府志》卷二五
清・陳啟源撰《毛詩稽古編》卷二八
卓雉
南唐・徐鍇撰，朱翱反切《說文繫傳》卷七

宋・司馬光撰《類篇》卷一〇
元・楊桓撰《六書統》卷一八
清・陳啟源撰《毛詩稽古編》卷二六
清・方旭撰《蟲薈》卷一

鶅雉

晉・郭璞注，唐・陸德明音義，宋・邢昺疏《爾雅注疏》卷一〇
宋・司馬光撰《類篇》卷一〇
元・戴侗撰《六書故》卷一九
明・周祈撰《名義考》卷一〇
清・陳啟源撰《毛詩稽古編》卷二八

白鶅

晉・郭璞注，唐・陸德明音義，宋・邢昺疏《爾雅注疏》卷一〇
明・周祈撰《名義考》卷一〇
清・陳啟源撰《毛詩稽古編》卷二八

甾

南唐・徐鍇撰，朱翺反切《說文繫傳》卷七
宋・司馬光撰《類篇》卷一〇
元・楊桓撰《六書統》卷一八
清・陳啟源撰《毛詩稽古編》卷二八
清・段玉裁撰《說文解字注》卷四上
清・方旭撰《蟲薈》卷一

鶹

晉・杜氏注，唐・孔穎達疏，陸德明音義《春秋左傳注疏》卷四八
晉・郭璞注，唐・陸德明音義，宋・邢昺疏《爾雅注疏》卷一〇
宋・吳棫撰《韻補》卷五
元・戴侗撰《六書故》卷一九
明・張自烈撰，清・廖文英續《正字通》亥集中
明・周祈撰《名義考》卷一〇
清・張玉書、陳廷敬等纂《康熙字典》卷三五
清・段玉裁撰《說文解字注》卷四上

稀

南唐・徐鍇撰，朱翺反切《說文繫傳》卷七
宋・司馬光撰《類篇》卷一〇
元・楊桓撰《六書統》卷一八
清・陳啟源撰《毛詩稽古編》卷二八
清・段玉裁撰《說文解字注》卷四上
清・陳啟源撰《毛詩稽古編》卷二八
清・方旭撰《蟲薈》卷一

鵗

晉・杜氏注，唐・孔穎達疏，陸德明音義《春秋左傳注疏》卷四八
晉・郭璞注，唐・陸德明音義，宋・邢昺疏《爾雅注疏》卷一〇
宋・吳棫撰《韻補》卷五
元・戴侗撰《六書故》卷一九
明・周祈撰《名義考》卷一〇
清・段玉裁撰《說文解字注》卷四上
清・陳啟源撰《毛詩稽古編》卷二八

搖

南唐・徐鍇撰，朱翺反切《說文繫傳》卷七
宋・司馬光撰《類篇》卷一〇
元・戴侗撰《六書故》卷一九
元・楊桓撰《六書統》卷一八
清・陳啟源撰《毛詩稽古編》卷二八
清・段玉裁撰《說文解字注》卷四上
清・方旭撰《蟲薈》卷一

蹲

南唐・徐鍇撰，朱翺反切《說文繫傳》卷七
宋・司馬光撰《類篇》卷一〇
元・戴侗撰《六書故》卷一九
元・楊桓撰《六書統》卷一八
清・陳啟源撰《毛詩稽古編》卷二八
清・段玉裁撰《說文解字注》卷四上
清・方旭撰《蟲薈》卷一

鷷

晉・杜氏注，唐・孔穎達疏，陸德明音義《春秋左傳注疏》卷四八
晉・郭璞注，唐・陸德明音義，宋・邢昺疏《爾雅注疏》卷一〇
宋・吳棫撰《韻補》卷五
元・戴侗撰《六書故》卷一九
明・周祈撰《名義考》卷一〇
清・段玉裁撰《說文解字注》卷四上
清・陳啟源撰《毛詩稽古編》卷二八

翬

周・師曠撰，晉・張華注《禽經》
漢・許慎撰，宋・徐鉉增釋《說文解字》卷四上
晉・杜氏注，唐・孔穎達疏，陸德明音義《春秋左傳注疏》卷四八
晉・郭璞注，唐・陸德明音義，宋・邢昺疏《爾雅注疏》卷一〇
南唐・徐鍇撰，朱翺反切《說文繫傳》卷七
宋・司馬光撰《類篇》卷一〇
宋・吳棫撰《韻補》卷五
元・戴侗撰《六書故》卷一九
元・楊桓撰《六書統》卷一八
明・周祈撰《名義考》卷一〇
明・包大㸌纂修《萬曆兗州府志》卷二五
清・陳啟源撰《毛詩稽古編》卷二八
清・段玉裁撰《說文解字注》卷四上

清・方旭撰《蟲薈》卷一

鷶

晉・杜氏注，唐・孔穎達疏，陸德明音義《春秋左傳注疏》卷四八

晉・郭璞注，唐・陸德明音義，宋・邢昺疏《爾雅注疏》卷一〇

南唐・徐鍇撰，朱翱反切《說文繫傳》卷七

宋・司馬光撰《類篇》卷一〇

元・戴侗撰《六書故》卷一九

元・楊桓撰《六書統》卷一八

清・段玉裁撰《說文解字注》卷四上

清・方旭撰《蟲薈》卷一

壽

元・戴侗撰《六書故》卷一九

清・陳啟源撰《毛詩稽古編》卷二八

鶇雉

晉・杜氏注，唐・孔穎達疏，陸德明音義《春秋左傳注疏》卷四八

翟雉

晉・杜氏注，唐・孔穎達疏，陸德明音義《春秋左傳注疏》卷四八

南朝梁・沈約撰《宋書》卷三二

明・周祈撰《名義考》卷一〇

明・李蘇著《見物》卷一

清・陳啟源撰《毛詩稽古編》卷二八

鷂雉

晉・杜氏注，唐・孔穎達疏，陸德明音義《春秋左傳注疏》卷四八

鳪雉

晉・杜氏注，唐・孔穎達疏，陸德明音義《春秋左傳注疏》卷四八

翬雉

周・左丘明撰，晉・杜預注，唐・孔穎達疏《春秋左傳注疏》卷四八

清・陳啟源撰《毛詩稽古編》卷二八

清・周碩勳纂修《廣東省潮州府志》卷三九（物產）

鷂雉

周・師曠撰，晉・張華注《禽經》

晉・郭璞注，唐・陸德明音義，宋・邢昺疏《爾雅注疏》卷一〇

元・戴侗撰《六書故》卷一九

明・包大爟纂修《萬曆兗州府志》卷二五

明・周祈撰《名義考》卷一〇

清・周碩勳纂修《廣東省潮州府志》卷三九（物產）

鸐雉

晉・杜氏注，唐・孔穎達疏，陸德明音義《春秋左傳注疏》卷四八

晉・張華撰《博物志》卷四

清・金蓉鏡纂輯《湖南省靖州鄉土志》卷三（物產）

清・謝啟昆監修《廣西通志》卷九一（與地略・物產）

翟

周・師曠撰，晉・張華注《禽經》

漢・許慎撰，宋・徐鉉增釋《說文解字》卷四上

宋・司馬光撰《類篇》卷一〇

宋・吳棫撰《韻補》卷五

元・戴侗撰《六書故》卷一九

元・黃鎮成撰《尚書通考》卷五

明・張自烈撰，清・廖文英續《正字通》亥集中

明・周祈撰《名義考》卷一〇

清・段玉裁撰《說文解字注》卷四上

夏翟

周・師曠撰，晉・張華注《禽經》

宋・黃倫撰《尚書精義》卷一〇

鸐

晉・郭璞注，唐・陸德明音義，宋・邢昺疏《爾雅注疏》卷一〇

明・周祈撰《名義考》卷一〇

清・張玉書、陳廷敬等纂《康熙字典》卷三五

清・陳啟源撰《毛詩稽古編》卷二八

清・金蓉鏡纂輯《湖南省靖州鄉土志》卷三

鶾

漢・許慎撰，宋・徐鉉增釋《說文解字》卷四上

南唐・徐鍇撰，朱翱反切《說文繫傳》卷七

宋・司馬光撰《類篇》卷一〇

元・戴侗撰《六書故》卷一九

元・楊桓撰《六書統》卷一八

明・張自烈撰，清・廖文英續《正字通》亥集中

清・張玉書、陳廷敬等纂《康熙字典》卷三五

清・段玉裁撰《說文解字注》卷四上

清・周靖撰《篆隸考異》卷四

鶾雞

漢・許慎撰，宋・徐鉉增釋《說文解字》卷四上

清・段玉裁撰《說文解字注》卷四上

鶤

元・戴侗撰《六書故》卷一九

清・周靖撰《篆隸考異》卷四

鶤雞

元・戴侗撰《六書故》卷一九

鳰

晉・郭璞注，唐・陸德明音義，宋・邢昺疏《爾雅注疏》卷一〇

明・張自烈撰，清・廖文英續《正字通》亥集中

清・段玉裁撰《說文解字注》卷四上

鴂

明·張自烈撰，清·廖文英續《正字通》亥集中

清·張玉書、陳廷敬等纂《康熙字典》卷三五

翰

漢·許慎撰，宋·徐鉉增釋《説文解字》卷四上

明·張自烈撰，清·廖文英續《正字通》亥集中

清·段玉裁撰《説文解字注》卷四上

鶾

南唐·徐鍇撰，朱翱反切《説文繫傳》卷七

元·楊桓撰《六書統》卷一八

明·張自烈撰，清·廖文英續《正字通》亥集中

清·段玉裁撰《説文解字注》卷四上

韓

清·段玉裁撰《説文解字注》卷四上

清·陳啟源撰《毛詩稽古編》卷二八

韓鷽

清·段玉裁撰《説文解字注》卷四上

鶇

清·張玉書、陳廷敬等纂《康熙字典》卷三五

鷬

明·張自烈撰，清·廖文英續《正字通》亥集中

清·張玉書、陳廷敬等纂《康熙字典》卷三五

清·毛奇齡撰《續詩傳鳥名卷》卷一

清·黄永綸修，楊錫齡等纂《湖北府縣志輯·道光寧都直隸州志》卷一二

鷐風

漢·許慎撰，宋·徐鉉增釋《説文解字》卷四上

隼

宋·司馬光撰《類篇》卷一〇

鵗鶘

明·周祈撰《名義考》卷一〇

雉雞

清·海忠修，林從炯等纂《熱河省承德府志》捐二九（物産）

山雞

明·周祈撰《名義考》卷一〇

清·陳啟源撰《毛詩稽古編》卷二八

山鷄

南朝宋·劉敬叔撰《異苑》卷三

野雞

清·毛奇齡撰《續詩傳鳥名卷》卷一

清·金蓉鏡纂輯《湖南省靖州鄉土志》卷三

清·張鳳台纂修《安東省長白彙徵錄》卷五

清·海忠修，林從炯等纂《熱河省承德府志》捐二九（物産）

清·西清纂，蕭穆等重輯《黑龍江外記》卷八

寒雞

清·金蓉鏡纂輯《湖南省靖州鄉土志》卷三

淡腹雪鸡，藏雪鸡 *Tetraogallus tibetanus*

雪雞

清·趙學敏撰《本草綱目拾遺》卷九

清·七十一著《西域總志·異域瑣談》

石鸡 *Alectoris chukar*

石雞

三國吳·沈瑩撰，張崇根校《臨海水土異物志》

石鷄

清·阿桂、劉瑾之等撰《欽定盛京通志》卷一〇七

清·余省、張為邦摹繪《清宮鳥譜》卷六

英雞

宋·唐慎微撰，寇宗奭衍義《證類本草》卷一九

金·李杲編輯，明·李時珍參訂，姚可成補輯《食物本草》卷一二

清·方旭撰《蟲薈》卷二

肥遺

清·阿桂、劉瑾之等撰《欽定盛京通志》

清·吴任臣注《山海經廣注》卷二（西山經）

潮雞

清·方旭撰《蟲薈》卷一

紅腿山鶉

清·（美）克拉克 索爾比著，史紅帥譯《穿越陝甘·1908-1909年克拉克考察隊華北行紀》

中华鹧鸪 *Francolinus pintadeanus*

鷓鴣

周·師曠撰，晉·張華注《禽經》

漢·許慎撰，宋·徐鉉增釋《説文解字》卷四上

晉·崔豹撰《古今注》卷中

唐·段公路撰，龜圖註《北戶錄》卷一

宋·司馬光撰《類篇》卷一一

宋·梁克家撰《淳熙三山志》卷四二

宋·施宿等撰《會稽志》卷一七

宋·范成大撰《桂海虞衡志》卷一七

宋·吳曾撰《能改齋漫錄》卷八

宋·朱勝非撰《紺珠集》卷四

宋·唐慎微撰，寇宗奭衍義《證類本草》卷一九

宋·蘇頌撰，胡乃長、王致譜輯注，蔡景峰審定《圖經本草》卷一三

金·李杲編輯，明·李時珍參訂，姚可成補輯《食物本草》卷一二

元·楊桓撰《六書統》卷一八

元·戴侗撰《六書故》卷一九

明·張自烈撰，清·廖文英續《正字通》亥集中（鳥部）

明·李時珍撰《本草綱目》卷四八

明·唐胄編集《正德瓊台志（廣東省）》

明·方以智撰《通雅》卷四五

明・葉子奇撰《草木子》卷四
明・陶宗儀撰《說郛》卷一二上
清・張玉書、陳廷敬等纂《康熙字典》卷三五
清・嵇曾筠等監修，沈翼機等編纂《浙江通志》卷一〇五
清・范士瑾纂修《廣東府縣志輯・康熙陽江縣志》卷四
清・周碩勳纂修《廣東省潮州府志》卷三九
清・黃永綸修，楊錫齡等纂《湖北府縣志輯・道光寧都直隸州志》卷一二
清・李書吉等纂修《廣東府縣志輯・嘉慶澄海縣志》卷二四
清・魏瀛修，魯琪光、鐘音鴻纂《江西府縣志輯・同治贛州府志》卷二一
清・劉以義等監修，沈青崖等編纂《陝西通志》卷四四
清・額哲克等修，單興詩纂《廣東府縣志輯・同治韶州府志》卷一一
清・楊修田纂修《河南省光州志》卷四
清・董天工輯《武夷山志》卷一九
清・吳景旭撰《歷代詩話》卷五五
清・方旭撰《蟲薈》卷一
清・余省、張為邦摹繪《清宮鳥譜》卷一二
清・何天瑞修，桂坫纂《廣東府縣志輯・西寧縣志》
清・王崧修，李星煇纂《廣東府縣志輯・光緒揭陽縣續志》
清・喻炳榮修，朱德華、楊翊纂《廣東府縣志輯・道光遂溪縣志》
清・溫恭修，吳蘭修纂《廣東府縣誌輯・道光封川縣誌》

鷓

漢・許慎撰，宋・徐鉉增釋《說文解字》卷四上
宋・司馬光撰《類篇》卷一一
元・戴侗撰《六書故》卷一九
元・楊桓撰《六書統》卷一八
明・張自烈撰，清・廖文英續《正字通》亥集中（鳥部）
清・張玉書、陳廷敬等纂《康熙字典》卷三五

䳭

漢・許慎撰，宋・徐鉉增釋《說文解字》卷四上
元・戴侗撰《六書故》卷一九
元・楊桓撰《六書統》卷一八
明・張自烈撰，清・廖文英續《正字通》亥集中（鳥部）
清・張玉書、陳廷敬等纂《康熙字典》卷三五
清・屠英等修，江藩等纂《廣東府縣志輯・道光肇慶府志》卷三

隨陽

周・師曠撰，晉・張華注《禽經》
宋・蘇頌撰，胡乃長、王致譜輯注，蔡景峰審定《圖經本草》卷一三
明・李時珍撰《本草綱目》卷四八
明・陶宗儀編《說郛》卷一〇七
清・余省、張為邦摹繪《清宮鳥譜》卷一二
清・屠英等修，江藩等纂《廣東府縣志輯・道光肇慶府志》卷三

隋陽鳥

清・方旭撰《蟲薈》卷一

越雉

周・師曠撰，晉・張華注《禽經》
宋・蘇頌撰，胡乃長、王致譜輯注，蔡景峰審定《圖經本草》卷一三
明・李時珍撰《本草綱目》卷四八
明・方以智撰《通雅》卷四五
明・陶宗儀撰《說郛》卷一〇七
清・方旭撰《蟲薈》卷一
清・余省、張為邦摹繪《清宮鳥譜》卷一二
清・屠英等修，江藩等纂《廣東府縣志輯・道光肇慶府志》卷三
清・何天瑞修，桂坫纂《廣東府縣志輯・西寧縣志》

懷南

周・師曠撰，晉・張華注《禽經》
明・張自烈撰，清・廖文英續《正字通》亥集中（鳥部）
明・李時珍撰《本草綱目》卷四八
明・陶宗儀撰《說郛》卷一〇七
清・張玉書、陳廷敬等纂《康熙字典》卷三五
清・余省、張為邦摹繪《清宮鳥譜》卷一二
清・方旭撰《蟲薈》卷一

逐隱

周・師曠撰，晉・張華注《禽經》

逐影

明・李時珍撰《本草綱目》卷四八
清・方旭撰《蟲薈》卷一

梟

唐・段公路撰，龜圖註《北戶錄》卷一

鉤輈格磔

唐・段公路撰，龜圖註《北戶錄》卷一
宋・施宿等撰《會稽志》卷一七
宋・唐慎微撰，寇宗奭衍義《證類本草》卷一九
宋・蘇頌撰，胡乃長、王致譜輯注，蔡景峰審定《圖經本草》卷一三
金・李杲編輯，明・李時珍參訂，姚可成補輯《食物本草》卷一二
明・張自烈撰，清・廖文英續《正字通》亥集中（鳥部）
明・唐胄編集《正德瓊台志（廣東省）》
明・李時珍撰《本草綱目》卷四八
明・方以智撰《通雅》卷四五
清・張玉書、陳廷敬等纂《康熙字典》卷三五
清・楊修田纂修《河南省光州志》卷四
清・董天工輯《武夷山志》卷一九

清・佘省、張為邦摹繪《清宮鳥譜》卷一二
清・方旭撰《蟲薈》卷一
清・何天瑞修，桂坫纂《廣東府縣志輯・西寧縣志》

行不得也哥哥

金・李杲編輯，明・李時珍參訂，姚可成補輯《食物本草》卷一二
明・張自烈撰，清・廖文英續《正字通》亥集中（鳥部）
明・李時珍撰《本草綱目》卷四八
明・方以智撰《通雅》卷四五
清・張玉書、陳廷敬等纂《康熙字典》卷三五
清・范士瑾纂修《廣東府縣志輯・康熙陽江縣志》卷四
清・黃永綸修，楊錫齡等纂《湖北府縣志輯・道光寧都直隸州志》卷一二
清・李書吉等纂修《廣東府縣志輯・嘉慶澄海縣志》卷二四
清・屠英等修，江藩等纂《廣東府縣志輯・道光肇慶府志》卷三
清・劉以義等監修，沈青崖等編纂《陝西通志》卷四四
清・楊修田纂修《河南省光州志》卷四
清・董天工輯《武夷山志》卷一九
清・佘省、張為邦摹繪《清宮鳥譜》卷一二
清・方旭撰《蟲薈》卷一
清・何天瑞修，桂坫纂《廣東府縣志輯・西寧縣志》

山鷓鴣

唐・白居易撰《白氏長慶集》卷一二
宋・陳思編，元・陳世隆補《兩宋名賢小集》卷一九六

山鴣

清・佘省、張為邦摹繪《清宮鳥譜》卷一二

內史

清・佘省、張為邦摹繪《清宮鳥譜》卷一二
清・方旭撰《蟲薈》卷一

花豸

清・方旭撰《蟲薈》卷一
清・佘省、張為邦摹繪《清宮鳥譜》卷一二

越雞

清・馬驌撰《繹史》卷八三

越鳥

清・魏瀛修，魯琪光、鐘音鴻纂《江西府縣志輯・同治贛州府志》卷二一
清・王崧修，李星煇纂《廣東府縣志輯・光緒揭陽縣續志》

越客

清・魏瀛修，魯琪光、鐘音鴻纂《江西府縣志輯・同治贛州府志》卷二一

斑翅山鶉 *Perdix dauuricae*

半翅

清・佘省、張為邦摹繪《清宮鳥譜》卷六
清・劉於義等監修，沈青崖等編纂《陝西通志》卷四四

半癡

清・佘省、張為邦摹繪《清宮鳥譜》卷六
清・劉於義等監修，沈青崖等編纂《陝西通志》卷四四

有須山鶉

清・（美）克拉克 索爾比著，史紅帥譯《穿越陝甘・1908-1909年克拉克考察隊華北行紀》

鵪鶉 *Coturnix coturnix*

鵪鶉

金・李杲編輯，明・李時珍參訂，姚可成補撰《食物本草》卷一二
明・方以智撰《通雅》卷四五
明・唐胄編集《正德瓊台志（廣東省）》卷九
明・陳洪謨、彭憲勘纂《嘉靖常德府志（湖南省）》卷八
明・李時珍撰《本草綱目》卷四八（禽部）
清・阿桂、劉瑾之等撰《欽定盛京通志》卷一〇七
清・佘省、張為邦摹繪《故宮鳥譜》卷四（臺北）
清・屈大均撰《廣東新語》卷二〇
清・王河等修《欽定盛京通志》卷二七
清・劉業勤修，淩魚纂《廣東府縣志輯・乾隆揭陽縣志》卷七
清・李書吉等修纂《廣東府縣志輯・嘉慶澄海縣志》卷二四
清・夏日瑔校，姚明煇輯《蒙古志》
清・戴肇辰等修，史澄纂《廣東府縣志輯・光緒廣州府志》卷一六
清・何天瑞修，桂坫纂《廣東府縣志輯・西寧縣志》卷一四
清・海忠修，林從炯等纂《熱河省承德府志》卷二九
清・萬青黎、周家楣修，張之洞、繆荃孫纂《北京府縣志輯・光緒順天府志》卷五〇
清・岳濬等監修，杜詔等編纂《山東通志》卷二四

鶉鵪

金・李杲編輯，明・李時珍參訂，姚可成補撰《食物本草》卷一二
明・張自烈撰，清・廖文英續《正字通》亥集中
清・陳大章撰《詩傳名物集覽》卷一

鶉

周・師曠撰，晉・張華注《禽經》
漢・史游撰，唐・顏師古注《急就篇》卷四
晉・郭璞注，唐・陸德明音義，宋・邢昺疏《爾雅注疏》卷一〇（釋鳥）
宋・司馬光撰《類篇》卷一一
宋・毛晃增註，毛居正重增《增修互註禮部韻略》卷一
宋・羅願撰，元・洪焱祖音釋《爾雅翼》卷一五（釋鳥）
宋・高似孫撰《剡録》卷一〇
宋・唐慎微撰，寇宗奭衍義《證類本草》卷一九

宋・陸佃撰《埤雅》卷八
宋・陸佃撰《爾雅新義》卷一六（釋鳥第一七）
元・戴侗撰《六書故》卷一九
金・李杲編輯，明・李時珍参訂，姚可成補撰《食物本草》卷一二
明・李時珍撰《本草綱目》卷四八（禽部）
明・陶宗儀撰《說郛》卷一〇七
明・李蘇著《見物》卷一
明・張自烈撰，清・廖文英續《正字通》亥集中
明・顧清修纂《正德松江府志（上海）》卷五
明・唐胄編集《正德瓊台志（廣東省）》卷九
清・王鴻緒撰《欽定詩經傳說彙纂》卷四
清・姚炳撰《詩識名解》卷一、卷二
清・顧棟高撰《毛詩類釋》卷一六
清・張玉書、陳廷敬等纂《康熙字典》卷三五
清・段玉裁撰《說文解字注》卷四上
清・周靖撰《篆隸考異》卷四
清・陳大章撰《詩傳名物集覽》卷一
清・屈大均撰《廣東新語》卷二〇
清・錢澄之撰《田間詩學》卷二
清・和珅、梁國治等撰《熱河志》卷九五
清・王河等修《欽定盛京通志》卷二七
清・劉於義等監修，沈青崖等編纂《陝西通志》卷四四
清・劉業勤修，淩魚纂《廣東府縣志輯・乾隆揭陽縣志》卷七
清・李書吉等修纂《廣東府縣志輯・嘉慶澄海縣志》卷二四
清・額哲克等修，單興詩纂《廣東府縣志輯・同治韶州府志》卷一一
清・戴肇辰等修，史澄纂《廣東府縣志輯・光緒廣州府志》卷一六
清・毛昌修，陳竺彬纂《廣東府縣志輯・光緒吳川縣志》卷三
清・何天瑞修，桂坫纂《廣東府縣志輯・西寧縣志》卷一四
清・沈家本、榮銓修，徐宗亮，蔡啟盛纂《天津府縣志輯・光緒重修天津府志》卷二六
清・夏日瑑校，姚明煇輯《蒙古志》
清・海忠修，林從炯等纂《熱河省承德府志》卷二九
清・萬青黎、周家楣修，張之洞、繆荃孫纂《北京府縣志輯・光緒順天府志》卷五〇
清・岳濬等監修，杜詔等編纂《山東通志》卷二四
清・余省、張為邦摹繪《故宮鳥譜》卷四（臺北）

雜

宋・司馬光撰《類篇》卷一一

循

周・師曠撰，晉・張華注《禽經》
清・陳大章撰《詩傳名物集覽》卷一

鶹

金・李杲編輯，明・李時珍参訂，姚可成補撰《食物本草》卷一二
明・李時珍撰《本草綱目》卷四八（禽部）
明・張自烈撰，清・廖文英續《正字通》亥集中
清・張玉書、陳廷敬等纂《康熙字典》卷三五
清・陳大章撰《詩傳名物集覽》卷一
清・劉於義等監修，沈青崖等編纂《陝西通志》卷四四
清・屈大均撰《廣東新語》卷二〇
清・和珅、梁國治等撰《熱河志》卷九五
清・劉業勤修，淩魚纂《廣東府縣志輯・乾隆揭陽縣志》卷七
清・戴肇辰等修，史澄纂《廣東府縣志輯・光緒廣州府志》卷一六
清・毛昌修，陳竺彬纂《廣東府縣志輯・光緒吳川縣志》卷三
清・何天瑞修，桂坫纂《廣東府縣志輯・西寧縣志》卷一四
清・夏日瑑校，姚明煇輯《蒙古志》
清・海忠修，林從炯等纂《熱河省承德府志》卷二九
清・萬青黎、周家楣修，張之洞、繆荃孫纂《北京府縣志輯・光緒順天府志》卷五〇

牛鶹

清・劉於義等監修，沈青崖等編纂《陝西通志》卷四四

北牛鶹

清・余省、張為邦摹繪《故宮鳥譜》卷四（臺北）

鴽

周・師曠撰，晉・張華注《禽經》
晉・郭璞注，唐・陸德明音義，宋・邢昺疏《爾雅注疏》卷一〇
宋・陸佃撰《爾雅新義》卷一六（釋鳥第一七）
金・李杲編輯，明・李時珍参訂，姚可成補撰《食物本草》卷一二
元・戴侗撰《六書故》卷一九
明・李時珍撰《本草綱目》卷四八（禽部）
明・方以智撰《通雅》卷四五
明・張自烈撰，清・廖文英續《正字通》亥集中
明・顧清修纂《正德松江府志（上海）》卷五
明・李蘇著《見物》卷一
清・張玉書、陳廷敬等纂《康熙字典》卷三五
清・周靖撰《篆隸考異》卷四
清・杭世駿撰《續方言》卷下
清・陳大章撰《詩傳名物集覽》卷一
清・姚炳撰《詩識名解》卷二
清・和珅、梁國治等撰《熱河志》卷九五
清・劉於義等監修，沈青崖等編纂《陝西通志》卷四四

清·毛昌修，陳竺彬纂《廣東府縣志輯·光緒吳川縣志》卷三
清·夏日琖校，姚明煇輯《蒙古志》
清·海忠修，林從炯等纂《熱河省承德府志》卷二九
清·萬青黎、周家楣修，張之洞、繆荃孫纂《北京府縣志輯·光緒順天府志》卷五〇
清·余省、張為邦摹繪《故宮鳥譜》卷四（臺北）

鶡
周·師曠撰，晉·張華注《禽經》
晉·郭璞注，唐·陸德明音義，宋·邢昺疏《爾雅注疏》卷一〇（釋鳥）
宋·司馬光撰《類篇》卷一一
宋·陸佃撰《埤雅》卷六
金·李杲編輯，明·李時珍參訂，明·姚可成補輯《食物本草》卷一二
明·李時珍撰《本草綱目》卷四八（禽部）
明·方以智撰《通雅》卷四五
明·張自烈撰，清·廖文英續《正字通》亥集中
清·周靖撰《篆隸考異》卷四
清·王河等修《欽定盛京通志》卷二七
清·張玉書、陳廷敬等纂《康熙字典》卷三五
清·陳大章撰《詩傳名物集覽》卷一
清·劉於義等監修，沈青崖等編纂《陝西通志》卷四四
清·沈家本、榮銓修，徐宗亮、蔡啟盛纂《天津府縣志輯·光緒重修天津府志》卷二六
清·夏日琖校，姚明煇輯《蒙古志》

鷵
周·師曠撰，晉·張華注《禽經》
漢·史游撰，唐·顏師古注《急就篇》卷四
晉·郭璞注，唐·陸德明音義，宋·邢昺疏《爾雅注疏》卷一〇（釋鳥）
宋·陸佃撰《爾雅新義》卷一六（釋鳥第一七）
清·陳大章撰《詩傳名物集覽》卷一
清·姚炳撰《詩識名解》卷二
清·和珅、梁國治等撰《熱河志》卷九五
清·海忠修，林從炯等纂《熱河省承德府志》卷二九
清·余省、張為邦摹繪《故宮鳥譜》卷四（臺北）

庳
周·師曠撰，晉·張華注《禽經》
漢·史游撰，唐·顏師古注《急就篇》卷四
宋·陸佃撰《爾雅新義》卷一六（釋鳥第一七）

痺
晉·郭璞注，唐·陸德明音義，宋·邢昺疏《爾雅注疏》卷一〇（釋鳥）
清·陳大章撰《詩傳名物集覽》卷一
清·姚炳撰《詩識名解》卷二
清·和珅、梁國治等撰《熱河志》卷九五
清·海忠修，林從炯等纂《熱河省承德府志》卷二九
清·余省、張為邦摹繪《故宮鳥譜》卷四

�
漢·史游撰，唐·顏師古注《急就篇》卷四
晉·郭璞注，唐·陸德明音義，宋·邢昺疏《爾雅注疏》卷一〇（釋鳥）
清·張玉書、陳廷敬等纂《康熙字典》卷三五
清·姚炳撰《詩識名解》卷一、卷三
清·沈家本、榮銓修，徐宗亮、蔡啟盛纂《天津府縣志輯·光緒重修天津府志》卷二六

鶬鴳
清·張玉書、陳廷敬等纂《康熙字典》卷三五

鳫
晉·郭璞注，唐·陸德明音義，宋·邢昺疏《爾雅注疏》卷一〇（釋鳥）
明·李時珍撰《本草綱目》卷四八（禽部）

鳫鴳
清·張玉書、陳廷敬等纂《康熙字典》卷三五

鴳鳫
清·張玉書、陳廷敬等纂《康熙字典》卷三五

老鳫
晉·郭璞注，唐·陸德明音義，宋·邢昺疏《爾雅注疏》卷一〇（釋鳥）

鷂鶉
宋·梁克家撰《淳熙三山志》卷四二
元·戴侗撰《六書故》卷一九
明·張自烈撰，清·廖文英續《正字通》亥集中
明·顧清修纂《正德松江府志（上海）》卷五
清·張玉書、陳廷敬等纂《康熙字典》卷三五
清·段玉裁撰《說文解字注》卷四上
清·沈家本、榮銓修，徐宗亮、蔡啟盛纂《天津府縣志輯·光緒重修天津府志》卷二六
清·唐執玉、李衛等監修，田易等纂《畿輔通志》卷五七（禽屬）
清·余省、張為邦摹繪《故宮鳥譜》卷四（臺北）

鶡雀
周·師曠撰，晉·張華注《禽經》
宋·鄭樵撰《通志》卷一四六
明·李時珍撰《本草綱目》卷四八（禽部）

鴳雀
晉·郭璞注，唐·陸德明音義，宋·邢昺疏《爾雅注疏》卷一〇（釋鳥）
清·張玉書、陳廷敬等纂《康熙字典》卷三五

籬鷃
周·師曠撰，晉·張華注《禽經》

鶉雀
周·師曠撰，晉·張華注《禽經》

鴐鶃

周・師曠撰，晉・張華注《禽經》

明・李蘇著《見物》卷一

鳰

漢・史游撰，唐・顔師古注《急就篇》卷四

晉・郭璞注，唐・陸德明音義，宋・邢昺疏《爾雅注疏》卷一〇

宋・陸佃撰《爾雅新義》卷一六（釋鳥第一七）

明・李時珍撰《本草綱目》卷四八（禽部）

清・和珅、梁國治等撰《熱河志》卷九五

清・陳大章撰《詩傳名物集覽》卷一

清・屈大均撰《廣東新語》卷二〇

清・海忠修，林從炯等纂《熱河省承德府志》卷二九

清・余省、張為邦摹繪《故宫鳥譜》卷四（臺北）

鶃

晉・郭璞注，唐・陸德明音義，宋・邢昺疏《爾雅注疏》卷一〇

宋・陸佃撰《爾雅新義》卷一六（釋鳥第一七）

明・李時珍撰《本草綱目》卷四八（禽部）

清・陳大章撰《詩傳名物集覽》卷一

清・姚炳撰《詩識名解》卷二

清・和珅、梁國治等撰《熱河志》卷九五

清・張玉書、陳廷敬等纂《康熙字典》卷三五

清・海忠修，林從炯等纂《熱河省承德府志》卷二九

黃鶃

宋・高似孫撰《剡録》卷一〇

白鶃

宋・高似孫撰《剡録》卷一〇

宋・陸佃撰《埤雅》卷八

清・余省、張為邦摹繪《故宫鳥譜》卷四（臺北）

丹鶃

宋・陸佃撰《埤雅》卷八

清・陳大章撰《詩傳名物集覽》卷一

清・余省、張為邦摹繪《故宫鳥譜》卷四（臺北）

斥鷃

明・張自烈撰，清・廖文英續《正字通》亥集中

明・方以智撰《通雅》卷四五

清・張玉書、陳廷敬等纂《康熙字典》卷三五

清・陳大章撰《詩傳名物集覽》卷一

羅鶃

明・李時珍撰《本草綱目》卷四八（禽部）

明・李蘇著《見物》卷一

清・陳大章撰《詩傳名物集覽》卷一

清・余省、張為邦摹繪《故宫鳥譜》卷四（臺北）

早秋

明・李時珍撰《本草綱目》卷四八（禽部）

明・李蘇著《見物》卷一

清・陳大章撰《詩傳名物集覽》卷一

清・余省、張為邦摹繪《故宫鳥譜》卷四（臺北）

白唐

明・李時珍撰《本草綱目》卷四八（禽部）

明・李蘇著《見物》卷一

清・陳大章撰《詩傳名物集覽》卷一

清・余省、張為邦摹繪《故宫鳥譜》卷四（臺北）

鶃鴳

宋・陸佃撰《埤雅》卷八

鶃鷃

明・張自烈撰，清・廖文英續《正字通》亥集中

鶬

周・師曠撰，晉・張華注《禽經》

漢・史游撰，唐・顔師古注《急就篇》卷四

晉・郭璞注，唐・陸德明音義，宋・邢昺疏《爾雅注疏》卷一〇（釋鳥）

宋・陸佃撰《爾雅新義》卷一六（釋鳥第一七）

宋・羅願撰，元・洪焱祖音釋《爾雅翼》卷一六（音釋）

明・方以智撰《通雅》卷四五

清・陳大章撰《詩傳名物集覽》卷一

清・姚炳撰《詩識名解》卷二

清・和珅、梁國治等撰《熱河志》卷九五

鴭

宋・司馬光撰《類篇》卷一一

鸋

晉・郭璞注，唐・陸德明音義，宋・邢昺疏《爾雅注疏》卷一〇（釋鳥）

宋・鄭樵撰《爾雅註》卷下（釋鳥）

宋・羅願撰，元・洪焱祖音釋《爾雅翼》卷一六

明・張自烈撰，清・廖文英續《正字通》亥集中

清・杭世駿撰《續方言》卷下

清・陳大章撰《詩傳名物集覽》卷一

天鸋

晉・郭璞注，唐・陸德明音義，宋・邢昺疏《爾雅注疏》卷一〇（釋鳥）

宋・鄭樵撰《爾雅註》卷下（釋鳥）

宋・羅願撰，元・洪焱祖音釋《爾雅翼》卷一六（音釋）

明・張自烈撰，清・廖文英續《正字通》亥集中

清・杭世駿撰《續方言》卷下

清・陳大章撰《詩傳名物集覽》卷一

鶬

晉・郭璞注，唐・陸德明音義，宋・邢昺疏《爾雅注疏》卷一〇（釋鳥）

宋・鄭樵撰《爾雅註》卷下（釋鳥）

明・張自烈撰，清・廖文英續《正字通》亥集中

清・陳大章撰《詩傳名物集覽》卷一

大鶬

晉・郭璞注，唐・陸德明音義，宋・邢昺疏《爾雅注疏》卷一〇（釋鳥）

天鶬

晉・郭璞注，唐・陸德明音義，宋・邢昺疏《爾雅注疏》卷一〇（釋鳥）
宋・鄭樵撰《爾雅註》卷下（釋鳥）
宋・羅願撰，元・洪焱祖音釋《爾雅翼》卷一六（音釋）
明・張自烈撰，清・廖文英續《正字通》亥集中
清・陳大章撰《詩傳名物集覽》卷一

鴾母

晉・郭璞注，唐・陸德明音義，宋・邢昺疏《爾雅注疏》卷一〇（釋鳥）
宋・陸佃撰《爾雅新義》卷一六（釋鳥第一七）
元・戴侗撰《六書故》卷一九
明・張自烈撰，清・廖文英續《正字通》亥集中
明・李時珍撰《本草綱目》卷四八（禽部）
清・陳大章撰《詩傳名物集覽》卷一
清・張玉書、陳廷敬等纂《康熙字典》卷三五
清・和珅、梁國治等撰《熱河志》卷九五
清・海忠修，林從炯等纂《熱河省承德府志》卷二九

牟母

元・楊桓撰《六書統》卷一
清・段玉裁撰《說文解字注》卷四上
清・周靖撰《篆隸考異》卷四

紫鶬

清・余省、張為邦摹繪《故宮鳥譜》卷四（臺北）

冠雀

清・張玉書、陳廷敬等纂《康熙字典》卷三五

山鶉

清・（美）克拉克 索爾比著，史紅帥譯《穿越陝甘・1908-1909年克拉克考察隊華北行紀》

隹

清・屈大均撰《廣東新語》卷二〇

黃鶬

清・王河等修《欽定盛京通志》卷二七
清・夏日瑔校，姚明煇輯《蒙古志》
清・余省、張為邦摹繪《故宮鳥譜》卷四（臺北）

灰胸竹鸡 *Bambusicola thoracica*

竹鷄

宋・陳耆卿撰《赤城志》卷三六（禽之屬）
宋・王質撰《紹陶録》卷下
明・唐冑編集《正德瓊台志（廣東省）》卷九
明・馮時可撰《雨航雜錄》卷下
明・吳楚材輯《彊識畧》卷三〇
清・屠英等修，江藩等纂《廣東府縣志輯・道光肇慶府志》卷三
清・黃桂修，宋驤纂《安徽省太平府志》卷一三
清・何天瑞修，桂坫纂《廣東府縣志緝・西寧縣志》卷一四
清・屈大均撰《廣東新語》卷二〇

竹雞

宋・羅願撰《新安志》卷二（羽族）
宋・李石撰《續博物志》卷二
宋・洪邁撰《容齋隨筆》卷一三（蟲鳥之智）
宋・梁克家撰《淳熙三山志》卷四二
宋・高似孫撰《剡録》卷一〇（草木禽魚・下）
金・李杲編輯，明・李時珍修訂，姚可成補輯《食物本草》卷一二
元・戴侗撰《六書故》卷一九（動物三）
明・李時珍撰《本草綱目》卷四八（禽部）
清・李光地等撰《月令輯要》卷四
清・嵇曾筠等監修，沈翼機等編修《浙江通志》卷一〇四
清・羊復禮修，梁年等纂《廣西省鎮安府志》卷一二
清・黃樂之、平翰等修，鄭珍纂《貴州省遵義府志》卷一七
清・謝啟昆監修《廣西通志》卷九一
清・王麟祥修，邱晉成等纂《四川府縣志輯・光緒敘州府志》卷二一
清・毛昌修，陳竺彬纂《廣東府縣志輯・光緒吳川縣志》卷二
清・金蓉鏡纂輯《湖南省靖州鄉土志》卷三
清・戴肇辰等修，史澄等纂《廣東府縣誌・光緒廣州府志》卷一六
清・黃永綸修，楊錫齡等纂《湖北府縣志輯・道光寧都直隸州志》卷一二
清・劉以義等監修，沈青崖等編纂《陝西通志》卷四四
清・嵇璜、曹仁虎等撰《續通志》卷一八〇（昆蟲草木略）
清・汪森編《粵西詩載》卷二二
清・陳淏子輯《秘傳花鏡》卷六
清・余省、張為邦摹繪《清宮鳥譜》卷六

泥滑滑

宋・梁克家撰《淳熙三山志》卷四二（禽族）
宋・陳耆卿撰《赤城志》卷三六（禽之屬）
宋・羅願撰《新安志》卷二（羽族）
宋・王質撰《紹陶録》卷下
宋・李石撰《續博物志》卷二
宋・梅堯臣撰《宛陵集》卷四
宋・鄒浩撰《道鄉集》卷一三
宋・陳思編，元・陳世隆補《兩宋名賢小集》卷一九六
元・戴侗撰《六書故》卷一九（動物三）
元・黃玠撰《弁山小隱吟錄》卷二
元・王沂撰《伊濱集》卷五
明・李時珍撰《本草綱目》卷四八（禽部）
明・唐冑編集《正德瓊台志（廣東省）》卷九（土產）
明・馮時可撰《雨航雜錄》卷下

明・吴楚材輯《彊識畧》卷三〇
清・劉以義等監修，沈青崖等編纂《陝西通志》卷四四
清・陳淏子輯《秘傳花鏡》卷六
清・余省、張為邦摹繪《清宮鳥譜》卷六
清・屈大均撰《廣東新語》卷二〇
清・屠英等修，江藩等纂《廣東府縣志輯・道光肇慶府志》卷三
清・王麟祥修，邱晉成等纂《四川府縣志輯・光緒敘州府志》卷二一
清・黄桂修，宋驤纂《安徽省太平府志》卷一三
清・何天瑞修，桂坫纂《廣東府縣志緝・西寧縣志》卷一四
清・嵇璜、曹仁虎等撰《續通志》卷一八〇（昆蟲草木略）

山菌子

宋・唐慎微撰，寇宗奭衍義《證類本草》卷一九
明・李時珍撰《本草綱目》卷四八（禽部）
清・陳淏子輯《秘傳花鏡》卷六
清・余省、張為邦摹繪《清宮鳥譜》卷六
清・屈大均撰《廣東新語》卷二〇
清・王麟祥修，邱晉成等纂《四川府縣志輯・光緒敘州府志》卷二一
清・毛昌修，陳竺彬纂《廣東府縣志輯・光緒吳川縣志》卷二
清・黄永綸修，楊錫齡等纂《湖北府縣志輯・道光寧都直隸州志》卷一二
清・黄桂修，宋驤纂《安徽省太平府志》卷一三
清・嵇璜、曹仁虎等撰《續通志》卷一八〇（昆蟲草木略）

越鳥

宋・梁克家撰《淳熙三山志》卷四二（禽族）

雞頭鶻

明・李時珍撰《本草綱目》卷四八（禽部）
清・陳淏子輯《秘傳花鏡》卷六
清・余省、張為邦摹繪《清宮鳥譜》卷六
清・屈大均撰《廣東新語》卷二〇
清・嵇璜、曹仁虎等撰《續通志》卷一八〇（昆蟲草木略）

杜石鷄

明・馮時可撰《雨航雜錄》卷下

红腹角雉 *Tragopan temminckii*

避株

周・師曠撰，晉・張華注《禽經》
元・陶宗儀編《說郛》卷一〇七
明・李時珍撰《本草綱目》卷四八
清・姚炳撰《詩識名解》卷二
清・余省、張為邦摹繪《清宮鳥譜》卷五
清・張玉書、陳廷敬等纂《康熙字典》卷三五
清・羊復禮修，梁年等纂《廣西省鎮安府志》卷一二

吐綬雞

宋・高似孫撰《剡録》卷一〇
宋・王安石撰《臨川文集》卷三三
宋・李壁撰《王荊公詩注》卷四七
宋・趙孟堅撰《彝齋文編》卷一
明・李時珍撰《本草綱目》卷四八
明・張自烈撰，清・廖文英續《正字通》亥集中
清・張玉書、陳廷敬等纂《康熙字典》卷三五
清・姚炳撰《詩識名解》卷二
清・劉於義等監修，沈青崖等編纂《陝西通志》卷四四
清・羊復禮修，梁年等纂《廣西省鎮安府志》卷一二
清・王麟祥修，邱晉成等纂《四川府縣志輯・光緒敘州府志》卷二一

鷊

元・戴侗撰《六書故》卷一九
明・李時珍撰《本草綱目》卷四八
明・周祈撰《名義考》卷一〇
明・張自烈撰，清・廖文英續《正字通》亥集中
清・張玉書、陳廷敬等纂《康熙字典》卷三五
清・姚炳撰《詩識名解》卷二

吐綬鳥

周・師曠撰，晉・張華注《禽經》
唐・段成式撰《酉陽雜俎》卷一六
宋・高似孫撰《剡録》卷一〇
元・陶宗儀編《說郛》卷一〇七
明・董斯張撰《廣博物志》卷四八
清・嵇曾筠等監修，沈翼機等編纂《浙江通志》卷一〇四
清・黄樂之、平翰等修，鄭珍纂《貴州省遵義府志》卷一七

綬鳥

元・戴侗撰《六書故》卷一九
明・周祈撰《名義考》卷一〇
明・張自烈撰，清・廖文英續《正字通》亥集中
清・張玉書、陳廷敬等纂《康熙字典》卷三五
清・姚炳撰《詩識名解》卷二
清・余省、張為邦摹繪《清宮鳥譜》卷五

鷊綬

元・戴侗撰《六書故》卷一九

錦雞

宋・高似孫撰《剡録》卷一〇
明・周祈撰《名義考》卷一〇

吐錦雞

明・李時珍撰《本草綱目》卷四八

錦囊鳥

清・余省、張為邦摹繪《清宮鳥譜》卷五

紅色吐綬雞

清·余省、張為邦摹繪《清宮鳥譜》卷五

真珠鷄

明·李時珍撰《本草綱目》卷四八

明·周祈撰《名義考》卷一〇

真珠雞

清·張玉書、陳廷敬等纂《康熙字典》卷三五

清·姚炳撰《詩識名解》卷二

清·黄樂之、平翰等修，鄭珍纂《貴州省遵義府志》卷一七

珍珠雞

清·余省、張為邦摹繪《清宮鳥譜》卷五

避株鳥

唐·段成式撰《酉陽雜俎》卷一六

清·王麟祥修，邱晉成等纂《四川府縣志輯·光緒敘州府志》卷二一

清·黄樂之、平翰等修，鄭珍纂《貴州省遵義府志》卷一七

錦囊

元·戴侗撰《六書故》卷一九

明·李時珍撰《本草綱目》卷四八

明·張自烈撰，清·廖文英續《正字通》亥集中

清·姚炳撰《詩識名解》卷二

清·張玉書、陳廷敬等纂《康熙字典》卷三五

清·羊復禮修，梁年等纂《廣西省鎮安府志》卷一二

綬雞

宋·高似孫撰《剡録》卷一〇

彩囊

宋·梁克家撰《淳熙三山志》卷四二（禽族）

功曹

元·戴侗撰《六書故》卷一九

清·姚炳撰《詩識名解》卷二

清·張玉書、陳廷敬等纂《康熙字典》卷三五

錦帶功曹

明·張自烈撰，清·廖文英續《正字通》亥集中

清·羊復禮修，梁年等纂《廣西省鎮安府志》卷一二

清·余省、張為邦摹繪《清宮鳥譜》卷五

孝鳥

明·李時珍撰《本草綱目》卷四八

吐綬

清·張玉書、陳廷敬等纂《康熙字典》卷三五

黄腹角雉 *Tragopan caboti*

山花雞

清·余省、張為邦摹繪《清宮鳥譜》卷六

杉雞

明·李時珍撰《本草綱目》卷四八

明·慎懋官撰《華夷花木鳥獸珍玩續考》卷一〇

清·嵇曾筠等監修，沈翼機等編纂《浙江通志》卷一〇四

吐綬鳥

清·陳淏子輯，伊欽恒校注《花鏡》

清·嵇曾筠等監修，沈翼機等編纂《浙江通志》卷一〇四

鷊

清·陳淏子輯，伊欽恒校注《花鏡》

綬雞

清·印光任、張汝霖撰《廣東省澳門紀略》下卷

彩囊

清·范咸等修《重修臺灣府志》卷一八

蓝马鸡 *Crossoptilon auritum*

鶡

宋·歐陽德隆撰，郭守正增修《增修校正押韻釋疑》卷四

宋·毛晃增註，毛居正重增《增修互註禮部韻略》卷一

元·戴侗撰《六書故》卷一九

清·吴任臣注《山海經廣注》卷五

鶡雀

宋·歐陽德隆撰，郭守正增修《增修校正押韻釋疑》卷四

宋·毛晃增註，毛居正重增《增修互註禮部韻略》卷一

宋·羅願撰，元·洪焱祖音釋《爾雅翼》卷一三

元·戴侗撰《六書故》卷一九

鶡雞

宋·羅願撰，元·洪焱祖音釋《爾雅翼》卷一三

元·戴侗撰《六書故》卷一九

鶡鷄

清·吴任臣注《山海經廣注》卷五

鴰

元·楊桓撰《六書統》卷一八

褐

宋·吴棫撰《韻補》卷四

元·楊桓撰《六書統》卷一八

清·段玉裁撰《說文解字注》卷四上

馬雞

清·(美)克拉克 索爾比著，史紅帥譯《穿越陝甘·1908-1909年克拉克考察隊華北行紀》

褐旦

明·方以智撰《通雅》卷四五

褐马鸡 *Crossoptilon mantchuricum*

鶡

周·師曠撰，晉·張華注《禽經》

漢·許慎撰，宋·徐鉉增釋《說文解字》卷四上

三國魏·曹植撰《曹子建集》卷四

晉·郭璞注《山海經》卷五
南唐·徐鍇撰《說文繫傳》卷七
宋·吳棫撰《韻補》卷三
宋·梁克家撰《淳熙三山志》卷四二
宋·陸佃撰《埤雅》卷七（釋鳥）
宋·楊侃輯《兩漢博聞》卷四
金·李杲編輯，明·李時珍修訂，姚可成補輯《食物本草》卷一二
元·楊桓撰《六書統》卷一八
明·方以智撰《通雅》卷四五
明·李時珍撰《本草綱目》卷四八
明·張自烈撰，清·廖文英續《正字通》亥集中
清·張玉書、陳廷敬等纂《康熙字典》卷三五
清·段玉裁撰《說文解字注》卷四上
清·阿桂、劉瑾之等撰《欽定盛京通志》卷一〇七

鶡雀

宋·楊侃輯《兩漢博聞》卷七
明·張自烈撰，清·廖文英續《正字通》亥集中
明·方以智撰《通雅》卷四五

鶡雞

宋·唐慎微撰，寇宗奭衍義《證類本草》卷一九
宋·楊侃輯《兩漢博聞》卷七
金·李杲編輯，明·李時珍修訂，姚可成補輯《食物本草》卷一二
明·李時珍撰《本草綱目》卷四八
清·余省、張為邦摹繪《清宮鳥譜》卷六

鶡鷄

宋·吳棫撰《韻補》卷三

黑雉

明·方以智撰《通雅》卷四五

勇雉

清·余省、張為邦摹繪《清宮鳥譜》卷六

趕亮噪

清·余省、張為邦摹繪《清宮鳥譜》卷六

鳭

明·李時珍撰《本草綱目》卷四八
明·方以智撰《通雅》卷四五
清·張玉書、陳廷敬等纂《康熙字典》卷三五
清·阿桂、劉瑾之等撰《欽定盛京通志》卷一〇七
清·余省、張為邦摹繪《清宮鳥譜》卷六

火雞

清·余省、張為邦摹繪《清宮鳥譜》卷六
清·和珅、梁國治等撰《熱河志》卷九五

褐

宋·陸佃撰《埤雅》卷七（釋鳥）

馬雞

清·（美）克拉克 索爾比著，史紅帥譯《穿越陝甘·1908-1909年克拉克考察隊華北行紀》

黑鷴 *Lophura leucomelana*

烏鷴

清·嵇曾筠等監修，沈翼機等編纂《浙江通志》卷一〇七

黑鷴

宋·祝穆撰《古今事文類聚》後集卷四三
明·李賢等撰《明一統志》卷六三（寶慶府）

白鷴 *Lophura nycthemera*

鵫

南朝梁·顧野王撰，宋·陳彭年等重修《重修玉篇》卷二四
元·楊桓撰《六書統》卷一
明·方以智撰《通雅》卷四五
清·張玉書、陳廷敬等纂《康熙字典》卷三五
清·余省、張為邦摹繪《清宮鳥譜》卷五

鶾

南朝梁·顧野王撰，宋·陳彭年等重修《重修玉篇》卷二四
明·方以智撰《通雅》卷四五
清·張玉書、陳廷敬等纂《康熙字典》卷三五

鷴

南唐·徐鍇撰《說文繫傳》卷七
宋·司馬光撰《類篇》卷一一
清·黃永綸修，楊錫齡等纂《湖北府縣志輯·道光寧都直隸州志》卷一二
清·董天工輯《武夷山志》卷一九

翰

南朝梁·顧野王撰，宋·陳彭年等重修《重修玉篇》卷二四

白翰

清·任基振撰《爾雅注疏箋補》卷下（釋鳥第十七）

白鷴

明·李時珍撰《本草綱目》卷四八

白鵫

晉·郭璞注《爾雅》卷下（釋鳥第十七）
明·張自烈撰，清·廖文英續《正字通》亥集中

鵫雉

周·師曠撰，晉·張華注《禽經》
晉·郭璞注《爾雅》卷下（釋鳥第十七）
明·張自烈撰，清·廖文英續《正字通》亥集中
清·張玉書、陳廷敬等纂《康熙字典》卷三五

鶾

明·張自烈撰，清·廖文英續《正字通》亥集中
清·張玉書、陳廷敬等纂《康熙字典》卷三五

鶾雉

晉·郭璞注《爾雅》卷下（釋鳥第十七）

明・張自烈撰，清・廖文英續《正字通》亥集中
明・方以智撰《通雅》卷四五
清・張玉書、陳廷敬等纂《康熙字典》卷三五
清・任基振撰《爾雅注疏箋補》卷下（釋鳥第十七）

鶾雞

晉・郭璞注《爾雅》卷下（釋鳥第十七）

丹雞

南唐・徐鍇撰《說文繫傳》卷七

白鶾

晉・郭璞注《爾雅》卷下（釋鳥第十七）
明・張自烈撰，清・廖文英續《正字通》亥集中
清・張玉書、陳廷敬等纂《康熙字典》卷三五
清・任基振撰《爾雅注疏箋補》卷下（釋鳥第十七）

閑客

明・李時珍撰《本草綱目》卷四八
明・方以智撰《通雅》卷四五
清・張玉書、陳廷敬等纂《康熙字典》卷三五
清・余省、張為邦摹繪《清宮鳥譜》卷五

鷴客

清・董天工輯《武夷山志》卷一九

白雉

周・師曠撰，晉・張華注《禽經》
晉・郭璞注《爾雅》卷下（釋鳥第十七）
南朝梁・沈約撰《宋書》卷二九
唐・房玄齡等撰《晉書》卷一
元・劉詵撰《桂穩文集》卷一
明・張自烈撰，清・廖文英續《正字通》亥集中
清・張玉書、陳廷敬等纂《康熙字典》卷三五
清・劉於義等監修，沈青崖等編纂《陝西通志》卷四四
清・余省、張為邦摹繪《清宮鳥譜》卷五
清・魏瀛修，魯琪光、鐘音鴻纂《江西府縣志輯・同治贛州府志》卷二一
清・黃永綸修，楊錫齡等纂《湖北府縣志輯・道光寧都直隸州志》卷一二
清・董天工輯《武夷山志》卷一九

越鳥

明・徐炬輯《新鐫古今事物原始全書》卷二六

長尾三娘

清・范咸等修《重修臺灣府志》

練雀

清・范咸等修《重修臺灣府志》

白鵗鷴

清・劉於義等監修，沈青崖等編纂《陝西通志》卷四四

白鵗

清・余省、張為邦摹繪《清宮鳥譜》卷五
宋・陳耆卿撰《赤城志》卷三六
清・張玉書、陳廷敬等纂《康熙字典》卷三五
清・周靖撰《篆隸考異》卷四
清・余省、張為邦摹繪《清宮鳥譜》卷五

白鷴

宋・司馬光撰《類篇》卷一一
宋・梁克家撰《淳熙三山志》卷四二
清・張玉書、陳廷敬等纂《康熙字典》卷三五
清・任基振撰《爾雅注疏箋補》卷下（釋鳥第十七）
清・余省、張為邦摹繪《清宮鳥譜》卷五
清・魏瀛修，魯琪光、鐘音鴻纂《江西府縣志輯・同治贛州府志》卷二一
清・黃永綸修，楊錫齡等纂《湖北府縣志輯・道光寧都直隸州志》卷一二
清・楊修田纂修《河南省光州志》卷四（物產）
清・黃桂修，宋驤纂《安徽省太平府志》卷一三

鷴

宋・司馬光撰《類篇》卷一一
明・張自烈撰，清・廖文英續《正字通》亥集中
清・張玉書、陳廷敬等纂《康熙字典》卷三五
清・周靖撰《篆隸考異》卷四
清・董天工輯《武夷山志》卷一九

白鷳

明・張自烈撰，清・廖文英續《正字通》亥集中
清・周靖撰《篆隸考異》卷四
清・董天工輯《武夷山志》卷一九
清・黃樂之、平翰等修，鄭珍纂《貴州省遵義府志》卷一七

寒雞

清・黃永綸修，楊錫齡等纂《湖北府縣志輯・道光寧都直隸州志》卷一二

原鸡 *Gallus gallus*

山雞

三國吳・沈瑩撰，張崇根輯校《臨海水土異物志》

山鷄

明・唐胄編集《正德瓊台志（廣東省）》卷九
清・康善述纂修《廣東府縣志輯・康熙陽春縣志》卷一四

獛夷雞

清・朱占科修，周宗洛等纂《雲南省順寧府志》卷一三

勺鸡 *Pucrasia macrolopha*

英雞

明・李時珍撰《本草綱目》卷四八

鶡雞

清・余省、張為邦摹繪《清宮鳥譜》卷六

雉鸡，环颈雉 *Phasianus colchicus*

雉

南朝梁・顧野王撰，宋・陳彭年等重修《重修玉篇》卷二四
宋・高似孫撰《剡録》卷一〇
宋・陸佃撰《埤雅》卷一至一〇
宋・梁克家撰《淳熙三山志》卷四、卷四二
宋・唐慎微撰，寇宗奭衍義《證類本草》卷七、卷一九、卷三〇
宋・蔡卞集解《毛詩物名解》卷七
元・王天與撰《尚書纂傳》卷一六
明・李時珍撰《本草綱目》卷四八
清・余省、張為邦摹繪《清宮鳥譜》卷六
清・陳淏子輯，伊欽恒校注《花鏡》
清・王河等修《欽定盛京通志》卷二七
清・額哲克等修，單興詩纂《廣東府縣志輯・同治韶州府志》卷一一
清・何天瑞修，桂坫纂《廣東府縣志輯・西寧縣志》卷一四
清・劉業勤修，淩魚纂《廣東府縣志輯・乾隆揭陽縣志》卷七
清・錢聞震修，陳文焯纂《遼北省奉化縣志》卷二
清・劉於義等監修，沈青崖等編纂《陝西通志》卷四四

山雞

唐・王維撰，清・趙殿成箋注《王右丞集箋注》卷一六
宋・高似孫撰《剡録》卷一〇
宋・祝穆撰《古今事文類聚》後集卷四六（鏡照而舞）
宋・梁克家撰《淳熙三山志》卷四二
清・余省、張為邦摹繪《清宮鳥譜》卷六

山鷄

明・李時珍撰《本草綱目》卷二、卷三六、卷四八
清・范士瑾纂修《廣東府縣志輯・康熙陽江縣志》卷四

山雉

周・師曠撰，晉・張華注《禽經》
宋・高似孫撰《剡録》卷一〇
明・李時珍撰《本草綱目》卷四八
清・劉於義等監修，沈青崖等編纂《陝西通志》卷四四
清・余省、張為邦摹繪《清宮鳥譜》卷六

野雉

唐・房玄齡等撰《晉書》卷六
清・余省、張為邦摹繪《清宮鳥譜》卷六

野鷄

南朝梁・顧野王撰，宋・陳彭年等重修《重修玉篇》卷二四
清・王河等修《欽定盛京通志》卷二七

野雞

元・王天與撰《尚書纂傳》卷一六
明・李時珍撰《本草綱目》卷四八
清・余省、張為邦摹繪《清宮鳥譜》卷六
清・王河等修《欽定盛京通志》卷二七
清・(美)克拉克 索爾比著，史紅帥譯《穿越陝甘・1908-1909年克拉克考察隊華北行紀》

翬雉

明・李時珍撰《本草綱目》卷四八
清・劉業勤修，淩魚纂《廣東府縣志輯・乾隆揭陽縣志》卷七

鷂雉

宋・蔡卞集解《毛詩物名解》卷七
明・李時珍撰《本草綱目》卷四八
清・余省、張為邦摹繪《清宮鳥譜》卷六
清・劉業勤修，淩魚纂《廣東府縣志輯・乾隆揭陽縣志》卷七

雉雞

清・何天瑞修，桂坫纂《廣東府縣志輯・西寧縣志》卷一四

鷩雉

明・李時珍撰《本草綱目》卷四八
清・余省、張為邦摹繪《清宮鳥譜》卷六
清・劉業勤修，淩魚纂《廣東府縣志輯・乾隆揭陽縣志》卷七

介鳥

明・李時珍撰《本草綱目》卷四八
清・陳淏子輯，伊欽恒校注《花鏡》

華蟲

明・李時珍撰《本草綱目》卷四八
清・王河等修《欽定盛京通志》卷二七
清・錢聞震修，陳文焯纂《遼北省奉化縣志》卷二

疏趾

明・李時珍撰《本草綱目》卷四八
清・王河等修《欽定盛京通志》卷二七

迦頻闍羅

清・余省、張為邦摹繪《清宮鳥譜》卷六

冠雉

清・余省、張為邦摹繪《清宮鳥譜》卷六

原鳥雉

清・余省、張為邦摹繪《清宮鳥譜》卷六

鸐

宋・高似孫撰《剡録》卷一〇

錦鷄

清・陳淏子輯，伊欽恒校注《花鏡》

鷮雉

清・劉業勤修，淩魚纂《廣東府縣志輯・乾隆揭陽縣志》卷七

鸣雉

清・劉業勤修，淩魚纂《廣東府縣志輯・乾隆揭陽縣志》

卷七

白冠长尾雉 *Syrmaticus reevesii*

鷮

漢・許慎撰，宋・徐鉉增釋《說文解字》卷四上
三國吳・陸璣撰，明・毛晉廣要《陸氏詩疏廣要》卷下之上
南唐・徐鍇撰《說文繫傳》卷七
宋・毛晃增註，毛居正重增《增修互註禮部韻略》卷二
宋・陸佃撰《埤雅》卷八
宋・蔡卞集解《毛詩物名解》卷八、卷一八
宋・高似孫撰《剡録》卷一〇
元・戴侗撰《六書故》卷一九
元・楊桓撰《六書統》卷一八
明・馮復京撰《六家詩名物疏》卷四四
明・陶宗儀編《說郛》卷四上
明・張自烈撰，清・廖文英續《正字通》亥集中
明・李時珍撰《本草綱目》卷四八
清・張玉書、陳廷敬等纂《康熙字典》卷三五
清・顧棟高撰《毛詩類釋》卷一六
清・趙佑撰《草木疏校正》卷二下

鷮雉

三國吳・陸璣撰，明・毛晉廣要《陸氏詩疏廣要》卷下之上
晉・郭璞注《爾雅》卷一七（釋鳥）
宋・陸佃撰《埤雅》卷八
宋・高似孫撰《剡録》卷一〇
明・李時珍撰《本草綱目》卷四八
明・馮復京撰《六家詩名物疏》卷四四
清・顧棟高撰《毛詩類釋》卷一六
清・劉於義等監修，沈青崖等編纂《陝西通志》卷四四
清・余省、張為邦摹繪《清宮鳥譜》卷六
清・張玉書、陳廷敬等纂《康熙字典》卷二五

鷮雞

三國吳・陸璣撰，明・毛晉廣要《陸氏詩疏廣要》卷下之上
晉・郭璞注《爾雅》卷一七（釋鳥）

鷮鷄

明・馮復京撰《六家詩名物疏》卷四四
清・張玉書、陳廷敬等纂《康熙字典》卷三五

長尾雉

漢・許慎撰，宋・徐鉉增釋《說文解字》卷四上
漢・許慎撰，宋・徐鉉增釋《說文解字》卷四上
三國吳・陸璣撰，明・毛晉廣要《陸氏詩疏廣要》卷下之上
宋・毛晃增註，毛居正重增《增修互註禮部韻略》卷二
元・戴侗撰《六書故》卷一九
元・楊桓撰《六書統》卷一八
明・張自烈撰，清・廖文英續《正字通》亥集中
明・馮復京撰《六家詩名物疏》卷四四

長尾鷄

清・張玉書、陳廷敬等纂《康熙字典》卷三五

白鷮

三國吳・陸璣撰，明・毛晉廣要《陸氏詩疏廣要》卷下之上
明・張自烈撰，清・廖文英續《正字通》亥集中
清・張玉書、陳廷敬等纂《康熙字典》卷三五
明・馮復京撰《六家詩名物疏》卷四四

鷂雉

三國吳・陸璣撰，明・毛晉廣要《陸氏詩疏廣要》卷下之上

雉雞

清・余省、張為邦摹繪《清宮鳥譜》卷六

山雉

明・李時珍撰《本草綱目》卷四八
清・余省、張為邦摹繪《清宮鳥譜》卷六

鸐雉

明・李時珍撰《本草綱目》卷四八
清・余省、張為邦摹繪《清宮鳥譜》卷六

鸐雞

明・李時珍撰《本草綱目》卷四八

山鷄

明・李時珍撰《本草綱目》卷四八

山雞

清・余省、張為邦摹繪《清宮鳥譜》卷六

夏翟

清・余省、張為邦摹繪《清宮鳥譜》卷六

黑长尾雉 *Syrmaticus mikado*

秩秩海雉

晉・郭璞撰，唐・陸德明音義，宋・邢昺疏《爾雅注疏》卷一〇

海雉

周・師曠撰，晉・張華注《禽經》

秩海雉

南唐・徐鍇撰《說文繫傳》卷七

白腹锦鸡　铜鸡 *Chrysolophus amherstiae*

錦雞

宋・趙佶繪《芙蓉錦雞圖》

红腹锦鸡，金鸡 *Chrysolophus pictus*

金雞

明・陸楫編《古今說海》卷一一
清・張玉書、陳廷敬等纂《康熙字典》卷三五

清・金蓉鏡纂輯《湖南省靖州鄉土志》卷三

金鵕

明・李時珍撰《本草綱目》卷四八

錦雞

周・師曠撰，晉・張華注《禽經》

宋・文同撰，家成文編《丹淵集》卷九

宋・許綸撰《涉齊集》卷一四

宋・洪適撰《盤洲文集》卷九

金・李杲編輯，明・李時珍參訂，姚可成補輯《食物本草》卷一二

明・張自烈撰，清・廖文英續《正字通》亥集中

明・宋詡撰《竹山與山房雜部》卷一二

明・陸楫編《古今說海》卷一一

清・嵇曾筠等監修，沈翼機等編纂《浙江通志》卷一〇七

清・劉以義等監修，沈青崖等編纂《陝西通志》卷四四

清・姚之駰撰《元明事類鈔》卷二四

清・余省、張為邦摹繪《清宮鳥譜》卷五

清・張玉書、陳廷敬等纂《康熙字典》卷三五

清・汪森編《粵西文載・粵西叢載》卷二二

清・范士瑾纂修《廣東府縣志輯・康熙陽江縣志》卷四

清・黃樂之、平翰等修，鄭珍纂《貴州省遵義府志》卷一七

清・金蓉鏡纂輯《湖南省靖州鄉土志》卷三

錦鵕

明・吳楚材輯《彊識畧》卷三一

明・李時珍撰《本草綱目》卷四八

清・楊修田纂修《河南省光州志》卷四

清・何天瑞修，桂坫纂《廣東府縣志輯・西寧縣志》卷一四

鷩

晉・郭璞注《山海經》卷二（中山經）

宋・吳棫撰《韻補》卷一

金・李杲編輯，明・李時珍參訂，姚可成補輯《食物本草》卷一二

元・楊恒撰《六書統》卷一八

明・張自烈撰，清・廖文英續《正字通》亥集中

明・吳楚材輯《彊識畧》卷三一

清・張玉書、陳廷敬等纂《康熙字典》卷三五

清・楊修田纂修《河南省光州志》卷四

清・金蓉鏡纂輯《湖南省靖州鄉土志》卷三

清・徐文靜撰《管城碩記》卷二六

清・余省、張為邦摹繪《清宮鳥譜》卷五

鷩雉

周・師曠撰，晉・張華注《禽經》

晉・郭璞注《山海經》卷二（西山經）

宋・唐慎微撰，寇宗奭衍義《證類本草》卷一九

宋・陸佃撰《埤雅》卷七、卷九

金・李杲編輯，明・李時珍參訂，姚可成補輯《食物本草》卷一二

明・沈弘正撰《沈氏蟲天志》卷四

清・劉以義等監修，沈青崖等編纂《陝西通志》卷四四

清・徐文靜撰《管城碩記》卷二六

清・余省、張為邦摹繪《清宮鳥譜》卷五

清・張玉書、陳廷敬等纂《康熙字典》卷三五

清・范士瑾纂修《廣東府縣志輯・康熙陽江縣志》卷四

清・楊修田纂修《河南省光州志》卷四

清・金蓉鏡纂輯《湖南省靖州鄉土志》卷三

鷩鳥

宋・楊侃輯《兩漢博聞》卷五

赤鷩

晉・郭璞注《山海經》卷二（西山經）

金・李杲編輯，明・李時珍參訂，姚可成補輯《食物本草》卷一二

清・劉以義等監修，沈青崖等編纂《陝西通志》卷四四

清・吳任臣注《山海經廣注》卷二、卷五

明・張自烈撰，清・廖文英續《正字通》亥集中

清・張玉書、陳廷敬等纂《康熙字典》卷三五

晉・郭璞注《山海經》卷二（中山經）

赤雉

宋・呂棫撰《韻補》卷一

元・楊恒撰《六書統》卷一八

明・張自烈撰，清・廖文英續《正字通》亥集中

清・張玉書、陳廷敬等纂《康熙字典》卷三五

清・金蓉鏡纂輯《湖南省靖州鄉土志》卷三

錦鳥

清・馬呈圖等纂修《廣東府縣志輯・宣統高要縣志》卷一一

清・屠英等修，江藩等纂《廣東府縣志輯・道光肇慶府志》卷三

靈鳥

清・張玉書、汪霦等編《佩文齋詠物詩選》卷四二五

紀雉

清・陳元龍編《歷代賦匯》卷一三一

鵔鸃

宋・楊侃輯《兩漢博聞》卷五

元・楊恒撰《六書統》卷一八

清・張玉書、陳廷敬等纂《康熙字典》卷三五

清・劉以義等監修，沈青崖等編纂《陝西通志》卷四四

鵕鸏

明・張自烈撰，清・廖文英續《正字通》亥集中

明・沈弘正撰《沈氏蟲天志》卷四

明・吳楚材輯《彊識畧》卷三一

清・張玉書、陳廷敬等纂《康熙字典》卷三五
清・楊修田纂修《河南省光州志》卷四
清・何天瑞修，桂坫纂《廣東府縣志輯・西寧縣志》卷一四
清・戴肇辰等修，史澄等纂《廣東府縣志輯・光緒廣州府志》卷一六
清・徐文靜撰《管城碩記》卷二六

鵔鸃

清・范士瑾纂修《廣東府縣志輯・康熙陽江縣志》卷四
清・何天瑞修，桂坫纂《廣東府縣志輯・西寧縣志》卷一四
清・屠英等修，江藩等纂《廣東府縣志輯・道光肇慶府志》卷三
清・余省、張為邦摹繪《清宮鳥譜》卷五

山雞

晉・郭璞注《山海經》卷二（西山經）
金・李杲編輯，明・李時珍參訂，姚可成補輯《食物本草》卷一二
清・劉以義等監修，沈青崖等編纂《陝西通志》卷四四
清・徐文靜撰《管城碩記》卷二六
清・張玉書、陳廷敬等纂《康熙字典》卷三五
清・黄樂之、平翰等修，鄭珍纂《貴州省遵義府志》卷一七
清・徐文靜撰《管城碩記》卷二六

山鷄

明・沈弘正撰《沈氏蟲天志》卷四
明・吳楚材輯《彊識畧》卷三一
明・李時珍撰《本草綱目》卷四八
清・何天瑞修，桂坫纂《廣東府縣志輯・西寧縣志》卷一四

采鷄

明・李時珍撰《本草綱目》卷四八

蝴蛦

清・徐文靜撰《管城碩記》卷二六

蝴蛦

清・黄樂之、平翰等修，鄭珍纂《貴州省遵義府志》卷一七
清・余省、張為邦摹繪《清宮鳥譜》卷五

翰

宋・陸佃撰《爾雅新義》卷一七
清・邵晉涵撰《爾雅正義》卷一八

天雞

晉・郭璞注，唐・陸德明音義，宋・邢昺疏《爾雅注疏》卷一〇（釋鳥）
宋・陸佃撰《爾雅新義》卷一七
明・慎懋官撰《華夷花木鳥獸珍玩續考》卷一〇
明・鄧伯羔撰《藝彀》卷中
清・余省、張為邦摹繪《清宮鳥譜》卷五
清・汪森編《粵西文載・粵西叢載》卷二二
清・嵇曾筠等監修，沈翼機等編纂《浙江通志》卷一〇五
清・金鉷等監修，錢元昌等編纂《廣西通志》卷三一
清・任基振撰《爾雅注疏箋補》卷下（釋鳥第十七）
清・邵晉涵撰《爾雅正義》卷一八

天鷄

清・雷學海修，陳昌齊等纂《廣東府縣志輯・雷州府志》卷二

鉤割鳥

清・雷學海修，陳昌齊等纂《廣東府縣志輯・雷州府志》卷二

鶾

晉・郭璞注，唐・陸德明音義，宋・邢昺疏《爾雅注疏》卷一〇（釋鳥）
明・慎懋官撰《華夷花木鳥獸珍玩續考》卷一〇
明・鄧伯羔撰《藝彀》卷中
清・汪森編《粵西文載・粵西叢載》卷二二
清・任基振撰《爾雅注疏箋補》卷下（釋鳥第十七）
清・邵晉涵撰《爾雅正義》卷一八
清・余省、張為邦摹繪《清宮鳥譜》卷五

文鶾

明・慎懋官撰《華夷花木鳥獸珍玩續考》卷一〇
明・鄧伯羔撰《藝彀》卷中
明・李時珍撰《本草綱目》卷四八
清・邵晉涵撰《爾雅正義》卷一八
清・余省、張為邦摹繪《清宮鳥譜》卷五

翰

明・鄧伯羔撰《藝彀》卷中

翰鷩

晉・郭璞注《山海經》卷二（中山經）
清・吳任臣注《山海經廣注》卷五

華蟲

明・張自烈撰，清・廖文英續《正字通》亥集中
清・徐文靜撰《管城碩記》卷二六
清・余省、張為邦摹繪《清宮鳥譜》卷五

丹鳥

清・徐文靜撰《管城碩記》卷二六
清・余省、張為邦摹繪《清宮鳥譜》卷五

丹雞

清・邵晉涵撰《爾雅正義》卷一八

吐錦

清・嵇曾筠等監修，沈翼機等編纂《浙江通志》卷一〇五

吐綬雞

金・李杲編輯，明・李時珍參訂，姚可成補輯《食物本草》卷一二

吐錦雞

清・任基振撰《爾雅注疏箋補》卷下（釋鳥第十七）

山雉

明・張自烈撰，清・廖文英續《正字通》亥集中

清・戴肇辰等修，史澄等纂《廣東府縣志輯・光緒廣州府志》卷一六

莎雞

明・鄧伯羔撰《藝彀》卷中

樗雞

明・鄧伯羔撰《藝彀》卷中

鷮雞

晉・郭璞注，唐・陸德明音義，宋・邢昺疏《爾雅注疏》卷一〇（釋鳥）

清・邵晉涵撰《爾雅正義》卷一八

鷂風

清・邵晉涵撰《爾雅正義》卷一八

皐雉

清・邵晉涵撰《爾雅正義》卷一八

澤特

清・邵晉涵撰《爾雅正義》卷一八

阿蒲

清・徐文靜撰《管城碩記》卷二六

斑翅山鹑 *Perdix dauuricae*

半翅

清・余省、張為邦摹繪《清宮鳥譜》卷六

清・劉以義等監修，沈青崖等編纂《陝西通志》卷四四

半癡

清・劉以義等監修，沈青崖等編纂《陝西通志》卷四四

有須山鶉

清・(美)克拉克 索爾比著，史紅帥譯《穿越陝甘・1908-1909 年克拉克考察隊華北行紀》

灰孔雀雉 *Polyplectron bicalcaratum*

金錢雞

清・余省、張為邦摹繪《故宮鳥譜》卷一（臺北）

绿孔雀 *Pavo muticus*

孔雀

唐・段公路撰，龜圖註《北戶錄》卷一

宋・夏僎撰《夏氏尚書詳解》卷七

宋・傅寅撰《禹貢說斷》卷二

宋・祝穆撰《方輿勝覽》卷三九

宋・陸佃撰《埤雅》卷七

宋・羅願撰，元・洪焱祖音釋《爾雅翼》卷一三

宋・周去非撰《嶺外代答》卷九

宋・范成大撰《桂海虞衡志》

宋・唐慎微撰，寇宗奭衍義《證類本草》卷一九

金・李杲編輯，明・李時珍修訂，姚可成補輯《食物本草》卷一二

明・張燮撰《東西洋考》卷三（西洋列國考）

明・李時珍撰《本草綱目》卷四九

明・葉子奇撰《草木子》卷四

明・宋詡撰《竹嶼山房雜部》卷一二

明・林弼撰《林登州集》卷三

明・吳楚材輯《彊識畧》卷三一

明・李蘇著《見物》卷一

明・謝肇淛撰《滇略》卷三

明・陸楫編《古今說海》卷一三

清・姚之駰撰《後漢書補逸》卷二一

清・嵇璜、曹仁虎等撰《續文獻通考》卷二八

清・和珅等撰《大清一統志》卷三四七、卷三四九、卷四一八

清・屠英等修，江藩等纂《廣東府縣志輯・道光肇慶府志》卷三

清・李書吉等纂修《廣東府縣志輯・嘉慶澄海縣志》卷二四

清・屈大均撰《廣東新語》卷二〇

清・汪森編《粵西文載・粵西叢載》卷二二

清・郝玉麟等監修，魯曾煜等編纂《廣東通志》卷五二

清・余省、張為邦摹繪《故宮鳥譜》卷一（臺北）

清・陳淏子輯《秘傳花鏡》卷之六

白孔雀

南朝梁・沈約撰《宋書》卷二九

唐・段公路撰，龜圖註《北戶錄》卷一

明・陸楫編《古今說海》卷一三

孔鳥

唐・段公路撰，龜圖註《北戶錄》卷一

清・余省、張為邦摹繪《故宮鳥譜》卷一（臺北）

越鳥

明・李時珍撰《本草綱目》卷四九

明・李蘇著《見物》卷一

清・陳淏子輯《秘傳花鏡》卷之六

清・余省、張為邦摹繪《故宮鳥譜》卷一（臺北）

清・屈大均撰《廣東新語》卷二〇

南客

明・李時珍撰《本草綱目》卷四九

清・屈大均撰《廣東新語》卷二〇

摩由邏

明・李時珍撰《本草綱目》卷四九

清・余省、張為邦摹繪《故宮鳥譜》卷一（臺北）

妬鳥

明・吳楚材輯《彊識畧》卷三一

文禽

明・吴楚材輯《彊識畧》卷三一

清・陳淏子輯《秘傳花鏡》卷六

清・余省、張為邦摹繪《故宫鳥譜》卷一（臺北）

孔雉

清・李書吉等纂修《廣東府縣志輯・嘉慶澄海縣志》卷二四

清・屈大均撰《廣東新語》卷二〇

火離

明・宋詡撰《竹嶼山房雜部》卷一二

清・郝玉麟等監修，魯曾煜等編纂《廣東通志》卷五二

孔都護

清・余省、張為邦摹繪《故宫鳥譜》卷一（臺北）

偉鳥

清・屈大均撰《廣東新語》卷二〇

鹤形目 Gruiformes

三趾鹑科 Turnicidae

黄脚三趾鹑 *Turnix tanki*

北牛鶴

清・余省、張為邦摹繪《故宫鳥譜》卷四（臺北）

棕三趾鹑 *Turnix suscitator*

南牛鶴

清・余省、張為邦摹繪《故宫鳥譜》卷四（臺北）

黄鶉

清・余省、張為邦摹繪《故宫鳥譜》卷四（臺北）

清・阿桂、劉瑾之等撰《欽定盛京通志》卷一〇

清・乾隆三十二年敕撰《皇朝通志》卷三四

鴽

清・余省、張為邦摹繪《故宫鳥譜》卷四（臺北）

鴽

清・余省、張為邦摹繪《故宫鳥譜》卷四（臺北）

鴾母

清・余省、張為邦摹繪《故宫鳥譜》卷四（臺北）

鹤科 Gruidae

鶴

周・師曠撰，晉・張華注《禽經》

周・卜子夏撰《子夏易傳》卷六

漢・許慎撰，宋・徐鉉增釋《說文解字》卷四上

三國魏・王弼等注，唐・孔穎達疏，陸德明音義《周易注疏》

三國吴・陸璣撰，明・毛晉廣要《陸氏詩疏廣要》卷下之上

南朝梁・顧野王撰，宋・陳彭年等重修《重修玉篇》卷二四

唐・張參撰《五經文字》中

南唐・徐鍇撰，朱翱反切《說文系傳》卷七

宋・丁度、司馬光等纂《集韻》卷一〇

宋・王安石撰《臨川文集》卷七〇

宋・陸佃撰《埤雅》卷六

宋・彭百川撰《太平治跡統類》卷四

宋・樂史撰《太平寰宇記》卷二

宋・范成大撰《吳郡志》卷二九

宋・曾慥編《類說》卷八

宋・蔡卞撰《毛詩名物解》卷八

遼・釋行均撰《龍龕手鑒》卷二

金・李杲編輯，明・李時珍參訂，明・姚可成補輯《食物本草》

元・楊恒撰《六書統》卷一八

元・梁寅撰《詩演義》卷一〇

元・馬端臨撰《文獻通考》卷三一二

明・陳燿文撰《經典稽疑》下

明・李時珍撰《本草綱目》卷四七

明・陶宗儀撰《說郛》卷一七下

明・張自烈撰，清・廖文英續《正字通》亥集中（鳥部）

明・包大爟纂修《萬曆兗州府志》卷二五

明・汪珂玉撰《珊瑚網》卷一三

明・方以智撰《通雅》卷四五

明・顧清修纂《正德松江府志（上海）》卷五

清・李元撰《蠕範》卷八

清・張玉書、陳廷敬等纂《康熙字典》卷三五

清・阿桂、劉瑾之等撰《欽定盛京通志》卷一〇七

清・段玉裁撰《說文解字注》卷四上

清・段玉裁撰《毛詩故訓傳定本》卷一八

清・西清纂，蕭穆等重輯《黑龍江外記》卷八

清・海忠修，林從炯等纂《熱河省承德府志》卷二九

清・陳淏子輯，伊欽恒校注《花鏡》（附錄）

清・（日）岡元鳳纂輯《毛詩品物圖考》

鶮

宋・丁度、司馬光等纂《集韻》卷一〇

明・張自烈撰，清・廖文英續《正字通》亥集中（鳥部）

明・方以智撰《通雅》卷四五

鶮

宋・丁度、司馬光等纂《集韻》卷一〇

明・方以智撰《通雅》卷四五

鵠

宋・丁度、司馬光等纂《集韻》卷一〇

明・方以智撰《通雅》卷四五

清・李元撰《蠕範》卷八

鸐

遼・釋行均撰《龍龕手鑒》卷二

明・張自烈撰，清・廖文英續《正字通》亥集中（鳥部）

明・方以智撰《通雅》卷四五

清・張玉書、陳廷敬等纂《康熙字典》卷三五

鸖

遼・釋行均撰《龍龕手鑒》卷二

明・方以智撰《通雅》卷四五

明・張自烈撰，清・廖文英續《正字通》亥集中（鳥部）

清・張玉書、陳廷敬等纂《康熙字典》卷三五

鶴

遼・釋行均撰《龍龕手鑒》卷二

仙禽

三國吳・陸璣撰，明・毛晉廣要《陸氏詩疏廣要》卷下之上

唐・徐堅撰《初學記》卷三〇

金・李杲編輯，明・李時珍參訂，明・姚可成補輯《食物本草》

明・張自烈撰，清・廖文英續《正字通》亥集中（鳥部）

明・陶宗儀撰《說郛》卷三六下

明・李時珍撰《本草綱目》卷四七

清・阿桂、劉瑾之等撰《欽定盛京通志》卷一〇七

清・李元撰《蠕範》卷八

清・張玉書、陳廷敬等纂《康熙字典》卷三五

清・陳淏子輯，伊欽恒校注《花鏡》（附錄）

清・（日）岡元鳳纂輯《毛詩品物圖考》

仙鶴

遼・釋行均撰《龍龕手鑒》卷二

露禽

周・師曠撰，晉・張華注《禽經》

明・張自烈撰，清・廖文英續《正字通》亥集中（鳥部）

清・張玉書、陳廷敬等纂《康熙字典》卷三五

清・李元撰《蠕範》卷八

陽鳥

三國吳・陸璣撰，明・毛晉廣要《陸氏詩疏廣要》卷下之上

宋・王安石撰《臨川文集》卷七〇

宋・沈括撰《夢溪筆談》卷四

明・李時珍撰《本草綱目》卷四七

明・汪珂玉撰《珊瑚網》卷一三

明・方以智撰《通雅》卷四五

明・馮復京撰《六家詩名物疏》卷三六

明・陶宗儀撰《說郛》卷三五上

胎禽

明・李時珍撰《本草綱目》卷四七

鵉

清・李元撰《蠕範》卷八

皋禽

清・李元撰《蠕範》卷八

介鳥

清・李元撰《蠕範》卷八

靈鷟

清・李元撰《蠕範》卷八

陰羽

三國吳・陸璣撰，明・毛晉廣要《陸氏詩疏廣要》卷下之上

明・方以智撰《通雅》卷四五

清・張玉書、陳廷敬等纂《康熙字典》卷三五

清・李元撰《蠕範》卷八

素素

清・李元撰《蠕範》卷八

紫卿

清・李元撰《蠕範》卷八

八公

明・李時珍撰《本草綱目》卷四七

清・李元撰《蠕範》卷八

清・張玉書、陳廷敬等纂《康熙字典》卷三五

丹哥

清・李元撰《蠕範》卷八

仙子

清・李元撰《蠕範》卷八

蓬萊羽士

清・李元撰《蠕範》卷八

九轉還丹史

清・李元撰《蠕範》卷八

玄鶴

周・師曠撰，晉・張華注《禽經》

明・宋詡撰《竹嶼山房雜部》卷五

灰鶴 *Grus grus*

蒼鶴

宋・郭祥正撰《青山續集》卷四

宋・洪適撰《盤洲文集》卷九

鵁鶄

宋・史能之纂修《鹹淳毗陵志》

明・包大爟纂修《萬曆兗州府志》卷二五

清・李文耀修，談起行、葉承纂《上海縣志》卷之五

清・吳馨等修，姚文枬等纂《江蘇省上海縣續志》卷八

皂鶴

明・董斯張撰《廣博物志》卷四四

玄鶴

明・郜相修，樊深纂《嘉慶河間府志》

青鳥

明・郜相修，樊深纂《嘉慶河間府志》

丹歌

宋·曾糙編《類說》卷五二

清·屈大均撰《廣東新語》卷二〇

灰鶴

宋·范成大撰《桂海虞衡志》

宋·史能之纂修《鹹淳毗陵志》

明·郜相修，樊深纂《嘉慶河間府志》

清·屠英等修，江藩等纂《廣東府縣志輯·道光肇慶府志》卷三

清·方旭撰《蟲薈》卷一

清·李文耀修，談起行、葉承纂《上海縣志》卷之五

清·李文恒修，鄭文彩纂《廣東省瓊山縣志》卷三

清·吳馨等修，姚文枬等纂《江蘇省上海縣續志》卷八

清·(美)克拉克 索爾比著，史紅帥譯《穿越陝甘·1908-1909 年克拉克考察隊華北行紀》

寒鶴

清·屠英等修，江藩等纂《廣東府縣志輯·道光肇慶府志》卷三

鶴

清·郝玉麟等監修，魯曾煜等編纂《廣東通志》卷五二（物產）

清·李文恒修，鄭文彩纂《廣東省瓊山縣志》卷三

白头鹤 *Grus monacha*

玄鶴

周·師曠撰，晉·張華注《禽經》

漢·司馬遷撰，南朝宋·裴駰集解《史記》卷一一七

晉·崔豹撰《古今注》卷中

明·李蘇撰《見物》卷一

明·陶宗儀撰《說郛》卷一二上

明·王圻、王思義輯《三才圖會》四卷一

清·陳元龍編《歷代賦匯》卷一二八

陽烏

唐·陳藏器撰，尚志鈞輯釋《本草拾遺》卷六

宋·唐慎微撰《重修政和經史證類備用本草》卷一九

金·李杲編輯，明·李時珍參訂，姚可成補輯《食物本草》卷一二

清·方旭撰《蟲薈》卷一

清·嵇璜、曹仁虎撰《續通志》卷一八〇

鸛

唐·陳藏器撰，尚志鈞輯釋《本草拾遺》卷六

宋·唐慎微撰《重修政和經史證類備用本草》卷一九

陽鴉

宋·唐慎微撰《重修政和經史證類備用本草》卷一九

明·李時珍撰《本草綱目》卷四七

清·方旭撰《蟲薈》卷一

陽鳥

明·李時珍撰《本草綱目》卷四七

鵟鸐

明·李蘇撰《見物》卷一

皂鶴

明·董斯張撰《廣博物志》卷四四

丹顶鹤 *Grus japonensis*

鶴

元·戴侗撰《六書故》卷一九

清·牟應震撰《毛詩物名考》卷一

清·姚炳撰《詩識名解》卷三

清·毛奇齡撰《續詩傳鳥名卷》卷二

清·余省、張為邦摹繪《故宮鳥譜》卷一（臺北）

露禽

清·余省、張為邦摹繪《故宮鳥譜》卷一（臺北）

仙子

清·余省、張為邦摹繪《故宮鳥譜》卷一（臺北）

胎仙

清·余省、張為邦摹繪《故宮鳥譜》卷一（臺北）

仙禽

清·余省、張為邦摹繪《故宮鳥譜》卷一（臺北）

胎禽

清·余省、張為邦摹繪《故宮鳥譜》卷一（臺北）

蓬萊羽士

清·余省、張為邦摹繪《故宮鳥譜》卷一（臺北）

丹頂鶴

明·宋濂、王禕等撰，清·王祖庚等考證《元史》卷一六（本紀第一六）

白枕鹤 *Grus vipio*

鴰

漢·許慎撰，宋·徐鉉增釋《說文解字》卷四上

晉·郭璞注，唐·陸德明音義，宋·邢昺疏《爾雅注疏》卷一〇

南朝梁·顧野王撰，宋·陳彭年等重修《重修玉篇》卷二四

南唐·徐鍇撰，朱翺反切《說文繫傳》卷七

宋·丁度、司馬光等纂《集韻》卷九

宋·鄭樵撰《爾雅註》卷下

宋·鄭樵撰《通志》卷七六

宋·陸佃撰《爾雅新義》卷一六

金·李杲編輯，明·李時珍參訂，姚可成補輯《食物本草》卷一二

元·楊恒撰《六書統》卷一八

明·張自烈撰，清·廖文英續《正字通》亥集中

明·周祈撰《名義考》卷一〇

清·劉玉麐撰《爾雅校義》卷下

清·張玉書、陳廷敬等纂《康熙字典》卷三五

清·段玉裁撰《說文解字注》卷四上

清•劉於義等監修，沈青崖等編纂《陝西通志》卷四四
清•任基振撰《爾雅注疏箋補》卷下
清•郭柏蒼撰《海錯百一錄》卷五

麋鴰

漢•許慎撰，宋•徐鉉增釋《說文解字》卷四上
晉•郭璞注，唐•陸德明音義，宋•邢昺疏《爾雅注疏》卷一〇
南朝梁•顧野王撰，宋•陳彭年等重修《重修玉篇》卷二四
南唐•徐鍇撰，朱翱反切《說文繫傳》卷七
宋•丁度、司馬光等纂《集韻》卷九
宋•陸佃撰《爾雅新義》卷一六
宋•鄭樵撰《通志》卷七六
宋•鄭樵撰《爾雅註》卷下
元•楊恒撰《六書統》卷一八
明•張自烈撰，清•廖文英續《正字通》亥集中
明•李時珍撰《本草綱目》卷四七
明•周祈撰《名義考》卷一〇
清•劉玉麐撰《爾雅校義》卷下
清•段玉裁撰《說文解字注》卷四上
清•張玉書、陳廷敬等纂《康熙字典》卷三五
清•何東銘纂《四川府縣志輯•邛嶲野録》
清•劉於義等監修，沈青崖等編纂《陝西通志》卷四四
清•任基振撰《爾雅注疏箋補》卷下
清•郭柏蒼撰《海錯百一錄》卷五

赤鳪

清•沈廷芳撰《十三經注疏正字》一五

赤頰

三國吳•陸璣撰《毛詩草木鳥獸蟲魚疏》卷下
明•董斯張撰《廣博物志》卷四四
清•余省、張為邦摹繪《故宮鳥譜》卷一（臺北）

鴰

南朝梁•顧野王撰，宋•陳彭年等重修《重修玉篇》卷二四
宋•丁度、司馬光等纂《集韻》卷九
明•張自烈撰，清•廖文英續《正字通》亥集中
清•張玉書、陳廷敬等纂《康熙字典》卷三五

鴰

漢•許慎撰，宋•徐鉉增釋《說文解字》卷四上
南唐•徐鍇撰，朱翱反切《說文繫傳》卷七
元•楊恒撰《六書統》卷一八
明•張自烈撰，清•廖文英續《正字通》亥集中
清•段玉裁撰《說文解字注》卷四上

鬼車

唐•陳藏器撰，尚志鈞輯釋《本草拾遺輯釋》卷六
宋•唐慎微撰《證類本草》卷一九
明•楊慎撰，張士佩編《升庵集》卷八一
明•周祈撰《名義考》卷一〇
清•周春撰《爾雅補注》卷四
清•呂恩湛修，宗績辰纂《湖南府縣志輯•道光永州府志》

鬼鳥

唐•陳藏器撰，尚志鈞輯釋《本草拾遺輯釋》卷六
宋•唐慎微撰《證類本草》卷一九

九頭鳥

唐•陳藏器撰，尚志鈞輯釋《本草拾遺輯釋》卷六
宋•唐慎微撰《證類本草》卷一九
明•陳燿文撰《正楊》卷二
明•楊慎撰，張士佩編《升庵集》卷八一
明•周祈撰《名義考》卷一〇
清•陳元龍撰《格致鏡原》卷八一
清•呂恩湛修，宗績辰纂《湖南府縣志輯•道光永州府志》
清•周春撰《爾雅補注》卷四
清•任基振撰《爾雅注疏箋補》卷下

鶬鴰

晉•郭璞注，唐•陸德明音義，宋•邢昺疏《爾雅注疏》卷一〇
南朝梁•顧野王撰，宋•陳彭年等重修《重修玉篇》卷二四
南唐•徐鍇撰，朱翱反切《說文繫傳》卷七
宋•鄭樵撰《爾雅註》卷下
宋•鄭樵撰《通志》卷七六
明•張自烈撰，清•廖文英續《正字通》亥集中
明•李時珍撰《本草綱目》卷四七
明•楊慎撰《丹鉛餘錄》卷六
明•周祈撰《名義考》卷一〇
清•陳元龍撰《格致鏡原》卷八一
清•郭柏蒼撰《海錯百一錄》卷五
清•劉於義等監修，沈青崖等編纂《陝西通志》卷四四
清•張玉書、陳廷敬等纂《康熙字典》卷三五
清•段玉裁撰《說文解字注》卷四上

鶬鶊

遼•釋行均撰《龍龕手鑒》卷二

鶬雞

明•張自烈撰，清•廖文英續《正字通》亥集中
清•郭柏蒼撰《海錯百一錄》卷五
清•張玉書、陳廷敬等纂《康熙字典》卷三五
清•何東銘纂《四川府縣志輯•邛嶲野録》

鶬鶏

金•李杲編輯，明•李時珍參訂，姚可成補輯《食物本草》卷一二
明•李時珍撰《本草綱目》卷四七
清•阿桂、劉瑾之等撰《欽定盛京通志》卷一〇七
清•劉於義等監修，沈青崖等編纂《陝西通志》卷四四

麥雞

金・李杲編輯，明・李時珍參訂，姚可成補輯《食物本草》卷一二

明・張自烈撰，清・廖文英續《正字通》亥集中

清・郭柏蒼撰《海錯百一錄》卷五

清・張玉書、陳廷敬等纂《康熙字典》卷三五

麥鶏

明・李時珍撰《本草綱目》卷四七

清・何東銘纂《四川府縣志輯・邛嶲野録》

鶆鷞

金・李杲編輯，明・李時珍參訂，姚可成補輯《食物本草》卷一二

明・李時珍撰《本草綱目》卷四七

清・劉玉麐撰《爾雅校義》卷下

清・何東銘纂《四川府縣志輯・邛嶲野録》

鶆鳰

清・戴焕南修，張槃奎纂《新寧州志》

清・汪森編《粵西文載》卷二二

鴰鹿

明・李時珍撰《本草綱目》卷四七

明・張自烈撰，清・廖文英續《正字通》亥集中

清・郭柏蒼撰《海錯百一錄》卷五

清・劉於義等監修，沈青崖等編纂《陝西通志》卷四四

清・張玉書、陳廷敬等纂《康熙字典》卷三五

清・段玉裁撰《說文解字注》卷四上

清・何東銘纂《四川府縣志輯・邛嶲野録》

清・任基振撰《爾雅注疏箋補》卷下

鴰將

明・張自烈撰，清・廖文英續《正字通》亥集中

鴰

明・周祈撰《名義考》卷一〇

逆鶬

明・楊慎撰，張士佩編《升菴集》卷八一

明・周祈撰《名義考》卷一〇

清・陳元龍撰《格致鏡原》卷八一

蒼鶊

明・陳耀文撰《天中記》卷五九

明・周祈撰《名義考》卷一〇

清・陳元龍撰《格致鏡原》卷八一

蒼鸕

明・楊慎撰，張士佩編《升菴集》卷八一

鶩䳓

明・宋詡撰《竹嶼山房雜部》卷一二

車載板

清・陳元龍撰《格致鏡原》卷八一

鴰辰

清・陳元龍撰《格致鏡原》卷八一

渠逸鳥

清・陳元龍撰《格致鏡原》卷八一

錯落

清・陳元龍撰《格致鏡原》卷八一

清・段玉裁撰《說文解字注》卷四上

清・任基振撰《爾雅注疏箋補》卷下

藍

清・余省、張為邦摹繪《故宫鳥譜》卷一（臺北）

蒼鶴

清・郭柏蒼撰《海錯百一錄》卷五

鸛鶇

南朝梁・顧野王撰，宋・陳彭年等重修《重修玉篇》卷二四

鶴

三國吳・陸璣撰《毛詩草木鳥獸蟲魚疏》卷下

清・何東銘纂《四川府縣志輯・邛嶲野録》

燃鵝

清・何東銘纂《四川府縣志輯・邛嶲野録》

白鶴 *Grus leucogeranus*

青田鶴

宋・吳曾撰《能改齋漫錄》卷一五

明・陶宗儀撰《說郛》卷六一下

白鶴

宋・王應麟撰《玉海》卷一九九、卷二〇〇

宋・吳曾撰《能改齋漫錄》卷一五

明・王文潔撰《太乙仙制本草藥性大全》

明・陶宗儀撰《說郛》卷六〇上

清・陳元龍編《歷代賦匯》卷一二八

清・費廷珍纂修《甘肅省直隸秦州新志》卷之六

鵁鵝

清・余省、張為邦摹繪《清宮鳥譜》卷八

蓑羽鹤 *Anthropoides virgo*

青鳳

宋・陸佃撰《埤雅》卷八

青鸞

明・宋詡撰《竹嶼山房雜部》卷一二

清・王士禛撰《池北偶談》卷二三

小灰鶴

清・余省、張為邦摹繪《故宫鳥譜》卷一（臺北）

水鶴

清・余省、張為邦摹繪《故宫鳥譜》卷一（臺北）

丹歌

清・余省、張為邦摹繪《故宫鳥譜》卷一（臺北）

鸗

周・師曠撰，晉・張華注《禽經》
漢・許慎撰，宋・徐鉉增釋《說文解字》卷四上
南唐・徐鍇撰，朱翱反切《說文繫傳》卷七
宋・司馬光撰《類編》卷一一
宋・陸佃撰《埤雅》卷八
元・楊恒撰《六書統》卷一八
明・張溥輯《漢魏六朝百三家集》卷五七
明・張自烈撰，清・廖文英續《正字通》亥集中
明・馮復京撰《六家詩名物疏》卷二五
清・陳淏子輯《秘傳花鏡》卷六
清・姚炳撰《詩識名解》卷三
清・張玉書、陳廷敬等纂《康熙字典》卷三五
清・馬驌撰《繹史》卷二五

蓑羽鶴

清・(美)克拉克 索爾比著，史紅帥譯《穿越陝甘・1908-1909 年克拉克考察隊華北行紀》

秧鸡科 Rallidae

普通秧鸡 *Pallus aquaticus*

秧雞

宋・陳思編，元・陳世隆補《兩宋名賢小集》卷二〇〇
明・李時珍撰《本草綱目》卷四七
明・謝肇淛撰《滇略》卷三
清・張玉書、陳延敬等撰《佩文韻府》卷八之二
清・金蓉鏡纂輯《湖南省靖州鄉土志》
清・方旭撰《蟲薈》卷一
清・吳友如繪《吳友如畫寶・中外百獸圖》第五集下

秧鷄

宋・王質撰《紹陶録》卷下
金・李杲編輯，明・李時珍參訂，姚可成補輯《食物本草》卷一二
明・方以智撰《通雅》卷四五

小澤雞

清・余省、張為邦摹繪《清宮鳥譜》卷九

阿際格泥約戳科

清・余省、張為邦摹繪《清宮鳥譜》卷九

田雞

清・黄永綸修，楊錫齡等纂《湖北府縣志輯・道光寧都直隸州志》
清・金蓉鏡纂輯《湖南省靖州鄉土志》

禾雞

清・金蓉鏡纂輯《湖南省靖州鄉土志》

百夷雞

明・謝肇淛撰《滇略》卷三

鶤鷄

清・方以智撰《通雅》卷四五

小田鸡 *Parzana pusilla*

鸕鶏

漢・司馬遷撰，南朝宋・裴駰集解《史記》卷一一七
清・段玉裁撰《說文解字注》卷四上

章渠

漢・司馬遷撰，南朝宋・裴駰集解《史記》卷一一七
清・段玉裁撰《說文解字注》卷四上
清・方旭撰《蟲薈》卷一

鷛梁

南唐・徐鍇撰，朱翱反切《說文繫傳》卷七

鸕鶏

元・楊恒撰《六書統》卷一八

雝渠

清・方旭撰《蟲薈》卷一

鷛

南唐・徐鍇撰，朱翱反切《說文繫傳》卷七
元・楊恒撰《六書統》卷一八
清・段玉裁撰《說文解字注》卷四上

精列

清・方旭撰《蟲薈》卷一

水雞

南唐・徐鍇撰，朱翱反切《說文繫傳》卷七
清・方旭撰《蟲薈》卷一

小水雞

清・余省、張為邦摹繪《清宮鳥譜》卷九

花田鸡 *Porzana exqusita*

水鶴

清・余省、張為邦摹繪《清宮鳥譜》卷九

塱雞

清・余省、張為邦摹繪《清宮鳥譜》卷九

白胸苦悪鸟 *Amaurornis phoenicurus*

苦姑鳥

三國吳・沈瑩撰，張崇根輯校《臨海水土異物志》
清・金鉷等等監修，錢元昌等編纂《廣西通志》

苦姑

三國吳・沈瑩撰，張崇根輯校《臨海水土異物志》

苦鳥

三國吳・沈瑩撰，張崇根輯校《臨海水土異物志》
清・萬青黎、周家楣修，張之洞、繆荃孫纂《北京府縣志輯・光緒順天府志》
清・何天瑞修，桂坫纂《廣東府縣志輯・西寧縣志》卷一四

姑獲

宋・唐慎微撰《重修政和經史證類備用本草》卷一九

清・陳元龍撰《格致鏡原》卷八一

乳母鳥

宋・唐慎微撰《重修政和經史證類備用本草》卷一九

清・陳元龍撰《格致鏡原》卷八一

天帝少女

宋・唐慎微撰《重修政和經史證類備用本草》卷一九

清・陳元龍撰《格致鏡原》卷八一

隱飛

宋・唐慎微撰《重修政和經史證類備用本草》卷一九

清・陳元龍撰《格致鏡原》卷八一

夜行遊女

宋・唐慎微撰《重修政和經史證類備用本草》卷一九

清・陳元龍撰《格致鏡原》卷八一

鬼鳥

宋・唐慎微撰《重修政和經史證類備用本草》卷一九

鈎星

宋・唐慎微撰《重修政和經史證類備用本草》卷一九

禧禧

宋・唐慎微撰《重修政和經史證類備用本草》卷一九

姑惡

明・王鏊撰《姑蘇志》

清・萬青黎、周家楣修，張之洞、繆荃孫纂《北京府縣志輯・光緒順天府志》

清・陳夢雷等纂《古今圖書集成》卷七三五（鎮江府物產考）

清・何天瑞修，桂坫纂《廣東府縣志輯・西寧縣志》卷一四

苦惡

清・萬青黎、周家楣修，張之洞、繆荃孫纂《北京府縣志輯・光緒順天府志》

清・陳夢雷等纂《古今圖書集成・博物彙編・禽蟲典》卷七三五（鎮江府）

董鸡 *Gallicrex cinerea*

鶾

不著撰人《原本廣韻》卷二

清・張玉書、陳廷敬等纂《康熙字典》卷三五

水雞

不著撰人《原本廣韻》卷二

水鷄

清・張玉書、陳廷敬等纂《康熙字典》卷三五

鶾渠

不著撰人《原本廣韻》卷二

清・張玉書、陳廷敬等纂《康熙字典》卷三五

鶟

清・張玉書、陳廷敬等纂《康熙字典》卷三五

鶟鶘

清・李元撰《蠕範》卷三

清・張玉書、陳廷敬等纂《康熙字典》卷三五

鶟雞

清・張玉書、陳廷敬等纂《康熙字典》卷三五

田洞雞

清・余省、張為邦摹繪《清宮鳥譜》卷五

秧雞

清・李元撰《蠕範》卷三

紅冠水鸡

清・尹會一、程夢星等纂修《江蘇省揚州府志》卷一一

鴸鷄

清・博潤修，姚光發等纂《上海府縣志輯・松江府續志》卷五

黑水鸡，红骨顶 *Gallinula chloropus*

水雞

清・余省、張為邦摹繪《清宮鳥譜》卷九

章渠

清・余省、張為邦摹繪《清宮鳥譜》卷九

鶾雞

清・余省、張為邦摹繪《清宮鳥譜》卷九

鶾渠

清・余省、張為邦摹繪《清宮鳥譜》卷九

庸渠

清・余省、張為邦摹繪《清宮鳥譜》卷九

黑水雞

清・(美)克拉克 索爾比著，史紅帥譯《穿越陝甘・1908-1909 年克拉克考察隊華北行紀》

紫水鸡 *Porphyrio porhyrio*

鳼雉

宋・丁度、司馬光等纂《集韻》卷一

翠雲鳥

清・余省、張為邦摹繪《清宮鳥譜》卷八

骨顶鸡，白骨顶 *Fulica atra*

方目

金・李杲編輯，明・李時珍參訂，姚可成補輯《食物本草》卷一二

明・李時珍撰《本草綱目》卷四七

清・劉於義等監修，沈青崖等編纂《陝西通志》卷四四

清・吳友如繪《吳友如畫寶》五集下

鴋

明・李時珍撰《本草綱目》卷四七

清・劉於義等監修，沈青崖等編纂《陝西通志》卷四四

清・任基振撰《爾雅注疏箋補》卷三

澤虞
明・李時珍撰《本草綱目》卷四七
清・方旭撰《蟲薈》卷一
清・劉於義等監修，沈青崖等編纂《陝西通志》卷四四
清・任基振撰《爾雅注疏箋補》卷三
鸔鷉
清・任基振撰《爾雅注疏箋補》卷三
護田鳥
明・李時珍撰《本草綱目》卷四七
清・方旭撰《蟲薈》卷一
清・劉於義等監修，沈青崖等編纂《陝西通志》卷四四
蝦蟇護
明・李時珍撰《本草綱目》卷四七
清・方旭撰《蟲薈》卷一
清・劉於義等監修，沈青崖等編纂《陝西通志》卷四四
烏鷄
明・李時珍撰《本草綱目》卷四八
清・余省、張為邦摹繪《清宮鳥譜》卷九
烏雞
清・方旭撰《蟲薈》卷一
姑鷄
明・李時珍撰《本草綱目》卷四七
姑雞
清・方旭撰《蟲薈》卷一
清・任基振撰《爾雅注疏箋補》卷三
孤頂
清・阿桂、劉瑾之等撰《欽定盛京通志》卷一〇七
鴑
清・方旭撰《蟲薈》卷一
清・任基振撰《爾雅注疏箋補》卷三
鴑鴉
清・任基振撰《爾雅注疏箋補》卷三
骨頂
清・余省、張為邦摹繪《清宮鳥譜》卷九
黑鷺
清・余省、張為邦摹繪《清宮鳥譜》卷九
姻澤鳥
清・方旭撰《蟲薈》卷一
黑鴨
清・(美)克拉克 索爾比著，史紅帥譯《穿越陝甘・1908-1909 年克拉克考察隊華北行紀》

鸨科 Otididae

大鸨 *Otis tarda*

鴇
漢・司馬遷撰，南朝宋・裴駰集解《史記》卷一一七
漢・許慎撰，宋・徐鉉增釋《說文解字》卷四上
三國吳・陸璣撰《毛詩草木鳥獸蟲魚疏》卷下之上
南唐・徐鍇撰，朱翱反切《說文繫傳》卷七
唐・張參撰《五經文字》卷中
宋・陸佃撰《埤雅》卷九
・不著撰人《原本廣韻》卷二〇
金・李杲編輯，明・李時珍參訂，姚可成補輯《食物本草》卷一二
元・戴侗撰《六書故》卷一九
元・楊桓撰《六書統》卷一八
元・托克托等撰《遼史》卷六八
元・忽思慧撰《飲膳正要》
明・李時珍撰《本草綱目》卷四七
明・張自烈撰，清・廖文英續《正字通》亥集中
明・楊慎撰《丹鉛餘錄》卷一一
清・牟應震撰《毛詩物名考》卷一
清・焦循撰《毛詩草木鳥獸蟲魚釋》卷三
清・張玉書、陳廷敬等纂《康熙字典》卷三五
清・段玉裁撰《說文解字注》卷四上
清・姚炳撰《詩識名解》卷二
清・阿桂、劉瑾之等撰《欽定盛京通志》卷一〇七
清・劉於義等監修，沈青崖等編纂《陝西通志》卷四四
清・洪蕙纂修《陝西省延安府志》卷三四
清・余省、張為邦摹繪《清宮鳥譜》卷九
清・方旭撰《蟲薈》卷一
清・（日）岡元鳳纂輯《毛詩品物圖考》
鴸
・不著撰人《原本廣韻》卷二〇
鶓
南朝梁・顧野王撰，宋・陳彭年等重修《重修玉篇》卷二四
遼・釋行均撰《龍龕手鑒》卷二
清・阿桂、劉瑾之等撰《欽定盛京通志》卷一〇七
清・長順修《吉林通志》卷三四
鶓鼓
遼・釋行均撰《龍龕手鑒》卷二
鴹
南朝梁・顧野王撰，宋・陳彭年等重修《重修玉篇》卷二四
鴇
・不著撰人《原本廣韻》卷二〇
元・戴侗撰《六書故》卷一九
明・張自烈撰，清・廖文英續《正字通》亥集中
清・張玉書、陳廷敬等纂《康熙字典》卷三五
鴇
明・張自烈撰，清・廖文英續《正字通》亥集中
鮑
漢・許慎撰，宋・徐鉉增釋《說文解字》卷四上
・不著撰人《原本廣韻》卷二〇

元・戴侗撰《六書故》卷一九
元・楊桓撰《六書統》卷一八
明・張自烈撰，清・廖文英續《正字通》亥集中
清・張玉書、陳廷敬等纂《康熙字典》卷三五
清・段玉裁撰《說文解字注》卷四上
清・焦循撰《毛詩草木鳥獸蟲魚釋》卷三

鴝

・不著撰人《原本廣韻》卷二〇
清・段玉裁撰《說文解字注》卷四上
清・焦循撰《毛詩草木鳥獸蟲魚釋》卷三

鴉

・不著撰人《原本廣韻》卷二〇
清・張玉書、陳廷敬等纂《康熙字典》卷三五

鳥

明・張自烈撰，清・廖文英續《正字通》亥集中
清・張玉書、陳廷敬等纂《康熙字典》卷三五

獨豹

三國吳・陸璣撰《毛詩草木鳥獸蟲魚疏》卷下之上
宋・陸佃撰《埤雅》卷九
明・李時珍撰《本草綱目》卷三五
明・彭大翼撰，張幼學增訂《山堂肆考》卷二三七
明・張自烈撰，清・廖文英續《正字通》亥集中
清・陳元龍撰《格致鏡原》卷七九
清・焦循撰《毛詩草木鳥獸蟲魚釋》卷三
清・張玉書、陳廷敬等纂《康熙字典》卷三五
清・姚炳撰《詩識名解》卷二
清・劉於義等監修，沈青崖等編纂《陝西通志》卷四四
清・余省、張為邦摹繪《清宮鳥譜》卷九
清・方旭撰《蟲薈》卷一
清・（日）岡元鳳纂輯《毛詩品物圖考》

鴻豹

宋・陸佃撰《埤雅》卷九
明・楊慎撰《丹鉛餘錄》卷一一
明・張自烈撰，清・廖文英續《正字通》亥集中
明・陳元龍撰《格致鏡原》卷七九
清・張玉書、陳廷敬等纂《康熙字典》卷三五
清・方旭撰《蟲薈》卷一

鳵

清・焦循撰《毛詩草木鳥獸蟲魚釋》卷三
清・張玉書、陳廷敬等纂《康熙字典》卷三五

鵲

清・劉於義等監修，沈青崖等編纂《陝西通志》卷四四
清・洪蕙纂修《陝西省延安府志》卷三四

鵲鴇

清・劉於義等監修，沈青崖等編纂《陝西通志》卷四四

花豹

清・劉於義等監修，沈青崖等編纂《陝西通志》卷四四
清・洪蕙纂修《陝西省延安府志》卷三四

羊鴇

清・余省、張為邦摹繪《清宮鳥譜》卷九

大鴇

清・(美)克拉克 索爾比著，史紅帥譯《穿越陝甘・1908-1909 年克拉克考察隊華北行紀》

鸻形目 Charadriiformes

雉鸻科 Jacanidae

水雉 *Hydrophasianus chirurgus*

地烏

清・余省、張為邦摹繪《清宮鳥譜》卷九

蛎鹬科 Haematopodidae

蛎鹬 *Haematopus ostralegus*

鷸

宋・曾糙編《類說》卷三六
明・楊慎撰，張士佩編《升菴集》卷四三
清・陳元龍編《歷代賦匯》卷一一三

打蠅鳥

清・阿桂、劉瑾之等撰《欽定盛京通志》卷一〇七

鸻科 Charadriidae

鴴

清・張玉書、陳廷敬等纂《康熙字典》卷三五

凤头麦鸡 *Venellus venellus*

烏鸔

漢・許慎撰，宋・徐鉉增釋《說文解字》卷四上
晉・郭璞注，唐・陸德明音義，宋・邢昺疏《爾雅注疏》卷一〇
宋・鄭樵撰《通志》卷七六
元・楊恒撰《六書統》卷一八
清・張玉書、陳廷敬等纂《康熙字典》卷三五
清・段玉裁撰《說文解字注》卷四上
清・郝懿行撰《爾雅義疏》下卷五
清・邵晉涵撰《爾雅正義》卷一八

烏鵙

清・劉玉麐撰《爾雅校議》卷下

架梨

清・劉玉麐撰《爾雅校議》卷下

喚起

清・劉玉麐撰《爾雅校議》卷下

近楊格

清・劉玉麐撰《爾雅校議》卷下

鴾

漢・許慎撰，宋・徐鉉增釋《說文解字》卷四上

晉・郭璞注，唐・陸德明音義，宋・邢昺疏《爾雅注疏》卷一〇
唐・陸德明撰《爾雅音釋》卷下
宋・陸佃撰《爾雅新義》第一六
宋・鄭樵撰《爾雅註》卷下
宋・鄭樵撰《通志》卷七六
元・楊恒撰《六書統》卷一八
明・張自烈撰，清・廖文英續《正字通》亥集中
清・段玉裁撰《說文解字注》卷四上
清・郝懿行撰《爾雅義疏》下卷五
清・張玉書、陳廷敬等纂《康熙字典》卷三五
清・邵晉涵撰《爾雅正義》卷一八

鸔

晉・郭璞注，唐・陸德明音義，宋・邢昺疏《爾雅注疏》卷一〇
唐・陸德明撰《爾雅音釋》卷下
明・張自烈撰，清・廖文英續《正字通》亥集中
清・張玉書、陳廷敬等纂《康熙字典》卷三五

鸔

漢・許慎撰，宋・徐鉉增釋《說文解字》卷四上
元・楊恒撰《六書統》卷一八
明・張自烈撰，清・廖文英續《正字通》亥集中
清・段玉裁撰《說文解字注》卷四上

鴗鳩

清・張玉書、陳廷敬等纂《康熙字典》卷三五

鵂鶹

清・張玉書、陳廷敬等纂《康熙字典》卷三五

三和尚

清・余省、張為邦摹繪《清宮鳥譜》卷九

鳳頭鴴

清・(美)克拉克 索爾比著，史紅帥譯《穿越陝甘・1908-1909 年克拉克考察隊華北行紀》

灰头麦鸡 *Vanellus cinereus*

澤虞

晉・郭璞注，宋・邢昺疏，唐・陸德明音義《爾雅注疏》卷一〇
南朝梁・顧野王撰，宋・陳彭年等重修《重修玉篇》卷二四
宋・鄭樵撰《通志》卷七六
元・戴侗撰《六書故》卷一九
清・周春撰《爾雅補注》卷四
清・張玉書、陳廷敬等纂《康熙字典》卷三五
清・段玉裁撰《說文解字注》卷四上

鶭

晉・郭璞注，宋・邢昺疏，唐・陸德明音義《爾雅注疏》卷一〇
南朝梁・顧野王撰，宋・陳彭年等重修《重修玉篇》卷二四
宋・陳彭年、丘雍等撰《重修廣韻》卷三
宋・鄭樵撰《通志》卷七六
元・戴侗撰《六書故》卷一九
清・周春撰《爾雅補注》卷四
清・張玉書、陳廷敬等纂《康熙字典》卷三五
清・段玉裁撰《說文解字注》卷四上

鶭

晉・郭璞注，宋・邢昺疏，唐・陸德明音義《爾雅注疏》卷一〇
南朝梁・顧野王撰，宋・陳彭年等重修《重修玉篇》卷二四
元・戴侗撰《六書故》卷一九
清・段玉裁撰《說文解字注》卷四上

鴋

晉・郭璞注，宋・邢昺疏，唐・陸德明音義《爾雅注疏》卷一〇
清・張玉書、陳廷敬等纂《康熙字典》卷三五
清・段玉裁撰《說文解字注》卷四上

鶤鸕

晉・郭璞注，宋・邢昺疏，唐・陸德明音義《爾雅注疏》卷一〇

鶤鸕鳥

宋・陳彭年、丘雍等撰《重修廣韻》卷三

婟澤鳥

晉・郭璞注，宋・邢昺疏，唐・陸德明音義《爾雅注疏》卷一〇
宋・鄭樵撰《通志》卷七六
清・張玉書、陳廷敬等纂《康熙字典》卷三五
清・段玉裁撰《說文解字注》卷四上

婟澤

元・戴侗撰《六書故》卷一九

護田鳥

晉・郭璞注，宋・邢昺疏，唐・陸德明音義《爾雅注疏》卷一〇
元・戴侗撰《六書故》卷一九
清・張玉書、陳廷敬等纂《康熙字典》卷三五

護澤

宋・陳彭年、丘雍等撰《重修廣韻》卷三

姑雞

清・周春撰《爾雅補注》卷四

鶭鶤

清・周春撰《爾雅補注》卷四

打穀鳥

清・余省、張為邦摹繪《清宮鳥譜》卷九

雕渠

清・舒其紳等修，嚴長明等纂《陝西省西安府志》卷一八

庯渠

清・舒其紳等修，嚴長明等纂《陝西省西安府志》卷一八

章渠

清・舒其紳等修，嚴長明等纂《陝西省西安府志》卷一八

灰頭鴴

清・(美)克拉克 索爾比著，史紅帥譯《穿越陝甘・1908-1909 年克拉克考察隊華北行紀》

金（斑）鸻 *Pluvialis dominica*

澤鴙

清・余省、張為邦摹繪《清宮鳥譜》卷九

鸻 *Charadrius* spp.

沙鴴

清・（美）克拉克索爾比著，史紅帥譯《穿越陝甘・1908-1909 年克拉克考察隊華北行紀》

金眶鸻（黑领鸻）*Charadrius dubius*

金眼

清・余省、張為邦摹繪《清宮鳥譜》卷九

金眶鴴

清・(美)克拉克 索爾比著，史紅帥譯《穿越陝甘・1908-1909 年克拉克考察隊華北行紀》

鹬科 Scolopacidae

鷸

周・師曠撰，晉・張華注《禽經》

漢・許慎撰，宋・徐鉉增釋《說文解字》卷四上

漢・班固撰，唐・顔師古注，清・齊召南等考證《前漢書》卷二七中之上

南朝梁・顧野王撰，宋・陳彭年等重修《重修玉篇》卷二四

唐・陳藏器撰，尚志鈞輯釋《本草拾遺》卷五

南唐・徐鍇撰，朱翱反切《說文繫傳》卷七

宋・唐慎微撰《證類本草》卷一九

金・李杲編輯，明・李時珍參訂，姚可成補輯《食物本草》卷一二

元・楊恒撰《六書統》卷一八

元・戴侗撰《六書故》卷一九

明・李時珍撰《本草綱目》卷四八

明・張自烈撰，清・廖文英續《正字通》亥集中

明・方以智撰《通雅》卷四五

清・段玉裁撰《說文解字注》卷四上

清・陳元龍撰《格致鏡原》卷七九

清・張玉書、陳廷敬等纂《康熙字典》卷三五

清・毛奇齡撰《續詩傳鳥名卷》卷一二

鷸

漢・許慎撰，宋・徐鉉增釋《說文解字》卷四上

南朝梁・顧野王撰，宋・陳彭年等重修《重修玉篇》卷二四

南唐・徐鍇撰，朱翱反切《說文繫傳》卷七

元・楊恒撰《六書統》卷一八

明・張自烈撰，清・廖文英續《正字通》亥集中

清・段玉裁撰《說文解字注》卷四上

遹

明・張自烈撰，清・廖文英續《正字通》亥集中

清・張玉書、陳廷敬等纂《康熙字典》卷三五

鴥

明・張自烈撰，清・廖文英續《正字通》亥集中

水鶯子

宋・王質撰《紹陶録》卷下

魚姑

宋・王質撰《紹陶錄》卷下

鴫

清・吳友如繪《吳友如畫寶》五集下

翠鷸

晉・郭璞注，宋・邢昺疏，唐・陸德明音義《爾雅注疏》卷一〇

明・張自烈撰，清・廖文英續《正字通》亥集中

清・張玉書、陳廷敬等纂《康熙字典》卷三五

清・段玉裁撰《說文解字注》卷四上

翠鳥

漢・班固撰，唐・顔師古注，清・齊召南等考證《前漢書》卷二七中之上

清・毛奇齡撰《續詩傳鳥名卷》卷一二

清・陳元龍撰《格致鏡原》卷七九

知雨鳥

明・張自烈撰，清・廖文英續《正字通》亥集中

大鳥

明・張自烈撰，清・廖文英續《正字通》亥集中

清・陳元龍撰《格致鏡原》卷七九

啄蚌

漢・班固撰，唐・顔師古注，清・齊召南等考證《前漢書》卷二七中之上

明・張自烈撰，清・廖文英續《正字通》亥集中

清・陳元龍撰《格致鏡原》卷七九

赤足

明・張自烈撰，清・廖文英續《正字通》亥集中

清・陳元龍撰《格致鏡原》卷七九

翠碧鳥

明・張自烈撰，清・廖文英續《正字通》亥集中

白腰杓鹬 *Numenius arquata*

油灌兒

清・阿桂、劉瑾之等撰《欽定盛京通志》卷二七

水鵻

清•阿桂、劉瑾之等撰《欽定盛京通志》卷二七

大杓鹬，红腰杓鹬 *Numenius madagascariensis*

油罐子

清•余省、張為邦摹繪《清宮鳥譜》卷九

鹤鹬，红脚鹤鹬 *Tringa erythropus*

鶴鷸

清•(美)克拉克 索爾比著，史紅帥譯《穿越陜甘•1908-1909 年克拉克考察隊華北行紀》

白腰草鹬 *Tringa ochropus*

沙溜兒

清•余省、張為邦摹繪《清宮鳥譜》卷九

矶鹬 *Tringa hypoleucos*

磯鷗

清•(美)克拉克 索爾比著，史紅帥譯《穿越陜甘•1908-1909 年克拉克考察隊華北行紀》

翻石鹬 *Arenaria interpres*

翻石鷸

清•（美）克拉克 索爾比著，史紅帥譯《穿越陜甘•1908-1909 年克拉克考察隊華北行紀》

林沙锥 *Gallinaga nemoricola*

樹劄子

清•余省、張為邦摹繪《清宮鳥譜》卷一〇

牛牙噶薩拉罕

清•余省、張為邦摹繪《清宮鳥譜》卷一〇

针尾沙锥 *Gallinago srenura*

針尾鷸

清•(美)克拉克 索爾比著，史紅帥譯《穿越陜甘•1908-1909 年克拉克考察隊華北行紀》

大沙锥 *Gallinago megala*

大水扎子

清•余省、張為邦摹繪《清宮鳥譜》卷一〇

呀克薩拉罕

清•余省、張為邦摹繪《清宮鳥譜》卷一〇

扇尾沙锥 *Gallinago gallinago*

小鷸

清•(美)克拉克 索爾比著，史紅帥譯《穿越陜甘•1908-1909 年克拉克考察隊華北行紀》

滨鹬 *Calidris* spp.

濱鷸

清•(美)克拉克 索爾比著，史紅帥譯《穿越陜甘•1908-1909 年克拉克考察隊華北行紀》

大滨鹬 *Calidris tenuirostris*

提壺鳥

清•余省、張為邦摹繪《清宮鳥譜》卷一二

三趾鹬 *Crocethia alba*

穿草鸡

清•余省、張為邦摹繪《清宮鳥譜》卷六

三趾濱鷸

清•(美)克拉克 索爾比著，史紅帥譯《穿越陜甘•1908-1909 年克拉克考察隊華北行紀》

反嘴鹬科 Recurvirostridae

环嘴鹬 *Ibidorhyncha struthesii*

朱鷺

清•(美)克拉克 索爾比著，史紅帥譯《穿越陜甘•1908-1909 年克拉克考察隊華北行紀》

黑翅长脚鹬 *Himantopus himantopus*

漫畫

明•張璧撰《嘉靖河間府志（河北省）》

清•李元撰《蠕範》卷六

水喜鵲

清•余省、張為邦摹繪《清宮鳥譜》卷一〇

長腳娘

清•余省、張為邦摹繪《清宮鳥譜》卷一〇

水鳩

清•李元撰《蠕範》卷六

石鸻科 Burhinidae

大石鸻 *Esacus magnirostris*

海八哥

清•余省、張為邦摹繪《故宮鳥譜》卷一（臺北）

燕鸻科 Glareolidae

普通燕鸻 *Glareola maldivarum*

翠鷸

晉•郭璞注《爾雅》

鷸

宋•陸佃撰《埤雅》卷九

明•彭大翼撰，張幼學增訂《山堂肆考》卷二三七

明•王圻、王思義輯《三才圖會》卷三

清•陳夢雷編《古今圖書集成•博物彙編•禽蟲典》

述

宋•陸佃撰《埤雅》卷九

明•彭大翼撰，張幼學增訂《山堂肆考》卷二三七

鸥形目 Lariformes

鸥科 Laridae

鷖

周·師曠撰，晉·張華注《禽經》
漢·許慎撰，宋·徐鉉增釋《說文解字》卷四上
漢·毛亨傳、鄭玄箋，唐·孔穎達疏，陸德明音義《毛詩注疏》卷二四
南朝梁·顧野王撰，宋·陳彭年等重修《重修玉篇》卷二四
南唐·徐鍇撰，朱翱反切《說文繫傳》卷七
唐·歐陽詢撰《藝文類聚》卷九四
宋·李樗、黃櫄撰《毛詩李黃集解》卷三二
元·戴侗撰《六書故》卷一九
元·楊桓撰《六書統》卷一八
遼·釋行均撰《龍龕手鑒》卷二
明·馮復京撰《六家詩名物疏》卷四九
明·李時珍撰《本草綱目》卷四七
明·張自烈撰，清·廖文英續《正字通》亥集中
明·方以智撰《通雅》卷四五
清·姚炳撰《詩識名解》卷三
清·張玉書、陳廷敬等纂《康熙字典》卷三五
清·毛奇齡撰《續詩傳鳥名卷》卷三
清·顧棟高撰《毛詩類釋》卷一六（釋鳥）
清·段玉裁撰《說文解字注》卷四上
清·陳大章撰《詩傳名物集覽》卷二
清·郭柏蒼撰《海錯百一錄》卷五

鳧鷖

漢·許慎撰，宋·徐鉉增釋《說文解字》卷四上
南唐·徐鍇撰，朱翱反切《說文繫傳》卷七
宋·李樗、黃櫄撰《毛詩李黃集解》卷三二
宋·鄭樵撰《通志》卷七六
元·戴侗撰《六書故》卷一九
元·楊桓撰《六書統》卷一八
明·張自烈撰，清·廖文英續《正字通》亥集中
清·張玉書、陳廷敬等纂《康熙字典》卷三五
清·陳大章撰《詩傳名物集覽》卷二

鷗

周·師曠撰，晉·張華注《禽經》
南朝梁·顧野王撰，宋·陳彭年等重修《重修玉篇》卷二四
南朝梁·沈約撰《宋書》卷三二
南唐·徐鍇撰，朱翱反切《說文繫傳》卷七
唐·歐陽詢撰《藝文類聚》卷九三
宋·李樗、黃櫄撰《毛詩李黃集解》卷三二
宋·梁克家撰《淳熙三山志》卷四二
宋·陳耆卿撰《赤城志》卷三六
宋·陸佃撰《埤雅》卷七
遼·釋行均撰《龍龕手鑒》卷二
金·李杲編輯，明·李時珍參訂，姚可成補輯《食物本草》卷之一二
元·戴侗撰《六書故》卷一九
明·張自烈撰，清·廖文英續《正字通》亥集中
明·馮復京撰《六家詩名物疏》卷四九
明·陶宗儀撰《說郛》卷一〇七
明·李時珍撰《本草綱目》卷四七
明·方以智撰《通雅》卷四五
清·姚炳撰《詩識名解》卷三
清·張玉書、陳廷敬等纂《康熙字典》卷三五
清·毛奇齡撰《續詩傳鳥名卷》卷三
清·段玉裁撰《說文解字注》卷四上
清·陳大章撰《詩傳名物集覽》卷二

鷗

漢·許慎撰，宋·徐鉉增釋《說文解字》卷四上
元·楊桓撰《六書統》卷一八
清·張玉書、陳廷敬等纂《康熙字典》卷三五
清·段玉裁撰《說文解字注》卷四上

漚

宋·陸佃撰《埤雅》卷七
元·戴侗撰《六書故》卷一九
明·張自烈撰，清·廖文英續《正字通》亥集中
明·方以智撰《通雅》卷四五
清·郭柏蒼撰《海錯百一錄》卷五
清·陳大章撰《詩傳名物集覽》卷二

水鴞

漢·許慎撰，宋·徐鉉增釋《說文解字》卷四
宋·陸佃撰《埤雅》卷七
元·戴侗撰《六書故》卷一九
明·李時珍撰《本草綱目》卷四七
明·張自烈撰，清·廖文英續《正字通》亥集中
明·馮復京撰《六家詩名物疏》卷四九
清·張玉書、陳廷敬等纂《康熙字典》卷三五
清·段玉裁撰《說文解字注》卷四上
清·郭柏蒼撰《海錯百一錄》卷五

水鴞

元·楊桓撰《六書統》卷一八

水鴞

清·段玉裁撰《說文解字注》卷四上

信鳥

周·師曠撰，晉·張華注《禽經》

信鳧

明·李時珍撰《本草綱目》卷四七
明·張自烈撰，清·廖文英續《正字通》
明·方以智撰《通雅》卷四五

信鷗

金·李杲編輯，明·李時珍參訂，姚可成補輯《食物本

草》卷之一二
明・陶宗儀撰《說郛》卷一〇七

碧海舍人

清・陳元龍撰《格致鏡原》卷八〇

海鷗

金・李杲編輯，明・李時珍參訂，姚可成補輯《食物本草》卷之一二
明・李時珍撰《本草綱目》卷四七

江鷗

金・李杲編輯，明・李時珍參訂，姚可成補輯《食物本草》卷之一二
明・李時珍撰《本草綱目》卷四七

湖澤鳥

明・馮復京撰《六家詩名物疏》卷四九

黑尾鸥 *Larus crassirostris*

黑尾鷗

清・(美)克拉克 索爾比著，史紅帥譯《穿越陝甘・1908-1909 年克拉克考察隊華北行紀》

银鸥 *Larus argentatus*

海鷗

宋・曾糙編《類說》卷一五
明・黄衷撰《海語》卷中
清・余省、張為邦摹繪《清宮鳥譜》卷八
清・周碩勳纂修《廣東省潮州府志》卷三九
清・方旭撰《蟲薈》卷一

漚

清・余省、張為邦摹繪《清宮鳥譜》卷八

信鳥

清・余省、張為邦摹繪《清宮鳥譜》卷八

信鳧

清・余省、張為邦摹繪《清宮鳥譜》卷八
清・方旭撰《蟲薈》卷一

水鴞

清・余省、張為邦摹繪《清宮鳥譜》卷八

江鷗

清・周碩勳纂修《廣東省潮州府志》卷三九

信鷗

清・周碩勳纂修《廣東省潮州府志》卷三九
清・方旭撰《蟲薈》卷一

红嘴鸥 *Larus ridibundus*

江鷗

南朝梁・沈約撰《宋書》卷三二（志第二二）
唐・許嵩撰《建康實錄》卷一二
宋・李昉等撰《太平御覽》卷九二五
宋・王質撰《紹陶錄》卷下
清・屈大均撰《廣東新語》卷二〇
清・張英、王士禛等撰《淵鑒類函》卷四二七
清・余省、張為邦摹繪《清宮鳥譜》卷九

閑客

清・余省、張為邦摹繪《清宮鳥譜》卷九

江鷺

清・余省、張為邦摹繪《清宮鳥譜》卷九

须浮鸥 *Chlidonias hybrida*

信鷗

周・師曠撰，晉・張華注《禽經》
宋・曾糙編《類說》卷六
清・郭柏蒼撰《海錯百一錄》卷五

呼潮

宋・梁克家撰《淳熙三山志》卷四二

鷖

明・王圻、王思義輯《三才圖會》卷一
清・郭柏蒼撰《海錯百一錄》卷五
清・牟應震撰《毛詩物名考》卷一

漚

明・王圻、王思義輯《三才圖會》卷一
清・郭柏蒼撰《海錯百一錄》卷五

水鴞

清・牟應震撰《毛詩物名考》卷一

水鴞

清・郭柏蒼撰《海錯百一錄》卷五

鷖鴨

清・郭柏蒼撰《海錯百一錄》卷五

水壺蘆

清・郭柏蒼撰《海錯百一錄》卷五

鷗

清・牟應震撰《毛詩物名考》卷一
清・李文恒修，鄭文彩纂《瓊山縣誌》卷三下

信鳧

清・牟應震撰《毛詩物名考》卷一
清・郭柏蒼撰《海錯百一錄》卷五

燕鸥 *Sterna* spp.

燕鸥

清・(美)克拉克 索爾比著，史紅帥譯《穿越陝甘・1908-1909 年克拉克考察隊華北行紀》

粉红燕鸥 *Sterna dougallii*

芙蓉鷗

宋・陶穀撰《清異錄》卷上
明・董斯張撰《廣博物志》卷四五
清・方旭撰《蟲薈》卷一
清・姚之駰撰《元明事類鈔》卷三七

清・余省、張為邦摹繪《清宮鳥譜》卷九
清・王士禛撰《香祖筆記》卷三、卷八

碧海舍人

宋・陶穀撰《清異錄》卷上
明・董斯張撰《廣博物志》卷四五

建華鴨

清・余省、張為邦摹繪《清宮鳥譜》卷九

鸽形目 Columbiformes

䳘

漢・許慎撰，宋・徐鉉增釋《說文解字》卷四上
南唐・徐鍇撰，朱翱反切《說文繫傳》卷七
清・段玉裁撰《說文解字注》卷四上

鳩

漢・許慎撰，宋・徐鉉增釋《說文解字》卷四上
漢・揚雄撰，晉・郭璞注《輶軒使者絕代語釋別國方言》卷八
三國魏・張揖撰《廣雅》卷一〇
南唐・徐鍇撰，朱翱反切《說文繫傳》卷七
宋・梁克家撰《淳熙三山志》卷四二
宋・任廣撰《書敘指南》卷一四
宋・陸佃撰《埤雅》卷七
元・戴侗撰《六書故》卷一九
元・楊桓撰《六書統》卷一八
明・張自烈撰，清・廖文英續《正字通》亥集中
明・季本撰《詩說解頤》卷一
清・張玉書、陳廷敬等纂《康熙字典》卷三五
清・段玉裁撰《說文解字注》卷四上
明・陳洪謨、彭憲勘纂《嘉靖常德府志（湖南省）》卷八（物產）
清・和珅、梁國治等撰《熱河志》卷九五
清・阿桂、劉瑾之等撰《欽定盛京通志》卷一〇七
清・《欽定鳥譜》卷五
清・龔嘉儁修，李榕纂《浙江省杭州府志》卷八〇
清・戴煥南修，張粲奎纂《廣西省新寧州志》卷二
清・郝玉麟等監修，謝道承等編纂《福建通志》卷一〇（物產）
清・李廷璧修，周璽纂《臺灣府縣誌輯・道光彰化縣志》卷一〇（物產）
清・唐景崧修，蔣師轍、薛紹元纂《臺灣府縣志輯・光緒臺灣通志》

鴭

漢・揚雄撰，晉・郭璞注《輶軒使者絕代語釋別國方言》卷八
宋・梁克家撰《淳熙三山志》卷四二
宋・陸佃撰《埤雅》卷七
元・戴侗撰《六書故》卷一九

䳓鷎

漢・揚雄撰，晉・郭璞注《輶軒使者絕代語釋別國方言》卷八
三國魏・張揖撰《廣雅》卷一〇
清・方旭撰《蟲薈》卷一

郎鷎

明・李時珍撰《本草綱目》卷四九

鷎䳓

三國吳・陸璣撰，清・丁晏校正《毛詩草木鳥獸蟲魚疏校正》卷下

辟鷎

明・李時珍撰《本草綱目》卷四九
清・劉於義等監修，沈青崖等編纂《陝西通志》卷四四
清・方旭撰《蟲薈》卷一

鶻鵃

三國魏・張揖撰《廣雅》卷一〇
宋・陸佃撰《埤雅》卷七
宋・楊簡撰《慈湖詩傳》卷一三
元・戴侗撰《六書故》卷一九
元・楊桓撰《六書統》卷一八
明・張自烈撰，清・廖文英續《正字通》亥集中
清・張玉書、陳廷敬等纂《康熙字典》卷三五
清・徐鼎撰《毛詩名物圖說》卷一
清・段玉裁撰《說文解字注》卷四上
清・周春撰《爾雅補注》卷四
清・戴鎣撰《爾雅郭注補正》卷下三

鶻鳩

漢・揚雄撰，晉・郭璞注《輶軒使者絕代語釋別國方言》卷八
三國吳・陸璣撰，清・丁晏校正《毛詩草木鳥獸蟲魚疏校正》卷下
宋・陸佃撰《埤雅》卷七
宋・楊簡撰《慈湖詩傳》卷一三
元・戴侗撰《六書故》卷一九
明・季本撰《詩說解頤》卷一
清・和珅、梁國治等撰《熱河志》卷九五

鶻鵰

宋・楊簡撰《慈湖詩傳》卷一三

䳘鳩

宋・陸佃撰《埤雅》卷七
宋・楊簡撰《慈湖詩傳》卷一三
明・張自烈撰，清・廖文英續《正字通》亥集中
清・張玉書、陳廷敬等纂《康熙字典》卷三五
清・段玉裁撰《說文解字注》卷四上
清・周春撰《爾雅補注》卷四
清・戴鎣撰《爾雅郭注補正》卷下三

鶻

清・張玉書、陳廷敬等纂《康熙字典》卷三五

班鳩
三國吳・陸璣撰，清・丁晏校正《毛詩草木鳥獸蟲魚疏校正》卷下
宋・陸佃撰《埤雅》卷七
元・戴侗撰《六書故》卷一九
清・張玉書、陳廷敬等纂《康熙字典》卷三五

班佳
元・戴侗撰《六書故》卷一九

斑佳
明・李時珍撰《本草綱目》卷四九
清・《欽定鳥譜》卷五

斑鳩
宋・楊簡撰《慈湖詩傳》卷一三
金・李杲編輯，明・李時珍參訂，姚可成補輯《食物本草》卷之一二
明・李時珍撰《本草綱目》卷四九
明・陳洪謨、彭憲勘纂《嘉靖常德府志（湖南省）》卷八（物產）
清・周春撰《爾雅補注》卷四
清・和珅、梁國治等撰《熱河志》卷九五
清・阿桂、劉瑾之等撰《欽定盛京通志》卷一〇七
清・劉於義等監修，沈青崖等編纂《陝西通志》卷四四
清・方旭撰《蟲薈》卷一
清・龔嘉儁修，李榕纂《浙江省杭州府志》卷八〇
清・戴煥南修，張粲奎纂《廣西省新寧州志》卷二
清・郝玉麟等監修，謝道承等編纂《福建通志》卷一〇（物產）
清・唐景崧修，蔣師轍、薛紹元纂《臺灣府縣志輯・光緒臺灣通志》（物產）
清・萬青黎、周家楣修，張之洞、繆荃孫纂《北京府縣志輯・光緒順天府志》卷五〇

斑鷦
明・李時珍撰《本草綱目》卷四九
清・郝玉麟等監修，謝道承等編纂《福建通志》卷一〇

鶻嘲
宋・陸佃撰《埤雅》卷七
清・張玉書、陳廷敬等纂《康熙字典》卷三五
清・徐鼎撰《毛詩名物圖說》卷一
清・戴鎣撰《爾雅郭注補正》卷下三

襤褸鳥
清・戴鎣撰《爾雅郭注補正》卷下三

役鳩
明・李時珍撰《本草綱目》卷四九

鵅
明・李時珍撰《本草綱目》卷四九
清・張玉書、陳廷敬等纂《康熙字典》卷三五

𩾲
清・張玉書、陳廷敬等纂《康熙字典》卷三五

鳴鳩
三國吳・陸璣撰，清・丁晏校正《毛詩草木鳥獸蟲魚疏校正》卷下
宋・陸佃撰《埤雅》卷七
宋・楊簡撰《慈湖詩傳》卷一三
清・張玉書、陳廷敬等纂《康熙字典》卷三五
清・徐鼎撰《毛詩名物圖說》卷一
清・段玉裁撰《說文解字注》卷四上
清・和珅、梁國治等撰《熱河志》卷九五
清・阿桂、劉瑾之等撰《欽定盛京通志》卷一〇七
清・劉於義等監修，沈青崖等編纂《陝西通志》卷四四
清・郝玉麟等監修，謝道承等編纂《福建通志》卷一〇（物產）

鳵
清・周靖撰《篆隸考異》卷四

鶏鳩
漢・揚雄撰，晉・郭璞注《輶軒使者絕代語釋別國方言》卷八
三國吳・陸璣撰，清・丁晏校正《毛詩草木鳥獸蟲魚疏校正》卷下
宋・陸佃撰《埤雅》卷七
元・戴侗撰《六書故》卷一九
明・李時珍撰《本草綱目》卷四九
清・周靖撰《篆隸考異》卷四
清・段玉裁撰《說文解字注》卷四上
清・劉於義等監修，沈青崖等編纂《陝西通志》卷四四
清・方旭撰《蟲薈》卷一
清・萬青黎、周家楣修，張之洞、繆荃孫纂《北京府縣志輯・光緒順天府志》卷五〇

隹鳥
三國吳・陸璣撰，清・丁晏校正《毛詩草木鳥獸蟲魚疏校正》卷下
元・戴侗撰《六書故》卷一九
清・段玉裁撰《說文解字注》卷四上
清・和珅、梁國治等撰《熱河志》卷九五
清・劉於義等監修，沈青崖等編纂《陝西通志》卷四四
清・方旭撰《蟲薈》卷一
明・王圻、王思義輯《三才圖會》四卷二

祝鳩
漢・揚雄撰，晉・郭璞注《輶軒使者絕代語釋別國方言》卷八
晉・郭璞注，唐・陸德明音義，宋・邢昺疏《爾雅注疏》卷一〇
宋・陸佃撰《埤雅》卷七
元・戴侗撰《六書故》卷一九
明・季本撰《詩說解頤》卷一

明·李時珍撰《本草綱目》卷四九
清·段玉裁撰《說文解字注》卷四上
清·余蕭客撰《古經解鉤沉》卷三〇
清·和珅、梁國治等撰《熱河志》卷九五
清·劉於義等監修，沈青崖等編纂《陝西通志》卷四四
清·方旭撰《蟲薈》卷一

秸鞠

元·戴侗撰《六書故》卷一九
明·季本撰《詩說解頤》卷一

鴶鵴

明·季本撰《詩說解頤》卷一

尸鳩

宋·陸佃撰《埤雅》卷七
清·段玉裁撰《說文解字注》卷四上

鳲鳩

元·戴侗撰《六書故》卷一九
明·季本撰《詩說解頤》卷一
清·和珅、梁國治等撰《熱河志》卷九五

鳲

清·段玉裁撰《說文解字注》卷四上

雎鳩

元·戴侗撰《六書故》卷一九
明·季本撰《詩說解頤》卷一
清·和珅、梁國治等撰《熱河志》卷九五

王雎

元·戴侗撰《六書故》卷一九

勃姑

元·戴侗撰《六書故》卷一九
清·段玉裁撰《說文解字注》卷四上

鵓鳩

三國吳·陸璣撰，清·丁晏校正《毛詩草木鳥獸蟲魚疏校正》卷下
宋·陸佃撰《埤雅》卷七
明·李時珍撰《本草綱目》卷四九
明·陳洪謨、彭憲勘纂《嘉靖常德府志（湖南省）》卷八
清·和珅、梁國治等撰《熱河志》卷九五
清·劉於義等監修，沈青崖等編纂《陝西通志》卷四四
清·方旭撰《蟲薈》卷一
清·鍾元棣修，張雋、邢定綸纂《海南府縣志輯·民國崖州志》卷四
清·萬青黎、周家楣修，張之洞、繆荃孫纂《北京府縣志輯·光緒順天府志》卷五〇

鳺鴀

漢·揚雄撰，晉·郭璞注《輶軒使者絕代語釋別國方言》卷八
晉·郭璞注，唐·陸德明音義，宋·邢昺疏《爾雅注疏》卷一〇
宋·陸佃撰《埤雅》卷七
清·余蕭客撰《古經解鉤沉》卷三〇
清·方旭撰《蟲薈》卷一

鵻鳺

晉·郭璞注，唐·陸德明音義，宋·邢昺疏《爾雅注疏》卷一〇

隹

晉·郭璞注，唐·陸德明音義，宋·邢昺疏《爾雅注疏》卷一〇
宋·陸佃撰《埤雅》卷七
元·戴侗撰《六書故》卷一九
明·李時珍撰《本草綱目》卷四九
清·余蕭客撰《古經解鉤沉》卷三〇

鶅鷋

漢·揚雄撰，晉·郭璞注《輶軒使者絕代語釋別國方言》卷八

鵖鳩

漢·揚雄撰，晉·郭璞注《輶軒使者絕代語釋別國方言》卷八
宋·陸佃撰《埤雅》卷七
清·劉於義等監修，沈青崖等編纂《陝西通志》卷四四
清·方旭撰《蟲薈》卷一

鴓鳩

漢·揚雄撰，晉·郭璞注《輶軒使者絕代語釋別國方言》卷八
宋·陸佃撰《埤雅》卷七
清·和珅、梁國治等撰《熱河志》卷九五
清·劉於義等監修，沈青崖等編纂《陝西通志》卷四四
清·方旭撰《蟲薈》卷一

荊鳩

漢·揚雄撰，晉·郭璞注《輶軒使者絕代語釋別國方言》卷八
宋·陸佃撰《埤雅》卷七
明·李時珍撰《本草綱目》卷四九
清·方旭撰《蟲薈》卷一

鵶鳩

漢·揚雄撰，晉·郭璞注《輶軒使者絕代語釋別國方言》卷八
宋·陸佃撰《埤雅》卷七
清·劉於義等監修，沈青崖等編纂《陝西通志》卷四四
清·方旭撰《蟲薈》卷一

楚鳩

宋·陸佃撰《埤雅》卷七
元·戴侗撰《六書故》卷一九
明·李時珍撰《本草綱目》卷四九

清•余蕭客撰《古經解鉤沉》卷三〇
清•方旭撰《蟲薈》卷一

乳鳩
宋•陸佃撰《埤雅》卷七
清•方旭撰《蟲薈》卷一

婆餅焦
宋•楊簡撰《慈湖詩傳》卷一三

鴝鴿
宋•楊簡撰《慈湖詩傳》卷一三

鵤鷯
元•戴侗撰《六書故》卷一九

爽鳩
元•戴侗撰《六書故》卷一九
明•季本撰《詩說解頤》卷一

鵓鳩
清•和珅、梁國治等撰《熱河志》卷九五

布穀
元•戴侗撰《六書故》卷一九
明•季本撰《詩說解頤》卷一
清•和珅、梁國治等撰《熱河志》卷九五
清•阿桂、劉瑾之等撰《欽定盛京通志》卷一〇七

步姑
元•戴侗撰《六書故》卷一九
清•方旭撰《蟲薈》卷一

拙鳩
元•戴侗撰《六書故》卷一九
明•季本撰《詩說解頤》卷一

拙鳥
清•萬青黎、周家楣修，張之洞、繆荃孫纂《北京府縣志輯•光緒順天府志》卷五〇

青鳩
元•戴侗撰《六書故》卷一九
明•顧清修纂《正德松江府志（上海）》卷五
清•戴煥南修，張粲奎纂《廣西省新寧州志》卷二
清•郝玉麟等監修，謝道承等編纂《福建通志》卷一〇

青鶴
明•李時珍撰《本草綱目》卷四九

綠鳩
清•鍾元棣修，張雋、邢定綸纂《海南府縣志輯•民國崖州志》卷四
清•郝玉麟等監修，謝道承等編纂《福建通志》卷一〇
清•唐景崧修，蔣師轍、薛紹元纂《臺灣府縣志輯•光緒臺灣通志》

錦鳩
明•李時珍撰《本草綱目》卷四九
清•方旭撰《蟲薈》卷一

糠鳩
明•李時珍撰《本草綱目》卷四九

康鳩
清•方旭撰《蟲薈》卷一

紫鳩
明•顧清修纂《正德松江府志（上海）》卷五

臥鳥
明•顧清修纂《正德松江府志（上海）》卷五

鵞鳩
清•和珅、梁國治等撰《熱河志》卷九五

秋鳩
清•劉於義等監修，沈青崖等編纂《陝西通志》卷四四

嗶啁
清•方旭撰《蟲薈》卷一

火鳩
清•鍾元棣修，張雋、邢定綸纂《海南府縣志輯•民國崖州志》卷四
清•戴煥南修，張粲奎纂《廣西省新寧州志》卷二（物產）
清•唐景崧修，蔣師轍、薛紹元纂《臺灣府縣志輯•光緒臺灣通志》

雞母鳩
清•鍾元棣修，張雋、邢定綸纂《海南府縣志輯•民國崖州志》卷四

珍珠鳩
清•戴煥南修，張粲奎纂《廣西省新寧州志》卷二（物產）

金鳩
清•唐景崧修，蔣師轍、薛紹元纂《臺灣府縣志輯•光緒臺灣通志》

土鳩
清•唐景崧修，蔣師轍、薛紹元纂《臺灣府縣志輯•光緒臺灣通志》

白鳩
清•唐景崧修，蔣師轍、薛紹元纂《臺灣府縣志輯•光緒臺灣通志》

斑甲
清•唐景崧修，蔣師轍、薛紹元纂《臺灣府縣志輯•光緒臺灣通志》

金隹
清•唐景崧修，蔣師轍、薛紹元纂《臺灣府縣志輯•光緒臺灣通志》

洋鴿
清•唐景崧修，蔣師轍、薛紹元纂《臺灣府縣志輯•光緒臺灣通志》

水鵜鴣

清・萬青黎、周家楣修，張之洞、繆荃孫纂《北京府縣志輯・光緒順天府志》卷五〇

沙鸡科 Pteroclididae

毛腿沙鸡 *Syrrhaptes paradoxus*

鶨

漢・許慎撰，宋・徐鉉增釋《說文解字》卷四上
晉・郭璞注，唐・陸德明音義，宋・邢昺疏《爾雅注疏》卷一〇
南朝梁・顧野王撰，宋・陳彭年等重修《重修玉篇》卷二四
南唐・徐鍇撰，朱翱反切《說文繫傳》卷七
清・張玉書、陳廷敬等纂《康熙字典》卷三五
清・段玉裁撰《說文解字注》卷四上

鶨鳩

周・師曠撰，晉・張華注《禽經》
漢・許慎撰，宋・徐鉉增釋《說文解字》卷四上
晉・郭璞注，唐・陸德明音義，宋・邢昺疏《爾雅注疏》卷一〇
南朝梁・顧野王撰，宋・陳彭年等重修《重修玉篇》卷二四
南唐・徐鍇撰，朱翱反切《說文繫傳》卷七
宋・鄭樵撰《爾雅註》卷下
金・李杲編輯，明・李時珍參訂，姚可成補輯《食物本草》卷一二
明・李時珍撰《本草綱目》卷四八
清・張玉書、陳廷敬等纂《康熙字典》卷三五
清・段玉裁撰《說文解字注》卷四上
清・和珅、梁國治等撰《熱河志》卷九五
清・阿桂、劉瑾之等撰《欽定盛京通志》卷一〇七
清・唐執玉、李衛撰，田易等纂《畿輔通志》卷五七
清・祁韻士著《皇朝藩部要略》卷一
清・吳廷華修，王者輔等纂《察哈爾宣化府志》卷三二
清・萬青黎、周家楣修，張之洞、繆荃孫纂《北京府縣志輯・光緒順天府志》
清・長順修《吉林通志》卷三四

冠雉

晉・郭璞注《爾雅》卷下
南朝梁・顧野王撰，宋・陳彭年等重修《重修玉篇》卷二四
南唐・徐鍇撰，朱翱反切《說文繫傳》卷七

寇雉

晉・郭璞注，唐・陸德明音義，宋・邢昺疏《爾雅注疏》卷一〇
宋・鄭樵撰《爾雅註》卷下
明・李時珍撰《本草綱目》卷四八
清・段玉裁撰《說文解字注》卷四上
清・張玉書、陳廷敬等纂《康熙字典》卷三五
清・和珅、梁國治等撰《熱河志》卷九五
清・清・萬青黎、周家楣修，張之洞、繆荃孫纂《北京府縣志輯・光緒順天府志》

泆泆

晉・郭璞注，唐・陸德明音義，宋・邢昺疏《爾雅注疏》卷一〇
宋・鄭樵撰《爾雅註》卷下
清・張玉書、陳廷敬等纂《康熙字典》卷三五
清・段玉裁撰《說文解字注》卷四上

鳮鳩

周・師曠撰，晉・張華注《禽經》

突厥雀

金・李杲編輯，明・李時珍參訂，姚可成補輯《食物本草》卷一二
明・李時珍撰《本草綱目》卷四八
清・和珅、梁國治等撰《熱河志》卷九五
清・劉於義等監修，沈青崖等編纂《陝西通志》卷四四
清・張玉書、陳廷敬等纂《康熙字典》卷三五
清・吳廷華修，王者輔等纂《察哈爾宣化府志》卷三二
清・萬青黎、周家楣修，張之洞、繆荃孫纂《北京府縣志輯・光緒順天府志》

半癡

明・慎懋官撰《華夷花木鳥獸珍玩考》卷一〇

憨半觔

明・慎懋官撰《華夷花木鳥獸珍玩考》卷一〇

半翅

明・慎懋官撰《華夷花木鳥獸珍玩考》卷一〇
清・唐執玉、李衛撰，田易等纂《畿輔通志》卷五七
清・萬青黎、周家楣修，張之洞、繆荃孫纂《北京府縣志輯・光緒順天府志》
清・王士禎撰《居易錄》卷一〇

蕃雀

明・方以智撰《通雅》卷四五
清・張玉書、陳廷敬等纂《康熙字典》卷三五

沙鷄

明・任弘烈編輯《山東省泰安州志》卷之一
清・阿桂、劉瑾之等撰《欽定盛京通志》卷一〇七
清・長順修《吉林通志》卷三四

沙雞

清・和珅、梁國治等撰《熱河志》卷九五
清・唐執玉、李衛撰，田易等纂《畿輔通志》卷五七
清・萬青黎、周家楣修，張之洞、繆荃孫纂《北京府縣志輯・光緒順天府志》
清・吳廷華修，王者輔等纂《察哈爾宣化府志》卷三二

莎雞

清・吳偉業撰《綏寇紀略》卷一二

鐵腳

清・王士禎撰《居易錄》卷一〇

青鵽

明・方以智撰《通雅》卷四五

清・段玉裁撰《說文解字注》卷四上

冠雀

清・張玉書、陳廷敬等纂《康熙字典》卷三五

三趾沙雞

清・(美)克拉克 索爾比著，史紅帥譯《穿越陝甘・1908-1909 年克拉克考察隊華北行紀》

沙雉

清・夏日琖校，姚明煇輯《蒙古志》卷三

沙半斤

清・長順修《吉林通志》卷三四

樹雞

清・阿桂、劉瑾之等撰《欽定盛京通志》卷一〇七

鸠鸽科 Columbidae

红翅绿鸠 *Treron sieboldii*

綠斑

清・余省、張為邦摹繪《清宮鳥譜》卷五

山斑

清・余省、張為邦摹繪《清宮鳥譜》卷五

橄欖雛

清・屈大均撰《廣東新語》卷二〇

青鳩

清・張玉書、汪霦等編《佩文齋詠物詩選》卷四三六（宋·徐照-青鳩詞）

綠鳩

金・李杲編輯，明・李時珍參訂，姚可成補輯《食物本草》卷一二

明・李時珍撰《本草綱目》卷四九

清・方旭撰《蟲薈》卷一

清・朱占科修，周宗洛等纂《雲南省順寧府志》卷一三

清・陳文緯修，屠繼善纂《臺灣府縣志輯・光緒恒春縣志》卷九

清・鍾元棣修，張雋、邢定綸纂《海南府縣志輯・民國崖州志》卷四

清・張英、王士禎等撰《淵鑒類函》卷四二五

青隹

金・李杲編輯，明・李時珍參訂，姚可成補輯《食物本草》卷一二

明・李時珍撰《本草綱目》卷四九

清・方旭撰《蟲薈》卷一

清・嵇璜、曹仁虎撰《續通志》卷一八〇

清・陳啟源撰《毛詩稽古編》卷二八

青雛

清・屈大均撰《廣東新語》卷二〇

清・張英、王士禎等撰《淵鑒類函》卷四二五

清・史樹駿修，區簡臣纂《肇慶府志》卷二二

青鶴

清・李光地等撰《月令輯要》卷六

黃褐候

唐・陳藏器撰《本草拾遺》

宋・唐慎微撰《證類本草》卷一九

金・李杲編輯，明・李時珍參訂，姚可成補輯《食物本草》卷一二

明・李時珍撰《本草綱目》卷四九

清・嵇璜、曹仁虎撰《續通志》卷一八〇

清・張英、王士禎等撰《淵鑒類函》卷四二五

清・陳啟源撰《毛詩稽古編》卷二八

清・李光地等撰《月令輯要》卷六

糠鳩

金・李杲編輯，明・李時珍參訂，姚可成補輯《食物本草》卷一二

清・張英、王士禎等撰《淵鑒類函》卷四二五

斑雛

清・張英、王士禎等撰《淵鑒類函》卷四二五

斑鳩

清・陳啟源撰《毛詩稽古編》卷二八

清・李光地等撰《月令輯要》卷六

红顶绿鸠 *Treron formosae*

綠鳥

清・余省、張為邦摹繪《清宮鳥譜》卷一〇

绿皇鸠 *Ducula aenea*

鳴鳩

三國吳・陸璣撰《毛詩草木鳥獸蟲魚疏》卷下

清・焦循撰《陸氏草木鳥獸蟲魚疏疏》卷下

金鳥

三國吳・陸璣撰《毛詩草木鳥獸蟲魚疏》卷下

清・焦循撰《陸氏草木鳥獸蟲魚疏疏》卷下

黃當

三國吳・陸璣撰《毛詩草木鳥獸蟲魚疏》卷下

清・焦循撰《陸氏草木鳥獸蟲魚疏疏》卷下

鸖

三國吳・陸璣撰《毛詩草木鳥獸蟲魚疏》卷下

清・焦循撰《陸氏草木鳥獸蟲魚疏疏》卷下

爽

三國吳・陸璣撰《毛詩草木鳥獸蟲魚疏》卷下

清・焦循撰《陸氏草木鳥獸蟲魚疏疏》卷下

移

三國吳・陸璣撰《毛詩草木鳥獸蟲魚疏》卷下
清・焦循撰《陸氏草木鳥獸蟲魚疏疏》卷下

南綠斑

清・余省、張為邦摹繪《清宮鳥譜》卷五

綠鳩

清・方旭撰《蟲薈》卷一
清・羊復禮修，梁年等纂《廣西省鎮安府志》卷一二

鷁鸆

清・余省、張為邦摹繪《清宮鳥譜》卷五

鸽属 *Coluba* spp.

鴿

漢・許慎撰，宋・徐鉉增釋《說文解字》卷四上
漢・史游撰，唐・顏師古注《急就篇》卷四
南朝梁・顧野王撰，宋・陳彭年等重修《重修玉篇》卷二四
南唐・徐鍇撰，朱翱反切《說文繫傳》卷七
宋・司馬光撰《類篇》卷一一
宋・陸佃撰《埤雅》卷九
宋・孫奕撰《示兒編》卷一五
宋・江少虞編《事實類苑》卷六三
宋・唐慎微撰《證類本草》卷一九
宋・陳善卿撰《赤城志》卷三六
宋・梁克家撰《淳熙三山志》卷四二
金・李杲編輯，明・李時珍參訂，姚可成補輯《食物本草》卷一二
元・戴侗撰《六書故》卷一九
元・楊恒撰《六書統》卷一八
明・李時珍撰《本草綱目》卷四八
明・張自烈撰，清・廖文英續《正字通》亥集中
明・彭大翼撰，張幼學增訂《山堂肆考》卷二一四
明・李蘇撰《見物》卷一
明・陶宗儀撰《說郛》卷四八上
清・阿桂、劉瑾之等撰《欽定盛京通志》卷一〇七
清・段玉裁撰《說文解字注》卷四上
清・周春撰《爾雅補注》卷四
清・姚之駰撰《元明事類鈔》卷三七
清・陳元龍撰《格致鏡原》卷七九
清・方旭撰《蟲薈》卷一
清・嵇璜、曹仁虎撰《續通志》卷一八〇
清・張玉書、陳廷敬等纂《康熙字典》卷三五
清・和珅、梁國治等撰《熱河志》卷九五
清・吳鞏修，王來遴纂《四川府縣志輯・嘉慶邛州直隸州志》卷二三
清・毛昌善修，陳蘭彬纂《廣東府縣志輯・光緒吳川縣志》卷二
清・張英、王士禎等撰《淵鑒類函》卷四二八
清・陳淏子輯《秘傳花鏡》卷六

舶鴿

宋・陳善卿撰《赤城志》卷三六
宋・梁克家撰《淳熙三山志》卷四三

飛奴

宋・孫奕撰《示兒編》卷一五
明・李時珍撰《本草綱目》卷四八
清・張玉書、陳廷敬等纂《康熙字典》卷三五
清・陳淏子輯《秘傳花鏡》卷六
清・嵇璜、曹仁虎撰《續通志》卷一八〇
清・劉於義等監修，沈青崖等編纂《陕西通志》卷四四
清・吳鞏修，王來遴纂《四川府縣志輯・嘉慶邛州直隸州志》卷二三

鵓鴿

金・李杲編輯，明・李時珍參訂，姚可成補輯《食物本草》卷一二
明・張自烈撰，清・廖文英續《正字通》亥集中
明・李時珍撰《本草綱目》卷四八
清・張玉書、陳廷敬等纂《康熙字典》卷三五
清・陳浸子輯《秘傳花鏡》卷六
清・嵇璜、曹仁虎撰《續通志》卷一八〇
清・周春撰《爾雅補注》卷四
清・阿桂、劉瑾之等撰《欽定盛京通志》卷一〇七
清・劉於義等監修，沈青崖等編纂《陕西通志》卷四四
清・毛昌善修，陳蘭彬纂《廣東府縣志輯・光緒吳川縣志》卷二（物產）

鵓鵓

清・周春撰《爾雅補注》卷四

雉子鳩

清・吳友如繪《吳友如畫寶》五集下

野鴿

金・李杲編輯，明・李時珍參訂，姚可成補輯《食物本草》卷一二
明・張自烈撰，清・廖文英續《正字通》亥集中
清・張玉書、陳廷敬等纂《康熙字典》卷三五
清・和珅、梁國治等撰《熱河志》卷九五
清・張英、王士禎等撰《淵鑒類函》卷四二八
清・張萬鐘撰《鴿經》卷五〇
清・陳淏子輯《秘傳花鏡》卷六

灰林鸽 *Culumba pulchricollis*

灰色洋鴿

清・余省、張為邦摹繪《故宮鳥譜》卷一（臺北）

山斑鸠 ***Streptopelia orientalis***

斑鳩

周・師曠撰，晉・張華注《禽經》
三國吳・陸璣撰，明・毛晉廣要《陸氏詩疏廣要》卷下

之下
宋・楊簡撰《慈湖詩傳》卷一三
宋・施宿等撰《會稽志》卷一七
清・陳元龍編《歷代賦匯》卷一三一
清・張玉書、汪霦等編《佩文齋詠物詩選》卷四三六（明・王恭・題梨花斑鳩圖）

鶻鵰
三國吳・陸璣撰，明・毛晉廣要《陸氏詩疏廣要》卷下之下

鶻鵃
漢・許慎撰，宋・徐鉉增釋《說文解字》卷四上
三國吳・陸璣撰，明・毛晉廣要《陸氏詩疏廣要》卷下之上
南唐・徐鍇撰，朱翱反切《說文繫傳》卷七
宋・楊簡撰《慈湖詩傳》卷一三
清・余蕭客撰《古經解鉤沉》卷三〇

鶻鳩
三國吳・陸璣撰，明・毛晉廣要《陸氏詩疏廣要》卷下之下

鶌鳩
三國吳・陸璣撰，明・毛晉廣要《陸氏詩疏廣要》卷下之上
宋・楊簡撰《慈湖詩傳》卷一三
清・余蕭客撰《古經解鉤沉》卷三〇

鳴鳩
三國吳・陸璣撰，明・毛晉廣要《陸氏詩疏廣要》卷下之上
宋・楊簡撰《慈湖詩傳》卷一三
清・余蕭客撰《古經解鉤沉》卷三〇

火紋斑
清・余省、張為邦摹繪《清宮鳥譜》卷五

鸒鳩
三國吳・陸璣撰，明・毛晉廣要《陸氏詩疏廣要》卷下之上

鶻嘲
三國吳・陸璣撰，明・毛晉廣要《陸氏詩疏廣要》卷下之上

灰斑鸠 *Streptopelia decaocto*

雓
漢・許慎撰，宋・徐鉉增釋《說文解字》卷四上
三國吳・陸璣撰《毛詩草木鳥獸魚蟲疏校正》卷下
南唐・徐鍇撰，朱翱反切《說文繫傳》卷七
宋・司馬光撰《類篇》卷一〇、卷一一
元・戴侗撰《六書故》卷一九
清・張玉書、陳廷敬等編《康熙字典》卷三五

祝鳩
漢・許慎撰，宋・徐鉉增釋《說文解字》卷四上
南唐・徐鍇撰，朱翱反切《說文繫傳》卷七
宋・司馬光撰《類篇》卷一一
元・戴侗撰《六書故》卷一九
清・楊修田纂修《河南省光州志》卷四
清・張玉書、陳延敬等撰《佩文韻府》卷二六之五
清・張玉書、陳廷敬等編《康熙字典》卷三五

鵻鳩
三國吳・陸璣撰《毛詩草木鳥獸蟲魚疏校正》卷下
元・戴侗撰《六書故》卷一九
清・楊修田纂修《河南省光州志》卷四

小鳩
三國吳・陸璣撰《毛詩草木鳥獸魚蟲疏校正》卷下
宋・司馬光撰《類篇》卷一〇
清・張玉書、陳廷敬等編《康熙字典》卷三五

鵴鵙
三國吳・陸璣撰《毛詩草木鳥獸魚蟲疏校正》卷下

鵓鳩
元・戴侗撰《六書故》卷一九

隹鳩
元・戴侗撰《六書故》卷一九

楚鳩
元・戴侗撰《六書故》卷一九
清・張玉書、陳廷敬等編《康熙字典》卷三五

灰斑鳩
清・（美）克拉克 索爾比著，史紅帥譯《穿越陝甘・1908-1909 年克拉克考察隊華北行紀》

珠颈斑鸠 *Streptopelia chinensis*

鵓
南朝梁・顧野王撰，宋・陳彭年等重修《重修玉篇》卷二四
宋・司馬光撰《類篇》、卷一一
遼・釋行均撰《龍龕手鑒》卷二
清・張玉書、陳廷敬等編《康熙字典》卷三五
清・梁國治等編輯《欽定音韻述微》卷二六

鵓鴿
遼・釋行均撰《龍龕手鑒》卷二

鵓鳩
晉・郭璞注，唐・陸德明音義，宋・邢昺疏《爾雅注疏》卷一〇
明・夏良勝纂修《正德建昌府志（江西省）》卷三
清・陳啟源撰《毛詩稽古編》卷九
清・嵇璜、曹仁虎撰《續通志》卷一八〇

鵓姑子
清・嵇璜、曹仁虎撰《續通志》卷一八〇

鵓鵏鳥
南朝梁・顧野王撰，宋・陳彭年等重修《重修玉篇》卷二四

宋・司馬光撰《類篇》、卷一一
清・嵇璜、曹仁虎撰《續通志》卷一八〇
清・張玉書、陳廷敬等纂《康熙字典》卷三五

鹁鸪

清・梁國治等編輯《欽定音韻述微》卷二六

鹁鸪

清・嵇璜、曹仁虎撰《續通志》卷一八〇
清・張玉書、陳廷敬等纂《康熙字典》卷三五
清・梁國治等編輯《欽定音韻述微》卷二六

步姑

清・張玉書、陳廷敬等纂《康熙字典》卷三五

筍殼

清・金蓉鏡纂輯《湖南省靖州鄉土志》

鴿鳩

清・金蓉鏡纂輯《湖南省靖州鄉土志》

鵤鳩

清・金蓉鏡纂輯《湖南省靖州鄉土志》

鵑鵤

清・金蓉鏡纂輯《湖南省靖州鄉土志》

鷉鳩

清・金蓉鏡纂輯《湖南省靖州鄉土志》

斑鳩

明・夏良勝纂修《正德建昌府志（江西省）》卷三
清・金蓉鏡纂輯《湖南省靖州鄉土志》

珠頸斑鳩

清・(美)克拉克 索爾比著，史紅帥譯《穿越陝甘・1908-1909 年克拉克考察隊華北行紀》

火斑鸠 *Oenopopelia tranquebarica*

鳺鴀

晉・郭璞注《爾雅》卷下
清・金蓉鏡纂輯《湖南省靖州鄉土志》

鴉鳩

晉・郭璞注《爾雅》卷下

火鳩

清・郭柏蒼撰《海錯百一錄》卷五
清・吳盛藻修，洪泮洙纂《雷州府志》卷二

赤裴

清・吳盛藻修，洪泮洙纂《雷州府志》卷二

火斑鳩

清・金蓉鏡纂輯《湖南省靖州鄉土志》

鶺鳩

清・金蓉鏡纂輯《湖南省靖州鄉土志》

紫斑

清・余省、張為邦摹繪《清宮鳥譜》卷五

糠斑

清・余省、張為邦摹繪《清宮鳥譜》卷五

鵂鳩

清・李元撰《蠕範》卷二

糠鳩

清・李元撰《蠕範》卷二

提壺

清・李元撰《蠕範》卷二

提葫蘆

清・李元撰《蠕範》卷二

紅窠子

清・李元撰《蠕範》卷二

火葫蘆

清・李元撰《蠕範》卷二

绿背金鸠（绿翅金鸠）*Chalcophaps indica*

金鳩

清・唐景崧修，蔣師轍、薛紹元纂《臺灣府縣志輯・光緒臺灣通志》
清・李廷璧修，周璽纂《臺灣府縣誌輯・道光彰化縣志》
清・周鐘瑄修，陳夢林、李欽文纂《臺灣府縣志輯・康熙諸羅縣志》

金佳

清・唐景崧修，蔣師轍、薛紹元纂《臺灣府縣志輯・光緒臺灣通志》
清・周鐘瑄修，陳夢林、李欽文纂《臺灣府縣志輯・康熙諸羅縣志》

紅鳩

清・周鐘瑄修，陳夢林、李欽文纂《臺灣府縣志輯・康熙諸羅縣志》

鹦形目 Psittaciformes

鹦鹉科 Psittacidae

鸚

漢・許慎撰，宋・徐鉉增釋《說文解字》上
南朝梁・顧野王撰，宋・陳彭年等重修《重修玉篇》卷二四
南唐・徐鍇撰，朱翱反切《說文繫傳》卷七
唐・段公路撰，龜圖註《北戶錄》卷一
・不著撰人《原本廣韻》卷二
宋・司馬光等撰《類篇》卷一一
宋・歐陽德隆撰《增修校正押韻釋疑》卷四
宋・毛晃增注，毛居正重增《增修互註禮部韻略》卷二
遼・釋行均撰《龍龕手鑒》卷二
元・戴侗撰《六書故》卷一九
清・張玉書、陳廷敬等纂《康熙字典》卷三五
清・段玉裁撰《說文解字注》卷四上

鴳

南朝梁・顧野王撰，宋・陳彭年等重修《重修玉篇》卷

二四
元·戴侗撰《六書故》卷一九
清·張玉書、陳廷敬等纂《康熙字典》卷三五
清·段玉裁撰《說文解字注》卷四上

鸚鴰

南朝梁·顧野王撰，宋·陳彭年等重修《重修玉篇》卷二四
唐·段公路撰，龜圖註《北戶錄》卷一
·不著撰人《原本廣韻》卷二
宋·毛晃增注，毛居正重增《增修互註禮部韻略》卷二
宋·陸佃撰《埤雅》卷九（釋鳥）
宋·羅願撰，元·洪焱祖音釋《爾雅翼》卷一四（釋鳥）
宋·周去非撰《嶺外代答》卷九
宋·范成大撰《桂海虞衡志》
宋·曾慥編《類說》卷一三
遼·釋行均撰《龍龕手鑒》卷二
金·李杲編輯，明·李時珍參訂，姚可成補輯《食物本草》卷四九
元·戴侗撰《六書故》卷一九
明·張自烈撰，清·廖文英續《正字通》亥集中（鳥部）
明·文震亨撰《長物志》卷四
明·李蘇著《見物》卷一
清·張玉書、陳廷敬等纂《康熙字典》卷三五
清·屈大均撰《廣東新語》卷二
清·汪森編《粵西詩載》卷二二
清·陳淏子輯《秘傳花鏡》卷六
清·劉於義等監修，沈青崖等編纂《陝西通志》卷四四

䳇

宋·司馬光等撰《類篇》卷一

鸎

宋·歐陽德隆撰《增修校正押韻釋疑》卷四

鴞

南朝梁·顧野王撰，宋·陳彭年等重修《重修玉篇》卷二四
南唐·徐鍇撰，朱翱反切《說文繫傳》卷七
唐·段公路撰，龜圖註《北戶錄》卷一
宋·毛晃增注，毛居正重增《增修互註禮部韻略》卷一
金·李杲編輯，明·李時珍參訂，姚可成補輯《食物本草》卷四九
元·戴侗撰《六書故》卷一九
明·張自烈撰，清·廖文英續《正字通》亥集中（鳥部）
清·張玉書、陳廷敬等纂《康熙字典》卷三五
清·周靖撰《篆隸考異》卷四
清·段玉裁撰《說文解字注》卷四上

鸚鴞

晉·郭璞注《山海經》卷二
南唐·徐鍇撰，朱翱反切《說文繫傳》卷七
宋·司馬光等撰《類篇》卷一一
宋·毛晃增注，毛居正重增《增修互註禮部韻略》卷一
宋·羅願撰，元·洪焱祖音釋《爾雅翼》卷一四（釋鳥）
金·李杲編輯，明·李時珍參訂，姚可成補輯《食物本草》卷四九
明·張自烈撰，清·廖文英續《正字通》亥集中（鳥部）
清·張玉書、陳廷敬等纂《康熙字典》卷三五
清·周靖撰《篆隸考異》卷四
清·段玉裁撰《說文解字注》卷四上
清·屈大均撰《廣東新語》卷二
清·陳淏子輯《秘傳花鏡》卷六
清·劉於義等監修，沈青崖等編纂《陝西通志》卷四四

鸚母

金·李杲編輯，明·李時珍參訂，姚可成補輯《食物本草》卷四九
清·張玉書、陳廷敬等纂《康熙字典》卷三五
清·周靖撰《篆隸考異》卷四
清·段玉裁撰《說文解字注》卷四上
唐·段公路撰，龜圖註《北戶錄》卷一
宋·曾慥編《類說》卷一三

鸚哥

宋·周去非撰《嶺外代答》卷九
金·李杲編輯，明·李時珍參訂，姚可成補輯《食物本草》卷四九
元·戴侗撰《六書故》卷一九
明·張自烈撰，清·廖文英續《正字通》亥集中（鳥部）
明·徐應秋撰《玉芝堂談薈》卷三四
清·張玉書、陳廷敬等纂《康熙字典》卷三五
清·陳淏子輯《秘傳花鏡》卷六
清·屈大均撰《廣東新語》卷二

幹皐

明·李時珍撰《本草綱目》卷四九

红领绿鹦鹉 *Psittacula krameri*

西綠鸚哥

清·余省、張為邦摹繪《故宮鳥譜》卷二（臺北）

鸚鴰

清·余省、張為邦摹繪《故宮鳥譜》卷二（臺北）

隴客

清·余省、張為邦摹繪《故宮鳥譜》卷二（臺北）

鸚鴞

清·余省、張為邦摹繪《故宮鳥譜》卷二（臺北）

鸚哥

清·余省、張為邦摹繪《故宮鳥譜》卷二（臺北）

乾睪

清·余省、張為邦摹繪《故宮鳥譜》卷二（臺北）

臊陀

清・余省、張為邦摹繪《故宮鳥譜》卷二（臺北）

灰头鹦鹉 *Psittacula himalayana*

南綠鸚哥

清・余省、張為邦摹繪《故宮鳥譜》卷二（臺北）

短尾鹦鹉 *Loriculus vernalis*

倒掛鳥

明・張燮撰《東西洋考》卷三（西洋列國考）

明・方以智撰《物理小識》卷一〇（鳥獸類）

明・周嘉胄撰《香乘》卷九

清・張廷玉撰，嚴福、方煒考證《明史》卷三二五

清・姚之駰撰《元明事類鈔》卷三七（飛鳥門）

清・汪森編《粵西詩載》卷二二

清・和珅等撰《大清一統志》卷四二四

清・陳元龍撰《格致鏡原》卷七八

清・余省、張為邦摹繪《故宮鳥譜》卷二（臺北）

紅色倒掛鳥

清・余省、張為邦摹繪《故宮鳥譜》卷二（臺北）

綠毛么鳳

清・陳元龍撰《格致鏡原》卷七八

清・余省、張為邦摹繪《故宮鳥譜》卷二（臺北）

五色桐花鳳

清・余省、張為邦摹繪《故宮鳥譜》卷二（臺北）

收香倒掛

清・余省、張為邦摹繪《故宮鳥譜》卷二（臺北）

探花

清・余省、張為邦摹繪《故宮鳥譜》卷二（臺北）

桐花鳳

清・余省、張為邦摹繪《故宮鳥譜》卷二（臺北）

五色倒掛鳥

清・余省、張為邦摹繪《故宮鳥譜》卷二（臺北）

桐花五色靈禽

清・余省、張為邦摹繪《故宮鳥譜》卷二（臺北）

倒掛

清・方旭撰《蟲薈》卷二

清・蔣溥等編《樂善堂定本集》卷一八

倒挂子

清・余省、張為邦摹繪《故宮鳥譜》卷二（臺北）

羅浮鳳

清・余省、張為邦摹繪《故宮鳥譜》卷二（臺北）

倒垂蓮

清・方旭撰《蟲薈》卷二

鸚䳇

明・方以智撰《物理小識》卷一〇（鳥獸類）

清・張廷玉撰，嚴福、方煒考證《明史》卷三二五

秦吉了

明・方以智撰《物理小識》卷一〇（鳥獸類）

紅鸚䳇

清・姚之駰撰《元明事類鈔》卷三七（飛鳥門）

五色鸚䳇

清・和珅等撰《大清一統志》卷四二四

黑嘴短尾鹦鹉 *Loriculus* spp.

黑嘴倒掛

清・余省、張為邦摹繪《故宮鳥譜》卷二（臺北）

倒掛鳥

清・余省、張為邦摹繪《故宮鳥譜》卷二（臺北）

么鳳

清・余省、張為邦摹繪《故宮鳥譜》卷二（臺北）

倒挂子

清・余省、張為邦摹繪《故宮鳥譜》卷二（臺北）

羅浮鳳

清・余省、張為邦摹繪《故宮鳥譜》卷二（臺北）

黑咀绿鹦鹉 *Anodorhynchus hyacinthinus*

黑觜綠鸚哥

清・余省、張為邦摹繪《故宮鳥譜》卷二（臺北）

木侯黑觜（♀）

清・余省、張為邦摹繪《故宮鳥譜》卷二（臺北）

洋绿鹦鹉 *Forpus xanthopterygis*

洋綠鸚䳇

清・余省、張為邦摹繪《故宮鳥譜》卷二（臺北）

红颊鹦哥 *Psittacula longicauda*

红颊绿鹦哥

清・余省、張為邦摹繪《故宮鳥譜》卷二（臺北）

柳绿鹦哥 *Psittacula eupatria*

柳绿鹦哥

清・余省、張為邦摹繪《故宮鳥譜》卷二（臺北）

凤凰鹦鹉 *Ara chloroptera*

鳳凰鸚䳇

清・余省、張為邦摹繪《故宮鳥譜》卷二（臺北）

時樂鳥

清・余省、張為邦摹繪《故宮鳥譜》卷二（臺北）

金头鹦鹉 *Amazona ochrorephala*

金頭鸚䳇

清・余省、張為邦摹繪《故宮鳥譜》卷二（臺北）

绿翅红鹦哥 Aprosmiotus scapularis

綠翅紅鸚哥

清・余省、張為邦摹繪《故宮鳥譜》卷二（臺北）

非洲灰八哥 *Psittacus erithacus*

灰色洋鸚哥

清・余省、張為邦摹繪《故宮鳥譜》卷二（臺北）

黄爱情鸟 *Agapornis personata*

黃丁香鳥

清・余省、張為邦摹繪《故宮鳥譜》卷二（臺北）

绿爱情鸟 *Agapornis* spp.

綠丁香鳥

清・余省、張為邦摹繪《故宮鳥譜》卷二（臺北）

小白风头鹦鹉 *Cacatua sulphurea*（♂）

大白鸚䳇

清・余省、張為邦摹繪《故宮鳥譜》卷二（臺北）

鹃形目 Cuculiformes

杜鹃科 Cuculidae

謝豹

周・師曠撰，晉・張華注《禽經》

三國吳・陸璣撰，明・毛晉廣要《陸氏詩疏廣要》卷下之上

宋・梁克家撰《淳熙三山志》卷四二

宋・陸游撰《老學庵筆記》卷三

宋・高似孫撰《剡録》卷一〇

宋・施宿等撰《會稽志》卷一七

明・方以智撰《通雅》卷四五

清・張玉書、陳廷敬等纂《康熙字典》卷三五

清・方旭撰《蟲薈》卷一

清・李元撰《蠕範》卷三

鳴鳩

三國吳・陸璣撰，明・毛晉廣要《陸氏詩疏廣要》卷下之上

唐・司馬貞撰《史記索隱》

宋・丁度、司馬光等撰《集韻》卷一

遼・釋行均撰《龍龕手鑒》卷二

明・李時珍撰《本草綱目》卷四九

清・周春撰《爾雅補注》卷四

清・方旭撰《蟲薈》卷一

桑鳩

三國吳・陸璣撰，明・毛晉廣要《陸氏詩疏廣要》卷下之上

晉・郭璞撰，唐・陸德明音義，宋・邢昺疏《爾雅注疏》卷一〇

明・李時珍撰《本草綱目》卷四九

清・焦循撰《毛詩草木鳥獸蟲魚釋一》卷二

清・張玉書、陳廷敬等纂《康熙字典》卷三五

清・方旭撰《蟲薈》卷一

清・（日）岡元鳳纂輯《毛詩品物圖考》

布穀

周・左丘明撰，晉・杜預注，唐・孔穎達疏《春秋左傳注疏》卷四八

漢・楊雄撰，晉・郭璞注《輶軒使者絕代語釋別國方言》卷八

三國魏・張輯撰《廣雅》卷一〇

三國吳・陸璣撰，明・毛晉廣要《陸氏詩疏廣要》卷下之上

晉・郭璞著《爾雅音圖》卷中

南朝宋・范煜撰，唐・李賢注《後漢書》卷六〇下

南朝梁・顧野王撰，宋・陳彭年等重修《重修玉篇》卷二四

唐・陳藏器撰，尚志鈞輯釋《本草拾遺》

南唐・徐鍇撰，朱翱反切《說文繫傳》卷七

・不著撰人《原本廣韻》卷二

宋・丁度、司馬光等撰《集韻》卷一

宋・陳彭年、丘雍等撰《重修廣韻》卷二

宋・陳耆卿撰《赤城志》卷三六

宋・樓鑰撰《攻媿集》卷六七

金・李杲編輯，明・李時珍參訂，姚可成補輯《食物本草》

元・陰勁弦、陰復春編《韻府群玉》卷二〇

元・楊恒撰《六書統》卷一八

元・戴侗撰《六書故》卷一九

明・李時珍撰《本草綱目》卷四九

明・夏良勝纂修《正德建昌府志（江西省）》卷三（物產）

清・周春撰《爾雅補注》卷四

清・王夫之撰《詩經稗疏》卷一

清・顧棟高撰《毛詩類釋》卷一六

清・張玉書、陳廷敬等纂《康熙字典》卷三五

清・方旭撰《蟲薈》卷一

清・李元撰《蠕範》卷三

清・何天瑞修，桂坫纂《廣東府縣志輯・西寧縣志》卷一四

清・唐景崧修，蔣師轍、薛紹元纂《臺灣府縣志輯・光緒臺灣通志》上

清・（英）艾約瑟撰《動物學啟蒙》卷四（脊骨動物）

清・（日）岡元鳳纂輯《毛詩品物圖考》

布穀鳥

・不著撰人《原本廣韻》卷三、卷五

遼・釋行均撰《龍龕手鑒》卷二

清・張玉書、陳廷敬等纂《康熙字典》卷三五

清・張楷纂修《安徽府縣志輯・康熙安慶府志》卷六

鴷

・不著撰人《原本廣韻》卷五

撥穀

三國吳·陸璣撰，明·毛晉廣要《陸氏詩疏廣要》卷下之上

明·李時珍撰《本草綱目》卷四九

清·劉玉麐撰《爾雅校議》卷下

清·李元撰《蠕範》卷三

搏黍

清·李元撰《蠕範》卷三

摶黍

三國吳·陸璣撰，明·毛晉廣要《陸氏詩疏廣要》卷下之上

宋·陸佃撰《埤雅》卷七

郭公

三國吳·陸璣撰，明·毛晉廣要《陸氏詩疏廣要》卷下之上

南朝梁·顧野王撰，宋·陳彭年等重修《重修玉篇》卷二四

唐·陳藏器撰，尚志鈞輯釋《本草拾遺》

宋·陸佃撰《埤雅》卷七

·不著撰人《原本廣韻》卷二

宋·陳彭年、丘雍等撰《重修廣韻》卷二

宋·丁度、司馬光等撰《集韻》卷一

明·李時珍撰《本草綱目》卷四九

明·夏良勝纂修《正德建昌府志（江西省）》卷三

清·張玉書、陳廷敬等纂《康熙字典》卷三五

清·劉玉麐撰《爾雅校議》卷下

清·方旭撰《蟲薈》卷一

清·李元撰《蠕範》卷三

郭公鳥

清·唐景崧修，蔣師轍、薛紹元纂《臺灣府縣志輯·光緒臺灣通志》上

鳲鳩

周·左丘明撰，晉·杜預注，唐·孔穎達疏《春秋左傳注疏》卷四八

漢·揚雄撰，晉·郭璞注《輶軒使者絕代語釋別國方言》卷八

三國吳·陸璣撰，明·毛晉廣要《陸氏詩疏廣要》卷下之上

晉·郭璞著《爾雅音圖》卷中

宋·陳彭年、丘雍等撰《重修廣韻》卷二

宋·丁度、司馬光等撰《集韻》卷一

宋·樓鑰撰《攻媿集》卷六七

金·李杲編輯，明·李時珍參訂，姚可成補輯《食物本草》

元·戴侗撰《六書故》卷一九

明·張自烈撰，清·廖文英續《正字通》亥集中

明·李時珍撰《本草綱目》卷四九

清·焦循撰《毛詩草木鳥獸蟲魚釋一》卷二

清·張玉書、陳廷敬等纂《康熙字典》卷三五

清·顧棟高撰《毛詩類釋》卷一六

清·周春撰《爾雅補注》卷四

清·劉玉麐撰《爾雅校議》卷下

清·方旭撰《蟲薈》卷一

清·唐景崧修，蔣師轍、薛紹元纂《臺灣府縣志輯·光緒臺灣通志》上

清·陳夢雷編《古今圖書集成·博物彙編·禽蟲典》

清·（日）岡元鳳纂輯《毛詩品物圖考》

清·（日）岡元鳳纂輯《毛詩品物圖考》

尸鳩

漢·楊雄撰，晉·郭璞注《輶軒使者絕代語釋別國方言》卷八

漢·許慎撰，宋·徐鉉增釋《說文解字》卷四上

南唐·徐鍇撰，朱翱反切《說文繫傳》卷七

鳲隹

宋·丁度、司馬光等撰《集韻》卷一

鴶鵴

周·左丘明撰，晉·杜預注，唐·孔穎達疏《春秋左傳注疏》卷四八

漢·楊雄撰，晉·郭璞注《輶軒使者絕代語釋別國方言》卷八

漢·許慎撰，宋·徐鉉增釋《說文解字》卷四上

三國吳·陸璣撰，明·毛晉廣要《陸氏詩疏廣要》卷下之上

晉·郭璞撰，唐·陸德明音義，宋·邢昺疏《爾雅注疏》卷一〇

晉·郭璞著《爾雅音圖》卷中

宋·陳彭年、丘雍等撰《重修廣韻》卷二

宋·樓鑰撰《攻媿集》卷六七

明·張自烈撰，清·廖文英續《正字通》亥集中

明·李時珍撰《本草綱目》卷四九

清·顧棟高撰《毛詩類釋》卷一六

清·劉玉麐撰《爾雅校議》卷下

清·方旭撰《蟲薈》卷一

清·李元撰《蠕範》卷三

清·唐景崧修，蔣師轍、薛紹元纂《臺灣府縣志輯·光緒臺灣通志》上

清·（日）岡元鳳纂輯《毛詩品物圖考》

秸鵴

宋·陳彭年、丘雍等撰《重修廣韻》卷二

清·李元撰《蠕範》卷三

秸鞠

元·戴侗撰《六書故》卷一九

清·（日）岡元鳳纂輯《毛詩品物圖考》

子規

周·師曠撰，晉·張華注《禽經》

三國吳·陸璣撰，明·毛晉廣要《陸氏詩疏廣要》卷下

之上
宋・陸佃撰《埤雅》卷九
宋・丁度、司馬光等撰《集韻》卷五
宋・陸佃撰《爾雅新義》卷一七
宋・鄭樵撰《通志》卷七六
宋・楊侃輯《兩漢博聞》卷一二
宋・洪興祖撰《楚詞補注》卷一
宋・高似孫撰《剡録》卷一〇
宋・梁克家撰《淳熙三山志》卷四二
金・李杲編輯，明・李時珍参訂，姚可成補輯《食物本草》
元・楊恒撰《六書統》卷一八
元・戴侗撰《六書故》卷一九
明・張自烈撰，清・廖文英續《正字通》亥集中
明・方以智撰《通雅》卷四五
明・曹學佺撰《蜀中廣記》卷五九
明・李時珍撰《本草綱目》卷四九
清・張玉書、陳廷敬等纂《康熙字典》卷三五
清・劉於義等監修，沈青崖等編纂《陝西通志》卷四四
清・張宗泰撰《爾雅注疏本正誤》卷五
清・方旭撰《蟲薈》卷一
清・李元撰《蠕範》卷三
清・謝啟昆監修《廣西通志》卷九〇
清・姚之駰撰《元明事類鈔》卷三七

子規鳥

宋・楊侃輯《兩漢博聞》卷一二

子鳺

漢・司馬遷撰，南朝宋・裴駰集解《史記》卷二
三國魏・張揖撰《廣雅》卷一〇

子鳺鳥

漢・司馬遷撰，南朝宋・裴駰集解《史記》卷二

子鴂

清・方旭撰《蟲薈》卷一

子巂

晉・郭璞注《爾雅》
南唐・徐鍇撰，朱翺反切《說文繫傳》卷七
明・李時珍撰《本草綱目》卷四九
明・方以智撰《通雅》卷四五
清・沈廷芳撰《十三經注疏正字》卷八一
清・周靖撰《篆隸考異》卷四
清・張宗泰撰《爾雅注疏本正誤》卷五
清・李元撰《蠕範》卷三

子巂鳥

晉・郭璞著《爾雅音圖》卷中
三國吳・陸璣撰，明・毛晉廣要《陸氏詩疏廣要》卷下之上
清・張玉書、陳廷敬等纂《康熙字典》卷三五

獲穀

漢・揚雄撰，晉・郭璞注《輶軒使者絕代語釋別國方言》卷八
晉・郭璞撰，唐・陸德明音義，宋・邢昺疏《爾雅注疏》卷一〇
唐・陳藏器撰，尚志鈞輯釋《本草拾遺》
明・李時珍撰《本草綱目》卷四九

穫穀

晉・郭璞著《爾雅音圖》
三國吳・陸璣撰，明・毛晉廣要《陸氏詩疏廣要》卷下之上
清・張玉書、陳廷敬等纂《康熙字典》卷三五
清・方旭撰《蟲薈》卷一
清・唐景崧修，蔣師轍、薛紹元纂《臺灣府縣志輯・光緒臺灣通志》上

護穀

清・李元撰《蠕範》卷三

擊穀

漢・揚雄撰，晉・郭璞注《輶軒使者絕代語釋別國方言》卷八
三國魏・張揖撰《廣雅》卷一〇
三國吳・陸璣撰，明・毛晉廣要《陸氏詩疏廣要》卷下
晉・郭璞撰，唐・陸德明音義，宋・邢昺疏《爾雅注疏》卷一〇
清・焦循撰《毛詩草木鳥獸蟲魚釋一》卷二
清・張玉書、陳廷敬等纂《康熙字典》卷三五
清・方旭撰《蟲薈》卷一
清・李元撰《蠕範》卷三
清・唐景崧修，蔣師轍、薛紹元纂《臺灣府縣志輯・光緒臺灣通志》上
清・（日）岡元鳳纂輯《毛詩品物圖考》

巂周

周・師曠撰，晉・張華注《禽經》
三國吳・陸璣撰，明・毛晉廣要《陸氏詩疏廣要》卷下之上
晉・郭璞著《爾雅音圖》卷中
南唐・徐鍇撰，朱翺反切《說文繫傳》卷七
宋・陸佃撰《爾雅新義》卷一七
宋・鄭樵撰《通志》卷七六
宋・洪興祖撰《楚詞補注》卷一
宋・高似孫撰《剡録》卷一〇
宋・施宿等撰《會稽志》卷一七
元・戴侗撰《六書故》卷一九
明・方以智撰《通雅》卷四五
清・劉玉麐撰《爾雅校議》卷下
清・張玉書、陳廷敬等纂《康熙字典》卷三五
清・張宗泰撰《爾雅注疏本正誤》卷五

鵖

南朝梁・顧野王撰，宋・陳彭年等重修《重修玉篇》卷二四

・不著撰人《原本廣韻》卷二

宋・陳彭年、丘雍等撰《重修廣韻》卷二

宋・丁度、司馬光等撰《集韻》卷四

清・張玉書、陳廷敬等纂《康熙字典》卷三五

鵖鴔

・不著撰人《原本廣韻》卷二

宋・陳彭年、丘雍等撰《重修廣韻》卷二

宋・丁度、司馬光等撰《集韻》卷四

清・張玉書、陳廷敬等纂《康熙字典》卷三五

杜鵑

漢・司馬遷撰，南朝宋・裴駰集解《史記》卷二

南朝梁・顧野王撰，宋・陳彭年等重修《重修玉篇》卷二四

唐・陳藏器撰，尚志鈞輯釋《本草拾遺》

宋・陸佃撰《埤雅》卷九

宋・楊侃輯《兩漢博聞》卷一二

宋・丁度、司馬光等撰《集韻》卷一〇

・不著撰人《原本廣韻》卷四

宋・洪興祖撰《楚詞補注》卷一

宋・高似孫撰《剡録》卷一〇

宋・陳均撰《九朝編年備要》卷一八

金・李杲編輯，明・李時珍參訂，姚可成補輯《食物本草》

元・陰勁弦、陰復春編《韻府群玉》卷二〇

明・張自烈撰，清・廖文英續《正字通》亥集中

明・李時珍撰《本草綱目》卷四九

明・宋濂、王禕等撰，清・王祖庚等考證《元史》卷五一（志第三下）

清・張玉書、陳廷敬等纂《康熙字典》卷三五

清・劉於義等監修，沈青崖等編纂《陝西通志》卷四四

清・方旭撰《蟲薈》卷一

清・李元撰《蠕範》卷三

清・何天瑞修，桂坫纂《廣東府縣志輯・西寧縣志》卷一四

清・柯璜譯編，（日）箕作佳吉著《博物學講義・動物篇》第三章（脊椎動物）

清・陳夢雷編《古今圖書集成・博物彙編・禽蟲典》

清・吳友如繪《吳友如畫寶・中外百獸圖》第五集下

杜宇

周・師曠撰，晉・張華注《禽經》

三國吳・陸璣撰，明・毛晉廣要《陸氏詩疏廣要》卷下之上

南唐・徐鍇撰，朱翱反切《說文繫傳》卷七

唐・陳藏器撰，尚志鈞輯釋《本草拾遺》

宋・楊侃輯《兩漢博聞》卷一二

宋・陸游撰《老學庵筆記》卷三

宋・洪興祖撰《楚詞補注》卷一

宋・高似孫撰《剡録》卷一〇

金・李杲編輯，明・李時珍參訂，姚可成補輯《食物本草》卷一二

明・方以智撰《通雅》卷四五

明・李時珍撰《本草綱目》卷四九

清・劉玉麐撰《爾雅校議》卷下

清・周靖撰《篆隸考異》卷四

清・劉於義等監修，沈青崖等編纂《陝西通志》卷四四

清・方旭撰《蟲薈》卷一

清・李元撰《蠕範》卷三

清・謝啟昆監修《廣西通志》卷九一（與地略・物產）

鸐

周・師曠撰，晉・張華注《禽經》

三國吳・陸璣撰，明・毛晉廣要《陸氏詩疏廣要》卷下之上

鳺

唐・司馬貞撰《史記索隱》卷八

宋・丁度、司馬光等撰《集韻》卷一〇

元・陰勁弦、陰復春編《韻府群玉》卷二〇

鴂

唐・司馬貞撰《史記索隱》卷八

晉・郭璞撰，唐・陸德明音義，宋・邢昺疏《爾雅注疏》卷一〇

宋・陳彭年、丘雍等撰《重修廣韻》卷二

遼・釋行均撰《龍龕手鑒》卷二

元・陰勁弦、陰復春編《韻府群玉》卷一七

鶗

漢・司馬遷撰，南朝宋・裴駰集解《史記》卷二

三國魏・張揖撰《廣雅》卷一〇

南朝宋・范煜撰，唐・李賢注《後漢書》卷八九

南朝梁・顧野王撰，宋・陳彭年等重修《重修玉篇》卷二四

宋・丁度、司馬光等撰《集韻》卷一

宋・洪興祖撰《楚詞補注》卷一

明・方以智撰《通雅》卷四五

清・張玉書、陳廷敬等纂《康熙字典》卷三五

䳏

三國魏・張揖撰《廣雅》卷一〇

・不著撰人《原本廣韻》卷四

宋・楊侃輯《兩漢博聞》卷一二

明・張自烈撰，清・廖文英續《正字通》亥集中

清・張玉書、陳廷敬等纂《康熙字典》卷三五

鶗䳏

・不著撰人《原本廣韻》卷二

鸊鷉
漢·司馬遷撰，南朝宋·裴駰集解《史記》卷二
南朝梁·顧野王撰，宋·陳彭年等重修《重修玉篇》卷二四
宋·楊侃輯《兩漢博聞》卷一二
宋·洪興祖撰《楚詞補注》卷一
明·張自烈撰，清·廖文英續《正字通》亥集中
清·張玉書、陳廷敬等纂《康熙字典》卷三五
清·方旭撰《蟲薈》卷一
清·李元撰《蠕範》卷三
鸊鳺
清·李元撰《蠕範》卷三
鸊鵧
明·張自烈撰，清·廖文英續《正字通》亥集中
鵜鳺
宋·洪興祖撰《楚詞補注》卷一
鸊
三國魏·張輯撰《廣雅》卷一〇
宋·丁度、司馬光等撰《集韻》卷五
明·李時珍撰《本草綱目》卷四九
鵧
三國魏·張輯撰《廣雅》卷一〇
·不著撰人《原本廣韻》卷三
宋·丁度、司馬光等撰《集韻》卷五
明·張自烈撰，清·廖文英續《正字通》亥集中
清·張玉書、陳廷敬等纂《康熙字典》卷三五
鸊鵧
清·方旭撰《蟲薈》卷一
買鵧
宋·洪興祖撰《楚詞補注》卷一
清·張玉書、陳廷敬等纂《康熙字典》卷三五
鵠
三國魏·張輯撰《廣雅》卷一〇
明·張自烈撰，清·廖文英續《正字通》亥集中
清·張玉書、陳廷敬等纂《康熙字典》卷三五
鶇
三國魏·張輯撰《廣雅》卷一〇
清·張玉書、陳廷敬等纂《康熙字典》卷三五
清·方旭撰《蟲薈》卷一
鳰
清·張玉書、陳廷敬等纂《康熙字典》卷三五
鵗
清·張玉書、陳廷敬等纂《康熙字典》卷三五
鷉
清·張玉書、陳廷敬等纂《康熙字典》卷三五
桔鶇
南唐·徐鍇撰，朱翱反切《說文繫傳》卷七

蜀鶺
元·戴侗撰《六書故》卷一九
元·楊恒撰《六書統》卷一八
鸀 鶺
明·張自烈撰，清·廖文英續《正字通》亥集中
鳺
清·周靖撰《篆隸考異》卷四
催歸
金·李杲編輯，明·李時珍參訂，姚可成補輯《食物本草》卷一二
明·方以智撰《通雅》卷四五
明·李時珍撰《本草綱目》卷四九
清·方旭撰《蟲薈》卷一
清·李元撰《蠕範》卷三
催歸鳥
清·劉玉麐撰《爾雅校議》卷下
思歸
金·李杲編輯，明·李時珍參訂，姚可成補輯《食物本草》卷一二
明·方以智撰《通雅》卷四五
明·李時珍撰《本草綱目》卷四九
秭鳺
漢·司馬遷撰，南朝宋·裴駰集解《史記》卷二
明·方以智撰《通雅》卷四五
鷤鴂
清·舒其紳等修，嚴長明等纂《陝西省西安府志》
雀王
清·張琴修，範泰衡纂《四川省萬縣誌》
海南鳥
清·金鉷等監修，錢元昌等編纂《廣西通志》
縠公
清·唐景崧修，蔣師轍、薛紹元纂《臺灣府縣志輯·光緒臺灣通志》上
催耕鳥
清·唐景崧修，蔣師轍、薛紹元纂《臺灣府縣志輯·光緒臺灣通志》上
看蠶看火鳥
清·唐景崧修，蔣師轍、薛紹元纂《臺灣府縣志輯·光緒臺灣通志》上
田鵑
清·李元撰《蠕範》卷三
子鵑
清·李元撰《蠕範》卷三
巂燕
清·李元撰《蠕範》卷二
苦鳥
清·李元撰《蠕範》卷三

宛禽
清·李元撰《蠕範》卷三
陽禽
清·李元撰《蠕範》卷三
姑悪
清·李元撰《蠕範》卷三
苦吻
清·李元撰《蠕範》卷三
思歸樂
清·李元撰《蠕範》卷三
柔鳩
清·李元撰《蠕範》卷三
步姑
宋·樓鑰撰《攻媿集》卷六七
清·李元撰《蠕範》卷三
鵏鴣
清·李元撰《蠕範》卷三
鵏姑子
明·張自烈撰，清·廖文英續《正字通》亥集中
清·張玉書、陳廷敬等纂《康熙字典》卷三五
鵏鳩
明·張自烈撰，清·廖文英續《正字通》亥集中
鋪豉
明·張自烈撰，清·廖文英續《正字通》亥集中
清·張玉書、陳廷敬等纂《康熙字典》卷三五
清·李元撰《蠕範》卷三
鋪敊
清·張玉書、陳廷敬等纂《康熙字典》卷三五
清·李元撰《蠕範》卷三
鋪鼓
明·張自烈撰，清·廖文英續《正字通》亥集中
清·李元撰《蠕範》卷三
擊鶇
清·張玉書、陳廷敬等纂《康熙字典》卷三五
清·李元撰《蠕範》卷三
買鵤
宋·楊侃輯《兩漢博聞》卷一二
宋·洪興祖撰《楚詞補注》卷一
明·張自烈撰，清·廖文英續《正字通》亥集中
清·李元撰《蠕範》卷三
鴃
明·張自烈撰，清·廖文英續《正字通》亥集中
清·張玉書、陳廷敬等纂《康熙字典》卷三五
清·李元撰《蠕範》卷三
秭歸
明·李時珍撰《本草綱目》卷四九
清·方旭撰《蟲薈》卷一
清·李元撰《蠕範》卷三
鶗鴂
宋·洪興祖撰《楚詞補注》卷一
金·李杲編輯，明·李時珍參訂，姚可成補輯《食物本草》
明·張自烈撰，清·廖文英續《正字通》亥集中
明·李時珍撰《本草綱目》卷四九
清·方旭撰《蟲薈》卷一
清·李元撰《蠕範》卷三
陽雀
明·李時珍撰《本草綱目》卷四九
清·王麟祥修，邱晉成等纂《四川府縣志輯·光緒敘州府志》
周燕
元·戴侗撰《六書故》卷一九
明·方以智撰《通雅》卷四五
明·李時珍撰《本草綱目》卷四九
清·李元撰《蠕範》卷三
清·劉於義等監修，沈青崖等編纂《陝西通志》卷四四
怨鳥
三國吳·陸璣撰，明·毛晉廣要《陸氏詩疏廣要》卷下之上
宋·陸佃撰《埤雅》卷九
宋·施宿等撰《會稽志》卷一七
明·方以智撰《通雅》卷四五
明·李時珍撰《本草綱目》卷四九
清·李元撰《蠕範》卷三
清·張玉書、陳廷敬等纂《康熙字典》卷三五
清·方旭撰《蟲薈》卷一
鵑
南朝梁·顧野王撰，宋·陳彭年等重修《重修玉篇》卷二四
清·張玉書、陳廷敬等纂《康熙字典》卷三五
清·李元撰《蠕範》卷三
巂
宋·鄭樵撰《通志》卷七六
元·戴侗撰《六書故》卷一九
鵟
明·張自烈撰，清·廖文英續《正字通》亥集中
清·張玉書、陳廷敬等纂《康熙字典》卷三五
搏泰
明·夏良勝纂修《正德建昌府志（江西省）》卷三
博穀
清·方旭撰《蟲薈》卷一
搏穀
清·唐景崧修，蔣師轍、薛紹元纂《臺灣府縣志輯·光緒臺灣通志》上
阿公阿婆
明·李時珍撰《本草綱目》卷四九

清・劉玉麐撰《爾雅校議》卷下
清・方旭撰《蟲薈》卷一
割麥插禾
明・李時珍撰《本草綱目》卷四九
清・劉玉麐撰《爾雅校議》卷下
清・方旭撰《蟲薈》卷一
清・李元撰《蠕範》卷三
脱郤布袴
清・劉玉麐撰《爾雅校議》卷下
脱卻布褲
清・李元撰《蠕範》卷三
脱却破袴
明・李時珍撰《本草綱目》卷四九
清・方旭撰《蟲薈》卷一

四声杜鵑 *Cuculus micropterus*

鶗鴂
明・張才編輯，徐珪重編《(弘曆) 重修保定郡志》卷七
清・汪森編《粵西文載・粵西叢載》卷二二
海南鳥
清・汪森編《粵西文載》(三) 卷二二
子規
清・汪森編《粵西文載》(三) 卷二二
清・何玉棻修，魏式曾纂《湖南府縣志輯・同治直隸澧州志》
清・于琨修，陳玉瑾纂《江蘇府縣志輯・常州府志》
短工奪鋤
清・沈家本、榮銓修，徐宗亮、蔡啟盛纂《天津府縣志輯・光緒重修天津府志》
割麥插禾
清・劉玉麐撰《爾雅校議》卷下
清・沈家本、榮銓修，徐宗亮、蔡啟盛纂《天津府縣志輯・光緒重修天津府志》
鳴鳩
清・何玉棻修，魏式曾纂《湖南府縣志輯・同治直隸澧州志》
喚起
清・何玉棻修，魏式曾纂《湖南府縣志輯・同治直隸澧州志》
催耕
清・何玉棻修，魏式曾纂《湖南府縣志輯・同治直隸澧州志》
鵯鴶
清・何玉棻修，魏式曾纂《湖南府縣志輯・同治直隸澧州志》
快插快整
清・何玉棻修，魏式曾纂《湖南府縣志輯・同治直隸澧州志》
插花插朶
清・何玉棻修，魏式曾纂《湖南府縣志輯・同治直隸澧州志》
催歸
清・何玉棻修，魏式曾纂《湖南府縣志輯・同治直隸澧州志》
謝豹
清・周碩勳纂修《廣東省潮州府志》
子嶲
清・周碩勳纂修《廣東省潮州府志》
怨鳥
清・周碩勳纂修《廣東省潮州府志》
杜鵑
清・周碩勳纂修《廣東省潮州府志》
清・何玉棻修，魏式曾纂《湖南府縣志輯・同治直隸澧州志》
清・于琨修，陳玉瑾纂《江蘇府縣志輯・常州府志》
光棍掇鋤
清・牟應震撰《毛詩物名考》卷一
不如歸去
清・牟應震撰《毛詩物名考》卷一
清・汪森編《粵西文載》(三) 卷二二
清・何玉棻修，魏式曾纂《湖南府縣志輯・同治直隸澧州志》
清・于琨修，陳玉瑾纂《江蘇府縣志輯・常州府志》
布穀
明・張才編輯，徐珪重編《(弘曆) 重修保定郡志》卷七
清・劉玉麐撰《爾雅校議》卷下
清・牟應震撰《毛詩物名考》卷一
清・于琨修，陳玉瑾纂《江蘇府縣志輯・常州府志》
清・沈家本、榮銓修，徐宗亮、蔡啟盛纂《天津府縣志輯・光緒重修天津府志》
撥穀
明・張才編輯，徐珪重編《(弘曆) 重修保定郡志》卷七
清・劉玉麐撰《爾雅校議》卷下
清・牟應震撰《毛詩物名考》卷一
清・于琨修，陳玉瑾纂《江蘇府縣志輯・常州府志》
清・沈家本、榮銓修，徐宗亮、蔡啟盛纂《天津府縣志輯・光緒重修天津府志》
播穀
清・牟應震撰《毛詩物名考》卷一
不愁脱袴
明・張才編輯，徐珪重編《(弘曆) 重修保定郡志》卷七
清・劉玉麐撰《爾雅校議》卷下
清・牟應震撰《毛詩物名考》卷一

清・于琨修，陳玉璂纂《江蘇府縣志輯・常州府志》
清・沈家本等修，榮銓修，徐宗亮、蔡啟盛纂《天津府縣志輯・光緒重修天津府志》

脫腳布袴

明・張才編輯，徐珪重編《(弘曆) 重修保定郡志》卷七
清・劉玉麐撰《爾雅校議》卷下
清・牟應震撰《毛詩物名考》卷一
清・于琨修，陳玉璂纂《江蘇府縣志輯・常州府志》
清・沈家本等修，榮銓修，徐宗亮、蔡啟盛纂《天津府縣志輯・光緒重修天津府志》

脱却布褲

清・牟應震撰《毛詩物名考》卷一

竊元

清・牟應震撰《毛詩物名考》卷一

夏扈

清・牟應震撰《毛詩物名考》卷一

大杜鹃 *Cuculus canorus*

鳴鳩

宋・鄭樵撰《通志》卷七六
清・余省、張為邦摹繪《清宮鳥譜》卷五

鳲鳩

宋・鄭樵撰《爾雅註》卷下
清・焦循撰《毛詩草木鳥獸蟲魚釋二》卷一二

鴶鵴

宋・鄭樵撰《爾雅註》卷下
清・焦循撰《毛詩草木鳥獸蟲魚釋二》卷一二

桑鳩

宋・鄭樵撰《爾雅註》卷下
清・焦循撰《毛詩草木鳥獸蟲魚釋二》卷一二

擊穀

宋・鄭樵撰《爾雅註》卷下
清・焦循撰《毛詩草木鳥獸蟲魚釋二》卷一二

布穀

宋・鄭樵撰《爾雅註》卷下
清・焦循撰《毛詩草木鳥獸蟲魚釋二》卷一二

可姑

清・余省、張為邦摹繪《清宮鳥譜》卷五

鵠鳩

清・余省、張為邦摹繪《清宮鳥譜》卷五

黑鳩

清・余省、張為邦摹繪《清宮鳥譜》卷五

鶻鵃

清・余省、張為邦摹繪《清宮鳥譜》卷五

鶻鵰

清・余省、張為邦摹繪《清宮鳥譜》卷五

布穀鳥

清・(美)克拉克 索爾比著，史紅帥譯《穿越陝甘・1908-1909 年克拉克考察隊華北行紀》

中杜鹃 *Cuculus saturatus*

刺毛鷹

清・余省、張為邦摹繪《清宮鳥譜》卷五

噪鹃 *Eudynamys scolopacea*

佛鳥

清・余省、張為邦摹繪《清宮鳥譜》卷五

鸦鹃 *Centropus* spp.

鵅鳩

晉・郭璞注《爾雅》卷下
晉・郭璞著《爾雅音圖》卷中
清・邵晉涵撰《爾雅正義》卷一八

鶭鵅

晉・郭璞注《爾雅》卷下
晉・郭璞著《爾雅音圖》卷中
清・邵晉涵撰《爾雅正義》卷一八

鳥鳴

晉・郭璞注《爾雅》卷下
晉・郭璞著《爾雅音圖》卷中

鳥臼

清・邵晉涵撰《爾雅正義》卷一八

鳺鴀

晉・郭璞著《爾雅音圖》卷中

鴟鳩

晉・郭璞注《爾雅》卷下
晉・郭璞著《爾雅音圖》卷中

鶻鵃

晉・郭璞注《爾雅》卷下
晉・郭璞著《爾雅音圖》卷中

鶻鳩

清・毛奇齡撰《續詩傳鳥名卷》卷一 (衛風)

郭公

宋・王質撰《紹陶錄》卷下
宋・陳耆卿撰《赤城志》卷三六
宋・梁克家撰《淳熙三山志》卷四二
元・脫因修，俞希魯纂《至順鎮江志》卷四 (土產)
清・曾日瑛等修，李紱等纂《福建府縣志輯・乾隆汀州府志》卷八 (物產)

紅公

清・郭柏蒼撰《海錯百一錄》卷五

謝豹

宋・陳耆卿撰《赤城志》卷三六

杜鵑

宋・陳耆卿撰《赤城志》卷三六

子規

宋・陳耆卿撰《赤城志》卷三六

清・郭柏蒼撰《海錯百一錄》卷五

赤鳥

宋・梁克家撰《淳熙三山志》卷四二

清・曾日瑛等修，李紱等纂《福建府縣志輯・乾隆汀州府志》卷八

鳴鳩

清・毛奇齡撰《續詩傳鳥名卷》卷一（衛風）

布穀

清・毛奇齡撰《續詩傳鳥名卷》卷一（衛風）

清・郭柏蒼撰《海錯百一錄》卷五

桑鳩

清・毛奇齡撰《續詩傳鳥名卷》卷一（衛風）

鸮形目 Strigiformes

鸱鸮科 Strigidae

鴟鴞

漢・毛亨傳、鄭玄箋，唐・孔穎達疏，陸德明音義《毛詩注疏》卷一五

三國吳・陸璣撰，明・毛晉廣要《陸氏詩疏廣要》卷下之上

晉・郭璞注，唐・陸德明音義，宋・邢昺疏《爾雅注疏》卷一〇

唐・丘光庭撰《兼明書》卷三

宋・陸佃撰《埤雅》卷六

宋・蘇軾撰《書傳》卷一一

宋・蔡卞撰《毛詩名物考》卷六

元・王惲撰《秋澗集》卷二

元・王天與撰《尚書纂傳》卷一六

元・陶宗儀撰《說郛》卷六上

明・呂坤撰《呻吟語摘》卷下

明・方以智撰《通雅》卷四五

明・倪元璐撰《倪文貞集》卷上

明・張自烈撰，清・廖文英續《正字通》

清・姚炳撰《詩識名解》卷一

清・錢澄之撰《田間詩學》卷五

清・朱鶴齡撰《詩經通義》卷五五

清・傅恒等撰《詩義折中》卷一

清・陳啟源撰《毛詩稽古編》卷二八

鴞

漢・許慎撰，宋・徐鉉增釋《說文解字》上冊

三國吳・陸璣撰，明・毛晉廣要《陸氏詩疏廣要》卷下之上

宋・曾慥編《類說》卷一三

宋・司馬光等撰《類篇》卷一一

宋・梁克家撰《淳熙三山志》卷四三

宋・段昌武撰《段式毛詩集解》卷一三

宋・毛晃增注，毛居正重增《增修互注禮部韻略》卷一

宋・唐慎微撰，寇宗奭衍義《證類本草》卷一九

金・李杲編輯，明・李時珍參訂，姚可成補輯《食物本草》卷一二

明・馮復京撰《六家詩名物疏》卷二

清・姚炳撰《詩識名解》卷二

清・毛奇齡撰《續詩傳鳥名卷》卷二

清・張玉書、陳廷敬等纂《康熙字典》卷三五

鴟

漢・毛亨傳、鄭玄箋，唐・孔穎達疏，陸德明音義《毛詩注疏》卷一五

宋・唐慎微撰，寇宗奭衍義《證類本草》卷一九

金・李杲編輯，明・李時珍參訂，姚可成補輯《食物本草》卷一二

明・張自烈撰，清・廖文英續《正字通》

清・方旭撰《蟲薈》卷一

清・張玉書、陳廷敬等纂《康熙字典》卷三五

鸋鴂

漢・毛亨傳、鄭玄箋，唐・孔穎達疏，陸德明音義《毛詩注疏》卷一五

三國吳・陸璣撰，明・毛晉廣要《陸氏詩疏廣要》卷下之上

唐・丘光庭撰《兼明書》卷二

宋・陸佃撰《埤雅》卷七

明・張自烈撰，清・廖文英續《正字通》

清・姚炳撰《詩識名解》卷二、卷三

清・余蕭客撰《古經解鉤沉》卷七

清・陳啟源撰《毛詩稽古編》卷二八

清・張玉書、陳廷敬等纂《康熙字典》卷三五

鸖

漢・許慎撰，宋・徐鉉增釋《說文解字》上冊

南唐・徐鍇撰《說文系傳》卷七

宋・毛晃增注，毛居正重增《增修互注禮部韻略》卷一

清・張玉書、陳廷敬等纂《康熙字典》卷三五

汪茅鴟

晉・郭璞注《爾雅》

晉・郭璞注，唐・陸德明音義，宋・邢昺疏《爾雅注疏》卷一〇

萑

漢・許慎撰，宋・徐鉉增釋《說文解字》卷四上

雟

漢・許慎撰，宋・徐鉉增釋《說文解字》卷四上

南唐・徐鍇撰《說文系傳》卷七

明・張自烈撰，清・廖文英續《正字通》

雂

南唐・徐鍇撰，朱翱反切《說文繫傳》卷七

元・戴侗撰《六書故》卷一九

元・楊恒撰《六書統》卷一八

梟

宋・陸佃撰《埤雅》卷六
宋・司馬光等撰《類篇》卷一一
宋・毛晃增注，毛居正重增《增修互注禮部韻略》卷一
元・戴侗撰《六書故》卷一九
明・徐　撰《徐氏筆精》卷八
清・方旭撰《蟲薈》卷一
清・汪照撰《大戴禮注補》卷一
清・牟應震撰《毛詩物名考》卷一

舊

南唐・徐鍇撰，朱翱反切《説文繫傳》卷七

鳩

元・戴侗撰《六書故》卷一九

鳪

宋・司馬光等撰《類篇》卷一一

鶹離

漢・許慎撰，宋・徐鉉增釋《説文解字》上

流離

三國吳・陸璣撰，明・毛晉廣要《陸氏詩疏廣要》卷下之上
宋・吳棫撰《韻補》卷三
宋・毛晃增注，毛居正重增《增修互注禮部韻略》卷一
明・李時珍撰《本草綱目》卷四九
清・姚炳撰《詩識名解》卷二
清・陳啟源撰《毛詩稽古編》卷二八
清・張玉書、陳廷敬等纂《康熙字典》卷三五

鴝鵒

晉・郭璞注，唐・陸德明音義，宋・邢昺疏《爾雅注疏》卷一〇

鉤鵅

宋・唐慎微撰，曹孝忠校，寇宗奭衍義《證類本草》卷一九

鵅鵋

宋・唐慎微撰，曹孝忠校，寇宗奭衍義《證類本草》卷一九

梟鴟

三國吳・陸璣撰，明・毛晉廣要《陸氏詩疏廣要》卷下之上
晉・郭璞注，唐・陸德明音義，宋・邢昺疏《爾雅注疏》卷一〇
宋・陸佃撰《埤雅》卷七
宋・毛晃增注，毛居正重增《增修互注禮部韻略》卷一
明・方以智撰《通雅》卷四五
明・李時珍撰《本草綱目》卷四九
明・馮復京撰《六家詩名物疏》卷二
清・顧棟高撰《毛詩類釋》卷一六
清・陳啟源撰《毛詩稽古編》卷二八

土梟

三國吳・陸璣撰，明・毛晉廣要《陸氏詩疏廣要》卷下之上
唐・丘光庭撰《兼明書》卷三
宋・羅願撰，元・洪焱祖音釋《爾雅翼》卷一六
宋・陸佃撰《爾雅新義》卷一七
明・方以智撰《通雅》卷四五
明・李時珍撰《本草綱目》卷四九
明・馮復京撰《六家詩名物疏》卷二
清・姚炳撰《詩識名解》卷一
清・陳啟源撰《毛詩稽古編》卷二八

訓狐

三國吳・陸璣撰，明・毛晉廣要《陸氏詩疏廣要》卷下之上
明・方以智撰《通雅》卷四五
明・李時珍撰《本草綱目》卷四九

鵩鳥

三國吳・陸璣撰，明・毛晉廣要《陸氏詩疏廣要》卷下之上
宋・陸佃撰《爾雅新義》卷一七
宋・段昌武撰《段式毛詩集解》卷一二
明・馮復京撰《六家詩名物疏》卷二
清・姚炳撰《詩識名解》卷二

鵩

明・方以智撰《通雅》卷四五
明・李時珍撰《本草綱目》卷四九
明・馮復京撰《六家詩名物疏》卷二
清・姚炳撰《詩識名解》卷二

鵂鶹

三國吳・陸璣撰，明・毛晉廣要《陸氏詩疏廣要》卷下之上
晉・張華撰《博物志》卷一
晉・郭璞注，唐・陸德明音義，宋・邢昺疏《爾雅注疏》卷一〇
宋・陸佃撰《爾雅新義》卷一七
清・張玉書、陳廷敬等纂《康熙字典》卷三五

怪鵩

三國吳・陸璣撰，明・毛晉廣要《陸氏詩疏廣要》卷下之上

怪鳥

三國吳・陸璣撰，明・毛晉廣要《陸氏詩疏廣要》卷下之上

怪鴟

晉・郭璞注，唐・陸德明音義，宋・邢昺疏《爾雅注疏》卷一〇
宋・陸佃撰《爾雅新義》卷一八
明・方以智撰《通雅》卷四五
明・李時珍撰《本草綱目》卷四九

清・陳啟源撰《毛詩稽古編》卷二八
清・張玉書、陳廷敬等纂《康熙字典》卷三五

禍鳥

清・毛奇齡撰《續詩傳鳥名卷》卷二

梟獍

宋・陸佃撰《埤雅》卷九

鵄鵂

三國吳・陸璣撰，明・毛晉廣要《陸氏詩疏廣要》卷下之上

鴟鵂

三國吳・陸璣撰，明・毛晉廣要《陸氏詩疏廣要》卷下之上
晉・郭璞注，唐・陸德明音義，宋・邢昺疏《爾雅注疏》卷一〇
宋・陸佃撰《爾雅新義》卷一八
清・姚炳撰《詩識名解》卷二
清・陳啟源撰《毛詩稽古編》卷二八
清・張玉書、陳廷敬等纂《康熙字典》卷三五

鵁鶹

宋・唐慎微撰，寇宗奭衍義《證類本草》卷一九

魌魂

明・方以智撰《通雅》卷四五
明・李時珍撰《本草綱目》卷四九

土鴞

三國吳・陸璣撰，明・毛晉廣要《陸氏詩疏廣要》卷下之上

鸛鶇

三國吳・陸璣撰，明・毛晉廣要《陸氏詩疏廣要》卷下之上
宋・陸佃撰《爾雅新義》卷一八
清・趙佑撰《草木疏校正》卷二下
清・陳啟源撰《毛詩稽古編》卷二八
清・毛奇齡撰《續詩傳鳥名卷》卷二

山鴞

明・李時珍撰《本草綱目》卷四九

雞鴞

明・李時珍撰《本草綱目》卷四九

雚

明・李時珍撰《本草綱目》卷四九
清・陳啟源撰《毛詩稽古編》卷二八

角鴟

明・李時珍撰《本草綱目》卷四九

老兔

明・李時珍撰《本草綱目》卷四九

木兔

清・陳啟源撰《毛詩稽古編》卷二八

鵬梟

清・陳啟源撰《毛詩稽古編》卷二八

黃栗留

宋・陸佃撰《埤雅》卷八

幸胡

明・方以智撰《通雅》卷四五
明・李時珍撰《本草綱目》卷四九

轂轆鷹

明・李時珍撰《本草綱目》卷四九

呼唅鷹

明・李時珍撰《本草綱目》卷四九
清・姚炳撰《詩識名解》卷二

車載板

明・李時珍撰《本草綱目》卷四九
明・張愷纂，卓天錫、孫任增修，朱昱纂《毗陵志》
清・姚炳撰《詩識名解》卷二

快扛鳥

明・李時珍撰《本草綱目》卷四九

春哥兒

明・李時珍撰《本草綱目》卷四九

逆鶬

明・徐炬撰《新鐫古今事物原始全書》卷二六
明・張愷纂，卓天錫、孫任增修，朱昱纂《毗陵志》

天帝少女

明・徐炬撰《新鐫古今事物原始全書》卷二六

隱飛

明・徐炬撰《新鐫古今事物原始全書》卷二六

夜行遊女

明・徐炬撰《新鐫古今事物原始全書》卷二六

掛首

明・徐炬撰《新鐫古今事物原始全書》卷二六

栗留

明・徐炬撰《新鐫古今事物原始全書》卷二六

夜遊女

清・郭柏蒼撰《海錯百一錄》卷五
明・成化十九年《成化重修毗陵志（江蘇）》

貓鷹

明・李蘇著《見物》卷一

姑獲

明・張愷纂，卓天錫、孫任增修，朱昱纂《毗陵志》

貓兒頭

清・郝懿行撰《爾雅義疏》卷下

轂轆貓

清・郝懿行撰《爾雅義疏》卷下

舊 舊 留

清・郝懿行撰《爾雅義疏》卷下

離鶹

清・郝懿行撰《爾雅義疏》卷下

梟鴟

宋・毛晃增注，毛居正重修《增修互注禮部韻略》卷一

明・張自烈撰，清・廖文英續《正字通》

鷹鴞

明・張自烈撰，清・廖文英續《正字通》

鵂

清・陳啟源撰《毛詩稽古編》卷二八

乳田鳥

明・張自烈撰，清・廖文英續《正字通》

鉤星

明・張自烈撰，清・廖文英續《正字通》

鶘

明・張自烈撰，清・廖文英續《正字通》

红角鸮 *Otus scops*

角鴞

清・(美)克拉克 索爾比著，史紅帥譯《穿越陝甘・1908-1909 年克拉克考察隊華北行紀》

鵰鴞 *Bubo bubo*

狠鵰

清・余省、張為邦摹繪《清宮鳥譜》卷一二

鴟

清・余省、張為邦摹繪《清宮鳥譜》卷一二

鴟梟

清・余省、張為邦摹繪《清宮鳥譜》卷一二

大鵰

清・(美)克拉克 索爾比著，史紅帥譯《穿越陝甘・1908-1909 年克拉克考察隊華北行紀》

雪鴞 *Nyctea scandiaca*

茅鴟

清・余省、張為邦摹繪《清宮鳥譜》卷一二

狂茅鴟

清・余省、張為邦摹繪《清宮鳥譜》卷一二

鴟鵂

清・余省、張為邦摹繪《清宮鳥譜》卷一二

花頭鵂鶹 *Glaucidium passerinum*

鴞鳥

清・余省、張為邦摹繪《清宮鳥譜》卷一二

夭鳥

清・余省、張為邦摹繪《清宮鳥譜》卷一二

鴞鴟

清・余省、張為邦摹繪《清宮鳥譜》卷一二

梟鴟

清・余省、張為邦摹繪《清宮鳥譜》卷一二

土梟

清・余省、張為邦摹繪《清宮鳥譜》卷一二

山鴞

清・余省、張為邦摹繪《清宮鳥譜》卷一二

雞鴞

清・余省、張為邦摹繪《清宮鳥譜》卷一二

茅鴞

清・余省、張為邦摹繪《清宮鳥譜》卷一二

怪鴞

清・余省、張為邦摹繪《清宮鳥譜》卷一二

馴狐

清・余省、張為邦摹繪《清宮鳥譜》卷一二

鵩鳥

清・余省、張為邦摹繪《清宮鳥譜》卷一二

鵂鶹

清・余省、張為邦摹繪《清宮鳥譜》卷一二

木鴞

清・余省、張為邦摹繪《清宮鳥譜》卷一二

夜貓

清・余省、張為邦摹繪《清宮鳥譜》卷一二

姑獲

清・余省、張為邦摹繪《清宮鳥譜》卷一二

治鳥

清・余省、張為邦摹繪《清宮鳥譜》卷一二

鬼車

清・余省、張為邦摹繪《清宮鳥譜》卷一二

鷹鸮 *Ninox lscutulata*

樹貓兒

清・余省、張為邦摹繪《清宮鳥譜》卷一二

樹貓

清・余省、張為邦摹繪《清宮鳥譜》卷一二

纵纹腹小鸮 *Athene noctua*

小鴞

清・(美)克拉克 索爾比著，史紅帥譯《穿越陝甘・1908-1909 年克拉克考察隊華北行紀》

褐林鸮 *Strix leptogrammica*

雲頭花豹

清・余省、張為邦摹繪《清宮鳥譜》卷一二

老鴟

清・余省、張為邦摹繪《清宮鳥譜》卷一二

阿黎耶

清・余省、張為邦摹繪《清宮鳥譜》卷一二

鴟

明・方以智撰《通雅》卷四五

清・余省、張為邦摹繪《清宮鳥譜》卷一二

萑

晉・郭璞注《爾雅》

晉・郭璞注，唐・陸德明音義，宋・邢昺疏《爾雅注疏》卷一〇

宋・陸佃撰《爾雅新義》卷一八

清·郝懿行撰《爾雅義疏》下之五
清·戴鍌撰《爾雅郭注補正》卷下三

老鵵

晉·郭璞注《爾雅》
晉·郭璞注，唐·陸德明音義，宋·邢昺疏《爾雅注疏》卷一〇
宋·陸佃撰《爾雅新義》卷一八
清·郝懿行撰《爾雅義疏》下之五
清·戴鍌撰《爾雅郭注補正》卷下三
清·任基振撰《爾雅注疏箋補》卷三

木兔

清·戴鍌撰《爾雅郭注補正》卷下三
清·余省、張為邦摹繪《清宮鳥譜》卷一二

鵩鵋

清·郝懿行撰《爾雅義疏》卷下
清·任基振撰《爾雅注疏箋補》卷三

鴞

明·方以智撰《通雅》卷四五

梟

明·方以智撰《通雅》卷四五

土鴞

明·方以智撰《通雅》卷四五

怪鴞

明·方以智撰《通雅》卷四五

鵩

明·方以智撰《通雅》卷四五

鵂鶹

明·方以智撰《通雅》卷四五

貓兒頭

清·郝懿行撰《爾雅義疏》卷下

雚

清·余省、張為邦摹繪《清宮鳥譜》卷一二

轂轆鷹

清·余省、張為邦摹繪《清宮鳥譜》卷一二

灰林鸮 *Strix aluco*

夜貓兒

清·余省、張為邦摹繪《清宮鳥譜》卷一二

鵩

清·余省、張為邦摹繪《清宮鳥譜》卷一二

夜貓鷹

清·余省、張為邦摹繪《清宮鳥譜》卷一二

长耳鸮 *Asio otus*

呼哼鷹

清·余省、張為邦摹繪《清宮鳥譜》卷一二

夜食鷹

清·余省、張為邦摹繪《清宮鳥譜》卷一二

額爾奔爪紅

清·余省、張為邦摹繪《清宮鳥譜》卷一二

短耳鸮 *Asio flammeus*

槖𩇯

晉·郭璞著，張宗祥校錄《足本山海經圖贊》
清·劉於義等監修，沈青崖等編纂《陝西通志》

夜鷹目 Caprimulgiformes

夜鷹科 Caprimuglidae

普通夜鷹 *Caprimulgus indicus*

鶇

晉·郭璞注《爾雅》
晉·郭璞著《爾雅音圖》
南朝梁·顧野王撰，宋·陳彭年等重修《重修玉篇》卷二四
唐·陳藏器撰，尚志鈞輯釋《本草拾遺》
宋·司馬光撰《類篇》卷一一
宋·鄭樵撰《通志》卷七六
宋·羅願撰，元·洪焱祖音釋《爾雅翼》卷一六
宋·周密著《齊東野語》卷一〇
遼·釋行均撰《龍龕手鑒》卷二
明·張自烈撰，清·廖文英續《正字通》亥集中
明·李時珍撰《本草綱目》卷四七
清·張玉書、陳廷敬等纂《康熙字典》卷三五
清·李光地等撰《音韻闡微》卷四

蟁

晉·郭璞撰，唐·陸德明音義，宋·邢昺疏《爾雅注疏》卷一〇

蚊

宋·陸佃撰《爾雅新義》卷一八

鴖

明·張自烈撰，清·廖文英續《正字通》亥集中

貼樹皮

清·余省、張為邦摹繪《清宮鳥譜》卷五

覆樹蔭

清·余省、張為邦摹繪《清宮鳥譜》卷五

嘶那

明·顧起元撰《說略》卷一九

夜鷹

明·顧起元撰《說略》卷一九

歐夜鷹 *Caprimulgus europaeus*

王岡哥

清·余省、張為邦摹繪《清宮鳥譜》卷五

歐夜鷹

清・(美)克拉克 索爾比著，史紅帥譯《穿越陝甘・1908-1909 年克拉克考察隊華北行紀》

雨燕目 Apodiformes

雨燕科 Apodidae

金丝燕 *Aerodramus* spp.

海燕

明・張燮撰《東西洋考》卷二

清・鍾元棣修，張巂、邢定綸纂《海南府縣志輯・民國崖州志》卷四

清・李文恒修，鄭文彩纂《廣東省瓊山縣志》卷三下（物產）

海鷰

明・黃衷撰，黃學準增注《海語》卷中

白喉针尾雨燕 *Hirundapus caudacutus*

石燕

清・嵇璜、曹仁虎撰《續通志》卷一八〇

清・鄂爾泰等監修，靖道謨等編纂《雲南通志》(二) 卷二七

清・余省、張為邦摹繪《清宮鳥譜》卷五

土燕

清・嵇璜、曹仁虎撰《續通志》卷一八〇

普通楼燕 *Apus apus*

鳦

宋・施宿等撰《會稽志》卷一七

玄鳥

宋・施宿等撰《會稽志》卷一七

鷾鴯

宋・施宿等撰《會稽志》卷一七

社鷗

宋・施宿等撰《會稽志》卷一七

蛇鷗

清・余省、張為邦摹繪《清宮鳥譜》卷五

夏候

清・余省、張為邦摹繪《清宮鳥譜》卷五

胡燕

宋・施宿等撰《會稽志》卷一七

明・馮復京撰《六家詩名物疏》卷九

清・郭柏蒼撰《海錯百一錄》卷五

清・余省、張為邦摹繪《清宮鳥譜》卷五

蛇燕

明・馮復京撰《六家詩名物疏》卷九

清・郭柏蒼撰《海錯百一錄》卷五

白腰雨燕 *Apus pacificus*

石燕

清・陳大章撰《詩傳名物集覽》卷一

清・嵇曾筠等監修，沈翼機等編纂《浙江通志》卷一〇七

清・李光地等撰《月令輯要》卷一七

剪刀雀

清・鐘元棣修，張巂、邢定編纂《海南府縣志輯・民國崖州志》卷四

白腰雨燕

清・(美)克拉克 索爾比著，史紅帥譯《穿越陝甘・1908-1909 年克拉克考察隊華北行紀》

佛法僧目 Coraciiformes

翠鸟科 Alcedinidae

翠

漢・班固撰，唐・顏師古注，清・齊召南等考證《前漢書》卷五一

漢・許慎撰，宋・徐鉉增釋《說文解字》卷四上

晉・郭璞注，唐・陸德明音義，宋・邢昺疏《爾雅注疏》卷一〇（釋鳥）

南朝梁・顧野王撰，宋・陳彭年等重修《重修玉篇》卷二六

唐・陳藏器撰，尚志鈞輯釋《本草拾遺》卷五（禽獸部）

宋・楊侃輯《兩漢博聞》卷一〇

宋・唐慎微撰《證類本草》卷一九

宋・陸佃撰《埤雅》卷九（釋鳥）

宋・羅願撰，元・洪焱祖音釋《爾雅翼》卷一五（釋鳥）

遼・釋行均撰《龍龕手鑒》卷二

金・李杲編輯，明・李時珍參訂，姚可成補輯《食物本草》卷一二

元・戴侗撰《六書故》卷一九

明・張自烈撰，清・廖文英續《正字通》亥集中

清・郝玉麟等監修，謝道承等編纂《福建通志》卷一〇

清・段玉裁撰《說文解字注》卷四上

清・屈大均撰《廣東新語》卷二〇

清・周碩勳纂修《廣東省潮州府志》卷三九（物產）

清・余省、張為邦摹繪《清宮鳥譜》卷一〇

清・郭柏蒼撰《海錯百一錄》卷五

清・範鐘湘、陳傳德修，金念祖、黃世祚纂《上海府縣志輯・嘉定縣續志》卷五

翠鳥

晉・郭璞注，唐・陸德明音義，宋・邢昺疏《爾雅注疏》卷一〇

南朝梁・顧野王撰，宋・陳彭年等重修《重修玉篇》卷二四

唐•陳藏器撰，尚志鈞輯釋《本草拾遺》卷五（禽獸部）
宋•楊侃輯《兩漢博聞》卷一〇
宋•陸佃撰《埤雅》卷九（釋鳥）
宋•羅願撰，元•洪焱祖音釋《爾雅翼》卷一五（釋鳥）
宋•唐慎微撰《證類本草》卷一九
金•李杲編輯，明•李時珍參訂，姚可成補輯《食物本草》卷一二
明•張自烈撰，清•廖文英續《正字通》亥集中
明•李時珍撰《本草綱目》卷四七
明•方以智撰《通雅》卷四五
清•段玉裁撰《說文解字注》卷四上
清•郭柏蒼撰《海錯百一錄》卷五
清•余省、張為邦摹繪《清宮鳥譜》卷一〇
清•屈大均撰《廣東新語》卷二〇
清•周碩勳纂修《廣東省潮州府志》卷三九（物產）

翠碧

宋•陸佃撰《埤雅》卷九（釋鳥）
明•方以智撰《通雅》卷四五
明•楊慎撰，張士佩編《升菴集》卷八一
明•彭大翼撰，張幼學增訂《山堂肆考》卷二一三
明•張自烈撰，清•廖文英續《正字通》亥集中
清•郝懿行撰《爾雅義疏》卷下
清•李元撰《蠕範》卷六

翠鷸

晉•郭璞注，唐•陸德明音義，宋•邢昺疏《爾雅注疏》卷一〇（釋鳥）
晉•郭璞著《爾雅音圖》卷中
晉•郭璞注《爾雅》
宋•羅願撰，元•洪焱祖音釋《爾雅翼》卷一五（釋鳥）
明•方以智撰《通雅》卷四五
明•張自烈撰，清•廖文英續《正字通》亥集中
清•郭柏蒼撰《海錯百一錄》卷五
清•郝懿行撰《爾雅義疏》卷下
清•段玉裁撰《說文解字注》卷四上

翠奴

宋•羅願撰，元•洪焱祖音釋《爾雅翼》卷一五（釋鳥）
清•郝懿行撰《爾雅義疏》卷下
清•余省、張為邦摹繪《清宮鳥譜》卷一〇
清•李元撰《蠕範》卷六

翠孥

明•張自烈撰，清•廖文英續《正字通》亥集中
清•張玉書、陳廷敬等纂《康熙字典》卷三五
清•劉玉麐撰《爾雅校議》卷下

翡翠

漢•班固撰，唐•顏師古注，清•齊召南等考證《前漢書》卷五一
宋•楊侃輯《兩漢博聞》卷一〇
宋•陸佃撰《埤雅》卷九（釋鳥）
宋•高似孫撰《剡錄》卷一〇
金•李杲編輯，明•李時珍參訂，姚可成補輯《食物本草》卷一二
元•戴侗撰《六書故》卷一九
明•張自烈撰，清•廖文英續《正字通》亥集中
明•陸楫編《古今說海》卷一一
明•陶宗儀撰《說郛》卷一〇七
明•趙撝謙撰《趙考古文集》卷二（水之鷸）
明•唐胄編集《正德瓊台志（廣東省）》卷九（土產）
清•趙弘恩等監修，黃之雋等編纂《江南通志》卷八六
清•郝玉麟等監修，謝道承等編纂《福建通志》卷一〇（物產）
清•屈大均撰《廣東新語》卷二〇
清•周碩勳纂修《廣東省潮州府志》卷三九
清•郭柏蒼撰《海錯百一錄》卷五
清•範鐘湘、陳傳德修，金念祖、黃世祚纂《上海府縣志輯•嘉定縣續志》卷五
清•李文恒修，鄭文彩纂《廣東省瓊山縣志•輿地志》卷三下
清•陳文緯修，屠繼善纂《臺灣府縣志輯•光緒恒春縣志》卷九

打魚翠

清•劉玉麐撰《爾雅校議》卷下

魚翠

明•李時珍撰《本草綱目》卷四七
清•屈大均撰《廣東新語》卷二〇

魚狗

晉•郭璞注，唐•陸德明音義，宋•邢昺疏《爾雅注疏》卷一〇（釋鳥）
唐•陳藏器撰，尚志鈞輯釋《本草拾遺》卷五（禽獸部）
宋•鄭樵撰《爾雅註》卷下（釋鳥）
宋•羅願撰，元•洪焱祖音釋《爾雅翼》卷一五（釋鳥）
宋•唐慎微撰《證類本草》卷一九
金•李杲編輯，明•李時珍參訂，姚可成補輯《食物本草》卷一二
明•方以智撰《通雅》卷四五
明•李時珍撰《本草綱目》卷四七
清•張玉書、陳廷敬等纂《康熙字典》卷三五
清•郝玉麟等監修，謝道承等編纂《福建通志》卷一〇
清•余省、張為邦摹繪《清宮鳥譜》卷一〇
清•郭柏蒼撰《海錯百一錄》卷五
清•陳文緯修，屠繼善纂《臺灣府縣志輯•光緒恒春縣志》卷九

魚師

宋•陸佃撰《埤雅》卷九（釋鳥）
明•李時珍撰《本草綱目》卷四七

明・彭大翼撰，張幼學增訂《山堂肆考》卷二一三
明・張自烈撰，清・廖文英續《正字通》亥集中
清・郭柏蒼撰《海錯百一錄》卷五
清・張玉書、陳廷敬等纂《康熙字典》卷三五
清・郝玉麟等監修，謝道承等編纂《福建通志》卷一〇
清・余省、張為邦摹繪《清宮鳥譜》卷一〇
清・李元撰《蠕範》卷六

魚虎

宋・陸佃撰《埤雅》卷九（釋鳥）
金・李杲編輯，明・李時珍參訂，姚可成補輯《食物本草》卷一二
明・方以智撰《通雅》卷四五
明・楊慎撰，張士佩編《升菴集》卷八一
明・李時珍撰《本草綱目》卷四七
明・彭大翼撰，張幼學增訂《山堂肆考》卷二一三
明・張自烈撰，清・廖文英續《正字通》亥集中
清・郭柏蒼撰《海錯百一錄》卷五
清・張玉書、陳廷敬等纂《康熙字典》卷三五
清・郝玉麟等監修，謝道承等編纂《福建通志》卷一〇
清・余省、張為邦摹繪《清宮鳥譜》卷一〇
清・李元撰《蠕範》卷六
清・範鐘湘、陳傅德修，金念祖、黃世祚纂《上海府縣志輯・嘉定縣續志》卷五

天狗

晉・郭璞注，唐・陸德明音義，宋・邢昺疏《爾雅注疏》卷一〇（釋鳥）
晉・郭璞著《爾雅音圖》
晉・郭璞注《爾雅》
晉・郭璞著，張宗祥校錄《足本山海經圖贊》
南朝梁・顧野王撰，宋・陳彭年等重修《重修玉篇》卷二四
唐・陳藏器撰，尚志鈞輯釋《本草拾遺》卷五（禽獸部）
宋・鄭樵撰《爾雅註》卷下（釋鳥）
宋・羅願撰，元・洪焱祖音釋《爾雅翼》卷一五（釋鳥）
元・楊桓撰《六書統》卷一八
明・張自烈撰，清・廖文英續《正字通》亥集中
明・方以智撰《通雅》卷四五
明・李時珍撰《本草綱目》卷四七
清・劉玉麐撰《爾雅校議》卷下
清・張玉書、陳廷敬等纂《康熙字典》卷三五
清・李元撰《蠕範》卷六
清・金蓉鏡纂輯《湖南省靖州鄉土志》卷三（物產）
清・陳文緯修，屠繼善纂《臺灣府縣志輯・光緒恒春縣志》卷九

鴗

晉・郭璞注，唐・陸德明音義，宋・邢昺疏《爾雅注疏》卷一〇（釋鳥）
晉・郭璞著《爾雅音圖》卷中
晉・郭璞注《爾雅》
南朝梁・顧野王撰，宋・陳彭年等重修《重修玉篇》卷二四
唐・陳藏器撰，尚志鈞輯釋《本草拾遺》卷五（禽獸部）
宋・鄭樵撰《爾雅註》卷下（釋鳥）
宋・羅願撰，元・洪焱祖音釋《爾雅翼》卷一五（釋鳥）
元・楊桓撰《六書統》卷一八
明・張自烈撰，清・廖文英續《正字通》亥集中
明・方以智撰《通雅》卷四五
清・郝懿行撰《爾雅義疏》卷五
清・劉玉麐撰《爾雅校議》卷下
清・張玉書、陳廷敬等纂《康熙字典》卷三五
清・李元撰《蠕範》卷六
清・金蓉鏡纂輯《湖南省靖州鄉土志》卷三

翡

漢・班固撰，唐・顏師古注，清・齊召南等考證《前漢書》卷五一
南朝梁・顧野王撰，宋・陳彭年等重修《重修玉篇》卷二六
宋・楊侃輯《兩漢博聞》卷一〇
宋・陸佃撰《埤雅》卷九（釋鳥）
宋・羅願撰，元・洪焱祖音釋《爾雅翼》卷一五（釋鳥）
遼・釋行均撰《龍龕手鑒》卷二
金・李杲編輯，明・李時珍參訂，姚可成補輯《食物本草》卷一二
元・楊桓撰《六書統》卷一八
元・戴侗撰《六書故》卷一九
明・張自烈撰，清・廖文英續《正字通》亥集中
清・郝玉麟等監修，謝道承等編纂《福建通志》卷一〇（物產）
清・屈大均撰《廣東新語》卷二〇
清・周碩勳纂修《廣東省潮州府志》卷三九
清・余省、張為邦摹繪《清宮鳥譜》卷一〇
清・郭柏蒼撰《海錯百一錄》卷五
清・範鐘湘、陳傅德修，金念祖、黃世祚纂《上海府縣志輯・嘉定縣續志》卷五

水狗

晉・郭璞注，唐・陸德明音義，宋・邢昺疏《爾雅注疏》卷一〇（釋鳥）
晉・郭璞著《爾雅音圖》卷中
南朝梁・顧野王撰，宋・陳彭年等重修《重修玉篇》卷二四
宋・羅願撰，元・洪焱祖音釋《爾雅翼》卷一五（釋鳥）
明・張自烈撰，清・廖文英續《正字通》亥集中
明・李時珍撰《本草綱目》卷四七
清・張玉書、陳廷敬等纂《康熙字典》卷三五

清・劉玉麐撰《爾雅校議》卷下
清・李元撰《蠕範》卷六
清・金蓉鏡纂輯《湖南省靖州鄉土志》卷三
清・陳文緯修，屠繼善纂《臺灣府縣志輯・光緒恒春縣志》卷九（物產）

赤羽雀

宋・羅願撰，元・洪焱祖音釋《爾雅翼》卷一五（釋鳥）
遼・釋行均撰《龍龕手鑒》卷二
元・楊桓撰《六書統》卷一八
元・戴侗撰《六書故》卷一九

青羽雀

晉・郭璞注，唐・陸德明音義，宋・邢昺疏《爾雅注疏》卷一〇（釋鳥）
宋・羅願撰，元・洪焱祖音釋《爾雅翼》卷一五（釋鳥）
遼・釋行均撰《龍龕手鑒》卷二
元・戴侗撰《六書故》卷一九
明・張自烈撰，清・廖文英續《正字通》亥集中

䎃

明・張自烈撰，清・廖文英續《正字通》亥集中

红翠

明・張自烈撰，清・廖文英續《正字通》亥集中
清・李元撰《蠕範》卷六
清・李文恒修，鄭文彩纂《廣東省瓊山縣志・輿地志》卷三下

翠碧鸟

宋・羅願撰，元・洪焱祖音釋《爾雅翼》卷一五（釋鳥）
明・李時珍撰《本草綱目》卷四七
清・張玉書、陳廷敬等纂《康熙字典》卷三五
清・余省、張為邦摹繪《清宮鳥譜》卷一〇

山翠

清・趙弘恩等監修，黃之雋等編纂《江南通志》卷八六
清・李文恒修，鄭文彩纂《廣東省瓊山縣志・輿地志》卷三下

水翠

清・趙弘恩等監修，黃之雋等編纂《江南通志》卷八六
清・李文恒修，鄭文彩纂《廣東省瓊山縣志・輿地志》卷三下

鴗

晉・郭璞注，唐・陸德明音義，宋・邢昺疏《爾雅注疏》卷一〇
宋・羅願撰，元・洪焱祖音釋《爾雅翼》卷一五（釋鳥）
金・李杲編輯，明・李時珍參訂，姚可成補輯《食物本草》卷一二
明・方以智撰《通雅》卷四五
明・趙撝謙撰《趙考古文集》卷二（水之鴗）
明・張自烈撰，清・廖文英續《正字通》亥集中
清・郝玉麟等監修，謝道承等編纂《福建通志》卷一〇（物產）
清・屈大均撰《廣東新語》卷二〇
清・郭柏蒼撰《海錯百一錄》卷五
清・段玉裁撰《說文解字注》卷四上

北翠

清・余省、張為邦摹繪《清宮鳥譜》卷一〇

魚鷹

清・李元撰《蠕範》卷六

打魚鳥

清・金蓉鏡纂輯《湖南省靖州鄉土志》卷三

打魚郎

清・金蓉鏡纂輯《湖南省靖州鄉土志》卷三

翠青

清・陳文緯修，屠繼善纂《臺灣府縣志輯・光緒恒春縣志》卷九

冠鱼狗 *Ceryle lugubris*

鱥

南朝梁・顧野王撰，宋・陳彭年等重修《重修玉篇》卷二四
清・張玉書、陳廷敬等纂《康熙字典》卷三五
清・段玉裁撰《說文解字注》卷四上

鴜

南朝梁・顧野王撰，宋・陳彭年等重修《重修玉篇》卷二四
・不著撰人《原本廣韻》卷一
清・張玉書、陳廷敬等纂《康熙字典》卷三五
清・段玉裁撰《說文解字注》卷四上

鱥鴜

漢・司馬遷撰，南朝宋・裴駰集解《史記》卷一一七
清・段玉裁撰《說文解字注》卷四上

鵜鴜

漢・司馬遷撰，南朝宋・裴駰集解《史記》卷一一七

箴鴜

清・劉於義等監修，沈青崖等編纂《陝西通志》卷四四

魚狗

清・吳友如繪《吳友如畫寶》第五集上

鱥鴜

南朝梁・顧野王撰，宋・陳彭年等重修《重修玉篇》卷二四
・不著撰人《原本廣韻》卷一
清・張玉書、陳廷敬等纂《康熙字典》卷三五
清・段玉裁撰《說文解字注》卷四上
清・方旭撰《蟲薈》卷一

鱥鴜鳥

南朝梁・顧野王撰，宋・陳彭年等重修《重修玉篇》卷二四

斑鱼狗 *Ceryle rudis*

花斑鳥

清・余省、張為邦摹繪《清宮鳥譜》卷一二

普通翠鸟 *Alcedo atthis*

鴗

漢・許慎撰，宋・徐鉉增釋《說文解字》上冊
晉・郭璞注《爾雅》卷下
南唐・徐鍇撰，朱翶反切《說文繫傳》卷七
宋・鄭樵撰《通志》卷七六
遼・釋行均撰《龍龕手鑒》卷二
明・李蘇撰《見物》卷一
明・楊慎撰《丹鉛餘錄》卷五
明・王圻、王思義輯《三才圖會》四卷二
清・段玉裁撰《說文解字注》卷四上

天狗

漢・許慎撰，宋・徐鉉增釋《說文解字》上冊
晉・郭璞注《爾雅》卷下
南唐・徐鍇撰，朱翶反切《說文繫傳》卷七
宋・鄭樵撰《通志》卷七六
遼・釋行均撰《龍龕手鑒》卷二
明・李蘇撰《見物》卷一
明・楊慎撰《丹鉛餘錄》卷五
明・王圻、王思義輯《三才圖會》卷二
清・段玉裁撰《說文解字注》卷四上

水狗

晉・郭璞注《爾雅》卷下
南唐・徐鍇撰，朱翶反切《說文繫傳》卷七
遼・釋行均撰《龍龕手鑒》卷二
明・李蘇撰《見物》卷一
明・楊慎撰《丹鉛餘錄》卷五
明・王圻、王思義輯《三才圖會》四卷二
清・段玉裁撰《說文解字注》卷四上
清・張鳳台纂修《安東省長白彙徵錄》卷五

魚狗

晉・郭璞注《爾雅》卷下
宋・鄭樵撰《通志》卷七六
明・李蘇撰《見物》卷一
明・李時珍撰《本草綱目》
明・王圻、王思義輯《三才圖會》四卷二
清・段玉裁撰《說文解字注》卷四上
清・阿桂、劉瑾之等撰《欽定盛京通志》卷一〇七
清・張鳳台纂修《安東省長白彙徵錄》卷五

魚虎

晉・郭璞注《爾雅》卷下
明・李蘇撰《見物》卷一
明・楊慎撰《丹鉛餘錄》卷五
明・王圻、王思義輯《三才圖會》卷二
清・段玉裁撰《說文解字注》卷四上

鵃鳥

清・阿桂、劉瑾之等撰《欽定盛京通志》卷一〇七

魚師

清・余省、張為邦摹繪《清宮鳥譜》卷一〇
清・張鳳台纂修《安東省長白彙徵錄》卷五
清・任基振撰《爾雅注疏箋補》卷三

北翠

清・余省、張為邦摹繪《清宮鳥譜》卷一〇

翠碧鳥

明・王圻、王思義輯《三才圖會》四卷二
清・余省、張為邦摹繪《清宮鳥譜》卷一〇
清・張鳳台纂修《安東省長白彙徵錄》卷五

翠鳥

清・張鳳台纂修《安東省長白彙徵錄》卷五

小翠鳥

清・(美)克拉克 索爾比著，史紅帥譯《穿越陝甘・1908-1909 年克拉克考察隊華北行紀》

赤翡翠 *Halcyon coromanda*

翡

漢・許慎撰，宋・徐鉉增釋《說文解字》上冊

翠碧

宋・陳耆卿撰《赤城志》卷三六

紅翠

宋・陳耆卿撰《赤城志》卷三六
清・屈大均撰《廣東新語》卷二〇
清・郝玉麟等監修，魯曾煜等編纂《廣東通志》卷五二
清・金鉷等監修，錢元昌等編纂《廣西通志》卷三一

赤羽雀

漢・許慎撰，宋・徐鉉增釋《說文解字》上冊

搗藥禽

清・郝玉麟等監修，魯曾煜等編纂《廣東通志》卷五二

蓝翡翠 *Halcyon pileata*

鴲

宋・丁度、司馬光等纂《集韻》卷一

鷗

宋・丁度、司馬光等纂《集韻》卷二

雔

宋・丁度、司馬光等纂《集韻》卷二

鷁

遼・釋行均撰《龍龕手鑒》卷二
宋・丁度、司馬光等纂《集韻》卷一

鴟

遼・釋行均撰《龍龕手鑒》卷二
宋・丁度、司馬光等纂《集韻》卷二
清・張玉書、陳廷敬等纂《康熙字典》卷三五

清・段玉裁撰《說文解字注》卷九下

魚狗

宋・梁克家撰《淳熙三山志》卷四二

清・余省、張為邦摹繪《清宮鳥譜》卷一〇

打魚翠

清・劉玉麐撰《爾雅校議》卷下

鴗

宋・羅願撰，元・洪焱祖音釋《爾雅翼》卷一五（釋鳥）

清・劉玉麐撰《爾雅校議》卷下

清・余省、張為邦摹繪《清宮鳥譜》卷一〇

天狗

宋・羅願撰，元・洪焱祖音釋《爾雅翼》卷一五（釋鳥）

清・劉玉麐撰《爾雅校議》卷下

清・余省、張為邦摹繪《清宮鳥譜》卷一〇

南翠

清・余省、張為邦摹繪《清宮鳥譜》卷一〇

翠奴

清・余省、張為邦摹繪《清宮鳥譜》卷一〇

魚虎

清・余省、張為邦摹繪《清宮鳥譜》卷一〇

鴖

明・董斯張撰《廣博物志》卷四八

清・段玉裁撰《說文解字注》卷九下

長尾翠鳥

清・（美）克拉克 索爾比著，史紅帥譯《穿越陝甘・1908-1909 年克拉克考察隊華北行紀》

白胸翡翠 *Halcyon smyrnensis*

翡翠

周・師曠撰，晉・張華注《禽經》

翠毛

宋・趙汝適撰《諸藩志》卷上

翠鷸

明・方以智撰《通雅》卷四五

暹邏翠

清・余省、張為邦摹繪《清宮鳥譜》卷一〇

佛法僧科 Coraciidae

三宝鸟 *Eurystomus orientalis*

山鷴哥

清・余省、張為邦摹繪《故宮鳥譜》卷一（臺北）

國公鳥

清・余省、張為邦摹繪《清宮鳥譜》卷一二

戴胜科 Upupidae

戴胜 *Upupa epops*

戴勝

周・師曠撰，晉・張華注《禽經》

漢・揚雄撰，晉・郭璞注《輶軒使者絕代語釋別國方言》卷八

漢・鄭玄注，唐・孔穎達疏，陸德明音義《禮記注疏》卷一五

三國魏・張輯撰《廣雅》卷一〇

晉・郭璞注，唐・陸德明音義，宋・邢昺疏《爾雅注疏》卷一〇

南朝梁・顧野王撰，宋・陳彭年等重修《重修玉篇》卷二四

南唐・徐鍇撰，朱翱反切《說文繫傳》卷七

・不著撰人《原本廣韻》卷五

宋・丁度、司馬光等纂《集韻》卷四

宋・司馬光撰《類篇》卷一一

宋・鄭樵撰《通志》卷七六

宋・陸佃撰《埤雅》卷九

元・戴侗撰《六書故》卷一九

元・陶宗儀編《說郛》卷一〇七

明・張自烈撰，清・廖文英續《正字通》亥集中

明・劉績撰《雪霏錄》卷上

明・李蘇撰《見物》卷一

明・方以智撰《通雅》卷四五

明・徐光啟撰《農政全書》卷一〇

明・邢雲路撰《古今律曆考》卷七

明・牟應震撰《毛詩名物考》卷一

清・劉玉麐撰《爾雅校議》卷下

清・張玉書、陳廷敬等纂《康熙字典》卷三五

清・秦蕙田撰《五禮通考》卷一二六

清・余蕭客撰《古經解鉤沉》卷三〇

清・阿桂、劉瑾之等撰《欽定盛京通志》卷一〇七

清・沈家本、榮銓修，徐宗亮、蔡啟盛纂《天津府縣志輯・光緒重修天津府志》卷二六

清・洪蕙纂修《陝西省延安府志》卷三四

清・西清纂，蕭穆等重輯《黑龍江外記》卷八

清・余省、張為邦摹繪《清宮鳥譜》卷五

清・方旭撰《蟲薈》卷一

清・劉炯原本，羅廷權續修，何袞等續纂《四川府縣誌輯（25）光緒資州直隸州志》卷八

清・何天瑞修，桂坫纂《廣東府縣志輯・西寧縣志》卷一四

清・毛昌善修，陳蘭彬纂《廣東府縣志輯・光緒吳川縣志》卷二

戴勝鳥

清・（美）克拉克 索爾比著，史紅帥譯《穿越陝甘・1908-1909 年克拉克考察隊華北行紀》

鵀

漢・揚雄撰，晉・郭璞注《輶軒使者絕代語釋別國方言》卷八

南朝梁・顧野王撰，宋・陳彭年等重修《重修玉篇》卷

二四
宋・丁度、司馬光等纂《集韻》卷四
宋・司馬光撰《類篇》卷一一
宋・鄭樵撰《通志》卷七六
元・戴侗撰《六書故》卷一九
元・楊桓撰《六書統》
元・陶宗儀編《說郛》卷一〇七
明・張自烈撰，清・廖文英續《正字通》亥集中
清・張玉書、陳廷敬等纂《康熙字典》卷三五
清・段玉裁撰《說文解字注》卷四上
清・余省、張為邦摹繪《清宮鳥譜》卷五

戴鵀

周・師曠撰，晉・張華注《禽經》
漢・揚雄撰，晉・郭璞注《輶軒使者絕代語釋別國方言》卷八
晉・郭璞注，唐・陸德明音義，宋・邢昺疏《爾雅注疏》卷一〇
晉・郭璞著《爾雅音圖》
晉・陳壽著《三國志》卷一一
南朝梁・顧野王撰，宋・陳彭年等重修《重修玉篇》卷二四
南朝梁・沈約撰《宋書》卷三二（志第二二）
南唐・徐鍇撰，朱翱反切《說文繫傳》卷七
宋・丁度、司馬光等纂《集韻》卷四
宋・司馬光撰《類篇》卷一一
宋・鄭樵撰《通志》卷七六
宋・陸佃撰《埤雅》卷九
元・戴侗撰《六書故》卷一九
元・楊桓撰《六書統》
明・陶宗儀撰《說郛》卷一〇七
明・張自烈撰，清・廖文英續《正字通》亥集中
明・劉績撰《雪霏錄》卷上
明・李蘇著《見物》卷一
清・任基振撰《爾雅注疏箋補三卷》卷下
清・張玉書、陳廷敬等纂《康熙字典》卷三五
清・段玉裁撰《說文解字注》卷四上
明・牟應震撰《毛詩名物考》卷一
清・張宗泰撰《爾雅注疏本正誤》卷二
清・余省、張為邦摹繪《清宮鳥譜》卷五
清・方旭撰《蟲薈》卷一

戴鳻

漢・揚雄撰，晉・郭璞注《輶軒使者絕代語釋別國方言》卷八
晉・郭璞注，唐・陸德明音義，宋・邢昺疏《爾雅注疏》卷一〇
三國魏・張輯撰《廣雅》卷一〇
清・余省、張為邦摹繪《清宮鳥譜》卷五
清・張玉書、陳廷敬等纂《康熙字典》卷三五
清・張宗泰撰《爾雅注疏本正誤》卷三
清・方旭撰《蟲薈》卷一

戴紝

三國魏・張輯撰《廣雅》卷一〇

戴南

漢・揚雄撰，晉・郭璞注《輶軒使者絕代語釋別國方言》卷八
晉・郭璞注，唐・陸德明音義，宋・邢昺疏《爾雅注疏》卷一〇
清・方旭撰《蟲薈》卷一
清・余省、張為邦摹繪《清宮鳥譜》卷五
清・段玉裁撰《說文解字注》卷四上
清・任基振撰《爾雅注疏箋補三卷》卷下

鴩

晉・郭璞注，唐・陸德明音義，宋・邢昺疏《爾雅注疏》卷一〇
南朝梁・顧野王撰，宋・陳彭年等重修《重修玉篇》卷二四
宋・鄭樵撰《通志》卷七六
明・李蘇著《見物》卷一
清・張玉書、陳廷敬等纂《康熙字典》卷三五
清・段玉裁撰《說文解字注》卷四上

鳿

晉・郭璞注，唐・陸德明音義，宋・邢昺疏《爾雅注疏》卷一〇
南朝梁・顧野王撰，宋・陳彭年等重修《重修玉篇》卷二四
明・張自烈撰，清・廖文英續《正字通》亥集中
明・李蘇著《見物》卷一
清・張玉書、陳廷敬等纂《康熙字典》卷三五
清・段玉裁撰《說文解字注》卷四上

雗鳿

周・師曠撰，晉・張華注《禽經》
晉・郭璞注《爾雅》卷六
晉・郭璞注，唐・陸德明音義，宋・邢昺疏《爾雅注疏》卷一〇
晉・郭璞著《爾雅音圖》
元・戴侗撰《六書故》卷一九
明・張自烈撰，清・廖文英續《正字通》亥集中
明・李蘇著《見物》卷一
清・張玉書、陳廷敬等纂《康熙字典》卷三五
清・段玉裁撰《說文解字注》卷四上
清・劉玉麐撰《爾雅校議》卷下
清・張宗泰撰《爾雅注疏本正誤》卷二
清・方旭撰《蟲薈》卷一

鴳鴩

南唐・徐鍇撰，朱翱反切《說文繫傳》卷七
清・段玉裁撰《說文解字注》卷四上

鵖鴔
宋・鄭樵撰《通志》卷七六
清・任基振撰《爾雅注疏箋補三卷》卷下
鴐鵝
漢・揚雄撰，晉・郭璞注《輶軒使者絕代語釋別國方言》卷八
清・余省、張為邦摹繪《清宮鳥譜》卷五
鶝
晉・郭璞注，唐・陸德明音義，宋・邢昺疏《爾雅注疏》卷一〇
南朝梁・顧野王撰，宋・陳彭年等重修《重修玉篇》卷二四
・不著撰人《原本廣韻》卷五
清・張玉書、陳廷敬等纂《康熙字典》卷三五
鶝鴀
漢・揚雄撰，晉・郭璞注《輶軒使者絕代語釋別國方言》卷八
三國魏・張輯撰《廣雅》卷一〇
晉・郭璞注，唐・陸德明音義，宋・邢昺疏《爾雅注疏》卷一〇
服鶝
漢・揚雄撰，晉・郭璞注《輶軒使者絕代語釋別國方言》卷八
晉・郭璞注《爾雅》卷六
晉・郭璞注，唐・陸德明音義，宋・邢昺疏《爾雅注疏》卷一〇
宋・鄭樵撰《通志》卷七六
清・余省、張為邦摹繪《清宮鳥譜》卷五
鶪
晉・郭璞注，唐・陸德明音義，宋・邢昺疏《爾雅注疏》卷一〇
・不著撰人《原本廣韻》卷五
明・張自烈撰，清・廖文英續《正字通》亥集中
清・張宗泰撰《爾雅注疏本正誤》卷二
鶪鶝
漢・揚雄撰，晉・郭璞注《輶軒使者絕代語釋別國方言》卷八
晉・郭璞注《爾雅》卷六
晉・郭璞注，唐・陸德明音義，宋・邢昺疏《爾雅注疏》卷一〇
・不著撰人《原本廣韻》卷五
明・張自烈撰，清・廖文英續《正字通》亥集中
清・段玉裁撰《說文解字注》卷四上
清・余省、張為邦摹繪《清宮鳥譜》卷五
清・方旭撰《蟲薈》卷一
鵐
漢・揚雄撰，晉・郭璞注《輶軒使者絕代語釋別國方言》卷八
宋・丁度、司馬光等纂《集韻》卷一〇
清・張玉書、陳廷敬等纂《康熙字典》卷三五
鵐鶝
漢・揚雄撰，晉・郭璞注《輶軒使者絕代語釋別國方言》卷八
三國魏・張輯撰《廣雅》卷一〇
宋・丁度、司馬光等纂《集韻》卷四
鶝鵐
宋・陳彭年、丘雍等撰《重修廣韻》卷五
清・張玉書、陳廷敬等纂《康熙字典》卷三五
清・方旭撰《蟲薈》卷一
鴀鵖
南朝梁・顧野王撰，宋・陳彭年等重修《重修玉篇》卷二四
清・張玉書、陳廷敬等纂《康熙字典》卷三五
清・方旭撰《蟲薈》卷一
澤虞
三國魏・張輯撰《廣雅》卷一〇
布穀
周・師曠撰，晉・張華注《禽經》
元・陶宗儀編《說郛》卷一〇七
清・沈家本、榮銓修，徐宗亮、蔡啟盛纂《天津府縣志輯・光緒重修天津府志》卷二六
尸鳩
漢・揚雄撰，晉・郭璞注《輶軒使者絕代語釋別國方言》卷八
三國魏・張輯撰《廣雅》卷一〇
宋・陸佃撰《埤雅》卷七
清・沈家本、榮銓修，徐宗亮、蔡啟盛纂《天津府縣志輯・光緒重修天津府志》卷二六
鳲鳩
周・師曠撰，晉・張華注《禽經》
元・陶宗儀編《說郛》卷一〇七
明・李蘇撰《見物》卷一
清・余蕭客撰《古經解鉤沉》卷三〇
清・方旭撰《蟲薈》卷
桑鳩
周・師曠撰，晉・張華注《禽經》
元・陶宗儀編《說郛》卷一〇七
鳾鳩
清・余蕭客撰《古經解鉤沉》卷七
司鳩
清・余蕭客撰《古經解鉤沉》卷七
鳴鳩
漢・鄭玄注，唐・孔穎達疏，陸德明音義《禮記注疏》卷一五
清・秦蕙田撰《五禮通考》卷一二六

鶻鳩

宋・陸佃撰《埤雅》卷九

鐵駕犁

清・劉烔原本，羅廷權續修，何衮等續纂《四川府縣誌輯（25）光緒資州直隸州志》卷八

鵦鶏鴟

清・洪蕙纂修《陝西省延安府志》卷三四

臭姑姑

清・西清纂，蕭穆等重輯《黑龍江外記》卷八

額鵓鵓

清・西清纂，蕭穆等重輯《黑龍江外記》卷八

丁髻郎

清・何天瑞修，桂坫纂《廣東府縣志輯・西寧縣志》卷一四

清・毛昌善修，陳蘭彬纂《廣東府縣志輯・光緒吳川縣志》卷二

丁髻娘

清・何天瑞修，桂坫纂《廣東府縣志輯・西寧縣志》卷一四

清・毛昌善修，陳蘭彬纂《廣東府縣志輯・光緒吳川縣志》卷二

高髻娘

清・何天瑞修，桂坫纂《廣東府縣志輯・西寧縣志》卷一四

冠髻

清・何天瑞修，桂坫纂《廣東府縣志輯・西寧縣志》卷一四

織鳥

清・余省、張為邦摹繪《清宮鳥譜》卷五

鵯鵊

明・張自烈撰，清・廖文英續《正字通》亥集中

清・張玉書、陳廷敬等纂《康熙字典》卷三五

鳥臼

明・張自烈撰，清・廖文英續《正字通》亥集中

清・張玉書、陳廷敬等纂《康熙字典》卷三五

鵶鴭

明・張自烈撰，清・廖文英續《正字通》亥集中

駕犂

明・張自烈撰，清・廖文英續《正字通》亥集中

清・張玉書、陳廷敬等纂《康熙字典》卷三五

架架格格

明・張自烈撰，清・廖文英續《正字通》亥集中

清・張玉書、陳廷敬等纂《康熙字典》卷三五

榨油郎

明・張自烈撰，清・廖文英續《正字通》亥集中

清・張玉書、陳廷敬等纂《康熙字典》卷三五

鐵鸚鴟

明・張自烈撰，清・廖文英續《正字通》亥集中

鳳鳳皁隸

明・張自烈撰，清・廖文英續《正字通》亥集中

清・張玉書、陳廷敬等纂《康熙字典》卷三五

夏雞

明・張自烈撰，清・廖文英續《正字通》亥集中

喚起

明・張自烈撰，清・廖文英續《正字通》亥集中

夏舌

清・張玉書、陳廷敬等纂《康熙字典》卷三五

清・任基振撰《爾雅注疏箋補三卷》卷下

鳩鷵

明・牟應震撰《毛詩名物考》卷一

春鳳

明・牟應震撰《毛詩名物考》卷一

鳩呼婦

明・牟應震撰《毛詩名物考》卷一

餬餑餑

清・沈家本、榮銓修，徐宗亮、蔡啟盛纂《天津府縣志輯・光緒重修天津府志》卷二六

音達琿徹齊克達

清・西清纂，蕭穆等重輯《黑龍江外記》卷八

犀鸟科 Bucerotidae

冠斑犀鸟 *Anthracoceros coronatus*

鸏

漢・許慎撰，宋・徐鉉增釋《說文解字》卷四上

元・楊恒撰《六書統》卷一八

鸈

・不著撰人《原本廣韻》卷一

清・張玉書、陳廷敬等纂《康熙字典》卷三五

鷬

・不著撰人《原本廣韻》卷一

清・張玉書、陳廷敬等纂《康熙字典》卷三五

鸈鷬

・不著撰人《原本廣韻》卷一

遼・釋行均撰《龍龕手鑒》卷二

明・方以智撰《通雅》卷四五

明・楊慎撰《丹鉛餘錄》卷一五

明・董斯張撰《廣博物志》卷四五

清・嵇璜、曹仁虎撰《續通志》卷一八〇

清・屈大均撰《廣東新語》卷二〇

清・張玉書、陳廷敬等纂《康熙字典》卷三五

清・陳元龍撰《格致鏡原》卷八一

鸏鷬

明・李時珍撰《本草綱目》卷四七

鸏鵬

・不著撰人《原本廣韻》卷一

鸏鵬鳥

清・屠英等修，江藩等纂《廣東府縣志輯・道光肇慶府志》卷三

越王鳥

宋・李昉等撰《太平御覽》卷九二八

明・方以智撰《通雅》卷四五

明・李時珍撰《本草綱目》卷四七

明・徐應秋撰《玉芝堂談薈》卷三三

清・嵇璜、曹仁虎撰《續通志》卷一八〇

清・屈大均撰《廣東新語》卷二〇

清・陳元龍撰《格致鏡原》卷八一

清・喻炳榮修，朱德華、楊翊纂《廣東府縣志輯・道光遂溪縣志》

清・屠英等修，江藩等纂《廣東府縣志輯・道光肇慶府志》卷三

鶴頂

明・方以智撰《通雅》卷四五

明・楊慎撰《丹鉛餘錄》卷一五

明・李時珍撰《本草綱目》卷四七

明・慎懋官撰《華夷花木鳥獸珍玩考》卷一〇

清・方旭撰《蟲薈》卷一

清・嵇璜、曹仁虎撰《續通志》卷一八〇

清・張玉書、陳廷敬等纂《康熙字典》卷三五

清・陳元龍撰《格致鏡原》卷八一

鵵

清・張玉書、陳廷敬等纂《康熙字典》卷三五

鵵鵬

明・李時珍撰《本草綱目》卷四七

清・嵇璜、曹仁虎撰《續通志》卷一八〇

清・張玉書、陳廷敬等纂《康熙字典》卷三五

五距雞

宋・李昉等撰《太平御覽》卷九二八

五距鳥

宋・李昉等撰《太平御覽》卷九二八

先顧鳥

宋・李昉等撰《太平御覽》卷九二八

海鶴頂

明・黃衷撰《海語》卷中

清・姚之駰撰《元明事類鈔》卷三七

冠子

清・艾約瑟（英）《動物學啟蒙》卷四

努克鴉克

清・余省、張為邦摹繪《清宮鳥譜》卷五

䴕形目 Piciformes

须䴕科 Capitonidae

大拟啄木鸟 *Megalaima virens*

番八哥

清・余省、張為邦摹繪《故宮鳥譜》卷一（臺北）

啄木鸟科 Picidae

䴕

周・師曠撰，晉・張華注《禽經》

晉・郭璞注，唐・陸德明音義，宋・邢昺疏《爾雅注疏》卷一〇

南朝梁・顧野王撰，宋・陳彭年等重修《重修玉篇》卷二四

唐・陳藏器撰，尚志鈞輯釋《本草拾遺》

宋・丁度、司馬光等纂《集韻》卷九

宋・鄭樵撰《爾雅註》卷下

宋・陸佃撰《埤雅》卷八

遼・釋行均撰《龍龕手鑒》卷二

元・戴侗撰《六書故》卷一九

明・李蘇撰《見物》卷一

明・陶宗儀撰《說郛》卷一〇七

明・李時珍撰《本草綱目》卷四九

明・王圻、王思義輯《三才圖會》卷一

清・牟應震撰《毛詩名物考》卷一

清・李元撰《蠕範》卷六

清・劉玉麐撰《爾雅校議》卷下

清・張玉書、陳廷敬等纂《康熙字典》卷三五

清・阿桂、劉瑾之等撰《欽定盛京通志》卷一〇七

清・余省、張為邦摹繪《清宮鳥譜》卷五

清・吳馨等修，姚文枬等纂《江蘇省上海縣續志》卷八

清・範鐘湘、陳傳德修，金念祖、黃世祚纂《上海府縣志輯・嘉定縣續志》卷五

䳽

宋・丁度、司馬光等纂《集韻》卷九

斲木

周・師曠撰，晉・張華注《禽經》

晉・郭璞注，唐・陸德明音義，宋・邢昺疏《爾雅注疏》卷一〇

南朝梁・顧野王撰，宋・陳彭年等重修《重修玉篇》卷二四

宋・陸佃撰《埤雅》卷八

宋・丁度、司馬光等纂《集韻》卷九

宋・鄭樵撰《爾雅註》卷下

元・戴侗撰《六書故》卷一九

明 • 李時珍撰《本草綱目》卷四九
明 • 李蘇撰《見物》卷一
清 • 劉玉麐撰《爾雅校議》卷下
清 • 任基振撰《爾雅注疏箋補》三卷
清 • 張玉書、陳廷敬等纂《康熙字典》卷三五
清 • 余省、張為邦摹繪《清宮鳥譜》卷五
清 • 李元撰《蠕範》卷六

斲木鳥

晉 • 郭璞注，唐 • 陸德明音義，宋 • 邢昺疏《爾雅注疏》卷一〇
宋 • 鄭樵撰《爾雅註》卷下
清 • 張玉書、陳廷敬等纂《康熙字典》卷三五

啄木

唐 • 陳藏器撰，尚志鈞輯釋《本草拾遺》
宋 • 陸佃撰《埤雅》卷八
宋 • 梁克家撰《淳熙三山志》卷四二
宋 • 陳耆卿撰《赤城志》卷三六
元 • 戴侗撰《六書故》卷一九
明 • 李蘇撰《見物》卷一
明 • 陳洪謨、彭憲勘纂《嘉靖常德府志（湖南省）》卷八
明 • 王圻、王思義輯《三才圖會》卷一
清 • 阿桂、劉瑾之等撰《欽定盛京通志》卷一〇七
清 • 劉於義等監修，沈青崖等編纂《陝西通志》卷四四
清 • 張英、王士禎等撰《淵鑒類函》卷四二七（鳥部十）
清 • 李元撰《蠕範》卷六
清 • 吳馨等修，姚文枬等纂《江蘇省上海縣續志》卷八
清 • 範鐘湘、陳傅德修，金念祖、黃世祚纂《上海府縣志輯 • 嘉定縣續志》卷五
清 • 尹會一、程夢星等纂修《江蘇省揚州府志》卷一一

啄木鳥

唐 • 陳藏器撰，尚志鈞輯釋《本草拾遺》
遼 • 釋行均撰《龍龕手鑒》卷二
金 • 李杲編輯，明 • 李時珍參訂，姚可成補輯《食物本草》
明 • 李時珍撰《本草綱目》卷四九
明 • 王圻、王思義輯《三才圖會》卷一
清 • 牟應震撰《毛詩名物考》卷一
清 • 柯璜譯編，（日）箕作佳吉著《博物學講義 • 動物篇》第三章
清 • （英）艾約瑟撰《動物學啟蒙》

啄木官子

清 • 阿桂、劉瑾之等撰《欽定盛京通志》卷一〇七

鑕打木

清 • 余省、張為邦摹繪《清宮鳥譜》卷五

山啄木

唐 • 陳藏器撰，尚志鈞輯釋《本草拾遺》
清 • 余省、張為邦摹繪《清宮鳥譜》卷五

火老鸦

金 • 李杲編輯，明 • 李時珍參訂，姚可成補輯《食物本草》

鶆鳫

清 • 牟應震撰《毛詩名物考》卷一

鶔丹

清 • 牟應震撰《毛詩名物考》卷一

丹頂啄木

清 • 余省、張為邦摹繪《清宮鳥譜》卷五

青啄木

清 • 余省、張為邦摹繪《清宮鳥譜》卷五

花啄木

清 • 余省、張為邦摹繪《清宮鳥譜》卷五

黑頭啄木

清 • 余省、張為邦摹繪《清宮鳥譜》卷五

白頭啄木

清 • 余省、張為邦摹繪《清宮鳥譜》卷五

蚁䴕 *Jynx torquilla*

蛇頭鳥

清 • 余省、張為邦摹繪《故宮鳥譜》卷三（臺北）

蟻鴷

清 •（美）克拉克 索爾比著，史紅帥譯《穿越陝甘 • 1908-1909 年克拉克考察隊華北行紀》

灰头啄木鸟 *Picus canus*

山啄木

清 • 余省、張為邦摹繪《清宮鳥譜》卷五
清 • 吳友如繪《吳友如畫寶 • 中外百獸圖》第五卷下

綠啄木鳥

清 •（美）克拉克 索爾比著，史紅帥譯《穿越陝甘 • 1908-1909 年克拉克考察隊華北行紀》

大黄冠啄木鸟 *Picus flavinucha*

花翅山啄木

清 • 余省、張為邦摹繪《清宮鳥譜》卷五

黑啄木 *Dryocopus martius*

斲木

清 • 余省、張為邦摹繪《清宮鳥譜》卷五

山斲木

清 • 方旭撰《蟲薈》卷一
清 • 任基振撰《爾雅注疏箋補》卷三
清 • 張玉書、陳廷敬等纂《康熙字典》卷三五
清 • 和珅、梁國治等撰《熱河志》卷九五（物產志）

山啄木鳥

明 • 方以智撰《物理小識》卷一〇

啄木鳥

清 • 和珅、梁國治等撰《熱河志》卷九五（物產志）

火老鸦

明·方以智撰《物理小識》卷一〇

清·方旭撰《蟲薈》卷一

清·任基振撰《爾雅注疏箋補》卷三

清·張玉書、陳廷敬等纂《康熙字典》卷三五

朱頂大啄木

清·余省、張為邦摹繪《清宮鳥譜》卷五

鴷

清·張玉書、陳廷敬等纂《康熙字典》卷三五

清·余省、張為邦摹繪《清宮鳥譜》卷五

黑啄木鸟

清·(美)克拉克 索爾比著，史紅帥譯《穿越陜甘·1908-1909 年克拉克考察隊華北行紀》

大斑啄木鸟 *Picoides major*

黑頭啄木

清·余省、張為邦摹繪《清宮鳥譜》卷五

大斑啄木鸟

清·(美)克拉克 索爾比著，史紅帥譯《穿越陜甘·1908-1909 年克拉克考察隊華北行紀》

棕腹啄木鸟 *Picoides hyperythrus*

紅頭花啄木

清·余省、張為邦摹繪《清宮鳥譜》卷五

小斑啄木鸟 *Picoides minor*

小斑啄木鳥

清·（美）克拉克 索爾比著，史紅帥譯《穿越陜甘·1908-1909 年克拉克考察隊華北行紀》

小星头啄木鸟 *Picoides kizuki*

白頭啄木

清·余省、張為邦摹繪《清宮鳥譜》卷五

雀形目 Passeriformes

百灵科 Alaudidae

鷚天鸙

漢·許慎撰，清·段玉裁注《說文解字注》上冊

鷚

晉·郭璞注，唐·陸德明音義，宋·邢昺疏《爾雅注疏》卷一〇

南唐·徐鍇撰《說文繫傳》卷七

宋·司馬光撰《類編》卷一

元·楊恒撰《六書統》卷一

明·張自烈撰，清·廖文英續《正字通》亥集中

清·張玉書、陳廷敬等纂《康熙字典》卷三五

天鷚

晉·郭璞注，唐·陸德明音義，宋·邢昺疏《爾雅注疏》卷一〇

天鸙

晉·郭璞注，唐·陸德明音義，宋·邢昺疏《爾雅注疏》卷一〇

南唐·徐鍇撰《說文繫傳》卷七

宋·陸佃撰《爾雅正義》卷一八

鸙

宋·毛晃增注，毛居正重增《增修互注禮部韻略》卷一

宋·陸佃撰《爾雅正義》卷一八

明·張自烈撰，清·廖文英續《正字通》亥集中

清·周靖撰《篆隸考異》卷四

白翎雀

元·王沂撰《伊濱集》卷五

元·張昱撰《可閑老人集》卷一

元·虞集撰《道園學古錄》卷二

明·曹學佺編《石倉歷代詩選》卷二七二

白翎鵲

明·曹學佺編《石倉歷代詩選》卷二七二

白翎

清·張玉書、汪霦等編《佩文齋詠物詩選》卷四二三

告天子

元·許恕撰，明·許節編《北郭集》卷一

清·方旭撰《蟲薈》卷一

告天鳥

明·劉嵩撰《槎翁詩集》卷四

蒙古百灵 *Melanocorypha mongolica*

白翎雀

清·阿桂、劉瑾之等撰《欽定盛京通志》卷一〇七

清·姚之駰撰《元明事類鈔》卷三七

白翎

清·余省、張為邦摹繪《故宮鳥譜》卷四（臺北）

清·萬青黎、周家楣修，張之洞、繆荃孫纂《北京府縣志輯·光緒順天府志》

短趾百灵新疆亚种 *Calandrella cinerea longipennis*

阿蘭

清·余省、張為邦摹繪《故宮鳥譜》卷四（臺北）

阿濫

清·余省、張為邦摹繪《故宮鳥譜》卷四（臺北）

鴳鷂

清·余省、張為邦摹繪《故宮鳥譜》卷四（臺北）

鴳雀

清·余省、張為邦摹繪《故宮鳥譜》卷四（臺北）

阿爛堆

清·余省、張為邦摹繪《故宮鳥譜》卷四（臺北）

鴽

清·余省、張為邦摹繪《故宮鳥譜》卷四（臺北）

鴳扈

清·余省、張為邦摹繪《故宮鳥譜》卷四（臺北）

阿濫堆

清·余省、張為邦摹繪《故宮鳥譜》卷四（臺北）

阿鞸

清·余省、張為邦摹繪《故宮鳥譜》卷四（臺北）

鳥鷵

清·余省、張為邦摹繪《故宮鳥譜》卷四（臺北）

鴳

清·余省、張為邦摹繪《故宮鳥譜》卷四（臺北）

短趾百灵亚洲亚种 *Calandrella cinerea dukhunensis*

米色阿蘭

清·余省、張為邦摹繪《故宮鳥譜》卷四（臺北）

米湯流

清·余省、張為邦摹繪《故宮鳥譜》卷四（臺北）

阿藍鳥

清·唐執玉、李衛等監修，田易等纂《畿輔通志》

凤头百灵 *Galerida cristata*

鳳頭阿蘭

清·余省、張為邦摹繪《故宮鳥譜》卷四（臺北）

冠雀

清·余省、張為邦摹繪《故宮鳥譜》卷四（臺北）

云雀 *Alauda arvensis*

叫天

明·陳洪謨、彭憲勘纂《嘉靖常德府志（湖南省）》

叫天兒

清·夏日瑢校，姚明煇輯《蒙古志》卷三

清·羊復禮修，梁年等纂《廣西省鎮安府志》

叫天子

清·余省、張為邦摹繪《清宮鳥譜》卷一二

清·黃永綸修，楊錫齡等纂《湖北府縣志輯·道光寧都直隸州志》

天鸙

清·余省、張為邦摹繪《清宮鳥譜》卷一二

天鷚

清·余省、張為邦摹繪《清宮鳥譜》卷一二

鳳頭花阿蘭

清·余省、張為邦摹繪《故宮鳥譜》卷四（臺北）

雲雀

清·夏日瑢校，姚明煇輯《蒙古志》卷三

告天

清·宋如林修，孫星衍、莫晉撰《上海府縣志輯·松江府志》卷八

鳳頭鳥

清·夏日瑢校，姚明煇輯《蒙古志》卷三

清·何天瑞修，桂沾纂《廣東府縣誌輯·民國西寧縣志》

阿藍

清·王河等修《欽定盛京通志》卷二七

鴳扈

清·王河等修《欽定盛京通志》卷二七

鴳

清·王河等修《欽定盛京通志》卷二七

冠雀

清·王河等修《欽定盛京通志》卷二七

鶻鵃

清·王河等修《欽定盛京通志》卷二七

燕科 Hirundinidae

燕

漢·許慎撰，宋·徐鉉增釋《說文解字》卷四上

五代·馬縞撰《中華古今注》卷下

宋·歐陽德修撰《增修校正押韻釋疑》卷四

宋·陸佃撰《埤雅》卷八

宋·羅願撰《爾雅翼》卷一五

宋·施宿等撰《會稽志》卷一七

宋·唐慎微撰，寇宗奭衍義《證類本草》卷一九

元·戴侗撰《六書故》卷一九

元·楊恒撰《六書統》卷一

明·馮復京撰《六家詩名物流》卷一〇

明·方以智撰《通雅》卷四五

明·清·沈弘正撰《沈氏蟲天志》卷八

明·梅鼎祚編《西晉文紀》卷一〇

清·毛奇齡撰《續書傳鳥名卷》卷一

清·汪中撰《大戴禮正誤》卷六

清·嵇曾筠等監修，沈翼機等編纂《浙江通志》

清·張玉書、陳廷敬等纂《康熙字典》卷三五

玄鳥

漢·許慎撰，宋·徐鉉增釋《說文解字》卷四上

南唐·徐鍇撰，朱翱反切《說文繫傳》卷七

五代·馬縞撰《中華古今注》卷下

宋·陸佃撰《埤雅》卷八

宋·羅願撰，元·洪焱祖音釋《爾雅翼》卷一五

宋·施宿等撰《會稽志》卷一七

宋·蔡卞撰《毛詩名物解》卷六

金·李杲編輯，明·李時珍參訂，明·姚可成補輯《食物本草》卷一二

明·馮復京撰《六家詩名物疏》卷一〇

明·慎懋官撰《華夷鳥獸續考》卷一〇

清·毛奇齡撰《續書傳鳥名卷》卷一

清·姚炳撰《詩識名解》卷一

清·鄭方坤撰《經稗》卷七

清·張玉書、陳廷敬等纂《康熙字典》卷三五

鳦

五代·馬縞撰《中華古今注》卷下

宋·歐陽德隆撰《增修校正押韻釋疑》卷四
宋·毛晃增注，毛居正重增《增修互注禮部韻略》卷一
宋·陸佃撰《埤雅》卷八
宋·施宿等撰《會稽志》卷一七
明·馮復京撰《六家詩名物疏》卷一〇
明·張自烈撰，清·廖文英續《正字通》
清·陳淏子輯，伊欽恒校注《花鏡（修訂版）》中國農業叢刊園藝之部農業出版社

乙

南唐·徐鍇撰《說文系傳》卷七
宋·毛晃增注，毛居正重增《增修互注禮部韻略》卷一
宋·羅願撰，元·洪焱祖音釋《爾雅翼》卷一五
明·方以智撰《通雅》卷四五
清·方旭撰《蟲薈》卷一
清·張玉書、陳廷敬等纂《康熙字典》卷三五

神女

五代·馬縞撰《中華古今注》卷下

天女

五代·馬縞撰《中華古今注》卷下
明·徐炬輯《新鐫古今事物原始全書》卷二六
明·清·沈弘正撰《沈氏蟲天志》卷八

鷾鴯

宋·陸佃撰《埤雅》卷八
宋·施宿等撰《會稽志》卷一七
明·馮復京撰《六家詩名物疏》卷一〇
明·張自烈撰，清·廖文英續《正字通》
清·毛奇齡撰《續書傳鳥名卷》卷一
清·汪中撰《大戴禮正誤》卷六
清·方旭撰《蟲薈》卷一
清·張玉書、陳廷敬等纂《康熙字典》卷三五
清·陳淏子輯，伊欽恒校注《花鏡（修訂版）》
清·沈弘正撰《沈氏蟲天志》卷八
清·張玉書、陳廷敬等纂《康熙字典》卷三五

遊波

宋·陸佃撰《爾雅正義》卷一八
金·李杲編輯，明·李時珍參訂，明·姚可成補輯《食物本草》卷一二
明·張自烈撰，清·廖文英續《正字通》
清·汪中撰《大戴禮正誤》卷六
清·方旭撰《蟲薈》卷一
清·張玉書、陳廷敬等纂《康熙字典》卷三五

沙燕 *Riparia* spp.

沙燕

明·李蘇著《見物》卷一
清·姚之駰撰《元明事類鈔》卷三七

岩燕 *Ptyonoprogne rupestris*

平爐燕

清·(美)克拉克 索爾比著，史紅帥譯《穿越陝甘·1908-1909 年克拉克考察隊華北行紀》

家燕 *Hirundo rustica*

玄鳥

周·左丘明撰，晉·杜預注，唐·孔穎達疏《春秋左傳注疏》卷九
漢·戴德撰，北周·盧辯注《大戴禮記》卷二
晉·郭璞注，唐·陸德明音義，宋·邢昺疏《爾雅注疏》卷一〇
明·張溥輯《漢魏六朝百三家集》卷二五
明·吳楚材撰《彊識畧》卷三〇
清·顧棟高撰《毛詩類釋》卷一六
清·余省、張為邦摹繪《清宮鳥譜》卷五

燕燕

周·左丘明撰，晉·杜預注，唐·孔穎達疏《春秋左傳注疏》卷九
清·顧棟高撰《毛詩類釋》卷一六
清·焦循撰《毛詩補注》卷三
清·劉玉麐撰《爾雅校議》卷下

鳦

周·左丘明撰，晉·杜預注，唐·孔穎達疏《春秋左傳注疏》卷九
晉·郭璞注，唐·陸德明音義，宋·邢昺疏《爾雅注疏》卷一〇
宋·吳淑撰《事類賦》卷一九
清·顧棟高撰《毛詩類釋》卷一六
清·焦循撰《毛詩補注》卷三
清·郝懿行撰《爾雅義疏》卷下
清·余省、張為邦摹繪《清宮鳥譜》卷五

鷾鴯

宋·吳淑撰《事类赋》卷一九
明·吳楚材撰《彊識畧》卷三〇
清·郝懿行撰《爾雅義疏》卷下
清·戴鎣撰《爾雅郭注補正》卷下三

天女

明·吳楚材撰《彊識畧》卷三〇
清·劉于義等監修，沈青崖等編纂《陝西通志》

越燕

明·吳楚材撰《疆識略》卷三〇
清·劉于義等監修，沈青崖等編纂《陝西通志》
清·余省、張為邦摹繪《清宮鳥譜》卷五

胡燕

清·余省、張為邦摹繪《清宮鳥譜》卷五

紫燕

清・顧棟高撰《毛詩類釋》卷一六

清・余省、張為邦摹繪《清宮鳥譜》卷五

乙鳥

清・顧棟高撰《毛詩類釋》卷一六

清・戴鎣撰《爾雅郭注補正》卷下之三

清・余省、張為邦摹繪《清宮鳥譜》卷五

清・劉于義等監修，沈青崖等編纂《陝西通志》

鳦鳥

清・余省、張為邦摹繪《清宮鳥譜》卷五

燕鳦

清・焦循撰《毛詩補注》卷三

燕乙

清・洪震煊撰《夏小正義疏》

乙

清・焦循撰《毛詩補注》卷三

清・郝懿行撰《爾雅義疏》卷下

遊波

清・劉玉麐撰《爾雅校議》卷下

清・余省、張為邦摹繪《清宮鳥譜》卷五

朱鳥

清・郝懿行撰《爾雅義疏》下之五

鷙鳥

清・余省、張為邦摹繪《清宮鳥譜》卷五

漢燕

清・余省、張為邦摹繪《清宮鳥譜》卷五

蟄燕

清・余省、張為邦摹繪《清宮鳥譜》卷五

花燕

清・屈大均撰《廣東新語》卷一〇

秦燕

明・李時珍撰《本草綱目》卷四八

金腰燕 *Hirundo daurica*

紫燕

清・余省、張為邦摹繪《清宮鳥譜》卷五

越燕

清・余省、張為邦摹繪《清宮鳥譜》卷五

燕燕鳦

清・余省、張為邦摹繪《清宮鳥譜》卷五

鳦

清・余省、張為邦摹繪《清宮鳥譜》卷五

元鳥

清・余省、張為邦摹繪《清宮鳥譜》卷五

燕

清・余省、張為邦摹繪《清宮鳥譜》卷五

鷙鳥

清・余省、張為邦摹繪《清宮鳥譜》卷五

遊波

清・余省、張為邦摹繪《清宮鳥譜》卷五

漢燕

清・余省、張為邦摹繪《清宮鳥譜》卷五

鳦鳥

清・余省、張為邦摹繪《清宮鳥譜》卷五

蛇燕

清・余省、張為邦摹繪《清宮鳥譜》卷五

白燕

清・余省、張為邦摹繪《清宮鳥譜》卷五

胡燕

清・方旭撰《蟲薈》卷一

斑腰燕 *Hirudo striolata*

蛇燕

清・余省、張為邦摹繪《清宮鳥譜》卷五

胡燕

清・余省、張為邦摹繪《清宮鳥譜》卷五

夏侯

清・余省、張為邦摹繪《清宮鳥譜》卷五

斑腰燕

清・(美)克拉克 索爾比著，史紅帥譯《穿越陝甘・1908-1909 年克拉克考察隊華北行紀》

鹡鸰科 Motacillidae

石鳥

漢・許慎撰，宋・徐鉉增釋《說文解字》上冊

南唐・徐鍇撰，朱翱反切《說文繫傳》卷上

宋・司馬光撰《類篇》卷一一

宋・毛晃增注，毛居正重增《增修互注禮部韻略》卷四

元・戴侗撰《六書故》卷一九

元・楊恒撰《六書統》卷一八

明・姚炳撰《詩識名解》卷一

雝渠

周・師曠撰，晉・張華注《禽經》

漢・許慎撰，宋・徐鉉增釋《說文解字》上冊

三國吳・陸璣撰，明・毛晉廣要《陸氏詩疏廣要》卷下之上

宋・司馬光撰《類篇》卷一一

宋・毛晃增注，毛居正重增《增修互注禮部韻略》卷四

宋・高似孫撰《剡錄》卷一〇

元・戴侗撰《六書故》卷一九

元・楊恒撰《六書統》卷一八

明・姚炳撰《詩識名解》卷一

明・徐炬輯《新鐫古今事物原始全書》卷二六

明・張自烈撰，清・廖文英續《正字通》

清・毛吾齡撰《續詩傳鳥名卷》卷一

清・顧棟高撰《毛詩類釋》卷一六

清・牟應震撰《毛詩物名考》卷一
清・張玉書、陳廷敬等纂《康熙字典》卷三五
清・余省、張為邦摹繪《清宮鳥譜》卷一〇

鵲鴒
三國吳・陸璣撰《毛詩草木鳥獸蟲魚疏》卷下
宋・蔡卞撰《毛詩名物解》卷一一
明・張自烈撰，清・廖文英續《正字通》亥集中
清・牟應震撰《毛詩物名考》卷一
清・焦循撰《陸氏草木蟲魚疏疏》卷二下
清・任基振撰《爾雅注疏箋補》卷三
清・余省、張為邦摹繪《清宮鳥譜》卷一〇

鶺鴒
周・師曠撰，晉・張華注《禽經》
三國吳・陸璣撰，明・毛晉廣要《陸氏詩疏廣要》卷下之上
漢・許慎撰，宋・徐鉉增釋《說文解字》上冊
宋・陸佃撰《埤雅》卷八
宋・施宿等撰《會稽志》卷一七
元・陶宗儀撰《說郛》卷四上
明・李蘇著《見物》卷一
清・毛吾齡撰《續詩傳鳥名卷》卷一
清・顧棟高撰《毛詩類釋》卷一八

脊令
三國吳・陸璣撰《毛詩草木鳥獸蟲魚疏》卷下
宋・高似孫撰《剡錄》卷一〇
宋・陸佃撰《爾雅新義》卷一七
元・陶宗儀撰《說郛》卷四上
明・姚炳撰《詩識名解》卷一
清・毛吾齡撰《續詩傳鳥名卷》卷一
清・劉於義等監修，沈青崖等編纂《陝西通志》

精列
漢・許慎撰，宋・徐鉉增釋《說文解字》上冊
南唐・徐鍇撰《說文系傳》卷上
宋・司馬光撰《類篇》卷一一
宋・毛晃增注，毛居正重增《增修互注禮部韻略》卷一
元・楊恒撰《六書統》卷一八

鶄
漢・許慎撰，宋・徐鉉增釋《說文解字》上冊

䳭
南唐・徐鍇撰《說文系傳》卷七
宋・司馬光撰《類篇》卷一一

鶺
宋・司馬光撰《類篇》卷一一

鴒
宋・司馬光撰《類篇》卷一一
明・張自烈撰，清・廖文英續《正字通》亥集中

鶺
宋・司馬光撰《類篇》卷一一

鴒
宋・司馬光撰《類篇》卷一一

雝
宋・司馬光撰《類篇》卷一一
元・戴侗撰《六書故》卷一九

鵅
宋・歐陽德隆撰《增修校正押韻釋疑》卷四

令
宋・毛晃增注，毛居正重增《增修互注禮部韻略》卷四

鵺
明・張自烈撰，清・廖文英續《正字通》
清・張玉書、陳廷敬等纂《康熙字典》卷三五
清・周靖撰《篆隸考異》卷四

鷈鳥
元・戴侗撰《六書故》卷一九

煩鶩
元・戴侗撰《六書故》卷一九

雪姑
三國吳・陸璣撰，明・毛晉廣要《陸氏詩疏廣要》卷下之上
宋・陸佃撰《埤雅》卷八
宋・高似孫撰《剡錄》卷一〇
宋・施宿等撰《會稽志》卷一七
明・姚炳撰《詩識名解》卷一

坑鵲
宋・高似孫撰《剡錄》卷一〇

鷈鷈
清・任基振撰《陸氏草木鳥獸蟲魚疏疏》卷二下

庸渠
元・戴侗撰《六書故》卷一九

連錢
三國吳・陸璣撰《毛詩草木鳥獸蟲魚疏》卷下
宋・陸佃撰《埤雅》卷六
宋・施宿等撰《會稽志》卷一七
元・陶宗儀撰《說郛》卷四上
明・張自烈撰，清・廖文英續《正字通》亥集中
清・劉於義等監修，沈青崖等編纂《陝西通志》
清・余省、張為邦摹繪《清宮鳥譜》卷一〇
清・方旭撰《蟲薈》卷一

錢母
三國吳・陸璣撰，明・毛晉廣要《陸氏詩疏廣要》卷下之上
宋・陸佃撰《埤雅》卷八

明·姚炳撰《詩識名解》卷一
明·徐炬輯《新鐫古今事物原始全書》卷二六
明·張自烈撰，清·廖文英續《正字通》
清·毛吾齡撰《續詩傳鳥名卷》卷一

水雞

明·張自烈撰，清·廖文英續《正字通》

鵪 鶏

明·張自烈撰，清·廖文英續《正字通》

鵪 鶏

三國吳·陸璣撰，明·毛晉廣要《陸氏詩疏廣要》卷下之上

贊寧

宋·高似孫撰《剡錄》卷一〇

題彼

宋·陸佃撰《爾雅新義》卷一八
明·姚炳撰《詩識名解》卷一

鵋渠

清·劉於義等監修，沈青崖等編纂《陝西通志》

碣鳥

清·任基振撰《爾雅注疏箋補》卷三

點尾

清·余省、張為邦摹繪《清宮鳥譜》卷一〇

蘿葡花

清·余省、張為邦摹繪《清宮鳥譜》卷一〇

青蘿葡花

清·余省、張為邦摹繪《清宮鳥譜》卷一〇

青鶺鴒

清·余省、張為邦摹繪《清宮鳥譜》卷一〇

四喜鳥

清·方旭撰《蟲薈》卷一

知風鳥

清·方旭撰《蟲薈》卷一

鸝鶏

清·陳元龍編《歷代賦匯》卷一三二

山鹡鸰，林鹡鸰 *Dendronanthus indicus*

搖臀雀

清·余省、張為邦摹繪《清宮鳥譜》第十二冊

青蘿蔔花

清·余省、張為邦摹繪《清宮鳥譜》第十二冊

青鶺鴒

清·余省、張為邦摹繪《清宮鳥譜》第十二冊

灰鹡鸰 *Motacilla cinerea*

鶺鴒

清·高拱乾等修《臺灣府志》

白鹡鸰 *Motacilla alba*

蘿葡花

清·余省、張為邦摹繪《清宮鳥譜》卷一〇

連錢

清·余省、張為邦摹繪《清宮鳥譜》卷一〇

雪姑

清·余省、張為邦摹繪《清宮鳥譜》卷一〇

錢母

清·余省、張為邦摹繪《清宮鳥譜》卷一〇

白鶺鴒

清·余省、張為邦摹繪《清宮鳥譜》卷一〇

青蘿葡花

清·余省、張為邦摹繪《清宮鳥譜》卷一〇

青鶺鴒

清·余省、張為邦摹繪《清宮鳥譜》卷一〇

搖臀雀

清·余省、張為邦摹繪《清宮鳥譜》卷一〇
清·(美)克拉克 索爾比著，史紅帥譯《穿越陝甘·1908-1909 年克拉克考察隊華北行紀》

黄鹡鸰 *Motacilla flava*

鶺鴒

清·余省、張為邦摹繪《清宮鳥譜》卷一〇

黄头鹡鸰 *Motacilla citreola*

黃蘿葡花

清·余省、張為邦摹繪《清宮鳥譜》卷一〇

黃鶺鴒

清·余省、張為邦摹繪《清宮鳥譜》卷一〇

黃頭

明·沈弘正撰《鬪黃頭》卷二
清·(美)克拉克 索爾比著，史紅帥譯《穿越陝甘·1908-1909 年克拉克考察隊華北行紀》

黃頭兒

宋·陳思編，元·陳世隆補《兩宋名賢小集》卷二〇〇

日本鹡鸰 *Motacilla grandis*

鶺鴒

清·余省、張為邦摹繪《清宮鳥譜》卷一〇

鵻渠

清·余省、張為邦摹繪《清宮鳥譜》卷一〇

點尾

清·余省、張為邦摹繪《清宮鳥譜》卷一〇

蘿葡花

清·余省、張為邦摹繪《清宮鳥譜》卷一〇

連錢

清·余省、張為邦摹繪《清宮鳥譜》卷一〇

雪姑

清·余省、張為邦摹繪《清宮鳥譜》卷一〇

青蘿葡花

清·余省、張為邦摹繪《清宮鳥譜》卷一〇

青鶺鴒

清·余省、張為邦摹繪《清宮鳥譜》卷一〇

水鷚 *Anthus spinoletta*

鷚

清·（美）克拉克 索爾比著，史紅帥譯《穿越陝甘·1908-1909 年克拉克考察隊華北行紀》

山椒鸟科 Campephagidae

长尾山椒鸟 *Pericrocotus ethologus*

花紅燕

清·余省、張為邦摹繪《故宮鳥譜》卷三（臺北）

朱衣鳥

清·余省、張為邦摹繪《故宮鳥譜》卷三（臺北）

赤鷃

清·余省、張為邦摹繪《故宮鳥譜》卷三（臺北）

花黃燕

清·余省、張為邦摹繪《故宮鳥譜》卷三（臺北）

黃連雀

清·余省、張為邦摹繪《故宮鳥譜》卷三（臺北）

鹎科 Pycnonotidae

白头鹎 *Pycnonotus sinensis*

白頭公

宋·梁克家撰《淳熙三山志》卷四二
清·屈大均撰《廣東新語》卷二〇
清·李書吉等纂《廣東府縣志輯·嘉慶澄海縣志》
清·郝玉麟等修，謝道承等纂《福建通志》
元·陳基撰《夷白齋稿外集》卷一
明·錢仲益撰《三華集》卷一四
明·袁表、馬熒同編《閩中十子詩》卷一六

白頭翁

元·王惲撰《秋澗集》卷四二
清·余省、張為邦摹繪《故宮鳥譜》卷四（臺北）
清·王河等修《欽定盛京通志》卷一〇七
清·王崧修，李星煇纂《廣東府縣志輯·光緒揭陽縣續志》
清·毛昌修，陳蘭彬纂《廣東府縣志輯·光緒吳川縣志》
清·楊修田纂修《河南省光州志》
清·夏日瑗校，姚明煇撰《蒙古志》
清·郝玉麟等修，謝道承等纂《福建通志》

白頭烏

明·楊慎撰，梁佐編《丹鉛總錄》卷二一
清·吳景旭撰《歷代詩話》卷三五

白頭母

清·王崧修，李星煇纂《廣東府縣志輯·光緒揭陽縣續志》

白頭客

清·李書吉等纂《廣東府縣志輯·嘉慶澄海縣志》

白頭

清·楊修田纂修《河南省光州志》

鵶鷲鳥

清·楊修田纂修《河南省光州志》

拙老婆

清·覺羅石麟等監修，儲大文等編纂《山西通志》

哥哥

清·覺羅石麟等監修，儲大文等編纂《山西通志》

哥哥鳥

清·覺羅石麟等監修，儲大文等編纂《山西通志》

白眼畫眉

清·金蓉鏡纂輯《湖南省靖州鄉土志》

台湾鹎 *Pycnonotus taivanus*

白頭翁

清·蔣毓英修《臺灣府志》卷四

太平鸟科 Bombycillidae

太平鸟，十二黄 *Bombycilla garrulus*

連雀

清·（美）克拉克 索爾比著，史紅帥譯《穿越陝甘·1908-1909 年克拉克考察隊華北行紀》

太平雀

清·余省、張為邦摹繪《故宮鳥譜》卷三（臺北）

十二黃

清·余省、張為邦摹繪《故宮鳥譜》卷三（臺北）

小太平鸟，十二红 *Bombycilla japonica*

太平雀

清·余省、張為邦摹繪《故宮鳥譜》卷三（臺北）

十二紅

宋·陳耆卿撰《赤城志》卷三六
清·余省、張為邦摹繪《故宮鳥譜》卷三（臺北）

伯劳科 Laniidae

鶪

漢·許慎撰，宋·徐鉉增釋《說文解字》卷四上
晉·郭璞注《爾雅》釋鳥第一七
北齊·魏收撰《魏書》卷一〇七上
南唐·徐鍇撰，朱翱反切《說文繫傳》卷七
宋·司馬光等撰《類篇》卷一一
宋·蘇轍撰《蘇氏詩集傳》卷八
宋·李樗、黃櫄撰《毛詩李黃集解》卷一七
宋·呂祖謙撰《呂氏家塾讀詩記》卷一六

宋・歐陽德隆撰《增修校正押韻釋疑》卷五
宋・毛晃增注，毛居正重增《增修互注禮部韻略》卷一
宋・梁克家撰《淳熙三山志》卷四二
宋・高似孫撰《剡録》卷一〇
宋・陳耆卿撰《赤城志》卷三六
宋・羅願撰，元・洪焱祖音釋《爾雅翼》卷一四
宋・陳元靚撰《歲時廣記》卷二
金・李杲編輯，明・李時珍參訂，姚可成補輯《食物本草》卷一二
元・楊恒撰《六書統》卷一
元・戴侗撰《六書故》卷一九
明・周祈撰《名義考》卷一〇
明・張自烈撰，清・廖文英續《正字通》亥集中
明・楊慎撰《丹鉛餘錄》卷五
明・李時珍撰《本草綱目》卷四九
清・張玉書、陳廷敬等纂《康熙字典》卷三五
清・毛奇齡撰《續詩傳鳥名卷》卷二
清・畢沅撰《夏小正考注》
清・嵇璜、曹仁虎等撰《續通志》卷一八〇

䳟

宋・司馬光等撰《類篇》卷一一
元・楊恒撰《六書統》卷一

鴃

宋・司馬光等編《類篇》卷一一
宋・毛晃增注，毛居正增修《增修互注禮部韻略》卷一

鴂

金・李杲編輯，明・李時珍參訂，姚可成補輯《食物本草》卷一二
明・張自烈撰，清・廖文英續《正字通》亥集中
明・李時珍撰《本草綱目》卷四九
清・畢沅撰《夏小正考注》
清・宋書升撰《夏小正釋義》
清・嵇璜、曹仁虎等撰《續通志》卷一八〇

伯勞

周・師曠撰，晉・張華注《禽經》
周・左丘明撰，晉・杜預注，唐・孔穎達疏《春秋左傳注疏》卷九
漢・許慎撰，宋・徐鉉增釋《說文解字》卷四上
三國魏・曹植撰《曹子建集》卷一〇
晉・郭璞注，唐・陸德明音義，宋・邢昺疏《爾雅注疏》卷一〇
唐・段成式撰《酉陽雜俎》卷一六
南唐・徐鍇撰，朱翱反切《說文繫傳》卷七
宋・司馬光等撰《類篇》卷一一
宋・蘇轍撰《蘇氏詩集傳》卷八
宋・李樗、黃櫄撰《毛詩李黃集解》卷一七
宋・呂祖謙撰《呂氏家塾讀詩記》卷一六
宋・毛晃增注，毛居正增修《增修互注禮部韻略》卷一
宋・梁克家撰《淳熙三山志》卷四二
宋・高似孫撰《剡録》卷一〇
宋・陳耆卿撰《赤城志》卷三六
宋・陸佃撰《埤雅》卷八
宋・羅願撰，元・洪焱祖音釋《爾雅翼》卷一四
金・李杲編輯，明・李時珍參訂，姚可成補輯《食物本草》卷一二
元・楊恒撰《六書統》卷一
元・戴侗撰《六書故》卷一九
明・馮復京撰《六家詩名物疏》卷二六
明・周祈撰《名義考》卷一〇
明・張自烈撰，清・廖文英續《正字通》亥集中
明・慎懋官撰《華夷花木鳥獸珍玩續考》卷一〇
明・楊慎撰《丹鉛餘錄》卷五
明・程敏政編《新安文獻志》卷五
清・姚炳撰《詩識名解》卷一
清・黃中松撰《詩疑辨證》卷三
清・毛奇齡撰《續詩傳鳥名卷》卷二
清・畢沅撰《夏小正考注》
清・宋書升撰《夏小正釋義》
清・嵇璜、曹仁虎等撰《續通志》卷一八〇

伯勞鳥

清・張玉書、陳廷敬等纂《康熙字典》卷三五

百勞

唐・段成式撰《酉陽雜俎》卷一六
明・楊慎撰《丹鉛餘錄》卷五
清・張玉書、陳廷敬等纂《康熙字典》卷三五

伯趙

周・左丘明撰，晉・杜預注，唐・孔穎達疏《春秋左傳注疏》卷九
晉・張華注《禽經》
晉・郭璞注，唐・陸德明音義，宋・邢昺疏《爾雅注疏》卷一〇
宋・李樗、黃櫄撰《毛詩李黃集解》卷一七
宋・羅願撰，元・洪焱祖音釋《爾雅翼》卷一四
宋・陸佃撰《埤雅》卷七
元・戴侗撰《六書故》卷一九
明・馮復京撰《六家詩名物疏》卷二九
明・周祈撰《名義考》卷一〇
明・張自烈撰，清・廖文英續《正字通》亥集中
明・慎懋官撰《華夷花木鳥獸珍玩續考》卷一〇
明・楊慎撰《丹鉛餘錄》卷五
明・李時珍撰《本草綱目》卷四九
明・方以智撰《通雅》卷四五
清・陳啟源撰《毛詩稽古編》卷八
清・姚炳撰《詩識名解》卷一

清・張玉書、陳廷敬等纂《康熙字典》卷三五
清・毛奇齡撰《續詩傳鳥名卷》卷二
清・嵇璜、曹仁虎等撰《續通志》卷一八〇

伯鷯

明・張自烈撰，清・廖文英續《正字通》亥集中
明・李時珍撰《本草綱目》卷四九
清・黄中松撰《詩疑辨證》卷三
清・張玉書、陳廷敬等纂《康熙字典》卷三五
清・嵇璜、曹仁虎等撰《續通志》卷一八〇

百鷯

清・宋書升撰《夏小正釋義》

姑惡

明・方以智撰《通雅》卷四五
明・張自烈撰，清・廖文英續《正字通》亥集中
明・李時珍撰《本草綱目》卷四九
清・黄中松撰《詩疑辨證》卷三
清・方旭撰《蟲薈》卷一
清・沈家本修，榮銓修，徐宗亮、蔡啟盛纂《天津府縣志輯・光緒重修天津府志》
清・張玉書、陳廷敬等纂《康熙字典》卷三五

苦吻子

明・方以智撰《通雅》卷四五

苦鳥

明・張自烈撰，清・廖文英續《正字通》亥集中
明・方以智撰《通雅》卷四五
清・姚炳撰《詩識名解》卷一
清・黄中松撰《詩疑辨證》卷三

惡鳥

清・宋書升撰《夏小正釋義》

苦吻鳥

明・張自烈撰，清・廖文英續《正字通》亥集中
清・張玉書、陳廷敬等纂《康熙字典》卷三五
清・毛奇齡撰《續詩傳鳥名卷》卷二

博勞

宋・毛晃增注，毛居正增修《增修互注禮部韻略》卷一
宋・陳耆卿撰《赤城志》卷三六
宋・羅願撰，元・洪焱祖音釋《爾雅翼》卷一四
明・周祈撰《名義考》卷一〇
明・方以智撰《通雅》卷四五
明・徐應秋撰《玉芝堂談薈》卷三四
明・慎懋官撰《華夷花木鳥獸珍玩續考》卷一〇
明・李時珍撰《本草綱目》卷四九
明・張自烈撰，清・廖文英續《正字通》亥集中
清・陳啟源撰《毛詩稽古編》卷八
清・黄中松撰《詩疑辨證》卷三
清・毛奇齡撰《續詩傳鳥名卷》卷二
清・畢沅撰《夏小正考注》
清・宋書升撰《夏小正釋義》
清・嵇璜、曹仁虎等撰《續通志》卷一八〇

博勞鳥

清・宋書升撰《夏小正釋義》

鶡鴠

明・方以智撰《通雅》卷四五
明・張自烈撰，清・廖文英續《正字通》亥集中
明・李時珍撰《本草綱目》卷四九
清・姚炳撰《詩識名解》卷二
清・嵇璜、曹仁虎等撰《續通志》卷一八〇

梟

三國魏・曹植撰《曹子建集》卷一〇
元・陶宗儀編《説郛》卷二五上
明・李時珍撰《本草綱目》卷四九
明・張自烈撰，清・廖文英續《正字通》亥集中
清・姚炳撰《詩識名解》卷一
清・嵇璜、曹仁虎等撰《續通志》卷一八〇

鸋鴂

明・張自烈撰，清・廖文英續《正字通》亥集中

惡伯勞

三國魏・曹植撰《曹子建集》卷一〇

鵙鵙

元・陶宗儀編《説郛》卷一〇七

鶪

金・李杲編輯，明・李時珍參訂，姚可成補輯《食物本草》卷一二

梟首

元・陶宗儀編《説郛》卷二五上

鵙鴂

明・方以智撰《通雅》卷四五

鴐梨

明・方以智撰《通雅》卷四五

鴐犁

明・張自烈撰，清・廖文英續《正字通》亥集中
明・李時珍撰《本草綱目》卷四九

鴐鵞

明・楊慎撰《丹鉛餘錄》卷五
清・黄中松撰《詩疑辨證》卷三

鷑鳩

明・張自烈撰，清・廖文英續《正字通》亥集中
明・方以智撰《通雅》卷四五

鳳凰皀隸

明・楊慎撰《丹鉛餘錄》卷五
明・徐應秋撰《玉芝堂談薈》卷三四

烏舅

明・徐應秋撰《玉芝堂談薈》卷三四

駕鵝

明・徐應秋撰《玉芝堂談會》卷三四

鐵鸚哥

明・楊慎撰《丹鉛餘錄》卷五

明・徐應秋撰《玉芝堂談會》卷三四

榨油郎

明・徐應秋撰《玉芝堂談會》卷三四

鶤鴩

明・徐應秋撰《玉芝堂談會》卷三四

鶗鴂

明・周祈撰《名義考》卷一〇

明・張自烈撰，清・廖文英續《正字通》亥集中

清・毛奇齡撰《續詩傳鳥名卷》卷二

清・黃中松撰《詩疑辨證》卷三

鶗鴂

清・姚炳撰《詩識名解》卷一

鵙鶨

清・姚炳撰《詩識名解》卷一

烏舅

清・吳景旭撰《歷代詩話》卷三

鵜鴂

明・周祈撰《名義考》卷一〇

清・沈家本修，榮銓修，徐宗亮、蔡啟盛纂《天津府縣志輯・光緒重修天津府志》卷二六

姑嗽

清・沈家本修，榮銓修，徐宗亮、蔡啟盛纂《天津府縣志輯・光緒重修天津府志》卷二六

不孝鳥

清・蔣毓英修《臺灣府志》卷四

陽雀

清・黃樂之、平翰等修，鄭珍纂《貴州省遵義府志》卷一七

貴貴陽

清・黃樂之、平翰等修，鄭珍纂《貴州省遵義府志》卷一七

硯瓦蟲

清・劉于義監修，沈青崖編纂《陝西通志》卷四四

陰鳥

清・毛奇齡撰《續詩傳鳥名卷》卷二

虎纹伯劳 *Lanius tigrinus*

鷹不刺

清・余省、張為邦摹繪《清宮鳥譜》卷一〇

牛头伯劳 *Lanius bucephalus*

牛頭伯勞

清・（美）克拉克 索爾比著，史紅帥譯《穿越陝甘・1908-1909 年克拉克考察隊華北行紀》

火不剌

清・余省、張為邦摹繪《清宮鳥譜》卷一〇

红尾伯劳，褐伯劳 *Lanius cristatus*

伯鷯

明・李時珍撰《本草綱目》卷四九

博勞

明・李時珍撰《本草綱目》卷四九

伯趙

明・李時珍撰《本草綱目》卷四九

鶪

明・李時珍撰《本草綱目》卷四九

鴂

明・李時珍撰《本草綱目》卷四九

鵙

明・李時珍撰《本草綱目》卷四九

巧婦

明・李時珍撰《本草綱目》卷四九

鶪鶪

明・李時珍撰《本草綱目》卷四九

梟

明・李時珍撰《本草綱目》卷四九

駕犁

明・李時珍撰《本草綱目》卷四九

苦鳥

明・李時珍撰《本草綱目》卷四九

寒號蟲

明・李時珍撰《本草綱目》卷四九

姑惡

明・李時珍撰《本草綱目》卷四九

紅尾伯勞

清・（美）克拉克 索爾比著，史紅帥譯《穿越陝甘・1908-1909 年克拉克考察隊華北行紀》

棕背伯劳 *Lanius schach*

錦背不剌

清・余省、張為邦摹繪《清宮鳥譜》卷一〇

灰伯劳 *Lanius excubitor*

寒露

清・余省、張為邦摹繪《清宮鳥譜》卷一〇

灰伯勞

宋・李迪繪《雪樹寒禽圖》

楔尾伯劳 *Lanius sphenocercus*

楔尾伯勞

清・（美）克拉克 索爾比著，史紅帥譯《穿越陝甘・1908-

1909 年克拉克考察隊華北行紀》

黄鹂科 Oriolidae

金黄鹂 *Oriolus oriolus*

金鶯

清・(美)克拉克 索爾比著，史紅帥譯《穿越陝甘・1908-1909 年克拉克考察隊華北行紀》

黑枕黄鹂 *Oriolus chinensis*

離

漢・許慎撰，宋・徐鉉增釋《說文解字》卷四上
南唐・徐鍇撰《說文繫傳》卷上
宋・司馬光等撰《類篇》卷一一
元・戴侗撰《六書故》卷一九
清・周靖撰《篆隸考異》卷四

鶯

唐・王維撰，清・趙殿成撰《王丞集箋注》卷一六
宋・司馬光等撰《類篇》卷一一
宋・毛晃增注，毛居正重增《增修互注禮部韻略》卷一
元・戴侗撰《六書故》卷一九
明・成化十九年《成化重修毗陵志（江蘇)》卷八（土產）
明・張自烈撰，清・廖文英續《正字通》
明・姚炳撰《詩識名解》卷一
明・李蘇著《見物》卷一
明・包大爟纂修《萬曆兗州府志》卷二五
明・陳洪謨、彭憲勘纂《嘉靖常德府志（湖南省)》卷八
清・毛昌善修，陳蘭彬纂《廣東府縣志輯・光緒吳川縣志》卷二
清・周碩勳纂修《廣東省潮州府志》卷三九
清・張玉書、陳廷敬等纂《康熙字典》卷三五
清・黄桂修，宋驤纂《安徽省太平府志》卷一三
清・張鳳台纂修《安東省長白彙徵錄》卷五
清・岳濬等監修，杜詔等編纂《山東通志》卷二四
清・郝玉麟等監修，謝道承等編纂《福建通志》卷一〇
清・余省、張為邦摹繪《故宮鳥譜》卷四（臺北）

鸎

宋・毛晃增注，毛居正重增《增修互注禮部韻略》卷二
宋・司馬光等撰《類篇》卷一一
元・戴侗撰《六書故》卷一九
明・吳楚材輯《彊識畧》卷三〇
明・李時珍撰《本草綱目》卷四九
清・張玉書、陳廷敬等纂《康熙字典》卷三五

鸝

宋・毛晃增注，毛居正重增《增修互注禮部韻略》卷一
明・張自烈撰，清・廖文英續《正字通》
清・周靖撰《篆隸考異》卷四
清・和珅、梁國治等撰《熱河志》卷九五
清・海忠修，林從炯等纂《熱河省承德府志》卷二九

鵹

宋・司馬光等撰《類篇》卷一一

鶇

宋・司馬光等撰《類篇》卷一一

鶬

明・張自烈撰，清・廖文英續《正字通》
清・張玉書、陳廷敬等纂《康熙字典》卷三五
清・周靖撰《篆隸考異》卷四

庚

宋・毛晃增注，毛居正重增《增修互注禮部韻略》卷一

倉

宋・毛晃增注，毛居正重增《增修互注禮部韻略》卷一

鶊

清・張玉書、陳廷敬等纂《康熙字典》卷三五

倉鶊

周・師曠撰，晉・張華注《禽經》

倉庚

漢・戴德撰，北周・盧辯注《大戴禮記》卷二
漢・楊雄撰，晉・郭璞注《輶軒使者絕代語釋別國方言》卷八
晉・郭璞注，唐・陸德明音義，宋・邢昺疏《爾雅注疏》卷一〇
晉・郭璞注，唐・陸德明音義，宋・邢昺疏《爾雅注疏》卷一〇
晉・郭璞注《爾雅》
宋・陸佃撰《埤雅》卷八
宋・羅願撰，元・洪焱祖音釋《爾雅翼》卷一四
宋・吳棫撰《韻補》卷一
宋・毛晃增注，毛居正重增《增修互注禮部韻略》卷一
宋・梁克家撰《淳熙三山志》卷四
宋・高似孫撰《剡録》卷一〇
宋・施宿等撰《會稽志》卷一七
元・戴侗撰《六書故》卷一九
元・陶宗儀編《說郛》卷四上
明・成化十九年《成化重修毗陵志（江蘇)》卷八（土產）
明・陳洪謨、彭憲勘纂《嘉靖常德府志（湖南省)》卷八（物產）
明・吳楚材輯《彊識畧》卷三〇
明・姚炳撰《詩識名解》卷一
明・李時珍撰《本草綱目》卷四九
明・李蘇著《見物》卷一
明・包大爟纂修《萬曆兗州府志》卷二五
明・張自烈撰，清・廖文英續《正字通》
清・毛奇齡撰《續詩傳鳥名卷》卷二
清・張玉書、陳廷敬等纂《康熙字典》卷三五
清・周靖撰《篆隸考異》卷四
清・阿桂、劉瑾之等撰《欽定盛京通志》卷一〇七
清・周碩勳纂修《廣東省潮州府志》卷三九

清・毛昌善修，陳蘭彬纂《廣東府縣志輯・光緒吳川縣志》卷二
清・岳濬等監修，杜詔等編纂《山東通志》卷二四
清・郝玉麟等監修，謝道承等編纂《福建通志》卷一〇
清・焦循撰《毛詩補疏》卷一
清・陳啟源撰《毛詩稽古編》卷一六
清・郝懿行撰《爾雅義疏》卷下之五
清・戴鎣撰《爾雅郭注補正》卷九
清・宋書升撰《夏小正釋義》
清・任基振撰《爾雅注疏箋補》卷下
清・和珅、梁國治等撰《熱河志》卷九五
清・余省、張為邦摹繪《故宮鳥譜》卷四（臺北）

蒼庚

清・張鳳台纂修《安東省長白彙徵錄》卷五

鶬鶊

漢・楊雄撰，晉・郭璞注《輶軒使者絕代語釋別國方言》卷八
宋・司馬光等撰《類篇》卷一一
清・張玉書、陳廷敬等纂《康熙字典》卷三五

黃倉庚

漢・許慎撰，宋・徐鉉增釋《說文解字》卷四上
南唐・徐鍇撰《說文繫傳》卷上
清・周靖撰《篆隸考異》卷四

黃袍

三國吳・陸璣撰，明・毛晉廣要《陸氏詩疏廣要》卷下之五
宋・施宿等撰《會稽志》卷一七
宋・陸佃撰《埤雅》卷八
元・陶宗儀編《說郛》卷四上
明・李時珍撰《本草綱目》卷四九
清・陳啟源撰《毛詩稽古編》卷一六
清・方旭撰《蟲薈》卷一
清・張玉書、陳廷敬等纂《康熙字典》卷三五
清・張鳳台纂修《安東省長白彙徵錄》卷五

皇

晉・郭璞注，唐・陸德明音義，宋・邢昺疏《爾雅注疏》卷一〇
宋・施宿等撰《會稽志》卷一七
宋・陸佃撰《埤雅》卷八
宋・羅願撰，元・洪焱祖音釋《爾雅翼》卷一四
清・焦循撰《毛詩補疏》卷一
清・郝懿行撰《爾雅義疏》卷下之五
清・戴鎣撰《爾雅郭注補正》卷九
清・任基振撰《爾雅注疏箋補》卷下

黃鳥

周・師曠撰，晉・張華注《禽經》
漢・楊雄撰，晉・郭璞注《輶軒使者絕代語釋別國方言》卷八
晉・郭璞注，唐・陸德明音義，宋・邢昺疏《爾雅注疏》卷一〇
宋・陸佃撰《埤雅》卷八
宋・羅願撰，元・洪焱祖音釋《爾雅翼》卷一四
宋・高似孫撰《剡録》卷一〇
宋・施宿等撰《會稽志》卷一七
宋・蔡卞撰《毛詩名物解》卷六
元・戴侗撰《六書故》卷一九
元・陶宗儀編《說郛》卷四上
明・吳楚材輯《彊識畧》卷三〇
明・姚炳撰《詩識名解》卷一
明・李時珍撰《本草綱目》卷四九
明・李蘇著《見物》卷一
明・張自烈撰，清・廖文英續《正字通》
清・陳啟源撰《毛詩稽古編》卷一六
清・毛奇齡撰《續詩傳鳥名卷》卷二
清・顧棟高撰《毛詩類釋》卷一六
清・張玉書、陳廷敬等纂《康熙字典》卷三五
清・阿桂、劉瑾之等撰《欽定盛京通志》卷一〇七
清・黃桂修，宋驤纂《安徽省太平府志》卷一三
清・張鳳台纂修《安東省長白彙徵錄》卷五
清・海忠修，林從炯等纂《熱河省承德府志》卷二九
清・焦循撰《毛詩補疏》卷一
清・傅恒等撰《詩義折中》卷一
清・郝懿行撰《爾雅義疏》卷下之五
清・戴鎣撰《爾雅郭注補正》卷九
清・任基振撰《爾雅注疏箋補》卷下
清・和珅、梁國治等撰《熱河志》卷九五
清・余省、張為邦摹繪《故宮鳥譜》卷四（臺北）
清・方旭撰《蟲薈》卷一

黃鸝

周・師曠撰，晉・張華注《禽經》
三國吳・陸璣撰，明・毛晉廣要《陸氏詩疏廣要》卷下之五
宋・毛晃增注，毛居正重增《增修互注禮部韻略》卷一
宋・吳棫撰《韻補》卷一
宋・梁克家撰《淳熙三山志》卷四
元・陶宗儀編《說郛》卷一〇七
明・成化十九年《成化重修毗陵志（江蘇）》卷八
明・陳洪謨、彭憲勘纂《嘉靖常德府志（湖南省）》卷八
明・姚炳撰《詩識名解》卷一
明・李時珍撰《本草綱目》卷四九
明・包大爟纂修《萬曆兗州府志》卷二五
明・李蘇著《見物》卷一
明・周祈撰《名義考》卷一〇
明・張自烈撰，清・廖文英續《正字通》
清・毛奇齡撰《續詩傳鳥名卷》卷二
清・顧棟高撰《毛詩類釋》卷一六

清・張玉書、陳廷敬等纂《康熙字典》卷三五
清・阿桂、劉瑾之等撰《欽定盛京通志》卷一〇七
清・黃桂修，宋驤纂《安徽省太平府志》卷一三
清・毛昌善修，陳蘭彬纂《廣東府縣志輯・光緒吳川縣志》卷二
清・張鳳台纂修《安東省長白彙徵錄》卷五
清・岳濬等監修，杜詔等編纂《山東通志》卷二四
清・郝玉麟等監修，謝道承等編纂《福建通志》卷一〇
清・傅恒等撰《詩義折中》卷一
清・和珅、梁國治等撰《熱河志》卷九五
清・方旭撰《蟲薈》卷一

黃離

宋・吳棫撰《韻補》卷一
宋・毛晃增注，毛居正重增《增修互注禮部韻略》卷一

黃鶯

周・師曠撰，晉・張華注《禽經》
三國吳・陸璣撰，明・毛晉廣要《陸氏詩疏廣要》卷下之五
明・成化十九年《成化重修毗陵志（江蘇）》卷八
明・姚炳撰《詩識名解》卷一
明・陶宗儀撰《說郛》卷一〇七
明・陳洪謨、彭憲勘纂《嘉靖常德府志（湖南省）》卷八
清・劉於義等監修，沈青崖等編纂《陝西通志》
清・焦循撰《毛詩補疏》卷一
清・張玉書、陳廷敬等纂《康熙字典》卷三五
清・毛奇齡撰《續詩傳鳥名卷》卷二
清・郝玉麟等監修，謝道承等編纂《福建通志》卷一〇
清・郝懿行撰《爾雅義疏》卷下之五
清・宋書升撰《夏小正釋義》
清・余省、張為邦摹繪《故宮鳥譜》卷四（臺北）

黃鸝

漢・楊雄撰，晉・郭璞注《輶軒使者絕代語釋別國方言》卷八
晉・郭璞注，唐・陸德明音義，宋・邢昺疏《爾雅注疏》卷一〇
宋・梁克家撰《淳熙三山志》卷四
宋・羅願撰，元・洪焱祖音釋《爾雅翼》卷一四
元・戴侗撰《六書故》卷一九
元・陶宗儀編《說郛》卷四上
清・金蓉鏡纂輯《湖南省靖州鄉土志》卷三
清・戴鎣撰《爾雅郭注補正》卷九

黃公

明・成化十九年《成化重修毗陵志（江蘇）》卷八
明・陳洪謨、彭憲勘纂《嘉靖常德府志（湖南省）》卷八
清・郝玉麟等監修，謝道承等編纂《福建通志》卷一〇

黧黃

周・師曠撰，晉・張華注《禽經》
三國吳・陸璣撰，明・毛晉廣要《陸氏詩疏廣要》卷下之五
晉・郭璞注《爾雅》
明・姚炳撰《詩識名解》卷一
明・李時珍撰《本草綱目》卷四九
明・李蘇著《見物》卷一
明・張自烈撰，清・廖文英續《正字通》
清・毛奇齡撰《續詩傳鳥名卷》卷二
清・余省、張為邦摹繪《故宮鳥譜》卷四（臺北）
清・黃桂修，宋驤纂《安徽省太平府志》卷一三

鵹黃

晉・郭璞注，唐・陸德明音義，宋・邢昺疏《爾雅注疏》卷一〇
宋・司馬光等撰《類篇》卷一一
漢・楊雄撰，晉・郭璞注《輶軒使者絕代語釋別國方言》卷八
三國吳・陸璣撰，明・毛晉廣要《陸氏詩疏廣要》卷下之五
晉・郭璞注《爾雅》
宋・羅願撰，元・洪焱祖音釋《爾雅翼》卷一四
元・陶宗儀編《說郛》卷四上
明・姚炳撰《詩識名解》卷一
明・周祈撰《名義考》卷一〇
明・包大燵纂修《萬曆兗州府志》卷二五
清・和珅、梁國治等撰《熱河志》卷九五
清・劉於義等監修，沈青崖等編纂《陝西通志》卷四四
清・方旭撰《蟲薈》卷一
清・張玉書、陳廷敬等纂《康熙字典》卷三五
清・周靖撰《篆隸考異》卷四
清・周碩勳纂修《廣東省潮州府志》卷三九
清・陳啟源撰《毛詩稽古編》卷一六
清・郝懿行撰《爾雅義疏》卷下之五
清・戴鎣撰《爾雅郭注補正》卷九
清・宋書升撰《夏小正釋義》
清・任基振撰《爾雅注疏箋補》卷下

離黃

漢・楊雄撰，晉・郭璞注《輶軒使者絕代語釋別國方言》卷八
三國吳・陸璣撰，明・毛晉廣要《陸氏詩疏廣要》卷下之五
宋・羅願撰，元・洪焱祖音釋《爾雅翼》卷一四
元・戴侗撰《六書故》卷一九
明・姚炳撰《詩識名解》卷一
明・周祈撰《名義考》卷一〇
清・毛奇齡撰《續詩傳鳥名卷》卷二
清・焦循撰《毛詩補疏》卷一
清・張鳳台纂修《安東省長白彙徵錄》卷五
清・郝懿行撰《爾雅義疏》卷下之五

黎黃

宋・陸佃撰《埤雅》卷八

鵹黃

清・毛奇齡撰《續詩傳鳥名卷》卷二

麗黃

清・毛奇齡撰《續詩傳鳥名卷》卷二

鸐

元・戴侗撰《六書故》卷一九

清・焦循撰《毛詩補疏》卷一

鸐黃

清・焦循撰《毛詩補疏》卷一

清・郝懿行撰《爾雅義疏》卷下之五

鵹鶹

宋・吳棫撰《韻補》卷一

宋・毛晃增注，毛居正重增《增修互注禮部韻略》卷一

鸝黃

清・張鳳台纂修《安東省長白彙徵錄》卷五

清・任基振撰《爾雅注疏箋補》卷下

黃栗留

周・師曠撰，晉・張華注《禽經》

漢・楊雄撰，晉・郭璞注《輶軒使者絕代語釋別國方言》卷八

三國吳・陸璣撰，明・毛晉廣要《陸氏詩疏廣要》卷下之五

晉・郭璞注，唐・陸德明音義，宋・邢昺疏《爾雅注疏》卷一〇

宋・陸佃撰《埤雅》卷八

宋・施宿等撰《會稽志》卷一七

宋・高似孫撰《剡録》卷一〇

宋・羅願撰，元・洪焱祖音釋《爾雅翼》卷一四

元・戴侗撰《六書故》卷一九

明・成化十九年《成化重修毗陵志（江蘇）》卷八

明・李蘇著《見物》卷一

明・陶宗儀撰《說郛》卷一〇七

明・張自烈撰，清・廖文英續《正字通》

清・和珅、梁國治等撰《熱河志》卷九五

清・劉於義等監修，沈青崖等編纂《陝西通志》卷四四

清・張玉書、陳廷敬等纂《康熙字典》卷三五

清・張鳳台纂修《安東省長白彙徵錄》卷五

清・郝玉麟等監修，謝道承等編纂《福建通志》卷一〇

清・海忠修，林從炯等纂《熱河省承德府志》卷二九

清・陳啟源撰《毛詩稽古編》卷一六

清・郝懿行撰《爾雅義疏》卷下之五

清・戴鎣撰《爾雅郭注補正》卷九

清・余省、張為邦摹繪《故宮鳥譜》卷四（臺北）

黃栗流

宋・羅願撰，元・洪焱祖音釋《爾雅翼》卷一四

黃鸝留

漢・楊雄撰，晉・郭璞注《輶軒使者絕代語釋別國方言》卷八

三國吳・陸璣撰，明・毛晉廣要《陸氏詩疏廣要》卷下之五

晉・郭璞注，唐・陸德明音義，宋・邢昺疏《爾雅注疏》卷一〇

宋・羅願撰，元・洪焱祖音釋《爾雅翼》卷一四

清・陳啟源撰《毛詩稽古編》卷一六

清・顧棟高撰《毛詩類釋》卷一六

清・余省、張為邦摹繪《故宮鳥譜》卷四（臺北）

清・戴鎣撰《爾雅郭注補正》卷九

黃離留

晉・郭璞注，唐・陸德明音義，宋・邢昺疏《爾雅注疏》卷一〇

三國吳・陸璣撰，明・毛晉廣要《陸氏詩疏廣要》卷下之上

清・和珅、梁國治等撰《熱河志》卷九五

清・郝懿行撰《爾雅義疏》卷下

清・戴鎣撰《爾雅郭注補正》卷九

清・余省、張為邦摹繪《故宮鳥譜》卷四（臺北）

黃鸝鶹

元・陶宗儀編《說郛》卷四上

明・李時珍撰《本草綱目》卷四九

清・岳濬等監修，杜詔等編纂《山東通志》卷二四

黃栗落

清・金蓉鏡纂輯《湖南省靖州鄉土志》卷三

楚雀

周・師曠撰，晉・張華注《禽經》

漢・楊雄撰，晉・郭璞注《輶軒使者絕代語釋別國方言》卷八

三國吳・陸璣撰，明・毛晉廣要《陸氏詩疏廣要》卷下之上

晉・郭璞注，唐・陸德明音義，宋・邢昺疏《爾雅注疏》卷一〇

晉・郭璞注《爾雅》

南唐・徐鍇撰《說文繫傳》卷上

宋・羅願撰，元・洪焱祖音釋《爾雅翼》卷一四

元・戴侗撰《六書故》卷二九

元・陶宗儀編《說郛》卷四上

明・李時珍撰《本草綱目》卷四九

明・李蘇著《見物》卷一

明・包大燿纂修《萬曆兗州府志》卷二五

明・姚炳撰《詩識名解》卷一

明・周祈撰《名義考》卷一〇

明・張自烈撰，清・廖文英續《正字通》

清・顧棟高撰《毛詩類釋》卷一六

清・和珅、梁國治等撰《熱河志》卷九五

清・張玉書、陳廷敬等纂《康熙字典》卷三五
清・張鳳台纂修《安東省長白彙徵錄》卷五
清・岳濬等監修，杜詔等編纂《山東通志》卷二四
清・焦循撰《毛詩補疏》卷一
清・陳啟源撰《毛詩稽古編》卷一六
清・郝懿行撰《爾雅義疏》卷下之五
清・戴鎣撰《爾雅郭注補正》卷九
清・宋書升撰《夏小正釋義》
清・任基振撰《爾雅注疏箋補》卷下
清・余省、張為邦摹繪《故宮鳥譜》卷四（臺北）
清・方旭撰《蟲薈》卷一

商庚

漢・戴德撰，北周・盧辯注《大戴禮記》卷二
漢・楊雄撰，晉・郭璞注《輶軒使者絕代語釋別國方言》卷八
三國吳・陸璣撰，明・毛晉廣要《陸氏詩疏廣要》卷下之上
晉・郭璞注，唐・陸德明音義，宋・邢昺疏《爾雅注疏》卷一〇
晉・郭璞注《爾雅》
南唐・徐鍇撰《說文繫傳》卷上
宋・羅願撰，元・洪焱祖音釋《爾雅翼》卷一四
元・戴侗撰《六書故》卷一九
元・陶宗儀編《說郛》卷四上
明・李時珍撰《本草綱目》卷四九
明・姚炳撰《詩識名解》卷一
明・周祈撰《名義考》卷一〇
明・李蘇著《見物》卷一
明・包大㸌纂修《萬曆兗州府志》卷二五
清・陳啟源撰《毛詩稽古編》卷一六
清・和珅、梁國治等撰《熱河志》卷九五
清・張鳳台纂修《安東省長白彙徵錄》卷五
清・郝懿行撰《爾雅義疏》卷下之五
清・戴鎣撰《爾雅郭注補正》卷九
清・宋書升撰《夏小正釋義》
清・方旭撰《蟲薈》卷一

搏黍

漢・楊雄撰，晉・郭璞注《輶軒使者絕代語釋別國方言》卷八
晉・郭璞注，唐・陸德明音義，宋・邢昺疏《爾雅注疏》卷一〇
宋・陸佃撰《埤雅》卷八
宋・羅願撰，元・洪焱祖音釋《爾雅翼》卷一四
宋・施宿等撰《會稽志》卷一七
宋・蔡卞撰《毛詩名物解》卷六
元・戴侗撰《六書故》卷一九
元・陶宗儀編《說郛》卷四上
明・李時珍撰《本草綱目》卷四九
明・包大㸌纂修《萬曆兗州府志》卷二五
明・姚炳撰《詩識名解》卷一
明・周祈撰《名義考》卷一〇
明・方以智撰《通雅》卷四五
清・和珅、梁國治等撰《熱河志》
清・張玉書、陳廷敬等纂《康熙字典》卷三五
清・黃桂修，宋驤纂《安徽省太平府志》卷一三
清・岳濬等監修，杜詔等編纂《山東通志》卷二四
清・焦循撰《毛詩補疏》卷一
清・陳啟源撰《毛詩稽古編》卷一六
清・郝懿行撰《爾雅義疏》卷下之五
清・戴鎣撰《爾雅郭注補正》卷九
清・宋書升撰《夏小正釋義》
清・余省、張為邦摹繪《故宮鳥譜》卷四（臺北）
清・方旭撰《蟲薈》卷一

青鳥

明・李時珍撰《本草綱目》卷四九

黃伯勞

明・李時珍撰《本草綱目》卷四九
清・岳濬等監修，杜詔等編纂《山東通志》卷二四

金衣公子

明・李時珍撰《本草綱目》卷四九
明・吳楚材輯《彊識畧》卷三〇
清・劉于義監修，沈青崖等編纂《陝西通志》卷四四
清・張玉書、陳廷敬等纂《康熙字典》卷三五
清・黃桂修，宋驤纂《安徽省太平府志》卷一三
清・方旭撰《蟲薈》卷一

博穀智

明・方以智撰《通雅》卷四五

鸝庚

清・周碩勳纂修《廣東省潮州府志》卷三九
清・王崧修，李星煇纂《廣東府縣志輯・光緒揭陽縣續志》
清・張鳳台纂修《安東省長白彙徵錄》卷五

鸝鶹

明・包大㸌纂修《萬曆兗州府志》卷二五
清・周碩勳纂修《廣東省潮州府志》卷三九
清・張鳳台纂修《安東省長白彙徵錄》卷五
清・和珅、梁國治等撰《熱河志》卷九五
清・海忠修，林從炯等纂《熱河省承德府志》卷二九
清・方旭撰《蟲薈》卷一

離留

元・戴侗撰《六書故》卷一九

鸝鳰

明・成化十九年《成化重修毗陵志（江蘇）》卷八
明・包大㸌纂修《萬曆兗州府志》卷二五

清・郝玉麟等監修，謝道承等編纂《福建通志》卷一〇

駕倉

宋・毛晃增注，毛居正重增《增修互注禮部韻略》卷一

鵂鶹

宋・高似孫撰《剡録》卷一〇

鸝鵹

元・戴侗撰《六書故》卷一九

離落

元・戴侗撰《六書故》卷一九

黃鶯

清・海忠修，林從炯等纂《熱河省承德府志》卷二九

清・和珅、梁國治等撰《熱河志》卷九五

長股

漢・戴德撰，北周・盧辯注《大戴禮記》卷二

清・郝懿行撰《爾雅義疏》卷下之五

清・宋書升撰《夏小正釋義》

卷尾科 Dicruridae

黑卷尾 *Dicrurus macrocercus*

鵧鳩

晉・郭璞注，唐・陸德明音義，宋・邢昺疏《爾雅注疏》卷一〇

明・李時珍撰《本草綱目》卷四九

明・朱謀㙔撰《駢雅》卷七

清・阿桂、劉瑾之等撰《欽定盛京通志》卷一〇七

清・方旭撰《蟲薈》卷一

清・張玉書、陳廷敬等纂《康熙字典》卷三五

清・周春撰《爾雅補注》卷四

清・郝懿行撰《爾雅義疏》卷下之五

清・陳啟源撰《毛詩稽古編》卷一一

鶝鳩

晉・郭璞注，唐・陸德明音義，宋・邢昺疏《爾雅注疏》卷一〇

三國吳・陸璣撰，明・毛晉廣要《陸氏詩疏廣要》卷下之上

宋・司馬光撰《類篇》卷一一

宋・丁度、司馬光等纂《集韻》卷一、卷二

宋・陸佃撰《爾雅新義》卷一六

金・韓道昭撰《五音集韻》卷一、卷二、卷四、卷五、卷七

明・李時珍撰《本草綱目》卷四九

明・朱謀㙔撰《駢雅》卷七

明・馮復京撰《六家詩名物疏》卷三五

清・郝懿行撰《爾雅義疏》卷下之五

清・張玉書、陳廷敬等纂《康熙字典》卷三五

清・陳啟源撰《毛詩稽古編》卷一一

清・方旭撰《蟲薈》卷一

鶝鵧

清・陳大章撰《詩傳名物集覽》卷二

清・姚炳撰《詩識名解》卷一

清・高得貴修，張九徵等纂《江蘇府縣志輯・乾隆鎮江府志》

清・方旭撰《蟲薈》卷一

烏鵙

晉・郭璞注，唐・陸德明音義，宋・邢昺疏《爾雅注疏》卷一〇

明・朱謀㙔撰《駢雅》卷七

清・陳啟源撰《毛詩稽古編》卷一一

烏鴭

晉・郭璞注，唐・陸德明音義，宋・邢昺疏《爾雅注疏》卷一〇

小黑鳥

晉・郭璞注，唐・陸德明音義，宋・邢昺疏《爾雅注疏》卷一〇

明・馮復京撰《六家詩名物疏》卷三五

清・郝懿行撰《爾雅義疏》下之五

清・高得貴修，張九徵等纂《江蘇府縣志輯・乾隆鎮江府志》

清・陳啟源撰《毛詩稽古編》卷一一

鵶鴡

明・馮復京撰《六家詩名物疏》卷三五

清・陳大章撰《詩傳名物集覽》卷二

清・姚炳撰《詩識名解》卷一

黑雀

清・松筠撰《西陲總統事略（全）》

清・阿桂、劉瑾之等撰《欽定盛京通志》卷一〇七

烏臼

明・李時珍撰《本草綱目》卷四九

清・方旭撰《蟲薈》卷一

清・張玉書、陳廷敬等纂《康熙字典》卷三五

烏鴡

三國吳・陸璣撰，明・毛晉廣要《陸氏詩疏廣要》卷下之上

明・馮復京撰《六家詩名物疏》卷三五

清・周春撰《爾雅補注》卷四

清・高得貴修，張九徵等纂《江蘇府縣志輯・乾隆鎮江府志》

清・郝懿行撰《爾雅義疏》卷下之五

裨笠

清・方旭撰《蟲薈》卷一

鴉鴡

明・李時珍撰《本草綱目》卷四九

鴉舅

清・方旭撰《蟲薈》卷一

清·高得貴修，張九徵等纂《江蘇府縣志輯·乾隆鎮江府志》

雅舅

清·高得貴修，張九徵等纂《江蘇府縣志輯·乾隆鎮江府志》

鐵鸚鵡

明·李時珍撰《本草綱目》卷四九

清·方旭撰《蟲薈》卷一

鳳凰皂隸

清·方旭撰《蟲薈》卷一

駕犁

明·李時珍撰《本草綱目》卷四九

清·方旭撰《蟲薈》卷一

清·陳啟源撰《毛詩稽古編》卷一一

脱袴

宋·陸佃撰《爾雅新義》卷一六

夏雞

宋·陸佃撰《爾雅新義》卷一六

明·李時珍撰《本草綱目》卷四九

清·方旭撰《蟲薈》卷一

批頰鴉

宋·陸佃撰《爾雅新義》卷一六

清·方旭撰《蟲薈》卷一

斑鳩

清·郝懿行撰《爾雅義疏》卷下

榨油郎

明·李時珍撰《本草綱目》卷四九

清·方旭撰《蟲薈》卷一

鵯鵊鳥

清·方旭撰《蟲薈》卷一

鵯鵊

明·李時珍撰《本草綱目》卷四九

批頰鳥

清·郝懿行撰《爾雅義疏》卷下

雕札

清·郝懿行撰《爾雅義疏》卷下

神雀

清·松筠撰《西陲總統事略（全）》

鵯鶋

清·高得貴修，張九徵等纂《江蘇府縣志輯·乾隆鎮江府志》

烏鳳

宋·范成大撰《桂海虞衡志》

鴟鴉

明·李時珍撰《本草綱目》卷四九

祝鳩

明·李時珍撰《本草綱目》卷四九

架架格格

明·李時珍撰《本草綱目》卷四九

唤起

明·李時珍撰《本草綱目》卷四九

髮冠卷尾 *Dicrurus hottentottus*

黧雞

清·余省、張為邦摹繪《清宮鳥譜》卷一〇

清·阿桂、劉瑾之等撰《欽定盛京通志》

大盘尾 *Dicrurus paradiseus*

烏鳳

宋·周去非撰《嶺外代答》卷九

明·李時珍撰《本草綱目》卷四九

明·沈弘正撰《沈氏蟲天志》卷一

清·汪森編《粵西叢載》卷一

清·陳淏子輯，伊欽臣校注《花鏡》

清·金鉷等監修，錢元昌等編纂《廣西通志》卷三一

清·喻炳榮修，朱德華、楊翊纂《廣東府縣志輯·道光遂溪縣志》

青鸞

明·沈弘正撰《沈氏蟲天志》卷一

燕卷尾鳥

清·（美）克拉克 索爾比著，史紅帥譯《穿越陝甘·1908-1909 年克拉克考察隊華北行紀》

烏鳳鵲

清·嵇曾筠等監修，沈翼機等編纂《浙江通志》卷一〇三

椋鸟科 Sturnidae

北椋鸟 *Sturnus sturninus*

蜀黍雀

清·余省、張為邦摹繪《清宮鳥譜》卷一二

灰椋鸟 *Sturnus cineraceus*

燕八哥

清·余省、張為邦摹繪《故宮鳥譜》卷一（臺北）

山鸜鵒

清·余省、張為邦摹繪《故宮鳥譜》卷一（臺北）

黑领椋鸟 *Sturnus nigricollis*

長春花鳥

清·余省、張為邦摹繪《故宮鳥譜》卷四（臺北）

長春鳥

清·余省、張為邦摹繪《故宮鳥譜》卷四（臺北）

萬春鳥

清·余省、張為邦摹繪《故宮鳥譜》卷四（臺北）

白鸜鵒

清·余省、張為邦摹繪《故宮鳥譜》卷四（臺北）

黑翅椋鸟 *Sturnus melanoplerus*

花八哥

清・余省、張為邦摹繪《故宮鳥譜》卷一（臺北）

番鸜鵒

清・余省、張為邦摹繪《故宮鳥譜》卷一（臺北）

多花子

清・余省、張為邦摹繪《故宮鳥譜》卷一（臺北）

八哥属 *Acridotheres*

鸜鵒

周・師曠撰，晉・張華注《禽經》

鴝鵒

周・師曠撰，晉・張華注《禽經》

漢・許慎撰，宋・徐鉉增釋《說文解字》卷四上

南朝宋・劉敬叔撰《異苑》卷三

宋・毛晃增註，毛居正重增《增修互註禮部韻略》卷五

宋・梁克家撰《淳熙三山志》卷四二

宋・陳耆卿撰《赤城志》卷三六

金・李杲編輯，明・李時珍參訂，姚可成補輯《食物本草》卷一二

元・楊桓撰《六書統》卷一

元・戴侗撰《六書故》卷一九

明・張自烈撰，清・廖文英續《正字通》亥集中

明・李時珍撰《本草綱目》卷四九

明・沈弘正撰《沈氏蟲天志・蟲天志》卷七

明・陳洪謨、彭憲勘纂《嘉靖常德府志（湖南省）》卷八

清・張玉書、陳廷敬等纂《康熙字典》卷三五

清・張楷纂修《安徽府縣志輯・康熙安慶府志》卷四

清・段玉裁撰《說文解字注》卷四上

清・周靖撰《篆隸考異》卷四

清・陳璚修，王棻纂《浙江府縣志輯・民國杭州府志》卷八〇

清・鄭業崇修，許汝韶纂《廣東府縣誌輯・光緒茂名縣志》卷一

清・汪森編《粵西文載・粵西叢載》卷二二

清・陳淏子輯，伊欽恒校注《花鏡》（附錄）

清・郝玉麟等監修，謝道承等編纂《福建通志》卷一〇

清・方旭撰《蟲薈》卷一

清・吳任臣注《山海經廣注》卷五

白鴝鵒

南朝梁・沈約撰《宋書》卷二九

步鵒

元・戴侗撰《六書故》卷一九

明・張自烈撰，清・廖文英續《正字通》亥集中

清・方旭撰《蟲薈》卷一

鴝鵜

清・張玉書、陳廷敬等纂《康熙字典》卷三五

鴝掇

清・張玉書、陳廷敬等纂《康熙字典》卷三五

鸜鵒

周・左丘明撰，晉・杜預注，唐・孔穎達疏《春秋左傳注疏》卷五一

漢・司馬遷撰，南朝宋・裴駰集解《史記》卷三三（魯公周世家）

宋・李昉等撰《太平廣記》卷四六二

宋・毛晃增註，毛居正重增《增修互註禮部韻略》卷一

宋・葉夢得撰《葉氏春秋傳》卷一八

宋・程公說撰《春秋分記》卷五、卷二四

金・李杲編輯，明・李時珍參訂，姚可成補輯《食物本草》卷一二

元・王惲撰《秋澗集》卷四四

明・張自烈撰，清・廖文英續《正字通》亥集中

明・孫穀編《古微書》卷一八

明・李時珍撰《本草綱目》卷四九

明・徐炬輯《新鐫古今事物原始全書》卷二六

明・沈弘正撰《沈氏蟲天志》卷七

明・吳楚材輯《彊識畧》卷三〇

清・乾隆十三年敕撰《周官義疏》卷四〇

清・魏瀛修，魯琪光、鐘音鴻纂《江西府縣志輯・同治贛州府志》卷二一

清・張玉書、陳廷敬等纂《康熙字典》卷三五

清・段玉裁撰《說文解字注》卷四上

清・周靖撰《篆隸考異》卷四

清・楊修田纂修《河南省光州志》卷四

清・汪森編《粵西文載・粵西叢載》卷二二

清・劉於義等監修，沈青崖等編纂《陝西通志》卷四四

清・金鉷等監修，錢元昌等編纂《廣西通志》卷三三

清・黃桂修，宋驤纂《安徽省太平府志》卷一三

清・高得貴修，張九徵等纂《江蘇府縣志輯・乾隆鎮江府志》卷四二

清・黃永綸修，楊錫齡等纂《湖北府縣志輯・道光寧都直隸州志》卷一二

清・王麟祥修，邱晉成等纂《四川府縣志輯・光緒敘州府志》卷二一

清・吳任臣注《山海經廣注》卷五

鸜鵠子

宋・毛晃增註，毛居正重增《增修互註禮部韻略》卷五

清・張玉書、陳廷敬等纂《康熙字典》卷三五

鸜鴝

明・包大爟纂修《萬曆兗州府志》卷二五

鳫鳩

明・沈弘正撰《沈氏蟲天志》卷七

乾皋

清・高得貴修，張九徵等纂《江蘇府縣志輯・乾隆鎮江府志》卷四二

乾畢

清・吳任臣注《山海經廣注》卷五

寒皋

明・張自烈撰，清・廖文英續《正字通》亥集中

明・沈弘正撰《沈氏蟲天志》卷七

明・李時珍撰《本草綱目》卷四九

明・包大爟纂修《萬曆兗州府志》卷二五

清・張楷纂修《安徽府縣志輯・康熙安慶府志》卷四

清・楊修田纂修《河南省光州志》卷四

清・陳璚修，王棻纂《浙江府縣志輯・民國杭州府志》卷八〇

清・方旭撰《蟲薈》卷一

清・高得貴修，張九徵等纂《江蘇府縣志輯・乾隆鎮江府志》卷四二

清・吳任臣注《山海經廣注》卷五

鵅鶴

清・高得貴修，張九徵等纂《江蘇府縣志輯・乾隆鎮江府志》卷四二

鷐鳩

清・高得貴修，張九徵等纂《江蘇府縣志輯・乾隆鎮江府志》卷四二

唎唎鳥

金・李杲編輯，明・李時珍參訂，姚可成補輯《食物本草》卷一二

明・李時珍撰《本草綱目》卷四九

明・張自烈撰，清・廖文英續《正字通》亥集中

清・張玉書、陳廷敬等纂《康熙字典》卷三五

清・陳淏子輯，伊欽恒校注《花鏡》（附錄）

清・方旭撰《蟲薈》卷一

清・吳任臣注《山海經廣注》卷五

唎唎哥

清・陳淏子輯，伊欽恒校注《花鏡》（附錄）

八哥

金・李杲編輯，明・李時珍參訂，姚可成補輯《食物本草》卷一二

明・李時珍撰《本草綱目》卷四九

明・張自烈撰，清・廖文英續《正字通》亥集中

明・沈弘正撰《沈氏蟲天志》卷七

清・張玉書、陳廷敬等纂《康熙字典》卷三五

清・張楷纂修《安徽府縣志輯・康熙安慶府志》卷四

清・段玉裁撰《說文解字注》卷四上

清・楊修田纂修《河南省光州志》卷四

清・鄭業崇修，許汝韶纂《廣東府縣誌輯・光緒茂名縣志》卷一

清・劉於義等監修，沈青崖等編纂《陝西通志》卷四四

清・陳淏子輯，伊欽恒校注《花鏡》（附錄）

清・方旭撰《蟲薈》卷一

清・黃桂修，宋驤纂《安徽省太平府志》卷一三

清・高得貴修，張九徵等纂《江蘇府縣志輯・乾隆鎮江府志》卷四二

清・黃永綸修，楊錫齡等纂《湖北府縣志輯・道光寧都直隸州志》卷一二

清・王麟祥修，邱晉成等纂《四川府縣志輯・光緒敘州府志》卷二一

八哥兒

明・陳洪謨、彭憲勘纂《嘉靖常德府志（湖南省）》卷八

八八兒

清・王麟祥修，邱晉成等纂《四川府縣志輯・光緒敘州府志》卷二一

霸哥

清・汪森編《粵西文載・粵西叢載》卷二二

鸜鵒

清・張玉書、陳廷敬等纂《康熙字典》卷三五

爰居

清・楊修田纂修《河南省光州志》卷四

秦吉了

清・鄭業崇修，許汝韶纂《廣東府縣誌輯・光緒茂名縣志》卷一

了哥

清・鄭業崇修，許汝韶纂《廣東府縣誌輯・光緒茂名縣志》卷一

白哥

清・余省、張為邦摹繪《清宮鳥譜》卷一〇

黝鳥

清・方旭撰《蟲薈》卷一

烏翼子

清・黃永綸修，楊錫齡等纂《湖北府縣志輯・道光寧都直隸州志》卷一二

家八哥 *Acridotheres tristis*

秋香八哥

清・余省、張為邦摹繪《故宮鳥譜》卷一（臺北）

八哥 *Acridotheres cristatellus*

鸜鴒

宋・羅願撰，元・洪焱祖音釋《爾雅翼》卷一四

鴝鵒

清・余省、張為邦摹繪《故宮鳥譜》卷一（臺北）

鴝鵒

清・余省、張為邦摹繪《故宮鳥譜》卷一（臺北）

黝鳥

清・余省、張為邦摹繪《故宮鳥譜》卷一（臺北）

哵哵鳥

宋・羅願撰，元・洪焱祖音釋《爾雅翼》卷一四

清・余省、張為邦摹繪《故宮鳥譜》卷一（臺北）

八哥

宋・羅願撰，元・洪焱祖音釋《爾雅翼》卷一四

清・余省、張為邦摹繪《故宮鳥譜》卷一（臺北）

鸜鵒

清・余省、張為邦摹繪《故宮鳥譜》卷一（臺北）

寒皋

清・余省、張為邦摹繪《故宮鳥譜》卷一（臺北）

哵鳥

清・余省、張為邦摹繪《故宮鳥譜》卷一（臺北）

慧鳥

清・余省、張為邦摹繪《故宮鳥譜》卷一（臺北）

林八哥 *Acridotheres grandis*

沉香色八哥

清・余省、張為邦摹繪《故宮鳥譜》卷一（臺北）

蒼鴝

清・余省、張為邦摹繪《故宮鳥譜》卷一（臺北）

八哥

清・（美）克拉克 索爾比著，史紅帥譯《穿越陝甘・1908-1909 年克拉克考察隊華北行紀》

鷯哥 *Gracula religiosa*

鷯哥

清・方旭撰《蟲薈》卷一

了哥

明・唐胄編集《正德瓊台志（廣東省）》卷九

明・李時珍撰《本草綱目》卷四九

清・余省、張為邦摹繪《故宮鳥譜》卷二（臺北）

清・汪森編《粵西詩載》卷二二

清・嵇璜、曹仁虎等撰《續通志》卷一八〇

清・雷學海修，陳昌齊等纂《廣東府縣志輯・雷州府志》卷二

清・毛昌善修，陳蘭彬纂《廣東府縣志輯・光緒吳川縣志》卷二

了歌

清・戴煥南修，張粲奎纂《廣西省新寧州志》卷二

赤吉了

唐・段公路撰，龜圖註《北戶錄》卷一

白吉了

唐・段公路撰，龜圖註《北戶錄》卷一

吉了

五代・劉昫等撰《舊唐書》卷二九

宋・陳暘撰《樂書》卷一八〇

宋・范成大撰《桂海虞衡志》（志山）

明・胡我琨撰《錢通》卷三一

明・方以智撰《通雅》卷四五

清・余省、張為邦摹繪《故宮鳥譜》卷二（臺北）

清・吳玉搢撰《別雅》卷三

清・何天瑞修，桂坫纂《廣東府縣志輯・西寧縣志》卷一四

吉了鳥

宋・羅願撰，元・洪焱祖音釋《爾雅翼》卷一四

秦吉了

唐・劉恂撰《嶺表録異》卷一

唐・張鷟撰《朝野僉載》卷四

宋・周去非撰《嶺南代答》卷九

宋・李昉等撰《太平廣記》卷四六三

宋・樂史撰《太平寰宇記》卷一五八

宋・邵伯溫撰《聞見録》卷一七

宋・范成大撰《桂海虞衡志》（志山）

元・王惲撰《秋澗集》卷二

明・胡我琨撰《錢通》卷三一

明・唐胄編集《正德瓊台志（廣東省）》卷九

明・李時珍撰《本草綱目》卷四九

明・方以智撰《通雅》卷四五

清・蔣溥等重編《樂善堂全集定本》卷一九

清・董誥等編《御製詩集・四集》卷四四

清・宋犖撰《西陂類稿》卷二二

清・汪森編《粵西詩載》卷二二

清・嵇璜、曹仁虎等撰《續通志》卷一八〇

清・方旭撰《蟲薈》卷一

清・余省、張為邦摹繪《故宮鳥譜》卷二（臺北）

清・吳玉搢撰《別雅》卷三

清・戴煥南修，張粲奎纂《廣西省新寧州志》卷二

清・郝玉麟等監修，魯曾煜等編纂《廣東通志》卷五二

清・黃廷桂等監修，張晉生等編纂《四川通志》卷三八之六

清・金鉷等監修，錢元昌等編纂《廣西通志》卷三一

清・雷學海修，陳昌齊等纂《廣東府縣志輯・雷州府志》卷二

清・何天瑞修，桂坫纂《廣東府縣志輯・西寧縣志》卷一四
清・王崧修，李星煇纂《廣東府縣志輯・光緒揭陽縣續志》卷七
清・毛昌善修，陳蘭彬纂《廣東府縣志輯・光緒吳川縣志》卷二
清・馬呈圖等纂修《廣東府縣志輯・宣統高要縣志》卷一一

結遼

明・方以智撰《通雅》卷四五
清・吳玉搢撰《別雅》卷三
清・毛昌善修，陳蘭彬纂《廣東府縣志輯・光緒吳川縣志》卷二

倒掛綠毛妖鳳

明・方以智撰《通雅》卷四五
清・吳玉搢撰《別雅》卷三

結遼鳥

明・李時珍撰《本草綱目》卷四九
清・余省、張為邦摹繪《故宮鳥譜》卷二（臺北）
清・嵇璜、曹仁虎等撰《續通志》卷一八〇
清・吳玉搢撰《別雅》卷三
清・郝玉麟等監修，魯曾煜等編纂《廣東通志》卷五二

情急了

明・方以智撰《通雅》卷四五

青雞

明・方以智撰《通雅》卷四五

弗達雞

清・董誥等編《御製詩集・四集》卷四四

料哥

清・余省、張為邦摹繪《故宮鳥譜》卷二（臺北）

八哥

清・余省、張為邦摹繪《故宮鳥譜》卷二（臺北）

金了

清・毛昌善修，陳蘭彬纂《廣東府縣志輯・光緒吳川縣志》卷二
清・馬呈圖等纂修《廣東府縣志輯・宣統高要縣志》卷一一

銀了

清・毛昌善修，陳蘭彬纂《廣東府縣志輯・光緒吳川縣志》卷二
清・馬呈圖等纂修《廣東府縣志輯・宣統高要縣志》卷一一

鐵了

清・毛昌善修，陳蘭彬纂《廣東府縣志輯・光緒吳川縣志》卷二
清・馬呈圖等纂修《廣東府縣志輯・宣統高要縣志》卷一一

海南了哥

清・毛昌善修，陳蘭彬纂《廣東府縣志輯・光緒吳川縣志》卷二
清・雷學海修，陳昌齊等纂《廣東府縣志輯・雷州府志》卷二

番音

明・李時珍撰《本草綱目》卷四九
清・毛昌善修，陳蘭彬纂《廣東府縣志輯・光緒吳川縣志》卷二

鸦科 Corvidae

松鸦 *Garrulus glandarius*

伊思哈

清・余省、張為邦摹繪《故宮鳥譜》卷二（臺北）

白松鴉

清・余省、張為邦摹繪《故宮鳥譜》卷二（臺北）

松鴉

清・余省、張為邦摹繪《故宮鳥譜》卷二（臺北）

蓝绿鹊 *Cissa chinensis*

綠山烏

清・余省、張為邦摹繪《故宮鳥譜》卷二（臺北）

红嘴蓝鹊 *Urocissa erythrorhyncha*

鷽

周・師曠撰，晉・張華注《禽經》
漢・許慎撰，宋・徐鉉增釋《說文解字》卷四上
晉・郭璞注，唐・陸德明編《爾雅》
晉・郭璞注，唐・陸德明音義，宋・邢昺疏《爾雅注疏》卷一〇
南唐・徐鍇撰，朱翱反切《說文繫傳》卷七
宋・毛晃增注，毛居正重增《增修互注禮部韻略》卷一
宋・羅願撰，元・洪焱祖音釋《爾雅翼》卷一五
金・李杲編輯，明・李時珍參訂，姚可成補輯《食物本草》卷一二
元・楊桓撰《六書統》卷八
明・李蘇著《見物》卷一
明・周祈撰《名義考》卷一〇
明・張自烈撰，清・廖文英續《正字通》亥集中
明・李時珍撰《本草綱目》卷四九
清・余省、張為邦摹繪《故宮鳥譜》卷一（臺北）
清・張玉書、陳廷敬等纂《康熙字典》卷三五
清・段玉裁撰《說文解字注》卷四上
清・阿桂、劉瑾之等撰《欽定盛京通志》卷一〇七
清・劉於義等監修，沈青崖編輯《陝西府志》卷四四
清・任基振撰《爾雅注疏箋補》卷三
清・劉玉麐撰《爾雅校議》卷下
清・方旭撰《蟲薈》卷一

清・王河等修《欽定盛京通志》卷二七
清・黄永綸修，楊錫齡等纂《湖北府縣志輯・道光寧都直隸州志》卷一二
清・楊修田纂修《河南省光州志》卷四
清・朱占科修，周宗洛等纂《雲南省順寧府志》卷一三

藍鵲

清・(美)克拉克 索爾比著，史紅帥譯《穿越陝甘・1908-1909 年克拉克考察隊華北行紀》

山鵲

周・師曠撰，晉・張華注《禽經》
漢・許慎撰，宋・徐鉉增釋《説文解字》卷四上
晉・郭璞注，唐・陸德明編《爾雅》
晉・郭璞注，唐・陸德明音義，宋・邢昺疏《爾雅注疏》卷一〇
南唐・徐鍇撰，朱翱反切《説文繫傳》卷七
宋・毛晃增注，毛居正重增《增修互注禮部韻略》卷一
宋・羅願撰，元・洪焱祖音釋《爾雅翼》卷一五
宋・司馬光等撰《類篇》卷一〇
金・李杲編輯，明・李時珍參訂，姚可成補輯《食物本草》卷一二
元・楊恒撰《六書統》卷八
明・李時珍撰《本草綱目》卷四九
明・張自烈撰，清・廖文英續《正字通》亥集中
明・李蘇著《見物》卷一
明・陳洪謨、彭憲勘纂《嘉靖常德府志（湖南省）》卷之八
清・余省、張為邦摹繪《故宮鳥譜》卷一（臺北）
清・劉於義等監修，沈青崖編輯《陝西府志》卷四四
清・張玉書、陳廷敬等纂《康熙字典》卷三五
清・段玉裁撰《説文解字注》卷四上
清・任基振撰《爾雅注疏箋補》卷三
清・劉玉麐撰《爾雅校議》卷下
清・方旭撰《蟲薈》卷一
清・黄永綸修，楊錫齡等纂《湖北府縣志輯・道光寧都直隸州志》卷一二
清・朱占科修，周宗洛等纂《雲南省順寧府志》卷一三

乾鵲

清・朱占科修，周宗洛等纂《雲南省順寧府志》卷一三

韓鸞

漢・許慎撰，宋・徐鉉增釋《説文解字》卷四上
南唐・徐鍇撰，朱翱反切《説文繫傳》卷七
宋・司馬光等撰《類篇》卷一〇
宋・羅願撰，元・洪焱祖音釋《爾雅翼》卷一五
元・楊恒撰《六書統》卷八
清・朱占科修，周宗洛等纂《雲南省順寧府志》卷一三
清・段玉裁撰《説文解字注》卷四上

知來事鳥

漢・許慎撰，宋・徐鉉增釋《説文解字》卷四上
晉・郭璞注，唐・陸德明音義，宋・邢昺疏《爾雅注疏》卷一〇
南唐・徐鍇撰，朱翱反切《説文繫傳》卷七
宋・司馬光等撰《類篇》卷一〇
宋・羅願撰，元・洪焱祖音釋《爾雅翼》卷一五
元・楊恒撰《六書統》卷八
清・張玉書、陳廷敬等纂《康熙字典》卷三五
清・方旭撰《蟲薈》卷一
清・段玉裁撰《説文解字注》卷四上
清・朱占科修，周宗洛等纂《雲南省順寧府志》卷一三

鶾鵲

宋・羅願撰，元・洪焱祖音釋《爾雅翼》卷一四

乾鵲

清・段玉裁撰《説文解字注》卷四上

鳱鵲

清・段玉裁撰《説文解字注》卷四上
宋・羅願撰，元・洪焱祖音釋《爾雅翼》卷一五
清・任基振撰《爾雅注疏箋補》卷三

鳱鵲

宋・羅願撰，元・洪焱祖音釋《爾雅翼》卷一五

夫鵲

宋・羅願撰，元・洪焱祖音釋《爾雅翼》卷一五

韓鵲

宋・羅願撰，元・洪焱祖音釋《爾雅翼》卷一五

鵲角

宋・羅願撰，元・洪焱祖音釋《爾雅翼》卷一四

觷犀

宋・羅願撰，元・洪焱祖音釋《爾雅翼》卷一四

嚳玉

宋・羅願撰，元・洪焱祖音釋《爾雅翼》卷一四

雕取

宋・羅願撰，元・洪焱祖音釋《爾雅翼》卷一四

鶾

明・李時珍撰《本草綱目》卷四九

青嘴鳥

明・李時珍撰《本草綱目》卷四九

鸒斯

明・周祈撰《名義考》卷一〇

鸒鶋

明・周祈撰《名義考》卷一〇

鸒鳩

宋・毛晃增注，毛居正重增《增修互注禮部韻略》卷一
宋・羅願撰，元・洪焱祖音釋《爾雅翼》卷一五
明・張自烈撰，清・廖文英續《正字通》亥集中

鴨鶋

明・周祈撰《名義考》卷一〇

山鷓

宋・沈括撰《夢溪筆談》卷一三

宋・陳耆卿撰《赤城志》卷三六
金・李杲編輯，明・李時珍參訂，姚可成補輯《食物本草》卷一二
明・陳洪謨、彭憲勘纂《嘉靖常德府志（湖南省）》卷之八
明・張自烈撰，清・廖文英續《正字通》亥集中
明・李時珍撰《本草綱目》卷四九
清・余省、張為邦摹繪《故宮鳥譜》卷一（臺北）
清・任基振撰《爾雅注疏箋補》卷三

山喜鵲

清・阿桂、劉瑾之等撰《欽定盛京通志》卷一〇七
清・王河等修《欽定盛京通志》卷二七
清・楊修田纂修《河南省光州志》卷四
清・朱占科修，周宗洛等纂《雲南省順寧府志》卷一三

烏鳥

清・任基振撰《爾雅注疏箋補》卷三

赤嘴烏

明・張自烈撰，清・廖文英續《正字通》亥集中
清・方旭撰《蟲薈》卷一

綵鵲

清・阿桂、劉瑾之等撰《欽定盛京通志》卷一〇七

勃姑鳥

清・阿桂、劉瑾之等撰《欽定盛京通志》卷一〇七
清・王河等修《欽定盛京通志》卷二七

鴂鵲

清・任基振撰《爾雅注疏箋補》卷三

飛駮山鵲

清・任基振撰《爾雅注疏箋補》卷三

山麻鵲

明・李蘇著《見物》卷一

麻衣郎

明・李蘇著《見物》卷一

灰喜鵲 *Cyanopica cyana*

山喜鵲

清・余省、張為邦摹繪《故宮鳥譜》卷一（臺北）

灰喜鵲

清・（美）克拉克 索爾比著，史紅帥譯《穿越陝甘・1908-1909 年克拉克考察隊華北行紀》

喜鵲 *Pica pica*

鵲

晉・郭璞注，唐・陸德明音義，宋・邢昺疏《爾雅注疏》卷一〇
南朝梁・沈約撰《宋書》卷二九
唐・段成式撰《酉陽雜俎》續集卷八
五代・馬縞撰《中華古今注》卷下
宋・薛居正等撰，清・邵晉涵等輯《舊五代史》卷一四一
宋・司馬光等撰《類篇》卷一〇
宋・毛晃增注，毛居正重增《增修互注禮部韻略》卷一
宋・歐陽德隆撰，郭守正增修《增修校正押韻釋疑》卷五
宋・陸佃撰《埤雅》卷六
元・戴侗撰《六書故》卷一九
元・楊恒撰《六書統》卷一八
明・孫穀編《古微書》卷一四
明・吳楚材輯《彊識畧》卷三〇
明・陳洪謨、彭憲勘纂《嘉靖常德府志（湖南省）》卷八
明・包大爟纂修《萬曆兗州府志》卷二五
明・李時珍撰《本草綱目》卷四九
明・張自烈撰，清・廖文英續《正字通》亥集中
清・姚炳撰《詩識名解》卷一
清・顧棟高撰《毛詩類釋》卷一六
清・張玉書、陳廷敬等纂《康熙字典》卷三五
清・王鴻緒等撰《詩經傳說彙纂》卷二
清・阿桂、劉瑾之等撰《欽定盛京通志》卷一〇七
清・段玉裁撰《毛詩故訓傳定本》卷二
清・劉於義等監修，沈青崖等編纂《陝西通志》卷四四
清・岳濬等監修，杜詔等編纂《山東通志》卷二四
清・西清纂，蕭穆等重輯《黑龍江外記》卷八
清・郝玉麟等監修，謝道承等編纂《福建通志》卷一〇
清・周碩勳纂修《廣東省潮州府志》卷三九
清・李書吉等纂修《廣東府縣志輯・嘉慶澄海縣志》卷二四
清・毛昌善修，陳蘭彬纂《廣東府縣志輯・光緒吳川縣志》卷二
清・金蓉鏡纂輯《湖南省靖州鄉土志》卷三
清・張鳳台纂修《安東省長白彙徵錄》卷五

䧿

宋・司馬光等撰《類篇》卷一〇
宋・毛晃增注，毛居正重增《增修互注禮部韻略》卷一
宋・歐陽德隆撰，郭守正增修《增修校正押韻釋疑》卷五
宋・陸佃撰《埤雅》卷六
元・楊恒撰《六書統》卷一八
清・段玉裁撰《說文解字注》卷四上
清・萬青黎、周家楣修，張之洞、繆荃孫纂《北京府縣志輯・光緒順天府志》卷五〇

舃

宋・毛晃增注，毛居正重增《增修互注禮部韻略》卷一
元・戴侗撰《六書故》卷一九
元・楊恒撰《六書統》卷一八
明・李時珍撰《本草綱目》卷四九
清・段玉裁撰《說文解字注》卷四上

舄

宋・毛晃增注，毛居正重增《增修互注禮部韻略》卷一
宋・陸佃撰《埤雅》卷六

明・張自烈撰，清・廖文英續《正字通》亥集中

喜鹊

宋・梁克家撰《淳熙三山志》卷四二

明・張自烈撰，清・廖文英續《正字通》亥集中

明・李時珍撰《本草綱目》卷四九

明・唐冑編集《正德瓊台志（廣東省）》卷九

清・張玉書、陳廷敬等纂《康熙字典》卷三五

清・阿桂、劉瑾之等撰《欽定盛京通志》卷一〇七

清・余省、張為邦摹繪《故宮鳥譜》卷一（臺北）

清・劉於義等監修，沈青崖等編纂《陝西通志》卷四四

清・岳濬等監修，杜詔等編纂《山東通志》卷二四

清・不著撰人《新疆省回疆志》卷三

清・郝玉麟等監修，謝道承等編纂《福建通志》卷一〇

清・周碩勳纂修《廣東省潮州府志》卷三九

清・李書吉等纂修《廣東府縣志輯・嘉慶澄海縣志》卷二四

清・金蓉鏡纂輯《湖南省靖州鄉土志》卷三

清・萬青黎、周家楣修，張之洞、繆荃孫纂《北京府縣志輯・光緒順天府志》卷五〇

清・張鳳台纂修《安東省長白彙徵錄》卷五

乾鵲

宋・陸佃撰《埤雅》卷六

宋・梁克家撰《淳熙三山志》卷四二

宋・陸佃撰《埤雅》卷六

宋・羅願撰，元・洪焱祖音釋《爾雅翼》卷一五

明・李時珍撰《本草綱目》卷四九

明・方以智撰《通雅》卷四五

明・張自烈撰，清・廖文英續《正字通》亥集中

明・陳洪謨、彭憲勘纂《嘉靖常德府志（湖南省）》卷八

清・姚炳撰《詩識名解》卷一

清・余省、張為邦摹繪《故宮鳥譜》卷一（臺北）

清・張玉書、陳廷敬等纂《康熙字典》卷三五

清・劉於義等監修，沈青崖等編纂《陝西通志》卷四四

清・郝玉麟等監修，謝道承等編纂《福建通志》卷一〇

清・李書吉等纂修《廣東府縣志輯・嘉慶澄海縣志》卷二四

清・萬青黎、周家楣修，張之洞、繆荃孫纂《北京府縣志輯・光緒順天府志》卷五〇

清・張鳳台纂修《安東省長白彙徵錄》卷五

烏鵲

漢・班固撰，唐・顏師古注，清・齊召南等考證《前漢書》卷二七中之下

南朝梁・沈約撰《宋書》卷二九

宋・陸佃撰《埤雅》卷六

明・張自烈撰，清・廖文英續《正字通》亥集中

清・張玉書、陳廷敬等纂《康熙字典》卷三五

清・余省、張為邦摹繪《故宮鳥譜》卷一（臺北）

烏鳥

宋・羅願撰，元・洪焱祖音釋《爾雅翼》卷一三

駁鳥

宋・羅願撰，元・洪焱祖音釋《爾雅翼》卷一三

明・包大爟纂修《萬曆兗州府志》卷二五

靈鵲

宋・朱勝非撰《紺珠集》卷一一

清・姚炳撰《詩識名解》卷一

清・阿桂、劉瑾之等撰《欽定盛京通志》卷一〇七

清・余省、張為邦摹繪《故宮鳥譜》卷一（臺北）

支鹊

明・張自烈撰，清・廖文英續《正字通》亥集中

鳷鵲

清・張玉書、陳廷敬等纂《康熙字典》卷三五

音干

清・余省、張為邦摹繪《故宮鳥譜》卷一（臺北）

飛駁鳥

明・李時珍撰《本草綱目》卷四九

明・張自烈撰，清・廖文英續《正字通》亥集中

明・方以智撰《通雅》卷四五

清・余省、張為邦摹繪《故宮鳥譜》卷一（臺北）

清・張玉書、陳廷敬等纂《康熙字典》卷三五

清・張鳳台纂修《安東省長白彙徵錄》卷五

芻尼

明・張自烈撰，清・廖文英續《正字通》亥集中

明・李時珍撰《本草綱目》卷四九

明・方以智撰《通雅》卷四五

清・余省、張為邦摹繪《故宮鳥譜》卷一（臺北）

清・張玉書、陳廷敬等纂《康熙字典》卷三五

駁靈

清・張鳳台纂修《安東省長白彙徵錄》卷八

神女

五代・馬縞撰《中華古今注》卷下

明・陶宗儀撰《說郛》卷一二

明・張自烈撰，清・廖文英續《正字通》亥集中

明・李時珍撰《本草綱目》卷四九

清・張玉書、陳廷敬等纂《康熙字典》卷三五

清・余省、張為邦摹繪《故宮鳥譜》卷一（臺北）

白鵲

南朝梁・沈約撰《宋書》卷二九

清・姚之駰撰《元明事類鈔》卷三七

清・余省、張為邦摹繪《故宮鳥譜》卷一（臺北）

清・唐執玉、李衛等監修，田易等纂《畿輔通志》卷五七

清・高得貴修，張九徵等纂《江蘇府縣志輯・乾隆鎮江府志》卷四二

清・長順修《吉林通志》卷三四

鬫鵲
元·楊恒撰《六書統》卷一八
山喜鵲
清·和珅、梁國治等撰《熱河志》卷九五
白喜鵲
清·余省、張為邦摹繪《故宮鳥譜》卷一（臺北）
神鵲
唐·王建撰《王司馬集》卷二
北喜鵲
清·余省、張為邦摹繪《故宮鳥譜》卷一（臺北）
健鵲
明·張自烈撰，清·廖文英續《正字通》亥集中
鵫鷽
清·段玉裁撰《說文解字注》卷四上

灰树鹊 *Dendrocitta formosae*

山八哥
清·余省、張為邦摹繪《故宮鳥譜》卷一（臺北）
黑山鶥
清·余省、張為邦摹繪《故宮鳥譜》卷一（臺北）

星鸦 *Nucifraga caryocatactes*

星鴉
清·（美）克拉克 索爾比著，史紅帥譯《穿越陕甘·1908-1909 年克拉克考察隊華北行紀》

红嘴山鸦 *Pyrrhocorax pyrrhocorax*

鸀
晉·郭璞注，唐·陸德明音義，宋·邢昺疏《爾雅注疏》卷一〇
南朝梁·顧野王撰，宋·陳彭年等重修《重修玉篇》卷二四
·不著撰人《原本廣韻》卷五
宋·司馬光撰《類篇》卷一一
宋·陸佃撰《爾雅新義》卷一七
明·李蘇著《見物》卷一
清·劉於義等監修，沈青崖等編纂《陝西通志》卷四四
清·張玉書、陳廷敬等纂《康熙字典》卷三五
清·周靖撰《篆隸考異》卷四
清·邵晉涵撰《爾雅正義》卷一八
清·梁國治等編輯《欽定音韻述微》卷二五
清·方旭撰《蟲薈》卷一
清·萬青黎、周家楣修，張之洞、繆荃孫纂《北京府縣志輯·光緒順天府志》卷五〇
清·郝懿行撰《爾雅義疏》下之五
清·陳啟源撰《毛詩稽古編》卷二八
清·余省、張為邦摹繪《清宮鳥譜》卷一〇
鳿
南朝梁·顧野王撰，宋·陳彭年等重修《重修玉篇》卷二四
清·周靖撰《篆隸考異》卷四
鸀鳿鳥
南朝梁·顧野王撰，宋·陳彭年等重修《重修玉篇》卷二四
·不著撰人《原本廣韻》卷五
清·張玉書、陳廷敬等纂《康熙字典》卷三五
鸀鳿
宋·司馬光撰《類篇》卷一一
遼·釋行均撰《龍龕手鑒》卷二
明·李時珍撰《本草綱目》卷四七
清·張玉書、陳廷敬等纂《康熙字典》卷三五
赤嘴烏
清·邵晉涵撰《爾雅正義》卷一八
赤觜烏
清·邵晉涵撰《爾雅正義》卷一八
清·余省、張為邦摹繪《清宮鳥譜》卷一〇
鴓
清·劉於義等監修，沈青崖等編纂《陝西通志》卷四四
玉鵪
清·張玉書、陳廷敬等纂《康熙字典》卷三五
鷥鷟
明·李時珍撰《本草綱目》卷四七
清·張玉書、陳廷敬等纂《康熙字典》卷三五
山烏
晉·郭璞注，唐·陸德明音義，宋·邢昺疏《爾雅注疏》卷一〇
宋·陸佃撰《爾雅新義》卷一七
宋·司馬光撰《類篇》卷一一
明·李蘇著《見物》卷一
清·張玉書、陳廷敬等纂《康熙字典》卷三五
清·郝懿行撰《爾雅義疏》下之五
清·余省、張為邦摹繪《清宮鳥譜》卷一〇
清·劉於義等監修，沈青崖等編纂《陝西通志》卷四四
清·邵晉涵撰《爾雅正義》卷一八
清·梁國治等編輯《欽定音韻述微》卷二五
清·方旭撰《蟲薈》卷一
清·萬青黎、周家楣修，張之洞、繆荃孫纂《北京府縣志輯·光緒順天府志》卷五〇
清·陳啟源撰《毛詩稽古編》卷二八
赤嘴
清·劉於義等監修，沈青崖等編纂《陝西通志》
紅觜鴉
清·萬青黎、周家楣修，張之洞、繆荃孫纂《北京府縣志輯·光緒順天府志》卷五〇
清·余省、張為邦摹繪《清宮鳥譜》卷一〇

大首鳥

遼・釋行均撰《龍龕手鑒》卷二

阿雛鳥

清・邵晉涵撰《爾雅正義》卷一八

清・余省、張為邦摹繪《清宮鳥譜》卷一〇

鵮鳥

清・余省、張為邦摹繪《清宮鳥譜》卷一〇

秃鼻乌鸦 *Corvus frugilegus*

秃鼻烏鴉

清・(美)克拉克 索爾比著，史紅帥譯《穿越陝甘・1908-1909 年克拉克考察隊華北行紀》

青鴉

清・余省、張為邦摹繪《清宮鳥譜》卷一〇

寒鸦 *Corvus monedula*

寒鴉

宋・唐慎微撰，寇宗奭衍義《證類本草》卷一九

明・方以智撰《通雅》卷四五

清・諸錦撰《夏小正詁》

清・嵇曾筠等監修，沈翼機等編纂《浙江通志》卷一〇四

清・余省、張為邦摹繪《清宮鳥譜》卷一〇

清・(美)克拉克 索爾比著，史紅帥譯《穿越陝甘・1908-1909 年克拉克考察隊華北行紀》

寒雅

明・李蘇著《見物》卷一

雅

漢・許慎撰，宋・徐鉉增釋《說文解字》卷四上

宋・司馬光等撰《類編》卷一〇

宋・毛晃增注，毛居正重增《增修互注禮部韻略》卷一

元・戴侗撰《六書故》卷一九

清・周靖撰，文含校《篆隸考異》卷四

清・段玉裁撰《說文解字注》卷四上

清・牟應震撰《毛詩物名考》卷一

鸒

漢・許慎撰，宋・徐鉉增釋《說文解字》上冊

晉・郭璞注，唐・陸德明音義，宋・邢昺疏《爾雅注疏》卷一〇

宋・司馬光等撰《類篇》卷一一

宋・毛晃增注，毛居正重增《增修互注禮部韻略》卷一

元・戴侗撰《六書故》卷一九

元・楊恒撰《六書統》卷一八

明・張自烈撰，清・廖文英續《正字通》亥集中

明・方以智撰《通雅》卷四五

清・張玉書、陳廷敬等纂《康熙字典》卷三五

清・周靖撰，文含校《篆隸考異》卷四

清・段玉裁撰《說文解字注》卷四上

清・牟應震撰《毛詩物名考》卷一

鵚

宋・司馬光等撰《類篇》卷一一

明・張自烈撰，清・廖文英續《正字通》亥集中

明・方以智撰《通雅》卷四五

清・張玉書、陳廷敬等纂《康熙字典》卷三五

清・周靖撰，文含校《篆隸考異》卷四

鵯

宋・司馬光等撰《類編》卷一〇

明・李蘇著《見物》卷一

清・張玉書、陳廷敬等纂《康熙字典》卷三五

清・周靖撰，文含校《篆隸考異》卷四

清・段玉裁撰《說文解字注》卷四上

清・牟應震撰《毛詩物名考》卷一

鶋

宋・司馬光等撰《類編》卷一〇

宋・毛晃增注，毛居正重增《增修互注禮部韻略》卷一

明・李蘇著《見物》卷一

明・張自烈撰，清・廖文英續《正字通》亥集中

清・張玉書、陳廷敬等纂《康熙字典》卷三五

鸒鵚

晉・郭璞注，唐・陸德明編《爾雅》

宋・司馬光等撰《類編》卷一〇

元・楊恒撰《六書統》卷一八

清・張玉書、陳廷敬等纂《康熙字典》卷三五

鸒斯

晉・郭璞注，唐・陸德明音義，宋・邢昺疏《爾雅注疏》卷一〇

宋・毛晃增注，毛居正重增《增修互注禮部韻略》卷一

元・戴侗撰《六書故》卷一九

元・楊恒撰《六書統》卷一八

明・張自烈撰，清・廖文英續《正字通》亥集中

明・方以智撰《通雅》卷四五

明・李蘇著《見物》卷一

清・張玉書、陳廷敬等纂《康熙字典》卷三五

清・姚炳撰《詩識名解》卷一

清・段玉裁撰《說文解字注》卷四上

清・顧棟高撰《毛詩類釋》卷一六

清・諸錦撰《夏小正詁》

清・邵晉涵撰《爾雅正義》卷一八

清・戴鎣撰《爾雅郭注補正》卷下三

鵯鶋

晉・郭璞注，唐・陸德明音義，宋・邢昺疏《爾雅注疏》卷一〇

宋・司馬光等撰《類篇》卷一一

宋・毛晃增注，毛居正重增《增修互注禮部韻略》卷一

明・張自烈撰，清・廖文英續《正字通》亥集中

明・方以智撰《通雅》卷四五

明・李蘇著《見物》卷一

清・張玉書、陳廷敬等纂《康熙字典》卷三五
清・姚炳撰《詩識名解》卷一
清・顧棟高撰《毛詩類釋》卷一六
清・邵晉涵撰《爾雅正義》卷一八
清・戴鎣撰《爾雅郭注補正》卷下三

卑居

漢・許慎撰，宋・徐鉉增釋《說文解字》卷四上
宋・司馬光等撰《類編》卷一〇
宋・毛晃增注，毛居正重增《增修互注禮部韻略》卷一
元・戴侗撰《六書故》卷一九
元・楊恒撰《六書統》卷一八
明・張自烈撰，清・廖文英續《正字通》亥集中
明・方以智撰《通雅》卷四五
清・周靖撰，文含校《篆隸考異》卷四
清・段玉裁撰《說文解字注》卷四上

疋鶥

明・方以智撰《通雅》卷四五

楚烏

漢・許慎撰，宋・徐鉉增釋《說文解字》卷四上
晉・郭璞注，唐・陸德明音義，宋・邢昺疏《爾雅注疏》卷一〇
宋・司馬光等撰《類編》卷一〇
元・戴侗撰《六書故》卷一九
明・方以智撰《通雅》卷四五
明・方以智撰《通雅》卷四五
清・周靖撰，文含校《篆隸考異》卷四
清・段玉裁撰《說文解字注》卷四上

雅烏

晉・郭璞注，唐・陸德明音義，宋・邢昺疏《爾雅注疏》卷一〇
元・戴侗撰《六書故》卷一九
明・馮復京撰《六家詩名物疏》卷三九
明・張自烈撰，清・廖文英續《正字通》亥集中
明・李蘇著《見物》卷一
清・姚炳撰《詩識名解》卷一
清・顧棟高撰《毛詩類釋》卷一六
清・段玉裁撰《說文解字注》卷四上
清・諸錦撰《夏小正詁》

雅烏

宋・司馬光等撰《類編》卷一〇
宋・毛晃增注，毛居正重增《增修互注禮部韻略》卷一
元・楊恒撰《六書統》卷一八
清・周靖撰，文含校《篆隸考異》卷四

壁居

清・段玉裁撰《說文解字注》卷四上

賈烏

清・姚炳撰《詩識名解》卷一

清・段玉裁撰《說文解字注》卷四上

鶇烏

宋・毛晃增注，毛居正重增《增修互注禮部韻略》卷一

鶇烏

晉・郭璞注，唐・陸德明音義，宋・邢昺疏《爾雅注疏》卷一〇
元・戴侗撰《六書故》卷一九
明・張自烈撰，清・廖文英續《正字通》亥集中
明・方以智撰《通雅》卷四五
清・張玉書、陳廷敬等纂《康熙字典》卷三五
清・姚炳撰《詩識名解》卷一
清・顧棟高撰《毛詩類釋》卷一六

必烏

明・馮復京撰《六家詩名物疏》卷三七

燕烏

清・張玉書、陳廷敬等纂《康熙字典》卷三五
清・顧棟高撰《毛詩類釋》卷一六

慈烏

周・師曠撰，晉・張華注《禽經》
唐・白居易撰《白氏長慶集》卷一
南唐・徐鍇撰，朱翺反切《說文繫傳》卷一〇
宋・司馬光等撰《類篇》卷一〇
宋・羅願撰，元・洪焱祖音釋《爾雅翼》卷一三
宋・陳耆卿撰《赤城志》卷三六
宋・陸佃撰《埤雅》卷六
明・陶宗儀撰《說郛》卷一七〇
明・包大爟纂修《萬曆兗州府志》
明・方以智撰《通雅》卷四五
清・段玉裁撰《說文解字注》卷四上
清・牟應震撰《毛詩物名考》卷一
清・陳啟源撰《毛詩稽古編》卷二六
清・姚炳撰《詩識名解》卷一
清・和珅、梁國治等撰《熱河志》

慈鴉

宋・唐慎微撰，寇宗奭衍義《證類本草》卷一九

慈雅

明・李蘇著《見物》卷一

茲烏

明・李蘇著《見物》卷一

鴉烏

晉・郭璞注，唐・陸德明音義，宋・邢昺疏《爾雅注疏》卷一〇
明・方以智撰《通雅》卷四五
清・姚炳撰《詩識名解》卷一
清・張玉書、陳廷敬等纂《康熙字典》卷三五
清・顧棟高撰《毛詩類釋》卷一六

老鴉

明・方以智撰《通雅》卷四五

清・姚炳撰《詩識名解》卷一

壁屋

清・姚炳撰《詩識名解》卷一

黑烏

清・諸錦撰《夏小正詁》

慈孝烏

清・諸錦撰《夏小正詁》

孝烏

周・師曠撰，晉・張華注《禽經》

漢・許慎撰，清・段玉裁注《說文解欄位注》上冊

晉・崔豹撰《古今注》卷中

南唐・徐鍇撰，朱翱反切《說文繫傳》卷一〇

宋・羅願撰，元・洪焱祖音釋《爾雅翼》卷一三

宋・司馬光等撰《類篇》卷一〇

宋・陸佃撰《埤雅》卷六

宋・施宿等撰《會稽志》卷一七

金・李杲編輯，明・李時珍參訂，姚可成補輯《食物本草》卷一二

明・李時珍撰《本草綱目》卷四九

明・陶宗儀撰《說郛》卷一〇七

明・吳楚材輯《彊識畧》卷三〇

明・包大爟纂修《萬曆兗州府志》

清・姚炳撰《詩識名解》卷一

清・余省、張為邦摹繪《清宮鳥譜》卷一〇

清・方旭撰《蟲薈》卷一

大嘴乌鸦 *Corvus macrorhynchos*

鴉

明・張自烈撰，清・廖文英續《正字通》亥集中

清・張玉書、陳廷敬等纂《康熙字典》卷三五

楚烏

明・張自烈撰，清・廖文英續《正字通》亥集中

鴉烏

宋・李石撰《續博物志》卷一

明・周祈撰《名義考》卷一〇

明・李時珍撰《本草綱目》卷四九

明・張自烈撰，清・廖文英續《正字通》

清・劉於義等監修，沈青崖等編纂《陝西通志》

清・張玉書、陳廷敬等纂《康熙字典》卷三五

烏鴉

宋・唐慎微撰，寇宗奭衍義《證類本草》卷一九

宋・李石撰《續博物志》卷二

明・周祈撰《名義考》卷一〇

明・李時珍撰《本草綱目》卷四九

明・張自烈撰，清・廖文英續《正字通》亥集中

清・余省、張為邦摹繪《清宮鳥譜》卷一〇

老鵶

明・李時珍撰《本草綱目》卷四九

明・張自烈撰，清・廖文英續《正字通》亥集中

清・黃桂修，宋驤纂《安徽省太平府志》卷一三

鴉鵶

宋・司馬光等撰《類編》卷一〇

鵯鶋

明・李時珍撰《本草綱目》卷四九

大觜烏

明・李時珍撰《本草綱目》卷四九

明・張自烈撰，清・廖文英續《正字通》亥集中

鸒

明・李時珍撰《本草綱目》卷四九

清・劉於義等監修，沈青崖等編纂《陝西通志》卷四四

老雅

明・李時珍撰《本草綱目》卷四九

陽烏

清・余省、張為邦摹繪《清宮鳥譜》卷一〇

陽鴉

清・余省、張為邦摹繪《清宮鳥譜》卷一〇

白鴉

清・余省、張為邦摹繪《清宮鳥譜》卷一〇

小嘴乌鸦 *Corvus corone*

烏鴉

清・余省、張為邦摹繪《清宮鳥譜》卷一〇

烏鵶

清・余省、張為邦摹繪《清宮鳥譜》卷一〇

陽烏

清・余省、張為邦摹繪《清宮鳥譜》卷一〇

林鴉

清・余省、張為邦摹繪《清宮鳥譜》卷一〇

陽鵶

清・余省、張為邦摹繪《清宮鳥譜》卷一〇

白颈鸦 *Coruus torquatus*

烏

周・師曠撰，晉・張華注《禽經》

晉・郭璞注，唐・陸德明音義，・邢昺疏《爾雅注疏》卷一〇

晉・郭璞注，唐・陸德明編《爾雅》

五代・馬縞撰《中華古今注》卷下

宋・陸佃撰《埤雅》卷八

宋・陸佃撰《爾雅新義》卷一七

明・李蘇著《見物》卷一

清・邵晉涵撰《爾雅正義》卷一八

清・姜兆錫撰《爾雅注疏參議》卷五

清·郝懿行撰《爾雅義疏》下之五

白脰烏

晉·郭璞注，唐·陸德明編《爾雅》

晉·郭璞注，唐·陸德明音義，·邢昺疏《爾雅注疏》卷一〇

五代·馬縞撰《中華古今注》卷下

宋·陸佃撰《埤雅》卷八

宋·陸佃撰《爾雅新義》卷一七

明·李蘇著《見物》卷一

清·邵晉涵撰《爾雅正義》卷一八

清·姜兆錫撰《爾雅注疏參議》卷五

清·郝懿行撰《爾雅義疏》下之五

清·方旭撰《蟲薈》卷一

白頸鴉

清·(美)克拉克 索爾比著，史紅帥譯《穿越陝甘·1908-1909 年克拉克考察隊華北行紀》

白脰

周·師曠撰，晉·張華注《禽經》

鬼雀

周·師曠撰，晉·張華注《禽經》

明·李蘇著《見物》卷一

清·方旭撰《蟲薈》卷一

燕烏

晉·郭璞注，唐·陸德明音義，·邢昺疏《爾雅注疏》卷一〇

宋·陸佃撰《埤雅》卷八

清·邵晉涵撰《爾雅正義》卷一八

清·郝懿行撰《爾雅義疏》下之五

清·方旭撰《蟲薈》卷一

清·毛昌善修，陳蘭彬纂《廣東府縣志輯·光緒吳川縣志》

孝烏

五代·馬縞撰《中華古今注》卷下

玄烏

五代·馬縞撰《中華古今注》卷下

清·姜兆錫撰《爾雅注疏參議》卷五

雅烏

宋·陸佃撰《埤雅》卷八

蒼烏

宋·陸佃撰《爾雅正義》卷一八

清·方旭撰《蟲薈》卷一

清·毛昌善修，陳蘭彬纂《廣東府縣志輯·光緒吳川縣志》

白頭烏

清·郝懿行撰《爾雅義疏》卷下

鶻鵰

清·方旭撰《蟲薈》卷一

雛烏

清·毛昌善修，陳蘭彬纂《廣東府縣志輯·光緒吳川縣志》

楚烏

清·毛昌善修，陳蘭彬纂《廣東府縣志輯·光緒吳川縣志》

渡鸦 *Corvus corax*

大烏鴉

清·(美)克拉克 索爾比著，史紅帥譯《穿越陝甘·1908-1909 年克拉克考察隊華北行紀》

河乌科 Cinclidae

褐河乌 *Cinclus pallasii*

褐河鳥

清·(美)克拉克 索爾比著，史紅帥譯《穿越陝甘·1908-1909 年克拉克考察隊華北行紀》

黑鳥浴

漢·戴德撰，北周·盧辯注《大戴禮記》卷七

宋·傅崧卿撰《夏小正戴氏傳》卷四

黑鳥

漢·戴德撰，北周·盧辯注《大戴禮記》卷七

宋·傅崧卿撰《夏小正戴氏傳》卷四

清·宋書升撰《夏小正釋義》

鷦鷯科 Troglodytidae

鷦鷯 *Troglodytes troglodytes*

鷦

漢·楊雄撰，晉·郭璞注《輶軒使者絕代語釋別國方言》卷八

晉·郭璞撰，唐·陸德明音義，宋·邢昺疏《爾雅注疏》卷一〇

三國吳·陸璣撰，明·毛晉廣要《陸氏詩疏廣要》卷下之上

宋·毛晃增注，毛居正重增《增修互注禮部韻略》卷一

宋·唐慎微撰，寇宗奭衍義《證類本草》卷一

宋·陸佃撰《埤雅》卷八

元·楊恒撰《六書統》卷一

明·張自烈撰，清·廖文英續《正字通》亥集中

明·李時珍撰《本草綱目》卷四九

明·李蘇著《見物》卷一

清·張玉書、陳廷敬等纂《康熙字典》卷三五

清·周靖撰《篆隸考異》卷四

清·姚炳撰《詩識名解》卷三

清·余蕭客撰《古經解鉤沉》卷三〇

清·郝懿行撰《爾雅義疏》下之五

鷯

元·戴侗撰《六書故》卷一九

元·楊恒撰《六書統》卷一

清・張玉書、陳廷敬等纂《康熙字典》卷三五

雔聃

元・楊恒撰《六書統》卷一

雟聃

漢・楊雄撰，晉・郭璞注《輶軒使者絕代語釋別國方言》卷八

三國吳・陸璣撰，明・毛晉廣要《陸氏詩疏廣要》卷下之上

元・戴侗撰《六書故》卷一九

明・方以智撰《通雅》卷四五

明・張自烈撰，清・廖文英續《正字通》亥集中

清・張玉書、陳廷敬等纂《康熙字典》卷三五

清・任基振撰《爾雅注疏箋補》卷三

鷦鶉

漢・楊雄撰，晉・郭璞注《輶軒使者絕代語釋別國方言》卷八

三國吳・陸璣撰，明・毛晉廣要《陸氏詩疏廣要》卷下之上

宋・司馬光等撰《類篇》卷一一

宋・毛晃增注，毛居正重增《增修互注禮部韻略》卷一

宋・陸佃撰《埤雅》卷八

宋・吳淑撰注《事類賦注》卷一九

金・李杲編輯，明・李時珍參訂，姚可成補輯《食物本草》卷一二

元・戴侗撰《六書故》卷一九

明・張自烈撰，清・廖文英續《正字通》亥集中

明・李時珍撰《本草綱目》卷四九

明・李蘇著《見物》卷一

清・張玉書、陳廷敬等纂《康熙字典》卷三五

清・姚炳撰《詩識名解》卷三

清・唐執玉、李衛等監修，田易等纂《畿輔通志》卷五七

清・劉於義等監修，沈青崖等編纂《陝西通志》卷四四

清・阿桂、劉瑾之等撰《欽定盛京通志》卷一〇七

清・牟應震撰《毛詩物名考》卷一

清・郝懿行撰《爾雅義疏》下之五

清・任基振撰《爾雅注疏箋補》卷三

清・陳淏子輯《秘傳花鏡》附錄

清・萬青黎、周家楣修，張之洞、繆荃孫纂《北京府縣志輯・光緒順天府志》卷五〇

鷦鵬

明・張自烈撰，清・廖文英續《正字通》亥集中

清・張玉書、陳廷敬等纂《康熙字典》卷三五

買鴟

清・張玉書、陳廷敬等纂《康熙字典》卷三五

焦明

清・張玉書、陳廷敬等纂《康熙字典》卷三五

清・周靖撰《篆隸考異》卷四

鷦鵬

宋・毛晃增注，毛居正重增《增修互注禮部韻略》卷一

鷦聦

三國吳・陸璣撰，明・毛晉廣要《陸氏詩疏廣要》卷下之五

晉・郭璞撰，唐・陸德明音義，宋・邢昺疏《爾雅注疏》卷一〇

清・顧棟高撰《毛詩類釋》卷一六

鷦鶵

宋・毛晃增注，毛居正重增《增修互注禮部韻略》卷一

鷦鸝

漢・楊雄撰，晉・郭璞注《輶軒使者絕代語釋別國方言》卷八

清・劉於義等監修，沈青崖等編纂《陝西通志》卷四四

鷯鶉

元・戴侗撰《六書故》卷一九

鷦烏

明・方以智撰《通雅》卷四五

鵝鳺

清・張玉書、陳廷敬等纂《康熙字典》卷三五

鸜鳺

清・張玉書、陳廷敬等纂《康熙字典》卷三五

鴟鳺

清・張玉書、陳廷敬等纂《康熙字典》卷三五

桃蟲

漢・楊雄撰，晉・郭璞注《輶軒使者絕代語釋別國方言》卷八

三國吳・陸璣撰，明・毛晉廣要《陸氏詩疏廣要》卷下之上

晉・郭璞撰，唐・陸德明音義，宋・邢昺疏《爾雅注疏》卷一〇

宋・陸佃撰《埤雅》卷八

宋・吳淑撰注《事類賦注》卷一九

宋・唐慎微撰，寇宗奭衍義《證類本草》卷一

元・戴侗撰《六書故》卷一九

元・楊恒撰《六書統》卷一

明・禹季撰《詩說解頤》卷四

明・方以智撰《通雅》卷四五

明・李時珍撰《本草綱目》卷四八

明・李蘇著《見物》卷一

清・顧棟高撰《毛詩類釋》卷一六

清・毛奇齡撰《續詩傳鳥名卷》卷三

清・張玉書、陳廷敬等纂《康熙字典》卷三五

清・姚炳撰《詩識名解》卷三

清・余蕭客撰《古經解鉤沉》卷三〇

清・劉於義等監修，沈青崖等編纂《陝西通志》卷四四

清・阿桂、劉瑾之等撰《欽定盛京通志》卷一〇七

清・牟應震撰《毛詩物名考》卷一

清・郝懿行撰《爾雅義疏》下之五
清・陳淏子輯《秘傳花鏡》附錄

桃雀

漢・楊雄撰，晉・郭璞注《輶軒使者絕代語釋別國方言》卷八
三國吳・陸璣撰，明・毛晉廣要《陸氏詩疏廣要》卷下之五
晉・郭璞撰，唐・陸德明音義，宋・邢昺疏《爾雅注疏》卷一〇
宋・唐慎微撰，寇宗奭衍義《證類本草》卷一
元・戴侗撰《六書故》卷一九
明・陶宗儀撰《說郛》卷一七〇
明・李時珍撰《本草綱目》卷四九
清・顧棟高撰《毛詩類釋》卷一六
清・郝懿行撰《爾雅義疏》卷下
清・毛奇齡撰《續詩傳鳥名卷》卷三
清・唐執玉、李衛等監修，田易等纂《畿輔通志》卷五七
清・郝懿行撰《爾雅義疏》下之五
清・萬青黎、周家楣修，張之洞、繆荃孫纂《北京府縣志輯・光緒順天府志》卷五〇

桑飛

漢・楊雄撰，晉・郭璞注《輶軒使者絕代語釋別國方言》卷八
三國吳・陸璣撰，明・毛晉廣要《陸氏詩疏廣要》卷下之五
晉・郭璞撰，唐・陸德明音義，宋・邢昺疏《爾雅注疏》卷一〇
元・戴侗撰《六書故》卷一九
明・方以智撰《通雅》卷四五
清・郝懿行撰《爾雅義疏》下之五
清・劉於義等監修，沈青崖等編纂《陝西通志》卷四四
清・張玉書、陳廷敬等纂《康熙字典》卷三五

桑錢

元・戴侗撰《六書故》卷一九

題肩

三國吳・陸璣撰，明・毛晉廣要《陸氏詩疏廣要》卷下之五
明・方以智撰《通雅》卷四五

鳥題肩

三國吳・陸璣撰，明・毛晉廣要《陸氏詩疏廣要》卷下之五
晉・郭璞撰，唐・陸德明音義，宋・邢昺疏《爾雅注疏》卷一〇
元・戴侗撰《六書故》卷一九
清・姚炳撰《詩識名解》卷三
清・郝懿行撰《爾雅義疏》下之五

寧鴂

元・戴侗撰《六書故》卷一九

鷤鴂

漢・楊雄撰，晉・郭璞注《輶軒使者絕代語釋別國方言》卷八
三國吳・陸璣撰，明・毛晉廣要《陸氏詩疏廣要》卷下之五
晉・郭璞撰，唐・陸德明音義，宋・邢昺疏《爾雅注疏》卷一〇
宋・吳淑撰注《事類賦注》卷一九
明・方以智撰《通雅》卷四五
清・郝懿行撰《爾雅義疏》下之五
清・毛奇齡撰《續詩傳鳥名卷》卷三
清・劉於義等監修，沈青崖等編纂《陝西通志》卷四四
清・張玉書、陳廷敬等纂《康熙字典》卷三五
清・姚炳撰《詩識名解》卷三

工爵

漢・楊雄撰，晉・郭璞注《輶軒使者絕代語釋別國方言》卷八
晉・郭璞撰，唐・陸德明音義，宋・邢昺疏《爾雅注疏》卷一〇
清・郝懿行撰《爾雅義疏》下之五

工雀

漢・楊雄撰，晉・郭璞注《輶軒使者絕代語釋別國方言》卷八
三國吳・陸璣撰，明・毛晉廣要《陸氏詩疏廣要》卷下之五
宋・陸佃撰《埤雅》卷八
元・戴侗撰《六書故》卷一九
清・張玉書、陳廷敬等纂《康熙字典》卷三五

過鸁

漢・楊雄撰，晉・郭璞注《輶軒使者絕代語釋別國方言》卷八
元・戴侗撰《六書故》卷一九
清・郝懿行撰《爾雅義疏》卷下

果鸁

三國吳・陸璣撰，明・毛晉廣要《陸氏詩疏廣要》卷下之五

過鸁

清・張玉書、陳廷敬等纂《康熙字典》卷三五

過鸁

晉・郭璞撰，唐・陸德明音義，宋・邢昺疏《爾雅注疏》卷一〇
三國吳・陸璣撰，明・毛晉廣要《陸氏詩疏廣要》卷下之上

幭爵

漢・楊雄撰，晉・郭璞注《輶軒使者絕代語釋別國方言》卷八
清・劉於義等監修，沈青崖等編纂《陝西通志》卷四四

𩿭雀

明・禹季撰《詩說解頤》卷四

明・方以智撰《通雅》卷四五

清・顧棟高撰《毛詩類釋》卷一六

清・毛奇齡撰《續詩傳鳥名卷》卷三

韉雀

晉・郭璞撰，唐・陸德明音義，宋・邢昺疏《爾雅注疏》卷一〇

三國吳・陸璣撰，明・毛晉廣要《陸氏詩疏廣要》卷下之上

宋・陸佃撰《埤雅》卷八

宋・吳淑撰注《事類賦注》卷一九

元・戴侗撰《六書故》卷一九

清・張玉書、陳廷敬等纂《康熙字典》卷三五

清・牟應震撰《毛詩物名考》卷一

襪雀

明・李時珍撰《本草綱目》卷四九

清・張玉書、陳廷敬等纂《康熙字典》卷三五

爵雀

漢・楊雄撰，晉・郭璞注《輶軒使者絕代語釋別國方言》卷八

蒙鳩

漢・楊雄撰，晉・郭璞注《輶軒使者絕代語釋別國方言》卷八

明・李時珍撰《本草綱目》卷四九

清・郝懿行撰《爾雅義疏》卷下

清・任基振撰《爾雅注疏箋補》卷三

女鴎

漢・楊雄撰，晉・郭璞注《輶軒使者絕代語釋別國方言》卷八

三國吳・陸璣撰，明・毛晉廣要《陸氏詩疏廣要》卷下之五

晉・郭璞撰，唐・陸德明音義，宋・邢昺疏《爾雅注疏》卷一〇

女匠

漢・楊雄撰，晉・郭璞注《輶軒使者絕代語釋別國方言》卷八

三國吳・陸璣撰，明・毛晉廣要《陸氏詩疏廣要》卷下之上

宋・陸佃撰《埤雅》卷八

元・戴侗撰《六書故》卷一九

明・李時珍撰《本草綱目》卷四九

清・唐執玉、李衛等監修，田易等纂《畿輔通志》卷五七

清・郝懿行撰《爾雅義疏》卷下

清・張玉書、陳廷敬等纂《康熙字典》卷三五

細鳥

宋・毛晃增注，毛居正重增《增修互注禮部韻略》卷一

寒號蟲

清・周靖撰《篆隸考異》卷四

征鳥

三國吳・陸璣撰，明・毛晉廣要《陸氏詩疏廣要》卷下之五

鷙征

三國吳・陸璣撰，明・毛晉廣要《陸氏詩疏廣要》卷下之五

澤雀

晉・郭璞撰，唐・陸德明音義，宋・邢昺疏《爾雅注疏》卷一〇

黃脰草

明・李時珍撰《本草綱目》卷四九

偷倉

明・李蘇撰《見物》卷一

螓

清・唐執玉、李衛等監修，田易等纂《畿輔通志》卷五七

屢事

清・郝懿行撰《爾雅義疏》下之五

稽留

清・郝懿行撰《爾雅義疏》下之五

柳串

清・郝懿行撰《爾雅義疏》下之五

和鵠掛

清・屈大均撰《廣東新語》卷二〇

相思

清・屈大均撰《廣東新語》卷二〇

剖葦

金・李杲編輯，明・李時珍參訂，姚可成補輯《食物本草》卷一二

元・戴侗撰《六書故》卷一九

元・楊恒撰《六書統》卷一

明・李時珍撰《本草綱目》卷四九

清・阿桂、劉瑾之等撰《欽定盛京通志》卷一〇七

巧匠

清・陳淏子輯《秘傳花鏡》附錄

巧婦

漢・楊雄撰，晉・郭璞注《輶軒使者絕代語釋別國方言》卷八

三國吳・陸璣撰，明・毛晉廣要《陸氏詩疏廣要》卷下之五

晉・郭璞撰，唐・陸德明音義，宋・邢昺疏《爾雅注疏》卷一〇

宋・陸佃撰《埤雅》卷八

宋・吳淑撰注《事類賦注》卷一九

宋・梁克家撰《淳熙三山志》卷四二

元・戴侗撰《六書故》卷一九

明・禹季撰《詩說解頤》卷四

明・陶宗儀撰《說郛》卷一〇七
明・李時珍撰《本草綱目》卷四九
明・李蘇著《見物》卷一
清・唐執玉、李衛等監修，田易等纂《畿輔通志》卷五七
清・顧棟高撰《毛詩類釋》卷一六
清・毛奇齡撰《續詩傳鳥名卷》卷三
清・張玉書、陳廷敬等纂《康熙字典》卷三五
清・姚炳撰《詩識名解》卷三
清・牟應震撰《毛詩物名考》卷一
清・郝懿行撰《爾雅義疏》下之五

巧婦鳥

漢・楊雄撰，晉・郭璞注《輶軒使者絕代語釋別國方言》卷八
宋・唐慎微撰，寇宗奭衍義《證類本草》卷一
金・李杲編輯，明・李時珍參訂，姚可成補輯《食物本草》卷一二

巧雀

三國吳・陸璣撰，明・毛晉廣要《陸氏詩疏廣要》卷下之五
清・張玉書、陳廷敬等纂《康熙字典》卷三五
明・李時珍撰《本草綱目》卷四九

巧女

漢・楊雄撰，晉・郭璞注《輶軒使者絕代語釋別國方言》卷八
三國吳・陸璣撰，明・毛晉廣要《陸氏詩疏廣要》卷下之五
明・李時珍撰《本草綱目》卷四九
明・陶宗儀撰《說郛》卷一〇七
清・阿桂、劉瑾之等撰《欽定盛京通志》卷一〇七
清・張玉書、陳廷敬等纂《康熙字典》卷三五
清・陳淏子輯《秘傳花鏡》附錄

鳭鷯

元・戴侗撰《六書故》卷一九
元・楊恒撰《六書統》卷一
明・方以智撰《通雅》卷四五
明・張自烈撰，清・廖文英續《正字通》亥集中
清・毛奇齡撰《續詩傳鳥名卷》卷三

蘆虎

元・戴侗撰《六書故》卷一九

蘆虎夫

明・方以智撰《通雅》卷四五

黃脰雀

清・任基振撰《爾雅注疏箋補》卷三
清・張玉書、陳廷敬等纂《康熙字典》卷三五

相思子

清・屈大均撰《廣東新語》卷二〇

黃脰子

清・萬青黎、周家楣修，張之洞、繆荃孫纂《北京府縣志輯・光緒順天府志》卷五〇

綠脰子

清・萬青黎、周家楣修，張之洞、繆荃孫纂《北京府縣志輯・光緒順天府志》卷五〇

竹葉青

清・萬青黎、周家楣修，張之洞、繆荃孫纂《北京府縣志輯・光緒順天府志》卷五〇

蘇子

清・萬青黎、周家楣修，張之洞、繆荃孫纂《北京府縣志輯・光緒順天府志》卷五〇

啁噍

清・郝懿行撰《爾雅義疏》卷下

布母

漢・楊雄撰，晉・郭璞注《輶軒使者絕代語釋別國方言》卷八

抗鼓

宋・梁克家撰《淳熙三山志》卷四二

有呼

明・李時珍撰《本草綱目》卷四九

葦雞

清・牟應震撰《毛詩物名考》卷一

葦喳

清・牟應震撰《毛詩物名考》卷一

岩鷚科 Prunellidae

领岩鷚 *Prunella collaris*

岩鷚

清・(美)克拉克 索爾比著，史紅帥譯《穿越陝甘・1908-1909 年克拉克考察隊華北行紀》

棕眉山岩鷚 *Prunella montanella*

籬雀

清・(美)克拉克 索爾比著，史紅帥譯《穿越陝甘・1908-1909 年克拉克考察隊華北行紀》

鶲科 Muscicapidae

鸫亚科 Turdinae

红喉歌鸲，红点颏 *Luscinia calliope*

紅靛頦

清・余省、張為邦摹繪《故宮鳥譜》卷四（臺北）

紅喉鶯

清・(美)克拉克 索爾比著，史紅帥譯《穿越陝甘・1908-

1909 年克拉克考察隊華北行紀》

蓝喉歌鸲，蓝点颏 *Luscinia svecica*

藍喉鶯

清・(美)克拉克 索爾比著，史紅帥譯《穿越陝甘・1908-1909 年克拉克考察隊華北行紀》

红胁蓝尾鸲 *Tarsiger cyanurus*

白靛頦

清・余省、張為邦摹繪《故宮鳥譜》卷四（臺北）

鹊鸲 *Copsychus saularis*

豬屎鳥

清・金蓉鏡纂輯《湖南省靖州鄉土志》

季季鳥

清・金蓉鏡纂輯《湖南省靖州鄉土志》

釘釘鳥

清・金蓉鏡纂輯《湖南省靖州鄉土志》

赭红尾鸲 *Phoenicurus ochruros*

紅尾鴝

清・(美)克拉克 索爾比著，史紅帥譯《穿越陝甘・1908-1909 年克拉克考察隊華北行紀》

黑喉红尾鸲 *Phoenicurus hodgsoni*

白靛頦

清・余省、張為邦摹繪《故宮鳥譜》卷三（臺北）

北红尾鸲 *Phenicurus auroreus*

紅尾鴝

清・(美)克拉克 索爾比著，史紅帥譯《穿越陝甘・1908-1909 年克拉克考察隊華北行紀》

小燕尾 *Enicurus scouleri*

白頭郎

清・余省、張為邦摹繪《故宮鳥譜》卷四（臺北）

灰背燕尾 *Enicurus schistaceus*

雙喜

清・(美)克拉克 索爾比著，史紅帥譯《穿越陝甘・1908-1909 年克拉克考察隊華北行紀》

黑背燕尾 *Enicurus leschenaulti*

信鳥

清・余省、張為邦摹繪《清宮鳥譜》卷一二

進鳥

清・余省、張為邦摹繪《清宮鳥譜》卷一二

清・(美)克拉克 索爾比著，史紅帥譯《穿越陝甘・1908-1909 年克拉克考察隊華北行紀》

黑喉石䳭 *Saxicola torquata*

黑靛頦

清・余省、張為邦摹繪《故宮鳥譜》卷四（臺北）

麥翁鳥

清・(美)克拉克 索爾比著，史紅帥譯《穿越陝甘・1908-1909 年克拉克考察隊華北行紀》

蓝头矶鸫 *Monticola cinclorhynchus*

翠鳥

清・余省、張為邦摹繪《清宮鳥譜》卷一〇

蓝矶鸫 *Monticola solitarius*（翠鳥）

靛花

清・余省、張為邦摹繪《故宮鳥譜》卷一（臺北）

磯鶇

清・(美)克拉克 索爾比著，史紅帥譯《穿越陝甘・1908-1909 年克拉克考察隊華北行紀》

紫啸鸫 *Myiophoneus caeruleus*

石青

清・余省、張為邦摹繪《故宮鳥譜》卷一（臺北）

虎斑地鸫 *Zoothera dauma*

布穀鳥

清・余省、張為邦摹繪《清宮鳥譜》卷五

花雞

清・余省、張為邦摹繪《清宮鳥譜》卷五

乌灰鸫 *Turdus cardis*

麻雀

清・余省、張為邦摹繪《清宮鳥譜》卷六

乌鸫 *Turdus merula*

反舌

宋・羅願撰，元・洪焱祖音釋《爾雅翼》卷一四

金・李杲編輯，明・李時珍參訂，姚可成補輯《食物本草》卷一二

明・方以智撰《通雅》卷四五

明・吳楚材撰《彊識畧》卷三〇

明・李時珍撰《本草綱目》卷四八

明・慎懋官撰《華夷鳥獸續考》卷一〇

清・劉於義等監修，沈青崖等編纂《陝西通志》卷四四

清・覺羅石麟等監修，儲大文等編纂《山西通志》卷四七（物產）

清・劉業勤修，淩魚纂《廣東府縣志輯・乾隆揭陽縣志》卷之七

清・周碩勳纂修《廣東省潮州府志》卷三九（物產）

清・劉於義等監修，沈青崖等編纂《陝西通志》卷四四
清・黄桂修，宋驤纂《安徽省太平府志》卷一三
清・楊修田纂修《河南省光州志》卷四（物產）
清・毛昌善修，陳蘭彬纂《廣東府縣志輯・光緒吳川縣志》卷二
清・錢聞震修，陳文焯纂《遼北省奉化縣志》卷一一
清・余省、張為邦摹繪《故宮鳥譜》卷三（臺北）
清・方旭撰《蟲薈》卷一
清・高得貴修，張九徵等纂《江蘇府縣志輯・乾隆鎮江府志》卷四二

百舌

宋・羅願撰，元・洪焱祖音釋《爾雅翼》卷一四
宋・司馬光等撰《類篇》卷一〇
宋・陳耆卿撰《赤城志》卷三六
金・李杲編輯，明・李時珍參訂，姚可成補輯《食物本草》卷一二
明・方以智撰《通雅》卷四五
明・吳楚材撰《彊識畧》卷三〇
明・李時珍撰《本草綱目》卷四八
清・納喇性德撰《陳氏禮記集說補正》卷九
清・覺羅石麟等監修，儲大文等編纂《山西通志》卷四七
清・劉業勤修，淩魚纂《廣東府縣志輯・乾隆揭陽縣志》卷之七
清・周碩勳纂修《廣東省潮州府志》卷三九
清・劉於義等監修，沈青崖等編纂《陝西通志》卷四四
清・黄桂修，宋驤纂《安徽省太平府志》卷一三
清・楊修田纂修《河南省光州志》卷四
清・毛昌善修，陳蘭彬纂《廣東府縣志輯・光緒吳川縣志》卷二
清・錢聞震修，陳文焯纂《遼北省奉化縣志》卷一一
清・方旭撰《蟲薈》卷一
清・高得貴修，張九徵等纂《江蘇府縣志輯・乾隆鎮江府志》卷四二（物產）
清・金蓉鏡纂輯《湖南省靖州鄉土志》卷三

蝦蟇

宋・羅願撰，元・洪焱祖音釋《爾雅翼》卷一三
清・方旭撰《蟲薈》卷一
清・納喇性德撰《陳氏禮記集說補正》卷九

孟桑

宋・陳耆卿撰《赤城志》卷三六

祝鳩

宋・羅願撰，元・洪焱祖音釋《爾雅翼》卷一四
清・余省、張為邦摹繪《故宮鳥譜》卷三（臺北）
清・毛昌善修，陳蘭彬纂《廣東府縣志輯・光緒吳川縣志》卷二

烏舅鳥

宋・司馬光等撰《類篇》卷一一

䧳

宋・司馬光等撰《類篇》卷一一

鸜鵒

明・李時珍撰《本草綱目》卷四九
清・楊修田纂修《河南省光州志》
清・方旭撰《蟲薈》卷一
清・余省、張為邦摹繪《故宮鳥譜》卷三（臺北）

鸜鴝

明・方以智撰《通雅》卷四五

翠碧鳥

明・慎懋官撰《華夷鳥獸續考》卷一〇

鸜鳥

明・李時珍撰《本草綱目》卷四九
明・方以智撰《通雅》卷四五

牛屎唎哥

明・李時珍撰《本草綱目》卷四九
清・方旭撰《蟲薈》卷一
清・余省、張為邦摹繪《故宮鳥譜》卷三（臺北）

牛矢唎哥

明・方以智撰《通雅》卷四五

牛屎八哥

清・金蓉鏡纂輯《湖南省靖州鄉土志》卷三

舍羅

明・李時珍撰《本草綱目》卷四九
清・余省、張為邦摹繪《故宮鳥譜》卷三（臺北）
清・方旭撰《蟲薈》卷一

呼春

清・納喇性德撰《陳氏禮記集說補正》卷九
清・余省、張為邦摹繪《故宮鳥譜》卷三（臺北）

百舌鳥

明・慎懋官撰《華夷花木鳥獸珍玩續考》卷一〇

望春

清・方旭撰《蟲薈》卷一
清・高得貴修，張九徵等纂《江蘇府縣志輯・乾隆鎮江府志》卷四二
清・余省、張為邦摹繪《故宮鳥譜》卷三（臺北）

喚春鳥

清・余省、張為邦摹繪《故宮鳥譜》卷三（臺北）

喚起

清・方旭撰《蟲薈》卷一
清・高得貴修，張九徵等纂《江蘇府縣志輯・乾隆鎮江府志》卷四二
清・余省、張為邦摹繪《故宮鳥譜》卷三（臺北）

鶪

清・余省、張為邦摹繪《故宮鳥譜》卷三（臺北）

喚春

清・方旭撰《蟲薈》卷一

清・余省、張為邦摹繪《故宮鳥譜》卷三（臺北）

黃鶯

清・方旭撰《蟲薈》卷一

白脰鳥

清・方旭撰《蟲薈》卷一

反舌鳥

宋・羅願撰，元・洪焱祖音釋《爾雅翼》卷一三

清・毛昌善修，陳蘭彬纂《廣東府縣志輯・光緒吳川縣志》卷二

百靈

清・毛昌善修，陳蘭彬纂《廣東府縣志輯・光緒吳川縣志》卷二

百舌兒

宋・陳思編，元・陳世隆補《兩宋名賢小集》卷一九六

烏雪

清・黃桂修，宋驤纂《安徽省太平府志》卷一三

南百舌

清・余省、張為邦摹繪《故宮鳥譜》卷三（臺北）

画眉亚科 Timaliinae

绣脸钩嘴鹛 *Pomatorhinus erythrogenys*

繡臉鉤嘴鶥

清・(美)克拉克 索爾比著，史紅帥譯《穿越陝甘・1908-1909 年克拉克考察隊華北行紀》

宝兴鹛雀 *Moupinia poecilotis*

石畫眉

清・余省、張為邦摹繪《故宮鳥譜》卷三（臺北）

大草鹛 *Babax waddelli*

山畫眉

清・和珅、梁國治等撰《熱河志》卷九五

清・余省、張為邦摹繪《故宮鳥譜》卷三（臺北）

清・乾隆三十二年敕撰《皇朝通志》卷一二六

黑脸噪鹛 *Garrulax perspicillatus*

黑臉噪鶥

清・(美)克拉克 索爾比著，史紅帥譯《穿越陝甘・1908-1909 年克拉克考察隊華北行紀》

白喉噪鹛 *Garrulax albogularis*

珊瑚鳥

清・姚之駰撰《元明事類鈔》卷三七

清・余省、張為邦摹繪《故宮鳥譜》卷二（臺北）

清・嵇璜、曹仁虎等撰《續通志》卷一八〇

清・陳元龍撰《格致鏡原》卷八一

山鳥

清・余省、張為邦摹繪《故宮鳥譜》卷二（臺北）

山鶘

清・雷學海修，陳昌齊等纂《廣東府縣志輯・雷州府志》卷三

清・余省、張為邦摹繪《故宮鳥譜》卷二（臺北）

清・金鉷等監修，錢元昌等編纂《廣西通志》卷三一

山胡

清・陳元龍撰《格致鏡原》卷八一

清・黃樂之、平翰撰，鄭珍纂《貴州省遵義府志》卷一七

山呼

清・陳元龍撰《格致鏡原》卷八一

珊瑚

清・陳元龍撰《格致鏡原》卷八一

小黑领噪鹛 *Garrulax monileger*

黃山鳥

清・余省、張為邦摹繪《故宮鳥譜》卷二（臺北）

山噪鹛 *Garrulax davidi*

七姐妹鳥

清・(美)克拉克 索爾比著，史紅帥譯《穿越陝甘・1908-1909 年克拉克考察隊華北行紀》

画眉 *Garrulax canorus*

畫眉

宋・陳耆卿撰《赤城志》卷三六

明・陳洪謨、彭憲勘纂《嘉靖常德府志（湖南省）》卷八

清・蔣毓英修《臺灣府志》卷四

清・嵇曾筠等監修，沈翼機等編纂《浙江通志》卷一〇四、卷一〇七

清・覺羅石麟等監修，儲大文等編纂《山西通志》卷四七

清・劉於義等監修，沈青崖編輯《陝西通志》卷四四

清・阿桂、劉瑾之等撰《欽定盛京通志》卷一〇七

清・余省、張為邦摹繪《故宮鳥譜》卷三（臺北）

清・方旭撰《蟲薈》卷一

清・陳淏子輯《秘傳花鏡》卷六

清・陳均撰《畫眉筆談》

清・李書吉等纂修《廣東府縣志輯・嘉慶澄海縣志》卷二四

清・黃永綸修，楊錫齡等纂《湖北府縣志輯・道光寧都直隸州志》卷一二

清・金蓉鏡纂輯《湖南省靖州鄉土志》卷三

畫眉鳥

清・蔣浦、汪由敦、董邦達等編纂《盤山志》卷一五

白畫眉

清・姚之駰撰《元明事類鈔》卷三七

橙翅噪鹛 *Garrulax elliotii*

橙翅噪鶥

清 •（美）克拉克 索爾比著，史紅帥譯《穿越陝甘 • 1908-1909 年克拉克考察隊華北行紀》

红嘴相思鸟 *Leiothrix lutea*

相思兒

元 • 王惲撰《秋澗集》卷四三

相思鳥

清 • 方旭撰《蟲薈》卷一
清 • 孫默編《十五家詞》卷六
清 • 姚之駰撰《元明事類鈔》卷三七
清 • 劉於義等監修，沈青崖編輯《陝西通志》卷四四
清 • 嵇曾筠等監修，沈翼機等編纂《浙江通志》卷一〇五
清 • 金鉷等監修，錢元昌等編纂《廣西通志》卷三一

南相思鳥

清 • 余省、張為邦摹繪《故宮鳥譜》卷二（臺北）

相思

清 • 陳元龍編《歷代賦匯》卷一三三（明 • 葉憲祖《相思鳥賦》）
清 • 余省、張為邦摹繪《故宮鳥譜》卷二（臺北）
清 • 姚之駰撰《元明事類鈔》卷三七

十姊妹

清 • 方旭撰《蟲薈》卷一

游香

清 • 方旭撰《蟲薈》卷一

文须雀 *Panurus biarmicus*

蘆葦鳥

清 • 余省、張為邦摹繪《清宮鳥譜》卷一〇

桃雀

清 • 余省、張為邦摹繪《清宮鳥譜》卷一〇

鷦鷯

清 • 余省、張為邦摹繪《清宮鳥譜》卷一〇

巧婦

清 • 余省、張為邦摹繪《清宮鳥譜》卷一〇

桑飛

清 • 余省、張為邦摹繪《清宮鳥譜》卷一〇

棕翅缘鸦雀 *Paradoxornis webbianus*

黃頭

清 • 陳淏子輯《秘傳花鏡》卷六
清 • 余省、張為邦摹繪《故宮鳥譜》卷三（臺北）

侶鳳逑

清 • 余省、張為邦摹繪《故宮鳥譜》卷三（臺北）

相思鳥

清 • 余省、張為邦摹繪《故宮鳥譜》卷三（臺北）

山鹛 *Rhopophilus pekinensis*

山鶥

清 •（美）克拉克 索爾比著，史紅帥譯《穿越陝甘 • 1908-1909 年克拉克考察隊華北行紀》

莺亚科 Sylviinae

大苇莺 *Acrocephalus arundinaceus*

鶈

漢 • 許慎撰，宋 • 徐鉉增釋《說文解字》上冊
南唐 • 徐鍇撰，朱翱反切《說文繫傳》卷七
元 • 楊恒撰《六書統》卷一八
清 • 段玉裁撰《說文解字注》卷四上

鳭

明 • 張自烈撰，清 • 廖文英續《正字通》亥集中
清 • 段玉裁撰《說文解字注》卷四上

刀鶈

漢 • 許慎撰，宋 • 徐鉉增釋《說文解字》上冊
南唐 • 徐鍇撰，朱翱反切《說文繫傳》卷七
宋 • 陸佃撰《爾雅新義》卷一八
元 • 楊恒撰《六書統》卷一八
明 • 張自烈撰，清 • 廖文英續《正字通》亥集中
清 • 郝懿行撰《爾雅義疏》卷下之五
清 • 段玉裁撰《說文解字注》卷四上

鳭鶈

晉 • 郭璞撰，唐 • 陸德明音義，宋 • 邢昺疏《爾雅注疏》卷一〇
宋 • 陸佃撰《爾雅新義》卷一八
元 • 楊恒撰《六書統》卷一八
明 • 李蘇撰《見物》卷一
明 • 張自烈撰，清 • 廖文英續《正字通》亥集中
清 • 郝懿行撰《爾雅義疏》卷下之五
清 • 余省、張為邦摹繪《清宮鳥譜》卷一〇
清 • 段玉裁撰《說文解字注》卷四上

剖葦

漢 • 許慎撰，宋 • 徐鉉增釋《說文解字》卷四上
晉 • 郭璞撰，唐 • 陸德明音義，宋 • 邢昺疏《爾雅注疏》卷一〇
南唐 • 徐鍇撰，朱翱反切《說文繫傳》卷七
宋 • 陸佃撰《爾雅新義》卷一八
元 • 楊恒撰《六書統》卷一八
明 • 李蘇撰《見物》卷一
明 • 張自烈撰，清 • 廖文英續《正字通》亥集中
清 • 余省、張為邦摹繪《清宮鳥譜》卷一〇
清 • 段玉裁撰《說文解字注》卷四上
清 • 郝懿行撰《爾雅義疏》卷下之五

盧虎

晉・郭璞撰，唐・陸德明音義，宋・邢昺疏《爾雅注疏》卷一〇

南唐・徐鍇撰，朱翱反切《說文繫傳》卷七

蘆虎

晉・郭璞撰，唐・陸德明音義，宋・邢昺疏《爾雅注疏》卷一〇

宋・陸佃撰《爾雅新義》卷一八

明・張自烈撰，清・廖文英續《正字通》亥集中

清・余省、張為邦摹繪《清宮鳥譜》卷一〇

清・郝懿行撰《爾雅義疏》卷下之五

水喳子

清・余省、張為邦摹繪《清宮鳥譜》卷一〇

苇喳子

清・余省、張為邦摹繪《清宮鳥譜》卷一〇

鷦鷯

清・余省、張為邦摹繪《清宮鳥譜》卷一〇

灰（白喉）林莺 *Sylvia communis*

嗝叭鶺

清・余省、張為邦摹繪《清宮鳥譜》卷一〇

架格鳥

清・余省、張為邦摹繪《故宮鳥譜》卷三（臺北）

黄腹柳莺 *Phylloscopus affinis*

黃交鶺

清・余省、張為邦摹繪《清宮鳥譜》卷一二

暗绿柳莺 *Phylloscopus trochiloides*

柳鶯

元・王惲撰《秋澗集》卷四三

槐串

清・余省、張為邦摹繪《故宮鳥譜》卷三（臺北）

銅鈴

清・余省、張為邦摹繪《故宮鳥譜》卷三（臺北）

柳葉兒

清・夏日瑷校，姚明煇輯《蒙古志》

串柳兒

清・夏日瑷校，姚明煇輯《蒙古志》

鹟亚科 Muscicapinae

白眉（姬）鹟 *Ficedula zanthopygia*

柿黃

清・余省、張為邦摹繪《故宮鳥譜》卷四（臺北）

白腹（姬）鹟 *Ficedula cyanomelana*

藍靛頦

清・余省、張為邦摹繪《故宮鳥譜》卷四（臺北）

寿带[鸟] *Terpsiphone paradisi*

拖白練

宋・高似孫撰《剡錄》卷一〇

宋・陳思編，元・陳世隆補《兩宋名賢小集》卷一九六

金・李杲編輯，明・李時珍參訂，姚可成補輯《食物本草》卷一二

明・李時珍撰《本草綱目》卷四九

清・方旭撰《蟲薈》卷一

清・劉於義等監修，沈青崖等編纂《陝西通志》卷四四

清・高得貴修，張九徵等纂《江蘇府縣志輯・乾隆鎮江府志》卷四二

清・舒其紳等修，嚴長明等纂《陝西省西安府志》卷一八

清・余省、張為邦摹繪《清宮鳥譜》卷一〇

拖尾練

清・阿桂、劉瑾之等撰《欽定盛京通志》卷一七〇

白練

宋・高似孫撰《剡錄》卷一〇

明・劉嵩撰《槎翁詩集》卷一

清・余省、張為邦摹繪《清宮鳥譜》卷一〇

練雀

明・李蘇撰《見物》卷一

明・李時珍撰《本草綱目》卷四九

清・劉於義等監修，沈青崖等編纂《陝西通志》卷四四

清・阿桂、劉瑾之等撰《欽定盛京通志》卷一七〇

清・舒其紳等修，嚴長明等纂《陝西省西安府志》卷一八（食貨志下・物產）

練鵲

金・李杲編輯，明・李時珍參訂，姚可成補輯《食物本草》卷一二

明・李時珍撰《本草綱目》卷四九

清・黃桂修，宋驤纂《安徽省太平府志》

清・阿桂、劉瑾之等撰《欽定盛京通志》卷一七〇

清・周碩勳纂修《廣東省潮州府志》卷三九

清・方旭撰《蟲薈》卷一

清・余省、張為邦摹繪《清宮鳥譜》卷一〇

清・高得貴修，張九徵等纂《江蘇府縣志輯・乾隆鎮江府志》卷四二

練鵠

清・方旭撰《蟲薈》卷一

帶鳥

明・李時珍撰《本草綱目》卷四九

清・方旭撰《蟲薈》卷一

清・阿桂、劉瑾之等撰《欽定盛京通志》卷一七〇

清・周碩勳纂修《廣東省潮州府志》卷三九

白鷴

清・余省、張為邦摹繪《清宮鳥譜》卷一〇

魂膗鳥

清・方旭撰《蟲薈》卷一

闇鵲

清・方旭撰《蟲薈》卷一

托白者

清・舒其紳等修，嚴長明等纂《陝西省西安府志》卷一八

壽帶鳥

清・方旭撰《蟲薈》卷一

喜相逢

清・高得貴修，張九徵等纂《江蘇府縣志輯・乾隆鎮江府志》卷四二

俊鳥

清・舒其紳等修，嚴長明等纂《陝西省西安府志》卷一八

紫寿带[鸟] *Terpsiphone atrocaudata*

紫練

清・余省、張為邦摹繪《清宮鳥譜》卷一〇

拖紅練

清・余省、張為邦摹繪《清宮鳥譜》卷一〇

紅練

清・余省、張為邦摹繪《清宮鳥譜》卷一〇

紅鸝

清・余省、張為邦摹繪《清宮鳥譜》卷一〇

山雀科 Paridae

大山雀 *Parus major*

子規

清・余省、張為邦摹繪《清宮鳥譜》卷一一

大山雀

清・(美)克拉克 索爾比著，史紅帥譯《穿越陝甘・1908-1909 年克拉克考察隊華北行紀》

煤山雀 *Parus ater*

仔仔黑

清・余省、張為邦摹繪《清宮鳥譜》卷一二

煤山雀

清・(美)克拉克 索爾比著，史紅帥譯《穿越陝甘・1908-1909 年克拉克考察隊華北行紀》

褐冠山雀 *Parus dichrous*

冠山雀

清・(美)克拉克 索爾比著，史紅帥譯《穿越陝甘・1908-1909 年克拉克考察隊華北行紀》

红头（长尾）山雀 *Aegithalos concinnus*

長尾山雀

清・(美)克拉克 索爾比著，史紅帥譯《穿越陝甘・1908-1909 年克拉克考察隊華北行紀》

鳾科 Sittidae

普通鳾 *Sitta europaea*

五子雀

清・(美)克拉克 索爾比著，史紅帥譯《穿越陝甘・1908-1909 年克拉克考察隊華北行紀》

红翅旋壁雀 *Tichodroma muraria*

旋壁雀

清・(美)克拉克 索爾比著，史紅帥譯《穿越陝甘・1908-1909 年克拉克考察隊華北行紀》

绣眼鸟科 Zosteropidae

暗绿绣眼鸟 *Zosterops japonica*

青菜

宋・陳耆卿撰《赤城志》卷三六

青絲

宋・陳耆卿撰《赤城志》卷三六

繡眼

清・嵇曾筠等監修，沈翼機等編纂《浙江通志》卷一〇七

粉眼

清・余省、張為邦摹繪《故宮鳥譜》卷三（臺北）

柳葉雀

清・余省、張為邦摹繪《故宮鳥譜》卷三（臺北）

红胁绣眼鸟 *Zosterops erythropleura*

綠鶺鴒

清・(美)克拉克 索爾比著，史紅帥譯《穿越陝甘・1908-1909 年克拉克考察隊華北行紀》

銀眼

清・(美)克拉克 索爾比著，史紅帥譯《穿越陝甘・1908-1909 年克拉克考察隊華北行紀》

文鸟科 Ploceidae

树麻雀 *Passer montanus*

雀

唐・段成式撰《酉陽雜俎》卷一六

五代・馬縞撰《中華古今注》卷下

宋・陸佃撰《埤雅》卷六

宋・羅願撰，元・洪焱祖音釋《爾雅翼》卷一五

宋・唐慎微撰，寇宗奭衍義《證類本草》卷一

元・楊恒撰《六書統》卷一

明・方以智撰《通雅》卷四五

清・姚炳撰《詩識名解》卷一

清・毛奇齡撰《續詩傳鳥名卷》卷二

清・顧棟高撰《毛詩類釋》卷一六
清・張玉書、陳廷敬等纂《康熙字典》卷三五
清・牟應震撰《毛詩物名考》卷一
清・岳濬等監修，杜詔等編纂《山東通志》捐二四
清・周碩勳纂修《廣東省潮州府志》卷三九（物產）
清・郝玉麟等監修，謝道承等編纂《福建通志》卷一〇
清・王崧修，李星煇纂《廣東府縣志輯・光緒揭陽縣續志》卷七
清・和珅、梁國治等撰《熱河志》卷九五（物產）
清・李書吉等纂修《廣東府縣志輯・嘉慶澄海縣志》卷二四
清・錢聞震修，陳文焯纂《遼北省奉化縣志》卷二（物產）
清・毛昌善修，陳蘭彬纂《廣東府縣誌輯・光緒吳川縣誌》卷二

嘉賓

宋・梁克家撰《淳熙三山志》卷四二
明・方以智撰《通雅》卷四五
明・陶宗儀撰《說郛》卷一二
清・周碩勳纂修《廣東省潮州府志》卷三九
清・王崧修，李星煇纂《廣東府縣志輯・光緒揭陽縣續志》卷七

嘉賔

宋・羅願撰，元・洪焱祖音釋《爾雅翼》卷一五
清・余省、張為邦摹繪《故宮鳥譜》卷四（臺北）
清・郝玉麟等監修，謝道承等編纂《福建通志》卷一〇

佳賓

五代・馬縞撰《中華古今注》卷下

佳賔

清・蔣毓英修《臺灣府志》卷四

家賔

明・方以智撰《通雅》卷四五
清・張玉書、陳廷敬等纂《康熙字典》卷三五

賓客

五代・馬縞撰《中華古今注》卷下
宋・梁克家撰《淳熙三山志》卷四二

賔雀

宋・羅願撰，元・洪焱祖音釋《爾雅翼》卷一五
明・方以智撰《通雅》卷四五
清・岳濬等監修，杜詔等編纂《山東通志》捐二四
清・劉於義監修，沈青崖編輯《陝西通志》卷四四
清・余省、張為邦摹繪《故宮鳥譜》卷四（臺北）

黃雀

明・方以智撰《通雅》卷四五
清・和珅、梁國治等撰《熱河志》卷九五
清・蔣毓英修《臺灣府志》卷四
清・岳濬等監修，杜詔等編纂《山東通志》捐二四
清・郝玉麟等監修，謝道承等編纂《福建通志》卷一〇
清・毛昌善修，陳蘭彬纂《廣東府縣誌輯・光緒吳川縣誌》卷二

簷雀

清・張玉書、陳廷敬等纂《康熙字典》卷三五

麻雀

明・方以智撰《通雅》卷四五
清・劉於義監修，沈青崖編輯《陝西通志》卷四四
清・毛昌善修，陳蘭彬纂《廣東府縣誌輯・光緒吳川縣誌》卷二
清・張玉書、陳廷敬等纂《康熙字典》卷三五
清・毛奇齡撰《續詩傳鳥名卷》卷二
清・和珅、梁國治等撰《熱河志》卷九五
清・李書吉等纂修《廣東府縣志輯・嘉慶澄海縣志》卷二四

老雀

宋・羅願撰，元・洪焱祖音釋《爾雅翼》卷一五
清・余省、張為邦摹繪《故宮鳥譜》卷四（臺北）

爵雀

清・毛奇齡撰《續詩傳鳥名卷》卷二

小隹

宋・羅願撰，元・洪焱祖音釋《爾雅翼》卷一五
元・楊恒撰《六書統》卷一
清・毛奇齡撰《續詩傳鳥名卷》卷二

寒雀

元・王惲撰《秋澗集》卷四三
清・和珅、梁國治等撰《熱河志》

瓦雀

明・方以智撰《通雅》卷四五
清・和珅、梁國治等撰《熱河志》卷九五
清・余省、張為邦摹繪《故宮鳥譜》卷四（臺北）
清・牟應震撰《毛詩物名考》卷一
清・岳濬等監修，杜詔等編纂《山東通志》捐二四
清・劉於義監修，沈青崖編輯《陝西通志》卷四四
清・李書吉等纂修《廣東府縣志輯・嘉慶澄海縣志》卷二四
清・毛昌善修，陳蘭彬纂《廣東府縣誌輯・光緒吳川縣誌》卷二
清・萬青黎、周家楣修，張之洞、繆荃孫纂《北京府縣志輯・光緒順天府志》卷五〇

家雀

清・牟應震撰《毛詩物名考》卷一
清・錢聞震修，陳文焯纂《遼北省奉化縣志》卷二
清・萬青黎、周家楣修，張之洞、繆荃孫纂《北京府縣志輯・光緒順天府志》卷五〇

嘉雀

清・余省、張為邦摹繪《故宮鳥譜》卷四（臺北）

麻鵲

清・萬青黎、周家楣修，張之洞、繆荃孫纂《北京府縣

志輯·光緒順天府志》卷五〇

爵

明·方以智撰《通雅》卷四五

清·顧棟高撰《毛詩類釋》卷一六

清·毛奇齡撰《續詩傳鳥名卷》卷二

白雀

南朝梁·沈約撰《宋書》卷二九

南朝梁·蕭子顯《南齊書》卷一八

山麻雀 *Passer rutilans*

山麻雀

宋·黄居來繪《山鷓棘雀》

清·金蓉鏡纂輯《湖南省靖州鄉土志》

白腰文鸟 *Lonchura striata*

偷倉

清·余省、張為邦摹繪《故宫鳥譜》卷四（臺北）

斑文鸟 *Lonchura punctulata*

吉祥鳥

清·余省、張為邦摹繪《故宫鳥譜》卷四（臺北）

栗腹文鸟 *Lonchura malacca*

花嘉雀

清·余省、張為邦摹繪《故宫鳥譜》卷四（臺北）

雀科 Fringillidae

燕雀 *Fringilla montifringilla*

燕雀

唐·房玄齡等撰《晉書》卷二八

宋·陳思編，元·陳世隆補《兩宋名賢小集》卷一九六

清·余省、張為邦摹繪《故宫鳥譜》卷三（臺北）

清·(美)克拉克 索爾比著，史紅帥譯《穿越陝甘·1908-1909 年克拉克考察隊華北行紀》

蒿雀

宋·唐慎微撰，寇宗奭衍義《證類本草》卷一

清·劉於義等監修，沈青崖編輯《陝西通志》卷四四

麻鷯

清·余省、張為邦摹繪《故宫鳥譜》卷三（臺北）

金翅[雀] *Carduelis sinica*

白頭金鈴

清·余省、張為邦摹繪《故宫鳥譜》卷三（臺北）

金翅雀

清·(美)克拉克 索爾比著，史紅帥譯《穿越陝甘·1908-1909 年克拉克考察隊華北行紀》

黑头金翅雀 *Carduelis ambigua*

金翅

清·高得貴修，張九徵等纂《江蘇府縣志輯·乾隆鎮江府志》卷四二

清·余省、張為邦摹繪《故宫鳥譜》卷三（臺北）

黄雀 *Carduelis spinus*

黄雀

宋·梁克家撰《淳熙三山志》卷四二

宋·高似孫撰《剡録》卷一〇

清·嵇曾筠等監修，沈翼機等編纂《浙江通志》卷一三〇

清·唐執玉、李衛等監修，田易等纂《畿輔通志》卷五七

清·劉於義等監修，沈青崖等編纂《陝西通志》卷四四

清·余省、張為邦摹繪《故宫鳥譜》卷四（臺北）

黄鳥

清·唐執玉、李衛等監修，田易等纂《畿輔通志》卷五七

清·方旭撰《蟲薈》卷一

田雀

清·唐執玉、李衛等監修，田易等纂《畿輔通志》卷五七

黄鸎

清·唐執玉、李衛等監修，田易等纂《畿輔通志》卷五七

披綿

清·嵇曾筠等監修，沈翼機等編纂《浙江通志》卷一三〇

蘆雀

清·嵇曾筠等監修，沈翼機等編纂《浙江通志》卷一三〇

鵹黄

清·戴鎣撰《爾雅郭注補正》卷八

白腰朱顶雀 *Carduelis flammea*

千里紅

清·阿桂、劉瑾之等撰《欽定盛京通志》卷一〇七

蘇雀

清·阿桂、劉瑾之等撰《欽定盛京通志》卷一〇七

老鎗雀

清·阿桂、劉瑾之等撰《欽定盛京通志》卷一〇七

珠頂紅

清·余省、張為邦摹繪《故宫鳥譜》卷三（臺北）

黄嘴朱顶雀 *Carduelis flavirostris*

金鈴

清·余省、張為邦摹繪《故宫鳥譜》卷三（臺北）

粉红腹岭雀 *Leusticte arctoa*

五更鳴

清·余省、張為邦摹繪《故宫鳥譜》卷四（臺北）

五更醒

清·余省、張為邦摹繪《故宫鳥譜》卷四（臺北）

五更囀

清·余省、張為邦摹繪《故宫鳥譜》卷四（臺北）

西寧白

清·余省、張為邦摹繪《故宫鳥譜》卷四（臺北）

蒙古沙雀 *Rhodopechys mongolica*

山雀

清・余省、張為邦摹繪《故宮鳥譜》卷四（臺北）

红眉朱雀 *Carpodacus pulcherrimus*

紅眉朱雀

清・(美)克拉克 索爾比著，史紅帥譯《穿越陜甘・1908-1909 年克拉克考察隊華北行紀》

普通朱雀 *Carpodacus erythrinus*

靠山紅

清・余省、張為邦摹繪《故宮鳥譜》卷四（臺北）

映山紅

清・余省、張為邦摹繪《故宮鳥譜》卷四（臺北）

紅料

清・阿桂、劉瑾之等撰《欽定盛京通志》卷一〇七

清・余省、張為邦摹繪《故宮鳥譜》卷四（臺北）

麻紅料

清・阿桂、劉瑾之等撰《欽定盛京通志》卷一〇七

紅麻鶘

清・余省、張為邦摹繪《故宮鳥譜》卷四（臺北）

北朱雀 *Carpodacus roseus*

朱雀

清・(美)克拉克 索爾比著，史紅帥譯《穿越陜甘・1908-1909 年克拉克考察隊華北行紀》

红交嘴雀 *Loxia curvirostra*

紅交觜

清・余省、張為邦摹繪《清宮鳥譜》卷一二

交喙鳥

清・(美)克拉克 索爾比著，史紅帥譯《穿越陜甘・1908-1909 年克拉克考察隊華北行紀》

白翅交嘴雀 *Loxia leucoptera*

花交觜

清・余省、張為邦摹繪《清宮鳥譜》卷一二

黑头蜡嘴雀 *Eophona personata*

雇

南唐・徐鍇撰，朱翺反切《說文繫傳》卷七

元・戴侗撰《六書故》卷一九

扈

南唐・徐鍇撰，朱翺反切《說文繫傳》卷七

元・戴侗撰《六書故》卷一九

元・楊恒撰《六書統》卷一

明・李蘇著《見物》卷一

鳸

明・李時珍撰《本草綱目》卷四九

清・余蕭客撰《古經解鉤沉》卷三〇

春雇

南唐・徐鍇撰，朱翺反切《說文繫傳》卷七

元・楊恒撰《六書統》卷一

春扈

周・左丘明撰，晉・杜預注，唐・孔穎達疏《春秋左傳注疏》卷四八

三國吳・陸璣撰，明・毛晉廣要《陸氏詩疏廣要》卷下之五

宋・陸佃撰《埤雅》卷六

元・戴侗撰《六書故》卷一九

清・余蕭客撰《古經解鉤沉》卷三〇

春鳸

明・李時珍撰《本草綱目》卷四九

清・顧棟高撰《毛詩類釋》卷一六

夏雇

南唐・徐鍇撰，朱翺反切《說文繫傳》卷七

元・楊恒撰《六書統》卷一

夏扈

周・左丘明撰，晉・杜預注，唐・孔穎達疏《春秋左傳注疏》卷四八

三國吳・陸璣撰，明・毛晉廣要《陸氏詩疏廣要》卷下之五

宋・陸佃撰《埤雅》卷六

元・戴侗撰《六書故》卷一九

清・余蕭客撰《古經解鉤沉》卷三〇

夏鳸

明・李時珍撰《本草綱目》卷四九

清・顧棟高撰《毛詩類釋》卷一六

秋雇

南唐・徐鍇撰，朱翺反切《說文繫傳》卷七

元・楊恒撰《六書統》卷一

秋扈

周・左丘明撰，晉・杜預注，唐・孔穎達疏《春秋左傳注疏》卷四八

三國吳・陸璣撰，明・毛晉廣要《陸氏詩疏廣要》卷下之五

宋・陸佃撰《埤雅》卷六

元・戴侗撰《六書故》卷一九

清・余蕭客撰《古經解鉤沉》卷三〇

秋鳸

明・李時珍撰《本草綱目》卷四九

清・顧棟高撰《毛詩類釋》卷一六

冬雇

南唐・徐鍇撰，朱翺反切《說文繫傳》卷七

元·楊恒撰《六書統》卷一

冬扈

周·左丘明撰，晉·杜預注，唐·孔穎達疏《春秋左傳注疏》卷四八

宋·陸佃撰《埤雅》卷六

元·戴侗撰《六書故》卷一九

清·余蕭客撰《古經解鉤沉》卷三〇

清·余省、張為邦摹繪《清宮鳥譜》卷一二

冬鳸

明·李時珍撰《本草綱目》卷四九

清·顧棟高撰《毛詩類釋》卷一六

鳻盾

南唐·徐鍇撰，朱翱反切《說文繫傳》卷七

元·楊恒撰《六書統》卷一

鳻鶥

元·戴侗撰《六書故》卷一九

明·李時珍撰《本草綱目》卷四九

竊玄

晉·郭璞撰，唐·陸德明音義，宋·邢昺疏《爾雅注疏》卷一〇

南唐·徐鍇撰，朱翱反切《說文繫傳》卷七

元·戴侗撰《六書故》卷一九

元·楊恒撰《六書統》卷一

明·李時珍撰《本草綱目》卷四九

竊藍

晉·郭璞撰，唐·陸德明音義，宋·邢昺疏《爾雅注疏》卷一〇

南唐·徐鍇撰，朱翱反切《說文繫傳》卷七

元·戴侗撰《六書故》卷一九

元·楊恒撰《六書統》卷一

明·李時珍撰《本草綱目》卷四九

明·李蘇著《見物》卷一

竊黃

晉·郭璞撰，唐·陸德明音義，宋·邢昺疏《爾雅注疏》卷一〇

南唐·徐鍇撰，朱翱反切《說文繫傳》卷七

元·戴侗撰《六書故》卷一九

元·楊恒撰《六書統》卷一

明·李時珍撰《本草綱目》卷四九

清·余省、張為邦摹繪《清宮鳥譜》卷一二

竊丹

晉·郭璞撰，唐·陸德明音義，宋·邢昺疏《爾雅注疏》卷一〇

南唐·徐鍇撰，朱翱反切《說文繫傳》卷七

元·戴侗撰《六書故》卷一九

元·楊恒撰《六書統》卷一

明·李時珍撰《本草綱目》卷四九

竊脂

晉·郭璞疏《爾雅》（釋鳥第一七）

晉·郭璞撰，唐·陸德明音義，宋·邢昺疏《爾雅注疏》卷一〇

三國吳·陸璣撰，明·毛晉廣要《陸氏詩疏廣要》卷下之五

南唐·徐鍇撰，朱翱反切《說文繫傳》卷七

宋·蔡卞撰《毛詩名物解》卷六

元·戴侗撰《六書故》卷一九

元·楊恒撰《六書統》卷一

明·陶宗儀撰《說郛》卷四上

明·李時珍撰《本草綱目》卷四九

明·李蘇著《見物》卷一

清·余蕭客撰《古經解鉤沉》卷三〇

清·趙佑撰《草木疏校正》卷二

清·牟應震撰《毛詩物名考》卷一

清·方旭撰《蟲薈》卷一

桑雇

南唐·徐鍇撰，朱翱反切《說文繫傳》卷七

元·楊恒撰《六書統》卷一

桑扈

周·左丘明撰，晉·杜預注，唐·孔穎達疏《春秋左傳注疏》卷四八

三國吳·陸璣撰，明·毛晉廣要《陸氏詩疏廣要》卷下之五

晉·郭璞疏《爾雅》（釋鳥第一七）

晉·郭璞撰，唐·陸德明音義，宋·邢昺疏《爾雅注疏》卷一〇

宋·陸佃撰《埤雅》卷六

宋·蔡卞撰《毛詩名物解》卷六

元·戴侗撰《六書故》卷一九

明·李時珍撰《本草綱目》卷四九

明·馮復京撰《六家詩名物疏》卷三六

清·姚炳撰《詩識名解》卷三

清·顧棟高撰《毛詩類釋》卷一六

清·余蕭客撰《古經解鉤沉》卷三〇

清·趙佑撰《草木疏校正》卷二

清·牟應震撰《毛詩物名考》卷一

桑鳸

晉·郭璞撰，唐·陸德明音義，宋·邢昺疏《爾雅注疏》卷一〇

三國吳·陸璣撰，明·毛晉廣要《陸氏詩疏廣要》卷下之五

金·李杲編輯，明·李時珍參訂，姚可成補輯《食物本草》卷一二

明·李蘇著《見物》卷一

清·方旭撰《蟲薈》卷一

老雇

南唐·徐鍇撰，朱翱反切《說文繫傳》卷七

元·楊恒撰《六書統》卷一

老扈

周·左丘明撰，晉·杜預注，唐·孔穎達疏《春秋左傳注疏》卷四八

宋·陸佃撰《埤雅》卷六

元·戴侗撰《六書故》卷一九

清·姚炳撰《詩識名解》卷三

清·余蕭客撰《古經解鉤沉》卷三〇

老鳸

晉·郭璞撰，唐·陸德明音義，宋·邢昺疏《爾雅注疏》卷一〇

三國吳·陸璣撰，明·毛晉廣要《陸氏詩疏廣要》卷下之五

明·李時珍撰《本草綱目》卷四九

棘雇

南唐·徐鍇撰，朱翱反切《說文繫傳》卷七

元·楊恒撰《六書統》卷一

棘扈

元·戴侗撰《六書故》卷一九

清·余蕭客撰《古經解鉤沉》卷三〇

棘鳸

明·李時珍撰《本草綱目》卷四九

宵雇

南唐·徐鍇撰，朱翱反切《說文繫傳》卷七

元·楊恒撰《六書統》卷一

宵扈

元·戴侗撰《六書故》卷一九

清·余蕭客撰《古經解鉤沉》卷三〇

行雇

南唐·徐鍇撰，朱翱反切《說文繫傳》卷七

元·楊恒撰《六書統》卷一

行扈

元·戴侗撰《六書故》卷一九

元·楊恒撰《六書統》卷一

清·余蕭客撰《古經解鉤沉》卷三〇

行鳸

明·李時珍撰《本草綱目》卷四九

唶唶

南唐·徐鍇撰，朱翱反切《說文繫傳》卷七

元·戴侗撰《六書故》卷一九

元·楊恒撰《六書統》卷一

明·李時珍撰《本草綱目》卷四九

嘖嘖

南唐·徐鍇撰，朱翱反切《說文繫傳》卷七

元·戴侗撰《六書故》卷一九

元·楊恒撰《六書統》卷一

鶌鶋

南唐·徐鍇撰，朱翱反切《說文繫傳》卷七

元·戴侗撰《六書故》卷一九

元·楊恒撰《六書統》卷一

明·李時珍撰《本草綱目》卷四九

青鳥

周·左丘明撰，晉·杜預注，唐·孔穎達疏《春秋左傳注疏》卷四八

明·楊慎撰《丹鉛餘錄》卷六

明·陶宗儀撰《說郛》卷四上

青雀

三國吳·陸璣撰《毛詩草木鳥獸蟲魚疏》卷下

三國吳·陸璣撰，明·毛晉廣要《陸氏詩疏廣要》卷下之五

晉·郭璞疏《爾雅》（釋鳥第一七）

晉·郭璞撰，唐·陸德明音義，宋·邢昺疏《爾雅注疏》卷一〇

元·戴侗撰《六書故》卷一九

明·陶宗儀撰《說郛》卷四上

明·李時珍撰《本草綱目》卷四九

清·姚炳撰《詩識名解》卷一

清·顧棟高撰《毛詩類釋》卷一六

清·趙佑撰《草木疏校正》卷二

清·劉於義等監修，沈青崖編輯《陝西通志》卷四四

清·方旭撰《蟲薈》卷一

鶬

清·余蕭客撰《古經解鉤沉》卷三〇

鳰

清·余蕭客撰《古經解鉤沉》卷三〇

蠟嘴

明·陳洪謨纂修，陸埏序，高吾、陳洪謨修《常德府志》卷八

清·覺羅石麟等監修，儲大文纂修《山西通志》卷四七

清·劉於義等監修，沈青崖編輯《陝西通志》卷四四

清·方旭撰《蟲薈》卷一

蠟觜

明·李時珍撰《本草綱目》卷四九

清·余省、張為邦摹繪《清宮鳥譜》卷一二

蠟觜雀

明·李時珍撰《本草綱目》卷四九

清·余省、張為邦摹繪《清宮鳥譜》卷一二

蠵觜鳥

明·沈弘正撰《沈氏蟲天志》卷八

梧桐

清·余省、張為邦摹繪《清宮鳥譜》卷一二

鶬鴳

周・左丘明撰，晉・杜預注，唐・孔穎達疏《春秋左傳注疏》卷四八

明・楊慎撰《丹鉛餘錄》卷六

鶬鷃

明・楊慎撰《丹鉛餘錄》卷六

鶬鳿

明・楊慎撰《丹鉛餘錄》卷六

黑尾蜡嘴雀 *Eophona migratoria*

皂兒

清・余省、張為邦摹繪《清宮鳥譜》卷一二

竊元

清・余省、張為邦摹繪《清宮鳥譜》卷一二

夏扈

清・余省、張為邦摹繪《清宮鳥譜》卷一二

豹頭

清・余省、張為邦摹繪《清宮鳥譜》卷一二

黑尾蠟嘴雀

清・(美)克拉克 索爾比著，史紅帥譯《穿越陝甘・1908-1909 年克拉克考察隊華北行紀》

锡嘴雀 *Coccothraustes coccothraustes*

錫嘴

清・阿桂、劉瑾之等撰《欽定盛京通志》卷一〇七

蠟嘴鳥

清・(美)克拉克 索爾比著，史紅帥譯《穿越陝甘・1908-1909 年克拉克考察隊華北行紀》

灰兒

清・余省、張為邦摹繪《清宮鳥譜》卷一二

竊脂

清・余省、張為邦摹繪《清宮鳥譜》卷一二

桑扈

清・余省、張為邦摹繪《清宮鳥譜》卷一二

黄胸鹀 *Emberiza aureola*

金雀

清・余省、張為邦摹繪《清宮鳥譜》卷一二

清・嵇曾筠等監修，沈翼機等編纂《浙江通志》卷一〇七

黃鳭

清・余省、張為邦摹繪《清宮鳥譜》卷一二

黃膽

清・余省、張為邦摹繪《清宮鳥譜》卷一二

黃雀

清・余省、張為邦摹繪《清宮鳥譜》卷一二

唐・孟郊撰，宋・宋敏求編《孟東野詩集》卷一

黄喉鹀 *Emberiza elegans*

黃喉鵐

清・(美)克拉克 索爾比著，史紅帥譯《穿越陝甘・1908-1909 年克拉克考察隊華北行紀》

黃道眉

清・余省、張為邦摹繪《故宮鳥譜》卷三（臺北）

金絲麻鶘

清・余省、張為邦摹繪《故宮鳥譜》卷三（臺北）

麻料

清・余省、張為邦摹繪《故宮鳥譜》卷三（臺北）

金絲料

清・余省、張為邦摹繪《故宮鳥譜》卷三（臺北）

灰头鹀 *Emberiza spodocephala*

金雀

清・嵇曾筠等監修《浙江通志》

清・余省、張為邦摹繪《故宮鳥譜》卷三（臺北）

黃鳭

清・余省、張為邦摹繪《故宮鳥譜》卷三（臺北）

灰眉岩鹀 *Emberiza cia*

五道眉

清・余省、張為邦摹繪《故宮鳥譜》卷三（臺北）

三道眉草鹀 *Emberiza cioides*

白道眉

清・余省、張為邦摹繪《故宮鳥譜》卷三（臺北）

三道眉草鵐

清・(美)克拉克 索爾比著，史紅帥譯《穿越陝甘・1908-1909 年克拉克考察隊華北行紀》

田鹀 *Emberiza rustica*

田鵐

清・(美)克拉克 索爾比著，史紅帥譯《穿越陝甘・1908-1909 年克拉克考察隊華北行紀》

苇鹀 *Emberiza pallasi*

白花雀

清・余省、張為邦摹繪《故宮鳥譜》卷三（臺北）

葫蘆頭

清・余省、張為邦摹繪《故宮鳥譜》卷三（臺北）

铁爪鹀 *Calcarius lapponicus*

鐵腳雀

清・長順修《吉林通志》卷三二

鐵腳

清・余省、張為邦摹繪《清宮鳥譜》卷一二

兽纲 Mammalia

嘼

南朝梁・顧野王撰，宋・陳彭年等重修《重修玉篇》卷二三
宋・丁度等撰《附釋文互註禮部韻略》卷四
宋・丁度、司馬光等纂《集韻》卷八
元・戴侗撰《六書故》卷一八
元・楊桓撰《六書統》卷一
元・周伯琦撰《說文字原》目錄
明・趙撝謙撰《六書本義》卷八（蟲獸篇）
明・唐順之編《荊州稗編》卷八〇（字母上聲）
清・倪濤撰《六藝之一錄》卷一七六
清・段玉裁注《說文解字注》卷一〇上

獸

周・管仲撰，唐・房玄齡注《管子》卷一五（勢第四二）
漢・許慎撰，宋・徐鉉增釋《說文解字》
晉・郭璞著《爾雅音圖》卷下
南朝梁・顧野王撰，宋・陳彭年等重修《重修玉篇》卷二三
宋・丁度等撰《附釋文互註禮部韻略》卷四
宋・丁度、司馬光等纂《集韻》卷八
宋・蔡卞撰《毛詩名物解》卷九、卷一〇（釋獸）
宋・陸佃撰《爾雅新義》卷一八（釋獸第一八）
宋・羅願撰，元・洪焱祖音釋《爾雅翼》卷一八～卷二三
元・戴侗撰《六書故》卷一八
元・周伯琦撰《說文字原》右第九
元・陶宗儀編《說郛》卷四下（豺祭獸謂之祭）
明・李時珍撰《本草綱目》卷五〇，卷五一
明・陸楫編《古今說海》卷一二
清・張玉書、陳廷敬等纂《康熙字典》卷一八
清・陳夢雷編《古今圖書集成・博物彙編・禽蟲典》卷五五
清・郝懿行撰《爾雅義疏》下六（釋獸）
清・鄭方坤撰《經稗》卷九（禽獸可互名）
清・段玉裁注《說文解字注》卷一〇上
清・牟應震撰《毛詩物名考》卷二
清・王植撰《皇極經世書解》卷一四
清・陳大章撰《詩傳名物集覽》卷四（博獸于敖）
清・王晫等輯，張潮等校《檀几叢書》卷四七（獸經）
清・傅恒、劉統勳、于敏中等撰《皇輿西域圖志》卷四三（土產・準噶爾部、回部）
清・王毓賢撰《繪事備考》卷一（獸畜）
清・陳淏子輯，伊欽恒校注《花鏡》附錄（養獸畜法）

禽

宋・陸佃撰《爾雅新義》卷一七（釋獸第一七）
元・方回續《續古今考》卷三一（牓用六牲）
明・胡廣等撰《禮記大全》卷一（曲禮上第一）
清・陳夢雷編《古今圖書集成・博物彙編・禽蟲典》卷五五
清・郝懿行撰《爾雅義疏》下五（釋鳥）
清・鄭方坤撰《經稗》卷九（禽獸可互名）

哺乳類

清・（日）西師意譯，（英）竇樂安、許家惺審定《動物學教科書》第三章（哺乳類）
清・柯璜譯編，（日）箕作佳吉著《博物學講義・動物篇》（緒論）

毛蟲

清・方旭撰《蟲薈》卷二

长鼻目 Proboscidea

長鼻類

清・（日）西師意譯，（英）竇樂安、許家惺審定《動物學教科書・第三章哺乳類・第四目長鼻類》
清・柯璜譯編，（日）箕作佳吉著《博物學講義・動物篇》第一編（動物各論・第二章脊椎動物・哺乳類・長鼻類）

象科 Elepantidae

亚洲象 *Elephas maximus*

象

殷商・《甲骨文合集》八九八三
漢・許慎撰，宋・徐鉉增釋《說文解字》卷九下
晉・郭璞注《山海經》卷一（南山经），卷五（中山经），卷一〇（海内南经），卷一八（海内经）
南朝宋・劉敬叔撰《異苑》卷三
南朝梁・顧野王撰，宋・陳彭年等重修《重修玉篇》卷二三（象部第三七八））
唐・瞿曇悉達撰《唐開元占經》卷一一六
唐・段成式撰《酉陽雜俎》卷一六（毛篇）、卷八（续集）
宋・吳棫撰《韻補》卷二
宋・蘇頌編撰，胡乃長、王致譜輯注《圖經本草》卷一三（獸禽部）
宋・陸佃撰《埤雅》卷四（釋獸・象）
宋・羅願撰，元・洪焱祖音釋《爾雅翼》卷一八（釋獸・象）
宋・范成大撰《桂海虞衡志》（志獸）
宋・趙汝适撰《諸蕃志》卷下（志物）
宋・黃震撰《黃氏日抄》卷六七（志獸）
宋・周去非撰《嶺外代答》卷九（禽獸門）
金・李杲編輯，明・李時珍參訂，姚可成補輯《食物本草》卷一四（獸部二）
元・戴侗撰《六書故》卷一八

元·楊桓撰《六書統》卷一
元·周伯琦撰《說文字原》目錄
元·黎崱撰《安南志略》卷一五（物產）
明·趙撝謙撰《六書本義》卷八（蟲獸篇）
明·李時珍撰《本草綱目》卷五一（獸部·象）
明·唐順之編《荊州稗編》卷八〇
明·黃省曾撰，周履靖增補《獸經》（象之膽春前左而復前右）
明·李賢等撰《明一統志》卷八七（雲南布政使司）
明·黃衷撰，黃學準增注《海語》卷中
明·徐一夔等撰《明集禮》卷四三（馴象）
明·張萱撰《疑耀》卷三（象）
明·徐應秋撰《玉芝堂談薈》卷三四
明·方以智撰《通雅》卷四六
明·陸楫編《古今說海》卷一二（說選一二）
清·姚炳撰《詩識名解》卷五（象）
清·（美）範約翰著，吳子翔述《百獸集說圖考》第八科（厚皮類）
清·段玉裁撰《說文解字注》卷九下
清·胡煦撰《周易函書約存》卷一五
清·陳裔虞纂修《廣東府縣誌輯·乾隆博羅縣志》卷九
清·趙學敏輯《本草綱目拾遺》下
清·姚之駰撰《元明事類鈔》卷三八

豫

漢·許慎撰，宋·徐鉉增釋《說文解字》卷九下
元·楊桓撰《六書統》卷一八
明·陳耀文撰《天中記》卷六〇
清·段玉裁撰《說文解字注》卷九下

白象

漢·班固撰，唐·顏師古注，清·齊召南等考證《前漢書》卷八
南朝梁·沈約撰《宋書》卷二八
南朝梁·蕭子顯撰《南齊書》卷一八
唐·瞿曇悉達撰《唐開元占經》卷一一六
唐·段成式撰《酉陽雜俎》卷一六
明·李時珍撰《本草綱目》卷五一（獸部·象）
清·盧蔚猷修，吳道鎔纂《廣東府縣志輯·光緒海陽縣志》卷四六（雜錄）
清·裴天錫修，羅人龍纂《湖北府縣志輯·康熙湖廣武昌府志》卷三

伽耶

明·李時珍撰《本草綱目》卷五一（獸部）

伽郍

明·陳耀文撰《天中記》卷六〇

那先

明·陳耀文撰《天中記》卷六〇

海牛目 Sirenia

儒艮科 Dugongidae

儒艮 *Dugong dugon*

海牛

宋·樂史撰《太平寰宇記》卷二〇
宋·唐慎微撰，寇宗奭衍義《證類本草》卷一六
宋·李昉等撰《太平廣記》卷九〇〇（獸部一二）、卷九三九（鱗介部一一）
元·于欽撰《齊乘》卷一
明·李時珍撰《本草綱目》卷五一
明·楊慎撰《異魚圖贊》卷四（海牛）
明·李賢等撰《明一統志》卷二五
明·郁逢慶撰《書畫題跋記》卷二
清·陳元龍撰《格致鏡原》卷八六
清·陳元龍編《歷代賦匯》補遺卷九（明·謝肇淛《東方三大賦有序》）
清·汪森編《粵西詩載》卷二四（明·朱兗《送季藩太守赴河池州》）
清·李光地登撰《月令輯要》卷一〇
清·柯璜譯編，(日)箕作佳吉著《博物學講義·動物篇》第二章（脊椎动物）

人魚

宋·樂史撰《太平寰宇記》卷二〇
元·陶宗儀編《說郛》卷三二上（瑯嬛記）
明·王鏊撰《震澤集》卷一
清·郝玉麟等監修，魯曾煜登編纂《廣東通志》卷五二

海人魚

宋·李昉等編《太平廣記》卷四六四（水族）

海蠻師

宋·沈括撰《夢溪筆談》卷二一
明·鄺露撰《赤雅》卷三

美人魚

清·郭柏蒼撰《海錯百一錄》卷二

儒艮

清·柯璜譯編，(日)箕作佳吉著《博物學講義·動物篇》第二章（脊椎动物）

海和尚

清·郝玉麟等監修，魯曾煜等編纂《廣東通志》卷五二

海婦

清·郝玉麟等監修，魯曾煜等編纂《廣東通志》卷五二

灵长目 Primates

靈長類

清·柯璜譯編，(日)箕作佳吉著《博物學講義·動物篇》第二章

清・虞輝祖著《科學世界》(人類與猿之比較)

禺

晉・郭璞注《山海經》卷一(南山經)

宋・羅願撰，元・洪焱祖音釋《爾雅翼》卷二〇

元・戴侗撰《六書故》卷一八

元・楊桓撰《六書統》卷一

明・趙撝謙撰《六書本義》卷八(蟲獸篇)

明・何楷撰《詩經世本古義》卷一八之上

明・李時珍撰《本草綱目》卷五一下

・不著撰人《演禽通纂》卷下(鑑形賦)

清・吳任臣注《山海經廣注》卷五(中山經)

禺屬

金・李杲編輯，明・李時珍參訂，姚可成補輯《食物本草》

明・朱謀㙔撰《駢雅》卷七

明・李時珍撰《本草綱目》卷五一下

清・周靖撰《篆隸考異》卷二

清・陳宗起撰《考工記鳥獸蟲魚釋》二

清・邵晉涵撰《爾雅正義》卷一九

清・段玉裁撰《說文解字注》卷一三上

清・吳任臣注《山海經廣注》卷五(中山經)

清・郝懿行撰《爾雅義疏》下六(釋獸)

寓屬

晉・郭璞注，唐・陸德明音義，宋・邢昺疏《爾雅注疏》卷十一(釋獸第一八音義)

唐・徐堅等撰《初學記》卷二九

猴屬

三國吳・陸璣撰，明・毛晉廣要《陸氏詩疏廣要》卷下之上(釋獸)

猿屬

明・朱謀㙔撰《駢雅》卷七

清・姚炳撰《詩識名解》卷六

猿猴

明・王逵撰《蠡海集》(庶物類)

清・張玉書等編《聖祖仁皇帝御制文集・第四集》卷三〇

・不著撰人《演禽通纂》卷下(鑑形賦)

清・(英)艾約瑟撰《動物學啟蒙》第三章第二节

木走

宋・鮑雲龍撰，明・鮑寧辨正《天原發微》卷二上

懒猴科 Lorisidae

蜂猴 *Nycticebus* sp.

蜂猴

清・沈銓作《蜂猴圖》

狒

南朝梁・顧野王撰，宋・陳彭年等重修《重修玉篇》卷二三

明・張自烈撰，清・廖文英續《正字通》巳集下(犬部)

清・張玉書、陳廷敬等纂《康熙字典》卷一八

清・嵇璜、曹仁虎等撰《續通志》卷一八〇

風母

隋・杜公瞻撰，清・高士奇補《編珠》卷一(風母雨人)

明・朱謀㙔撰《駢雅》卷七(釋獸)

明・李時珍撰《本草綱目》卷五一上

清・李光地等撰《月令輯要》卷二二

明・方以智撰《物理小識》卷一〇

清・汪森編《粵西文載・粵西叢載》卷二二

清・金鉷等監修，錢元昌等編纂《廣西通志》卷三一(南寧府)

狒母

漢・楊孚撰，清・曾釗輯《異物志》

明・張自烈撰，清・廖文英續《正字通》巳集下(犬部)

狒狗

清・張玉書、陳廷敬等纂《康熙字典》卷一八

清・嵇璜、曹仁虎等撰《續通志》卷一八〇

風狸

宋・范成大撰《桂海虞衡志》(志獸)

宋・周去非撰《嶺外代荅》卷九(禽獸門・風狸)

明・李時珍撰《本草綱目》卷五一上

明・方以智撰《物理小識》卷一〇

清・金鉷等監修，錢元昌等編纂《廣西通志》卷三一(南寧府)

風生獸

漢・東方朔撰《海內十洲記》

晉・葛洪撰《抱朴子內篇》卷二

明・李時珍撰《本草綱目》卷五一上

清・李光地等撰《月令輯要》卷二二

明・方以智撰《物理小識》卷一〇

風母獸

唐・李吉甫撰《元和郡縣志》卷三〇(江南道・郴州・貢賦)

宋・樂史撰《太平寰宇記》卷一六五(嶺南道・象州)

明・徐應秋撰《玉芝堂談薈》卷三四(風母獸)

居風母

宋・樂史撰《太平寰宇記》卷一六五(嶺南道・象州)

石猴

清・郝玉麟等監修，魯曾煜等編纂《廣東通志》卷五二

清・吳綺撰，宋俊增補《嶺南風物記》

清・方旭撰《蟲薈》卷二

猴科 Cercopithecidae

猕猴 *Macaca mulatta*

獼猴

漢・鄭氏注，唐・孔穎達疏，陸德明音義《禮記注疏》

卷三九（樂記）
漢・司馬遷撰，宋・裴駰集解《史記》卷七（項羽本紀第七）
三國魏・張揖撰《廣雅》卷一〇（釋獸）
晉・郭璞注，唐・陸德明音義，宋・邢昺疏《爾雅注疏》卷一一
晉・葛洪撰《神仙傳》卷九
南朝梁・顧野王撰，宋・陳彭年等重修《重修玉篇》卷二三
唐・釋寒山撰《寒山詩集》
宋・丁度、司馬光等纂《集韻》卷四
宋・司馬光撰《類篇》卷二八
宋・唐慎微撰，寇宗奭衍義《證類本草》卷一八
宋・葉夢得撰《避暑錄話》卷下
宋・朱熹撰，清・李光地、熊賜履等奉敕编《御纂朱子全書》卷六六
宋・陳師道撰《後山集》卷三
宋・釋普濟撰《五燈會元》卷三（馬祖一禪師法嗣）
金・韓道昭撰《五音集韻》卷四
遼・釋行均撰《龍龕手鑒》卷二
元・戴侗撰《六書故》卷一八
元・劉因撰《四書集義精要》卷三
明・陶宗儀編《說郛》卷四上
明・李時珍《本草綱目》卷五一下（獸之四・獮猴）
明・張自烈撰，清・廖文英續《正字通》巳集中
明・方以智撰《通雅》卷四六
清・張玉書、陳廷敬等纂《康熙字典》卷一八
清・段玉裁撰《說文解字注》卷九下
清・劉於義等監修，沈青崖等編纂《陝西通志》卷四四（物產）
清・方旭撰《蟲薈》卷二
清・陳元龍編《歷代賦匯》卷一三六（三國魏・阮籍撰《獮猴賦》）

獶

漢・鄭氏注，唐・孔穎達疏，陸德明音義《禮記注疏》卷三九（樂記）
宋・衛湜撰《禮記集說》卷九八
宋・丁度、司馬光等纂《集韻》卷三
宋・司馬光撰《類篇》卷二八
元・戴侗撰《六書故》卷一八
清・張玉書、陳廷敬等纂《康熙字典》卷一八
清・周靖撰《篆隸考異》卷二
清・沈炳震撰《九經辯字瀆蒙》卷一一

猴

三國吳・陸璣撰，明・毛晉廣要《陸氏詩疏廣要》卷下之下（釋獸）
南朝梁・顧野王撰，宋・陳彭年等重修《重修玉篇》卷二三（犬部）
宋・曾慥編《類說》卷一九
元・戴侗撰《六書故》卷一七、卷一八
元・楊桓撰《六書統》卷一八
明・李時珍《本草綱目》卷五一下（獸之四・獮猴）
明・張自烈撰，清・廖文英續《正字通》巳集中
明・張燮撰《東西洋考》卷三（西洋列國考）
明・謝肇淛著《五雜俎》卷之九
明・慎懋官撰《華夷花木鳥獸珍玩續考》卷之七
明・葉子奇撰《草木子》卷三（克謹篇）
清・張玉書、陳廷敬等纂《康熙字典》卷一八
清・蔣毓英修《臺灣府志》卷之四
清・段玉裁撰《說文解字注》卷九下
清・郝玉麟等監修，謝道承等編纂《福建通志》卷一〇
清・張綱孫撰《獸經》（狙巧而危）
清・方旭撰《蟲薈》卷二
清・陳淏子輯，伊欽恒校注《花鏡》修订版
清・吳綺撰，宋俊增補《嶺南風物記》
清・袁枚著《新齊諧》卷九（齋猴）卷一〇（怪猴、食猴怪物名石揥）

猱

漢・毛亨傳、鄭氏箋，唐・孔穎達疏，陸德明音義《毛詩注疏》卷二二
三國吳・陸璣撰，明・毛晉廣要《陸氏詩疏廣要》卷下之下
晉・郭璞注，唐・陸德明音義，宋・邢昺疏《爾雅注疏》卷一一
南朝梁・顧野王撰，宋・陳彭年等重修《重修玉篇》卷二三
唐・釋道宣撰《廣弘明集》（音釋廣第一三）
宋・丁度、司馬光等纂《集韻》卷三
宋・司馬光撰《類篇》卷二八
宋・毛晃增註，毛居正重增《增修互註禮部韻略》卷二
宋・陸佃撰《爾雅新義》卷一九
宋・蘇轍撰《蘇氏詩集傳》卷一三
遼・釋行均撰《龍龕手鑒》卷二
元・戴侗撰《六書故》卷一八
明・陶宗儀編《說郛》卷四上
明・胡廣等撰《詩傳大全》卷一四
明・馮復京撰《六家詩名物疏》卷四五
明・慎懋官撰《華夷花木鳥獸珍玩續考》卷之七
明・方以智撰《通雅》卷四六
明・張自烈撰，清・廖文英續《正字通》巳集中
清・張玉書、陳廷敬等纂《康熙字典》卷一八
清・余蕭客撰《古經解鉤沉》卷三〇
清・周靖撰《篆隸考異》卷二
清・沈炳震撰《九經辯字瀆蒙》卷一一

清・郝玉麟等監修，謝道承等編纂《福建通志》卷一〇
清・劉於義等監修，沈青崖等編纂《陝西通志》卷四四

沐猴

漢・司馬遷撰，宋・裴駰集解《史記》卷七（項羽本紀第七）
漢・班固撰，唐・颜师古注，清・齐召南等考证《前漢書》卷三一、卷四五、卷七七
三國吳・陸璣撰《毛詩草木鳥獸蟲魚疏》卷下
晉・幹寶撰《搜神記》卷三
宋・楊侃輯《兩漢博聞》卷五
宋・王觀國撰《學林》卷二、卷九
宋・羅願撰，元・洪焱祖音釋《爾雅翼》卷二六
宋・陳師道撰《後山集》卷三
明・陶宗儀編《說郛》卷四上
明・李時珍《本草綱目》卷五一下（獸之四・獼猴）
明・方以智撰《通雅》卷四六
清・張玉書、陳廷敬等纂《康熙字典》卷一八
清・段玉裁撰《說文解字注》卷九下
清・方旭撰《蟲薈》卷二
清・陳淏子輯，伊欽恒校注《花鏡》修订版

猱狙

三國魏・張揖撰《廣雅》卷一〇（釋獸）
宋・司馬光撰《類篇》卷二八

藏酋猴 *Macaca thibetana*

豦

晉・郭璞注，唐・陸德明音義，宋・邢昺疏《爾雅注疏》卷一一
宋・陸佃撰《爾雅新義》卷一九
元・戴侗撰《六書故》卷一七
明・楊慎撰，《奇字韻》卷四
明・張自烈撰，清・廖文英續《正字通》巳集中
清・張玉書、陳廷敬等纂《康熙字典》卷一八
清・郝懿行撰《爾雅義疏》下六
清・吳任臣注《山海經廣注》卷二（西山經）

玃

漢・司馬遷撰，宋・裴駰集解《史記》卷一一七
宋・羅願撰，元・洪焱祖音釋《爾雅翼》卷二〇（釋獸三・玃）

台湾猴 *Macaca cyclopis*

猴

清・李廷璧修，周璽纂《臺灣府縣志輯・道光彰化縣志》卷一〇（毛之屬）
清・唐景崧、蔣師轍、薛紹元纂修《臺灣府縣志輯・光緒臺灣通志》
清・周鐘瑄、陳夢林、李欽文纂修《臺灣府縣志輯・康熙諸羅縣志》卷之一〇
清・薩廉修，陳淑均纂《臺灣府縣志輯・咸豐臺灣府噶瑪蘭廳志》卷六（毛之屬）
清・魯鼎梅修，王必昌纂《臺灣府縣志輯・乾隆重修臺灣縣志》卷一六
清・沈茂陰纂修《臺灣府縣志輯・光緒苗栗縣志》卷五（毛屬）

川仰鼻猴 *Rhinopithecus roxellana*

蜼

漢・許慎撰，宋・徐鉉增釋《說文解字》卷一三上
三國魏・張楫撰《廣雅》卷一〇（釋獸）
晉・郭璞著，張宗祥校錄《足本山海經圖贊》
晉・郭璞注《山海經》卷五（中山經）、卷六（海外南經）、卷一一（海內西經）
南朝梁・顧野王撰，宋・陳彭年等重修《重修玉篇》卷二五（犬部）
南朝宋・裴駰撰《史記集解》卷一一七
唐・魏徵等奉敕撰《隋書》卷一一（志第六・禮儀六）
南唐・徐鍇撰，朱翺反切《說文繫傳》卷二五（通釋）
・不著撰人《原本廣韻》卷三、卷四
宋・丁度、司馬光等纂《集韻》卷一、卷七
宋・丁度等撰《附釋文互註禮部韻畧》卷三、卷四
宋・歐陽德隆撰，郭守正增修《增修校正押韻釋疑》卷四
宋・毛晃增注，毛居正重增《增修互注禮部韻略》卷三、卷四
宋・羅願撰，元・洪焱祖音釋《爾雅翼》卷二〇
宋・周去非撰《嶺外代答》卷九
金・李杲編輯，明・李時珍參訂，姚可成補輯《食物本草》
金・韓道昭撰《五音集韻》卷一、卷二、卷七、卷一〇
元・戴侗撰《六書故》卷二〇（動物四）
元・楊桓撰《六書統》卷一八
元・陳師凱撰《書蔡氏傳旁通》卷一下
元・梁益撰《詩傳旁通》卷五
明・樂韶鳳等撰《洪武正韻》卷一三
明・張自烈撰，清・廖文英續《正字通》申集中
明・王志長撰《周禮注疏刪翼》卷一二
明・王圻、王思義輯《三才圖會》第三卷
清・段玉裁撰《說文解字注》第一三篇上
清・張綱孫撰《獸經》
清・吳任臣注《山海經廣注》卷二（南山經）、卷六（海外南經）
清・李元撰《蠕範》卷七

狖

漢・班固撰，唐・顏師古注，清・齊召南等考證《前漢書》卷八七下
漢・楊孚撰，清・曾釗輯《異物志》

漢・劉安撰，高誘註《淮南鴻烈解》卷六（覽冥訓）
三國魏・張楫撰《廣雅》卷一〇（釋獸）
宋・毛晃增注，毛居正重增《增修互注禮部韻略》卷四
宋・李昉等撰《太平御覽》卷九一三引
宋・陳彭年、丘雍等撰《重修廣韻》卷二
宋・丁度、司馬光等纂《集韻》卷一八
宋・丁度等撰《附釋文互註禮部韻畧》卷四
宋・歐陽德隆撰，郭守正增修《增修校正押韻釋疑》卷四
宋・夏竦集《古文四聲韻》卷四
宋・羅願撰，元・洪焱祖音釋《爾雅翼》卷二〇
金・李杲編輯，明・李時珍參訂，姚可成補輯《食物本草》
元・戴侗撰《六書故》卷一七
元・梁益撰《詩傳旁通》卷五
元・黃公紹原編，熊忠舉要《古今韻會舉要》卷二四
明・樂韶鳳等撰《洪武正韻》卷一三
清・周靖撰《篆隸考異》卷二

貁

南朝梁・顧野王撰，宋・陳彭年等重修《重修玉篇》卷三八五（豸部）
宋・陳彭年、丘雍等撰《重修廣韻》卷二
宋・司馬光撰《類篇》卷二七
宋・丁度、司馬光等纂《集韻》卷八
宋・夏竦集《古文四聲韻》卷四
宋・毛晃增注，毛居正重增《增修互注禮部韻略》卷四
元・黃公紹原編，熊忠舉要《古今韻會舉要》卷二四
清・張玉書、陳廷敬等纂《康熙字典》卷二九
清・李元撰《蠕範》卷七

狖

南朝梁・顧野王撰，宋・陳彭年等重修《重修玉篇》卷二三（犬部）
・不著撰人《原本廣韻》卷三
宋・丁度、司馬光等纂《集韻》卷五、卷八
金・韓道昭撰《五音集韻》卷一二
清・張玉書、陳廷敬等纂《康熙字典》卷一八

蜼彞

宋・丁度等撰《附釋文互註禮部韻畧》卷三
宋・聶崇義注《三禮圖集注》卷一四
宋・陳友仁增修《周禮集說》卷四
元・戴侗撰《六書故》卷二〇（動物四）
清・段玉裁撰《說文解字注》第一三篇上

猓

南朝梁・顧野王撰，宋・陳彭年等重修《重修玉篇》卷二三（犬部）
宋・司馬光撰《類篇》卷二七
宋・丁度、司馬光等纂《集韻》卷六
明・張自烈撰，清・廖文英續《正字通》巳集下
清・張玉書、陳廷敬等纂《康熙字典》卷一八
清・周靖撰《篆隸考異》卷二

㺯

宋・陸佃撰《埤雅》卷五
明・張自烈撰，清・廖文英續《正字通》巳集下
明・徐應秋撰《玉芝堂談薈》卷三二（淮北多獸）
明・王圻、王思義輯《三才圖會》第三卷
清・周靖撰《篆隸考異》卷二

猓㺯

南朝梁・顧野王撰，宋・陳彭年等重修《重修玉篇》卷二五（犬部）
唐・李肇撰《唐國史補》卷下
宋・陳彭年、丘雍等撰《重修廣韻》卷二
宋・樂史撰《太平寰宇記》卷一七一（嶺南道一五、元領縣六）
宋・謝維新編《古今合璧事類備要・別集》卷八〇
明・張自烈撰，清・廖文英續《正字通》巳集下
明・徐應秋撰《玉芝堂談薈》卷三二（淮北多獸）

果然

唐・陳藏器撰，尚志鈞輯釋《本草拾遺》卷第五
宋・姚寬撰《西溪叢語》卷下
宋・孫奕撰《示兒編》卷一四
金・李杲編輯，明・李時珍參訂，姚可成補輯《食物本草》
清・郝玉麟等監修，魯曾煜等編纂《廣東通志》卷五二
清・張綱孫撰《獸經》

滇仰鼻猴 *Rhinopithecus bieti*

貁

宋・司馬光撰《類篇》卷二七
明・張自烈撰，清・廖文英續《正字通》巳集下
清・張玉書、陳廷敬等纂《康熙字典》卷二九
清・段玉裁撰《說文解字注》第九篇下

狖

漢・班固撰，唐・顏師古注，清・齊召南等考證《前漢書》卷八七上、下
南朝梁・顧野王撰，宋・陳彭年等重修《重修玉篇》卷二三
元・戴侗撰《六書故》卷一七
明・張自烈撰，清・廖文英續《正字通》巳集下
明・李時珍撰《夲草綱目》卷五一下
清・張玉書、陳廷敬等纂《康熙字典》卷二九
清・劉於義等監修，沈青崖等編纂《陝西通志》卷四四

蜼

晉・郭璞注，唐・陸德明音義，宋・邢昺疏《爾雅注疏》卷一一（釋獸第一八）
宋・鄭樵撰《通志》卷七六（昆蟲草木略第二）
宋・陳祥道撰《禮書》卷二

明・李時珍撰《夲草綱目》卷五一下
清・段玉裁撰《說文解字注》第九篇下
清・劉於義等監修，沈青崖等編纂《陕西通志》卷四四
清・方旭撰《蟲薈》卷二

犺

清・段玉裁撰《說文解字注》第九篇下

獑

宋・陸佃撰《埤雅》卷五
宋・羅願撰，元・洪焱祖音釋《爾雅翼》卷二〇
清・張玉書、陳廷敬等纂《康熙字典》卷二九

猓獑

宋・羅願撰，元・洪焱祖音釋《爾雅翼》卷二〇
明・李時珍撰《夲草綱目》卷五一下
清・張玉書、陳廷敬等纂《康熙字典》卷二九

黔仰鼻猴 *Rhinopithecus brelichi*

孝獸

清・張澍著《貴州省續黔書》第一〇六號

蜼

清・張澍著《貴州省續黔書》第一〇六號
清・黃樂之、平翰等修，鄭珍纂《貴州省遵義府志》

黑叶猴 *Trachypithecus francoisi*

獑胡

南朝梁・顧野王撰，宋・陳彭年等重修《重修玉篇》卷二三
宋・羅願撰，元・洪焱祖音釋《爾雅翼》卷二〇
宋・丁度、司馬光等纂《集韻》卷四
元・黃公紹原編，熊忠舉要《古今韻會舉要》卷一〇

獑

三國吳・陸璣撰《毛詩草木鳥獸蟲魚疏》卷下
南朝梁・顧野王撰，宋・陳彭年等重修《重修玉篇》卷二三
元・黃公紹原編，熊忠舉要《古今韻會舉要》卷一〇

白头叶猴 *Trachypithecus poliocephalus*

獑

・不著撰人《原本廣韻》卷一
宋・陳彭年、丘雍等撰《重修廣韻》卷二
宋・司馬光撰《類篇》卷二八
明・張自烈撰，清・廖文英續《正字通》巳集下
清・張玉書、陳廷敬等纂《康熙字典》卷二九

猢

・不著撰人《原本廣韻》卷一
明・張自烈撰，清・廖文英續《正字通》巳集下
明・曹學佺撰《蜀中廣記》卷五九（方物記第一）
清・張玉書、陳廷敬等纂《康熙字典》卷二九
清・梁國治等編輯《音韻述微》卷三

獑猢

・不著撰人《原本廣韻》卷一
宋・司馬光撰《類篇》卷二八
宋・樂史撰《太平寰宇記》卷七九（劍南西道八・戎州）
遼・釋行均撰《龍龕手鑒》卷二
明・張自烈撰，清・廖文英續《正字通》巳集下
明・曹學佺撰《蜀中廣記》卷五九（方物記第一）
明・李時珍撰《本草綱目》卷五一下
清・張玉書、陳廷敬等纂《康熙字典》卷二九
清・稽璜、曹仁虎等撰《續通志》卷一八〇（昆蟲草木畧七・獸類）
清・劉於義等監修，沈青崖等編纂《陕西通志》卷四四

朱厭

晉・郭璞注《山海經》卷二（西山經）
唐・瞿曇悉達撰《唐開元占經》卷一一六
明・朱謀㙔撰《駢雅》卷七
清・方旭撰《蟲薈》卷二

长臂猿科 Hylobatidae

长臂猿 *Hylobates* spp.

猿

漢・高誘注，宋・姚宏續注《戰國策》卷一〇（齊三）
漢・焦贛撰《焦氏易林》卷三（益之第四二）
漢・劉向撰《說苑》卷一六（說叢）
漢・董仲舒撰《春秋繁露》卷一六
後魏・酈道元撰《水經注》卷三四（江水）
北周・庾信撰，清・吳兆宜註《庾開府集箋註》卷一
晉・郭璞注《山海經》卷一（南山經）
南朝梁・顧野王撰，宋・陳彭年等重修《重修玉篇》卷二三（犬部第三六四）
南朝宋・劉義慶撰，南朝梁・劉孝標注《世說新語》卷下之上
五代・王仁裕撰《开元天宝遗事》卷三（山猿報時）
唐・段成式撰《酉陽雜俎》卷九、卷四（境異）
唐・趙璘撰《因話錄》卷三
南唐・宋齊丘撰《玉管照神局》卷下（七局形色）
南唐・譚峭撰《化書》卷三（德化）
宋・司馬光撰《類篇》卷二八
宋・毛晃增注，毛居正重增《增修互注禮部韻略》卷一
宋・丁度、司馬光等纂《集韻》卷二
宋・羅願撰，元・洪焱祖音釋《爾雅翼》卷一三
宋・孫奕撰《示兒編》卷一五（雜記・人物異名）
宋・陸佃撰《埤雅》卷四（釋獸）
宋・薛季宣撰，薛旦編《浪語集》卷三（賦）
宋・李昉等撰《太平廣記》卷四四六引出（瀟湘錄）
宋・郭若虛撰《圖畫見聞志》卷四（紀藝下）
宋・黃庭堅撰《山谷集》內集卷一二（題小猿叫驛知命）

宋·吳曾撰《能改齋漫錄》卷八（猿啼三聲淚沾衣）
宋·周密著《齊東野語》卷一二（捕猿戒）
遼·釋行均撰《龍龕手鑒》卷二
元·戴侗撰《六書故》卷一七（動物一·犬之象形）
元·李文仲撰《字鑑》卷一
元·黃公紹原編，熊忠舉要《古今韻會舉要》卷五
明·張自烈撰，清·廖文英續《正字通》巳集下（犬部）
明·李時珍撰《本草綱目》卷五一下（獸之四）
明·曹學佺撰《蜀中廣記》卷六（名勝記·川西道·成都府·灌縣）
明·程道生撰《遁甲演義》卷三（九星所属）
明·楊慎撰，張士佩編《升菴集》卷一五（五言古詩·出嘉陵江）
清·張玉書、陳廷敬等纂《康熙字典》卷一八
清·周靖撰《篆隸考異》卷二
清·郝玉麟等監修，魯曾煜等編纂《廣東通志》卷五〇
清·郝玉麟等監修，謝道承等編纂《福建通志》卷一〇（物產）
清·李光地等撰《月令輯要》卷二二（晝夜令上）
清·嵇曾筠等監修，沈翼機等編纂《浙江通志》卷一〇七（台州府）
清·劉於義等監修，沈青崖等編纂《陜西通志》卷四四
清·劉體仁撰《七頌堂識小錄》
清·檀萃輯《滇海虞衡志》卷七（猿）
清·黃宗羲編《明文海》卷三四二（孝猿記）
清·金鉷等監修，錢元昌等編纂《廣西通志》卷一五（太平府·崇善縣）
清·袁枚著《新齊諧》卷二〇（猢猻酒）

猨

周·列御寇撰，晉·張湛注《列子》卷一
漢·許慎撰，宋·徐鉉增釋《說文解字》卷一三上
漢·戴德撰，北周·盧辯註《大戴禮記》卷一三
漢·劉安撰，高誘注《淮南鴻烈解》卷九（主術訓）、卷一六（說山訓）
後魏·酈道元撰《水經注》卷三三
南朝梁·顧野王撰，宋·陳彭年等重修《重修玉篇》卷二三（犬部第三六四）
南唐·徐鍇撰，朱翱反切《說文繫傳》卷二〇
宋·司馬光撰《類篇》卷二八
宋·丁度、司馬光等纂《集韻》卷二
宋·鄭樵撰《爾雅註》卷下
宋·毛晃增注，毛居正重增《增修互注禮部韻略》卷一
宋·陸佃撰《埤雅》卷四（釋獸·猨）
宋·羅願撰，元·洪焱祖音釋《爾雅翼》卷二〇
宋·周去非撰《嶺外代答》卷九（禽獸門·猨）
遼·釋行均撰《龍龕手鑒》卷二
元·李文仲撰《字鑑》卷一
元·黃公紹原編，熊忠舉要《古今韻會舉要》卷五
元·戴侗撰《六書故》卷一七（動物一·犬之象形）
明·張自烈撰，清·廖文英續《正字通》巳集下（犬部）
明·李時珍撰《本草綱目》卷五一下（獸之四）
明·何景明撰《大復集》卷三八
清·張玉書、陳廷敬等纂《康熙字典》卷一八
清·周靖撰《篆隸考異》卷二
清·劉於義等監修，沈青崖等編纂《陜西通志》卷四四
清·李文恒修，鄭文彩纂《廣東省瓊山縣志》卷三下
清·檀萃輯《滇海虞衡志》卷七（猿）
清·方旭撰《蟲薈》卷二

蝯

漢·許慎撰，宋·徐鉉增釋《說文解字》卷一三上
晉·郭璞注，唐·陸德明音義，宋·邢昺疏《爾雅注疏》卷一一
南朝梁·顧野王撰，宋·陳彭年等重修《重修玉篇》卷二三（犬部第三六四）
南唐·徐鍇撰，朱翱反切《說文繫傳》卷二〇
宋·鄭樵撰《爾雅註》卷下（釋獸第一八）
宋·丁度、司馬光等纂《集韻》卷二
宋·毛晃增注，毛居正重增《增修互注禮部韻略》卷一
宋·羅願撰，元·洪焱祖音釋《爾雅翼》卷二〇
元·李文仲撰《字鑑》卷一
元·黃公紹原編，熊忠舉要《古今韻會舉要》卷五
元·戴侗撰《六書故》卷一七（動物一·犬之象形）
清·張玉書、陳廷敬等纂《康熙字典》卷二六
清·周靖撰《篆隸考異》卷二

白猿

漢·趙煜撰，元·徐天佑注《吳越春秋》卷五（勾踐陰謀外傳第九）
晉·幹寶撰《搜神記》卷一一
晉·郭璞注《山海經》卷一（南山經）
北周·庾信撰，清·吳兆宜註《庾開府集箋註》卷一
唐·李德裕撰《會昌一品集·李衛公別集》卷二（白猿賦並序）
宋·釋贊寧撰《宋高僧傳》卷二九（南宋錢塘靈隱寺智一傳）
清·吳任臣注《山海經廣注》卷一

緋猨

唐·段公路撰，龜圖註《北戶錄》卷一

赤猨

南朝宋·裴駰撰《史記集解》卷一一七

蠗蝚

南朝宋·裴駰撰《史記集解》卷一一七

蠗

漢·許慎撰，宋·徐鉉增釋《說文解字》卷一三上

人科 Hominidae

猩

漢・鄭玄注，唐・賈公彥疏，陸德明音義《周禮注疏》卷一

漢・許慎撰，宋・徐鉉增釋《說文解字》卷一〇上

晉・郭璞注，唐・陸德明音義，宋・邢昺疏《爾雅注疏》卷一一（釋獸第一八）

南朝梁・顧野王撰，宋・陳彭年等重修《重修玉篇》卷二三

唐・張參撰《五經文字》卷中

宋・司馬光撰《類篇》卷二八

遼・釋行均撰《龍龕手鑒》卷二

元・戴侗撰《六書故》卷一七

元・楊桓撰《六書統》卷一

明・張自烈撰，清・廖文英續《正字通》巳集中

清・張玉書、陳廷敬等纂《康熙字典》卷一八

清・段玉裁撰《說文解字注》卷一〇上

猩猩

周・荀況撰，唐・楊倞注《荀子》卷三（非相篇第五）

漢・許慎撰，宋・徐鉉增釋《說文解字》卷一〇上

漢・楊孚撰，清・曾釗輯《異物志》

漢・劉安撰，高誘註《淮南鴻烈解》卷一二（氾論訓）

晉・郭璞注《山海經》卷一八（海内經）

晉・張華撰《博物志》卷三（異獸）

晉・郭璞注，唐・陸德明音義，宋・邢昺疏《爾雅注疏》卷一一（釋獸第一八）

南朝梁・顧野王撰，宋・陳彭年等重修《重修玉篇》卷二三

南朝梁・蕭統編，唐・李善、呂延濟、劉良、張銑、呂向、李周翰註《六臣註文選》卷五

後魏・酈道元撰《水經注》卷三七

唐・杜佑纂《通典》卷一八七（哀牢）

唐・張鷟撰《朝野僉載》卷六

唐・李賀撰《昌谷集》卷一（大堤曲）

唐・元慎撰《元氏長慶集》卷一二（和樂天送客遊嶺南二十韻）

唐・方幹撰《玄英集》卷八（七言排律 送僧南遊）

唐・李肇撰《唐國史補》卷下

南唐・宋齊丘撰《玉管照神局》卷下（七局形色）

宋・祝穆撰《古今事文類聚》後集卷三七（唐・裴炎《猩猩銘并序》）

宋・羅願撰，元・洪焱祖音釋《爾雅翼》卷一九

宋・司馬光撰《類篇》卷二八

宋・孫奕撰《示兒編》卷一五（雜記・物重名）

宋・衛湜撰《禮記集說》卷二

宋・鮑雲龍撰，明・鮑寧辨正《天原發微》卷三下（司氣）

宋・李昉等撰《太平廣記》卷一六五（嶺南道九）、卷一七〇（嶺南道一四・交州）

宋・樂史撰《太平寰宇記》卷一五八（嶺南道二・潮州）

宋・陸佃撰《爾雅新義》卷一九（釋獸）

宋・董逌撰《廣川畫跋》卷四（書王仲千南唐猩猩圖）

宋・梁克家撰《淳熙三山志》卷四二

宋・鄭樵撰《通志》卷七六（昆蟲草木略第二）

宋・周密著《齊東野語》卷一四（姚幹父雜文）

宋・方夔撰《富山遺稿》卷三

宋・楊齊賢集注，元・蕭士贇補注《李太白集分類補注》卷三（古樂府・遠別離）

宋・范浚撰《香溪集》卷一（猩猩賦）

宋・方逢辰撰《蛟峯文集》卷六（猩猩歌）

遼・釋行均撰《龍龕手鑒》卷二

元・楊桓撰《六書統》卷一

元・方回續《續古今考》卷三一（附禽者鳥獸之總名）

元・陳澔撰《陳氏禮記集說》卷一

元・馬端臨撰《文獻通考》卷三三一（林邑）

明・張自烈撰，清・廖文英續《正字通》巳集中

明・方以智撰《通雅》卷四六

明・胡居仁撰《易像鈔》卷一四

明・丘濬撰《大學衍義補》卷三八（治國平天下之要）

明・李賢等撰《明一統志》卷八四、卷九〇

明・謝肇淛撰《滇略》卷三

明・李時珍撰《本草綱目》卷五一下

明・宋濂撰《文憲集》卷二七

清・張玉書、陳廷敬等纂《康熙字典》卷一八

清・周春撰《爾雅補注》卷四

清・段玉裁撰《說文解字注》卷一〇上

清・高宗敕撰《禮記義疏》卷一

清・李光坡撰《禮記述註》卷一

清・汪森編《粵西文載・粵西叢載》卷五

清・郝玉麟等監修，魯曾煜等編纂《廣東通志》卷五二

清・鄂爾泰等監修，靖道謨等編纂《雲南通志》卷三〇（異蹟）

清・郝玉麟等監修，謝道承等編纂《福建通志》卷一〇、卷一一

清・翟顥撰《爾雅補郭》卷下

清・邵晉涵撰《爾雅正義》卷一九

清・郝懿行撰《爾雅義疏》下六（釋獸）

清・姜兆錫撰《爾雅注疏參議》卷六

清・任基振撰《爾雅注疏箋補》卷下

清・吳任臣注《山海經廣注》卷一八（大荒西經）

清・方旭撰《蟲薈》卷二

狒

晉・郭璞注，唐・陸德明音義，宋・邢昺疏《爾雅注疏》卷一一（釋獸第一八）

南朝梁・顧野王撰，宋・陳彭年等重修《重修玉篇》卷二三
唐・陳藏器撰，尚志鈞輯釋《本草拾遺》卷五（獸禽部）
宋・陳彭年、丘雍等撰《重修廣韻》卷四
宋・司馬光撰《類篇》卷二八
宋・鄭樵撰《爾雅註》卷下（釋獸第一八）
宋・高似孫撰《緯略》卷七
元・黄公紹原編，熊忠舉要《古今韻會舉要》卷一八
明・張自烈撰，清・廖文英續《正字通》巳集中
清・張玉書、陳廷敬等纂《康熙字典》卷一八
清・周靖撰《篆隸考異》卷二
清・郝懿行撰《爾雅義疏》下六（釋獸）
清・任基振撰《爾雅注疏箋補》卷下

狒狒

漢・伏勝撰，鄭玄註，清・孫之騄輯《尚書大傳》（補遺）
晉・郭璞注，唐・陸德明音義，宋・邢昺疏《爾雅注疏》卷一一（釋獸第一八）
唐・陸德明撰《經典釋文》卷三〇（禮記音義之一）
唐・陳藏器撰，尚志鈞輯釋《本草拾遺》卷五（獸禽部）
唐・元慎撰《元氏長慶集》卷一二（和樂天送客遊嶺南二十韻）
唐・段成式撰《酉陽雜俎》卷一六
宋・陳彭年、丘雍等撰《重修廣韻》卷四
宋・孫奕撰《示兒編》卷一五（雜記・物重名）
宋・唐慎微撰，寇宗奭衍義《證類本草》卷一七（四種陳藏器餘）
宋・陸佃撰《爾雅新義》卷一九（釋獸）
宋・羅願撰，元・洪焱祖音釋《爾雅翼》卷一九（釋獸二・狒狒）
宋・鄭樵撰《爾雅註》卷下（釋獸第一八）
宋・高似孫撰《緯略》卷七
金・李杲編輯，明・李時珍參訂，姚可成補輯《食物本草》
元・黎崱撰《安南志略》卷一五（狒狒）
明・張自烈撰，清・廖文英續《正字通》巳集中
明・鄧伯羔撰《藝彀》卷下
明・方以智撰《通雅》卷四六
明・李時珍撰《本草綱目》卷五一下
清・和珅等撰《大清一統志》卷四二二（安南・土產）
清・張玉書、陳廷敬等纂《康熙字典》卷一八
清・周春撰《爾雅補注》卷四
清・王士禛撰《香祖筆記》卷二
清・郝玉麟等監修，魯曾煜等編纂《廣東通志》卷五二
清・邵晉涵撰《爾雅正義》卷一九
清・劉玉麐撰《爾雅校議》卷下
清・姜兆錫撰《爾雅注疏參議》卷六
清・任基振撰《爾雅注疏箋補》卷下
清・吴任臣注《山海經廣注》卷三（北山經）、卷一〇（海内南經）
清・方旭撰《蟲薈》卷二

贛巨人

晉・郭璞注《山海經》卷一八（北山經）
宋・樂史撰《太平寰宇記》卷一五八（嶺南道二・潮州・土產）
清・郝懿行撰《爾雅義疏》下六（釋獸）

幽鴳

晉・郭璞注《山海經》卷三（北山經）
清・吴任臣注《山海經廣注》卷三（北山經）

嬇獪

晉・郭璞注《山海經》卷三（北山經）
清・吴任臣注《山海經廣注》卷三（北山經）

梟陽

晉・郭璞注《山海經》卷一八（北山經）
晉・郭璞注，唐・陸德明音義，宋・邢昺疏《爾雅注疏》卷一一（釋獸第一八）
宋・樂史撰《太平寰宇記》卷一五八（嶺南道二・潮州・土產）
元・楊桓撰《六書統》卷一
明・張自烈撰，清・廖文英續《正字通》巳集中
清・郝懿行撰《爾雅義疏》下六（釋獸）

嘄陽

宋・孫奕撰《示兒編》卷一五（雜記・物重名）
宋・羅願撰，元・洪焱祖音釋《爾雅翼》卷一九
元・黄公紹原編，熊忠舉要《古今韻會舉要》卷一八
明・方以智撰《通雅》卷四六
清・邵晉涵撰《爾雅正義》卷一九
清・郝懿行撰《爾雅義疏》下六（釋獸）

梟羊

南朝梁・蕭統編，唐・李善、吕延濟、劉良、張銑、吕向、李周翰註《六臣註文選》卷五
宋・陳彭年、丘雍等撰《重修廣韻》卷四
宋・唐慎微撰，寇宗奭衍義《證類本草》卷一七（四種陳藏器餘）
宋・羅願撰，元・洪焱祖音釋《爾雅翼》卷一九
宋・鄭樵撰《爾雅註》卷下（釋獸第一八）
金・李杲編輯，明・李時珍參訂，姚可成補輯《食物本草》
元・黄公紹原編，熊忠舉要《古今韻會舉要》卷一八
明・方以智撰《通雅》卷四六
明・李時珍撰《本草綱目》卷五一下
清・張玉書、陳廷敬等纂《康熙字典》卷一八
清・周靖撰《篆隸考異》卷二
清・郝玉麟等監修，魯曾煜等編纂《廣東通志》卷五二
清・邵晉涵撰《爾雅正義》卷一九
清・吴任臣注《山海經廣注》卷三（北山經）

清・方旭撰《蟲薈》卷二

黑人

晉・郭璞注《山海經》卷一八（北山經）

费费

晉・孔晁注《逸周書》卷七（王會解第五九）

晉・郭璞注，唐・陸德明音義，宋・邢昺疏《爾雅注疏》卷一一（釋獸第一八）

宋・孫奕撰《示兒編》卷一五

明・方以智撰《通雅》卷四六

清・邵晉涵撰《爾雅正義》卷一九

清・郝懿行撰《爾雅義疏》下六（釋獸）

清・任基振撰《爾雅注疏箋補》卷下

清・吳任臣注《山海經廣注》卷一（南山經）

吐嘍

晉・孔晁注《逸周書》卷七（王會解第五九）

明・方以智撰《通雅》卷四六

清・張玉書、陳廷敬等纂《康熙字典》卷一八

清・姜兆錫撰《爾雅注疏參議》卷六

清・任基振撰《爾雅注疏箋補》卷下

清・方旭撰《蟲薈》卷二

土嘍

宋・陳彭年、丘雍等撰《重修廣韻》卷四

元・楊桓撰《六書統》卷一

元・黃公紹原編，熊忠舉要《古今韻會舉要》卷一八

土螻

晉・郭璞注，唐・陸德明音義，宋・邢昺疏《爾雅注疏》卷一一（釋獸第一八）

宋・羅願撰，元・洪焱祖音釋《爾雅翼》卷一九

明・李時珍撰《本草綱目》卷五一下

清・邵晉涵撰《爾雅正義》卷一九

清・吳任臣注《山海經廣注》卷三（北山經）

狌

漢・鄭玄注，唐・賈公彥疏，陸德明音義《周禮注疏》卷一（曲禮上）

南朝梁・顧野王撰，宋・陳彭年等重修《重修玉篇》卷二三

宋・司馬光撰《類篇》卷二八

遼・釋行均撰《龍龕手鑒》卷二

明・張自烈撰，清・廖文英續《正字通》巳集中

清・張玉書、陳廷敬等纂《康熙字典》卷一八

清・郝懿行撰《爾雅義疏》下六（釋獸）

狌狌

漢・鄭玄注，唐・賈公彥疏，陸德明音義《周禮注疏》卷一（曲禮上）

漢・許慎撰，宋・徐鉉增釋《說文解字》卷一〇上

漢・王充撰《論衡》卷六（龍虛篇）、卷二六（實知篇）

晉・郭璞注《山海經》卷一（南山經）

晉・郭璞著，張宗祥校錄《足本山海經圖贊》

明・張自烈撰，清・廖文英續《正字通》巳集中

明・鄧伯羔撰《藝彀》卷下

明・方以智撰《通雅》卷四六

清・張玉書、陳廷敬等纂《康熙字典》卷一八

清・段玉裁撰《說文解字注》卷一〇上

清・郝玉麟等監修，魯曾煜等編纂《廣東通志》卷五二

清・邵晉涵撰《爾雅正義》卷一九

清・郝懿行撰《爾雅義疏》下六（釋獸）

清・吳任臣注《山海經廣注》卷一（南山經）

鸎猩

漢・揚雄撰，晉・范望注《太玄經》卷二（從鋭至事第二）

山都

晉・郭璞注《山海經》卷一（南山經）

晉・郭璞注，唐・陸德明音義，宋・邢昺疏《爾雅注疏》卷一一（釋獸第一八）

宋・陳彭年、丘雍等撰《重修廣韻》卷四

宋・唐慎微撰，寇宗奭衍義《證類本草》卷一七（四種陳藏器餘）

宋・羅願撰，元・洪焱祖音釋《爾雅翼》卷一九

宋・鄭樵撰《爾雅註》卷下（釋獸第一八）

金・李杲編輯，明・李時珍參訂，姚可成補輯《食物本草》

元・黃公紹原編，熊忠舉要《古今韻會舉要》卷一八

明・楊慎撰，張士佩編《升菴集》卷八一

明・方以智撰《通雅》卷四六

明・李時珍撰《本草綱目》卷五一下

清・張玉書、陳廷敬等纂《康熙字典》卷一八

清・王士禛撰《香祖筆記》卷二

清・邵晉涵撰《爾雅正義》卷一九

清・吳任臣注《山海經廣注》卷三（北山經）

清・方旭撰《蟲薈》卷二

髣髴

晉・郭璞注《山海經》卷一〇（海內南經）

明・張自烈撰，清・廖文英續《正字通》巳集中

清・方旭撰《蟲薈》卷二

髴髴

晉・郭璞著，張宗祥校錄《足本山海經圖贊》

清・周春撰《爾雅補注》卷四

野干

明・楊慎撰，張士佩編《升菴集》卷八一

明・曹學佺撰《蜀中廣記》卷五九（方物記第一）

豻

漢・楊孚撰，清・曾釗輯《異物志》

野人

宋・羅願撰，元・洪焱祖音釋《爾雅翼》卷一九

明・李時珍撰《本草綱目》卷五一下
清・方旭撰《蟲薈》卷二

野女

明・李時珍撰《本草綱目》卷五一下
清・吳任臣注《山海經廣注》卷一八（大荒西經）

野婆

明・李時珍撰《本草綱目》卷五一下
清・吳任臣注《山海經廣注》卷一八（大荒西經）

人熊

宋・周去非撰《嶺外代答》卷九（禽獸門）
金・李杲編輯，明・李時珍參訂，姚可成補輯《食物本草》
明・李時珍撰《本草綱目》卷五一下
清・方旭撰《蟲薈》卷二

山丈

明・李時珍撰《本草綱目》卷五一下
清・吳任臣注《山海經廣注》卷三（北山經）

山姑

明・李時珍撰《本草綱目》卷五一下

山鬼

明・李時珍撰《本草綱目》卷五一下

山魈

明・李時珍撰《本草綱目》卷五一下

山精

明・李時珍撰《本草綱目》卷五一下
清・邵晉涵撰《爾雅正義》卷一九
清・郝懿行撰《爾雅義疏》下六（釋獸）

旱魃

明・李時珍撰《本草綱目》卷五一下

山笑

清・郝玉麟等監修，魯曾煜等編纂《廣東通志》卷五二

狃

清・翟顥撰《爾雅補郭》卷下
清・郝懿行撰《爾雅義疏》下六（釋獸）
清・劉玉麐撰《爾雅校議》卷下
清・姜兆錫撰《爾雅注疏參議》卷六

兔形目 Lagomorpha

兔

清・（日）西師意譯，（英）竇樂安、許家惺審定《動物學教科書》第三章《哺乳類・齧齒類》
清・柯璜譯編，(日)箕作佳吉著《博物學講義・動物篇》第二章《分類法》

鼠兔科 Ochotonidae

㲋

漢・許慎撰，宋・徐鉉增釋《說文解字》卷一〇上
晉・郭璞注《山海經》卷五《中山經》、卷一六《大荒西經》
清・吳任臣注《山海經廣注》卷五《中山經》

鼵

南朝梁・顧野王撰，宋・陳彭年等重修《重修玉篇》卷二五
唐・陸德明撰《經典釋文》卷三〇
宋・林之奇撰《尚書全解》卷一〇《禹貢夏書》
宋・李昉等撰《太平御覽》卷九二八
明・鄭瑗撰《井觀瑣言》卷三
清・朱鶴齡撰《禹貢長箋》卷一一
清・胡渭撰《禹貢錐指》卷一七
清・徐文靖撰《禹貢會箋》卷一一

兀

清・朱鶴齡撰《禹貢長箋》卷一一

兀兒鼠

明・方以智撰《通雅》卷四六
清・徐文靖撰《禹貢會箋》卷一一
清・嵇璜、曹仁虎等撰《續通志》卷一八〇

苦術兀兒

明・徐應秋撰《玉芝堂談薈》卷二四《鳥鼠同穴山》

兔鼠

清・洪蕙纂修《陝西省延安府志》卷三四
清・孔繁撲修，高維嶽纂《陝西省綏德州志》卷三

地兔

清・(美)克拉克 索爾比著，史紅帥譯《穿越陝甘・1908-1909 年克拉克考察隊華北行紀》附錄二

耗兔

清・(美)克拉克 索爾比著，史紅帥譯《穿越陝甘・1908-1909 年克拉克考察隊華北行紀》附錄二

达乌尔鼠兔 *Ochotona dauurica*

達烏爾鼠兔

清・(美)克拉克 索爾比著，史紅帥譯《穿越陝甘・1908-1909 年克拉克考察隊華北行紀》附錄二

鼠兔

清・(美)克拉克 索爾比著，史紅帥譯《穿越陝甘・1908-1909 年克拉克考察隊華北行紀》附錄二

兔科 Leporidae

兔

漢・鄭玄注，唐・孔穎達疏，陸德明音義《禮記注疏》卷五《曲禮下》、卷二八《內則》
漢・許慎撰，宋・徐鉉增釋《說文解字》卷一〇上
漢・史游撰，唐・顏師古注《急就篇》卷四
三國魏・张揖撰《廣雅》卷一〇《释兽》
後魏・賈思勰撰《齊民要術》卷八
晉・郭璞注，唐・陸德明音義，宋・邢昺疏《爾雅注疏》卷一一
晉・張華撰《博物志》卷四

晋・葛洪撰《抱朴子》卷一三《内篇》
晋・崔豹撰《古今注》卷中
南朝梁・顧野王撰，宋・陳彭年等重修《重修玉篇》卷二三《兔部》
南朝梁・沈約注《竹書紀年》卷下
唐・許嵩撰《健康實錄》卷一二
唐・李世民撰《晉書》卷二八
唐・陸德明撰《經典釋文》卷二
唐・長孫無忌等撰《隋書》卷二二《志第十七・五行上》
唐・瞿曇悉達撰《唐開元占經》卷一一六
南唐・徐鍇撰，朱翺反切《說文繫傳》卷一九
五代・馬縞撰《中華古今注》卷下
宋・鄭樵撰《爾雅註》卷下
宋・羅願撰，元・洪焱祖音釋《爾雅翼》卷二一《兔》
宋・陸佃撰《埤雅》卷三《兔》
宋・司馬光撰《類篇》卷二八
宋・丁度等纂《附釋文互註禮部韻略》卷四
宋・鄭樵撰《通志》卷七六
宋・陳彭年、丘雍等撰《重修廣韻》卷四
宋・梁克家撰《淳熙三山志》卷四二
宋・施宿等撰《會稽志》卷一七《獸部》
宋・陳耆卿撰《赤城志》卷三六
宋・蘇頌、胡乃長、王致譜輯注《圖經本草》卷一三《禽獸部・兔》
宋・郭忠恕撰《汗簡》卷中之二
宋・劉恕編輯《資治通鑑外紀》卷七、卷一〇
宋・王安石撰《臨川文集》卷一〇《信都公家白兔》
宋・秦觀撰《淮海集》卷五《和裴仲謨放兔行》
宋・俞琰撰《席上腐談》卷上
金・李杲編輯，明・李時珍參訂，姚可成補輯《食物本草》卷一三《獸部二》
元・楊恒撰《六書統》卷一八
元・周伯琦撰《說文字源》
元・托克托等修《金史》卷八
元・戴侗撰《六書故》卷一八
元・袁桷撰《清容居士集》卷三《古詩五言 舟中雜詠》
明・趙偽謙撰《六書本義》卷八
明・曹學佺撰《蜀中廣記》卷五九
明・徐應秋撰《玉芝堂談薈》卷三二《淮北多獸》
明・張自烈撰，清・廖文英續《正字通》辰集下（毛部）
明・李時珍撰《本草綱目》卷一下
明・方以智撰《物理小識》卷一〇
明・唐順之編《荊州稗編》卷八〇
明・吳楚材輯《彊識畧》卷三一
明・李蘇撰《見物》卷二《兔》
明・陳洪謨、彭憲勘纂《嘉靖常德府志（湖南省）》卷八
明・周祈撰《名義考》卷一
明・高濂撰《遵生八牋》卷一五《論筆》
清・李元撰《蠕範》卷一
清・張玉書、陳廷敬等撰《康熙字典》卷三
清・段玉裁撰《說文解字注》卷一八
清・和珅等撰《大清一統志》卷一二四
清・和珅、梁國志撰《熱河志》卷九五
清・嵇璜、曹仁虎等撰《續文獻通考》卷二八
清・嵇璜、曹仁虎等撰《續通志》卷一一七
清・田易等纂《畿輔通志》卷四二《兔》
清・陶成等編纂《江西通志》卷二七
清・謝道承等編纂《福建通志》卷一〇
清・錢元昌等編纂《廣西通志》卷三《禨祥》
清・張鳳台纂修《長白彙征錄》卷五《物產》
清・夏日琖校，姚明煇輯《蒙古志》卷三《物產》
清・王文韶修《續雲南通志稿》卷五七《食貨志》
清・範鐘湘、陳傳德修，金念祖、黃世祚纂《上海府縣志輯・嘉定縣續志》卷五
清・西清纂，蕭穆等重輯《黑龍江外記》卷八《物產》
清・海忠修，林從炯等纂《熱河省承德府志》卷二九《物產》
清・李亨特修，平恕、徐嵩纂《浙江府縣志輯・乾隆紹興府志》卷一八
清・陳淏子輯《秘傳花鏡》卷六《兔》
清・屈大成撰《廣東新語》卷二一《獸語・兔》
清・（美）範約翰著，吳子翔述《百獸集說圖考》第六科《兔》
清・牟應震撰《毛詩物名考》卷二
清・段玉裁撰《毛詩故訓傳定本》卷六
清・何玉棻修，魏式曾纂《湖南府縣志輯・同治直隸澧州志》
清・方式濟撰《龍沙紀略》《風俗》
清・覺羅石麟等監修，儲大文等編纂《山西通志》卷一八六

莵

晉・郭璞注，唐・陸德明音義，宋・邢昺疏《爾雅注疏》卷一一
南朝梁・顧野王撰，宋・陳彭年、丘雍等重修《重修玉篇》卷二三《兔部》
宋・劉恕編輯《資治通鑑外紀》卷七
清・陳啟源撰《毛詩稽古編》卷二九
清・吳玉搢撰《別雅》卷四
清・張玉書、陳廷敬等纂《康熙字典》卷三
清・段玉裁撰《說文解字注》卷一八

兔子

晉・郭璞注，唐・陸德明音義，宋・邢昺疏《爾雅注疏》卷一一
三國魏・張揖撰《廣雅》卷一〇《釋獸》

南朝梁·顧野王撰，宋·陳彭年、丘雍等重修《重修玉篇》卷二三《兔部》

白兔

漢·劉珍等撰《東觀漢記》卷二

南朝梁·沈約注《竹書紀年》卷下

唐·瞿曇悉達撰《唐開元占經》卷一一六

宋·羅願撰，元·洪焱祖音釋《爾雅翼》卷二一《兔》

宋·梅堯臣撰《宛陵集》卷五〇《永叔白兔》

宋·歐陽修撰，周必大編《文忠集》卷五四《白兔》

宋·王安石撰《臨川文集》卷一〇《信都公家白兔》

元·托克托等修《宋史》卷一二六

明·曹學佺撰《蜀中廣記》卷五九

清·李元撰《蠕範》卷一

清·檀萃輯《滇海虞衡志》卷七

清·王文韶修《續雲南通志稿》卷五七《食貨志》

清·陳淏子輯《秘傳花鏡》卷六《兔》

清·嵇璜、曹仁虎等撰《續文獻通考》卷二八《土貢考》、卷二二七

野兔

清·金蓉鏡纂輯《湖南省靖州鄉土志》卷三《物產》

明視

漢·鄭玄注，唐·孔穎達疏，陸德明音義《禮記注疏》卷五《曲禮下》

宋·羅願撰，元·洪焱祖音釋《爾雅翼》卷二一《兔》

宋·陸佃撰《埤雅》卷三《兔》

宋·施宿等撰《會稽志》卷一七《獸部》

金·李杲編輯，明·李時珍參訂，姚可成補輯《食物本草》卷一三《獸部二》

明·李蘇撰《見物》卷二《兔》

清·李元撰《蠕範》卷一

明·陳洪謨、彭憲勘纂《嘉靖常德府志（湖南省）》卷八

清·張玉書、陳廷敬等撰《康熙字典》卷三

清·謝道承等編纂《福建通志》卷一〇

清·李亨特修，平恕、徐嵩纂《乾隆紹興府志》卷一八《物產》

清·陳淏子輯《秘傳花鏡》卷六《兔》

舍迦

宋·羅願撰，元·洪焱祖音釋《爾雅翼》卷二一《兔》

明·李時珍撰《本草綱目》卷五一下

洮賴

清·和珅、梁國志撰《熱河志》卷九五

清·海忠修，林從炯等纂《熱河省承德府志》卷二九《物產》

清·紀昀、陸錫熊等撰《河源紀略》卷一一

㝹

漢·史游撰，唐·顏師古注《急就篇》卷四

晉·郭璞注，唐·陸德明音義，宋·邢昺疏《爾雅注疏》卷一一

宋·鄭樵撰《通志》卷七六

宋·鄭樵撰《爾雅註》卷下

明·吳楚材輯《彊識畧》卷三一

明·李蘇撰《見物》卷二《兔》

清·段玉裁撰《說文解字注》卷一八

草兔 *Lepus capensis*（托氏兔 *Lepus swinhoei subluteus* Thomas）

托氏兔

清·（美）克拉克 索爾比著，史紅帥譯《穿越陝甘·1908-1909 年克拉克考察隊華北行紀》附錄二

雪兔 *Lepus timidus*

沁達罕

清·乾隆三二年撰《皇朝通志》卷一二六《昆蟲草木畧二》

清·海忠修，林從炯等纂《熱河省承德府志》卷二九

猬形目 Erinaceomorpha

猬科 Erinaceidae

刺猬 *Erinaceus europaeus*

刺蝟

宋·鄭樵撰《爾雅註》卷下（釋獸第一八）

宋·梁克家撰《淳熙三山志》卷四二

宋·李昉等撰《太平廣記》卷一〇〇、卷二四八

宋·陳耆卿撰《赤城志》卷三六

元·陶宗儀編《說郛》卷一一四（東陽夜怪錄）

明·張才編輯，徐珪重編《（弘曆）重修保定郡志》卷七（土產）

明·曹學佺撰《蜀中廣記》卷八〇（神仙記第一〇）

明·方以智撰《物理小識》卷一一（鳥獸類）

清·郝玉麟等監修，謝道承等編纂《福建通志》卷一〇

清·劉於義等監修，沈青崖等編纂《陝西通志》卷四四

清·阿桂、劉瑾之等撰《欽定盛京通志》卷一〇七

清·（美）范約翰著，吳子翔述《百獸集說圖考》第三科（食蟲類）

清·吳友如繪《吳友如畫寶·中外百獸圖》第四集上

蝟

漢·許慎撰，宋·徐鉉增釋《說文解字》卷九下

漢·司馬遷撰，南朝宋·裴駰集解《史記》卷一二八（龜策列傳第六八）

晉·郭璞注，唐·陸德明音義，宋·邢昺疏《爾雅注疏》卷一一

晉·常璩撰《華陽國志》卷四（南中志）

晉·幹寶撰《搜神記》卷一三

南朝梁·顧野王撰，宋·陳彭年等重修《重修玉篇》卷二三
南唐·徐鍇撰，朱翱反切《說文繫傳》卷一八
宋·陳彭年、丘雍等撰《重修廣韻》卷四
宋·丁度、司馬光等纂《集韻》卷七
宋·陸佃撰《埤雅》卷四
宋·歐陽德隆撰，郭正巳校正《增修校正押韻釋疑》卷四
宋·唐慎微撰，寇宗奭衍義《證類本草》卷二一（蟲部中品總務六種）
宋·鄭樵撰《通志》卷七六（昆蟲草木略第二）
宋·蔡絛撰《鐵圍山叢談》卷六
遼·釋行均撰《龍龕手鑒》卷二（蟲部第二）
金·李杲編輯，明·李時珍參訂，姚可成補輯《食物本草》
元·楊桓撰《六書統》卷一八
元·黃公紹原編，熊忠舉要《古今韻會舉要》卷一八
元·戴侗撰《六書故》卷一七
明·張自烈撰，清·廖文英續《正字通》申集下
明·李時珍撰《本草綱目》卷下之下
明·徐應秋撰《玉芝堂談薈》卷三二（淮北多獸）
明·沈弘正撰《沈氏蟲天志》卷三（原始）
明·盧之頤撰《本草乘雅半偈》卷八
清·張玉書、陳廷敬等纂《康熙字典》卷二六
清·姜兆錫撰《爾雅注疏參議》卷六
清·段玉裁撰《說文解字注》卷九下
清·劉於義等監修，沈青崖等編纂《陝西通志》卷四四
清·嵇璜、曹仁虎等撰《續通志》卷一七八（昆蟲草木略五）
清·阿桂、劉瑾之等撰《欽定盛京通志》卷一〇七（物產）
清·郝玉麟等監修，謝道承等編纂《福建通志》卷一〇
清·任基振撰《爾雅注疏箋補》卷下
清·郝懿行撰《爾雅義疏》下六
清·（美）范約翰著，吳子翔述《百獸集說圖考》第三科（食蟲類）

猬

南朝梁·顧野王撰，宋·陳彭年等重修《重修玉篇》卷二三
宋·司馬光撰《類篇》卷二八（十四部·文一）
宋·丁度、司馬光等纂《集韻》卷七
元·楊桓撰《六書統》卷一八
明·張自烈撰，清·廖文英續《正字通》巳集下
明·薛虞畿撰《春秋別典》卷七（魯襄公）
清·張玉書、陳廷敬等纂《康熙字典》卷一八
清·段玉裁撰《說文解字注》卷九下
清·嵇璜、曹仁虎等撰《續通志》卷一八〇（獸類）
清·吳任臣注《山海經廣注》卷三（北山經）
清·（美）范約翰著，吳子翔述《百獸集說圖考》第三科（食蟲類）

彙毛刺

晉·郭璞注，唐·陸德明音義，宋·邢昺疏《爾雅注疏》卷一一
晉·郭璞著《爾雅音圖》卷下
宋·鄭樵撰《爾雅註》卷下（釋獸第一八）
宋·陸佃撰《爾雅新義》卷一八
元·黃公紹原編，熊忠舉要《古今韻會舉要》卷一八
明·張自烈撰，清·廖文英續《正字通》巳集下
清·段玉裁撰《說文解字注》卷九下
清·任基振撰《爾雅注疏箋補》卷下

大耳猬 *Hemiechinus auritus*

刺猬

清·格琫额纂《伊江匯覽》（土產）

鼩形目 Soricomorpha

鼩鼱科 Soricidae

鼩鼱 *Sorex* sp.

鼩

漢·許慎撰，宋·徐鉉增釋《說文解字》卷一〇上
宋·司馬光撰《類篇》卷二九
宋·李昉等撰《太平御覽》卷九一一（獸部）
宋·丁度等撰《附釋文互註禮部韻略》卷一
元·戴侗撰《六書故》卷一八
清·張玉書、陳廷敬等纂《康熙字典》卷三六
清·郝懿行撰《爾雅義疏》卷下

鼩鼠

三國吳·陸璣撰，明·毛晉廣要《陸氏詩疏廣要》卷下之下（釋獸）
晉·郭璞注，唐·陸德明音義，宋·邢昺疏《爾雅注疏》卷一一
晉·郭璞著《爾雅音圖》卷下（釋獸）
宋·陸佃撰《埤雅》卷一一（釋蟲）
宋·鄭樵撰《爾雅註》卷下
宋·鄭樵撰《通志》卷七六
清·郝懿行撰《爾雅義疏》卷下
清·張玉書、陳廷敬等纂《康熙字典》卷三六
清·陳大章撰《詩傳名物集覽》卷三

鼱鼩

三國吳·陸璣撰，明·毛晉廣要《陸氏詩疏廣要》卷下之下（釋獸）
晉·郭璞注，唐·陸德明音義，宋·邢昺疏《爾雅注疏》卷一一
宋·陸佃撰《埤雅》卷一一（釋蟲）

宋・鄭樵撰《爾雅註》卷下
遼・釋行均撰《龍龕手鑒》卷二
元・戴侗撰《六書故》卷一八
清・郝懿行撰《爾雅義疏》卷下
清・張玉書、陳廷敬等纂《康熙字典》卷三六
清・陳大章撰《詩傳名物集覽》卷三
清・姚炳撰《詩識名解》卷五（獸部）

精鼩

晉・郭璞著《爾雅音圖》卷下（釋獸）
宋・司馬光撰《類篇》卷二九
宋・丁度等撰《附釋文互註禮部韻略》卷一
宋・陸佃撰《埤雅》卷一一（釋蟲）
宋・李昉等撰《太平御覽》卷九一一（獸部）
清・郝懿行撰《爾雅義疏》卷下
清・張玉書、陳廷敬等纂《康熙字典》卷三六

鼨鼩

晉・郭璞注，唐・陸德明音義，宋・邢昺疏《爾雅注疏》卷一〇
晉・郭璞著《爾雅音圖》卷下（釋獸）
宋・陸佃撰《埤雅》卷一一（釋蟲）
宋・鄭樵撰《爾雅註》卷下
宋・鄭樵撰《通志》卷七六
清・郝懿行撰《爾雅義疏》卷下
清・張玉書、陳廷敬等纂《康熙字典》卷三六

鼱

元・戴侗撰《六書故》卷一八

鼱鼠

宋・鄭樵撰《通志》卷七六

鼩鼱

明・李時珍撰《本草綱目》卷五一下（獸之二）
清・柯璜譯編，(日)箕作佳吉著《博物學講義・動物篇》第二章（脊椎動物）

地鼠

明・李時珍撰《本草綱目》卷五一下（獸之二）
清・姚炳撰《詩識名解》卷五（獸部）

鼷鼠

清・郝懿行撰《爾雅義疏》卷下

鼹科 Tapidae

鼹鼠 *Scaptochirus moschatus*

鼹鼠

清・(美)克拉克 索爾比著，史紅帥譯《穿越陝甘・1908-1909 年克拉克考察隊華北行紀》附錄二

翼手目 Chiroptera

蝙蝠

漢・揚雄撰，晉・郭璞注《輶軒使者絕代語釋別國方言》卷八
漢・許慎撰，宋・徐鉉增釋《說文解字》卷一三
漢・焦贛撰《焦氏易林》卷一
漢・鄭玄註《易緯通卦驗》卷下
三國魏・曹植撰《曹子建集》卷四（蝙蝠賦）
晉・郭璞著《爾雅音圖》（釋鳥第一七）
晉・郭璞注，唐・陸德明音義，宋・邢昺疏《爾雅注疏》卷一〇
晉・崔豹撰《古今注》卷中
晉・葛洪撰《抱朴子》內篇卷一一（仙藥）
南朝梁・顧野王撰，宋・陳彭年、丘雍等重修《重修玉篇》卷二五
唐・陸德明撰《經典釋文》卷五、卷九五、卷九七
唐・玄裝釋、門辯機撰《大唐西域記》卷二
唐・馬聰撰《意林》卷四
唐・釋道宣撰《廣弘明集》卷一三《音釋》
唐・釋道世撰《法苑珠林》卷一〇八、卷一〇九
唐・李白撰《白氏長慶集》卷三五《洞中蝙蝠》
南唐・徐鍇撰，朱翱反切《說文繫傳》卷二五
五代・馬縞撰《中華古今注》卷下（蝙蝠）
宋・鄭樵撰《爾雅註》卷下
宋・陸佃撰《埤雅》卷一〇
宋・羅願撰，元・洪焱祖音釋《爾雅翼》卷一六（服翼）
宋・司馬光撰《類篇》卷一八
宋・樂史撰《太平寰宇記》卷一二八
宋・潛說友撰《咸淳臨安志》卷三九
宋・不著撰人《江南餘載》卷下
宋・唐慎微撰《證類本草》卷一九
宋・蘇頌撰，胡乃長、王致譜輯注《圖經本草》卷一三《禽獸部・伏翼》
宋・朱勝非《紺珠集》卷八
金・李杲編輯，明・李時珍參訂，姚可成補輯《食物本草》卷一二《禽部》
元・戴侗撰《六書故》卷二〇
元・楊桓撰《六書統》卷一八
元・陶宗儀撰《說郛》卷一一上《飛鼠》
明・孫穀編《古微書》卷二九
明・朱謀㙔撰《駢雅》卷七
明・陳第撰《毛詩古音考》卷四
明・謝肇淛撰《滇略》卷二
明・馮曾修，李汛纂《九江府志》卷四《食貨志》
明・李時珍撰《本草綱目》卷四八
明・徐應秋撰《玉芝堂談薈》卷一一
明・李蘇著《見物》卷一《蝙蝠》
清・陳大章撰《詩傳名物集覽》卷三
清・張玉書等編《康熙字典》卷二六
清・馬驌撰《繹史》卷一五九

清·于敏中、英廉等撰《欽定日下舊聞考》卷一五一
清·阿桂、劉瑾之等撰《欽定盛京通志》卷一〇七
清·嵇曾筠等監修，沈機翼等纂《浙江通志》卷二三三
清·郝玉麟等監修，謝道承等纂《福建通志》卷一《福州府》
清·岳濬等監修，杜詔等編纂《山東通志》卷二四
清·金鉷等監修，錢昌元等纂《廣西通志》卷一三
清·王鱗飛等修，馮世瀛、冉崇文纂《四川府縣志輯·同治增修酉陽直隸州總志》卷一九
清·劉業勤修，淩魚纂《廣東府縣志輯·乾隆揭陽縣志》卷七
清·李文恒修，鄭文彩纂《廣東省瓊山縣志》卷一三
清·孔繁撲修，高維嶽纂《陝西省綏德州志》卷三
清·萬青黎、周家楣修，張之洞、繆荃孫纂《北京府縣志輯·光緒順天府志》卷五〇
清·不著撰人《新疆省回疆志》
清·鐘元棣修，張雋、邢定綸纂《海南府縣志輯·民國崖州志》卷四
清·範鐘湘、陳傳德修，金念祖、黃世祚纂《上海府縣志輯·嘉定縣續志》卷五
清·吳馨等修，姚文枬等纂《江蘇省上海縣續志》卷八
清·張英、王士禎等纂《淵鑒類函》卷四四七《蝙蝠一》
清·陳元龍撰《格致鏡原》卷九六
清·方旭撰《蟲薈》卷二《毛蟲》
清·李元撰《蠕範》卷八
清·（英）韋廉臣撰《格物探原》《論形體》
清·（英）艾約瑟撰《動物學啟蒙》卷三《脊骨動物乳養類·論四肢》
清·（美）範約翰著·吳子翔述《百獸集說圖考》第二科《手為翅類》
清·柯璜譯編，（日）箕作佳吉著《博物學講義·動物篇》第二章《脊骨動物哺乳類·蝙蝠類》
清·（日）西師意譯，（英）竇樂安、許家惺審定《動物學教科書》第三章《哺乳類·翼手類》
清·屈大均撰《廣東新語》卷二四
清·陳文緯修，屠繼善纂《臺灣府縣志輯·光緒恒春縣志》
清·納喇性德編《合訂刪補大易集義粹言》卷七九
清·胡煦撰《周易函書約存·周易函書別集》卷一五
清·沈廷芳撰《十三經注疏正字》卷八一
清·允祿等撰，福隆安等校補《皇朝禮器圖式》卷一〇
清·梁詩正、蔣溥等撰《西清古鑑》卷四〇
清·吳友如繪《吳友如畫寶》第四集《中外百獸圖》

伏翼

漢·揚雄撰，晉·郭璞注《輶軒使者絕代語釋別國方言》卷八
三國魏·張揖撰，隋·唐憲音解《博雅》卷一〇《釋鳥》
唐·歐陽詢撰《藝文類聚》卷九七《蝙蝠》
宋·唐慎微撰《證類本草》卷一九
宋·蘇頌撰，胡乃長、王致譜輯注《圖經本草》卷一三《禽獸部·伏翼》
宋·范成大撰《石湖詩集》卷一一《高楼曲》、卷二三《蝙蝠》
金·李杲編輯，明·李時珍參訂，姚可成補輯《食物本草》卷一二《禽部》
元·戴侗撰《六書故》卷二〇
明·李時珍撰《本草綱目》卷四八
明·李蘇著《見物》卷一《蝙蝠》
清·張玉書等編《康熙字典》卷二六
清·岳濬等監修，杜詔等編纂《山東通志》卷二四
清·嵇曾筠等監修，沈機翼等纂《浙江通志》卷一〇二《山川》
清·郝玉麟等監修，謝道承等纂《福建通志》卷一《福州府》
清·王鱗飛等修，馮世瀛、冉崇文纂《四川府縣志輯·同治增修酉陽直隸州總志》卷一九
清·萬青黎、周家楣修，張之洞、繆荃孫纂《北京府縣志輯·光緒順天府志》卷五〇
清·陳文緯修，屠繼善纂《臺灣府縣志輯·光緒恒春縣志》《物產》
清·張英、王士禎等纂《禦定淵鑒類函》卷四四七《蝙蝠一》
清·李元撰《蠕範》卷八
清·（英）艾約瑟撰《動物學啟蒙》卷三《脊骨動物乳養類·論四肢》
清·（美）範約翰著·吳子翔述《百獸集說圖考》第二科《手為翅類》
清·屈大均撰《廣東新語》卷二四

服翼

漢·揚雄撰，晉·郭璞注《輶軒使者絕代語釋別國方言》卷八
漢·許慎撰，宋·徐鉉釋《說文解字》卷一三
南朝梁·顧野王撰，宋·陳彭年等重修《重修玉篇》卷二五
晉·郭璞著《爾雅音圖》（釋鳥第一七）
晉·郭璞注，唐·陸德明音義，宋·邢昺疏《爾雅注疏》卷一〇
南唐·徐鍇撰，朱翱反切《說文繫傳》卷二五
宋·羅願撰，元·洪焱祖音釋《爾雅翼》卷一六《服翼》
宋·鄭樵撰《爾雅註》卷下
宋·朱勝非《紺珠集》卷八
元·楊桓撰《六書統》卷一八
明·朱謀㙔撰《駢雅》卷七
明·王圻、王思義輯《三才圖會》卷之鳥獸六
清·張玉書等編《康熙字典》卷二六

清·阿桂、劉瑾之等撰《欽定盛京通志》卷一〇七
清·李文恒修，鄭文彩纂《廣東省瓊山縣志》卷一三
清·孔繁撲修，高維嶽纂《陝西省綏德州志》卷三（物產）
清·陳元龍撰《格致鏡原》卷九六
清·方旭撰《蟲薈》卷二《毛蟲》
清·李元撰《蠕範》卷八
清·（美）範約翰著·吴子翔述《百獸集說圖考》第二科《手為翅類》
清·馬驌撰《繹史》卷一五九
清·張玉書等編《康熙字典》卷二六

鵩翼

宋·鄭樵撰《爾雅註》卷下
元·陶宗儀撰《說郛》卷一一上《輶軒絕代語》

僊鼠

漢·揚雄撰，晉·郭璞注《輶軒使者絕代語釋別國方言》卷八
晉·郭璞注，唐·陸德明音義，宋·邢昺疏《爾雅注疏》卷一〇
五代·馬縞撰《中華古今注》卷下《蝙蝠》
明·朱謀㙔撰《駢雅》卷七
清·張玉書、陳廷敬等編《康熙字典》卷二六
清·馬驌撰《繹史》卷一五九
清·方旭撰《蟲薈》卷二《毛蟲》
清·李元撰《蠕範》卷八
清·（美）範約翰著·吴子翔述《百獸集說圖考類》第二科《手為翅類》

飛鼠

漢·揚雄撰，晉·郭璞注《輶軒使者絕代語釋別國方言》卷八
晉·崔豹撰《古今注》卷中
三國魏·張揖撰，隋·唐憲音解《博雅》卷一〇《釋鳥》
唐·釋道宣撰《廣弘明集》卷一三（音釋）
唐·歐陽詢撰《藝文類聚》卷九五
五代·馬縞撰《中華古今注》卷下《蝙蝠》
宋·朱勝非《紺珠集》卷八
元·陶宗儀撰《說郛》卷一一上《輶軒絕代語》
明·李時珍撰《本草綱目》卷四八
清·張玉書、陳廷敬等編《康熙字典》卷二六
清·郝玉麟等監修，謝道承等纂《福建通志》卷一《福州府》
清·李文恒修，鄭文彩纂《廣東省瓊山縣誌》卷一三《物產》
清·陳元龍撰《格致鏡原》卷九六
清·方旭撰《蟲薈》卷二《毛蟲》
清·李元撰《蠕範》卷八
清·（美）範約翰著·吴子翔述《百獸集說圖考》第二科《手為翅類》
清·劉業勤修，淩魚纂《廣東府縣志輯·乾隆揭陽縣志》卷七
清·孔繁撲修，高維嶽纂《陝西省綏德州志》卷三《物產》
清·鐘元棣修，張雋、邢定綸纂《海南府縣志輯·民國崖州志》卷四
清·陳文緯修，屠繼善纂《臺灣府縣志輯·光緒恒春縣志》

飛翼

清·張英、王士禎等纂《淵鑒類函》卷四四七《蝙蝠一》

老鼠

漢·揚雄撰，晉·郭璞注《輶軒使者絕代語釋別國方言》卷八
清·張玉書、陳廷敬等編《康熙字典》卷二六
清·陳元龍撰《格致鏡原》卷九六
清·（美）範約翰著·吴子翔述《百獸集說圖考》第二科《手為翅類》

仙鼠

漢·揚雄撰，晉·郭璞注《輶軒使者絕代語釋別國方言》卷八
漢·焦贛撰《焦氏易林》卷四
晉·郭璞著《爾雅音圖》（釋鳥第一七）
晉·郭璞注，唐·陸德明音義，宋·邢昺疏《爾雅注疏》卷一〇
晉·崔豹撰《古今注》卷中
三國魏·張揖撰，隋·唐憲音解《博雅》卷一〇《釋鳥》
南朝梁·顧野王撰，宋·陳彭年、丘雍等重修《重修玉篇》卷二五
唐·歐陽詢撰《藝文類聚》卷九七《蝙蝠》
宋·羅願撰，元·洪焱祖音釋《爾雅翼》卷一六《服翼》
宋·鄭樵撰《爾雅註》卷下
宋·朱勝非《紺珠集》卷八
宋·唐慎微撰《證類本草》卷一九
宋·蘇頌撰，胡乃長、王致譜輯注《圖經本草》卷一三《禽獸部·伏翼》
元·陶宗儀撰《說郛》卷一一上《輶軒絕代語》
明·李時珍撰《本草綱目》卷四八
清·張玉書、陳廷敬等編《康熙字典》卷二六
清·嵇曾筠等監修，沈翼機等編纂《浙江通志》卷一六〇
清·岳濬等監修，杜詔等編纂《山東通志》卷二四
清·劉業勤修，淩魚纂《廣東府縣志輯·乾隆揭陽縣志》卷七《物產》
清·孔繁撲修，高維嶽纂《陝西省綏德州志》卷三
清·張英、王士禎等纂《淵鑒類函》卷四四七《蝙蝠一》
清·陳元龍撰《格致鏡原》卷九六
清·方旭撰《蟲薈》卷二《毛蟲》
清·李元撰《蠕範》卷八
清·（美）範約翰著·吴子翔述《百獸集說圖考》第二

科《手為翅類》

蠘蠌

漢・揚雄撰，晉・郭璞注《輶軒使者絕代語釋別國方言》卷八

三國魏・張揖撰，隋・唐憲音解《博雅》卷一〇《釋鳥》

蠘墨

漢・揚雄撰，晉・郭璞注《輶軒使者絕代語釋別國方言》卷八

晉・郭璞著《爾雅音圖》《釋鳥第一七》

晉・郭璞注，唐・陸德明音義，宋・邢昺疏《爾雅注疏》卷一〇

南朝梁・顧野王撰，宋・陳彭年等重修《重修玉篇》卷二五

唐・陸德明撰《經典釋文》卷三〇

宋・羅願撰，元・洪焱祖音釋《爾雅翼》卷一六《服翼》

宋・朱勝非《紺珠集》卷八

元・陶宗儀撰《說郛》卷一一上《輶軒絕代語》

明・朱謀㙔撰《駢雅》卷七

明・劉胤昌撰《劉氏類三》卷三

明・李蘇著《見物》卷一《蝙蝠》

清・張玉書、陳廷敬等編《康熙字典》卷二六

清・馬驌撰《繹史》卷一五九

清・于敏中、英廉等撰《欽定日下舊聞考》卷一五一

清・劉業勤修，淩魚纂《廣東府縣志輯・乾隆揭陽縣志》卷七

清・張英、王士禎等纂《淵鑒類函》卷四四七《蝙蝠一》

清・陳元龍撰《格致鏡原（二）》卷九六

清・方旭撰《蟲薈》卷二《毛蟲》

清・李元撰《蠕範》卷八

清・（美）範約翰著・吳子翔述《百獸集說圖考》第二科《手為翅類》

簷老鼠

清・王鱗飛等修馮世瀛、冉崇文纂《四川府縣志輯・同治增修酉陽直隸州總志》卷一九

簷鼠

清・張英、王士禎等纂《禦定淵鑒類函》卷四四七（蝙蝠三）

清・方旭撰《蟲薈》卷二《毛蟲》

清・李元撰《蠕範》卷八

天鼠

宋・唐慎微撰《證類本草》卷一九

明・李時珍撰《本草綱目》卷四八

明・劉胤昌撰《劉氏類函》卷三

清・王鱗飛等修，馮世瀛、冉崇文纂《四川府縣志輯・同治增修酉陽直隸州總志》卷一九

清・萬青黎、周家楣修，張之洞、繆荃孫纂《北京府縣志輯・光緒順天府志》卷五〇

清・陳元龍撰《格致鏡原》卷九六

清・李元撰《蠕範》卷八

夜燕

明・陳洪謨、彭憲勘纂《嘉靖常德府志（湖南省）》卷八《物產》

明・李時珍撰《本草綱目》卷四八

清・郝玉麟等監修，謝道承等纂《福建通志》卷一（福州府）

清・王鱗飛等修，馮世瀛、冉崇文纂《四川府縣志輯・同治增修酉陽直隸州總志》卷一九

清・方旭撰《蟲薈》卷二《毛蟲》

清・李元撰《蠕範》卷八

清・陳文緯修，屠繼善纂《臺灣府縣志輯・光緒恒春縣志》《物產》

翼鼠

清・吳馨等修，姚文枬等纂《江蘇省上海縣續志》卷八

倒掛

五代・馬縞撰《中華古今注》卷下《蝙蝠》

清・嵇曾筠等監修，沈翼機等編纂《浙江通志》卷一〇二

倒折

晉・崔豹撰《古今注》卷中

元・陶宗儀撰《說郛》卷一二上《飛鼠》

手為翅类

清・（美）範約翰著，吳子翔述《百獸集說圖考》第二科《手為翅類》

翼手类

清・範鐘湘、陳傳德修，金念祖、黃世祚纂《上海府縣志輯・嘉定縣續志》卷五

翼手目

清・吳馨等修，姚文枬等纂《江蘇省上海縣續志》卷八（物產）

狐蝠科 Pteropodidae

犬蝠 *Cynopterus sphinx*

蝙蝠

宋・梁克家撰《淳熙三山志》卷四二

飛鼠

宋・梁克家撰《淳熙三山志》卷四二

棕果蝠 *Rousettus* sp.

蝙蝠

明・徐應秋撰《玉芝堂談薈》卷三五

琉球狐蝠 *Pteropus daysymallus*

蝙蝠

清・柯璜譯編，(日)箕作佳吉著《博物學講義・動物篇》

第二章《動物各論・脊骨動物哺乳類・蝙蝠類》

清・（日）西師意譯，（英）竇樂安、許家惺審定《動物學教科書》第三章《哺乳類・翼手類》

大蝙蝠

清・柯璜譯編，（日）箕作佳吉著《博物學講義・動物篇》第二章《動物各論・脊骨動物哺乳類・蝙蝠類》

清・（日）西師意譯，（英）竇樂安、許家惺審定《動物學教科書》第三章《哺乳類・翼手類》

菊头蝠科 Rhinolophidae

菊头蝠 *Rhinolophus* spp.

蝙蝠

明・陳洪謨、彭憲勘纂《嘉靖常德府志》卷八《物產》

伏翼

明・陳洪謨、彭憲勘纂《嘉靖常德府志》卷八《物產》

夜燕

明・陳洪謨、彭憲勘纂《嘉靖常德府志》卷八《物產》

蹄蝠科 Hipposideridae

大蹄蝠 *Hipposideros* spp.

蝙蝠

北魏・酈道元撰《水經注》卷三七

南朝梁・任昉撰《述異記》卷下

唐・李吉甫撰《元和郡縣誌》卷三二

唐・李白撰《李太白文集》卷一六《答族姪僧中孚贈玉泉仙人掌茶》

宋・李石撰《續博物志》卷六、卷七

宋・楊伯喦撰《六帖補》卷一一

宋・蘇頌撰，胡乃長、王致譜輯注《圖經本草》卷一三《禽獸部・伏翼》

宋・程珌撰《洺水集》卷七《遊金華三洞記》

宋・樂史撰《太平寰宇記》卷七四、卷一二六

宋・蔡絛撰《鐵圍山叢談》卷六

明・田汝成撰《西湖遊覽志》卷三

明・李日華撰《六研齋筆記》卷一

明・曹學佺撰《蜀中廣記》卷九、卷一一

明・程本立撰《巽隱集》卷二

清・邁柱等監修，夏力恕等編纂《湖廣通志》卷一〇一

清・覺羅石麟等監修，儲大文等纂《山西通志》卷二五

清・高士奇撰《金鼇退食筆記》卷上

清・陳璚修，王棻纂《浙江府縣志輯・民國杭州府志》卷八〇《物產》

清・鄂爾泰等監修，靖道謨等編纂《貴州通志》卷四〇

清・沈炳巽撰《水經注集釋訂訛》卷三七

清・陳厚耀撰《春秋戰國異辭》卷三六

清・陸廷燦撰《續茶經》卷上之一

清・汪灝、張逸少等撰《御定佩文齋廣群芳譜》卷一九《茶譜》

大蝙蝠

宋・范成大撰《吳郡志》卷一五

宋・朱長文撰《吳郡圖經續記》卷中

白蝙蝠

南朝梁・任昉撰《述異記》卷下

宋・李石撰《續博物志》卷六

宋・楊伯喦撰《六帖補》卷一一

元・陶宗儀撰《說郛》卷六五下《乳窟》

明・李日華撰《六研齋筆記》卷一

清・嵇曾筠等監修，沈翼機等纂《浙江通志》卷一〇六

清・邁柱等監修，夏力恕等編纂《湖廣通志》卷七七《當陽縣》

清・張尊德修，王吉人、譚篆纂《湖北府縣誌輯・康熙安陸府志》卷一

清・王士禛撰《香祖筆記》卷一〇

清・陸廷燦撰《續茶經》卷上之一

清・汪灝、張逸少等撰《御定佩文齋廣群芳譜》卷一九《茶譜》

仙鼠

南朝梁・任昉撰《述異記》卷下

唐・李白撰《李太白文集》卷一六（答族姪僧中孚贈玉泉仙人掌茶）

宋・楊伯喦撰《六帖補》卷一一

明・李日華撰《六研齋筆記》卷一

清・邁柱等監修，夏力恕等編纂《湖廣通志》卷一〇一

清・陸廷燦撰《續茶經》卷上之一

清・汪灝、張逸少等撰《御定佩文齋廣群芳譜》卷一九（茶譜）

伏翼

宋・蘇頌撰，胡乃長、王致譜輯注《圖經本草》卷一三（禽獸部・伏翼）

清・嵇曾筠等監修，沈翼機等纂《浙江通志》卷一〇五（山川）

叶口蝠科 Phyllostomatidae

吸血蝠 *Desmodus* spp.

蝙蝠

清・柯璜譯編，（日）箕作佳吉著《博物學講義・動物篇》第二章（動物各論・脊椎動物哺乳類）

清・（美）範約翰著，吳子翔述《百獸集說圖考》第二科（手為翅類）

蝙蝠科 Vespertilionidae

鼠耳蝠 *Myotis* spp.

紅蝙蝠

清・金鉷等監修，錢元昌等編纂《廣西通志》卷一二六

（遊七星岩棲霞寺・金志章）

大棕蝠 *Eptesicus serotinus*

大棕蝠

清・(美)克拉克 索爾比著，史紅帥譯《穿越陜甘・1908-1909 年克拉克考察隊華北行紀》附錄二

大耳蝠 *Plecotus auritus*

手飛物

清・（英）艾約瑟撰《動物學啟蒙》卷三（脊骨動物乳養類・手為翅科）

長耳蝙蝠

清・（英）艾約瑟撰《動物學啟蒙》卷三（脊骨動物乳養類・手為翅科）

彩蝠 *Kerivoula* sp.

红蝙蝠

唐・段成式撰《酉陽雜俎續集》卷八

唐・段公路撰，龜圖注《北戶錄》卷一（紅蝙蝠）

宋・曾慥編《類說》卷一三

宋・李昉編《太平廣記》卷四七七

明・方以智撰《物理小識》卷一〇

明・陸楫編《古今說海》卷一三

清・劉於義等監修，沈清崖等纂《陝西通志》卷四四

五色蝙蝠

唐・段公路撰，龜圖注《北戶錄》卷一（紅蝙蝠）

元・陶宗儀撰《說郛》卷六六下

明・顧起元撰《說畧》卷二九

明・陸楫編《古今說海》卷一三

红蝠

宋・錢易撰《南部新書》卷七

仙鼠

唐・段公路撰，龜圖注《北戶錄》卷一（紅蝙蝠）

清・劉於義等監修，沈清崖等纂《陝西通志》卷四四

东亚伏翼 *Pipistrellus* sp.

蝙蝠

清・李光地等撰《月令輯要》卷二二

仙鼠

清・李光地等撰《月令輯要》卷二二

鳞甲目 Pholidota

貧齒類

清・（日）西師意譯，（英）竇樂安、許家惺審定《動物學教科書》第三章（哺乳類・第九目・貧齒類）

清・柯瑱譯編，(日）箕作佳吉著《博物學講義・動物篇》第一編（動物各論・第二章・脊椎動物・哺乳類・貧齒類）

鲮鲤科 Manidae

鲮鲤 *Manis pentadactyla*

鯪鯉

漢・王逸撰《楚辭章句》卷三

北齊・魏收撰《魏書》卷五七（列傳第四五・高祐）

宋・羅願撰，元・洪焱祖音釋《爾雅翼》卷二一

明・張自烈撰，清・廖文英續《正字通》亥集中（魚部）

明・屠本畯撰《閩中海錯疏》卷中（鯪鯉）

明・王圻、王思義輯《三才圖會》鳥獸卷三

明・李時珍撰《本草綱目》卷四三（鱗部）

明・唐胄編集《正德瓊台志（廣東省）》卷九

清・張玉書、陳廷敬等纂《康熙字典》卷三五

清・唐景崧修，蔣師轍、薛紹元纂《臺灣府縣志輯・臺灣通志》

清・李元撰《蠕範》卷七（物篇第一三）

清・周靖撰《篆隸考異》卷四

清・嵇曾筠等監修，沈翼機等編纂《浙江通志》卷一〇五

清・鄭一崧修，顏璹纂《福建省永春州志》卷七

清・徐景熹修，魯曾煜、施廷樞等纂《福建府縣志輯・乾隆福州府志》卷二六

清・懷蔭布修，黃任、郭賡武纂《福建府縣志輯・乾隆泉州府志》卷一九

清・劉邦柄修，陳昌齊纂《廣東府縣志輯・嘉慶海康縣志》卷一

清・李書吉等纂修《廣東府縣志輯・嘉慶澄海縣志》卷二四

清・黃培燦、劉濟寬修，陸殿邦纂《廣東府縣志輯・道光英德縣志》卷一六

清・馬步蟾修，夏鑾纂《安徽省徽州府志》卷五之二

清・黃永綸修，楊錫齡等纂《湖北府縣志輯・道光寧都直隸州志》卷一二

清・李廷璧修，周璽纂《臺灣府縣志輯・道光彰化縣志》卷一〇

清・王鱗飛等修，馮世瀛、冉崇文纂《四川府縣志輯・同治增修酉陽直隸州總志》卷一九

清・額哲克等修，單興詩纂《廣東府縣志輯・同治韶州府志》卷一一

清・陳文緯修，屠繼善纂《臺灣府縣志輯・光緒恒春縣志》

清・吳宗焯、李慶榮修，溫仲和纂《廣東府縣志輯・光緒嘉應州志》卷六（介之屬）

清・周恒重修，張其翻纂《廣東府縣志輯・光緒潮陽縣志》卷一二

清・王崧修，李星煇纂《廣東府縣志輯・光緒揭陽縣續志》卷四

清・毛昌善修，陳蘭彬纂《廣東府縣志輯・光緒吳川縣

志》卷二
清•何福海、鄭守昌修，林國庚、黄榮熙纂《廣東府縣誌輯•光緒新寧縣志》卷八
清•陳志喆、劉德恒修，吳大猷纂《廣東府縣志輯•光緒四會縣志》卷一
清•龍朝翊修，陳所能纂《海南府縣志輯•光緒澄邁縣志》卷一

穿山甲

宋•羅願撰，元•洪焱祖音釋《爾雅翼》卷二一
明•屠本畯撰《閩中海錯疏》卷中（鯪鯉）
明•李時珍撰《本草綱目》卷四三（鱗部）
明•趙撝謙撰《趙考古文集》卷二（穿山甲）
明•張自烈撰，清•廖文英續《正字通》亥集中（魚部）
明•唐胄編集《正德瓊台志（廣東省）》卷九
明•隆慶六年《隆慶臨江府志（江西省）》卷六
清•張玉書、陳廷敬等纂《康熙字典》卷三五
清•吳友如作《吳友如畫寶》第四集下（中外百獸圖）（注：繪圖誤把鱷類當作穿山甲）
清•魯鼎梅修，王必昌纂《臺灣府縣志輯•乾隆重修臺灣縣志》卷一二
清•魏瀛修，魯琪光、鐘音鴻纂《江西府縣志輯•同治贛州府志》卷二一
清•周靖撰《篆隸考異》卷四
清•李元撰《蠕範》卷七（物篇第一三）
清•嵇璜、曹仁虎等撰《續通志》卷一七九
清•張楷纂修《安徽府縣志輯•康熙安慶府志》卷四
清•嵇曾筠等監修，沈翼機等編纂《浙江通志》卷一〇五
清•鄭一崧修，顏璹纂《福建省永春州志》卷七
清•曾日瑛等修，李紱等纂《福建府縣志輯•乾隆汀州府志》卷八
清•徐景熹修，魯曾煜、施廷樞等纂《福建府縣志輯•乾隆福州府志》卷二六
清•朱肇基修，陸綸纂《安徽府縣志輯•乾隆太平府志》卷一二
清•懷蔭布修，黄任、郭賡武纂《福建府縣志輯•乾隆泉州府志》卷一九
清•劉邦柄修，陳昌齊纂《廣東府縣志輯•嘉慶海康縣志》卷一
清•李書吉等纂修《廣東府縣志輯•嘉慶澄海縣志》卷二四（物產）
清•黄培燦、劉濟寬修，陸殿邦纂《廣東府縣志輯•道光英德縣志》卷一六
清•馬步蟾修，夏鑾纂《安徽省徽州府志》卷五之二
清•黄永綸修，楊錫齡等纂《湖北府縣志輯•道光寧都直隸州志》卷一二
清•李廷璧修，周璽纂《臺灣府縣志輯•道光彰化縣志》卷一〇
清•薩廉修，陳淑均纂《臺灣府縣志輯•咸豐臺灣府噶瑪蘭廳志》卷六
清•王鱗飛等修，馮世瀛、冉崇文纂《四川府縣志輯•同治增修酉陽直隸州總志》卷一九
清•額哲克等修，單興詩纂《廣東府縣志輯•同治韶州府志》卷一一
清•敖式槱修，梁安甸纂《廣東府縣誌輯•光緒信宜縣志》卷一
清•孫鑄修，邵祥齡纂《廣東府縣誌輯•光緒重修電白縣志》卷四
清•陳文緯修，屠繼善纂《臺灣府縣志輯•光緒恒春縣志》
清•吳宗焯、李慶榮修，溫仲和纂《廣東府縣志輯•光緒嘉應州志》卷六（介之屬）
清•周恒重修，張其翻纂《廣東府縣志輯•光緒潮陽縣志》卷一二
清•王崧修，李星煇纂《廣東府縣志輯•光緒揭陽縣續志》卷四
清•毛昌善修，陳蘭彬纂《廣東府縣志輯•光緒吳川縣志》卷二
清•何福海、鄭守昌修，林國庚、黄榮熙纂《廣東府縣誌輯•光緒新寧縣志》卷八
清•陳志喆、劉德恒修，吳大猷纂《廣東府縣志輯•光緒四會縣志》卷一
清•龍朝翊修，陳所能纂《海南府縣志輯•光緒澄邁縣志》卷一
清•唐景崧修，蔣師轍、薛紹元纂《臺灣府縣志輯•臺灣通志》

鯪鯉甲

清•許應鑅、王之藩修，曾作舟、杜防纂《江西府縣志輯•同治南昌府志》卷八
清•薩廉修，陳淑均纂《臺灣府縣志輯•咸豐臺灣府噶瑪蘭廳志》卷六
清•敖式槱修，梁安甸纂《廣東府縣誌輯•光緒信宜縣志》卷一

鯪

南朝梁•顧野王撰，宋•陳彭年等重修《重修玉篇》卷二三
明•張自烈撰，清•廖文英續《正字通》亥集中（魚部）
清•張玉書、陳廷敬等纂《康熙字典》卷三五
清•李元撰《蠕範》卷七（物篇第一三）
清•周靖撰《篆隸考異》卷四
清•嵇璜、曹仁虎等撰《續通志》卷一七九
清•張楷纂修《安徽府縣志輯•康熙安慶府志》卷四

鯪魚

漢•王逸撰《楚辭章句》卷三

宋·羅願撰，元·洪焱祖音釋《爾雅翼》卷二一
清·張玉書、陳廷敬等纂《康熙字典》卷三五
清·嵇璜、曹仁虎等撰《續通志》卷一七九

石鮻

清·張玉書、陳廷敬等纂《康熙字典》卷三五
清·李元撰《蠕範》卷七（物篇第一三）
清·毛昌善修，陳蘭彬纂《廣東府縣志輯·光緒吳川縣志》卷二

石鮻魚

明·李時珍撰《本草綱目》卷四三（鱗部）
清·唐景崧修，蔣師轍、薛紹元纂《臺灣府縣志輯·臺灣通志》

龍鯉

明·李時珍撰《本草綱目》卷四三（鱗部）
清·李元撰《蠕範》卷七（物篇第一三）
清·毛昌善修，陳蘭彬纂《廣東府縣志輯·光緒吳川縣志》卷二
清·唐景崧修，蔣師轍、薛紹元纂《臺灣府縣志輯·臺灣通志》

陵鯉

清·李元撰《蠕範》卷七（物篇第一三）
清·吳宗焯、李慶榮修，溫仲和纂《廣東府縣志輯·光緒嘉應州志》卷六（介之屬）

鱗鯉

明·唐胄編集《正德瓊台志（廣東省）》卷九
清·周靖撰《篆隸考異》卷四
清·馬步蟾修，夏鑾纂《安徽省徽州府志》卷五之二
清·龍朝翊修，陳所能纂《海南府縣志輯·光緒澄邁縣志》卷一

鮻豸

宋·羅願撰，元·洪焱祖音釋《爾雅翼》卷二一

山檀

明·唐胄編集《正德瓊台志（廣東省）》卷九

蛟鯉

清·朱肇基修，陸綸纂《安徽府縣志輯·乾隆太平府志》卷一二

倒裂鱗

清·劉邦柄修，陳昌齊纂《廣東府縣志輯·嘉慶海康縣志》卷一

錢鱗

清·黄培燦、劉濟寬修，陸殿邦纂《廣東府縣志輯·道光英德縣志》卷一六
清·額哲克等修，單興詩纂《廣東府縣志輯·同治韶州府志》卷一一

鯉

清·吳宗焯、李慶榮修，溫仲和纂《廣東府縣志輯·光緒嘉應州志》卷六（介之屬）

食肉目 Carnivora

猫科 Felidae

野貓

明·李時珍《本草綱目》卷下之下

貔

漢·楊雄撰，晉·郭璞注《輶軒使者絕代語釋別國方言》八

狸

漢·楊雄撰，晉·郭璞注《輶軒使者絕代語釋別國方言》八
南朝梁·顧野王撰《玉篇》卷二三
宋·司馬光撰《類篇》卷二七
宋·陸佃撰《埤雅》
明·李時珍撰《本草綱目》卷五一上
清·高宗敕撰《皇朝文獻通考》卷一七一

狸貓

漢·楊雄撰，晉·郭璞注《輶軒使者絕代語釋別國方言》八

狸子

晉·郭璞注，唐·陸德明音譯，宋·邢昺疏《爾雅注疏》卷一一

貄狸

晉·郭璞注，唐·陸德明音譯，宋·邢昺疏《爾雅注疏》卷一一

𧲝

南朝梁·顧野王撰，宋·陳彭年等重修《重修玉篇》卷二三

豹貓 *Prionailurus bengalensis*

狸

宋·羅願撰，元·洪焱祖音釋《爾雅翼》卷二一
清·段玉裁撰《說文解字注》卷九下

野貓

明·方以智撰《通雅》卷四六
清·宗源瀚、郭式昌修，周學濬、陸心源纂《浙江府縣志輯·湖州府志》

狸貓

清·姚炳撰《詩識名解》卷六

猞猁 *Lynx lynx*

令斯

清·吳友如繪《吳友如畫寶》第四集下
清·（英）艾約瑟撰《動物學啟蒙》卷三

猞猁孫

明·方以智撰《物理小識》卷六

清・長順修《吉林通志》
土豹
明・方以智撰《物理小識》卷六
清・和珅、梁國治等撰《熱河志》卷九五
舍利
清・嵇璜、曹仁虎等撰《續通志》卷一八〇
西倫
清・西清纂，蕭穆等重輯《黑龍江外記》卷八
舍利孫
清・和珅、梁國治等撰《熱河志》卷九五

云豹 *Neofelis nebulosa*

山水豹
清・王士禎撰《香祖筆記》卷三

狮 *Panthera leo*

虓
漢・許慎撰，宋・徐鉉增釋《說文解字》卷五上
明・李時珍撰《本草綱目》卷五一上
清・段玉裁撰《說文解字注》卷五上
獅
明・李時珍撰《本草綱目》卷下之上
清・梁國治等編輯《音韻述微》卷二
清・（英）艾約瑟撰《動物學啟蒙》卷三
清・（美）範約翰著，吳子翔述《百獸集說圖考》
師子
漢・許慎撰，宋・徐鉉增釋《說文解字》卷五上
清・段玉裁撰《說文解字注》卷五上
清・張玉書、陳廷敬等纂《康熙字典》卷二九
狻麑
漢・許慎撰，宋・徐鉉增釋《說文解字》卷五上
晉・郭璞注，唐・陸德明音譯，宋・邢昺疏《爾雅注疏》卷一一
明・李時珍撰《本草綱目》卷五一上
清・段玉裁撰《說文解字注》卷五上
狻猊
晉・郭璞注《穆天子傳》卷一
明・李時珍撰《本草綱目》卷五一上
明・李蘇撰《見物》卷二
獅子
漢・劉珍等撰《東觀漢記》卷三
漢・東方朔撰《海內十洲記》
晉・郭璞注《穆天子傳》卷一
南朝梁・沈約撰《宋書》卷九五
唐・李肇撰《唐國史補》卷上
唐・段成式撰《酉陽雜俎》
宋・羅願撰，元・洪焱祖音釋《爾雅翼》卷一八
宋・周密撰《癸辛雜識續集》卷下
明・李時珍撰《本草綱目》卷五一上
明・李蘇撰《見物》卷二
狻
明・張自烈撰，清・廖文英續《正字通》
清・張玉書、陳廷敬等纂《康熙字典》卷二九

虎 *Panthera tigris*

虎
漢・楊雄撰，晉・郭璞注《輶軒使者絕代語釋別國方言》卷八
南朝梁・顧野王撰《玉篇》卷一
宋・葉廷珪撰《海錄碎事》卷二二
明・朱謀㙔《駢雅》卷七
明・李時珍撰《本草綱目》卷五一上
明・張自烈撰，清・廖文英續《正字通》巳集下
清・段玉裁撰《說文解字注》卷二上
清・（美）範約翰著，吳子翔述《百獸集說圖考》
李父
漢・楊雄撰，晉・郭璞注《輶軒使者絕代語釋別國方言》卷八
明・朱謀㙔《駢雅》卷七
清・宮夢仁撰《讀書記數略》卷五
虦
清・顧棟高撰《毛詩類釋》卷一七
李耳
漢・楊雄撰，晉・郭璞注《輶軒使者絕代語釋別國方言》卷八
明・李時珍撰《本草綱目》卷五一上
清・宮夢仁撰《讀書記數略》卷五
狸兒
明・李時珍撰《本草綱目》卷五一上
黠虎
清・西清纂，蕭穆等重輯《黑龍江外記》卷八
酋耳
明・朱謀㙔《駢雅》卷七
清・宮夢仁撰《讀書記數略》卷五
伯都
漢・楊雄撰，晉・郭璞注《輶軒使者絕代語釋別國方言》卷八
明・朱謀㙔撰《駢雅》卷七
明・李時珍撰《本草綱目》卷五一上
於菟
漢・楊雄撰，晉・郭璞注《輶軒使者絕代語釋別國方言》卷八
虪
晉・郭璞注，唐・陸德明音譯，宋・邢昺疏《爾雅注疏》卷一一

南朝梁·顧野王撰《玉篇》卷一
明·李時珍撰《本草綱目》卷五一上

竊毛

晉·郭璞注，唐·陸德明音譯，宋·邢昺疏《爾雅注疏》卷一一
清·顧棟高撰《毛詩類釋》卷一七

虦貓

晉·郭璞注，唐·陸德明音譯，宋·邢昺疏《爾雅注疏》卷一一
明·朱謀㙔撰《駢雅》卷七

山君

明·朱謀㙔撰《駢雅》卷七
明·王穉登撰《虎苑》卷上
清·吳鞏修，王來遴纂《四川府縣志輯·嘉慶邛州直隸州志》

獸君

清·吳鞏修，王來遴纂《四川府縣志輯·嘉慶邛州直隸州志》
清·（美）範約翰著，吳子翔述《百獸集說圖考》

寅客

清·（美）範約翰著，吳子翔述《百獸集說圖考》
清·吳鞏修，王來遴纂《四川府縣志輯·嘉慶邛州直隸州志》

寅獸

梁·陶弘景撰《真誥》卷二

䝙

唐·段成式撰《酉陽雜俎》卷一六

白額侯

宋·葉廷珪撰《海錄碎事》卷二二上

於檡

明·朱謀㙔撰《駢雅》卷七
清·（美）範約翰著，吳子翔述《百獸集說圖考》

羅羅

明·朱謀㙔撰《駢雅》卷七
明·方以智撰《通雅》卷四六

騶吾

明·朱謀㙔撰《駢雅》卷七
清·宮夢仁撰《讀書記數略》卷五

烏檡

明·李時珍撰《本草綱目》卷五一上

大蟲

明·李時珍撰《本草綱目》卷五一上
清·嵇璜、曹仁虎等撰《續通志》卷一八〇

西方獸

清·吳鞏修，王來遴纂《四川府縣志輯·嘉慶邛州直隸州志》
清·（美）範約翰著，吳子翔述《百獸集說圖考》

貓

明·李時珍撰《本草綱目》卷五一上

波羅

明·方以智撰《通雅》卷四六

北都

清·宮夢仁撰《讀書記數略》卷五

波盧

清·宮夢仁撰《讀書記數略》卷五

斑子

清·宮夢仁撰《讀書記數略》卷五

山貓

清·顧棟高撰《毛詩類釋》卷一七

戾蟲

清·（美）範約翰著，吳子翔述《百獸集說圖考》

豹 *Panthera pardus*

豹

漢·史游撰，唐·顏師古注《急就篇》卷四
唐·陸德明撰《經典釋文》卷三〇
明·徐一夔等撰《明集禮》卷四三
清·陳夢雷等撰《古今圖書集成·博物彙編·禽蟲典》卷一二三

文豹

漢·劉向撰《說苑》
元·托克托等撰《遼史》卷二〇

伊爾畢斯

清·傅恒、劉統勳、于敏中等撰《皇輿西域圖考》卷四三

伊勒必斯

清·傅恒、劉統勳、于敏中等撰《皇輿西域圖考》卷四三
清·陸錫熊等撰《河源記略》卷三二

金錢豹

清·和珅、梁國治等撰《熱河志》卷一〇九

犳

清·陳夢雷等撰《古今圖書集成·博物彙編·禽蟲典》卷一二三

雪豹 *Uncia uncia*

貔

余省、張為邦摹繪《清宮兽譜》第一册

雪豹

清·吳友如繪《吳友如畫寶》第四集上

灵猫科 Viverridae

靈貓

宋·羅願撰，元·洪焱祖音釋《爾雅翼》卷二〇

明・李時珍撰《本草綱目》卷五一上

香狸

明・李時珍撰《本草綱目》卷五一上

清・屈大均撰《廣東新語》卷二一

神狸

明・李時珍撰《本草綱目》卷五一上

狸

明・張自烈撰，清・廖文英續《正字通》酉集中

清・張玉書、陳廷敬等纂《康熙字典》卷二九

山狸

明・（意）艾約略撰《職方外記》卷三

纇

明・李時珍撰《本草綱目》卷五一上

明・方以智撰《通雅》卷四六

香髦

明・方以智撰《通雅》卷四六

文狸

清・吳任臣注《山海經廣注》卷一

大灵猫 *Viverra zibetha*

牛蝓

清・張玉書、陳廷敬等纂《佩文韻府》卷一之五

九節狸

清・張玉書、陳廷敬等纂《佩文韻府》卷一之五

虎僕

明・楊愼撰《升庵集》卷八一

小灵猫 *Viverricula indica*

貓

唐・段成式撰《酉陽雜俎》卷一六

宋・梁克家撰《淳熙三山志》卷四二

清・吳友如繪《吳友如畫寶》第四集上（中外百獸圖）

清・嵇璜、曹仁虎等撰《續通志》卷一八〇

花面狸 *Paguma larvata*

牛尾狸

宋・陳耆卿撰《赤城志》卷三六

宋・張淏撰《會稽續志》卷四

玉面狸

明・陸楫編《古今說海》卷一一四

清・李光地等撰《月令輯要》卷一七

清・吳任臣注《山海經廣注》卷五

梁渠

清・吳任臣注《山海經廣注》卷五

果狸

清・屈大均撰《廣東新語》卷二一

獴科 Herpestidae

蒙頌

晉・郭璞注，唐・陸德明音義，宋・邢昺疏《爾雅注疏》卷一一

唐・顏師古撰《匡謬正俗》卷六

明・方以智撰《通雅》卷四六

蒙貴

晉・郭璞注，唐・陸德明音義，宋邢昺疏《爾雅注疏》卷一一

明・李賢等撰《明一統志》卷九〇

明・黃衷撰，黃學準增注《海語》卷中

明・張燮撰《東西洋考》卷一

清・王夫之撰《詩經稗疏》卷二

清・陳大章撰《詩傳名物集覽》卷四

清・和珅等撰《大清一統志》卷四二二

清・屈大均撰《廣東新語》卷二一

犬科 Canidae

狼 *Canis lupus*

豺狼

漢・劉熙撰《釋名》卷八

宋・丁度等撰《附釋文互註禮部韻略》卷二

白狼

漢・孔安國撰，唐・孔穎達疏，陸德明音義《尚書注疏》卷一二

晉・郭璞注《山海經》卷二（西山經）

宋・王欽若等撰《冊府元龜》卷二四（符瑞）

元・唐元撰《筠軒集》卷三

明・彭大翼撰，張幼學增訂《山堂肆考》卷一六一

清・鄂爾泰等監修，靖道謨等編纂《雲南通志》卷三〇

毛狗

明・李時珍撰《本草綱目》卷五一

豺 *Cuon alpines*

豺狗

晉・郭璞注，唐・陸德明音義，宋・邢昺疏《爾雅注疏》卷一一

明・李時珍撰《本草綱目》卷五

狐 *Vulpes* sp.

赤狐

宋・羅願撰，元・洪焱祖音釋《爾雅翼》卷二二

清・唐執玉、李衛等監修，田易等編纂《畿輔通志》卷五七

狐狸

唐・陸德明撰《經典釋文》卷二八

後晉・劉昫撰《舊唐書》卷一七上

明・李濂撰《汴京遺跡志》卷二二

火狐
清・阿桂、劉瑾之等撰《欽定盛京通志》卷一〇七
元狐
唐・溫大雅撰《唐創業起居注》卷中
清・阿桂、劉瑾之等撰《欽定盛京通志》卷一〇七
清・和珅等撰《大清一統志》卷四二
玄狐
後晉・劉昫撰《舊唐書》卷一七上
明・邊貢撰《華泉集》卷四
清・王士禎撰《分甘餘話》卷二
青狐
元・許謙撰《詩集傳名物鈔》卷四
清・阿桂、劉瑾之等撰《欽定盛京通志》卷一〇七
黃狐
宋・李樗、黃櫄撰《毛詩李黃集解》卷二九
元・許謙撰《詩集傳名物鈔》卷四
明・李時珍撰《本草綱目》卷五一
清・姚炳撰《詩識名解》卷五
黑狐
北齊・魏收撰《魏書》卷一一二
宋・羅願撰，元・洪焱祖音釋《爾雅翼》卷一九
明・李時珍撰《本草綱目》卷五一下
清・許容等監修李迪等編纂《甘肅通志》卷二四
清・乾隆十二年撰《皇朝文獻通考》卷二六八
白狐
北齊・魏收撰《魏書》卷一一二
唐・李賀撰《昌穀集》卷四
宋・陸佃撰《埤雅》卷四
宋・郭知達編《九家集注杜詩》卷六
宋・王欽若等撰《冊府元龜》卷二一（符瑞）
明・李時珍撰《本草綱目》卷五一下
清・和珅等撰《大清一統志》卷四二三
清・英廉等纂《日下舊聞考》卷一五
清・覺羅石麟等監修，儲大文等編纂《山西通志》卷一六三

貉 *Nyctereutes procyonoides*

貈
晉・郭璞注，唐・陸德明音義，宋・邢昺疏《爾雅注疏》卷一一
唐・張參撰《五經文字》卷中
元・許謙撰《詩集傳名物鈔》卷四
明・李時珍撰《本草綱目》卷五一下
狹
晉・郭璞注，唐・陸德明音義，宋・邢昺疏《爾雅注疏》卷一一

熊科 Ursidae

黑熊 *Selenarctos tibetanus*

狗熊
晉・郭璞注，唐・陸德明音義，宋・邢昺疏《爾雅注疏》卷一一
清・嵇曾筠等監修，沈翼機編纂《浙江通志》卷一〇六
豬熊
宋・羅願撰，元・洪焱祖音釋《爾雅翼》卷一九
明・李時珍撰《本草綱目》卷五一下
清・姚炳撰《詩識名解》卷六
清・嵇曾筠等監修，沈翼機編纂《浙江通志》卷一〇六

棕熊 *Ursus arctos*

羆
漢・許慎撰《說文解字》卷一〇上
晉・郭璞注，唐・陸德明音義，宋・邢昺疏《爾雅注疏》卷一一
晉・郭璞注《山海經》卷三（北山經）
宋・陸佃撰《埤雅》卷三
明・李時珍撰《本草綱目》卷五一上
清・倪濤撰《六藝之一錄》卷二五七
黃羆
明・李賢等撰《明一統志》卷六五
清・劉於義等監修，沈青崖等編纂《陝西通志》卷四四
黃熊
漢・鄭玄注，唐・孔穎達疏，陸德明音義《禮記注疏》卷一二
明・徐應秋撰《玉芝堂談薈》卷一〇
清・和珅等撰《大清一統志》卷三二一
人熊
明・李時珍撰《本草綱目》卷五一下
清・姚炳撰《詩識名解》卷六
清・嵇曾筠等監修，沈翼機編纂《浙江通志》卷一〇六
馬熊
宋・羅願撰，元・洪焱祖音釋《爾雅翼》卷一九
明・李時珍撰《本草綱目》卷五一下
清・姚炳撰《詩識名解》卷六

大熊猫科 Ailuropodidae

大熊猫 *Ailuropoda melanoleuca*

貘
漢・許慎撰，宋・徐鉉增釋《說文解字》卷九下
晉・郭璞注，唐・陸德明音義，宋・邢昺疏《爾雅注疏》卷一一（釋獸）
唐・陸德明撰《經典釋文》卷三〇

明·張自烈撰，清·廖文英續《正字通》巳集下（犬部）
清·嵇璜、曹仁虎等撰《續通志》卷一八〇（昆蟲草木略）

貊

元·戴侗撰《六書故》卷一八（動物）

貘

明·張自烈撰，清·廖文英續《正字通》巳集下（犬部）

白豹

漢·司馬遷撰，南朝宋·裴因集解《史記》卷一一七（司馬相如列傳）
晉·郭璞注，唐·陸德明音義，宋·邢昺疏《爾雅注疏》卷一一（釋獸）
宋·羅願撰，元·洪焱祖音釋《爾雅翼》卷一八（釋獸）

海狮科 Otariidae

海狗 *Callorhinus ursinus*

貀

漢·許慎撰，宋·徐鉉增釋《說文解字》卷九下
晉·郭璞注，唐·陸德明音義，宋·邢昺疏《爾雅注疏》卷一〇
清·郝懿行撰《爾雅義疏》卷下之六

骨豽

晉·郭璞注，唐·陸德明音義，宋·邢昺疏《爾雅注疏》卷一〇

膃肭獸

金·李杲編輯，明·李時珍参訂，姚可成補輯《食物本草》卷一四
明·李時珍撰《本草綱目》卷五一下
清·趙學敏輯《本草綱目拾遺》卷九
清·張綱孫撰《獸經》

海豹科 Phocidae

海豹 *Phoca largha*

水豹

明·李時珍撰《本草綱目》卷五一上

海狸

宋·樂史撰《太平寰宇記》卷二〇
清·胡世安撰《異魚圖贊補》卷中
清·陳大章撰《詩傳名物集覽》卷四

鼬科 Mustelidae

獺

漢·許慎撰，宋·徐鉉增釋《說文解字》卷一〇上
宋·陸佃撰《埤雅》卷三
宋·羅願撰，元·洪焱祖音釋《爾雅翼》卷二一
元·戴侗撰《六書故》卷一七
明·李蘇撰《見物》卷二
清·嵇璜、曹仁虎等撰《續通志》卷一八〇
清·（英）艾約瑟撰《動物學啟蒙》卷三（脊椎動物·食肉之乳養動物）
清·（美）范約翰著，吳子翔述《百獸集說圖考》（食肉類）
清·吳友如繪《吳友如畫寶》第四集上（中外百獸圖）

海獭 *Enhydra lutris*

海獺

宋·唐慎微撰，寇宗奭衍義《證類本草》卷一六（獸部）
明·李時珍撰《本草綱目》卷五一下（獸部）
清·聶璜撰《清宮海錯圖》第一冊

水獭 *Lutrogale perspicillata*

獺

南朝梁·顧野王撰《玉篇》卷二三（犬部）
南朝梁·吳均撰《續齊諧記》
唐·張鷟撰《朝野僉載》卷四

水獺

明·李時珍撰《本草綱目》卷五一下（獸部）

獱

明·張自烈撰，清·廖文英續《正字通》巳集下

猵

宋·司馬光撰《類篇》卷二八

水狗

清·張玉書、陳廷敬等纂《康熙字典》卷二九（豸部）

江獺

清·阿桂、劉瑾之等撰《欽定盛京通志》卷一〇七

獺兒

清·西清纂，蕭穆等重輯《黑龍江外記》卷八

猵獺

清·屈大均撰《廣東新語》卷二一

小爪水獭 *Aonyx cinerea*

山獺

宋·周去非撰《嶺外代答》卷九（禽獸門）
明·李時珍撰《本草綱目》卷五一下（獸部）
清·（美）范約翰著，吳子翔述《百獸集說圖考》（食肉類）

猪獾 *Arctonys collaris*

貒

晉·郭璞注，唐·陸德明音義，宋·邢昺疏《爾雅注疏》卷一一（釋獸）
明·朱朝瑛撰《讀詩略記》卷二（伐檀）
明·李時珍撰《本草綱目》卷五一下（獸部）

貛豬

清·嵇曾筠等監修，沈翼機等編纂《浙江通志》卷一〇七

狗獾 *Meles meles*

狗貛

明・王圻、王思義輯《三才圖會》

明・李時珍撰《本草綱目》卷五一下（獸部）

天狗

明・何宇度撰《益部談資》卷上

刁黄

清・嵇璜、曹仁虎等撰《續通志》卷一八〇（昆蟲草木略・獸類）

鼬獾 *Melogale moschata*

白猸子

清・邁柱等監修，夏力恕等纂修《湖廣通志》卷一八

貂熊 *Gulo gulo*

貂熊

清・和珅等撰《大清一統志》卷四七（吉林）

清・阿桂、劉瑾之等撰《欽定盛京通志》卷一〇七（獸類）

紫貂 *Martes zibellina*

貂

明・張自烈撰，清・廖文英續《正字通》酉集中

清・阿桂、劉瑾之等撰《欽定盛京通志》卷一〇七

清・長順修《吉林通志》

清・西清纂，蕭穆等重輯《黑龍江外記》卷八

青鼬 *Martes flavigula*

密狗

清・和珅等撰《大清一統志》卷四七（吉林）

香鼬 *Mustela altaica*

香鼠

宋・范成大撰《桂海虞衡志》（志獸）

清・嵇璜、曹仁虎等撰《續通志》卷一八〇（昆蟲草木略）

白鼬 *Mustela erminea*

銀鼠

清・吳友如繪《吳友如畫寶》第四集上（中外百獸圖）

艾鼬 *Mustela eversmanni*

艾虎

清・阿桂、劉瑾之等撰《欽定盛京通志》卷一〇七

伶鼬 *Mustela nivalis*

銀鼠

清・何秋濤撰，黃宗漢等輯補《朔方備乘》（北徼方物考・獸類）

清・長順修《吉林通志》

黄鼬 *Mustela sibirica*

鼪

晉・郭璞注，唐・陸德明音義，宋・邢昺疏《爾雅注疏》卷一一（釋獸）

南朝梁・顧野王撰《玉篇》卷二五（鼠部）

黄鼠狼

明・李時珍撰《本草綱目》卷五一下（獸部）

鼠狼

宋・羅願撰《新安志》卷一一（敘物產・獸類）

宋・陸佃撰《埤雅》卷一一（釋蟲・鼠）

宋・陳耆卿撰《赤城志》卷三六（風土門・土產）

清・陳大章撰《詩傳名物集覽》卷三

清・張玉書、陳廷敬等纂《康熙字典》卷三六（鼠部）

地猴

清・劉於義等監修，沈青崖等編纂《陝西通志》卷四四

艾猴

清・劉於義等監修，沈青崖等編纂《陝西通志》卷四四

奇蹄目 Perissodactyla

奇蹄類

清・（日）西師意譯，（英）竇樂安、許家惺審定《動物學教科書》第三章（哺乳類）

清・柯璜譯編，（日）箕作佳吉著《博物學講義・動物篇》第一編（動物各論・第二章・脊椎動物・哺乳類）

有蹄類

清・（日）西師意譯，（英）竇樂安、許家惺審定《動物學教科書》第三章（哺乳類）

犀科 Rhinocerotidae

犀

晉・郭璞著《爾雅音圖》卷下後（釋獸第一八）

晉・郭璞注，唐・陸德明音義，宋・邢昺疏《爾雅注疏》卷一一

晉・郭璞注《山海經》卷一，卷二，卷三，卷五，卷一〇

唐・段成式撰《酉陽雜俎》卷一六（毛篇）

宋・羅願撰，元・洪焱祖音釋《爾雅翼》卷一八（釋獸一）

元・戴侗撰《六書故》卷一七，卷一八

明・趙撝謙撰《六書本義》卷八（蟲獸篇）

明・李時珍撰《本草綱目》卷五一（獸部）

清・陳宗起撰《考工記鳥獸蟲魚釋》六

清・張玉書、陳廷敬等纂《康熙字典》卷一八

清・（美）範約翰著，吳子翔述《百獸集說圖考》第八科（厚皮類）

兕

晉・郭璞著《爾雅音圖》卷下後（釋獸第一八）

晉・郭璞注，唐・陸德明音義，宋・邢昺疏《爾雅注疏》卷

——
晉・郭璞注《山海經》卷一，卷二，卷三，卷五，卷一〇
宋・羅願撰，元・洪焱祖音釋《爾雅翼》卷一八（釋獸一）
元・戴侗撰《六書故》卷一七，卷一八
清・顧棟高撰《毛詩類釋》卷一七（兕）
清・陳宗起撰《考工記鳥獸蟲魚釋》六

白犀

唐・段公路撰，崔龜圖注《北戶錄》卷一
清・吳任臣注《山海經廣注》卷五

姑犀

清・李元撰《蠕範》卷五

山犀

清・李元撰《蠕範》卷五
清・王鱗飛等修，馮世瀛、冉崇文纂《四川府縣志輯・同治增修酉陽直隸州總志》卷一九
清・吳任臣注《山海經廣注》卷五

奴角

唐・段成式撰《酉陽雜俎》卷一六（毛篇）

鼻角

清・西洋南懷仁撰《坤輿圖說》卷下

揭伽

清・李元撰《蠕範》卷五

双角犀 *Dicerorhinos sumatraensis*

犀

清・郝玉麟等監修，魯曾煜等編纂《廣東通志》卷五二

雙角犀

清・（美）范約翰著，吳子翔述《百獸集說圖考》第八科（厚皮類）
清・吳友如作《吳友如畫寶》第四集下（中外百獸圖）

独角犀 *Rhinoceros sondaicus*

兕

元・黎崱撰《安南志略》卷五（兕）
清・（美）范約翰著，吳子翔述《百獸集說圖考》第八科（厚皮類）

單角犀

清・（美）范約翰著，吳子翔述《百獸集說圖考》第八科（厚皮類）

鼻角

清・西洋南懷仁撰《坤輿圖說》卷下

獨角犀

清・吳友如作《吳友如畫寶》第四集下（中外百獸圖）

马科 Equidae

馬

漢・許慎撰，宋・徐鉉增釋《說文解字》卷一〇上
晉・郭璞著《爾雅音圖》卷下後（釋畜第一九・馬屬）
南唐・徐鍇撰，朱翱反切《說文繫傳》卷一九
宋・司馬光撰《類篇》卷二八
元・戴侗撰《六書故》卷一七
元・楊桓撰《六書統》卷一
元・周伯琦撰《說文字原》右第九
明・趙撝謙撰《六書本義》卷八（・蟲獸篇）
清・張玉書、陳廷敬等纂《康熙字典》卷三四（亥集上）

驢

漢・許慎撰，宋・徐鉉增釋《說文解字》卷一〇上
南唐・徐鍇撰，朱翱反切《說文繫傳》卷一九
元・戴侗撰《六書故》卷一七
清・張玉書、陳廷敬等纂《康熙字典》卷三四（亥集上）

野马 *Equus przewalskii*

野馬

晉・郭璞著《爾雅音圖》卷下後（釋獸第一九・馬屬）
宋・陸佃撰《爾雅新義》卷一九
金・李杲編輯，明・李時珍參訂，姚可成補輯《食物本草》卷一四
明・李時珍撰《本草綱目》卷五一（獸部）
清・姜兆錫撰《爾雅注疏參議》卷六
清・周春撰《爾雅補注》卷四
清・和珅、梁國治等撰《熱河志》卷九五

騊駼

晉・郭璞著《爾雅音圖》卷下後（釋獸第一九・馬屬）
清・周春撰《爾雅補注》卷四

騊駼馬

宋・陸佃撰《爾雅新義》卷一九
清・姜兆錫撰《爾雅注疏參議》卷六

藏野驴 *Equus kiang*

野騾

清・焦應旂著《西藏志》

野馬

清・康敷鎔纂《青海省青海記》

蒙古野驴 *Equus hemionus*

野騾

清・鍾方撰《新疆省哈密志》卷二三

野羸

清・海忠修，林從炯等纂《熱河省承德府志》卷二九

野驢

清・阿桂、劉瑾之等纂《欽定盛京通志》卷一七〇（獸類）

偶蹄目 Artiodactyla

偶蹄類

清・（日）西師意譯，（英）竇樂安、許家惺審定《動物

學教科書》第三章（哺乳類）

清・柯璜譯編，（日）箕作佳吉著《博物學講義・動物篇》第一編（動物各論・第二章・脊椎動物・哺乳類）

有蹄類

清・（日）西師意譯，（英）竇樂安、許家惺審定《動物學教科書》第三章（哺乳類）

猪科 Suidae

野猪 *Sus scrofa*

野豬

明・李時珍撰《本草綱目》卷五一上（獸之二・野豬）

清・嵇曾筠等監修，沈翼機等編纂《浙江通志》卷一〇七（物產七・溫州府・野豬）

清・郝玉麟等監修，謝道承等編纂《福建通志》卷一〇（毛之屬・野豬）

野猪

宋・梁克家《淳熙三山志》卷四二

宋・陳耆卿撰《赤城志》卷三六

清・稽璜、曹仁虎等撰《續通志》（三）卷一八〇

清・和珅、梁國治等撰《熱河志》卷九五

大野猪

宋・周密撰《癸辛雜識續集》卷上

山猪

清・魯鼎梅修，王必昌纂《臺灣府縣志輯・乾隆重修臺灣縣志》卷一六

清・蔣毓英修《臺灣府志》卷之四

野豕

宋・王質撰《詩總聞》卷八

宋・羅願撰《新安志》卷二（獸類）

豬

南朝梁・顧野王撰，宋・陈彭年等重修《重修玉篇》卷二三

野彘

清・李元撰《蠕範》卷六

豨

宋・丁度、司馬光等撰《集韻》卷七

豨

清・稽璜、曹仁虎等撰《續通志》（三）卷一八〇（昆蟲草木略七・獸類）

骆驼科 Camelidae

野骆驼 *Camelus bactrianus*

野駝

宋・蘇頌撰，胡乃長、王致譜輯注《圖經本草》（輯複本）

宋・唐慎微撰，寇宗奭衍義《證類本草》卷一八

金・李杲編輯，明・李時珍參訂，姚可成補輯《食物本草》（駝）

麝科 Moschidae

麝类 *Moschus* spp.

麝

晉・郭璞注《山海經》卷二（西山經）

南朝梁・顧野王撰《玉篇》卷二三（鹿部）

唐・釋道世撰《法苑珠林》卷六四（音釋）

・不著撰人《原本廣韻》卷四

宋・丁度、司馬光等纂《集韻》卷八

宋・羅願撰，元・洪焱祖音釋《爾雅翼》卷二〇（釋獸）

元・戴侗撰《六書故》卷一八

元・黃公紹原編，熊忠舉要《古今韻會舉要》卷二三

元・陶宗儀撰《說郛》卷一〇七（蟫史）

明・劉文泰等纂《本草品匯精要》

明・曹學佺撰《蜀中廣記》卷五九（方物記・獸）

明・鄺露撰《赤雅》卷三（鳥獸蟲魚）

明・李時珍撰《本草綱目》卷五一下（獸部）

清・（美）範約翰著，吳子翔述《百獸集說圖考》（反芻類）

麝父

晉・郭璞注，唐・陸德明音義，宋・邢昺疏《爾雅注疏》卷一一（釋獸）

明・李時珍撰《本草綱目》卷五一上（獸部）

清・顧棟高撰《毛詩類釋》卷一七（釋獸）

鹿麝

宋・章樵註《古文苑》卷四

麝麞

宋・司馬光撰《類篇》卷二八

香麞

明・李時珍撰《本草綱目》卷五一上（獸部）

清・（英）艾約瑟撰《動物學啟蒙》卷三（脊骨動物）

水麝

宋・李石撰《續博物志》卷三

麝香鹿

清・吳友如繪《吳友如畫寶》第四集上（中外百獸圖）

原麝 *Moschus moschiferus*

麝

清・李鴻章等修，黃彭年等纂《光緒畿輔通志》

鹿科 Cervidae

鹿類

漢・許慎撰，宋・徐鉉增釋《說文解字》卷一〇上

南朝梁・顧野王撰，宋・陳彭年等重修《重修玉篇》卷二三（獸部）

元・楊桓撰《六書統》卷一

明・李時珍撰《本草綱目》卷五一（獸部）

清・段玉裁撰《說文解字注》卷一〇上

清・張玉書、陳廷敬等纂《康熙字典》卷三六

马鹿 *Cervus elaphus*

鹿

清・鐘方撰《新疆省哈密志》卷二三

馬鹿

清・阿桂、劉瑾之等纂《欽定盛京通志》卷一七〇（獸類）

海南坡鹿 *Cervus eldi*

鹿

清・王贄修，關必登纂《康熙瓊山縣志》卷九

清・陳述芹纂修《海南府縣志輯・嘉慶會同縣志》卷二

清・吳應廉修，王映斗纂《海南府縣志輯・光緒安定縣志》卷一（輿地）

清・瞿雲魁纂修《海南府縣志輯・乾隆陵水縣志》卷一

清・胡端書修，楊士錦、吳鳴清纂《海南府縣志輯・道光萬州志》卷三

坡鹿

清・鍾元棣修，張雋、邢定綸纂《海南府縣志輯・民國崖州志》卷四

梅花鹿 *Cervus nippon*

鹿

清・陳璚修，王棻纂《浙江府縣志輯・民國杭州府志》卷八〇（物產）

清・曹秉仁等修，萬經等纂《浙江府縣志輯・寧波府志》卷一三（鹽政）

清・張藎修，沈麟趾等纂《浙江府縣志輯・康熙金華府志》卷六

清・李琬修，齊召南、汪沆纂《浙江府縣志輯・乾隆溫州府志》卷一五

清・朱肇基修，陸綸纂《安徽府縣志輯・乾隆太平府志》卷一二

清・馬步蟾纂修，夏鑾纂《安徽省徽州府志》卷五之二

清・徐景熹修，魯曾煜、施廷樞等纂《福建府縣志輯・乾隆福州府志》卷二六

清・李維鈺原本，沈定均續修，吳聯熏增纂《福建府縣志輯・光緒漳州府志》卷三九

清・沈茂蔭纂修《臺灣府縣志輯・光緒苗栗縣志》卷五

水鹿 *Cervus unicolor*

山馬

明・慎懋官撰《華夷花木鳥獸珍玩考》續考卷一〇（山馬）

清・王琛、徐兆豐修，張景祁、張元奇等纂《福建府縣志輯・光緒重纂邵武府志》卷一〇

清・蔡淑修，陳輝壁纂《廣東府縣志輯・康熙增城縣志》卷四

清・王贄修，關必登纂《康熙瓊山縣志》卷九

清・金鉷等監修，錢元昌等編纂《廣西通志》卷三一

水鹿

清・王士禎撰《居易錄》卷一六

麋 *Elaphurus davidianus*

麋

漢・許慎撰，宋・徐鉉增釋《說文解字》卷一〇上

晉・郭璞著《爾雅音圖》卷下後（釋獸第一八）

宋・孫覺撰《孫氏春秋經解》卷四（冬多麋）

宋・羅願撰，元・洪焱祖音釋《爾雅翼》卷二〇

金・李杲編輯，明・李時珍參訂，姚可成補輯《食物本草》卷一四（獸部二）

明・張自烈撰，清・廖文英續《正字通》亥集中

明・李時珍撰《本草綱目》卷五一（獸部）

清・姜兆錫撰《爾雅注疏參議》卷六

清・李文恒修，鄭文彩纂《廣東省瓊山縣志》卷三下（輿地志八・獸類）

麞 *Hydropotes inermis*

麞

漢・許慎撰，宋・徐鉉增釋《說文解字》卷一〇上

明・黃省曾撰，周履靖增補《獸經》

清・段玉裁撰《說文解字注》卷一〇上

清・張玉書、陳廷敬等纂《康熙字典》卷三六（鹿部）

清・李元撰《蠕範》卷七（物篇第一三）

獐

漢・許慎撰，宋・徐鉉增釋《說文解字》卷一〇上

明・黃省曾撰，周履靖增補《獸經》

清・段玉裁撰《說文解字注》卷一〇上

清・張玉書、陳廷敬等纂《康熙字典》卷三六（鹿部）

清・李元撰《蠕範》卷七（物篇第一三）

麢

漢・許慎撰，宋・徐鉉增釋《說文解字》卷一〇上

明・張自烈撰，清・廖文英續《正字通》亥集下

清・段玉裁撰《說文解字注》卷一〇上

清・周春撰《爾雅補注》卷四

清・李元撰《蠕範》卷七（物篇第一三）

麇

漢・許慎撰，宋・徐鉉增釋《說文解字》卷一〇上

明・張自烈撰，清・廖文英續《正字通》亥集下

清・段玉裁撰《說文解字注》卷一〇上

清・張玉書、陳廷敬等纂《康熙字典》卷三六（鹿部）

牙麞

清・李元撰《蠕範》卷七（物篇第一二）

毛冠鹿 *Elaphodus cephalophus*

毛冠鹿

清・鄧存泳等纂修《安龍府志》卷三（食貨）

麂 *Muntiacus* spp.

麂類

漢・許慎撰，宋・徐鉉增釋《說文解字》卷一〇上
晉・郭璞注《山海經》卷五（中山經）
明・李時珍著《本草綱目》卷五一（獸部）
清・張玉書、陳廷敬等纂《康熙字典》卷三六（鹿部）
清・李元撰《蠕範》卷四（物食第七）
清・陳璚修，王棻纂《浙江府縣志輯・杭州府志》卷八〇
清・郝玉麟等監修，魯曾煜等編纂《廣東通志》卷五二

麖

漢・許慎撰，宋・徐鉉增釋《說文解字》卷一〇上
晉・郭璞注《山海經》卷五（中山經）
清・張玉書、陳廷敬等纂《康熙字典》卷三六（鹿部）

小麂 *Muntiacus reevesi*

麂

清・唐景崧修，蔣師轍、薛紹元纂《臺灣府縣志輯・臺灣通志》
清・王瑛曾纂修《臺灣府縣志輯・重修鳳山縣志》
清・聶光鑾修，王柏心、雷春沼纂《湖北府縣志輯・同治宜昌府志》
清・呂肅高纂修，張雄圖、王文清編撰《湖南府縣志輯・乾隆長沙府志》卷三六
清・額哲克等修，單興詩纂《廣東府縣志輯・同治韶州府志》卷一一（輿地略）
清・王麟祥修，邱晉成等纂《四川府縣志輯・光緒敘州府志》卷二一
清・馬忠良原纂，孫鏘增修《西康越巂廳志》卷一〇之二

黑麂 *Muntiacus crinifrons*

麖

晉・郭璞注《山海經》卷五（中山經）
清・張玉書、陳廷敬等纂《康熙字典》卷三六（鹿部）

麂

清・徐景熹修，魯曾煜、施廷樞等纂《福建府縣志輯・乾隆福州府志》卷二六
清・李維鈺原本，沈定均續修，吳聯熏增纂《福建府縣志輯・光緒漳州府志》卷三九
清・曾日瑛等修，李紱等纂《福建府縣志輯・乾隆汀州府志》卷八
清・傅爾泰修，陶元藻纂《福建府縣志輯・乾隆延平府志》卷四五
清・鄭一崧修，顏璹纂《福建省永春州志》卷七

麐

清・馬步蟾纂修，夏鑾纂《安徽省徽州府志》卷五之二

赤麂 *Muntiacus muntjak*（=*M. vaginalis*）

麖

清・王贄修，關必登纂《康熙瓊山縣志》卷九
清・龍朝翊修，陳所能纂《海南府縣志輯・光緒澄邁縣志》卷一
清・瞿雲魁纂修《海南府縣志輯・乾隆陵水縣志》卷一
清・汪兆柯纂修《廣東府縣志輯・道光東安縣志》卷三
清・陳志喆、劉德恒修，吳大猷纂《廣東府縣志輯・光緒四會縣志》編一
清・盧廷俊修，顏希聖、何深纂《廣東府縣志輯・雍正連平州志》卷八
清・呂肅高修，張雄圖、王文清纂《湖南府縣志輯・乾隆長沙府志》卷三六
清・曹秉仁等修，萬經等纂《浙江府縣志輯・雍正寧波府志》卷一三（鹽政）

黃麖

清・何福海、鄭守昌修，林國賡、黃榮熙纂《廣東府縣誌輯・光緒新寧縣志》卷八
清・馬呈圖等纂修《廣東府縣志輯・宣統高要縣志》卷一一
清・宋如楠、葉廷芳修，賴朝侶纂《廣東府縣志輯・道光永安縣三志》卷一

驼鹿 *Alces alces*

駝鹿

清・和珅等撰《大清一統志》卷四七（吉林）

堪達漢

清・乾隆三十二年敕撰《皇朝通志》卷一二六
清・西清纂，蕭穆等重輯《黑龍江外記》卷八

麋

清・（美）範約翰著，吳子翔述《百獸集說圖考》第九科（反芻類）

麋鹿

清・吳友如作《吳友如畫寶》第四集上（中外百獸圖）

狍 *Capreolus pygargus*（=*C. capreolus*）

麅

明・張紹魁修纂《察哈爾省重修居庸關志》卷六
清・和珅、梁國治等撰《熱河志》卷四六，卷九五
清・張金城修，楊浣雨輯《寧夏省寧夏府志》卷四
清・海忠修，林從炯等纂《熱河省承德府志》卷二九
清・吳廷華修，王者輔等纂《察哈爾宣化府志》卷三二

驯鹿 *Rangifer tarandus*

四不像

清・西清纂，蕭穆等重輯《黑龍江外記》卷八

馴鹿

清・乾隆三十二年敕撰《皇朝通志》卷一二六

白鹿

清・吳友如作《吳友如畫寶》第四集下（中外百獸圖）

北地鹿

清・（日）西師意譯，（英）賓樂安、許家惺審定《動物學教科書》第三章（哺乳類）

羱羊

清・（美）範約翰著，吳子翔述《百獸集說圖考》第九科（反芻類）

牛科 Bovidae

牛類

晉・郭璞著《爾雅音圖》（釋畜第一九・牛屬）

宋・陸佃撰《爾雅新義》卷一九

宋・羅願撰，元・洪焱祖音釋《爾雅翼》卷二二

宋・蔡卞撰《毛詩名物解》卷一〇（釋獸）

元・楊恒撰《六書統》卷一（獸之形）

清・張玉書、陳廷敬等纂《康熙字典》卷一八

水牛 *Bubalus bubalis*

水牛

清・陳文緯修，屠繼善纂《臺灣府縣志輯・光緒恒春縣志》

野牛

清・王崧修，李星煇纂《廣東府縣志輯・光緒揭陽縣續志》卷四

野水牛

明・慎懋官撰《華夷花木鳥獸珍玩考》續考卷一〇（牛）

黄牛 *Bos taurus*

黄牛

清・陳文緯修，屠繼善纂《臺灣府縣志輯・光緒恒春縣志》

清・周鐘瑄修，陳夢林、李欽文纂《臺灣府縣志輯・康熙諸羅縣志》卷一二

山牛

清・唐景崧修，蔣師轍、薛紹元纂《臺灣府縣志輯・光緒臺灣通志》

清・郝玉麟等監修，魯曾煜等編纂《廣東通志》卷五二

牦牛 *Bos mutus*（=*Poephacus mutus*）

犛牛

晉・郭璞注《山海經》卷五

南朝梁・顧野王撰，宋・陳彭年等重修《重修玉篇》卷二三（犛部第三五九）

元・楊桓撰《六書統》卷一八（牛之屬）

明・張自烈撰，清・廖文英續《正字通》巳集下（牛部）

清・張玉書、陳廷敬等纂《康熙字典》卷一八

清・何東銘纂《四川府縣志輯・邛嶲野録》卷一五

氂牛

清・萬斯同撰《崑崙河源考》

毛牛

清・吳友如作《吳友如畫寶》第四集上（中外百獸圖）

斄

南朝梁・顧野王撰，宋・陳彭年等重修《重修玉篇》卷二三（犛部第三五九）

元・戴侗撰《六書故》卷一七

元・楊桓撰《六書統》卷一八（牛之屬）

犛

宋・羅願撰，元・洪焱祖音釋《爾雅翼》卷二一

明・李時珍撰《本草綱目》卷五一（獸部）

犛

南朝梁・顧野王撰，宋・陳彭年等重修《重修玉篇》卷二三（犛部第三五九）

元・楊桓撰《六書統》卷一八（牛之屬）

毛犀

明・李時珍撰《本草綱目》卷五一（獸部）

貓牛

明・李時珍撰《本草綱目》卷五一（獸部）

犘牛

明・李時珍撰《本草綱目》卷五一（獸部）

犏牛

明・李時珍撰《本草綱目》卷五一（獸部）

犨牛

明・李時珍撰《本草綱目》卷五一（獸部）

羊類

晉・郭璞著《爾雅音圖》（釋畜第一九・羊屬）

唐・歐陽詢撰《藝文類聚》卷九四（獸部中・羊）

元・周伯琦撰《說文字原》目錄

清・張玉書、陳廷敬等纂《康熙字典》卷二三

黄羊 *Procapra gutturosa*

黄羊

清・和珅等撰《大清一統志》卷四四

清・鐘方撰《新疆省哈密志》卷二三（食貨志六）

清・和珅、梁國治等撰《熱河志》卷九五

清・張金城修，楊浣雨輯《寧夏省寧夏府志》卷四

清・阿克達春，文秀等纂修《綏遠省清水河廳志》卷一九

清・金志節原本，黄可潤增修《察哈爾省口北三廳志》卷五

清・阿桂、劉瑾之等纂《欽定盛京通志》卷一七〇（獸類）

藏原羚 *Procapra picticaudata*

黄羊

清・龔景瀚編，李本源纂修《青海省循化廳志》卷七

鬣羚 *Capricornis sumatraensis*（=*Naemorhedus sumatraensis*）

麢

漢・許慎撰，宋・徐鉉增釋《說文解字》卷一〇上

晉・郭璞著《爾雅音圖》卷下後（釋獸第一八）
宋・丁度、司馬光等纂《集韻》卷四
宋・羅願撰，元・洪焱祖音釋《爾雅翼》卷二〇
明・李時珍撰《本草綱目》卷五一（獸部）
清・郝玉麟等監修，魯曾煜等編纂《廣東通志》卷五二

麙

宋・丁度、司馬光等纂《集韻》卷四

羺

宋・丁度、司馬光等纂《集韻》卷四

羺

宋・丁度、司馬光等纂《集韻》卷四
清・周靖撰《篆隸考異》卷三

羚

宋・丁度、司馬光等纂《集韻》卷四
明・李時珍撰《本草綱目》卷五一（獸部）
清・周靖撰《篆隸考異》卷三

石羊

清・熊兆師纂修《廣東府縣誌輯・順治陽山縣志》卷一

山驢

明・李時珍撰《本草綱目》卷五一（獸部）
清・何東銘纂《四川府縣志輯・邛巂野録》卷一五

台湾鬣羚 *Capricornis swinhoei*（=*Naemoirhedus swinhoei*）

山羊

清・唐景崧修，蔣師轍、薛紹元纂《臺灣府縣志輯・臺灣通志》
清・薩廉修，陳淑均纂《臺灣府縣志輯・咸豐臺灣府噶瑪蘭廳志》卷六

中国斑羚 *Naemorhedus griseus*

青羊

明・張紹魁修纂《察哈爾省重修居庸關志》卷六
清・張金城修，楊浣雨輯《寧夏省寧夏府志》卷四
清・不著纂修人《綏遠省土默特志》卷八
清・和珅、梁國治等撰《熱河志》卷九五

山羊

清・龔景瀚編，李本源纂修《青海省循化廳志》卷七（物產）
清・不著撰人《新疆省回疆志》卷三
清・黃永綸修，楊錫齡等纂《湖北府縣志輯・道光寧都直隸州志》卷一二
清・蔡淑修，陳輝壁纂《廣東府縣誌輯・康熙增城縣志》卷四

斑羚

清・（美）克拉克 索爾比著，史紅帥譯《穿越陝甘：1908-1909 年克拉克考察隊華北行紀》

北山羊 *Capra ibex*

野羊

清・長白椿園氏著《新疆省新疆輿圖風土考》卷四

野山羊

清・（美）範約翰著，吴子翔述《百獸集說圖考》第九科（反芻類）

岩羊 *Pseudois nayur*

岩羊

清・劉沛霖等修，朱光鼎等纂《雲南省宣威州志》卷二
清・朱占科修，周宗洛等纂《雲南省順寧府志》卷一三

盘羊 *Ovis ammon*

羱

晉・郭璞著《爾雅音圖》卷下後（釋獸第一八）
晉・郭璞注，唐・陸德明音義，宋・邢昺疏《爾雅注疏》卷一一
清・周靖撰《篆隸考異》卷三

羱羊

晉・郭璞注，唐・陸德明音義，宋・邢昺疏《爾雅注疏》卷一一
明・李時珍撰《本草綱目》卷五一上（獸部）
清・萬斯同撰《崑崙河源考》（河源志）
清・楊芳燦、郭楷等修《寧夏省靈州志》卷一
清・金志節原本，黃可潤增修《察哈爾省口北三廳志》卷五

山羊

明・李時珍撰《本草綱目》卷五一（獸部）
清・和珅、梁國治等撰《熱河志》卷九五

大頭羊

清・不著撰人《新疆省回疆志》卷三

盤羊

清・和珅、梁國治等撰《熱河志》卷九五
清・金志節原本，黃可潤封增修《察哈爾省口北三廳志》卷五
清・吴友如作《吴友如畫寶》第四集下（中外百獸圖）

鯨目 Cetacea

鯨魚

漢・劉向撰《新序》卷一（雜事第一）
晉・崔豹撰《古今注》卷中（魚蟲第五）
南唐・沈汾撰《續仙傳》卷上（飛升一六人內女真三人・謝自然）
清・柯璜譯編，（日）箕作佳吉著《博物學講義・動物篇》第二章（游水類）

鯨

唐・李世民撰《帝範》（序）

宋・羅願撰，元・洪焱祖音釋《爾雅翼》卷三〇（釋魚・鯨）
元・戴侗撰《六書故》卷二〇（動物四・鯨）
清・（日）西師意譯，（英）竇樂安、許家惺審定《動物學教科書》第六目（鯨類）

鯢

漢・楊孚撰，清・曾釗輯《異物志》
宋・羅願撰，元・洪焱祖音釋《爾雅翼》卷三〇（釋魚・鯢）

鱷鯨

宋・司馬光撰《類篇》卷三三

鱷

不著撰人《原本廣韻》卷二

東海大魚

宋・李昉等撰《太平廣記》卷四六四
明・楊慎撰《異魚圖贊》卷三（鯨）
明・楊慎原本，胡世安箋《異魚圖贊箋》卷三

南海大魚

宋・李昉等撰《太平廣記》卷四六四

把勒亞

明・西洋艾儒畧撰《職方外紀》卷五

露脊鯨科 Balaenidae

露脊鯨 *Balaena* sp.

海鰍

宋・陳耆卿撰《赤城志》卷三九
清・陳大章撰《詩傳名物集覽》卷六（鱗介・魴魚赬尾）
清・李光地等撰《御定月令輯要》卷六
清・嵇曾筠等監修，沈翼機等編纂《浙江通志》卷一〇三
鰍=鰌 [注]連機字典認為海鰍是露脊鯨

摩竭魚

唐・釋玄奘譯，釋辨機撰《大唐西域記》卷八

摩竭

明・王世貞撰《弇州四部稿》卷一七三（說部・宛委餘編一八）

海豚科 Delphinidae

海豚 *Delpinus delphis*

海豚

明・西洋艾儒畧撰《職方外紀》卷五（四海總說・海族）
明・李時珍撰《本草綱目》卷四四
清・胡世安撰《異魚圖贊補》卷中（亂壙魚）
清・阿桂、劉瑾之等撰《欽定盛京通志》卷一〇七

海豘

清・聶璜撰《清宮海錯圖》

海豚魚

唐・陳藏器撰，尚志鈞輯釋《本草拾遺》卷六
明・李時珍撰《本草綱目》卷四四
清・稽璜、曹仁虎等撰《續通志》卷一七九

海㹠魚

宋・唐慎微撰，寇宗奭衍義《證類本草》卷二〇

海狶

梁・蕭統編，唐・李善、呂延濟、劉良、張銑、呂向、李周翰註《六臣註文選》卷一二
清・稽璜、曹仁虎等撰《續通志》卷一七九（昆蟲草木畧六・魚）

鱀魚

明・張自烈撰，清・廖文英續《正字通》亥集中
明・李時珍《本草綱目》卷四四

鼠海豚科 Phocoenidae

江豚 *Neophocaena phocaenoides*

江豚

梁・蕭統編，唐・李善、呂延濟、劉良、張銑、呂向、李周翰註《六臣註文選》卷一二
唐・何超撰《晉書音義》卷之下（晉書卷四九）
唐・陳藏器撰，尚志鈞輯釋《本草拾遺》卷五
宋・司馬光撰《類篇》卷三三
宋・范成大撰《吳郡志》卷四八
宋・丁易東撰《易象義》卷八
宋・陸游撰《入蜀記》卷二
宋・范致明撰《岳陽風土記》
宋・王禹稱撰《小畜集》卷一三
宋・文同撰，家誠之編《丹淵集》卷一二
宋・俞琰撰《周易集說》卷一〇
宋・黃震撰《黃氏日抄》卷四
遼・釋行均撰《龍龕手鑒》卷一
元・戴侗撰《六書故》卷二〇
元・黃公紹原編，熊忠舉要《古今韻會舉要》卷三
元・吳澄撰《易纂言外翼》卷四（象例第七下）
元・史伯璿撰《管窺外編》卷下
明・張自烈撰，清・廖文英續《正字通》亥集中
明・朱謀㙔撰《駢雅》卷七
明・方以智撰《通雅》卷四七（動物・魚）
明・黃衷撰，黃學準增注《海語》卷中
明・李時珍《本草綱目》卷四四
明・楊慎原本，清・胡世安箋《異魚圖贊箋》卷一
明・徐𤊹撰《徐氏筆精》卷二
明・葉子奇撰《草木子》卷四
明・彭大翼撰，張幼學增訂《山堂肆考》卷二二四
清・稽璜、曹仁虎等撰《續通志》卷一七九

清・徐文靖撰《管城碩記》卷一
清・沈起元撰《周易孔義集說》卷一六

江魨

明・張自烈撰，清・廖文英續《正字通》亥集中

江豘

宋・唐慎微撰，寇宗奭衍義《證類本草》卷二〇
明・黄衷撰，黄學準增注《海語》卷中
明・楊慎原本，清・胡世安箋《異魚圖贊箋》卷一

江豬

明・楊慎原本，清・胡世安箋《異魚圖贊箋》卷一
清・陳方瀛修，俞樾纂《江蘇省川沙廳志》（物產・毛之屬）

江猪

明・李時珍《本草綱目》卷四四
清・孫奇逢撰《讀易大旨》卷二（下經）

水豬

明・張自烈撰，清・廖文英續《正字通》亥集中
清・稽璜、曹仁虎等撰《續通志》卷一七九

水猪

明・李時珍《本草綱目》卷四四
清・徐文靖撰《管城碩記》卷一

拜江豬

清・稽璜、曹仁虎等撰《續通志》卷一七九

拜江猪

明・彭大翼撰，張幼學增訂《山堂肆考》卷二二四
清・徐文靖撰《管城碩記》卷一

鯆

宋・司馬光撰《類篇》卷三三
遼・釋行均撰《龍龕手鑒》卷一
明・方以智撰《通雅》卷四七（動物・魚）
金・韓道昭撰《五音集韻》卷二
清・張玉書、陳廷敬等纂《康熙字典》卷三五

鯆

唐・何超撰《晉書音義》卷之下（晉書卷四九）
宋・司馬光撰《類篇》卷三三
遼・釋行均撰《龍龕手鑒》卷一
金・韓道昭撰《五音集韻》卷二
元・戴侗撰《六書故》卷二〇
元・黃公紹原編，熊忠舉要《古今韻會舉要》卷三
明・方以智撰《通雅》卷四七（動物・魚）
清・張玉書、陳廷敬等纂《康熙字典》卷三五

鯆䱐

唐・何超纂《晉書音義》卷之下
明・方以智撰《通雅》卷四七（動物・魚）
明・楊慎原本，清・胡世安箋《異魚圖贊箋》卷三

鱄魚

宋・范成大撰《吳郡志》卷四八

鱄䱐

明・朱謀㙔撰《駢雅》卷七
清・稽璜、曹仁虎等撰《續通志》卷一七九
清・沈起元撰《周易孔義集說》卷一六

䱐

漢・許慎撰，宋・徐鉉增釋《說文解字》卷一一下
南唐・徐鍇撰，朱翱反切《說文繫傳》卷二二
唐・何超撰《晉書音義》卷之下（晉書卷四九）
宋・司馬光撰《類篇》卷三三
明・張自烈撰，清・廖文英續《正字通》亥集中
明・楊慎原本，清・胡世安箋《異魚圖贊箋》卷三
清・稽璜、曹仁虎等撰《續通志》卷一七九
清・張玉書、陳廷敬等纂《康熙字典》卷三五

奔䱐

明・葉子奇撰《草木子》卷四（雜俎篇）
明・張自烈撰，清・廖文英續《正字通》亥集中
明・楊慎原本，清・胡世安箋《異魚圖贊箋》卷三
明・慎懋官撰《華夷花木鳥獸珍玩續考》卷之七
明・鄺露撰《赤雅》卷三（鳥獸蟲魚）
清・稽璜、曹仁虎等撰《續通志》卷一七九

鱀

明・楊慎撰《異魚圖贊》卷三

風信

唐・陳藏器撰，尚志鈞輯釋《本草拾遺》卷五
元・吳澄撰《易纂言外翼》卷四（象例第七下）
明・徐𤊹撰《徐氏筆精》卷二
清・朱彝尊撰《經義考》卷三三

䲓魚

明・李時珍《本草綱目》卷四四

井魚

唐・段成式撰《酉陽雜俎》卷一七
元・陶宗儀編《說郛》卷六二下
明・彭大翼撰，張幼學增訂《山堂肆考》卷二二四
清・胡世安撰《異魚圖贊補》卷上
清・徐文靖撰《管城碩記》卷一
清・稽璜、曹仁虎等撰《續通志》卷一七九

亚马孙河豚科 Iniidae

白鱀豚 *Lipotes vexillifor*

鱀

晉・郭璞注，唐・陸德明音義，宋・邢昺疏《爾雅注疏》卷一〇
南朝梁・顧野王撰，宋・陳彭年等重修《重修玉篇》卷二四
唐・陸德明撰《經典釋文》卷三〇
宋・陸佃撰《爾雅新義》卷一六

宋・司馬光撰《類篇》卷三三
宋・丁度、司馬光等修定《集韻》卷七
元・戴侗撰《六書故》卷二〇（動物四・魚）
明・楊愼原本，清・胡世安箋《異魚圖贊箋》卷三
清・劉玉麐撰《爾雅校議》卷下
清・稽璜、曹仁虎等撰《續通志》卷一七九

鮩

明・張自烈撰，清・廖文英續《正字通》亥集中

鱉魚

清・李文恒修，鄭文彩纂《廣東省瓊山縣誌（一）》卷三下

鱉魧

宋・司馬光撰《類篇》卷三三

鯅

晉・郭璞注，唐・陸德明音義，宋・邢昺疏《爾雅注疏》卷一〇
宋・鄭樵撰《爾雅註》卷下
宋・陸佃撰《爾雅新義》卷一六
宋・司馬光撰《類篇》卷三三
元・戴侗撰《六書故》卷二〇（動物四・魚）
明・張自烈撰，清・廖文英續《正字通》亥集中
明・楊愼原本，清・胡世安箋《異魚圖贊箋》卷三
清・劉玉麐撰《爾雅校議》卷下
清・稽璜、曹仁虎等撰《續通志》卷一七九
清・沈廷芳撰《十三經注疏正字》卷八一（釋魚第一六）

鮍

宋・陳彭年、丘雍等撰《重修廣韻》卷五
清・張玉書、陳廷敬等纂修《康熙字典》卷三五

啮齿目 Rodentia

穴蟲

漢・許愼撰，宋・徐鉉釋《說文解字》卷一〇
南朝梁・顧野王撰《玉篇》卷二五
南唐・徐鍇撰，朱翺反切《說文繫傳》卷一九
宋・陸佃撰《埤雅》卷一一《鼠》
宋・司馬光撰《類篇》卷二九
宋・羅願撰，元・洪焱祖音釋《爾雅翼》卷二三《釋獸六》
不著撰人《原本廣韻》卷三
宋・丁度等撰《附釋文互註禮部韻略》卷三
宋・毛晃增注，毛居正重增《增修互注禮部韻略》卷三
宋・歐陽德隆撰，郭正己校正《增修校正押韻釋疑》卷三
金・韓道昭撰《五音集韻》卷七
元・李文仲撰《字鑒》卷三
元・黃公紹原編，熊忠舉要《古今韻會舉要》卷一二
明・樂韶鳳等撰《洪武正韻》卷七
清・陳大章撰《詩傳名物集覽》卷三
清・李光地等撰《音韻闡微》卷七
清・梁詩正、蔣溥等撰《葉韻彙集》卷二〇
清・段玉裁撰《說文解字注》卷一〇上

鼠

漢・揚雄撰，晉・郭璞注《輶軒使者絕代語釋別國方言》卷八
南朝梁・顧野王撰《玉篇》卷二五

鼪

三國魏・張揖撰《廣雅》卷一〇《釋獸》
三國魏・張揖撰，隋・唐憲音解《博雅》卷一〇《釋獸》

首鼠

漢・司馬遷撰《史記》卷三四《考證》
宋・裴駰撰《史記集解》卷一〇七
明・馮復京撰《六家詩名物疏》卷六《鼠》
明・李時珍撰《本草綱目》卷五一下《獸之三》
清・陳大章撰《詩傳名物集覽》卷三

老鼠

後晉・劉昫撰《舊唐書》卷五一
宋・陸佃撰《埤雅》卷一一《鼠》
元・陶宗儀撰《說郛》卷三四
明・馮復京撰《六家詩名物疏》卷六《鼠》
清・陳大章撰《詩傳名物集覽》卷三
清・吳偉業撰《綏寇紀畧》卷一二

家鹿

明・李時珍撰《本草綱目》卷五一下《獸之三》
清・陳大章撰《詩傳名物集覽》卷三

耗蟲

清・陳大章撰《詩傳名物集覽》卷三

鼠部

晉・郭璞注，唐・陸德明音義，宋・邢昺疏《爾雅注疏》卷一一
南朝梁・顧野王撰《玉篇》卷二五
南唐・徐鍇撰，朱翺反切《說文繫傳》卷一九
遼・釋行均撰《龍龕手鑒》卷二《鼠部》
宋・陸佃撰《埤雅》卷一一《鼠》
宋・羅願撰，元・洪焱祖音釋《爾雅翼》卷二三《釋獸六》
宋・司馬光撰《類篇》卷二九
明・馮復京撰《六家詩名物疏》卷六（鼠）
明・張自烈撰，清・廖文英續《正字通》亥集下（鼠部）
清・馬驌撰《左傳事緯前集》卷八
清・張玉書、陳廷敬纂《康熙字典》（鼠部）

鼠屬

三國魏・張揖撰《廣雅》卷一〇《釋獸》
三國魏・張揖撰，隋・唐憲音解《博雅》卷一〇《釋獸》
晉・郭璞注，唐・陸德明音義，宋・邢昺疏《爾雅注疏》卷一一《鼠屬疏》
清・姚炳撰《詩識名解》卷五《鼠》

清・劉燦撰《續廣雅》卷下《釋獸・鼠屬》

鼠類

金・李杲編輯，明・李時珍參訂，姚可成補輯《食物本草》卷一三《獸部二・鼠類》

明・李時珍撰《本草綱目》卷五一下《獸之三》

鼠科

清・（英）艾約瑟撰《動物學啟蒙》《脊骨動物・乳養類・鼠科》

齙物類

清・（美）範約翰著，吴子翔述《百獸集說圖考》第六科《齙物類・鼠》

齧齒類

清・（日）西師意譯，（英）竇樂安、許家惺審定《動物學教科書》第三章《哺乳動物・第三目・齧齒類》

清・柯璜譯編，（日）箕作佳吉著《博物學講義・動物篇》第一篇《動物各論・第一章・脊椎動物・哺乳類・齧齒類》

松鼠科 Sciuridae

巨松鼠 *Ratufa* sp.

鼰鼠

晉・郭璞注，唐・陸德明音義，宋・邢昺疏《爾雅注疏》卷一一《鼠屬》

宋・司馬光撰《類篇》卷二九

宋・鄭樵撰《通志》卷七六

明・張自烈撰，清・廖文英續《正字通》亥集下（鼠部）

鼰鼠

晉・郭璞注，唐・陸德明音義，宋・邢昺疏《爾雅注疏》卷一一《考證》

遼・釋行均撰《龍龕手鑒》卷二《鼠部》

宋・邢昺校定《爾雅疏》《・釋獸第一八》

宋・司馬光撰《類篇》卷二九

明・張自烈撰，清・廖文英續《正字通》亥集下（鼠部）

清・杭世駿撰《續方言》卷下

清・嵇璜、曹仁虎等撰《續通志》卷一八〇《昆蟲草木畧七》

清・方旭撰《蟲薈》卷二

鼰

遼・釋行均撰《龍龕手鑒》卷二《鼠部》

明・張自烈撰，清・廖文英續《正字通》亥集下（鼠部）

溪邊

晉・郭璞注《山海經》卷二《西山經》

松鼠亚科 Sciurinae

松鼠 *Sciurus* spp.

松鼠

明・陳文等纂修《景泰雲南圖經志書校注》卷四《順寧府・土產》

明・彭大翼撰，張幼學增訂《山堂肆考》卷二三《毛蟲・食松實》

清・阿桂、劉瑾之等撰《欽定盛京通志》卷一〇七《物產・獸類》

清・謝啟昆監修《廣西通志》卷八九《輿地略・物產・平樂府》

清・陳夢雷編《古今圖書集成・方輿彙編・職方典》卷七八二（安慶府部）

清・戴肇辰等修，史澄等纂《廣東府縣志輯・光緒廣州府志》卷一六

清・陳文緯修，屠繼善纂《臺灣府縣志輯・光緒恒春縣志》卷九《物產》

清・楊修田纂修《河南省光州志》卷四

清・（日）西師意譯，（英）竇樂安、許家惺審定《動物學教科書》第三章《哺乳動物・第三目・齧齒類》

清・（英）艾約瑟撰《動物學啟蒙》卷三《脊骨動物乳養類》

清・（美）範約翰著，吴子翔述《百獸集說圖考》第六科《齙物類》

鼯鼪

清・陳夢雷編《古今圖書集成・方輿彙編・職方典》卷七八二（安慶府部）

清・楊修田纂修《河南省光州志》卷四《物產》

碰尾鼠

清・薩廉修，陳淑均纂《臺灣府縣志輯・咸豐臺灣府噶瑪蘭廳志》卷八《物產》

清・唐景崧修，蔣師轍、薛紹元纂《臺灣府縣志輯・光緒臺灣通志》卷上

普通松鼠 *Sciurus vulgaris*

灰鼠

清・阿桂、劉瑾之等撰《欽定盛京通志》卷一〇七

清・張鳳台纂修《安東省長白彙徵錄》卷五《物產》

清・薩英額纂輯《吉林外記》卷七《物產》

清・西清纂，蕭穆等重輯《黑龍江外記》卷八《物產》

丽松鼠亚科 Callosciurinae

鼨鼠

晉・郭璞注，唐・陸德明音義，宋・邢昺疏《爾雅注疏》卷一一《釋獸》

南朝梁・顧野王撰《玉篇》卷二五

唐・白居易原本，宋・孔傳續撰《白孔六帖》卷三〇、卷九八《鼠四》

宋・鄭樵撰《爾雅註》卷下《鼠屬》

宋・司馬光撰《類篇》卷二九

・不著撰人《原本廣韻》卷一

宋・陳彭年等撰《廣韻》卷一

宋・丁度、司馬光等修定《集韻》卷一
宋・丁度等撰《附釋文互註禮部韻略》卷一
宋・歐陽德隆撰，郭正已校正《增修校正押韻釋疑》卷一上
宋・宋祁撰《唐書》卷一二三《列傳第四八》
宋・鄭樵撰《通志》卷七六《昆蟲草木略第二》
宋・高似孫撰《緯略》卷八
宋・王應麟撰《困學紀聞》卷八
宋・李昉撰《太平御覽》卷九一一《獸部二三》
宋・祝穆撰《古今事文類聚後集》卷四一《毛蟲部・鼠》
遼・釋行均撰《龍龕手鑒》卷二
金・韓道昭撰《五音集韻》卷一
元・戴侗撰《六書故》卷一八《動物二》
元・黃公紹原編，熊忠舉要《古今韻會舉要》卷一
明・馮復京撰《六家詩名物疏》卷六
明・李時珍撰《本草綱目》卷五一下《獸之二》
明・方以智撰《通雅》卷首二
明・徐應秋撰《玉芝堂談薈》卷三二《淮北多獸》、卷三四
明・趙起元撰《說略》卷三〇《蟲注下》
明・彭大翼撰，張幼學增訂《山堂肆考》卷一二五《異鼠》、卷二二二《毛蟲・鼠》
清・陳大章撰《詩傳名物集覽》卷三《獸》
清・張玉書、陳廷敬等纂《康熙字典》卷三六《鼠部》
清・馬驌撰《繹史》卷一五九《名物訓詁中》
清・嵇璜、曹仁虎撰《續通志》卷二二一《列傳》
清・黃生撰《義府》卷上《鼮鼠豹文》
清・張英、王士禛等纂《淵鑒類函》卷四三二《獸部四》

鼨鼠

明・徐應秋撰《玉芝堂談薈》卷三四
清・馬驌撰《繹史》卷一五九中《名物訓詁中》
清・張英、王士禛等纂《淵鑒類函》卷四三二《獸部四》

豹文鼮鼠

漢・許慎撰，宋・徐鉉釋《說文解字》卷一〇上
晉・郭璞注，唐・陸德明音義，宋・邢昺疏《爾雅注疏》卷一一（釋獸）
南朝梁・顧野王撰《玉篇》卷二五
南唐・徐鍇撰，朱翱反切《說文繫傳》卷一九
宋・宋祁撰《唐書》卷一二三《列傳第四十八》
宋・鄭樵撰《通志》卷七六《昆蟲草木略第二》
宋・王應麟撰《困學紀聞》卷八《孟子》
元・楊桓撰《六書統》卷一八
明・張自烈撰，清・廖文英續《正字通》亥集下（鼠部）
明・徐應秋撰《玉芝堂談薈》卷三四
清・段玉裁撰《說文解字注》卷一〇上
清・黃生撰《義府》卷上《鼮鼠豹文》
《欽定四庫全書考證》卷四七《史部》
清・劉玉麐撰《爾雅補注殘本》

赤腹松鼠 *Callosciurus erythraeus*

蓬尾鼠

清・鍾元棣修，張巂、邢定綸纂《海南府縣志輯・民國崖州志》卷四《物産》

鼯鼠亚科 Petauristinae

梧鼠

周・荀況撰，唐・楊倞注《荀子》卷一《勸學篇第一》
宋・蔡卞集解《毛詩名物解》卷一一《釋蟲》
宋・陸佃撰《埤雅》卷一〇《螣蛇》
宋・羅願撰，元・洪焱祖音釋《爾雅翼》卷二三《鼯》

飛鼯

漢・史遊撰《急就篇》卷四
三國吳・陸璣撰，明・毛晉廣要《陸氏詩疏廣要》卷下之下《釋獸》
北齊・劉晝撰《劉子》卷七《殊好第三十九》
宋・鄭樵撰《通志》卷七六《昆蟲草木略第二》
宋・陸佃撰《埤雅》卷四《貘》
宋・孫奕撰《示兒篇》卷一六《雜記》
明・馮復京撰《六家詩名物疏》卷二三《碩鼠篇》

飛蠝

漢・史遊撰《急就篇》卷四《狸兔飛鼯狼麠》
三國魏・張揖撰，隋・曹憲音解《博雅》卷一〇《釋鳥》
宋・陸佃撰《埤雅》卷一一《鼠》
宋・羅願撰，元・洪焱祖音釋《爾雅翼》卷二三《釋獸六》
清・陳大章撰《詩傳名物集覽》卷三《獸》

鸓鼠

晉・郭璞注《山海經》卷一《西山經》
明・朱謀㙔撰《駢雅》卷七《釋鳥》

耳鼠

晉・郭璞注《山海經》卷三《北山經》
明・方以智撰《物理小識》卷八《器用類》
明・徐應秋撰《玉芝堂談薈》卷三五《雕棠木》
清・吳仁臣注《山海經廣注》卷三《北山經》

鼬

明・張自烈撰，清・廖文英續《正字通》亥集下（鼠部）

夷由

漢・史游撰，唐・顔師古注《急就篇》卷四
三國吳・陸璣注，明・毛晉廣要《陸氏詩疏廣要》卷下之下《釋獸》
晉・郭璞注，唐・陸德明音義，宋・邢昺疏《爾雅注疏》卷一〇（釋鳥第十七）、卷一一《考證》
晉・郭璞注《爾雅音釋》卷一七
宋・鄭樵撰《爾雅註》卷下《釋獸》
宋・陸佃撰《埤雅》卷一一《鼠》
宋・羅願撰，元・洪焱祖音釋《爾雅翼》卷二三《鼯》
明・朱謀㙔撰《駢雅》卷七《釋鳥》
清・王夫之撰《詩經稗疏》卷一《魏風》

清・吳玉搢撰《別雅》卷二
清・唐景崧修，蔣師轍、薛紹元纂《臺灣府縣志輯・光緒臺灣通志》上《物産》

夷岫

宋・戴植撰《鼠璞》卷下《鼯鼠五技》

飛鼠

晉・郭璞著，張宗祥校錄《足本山海經圖贊・飛鼠》
唐・樊綽撰《蠻書》卷四
宋・朱震撰《漢上易傳》卷九
明・來知德撰《周易集注》卷七
清・毛奇齡撰《易小帖》卷一
清・陳大章撰《詩傳名物集覽》卷四《獸》
清・乾隆三二年撰《皇朝通志》卷一二六《昆蟲草木畧二》
清・和珅等撰《大清一統志》卷二八《承德府・土產》
清・和珅、梁國治等撰《熱河志》卷九五《物產四・獸之屬》
清・海忠修，林從炯等纂《熱河省承德府志》卷二九
清・唐景崧修，蔣師轍、薛紹元纂《臺灣府縣志輯・光緒臺灣通志》上《物産》
清・薩廉修，陳淑均纂《臺灣府縣志輯・咸豐臺灣府噶瑪蘭廳志》卷六《物產》
清・陳夢雷編《古今圖書集成・方輿彙編・職方典》卷五〇九《西安府部》、卷一四四四《南寧府部》、卷一四九四《順寧府部》
清・王文韶修《續雲南通志稿》《天文志》
清・吳仁臣注《山海經廣注》卷三《北山經》

鼯鼠

漢・史游撰，唐・顏師古注《急就篇》卷四
南朝梁・蕭統編，唐・李善、呂延濟、劉良、張銑、呂向李、周翰注《六臣注文選》卷一八、卷三一
唐・李世民撰《晉書》卷七二《列傳第四二・郭璞》
宋・趙汝楳撰《周易輯聞》卷四
宋・鄭樵撰《爾雅註》卷下《釋鳥第一七》
宋・陸佃撰《埤雅》卷一一《鼠》
宋・羅願撰，元・洪焱祖音釋《爾雅翼》卷二三《釋獸六・鼯》、卷二六
宋・戴植撰《鼠璞》卷下《鼯鼠五技》
元・戴侗撰《六書故》卷一八
元・陶宗儀撰《說郛》卷三〇上
明・陳第撰《毛詩古音考》卷四
明・朱謀㙔撰《駢雅》卷七《釋鳥》
明・朱橚撰《普濟方》卷二四六《獸部》
明・李時珍撰《本草綱目》卷二《藥名同異》
明・方以智撰《通雅》卷六
清・胡煦撰《周易函書別集》卷一五
清・沈起元撰《周易孔義集說》卷一〇
清・姚炳撰《詩識名解》卷五《獸部・鼠》
清・陳大章撰《詩傳名物集覽》卷四《獸》
清・和珅、梁國治等撰《熱河志》卷九五《物產四・獸之屬》
清・郝玉麟等監修，謝道承等編纂《福建通志》卷一〇
清・郝玉麟等監修，魯曾煜等編纂《廣東通志》卷五二
清・金鉷等監修，錢元昌等編纂《廣西通志》卷一二四
清・鄂爾泰等監修，靖道謨等編纂《雲南通志》卷二八
清・蔣溥、汪由敦、董邦達等撰《盤山志》卷五
清・陳夢雷編《古今圖書集成・方輿彙編・職方典》卷一〇四二《順寧府部》
清・曾日英等修，李紱等纂《福建府縣志輯・乾隆汀州府志》卷八《物產》
清・李榕原修，郝永茂補刊《陝西省華嶽志》卷三
清・舒其紳等修，嚴長明等纂《陝西省西安府志》卷一八
清・王鱗飛等修，馮世瀛、冉崇文纂《四川府縣志輯・同治增修酉陽直隸州總志》卷一九
清・（日）西師意譯，（英）竇樂安、許家惺審定《動物學教科書》第三章《哺乳動物・第三目・鼯齒類》

鼺鼠

宋・羅願撰，元・洪焱祖音釋《爾雅翼》卷二三《釋獸六・鼯》
宋・鄭樵撰《通志》卷七六《昆蟲草木畧第二》
宋・唐慎微撰《重修政和經史證類備用本草》卷一六《獸部》
宋・唐慎微撰，寇宗奭衍義《證類本草》卷一八《獸部下品種》
宋・蘇頌撰，胡乃長、王致譜輯注《圖經本草》卷一三《禽獸部・鼺鼠》
明・張自烈撰，清・廖文英續《正字通》亥集下（鼠部）
明・朱橚撰《普濟方》卷四二六《本草藥性異名》
明・李時珍撰《本草綱目》卷四八《禽之二》
清・嵇璜、曹仁虎等撰《續通志》卷一七八《昆蟲草木畧五》

鸓鼠

宋・羅願撰，元・洪焱祖音釋《爾雅翼》卷二三《釋獸六・鼯》
金・李杲編輯，明・李時珍參訂，姚可成補輯《食物本草》卷一二《禽部》
明・李時珍撰《本草綱目》卷四八《禽之二》
清・陳大章撰《詩傳名物集覽》卷四《獸》

飛生

漢・史游撰，唐・顏師古注《急就篇》卷四
三國吳・陸璣撰，明・毛晉廣要《陸氏詩疏廣要》卷下之下《釋獸》
晉・郭璞注，唐・陸德明音義，宋・邢昺疏《爾雅注疏》卷一〇

宋・陸佃撰《埤雅》卷一一《鼠》
宋・羅願撰，元・洪焱祖音釋《爾雅翼》卷二三《釋獸六》、卷二六《螻》
宋・鄭樵撰《通志》卷七六《昆蟲草木略第二》
宋・陳耆卿撰《赤城志》卷三六《土貢》
元・戴侗撰《六書故》卷一八《動物二》
明・馮復京撰《六家詩名物疏》卷六《鼠》
明・張自烈撰，清・廖文英續《正字通》亥集下（鼠部）
明・朱橚撰《普濟方》卷二四六
明・朱謀㙔撰《駢雅》卷七《釋鳥》
清・王夫之撰《詩經稗疏》卷一《魏風》
清・陳大章撰《詩傳名物集覽》卷三《獸》、卷四
清・嵇璜、曹仁虎等撰《續通志》卷一七四《昆蟲草木畧》、卷一七八
清・唐執玉、李衛等監修，田易等編纂《畿輔通志》卷五七《禽屬》
清・嵇曾筠等監修，沈翼機等編纂《浙江通志》卷一〇一《物產一》
清・覺羅石麟等監修，儲大文等編纂《山西通志》卷二三〇《雜誌三》
清・劉於義等監修，沈青崖等編纂《陝西通志》卷四四《物產二》
清・郝玉麟等監修，魯曾煜等編纂《廣東通志》卷五二《物產志》

飛鸓

明・朱謀㙔撰《駢雅》卷七《釋鳥》

飛蝠

漢・史游撰，唐・顏師古注《急就篇》卷四
漢・班固撰《前漢書》卷五七
唐・司馬貞撰《史記索引》卷二六
宋・陸佃撰《埤雅》卷一一《鼠》
宋・羅願撰，元・洪焱祖音釋《爾雅翼》卷二三《釋獸六》
宋・鄭樵撰《通志》卷九八《列傳第十一下》
清・陳大章撰《詩傳名物集覽》卷三《獸》

飛狐

清・和珅、梁國治等撰《熱河志》卷九五（物產）、卷一一〇《藝文四》
清・乾隆三十二年敕撰《皇朝通志》卷一二六《昆蟲草木畧二》
清・海忠修，林從炯等纂《熱河省承德府志》卷二九《物產》

飛虎

明・徐應秋撰《玉芝堂談薈》卷三四《肉翅虎》
明・章潢撰《圖書編》卷五一《啞魯國小邦》
清・王文韶修《續雲南通志稿》卷五七《食貨志》
清・張英、王士禎等撰《淵鑒類函》卷二三四《海南諸小國》
清・陳元龍撰《格致鏡原》卷八二《獸類一》

飛狌

南朝梁・蕭統撰，唐・李善、呂延濟、劉良、張銑、呂向李、周翰注《六臣注文選》卷三一

复齿鼯鼠 *Trogopterus xanthipes*

飛鼠

清・劉於義等監修，沈青崖等編纂《陝西通志》卷四七《祥異二》
清・計六奇撰《明季北略》卷二
清・查繼佐著《罪惟錄》志卷之三

地松鼠亚科 Xerinae

旱獭 *Marmota* spp.

𪖙狗

晉・郭璞注《山海經》卷一八《海內經》

土撥鼠

宋・唐慎微撰，寇宗奭衍義《證類本草》卷一六《獸部上品》
金・李杲編輯，明・李時珍參訂，姚可成補輯《食物本草》卷一三《獸部二・鼠類》
元・佚名《元朝秘史》卷二
明・張自烈撰，清・廖文英續《正字通》亥集下（鼠部）
明・李時珍撰《本草綱目》卷五一下《獸之三》
明・徐應秋撰《玉芝堂談薈》卷三四
清・張英、王士禎等纂《淵鑒類函》卷四三二《獸部四》

鼧鼥

明・李時珍撰《本草綱目》卷五一《獸之二》
明・顧起元撰《說略》卷三〇《蟲注下》
清・和珅、梁國治等撰《熱河志》卷九五《物產四》
清・穆彰阿等纂《嘉慶重修一統志》卷二四一九《喀爾喀》
清・張英、王士禎等纂《淵鑒類函》卷四三二《獸部四》

塔喇巴哈

明・徐應秋撰《玉芝堂談薈》卷三四

答刺不花

金・李杲編輯，明・李時珍參訂，姚可成補輯《食物本草》卷一三《獸部二・鼠類》
明・張自烈撰，清・廖文英續《正字通》亥集下（鼠部）
明・李時珍撰《本草綱目》卷五一下《獸之二》
清・張英、王士禎等纂《淵鑒類函》卷四三二《獸部四》

岩松鼠 *Sciurotamis davidianus*

岩松鼠

清・（美）克拉克 索爾比著，史紅帥譯《穿越陝甘・1908-1909 年克拉克考察隊華北行紀》附錄二

花鼠 *Tamias sibiricus*

栗鼠

宋・陸佃撰《埤雅》卷一一《釋蟲・鼠》

明・弘治十五年《弘治徽州府志》卷二《物産》

清・嵇曾筠等監修，沈翼機等編纂《浙江通志》卷一〇五《物產》

清・(美)克拉克 索爾比著，史紅帥譯《穿越陜甘・1908-1909年克拉克考察隊華北行紀》附錄二

黇鼢

清・郝玉麟等監修，謝道承等編纂《福建通志》卷一〇

黱鼢

清・懷蔭布修，黃任、郭賡武纂《福建府縣志輯・乾隆泉州府志》卷一九《物產》

花栗鼠

清・(美)克拉克 索爾比著，史紅帥譯《穿越陜甘・1908-1909年克拉克考察隊華北行紀》附錄二

黄鼠属 *Spermophilus*

黃鼠

北齊・魏收撰《魏書》卷一一二《志第一七》

隋・李百藥撰《北齊書》卷一

宋・李燾撰《續資治通鑒長編》卷一三八

金・李杲編輯，明・李時珍參訂，姚可成補輯《食物本草》卷一三《獸部・鼠類》

明・李賢等撰《明一統志》卷五

明・李時珍撰《本草綱目》卷五一下《獸之二》

明・陸楫編《古今說海》卷一一四《說畧・霏雪錄雜記》

明・章潢撰《圖書編》卷八九

清・沈名蓀、朱昆田同輯《北史識小錄》卷一

清・和珅等撰《大清一統志》卷四二、卷一八二、卷一八七

清・和珅、梁國治等撰《熱河志》卷九五

清・唐執玉、李衛等監修，田易等編纂《畿輔通志》卷五七

清・嵇曾筠等監修，沈翼機等編纂《浙江通志》卷一〇五

清・覺羅石麟等監修，儲大文等編纂《山西通志》卷四七、卷五〇《武事一》、卷六一

清・劉於義等監修，沈青崖等編纂《陝西通志》卷六一

清・金志節原本，黃可潤增修《察哈爾省口北三廳志》卷五《物產》

清・海忠修，林從炯等纂《熱河省承德府志》卷二九

清・孔繁樸修，高維嶽纂《陝西省綏德州志》卷三《物產》

清・王士禎撰《居易錄》卷一五

清・《康熙鎮遠縣誌》卷下《災異》

清・《乾隆古浪縣誌》卷四《祥異》

相鼠

漢・司馬遷撰，南朝宋・裴駰集解《史記》卷六八《商君列傳第八》

宋・蘇轍撰《蘇氏詩集傳》卷三《鄘・國風》

宋・範處義撰《詩補傳》卷四《鄘》

宋・王質撰《詩總聞》卷三《鄘風》

宋・陸佃撰《埤雅》卷一一《釋蟲》

宋・羅願撰，元・洪焱祖音釋《爾雅翼》卷二三《釋獸六》

宋・孫奕撰《示兒編》卷三

元・胡震撰《周易衍義》卷一二《經說・相鼠》

明・馮復京撰《六家詩名物疏》卷二三《碩鼠篇》

清・姚炳撰《詩識名解》卷五《獸部》

禮鼠

宋・王質撰《詩總聞》卷三《鄘風》

宋・陸佃撰《埤雅》卷一一《釋蟲・鼠》

宋・羅願撰，元・洪焱祖音釋《爾雅翼》卷二三《釋獸六》

宋・孫奕撰《示兒編》卷三《經說》

金・李杲編輯，明・李時珍參訂，姚可成補輯《食物本草》卷一三《獸部二・鼠類》

明・池本理撰《禽星易見》

明・李時珍撰《本草綱目》卷五一下《獸之二》

清・姚炳撰《詩識名解》卷五《獸部》

清・陳大章撰《詩傳名物集覽》卷四《獸》

清・嵇璜、曹仁虎等撰《續通志》卷一八〇《昆蟲草木畧七・獸類》

清・高士奇撰《松亭行紀》卷下

清・唐執玉、李衛等監修，田易等編纂《畿輔通志》卷五六

清・汪灝、張逸少等撰《佩文齋廣群芳譜》卷五九

拱鼠

宋・王質撰《詩總聞》卷三《鄘風》

宋・陸佃撰《埤雅》卷一一《釋蟲・鼠》

宋・鄭樵撰《通志》卷七六《昆蟲草木略第二》

金・李杲編輯，明・李時珍參訂，姚可成補輯《食物本草》卷一三（獸部二・鼠類）

明・馮復京撰《六家詩名物疏》卷二三《國風・魏》

明・池本理撰《禽星易見》

明・李時珍撰《本草綱目》卷五一下《獸之二》

明・任廣撰《書敘指南》卷一四

清・姚炳撰《詩識名解》卷五《獸部》

清・陳大章撰《詩傳名物集覽》卷四《獸》

清・嵇璜、曹仁虎等撰《續通志》卷一八〇《昆蟲草木畧七・獸類》

鼲鼠

三國魏・張揖撰《廣雅》卷一〇《釋獸》

三國魏・張揖撰，隋・曹憲音解《博雅》卷一〇《釋獸》

宋・鄭樵撰《通志》卷七六《昆蟲草木略第二》

明・李時珍撰《本草綱目》卷五一下《獸之二》

清・嵇璜、曹仁虎等撰《續通志》卷一八〇《昆蟲草木

署七・獸類》
清・和珅、梁國治等撰《熱河志》卷九五《物產》

貔狸

宋・朱勝非撰《紺珠集》卷九《古今詩話》
宋・阮閱撰《詩話總龜》卷一八（紀實門中）、卷一一《後集》
清・厲鶚撰《遼史拾遺》卷二四《補國語解》
清・于敏中、英廉等撰《日下舊聞考》卷一五一

貔貍

宋・沈括撰《夢溪筆談》卷二五《雜誌二》
宋・曾慥編《類說》卷五六《古今詩話》
宋・葛立方撰《韻語陽秋》卷二
明・李時珍撰《本草綱目》卷五一下《獸之二》
明・陳耀文撰《天中記》卷四六《菜》
清・厲鶚撰《遼史拾遺》卷二四《補國語解》
清・厲鶚撰《宋詩紀事》卷一三
清・和珅、梁國治等撰《熱河志》卷九五
清・張英、王士禎等纂《淵鑒類函》卷三八八，卷四三二《獸部四》

毗狸

宋・周密撰《齋東野語》卷一六《北令邦》
明・徐應秋撰《玉芝堂談薈》卷三四《貔狸》

达乌尔黄鼠 *Spermophilus dauricus*

黄鼠

清・（美）克拉克 索爾比著，史紅帥譯《穿越陝甘・1908-1909 年克拉克考察隊華北行紀》附錄二

河狸科 Castoridae

河狸 *Castor fiber*

狸

清・何秋濤《朔方備乘》卷二九《北徼方物考・狸》

海騾

清・王原祁、王奕清等撰《萬壽盛典初集》卷二四
清・（美）範約翰著，吳子翔述《百獸集說圖考》第六科《齦物類》
清・（英）艾約瑟撰《動物學啟蒙》卷三《脊骨動物乳養類》
清・吳友如繪《吳友如畫寶》第四集《中外百獸圖・海騾》

般第狗

清・西洋南懷仁撰《坤輿圖說》卷下
清・余省、張為邦合繪《清宮獸譜》第六冊
清・王士禎撰《居易錄》卷二六

跳鼠科 Dipodidae

蟨鼠

漢・韓嬰撰《詩外傳》卷五
漢・許慎撰，宋・徐鉉釋《說文解字》卷一三上
漢・劉向撰《說苑》卷六
晉・郭璞注，唐・陸德明音義，宋・邢昺疏《爾雅注疏》卷六《釋地第九》
唐・陸德明撰《經典釋文》卷二九《釋地第九》
南唐・徐鍇撰，朱翱反切《說文繫傳》卷一九
北齊・劉晝撰《劉子》卷四
南朝梁・顧野王撰，宋・陳彭年、丘雍等重修《重修玉篇》卷二五《鼠部》
宋・鄭樵撰《爾雅註》卷中
宋・陸佃撰《埤雅》卷一一《釋蟲・鼠》
宋・羅願撰，元・洪焱祖音釋《爾雅翼》卷二一《釋獸四》
宋・司馬光撰《類篇》卷三八
不著撰人《原本廣韻》卷五
宋・陳彭年等撰《廣韻》卷五
宋・丁度、司馬光等修定《集韻》卷七、卷九
宋・毛晃增注，毛居正重增《增修互注禮部韻略》卷五
宋・鄭樵撰《通志》卷七六
宋・黃震撰《黃氏日抄》卷五六
宋・薛據輯《孔子集語》卷下
宋・魏仲舉編《五百家注》卷二《昌黎文選》
金・韓道昭撰《五音集韻》卷一〇、卷一四
元・楊桓撰《六書統》卷一八
元・黃公紹原編，熊忠舉要《古今韻會舉要》卷二六
元・劉履編《風雅翼》卷三
明・樂韶鳳等撰《洪武正韻》卷一五
明・胡直撰《衡廬精舍藏稿》卷一五
明・劉基撰《誠意伯文集》卷一八
明・周祈撰《名義考》卷一〇
明・方以智撰《通雅》卷四六
明・徐應秋撰《玉芝堂談薈》卷三四《蛩蛩距虛》
明・徐元太撰《喻林》卷二六
明・馮琦、馮瑗撰《經濟類編》卷九三
明・宋濂撰《文憲集》卷二七《雜著》
清・馬驌撰《繹史卷》八六之四《孔子類記》
清・張玉書、陳廷敬等纂《康熙字典》卷二六
清・李光地等纂《音韻闡微》卷一六
清・梁詩正、蔣溥等撰《葉韻彙集》卷三四、卷五〇
清・梁國治等撰《音韻述微》卷二六
清・毛奇齡撰《古今通韻》卷一二
清・倪濤撰《六藝之一錄》卷二五五
清・張玉書、陳廷敬撰《佩文韻府》卷三六之二
清・嵇璜、曹仁虎等撰《續通志》卷一八〇《昆蟲草木署七・獸類》
清・張英、王士禎等纂《淵鑒類函》卷四三二《獸部四》
清・余蕭客撰《古今解鉤沉》卷二九

蹶鼠

漢·高誘注《呂氏春秋》卷一五

蹷鼠

明·李時珍撰《本草綱目》卷五下《獸之三·蹷鼠》
明·方以智撰《物理小識》卷一〇《鳥獸類》
明·徐應秋撰《玉芝堂談薈》卷三二《淮北多獸》
明·馮琦、馮瑗撰《經濟類編》卷九六《道術類三》
明·顧起元撰《說略》卷三〇《蟲注下》
清·王士禎撰《居易錄》卷二九
清·張英、王士禎等纂《淵鑒類函》卷四三二《獸部四》
清·覺羅石麟等監修，儲大文等纂《山西通志》卷四七《物產》
清·金志節原本，黃可潤增修《察哈爾省口北三廳志》卷五《物產》
清·海忠修，林從炯等纂《熱河省承德府志》卷二九《物產》

跳兔

宋·陸佃撰《埤雅》卷一一《釋蟲·鼠》
宋·羅願撰，元·洪焱祖音釋《爾雅翼》卷二一《釋獸四·蹷》
宋·沈括撰《夢溪筆談》卷二四
宋·江少虞撰《事實類苑》卷六〇
明·方以智撰《物理小識》卷一〇
清·厲鶚撰《遼史拾遺》卷一三《志第二·跳兔補》
清·阿桂、劉瑾之等撰《欽定盛京通志》卷一〇七
清·乾隆三十二年敕撰《皇朝通志》卷一二六《昆蟲草木畧二》
清·長順撰《吉林通志》卷三四
清·海忠修，林從炯等纂《熱河省承德府志》卷二九《物產》
清·(美)克拉克 索爾比著，史紅帥譯《穿越陝甘·1908-1909 年克拉克考察隊華北行紀》附錄二

跳鼠

清·顧嗣立編《元詩選初集》卷五〇
清·（美）範約翰著，吳子翔述《百獸集說圖考》第六科《齦物類·跳鼠》
清·（英）艾約瑟撰《動物學啟蒙》卷三《脊骨動物·乳養類》
清·(美)克拉克 索爾比著，史紅帥譯《穿越陝甘·1908-1909 年克拉克考察隊華北行紀》附錄二

三趾跳鼠 *Dipus sagitta*

三趾跳鼠

清·(美)克拉克 索爾比著，史紅帥譯《穿越陝甘·1908-1909 年克拉克考察隊華北行紀》附錄二

五趾跳鼠 *Allactaga sibirica*

五趾跳鼠

清·(美)克拉克 索爾比著，史紅帥譯《穿越陝甘·1908-1909 年克拉克考察隊華北行紀》附錄二

鼹形鼠科 Spalacidae

鼢鼠亚科 Myospalacinae

偃鼠

漢·許慎撰，宋·徐鉉釋《說文解字》卷一三上
晉·皇甫謐撰《高士傳》卷上
晉·郭象注《莊子注》卷一
南朝梁·沈約撰《宋書·至第二一》卷三一
唐·陸德明撰《經典釋文》卷二六
唐·李吉甫撰《元和郡縣誌》卷三〇
唐·馬總撰《意林》卷二《莊子一〇》
唐·釋道世撰《法苑珠林》卷八〇
南唐·徐鍇撰，朱翱反切《說文繫傳》卷一九
宋·陸佃撰《埤雅》卷七《釋鳥》
宋·羅願撰，元·洪焱祖音釋《爾雅翼》卷二三《釋獸六》
宋·司馬光撰《類篇》卷二九
宋·祝穆撰《古今事文類聚前集》卷三二
宋·王雱撰《南華真經新傳》卷一《內篇》
元·戴侗撰《六書故》卷一八
元·楊桓撰《六書統》卷一八
元·陶宗儀撰《說郛》卷五七下
明·張自烈撰，清·廖文英續《正字通》亥集下（鼠部）
明·方以智撰《通雅》卷四五《動物鳥》
明·馮琦、馮瑗撰《經濟類編》卷九四
明·彭大翼撰，張幼學增訂《山堂肆考》卷二一
清·段玉裁撰《說文解字注》卷一八
清·莊履豐、莊鼎鉉同撰《古音駢子續編》卷三
清·馬驌撰《繹史》卷九

鼴鼠

三國魏·張揖撰《廣雅》卷一〇《釋獸》
晉·郭璞注，唐·陸德明音義，宋·邢昺疏《爾雅注疏》卷一一《考證》
唐·徐堅撰《初學記》卷二九《獸部》
·不著撰人《原本廣韻》卷三
宋·邢昺校定《爾雅疏》《釋獸第一八》
宋·羅願撰，元·洪焱祖音釋《爾雅翼》卷二三《釋獸六》
宋·鄭樵撰《通志》卷七六
宋·梁克家撰《淳熙三山志》卷四二
宋·唐慎微撰，寇宗奭衍義《證類本草》卷一八《獸部下》
宋·唐慎微撰《重修政和經史證類備用本草》卷一六《獸部》
宋·蘇頌撰，胡乃長、王致譜輯注《圖書本草》卷一三《禽獸部·鼴鼠》
金·李杲編輯，明·李時珍參訂，姚可成補輯《食物本

草》卷一三《獸部二·鼠類》
元·戴侗撰《六書故》卷一八
明·張自烈撰，清·廖文英續《正字通》亥集下（鼠部）
明·朱橚撰《普濟方》卷四二六《本草藥性異名》
明·李時珍撰《本草綱目》卷五一下《獸之三》
明·徐應秋撰《玉芝堂談薈》卷三二《淮北多獸》、卷三四
明·顧起元撰《說略》卷三〇《蟲注下》
明·陳耀文撰《天中記》卷五四《鼠》
明·彭大翼撰，張幼學增訂《山堂肆考》卷二二二《毛蟲鼠》
明·董斯張撰《廣博物志》卷四七《鳥獸第二·獸下》
清·和珅等撰《大清一統志》卷三三三《土產》
清·郝玉麟等監修，謝道承等編纂《福建通志》卷一〇
清·劉書年撰《劉貴陽說經殘稿》《小正田鼠》
清·楊修田纂修《河南省光州志》卷四《物產》
清·張英、王士禛等撰《淵鑒類函》卷一九八、卷四三二《獸部四》

鼢鼠

漢·許慎撰，宋·徐鉉釋《說文解字》卷一三上
三國魏·張揖撰《廣雅》卷一〇《釋獸》
晉·郭璞注，唐·陸德明音義，宋·邢昺疏《爾雅注疏》卷一一《釋獸》
·不著撰人《原本廣韻》卷三
唐·王燾撰《外台秘要方》卷二一、卷二四
唐·徐堅撰《初學記》卷二九
唐·段成式撰《酉陽雜俎》卷一七《廣動植之二》
南唐·徐鍇撰，朱翱反切《說文繫傳》卷一九
宋·羅願撰，元·洪焱祖音釋《爾雅翼》卷二三《釋獸六》
宋·邢昺校定《爾雅疏》《釋獸第一八》
宋·鄭樵撰《爾雅註》卷下《釋獸》
宋·司馬光撰《類篇》卷二九
宋·鄭樵撰《通志》卷七六
宋·唐慎微撰，寇宗奭衍義《證類本草》卷一八《獸部下》
宋·唐慎微撰《重修政和經史證類備用本草》卷一六《獸部》
宋·蘇頌撰，胡乃長、王致譜輯注《圖書本草》卷一三《禽獸部·鼹鼠》
宋·李昉撰《太平廣記》卷四七七
元·戴侗撰《六書故》卷一八
元·楊桓撰《六書統》卷一八
明·張自烈撰，清·廖文英續《正字通》亥集下（鼠部）
明·李時珍撰《本草綱目》卷五一下《獸之三》
明·方以智撰《通雅》卷四七《動物蟲》
明·方以智撰《物理小識》卷一一
明·徐應秋撰《玉芝堂談薈》卷三四
明·陸楫編《古今說海》卷一
明·顧起元撰《說略》卷三〇《蟲注下》
明·陳耀文撰《天中記》卷五四
明·彭大翼撰，張幼學增訂《山堂肆考》卷二二二《耕地》
明·董斯張撰《廣博物志》卷四七《鳥獸第二》
清·惠士奇撰《禮說》卷五《地官三》
清·段玉裁撰《說文解字注》卷一八
清·馬驌撰《繹史》卷一五九《名物訓詁中》
清·嵇璜、曹仁虎等撰《續通志》卷一七八《昆蟲草木畧五》、卷一七九
清·乾隆三二年敕撰《皇朝通志》卷一二六《昆蟲草木畧二》
清·阿桂、劉瑾之撰《欽定盛京通志（三）》卷一〇七
清·長順撰《吉林通志》卷三四
清·萬青黎、周家楣修，張之洞、繆荃孫纂《北京府縣志輯·光緒順天府志》卷五〇
清·金志節原本，黃可潤增修《察哈爾省口北三廳志》卷五《物產》
清·楊修田纂修《河南省光州府志》卷四《物產》
清·（英）韋廉臣撰《格物探原·論皮相》

蚡（坌）鼠

·不著撰人《原本廣韻》卷三
南唐·徐鍇撰，朱翱反切《說文繫傳》卷一九
元·戴侗撰《六書故》卷一八
明·陳耀文撰《天中記》卷五四《鼠》
清·惠士奇撰《禮說》卷五《地官三》
清·段玉裁撰《說文解字注》卷一八
清·劉書年撰《劉貴陽說經殘稿》《小正田鼠》

中华鼢鼠 *Eospalax fontanierii*（= *Myospalax fontanierii*）（= *Myospalax cansus*，Lyon）

中华鼹鼠

清·(美)克拉克 索爾比著，史紅帥譯《穿越陝甘·1908-1909 年克拉克考察隊華北行紀》附錄二

东北鼢鼠 *Myospalax psilurus* 或草原鼢鼠 *Myospalax aspalax*

瞎老鼠

清·西清纂，肖穆等重輯《黑龍江外記》卷八
清·《吉林通志》卷三四《食物志》
清·王河等修《欽定盛京通志》卷二七
民國·吳光國編輯《安東省輯安縣鄉土志·物產》

地排子

清·西清纂，肖穆等重輯《黑龍江外記》卷八
清·《吉林通志》卷三四《食物志》
清·王河等修《欽定盛京通志》卷二七
民國·吳光國編輯《安東省輯安縣鄉土志》

竹鼠亚科 Rhizomyinae

竹鼠

宋・樂史撰《太平寰宇記》卷一六三
宋・晁公遡撰《嵩山集》卷四
元・戴侗撰《六書故》卷一八《動物二》
元・楊桓撰《六書統》卷一八
元・陶宗儀撰《說郛》卷六一下《交州記》
明・張自烈撰，清・廖文英續《正字通》亥集下（鼠部）
明・陳耀文撰《天中記》卷五四《鼠》
明・彭大翼撰，張幼學增訂《山堂肆考》卷二二二《毛蟲》
清・段玉裁撰《說文解字注》卷一八
清・郝玉麟等監修，魯曾煜等編纂《廣東通志》卷五二
清・謝啟昆監修《廣西通志》卷八九《輿地略・物產・桂林府》《平樂府》《南寧府》
清・陳夢雷編《古今圖書集成・方輿彙編・職方典》卷一三五二《肇慶府部》、卷一四四四《南寧府部》
清・張英、王士禛纂《淵鑒類函》卷四三二《獸部四》
清・吳士玉、沈宗敬等撰《駢字類編》卷二〇一

竹鼦

金・李杲編輯，明・李時珍參訂，姚可成補輯《食物本草》卷一三《獸部二・鼠類》
明・弘治十五年《弘治撫州府志》卷一二
明・李時珍撰《本草綱目》卷五一下《獸之三》
明・陳繼儒撰《珍珠船》（竹實竹鼦）
明・張自烈撰，清・廖文英續《正字通》亥集下（鼠部）
清・嵇曾筠等監修，沈翼機等編纂《浙江通志》卷一〇五
清・郝玉麟等監修，謝道承等編纂《福建通志》卷一〇
清・郝玉麟等監修，魯曾煜等編纂《廣東通志》卷五二
清・屈大成撰《廣東新語》卷二一《獸語・竹鼦》
清・楊秀田纂修《河南省光州志》卷四
清・毛昌善修，陳蘭彬纂《光緒吳川縣誌》卷二
清・薛紹元纂輯，毛一波校訂《臺灣通志》上
清・陳夢雷編《古今圖書集成・方輿彙編・職方典》卷一〇九三《邵武府部》、卷一〇四二《福州府部》
清・王麟祥修，邱晉成等纂《四川府縣志輯・光緒敘州府志》卷二一《物產》
清・徐景熹修，魯曾煜、施廷樞等纂《福建府縣志輯・乾隆福州府志》卷二六
清・李拔等纂修《福建府縣志輯・乾隆福寧府志》卷一二《物產》
清・懷蔭布修，黃任、郭賡武纂《福建府縣志輯・乾隆泉州府志》卷一九
清・曾日瑛等修，李紱等纂《福建府縣志輯・乾隆汀州府志》卷八
清・傅爾泰修，陶元藻纂《福建府縣志輯・乾隆延平府志》卷四五
清・謝啟昆等修《廣西通志》卷八九《輿地略・物產・桂林府》
清・王文韶修《續雲南通志稿》卷五七

鼩

明・張自烈撰，清・廖文英續《正字通》亥集下（鼠部）

竹屯

明・李時珍撰《本草綱目》卷五一下《獸之三》
清・楊秀田纂修《河南省光州志》卷四
清・唐景崧修，蔣師轍、薛紹元纂《臺灣府縣志輯・光緒臺灣通志》上

竹豚

清・屈大成撰《廣東新語》卷二一《獸語・竹鼦》

竹根鼠

清・毛昌善修，陳蘭彬纂《廣東府縣志輯・光緒吳川縣志》卷二《物產》

管豚

清・陳夢雷編《古今圖書集成・方輿彙編・職方典》卷一〇四二《福州府部》、卷一三五二《肇慶府部》
清・徐景熹修，魯曾煜、施廷樞等纂《福建府縣志輯・乾隆福州府志》卷二六
清・李拔等纂修《福建府縣志輯・乾隆福寧府志》卷一二《物產》
清・曾日瑛等修，李紱等纂《福建府縣志輯・乾隆汀州府志》卷八

管豪

清・懷蔭布修，黃任、郭賡武纂《福建府縣志輯・乾隆泉州府志》卷一九《物產》

土豚

清・陳夢雷編《古今圖書集成・方輿彙編・職方典》卷一〇九三《邵武府部》

大竹鼠 *Rhizomy sumatrensis*

竹鼠

清・王文韶修《續雲南通志稿》卷五七《食貨志》

仓鼠科 Cricetidae

鼸鼠

周・墨翟撰《墨子》《非儒下・孫詒讓閒詁》
漢・許慎撰，宋・徐鉉增釋《說文解字》卷一〇上
唐・歐陽修撰《藝文類聚》卷九五《獸部下》
南唐・徐鍇撰《說文繫傳》卷一九
宋・邢昺校定《爾雅疏》《釋獸第十八》
宋・鄭樵撰《爾雅註》卷下《鼠屬》
元・楊桓撰《六書統》卷一八
明・馮復京撰《六家詩名物疏》卷二三《鼫鼠篇》
明・張自烈撰，清・廖文英續《正字通》亥集下（鼠部）
明・顧起元撰《說略》卷三〇《蟲注下》

清·陳大章撰《詩傳名物集覽》卷四
清·秦蕙田撰《五禮通考》卷一九九
清·段玉裁撰《說文解字注》卷一八
清·張英、王士禛纂《淵鑒類函》卷四三二《獸部四》

嗛鼠

漢·戴德撰《大戴禮記》卷二《夏小正第四七》
晉·郭璞注，唐·陸德明音義，宋·邢昺疏《爾雅注疏》卷一一
明·唐順之撰《稗編》卷五一《傅松卿·夏小正解》
清·乾隆一三年敕撰《禮記義疏》卷二一《月令第六之二》
清·宗源翰、郭式昌修，周學濬、陸心源纂《浙江府縣志輯·湖州府志》卷三三

鼸鼠

漢·許慎撰，宋·徐鉉增釋《說文解字》卷一〇上
晉·郭璞注，唐·陸德明音義，宋·邢昺疏《爾雅注疏》卷一一
宋·邢昺校定《爾雅疏》《釋獸第十》
宋·鄭樵撰《爾雅註》卷下《鼠屬》
明·張自烈撰，清·廖文英續《正字通》亥集下（鼠部）
明·徐應秋撰《玉芝堂談薈》卷三四
清·段玉裁撰《說文解字注》卷一八
清·馬驌撰《繹史》卷一五九《名物訓詁中》

鼫鼠

漢·許慎撰，宋·徐鉉增釋《說文解字》卷一〇上
三國魏·王弼注，孔穎達疏，唐·陸德明音義《周易注疏》卷六
晉·郭璞注，唐·陸德明音義，宋·邢昺疏《爾雅注疏》卷一一
宋·魏了翁輯《周易要義》卷四上
宋·項安世撰《周易玩辭》卷七
宋·邢昺校定《爾雅疏》《釋獸第十八》
宋·鄭樵撰《爾雅註》卷下《鼠屬》
金·李杲編輯，明·李時珍參訂，姚可成補輯《食物本草》卷一三《獸部二·鼠類》
元·楊桓撰《六書統》卷一八
明·來知德撰《周易集注》卷七
明·馮復京撰《六家詩名物疏》卷二三《鼫鼠篇》
明·張自烈撰，清·廖文英續《正字通》亥集下（鼠部）
清·陳大章撰《詩傳名物集覽》卷四
清·段玉裁撰《說文解字注》卷一八
清·莊履豐、莊鼎鉉同撰《古音駢字續編》卷三
清·杭世駿撰《續方志》卷下
清·陳夢雷編《古今圖書集成·方輿彙編·職方典》卷一〇四二《福州府部》

碩鼠

宋·王應麟輯《增補鄭氏周易》卷中
宋·項安世撰《周易玩辭》卷七
宋·鄭樵撰《爾雅註》卷下《鼠屬》
明·來知德撰《周易集注》卷七
明·馮復京撰《六家詩名物疏》卷二三《鼫鼠篇》
明·李時珍撰《本草綱目》卷五一下《獸之三》
明·季本撰《詩說解頤字義》卷三《碩鼠》
明·天敭《滇志》卷一《災祥》
清·陳大章撰《詩傳名物集覽》卷四
清·沈廷芳撰《十三經注疏正字》卷一三
清·段玉裁撰《說文解字注》卷一八
清·屈大成撰《廣東新語》卷二一《獸語·碩鼠》
清·吳馨等修，姚文枏等纂《江蘇省上海縣續志》卷八《物產》
清·甄汝舟編纂《乾隆許州志》卷一〇《祥異》

田鼠

秦·呂不韋撰，漢·高誘注《呂氏春秋》卷三
漢·鄭玄注，孔穎達疏，唐·陸德明音義《禮記注疏》卷一五、卷二六
漢·戴德撰《大戴禮記》卷二《夏小正第四七》
晉·郭璞注，唐·陸德明音義，宋·邢昺疏《爾雅注疏》卷一一《考證》
北齊·魏收撰《魏書》卷一七上
唐·長孫無忌等撰《隋書》卷一八
五代·劉昫撰《舊唐書》卷三三
宋·林至撰《易稗傳外篇》
宋·馮椅撰《厚齋易學》卷三《易輯注第三》
宋·趙汝楳撰《周易輯聞》卷四
宋·陸佃撰《埤雅》卷八
宋·羅願撰，元·洪焱祖音釋《爾雅翼》卷二三《釋獸六》
宋·鄭樵撰《爾雅註》卷下《鼠屬》
宋·張慮撰《月令解》卷三《季春之月》
宋·金履祥編《資治通鑒前編》卷三
元·戴侗撰《六書故》卷一八《動物二》
元·不著撰人《宋史全文》卷二六下《宋孝宗六》
明·來知德撰《周易集注》卷七
明·馮復京撰《六家詩名物疏》卷一四《國風鄘》、卷二三《國風魏》
明·胡廣等撰《禮記大全》卷一一
明·宋濂、王禕等撰《元史》卷一三《始祖紀》
明·嘉靖二十五年《嘉靖漢陽府志（湖北省）》卷二《方域》
明·傅學理編纂《嘉靖慶陽府志》卷一八《紀異》
清·陳啟源撰《毛詩稽古編》卷四
清·江永撰《禮書綱目》卷五四
清·秦蕙田撰《五禮通考》卷一九九
清·陳大章撰《詩傳名物集覽》卷四
清·李光地等撰《月令輯要》卷五《物候》

清・嵇璜、曹仁虎等撰《續文獻通考》卷二二八《物異考・鼠妖》
清・陳士楨修，塗鴻儀編輯《甘肅省蘭州府志》卷一二
清・吳馨等修，姚文枬等纂《江蘇省上海縣續志》卷八
清・孔繁樸修，高維嶽撰《陝西省綏德州志》卷三《物產》
清・陳文緯修，屠繼善纂《臺灣府縣志輯・光緒恒春縣志》
清・陶士偰修，劉湘煃纂《湖北府縣誌輯・乾隆漢陽府志》卷之三
清・朱肇基修，陸綸纂《安徽府縣志輯・乾隆太平府志》卷三二《祥異》
清・乾隆二三年《歸化縣誌》卷一〇《災祥》
清・曾日瑛等修，李紱等纂《福建府縣志輯・乾隆汀州府志》卷四五《祥異》
清・《乾隆黃州府志》卷二〇《祥異》
清・《光緒黃州府志》卷之四〇《祥異》
清・英啟修，鄧琛纂《湖北府縣志輯・光緒黃州府志》卷之四《祥異》
清・《康熙德化縣誌》卷一六《祥異》
清・康熙四六年《當塗縣誌》卷三《祥異》
清・《康熙貴池縣誌略》卷二《祥異》
清・趙爾等撰《清史稿・志一五》卷四〇《災異一》
清・張士范纂修《安徽府縣志輯・池州府志》卷二〇《祥異》

水（老）鼠

明・李時珍撰《本草綱目》卷五一下《獸之三》
明・顧起元撰《說略》卷三〇《蟲注下》
清・嵇曾筠等監修，沈翼機等編纂《浙江通志》卷一〇四《物產四》、卷二六一《藝文三》

鼮

元・楊桓撰《六書統》卷一八
明・張自烈撰，清・廖文英續《正字通》亥集下（鼠部）
明・李時珍撰《本草綱目》卷五一下《獸之三》
清・段玉裁撰《說文解字注》卷一八

山西红背鼮 *Myodes shanscius*

山西絨鼠

清・(美)克拉克 索爾比著，史紅帥譯《穿越陝甘・1908-1909 年克拉克考察隊華北行紀》附錄二

岢岚绒鼠 *Caryomys inez*（=*Eothenomys inez*）

岢嵐絨鼠

清・(美)克拉克 索爾比著，史紅帥譯《穿越陝甘・1908-1909 年克拉克考察隊華北行紀》附錄二

小毛足鼠 *Phodopus roborovskii*

米倉

清・(美)克拉克 索爾比著，史紅帥譯《穿越陝甘・1908-1909 年克拉克考察隊華北行紀》附錄二

棕色田鼠 *Microtus mandarinus*

棕色田鼠

清・(美)克拉克 索爾比著，史紅帥譯《穿越陝甘・1908-1909 年克拉克考察隊華北行紀》附錄二

大仓鼠 *Tscherskia triton*

盤倉

清・(美)克拉克 索爾比著，史紅帥譯《穿越陝甘・1908-1909 年克拉克考察隊華北行紀》附錄二

长尾仓鼠 *Cricetulus longicaudatus*

倉兒

清・(美)克拉克 索爾比著，史紅帥譯《穿越陝甘・1908-1909 年克拉克考察隊華北行紀》附錄二

黑线仓鼠 *Cricetulus barabensis*

倉官

清・(美)克拉克 索爾比著，史紅帥譯《穿越陝甘・1908-1909 年克拉克考察隊華北行紀》附錄二

鼠科 Muridae

黑鼠

宋・《宋會要輯稿・食貨五八》
宋・王質撰《紹陶錄》卷下
元・托克托等修《宋史》卷六五《五行志第一八》
明・《萬曆兗州府志》卷一五《災祥》
明・《嘉靖全遼志》卷四《祥異》
請・乾隆《靜寧州志》卷八《雜集》
清・陶士偰修，劉湘煃纂《乾隆漢陽府志》卷之三
清・《康熙兗州府志》卷三九《災祥》
清・康熙一二年《孝感縣誌》卷六《災異》
清・康熙《雄乘》卷中《祥異》
清・杜詔等編纂《山東通志》卷三三《五行志》
清・梁悅馨、莫祥芝修，季念詒、沈鍠纂《光緒通州直隸州志》卷二六《祥異》
清・孫雲錦修，吳昆田、高延第纂《光緒淮安府志》卷三九《雜記》
清・《光緒增修甘泉縣誌》卷一《祥異》
清・ 查繼佐著《罪惟錄》卷三《五行志》
清・李迪等編纂《甘肅通志》卷二四《祥異》
清・王烜纂修《甘肅省靜寧州志》卷八《祥異》
清・光緒《丹徒縣誌》卷五八《祥異》

湖鼠

康熙五三年《江夏縣誌》卷四九《災異》
清・裴天錫修，羅人龍纂《康熙湖廣武昌府志》卷之三《災異》

黑线姬鼠 *Apodemus agrarius*

黑线姬鼠

清・(美)克拉克 索爾比著，史紅帥譯《穿越陝甘・1908-1909 年克拉克考察隊華北行紀》附錄二

大林姬鼠 *Apodemus peninsulae*

大林姬鼠

清・(美)克拉克 索爾比著，史紅帥譯《穿越陝甘・1908-1909 年克拉克考察隊華北行紀》附錄二

子午沙鼠 *Meriones meridianus*

沙土鼠

清・(美)克拉克 索爾比著，史紅帥譯《穿越陝甘・1908-1909 年克拉克考察隊華北行紀》附錄二

社鼠 *Niviventer confucianus*

社鼠

清・(美)克拉克 索爾比著，史紅帥譯《穿越陝甘・1908-1909 年克拉克考察隊華北行紀》附錄二

小家鼠 *Mus musculus*

小家鼠

清・(美)克拉克 索爾比著，史紅帥譯《穿越陝甘・1908-1909 年克拉克考察隊華北行紀》附錄二

鼷鼠

《春秋》卷九《成公》
《春秋》卷一五《定公》
《春秋》卷一六《哀公》
《春秋左傳注疏》卷五七
漢・董仲舒撰《春秋繁露》卷一五
漢・許慎撰，宋・徐鉉增釋《說文解字》卷一〇
晉・郭璞注，唐・陸德明音義，宋・邢昺疏《爾雅注疏》卷一一《考證》
晉・張華撰《博物志》卷九
南朝梁・顧野王撰，宋・陳彭年等重修《重修玉篇》卷二五《鼠部》
隋・巢元方撰《巢氏諸病源侯總論》卷一五《甘鼠齧侯》
唐・陸淳撰《春秋集傳纂例》卷二
唐・孔穎達等撰《春秋正義》卷一八
唐・魏征等撰《群鼠治要》卷二六
唐・劉知機撰《史通》卷一九
南唐・徐鍇撰《說文繫傳》卷一九
宋・朱震撰《漢上易傳》卷九《說卦傳》
宋・李樗、黃櫄撰《毛詩李黃集解》卷二五
宋・陸佃撰《埤雅》卷一一
宋・羅願撰，元・洪焱祖音釋《爾雅翼》卷二一《鼷》
宋・鄭樵撰《爾雅註》卷下
宋・司馬光撰《類篇》卷二九
元・戴侗撰《六書故》卷一八
元・李廉撰《春秋會通》卷一六
元・梁益撰《詩傳旁通》卷一四
元・楊桓撰《六書統》
明・張自烈撰，清・廖文英續《正字通》亥集下（鼠部）
明・李時珍撰《本草綱目》卷五一下《獸之三》
明・《萬曆淮安府志》卷八《祥異》
清・馬驌撰《左傳事緯前集》卷六
清・郝懿行撰《爾雅義疏・釋獸》
清・段玉裁撰《說文解字注》卷一八
清・《康熙沭陽縣誌》卷一《災異》
清・李亨特修，平恕、徐嵩纂《乾隆紹興府志》卷一八《物產》
清・《嘉慶海州直隸州志》卷三一《祥異》
清・孔繁撲修，高維嶽撰《陝西省綏德州志》卷三《物產》
清・李迪等編纂《甘肅通志》卷二四《祥異》
清・（英）艾約瑟撰《動物學啟蒙》卷三《脊骨動物・乳養類》
清・(美)克拉克 索爾比著，史紅帥譯《穿越陝甘・1908-1909 年克拉克考察隊華北行紀》附錄二

甘（口）鼠

晉・張華撰《博物志》卷九
南朝梁・顧野王撰，唐・孫強增補，宋・陳彭年、丘雍等重修《重修玉篇》卷二五《鼠部》
隋・巢元方撰《巢氏諸病源侯總論》卷一五《甘鼠齧侯》
宋・李樗、黃櫄撰《毛詩李黃集解》卷二五
宋・陸佃撰《埤雅》卷一一
宋・羅願撰，元・洪焱祖音釋《爾雅翼》卷二一《鼷》
宋・鄭樵撰《爾雅註》卷下
宋・司馬光撰《類篇》卷二九
元・戴侗撰《六書故》卷一八
元・楊桓撰《六書統》
明・張自烈撰，清・廖文英續《正字通》亥集下（鼠部）
明・李時珍撰《本草綱目》卷五一下《獸之三》
清・郝懿行撰《爾雅義疏・釋獸》
清・段玉裁撰《說文解字注》卷一八
清・李亨特修，平恕、徐嵩纂《乾隆紹興府志》卷一八《物產》
清・孔繁撲修，高維嶽撰《陝西省綏德州志》卷三《物產》

家鼠

清・聶光鑾修，王柏心、雷春沼纂《同治宜昌府志》卷一《天文》
清・倪文蔚、蔣銘勳修，顧家衡、李廷鉽纂《光緒荊州府志》卷七六《災異》

小鼠

漢・許慎撰，宋・徐鉉增釋《說文解字》卷一〇

宋・陸佃撰《埤雅》卷一一《釋蟲》
宋・羅願撰《爾雅翼・釋獸六》卷二三
宋・司馬光撰《類篇》卷二九
元・楊桓撰《六書統》
元・脫脫等撰《宋史・志第一八・五行二下》卷六五
明・湛若水撰《春秋正傳・定公》卷三五
明・張自烈撰，清・廖文英續《正字通》亥集下（鼠部）
清・張尚瑗撰《穀梁折諸》卷五《成公》
清・段玉裁撰《說文解字注》卷一八
清・劉沛霖等修，朱光鼎等纂《宣威州志》卷五《祥異》

豪猪科 Hystricidae

豪猪 *Hystrix* sp. 或帚尾豪猪 *Atherurus* sp.

豪彘

晉・郭璞注《山海經》卷二《西山經》
晉・郭璞著，張宗祥校錄《足本山海經圖贊・豪彘》
唐・歐陽詢撰《藝文類聚》卷九四《獸部中》
宋・羅願撰，元・洪焱祖音釋《爾雅翼》卷二一《釋獸四・豪》
宋・李昉撰《太平御覽》卷九〇三《獸部一五》
明・彭大翼撰，張幼學增訂《山堂肆考》卷二二一《毛蟲》
明・張溥輯《漢魏六朝百三家集》卷五七《晉郭璞集》
清・王夫之撰《詩經稗疏》卷一《魏風》
清・许容等監修，李迪等編纂《甘肅通志》卷二〇《物產》
清・郝玉麟等監修，魯曾煜等編纂《廣東通志》卷五二《物產志》
清・張英、王士禛等纂《淵鑒類函》卷四三六《獸部八》
清・吳士玉、沈宗敬等撰《駢字類編》卷二一七《鳥獸門一四》
清・陳元龍撰《格致鏡原》卷八七《獸類六》
清・張玉書、汪雨杉等編《佩文齋詠物詩選》卷四一〇《豕類》

狟豬

清・劉於義等監修，沈青崖等編纂《陝西通志》卷四四《物產二》
清・吳士玉、沈宗敬等撰《駢字類編》卷二一四《鳥獸門》
清・張玉書、陳廷敬等撰《佩文韻府》卷六之三

鸞豬

明・李時珍撰《本草綱目》卷五一上《獸之二》
清・王夫之撰《詩經稗傳》卷一
清・劉於義等監修，沈青崖等編纂《陝西通志》卷四四《物產二》
清・郝玉麟等監修，魯曾煜等編纂《廣東通志》卷五二《物產志》
清・吳士玉、沈宗敬等撰《駢字類編》卷二〇四《鳥獸門》
清・張玉書、陳廷敬等撰《佩文韻府》卷六之三
清・陳元龍撰《格致鏡原》卷八七《獸類六》

箭豬

清・（美）範約翰著，吳子翔述《百獸集說圖考》第六科《齦物類・箭豬》

箭鼠

清・吳友如《中外百獸圖》第四冊

山豬

宋・祝穆撰《方輿勝覽》卷三九
宋・范成大撰《桂海虞衡志・獸》
宋・周去非撰《嶺外代答》卷九《禽獸門》
清・郝玉麟等監修，謝道承等編纂《福建通志》卷一一《物產》
清・孫灝、顧棟高等編纂《河南通志》卷二九《物產》
清・郝玉麟等監修，魯曾煜等編纂《廣東通志》卷五二《物產志》
清・金鉷等監修，錢元昌等編纂《廣西通志》卷三一《物產》

豪豬

漢・班固撰《前漢書》卷八七下
唐・樊綽撰《蠻書》卷四
唐・徐堅撰《初學記》卷二九《獸部》
宋・陸佃撰《埤雅》卷四《釋獸》
宋・羅願撰，元・洪焱祖音釋《爾雅翼》卷二一《釋獸四・豪》
宋・王益之撰《西漢年紀》卷二七
宋・鄭樵撰《列傳第一五下》卷一〇二
宋・范成大撰《桂海虞衡志》
宋・孫奕撰《示兒編》卷一五《雜記》
宋・李昉撰《太平御覽》卷九〇三《獸部一五・豕》
宋・曾豐撰《緣督集》卷二〇《豪豬說》
金・元好問撰《遺山集》卷五《雜言・馬丘豬行》
元・戴侗撰《六書故》卷一七《動物一》
元・托克托等修《遼史》卷九四《列傳第二四》
元・陶宗儀撰《說郛》卷六二上《雲南志畧》
明・來知德撰《周易集注》卷三
明・馮復京撰《六家詩名物疏》卷四五《豕》
明・曹學佺撰《蜀中廣記》卷五五
明・李時珍撰《本草綱目》卷五一上《獸之二》
明・方以智撰《物理小識》卷一〇《鳥獸類》
明・宋詡撰《竹嶼山房雜部》卷三
明・陸楫編《古今說海》卷一一
清・王夫之撰《詩經稗傳》卷一《魏風》
清・陳大章撰《詩傳名物集覽》卷四《獸》
清・秦蕙田撰《五禮通考》卷二四三《軍禮十一・田獵下》
清・嵇璜、曹仁虎等撰《續通考》卷一八〇《昆蟲草木畧七》
清・田易等編纂《畿輔通志》卷五七《土產》

清・嵇曾筠等監修，沈翼機等編纂《浙江通志》卷一〇二、卷一〇四

清・郝玉麟等監修，謝道承等編纂《福建通志》卷一〇、卷一一

清・劉於義等監修，沈青崖等編纂《陕西通志》卷四四《物産》

清・郝玉麟等監修，魯曾煜等編纂《廣東通志》卷五二《物産志》

清・金鉷等監修，錢元昌等編纂《廣西通志》卷三一《物産》

清・鄂爾泰等監修，靖道謨等編纂《雲南通志》卷二九之一二

清・鄂爾泰等監修，靖道謨等編纂《貴州通志》卷一五《食貨》

清・張英、王士禛等纂《淵鑒類函》卷四三六《獸部八》

清・陳元龍撰《格致鏡原》卷八七《獸類六》

帚獂

宋・羅願撰，元・洪焱祖音釋《爾雅翼》卷二一《釋獸四》

宋・孫奕撰《示兒編》卷一五《雜記》

明・宋詡撰《竹嶼山房雜部》卷三

古名索引

字头	古名	纲	目	科	现名	页码
孑	孑孓	昆虫纲	双翅目	蚊科	伊蚊	259
	孑孓	昆虫纲	双翅目	蚊科	微少按蚊	259
久	久竹	昆虫纲	蜻蜓目			113
孓	孓孓	昆虫纲	双翅目	蚊科		255
口	口北樹雞	鸟纲	鸡形目	松鸡科	黑琴鸡	476
女	女匠	鸟纲	雀形目	鷦鷯科	鷦鷯	576
	女兒	昆虫纲	鳞翅目	家蚕蛾科	家蚕	300
	女鴎	鸟纲	雀形目	鷦鷯科	鷦鷯	576
乞	乞裡麻魚	硬骨鱼纲	鲟形目	匙吻鲟科	白鲟	348
千	千人捏	甲壳纲	短尾下目	玉蟹科	玉蟹	83
	千人踏	寡毛纲				28
	千人踏	寡毛纲	后孔目	钜蚓科	白颈环毛蚓	30
	千人擘	甲壳纲	短尾下目	菱蟹科	菱蟹	83
	千年瘦	硬骨鱼纲	鲤形目	鳅科	美丽小条鳅	370
	千足	倍足纲	姬马陆目			94
	千里光	腹足纲	原始腹足目	鲍科		44
	千里紅	鸟纲	雀形目	雀科	白腰朱顶雀	585
	千蝠蝶	昆虫纲	鳞翅目	翼羽科	日本二十四羽蛾	289
三	三班	硬骨鱼纲	鲈形目	斗鱼科	叉尾斗鱼	390
	三目蠘	甲壳纲	短尾下目	梭子蟹科	红星梭子蟹	84
	三角魚	硬骨鱼纲	鲀形目	革鲀科	绒纹线鳞鲀	394
	三尾魚	硬骨鱼纲	鲤形目	鲤科	金鱼	369
	三和尚	鸟纲	鸻形目	鸻科	凤头麦鸡	505
	三臥一生蠶	昆虫纲	鳞翅目	家蚕蛾科	家蚕	300
	三趾沙雞	鸟纲	鸽形目	沙鸡科	毛腿沙鸡	515
	三趾跳鼠	兽纲	啮齿目	跳鼠科	三趾跳鼠	634
	三趾濱鷸	鸟纲	鸻形目	鹬科	三趾鹬	507
	三道眉草鵐	鸟纲	雀形目	雀科	三道眉草鹀	589
	三腳蟾	硬骨鱼纲	鮟鱇目	鮟鱇科		397
	三蟲	尾感器纲				15
	三鯬	硬骨鱼纲	鲱形目	鲱科	鲥	350
山	山八哥	鸟纲	雀形目	鸦科	灰树鹊	569
	山丈	兽纲	灵长目	人科		601
	山子	昆虫纲	直翅目	蟋蟀科	日本钟蟋	165
	山牛	兽纲	偶蹄目	牛科	黄牛	623
	山水豹	兽纲	食肉目	猫科	云豹	613
	山羊	兽纲	偶蹄目	牛科	盘羊	624
	山羊	兽纲	偶蹄目	牛科	台湾鬣羚	624
	山羊	兽纲	偶蹄目	牛科	中国斑羚	624
	山羊	昆虫纲	鞘翅目	天牛科		239
	山西絨鼠	兽纲	啮齿目	仓鼠科	山西红背鼾	638
	山君	兽纲	食肉目	猫科	虎	614
	山花雞	鸟纲	鸡形目	雉科	黄腹角雉	488
	山姑	兽纲	灵长目	人科		601
	山呼	鸟纲	雀形目	鹟科	白喉噪鹛	580
	山胡	鸟纲	雀形目	鹟科	白喉噪鹛	580
	山草驢	昆虫纲	直翅目	螽斯科	大硕螽	155
	山都	兽纲	灵长目	人科		600
	山鬼	兽纲	灵长目	人科		601
	山狸	兽纲	食肉目	灵猫科		615

字头	古名	纲	目	科	现名	页码
山	山馬	爬行纲	蜥蜴目	鬣蜥科	蜡皮蜥	419
	山馬	兽纲	偶蹄目	鹿科	水鹿	621
	山馬蟥	蛭纲				34
	山蚑	蛭纲				35
	山烏	鸟纲	雀形目	鸦科	红嘴山鸦	569
	山烏蠡	爬行纲	蛇目	眼镜蛇科	眼镜王蛇	429
	山笑	兽纲	灵长目	人科		601
	山蚓	寡毛纲				28
	山蚓	寡毛纲	后孔目	钜蚓科	湖北环毛蚓	30
	山蚓	爬行纲	蛇目	游蛇科	钝尾两头蛇	426
	山桑	昆虫纲	鳞翅目	大蚕蛾科	柞蚕	294
	山崇	爬行纲	龟鳖目	鳖科	山瑞鳖	411
	山鳥	鸟纲	雀形目	鹟科	白喉噪鹛	580
	山蛆	硬骨鱼纲	鲤形目	鲤科	铜鱼	365
	山雀	鸟纲	雀形目	雀科	蒙古沙雀	586
	山猪	兽纲	偶蹄目	猪科	野猪	620
	山菌子	鸟纲	鸡形目	雉科	灰胸竹鸡	487
	山啄木	鸟纲	䴕形目	啄木鸟科		544
	山啄木	鸟纲	䴕形目	啄木鸟科	灰头啄木鸟	544
	山啄木鳥	鸟纲	䴕形目	啄木鸟科	黑啄木	544
	山寄生螺	甲壳纲	歪尾下目	陆寄居蟹科	椰子蟹	81
	山麻雀	鸟纲	雀形目	文鸟科	山麻雀	585
	山麻鹊	鸟纲	雀形目	鸦科	红嘴蓝鹊	567
	山畫眉	鸟纲	雀形目	鹟科	大草鹛	580
	山斑	鸟纲	鸽形目	鸠鸽科	红翅绿鸠	515
	山蛤	两栖纲	无尾目	蛙科	东北林蛙	407
	山蛤	两栖纲	无尾目	蛙科	棘蛙	409
	山蛩	倍足纲	山蛩目	山蛩科		94
	山蛩蟲	倍足纲	山蛩目	山蛩科		94
	山犀	兽纲	奇蹄目	犀科		619
	山蛭	蛭纲				35
	山蛭	蛭纲	无吻蛭目	山蛭科	日本山蛭	37
	山蛭	蛭纲	无吻蛭目	山蛭科	天目山蛭	37
	山蛭	蛭纲	无吻蛭目	山蛭科	海南山蛭	37
	山喜鵲	鸟纲	雀形目	鸦科	灰喜鹊	567
	山喜鵲	鸟纲	雀形目	鸦科	喜鹊	569
	山喜鵲	鸟纲	雀形目	鸦科	红嘴蓝鹊	567
	山瑞	爬行纲	龟鳖目	鳖科	山瑞鳖	411
	山雉	鸟纲	鸡形目	雉科	白冠长尾雉	492
	山雉	鸟纲	鸡形目	雉科	雉鸡 环颈雉	491
	山雉	鸟纲	鸡形目	雉科	红腹锦鸡 金鸡	495
	山蛷螋	昆虫纲	革翅目			142
	山精	兽纲	灵长目	人科		601
	山蜞	蛭纲				34
	山蜞	蛭纲	无吻蛭目	山蛭科	海南山蛭	37
	山翠	鸟纲	佛法僧目	翠鸟科		537
	山貓	兽纲	食肉目	猫科	虎	614
	山蝸	腹足纲	柄眼目	蜗牛科	巴蜗牛	52
	山豬	兽纲	啮齿目	豪猪科	豪猪	640
	山鴣	鸟纲	鸡形目	雉科	中华鹧鸪	482

字头	古名	纲	目	科	现名	页码
土	土燕	鸟纲	雨燕目	雨燕科	白喉针尾雨燕	534
	土螞蚱	昆虫纲	直翅目	蝗科	短星翅蝗	150
	土鴛鴦	鸟纲	雁形目	鸭科	花脸鸭	462
	土螺	腹足纲	头楯目	阿地螺科	泥螺	49
	土蜂	螠纲	无管螠目	棘螠科	单环棘螠	40
	土蠡	昆虫纲	直翅目	蝗科		144
	土蠡	昆虫纲	直翅目	蝗科	笨蝗	151
	土蠡	昆虫纲	直翅目	蝗科	中华剑角蝗	149
	土蟲	昆虫纲	半翅目	臭虫科	臭虫	198
	土蟲	昆虫纲	膜翅目	胡蜂科		320
	土蟲	涡虫纲	三肠目	笄蛭科	笄蛭蜗虫	10
	土蟲	方格星虫纲	方格星虫目	管体星虫科	裸体方格星虫	39
	土鯆魚	硬骨鱼纲	鲈形目	塘鳢科	沙塘鳢	387
	土蟟	双壳纲	廉蛤目	蚬科	河蚬	67
	土蠑	昆虫纲	直翅目	蝗科	中华剑角蝗	149
	土蠃	腹足纲	柄眼目	蜗牛科		51
	土蟺	寡毛纲				27
	土蟻	昆虫纲	等翅目			130
	土蟻	昆虫纲	直翅目	蝼蛄科		166
	土鰲魚	硬骨鱼纲	鲈形目	塘鳢科	沙塘鳢	387
	土鐵	腹足纲				43
	土鐵	腹足纲	头楯目	阿地螺科	泥螺	49
	土鼅鼄	蛛形纲	蜘蛛目	漏斗蛛科		96
	土蠭	昆虫纲	膜翅目	蜜蜂科		316
	土蠭	昆虫纲	膜翅目	胡蜂科		320
	土蠭	昆虫纲	膜翅目	胡蜂科	黄胡蜂	325
	土鱉	昆虫纲	蜚蠊目			123
	土鼈	昆虫纲	蜚蠊目	地鳖蠊科	中华真地鳖	129
	土鼈	昆虫纲	蜚蠊目			123
	土鼈	多板纲	新有甲目	毛肤（隐板）石鳖科	红条毛肤石鳖	41
	土鼈蟲	昆虫纲	蜚蠊目			123
	土鱧	硬骨鱼纲	鲈形目	鲹科	竹筴鱼	381
	土鑽	革囊星虫纲	革囊星虫目	革囊星虫科	安岛反体星虫	39
丸	丸	昆虫纲	鞘翅目	金龟子科		212
兀	兀	兽纲	兔形目	鼠兔科		601
	兀兒鼠	兽纲	兔形目	鼠兔科		601
下	下窋	鸟纲	隼形目	鹰科	鹗	473
	下窟	鸟纲	隼形目	鹰科	鹗	473
	下窟鳥	鸟纲	隼形目	鹰科	鹗	473
小	小火	昆虫纲	鞘翅目	萤科		223
	小水雞	鸟纲	鹤形目	秧鸡科	小田鸡	501
	小牛屎蟲	昆虫纲	鞘翅目	天牛科	栋星天牛	244
	小牛螺	腹足纲	柄眼目	蜗牛科		51
	小天藍青	昆虫纲	直翅目	蟋蟀科		156
	小白牙青	昆虫纲	直翅目	蟋蟀科		156
	小白莊	鸟纲	鸛形目	鹭科	岩鹭	447
	小甲蟲	昆虫纲	鞘翅目	步甲科	地蠶虎	208

字头	古名	纲	目	科	现名	页码
小	小灰鶴	鸟纲	鹤形目	鹤科	蓑羽鹤	500
	小隹	鸟纲	雀形目	文鸟科	树麻雀	584
	小金頭鵝	鸟纲	雁形目	鸭科	小天鹅	459
	小青蟲	昆虫纲	鳞翅目	尺蛾科		305
	小咬	昆虫纲	双翅目	蠓科	陈旧库蠓	263
	小冠鴨	鸟纲	雁形目	鸭科	翘鼻麻鸭	462
	小飛蟲	昆虫纲	双翅目	蠓科		261
	小飛蟲	昆虫纲	双翅目	蚊科		254
	小飛蟲	昆虫纲	缨翅目	蓟马科	稻蓟马	177
	小紅蟲	昆虫纲	双翅目	瘿蚊科	麦红吸浆虫	265
	小紅鰻	硬骨鱼纲	鲈形目	鳗鰕虎鱼科	孔鰕虎鱼	390
	小蚊	昆虫纲	双翅目	蚋科		260
	小蚊	昆虫纲	双翅目	蚋科	马蚋	261
	小蚊	昆虫纲	双翅目	蠓科		261
	小蚊蟲	昆虫纲	双翅目	蠓科		261
	小家鼠	兽纲	啮齿目	鼠科	小家鼠	639
	小娘蟶	双壳纲	廉蛤目	截蛏科	中国淡水蛏	65
	小魚	硬骨鱼纲	鲱形目	鳀科	鳀	351
	小淡青大頭	昆虫纲	直翅目	蟋蟀科		156
	小菌蚊	昆虫纲	双翅目	菌蚊科	小菌蚊	265
	小麥魚	硬骨鱼纲	鲤形目	鲤科	麦穗鱼	365
	小細蟲	昆虫纲	同翅目	倍蚜科	角瘿绵蚜	196
	小斑啄木鳥	鸟纲	鴷形目	啄木鸟科	小斑啄木鸟	545
	小黃	昆虫纲	蜻蜓目			117
	小黃瓜	硬骨鱼纲	鲈形目	石首鱼科	小黄鱼	382
	小黃蟻	昆虫纲	膜翅目	蚁科	小黄家蚁	335
	小黑甲蟲	昆虫纲	鞘翅目	象虫科	米象	252
	小黑甲蟲	昆虫纲	鞘翅目	象虫科	谷象	251
	小黑鳥	鸟纲	雀形目	卷尾科	黑卷尾	560
	小黑蟲	昆虫纲	鞘翅目	象虫科		249
	小黑蟲	昆虫纲	鞘翅目	象虫科	米象	252
	小黑蟲	昆虫纲	鞘翅目	象虫科	谷象	251
	小黑蟲	昆虫纲	鞘翅目	长蠹科	谷蠹	233
	小黑蟲	昆虫纲	鳞翅目	尺蛾科		305
	小蝵	昆虫纲	毛翅目			280
	小蛾	昆虫纲	毛翅目			280
	小鳩	鸟纲	鸽形目	鸠鸽科	灰斑鸠	517
	小鼠	兽纲	啮齿目	鼠科	小家鼠	639
	小翠鳥	鸟纲	佛法僧目	翠鸟科	普通翠鸟	538
	小稻葉青	昆虫纲	直翅目	蟋蟀科		156
	小鴞	鸟纲	鸮形目	鸱鸮科	纵纹腹小鸮	532
	小螘	昆虫纲	等翅目			130
	小螘	昆虫纲	膜翅目	蚁科	小黄家蚁	335
	小龍子	两栖纲	有尾目	蝾螈科	东方蝾螈	400
	小澤雞	鸟纲	鹤形目	秧鸡科	普通秧鸡	501
	小蟬	昆虫纲	同翅目	蝉科		178
	小蟲	尾感器纲	旋尾目	吸吮科	结膜吸吮线虫	18
	小蟲	昆虫纲	双翅目	蠓科		261
	小蟲	昆虫纲	双翅目	蠓科	蠛蠓	263

字头	古名	纲	目	科	现名	页码
方	方黄	昆虫纲	直翅目	蟋蟀科		157
	方頭	硬骨鱼纲	鲈形目	方头鱼科	方头鱼	381
	方頭魚	硬骨鱼纲	鲈形目	方头鱼科	方头鱼	381
夫	夫意拉利牙	线虫动物门				15
	夫鵲	鸟纲	雀形目	鸦科	红嘴蓝鹊	566
父	父	昆虫纲	鞘翅目	叶甲科	印度黄守瓜	247
公	公子帽	软骨鱼纲	真鲨目	双髻鲨科	双髻鲨	343
公	公子蜨	昆虫纲	鞘翅目	瓢虫科	瓢虫	233
	公魚	硬骨鱼纲	鲤形目	鲤科	大理裂腹鱼	366
	公蠣蛇	爬行纲	蛇目	游蛇科	赤链华游蛇	428
火	火化	昆虫纲	鳞翅目			281
	火不剌	鸟纲	雀形目	伯劳科	牛头伯劳	554
	火百脚	昆虫纲	鞘翅目	萤科	高山锯角萤	231
	火百脚	昆虫纲	鞘翅目	萤科	黄萤	231
	火老鴉	鸟纲	䴕形目	啄木鸟科		544
	火老鴉	鸟纲	䴕形目	啄木鸟科	黑啄木	545
	火光螢	昆虫纲	鞘翅目	雌光萤科		232
	火花	昆虫纲	鳞翅目			281
	火花	昆虫纲	鳞翅目	家蚕蛾科	家蚕	300
	火赤煉	爬行纲	蛇目	游蛇科	赤链蛇	427
	火狐	兽纲	食肉目	犬科	狐	616
	火金姑	昆虫纲	鞘翅目	萤科	高山锯角萤	231
	火紋斑	鸟纲	鸽形目	鸠鸽科	山斑鸠	517
	火柴頭魚	硬骨鱼纲	鲈形目	鳢科	乌鳢	391
	火眼星	昆虫纲	鞘翅目	萤科		223
	火魚	硬骨鱼纲	海鲢目	海鲢科	海鲢	348
	火魚	硬骨鱼纲	鮟鱇目	鮟鱇科		397
	火斑鳩	鸟纲	鸽形目	鸠鸽科	火斑鸠	518
	火葫蘆	鸟纲	鸽形目	鸠鸽科	火斑鸠	518
	火蛾	昆虫纲	鳞翅目			281
	火鳩	鸟纲	鸽形目			513
	火鳩	鸟纲	鸽形目	鸠鸽科	火斑鸠	518
	火壺盧	昆虫纲	蜻蜓目			113
	火管錠	硬骨鱼纲	鲈形目	隆头鱼科	锦鱼	384
	火蜻蜓	昆虫纲	蜻蜓目			117
	火燒鯿	硬骨鱼纲	鲤形目	胭脂鱼科	胭脂鱼	356
	火蟲	昆虫纲	鞘翅目	萤科		223
	火蟲	昆虫纲	鳞翅目	天蛾科		309
	火雞	鸟纲	鸡形目	雉科	褐马鸡	489
	火雞	鸟纲	鹤鸵目	鹤鸵科	鹤鸵	436
	火離	鸟纲	鸡形目	雉科	绿孔雀	496
	火蠶	昆虫纲	鳞翅目			281
	火蠶	昆虫纲	鳞翅目	家蚕蛾科	家蚕	300
尐	尐	昆虫纲	蜻蜓目			113
介	介鳥	鸟纲	鸡形目	雉科	雉鸡 环颈雉	491
	介鳥	鸟纲	鹤形目	鹤科		497
	介殼蟲	昆虫纲	同翅目			177
	介殼蟲	昆虫纲	同翅目	盾蚧科	桑蚧	198
	介殼蟲	昆虫纲	同翅目	绵蚧科	桑虱	197
	介蟲	软体动物门				41

字头	古名	纲	目	科	现名	页码
介	介類	昆虫纲	鞘翅目			205
	介類	昆虫纲	鞘翅目	水龟甲科		210
井	井中小赤蟲	昆虫纲	双翅目	摇蚊科		264
	井中小蛣蟩	昆虫纲	双翅目	摇蚊科		264
	井中小蟲	昆虫纲	双翅目	摇蚊科		264
	井中小蟲	昆虫纲	双翅目	蚊科		258
	井中赤蟲	昆虫纲	双翅目	摇蚊科		264
井	井中蟲	昆虫纲	双翅目	摇蚊科		264
	井魚	兽纲	鲸目	鼠海豚科	江豚	626
孔	孔都護	鸟纲	鸡形目	雉科	绿孔雀	496
	孔鳥	鸟纲	鸡形目	雉科	绿孔雀	495
	孔雀	鸟纲	鸡形目	雉科	绿孔雀	495
	孔雀蝶	昆虫纲	鳞翅目	大蚕蛾科	樟蚕	296
	孔雉	鸟纲	鸡形目	雉科	绿孔雀	496
六	六目龜	爬行纲	龟鳖目	龟科	四眼斑水龟	418
	六足四翼蟲	昆虫纲				104
	六足四翼蟲	昆虫纲			六足动物	105
	六足蟲	昆虫纲				104
	六足蟲	昆虫纲			六足动物	105
	六足類	昆虫纲				104
	六牲	动物界				1
	六畜六牲	动物界				1
	六畜六獸六禽	动物界				1
	六眸龜	爬行纲	龟鳖目	龟科	四眼斑水龟	418
	六眼龜	爬行纲	龟鳖目	龟科	四眼斑水龟	418
	六齒青蜂	昆虫纲	膜翅目	青蜂科	六齿青蜂	328
毛	毛牛	兽纲	偶蹄目	牛科	牦牛	623
	毛狗	兽纲	食肉目	犬科	狼	615
	毛冠鹿	兽纲	偶蹄目	鹿科	毛冠鹿	621
	毛翅目	昆虫纲	毛翅目			280
	毛翅類	昆虫纲	毛翅目			280
	毛娘	昆虫纲	鳞翅目	刺蛾科		292
	毛蜮	昆虫纲	鳞翅目			281
	毛蜮	昆虫纲	鳞翅目	刺蛾科		289
	毛蛤	双壳纲	贻贝目	贻贝科	毛肌蛤	57
	毛犀	兽纲	偶蹄目	牛科	牦牛	623
	毛蟌	昆虫纲	蜻蜓目			113
	毛槊	多毛纲	龙介虫目	螺旋虫科	螺旋虫	23
	毛龜	爬行纲	龟鳖目	龟科	黄喉拟水龟	416
	毛蟲	昆虫纲	鳞翅目			281
	毛蟲	昆虫纲	鳞翅目	灯蛾科	豹灯蛾	311
	毛蟲	昆虫纲	鳞翅目	刺蛾科		289
	毛蟲	昆虫纲	鳞翅目	刺蛾科	黄刺蛾	293
	毛蟲	昆虫纲	鳞翅目	枯叶蛾科	马尾松毛虫	294
	毛蟲	兽纲				590
	毛蟹	甲壳纲	短尾下目	方蟹科	中华绒螯蟹	89
	毛蠅	昆虫纲	双翅目	丽蝇科		275
	毛蠅	昆虫纲	双翅目	寄蝇科		275
	毛蠹	昆虫纲	鳞翅目			281
	毛蠹	昆虫纲	鳞翅目	刺蛾科		289

字头	古名	纲	目	科	现名	页码
牛	牛蹄	腹足纲	原始腹足目	帽贝科	嫁蝛	44
	牛螉	昆虫纲	双翅目	皮蝇科	牛蝇	272
	牛螉	兽纲	食肉目	灵猫科	大灵猫	615
	牛頭伯勞	鸟纲	雀形目	伯劳科	牛头伯劳	554
	牛類	兽纲	偶蹄目	牛科		623
	牛鶴	鸟纲	鸡形目	雉科	鹌鹑	483
	牛蠓	昆虫纲	双翅目	虻科	牛虻	268
	牛蠅	昆虫纲	双翅目	皮蝇科	牛蝇	272
	牛蠅	昆虫纲	双翅目	胃蝇科	肠胃蝇	272
	牛蠅	昆虫纲	双翅目	胃蝇科	赤尾胃蝇	272
匹	匹鳥	鸟纲	雁形目	鸭科	中华秋沙鸭	465
	匹鳥	鸟纲	雁形目	鸭科	鸳鸯	464
片	片蛇	爬行纲	蜥蜴目	蛇蜥科	脆蛇蜥	423
犬	犬虱蠅	昆虫纲	双翅目	虱蝇科	狗虱蝇	278
日	日月蠔	双壳纲	珍珠貝目	海月科		60
	日蠅	昆虫纲	双翅目	日蝇科		278
少	少陽魚	软骨鱼纲	鲼形目	鷂鲼科	鹞鲼	345
	少卿	鸟纲	雁形目	鸭科	花脸鸭	462
升	升渠鴨	鸟纲	雁形目	鸭科	赤麻鸭	461
手	手巾蛇	爬行纲	蛇目	眼镜蛇科	银环蛇	429
	手为翅类	兽纲	翼手目			608
	手飛物	兽纲	翼手目	蝙蝠科	大耳蝠	610
水	水牛	昆虫纲	鞘翅目	天牛科	光肩星天牛	244
	水牛	昆虫纲	鞘翅目	天牛科	星天牛	243
	水牛	昆虫纲	鞘翅目	天牛科	栋星天牛	244
	水牛	兽纲	偶蹄目	牛科	水牛	623
	水牛蟲	昆虫纲	鞘翅目	天牛科		240
	水中赤蟲	昆虫纲	双翅目	摇蚊科		264
	水中到跂	昆虫纲	双翅目	蚊科		255
	水中細蟲	昆虫纲	毛翅目			280
	水中蟲	昆虫纲	毛翅目			280
	水母	钵水母纲				5
	水母	钵水母纲	根口水母目	根口水母科	海蜇	6
	水母目蝦	甲壳纲	十足目	藻虾科	水母虾	79
	水母目鰕	甲壳纲	十足目	藻虾科	水母虾	80
	水母族	钵水母纲				5
	水母線	钵水母纲	根口水母目	根口水母科	海蜇	8
	水仙子	两栖纲	无尾目			401
	水老鴉	鸟纲	鹈形目	鸬鹚科	普通鸬鹚	443
	水老鵶	鸟纲	鹈形目	鸬鹚科	普通鸬鹚	443
	水秀才	昆虫纲	双翅目	虻科		265
	水秀才	昆虫纲	半翅目	水黾科		199
	水豆芽	海豆芽纲	海豆芽目	海豆芽科	海豆芽	337
	水花冠	鸟纲	鹳形目	鹭科	黑(葦)鳽	447
	水狗	鸟纲	佛法僧目	翠鸟科		536
	水狗	鸟纲	佛法僧目	翠鸟科	普通翠鸟	538
	水狗	兽纲	食肉目	鼬科	水獭	617
	水孤	昆虫纲	半翅目	田鳖科		200
	水狐	昆虫纲	半翅目	田鳖科		200
	水虎	昆虫纲	半翅目	田鳖科		200

字头	古名	纲	目	科	现名	页码
水	水弩	昆虫纲	半翅目	田鳖科		200
	水虱	甲壳纲	钩虾类亚目			76
	水沫魚	硬骨鱼纲	鲱形目	鳀科	鳀	351
	水爬蟲	昆虫纲	半翅目	水黾科		199
	水毒虫	吸虫纲	复殖目	裂体科	日本血吸虫	12
	水虻	昆虫纲	双翅目	水虻科		268
	水豹	兽纲	食肉目	海豹科	海豹	617
	水荳芽	海豆芽纲	海豆芽目	海豆芽科	海豆芽	337
	水馬	蛭纲				35
	水馬	昆虫纲	半翅目	水黾科		199
	水馬	昆虫纲	鞘翅目	水龟甲科		209
	水馬	硬骨鱼纲	刺鱼目	海龙科	海马	377
	水馬	蛭纲	无吻蛭目	黄蛭科	宽体金线蛭	37
	水烏	鸟纲	鹈形目	鸬鹚科	普通鸬鹚	443
	水馬蟥	蛭纲				34
	水流鵝	鸟纲	鹈形目	鹈鹕科		441
	水流鵝	鸟纲	鹈形目	鹈鹕科	白鹈鹕	441
	水流鵝	鸟纲	鹈形目	鹈鹕科	斑嘴鹈鹕	441
	水壺蘆	鸟纲	鸥形目	鸥科	须浮鸥	509
	水菜	双壳纲	蚌目	蚌科	背角无齿蚌	63
	水鹿	兽纲	偶蹄目	鹿科	水鹿	621
	水鳥	鸟纲	鹳形目	鹭科	白鹭	446
	水蛆	昆虫纲	双翅目	蚊科		255
	水蛆	昆虫纲	双翅目	水虻科		268
	水蛆	昆虫纲	双翅目	虻科		268
	水蛆	昆虫纲	双翅目	摇蚊科		264
	水蛆	昆虫纲	半翅目	水黾科		199
	水鳖蟲	昆虫纲	半翅目	田鳖科		200
	水蛇	爬行纲	蛇目	游蛇科	中国水蛇	428
	水蛇	爬行纲	蛇目	游蛇科	赤链华游蛇	428
	水參	海参纲				340
	水豚	硬骨鱼纲	鲈形目	鮨科	鳜	380
	水猪	兽纲	鲸目	鼠海豚科	江豚	626
	水晶魚	硬骨鱼纲	鲑形目	银鱼科		353
	水晶魚	硬骨鱼纲	鲑形目	银鱼科	大银鱼	353
	水蛆	昆虫纲	双翅目	水虻科		268
	水蛆蟲	昆虫纲	双翅目	水虻科		268
	水蛭	蛭纲				30
	水蛭	蛭纲	无吻蛭目	山蛭科	天目山蛭	37
	水蛭	蛭纲	无吻蛭目	山蛭科	海南山蛭	37
	水蛭	蛭纲	无吻蛭目	石蛭科	湘江蛭	38
	水蛭	蛭纲	无吻蛭目	医蛭科	日本医蛭	36
	水蛭	蛭纲	无吻蛭目	医蛭科	菲牛蛭	36
	水蛭	蛭纲	无吻蛭目	黄蛭科	宽体金线蛭	36
	水蛭	昆虫纲	直翅目	蝼蛄科		166
	水蛭類	蛭纲				30
	水喳子	鸟纲	雀形目	鹟科	大苇莺	582
	水棒槌	昆虫纲	蜻蜓目			121
	水葫蘆	鸟纲	鸊鷉目	鸊鷉科	小鸊鷉	438
	水喜鵲	鸟纲	鸻形目	反嘴鹬科	黑翅长脚鹬	507

字头	古名	纲	目	科	现名	页码
天	天帝少女	鸟纲	鹤形目	秧鸡科	白胸苦恶鸟	502
	天桂	昆虫纲	鞘翅目	金龟子科		212
	天馬	昆虫纲	螳螂目	螳螂科		137
	天產者	动物界				1
	天鼠	兽纲	翼手目			608
	天厭子	昆虫纲	同翅目	透体蚧科	竹透体蚧	197
	天蜚	昆虫纲	蜚蠊目			122
	天蜚	昆虫纲	蜚蠊目	硕蠊科	印度蔗蠊	130
	天蜱蟲	昆虫纲	蜚蠊目			123
	天蜱蟲	昆虫纲	蜚蠊目	硕蠊科	印度蔗蠊	130
	天漿	昆虫纲	鳞翅目	刺蛾科	黄刺蛾	293
	天漿子	昆虫纲	鳞翅目	刺蛾科		289
	天漿子	昆虫纲	鳞翅目	刺蛾科	黄刺蛾	293
	天線	铁线虫纲	铁线虫目	粗皮科	铁线虫	19
	天龍	唇足纲	蜈蚣目	蜈蚣科		91
	天螻	昆虫纲	直翅目	蝼蛄科		166
	天螻	昆虫纲	直翅目	蝼蛄科	大蝼蛄	172
	天螻	昆虫纲	直翅目	蝼蛄科	东方蝼蛄	172
	天螻	昆虫纲	鞘翅目			205
	天螻	昆虫纲	鞘翅目	花金龟科		219
	天螻	昆虫纲	鞘翅目	金龟子科		212
	天螻	昆虫纲	鞘翅目	锹甲科		210
	天螺	昆虫纲	鞘翅目	天牛科		240
	天螺	腹足纲	柄眼目	蜗牛科		51
	天藍青	昆虫纲	直翅目	蟋蟀科		157
	天蟲	昆虫纲	鳞翅目			281
	天蟲	昆虫纲	鳞翅目	家蚕蛾科	家蚕	300
	天鵝	鸟纲	雁形目	鸭科	天鹅族	459
	天雞	昆虫纲	蜻蜓目			113
	天雞	鸟纲	鸡形目	雉科	红腹锦鸡 金鸡	494
	天雞	昆虫纲	直翅目	蝗科	红翅皱膝蝗	150
	天雞	昆虫纲	直翅目	蟋蟀科		157
	天雞	昆虫纲	鳞翅目			281
	天鷄	昆虫纲	直翅目	蟋蟀科		157
	天鷄	昆虫纲	蜻蜓目			113
	天鷄	鸟纲	鸡形目	雉科	红腹锦鸡 金鸡	494
	天鷚	鸟纲	雀形目	百灵科		545
	天鷚	鸟纲	雀形目	百灵科	云雀	546
	天鷚	鸟纲	鸡形目	雉科	鹌鹑	486
	天蠶	昆虫纲	鳞翅目	大蚕蛾科	半目大蚕	295
	天臠炙	双壳纲	蚶目	蚶科		54
	天鶬	鸟纲	鸡形目	雉科	鹌鹑	485
	天鶬	鸟纲	雀形目	百灵科		545
	天鶬	鸟纲	雀形目	百灵科	云雀	546
王	王	昆虫纲	膜翅目	蜜蜂科		316
	王不留行	昆虫纲	鞘翅目	芫菁科		234
	王不留行虫	昆虫纲	鞘翅目	芫菁科		234
	王不留行蟲	昆虫纲	鞘翅目	芫菁科		234
	王不留行蟲	昆虫纲	鞘翅目	芫菁科	眼斑芫菁	239
王	王瓜丁	硬骨鱼纲	鲶形目	鮡科	黄石爬鮡	374
	王字蛇	爬行纲	蛇目	游蛇科	王锦蛇	427
	王岡哥	鸟纲	夜鹰目	夜鹰科	歐夜鷹	533
	王虺	爬行纲	蛇目	蟒科	蟒蛇	425
	王寅	昆虫纲	双翅目	虻科		265
	王蚑	昆虫纲	鞘翅目	叶甲科	叶甲	247
	王蚑	昆虫纲	鞘翅目	叶甲科	印度黄守瓜	249
	王蚑	昆虫纲	同翅目	蝉科		178
	王蚑	昆虫纲	螳螂目	螳螂科		137
	王孫	昆虫纲	直翅目	蟋蟀科		156
	王孫	昆虫纲	直翅目	蟋蟀科	迷卡斗蟋	165
	王蛇	爬行纲	蛇目	蟒科	蟒蛇	424
	王蛈蜴	蛛形纲	蜘蛛目	颠当科		91
	王睢	鸟纲	隼形目	鹰科	白尾鹞	472
	王睢	鸟纲	隼形目	鹰科	鹗	473
	王睢	鸟纲	鸽形目			512
	王鳩	鸟纲	隼形目	鹰科	鹗	473
	王蝱	昆虫纲	双翅目	虻科		265
	王餘	硬骨鱼纲	鲑形目	银鱼科	大银鱼	353
	王餘	硬骨鱼纲	鲽形目			393
	王餘	硬骨鱼纲	鲽形目	鳒科	大口鳒	394
	王餘魚	硬骨鱼纲	鲑形目	银鱼科	大银鱼	353
	王餘魚	硬骨鱼纲	鲽形目			393
	王鴡	鸟纲	隼形目	鹰科	白尾鹞	472
	王鴡	鸟纲	隼形目	鹰科	鹗	473
	王鮪	硬骨鱼纲	鲟形目	匙吻鲟科	白鲟	347
文	文甲	爬行纲	龟鳖目	海龟科	玳瑁	415
	文貝	腹足纲				42
	文貝	腹足纲	中腹足目	宝贝科	虎斑宝贝	47
	文昌魚	头索动物纲	文昌鱼目	文昌鱼科	白氏文昌鱼	341
	文狸	兽纲	食肉目	灵猫科		615
	文豹	兽纲	食肉目	猫科	豹	614
	文魚	硬骨鱼纲	鲈形目	斗鱼科	叉尾斗鱼	390
	文魚	硬骨鱼纲	鲈形目	鳢科	乌鳢	391
	文魚	硬骨鱼纲	鲤形目	鲤科	鳑鲏鱼	363
	文蛤	双壳纲	廉蛤目	廉蛤科	文蛤	67
	文蛤	昆虫纲	同翅目	倍蚜科	红倍花蚜	196
	文蛤	昆虫纲	同翅目	倍蚜科	角倍蚜	197
	文蛤	昆虫纲	同翅目	倍蚜科	角瘿绵蚜	196
	文蛤	昆虫纲	同翅目	倍蚜科	倍花蚜	196
	文蛤	昆虫纲	同翅目	倍蚜科	倍蛋蚜	197
	文禽	鸟纲	鸡形目	雉科	绿孔雀	496
	文禽	鸟纲	雁形目	鸭科	鸳鸯	464
	文鴨	鸟纲	雁形目	鸭科	白沙秋鸭	465
	文鴨	鸟纲	雁形目	鸭科	绿翅鸭	462
	文黿	爬行纲	龟鳖目	海龟科	玳瑁	415
	文鰩	硬骨鱼纲	颌针鱼目	飞鱼科		376
	文鰩魚	硬骨鱼纲	颌针鱼目	飞鱼科		376
	文韓	鸟纲	鸡形目	雉科	红腹锦鸡 金鸡	494

字头	古名	纲	目	科	现名	页码
白	白肉青麻	昆虫纲	直翅目	蟋蟀科		157
	白肉油青	昆虫纲	直翅目	蟋蟀科		157
	白肉淡紫	昆虫纲	直翅目	蟋蟀科		157
	白尖翅	昆虫纲	直翅目	蟋蟀科		157
	白衣美丈夫	昆虫纲	鞘翅目	花金龟科		219
	白貝	腹足纲	中腹足目	宝贝科		47
	白角	硬骨鱼纲	鲉形目	豹鲂鮄科	东方豹鲂鮄	393
	白沙	软骨鱼纲	真鲨目	真鲨科	真鲨	342
	白花蛇	爬行纲	蛇目	眼镜蛇科	银环蛇	429
	白花蛇	爬行纲	蛇目	蝰科	尖吻蝮	430
	白花雀	鸟纲	雀形目	雀科	苇鹀	589
	白尾鷂	鸟纲	隼形目	鹰科	白尾鹞	473
	白尾鷹	鸟纲	隼形目	鹰科	虎头海鵰	471
	白狐	兽纲	食肉目	犬科	狐	616
	白兔	兽纲	兔形目	兔科		603
	白兔鶻	鸟纲	隼形目	隼科	矛隼	475
	白虱	昆虫纲	同翅目	绵蚧科	桑虱	197
	白虱	昆虫纲	虱目	虱科	体虱	176
	白青大頭	昆虫纲	直翅目	蟋蟀科		157
	白青尖翅	昆虫纲	直翅目	蟋蟀科		157
	白青麻	昆虫纲	直翅目	蟋蟀科		157
	白沫魚	硬骨鱼纲	鲱形目	鳀科	鳀	350
	白松鴉	鸟纲	雀形目	鸦科	松鸦	565
	白豹	兽纲	食肉目	大熊猫科	大熊猫	617
	白哥	鸟纲	雀形目	椋鸟科	八哥属	563
	白狼	兽纲	食肉目	犬科	狼	615
	白唐	鸟纲	鸡形目	雉科	鹌鹑	485
	白條	硬骨鱼纲	鲤形目	鲤科	鰲	360
	白條錦蛇	爬行纲	蛇目	游蛇科	白条锦蛇	427
	白蚓	寡毛纲				29
	白莊	鸟纲	鹳形目	鹭科	大白鹭	445
	白海青	鸟纲	隼形目	隼科	矛隼	475
	白海參	海参纲				340
	白脰	鸟纲	雀形目	鸦科	白颈鸦	573
	白脰烏	鸟纲	雀形目	鸦科	白颈鸦	573
	白頭烏	鸟纲	雀形目	鸦科	白颈鸦	573
	白脰烏	鸟纲	雀形目	鹟科	乌鸫	580
	白帶	硬骨鱼纲	鲈形目	带鱼科	沙带鱼	386
	白帶魚	硬骨鱼纲	鲈形目	带鱼科	沙带鱼	386
	白蚶	双壳纲	蚶目	蚶科	褶白蚶	55
	白蛉	昆虫纲	双翅目	蛾蠓科	中华白蛉	254
	白翎	昆虫纲	双翅目	蛾蠓科	中华白蛉	254
	白翎	鸟纲	雀形目	百灵科		545
	白翎	鸟纲	雀形目	百灵科	蒙古百灵	545
	白翎雀	鸟纲	雀形目	百灵科		545
	白翎雀	鸟纲	雀形目	百灵科	蒙古百灵	545
	白翎鵲	鸟纲	雀形目	百灵科		545
	白鹿	兽纲	偶蹄目	鹿科	驯鹿	623
	白麻魺	硬骨鱼纲	鲱形目	鳀科	鳀	350
	白鳥	昆虫纲	双翅目			253

字头	古名	纲	目	科	现名	页码
白	白鳥	昆虫纲	双翅目	蚊科		255
	白鳥	昆虫纲	双翅目	蚊科	淡色库蚊	259
	白鳥	昆虫纲	双翅目	蚋科		260
	白鳥	昆虫纲	双翅目	摇蚊科		264
	白鳥	鸟纲	鹳形目	鹭科	白鹭	445
	白萍	硬骨鱼纲	鲤形目	鲤科	红鳍鲌	361
	白雀	鸟纲	雀形目	文鸟科	树麻雀	585
	白參	海参纲				340
	白宿	昆虫纲	蜻蜓目			113
	白眼魚	硬骨鱼纲	鲻形目	鲻科	鲻	378
	白眼蝶	昆虫纲	鳞翅目	眼蝶科	白眼蝶	313
	白眼鯊	软骨鱼纲	真鲨目	真鲨科	真鲨	342
	白眼畫眉	鸟纲	雀形目	鹎科	白头鹎	551
	白魚	昆虫纲	衣鱼目			106
	白魚	昆虫纲	衣鱼目	衣鱼科	多毛栉衣鱼	109
	白魚	硬骨鱼纲	鲑形目	银鱼科		353
	白魚	硬骨鱼纲	鲤形目	鲤科	红鳍鲌	361
	白魚	硬骨鱼纲	鲤形目	鲤科	南方拟鰲	359
	白魚	硬骨鱼纲	鲤形目	鲤科	圆腹雅罗鱼	358
	白魚	硬骨鱼纲	鲱形目	鲱科	斑鰶	349
	白魚蟲	昆虫纲	衣鱼目			106
	白蛅蟖	昆虫纲	鳞翅目	灯蛾科	黄星雪灯蛾	311
	白超	鸟纲	隼形目	鹰科	白尾鹞	472
	白道眉	鸟纲	雀形目	雀科	三道眉草鹀	589
	白飯魚	硬骨鱼纲	鲑形目	银鱼科		353
	白飯魚	硬骨鱼纲	鲑形目	银鱼科	大银鱼	353
	白蛤	双壳纲	廉蛤目	廉蛤科	三角凸卵蛤	68
	白戟魚	硬骨鱼纲	鲶形目	鮠科	长吻鮠	374
	白畫眉	鸟纲	雀形目	鹟科	画眉	580
	白猸子	兽纲	食肉目	鼬科	鼬獾	618
	白犀	兽纲	奇蹄目	犀科		619
	白喜鵲	鸟纲	雀形目	鸦科	喜鹊	569
	白象	兽纲	长鼻目	象科	亚洲象	591
	白雁	鸟纲	雁形目	鸭科	雁族	458
	白雁	鸟纲	雁形目	鸭科	雪雁	458
	白蜂	昆虫纲	膜翅目	切叶蜂科	石蜂	319
	白蜂	昆虫纲	膜翅目	胡蜂科		321
	白鳩	鸟纲	鸽形目			513
	白腰雨燕	鸟纲	雨燕目	雨燕科	白腰雨燕	534
	白猿	兽纲	灵长目	长臂猿科	长臂猿	597
	白雉	鸟纲	鸡形目	雉科		477
	白雉	鸟纲	鸡形目	雉科	白鹇	490
	白瑪蟻	昆虫纲	等翅目			130
	白蝙蝠	兽纲	翼手目	蹄蝠科	大蹄蝠	609
	白僵蠶	昆虫纲	鳞翅目	家蚕蛾科	家蚕	300
	白練	鸟纲	雀形目	鹟科	寿带[鸟]	582
	白蝦	甲壳纲	十足目	长臂虾科	白虾	80
	白鴉	鸟纲	雀形目	鸦科	大嘴乌鸦	572
	白靛頦	鸟纲	雀形目	鹟科	红胁蓝尾鸲	578
	白靛頦	鸟纲	雀形目	鹟科	黑喉红尾鸲	578

字头	古名	纲	目	科	现名	页码
白	白頰	硬骨鱼纲	鲈形目	弹涂鱼科	弹涂鱼	389
	白頸鴉	鸟纲	雀形目	鸦科	白颈鸦	573
	白頸蚯蚓	寡毛纲				25
	白頸蚯蚓	寡毛纲	后孔目	钜蚓科	白颈环毛蚓	30
	白頸螳螾	寡毛纲				29
	白翰	鸟纲	鸡形目	雉科	白鹇	489
	白鴝鵒	鸟纲	雀形目	椋鸟科	八哥属	562
	白頭	鸟纲	雀形目	鹎科	白头鹎	551
	白頭公	鸟纲	雀形目	鹎科	白头鹎	551
	白頭母	鸟纲	雀形目	鹎科	白头鹎	551
	白頭金鈴	鸟纲	雀形目	雀科	金翅[雀]	585
	白頭郎	鸟纲	雀形目	鹟科	小燕尾	578
	白頭客	鸟纲	雀形目	鹎科	白头鹎	551
	白頭烏	鸟纲	雀形	鸦科	白颈鸦	573
	白頭烏	鸟纲	雀形目	鹎科	白头鹎	551
	白頭翁	鸟纲	雀形目	鹎科	台湾鹎	551
	白頭翁	鸟纲	雀形目	鹎科	白头鹎	551
	白頭啄木	鸟纲	鴷形目	啄木鸟科		544
	白頭啄木	鸟纲	鴷形目	啄木鸟科	小星头啄木鸟	545
	白頭絲	鸟纲	鹳形目	鹭科	白鹭	446
	白頭蠶	昆虫纲	鳞翅目	家蚕蛾科	家蚕	300
	白燕	鸟纲	雀形目	燕科	金腰燕	548
	白螘	昆虫纲	等翅目			130
	白殭蠶	昆虫纲	鳞翅目	家蚕蛾科	家蚕	300
	白儵	硬骨鱼纲	鲤形目	鲤科	鰲	360
	白儵魚	硬骨鱼纲	鲤形目	鲤科	鰲	360
	白鯗	硬骨鱼纲	鲈形目	石首鱼科	大黄鱼	382
	白蟲	绦虫纲				12
	白蟲	绦虫纲	圆叶目	带科	牛带吻绦虫	12
	白蟲	绦虫纲	圆叶目	带科	猪带绦虫	12
	白額侯	兽纲	食肉目	猫科	虎	614
	白額頭	昆虫纲	直翅目	蟋蟀科		157
	白鵫	鸟纲	鸡形目	雉科		477
	白鵫	鸟纲	鸡形目	雉科	白鹇	489
	白鯇	硬骨鱼纲	鲤形目	鲤科	草鱼	357
	白鯉	硬骨鱼纲	鲤形目	鲤科	鲤	367
	白蟹	甲壳纲	短尾下目	梭子蟹科	梭子蟹	84
	白鶉	鸟纲	鸡形目	雉科	鹌鹑	485
	白鵰	鸟纲	隼形目	鹰科	胡兀鹫	472
	白臘	昆虫纲	同翅目	腊虫科	白腊虫	198
	白臘子	昆虫纲	同翅目	腊虫科	白腊虫	198
	白臘蟲	昆虫纲	同翅目	腊虫科	白腊虫	198
	白臘蟲子	昆虫纲	同翅目	腊虫科	白腊虫	198
	白鯕	硬骨鱼纲	鲤形目	鲤科	鲤	367
	白鵲	鸟纲	雀形目	鸦科	喜鹊	568
	白蟻	昆虫纲	等翅目			130
	白蟻	昆虫纲	等翅目	鼻白蚁科		137
	白蟻	昆虫纲	等翅目	鼻白蚁科	台湾乳白蚁	137
	白蟻	昆虫纲	等翅目	鼻白蚁科	黑胸散白蚁	137
	白鶾	鸟纲	鸡形目	雉科		478
	白鵫	鸟纲	鸡形目	雉科	白鹇	490
	白鶻	鸟纲	隼形目	隼科	矛隼	475
	白鶾	鸟纲	鸡形目	雉科	白鹇	489
	白鶴	鸟纲	鹤形目	鹤科	白鹤	500
	白鶴	鸟纲	鹳形目	鹭科	大白鹭	445
	白鶴子	鸟纲	鹳形目	鹭科	大白鹭	445
	白鶴子	鸟纲	鹳形目	鹭科	白鹭	447
	白鶴子	鸟纲	鹳形目	鹭科	岩鹭	447
	白鶺鴒	鸟纲	雀形目	鹡鸰科	白鹡鸰	550
	白鰱	硬骨鱼纲	鲤形目	鲤科	鲢	370
	白露	鸟纲	鹳形目	鹭科	白鹭	446
	白露蟲	昆虫纲	蜉蝣目			109
	白鰷	硬骨鱼纲	鲤形目	鲤科	鰲	360
	白鷂子	鸟纲	隼形目	鹰科	白尾鹞	472
	白瘻蚯蚓	寡毛纲	后孔目	钜蚓科	秉氏环毛蚓	30
	白鷮	鸟纲	鸡形目	雉科	白冠长尾雉	492
	白鷹	鸟纲	隼形目	鹰科	白尾鹞	472
	白鷹	鸟纲	隼形目	鹰科	鹗	474
	白鱔	硬骨鱼纲	鳗鲡目	鳗鲡科	鳗鲡	355
	白鱓	硬骨鱼纲	鳗鲡目	鳗鲡科	鳗鲡	355
	白鷴	鸟纲	鸡形目	雉科	白鹇	490
	白蠶	昆虫纲	鳞翅目	家蚕蛾科	桑螨	305
	白鷺	鸟纲	鹳形目	鹭科	大白鹭	445
	白鷺	鸟纲	鹳形目	鹭科	白鹭	446
	白鷺縗	鸟纲	鹳形目	鹭科	白鹭	446
	白鷳	鸟纲	鸡形目	雉科	白鹇	490
	白鷳鷴	鸟纲	鸡形目	雉科	白鹇	490
	白鱮	硬骨鱼纲	鲤形目	鲤科	鲢	369
	白鷹	鸟纲	隼形目	隼科	矛隼	475
	白鸛	鸟纲	鹳形目	鹳科		449
	白鸛	鸟纲	鹳形目	鹳科	白鹳	449
	白[illegible]	鸟纲	雀形目	鹟科	寿带[鸟]	582
	白鸛鵒	鸟纲	雀形目	椋鸟科	黑领椋鸟	561
半	半翅	鸟纲	鸽形目	沙鸡科	毛腿沙鸡	514
	半翅	鸟纲	鸡形目	雉科	斑翅山鹑	482
	半翅目	昆虫纲	半翅目			198
	半翅類	昆虫纲	半翅目			198
	半癡	鸟纲	鸽形目	沙鸡科	毛腿沙鸡	514
	半癡	鸟纲	鸡形目	雉科	斑翅山鹑	482
北	北斗魚	硬骨鱼纲	鲤形目	鲤科	墨头鱼	365
	北斗魚	硬骨鱼纲	鲈形目	鳢科	乌鳢	391
	北牛鶴	鸟纲	鸡形目	雉科	鹌鹑	483
	北牛鶴	鸟纲	鹤形目	三趾鹑科	黄脚三趾鹑	496
	北地鹿	兽纲	偶蹄目	鹿科	驯鹿	623
	北都	兽纲	食肉目	猫科	虎	614
	北喜鵲	鸟纲	雀形目	鸦科	喜鹊	569
	北翠	鸟纲	佛法僧目	翠鸟科		537
	北翠	鸟纲	佛法僧目	翠鸟科	普通翠鸟	538
包	包身蟲	昆虫纲	鞘翅目	负泥虫科	水稻负泥虫	246
	包蟲	绦虫纲	圆叶目	带科	细粒棘球绦虫	12

字头	古名	纲	目	科	现名	页码
必	必鳥	鸟纲	雀形目	鸦科	寒鸦	571
氷	氷蛆	昆虫纲	鳞翅目	蝙蝠蛾科		288
	氷蠶	昆虫纲	鳞翅目	蝙蝠蛾科		288
丙	丙穴魚	硬骨鱼纲	鲤形目	鲤科	多鳞白甲鱼	364
布	布母	鸟纲	雀形目	鶺鶺科	鶺鶺	577
	布蚶	双壳纲	蚶目	蚶科	泥蚶	55
	布穀	鸟纲	佛法僧目	戴胜科	戴胜	541
	布穀	鸟纲	鸽形目			513
	布穀	鸟纲	鹃形目	杜鹃科	四声杜鵑	527
	布穀	鸟纲	鹃形目	杜鹃科	鸦鹃	529
	布穀鳥	鸟纲	鹃形目	杜鹃科		521
	布穀鳥	鸟纲	鹃形目	杜鹃科	大杜鹃	528
	布穀鳥	鸟纲	雀形目	鶇科	虎斑地鸫	578
	布穀	鸟纲	鹃形目	杜鹃科		521
	布穀	鸟纲	鹃形目	杜鹃科	大杜鹃	528
斥	斥蠖	昆虫纲	鳞翅目	尺蛾科		306
	斥鷃	鸟纲	鸡形目	雉科	鹌鹑	485
出	出魯哥渾	鸟纲	雁形目	鸭科	小天鹅	459
打	打卦老	昆虫纲	鞘翅目	叩甲科		222
	打法哈	硬骨鱼纲	鲑形目	鲑科	大麻哈鱼	352
	打拳蛆	昆虫纲	双翅目	蚊科		255
	打拳蟲	昆虫纲	双翅目	蚊科		255
	打魚郎	鸟纲	佛法僧目	翠鸟科		537
	打魚鳥	鸟纲	佛法僧目	翠鸟科		537
	打魚翠	鸟纲	佛法僧目	翠鸟科		535
	打魚翠	鸟纲	佛法僧目	翠鸟科	蓝翡翠	539
	打穀鳥	鸟纲	鸻形目	鸻科	灰头麦鸡	506
	打蝈鳥	鸟纲	鸻形目	蛎鹬科	蛎鹬	504
	打羅蟲	昆虫纲	双翅目	寄蝇科		275
	打鐵爐	硬骨鱼纲	鲈形目	海鲫科	海鲫	384
叮	叮石臼	昆虫纲	双翅目	蚊科		255
冬	冬扈	鸟纲	雀形目	雀科	黑头蜡嘴雀	587
	冬雇	鸟纲	雀形目	雀科	黑头蜡嘴雀	586
	冬鳫	鸟纲	雀形目	雀科	黑头蜡嘴雀	587
	冬蟲夏草	昆虫纲	鳞翅目	蝙蝠蛾科	虫草蝠蛾	288
	冬蠶	昆虫纲	鳞翅目	家蚕蛾科	家蚕	300
弗	弗達雞	鸟纲	雀形目	椋鸟科	鹩哥	565
甘	甘(口)鼠	兽纲	啮齿目	鼠科	小家鼠	639
	甘鼎	爬行纲	龟鳖目	鳖科	鼋	411
	甘盤	头足纲	乌贼目	乌贼科		70
功	功曹	鸟纲	鸡形目	雉科	红腹角雉	488
古	古北區食蚜蠅	昆虫纲	双翅目	食蚜蝇科	古北食蚜蝇	269
瓜	瓜皮參	海参纲				340
	瓜參	海参纲	芋参目	尻参科	海地瓜	340
	瓜蠅	昆虫纲	鞘翅目	叶甲科	印度黄守瓜	247
禾	禾蟲	多毛纲	沙蚕目	沙蚕科	疣吻沙蚕	23
	禾雞	鸟纲	鹤形目	秧鸡科	普通秧鸡	501
加	加墨良	爬行纲	蜥蜴目	避役科		424
	加蟲	昆虫纲	鳞翅目	天蛾科		309
甲	甲虫	昆虫纲	鞘翅目			205
	甲蟗	昆虫纲	鞘翅目	吉丁虫科		220

字头	古名	纲	目	科	现名	页码
甲	甲拆翁	爬行纲	龟鳖目	鳖科	鳖	413
	甲香	腹足纲	新腹足目	蛾螺科	香螺	48
	甲魚	爬行纲	龟鳖目	鳖科	鳖	412
	甲殼類	甲壳纲				74
	甲頭魚	硬骨鱼纲	鲉形目	鲬科	大鳞鳞鲬	392
	甲蟲	昆虫纲	鞘翅目			205
	甲蟲	昆虫纲	鞘翅目	天牛科	桔褐天牛	245
	甲蟲	昆虫纲	鞘翅目	天牛科	膜花天牛	245
	甲蟲	昆虫纲	鞘翅目	龙虱科		209
	甲蟲	昆虫纲	鞘翅目	吉丁虫科		220
	甲蟲	昆虫纲	鞘翅目	吉丁虫科	红绿吉丁	221
	甲蟲	昆虫纲	鞘翅目	虎甲科		206
	甲蟲	昆虫纲	鞘翅目	虎甲科	虎甲	208
	甲蟲	昆虫纲	鞘翅目	金龟子科		214
	甲蟲	昆虫纲	鞘翅目	铁甲科		246
	甲蟲	昆虫纲	鞘翅目	铁甲科	金梳龟甲	247
	甲蟲	昆虫纲	革翅目			142
	甲蟲類	昆虫纲	鞘翅目			205
叫	叫天	鸟纲	雀形目	百灵科	云雀	546
	叫天子	鸟纲	雀形目	百灵科	云雀	546
	叫天兒	鸟纲	雀形目	百灵科	云雀	546
巨	巨蚑	昆虫纲	同翅目	蝉科		178
	巨白	寡毛纲				27
	巨斧	昆虫纲	螳螂目	螳螂科		138
	巨署	昆虫纲	蜉蝣目			109
	巨蚶	双壳纲	廉蛤目	砗磲科	大砗磲	64
	巨黑蟻	昆虫纲	膜翅目	蚁科	广布弓背蚁	335
	巨蟒	爬行纲	蜥蜴目	巨蜥科	圆鼻巨蜥	424
	巨擘	寡毛纲				27
	巨螳蟲	昆虫纲	半翅目	蝎蝽科	螳蝽	200
	巨螺	腹足纲	中腹足目	田螺科	螺蛳	46
可	可姑	鸟纲	鹃形目	杜鹃科	大杜鹃	528
	可憐蟲	昆虫纲	鞘翅目	叩甲科		222
叩	叩頭蟲	昆虫纲	鞘翅目	叩甲科		222
	叩頭蟲	昆虫纲	鞘翅目	叩甲科	沟叩甲	222
	叩頭蟲	昆虫纲	鞘翅目	叩甲科	梳爪叩甲	222
令	令	鸟纲	雀形目	鹡鸰科		549
	令斯	兽纲	食肉目	猫科	猞猁	612
末	末蛾	昆虫纲	鳞翅目	家蚕蛾科	家蚕	300
奴	奴角	兽纲	奇蹄目	犀科		619
	奴魚	硬骨鱼纲	鲤形目	鲤科	鳑鲏鱼	363
	奴履魚	硬骨鱼纲	鲽形目			393
	皮葫蘆	鸟纲	雁形目	鸭科	琵嘴鸭	463
	皮蟲	昆虫纲	鳞翅目	蓑蛾科		289
	皮蠅	昆虫纲	双翅目	皮蝇科	牛蝇	272
疋	疋	昆虫纲	蜻蜓目			113
	疋	昆虫纲	同翅目	蝉科		188
	疋鳥	鸟纲	雁形目	鸭科	鸳鸯	464
	疋鵾	鸟纲	雀形目	鸦科	寒鸦	571
平	平爐燕	鸟纲	雀形目	燕科	岩燕	547

字头	古名	纲	目	科	现名	页码
石	石鯽	硬骨鱼纲	鲤形目	鲤科	鲼	365
	石蟶	双壳纲	贻贝目	贻贝科	细尖石蛏	56
	石蟹	甲壳纲	短尾下目	溪蟹科		84
	石蟹	昆虫纲	直翅目	蝗科	短额负蝗	150
	石蠏	甲壳纲	短尾下目	菱蟹科	粗糙壳蚀菱蟹	83
	石蠏	甲壳纲	短尾下目	溪蟹科		84
	石鏡	钵水母纲	根口水母目	根口水母科	海蜇	7
	石鯪	兽纲	鳞甲目	鲮鲤科	鲮鲤	612
	石鯪魚	兽纲	鳞甲目	鲮鲤科	鲮鲤	612
	石礬魚	硬骨鱼纲	鲤形目	鲤科	光唇鱼	364
	石蠣	双壳纲	珍珠貝目	牡蛎科	香港巨牡蛎	62
	石蠣	软骨鱼纲	鲼形目	鹞鲼科	鹞鲼	345
	石鷄	鸟纲	鸡形目	雉科	石鸡	480
	石鰻	硬骨鱼纲	鳗鲡目	鳗鲡科	鳗鲡	355
	石鱉魚	多板纲	新有甲目	棘侧石鳖科	日本花棘石鳖	41
	石鱗	两栖纲	无尾目	蛙科	棘蛙	409
	石鱗魚	两栖纲	无尾目	蛙科	棘蛙	409
	石蠹	昆虫纲	毛翅目			280
	石蠹蟲	昆虫纲	毛翅目			280
	石蠹蠶	昆虫纲	毛翅目			280
	石蠶	昆虫纲	毛翅目			280
	石鼈	多板纲	新有甲目	毛肤（隐板）石鳖科	红条毛肤石鳖	41
	石鼈	多板纲	新有甲目	锉石鳖科	小笠原锉石鳖	41
	石鼈魚	多板纲	新有甲目	棘侧石鳖科	日本花棘石鳖	41
矢	矢丸	昆虫纲	鞘翅目	金龟子科		212
	矢甲	昆虫纲	鞘翅目	金龟子科		212
	矢殼蜋	昆虫纲	鞘翅目	金龟子科		212
	矢殼郎	昆虫纲	鞘翅目	金龟子科		217
司	司鳩	鸟纲	佛法僧目	戴胜科	戴胜	541
四	四十八段	爬行纲	蛇目	眼镜蛇科	银环蛇	429
	四不像	兽纲	偶蹄目	鹿科	驯鹿	622
	四出	昆虫纲	鳞翅目	家蚕蛾科	家蚕	300
	四出蠶	昆虫纲	鳞翅目	家蚕蛾科	家蚕	300
	四出蠺	昆虫纲	鳞翅目	家蚕蛾科	家蚕	300
	四目龜	爬行纲	龟鳖目	龟科	眼斑水龟	418
	四足魚	两栖纲	有尾目	隐鳃鲵科	大鲵	397
	四足魚	两栖纲	有尾目	蝾螈科	东方蝾螈	400
	四臥再生蠶	昆虫纲	鳞翅目	家蚕蛾科	家蚕	300
	四破魚	硬骨鱼纲	海鲢目	海鲢科	海鲢	348
	四眼龜	爬行纲	龟鳖目	龟科	眼斑水龟	418
	四喜鳥	鸟纲	雀形目	鹡鸰科		550
	四腮鱸	硬骨鱼纲	鲉形目	杜父鱼科	松江鲈	392
	四腳蛇	爬行纲	蜥蜴目	石龙子科		422
	四腳蛇	爬行纲	蜥蜴目	蜥蜴科	麻蜥	423
	四鰓魚	硬骨鱼纲	鲉形目	杜父鱼科	松江鲈	392
田	田中螺	腹足纲	中腹足目	田螺科	中国圆田螺	45
	田父	两栖纲	无尾目	蛙科	棘蛙	410

字头	古名	纲	目	科	现名	页码
田	田犬	两栖纲	无尾目	蛙科	虎纹蛙	410
	田青	腹足纲	中腹足目	田螺科	中国圆田螺	45
	田洞雞	鸟纲	鹤形目	秧鸡科	董鸡	502
	田蚌	双壳纲	蚌目	蚌科	背角无齿蚌	63
	田雀	鸟纲	雀形目	雀科	黄雀	585
	田瑟	硬骨鱼纲	鲶形目	胡鲶科	胡鲶	373
	田鼠	兽纲	啮齿目	仓鼠科		637
	田樁	鸟纲	鹳形目	鹭科	苍鹭	444
	田螺	腹足纲	中腹足目	田螺科	中国圆田螺	45
	田螺	腹足纲	中腹足目	田螺科	方形环棱螺	45
	田雞	鸟纲	鹤形目	秧鸡科	普通秧鸡	501
	田雞	两栖纲	无尾目	蛙科	黑斑侧褶蛙	408
	田鵬	鸟纲	鹏形目	杜鹏科		525
	田鵐	鸟纲	雀形目	雀科	田鹀	589
	田蠃	腹足纲	中腹足目	田螺科	中国圆田螺	45
	田蟹	甲壳纲	短尾下目	方蟹科	中华绒螯蟹	89
瓦	瓦屋	双壳纲	蚶目	蚶科		54
	瓦屋子	双壳纲	蚶目	蚶科		54
	瓦屋子	双壳纲	蚶目	蚶科	泥蚶	55
	瓦雀	鸟纲	雀形目	文鸟科	树麻雀	584
	瓦楞子	双壳纲	蚶目	蚶科		55
	瓦楞子	双壳纲	蚶目	蚶科	泥蚶	55
	瓦屚子	双壳纲	蚶目	蚶科		54
	瓦壟子	双壳纲	蚶目	蚶科		54
	瓦隴	双壳纲	蚶目	蚶科		54
仙	仙人掌	甲壳纲	茗荷目	指茗荷科	龟足	75
	仙子	鸟纲	鹤形目	鹤科		497
	仙子	鸟纲	鹤形目	鹤科	丹顶鹤	498
	仙姑	昆虫纲	直翅目	蝼蛄科		166
	仙蛄	昆虫纲	直翅目	蝼蛄科		166
	仙禽	鸟纲	鹤形目	鹤科		497
	仙禽	鸟纲	鹤形目	鹤科	丹顶鹤	498
	仙鼠	兽纲	翼手目			607
	仙鼠	兽纲	翼手目	蹄蝠科	大蹄蝠	609
	仙鼠	兽纲	翼手目	蝙蝠科	东亚伏翼	610
	仙鼠	兽纲	翼手目	蝙蝠科	彩蝠	610
	仙蝶	昆虫纲	鳞翅目			281
	仙蟲	昆虫纲	同翅目	蝉科		178
	仙蟹	甲壳纲	短尾下目	束腰蟹科		84
	仙蠏	甲壳纲	短尾下目	束腰蟹科		84
	仙鶴	鸟纲	鹤形目	鹤科		497
玄	玄狐	兽纲	食肉目	犬科	狐	616
	玄烏	鸟纲	雀形目	鸦科	白颈鸦	573
	玄針	两栖纲	无尾目			400
	玄鳥	鸟纲	雀形目	燕科		546
	玄鳥	鸟纲	雨燕目	雨燕科	普通楼燕	534
	玄鳥	鸟纲	雀形目	燕科	家燕	547
	玄蛇	爬行纲	蛇目	蟒科	蟒蛇	425
	玄魚	两栖纲	无尾目			400
	玄鶴	鸟纲	鹤形目	鹤科		497
	玄鶴	鸟纲	鹤形目	鹤科	灰鹤	497

字头	古名	纲	目	科	现名	页码
地	地蠶	昆虫纲	鞘翅目	金龟子科		212
	地蠶	昆虫纲	鞘翅目	鳃角金龟科		218
	地鼈	昆虫纲	蜚蠊目			123
丢	丢丸	昆虫纲	鞘翅目	金龟子科		213
多	多花子	鸟纲	雀形目	椋鸟科	黑翅椋鸟	562
	多足蟲	昆虫纲	革翅目			142
	多疣壁虎	爬行纲	蜥蜴目	壁虎科	无蹼壁虎	420
	多磅之螢	昆虫纲	鞘翅目	雌光萤科		232
耳	耳鼠	兽纲	啮齿目	松鼠科	鼯鼠亚科	629
伏	伏老	双壳纲	蚶目	蚶科		54
	伏念魚	硬骨鱼纲	鲈形目	塘鳢科	黄鲥	387
	伏翼	兽纲	翼手目			606
	伏翼	兽纲	翼手目	蹄蝠科	大蹄蝠	609
	伏翼	兽纲	翼手目	菊头蝠科	菊头蝠	609
	伏蟲	线虫动物门				15
	伏蟲	昆虫纲	同翅目	蚜科		197
光	光菌	鞭毛纲	腰鞭虫目	夜光虫科	夜光虫	2
	光參	海参纲				340
	光魚	鞭毛纲	腰鞭虫目	夜光虫科	夜光虫	2
	光棍掇鋤	鸟纲	鹃形目	杜鹃科	四声杜鹃	527
	光蟲	鞭毛纲	腰鞭虫目	夜光虫科	夜光虫	2
好	好勝蟲	昆虫纲	直翅目	蟋蟀科		157
夻	夻魚	硬骨鱼纲	鳕形目	鳕科	大头鳕	376
灰	灰地扁	爬行纲	蛇目	蝰科	短尾蝮	431
	灰色洋鴿	鸟纲	鴿形目	鸠鸽科	灰林鸽	516
	灰色洋鸚哥	鸟纲	鸚形目	鹦鹉科	灰色洋鹦哥	521
	灰伯勞	鸟纲	雀形目	伯劳科	灰伯劳	554
	灰花鵝	昆虫纲	同翅目	樗鸡科	樗鸡	196
	灰兒	鸟纲	雀形目	雀科	锡嘴雀	589
	灰花蛾	昆虫纲	同翅目	樗鸡科	樗鸡	196
	灰兒蠶	昆虫纲	鳞翅目	家蚕蛾科	家蚕	300
	灰蚊	昆虫纲	双翅目	蚊科		259
	灰蛇	爬行纲	蛇目	游蛇科	灰鼠蛇	428
	灰斑鳩	鸟纲	鴿形目	鸠鸽科	灰斑鸠	517
	灰喜鵲	鸟纲	雀形目	鸦科	灰喜鹊	567
	灰雁	鸟纲	雁形目	鸭科	灰雁	458
	灰鼠	兽纲	啮齿目	松鼠科	普通松鼠	628
	灰頭鴴	鸟纲	鸻形目	鸻科	灰头麦鸡	506
	灰鶴	鸟纲	鸛形目	鹳科		448
	灰鶴	鸟纲	鹤形目	鹤科	灰鹤	498
	灰鱉	昆虫纲	蜚蠊目			123
回	回魚	硬骨鱼纲	鲀形目	鲀科	东方鲀	396
	回頭烏	硬骨鱼纲	鲻形目	鲻科	鲻	378
肌	肌求	昆虫纲	革翅目			142
	肌蛷	昆虫纲	革翅目			142
吉	吉丁	昆虫纲	鞘翅目	吉丁虫科	红绿吉丁	221
	吉丁	昆虫纲	鞘翅目	铁甲科		246
	吉丁虿	昆虫纲	鞘翅目	吉丁虫科		220
	吉丁蟲	昆虫纲	鞘翅目	叶甲科	蓝翅瓢萤叶甲	249

字头	古名	纲	目	科	现名	页码
吉	吉丁蟲	昆虫纲	鞘翅目	吉丁虫科		220
	吉丁蟲	昆虫纲	鞘翅目	吉丁虫科	红绿吉丁	221
	吉了	鸟纲	雀形目	椋鸟科	鹩哥	564
	吉了鳥	鸟纲	雀形目	椋鸟科	鹩哥	564
	吉度蛇	爬行纲	蜥蜴目	鬣蜥科	变色树蜥	419
	吉祥鳥	鸟纲	雀形目	文鸟科	斑文鸟	585
	吉蕒	双壳纲	珍珠贝目	牡蛎科		61
	吉厥	昆虫纲	双翅目	蚊科		255
	吉鬣	硬骨鱼纲	鲈形目	鲷科	真鲷	383
尖	尖尾	昆虫纲	膜翅目	蚁科	螯蚁	335
	尖尾羅纹鴨	鸟纲	雁形目	鸭科	针尾鸭	462
	尖翅老殼青	昆虫纲	直翅目	蟋蟀科		157
	尖馬蟻	昆虫纲	膜翅目	蚁科	火蚁	336
	尖鉤粉蝶	昆虫纲	鳞翅目	粉蝶科	钩粉蝶	314
	尖嘴蛤	两栖纲	无尾目	蛙科	镇海林蛙	408
江	江犬	硬骨鱼纲	鲈形目	弹涂鱼科	大弹涂鱼	389
	江狆	兽纲	鲸目	鼠海豚科	江豚	626
	江蚌	双壳纲	蚌目	蚌科	佛耳丽蚌	63
	江桡	海豆芽纲	海豆芽目	海豆芽科	海豆芽	337
	江珧	双壳纲	贻贝目	江珧科		58
	江珧柱	双壳纲	贻贝目	江珧科		58
	江珧柱	双壳纲	贻贝目	江珧科	栉江珧	58
	江豚	兽纲	鲸目	鼠海豚科	江豚	625
	江魚	硬骨鱼纲	鲈形目	石首鱼科	大黄鱼	382
	江魚	硬骨鱼纲	鲱形目	鳀科	江口小公鱼	351
	江猪	兽纲	鲸目	鼠海豚科	江豚	626
	江鲇	硬骨鱼纲	鲻形目	鲻科	棱鲅	378
	江瑤	双壳纲	贻贝目	江珧科		58
	江瑤柱	双壳纲	贻贝目	江珧科		58
	江蜇	钵水母纲	根口水母目	根口水母科	海蜇	8
	江察和爾亥	昆虫纲	鞘翅目	芫菁科		236
	江綠	双壳纲	蚶目	蚶科	青蚶	55
	江鲀	兽纲	鲸目	鼠海豚科	江豚	626
	江豬	兽纲	鲸目	鼠海豚科	江豚	626
	江鶩	鸟纲	鸥形目	鸥科	红嘴鸥	508
	江雞	昆虫纲	蜻蜓目			114
	江鯉	硬骨鱼纲	鲤形目	鲤科	鲤	368
	江蟯	海豆芽纲	海豆芽目	海豆芽科	海豆芽	337
	江蟹	甲壳纲	短尾下目	方蟹科	中华绒螯蟹	89
	江蠏	甲壳纲	短尾下目	方蟹科	中华绒螯蟹	89
	江獺	兽纲	食肉目	鼬科	水獭	617
	江鰩	软骨鱼纲	鲼形目	魟科	赤魟	344
	江鷄	昆虫纲	蜻蜓目			114
	江鰻鱺	硬骨鱼纲	鳗鲡目	鳗鲡科	鳗鲡	355
	江鷗	鸟纲	鸥形目	鸥科		509
	江鷗	鸟纲	鸥形目	鸥科	红嘴鸥	509
	江鷗	鸟纲	鸥形目	鸥科	银鸥	509
	江鱸	硬骨鱼纲	鲈形目	鮨科	花鲈	380

字头	古名	纲	目	科	现名	页码
吐	吐錦	鸟纲	鸡形目	雉科	红腹锦鸡金鸡	494
	吐錦雞	鸟纲	鸡形目	雉科	红腹锦鸡金鸡	495
	吐錦雞	鸟纲	鸡形目	雉科	红腹角雉	487
	吐鐵	腹足纲	头楯目	阿地螺科	泥螺	49
托	托氏兔	兽纲	兔形目	兔科	草兔	603
	托白者	鸟纲	雀形目	鹟科	寿带[鸟]	583
	托胎蟲	腹足纲	柄眼目	蜗牛科		50
	托胎蟲	腹足纲	柄眼目	蛞蝓科	野蛞蝓	52
汙	汙	昆虫纲	双翅目	摇蚊科		264
	汙澤	鸟纲	鹈形目	鹈鹕科		439
	汙臀蒼蠅	昆虫纲	双翅目	蝇科		270
西	西方獸	兽纲	食肉目	猫科	虎	614
	西施舌	双壳纲	廉蛤目	蛤蜊科	西施舌	64
	西施乳	双壳纲	珍珠贝目	牡蛎科		61
	西施乳	双壳纲	廉蛤目	蛤蜊科	西施舌	65
	西施乳	硬骨鱼纲	鲀形目	鲀科	东方鲀	396
	西倫	兽纲	食肉目	猫科	猞猁	613
	西網	硬骨鱼纲	鲤形目	鳅科	横纹条鳅	370
	西寧白	鸟纲	雀形目	雀科	粉红腹岭雀	585
	西綠鸚哥	鸟纲	鹦形目	鹦鹉科	红领绿鹦鹉	519
血	血蜱屬	蛛形纲	蜱螨目	硬蜱科	血蜱	103
	血鰻	硬骨鱼纲	鳗鲡目	蛇鳗科	大鳍蛇鳗	356
	血鱔	硬骨鱼纲	鳗鲡目	蛇鳗科	大鳍蛇鳗	356
先	先顧鳥	鸟纲	佛法僧目	犀鸟科	冠斑犀鸟	543
	先蠶	昆虫纲	鳞翅目	家蚕蛾科	家蚕	300
	先蠶	昆虫纲	鳞翅目	家蚕蛾科	家蚕	300
行	行不得也哥哥	鸟纲	鸡形目	雉科	中华鹧鸪	482
	行夜	昆虫纲	蜚蠊目			123
	行夜	昆虫纲	鞘翅目	步甲科	行夜	208
	行扈	鸟纲	雀形目	雀科	黑头蜡嘴雀	588
	行雇	鸟纲	雀形目	雀科	黑头蜡嘴雀	588
	行鳸	鸟纲	雀形目	雀科	黑头蜡嘴雀	588
朽	朽蠹	昆虫纲	鞘翅目	锹甲科		210
羊	羊	昆虫纲	双翅目	丽蝇科		272
	羊	昆虫纲	双翅目	蝇科		270
	羊七	昆虫纲	螳螂目	螳螂科		138
	羊甲	昆虫纲	鞘翅目	天牛科		240
	羊肚石	珊瑚虫纲	石珊瑚目	蜂巢珊瑚科	菊花珊瑚	9
	羊肝蛭	吸虫纲	复殖目	片形科	肝片吸虫	11
	羊鸨	鸟纲	鹤形目	鸨科	大鸨	504
	羊類	兽纲	偶蹄目	牛科	牦牛	623
扬	扬痢子	昆虫纲	鳞翅目			288
衣	衣虱	昆虫纲	虱目	虱科		175
	衣書中白魚	昆虫纲	衣鱼目			106
	衣書中白蟲	昆虫纲	衣鱼目			106
	衣書中蟲	昆虫纲	衣鱼目			106
	衣書中蠹	昆虫纲	衣鱼目			106
	衣書中蠹蟲	昆虫纲	衣鱼目			107
	衣書蠹	昆虫纲	衣鱼目			107

字头	古名	纲	目	科	现名	页码
衣	衣魚	昆虫纲	衣鱼目			107
	衣魚	昆虫纲	衣鱼目	衣鱼科	多毛栉衣鱼	109
伊	伊拉又什牡力	昆虫纲	双翅目	蝇科		271
	伊威	甲壳纲	等足目	鼠妇科		77
	伊思哈	鸟纲	雀形目	鸦科	松鸦	565
	伊格利那	鞭毛纲	眼虫目	眼虫科	眼虫	2
	伊勒必斯	兽纲	食肉目	猫科	豹	614
	伊爾畢斯	兽纲	食肉目	猫科	豹	614
	伊蝛	昆虫纲	蜚蠊目			128
夷	夷由	兽纲	啮齿目	松鼠科	鼯鼠亚科	629
	夷冒	昆虫纲	螳螂目	螳螂科		138
	夷蚰	兽纲	啮齿目	松鼠科	鼯鼠亚科	630
有	有孔蟲	肉足纲				2
	有孔類	肉足纲	有孔目			3
	有孔類	肉足纲	有孔目	玫瑰虫科	饰纹玫瑰虫	3
	有火蟲	昆虫纲	鞘翅目	萤科		223
	有吻類	昆虫纲	半翅目			198
	有吻類	昆虫纲	半翅目	松藻虫科		202
	有吻類	昆虫纲	半翅目	蝎蝽科		200
	有吻類	昆虫纲	同翅目			177
	有吻類	昆虫纲	同翅目	蚜科		197
	有吻類	昆虫纲	虱目			173
	有吻類	昆虫纲	鞘翅目	象虫科		249
	有呼	鸟纲	雀形目	鵯鶲科	鵯鶲	577
	有刺有毒類	昆虫纲	鳞翅目	透翅蛾科	杨大透翅蛾	288
	有鉤絛蟲	绦虫纲	圆叶目	带科	猪带绦虫	12
	有須山鶉	鸟纲	鸡形目	雉科	斑翅山鹑	482
	有蹄類	兽纲	奇蹄目			618
	有蹄類	兽纲	偶蹄目			620
羽	羽陵蠹	昆虫纲	衣鱼目			107
再	再蠶	昆虫纲	鳞翅目	家蚕蛾科	家蚕	300
早	早秋	鸟纲	鸡形目	雉科	鹌鹑	485
	早裙	鸟纲	鹳形目	鹳科		448
吒	吒咟	昆虫纲	直翅目	蝗科		145
芝	芝麻蟲	昆虫纲	鳞翅目	螟蛾科		294
至	至掌	蛭纲				32
	至掌	蛭纲	无吻蛭目	医蛭科	菲牛蛭	36
仲	仲明魚	硬骨鱼纲	鲟形目	匙吻鲟科	白鲟	348
舟	舟蝛	甲壳纲	等足目	海蟑螂科	海蟑螂	77
朱	朱子房	腹足纲	原始腹足目	鲍科		44
	朱衣鳥	鸟纲	雀形目	山椒鸟科	长尾山椒鸟	551
	朱頂大啄木	鸟纲	鴷形目	啄木鸟科	黑啄木	545
	朱蚶	双壳纲	蚶目	蚶科	毛蚶	55
	朱鳥	鸟纲	雁形目	鸭科	雁族	457
	朱鳥	鸟纲	雀形目	燕科	家燕	548
	朱雀	鸟纲	雀形目	雀科	北朱雀	586
	朱魚	硬骨鱼纲	鲤形目	鲤科	金鱼	369
	朱厭	兽纲	灵长目	猴科	白头叶猴	596
	朱鴈	鸟纲	雁形目	鸭科	赤麻鸭	461
	朱蟻	昆虫纲	膜翅目	蚁科		330

字头	古名	纲	目	科	现名	页码
赤	赤翅蜂	昆虫纲	膜翅目	蛛蜂科	黄边玳瑁	327
	赤條蜂	昆虫纲	膜翅目	蛛蜂科	黄边玳瑁	328
	赤麻鴨	鸟纲	雁形目	鸭科	赤麻鸭	461
	赤鳥	鸟纲	鹃形目	杜鹃科	鸦鹃	529
	赤雪	鞭毛纲	团鞭虫目	红球虫科	雨生红球虫	2
	赤魚	硬骨鱼纲	鲶形目	海鲶科	海鲶	375
	赤眼	硬骨鱼纲	鲤形目	鲤科	赤眼鳟	358
	赤眼魚	硬骨鱼纲	鲤形目	鲤科	赤眼鳟	358
	赤眼鱒	硬骨鱼纲	鲤形目	鲤科	赤眼鳟	358
	赤蛅蟖	昆虫纲	鳞翅目	灯蛾科	望灯蛾	311
	赤稍魚	硬骨鱼纲	鲤形目	鲤科	拟赤稍鱼	358
	赤絮蟻	昆虫纲	同翅目	紫胶虫科	紫胶虫	197
	赤猨	兽纲	灵长目	长臂猿科	长臂猿	597
	赤腳	甲壳纲	短尾下目	沙蟹科	弧边招潮	86
	赤楝蛇	爬行纲	蛇目	游蛇科	赤链蛇	427
	赤蜆	双壳纲	廉蛤目	樱蛤科	亮樱蛤	65
	赤腰蜂	昆虫纲	膜翅目	胡蜂科		321
	赤腰蜂	昆虫纲	膜翅目	蛛蜂科		327
	赤腰蟻	昆虫纲	膜翅目	蚁科	小黄家蚁	335
	赤雉	鸟纲	鸡形目	雉科	红腹锦鸡金鸡	493
	赤觜烏	鸟纲	雀形目	鸦科	红嘴山鸦	569
	赤裴	鸟纲	鸽形目	鸠鸽科	火斑鸠	518
	赤駁	昆虫纲	等翅目			131
	赤駁	昆虫纲	膜翅目	蚁科		330
	赤蝶	昆虫纲	鳞翅目			281
	赤膠	昆虫纲	同翅目	紫胶虫科	紫胶虫	197
	赤練蛇	爬行纲	蛇目	游蛇科	赤链蛇	427
	赤鴈	鸟纲	雁形目	鸭科	雁族	458
	赤鴈	鸟纲	雁形目	鸭科	赤麻鸭	461
	赤頰	鸟纲	鹤形目	鹤科	白枕鹤	499
	赤駮	昆虫纲	等翅目			131
	赤駮	昆虫纲	膜翅目	蚁科		330
	赤蟅	爬行纲	蛇目	游蛇科	赤链蛇	427
	赤頭	昆虫纲	鞘翅目	芫菁科		234
	赤頭	昆虫纲	鞘翅目	芫菁科	红头芫菁	237
	赤頭	昆虫纲	鞘翅目	芫菁科	纹缘芫菁	238
	赤頭	昆虫纲	鞘翅目	芫菁科	绿芫菁	238
	赤螘	昆虫纲	膜翅目	蚁科		330
	赤嘴	鸟纲	雀形目	鸦科	红嘴山鸦	569
	赤嘴烏	鸟纲	雀形目	鸦科	红嘴山鸦	569
	赤嘴烏	鸟纲	雀形目	鸦科	红嘴蓝鹊	567
	赤鮭	硬骨鱼纲	鲀形目	鲀科	东方鲀	396
	赤蟲	吸虫纲	复殖目	片形科	布氏姜片虫	11
	赤蟲	昆虫纲	双翅目	摇蚊科		264
	赤鶂	鸟纲	鹤形目	鹤科	白枕鹤	499
	赤鯉	硬骨鱼纲	鲤形目	鲤科	鲤	367
	赤鯉魚	硬骨鱼纲	鲤形目	鲤科	大头鲤	367
	赤鬃	硬骨鱼纲	鲈形目	鲷科	黄鲷	383
	赤蟻	昆虫纲	膜翅目	蚁科		330
	赤蟻	昆虫纲	膜翅目	蚁科	双节行军蚁	335

字头	古名	纲	目	科	现名	页码
赤	赤鯮	硬骨鱼纲	鲈形目	鲷科	黄鲷	383
	赤鱓	硬骨鱼纲	鲤形目	鲤科	鲤	367
	赤鷃	鸟纲	雀形目	山椒鸟科	长尾山椒鸟	551
	赤鷩	鸟纲	鸡形目	雉科	红腹锦鸡金鸡	493
	赤鱗魚	硬骨鱼纲	鲈形目	鳗鰕虎鱼科	孔鰕虎鱼	390
	赤驥	硬骨鱼纲	鲤形目	鲤科	鲤	367
	赤鸛	鸟纲	鹳形目	鹳科	白头鹮鹳	449
虫	虫部	昆虫纲				105
	虫蚀	昆虫纲				105
串	串柳兒	鸟纲	雀形目	鹟科	暗绿柳莺	585
吹	吹沙	硬骨鱼纲	鲈形目	鰕虎鱼科	子陵鰕虎鱼	388
	吹吐魚	硬骨鱼纲	鲀形目	鲀科	东方鲀	395
	吹沙魚	硬骨鱼纲	鲈形目	鰕虎鱼科	子陵吻鰕虎鱼	388
	吹鯊	硬骨鱼纲	鲈形目	鰕虎鱼科	子陵鰕虎鱼	389
盯	盯蛵	昆虫纲	蜻蜓目			114
豆	豆角魚	硬骨鱼纲	鲤形目	鳅科	中华花鳅	370
	豆花蜻蜓	昆虫纲	蜻蜓目	春蜓科	箭蜓	122
	豆粉蝶	昆虫纲	鳞翅目	粉蝶科	豆粉蝶	314
	豆娘	昆虫纲	均翅亚目			122
	豆象	昆虫纲	鞘翅目	象虫科	大豆高隆象	251
	豆雁	鸟纲	雁形目	鸭科	豆雁	458
	豆蟲	昆虫纲	鞘翅目	芫菁科		234
	豆蠹	昆虫纲	鞘翅目	象虫科	绿豆象	249
杜	杜父魚	硬骨鱼纲	鲈形目	塘鳢科	黄鲥	387
	杜白	蛛形纲	蝎目	钳蝎科		102
	杜宇	鸟纲	鹃形目	杜鹃科		524
	杜伯	蛛形纲	蝎目	钳蝎科		102
	杜狗	昆虫纲	直翅目	蝼蛄科		166
	杜哺魚	硬骨鱼纲	鲈形目	塘鳢科	黄鲥	388
	杜格	昆虫纲	直翅目	蝼蛄科		167
	杜蛒	昆虫纲	双翅目			253
	杜蛒	昆虫纲	直翅目	蝼蛄科		167
	杜龍	昆虫纲	鞘翅目	芫菁科		234
	杜龍	昆虫纲	鞘翅目	芫菁科	圆胸地胆	238
	杜鵑	鸟纲	鹃形目	杜鹃科		524
	杜鵑	鸟纲	鹃形目	杜鹃科	四声杜鹃	527
	杜鵑	鸟纲	鹃形目	杜鹃科	鸦鹃	528
肚	肚癥蟲	昆虫纲	鞘翅目			205
吠	吠蛤	两栖纲	无尾目	蛙科	中国林蛙	407
佛	佛子	昆虫纲	双翅目	蚊科		255
	佛手蚶	甲壳纲	茗荷目	指茗荷科	龟足	75
	佛瓜	甲壳纲	茗荷目	指茗荷科	龟足	75
	佛羊蚶	腹足纲	原始腹足目	鲍科		44
	佛退	昆虫纲	鳞翅目	家蚕蛾科	家蚕	300
	佛鳥	鸟纲	鹃形目	杜鹃科	噪鹃	528
芙	芙蓉蟲	甲壳纲	贝甲目	蚌虫科		74
	芙蓉鷗	鸟纲	鸥形目	鸥科	粉红燕鸥	509
扶	扶老	鸟纲	隼形目	鹰科	白尾鹞	472
	扶老	鸟纲	鹳形目	鹳科	秃鹳	450

字头	古名	纲	目	科	现名	页码
弄	弄丸	昆虫纲	鞘翅目	金龟子科	神农洁蜣螂	217
努	努克鴉克	鸟纲	佛法僧目	犀鸟科	冠斑犀鸟	543
批	批頰鳥	鸟纲	雀形目	卷尾科	黑卷尾	561
	批頰鵶	鸟纲	雀形目	卷尾科	黑卷尾	561
岐	岐腸蛭	涡虫纲	三肠目			10
芊	芊芊	昆虫纲	螳螂目	螳螂科		138
沁	沁達罕	兽纲	兔形目	兔科	雪兔	603
妊	妊絲蟲	昆虫纲	鳞翅目	家蚕蛾科	家蚕	300
沙	沙土鼠	兽纲	啮齿目	鼠科	子午沙鼠	639
	沙丸	甲壳纲	短尾下目	沙蟹科	股窗蟹	86
	沙半斤	鸟纲	鸽形目	沙鸡科	毛腿沙鸡	515
	沙狗	甲壳纲	短尾下目	沙蟹科	沙蟹	85
	沙和尚	爬行纲	蜥蜴目	鬣蜥科	草原沙蜥	419
	沙虎	甲壳纲	短尾下目	沙蟹科	沙蟹	85
	沙虱	昆虫纲	半翅目	田鳖科		200
	沙俘	昆虫纲	脉翅目	蚁蛉科		204
	沙背羅紋鴨	鸟纲	雁形目	鸭科	红头潜鸭	464
	沙虹	甲壳纲	十足目			78
	沙挼	昆虫纲	脉翅目	蚁蛉科		204
	沙蚊	昆虫纲	双翅目	蚊科		258
	沙屑	海豆芽纲	海豆芽目	海豆芽科	海豆芽	337
	沙珧	双壳纲	贻贝目	江珧科		58
	沙馬蟹	甲壳纲	短尾下目	沙蟹科	沙蟹	85
	沙婆蠣	双壳纲	贻贝目	贻贝科		56
	沙梭	硬骨鱼纲	灯笼鱼目	狗母鱼科		354
	沙魚	软骨鱼纲				342
	沙魚	软骨鱼纲	扁鲨目	扁鲨科	日本扁鲨	343
	沙魚	软骨鱼纲	锯鳐目	锯鳐科	尖齿锯鳐	344
	沙蛤	双壳纲	廉蛤目	蛤蜊科	平蛤蜊	65
	沙蛤	双壳纲	廉蛤目	蛤蜊科	西施舌	64
	沙蛤	双壳纲	廉蛤目	廉蛤科	菲律宾蛤仔	68
	沙鈎	甲壳纲	短尾下目	沙蟹科	沙蟹	85
	沙黃	昆虫纲	直翅目	蟋蟀科		157
	沙溜兒	鸟纲	鸻形目	鹬科	白腰草鹬	507
	沙溝魚	硬骨鱼纲	鲈形目	鰕虎鱼科	子陵吻鰕虎鱼	389
	沙蜂	昆虫纲	膜翅目	马蜂科		326
	沙蜂	昆虫纲	膜翅目	马蜂科	胡马蜂	327
	沙裹勾	甲壳纲	短尾下目	沙蟹科	沙蟹	85
	沙裹狗	甲壳纲	短尾下目	沙蟹科	沙蟹	85
	沙裹鈎	甲壳纲	短尾下目	沙蟹科	沙蟹	85
	沙裡鈎	甲壳纲	短尾下目	沙蟹科	沙蟹	85
	沙裹鉤	甲壳纲	短尾下目	沙蟹科	沙蟹	85
	沙鉤	甲壳纲	短尾下目	沙蟹科	沙蟹	85
	沙蒜	螠纲	螠目	螠科	绛体管口螠	40
	沙雉	鸟纲	鸽形目	沙鸡科	毛腿沙鸡	515
	沙鶉	鸟纲	雁形目	鸭科	雁族	458
	沙瑤	双壳纲	贻贝目	江珧科		58
	沙箸	螠纲	螠目	螠科	绛体管口螠	40
	沙蜣	昆虫纲	鞘翅目	虎甲科		206
	沙蜯	昆虫纲	毛翅目			280

字头	古名	纲	目	科	现名	页码
沙	沙噀	海参纲				339
	沙噀	革囊星虫纲	革囊星虫目	革囊星虫科	安岛反体星虫	39
	沙噀	螠纲	螠目	螠科	绛体管口螠	40
	沙箭	双壳纲	贻贝目	贻贝科		56
	沙蝦	甲壳纲	十足目	对虾科	沙栖新对虾	79
	沙蝨	双壳纲	廉蛤目	廉蛤科	日本镜蛤	67
	沙蝨	昆虫纲	半翅目	田鳖科		200
	沙蝨	昆虫纲	脉翅目	蚁蛉科		204
	沙蝨	昆虫纲	脉翅目	蚁蛉科	穴蚁蛉	205
	沙蝨	吸虫纲	复殖目	裂体科	日本血吸虫	12
	沙蚃	昆虫纲	毛翅目			280
	沙嘴	硬骨鱼纲	鲤形目	鲤科	北方铜鱼	366
	沙嘴魚	硬骨鱼纲	鲤形目	鲤科	北方铜鱼	366
	沙燕	鸟纲	雀形目	燕科	沙燕	547
	沙鮀	硬骨鱼纲	鲈形目	鰕虎鱼科	子陵吻鰕虎鱼	389
	沙鴴	鸟纲	鸻形目	鸻科	鸻	506
	沙螽	昆虫纲	直翅目	螽斯科		151
	沙蟲	多毛纲	沙蚕目	沙蚕科		22
	沙蟲	多毛纲	沙蚕目	沙蚕科	沙蠶	22
	沙蟲	昆虫纲	双翅目	蚊科		255
	沙蟲	昆虫纲	双翅目	摇蚊科		264
	沙雞	鸟纲	鸽形目	沙鸡科	毛腿沙鸡	515
	沙雞母	昆虫纲	脉翅目	蚁蛉科		204
	沙蟹	甲壳纲	短尾下目	沙蟹科	沙蟹	85
	沙鷄	鸟纲	鸽形目	沙鸡科	毛腿沙鸡	514
	沙蝨	昆虫纲	毛翅目			280
	沙攤	爬行纲	蜥蜴目	鬣蜥科	蜡皮蜥	419
	沙鰍	硬骨鱼纲	鲤形目	鳅科	沙鳅	370
	沙鰍	爬行纲	蜥蜴目	鬣蜥科	蜡皮蜥	419
	沙鰌	硬骨鱼纲	鲤形目	鳅科	沙鳅	370
	沙鰮	硬骨鱼纲	鲈形目	鰕虎鱼科	子陵吻鰕虎鱼	389
	沙鱓	爬行纲	蜥蜴目	鬣蜥科	蜡皮蜥	419
	沙蠶	多毛纲	沙蚕目	沙蚕科		22
	沙蠶	多毛纲	沙蚕目	沙蚕科	双齿围沙蚕	23
	沙蠶	多毛纲	沙蚕目	沙蚕科	沙蠶	22
	沙蠶	方格星虫纲	方格星虫目	管体星虫科	裸体方格星虫	39
	沙鑽	硬骨鱼纲	鲤形目	鳅科	横纹条鳅	370
	沙鑽蟹	甲壳纲	短尾下目	玉蟹科	栗壳蟹	83
杉	杉雞	鸟纲	鸡形目	雉科	黄腹角雉	488
身	身虱	昆虫纲	虱目	虱科	体虱	176
	身蝨	昆虫纲	虱目	虱科	体虱	176
豕	豕虱	昆虫纲	虱目	血虱科	猪血虱	175
投	投機	昆虫纲	直翅目	螽斯科		151
	投機	昆虫纲	直翅目	蟋蟀科		158
秃	秃秋	鸟纲	鹳形目	鹳科	秃鹳	451
	秃秋	鸟纲	隼形目	鹰科	白尾鹞	472
	秃鼻烏鴉	鸟纲	雀形目	鸦科	秃鼻乌鸦	570

字头	古名	纲	目	科	现名	页码
秃	秃頭鷹	鸟纲	隼形目	鹰科	玉带海鵰	471
	秃鷲	鸟纲	鹈形目	鹈鹕科		439
	秃鶖	鸟纲	鹳形目	鹳科	秃鹳	451
	秃鵚	鸟纲	鹳形目	鹳科	秃鹳	451
	秃鶬	鸟纲	鹳形目	鹳科	秃鹳	452
	秃鷹	鸟纲	隼形目	鹰科	大鵟	471
佗	佗負蟲	昆虫纲	直翅目	蟋螽科	庭疾灶螽	156
汪	汪茅鴟	鸟纲	鸮形目	鸱鸮科		529
尾	尾岐	昆虫纲	衣鱼目			109
	尾足濕蟲	昆虫纲	弹尾目	鳞䖴科		106
吳	吳公	唇足纲	蜈蚣目	蜈蚣科		91
	吳蚣	唇足纲	蜈蚣目	蜈蚣科	少棘蜈蚣	91
吸	吸盤魚	硬骨鱼纲	鲈形目	鲫科	鲫	392
	吸蟲類	吸虫纲				11
希	希利那蛾	昆虫纲	鳞翅目	眼蝶科	黄环链眼蝶	313
	希哩古力濟	昆虫纲	膜翅目	蚁科		334
孝	孝烏	鸟纲	雀形目	鸦科	白颈鸦	573
	孝烏	鸟纲	雀形目	鸦科	寒鸦	572
	孝鳥	鸟纲	鸡形目	雉科	红腹角雉	488
	孝獸	兽纲	灵长目	猴科	黔仰鼻猴	596
呀	呀克薩拉罕	鸟纲	鸻形目	鹬科	大沙锥	507
妍	妍	昆虫纲	鞘翅目	萤科		225
旲	旲青	昆虫纲	鞘翅目	芫菁科		234
役	役鳩	鸟纲	鸽形目			511
吟	吟蛩	昆虫纲	直翅目	蟋蟀科		158
	吟蛩	昆虫纲	直翅目	蟋蟀科		158
芫	芫青	昆虫纲	鞘翅目	芫菁科		234
	芫青	昆虫纲	鞘翅目	芫菁科	圆胸地胆	239
	芫青	昆虫纲	鞘翅目	芫菁科	眼斑芫菁	239
	芫青	昆虫纲	鞘翅目	芫菁科	绿芫菁	238
	芫菁	昆虫纲	鞘翅目	芫菁科	纹缘芫菁	238
	芫菁	昆虫纲	鞘翅目	芫菁科		234
	芫蜻	昆虫纲	鞘翅目	芫菁科		234
	芫蜻	昆虫纲	鞘翅目	芫菁科	绿芫菁	238
灶	灶馬	昆虫纲	直翅目	螽斯科		154
	灶雞	昆虫纲	直翅目	螽斯科		155
皁	皁牛	昆虫纲	鞘翅目	犀金龟科	蒙瘤犀金龟	218
皂	皂包頭	硬骨鱼纲	鲤形目	鲤科	鳙	370
	皂君	鸟纲	鹳形目	鹳科		448
	皂君	鸟纲	鹳形目	鹳科	东方白鹳	450
	皂兒	鸟纲	雀形目	雀科	黑尾蜡嘴雀	589
	皂帔	鸟纲	鹳形目	鹳科		449
	皂帔	鸟纲	鹳形目	鹳科	东方白鹳	450
	皂裙	鸟纲	鹳形目	鹳科		448
	皂裙	鸟纲	鹳形目	鹳科	东方白鹳	450
	皂雕	鸟纲	隼形目	鹰科		468
	皂鵰	鸟纲	隼形目	鹰科		468
	皂鵰	鸟纲	隼形目	鹰科	秃鹫	471
	皂鰱	硬骨鱼纲	鲤形目	鲤科	鳙	370
	皂鶴	鸟纲	鹤形目	鹤科	白头鹤	498
	皂鶴	鸟纲	鹤形目	鹤科	灰鹤	497

字头	古名	纲	目	科	现名	页码
折	折船釘	硬骨鱼纲	鲤形目	鲤科	蛇鮈	366
豸	豸	昆虫纲				104
	豸属	昆虫纲				104
	豸魚	硬骨鱼纲	鲈形目	鮨科	花鲈	380
走	走者	昆虫纲				106
坐	坐魚	两栖纲	无尾目	蛙科		407
	坐魚	两栖纲	无尾目	蛙科	棘蛙	410
	坐魚	两栖纲	无尾目	蛙科	黑斑侧褶蛙	408
	八画					
阿	阿公阿婆	鸟纲	鹃形目	杜鹃科		526
	阿巴兒忽魚	硬骨鱼纲	鲟形目	鲟科	中华鲟	346
	阿巴兒魚	硬骨鱼纲	鲟形目	鲟科	鳇	347
	阿米巴	肉足纲				2
	阿米罷	肉足纲	变形目	变形科	大变形虫	2
	阿肯素美勒	肉足纲	放射目	等棘虫科		3
	阿金魚	硬骨鱼纲	鲟形目	鲟科	鳇	347
	阿浪魚	硬骨鱼纲	鲈形目	鰕虎鱼科	子陵吻鰕虎鱼	389
	阿迷罷蟲	肉足纲				2
	阿蒲	鸟纲	鸡形目	雉科	红腹锦鸡金鸡	495
阿	阿際格泥約戳科	鸟纲	鹤形目	秧鸡科	普通秧鸡	501
	阿羃吧	肉足纲	变形目	变形科	大变形虫	2
	阿黎耶	鸟纲	鸮形目	鸱鸮科	褐林鸮	532
	阿黎耶	鸟纲	隼形目	鹰科		468
	阿藍	鸟纲	雀形目	百灵科	云雀	546
	阿藍鳥	鸟纲	雀形目	百灵科	短趾百灵亚洲亚种	546
	阿雛鳥	鸟纲	雀形目	鸦科	红嘴山鸦	570
	阿鷝	鸟纲	雀形目	百灵科	短趾百灵亚洲亚种	546
	阿濫	鸟纲	雀形目	百灵科	短趾百灵亚洲亚种	545
	阿濫堆	鸟纲	雀形目	百灵科	短趾百灵亚洲亚种	546
	阿蘭	鸟纲	雀形目	百灵科	短趾百灵亚洲亚种	545
	阿爤堆	鸟纲	雀形目	百灵科	短趾百灵亚洲亚种	545
昂	昂頭鱔	硬骨鱼纲	合鳃目	合鳃鱼科	黄鳝	379
虮	虮蚁蟲	蛛形纲	避日目			104
版	版魚	硬骨鱼纲	鲽形目			393
板	板鰓類	软骨鱼纲				342
	板魚	硬骨鱼纲	鲽形目			394
	板魚	硬骨鱼纲	鲽形目	鳎科	箬鳎	394
孢	孢子蟲	孢子纲				3
	孢子蟲類	孢子纲				3
抱	抱搶	昆虫纲	鞘翅目	虎甲科	虎甲	208
	抱槍	昆虫纲	半翅目	田鳖科		200
	抱槍水蟲	甲壳纲	等足目	团水虱科	蛀木水虱	76
	抱石魚	硬骨鱼纲	鲤形目	平鳍鳅科		371

字头	古名	纲	目	科	现名	页码
卑	卑居	鸟纲	雀形目	鸦科	寒鸦	571
奔	奔䱐	兽纲	鲸目	鼠海豚科	江豚	626
波	波師	硬骨鱼纲	鲈形目	斗鱼科	叉尾斗鱼	390
	波師魚	硬骨鱼纲	鲈形目	斗鱼科		390
	波紋黛眼蝶	昆虫纲	鳞翅目	眼蝶科	波纹黛眼蝶	313
	波絲	蛛形纲	蜘蛛目	圆蛛科		96
	波斯魚	硬骨鱼纲	鲈形目	斗鱼科		390
	波盧	兽纲	食肉目	猫科	虎	614
	波羅	兽纲	食肉目	猫科	虎	614
采	采鷄	鸟纲	鸡形目	雉科	红腹锦鸡 金鸡	494
昌	昌侯魚	硬骨鱼纲	鲈形目	鲳科	银鲳	387
	昌鼠	硬骨鱼纲	鲈形目	鲳科	银鲳	387
長	長羊	昆虫纲	直翅目	螽斯科	草螽	155
	長耳蝙蝠	兽纲	翼手目	蝙蝠科	大耳蝠	610
	長尾三娘	鸟纲	鸡形目	雉科	白鹇	490
	長尾山雀	鸟纲	雀形目	山雀科	红头（长尾）山雀	583
	長尾雉	鸟纲	鸡形目	雉科	白冠长尾雉	492
	長尾管蚜蠅	昆虫纲	双翅目	食蚜蝇科	尾蛆蝇	269
	長尾翠鳥	鸟纲	佛法僧目	翠鸟科	蓝翡翠	539
	長尾鷄	鸟纲	鸡形目	雉科	白冠长尾雉	492
	長股	两栖纲	无尾目	蛙科		407
	長股	两栖纲	无尾目	蛙科	黑斑侧褶蛙	408
	長股	鸟纲	雀形目	黄鹂科	黑枕黄鹂	560
	長春花鳥	鸟纲	雀形目	椋鸟科	黑领椋鸟	561
	長春鳥	鸟纲	雀形目	椋鸟科	黑领椋鸟	561
	長蚌	双壳纲	蚌目	蚌科	短褶矛蚌	63
	長蚑	蛛形纲	蜘蛛目	蟏蛸科		99
	長跂	蛛形纲	蜘蛛目	蟏蛸科		100
	長卿	甲壳纲	短尾下目	方蟹科	相手蟹	87
	長裙	甲壳纲	茗荷目	指茗荷科	龟足	75
	長腳	蛛形纲	蜘蛛目	蟏蛸科		99
	長腳姨	头足纲	八腕目	章鱼科		72
	長腳娘	鸟纲	鸻形目	反嘴鹬科	黑翅长脚鹬	507
	長腳蚊	昆虫纲	双翅目	蚊科		255
	長喙蚤	昆虫纲	蚤目	蠕形蚤科	狍长喙蚤	280
	長腳蜂	昆虫纲	膜翅目	马蜂科		326
	長腳蜂	昆虫纲	膜翅目	胡蜂科		321
	長跤蟹	甲壳纲	短尾下目	方蟹科	长方蟹	89
	長鼻	昆虫纲	双翅目	虻科	长吻虻	268
	長鼻類	兽纲	长鼻目			590
	長崎	蛛形纲	蜘蛛目	蟏蛸科		100
	長踦	蛛形纲	蜘蛛目	蟏蛸科		99
	長蟲	尾感器纲	蛔目	蛔科	人蛔虫	17
	長鬚蟲	甲壳纲	十足目			78
坻	坻	昆虫纲	等翅目			133
	坻	昆虫纲	膜翅目	蚁科		330
刺	刺尺蠖	昆虫纲	鳞翅目	尺蛾科	桑褶翅尺蠖	309
	刺毛蟲	昆虫纲	鳞翅目	刺蛾科	桑褐刺蛾	293
	刺毛鷹	鸟纲	鹃形目	杜鹃科	中杜鹃	528

字头	古名	纲	目	科	现名	页码
刺	刺蛄	甲壳纲	长尾下目	蝲蛄科	蝲蛄	80
	刺剛子	昆虫纲	鳞翅目	刺蛾科		289
	刺參	海参纲				339
	刺參	海参纲	楯手目	刺参科	仿刺参	340
	刺魚	硬骨鱼纲	刺鱼目	刺鱼科	三刺鱼	377
	刺魚	硬骨鱼纲	鲀形目	刺鲀科	六斑刺鲀	396
	刺猬	兽纲	猬形目	猬科	大耳猬	604
	刺蝟	兽纲	猬形目	猬科	刺猬	603
	刺鼊魚	硬骨鱼纲	鲀形目	刺鲀科	九斑刺鲀	396
	刺鯊	软骨鱼纲	角鲨目	角鲨科	刺鲨	343
虭	虭	昆虫纲	同翅目	蝉科		179
	虭蟧	昆虫纲	同翅目	蝉科		179
	虭蟧	昆虫纲	同翅目	蝉科		179
	虭蟟	昆虫纲	同翅目	蝉科		179
	虭蟧	昆虫纲	同翅目	蝉科		179
虰	虰	昆虫纲	螳螂目	螳螂科		138
	虰	昆虫纲	蜻蜓目			114
	虰	昆虫纲	等翅目			131
	虰蛑	昆虫纲	螳螂目	螳螂科		138
	虰蛵	昆虫纲	蜻蜓目			114
	虰螘	昆虫纲	等翅目			131
	虰螘	昆虫纲	膜翅目	蚁科		329
	虰蛵	昆虫纲	蜻蜓目			115
	虰蠪	昆虫纲	等翅目			131
东	東海大魚	兽纲	鲸目			625
	東海夫人	双壳纲	贻贝目	贻贝科		56
	東海夫人	双壳纲	贻贝目	贻贝科	翡翠股贻贝	57
鳿	鳿鳥	鸟纲	鸡形目	雉科	绿孔雀	495
范	范	昆虫纲	同翅目	蝉科		178
	范	昆虫纲	膜翅目	胡蜂科		321
	范	昆虫纲	膜翅目	蜜蜂科		316
放	放光	昆虫纲	鞘翅目	萤科		225
	放光蟲	昆虫纲	鞘翅目	萤科		225
	放屁蟲	昆虫纲	鞘翅目	芫菁科		234
	放射蟲類	肉足纲	放射目			3
	放散蟲	肉足纲				2
非	非努蟲	昆虫纲	膜翅目	姬蜂科	长尾姬蜂	328
肥	肥佗魚	硬骨鱼纲	鲶形目	鮠科	长吻鮠	374
	肥皂參	海参纲				340
	肥蛬	昆虫纲	鞘翅目	金龟子科		213
	肥遺	鸟纲	鸡形目	雉科	石鸡	477
	肥頭魚	硬骨鱼纲	鲶形目	鮠科	长吻鮠	374
	肥蠐	昆虫纲	鞘翅目	花金龟科		219
	肥鱨魚	硬骨鱼纲	鲶形目	鮠科	黄颡鱼	373
沸	沸波	鸟纲	隼形目	鹰科	秃鹫	472
	沸波	鸟纲	隼形目	鹰科	鹗	473
	沸河	鸟纲	隼形目	鹰科	秃鹫	471
狒	狒	兽纲	灵长目	人科		598
	狒狒	兽纲	灵长目	人科		599
肺	肺蛭	吸虫纲				11
	肺蟲	吸虫纲				11

字头	古名	纲	目	科	现名	页码
虎	虎魚	软骨鱼纲	虎鲨目	虎鲨科	虎鲨	342
	虎魚	硬骨鱼纲	鲉形目	毒鲉科	虎鲉	392
	虎魚	硬骨鱼纲	鲤形目	鲤科	扁吻鱼	366
	虎魚	硬骨鱼纲	鲤形目	鲤科	鳡	359
	虎斑頸槽蛇	爬行纲	蛇目	游蛇科	虎斑颈槽蛇	428
	虎斑蟲	鸟纲	鹳形目	鹭科	栗(夜)鳽	447
	虎斑鵰	鸟纲	隼形目	鹰科	林鵰	471
	虎獅	甲壳纲	短尾下目	虎头蟹科	中华虎头蟹	82
	虎僕	兽纲	食肉目	灵猫科	大灵猫	615
	虎蝓	昆虫纲	膜翅目	胡蜂科		321
	虎蝓	腹足纲				42
	虎縣	昆虫纲	同翅目	蝉科		179
	虎頭公	甲壳纲	十足目			78
	虎頭螞蟻	昆虫纲	膜翅目	蚁科		335
	虎聲	鸟纲	鹏鹕目	鹏鹕科		437
	虎鯊	软骨鱼纲	虎鯊目	虎鯊科	虎鯊	342
	虎魦	软骨鱼纲	虎鲨目	虎鲨科	虎鲨	342
	虎蟳	甲壳纲	短尾下目	虎头蟹科	中华虎头蟹	82
	虎臘	软骨鱼纲	虎鲨目	虎鲨科	虎鲨	342
	虎蟹	甲壳纲	短尾下目	虎头蟹科	中华虎头蟹	82
	虎蟻	昆虫纲	膜翅目	蚁科		330
	虎蟻	昆虫纲	膜翅目	蚁科	双节行军蚁	335
	虎懸	昆虫纲	同翅目	蝉科		179
	虎鷹	鸟纲	隼形目	鹰科		468
昏	昏蟲	昆虫纲	双翅目	蚊科		255
季	季季鳥	鸟纲	雀形目	鹟科	鵲鴝	578
佳	佳賓	鸟纲	雀形目	文鸟科	树麻雀	584
	佳賔	鸟纲	雀形目	文鸟科	树麻雀	584
迦	迦頻闍羅	鸟纲	鸡形目	雉科	雉鸡环颈雉	491
金	金了	鸟纲	雀形目	椋鸟科	鹩哥	565
	金牛	昆虫纲	同翅目	蝉科		179
	金牛兒	昆虫纲	鞘翅目	天牛科	星天牛	243
	金牛兒	昆虫纲	鞘翅目	天牛科	栋星天牛	244
	金牛兒	昆虫纲	鞘翅目	丽金龟科		218
	金牛兒	昆虫纲	同翅目	蝉科		179
	金包鐵	爬行纲	蛇目	眼镜蛇科	金环蛇	429
	金目魚	硬骨鱼纲	鲉形目	杜父鱼科	松江鲈	392
	金光蟲	昆虫纲	鞘翅目	铁甲科	金梳龟甲	247
	金衣公子	鸟纲	雀形目	黄鹂科	黑枕黄鹂	559
	金角帶蛇	爬行纲	蛇目	眼镜蛇科	金环蛇	429
	金沙龍盤魚	两栖纲	有尾目	蝾螈科	瘰螈	399
	金花子	昆虫纲	鞘翅目	叶甲科	蓝翅瓢萤叶甲	249
	金花蟲	昆虫纲	鞘翅目	铁甲科		246
	金花蟲	昆虫纲	鞘翅目	铁甲科	星斑梳龟甲	247
	金花蟲	昆虫纲	鞘翅目	叶甲科	棕翅粗角跳甲	249
	金花蟲	昆虫纲	鞘翅目	叶甲科	蓝翅瓢萤叶甲	249
	金花蟲	昆虫纲	鞘翅目	铁甲科		246
	金佳	鸟纲	鸽形目			513

字头	古名	纲	目	科	现名	页码
金	金佳	鸟纲	鸽形目	鸠鸽科	绿背金鸠(绿翅金鸠)	518
	金星地鱔	爬行纲	蜥蜴目	蛇蜥科	脆蛇蜥	423
	金青麻頭	昆虫纲	直翅目	蟋蟀科		158
	金背白青	昆虫纲	直翅目	蟋蟀科		158
	金背長襯衣	昆虫纲	直翅目	蟋蟀科		158
	金背蟲	昆虫纲	鞘翅目	吉丁虫科		221
	金背鯉	硬骨鱼纲	鲤形目	鲤科	鲤	367
	金虵	爬行纲	蜥蜴目	蛇蜥科	脆蛇蜥	423
	金翅	鸟纲	雀形目	雀科	黑头金翅雀	585
	金翅雀	鸟纲	雀形目	雀科	金翅[雀]	585
	金海鼠	海参纲	芋参目	尻参科	海地瓜	340
	金條蛅蟖	昆虫纲	鳞翅目	毒蛾科	盗毒蛾	312
	金剛鑽	昆虫纲	双翅目	蠓科		261
	金剛鑽	昆虫纲	双翅目	蚋科		260
	金眶鴴	鸟纲	鸻形目	鸻科	金眶鸻	506
	金鳥	鸟纲	鸽形目	鸠鸽科	绿皇鸠	515
	金雀	鸟纲	雀形目	雀科	灰头鹀	589
	金雀	鸟纲	雀形目	雀科	黄胸鹀	589
	金蛇	爬行纲	蜥蜴目	蛇蜥科	脆蛇蜥	423
	金梭	硬骨鱼纲	海鲢目	北梭鱼科	北梭鱼	348
	金眼	鸟纲	鸻形目	鸻科	金眶鸻	506
	金魚	硬骨鱼纲	鲤形目	鲤科	金鱼	368
	金黄	昆虫纲	直翅目	蟋蟀科		158
	金絲料	鸟纲	雀形目	雀科	黄喉鹀	589
	金絲麻鶘	鸟纲	雀形目	雀科	黄喉鹀	589
	金絲黃大頭	昆虫纲	直翅目	蟋蟀科		158
	金絲蕎	硬骨鱼纲	鮟鱇目	躄魚科		397
	金琵琶	昆虫纲	直翅目	蟋蟀科		158
	金鈴	鸟纲	雀形目	雀科	黄嘴朱顶雀	585
	金鈴子	昆虫纲	直翅目	蟋蟀科	双带唧铃蟋	165
	金鳩	鸟纲	鸽形目			513
	金鳩	鸟纲	鸽形目	鸠鸽科	绿背金鸠(绿翅金鸠)	518
	金盞銀台	水螅纲	头螅水母目	银币水母科	银币水母	5
	金鳧魚	硬骨鱼纲	鲤形目	鲤科	鲤	367
	金鼓魚	硬骨鱼纲	鲈形目	金钱鱼科	金钱鱼	384
	金鳳蝶	昆虫纲	鳞翅目	凤蝶科	短尾金凤蝶	314
	金蛾蟲	昆虫纲	鞘翅目	虎甲科		206
	金蒼蠅	昆虫纲	双翅目	丽蝇科		273
	金箍魚	硬骨鱼纲	鲤形目	鲤科	金鱼	369
	金銀魚	硬骨鱼纲	鲤形目	鲤科	金鱼	369
	金銀鯽	硬骨鱼纲	鲤形目	鲤科	金鱼	369
	金線魚	硬骨鱼纲	鲤形目	鲤科	金线鲃	363
	金線蛙	两栖纲	无尾目	蛙科	金线侧褶蛙	408
	金線蛙	两栖纲	无尾目	蛙科	福建侧褶蛙	408
	金鴉鶻	鸟纲	隼形目	隼科	矛隼	475
	金線鰻鱺	硬骨鱼纲	鳗鲡目	鳗鲡科	鳗鲡	355
	金螢	昆虫纲	鞘翅目	萤科		224
	金頭天鵝	鸟纲	雁形目	鸭科	大天鹅	459
	金頭鸜鵒	鸟纲	鹦形目	鹦鹉科	金头鹦哥	520

字头	古名	纲	目	科	现名	页码
泥	泥丁	革囊星虫纲	革囊星虫目	革囊星虫科	安岛反体星虫	39
	泥釘	螠纲	无管螠目	棘螠科	单环棘螠	40
	泥笋	螠纲	螠目	螠科	短吻铲荚螠	40
	泥跄踣	鸟纲	雁形目	鸭科	鹊鸭	465
	泥婆	头足纲	八腕目	章鱼科	长蛸	73
	泥蛇	爬行纲	蛇目	游蛇科	中国水蛇	428
	泥猴	硬骨鱼纲	合鳃目	合鳃鱼科	黄鳝	379
	泥筍	革囊星虫纲	革囊星虫目	革囊星虫科	安岛反体星虫	39
	泥筍	螠纲	螠目	螠科	绛体管口螠	40
	泥蛭	蛭纲				33
	泥蛭	蛭纲	无吻蛭目	黄蛭科	宽体金线蛭	37
	泥蜂	昆虫纲	膜翅目	泥蜂科		327
	泥滑滑	鸟纲	鸡形目	雉科	灰胸竹鸡	486
	泥絛蟲	无针纲	异纽目	纵沟纽虫科	纽虫	14
	泥磚	海豆芽纲	海豆芽目	海豆芽科	海豆芽	337
	泥豬子	昆虫纲	鞘翅目	龙虱科		209
	泥鴨	鸟纲	雁形目	鸭科	鹊鸭	465
	泥螺	腹足纲	头楯目	阿地螺科	泥螺	49
	泥鰌	硬骨鱼纲	鲤形目	鳅科	泥鳅	371
	泥鰍	硬骨鱼纲	鲤形目	鳅科	泥鳅	371
念	念鰄	硬骨鱼纲	鲶形目	海鲶科	海鲶	375
弩	弩弦	爬行纲	蛇目	游蛇科	钝尾两头蛇	426
泡	泡魚	硬骨鱼纲	鲀形目	刺鲀科	六斑刺鲀	396
披	披甲蟲	昆虫纲	鞘翅目			205
	披綿	鸟纲	雀形目	雀科	黄雀	585
坡	坡馬	爬行纲	蜥蜴目	鬣蜥科	蜡皮蜥	419
	坡鹿	兽纲	偶蹄目	鹿科	海南坡鹿	621
奇	奇蹄類	兽纲	奇蹄目			618
	奇鬣	硬骨鱼纲	鲈形目	鲷科	真鲷	383
羌	羌鵰	鸟纲	隼形目	鹰科	秃鹫	471
	羌鷲	鸟纲	隼形目	鹰科	秃鹫	471
茄	茄稞蟲	昆虫纲	鳞翅目	螟蛾科	茄白翅野螟	294
妾	妾魚	硬骨鱼纲	鲤形目	鲤科	鳑鲏鱼	363
青	青大頭	昆虫纲	直翅目	蟋蟀科		157
	青毛龜	爬行纲	龟鳖目	龟科	黄喉拟水龟	416
	青牛兒	昆虫纲	鞘翅目	天牛科	楝星天牛	244
	青令	昆虫纲	蜻蜓目			114
	青弁使者	昆虫纲	蜻蜓目	大蜓科	圆臂大蜓	122
	青田鶴	鸟纲	鹤形目	鹤科	白鹤	500
	青皮蛇	爬行纲	蛇目	蝰科	竹叶青蛇	432
	青羊	兽纲	偶蹄目	牛科	中国斑羚	624
	青衣使者	昆虫纲	蜻蜓目			118
	青羽雀	鸟纲	佛法僧目	翠鸟科		537
	青竹蛇	爬行纲	蛇目	蝰科	竹叶青蛇	432
	青衣魚	硬骨鱼纲	鲈形目	蝴蝶鱼科	镊口鱼	384
	青衣魚	硬骨鱼纲	鲤形目	鲤科	桂花鲮	365
	青竹標	爬行纲	蛇目	蝰科	竹叶青蛇	432
	青庇	昆虫纲	蜻蜓目			114
	青沙	昆虫纲	直翅目	蟋蟀科		157

字头	古名	纲	目	科	现名	页码
青	青虰	昆虫纲	蜻蜓目			114
	青狐	兽纲	食肉目	犬科	狐	616
	青卒	昆虫纲	蜻蜓目			114
	青郎君	硬骨鱼纲	鲀形目	鲀科	东方鲀	396
	青波魚	硬骨鱼纲	鲤形目	鲤科	中华倒刺鲃	363
	青林樂	昆虫纲	同翅目	蝉科		178
	青虹	昆虫纲	半翅目	蝽科	荔枝蝽	200
	青虹	昆虫纲	鞘翅目	芫菁科		234
	青虹	昆虫纲	鞘翅目	芫菁科	圆胸地胆	238
	青亭	昆虫纲	蜻蜓目			114
	青亭	昆虫纲	蜻蜓目	大蜓科	圆臂大蜓	122
	青約	两栖纲	无尾目	蛙科	黑斑侧褶蛙	408
	青草蚊	昆虫纲	双翅目	蚊科		259
	青娘子	昆虫纲	鞘翅目	芫菁科		234
	青娘子	昆虫纲	鞘翅目	芫菁科	绿芫菁	238
	青栢絲	爬行纲	蛇目	蝰科	竹叶青蛇	432
	青珠	珊瑚虫纲	石珊瑚目	鹿角珊瑚科	鹿角珊瑚	9
	青脊魚	硬骨鱼纲	鲱形目	鲱科	斑鰶	349
	青蚨	昆虫纲	鞘翅目	负泥虫科	水叶甲	246
	青針	硬骨鱼纲	刺鱼目	海龙科	舒氏海龙	377
	青馬	硬骨鱼纲	鲤形目	鲤科	鲤	367
	青莊	鸟纲	䴉形目	信天翁科	信天翁属	439
	青莊	鸟纲	鹳形目	鹭科	苍鹭	444
	青啄木	鸟纲	䴕形目	啄木鸟科		544
	青條蛇	爬行纲	蛇目	蝰科	竹叶青蛇	431
	青菜	鸟纲	雀形目	绣眼鸟科	暗绿绣眼鸟	583
	青蚶	甲壳纲	短尾下目	方蟹科	厚蟹	88
	青琅玕	珊瑚虫纲	石珊瑚目	鹿角珊瑚科	鹿角珊瑚	9
	青蛉	昆虫纲	蜻蜓目			114
	青蛉	昆虫纲	蜻蜓目	蜻科	赤蜻	122
	青蛉	昆虫纲	蜻蜓目	蜻科	黄蜻	122
	青鳥	蛛形纲	蜘蛛目	壁钱蛛科		100
	青鳥	鸟纲	雀形目	雀科	黑头蜡嘴雀	588
	青鳥	鸟纲	雀形目	雀科	黑枕黄鹂	588
	青鳥	鸟纲	鹤形目	鹤科	灰鹤	497
	青鳥	鸟纲	鹳形目	鹭科	苍鹭	444
	青蛇	爬行纲	蛇目	游蛇科	黑眉锦蛇	428
	青蛇	爬行纲	蛇目	蟒科	蟒蛇	425
	青雀	鸟纲	雀形目	雀科	黑头蜡嘴雀	588
	青魚	硬骨鱼纲	鲤形目	鲤科	青鱼	356
	青蛀	昆虫纲	鞘翅目	芫菁科	圆胸地胆	238
	青麻頭	昆虫纲	直翅目	蟋蟀科		158
	青蛤	两栖纲	无尾目	树蛙科		411
	青蛤	两栖纲	无尾目	蛙科	黑斑侧褶蛙	408
	青翅	昆虫纲	直翅目	蟋蟀科		158
	青絲	鸟纲	雀形目	绣眼鸟科	暗绿绣眼鸟	583
	青絲	硬骨鱼纲	鲈形目	羊鱼科	斑带拟羊鱼	384
	青絲魚	硬骨鱼纲	鲈形目	羊鱼科	斑带拟羊鱼	384
	青蜓	昆虫纲	蜻蜓目			114
	青蛙	昆虫纲	鞘翅目	芫菁科	圆胸地胆	238
	青蛙	两栖纲	无尾目	蛙科	黑斑侧褶蛙	408

字头	古名	纲	目	科	现名	页码
社	社鼠	兽纲	啮齿目	鼠科	社鼠	639
	社樂	昆虫纲	同翅目	蝉科		178
	社鷗	鸟纲	雨燕目	雨燕科	普通楼燕	534
虱	虱	昆虫纲	虱目			173
	虱	昆虫纲	虱目	虱科		175
	虱	昆虫纲	虱目	虱科	体虱	176
	虱	昆虫纲	虱目	虱科	头虱	174
	虱蝨	昆虫纲	虱目			174
	虱蟣	昆虫纲	虱目			174
	虱蠅	昆虫纲	双翅目	虱蝇科		278
虱	虱	昆虫纲	虱目			175
使	使客蜋	昆虫纲	鞘翅目	金龟子科		217
始	始蠶	昆虫纲	鳞翅目	家蚕蛾科	家蚕	301
杻	杻蠶	昆虫纲	鳞翅目	大蚕蛾科	大尾大蚕蛾	295
叔	叔鮪	硬骨鱼纲	鲟形目	匙吻鲟科	白鲟	348
述	述	鸟纲	鸻形目	燕鸻科	普通燕鸻	507
兕	兕	兽纲	奇蹄目	犀科		618
	兕	兽纲	奇蹄目	犀科	独角犀	619
松	松公	昆虫纲	直翅目	蝼蛄科		167
	松江鱸魚	硬骨鱼纲	鲉形目	杜父鱼科	松江鲈	392
	松魚	硬骨鱼纲	鲤形目	鲤科	鳙	370
	松魚	硬骨鱼纲	鲶形目	海鲶科	海鲶	375
	松鼠	兽纲	啮齿目	松鼠科	松鼠	628
	松鴉	鸟纲	雀形目	鸦科	松鸦	565
	松蟲	昆虫纲	鳞翅目	枯叶蛾科	油松毛虫	294
	松雞	鸟纲	鸡形目	松鸡科	柳雷鸟	476
	松雞	鸟纲	鸡形目	松鸡科	西方松鸡	476
	松藻蟲	昆虫纲	半翅目	松藻虫科		202
	松鰱	硬骨鱼纲	鲤形目	鲤科	鲢	369
迯	迯河	鸟纲	鹈形目	鹈鹕科		441
秃	秃鳹	鸟纲	鹳形目	鹳科	秃鹳	452
	秃鵚	鸟纲	鹳形目	鹳科	秃鹳	452
	秃鷲	鸟纲	隼形目	鹰科	秃鹫	472
兔	兔	兽纲	兔形目			601
	兔	兽纲	兔形目	兔科		601
	兔子	兽纲	兔形目	兔科		602
	兔鼠	兽纲	兔形目	鼠兔科		601
	兔鶻	鸟纲	隼形目	隼科	矛隼	475
	兔蝨	昆虫纲	双翅目	虻科		265
拖	拖白練	鸟纲	雀形目	鹟科	寿带[鸟]	582
拖	拖尾	昆虫纲	双翅目	食蚜蝇科	尾蛆蝇	269
	拖尾練	鸟纲	雀形目	鹟科	寿带[鸟]	582
	拖紅練	鸟纲	雀形目	鹟科	紫寿带[鸟]	583
宛	宛禽	鸟纲	鹃形目	杜鹃科		526
	宛窳	昆虫纲	鳞翅目	家蚕蛾科	家蚕	300
委	委黍	昆虫纲	蜚蠊目			124
	委黍	甲壳纲	等足目	鼠妇科		78
卧	臥鳥	鸟纲	鸽形目			513
武	武昌魚	硬骨鱼纲	鲤形目	鲤科	鲂	362
	武陽魚	硬骨鱼纲	鲤形目	鲤科	鳑鲏鱼	363

字头	古名	纲	目	科	现名	页码
物	物疏	昆虫纲	鞘翅目			205
肸	肸過	昆虫纲	双翅目	寄蝇科		276
	肸蠁	昆虫纲	双翅目	寄蝇科		276
	肸蠁	昆虫纲	双翅目	寄蝇科	家蚕追寄蝇	277
呷	呷蛇龜	爬行纲	龟鳖目	龟科	闭壳龟	417
	呷蛇龜	爬行纲	龟鳖目	龟科	黄缘闭壳龟	417
狌	狌	兽纲	灵长目	人科		600
	狌狌	兽纲	灵长目	人科		600
幸	幸胡	鸟纲	鸮形目	鸱鸮科		531
亞	亞美伊巴	肉足纲	变形目	变形科	大变形虫	2
岩	岩羊	兽纲	偶蹄目	牛科	岩羊	624
	岩松鼠	兽纲	啮齿目	松鼠科	岩松鼠	631
	岩鷚	鸟纲	雀形目	岩鹨科	领岩鹨	577
延	延皮蛀	昆虫纲	鞘翅目	小蠹科	桑梢小蠹	252
沿	沿壁虎	爬行纲	蜥蜴目	壁虎科	壁虎	420
狕	狕	兽纲	食肉目	猫科	豹	614
夜	夜火	昆虫纲	鞘翅目	萤科		224
	夜光	昆虫纲	鞘翅目	萤科		224
	夜光	昆虫纲	鞘翅目	萤科	中华黄萤	231
	夜光	昆虫纲	鞘翅目	萤科	高山锯角萤	232
	夜光蟲	鞭毛纲	腰鞭虫目	夜光虫科	夜光虫	2
	夜行	昆虫纲	蜚蠊目			123
	夜行遊女	鸟纲	鸮形目	鸱鸮科		531
	夜行遊女	鸟纲	鹤形目	秧鸡科	白胸苦恶鸟	502
	夜行蟲	昆虫纲	蜚蠊目			124
	夜行蟲	昆虫纲	鞘翅目	叩甲科	斑叩甲	222
	夜虎	寡毛纲	后孔目	钜蚓科	参环毛蚓	30
	夜哇子	鸟纲	鹳形目	鹭科	夜鹭	447
	夜炤	昆虫纲	鞘翅目	萤科		225
	夜食鷹	鸟纲	鸮形目	鸱鸮科	长耳鸮	533
	夜蚊	昆虫纲	双翅目	蚊科		255
	夜遊女	鸟纲	鸮形目	鸱鸮科		531
	夜遊女子	昆虫纲	鞘翅目	萤科		225
	夜遊將軍	昆虫纲	鞘翅目	金龟子科		213
	夜照	昆虫纲	鞘翅目	萤科		225
	夜貓	鸟纲	鸮形目	鸱鸮科	花頭鵂鶹	532
	夜貓兒	鸟纲	鸮形目	鸱鸮科	灰林鸮	533
	夜貓鷹	鸟纲	鸮形目	鸱鸮科	灰林鸮	533
	夜燕	兽纲	翼手目			608
	夜燕	兽纲	翼手目	菊头蝠科	菊头蝠	609
	夜鷺	鸟纲	鹳形目	鹭科	夜鹭	447
	夜鷹	鸟纲	夜鹰目	夜鹰科	普通夜鹰	533
易	易蜴	两栖纲	有尾目	蝾螈科		399
泆	泆泆	鸟纲	鸽形目	沙鸡科	毛腿沙鸡	514
英	英雞	昆虫纲	革翅目			142
	英雞	鸟纲	鸡形目	雉科	勺鸡	490
	英雞	鸟纲	鸡形目	雉科	石鸡	480
油	油利樍	昆虫纲	直翅目	蟋蟀科		158
	油瓠瓡	昆虫纲	蜻蜓目			118
	油魚	硬骨鱼纲	鲤形目	鲤科	油四須鲃	363

字头	古名	纲	目	科	现名	页码
草	草蟲	昆虫纲	直翅目	螽斯科	大硕螽	155
	草蟲	昆虫纲	直翅目	螽斯科	日本纺织娘	156
	草蟲	昆虫纲	直翅目	螽斯科	草螽	155
	草蟲	昆虫纲	缨翅目			176
	草蟲	昆虫纲	蜚蠊目			124
	草蟲	昆虫纲	蜚蠊目	蜚蠊科	东方蜚蠊	128
	草蟲	昆虫纲	螳螂目	螳螂科		138
	草蟣	蛭纲				36
	草鞵底	昆虫纲	革翅目			142
	草鼅鼄	蛛形纲	蜘蛛目	漏斗蛛科		96
茶	茶隼	鸟纲	隼形目	隼科	红隼	476
	茶婆蟲	昆虫纲	蜚蠊目			128
	茶婆蟲	昆虫纲	蜚蠊目	姬蠊科	德国姬蠊	129
	茶筅蟲	纤毛纲	旋唇目	喇叭虫科	茶筅蟲	4
蒢	蒢蠖	昆虫纲	鳞翅目	尺蛾科		306
穿	穿山甲	兽纲	鳞甲目	鲮鲤科	鲮鲤	611
	穿心蛀	昆虫纲	鞘翅目	天牛科		240
	穿草鸡	鸟纲	鹆形目	鹬科	三趾鹬	507
	穿錢繩	昆虫纲	革翅目			142
垂	垂露鴨	鸟纲	雁形目	鸭科	赤麻鸭	461
春	春牛兒	昆虫纲	鞘翅目	天牛科		240
	春牛兒	昆虫纲	鞘翅目	天牛科	星天牛	243
	春來	硬骨鱼纲	鲈形目	石首鱼科	大黄鱼	382
	春虹	昆虫纲	鞘翅目	芫菁科		234
	春哥兒	鸟纲	鹃形目	鸥鹃科		531
	春扈	鸟纲	雀形目	雀科	黑头蜡嘴雀	586
	春雇	鸟纲	雀形目	雀科	黑头蜡嘴雀	586
	春魚	硬骨鱼纲	鲤形目	鲤科	鳑鲏鱼	363
	春鳳	鸟纲	佛法僧目	戴胜科	戴胜	542
	春駒	昆虫纲	鳞翅目			281
	春鳸	鸟纲	雀形目	雀科	黑头蜡嘴雀	586
	春蟬	昆虫纲	同翅目	蝉科		179
	春寶	昆虫纲	鳞翅目	家蚕蛾科	家蚕	305
兹	兹夷	爬行纲	龟鳖目	海龟科	蠵龟	414
	兹烏	鸟纲	雀形目	鸦科	寒鸦	571
促	促機	昆虫纲	直翅目	螽斯科	纺织娘	155
	促機	昆虫纲	直翅目	蟋蟀科		158
	促織	昆虫纲	直翅目	螽斯科		152
促	促織	昆虫纲	直翅目	螽斯科	纺织娘	155
	促織	昆虫纲	直翅目	蟋蟀科		158
玳	玳瑁	爬行纲	龟鳖目	海龟科	玳瑁	414
	玳瑁魚	硬骨鱼纲	鲤形目	鲤科	金鱼	369
垤	垤	昆虫纲	膜翅目	蚁科		332
毒	毒蛄蟖	昆虫纲	鳞翅目	毒蛾科	旋古毒蛾	312
	毒蜆	昆虫纲	脉翅目	草蛉科	草蛉	203
	毒蟲	昆虫纲	半翅目	田鳖科		200
	毒蟲	昆虫纲	鞘翅目	芫菁科		234
	毒蟲	昆虫纲	鞘翅目	芫菁科	绿芫菁	238
度	度古	涡虫纲	三肠目	笄蛭科	笄蛭蜗虫	10
	度蟲	昆虫纲	鳞翅目	尺蛾科		306

字头	古名	纲	目	科	现名	页码
飛	飛小蟲	昆虫纲	双翅目	蠓科		261
	飛奴	鸟纲	鸽形目	鸠鸽科	鸽属	516
	飛生	昆虫纲	鞘翅目	天牛科		240
	飛生	兽纲	啮齿目	松鼠科	鼯鼠亚科	630
	飛生蟲	昆虫纲	鞘翅目	天牛科		240
	飛生蟲	昆虫纲	鞘翅目	天牛科	光肩星天牛	244
	飛生蟲	昆虫纲	鞘翅目	天牛科	青杨楔天牛	246
	飛生蟲	昆虫纲	鞘翅目	天牛科	桑象天牛	245
	飛生蟲	昆虫纲	鞘翅目	犀金龟科		217
	飛角魚	硬骨鱼纲	鲀形目	革鲀科	绒纹线鳞鲀	394
	飛狐	兽纲	啮齿目	松鼠科	鼯鼠亚科	631
	飛虎	兽纲	啮齿目	松鼠科	鼯鼠亚科	631
	飛狌	兽纲	啮齿目	松鼠科	鼯鼠亚科	631
	飛者	昆虫纲	有翅亚纲			109
	飛宝虫	昆虫纲	双翅目	虻科		266
	飛食微類	昆虫纲	双翅目	食虫虻科		268
	飛食微類	昆虫纲	双翅目	食蚜蝇科		269
	飛馬蟥	蛭纲				33
	飛馬蟥	蛭纲	无吻蛭目	山蛭科	天目山蛭	37
	飛鳥	硬骨鱼纲	颌针鱼目	飞鱼科		376
	飛蛇	爬行纲	蜥蜴目	鬣蜥科	斑飞蜥	419
	飛魚	硬骨鱼纲	颌针鱼目	飞鱼科		376
	飛魚蟲	昆虫纲	鞘翅目	象虫科	棕榈象	251
	飛蚿	倍足纲	山蛩目	山蛩科		94
	飛鹿蟲	昆虫纲	鞘翅目	锹甲科	福运锹甲	212
	飛揚蟲	唇足纲	地蜈蚣目			92
	飛蛾	昆虫纲	等翅目			131
	飛蛾	昆虫纲	鳞翅目			282
	飛蛾	昆虫纲	鳞翅目	家蚕蛾科	家蚕	301
	飛蝨	昆虫纲	鳞翅目	家蚕蛾科	家蚕	301
	飛廉	昆虫纲	蜚蠊目			124
	飛廉蛇	爬行纲	蜥蜴目	鬣蜥科	斑飞蜥	419
	飛鼠	兽纲	啮齿目	松鼠科	鼯鼠亚科	630
	飛鼠	兽纲	翼手目			607
	飛鼠	兽纲	翼手目	狐蝠科	犬蝠	608
	飛鼠	兽纲	啮齿目	松鼠科	复齿鼯鼠	631
	飛蜞	蛭纲				35
	飛蜞	蛭纲	无吻蛭目	山蛭科	天目山蛭	37
	飛駮山鵲	鸟纲	雀形目	鸦科	红嘴蓝鹊	567
	飛駮鳥	鸟纲	雀形目	鸦科	喜鹊	568
	飛蝗	昆虫纲	直翅目	蝗科	亚洲飞蝗	151
	飛蝗	昆虫纲	直翅目	蝗科	黄胫小车蝗	151
	飛蝝	昆虫纲	等翅目			131
	飛螘	昆虫纲	等翅目			131
	飛螘	昆虫纲	膜翅目	蚁科		330
	飛螢	昆虫纲	鞘翅目	萤科		225
	飛龍	鸟纲	鸡形目	松鸡科	花尾榛鸡	476
	飛龍	爬行纲	蜥蜴目	鬣蜥科	飞蜥	419
	飛翼	兽纲	翼手目			607
	飛蠊	昆虫纲	蜚蠊目			124

字头	古名	纲	目	科	现名	页码
紅	紅毛子	甲壳纲	十足目	樱虾科	毛虾	79
	紅牙	鸟纲	鹳形目	鹮科	朱鹮	454
	紅牙方青	昆虫纲	直翅目	蟋蟀科		159
	紅牙白	昆虫纲	直翅目	蟋蟀科		159
	紅牙白黃	昆虫纲	直翅目	蟋蟀科		159
	紅牙青	昆虫纲	直翅目	蟋蟀科		159
	紅牙青尖翅	昆虫纲	直翅目	蟋蟀科		159
	紅牙重青	昆虫纲	直翅目	蟋蟀科		159
	紅牙乾青	昆虫纲	直翅目	蟋蟀科		159
	紅牙淡白	昆虫纲	直翅目	蟋蟀科		159
	紅牙淡青	昆虫纲	直翅目	蟋蟀科		159
	紅牙紫白	昆虫纲	直翅目	蟋蟀科		159
	紅交觜	鸟纲	雀形目	雀科	红交嘴雀	586
	紅老魚	硬骨鱼纲	鲉形目	狮子鱼科		393
	紅色吐綬雞	鸟纲	鸡形目	雉科	红腹角雉	488
	紅色倒掛鳥	鸟纲	鹦形目	鹦鹉科	短尾鹦鹉	520
	紅尾伯勞	鸟纲	雀形目	伯劳科	红尾伯劳、褐伯劳	554
	紅尾鴝	鸟纲	雀形目	鹟科	北红尾鸲	578
	紅尾鴝	鸟纲	雀形目	鹟科	赭红尾鸲	578
	紅角	硬骨鱼纲	鲉形目	豹魴鮄科	吉氏豹魴鮄	393
	紅沙	昆虫纲	直翅目	蟋蟀科		159
	紅兒	昆虫纲	蜻蜓目			117
	紅姑娘	昆虫纲	鳞翅目	刺蛾科		290
	紅姑娘	昆虫纲	鳞翅目	刺蛾科	黄刺蛾	293
	紅咀雁	鸟纲	雁形目	鸭科	灰雁	458
	紅冠水鸡	鸟纲	鹤形目	秧鸡科	董鸡	502
	紅眉朱雀	鳥纲	雀形目	雀科	红眉朱雀	586
	紅砂	昆虫纲	双翅目	瘿蚊科	麦红吸浆虫	265
	紅砂白肉紫	昆虫纲	直翅目	蟋蟀科		159
	紅胡梨	昆虫纲	蜻蜓目			118
	紅飛鼠	昆虫纲	鳞翅目			282
	紅娘	昆虫纲	同翅目	蝉科	红蝉	195
	紅娘	昆虫纲	鞘翅目	铁甲科		247
	紅娘子	昆虫纲	同翅目	樗鸡科	樗鸡	196
	紅娘子魚	硬骨鱼纲	鲉形目	魴鮄科	短鳍红娘鱼	392
	紅娘華	昆虫纲	半翅目	蝎蝽科	蝎蝽	200
	紅料	鸟纲	雀形目	雀科	普通朱雀	586
紅	紅栗	双壳纲	廉蛤目	樱蛤科	亮樱蛤	65
	紅桃魚	硬骨鱼纲	鲈形目	笛鲷科	红鳍笛鲷	383
	紅翅	硬骨鱼纲	鲈形目	鲷科	黄鲷	383
	紅胸秋沙鴨	鸟纲	雁形目	鸭科	红胸秋沙鸭	465
	紅莊	鸟纲	鹳形目	鹭科	栗（夜）鳽	447
	紅麻鶵	鸟纲	雀形目	雀科	普通朱雀	586
	紅魚	硬骨鱼纲	鲈形目	笛鲷科	红鳍笛鲷	383
	紅喉鶯	鸟纲	雀形目	鹟科	红喉歌鸲红点颏	577
	紅鳩	鸟纲	鸽形目	鸠鸽科	绿背金鸠（绿翅金鸠）	518
	紅窠子	鸟纲	鸽形目	鸠鸽科	火斑鸠	518
紅	紅腿山鶉	鸟纲	鸡形目	雉科	石鸡	480
	紅腹蜂	昆虫纲	膜翅目	隧蜂科	红腹蜂	319
	紅觜鴉	鸟纲	雀形目	鸦科	红嘴山鸦	569
	紅腳獵鷹	鸟纲	隼形目	隼科	红脚隼	476
	紅翠	鸟纲	佛法僧目	翠鸟科	赤翡翠	538
	紅翠	鸟纲	佛法僧目	翠鸟科	翠鸟	537
	紅練	鸟纲	雀形目	鹟科	紫寿带[鸟]	583
	紅綠	双壳纲	廉蛤目	紫云蛤科	绿紫蛤	65
	紅蝦	甲壳纲	长尾下目	龙虾科		80
	紅蝙蝠	昆虫纲	鳞翅目			282
	紅蝙蝠	兽纲	翼手目	蝙蝠科	鼠耳蝠	609
	紅蝙蝠	兽纲	翼手目	蝙蝠科	彩蝠	610
	紅蝠	兽纲	翼手目	蝙蝠科	彩蝠	610
	紅頰綠鸚哥	鸟纲	鹦形目	鹦鹉科	红颊鹦哥	520
	紅舉	头足纲	八腕目	章鱼科		72
	紅舉	头足纲	八腕目	章鱼科	东蛸	72
	紅鴨	鸟纲	鹳形目	鹭科	池鹭	445
	紅鴨	鸟纲	鹳形目	鹮科	朱鹮	454
	紅螘	昆虫纲	膜翅目	蚁科	巨首蚁	336
	紅嘴天鵝	鸟纲	雁形目	鸭科	瘤（疣）鼻天鹅	459
	紅頭花啄木	鸟纲	䴕形目	啄木鸟科	棕腹啄木鸟	545
	紅靛頦	鸟纲	雀形目	鹟科	红喉歌鸲红点颏	577
	紅螺	腹足纲	新腹足目	骨螺科	红螺	48
	紅蟲	尾感器纲	丝虫目	丝虫科	班氏吴策线虫	18
	紅蟲	甲壳纲	枝角目	溞科		74
	紅鯽	硬骨鱼纲	鲤形目	鲤科	鲫	368
	紅鯉	硬骨鱼纲	鲤形目	鲤科	鲤	367
	紅蟹	甲壳纲	短尾下目	扇蟹科	红斑瓢蟹	84
	紅蠏	甲壳纲	短尾下目	扇蟹科	红斑瓢蟹	84
	紅蟫	昆虫纲	衣鱼目			109
	紅鰕	甲壳纲	长尾下目	龙虾科		80
	紅鶴	鸟纲	鹳形目	鹮科	朱鹮	454
	紅鰻	硬骨鱼纲	鳗鲡目	蚓鳗科	大鳍蚓鳗	356
	紅鸚鴟	鸟纲	鹦形目	鹦鹉科	短尾鹦鹉	520
	紅鷸	鸟纲	雀形目	鹟科	紫寿带[鸟]	583
	紅蠶	昆虫纲	鳞翅目	家蚕蛾科	家蚕	296
侯	侯字青大頭	昆虫纲	直翅目	蟋蟀科		162
胡	胡夷	硬骨鱼纲	鲀形目	鲀科	东方鲀	396
	胡臣	昆虫纲	双翅目	蝇科		270
	胡沙	软骨鱼纲	虎鲨目	虎鲨科	虎鲨	342
	胡沙	软骨鱼纲	锯鳐目	锯鳐科	尖齿锯鳐	343
	胡泥	头足纲	乌贼目	耳乌贼科	双喙耳乌贼	71
	胡笳	昆虫纲	同翅目	蝉科		179
	胡梨	昆虫纲	蜻蜓目			114
	胡黎	昆虫纲	蜻蜓目			115
	胡黎	昆虫纲	蜻蜓目	蜻科	黄蜻	122
	胡蛣蜣	昆虫纲	鞘翅目	金龟子科		213
	胡蜂	昆虫纲	膜翅目	胡蜂科		321

字头	古名	纲	目	科	现名	页码
南	南百舌	鸟纲	雀形目	鶲科	乌鸫	580
	南客	鸟纲	鸡形目	雉科	绿孔雀	496
	南相思鳥	鸟纲	雀形目	鶲科	红嘴相思鸟	581
	南海大魚	兽纲	鲸目			625
	南蛇	爬行纲	蛇目	蟒科	蟒蛇	426
	南翠	鸟纲	佛法僧目	翠鸟科	蓝翡翠	539
	南綠斑	鸟纲	鸽形目	鸠鸽科	绿皇鸠	516
	南綠鸚哥	鸟纲	鹦形目	鹦鹉科	灰头鹦鹉	520
胖	胖頭魚	硬骨鱼纲	鲤形目	鲤科	鳙	370
盆	盆魚	硬骨鱼纲	鲤形目	鲤科	金鱼	369
毗	毗狸	兽纲	啮齿目	松鼠科	黄鼠属	633
荓	荓蜂	昆虫纲	膜翅目	蜜蜂科		316
	荓蜂	昆虫纲	膜翅目	蜜蜂科		316
契	契鱱	鸟纲	鹈鹕目	鹈鹕科		436
	契薛	鸟纲	鹈鹕目	鹈鹕科		436
秋	秋中蠶	昆虫纲	鳞翅目	家蚕蛾科	家蚕	301
	秋末老獅兒蠶	昆虫纲	鳞翅目	家蚕蛾科	家蚕	301
	秋末蠶	昆虫纲	鳞翅目	家蚕蛾科	家蚕	301
	秋母蠶	昆虫纲	鳞翅目	家蚕蛾科	家蚕	301
	秋吟	昆虫纲	直翅目	蟋蟀科		158
	秋香八哥	鸟纲	雀形目	椋鸟科	家八哥	563
	秋扈	鸟纲	雀形目	雀科	黑头蜡嘴雀	586
	秋雇	鸟纲	雀形目	雀科	黑头蜡嘴雀	586
	秋鳩	鸟纲	鸽形目			513
	秋鳸	鸟纲	雀形目	雀科	黑头蜡嘴雀	586
	秋螢	昆虫纲	鞘翅目	萤科		225
	秋蟬	昆虫纲	同翅目	蝉科		180
	秋蟲	昆虫纲	直翅目	蟋蟀科		158
	秋蟲	昆虫纲	直翅目	蟋蟀科	日本钟蟋	165
	秋蟲	昆虫纲	膜翅目	姬蜂科		328
	秋蟲	蛛形纲	蜘蛛目			96
酋	酋耳	兽纲	食肉目	猫科	虎	613
胆	胆	昆虫纲	双翅目	丽蝇科		273
	胆	昆虫纲	双翅目	蝇科		270
朐	朐朋	寡毛纲				26
	朐朋	寡毛纲	后孔目	钜蚓科	直隶环毛蚓	30
	朐朋	寡毛纲	后孔目	钜蚓科	参环毛蚓	30
卻	卻馬	昆虫纲	鞘翅目	萤科	高山锯角萤	231
柔	柔魚	头足纲	枪形目	枪乌贼科		68
	柔魚	头足纲	枪形目	枪乌贼科	中国枪乌贼	69
	柔魚	头足纲	枪形目	柔鱼科	太平洋褶柔鱼	69
	柔鳩	鸟纲	鹃形目	杜鹃科		526
砂	砂俘	昆虫纲	脉翅目	蚁蛉科		204
	砂挼	昆虫纲	脉翅目	蚁蛉科		204
	砂挼子	昆虫纲	脉翅目	蚁蛉科		204
	砂挼子	昆虫纲	脉翅目	蚁蛉科	穴蚁蛉	205
珊	珊瑚	珊瑚虫纲				8
	珊瑚	珊瑚虫纲	软珊瑚目	红珊瑚科	红珊瑚	9
	珊瑚	鸟纲	雀形目	鶲科	白喉噪鹛	580
	珊瑚鳥	鸟纲	雀形目	鶲科	白喉噪鹛	580

字头	古名	纲	目	科	现名	页码
珊	珊瑚樹	珊瑚虫纲	软珊瑚目	红珊瑚科	红珊瑚	9
虵	虵要	昆虫纲	鞘翅目	芫菁科		235
牲	牲	动物界				1
屍	屍上蟲	昆虫纲	鞘翅目	埋葬甲科	埋葬虫	209
	屍蟲	线虫动物门				15
食	食木蟲	昆虫纲	鞘翅目	吉丁虫科		221
	食木蟲	昆虫纲	鞘翅目	锹甲科		210
	食毛目	昆虫纲	食毛目			173
	食毛虱	昆虫纲	食毛目			173
	食火鳥	鸟纲	鹤鸵目	鹤鸵科	鹤驼	435
	食火雞	鸟纲	鸵鸟目	鸵鸟科	鸵鸟	435
	食火鷄	鸟纲	鸵鸟目	鸵鸟科	鸵鸟	435
	食火鷄	鸟纲	鹤鸵目	鹤鸵科	鹤驼	435
	食瓜蟲	昆虫纲	鞘翅目	叶甲科	印度黄守瓜	248
	食禾蟲	昆虫纲	鳞翅目	夜蛾科	粘虫	312
	食苗心	昆虫纲	鳞翅目	螟蛾科		293
	食苗心螟	昆虫纲	鳞翅目	螟蛾科		293
	食苗心蟲	昆虫纲	鳞翅目	弄蝶科	曲纹稻弄蝶	313
	食苗心蟲	昆虫纲	鳞翅目	螟蛾科		293
	食苗節蟲	昆虫纲	鳞翅目	夜蛾科	粘虫	312
	食庬	昆虫纲	螳螂目	螳螂科		138
	食根	昆虫纲	鞘翅目	金龟子科		213
	食桃心蟲	昆虫纲	鳞翅目	果柱蛾科	桃小食心虫	293
	食草甲蟲	昆虫纲	鞘翅目	叶甲科	叶甲	247
	食蚜蠅	昆虫纲	双翅目	食蚜蝇科	食蚜蝇	269
	食蚜蠅科	昆虫纲	双翅目	食蚜蝇科		269
	食朧	昆虫纲	螳螂目	螳螂科		138
	食蛇鳥	鸟纲	鹳形目	鹳科	白头鹮鹳	449
	食雀鷹	鸟纲	隼形目	鹰科	雀鹰	470
	食魚鷹	鸟纲	隼形目	鹰科	鹗	474
	食葉甲蟲	昆虫纲	鞘翅目	肖叶甲科	茶肖叶甲	249
	食葉甲蟲	昆虫纲	鞘翅目	鳃角金龟科		218
	食葉甲蟲	昆虫纲	鞘翅目	鳃角金龟科	黑绒金龟	219
食	食節	昆虫纲	鳞翅目	夜蛾科	粘虫	312
	食節賊	昆虫纲	鳞翅目	夜蛾科	粘虫	312
	食龍	昆虫纲	螳螂目	螳螂科		138
	食蟲	尾感器纲	蛔目	蛔科	人蛔虫	17
	食蟲虻科	昆虫纲	双翅目	食虫虻科		268
	食蟲蝱	昆虫纲	双翅目	食虫虻科	中华盗虻	268
	食醯	昆虫纲	双翅目	蛾蠓科		253
	食寵侯	硬骨鱼纲	鲟形目	鲟科	中华鲟	347
屎	屎䖴	昆虫纲	鞘翅目	金龟子科		212
室	室中蜘蛛	蛛形纲	蜘蛛目	巨蟹蛛科		98
柿	柿黄	鸟纲	雀形目	鶲科	白眉(姬)鶲	582
首	首象魚	硬骨鱼纲	鲈形目	鲫科	鲫	392
	首鼠	兽纲	啮齿目			627
狩	狩蛛屬	蛛形纲	蜘蛛目	蟹蛛科	陷狩蛛	101
思	思歸	鸟纲	鹃形目	杜鹃科		525
	思歸樂	鸟纲	鹃形目	杜鹃科		526
胎	胎仙	鸟纲	鹤形目	鹤科	丹顶鹤	498
	胎禽	鸟纲	鹤形目	鹤科		497

字头	古名	纲	目	科	现名	页码
鬼	鬼車	鸟纲	鹤形目	鹤科	白枕鹤	498
	鬼婆子	硬骨鱼纲	鲈形目	鮨科	鳜	380
	鬼面蟹	甲壳纲	短尾下目	关公蟹科		82
	鬼面蟹	甲壳纲	短尾下目	关公蟹科	鬼蟹	82
	鬼眼睛	腹足纲	中腹足目	田螺科	方形环棱螺	45
	鬼雀	鸟纲	雀形目	鸦科	白颈鸦	573
	鬼鳥	鸟纲	鹤形目	秧鸡科	白胸苦恶鸟	502
	鬼鳥	鸟纲	鹤形目	鹤科	白枕鹤	499
	鬼彈	昆虫纲	半翅目	田鳖科		200
	鬼魅	昆虫纲	蛐目	窃蛐科	窃虫	173
	鬼頭魚	硬骨鱼纲	鲤形目	鲤科	原鲤	366
	鬼頭魚	头足纲	八腕目	章鱼科	蛸	73
	鬼螺螄	腹足纲	柄眼目	烟管螺科	真管螺	49
	鬼蟹	甲壳纲	短尾下目	关公蟹科		82
	鬼鱟	肢口纲	剑尾目	鲎科	圆尾蝎鲎	90
桂	桂花	硬骨鱼纲	鲈形目	石首鱼科	大黄鱼	382
海	海八哥	鸟纲	鸻形目	石鸻科	大石鸻	507
	海人魚	兽纲	海牛目	儒艮科	儒艮	591
	海夫人	双壳纲	贻贝目	贻贝科	紫贻贝	56
	海夫人	双壳纲	贻贝目	贻贝科	翡翠股贻贝	57
	海牛	腹足纲	裸鳃目	枝背海牛科	枝背海牛	49
	海牛	兽纲	海牛目	儒艮科	儒艮	591
	海牛	硬骨鱼纲	鲀形目	箱鲀科	箱鲀	395
	海月	双壳纲	珍珠贝目	海月科		59
	海月	双壳纲	珍珠贝目	海月科	海月	60
	海瓜子	双壳纲	廉蛤目	樱蛤科	彩虹明樱蛤	65
	海瓜皮	海参纲				340
	海舌	鉢水母纲	根口水母目	根口水母科	海蜇	8
	海百合	海百合纲	等节海百合目	等节海百合科	多节新海百合	338
	海羊齒	海百合纲	栉羽枝目	海羊齿科	锯羽丽海羊齿	338
	海豆芽	海豆芽纲	海豆芽目	海豆芽科	海豆芽	337
	海豕	硬骨鱼纲	鲈形目	隆头鱼科	海猪鱼	385
	海折	鉢水母纲	根口水母目	根口水母科	海蜇	8
	海折皮	鉢水母纲	根口水母目	根口水母科	海蜇	8
	海男子	海参纲				340
	海男子	海参纲	楯手目	刺参科	仿刺参	340
	海君白事小吏	头足纲	乌贼目	乌贼科		70
海	海君白事小吏	头足纲	乌贼目	乌贼科	金乌贼	71
	海豘	兽纲	鲸目	海豚科	海豚	625
	海狗	硬骨鱼纲	鲈形目	鰕虎鱼科	中牙鰕虎鱼	389
	海茄	海参纲				340
	海茄	海参纲	芋参目	尻参科	海地瓜	340
	海青	鸟纲	隼形目	隼科	矛隼	475
	海和尚	兽纲	海牛目	儒艮科	儒艮	591
	海東青	鸟纲	隼形目	隼科	矛隼	475
	海若小史	头足纲	乌贼目	乌贼科	金乌贼	71
	海若白事小史	头足纲	乌贼目	乌贼科		70
	海若白事小吏	头足纲	乌贼目	乌贼科		70

字头	古名	纲	目	科	现名	页码
海	海若白事小吏	头足纲	乌贼目	乌贼科	金乌贼	71
	海炖魚	兽纲	鲸目	海豚科	海豚	625
	海南了哥	鸟纲	雀形目	椋鸟科	鹩哥	565
	海荔枝	双壳纲	贻贝目	贻贝科	毛贻贝	57
	海茴香	海星纲	钳棘目	海盘车科	海星车	338
	海南鳥	鸟纲	鹃形目	杜鹃科		525
	海南鳥	鸟纲	鹃形目	杜鹃科	四声杜鹃	527
	海星類	海星纲				338
	海紅	双壳纲	贻贝目	贻贝科		56
	海紅	双壳纲	贻贝目	贻贝科	紫贻贝	56
	海紅	海参纲				340
	海紅	海参纲	芋参目	芋参科	海棒槌	340
	海扇	双壳纲	珍珠贝目	扇贝科		59
	海扇	双壳纲	廉蛤目	砗磲科		64
	海扇	双壳纲	廉蛤目	砗磲科	大砗磲	64
	海蚌	双壳纲	珍珠贝目	珍珠贝科		59
	海烏	硬骨鱼纲	鲻形目	鲻科	鲻	378
	海豨	硬骨鱼纲	鲈形目	隆头鱼科	海猪鱼	385
	海豨	兽纲	鲸目	海豚科	海豚	625
	海珠	腹足纲	无楯目	海兔科	蓝斑背肛海兔	49
	海蛛	蛇尾纲				338
	海珠蚌	双壳纲	珍珠貝目	珍珠贝科		59
	海粉	腹足纲	无楯目	海兔科	蓝斑背肛海兔	49
	海粉蟲	腹足纲	无楯目	海兔科	海兔	49
	海馬	昆虫纲	半翅目	水黾科		199
	海馬	硬骨鱼纲	刺鱼目	海龙科	刺海马	377
	海馬	硬骨鱼纲	刺鱼目	海龙科	海马	377
	海骨董魚	硬骨鱼纲	鳕形目	鳕科	大头鳕	376
	海肥	腹足纲	中腹足目	宝贝科		47
	海蚵	螠纲	螠目	螠科	青岛池体螠	40
	海蚵	螠纲	螠目	螠科	绛体管口螠	40
	海蛆	硬骨鱼纲	刺鱼目	海龙科	日本海马	377
	海雀	硬骨鱼纲	鲀形目	箱鲀科	箱鲀	395
	海參	海参纲				339
	海參	海参纲	楯手目	刺参科	仿刺参	340
	海參	海参纲	楯手目	海参科	白底辐肛参	340
	海婦	兽纲	海牛目	儒艮科	儒艮	591
	海蛇	爬行纲	蛇目	眼镜蛇科	海蛇	430
	海術	头足纲	乌贼目	乌贼科		70
	海豚	兽纲	鲸目	海豚科	海豚	625
	海豚魚	兽纲	鲸目	海豚科	海豚	625
	海蛆	鉢水母纲	根口水母目	根口水母科	海蜇	8
	海蛤	双壳纲	廉蛤目	蛤蜊科		64
	海蛤	双壳纲	廉蛤目	廉蛤科	文蛤	67
	海葵	珊瑚虫纲	海葵目	海葵科	海葵	8
	海蕿	海参纲				340
	海蕿	海参纲	楯手目	刺参科	仿刺参	340
	海猩	兽纲	食肉目	海豹科	海豹	617
	海棠白大頭	昆虫纲	直翅目	蟋蟀科		160

字头	古名	纲	目	科	现名	页码
候	候雁	鸟纲	雁形目	鸭科	小白额雁	458
唤	唤起	鸟纲	佛法僧目	戴胜科	戴胜	542
唧	唧鈴子	昆虫纲	直翅目	蟋蟀科	双带啁蛉蟋	165
笄	笄蛭	涡虫纲	三肠目	笄蛭科	笄蛭蜗虫	10
芹	芹蜂	昆虫纲	膜翅目	蜜蜂科		316
脊	脊令	鸟纲	雀形目	鹡鸰科		548
	脊骨部	脊椎动物亚门				341
	脊椎動物	脊椎动物亚门				341
記	記月魚	硬骨鱼纲	鲑形目	香鱼科	香鱼	352
家	家馬蜂	昆虫纲	膜翅目	马蜂科	家马蜂	327
	家鹿	兽纲	啮齿目			627
	家雀	鸟纲	雀形目	文鸟科	树麻雀	584
	家愗	海豆芽纲	海豆芽目	海豆芽科	海豆芽	337
	家蜂	昆虫纲	膜翅目	蜜蜂科		318
	家蜂	昆虫纲	膜翅目	蜜蜂科	中华蜜蜂	318
	家鼠	兽纲	啮齿目	鼠科	小家鼠	639
	家賓	鸟纲	雀形目	文鸟科	树麻雀	584
	家蜨	昆虫纲	蜚蠊目			128
	家鴨	鸟纲	雁形目	鸭科	绿头鸭	463
	家雞	硬骨鱼纲	鲈形目	鲷科	真鲷	383
	家蠶	昆虫纲	鳞翅目	家蚕蛾科	家蚕	301
	家鱅魚	硬骨鱼纲	鳕形目	鳕科	大头鳕	376
蚆	蚆	昆虫纲	同翅目	蝉科		181
	蚆	昆虫纲	蜻蜓目			119
桀	桀步	甲壳纲	短尾下目	沙蟹科	弧边招潮	86
	桀魚	硬骨鱼纲	鼠鱚目	遮目鱼科	遮目鱼	356
砝	砝	甲壳纲	茗荷目	指茗荷科	龟足	75
蚧	蚧殼蟲	昆虫纲	同翅目	盾蚧科		198
	蚧蟲	尾感器纲	尖尾目	尖尾科	蛲虫	17
桔	桔鶇	鸟纲	鹃形目	杜鹃科		525
蛈	蛈蝁	昆虫纲	同翅目	蝉科		180
蚼	蚼	昆虫纲	等翅目			132
	蚼	倍足纲				94
冠	冠雉	鸟纲	鸡形目	雉科	雉鸡环颈雉	491
狼	狼蛛	蛛形纲	蜘蛛目	狼蛛科	道氏艾狼蛛	101
	狼蛛科	蛛形纲	蜘蛛目	狼蛛科		101
	狼蛛群	蛛形纲	蜘蛛目	狼蛛科	克拉克豹蛛	101
	狼蛛屬	蛛形纲	蜘蛛目	狼蛛科	克拉克豹蛛	101
	狼籍	硬骨鱼纲	鲈形目	鲷科	真鲷	383
	狼籍魚	软骨鱼纲	锯鳐目	锯鳐科	尖齿锯鳐	343
浪	浪鯉	硬骨鱼纲	鲻形目	鲻科	鲅	378
狸	狸	兽纲	食肉目	灵猫科		615
	狸	兽纲	食肉目	猫科		612
	狸	兽纲	食肉目	猫科	豹猫	612
	狸	兽纲	啮齿目	河狸科	河狸	633
	狸子	兽纲	食肉目	猫科		612
	狸兒	兽纲	食肉目	猫科	虎	613
	狸貓	兽纲	食肉目	猫科		612
	狸貓	兽纲	食肉目	猫科	豹猫	612

字头	古名	纲	目	科	现名	页码
栗	栗留	鸟纲	鸮形目	鸱鸮科		531
	栗鼠	兽纲	啮齿目	松鼠科	花鼠	631
珕	珕	双壳纲	贻贝目	江珧科		57
料	料哥	鸟纲	雀形目	椋鸟科	鹩哥	565
留	留師	昆虫纲	膜翅目	蜜蜂科		316
	留師	昆虫纲	膜翅目	蜜蜂科	木蜂	319
流	流火	昆虫纲	鞘翅目	萤科		230
	流蛴	多毛纲	沙蚕目	沙蚕科	沙蠶	22
	流螢	昆虫纲	鞘翅目	萤科		226
	流螢	昆虫纲	鞘翅目	萤科	高山锯角萤	232
	流螢	昆虫纲	鞘翅目	雌光萤科		232
	流螺	腹足纲	新腹足目	蛾螺科	香螺	48
	流離	鸟纲	鸮形目	鸱鸮科		530
馬	馬	兽纲	奇蹄目	马科		619
	馬刀	双壳纲	蚌目	蚌科		63
	馬刀	双壳纲	蚌目	蚌科	矛蚌	63
	馬刀	双壳纲	蚌目	蚌科	短褶矛蚌	63
	馬大頭	昆虫纲	蜻蜓目	蜓科	碧伟蜓	121
	馬口魚	硬骨鱼纲	鲤形目	鲤科	马口鱼	356
	馬甲	双壳纲	贻贝目	江珧科		58
	馬甲柱	双壳纲	贻贝目	江珧科		57
	馬甲柱	双壳纲	贻贝目	江珧科	栉江珧	58
	馬卵蜂	昆虫纲	膜翅目	蜜蜂科	大蜜蜂	318
	馬明退	昆虫纲	鳞翅目	家蚕蛾科	家蚕	301
	馬明菩薩	昆虫纲	鳞翅目	家蚕蛾科	家蚕	301
	馬虱	昆虫纲	虱目	血虱科	驴血虱	175
	馬郎	昆虫纲	蜻蜓目			117
	馬珂螺	腹足纲	中腹足目	冠螺科	唐冠螺	48
	馬蜞	蛭纲				34
	馬笄	昆虫纲	鞘翅目	萤科		225
	馬耆	蛭纲				34
	馬蚍蜉	昆虫纲	等翅目			131
	馬蚍蜉	昆虫纲	膜翅目	蚁科		330
	馬蚑	蛭纲				34
	馬陸	倍足纲	姬马陆目	姬马陆科	马陆	912
	馬蚰	倍足纲				93
	馬蛰	昆虫纲	同翅目	蝉科		180
	馬蚿	昆虫纲	鞘翅目	萤科		225
	馬蚿	倍足纲				92
	馬蜞	蛭纲				34
	馬蛇子	爬行纲	蜥蜴目	蜥蜴科	麻蜥	423
	馬鹿	兽纲	偶蹄目	鹿科	马鹿	621
	馬寔龍精	昆虫纲	半翅目	水黾科		199
	馬蛤	双壳纲	蚌目	蚌科		63
	馬蛤	双壳纲	蚌目	蚌科	矛蚌	63
	馬蛭	蛭纲				33
	馬蛭	蛭纲	无吻蛭目	沙蛭科	勃氏齿蛭	38
	馬蚰	倍足纲				93
	馬軻螺	腹足纲	中腹足目	冠螺科	唐冠螺	48
	馬黄	蛭纲				33
	馬黄	蛭纲	无吻蛭目	黄蛭科	宽体金线蛭	37

字头	古名	纲	目	科	现名	页码
蚳	蚳	昆虫纲	双翅目	虻科		266
蚚	蚚	昆虫纲	双翅目	虻科		266
	蚚	昆虫纲	双翅目	蝇科		270
	蚚	昆虫纲	鞘翅目	象虫科		249
	蚚	昆虫纲	鞘翅目	象虫科	米象	252
	蚚	昆虫纲	鞘翅目	象虫科	谷象	251
	蚚	倍足纲				93
	蚚	昆虫纲	双翅目	丽蝇科		273
	蚚父	昆虫纲	鞘翅目	金龟子科		213
	蚚父	昆虫纲	螳螂目	螳螂科		139
氣	氣包魚	硬骨鱼纲	鲀形目	鲀科	东方鲀	395
	氣魚	硬骨鱼纲	鲀形目	刺鲀科	九斑刺鲀	396
	氣魚	硬骨鱼纲	鲀形目	鲀科	东方鲀	396
	氣盤	昆虫纲	蜚蠊目			123
	氣盤蟲	昆虫纲	鞘翅目	步甲科	行夜	208
	氣盤蟲	昆虫纲	蜚蠊目			124
	氣蟞	昆虫纲	蜚蠊目			123
	氣蟞	昆虫纲	鞘翅目	步甲科	行夜	208
	氣蟞蟲	昆虫纲	蜚蠊目			123
蚈	蚈	昆虫纲	鞘翅目	萤科		225
	蚈螢	昆虫纲	鞘翅目	萤科		226
秦	秦王魚	硬骨鱼纲	鲟形目	鲟科	施氏鲟	346
	秦吉了	鸟纲	雀形目	椋鸟科	鹩哥	564
	秦吉了	鸟纲	雀形目	椋鸟科	八哥属	563
	秦吉了	鸟纲	鹦形目	鹦鹉科	短尾鹦鹉	520
	秦皇魚	硬骨鱼纲	鲟形目	鲟科	施氏鲟	346
	秦渠	昆虫纲	鞘翅目	萤科		225
	秦燕	鸟纲	雀形目	燕科	家燕	548
	秦龜	爬行纲	龟鳖目	龟科	乌龟	416
蛷	蛷螋	昆虫纲	革翅目	球螋科	中华球螋	144
拳	拳螺	腹足纲				43
蚦	蚦	爬行纲	蛇目	蟒科	蟒蛇	425
挐	挐不住	昆虫纲	双翅目	蠓科		261
蚋	蚋	昆虫纲	双翅目	蚊科		255
	蚋	昆虫纲	双翅目	蚋科		260
	蚋	昆虫纲	双翅目	蚋科	马蚋	261
	蚋	昆虫纲	双翅目	蛾蠓科	星毛蠓	254
	蚋	昆虫纲	双翅目	蠓科		261
	蚋	昆虫纲	双翅目	蠓科	蠛蠓	263
	蚋子	昆虫纲	双翅目	蚋科		260
	蚋蟆之類	昆虫纲	双翅目	蚋科		260
弱	弱蟲	吸虫纲				11
桑	桑中蟲	昆虫纲	鞘翅目	天牛科		240
	桑中蟲	昆虫纲	鳞翅目	天蛾科		309
	桑中蠶蟲	昆虫纲	鳞翅目	天蛾科		309
	桑中蠹蟲	昆虫纲	鞘翅目	天牛科		240
	桑天牛	昆虫纲	鞘翅目	天牛科	粒肩天牛	244
	桑牛	昆虫纲	鞘翅目	天牛科		240
	桑牛	昆虫纲	鞘翅目	天牛科	星天牛	243
	桑牛	昆虫纲	鞘翅目	天牛科	桑象天牛	245
桑	桑牛	腹足纲	柄眼目	蜗牛科		51
	桑羊盧	昆虫纲	鞘翅目	天牛科	星天牛	243
	桑羊	昆虫纲	鞘翅目	天牛科	黑星天牛	244
	桑虎	昆虫纲	鞘翅目	天牛科	桑脊虎天牛	246
	桑虱	昆虫纲	同翅目	绵蚧科	桑虱	197
	桑飛	鸟纲	雀形目	鹟科	文须雀	581
	桑飛	鸟纲	雀形目	鷦鷯科	鷦鷯	575
	桑根	昆虫纲	蜻蜓目			119
	桑根	昆虫纲	鳞翅目	螟蛾科	桑绢野螟	294
	桑根蛇	爬行纲	蛇目	游蛇科	赤链蛇	427
	桑扈	鸟纲	雀形目	雀科	黑头蜡嘴雀	587
	桑扈	鸟纲	雀形目	雀科	锡嘴雀	589
	桑捲	昆虫纲	蜻蜓目			119
	桑雇	鸟纲	雀形目	雀科	黑头蜡嘴雀	587
	桑蛸條	昆虫纲	螳螂目	螳螂科		139
	桑鳩	鸟纲	佛法僧目	戴胜科	戴胜	541
	桑鳩	鸟纲	鹃形目	杜鹃科		521
	桑鳩	鸟纲	鹃形目	杜鹃科	大杜鹃	528
	桑鳩	鸟纲	鹃形目	杜鹃科	鸦鹃	529
	桑蜱蛸	昆虫纲	螳螂目	螳螂科		139
	桑鳸	鸟纲	雀形目	雀科	黑头蜡嘴雀	587
	桑錢	鸟纲	雀形目	鷦鷯科	鷦鷯	575
	桑蟲	昆虫纲	鞘翅目	天牛科		240
	桑蟲	昆虫纲	鳞翅目	螟蛾科	桑绢野螟	294
	桑蟲	昆虫纲	鳞翅目	天蛾科		309
	桑闔	昆虫纲	鳞翅目	尺蛾科		307
	桑繭	昆虫纲	鳞翅目	家蚕蛾科	家蚕	302
	桑繭	昆虫纲	鳞翅目	家蚕蛾科	野蚕	305
	桑蠍	昆虫纲	鞘翅目	天牛科		240
	桑蠶	昆虫纲	鳞翅目	家蚕蛾科	家蚕	302
	桑蠶	昆虫纲	鳞翅目	家蚕蛾科	野蚕	305
	桑蠶	昆虫纲	鳞翅目	大蚕蛾科	柞蚕	295
	桑蠹	昆虫纲	鞘翅目	吉丁虫科		221
	桑蠹	昆虫纲	鞘翅目	天牛科		240
	桑蠹	昆虫纲	鞘翅目	天牛科	星天牛	243
	桑蠹	昆虫纲	鞘翅目	天牛科	桑象天牛	245
	桑蠹蟲	昆虫纲	鞘翅目	天牛科		241
紗	紗羊	昆虫纲	蜻蜓目			119
莎	莎草蟲	昆虫纲	直翅目	蟋蟀科		159
	莎雞	鸟纲	鸽形目	沙鸡科	毛腿沙鸡	514
	莎雞	昆虫纲	同翅目	樗鸡科	樗鸡	196
	莎雞	昆虫纲	直翅目	蝗科	红翅皱膝蝗	150
莎	莎雞	昆虫纲	直翅目	螽斯科		152
	莎雞	昆虫纲	直翅目	螽斯科	纺织娘	155
	莎雞	昆虫纲	直翅目	螽斯科	鸣螽	155
	莎雞	昆虫纲	直翅目	蟋蟀科		159
	莎雞	鸟纲	鸡形目	雉科	红腹锦鸡金鸡	495
	莎鷄	昆虫纲	同翅目	樗鸡科	樗鸡	196
	莎鷄	昆虫纲	直翅目	螽斯科		152
	莎鷄	昆虫纲	直翅目	螽斯科	纺织娘	156

字头	古名	纲	目	科	现名	页码
蚊	蚊螂	昆虫纲	双翅目	蛾蠓科		254
蚃	蚃	昆虫纲	双翅目	蚊科		257
翁	翁鳧	鸟纲	雁形目	鸭科	凤头潜鸭	464
	翁雞	鸟纲	雁形目	鸭科	雁族	458
	翁鶏	鸟纲	雁形目	鸭科	雁族	457
烏	烏	鸟纲	雀形目	鸦科	白颈鸦	572
	烏牙淡黃	昆虫纲	直翅目	蟋蟀科		163
	烏肉蛇	爬行纲	蛇目	眼镜蛇科	眼镜蛇	429
	烏臼	鸟纲	雀形目	卷尾科	黑卷尾	560
	烏尾鸛	鸟纲	鸛形目	鸛科		448
	烏投	双壳纲	贻贝目	贻贝科	带偏顶蛤	56
	烏青	昆虫纲	直翅目	蟋蟀科		160
	烏青大頭	昆虫纲	直翅目	蟋蟀科		160
	烏背白青	昆虫纲	直翅目	蟋蟀科		160
	烏背青	昆虫纲	直翅目	蟋蟀科		160
	烏背紅牙青	昆虫纲	直翅目	蟋蟀科		160
	烏虎蛇	爬行纲	蛇目	眼镜蛇科	眼镜王蛇	429
	烏則	头足纲	八腕目	章鱼科		72
	烏則	头足纲	八腕目	乌贼科		70
	烏庫力魚	硬骨鱼纲	鲑形目	鲑科	乌苏里白鲑	352
	烏狼	硬骨鱼纲	鲀形目	鲀科	东方鲀	395
	烏蚊	昆虫纲	同翅目	倍蚜科	圆角倍蚜	196
	烏鬼	鸟纲	鹈形目	鸬鹚科	普通鸬鹚	443
	烏梢蛇	爬行纲	蛇目	游蛇科	乌梢蛇	428
	烏蛇	爬行纲	蛇目	游蛇科	乌梢蛇	428
	烏雪	鸟纲	雀形目	鹟科	乌鸫	580
	烏魚	硬骨鱼纲	鲈形目	鳢科	乌鳢	391
	烏魚	硬骨鱼纲	鲻形目	鲻科	鲛	378
	烏魚	硬骨鱼纲	鲻形目	鲻科	鲻	378
	烏鳥	鸟纲	雀形目	鸦科	红嘴蓝鹊	567
	烏鳥	鸟纲	雀形目	鸦科	喜鹊	568
	烏童鸛	鸟纲	鸛形目	鸛科		449
	烏舅	鸟纲	雀形目	伯劳科		553
	烏舅鳥	鸟纲	雀形目	鹟科	乌鸫	579
	烏蜀	昆虫纲	鳞翅目	天蛾科		310
	烏賊	头足纲	乌贼目	乌贼科		69
	烏賊魚	头足纲	乌贼目	乌贼科		70
	烏賊魚	头足纲	乌贼目	乌贼科	白斑乌贼	71
	烏賊魚	头足纲	乌贼目	乌贼科	金乌贼	71
	烏鳳	鸟纲	雀形目	卷尾科	大盘尾	561
	烏鳳	鸟纲	雀形目	卷尾科	黑卷尾	561
	烏鳳鵲	鸟纲	雀形目	卷尾科	大盘尾	561
	烏蚙	双壳纲	贻贝目	贻贝科	麦氏偏顶蛤	56
	烏蚙	双壳纲	贻贝目	贻贝科	黑荞麦蛤	57
	烏鴉	鸟纲	雀形目	鸦科	大嘴乌鸦	572
	烏鴉	鸟纲	雀形目	鸦科	小嘴乌鸦	572
	烏頭	软骨鱼纲	真鲨目	真鲨科	侧条真鲨	342
	烏頬	硬骨鱼纲	鲈形目	鲷科	黑鲷	383
	烏髻	软骨鱼纲	真鲨目	真鲨科	乌翅真鲨	343
	烏龍	两栖纲	有尾目	蝾螈科	东方蝾螈	400
	烏龜	爬行纲	龟鳖目	龟科	乌龟	416
烏	烏蟒	爬行纲	蛇目	游蛇科	王锦蛇	427
	烏鴭	鸟纲	雀形目	卷尾科	黑卷尾	560
	烏檡	兽纲	食肉目	猫科	虎	614
	烏翼子	鸟纲	雀形目	椋鸟科	八哥属	563
	烏黏	双壳纲	贻贝目	贻贝科	黑荞麦蛤	57
	烏齋	昆虫纲	蜻蜓目			119
	烏雞	鸟纲	鹤形目	秧鸡科	骨顶鸡	503
	烏鯽	硬骨鱼纲	鲤形目	鲤科	鲫	368
	烏鵙	鸟纲	雀形目	卷尾科	黑卷尾	560
	烏鵙	鸟纲	鸨形目	鸨科	凤头麦鸡	504
	烏鯉	硬骨鱼纲	鲈形目	鳢科	乌鳢	391
	烏鵲	鸟纲	雀形目	鸦科	喜鹊	568
	烏鵶	鸟纲	雀形目	鸦科	小嘴乌鸦	572
	烏鵤	鸟纲	雀形目	卷尾科	黑卷尾	560
	烏蠋	昆虫纲	鳞翅目	天蛾科		309
	烏鱉	头足纲	乌贼目	乌贼科		69
	烏蠘	头足纲	乌贼目	乌贼科		70
	烏鰂	头足纲	乌贼目	乌贼科		70
	烏鰂	头足纲	乌贼目	乌贼科	金乌贼	71
	烏鷄	鸟纲	鹤形目	秧鸡科	骨顶鸡	503
	烏鰡	硬骨鱼纲	鲤形目	鲤科	青鱼	357
	烏鰻	硬骨鱼纲	鳗鲡目	鳗鲡科	鳗鲡	355
	烏鷳	鸟纲	鸡形目	雉科	黑鹇	489
	烏鱧	硬骨鱼纲	鲈形目	鳢科	乌鳢	391
	烏鸔	鸟纲	鸨形目	鸨科	凤头麦鸡	504
	烏鸏	鸟纲	雁形目	鸭科	普通秋沙鸭	466
	烏鸛	鸟纲	鸛形目	鸛科		449
	烏鸛	鸟纲	鸛形目	鸛科	黑鸛	450
奚	奚相	昆虫纲	鞘翅目	象虫科		249
	奚相	昆虫纲	鞘翅目	象虫科	麻栎象	250
	奚相	昆虫纲	双翅目	蚊科		257
唏	唏摸磨希扁蟲	无针纲	异纽目	纵沟纽虫科	纽虫	14
氤	氤蠜	昆虫纲	蜚蠊目			123
玪	玪	双壳纲	廉蛤目	蛤蜊科		64
夏	夏叮肉	昆虫纲	半翅目	臭虫科	臭虫	198
	夏舌	鸟纲	佛法僧目	戴胜科	戴胜	542
	夏利	腹足纲	翼足目	海若螺科	海若螺	49
	夏侯	鸟纲	雀形目	燕科	斑腰燕	548
	夏候	鸟纲	雨燕目	雨燕科	普通楼燕	534
	夏草冬蟲	昆虫纲	鳞翅目	蝙蝠蛾科	虫草蝠蛾	288
	夏扈	鸟纲	雀形目	雀科	黑头蜡嘴雀	586
夏	夏扈	鸟纲	雀形目	雀科	黑尾蜡嘴雀	589
	夏雇	鸟纲	雀形目	雀科	黑头蜡嘴雀	586
	夏翟	鸟纲	鸡形目	雉科		479
	夏翟	鸟纲	鸡形目	雉科	白冠长尾雉	492
	夏鳸	鸟纲	雀形目	雀科	黑头蜡嘴雀	586
	夏鳸	鸟纲	鹃形目	杜鹃科	四声杜鹃	528
	夏蟬	昆虫纲	同翅目	蝉科		180
	夏雞	鸟纲	雀形目	卷尾科	黑卷尾	561
	夏雞	鸟纲	佛法僧目	戴胜科	戴胜	542
	夏蠶	昆虫纲	鳞翅目	家蚕蛾科	家蚕	301

字头	古名	纲	目	科	现名	页码
祝	祝鳩	鸟纲	鸽形目	鸠鸽科	灰斑鸠	517
	祝鳩	鸟纲	雀形目	卷尾科	黑卷尾	561
	祝鳩	鸟纲	雀形目	鶲科	乌鸫	579
	祝鳩	鸟纲	鸽形目			511
秭	秭鳺	鸟纲	鹃形目	杜鹃科		525
	秭歸	鸟纲	鹃形目	杜鹃科		526
	十一画					
梆	梆子頭	昆虫纲	直翅目	蟋蟀科		159
	梆子頭	昆虫纲	直翅目	蟋蟀科	棺头蟋	165
蚌	蚌	双壳纲	蚌目	蚌科		62
庳	庳	鸟纲	鸡形目	雉科	鹌鹑	484
蜚	蜚	甲壳纲	短尾下目	关公蟹科		82
被	被囊類	海鞘纲				341
蛜	蛜	昆虫纲	膜翅目	短翅泥蜂科		327
婢	婢	硬骨鱼纲	鲤形目	鲤科	鳑鲏鱼	363
	婢妾魚	硬骨鱼纲	鲤形目	鲤科	鳑鲏鱼	363
	婢魚	硬骨鱼纲	鲤形目	鲤科	鳑鲏鱼	363
	婢屣魚	硬骨鱼纲	鲽形目			393
匾	匾螺	双壳纲	廉蛤目	蚬科		66
	匾蠜	昆虫纲	直翅目	蝗科	中华剑角蝗	149
蚾	蚾	昆虫纲	蜉蝣目			110
	蚾	昆虫纲	鞘翅目	虎甲科		206
	蚾	昆虫纲	鞘翅目	虎甲科	虎甲	208
	蚾蛷	昆虫纲	革翅目			142
	蚾蟦	昆虫纲	鞘翅目	虎甲科		207
蛃	蛃	昆虫纲	衣鱼目			108
	蛃魚	昆虫纲	衣鱼目			108
	蛃魚	昆虫纲	衣鱼目	衣鱼科	多毛栉衣鱼	109
敹	敹螬	昆虫纲	鞘翅目			205
	敹螬	昆虫纲	鞘翅目	鳃角金龟科		218
敹	敹螬	昆虫纲	鞘翅目	花金龟科		219
舶	舶鴿	鸟纲	鸽形目	鸠鸽科	鸽属	516
蛧	蛧	昆虫纲	脉翅目	草蛉科		203
彩	彩囊	鸟纲	鸡形目	雉科	红腹角雉	488
	彩囊	鸟纲	鸡形目	雉科	黄腹角雉	488
採	採花子	昆虫纲	鳞翅目			283
菜	菜花玉筋	硬骨鱼纲	鲈形目	玉筋鱼科	玉筋鱼	385
	菜花蛇	爬行纲	蛇目	游蛇科	黑眉锦蛇	427
	菜蟳	甲壳纲	十足目	梭子蟹科	青蟹	84
參	參魚	硬骨鱼纲	鲤形目	鲤科	鰲	360
	參條魚	硬骨鱼纲	鲤形目	鲤科	鰲	360
側	側口魚	硬骨鱼纲	鲽形目			394
	側目魚	硬骨鱼纲	鲽形目			394
常	常羊	昆虫纲	直翅目	蝗科		145
	常羊	昆虫纲	直翅目	螽斯科		152
	常羊	昆虫纲	直翅目	螽斯科	大硕螽	155
	常羊	昆虫纲	蜚蠊目			125
	常芊	昆虫纲	直翅目	螽斯科		152
晨	晨風	鸟纲	隼形目	隼科		474
	晨鳧	鸟纲	鹈鹕目	鹈鹕科		438
	晨鳧	鸟纲	雁形目	鸭科	鸭族	461

字头	古名	纲	目	科	现名	页码
蚳	蚳	昆虫纲	双翅目	虻科		266
	蚳	昆虫纲	等翅目			132
	蚳	昆虫纲	膜翅目	蚁科		331
	蚳蝝	昆虫纲	等翅目			133
	蚳醢	昆虫纲	膜翅目	蚁科		328
蚇	蚇蠖	昆虫纲	鳞翅目	尺蛾科		307
豉	豉	昆虫纲	鞘翅目	豉甲科		208
	豉母	昆虫纲	鞘翅目	豉甲科		208
	豉母蟲	昆虫纲	鞘翅目	豉甲科		208
	豉母蟲	昆虫纲	鞘翅目	豉甲科	大豉甲	209
	豉蟲	昆虫纲	鞘翅目	豉甲科		208
	豉蟲	昆虫纲	鞘翅目	豉甲科	大豉甲	209
	豉蟲	昆虫纲	鞘翅目	豉甲科	日本豉甲	209
春	春黍	昆虫纲	直翅目	蝗科		145
	春黍	昆虫纲	直翅目	螽斯科		152
	春鉏	鸟纲	鹳形目	鹭科	白鹭	445
	春箕	昆虫纲	直翅目	蝗科		145
	春箕	昆虫纲	直翅目	螽斯科		152
	春鋤	鸟纲	鹳形目	鹭科	白鹭	446
船	船矴魚	硬骨鱼纲	鲈形目	塘鳢科	黄鲋	388
	船矴魚	硬骨鱼纲	鲤形目	鲤科	蛇鮈	366
	船釘魚	硬骨鱼纲	鲤形目	鲤科	蛇鮈	366
	船碇魚	硬骨鱼纲	鲈形目	塘鳢科	黄鲋	388
蛁	蛁	昆虫纲	鳞翅目			283
	蛁	昆虫纲	鳞翅目	刺蛾科		290
帶	帶	硬骨鱼纲	鲈形目	带鱼科	带鱼	385
	帶柳	硬骨鱼纲	鲈形目	带鱼科	小带鱼	385
	帶魚	硬骨鱼纲	鲈形目	带鱼科	带鱼	385
	帶鳥	鸟纲	雀形目	鹟科	寿带[鸟]	582
	帶絲	硬骨鱼纲	鲈形目	带鱼科	带鱼	385
	帶絲禽	鸟纲	鹳形目	鹭科	白鹭	446
淡	淡白青麻	昆虫纲	直翅目	蟋蟀科		160
	淡青大頭	昆虫纲	直翅目	蟋蟀科		160
	淡青尖翅	昆虫纲	直翅目	蟋蟀科		160
	淡紅麻頭	昆虫纲	直翅目	蟋蟀科		160
	淡菜	双壳纲	贻贝目	贻贝科		55
	淡菜	双壳纲	贻贝目	贻贝科	紫贻贝	56
	淡菜	双壳纲	贻贝目	贻贝科	翡翠股贻贝	56
	淡紫黄	昆虫纲	直翅目	蟋蟀科		160
	淡鮰	硬骨鱼纲	鲱形目	鳀科	鳀	350
啖	啖糞蟲	昆虫纲	鞘翅目	金龟子科		213
笛	笛師	昆虫纲	膜翅目	胡蜂科		322
	笛師	昆虫纲	膜翅目	铃腹胡蜂科		326
	笛師	昆虫纲	膜翅目	蜜蜂科		316
	笛師	昆虫纲	膜翅目	蜜蜂科	木蜂	319
	笛師	昆虫纲	膜翅目	蜜蜂科	黄胸木蜂	319
蛁	蛁	昆虫纲	鞘翅目	皮蠹科	白腹皮蠹	232
	蛁	昆虫纲	同翅目	蝉科		183
	蛁蛚	昆虫纲	同翅目	蝉科		183
	蛁蟟	昆虫纲	同翅目	蝉科		184
	蛁蟟	昆虫纲	同翅目	蝉科		183

字头	古名	纲	目	科	现名	页码
連	連雀	鸟纲	雀形目	太平鸟科	太平鸟，十二黄	551
	連錢	鸟纲	雀形目	鹡鸰科		549
	連錢	鸟纲	雀形目	鹡鸰科	日本鹡鸰	552
	連錢	鸟纲	雀形目	鹡鸰科	白鹡鸰	566
涼	涼螢	昆虫纲	鞘翅目	萤科		226
梁	梁渠	兽纲	食肉目	灵猫科	花面狸	615
羚	羚	兽纲	偶蹄目	牛科	鬣羚	624
蛉	蛉	昆虫纲	蜻蜓目			119
	蛉蛄	昆虫纲	蜻蜓目			119
	蛉蛄	昆虫纲	同翅目	蝉科		183
	蛉蜻	昆虫纲	蜻蜓目			119
陵	陵龜	爬行纲	龟鳖目	龟科	闭壳龟	417
	陵龜	爬行纲	龟鳖目	龟科	黄缘闭壳龟	417
	陵螺	腹足纲	柄眼目	蜗牛科		51
	陵螺	腹足纲	柄眼目	蜗牛科	华蜗牛	52
	陵鯉	兽纲	鳞甲目	鲮鲤科	鲮鲤	612
	陵蠃	腹足纲	柄眼目	蜗牛科		51
	陵蠡	腹足纲	柄眼目	蜗牛科		51
	陵蠡	腹足纲	柄眼目	蛞蝓科	野蛞蝓	50
鹿	鹿	兽纲	偶蹄目	鹿科	马鹿	621
	鹿	兽纲	偶蹄目	鹿科	海南坡鹿	621
	鹿	兽纲	偶蹄目	鹿科	梅花鹿	621
	鹿子魚	硬骨鱼纲	鲀形目	革鲀科	中华单角鲀	394
	鹿子魚	硬骨鱼纲	鲀形目	箱鲀鱼	角箱鲀	395
	鹿角	硬骨鱼纲	鲀形目	革鲀科	中华单角鲀	394
	鹿魚	硬骨鱼纲	鲀形目	革鲀科	中华单角鲀	394
	鹿角蟲	昆虫纲	鞘翅目	锹甲科	福运锹甲	212
	鹿蝱	昆虫纲	双翅目	虻科	牛虻	268
	鹿魚	硬骨鱼纲	鲀形目	革鲀科	中华单角鲀	394
	鹿頭魚	硬骨鱼纲	鲀形目	箱鲀科	角箱鲀	395
	鹿頭魚	硬骨鱼纲	鲀形目	革鲀科	中华单角鲀	394
	鹿類	兽纲	偶蹄目	鹿科		620
鹿	鹿麝	兽纲	偶蹄目	麝科	麝类	620
瀰	瀰海	甲壳纲	短尾下目	方蟹科	狭鄂新绒螯蟹	89
掠	掠蛛科	蛛形纲	蜘蛛目	平腹蛛科	石掠蛛	101
麻	麻大	昆虫纲	双翅目	麻蝇科		275
	麻母	昆虫纲	鞘翅目	金龟子科		214
	麻母	昆虫纲	鞘翅目	金龟子科	神农洁蜣螂	217
	麻衣郎	鸟纲	雀形目	鸦科	红嘴蓝鹊	567
	麻拉利亞	孢子纲	血孢子虫目	疟原虫科	疟原虫	3
	麻紅料	鸟纲	雀形目	雀科	普通朱雀	586
	麻料	鸟纲	雀形目	雀科	黄喉鹀	589
	麻婆	昆虫纲	蜻蜓目			119
	麻雀	鸟纲	雀形目	鹟科	乌灰鸫	578
	麻雀	鸟纲	雀形目	文鸟科	树麻雀	584
	麻魚	软骨鱼纲	鲼形目	魟科		344
	麻裂蠅	昆虫纲	双翅目	蝇科		270
	麻蝨目	硬骨鱼纲	鼠鱚目	遮目鱼科	遮目鱼	356
	麻頭老白青	昆虫纲	直翅目	蟋蟀科		160
麻	麻鴨	鸟纲	雁形目	鸭科	斑嘴鸭	463
	麻鴨	鸟纲	鹳形目	鹭科	大麻鳽	447
	麻蟲	昆虫纲	鞘翅目	天牛科	麻竖毛天牛	246
	麻鵲	鸟纲	雀形目	文鸟科	树麻雀	584
	麻蠅	昆虫纲	双翅目	丽蝇科		275
	麻蠅	昆虫纲	双翅目	麻蝇科		275
	麻蠅	昆虫纲	双翅目	麻蝇科	腐肉蝇	275
	麻蠅	昆虫纲	双翅目	蝇科		270
	麻蠅	昆虫纲	双翅目	蝇科	舍蝇	272
	麻鷯	鸟纲	雀形目	雀科	燕雀	585
麥	麥蛾	昆虫纲	鳞翅目	麦蛾科	麦蛾	289
	麥札	昆虫纲	同翅目	蝉科		182
	麥衣蝶	昆虫纲	鳞翅目	麦蛾科	麦蛾	288
	麥翁鳥	鸟纲	雀形目	鹟科	黑喉石䳭	578
	麥蛰	昆虫纲	同翅目	蝉科		182
	麥魚	硬骨鱼纲	鲈形目	鱚科	多鳞鱚	381
	麥魚	硬骨鱼纲	鲤形目	鲤科	麦穗鱼	365
	麥魚	硬骨鱼纲	鲤形目	鲤科	鳑鲏鱼	363
	麥黃鶖	鸟纲	鹳形目	鹳科	白头鹮鹳	449
	麥蛾	昆虫纲	鳞翅目	麦蛾科	麦蛾	288
	麥蜨	昆虫纲	鳞翅目	麦蛾科	麦蛾	288
	麥稿蟶	双壳纲	廉蛤目	竹蛏科	长竹蛏	66
	麥螺	腹足纲	头楯目	阿地螺科	泥螺	49
	麥藁蟶	双壳纲	廉蛤目	竹蛏科	长竹蛏	66
	麥雞	鸟纲	鹤形目	鹤科	白枕鹤	500
	麥鶏	鸟纲	鹤形目	鹤科	白枕鹤	500
	麥蠿	昆虫纲	同翅目	蝉科		182
蝨	蝨	昆虫纲	鞘翅目	芫菁科		235
梅	梅花鯊	软骨鱼纲	真鲨目	猫鲨科	梅花鲨	342
	梅首	硬骨鱼纲	鲈形目	石首鱼科	大黄鱼	382
	梅童	硬骨鱼纲	鲈形目	石首鱼科	大黄鱼	382
	梅童	硬骨鱼纲	鲈形目	石首鱼科	梅童鱼	382
	梅童魚	硬骨鱼纲	鲈形目	石首鱼科	梅童鱼	382
	梅蝦	甲壳纲	十足目	樱虾科	毛虾	79
	梅螺	腹足纲	头楯目	阿地螺科	泥螺	49
密	密肌	昆虫纲	革翅目			143
	密肌	昆虫纲	革翅目	肥螋科		144
	密肌	昆虫纲	革翅目	肥螋科	海滨肥螋	144
	密狗	兽纲	食肉目	鼬科	青鼬	618
	密饑	昆虫纲	革翅目			143
谋	谋臬拉	肉足纲	变形目	变形科	谋臬拉	3
蟨	蟨	昆虫纲	半翅目	田鳖科		200
鳥	鳥臼	鸟纲	佛法僧目	戴胜科	戴胜	542
	鳥臼	鸟纲	鹃形目	杜鹃科	鸦鹃	528
	鳥沒子	昆虫纲	双翅目	蠓科	台湾蠛蠓	263
	鳥足之根	昆虫纲	鞘翅目	花金龟科		219
	鳥足根	昆虫纲	鞘翅目	花金龟科		219
	鳥板蟲	昆虫纲	鞘翅目	叩甲科		222
	鳥板蟲	昆虫纲	鞘翅目	叩甲科	沟叩甲	223
	鳥虱	昆虫纲	食毛目	水鸟虱科	水鸟虱	173

字头	古名	纲	目	科	现名	页码
軟	軟骨類	软骨鱼纲				342
	軟蟲類	肉足纲				2
商	商庚	鸟纲	雀形目	黄鹂科	黑枕黄鹂	559
	商蚷	倍足纲				94
蛇	蛇	爬行纲	蛇目	游蛇科	棕黑锦蛇	427
	蛇要	昆虫纲	鞘翅目	芫菁科	圆胸地胆	238
	蛇師	爬行纲	蜥蜴目	蜥蜴科	麻蜥	423
	蛇師	两栖纲	有尾目	蝾螈科		399
	蛇婆	爬行纲	蛇目	眼镜蛇科	海蛇	429
	蛇魚	硬骨鱼纲	鳗鲡目	鳗鲡科	鳗鲡	355
	蛇鼠	爬行纲	蜥蜴目	鬣蜥科	草原沙蜥	419
	蛇燕	鸟纲	雨燕目	雨燕科	普通楼燕	534
	蛇燕	鸟纲	雀形目	燕科	金腰燕	548
	蛇燕	鸟纲	雀形目	燕科	斑腰燕	548
	蛇螘	昆虫纲	膜翅目	蚁科		328
	蛇頭鳥	鸟纲	鴷形目	啄木鸟科	蚁鴷	544
	蛇龜	爬行纲	龟鳖目	龟科	闭壳龟	417
	蛇龜	爬行纲	龟鳖目	龟科	黄缘闭壳龟	418
	蛇蟲	蛛形纲	蜘蛛目	狒蛛科	海南单柄蛛	98
	蛇醫	两栖纲	有尾目	蝾螈科		399
	蛇醫母	两栖纲	有尾目	小鲵科	山溪鲵	397
	蛇鷗	鸟纲	雨燕目	雨燕科	普通楼燕	534
	蛇蠱	蛛形纲	蜘蛛目	狒蛛科	海南单柄蛛	98
	蛇鱔	硬骨鱼纲	合鳃目	合鳃鱼科	黄鳝	379
	蛇鱓	硬骨鱼纲	合鳃目	合鳃鱼科	黄鳝	379
	蛇鱣	硬骨鱼纲	合鳃目	合鳃鱼科	黄鳝	379
猞	猞猁孫	兽纲	食肉目	猫科	猞猁	612
蛨	蛨	昆虫纲	蜚蠊目			125
	蛨娘	昆虫纲	螳螂目	螳螂科		139
	蛨娘	昆虫纲	螳螂目	螳螂科	大刀螳	142
	蛨蜋	昆虫纲	螳螂目	螳螂科		139
疏	疏趾	鸟纲	鸡形目	雉科	雉鸡环颈雉	491
	疏齒魚	硬骨鱼纲	鲈形目	隆头鱼科	猪齿鱼	384
率	率然	爬行纲	蛇目	游蛇科	钝尾两头蛇	426
爽	爽	鸟纲	鸽形目	鸠鸽科	绿皇鸠	515
	爽鳩	鸟纲	隼形目	鹰科		468
	爽鳩	鸟纲	隼形目	鹰科	凤头鹰	470
	爽鳩	鸟纲	鸽形目			513
宿	宿蠅	昆虫纲	双翅目	寄蝇科	日本追寄蝇	277
	宿蠅類	昆虫纲	双翅目	寄蝇科		276
速	速兒乞刺	鸟纲	雁形目	鸭科	瘤（疣）鼻天鹅	459
梭	梭尾螺	腹足纲	中腹足目	嵌线螺科	法螺	48
	梭魚	硬骨鱼纲	鲻形目	鲻科	鲻	378
	梭魚	硬骨鱼纲	鲻形目	鲻科	鲹	378
	梭螺	腹足纲	中腹足目	嵌线螺科	法螺	48
	梭雞	昆虫纲	直翅目	螽斯科	纺织娘	156
探	探花	鸟纲	鹦形目	鹦鹉科	短尾鹦鹉	520
	探魚	硬骨鱼纲	鲀形目	鲀科	东方鲀	395
堂	堂蜋	昆虫纲	鞘翅目	金龟子科		213
	堂蜋	昆虫纲	螳螂目	螳螂科		139

字头	古名	纲	目	科	现名	页码
陶	陶河鳥	鸟纲	鹈形目	鹈鹕科		440
淘	淘河	鸟纲	隼形目	鹰科	秃鹫	472
	淘河	鸟纲	鹈形目	鹈鹕科		440
	淘河	鸟纲	鹈形目	鹈鹕科	白鹈鹕	441
	淘河	鸟纲	鹈形目	鹈鹕科	斑嘴鹈鹕	441
	淘河	鸟纲	鹈形目	鸬鹚科	普通鸬鹚	443
	淘鹅	鸟纲	鹈形目	鹈鹕科	白鹈鹕	441
	淘鵞	鸟纲	鹈形目	鹈鹕科		440
	淘鵞	鸟纲	鹈形目	鹈鹕科	斑嘴鹈鹕	441
螣	螣	昆虫纲	直翅目	蝗科		145
蛤	蛤	双壳纲	贻贝目	贻贝科		55
蛈	蛈母	蛛形纲	蜘蛛目	颠当科		97
	蛈蚗	昆虫纲	同翅目	蝉科		183
	蛈蜴	蛛形纲	蜘蛛目	颠当科		97
	蛈蟷	蛛形纲	蜘蛛目	颠当科		97
偷	偷火蟲	昆虫纲	直翅目	蝼蛄科		167
	偷吃婆	昆虫纲	蜚蠊目			128
	偷油婆	昆虫纲	蜚蠊目			128
	偷倉	鸟纲	雀形目	文鸟科	白腰文鸟	585
	偷倉	鸟纲	雀形目	鶺鴒科	鶺鴒	576
透	透明魚	硬骨鱼纲	鲤形目	鲤科	金线鲃	363
推	推丸	昆虫纲	鞘翅目	金龟子科		213
	推丸	昆虫纲	鞘翅目	金龟子科	神农洁蜣螂	217
	推矢郭蜋	昆虫纲	鞘翅目	金龟子科	神农洁蜣螂	217
	推車客	昆虫纲	鞘翅目	金龟子科		213
	推車客	昆虫纲	鞘翅目	金龟子科	神农洁蜣螂	217
	推車魚	硬骨鱼纲	鲤形目	鲤科	蛇鮈	366
	推屎扒	昆虫纲	鞘翅目	金龟子科		216
	推屎蟲	昆虫纲	鞘翅目	金龟子科		213
脱	脱却破袴	鸟纲	鹃形目	杜鹃科		527
	脱却布褲	鸟纲	鹃形目	杜鹃科	四声杜鹃	528
	脱卻布褲	鸟纲	鹃形目	杜鹃科		527
脫	脫郤布袴	鸟纲	鹃形目	杜鹃科		527
	脫袴	鸟纲	雀形目	卷尾科	黑卷尾	561
	脫腳布袴	鸟纲	鹃形目	杜鹃科	四声杜鹃	528
豚	豚魚	硬骨鱼纲	鲀形目	鲀科	东方鲀	396
晚	晚蠶	昆虫纲	鳞翅目	家蚕蛾科	家蚕	302
望	望春	鸟纲	雀形目	鹟科	乌鸫	579
	望魚	硬骨鱼纲	鲱形目	鳀科	刀鲚	352
	望潮	甲壳纲	短尾下目	沙蟹科	清白招潮	85
	望潮	头足纲	八腕目	章鱼科		72
	望潮	头足纲	八腕目	章鱼科	真蛸	73
	望潮	头足纲	八腕目	章鱼科	短蛸	73
	望潮郎	甲壳纲	短尾下目	沙蟹科	泥蟹	86
	望潮魚	头足纲	八腕目	章鱼科	真蛸	73
偉	偉鳥	鸟纲	鸡形目	雉科	绿孔雀	496
猚	猚	兽纲	灵长目	猴科	川仰鼻猴	595
尉	尉魚	硬骨鱼纲	鲟形目	匙吻鲟科	白鲟	348
蚊	蚊	昆虫纲	双翅目	蚊科		257
	蚊	鸟纲	夜鹰目	夜鹰科	普通夜鹰	533
梧	梧桐	鸟纲	雀形目	雀科	黑头蜡嘴雀	588

字头	古名	纲	目	科	现名	页码
野	野鴨	鸟纲	雁形目	鸭科	花脸鸭	462
	野鴨	鸟纲	雁形目	鸭科	绿头鸭	462
	野鴨	鸟纲	雁形目	鸭科	白沙秋鸭	465
	野鴿	鸟纲	鸽形目	鸠鸽科	鸽属	516
	野雞	鸟纲	鸡形目	雉科		480
	野雞	鸟纲	鸡形目	雉科	雉鸡环颈雉	491
	野鵝	鸟纲	雁形目	鸭科	雁族	457
	野鵝	鸟纲	雁形目	鸭科	天鹅族	459
	野鵞	鸟纲	雁形目	鸭科	雁族	457
	野繭	昆虫纲	鳞翅目	大蚕蛾科	柞蚕	295
	野鶩	鸟纲	雁形目	鸭科	鸭族	461
	野鶩	鸟纲	雁形目	鸭科	花脸鸭	462
	野騾	兽纲	奇蹄目	马科	蒙古野驴	619
	野騾	兽纲	奇蹄目	马科	藏野驴	619
	野鷄	鸟纲	鸡形目	雉科	雉鸡环颈雉	491
	野驘	兽纲	奇蹄目	马科	蒙古野驴	619
	野蠶	昆虫纲	鳞翅目	大蚕蛾科	柞蚕	295
	野蠶	昆虫纲	鳞翅目	家蚕蛾科	野蚕	305
	野蠶	昆虫纲	鳞翅目	枯叶蛾科		294
	野鷹	鸟纲	隼形目	鹰科		468
	野驢	兽纲	奇蹄目	马科	蒙古野驴	619
衰	衰魚	腹足纲	原始腹足目	鲍科		43
移	移	鸟纲	鸽形目	鸠鸽科	绿皇鸠	516
異	異蜂	昆虫纲	膜翅目	切叶蜂科	切叶蜂	319
	異蟲	昆虫纲	鞘翅目	步甲科	地鳖虎	208
陰	陰羽	鸟纲	鹤形目	鹤科		497
	陰虱	昆虫纲	虱目	阴虱科	阴虱	176
	陰鳥	鸟纲	雀形目	伯劳科		554
	陰繭	昆虫纲	鳞翅目	家蚕蛾科	家蚕	302
寅	寅客	兽纲	食肉目	猫科	虎	614
	寅獸	兽纲	食肉目	猫科	虎	614
淫	淫魚	硬骨鱼纲	鲟形目	匙吻鲟科	白鲟	348
庸	庸渠	鸟纲	雀形目	鹡鸰科		549
	庸渠	鸟纲	鸻形目	鸻科	灰头麦鸡	506
	庸渠	鸟纲	鹤形目	秧鸡科	黑水鸡	502
蚰	蚰蜒	唇足纲	地蜈蚣目			92
	蚰蜒	唇足纲	地蜈蚣目	蚰蜒科	蚰蜒	92
	蚰蜒	昆虫纲	直翅目	蝼蛄科		167
	蚰蜑	唇足纲	地蜈蚣目			92
蚴	蚴蛻	昆虫纲	膜翅目	胡蜂科		321
	蚴蛻	昆虫纲	膜翅目	蜜蜂科	中华蜜蜂	318
魚	魚	脊椎动物亚门				341
	魚父	昆虫纲	鞘翅目	负泥虫科	水叶甲	246
	魚王	硬骨鱼纲	鲤形目	鲤科	鲤	367
	魚王子	硬骨鱼纲	鲤形目	鲤科	鲤	367
	魚伯	昆虫纲	鞘翅目	负泥虫科	水叶甲	246
	魚姑	鸟纲	鸻形目	鹬科		506
	魚狗	鸟纲	佛法僧目	翠鸟科		535
	魚狗	鸟纲	佛法僧目	翠鸟科	冠鱼狗	537
	魚狗	鸟纲	佛法僧目	翠鸟科	普通翠鸟	538

字头	古名	纲	目	科	现名	页码
魚	魚狗	鸟纲	佛法僧目	翠鸟科	蓝翡翠	539
	魚虎	鸟纲	佛法僧目	翠鸟科		536
	魚虎	鸟纲	佛法僧目	翠鸟科	普通翠鸟	538
	魚虎	鸟纲	佛法僧目	翠鸟科	蓝翡翠	539
	魚虎	爬行纲	鳄形目	食鱼鳄科	马来切喙鳄	434
	魚虎	硬骨鱼纲	鲀形目	刺鲀科	六斑刺鲀	396
	魚虎	硬骨鱼纲	鮟形目	钝头鮠科	白缘䱀	374
	魚虱	甲壳纲	鲺目	鲺科	鲺	76
	魚師	鸟纲	佛法僧目	翠鸟科		535
	魚師	鸟纲	佛法僧目	翠鸟科	普通翠鸟	538
	魚婢	硬骨鱼纲	鲤形目	鲤科	鳑鲏鱼	363
	魚族	脊椎动物亚门				341
	魚翠	鸟纲	佛法僧目	翠鸟科		535
	魚魁	硬骨鱼纲	鲤形目	鲤科	大理裂腹鱼	366
	魚虎	硬骨鱼纲	鲉形目	毒鲉科	虎鲉	392
	魚蝨	甲壳纲	鲺目	鲺科	鲺	76
	魚鴨	鸟纲	雁形目	鸭科	白沙秋鸭	465
	魚鵁	鸟纲	鹈鹕目	鹈鹕科		437
	魚鵁	鸟纲	鹈鹕目	鹈鹕科	凤头鹈鹕	438
	魚鵁	鸟纲	鹳形目	鹮科	朱鹮	454
	魚駮	鸟纲	鹈鹕目	鹈鹕科	凤头鹈鹕	438
	魚糧	昆虫纲	蜉蝣目			109
	魚類	脊椎动物亚门				341
	魚鷹	鸟纲	隼形目	鹰科	鹗	476
	魚鷹	鸟纲	佛法僧目	翠鸟科		537
	魚鷹	鸟纲	鹈形目	鸬鹚科	普通鸬鹚	443
蟠	蟠蟺	寡毛纲				25
蚖	蚖蠶	昆虫纲	鳞翅目	家蚕蛾科	家蚕	296
	蚖珍	昆虫纲	鳞翅目	家蚕蛾科	家蚕	296
蚖	蚖珍蠶	昆虫纲	鳞翅目	家蚕蛾科	家蚕	296
蚢	蚢蠶	昆虫纲	鳞翅目	家蚕蛾科	家蚕	296
	蚢珍蠶	昆虫纲	鳞翅目	家蚕蛾科	家蚕	296
唼	唼臘	昆虫纲	鞘翅目	唼蜡虫科		233
	唼蠟蟲	昆虫纲	鞘翅目	唼蜡虫科		233
	唼蠟蟲	昆虫纲	鞘翅目	唼蜡虫科	日本唼蜡虫	233
蚤	蚤	昆虫纲	蚤目	蚤科	犬栉首蚤	280
造	造橋	昆虫纲	鳞翅目	尺蛾科		307
	造橋蟲	昆虫纲	鳞翅目	尺蛾科		307
蚻	蚻	昆虫纲	同翅目	蝉科		182
	蚻懸	昆虫纲	同翅目	蝉科		183
蚱	蚱	缽水母纲	根口水母目	根口水母科	海蜇	7
	蚱	昆虫纲	直翅目	蝗科		145
	蚱	昆虫纲	同翅目	蝉科		183
	蚱蜢	昆虫纲	直翅目	蝗科		145
	蚱蜢	昆虫纲	直翅目	蝗科	中华稻蝗	151
	蚱蜢	昆虫纲	直翅目	蝗科	短额负蝗	150
	蚱蜢	昆虫纲	直翅目	螽斯科		152
	蚱蜢	昆虫纲	直翅目	螽斯科	鸣螽	155
	蚱蟬	昆虫纲	同翅目	蝉科		183

字头	古名	纲	目	科	现名	页码
棒	棒蛇	爬行纲	蛇目	游蛇科	钝尾两头蛇	426
蛘	蛘	双壳纲	蚌目	蚌科		62
鴾	鴾	鸟纲	鹤形目	鸨科	大鸨	503
報	報春	硬骨鱼纲	鲈形目	石首鱼科	大黄鱼	382
蕢	蕢	昆虫纲	等翅目			133
	蕢	昆虫纲	膜翅目	蚁科		331
	蕢	双壳纲	珍珠貝目	牡蛎科		61
筆	筆口袋	蛛形纲	蜘蛛目	地蛛科	地蛛	101
	筆袋	昆虫纲	纺足目	等尾丝蚁科	安顺丝蚁	172
猵	猵	兽纲	食肉目	鼬科	水獭	617
	猵獺	兽纲	食肉目	鼬科	水獭	617
猋	猋	腹足纲				42
	猋	腹足纲	中腹足目	宝贝科		47
博	博帶	甲壳纲	短尾下目	蟹类		82
	博勞	鸟纲	雀形目	伯劳科		553
	博勞	鸟纲	雀形目	伯劳科	红尾伯劳、褐伯劳	554
	博勞鳥	鸟纲	雀形目	伯劳科		553
	博穀智	鸟纲	雀形目	黄鹂科	黑枕黄鹂	559
	博穀	鸟纲	鹃形目	杜鹃科		526
蛍	蛍	昆虫纲	鳞翅目			283
插	插花插朶	鸟纲	鹃形目	杜鹃科	四声杜鵑	527
硨	硨	双壳纲	廉蛤目	廉蛤科		67
	硨螯	双壳纲	廉蛤目	廉蛤科		67
	硨磲	双壳纲	廉蛤目	砗磲科	大砗磲	64
㲋	㲋	兽纲	兔形目	鼠兔科		601
蛓	蛓	昆虫纲	鳞翅目	灯蛾科	豹灯蛾	311
	蛓	昆虫纲	蜻蜓目			119
	蛓	昆虫纲	鞘翅目	皮蠹科	白腹皮蠹	232
	蛓	昆虫纲	鳞翅目	刺蛾科		291
	蛓虿	昆虫纲	鳞翅目	刺蛾科		291
	蛓毛	昆虫纲	鳞翅目	刺蛾科		291
	蛓毛蟲	昆虫纲	鳞翅目	刺蛾科		293
	蛓蟲	昆虫纲	鳞翅目	刺蛾科		291
	蛓蟲	昆虫纲	鳞翅目	刺蛾科		291
	蛓屬	昆虫纲	鳞翅目	刺蛾科		291
答	答刺不花	兽纲	啮齿目	松鼠科	旱獭	631
達	達發哈魚	硬骨鱼纲	鲑形目	鲑科	大麻哈鱼	352
單	單母	双壳纲	蚌目	蚌科	矛蚌	63
	單角犀	兽纲	奇蹄目	犀科	独角犀	619
	單長福	硬骨鱼纲	合鳃目	合鳃鱼科	黄鳝	379
	單細胞動物	鞭毛纲				2
貂	貂	兽纲	食肉目	鼬科	紫貂	618
	貂熊	兽纲	食肉目	鼬科	貂熊	618
渡	渡父魚	硬骨鱼纲	鲈形目	塘鳢科	黄鰦	388
短	短工奪鋤	鸟纲	鹃形目	杜鹃科	四声杜鵑	527
	短狐	昆虫纲	半翅目	田鳖科		201
	短狐射工	昆虫纲	鞘翅目	犀金龟科		217
	短翅芫青	昆虫纲	鞘翅目	芫菁科	短翅芫青	239
	短蟲	尾感器纲	尖尾目	尖尾科	蛲虫	17

字头	古名	纲	目	科	现名	页码
惡	惡伯勞	鸟纲	雀形目	伯劳科		553
	惡鳥	鸟纲	雀形目	伯劳科		553
	惡颯	蛛形纲	伪蝎目			103
蝆	蝆	爬行纲	鳄形目	食鱼鳄科	马来切喙鳄	434
發	發皇	昆虫纲	鞘翅目	虎甲科		207
	發皇屬	昆虫纲	鞘翅目	虎甲科		207
	發黄	昆虫纲	鞘翅目	虎甲科		207
	發蟥	昆虫纲	鞘翅目	虎甲科		207
番	番音	鸟纲	雀形目	椋鸟科	鶵哥	565
	番鴨	鸟纲	雁形目	鸭科	麝香鸭	466
	番鸏	鸟纲	雁形目	鸭科	鸭族	460
	番鸜鵒	鸟纲	雀形目	椋鸟科	黑翅椋鸟	562
飯	飯蚊	昆虫纲	双翅目	丽蝇科		273
	飯蚊	昆虫纲	双翅目	蚊科		258
	飯匙倩	爬行纲	蛇目	眼镜蛇科	眼镜蛇	429
	飯蒼蠅	昆虫纲	双翅目	蝇科	舍蝇	271
	飯蠅	昆虫纲	双翅目	蝇科		271
	飯蠅	昆虫纲	双翅目	蝇科	舍蝇	271
费	費費	兽纲	灵长目	人科		600
蜂	蜂	昆虫纲	膜翅目	蜜蜂科		316
蜂	蜂	昆虫纲	膜翅目	蜜蜂科	中华蜜蜂	318
狒	狒	兽纲	灵长目	懒猴科	蜂候	592
	狒母	兽纲	灵长目	懒猴科	蜂候	592
	狒猾	兽纲	灵长目	懒猴科	蜂候	592
復	復育	昆虫纲	同翅目	蝉科		185
	復匋	昆虫纲	直翅目	蝗科		146
	復陶	昆虫纲	直翅目	蝗科		146
	復絫	双壳纲	蚶目	蚶科		54
富	富貴蟲	昆虫纲	直翅目	蟋蟀科		161
傅	傅	昆虫纲	脉翅目	草蛉科		202
	傅	昆虫纲	脉翅目	草蛉科	草蛉	203
	傅負	昆虫纲	脉翅目	草蛉科		202
	傅蝜	昆虫纲	脉翅目	草蛉科		203
阜	阜螽	昆虫纲	直翅目	蝗科		146
	阜螽	昆虫纲	直翅目	蝗科	笨蝗	151
蓋	蓋羽蟲	昆虫纲	蜉蝣目			110
皐	皐雉	鸟纲	鸡形目	雉科	红腹锦鸡金鸡	495
割	割麥插禾	鸟纲	鹃形目	杜鹃科		527
	割麥插禾	鸟纲	鹃形目	杜鹃科	四声杜鵑	527
葛	葛上亭	昆虫纲	鞘翅目	芫菁科		236
	葛上亭長	昆虫纲	鞘翅目	芫菁科		236
	葛上亭長	昆虫纲	鞘翅目	芫菁科	眼斑芫菁	239
	葛上亭長	昆虫纲	鞘翅目	芫菁科	绿芫菁	238
蛤	蛤	两栖纲	无尾目	蛙科	虎纹蛙	410
	蛤	双壳纲				53
	蛤	双壳纲	廉蛤目	蛤蜊科		64
	蛤	双壳纲	廉蛤目	廉蛤科	菲律宾蛤仔	68
	蛤子	两栖纲	无尾目	蛙科	虎纹蛙	410
	蛤青	双壳纲	廉蛤目	廉蛤科	青蛤	67
	蛤蚌	双壳纲	蚌目	珍珠蚌科	珠母珍珠蚌	62

字头	古名	纲	目	科	现名	页码
黑	黑莊	鸟纲	鸛形目	鷺科	绿鹭	444
	黑蚊	昆虫纲	双翅目	蚊科		259
	黑兜蟲	昆虫纲	半翅目	蝽科	九香虫	199
	黑啄木鸟	鸟纲	鴷形目	啄木鸟科	黑啄木	545
	黑殼白青	昆虫纲	直翅目	蟋蟀科		161
	黑殼淡青	昆虫纲	直翅目	蟋蟀科		161
	黑殼紫青	昆虫纲	直翅目	蟋蟀科		161
	黑蛅	昆虫纲	鳞翅目	刺蛾科		292
	黑蛇	爬行纲	蛇目	蟒科	蟒蛇	425
	黑雀	鸟纲	雀形目	卷尾科	黑卷尾	560
	黑魚	头足纲	乌贼目	乌贼科		70
	黑魚	硬骨鱼纲	鲈形目	鳢科	乌鳢	391
	黑鳥	鸟纲	雀形目	河鸟科	褐河鸟	573
	黑鳥浴	鸟纲	雀形目	河鸟科	褐河鸟	573
	黑殼蟲	昆虫纲	鞘翅目	天牛科		241
	黑殼蟲	昆虫纲	鞘翅目	龙虱科		209
	黑梢蛇	爬行纲	蛇目	游蛇科	乌梢蛇	428
	黑稍蛇	爬行纲	蛇目	游蛇科	乌梢蛇	428
	黑超	鸟纲	隼形目	鹰科	草原鹞	473
	黑鹇	鸟纲	鸡形目	雉科	黑鹇	489
	黑黄尖翅	昆虫纲	直翅目	蟋蟀科		161
	黑腳鴨	鸟纲	雁形目	鸭科	青头潜鸭	464
	黑蛺蝶	昆虫纲	鳞翅目	蛱蝶科	大黑蛱蝶	314
	黑蜂	昆虫纲	膜翅目	泥蜂科		327
	黑蜂	昆虫纲	膜翅目	泥蜂科	泥蜂	327
	黑蜂	昆虫纲	膜翅目	胡蜂科		322
	黑蜂	昆虫纲	膜翅目	黑卵蜂科	飞蝗黑卵蜂	328
	黑蜂	昆虫纲	膜翅目	蜜蜂科	黄胸木蜂	319
	黑嘴綠鸚哥	鸟纲	鹦形目	鹦鹉科	黑嘴绿鹦鹉哥	520
	黑雉	鸟纲	鸡形目	雉科	褐马鸡	489
	黑鳩	鸟纲	鹃形目	杜鹃科	大杜鹃	528
	黑鼠	兽纲	啮齿目	鼠科		638
	黑魟	软骨鱼纲	鲼形目	魟科	黑魟	344
	黑嘴天鵝	鸟纲	雁形目	鸭科	小天鹅	459
	黑嘴倒掛	鸟纲	鹦形目	鹦鹉科	黑嘴短尾鹦鹉	520
	黑嘴雁	鸟纲	雁形目	鸭科	鸿雁	458
	黑駒	硬骨鱼纲	鲤形目	鲤科	鲤	367
	黑線姬鼠	兽纲	啮齿目	鼠科	黑线姬鼠	639
	黑靛頦	鸟纲	雀形目	鹟科	黑喉石䳭	578
	黑頭啄木	鸟纲	鴷形目	啄木鸟科		544
	黑頭啄木	鸟纲	鴷形目	啄木鸟科	大斑啄木鸟	545
	黑頭雁	鸟纲	雁形目	鸭科	豆雁	458
	黑頭蜂	昆虫纲	膜翅目	泥蜂科	泥蜂	327
	黑鴨	鸟纲	鹤形目	秧鸡科	骨顶鸡	503
	黑藍尖翅	昆虫纲	直翅目	蟋蟀科		161
	黑臉噪鶥	鸟纲	雀形目	鹟科	黑脸噪鹛	580
	黑蟲	昆虫纲	膜翅目	泥蜂科	泥蜂	327
	黑鯉	硬骨鱼纲	鲤形目	鲤科	鲤	367
	黑蟻	昆虫纲	膜翅目	蚁科	广布弓背蚁	335
	黑鰡	硬骨鱼纲	鲻形目	鲻科	鮻	378
	黑鰦	硬骨鱼纲	鲤形目	鲤科	鰲	360
	黑鰱	硬骨鱼纲	鲤形目	鲤科	鲢	370
	黑鷖	鸟纲	鹤形目	秧鸡科	骨顶鸡	503
	黑蠭	昆虫纲	膜翅目	胡蜂科		322
	黑蠭	昆虫纲	膜翅目	铃腹胡蜂科		322
	黑鱧	硬骨鱼纲	鲈形目	鳢科	乌鳢	391
	黑鷹	鸟纲	隼形目	鹰科	林鵰	471
	黑蠶	昆虫纲	鳞翅目	家蚕蛾科	家蚕	302
	黑鸛	鸟纲	鸛形目	鸛科	黑鸛	450
	黑鷴	鸟纲	鸡形目	雉科	黑鹇	489
猴	猴	兽纲	灵长目	猴科	台湾猴	594
	猴	兽纲	灵长目	猴科	猕猴	593
	猴子	昆虫纲	螳螂目	螳螂科		139
	猴泥	硬骨鱼纲	鲈形目	弹涂鱼科	弹涂鱼	389
	猴染	头足纲	枪形目	枪乌贼科		69
	猴染	头足纲	乌贼目	乌贼科	曼氏无针乌贼	71
	猴屬	兽纲	灵长目			592
蝷	蝷	昆虫纲	等翅目			133
	蝷	昆虫纲	膜翅目	蚁科		332
壺	壺蜂	昆虫纲	膜翅目	胡蜂科		322
	壺蜂	昆虫纲	膜翅目	铃腹胡蜂科		326
	壺蜂	昆虫纲	膜翅目	蜜蜂科		316
	壺螽	昆虫纲	膜翅目	蜜蜂科		316
	壺蠭	昆虫纲	膜翅目	胡蜂科		322
	壺蠭	昆虫纲	膜翅目	蜜蜂科		316
湖	湖鼠	兽纲	啮齿目	鼠科		638
	湖蜞	蛭纲				35
	湖蝦	甲壳纲	十足目	长臂虾科	沼虾	80
	湖澤鳥	鸟纲	鸥形目	鸥科		509
	湖蟹	甲壳纲	短尾下目	方蟹科	中华绒螯蟹	89
	湖鰕	甲壳纲	十足目	长臂虾科	沼虾	80
猢	猢	兽纲	灵长目	猴科	白头叶猴	596
葫	葫蘆蜂	昆虫纲	膜翅目	胡蜂科		322
	葫蘆頭	鸟纲	雀形目	雀科	苇鹀	589
畫	畫字蟲	昆虫纲	鞘翅目	豉甲科	大豉甲	208
	畫眉	鸟纲	雀形目	鹟科	画眉	580
	畫眉鳥	鸟纲	雀形目	鹟科	画眉	580
華	華臍	软骨鱼纲	鳐形目	团扇鳐科	中国团扇鳐	344
	華蟲	鸟纲	鸡形目	雉科	红腹锦鸡金鸡	494
	華蟲	鸟纲	鸡形目	雉科	雉鸡环颈雉	491
喚	喚春	鸟纲	雀形目	鹟科	乌鸫	580
	喚春鳥	鸟纲	雀形目	鹟科	乌鸫	579
	喚起	鸟纲	鹃形目	杜鹃科	四声杜鹃	527
	喚起	鸟纲	雀形目	卷尾科	黑卷尾	561
	喚起	鸟纲	雀形目	鹟科	乌鸫	579
	喚起	鸟纲	鸻形目	鸻科	凤头麦鸡	504
萑	萑	鸟纲	鸮形目	鸱鸮科		529
蝱	蝱	昆虫纲	蜉蝣目			111

字头	古名	纲	目	科	现名	页码
黃	黃鳭	鸟纲	雀形目	雀科	黄胸鹀	589
	黃鵹	鸟纲	雀形目	黄鹂科	黑枕黄鹂	560
	黃鴨	鸟纲	雁形目	鸭科	赤麻鸭	461
	黃鴨	鸟纲	雁形目	鸭科	鸳鸯	464
	黃鰤	硬骨鱼纲	鲈形目	塘鳢科	黄鰤	388
	黃鰤魚	硬骨鱼纲	鲈形目	塘鳢科	黄鰤	388
	黃爵	硬骨鱼纲	鲱形目	鳀科	赤鼻棱鳀	351
	黃膽	鸟纲	雀形目	雀科	黄胸鹀	589
	黃螺	腹足纲	新腹足目	蛾螺科	泥东风螺	48
	黃黏	双壳纲	贻贝目	贻贝科	麦氏偏顶蛤	56
	黃檣	硬骨鱼纲	鲈形目	鲷科	黄鳍鲷	384
	黃蟟	双壳纲	廉蛤目	蚬科	河蚬	67
	黃離	鸟纲	雀形目	黄鹂科	黑枕黄鹂	557
	黃離留	鸟纲	雀形目	黄鹂科	黑枕黄鹂	558
	黃鯉	硬骨鱼纲	鲤形目	鲤科	鲤	367
	黃鯊	软骨鱼纲	真鲨目	真鲨科	尖鳍柠檬鲨	342
	黃魦	软骨鱼纲	真鲨目	真鲨科	尖鳍柠檬鲨	342
	黃鯽	硬骨鱼纲	鲱形目	鳀科	黄鲫	351
	黃鵠	鸟纲	雁形目	鸭科	天鹅族	459
	黃羆	兽纲	食肉目	熊科	棕熊	616
	黃臘魚	硬骨鱼纲	鲟形目	鲟科	中华鲟	347
	黃臘樟	硬骨鱼纲	鲈形目	鲳科	银鲳	387
	黃蟻	昆虫纲	膜翅目	蚁科	双节行军蚁	335
	黃蟻	昆虫纲	膜翅目	蚁科	黄猄蚁	336
	黃蠆	昆虫纲	蜚蠊目	硕蠊科	龙虱甲蠊	129
	黃頮魚	硬骨鱼纲	鲶形目	鮠科	长吻鮠	374
	黃鯕	硬骨鱼纲	鲤形目	鲤科	鲤	367
	黃鯝魚	硬骨鱼纲	鲤形目	鲤科	银鲴	362
	黃鶴	鸟纲	鸡形目	雉科	鹌鹑	486
	黃鶉	鸟纲	鸡形目	雉科	鹌鹑	485
	黃鶉	鸟纲	鹤形目	三趾鹑科	棕三趾鹑	496
	黃麖	兽纲	偶蹄目	鹿科	赤麂	622
	黃蠘	甲壳纲	短尾下目	梭子蟹科	拥剑梭子蟹	84
	黃蠟	昆虫纲	蜻蜓目			119
	黃蠣	双壳纲	珍珠貝目	牡蛎科	香港巨牡蛎	62
	黃鶯	鸟纲	雀形目	黄鹂科	黑枕黄鹂	557
	黃鶯	鸟纲	雀形目	鶲科	乌鸫	580
	黃鶺鴒	鸟纲	雀形目	鹡鸰科	黄头鹡鸰	550
	黃鷂鷹	鸟纲	隼形目	鹰科	普通鵟	471
	黃蘿葡花	鸟纲	雀形目	鹡鸰科	黄头鹡鸰	550
	黃蘿蔔花	鸟纲	雀形目	鹡鸰科	山鹡鸰、林鹡鸰	550
	黃鱔	硬骨鱼纲	合鳃目	合鳃鱼科	黄鳝	379
	黃鶻	鸟纲	雀形目	雀科	黄雀	585
	黃蠶子	昆虫纲	鳞翅目	大蚕蛾科	乌桕蚕	296
	黃鱟	肢口纲	剑尾目	鲎科	圆尾蝎鲎	90
	黃鷹	鸟纲	隼形目	鹰科		468
	黃鷹	鸟纲	隼形目	鹰科	凤头鹰	470
	黃鱇	硬骨鱼纲	鲀形目	鲀科	东方鲀	395
	黃鱨魚	硬骨鱼纲	鲶形目	海鲶科	海鲶	375
	黃鱨魚	硬骨鱼纲	鲶形目	鮠科	黄颡鱼	373
黃	黃鱯	硬骨鱼纲	鲱形目	鳀科	小公鱼	351
	黃鸝	鸟纲	雀形目	黄鹂科	黑枕黄鹂	556
	黃鸝留	鸟纲	雀形目	黄鹂科	黑枕黄鹂	558
	黃鸝鶹	鸟纲	雀形目	黄鹂科	黑枕黄鹂	558
湟	湟魚	硬骨鱼纲	鲤形目	鲤科	青海湖裸鲤	366
蛔	蛔	尾感器纲	蛔目	蛔科	人蛔虫	15
	蛔	昆虫纲	鞘翅目	瓢虫科		233
	蛔虫	尾感器纲	蛔目	蛔科	人蛔虫	15
蛕	蛕	尾感器纲	蛔目	蛔科	人蛔虫	16
渾	渾睛蟲	尾感器纲	丝虫目	丝状科	丝状线虫	18
棘	棘剛子	昆虫纲	鳞翅目	刺蛾科		291
	棘剛子	昆虫纲	鳞翅目	刺蛾科	黄刺蛾	293
	棘扈	鸟纲	雀形目	雀科	黑头蜡嘴雀	588
	棘雇	鸟纲	雀形目	雀科	黑头蜡嘴雀	588
	棘鳸	鸟纲	雀形目	雀科	黑头蜡嘴雀	588
	棘鳸	鸟纲	鴷形目	啄木鸟科		544
	棘繭	昆虫纲	鳞翅目			283
	棘繭	昆虫纲	鳞翅目	大蚕蛾科	柞蚕	294
	棘欒繭	昆虫纲	鳞翅目			283
棘	棘蠶	昆虫纲	鳞翅目			283
	棘鱖	硬骨鱼纲	鲈形目	鲷科	真鲷	383
幾	幾瑟	昆虫纲	虱目			173
絳	絳綃	昆虫纲	蜻蜓目			118
	絳騶	昆虫纲	蜻蜓目			118
	絳騶	昆虫纲	蜻蜓目	蜻科	赤蜻	122
椒	椒繭	昆虫纲	鳞翅目	大蚕蛾科	柞蚕	295
焦	焦明	鸟纲	雀形目	鶺鴒科	鶺鴒	574
	焦明	鸟纲	鸛形目	鸛科		448
	焦冥	昆虫纲	双翅目	蠓科		261
	焦螟	昆虫纲	双翅目	蠓科		261
	焦螟	昆虫纲	双翅目	蚊科		259
蛟	蛟蜻蜓	昆虫纲	脉翅目	蚁蛉科		204
	蛟鯉	兽纲	鳞甲目	鲮鲤科	鲮鲤	612
揭	揭哺子	甲壳纲	短尾下目	沙蟹科	弧边招潮	86
	揭羅闍	鸟纲	隼形目	鹰科	秃鹫	471
结	結草蟲	昆虫纲	鳞翅目	蓑蛾科		289
	結葦	昆虫纲	鳞翅目	蓑蛾科		289
	結遼	鸟纲	雀形目	椋鸟科	鸜哥	565
	結遼鳥	鸟纲	雀形目	椋鸟科	鸜哥	565
蛣	蛣	双壳纲	珍珠貝目	海月科		59
	蛣蚍	昆虫纲	鞘翅目	吉丁虫科		221
	蛣蚍	昆虫纲	鞘翅目	锹甲科		210
	蛣蚍	昆虫纲	鞘翅目	天牛科		241
	蛣蝠	昆虫纲	鞘翅目	锹甲科		210
	蛣蝠	昆虫纲	鞘翅目	天牛科		241
	蛣蝠	昆虫纲	鞘翅目	天牛科	星天牛	243
	蛣蝠	昆虫纲	鞘翅目	天牛科	桑象天牛	245
	蛣蝠	昆虫纲	鞘翅目	吉丁虫科		221
	蛣蝠	昆虫纲	鞘翅目	吉丁虫科	金吉丁	221
	蛣蝠	昆虫纲	鞘翅目	金龟子科		214
	蛣蝠	昆虫纲	鞘翅目	鳃角金龟科		218

字头	古名	纲	目	科	现名	页码
琵	琵琶鴨	鸟纲	雁形目	鸭科	翘鼻麻鸭	462
	琵琶鴨	鸟纲	雁形目	鸭科	琵嘴鸭	463
	琵琶蟲	昆虫纲	虱目			173
	琵琶蟲	昆虫纲	虱目	虱科		175
	琵嘴鴨	鸟纲	雁形目	鸭科	琵嘴鸭	463
豯	豯狸	兽纲	食肉目	猫科		612
蛢	蛢	昆虫纲	鞘翅目	虎甲科		207
	蛢蛾	昆虫纲	鳞翅目			283
菩	菩薩魚	硬骨鱼纲	鲈形目	斗鱼科	叉尾斗鱼	390
葡	葡鮓	钵水母纲	根口水母目	根口水母科	海蜇	8
喬	喬雉	鸟纲	鸡形目	雉科		477
殼	殼菜	双壳纲	贻贝目	贻贝科		56
	殼菜	双壳纲	贻贝目	贻贝科	紫贻贝	56
	殼菜	双壳纲	贻贝目	贻贝科	厚壳贻贝	56
	殼菜	双壳纲	贻贝目	贻贝科	翡翠股贻贝	56
琴	琴蝦	甲壳纲	口足目			76
晴	晴蛚	昆虫纲	直翅目	蟋蟀科		161
蝐	蝐	昆虫纲	双翅目	蝇科		271
	蝐蚼	昆虫纲	同翅目	蝉科		184
蛩	蛩	昆虫纲	直翅目	蟋蟀科		160
	蛩秋	昆虫纲	直翅目	蟋蟀科		160
蛩	蛩	昆虫纲	直翅目	蟋蟀科		162
	蛩	昆虫纲	直翅目	蟋蟀科	迷卡斗蟋	165
蛬	蛬	昆虫纲	直翅目	蟋蟀科		162
蛩	蛩	昆虫纲	直翅目	蟋蟀科	迷卡斗蟋	165
蛩	蛩	昆虫纲	直翅目	蟋蟀科		161
蛬	蛬	昆虫纲	直翅目	蟋蟀科		160
	蛬	昆虫纲	直翅目	蟋蟀科	迷卡斗蟋	165
蛐	蛐蛐	昆虫纲	直翅目	蟋蟀科		161
	蛐蟺	寡毛纲				29
	蛐蟮	寡毛纲				26
勝	勝髮	昆虫纲	鞘翅目	芫菁科		236
視	視肉	钵水母纲	根口水母目	根口水母科	海蜇	6
舒	舒雁	鸟纲	雁形目	鸭科	雁族	456
	舒鳧	鸟纲	雁形目	鸭科	雁族	460
	舒鳧	鸟纲	雁形目	鸭科	绿头鸭	462
	舒鴈	鸟纲	雁形目	鸭科	雁族	456
暑	暑蝨	昆虫纲	双翅目	蚊科		257
	暑蟲	昆虫纲	双翅目	蚊科		257
黍	黍民	昆虫纲	双翅目	蚊科		257
	黍民	昆虫纲	双翅目	摇蚊科		264
	黍負	甲壳纲	等足目	鼠妇科		77
斯	斯螽	昆虫纲	直翅目	蝗科		146
	斯螽	昆虫纲	直翅目	螽斯科		152
	斯螽	昆虫纲	直翅目	螽斯科	鸣螽斯	156
絲	絲引葉卷蟲	昆虫纲	鳞翅目	卷蛾科	棉褐带卷叶蛾	293
	絲蚶	双壳纲	蚶目	蚶科	结蚶	55
	絲魚	硬骨鱼纲	刺鱼目	刺鱼科	三刺鱼	377
	絲禽	鸟纲	鹳形目	鹭科	白鹭	446
	絲蛾	昆虫纲	膜翅目	蚁科	织叶蚁	336

字头	古名	纲	目	科	现名	页码
絲	絲蟲	铁线虫纲	铁线虫目	粗皮科	铁线虫	19
	絲蟲	昆虫纲	毛翅目			281
	絲蟲	昆虫纲	鳞翅目	大蚕蛾科	华尾大蚕蛾	295
	絲蟻	昆虫纲	膜翅目	蚁科		332
蛓	蛓蛓	螠纲	无管螠目	棘螠科	单环棘螠	40
蛓	蛓	甲壳纲	端足目	蛓亞目		76
搜	搜夾子	昆虫纲	革翅目			143
酥	酥螺	腹足纲	异族目	海蜗牛科	海蜗牛	48
隋	隋陽鳥	鸟纲	鸡形目	雉科	中华鹧鸪	481
筍	筍子蟲	昆虫纲	鞘翅目	象虫科	一字竹象	251
	筍殼	鸟纲	鸽形目	鸠鸽科	珠颈斑鸠	518
蛥	蛥蚗	昆虫纲	同翅目	蝉科		185
	蛥蚗	昆虫纲	直翅目	蝼蛄科		167
蛥	蛥蚗	昆虫纲	同翅目	蝉科		184
提	提壺	鸟纲	鸽形目	鸠鸽科	火斑鸠	518
	提壺鳥	鸟纲	鸻形目	鹬科	大滨鹬	507
	提葫蘆	鸟纲	鸽形目	鸠鸽科	火斑鸠	518
腆	腆顆虫	昆虫纲	鞘翅目	吉丁虫科		220
	腆顆蟲	昆虫纲	蜚蠊目			125
	腆顆蟲	昆虫纲	鞘翅目	步甲科	行夜	208
蛸	蛸	昆虫纲	同翅目	蝉科		181
貼	貼池	硬骨鱼纲	鲽形目			394
	貼沙	硬骨鱼纲	鲽形目	鳎科	箬鳎	394
	貼樹皮	鸟纲	夜鹰目	夜鹰科	普通夜鹰	533
蜓	蜓	昆虫纲	蜻蜓目			119
	蜓	昆虫纲	蜻蜓目	差翅亚目		121
	蜓蚞	昆虫纲	蜻蜓目			120
	蜓蚞	昆虫纲	同翅目	蝉科		184
童	童子魚	硬骨鱼纲	鲈形目	塘鳢科	黄鲋	388
	童魚	两栖纲	有尾目	蝾螈科	东方蝾螈	400
	童幡	昆虫纲	蜻蜓目			120
菟	菟	兽纲	兔形目	兔科		602
	菟葵莃	珊瑚虫纲	海葵目	海葵科	海葵	8
蛙	蛙	两栖纲	无尾目	蛙科		406
	蛙魚	两栖纲	无尾目	蛙科	黑斑侧褶蛙	408
萬	萬	昆虫纲	膜翅目	蜜蜂科		316
	萬春鳥	鸟纲	雀形目	椋鸟科	黑领椋鸟	561
葦	葦喳	鸟纲	雀形目	鹪鹩科	鹪鹩	577
	葦喳子	鸟纲	雀形目	鹟科	大苇莺	582
	葦雞	鸟纲	雀形目	鹪鹩科	鹪鹩	577
猬	猬	兽纲	猬形目	猬科	刺猬	604
渦	渦蟲類	涡虫纲				10
無	無尾螺	腹足纲	中腹足目	肋蜷科	放逸短沟蜷	46
	無足小青蟲	昆虫纲	鳞翅目	弄蝶科	曲纹稻弄蝶	312
	無足小青蟲	昆虫纲	鳞翅目	弄蝶科	么纹稻弄蝶	312
	無足蟲	昆虫纲	鳞翅目	弄蝶科	么纹稻弄蝶	312
	無翅小蟲	昆虫纲	无翅亚纲			106
	無翅類	昆虫纲	虱目			173
	無規新蚤	昆虫纲	蚤目	栉眼蚤科	无规新蚤	280
	無鈎絛蟲	绦虫纲	圆叶目	带科	牛带吻绦虫	12

字头	古名	纲	目	科	现名	页码
鳦	鳦	鸟纲	雨燕目	雨燕科	普通楼燕	534
	鳦	鸟纲	雀形目	燕科		546
	鳦	鸟纲	雀形目	燕科	金腰燕	548
	鳦	鸟纲	雀形目	燕科	家燕	547
	鳦鳥	鸟纲	雀形目	燕科	金腰燕	548
	鳦鳥	鸟纲	雀形目	燕科	家燕	548
座	座	昆虫纲	等翅目			133
	座座	昆虫纲	等翅目			133
蛦	蛦	昆虫纲	同翅目	蝉科		184
蛜	蛜	甲壳纲	等足目	鼠妇科		77
	蛜蚗	昆虫纲	同翅日	蝉科		184
	蛜蝌	蛛形纲	蝎目	钳蝎科		102
	蛜威	甲壳纲	等足目	鼠妇科		77
	蛜蚑	昆虫纲	同翅目	蝉科		184
	蛜蝛	甲壳纲	等足目	鼠妇科		77
貽	貽	双壳纲	贻贝目	贻贝科		55
	貽貝	双壳纲	贻贝目	贻贝科		55
硬	硬尾鯷	硬骨鱼纲	鲱形目	鳀科	鳀	350
	硬骨類	硬骨鱼纲				346
	硬殼蟲	昆虫纲	鞘翅目	叩甲科	沟叩甲	223
游	游香	鸟纲	雀形目	鹟科	红嘴相思鸟	581
猶	猶	昆虫纲	鞘翅目	金龟子科		215
貁	貁	兽纲	灵长目	猴科	川仰鼻猴	595
	貁	兽纲	灵长目	猴科	滇仰鼻猴	595
寓	寓屬	兽纲	灵长目			592
猨	猨	兽纲	灵长目	长臂猿科	长臂猿	597
蛸	蛸	昆虫纲	双翅目	摇蚊科		264
	蛸蛸	昆虫纲	鳞翅目	天蛾科		310
	蛸蛸	昆虫纲	鳞翅目	天蛾科		310
越	越王蛇	爬行纲	蛇目	游蛇科	钝尾两头蛇	426
	越王鳥	鸟纲	佛法僧目	犀鸟科	冠斑犀鸟	543
	越王劍	甲壳纲	短尾下目	沙蟹科	弧边招潮	86
	越客	鸟纲	鸡形目	雉科	中华鹧鸪	482
	越鳥	鸟纲	鸡形目	雉科	中华鹧鸪	482
	越鳥	鸟纲	鸡形目	雉科	白鹇	490
	越鳥	鸟纲	鸡形目	雉科	灰胸竹鸡	487
	越鳥	鸟纲	鸡形目	雉科	绿孔雀	496
	越雉	鸟纲	鸡形目	雉科	中华鹧鸪	481
	越燕	鸟纲	雀形目	燕科	金腰燕	548
	越燕	鸟纲	雀形目	燕科	家燕	547
	越雞	鸟纲	鸡形目	雉科	中华鹧鸪	482
雲	雲雀	鸟纲	雀形目	百灵科	云雀	546
	雲頭花豹	鸟纲	鸮形目	鸱鸮科	褐林鸮	532
棗	棗貓	昆虫纲	鞘翅目	象虫科	大球胸象	251
	棗蠹蟲	昆虫纲	鞘翅目	天牛科	红缘亚天牛	243
鮀	鮀魚	钵水母纲	根口水母目	根口水母科	海蜇	6
蛇	蛇魚	水螅纲	头螅水母目	银币水母科	银币水母	5
	蛇魚	钵水母纲	根口水母目	根口水母科	海蜇	8
	蛇	钵水母纲	根口水母目	根口水母科	海蜇	6
朝	朝出暮死蟲	昆虫纲	蜉蝣目			110

字头	古名	纲	目	科	现名	页码
朝	朝生夕死蟲	昆虫纲	蜉蝣目			110
	朝菌	昆虫纲	蜉蝣目			110
	朝蟜	昆虫纲	蜉蝣目			110
着	着甲魚	硬骨鱼纲	鲟形目	鲟科	中华鲟	347
軹	軹首蛇	爬行纲	蛇目	游蛇科	钝尾两头蛇	426
蛭	蛭	蛭纲				30
	蛭	蛭纲	无吻蛭目	山蛭科	天目山蛭	37
	蛭	蛭纲	无吻蛭目	山蛭科	日本山蛭	37
	蛭	蛭纲	无吻蛭目	山蛭科	海南山蛭	38
	蛭	蛭纲	无吻蛭目	石蛭科	湘江蛭	38
	蛭	蛭纲	无吻蛭目	医蛭科	菲牛蛭	36
	蛭	昆虫纲	直翅目	蝼蛄科		167
	蛭	昆虫纲	虱目	虱科	体虱	176
	蛭	昆虫纲	等翅目			133
	蛭	昆虫纲	鞘翅目			205
	蛭	昆虫纲	鞘翅目	锹甲科		210
蛭	蛭	昆虫纲	膜翅目	蚁科		332
	蛭蛒	昆虫纲	鞘翅目			205
	蛭蛒	昆虫纲	鞘翅目	花金龟科		219
	蛭蛒	昆虫纲	鞘翅目	金龟子科		214
	蛭蛒	昆虫纲	鞘翅目	锹甲科		210
	蛭蛒	昆虫纲	鞘翅目	鳃角金龟科		218
	蛭蝚	蛭纲				31
	蛭蝚	昆虫纲	直翅目	蝼蛄科		167
	蛭蝪	蛛形纲	蜘蛛目	颠当科		97
	蛭蟣	蛭纲				32
孳	孳母	昆虫纲	蜉蝣目			110
紫	紫鈋	昆虫纲	同翅目	紫胶虫科	紫胶虫	197
	紫囍	甲壳纲	茗荷目	指茗荷科	龟足	75
	紫白尖翅	昆虫纲	直翅目	蟋蟀科		161
	紫貝	双壳纲	廉蛤目	廉蛤科	紫文蛤	67
	紫貝	腹足纲	中腹足目	宝贝科		46
	紫貝	腹足纲	中腹足目	宝贝科	虎斑宝贝	47
	紫金背	昆虫纲	直翅目	蟋蟀科		161
	紫卿	鸟纲	鹤形目	鹤科		497
	紫蚢	双壳纲	廉蛤目	砗磲科		64
	紫梗	昆虫纲	同翅目	紫胶虫科	紫胶虫	197
	紫紶	甲壳纲	茗荷目	指茗荷科	龟足	74
	紫蛣	甲壳纲	茗荷目	指茗荷科	龟足	74
	紫魚	硬骨鱼纲	鲻形目	鲻科	棱鲅	378
	紫斑	鸟纲	鸽形目	鸠鸽科	火斑鸠	518
	紫蛤	双壳纲	贻贝目	贻贝科	紫贻贝	56
	紫結	甲壳纲	茗荷目	指茗荷科	龟足	75
	紫蜐	甲壳纲	茗荷目	指茗荷科	龟足	74
	紫鉚	昆虫纲	同翅目	紫胶虫科	紫胶虫	197
	紫鉚	昆虫纲	同翅目	紫胶虫科		197
	紫鉚蟲漆	昆虫纲	同翅目	紫胶虫科	紫胶虫	197
	紫鳩	鸟纲	鸽形目			513
	紫蒿鳥	鸟纲	鹳形目	鹭科	黑(葦)鳽	447
	紫練	鸟纲	雀形目	鹟科	紫寿带[鸟]	583

字头	古名	纲	目	科	现名	页码
鈿	鈿螺	腹足纲	原始腹足目	马蹄螺科	大马蹄螺	45
鴂	鴂	鸟纲	雀形目	鹟科	大苇莺	581
	鴂鶪	鸟纲	雀形目	鵙鶪科	鵙鶪	577
	鴂鶪	鸟纲	雀形目	伯劳科		554
	鴂鶪	鸟纲	雀形目	鹟科	大苇莺	581
蛈	蛈	昆虫纲	鳞翅目			284
蜯	蜯	昆虫纲	鳞翅目			285
蛾	蛾	昆虫纲	蜉蝣目			110
	蛾	昆虫纲	等翅目			134
	蛾	昆虫纲	鞘翅目	象虫科	长足弯颈竹象	251
	蛾	昆虫纲	鞘翅目	萤科		227
	蛾	昆虫纲	鳞翅目			284
	蛾	昆虫纲	鳞翅目	家蚕蛾科	家蚕	299
	蛾	昆虫纲	膜翅目	蚁科		332
	蛾子	昆虫纲	等翅目			134
	蛾子	昆虫纲	膜翅目	蚁科		332
	蛾毛艇	硬骨鱼纲	鲤形目	鲤科	鳑鲏鱼	363
	蛾蛘	昆虫纲	等翅目			134
	蛾蛘	昆虫纲	膜翅目	蚁科	织叶蚁	336
	蛾蛘	昆虫纲	膜翅目	蚁科		332
	蛾蜉	昆虫纲	等翅目			134
蛾	蛾類	昆虫纲	鳞翅目			285
蛩	蛩	昆虫纲	鳞翅目			284
	蛩	昆虫纲	鳞翅目	大蚕蛾科	柞蚕	294
	蛩	昆虫纲	等翅目			134
煩	煩鶩	鸟纲	雀形目	鹡鸰科		549
	煩鶩	鸟纲	雁形目	鸭科	鸭族	460
楓	楓蠹	昆虫纲	鳞翅目	大蚕蛾科	华尾大蚕蛾	295
	楓蠶	昆虫纲	鳞翅目	大蚕蛾科	华尾大蚕蛾	295
蜂	蜂	昆虫纲	膜翅目	小蜂科		328
	蜂	昆虫纲	膜翅目	马蜂科	亚非马蜂	327
	蜂	昆虫纲	膜翅目	叶蜂科	麦叶蜂	315
	蜂	昆虫纲	膜翅目	泥蜂科	二齿锯泥蜂	327
	蜂	昆虫纲	膜翅目	泥蜂科	泥蜂	327
	蜂	昆虫纲	膜翅目	泥蜂科	蛛长足泥蜂	327
	蜂	昆虫纲	膜翅目	胡蜂科		323
	蜂	昆虫纲	膜翅目	姬蜂科	长尾姬蜂	328
	蜂	昆虫纲	膜翅目	姬蜂科	姬蜂	328
	蜂	昆虫纲	膜翅目	蛛蜂科	蛛蜂	328
	蜂	昆虫纲	膜翅目	蜜蜂科		316
	蜂	昆虫纲	膜翅目	蜜蜂科	大蜜蜂	318
	蜂	昆虫纲	膜翅目	蜜蜂科	分舌蜂	318
	蜂	昆虫纲	膜翅目	蜜蜂科	黑大蜜蜂	318
	蜂	昆虫纲	膜翅目	蜜蜂科	熊蜂	319
	蜂	昆虫纲	膜翅目	蜜蜂科	蜾蠃	318
	蜂子	昆虫纲	膜翅目	蜜蜂科		317
	蜂王	昆虫纲	膜翅目	蜜蜂科	无刺蜂	319
	蜂奴	昆虫纲	膜翅目	蜜蜂科	中华蜜蜂	318
	蜂猴	兽纲	灵长目	懒猴科	蜂猴	592
	蜂蟻之義	昆虫纲	膜翅目			315

字头	古名	纲	目	科	现名	页码
蜂	蜂蟻鴻雁之類	昆虫纲	膜翅目			315
	蜂蠅	昆虫纲	双翅目	食蚜蝇科	尾蛆蝇	269
	蜂類	昆虫纲	膜翅目			315
	蜂類螫	昆虫纲	膜翅目			315
	蜂屬	昆虫纲	膜翅目			315
蜉	蜉	昆虫纲	蜉蝣目			111
	蜉	昆虫纲	等翅目			133
	蜉蚰	昆虫纲	蜉蝣目			111
	蜉蝣	昆虫纲	蜉蝣目			111
	蜉蚸	昆虫纲	蜉蝣目			111
	蜉蠪子	昆虫纲	同翅目			177
	蜉蝣	昆虫纲	蜉蝣目			111
	蜉蝣	昆虫纲	蜉蝣目			111
	蜉蝣	昆虫纲	蜉蝣目	蜉蝣科	蜉蝣	113
	蜉蝣	昆虫纲	直翅目	蝼蛄科		168
	蜉蝣	昆虫纲	鞘翅目	虎甲科		207
	蜉蝤	昆虫纲	蜉蝣目			111
	蜉蟻	昆虫纲	膜翅目	蚁科		332
凫	凫	鸟纲	雁形目	鸭科	鸭族	460
	凫	鸟纲	雁形目	鸭科	花脸鸭	462
	凫	鸟纲	雁形目	鸭科	针尾鸭	462
	凫鷖	鸟纲	鸥形目	鸥科		508
	凫鸍	鸟纲	雁形目	鸭科	鸭族	461
蜅	蜅	双壳纲				53
腹	腹育	昆虫纲	同翅目	蝉科		187
	腹虺	爬行纲	蛇目	蝰科	蝮蛇	431
	腹蜟	昆虫纲	同翅目	蝉科		187
蓋	蓋蝸	腹足纲	柄眼目	蜗牛科		52
幹	幹皐	鸟纲	鹦形目	鹦鹉科		519
	幹蝮	爬行纲	蛇目	眼镜蛇科	眼镜王蛇	429
嗝	嗝叭鶺	鸟纲	雀形目	鹟科	灰（白喉）林莺	582
跟	跟斗蟲	昆虫纲	双翅目	蚊科		257
	跟頭蚊	昆虫纲	双翅目	蚊科	淡色库蚊	259
鉤	鉤星	鸟纲	鸮形目	鸱鸮科		532
	鉤星	鸟纲	鹤形目	秧鸡科	白胸苦恶鸟	502
	鉤蛇	爬行纲	蛇目	蟒科	蟒蛇	426
	鉤魚郎	鸟纲	隼形目	鹰科	鹗	474
	鉤割鳥	鸟纲	鸡形目	雉科	红腹锦鸡金鸡	494
	鉤鶺鷺鷥	鸟纲	鹳形目	鹮科	黑头白鹮	452
	鉤輈格磔	鸟纲	鸡形目	雉科	中华鹧鸪	481
	鉤鵅	鸟纲	鸮形目	鸱鸮科		530
過	過街	昆虫纲	蜚蠊目			123
	過街	昆虫纲	缨翅目			177
	過街蟲	昆虫纲	蜚蠊目			123
	過樹榕	爬行纲	蛇目	游蛇科	灰鼠蛇	428
	過樹龍蛇	爬行纲	蛇目	游蛇科	灰鼠蛇	428
	過羸	鸟纲	雀形目	鷦鷯科	鷦鷯	575
	過臘	硬骨鱼纲	鲈形目	鲷科	真鲷	383

字头	古名	纲	目	科	现名	页码
摸	摸魚公	鸟纲	鹳形目	鹭科	苍鹭	444
蓬	蓬	昆虫纲	双翅目	蛾蠓科	星毛蠓	254
	蓬尾鼠	兽纲	啮齿目	松鼠科	赤腹松鼠	629
	蓬活	昆虫纲	脉翅目	蚁蛉科	穴蚁蛉	205
	蓬萊羽士	鸟纲	鹤形目	鹤科		497
	蓬萊羽士	鸟纲	鹤形目	鹤科	丹顶鹤	498
碰	碰尾鼠	兽纲	啮齿目	松鼠科	松鼠	628
蜱	蜱蛸	昆虫纲	螳螂目	螳螂科		140
辟	辟	甲壳纲	歪尾下目	寄居蟹类		81
	辟宮	爬行纲	蜥蜴目	壁虎科	壁虎	420
	辟鶙	鸟纲	鸽形目			510
僕	僕累	腹足纲	柄眼目	蜗牛科		51
蒲	蒲夷魚	硬骨鱼纲	鲶形目	鲶科	鲶	372
	蒲魚	软骨鱼纲	鲼形目	鹞鲼科	鹞鲼	345
	蒲蝨	昆虫纲	鞘翅目	负泥虫科	水叶甲	246
	蒲盧	昆虫纲	膜翅目	果蠃科		326
	蒲盧	昆虫纲	膜翅目	泥蜂科		327
	蒲盧	昆虫纲	膜翅目	胡蜂科		322
	蒲錯	昆虫纲	直翅目	蝗科	红翅皱膝蝗	150
	蒲錯	昆虫纲	直翅目	螽斯科		153
	蒲錯	昆虫纲	直翅目	蟋蟀科		161
	蒲鴨	鸟纲	雁形目	鸭科	斑嘴鸭	463
	蒲蘆	昆虫纲	膜翅目	果蠃科		326
	蒲蘆	昆虫纲	膜翅目	胡蜂科		327
蜰	蜰盤	昆虫纲	蜚蠊目			125
	蜰盤蟲	昆虫纲	蜚蠊目			125
禽	禽	鸟纲				435
	禽	兽纲				590
	禽首魚	硬骨鱼纲	鲈形目	射水鱼科	射水鱼	384
	禽首魚	硬骨鱼纲	鲈形目	蝴蝶鱼科	镊口鱼	384
	禽獸	动物界				1
蛬	蛬	昆虫纲	革翅目			143
	蛬	昆虫纲	革翅目	球螋科		144
	蛬螋	昆虫纲	革翅目			143
蛷	蛷	昆虫纲	革翅目			143
	蛷蠑	昆虫纲	革翅目			143
	蛷蝬	昆虫纲	革翅目			143
	蛷螋	昆虫纲	革翅目			143
	蛷螋	昆虫纲	革翅目	球螋科	中华球螋	144
塞	塞蟬	昆虫纲	同翅目	蝉科		187
蛩	蛩雞	昆虫纲	直翅目	螽斯科		153
蜃	蜃	双壳纲				52
	蜃	双壳纲	蚌目	蚌科		62
	蜃	双壳纲	廉蛤目	廉蛤科		67
	蜃珧	双壳纲				53
	蜃珧	双壳纲	贻贝目	江珧科		58
	蜃蚌	双壳纲				53
蜄	蜄	双壳纲				53
	蜄	双壳纲	廉蛤目	廉蛤科		67
蝨	蝨	昆虫纲	虱目			175
獅	獅	兽纲	食肉目	猫科	狮	613
	獅刀	硬骨鱼纲	鲱形目	宝刀鱼科	宝刀鱼	352
	獅刀	硬骨鱼纲	鲱形目	鳀科	刀鲚	352
	獅子	兽纲	食肉目	猫科	狮	613
	獅子大雀	鸟纲	鸵鸟目	鸵鸟科	鸵鸟	435
	獅子魚	硬骨鱼纲	鲉形目	狮子鱼科		393
壽	壽	鸟纲	鸡形目	雉科		479
	壽星章魚	头足纲	八腕目	章鱼科	长蛸	73
	壽帶鳥	鸟纲	雀形目	鹟科	寿带[鸟]	583
蜀	蜀	昆虫纲	鳞翅目			285
	蜀	昆虫纲	鳞翅目	天蛾科		310
	蜀黍雀	鸟纲	雀形目	椋鸟科	北椋鸟	561
	蜀鵲	鸟纲	鹃形目	杜鹃科		525
鼠	鼠兔	兽纲	兔形目	鼠兔科	达乌尔鼠兔	601
	鼠姑	甲壳纲	等足目	鼠妇科		78
	鼠科	兽纲	啮齿目			628
	鼠負	甲壳纲	等足目	鼠妇科		77
	鼠狼	兽纲	食肉目	鼬科	黄鼬	618
	鼠婦	甲壳纲	等足目	鼠妇科		77
	鼠粘	甲壳纲	等足目	鼠妇科		78
	鼠部	兽纲	啮齿目			627
	鼠魚	硬骨鱼纲	鼠鱚目	鼠鱚科	鼠鱚	356
	鼠蝜	甲壳纲	等足目	鼠妇科		77
	鼠頭魚	硬骨鱼纲	鲤形目	鲤科	卷口鱼	365
	鼠類	兽纲	啮齿目			628
	鼠鯰	硬骨鱼纲	鲶形目	海鲶科	海鲶	375
	鼠屬	兽纲	啮齿目			627
飼	飼子飯	硬骨鱼纲	鲑形目	银鱼科		353
碎	碎蛇	爬行纲	蜥蜴目	蛇蜥科	脆蛇蜥	424
蓑	蓑羽鶴	鸟纲	鹤形目	鹤科	蓑羽鹤	501
	蓑衣丈人	昆虫纲	鳞翅目	蓑蛾科		289
	蓑衣蟲	昆虫纲	革翅目			143
	蓑衣蟲	昆虫纲	鳞翅目	蓑蛾科		289
	蓑衣鶴	鸟纲	鹳形目	鹭科	牛背鹭	445
	蓑螺	腹足纲	裸鳃目	蓑海牛科	蓑海牛	49
塔	塔喇巴哈	兽纲	啮齿目	松鼠科	旱獭	631
塘	塘蚌	双壳纲	蚌目	蚌科	背角无齿蚌	63
	塘鱸	硬骨鱼纲	鲈形目	鮨科	花鲈	380
絛	絛蟲	绦虫纲				12
蛥	蛥	昆虫纲	同翅目	蝉科		188
跳	跳八丈	昆虫纲	直翅目	蝗科	短星翅蝗	150
	跳八尺	昆虫纲	直翅目	蝗科	短星翅蝗	150
	跳百丈	昆虫纲	鞘翅目	叩甲科		222
	跳米蟲	昆虫纲	鞘翅目	叩甲科		222
	跳兔	兽纲	啮齿目	跳鼠科		634
	跳蚤	昆虫纲	蚤目			279
	跳魚	两栖纲	无尾目	蛙科	棘蛙	410
	跳魚	硬骨鱼纲	鲈形目	弹涂鱼科	大弹涂鱼	389
	跳魚	硬骨鱼纲	鲈形目	弹涂鱼科	弹涂鱼	389
	跳腷蟲	昆虫纲	鞘翅目	叩甲科		222
	跳鋌魚	硬骨鱼纲	鲤形目	鲤科	鳑鲏鱼	363

字头	古名	纲	目	科	现名	页码
蛹	蛹	昆虫纲	鳞翅目	家蚕蛾科	家蚕	302
	蛹中蟲	昆虫纲	双翅目	寄蝇科		276
	蛹虿	昆虫纲	双翅目	寄蝇科		276
	蛹蟲	昆虫纲	双翅目	寄蝇科		276
	蛹蟲	昆虫纲	双翅目	寄蝇科	家蚕追寄蝇	277
遊	遊波	鸟纲	雀形目	燕科		547
	遊波	鸟纲	雀形目	燕科	金腰燕	548
	遊波	鸟纲	雀形目	燕科	家燕	548
	遊鳥	鸟纲	隼形目	隼科	游隼	476
	遊履子	纤毛纲	全毛目	草履科	大草履虫	3
蛜	蛜	昆虫纲	蜉蝣目			110
蜎	蜎	昆虫纲	双翅目	蚊科		257
	蜎	昆虫纲	双翅目	蚊科	淡色库蚊	259
	蜎	昆虫纲	双翅目	摇蚊科		264
	蜎蜎	昆虫纲	鳞翅目	天蛾科		310
	蜎環	昆虫纲	双翅目	蚊科		257
	蜎蠉	昆虫纲	双翅目	蚊科		257
	蜎蠉	昆虫纲	双翅目	蚊科	伊蚊	259
	蜎蠉	昆虫纲	双翅目	摇蚊科		264
	蜎蠉蟲	昆虫纲	双翅目	蚊科		257
園	園蛛科	蛛形纲	蜘蛛目	圆蛛科	圜蛛	96
	園蛛群	蛛形纲	蜘蛛目	圆蛛科	圜蛛	96
	園蛛屬	蛛形纲	蜘蛛目	圆蛛科	圜蛛	96
圓	圓口類	圆口纲				341
	圓甲蟲	昆虫纲	鞘翅目	瓢虫科		233
	圓蟲	线虫动物门				15
	圓蟲類	线虫动物门				15
	圓鰻鮰	硬骨鱼纲	鲱形目	鳀科	鳀	350
猿	猿	兽纲	灵长目	长臂猿科	长臂猿	596
	猿屬	兽纲	灵长目			592
	猿猴	兽纲	灵长目			592
椽	椽桷蜂	昆虫纲	膜翅目	胡蜂科		324
載	載鮑	腹足纲	原始腹足目	鲍科		43
嘖	嘖嘖	鸟纲	雀形目	雀科	黑头蜡嘴雀	588
賊	賊	昆虫纲	鳞翅目	夜蛾科	粘虫	312
詹	詹諸	两栖纲	无尾目	蟾蜍科		401
照	照	昆虫纲	鞘翅目	萤科		225
	照夜	昆虫纲	鞘翅目	萤科		227
	照夜青	昆虫纲	鞘翅目	萤科		227
蜇	蜇	昆虫纲	双翅目	蝇科		271
	蜇螽	昆虫纲	直翅目	蝗科		146
雉	雉	鸟纲	鸡形目	雉科		476
	雉	鸟纲	鸡形目	雉科	雉鸡环颈雉	491
	雉子鳩	鸟纲	鸽形目	鸠鸽科	鸽属	516
	雉雞	鸟纲	鸡形目	雉科		480
	雉雞	鸟纲	鸡形目	雉科	白冠长尾雉	492
	雉雞	鸟纲	鸡形目	雉科	雉鸡环颈雉	491
	雉鷹	鸟纲	隼形目	鹰科		468
塚	塚	昆虫纲	等翅目			132
蝫	蝫蠵	爬行纲	龟鳖目	海龟科	蠵龟	413

字头	古名	纲	目	科	现名	页码
椶	椶包頸	鸟纲	鹳形目	鹭科	绿鹭	444
	十四画					
蜄	蜄	昆虫纲	脉翅目	草蛉科		203
蜸	蜸	昆虫纲	脉翅目	草蛉科		203
蜯	蜯	双壳纲				53
	蜯	双壳纲	蚌目	蚌科		62
	蜯	双壳纲	蚌目	蚌科	背角无齿蚌	63
	蜯蛣	双壳纲	珍珠贝目	海月科		60
鳭	鳭	鸟纲	鹤形目	鸨科	大鸨	504
鴇	鴇	鸟纲	鹤形目	鸨科	大鸨	504
鼻	鼻角	兽纲	奇蹄目	犀科		619
	鼻角	兽纲	奇蹄目	犀科	独角犀	619
	鼻涕蟲	腹足纲	柄眼目	蛞蝓科	野蛞蝓	50
	鼻涕蟲	腹足纲	柄眼目	蜗牛科		52
裨	裨笠	鸟纲	雀形目	卷尾科	黑卷尾	560
碧	碧飛	爬行纲	蛇目	蝰科	尖吻蝮	431
	碧海舍人	鸟纲	鸥形目	鸥科		509
	碧海舍人	鸟纲	鸥形目	鸥科	粉红燕鸥	510
	碧魚	硬骨鱼纲	鲟形目	匙吻鲟科	白鲟	348
	碧陽	硬骨鱼纲	鲟形目	匙吻鲟科	白鲟	348
箆	箆鷺	鸟纲	鹳形目	鹮科	白琵鹭	454
賓	賓客	鸟纲	雀形目	文鸟科	树麻雀	584
	賓雁	鸟纲	雁形目	鸭科	小白额雁	458
	賓鴻	鸟纲	雁形目	鸭科	小白额雁	458
賔	賔雀	鸟纲	雀形目	文鸟科	树麻雀	584
蜒	蜒蜉	昆虫纲	蜻蜓目			121
膊	膊魚	腹足纲	原始腹足目	鲍科		43
	膊膊挑	昆虫纲	鞘翅目	叩甲科		222
駁	駁鳥	鸟纲	雀形目	鸦科	喜鹊	568
	駁靈	鸟纲	雀形目	鸦科	喜鹊	568
綵	綵螢	昆虫纲	鞘翅目	萤科		227
	綵鵲	鸟纲	雀形目	鸦科	红嘴蓝鹊	567
蝅	蝅	昆虫纲	鳞翅目			285
	蝅	昆虫纲	鳞翅目	家蚕蛾科	家蚕	299
察	察爾奇該	昆虫纲	直翅目	蝗科	黄胫小车蝗	151
槎	槎頭鯿	硬骨鱼纲	鲤形目	鲤科	鲂	362
獑	獑	兽纲	灵长目	猴科	白头叶猴	596
	獑	兽纲	灵长目	猴科	黑叶猴	596
	獑胡	兽纲	灵长目	猴科	黑叶猴	596
	獑猢	兽纲	灵长目	猴科	白头叶猴	596
蜎	蜎	腹足纲				43
蜾	蜾蠊	唇足纲	蚰蜒目	蚰蜒科		92
	蜾蛈	蛛形纲	蜘蛛目	蠨蛸科		100
蜳	蜳	双壳纲	廉蛤目	竹蛏科		66
槌	槌額魚	软骨鱼纲	真鲨目	双髻鲨科	双髻鲨	343
綽	綽爾齊	昆虫纲	同翅目	蝉科		179
蜚	蜚蜆	昆虫纲	蜚蠊目			126
趄	趄織	昆虫纲	直翅目	蟋蟀科		162
翗	翗	鸟纲	佛法僧目	翠鸟科		537
翠	翠	鸟纲	佛法僧目	翠鸟科		534

字头	古名	纲	目	科	现名	页码
鳳	鳳頭阿蘭	鸟纲	雀形目	百灵科	凤头百灵	546
	鳳頭魚鴨	鸟纲	雁形目	鸭科	中华秋沙鸭	465
	鳳頭鳥	鸟纲	雀形目	百灵科	云雀	546
	鳳頭黑脚鴨	鸟纲	雁形目	鸭科	凤头潜鸭	464
	鳳頭䴘	鸟纲	䴘形目	䴘科	凤头麦鸡	505
	鳳頭羅紋鴨	鸟纲	雁形目	鸭科	罗纹鸭	462
	鳳凰鸚鵡	鸟纲	鸚形目	鸚鵡科	凤凰鹦哥	520
腐	腐蠸	昆虫纲	鞘翅目	萤科		227
蛴	蛴	昆虫纲	螳螂目	螳螂科		140
蝗	蝗	昆虫纲	直翅目	蝗科		146
鳫	鳫	鸟纲	雁形目	鸭科	雁族	457
	鳫鵠	鸟纲	雀形目	鸦科	红嘴蓝鹊	566
	鳫鵲	鸟纲	雀形目	鸦科	红嘴蓝鹊	566
趧	趧亮噪	鸟纲	鸡形目	雉科	褐马鸡	489
綱	綱蟲	昆虫纲	鳞翅目	弄蝶科	曲纹稻弄蝶	312
膏	膏葉盤	双壳纲	珍珠貝目	海月科		60
	膏藥盤	双壳纲	珍珠貝目	海月科	海月	60
歌	歌女	寡毛纲				26
滚	滚丸蟲	昆虫纲	鞘翅目	金龟子科		212
穀	穀中蠹	昆虫纲	鞘翅目	象虫科	谷象	252
	穀牛	昆虫纲	鞘翅目	象虫科	钻石象	250
	穀雨魚	硬骨鱼纲	灯笼鱼目	狗母鱼科		354
管	管豚	兽纲	啮齿目	鼹形鼠科	竹鼠亚科	636
	管豪	兽纲	啮齿目	鼹形鼠科	竹鼠亚科	636
	管蝦	甲壳纲	口足目			76
蜾	蜾	腹足纲	柄眼目	蛞蝓科		50
	蜾臝	昆虫纲	膜翅目	胡蜂科		323
	蜾蠃	昆虫纲	膜翅目	胡蜂科		323
	蜾蠃	昆虫纲	膜翅目	果蠃科		326
	蜾蠃	昆虫纲	膜翅目	果蠃科	竹筒蜾蠃	326
	蜾蠃	昆虫纲	膜翅目	泥蜂科		327
	蜾蠃	昆虫纲	膜翅目	胡蜂科		323
	蜾蠃	昆虫纲	膜翅目	果蠃科		326
	蜾蠃	昆虫纲	膜翅目	胡蜂科		323
遝	遝虷	昆虫纲	双翅目	摇蚊科		264
蜬	蜬	腹足纲				43
	蜬	腹足纲	中腹足目	宝贝科		47
蜭	蜭	昆虫纲	鞘翅目	皮蠹科	白腹皮蠹	232
	蜭	昆虫纲	鞘翅目	皮蠹科	花斑皮蠹	232
	蜭	昆虫纲	鞘翅目	皮蠹科	钩纹皮蠹	232
	蜭	昆虫纲	鞘翅目	粉蠹科	粉蠹	232
蜭	蜭	昆虫纲	鳞翅目			285
漢	漢燕	鸟纲	雀形目	燕科	金腰燕	548
	漢燕	鸟纲	雀形目	燕科	家燕	548
豪	豪彘	兽纲	啮齿目	豪猪科	豪猪	640
	豪菜盤	双壳纲	珍珠贝目	海月科		60
	豪豬	兽纲	啮齿目	豪猪科	豪猪	640
[illegible]	[illegible]	鸟纲	鸡形目	雉科		479
[illegible]	[illegible]	鸟纲	雁形目	鸭科	雁族	457
魟	魟	软骨鱼纲	鲼形目	魟科		344
	魟魚	软骨鱼纲	鲼形目	魟科	黄魟	344

字头	古名	纲	目	科	现名	页码
𤬪	𤬪 𤭁	昆虫纲	膜翅目	铃腹胡蜂科		326
	𤬪 𤭁	昆虫纲	膜翅目	胡蜂科		323
	𤬪 𤭁	昆虫纲	膜翅目	马蜂科		326
	𤬪 𤭁蜂	昆虫纲	膜翅目	铃腹胡蜂科		326
	𤬪 𤭁蜂	昆虫纲	膜翅目	胡蜂科		323
	𤬪 𤭁蠭	昆虫纲	膜翅目	胡蜂科		323
[illegible]	[illegible]	蛛形纲	蜘蛛目	跳蛛科		97
槐	槐串	鸟纲	雀形目	鹟科	暗绿柳莺	582
夥	夥來魚	硬骨鱼纲	鲱形目	锯腹鳓科	鳓	350
	夥魚	硬骨鱼纲	海鲢目	海鲢科	海鲢	348
禍	禍鳥	鸟纲	鸮形目	鸱鸮科		531
魂	魂常	昆虫纲	双翅目	木虻科		268
	魂常	昆虫纲	双翅目	虻科		266
	魂旛鳥	鸟纲	雀形目	鹟科	寿带［鸟］	583
蝍	蝍 蝛	昆虫纲	鳞翅目	尺蛾科		308
蟣	蟣	昆虫纲	虱目			174
[illegible]	[illegible]	蛛形纲	蜘蛛目	蟏蛸科		100
	[illegible]	昆虫纲	同翅目	蝉科		188
	[illegible]蛣	昆虫纲	同翅目	蝉科		188
嘉	嘉雀	鸟纲	雀形目	文鸟科	树麻雀	584
	嘉魚	硬骨鱼纲	鲤形目	鲤科	多鳞白甲鱼	364
	嘉魚	硬骨鱼纲	鲤形目	鲤科	卷口鱼	365
	嘉賓	鸟纲	雀形目	文鸟科	树麻雀	584
	嘉賔	鸟纲	雀形目	文鸟科	树麻雀	584
	嘉鯕魚	硬骨鱼纲	鲈形目	鲷科	真鲷	383
蘄	蘄蛇	爬行纲	蛇目	蝰科	尖吻蝮	430
竭	竭朴	甲壳纲	短尾下目	沙蟹科	弧边招潮	85
	竭樸	甲壳纲	短尾下目	沙蟹科	弧边招潮	85
精	精列	昆虫纲	直翅目	蟋蟀科		162
	精列	鸟纲	雀形目	鹡鸰科		549
	精列	鸟纲	鹤形目	秧鸡科	小田鸡	501
	精蜻	昆虫纲	蜻蜓目			121
	精鼩	兽纲	鼩形目	鼩鼱科	鼩鼱	605
[illegible]	[illegible]	鸟纲	雀形目	鹟科	乌鸫	579
蜛	蜛蚁	昆虫纲	螳螂目	螳螂科		140
	蜛蝫	头足纲	八腕目	章鱼科		71
[illegible]	[illegible]鼀	两栖纲	无尾目	蟾蜍科		402
	[illegible]鼀	两栖纲	无尾目	蟾蜍科	中华蟾蜍	404
蜠	蜠	双壳纲				53
	蜠	双壳纲	廉蛤目	竹蛏科		66
濂	濂寊	硬骨鱼纲	鲤形目	鲤科	鳒鲌白鱼	359
[illegible]	[illegible]	昆虫纲	同翅目	蝉科		188
酷	酷蟲	昆虫纲	双翅目	蚋科		260
魁	魁首	头足纲	八腕目	章鱼科		72
	魁陸	双壳纲	蚶目	蚶科		54
	魁蛤	双壳纲	蚶目	蚶科		55
	魁盒	双壳纲	蚶目	蚶科		55
	魁蜃	双壳纲	蚶目	蚶科		55
蜫	蜫	昆虫纲				104
蜡	蜡	钵水母纲	根口水母目	根口水母科	海蜇	6
	蜡蚱	钵水母纲	根口水母目	根口水母科	海蜇	8

字头	古名	纲	目	科	现名	页码
漚	漚	鸟纲	鸥形目	鸥科	须浮鸥	509
	漚	鸟纲	鸥形目	鸥科	银鸥	509
蜱	蜱蛸	昆虫纲	螳螂目	螳螂科		140
齊	齊	昆虫纲	虱目	虱科	体虱	176
	齊女	昆虫纲	同翅目	蝉科		189
	齊司篤末	吸虫纲	复殖目	片形科	肝片吸虫	11
	齊蛤	双壳纲	蚌目	蚌科	矛蚌	63
	齊蛤	双壳纲	廉蛤目	樱蛤科	斯氏小樱蛤	65
旗	旗魚	硬骨鱼纲	鲈形目	旗鱼科	平鳍旗鱼	386
蟇	蟇	甲壳纲	短尾下目	方蟹科	相手蟹	87
蜞	蜞	蛭纲				35
	蜞	蛭纲	无吻蛭目	山蛭科	天目山蛭	37
蜣	蜣蜋	昆虫纲	鞘翅目	金龟子科		216
	蜣蜋	昆虫纲	鞘翅目	金龟子科	神农洁蜣螂	217
	蜣蜋	昆虫纲	鞘翅目	金龟子科	粪螂	217
	蜣蜋	昆虫纲	鞘翅目	金龟子科	嗡蜣螂	217
	蜣蜋	昆虫纲	螳螂目	螳螂科		139
	蜣蜋將軍	昆虫纲	鞘翅目	金龟子科		215
	蜣蜋蟲	昆虫纲	鞘翅目	金龟子科		215
	蜣蝍	昆虫纲	鞘翅目	金龟子科		216
	蜣螂	昆虫纲	鞘翅目	金龟子科		215
	蜣螂	昆虫纲	鞘翅目	金龟子科	神农洁蜣螂	217
	蜣蝆	昆虫纲	鞘翅目	金龟子科		216
揭	揭伽	兽纲	奇蹄目	犀科		619
蜻	蜻	昆虫纲	蜻蜓目			120
	蜻	昆虫纲	同翅目	蝉科		187
	蜻虰	昆虫纲	蜻蜓目			116
	蜻蜓	昆虫纲	同翅目	蝉科		188
	蜻蛉	昆虫纲	长翅目	蝎蛉科	蝎蛉	253
	蜻蛉	昆虫纲	蜻蜓目			116
	蜻蛉	昆虫纲	蜻蜓目	春蜓科	黄新叶箭蜓	122
	蜻蛉	昆虫纲	蜻蜓目	春蜓科	箭蜓	122
	蜻蛉	昆虫纲	蜻蜓目	蜓科	碧伟蜓	121
	蜻蛚	昆虫纲	直翅目	蟋蟀科		162
	蜻蛚	昆虫纲	直翅目	蟋蟀科	迷卡斗蟋	165
	蜻蛚	昆虫纲	蜻蜓目			120
	蜻蛚	昆虫纲	直翅目	蟋蟀科		162
	蜻蜓	昆虫纲	蜻蜓目	春蜓科	箭蜓	122
	蜻蜓	昆虫纲	蜻蜓目			120
	蜻蜓	昆虫纲	蜻蜓目	差翅亚目		121
	蜻蜓	昆虫纲	蜻蜓目	大蜓科	圆臂大蜓	122
	蜻蜓	昆虫纲	蜻蜓目	蜻科	赤蜻	122
	蜻蜓	昆虫纲	蜻蜓目	蜻科	黄蜻	122
	蜻蜓	昆虫纲	蜻蜓目	蜻科	黑丽翅蜻	122
	蜻蜓	昆虫纲	蜻蜓目	蜻科	蜻	122
	蜻蜻	昆虫纲	同翅目	蝉科		187
	蜻蝏	昆虫纲	蜻蜓目			116
蜷	蜷	昆虫纲	鞘翅目	天牛科		241
	蜷蜵	寡毛纲				28
桊	桊原屬	两栖纲	有尾目	蝾螈科		399
	桊蚖屬	两栖纲	有尾目	蝾螈科		399

字头	古名	纲	目	科	现名	页码
蜹	蜹	昆虫纲	双翅目	蚋科		260
	蜹	昆虫纲	双翅目	蛾蠓科	星毛蠓	254
	蜹	昆虫纲	双翅目	蠓科	蠛蠓	263
鳲	鳲鳸	鸟纲	鹃形目	杜鹃科		522
	鳲鳩	鸟纲	佛法僧目	戴胜科	戴胜	541
鳲	鳲鳩	鸟纲	鸽形目			512
	鳲鳩	鸟纲	鸽形目	沙鸡科	毛腿沙鸡	514
	鳲鳩	鸟纲	鹃形目	杜鹃科		522
	鳲鳩	鸟纲	鹃形目	杜鹃科	大杜鹃	528
	鳲鳩	鸟纲	雀形目	椋鸟科	八哥属	563
蝨	蝨	昆虫纲	虱目			175
蝕	蝕肬	昆虫纲	螳螂目	螳螂科		140
	蝕肬	昆虫纲	螳螂目	螳螂科	大刀螳	142
瘦	瘦姬蜂	昆虫纲	膜翅目	姬蜂科	瘦姬蜂	328
綬	綬貝	腹足纲	中腹足目	宝贝科	阿文绶贝	47
	綬魚	软骨鱼纲	鳐形目	团扇鳐科	中国团扇鳐	344
	綬鳥	鸟纲	鸡形目	雉科	红腹角雉	487
	綬雞	鸟纲	鸡形目	雉科	红腹角雉	488
	綬雞	鸟纲	鸡形目	雉科	黄腹角雉	488
睡	睡蟲	昆虫纲	脉翅目	蚁蛉科		204
	睡蟲	昆虫纲	脉翅目	蚁蛉科	穴蚁蛉	205
说	说蚤	昆虫纲	蚤目			279
說	說蟲	昆虫纲				105
碩	碩鼠	兽纲	啮齿目	仓鼠科		637
	碩鼠	昆虫纲	直翅目	蝼蛄科		168
蜇	蜇螽	昆虫纲	直翅目	蝗科		146
	蜇螽	昆虫纲	直翅目	蝗科	二色戛蝗	150
	蜇螽	昆虫纲	直翅目	螽斯科		153
	蜇螽	昆虫纲	直翅目	螽斯科	鸣螽斯	156
鲃	鲃	硬骨鱼纲	鲈形目	鲃科	鲃	384
蚣	蚣	昆虫纲	直翅目	蝗科		146
	蚣蝑	昆虫纲	直翅目	蝗科		146
	蚣蝑	昆虫纲	直翅目	螽斯科		153
	蚣蝑	昆虫纲	直翅目	螽斯科	鸣螽斯	156
	蚣蝑	昆虫纲	直翅目	螽斯科		153
	蚣蜙	昆虫纲	直翅目	蝗科		146
	蚣蜙	昆虫纲	直翅目	蝗科	二色戛蝗	150
	蚣蜙	昆虫纲	直翅目	螽斯科	鸣螽斯	156
蜙	蜙蝑	昆虫纲	直翅目	蝗科		146
酸	酸醬介	小吻贝纲	钻孔贝目	贯壳贝科	酸浆贯壳贝	337
	酸雞	昆虫纲	同翅目	樗鸡科	樗鸡	196
	酸雞	昆虫纲	直翅目	蟋蟀科		159
	酸鷄	昆虫纲	同翅目	樗鸡科	樗鸡	196
	酸鷄	昆虫纲	直翅目	蟋蟀科		159
算	算盤子蟲	昆虫纲	鞘翅目	豉甲科		208
	算袋	头足纲	乌贼目	乌贼科	金乌贼	71
瑣	瑣琣	双壳纲	珍珠貝目	海月科		59
	瑣琣	双壳纲	珍珠貝目	海月科	海月	60
	瑣蛣	双壳纲	珍珠贝目	海月科		59
	瑣管	头足纲	枪形目	枪乌贼科		69

字头	古名	纲	目	科	现名	页码
魮	魮	硬骨鱼纲	鲱形目	鳀科	刀鲚	351
蝙	蝙蝠	兽纲	翼手目			605
	蝙蝠	兽纲	翼手目	叶口蝠科	吸血蝠	609
	蝙蝠	兽纲	翼手目	狐蝠科	犬蝠	608
	蝙蝠	兽纲	翼手目	狐蝠科	琉球狐蝠	609
	蝙蝠	兽纲	翼手目	狐蝠科	棕果蝠	608
	蝙蝠	兽纲	翼手目	菊头蝠科	菊头蝠	609
	蝙蝠	兽纲	翼手目	蝙蝠科	东亚伏翼	610
	蝙蝠	兽纲	翼手目	蹄蝠科	大蹄蝠	609
撥	撥尾	硬骨鱼纲	鲻形目	鲻科	鲛	378
	撥棹	甲壳纲	短尾下目	梭子蟹科	蟳	83
	撥棹子	甲壳纲	短尾下目	梭子蟹科	蟳	83
	撥穀	鸟纲	鹃形目	杜鹃科		522
	撥穀	鸟纲	鹃形目	杜鹃科	四声杜鹃	527
	播穀	鸟纲	鹃形目	杜鹃科	四声杜鹃	527
𧍙	𧍙	昆虫纲	鳞翅目	家蚕蛾科	家蚕	297
潮	潮鮎	硬骨鱼纲	鲻形目	鲻科	棱鲛	378
	潮蛤	双壳纲	廉蛤目	蛤蜊科		64
	潮雞	鸟纲	鸡形目	雉科	石鸡	480
𧍧	𧍧	昆虫纲	等翅目			137
	𧍧	昆虫纲	双翅目	虻科		265
齒	齒蜉蝣	昆虫纲	脉翅目	蚁蛉科		204
蝽	蝽蟓	昆虫纲	直翅目	蝗科		146
	蝽蟓	昆虫纲	直翅目	螽斯科		153
	蝽蟝	昆虫纲	直翅目	蝗科		146
蝩	蝩	昆虫纲	鳞翅目	家蚕蛾科	家蚕	303
	蝩蟷	昆虫纲	直翅目	蝗科		147
樗	樗鳩	昆虫纲	同翅目	樗鸡科	樗鸡	196
	樗蒲	钵水母纲	根口水母目	根口水母科	海蜇	8
	樗蒲魚	钵水母纲	根口水母目	根口水母科	海蜇	8
	樗雞	昆虫纲	同翅目	樗鸡科	樗鸡	196
	樗雞	昆虫纲	直翅目	蝗科	红翅皱膝蝗	150
	樗雞	昆虫纲	直翅目	螽斯科		153
	樗雞	昆虫纲	直翅目	蟋蟀科		163
	樗雞	鸟纲	鸡形目	雉科	红腹锦鸡 金鸡	495
	樗繭	昆虫纲	鳞翅目			285
	樗繭	昆虫纲	鳞翅目	大蚕蛾科	柞蚕	295
	樗鷄	昆虫纲	同翅目	樗鸡科	樗鸡	196
	樗鷄	昆虫纲	直翅目	蟋蟀科		163
	樗蠶	昆虫纲	鳞翅目	大蚕蛾科	樗蚕	296
糍	糍鰻	硬骨鱼纲	鳗鲡目	鳗鲡科	花鳗鲡	355
蟌	蟌	昆虫纲	鳞翅目	刺蛾科		292
醋	醋鼈	腹足纲	原始腹足目	蝾螺科	夜光蝾螺	45
蜻	蜻蜍	昆虫纲	直翅目	蝼蛄科		168
	蜻蜍	蛛形纲	蜘蛛目			95
蝶	蝶	昆虫纲	鳞翅目			281
	蝶	昆虫纲	鳞翅目	凤蝶科	巴黎凤蝶	314
	蝶	昆虫纲	鳞翅目	凤蝶科	丝带凤蝶	315
	蝶	昆虫纲	鳞翅目	凤蝶科	玉带凤蝶	314

字头	古名	纲	目	科	现名	页码
蝶	蝶	昆虫纲	鳞翅目	凤蝶科	多姿麝凤蝶	314
	蝶	昆虫纲	鳞翅目	凤蝶科	红珠凤蝶	314
	蝶	昆虫纲	鳞翅目	凤蝶科	美凤蝶	314
	蝶	昆虫纲	鳞翅目	凤蝶科	碧凤蝶	314
	蝶	昆虫纲	鳞翅目	尺蛾科		308
	蝶	昆虫纲	鳞翅目	灰蝶科	蓝色小灰蝶	314
	蝶	昆虫纲	鳞翅目	粉蝶科	东方菜粉蝶	314
	蝶	昆虫纲	鳞翅目	粉蝶科	菜粉蝶	314
	蝶	昆虫纲	鳞翅目	粉蝶科	黑纹菜粉蝶	314
蝶	蝶	昆虫纲	鳞翅目	斑蝶科	金斑蝶	313
	蝶	昆虫纲	鳞翅目	蛱蝶科	二尾蛱蝶	313
	蝶蝫	昆虫纲	鳞翅目			285
	蝶蛾類	昆虫纲	鳞翅目			282
稻	稻眉眼蝶	昆虫纲	鳞翅目	眼蝶科	稻纹眼蝶	313
	稻葉白青	昆虫纲	直翅目	蟋蟀科		163
餓	餓老鴟	鸟纲	隼形目	鹰科	鸢	469
媸	媸	兽纲	兔形目	兔科		603
魴	魴	硬骨鱼纲	鲤形目	鲤科	鲂	362
	魴魚	硬骨鱼纲	鲤形目	鲤科	鳊	361
	魴魚	硬骨鱼纲	鲤形目	鲤科	鲂	362
	魴魾	硬骨鱼纲	鲤形目	鲤科	鳊	361
䲱	䲱	鸟纲	鸻形目	鸻科	灰头麦鸡	505
旗	旗	鸟纲	鸻形目	鸻科	灰头麦鸡	505
	旗	鸟纲	鹤形目	秧鸡科	骨顶鸡	502
	旗鸛	鸟纲	鸻形目	鸻科	灰头麦鸡	505
䳽	䳽	鸟纲	鸡形目	雉科	蓝马鸡	498
	䳽	鸟纲	鸽形目			511
𪂇	𪂇	鸟纲	鹃形目	杜鹃科		525
	𪂇䳽	鸟纲	鸽形目			512
	𪂇䳽	鸟纲	鸽形目	鸠鸽科	火斑鸠	518
	𪂇䳽	鸟纲	鹃形目	杜鹃科	鸦鹃	528
墳	墳蟦	昆虫纲	鞘翅目	鳃角金龟科		218
蝷	蝷	昆虫纲	虱目			175
敷	敷常	昆虫纲	螳螂目	螳螂科		140
鬅	鬅鬅	兽纲	灵长目	人科		600
蝜	蝜	甲壳纲	等足目	鼠妇科		77
	蝜	昆虫纲	脉翅目	草蛉科		203
	蝜蝂	昆虫纲	脉翅目	草蛉科		203
	蝜蝂	昆虫纲	脉翅目	草蛉科	草蛉	203
	蝜蝂蟲	昆虫纲	脉翅目	草蛉科		203
	蝜蛣	昆虫纲	鞘翅目	金龟子科		216
	蝜蝂	昆虫纲	脉翅目	草蛉科		203
	蝜蝂	昆虫纲	脉翅目	草蛉科	草蛉	203
蝮	蝮	昆虫纲				105
	蝮魚	腹足纲	原始腹足目	鲍科		44
	蝮	爬行纲	蛇目	蝰科	尖吻蝮	430
	蝮	爬行纲	蛇目	蝰科	蝮蛇	431
	蝮蜪	昆虫纲	膜翅目	蚁科		332
	蝮蜪	昆虫纲	膜翅目	蚁科	织叶蚁	336
	蝮蛸	昆虫纲	同翅目	蝉科		192

字头	古名	纲	目	科	现名	页码
養	養柑螘	昆虫纲	膜翅目	蚁科	黄猄蚁	336
	養柑蟻	昆虫纲	膜翅目	蚁科	黄猄蚁	336
蝍	蝍	昆虫纲	鞘翅目	金龟子科		216
	蝍	昆虫纲	蜉蝣目			112
	蝍蜋	昆虫纲	鞘翅目	金龟子科		216
鴂	鴂	鸟纲	雀形目	伯劳科		552
	鴂	鸟纲	雀形目	伯劳科	红尾伯劳、褐伯劳	554
鳩	鳩	鸟纲	鸮形目	鸱鸮科		530
鴃	鴃	鸟纲	雀形目	伯劳科		552
靠	靠山紅	鸟纲	雀形目	雀科	普通朱雀	586
蝌	蝌斗	两栖纲	无尾目			400
	蝌蚪	两栖纲	无尾目			400
蝰	蝰	昆虫纲	鳞翅目	家蚕蛾科	家蚕	303
	蝰蚼	昆虫纲	鳞翅目	家蚕蛾科	家蚕	303
	蝰蛇	爬行纲	蛇目	蝰科	中介蝮	431
蝲	蝲蛄	甲壳纲	长尾下目	蝲蛄科	蝲蛄	80
螂	螂	昆虫纲	螳螂目	螳螂科		140
	螂蛉	昆虫纲	蜻蜓目			120
	螂蟧	昆虫纲	同翅目	蝉科		189
黎	黎黄	鸟纲	雀形目	黄鹂科	黑枕黄鹂	558
螃	螃	昆虫纲	直翅目	蝗科	二色戛蝗	150
厲	厲蟎	蛛形纲	蜱螨目	厉螨科	敏捷血厉螨	103
	厲蟲	昆虫纲	蜚蠊目			126
	厲蟲	昆虫纲	蜚蠊目	蜚蠊科	东方蜚蠊	129
練	練雀	鸟纲	雀形目	鹟科	寿带[鸟]	582
	練鵠	鸟纲	雀形目	鹟科	寿带[鸟]	582
	練鵲	鸟纲	雀形目	鹟科	寿带[鸟]	582
蔾	蔾螺	腹足纲	新腹足目	骨螺科	疣荔枝螺	48
蛚	蛚	昆虫纲	直翅目	蟋蟀科		162
獜	獜	兽纲	偶蹄目	猪科	野猪	620
躶	躶步	腹足纲	柄眼目	蜗牛科		52
輪	輪盤蟲	单巢纲				21
	輪蟲	单巢纲	单巢目		臂尾轮虫	21
犘	犘牛	兽纲	偶蹄目	牛科	牦牛	623
犛	犛	兽纲	偶蹄目	牛科	牦牛	623
	犛牛	兽纲	偶蹄目	牛科	牦牛	623
貓	貓	兽纲	食肉目	猫科	虎	614
	貓	兽纲	食肉目	灵猫科	小灵猫	615
	貓子魚	硬骨鱼纲	鲤形目	鲤科	鳡	359
	貓牛	兽纲	偶蹄目	牛科	牦牛	623
	貓兒頭	鸟纲	鸮形目	鸱鸮科		531
	貓兒頭	鸟纲	鸮形目	鸱鸮科	褐林鸮	533
	貓蛇	爬行纲	蜥蜴目	鬣蜥科	变色树蜥	419
	貓蝨	昆虫纲	食毛目	兽鸟虱科	猫鸟虱	173
	貓鯊	软骨鱼纲	真鲨目	猫鲨科	虎纹猫鲨	342
	貓鷹	鸟纲	鸮形目	鸱鸮科		531
蝥	蝥	昆虫纲	直翅目	蝼蛄科		169
	蝥	昆虫纲	鞘翅目	芫菁科		236
	蝥	昆虫纲	鞘翅目	金龟子科		216
	蝥蠿	昆虫纲	鞘翅目	芫菁科		236

字头	古名	纲	目	科	现名	页码
蝱	蝱	昆虫纲	双翅目	虻科		267
	蝱	昆虫纲	双翅目	虻科	牛虻	268
	蝱	昆虫纲	双翅目	蚊科		257
	蝱科	昆虫纲	双翅目	虻科		267
	蝱蟲	昆虫纲	双翅目	虻科		267
	蝱蠅	昆虫纲	双翅目	皮蝇科	牛蝇	272
	蝱蠅	昆虫纲	双翅目	虻科		267
蝱	蝱蠅	昆虫纲	双翅目	虻科	牛虻	268
蝒	蝒	昆虫纲	同翅目	蝉科		190
	蝒	昆虫纲	同翅目	蝉科	蚱蝉	195
	蝒馬	昆虫纲	同翅目	蝉科		190
	蝒馬	昆虫纲	同翅目	蝉科	蚱蝉	195
膜	膜翅目	昆虫纲	膜翅目			315
	膜翅類	昆虫纲	膜翅目			315
摩	摩由邏	鸟纲	鸡形目	雉科	绿孔雀	495
	摩竭	兽纲	鲸目	露脊鲸科	露脊鲸	625
	摩竭魚	兽纲	鲸目	露脊鲸科	露脊鲸	625
	摩鴟	鸟纲	隼形目	鹰科	鸢	469
墨	墨	昆虫纲	鳞翅目	刺蛾科		292
	墨斗	头足纲	乌贼目	乌贼科		70
	墨斗	头足纲	乌贼目	乌贼科	针乌贼	71
	墨斗	头足纲	枪形目	枪乌贼科		69
	墨束	头足纲	乌贼目	乌贼科	针乌贼	71
	墨那西梯斯	孢子纲	簇虫目	单房簇虫科	活泼单房簇虫	3
	墨魚	头足纲	乌贼目	乌贼科		70
	墨魚	头足纲	乌贼目	乌贼科	日本乌针乌贼	71
	墨魚	头足纲	乌贼目	乌贼科	金乌贼	71
	墨頭魚	硬骨鱼纲	鲤形目	鲤科	墨头鱼	364
	墨鱸	硬骨鱼纲	鲤形目	鲤科	墨头鱼	365
蝶	蝶	昆虫纲	螳螂目	螳螂科		140
蟇	蟇光	昆虫纲	鳞翅目			285
	蟇光	昆虫纲	鳞翅目	家蚕蛾科	家蚕	303
樢	樢	鸟纲	鸡形目	雉科	中华鹧鸪	481
魶	魶	软骨鱼纲	鲼形目	魟科		344
	魶魚	两栖纲	有尾目	隐鳃鲵科	大鲵	397
	魶魚	两栖纲	有尾目	蝾螈科	瘰螈	399
蝻	蝻	昆虫纲	直翅目	蝗科		147
	蝻	昆虫纲	直翅目	蝗科	亚洲飞蝗	151
撚	撚翅目	昆虫纲	捻翅目			252
𩵩	𩵩	硬骨鱼纲	鲟形目	鲟科	鳇	347
歐	歐夜鷹	鸟纲	夜鹰目	夜鹰科	歐夜鷹	534
盤	盤羊	兽纲	偶蹄目	牛科	盘羊	624
	盤倉	兽纲	啮齿目	仓鼠科	大仓鼠	638
	盤渦蟲	涡虫纲	三肠目	扁涡虫科	细涡虫	10
	盤蝥蟲	昆虫纲	鞘翅目	芫菁科		236
竄	竄盤蟲	昆虫纲	蜚蠊目			126
劈	劈頭蝮	爬行纲	蛇目	眼镜蛇科	眼镜王蛇	429
匽	匽	昆虫纲	脉翅目	蚁蛉科		204
蝘	蝘	昆虫纲	脉翅目	蚁蛉科		204

字头	古名	纲	目	科	现名	页码
壁	壁魚	昆虫纲	衣鱼目	衣鱼科	多毛栉衣鱼	109
	壁蝨	昆虫纲	半翅目	臭虫科	臭虫	199
	壁駝	昆虫纲	半翅目	臭虫科	臭虫	199
	壁驪	昆虫纲	半翅目	臭虫科	臭虫	199
	壁錢	蛛形纲	蜘蛛目	壁钱蛛科		100
	壁錢	蛛形纲	蜘蛛目	壁钱蛛科	北国壁钱	100
	壁蟢	蛛形纲	蜘蛛目	壁钱蛛科		100
	壁鏡	蛛形纲	蜘蛛目	壁钱蛛科		100
	壁鏡	蛛形纲	蜘蛛目	壁钱蛛科	北国壁钱	100
	壁蠒	蛛形纲	蜘蛛目	壁钱蛛科		100
鮅	鮅	硬骨鱼纲	鲤形目	鲤科	赤眼鳟	358
	鮅魚	硬骨鱼纲	鲤形目	鲤科	赤眼鳟	358
	鮅鱒	硬骨鱼纲	鲤形目	鲤科	赤眼鳟	358
鵤	鵤	鸟纲	隼形目	鹰科		468
	鵤	鸟纲	隼形目	鹰科	凤头鹰	470
	鵤鷹	鸟纲	隼形目	鹰科		468
	鵤鷹	鸟纲	隼形目	鹰科	凤头鹰	470
魶	魶	双壳纲	蚌目	蚌科		62
蜱	蜱	昆虫纲	脉翅目	草蛉科		203
	蜱	昆虫纲	鞘翅目	豆象科	绿豆象	249
	蜱焦	昆虫纲	螳螂目	螳螂科		140
	蜱蛓	昆虫纲	鳞翅目	刺蛾科		292
	蜱蝜	昆虫纲	脉翅目	草蛉科	草蛉	203
	蜱蝜	昆虫纲	脉翅目	草蛉科		203
	蜱螵	昆虫纲	鳞翅目	刺蛾科		292
	蜱蟭	昆虫纲	螳螂目	螳螂科		140
	蜱蟭蟲	昆虫纲	螳螂目	螳螂科		140
鲌	鲌	硬骨鱼纲	鲤形目	鲤科	红鳍鲌	361
	鲌鮮魚	硬骨鱼纲	鲤形目	鲤科	鳙鲌白鱼	359
	鲌鱎	硬骨鱼纲	鲤形目	鲤科	红鳍鲌	361
鯆	鯆	兽纲	鲸目	鼠海豚科	江豚	626
蝅	蝅	昆虫纲	鳞翅目			286
	蝅	昆虫纲	鳞翅目	家蚕蛾科	家蚕	297
蜃	蜃	昆虫纲	鳞翅目	家蚕蛾科	家蚕	297
蟷	蟷蜋	昆虫纲	蜚蠊目			126
	蟷螂	昆虫纲	蜚蠊目			126
	蟷螂	昆虫纲	蜚蠊目	硕蠊科	龙虱甲蠊	130
赬	赬鯉	硬骨鱼纲	鲤形目	鲤科	鲤	367
橙	橙灰蝶	昆虫纲	鳞翅目	灰蝶科	橙灰蝶	314
	橙翅噪鶥	鸟纲	雀形目	鹟科	橙翅噪鹛	581
鴟	鴟	鸟纲	鸮形目	鸱鸮科	褐林鸮	532
	鴟	鸟纲	鸮形目	鸱鸮科	鵰鴞	532
	鴟	鸟纲	鸮形目	鸱鸮科		529
	鴟	鸟纲	隼形目	鹰科	鸢	469
	鴟鳩	鸟纲	佛法僧目	戴胜科	戴胜	541
	鴟鵃	鸟纲	鸮形目	鸱鸮科	雪鸮	532
	鴟梟	鸟纲	鸮形目	鸱鸮科	鵰鴞	532
	鴟鴞	鸟纲	鸮形目	鸱鸮科		529
	鴟鵂	鸟纲	鸮形目	鸱鸮科		531
蟁	蟁	昆虫纲	等翅目			135

字头	古名	纲	目	科	现名	页码
蟁	蟁	昆虫纲	双翅目	蚊科		258
	蝱	昆虫纲	双翅目	虻科		267
	蟁	昆虫纲	膜翅目	蚁科		334
螲	螲	昆虫纲	膜翅目	蚁科		332
雔	雔由	昆虫纲	鳞翅目			286
	雔由	昆虫纲	鳞翅目	大蚕蛾科	柞蚕	295
蝏	蝏	昆虫纲	蜻蜓目			121
𨾴	𨾴	鸟纲	鸡形目	雉科	鹌鹑	483
螆	螆	昆虫纲	鳞翅目			286
	螆	昆虫纲	鳞翅目	刺蛾科		292
蝨	蝨	蛛形纲	伪蝎目			103
錯	錯落	鸟纲	鹤形目	鹤科	白枕鹤	500
靛	靛花	鸟纲	雀形目	鹟科	蓝矶鸫（翠鳥）	578
雕	雕	鸟纲	隼形目	鹰科	秃鹫	471
	雕取	鸟纲	雀形目	鸦科	红嘴蓝鹊	566
	雕鶚	鸟纲	隼形目	鹰科	鹗	474
鶵	鶵	鸟纲	䴙䴘目	䴙䴘科	小䴙䴘	438
獨	獨角仙	昆虫纲	鞘翅目	犀金龟科		217
	獨角犀	兽纲	奇蹄目	犀科	独角犀	619
	獨角蟶	双壳纲	廉蛤目	截蛏科	总角截蛏	65
	獨佐鳥	鸟纲	隼形目	隼科	白腿小隼	475
	獨豹	鸟纲	鹤形目	鸨科	大鸨	504
	獨舂	鸟纲	鹳形目	鹭科	白鹭	446
	獨腳蜂	昆虫纲	膜翅目	树蜂科	云杉树蜂	315
	獨腳蟻	昆虫纲	膜翅目	扁叶蜂科	柳瘿叶蜂	315
	獨腳蟻	昆虫纲	膜翅目	树蜂科	云杉树蜂	316
	獨蜂	昆虫纲	膜翅目	马蜂科	家马蜂	327
	獨蜂	昆虫纲	膜翅目	树蜂科	云杉树蜂	315
	獨瓠	昆虫纲	膜翅目	胡蜂科		324
	獨繭	昆虫纲	鳞翅目	家蚕蛾科	家蚕	303
	獨蠭	昆虫纲	膜翅目	胡蜂科		324
蠤	蠤	昆虫纲	鞘翅目	锹甲科		211
蕃	蕃雀	鸟纲	鸽形目	沙鸡科	毛腿沙鸡	514
	蕃蹹魚	软骨鱼纲	鲼形目	魟科	赤魟	344
	蕃蹹魚	软骨鱼纲	鲼形目	鹞鲼科	鹞鲼	345
鮒	鮒	掘足纲	角贝目	角贝科	角贝	52
	鮒	硬骨鱼纲	鲤形目	鲤科	鲫	368
	鮒魚	硬骨鱼纲	鲤形目	鲤科	鲫	368
蟲	蟲	昆虫纲	直翅目	蝼蛄科		171
鋼	鋼鑽魚	硬骨鱼纲	鲤形目	鲤科	蛇鮈	366
噶	噶力圖和爾亥	昆虫纲	鞘翅目	萤科		230
橄	橄欖雛	鸟纲	鸽形目	鸠鸽科	红翅绿鸠	515
鴚	鴚	鸟纲	雁形目	鸭科	雁族	454
	鴚	鸟纲	雁形目	鸭科	天鹅族	459
	鴚鵞	鸟纲	雁形目	鸭科	天鹅族	459
	鴚鵝	鸟纲	雁形目	鸭科	雁族	454
	鴚鵝	鸟纲	雁形目	鸭科	豆雁	458
	鴚鶩	鸟纲	雁形目	鸭科	雁族	455

字头	古名	纲	目	科	现名	页码
鋸	鋸沙	软骨鱼纲	锯鳐目	锯鳐科	尖齿锯鳐	343
	鋸魚	软骨鱼纲	锯鳐目	锯鳐科	尖齿锯鳐	344
	鋸鯊	软骨鱼纲	锯鲨目	锯鲨科	日本锯鲨	343
鋸	鋸鯊	软骨鱼纲	锯鳐目	锯鳐科	尖齿锯鳐	343
	鋸魦	软骨鱼纲	锯鳐目	锯鳐科	尖齿锯鳐	343
蟲	蟲	昆虫纲	蜉蝣目			112
	蟲蜋	昆虫纲	蜉蝣目			112
	蟲蠶	昆虫纲	蜉蝣目			112
據	據火	昆虫纲	鞘翅目	叩甲科	斑叩甲	222
	據火	昆虫纲	鞘翅目	萤科		228
	據火	昆虫纲	鞘翅目	萤科	黄萤	231
舊	舊	鸟纲	鸮形目	鸱鸮科		530
	舊舊留	鸟纲	鸮形目	鸱鸮科		531
廩	廩食魚	硬骨鱼纲	鲤形目	鲤科	鱇鲢白鱼	359
墾	墾雞	鸟纲	鹤形目	秧鸡科	花田鸡	501
賴	賴魚	硬骨鱼纲	鲶形目	鲿科	长吻鮠	374
黧	黧	鸟纲	雀形目	黄鹂科	黑枕黄鹂	558
	黧黄	鸟纲	雀形目	黄鹂科	黑枕黄鹂	558
鴗	鴗	鸟纲	佛法僧目	翠鸟科		536
	鴗	鸟纲	佛法僧目	翠鸟科	普通翠鸟	538
	鴗	鸟纲	佛法僧目	翠鸟科	蓝翡翠	539
螊	螊	双壳纲	蚌目	蚌科		62
鍊	鍊鉗稻葉青	昆虫纲	直翅目	蟋蟀科		163
遼	遼參	海参纲				340
燐	燐	昆虫纲	鞘翅目	萤科		228
	燐	昆虫纲	鞘翅目	萤科	高山锯角萤	232
	燐麟	昆虫纲	鞘翅目	萤科		228
閵	閵鵲	鸟纲	雀形目	鸦科	喜鹊	569
	閵鵲	鸟纲	雀形目	鹟科	寿带[鸟]	583
鯪	鯪魚	硬骨鱼纲	鲤形目	鲤科	鲮	364
鴒	鴒	鸟纲	雀形目	鹡鸰科		549
蟉	蟉	昆虫纲	蜉蝣目			112
	蟉蛄	昆虫纲	直翅目	蝼蛄科		168
螜	螜	昆虫纲	直翅目	蝼蛄科		168
龍	龍	昆虫纲	革翅目			143
	龍介蟲	多毛纲	龙介虫目	龙介虫科	龍介蟲	23
	龍甲	昆虫纲	蜻蜓目			121
	龍目	腹足纲	原始腹足目	笠贝科	矮拟帽贝	45
	龍尾	昆虫纲	鞘翅目	芫菁科		236
	龍尾	昆虫纲	鞘翅目	芫菁科	眼斑芫菁	239
	龍虰	昆虫纲	等翅目			132
	龍虱	昆虫纲	鞘翅目	水龟甲科		210
	龍虱	昆虫纲	鞘翅目	龙虱科		209
	龍虱	昆虫纲	鞘翅目	龙虱科	黄边厚龙虱	209
	龍苗	昆虫纲	鞘翅目	芫菁科		236
	龍苗	昆虫纲	鞘翅目	芫菁科	眼斑芫菁	239
	龍音蛇	两栖纲	有尾目	蝾螈科	中国瘰螈	399
	龍孫	昆虫纲	蜻蜓目			121
	龍眼雞	昆虫纲	同翅目	樗鸡科	龙眼鸡	196
	龍腸	多毛纲	沙蚕目	沙蚕科		22
龍	龍腸	多毛纲	沙蚕目	沙蚕科	双齿围沙蚕	23
	龍腸	多毛纲	沙蚕目	沙蚕科	沙蠶	22
	龍精	昆虫纲	鳞翅目	家蚕蛾科	家蚕	303
	龍蟯	昆虫纲	鞘翅目	龙虱科		209
	龍蝦	甲壳纲	长尾下目	龙虾科		80
	龍蝨	昆虫纲	鞘翅目	水龟甲科		210
	龍蝨	昆虫纲	鞘翅目	龙虱科		209
	龍蝨	昆虫纲	鞘翅目	龙虱科	黄边大龙虱	209
	龍頭	昆虫纲	鳞翅目	家蚕蛾科	家蚕	303
	龍頭	硬骨鱼纲	鲑形目	银鱼科	大银鱼	354
	龍頭魚	硬骨鱼纲	灯笼鱼目	龙头鱼科	龙头鱼	354
	龍頭蝦	甲壳纲	长尾下目	龙虾科		80
	龍龜	爬行纲	龟鳖目	陆龟科	四爪陆龟	418
	龍蟲	多毛纲	沙蚕目	沙蚕科		22
	龍蟲	多毛纲	沙蚕目	沙蚕科	沙蠶	22
	龍鯉	兽纲	鳞甲目	鲮鲤科	鲮鲤	612
	龍鬆魚	硬骨鱼纲	灯笼鱼目	龙头鱼科	龙头鱼	354
	龍蠔	昆虫纲	鞘翅目	芫菁科		236
	龍蠔	昆虫纲	鞘翅目	芫菁科	眼斑芫菁	239
盧	盧虎	鸟纲	雀形目	鹟科	大苇莺	582
	盧蚼	昆虫纲	直翅目	蝼蛄科		169
	盧蜰	昆虫纲	蜚蠊目			126
	盧蜰	昆虫纲	蜚蠊目	姬蠊科	德国姬蠊	129
	盧鷀	鸟纲	鹈形目	鸬鹚科	普通鸬鹚	442
	盧諸雉	鸟纲	鸡形目	雉科		477
	盧鴨	鸟纲	雁形目	鸭科	麝香鸭	466
	盧鶿	鸟纲	鹈形目	鸬鹚科	普通鸬鹚	442
	盧蠳	爬行纲	蜥蜴目	壁虎科	壁虎	422
駱	駱駄蟲	昆虫纲	蛇蛉目	蛇蛉科		202
	駱駝鳥	鸟纲	鸵鸟目	鸵鸟科	鸵鸟	435
	駱駝鳥	鸟纲	鹤鸵目	鹤鸵科	鹤鸵	436
蜋	蜋	昆虫纲	蜉蝣目			112
	蜋蟧	昆虫纲	蜉蝣目			112
螞	螞	蛭纲				32
	螞蚱	昆虫纲	直翅目	蝗科	中华剑角蝗	149
	螞蚱	昆虫纲	直翅目	蝗科	黄胫小车蝗	151
	螞蛭	蛭纲				32
	螞蜋	昆虫纲	蜻蜓目			117
	螞蝗	蛭纲				34
	螞蝗	蛭纲	无吻蛭目	山蛭科	海南山蛭	37
	螞蝗	蛭纲	无吻蛭目	医蛭科	菲牛蛭	36
	螞蟥	蛭纲				33
	螞蟻	昆虫纲	等翅目	鼻白蚁科	黑胸散白蚁	137
	螞蟻	昆虫纲	膜翅目	蚁科		332
䖟	䖟	昆虫纲	双翅目	虻科		267
麇	麇	兽纲	偶蹄目	鹿科	麞	621
蜜	蜜蜂	昆虫纲	膜翅目	蜜蜂科		317
鴡	鴡	鸟纲	佛法僧目	翠鸟科	蓝翡翠	538
	鴡	鸟纲	夜鹰目	夜鹰科	普通夜鹰	533

字头	古名	纲	目	科	现名	页码
螗	螗蛦	昆虫纲	同翅目	蝉科	蚱蝉	194
	螗蛈	昆虫纲	同翅目	蝉科		182
	螗蛈	昆虫纲	同翅目	蝉科	蚱蝉	194
	螗蜋	昆虫纲	螳螂目	螳螂科		140
	螗蜋	昆虫纲	同翅目	蝉科		181
	螗蜩	昆虫纲	同翅目	蝉科		181
	螗蜩	昆虫纲	同翅目	蝉科	蚱蝉	194
	螗蝘	昆虫纲	同翅目	蝉科		182
	螗蝘	昆虫纲	同翅目	蝉科	蚱蝉	195
	螗蟬	昆虫纲	同翅目	蝉科		182
蝔	蝔	昆虫纲	鳞翅目			286
螧	螧	昆虫纲	直翅目	蝗科		148
螣	螣	昆虫纲	直翅目	蝗科		148
	螣	昆虫纲	直翅目	螽斯科		154
鴫	鴫	鸟纲	鸻形目	鹬科		506
鴺	鴺	鸟纲	雁形目	鸭科	鸭族	461
頭	頭行族	头足纲				68
	頭足類	头足纲				68
	頭魚	硬骨鱼纲	鲻形目	鲻科	鲻	378
	頭蝨	昆虫纲	虱目	虱科	头虱	176
	頭鵁	鸟纲	鹈鹕目	鹈鹕科		437
	頭鵁	鸟纲	鹈鹕目	鹈鹕科	凤头鹈鹕	438
	頭鵁	鸟纲	鹳形目	鹮科	朱鹮	454
	頭鵔	鸟纲	鹈鹕目	鹈鹕科	凤头鹈鹕	438
	頭蠶	昆虫纲	鳞翅目	家蚕蛾科	家蚕	301
鮀	鮀	硬骨鱼纲	鲈形目	鰕虎鱼科	子陵吻鰕虎鱼	389
	鮀鱹	硬骨鱼纲	鲶形目	鲶科	鲶	372
橐	橐	昆虫纲	脉翅目	蚁蛉科		204
鮀	鮀	爬行纲	鳄形目	鳄科	鼍	433
	鮀	硬骨鱼纲	鲈形目	鰕虎鱼科	子陵吻鰕虎鱼	388
	鮀魚	硬骨鱼纲	鲈形目	鰕虎鱼科	子陵鰕虎鱼	388
	鮀魚	爬行纲	鳄形目	鳄科	鼍	433
駝	駝	鸟纲	鹤鸵目	鹤鸵科	鹤驼	436
	駝鳥	鸟纲	鸵鸟目	鸵鸟科	鸵鸟	435
	駝鳥	鸟纲	鹤鸵目	鹤鸵科	鹤驼	436
鮇	鮇	硬骨鱼纲	鲤形目	鲤科	多鳞白甲鱼	364
	鮇魚	硬骨鱼纲	鲤形目	鲤科	多鳞白甲鱼	364
蝱	蝱	昆虫纲	双翅目	蚊科		257
螉	螉	昆虫纲	双翅目	皮蝇科	牛蝇	272
	螉	昆虫纲	膜翅目	胡蜂科		324
	螉蜙	昆虫纲	双翅目	虻科		267
	螉蜙	昆虫纲	双翅目	皮蝇科	牛蝇	272
螐	螐	昆虫纲	鳞翅目	天蛾科		310
	螐條	双壳纲	贻贝目	贻贝科	带偏顶蛤	56
鴮	鴮渠	鸟纲	雀形目	鹡鸰科		550
	鴮雉	鸟纲	鹤形目	秧鸡科	紫水鸡	502
	螐蠋	昆虫纲	鳞翅目	天蛾科		310
膴	膴鮑	腹足纲	原始腹足目	鲍科		43
鴠	鴠	鸟纲	鹦形目	鹦鹉科		519

字头	古名	纲	目	科	现名	页码
螩	螩	昆虫纲	革翅目			143
蝥	蝥	昆虫纲	鞘翅目	芫菁科		237
螅	螅	昆虫纲	直翅目	蟋蟀科		163
螇	螇蚸	昆虫纲	直翅目	蝗科		147
	螇蚸	昆虫纲	直翅目	蝗科	二色戛蝗	150
	螇蚸	昆虫纲	直翅目	螽斯科		154
	螇鹿	昆虫纲	同翅目	蝉科		191
	螇鹿	昆虫纲	同翅目	蝉科	松寒蝉	195
	螇螃	昆虫纲	直翅目	蝗科		148
	螇螰	昆虫纲	同翅目	蝉科		191
	螇螰	昆虫纲	蜻蜓目			121
錫	錫蛇	爬行纲	蜥蜴目	蛇蜥科	脆蛇蜥	423
	錫嘴	鸟纲	雀形目	雀科	锡嘴雀	589
遅	遅邏翠	鸟纲	佛法僧目	翠鸟科	白胸翡翠	539
獬	獬兒蠶	昆虫纲	鳞翅目	家蚕蛾科	家蚕	301
蕭	蕭藡	昆虫纲	鳞翅目			286
鴞	鴞	鸟纲	鸮形目	鸱鸮科		529
	鴞	鸟纲	鸮形目	鸱鸮科	褐林鸮	532
	鴞鳥	鸟纲	鸮形目	鸱鸮科	花頭鵂鶹	532
	鴞鴟	鸟纲	鸮形目	鸱鸮科	花頭鵂鶹	532
	鴞鵁	硬骨鱼纲	鲤形目	鲤科	鲢	369
	鴞鷗	硬骨鱼纲	鲤形目	鲤科	鲢	369
蟠	蟠	甲壳纲	无柄目			75
鴩	鴩鴞	鸟纲	鸮形目	鸱鸮科		531
鴨	鴨	鸟纲	雁形目	鸭科	鸭族	460
	鴨卵片	双壳纲	珍珠貝目	海月科	海月	60
	鴨鷗	鸟纲	雀形目	鸦科	红嘴蓝鹊	566
	鴨嘴魚	硬骨鱼纲	鲑形目	狗鱼科	黑斑狗鱼	353
燕	燕	鸟纲	雀形目	燕科		546
	燕	鸟纲	雀形目	燕科	金腰燕	548
	燕乙	鸟纲	雀形目	燕科	家燕	548
	燕八哥	鸟纲	雀形目	椋鸟科	灰椋鸟	561
	燕卷尾鳥	鸟纲	雀形目	卷尾科	大盘尾	561
	燕烏	鸟纲	雀形目	鸦科	白颈鸦	573
	燕烏	鸟纲	雀形目	鸦科	寒鸦	571
	燕雀	鸟纲	雀形目	雀科	燕雀	585
	燕魚	软骨鱼纲	鲼形目	蝠鲼科	蝠鲼	345
	燕魚	软骨鱼纲	鲼形目	鷂鲼科	鷂鐼	345
	燕鳦	鸟纲	雀形目	燕科	家燕	548
	燕魟	软骨鱼纲	鲼形目	燕魟科	花尾燕魟	345
	燕魟魚	软骨鱼纲	鲼形目	魟科	黑魟	344
	燕魟魚	软骨鱼纲	鲼形目	扁魟科	扁魟	344
	燕燕	鸟纲	雀形目	燕科	家燕	547
	燕燕鳦	鸟纲	雀形目	燕科	金腰燕	548
	燕鷗	鸟纲	鸥形目	鸥科	燕鸥	509
鴈	鴈	鸟纲	雁形目	鸭科	雁族	457
鳵	鳵	鸟纲	雁形目	鸭科	雁族	457
鮟	鮟	硬骨鱼纲	鲶形目	鲿科	黄颡鱼	373
	鮟魚	硬骨鱼纲	鲶形目	鲿科	黄颡鱼	373
	鮟鮠	硬骨鱼纲	鲶形目	鲿科	黄颡鱼	373

字头	古名	纲	目	科	现名	页码
避	避債蟲	昆虫纲	鳞翅目	蓑蛾科	大蓑蛾	289
獱	獱	兽纲	食肉目	鼬科	水獭	617
螆	螆蛦	鸟纲	鸡形目	雉科	红腹锦鸡金鸡	494
螌	螌	昆虫纲			六足动物	105
	螌蝱	昆虫纲	双翅目	虻科		260
	螌蛈	昆虫纲	鳞翅目			287
	螌蟱	昆虫纲	等翅目			135
	螌蟱	昆虫纲	膜翅目	蚁科		334
濱	濱鷸	鸟纲	鸻形目	鹬科	滨鹬	507
薄	薄蠃	腹足纲	柄眼目	蜗牛科		52
螬	螬	昆虫纲	鞘翅目	花金龟科		220
	螬	昆虫纲	鞘翅目	花金龟科	短跗星花金龟	220
	螬	昆虫纲	鞘翅目	金龟子科		216
鵏	鵏	鸟纲	隼形目	鹰科	鵟	469
	鵏鵂	鸟纲	鸮形目	鸱鸮科		531
蝽	蝽蟓	昆虫纲	直翅目	螽斯科		153
	蝽蟓	昆虫纲	直翅目	螽斯科	鸣螽斯	156
	蝽黍	昆虫纲	直翅目	螽斯科		154
醜	醜扇	昆虫纲	双翅目	丽蝇科		273
	醜扇	昆虫纲	双翅目	蝇科		271
	醜捋	昆虫纲	双翅目	寄蝇科		276
	醜捋	昆虫纲	螳螂目	螳螂科		140
	醜捋	昆虫纲	双翅目	蝇科		271
	醜捋	昆虫纲	螳螂目	螳螂科		140
	醜蝙	昆虫纲	双翅目	蝇科		271
	醜蝙	昆虫纲	双翅目	丽蝇科		274
鵃	鵃鶔	鸟纲	鹳形目	鹳科	秃鹳	451
鶩	鶩	鸟纲	佛法僧目	翠鸟科	冠鱼狗	537
	鶩老	鸟纲	鹳形目	鹳科	秃鹳	451
	鶩鵟	鸟纲	鹳形目	鹳科	秃鹳	451
	鶩鶔	鸟纲	鹳形目	鹳科	秃鹳	451
	鶩鵠	鸟纲	鹤形目	鹤科	白头鹤	498
鮆	鮆	硬骨鱼纲	鲱形目	鳀科	刀鲚	351
	鮆魚	硬骨鱼纲	鲱形目	鳀科	刀鲚	351
黛	黛蝑	昆虫纲	直翅目	蝗科		146
	黛蝑	昆虫纲	直翅目	螽斯科		154
蟌	蟌	昆虫纲	均翅亚目			122
	蟌	昆虫纲	蜻蜓目			113
	蟌	昆虫纲	鳞翅目			286
戴	戴南	鸟纲	佛法僧目	戴胜科	戴胜	540
	戴星魚	软骨鱼纲	鲼形目	燕魟科	双斑燕魟	344
	戴勝	鸟纲	佛法僧目	戴胜科	戴胜	539
	戴勝鳥	鸟纲	佛法僧目	戴胜科	戴胜	539
	戴紝	鸟纲	佛法僧目	戴胜科	戴胜	540
	戴鵀	鸟纲	佛法僧目	戴胜科	戴胜	540
	戴鵟	鸟纲	佛法僧目	戴胜科	戴胜	540
膽	膽	昆虫纲	双翅目	蝇科		270
瑺	瑺蠰	昆虫纲	螳螂目	螳螂科		140
蟐	蟐蝀	昆虫纲	鞘翅目	锹甲科		211

字头	古名	纲	目	科	现名	页码
點	點尾	鸟纲	雀形目	鹡鸰科		550
	點尾	鸟纲	雀形目	鹡鸰科	日本鹡鸰	550
螳	螳	昆虫纲	直翅目	蝼蛄科		171
	螳蟷	蛛形纲	蜘蛛目	颠当科		97
	螳蟷	昆虫纲	螳螂目	螳螂科		141
鮗	鮗鮍	硬骨鱼纲	鲀形目	鲀科	东方鲀	396
鼢	鼢鼠	兽纲	啮齿目	鼹形鼠科	鼢鼠亚科	635
麋	麋	兽纲	偶蹄目	鹿科	麋	621
	麋	兽纲	偶蹄目	鹿科	驼鹿	622
	麋鹿	兽纲	偶蹄目	鹿科	驼鹿	622
	麋鴰	鸟纲	鹤形目	鹤科	白枕鹤	499
鼤	鼤鼠	兽纲	啮齿目	松鼠科	丽松鼠亚科	629
糞	糞爬牛	昆虫纲	鞘翅目	金龟子科		217
	糞蛆	昆虫纲	双翅目	食蚜蝇科	尾蛆蝇	269
	糞蒼蠅	昆虫纲	双翅目	丽蝇科		274
	糞蠅	昆虫纲	双翅目	粪蝇科	粪蝇	269
蟗	蟗	昆虫纲	蜚蠊目			127
螋	螋	昆虫纲				105
鴿	鴿	鸟纲	鸽形目	鸠鸽科	鸽属	516
	鴿子魚	硬骨鱼纲	鲤形目	鲤科	北方铜鱼	366
鮯	鮯魚	硬骨鱼纲	鲽形目			393
鮔	鮔鱛	硬骨鱼纲	鲟形目	匙吻鲟科	白鲟	348
鮒	鮒	软骨鱼纲	鲼形目	魟科		344
	鮒魚	软骨鱼纲	鲼形目	魟科	黄魟	344
	鮒魚	软骨鱼纲	鲼形目	魟科	黑魟	344
轂	轂轆貓	鸟纲	鸮形目	鸱鸮科		531
	轂轆鷹	鸟纲	鸮形目	鸱鸮科		531
	轂轆鷹	鸟纲	鸮形目	鸱鸮科	褐林鸮	533
鴰	鴰	鸟纲	鹤形目	鹤科	白枕鹤	499
	鴰辰	鸟纲	鹤形目	鹤科	白枕鹤	500
	鴰將	鸟纲	鹤形目	鹤科	白枕鹤	500
	鴰鹿	鸟纲	鹤形目	鹤科	白枕鹤	500
	鴰鴇	鸟纲	鹈形目	鸬鹚科	暗绿背鸬鹚	443
鴂	鴂	鸟纲	鹃形目	杜鹃科		524
鴩	鴩	鸟纲	鹃形目	杜鹃科		525
鍋	鍋蓋魚	软骨鱼纲	鲼形目	魟科	黄魟	344
	鍋狗魚	硬骨鱼纲	鳗鲡目	鳗鲡科	鳗鲡	355
蟈	蟈	昆虫纲	半翅目	田鳖科		202
	蟈	两栖纲	无尾目	蛙科		405
	蟈蟈	昆虫纲	直翅目	螽斯科	鸣螽	155
	蟈蟈爾	昆虫纲	直翅目	螽斯科	鸣螽	155
	蟈蠪	昆虫纲	直翅目	蝼蛄科		169
蜾	蜾鸁	昆虫纲	膜翅目	胡蜂科		324
鴴	鴴	鸟纲	鸻形目	鸻科		504
鴻	鴻	鸟纲	雁形目	鸭科	雁族	456
	鴻	鸟纲	雁形目	鸭科	天鹅族	459
	鴻	鸟纲	雁形目	鸭科	鸿雁	458
	鴻豹	鸟纲	鹤形目	鸨科	大鸨	504
	鴻雁	鸟纲	雁形目	鸭科	雁族	456
	鴻雁	鸟纲	雁形目	鸭科	鸿雁	458

字头	古名	纲	目	科	现名	页码
螻	螻蛄	昆虫纲	直翅目	蝼蛄科	大蝼蛄	172
	螻蛄	昆虫纲	直翅目	蝼蛄科	小蝼蛄	172
	螻蛄	昆虫纲	直翅目	蝼蛄科	东方蝼蛄	172
	螻蛉	昆虫纲	直翅目	蝼蛄科		170
	螻螘	昆虫纲	等翅目			135
	螻螲	昆虫纲	直翅目	蝼蛄科		170
	螻螾	昆虫纲	直翅目	蝼蛄科		170
	螻蟈	昆虫纲	直翅目	蝼蛄科		170
	螻蟈	两栖纲	无尾目	蛙科		405
	螻蟻	昆虫纲	膜翅目	蚁科		334
	螻蟻	昆虫纲	等翅目			135
	螻蟻	昆虫纲	等翅目	白蚁科	黑翅土白蚁	137
蟍	蟍蟲	昆虫纲	蜉蝣目			112
鮥	鮥	硬骨鱼纲	鲟形目	匙吻鲟科	白鲟	347
	鮥子	硬骨鱼纲	鲟形目	匙吻鲟科	白鲟	348
鵅	鵅	鸟纲	鸻形目	鸻科	凤头麦鸡	504
	鵅鴞	鸟纲	鸮形目	鸱鸮科		530
蟒	蟒	爬行纲	蛇目	蟒科	蟒蛇	424
	蟒	昆虫纲	直翅目	蝗科		147
	蟒蚨	昆虫纲	蜚蠊目			126
	蟒蛇	爬行纲	蛇目	蟒科	蟒蛇	424
	蟒蛇	爬行纲	蜥蜴目	巨蜥科	圆鼻巨蜥	424
蟊	蟊	昆虫纲	直翅目	蝼蛄科		171
	蟊	昆虫纲	直翅目	蝼蛄科	大蝼蛄	172
	蟊	昆虫纲	直翅目	蝼蛄科	东方蝼蛄	172
	蟊	昆虫纲	鞘翅目	芫菁科		237
	蟊螟屬	昆虫纲	鞘翅目	芫菁科		237
	蟊蠽	昆虫纲	同翅目	蝉科		179
	蟊蠿	昆虫纲	同翅目	蝉科		192
蟌	蟌	昆虫纲	蜻蜓目			117
	蟌蚿	昆虫纲	蜻蜓目			117
	蟌蚿	昆虫纲	蜻蜓目			117
蜆	蜆	昆虫纲	蜚蠊目			126
	蜆	昆虫纲	蜚蠊目			127
	蜆	双壳纲	廉蛤目	蚬科		66
雝	雝	鸟纲	佛法僧目	翠鸟科	蓝翡翠	538
螟	螟	昆虫纲	鳞翅目	弄蝶科	曲纹稻弄蝶	312
蟆	蟆	昆虫纲	双翅目	蠓科		261
	蟆子	昆虫纲	双翅目	蛾蠓科	星毛蠓	254
	蟆子	昆虫纲	同翅目	倍蚜科	红倍花蚜	196
	蟆子	昆虫纲	同翅目	倍蚜科	角瘿绵蚜	196
	蟆子	昆虫纲	同翅目	倍蚜科	圆角倍蚜	196
	蟆子	昆虫纲	双翅目	蚋科		260
	蟆子	昆虫纲	双翅目	蚋科	马蚋	261
	蟆子	昆虫纲	双翅目	蠓科		261
	蟆子	昆虫纲	双翅目	蠓科	台湾蠛蠓	263
	蟆子	昆虫纲	双翅目	蠓科	细蠓	263
	蟆子	昆虫纲	同翅目	倍蚜科	倍蛋蚜	197
	蟆蚊類	昆虫纲	双翅目	蚋科		260
	蟆蟆	昆虫纲	双翅目	蠓科		261
	蟆類	昆虫纲	双翅目	蠓科		261
鸨	鸨母	鸟纲	鹤形目	三趾鹑科	棕三趾鹑	496
鸨	鸨母	鸟纲	鸡形目	雉科	鹌鹑	486
	鸨母	鸟纲	鹳形目	鹭科	大麻鳽	447
嬭	嬭蟲	昆虫纲	双翅目	瘿蚊科	稻瘿蚊	265
擬	擬脈翅類	昆虫纲	食毛目			173
	擬鞘翅類	昆虫纲	革翅目			143
蠯	蠯	双壳纲	珍珠貝目	牡蛎科		60
	蠯	双壳纲	蚌目	蚌科		62
	蠯	双壳纲	蚌目	蚌科	短褶矛蚌	63
	蠯	双壳纲	蚌目	蚌科	矛蚌	63
貔	貔	兽纲	食肉目	猫科		612
	貔	兽纲	食肉目	猫科	雪豹	614
	貔狸	兽纲	啮齿目	松鼠科	黄鼠属	633
	貔貍	兽纲	啮齿目	松鼠科	黄鼠属	633
螵	螵消	昆虫纲	螳螂目	螳螂科		141
	螵蛸	昆虫纲	螳螂目	螳螂科		141
	螵蛸	昆虫纲	螳螂目	螳螂科		141
鵯	鵯鳩	鸟纲	雀形目	卷尾科	黑卷尾	560
	鵯鵊	鸟纲	鹃形目	杜鹃科	鸦鹃	528
	鵯鵊	鸟纲	雀形目	卷尾科	黑卷尾	560
螼	螼	寡毛纲				29
	螼蚓	寡毛纲				25
	螼螾	寡毛纲				25
蝛	蝛	腹足纲	原始腹足目	帽贝科	龟甲蝛	44
鵚	鵚	鸟纲	鹳形目	鹳科	秃鹳	452
趨	趨織	昆虫纲	直翅目	蟋蟀科		163
鍬	鍬甲	昆虫纲	鞘翅目	锹甲科	扁鍬甲	212
	鍬形蟲	昆虫纲	鞘翅目	锹甲科		211
蠦	蠦	昆虫纲	双翅目	丽蝇科		274
	蠦	昆虫纲	双翅目	蝇科		271
鵀	鵀	鸟纲	佛法僧目	戴胜科	戴胜	539
鴽	鴽	鸟纲	鸡形目	雉科	鹌鹑	483
	鴽	鸟纲	鹤形目	三趾鹑科	棕三趾鹑	496
	鴽	鸟纲	鹳形目	鹭科	大麻鳽	447
	鴽鶉	鸟纲	鸡形目	雉科	鹌鹑	485
濡	濡需	昆虫纲	虱目	血虱科	猪血虱	175
臊	臊陀	鸟纲	鹦形目	鹦鹉科	红领绿鹦鹉	520
	臊鵄鴟	鸟纲	佛法僧目	戴胜科	戴胜	542
螯	螯抱	昆虫纲	膜翅目	胡蜂科		324
濕	濕生蟲	甲壳纲	等足目	鼠妇科		78
	濕蟲	昆虫纲	弹尾目	鳞䖴科		106
蛪	蛪	昆虫纲	直翅目	蟋蟀科		162
鰣	鰣	硬骨鱼纲	鲱形目	鲱科	鲥	349
螫	螫人飛蟲	昆虫纲	膜翅目	胡蜂科		324
	螫人飛蟲	昆虫纲	膜翅目	蜜蜂科		317
	螫人蟲	昆虫纲	鳞翅目	刺蛾科		292
	螫蜂	昆虫纲	膜翅目	胡蜂科		324
鮇	鮇	硬骨鱼纲	鲟形目	匙吻鲟科	白鲟	348
	鮇鮪	硬骨鱼纲	鲟形目	匙吻鲟科	白鲟	348
蟀	蟀	昆虫纲	直翅目	蟋蟀科		164

字头	古名	纲	目	科	现名	页码
鯽	鯽	硬骨鱼纲	鲈形目	鲫科	鲫	391
	鯽魚	硬骨鱼纲	鲈形目	鲫科	鲫	391
嬰	嬰婗	昆虫纲	双翅目			253
	嬰媿	昆虫纲	双翅目	蛾蠓科		253
應	應子魚	硬骨鱼纲	鲈形目	鲫科	鲫	392
	應條	昆虫纲	鞘翅目			206
應	應條	昆虫纲	鞘翅目	花金龟科		220
優	優曇華	昆虫纲	脉翅目	蚁蛉科		204
黝	黝鳥	鸟纲	雀形目	椋鸟科	八哥	564
	黝鳥	鸟纲	雀形目	椋鸟科	八哥属	563
	黝駒	昆虫纲	膜翅目	蚁科		334
螸	螸腴	昆虫纲	直翅目	螽斯科		154
輿	輿父	昆虫纲	鞘翅目	叶甲科	印度黄守瓜	248
鵝	鵝	鸟纲	隼形目	鹰科	鳶	469
黿	黿	爬行纲	龟鳖目	鳖科	鼋	411
蚤	蚤	昆虫纲	蚤目			279
	蚤	昆虫纲	蚤目	蚤科	犬栉首蚤	280
蟦	蟦	掘足纲	角目	角贝科	角贝	52
	蟦蠐	昆虫纲	鞘翅目	金龟子科		216
	蟦蠐	昆虫纲	鞘翅目	锹甲科		211
魠	魠	钵水母纲	根口水母目	根口水母科	海蜇	6
	魠	钵水母纲	根口水母目	根口水母科	海蜇	6
氈	氈毛蟲類	纤毛纲				3
蟑	蟑螂	昆虫纲	蜚蠊目			127
	蟑螂蟲	昆虫纲	蜚蠊目			127
鮡	鮡	硬骨鱼纲	鲶形目	鮡科	黄石爬鮡	374
	鮡	硬骨鱼纲	鲶形目	鲶科	大鳍鳠	374
	鮡魚	硬骨鱼纲	鲈形目	弹涂鱼科	大弹涂鱼	389
蟄	蟄皮	钵水母纲	根口水母目	根口水母科	海蜇	8
	蟄燕	鸟纲	雀形目	燕科	家燕	548
蟅	蟅	昆虫纲	蜚蠊目			126
	蟅	昆虫纲	蜚蠊目	蜚蠊科	东方蜚蠊	129
	蟅蟒	昆虫纲	直翅目	蝗科		148
	蟅蟲	昆虫纲	蜚蠊目			127
䗪	䗪	昆虫纲	缨翅目			177
	䗪	昆虫纲	蜚蠊目			127
	䗪蟲	昆虫纲	蜚蠊目			127
	䗪蟲	昆虫纲	缨翅目			177
	䗪蟲	昆虫纲	蜚蠊目	地鳖蠊科	中华真地鳖	129
螭	螭	昆虫纲	鳞翅目	家蚕蛾科	家蚕	303
鮨	鮨	软骨鱼纲	鲼形目	鷂鱝科	鹞鲼	345
	鮨魚	硬骨鱼纲	鲈形目	鮨科	鳜	380
穉	穉蠭	昆虫纲	膜翅目	蜜蜂科		317
	穉蜂	昆虫纲	膜翅目	蜜蜂科		317
	穉蜂	昆虫纲	膜翅目	果蠃科	竹筒蜾蠃	326
螽	螽	昆虫纲	直翅目	蝗科		148
	螽	昆虫纲	直翅目	蝗科	亚洲飞蝗	151
	螽	昆虫纲	直翅目	螽斯科		154
	螽斯	昆虫纲	直翅目	蝗科		148
	螽斯	昆虫纲	直翅目	螽斯科		154
螽	螽斯	昆虫纲	直翅目	螽斯科	鸣螽斯	156
	螽醜	昆虫纲	直翅目	螽斯科		154
	螽蟴	昆虫纲	直翅目	螽斯科		154
鵃	鵃鳥	鸟纲	佛法僧目	翠鸟科	普通翠鸟	538
燭	燭玉	鸟纲	鹳形目	鹭科	池鹭	444
螏	螏	甲壳纲	无柄目			75
	螏頭	甲壳纲	无柄目			75
鍪	鍪	甲壳纲	无柄目			75
	十八画					
擺	擺翎	昆虫纲	双翅目	蛾蠓科	中华白蛉	254
鴇	鴇	鸟纲	鹤形目	鸨科	大鸨	504
鵖	鵖	鸟纲	佛法僧目	戴胜科	戴胜	540
	鵖鴔	鸟纲	佛法僧目	戴胜科	戴胜	541
鞭	鞭毛蟲類	鞭毛纲				2
簸	簸箕蟲	昆虫纲	蜚蠊目			127
鵓	鵓	鸟纲	鸽形目	鸠鸽科	珠颈斑鸠	517
	鵓姑子	鸟纲	鸽形目	鸠鸽科	珠颈斑鸠	517
	鵓姑子	鸟纲	鹃形目	杜鹃科		526
	鵓鳩	鸟纲	鸽形目	鸠鸽科	灰斑鸠	517
	鵓鳩	鸟纲	鸽形目	鸠鸽科	珠颈斑鸠	517
	鵓鳩	鸟纲	鹃形目	杜鹃科		526
	鵓鳩	鸟纲	鸽形目			512
	鵓鴣	鸟纲	鸽形目	鸠鸽科	珠颈斑鸠	518
	鵓鴣	鸟纲	鹃形目	杜鹃科		526
	鵓鴣	鸟纲	鹃形目	杜鹃科	四声杜鹃	527
	鵓鴿	鸟纲	鸽形目	鸠鸽科	珠颈斑鸠	517
	鵓鴿	鸟纲	鸽形目	鸠鸽科	鸽属	516
	鵓鴒	鸟纲	鸽形目	鸠鸽科	珠颈斑鸠	518
	鵓鴒鳥	鸟纲	鸽形目	鸠鸽科	珠颈斑鸠	517
鶬	鶬	鸟纲	鹤形目	鸨科	大鸨	503
	鶬鼓	鸟纲	鹤形目	鸨科	大鸨	503
鰲	鰲魚	硬骨鱼纲	鲤形目	鲤科	鰲	360
蠶	蠶	昆虫纲	鳞翅目			287
藏	藏魚	钵水母纲	根口水母目	根口水母科	海蜇	7
蟬	蟬	昆虫纲	同翅目			177
	蟬	昆虫纲	同翅目	蝉科		193
	蟬	昆虫纲	同翅目	蝉科	松寒蝉	195
	蟬	昆虫纲	鞘翅目	铁甲科	甘薯梳龟甲	247
	蟬類	昆虫纲	同翅目			178
	蟬屬	昆虫纲	同翅目	蝉科		194
鮢	鮢魚	硬骨鱼纲	鲶形目	海鲶科	海鲶	375
鵚	鵚	鸟纲	鹈形目	鸬鹚科	普通鸬鹚	442
	鵚鶖	鸟纲	鹳形目	鹳科	白头鹮鹳	449
蟲	蟲	线虫动物门				15
	蟲	尾感器纲	圆形目	网尾科	丝状网尾线虫	17
	蟲	昆虫纲				104
	蟲	昆虫纲			六足动物	105
	蟲	昆虫纲	膜翅目	蜜蜂科	熊蜂	319
	蟲白臘	昆虫纲	同翅目	腊虫科		197

字头	古名	纲	目	科	现名	页码
䴉	䴉	鸟纲	鸛形目	䴉科	朱䴉	453
	䴉目	鸟纲	鸛形目	䴉科	朱䴉	453
鳽	鳽	鸟纲	鸛形目	鷺科		448
鯇	鯇	硬骨鱼纲	鲤形目	鲤科	草鱼	357
	鯇魚	硬骨鱼纲	鲤形目	鲤科	草鱼	357
蟦	蟦	昆虫纲	鞘翅目	虎甲科		207
	蟦蛂	昆虫纲	鞘翅目	虎甲科		207
	蟦蛢	昆虫纲	鞘翅目	虎甲科		207
	蟦蛢	昆虫纲	鞘翅目	虎甲科	虎甲	208
	蟦蛢	昆虫纲	鞘翅目	吉丁虫科		221
	蟦蛢	昆虫纲	蜉蝣目			112
	蟦蜓	昆虫纲	蜻蜓目			121
蟦	蟦蟲	昆虫纲	鳞翅目	弄蝶科	么纹稻弄蝶	312
蟪	蟪蛄	昆虫纲	同翅目	蝉科		192
	蟪蛄	昆虫纲	同翅目	蝉科	蟪蛄	195
	蟪蛄	昆虫纲	直翅目	蝼蛄科		171
	蟪蛄	昆虫纲	蜻蜓目			121
雞	雞末子	昆虫纲	双翅目	蠓科		261
	雞末子	昆虫纲	双翅目	蠓科	台湾蠛蠓	263
	雞母鳩	鸟纲	鸽形目			513
	雞羽蟲	昆虫纲	食毛目			173
	雞蚊	昆虫纲	双翅目	蚊科		258
	雞翕虱	昆虫纲	食毛目	短角鸟虱科	家鸡禽鸟虱	173
	雞遊子	昆虫纲	食毛目	短角鸟虱科	家鸡禽鸟虱	173
	雞蝨	昆虫纲	食毛目	短角鸟虱科	家鸡禽鸟虱	173
	雞蛢	昆虫纲	鞘翅目	萤科		230
	雞頭鶻	鸟纲	鸡形目	雉科	灰胸竹鸡	487
	雞鴞	鸟纲	鸮形目	鸱鸮科		531
	雞鴞	鸟纲	鸮形目	鸱鸮科	花頭鵂鶹	532
	雞鶒	鸟纲	雁形目	鸭科	普通秋沙鸭	466
鷑	鷑鴒	鸟纲	雀形目	鹡鸰科		549
蟣	蟣	蛭纲				31
	蟣	昆虫纲	虱目			174
	蟣	昆虫纲	虱目	虱科		175
	蟣	昆虫纲	虱目	虱科	体虱	176
	蟣	昆虫纲	虱目	虱科	头虱	176
	蟣	昆虫纲	革翅目			142
	蟣虱	昆虫纲	虱目			174
	蟣虱	昆虫纲	虱目	血虱科	驴血虱	175
	蟣虱	昆虫纲	虱目	虱科		175
	蟣蚑	蛭纲				32
	蟣蝨	昆虫纲	虱目			174
鯽	鯽	硬骨鱼纲	鲤形目	鲤科	鲫	368
	鯽魚	硬骨鱼纲	鲤形目	鲤科	鲫	368
鵖	鵖鴔	鸟纲	鸻形目	鸻科	凤头麦鸡	505
鳺	鳺	鸟纲	鹃形目	杜鹃科		524
醬	醬蝦	甲壳纲	十足目	樱虾科	毛虾	79
蟭	蟭螟	昆虫纲	双翅目	蚊科		259
	蟭蟟	昆虫纲	同翅目	蝉科		194
蟜	蟜	昆虫纲	等翅目			136
	蟜	昆虫纲	鳞翅目			287

字头	古名	纲	目	科	现名	页码
蟜	蟜	昆虫纲	鳞翅目	舟蛾科		311
	蟜螘	昆虫纲	等翅目			136
蜼	蜼	双壳纲	贻贝目	贻贝科		56
	蜼	双壳纲	贻贝目	贻贝科	毛肌蛤	57
鯾	鯾	硬骨鱼纲	鲤形目	鲤科	鲂	362
鵙	鵙	鸟纲	雀形目	伯劳科	红尾伯劳、褐伯劳	554
	鵙	鸟纲	雀形目	伯劳科		551
	鵙鳩	鸟纲	雀形目	伯劳科		553
	鵙鵙	鸟纲	雀形目	伯劳科		553
鵑	鵑	鸟纲	鹃形目	杜鹃科		526
鵑	鵑唾蟲	昆虫纲	同翅目	叶蝉科	大青叶蝉	195
蹷	蹷鼠	兽纲	啮齿目	跳鼠科		633
鯺	鯺	硬骨鱼纲	鲤形目	鲤科	刺鲃	363
鵔	鵔鸃	鸟纲	鸡形目	雉科	红腹锦鸡金鸡	494
	鵔鸃	鸟纲	鸡形目	雉科	红腹锦鸡金鸡	493
鵕	鵕鸃	鸟纲	鸡形目	雉科		480
	鵕鸃	鸟纲	鸡形目	雉科	红腹锦鸡金鸡	493
鱭	鱭子魚	硬骨鱼纲	鲱形目	鳀科	凤鲚	351
藍	藍	鸟纲	鹤形目	鹤科	白枕鹤	500
	藍刀魚	硬骨鱼纲	鲤形目	鲤科	银飘鱼	359
	藍青大頭	昆虫纲	直翅目	蟋蟀科		163
	藍喉鶯	鸟纲	雀形目	鹟科	蓝喉歌鸲蓝点颏	578
	藍項白青	昆虫纲	直翅目	蟋蟀科		163
	藍靛頦	鸟纲	雀形目	鹟科	白腹(姬)鹟	582
	藍鵲	鸟纲	雀形目	鸦科	红嘴蓝鹊	566
鵖	鵖鷝	鸟纲	鸽形目			510
離	離	鸟纲	雀形目	黄鹂科	黑枕黄鹂	555
	離水爛	硬骨鱼纲	鲱形目	鳀科	鳀	350
	離留	鸟纲	雀形目	黄鹂科	黑枕黄鹂	559
	離黃	鸟纲	雀形目	黄鹂科	黑枕黄鹂	557
	離落	鸟纲	雀形目	黄鹂科	黑枕黄鹂	560
	離鶹	鸟纲	鸮形目	鸱鸮科		531
鵹	鵹黃	鸟纲	雀形目	黄鹂科	黑枕黄鹂	558
	鵹鶘	鸟纲	鹈形目	鹈鹕科		441
蠽	蠽	昆虫纲	鞘翅目	天牛科		242
鰲	鰲戟盒	硬骨鱼纲	鲈形目	鰕虎鱼科	子陵鰕虎鱼	389
禮	禮鼠	兽纲	啮齿目	松鼠科	黄鼠属	632
鱣	鱣	硬骨鱼纲	鲟形目	鲟科	中华鲟	346
	鱣	硬骨鱼纲	鲤形目	鲤科	鲤	366
	鱣	硬骨鱼纲	鲤形目	鲤科	大头鲤	366
	鱣魚	硬骨鱼纲	鲤形目	鲤科	鲤	367
	鱣鯽	硬骨鱼纲	鲤形目	鲤科	鲫	368
蟟	蟟	双壳纲	廉蛤目	蚬科		67
	蟟	双壳纲	廉蛤目	蚬科	河蚬	67
	蟟埕	双壳纲	廉蛤目	蚬科	河蚬	67
	蟟螃	昆虫纲	同翅目	蝉科		193

字头	古名	纲	目	科	现名	页码
蟴	蟴	昆虫纲	直翅目	蝗科		148
	蟴	昆虫纲	鳞翅目	刺蛾科		290
鯼	鯼	硬骨鱼纲	鲻形目	鲻科	鯼	378
	鯼鱼	硬骨鱼纲	鲻形目	鲻科	鯼	378
鎖	鎖管	头足纲	枪形目	枪乌贼科		69
	鎖管	头足纲	枪形目	枪乌贼科	中国枪乌贼	69
	鎖管	头足纲	枪形目	枪乌贼科	杜氏枪乌贼	69
蟦	蟦	昆虫纲	直翅目	蝗科		148
	蟦	昆虫纲	直翅目	蝗科	亚洲飞蝗	151
蟠	蟠	昆虫纲	直翅目	蝗科		148
[illegible]	[illegible]	昆虫纲	直翅目	蝗科		148
鷉	鷉	鸟纲	鸊鷉目	鸊鷉科		437
題	題彼	鸟纲	雀形目	鹡鸰科		550
	題肩	鸟纲	隼形目	隼科		475
	題肩	鸟纲	隼形目	鹰科		467
	題肩	鸟纲	雀形目	鹪鹩科	鹪鹩	575
	題鵳	鸟纲	隼形目	隼科	红脚隼	476
鵜	鵜	鸟纲	鹈形目	鸬鹚科		440
	鵜	鸟纲	鹈形目	鸬鹚科	普通鸬鹚	442
	鵜	鸟纲	鹈形目	鹈鹕科	白鹈鹕	441
	鵜鴂	鸟纲	鹃形目	杜鹃科		525
	鵜鴂	鸟纲	雀形目	伯劳科		554
	鵜鴂	鸟纲	雀形目	鹪鹩科	鹪鹩	574
	鵜鶘	鸟纲	鹈形目	鹈鹕科		439
	鵜鶘	鸟纲	鹈形目	鹈鹕科	白鹈鹕	441
	鵜鶘	鸟纲	鹈形目	鹈鹕科	斑嘴鹈鹕	441
鮷	鮷	硬骨鱼纲	鲶形目	鲶科	鲶	372
鯈	鯈	硬骨鱼纲	鲤形目	鲤科	鰲	360
鷈	鷈	鸟纲	鸊鷉目	鸊鷉科		437
鮔	鮔	硬骨鱼纲	鲤形目	鲤科	鳈	365
鵚	鵚	鸟纲	鹳形目	鹳科	秃鹳	451
	鵚鶖	鸟纲	鹳形目	鹳科	秃鹳	451
	鵚鷹	鸟纲	隼形目	鹰科	鵟	469
騊	騊駼	兽纲	奇蹄目	马科	野马	619
	騊駼馬	兽纲	奇蹄目	马科	野马	619
鼧	鼧鼥	兽纲	啮齿目	松鼠科	旱獭	631
蠍	蠍蝺	昆虫纲	鞘翅目	负泥虫科	水叶甲	246
魏	魏蠶	昆虫纲	鳞翅目	家蚕蛾科	家蚕	303
[illegible]	[illegible]	昆虫纲	鳞翅目	家蚕蛾科	家蚕	303
鵞	鵞	鸟纲	雁形目	鸭科	鸭族	461
醯	醯雞	昆虫纲	双翅目	蚋科		261
	醯雞	昆虫纲	双翅目	瘿蚊科	稻瘿蚊	265
	醯雞	昆虫纲	双翅目	蠓科		262
	醯雞	昆虫纲	双翅目	蠓科	蠛蠓	263
	醯雞	昆虫纲	双翅目	蛾蠓科		253
	醯雞	昆虫纲	双翅目	蛾蠓科	星毛蠓	254
鶷	鶷	鸟纲	鸡形目	雉科		478
	鶷雉	鸟纲	鸡形目	雉科		479
蟢	蟢子	蛛形纲	蜘蛛目	蟏蛸科		99
虩	虩	蛛形纲	蜘蛛目	跳蛛科		98
黠	黠虎	兽纲	食肉目	猫科	虎	613

字头	古名	纲	目	科	现名	页码
蠁	蠁	昆虫纲	双翅目	蚋科		260
	蠁	昆虫纲	双翅目	寄蝇科		276
	蠁子	昆虫纲	双翅目	寄蝇科		277
	蠁留	昆虫纲	双翅目	寄蝇科		277
	蠁蟲	昆虫纲	双翅目	寄蝇科		277
	蠁蟲	昆虫纲	双翅目	寄蝇科	家蚕追寄蝇	277
蟓	蟓	昆虫纲	等翅目			135
	蟓	昆虫纲	鳞翅目			286
	蟓	昆虫纲	鳞翅目	大蚕蛾科	柞蚕	295
	蟓	昆虫纲	鳞翅目	家蚕蛾科	家蚕	303
	蟓	昆虫纲	鳞翅目	家蚕蛾科	野蚕	305
	蟓蛉	昆虫纲	直翅目	蝼蛄科		170
	蟓蜂	昆虫纲	膜翅目	胡蜂科		324
鶚	鶚	鸟纲	鹳形目	鹭科	苍鹭	444
蟳	蟳	甲壳纲	短尾下目	梭子蟹科	青蟹	84
	蟳	甲壳纲	短尾下目	梭子蟹科	蟳	83
	蟳虎魚	硬骨鱼纲	鲈形目	塘鳢科	乌塘鳢	387
鸀	鸀	鸟纲	雁形目	鸭科	鸭族	460
鵾	鵾	鸟纲	雁形目	鸭科	鸭族	460
蠟	蠟觜鳥	鸟纲	雀形目	雀科	黑头蜡嘴雀	588
鰋	鰋	硬骨鱼纲	鲶形目	鲶科	鲶	371
醫	醫用水蛭	蛭纲	无吻蛭目	医蛭科	日本医蛭	36
蟨	蟨蟨	昆虫纲	膜翅目	蚁科		334
蠮	蠮螉	昆虫纲	膜翅目	胡蜂科		324
蟫	蟫	昆虫纲	衣鱼目			108
	蟫魚	昆虫纲	衣鱼目			109
	蟫魚	昆虫纲	衣鱼目	衣鱼科	多毛栉衣鱼	109
雝	雝	鸟纲	雀形目	鹡鸰科		549
	雝渠	鸟纲	雀形目	鹡鸰科		547
	雝渠	鸟纲	雀形目	鹡鸰科	日本鹡鸰	550
	雝渠	鸟纲	鸻形目	鸻科	灰头麦鸡	505
	雝渠	鸟纲	鹤形目	秧鸡科	小田鸡	501
蟜	蟜	双壳纲				54
	蟜	昆虫纲	直翅目	蝗科		149
	蟜	昆虫纲	鞘翅目			206
	蟜蟥	昆虫纲	鞘翅目	虎甲科		207
鶂	鶂	鸟纲	雁形目	鸭科	鸭族	461
蠘	蠘	甲壳纲	短尾下目	方蟹科	厚蟹	88
雜	雜縣	鸟纲	鸵鸟目	鸵鸟科	鸵鸟	435
	雜縣	鸟纲	鹳形目	鹳科	秃鹳	452
	雜懸	鸟纲	鹳形目	鹳科	秃鹳	452
織	織布孃	昆虫纲	直翅目	螽斯科	鸣螽	155
	織鳥	鸟纲	佛法僧目	戴胜科	戴胜	542
	織絲魚	硬骨鱼纲	鲈形目	魣科	大魣	386
	織絹娘	昆虫纲	直翅目	蝗科	中华剑角蝗	149
	織絹娘	昆虫纲	螳螂目	螳螂科		141
	織織	昆虫纲	直翅目	螽斯科		154
蟙	蟙墨	兽纲	翼手目			608
	蟙䘃	兽纲	翼手目			608
	蟙蟳	甲壳纲	短尾下目	蜘蛛蟹科	巨螯蟹	83
蟺	蟺蠙	寡毛纲				28

字头	古名	纲	目	科	现名	页码
鵩	鵩	鸟纲	鹈形目	鹈鹕科		440
	鵩梟	鸟纲	鸮形目	鸱鸮科		531
	鵩鳥	鸟纲	鸮形目	鸱鸮科		530
	鵩鳥	鸟纲	鸮形目	鸱鸮科	花頭鵂鶹	532
	鵩翼	兽纲	翼手目			607
鮒	鮒	硬骨鱼纲	鲤形目	鲤科	鲫	368
鯗	鯗鲫	硬骨鱼纲	鲤形目	鲤科	鲫	368
鶊	鶊	鸟纲	雀形目	黄鹂科	黑枕黄鹂	555
鯝	鯝	硬骨鱼纲	鲤形目	鲤科	银鲴	362
鯉	鯉	硬骨鱼纲	鲈形目	鳢科	乌鳢	391
闗	闗公蟹	甲壳纲	短尾下目	虎头蟹科	中华虎头蟹	83
	闗王蟹	甲壳纲	短尾下目	关公蟹科		82
懷	懷南	鸟纲	鸡形目	雉科	中华鹧鸪	481
鰵	鰵魚	硬骨鱼纲	鲑形目	香鱼科	香鱼	352
穫	穫穀	鸟纲	鹃形目	杜鹃科		523
鷄	鷄末子	昆虫纲	双翅目	蚋科		261
鴐	鴐	头足纲	八腕目	章鱼科		72
	鴐魚	头足纲	八腕目	章鱼科		72
鼯	鼯鼢	兽纲	啮齿目	松鼠科	花鼠	632
鯚	鯚	硬骨鱼纲	鲈形目	鮨科	鳜	380
	鯚魚	硬骨鱼纲	鲈形目	鮨科	鳜	380
繼	繼英	昆虫纲	革翅目			144
	繼英	昆虫纲	革翅目	肥螋科		144
	繼英	昆虫纲	革翅目	肥螋科	海滨肥螋	144
繭	繭	昆虫纲	鳞翅目	家蚕蛾科	家蚕	303
	繭黄	昆虫纲	鳞翅目	家蚕蛾科	家蚕	304
	繭蟲	昆虫纲	鳞翅目	家蚕蛾科	家蚕	304
蠶	蠶	昆虫纲	鳞翅目	家蚕蛾科	家蚕	297
	蠶蠺	昆虫纲	鳞翅目	家蚕蛾科	家蚕	297
蟳	蟳	甲壳纲	短尾下目	梭子蟹科	梭子蟹	84
蠘	蠘	甲壳纲	短尾下目	梭子蟹科	梭子蟹	84
鯨	鯨	兽纲	鲸目			624
	鯨魚	兽纲	鲸目			624
麖	麖	兽纲	偶蹄目	鹿科	赤麂	622
	麖	兽纲	偶蹄目	鹿科	黑麂	622
	麖	兽纲	偶蹄目	鹿科	麂	622
鶄	鶄	鸟纲	鹳形目	鹮科	朱鹮	452
鶬	鶬	鸟纲	鹳形目	鹮科	朱鹮	452
	鶬鸹	鸟纲	鹳形目	鹭科	苍鹭	444
	鶬鶊	鸟纲	鹳形目	鹭科	苍鹭	443
蟼	蟼	两栖纲	无尾目	蛙科		406
	蟼蟇	两栖纲	无尾目	蛙科		406
	蟼蟆	两栖纲	无尾目	蛙科		406
鏡	鏡魚	双壳纲	珍珠贝目	海月科		60
	鏡魚	双壳纲	珍珠贝目	海月科	海月	60
	鏡魚	硬骨鱼纲	鲈形目	眼镜鱼科	眼镜鱼	381
	鏡魚	硬骨鱼纲	鲈形目	鲳科	银鲳	387
鮥	鮥	硬骨鱼纲	鲱形目	鲱科	鲥	349
鶋	鶋	鸟纲	雀形目	鸦科	寒鸦	570
嶋	嶋	鸟纲	雁形目	鸭科	雁族	457
鯆	鯆	兽纲	鲸目	鼠海豚科	江豚	626
鵴	鵴	鸟纲	鹃形目	杜鹃科		524
	鵴鳥	鸟纲	雀形目	鸦科	红嘴山鸦	570
	鵴鳩	鸟纲	鸽形目			512
	鵴鳩	鸟纲	鸽形目	鸠鸽科	火斑鸠	518
鯛	鯛	硬骨鱼纲	鲈形目	鲷科	真鲷	383
蹶	蹶鼠	兽纲	啮齿目	跳鼠科		634
蹷	蹷鼠	兽纲	啮齿目	跳鼠科		634
麝	麝	兽纲	偶蹄目	鹿科	麞	621
鵓	鵓	鸟纲	鸽形目			511
	鵓鳩	鸟纲	鸽形目			512
鶡	鶡	鸟纲	鸡形目	雉科		479
	鶡雞	鸟纲	鸡形目	雉科		479
	鶡鷄	鸟纲	鸵鸟目	鸵鸟科	鸵鸟	435
臘	臘子	昆虫纲	同翅目	腊虫科	白腊虫	198
	臘寄蟲	昆虫纲	同翅目	腊虫科	白腊虫	198
	臘蟲	昆虫纲	同翅目	绵蚧科	桑虱	197
	臘蟲	昆虫纲	同翅目	腊虫科	白腊虫	198
鴇	鴇	鸟纲	雁形目	鸭科	中华秋沙鸭	465
	鴇	鸟纲	鹤形目	鸨科	大鸨	503
	鴇鳩	鸟纲	隼形目	鹰科		468
	鴇鳩	鸟纲	隼形目	鹰科	凤头鹰	470
嬾	嬾婦	昆虫纲	直翅目	蟋蟀科		165
懶	懶婦	昆虫纲	直翅目	蟋蟀科		165
蠕	蠕	双壳纲	廉蛤目	蚬科		66
	蠕	双壳纲	廉蛤目	蚬科	蚬	67
類	類	兽纲	食肉目	灵猫科		615
犛	犛	兽纲	偶蹄目	牛科	牦牛	623
鰲	鰲鯠	硬骨鱼纲	鲱形目	鲱科	鲥	349
	鰲鯠	硬骨鱼纲	鳗鲡目	鳗鲡科	鳗鲡	354
鶯	鶯	鸟纲	雀形目	黄鹂科	黑枕黄鹂	555
	鶯黄	鸟纲	雀形目	雀科	黄雀	585
	鶯黄	鸟纲	雀形目	黄鹂科	黑枕黄鹂	557
	鶯黧	鸟纲	雀形目	黄鹂科	黑枕黄鹂	558
蠇	蠇	双壳纲				53
	蠇	双壳纲	珍珠贝目	牡蛎科		60
	蠇蠣	双壳纲	珍珠贝目	牡蛎科		60
麗	麗斑麻蜥	爬行纲	蜥蜴目	蜥蜴科	丽斑麻蜥	423
	麗黄	鸟纲	雀形目	黄鹂科	黑枕黄鹂	558
	麗蠅	昆虫纲	双翅目	丽蝇科		274
蠊	蠊	昆虫纲	蜚蠊目			127
羚	羚	兽纲	偶蹄目	牛科	鬣羚	624
鯪	鯪	兽纲	鳞甲目	鲮鲤科	鲮鲤	611
	鯪豸	兽纲	鳞甲目	鲮鲤科	鲮鲤	612
	鯪魚	兽纲	鳞甲目	鲮鲤科	鲮鲤	611
	鯪魚	硬骨鱼纲	鲀形目	三刺鲀科	短吻三刺鲀	394
	鯪鯉	兽纲	鳞甲目	鲮鲤科	鲮鲤	610
	鯪鯉甲	兽纲	鳞甲目	鲮鲤科	鲮鲤	611
隴	隴客	鸟纲	鹦形目	鹦鹉科	红领绿鹦鹉	519

字头	古名	纲	目	科	现名	页码
鶻	鶻鳩	鸟纲	鸽形目	鸠鸽科	珠颈斑鸠	518
	鶻鳩	鸟纲	雀形目	椋鸟科	八哥属	563
	鶻鳩	鸟纲	鹃形目	杜鹃科	鸦鹃	528
鴝	鴝鵒	鸟纲	雀形目	椋鸟科	八哥属	562
蝸	蝸	昆虫纲	膜翅目	泥蜂科		327
	蝸	昆虫纲	膜翅目	胡蜂科		324
	蝸鸁	昆虫纲	膜翅目	胡蜂科		324
	蝸鸁	昆虫纲	膜翅目	泥蜂科		324
	蝸蠃	昆虫纲	膜翅目	胡蜂科		324
	蝸贏	昆虫纲	膜翅目	胡蜂科		324
蟋	蟋	昆虫纲	虱目			175
	蟋	昆虫纲	直翅目	蟋蟀科		164
蟋	蟋	昆虫纲	等翅目			136
	蟋螄	昆虫纲	直翅目	蟋蟀科		164
蟺	蟺	寡毛纲				29
	蟺	昆虫纲	膜翅目	胡蜂科		324
	蟺	爬行纲	鳄形目	食鱼鳄科	马来切喙鳄	435
	蟺	昆虫纲	膜翅目	马蜂科		326
	蟺蜂	昆虫纲	膜翅目	胡蜂科	黄胡蜂	325
	蟺蠭	昆虫纲	膜翅目	胡蜂科		324
	蟺蠭	昆虫纲	膜翅目	胡蜂科	黄胡蜂	325
蠂	蠂	昆虫纲	直翅目	蝗科		148
	蠂	昆虫纲	鳞翅目			287
鰺	鰺條魚	硬骨鱼纲	鲤形目	鲤科	鰲	360
蜃	蜃	双壳纲	蚌目	蚌科		62
蝨	蝨	昆虫纲	食毛目			173
	蝨	昆虫纲	虱目			175
鰌	鰌魚	硬骨鱼纲	鲈形目	石首鱼科	大黄鱼	382
獸	獸	兽纲				590
	獸君	兽纲	食肉目	猫科	虎	614
鮛	鮛	硬骨鱼纲	鲟形目	匙吻鲟科	白鲟	348
鵁	鵁	鸟纲	隼形目	鹰科	松雀鹰	470
蘇	蘇子	鸟纲	雀形目	鹪鹩科	鹪鹩	577
	蘇司篤末	涡虫纲	单肠目		中口涡虫	10
	蘇雀	鸟纲	雀形目	雀科	白腰朱顶雀	585
鐷	鐷管	头足纲	枪形目	枪乌贼科	中国枪乌贼	69
獺	獺	兽纲	食肉目	鼬科		617
	獺	兽纲	食肉目	鼬科	水獭	617
	獺兒	兽纲	食肉目	鼬科	水獭	617
	獺魚	硬骨鱼纲	鲶形目	鲿科	长吻鮠	374
藤	藤蛇	爬行纲	蛇目	游蛇科	过树蛇	427
䵷	䵷魚	两栖纲	无尾目	蛙科	黑斑侧褶蛙	408
鼃	鼃	两栖纲	无尾目	蛙科		406
	鼃魚	两栖纲	无尾目	蛙科	黑斑侧褶蛙	408
	鼃黽	两栖纲	无尾目	蛙科		406
鵻	鵻鳩	鸟纲	鸽形目	鸠鸽科	火斑鸠	518
鸚	鸚	鸟纲	鹦形目	鹦鹉科		518
霧	霧水螺	腹足纲	柄眼目	蜗牛科	华蜗牛	52
蟂	蟂蛉	昆虫纲	直翅目	蝼蛄科		169
鮥	鮥	硬骨鱼纲	鲤形目	鲤科	鱤	359
	鮥魚	硬骨鱼纲	鲤形目	鲤科	鱤	359

字头	古名	纲	目	科	现名	页码
鰞	鰞	头足纲	乌贼目	乌贼科	金乌贼	71
蟰	蟰	昆虫纲	双翅目	蚊科		258
	蟰蛸	蛛形纲	蜘蛛目	蟏蛸科		98
繡	繡眼	鸟纲	雀形目	绣眼鸟科	暗绿绣眼鸟	583
	繡臉鉤嘴鶥	鳥纲	雀形目	鶲科	绣脸钩嘴鹛	580
	蠍	昆虫纲	鞘翅目	天牛科		242
	蠍	昆虫纲	鞘翅目	天牛科	青杨楔天牛	245
	蠍	昆虫纲	鞘翅目	吉丁虫科		221
	蠍	昆虫纲	鞘翅目	吉丁虫科	金吉丁	221
	蠍	昆虫纲	鞘翅目	花金龟科		219
	蠍	昆虫纲	鞘翅目	锹甲科		211
	蠍	昆虫纲	鞘翅目	鳃角金龟科		218
蠍	蠍	蛛形纲	蝎目			101
	蠍	蛛形纲	蝎目	钳蝎科		102
	蠍	蛛形纲	蝎目	钳蝎科	马氏正钳蝎	102
	蠍	蛛形纲	蝎目	钳蝎科	细尖狼蝎	102
	蠍虫	昆虫纲	鞘翅目	天牛科		241
	蠍虎	爬行纲	蜥蜴目	壁虎科	壁虎	420
	蠍蟲	昆虫纲	鞘翅目	天牛科		242
	蠍蟲	昆虫纲	鞘翅目	吉丁虫科		221
	蠍蟲	昆虫纲	鞘翅目	锹甲科		211
蠏	蠏	甲壳纲	短尾下目	蟹类		81
	蠏	甲壳纲	短尾下目	方蟹科	中华绒螯蟹	89
	蠏郎	甲壳纲	短尾下目	方蟹科	狭鄂新绒螯蟹	89
	蠏殼青	昆虫纲	直翅目	蟋蟀科		164
蟹	蟹	甲壳纲	短尾下目	蟹类		81
	蟹	甲壳纲	短尾下目	方蟹科	中华绒螯蟹	89
	蟹奴	甲壳纲	短尾下目	豆蟹科	豆蟹	85
	蟹奴	甲壳纲	根头目	蟹奴科		74
	蟹蛛科	蛛形纲	蜘蛛目	蟹蛛科		101
	蟹螺	甲壳纲	歪尾下目	寄居蟹类		81
鰔	鰔	硬骨鱼纲	鲈形目	石首鱼科	鰔	381
蠉	蠉	昆虫纲	双翅目	蚊科		258
	蠉	昆虫纲	双翅目	摇蚊科		264
懸	懸針	两栖纲	无尾目			400
鵩	鵩鵯	鸟纲	雀形目	卷尾科	黑卷尾	560
嚥	嚥	昆虫纲	膜翅目	胡蜂科		324
簷	簷老鼠	兽纲	翼手目			608
	簷雀	鸟纲	雀形目	文鸟科	树麻雀	584
	簷鼠	兽纲	翼手目			608
巖	巖鯉	硬骨鱼纲	鲤形目	鲤科	原鲤	366
鴹	鴹鵸	鸟纲	雁形目	鸭科	鸭族	460
燿	燿天	昆虫纲	鞘翅目	萤科		230
	燿光	昆虫纲	鞘翅目	萤科		231
	燿夜	昆虫纲	鞘翅目	萤科		230
	燿蟬	昆虫纲	同翅目	蝉科		194
蟻	蟻	昆虫纲	同翅目	倍蚜科		196
	蟻	昆虫纲	纺足目			172
	蟻	昆虫纲	纺足目	等尾丝蚁科	格林丝蚁	172
	蟻	昆虫纲	等翅目			134

字头	古名	纲	目	科	现名	页码
蠵	蠵蠵	爬行纲	龟鳖目	海龟科	蠵龟	413
	二十画					
鴇	鴇	鸟纲	鹤形目	鸨科	大鸨	503
鴇	鴇	鸟纲	鹤形目	鸨科	大鸨	503
鐼	鐼打木	鸟纲	鴷形目	啄木鸟科		544
鰏	鰏	硬骨鱼纲	鲈形目	鰏科		383
鯾	鯾	硬骨鱼纲	鲤形目	鲤科	鳊	361
	鯿魚	硬骨鱼纲	鲤形目	鲤科	鳊	361
鯿	鯿	硬骨鱼纲	鲤形目	鲤科	鳊	361
𧕋	𧕋	昆虫纲	等翅目			136
鶖	鶖	鸟纲	雁形目	鸭科	普通秋沙鸭	466
䳄	䳄	鸟纲	雀形目	雀科	黑头蜡嘴雀	588
鶽	鶽	鸟纲	隼形目	鹰科	鳶	469
鰆	鰆	硬骨鱼纲	鲈形目	鲅科	蓝点马鲛	386
鷀	鷀鴰	鸟纲	鹤形目	鹤科	灰鹤	497
	鷀鴰	鸟纲	鹳形目	鹳科	秃鹳	451
鷩	鷩鴰	鸟纲	鹤形目	鹤科	白枕鹤	500
	鷩鵏	鸟纲	鹤形目	鹳科	白头鹮鹳	449
	鷩鷀	鸟纲	鹈形目	鸬鹚科	普通鸬鹚	442
	鷩鷧	鸟纲	鹈形目	鸬鹚科	普通鸬鹚	442
	鷩鶿	鸟纲	鹈形目	鸬鹚科	普通鸬鹚	442
鯻	鯻	硬骨鱼纲	鲈形目	鯻科		384
蝲	蝲	蛛形纲	蝎目	钳蝎科		102
黨	黨甲魚	硬骨鱼纲	鲈形目	鰕虎鱼科	黄鳍刺鰕虎鱼	389
	黨参	海参纲				339
鰈	鰈	硬骨鱼纲	鲽形目			393
	鰈沙	硬骨鱼纲	鲽形目			394
	鰈鯊魚	硬骨鱼纲	鲽形目			394
𩹉	𩹉鮥	硬骨鱼纲	鲀形目	鲀科	东方鲀	396
鰐	鰐魚	爬行纲	鳄形目	食鱼鳄科	马来切喙鳄	435
鷿	鷿鼊	爬行纲	龟鳖目	平胸龟科	平胸龟	415
鰩	鰩	硬骨鱼纲	颌针鱼目	飞鱼科		376
蜚	蜚	昆虫纲	蜚蠊目			127
鵖	鵖	鸟纲	佛法僧目	戴胜科	戴胜	541
	鵖鶝	鸟纲	佛法僧目	戴胜科	戴胜	541
	鵖鶝	鸟纲	鹃形目	杜鹃科		525
鶝	鶝	鸟纲	佛法僧目	戴胜科	戴胜	541
	鶝䳕	鸟纲	佛法僧目	戴胜科	戴胜	541
	鶝鶔	鸟纲	佛法僧目	戴胜科	戴胜	541
	鶝蹂	鸟纲	鹳形目	鹳科		447
	鶝鶔	鸟纲	鹳形目	鹳科		447
	鶝鶔	鸟纲	鹳形目	鹳科	东方白鹳	450
蠜	蠜	昆虫纲	直翅目	蝗科		149
	蠜螽	昆虫纲	直翅目	螽斯科		154
	蠜螽	昆虫纲	直翅目	蝗科		149
鰒	鰒	腹足纲	原始腹足目	鲍科		43
	鰒魚	腹足纲	原始腹足目	鲍科		44
	鰒魚	腹足纲	原始腹足目	鲍科	杂色鲍	44
	鰒魚	腹足纲	原始腹足目	鲍科	皱纹盘鲍	44
	鰒魚甲	腹足纲	原始腹足目	鲍科		43

字头	古名	纲	目	科	现名	页码
鰔	鰔	硬骨鱼纲	鲤形目	鲤科	鳡	359
	鰔	硬骨鱼纲	颌针鱼目	鱵科	鱵	376
	鰔鮓	钵水母纲	根口水母目	根口水母科	海蜇	8
蠔	蠔	双壳纲	珍珠贝目	牡蛎科		60
	蠔山	双壳纲	珍珠贝目	牡蛎科		61
	蠔魚	硬骨鱼纲	鲈形目	隆头鱼科	细棘海猪鱼	385
	蠔菜	双壳纲	珍珠贝目	海月科		60
	蠔蠣	双壳纲	珍珠贝目	牡蛎科	香港巨牡蛎	62
鶡	鶡	鸟纲	鸡形目	雉科	蓝马鸡	488
	鶡	鸟纲	鸡形目	雉科	褐马鸡	488
	鶡	鸟纲	鹤形目	鹤科		496
	鶡雀	鸟纲	鸡形目	雉科	褐马鸡	489
	鶡雀	鸟纲	鸡形目	雉科	蓝马鸡	488
鶡	鶡鴠	鸟纲	鹳形目	鹭科	白鹭	446
	鶡鴠	鸟纲	雀形目	伯劳科		553
	鶡雞	鸟纲	鸡形目	雉科	勺鸡	490
	鶡雞	鸟纲	鸡形目	雉科	褐马鸡	489
	鶡雞	鸟纲	鸡形目	雉科	蓝马鸡	488
	鶡鵙	鸟纲	雀形目	伯劳科	红尾伯劳、褐伯劳	554
	鶡鷄	鸟纲	鸡形目	雉科	褐马鸡	489
	鶡鷄	鸟纲	鸡形目	雉科	蓝马鸡	488
鯸	鯸鮐	硬骨鱼纲	鲀形目	鲀科	东方鲀	396
	鯸鮔	硬骨鱼纲	鲀形目	鲀科	东方鲀	395
	鯸鮧	硬骨鱼纲	鲀形目	鲀科	东方鲀	395
鯇	鯇	硬骨鱼纲	鲤形目	鲤科	草鱼	357
鰞	鰞	硬骨鱼纲	鲀形目	鲀科	东方鲀	396
鶘	鶘	鸟纲	鹈形目	鹈鹕科		440
鰗	鰗鮧	硬骨鱼纲	鲀形目	鲀科	东方鲀	395
鏎	鏎口尖	爬行纲	蛇目	游蛇科	尖尾两头蛇	427
鯶	鯶	硬骨鱼纲	鲤形目	鲤科	草鱼	357
	鯶魚	硬骨鱼纲	鲤形目	鲤科	草鱼	357
鰀	鰀	硬骨鱼纲	鲤形目	鲤科	草鱼	357
	鰀魚	硬骨鱼纲	鲤形目	鲤科	草鱼	357
鰉	鰉	硬骨鱼纲	鲟形目	鲟科	鳇	347
	鰉魚	硬骨鱼纲	鲈形目	石首鱼科	大黄鱼	382
	鰉魚	硬骨鱼纲	鲟形目	鲟科	达氏鲟	346
蠖	蠖	昆虫纲	鳞翅目	尺蛾科		308
	蠖蠋	昆虫纲	鳞翅目	尺蛾科		308
鰿	鰿	硬骨鱼纲	鲤形目	鲤科	鲫	368
繼	繼英	昆虫纲	革翅目			144
蠿	蠿蝧	昆虫纲	革翅目			144
鸊	鸊鷉	鸟纲	䴙䴘目	䴙䴘科	小䴙䴘	438
鷿	鷿鶙	鸟纲	䴙䴘目	䴙䴘科		437
	鷿鷉	鸟纲	䴙䴘目	䴙䴘科		436
	鷿鷈	鸟纲	䴙䴘目	䴙䴘科		436
蟦	蟦	昆虫纲	直翅目	蟋蟀科		164
	蟦	昆虫纲	蜻蜓目			117
鱀	鱀	软骨鱼纲	鲭鲨目	鲭鲨科	噬人鲨	342
	鱀	兽纲	鲸目	亚马孙河豚科	白鳍豚	626

字头	古名	纲	目	科	现名	页码
鐵	鐵駕犁	鸟纲	佛法僧目	戴胜科	戴胜	542
	鐵線蟥	蛭纲				36
	鐵線蟲	铁线虫纲	铁线虫目	粗皮科	铁线虫	19
	鐵鯉	硬骨鱼纲	鲤形目	鲤科	鲤	367
	鐵鸜哥	鸟纲	雀形目	伯劳科		554
	鐵鸜嶋	鸟纲	佛法僧目	戴胜科	戴胜	542
	鐵鸜鴣	鸟纲	雀形目	卷尾科	黑卷尾	561
蠖	蠖	昆虫纲	鳞翅目	家蚕蛾科	家蚕	297
鵶	鵶駕鳥	鸟纲	雀形目	鹎科	白头鹎	551
鰃	鰃	硬骨鱼纲	金眼鲷目	鰃科		376
蠸	蠸	昆虫纲	双翅目	虻科		267
	蠸	昆虫纲	鞘翅目	象虫科		250
鼯	鼯鼠	昆虫纲	直翅目	蝼蛄科		171
	鼯鼠	兽纲	啮齿目	松鼠科	鼯鼠亚科	630
	鼯鼪	兽纲	啮齿目	松鼠科	松鼠	628
鶩	鶩	鸟纲	雁形目	鸭科	鸭族	460
	鶩	鸟纲	雁形目	鸭科	绿头鸭	462
鰕	鰕	甲壳纲	十足目			78
	鰕公	甲壳纲	十足目	长臂虾科	沼虾	80
	鰕扒蟲	昆虫纲	半翅目	水黾科		199
	鰕虎魚	硬骨鱼纲	鲈形目	鰕虎鱼科	子陵吻鰕虎鱼	389
	鰕虵	钵水母纲	根口水母目	根口水母科	海蜇	7
	鰕魹	钵水母纲	根口水母目	根口水母科	海蜇	7
	鰕鮓	钵水母纲	根口水母目	根口水母科	海蜇	8
蠝	蠝	昆虫纲	鳞翅目			287
	蠝	昆虫纲	鳞翅目	尺蛾科		308
鸒	鸒屖	鸟纲	雀形目	鸦科	红嘴蓝鹊	566
鰋	鰋	硬骨鱼纲	鲤形目	鲤科	红鳍鲌	360
	鰋	硬骨鱼纲	鲶形目	鲶科	鲶	371
鯣	鯣	硬骨鱼纲	鲈形目	鳢科	乌鳢	391
蠮	蠮	昆虫纲	膜翅目	胡蜂科		324
鰒	鰒魚	腹足纲	原始腹足目	鲍科		43
蠍	蠍	腹足纲	柄眼目	蛞蝓科		50
蠅	蠅	昆虫纲	双翅目	丽蝇科		274
蠑	蠑	昆虫纲	鞘翅目	萤科		230
	蠑蟒蟲	昆虫纲	鞘翅目	萤科		230
鵚	鵚鶌	鸟纲	鹳形目	鹳科	秃鹳	451
	鵚鶌	鸟纲	鸵鸟目	鸵鸟科	鸵鸟	435
鰙	鰙	硬骨鱼纲	灯笼鱼目	龙头鱼科	龙头鱼	354
躁	躁舍	昆虫纲	鳞翅目	刺蛾科		292
躁	躁舍	昆虫纲	鳞翅目	刺蛾科	黄刺蛾	293
鰂	鰂	头足纲	乌贼目	乌贼科		69
	鰂	硬骨鱼纲	鲤形目	鲤科	鲫	368
蠁	蠁蠋	昆虫纲	鳞翅目	天蛾科		311
	蠁蠋	昆虫纲	鳞翅目	尺蛾科		309
鐘	鐘蟲	纤毛纲	缘毛目	钟形科	钟虫	4
	鐘螽	昆虫纲	直翅目	蟋蟀科	日本钟蟋	165
蠢	蠢醜	昆虫纲	双翅目	丽蝇科		275
䳲	䳲鷄	鸟纲	鹤形目	秧鸡科	董鸡	502
蠗	蠗	昆虫纲	革翅目			144

字头	古名	纲	目	科	现名	页码
鯼	鯼	硬骨鱼纲	鲈形目	石首鱼科	大黄鱼	382
	鯼	硬骨鱼纲	鲤形目	鲤科	鯮	358
	鯼魚	硬骨鱼纲	鲤形目	鲤科	鯮	358
	鯼魚	硬骨鱼纲	鲈形目	石首鱼科	大黄鱼	382
騶	騶吾	兽纲	食肉目	猫科	虎	614
	二十一画					
霸	霸哥	鸟纲	雀形目	椋鸟科	八哥属	563
贔	贔屭	爬行纲	龟鳖目	海龟科	蠵龟	414
	鱠	硬骨鱼纲	鲈形目	鲳科	银鲳	387
鱠	鱠魚	硬骨鱼纲	鲈形目	鲳科	银鲳	386
鶬	鶬	鸟纲	鹤形目	鹤科	白枕鹤	498
	鶬鴚	鸟纲	雁形目	鸭科	雁族	456
	鶬鶂	鸟纲	鹳形目	鹭科	苍鹭	444
	鶬鴰	鸟纲	鹤形目	鹤科	白枕鹤	499
	鶬鴰	鸟纲	雀形目	雀科	黑头蜡嘴雀	589
	鶬鴳	鸟纲	鸡形目	雉科	鹌鹑	484
	鶬鴳	鸟纲	雀形目	雀科	黑头蜡嘴雀	589
	鶬雞	鸟纲	鹤形目	鹤科	白枕鹤	499
	鶬鵞	鸟纲	雁形目	鸭科	雁族	456
	鶬鶊	鸟纲	雀形目	黄鹂科	黑枕黄鹂	556
	鶬鶊	鸟纲	鹤形目	鹤科	白枕鹤	499
	鶬鶏	鸟纲	鹤形目	鹤科	白枕鹤	499
	鶬鶡	鸟纲	雀形目	雀科	黑头蜡嘴雀	589
	鶬鷹	鸟纲	隼形目	鹰科		468
	鶬鷹	鸟纲	隼形目	鹰科	凤头鹰	470
鶖	鶖	鸟纲	雁形目	鸭科	普通秋沙鸭	466
蠜	蠜	昆虫纲	直翅目	蝗科		149
	蠜	昆虫纲	直翅目	蝗科	笨蝗	151
	蠜	昆虫纲	直翅目	螽斯科		152
	蠜	昆虫纲	直翅目	螽斯科	鸣螽	155
	蠜	昆虫纲	蜚蠊目			127
鷊	鷊	鸟纲	鸻形目	鸻科	灰头麦鸡	505
	鷊	鸟纲	鹤形目	秧鸡科	骨顶鸡	503
	鷊鵶	鸟纲	鹤形目	秧鸡科	骨顶鸡	503
	鷊鸜	鸟纲	佛法僧目	戴胜科	戴胜	541
鴰	鴰	鸟纲	鹳形目	鹳科		448
	鴰	鸟纲	鹳形目	鹳科	东方白鹳	450
	鴰	鸟纲	鹳形目	鹳科	白鹳	449
鱮	鱮	硬骨鱼纲	鲤形目	鲤科	鳙	359
鶌	鶌鶋	鸟纲	鸽形目			510
	鶌鶋	鸟纲	鸽形目	鸠鸽科	灰斑鸠	517
鶻	鶻鵃	鸟纲	鸽形目			512
鱂	鱂	硬骨鱼纲	鳉形目	青鳉科	青鳉	375
	鱂鮒	硬骨鱼纲	鲤形目	鲤科	鲫	368
	鱂鮒魚	硬骨鱼纲	鳉形目	青鳉科	青鳉	375
	鱂鮒	硬骨鱼纲	鳉形目	青鳉科	青鳉	375
鷂	鷂	鸟纲	隼形目	隼科	矛隼	475
	鷂	鸟纲	隼形目	鹰科		468
	鷂	鸟纲	隼形目	鹰科	鸢	469
	鷂	鸟纲	鸽形目			510

字头	古名	纲	目	科	现名	页码
鰢	鰢	昆虫纲	半翅目	水黾科		199
蠛	蠛	昆虫纲	双翅目	蠓科		262
	蠛	昆虫纲	双翅目	蠓科	蠛蠓	263
	蠛	昆虫纲	双翅目	蛾蠓科		254
	蠛	昆虫纲	同翅目	倍蚜科		196
	蠛蠓	昆虫纲	双翅目	蚋科		261
	蠛蠓	昆虫纲	双翅目	蠓科		262
	蠛蠓	昆虫纲	双翅目	蠓科	蠛蠓	263
	蠛蠓	昆虫纲	双翅目	蛾蠓科		254
	蠛蠓	昆虫纲	双翅目	蛾蠓科	星毛蠓	254
	蠛蠓蟲	昆虫纲	双翅目	蠓科		262
蠡	蠡	昆虫纲	鳞翅目			287
蟔	蟔	昆虫纲	鳞翅目	刺蛾科		292
魶	魶	软骨鱼纲	鲼形目	魟科		344
鷊	鷊	鸟纲	鹈形目	鸬鹚科	普通鸬鹚	441
	鷊	鸟纲	鸡形目	雉科	红腹角雉	487
	鷊	鸟纲	鸡形目	雉科	黄腹角雉	488
	鷊綬	鸟纲	鸡形目	雉科	红腹角雉	487
齧	齧人飛蟲	昆虫纲	双翅目	虻科		267
	齧人飛蟲	昆虫纲	双翅目	蚊科		258
	齧人細蟲	昆虫纲	蚤目			279
	齧人跳蟲	昆虫纲	蚤目			279
	齧人跳蟲	昆虫纲	蚤目			279
	齧人蟲	昆虫纲	双翅目	蚊科		258
	齧人蟲	昆虫纲	虱目			174
	齧人蟲	昆虫纲	虱目	虱科		175
	齧人蟲	昆虫纲	虱目	虱科	体虱	176
	齧人蟲	昆虫纲	虱目	虱科	头虱	176
	齧人蟲	昆虫纲	蚤目			279
	齧木蟲	昆虫纲	鞘翅目	天牛科		242
	齧牛蟲	蛛形纲	蜱螨目			103
	齧桑	昆虫纲	鞘翅目	天牛科		242
	齧桑	昆虫纲	鞘翅目	天牛科	星天牛	243
	齧桑	昆虫纲	鞘翅目	天牛科	桑象天牛	245
	齧桑蟲	昆虫纲	鞘翅目	天牛科		242
	齧桑蟲	昆虫纲	鞘翅目	天牛科	星天牛	243
	齧桑蠍蟲	昆虫纲	鞘翅目	天牛科		242
	齧桑類	昆虫纲	鞘翅目	天牛科		242
	齧髮	昆虫纲	鞘翅目	天牛科		242
	齧髮	昆虫纲	鞘翅目	天牛科	星天牛	243
	齧齒類	兽纲	啮齿目			628
蠭	蠭	昆虫纲	膜翅目	胡蜂科		324
鰟	鰟	硬骨鱼纲	鲤形目	鲤科	鲂	362
	鰟魮魚	硬骨鱼纲	鲤形目	鲤科	鲫	368
	鰟頭	硬骨鱼纲	鲤形目	鲤科	鳙	370
螱	螱	昆虫纲	等翅目			136
	螱蠹	昆虫纲	等翅目			137
蠹	蠹	昆虫纲	鞘翅目	鳃角金龟科		219
鴐	鴐鵝	鸟纲	雁形目	鸭科	雁族	457
鰭	鰭鱲	硬骨鱼纲	鲈形目	鲷科	真鲷	383
鮍	鮍	硬骨鱼纲	鲈形目	鳢科	乌鳢	391

字头	古名	纲	目	科	现名	页码
鰲	鰲黃魚	硬骨鱼纲	鲟形目	匙吻鲟科	白鲟	348
鱙	鱙鯽魚	硬骨鱼纲	鲤形目	鲤科	鱇𩶘白鱼	359
蠸	蠸	昆虫纲	鞘翅目	叶甲科	印度黄守瓜	247
鰠	鰠	硬骨鱼纲	鲟形目	鲟科	达氏鲟	346
攝	攝龜	爬行纲	龟鳖目	龟科	闭壳龟	417
	攝龜	爬行纲	龟鳖目	龟科	黄缘闭壳龟	417
麝	麝	兽纲	偶蹄目	麝科	原麝	620
	麝	兽纲	偶蹄目	麝科	麝类	620
	麝父	兽纲	偶蹄目	麝科	麝类	620
	麝香鹿	兽纲	偶蹄目	麝科	麝类	620
	麝麐	兽纲	偶蹄目	麝科	麝类	620
鰣	鰣	硬骨鱼纲	鲱形目	鲱科	鲥	349
	鰣魚	硬骨鱼纲	鲱形目	鲱科	鲥	349
	鰣鰻蛇	爬行纲	蛇目	游蛇科	黑眉锦蛇	427
鰤	鰤	硬骨鱼纲	鲀形目	鲀科	东方鲀	395
屬	屬玉	鸟纲	鹈形目	鸬鹚科	暗绿背鸬鹚	443
	屬玉	鸟纲	鹳形目	鹭科	白鹭	446
	屬玉	鸟纲	鹳形目	鹭科	池鹭	445
鶽	鶽	鸟纲	隼形目	隼科		475
鰨	鰨	硬骨鱼纲	鲽形目			393
	鰨魚	两栖纲	有尾目	隐鳃鲵科	大鲵	397
	鰨鰻	硬骨鱼纲	鲽形目	鳎科	箬鳎	394
鶬	鶬鴰	鸟纲	鹳形目	鹭科	苍鹭	444
𩹊	𩹊魚	硬骨鱼纲	鲶形目	胡鲶科	胡鲶	373
臚	臚魚	硬骨鱼纲	鲈形目	鮨科	鳜	380
鷉	鷉	鸟纲	鸊鷉目	鸊鷉科		436
	鷉	鸟纲	鸊鷉目	鸊鷉科	小鸊鷉	438
鷏	鷏	鸟纲	夜鹰目	夜鹰科	普通夜鹰	533
襪	襪雀	鸟纲	雀形目	鹪鹩科	鹪鹩	576
鰛	鰛	硬骨鱼纲	鲱形目	鲱科	金色小沙丁鱼	348
𩶧	𩶧	硬骨鱼纲	鲤形目	鲤科	原鲤	366
蟁	蟁	昆虫纲	双翅目	摇蚊科		264
	蟁	昆虫纲	双翅目	蚊科		258
	蟁	昆虫纲	双翅目	蠓科	陈旧库蠓	263
	蟁蝱	昆虫纲	双翅目	虻科		267
鰫	鰫	硬骨鱼纲	鲈形目	鰫科	鰫	385
鰞	鰞鰂	头足纲	乌贼目	乌贼科		69
蟻	蟻	昆虫纲	膜翅目	蚁科		334
鶌	鶌	鸟纲	雀形目	鸫科	乌鸫	579
	鶌鶋	鸟纲	雀形目	鸦科	白颈鸦	573
	鶌鶋	鸟纲	雀形目	鸫科	乌鸫	579
	鶌鳥	鸟纲	雀形目	鸫科	乌鸫	579
	鶌鴡	鸟纲	雀形目	鸫科	乌鸫	579
蠹	蠹	昆虫纲				105
	蠹	昆虫纲	同翅目	蝉科		193
鰜	鰜	硬骨鱼纲	鲽形目	鳒科	大口鳒	394
鷃	鷃	鸟纲	鸡形目	雉科	鹌鹑	484
	鷃	鸟纲	雀形目	伯劳科		553
	鷃	鸟纲	雀形目	伯劳科	红尾伯劳、褐伯劳	554

字头	古名	纲	目	科	现名	页码
蝷	蝷	昆虫纲	鳞翅目	大蚕蛾科	柞蚕	295
蠇	蠇	双壳纲	珍珠贝目	牡蛎科		61
鰱	鰱	兽纲	鳞甲目	鲮鲤科	鲮鲤	612
	鰱	硬骨鱼纲	鲤形目	鲤科	鲢	369
	鰱子	硬骨鱼纲	鲤形目	鲤科	鲢	370
	鲢鱼	硬骨鱼纲	鲤形目	鲤科	鲢	370
鷚	鷚	鸟纲	雀形目	百灵科		545
	鷚	鸟纲	鸡形目	雉科	鹌鹑	485
	鷚	鸟纲	雀形目	鹡鸰科	水鷚	551
	鷚天鸙	鸟纲	雀形目	百灵科		545
籠	籠柏雄	鸟纲	隼形目	鹰科	松雀鹰	470
	籠黄鷹	鸟纲	隼形目	隼科	游隼	475
	籠鶬兒	鸟纲	隼形目	鹰科	松雀鹰	470
	籠鷂子	鸟纲	隼形目	隼科	灰背隼	476
蠪	蠪	昆虫纲	等翅目			136
	蠪	昆虫纲	膜翅目	蚁科		334
	蠪	昆虫纲	膜翅目	蚁科	赤山蚁	335
	蠪	昆虫纲	膜翅目	蚁科	织叶蚁	336
	蠪丁	昆虫纲	等翅目			136
	蠪朾	昆虫纲	膜翅目	蚁科		335
	蠪蟜	昆虫纲	等翅目			136
	蠪蟜	昆虫纲	膜翅目	蚁科		335
蠬	蠬螽	昆虫纲	蝤目	叶蝤科	叶蝤	172
	蠬蜂	昆虫纲	蝤目	叶蝤科	叶蝤	172
	蠬螻	昆虫纲	直翅目	蝼蛄科		171
	蠬蠭	昆虫纲	蝤目	叶蝤科	叶蝤	172
鸏	鸏	鸟纲	雁形目	鸭科	雁族	455
	鸏鵝	鸟纲	雁形目	鸭科	雁族	455
鸌	鸌	鸟纲	雁形目	鸭科	雁族	455
鱋	鱋	硬骨鱼纲	鲤形目	鲤科	青鱼	356
蠦	蠦	昆虫纲	蜚蠊目			127
	蠦蜰	昆虫纲	蜚蠊目	蜚蠊科	东方蜚蠊	129
	蠦蜰	昆虫纲	缨翅目			177
	蠦蜰	昆虫纲	蜚蠊目			127
	蠦蜰	昆虫纲	蜚蠊目	蜚蠊科	东方蜚蠊	129
	蠦蟲	昆虫纲	蜚蠊目			128
	蠦蟾	爬行纲	蜥蜴目	壁虎科	壁虎	422
蠦	蠦蝘	爬行纲	蜥蜴目	壁虎科	壁虎	420
	蠦蝘	爬行纲	蜥蜴目	石龙子科		422
	蠦蝘	昆虫纲	蜚蠊目			128
蘿	蘿葡花	鸟纲	雀形目	鹡鸰科		550
	蘿葡花	鸟纲	雀形目	鹡鸰科	白鹡鸰	550
	蘿葡花	鸟纲	雀形目	鹡鸰科	日本鹡鸰	550
鴈	鴈	鸟纲	雁形目	鸭科	雁族	458
鰻	鰻	硬骨鱼纲	鳗鲡目	鳗鲡科	鳗鲡	354
	鰻	硬骨鱼纲	鲶形目	鲶科	鲶	372
	鰻魚	硬骨鱼纲	鳗鲡目	鳗鲡科	鳗鲡	354
	鰻魚	硬骨鱼纲	鳗鲡目	海鳗科	海鳗	355
	鰻線	硬骨鱼纲	鳗鲡目	鳗鲡科	鳗鲡	355
	鰻鯠	硬骨鱼纲	鳗鲡目	鳗鲡科	鳗鲡	354
	鰻鰲	硬骨鱼纲	鳗鲡目	鳗鲡科	鳗鲡	354
鰻	鰻鰓魚	硬骨鱼纲	鲈形目	鰕虎鱼科	细棘鰕虎鱼	388
	鰻鱺	硬骨鱼纲	鳗鲡目	鳗鲡科	鳗鲡	354
	鰻鱺魚	硬骨鱼纲	鳗鲡目	鳗鲡科	鳗鲡	354
鰵	鰵	硬骨鱼纲	鲈形目	石首鱼科	鮸	383
蠦	蠦	昆虫纲	双翅目	虻科		267
鷗	鷗	鸟纲	鸥形目	鸥科		508
	鷗	鸟纲	鸥形目	鸥科	须浮鸥	509
鷗	鷗	鸟纲	鸥形目	鸥科		508
螕	螕	昆虫纲	等翅目			136
	螕	昆虫纲	膜翅目	蚁科		334
蠱	蠱	昆虫纲	等翅目			136
蠶	蠶蠹	昆虫纲	等翅目			136
蠽	蠽	昆虫纲	同翅目	蝉科		192
竊	竊丹	鸟纲	雀形目	雀科	黑头蜡嘴雀	587
	竊丹	鸟纲	䴕形目	啄木鸟科		544
	竊元	鸟纲	雀形目	雀科	黑头蜡嘴雀	587
	竊元	鸟纲	鹃形目	杜鹃科	四声杜鹃	528
	竊毛	兽纲	食肉目	猫科	虎	614
	竊玄	鸟纲	雀形目	雀科	黑头蜡嘴雀	587
	竊脂	鸟纲	雀形目	雀科	黑头蜡嘴雀	587
	竊脂	鸟纲	雀形目	雀科	锡嘴雀	589
	竊黄	鸟纲	雀形目	雀科	黑头蜡嘴雀	587
	竊藍	鸟纲	雀形目	雀科	黑头蜡嘴雀	587
	竊蟲	昆虫纲	蛩目	窃蛩科	窃虫	173
	竊蠌	甲壳纲	歪尾下目	寄居蟹类		81
鼁	鼁鼀	两栖纲	无尾目	蟾蜍科		402
[illegible]	[illegible]	两栖纲	无尾目	蟾蜍科	中华蟾蜍	404
鰽	鰽	硬骨鱼纲	鲱形目	鲱科	鲥	350
	鰽魚	硬骨鱼纲	鲱形目	鳀科	刀鲚	352
鶪	鶪	鸟纲	雀形目	鹡鸰科		549
鱙	鱙魚	硬骨鱼纲	鲑形目	银鱼科	大银鱼	353
鸇	鸇	鸟纲	鹈形目	鸬鹚科	暗绿背鸬鹚	443
	鸇鳩	鸟纲	隼形目	鹰科		468
	鸇鳩	鸟纲	隼形目	鹰科	凤头鹰	470
	鸇鳩	鸟纲	鸽形目			513
灘	灘塗	甲壳纲	短尾下目	方蟹科	长方蟹	89
蟿	蟿	昆虫纲	直翅目	蝗科		149
鰷	鰷	硬骨鱼纲	鲤形目	鲤科	鰲	360
鼵	鼵	兽纲	兔形目	鼠兔科		601
彎	彎芒蟲虻	昆虫纲	双翅目	食虫虻科	弯芒食虫虻	268
鰤	鰤	硬骨鱼纲	鲈形目	鰤科		385
	鰤	硬骨鱼纲	鲟形目	匙吻鲟科	白鲟	348
蟷	蟷	昆虫纲	螳螂目	螳螂科		142
蟻	蟻	昆虫纲	等翅目			136
鰼	鰼	硬骨鱼纲	鲤形目	鳅科	泥鳅	371
	鰼魚	硬骨鱼纲	鲤形目	鳅科	泥鳅	371
鼲	鼲	兽纲	啮齿目	松鼠科	巨松鼠	628
蠯	蠯	双壳纲	廉蛤目	蚬科		66
纖	纖毛類	纤毛纲				3
蠨	蠨蛸	昆虫纲	螳螂目	螳螂科		142

字头	古名	纲	目	科	现名	页码
鷮	鷮雉	鸟纲	鸡形目	雉科	白冠长尾雉	492
	鷮雉	鸟纲	鸡形目	雉科	雉鸡环颈雉	491
	鷮雞	鸟纲	鸡形目	雉科	白冠长尾雉	492
	鷮鷄	鸟纲	鸡形目	雉科	白冠长尾雉	492
鱎	鱎	硬骨鱼纲	鲤形目	鲤科	红鳍鲌	360
	鱎魚	硬骨鱼纲	鲤形目	鲤科	红鳍鲌	360
鵚	鵚	鸟纲	隼形目	鹰科	秃鹫	472
鶖	鶖	鸟纲	隼形目	鹰科	秃鹫	472
	鶖	鸟纲	隼形目	鹰科	金雕	471
	鶖	鸟纲	隼形目	鹰科	鹗	474
蠲	蠲	昆虫纲	鞘翅目	叩甲科	斑叩甲	222
	蠲	昆虫纲	鞘翅目	萤科		230
	蠲	昆虫纲	鞘翅目	萤科	高山锯角萤	232
	蠲	昆虫纲	鞘翅目	萤科	黄萤	231
	蠲	昆虫纲	鳞翅目	天蛾科		311
鷹	鷹	鸟纲	隼形目	鹰科	白尾鹞	472
鷯	鷯	鸟纲	鸡形目	雉科	鹌鹑	485
	鷯	鸟纲	雀形目	鹟科	大苇莺	581
	鷯	鸟纲	雀形目	鹪鹩科	鹪鹩	573
	鷯哥	鸟纲	雀形目	椋鸟科	鹩哥	564
鷚	鷚雀	鸟纲	鸡形目	雉科	鹌鹑	484
	鷚鶉	鸟纲	雀形目	鹪鹩科	鹪鹩	574
	鷚鶉	鸟纲	鸽形目	鸠鸽科	鸽属	516
鱗	鱗翅目	昆虫纲	鳞翅目			287
	鱗細	昆虫纲	衣鱼目			109
	鱗蛇	爬行纲	蜥蜴目	巨蜥科	圆鼻巨蜥	424
	鱗部	脊椎动物亚门				341
	鱗鯉	兽纲	鳞甲目	鲮鲤科	鲮鲤	612
蠕	蠕	昆虫纲	鳞翅目			287
	蠕	昆虫纲	鳞翅目	螟蛾科	桑绢野螟	294
	蠕	昆虫纲	蜻蜓目			117
羺	羺	兽纲	偶蹄目	牛科	鬣羚	624
蠡	蠡	昆虫纲	蜉蝣目			112
蠡	蠡	昆虫纲	蜉蝣目			112
欒	欒蔄	昆虫纲	鳞翅目			287
	欒蔄	昆虫纲	鳞翅目	大蚕蛾科	柞蚕	294
	欒蠶	昆虫纲	鳞翅目			287
鸎	鸎	鸟纲	鹃形目	杜鹃科		525
	鸎鴂	鸟纲	鹃形目	杜鹃科		525
蝥	蝥	昆虫纲	鞘翅目	芫菁科		237
蝱	蝱	昆虫纲	双翅目	虻科		268
蠓	蠓	昆虫纲	双翅目	蠓科		262
	蠓蟆	昆虫纲	双翅目	蠓科		262
蠽	蠽	昆虫纲	螳螂目	螳螂科		142
	蠽貐	昆虫纲	螳螂目	螳螂科		142
蠰	蠰	昆虫纲	螳螂目	螳螂科		142
	蠰	昆虫纲	鞘翅目	天牛科		243
	蠰	昆虫纲	鞘翅目	天牛科	星天牛	244
	蠰谿	昆虫纲	直翅目	蝗科		149
	蠰谿	昆虫纲	直翅目	蝗科	笨蝗	151

字头	古名	纲	目	科	现名	页码
蠚	蠚人飛蟲	昆虫纲	双翅目	蚊科		258
蠯	蠯	双壳纲				53
蠮	蠮螉	昆虫纲	膜翅目	胡蜂科		325
蠽	蠽	昆虫纲	蜉蝣目			112
	蠽聶	昆虫纲	蜉蝣目			112
	蠽蜋	昆虫纲	蜉蝣目			112
鷥	鷥鶴	鸟纲	鹤形目	鹤科	白鹤	500
鱓	鱓	硬骨鱼纲	合鳃目	合鳃鱼科	黄鳝	379
	鱓魚	硬骨鱼纲	合鳃目	合鳃鱼科	黄鳝	379
鱔	鱓	爬行纲	鳄形目	鳄科	鼍	433
	鱔	硬骨鱼纲	合鳃目	合鳃鱼科	黄鳝	379
	鱔魚	硬骨鱼纲	合鳃目	合鳃鱼科	黄鳝	379
鷜	鷜	鸟纲	雀形目	鸦科	寒鸦	570
鼶	鼶鼠	兽纲	啮齿目	仓鼠科		637
鱅	鱅	硬骨鱼纲	鲈形目	石首鱼科	大黄鱼	382
	鷛	鸟纲	鹈形目	鸬鹚科	暗绿背鸬鹚	443
	鷛鷞	鸟纲	鹈形目	鸬鹚科	暗绿背鸬鹚	443
	鷛鷖	鸟纲	鹈形目	鸬鹚科	暗绿背鸬鹚	443
	鷛鷖	鸟纲	鹤形目	鹤科	白枕鹤	500
鷤	鷤	鸟纲	鹃形目	杜鹃科		524
	鷤鳺	鸟纲	鹃形目	杜鹃科		525
	鷤鳺	鸟纲	雀形目	鹪鹩科	鹪鹩	574
	鷤鴂	鸟纲	雀形目	伯劳科		554
鷶	鷶鴂	鸟纲	鹃形目	杜鹃科		525
	鷶鴃	鸟纲	鹃形目	杜鹃科		525
鷒	鷒	鸟纲	佛法僧目	犀鸟科	冠斑犀鸟	542
鱣	鱣	硬骨鱼纲	鲈形目	鳢科	乌鳢	391
鷲	鷲	鸟纲	隼形目	鹰科	秃鹫	471
鷻	鷻	鸟纲	隼形目	鹰科	秃鹫	471
螱	螱	昆虫纲	等翅目			136
	螱	昆虫纲	膜翅目	蚁科		334
蠘	蠘	昆虫纲	等翅目			136
鼷	鼷鼠	兽纲	啮齿目	鼠科	小家鼠	639
	鼷鼠	兽纲	鼩形目	鼩鼱科	鼩鼱	605
鷴	鷴	鸟纲	鸡形目	雉科	白鹇	490
	鷴	鸟纲	鸡形目	雉科	白鹇	490
	鷴客	鸟纲	鸡形目	雉科	白鹇	490
	鷴鵄	鸟纲	鸮形目	鸱鸮科	褐林鸮	533
鼸	鼸鼠	兽纲	啮齿目	仓鼠科		636
鶷	鶷	鸟纲	佛法僧目	犀鸟科	冠斑犀鸟	543
	鶷鷴	鸟纲	佛法僧目	犀鸟科	冠斑犀鸟	543
鱌	鱌	软骨鱼纲	鲼形目	魟科	小眼魟	344
鱯	鱯	甲壳纲	短尾下目	蟹类		81
蠳	蠳	昆虫纲	鳞翅目			287
鱏	鱏	硬骨鱼纲	鲟形目	匙吻鲟科	白鲟	348
	鱏鰉	硬骨鱼纲	鲟形目	鲟科	达氏鲟	346
	鱏鰉	硬骨鱼纲	鲟形目	鲟科	施氏鲟	346
	鱏鰉魚	硬骨鱼纲	鲟形目	鲟科	鳇	347
鱘	鱘	硬骨鱼纲	鲟形目	鲟科	小体鲟	346
	鱘	硬骨鱼纲	鲟形目	鲟科	西伯利亚鲟	346
	鱘	硬骨鱼纲	鲟形目	鲟科	鳇	347

字头	古名	纲	目	科	现名	页码
䴉	䴉目	鸟纲	鹳形目	鹮科	朱鹮	453
鷔	鷔	鸟纲	雀形目	百灵科	短趾百灵新疆亚种	545
鱭	鱭魚	硬骨鱼纲	鲱形目	鳀科	刀鲚	352
鯽	鯽	硬骨鱼纲	鲤形目	鲤科	鲫	368
	鯽魚	硬骨鱼纲	鲤形目	鲤科	鲫	368
鱷	鱷	兽纲	鲸目			625
	鱷鯨	兽纲	鲸目			625
鱠	鱠	硬骨鱼纲	鲑形目	银鱼科	大银鱼	354
	鱠魚	硬骨鱼纲	鲈形目	鲐科	鳜	380
	鱠殘魚	硬骨鱼纲	鲑形目	银鱼科	大银鱼	353
籬	籬雀	鸟纲	雀形目	岩鹨科	棕眉山岩鹨	577
	籬鷃	鸟纲	鸡形目	雉科	鹌鹑	484
鱧	鱧	硬骨鱼纲	鲤形目	鲤科	草鱼	357
	鱧	硬骨鱼纲	鲈形目	鳢科	乌鳢	390
	鱧鮬	硬骨鱼纲	鲈形目	鳢科	乌鳢	391
鸋	鸋	鸟纲	雀形目	鹡鸰科		549
	鸋	鸟纲	鹤形目	鹤科		497
	鸋頂	鸟纲	䴙䴘目	䴙䴘科	小䴙䴘	438
	鸋鳭	鸟纲	䴙䴘目	䴙䴘科		437
靈	靈長類	兽纲	灵长目			599
	靈蛇	爬行纲	蛇目	蟒科	蟒蛇	425
	靈鳥	鸟纲	鸡形目	雉科	红腹锦鸡金鸡	493
	靈貓	兽纲	食肉目	灵猫科		614
	靈龜	爬行纲	龟鳖目	海龟科	蠵龟	413
	靈鵲	鸟纲	雀形目	鸦科	喜鹊	568
	靈鶻	鸟纲	隼形目	隼科		475
靈	靈鰻	硬骨鱼纲	鳗鲡目	鳗鲡科	鳗鲡	355
	靈鷲	鸟纲	隼形目	鹰科	秃鹫	471
	靈蠵	爬行纲	龟鳖目	海龟科	蠵龟	413
	靈鸛	鸟纲	鹤形目	鹤科		497
麢	麢	兽纲	偶蹄目	牛科	鬣羚	624
鷊	鷊離	鸟纲	鸮形目	鸱鸮科		530
鷺	鷺	鸟纲	鹳形目	鹭科	白鹭	445
	鷺絲	鸟纲	鹳形目	鹭科	白鹭	446
	鷺鷥	鸟纲	鹳形目	鹭科	白鹭	446
	鷺鷥	鸟纲	鹳形目	鹭科	大白鹭	445
	鷺鷥	鸟纲	鹳形目	鹭科	黄嘴白鹭	447
	鷺鷥	鸟纲	鹳形目	鹭科	白鹭	446
蠃	蠃	腹足纲				42
蠻	蠻	鸟纲	雁形目	鸭科	潜鸭属	463
	蠻蠻	鸟纲	雁形目	鸭科	潜鸭属	463
鰟	鰟	硬骨鱼纲	鳗鲡目	鳗鲡科	鳗鲡	355
鸏	鸏	鸟纲	佛法僧目	犀鸟科	冠斑犀鸟	542
	鸏鶴	鸟纲	佛法僧目	犀鸟科	冠斑犀鸟	542
鸏	鸏	鸟纲	佛法僧目	犀鸟科	冠斑犀鸟	542
	鸏鶅	鸟纲	佛法僧目	犀鸟科	冠斑犀鸟	543
	鸏鶅鳥	鸟纲	佛法僧目	犀鸟科	冠斑犀鸟	543
	鸏鶴	鸟纲	佛法僧目	犀鸟科	冠斑犀鸟	542
鷉	鷉	鸟纲	雁形目	鸭科	鸭族	460
	鷉	鸟纲	雁形目	鸭科	针尾鸭	462
	鷉	鸟纲	䴙䴘目	䴙䴘科		437
鷉	鷉	鸟纲	䴙䴘目	䴙䴘科	小䴙䴘	438
	鷉鳥	鸟纲	雁形目	鸭科	针尾鸭	462
嚙	嚙人飛蟲	昆虫纲	双翅目	虻科		267
	嚙人飛蟲	昆虫纲	双翅目	蚊科		258
	嚙人飛蟲	昆虫纲	双翅目	蠓科	陈旧库蠓	263
	嚙人跳蟲	昆虫纲	蚤目			279
	嚙桑	昆虫纲	鞘翅目	天牛科	星天牛	243
	嚙髮	昆虫纲	鞘翅目	天牛科		242
鞨	鞨	鸟纲	鸡形目	雉科	鹌鹑	485
	鞨	鸟纲	雀形目	鹡鸰科		549
	鞨鵊	鸟纲	雀形目	伯劳科		553
	鞨鳩	鸟纲	雀形目	鹪鹩科	鹪鹩	575
	鞨鳩	鸟纲	鸮形目	鸱鸮科		529
蠹	蠹	昆虫纲				105
	蠹	昆虫纲	直翅目	蝼蛄科		171
	蠹	昆虫纲	同翅目	蝉科		194
鶃	鶃	鸟纲	雁形目	鸭科	雁族	457
鷿	鷿鷉	鸟纲	䴙䴘目	䴙䴘科	小䴙䴘	438
	鷿鵜	鸟纲	䴙䴘目	䴙䴘科		436
	鷿鵜	鸟纲	䴙䴘目	䴙䴘科	小䴙䴘	438
	鷿鷈	鸟纲	䴙䴘目	䴙䴘科		436
	鷿鷉	鸟纲	䴙䴘目	䴙䴘科		436
鸊	鸊鵜	鸟纲	䴙䴘目	䴙䴘科	小䴙䴘	438
	鸊鷈	鸟纲	䴙䴘目	䴙䴘科		436
	鸊鷈	鸟纲	䴙䴘目	䴙䴘科	小䴙䴘	438
	鸊鷉	鸟纲	䴙䴘目	䴙䴘科	小䴙䴘	438
	鸊鷉	鸟纲	䴙䴘目	䴙䴘科		436
	鸊鵴	鸟纲	鸽形目			512
䴙	䴙鷉	鸟纲	䴙䴘目	䴙䴘科		436
蠜	蠜	昆虫纲	直翅目	蝗科		149
鸀	鸀鳿	鸟纲	鹃形目	杜鹃科		525
蠷	蠷	兽纲	灵长目	长臂猿科	长臂猿	597
	蠷蝚	兽纲	灵长目	长臂猿科	长臂猿	597
	蠷螋蟲	昆虫纲	革翅目			144
蠸	蠸	昆虫纲	鞘翅目	叶甲科	印度黄守瓜	248
	蠸蟻	昆虫纲	鞘翅目	叶甲科	印度黄守瓜	249
	蠸輿	昆虫纲	鞘翅目	叶甲科	印度黄守瓜	249
鱸	鱸	硬骨鱼纲	鲈形目	鲭科	日本鲭	386
鸅	鸅	鸟纲	鹈形目	鹈鹕科		440
韤	韤雀	鸟纲	雀形目	鹪鹩科	鹪鹩	576
蠵	蠵	爬行纲	龟鳖目	海龟科	蠵龟	413
	蠵龜	爬行纲	龟鳖目	海龟科	蠵龟	413
鸂	鸂	鸟纲	雁形目	鸭科	普通秋沙鸭	466
	鸂鷘	鸟纲	雁形目	鸭科	鸳鸯	464
	鸂鷘	鸟纲	雁形目	鸭科	普通秋沙鸭	466
	鸂鶒	鸟纲	雁形目	鸭科	鸳鸯	464
	鸂鶒	鸟纲	雁形目	鸭科	中华秋沙鸭	465
	鸂鶒	鸟纲	雁形目	鸭科	普通秋沙鸭	466
	鸂鷩	鸟纲	雁形目	鸭科	普通秋沙鸭	466
	鸂鶒	鸟纲	雁形目	鸭科	普通秋沙鸭	466
	鸂勅	鸟纲	雁形目	鸭科	普通秋沙鸭	466

字头	古名	纲	目	科	现名	页码
鑷	鑷	硬骨鱼纲	鲈形目	蝴蝶鱼科	镊口鱼	384
	鑷魚	硬骨鱼纲	鲈形目	蝴蝶鱼科	镊口鱼	384
[illegible]	[illegible]	昆虫纲	双翅目	蚊科		258
[illegible]	[illegible]	鸟纲	鸻形目	鹬科		506
趲	趲織	昆虫纲	直翅目	蟋蟀科		163
鱵	鱵	硬骨鱼纲	颌针鱼目	鱵科	鱵	375
鸈	鸈	鸟纲	佛法僧目	翠鸟科	冠鱼狗	537
	鸈鴜	鸟纲	佛法僧目	翠鸟科	冠鱼狗	537
	鸈鴜	鸟纲	佛法僧目	翠鸟科	冠鱼狗	537
	鸈鴜鳥	鸟纲	佛法僧目	翠鸟科	冠鱼狗	537
	二十七画					
鱶	鱶	硬骨鱼纲	鲤形目	鲤科	鲹	360
鱷	鱷	爬行纲	鳄形目	食鱼鳄科	马来切喙鳄	434
	鱷魚	爬行纲	鳄形目	食鱼鳄科	马来切喙鳄	434
	鱷魚	爬行纲	鳄形目	鳄科	海鳄	434
鸖	鸖	鸟纲	鹤形目	鹤科		497
蠽	蠽柳	昆虫纲	同翅目	蝉科		194
蠽	蠽	昆虫纲	同翅目	蝉科		192
鱳	鱳魚	硬骨鱼纲	鲶形目	鮠科	长吻鮠	374
鸗	鸗	鸟纲	雁形目	鸭科	鸭族	460
鱸	鱸	硬骨鱼纲	鲈形目	鲈科	伊犁鲈	381
	鱸	硬骨鱼纲	鲉形目	杜父鱼科	松江鲈	392
	鱸魚	硬骨鱼纲	鲈形目	鮨科	花鲈	380
	鱸魚	硬骨鱼纲	鲉形目	杜父鱼科	松江鲈	392
	鱸鰻	硬骨鱼纲	鳗鲡目	鳗鲡科	花鳗鲡	355
鸕	鸕	鸟纲	鹈形目	鸬鹚科	普通鸬鹚	442
	鸕鷀	鸟纲	鹈形目	鸬鹚科	普通鸬鹚	442
	鸕鶿	鸟纲	鹈形目	鸬鹚科	普通鸬鹚	442
[illegible]	[illegible]	鸟纲	鹳形目	鹭科	白鹭	446
	[illegible]鵅	鸟纲	鹳形目	鹭科	白鹭	446
鸕	鸕	鸟纲	鹈形目	鸬鹚科	普通鸬鹚	442
	鸕鶿	鸟纲	鹈形目	鸬鹚科	普通鸬鹚	442
	鸕鷧	鸟纲	鹈形目	鸬鹚科	普通鸬鹚	442
蠰	蠰谿	昆虫纲	直翅目	蝗科	中华剑角蝗	150
蠽	蠽	昆虫纲	膜翅目	蚁科		335
	蠽	昆虫纲	等翅目			136
	蠽蜉	昆虫纲	等翅目			137
蠿	蠿	昆虫纲	等翅目			136
	蠿	昆虫纲	膜翅目	蚁科		335
	蠿蜉	昆虫纲	等翅目			136
貙	貙	兽纲	食肉目	猫科	虎	613
鷰	鷰魚	软骨鱼纲	鲼形目	燕魟科	花尾燕魟	345
	鷰魚	硬骨鱼纲	颌针鱼目	飞鱼科		376
蠹	蠹	昆虫纲	鳞翅目			287
	蠹	昆虫纲	鳞翅目	家蚕蛾科	家蚕	304
	蠹	昆虫纲	鞘翅目	象虫科		250
蠾	蠾	昆虫纲	蚤目			279
	蠾	昆虫纲	鳞翅目	天蛾科		311
	蠾蝓	蛛形纲	蜘蛛目			96

字头	古名	纲	目	科	现名	页码
蠿	蠿	昆虫纲	直翅目	蝼蛄科		171
	蠿	昆虫纲	鞘翅目	芫菁科		237
	蠿蟊	昆虫纲	同翅目	蝉科		194
	蠿蟊	蛛形纲	蜘蛛目			95
	蠿蟊	蛛形纲	蜘蛛目			95
	蠿蟊	昆虫纲	鞘翅目	芫菁科		237
鑽	鑽竹蜂	昆虫纲	膜翅目	蜜蜂科	黄胸木蜂	319
	鑽螺	腹足纲	中腹足目	錐螺科	棒锥螺	46
	二十八画					
蠶	蠶	昆虫纲	鳞翅目	家蚕蛾科	家蚕	299
	蠶	昆虫纲	鳞翅目	家蚕蛾科	野蚕	305
	蠶衣	昆虫纲	鳞翅目	家蚕蛾科	家蚕	299
	蠶沙	昆虫纲	鳞翅目	家蚕蛾科	家蚕	299
	蠶晚蛾	昆虫纲	鳞翅目	家蚕蛾科	家蚕	302
	蠶蛹	昆虫纲	鳞翅目	家蚕蛾科	家蚕	299
	蠶褪	昆虫纲	鳞翅目	家蚕蛾科	家蚕	299
	蠶類	昆虫纲	鳞翅目			287
	蠶蟻	昆虫纲	鳞翅目	家蚕蛾科	家蚕	299
	蠶蠕	昆虫纲	鳞翅目	家蚕蛾科	家蚕	299
鸛	鸛	鸟纲	鹳形目	鹳科		447
鸛	鸛	鸟纲	鹳形目	鹳科		447
	鸛	鸟纲	鹳形目	鹳科	东方白鹳	449
	鸛	鸟纲	鹳形目	鹳科	白头鹮鹳	449
	鸛	鸟纲	鹤形目	鹤科	白头鹤	498
	鸛	鸟纲	鹳形目	鹳科	白鹳	449
	鸛	鸟纲	鹳形目	鹳科	黑鹳	450
	鸛耳	鸟纲	鹳形目	鹳科		449
	鸛專	鸟纲	鹳形目	鹳科		448
	鸛雀	鸟纲	鹳形目	鹳科	东方白鹳	449
	鸛雀	鸟纲	鹳形目	鹳科		448
鸛	鸛嘴魚	硬骨鱼纲	鲟形目	匙吻鲟科	白鲟	348
	鸛鴿	鸟纲	鹳形目	鹳科		448
	鸛鶴	鸟纲	鹳形目	鹳科		448
	鸛鶴	鸟纲	鹳形目	鹳科	东方白鹳	450
	鸛鶇	鸟纲	鹳形目	鹳科	白枕鹤	500
	鸛鶇	鸟纲	鹳形目	鹳科		448
	鸛鶇	鸟纲	鹳形目	鹳科	东方白鹳	450
	鸛鶇	鸟纲	鹳形目	鹳科	白鹳	449
鸓	鸓	鸟纲	鹃形目	杜鹃科		524
鸒	鸒鶇	鸟纲	鸽形目	鸠鸽科	绿皇鸠	516
	鸒鶇	鸟纲	鹃形目	杜鹃科		524
鼺	鼺鼠	兽纲	啮齿目	松鼠科	鼯鼠亚科	630
麢	麢	兽纲	偶蹄目	牛科	鬣羚	623
鱭	鱭	硬骨鱼纲	鲱形目	鳀科	刀鲚	352
	鱭刀	硬骨鱼纲	鲱形目	鳀科	刀鲚	352
蠿	蠿	昆虫纲	膜翅目	蚁科		335
	蠿蜉	昆虫纲	等翅目			136
	蠿蜉	昆虫纲	膜翅目	蚁科		335
	蠿蠹	昆虫纲	等翅目			136
	蠿蠹	昆虫纲	膜翅目	蚁科		335

中名索引

E

F

学名索引

D

H

Z